执业资格考试丛书

一级注册结构工程师专业考试复习教程

上

施岚青　主　编
陈　嵘　副主编

中国建筑工业出版社

图书在版编目(CIP)数据

一级注册结构工程师专业考试复习教程：上下/施岚青主编. —北京：中国建筑工业出版社，2020.5
（执业资格考试丛书）
ISBN 978-7-112-24933-6

Ⅰ.①一… Ⅱ.①施… Ⅲ. ①建筑结构-资格考试-自学参考资料 Ⅳ.①TU3

中国版本图书馆 CIP 数据核字(2020)第 037666 号

责任编辑：赵梦梅
责任校对：李美娜

执业资格考试丛书
一级注册结构工程师专业考试复习教程
施岚青 主 编
陈 嵘 副主编
*
中国建筑工业出版社出版、发行（北京海淀三里河路 9 号）
各地新华书店、建筑书店经销
北京红光制版公司制版
天津翔远印刷有限公司印刷
*
开本：787×1092 毫米 1/16 印张：117½ 字数：2930 千字
2020 年 6 月第一版 2020 年 6 月第一次印刷
定价：**329.00** 元（上、下）
ISBN 978-7-112-24933-6
(35660)

2020 版 前 言

自 1996 年开始实施结构工程师注册考试制度以来，已有 24 个年头了。在这期间我国的建设事业迅速发展，突出的表现是高层建筑如雨后春笋般地在祖国大地上涌现出来。不仅建设规模大，而且房屋的高度也是越来越高，结构形式更为多样，推动和促进了我们结构设计行业的发展，从而对注册考试亦必然产生重大影响。

1996 年设计大师孙芳垂被授权代表中方赴法与欧洲土木工程协会联系，将国际上的注册考试制度引入国内。双方拟定了一套样题，中方按样题的要求进行考试，国际上承认中方的注册资格。接着孙大师找了两位助手。一位是东北工业设计院的老院长牧一征，任命题组副组长（孙大师是组长）协助出考题。另一位是我，任《教程》副主编（孙大师是主编），协助编写《一级注册结构工程师专业考试复习教程》。当时孙大师是把框架、剪力墙和框架-剪力墙结构作为高层建筑结构的主要内容。约占高层建筑结构考试内容的 85%，而难度较大的框支剪力墙结构、框架-核心筒结构作为提高难度的内容，仅占 15%。下部左侧的直方图就是当时对各部分内容安排比例的示意图，可以看到，1996 年安排的高层建筑结构重点内容是框架结构。因当时工程师遇到的大型工程，其实际高度大多在 70m 以下，设计最多的结构类型就是框架结构。

框架结构
剪力墙结构
框架-剪力墙结构
框支-剪力墙结构
框架-核心筒结构
高层混合结构
高层钢结构
1996年起步时

1996 年安排各部分内容比例的直方图

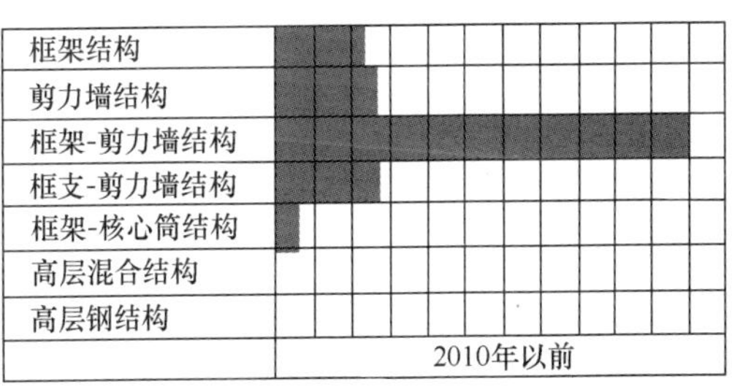

2010 年以前考题各部分内容比例的直方图

在 2011 年以前牧一征院长主持命题时，在确定每年的高层建筑结构考题时亦是按此要求的。我将牧院长在 2010 年以前所提出的高层建筑结构考题整理后用直方图表示在上方右侧，可以看到难度偏大的框支剪力墙结构、框架-核心筒结构还是控制为 15%，而框架、剪力墙和框架-剪力墙结构这三部分内容的安排比例改变了，房屋适用高度为 100m 的框架-剪力墙结构考题数量最多，成为重点。因为经过多年的发展，工程师遇到的复杂工程，实际高度提高了，大多在 100m 以下。设计最多的结构就是框架-剪力墙结构，所以在考题的结构类型上反映了这个变化。

2011～2018 年是朱炳寅总工负责命题，在这八年内框架-核心筒结构成为高层建筑结构考试的重点。平均每年要考 4 道题。现将这八年的考题表示成各部分内容的比例形象地列在下面左侧直方图内。可以看到框架-核心筒结构所占的比例加大了。因为实际工程设计中，已越来越多遇到高度更大或超过 100m 的框架-核心筒结构。反映了我国高层建筑的蓬勃发展。

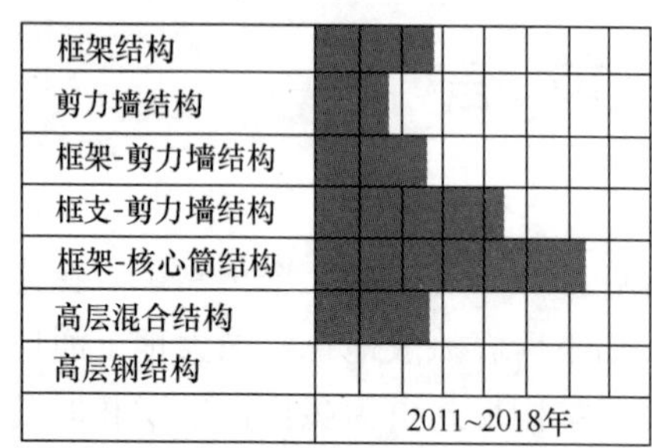

2011～2018 年考题的各部分内容比例

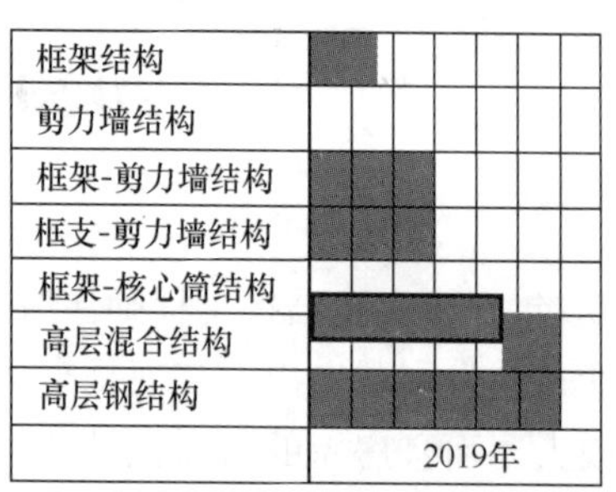

2019 年考题的各部分内容比例

2019 年命题专家换届了，现将新上任专家所定的 2019 年高层建筑结构考题的结构类型分配比例表示在上面右侧的直方图内。出现了混凝土结构、钢结构和混合结构三分天下的新局面。即有 8 道混凝土结构考题，4 道钢结构考题和 4 道混合结构考题。房屋高度达到 128m。反映当前实际工程状况就是混凝土结构、钢结构和混合结构三者共存的局面。

上面我们通过对高层建筑结构考题中一个局部内容演变过程的回顾与归纳，可以清楚地看到注册考试的考题是紧跟设计行业的发展步伐与时俱进，不是僵化的、停滞不前的。按这样的命题思想来进行考试，以保证通过考试的工程师水平处在设计领域的前沿。

1998 年 3 月，建设部执业资格注册中心对编写第一版《一级注册结构工程师专业考试复习教程》的指示是：本教程以考试大纲为依据，以现行标准、规范为基础，按照“突出重点概念，侧重规范的理解与应用，注意联系实际，力求简明扼要，重在指导复习”的指导思想来编写。

结构工程师注册考试从 1996 年 12 月的试点考试开始，每年一次。每年考后我都要学习当年的考题，并将每年新出现的考试内容增添到下一年度的《复习教程》内，年复一年，从未间断。由于注册考试内容的不断更新，每年均有不少新的“考点”出台，相应增添的学习内容越来越多，《复习教程》越来越厚，到 2019 年其厚度将近是第一版的三倍。为了更有利于今后的推陈出新，故而在 2020 年出版时我对《复习教程》进行全面的整理、精简和补充。

多年来《复习教程》能得到广大考生的欢迎和接受有两个原因。

① 成功地执行了建设部执业资格注册中心对编写第一版《复习教程》时所提出的指导思想。把“以考试大纲为依据，以现行标准、规范为基础”的指导思想具体化。即把考试大纲所提出的考试要求，把规范所规定的考试内容，全面、系统地转化成符合教学规律的学习内容。

② 介绍了为考生所欢迎的教学经验。在长达 20 多年的教学实践中已经积累了很多成熟的教学经验，内容相当完整、丰富。这些教学经验也反映在《复习教程》中，考生能从中学到并受益。

今天要做的工作是在过去成功的基础上进一步贯彻和落实“少而精”这一教学原则。

近二十多年我天天接触的均是考点，“精”当然是指内容重要且能得分的考点。贯彻“少而精”的精神就要把教学工作放在教授数量不多但能更多得分的考点上，也就是要把教学重点放在考卷上出现频率高的考点上，要根据考点实际出题频率高低，以此来确定教程内容的取舍和讲解程度的深浅。删去不考的知识点及已淘汰的、过时的知识点。

现以高层建筑结构为例，将确定考点出题频率的具体做法作一介绍。

下表列出高层建筑结构所用的《高规》在这 24 年内曾采用过三个版本。

《钢筋混凝土高层建筑结构设计与施工规程》	JCJ 3—91
《高层建筑混凝土结构技术规程》	JCJ 3—2002
《高层建筑混凝土结构技术规程》	JCJ 3—2010

高层建筑结构注册考试的现行《高规》版本是 JCJ 3—2010。

在 1996～2011 年的 15 年内，高层建筑结构考试是用旧版《高规》命题的。

在 2012～2019 年的 8 年内，高层建筑结构考试是用现行版本《高规》JCJ 3—2010 命题的。

考虑到我们的考题是与时俱进的，其内容是处于时代前沿；现行版本也已用了 8 年，已积累了不少数据；所以我的研究是以现行版本为主，老版内容也要研究，但是处于次要的地位。

为了观察 2012～2018 年这六年各个考点出题频率的分布情况，现将考点-频数分布图列在下方，横向坐标为考点（即所考核的《高层建筑混凝土结构技术规程》条文），竖向坐标是各考点在历年考试中出现的频数。

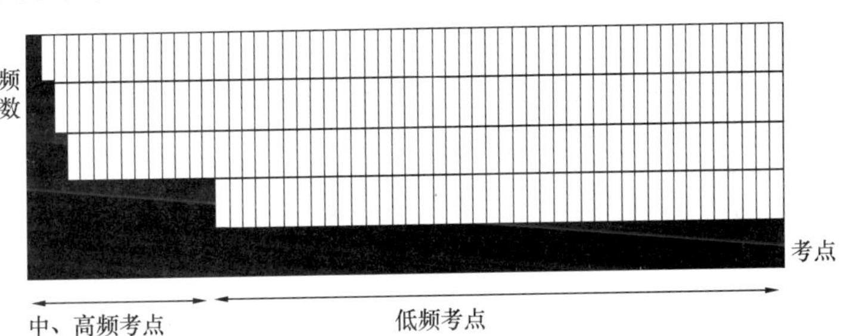

现将上列坐标图的结果，整理后列在下列表内。从下表可以看到在六年内共有 56 个考点、出了 76 道考题。

频数	5	4	3	2	1	Σ
考点	1 个	1 个	1 个	11 个	42 个	56 个考点
考题	5 道	4 道	3 道	22 道	42 道	76 道考题

其中频数≥2 的高、中频高点有 14 个，为全部考点的 25%；涉及 34 道考题，为全部考题的 45%。

频数<2 的低频考点有 42 个，为全部考点的 75%；涉及 42 道考题，为全部考题的 55%。

我把考核知识点根据其在考试中所采用的版本和出现的频率分成三种考点。

第 1 种考点，是 2012～2018 年的高、中频考点。

第 2 种考点，是 2012～2018 年的低频考点。

第 3 种考点，在 2012～2018 年的考试中没有出现，仅在早期考试中出现过的老考点。

在《复习教程》整理、精简和补充时，对这三种考点区别对待。

①高、中频考点，在《复习教程》中是作全面、详细的讲述，而且在编写《习题集》时作为训练内容来安排。

②低频考点，在《复习教程》中作为一般的教学内容讲述，在编写《习题集》时不一定被安排为训练内容。

③ 对仅在早期考试中出现过的老考点，在《复习教程》中仅作简单讲述。

这里所说的区别对待，就是按照在注册考试中每个考点的实际出题频率高低，来确定教程内容的取舍和讲解程度的深浅。整个编写工作是建立在一个量化统计的基础上，依靠数据说话是本次整理、精简和补充工作的基本特点。

其他各门课的情况相似，故不再重复讲述。但有两个特殊情况，现作简要介绍。

（1）高层钢结构

高层钢结构注册考试的现行版本是《高层民用建筑钢结构技术规程》JGJ 99—2015。

由于旧版《高层民用建筑钢结构技术规程》JGJ 99—1998 存在着在抗震工程中用钢量过高的问题，导致在实际工程中无法采用高层钢结构。同样原因注册考试亦很难命题。

2015 年新版《高层民用建筑钢结构技术规程》JGJ 99—2015 出台，解决了在抗震工程中用钢量过高的问题，工程中已采用高层钢结构了。2018 年注册考试亦开始考高层钢结构。

2020 版的《复习教程》补充了有关钢结构的内容，最主要的补充内容是钢结构抗震性能化设计。因高层钢结构的考试刚起步，考题太少尚需过一段时期，等积累到足够的资料时再做分析和补充内容。

（2）地基处理

地基处理不是结构工程师的主课，每次考试时约有 2～3 道考题。

地基处理所用的现行版本规范是：《建筑地基处理技术规范》JGJ—2012。

地基处理所涉及的内容非常繁多，实际考试情况表明，《建筑地基处理技术规范》的规定仅部分内容被考试采用，尚有很多规定还未进入考场。故不具备依靠数据说话的条件。

除了这些特例外，其他各门课程的内容均是采用依靠数据说话的做法来整理、精简和补充的。由于已有 24 年的专业考试所积累的数据，所以能准确反映专业考试的规律。

本次改版工作因为需要进行数据统计，工作量太大，工作做得有些粗糙，所以本次的整理、精简和补充工作仅是起步，接着我将对全部工作再做进一步的审核，来提高准确程度。

本书所用规范及简称

序号	规　　范	简称
1	《建筑结构荷载规范》GB 50009—2012	《荷载规范》
2	《建筑工程抗震设防分类标准》GB 50223—2008	《分类标准》
3	《高层建筑混凝土结构设计规程》JGJ 3—2010	《高规》
4	《建筑抗震设计规范》GB 50011—2010（2016 年版）	《抗震》
5	《建筑地基基础设计规范》GB 50007—2011	《地基》
6	《建筑桩基技术规范》JGJ 94—2008	《桩基》
7	《建筑地基处理技术规范》JGJ 79—2012	《地基处理》
8	《混凝土结构设计规范》GB 50010—2012	《混规》
9	《混凝土异形柱结构技术规程》JGJ 149—2017	《异形柱规程》
10	《钢结构设计标准》GB 50017—2017	《钢标》
11	《高层民用建筑钢结构技术规程》JGJ 99—2015	《高钢规》
12	《钢结构高强度螺栓连接技术规程》JGJ 82—2011	《高强螺栓》
13	《砌体结构设计规范》GB 50003—2011	《砌体》
14	《木结构设计标准》GB 50005—2017	《木结构》
15	《烟囱设计规范》GB 50051—2013	《烟囱》
16	《公路桥涵设计通用规范》JTG D60—2015	《桥通》
17	《城市桥梁设计规范》CJJ 11—2011	《城市桥梁》
18	《城市桥梁抗震设计规范》CJJ 166—2011	《城市桥梁抗震》
19	《公路钢筋混凝土及预应力混凝土桥涵设计规范》JTG 3362—2018	《公路混凝土》
20	《公路桥梁抗震设计细则》JTG/T B02-01—2008	《细则》
21	《城市人行天桥与人行地道技术规范》CJJ 69—1995	《人行天桥》
22	《混凝土异形柱结构技术规程》JGJ 149—2017	《异形柱规程》

目　　录

上

下

第 1 章　荷　　载

1.1　荷载代表值和荷载组合

一、荷载分类和荷载代表值

1. 荷载分类

《建筑结构荷载规范》GB 50009—2012（以下简称《荷载规范》）规定

> **3.1.1**　建筑结构的荷载可分为下列三类：
>
> 1　永久荷载。包括结构自重、土压力、预应力等。
>
> 2　可变荷载。包括楼面活荷载、屋面活荷载和积灰荷载、吊车荷载、风荷载、雪荷载、温度作用等。
>
> 3　偶然荷载。包括爆炸力、撞击力等。
>
> **2.1.1**　永久荷载　permanent load
>
> 在结构使用期间，其值不随时间变化，或其变化与平均值相比可以忽略不计，或其变化是单调的并能趋于限值的荷载。
>
> **2.1.2**　可变荷载　variable load
>
> 在结构使用期间，其值随时间变化，且其变化与平均值相比不可以忽略不计的荷载。
>
> **2.1.3**　偶然荷载　accidental load
>
> 在结构设计使用年限内不一定出现，而一旦出现其量值很大，且持续时间很短的荷载。

2. 荷载代表值

《荷载规范》规定

> **2.1.4**　荷载代表值　representative values of a load
>
> 设计中用以验算极限状态所采用的荷载量值，例如标准值、组合值、频遇值和准永久值。

《荷载规范》规定

> **3.1.2**　建筑结构设计时，应按下列规定对不同荷载采用不同的代表值：
>
> 1. 对永久荷载应采用标准值作为代表值；
>
> 2. 对可变荷载应根据设计要求采用标准值、组合值、频遇值或准永久值作为代表值；
>
> 3. 对偶然荷载应按建筑结构使用的特点确定其代表值。

3. 荷载的标准值、频遇值和准永久值

《荷载规范》的术语定义

> **2.1.6** 标准值 characteristic value/nominal value
>
> 荷载的基本代表值，为设计基准期内最大荷载统计分布的特征值（例如均值、众值、中值或某个分位值）。
>
> **2.1.8** 频遇值 frequent value
>
> 对可变荷载，在设计基准期内，其超越的总时间为规定的较小比率或超越频率为规定频率的荷载值。
>
> **2.1.9** 准永久值 quasi-permanent value
>
> 对可变荷载，在设计基准期内，其超越的总时间约为设计基准期一半的荷载值。

《荷载规范》对标准值、频遇值、准永久值的取值给出了具体规定。

① 荷载标准值

荷载标准值是荷载的基本代表值，《荷载规范》指出

> **3.1.4** 荷载的标准值，应按本规范各章的规定采用。

② 荷载频遇值

荷载频遇值是指在设计基准期内结构上较频繁出现的较大荷载值，主要用于正常使用极限状态的频遇组合中。实际上，荷载频遇值是考虑到正常使用极限状态设计的可靠度要求较低而对标准值的一种折减，其中折减系数称为频遇值系数 ψ_f，在《荷载规范》中，给出了频遇值系数 ψ_f 的具体取值。

③ 荷载准永久值

荷载准永久值是指在设计基准期内，其超越的总时间约为设计基准期一半的荷载值，主要考虑荷载长期作用效应的影响。荷载准永久值也是对标准值的一种折减，折减系数称为准永久值系数 ψ_q，在《荷载规范》中给出了 ψ_q 的具体取值。

> **3.1.6** 正常使用极限状态按频遇组合设计时，应采用可变荷载的频遇值或准永久值作为其荷载代表值；按准永久组合设计时，应采用可变荷载的准永久值作为其荷载代表值。可变荷载的频遇值，应为可变荷载标准值乘以频遇值系数。可变荷载准永久值，应为可变荷载标准值乘以准永久值系数。

对于永久荷载，由于自重的变异性不大，永久荷载标准值可按结构设计规定的尺寸和材料或结构构件单位体积的自重（或单位面积的自重）平均值确定。对于自重变异性较大的材料或构件（如屋面保温材料、防水材料以及薄壁结构等），其标准值应根据该荷载对结构有利或不利，分别按材料密度的变化幅度，取其自重的上限值或下限值。

4. 荷载的组合值

当有两种或两种以上的可变荷载在结构上要求同时考虑时，由于所有可变荷载同时达到其单独出现时可能达到的最大值的概率极小，因此除主导荷载（产生最大效应的荷载）仍可以其标准值为代表值外，其他伴随荷载均应采用相应时段内的最大荷载，也即以小于其标准值的组合值为荷载代表值。

2.1.7 组合值 combination value

对可变荷载，使组合后的荷载效应在设计基准期内的超越概率，能与该荷载单独出现时的相应概率趋于一致的荷载值；或使组合后的结构具有统一规定的可靠指标的荷载值。

可变荷载组合值与荷载标准值的比值称为组合值系数 ψ_c。该系数乘在除最大可变荷载效应以外的其他可变荷载效应上。采用组合值的实质是要求结构在单一可变荷载作用下的可靠度与在两个及两个以上可变荷载作用下的可靠度保持一致。组合值系数 ψ_c 在《荷载规范》中给出了具体取值。

3.1.5 承载能力极限状态设计或正常使用极限状态按标准组合设计时，对可变荷载应按规定的荷载组合采用荷载的组合值或标准值作为其荷载代表值。可变荷载的组合值，应为可变荷载的标准值乘以荷载组合值系数。

【例 1.1.1-1】

根据《建筑结构可靠性设计统一标准》GB 50068—2018 的规定，下列说法何项不妥?

(A) 材料强度标准值的保证率为 95%

(B) 永久作用为随机变量时，检验的显著性水平可取 0.05

(C) 可变作用代表值包括标准值、组合值、频遇值和准永久值

(D) 对不易判别的可变作用，准永久值系数 ψ_q 可取 0.4

【答案】(D)

【解答】

(1)《建筑结构可靠性设计统一标准》6.1.5 条，材料强度的标准值可按其概率分布的 0.05 分位值确定。(A) 正确。

(2)《建筑结构可靠性设计统一标准》5.2.5 条，当永久作用和可变作用作为随机变量时，其统计参数和概率分布类型，应以观测数据为基础，运用参数估计和概率分布的假设检验方法确定，检验的显著性水平可取 0.05。(B) 正确。

(3)《建筑结构可靠性设计统一标准》5.2.7 条，对可变作用，其代表值包括标准值、组合值、频遇值和准永久值。(C) 正确。

(4)《建筑结构可靠性设计统一标准》5.2.7 条文说明，对不易判别的可变作用，可以按作用值被超越的总持续时间与设计基准期的规定比率确定，此时比率可取 0.5。(D) 错误。

二、荷载组合

1. 荷载效应组合

(1) 荷载设计值

在承载能力极限状态计算中，除疲劳验算外，均采用荷载设计值。

《荷载规范》规定

2.1.10 荷载设计值 design value of a load

荷载代表值与荷载分项系数的乘积。

荷载设计值的数值比标准值大。荷载标准值是指结构在设计基准期内，正常情况下可能出现的最大值。荷载设计值是指结构在设计基准期内考虑非正常情况下可能出现的最大值。

（2）荷载效应

《荷载规范》规定

> **2.1.11** 荷载效应 load effect
> 由荷载引起结构或结构构件的反应，例如内力、变形和裂缝等。

对线弹性结构，荷载与荷载效应间存在下述线性关系

$$S=C_Q Q$$

式中 S——荷载效应；

C_Q——荷载效应系数；

Q——荷载值。

本书仅讨论荷载与荷载效应间属于线性关系的荷载效应。

（3）荷载组合

《荷载规范》规定

> **2.1.12** 荷载组合 load combination
> 按极限状态设计时，为保证结构的可靠性而对同时出现的各种荷载设计值的规定。

结构在使用过程中，可能经常会遇到同时承受永久荷载及两种以上可变荷载的情况，如活荷载、风荷载、雪荷载等，在进行结构分析和设计时，必须研究和考虑两种以上可变荷载同时作用而引起的荷载效应组合问题。因此，为确保结构安全，必须要考虑多个可变荷载是否相遇以及相遇的概率大小问题。一般来说，多种可变荷载在使用过程中以最大值相遇的概率不是很大。例如，最大风荷载与最大的施工荷载同时存在的概率一般是非常小的。

（4）两种极限状态的荷载组合

当整个结构或结构的一部分进入某一特定状态，而不能满足设计规定的某种功能要求时，则称此特定状态为结构对该功能的极限状态。结构的极限状态往往以结构的某种荷载效应，如内力、应力、变形等超过规定的标志值为依据。根据设计中要考虑的结构功能，结构的极限状态在原则上可分为承载能力极限状态和正常使用极限状态两类。对承载能力极限状态，一般是以结构内力超过其承载能力为依据；对正常使用极限状态，一般是以结构的变形、裂缝超过设计允许的限值为依据。有时在设计中也经常采用结构内的应力控制来保证结构满足正常使用的要求。

《荷载规范》规定

> **3.2.1** 建筑结构设计应根据使用过程中在结构上可能同时出现的荷载，按承载能力极限状态和正常使用极限状态分别进行荷载组合，并应取各自的最不利的组合进行设计。

（5）基本组合、偶然组合

《荷载规范》规定

2.1.13 基本组合 fundamental combination

承载能力极限状态计算时，永久荷载和可变荷载的组合。

2.1.14 偶然组合 accidental combination

承载能力极限状态计算时永久荷载、可变荷载和一个偶然荷载的组合，以及偶然事件发生后受损结构整体稳固性验算时永久荷载与可变荷载的组合。

2. 承载能力极限状态的荷载效应组合

（1）荷载效应基本组合

① 设计表达式

《荷载规范》规定

3.2.2 对于承载能力极限状态，应按荷载的基本组合或偶然组合计算荷载组合的效应设计值，并应采用下列设计表达式进行设计：

$$\gamma_0 S_d \leqslant R_d \quad (3.2.2)$$

式中 γ_0——结构重要性系数，应按各有关建筑结构设计规范的规定采用；

S_d——荷载组合的效应设计值；

R_d——结构构件抗力的设计值，应按各有关建筑结构设计规范的规定确定。

② 安全等级

《工程结构可靠性设计统一标准》GB 50153—2008（以下简称《工程结构可靠性》）规定

A.1.1 房屋建筑结构的安全等级，应根据结构破坏可能产生后果的严重性按表A.1.1划分。

房屋建筑结构的安全等级 **表 A.1.1**

安全等级	破坏后果	示例
一级	很严重：对人的生命、经济、社会或环境影响很大	大型的公共建筑等
二级	严重：对人的生命、经济、社会或环境影响较大	普通的住宅和办公楼等
三级	不严重：对人的生命、经济、社会或环境影响较小	小型的或临时性储存建筑等

注：房屋建筑结构抗震设计中的甲类建筑和乙类建筑，其安全等级宜规定为一级；丙类建筑，其安全等级宜规定为二级；丁类建筑，其安全等级宜规定为三级。

③ 结构重要性系数

《建筑结构荷载规范》3.2.2条指出："结构重要性系数，应按各有关建筑结构设计规范的规定采用"。现将有关规范的规定列出如下。

《工程结构可靠性》规定

A.1.7 房屋建筑的结构重要性系数 γ_0，不应小于表A.1.7的规定。

房屋建筑的结构重要性系数 γ_0 **表 A.1.7**

结构重要性系数	对持久设计状况和短暂设计状况			对偶然设计状况和地震设计状况
	安全等级			
	一级	二级	三级	
γ_0	1.1	1.0	0.9	1.0

《混规》规定

> **3.3.2** 对持久设计状况、短暂设计状况和地震设计状况，当用内力的形式表达时，结构构件应采用下列承载能力极限状态设计表达式：
>
> $$\gamma_0 S \leqslant R \tag{3.3.2-1}$$
>
> $$R=R(f_c, f_s, a_k, \cdots)/\gamma_{Rd} \tag{3.3.2-2}$$
>
> 式中 γ_0——结构重要性系数。在持久设计状况和短暂设计状况下，对安全等级为一级的结构构件不应小于1.1，对安全等级为二级的结构构件不应小于1.0，对安全等级为三级的结构构件不应小于0.9；对地震设计状况下应取1.0。

《高规》规定

> **3.8.1** 高层建筑结构构件的承载力应按下列公式验算：
>
> 持久设计状况、短暂设计状况
>
> $$\gamma_0 S_d \leqslant R_d \tag{3.8.1-1}$$
>
> 地震设计状况
>
> $$S_d \leqslant R_d/\gamma_{RE} \tag{3.8.1-2}$$
>
> 式中 γ_0——结构重要性系数，对安全等级为一级的结构构件不应小于1.1，对安全等级为二级的结构构件不应小于1.0。

《砌体》规定

> **4.1.5** 砌体结构按承载能力极限状态设计时，应按下列公式中最不利组合进行计算：
>
> $$\gamma_0 (1.2S_{Gk} + 1.4S_{Q1k} + \gamma_L \sum_{i=2}^{n} \gamma_{Qi} \psi_{ci} S_{Qik}) \leqslant R(f, a_k \cdots\cdots) \tag{4.1.5-1}$$
>
> $$\gamma_0 (1.35S_{Gk} + 1.4\gamma_L \sum_{i=2}^{n} \psi_{ci} S_{Qik}) \leqslant R(f, a_k \cdots\cdots) \tag{4.1.5-2}$$
>
> 式中 γ_0——结构重要性系数。对安全等级为一级或设计使用年限为50年以上的结构构件，不应小于1.1；对安全等级为二级或设计使用年限为50年的结构构件，不应小于1.0；对安全等级为三级或设计使用年限为1～5年的结构构件，不应小于0.9。

对比上述四本规范的规定，前三本规范认为“结构重要性系数”的取值由“安全等级”一个因素确定。而《砌体》规定“结构重要性系数”的取值由“安全等级”和“设计使用年限”两个因素确定。

【例 1.1.2-1】

在混凝土结构或结构构件设计中，常遇到的计算或验算有：①承载力计算；②倾覆、滑移验算；③裂缝宽度验算；④抗震设计计算。试问，在下列的计算和验算的组合中，何项全部不考虑结构构件的重要性系数 γ_0？

(A) ①、②、③　　(B) ②、③　　(C) ②、③、④　　(D) ③、④

【答案】(D)

【解答】

（1）根据《混规》3.3.1条，承载能力极限状态计算包括结构的倾覆、滑移、漂浮验算。①、②考虑重要性系数。

（2）根据《混规》3.3.2条，承载能力极限状态表达式：$\gamma_0 S \leqslant R$，其中 γ_0 为结构重要性系数，对抗震设计状况下应取1.0。

根据《抗震》5.4.1条的条文说明：重要性系数对抗震设计的实际意义不大，本规范对建筑重要性的处理仍采用抗震措施的改变来实现，不考虑此项系数。④不考虑重要性系数。

（3）根据《混规》3.4.1条规定正常使用极限状态验算包括裂缝宽度验算。

根据《混规》3.4.2条规定正常使用极限状态设计表达式：$S \leqslant C$。③不考虑重要性系数。

综上所述，(D) 正确。

（2）承载能力极限状态设计表达式

① 适用条件

> **3.2.3**
>
> 注：1 基本组合中的效应设计值仅适用于荷载与荷载效应为线性的情况。

② 可变荷载控制和永久荷载控制

> **3.2.3** 荷载基本组合的效应设计值 S_d，应从下列荷载组合值中取用最不利的效应设计值确定：
>
> 1 由可变荷载控制的效应设计值，应按下式进行计算：
>
> $$S_d = \sum_{j=1}^{m} \gamma_{Gj} S_{Gjk} + \gamma_{Q1} \gamma_{L1} S_{Q1k} + \sum_{i=?}^{n} \gamma_{Qi} \gamma_{Li} \psi_{ci} S_{Qik} \tag{3.2.3-1}$$
>
> 式中 γ_{Gj}——第 j 个永久荷载的分项系数，应按本规范第3.2.4条采用；
>
> γ_{Qi}——第 i 个可变荷载的分项系数，其中 γ_{Q1} 为主导可变荷载 Q_1 的分项系数，应按本规范第3.2.4条采用；
>
> γ_{Li}——第 i 个可变荷载考虑设计使用年限的调整系数，其中 γ_{L1} 为主导可变荷载 Q_1 考虑设计使用年限的调整系数；
>
> S_{Qjk}——按第 j 个永久荷载标准值 G_{jk} 计算的荷载效应值；
>
> S_{Qik}——按第 i 个可变荷载标准值 Q_{ik} 计算的荷载效应值，其中 S_{Q1k} 为诸可变荷载效应中起控制作用者；
>
> ψ_{ci}——第 i 个可变荷载 Q_i 的组合值系数；
>
> m——参与组合的永久荷载数；
>
> n——参与组合的可变荷载数。
>
> 2 由永久荷载控制的效应设计值，应按下式进行计算：
>
> $$S_d = \sum_{j=1}^{m} \gamma_{Gj} S_{Gjk} + \sum_{i=1}^{n} \gamma_{Qi} \gamma_{Li} \psi_{ci} S_{Qik} \tag{3.2.3-2}$$

“可变荷载效应控制的组合”是指永久荷载效应与可变荷载效应相比较小。

“永久荷载效应控制的组合”是指永久荷载效应与可变荷载效应相比较大。

③ 最不利组合

最不利荷载效应设计值应根据式（3.2.3-1）和式（3.2.3-2）计算结果判断其最不利值。《荷载规范》规定

3.2.3

注：2　当对 S_{Q1k} 无法明显判断时，应轮次以各可变荷载效应作为 S_{Q1k}，并选取其中最不利的荷载组合的效应设计值。

“对结构不利”是指其效应使结构内力增加，也就是永久荷载效应与可变荷载效应“同号”（即相同方向）。

“对结构有利”是指其效应使结构内力减小，也就是永久荷载效应与可变荷载效应“异号”（即相反方向）。

某些情况下要准确判断永久荷载效应对结构有利还是不利，是非常困难的。比如，对承受轴力 N 和弯矩 M 的偏心受压（拉）构件，由于轴力 N 的变化对受拉侧是否有利是与受压侧相反，因此在设计时，宜用不利与有利两种不同的永久作用分项系数值计算效应设计值 N（不利），M（不利）；N（有利），M（有利），并分别用它们进行承载力设计。

④ 荷载分项系数

《荷载规范》规定

3.2.4　基本组合的荷载分项系数，应按下列规定采用：

1　永久荷载的分项系数应符合下列规定：

1）当永久荷载效应对结构不利时，对由可变荷载效应控制的组合应取 1.2，对由永久荷载效应控制的组合应取 1.35；

2）当永久荷载效应对结构有利时，不应大于 1.0。

2　可变荷载的分项系数应符合下列规定：

1）对标准值大于 $4kN/m^2$ 的工业房屋楼面结构的活荷载，应取 1.3；

2）其他情况，应取 1.4。

《工程结构可靠性》规定

A.1.8　房屋建筑结构作用的分项系数，应按表 A.1.8 采用。

房屋建筑结构作用的分项系数　　**表 A.1.8**

适用情况 / 作用分项系数	当作用效应对承载力不利时		当作用效应对承载力有利时
	对式(8.2.4-1)和式(8.2.4-2)	对式(A.1.6-1)和式(A.1.6-2)	
γ_G	1.2	1.35	≤1.0
γ_P	1.2		1.0
γ_Q	1.4		0

注：对式（8.2.4-1）和式（8.2.4-2）是指“可变荷载效应控制的组合”；

对式（A.1.6-1）和式（A.1.6-2）是指“永久荷载效应控制的组合”。

小结：

永久荷载分项系数 γ_G　　表 1.1.2-1

设计条件	效应组合情况	γ_G
永久荷载效应对结构不利时	对由可变荷载效应控制的组合	1.2
	对由永久荷载效应控制的组合	1.35
永久荷载效应对结构有利时	对一般情况	1.0
	对结构刚体失去平衡的验算	不作统一规定

可变荷载分项系数 γ_Q　　表 1.1.2-2

设计条件		γ_Q
可变荷载效应对结构不利时	一般情况	1.4
	对标准值大于 4kN/m^2 的工业厂房屋楼面结构活荷载	1.3
可变荷载效应对结构有利时		0.0

⑤ 考虑设计使用年限的调整系数

《工程结构可靠性》规定

A.1.2　房屋建筑结构的设计基准期为 50 年。

A.1.3　房屋建筑结构的设计使用年限，应按表 A.1.3 采用。

房屋建筑结构的设计使用年限　　表 A.1.3

类　别	设计使用年限/年	示　例
1	5	临时性建筑结构
2	25	易于替换的结构构件
3	50	普通房屋和构筑物
4	100	标志性建筑和特别重要的建筑结构

可变作用标准值是根据设计基准期 50 年确定的，当结构的设计使用年限与设计基准期不同时应进行调整。

A.1.9　房屋建筑考虑结构设计使用年限的荷载调整系数，应按表 A.1.9 采用。

房屋建筑考虑结构设计使用年限的荷载调整系数 γ_L　　表 A.1.9

结构的设计使用年限/年	γ_L
5	0.9
50	1.0
100	1.1

注：对设计使用年限为 25 年的结构构件，γ_L 应按各种材料结构设计规范的规定采用。

《荷载规范》规定

3.2.5　可变荷载考虑设计使用年限的调整系数 γ_L 应按下列规定采用：

1　楼面和屋面活荷载考虑设计使用年限的调整系数 γ_L 应按表 3.2.5 采用。

楼面和屋面活荷载考虑设计使用年限的调整系数 γ_L **表 3.2.5**

结构设计使用年限/年	5	50	100
γ_L	0.9	1.0	1.1

注：1. 当设计使用年限不为表中数值时，调整系数 γ_L 可按线性内插确定；

2. 对于荷载标准值可控制的活荷载，设计使用年限调整系数 γ_1 取 1.0。

2 对雪荷载和风荷载，应取重现期为设计使用年限，按本规范第 E.3.3 条的规定确定基本雪压和基本风压，或按有关规范的规定采用。

全国各地市的雪压、风压 **表 E.5**

省市名	城市名	风压/(kN/m²)			雪压/(kN/m²)		
		$R=10$	$R=50$	$R=100$	$R=10$	$R=50$	$R=100$
北京	北京市	0.30	0.45	0.50	0.25	0.40	0.45
天津	天津市	0.30	0.50	0.60	0.25	0.40	0.45
	塘沽	0.40	0.55	0.65	0.20	0.35	0.40

《荷载规范》3.2.5 条的“条文说明”指出

对于风、雪荷载，可通过选择不同重现期的值来考虑设计使用年限的变化。因此，本规范引入的可变荷载调整系数 γ_L 的具体数据，仅限于楼面和屋面活荷载。

【例 1.1.2-2】

某多层办公楼为现浇钢筋混凝土框架结构，设计使用年限 50 年。其首层入口处雨篷的平面图与剖面图如图 1.1.2-1 所示。

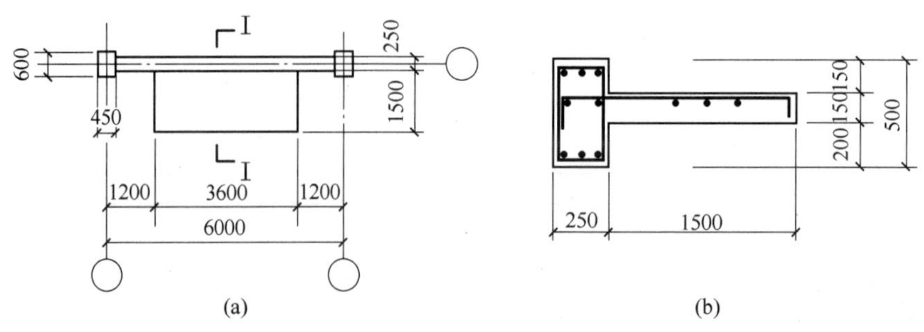

图 1.1.2-1

(a) 雨篷平面图；(b) Ⅰ—Ⅰ剖面图

已知：雨篷板折算均布恒荷载标准值为 5.5kN/m²，活荷载标准值为 1.0kN/m²。试问，雨篷板每米宽最大弯矩设计值 M (kN · m)，应与下列何项数值最为接近？

提示：雨篷板的计算跨度 $l_0=1.5$m。

(A) 6.8　　(B) 8.3　　(C) 9.5　　(D) 9.2

【答案】(C)

【解答】根据《荷载规范》3.2.3 条和 3.2.4 条：

由可变荷载控制的效应设计值：

$$q_1=1.2\times5.5+1.4\times1.0\times1.0=8\text{kN/m}$$

由永久荷载控制的效应设计值：

$$q_2=1.35\times5.5+1.4\times1.0\times0.7\times1.0=8.4\text{kN/m}$$

取 $q=8.4\text{kN/m}$，$M=\dfrac{1}{2}ql_0^2=\dfrac{1}{2}\times8.4\times1.5^2=9.45\text{kN}\cdot\text{m}$，(C) 正确。

【例 1.1.2-3】

某现浇钢筋混凝土室外楼梯，设计使用年限 50 年。

由踏步板和平台板组成的楼梯板 TB1 的计算简图如图 1.1.2-2 所示。已知每米宽的踏步板和平台板沿水平投影方向折算均布荷载标准值分别为：恒荷载：$g_1=7.5\text{kN/m}$，$g_2=5.0\text{kN/m}$；活荷载：$q_1=q_2=2.5\text{kN/m}$。

试问，每米宽踏步板跨中最大弯矩设计值 $M_{\max}$ (kN·m)，应与以下何项数值最为接近？

(A) 21.1　　(B) 25.4

(C) 29.3　　(D) 32.0

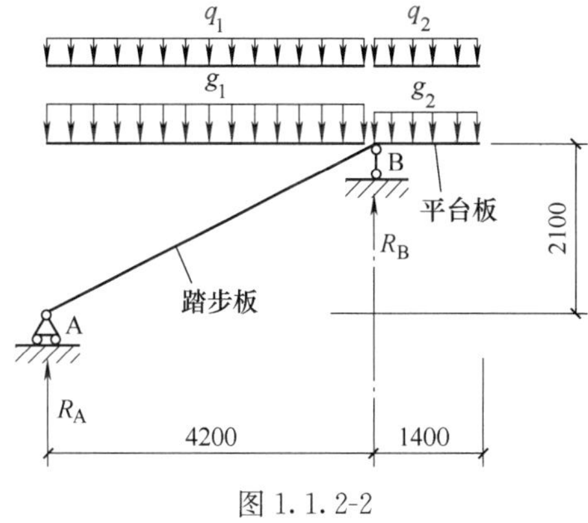

图 1.1.2-2

【答案】(B)

【解答】

(1) 根据《建筑结构荷载规范》3.2.3 条和 3.2.4 条，求踏步板的均布荷载

可变荷载起控制作用，$p_1=1.2\times7.5+1.4\times1.0\times2.5=12.5\text{kN/m}$

永久荷载起控制作用，$p_1=1.35\times7.5+1.4\times1.0\times0.7\times2.5=12.6\text{kN/m}$

踏步板由永久荷载控制：

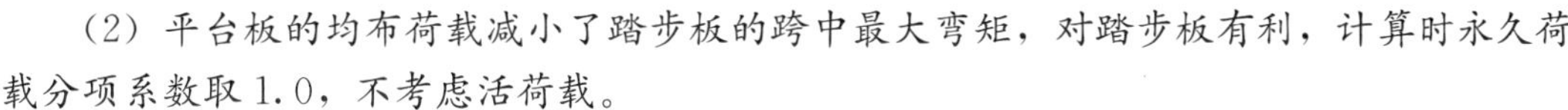

(2) 平台板的均布荷载减小了踏步板的跨中最大弯矩，对踏步板有利，计算时永久荷载分项系数取 1.0，不考虑活荷载。

$$p_2=1.0\times5.0=5.0\text{kN/m}$$

(3) 求支座 A 反力

$$R_A=\frac{12.6\times4.2^2/2-5.0\times1.4^2/2}{4.2}=25.3\text{kN}$$

(4) 求跨中弯矩，跨中最大弯矩处剪力为零，距 A 点的水平距离为：

$$x=R_A/p_1=25.3/12.6=2.01\text{m}$$

$M_{\max}=R_Ax-\dfrac{1}{2}p_1x^2=25.3\times2.01-\dfrac{1}{2}\times12.6\times2.01^2=25.4\text{kN}\cdot\text{m}$，(B) 正确。

【例 1.1.2-4】、【例 1.1.2-5】

某单层单跨有吊车砖柱厂房，设计使用年限 100 年，剖面如图 1.1.2-3 所示。边柱柱底在几种荷载作用下的弯矩标准值为：由恒荷载产生的 $M_{Gk}=18\text{kN}\cdot\text{m}$；由风荷载产生的 $M_{1k}=50\text{kN}\cdot\text{m}$（在几种可变荷载中，风荷载在柱底产生的效应最大）；由不上人屋面活荷载产生的 $M_{2k}=2.0\text{kN}\cdot\text{m}$；由吊车竖向荷载产生的 $M_{3k}=8.5\text{kN}\cdot\text{m}$；由吊车水平荷载产生的 $M_{4k}=22\text{kN}\cdot\text{m}$。

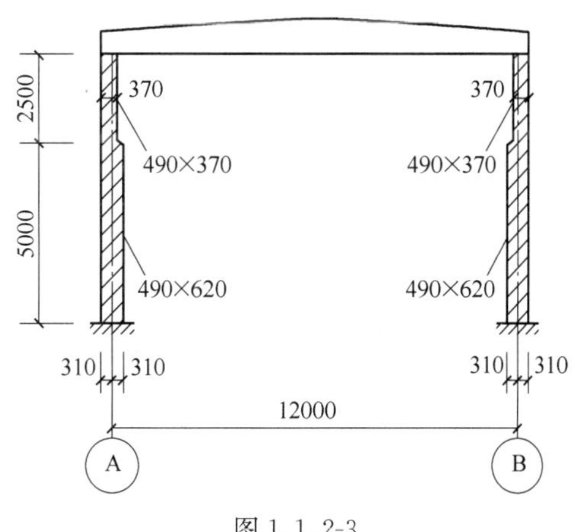

图 1.1.2-3

提示：风荷载的组合系数为 0.6，其余各项可变荷载的组合系数为 0.7。

【例 1.1.2-4】试确定由永久荷载控制的该柱柱底弯矩的基本组合设计值（kN·m），与下列何项数值最为接近？

(A) 25.0　　(B) 35.0　　(C) 48.0　　(D) 96.2

【答案】(D)

【解答】

(1) 根据《荷载规范》5.3.3 条，不上人屋面均布活荷载可不与雪和风荷载同时组合。

(2) 根据《荷载规范》3.2.3 条和 3.2.4 条，由永久荷载控制的效应设计值为

$$M=1.35\times18+1.4\times0.6\times50+1.4\times0.7\times8.5+1.4\times0.7\times22$$
$$=96.2\text{kN}\cdot\text{m}$$

(D) 正确。

【例 1.1.2-5】试问，由可变荷载控制的该柱柱底弯矩的基本组合设计值最大值（kN·m），与下列何项数值最为接近？

(A) 104.7　　(B) 108.7　　(C) 121.5　　(D) 139.4

【答案】(C)

【解答】(1) 根据《荷载规范》3.2.3 条和 3.2.4 条，由可变荷载控制的效应设计值为：由题目可知，风荷载作为第一个可变荷载。

(2) 5.3.3 条，不考虑不上人屋面均布活荷载。

$$M_1=1.2\times18+1.4\times50+1.4\times0.7\times8.5+1.4\times0.7\times22$$
$$=121.5\text{kN}\cdot\text{m}$$

(C) 正确。

【例 1.1.2-6】、【例 1.1.2-7】

有一现浇钢筋混凝土框架结构，设计使用年限 50 年，其边柱某截面在各种荷载（标准值）作用下的 M、N 内力如下：

静载：$M=-23.0$　$N=57.0$

活载 1：$M=15.0$　$N=30.0$

活载 2：$M=-19.0$　$N=25.0$

左风：$M=46.0$　$N=-19.0$

右风：$M=-40.0$　$N=16.0$

内力单位均为 kN·m，kN；活载 1 和活载 2 均为竖向荷载（组合值系数为 0.7），且二者不同时出现。

【例 1.1.2-6】当采用由可变荷载控制的效应设计值，且当在组合中取该边柱的轴向力为最小时，试问相应的 M（kN·m）、N（kN）的组合设计值，应与下列何组数据最为接近？

(A) $M=97.3$；$N=108.0$　　(B) $M=5.93$；$N=75.2$

(C) $M=9.54$；$N=57.5$　　(D) $M=30.4$；$N=41.4$

【答案】(D)

【解答】根据《荷载规范》3.2.3 条和 3.2.4 条，为使轴向力最小，永久荷载分项系

数取 1.0，不考虑活载，仅考虑左风荷载作用。

$$N_{min}=1.0\times57.0+1.4\times(-19.0)=30.4\text{kN}$$

$$M=1.0\times(-23.0)+1.4\times46.0=41.4\text{kN}\cdot\text{m}$$

(D) 正确。

【例 1.1.2-7】 当采用竖向永久荷载控制的效应组合，且在组合中取该边柱弯矩为最大时，其相应的 M（kN·m）、N（kN）的组合效应设计值与下列何组数据最为接近？

(A) $M=-105.40$；$N=127.77$　　(B) $M=-101.93$；$N=119.33$

(C) $M=-49.67$；$N=101.45$　　(D) $M=-83.30$；$N=114.70$

【答案】(D)

【解答】 根据《荷载规范》3.2.3 条和 3.2.4 条，按正负弯矩分别考虑，取绝对值最大的弯矩。

正弯矩：$M_1=1.0\times(-23.0)+1.4\times1.0\times0.7\times15+1.4\times0.6\times46.0=30.34\text{kN}\cdot\text{m}$

负弯矩：$M_2=1.35\times(-23.0)+1.4\times1.0\times0.7\times(-19.0)+1.4\times0.6\times(-40.0)=-83.27\text{kN}\cdot\text{m}$

取 $M=-83.27\text{kN}\cdot\text{m}$，此时轴力为

$N=1.35\times57.0+1.4\times1.0\times0.7\times25+1.4\times0.6\times16.0=114.89\text{kN}$，(D) 正确。

3. 正常使用极限状态的荷载效应组合

(1) 两类正常使用极限状态和三种荷载效应组合

① 两类正常使用极限状态——“可逆”与“不可逆”

《工程结构可靠性》规定

> **2.1.15** 正常使用极限状态 serviceability limit states
>
> 对应于结构或结构构件达到正常使用或耐久性能的某项规定限值的状态。
>
> **2.1.16** 不可逆正常使用极限状态 irreversible serviceability limit states
>
> 当产生超越正常使用极限状态的作用卸除后，该作用产生的超越状态不可恢复的正常使用极限状态。
>
> **2.1.17** 可逆正常使用极限状态 reversible serviceability limit states
>
> 当产生超越正常使用极限状态的作用卸除后，该作用产生的超越状态可以恢复的正常使用极限状态。

② 三种荷载效应组合

《荷载规范》规定

> **3.2.7** 对于正常使用极限状态，应根据不同的设计要求，采用荷载的标准组合、频遇组合或准永久组合，并应按下列设计表达式进行设计：
>
> $$S_d\leqslant C \tag{3.2.7}$$
>
> 式中 C——结构或结构构件达到正常使用要求的规定限值，例如变形、裂缝、振幅、加速度、应力等的限值，应按各有关建筑结构设计规范的规定采用。

③ 三种荷载效应组合的选用原则

《工程结构可靠性》8.3.2 条“条文说明”指出

正常使用极限状态的可逆与不可逆的划分很重要。如不可逆，宜用标准组合；如可逆，宜用频遇组合或准永久组合。

可逆与不可逆不能只按所验算构件的情况确定，而且需要与周边构件联系起来考虑。以钢梁的挠度为例，钢梁的挠度本身当然是可逆的，但如钢梁下有隔墙，钢梁与隔墙之间又未作专门处理，钢梁的挠度会使隔墙损坏，则仍被认为是不可逆的，应采用标准组合进行设计验算；如钢梁的挠度不会损坏其他构件（结构的或非结构的），只影响到人的舒适感，则可采用频遇组合进行设计验算；如钢梁的挠度对各种性能要求均无影响，只是个外观问题，则可采用准永久组合进行设计验算。

（2）荷载效应标准组合

① 荷载效应标准组合的设计表达式

《荷载规范》规定

2.1.15 标准组合 characteristic/nominal combination

正常使用极限状态计算时，采用标准值或组合值为荷载代表值的组合。

3.2.8 荷载标准组合的效应设计值 S_d 应按下式进行计算：

$$S_d = \sum_{j=1}^{m} S_{Gjk} + S_{Q1k} + \sum_{i=2}^{n} \psi_{ci} S_{Qik} \tag{3.2.8}$$

注：组合中的设计值仅适用于荷载与荷载效应为线性的情况。

② 荷载效应标准组合的应用

《钢标》规定

3.4.3 横向受力构件可预先起拱，起拱大小应视实际需要而定，可取恒载标准值加1/2活载标准值所产生的挠度值。当仅为改善外观条件件时，构件挠度应取在恒荷载和活荷载标准值作用下的挠度计算值减去起拱值。

《混规》规定

3.4.3 预应力混凝土受弯构件的最大挠度应按荷载的标准组合，并应考虑荷载长期作用的影响进行计算。

3.4.4 结构构件正截面的受力裂缝控制等级分为三级，三级——允许出现裂缝的构件；对预应力混凝土构件，按荷载标准组合并考虑长期作用的影响计算。

《地基》规定

3.0.5 地基基础设计时，所采用的作用效应应符合下列规定：

1 按地基承载力确定基础底面积及埋深或按单桩承载力确定桩数时，传至基础或承台底面上的作用效应按正常使用极限状态下作用的标准组合。

【例 1.1.2-8】

一长36m的屋盖设计成钢结构，设计使用年限50年，屋架跨度18m，是保温、上人平屋面。其结构平面布置如图1.1.2-4所示。作用在屋面上的均布恒载标准值（包括檩条自重在内）为 6.5kN/m²；活荷载标准值为 2.0kN/m²。

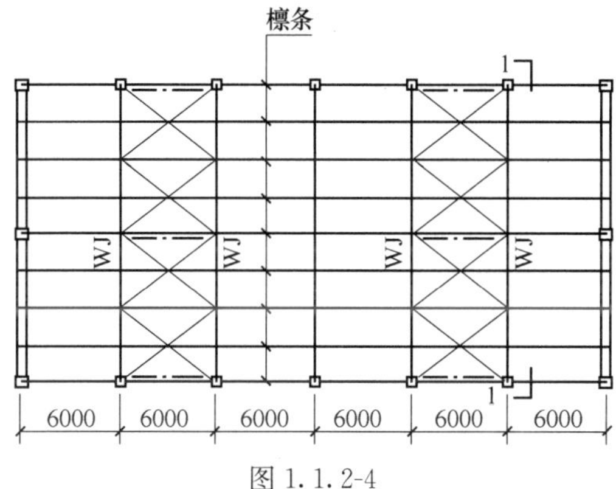

图 1.1.2-4

当计算简支檩条挠度时，试问，作用在檩条上的线荷载标准值 q_k（kN/m），与下列何项数值相近？

（A）14.6　　（B）15.8　　（C）19.1　　（D）20.3

【答案】（C）

【解答】上人屋面活荷载不与雪荷载同时组合：$q_k=(6.5+2)\times(18/8)=19.125$kN/m，（C）正确。

（3）荷载效应频遇组合

《荷载规范》规定

> **2.1.16**　频遇组合　frequent combination
>
> 正常使用极限状态计算时，对可变荷载采用频遇值或准永久值为荷载代表值的组合。
>
> **3.2.9**　荷载频遇组合的效应设计值 S_d 应按下式进行计算：
>
> $$S_d=\sum_{j=1}^{m}S_{G_jk}+\psi_{f1}S_{Q1k}+\sum_{i=2}^{n}\psi_{qi}S_{Qik} \tag{3.2.9}$$
>
> 注：组合中的设计值仅适用于荷载与荷载效应为线性的情况。

【例 1.1.2-9】

正常使用极限状态按荷载效应的频遇组合设计时，应采用以下何项数值作为可变荷载的代表值？

（A）准永久值　　（B）频遇值

（C）频遇值、准永久值　　（D）标准值

【答案】（C）

【解答】根据《荷载规范》2.1.16 条，正常使用极限状态按频遇组合设计时，应采用可变荷载的频遇值或准永久值作为其荷载代表值。（C）正确。

（4）荷载效应准永久组合

① 荷载效应准永久组合的设计表达式

《荷载规范》规定

2.1.17 准永久组合 quasi-permanent combination

正常使用极限状态计算时，对可变荷载采用准永久值为荷载代表值的组合。

3.2.10 荷载准永久组合的效应设计值 S_d 应按下式进行计算：

$$S_d = \sum_{j=1}^{m} S_{G_jk} + \sum_{i=1}^{n} \psi_{qi} S_{Q_ik} \tag{3.2.10}$$

注：组合中的设计值仅适用于荷载与荷载效应为线性的情况。

② 荷载效应准永久组合的应用

《混规》规定

3.4.3 钢筋混凝土受弯构件的最大挠度应按荷载的准永久组合，并应考虑荷载长期作用的影响进行计算。

3.4.4 结构构件正截面的受力裂缝控制等级分为三级，三级——允许出现裂缝的构件；对钢筋混凝土构件，按荷载准永久组合并考虑长期作用影响计算。

《地基》规定

3.0.5 地基基础设计时，所采用的作用效应应符合下列规定：

2 计算地基变形时，传至基础底面上的作用效应应按正常使用极限状态下作用的准永久组合，不应计入风荷载和地震作用。

【例 1.1.2-10】 跨中弯矩

条件：受均布荷载作用的住宅楼普通房间的楼面简支梁，跨长 $l=6.0\text{m}$。荷载的标准值永久荷载（包括梁自重）$g_k=8\text{kN/m}$；楼面活荷载 $p_k=12\text{kN/m}$，结构安全等级为二级。

要求：求正常使用极限状态下简支梁跨中截面荷载效应设计值。

【解答】

（1）永久荷载标准值作用下的跨中弯矩：$S_{Gk}=\frac{1}{8}g_k l^2=36.0\text{kN}\cdot\text{m}$

（2）楼面活荷载标准值作用下的跨中弯矩：$S_{Qk}=\frac{1}{8}p_k l^2=54.0\text{kN}\cdot\text{m}$

（3）根据《荷载规范》3.2.7条，对于正常使用极限状态，应根据不同的设计要求，采用荷载的标准组合、频遇组合或准永久组合。

（4）根据《荷载规范》3.2.8条，荷载标准组合的效应设计值：

$$S_d = \sum_{j=1}^{m} S_{G_jk} + S_{Q_1k} + \sum_{i=2}^{n} \psi_{ci} S_{Q_ik} = 36.0+54.0=90.0\text{kN}\cdot\text{m}$$

（5）根据《荷载规范》3.2.9条，荷载频遇组合的效应设计值：

$$S_d = \sum_{j=1}^{m} S_{G_jk} + \psi_{f1} S_{Q_1k} + \sum_{i=2}^{n} \psi_{qi} S_{Q_ik} = 36.0+0.5\times54.0=63.0\text{kN}\cdot\text{m}$$

（6）根据《荷载规范》3.2.10，荷载准永久组合的效应设计值：

$$S_d = \sum_{j=1}^{m} S_{G_jk} + \sum_{i=1}^{n} \psi_{qi} S_{Q_ik} = 36.0+0.4\times54.0=57.6\text{kN}\cdot\text{m}$$

4. 结构倾覆、滑移或漂浮验算时的分项系数

《荷载规范》规定

> **3.2.4** 基本组合的荷载分项系数，应按下列规定采用：
>
> 3 对结构的倾覆、滑移或漂浮验算，荷载的分项系数应满足有关的建筑结构设计规范的规定。

《砌体》的相关规定

> **4.1.6** 当砌体结构作为一个刚体，需验算整体稳定时，应按下列公式中最不利组合进行验算：
>
> $$\gamma_0\left(1.2S_{G2k}+1.4\gamma_L S_{Q1k}+\gamma_L\sum_{i=2}^{n}S_{Qik}\right)\leqslant 0.8S_{G1k} \quad (4.1.6\text{-}1)$$
>
> $$\gamma_0\left(1.35S_{G2k}+1.4\gamma_L\sum_{i=1}^{n}\psi_{ci}S_{Qik}\right)\leqslant 0.8S_{G1k} \quad (4.1.6\text{-}2)$$
>
> 式中 S_{G1k}——起有利作用的永久荷载标准值的效应；
>
> S_{G2k}——起不利作用的永久荷载标准值的效应。

【例 1.1.2-11】 顶层挑梁的抗倾覆验算

条件：某钢筋混凝土挑梁（$b\times h_b=240\text{mm}\times 300\text{mm}$），设计使用年限 50 年，搁置于墙顶上，如图 1.1.2-5 所示；顶层屋面板传给挑梁荷载标准值，恒载 $g_k=15.5\text{kN/m}$，活载 $q_k=1.8\text{kN/m}$，挑梁挑出部分自重 1.35kN/m。挑梁位于墙上部分自重 1.8kN/m。

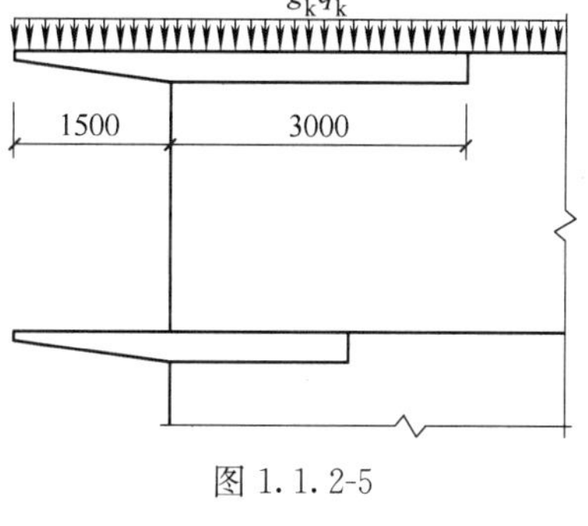

图 1.1.2-5

要求：进行顶层挑梁的抗倾覆验算。

【解答】 挑梁所承担的恒载为 15.5kN/m，挑梁所承担的活载为 1.8kN/m。

顶层的挑梁不是埋入砌体内，而是直接浮搁在墙上，所以它的倾覆点位于墙的外表面，不能采用《砌体》7.4.2 条的规定。

（1）倾覆力矩。

$$\begin{aligned}M_{ov1}&=\gamma_0\left(1.2S_{G2k}+1.4\gamma_L S_{Q1k}+\gamma_L\sum_{i=2}^{n}S_{Qik}\right)\\&=1.0\times[1.2\times(15.5+1.35)+1.4\times1.0\times1.8]\times1.5^2/2\\&=25.58\text{kN}\cdot\text{m}\end{aligned}$$

$$\begin{aligned}M_{ov2}&=\gamma_0\left(1.35S_{G2k}+1.4\gamma_L\sum_{i=2}^{n}\psi_{ci}S_{Qik}\right)\\&=1.0\times[1.35\times(15.5+1.35)+1.4\times1.0\times0.7\times1.8]\times1.5^2/2\\&=27.58\text{kN}\cdot\text{m}\end{aligned}$$

取 $M_{ov}=27.58\text{kN}\cdot\text{m}$

（2）抗倾覆力矩。

挑梁的抗倾覆荷载 G_r 仅考虑恒载，分项系数取 0.8。

$$M_r=0.8S_{G1k}=0.8\times(15.5+1.8)\times3^2/2=62.28\text{kN}\cdot\text{m}$$

（3）抗倾覆验算。

$$M_{ov}=27.58\text{kN}\cdot\text{m}<M_r=62.28\text{kN}\cdot\text{m}，满足要求。$$

【例 1.1.2-12】

某烧结普通砖砌体结构，设计使用年限 50 年，因特殊需要设计有地下室，如图 1.1.2-6 所示；房屋的长度为 L、宽度为 B，抗漂浮设计水位为 −1.0m，基础底面标高 −4.0m；算至基础底面的全部恒荷载标准值 $g=50\text{kN/m}^2$，全部活荷载标准值 $p=10\text{kN/m}^2$；结构重要性系数 $\gamma_0=1.0$。

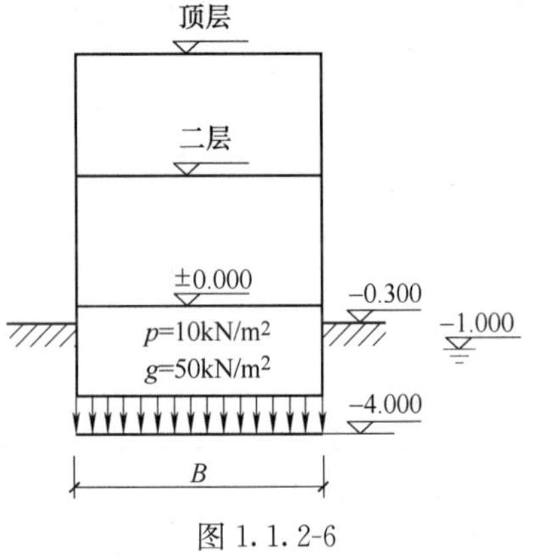

图 1.1.2-6

在抗漂浮验算中，漂浮荷载效应值 γ_0S_1 与抗漂浮荷载效应 S_2 之比，应与下列何组数值最为接近？

提示：砌体结构按刚体计算，水浮力按活荷载计算。

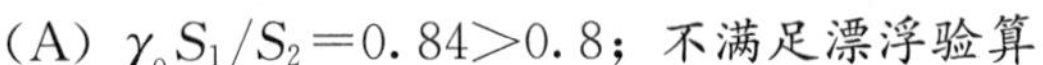

（A）$\gamma_0S_1/S_2=0.84>0.8$；不满足漂浮验算

（B）$\gamma_0S_1/S_2=0.74<0.8$；满足漂浮验算

（C）$\gamma_0S_1/S_2=0.80$；满足漂浮验算

（D）$\gamma_0S_1/S_2=0.65<0.8$；满足漂浮验算

【答案】（A）

【解答】

（1）根据《砌体结构设计规范》4.1.6 条，由活荷载控制的效应组合：

$$\gamma_0\left(1.2S_{G2k}+1.4\gamma_L S_{Q1k}+\gamma_L\sum_{i=2}^{n}S_{Qik}\right)\leqslant0.8S_{G1k}$$

漂浮荷载只有水浮力：$\gamma_0S_1=1.0\times[1.2\times0+1.4\times1.0\times(4-1)\times10]=42\text{kN/m}^2$

抗漂浮荷载仅考虑永久荷载：$S_2=S_{G1k}=50\text{kN/m}^2$

（2）$\gamma_0S_1/S_2=42/50=0.84>0.8$，不满足漂浮验算，（A）正确。

《地基》规定

3.0.5 地基基础设计时，所采用的作用效应与相应的抗力限值应符合下列规定：

3 计算挡土墙、地基或滑坡稳定以及基础抗浮稳定时，作用效应应按承载能力极限状态下作用的基本组合，但其分项系数均为 1.0。

6.7.5 挡土墙的稳定性验算应符合下列规定：

1 抗滑移稳定性应按下列公式进行验算（图 6.7.5-1）：

$$\frac{(G_{n}+E_{an})\mu}{E_{at}-G_{t}}\geqslant 1.3 \tag{6.7.5-1}$$

2 抗倾覆稳定性应按下列公式进行验算（图 6.7.5-2）：

$$\frac{Gx_{0}+E_{az}x_{f}}{E_{ax}z_{f}}\geqslant 1.6 \tag{6.7.5-2}$$

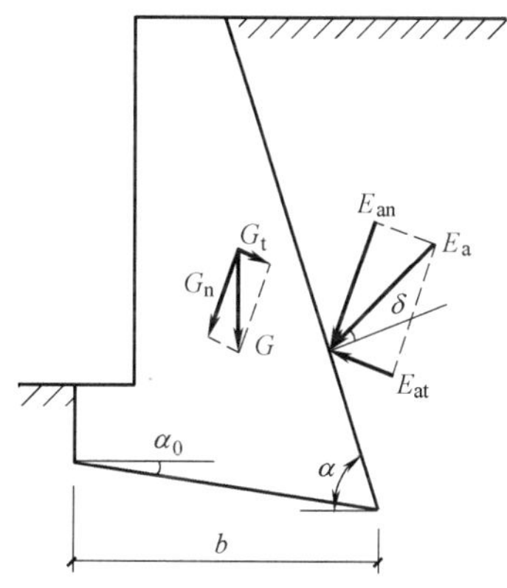

图 6.7.5-1 挡土墙抗滑稳定验算示意

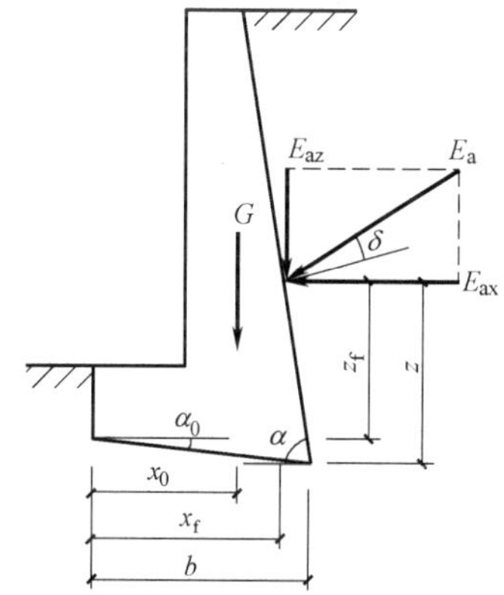

图 6.7.5-2 挡土墙抗倾覆稳定验算示意

1.2 风 荷 载

一、计算主要受力结构时采用的风荷载

《荷载规范》的规定

8.1.1 垂直于建筑物表面上的风荷载标准值，应按下列规定确定：

1 计算主要受力结构时，应按下式计算：

$$w_{k}=\beta_{z}\mu_{s}\mu_{z}w_{0} \tag{8.1.1-1}$$

式中 w_k——风荷载标准值（kN/m²）；

β_z——高度 z 处的风振系数；

μ_s——风荷载体型系数；

μ_z——风压高度变化系数；

w_0——基本风压（kN/m²）。

《高规》的规定

4.2.1 主体结构计算时，风荷载作用面积应取垂直于风向的最大投影面积，垂直于建筑物表面的单位面积风荷载标准值应按下式计算：

$$w_k = \beta_z \mu_s \mu_z w_0 \quad (4.2.1)$$

式中 w_k——风荷载标准值（kN/m^2）；

w_0——基本风压（kN/m^2），应按本规程第 4.2.2 条的规定采用；

μ_z——风压高度变化系数，应按现行国家标准《荷载规范》GB 50009 的有关规定采用；

μ_s——风荷载体型系数，应按本规程第 4.2.3 条的规定采用；

β_z——z 高度处的风振系数，应按现行国家标准《荷载规范》GB 50009 的有关规定采用。

综合两本规范的规定可以得到该风荷载标准值计算公式有下列特点：

（1）适用于计算主要承重（主体）结构的风荷载；

（2）适用于计算建筑任意高度处的风荷载；

（3）所求的风荷载标准值为顺风向的风荷载；

（4）风荷载垂直于建筑物的表面；

（5）风荷载作用面积应取垂直于风向的最大投影面积。

现对风荷载标准值计算公式中所用的四项参数进行讲述。

1. 基本风压

（1）“基本风压”的定义

《荷载规范》的定义

2.1.22 基本风压 reference wind pressure

风荷载的基准压力，一般按当地空旷平坦地面上 10m 高度处 10min 平均的风速观测数据，经概率统计得出 50 年一遇最大值确定的风速，再考虑相应的空气密度，按贝努利（Bernoulli）公式（E.2.4）确定的风压。

（2）贝努利公式

《荷载规范》给出了“基本风压”的计算公式

E.2.4 基本风压应按下列规定确定：

1 基本风压 w_0 应根据基本风速按下式计算：

$$w_0 = \frac{1}{2}\rho v_0^2 \quad (E.2.4\text{-}1)$$

式中 v_0——基本风速；

ρ——空气密度（t/m^3）。

在《荷载规范》8.1.2 条“条文说明”中称式（E.2.4-1）为贝努利公式。

基本风压 w_0 是根据当地气象台站历年来的最大风速记录，按基本风速的标准要求，将不同风速仪高度和时次时距的年最大风速，统一换算为离地 10m 高，自记 10min 平均年最大风速数据，经统计分析确定重现期为 50 年的最大风速，作为当地的基本风速 v_0，再按以下贝努利公式计算得到：

$$w_0=\frac{1}{2}\rho v_0^2$$

(3)《荷载规范》有关“基本风压”的规定

① 风压值

E.3.4 全国各城市重现期为 10 年、50 年和 100 年的风压值可按表 E.5 采用。

全国各城市的风压 **表 E.5**

省市名	城市名	风压/(kN/m^2)		
		$R=10$	$R=50$	$R=100$
北京	北京市	0.30	0.45	0.50
天津	天津市	0.30	0.50	0.60
	塘沽	0.40	0.55	0.65
上海	上海市	0.40	0.55	0.60

② 重现期为 50 年的“基本风压”

8.1.2 基本风压应采用按本规范规定的方法确定的 50 年重现期的风压，但不得小于 0.3kN/m^2。

8.1.3 全国各城市的基本风压值应按本规范附录 E 中表 E.5 重现期 R 为 50 年的值采用。

③ 设计使用年限的调整

对设计使用年限为 10 年和 100 年的基本风压，《荷载规范》3.2.5 条规定：

3.2.5 条

2 对风荷载，应取重现期为设计使用年限，按本规范第 E.3.3 条的规定确定基本风压，或按有关规范的规定采用。

条文说明：

对于风荷载，可通过选择不同重现期的值来考虑设计使用年限的变化。本规范在附录 E 中除了给出重现期为 50 年（设计基准期）的基本风压外，也给出了重现期为 10 年和 100 年的风压，可供选用。

④ 对风荷载比较敏感结构的风荷载

8.1.2 对于高层建筑、高耸结构以及对风荷载比较敏感的其他结构，基本风压的取值应适当提高，并应符合有关结构设计规范的规定。

条文说明：

对风荷载比较敏感的高层建筑和高耸结构，以及自重较轻的钢木主体结构，这类结构风荷载很重要，计算风荷载的各种因素和方法还不十分确定，因此基本风压应适当提高。如何提高基本风压值，仍可由各结构设计规范，根据结构的自身特点作出规定，没有规定的可以考虑适当提高其重现期来确定基本风压。

(4)《高规》的规定

4.2.2 基本风压应按照现行国家标准《建筑结构荷载规范》CB 50009 的规定采用。对风荷载比较敏感的高层建筑，承载力设计时应按基本风压的 1.1 倍采用。

条文说明：

对风荷载是否敏感，主要与高层建筑的体型、结构体系和自振特性有关，目前尚无实用的划分标准。一般情况下，对于房屋高度大于 60m 的高层建筑，承载力设计时风荷载计算可按基本风压的 1.1 倍采用。

本条的规定，对设计使用年限为 50 年和 100 年的高层建筑结构都是适用的。

(5)《烟囱》的规定

5.2.1 基本风压按国家标准《建筑结构荷载规范》GB 50009 规定的 50 年一遇的风压采用，但基本风压不得小于 $0.35kN/m^2$。对于安全等级为一级的烟囱，基本风压应按 100 年一遇的风压采用。

【例 1.2.1-1】

风荷载是高层建筑的主要荷载，对一般高层建筑（丙类建筑）应按多少年一遇的基本风压设计？

(A) 50 年　(B) 100 年　(C) 30 年　(D) 80 年

【答案】(A)

【解答】

(1) 根据《高规》4.2.2 条，基本风压按照现行国家标准《荷载规范》的规定采用。

(2) 根据《荷载规范》8.1.2 条，基本风压应采用按本规范规定的方法确定的 50 年重现期的风压。

【例 1.2.1-2】

以下论述哪项不符合相关规范、规程？

(A) 基本风压 w_0 可根据重现期为 50 年的最大风速，作为当地的基本风速 v_0，再根据风速确定 $w_0=\frac{1}{2}\rho v_0^2$（$\rho$ 为空气密度）

(B) 设计使用年限为 50 年或 100 年，高度大于 60m 的高层建筑，承载力设计时风荷载计算可按 50 年或 100 年的基本风压的 1.1 倍采用

(C) 楼层的侧向刚度比可取该层剪力和该层层间位移的比值

(D) 抗震设计时，钢筋混凝土柱轴压比和剪力墙轴压比中的轴向压力，均采用地震作用组合的轴向压力

【答案】(D)

【解答】

(1)根据《荷载规范》8.1.2条,基本风压应采用按本规范的方法确定的50年重现期的风压;8.1.2条条文说明,经统计分析确定重现期为50年的最大风速,作为当地的基本风速 v_0,再按贝努利公式计算得到:$w_0=\frac{1}{2}\rho v_0^2$。(A)正确。

(2)根据《高规》4.2.2条及条文说明,一般情况下,对于房屋高度大于60m的高层建筑,承载力设计时风荷载计算可按基本风压的1.1倍采用。本条规定,对设计使用年限为50年和100年的高层建筑结构都是适用的。(B)正确。

(3)根据《高层建筑混凝土结构技术规程》3.5.2条,(C)正确。

(4)根据《高规》表6.4.2注1,表7.2.13小注可知,(D)错误。

2. 风压高度变化系数

(1)地面粗糙度

《荷载规范》的规定

2.1.23 地面粗糙度 terrain roughness

风在到达结构物以前吹越过2km范围内的地面时,描述该地面上不规则障碍物分布状况的等级。

8.2.1 地面粗糙度可分为A、B、C、D四类:

A类指近海海面和海岛、海岸、湖岸及沙漠地区;B类指田野、乡村、丛林、丘陵以及房屋比较稀疏的乡镇;C类指有密集建筑群的城市市区;D类指有密集建筑群且房屋较高的城市市区。

《荷载规范》8.2.1条的"条文说明"给出了"地面粗糙度"的近似确定原则

在确定城区的地面粗糙度类别时,可按下述原则近似确定:

1 以拟建房2km为半径的迎风半圆影响范围内的房屋高度和密集度来区分粗糙度类别,风向原则上应以该地区最大风的风向为准,但也可取其主导风;

2 以半圆影响范围内建筑物的平均高度 $\bar{h}$ 来划分地面粗糙度类别,当 $\bar{h}\geqslant18$m,为D类,9m$<\bar{h}<$18m,为C类,$\bar{h}\leqslant9$m,为B类;

3 影响范围内不同高度的面域可按下述原则确定,即每座建筑物向外延伸距离为其高度的面域内均为该高度,当不同高度的面域相交时,交叠部分的高度取大者;

4 平均高度 $\bar{h}$ 取各面域面积为权数计算。

【例1.2.1-3】

某项目周边建筑的情况如图1.2.1-1所示,试问,该项目风荷载计算时所需的地面粗糙度类别,下列选项中何项符合规范要求?

提示:按《荷载规范》条文说明作答。

(A)A类 (B)B类 (C)C类 (D)D类

【答案】(C)

【解答】

（1）根据《荷载规范》8.2.1 条的条文说明：

1）以拟建房 2km 为半径的迎风半圆影响范围内的房屋高度和密集度来区分粗糙度类别，因此取图 1.2.1-2 中虚线半圆范围来判断粗糙度。

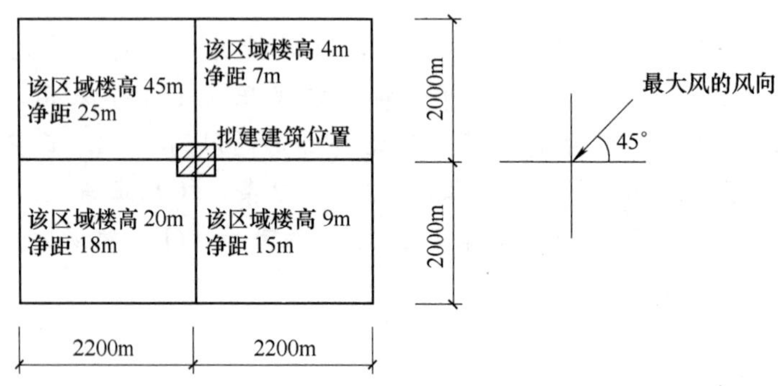

图 1.2.1-1

2）以半圆影响范围内建筑物的平均高度 $\bar{h}$ 来划分地面粗糙度类别，当 $\bar{h}\geqslant 18$m，为 D 类；$9\text{m}<\bar{h}<18\text{m}$，为 C 类；$\bar{h}\leqslant 9$m，为 B 类。

3）影响范围内不同高度的面域确定原则，每座建筑物向外延伸距离为其高度的面域均为该高度。图 1.2.1-2 中建筑物净距小于 2 倍楼高，符合本条原则。

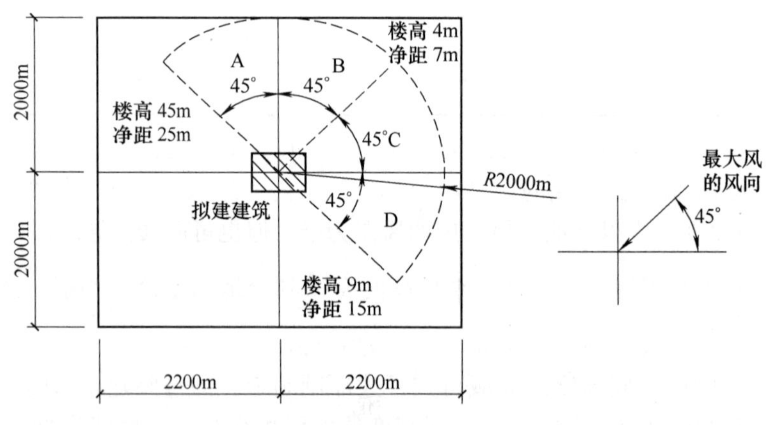

图 1.2.1-2

4）平均高度 $\bar{h}$ 取各面域面积为权数计算，图 1.2.1-2 中虚线半圆内 A、B、C、D 四块面积相等，将每块面积取为单位 1。

（2）$\bar{h}=\dfrac{45\times1+4\times2+9\times1}{4}=15.5$m，为 C 类。（C）正确。

（2）平地的风压高度变化系数

《荷载规范》规定

8.2.1 对于平坦或稍有起伏的地形，风压高度变化系数应根据地面粗糙度类别按表 8.2.1确定。

风压高度变化系数 μ_z **表 8.2.1**

离地面或海平面高度（m）	地面粗糙度类别			
	A	B	C	D
5	1.09	1.00	0.65	0.51
10	1.28	1.00	0.65	0.51
15	1.42	1.13	0.65	0.51
20	1.52	1.23	0.74	0.51
30	1.67	1.39	0.88	0.51
40	1.79	1.52	1.00	0.60
50	1.89	1.62	1.10	0.69
60	1.97	1.71	1.20	0.77
70	2.05	1.79	1.28	0.84
80	2.12	1.87	1.36	0.91
90	2.18	1.93	1.43	0.98
100	2.23	2.00	1.50	1.04

（3）地形条件的修正

《荷载规范》规定

8.2.2 对于山区的建筑物，风压高度变化系数除可按平坦地面的粗糙度类别由本规范表 8.2.1 确定外，还应考虑地形条件的修正，修正系数 η 应按下列规定采用：

1 对于山峰和山坡，修正系数应按下列规定采用：

1）顶部 B 处的修正系数可按下式计算：

$$\eta_B = \left[1+\kappa\tan\alpha\left(1-\frac{z}{2.5H}\right)\right]^2 \tag{8.2.2}$$

式中 $\tan\alpha$——山峰或山坡在迎风面一侧的坡度；当 $\tan\alpha$ 大于 0.3 时，取 0.3；

κ——系数，对山峰取 2.2，对山坡取 1.4；

H——山顶或山坡全高（m）；

z——建筑物计算位置离建筑物地面的高度（m）；当 $z>2.5H$ 时，取 $z=2.5H$。

2）其他部位的修正系数，可按图 8.2.2 所示，取 A、C 处的修正系数 η_A、η_C 为 1，AB 间和 BC 间的修正系数按 η 的线性插值确定。

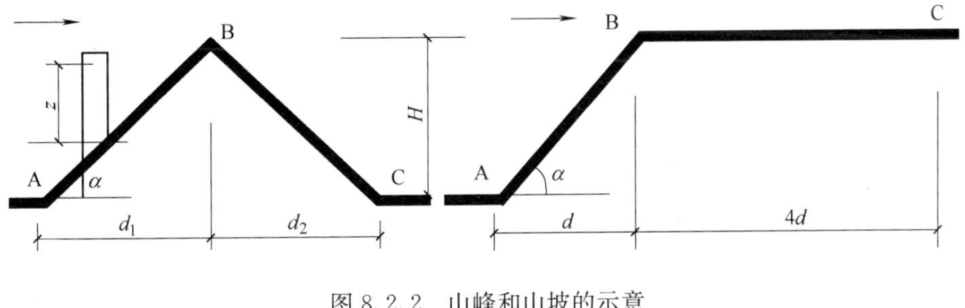

图 8.2.2 山峰和山坡的示意

2 对于山间盆地、谷地等闭塞地形，η可在0.75～0.85选取。

3 对于与风向一致的谷口、山口，η可在1.20～1.50选取。

【例1.2.1-4】

若一建筑物位于高度为55m的山坡顶部，如图1.2.1-3所示，试问建筑屋面D处的地形条件修正系数η，与下列何项数值最为接近。

(A) 1.0　　(B) 1.03　　(C) 1.1　　(D) 1.24

【答案】(D)

【解答】由《荷载规范》8.2.2条式(8.2.2)：

$$\eta_B=\left[1+\kappa\tan\alpha\left(1-\frac{z}{2.5H}\right)\right]^2$$

$\kappa=1.4$，$\tan\alpha=\frac{55}{100}=0.55>0.3$，取$\tan\alpha=0.3$

$z=100\text{m}<2.5H=137.5\text{m}$，取$z=100\text{m}$

$\eta_B=\left[1+1.4\times0.3\times\left(1-\frac{100}{2.5\times55}\right)\right]^2=1.24$，(D)正确。

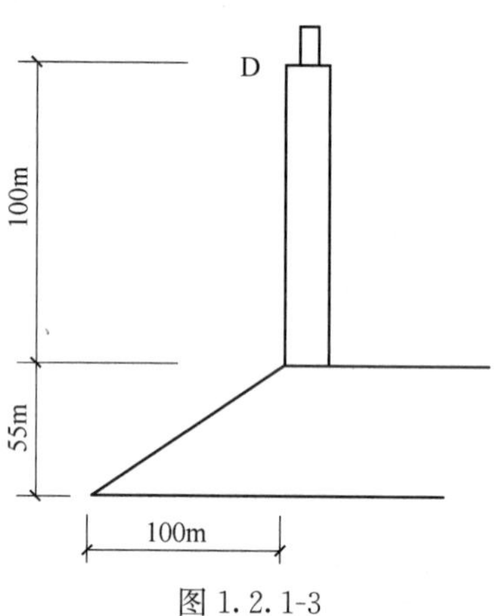

图1.2.1-3

【例1.2.1-5】坡顶地表和房顶的风压值计算

条件：某房屋修建在山坡高处，如图1.2.1-4所示，山麓附近的基本风压为0.35kN/m²，山坡坡度如图所示，高差H=30m，离坡顶200m处有一高度为20m的房屋，地面粗糙度为B类。

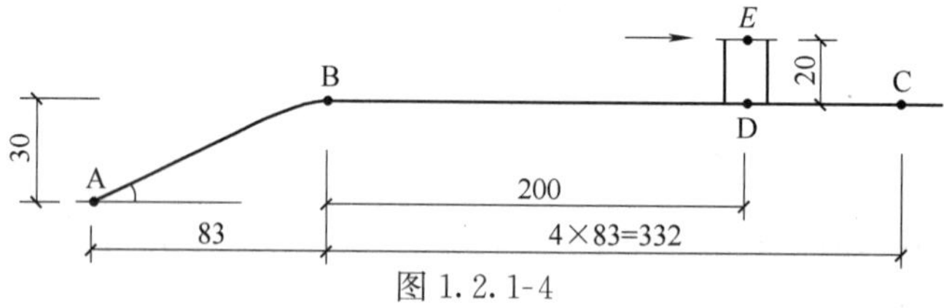

图1.2.1-4

要求：确定离坡顶200m地表D处的风压及房屋顶部E处的风压。

提示：不考虑μ_s。

【解答】

(1) 求D处的风压：

1) 根据《建筑结构荷载规范》8.2.2条，B处的地形修正系数为

$$\eta_{B1}=\left[1+\kappa\tan\alpha\left(1-\frac{z}{2.5H}\right)\right]^2$$

$$\tan\alpha=0.36>0.3，取\tan\alpha=0.3；z=0<2.5H=75\text{m}；\kappa=1.4$$

$$\eta_{B1}=\left[1+1.4\times0.3\times\left(1-\frac{0}{2.5\times30}\right)\right]^2=2.02$$

2) 根据《荷载规范》8.2.2-1-2条，离B点$4d$=332m位置$\eta=1$，D处的修正系数：

$$\eta_D=1+\frac{332-200}{332}\times(2.02-1)=1.41$$

3) D处风压：$w_k=\mu_z\eta_D w_0=1.0\times1.41\times0.35=0.49\text{kN/m}^2$

(2) 求E处的风压

1）根据《荷载规范》8.2.2 条，B 处的风压修正系数：

$$\eta_{B2}=\left[1+\kappa\tan\alpha\left(1-\frac{z}{2.5H}\right)\right]^2$$

$\tan\alpha=0.36>0.3$，取 $\tan\alpha=0.3$；$z=20m<2.5H=75m$；$\kappa=1.4$

$$\eta_{B2}=\left[1+1.4\times0.3\times\left(1-\frac{20}{2.5\times30}\right)\right]^2=1.71$$

2）E 处的风压修正系数：

$$\eta_E=1+\frac{332-200}{332}\times(1.71-1)=1.28$$

3）查《荷载规范》表 8.2.1 得 $\mu_{zA}=1.23$。

4）E 处的风压为：$w_k=\mu_{zA}\eta_E w_0=1.23\times1.28\times0.35=0.55kN/m^2$。

3. 风荷载体型系数

《荷载规范》的定义是

8.3.1 风荷载体型系数是指风作用在建筑物表面一定面积范围内所引起的平均压力（或吸力）与来流风的速度压的比值，它主要与建筑物的体型和尺度有关，也与周围环境和地面粗糙度有关。

（1）计算房屋和构筑物风荷载采用的体型系数

《荷载规范》规定

8.3.1 房屋和构筑物的风荷载体型系数，可按下列规定采用：

1 房屋和构筑物与表 8.3.1 中的体型类同时，可按表 8.3.1 的规定采用；

2 房屋和构筑物与表 8.3.1 中的体型不同时，可按有关资料采用；当无资料时，宜由风洞试验确定；

3 对于重要且体型复杂的房屋和构筑物，应由风洞试验确定。

风荷载体型系数 **表 8.3.1**

项次	类别	体型及体型系数 μ_s	备注
1	封闭式落地双坡屋面	图示：μ_s，α，−0.5 α / μ_s：0° / 0.0；30° / +0.2；≥60° / +0.8	中间值按线性插值法计算
2	封闭式双坡屋面	图示：μ_s，α，−0.5，+0.8，−0.5，−0.7；+0.8，−0.5，−0.7 α / μ_s：≤15° / −0.6；30° / 0.0；≥60° / +0.8	1. 中间值按线性插值法计算； 2. μ_s 的绝对值不小于 0.1
3	封闭式落地拱形屋面	图示：μ_s，−0.8，−0.5，f，l f/l / μ_s：0.1 / +0.1；0.2 / +0.2；0.5 / +0.6	中间值按线性插值法计算

《高规》规定

B.0.1 风荷载体型系数应根据建筑物平面形状按下列规定采用：

1 矩形平面

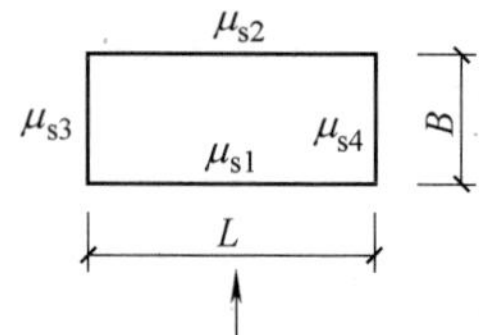

μ_{s1}	μ_{s2}	μ_{s3}	μ_{s4}
0.8	$-\left(0.48+0.03\frac{H}{L}\right)$	−0.60	−0.60

注：H 为房屋高度。

（2）计算高层建筑主体结构风荷载采用的体型系数

《高规》

4.2.3 计算主体结构的风荷载效应时，风荷载体型系数 μ 可按下列规定采用：

1 圆形平面建筑取0.8；

2 正多边形及截角三角形平面建筑，由下式计算：

$$\mu_s=0.8+1.2/\sqrt{n} \quad (4.2.3)$$

式中 n——多边形的边数。

3 高宽比 H/B 不大于4的矩形、方形、十字形平面建筑取1.3；

4 下列建筑取1.4：

1）V形、Y形、弧形、双十字形、井字形平面建筑；

2）L形、槽形和高宽比 H/B 大于4的十字形平面建筑；

3）高宽比 H/B 大于4，长宽比 L/B 不大于1.5的矩形、鼓形平面建筑。

【例1.2.1-6】

某地上16层、地下1层的现浇钢筋混凝土框架-剪力墙办公楼，如图1.2.1-5所示。房屋高度为64.2m，风向如图所示，要求确定体型系数？

【解答】

（1）根据《高规》4.2.3-3条，高宽比 H/B 不大于4的矩形、方形、十字形平面建筑取1.3。$H/B=64.2/15=4.28>4$，不符合此条要求。

（2）根据《高规》4.2.3-4-3条，高宽比 H/B 大于4，长宽比 L/B 不大于1.5的矩形、鼓形平面建筑，体型系数取1.4。$L/B=24.3/15=1.62>1.5$，不符合此条要求。

（3）根据《高规》4.2.3-5条，在需要更细致进行风荷载计算的场合，风荷载体型系数可按本规程附录B采用，或由风洞试验确定。

（4）根据《高规》附录B.0.1第1项，如下图所示：

$$\mu_{s2}=-\left(0.48+0.03\frac{H}{L}\right)=-\left(0.48+0.03\times\frac{64.2}{24.3}\right)=-0.56$$

$$\mu_s=\mu_{s1}-\mu_{s2}=0.8+0.56=1.36$$

平面示意图

1—1

图 1.2.1-5

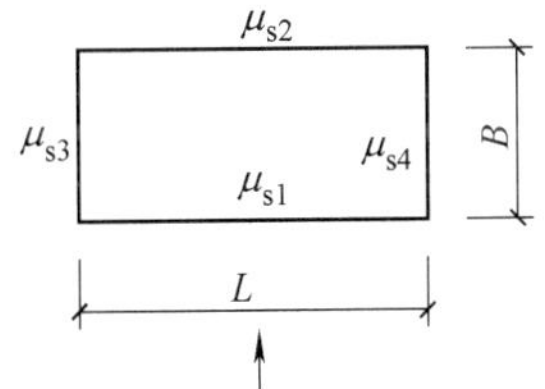

μ_{s1}	μ_{s2}	μ_{s3}	μ_{s4}
0.80	$-\left(0.48+0.03\frac{H}{L}\right)$	−0.60	−0.60
注：H 为房屋高度			

（3）考虑群体效应的相互干扰系数

《荷载规范》规定

8.3.2 当多个建筑物，特别是群集的高层建筑，相互间距较近时，宜考虑风力相互干扰的群体效应；一般可将单独建筑物的体型系数 μ_s 乘以相互干扰系数。相互干扰系数可按下列规定确定：

1 对矩形平面高层建筑，当单个施扰建筑与受扰建筑高度相近时，根据施扰建筑的位置，对顺风向风荷载可在 1.00～1.10 范围内选取，对横风向风荷载可在 1.00～1.20 范围内选取；

2 其他情况可比照类似条件的风洞试验资料确定，必要时宜通过风洞试验确定。

《荷载规范》的“条文说明”指出

8.3.2 当建筑群，尤其是高层建筑群，房屋相互间距较近时，由于旋涡的相互干扰，房屋某些部位的局部风压会显著增大。

相互干扰系数定义为受扰后的结构风荷载和单体结构风荷载的比值。在没有充分依据的情况下，相互干扰系数的取值一般不小于 1.0。

建筑高度相同的单个施扰建筑的顺风向和横风向风荷载相互干扰系数的研究结果分别见图 6 和图 7。图中假定风向是由左向右吹，b 为受扰建筑的迎风面宽度，x 和 y 分别为施扰建筑离受扰建筑的纵向和横向距离。

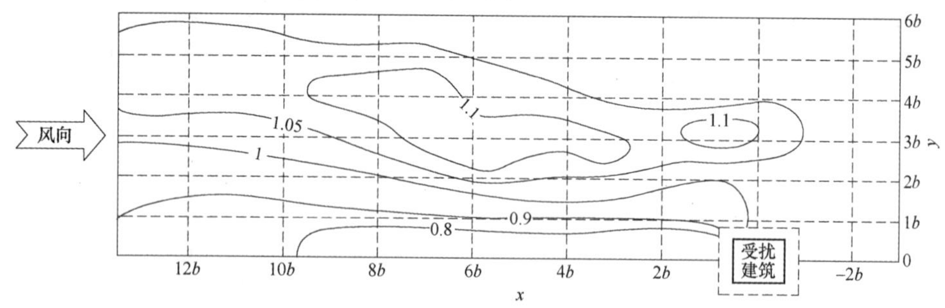

图 6 单个施扰建筑作用的顺风向风荷载相互干扰系数

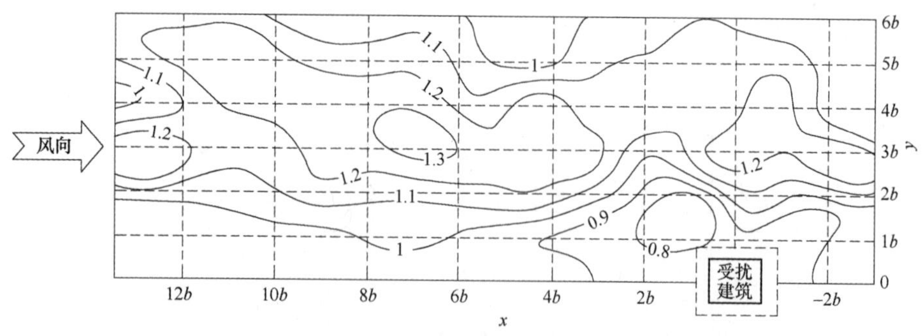

图 7 单个施扰建筑作用的横风向风荷载相互干扰系数

建筑高度相同的两个干扰建筑的顺风向荷载相互干扰系数见图 8。图中 l 为两个施扰建筑 A 和 B 的中心连线，取值时 l 不能和 l_1 或 l_2 相交。图中给出的是两个施扰建筑联合作用时的最不利情况，当这两个建筑都不在图中所示区域时，应按单个施扰建筑情况处理并依照图 6 选取较大的数值。

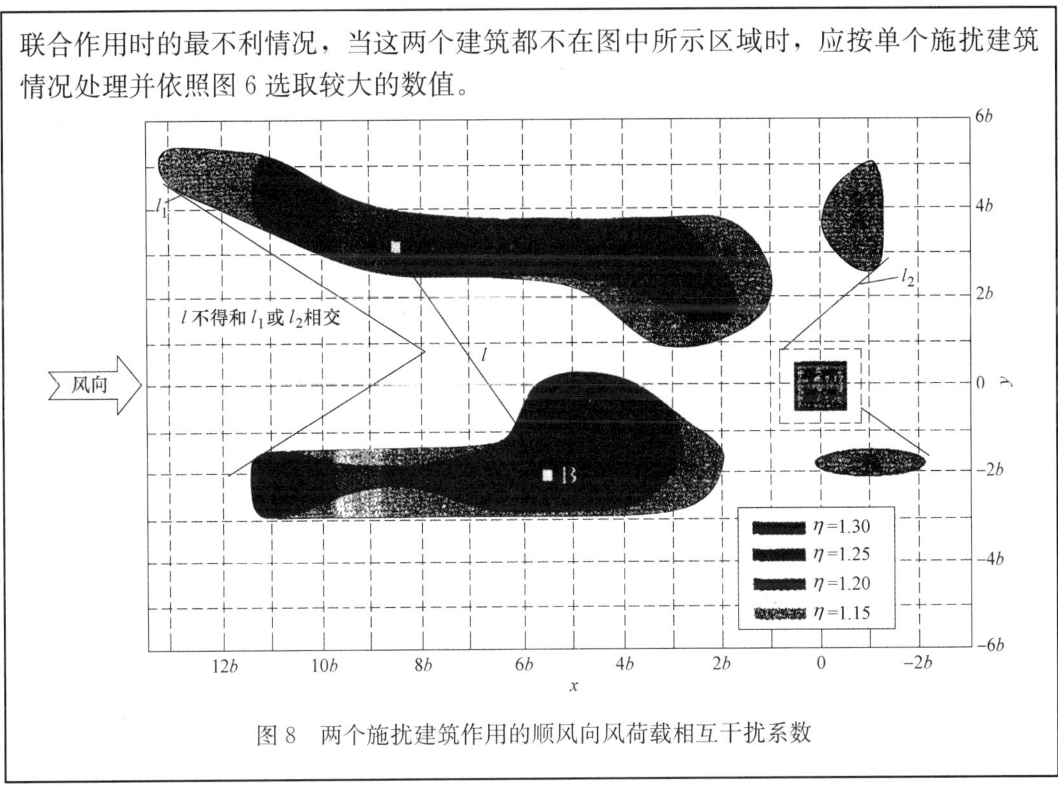

图 8　两个施扰建筑作用的顺风向风荷载相互干扰系数

【例 1.2.1-7】

某 36 层钢筋混凝土框架-核心筒高层建筑，系普通办公楼，建于非地震区，如图 1.2.1-6 所示；方形平面，边长 b 为 30m；房屋地面以上高度为 150m，质量和刚度沿竖向分布均匀，可忽略扭转影响。假如在该建筑物 A 旁拟建一同样的建筑物 B，如图 1.2.1-7 所示，不考虑其他因素的影响，下列何组布置方案使建筑物 A 的顺风向相互干扰系数最大？

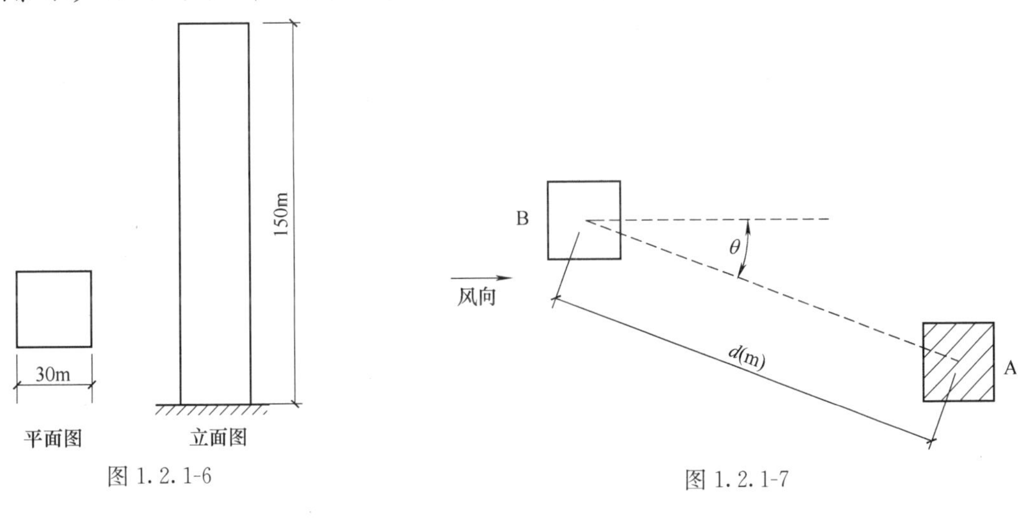

图 1.2.1-6　　　　图 1.2.1-7

(A) $\theta=45°$；$d=260$m　　(B) $\theta=0°$；$d=100$m

(C) $\theta=20°$；$d=100$m　　(D) $\theta=45°$；$d=130$m

【答案】(D)

【解答】根据《荷载规范》8.3.2条及条文说明图6（如图1.2.1-8所示），迎风面宽$b=30m$。

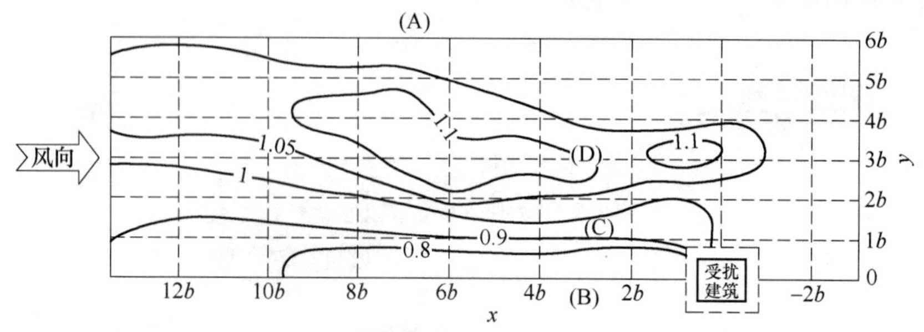

图1.2.1-8　B建筑对A建筑的干扰系数

（1）选项（A）$\theta=45°$，$(d\times\cos45°)/b=6.13$，在图1.2.1-8中$x=y=6.13b$处，干扰系数小于1.05。

（2）选项（B）$\theta=0°$，$d/b=3.33$，$x=3.33b$，干扰系数为0.8，如图1.2.1-8所示。

（3）选项（C）$\theta=20°$，$(d\times\cos20°)/b=3.13$，$x=3.13b$，如图1.2.1-8所示，$(d\times\sin20°)/b=1.14$，$y=1.14b$，干扰系数可取0.9，如图1.2.1-8所示。

（4）选项（D）$\theta=45°$；$(d\times\cos45°)/b=3.06$，$x=y=3.06b$，干扰系数取1.1，如图1.2.1-8所示。(D)为正确答案。

4. 风振系数

（1）需考虑风振系数的范围

《荷载规范》规定

> **8.4.1**　对于高度大于30m且高宽比大于1.5的房屋，以及基本自振周期T_1大于0.25s的各种高耸结构，应考虑风压脉动对结构产生顺风向风振的影响。

（2）结构的自振周期

《荷载规范》8.3.5条指出

> 注：1 结构的自振周期应按结构动力学计算；近似的基本自振周期T_1可按附录F计算。

《荷载规范》附录F指出

> **F.2.1**　一般情况下，高层建筑的基本自振周期可根据建筑总层数近似地按下列规定采用：
>
> 1　钢结构的基本自振周期按下式计算：
>
> $$T_1=(0.10\sim0.15)n \tag{F.2.1-1}$$
>
> 式中　n——建筑总层数。
>
> 2　钢筋混凝土结构的基本自振周期按下式计算：
>
> $$T_1=(0.05\sim0.10)n \tag{F.2.1-2}$$
>
> **F.2.2**　钢筋混凝土框架、框剪和剪力墙结构的基本自振周期可按下列规定采用：
>
> 1　钢筋混凝土框架和框剪结构的基本自振周期按下式计算：

$$T_1=0.25+0.53\times10^{-3}\frac{H^2}{\sqrt[3]{B}} \tag{F.2.2-1}$$

2　钢筋混凝土剪力墙结构的基本自振周期按下式计算：

$$T_1=0.03+0.03\frac{H}{\sqrt[3]{B}} \tag{F.2.2-2}$$

式中　H——房屋总高度（m）；

B——房屋宽度（m）。

（3）高度 z 的风振系数 β_z

《荷载规范》规定

8.4.3　对于一般竖向悬臂形结构，例如高层建筑和构架、塔架、烟囱等高耸结构，均可仅考虑结构第一振型的影响，结构的顺风向风荷载可按公式（8.1.1-1）计算。z 高度处的风振系数 β_z 可按下式计算：

$$\beta_z=1+2gI_{10}B_z\sqrt{1+R^2} \tag{8.4.3}$$

式中　g——峰值因子，可取 2.5；

I_{10}——10m 高度名义湍流强度，对应 A、B、C 和 D 类地面粗糙度，可分别取 0.12、0.14、0.23 和 0.39；

R——脉动风荷载的共振分量因子；

B_z——脉动风荷载的背景分量因子。

5. 风荷载计算

（1）受风面和风向垂直时、受风面的风荷载计算

【例 1.2.1-8】

某单层工业厂房，建在房屋比较稀疏的乡镇，山墙设三根钢筋混凝土抗风柱，如图 1.2.1-9 所示。

假定作用在抗风柱上的风荷载值均按 16m 标高处取值，$\mu_s=0.8$，$w_0=0.45\text{kN/m}^2$，试问抗风柱 A 承受的均布风荷载标准值 q_k 与下列何项数值相近？

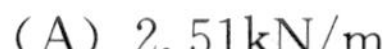

（A）2.51kN/m

（B）0.32kN/m

（C）1.60kN/m

（D）1.95kN/m

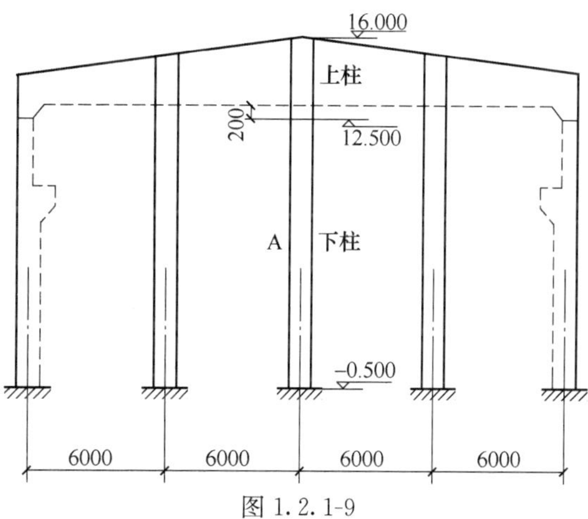

图 1.2.1-9

【答案】（A）

【解答】（1）根据《荷载规范》8.2.1 条，地面粗糙度为 B 类，$H=16.0+0.5=16.5\text{m}$

查表 8.2.1 得：$\mu_z=1.13+\frac{16.5-15}{20-15}\times(1.23-1.13)=1.16$。

（2）根据《荷载规范》8.4.1 条，$H=16.5\text{m}<30\text{m}$，$\beta_z=1.0$。

（3）根据《荷载规范》8.1.1 条，柱 A 的风荷载标准值为：

$q_k = B\beta_z\mu_s\mu_z w_0 = 6\times1.0\times0.8\times1.16\times0.45 = 2.51$kN/m，（A）正确。

【例 1.2.1-9】

某一建筑建于房屋比较稀疏的乡镇，钢筋混凝土高层框架-剪力墙结构，已知基本风压 $w_0 = 0.6\text{kN/m}^2$，该建筑外形、质量、刚度沿高度分均匀变化，如图 1.2.1-10 所示。

假定 $\beta_z = 1.62$，试问，50m 高度处垂直于建筑物表面的迎风面风荷载标准值（kN/m²）与下列何项数值最为接近？

提示：按《高规》附录 B 确定风荷载体型系数，此时 $\alpha = 0$。

（A）0.9　　（B）1.3　　（C）0.83　　（D）1.65

【答案】（B）

【解答】（1）根据《高规》附录 B.0.1 第 2 项，如下图所示：

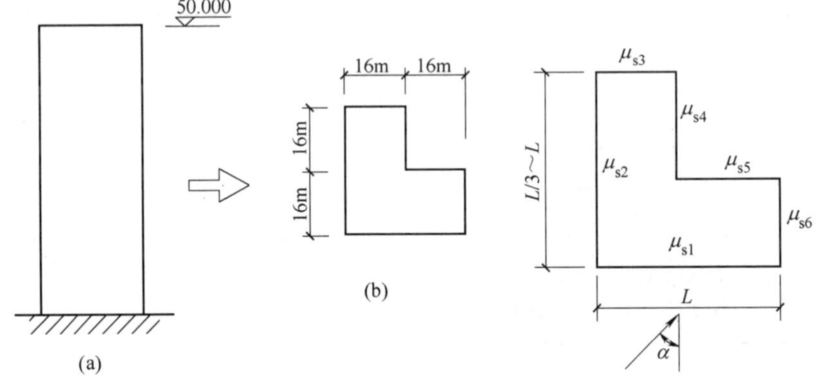

图 1.2.1-10

（a）立面图；（b）平面图

α \ μ_s	μ_{s1}	μ_{s2}	μ_{s3}	μ_{s4}	μ_{s5}	μ_{s6}
0°	0.80	−0.70	−0.60	−0.50	−0.50	−0.60
45°	0.50	0.50	−0.80	−0.70	−0.70	−0.80
225°	−0.60	−0.60	0.30	0.90	0.90	0.30

$\alpha = 0$ 时，$\mu_{s1} = 0.8$

（2）根据《荷载规范》8.2.1 条，地面粗糙度为 B 类，$\mu_z = 1.62$。

（3）根据《荷载规范》8.1.1 条：

$w_k = \beta_z\mu_s\mu_z w_0 = 1.62\times0.8\times1.62\times0.6 = 1.26\text{kN/m}^2$，（B）正确。

（2）屋面和风向不垂直时的风力计算

屋盖顶面斜坡部分的风荷载计算，要将垂直屋面表面的荷载投影到水平面上，如图 b 所示的屋面斜坡，已知斜坡高度 h_2、斜坡与水平面的夹角为 α，斜坡的宽度 $s = h_2/\sin\alpha$，作用屋面上的风荷载 w_k（kN/m²）是垂直于斜坡的，现沿房屋长度方向取单位长度 $b = 1$m 求风荷载产生的合力。以左侧为例，$q^* = w_k s = \mu_s\mu_z w_0 s = \mu_s\mu_z w_0 h_2/\sin\alpha$。其水平方向的分力 $F = q^*\sin\alpha = \mu_s\mu_z w_0 h_2$。在设计中需要应用到由屋面风荷载产生的水平分力时，可

以直接应用公式 $F=\mu_s\mu_z w_0 h_2$ 进行计算。具体计算过程请参阅算例

【例 1.2.1-10】

某建筑物如图 1.2.1-11 所示，开间 4m，基本风压值为 0.35kN/mm²，高度变化系数 $\mu_z=1$。

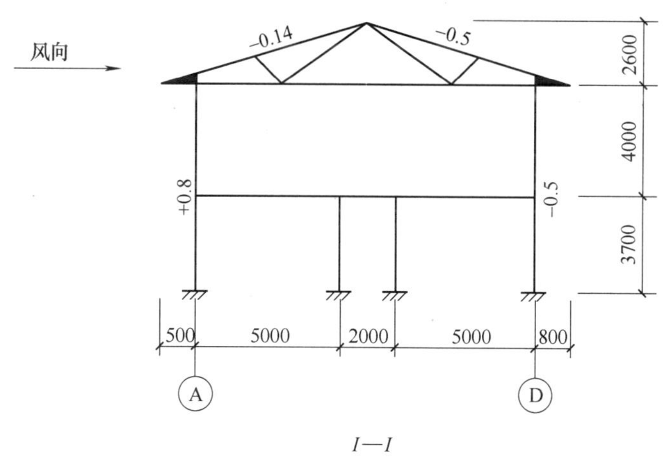

I—I

(剖面中周边数值为风荷载体型系数)

图 1.2.1-11

屋架在风荷载作用下，每榀屋架下弦产生的柱顶集中力设计值 P_w 与下列何项数值相近?

(A) 0.89kN　　(B) 1.25kN　　(C) 1.84kN　　(D) 3.49kN

【答案】(C)

【解答】(1) 根据《荷载规范》8.4.1 条，$H=3.7+4=7.7\text{m}<30\text{m}$，$B=5+2+5=12\text{m}$，房面的高宽比 $\frac{7.7}{12+0.37}=0.62<1.5$，$\beta_z=1.0$。

(2) 根据《荷载规范》8.1.1 条：

$w_k=\beta_z\mu_s\mu_z w_0=1.0\times(0.5-0.14)\times1.0\times0.35=0.126\text{kN/m}^2$。

(3) 柱顶处的风荷载设计值：$P_w=\gamma_w Bhw_k=1.4\times4\times2.6\times0.126=1.83\text{kN}$，(C) 正确。

【例 1.2.1-11】

图 1.2.1-12 为一工业厂房高低跨排架，低跨跨度为 15m，高跨跨度为 24m，柱间距为 6m。

风荷载基本风压为 0.4kN/m²。该工业厂房排架从右来风时，风荷载作用的体型系数如图 1.2.1-13 所示。风荷载从左向右为正向(→)，从右向左为负向(←)。假定风荷载的分项系数为 1.4，并设风振系数 $\beta_z=1.0$，风压高度变化系数 $\mu_z=1.0$。

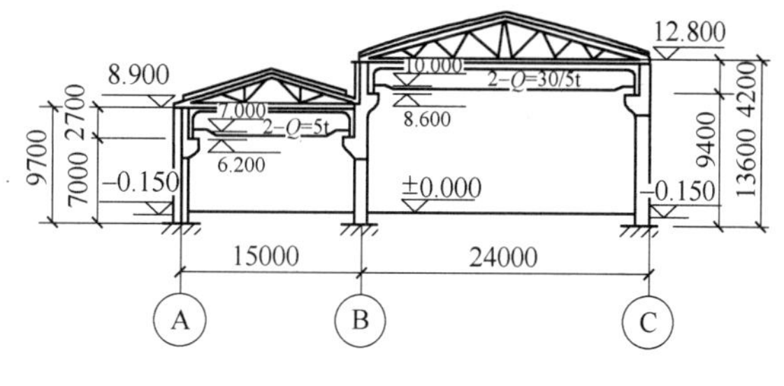

图 1.2.1-12

试确定风载 W_1、W_2、q_1 和 q_2 的设计值与下列何项数值最为接近？

(A) $q_1=-1.34$kN/m；$q_2=-2.69$kN/m；$W_1=1.68$kN；$W_2=1.88$kN

(B) $q_1=-1.34$kN/m；$q_2=-2.69$kN/m；$W_1=-0.84$kN；$W_2=2.70$kN

(C) $q_1=-1.68$kN/m；$q_2=-2.69$kN/m；$W_1=-1.68$kN；$W_2=1.88$kN

(D) $q_1=-1.68$kN/m；$q_2=-2.69$kN/m；$W_1=1.68$kN；$W_2=2.70$kN

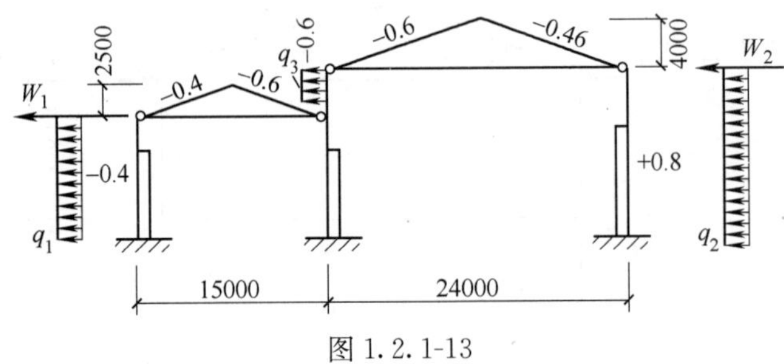

图 1.2.1-13

【答案】（A）

【解答】（1）根据《荷载规范》8.1.1 条，柱距 6m，$\beta_z=1.0$，$\mu_z=1.0$，先计算各部位风荷载的大小，并判断方向，再根据题目的规定确定正负号。

（2）计算风荷载

$$q_1=\gamma_w B\beta_z\mu_s\mu_z w_0=1.4\times6\times1.0\times0.4\times1.0\times0.4=1.34\text{kN/m}\ (\leftarrow)$$

$$q_2=\gamma_w B\beta_z\mu_s\mu_z w_0=1.4\times6\times1.0\times0.8\times1.0\times0.4=2.69\text{kN/m}\ (\leftarrow)$$

$$W_1=\gamma_w Bh\beta_z\mu_s\mu_z w_0=1.4\times6\times2.5\times1.0\times(0.6-0.4)\times1.0\times0.4=1.68\text{kN}\ (\rightarrow)$$

$$W_2=\gamma_w Bh\beta_z\mu_s\mu_z w_0=1.4\times6\times4\times1.0\times(-0.6+0.46)\times1.0\times0.4=-1.88\text{kN}\ (\leftarrow)$$

（3）规定正负号为：风载从左向右为正向（→），从右向左为负向（←）

$q_1=-1.34$kN/m；$q_2=-2.69$kN/m；$W_1=1.68$kN；$W_2=-1.88$kN。（A）正确。

(3) 墙面和风向不垂直时的风力计算

在结构设计时，应将总体风荷载集中作用在各楼层位置，计算结构的内力及位移。总风荷载为建筑物各个表面上承受风力的合力，是沿建筑物高度变化的线荷载。首先计算得到某高度处风荷载标准值 w_k，然后计算该高度处各个受风面上风荷载的合力值（各受风面上的风荷载垂直于该表面，投影后求合力），通常按 x、y 两个互相垂直的方向分别计算总风荷载。也可按下列公式直接计算 z 高度处的总风荷载标准值：

$$w_z=\beta_z\mu_z w_0\ (\mu_{s1}B_1\cos\alpha_1+\mu_{s2}B_2\cos\alpha_2+\cdots+\mu_{sn}B_n\cos\alpha_n)$$

式中 n——建筑物外围表面数（每一个平面作为一个表面）；

B_1、B_2、…、B_n——第 i 个表面的宽度；

μ_{s1}、μ_{s2}、…、μ_{sn}——第 i 个表面的平均风荷载体型系数；

α_1、α_2、…、α_n——第 i 个表面法线与风荷载作用方向的夹角。

式中 $B\cos\alpha_i$ 为垂直于风作用方向的最大投影宽度。当建筑物某个表面与风力作用方向垂直时，即 $\alpha_i=0°$，则这个表面的风压全部计入总风荷载；当某个表面与风力作用方向平行时，即 $\alpha_i=90°$，则这个表面的风压不计入总风荷载；其他与风作用方向成某一夹角的表面，都应计入该表面上压力在风作用方向的分力，在计算时要特别注意区别每个表面是风压力还是风吸力，以便在求合力时作矢量相加。注意，由上式计算得到的 w 是线分布荷载，单位是 kN/m。各表面风力的合力作用点，即为总体风荷载的作用点，其位置按静力平衡条件确定。设计时，将沿高度分布的总体风荷载的线荷载换算成集中作用在各楼层位置的集中荷载，再计算结构的内力及位移。

【例 1.2.1-12】

某 15 层框架-剪力墙结构，其平面、立面示意图如图 1.2.1-14 所示，质量和刚度沿竖向分布均匀，对风荷载不敏感，房屋高度 58m。

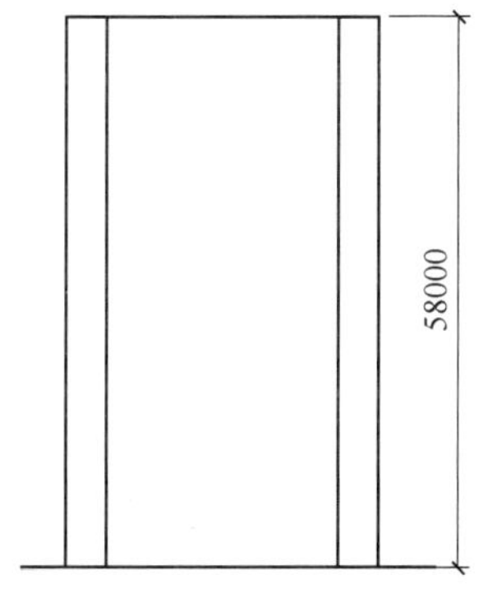

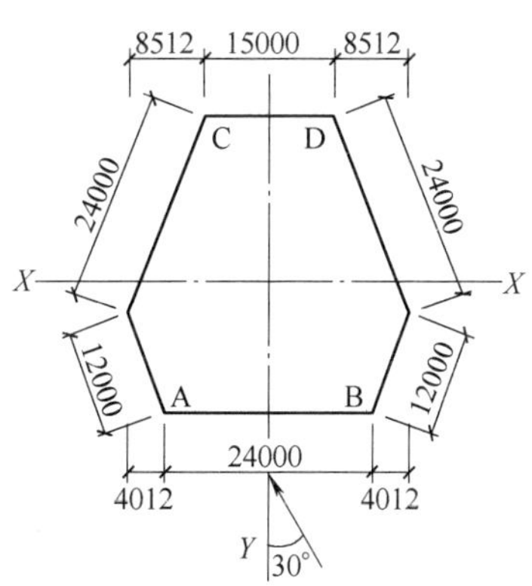

图 1.2.1-14

已知该建筑位于房屋比较稀疏的乡镇，地面粗糙度为 B 类，所在地区基本风压 $w_0=0.65\text{kN/m}^2$，屋顶处的风振系数 $\beta=1.402$。试问，在图示方向的风荷载作用下，屋顶 1m 高度范围内 Y 向的风荷载标准值 w_k（kN/m^2），与下列何项数值最为接近？

(A) 1.28　　(B) 1.59　　(C) 1.91　　(D) 3.43

【答案】(B)

【解答】 (1) 根据《荷载规范》8.2.1 条，地面粗糙度为 B 类，$H=58\text{m}$，由表 8.2.1 得：

$$\mu_z=1.62+\frac{58-50}{60-50}\times(1.71-1.62)=1.69$$

(2) 根据《高规》附录 B.0.1 第 11 项得到各表面的体型分布系数，如右图所示。

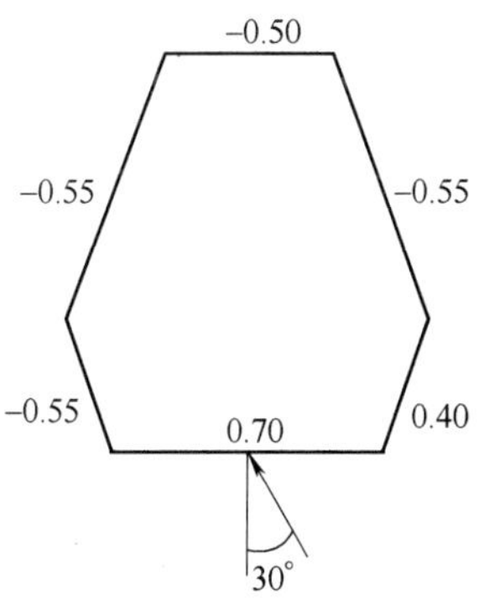

(3) 根据《荷载规范》8.1.1 条，$w_k=\beta_z\mu_s\mu_z w_0$。计算 Y 向的风荷载时，将各表面在垂直于 Y 向的投影宽度代入公式，得：

$$\begin{aligned}w_k&=1.402\times(0.7\times24+0.4\times4.012-0.55\times4.012+2\times0.55\times8.512+0.50\times15)\times1.69\times0.65\\&=50.92\text{kN/m}\end{aligned}$$

（4）屋顶处 Y 向的风荷载标准值为：$\frac{50.92}{4.012+24+4.012}=1.59\text{kN/m}^2$，(B) 正确。

【例 1.2.1-13】、【例 1.2.1-14】

某一建于非地震区的 12 层现浇钢筋混凝土框剪结构，其平面、立面示意图如图 1.2.1-15 所示，设计使用年限为 100 年，属于对风荷载比较敏感的高层建筑。其 50 年重现期的基本风压 $w_0=0.6\text{kN/m}^2$，100 年重现期的基本风压 $w_0=0.7\text{kN/m}^2$；地面粗糙度为 C 类。该建筑的质量和刚度沿高度分布比较均匀，基本自振周期 $T_1=1.5\text{s}$，风振系数 $\beta_z=1.426$。

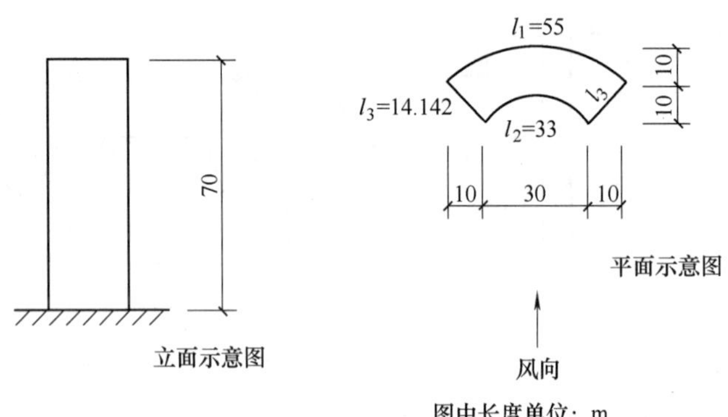

图 1.2.1-15

【例 1.2.1-13】

假定未知风荷载体型系数 μ_s，试问，承载力设计时屋顶处垂直于建筑物表面的风荷载标准值 w_k（kN/m²），与下列何项数值最为接近？

（A）$1.283\mu_s$　　（B）$1.384\mu_s$　　（C）$1.405\mu_s$　　（D）$1.578\mu_s$

【答案】（C）

【解答】（1）根据《高层建筑混凝土结构技术规程》4.2.2 条，基本风压按《建筑结构荷载规范》采用。取重现期为 100 年的基本风压，$w_0=0.7\text{kN/m}^2$。

对风荷载比较敏感的高层建筑，承载力设计时应按基本风压的 1.1 倍采用。

$$w_0=1.1\times0.7=0.77\text{kN/m}^2$$

（2）根据《建筑结构荷载规范》8.2.1 条，地面粗糙度为 C 类，70m 高处的风压高度变化系数为：$\mu_z=1.28$。

（3）根据《荷载规范》8.1.1 条：

$$w_0=\beta_z\mu_s\mu_z w_0=1.426\times\mu_s\times1.28\times0.77=1.405\mu_s\text{。(C) 正确。}$$

【例 1.2.1-14】

假定屋顶处风荷载标准值 $w_k=1.20\mu_s$，且在顶层层高 3.5m 范围内 w_k 均近似取顶部值计算，试问，作用在顶层总的风荷载（标准值）W_k（kN），最接近下列何项数值？

（A）264.6　　（B）285.6　　（C）304.6　　（D）306.6

【答案】（A）

【解答】根据《高规》附录 B 第 5 项，如下图所示。

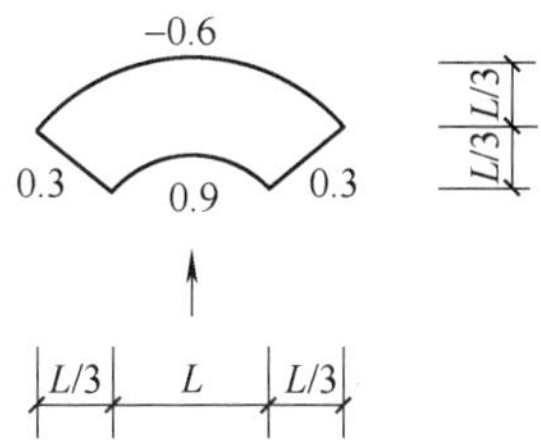

w_k＝1.20×［（10＋10）×0.3＋30×0.9＋（10＋10＋30）×0.6］＝75.6kN/m

W_k＝75.6×3.5＝264.6kN，（A）正确。

【例 1.2.1-15】

某12层现浇钢筋混凝土剪力墙结构住宅楼，各层结构平面布置如图1.2.1-16所示，质量和刚度沿竖向分布均匀，房屋高度为34.0m。该房屋基本风压 w_0＝0.55kN/m²，34.0m高度处的风振系数 β_z＝1.60，风压高度变化系数，μ_z＝1.55。假设风荷载沿高度呈倒三角形分布，地面处风荷载标准值为0.0kN/m²。试问，在图1.2.1-16所示方向的风荷载作用下，结构基底剪力标准值（kN）应与下列何项数值最为接近？

（A）610　　（B）725

（C）1040　　（D）1450

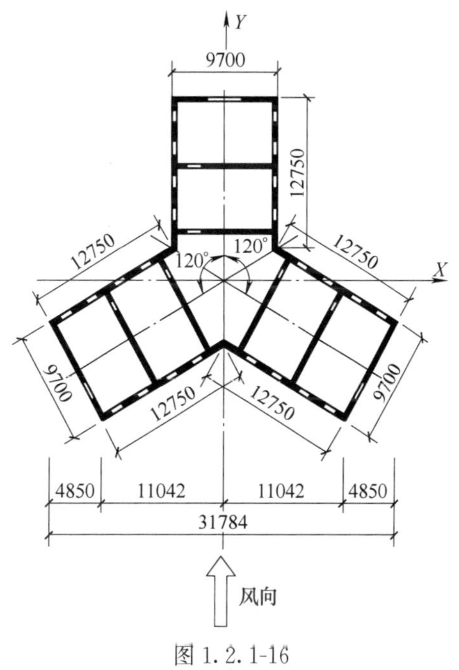

图 1.2.1-16

【答案】（B）

【解答】（1）根据《荷载规范》表8.3.1第30项，各表面的体型系数如下图。

（2）根据《荷载规范》8.1.1条，34m处每米风荷载标准值：

$$q_k=\left(\sum_{i=1}^{n=6}\mu_{si}B_i\right)\beta_z\mu_z w_0$$

$$=(2\times1.0\times11.042-2\times0.7\times4.85+0.5\times31.784)\times1.6\times1.55\times0.55$$

$$=42.54\text{kN/m}$$

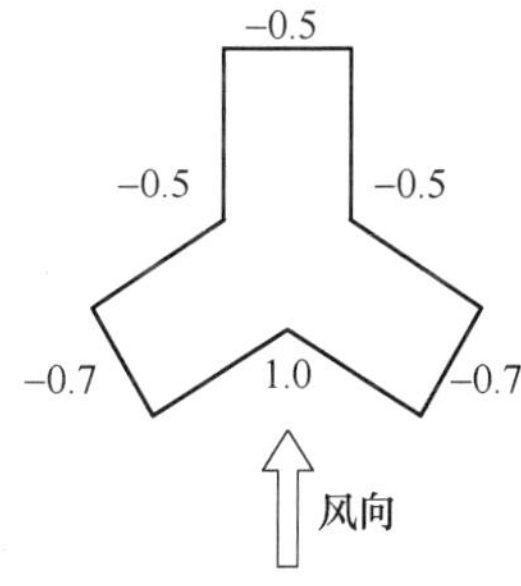

（3）结构基底剪力标准值：$V_k=\frac{1}{2}\times42.54\times34=723.18$kN，（B）正确。

（4）高层建筑主体结构的风力计算

【例 1.2.1-16】

在房屋比较稀疏的乡镇有一高层建筑，地上28层，地下2层，地面以上高度90m，屋面有小塔架，平面外形为正六边形（可忽略扭转影响），如图 1.2.1-17 所示。该工程为丙类建筑，采用钢筋混凝土框架-核心筒结构。

若已求得 90m 高度屋面处的风振系数为 1.36，假定基本风压 $w_0=0.7\text{kN/m}^2$，试问，承载力设计时，90m 高度屋面处的水平风荷载标准值 w_k（kN/m^2）与下列何项数值最为接近？

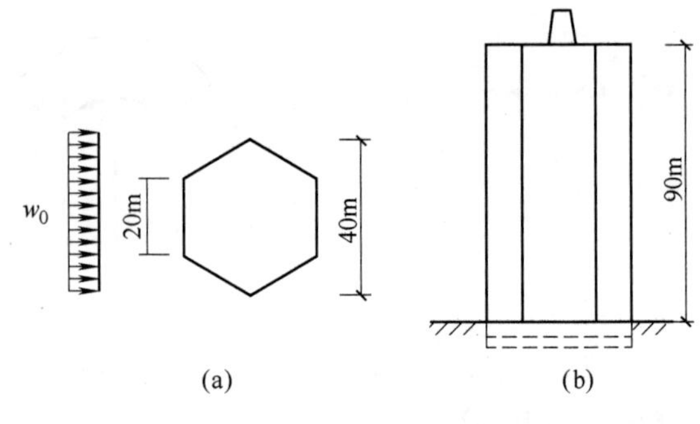

图 1.2.1-17
(a) 建筑平面示意图；(b) 建筑立面示意图

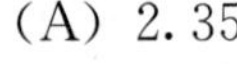

(A) 2.35　　(B) 2.48

(C) 2.61　　(D) 2.99

【答案】(C)

【解答】(1) 根据《高规》4.2.2 条及条文说明，一般情况下，房屋高度大于 60m 的高层建筑，承载力设计时风荷载计算可按基本风压的 1.1 倍采用。

$$w_k=1.1\times0.7=0.77\text{kN/m}^2$$

(2) 根据《高规》4.2.3-2 条，风荷载体型系数

$$\mu_s=0.8+1.2/\sqrt{n}=0.8+1.2/\sqrt{6}=1.29$$

(3) 根据《荷载规范》8.2.1 条，地面粗糙度为 B 类，90m 高处风压高度变化系数

$$\mu_z=1.93$$

(4) 根据《荷载规范》8.1.1 条，并已知 $\beta_z=1.36$

$w_k=\beta_z\mu_s\mu_z w_0=1.36\times1.29\times1.93\times0.77=2.61\text{kN/m}^2$，(C) 正确。

(5) 高层建筑主体结构风力计算的简化

作用在建筑物上的风荷载沿高度呈梯形分布如图 1.2.1-18 所示。在实际工程设计中，通常按基底弯矩相等的原则，把风荷载换算成阶梯形分布的等效均布荷载，如图1.2.1-19 所示。在进行结构方案比较，估算风力对结构受力的影响时，还可以考虑作进一步的简化，近似假定风荷载沿高度呈三角形分布，如图 1.2.1-20 所示。

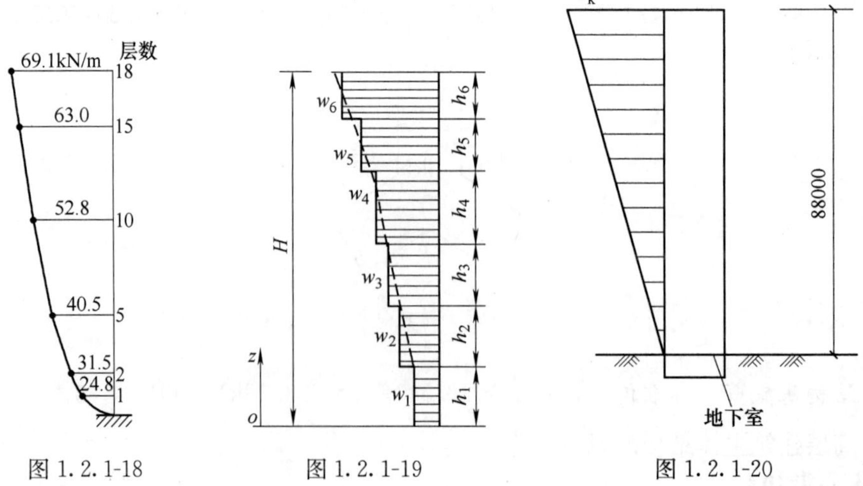

图 1.2.1-18　　图 1.2.1-19　　图 1.2.1-20

【例 1.2.1-17】～【例 1.2.1-19】

图 1.2.1-21(a) 表示一幢 30 层的一般钢筋混凝土高层建筑，建于有密集建筑群的大城市市区。根据《全国基本风压分布图》查得的基本风压数值为 0.4kN/m^2。计算风荷载时，沿建筑物高度划分为五个计算区段，每个区段高 $H_D=20$m，取其中点位置的风荷载值作为该区段的平均值，如图 1.2.1-21(b) 所示。风荷载体型系数 $\mu_s=1.38$。

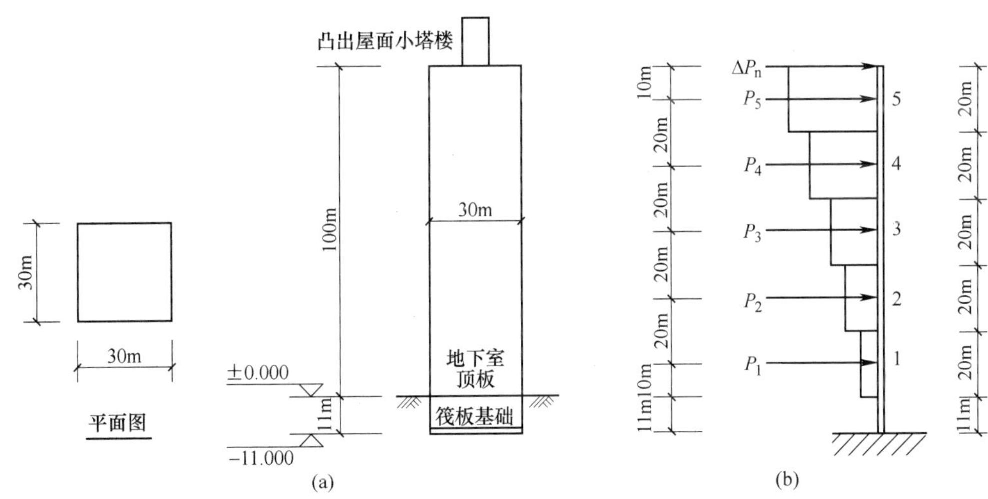

图 1.2.1-21

(a) 建筑外形尺寸；(b) 风荷载计算简图

【例 1.2.1-17】

当已知屋面高度处的风振系数 $\beta_{100}=1.55$，则屋面高度处垂直于建筑物表面上的风荷载设计值 w (kN/m^2)，最接近于下列何项数值?

(A) 2.359　　(B) 2.222　　(C) 1.974　　(D) 2.140

【答案】(C)

【解答】(1) 根据《荷载规范》8.2.1 条，C 类、100m 处的风压高度变化系数 $\mu_z=1.50$。

(2) 根据《高规》4.2.2 条及条文说明，$H>60$m，$w_0=1.1\times0.4=0.44$kN/m^2。

(3) 根据《建筑结构荷载规范》8.1.1 条，风荷载标准值为

$$w_k=\beta_z\mu_s\mu_z w_0=1.55\times1.38\times1.50\times0.44=1.41\text{kN/m}^2$$

设计值为：$w=\gamma w_k=1.4\times1.41=1.974$kN/m^2，(C) 正确。

【例 1.2.1-18】

若已知作用于每区段中点处的风荷载标准值 w_{ki} 如下表所示，突出屋面小塔楼的风荷载标准值 $\Delta P_n=500$kN，则作用在该建筑物上的总风荷载设计值 P_w (kN) 最接近于下列何项数值?

H_i/m	10	30	50	70	90
w_{ki}/(kN/m^2)	0.46	0.80	1.05	1.27	1.48

(A) 4950　　(B) 3536　　(C) 4250　　(D) 5445

【答案】(A)

【解答】 各位置的风荷载标准值为：$P_{ki}=A_i w_{ki}$，$A_i=20\times30=600m^2$

$P_1=\gamma P_{k1}=1.4\times600\times0.46=386.4kN$；各点的荷载设计值见下表：

序号	1	2	3	4	5	$\sum P_i$
P_i/kN	386.4	672	882	1066.8	1243.2	4250.4

$\sum P_i+\Delta P_n=4250.4+1.4\times500=4950.4kN$，(A) 正确。

【例 1.2.1-19】

风荷载取值同上题。略去不计土对地下室侧压力的影响，仅按风荷载计算高层建筑结构倾覆力矩（设计值）M_{ov}（kN·m），试指出该倾覆力矩最接近于下列何项数值？

(A) 379000　　(B) 266000　　(C) 301000　　(D) 325000

【答案】(B)

【解答】 $M_{ov}=\sum P_i H_i+\Delta P_n H_n$，根据计算简图，荷载对基础底面的倾覆弯矩见下表：

序号	1	2	3	4	5	小塔楼	M_{ov}
H_i/m	21	41	61	81	101	111	
P_i/kN	386.4	672	882	1066.8	1243.2	700	
P_iH_i/(kN·m)	8114.4	27552	53802	86410.8	12563.2	77700	266142.4

(B) 正确。

【例 1.2.1-20】、【例 1.2.1-21】

某房屋比较稀疏的乡镇有一 28 层的一般高层建筑，如图 1.2.1-22 所示。地面以上高度为 90m。平面为一外径 26m 的圆形，根据《全国基本风压分布国》查得的基本风压数值为 0.4kN/m²，风荷载体型系数为 0.8。

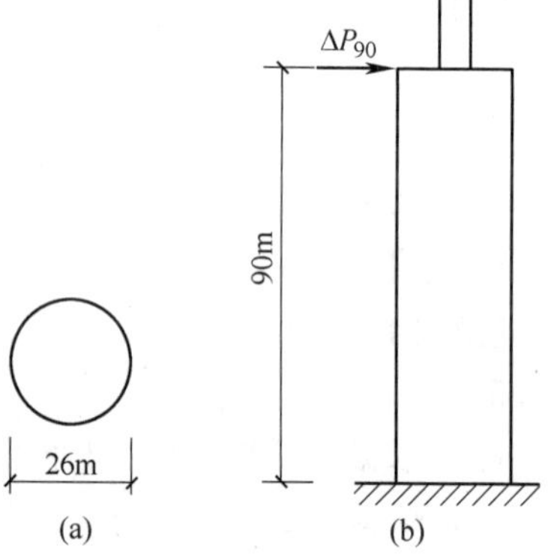

图 1.2.1-22

【例 1.2.1-20】

已知屋面高度处的风振系数 $\beta_{90°}=1.68$，试问，屋面高度处的风荷载标准值 w_k（kN/m²）与下列何项数值最为接近？

(A) 1.730　　(B) 1.493

(C) 1.357　　(D) 1.141

【答案】(D)

【解答】 (1) 根据《荷载规范》8.2.1 条及表 8.2.1，房屋比较稀疏的乡镇地面粗糙度为 B 类，90m 高处的风压高度变化系数 $\mu_z=1.93$。

(2) 根据《高规》4.2.2 条及条文说明，$H=90m>60m$，$w_0=1.1\times0.4=0.44kN/m^2$。

(3) 根据《荷载规范》8.1.1 条：

$w_k=\beta_z\mu_s\mu_z w_0=1.68\times0.8\times1.93\times0.44=1.141kN/m^2$，(D) 正确。

【例 1.2.1-21】

已知作用于 90m 高度屋面处的风荷载标准值 $w_k=1.55kN/m^2$。作用于 90m 高度屋面处的凸出屋面小塔楼风荷载标准值 $\Delta P_{90}=600kN$。假定风荷载沿高度呈倒三角形分布

（地面处为0），试问，在高度 z=30m处风荷载产生的倾覆力矩设计值（kN·m）与下列何项数值最为接近？

（A）129388　　（B）92420　　（C）78988　　（D）152334

【答案】（A）

【解答】（1）风荷载作用下的计算简图如图1.2.1-23所示，30m高处的风荷载标准值为：

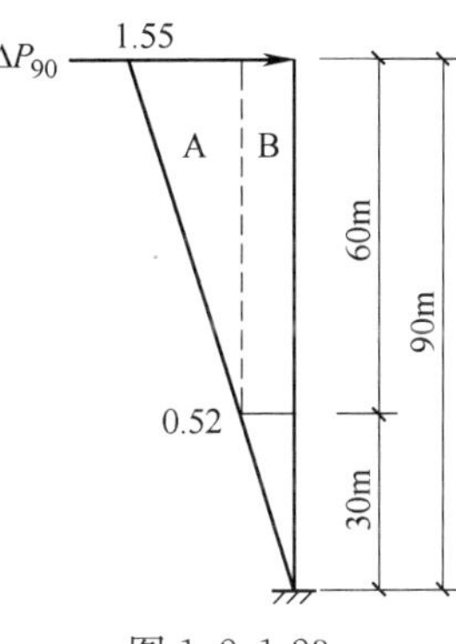

图1.2.1-23

$$w_{k30}=\frac{30}{90}\times1.55=0.52\text{kN/m}^2$$

90m处单位高度风力设计值：$q_{90}=\gamma_w Bw_{k90}=1.4\times26\times1.55=56.42\text{kN/m}$

30m处单位高度风力设计值：$q_{30}=\gamma_w Bw_{k30}=1.4\times26\times0.52=18.93\text{kN/m}$

（2）将30～90m梯形分布的风荷载分为三角形A和矩形B分别计算。

三角形A对30m高处的倾覆弯矩：

$$M_A=\frac{1}{2}\times(q_{90}-q_{30})\times60\times\frac{2}{3}\times60=(56.42-18.93)\times1200=44988\text{kN}\cdot\text{m}$$

矩形B对30m高处的倾覆弯矩：

$$M_B=q_{30}\times60\times\frac{1}{2}\times60=18.93\times1800=34074\text{kN}\cdot\text{m}$$

（3）ΔP_{90}对30m高处的倾覆变矩：$M_{\Delta P90}=1.4\times600\times60=50400\text{kN}\cdot\text{m}$

（4）风荷载对30m高处的倾覆弯矩设计值：

$M_A+M_B+M_{\Delta P_{90}}=44988+34074+50400=129462\text{kN}\cdot\text{m}$，（A）正确。

6. 横风向风效应

（1）要考虑横风向风效应的具体范围

大多数情况下，横风向风力较顺风向风力小得多，当结构对称时横风向风力更是可以忽略。然而，对于超高层建筑、烟囱、高耸塔架等细长的柔性结构，虽然最大水平风力或位移出现在顺风方向，但引起人可感觉的运动，甚至不舒服的最大加速度可能发生在垂直于风的方向，即横风向。这是因为横风向由于不稳定的空气动力特性，可能会产生大的动力效应，即风振。这时，横风向风振效应应引起足够的重视。尤其当风速进入跨临界范围时，结构有可能出现严重的振动，甚至于破坏，国内外都曾发生过很多这类的损坏和破坏的工程实例，必须引起重视。《荷载规范》8.5.1条和“条文说明”给出了要考虑横风向风效应的具体范围。

8.5.1 对于横风向风振作用效应明显的高层建筑以及细长圆形截面构筑物，宜考虑横风向风振的影响。

建筑高度超过150m或高宽比大于5的高层建筑可出现较为明显的横风向风振效应。

细长圆形截面构筑物一般指高度超过30m且高度比大于4的构筑物。

（2）横风向风振

《荷载规范》“条文说明”指出

> **8.5.2、8.5.3** 当建筑物受到风力作用时，不但顺风向可能发生风振，而且在一定条件下也能发生横风向的风振。导致建筑横风向风振的主要激励有：尾流激励（旋涡脱落激励）、横风向紊流激励以及气动弹性激励（建筑振动和风之间的耦合效应），其激励特性远比顺风向要复杂。

导致横向风振有三种主要激励，这里仅讨论最简单亦是最重要的尾流激励（旋涡脱落激励）。

下面以圆截面柱体结构为例说明横风向风振的产生。

当空气流绕过圆柱体时，如图 1.2.1-24（a）所示，沿上风面 AB 速度逐渐增大，到 B 点压力达到最低值，再沿下风面 BC 速度又逐渐降低，压力也重新增大。实际上由于在边界层内气流对柱体表面的摩擦要消耗部分能量，因此气流实际上是在 BC 中间的某一点 S 处速度停滞，旋涡就在此 S 点生产，并在外流的影响下，以一定的周期（频率）脱落，如图图 1.2.1-24（b）所示，这种现象称为旋涡脱落，旋涡脱落频率为 f_s。

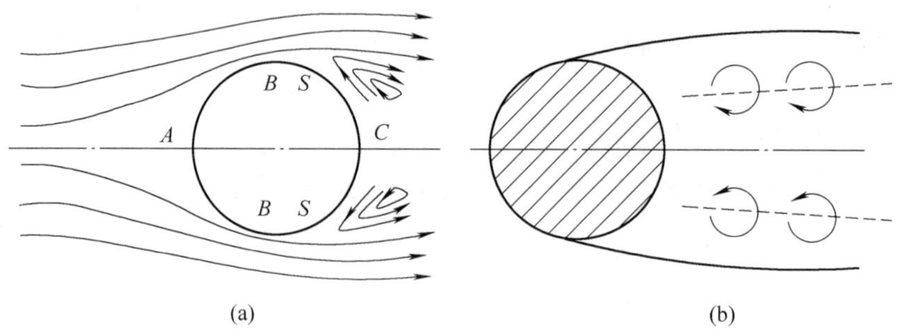

图 1.2.1-24 空气旋涡的产生与脱落

（a）层流分离；（b）旋涡脱落

矩形柱体（如高层建筑）有另一种旋涡脱落现象，如图 1.2.1-25 所示。在低风速时由于脱落在建筑物两侧同时发生，不会引起建筑物的横向振动，仅有平行于风向的振动。在较高风速时，旋涡依次从两侧脱落。此时，除顺风方向有冲击力外在横风向也有冲击力。此横向冲击是左一次右一次依次在建筑物左右轮流作用，其频率恰好是顺风向冲击频率的一半。

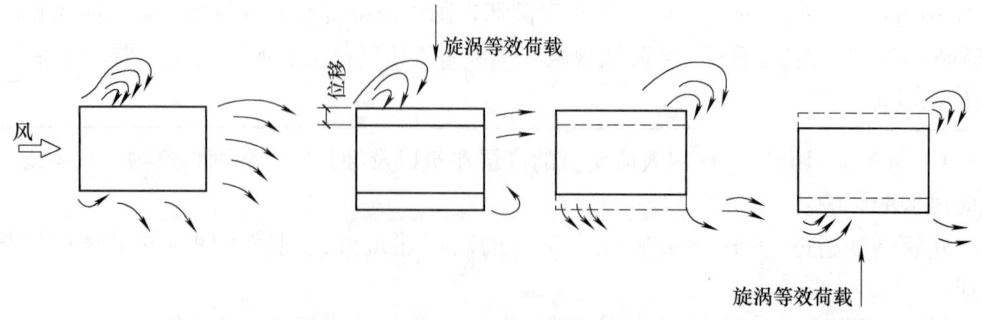

图 1.2.1-25 矩形截面柱体旋涡的产生和脱落

因脱落频率 f_s 与顺风向的来流风速 v 成比例，由此可知脱落频率 f_s 是接近地面处最低。

当旋涡脱落频率 f_s 与结构横向自振频率接近时，结构会发生剧烈的共振，即产生横风向风振。

《荷载规范》8.5.2 条“条文说明”作了讲述。

> 对于圆截面柱体结构，若旋涡脱落频率与结构自振频率相近，可能出现共振。

二、计算围护结构时采用的风荷载

《荷载规范》规定

> **8.1.1** 垂直于建筑物表面上的风荷载标准值，应按下列规定确定：
>
> 2 计算围护结构时，应按下式计算：
>
> $$w_k = \beta_{gz}\mu_{s1}\mu_z w_0 \tag{8.1.1-2}$$
>
> 式中 β_{gz}——高度 z 处的阵风系数；
>
> μ_{s1}——风荷载局部体型系数。

1. 围护结构的基本风压

围护结构采用重现期为 50 年的基本风压。

对敏感结构、主体结构的基本风压的取值要提高，对此围护结构是不适用的。《荷载规范》的条文说明指出

> **8.1.2** 条的条文说明：
>
> 对于此类结构物（敏感结构）中的围护结构，其重要性与主体结构相比要低些，可仍取 50 年重现期的基本风压。

2. 阵风系数

《荷载规范》规定

> **8.6.1** 计算围护结构（包括门窗）风荷载时的阵风系数应按表 8.6.1 确定。

阵风系数 β_{gz} 　　**表 8.6.1**

离地面高度 /m	地面粗糙度类别			
	A	B	C	D
5	1.65	1.70	2.05	2.40
10	1.60	1.70	2.05	2.40
15	1.57	1.66	2.05	2.40
20	1.55	1.63	1.99	2.40
30	1.53	1.59	1.90	2.40

3. 局部风荷载体型系数

（1）直接承受风荷载的局部风荷载体型系数

《荷载规范》规定

8.3.3 计算围护构件及其连接的风荷载时，可按下列规定采用局部体型系数 μ_{sl}：

1 封闭式矩形平面房屋的墙面及屋面可按表 8.3.3 的规定采用；

2 檐口、雨篷、遮阳板、边棱处的装饰条等突出构件，取−2.0；

3 其他房屋和构筑物可按本规范第 8.3.1 条规定体型系数的 1.25 倍取值。

封闭式矩形平面房屋的局部体型系数 **表 8.3.3**

<table>
<tr><th>项次</th><th>类　别</th><th colspan="3">体型及局部体型系数</th><th>备　注</th></tr>
<tr><td rowspan="6">1</td><td rowspan="6">封闭式矩形平面房屋的墙面</td><td colspan="3">E/5; S_a; S_b; H; B; D</td><td rowspan="6">E 应取 2H 和迎风宽度 B 中较小者</td></tr>
<tr><td colspan="2">迎风面</td><td>1.0</td></tr>
<tr><td rowspan="2">侧面</td><td>S_a</td><td>−1.4</td></tr>
<tr><td>S_b</td><td>−1.0</td></tr>
<tr><td colspan="2">背风面</td><td>−0.6</td></tr>
<tr></tr>
<tr><td>2</td><td>封闭式矩形平面房屋的双坡屋面</td><td colspan="3">α; H; E/10; E/10; E/4; R_a; R_b; R_c; R_d; R_e; E/4; R_a; B; D</td><td>1. E 应取 2H 和迎风宽度 B 中较小者；
2. 中间值可按线性插值法计算（应对相同符号项插值）；
3. 同时给出两个值的区域应分别考虑正负风压的作用；
4. 风沿纵轴吹来时，靠近山墙的屋面可参照表中 α≤5 时的 R_a 和 R_b 取值</td></tr>
</table>

续表

项次	类别	体型及局部体型系数					备注
2	封闭式矩形平面房屋的双坡屋面	α	≤5	15	30	≥45	1. E 应取 $2H$ 和迎风宽度 B 中较小者； 2. 中间值可按线性插值法计算（应对相同符号项插值）； 3. 同时给出两个值的区域应分别考虑正负风压的作用； 4. 风沿纵轴吹来时，靠近山墙的屋面可参照表中 $\alpha \leqslant 5$ 时的 R_a 和 R_b 取值
		R_a $H/D \leqslant 0.5$	−1.8 0.0	−1.5 +0.2	−1.5 +0.7	0.0 +0.7	
		R_a $H/D \geqslant 1.0$	−2.0 0.0	−2.0 +0.2			
		R_b	−1.8 0.0	−1.5 +0.2	−1.5 +0.7	0.0 +0.7	
		R_c	−1.2 0.0	−0.6 +0.2	−0.3 +0.4	0.0 +0.6	
		R_d	−0.6 +0.2	−1.5 0.0	−0.5 0.0	−0.3 0.0	
		R_e	−0.6 0.0	−0.4 0.0	−0.4 0.0	−0.2 0.0	
3	封闭式矩形平面房屋的单坡屋面	（图示：H、α、$E/10$、$E/4$、R_a、R_b、R_c、B）					1. E 应取 $2H$ 和迎风宽度 B 中的较小者； 2. 中间值可按线性插值法计算； 3. 迎风坡面可参考第 2 项取值
		α	≤5	15	30	≥45	
		R_a	−2.0	−2.5	−2.3	−1.2	
		R_b	−2.0	−2.0	−1.5	−0.5	
		R_c	−1.2	−1.2	−0.8	−0.5	

【例 1.2.2-1】

某密集建筑群的城市市区内有一 30 层的一般钢筋混凝土高层建筑，设计使用年限 100 年，如图 1.2.2-1 所示。地面以上高度为 100m，迎风面宽 30m，按 50 年重现期的基本风压 $w_0 = 0.55\text{kN/m}^2$，风荷载体型系数 1.3。

试问，100m 处迎风面围护结构的风荷载标准值（kN/m^2）与下列何项数值最为接近？

(A) 1.394　　(B) 1.945

(C) 2.256　　(D) 2.505

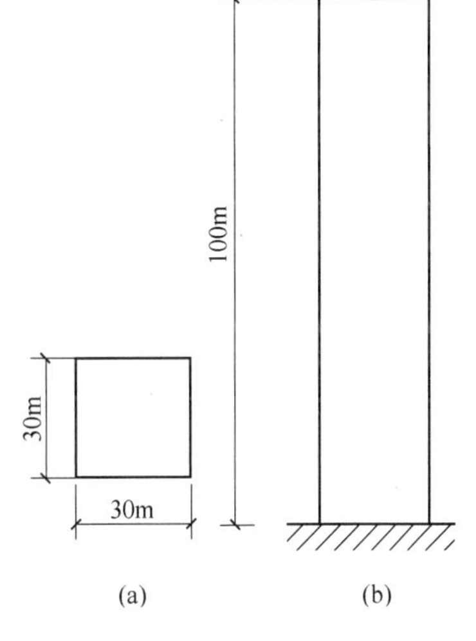

图 1.2.2-1

(a) 建筑平面图；(b) 建筑立面图

【答案】(A)

【解答】(1) 根据《荷载规范》8.2.1 条，地面粗糙度为 C 类，100m 处风压高度变化系数 $\mu_z = 1.50$。

(2) 根据《荷载规范》表 8.6.1，C 类、100m 处的

阵风系数 $\beta_{gz}=1.69$。

(3) 根据《荷载规范》表 8.3.3 第 1 项，迎风面局部体型系数 $\mu_{s1}=1.0$。

(4) 根据《荷载规范》8.1.1 条，计算围护结构时：

$w_k=\beta_{gz}\mu_{s1}\mu_z w_0=1.69\times1.0\times1.50\times0.55=1.394\text{kN/m}^2$，(A) 正确。

【例 1.2.2-2】

某 36 层钢筋混凝土框架-核心筒高层建筑，设计使用年限 100 年，是普通办公楼，建于非地震区，如图 1.2.2-2 所示；圆形平面，直径为 30m；房屋地面以上高度为 150m，质量和刚度沿竖向分布均匀，可忽略扭转影响。按 50 年重现期的基本风压为 0.6kN/m^2，按 100 年重现期的基本风压力 0.66kN/m^2。地面粗糙度为 B 类，结构基本自振周期 $T_1=2.78\text{s}$。

试问，设计 120m 高度处的遮阳板时，所采用的风荷载标准值 (kN/m^2)，与下列何项数值最为接近？

(A) −1.98　　(B) −2.18

(C) −2.65　　(D) −3.75

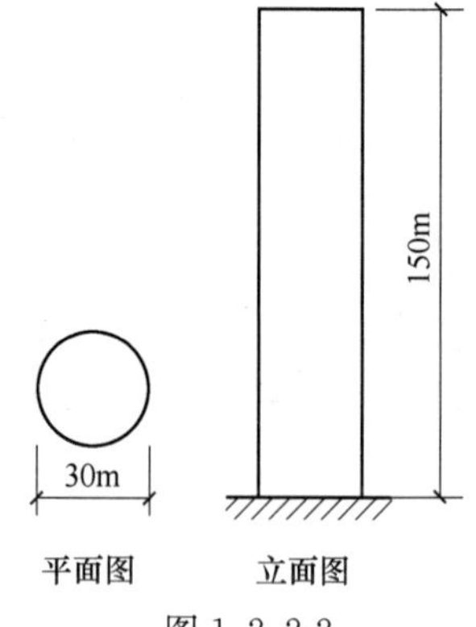

图 1.2.2-2

【答案】 (D)

【解答】 (1) 根据《荷载规范》8.1.2 条及条文说明，取 50 年重现期基本风压 $w_0=0.6\text{kN/m}^2$。

(2) 根据《荷载规范》表 8.2.1，B 类、120m 处的风压高度变化系数：

$$\mu_z=2.00+\frac{120-100}{150-100}\times(2.25-2.00)=2.1$$

(3) 根据《荷载规范》表 8.6.1，B 类、120m 处的阵风系数：

$$\beta_{gz}=1.50+\frac{120-100}{150-100}\times(1.47-1.50)=1.488$$

(4) 根据《荷载规范》8.3.3-2 条，局部体型系数 $\mu_{s1}=-2.0$。

(5) 根据《荷载规范》式 (8.1.1-2)：

$w_k=\beta_{gz}\mu_{s1}\mu_z w_0=1.488\times(-2.0)\times2.1\times0.6=-3.75\text{kN/m}^2$，(D) 正确。

(2) 非直接承受风荷载的局部风荷载体型系数

《荷载规范》规定

8.3.4 计算非直接承受风荷载的围护构件风荷载时，局部体型系数 μ_{s1} 可按构件的从属面积折减，折减系数按下列规定采用：

1 当从属面积不大于 1m^2 时，折减系数取 1.0；

2 当从属面积大于或等于 25m^2 时，对墙面折减系数取 0.8，对局部体型系数绝对值大于 1.0 的屋面区域折减系数取 0.6，对其他屋面区域折减系数取 1.0；

3 当从属面积大于 1m^2 小于 25m^2 时，墙面和绝对值大于 1.0 的屋面局部体型系数可采用对数插值，即按下式计算局部体型系数：

$$\mu_{s1}(A)=\mu_{s1}(1)+[\mu_{s1}(25)-\mu_{s1}(1)]\log A/1.4 \quad (8.3.4)$$

【例 1.2.2-3】计算大雨篷中间主钢梁上由负风压（吸力）产生的线荷载。

条件：一大雨篷中间主钢梁 GL 与框架柱相连，柱距 9m，主钢梁悬挑 6m，如图 1.2.2-3所示。钢梁顶面标高 5.0m。在 10m 高度处的基本风压 $w_0=0.7\text{kN/m}^2$，地面粗糙度为 A 类。

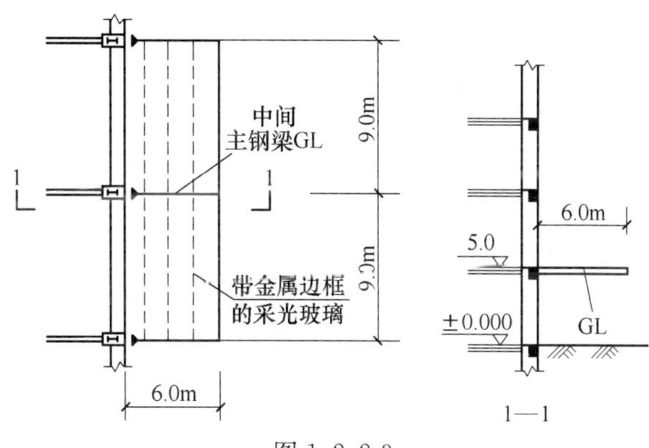

图 1.2.2-3

要求：计算主钢梁 GL 上由负风压（吸力）标准值产生的线荷载 q_{wk}（kN/m）。

【解答】

（1）根据《荷载规范》表 8.6.1，A 类、5m 处阵风系数 $\beta_{gz}=1.65$。

（2）根据《荷载规范》表 8.2.1，A 类、5m 处风压高度变化系数 $\mu_z=1.09$。

（3）根据《荷载规范》8.3.3-2，雨篷的局部体型系数 $\mu_{s1}=-2.0$。

（4）根据《荷载规范》8.3.4 条，主钢梁 GL 的从属面积为 $6\times9=54\text{m}^2>25\text{m}^2$，局部体型系数绝对值大于 1.0，折减系数取 0.6。

（5）根据《荷载规范》式（8.1.1-2）：

$$w_k=\beta_{gz}\mu_{s1}\mu_z w_0=1.65\times(-2.0\times0.6)\times1.09\times0.7=-1.51\text{kN/m}^2$$

$$q_{wk}=-1.51\times9=-13.59\text{kN/m}$$

（3）建筑物内部压力的局部风荷载体型系数

《荷载规范》规定

> **8.3.5** 计算围护构件风荷载时，建筑物内部压力的局部体型系数可按下列规定采用：
>
> 1 封闭式建筑物，按其外表面风压的正负情况取−0.2 或 0.2；
>
> 2 仅一面墙有主导洞口的建筑物，按下列规定采用：
>
> 1）当开洞率大于 0.02 且小于或等于 0.10 时，取 $0.4\mu_{s1}$；
>
> 2）当开洞率大于 0.10 且小于或等于 0.30 时，取 $0.6\mu_{s1}$；
>
> 3）当开洞率大于 0.30 时，取 $0.8\mu_{s1}$。
>
> 3 其他情况，应按开放式建筑物的 μ_{s1} 取值。
>
> 注：1 主导洞口的开洞率是指单个主导洞口面积与该墙面全部面积之比；
>
> 2 μ_{s1} 应取主导洞口对应位置的值。

《荷载规范》8.3.5 条“条文说明”指出

主导洞口是指开孔面积较大且大风期间也不关闭的洞口。

【例 1.2.2-4】 玻璃幕墙围护结构的风荷载计算（考虑内部压力）

条件：某城市郊区有一 30 层的一般钢筋混凝土高层建筑，如图 1.2.2-4 所示。采用玻璃幕墙作为围护结构，地面以上高度为 100m，迎风面宽度为 25m，按 50 年重现期的基本风压 $w_0=0.55\text{kN/m}^2$。

要求：确定高度 100m 处迎风面围护结构考虑内部压力的风荷载标准值（kN/m^2）。

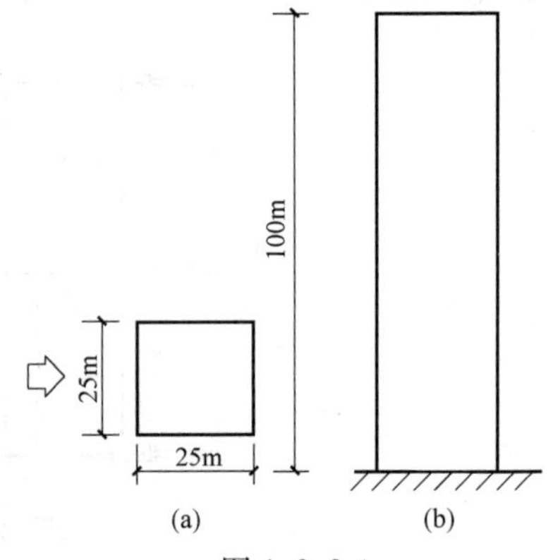

图 1.2.2-4

（a）建筑平面图；（b）建筑立面图

【解答】（1）根据《荷载规范》8.2.1 条，城市郊区的地面粗糙度为 B 类。

（2）查《荷载规范》表 8.2.1，高度为 100m 处的风压高度变化系数 $\mu_z=2.00$。

（3）查《荷载规范》表 8.6.1，阵风系数 $\beta_{gz}=1.50$。

（4）查《荷载规范》表 8.3.3，正压区外表面的局部风压体型系数 $\mu_s=+1.0$。

（5）根据《荷载规范》8.3.5 条 1 款，“封闭式建筑物，按其外表面风压的正负情况取−0.2 或 0.2”的规定。取内部压力的局部体型系数 0.2。

（6）应用《荷载规范》式（8.1.1-2）得

$$w_k=\beta_{gz}\mu_s\mu_z w_0=1.50\times(1.0+0.2)\times2.00\times0.55=1.98\text{kN/m}^2$$

第 2 章　建筑抗震设计

2.1　抗 震 设 防

一、地震波

地震波——地震发生时，震源岩石断裂错动，其能量以波动形式向各方向传播，这种波就是地震波（图2.1.1-1）。

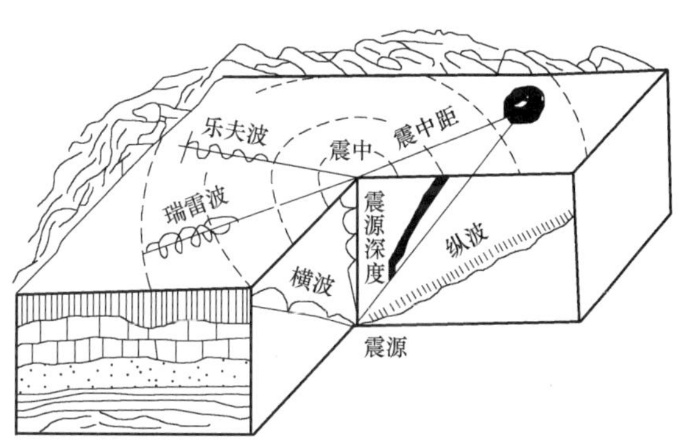

图 2.1.1-1

地震波按其传播的途径不同，分为体波和面波两类。

在地球内部传播的波称为体波。体波又分为纵波和横波两类。

纵波，或称 P 波，是由震源通过介质的质点以疏密相间的方式向四周传播的压缩波（图 2.1.1-2），其质点的振动方向与波的传播方向一致。声音在空气中的传播即是一种纵波。纵波的周期短、振幅小、波速快，在地壳内一般以 $V_p=500\sim600\text{m/s}$ 的速度传播，能引起地面上下颠簸（竖向振动）。

图 2.1.1-2　纵波（P 波）

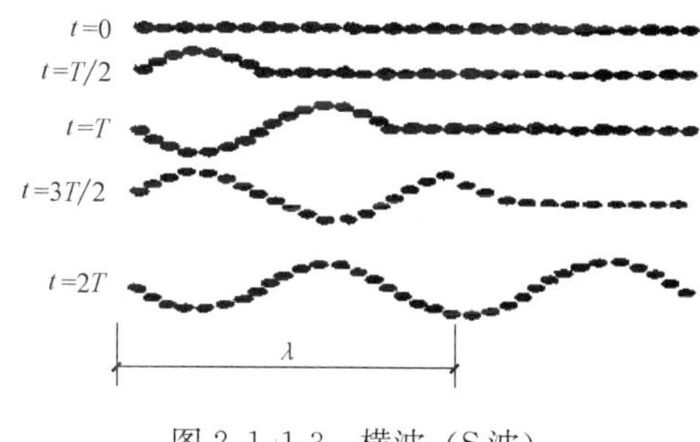

图 2.1.1-3　横波（S 波）

横波、或称 S 波，它通过介质的质点在垂直于传播方向以蛇形振动的形式传播（图 2.1.1-3）。横渡传播时，物体的体积不变，但形状改变，即发生剪切变形，故又称为剪切波。横波介质质点的振动方向与波的传播方向垂直。与纵波相比，横渡的周期长、振幅大、波速慢，在地壳内一般以 $V_s=300\sim400\text{m/s}$ 的速度传播，能引起地面摇晃（水平振动）。

可见，纵波比横渡传播速度要快。

在地面（自由表面）或地壳表层各不同地质层界面处传播的波称为面波，又称 L 波。它是体波经地层界面反射形成的次生波。由于地壳表层物质形成的年代不同等地质原因，地壳成层状结构，很容易产生面渡，所以面波是地震波研究的主要内容之一。在地面上一般存在两种面波的运动，即瑞利波（R 波）和乐夫波（Q 波）。

瑞雷波传播时，质点在波的传播方向与地面法线所确定的铅垂平面内，以滚动形式作逆进椭圆运动（图 2.1.1-4）。

乐夫波传播时，质点在地面上作垂直于波传播方向的振动，以蛇形方式前进（图 2.1.1-5）。

面波振幅大、周期长，只在地表附近传播，振幅随深度的增加迅速减小，速度约为横波的 90%，面波比体波衰减慢，能传播到很远的地方。

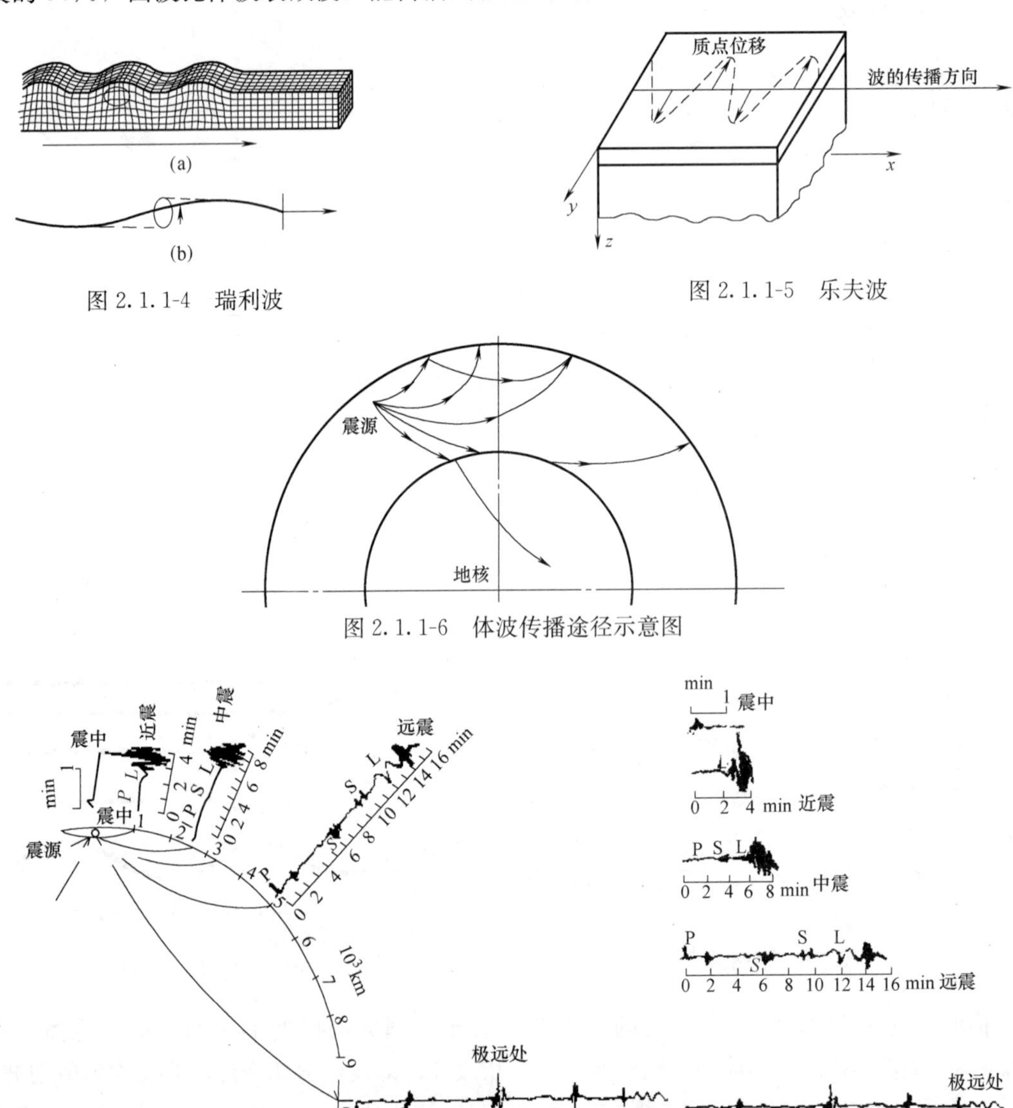

图 2.1.1-4　瑞利波

图 2.1.1-5　乐夫波

图 2.1.1-6　体波传播途径示意图

图 2.1.1-7　不同震中距的地震波

图 2.1.1-6 列出体波传播途径示意图，图 2.1.1-7 列出不同震中距地震波的示意图。瑞利波一般在震中区并不出现。近震时横波和面波尚是叠合的。

图 2.1.1-8 列出震中距很大时的地震波，最先达到的是纵波（P），表现出周期短、振幅小的特点。其次到达的是横波（S），表现出周期长、振幅较大的特点。接着是面波（L）中的乐夫波（Q）、瑞利波（R）。

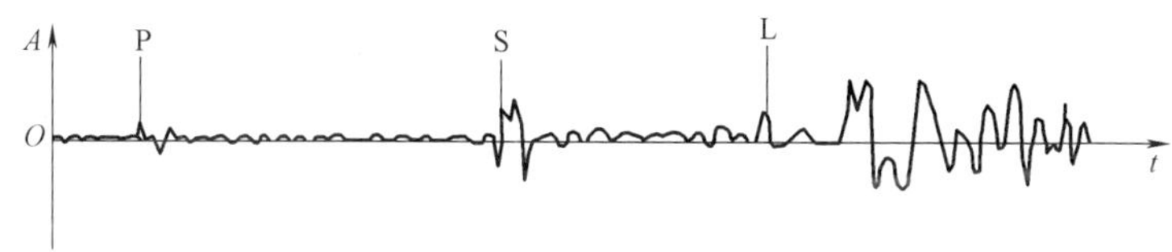

图 2.1.1-8

地震现象表明，纵波使建筑物产生上下颠簸，剪切波使建筑物产生水平方向摇晃，而面波则使建筑物既产生上下颠簸又产生左右摇晃。一般当剪切波和面波都同时到达时质点运动最为强烈。由于面波的能量比体波要大，所以造成建筑物和地表的破坏是以面波为主。

在地震时，震中区人们的感觉常是先上下颠簸，而后才左右摇晃。这主要可由不同波传播速度不同来解释。纵波传速快，先到达地表，其质点运动方向与波前进方向一致故而首先引起地表垂直振动，当横波到达时则引起水平振动。

由于地壳构造及质点振动类型复杂，所以地震时地表振动是多方位多形式的随机振动。大量震害调查表明，水平地震作用通常是最主要的地震作用。因此《建筑抗震设计规范》规定一般情况下可在建筑结构的两个主轴方向分别考虑水平地震作用，仅对于设防烈度 8 度和 9 度的大跨度结构、长悬臂结构、烟囱和类似的高耸结构，9 度的高层建筑，应考虑竖向地震作用。

理论分析和震害表明，不同大小的地震（震级或震中烈度）对某一地区所引起的烈度可能相同，但不同动力特性的结构的破坏作用不同。一般说来，震级较大、震中距较远的地震对长周期的高柔结构的破坏，比同样烈度而震级较小、震中距较近的地震造成的破坏要重。而对周期较短的刚性结构则有相反的趋势。造成这种现象的原因是，地震波中的高频（短周期）分量随着传播距离的加大而迅速衰减，低频（长周期）分量衰减得慢，因而震级大、震中距长的地震波主要为低频分量，且长周期地震波在软土地基中又比短周期地震波放大得多，加之类共振现象的存在，致使在远离震中区的软土地基上的高柔建筑物遭到较严重的破坏。而震级较小、震中距较近的地震波，高频分量没有衰减或衰减较少，则对短周期的刚性结构的地震影响就要大些。为了区别同样烈度下不同震级和震中距的地震对不同动力特性的建筑物的破坏作用，在抗震设防烈度相同的情况下，一个地区所受的地震影响应按震级和震中距的远近不同而划分为不同的设计地震分组，此即《抗震》3.2.3 条的规定。

3.2.3 本规范的设计地震共分为三组，

【例 2.1.1-1】 地震经验表明，对宏观烈度和地质情况相似的柔性建筑，通常是大震级、远震中距情况下的震害，要比中、小震级近震中距的情况重得多。下列哪个选项是导

致该现象发生的最主要原因？

(A) 震中距越远，地震动峰值加速度越小

(B) 震中距越远，地震动持续时间越长

(C) 震中距越远，地震动的长周期分量越显著

(D) 震中距越远，地面运动振幅越小

【答案】(C)

【例 2.1.1-2】抗震设计时，除了考虑抗震设防烈度外，还需要考虑设计地震分组。下列何项影响已经包含在设计地震分组之中。

(A) 震源机制　(B) 震级大小　(C) 震中距远近　(D) 建筑场地类别

【答案】(A)、(B)、(C)

二、大震、中震、小震

1. 震级

震级是表示地震本身大小的尺度，是按一次地震本身强弱程度而定的等级。震级表示一次地震释放能量的多少，所以一次地震只有一个震级。

目前，国际上比较通用的是里氏震级。一般认为，小于 2 级的地震，人们感觉不到，只有仪器才能记录下来，称为微震；2～4 级地震，人可以感觉到，称为有感地震；5 级以上地震能引起不同程度的破坏，称为破坏性地震；7 级以上的地震，则称为强烈地震或大震；8 级以上的地震，称为特大地震。目前世界上已记录到的最大地震震级为 9 级。

2. 地震烈度

早期在没有仪器观测的年代，只能由地震宏观现象，如人的感觉、器物的反应、地表和建筑物的影响和破坏程度等，总结出的宏观烈度表来评定地震烈度。现将 1999 年颁布的《中国地震烈度表》中有关 6～9 度时的地震宏观现象摘引部分内容列于表 2.1.2-1。

6～9 度时的地震宏观现象　　表 2.1.2-1

烈度	在地面上人的感觉	器物的反应	地表和建筑物的影响和破坏程度
6	多数人站立不稳，少数人惊逃户外	损坏——墙体出现裂缝，檐瓦掉落，少数屋顶烟囱裂缝、掉落	河岸和松软土出现裂缝，饱和砂层出现喷砂冒水，有的独立砖烟囱轻度裂缝
7	大多数人惊逃户外，骑自行车的人有感觉，行驶中的汽车驾乘人员有感觉	轻度破坏——局部破坏，开裂，小修或不需要修理可继续使用	河岸出现坍方；饱和砂层常见喷砂冒水，松软土地上地裂缝较多；大多数独立砖烟囱中等破坏
8	多数人摇晃颠簸，行走困难	中等破坏——结构破坏，需要修复才能使用	干硬土上亦出现裂缝；大多数独立砖烟囱严重破坏；树梢折断；房屋破坏导致人畜伤亡
9	行动的人摔倒	严重破坏——结构严重破坏，局部倒塌，修复困难	干硬土上出现许多地方有裂缝；基岩可能出现裂缝，错动；滑坡塌方常见；独立砖烟囱许多倒塌

《中国地震烈度表》实施以来，在地震烈度评定中发挥了重要作用。由于定量检测手段的进步，进入仪器观测的年代，2008 年国家质量监督检验检疫总局和国家标准化管理委员会联合发布了新的《中国地震烈度表》CB/T 17742—2008，见表 2.1.2-2。

中国地震烈度表 GB/T 17742—2008　　　　表 2.1.2-2

<table>
<tr><th rowspan="2">地震烈度</th><th rowspan="2">人的感觉</th><th colspan="3">房屋震害</th><th rowspan="2">其他震害现象</th><th colspan="2">水平向地震动参数</th></tr>
<tr><th>类型</th><th>震害程度</th><th>平均震害指数</th><th>峰值加速度（m/s²）</th><th>峰值速度（m/s²）</th></tr>
<tr><td rowspan="3">Ⅵ</td><td rowspan="3">多数人站立不稳，少数人惊逃户外</td><td>A</td><td>少数中等破坏，多数轻微破坏和/或基本完好</td><td rowspan="2">0.00～0.11</td><td rowspan="3">家具和物品移动；河岸和松软土出现裂缝，饱和砂层出现喷砂冒水；个别独立砖烟囱轻度裂缝</td><td rowspan="3">0.63
(0.45～0.89)</td><td rowspan="3">0.06
(0.05～0.09)</td></tr>
<tr><td>B</td><td>个别中等破坏，少数轻微破坏，多数基本完好</td></tr>
<tr><td>C</td><td>个别轻微破坏，大多数基本完好</td><td>0.00～0.08</td></tr>
<tr><td rowspan="3">Ⅶ</td><td rowspan="3">大多数人惊逃户外，骑自行车的人有感觉，行驶中的汽车驾乘人员有感觉</td><td>A</td><td>少数毁坏和/或严重破坏，多数中等和/或轻微破坏</td><td rowspan="2">0.09～0.31</td><td rowspan="3">物体从架子上掉落；河岸出现塌方，饱和砂层常见喷砂冒水，松软土地上地裂缝较多；大多数独立砖烟囱中等破坏</td><td rowspan="3">1.25
(0.90～1.77)</td><td rowspan="3">0.13
(0.10～0.18)</td></tr>
<tr><td>B</td><td>少数中等破坏，多数轻微破坏和/或基本完好</td></tr>
<tr><td>C</td><td>少数中等和/或轻微破坏，多数基本完好</td><td>0.07～0.22</td></tr>
</table>

(1) 用于评定烈度的房屋，包括以下三种类型：

A 类：木构架和土、石、砖墙建造的旧式房屋；

B 类：未经抗震设防的单层或多层砖砌体房屋；

C 类：按照Ⅶ度抗震设防的单层或多层砖砌体房屋。

(2) 房屋破坏等级及其对应的震害指数

房屋破坏等级分为：基本完好、轻微破坏、中等破坏、严重破坏和毁坏五类，其定义和对应的震害指数见表 2.1.2-3。

建筑破坏级别与震害指数　　　　表 2.1.2-3

破坏等级	震 害 程 度	震害指数 d
基本完好	承重和非承重构件完好，或个别非承重构件轻微损坏，不加修理可继续使用	$0.00 \leqslant d < 0.10$
轻微破坏	个别承重构件出现可见裂缝，非承重构件有明显裂缝，不需要修理或稍加修理即可继续使用	$0.10 \leqslant d < 0.30$
中等破坏	多数承重构件出现轻微裂缝，部分有明显裂缝，个别非承重构件破坏严重，需要一般修理后可使用	$0.30 \leqslant d < 0.55$
严重破坏	多数承重构件破坏较严重，非承重构件局部倒塌，房屋修复困难	$0.55 \leqslant d < 0.85$
毁　坏	多数承重构件严重破坏，房屋结构濒临崩溃或已倒毁，已无修理可能	$0.85 \leqslant d < 1.00$

3. 抗震设防烈度——地震基本烈度

强烈地震是一种破坏性很大的自然灾害，它的发生具有很大的随机性，采用概率方法预测某地区未来一定时间内可能发生的最大烈度是具有实际意义的。因此，国家有关部门提出了“抗震设防烈度”的概念。《抗震》规定

> **2.1.1** 抗震设防烈度
>
> 按国家规定的权限批准作为一个地区抗震设防依据的地震烈度。一般情况，取50年内超越概率10%的地震烈度。

“抗震设防烈度”可由《地震动参数区划图》来确定。

《抗震》2.1.3条指出《地震动参数区划图》规定了全国各地区以加速度表示地震作用的强弱程度。

> **2.1.3** 地震动参数区划图
>
> 以地震动参数（以加速度表示地震作用强弱程度）为指标，将全国划分为不同抗震设防要求区域的图件。

《抗震》3.2.2条给出了定量的“抗震设防烈度和设计基本地震加速度取值的对应关系”。

> **3.2.2** 抗震设防烈度和设计基本地震加速度取值的对应关系，应符合表3.2.2的规定。设计基本地震加速度为0.15g和0.30g地区内的建筑，除本规范另有规定外，应分别按抗震设防烈度7度和8度的要求进行抗震设计。

抗震设防烈度和设计基本地震加速度值的对应关系　　　　表3.2.2

抗震设防烈度	6	7	8	9
设计基本地震加速度值	0.05g	0.10(0.15)g	0.20(0.30)g	0.40g

注：g为重力加速度。

根据“设计基本地震加速度值所对应的烈度值”即能确定每一区域的地震基本烈度，此即为《抗震》1.0.5条的规定。

> **1.0.5** 一般情况下，建筑的抗震设防烈度应采用根据中国地震动参数区划图确定的地震基本烈度（本规范设计基本地震加速度值所对应的烈度值）。

【例2.1.2-1】根据《中国地震动参数区划图》，下列哪些选项的说法是符合规定的？

(A)《区划图》以地震动参数为指标，将国土划分为不同抗震设防要求的区域

(B)《区划图》的场地条件为平坦稳定的一般场地

(C)《区划图》的比例尺为1∶300万，必要时可以放大使用

(D) 位于地震动参数区划分界线附近的建设工程的抗震设防要求需做专门研究

【答案】(A)、(B)、(D)

4. 我国主要城镇的抗震设防烈度、设计基本地震加速度值和设计地震分组

《抗震》附录A给出了这组基本设计参数。摘录如下：

3.2.4 我国主要城镇（县级及县级以上城镇）中心地区的抗震设防烈度、设计基本地震加速度值和所属的设计地震分组，可按本规范附录 A 采用。

附录 A 我国主要城镇抗震设防烈度、设计基本地震加速度和设计地震分组

本附录仅提供我国抗震设防区各县级及县级以上城镇的中心地区建筑工程抗震设计时所采用的抗震设防烈度、设计基本地震加速度值和所属的设计地震分组。

注：本附录一般把“设计地震第一、二、三组”简称为“第一组、第二组、第三组”。

A.0.1 首都和直辖市

1 抗震设防烈度为 8 度，设计基本地震加速度值为 0.20g：

第一组：北京（东城、西城、崇文、宣武、朝阳、丰台、石景山、海淀、房山、通州、顺义、大兴、平谷），延庆，天津（汉沽），宁河。

2 抗震设防烈度为 7 度，设计基本地震加速度值为 0.15g：

第二组：北京（昌平、门头沟、怀柔），密云；天津（和平、河东、河西、南开、河北、红桥、塘沽、东丽、西青、津南、北辰、武清、宝坻），蓟县，静海。

3 抗震设防烈度为 7 度，设计基本地震加速度值为 0.10g：

第一组：上海（黄浦、卢湾、徐汇、长宁、静安、普陀、闸北、虹口、杨浦、闵行、宝山、嘉定、浦东、松江、青浦、南汇、奉贤）；

第二组：天津（大港）。

4 抗震设防烈度为 6 度，设计基本地震加速度值为 0.05g：

第一组：上海（金山），崇明；重庆（渝中、大渡口、江北、沙坪坝、九龙坡、南岸、北碚、万盛、双桥、渝北、巴南、万州、涪陵、黔江、长寿、江津、合川、永川、南川），巫山，奉节，云阳，忠县，丰都，壁山，铜梁，大足，荣昌，綦江，石柱，巫溪*。

注：上标*指该城镇的中心位于本设防区和较低设防区的分界线，下同。

5. 小震、中震、大震的概率指标

小震（称多遇地震）和大震（称罕遇地震），系以设防烈度（即基本烈度、亦称中震）为基准，相对于设防烈度的地震（中震）而言的，此处所提的“小”与“大”是相对指标，而不是绝对数值。

【例 2.1.2-2】 根据《抗震》，下列哪个选项是我国建筑抗震设防三个水准的准确称谓？

(A) 小震、中震、大震　　(B) 多遇地震、设防地震、罕遇地震

(C) 近震、中远震、远震　　(D) 众值烈度、基本烈度、设防烈度

【答案】 (B)

根据对我国一些主要地震区的地震危险性分析结果，我国地震烈度的概率分布基本上符合极值Ⅱ型分布，其概率密度函数曲线的基本形状如图 2.1.2-1 所示。

三个烈度水准之间的关系如表 2.1.2-4 所示。

三种烈度水准比较 **表 2.1.2-4**

烈度水准	地震水准	50 年超越概率	烈度关系
众值烈度	多遇地震(小震)	63.2%	$I_0-1.55$ 度
基本烈度	设防烈度地震(中震)	10%	I_0
罕遇烈度	罕遇地震(大震)	2%～3%	I_0+1 度

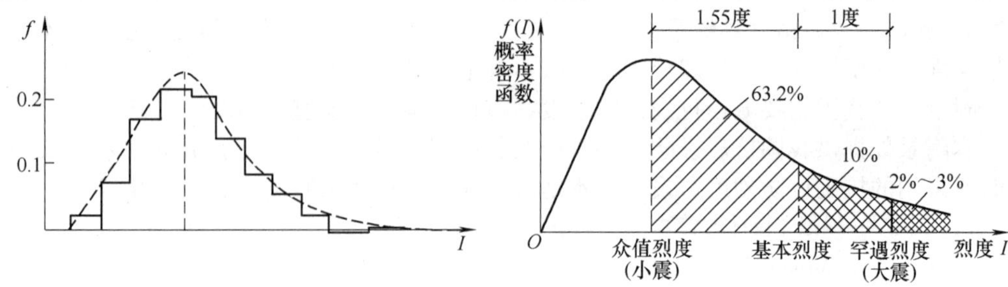

图 2.1.2-1　三种烈度关系示意图

《抗震》1.0.1 条的“条文说明”对小、中震、大震的概率指标说明如下

> 50 年内超越概率约为 63%的地震烈度为对应于统计“众值”的烈度，比基本烈度约低一度半，本规范取为第一水准烈度，称为“多遇地震”；
>
> 50 年超越概率约 10%的地震烈度，即 1990 中国地震区划图规定的“地震基本烈度”或中国地震动参数区划图规定的峰值加速度所对应的烈度，本规范取为第二水准烈度，称为“设防地震”；
>
> 50 年超越概率 2%～3%的地震烈度，本规范取为第三水准烈度，称为“罕遇地震”，当基本烈度 6 度时为 7 度强，7 度时为 8 度强，8 度时为 9 度弱，9 度时为 9 度强。

【例 2.1.2-3】关于地震烈度，下列哪些说法是正确的？

(A) 50 年内超越概率约为 63%的地震烈度称为众值烈度

(B) 50 年内超越概率为 2%～3%的地震烈度也可称为最大预估烈度

(C) 一般情况下，50 年内超越概率为 10%的地震烈度作为抗震设防烈度

(D) 抗震设防烈度是一个地区设防的最低烈度，设计中可根据业主要求提高

【答案】(A)、(B)、(C)

【例 2.1.2-4】根据《抗震》，下列哪种说法不正确？

(A) 众值烈度对应于“多遇地震”

(B) 基本烈度对应于“设防地震”

(C) 最大预估烈度对应于“罕遇地震”

(D) 抗震设防烈度等同于基本烈度

【答案】D

6. 抗震设计的范围

《抗震》明确规定

> **1.0.2**　抗震设防烈度为 6 度及以上地区的建筑，必须进行抗震设计。
>
> **1.0.3**　本规范适用于抗震设防烈度为 6、7、8 和 9 度地区建筑工程的抗震设计以及隔震、消能减震设计。建筑的抗震性能化设计，可采用本规范规定的基本方法。
>
> 抗震设防烈度大于 9 度地区的建筑及行业有特殊要求的工业建筑，其抗震设计应按有关专门规定执行。
>
> 注：本规范“6 度、7 度、8 度、9 度”即“抗震设防烈度为 6 度、7 度、8 度、9 度”的简称。

震害表明、多起地震发生在设防烈度为 6 度的地区。有的原为 6 度设防地区，却发生了大大超过 6 度的地震，如 1966 年河北宁晋地震（10 度），1959 年广东阳江地震（8 度），1975 年辽宁海城地震（9 度），1976 年河北唐山地震（11 度）等。所以 6 度地区必须进行抗震设计。

【例 2.1.2-5】 按照我国现行抗震设计规范的规定，位于下列何项的抗震设防烈度地区内建筑物应考虑抗震设防。

（A）抗震设防烈度为 5～9 度

（B）抗震设防烈度为 5～8 度

（C）抗震设防烈度为 5～10 度

（D）抗震设防烈度为 6～9 度

【答案】（D）

【解答】 根据《抗震》第 1.0.2 和 1.0.3 条，抗震设防烈度为 6 度及以上地区的建筑，必须进行抗震设计。抗震设防烈度为 6 度、7 度、8 度和 9 度的可按《建筑抗震设计规范》进行，抗震设防烈度大于 9 度地区的建筑和行业有特殊要求的工业建筑，其抗震设计应按有关专门规定执行。

【例 2.1.2-6】《抗震》的适用范围是下列何项。

（A）抗震设防烈度为 6～9 度地区的建筑抗震设计

（B）抗震设防烈度为 7～9 度地区的建筑抗震设计

（C）抗震设防震级为 6～9 级地区的建筑抗震设计

（D）抗震设防震级为 7～9 级地区的建筑抗震设计

【答案】（A）

【解答】 根据《抗震》第 1.0.3 条规定，《抗震》适用于抗震设防烈度为 6 度、7 度、8 度和 9 度地区建筑工程的抗震设计及隔震、消能减震设计。对抗震设防烈度大于 9 度地区的建筑和行业有特殊要求的工业建筑，其抗震设计应按有关专门规定执行。

三、三水准设防、二阶段设计

1. 结构抗震设计的特点

在地震工程中，人们研究的对象有三个：即地震动（输入）、结构（分析体系）、结构反应（输出）。只有在了解结构的地震反应之后，才可能进行科学的设计。为了了解结构的地震反应，必须了解地震动和结构本身的动力特性，两者缺一不可。

（1）结构的动力特性对结构抗震设计的影响

① 地震作用是一种间接作用，与结构的质量密切相关。地震时地震波使地面发生强烈振动、导致地面上原来静止的建筑物发生强迫振动。

② 地震作用就是结构在振动过程中，结构各部分的质量受到地面加速度的激发以及结构相对加速度的作用而形成的惯性力。

③ 地震作用与结构的动力特性有关。

建筑结构受到的地震作用与结构本身的动力特性（自振周期、阻尼等）密切有关。如果设计过程中改变了结构布置、引起结构质量分布或者大小的变化，结构的自振周期就会相应发生改变，结构的加速度反应也会发生变化，以至结构上受到的地震作用也发生变化，可能增大也可能减小。

强震过程中结构上的地震作用是不断随时间变化的，是一种动态的可变作用，且与结构的承载力有关。随着结构的开裂或屈服，建筑结构出现内力的塑性重新分布而进入塑性状态，必然引起刚度的不断变化，整个结构受到的地震作用也在地震全过程中不断变化。地震中结构进入弹塑性状态后，只能依靠变形吸收能量以维持结构的“安全”。所以，结构抗震设计的根本验算应是强震下结构的变形验算，并须满足《建筑抗震设计规范》规定的变形要求。

(2) 地震的动力特性对结构抗震设计的影响

地震动时地面运动是一种相当复杂、十分强大的瞬间作用，且具有很大程度的随机性。目前，我们对地震作用发生的过程和机制都还不清楚。一方面，事先无法通过试验和计算来预测某一地区在某一使用期内可能出现的最大地震烈度；另一方面，烈度不同时，结构上的弹性地震作用会发生成倍的变化。因而地面运动的特性（如地震时的最大振幅、持续时间、频谱特性）亦了解得不大清楚，故要把地震作用下的结构象非抗震结构那样都设计成处于弹性状态工作，是不可能的；同时、强震的发生更是一种罕见的自然现象，要求在强震下结构也处于弹性状态，不仅在经济上不合理，在技术上也无必要。无论是发生地点、时间和强度，地震都具有很大的不确定性。以目前的科学发展水平，要做到准确预测建筑物将遭遇到的地震特性和参数几乎是不可能的。试验手段和研究技术更不能确切地模拟地震对建筑结构的破坏作用。

2. 建筑抗震设防的基本思想和原则

面临一项工程设计任务，首先要把握的是设计的总原则。

当进行结构的静力设计时，要求结构在规定的荷载作用下处于弹性阶段工作，既有承载能力（强度）的安全储备，也使变形及裂缝处于使用许可的范围内，使之在使用上、外观上均能满足要求，亦即满足两类极限状态的要求。所以，结构抵御静力荷载时，设计者必须遵循的指导思想，是使结构在预期荷载作用下保持或基本上保持在弹性范围内工作。这样的结构如若没有遇到异常的意想不到的情况，在预期荷载下是不可能出现严重破坏、过度变形等不正常状况的。

当进行结构的抗震设计时，要不要同静力设计一样把不同烈度地震作用下的结构都设计成处于弹性状态工作，实际上这是不可能的、因强震的发生是一种罕见的自然现象，要求在强震下结构也处于弹性状态是不可行的，也无必要。地震这种自然作用既复杂又十分强大，它的发生时间、地点、强度大小、次数等等都具随机性，而设计时又必须予以合理量化，所以抗震设计中的首要问题是要求确定结构在使用期间，对不同频度和强度的地震，结构应具有的抵抗能力，确定以多大的烈度作为设防烈度。同时，结构的设计方法既要客观地反映地震对结构的作用，在概念上又要清晰明确，并能采用与结构静力设计相协调的方法，力求简易可行，便于设计人员掌握。《抗震》的 1.0.1 条对这个重要问题给出了明确的规定，提出了“建筑抗震设防的基本思想和原则、以‘三个水准’为抗震设防目标”。

《抗震》1.0.1 条规定

1.0.1 按本规范进行抗震设计的建筑，其基本的抗震设防目标是：

当遭受低于本地区抗震设防烈度的多遇地震影响时，主体结构不受损坏或不需进行修理可继续使用；

当遭受相当于本地区抗震设防烈度的设防地震影响时，其损坏经一般性修理仍可继续使用；

当遭受高于本地区抗震设防烈度的罕遇地震影响时，不致倒塌或发生危及生命的严重破坏。

《抗震》1.0.1条的“条文说明”从两个方面对1.0.1条的规定做了明确的说明。

（1）对“抗震设防目标”的说明

遭遇第一水准烈度——众值烈度（多遇地震）影响时，建筑处于正常使用状态，从结构抗震分析角度，可以视为弹性体系，采用弹性反应谱进行弹性分析；

遭遇第二水准烈度——基本烈度（设防地震）影响时，结构进入非弹性工作阶段，但非弹性变形或结构体系的损坏控制在可修复的范围；

遭遇第三水准烈度——最大预估烈度（罕遇地震）影响时，结构有较大的非弹性变形，但应控制在规定的范围内，以免倒塌。

第一水准烈度为众值烈度（I_m）。此一水准的设计目标是“小震不坏”。

第二水准烈度为设防烈度（I_0）。此一水准的设计目标是“中震可修”。

第三水准烈度为预估的罕遇地震烈度（I_n）。此一水准的设计目标是“大震不倒”。

“小震不坏，中震可修，大震不倒”实际上就是“多遇地震下不坏，设防烈度下可修，罕遇地震下不倒”的简便说法。这样，小、中、大震的三个概率水准就明确了，定量化了。然而。衡量整个结构损坏的程度却仍是相对的，“不坏”指的是建筑物经地震后的破坏程度在日常维修的范围内；“可修”指的是“小坏”或“中坏”，是泛指有修复价值的损坏；与“不倒”相应的是建筑结构主体的严重破坏，虽已无修复价值，但是只要不倒，生命和财产的损失就可得以大大减轻。总之，要强调指出，结构抗震设计的总原则不是避免结构的损坏，而是竭力从各方面提高其整体变形能力，防止倒塌。

（2）对“二阶段设计”的说明

第一阶段设计是承载力验算，取第一水准的地震动参数计算结构的弹性地震作用标准值和相应的地震作用效应，继续采用《建筑结构可靠度设计统一标准》GB 50068规定的分项系数设计表达式进行结构构件的截面承载力抗震验算，这样，既满足了在第一水准下具有必要的承载力可靠度，又满足第二水准的损坏可修的目标。对大多数的结构，可只进行第一阶段设计，而通过概念设计和抗震构造措施来满足第三水准的设计要求。

第二阶段设计是弹塑性变形验算，对地震时易倒塌的结构、有明显薄弱层的不规则结构以及有专门要求的建筑，除进行第一阶段设计外，还要进行结构薄弱部位的弹塑性层间变形验算并采取相应的抗震构造措施，实现第三水准的设防要求。

为了实现上述三水准抗震设防目标，《抗震》采用了简化的两阶段设计方法。

1）第一阶段设计为“小震”作用下的构件截面抗震承载力验算和相应的构造措施。具体地说，是以多遇地震（第一水准）下的弹性地震作用作为设计指标，进行构件内力分析。然后用与设防烈度（第二水准）相应的多系数表达的抗震承载力验算公式验算结构构件（这一多系数表达式的形式与静力设计中的实用设计表达式很相似），此时各构件的材料强度采用设计值。与静力设计的一个重要不同是引入了承载力抗震调整系数（γ_{RE}），以反映不同材料和不同受力状态所具有的不同可靠度。这样，就同时满足了第一、第二水准的要求。但对于较柔的结构（例如框架结构），还要进行正常使用状态下的弹性层间位移验算。

在这一设计阶段中，要根据概念设计采取有效的抗震构造措施，从而使大多数结构可以定性地满足第三水准的要求。

强烈地震震害表明，对于大多数建筑结构只需进行第一阶段设计即可做到“大震不倒”，其中包括多层砌体房屋结构。

2）第二阶段设计为“大震”作用下的弹塑性变形验算，并采取提高结构变形能力的构造措施。目的是防倒塌。此时首先要寻找结构的薄弱层（层间位移相对较大的楼层），然后计算并控制其在大震作用下的弹塑性层间变形，使之不超过规范的规定值。例如对于多层砌体房屋结构中的底层框架—抗震墙砌体结构，需进行此阶段设计，因为这类结构的底层是明显的薄弱层。对大多数结构，则无需进行第二阶段设计。

现以钢筋混凝土柱从开始受力到结构破坏全过程的柱顶水平力 P 与柱顶水平侧移 Δ 的 P-Δ 曲线为基础，用图示方法来讨论“三水准设防、两阶段设计”中结构的受力和变形之间的状态和关系，分成单根柱、单层柱群、多层框架三种情况来讨论。

① 单柱的 P-Δ 曲线

对于图 2.1.3-1（a）所示单独悬臂柱，当柱上端作用水平剪力 P 时，柱端产生水平侧移为 Δ。

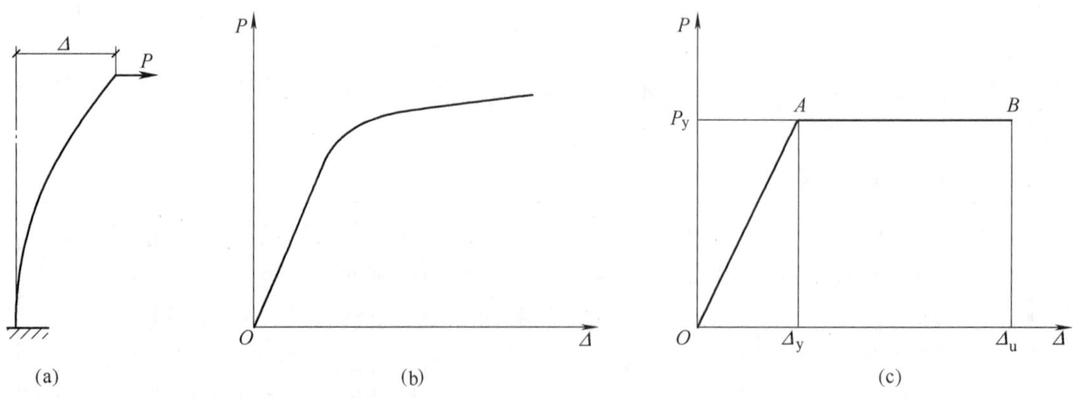

图 2.1.3-1 单悬臂柱的 P-Δ 曲线

（a）悬臂柱；（b）P-Δ 曲线；（c）简化的 P-Δ 曲线

试验所得的 P-Δ 关系可以用图 2.1.3-1（b）表示。如进一步简化，P-Δ 关系也可用图 2.1.3-1（c）中的 OAB 折线表示，A 点对应于柱根开始屈服，其荷载值为 P_y，A 点对

应的水平侧移为 Δ_y；OAB 为柱根的屈服过程，B 点对应于柱根的破坏，其水平侧移为 Δ_u，OAB 折线所覆盖的面积表示所吸收的变形能。

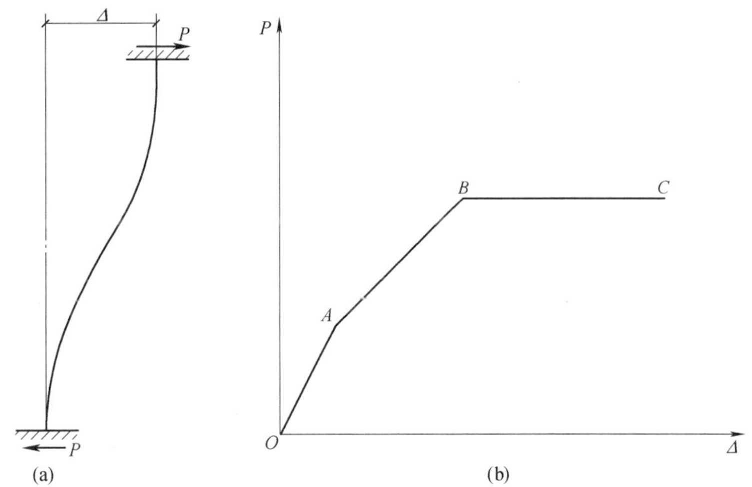

图 2.1.3-2 两端嵌固柱的 P-Δ 曲线

(a) 两端嵌圆柱；(b) P-Δ 关系

图 2.1.3-2 (a) 所示一两端嵌固柱受层间剪力作用，简化的 P-Δ 关系如图 2.1.3-2 (b)所示。其中 A 点表示某一柱端开始屈服，但另一端尚未屈服，这时整个柱子不算完全屈服，荷载仍能沿 AB 上升，直到 B 点，另一端也开始屈服，整个柱子完全屈服，并沿 BC 发展侧移，到 C 点整个柱子宣告破坏。

② 单层楼层柱群的 P-Δ 曲线

图 2.1.3-3 (a) 表示有若干根柱所组成的单层楼层，柱的二端均为嵌固端，在受楼层层间剪力 P 作用时，其 P-Δ 曲线如图 2.1.3-3 (b) 所示。当楼层中某柱的某一端首先达到塑性变形时，即到达 A 坐标点，相应的楼层侧移为 Δ_y；而后，随着各个柱端的逐个屈服，P-Δ 曲线将沿 AB 多边折线发展，直到 B 点，全部柱端屈服，形成机构，楼层沿 BC 发展塑性变形，直到 C 点整个楼层破坏，相应的楼层侧移为 Δ_u。由此，整个楼层 P-Δ 关系可以分为三个范围［见图 2.1.3-3 (b)］，范围 1 为弹性未屈服范围，范围 2 为有约束屈服范围，范围 3 为无约束屈服范围。

根据理论分析及实际震害情况，钢筋混凝土结构在使用阶段或是在多遇烈度地震作用时，结构是处在范围 1 的工作阶段，结构可以用弹性理论分析内力。当作用消失后，变形也就自然地作弹性恢复。

在基本烈度地震作用时，结构已进入范围 2 的弹塑性阶段工作，实际上已无强度安全储备可言，而是依靠结构的弹塑性变形耗能能力抵抗地震作用。结构抗震设计就是把结构的工作状态限制在范围 2 内，保证“坏而可修”。抗震设计就是要设法延长这一阶段、以提高结构的抗震性能。

在罕遇烈度地震作用时，设计上仍保证限制结构在范围 2 内工作，与基本烈度地震作用时相比，只是程度上不同，保证“坏而不倒”。

③ 框架结构的 P-Δ 关系

图 2.1.3-4 (a) 表示一框架结构、按“强柱弱梁”设计、塑性铰均出现在梁端，顶部

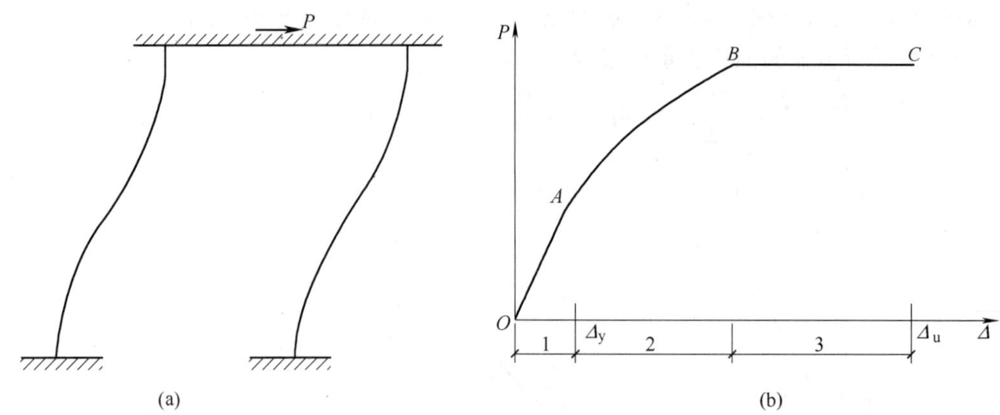

图 2.1.3-3　楼层柱群 P-Δ 曲线

(a) 楼层间剪力 P 作用；(b) P-Δ 曲线

作用一水平集中力 P，顶部的水平位移为 Δ。现将钢筋混凝土框架结构破坏的全过程列于图 2.1.3-4 (b)。当水平力 P 从零开始加载、初期梁上没有塑性铰，P-Δ 曲线沿 OA 方向线性发展，A 点表示第一个塑性铰出现、这时弹性未屈服阶段终止、OA 线是一条直线。P-Δ 曲线的 AB 段表示随着水平力的增加又有部分梁上出现塑性铰、由于塑性铰的数量很少、故 AB 线还是十分接近一条直线、故称准弹性阶段。P-Δ 曲线进入 BC 段时，因水平力 P 已经很大、大部分梁端产生塑性铰、故顶部水平位移发展较快，C 点表示该框架的有关梁端塑性铰已经全部形成。P-Δ 曲线进入 Cu 段时、已经达到破坏阶段。整个框架结构的 P-Δ 关系可以分为四个范围，范围 1 为弹性未屈服范围，范围 2 为准弹性范围，范围 3 为有约束屈服范围，范围 4 为无约束屈服范围。在 P-Δ 关系图的横坐标上还表示出了“三水准设防”中每一种设防水准在框架结构破坏全过程中所处的工作状态；同时还列“二阶段设计”中每一阶段所涉及的设计内容是解决那一受力区段的问题。

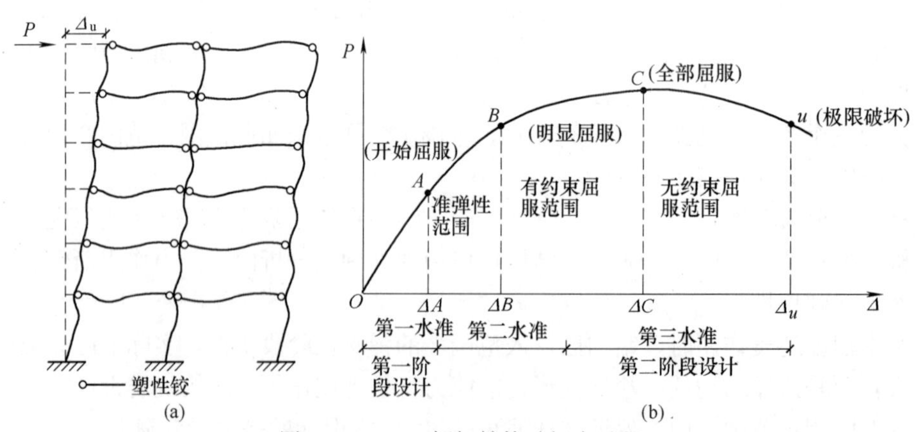

图 2.1.3-4　框架结构破坏全过程

(a) 梁铰机制；(b) P-Δ 关系

【例 2.1.3-1】 按《抗震》基本抗震设防目标设计的建筑，当遭受本地区设防烈度的地震影响时，建筑物应处于下列何种状态。

(A) 不受损坏

(B) 一般不受损坏或不需修理仍可继续使用

（C）可能损坏，经一般修理或不需修理仍可继续使用

（D）严重损坏，需大修后方可继续使用

【答案】（C）

【解答】根据《抗震》第1.0.1条，当遭受相当于本地区抗震设防烈度的地袭影响时，建筑物可能损坏，经一般修理或不需修理仍可继续使用。

【例2.1.3-2】按我国抗震设计规范设计的建筑，当遭受低于本地区设防烈度的多遇地震影响时，建筑物应处于下列何种状态。

（A）一般不受损坏或不需修理仍可继续使用

（B）可能损坏，经一般修理或不需修理仍可继续使用

（C）不致发生危及生命的严重破坏

（D）不致倒塌

【答案】（A）

【解答】根据《抗震》第1.0.1条，当遭受低于本地区抗震设防烈度的地震影响时，建筑物不受损坏或不需修理可继续使用。

【例2.1.3-3】某建筑物，其抗震设防烈度为7度，根据《抗震》，"小震不坏"的设防目标是指下列哪一条？

（A）当遭遇低于7度的多遇地震影响时，经修理仍可继续使用

（B）当遭遇低于7度的多遇地震影响时，一般不受损坏或不需修理仍可继续使用

（C）当遭受7度的地震影响时，不受损坏或不需修理仍可继续使用

（D）当遭遇低于7度的多遇地震影响时可能损坏，经一般修理仍可继续使用

【答案】（B）

【解答】根据《抗震》第1.0.1条，"小震不坏"是指建筑当遭遇低于本地区抗震设防烈度的多遇地震影响时，一般不受损坏或不需修理仍可继续使用。

【例2.1.3-4】某建筑物，其抗震设防烈度为8度，根据《建筑抗震设计规范》，"大震不倒"的设防目标是指下列哪一种？

（A）当遭受8度的地震影响时，不致发生危及生命的严重破坏

（B）当遭受8度的地震影响时，一般不致倒塌伤人，经修理后仍可继续使用

（C）当遭受高于8度的预估的罕遇地震影响时，不致倒塌，经一般修理仍可继续使用

（D）当遭受高于8度的预估的罕遇地震影响时，不致倒塌或发生危及生命的严重破坏

【答案】（D）

【解答】根据《抗震》第1.0.1条，当遭受高于抗震设防烈度（8度）的预估的罕遇地震影响时，不致倒塌或发生危及生命的严重破坏。

四、概念设计、计算设计（抗震计算）、构造设计（构造措施）

抗震设计时应考虑地震及其影响的不确定性和若干规律性。

1. 地震及其影响的不确定性

实际地震的大小，是现有科学水平难以准确预估的。虽然在确定烈度区划图时是尽量体现科学性、准确性，但由于可供统计分析的历史地震资料有限，在一个地区发生超过设

防烈度的地震是完全可能的。同一个建筑场地的地面运动也是不确定的，不同性质的地面运动对建筑的破坏作用不同。地震动随震源机制、震级大小、震中距和传播途径中土层性质不同而变化，影响因素甚为复杂。

2. 地震及其影响又有若干规律性

地震及其影响虽然具有不确定性，但根据统计分析，也存在一定的规律性。一般说来，震级大、震中距小时对较刚性建筑物破坏大；当震级大、震源深时对远距离的较柔性的建筑物影响大；此外，场地土类别和覆盖层厚度也直接影响结构效应的大小。由于地震及地震效应的不确定性和复杂性，以及计算模型与实际情况的差异，因此，抗震设计不能仅依赖计算，结构抗震性能的决定因素首先取决于良好的概念设计。抗震设计主要包括三个方面：概念设计、计算设计（抗震计算）和构造设计（构造措施）。

概念设计是根据人们在学习和实践中所建立的正确概念，运用人的思维和判断力，正确和全面地把握结构的整体性能，即根据对结构特性（承载能力、变形能力、耗能能力等）的正确把握，合理地确定结构的总体布置与细部构造。对建筑抗震的概念设计《抗震》有明确说明。

> **2.1.9** 建筑抗震概念设计
>
> 根据地震灾害和工程经验等所形成的基本设计原则和设计思想，进行建筑和结构总体布置并确定细部构造的过程。

建筑抗震的概念设计是把地震及其影响的不确定性和规律性结合起来，就是进行结构抗震设计时着眼于结构的总体地震反应，按照结构的破坏机制和破坏过程，灵活运用抗震设计准则，从设计一开始就全面合理地把握好结构设计中的基本问题（总体布置、结构体系、刚度分布和结构延性等），并顾及关键部位的细节，力求消除结构中的薄弱环节，从根本上合理地保证结构的抗震性能。抗震设计时根据概念设计的结果制定出各项具体的“抗震措施”。

> **2.1.10** 抗震措施
>
> 除地震作用计算和抗力计算以外的抗震设计内容，包括抗震构造措施。

抗震计算包括地震作用计算和抗力计算。抗震计算是对地震作用进行定量分析，再将地震效应与其他荷载组合后用来验算结构及构件的强度与变形。抗震计算为建筑抗震设计提供定量控制的手段。

> **2.1.4** 地震作用 earthquake action
>
> 由地震动引起的结构动态作用，包括水平地震作用和竖向地震作用。

抗震构造措施是指采用抗震计算以外的措施，以保证结构整体性、加强局部薄弱环节等，保证抗震计算结果的有效性。

> **2.1.11** 抗震构造措施
>
> 根据抗震概念设计原则，一般不需计算而对结构和非结构各部分必须采取的各种细部要求。

抗震设计上述三个层次的内容是一个不可割裂的整体，忽略任何一部分，都可能造成抗震设计的失败。要使建筑物具有较好的抗震性能，首先应从大的方面人手，做好概念设计，再结合计算设计、构造设计，才能得到一项较为满意的抗震设计。如不重视概念设计而过分地相信仔细的计算，对结构抗震设计不仅没有必要，而且还可能在概念设计中出现不当甚至错误。

五、抗震设防标准

1. 地震烈度、抗震设防烈度、抗震设防标准的区别

“抗震设防标准”和“抗震设防烈度”是二个不同的概念，对“抗震设防标准”这一术语《抗震》有专门规定

> **2.1.2** 抗震设防标准
>
> 衡量抗震设防要求高低的尺度，由抗震设防烈度或设计地震动参数及建筑抗震设防类别确定。

就一个建设工程项目而言、抗震设防所采用的烈度要考虑“建筑抗震设防类别”的影响。因衡量一个工程项目抗震设防要求高低的尺度和该建筑遭遇地震破坏后，可能造成人员伤亡、直接和间接经济损失、社会影响的程度及其在抗震救灾中的作用等因素直接有关，不能简单地直接套用当地的“抗震设防烈度”。设计人员要根据每一个具体建设工程项目特定的抗震设防要求对当地的抗震设防烈度进行调整，形成针对这一工程项目专用的“抗震设防标准”。地震烈度、抗震设防烈度、抗震设防标准的区别见表 2.1.5-1。

地震烈度、抗震设防烈度、抗震设防标准的区别　　表 2.1.5-1

	地震烈度	抗震设防烈度	抗震设防标准
定义	某地区遭受一次地震影响的强弱程度	在一定时期内，一个地区可能遭遇到的最大地震烈度	对每一个具体建设工程项目，抗震设防时所采用的烈度
确定依据	在地震发生后按《中国地震烈度表》来确定该地区的烈度	根据《中国地震动参数区划图》确定的地震基本烈度	应按国家规定的权限审批、颁发的文件(图件)确定
用途	用于评定一次地震对该地区的破坏(影响)程度	用于评定该地区的地震危险性	作为该建设工程项目的抗震设防依据
与场地的关系	一次地震的烈度是针对该区域的所有场地的综合影响	仅针对该区域的一般场地	仅针对该建设工程项目的场地
与建筑的关系	无关	无关	同一地点不同的建设工程项目可有不同的抗震设防标准

要确定一个建设项目的“抗震设防标准”，不仅要知道建设项目所在地区的“抗震设防烈度”，还要确定该建设项目的“建筑抗震设防类别”。

【例 2.1.5-1】 在下列有关抗震设防的说法中，那些选项是符合规定的？

(A) 抗震设防烈度是一个地区的设防依据，不能随便提高或降低

(B) 抗震设防标准是一种衡量对建筑抗震能力要求高低的综合尺度

(C) 抗震设防标准主要取决于建筑抗震设防类别的不同

(D)《抗震》规定的设防标准是最低的要求，具体工程设防标准可按业主要求提高

【答案】(A)、(B)、(D)

2. 根据“建筑抗震设防类别”确定“抗震设防标准”

(1)“建筑抗震设防类别”

对于不同使用性质的建筑物，地震破坏造成的后果的严重性是不一样的。因此，建筑物的抗震设防应根据其重要性和破坏后果而采用不同的设防标准。《抗震》规定

> **3.1.1** 抗震设防的所有建筑应按现行国家标准《建筑工程抗震设防分类标准》GB 50223确定其抗震设防类别及其抗震设防标准。

《分类标准》2.0.1条专门讲述了这一问题

> **2.0.1** 抗震设防分类
>
> 根据建筑遭遇地震破坏后，可能造成人员伤亡、直接和间接经济损失、社会影响的程度及其在抗震救灾中的作用等因素，对各类建筑所做的设防类别划分。

《分类标准》对抗震设防类别做了规定

> **3.0.2** 建筑工程应分为以下四个抗震设防类别：
>
> 1 特殊设防类：指使用上有特殊设施，涉及国家公共安全的重大建筑工程和地震时可能发生严重次生灾害等特别重大灾害后果，需要进行特殊设防的建筑。简称甲类。
>
> 2 重点设防类：指地震时使用功能不能中断或需尽快恢复的生命线相关建筑。以及地震时可能导致大量人员伤亡等重大灾害后果，需要提高设防标准的建筑。简称乙类。
>
> 3 标准设防类：指大量的除1、2、4款以外按标准要求进行设防的建筑。简称丙类。
>
> 4 适度设防类：指使用上人员稀少且震损不致产生次生灾害，允许在一定条件下适度降低要求的建筑。简称丁类。

《分类标准》对下列五类建筑的抗震设防类别又分别作了具体规定。

1）防灾救灾建筑

2）基础设施建筑

① 城镇给水排水、燃气、热力建筑

② 电力建筑

③ 交通运输建筑

④ 邮电通信、广播电视建筑

3）公共建筑和居住建筑

4）工业建筑

① 采煤、采油和矿山生产建筑

② 原材料生产建筑

③ 加工制造业生产建筑

5）仓库类建筑

现仅对“公共建筑和居住建筑”作一些介绍，《分类标准》规定

> 6 公共建筑和居住建筑
>
> **6.0.1** 本章适用于体育建筑、影剧院、博物馆、档案馆、商场、展览馆、会展中心、教育建筑、旅馆、办公建筑、科学实验建筑等公共建筑和住宅、宿舍、公寓等居住建筑。
>
> **6.0.2** 公共建筑，应根据其人员密集程度、使用功能、规模、地震破坏所造成的社会影响和直接经济损失的大小划分抗震设防类别。
>
> **6.0.3** 体育建筑中，规模分级为特大型的体育场、大型、观众席容量很多的中型体育场和体育馆（含游泳馆），抗震设防类别应划为重点设防类。
>
> **6.0.4** 文化娱乐建筑中，大型的电影院、剧场、礼堂、图书馆的视听室和报告厅、文化馆的观演厅和展览厅、娱乐中心建筑，抗震设防类别应划为重点设防类。
>
> **6.0.5** 商业建筑中，人流密集的大型的多层商场抗震设防类别应划为重点设防类。当商业建筑与其他建筑合建时应分别判断，并按区段确定其抗震设防类别。
>
> **6.0.6** 博物馆和档案馆中，大型博物馆，存放国家一级文物的博物馆，特级、甲级档案馆，抗震设防类别应划为重点设防类。
>
> **6.0.7** 会展建筑中，大型展览馆、会展中心，抗震设防类别应划为重点设防类。
>
> **6.0.8** 教育建筑中，幼儿园、小学、中学的教学用房以及学生宿舍和食堂，抗震设防类别应不低于重点设防类。
>
> **6.0.9** 科学实验建筑中，研究、中试生产和存放具有高放射性物品以及剧毒的生物制品、化学制品、天然和人工细菌、病毒（如鼠疫、霍乱、伤寒和新发高危险传染病等）的建筑，抗震设防类别应划为特殊设防类。
>
> **6.0.10** 电子信息中心的建筑中，省部级编制和贮存重要信息的建筑，抗震设防类别应划为重点设防类。
>
> 国家级信息中心建筑的抗震设防标准应高于重点设防类。
>
> **6.0.11** 高层建筑中，当结构单元内经常使用人数超过 8000 人时，抗震设防类别宜划为重点设防类。
>
> **6.0.12** 居住建筑的抗震设防类别不应低于标准设防类。

在确定民用建筑的“抗震设防标准”时要重视下述的几个案例。

① 所有仓储式、单层的大商场不论多大建筑面积均属丙类；

② 当高层住宅的多层裙房被定为乙类时，其上部的住宅仍可为丙类；

③ 通过防震缝分开的大型建筑，当每个结构单元均有单独的疏散出入口时，可按每个单元的规模分别核定类别；

④ 大型建筑虽无防震缝，但平面内或上下层使用功能不同，也可按各功能区段分别核定类别；

我们可以根据《分类标准》确定每一个建设项目的抗震设防类别。

（2）各抗震设防类别建筑的抗震设防标准

对于不同的抗震设防类别的建设项目，在进行建筑抗震设计时，应采用相应的抗震设防标准。对此《分类标准》作了具体规定

3.0.3 各抗震设防类别建筑的抗震设防标准，应符合下列要求：

1 标准设防类，应按本地区抗震设防烈度确定其抗震措施和地震作用，达到在遭遇高于当地抗震设防烈度的预估罕遇地震影响时不致倒塌或发生危及生命安全的严重破坏的抗震设防目标。

2 重点设防类，应按高于本地区抗震设防烈度一度的要求加强其抗震措施，但抗震设防烈度为 9 度时应按比 9 度更高的要求采取抗震措施；地基基础的抗震措施，应符合有关规定。同时，应按本地区抗震设防烈度确定其地震作用。

3 特殊设防类，应按高于本地区抗震设防烈度提高一度的要求加强其抗震措施；但抗震设防烈度为 9 度时应按比 9 度更高的要求采取抗震措施。同时，应按批准的地震安全性评价的结果且高于本地区抗震设防烈度的要求确定其地震作用。

4 适度设防类，允许比本地区抗震设防烈度的要求适当降低其抗震措施，但抗震设防烈度为 6 度时不应降低。一般情况下，仍应按本地区抗震设防烈度确定其地震作用。

注：对于划为重点设防类而规模很小的工业建筑，当改用抗震性能较好的材料且符合抗震设计规范对结构体系的要求时，允许按标准设防类设防。

现用列表的方式、分别从地震作用计算和抗震措施两个方面对四类抗震设防类别的抗震设防标准表示于表 2.1.5-2。

四类建筑的抗震设防标准 **表 2.1.5-2**

建筑抗震设防类别	地震作用计算	抗震措施
甲类	应高于本区抗震设防烈度的要求，其值应按批准的地震安全性评价结果确定	当抗震设防烈度为 6～8 度时，应符合本地区抗震设防烈度提高一度的要求。当为 9 度时，应符合比 9 度抗震设防更高的要求
乙类	应符合本地区抗震设防烈度的要求(6 度时可不进行计算)	一般情况下，当抗震设防烈度为 6～8 度时，应符合本地区抗震设防烈度提高一度的要求。当为 9 度时，应符合比 9 度抗震设防更高的要求
丙类	应符合本地区抗震设防烈度的要求(6 度时可不进行计算)	应符合本地区抗震设防烈度的要求
丁类	一般情况下，应符合本地区抗震设防烈度的要求(6 度时可不进行计算)	允许比本地区抗震设防烈度的要求适当降低，但抗震设防烈度为 6 度的不应降低

【例 2.1.5-2】 建筑物分为甲、乙、丙、丁四个抗震设防类别，下列分类不正确的是何项。

(A) 甲类建筑应属于重大建筑工程和地震时可能发生严重次生灾害的建筑

(B) 乙类建筑应属于地震破坏会造成社会重大影响和国民经济重大损失的建筑

(C) 丙类建筑应属于除甲、乙、丁类以外按标准要求进行设防的一般建筑

(D) 丁类建筑应属于允许在一定条件下适度降低要求的建筑

【答案】(B)

【解答】根据《分类标准》第 3.1.1 条，建筑应根据其使用功能的重要性分为甲类、乙类、丙类、丁类四个抗震设防类别。甲类建筑应属于重大建筑工程和地震时可能发生严重次生灾害的建筑，乙类建筑应属于地震时使用功能不能中断或需尽快恢复的建筑，丙类建筑应属于除甲、乙、丁类以外按标准要求进行设防的一般建筑，丁类建筑应属于允许在一定条件下适度降低要求的建筑。

【例 2.1.5-3】建筑物共有四个抗震设防类别，下列分类原则中正确的是何项。

(A) 甲类建筑属于重要的建筑　　(B) 乙类建筑属于较重要的建筑

(C) 丙类建筑属于一般重要的建筑　　(D) 丁类建筑属于抗震适度设防类建筑

【答案】(D)

【解答】根据《分类标准》第 3.0.2 条解答。

【例 2.1.5-4】地震时使用功能不能中断的建筑应划分为下列哪一个类别?

(A) 甲类　　(B) 乙类　　(C) 丙类　　(D) 丁类

【答案】(B)

【解答】根据《分类标准》第 3.0.2 条解答。

【例 2.1.5-5】抗震设计时，建筑物应根据其重要性分为甲、乙、丙、丁四类。一幢 18 层的普通高层住宅应属于下列何项?

(A) 甲类　　(B) 乙类　　(C) 丙类　　(D) 丁类

【答案】(C)

【解答】根据《分类标准》第 3.0.2 条，一幢 18 层的普通高层住宅应属于丙类。

【例 2.1.5-6】根据《分类标准》，下列哪一类建筑是属于允许仍按本地区抗震设防烈度的要求采取抗震措施的乙类建筑?

(A) 人数不够规模的影剧院　　(B) 某些工矿企业的变电所

(C) 县级二级医院的住院部　　(D) 中、小型纪念馆建筑

【答案】(B)

【解答】根据《分类标准》第 3.0.2 条，乙类建筑应属于地震时使用功能不能中断或需要尽快恢复的建筑。

根据《分类标准》第 3.0.3 条的条文说明，较小的乙类建筑指的是一些建筑规模较小的建筑，例如，工矿企业的变电所、空压站、水泵房以及城市供水水源的泵房等。

【例 2.1.5-7】建筑抗震设防为下列何类建筑时，抗震措施应允许比本地区抗震设防烈度的要求适当降低。

(A) 甲、乙　　(B) 丙、丁　　(C) 丙　　(D) 丁

【答案】(D)

【解答】根据《分类标准》第 3.0.3 条第 4 款。丁类建筑，一般情况下，地震作用仍应符合本地区抗震设防烈度的要求；抗震措施应允许比本地区抗震设防烈度的要求适当降低，但抗震设防烈度为 6 度时不应降低。

【例 2.1.5-8】根据其抗震重要性，某建筑为乙类建筑，设防烈度为 7 度。下列何项抗震设计标准正确?

(A) 按 8 度计算地震作用

（B）按7度计算地震作用

（C）按7度计算地震作用，抗震措施按8度要求采用

（D）按8度计算地震作用并实施抗震措施

【答案】（C）

【解答】根据《分类标准》第3.0.3条第2款，乙类建筑的地震作用应符合本地区抗震设防烈度的要求。一般情况下，当设防烈度为6～8度时，其抗震措施应符合本地区抗震设防烈度提高一度的要求。

【例2.1.5-9】现有四种不同功能的建筑：①具有外科手术室的乡镇卫生院的医疗用房；②营业面积为10000m^2的人流密集的多层商业建筑；③乡镇小学的学生食堂；④高度超过100m的住宅。试问，由上述建筑组成的下列不同组合中，何项的抗震设防类别全部都应不低于重点设防类（乙类）？

（A）①②③　　（B）①②③④　　（C）①②④　　（D）②③④

【答案】（A）

【解答】①、②、③分别见《分类标准》第4.0.3、6.0.5、6.0.8条及条文说明。

④见《分类标准》第6.0.12条，居住建筑不应低于标准设防类（丙类）。

所以答案应为（A）项组合。

【例2.1.5-10】某地区的设计基本地震加速度为0.10g，对于此地区丙类建筑的抗震设计，下列说法中正确的是何项？

（A）按8度进行抗震设计，按7度设防采取抗震措施

（B）按7度进行抗震设计（包括计算和抗震措施）

（C）按7度进行抗震计算，按8度设防采取抗震措施

（D）按7度进行抗震计算，抗震措施可适当降低

【答案】（B）

【解答】根据《抗震》第3.2.2条，除规范另有规定外，设计基本地震加速度为0.10g的地区，应按7度的要求进行抗震设计。

3. 根据“场地类别”对“抗震设防标准”进行调整

（1）“场地类别”

1）场地土是地震波传播的介质

地震导致结构物的破坏大体上有下述三种情况：

① 结构物在地面运动作用下产生剧烈振动过程中，因结构强度不足、变形过大、连接破坏、构件失稳或整体倾覆而破坏。

② 地震引起的山崩、滑坡、地陷、地面裂缝或错位等地面变形，对其上部结构物构成直接危害。

③ 地震引起的砂土液化、软土震陷等地基失效，对其上部结构物造成破坏。

按照结构物的破坏性质可将上述三种震害分成两类：

① 振动破坏，即地震作用使结构物产生惯性力，它附加于静荷载之上，最终导致总应力超过材料强度而达到破坏状态。大多数结构的震害属于这一类。此即上述第①种破坏原因导致结构物的破坏。

②地基失效，结构物本身具有足够的抗震能力，在振动作用下本不致破坏，但是由于

地基沉陷、失稳等原因导致结构开裂、倾斜（甚至倾倒）、下沉，或者使结构物损坏，或者使结构物不能正常使用。此即上述第②、③种破坏原因导致结构物的破坏。

地基失效的原因不外乎发震断裂引起的地表位错、构造性地裂、大面积地震液化和软土震陷、滑移、不均匀地基的差异沉降等，直接研究地基的失效原因即能找出相应对策。

振动破坏是由于结构强度不足、过大变形、连接破坏、构件失稳或整体倾覆而破坏。看似与地基土无关，其实不然。结构物基础之下持力层的土，即所谓“场地土”，在地震作用下，场地土既是结构物的地基（支承上部结构物传来的各种荷载），又是地震波传播的介质，场地土的土层条件将影响地表地震动的大小和特征，即具有放大作用和滤波效应。它在地震期间及震后的表现，直接影响上部结构物的破坏程度。

地震时，地震波是通过地层内的不同介质达到地球表面，并通过建筑物所在的场地对地面建筑物施加影响。建筑物所在区域性的地质和地形地貌特征等对地震的影响是很大的，而局部地质、地形条件的差异，也会在一定的区域内产生不同的地震影响。建筑物所在场地的工程地质条件千差万别，不同场地对地震波的反应也不同，对建筑物的破坏程度的影响也将不同。为了正确地进行建筑物的抗震设计，就必须掌握场地土的特性，尤其是其动力特性。

2）场地的地震影响

震害调查表明，不同覆盖层厚度上的建筑物，其震害明显不同。在冲积层最厚的地方，高层建筑破坏较严重，在覆盖层为中等厚度的一般地基上，中等高度的一般房屋破坏比高层建筑严重，在基岩上的各类房屋，破坏普遍较轻。

震害调查还表明，地下水位对建筑物震害也有明显影响。地下水位越高，建筑物震害越重。在不同的地基中，地下水位的影响也有差别，对软弱土层的影响最大，黏性土次之，对卵石、砾石、碎石、角砾石的影响较小。

通过对震害现象的分析。可以发现以下的规律：

① 在软土地基上，柔性结构容易遭到破坏，刚性结构表现较好；在坚硬地基上，柔性结构表现较好。而刚性结构表现不一，有的表现较差，有的表现较好，常出现矛盾现象。

② 在坚硬地基上，建筑物的破坏通常是由于结构破坏而产生的；在软弱地基上，则有时是由于结构破坏，有时是由于砂土液化、软土震陷和地基不均匀沉降等造成的地基失效所致。

③ 就地面建筑物总的破坏现象来说，在软弱地基上的破坏比坚硬地基上的破坏要严重。

3）场地土的动力特性

浅层土的固有周期，即其自振周期是场地土的重要动力特征之一，是评价场地总体动力特性的一个指标。多层土的固有周期具有下列特点：

① 硬夹层的存在使多层土的固有周期略为减小，而且随着夹层愈靠近基底，减小愈明显；

② 软夹层的存在使多层土的固有周期增大，其增大的程度与夹层位置有关，夹层愈靠近基底，固有周期增大愈多，最大可增大 1/3 左右；

③ 硬表层厚度的变化对固有周期的影响与硬夹层的影响相似，使固有周期有所减小；

④ 土层的固有周期与覆盖层厚度具有良好的相关性，土层的固有周期随覆盖层厚度的增大而增加。

4）放大作用和滤波作用

图 2.1.5-1 是地震波由基岩通过场地土传播到地表的示意图。场地土对于从基岩传来的入射波具有放大作用和滤波作用。

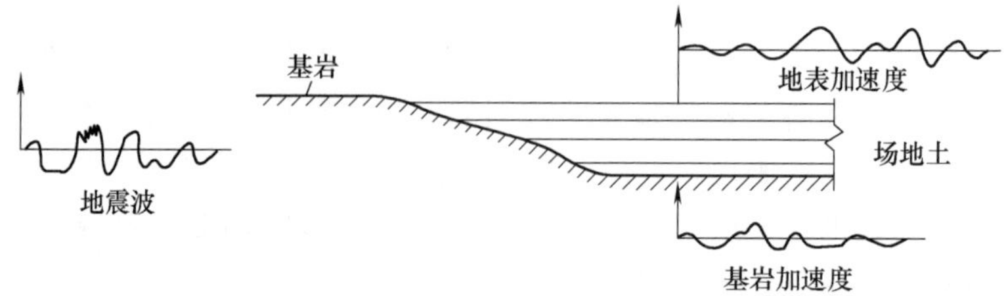

图 2.1.5-1

① 场地土对于从基岩传来的入射波具有放大作用。

从震源传来的地震波是由许多频率不同的谐波分量叠加而成。地震波中与场地土层固有周期相近的谐波分量被放大，当地震动中主导谐波分量的周期与该地点土层的固有周期一致时，发生类共振现象，使地表面的振幅大大增加。从而使该波引起表土层的振动最为激烈。

② 场地土对于从基岩传来的入射波又具有滤波作用。

场地土对于从基岩传来的入射波中与场地土层固有周期不同的谐波分量又具有滤波作用，因此，土质条件对于改变地震波的频率特性具有重要作用。

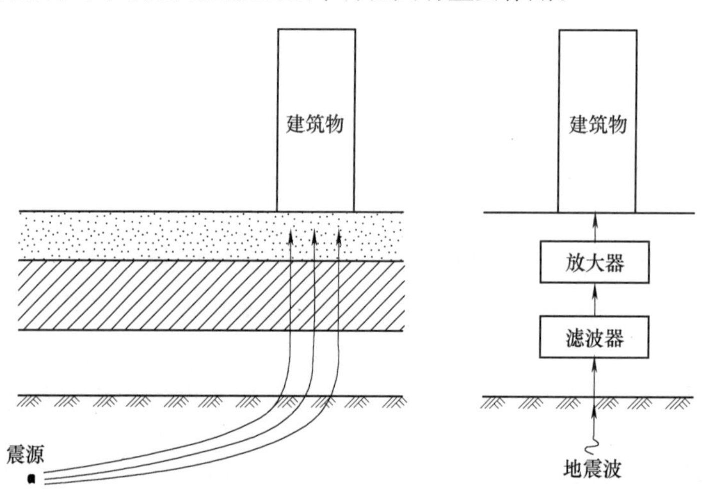

图 2.1.5-2　场地土的放大和滤波作用

由此可见，当基岩入射来的大小和周期不同的波群进入表土层时，土层会使一些与土层固有周期相一致的某些频率波群放大并通过，而将另一些与土层固有周期不一致的某些频率波群缩小或滤掉（图 2.1.5-2）。由于表层土的滤波作用，使坚硬场地的地震动，以短周期为主，而软弱场地土的地震动则以长周期为主。又由于表土层的放大作用，使坚硬场地土的地震动加速度幅值在短周期范围内局部增大；同理，使软弱场地土的地震动加速度幅值在长周期范围内局部增大。根据上述建筑场地上建筑物的共振效应，就不难解释为何坚硬场地土自振周期短的刚性建筑物和软弱场地上长周期柔性建筑物的震害均会增大。

综上所述，建筑场地的特性对建筑物的地震反应有很大的影响。为此，《建筑抗震设计规范》将场地的类别划分成Ⅰ、Ⅱ、Ⅲ、Ⅳ四类，其分类的依据由场地土类型和覆盖层厚度两个要素决定，第七章第九节将作详细讨论。

（2）“抗震设防烈度”的调整

在抗震设计中如何考虑场地类别的影响，《抗震》提出调整“抗震设防烈度”的方法。即在确定“抗震设防标准”时考虑场地的放大作用或滤波效应。考虑场地类别的调整仅适用于“抗震构造措施”。

《抗震》规定

3.3.2 建筑场地为Ⅰ类时，对甲、乙类的建筑应允许仍按本地区抗震设防烈度的要求采取抗震构造措施；对丙类的建筑应允许按本地区抗震设防烈度降低一度的要求采取抗震构造措施，但抗震设防烈度为6度时仍应按本地区抗震设防烈度的要求采取抗震构造措施。

3.3.3 建筑场地为Ⅲ、Ⅳ类时，对设计基本地震加速度为0.15g和0.30g的地区，除本规范另有规定外，宜分别按抗震设防烈度8度（0.20g）和9度（0.40g）时各抗震设防类别建筑的要求采取抗震构造措施。

【例2.1.5-11】 某丙类建筑所在场地为Ⅰ类，设防烈度为6度，其抗震构造措施应按何项要求处理？

（A）7度　　（B）5度

（C）6度　　（D）处于不利地段时，7度

【答案】（C）

【解答】 根据《抗震》第3.3.2条，建筑场地为Ⅰ类时，对丙类建筑应允许按本地区抗震设防烈度降低一度的要求采取抗震构造措施，但抗震设防烈度为6度时仍按6度的要求采取抗震构造措施。

【例2.1.5-12】 某乙类多层建筑所在场地为Ⅰ类，抗震设防烈度为6度，确定其抗震构造措施，应按下列何项要求处理。

（A）6度　　（B）7度　　（C）8度　　（D）不能确定

【答案】（A）

【解答】 根据《抗震》第3.3.2条规定，Ⅰ类场地，抗震构造措施可按本地区抗震设防烈度要求处理，即取6度。

【例2.1.5-13】 某丙类多层建筑所在场地为Ⅰ类，抗震设防烈度为7度，确定其抗震构造措施，应按下列何项要求处理。

（A）6度　　（B）7度　　（C）8度　　（D）不能确定

【答案】（A）

【解答】 根据《抗震》第3.3.2条规定，抗震构造措施应该设防烈度降低Ⅰ度，按6度处理。

【例 2.1.5-14】某丙类多层建筑所在场地为Ⅳ类场地，抗震设防烈度为7度，设计基本地震加速度为0.15g，其房屋抗震构造措施，应按下列何项要求处理。

(A) 6度　　(B) 7度　　(C) 8度　　(D) 9度

【答案】(C)

【解答】根据《抗震》第3.3.3条规定，7度0.15gⅣ类场地时，抗震构造措施按抗震设防烈度8度的要求处理。

【例 2.1.5-15】某地区设计地震基本加速度为0.15g，建筑场地类别为Ⅲ类，当规范无其他特别规定时，宜按下列哪个抗震设防烈度（设计基本地震加速度）对建筑采取抗震构造措施？

(A) 7度（0.10g） (B) 7度（0.15g） (C) 8度（0.20g） (D) 8度（0.30g）

【答案】C

【解答】根据《抗震》第3.3.3条规定，7度0.15g，建筑场地类别为Ⅲ类时，抗震构造措施按抗震设防烈度8度的要求处理。

4. 双重提高的幅度掌握

在确定Ⅲ、Ⅳ类场地：甲、乙类建筑的抗震设防标准时有一个提高了再提高的双重提高问题、如何掌握多重提高的幅度，现用一个算例来进行讨论。

【例 2.1.5-16】Ⅲ类场地乙类建筑的抗震设防标准

条件：已知某框架结构为乙类建筑，总高H=23m，所处地区为Ⅲ类场地，抗震设防烈度为7度，设计基本地震加速度为0.15g。

要求：确定抗震构造措施采用的抗震设防标准。

【解答】 (1) 根据《抗震》第3.3.3条，因场地为Ⅲ类，设计基本地震加速度为0.15g，应按设防烈度8度（0.20g）考虑抗震构造措施。

(2) 根据《分类标准》第3.0.3条第2款的规定，应按高于本地区抗震设防烈度一度的要求加强其抗震措施，属于提高了再提高的情况。

对于多重提高的幅度应根据工程具体情况，合理确定。考虑双重调整的特殊情况，宜综合确定调整的幅度，对7度（0.15g）可按7.5+1=8.5确定，即采取比8度更高的抗震构造措施，表述为8+，但不一定是9度。

5. “抗震设防标准”调整的汇总

(1) 地震作用“抗震设防标准”调整的汇总（见表2.1.5-3）

地震作用汇总　　表 2.1.5-3

设防烈度	6(0.05g)	7(0.10g)	7(0.15g)	8(0.20g)	8(0.30g)	9(0.40g)
甲	根据地震安全性评价结果确定					
乙	6(0.05g)	7(0.10g)	7(0.15g)	8(0.20g)	8(0.30g)	9(0.40g)
丙	6(0.05g)	7(0.10g)	7(0.15g)	8(0.20g)	8(0.30g)	9(0.40g)
丁	6(0.05g)	7(0.10g)	7(0.15g)	8(0.20g)	8(0.30g)	9(0.40g)

(2) 抗震措施“抗震设防标准”调整的汇总（表2.1.5-4）

抗震措施汇总　　　　表 2.1.5-4

设防烈度	6(0.05g)	7(0.10g)	7(0.15g)	8(0.20g)	8(0.30g)	9(0.40g)
甲	7	8		9		9+
乙	7	8		9		9+
丙	6	7		8		9
丁	6	7−		8−		9−

注：7−表示比 7 度适当降低的要求，8−表示比 8 度适当降低的要求；
9−表示比 9 度适当降低的要求，9+表示比 9 度更高的要求。

（3）抗震构造措施“抗震设防标准”调整的汇总（表 2.1.5-5）

抗震构造措施汇总　　　　表 2.1.5-5

设防烈度	6(0.05g)		7(0.10g)		7(0.15g)	8(0.20g)		8(0.30g)	9(0.40g)	
场地类别	Ⅰ	Ⅱ～Ⅳ	Ⅰ	Ⅱ～Ⅳ	Ⅲ、Ⅳ	Ⅰ	Ⅱ～Ⅳ	Ⅲ、Ⅳ	Ⅰ	Ⅱ～Ⅳ
甲	6	7	7	8	8+	8	9	9+	9	9+
乙	6	7	7	8	8+	8	9	9+	9	9+
丙	6	6	6	7	8	7	8	9	8	9
丁	6	6	6	6	7	7	7	8	8	8

注：8+表示比 8 度更高的要求，9+表示比 9 度更高的要求。

【例 2.1.5-17】A、B 两幢多层建筑：A 为乙类建筑，位于 6 度地震区，场地为Ⅰ类；B 为丙类建筑，位于 8 度地震区，场地为Ⅰ类，其抗震设计，应按下列何项进行。

（A）A 幢建筑不必作抗震计算，按 6 度采取抗震措施，按 6 度采取抗震构造措施；B 幢建筑按 8 度计算，按 8 度采取抗震措施，按 6 度采取抗震构造措施

（B）A 幢建筑按 6 度计算，按 7 度采取抗震措施，按 6 度采取抗震构造措施；B 幢建筑按 8 度计算，按 8 度采取抗震措施，按 6 度采取抗震构造措施

（C）A 幢建筑不必作抗震计算，按 6 度采取抗震措施，按 6 度采取抗震构造措施；B 幢建筑按 9 度计算，按 9 度采取抗震措施，按 6 度采取抗震构造措施

（D）A 幢建筑不必作抗震计算，按 7 度采取抗震措施，按 6 度采取抗震构造措施；B 幢建筑按 8 度计算，按 8 度采取抗震措施，按 7 度采取抗震构造措施

【答案】（D）

【解答】根据《抗震》第 3.1.2 条“抗震设防烈度为 6 度时，除本规范有具体规定外，对乙、丙、丁类建筑可不进行地震作用计算”。A 幢建筑不必作抗震计算。

根据《分类标准》第 3.0.3 条第 2 款规定，乙类“应按高于本地区抗震设防烈度一度的要求加强其抗震措施”，A 幢建筑应按 7 度抗震构造措施。

根据《抗震》第 3.3.2 条“建筑场地为Ⅰ类时，甲、乙类建筑应允许仍按本地区抗震设防烈度的要求采取抗震构造措施”。A 幢建筑应按 6 度抗震构造措施。

根据《分类标准》第 3.0.3 条第 1 款规定，丙类“应按本地区抗震设防烈度确定其抗震措施和地震作用”，B 幢建筑应按 8 度计算，按 8 度采取抗震构造措施。

根据《抗震》第 3.3.2 条“丙类建筑应允许按本地区抗震设防烈度降低一度的要求采取抗震构造措施”。B 幢建筑应按 7 度采取抗震构造措施。

【例 2.1.5-18】乙类、丙类高层建筑应进行抗震设计，其地震作用计算按下列何项才符合建筑抗震设计相关规范的规定。

（A）6 度时不必计算，7～9 度应按本地区设防烈度计算地震作用

（B）按本地区的设防烈度提高一度计算地震作用

(C) 6度设防时Ⅰ、Ⅱ类场地上的建筑不必计算，Ⅲ、Ⅳ类场地上建筑及7～9度设防的建筑应按本地区的设防烈度计算地震作用

(D) 所有设防烈度的高层建筑结构均应计算地震作用

【答案】(D)

【解答】根据《分类标准》第3.0.3条和《高规》4.3.1条文说明。

【例2.1.5-19】在设防烈度为6～9度地区内的乙类、丙类高层建筑，应进行抗震设计，其地震作用计算按下列何项做法才符合《抗震》的规定。

(A) 各抗震设防的高层建筑结构均应计算地震作用

(B) 6度设防时，Ⅰ～Ⅲ类场地上的建筑不必计算，Ⅳ类场地上的较高建筑及7～9度设防的建筑应按本地区设防烈度计算

(C) 6度不必计算，7～9度设防的建筑应按本地区设防烈度计算

(D) 6度设防对Ⅰ、Ⅱ类场地上的建筑不必计算，Ⅲ类和Ⅳ类场地上建筑及7～9度设防的建筑应按本地区设防烈度计算

【答案】(A)

【解答】根据《分类标准》第3.0.3条和《高规》4.3.1条文说明。

【例2.1.5-20】

某五层档案库，采用钢筋混凝土框架结构，抗震设防烈度为7度(0.15g)，设计地震分组为第一组，场地类别为Ⅲ类，抗震设防类别为标准设防类。

以下关于该档案库抗震设防标准的描述，哪项较为妥当？

(A) 按8度进行地震作用计算

(B) 按8度采取抗震措施

(C) 按7度(0.15g)进行地震作用计算，按8度采取抗震构造措施

(D) 按7度(0.15g)进行地震作用计算，按7度采取抗震措施

【答案】(C)

【解答】

根据《分类标准》3.0.3条，“标准设防类，应按本地区抗震设防烈度确定其抗震措施和地震作用”，题目中已明确为标准设防类，应按7度(0.15g)进行地震作用计算和采取抗震措施，因此，答案(A)、(B)不准确。

根据《抗震》第3.3.3条，“建筑场地为Ⅲ、Ⅳ类时，对设计基本地震加速度为0.15g和0.30g的地区，宜分别按抗震设防烈度8度(0.2g)和9(0.4g)度时各抗震设防类别建筑的要求采取抗震构造措施”。题目中已明确场地类别为Ⅲ类，7度(0.15g)宜按抗震设防烈度8度(0.2g)采取抗震构造措施，答案(C)准确，答案(D)不准确。

2.2 抗震概念设计的基本原则

一、场地与地基

以目前对地震的认识水平，要准确预测结构物与地基在未来地震作用下的抗震能力，尚难以做到。因此，应着眼于结构物与地基整体抗震能力的概念设计，再辅以必要的计算

分析和构造措施，从根本上消除结构物与地基中的抗震薄弱环节，才有可能使设计出的结构物及所选的地基具有良好的抗震性能和足够的抗震可靠度。

1. 选择有利的建造场地

根据目前的研究，影响结构物震害和地震动参数的场地因素很多，其中包括局部地形、地质构造、地基土质等，影响的方式也各不相同。场地条件是决定地震作用的重要因素，选择合适的场地是结构抗震设计中一项十分有效、可靠而经济的抗震措施，应高度重视场地选择的意义。

选择工程结构场址时，应根据工程需要，了解地震活动情况、工程地质和地震地质的有关资料，对抗震有利、不利和危险地段给出综合评价。《抗震》对此给出如下规定

3.3.1 选择建筑场地时，应根据工程需要和地震活动情况、工程地质和地震地质的有关资料，对抗震有利、不利和危险地段做出综合评价。对不利地段，应提出避开要求；当无法避开时应采取有效的措施。对危险地段，严禁建造甲、乙类的建筑，不应建造丙类的建筑。

4.1.1 选择建筑场地时，应按表 4.1.1 划分对建筑抗震有利、一般、不利和危险的地段。

有利、不利和危险地段的划分　　表 4.1.1

地段类别	地质、地形、地貌
有利地段	稳定基岩，坚硬土、开阔、平坦、密实、均匀的中硬土等
一般地段	不属于有利、有利和危险的地段
不利地段	软弱土，液化土，条状突出的山嘴，高耸孤立的山丘，陡坡，陡坡，陡坎，河岸和边坡的边缘，平面分布上成因、岩性、状态明显不均匀的土层(含故河道、疏松的断层破碎带、暗埋的塘浜沟谷和半填半挖地基)，高含水量的可塑黄土，地表存在结构性裂缝等
危险地段	地震时可能发生滑坡、崩塌、地陷、地裂、泥石流等及发震断裂带上可能发生地表位错的部位

2. 选择合适的地基和基础设计

《抗震》规定

3.3.4 地基和基础设计应符合下列要求：

1 同一结构单元的基础不宜设置在性质截然不同的地基上。

2 同一结构单元不宜部分采用天然地基部分采用桩基；当采用不同基础类型或基础埋深显著不同时，应根据地震时两部分地基基础的沉降差异，在基础、上部结构的相关部位采取相应措施。

3 地基为软弱黏性土、液化土、新近填土或严重不均匀土时，应根据地震时地基不均匀沉降和其他不利影响，采取相应的措施。

地震发生时，基础既起着把地面震动传递给工程结构的作用，又起着把建筑物受到的

地震力传递到地基上的作用。基础底面最好处于同一标高，同一结构单元的基础设置在性质截然不同的地基上易因地面运动传递的差异而造成震害。

同样，同一结构单元不宜部分采用天然地基，部分采用桩基。对于主楼和裙房合建不分缝的高层建筑，因裙房的长期最大沉降一般很小，故当主楼采用桩基时，可允许裙房采用天然地基，但需仔细分析不同地基在地震作用下变形的差异及上部结构地震反应的差异并采取相应措施（如：可在天然地基部分补稀桩过渡）。

地基为软弱黏性土、液化土、新近填土或严重不均匀土时，应估计地震时地基不均匀沉降或其他不利影响，并采取相应措施，如增设圈梁等。

【例 2.2.1-1】 选择建筑场地时，下列对建筑抗震不利的是何项？

（A）地震时可能发生滑坡的地段　　（B）地震时可能发生崩塌的地段

（C）地震时可能发生地裂的地段　　（D）断层破碎带地段

【答案】（D）

【解答】 根据《抗震》4.1.1 条。

【例 2.2.1-2】 在地震区选择建筑场地时，下列哪一项要求是合理的？

（A）不应在地震时可能发生地裂的地段建筑丙类建筑

（B）场地内存在发震断裂时，应坚决避开

（C）不应在液化土上建造乙类建筑

（D）甲类建筑应建造在坚硬土上

【答案】（A）

【解答】 根据《抗震》4.1.1 条表 4.1.1 规定，地震时可能发生地裂的地段属于危险地段，应避免选作建筑场地。

【例 2.2.1-3】 对抗震要求属于危险地段的是下列中哪种地质类型？

（A）软弱土、液化土

（B）河岸、不均匀土层

（C）可能发生滑坡、崩塌、地陷、地裂

（D）湿陷性黄土

【答案】（C）

【解答】 根据《抗震》4.1.1 条表 4.1.1。

【例 2.2.1-4】 选择建筑场地时，下列哪一类地段是对建筑抗震危险的地段？

（A）液化土　　（B）高耸孤立的山丘

（C）古河道　　（D）地震时可能发生地裂的地段

【答案】（D）

【解答】 根据《抗震》4.1.1 条表 4.1.1。危险地段是指地震时可能发生滑坡、崩塌、地陷、地裂、泥石流等及发震断裂带上可能发生地基位错的部位。

二、建筑形体的规则性

1. 抗震设计中的建筑形体和结构布置

《抗震》规定

3.4.1 建筑设计应根据抗震概念设计的要求明确建筑形体的规则性；
注：形体指建筑平面形状和立面、竖向剖面的变化。

《抗震》的“条文说明”指出

3.4.1 合理的建筑形体和布置在抗震设计中是头等重要的。提倡平、立面简单对称，因为震害表明，简单、对称的建筑在地震时较不容易破坏。而且道理也很清楚，简单、对称的结构容易估计其地震时的反应，容易采取抗震构造措施和进行细部处理。“规则”包含了对建筑的平、立面外形尺寸，抗侧力构件布置、质量分布，直至承载力分布等诸多因素的综合要求。“规则”的具体界限，随着结构类型的不同而异，需要建筑师和结构工程师互相配合，才能设计出抗震性能良好的建筑。

2. 平面布置

（1）平面布置宜规则、对称

《抗震》规定

3.4.2 建筑设计应重视其平面的规则性对抗震性能及经济合理性的影响，宜择优选用规则的形体，其抗侧力构件的平面布置宜规则对称。

《高规》规定

3.4.1 在高层建筑的一个独立结构单元内，结构平面形状宜简单、规则，质量、刚度和承载力分布宜均匀。不应采用严重不规则的平面布置。

3.4.2 高层建筑宜选用风作用效应较小的平面形状。

3.4.3 抗震设计的混凝土高层建筑，其平面布置宜符合下列规定：

1 平面宜简单、规则、对称，减少偏心；

一般来说地震力的垂直分量较小，只有水平分量的1/3～2/3，在很多情况下（如6～8度区）可主要考虑水平地震力的影响，相应的，抗震结构的总体布置主要是抵抗水平力的抗侧力结构（框架、抗震墙、支撑、筒体等）的布置。结构的总体布置是影响建筑物抗震性能的关键问题。结构的平面布置必须有利于抵抗水平力和竖向荷载，受力明确，传力直接，建筑物的各结构单元的平面形状和抗侧力结构的分布应当力求简单规则，均匀对称，减少扭转的影响（图2.2.2-1）。

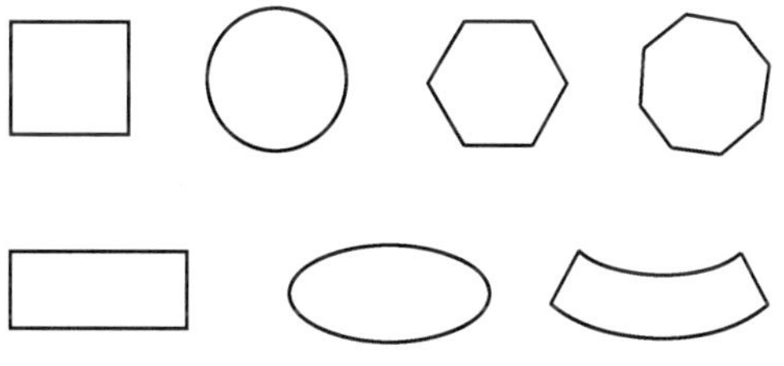

图2.2.2-1 简单的规则平面

地震区的建筑，平面形状以正方形、矩形、圆形为好，正多边形、椭圆形也是较好的平面形状。但是在实际工程中，由于建筑用地、城市规划、建筑艺术和使用功能等多方面要求，建筑物不可能都设计成正方形、圆形，必然会出现L形、T形、U形、H形等各种各样的平面形状。对于非方形、非圆形的建筑平面，也不一定就是不规则的建筑，就有一个如何认定平面规则建筑的问题。

（2）平面不规则

《抗震》对平面规则与不规则的区分，规定了一些定量的参考界限。这些指标是概念设计的参考性数值而不是严格的数值，使用时需要综合判断。

《抗震》规定

3.4.3 建筑形体及其构件布置的平面、竖向不规则性，应按下列要求划分：

1 混凝土房屋、钢结构房屋和钢-混凝土混合结构房屋存在表 3.4.3-1 所列举的某项平面不规则类型，应属于不规则的建筑：

平面不规则的主要类型 **表 3.4.3-1**

不规则类型	定义和参考指标
扭转不规则	在具有偶然偏心的规定的水平力作用下，楼层两端抗侧力构件弹性水平位移（或层间位移）的最大值与平均值的比值大于1.2
凹凸不规则	平面凹进的尺寸，大于相应投影方向总尺寸的30%
楼板局部不连续	楼板的尺寸和平面刚度急剧变化，例如，有效楼板宽度小于该层楼板典型宽度的50%，或开洞面积大于该层楼面面积的30%，或较大的楼层错层

2 砌体房屋、单层工业厂房、单层空旷房屋、大跨屋盖建筑和地下建筑的平面和竖向不规则性的划分，应符合本规范有关章节的规定。

这里把平面不规则分成三类，下面将《抗震》和《高层建筑混凝土结构技术规程》的相应规定综合起来对这三种“平面不规则”进行讨论。

1）扭转不规则

地震作用是由于地面运动引起的结构反应而产生的惯性力，其作用点在结构的质量中心，如果结构中各抗侧力结构抵抗水平力的合力点（即结构的刚心）与结构的重心重合，则结构在地面平动作用下，不会激起扭转振动。对称结构在单向水平地震作用下，仅发生平移振动，各层构件的侧移量相等，水平地震力应按刚度分配，受力比较均匀。

进行结构方案平面布置时，应使结构抗侧力体系对称布置，以避免扭转。在规则平面中，如果结构刚度的分布不对称，仍然会产生扭转，因此在结构布置中，应特别注意具有很大侧向刚度的钢筋混凝土墙体和钢筋混凝土芯筒的位置，力求在平面上对称，不宜偏置在建筑的一边，也不宜将钢筋混凝土竖筒凸出建筑主体之外，如图 2.2.2-2 所示。

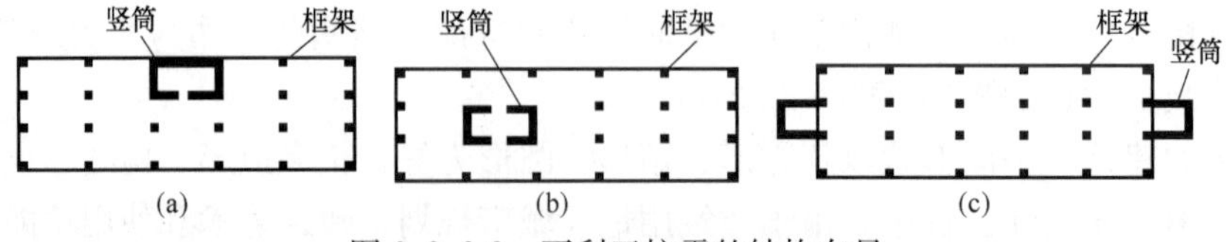

图 2.2.2-2 不利于抗震的结构布量

非对称结构由于质量中心与刚度中心不重合，即使在单向水平地震作用下也会激起扭转振动，产生平移扭转耦联振动。由于扭转振动的影响，远离刚度中心的构件侧移量明显增大，所分担的水平地震剪力也显著增大，很容易出现因超出允许抗力和变形极限而发生严重破坏，甚至导致整体结构因一侧构件失效而倒塌。为了把扭转效应降低到最低程度，应尽可能减小结构质量中心与刚度中心的距离。

对于抗震建筑，即使结构布置是对称的，建筑的质量分布也很难做到均匀分布，质心和刚心的偏离在所难免，更何况地面运动不仅仅是平动，还常伴有转动分量，地震时结构出现扭转振动是可能的。所以，在结构布置时除了要求各向对称外，还希望能够具有较大的抗扭刚度，因此，侧移刚度大的抗震墙最好能沿建筑外墙的周边布置，以提高结构的整体抗扭刚度。同时应特别注意具有很大抗推刚度的钢筋混凝土墙体和钢筋混凝土芯筒位置，力求在平面上要居中和对称。此外，抗震墙宜沿房屋周边布置，以使结构具有较大的抗扭刚度和较大的抗倾覆能力。同一楼层的各抗侧力构件．宜具有大致相同的刚度、承载力和延性，截面尺寸不宜相差过大，以保证各构件能够共同受力，避免在地震中因受力悬殊而被各个击破。历次地震中都曾发生过这样的震例。

【例 2.2.2-1】结构布置中的抗扭刚度

条件：若楼板在自身平面内的刚度为无限大，在剪力墙面积及长度相同的条件下，如图 2.2.2-3 所示。

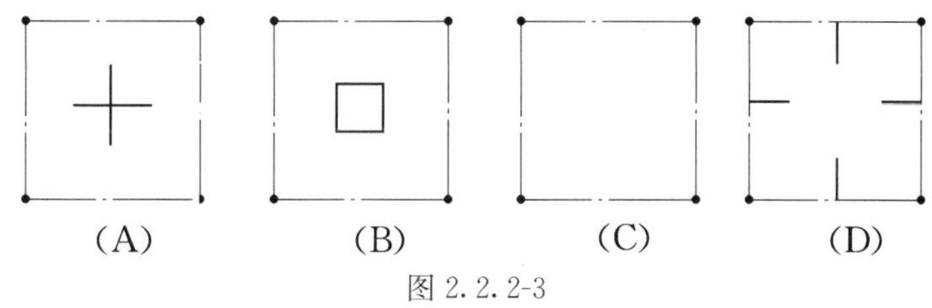

图 2.2.2-3

要求：选择抗扭刚度最大。

【解答】剪力墙“周边、均匀、对称”布置时，抗扭刚度最大。（C）的抗扭刚度最大。

扭转不规则的判断有两个指标：“扭转位移比”和“扭平周期比。”

① 扭转位移比 $\delta_2/\overline{\delta}$

扭转位移比的定义见图 2.2.2-4，其中 δ_1 为楼层弹性水平位移（或层间位移）的最小值，δ_2 为楼层弹性水平位移（或层间位移）的最大值，$\overline{\delta}$ 为楼层两端弹性水平位移（或层间位移）的平均值，采用刚性楼板假定时 $\overline{\delta}=\dfrac{\delta_1+\delta_2}{2}$，扭转位移比 $\mu=\delta_2/\overline{\delta}$

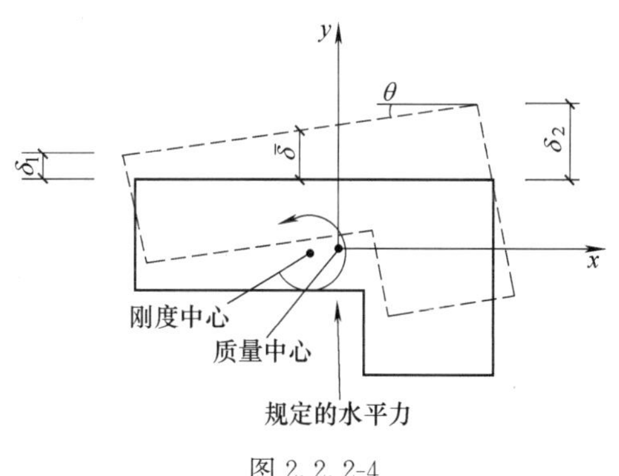

图 2.2.2-4

扭转位移比包含下列两项内容：

* 楼层竖向构件的最大水平位移与平均水平位移之比；

* 楼层竖向构件的最大层间位移与平均层间位移之比。

楼层弹性水平位移（或层间位移）的计算假定是：

* 刚性楼板假定；

* 采用规定的水平力计算；

* 考虑偶然偏心的影响及扭转耦联地震效应。

“规定的水平地震力”的内涵在《高规》3.4.5的“条文说明”中有讲述、现摘录如下

> “规定水平地震力”一般可采用振型组合后的楼层地震剪力换算的水平作用力，并考虑偶然偏心。水平作用力的换算原则：每一楼面处的水平作用力取该楼面上、下两个楼层的地震剪力差的绝对值；连体下一层各塔楼的水平作用力，可由总水平作用力按该层各塔楼的地震剪力大小进行分配计算。结构楼层位移和层间位移控制值验算时，仍采用CQC的效应组合。

（要了解“CQC的效应组合”内容，请看本章第2.3节中讲述“单向水平地震作用下的扭转耦联效应”这一段）。

【例2.2.2-2】 某五层现浇钢筋混凝土框架-剪力墙结构。

假设，用CQC法计算，作用在各楼层的最大水平地震作用标准值 F_i（kN）和水平地震作用的各楼层剪力标准值 V_i（kN）如表2.2.2-1所示。

表2.2.2-1

楼层	一	二	三	四	五
F_i(kN)	702	1140	1440	1824	2385
V_i(kN)	6552	6150	5370	4140	2385

试问，计算结构扭转位移比对其平面规则性进行判断时，采用的二层顶楼面的“给定水平为 F_2'(kN)”与下列何项数值最为接近？

（A）300　　（B）780　　（C）1140　　（D）1220

【答案】（B）

【解答】 根据《抗震》第3.4.3条的条文说明，在进行结构规则性判断时，计算扭转位移比所用的“给定水平力”采用振型组合后的楼层地震剪力换算的水平作用力，因此，作用在二层顶的“给定水平力 F_2'”为：$F_2'=6150-5370=780$kN。

(a)《抗震》的规定

> 《建筑抗震设计规范》3.4.3条表3.4.3-1规定了划分扭转不规则的界限，现摘录如下
>
> **平面不规则的主要类型　　表3.4.3-1**
>
> | 不规则类型 | 定义和参考指标 |
> |---|---|
> | 扭转不规则 | 在具有偶然偏心的规定的水平力作用下，楼层两端抗侧力构件弹性水平位移（或层间位移）的最大值与平均值的比值大于1.2 |

《抗震》3.4.3条的“条文说明”图3.4.3-1给出扭转不规则的典型示例以便理解。

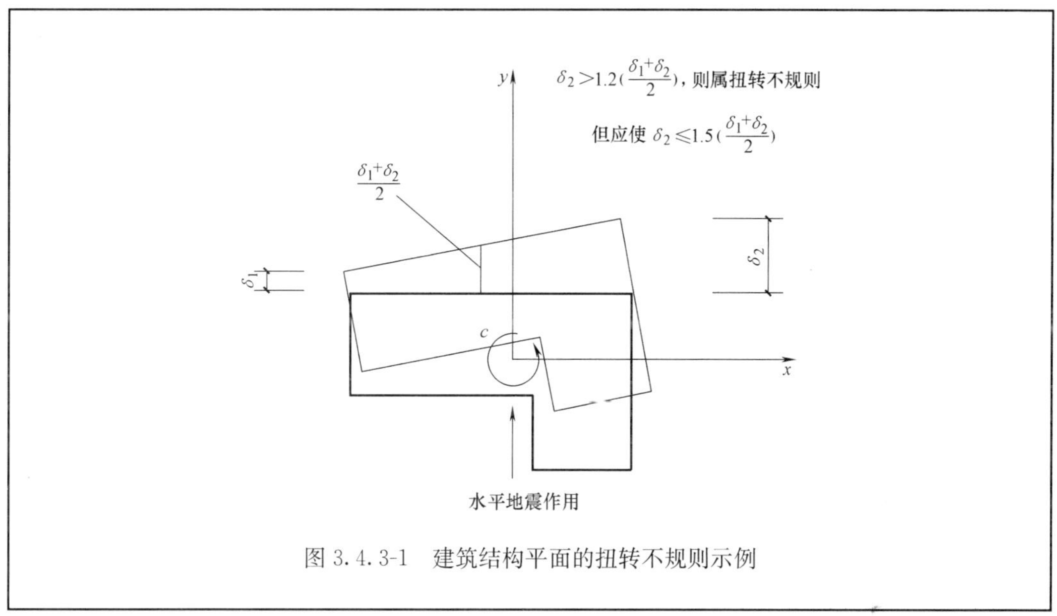

图 3.4.3-1　建筑结构平面的扭转不规则示例

《抗震》3.4.4 条规定了对薄弱部位采取的加强措施。

3.4.4　建筑形体及其构件布置不规则时，应按下列要求进行地震作用计算和内力调整，并应对薄弱部位采取有效的抗震构造措施：

1　平面不规则而竖向规则的建筑，应采用空间结构计算模型，并应符合下列要求：

1）扭转不规则时，应计入扭转影响，且在具有偶然偏心的规定水平力作用下，楼层两端抗侧力构件弹性水平位移或层间位移的最大值与平均值的比值不宜大于 1.5，当最大层间位移远小于规范限值时，可适当放宽；

（b）《高规》规定

3.4.5　结构平面布置应减少扭转的影响。在考虑偶然偏心影响的规定水平地震力作用下，楼层竖向构件最大的水平位移和层间位移，A 级高度高层建筑不宜大于该楼层平均值的 1.2 倍，不应大于该楼层平均值的 1.5 倍；B 级高度高层建筑、超过 A 级高度的混合结构及本规程第 10 章所指的复杂高层建筑不宜大于该楼层平均值的 1.2 倍，不应大于该楼层平均值的 1.4 倍。

注：当楼层的最大层间位移角不大于本规程第 3.7.3 条规定的限值的 40%时，该楼层竖向构件的最大水平位移和层间位移与该楼层平均值的比值可适当放松，但不应大于 1.6。

【例 2.2.2-3】

某 20 层现浇钢筋混凝土框架-剪力墙结构力公楼，某层层高 3.5m，楼板自外围竖向构件外挑，多遇水平地震标准值作用下，楼层平面位移如图 2.2.2-5 所示。该层层间位移采用各振型位移的 CQC 组合值，如表 2.2.2-2 所示；整体分析来采用刚性楼盖假定，在振型组合后的楼层地震剪力换算的水平力作用下楼层层间位移，如表 2.2.2-3 所示。试问，该楼层扭转位移比控制值验算时，其扭转位移比应取下列何组数值？

表 2.2.2-2

	Δu_A(mm)	Δu_B(mm)	Δu_C(mm)	Δu_D(mm)	Δu_E(mm)
不考虑偶然偏心	2.9	2.7	2.2	2.1	2.4
考虑偶然偏心	3.5	3.3	2.0	1.8	2.5
考虑双向地震作用	3.8	3.6	2.1	2.0	2.7

表 2.2.2-3

	Δu_A(mm)	Δu_B(mm)	Δu_C(mm)	Δu_D(mm)	Δu_E(mm)
不考虑偶然偏心	3.0	2.8	2.3	2.2	2.5
考虑偶然偏心	3.5	3.4	2.0	1.9	2.5
考虑双向地震作用	4.0	3.8	2.2	2.0	2.8

Δu_A——同一侧楼层角点（挑板）处最大层间位移；

Δu_B——同一侧楼层角点处竖向构件最大层间位移；

Δu_C——同一侧楼层角点（挑板）处最小层间位移；

Δu_D——同一侧楼层角点处竖向构件最小层间位移；

Δu_E——楼层所有竖向构件平均层间位移。

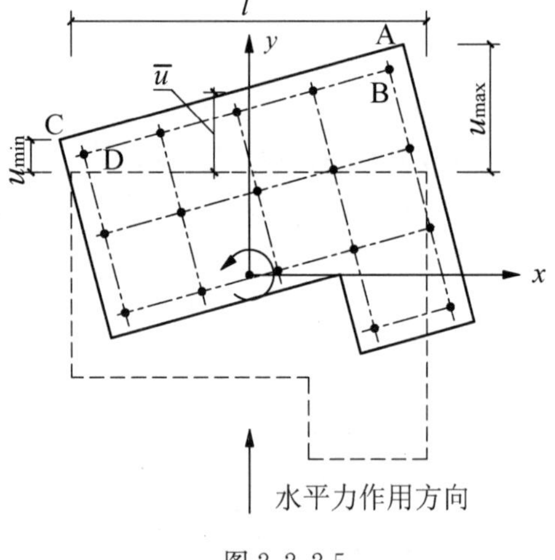

图 2.2.2-5

(A) 1.25　　(B) 1.28

(C) 1.31　　(D) 1.36

【答案】(B)

【解答】根据《高规》第 3.4.5 条及条文说明：扭转位移比计算时，楼层的位移可取“规定水平力”计算，“规定水平力”一般可采用振型组合后的楼层地震剪力换算的水平力，并考虑偶然偏心。

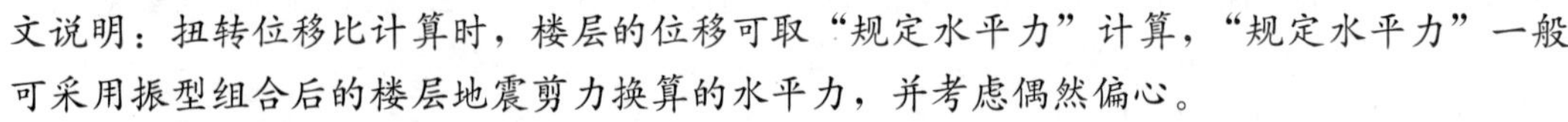

扭转位移比计算时无考虑双向地震作用的要求。

层间位移取楼层竖向构件的最大、最小层间位移。

楼层平均层间位移，根据《建筑抗震设计规范》第 3.4.3 条条文说明，应取两端竖向构件最大、最小位移的平均值，不能取楼层所有竖向构件层间位移的平均值，以免由于竖向构件不均匀布置可能造成的偏差。

因此，楼层最大层间位移取：3.4mm，最小值为 1.9mm

楼层平均层间位移取：(3.4+1.9)÷2=2.65mm

楼层位移比：3.4÷2.65=1.28

选（B）。

【例 2.2.2-4】 某六层办公楼，采用现浇钢筋混凝土框架结构，抗震等级为二级，其中梁、柱混凝土强度等级均为 C30。各楼层在地震作用下的弹性层间位移如表 2.2.2-4 所示。

表 2.2.2-4

计算层	X 方向层间位移值		Y 方向层间位移值	
	最大/mm	两端平均/mm	最大/mm	两端平均/mm
1	5.0	4.8	5.45	4.0
2	4.5	4.1	5.53	4.15
3	2.2	2.0	3.10	2.38
4	1.9	1.75	3.10	2.38
5	2.0	1.8	3.25	2.4
6	1.7	1.55	3.0	2.1

试问，下列关于该结构扭转规则性的判断，其中何项正确？

(A) 不属于扭转不规则结构　　(B) 属于扭转不规则结构

(C) 仅 X 方向属于扭转不规则结构　　(D) 无法对结构规则性进行判断

【答案】(B)

【解答】 X 方向：最大位移/平均位移，均小于 1.2。

Y 方向：1～6 层最大位移/平均位移，分别为：1.36、1.33、1.3、1.3、1.35、1.43，均大于 1.20。

根据《建筑抗震设计规范》表 3.4.3-1，最大位移与平均位移之比大于 1.2，届于扭转不规则结构。

② 扭转周期与平动周期之比 T_t/T_1

扭平周期比是指结构扭转为主的第一自振周期 T_t 与平动为主的第一自振周期 T_1 之比。

有些结构一般情况下扭转位移量值很小，不一定有扭转问题。如完全对称的且抗侧刚度集中在平面中部的框架-核心筒结构，这类结构一旦遭受意外的扭转作用，将会导致较大的扭转破坏，结构设计中应尽量避免。故要判断结构的抗扭能力大小，要求结构的抗扭能力不能太弱。结构扭转周期过大，说明该结构的抗扭能力弱，控制结构扭转周期和平动周期的比值，其目的就是控制结构的抗扭能力。

《高规》3.4.6 条规定了“扭转周期与平动周期之比 T_t/T_1”的控制值，

3.4.5 结构平面布置应减少扭转的影响。结构扭转为主的第一自振周期 T_t 与平动为主的第一自振周期 T_1 之比，A 级高度高层建筑不应大于 0.9，B 级高度高层建筑、超过 A 级高度的混合结构不应大于 0.85。

【例 2.2.2-5】

某平面不规则的现浇钢筋混凝土高层结构，整体分析时采用刚性楼盖假定计算，结构自振周期如表 2.2.2-5 所示。试问，对结构扭转不规则判断时，扭转为主的第一自振周期 T_1 与平动为主的第一自振周期 T_1 之比值最接近下列何项数值?

表 2.2.2-5

	不考虑偶然偏心	考虑偶然偏心	扭转方向因子
T_1(s)	2.8	3.0(2.5)	0.0
T_2(s)	2.7	2.8(2.3)	0.1
T_3(s)	2.6	2.8(2.3)	0.3
T_4(s)	2.3	2.6(2.1)	0.6
T_5(s)	2.0	2.2(1.9)	0.7

(A) 0.71　　(B) 0.82　　(C) 0.87　　(D) 0.93

【答案】(B)

【解答】根据《高规》第 3.4.5 条及条文说明，周期比计算时，可直接计算结构的固有自振特征，不必附加偶然偏心。

T_1 取刚度较弱方向的平动为主的第一自振周期，即 $T_1=2.8$s

T_t 取扭转方向因子大于 0.5 且周期较长的扭转主振型周期，即 T_4

T_t 取 $T_1=2.3$s　$\dfrac{T_t}{T_1}=\dfrac{2.3}{2.8}=0.82$

选 (B)。

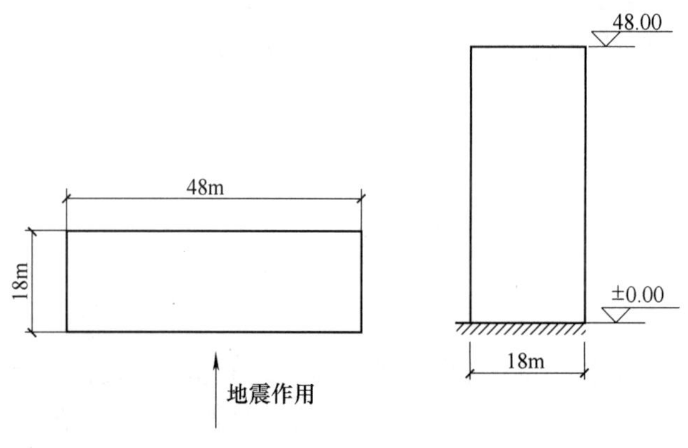

图 2.2.2-6

【例 2.2.2-6】某 12 层现浇框架-剪力墙结构，抗震设防烈度 8 度，丙类建筑，设计地震分组为第一组，Ⅱ类建筑场地，建筑物平、立面如图 2.2.2-6 所示，非承重墙采用非黏土类砖墙。

由于结构布置不同，形成四个不同的结构抗震方案。水平地震作用分析时，四种方案中与限制结构扭转效应有关的主要数据见表 2.2.2-6，其中 T_1 为结构扭转为主的第一自振周期，T_2 为平动为主的第一自振周期，u_1 为最不利楼层竖向构件的最大水平位移，u_2 为相应于 u_1 的楼层水平位移平均值。

表 2.2.2-6

	T_t/s	T_1/s	u_1/mm	u_2/mm
方案A	0.6	0.8	32	20
方案B	0.8	0.7	30	26
方案C	0.6	0.7	35	30
方案D	0.7	0.6	30	28

试问，在抗震设计中，如果仅从限制结构的扭转效应方面考虑，下列哪一种方案对抗震最为有利？

(A) 方案A　　(B) 方案B　　(C) 方案C　　(D) 方案D

【答案】(C)

【解答】根据《高层建筑混凝土结构技术规程》4.3.5条及条文说明，应满足下列条件：

$\frac{u_1}{u_2}\leqslant 1.2$；$\frac{T_t}{T_1}\leqslant 0.9$

方案B、D，$\frac{T_t}{T_1}>0.9$，不合理。

方案A，$\frac{u_1}{u_2}=\frac{32}{20}=1.6>1.2$，不合理。

方案C，$\frac{T_t}{T_1}=\frac{0.6}{0.7}=0.86<0.9$，$\frac{u_1}{u_2}=\frac{35}{30}=1.17<1.2$，合理。

2）凹凸不规则

①《抗震》的规定

《抗震》3.4.3条表3.4.3-1规定了划分凹凸不规则的界限，现摘录如下

平面不规则的主要类型　　表 3.4.3-1

不规则类型	定义和参考指标
凹凸不规则	平面凹进的尺寸，大于相应投影方向总尺寸的30%

《抗震》3.4.3条的“条文说明”图3.4.3-2给出凹凸不规则的典型示例以便理解。

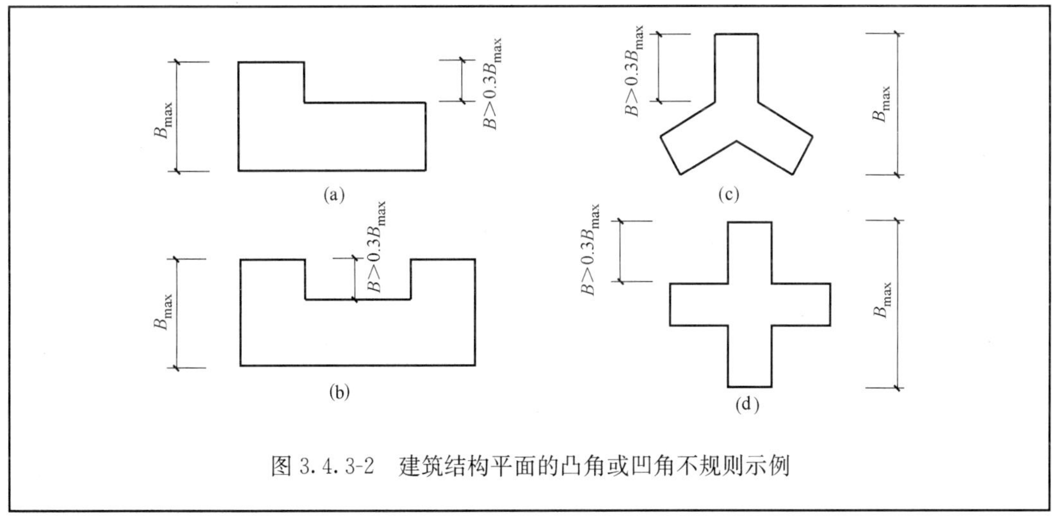

图 3.4.3-2　建筑结构平面的凸角或凹角不规则示例

《抗震》3.4.4条规定了对薄弱部位采取的加强措施。

3.4.4 建筑形体及其构件布置不规则时，应按下列要求进行地震作用计算和内力调整，并应对薄弱部位采取有效的抗震构造措施：

1 平面不规则而竖向规则的建筑，应采用空间结构计算模型，并应符合下列要求：

2）凹凸不规则时，应采用符合楼板平面内实际刚度变化的计算模型；高烈度或不规则程度较大时，宜计入楼板局部变形的影响；

3）平面不对称且凹凸不规则，可根据实际情况分块计算扭转位移比，对扭转较大的部位应采用局部的内力增大系数。

【例2.2.2-7】 某六层现浇钢筋混凝土框架结构，平面布置如图2.2.2-7所示，其抗震设防烈度为8度，Ⅱ类建筑场地，抗震设防类别为丙类，梁、柱混凝土强度等级均为C30，基础顶面至一层楼盖顶面的高度为5.2m，其余各层层高均为3.2m。

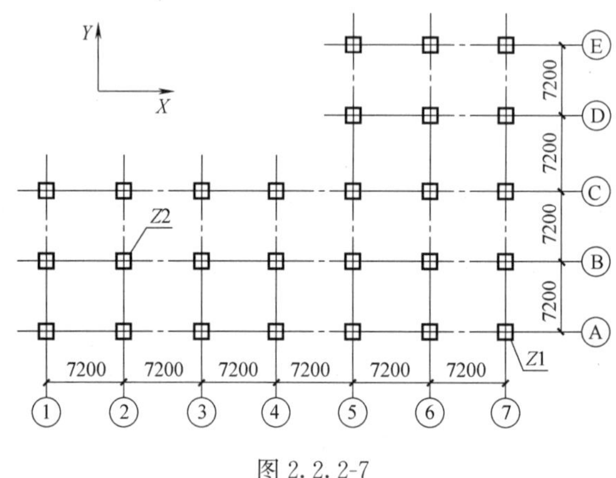

图2.2.2-7

要求：判断平面规则性：

【解答】

根据《抗震》表3.4.3-1及条文说明中的图3.4.3-2，

$\frac{B}{B_{\max}}=\frac{2\times7.2}{4\times7.2}=0.5>0.3$，属平面凸凹不规则。

【例2.2.2-8】 根据《建筑抗震设计规范》，图2.2.2-8所示的结构平面，当尺寸 b、B 符合下列何项时属于平面不规则。

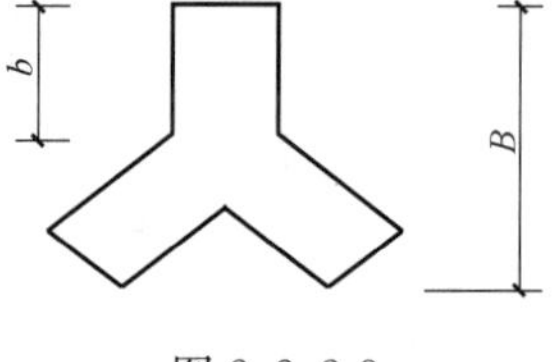

图2.2.2-8

(A) $b\leqslant0.25B$　　(B) $b>0.3B$

(C) $b\leqslant0.3B$　　(D) $b>0.25B$

【答案】(B)

【解答】 根据《抗震》第3.4.3条解答。

②《高规》规定

《高规》3.4.6条规定了划分不规则的界限。

3.4.3 抗震设计的混凝土高层建筑，其平面布置宜符合下列规定：

2 平面长度不宜过长（图 3.4.3），L/B 宜符合表 3.4.3 的要求；

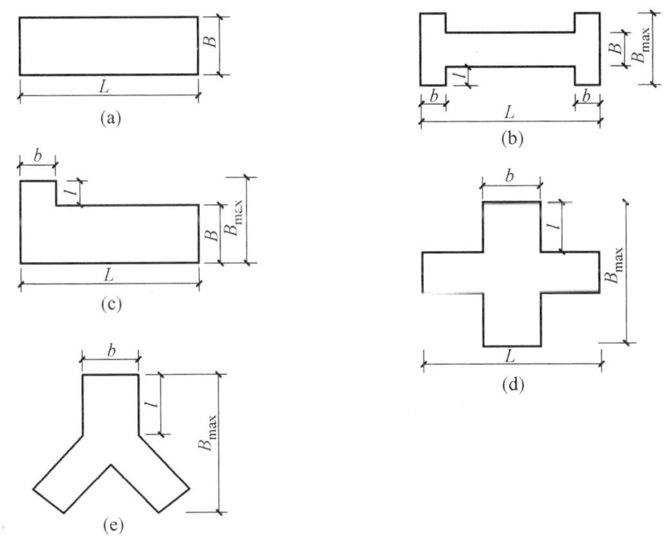

图 3.4.3 建筑平面示意

平面尺寸及突出部位尺寸的比值限值 **表 3.4.3**

设防烈度	L/B	l/B_{max}	l/b
6、7 度	≤6.0	≤0.35	≤2.0
8、9 度	≤5.0	≤0.30	≤1.5

3 平面突出部分的长度 l 不宜过大、宽度 b 不宜过小（图 3.4.3），l/B_{max}、l/b 宜符合表 3.4.3 的要求；

4 建筑平面不宜采用角部重叠或细腰形平面布置。

《高规》3.4.6 的“条文说明”讲述了有关的机理

3.4.3 平面过于狭长的建筑物在地震时由于两端地震波输入有位相差而容易产生不规则振动，产生较大的震害，表 3.4.3 给出了 L/B 的最大限值。在实际工程中，L/B 在 6、7 度抗震设计时最好不超过 4；在 8、9 度抗震设计时最好不超过 3。

平面有较长的外伸时，外伸段容易产生局部振动而引发凹角处应力集中和破坏，外伸部分 l/b 的限值在表 3.4.3 中已列出，但在实际工程设计中最好控制 l/b 不大于 1。

角部重叠和细腰形的平面图形（图 1），在中央部位形成狭窄部分，在地震中容易产生震害，尤其在凹角部位，因为应力集中容易使楼板开裂、破坏，不宜采用。如采用，这些部位应采取加大楼板厚度、增加板内配筋、设置集中配筋的边梁、配置 45°斜向钢筋等方法予以加强。

> 需要说明的是，表 3.4.3 中，三项尺寸的比例关系是独立的规定，一般不具有关联性。
>
> 图 1　角都重叠和细腰形平面示意

《高规》3.4.7 条规定了对薄弱部位采取的加强措施

> **3.4.7**　艹字形、井字形等外伸长度较大的建筑，当中央部分楼板有较大削弱时，应加强楼板以及连接部位墙体的构造措施，必要时可在外伸段凹槽处设置连接梁或连接板。

【例 2.2.2-9】 结构的平面布置

条件：拟建于 8 度区、Ⅱ类场地上的高度为 71m 的框-剪结构，其平面布置有四个方案。各平面示意如图 2.2.2-9 所示（长度单位：m）；该建筑竖向体型无变化。

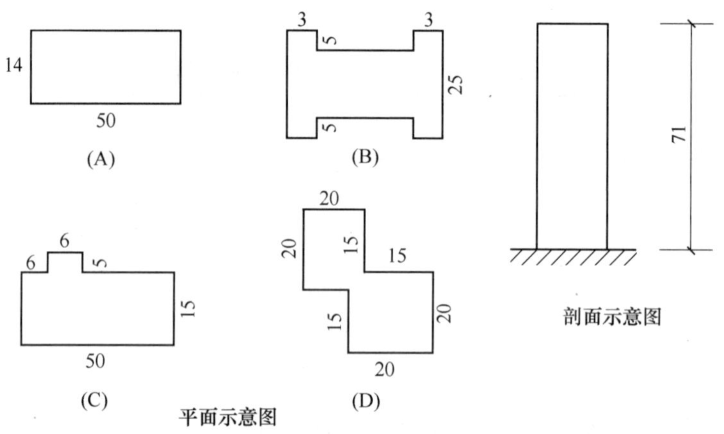

图 2.2.2-9

要求：仅从结构布置方面考虑，比较方案的合理性。

【答案】（C）

【解答】（1）根据《高规》3.3.2 条表 3.3.2 的规定，方案 A：$H/B = 71/14 = 5.07 > 4$，超过最大高宽比的规定，不可。

（2）根据《高规》3.4.3 条的规定。

方案（A）：$L/B = 50/14 = 3.57 < 5.0$，可以。

方案（B）：$l/b = 5/3 = 1.67 > 1.5$，不可。

方案（C）：$L/B = 50/15 = 3.33 < 5.0$，可以。$H/B = 71/15 = 4.73 < 5$ 可以

$l/B_{max} = 5/20 = 0.25 < 0.3$，可以。

$l/b = 5/6 = 0.83 < 1.5$，可以。

方案（D）：细腰形、不可以。

3）楼板局部不连续

楼板局部不连续含二种情况：楼板开洞和楼层错层。

① 楼板开洞

(a)《抗震》的规定

《抗震》3.4.3 条表 3.4.3-1 规定了划分不规则的界限，现摘录如下

平面不规则的主要类型　　表 3.4.3-1

不规则类型	定义和参考指标
楼板局部不连续	楼板的尺寸和平面刚度急剧变化，例如，有效楼板宽度小于该层楼板典型宽度的 50%，或开洞面积大于该层楼面面积的 30%

表中所述“有效楼板宽度”与“楼板典型宽度”均是从楼板传递水平地震作用的角度来度量的，具体情况如图 2.2.2-10 所示。“有效楼板宽度”是指所考察位置实际能传递水平地震作用的楼板宽度，即扣除相关洞口后实际存在的楼板宽度。“楼板典型宽度”指楼层的楼板代表性宽度。是楼板面积占大多数区域的楼板宽度。

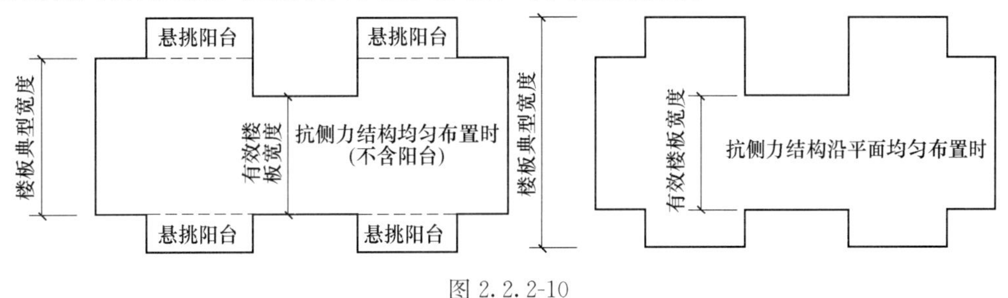

图 2.2.2-10

《抗震》3.4.3 条的“条文说明”图 3.4.3-3 给出楼板局部不连续的典型示例以便理解。

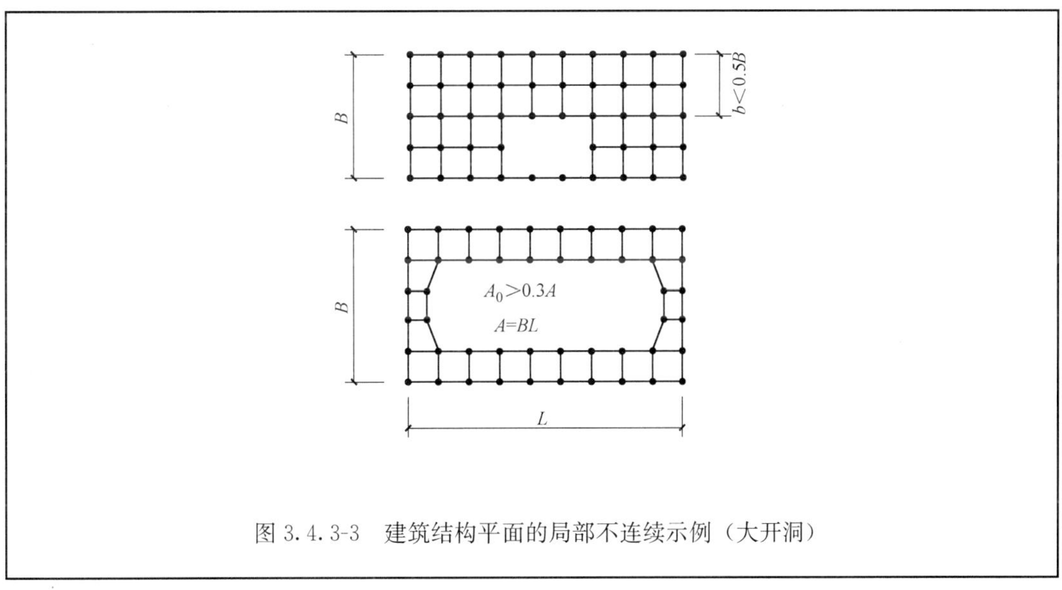

图 3.4.3-3　建筑结构平面的局部不连续示例（大开洞）

《抗震》3.4.4条规定了对薄弱部位采取的加强措施

3.4.4 建筑形体及其构件布置不规则时，应按下列要求进行地震作用计算和内力调整，并应对薄弱部位采取有效的抗震构造措施：

1 平面不规则而竖向规则的建筑，应采用空间结构计算模型，并应符合下列要求：

2）楼板局部不连续时，应采用符合楼板平面内实际刚度变化的计算模型；高烈度或不规则程度较大时，宜计入楼板局部变形的影响；

3）平面不对称且局部不连续，可根据实际情况分块计算扭转位移比，对扭转较大的部位应采用局部的内力增大系数。

（b）《高规》规定

《高规》3.4.6条规定了划分不规则的界限

3.4.6 当楼板平面比较狭长、有较大的凹入或开洞时，应在设计中考虑其对结构产生的不利影响。有效楼板宽度不宜小于该层楼面宽度的50%；楼板开洞总面积不宜超过楼面面积的30%；在扣除凹入或开洞后，楼板在任一方向的最小净宽度不宜小于5m，且开洞后每一边的楼板净宽度不应小于2m。

《高规》3.4.6的“条文说明”讲述了有关的机理

楼板有较大凹入或开有大面积洞口后，被凹口或洞口划分开的各部分之间的连接较为薄弱，在地震中容易相对振动而使削弱部位产生震害，因此对凹入或洞口的大小加以限制。设计中应同时满足本条规定的各项要求。以图2所示平面为例，L_2不宜小于$0.5L_1$，a_1与a_2之和不宜小于$0.5L_2$且不宜小于5m，a_1和a_2均不应小于2m，开洞面积不宜大于楼面面积的30%。

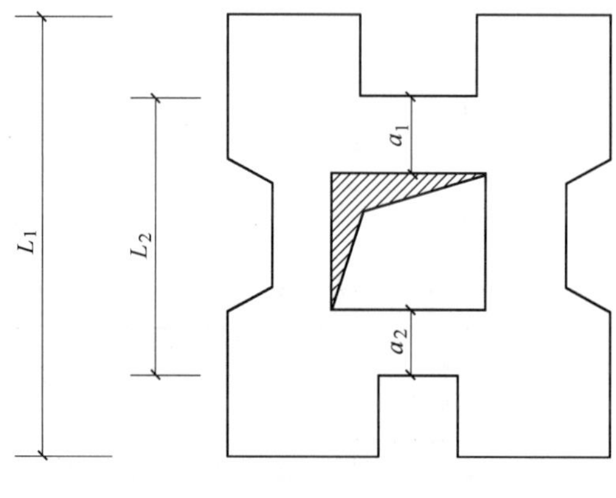

图2 楼板净宽度要求示意

《高规》3.4.8条规定了对薄弱部位采取的加强措施。

3.4.8 楼板开大洞削弱后，宜采取下列措施： 1 加厚洞口附近楼板，提高楼板的配筋率，采用双层双向配筋； 2 洞口边缘设置边梁、暗梁； 3 在楼板洞口角部集中配置斜向钢筋。

【例 2.2.2-10】 楼面尺寸校核

条件：7 度抗震设防区、一座 7 层综合楼、高 28m，1～3 层为商场，第 4 层为转换层，5～7 层为旅店。在 1～3 层的商场中部为共享空间，开有 24m ×10m 的大洞，如图 2.2.2-11 所示。

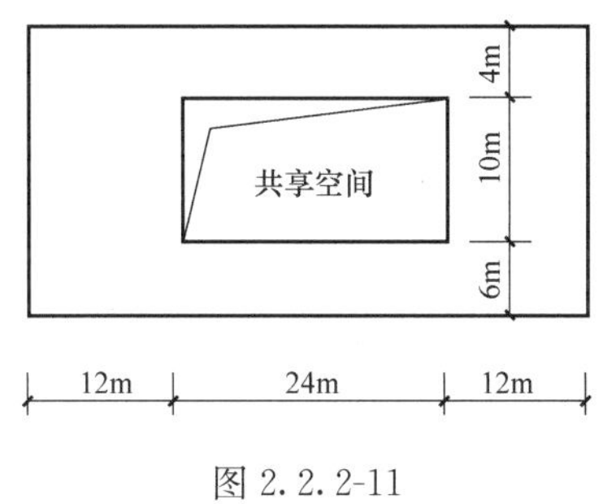

图 2.2.2-11

要求：规则性判断

【解答】（1）楼面开洞面积（24m×10m）＝240m²，

楼面总面积（48m×20m）＝960m²

楼面总面积的 30%，即 0.3×960m²＝288m²＞240m²。

满足规则结构对楼面开洞面积的限制要求。

（2）有效楼板宽度 4m＋6m＝10m，等于楼面宽度 20m 的 50%。

恰好符合规则结构有效楼板宽度限制的要求。

（3）楼板在任一方向的最小净宽度限制的要求。

$a_1=4m>2m$，$a_2=6m>2m$，$a_1+a_2=10m>5m$ 且 $>0.5L_2=0.5\times 20m=10m$，满足要求。

② 楼层错层

《抗震》3.4.3 条表 3.4.3-1 规定了划分不规则的界限，现摘录如下

平面不规则的主要类型 **表 3.4.3-1**

不规则类型	定义和参考指标
楼板局部不连续	较大的楼层错层

《抗震》3.4.3 条的“条文说明”指出

对于较大错层，如超过梁高的错层，需按楼板开洞对待； 当错层面积大于该层总面积 30%时，则属于楼板局部不连续

《抗震》3.4.3 条的“条文说明”图 3.4.3-3 给出楼板局部不连续的典型示例以便理解。

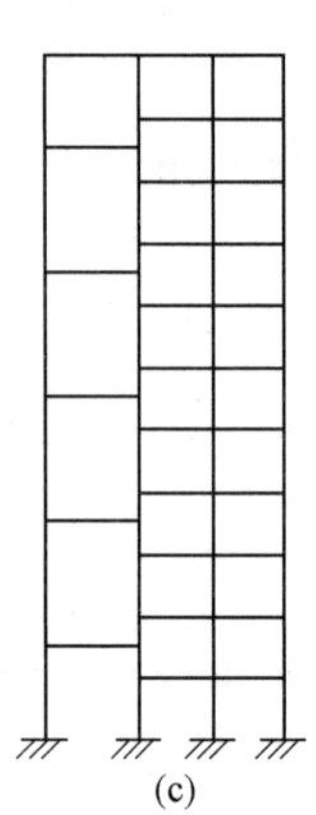

(c)

图 3.4.3-3 建筑结构平面的局部不连续示例（错层）

【例 2.2.2-11】 下列关于结构规则性的判断或计算模型的选择，其中何项不妥?

（A）当超过梁高的错层部分面积大于该楼层总面积的 30%时，属于平面不规则

(B)、(C)、(D) 略。

【答案】《抗震》3.4.3 条的“条文说明”，对于较大错层，如超过梁高的错层，需按楼板开洞对待；当错层面积大于该层总面积 30%时，则属于楼板局部不连续，(A) 项正确。

3. 竖向布置

（1）竖向布置宜均匀、连续

《抗震》规定

3.4.2 建筑设计应重视其立面和竖向剖面的规则性对抗震性能及经济合理性的影响，宜择优选用规则的形体，其抗侧力构件的侧向刚度沿竖向宜均匀变化、竖向抗侧力构件的截面尺寸和材料强度宜自下而上逐渐减小、避免侧向刚度和承载力突变。

《高规》规定

3.5.1 高层建筑的竖向体型宜规则、均匀，避免有过大的外挑和收进。结构的侧向刚度宜下大上小，逐渐均匀变化。

建筑体型复杂会导致结构体系沿竖向强度与刚度分布不均匀（图 2.2.2-12），在地震作用下某一层间或某一部位率先屈服而出现较大的弹塑性变形。例如，立面突然收进的建筑或局部突出的建筑，会在凹角处产生应力集中；大底盘建筑，低层裙房与高层主楼相连，体型突变引起刚度突变，在裙房与主楼交接处塑性变形集中；柔性底层建筑，建筑上因底层需要大空间，上部的墙、柱不能全部落地，形成柔弱底层。

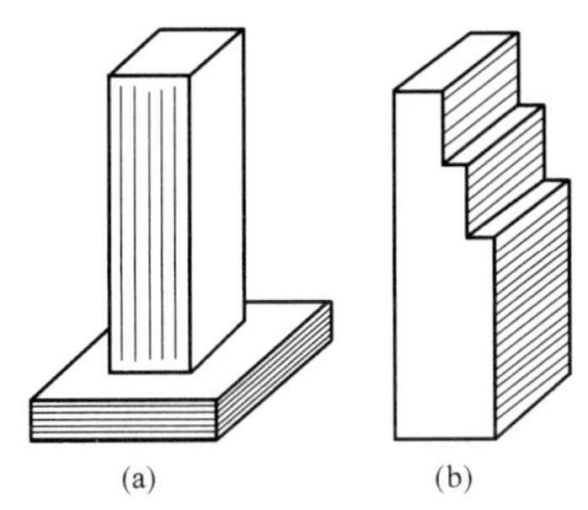

图 2.2.2-12　不利的建筑立面
（a）大底盘建筑；（b）阶梯形建筑

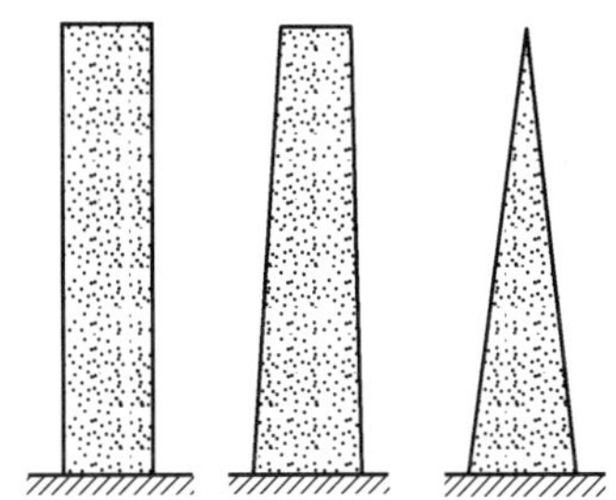

图 2.2.2-13　良好的建筑立面

地震区建筑的立面也要求采用矩形、梯形、三角形等均匀变化的几何形状（图 2.2.2-13），尽量避免采用带有突然变化的阶梯形立面。因为立面形状的突然变化，必然带来质量和抗侧移刚度的剧烈变化。地震时，该突变部位就会因剧烈振动或塑性变形集中而加重破坏。

质量与刚度变化均匀有两方面的含义；其一是指结构平面，应尽量使结构刚度中心与质量中心相一致，否则，扭转效应将使远离刚度中心的构件产生较严重的震害；其二是指结构立面，沿高度方向。质量与结构刚度不宜有悬殊的变化，竖向抗侧力构件的截面尺寸和材料强度宜自下而上逐渐减小，避免抗侧力结构的侧向刚度和承载力突变。地震震害和理论分析均表明：结构刚度有突然削弱的薄弱层，在地震中会造成局部变形集中，从而加速结构的破坏，甚至倒塌。而结构上部刚度减小较快时，会形成地震反应的“鞭梢效应”，即变形在结构顶部集中的现象。

结构竖向布置的原则：尽量使结构的承载力和竖向刚度自下而上逐渐减少，变化均匀、连续，不出现突变。在实际工程设计中，往往沿竖向分段改变构件截面尺寸和材料强度，这种改变使刚度发生变化，也应自下而上递减。从施工方便来说，改变次数不宜太多；但从结构受力角度来看，改变次数太少，每次变化太大则容易产生刚度突变。最好尺寸减小与强度降低错开楼层，避免同层同时改变。

沿竖向刚度突变除了因为建筑的竖向体形发生突变而使得结构刚度在竖向发生突变外，还经常由于抗侧力结构的突然改变布置而出现结构竖向刚度突变。如底层或底部若干层需要大的室内空间而取消一部分抗震墙或框架柱产生的刚度突变。这时，应尽量加大落地抗震墙和下层柱的截面尺寸，并提高这些楼层的混凝土强度等级，尽量减少刚度削弱的程度。又如中间楼层或顶层由于建筑功能的需要设置空旷的大房间，取消部分抗震墙或框架柱，则取消的墙不宜太多，其余的墙体和框架柱应加强配筋，以抵抗由被取消的墙体所承担的地震剪力。在上述两种情况下，还应注意加大楼板的水平刚度，以保证各抗侧力构件之间水平力的可靠传递。

在结构竖向布置时需要强调的是，不应采用上部刚度大．底层仅有柱的“鸡脚”建筑。这样的结构上部侧移刚度大，下部楼层侧移刚度小，结构柔软层出现在结构底部，地震中很容易遭到严重破坏，而且从设计上很难采取措施避免震害的发生。

（2）竖向不规则

判断结构竖向规则性之前、先要验证结构是否满足规范规定的高厚比的要求。现列出

《高规》与高厚比的相关规定

3.3.2 钢筋混凝土高层建筑结构的高宽比不宜超过表 3.3.2 的规定。

钢筋混凝土高层建筑结构适用的最大高宽比　　表 3.3.2

结构体系	非抗震设计	抗震设防烈度		
		6度、7度	8度	9度
框架	5	4	3	—
板柱-剪力墙	6	5	4	—
框架-剪力墙、剪力墙	7	6	5	4
框架-核心筒	8	7	6	4
筒中筒	8	8	7	5

《抗震》对竖向规则与不规则的区分，规定了一些定量的参考界限。这些指标是概念设计的参考性数值而不是严格的数值，使用时需要综合判断。

《抗震》规定

3.4.3 建筑形体及其构件布置的平面、竖向不规则性，应按下列要求划分：

1 混凝土房屋、钢结构房屋和钢-混凝土混合结构房屋存在表 3.4.3-2 所列举的某项竖向不规则类型以及类似的不规则类型，应属于不规则的建筑：

竖向不规则的主要类型　　表 3.4.3-2

不规则类型	定义和参考指标
侧向刚度不规则	该层的侧向刚度小于相邻上一层的70%，或小于其上相邻三个楼层侧向刚度平均值的80%；除顶层或出屋面小建筑外，局部收进的水平向尺寸大于相邻下一层的25%
竖向抗侧力构件不连续	竖向抗侧力构件(核、抗震墙、抗震支撑)的内力由水平转换构件(梁、桁架等)向下传递
楼层承载力突变	抗侧力结构的层间受剪承载力小于相邻上一楼层的80%

2 砌体房屋、单层工业厂房、单层空旷房屋、大跨屋盖建筑和地下建筑的平面和竖向不规则性的划分，应符合本规范有关章节的规定。

这里把竖向不规则分成三类，下面将《抗震》和《高规》的相应规定综合起来对这三种“竖向不规则”进行讨论。

1）侧向刚度不规则

有两种侧向刚度不规则：相邻上下层的刚度相差太大、刚度比超限和房屋竖向收进或外挑的尺寸超限。

① 侧向刚度比的控制

(a)《抗震》的规定

《建筑抗震设计规范》3.4.3 条表 3.4.3-2 规定了划分侧向刚度不规则的界限，现摘录如下

竖向不规则的主要类型	表 3.4.3-2
不规则类型	定义和参考指标
侧向刚度不规则	该层的侧向刚度小于相邻上一层的 70%，或小于其上相邻三个楼层侧向刚度平均值的 80%

《抗震》3.4.3 条的"条文说明"图 3.4.3-4 给出侧向刚度不规则的典型示例以便理解。

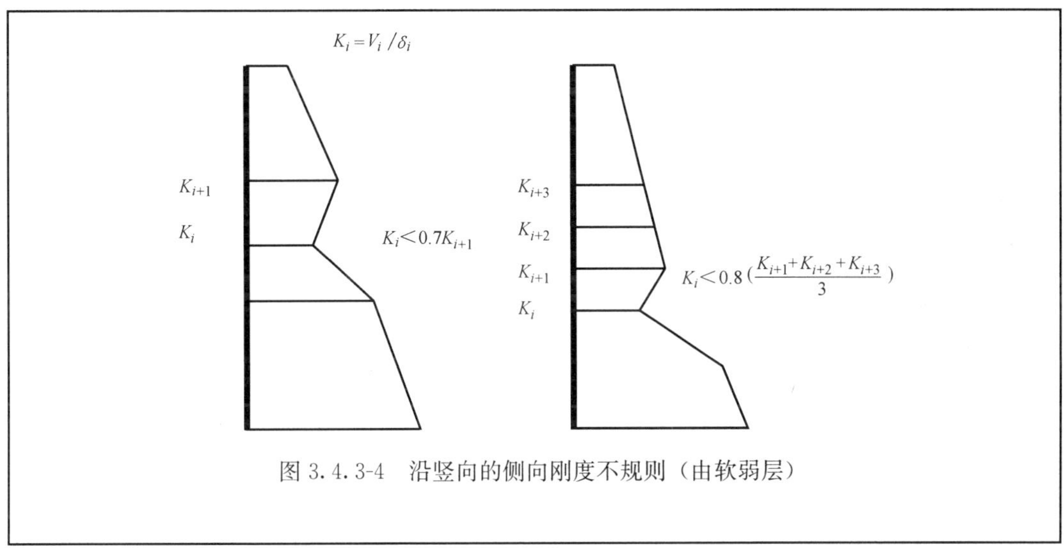

图 3.4.3-4 沿竖向的侧向刚度不规则（由软弱层）

在《抗震》"条文说明"的图 3.4.3-4 中给出了侧向刚度不规则的判断指标：$K_i = V_i/\delta_i$。

《抗震》3.4.4 条规定了对薄弱部位采取的加强措施

> 2 平面规则而竖向不规则的建筑，应采用空间结构计算模型，刚度小的楼层的地震剪力应乘以不小于 1.15 的增大系数，其薄弱层应按本规范有关规定进行弹塑性变形分析，并应符合下列要求：

【例 2.2.2-12】

某六层现浇钢筋混凝土框架结构，平面布置如图 2.2.2-14 所示，其抗震设防烈度为 8 度，Ⅱ类建筑场地，抗震设防类别为丙类，梁、柱混凝土强度等级均为 C30，基础顶面至一层楼盖顶面的高度为 5.2m，其余各层层高均为 3.2m。

各楼层 Y 方向的地震剪力 V_i 与层间平均位移 Δu_i 之比（$K_i = V_i/\Delta u_i$）如表 2.2.2-7 所示。

表 2.2.2-7

楼层号	1	2	3	4	5	6
$K_i = V_i/\Delta u_i$/(N/mm)	6.39×10^5	9.16×10^5	8.02×10^5	8.01×10^5	8.11×10^5	7.77×10^5

要求：判断竖向规则性：

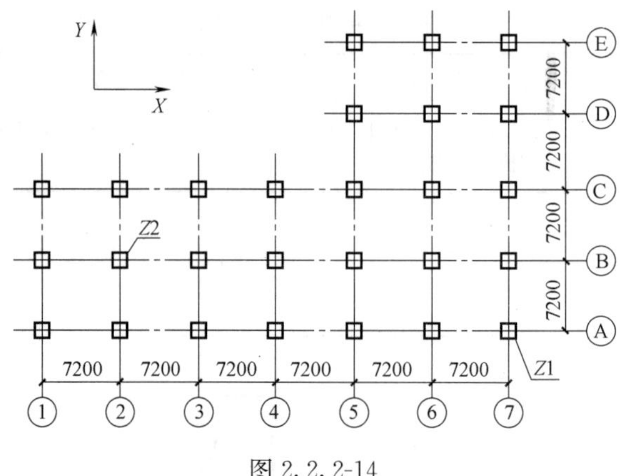

图 2.2.2-14

【解答】

各层的侧向刚度已在试题中给出。按照《抗震》第 3.4.2 条条文说明中的图 3.4.2-4 进行计算，

$$\frac{k_1}{k_2}=\frac{6.39}{9.16}=0.7 \qquad \frac{k_1}{\frac{k_2+k_3+k_4}{3}}=\frac{6.39}{\frac{9.16+8.02+8.01}{3}}=0.76<0.8$$

查《抗震》表 3.4.2-2，该结构又属于竖向不规则类型中的侧向刚度不规则。

【例 2.2.2-13】 某六层办公楼，采用现浇钢筋混凝土框架结构，抗震等级为二级，其中梁、柱混凝土强度等级均为 C30。已知该办公楼各楼层的侧向刚度如表 2.2.2-8 所示。

表 2.2.2-8

计算层	1	2	3	4	5	6
X 向侧向刚度(kN/m)	1.0×10^7	1.1×10^7	1.9×10^7	1.9×10^7	1.65×10^7	1.65×10^7
Y 向侧向刚度(kN/m)	1.2×10^7	1.0×10^7	1.7×10^7	1.55×10^7	1.35×10^7	1.35×10^7

试问，关于对该结构竖向规则性的判断及水平地震剪力增大系数的采用，在下列各选择项中，何项正确？提示：可只进行X方向的验算。

(A) 属于竖向规则结构

(B) 属于竖向不规则结构，仅底层地震剪力应乘以 1.15 的增大系数

(C) 属于竖向不规则结构，仅二层地震剪力应乘以 1.15 的增大系数

(D) 属于竖向不规则结构，一、二层地震剪力均应乘以 1.15 的增大系数

【答案】 (D)

【解答】 根据《抗震》第 3.4.3 条及其条文说明进行计算：

一层：X 向：$\dfrac{k_1}{(k_2+k_3+k_4)/3}=\dfrac{1.0}{(1.1+1.9+1.9)/3}=0.61<0.8$

Y 向：$\dfrac{k_1}{(k_2+k_3+k_4)/3}=\dfrac{1.2}{(1.0+1.7+1.55)/3}=0.85>0.8$

二层：X 向：$\dfrac{k_2}{(k_3+k_4+k_5)/3}=\dfrac{1.1}{(1.9+1.9+1.65)/3}=0.61<0.8$ 或 $\dfrac{k_2}{k_3}=\dfrac{1.1}{1.9}=0.58<0.7$

Y 向：$\frac{k_2}{(k_3+k_4+k_5)/3}=\frac{1.0}{(1.7+1.55+1.35)/3}=0.65<0.8$ 或 $\frac{k_2}{k_3}=\frac{1.0}{1.7}=0.59<0.7$

根据《抗震》表 3.4.3-2，属于竖向刚度不规则类型，一、二层均为薄弱层。

根据《抗震》3.4.4 条第 2 款，一、二层地震剪力均应乘以 1.15 的增大系数。

(b)《高规》规定

《高规》对侧向刚度不规则的判断有两个指标："楼层侧向刚度 γ_1" 和 "考虑层高修正的楼层侧向刚度比 γ_2"。划分侧向刚度不规则的界限二者亦是不同的。《高规》3.5.2 条规定了划分侧向刚度不规则的两个指标和相应的界限

> **3.5.2** 抗震设计时，高层建筑相邻楼层的侧向刚度变化应符合下列规定：
>
> 1 对框架结构，楼层与其相邻上层的侧向刚度比 γ_1 可按式（3.5.2-1）计算，且本层与相邻上层的比值不宜小于 0.7，与相邻上部三层刚度平均值的比值不宜小于 0.8。
>
> $$\gamma_1=\frac{V_i\Delta_{i+1}}{V_{i+1}\Delta_i} \tag{3.5.2-1}$$
>
> 式中：γ_1 ——楼层侧向刚度比；
>
> V_i、Δ_{i+1} ——第 i 层和第 $i+1$ 层的地震剪力标准值（kN）；
>
> Δ_i、Δ_{i+1} ——第 i 层和第 $i+1$ 层在地震作用标准值作用下的层间位移（m）。
>
> 2 对框架-剪力墙、板柱-剪力墙结构、剪力墙结构、框架-核心筒结构、筒中筒结构，楼层与其相邻上层的侧向刚度比 γ_2 可按式（3.5.2-2）计算，且本层与相邻上层的比值不宜小于 0.9；当本层层高大于相邻上层层高的 1.5 倍时，该比值不宜小于 1.1；对结构底部嵌固层，该比值不宜小于 1.5。
>
> $$\gamma_2=\frac{V_i\Delta_{i+1}}{V_{i+1}\Delta_i}\frac{h_i}{h_{i+1}} \tag{3.5.2-2}$$
>
> 式中：γ_2 ——考虑层高修正的楼层侧向刚度比。

《高规》3.5.8 条规定了对薄弱部位采取的加强措施

> **3.5.8** 侧向刚度变化不符合本规程第 3.5.2 条要求的楼层，其对应于地震作用标准值的剪力应乘以 1.25 的增大系数。

② 房屋竖向收进或外挑的尺寸超限

(a)《抗震》的规定

《抗震》3.4.3 条表 3.4.3-2 规定了局部收进不规则的界限，现摘录如下

竖向不规则的主要类型　　表 3.4.3-2

不规则类型	安义和参考指标
侧向刚度不规则	除顶层或出屋面小建筑外，局部收进的水平向尺寸大于相邻下一层的 25%

【例 2.2.2-14】 多层钢筋混凝土结构抗震房屋的立面尺寸，可按规则结构进行抗震分析的是图 2.2.2-15 中下列何项体形。

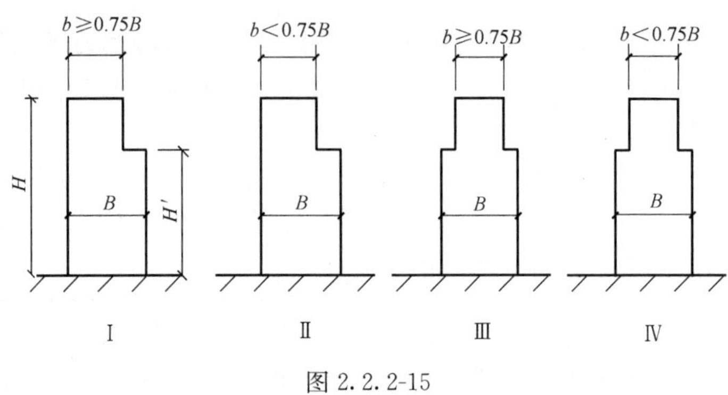

图 2.2.2-15

（A）Ⅰ、Ⅲ　　（B）Ⅰ、Ⅳ　　（C）Ⅱ、Ⅲ　　（D）Ⅱ、Ⅳ

【答案】（A）

【解答】 根据《抗震》3.4.3 条表 3.4.3-2 解答。

（b）《高规》规定

《高规》对收进与外挑的控制给出了规定

3.5.5 抗震设计时，当结构上部楼层收进部位到室外地面的高度 H_1 与房屋高度 H 之比大于 0.2 时，上部楼层收进后的水平尺寸 B_1 不宜小于下部楼层水平尺寸 B 的 75%（图 3.5.5a、b）；

当上部结构楼层相对于下部楼层外挑时，上部楼层水平尺寸 B_1 不宜大于下部楼层的水平尺寸 B 的 1.1 倍，且水平外挑尺寸 a 不宜大于 4m（图 3.5.5c、d）。

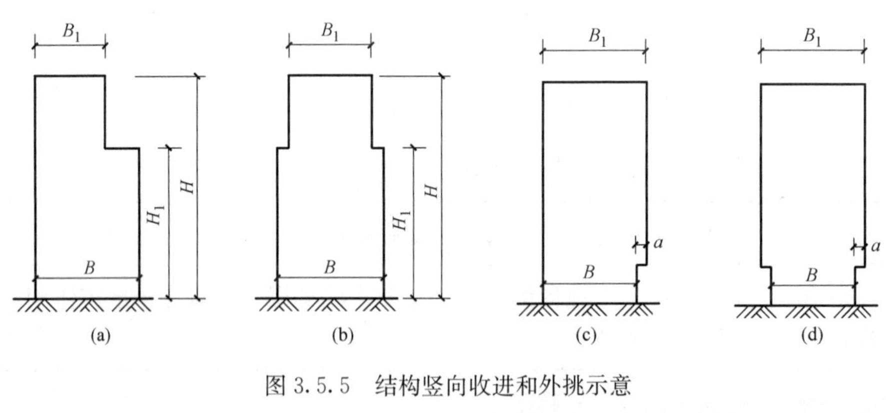

图 3.5.5　结构竖向收进和外挑示意

【例 2.2.2-15】 结构的竖向布置

条件：某一拟建于 8 度区，Ⅱ类场地的框-剪结构房屋，高度为 72m，其平面为矩形，长 40m，在建筑物的宽度方向有 3 个方案，如图 2.2.2-16 所示，单位 m。

要求：仅从结构布置相对合理角度考虑，寻找出不合理的方案。

【解答】 根据《高规》3.5.5 条的规定：$H_1/H = \frac{52}{72} = 0.72 > 0.2$

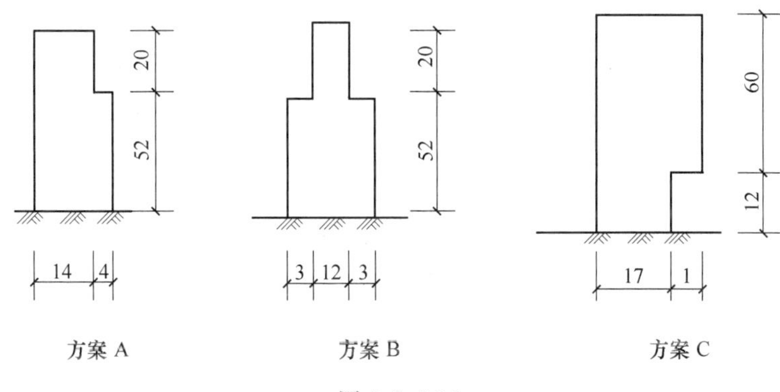

图 2.2.2-16

方案（A）：$\dfrac{H}{B}=\dfrac{72}{18}=4<5$，可以；$B_1/B=\dfrac{14}{18}=0.78>0.75$，可以。

方案（B）：$\dfrac{H}{B}=\dfrac{72}{18}=4<5$，可以；$B_1/B=\dfrac{12}{18}=0.67<0.75$，不可。

方案（C）：$\dfrac{H}{B}=\dfrac{72}{17}=4.27<5$，可以；$\dfrac{B_1}{B}=\dfrac{18}{17}=1.06<1.1$，$a=1\text{m}<4\text{m}$，可以。

不合理结构方案为方案（B）。

2）竖向抗侧力构件不连续

①《抗震》的规定

《抗震》3.4.3 条表 3.4.3-2 规定了划分竖向抗侧力构件不连续的定义，现摘录如下

竖向不规则的主要类型　　表 3.4.3-2

不规则类型	定义和参考指标
竖向抗侧力构件不连续	竖向抗侧力构件(柱、抗震墙、抗震支撑)的内力由水平转换构件(梁、桁架等)向下传递

《抗震》3.4.3 条的“条文说明”图 3.4.3-5 给出的典型示例以便理解。

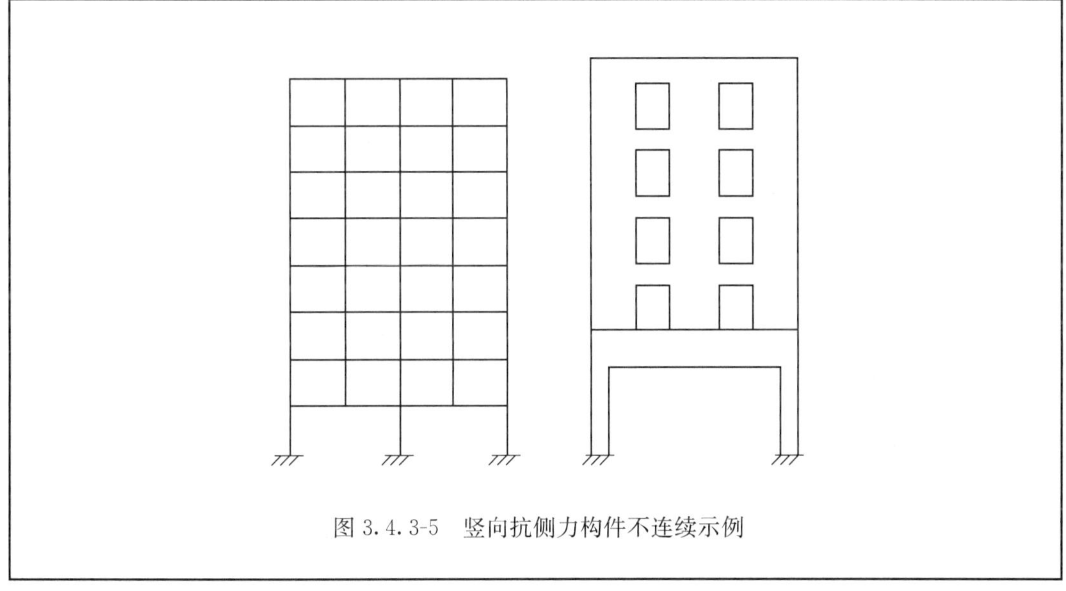

图 3.4.3-5　竖向抗侧力构件不连续示例

《抗震》3.4.4 条规定了对薄弱部位采取的加强措施

> 1）竖向抗侧力构件不连续时，该构件传递给水平转换构件的地震内力应根据烈度高低和水平转换构件的类型、受力情况、几何尺寸等，乘以 1.25～2.0 的增大系数；

②《高规》规定

《高规》3.5.4 条、3.5.5 条规定了划分不规则的界限

> **3.5.4** 抗震设计时，结构竖向抗侧力构件宜上、下连续贯通。

《高规》3.5.8 条规定了对薄弱部位采取的加强措施

> **3.5.8** 竖向抗侧力构件连续性不符合本规程第 3.5.4 条要求的楼层，其对应于地震作用标准值的剪力应乘以 1.25 的增大系数。

【例 2.2.2-16】 抗震设计时，下列何项结构不属于竖向不规则的类型。

（A）侧向刚度不规则

（B）竖向抗侧力构件不连续

（C）局部收进的水平方向的尺寸不大于相邻下一层的 25%

（D）楼层承载力突变

【答案】（C）

【解答】 根据《抗震》第 3.4.3 条表 3.4.3-2。

3）楼层承载力突变

①《抗震》的规定

《抗震》3.4.3 条表 3.4.3-2 规定了划分楼层承载力突变的界限，现摘录如下

竖向不规则的主要类型　　表 3.4.3-2

不规则类型	定义和参考指标
楼层承载力突变	抗侧力结构的层面受剪承载力小于相邻上一楼层的 80%

《抗震》3.4.3 条的“条文说明”图 3.4.3-6 给出楼层承载力突变的典型示例以便理解。

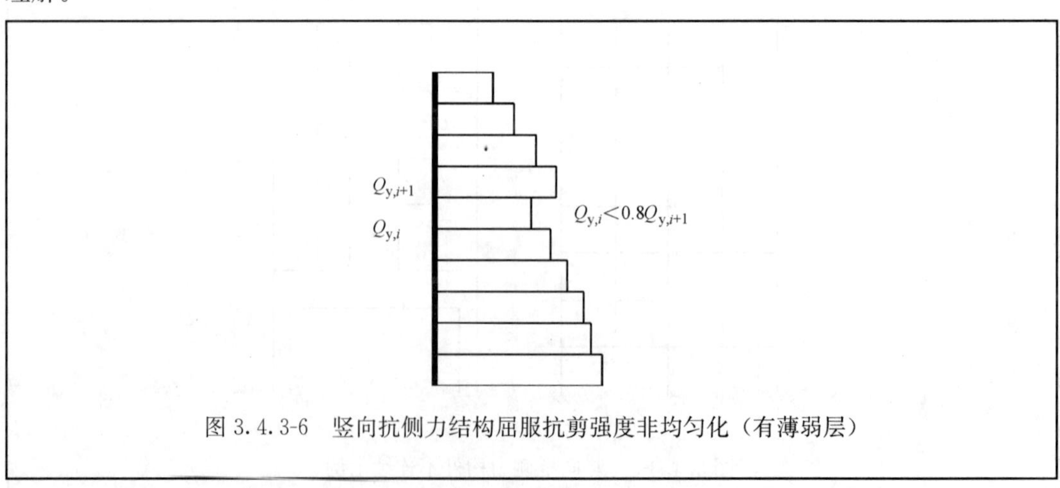

图 3.4.3-6　竖向抗侧力结构屈服抗剪强度非均匀化（有薄弱层）

《抗震》3.4.4 条规定了

3）楼层承载力突变时，薄弱层抗侧力结构的受剪承载力不应小于相邻上一楼层的65%。

②《高规》规定

《高规》3.5.3 条规定了划分竖向抗侧力构件不连续的界限

3.5.3 A 级高度高层建筑的楼层抗侧力结构的层间受剪承载力不宜小于其相邻上一层受剪承载力的 80%，不应小于其相邻上一层受剪承载力的 65%；B 级高度高层建筑的楼层抗侧力结构的层间受剪承载力不应小于其相邻上一层受剪承载力的 75%。

注：楼层抗侧力结构的层间受剪承载力是指在所考虑的水平地震作用方向上，该层全部柱、剪力墙、斜撑的受剪承载力之和。

《高规》3.5.3 的"条文说明"讲述了有关竖向抗侧力构件受剪承载力的计算方法

柱的受剪承载力可根据柱两端实配的受弯承载力按两端同时屈服的假定失效模式反算；剪力墙可根据实配钢筋按抗剪设计公式反算；斜撑的受剪承载力可计及轴力的贡献，应考虑受压屈服的影响。

《高规》3.5.8 条规定了对薄弱部位采取的加强措施

3.5.8 承载力变化不符合本规程第 3.5.3 条要求的楼层，其对应于地震作用标准值的剪力应乘以 1.25 的增大系数。

【例 2.2.2-17】下列建筑中属于结构竖向不规则的是何项。

（A）有较大的楼层错层

（B）某层的侧向刚度小于相邻上一楼层的 75%

（C）楼板的尺寸和平面刚度急剧变化

（D）某层的受剪承载力小于相邻上一楼层的 80%

【答案】（D）

【解答】根据《抗震》第 3.4.3 条解答。

【例 2.2.2-18】根据《抗震》下列何项属于竖向不规则的条件。

（A）抗侧力结构的层间受剪承载力小于相邻上一楼层的 80%

（B）该层的侧向刚度小于相邻上一层的 80%

（C）除顶层外，局部收进的水平尺寸大于相邻下一层的 20%

（D）该层的侧向刚度小于其上相邻三个楼层侧向刚度平均值的 85%

【答案】（A）

【解答】根据《抗震》第 3.4.3 条的规定，抗侧力结构的层间受剪承载力小于相邻上一楼层的 80%时为楼层承载力突变，属于结构竖向不规则的一种情况。

4）《高规》的规定——沿高度楼层质量分布的控制

除了上述三项竖向不规则应进行控制外，《高规》又补充了一项控制要求。即对楼层质量沿高度分布不均匀亦应进行控制，具体规定

3.5.6 楼层质量沿高度宜均匀，不宜大于相邻下部楼层质量的 1.5 倍。

4. 不规则程度的划分

（1）不规则、特别不规则和严重不规则

《抗震》3.4.1条的“条文说明”指出

> 要区分不规则、特别不规则和严重不规则等不规则程度，避免采用抗震性能差的严重不规则的设计方案。

《抗震》规定

> **3.4.3** 建筑形体及其构件布置的平面、竖向不规则性，应按下列要求划分：
>
> 3 当存在多项不规则或某项不规则超过规定的参考指标较多时，应属于特别不规则的建筑。

《抗震》的规定

> **3.4.1** 不规则的建筑应按规定采取加强措施；特别不规则的建筑应进行专门研究和论证，采取特别的加强措施；不应采用严重不规则的建筑。

（2）三种不规则程度的主要划分方法

《抗震》3.4.1条的“条文说明”指出

> 三种不规则程度的主要划分方法如下：
>
> 不规则，指的是超过表3.4.3-1和3.4.3-2中一项及以上的不规则指标；
>
> 特别不规则，指具有较明显的抗震薄弱部位，可能引起不良后果者，通常有三类：
>
> 其一，同时具有正文表3.4.3所列六个主要不规则类型的三个或三个以上；
>
> 其二，具有表3.4.1所列的一项不规则；
>
> 其三，具有表3.4.3所列两个方面的基本不规则且其中有一项接近表3.4.1的不规则指标。

特别不规则的项目举例　　　　表3.4.1

序号	不规则类型	简要含义
1	扭转偏大	裙房以上有较多楼层考虑偶然偏心的扭转位移比大于1.4
2	抗扭刚度弱	扭转周期比大于0.9，混合结构扭转周期比大于0.85
3	层刚度偏小	本层侧向刚度小于相邻上层的50%
4	高位转换	框支墙体的转换构件位置：7度超过5层，8度超过3层
5	厚板转换	7～9度设防的厚板转换结构
6	塔楼偏置	单塔或多塔合质心与大底盘的质心偏心距大于底盘相应边长20%
7	复杂连接	各部分层数、刚度、布置不同的错层或连体两端塔楼显著不规则的结构
8	多重复杂	同时具有转换层、加强层、错层、连体和多塔类型中的2种以上

> 对于特别不规则的建筑方案，只要不属于严重不规则，结构设计应采取比规范第3.4.4条等的要求更加有效的措施。
>
> 严重不规则，指的是形体复杂，多项不规则指标超过3.4.4条上限值或某一项大大超过规定值，具有现有技术和经济条件不能克服的严重的抗震薄弱环节，可能导致地震破坏的严重后果者。

【例 2.2.2-19】 在结构平面和竖向布置中，达到下列何项情况时，即属严重不规则的设计方案了。

(A) 在结构平面和竖向布置中，仅有个别项目超过上述《抗震》的不规则指标

(B) 在结构平面和竖向布置中，有多项超过上述《抗震》的不规则指标

(C) 在结构平面和竖向布置中，有多项超过上述《抗震》的不规则指标，且超过较多或有一项大大超过时

(D) 在结构平面和竖向布置中，有多项大大超过上述《抗震》的不规则指标时

【答案】 (C)

【解答】 高层建筑结构的平面布置和竖向剖面布置均宜规则，避免侧向刚度和承载力发生突变，并应加强可能出现的薄弱部位。

由《抗震》第 3.4.1 条及条文说明："不规则"指的是超过表 3.4.3-1 和表 3.4.3-2 中一项及以上的不规则指标；按 3.4.3-1 条的规定进行计算并采取相应的抗震构造措施。

"特别不规则"指的是多项超过表 3.4.3-1 和表 3.4.3-2 中不规则指标或某一项超过规定指标较多，具有较明显的抗震薄弱部位，将会引起不良后果者，按 3.4.5 条规定划分为多个规则抗侧力单元设计。

"严重不规则"指的是体型复杂，多项不规则指标超过第 3.4.4 条上限值或某一项大大超过规定值，按第 3.4.1 条，不应采用。

(3) 区分不规则程度的算例

按《抗震》3.4.1 条正文表 3.4.3 所列六个主要不规则类型来进行区分不规则程度

【例 2.2.2-20】 房屋规则性的判断（竖向不规则结构）

条件：今在 7 度抗震设防区、Ⅲ类建筑场地，拟建综合楼一座，高 28m，7 层（1～3 层为商场，第 4 层为转换层，5～7 层为旅店）。在 1～3 层的商场中部为共享空间，开有 24m×10m 的大洞。该楼为部分框支剪力墙结构，其结构平面规则、对称。房屋的立面外形也规则、对称，无挑出和收进。其底层平面如图 2.2.2-17 所示。经初步计算，在地震作用下，楼层竖向构件的最大弹性水平位移小于该层弹性水平位移平均值的 1.2 倍；转换层侧向刚度 K_4 为其相邻的第 5 层的侧向刚度 K_5 的 70%。

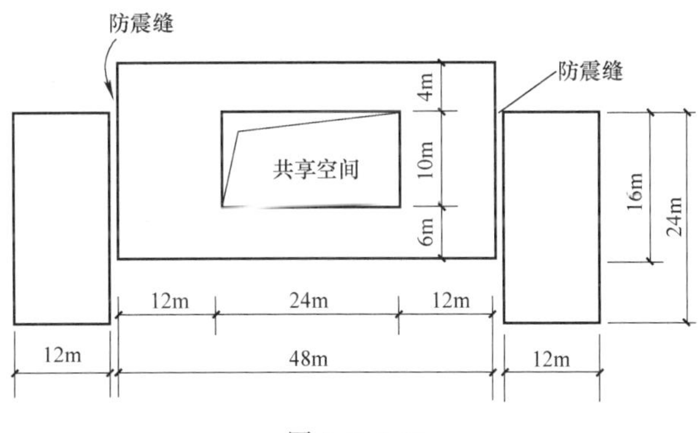

图 2.2.2-17

要求：判定该中央主楼的结构方案属哪种类型不规则结构。

【解答】

(1) 结构平面布置

① 平面形状校核。由于设防震缝，已将整个大楼划分成3个结构单元。每个结构单元的平面外形为矩形，满足规则结构对平面轮廓的要求，不超过平面尺寸的限值。

② 扭转校核。中央主楼虽1～3层开有24m×10m的大洞，但它的位置基本对称，各层的抗侧力构件——剪力墙和框架分布均匀、对称。在水平地震作用下，楼层竖向构件的最大弹性水平位移小于该层弹性侧移平均值的1.2倍，说明中央主楼受扭转的影响不大，满足规则结构对扭转限值的要求。

③ 楼面尺寸及其刚度校核。楼面开洞面积（24m×10m）＝$240m^2$，小于楼面总面积（48m×20m）＝$960m^2$ 的30％，即$288m^2$。满足规则结构对楼面开洞面积的限制要求。

有效楼板宽度10m，等于楼面宽度20m的50％。恰好符合规则结构有效楼板宽度限制的要求。

楼面也无局部凸出或收进这些不规则现象。

(2) 结构竖向布置

① 正面外形校核。各个标高段均无外挑或内收，外形对称、均衡，符合规则结构对立面外形的要求。

② 竖向抗侧力构件连续性校核。1～3层为设共享空间的大商场，为部分框支剪力墙结构；4层为转换层；5～7层为旅店客房，为剪力墙结构。转换层的存在，表明有部分竖向抗侧力构件不连续。

③ 侧向刚度的变化校核。已知转换层的层侧向刚度K_4为其相邻第5层的层侧向刚度K_5的70％，恰好符合规则结构为相邻上层侧向刚度的70％的限值。

根据以上分析表明仅有竖向抗侧力构件不连续一项不合格，可判定该中央主楼的结构方案属一般不规则结构。

④ 按《抗震》3.4.1条的“条文说明”表3.4.1所列的9项不规则指标来区分不规则程度

【例 2.2.2-21】

某大底盘单塔楼高层建筑，主楼为钢筋混凝土框架-核心筒，裙房为混凝土框架-剪力墙结构，主楼与裙楼连为整体，如图2.2.2-18所示。抗震设防烈度7度，建筑抗震设防类别为丙类，设计基本地震加速度为0.15，场地Ⅲ类，采用桩筏基础。

假定，该建筑物塔楼质心偏心距为e_1，大底盘质心偏心距为e_2，见图2.2.2-18。如果仅从抗震概念设计方面考虑，试问，偏心距（e_1；e_2；单位m）选用下列哪一组数值时，结构不规则程度相对最小？

(A) 0.0；0.0　　(B) 0.1；5.0

(C) 0.2；7.2　　(D) 1.0；8.0

【答案】(C)

【解答】《抗震》3.4.1条及条文说明的表3.4.1序号6规定，“塔楼偏置：单塔或多塔合质心与大底盘的质心偏心距大于底盘相应边长20％”属于‘特别不规则’。

单塔质心与大底盘的质心偏心距为$e_1+(18-e_2)$

大底盘边长为$B=24+36=60m$

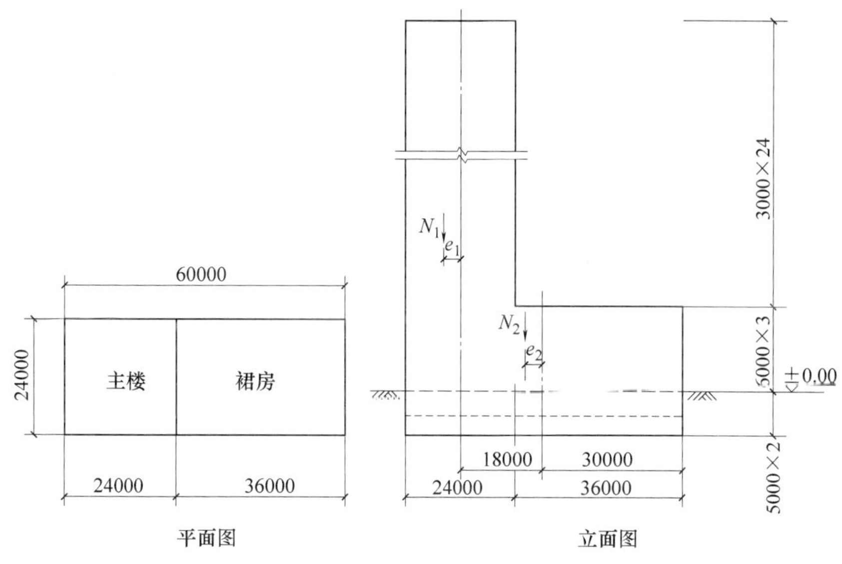

图 2.2.2-18

单塔质心与大底盘的质心偏心距 $e_1+(18-e_2)\leqslant 20\%B$ 时不属于'特别不规则'，即 $e_1+(18-e_2)\leqslant 20\%B=12\text{m}$ 时不属于'特别不规则'。

选项(A)：$e_1=0$、$e_2=0$，$e_1+(18-e_2)=0+(18-0)=18\text{m}>12\text{m}=20\%B$，属于特别不规则；

选项(B)：$e_1=0.1$、$e_2=5.0$，$e_1+(18-e_2)=0.1+(18-5.0)=13.1\text{m}>12\text{m}$，属于特别不规则；

选项(C)：$e_1=0.2$、$e_2=7.2$，$e_1+(18-e_2)=0.2+(18-7.2)=11.0\text{m}<12\text{m}$，不属于特别不规则；

选项(D)：$e_1=1.0$、$e_2=8.0$，$e_1+(18-e_2)=1.0+(18-8.0)=11.0\text{m}<12\text{m}$，不属于特别不规则。

选项(C)和选项(D)的质心偏心距相同、均为 $e_1+(18-e_2)=11.0\text{m}$。再对选项(C)和选项(D)进行比较。

偏心距相同时，e_1 对主楼抗震影响更大，e_1 越小对主楼抗震越有利。

选项(C)的 $e_1=0.2$ 和选项(D)的 $e_1=1.0$ 相比，选项(C)的主楼偏心距 e_1 相对较小，对主楼抗震有利，故选(C)。

5. 防震缝

(1) 合理地设置防震缝

《抗震》规定

> **3.4.5** 体型复杂、平立面不规则的建筑，应根据不规则程度、地基基础条件和技术经济等因素的比较分析，确定是否设置防震缝，并分别符合下列要求：
>
> 1 当不设置防震缝时，应采用符合实际的计算模型，分析判明其应力集中、变形集中或地震扭转效应等导致的易损部位，采取相应的加强措施。
>
> 2 当在适当部位设置防震缝时，宜形成多个较规则的抗侧力结构单元。防震缝应

> 根据抗震设防烈度、结构材料种类、结构类型、结构单元的高度和高差以及可能的地震扭转效应的情况，留有足够的宽度，其两侧的上部结构应完全分开。
>
> 3　当设置伸缩缝和沉降缝时，其宽度应符合防震缝的要求。

《抗震》的“条文说明”指出

> **3.4.5**　体型复杂的建筑并不一概提倡设置防震缝。由于是否设置防震缝各有利弊，历来有不同的观点，总体倾向是：
>
> 1　可设缝、可不设缝时，不设缝。设置防震缝可使结构抗震分析模型较为简单，容易估计其地震作用和采取抗震措施，但需考虑扭转地震效应，并按本规范各章的规定确定缝宽，使防震缝两侧在预期的地震（如中震）下不发生碰撞或减轻碰撞引起的局部损坏。
>
> 2　当不设置防震缝时，结构分析模型复杂，连接处局部应力集中需要加强，而且需仔细估计地震扭转效应等可能导致的不利影响。

《高规》规定

> **3.4.9**　抗震设计时，高层建筑宜调整平面形状和结构布置，避免设置防震缝。体型复杂、平立面不规则的建筑，应根据不规则程度、地基基础条件和技术经济等因素的比较分析，确定是否置防震缝。

合理地设置防震缝，可以将体形复杂的建筑物划分成“规则”的结构单元。如图 2.2.2-19 所示，通过防震缝将平面凸凹不规则的L形建筑划分为两个规则的矩形结构单元。设置防震缝，可以降低结构抗震设计的难度，提高各结构单元的抗震性能，但同时也会带来许多新的问题。如由于缝的两侧均须设置墙体或框架柱而使得结构复杂，特别会使基础处理较为困难，并可使得建筑使用不便，建筑立面处理困难。更为突出问题的是：地震时缝两侧的结构进入弹塑性状态，位移急剧增大而发生相互碰撞，产生严重的震害。轻者外装修、女儿墙、檐口损坏，重者主体结构破坏。所以，体形复杂的建筑并不一概提倡设置防震缝。应当调整平面尺寸和结构布置，采取构造措施和施工措施，能不设缝就不设缝，能少设缝就少设缝；不设防震缝时，应进行抗震分析，并采取加强延性的构造措施。如果没有采取措施或必须设缝时，则必须保证有必要的缝宽以防止震害。

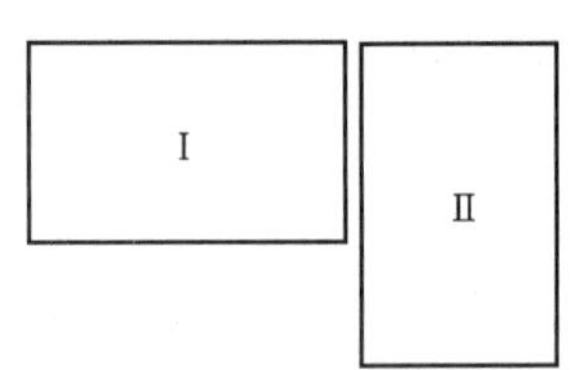

图 2.2.2-19　防震缝的设置

在遇到下列情况时，还是应设置防震缝，将整个建筑划分为若干个规则的独立结构单元。

1）平面形状属于不规则类型，或竖向形状属于不规则类型。

2）房屋长度超过相关《混规》规定的伸缩缝最大间距，又没有条件采取特殊措施而必须设置伸缩缝时。

3）地基土质不均匀或上部结构荷载相差较大，房屋各部分的预计沉降过大，必须设置沉降缝时。

4）房屋各部分的结构体系截然不同，质量或侧移刚度大小悬殊时。

防震缝应该在地面以上沿全高设置，缝中不能有填充物。当不作为沉降缝时，基础可以不设防震缝，但在防震缝处基础要加强构造和连接。在建筑中凡是设缝的，就要分得彻底；凡是不设缝的，就要连接牢固，保证其整体性。绝对不要将各部分设计的似分不分，似连不连，“藕断丝连”，否则连接处在地震中很容易破坏。

【例 2.2.2-22】 防震缝的设置

条件：一等高框架剪力墙结构，8 度抗震设防，其建筑平面如图 2.2.2-20 所示。拟设四条防震缝①、②、③、④。

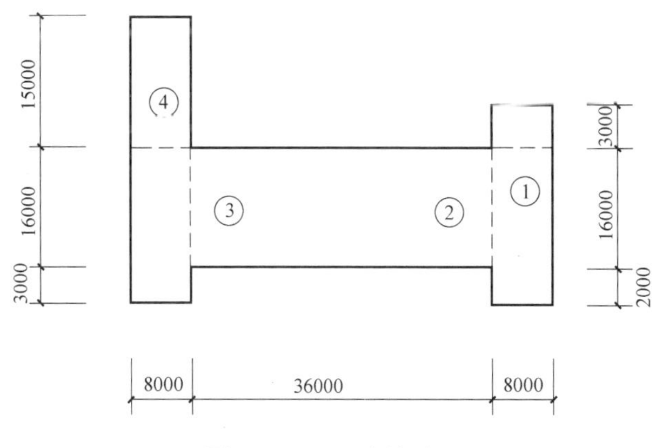

图 2.2.2-20　建筑平面

问题：哪条防震缝是必须设置的?

【解答】 根据《抗震》第 3.4.3 条的“条文说明”图 2 给出的典型示例知：

防震缝①：B/B_{max}=3/（3+16+2）=0.14<0.3 不必设置。

防震缝②、防震缝③不必设置。

防震缝④：B/B_{max}=15/（15+16+3）=0.44>0.3，是必须设置的。

【例 2.2.2-23】 在一栋有抗震设防要求的建筑中，防震缝的设置正确的是下列何项?

（A）防震缝应将其两侧房屋的上部结构完全分开

（B）防震缝应将其两侧房屋的上部结构连同基础完全分开

（C）只有在设地下室的情况下，防震缝才可以将其两侧房屋的上部结构分开

（D）只有在不设地下室的情况下，防震缝才可只将其两侧房屋的上部结构分开

【答案】（A）

【解答】 根据《抗震》第 3.4.5 条防震缝应根据抗震设防烈度、结构材料种类、结构类型、结构单元的高度和高差以及可能的地震扭转效应情况，留有足够的宽度，其两侧的上部结构应完全分开。当设置伸缩缝和沉降缝时，其宽度应符合防震缝的要求。

（2）防震缝宽度

《高规》规定

3.4.10　设置防震缝时，应符合下列规定：

1 防震缝宽度应符合下列规定：

1）框架结构房屋，高度不超过 15m 时不应小于 100mm；超过 15m 时，6 度、7 度、8 度和 9 度分别每增加高度 5m、4m、3m 和 2m，宜加宽 20mm；

2）框架-剪力墙结构房屋不应小于本款1）项规定数值的70%，剪力墙结构房屋不应小于本款1）项规定数值的50%，且二者均不直小于100mm。

2 防震缝两侧结构体系不同时，防震缝宽度应按不利的结构类型确定；

3 防震缝两侧的房屋高度不同时，防震缝宽度可按较低的房屋高度确定；

4 8、9度抗震设计的框架结构房屋，防震缝两侧结构层高相差较大时，防震缝两侧框架柱的箍筋应沿房屋全高加密，并可根据需要沿房屋全高在缝两侧各设置不少于两道垂直于防震缝的抗撞墙；

5 当相邻结构的基础存在较大沉降差时，宜增大防震缝的宽度；

6 防震缝宜沿房屋全高设置，地下室、基础可不设防震缝，但在与上部防震缝对应处应加强构造和连接；

7 结构单元之间或主楼与裙房之间不宜采用牛腿托梁的做法设置防震缝，否则应采取可靠措施。

【例2.2.2-24】框架结构的防震缝宽度

条件：贴近已有三层框架结构的建筑一侧拟建10层框架结构的建筑，原有建筑层高为4m，新的建筑层高均为3m，两者之间须设防震缝，该地区为7度抗震设防。

要求：试选用符合规定的防震缝最小宽度。

【解答】原框架结构高度为3×4=12m，拟建框架高度为10×3=30m，按较低房屋高度确定缝宽，因高度低于15m，采用缝宽100mm。

【例2.2.2-25】防震缝宽

条件：在7度抗震设防区，一幢为高60m（即自室外地坪至屋顶的距离）的框架-剪力墙结构大楼。房顶上还有高4.50m电梯机房一个。紧相邻的另一幢，为高20m的框架结构大厅。两楼的室内外标高差均为0.60m。

要求：确定防震缝宽。

【解答】根据《高规》3.4.10条，防震缝两侧结构体系不同时，缝宽应按不利的结构类型确定，按较低的房屋高度确定。本题中应按20m的框架结构确立防震缝宽度。设防烈度为7度，缝宽为：

$$\delta=100+\frac{20.6-15}{4}\times20=128\text{mm}。$$

【例2.2.2-26】防震缝的最小宽度

条件：在某设防烈度为7度的大城市市区，拟建一高层商住综合楼。其中，商用楼采用框-剪结构，高度30m；住宅楼高度50m，采用剪力墙结构；两幢楼的地下室不设沉降缝，只在上部结构用防震缝划分为独立抗震单元。

要求：防震缝的最小宽度。

【解答】根据《高规》3.4.10条，防震缝宽度以较低的框剪结构部分确定：H=30m。

框架时，$\delta=100+\left(\frac{30-15}{4}\right)\times20\text{mm}=175\text{mm}$；

框-剪时，$\delta'=0.7\times175\text{mm}=123\text{mm}$。

（3）防震缝间距

当高层建筑未采取任何可靠措施时，其伸缩缝的最大间距见《高规》3.4.12条的规定。伸缩缝的最大间距，应理解为房屋平面两端点之间的直线距离而非弧线或曲线的周长。如图2.2.2-21所示的房屋平面呈弓形或环形时，伸缩缝的最大间距应以其两端点之间的直线距离 l 来衡量。

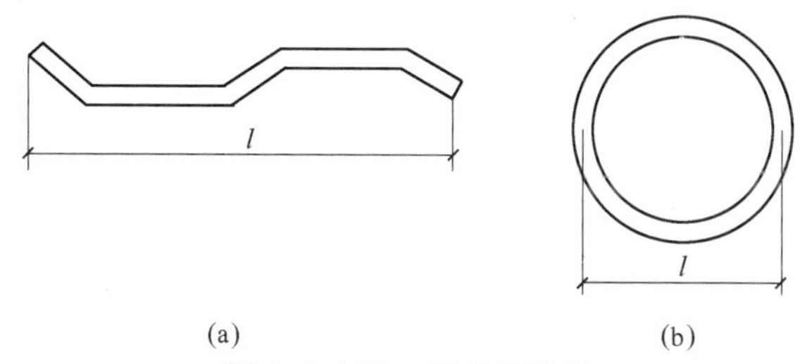

图2.2.2-21　标准层平面

(a) 弓形；(b) 环形（底层有入内的开口）

《高规》规定

3.4.12　高层建筑结构伸缩缝的最大间距宜符合表3.4.12的规定。

伸缩缝的最大间距　　**表3.4.12**

结构体系	施工方法	最大间距(m)
框架结构	现浇	55
剪力墙结构	现浇	45

注：1　框架-剪力墙的伸缩缝间距可根据结构的具体布置情况取表中框架结构与剪力墙结构之间的数值；

2　当屋面无保温或隔热措施、混凝土的收缩较大或室内结构因施工外露时间较长时，伸缩缝间距应适当减小；

3　位于气候干燥地区、夏季炎热且暴雨频繁地区的结构，伸缩缝的间距宜适当减小。

欲增大伸缩缝最大间距、甚至不设伸缩缝，其关键在于如何减少温度应力和混凝土收缩应力，以及如何提高混凝土构件的抗裂能力。《高规》所提的规定具体体现了这两条要求

3.4.13　当采用有效的构造措施和施工措施减小温度和混凝土收缩对结构的影响时，可适当放宽伸缩缝的间距。这些措施可包括但不限于下列方面：

1　顶层、底层、山墙和纵墙端开间等受温度变化影响较大的部位提高配筋率；

2　顶层加强保温隔热措施，外墙设置外保温层；

3　每30m～40m间距留出施工后浇带，带宽800mm～1000mm钢筋采用搭接接头，后浇带混凝土宜在45d后浇筑；

4　采用收缩小的水泥、减少水泥用量、在混凝土中加入适宜的外加剂；

5　提高每层楼板的构造配筋率或采用部分预应力结构。

【例2.2.2-27】增大伸缩缝间距的措施

条件：对钢筋混凝土建筑欲增大其伸缩缝间距时，可采用下列哪些措施？

①顶层加强保温隔热措施；②屋面结构采用高强混凝土；

③适当部位提高配筋率；④增加施工缝；⑤设施工后浇带。

要求：从下列四个组合中选择正确的答案。

(A) ①、②、③　(B) ①、③、⑤　(C) ①、④、⑤　(D) ①、②、④、⑤

【答案】(B)

【解答】 由《高规》3.4.13 条，1 款，③正确；

由《高规》3.4.13 条，2 款，①正确；

由《高规》3.4.13 条，3 款，⑤正确；

其余不对。正确答案是 (B)。

(4) 抗撞墙设置

《抗震》规定和"条文说明"指出

6.1.4.2

8、9 度框架结构房屋防震缝两侧结构层高相差较大时，防震缝两侧框架柱的箍筋应沿房屋全高加密，并可根据需要在缝两侧沿房屋全高各设置不少于两道垂直于防震缝的抗撞墙。抗撞墙的布置宜避免加大扭转效应，其长度可不大于 1/2 层高，抗震等级可同框架结构；框架构件的内力应按设置和不设置抗撞墙两种计算模型的不利情况取值。

6.1.4（条文说明） 8、9 度框架结构房屋防震缝两侧层高相差较大时，可在防震缝两侧房屋的尽端沿全高设置垂直于防震缝的抗撞墙，通过抗撞墙的损坏减少防震缝两侧碰撞时框架的破坏。结构单元较长时，抗撞墙可能引起较大温度内力，也可能有较大扭转效应，故设置时应综合分析（图 12)。

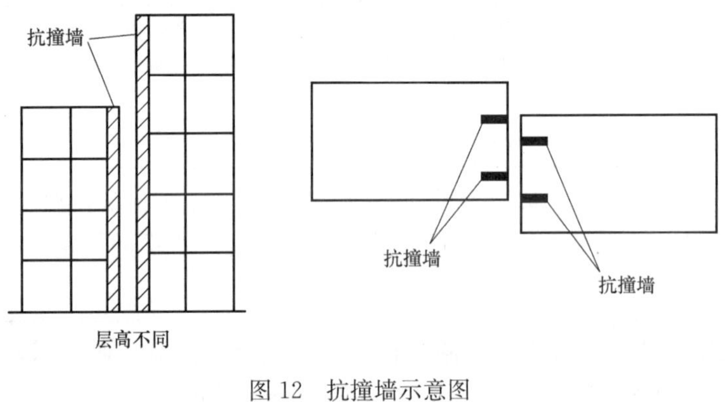

图 12　抗撞墙示意图

【例 2.2.2-28】

某钢筋混凝土框架结构办公楼，柱距均为 8.4m。由于两侧结构层高相差较大且有错层，设计时拟设置防震缝，并在缝两侧设置抗撞墙，如图 2.2.2-22 所示。已知：该房屋抗震设防类别为丙类，抗震设防烈度为 8 度，建筑场地类别为Ⅱ类，建筑安全等级为二级。A 栋房屋高度为 21m，B 栋房屋高度为 27m。

关于抗撞墙的布置及设计，下列所述何项正确？

(A) 在缝两侧沿房屋全高各设置不少于一道垂直于防震缝的抗撞墙

(B) 抗撞墙的布置宜避免加大扭转效应，其长度应大于 1/2 层高

(C) 抗撞墙的抗震等级应比其框架结构提高一级

(D) 框架构件的内力应按设置和不设置抗撞墙两种计算模型的不利情况取值

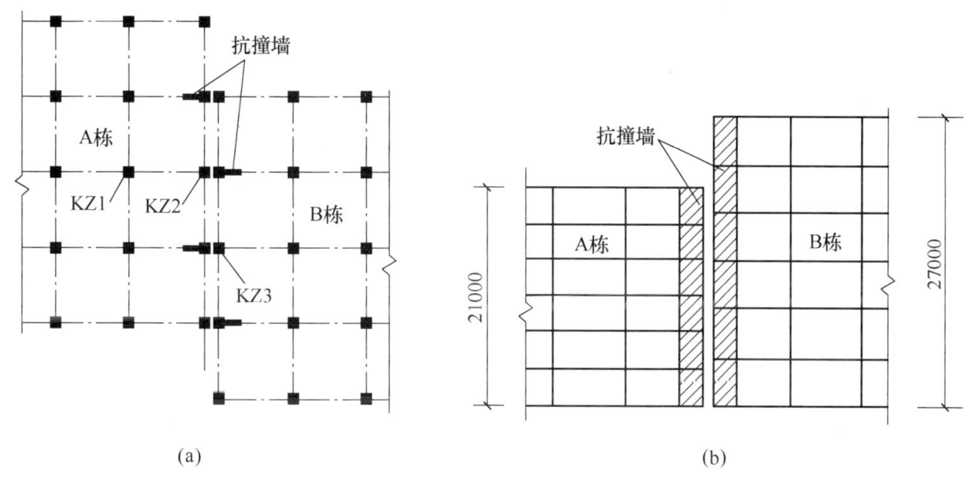

图 2.2.2-22
(a) 平面图；(b) 剖面图

【答案】(D)

【解答】根据《抗震》第 6.1.4 条第 2 款，(D) 正确。

三、抗震结构体系

抗震结构体系是抗震设计中应考虑的最关键问题，结构方案选取是否合理对安全和经济起主要作用。

《抗震》规定

3.5.1 结构体系应根据建筑的抗震设防类别、抗震设防烈度、建筑高度、场地条件、地基、结构材料和施工等因素，经技术、经济和使用条件综合比较确定。

1. 计算简图

《抗震》规定

3.5.2 结构体系应符合下列各项要求：

1 应具有明确的计算简图和合理的地震作用传递途径。

因为抗震结构体系要求受力明确、传力合理且传力路线不间断，对结构计算简图的分析把握，就可以比较明确地确定地震作用的效应，使结构的抗震分析更符合结构在地震时的实际表现。知道地震作用是怎样和通过什么途径从上部结构传至下部结构乃至地基的，这对提高结构的抗震性能十分有利，是结构选型与布置抗侧力体系时首先考虑的条件之一。

《抗震》规定

3.5.3 结构体系尚宜符合下列各项要求：

3 结构在两个主轴方向的动力特性宜相近。

其含义主要是结构体系纵、横向两个主轴方向动力特性（周期和振型）应接近，一般情况下指相差宜在20%以内。强调的是两向的均匀问题。不要相差过大。这样将会使两主轴方向的水平地震作用靠近，不致造成一个方向过强、一个方向过弱的现象，有利于抗震设计。

2. 合理的刚度和承载力分布

建筑物承受的静力荷载是基本稳定的（如自重、楼面活荷载等），而地震时所受的地震作用大小则与结构的动力特性密切相关：建筑物的侧移刚度越大，则自振周期越短，地震作用也越大，要求结构构件具有较高的承载力。提高结构的侧移刚度，往往以提高造价和降低结构变形能力为代价，因此在确定结构体系时，需要在刚度、承载力之间寻求较好的匹配关系。

《抗震》规定

3.5.2 结构体系应符合下列各项要求：

3 应具备必要的抗震承载力，良好的变形能力和消耗地震能量的能力。

必要的抗震承载力是指应具备必要的强度，良好的变形能力是指不致引起结构功能丧失或超越容许破坏程度的变形值范围，良好的耗能能力是指结构能吸收和消耗地震输入能量而保存下来的能力、也即应具备良好的延性。

结构体系的抗震能力综合表现在强度、刚度和变形能力三者的统一，即抗震结构体系应具备必要的强度和良好的延性或变形能力，如果抗震结构体系有较高的抗侧强度，但同时缺乏足够的延性，这样的结构在地震时很容易破坏。例如不配筋又无钢筋混凝土构造柱的砌体结构，其抗震性能是很不好的。另一方面，如果结构有较大的延性，但抗侧力的强度不符合要求，这样的结构在强烈地震作用下，必然产生相当大的变形，如纯框架结构，其抗震性能也是不理想的。震害调查表明，在历次地震中，钢筋混凝土纯框架严重破坏，甚至倒塌者屡见不鲜。因此，重视结构整体性与变形能力是防止在大震下结构倒塌的关键。

3. 多道抗震防线

《抗震》规定

3.5.2 结构体系应符合下列各项要求：

2 应避免因部分结构或构件破坏而导致整个结构丧失抗震能力或对重力荷载的承载能力。

3.5.3 结构体系尚宜符合下列各项要求：

1 宜有多道抗震防线。

《抗震》3.5.3 条的“条文说明”指出

多道防线对于结构在强震下的安全是很重要的。所谓多道防线的概念，通常指的是：

第一，整个抗震结构体系由若干个延性较好的分体系组成，并由延性较好的结构构件连接起来协同工作。如框架-抗震墙体系是由延性框架和抗震墙二个系统组成；双肢或多肢抗震墙体系由若干个单肢墙分系统组成；框架-支撑框架体系由延性框架和支撑框架二个系统组成；框架-筒体体系由延性框架和筒体二个系统组成。

第二，抗震结构体系具有最大可能数量的内部、外部赘余度，有意识地建立起一系列分布的塑性屈服区，以使结构能吸收和耗散大量的地震能量，一旦破坏也易于修复。设计计算时，需考虑部分构件出现塑性变形后的内力重分布，使各个分体系所承担的地震作用的总和大于不考虑塑性内力重分布时的数值。

(1) 整个抗震结构体系由若干个延性较好的分体系组成

单一结构体系只有一道防线一旦破坏就会造成建筑物倒塌，抗震结构不宜采用单一结构体系。因为一次大地震，某场地产生的地震动，能造成建筑物破坏的强震持续时间少则几秒，多则十几秒，其至更长。且是很多次的地震动，一个接一个的强脉冲对建筑物产生多次往复式冲击，造成累积式的破坏。如果建筑物采用的是单一结构体系，仅有一道抗震防线，该防线一旦破坏后，接踵而来的持续地震动，就会促使建筑物倒塌。如果建筑物采用的是多重抗侧力体系，第一道防线的抗侧力构件在强烈地震袭击下遭到破坏后，后备的第二道乃至第三道防线的抗侧力构件立即接替，抵挡住后续的地震动的冲击，可保证建筑物最低限度的安全，免于倒塌。所以在抗震结构体系中，设置多道抗震防线是十分必要的。

限于中长期地震预报水平以及地震的不确定性，一个地区在一定年限内发生高于基本烈度的地震，绝不是不可能的。防止在罕遇大震时发生建筑物倒塌，是抗震设计的最低设防标准。多道抗震防线概念的应用，对于实现这一目标是有效的，是能保障人民生命的安全。符合多道抗震防线的结构体系有框架-抗震墙体系、框架-支撑体系、框架-筒体体系、筒中筒体系等。在这些结构体系中，由于抗震墙、支撑、筒体的侧向刚度比框架大得多，在水平地震力的作用下，通过楼板的协同工作，大部分的水平力首先由这些侧向刚度大的抗侧力构件予以承担，而形成第一道防线，框架退居为第二道防线。

① 第一道防线的构件选择

地震倒塌的宏观现象表明，一般情况下，倒塌物很少远离原来的平面位置。据此可以认为，地震的往复作用使结构遭到严重破坏，而最后倒塌则是结构因破坏而丧失了承受重力荷载的能力。所以，可以说房屋倒塌的最直接原因，是承重构件竖向承载能力下降到低于有效重力荷载的水平。按照上述原则处理，充当第一道防线的构件即使有损坏，也不会对整个结构的竖向构件承载能力有太大影响；如果利用轴压比值较大的框架柱充当第一道防线，框架柱在侧力作用下损坏后，竖向承载能力就会大幅度下降，当下降到低于所负担的重力荷载时，就会危及整个结构的安全。因此从总的原则上说，应优先选择不负担或少负担重力荷载的竖向支撑或填充墙，或者选用轴压比值较小的抗震墙、实墙筒体之类构件，作为第一道抗震防线的抗侧力构件。一般情况下，不宜采用轴压比很大的框架柱兼作第一道防线的抗侧力构件。

② 结构体系的多道设防

框架-抗震墙结构体系的主要抗侧力构件是剪力墙，它是第一道防线。在弹性地震反应阶段，大部分侧向地震力由抗震墙承担，但是一旦抗震墙开裂或屈服，此时框架承担地震力的份额将增加，框架部分起到第二道防线的作用，并且在地震动过程中承受主要的竖向荷载。

单层厂房纵向体系中，柱间支撑是第一道防线，柱是第二道防线。通过柱间支撑的屈服来吸收和消耗地震能量，从而保证整个结构的安全。

③ 结构构件的多道防线

联肢抗震墙中，联系梁先屈服，然后墙肢弯曲破坏丧失承载力。当联系梁钢筋屈服并具有延性时，它既可以吸收大量地震能量，又能继续传递弯矩和剪力，对墙肢有一定的约束作用，使抗震墙保持足够的刚度和承载力，延性较好。如果联系梁出现剪切破坏．按照抗震结构多道设防的原则，只要保证墙肢安全，整个结构就不至于发生严重破坏或倒塌。

“强柱弱梁”型的延性框架，在地震作用下，梁处于第一道防线，用梁的变形去消耗输入的地震能量。其屈服先于柱的屈服．使柱处于第二道防线。

在超静定结构构件中，赘余构件为第一道防线，由于主体结构仍是静定或超静定结构，这些赘余构件的先期破坏并不影响整个结构的稳定和继续承受荷载的能力。

(2) 抗震结构体系应建立起一系列分布的塑性屈服区

结构的抗震能力依赖于组成结构的各部分的吸能和耗能能力。在抗震体系中，吸收和消耗地震输入能量的各部分称为抗震防线。一个良好的抗震结构体系应尽量设置多道防线。当某部分结构出现破坏、降低或丧失抗震能力、其余部分仍能继续抵抗地震作用。具有多道防线的结构，一是要求结构具有良好的延性和耗能能力，二是要求结构具有尽可能多的抗震赘余度。结构的吸能和耗能能力，主要依靠结构或构件在预定部位产生塑性铰，即结构可承受反复的塑性变形而不倒塌，仍具有一定的承载能力。若结构没有足够的超静定次数，一旦某部位形成塑性铰后，会使结构变成可变体系而丧失整体稳定。另外，应控制塑性铰出现在恰当位置，塑性铰的形成不应危及整体结构的安全。

为贯彻此概念，其设计处理的办法是：

① 利用结构各部分的联系构件或非主要承重构件形成“耗能元件”。

在对这种耗能元件合理设计后，可使整个结构在预估的罕遇地震下产生可以允许的破坏，并消耗相当的地震输入能量，从而维持了整个结构体系的稳定和继续承受荷载能力。如具有连梁的并联抗震墙，连梁即可设计成很好的耗能元件，以使在罕遇地震下连梁先出现塑性铰。又如框架结构的填充墙，经合理设计填充墙可以增加结构的强度和刚度，同时在地震反复作用下填充墙产生裂缝，可以大量吸收和耗散地震能量，起到耗能元件作用。

② 将塑性铰控制在一系列有利部位，把能量耗散在整个结构的平面和高度方面上。

为使结构在强震下出现塑性铰以吸能和耗能，必须在设计时有意识地在一些构件中采取特殊的构造措施，使塑性变形集中在一些潜在的屈服区，使结构具有更有利的塑性重分布的能力。使这些并不危险的部位首先形成塑性铰或发生可以修复的破坏，从而保护主要承重体系。否则塑性铰的出现可能使结构过早倒塌。如在钢筋混凝土框架结构中要求“强柱弱梁”的原则，其目的就在于使框架结构的塑性铰先出现在各梁端而不是柱端。

③ 要求结构具有尽可能多的赘余度。

若结构没有适当的赘余度，在出现塑性铰时就会形成几何可变的“机构”，失去承载能力而倒塌。一般说来，超静定次数越高，对抗震越有利，但这不是充分条件，主要与形成屈服区和塑性铰的部位直接相关。如在框架或框架-剪力墙体系中，当框架梁端或连梁端部出现塑性铰时，均不至于导致整个结构破坏。

按以上设计思想，要求在结构遭遇比基本烈度还大的罕遇地震时仅在预计部位出现塑性铰而不致倒塌，此即为设置多道抗震防线概念。

4. 避免竖向承载力与刚度突变

建筑抗震性能的好坏，除取决于总体的承载力、变形和吸能能力外，避免局部的抗震薄弱环节（如刚度突变、屈服强度比突变等）十分重要。

《抗震》规定

3.5.2 结构体系应符合下列各项要求：

4 对可能出现的薄弱部位，应采取措施提高其抗震能力。

抗震薄弱层（部位）的概念，也是抗震设计中的重要概念，包括：

① 结构在强烈地震下不存在强度安全储备，构件的实际承载力分析（而不是承载力设计值的分析）是判断薄弱层（部位）的基础。

② 要使楼层（部位）的实际承载力和设计计算的弹性受力之比在总体上保持一个相对均匀的变化，一旦楼层（或部位）的这个比例有突变时，会由于塑性内力重分布导致塑性变形的集中。

③ 要防止在局部上加强而忽视整个结构各部位刚性、强度的协调。

④在抗震设计中有意识、有目的地控制薄弱层（部位），使之有足够的变形能力又不使薄弱层发生转移，这是提高结构总体抗震性能的有效手段。

《抗震》规定

3.5.3 结构体系尚宜符合下列各项要求：

2 宜具有合理的刚度和承载力分布，避免因局部削弱或突变形成薄弱部位，产生过大的应力集中或塑性变形集中。

局部削弱或突变形成薄弱部位有二类：

（1）刚度突变

刚度突变是由于建筑体型复杂或主要抗震结构体系在竖向布置的不连续、不均匀而产生的。刚度变化不连续不均匀的部位产生应力集中，应力集中部位如果设计时没有作必要的加强，便先于相邻部位进入屈服，刚度进一步减小，在地震反复作用下，该部位的塑性变形继续发展，称之为塑性变形集中。最终可能导致严重破坏甚至倒塌。

（2）屈服强度比 $\xi(i)$ 突变

屈服强度比 $\xi(i)$ 的含义不是指截面绝对的强度（配筋量），而是一个相对的比值，是指钢筋混凝土多层结构各层实际抗剪承载力（按实际配筋与材料标准强度计算）与该层弹性层间剪力之比值，这个比值是影响结构弹塑性变形的重要参数。实际抗震设计时，各楼层的屈服强度比 $\xi(i)$ 往往是不均匀的。如果给出 $\xi(i)$ 沿楼层高度分布的折线图，则该分布曲线的凹点将会形成结构抗震的薄弱部位，在地震作用下率先屈服而出现较大的弹塑性变形。

结构的塑性变形集中是相当复杂的问题，即使是规则的、刚度和强度变化均匀的结构系统，仍然会在某些部位先于其他部位进入屈服，并在该部位发展变形。即一个结构体系在复杂的地震作用下各部分不会同时进入屈服状态。屈服强度分布不均匀结构的弹塑性变形要比屈服强度均匀的结构复杂得多。因此，当前还是尽可能从体形上、结构体系的设计上使刚度和强度变化均匀，尽量减少形成薄弱部位的因素，努力减少变形集中的程度，并采取相当的抗震构造措施提高结构的变形能力。

5. 结构构件应注意强度、刚度和延性之间的合理均衡

抗震结构与非抗震结构的不同之处在于，抗震结构除了要承担常规的荷载作用以外，还要承担动态的地震作用；而非抗震结构对于静态的重力荷载，要考虑的仅是足够的强度和刚度。抗震结构的强度与刚度都必须控制在一定的范围内，例如地震时，构件的抗弯强度太大可能会引起耗能差的抗剪破坏，不利于抗震；此外，构件刚度增大会增加结构的地震作用。

结构体系是由各类构件连接而成，抗震结构的构件应具备必要的强度、适当的刚度、良好的延性和可靠的连接，并应注意强度、刚度和延性之间的合理均衡。

结构构件要有足够的强度，其抗剪、抗弯，抗压、抗扭等强度均应满足抗震承载力要求。要合理选择截面，合理配筋，在满足强度要求同时，还要做到经济可行，在构件强度计算和构造处理上要避免剪切破坏先于弯曲破坏，混凝土压溃先于钢筋屈服，钢筋锚固失效先于构件破坏，以便更好地发挥构件的耗能能力。

结构构件的刚度要适当。构件刚度太小，地震作用下，结构变形过大，会导致非结构构件的损坏甚至结构构件的破坏；构件刚度太大，会降低构件延性，增大地震作用，还要多消耗大量材料。抗震结构要在刚柔之间寻找合理的方案。

结构构件应具有良好的延性，即具有良好的变形能力和耗能能力，从某种意义上说，结构抗震的本质就是延性。提高延性可以增加结构抗震潜力，增强结构抗倒塌能力。采取合理构造措施可以提高和改善构件延性，如砌体结构，具有较大的刚度和一定的强度，但延性较差，若在砌体中设置圈梁和构造柱，将墙体横竖相箍，可以大大提高变形能力。又如钢筋混凝土抗震墙，刚度大强度高，但延性不足，若在抗震墙中用竖缝把墙体划分成若干并列墙段，可以改善墙体的变形能力，做到强度、刚度和延性的合理匹配。

《抗震》规定

3.5.4 结构构件应符合下列要求：

1 砌体结构应按规定设置钢筋混凝土圈梁和构造柱、芯柱，或采用约束砌体、配筋砌体等。

2 混凝土结构构件应控制截面尺寸和受力钢筋、箍筋的设置，防止剪切破坏先于弯曲破坏、混凝土的压溃先于钢筋的屈服、钢筋的锚固粘结破坏先于钢筋破坏。

3 预应力混凝土的构件，应配有足够的非预应力钢筋。

4 钢结构构件的尺寸应合理控制，避免局部失稳或整个构件失稳。

5 多、高层的混凝土楼、屋盖宜优先采用现浇混凝土板。当采用预制装配式混凝土楼、屋盖时，应从楼盖体系和构造上采取措施确保各预制板之间连接的整体性。

《抗震》3.5.4条的“条文说明”指出

3.5.4 本条对各种不同材料的结构构件提出了改善其变形能力的原则和途径：

1 无筋砌体本身是脆性材料，只能利用约束条件（圈梁、构造柱、组合柱等来分割、包围）使砌体发生裂缝后不致崩塌和散落，地震时不致丧失对重力荷载的承载能力。

2 钢筋混凝土构件抗震性能与砌体相比是比较好的，但若处理不当，也会造成不可修复的脆性破坏。这种破坏包括：混凝土压碎、构件剪切破坏、钢筋锚固部分拉脱（粘结破坏），应力求避免；混凝土结构构件的尺寸控制，包括轴压比、截面长宽比，墙体高厚比、宽厚比等，当墙厚偏薄时，也有自身稳定问题。

3 钢结构杆件的压屈破坏（杆件失去稳定）或局部失稳也是一种脆性破坏，应予以防止。

4 提出了对预应力混凝土结构构件的要求。

5 针对预制混凝土板在强烈地震中容易脱落导致人员伤亡的震害，推荐采用现浇楼、屋盖，特别强调装配式楼、屋盖需加强整体性的基本要求。

6. 确保结构的整体性，加强构件间的连接

地震导致房屋破坏的内在因素和直接原因有以下三种情况：①结构丧失整体性；②构件强度不足；③地基不均匀沉陷。其中，属于第①种情况的为数不少，其结果是严重的，不是全部倒塌就是局部倒塌。因其可造成建筑在地震作用下丧失整体性后倒塌，或者由于整个结构变成机动构架而倒塌，或者由于外围构件平面外失稳而倒塌。所以，要使建筑具有足够的抗震可靠度，确保结构在地震作用下不丧失整体性，是必不可少的条件之一。

一个结构体系是由基本构件组成的，构件之间的连接遭到破坏，各个构件在未能充分发挥其抗震承载力之前，就因平面外失稳而倒塌，或从支承构件上滑脱坠地，结构就丧失了整体性。所以，要提高房屋的抗震性能，保证各个构件充分发挥承载力，首要的是加强构件间的连接，使之能满足传递地震力时的强度要求和适应地震时大变形的延性要求。只要构件间的连接不破坏，整个结构就能始终保持其整体性，充分发挥其空间结构体系的抗震作用。因此《抗震》规定，结构各构件之间的连接，应符合要求

3.5.5 结构各构件之间的连接，应符合下列要求：

1 构件节点的破坏，不应先于其连接的构件。

2 预埋件的锚固破坏，不应先于连接件。

3 装配式结构构件的连接，应能保证结构的整体性。

4 预应力混凝土构件的预应力钢筋，宜在节点核心区以外锚固。

3.5.6 装配式单层厂房的各种抗震支撑系统，应保证地震时厂房的整体性和稳定性。

【例 2.2.2-29】下列对结构体系描述不正确的是何项？

(A) 宜设多道抗震防线

(B) 结构在两个主轴方向的动力特性宜相近

(C) 结构在两个主轴方向动力特性相差宜大

(D) 应避免应力集中

【答案】(C)

【解答】根据《抗震》3.5.3 条，结构体系尚宜符合下列各项要求：

(1) 宜有多道抗震防线。

(2) 宜具有合理的刚度和承载力分布，避免因局部削弱或突变形成薄弱部位，产生过大的应力集中或塑性变形集中。

(3) 结构在两个主轴方向的动力特性相近。

2.3 地震作用和结构抗震验算

一、地震反应谱和地震影响系数曲线

1. 地震反应谱

地震振动形成作用于建筑物的地震作用、使建筑物产生的地震反应是位移 x、速度 $\dot{x}$ 和加速度 $\ddot{x}$。图 2.3.1-1 列出一次实测的地震反应，它的横坐标是时间 t，纵坐标是地震

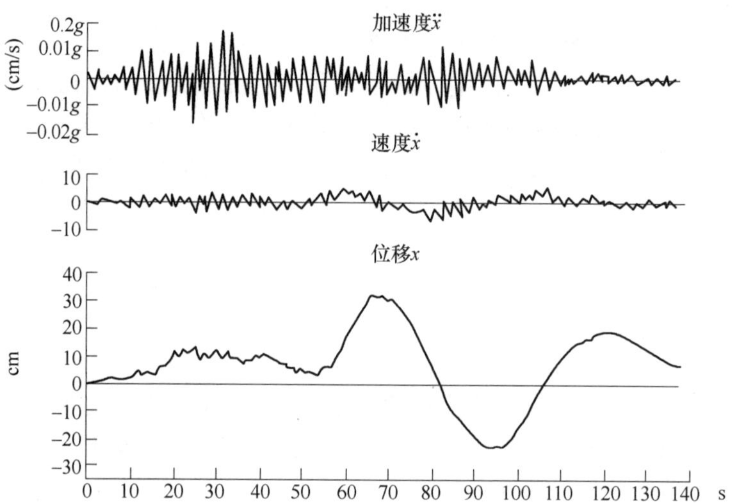

图 2.3.1-1　地面运动加速度、速度、位移特性举例（美国加州 Elcentro 地震，南北分量）

反应、分别是位移 x、速度 $\dot{x}$ 和加速度 $\ddot{x}$。

物理学中“谱”的概念，是把一种复杂的事件分解成若干独立的分量，并按一定的次序把它们排列起来形成的图形。

“反应谱”即是在某一能量输入下，单质点体系的最大反应值随自振周期 T 变化的曲线。

“地震反应谱”即是把不同周期的建筑物地震反应值位移 x、速度 $\dot{x}$ 和加速度 $\ddot{x}$ 的最大值连成曲线（图 2.3.1-2）。一般来说，随周期的延长，位移 x 反应谱为上升的曲线；速度 $\dot{x}$ 反应谱比较恒定；而加速度 $\dot{x}$ 的反应谱则大体上为先升后降的曲线。

“地震加速度反应谱”即是在给定地震时程作用下，单质点体系的最大加速度反应值随自振周期变化的曲线，记为 $S_a(T)$。它同时也是阻尼的函数。

图 2.3.1-3 表示一自振周期为 T 的单质点体系、下端嵌固在地面。对这一单质点体系输入某一具体的地面运动时程曲线。通过动力分析，得到这质点的加速度响应曲线，并取得该条曲线的最大加速度值。

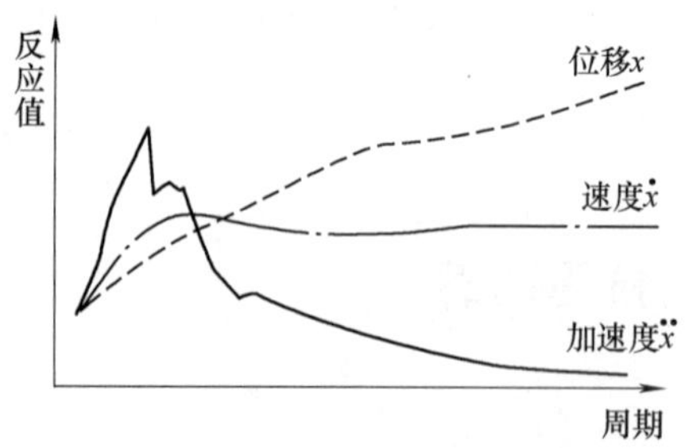

图 2.3.1-2　地震反应谱的大体趋势

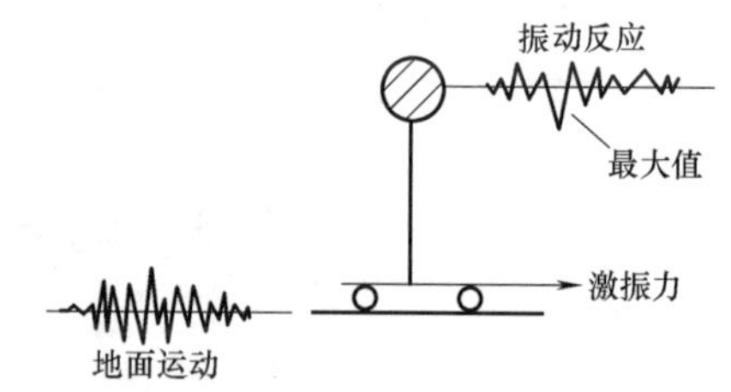

图 2.3.1-3　单质点体系的最大加速度值

图 2.3.1-4 表示有一组单质点体系、下端嵌固在地面，其固有的自振周期是各不相同的、分别为 T_i。对这一群单质点体系输入某一具体的地面运动时程曲线。通过动力分析，能得到这群质点的加速度响应曲线，能从每条曲线上取得最大加速度值。

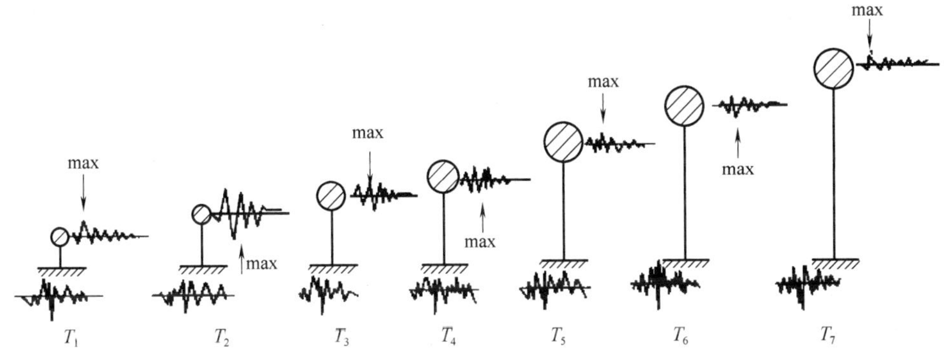

图 2.3.1-4　一组单质点体系的最大加速度值

图 2.3.1-5 表示有 3 个阻尼比相同而自振周期不同的单质点体系，下端嵌固在地面，对这 3 个单质点体系输入某一具体的地面运动时程曲线。得到 3 质点的加速度响应曲线，得每条曲线的最大加速度值。取一坐标体系，其横坐标为周期，纵坐标为加速度值。将这三质点的自振周期和最大加速度值点在这坐标图上并连接起来，这即是加速度反应谱的制作方法。

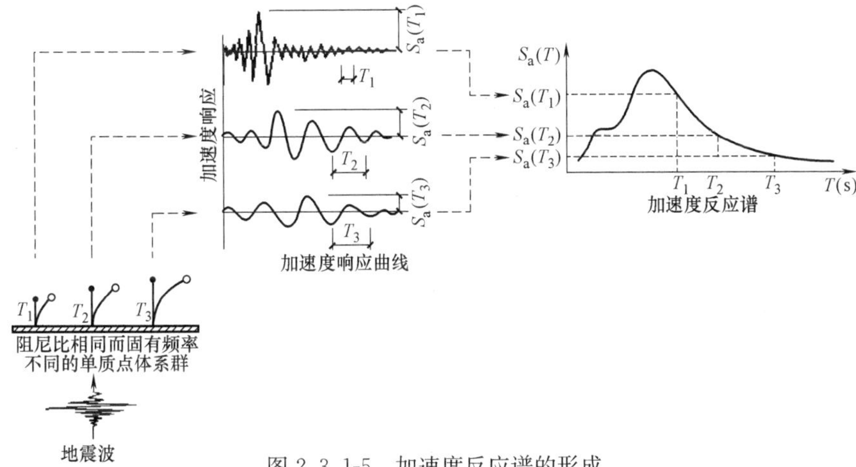

图 2.3.1-5　加速度反应谱的形成

形象地说，位于同一场地条件下、按自振周期长短依次排列的一组弹性单质点系，遭遇某次地震时，各个质点最大加速度反应值的连线，就是地震反应谱（图 2.3.1-6）。

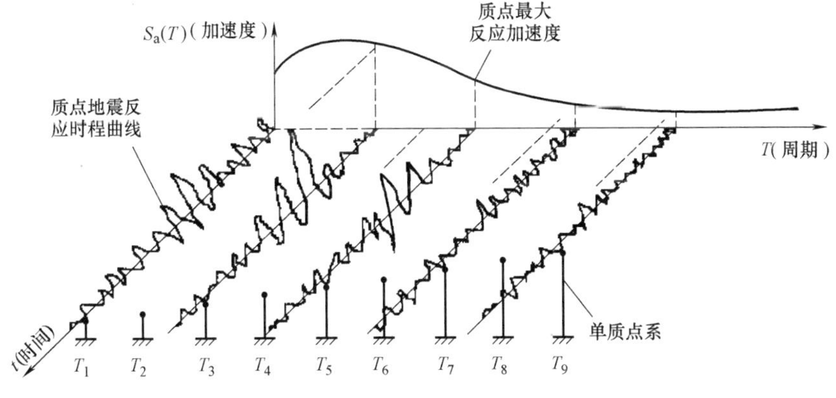

图 2.3.1-6　用图形表示的加速度反应谱

利用大量实际强震记录，分别计算所得到的很多条加速度反应谱，按照几种场地条件加以分类，进行统计平均，或采用包线，绘制成标准反应谱。

对反应谱进行平滑化处理，即得标准的加速度反应谱。图 2.3.1-7 表示其弹性质点系遭遇二次地震时得出二条地震反应谱，采用包线、平滑化处理的示意。

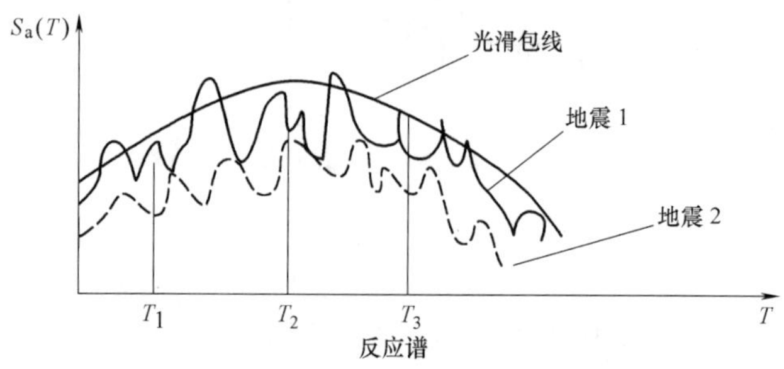

图 2.3.1-7 反应谱的光滑、包络

图 2.3.1-8 给出了根据 1940 年埃尔森特罗（E1 Centro）地震加速度记录所计算出的不同阻尼比的加速度反应谱。

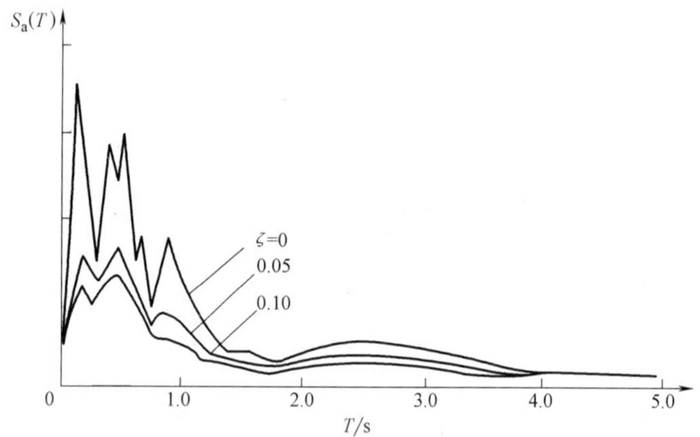

图 2.3.1-8 1940 年 E1 Centre 地震加速度反应谱曲线

由以上图中可以看出地震加速度反应谱的特点：

(1) 反应谱曲线为多峰点的不规则曲线，阻尼比值对反应谱的影响很大，它不仅能降低结构反应的幅值，而且可以削平不少峰点，使反应谱曲线变得平缓。当阻尼比等于零时，反应谱的谱值最大，峰点比较突出。

(2) 当结构周期小于某个值时，幅值随周期加大而急剧增大；当大于这个值时，振幅随周期加大而快速下降。

2. 地震影响系数曲线

(1) 基本思路

① 将动力计算问题转化为静力计算问题

根据动力学的基本知识，一个质量为 m 的单自由度质点在水平地震作用下产生振动，每一瞬间所受的惯性力 F 为该瞬间质点加速度 α 和质量 m 的乘积，即 $F=m\cdot\alpha$。该质点所受的最大惯性力 F_{max} 即为质点质量 m 和最大加速度 α_{max} 的乘积。实际使用时、在最大惯性力 F_{max} 作用下能保证安全、则在任一瞬间总是安全的，所以不必求出任一瞬间的惯性力

F (t)，仅需求出最大惯性力 F_{max} 即可。

通过地震加速度反应谱曲线，能找出质点的最大加速度 $S_a(T)$，故水平地震作用的"绝对最大值" F 可表示为单自由度弹性体系的最大加速度 $S_a(T)$ 与质点质量 m 的乘积，即

$$F=m\cdot S_a(T) \quad (2.3.1\text{-}1)$$

对每个单自由度质点，均能根据该质点的自振周期 T 在地震加速度反应谱上找出相应的最大加速度 $S_a(T)$，再利用式（2.3.1-1），就能计算出该质点水平地震作用的"绝对最大值" F。

利用地震加速度反应谱对结构进行地震作用计算，使得抗震计算这一动力问题转化为相当于静力荷载作用下的静力计算问题，这给结构地震反应分析带来了极大的简化。

《抗震》采用地震影响系数 $\alpha(T)$ 来具体表达地震加速度反应谱 S_a（T），采用建筑物的重力荷载代表值 $G=mg$ 来具体表达质点质量 m，所以水平地震作用的绝对最大值 F 可表示为

$$F=G\cdot\alpha(T) \quad (2.3.1\text{-}2)$$

② 建筑物的重力荷载代表值

计算地震作用时、要用到集中在质点处的重力荷载代表值 G，应取结构和构配件自重标准值和各可变荷载组合值之和。即：

$$G=G_k+\sum_{i=1}^{n}\psi_{Q\,i}Q_{ik}$$

式中 Q_{ik}——第 i 个可变荷载标准值；

ψ_{Qi}——第 i 个可变荷载的组合值系数，活荷载（可变荷载）往往达不到标准值水平，所以计算重力荷载代表值时将其折减。

由于重力荷载代表值是按标准值确定的，所以计算得到的地震作用也是标准值。

《抗震》规定

5.1.3 计算地震作用时，建筑的重力荷载代表值应取结构和构配件自重标准值和各可变荷载组合值之和。各可变荷载的组合值系数，应按表 5.1.3 采用。

组合值系数 **表 5.1.3**

可变荷载种类		组合值系数
雪荷载		0.5
屋面积灰荷载		0.5
屋面活荷载		不计入
按实际情况计算的楼面活荷载		1.0
按等效均布荷载计算的楼面活荷载	藏书库、档案库	0.8
	其他民用建筑	0.5
起重机悬吊物重力	硬钩吊车	0.3
	软钩吊车	不计入

注：硬钩吊车的吊重较大时，组合值系数应按实际情况采用

【例 2.3.1-1】 某 15 层现浇钢筋混凝土框架-剪力墙民用办公楼，假定，该建筑物拟作为综合楼使用，2～5 层为商场，6～7 层为库房，其余楼层作为办公用房。设计时其楼屋面活荷载均按等效均布荷载计算而得，各层荷载标准值如下：

① 屋面：永久荷载 8.8kN/m^2，活荷载 2.0kN/m^2，雪荷载 0.5kN/m^2；

② 8～15 层：永久荷载 8.0kN/m^2，活荷载 2.0kN/m^2；

③ 6～7 层：永久荷载 8.0kN/m^2，活荷载 5.0kN/m^2；

④ 2～5 层：永久荷载 8.0kN/m^2，活荷载 3.5kN/m^2。

试问，进行地震作用计算时，该结构的总重力荷载代表值 G_E（kN）应与下列何项数值最为接近？

提示：每层面积均按 850m^2 计算，且不考虑楼板开洞影响。

(A) 1.233×10^5　(B) 1.224×10^5　(C) 1.205×10^5　(D) 1.199×10^5

【答案】(B)

【解答】《抗震》5.1.3 条，

第 16 层为屋面：$G_{16}=8.8$kN/m^2，$Q_{16}=2.0$kN/m^2，$\psi_{16}=0.5$，雪荷载 0.5kN/m^2，$\psi=0.0$；

第 8 层～第 15 层为办公用房，共 8 层：$G_{8\text{-}15}=8.0$kN/m^2，$Q_{8\text{-}15}=2.0$kN/m^2，$\psi_{8\text{-}15}=0.5$；

第 6 层～第 7 层为库房，共 2 层：$G_{6\text{-}7}=8.0$kN/m^2，$Q_{6\text{-}7}=5.0$kN/m^2，$\psi_{6\text{-}7}=0.8$；

第 2 层～第 5 层为商场，共 4 层：$G_{2\text{-}5}=8.0$kN/m^2，$Q_{2\text{-}5}=3.5$kN/m^2，$\psi_{2\text{-}5}=0.5$。

$$G_E=(G_{16}+G_{2\text{-}15}\times14+Q_{16}\times\psi_{16}+Q_{8\text{-}15}\times\psi_{8\text{-}15}\times8+Q_{6\text{-}7}\times\psi_{6\text{-}7}\times2+Q_{2\text{-}5}\times Q_{2\text{-}5}\times4)\times850$$
$$=(8.8+8\times14+0.5\times0.5+2\times0.5\times8+5\times0.8\times2+3.5\times0.5\times4)\times850$$
$$=1.224\times10^5\text{kN}$$

(2)《抗震》对地震影响系数曲线的规定

由于《抗震》和《高规》均讲述本段内容，为避免重复，本书主要介绍《抗震》的规定

① 地震影响系数曲线的表达式

《抗震》5.1.5 条提出了反映地震和场地特征的地震影响系数 α-T 曲线。它是设计反应谱的具体表达

5.1.5 建筑结构地震影响系数曲线（图 5.1.5）的阻尼调整和形状参数应符合下列要求：

1 除有专门规定外，建筑结构的阻尼比应取 0.05，地震影响系数曲线的阻尼调整系数应按 1.0 采用，形状参数应符合下列规定：

1）直线上升段，周期小于 0.1s 的区段。

2）水平段，自 0.1s 至特征周期区段，应取最大值（α_{max}）。

3）曲线下降段，自特征周期至 5 倍特征周期区段，衰减指数应取 0.9。

4）直线下降段，自 5 倍特征周期至 6s 区段，下降斜率调整系数应取 0.02。

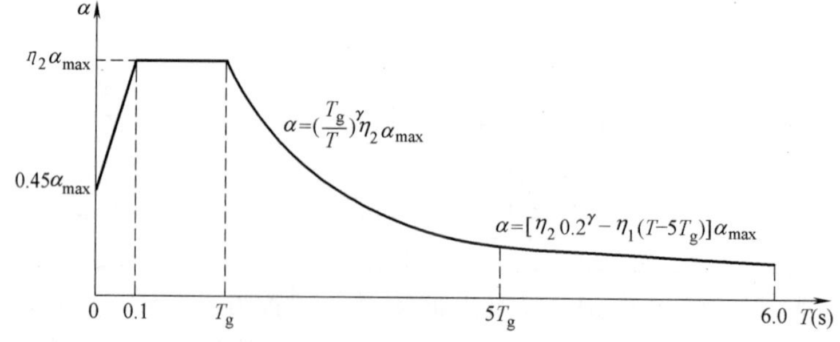

图 5.1.5　地震影响系数曲线

α—地震影响系数；α_{max}—地震影响系数最大值；η_1—直线下降段的下降斜率调整系数；γ—衰减指数；T_g—特征周期；η_2—阻尼调整系数；T—结构自振周期

② 地震影响系数最大值 α_{max}

《抗震》规定

5.1.4 建筑结构的地震影响系数应根据烈度、场地类别、设计地震分组和结构自振周期以及阻尼比确定。其水平地震影响系数最大值应按表 5.1.4-1 采用；

注：周期大于 6.0s 的建筑结构所采用的地震影响系数应专门研究。

水平地震影响系数最大值 **表 5.1.4-1**

地震影响	6 度	7 度	8 度	9 度
多遇地震	0.04	0.08(0.12)	0.16(0.24)	0.32
罕遇地震	0.28	0.50(0.72)	0.90(1.20)	1.40

注：括号中数值分别用于设计基本地震加速度为 0.15g 和 0.30g 的地区。

③ 特征周期 T_g

特征周期 T_g应根据场地类别和设计地震分组按《抗震》5.1.4 条采用

5.1.4 建筑结构的地震影响系数应根据烈度、场地类别、设计地震分组和结构自振周期以及阻尼比确定。特征周期应根据场地类别和设计地震分组按表 5.1.4-2 采用，计算罕遇地震作用时，特征周期应增加 0.05s。

特征周期值（s） **表 5.1.4-2**

设计地震分组	地场类别				
	I_0	I_1	Ⅱ	Ⅲ	Ⅳ
第一组	0.20	0.25	0.35	0.45	0.65
第二组	0.25	0.30	0.40	0.55	0.75
第三组	0.30	0.35	0.45	0.65	0.90

④ 建筑结构地震影响系数曲线的阻尼调整和形状参数

当建筑结构的阻尼比 ζ 按有关规定不等于 0.05 时，地震影响系数曲线的阻尼调整系数和形状参数应符合《抗震》5.1.5 条规定

5.1.5 建筑结构地震影响系数曲线的阻尼调整和形状参数应符合下列要求：

2 当建筑结构的阻尼比按有关规定不等于 0.05 时，地震影响系数曲线的阻尼调整系数和形状参数应符合下列规定：

1）曲线下降段的衰减指数应按下式确定：

$$\gamma=0.9+\frac{0.05-\zeta}{0.3+6\zeta} \tag{5.1.5-1}$$

式中 γ——曲线下降段的衰减指数；

ζ——阻尼比。

2）直线下降段的下降斜率调整系数应按下式确定：

$$\eta_1 = 0.02 + \frac{0.05-\zeta}{4+32\zeta} \quad (5.1.5\text{-}2)$$

式中　η_1——直线下降段的下降斜率调整系数，小于0时取0。

3）阻尼调整系数应按下式确定：

$$\eta_2 = 1 + \frac{0.05-\zeta}{0.008+1.6\zeta} \quad (5.1.5\text{-}3)$$

式中　η_2——阻尼调整系数，当小于0.55时，应取0.55。

（3）影响“地震影响系数”的五项参数

《抗震》指出

5.1.4　建筑结构的地震影响系数应根据烈度、场地类别、设计地震分组和结构自振周期以及阻尼比确定。

这条规定指出“地震影响系数”的计算要考虑五项参数，根据“地震影响系数”五项参数的功能分成三种情况来讨论。

决定“地震影响系数”计算公式的参数——结构自振周期

决定“地震影响系数”数值高低的参数——烈度、阻尼比

决定“地震影响系数”曲线形状的参数——场地类别、设计地震分组

【例2.3.1-2】地震作用大小的确定取决于地震影响系数曲线，地震影响系数曲线与下列何项无关。

（A）建筑结构的阻尼比　　（B）结构自重

（C）特征周期值　　（D）水平地震影响系数最大值

【答案】（B）

【解答】根据《抗震》第5.1.5条的规定解答。

1）结构自振周期

《抗震》5.1.5条1款根据自振周期的大小把“地震影响系数曲线”分成四个区段。

① 直线上升段，周期小于0.1s的区段；

② 水平段，自0.1s至特征周期区段；

③ 曲线下降段，自特征周期至5倍特征周期区段；

④ 直线下降段，自5倍特征周期至6s区段。

《抗震》对每一区段均规定有相应的计算公式，这是因为在不同的区段“地震影响系数”的变化规律是不同的。直线上升段对建筑结构用处不大、因建筑结构的自振周期不在这区段内；刚度很大的单层和多层砌体结构的自振周期在水平段这区段内；一般钢筋混凝土结构的自振周期基本上在曲线下降段这区段内；对高柔的高耸结构的自振周期在直线下降段这区段内。所以在确定“地震影响系数”时首先要根据结构的自振周期判断该结构属于那一区段，选用相应的计算公式。

【例2.3.1-3】我国《抗震》所给出的地震影响系数曲线中，结构自振周期的范围是下列何项。

(A) 0～3s　　(B) 0～5s　　(C) 0～6s　　(D) 0～4s

【答案】(C)

【解答】根据《抗震》图 5.1.5，地震影响系数的周期超长至6s。

2) 烈度、阻尼比

① 烈度

地震加速度反应的高低取决于输入的地震能量的大小，"水平地震影响系数"曲线用水平地震影响系数最大值 α_{max} 来反映输入能量的大小，《规程》从烈度水准（众值烈度、基本烈度、罕遇烈度）和抗震设防烈度（6 度、7 度、8 度、9 度）二个层面来确定地震影响系数最大值 α_{max} 的数值。《高规》4.3.7 条给出了具体规定

4.3.7 水平地震影响系数最大值 α_{max} 应按表 4.3.7-1 采用；

注：周期大于 6.0s 的高层建筑结构所采用的地震影响系数应做专门研究。

水平地震影响系数最大值 α_{max}　　**表 4.3.7-1**

地震影响	6 度	7 度	8 度	9 度
多遇地震	0.04	0.08(0.12)	0.16(0.24)	0.32
设防地震	0.12	0.23(0.34)	0.45(0.68)	0.90
罕遇地震	0.28	0.50(0.72)	0.90(1.20)	1.40

注：7、8 度时括号内数值分别用于设计基本地震加速度为 0.15g 和 0.30g 的地区。

现通过具体曲线图形来讨论烈度对"地震影响系数"的影响。选用Ⅲ类场地，设计地震分组为第一组（T_g=0.45）的钢筋混凝土结构（阻尼比 ζ=0.05）来进行多遇地震不同烈度下地震影响系数 α 的对比，见图 2.3.1-9。

在结构阻尼、场地条件、震中距条件不变的情况下，不同烈度的地震影响系数之比就是地震影响系数最大值 α_{max} 之比。也就是说，同一地点上的相同建筑物在不同设防烈度下所承受的地震作用的比值就是地震影响系数最大值 α_{max} 之比。如：设防烈度为 8 度（0.2g）时建筑物所承受的地震作用是 7 度（0.1g）时的 0.16/0.08=2.0 倍。

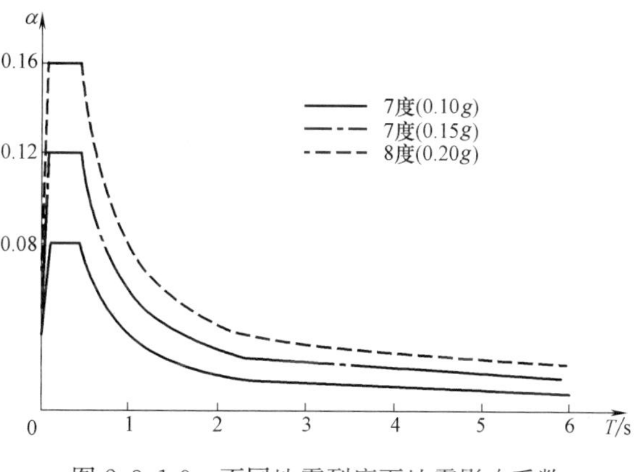

图 2.3.1-9　不同地震烈度下地震影响系数

② 阻尼比

阻尼就是使自由振动衰减的各种摩擦和其他阻碍作用。阻尼比 ζ 指阻尼系数与临界阻尼系数之比，用于表达结构阻尼的大小，是描述结构在振动过程中某种能量耗散的术语，引起结构能量耗散的因素（或称之为影响结构阻尼比的因素）很多，主要有 (a) 材料阻尼、这是能量耗散的主要原因；(b) 周围介质对振动的阻尼；(c) 节点、支座连接处的阻尼；(d) 通过支座基础散失一部分能量。

阻尼对结构的影响主要反映在其对结构振动幅值（非振型）的消减方面。增大阻尼，可以大大降低结构的变形幅值；反之相反。图 2.3.1-10 给出了三种不同阻尼比 ζ 对地震

加速度反应谱曲线影响的示意图，自左至右依次分别表示为 $\zeta=0.0$，$\zeta=0.05$，$\zeta=0.10$。图中第一排表示结构阻尼的计算简图、用活塞的多少来表示阻尼比 ζ 的大小；第二排在 $S_a(T)$ -T 坐标图上列出地震加速度反应谱曲线 $S_a(T)$ 的变化规律，随阻尼比的增大结构振动幅值很快下降，峰值削平。

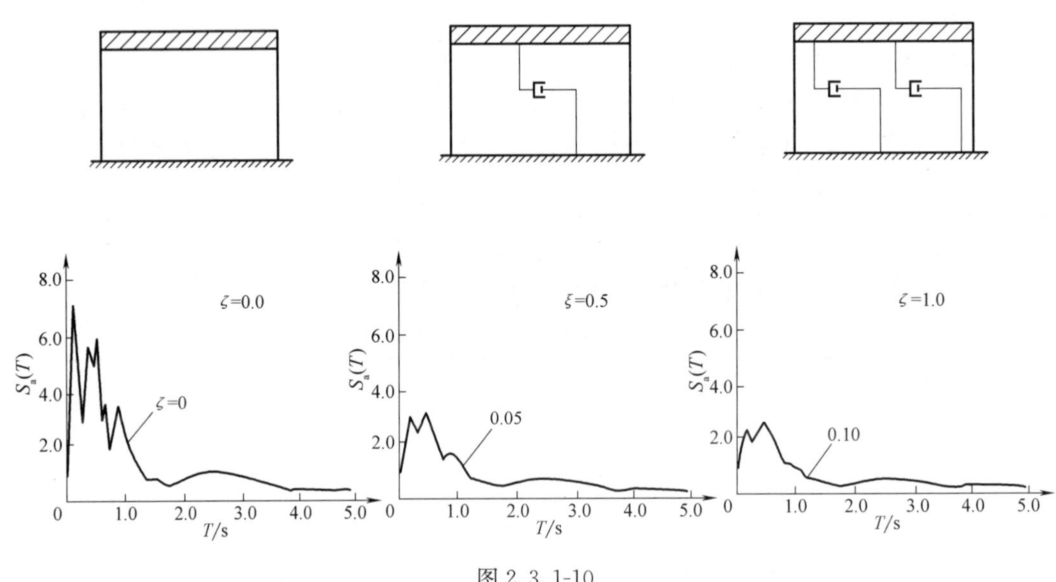

图 2.3.1-10

现在再来讨论阻尼比 ζ 对“地震影响系数”的影响，阻尼比的影响是通过三个系数来实施的、它们是（a）曲线下降段的衰减指数 γ，（b）直线下降段的下降斜率调整系数 η_1，（c）阻尼调整系数 η_2。图 2.3.1-11 是在Ⅲ类场地、设防烈度 8 度、设计地震分组为第一组的条件下，结构阻尼比分别为 $\zeta=0.02$、0.05、0.10、0.15、0.20、0.25 时，按《抗震》公式求解的设计地震反应谱曲线对比，可以看出、阻尼比增大的效果是地震影响系数 α 值降低。

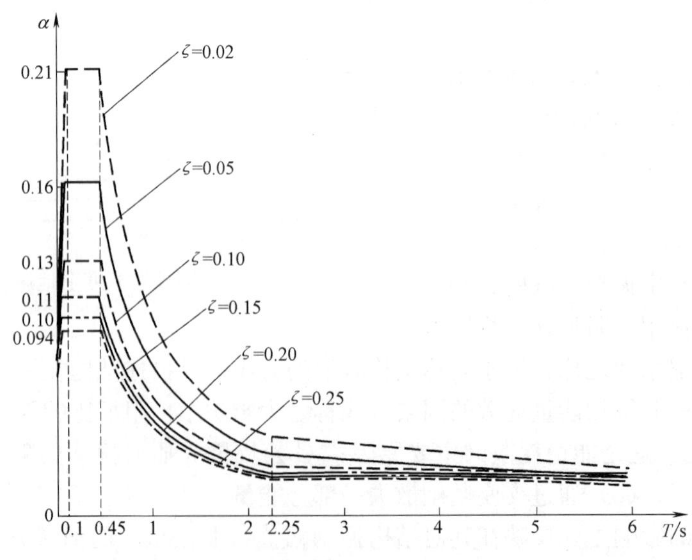

图 2.3.1-11　不间阻尼比设计反应谱对比（8 度、第一组）

【例 2.3.1-4】 根据《抗震》，建筑结构的阻尼比在 0.05～0.10 范围内。而其他条件相同的情况下，下列关于地震影响系数曲线的说法中，哪个选项是不正确的？

(A) 阻尼比越大，阻尼调整系数就越小

(B) 阻尼比越大，曲线下降段的衰减指数就越小

(C) 阻尼比越大，地震影响系数就越小

(D) 在曲线的水平段 (0.1s$<T<T_g$)，地震影响系数与阻尼比无关

【答案】(D)

3）场地类别、设计地震分组

① 对反应谱曲线形状的影响

地震加速度反应谱曲线形状受多种因素影响，其中场地条件、设计地震分组的影响最大。现将“地震加速度反应谱曲线”表示在 S_a（T）-T 坐标图上，纵坐标为地震加速度反应 S_a（T），横坐标为自振周期 T。在 S_a（T）-T 坐标图上讨论场地类别、设计地震分组带来的变化。

在讨论这些影响之时要用到“自振周期”这一术语，应该理清有三种“自振周期”，即结构的自振周期、场地的自振周期、地震波的自振周期，这三者是不同的、不要混淆。

a）场地对反应谱曲线形状的影响

场地条件的影响表现为场地土质松软，长周期结构反应较大，地震加速度反应谱曲线峰值右移；场地土质坚硬，短周期结构反应较大，地震加速度反应谱曲线峰值左移。

图 2.3.1-12 给出了四类不同的场地条件，自左至右依次分别示意表示为Ⅰ类、Ⅱ类、Ⅲ类、Ⅳ类。

第一排为土质条件的示意图、以覆盖层的分布情况来近似反映土质条件、自左至右分别表示场地土的土质由“坚硬”演变成“松软”。

第二排为通过场地覆盖层的地震波（加速度）示意图，分别表示了起主导作用的地震波自振周期，这四条地震波的自振周期是不相同的，自左至右由周期短演变成周期长；Ⅰ类场地、土质坚硬、地震波中的长周期波被过滤掉、而短周期顺利通过；Ⅳ类场地、土质松软、地质波中的短周期波被过滤掉、而长周期波顺利通过。

第三排为地震加速度反应谱曲线，图中的纵坐标为地震加速度反应谱，横坐标为结构的自振周期，反应谱曲线峰值点的结构自振周期用 T_g 表示，从图中可以看到、随场地由坚硬向松软演变、表示峰值点的结构自振周期 T_g 亦自左向右逐步移动。

b）设计地震分组对反应谱曲线形状的影响

设计地震分组实际是反映震级和震中距的影响，在烈度相同的情况下，震中距较远时，加速度反应谱的峰点偏向较长周期，曲线峰值右移；震中距较近时，峰点偏向较短周期，曲线峰值左移。

图 2.3.1-13 给出了三组不同的震中距、自左至右分别表示自近震、中震到远震，并分别标记为第一组、第二组和第三组；

第一排用等震线图表示了震中区地震烈度和震中距的示意图，在这三组中地点 A 的地震烈度均为 7 度。第一组为近震、震中的地震烈度就是 7 度、震中距短，第二组为中震、震中的地震烈度是 8 度、震中距在中间，第三组为远震、震中的地震烈度是 9 度、震中距长。

第二排为地点 A 起主导作用的地震波（加速度）示意图、其自振周期是不同的、表

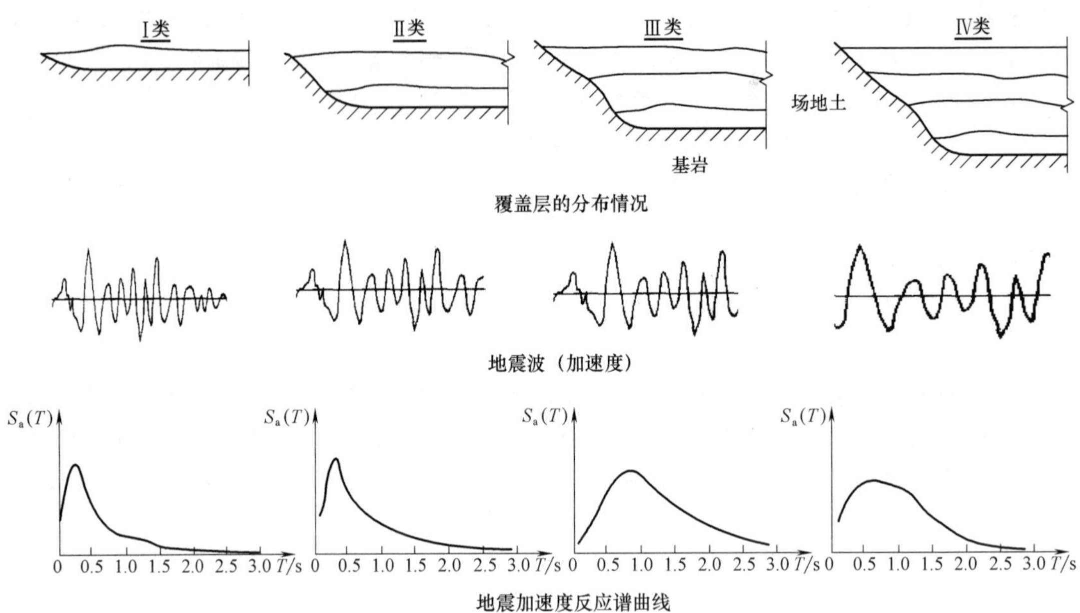

图 2.3.1-12 场地对地震加速度反应谱的影响

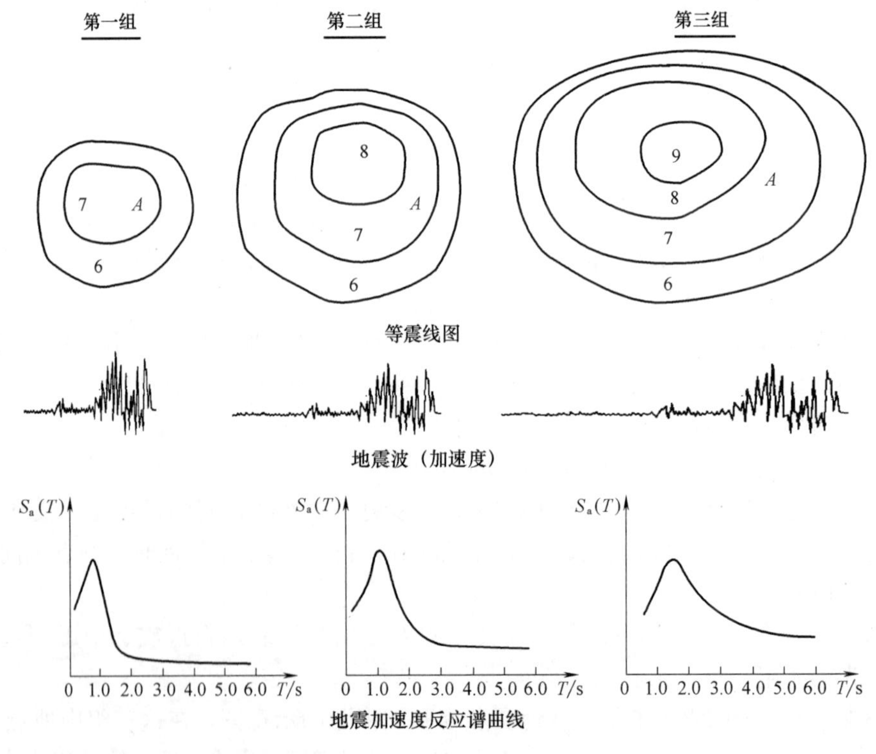

图 2.3.1-13 震级和震中距对地震加速度反应谱影响

示起主导作用地震波的自振周期自左至右由周期短演变成周期长。

第三排为地震加速度反应谱曲线，反应谱曲线峰值点的结构自振周期 T_g 在改变，表示峰值点的结构自振周期 T_g 自左向右逐步移动。

② 对“地震影响系数”的影响

上面讲述了场地类别、设计地震分组这两个参数对“地震加速度反应谱”曲线形状的影响，现在再来讨论场地类别、设计地震分组这两个参数对“地震影响系数”曲线形状的影响，这影响是通过“特征周期”来实现的。

《抗震》指出

2.1.7 设计特征周期

抗震设计用的地震影响系数曲线中，反映地震震级、震中距和场地类别等因素的下降段起始点对应的周期值，简称特征周期。

《抗震》5.1.4 条又规定

5.1.4 特征周期应根据场地类别和设计地震分组按表 5.1.4-2 采用，计算罕遇地震作用时，特征周期应增加 0.05s。

特征周期值（s） **表 5.1.4-2**

设计地震分组	地场类别				
	I_0	I_1	Ⅱ	Ⅲ	Ⅳ
第一组	0.20	0.25	0.35	0.45	0.65
第二组	0.25	0.30	0.40	0.55	0.75
第三组	0.30	0.35	0.45	0.65	0.90

现通过具体曲线图形来讨论。

a）场地对“地震影响系数”的影响

图 2.3.1-14 是当设计地震分组为第一组、设防烈度 7 度（0.10g）、结构阻尼比为 $\zeta=0.05$ 时，不同场地类别条件下按《抗震》公式求解的设计反应谱曲线对比。

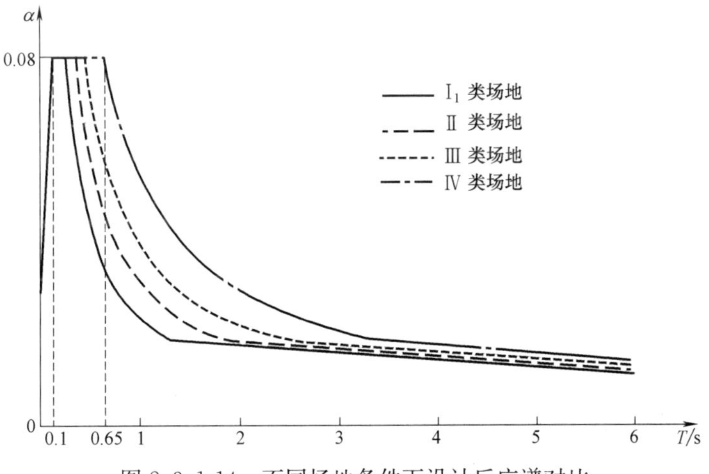

图 2.3.1-14 不同场地条件下设计反应谱对比

b）设计地震分组对“地震影响系数”的影响

图2.3.1-15是在Ⅱ类场地、设防烈度7度（0.1g）、结构阻尼比为ζ=0.05的条件下，按《抗震》公式求解的不同设计地震分组时反应谱曲线对比。

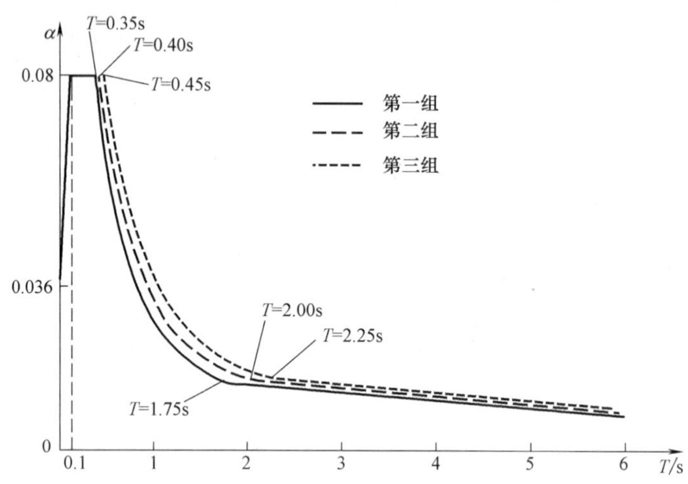

图2.3.1-15　不同设计地震分组设计地震反应谱对比

由图2.3.1-15可以看出，设计地震分组与场地类别对加速度反应谱的影响类似，但没有场地类别那样强烈。

【例2.3.1-5】按《抗震》规定，抗震设计使用的地震影响系数曲线下降段起点的周期值为下列那个选项?

（A）地震活动周期　　（B）结构自振周期

（C）设计特征周期　　（D）地基固有周期

【答案】（C）。

【例2.3.1-6】下列何项是确定建筑设计特征周期的依据。

（A）设计地震分组和抗震设防烈度　　（B）场地类别和建筑场地阻尼比

（C）抗震设防烈度和场地类别　　（D）设计地震分组和场地类别

【答案】（D）。

【例2.3.1-7】按《抗震》，下列关于特征周期的叙述中，何项选项是正确的。

（A）特征周期是设计特征周期的简称

（B）特征周期应根据其所在地的设计地震分组及场地类别确定

（C）特征周期是地震活动性的重复周期

（D）特征周期是地震影响系数曲线水平段终点所对应的周期

【答案】（A）、（B）、（D）。

【例2.3.1-8】以下关于建筑的设计特征周期的说法中，何项选项是正确的。

（A）设计特征周期与所在地的建筑场地类别有关

（B）设计特征周期与地震震中距的远近有关

（C）不同的设计特征周期会影响地震影响系数曲线的直线上升段和水平段

(D) 对于结构自震周期大于设计特征周期的建筑物来说，设计特征周期越大结构总水平地震作用标准值就越大

【答案】(A)、(B)、(D)。

【例 2.3.1-9】北京市市区拟建一幢房屋，场地为Ⅱ类。其设计基本地震加速度，设计特征周期 T_g(s)，为下列何项？

(A) 0.20g、0.25s　　(B) 0.15g、0.25s

(C) 0.20g、0.4s　　(D) 0.15g、0.35s

【答案】(C)

【解答】根据《抗震》附录 A.0.1 条及注 1 的规定，北京市市区，抗震设防烈度为 8 度，设计基本地震加速度为 0.20g；设计地震分组为第一组。

《抗震》表 5.1.4-2 知，第一组，Ⅱ类场地，取 T_g=0.35s。

(4) 水平地震影响系数算例

1) 概念题

【例 2.3.1-10】已知建筑结构的自振周期大于特征周期($T>T_g$)，在确定地震影响系数时，下列说法中哪个选项是不正确的？

(A) 土层等效剪切波速越大，地震影响系数就越小

(B) 设计地震近震的地震影响系数比设计地震远震的地震影响系数大

(C) 罕遇地震作用的地震影响系数比多遇地震作用的地震影响系数大

(D) 水平地震影响系数比竖向地震影响系数大

【答案】(B)

【例 2.3.1-11】关于建筑抗震地震影响系数的阐述，下列那个说法是正确的？

(A) 地震影响系数的大小与抗震设防烈度和场地类别无关

(B) 在同一个场地上，相邻两个自振周期相差较大的高层建筑住宅，其抗震设计采用的地震影响系数不相同

(C) 地震影响系数计量单位为 m^2/s

(D) 水平地震影响系数最大值只与抗震设防烈度有关

【答案】(B)

【例 2.3.1-12】对于结构自振周期大于特征周期的高层建筑物来说，在确定地震影响系数时，假设其他条件都相同，下列何项是正确的？

(A) 设计地震分组第一组的地震影响系数是比第二组的地震影响系数大

(B) Ⅱ类场地的地震影响系数总是比Ⅲ类场地的地震影响系数大

(C) 结构自振周期越大，地震影响系数越小

(D) 阻尼比越大，曲线下降段的衰减指数就越小

【答案】(C)、(D)

【例 2.3.1-13】下列何项与确定建筑结构的地震影响系数无关。

(A) 场地类别与设计地震分组

(B) 结构自振周期和阻尼比

(C) 50 年地震基准期的超越概率为 10%的地震加速度

(D) 建筑结构的抗震设防类别

【答案】（D）

【例 2.3.1-14】在确定建筑结构的地震影响系数对，正确的说法下列何项。

（A）地震烈度越高，地震影响系数就越大

（B）土层等效剪切波速越小，地震影响系数就越大

（C）在结构自振周期大于特征周期的情况下，结构自振周期越大，地震影响系数就越大

（D）在结构自振周期小于特征周期的情况下，地震影响系数将随建筑结构阻尼比的增大而增大

【答案】（A）、（B）

【例 2.3.1-15】有关建筑结构地震影响系数的下列说法中，何项是正确的

（A）水平地震影响系数等于结构总水平地震作用标准值与结构等效总重力荷载之比

（B）水平地震影响系数最大值就是地震动峰值加速度

（C）地震影响系数与场地类别和设计地震分组有关

（D）当结构自振周期小于特征周期时，地震影响系数与建筑结构的阻尼比无关

【答案】（A）、（C）

2）多遇地震时的算例

① 水平段（$T_1<T_g$）的算例，

【例 2.3.1-16】一幢5层的商店建筑，抗震设防烈度为8度（0.2g），场地类型为Ⅲ类，设计地震分组为第一组。该建筑采用钢结构，结构自振周期 $T_1=0.4$s，阻尼比 $\zeta=0.035$。该钢结构的地震影响系数 α 是下列何项。

（A）0.18　　（B）0.16　　（C）0.20　　（D）0.15

【答案】（A）

【解答】（1）确定该建筑的水平地震影响系数最大值 α_{max} 及特征周期 T_g 值

设防烈度8度（0.2g），根据《抗震》表5.1.4-1，查得 $\alpha_{max}=0.16$

场地类别为Ⅲ类，设计地震分组为第一组，根据《抗震》表5.1.4-2，查得 $T_g=0.45$s。

（2）阻尼调整系数 η_2 的计算

阻尼比 $\zeta=0.035$，根据《抗震》式（5.1.5-3）

$$\eta_2=1+\frac{0.05-\zeta}{0.08+1.6\zeta}=1+\frac{0.05-0.035}{0.08+1.6\times0.035}=1.11。$$

（3）地震影响系数 α 的计算

根据《抗震》第5.1.5-1条图5.1.5，由于 $T_1=0.4\text{s}>01\text{s}$ 及 $T_1<T_g=0.45$s，位于地震影响系数曲线的水平段，地震影响系数 α 可按下式计算

$$\alpha=\eta_2\alpha_{max}=1.11\times0.16=0.178。$$

$$\alpha=\eta_2\alpha_{max}=1.0\times0.08=0.08。$$

② 曲线下降段（$T_g\leqslant T_1\leqslant5T_g$）的算例，

【例 2.3.1-17】某20层高层建筑，采用钢框架、混凝土框-筒结构，该建筑的抗震设防烈度为8度（0.3g），场地类别为Ⅱ类，设计地震分组为第一组。结构的第一平动自振周期 $T_1=1.2$s，地震影响系数 α 与下列何项比较接近。

（A）0.0791　　（B）0.0826　　（C）0.0854　　（D）0.0778

【答案】（B）

【解答】（1）由《高规》表 4.3.7-1 查得水平地震影响系数最大值 $\alpha_{max}=0.24$。

（2）查《高规》表 4.3.7-2，特征周期 $T_g=0.35s$。

（3）由《高规》第 11.3.5 条，阻尼比 $\zeta=0.04$。

（4）由《高规》式（4.3.8-1）可知：

$$\text{曲线衰减指数 } \gamma=0.9+\frac{0.05-\zeta}{0.3+6\zeta}=0.9+\frac{0.05-0.04}{0.3+6\times0.04}=0.919\text{。}$$

（5）由《高规》式（4.3.8-3）可知：

$$\text{阻尼调整系数 } \eta_2=1+\frac{0.05-\zeta}{0.08+1.6\zeta}=1+\frac{0.05-0.04}{0.08+1.6\times0.04}=1.068\text{。}$$

（6）$T_1<5T_g=5\times0.35s=1.75s$，由《高规》图 4.3.8 地震影响系数为

$$\alpha=\left(\frac{T_g}{T_1}\right)^{\gamma}\eta_2\alpha_{max}=\left(\frac{0.35}{1.2}\right)^{0.919}\times1.068\times0.24=0.0826\text{。}$$

③ 直线下降段（$T_1>5T_g$）的算例，

【例 2.3.1-18】 某框架-剪力墙结构房屋，丙类建筑，场地为 I_1 类，设防烈度为 7 度，设计地震分组为第一组，设计基本地震加速度为 $0.15g$。基本自振周期为 1.3s。多遇地震作用时，其水平地震影响系数 α 与下列何项最接近。

（A）0.028　　（B）0.027　　（C）0.026　　（D）0.025

【答案】（A）

【解答】（1）查《抗震》表 5.1.4-1 及注的规定，取 $\alpha_{max}=0.12$。

（2）查《抗震》表 5.1.4-2 知，设计第一组，I_1 类场地，取 $T_g=0.25s$。

（3）$5T_g=0.25\times5=1.25s<T_1=1.3s$，根据《抗震》图 5.1.5，地震影响系数在直线下降段：则：

$$\alpha=[\eta_2 0.2^{\gamma}-\eta_1(T-5T_g)]\alpha_{max}=[1\times0.2^{0.9}-0.02\times(1.3-0.25\times5)]\times0.12=0.0281\text{。}$$

④ 地震影响系数之比值

【例 2.3.1-19】 地震影响系数 α_A/α_B 的比值

条件：某场地抗震设防烈度 8 度，场地类别为Ⅱ类，设计地震分组为第一组，建筑物 A 和建筑物 B 的结构自振周期：$T_A=0.2s$、$T_B=0.4s$。阻尼比 $\zeta=0.05$。

要求：地震影响系数 α_A/α_B 的比值。

【解答】 根据《抗震》图 5.1.5 地震影响系数曲线，当 $0.1s<T<T_g$ 时 $\alpha=\eta_2\alpha_{max}$，当 $T>T_g$ 时 $\alpha=(T_g/T)^{\gamma}\eta_2\alpha_{max}$。

阻尼比 $\zeta=0.05$，曲线下降段的衰减系数 $\gamma=0.9+\dfrac{0.05-\zeta}{0.3+6\zeta}=0.9+0=0.9$

根据《抗震》表 5.1.4-2，特征周期 $T_g=0.35s$，

则 $T_B=0.4s>T_g$，$\alpha_B=(T_g/T_B)^{\gamma}\eta_2\alpha_{max}$

$T_A=0.2s<T_g$，$\alpha_A=\eta_2\alpha_{max}$。

$$\frac{\alpha_A}{\alpha_B}=\frac{\eta_2\alpha_{max}}{(T_g/T_B)^{\gamma}\eta_2\alpha_{max}}=\frac{1}{(T_g/T_B)^{\gamma}}=\frac{1}{(0.35/0.4)^{0.9}}=1.13\text{。}$$

3）罕遇地震时的算例

【例 2.3.1-20】 某多层钢筋混凝土框架结构，建筑场地类别为 I_1 类，抗震设防烈度为

8度，设计地震分组为第二组。

试问，计算罕遇地震作用时的特征周期 T_g（s）应取以下何项数值？

(A) 0.30　　(B) 0.35　　(C) 0.40　　(D) 0.45

【答案】(B)

【解答】根据《抗震》第5.1.4条及表5.1.4-2，建筑场地类别为 I_1 类，设计地震分组为第二组时，特征周期为0.30s，

计算罕遇地震作用时，特征周期还应增加0.05s，$T_g=0.30s+0.05s=0.35s$

【例2.3.1-21】7度区某钢筋混凝土标准设防类多层建筑，设计地震分组为第二组，设计基本地震加速度为0.1g，场地类别为Ⅱ类。

试问，罕遇地震下弹塑性位移验算时的水平地震影响系数最大值 α_{max} 及特征周期值 T_g（s）应分别采用下列何项数值？

(A) 0.08，0.35　　(B) 0.12，0.40　　(C) 0.50，0.40　　(D) 0.50，0.45

【答案】(D)

【解答】按《抗震》表5.1.4-1：7度、0.1g、罕遇地震，$\alpha_{max}=0.50$；

按《抗震》表5.1.4-2：第二组、Ⅱ类场地，$T_g=0.40s$；

根据《抗震》第5.1.4条，计算罕遇地震作用时，特征周期应增加0.05s，故 $T_g=0.45s$。

【例2.3.1-22】某Ⅲ类场地上的建筑结构，设计基本地震加速度0.30g，设计地震分组第一组，按《抗震》规定，当有必要进行罕遇地震作用下的变形验算时，算得的水平地震影响系数与下列哪个选项的数值最为接近？

提示：已知结构自振周期 $T=0.75s$，阻尼比 $\zeta=0.075$。

(A) 0.55　　(B) 0.62　　(C) 0.74　　(D) 0.83

【答案】(C)

【解答】(1) 按《抗震》表5.1.4-2，Ⅲ类场地，设计地震分组第一组，确定场地特征周期 $T_g=0.45s$，计算罕遇地震作用，按《抗震》第5.1.4条，特征周期增加0.05s，综合确定特征周期 $T_g=0.50s$。

(2) 按《抗震》表5.1.4-1，计算罕遇地震作用，设计基本地震加速度0.30g，确定水平地震影响系数最大值 $\alpha_{max}=1.20$。

(3) 按《抗震》式(5.1.5-3)，阻尼比 $\zeta=0.075$，阻尼调整系数

$$\eta_2=1+\frac{0.05-\zeta}{0.08+1.6\zeta}=0.875$$

按《抗震》式(5.1.5-1)，阻尼比 $\zeta=0.075$，曲线下降段的衰减指数

$$\gamma=0.9+\frac{0.05-\zeta}{0.3+6\zeta}=0.87。$$

(4) 已知结构自振周期 $T=0.75s$，从《抗震》图5.1.5看出，自振周期位于（T_g～$5T_g$）曲线段，水平地震影响系数 α，

$$\alpha=\left(\frac{T_g}{T}\right)^{\gamma}\eta_2\alpha_{max}=\left(\frac{0.50}{0.75}\right)^{0.87}\times0.875\times1.2=0.74。$$

【例2.3.1-23】某一建于7度地震区的10层钢筋混凝土框架结构，抗震设防类别为丙类，设计地震分组为第一组，设计基本地震加速度为0.10g，场地类别为Ⅱ类。非承重填充墙采用砖墙，墙体较少，周期折减系数为0.7，结构自振周期 $T=1.0s$，阻尼比取0.05。

试问，当计算罕遇地震作用时，该结构的水平地震影响系数 α 与下列何项数值最为接近？

(A) 0.220　　(B) 0.282　　(C) 0.435　　(D) 0.302

【答案】(D)

【解答】(1) 按《高规》4.3.7 条表 4.3.7-2，Ⅱ类场地，设计地震分组第一组，查得特征周期为

$$T_g = 0.35s + 0.05s = 0.4s。$$

(2) 按《高规》第 4.3.7 条表 4.3.7-1，7 度 0.10g，查得水平地震影响系数最大值 $\alpha_{max} = 0.5$。

(3) 按《高规》第 4.3.8 条，阻尼比 $\zeta = 0.05$ 时，曲线下降段的衰减指数 $\gamma = 0.9$，阻尼调整系数 $\eta_2 = 1.0$。

(4) 结构自振周期 $T = 0.7 \times 1.0s = 0.7s$。

(5) 自振周期位于 $T_g < T < 5T_g$ 范围内，从《抗震》图 5.1.5 看出，

$$\alpha = \left(\frac{T_g}{T}\right)^{\gamma} \eta_2 \alpha_{max} = \left(\frac{0.4}{0.7}\right)^{0.9} \times 1 \times 0.5 = 0.302。$$

(5) 用“反应谱法”计算单质点体系的水平地震作用

由于“地震反应谱”由从单自由质点体系推导而得、故只能用于计算单质点体系的地震作用。对于多质点体系的地震作用则需应用“震型分解反应谱法”，该内容在下一段内讲述。

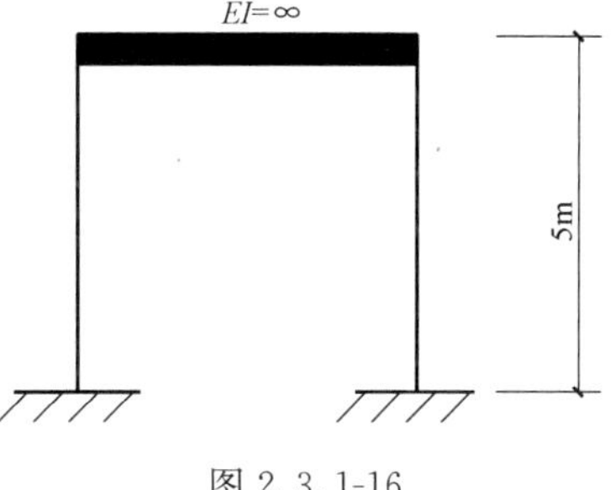

图 2.3.1-16

【例 2.3.1-24】 单层钢筋混凝土框架如图 2.3.1-16 所示，集中于屋盖处的重力荷载代表值 $G = 1200kN$，梁的抗弯刚度 $EI = \infty$，Ⅱ类场地，7 度设防烈度，设计基本地震加速度为 0.10g，设计地震分组第二组。经计算知基本自振周期 $T_1 = 0.88s$。在多遇地震作用下，框架的水平地震作用标准值 (kN)，与下列何项最接近。

(A) 46.80　　(B) 48.50　　(C) 49.60　　(D) 59.40

【答案】(A)

【解答】 查《抗震》表 5.1.4-1 知，$\alpha_{max} = 0.08$。

查《抗震》表 5.1.4-2 知，$T_g = 0.40s$。

$$T_g = 0.40s < T_1 = 0.88s < 5T_g = 2.0s$$

钢筋混凝土结构阻尼比为 0.05，衰减指数 $\gamma = 0.9$

$$\alpha_1 = \left(\frac{T_g}{T}\right)^{\gamma} \eta_2 \alpha_{max} = \left(\frac{0.40}{0.88}\right)^{0.9} \times 1.0 \times 0.08 = 0.039$$

根据《抗震》第 5.2.1 条规定，取 $G_{eq} = G = 1200kN$

$$F_{Ek} = \alpha_1 G_{eq} = 0.039 \times 1200kN = 46.80kN$$

二、振型分解反应谱法

1. 振型分解法

(1) 多质点弹性体系自由振动的主振型

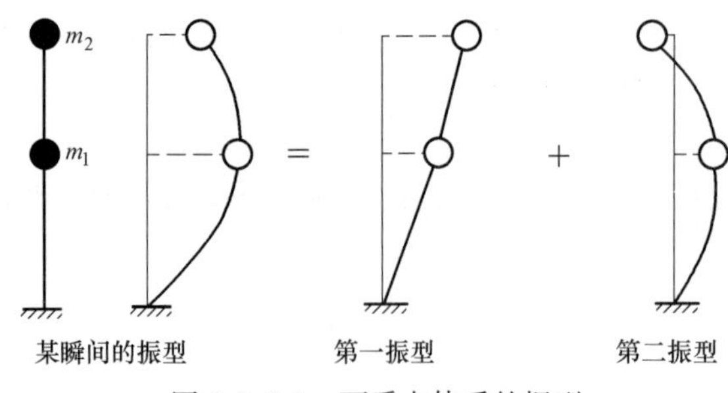

图 2.3.2-1　两质点体系的振型

振型，即质点体系的振动形式（或形状）。图 2.3.2-1 表示在一般初始条件下，两质点体系的质点在振动过程中某瞬间的振型。它是由二个主振型（第一振型、第二振型）的简谐振动叠加而成的复合振动。

主振型是一个特殊的振动形式（或形状），即这质点体系在自由振动过程中、对应于各自的自振频率 ω_i 作简谐振动。在振动过程中的任意时刻，两质点的位移比值（或振动曲线形状）始终保持不变，只改变大小和方向、故与时间无关。相应于 ω_1 的振动形式称为第一主振型（简称第一振型或基本振型）：相应于 ω_2 的振动形式称为第二主振型（简称第二振型）。因为主振型只取决于质点位移之间的相对值，在实际工程计算绘制振型曲线时，常将其中某一个质点的位移值定为 1，其他质点的位移可根据相应比值确定。

由于某一主振型在振动过程中不仅各质点间的位移始终保持一定的比值并同时达到各自最大的幅值，显然各质点的速度也保持这一比值。所以只有各质点初位移的比值和初速度的比值均与该主振型的各质点间位移振幅比值相同时，在这样特定的初始条件下，才会出现这种振型的振动形式。

主振型是弹性体系的重要固有特征，它们完全取决于体系的质量和刚度的分布，体系有多少个自由度就有多少个频率，相应地就有多少个主振型。图 2.3.2-2 列出的三个质点体系，它有三个主振型，其中质点 1 的位移值定为 1.000，其他质点的位移按相应比值表示。

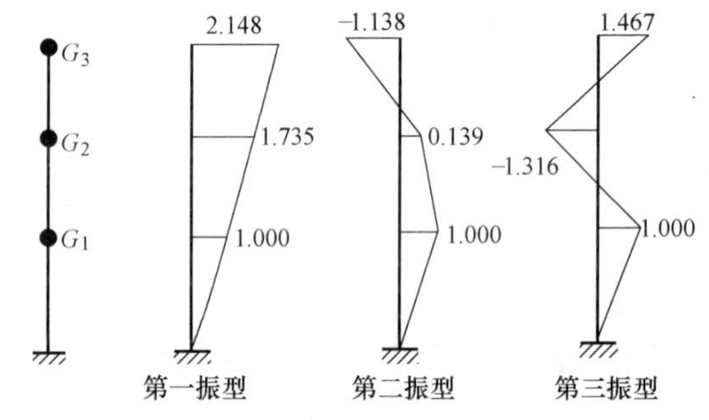

图 2.3.2-2　三质点体系

一般初始条件下，体系的振动曲线将包含全部振型。任一质点的振动都是由各主振型的简谐振动叠加而成的复合振动，它不再是简谐振动，而且质点之间位移的比值也不再是常数而是随时间而发生变化。

对于 n 个自由度的弹性体系，相应的有 n 个自振频率和 n 个主振型，除第一主振型外的其他振型统称为高阶振型。n 自由度弹性体系自由振动时，任一质点的振动都是由 n 个主振型的简谐振动叠加而成。试验结果表明，振型越高，阻尼作用造成的衰减越快，所以通常高振型只在振动初始才比较明显，以后逐渐衰减，在建筑抗震设计时通常只考虑较低的几个振型的影响。

（2）多质点弹性体系自由振动主振型的正交性

现以两个自由度弹性体系为例来进行讲述，如图 2.3.2-3 所示两自由度弹性体系分别按频率 ω_1 和 ω_2 做简谐振动时，两个振型的变形曲线及两质点上相应的惯性力如图所示、惯性力表示为 $m_i\omega_i{}^2x_{ji}$，其中 i 为质点编号，j 为振型序号。因为结构在任一瞬时的位移就是等于这一瞬时的惯性力所产生的静力位移，故主振型的变形曲线可视为体系按某一频率振动时，其上相应的惯性力所引起的静力变形曲线。

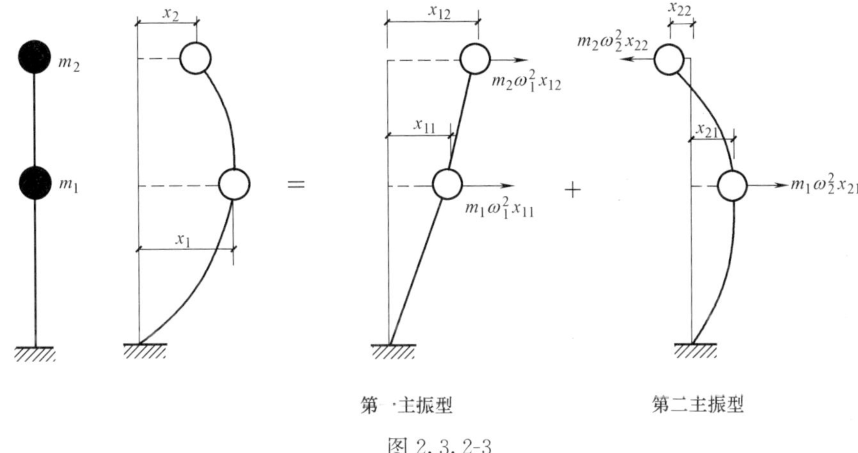

图 2.3.2-3

根据功的互等定理，第一主振型上的惯性力在第二主振型的位移上所做的功等于第二主振型上的惯性力在第一主振型的位移上所做的功，称为主振型的正交性，它反映了主振型的一种特性。其物理意义是：某一振型在振动过程中所引起的惯性力不在其他振型的位移上做功。这说明某一振型的动能不会转移到其他振型上去，也就是体系按某一振型作自由振动时不会激起该体系其他振型的振动。这也就是前面所说的，如果体系作自由振动时，它的初始位移或初始速度完全符合某一振型时，则体系始终保持按这一振型振动。

（3）多自由度体系 j 振型的“振子”

主振型的正交性指出体系按某一振型作自由振动时不会激起该体系其他振型的振动。根据正交性可以将一个多自由度体系分解为 n 个独立非耦联的主振型自由振动。

每一个主振型自由振动时，由于它的振动形式保持不变，因此每一个主振型实际上是像一个单自由度体系那样在振动，可以将这个主振型自由振动按单自由度体系的振动来描述和处理，这个单自由度体系称之为“振子”（图 2.3.2-4）。振子 1 对应于第一振型，振子 2 对应于第二振型。

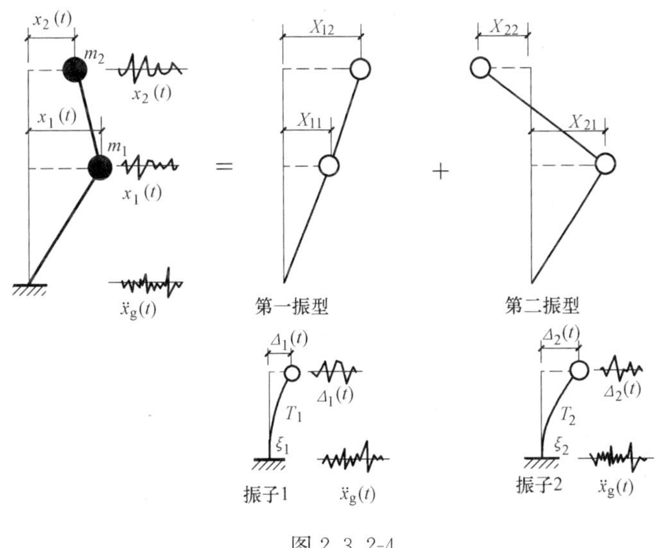

图 2.3.2-4

一个多自由度体系分解为 n 个独立非耦联的“振子”在振动。可以求出各个“振子”的位移，再通过振型组合，即可求出原体系的位移，从而使得一个复杂的多质点体系振动求解问题得以简化成单自由度体系求解问题。这种解法称“振型分解法”。这样，我们就将多质点体系的问题分解为单质点体系来解决了。这种方法不仅对计算多质点体系的地震位移反应十分简便，而且也为按反应谱理论计算多质点体系的地震作用提供了方便条件。

2. 振型分解反应谱法

振型分解反应谱法是将振型分解法和反应谱法结合起来的一种计算多自由度体系地震作用的方法，首先利用振型分解法的概念，将多自由度体系分解成若干个单自由度系统的组合，然后引用单自由度体系的反应谱理论来计算各振型的地震作用，最后按照一定的方法将各振型的地震作用组合到一起，进而得到多自由度体系的地震作用。此即《抗震》5.2.2条规定。

5.2.2 采用振型分解反应谱法时，不进行扭转耦联计算的结构，应按下列规定计算其地震作用和作用效应：

1 结构 j 振型 i 质点的水平地震作用标准值 应按下列公式确定：

$$F_{ji}=\alpha_j\gamma_jX_{ji}G_i \quad (i=1,2,\cdots n,j=1,2,\cdots m) \tag{5.2.2-1}$$

$$\gamma_j=\sum_{i=1}^{n}X_{ji}G_i/\sum_{i=1}^{n}X_{ji}^2G_j \tag{5.2.2-2}$$

式中 F_{ji}——j 振型 i 质点的水平地震作用标准值；

α_j——相应于 j 振型自振周期的地震影响系数，应按本规范第5.1.4、5.1.5条确定；

X_{ji}——j 振型 i 质点的水平相对位移；

γ_j——j 振型的参与系数。

【例2.3.2-1】～【例2.3.2-2】 某16层钢筋混凝土框架-剪力墙结构，层高均为4m，平面对称，结构布置均匀规则，质量和侧向刚度沿高度分布均匀，抗震设防烈度为8度，设计基本地震加速度为0.2g，设计地震分组为第二组，建筑场地类别为Ⅲ类。考虑折减后的结构自振周期为 T_1=1.2s。各楼层的重力荷载代表值 G=14000kN，结构的第一振型如图2.3.2-5所示。采用振型分解反应谱法计算地震作用。

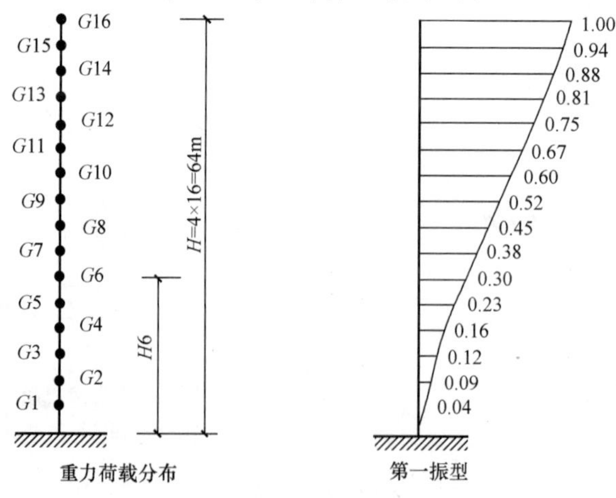

图2.3.2-5

提示：$\sum_{i=1}^{16} X_{1i}^2 = 5.495$；$\sum_{i=1}^{16} X_{1i} = 7.94$；$\Sigma X_{1i}H_i = 361.72$。

【例 2.3.2-1】 试问，第一振型时的基底剪力标准值 V_{10}（kN）最接近下列何项数值？

(A) 10000　　(B) 13000　　(C) 14000　　(D) 15000

【答案】(B)

【解答】 根据《抗震》表 5.1.4-1，抗震设防烈度 8 度和设计基本地震加速度 0.2g 的水平地震影响系数最大值 $\alpha_{max}=0.16$。

根据《抗震》表 5.1.4-2，设计地震分组第二组和建筑场地类别Ⅲ类的特征周期 $T_g=0.55s$。

结构自振周期 $T_1=1.2s$，$T_g=0.55s<T_1=1.2s<5T_g=2.75s$，根据《抗震》图 5.1.4 位于曲线下降段，故地震影响系数为：

$$\alpha_1 = \left(\frac{T_g}{T_1}\right)^{0.9} \times \alpha_{max} = \left(\frac{0.55}{1.2}\right)^{0.9} \times 0.16 = 0.0793$$

根据《抗震》第 5.2.2 条，采用振型分解反应谱法，振型参与系数为：

$$\gamma_1 = \frac{\sum_{i=1}^{16} X_{1i}G_i}{\sum_{i=1}^{16} X_{1i}^2 G_i} = \frac{\sum_{i=1}^{16} X_{1i}}{\sum_{i=1}^{16} X_{1i}^2} = \frac{7.94}{5.495} = 1.445$$

由结构第一振型 i 质点的水平地震作用计算公式，$F_{1i} = \alpha_1\gamma_1 X_{1i}G_i(i=1,2,\cdots,16)$ 得基底剪力为：

$$V_{10} = \sum_{i=1}^{16} F_{1i} = \alpha_1\gamma_1 G_i \sum_{i=1}^{16} X_{1i} = 0.0793 \times 1.445 \times 14000 \times 7.94 = 12737\text{kN}$$

故（B）最接近

【例 2.3.2-2】 假定，第一振型时地震影响系数 $\alpha_1=0.09$，振型参与系数 $\gamma_1=1.5$，试问，第一振型时的基底弯矩标准值 M_{10}（kN·m）最接近下列何项数值？

(A) 685000　　(B) 587000　　(C) 485000　　(D) 400000

【答案】(A)

【解答】 根据《抗震》第 5.2.2 条，由结构第一振型 i 质点的水平地震作用计算公式为 $F_{1i} = \alpha_1\gamma_1 X_{1i}G_i(i=1,2,\cdots,16)$。

由 F_{1i} 产生的基底弯矩标准值 M_{10} 为：

$$M_{10} = \sum_{i=1}^{16} F_{1i}H_i = \alpha_1\gamma_1 G_i \sum_{i=1}^{16} X_{1i}H_i = 0.09 \times 1.5 \times 14000 \times 361.72 = 683650.8\text{kN}\cdot\text{m}$$

故（A）最接近

3. 振型组合

图 2.3.2-6 给出了 3 个质点体系相应各振型的地震作用 F_{ji}。求出相应于各振型 j 各质点 i 的水平地震作用 F_{ji} 后，即可用一般力学方法计算相应于各振型时结构的弯矩、剪力、轴向力和变形，这些统称为地震作用效应 S_j（j=1，2，…，m）。由于相应于各振型的地震作用 F_{ji} 均为最大值，所以相应各振型的地震作用效应 S_j 也为最大值。但结构振动时，

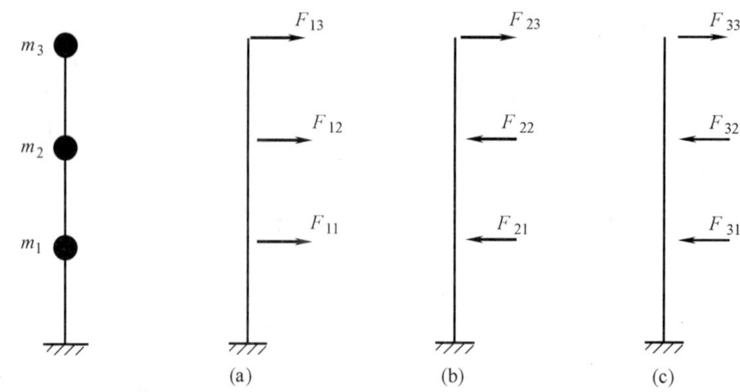

图 2.3.2-6　相应各振型多自由度体系地震作用 F_{ji}

(a) 第一振型时 F_{1i}；(b) 第二振型时 F_{2i}；(c) 第三振型时 F_{3i}

相应于各振型的最大地震作用效应 S_j 一般不会同时发生，因此，在求结构总的地震效应时不应是各振型效应 S_j 的简单代数和，由此产生了地震作用效应如何组合的问题，或称振型组合问题。假定地震动是平稳随机过程，对于各自振频率相隔较大、各振型反应互不相关的串联多自由度体系，即可近似按平方和开方公式（SRSS）进行振型组合。

《抗震》给出了用平方和开方公式来计算结构地震作用效应的计算公式。

> 2　水平地震作用效应（弯矩、剪力、轴向力和变形），当相邻振型的周期比小于 0.85 时，可按下式确定：
>
> $$S_{Ek}=\sqrt{\sum S_j^2} \qquad (5.2.2\text{-}3)$$
>
> 式中　S_{Ek}——水平地震作用标准值的效应；
>
> S_j——j 振型水平地震作用标准值的效应，可只取前 2～3 个振型，当基本自振周期大于 1.5s 或房屋高宽比大于 5 时，振型个数应适当增加。

采用平方和开方法（SRSS）是有条件的，《抗震》5.2.2 条的“条文说明”指出

> **5.2.2**（条文说明）　随机振动理论分析表明，当结构体系的振型密集、两个振型的周期接近时，振型之间的耦联明显。在阻尼比均为 5％的情况下，当相邻振型的周期比为 0.85 时，采用平方和开方 SRSS 方法进行振型组合的误差不大；而当周期比为 0.90 时，两个振型之间的互相影响不可忽略。这时，计算地震作用效应不能采用 SRSS 组合方法，而应采用完全方根组合 CQC 方法。

必须注意，应是先分别求出各振型的地震作用效应再以平方和开方法求得结构地震作用效应，而不是将各振型的地震作用先以平方和开方法进行组合地震作用随后计算其作用效应，两者的结果是不同的。因为在高振型中地震作用有正有负，经平方后，全为正值，故采用后一方法时，将夸大结构所受的地震作用效应。一般，各个振型在地震总反应中的贡献随着频率的增加而迅速减缩故频率最低的几个振型往往控制着最大反应。在实际计算中一般采用 2～3 个振型即可。考虑到周期较长的结构的各个自振频率较接近，故《抗震》规定，当基本周期大于 1.5s 或房屋高宽比大于 5 时，振型个数应适当增加。

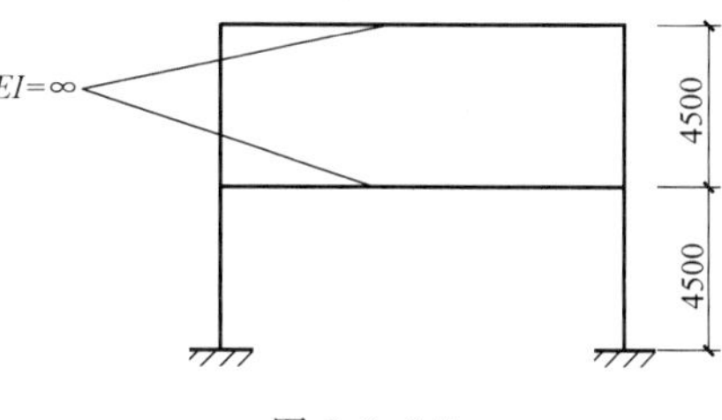

图 2.3.2-7

【例 2.3.2-3】～【例 2.3.2-4】某二层钢筋混凝土框架结构如图 2.3.2-7 所示，框架梁刚度 $EI=\infty$，建筑场地类别为Ⅲ类，抗震烈度为 8 度，设计地震分组为第一组，设计地震基本加速度为 $0.2g$，阻尼比 $\zeta=0.05$。

【例 2.3.2-3】已知第一、二振型周期 $T_1=1.1\text{s}$，$T_2=0.35\text{s}$，在多遇地震作用下对应第一、二振型地震影响系数 α_1，α_2 与下列何项最接近？

(A) 0.07，0.16　(B) 0.07，0.12　(C) 0.08，0.12　(D) 0.16，0.07

【答案】(A)

【解答】查《抗震》表 5.1.4-1 得 8 度、多遇地震 $\alpha_{\max}=0.16$。

查《抗震》表 5.1.4-2 得Ⅲ类，一组 $T_g=0.45\text{s}$。

(1) $T_g=0.45\text{s}<T_1=1.1\text{s}<5T_g=2.25\text{s}$

位于曲线下降段，取 $\gamma=0.9$；

取阻尼调整系数 $\eta_2=1.0$；

应用《抗震》图 5.1.5 得

$$\alpha_1=\left(\frac{T_g}{T}\right)^{\gamma}\eta_2\alpha_{\max}=\left(\frac{0.45}{1.1}\right)^{0.9}\times1.0\times0.16=0.07。$$

(2) $T_2=0.35\text{s}<T_g=0.45\text{s}$，位于曲线水平段

取阻尼调整系数 $\eta_2=1.0$；

由《抗震》图 5.1.5 得

$$\alpha_2=\eta_2\alpha_{\max}=1.0\times0.16=0.16。$$

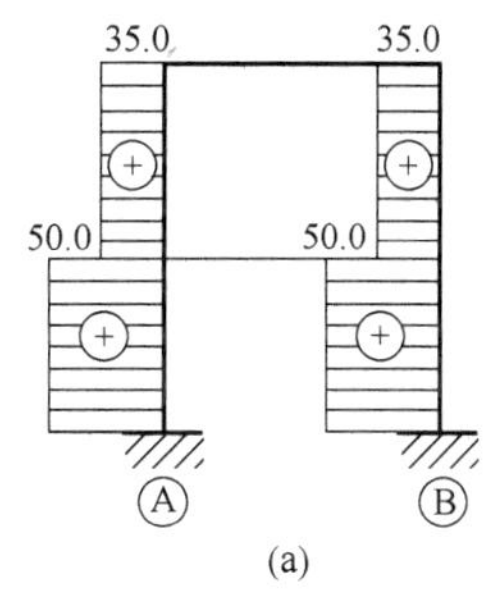

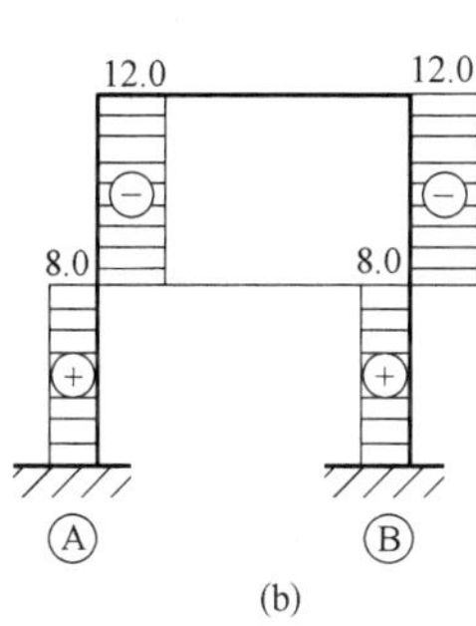

图 2.3.2-8（单位：kN）
(a) V_1图；(b) V_2图

【例 2.3.2-4】当用振型分解反应谱法计算时，相应于第一、二振型水平地震作用下剪力标准值如图 2.3.2-8 所示。

问水平地震作用下Ⓐ轴底层柱剪力标准值 V (kN) 与下列何项最接近。

(A) 42.0　(B) 48.2　(C) 50.6　(D) 58.01

【答案】(C)

【解答】由题图知 $V_1=50.0\text{kN}$，$V_2=8.0\text{kN}$

由《抗震》式 (5.5.2-3) 得

$$V_{\text{Ek}}=\sqrt{\sum V_j^2}=\sqrt{50.0^2+8.0^2}\text{kN}=50.6\text{kN}。$$

【例 2.3.2-5】同上题，上柱高 4.5m，当用振型分解反应谱法计算时，顶层柱顶弯矩标准值 M (kN·m) 与下列何项最接近。

(A) 37.0　(B) 51.8　(C) 74.0　(D) 83.3

【答案】(D)

【解答】由《抗震》式 (5.5.2-3) 得

顶层柱剪力标准值 $V=\sqrt{35^2+(-12)^2}$kN$-$37kN

因为框架梁的线刚度为∞，则顶层柱反弯点在柱中央。

顶层柱顶弯矩标准值为：$V\dfrac{h}{2}=37\times\dfrac{4.5}{2}$kN·m$=83.3$kN·m。

【例 2.3.2-6】单跨二层框架结构的水平地震作用计算

条件：某二层钢筋混凝土框架，集中于楼盖和屋盖处的重力荷载代表值相等 $G_1=G_2=1200$kN，$H_1=4$m，$H_2=8$m。自振周期 $T_1=1.028$s，$T_2=0.393$s，第一振型、第二振型如图 2.3.2-9 所示。

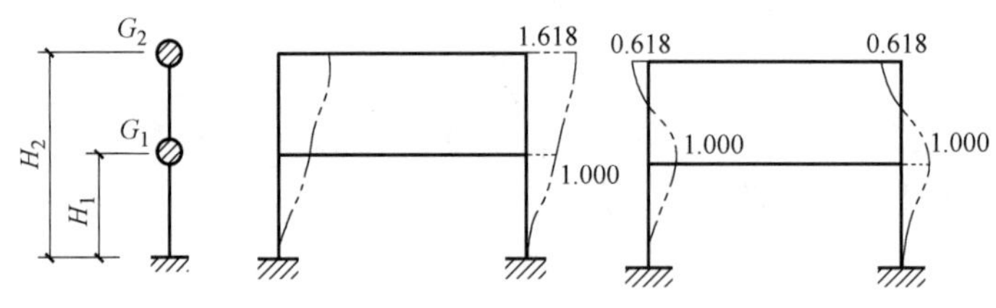

图 2.3.2-9

$$x_{11}=1.000, x_{12}=1.618, x_{21}=1.000, x_{22}=-0.618$$

建筑场地为Ⅱ类，抗震设防烈度为 7 度，设计地震分组为第二组，设计基本地震加速度为 0.10g。结构的阻尼比 $\xi=0.05$。

要求：确定多遇水平地震作用 F_{ij} 给出地震剪力图。

【解答】(1) 第一震型的水平地震作用

查《抗震》表 5.1.4-2，当Ⅱ类建筑场地，设计地震分组为第二组时，特征周期 $T_g=0.4$s。

查《抗震》表 5.1.4-1，多遇地震，7 度时，设计基本地震加速度为 0.1g 时，水平地震影响系数最大值 $\alpha_{max}=0.08$。

按《抗震》图 5.1.4 查得计算相应于第一振型自振周期 T_1 的地震影响系数

$$\alpha_1=\left(\frac{T_g}{T}\right)^{0.9}\alpha_{max}=\left(\frac{0.40}{1.028}\right)^{0.9}\times0.08=0.034。$$

应用《抗震》式 (5.2.2-2)

$$\gamma_1=\frac{\sum_{i=1}^{n}x_{ji}G_i}{\sum_{i=1}^{n}x_{ji}^2G_i}=\frac{1200\times1.0+1200\times1.618}{1200\times1.0^2+1200\times1.618^2}=0.724。$$

应用《抗震》式 (5.2.2-1) 得水平地震作用标准值 F_{1i} (图 2.3.2-10)。

$$F_{11}=\alpha_1\gamma_1x_{11}G_1=0.034\times0.724\times1.00\times1200\text{kN}=29.54\text{kN}$$

$$F_{12}=\alpha_1\gamma_1x_{12}G_2=0.034\times0.724\times1.618\times1200\text{kN}=47.8\text{kN}$$

(2) 第二振型的水平地震作用

因 $0.1\text{s}<T_2=0.393\text{s}<T_g=0.40s$，则 $\alpha_2=\alpha_{max}$

查《抗震》图 5.1.4 查得 $\alpha_{max}=0.08$s

应用《抗震》式（5.2.2-2）得

$$\gamma_2=\frac{\sum_{i=1}^{n}G_i x_{2i}}{\sum_{i=1}^{n}G_i x_{2i}^2}=\frac{1200\times1.000+1200\times(-0.618)}{1200\times1.000^2+1200\times(-0.618)^2}=0.276$$

应用《抗震》式（5.2.2-1）得水平地震作用标准值 F_{2i}（图 2.3.2-11）。

$$F_{21}=0.08\times0.276\times1.000\times1200\text{kN}=26.5\text{kN}$$

$$F_{22}=0.08\times0.276\times(-0.618)\times1200\text{kN}=-16.37\text{kN}$$

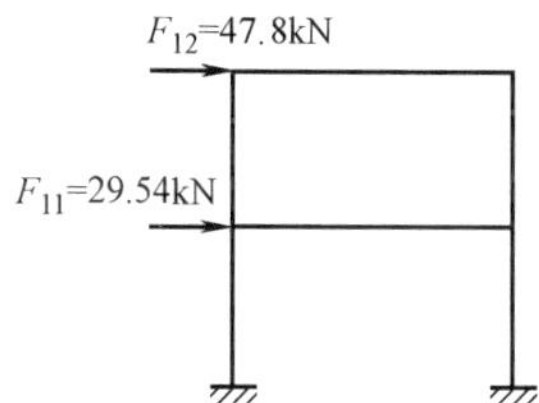

图 2.3.2-10　第一振型地震作用

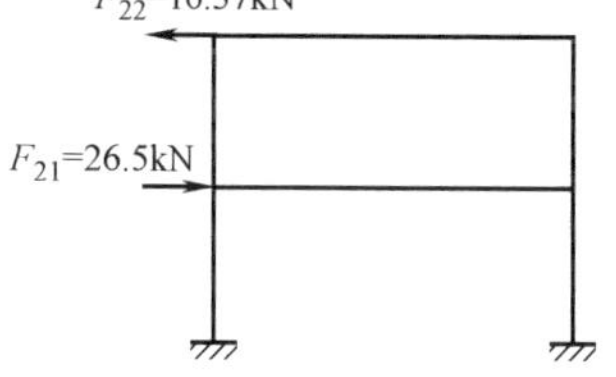

图 2.3.2-11　第二振型地震作用

（3）绘制地震内力图

因两根柱的刚度相等，故每根柱分担一半地震力。

第一振型　　第 2 层每根柱承担的剪力 $V_{12}=\frac{47.8}{2}\text{kN}=23.90\text{kN}$

第 1 层每根柱承担的剪力 $V_{11}=\frac{29.54+47.8}{2}\text{kN}=38.67\text{kN}$

第二振型　　第 2 层每根柱承担的剪力 $V_{22}=\frac{-16.37}{2}\text{kN}=-8.19\text{kN}$

第 1 层每根柱承担的剪力 $V_{21}=\frac{-16.37+26.5}{2}\text{kN}=5.06\text{kN}$

应用《抗震》式（5.2.2-3）得

组合地震努力

第 2 层　　$V_2=\sqrt{\sum_{j=1}^{n}V_{j2}^2}=\sqrt{23.90^2+(-8.19)^2}\text{kN}=25.26\text{kN}$

第 1 层　　$V_1=\sqrt{\sum_{j=1}^{n}V_{j1}^2}=\sqrt{38.67^2+5.06^2}\text{kN}=39.00\text{kN}$

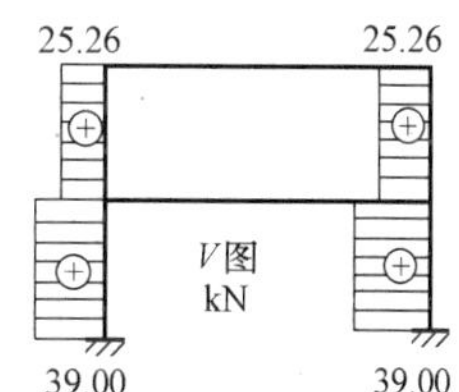

图 2.3.2-12　地震剪力图

查《抗震》表 5.2.5 得剪力系数 $\lambda=0.016$。

应用《抗震》式（5.2.5）得楼层最小地震剪力

第 2 层　$V_2^{\min}=0.016\times1200\text{kN}=19.2\text{kN}$

第 1 层　$V_1^{\min}=0.016\times2\times1200\text{kN}=38.4\text{kN}$

第 2 层　每根柱的最小地震剪力 $\frac{19.2}{2}\text{kN}=9.6\text{kN}<25.26\text{kN}$

第 1 层　每根柱的最小地震剪力 $\frac{38.4}{2}\text{kN}=19.2\text{kN}<39.00\text{kN}$，满足要求。

组合地震剪力图如图 2.3.2-12 所示。

【例 2.3.2-7】某五层现浇钢筋混凝土框架结构，框架最大跨度 9m，层高均为 3.6m。假定，采用振型分解反应谱法进行多遇地震作用计算，相邻振型的周期比小于 0.85，顶层框架柱的反弯点位于层高中点，当不考虑偶然偏心的影响时，水平地震作用效应计算取前3个振型，某顶层柱相应于第一、第二、第三振型的层间剪力标准值分别为300kN、−150kN、50kN。试问，地震作用下该顶层柱柱顶弯矩标准值 M_k（kN·m），与下列何项数值最为接近?

(A) 360　　(B) 476　　(C) 610　　(D) 900

【答案】(C)

第一、第二、第三振型的顶层柱柱顶弯矩标准值分别为

$M_{1k}=300\times3.6/2=540\text{kN}\cdot\text{m}$

$M_{2k}=-150\times3.6/2=-270\text{kN}\cdot\text{m}$

$M_{3k}=50\times3.6/2=90\text{kN}\cdot\text{m}$

依据《抗震》第5.2.2条，当相邻振型的周期比小于0.85时，该顶层柱柱顶弯矩标准值按式（5.2.2-3）计算：

$$M_k=\frac{S_{Ek}=\sqrt{\sum S_j^2}}{\sqrt{(540)^2+(-270)^2+(90)^2}}=610\text{kN}\cdot\text{m}$$

故选（C）。

三、扭转耦联振型分解法

1. 平动扭转耦联振动

(1) 引起结构扭转反应的原因

震害资料表明，在某些情况下扭转作用成为导致结构破坏的主要因素。

引起结构扭转反应增大的原因，《高规》4.3.3条的“条文说明”有讲述

> **4.3.3** 主要是考虑结构地震动力反应过程中可能由于地面扭转运动、结构实际的刚度和质量分布相对于计算假定值的偏差，以及在弹塑性反应过程中各抗侧力结构刚度退化程度不同等原因引起的扭转反应增大。

1) 地面扭转运动（外因）

实测强震记录表明：地震动是一种多维随机运动，地面运动存在着转动分量或地面各点的运动存在相位差，导致即使是对称结构也难免发生扭转。

2) 刚度和质量分布存在偏心（内因）

结构自身不对称，结构平面质量中心与刚度中心不重合，存在偏心，导致水平地震下结构的扭转振动。

如①结构物的柱、墙体等抗侧力构件布置不对称；

②结构物的平面布置不对称，如1形、T形、Z形等形状；

③结构物的立面不对称或平面与立面均不对称；

④虽然结构物的刚度对称，但荷载不对称；

⑤结构各层质量中心与刚度中心重合，但不在一条直线上。

3) 弹塑性反应过程中抗侧力结构刚度退化

结构进入弹塑性阶段、各抗侧力结构进入塑性阶段在时间上有先后刚度退化的程度有高低、均有一个发展、演变的过程、使结构的刚度中心在不断地改变，各层的偏心距不是

固定不变的。

（2）“刚心”与“质心”

结构平面的“刚度中心”与“质量中心”简称“刚心”与“质心”。

图 2.3.3-1 为某框架结构的平面图。假定该房屋的楼盖在自身平面内的刚度为无限大，即绝对刚性，则当楼盖沿 y 方向平移单位距离时，会在每个方向的抗侧力构件中引起（抵）抗力，其抗力的大小与 y 方向抗侧力构件的侧移刚度成正比。由每个 y 方向抗侧力构件的抗力对原点 O 的力矩之和等于这些抗力的合力对 O 点的力矩，由此可得刚心 c 的位置。

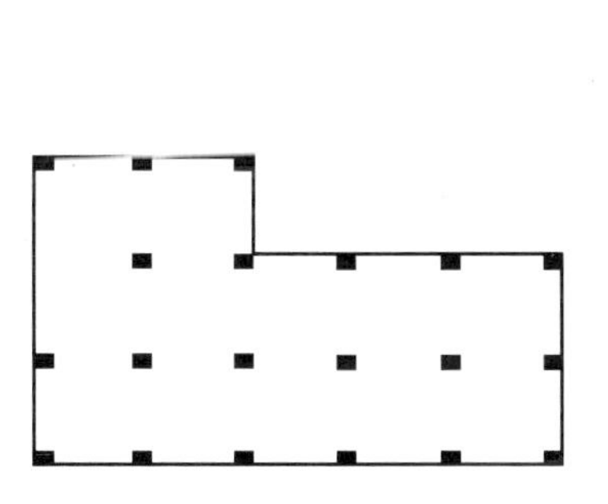

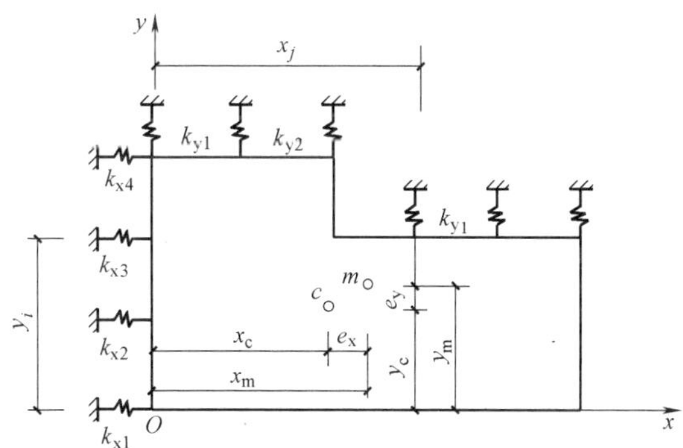

图 2.3.3-1　质心与刚心

$$x_{\mathrm{x}} = \sum_{j=1}^{n} k_{\mathrm{y}j} x_j \Big/ \sum_{j=1}^{n} k_{\mathrm{y}i} \tag{2.3.3-1}$$

同理，当楼盖沿 x 方向平移单位距离时，可得

$$y_{\mathrm{x}} = \sum_{i=1}^{n} k_{\mathrm{x}i} y_i \Big/ \sum_{i=1}^{n} k_{\mathrm{x}i} \tag{2.3.3-2}$$

式中　x_{x}、y_{x}——结构抗侧力构件的抗力合力的作用点的坐标，即结构的刚心坐标；

$k_{\mathrm{x}i}$——平行于 x 轴的第 i 排抗侧力构件的侧移刚度；

$k_{\mathrm{y}j}$——平行于 y 轴的第 j 排抗侧力构件的侧移刚度；

x_j——坐标原点至第 j 排抗侧力构件的垂直距离；

y_i——坐标原点至第 i 排抗侧力构件的垂直距离。

结构的质心就是地震惯性力合力作用点的位置，惯性力合力通过结构所有重力荷载的中心，因而，结构的质心就是结构的重心。设重心的坐标为 x_{m}、y_{m}，则结构刚心与质心的距离称为偏心距，分别为

$$e_{\mathrm{x}} = x_{\mathrm{m}} - x_{\mathrm{c}} \tag{2.3.3-3}$$

$$e_{\mathrm{y}} = y_{\mathrm{m}} - y_{\mathrm{c}} \tag{2.3.3-4}$$

（3）耦联振动

“耦联”就是指作用在给定侧移的某质点上的弹性恢复力不仅取决于这一质点上的侧移，而且还取决于其他各质点的位移。

“耦联”又是指质点在需要两个以上的位移量（平动与扭转）方能表示体系运动状态时，一个方向的运动会引起另一方向的运动，则所对应的振动叫耦联振动。

非耦联是指平动与扭转分开考虑，在各自独立的坐标系里分析，互相无关。

平动扭转耦联是指扭转和平动同时出现在一个振型中，这种振动的运动微分方程是一个方程组，每个振动质点的某一方向所对应的运动方程都包含其他方向的运动量。

(4) 计算简图

当考虑平扭耦合振动时，应按扭转耦联振型分解法计算地震作用及其效应。假定楼盖平面内刚度为无限大，将质量分别就近集中到各楼板平面上，则扭转耦联时的结构计算简图可简化为图 2.3.3-2（a）所示的串联刚片系，而不是仅考虑平移振动时的串联质点系。

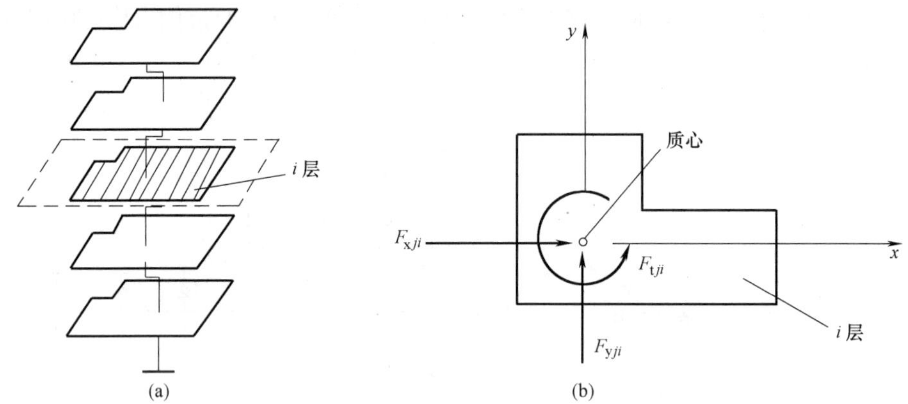

图 2.3.3-2　平扭耦合串联刚片模型及其地震作用

（a）串联刚片模型；（b）刚片上质心处地震作用

《高规》4.3.10 条指出

> **4.3.10**　考虑扭转影响的平面、竖向不规则结构，按扭转耦联振型分解法计算时，各楼层可取两个正交的水平位移和一个转角位移共三个自由度。

2. 《抗震》规定

(1)《抗震》规定

①不考虑“平动扭转耦联振动”

《抗震》5.2.2 条规定了不考虑‘平动扭转耦联振动’的振型分析反应谱法，这就是本节前一段所讲述的内容。《抗震》5.2.3 条 1 款进一步讨论偶然偏心影响问题

《抗震》规定

> **5.2.3**　水平地震作用下，建筑结构的扭转耦联地震效应应符合下列要求：
>
> 1　规则结构不进行扭转耦联计算时，平行于地震作用方向的两个边榀各构件，其地震作用效应应乘以增大系数。一般情况下，短边可按 1.15 采用，长边可按 1.05 采用；当扭转刚度较小时，周边各构件宜按不小于 1.3 采用。角部构件宜同时乘以两个方向各自的增大系数。

《抗震》5.2.3 条的“条文说明”还指出二点

> **3**　扭转刚度较小的结构，例如某些核心筒-外稀柱框架结构或类似的结构，如果考虑扭转影响的地震作用效应小于考虑偶然偏心引起的地震效应时，应取后者以策安全。但现阶段，偶然偏心与扭转二者不需要同时参与计算。

【例 2.3.3-1】 边柱地震弯矩

条件：一幢 8 层现浇钢筋混凝土框架结构，为规则结构，在进行结构整体分析计算

时，未进行扭转耦联计算。扭转刚度较大，在图 2.3.3-3所示 y 方向水平地震作用下，第 5 层边柱 1 的水平地震剪力标准为 200kN，底层层高为 5.7m，其余各层均为 3.6m。

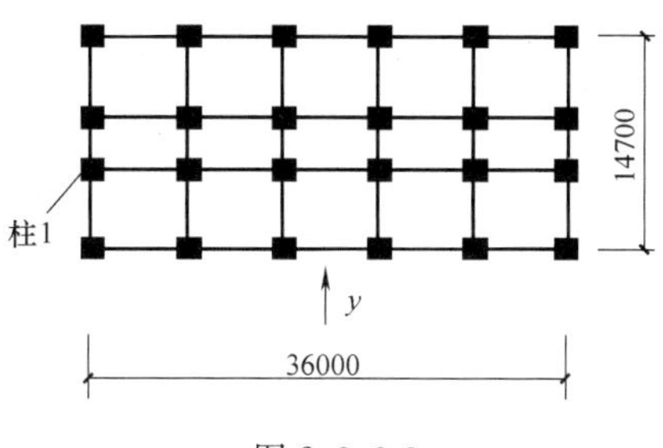

图 2.3.3-3

要求：第 5 层边柱 1 的柱底地震弯矩设计值。

【解答】 8 层属于多层建筑，根据《抗震》第 5.2.3 条规定，柱 1 所在边榀框架与 y 方向平行，为短边方向，故应乘以增大系数 1.15：

$$V_{1k}=1.15\times200\text{kN}=230\text{kN}$$

$$M_{1k}=V_{1k}\frac{h}{2}=230\text{kN}\times\frac{3.6}{2}\text{m}=414\text{kN}\cdot\text{m}$$

$$M_1=\gamma_{Eh}\cdot V_{1k}=1.3\times414=538.2\text{kN}$$

② 单向水平地震作用下的扭转耦联效应

计算方法见《抗震》规定

5.2.3 水平地震作用下，建筑结构的扭转耦联地震效应应符合下列要求：

2 按扭转耦联振型分解法计算时，各楼层可取两个正交的水平位移和一个转角共三个自由度，并应按下列公式计算结构的地震作用和作用效应。确有依据时，尚可采用简化计算方法确定地震作用效应。

1）j 振型 i 层的水平地震作用标准值，应按下列公式确定：

$$F_{xji}=\alpha_j\gamma_{tj}X_{ji}G_i$$

$$F_{yji}=\alpha_j\gamma_{tj}Y_{ji}G_i \quad (i=1,2,\cdots n,j=1,2,\cdots m)$$

$$F_{tji}=\alpha_j\gamma_{tj}r_i^2\varphi_{ji}G_i \tag{5.2.3-1}$$

式中 F_{xji}、F_{yji}、F_{tji}——分别为 j 振型 i 层的 x 方向、y 方向和转角方向的地震作用标准值；

X_{ji}、Y_{ji}——分别为 j 振型 i 层质心在 x、y 方向的水平相对位移；

φ_{ji}——j 振型 i 层的相对扭转角；

r_i——i 层转动半径，可取 i 层绕质心的转动惯量除以该层质量的商的正二次方根；

γ_{tj}——计入扭转的 j 振型的参与系数，可按下列公式确定：

当仅取 x 方向地震作用时

$$\gamma_{tj}=\sum_{i=1}^{n}X_{ji}G_i/\sum_{i=1}^{n}(X_{ji}^2+Y_{ji}^2+\varphi_{ji}^2r_i^2)G_i \tag{5.2.3-2}$$

当仅取 y 方向地震作用时

$$\gamma_{tj}=\sum_{i=1}^{n}Y_{ji}G_i/\sum_{i=1}^{n}(X_{ji}^2+Y_{ji}^2+\varphi_{ji}^2r_i^2)G_i \tag{5.2.3-3}$$

当取与 x 方向斜交的地震作用时，

$$\gamma_{tj}=\gamma_{xj}\cos\theta+\gamma_{yj}\sin\theta \tag{5.2.3-4}$$

式中 γ_{xj}、γ_{yj}——分别由式（5.2.3-2）、（5.2.3-3）求得的参与系数；

θ——地震作用方向与 x 方向的夹角。

2）单向水平地震作用下的扭转耦联效应，可按下列公式确定：

$$S_{Ek}=\sqrt{\sum_{j=1}^{m}\sum_{k=1}^{m}\rho_{jk}S_jS_k} \tag{5.2.3-5}$$

$$\rho_{jk}=\frac{8\sqrt{\zeta_j\zeta_k}(\zeta_j+\lambda_T\zeta_k)\lambda_T^{1.5}}{(1-\lambda_T^2)^2+4\zeta_j\zeta_k(1+\lambda_T^2)\lambda_T+4(\zeta_j^2+\zeta_k^2)\lambda_T^2} \tag{5.2.3-6}$$

式中 S_{Ek}——地震作用标准值的扭转效应；

S_j、S_k——分别为 j、k 振型地震作用标准值的效应，可取前 9～15 个振型；

ζ_j、ζ_k——分别为 j、k 振型的阻尼比；

ρ_{jk}——j 振型与 k 振型的耦联系数；

λ_T——k 振型与 j 振型的自振周期比。

《抗震》式（5.2.3-5）、式（5.2.3-6）的正式名字是"完全方根组合方法"、简称"CQC"。

③ 双向水平地震作用下的扭转耦联效应

根据强震观测记录的统计分析，二个水平方向地震加速度的最大值不相等，二者之比约为 1∶0.85；而且两个方向的最大值不一定发生在同一时刻，因此采用平方和开方计算两个方向地震作用效应的组合。《抗震》规定

5.2.3 水平地震作用下，建筑结构的扭转耦联地震效应应符合下列要求：

2 按扭转耦联振型分解法计算时，各楼层可取两个正交的水平位移和一个转角共三个自由度，并应按下列公式计算结构的地震作用和作用效应。确有依据时，尚可采用简化计算方法确定地震作用效应。

3）双向水平地震作用下的扭转耦联效应，可按下列公式中的较大值确定：

$$S_{Ek}=\sqrt{S_x^2+(0.85S_y)^2} \tag{5.2.3-7}$$

或

$$S_{Ek}=\sqrt{S_y^2+(0.85S_x)^2} \tag{5.2.3-8}$$

式中 S_x、S_y分别为 x 向、y 向单向水平地震作用按式（5.2.3-5）计算的扭转效应。

【例 2.3.3-2】 考虑扭转的地震作用效应

条件：某高层混凝土建筑，当仅考虑 x 向水平地震作用时的扭矩为 4000kN·m，当仅考虑 y 向水平地震作用时的扭矩为 4200kN·m。

要求：考虑双向水平地震作用下的扭转地震作用效应。

【解答】 由《抗震》式（5.2.3-7）、式（5.2.3-8）：

$$T=\sqrt{T_x^2+(0.85T_y)^2}=\sqrt{4000^2+(0.85\times4200)^2}\text{kN}\cdot\text{m}=5361.43\text{kN}\cdot\text{m}$$

$$T=\sqrt{T_y^2+(0.85T_x)^2}=\sqrt{4200^2+(0.85\times4000)^2}\text{kN}\cdot\text{m}=5403.7\text{kN}\cdot\text{m}$$

取大值，5403.7kN・m。

【例 2.3.3-3】考虑扭转效应的柱底弯矩

条件：某 28m 框架-剪力墙结构，如图 2.3.3-4 所示，该结构的质量和刚度存在明显的不对称，考虑按双向地震作用的扭转效应进行计算。经计算第 3 层平面中的框架柱 C_1，当以 x 向单向水平地震作用的扭转效应计算，其柱底弯矩标准值为 $M_{xk}=80\text{kN}\cdot\text{m}$，以 y 向单向地震作用的扭转效应计算，其柱底弯矩标准值为 $M_{yk}=70\text{kN}\cdot\text{m}$。

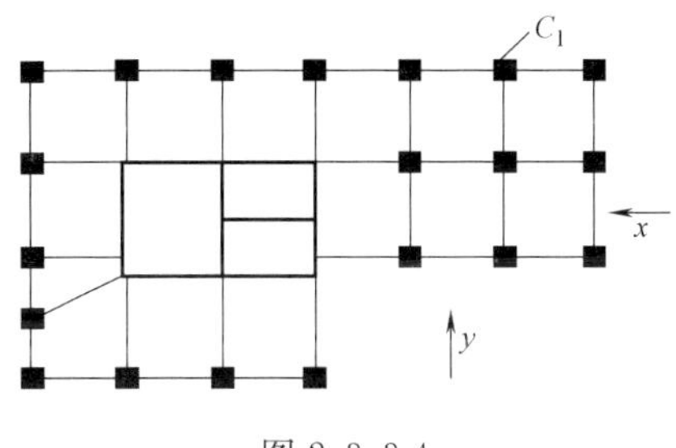

图 2.3.3-4

要求：该柱柱底弯矩标准值。

【解答】应按扭转耦联型分解法计算。

根据《抗震》式（5.2.3-7）、式（5.2.3-8）：

$$S_{Ek}=\sqrt{S_x^2+(0.85s_y)^2}=\sqrt{80^2+(0.85\times70)^2}\text{kN}=99.7\text{kN}$$

$$S_{Ek}=\sqrt{S_y^2+(0.85s_x)^2}=\sqrt{70^2+(0.85\times80)^2}\text{kN}=97.59\text{kN}$$

取较大值，$S_{Ek}=99.7\text{kN}$。

【题 2.3.3-4】某框架-剪力墙结构，采用振型分解反应谱法进行多遇地震作用下的弹性分析，单向水平地震作用下不考虑偶然偏心影响的某框架柱轴力标准值：

不考虑扭转耦联时 X 向地震作用下为 5800kN，Y 向地震作用下为 6500kN；

考虑扭转耦联时 X 向地震作用下为 5300kN，Y 向地震作用下为 5700kN。

试问，该框架柱考虑双向水平地震作用的轴力标准值（kN）与下列何项数值最为接近？

(A) 7180　　(B) 7260　　(C) 8010　　(D) 8160

【答案】(B)

由《抗震》第 5.2.3 条，取单向水平地震作用下考虑扭转时的轴力标准值进行计算：

$$N_{xk}=5300\text{kN},$$
$$N_{yk}=5700\text{kN}$$

由《抗震》式（5.2.3-7）、式（5.2.3-8），

$$S_{Ek}=\sqrt{S_x^2+(0.85S_y)^2} \tag{5.2.3-7}$$
$$S_{Ek}=\sqrt{S_y^2+(0.85S_x)^2} \tag{5.2.3-8}$$

$$N_{Ek}=\sqrt{5300^2+(0.85\times5700)^2}=7181\text{kN}$$

$$N_{Ek}=\sqrt{5700^2+(0.85\times5300)^2}=7265\text{kN}>7181\text{kN},$$

选（B）。

(2)《高规》规定

《高规》的规定和《抗震》规定是相同的。但偶然偏心的考虑是不同的。

《高规》4.3.3 条规定

4.3.3 计算单向地震作用时应考虑偶然偏心的影响。每层质心沿垂直于地震作用方向的偏移值可按下式采用：

$$e_i = \pm 0.05L_i \tag{4.3.3}$$

式中：e_i——第 i 层质心偏移值（m），各楼层质心偏移方向相同；

L_i——第 i 层垂直于地震作用方向的建筑物总长度（m）。

《高规》4.3.3 条的“条文说明”还指出

4.3.3 本条规定主要是考虑结构地震动力反应过程中可能由于地面扭转运动、结构实际的刚度和质量分布相对于计算假定值的偏差，以及在弹塑性反应过程中各抗侧力结构刚度退化程度不同等原因引起的扭转反应增大；特别是目前对地面运动扭转分量的强震实测记录很少，地震作用计算中还不能考虑输入地面运动扭转分量。采用附加偶然偏心作用计算是一种实用方法。美国、新西兰和欧洲等抗震规范都规定计算地震作用时应考虑附加偶然偏心，偶然偏心距的取值多为 $0.05L$。对于平面规则（包括对称）的建筑结构需附加偶然偏心；对于平面布置不规则的结构，除其自身已存在的偏心外，还需附加偶然偏心。

本条规定直接取各层质量偶然偏心为 $0.05L_i$（L_i为垂直于地震作用方向的建筑物总长度）来计算单向水平地震作用。实际计算时，可将每层质心沿主轴的同一方向（正向或负向）偏移。

采用底部剪力法计算地震作用时，也应考虑偶然偏心的不利影响。

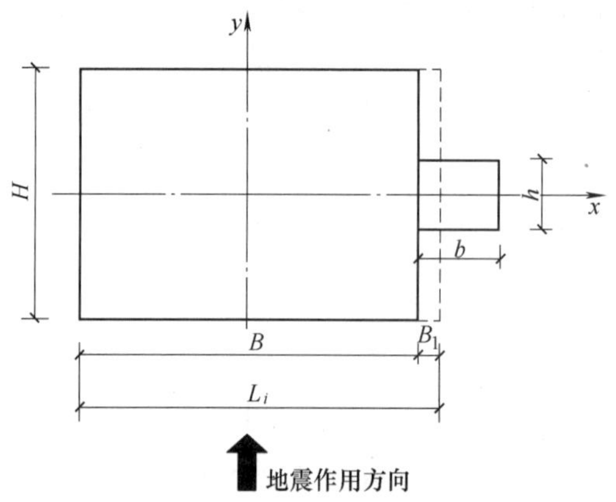

图 3　平面局部突出示例

当计算双向地震作用时，可不考虑偶然偏心的影响，但应与单向地震作用考虑偶然偏心的计算结果进行比较，取不利的情况进行设计。

关于各楼层垂直于地震作用方向的建筑物总长度 L_i 的取值，当楼层平面有局部突出时，可按回转半径相等的原则，简化为无局部突出的规则平面，以近似确定垂直于地震计算方向的建筑物边长 L_i。如图 3 所示平面，当计算 y 向地震作用时，若 b/B 及 h/H 均不大于 1/4，可认为是局部突出；此时用于确定偶然偏心的边长可近似按下式计算：

$$L_i = B + \frac{bh}{H}\left(1 + \frac{3b}{B}\right) \tag{4}$$

【例 2.3.3-5】下列关于扭转耦联效应的叙述中，下列何项是错误的。

(A) 对质量和刚度分布明显不对称的结构，应计入双向水平地震作用下的扭转影响

(B) 对质量和刚度分布比较均匀的结构，可以不考虑扭转耦联效应

(C) 对任何结构的抗震设计，都要考虑扭转耦联效应的措施

(D) 采用底部剪力法计算地震作用的结构，可以不进行扭转耦联计算，但是对其平行于地震作用的边榀的地震效应，应乘以增大系数

【答案】(B)

【解答】根据《抗震》第 5.1.1 条的规定，对质量和刚度明显不对称的结构，应计入双向水平地震作用的扭转影响；其他情况，应允许采用调整地震作用效应的方法计入扭转影响。(B) 项错误，(A) 项和 (C) 项所述正确。

按《抗震》第 5.2.3 条的规定，规则结构不进行扭转耦联计算时，平行于地震作用方向的两个边榀的地震作用效应乘以增大系数，(D) 项正确。

【例 2.3.3-6】对位于 7 度抗震设防区、Ⅱ类建筑场地、110m 高，房屋平面及其结构布置均匀、对称、规则，且房屋质量和其结构的侧向刚度沿高度分布较均匀的丙类钢筋混凝土框架-剪力墙办公楼。在进行水平地震作用计算时，下列何项计算方法适合。

(A) 可采用底部剪力法

(B) 可采用不考虑扭转影响的振型分解反应谱法

(C) 应采用考虑扭转耦联振动影响的振型分解反应谱法

(D) 应采用考虑扭转耦联振动影响的振型分解反应谱法，并用弹性时程分析法进行多遇地震作用下的补充计算

【答案】(D)

【解答】现楼高 110m，又是属弯剪型侧移曲线类型的框架-剪力墙结构，显然采用底部剪力法计算水平地震作用不合适。

现今质量和刚度分布较均匀、对称、规则，沿高度分布也较均匀，因而宜采用考虑偶然偏心影响的振型分解反应谱法计算。由于大楼位于 7 度抗震设防区，且高过 100m，已属需用弹性时程分析法进行多遇地震下的补充计算范畴了。

【例 2.3.3-7】

对高层混凝土结构进行地震作用分析时，下述何项说法相对准确？

(A) 质量和刚度分布均匀时，可不考虑偶然偏心影响

(B) 采用振型分解反应谱法计算时考虑偶然偏心影响，采用底部剪力法时则不考虑

(C) 对平面不规则的结构应考虑偶然偏心影响，平面对称规则的结构则不需考虑

(D) 计算双向地震作用时可不考虑偶然偏心影响

【答案】(D)

【解答】根据《高规》第 4.3.3 条，“计算单向地震作用时应考虑偶然偏心的影响”。(A) 不准确。

根据《高规》第 4.3.3 条条文说明，“采用底部剪力法计算地震作用时，也应考虑偶然偏心的不利影响”。(B) 不准确。

根据《高规》第 4.3.3 条条文说明，“对于平面规则（包括对称）的建筑结构需附加偶然偏心”。(C) 不准确。

根据《高规》第4.3.3条条文说明，“当计算双向地震作用时，可不考虑偶然偏心的影响。”(D) 相对准确。

四、底部剪力法

1. 适用范围

《抗震》规定

> **5.1.2** 各类建筑结构的抗震计算，应采用下列方法：
> 1 高度不超过40m、以剪切变形为主且质量和刚度沿高度分布比较均匀的结构，以及近似于单质点体系的结构，可采用底部剪力法等简化方法。

【例2.3.4-1】 高度不超过40m、以剪切变形为主且质量和刚度沿高度分布比较均匀的高层建筑结构地震作用计算时应采用下列何种方法以体现不同结构采用不同分析方法的原则？

(A) 时程分析法；

(B) 振型分解反应谱法；

(C) 底部剪力法；

(D) 先用振型分解反应谱法计算，再以时程分析法作补充计算。

【答案】 (C)

【解答】 根据《抗震》5.1.2条。

2. 结构底部总剪力

理论分析表明，在满足“高度不超过40m、以剪切变形为主且质量和刚度沿高度分布比较均匀的结构”的前提下，多层结构在地震作用下的振动以基本振型为主，基本振型接近一条斜直线［图2.3.4-1 (b)］。这样就可以仅考虑基本振型，先算出作用于结构的总水平地震作用，即作用于结构底部的剪力，然后将此总水平地震作用按某一规律分配给各个质点。

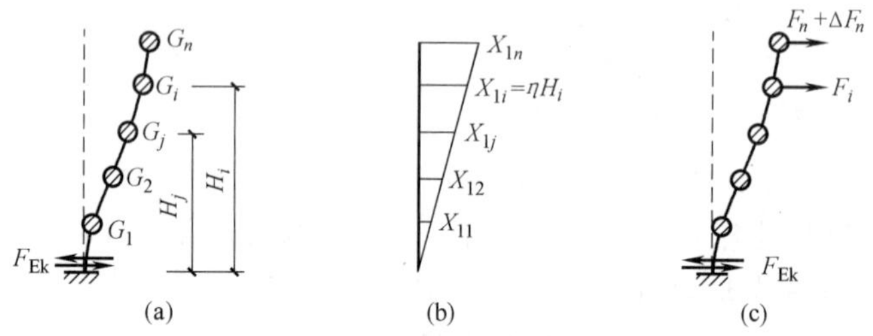

图2.3.4-1 底部剪力法

(a) 计算简图；(b) 基本振型；(c) 质点地震作用

由振型分解反应谱法，j 振型 i 质点水平地震作用为

$$F_{ji}=\alpha_j\gamma_j X_{ji}G_i$$

j 振型结构底部剪力 V_j 等于各质点水平地震作用之和，即

$$V_j=\sum_{i=1}^{n}F_{ji}=\sum_{i=1}^{n}\alpha_j\gamma_j X_{ji}G_i \tag{2.3.4-1}$$

将上式改写成

$$V_j=\alpha_1 G\sum_{i=1}^{n}\frac{\alpha_j}{\alpha_1}\gamma_j X_{ji}\frac{G_i}{G} \tag{2.3.4-2}$$

结构的总水平地震作用，即结构底部剪力值应为

$$F_{\mathrm{Ek}}=\sqrt{\sum_{j=1}^{n}V_j^2}=\alpha_1 G\sqrt{\sum_{j=1}^{n}\left(\sum_{j=1}^{n}\frac{\alpha_j}{\alpha_1}\gamma_j X_{ji}\frac{G_i}{G}\right)^2} \tag{2.3.4-3}$$

令 $C=\sqrt{\sum_{j=1}^{n}\left(\sum_{j=1}^{n}\frac{\alpha_j}{\alpha_1}\gamma_j X_{ji}\frac{G_i}{G}\right)^2}$，$G_{\mathrm{eq}}=CG$，则上式可写成

$$F_{\mathrm{Ek}}=\alpha_1 G_{\mathrm{eq}} \tag{2.3.4-4}$$

式中 C——等效总重力荷载换算系数，根据底部剪力相等原则，把多质点体系用一个与其基本周期相同的单质点体系来代替。

对于单质点体系，$C=1$；

对于无穷多质点体系，$C=0.75$；

对于一般多质点体系，《抗震》5.2.1条取 $C=0.85$；

G——结构总重力荷载代表值，$G=\sum G_i$，G_i 为质点 i 的重力荷载代表值；

G_{eq}——结构等效总重力荷载代表值，对于多质点体系 $G_{\mathrm{eq}}=0.85\sum G_i$；

F_{Ek}——结构总水平地震作用标准值，即结构底部剪力标准值；

α_1——相应于结构基本周期的水平地震影响系数。

《抗震》规定

5.2.1 采用底部剪力法时，各楼层可仅取一个自由度，结构的水平地震作用标准值，应按下列公式确定（图5.2.1）：

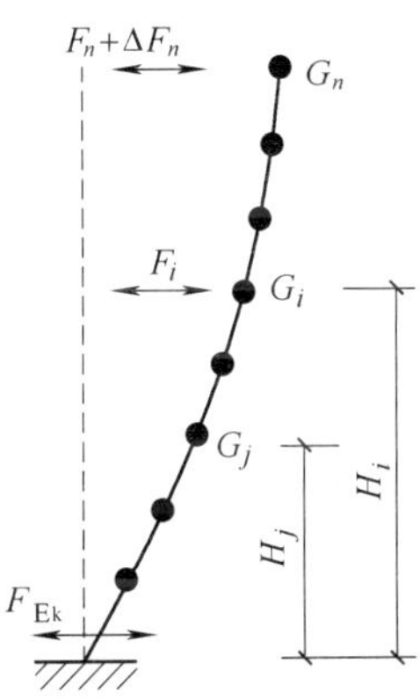

图5.2.1 结构水平地震作用计算简图

$$F_{\mathrm{Ek}}=\alpha_1 G_{\mathrm{eq}} \tag{5.2.1-1}$$

式中 F_{Ek}——结构总水平地震作用标准值；

α_1——相应于结构基本自振周期的水平地震影响系数值，应按本规范第5.1.4、5.1.5条确定，多层砌体房屋、底部框架砌体房屋，宜取水平地震影响系数最大值；

G_{eq}——结构等效总重力荷载，单质点应取总重力荷载代表值，多质点可取总重力荷载代表值的85%；

【例 2.3.4-2】 某框架结构的基本自振周期 $T_1=1.0s$，结构总重力荷载代表值 $G_E=40000kN$，设计地震基本加速度 0.30g，设计地震分组为第二组，I_1 类场地，8 度设防。按底部剪力法计算的多遇地震作用下结构总水平地震作用标准值 F_{Ek}（kN）与下列何项最接近。

（A）2165　　（B）3250　　（C）2761　　（D）1891

【答案】（C）

【解答】（1）由《抗震》表 5.1.4-1 查得地震影响系数最大值 $\alpha_{max}=0.24$。

（2）由《抗震》表 5.1.4-2 查得设计特征周期 $T_g=0.30s$。

（3）结构的基本自振周期 $T_1=1.0s$，$T_g=0.30s<T_1=1.0s<5\times T_g=1.5s$。

根据《抗震》图 5.1.5，地震影响系数

$$\alpha_1=\left(\frac{T_g}{T_1}\right)^{\gamma}\eta_2\alpha_{max}=\left(\frac{0.30}{1.0}\right)^{0.9}\times1.0\times0.24=0.0812。$$

（4）根据《抗震》5.2.1 条，$G_{eq}=0.85G_E=0.85\times40000kN$。

（5）根据《抗震》式（5.2.1-1）

$$F_{Ek}=\alpha_1G_{eq}=0.0812\times0.85\times40000kN=2761kN。$$

【例 2.3.4-3】 某四层砌体结构建筑物平面如图 2.3.4-2 所示。抗震设防烈度 8 度（0.2g），设计地震分组第一组。各层平面相同，首层层高 3.6m，其他各层层高均为 3.5m。

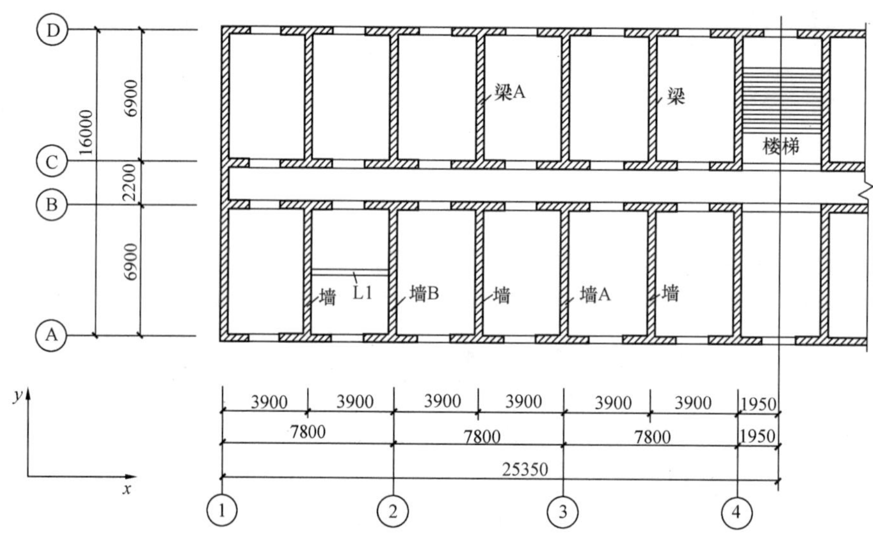

图 2.3.4-2

各楼层永久荷载标准值为 14kN/m^2，楼层按等效均布荷载计算的可变荷载标准值为 2.0kN/m^2，顶层重力荷载代表值 $G_4=11580kN$。

试问，底部总水平地震作用标准值（kN），与下列何项数值最为接近？

（A）6000　　（B）6600　　（C）7200　　（D）7800

【答案】（B）

【解答】（1）根据《抗震》第 5.1.3 条，计算地震作用时，建筑的重力荷载代表值应

取结构和构件自重标准值和各可变荷载组合值之和。楼面可变荷载组合值系数，根据《抗震》表 5.1.3 取为 0.5。

建筑物每层面积 $S=16.24\times50.94=827.3\text{m}^2$

各层重力荷载代表值

$$G_1=G_2=G_3=897.3\times(14+2\times0.5)=12409.5\text{kN}$$
$$G_4=11580\text{kN}$$

结构总重力荷载代表值

$$G=12409.5\times3+1.1580$$

(2) 根据《抗震》第 5.2.1 条，四层结构为多质点，结构等效总重力荷载 G_{eq}，可取总重力荷载代表值的 85%。

$$G_{eq}=0.85\times(12409.5\times3+1.1580)=41487.2\text{kN}$$

(4) 根据《抗震》表 5.1.4-1，抗震设防烈度 8 度（0.2g）的水平地震影响系数最大值 $\alpha_{max}=0.16$。

(5) 根据《抗震》第 5.2.1 条，底部总水平地震作用标准值 $F_{Fk}=\alpha_1G_{eq}$和水平地震影响系数 $\alpha_1=\alpha_{max}$。

$$\alpha_1=\alpha_{max}=0.16$$
$$F_{Ek}=\alpha_1G_{eq}=0.16\times41487.2=6638.0\text{kN}$$

故选（B）。

【例 2.3.4-4】 某 10 层钢筋混凝土框架结构，如图 2.3.4-3 所示，质量和刚度沿竖向分布比较均匀，抗震设防类别为标准设防类，抗震设防烈度 7 度，设计基本地震加速度 0，10g，设计地震分组第一组，场地类别Ⅱ类。

假定，房屋集中在楼盖和屋盖处的重力荷载代表值为：首层 $G_1=12000\text{kN}$，$G_{2-9}=11200\text{kN}$，$G_{10}=9250\text{kN}$，结构考虑填充墙影响的基本自振周期 $T_1=1.24\text{s}$，结构阻尼比 $\xi=0.05$。试问，采用底部剪力法估算时，该结构总水平地震作用标准值 F_{Fk}（kN），与下列何项数值最为接近？

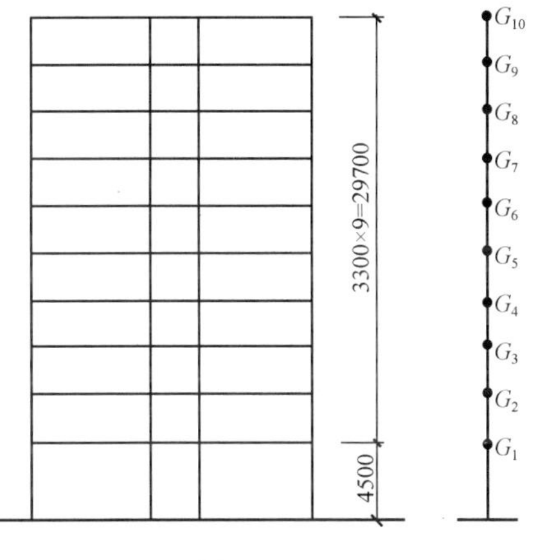

图 2.3.4-3

(A) 2410 (B) 2720 (C) 3620 (D) 4080

【答案】（A）

【解答】（1）根据《抗震》5.2.1 条，

$$G_{eq}=(12000+8\times11200+9250)\times0.85=110850\times0.85=94223\text{kN}$$

(2) 根据《抗震》表 5.1.4，当设计地震分组第一组和场地类别Ⅱ类时，特征周期 $T_g=0.35\text{s}$。

(3) 基本自振周期 $T_1=1.24\text{s}$，根据《抗震》5.1.5 条

$$T_1=1.24\text{s}>T_g=0.35\text{s}$$
$$T_1=1.24\text{s}<5T_g=5\times0.35\text{s}=1.75\text{s}$$

地震影响系数曲线位于《抗震》图 5.1.5 曲线下降段。

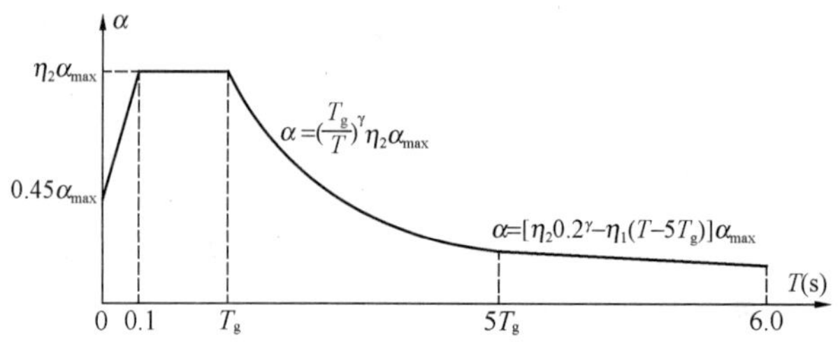

图 5.1.5　地震影响系数曲线

(4) 根据《抗震》式（5.1.5-1），曲线下降段的衰减减数 $\gamma=0.9+\frac{0.05-\zeta}{0.3+6\zeta}$

已知结构阻尼比 $\zeta=0.05$，得曲线下降段的衰减系数 $\gamma=0.9$

(5) 根据《抗震》式（5.1.5-2），阻尼调整系数 $\eta_2=1+\frac{0.05-\zeta}{0.08+1.6\zeta}$

已知结构阻尼比 $\zeta=0.05$，得阻尼调整系数 $\eta_2=1.0$

(6) 根据《抗震》表 5.1.4-1，抗震设防烈度 7 度，设计基本地震加速度 $0.10g$，水平地震影响系数最大值 $\alpha_{max}=0.08$。

(7) 根据《抗震》图 5.1.5，曲线下降段的地震影响系数 $\alpha=\left(\frac{T_g}{T}\right)^\gamma\eta_2\alpha_{max}$

$$\alpha_1=\left(\frac{T_g}{T_1}\right)^{0.9}\alpha_{max}=\left(\frac{0.35}{1.24}\right)^{0.9}\times 0.08=0.0256$$

(8) 根据《抗震》5.2.1 条，$F_{Ek}=\alpha_1 G_{eq}$

$$F_{Ek}=0.0256\times 94223=2412\text{kN},$$

故选（A）。

3. 高振型影响的调整

基于基本周期 T_1 的“底部剪力法”适用于基本周期 $T_1\leqslant 1.4T_g$ 的结构，当 $T_1>1.4T_g$ 时，由于高振型的影响需要调整，《抗震》给出的方法是将结构总地震作用中的一部分作为集中力作用于结构顶部，附加集中水平作用 ΔF_n 的计算见《抗震》的规定。

《抗震》规定

5.2.1

$$\Delta F_n=\delta_n F_{Ek} \qquad (5.2.1\text{-}3)$$

式中　F_{Ek}——结构总水平地震作用标准值；

δ_n——顶部附加地震作用系数，多层钢筋混凝土和钢结构房屋可按表 5.2.1 采用，其他房屋可采用 0.0；

ΔF_n——顶部附加水平地震作用。

顶部附加地震作用系数　**表 5.2.1**

T_g(s)	$T_1\geqslant 1.4T_g$	$T_1\leqslant 1.4T_g$
$T_g\leqslant 0.35$	$0.08T_1+0.07$	0.0
$0.35<T_g\leqslant 0.55$	$0.08T_1+0.01$	
$T_g>0.55$	$0.08T_1-0.02$	

注：T_1 为结构基本自振周期。

【例 2.3.4-5】 当采用底部剪力法计算多遇地震水平地震作用时，特征周期 $T_g=0.30s$，顶部附加水平地震作用标准值为 $\Delta F_n=\delta_n F_{Ek}$，当结构基本自振周期 $T_1=1.30s$ 时，顶部附加水平地震作用系数 δ_n 应与下列何项最为接近。

(A) 0.17　　(B) 0.11　　(C) 0.08　　(D) 0.0

【答案】(A)

【解答】 根据《抗震》表 5.2.1，

$$T_1=1.30s>1.4T_g=1.4\times0.30s=0.42s$$

$$\delta_n=0.08T_1+0.07=0.08\times1.30+0.07=0.174$$

【例 2.3.4-6】 某十一层办公楼采用现浇钢筋混凝土框架结构，竖向刚度比较均匀，如图 2.3.4-4 所示；其抗震设防烈度为 7 度，设计基本地震加速度为 0.15g，设计地震分组为第二组，丙类建筑，Ⅰ$_0$ 类场地。

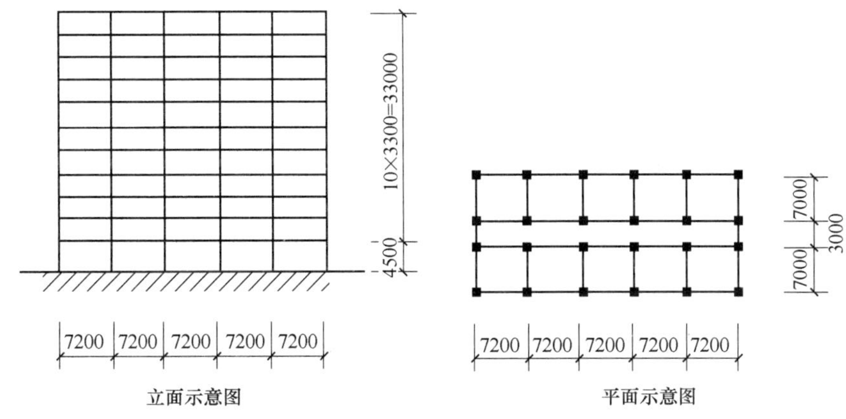

图 2.3.4-4

假定结构基本自振周期 $T_1=1.1s$，相应于结构基本自振周期的水平地震影响系数 $\alpha_1=0.018$，结构总重力荷载代表值 $G_E=110000kN$。采用底部剪力法简化计算时，试问，主体结构顶层附加水平地震作用标准值 (kN)，应与下列何项数值最为接近?

(A) 980　　(B) 310　　(C) 300　　(D) 270

【答案】(D)

【解答】 根据《高规》附录 C 第C.0.1.1～3 条进行计算。

$T_g=0.25s$　$T_1=1.1s>1.4T_g=0.35s$

$\delta_{11}=0.08T_1+0.07=0.08\times1.1+0.07=0.158$

$\Delta F_{11}=\delta_{11}\cdot F_{Ek}=\delta_{11}\cdot\alpha_1\cdot G_{eq}=0.158\times0.018\times0.85\times110000kN=266kN\approx270kN$

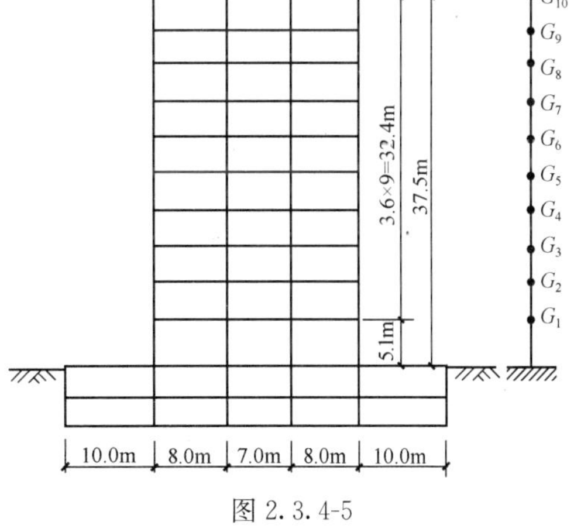

图 2.3.4-5

【例 2.3.4-7】 某钢筋混凝土框架-剪力墙结构，高度为 37.8m，地下 2 层，地上 10

层，如图 2.3.4-5 所示。该地区抗震设防烈度为 7 度，设计基本地震加速度为 0.15g，设计地震分组为第二组，场地类别为Ⅳ类，地下室顶板可作为上部结构的嵌固部位，质量和刚度沿竖向分布均匀。假定，集中在屋盖和楼盖处的重力荷载代表值为 G_{10} = 15000kN，G_{2-9} = 16000kN，G_1 = 18000kN。

该结构的基本自振周期 T_1 = 1.2s，采用底部剪力法估算的总水平地震作用标准值 F_{Ek} = 12600kN。试问，作用于该结构顶部的附加水平地震作用标准值 ΔF_{10}（kN），与下列何项数值最为接近？

(A) 0　　(B) 950　　(C) 1300　　(D) 2100

【答案】(B)

【解答】

(1) 根据《抗震》表 5.1.4-2，抗震设防烈度为 7 度，设计基本地震加速度为 0.15g，设计地震分组为第二组的特征周期 T_g = 0.75s。

(2) 根据《抗震》5.2.1 条，$T_1/T_g = 1.2/0.75 = 1.6 > 1.4$，由表 5.2.1 得

$$\delta_{10} = 0.08T_1 - 0.02 = 0.08 \times 1.2 - 0.02 = 0.076$$

(3) 根据《抗震》5.2.1 条式（5.2.1-3）$\Delta F_n = \delta_n \cdot F_{Ek}$

$$\Delta F_{10} = \delta_{10} \cdot F_{Ek}$$

$$\Delta F_{10} = 12600 \times 0.076 = 957.6\text{kN},$$

4. 质点的地震作用

求得结构的总水平地震作用后，可将它分配到各个质点，以求出各质点的地震作用。结构振动仅考虑基本振型，基本振型取为倒三角形［图 2.3.4-1(b)］，质点相对位移 X_{1i} 与质点高度 H_i 成正比，设 η 为比例常数，则 $X_{1i} = \eta H_i$，得

$$F_i = F_{1i} = \alpha_1 \gamma_1 X_{1i} G_i = \alpha_1 \gamma_1 \eta H_i G_i \tag{2.3.4-5}$$

结构底部剪力等于各质点水平地震作用之和

$$F_{Ek} = \sum_{i=1}^{n} F_i = \alpha_1 \gamma_1 \eta \sum_{i=1}^{n} H_j G_j \tag{2.3.4-6}$$

因只考虑第一振型所以 $F_{1i} = F_1$，振型无需表示。为区别某一质点 i 的地震作用 F_i 与涉及各质点求和时要用到各质点的下标，故用 j 表示，如 G_j、H_j 等。此处以 j 表示质点，变换上式可得

$$\alpha_1 \gamma_1 \eta = \frac{F_{Ek}}{\sum_{i=1}^{n} H_j G_j} \tag{2.3.4-7}$$

将式（4.4.7）代入式（4.4.5），得

$$F_i = \frac{G_i H_i}{\sum_{i=1}^{n} G_j H_j} F_{Ek} \tag{2.3.4-8}$$

《抗震》规定

5.2.1 采用底部剪力法时，各楼层可仅取一个自由度，结构的水平地震作用标准值，应按下列公式确定（图 5.2.1）：

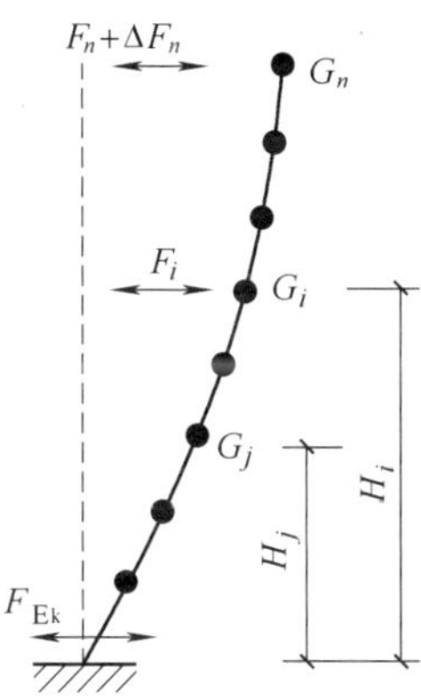

图 5.2.1 结构水平地震作用计算简图

$$F_i=\frac{G_iH_i}{\sum_{j=1}^{n}G_jH_j}F_{Ek}(1-\delta_n)(i=1,2\cdots n) \quad (5.2.1\text{-}2)$$

式中 F_{Ek}——结构总水平地震作用标准值；

F_i——质点 i 的水平地震作用标准值；

G_i、G_j——分别为集中于质点 i、j 的重力荷载代表值，应按本规范第 5.1.3 条确定；

H_i、H_j——分别为质点 i、j 的计算高度；

δ_n——顶部附加地震作用系数，多层钢筋混凝土和钢结构房屋可按表 5.2.1 采用，其他房屋可采用 0.0；

ΔF_n——顶部附加水平地震作用。

【例 2.3.4-8】 如图 2.3.4-6 所示，某二层钢筋混凝土框架结构，集中于楼盖和屋盖处的重力荷载代表值相等 $G_1=G_2=1200$kN，梁的刚度 $EI=\infty$，场地为Ⅱ类，抗震设防烈度为 7 度，设计地震分组为第二组，设计基本地震加速度为 $0.10g$。该结构基本自振周期 $T_1=1.028$s。多遇地震作用下，第一层、第二层楼层地震剪力标准值（kN），与下列何项最接近。

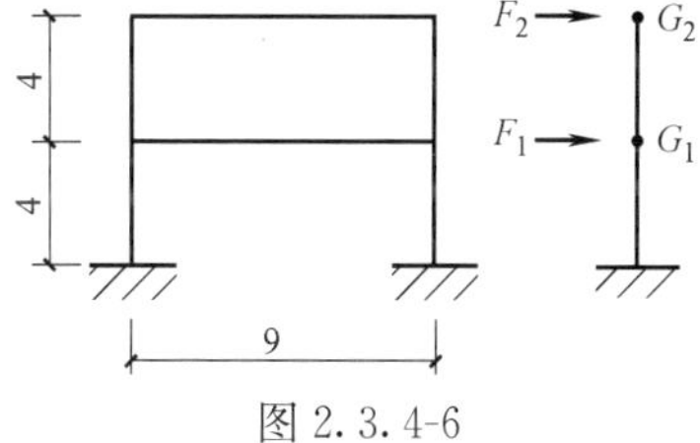

图 2.3.4-6

（A）69.36；46.39　　（B）69.36；48.37

（C）69.36；40.39　　（D）69.36；41.99

【答案】（B）

【解答】（1）查《抗震》表 5.1.4-1 知，$\alpha_{max}=0.08$。

（2）查《抗震》表 5.1.4-2 知，$T_g=0.40$s。

（3）$T_g=0.4\text{s}<T_1=1.028\text{s}<5T_g=2.0\text{s}$，根据《抗震》图 5.1.5，

地震影响系数 $\alpha_1=\left(\frac{T_g}{T_1}\right)^{\gamma}\eta_2\alpha_{max}=\left(\frac{0.4}{1.028}\right)^{0.9}\times1\times0.08=0.034$。

（4）根据《抗震》第 5.2.1 条式（5.2.1-1）规定：

$$F_{Ek}=\alpha_1 G_{eq}=0.034\times0.85\times(1200+1200)\text{kN}=69.36\text{kN}。$$

（5）查《抗震》表 5.2.1，$T_1>1.4T_g=0.56\text{s}$，取

$$\delta_n=0.08T_1+0.01=0.08\times1.028+0.01=0.092。$$

（6）根据《抗震》式（5.2.1-3）：$\Delta F_n=\delta_n F_{Ek}=0.092\times69.36\text{kN}=6.38\text{kN}$。

（7）由《抗震》式（5.2.1-2）：

$$F_1=\frac{G_1H_1}{\sum_{j=1}^{n}G_jH_j}F_{Ek}(1-\delta_n)=\frac{1200\times4}{1200\times4+1200\times8}\times69.36\times(1-0.092)\text{kN}$$

$$=20.99\text{kN}$$

$$F_2=\frac{1200\times8}{1200\times4+1200\times8}\times69.36\times(1-0.092)\text{kN}=41.99\text{kN}。$$

（8）第二层剪力：　$\Delta F+F_2=(6.38+41.99)\text{kN}=48.37\text{kN}$

第一层剪力：　$\Delta F+F_2+F_1=(48.37+20.99)\text{kN}=69.36\text{kN}$。

【例 2.3.4-9】～【例 2.3.4-11】 某 6 层框架结构，如图 2.3.4-7 所示，设防烈度为 8 度，设计基本地震加速度为 0.20g，设计地震分组为第二组，场地类别为Ⅲ类，集中在屋盖和楼盖处的重力荷载代表值为 $G_6=4750\text{kN}$，$G_{2\sim5}=6050\text{kN}$，$G_1=7000\text{kN}$。采用底部剪力法计算。

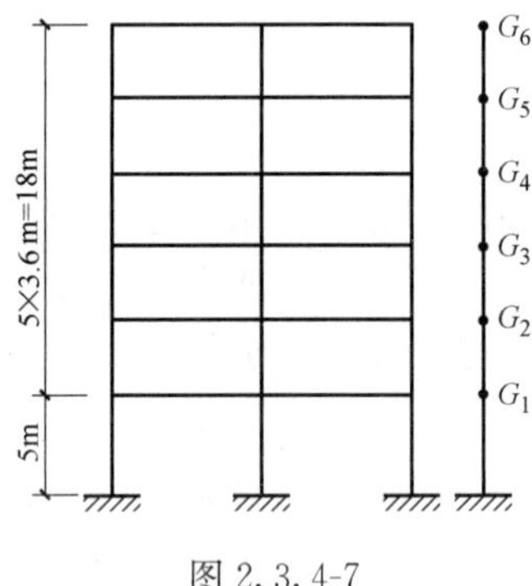

图 2.3.4-7

【例 2.3.4-9】 假定结构的基本自振周期 $T_1=0.65\text{s}$，结构阻尼比 $\zeta=0.05$。结构总水平地震作用标准值 F_{Ek}（kN）与下列何项最为接近。

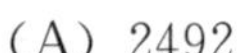

（A）2492　　　（B）3271

（C）4217　　　（D）4555

【答案】（C）

【解答】 由《抗震》表 5.1.4-2，设计地震分组为二组，Ⅲ类场地 $T_g=0.55\text{s}$

由《抗震》表 5.1.4-1，8 度，0.20g，$\alpha_{max}=0.16$

阻尼比 $\zeta=0.05$

由式《抗震》（5.1.5-1），$\gamma=0.9$

由式《抗震》（5.1.5-3），$\eta_2=1.0$

由《抗震》图 5.1.5

$$\alpha_1=\left(\frac{T_g}{T_1}\right)^{\gamma}\eta_2\alpha_{max}=\left(\frac{0.55}{0.65}\right)^{0.9}\times1.0\times0.16=0.138$$

由《抗震》5.2.1 条

$$F_{Ek}=\alpha_1 G_{eq}=0.138\times0.85\times(4750+4\times6050+7000)\text{kN}=4217\text{kN}$$

【例 2.3.4-10】 若该框架的基本自振周期 $T_1=0.85\text{s}$。总水平地震作用标准值 $F_{Ek}=3304\text{kN}$，作用于顶部附加水平地震作用标准值 ΔF_6（kN）与下列何项最为接近。

（A）153　　　（B）258　　　（C）466　　　（D）525

【答案】(B)

【解答】 由《抗震》表 5.2.1

$$1.4T_g = 1.4 \times 0.55s = 0.77s < T_1 = 0.85s$$

$$\delta_n = 0.08T_1 + 0.01 = 0.08 \times 0.85 + 0.01 = 0.078$$

由《抗震》式(5.2.1-3)

$$\Delta F_n = -\delta_n F_{Ek} = 0.078 \times 3304kN = 258kN。$$

【例 2.3.4-11】 若已知结构总水平地震作用标准值 F_{Ek} = 3126kN，顶部附加水平地震作用 ΔF_6 = 256kN，作用于 G_5 处的地震作用标准值 F_5 (kN) 与下列何项最为接近。

(A) 565　　(B) 697　　(C) 756　　(D) 914

【答案】(B)

【解答】 由《抗震》式(5.2.1-2)

$$F_5 = \frac{G_5 H_5}{\sum_{j=1}^{n} G_j H_j}(F_{Ek} - \Delta F_n)$$

$$= \frac{6050 \times 19.4 \times (3126 - 256)}{7000 \times 5 + 6050 \times (8.6 + 12.2 + 15.8 + 19.4) + 4750 \times 23} kN = 697kN。$$

【例 2.3.4-12】 某四层钢筋混凝土框架结构，计算简图如图 2.3.4-8 所示。抗震设防类别为丙类。抗震设防烈度为 8 度 (0.2g)，Ⅱ类场地，设计地震分组为第一组，第一自振周期 T_1 = 0.55s。各层顶重力荷载代表值 G_1、G_2、G_3、G_4 依次为：2100kN，1800kN，1800kN，1900kN。

假定，结构总水平地震作用标准值 F_{Ek} = 800kN，试问，作用在二层顶面的水平地震作用标准值 F_2 (kN)，与下列何项数值最为接近？

(A) 130　　(B) 140

(C) 150　　(D) 160

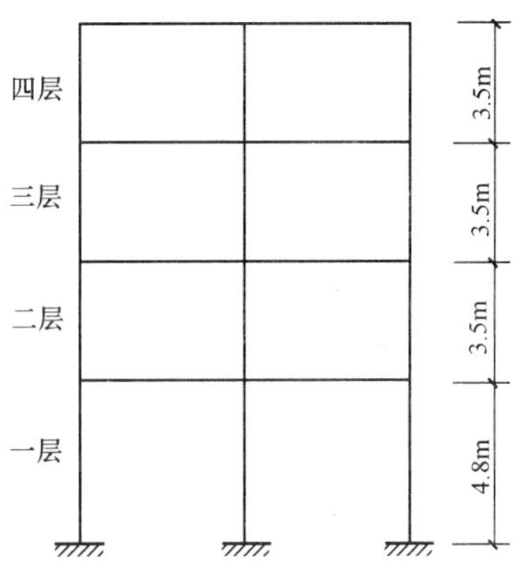

图 2.3.4-8

【答案】(B)

【解答】

(1) 根据《抗震》表 5.1.4-2，Ⅱ类场地和设计地震分组为第一组的特征周期 T_g = 0.35s。

(2) 根据《抗震》第 5.2.1 条表 5.2.1，T_1 = 0.55s > $1.4T_g$ = 1.4 × 0.35 = 0.49s，顶部附加地震作用系数 $\delta_n = 0.08T_1 + 0.07 = 0.08 \times 0.55 + 0.07 = 0.114$

(3) 根据《抗震》第 5.2.1 条式(5.2.1-2)

$$F_2 = \frac{G_2 H_2}{\Sigma G_j H_j} F_{Ek}(1 - \delta_n)$$

$$\Sigma G_j H_j = 2100 \times 4.8 + 1800 \times (4.8 + 3.5) + 1.800 \times (4.8 + 2 \times 3.5) + 1900 \times (4.8 + 3 \times 3.5) = 75330kN$$

$$F_2 = \frac{1800 \times (4.8 + 3.5) \times 800 \times (1 - 0.114)}{75330} = 140.6kN$$

故选（B）。

【例 2.3.4-13】 某五层砖砌体房屋，各层层高均为 3m，采用现浇混凝土楼、屋盖，横墙承重。该房屋位于抗震设防烈度 8 度、设计基本地震加速度为 0.3g 的地区，计算简图如图 2.3.4-9 所示。已知集中于各楼层、屋盖的重力荷载代表值相同，$G_1 \sim G_5 = 2000$kN。

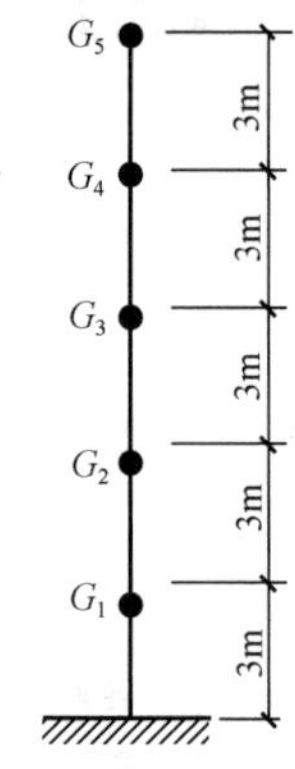

图 2.3.4-9

试问，采用底部剪力法计算时，顶层的地震作用标准值（kN），与下列何项数值最为接近？

提示：假定结构总水平地震作用标准值为 F_{Ek}

（A）$0.333F_{Ek}$　　（B）$0.300F_{Ek}$

（C）$0.245F_{Ek}$　　（D）$0.200F_{Ek}$

【答案】（A）

【解答】 根据《抗震》第 5.2.1 条，顶层的地震作用标准值

$$F_5 = \frac{G_5 H_5}{\sum_{j=1}^{5} G_j H_j} F_{Ek}(1 - \delta_n) + \delta_n F_{Ek}$$

《抗震》第 5.2.1 条的符号说明

> δ_n——顶部附加地震作用系数，多层钢筋混凝土和钢结构房屋可按表 5.2.1 采用，其他房屋可采用 0.0；

砌体结构房屋为“其他房屋”，取 $\delta_n = 0.0$

$$H_1 = 3.0\text{m}, H_2 = 6.0\text{m}, H_3 = 9.0\text{m}, H_4 = 12.0\text{m}, H_5 = 15.0\text{m}$$

$$F_5 = \frac{2000 \times 15}{2000 \times (3 + 6 + 9 + 12 + 15)} F_{Ek} = 0.333 F_{Ek}$$

故选（A）。

五、水平地震作用的调整

1. 最小剪重比

（1）考虑最小剪重比的原因

《抗震》5.2.5 条的“条文说明”指出

> **5.2.5** 由于地震影响系数在长周期段下降较快，对于基本周期大于 3.5s 的结构，由此计算所得的水平地震作用下的结构效应可能太小。而对于长周期结构，地震动态作用中的地面运动速度和位移可能对结构的破坏具有更大影响，但是规范所采用的振型分解反应谱法尚无法对此作出估计。出于结构安全的考虑，提出了对结构总剪力和各楼层水平地震剪力最小值的要求，规定了不同烈度下的剪力系数，当不满足时，需改变结构布置或调整结构底部总剪力和各楼层的水平地震剪力使之满足要求。

（2）《抗震》规定

5.2.5 抗震验算时，结构任一楼层的水平地震剪力应符合下式要求：

$$V_{\mathrm{Ek}i} \geqslant \lambda \sum_{j=1}^{n} G_j \tag{5.2.5}$$

式中 $V_{\mathrm{Ek}i}$——第 i 层对应于水平地震作用标准值的楼层剪力；

λ——剪力系数，不应小于表 5.2.5 规定的楼层最小地震剪力系数值，对竖向不规则结构的薄弱层，尚应乘以 1.15 的增大系数；

G_j——第 j 层的重力荷载代表值。

楼层最小地震剪力系数值 **表 5.2.5**

类　别	6 度	7 度	8 度	9 度
扭转效应明显或基本周期小于 3.5s 的结构	0.008	0.016(0.024)	0.032(0.048)	0.064
基本周期大于 5.0s 的结构	0.006	0.012(0.018)	0.024(0.032)	0.040

注：1 基本周期介于 3.5s 和 5s 之间的结构，可插入取值；
2 括号内数值分别用于设计基本地震加速度为 0.15g 和 0.30g 的地区。

【例 2.3.5-1】 某钢筋混凝土框架结构，抗震设防烈度为 7 度（0.15g），设计地震分组为第一组，场地类别为Ⅲ类，抗震设防类别为标准设防类。

假定，各楼层及其上部楼层重力荷载代表值之和$\sum G_i$、各楼层水平地震作用下的剪力标准值 V_i 如表 2.3.5-1 所示。试问，以下关于楼层最小地震剪力系数是否满足规范要求的描述，何项正确？

表 2.3.5-1

楼层	1	2	3	4	5
$\sum G_i$（kN）	97130	79850	61170	45820	30470
V_i（kN）	3800	3525	3000	2560	2015

提示：基本周期小于 3.5s，且无薄弱层。

(A) 各楼层均满足规范要求

(B) 各楼层均不满足规范要求

(C) 第 1、2、3 层不满足规范要求，4、5 层满足规范要求

(D) 第 1、2、3 层满足规范要求，4、5 层不满足规范要求

【答案】(A)

【解答】 根据《抗震》公式（5.2.5），各层的剪力系数分别为：

$$\lambda_1=\frac{3800}{97130}=0.039,\ \lambda_2=\frac{3525}{79850}=0.044,\ \lambda_3=\frac{3000}{61170}=0.049,$$

$$\lambda_4=\frac{2560}{45820}=0.056,\ \lambda_5=\frac{2015}{30470}=0.066$$

均大于《抗震》5.2.5 表中最小地震剪力系数 0.024 的要求。

选（A）

【例 2.3.5-2】 某五层钢筋混凝土框架，房屋高度 25.45m。抗震设防烈度 8 度，设防类别为丙类，设计基本地震加速度 0.2g，设计地震分组为第二组，场地类Ⅰ类。

假定，该结构的基本周期为 0.8s，对应于水平地震作用标准值的各楼层地震剪力

V_{Ekj}，剪力荷载代表值 G_j 和楼层的侧向刚度 K_j 见表 2.3.5-2。试问，水平地震剪力不满足规范最小地震剪力要求的楼层为下列何项？

表 2.3.5-2

楼　层	1	2	3	4	5
楼层地震剪力 V_{Ekj}（kN）	450	390	320	240	140
楼层重力荷载代表值 G_j（kN）	3900	3300	3300	3300	3200
楼层的侧向刚度 K_i（kN/m）	6.5×10^4	7.0×10^4	7.5×10^4	7.5×10^4	7.5×10^4

(A) 所有楼层　　(B) 第1、2、3层　(C) 第1、2层　　(D) 第1层

【答案】(C)

根据《抗震》表 5.2.5，楼层最小地震剪力系数为 0.032。

根据《抗震》公式（5.2.5），各楼层地震剪力系数 λ 见下表：

楼　层	1	2	3	4	5
V_{Eki}（kN）	450	390	320	240	140
$\sum_{i=1}^{n} G_j$（kN）	17000	13100	9800	6500	3200
$\lambda = V_{Eki}/\sum_{j=i}^{n} G_j$	0.026	0.030	0.033	0.037	0.044

经比较，第1层、第2层均不满足规范最小地震剪力系数的要求，选（C）。

【例 2.3.5-3】某钢筋混凝土框架-剪力墙结构，丙类建筑，抗震设防烈度为9度；建于Ⅱ类场地，设计地震分组为第一组。已知基本自振周期位于 $T_g \leqslant T_1 \leqslant 5T_g$ 区段，但具体数值未知，若采用底部剪力法进行方案比较，试问本工程 T_1 最大为何值时，底层水平地震剪力仍能满足规范规定的剪重比（底层剪力与重力荷载代表值之比）要求？

(A) 0.85s　　(B) 1.00s　　(C) 1.25s　　(D) 1.75s

【答案】(D)

【解答】(1) 根据《抗震》第 5.2.1 条，底部剪力 $V_{Ek1} = \alpha G_{eq} = 0.85\alpha_1 \sum_{i=1}^{n} G_i$ 则

$$V_{Ek1}/\sum_{i=1}^{n} G_i = 0.85\alpha_1$$

根据《抗震》第 5.2.5 条，楼层剪重比限值条件为

$$V_{Eki}/\sum_{j=1}^{n} G_j > \lambda$$

对比上两式得：$0.85\alpha_1 = \lambda$。

(2) 下表第二行列出《抗震》表 5.2.5 中结构基本周期小于 3.5s 的各楼层最小地震剪力系数 λ，第三行列出《抗震》表 5.1.4-1 的水平地震影响系数最大值 α_{max}，第四行列各设防烈度的比值 λ/α_{max}，均为 0.2。由此得 $\lambda = 0.2\alpha_{max}$。

	6度	7度	8度	9度
λ（表 5.2.5）	0.008	0.016(0.024)	0.032(0.048)	0.064
α_{max}(表 5.1.4-1)	0.04	0.08(0.12)	0.16(0.24)	0.32
λ/α_{max}	0.2	0.2(0.2)	0.2(0.2)	0.2

(3) $0.85\alpha_1=\lambda$

$$0.85\alpha_1=0.2\alpha_{\max}$$

$$0.85\alpha_1=0.85\times\left(\frac{T_g}{T}\right)^{\gamma}\eta_2\alpha_{\max}=0.85\times\left(\frac{T_g}{T}\right)^{0.9}\times1\times\alpha_{\max}$$

$$0.85\times\left(\frac{T_g}{T}\right)^{0.9}=0.2$$

$$T=5T_g$$

(4) Ⅱ类场地，设计地震分组为第一组，查《抗震》表5.1.4-2得场地特征周期 $T_g=0.35s$。

$T=5T_g=1.75s$，选(D)。

【例2.3.5-4】某多层钢筋混凝土框架-剪力墙结构房屋，7度地震区，设计基本地震加速度为0.15g，场地为Ⅱ类，设计地震分组为第二组。该建筑物总重力荷载代表值为 3×10^4kN。经计算水平地震作用下相应的底层楼层地震剪力标准值 $V_{Ek1}=500$kN。底层为结构薄弱层，该结构基本自振周期 $T_1=1.8$s。底层楼层水平地震剪力标准值(kN)应为下列何项。

(A) 552 (B) 575 (C) 828 (D) 855

【答案】(C)

【解答】(1) 查《抗震》表5.2.5，7度，0.15g，$T_1=1.8s<3.5s$，取 $\lambda=0.024$，底层为薄弱层，应乘以增大系数1.15，$\lambda=1.15\times0.024=0.0276$。

(2) 根据《抗震》第5.2.5条式(5.2.5)规定，

楼层最小地震剪力 $V_{Eki}\geqslant\lambda\sum_{j=1}^{n}G_j=0.0276\times3\times10^4=828\text{kN}$。

(3) 底层为薄弱层，根据《抗震》第3.4.3条2款规定，V_{Ek1}应乘以增大系数1.15：

$$V_{Ek1}=1.15\times500\text{kN}=575\text{kN}<828\text{kN}。$$

(4) 为满足楼层最小地震剪力要求，取 $V_{Ek1}=828$kN。

【例2.3.5-5】最小地震剪力系数的应用

条件：图2.3.5-1所示一幢20层的钢筋混凝土框架核心筒结构。设防烈度为8度(0.3g)，结构自振周期 $T_1=1.8$s。结构的总重力荷载代表值 $\sum_{j=1}^{20}G_j=392000\text{kN}$，算得底部总剪力标准值 $V_{Ek0}=11760$kN。

要求：按最小地震剪力系数调整底部总剪力。

【解答】(1)《抗震》表5.2.5中规定的最小剪力系数0.048。

(2) 算得底部剪力系数

$$\lambda=\frac{V_{Ek0}}{\sum_{j=1}^{20}G_j}=\frac{11760}{392000}=0.03<0.048。$$

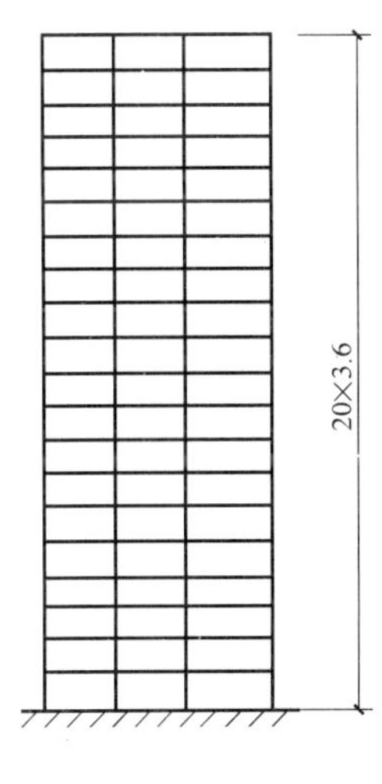

图2.3.5-1

（3）0.048/0.03=1.6，需对该结构的底部总剪力增大1.6倍。

（4）调整后的底部总剪力 $V_{Ek0}=1.6\times11760kN=18816kN$。

【例2.3.5-6】 某钢筋混凝土框架结构房屋，位于8度地震设防区，Ⅰ$_1$类场地，设计基本地震加速度为0.30g，设计分组为第一组，该结构的总重力荷载代表值为4×10^5kN，采用底部剪力法计算。经计算其自振周期为 $T_1=1.24s$。

该结构底部总水平地震剪力标准值（kN）与下列何项数值最接近？

（A）19310　　（B）21000　　（C）22000　　（D）24000

【答案】（A）

【解答】（1）查《抗震》表5.1.4-1，8度，0.30g，多遇地震，取 $\alpha_{max}=0.24$。

（2）查《抗震》表5.1.4-2，设计分组为第一组，Ⅰ$_1$类场地，取 $T_g=0.25s$。

（3）$T_g=0.25s<T_1=1.22s<5T_g=1.25s$，则：

$$\alpha_1=\left(\frac{T_g}{T_1}\right)^{\gamma}\eta_2\alpha_{max}=\left(\frac{0.25}{1.24}\right)^{0.9}\times1\times0.24=0.0568$$

由《抗震》式（5.2.1-1）

$$F_{Ek}=\alpha_1\times0.85\times\sum_{j=1}^{n}G_j=0.0568\times0.85\times4\times10^5kN=19312kN。$$

（4）查《抗震》表5.2.5，8度，0.30g，取 $\lambda=0.048$。

（5）根据《抗震》第5.2.5条式（5.2.5）规定，结构底部总最小地震剪力

$$V_{Ek0}>\lambda\sum_{j=1}^{n}G_j=0.048\times4\times10^5kN=19200kN<19312kN。$$

（6）故根据《抗震》第5.2.5条规定：$V_{Ek0}=19312kN$。

2. 鞭端效应

震害表明，突出屋面的屋顶间（电梯机房、水箱间）、女儿墙、烟囱等，它们的震害比下面的主体结构严重。这是由于突出屋面的这些结构的质量和刚度突然减小，地震反应随之增大的缘故，在地震工程中把这种现象称为“鞭端效应”（图2.3.5-2）。对于结构基本周期 $T_1>1.4T_g$并有突出屋面的小屋顶间的建筑计算时，顶部附加水平地震作用应置于主体房屋的顶部，而不应置于局部突出小屋顶间的顶部处。但对于顶层带有空旷大房间或轻钢结构的房屋，不宜视为突出屋面的小屋并采用底部剪力法乘以增大系数的办法计算地震作用效应，而应视为结构体系一部分，用振型分解反应谱法计算。

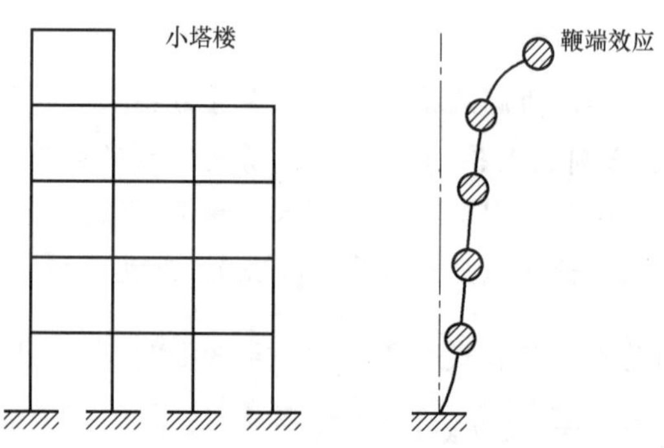

图2.3.5-2　鞭端效应现象

（1）《抗震》的规定

《抗震》规定及“条文说明”

5.2.4 采用底部剪力法时，突出屋面的屋顶间、女儿墙、烟囱等的地震作用效应，宜乘以增大系数 3，此增大部分不应往下传递，但与该突出部分相连的构件应予计入；采用振型分解法时，突出屋面部分可作为一个质点；单层厂房突出屋面天窗架的地震作用效应的增大系数，应按本规范第 9 章的有关规定采用。

5.2.4（条文说明） 突出屋面的小建筑，一般按其重力荷载小于标准层 1/3 控制。单层厂房突出屋面天窗架的地震。对于顶层带有空旷大房间或轻钢结构的房屋，不宜视为突出屋面的小屋并采用底部剪力法乘以增大系数的办法计算地震作用效应，而应视为结构体系一部分，用振型分解法等计算。

【例 2.3.5-7】 小塔楼水平地震作用

本工程在屋顶 39.4m 以上设置小塔楼，用底部剪力法计算时，对于放大后的小塔楼水平地震作用，应按下列何项论点用于结构设计？

(A) 放大后的小塔楼地震作用全部传递给主体结构

(B) 放大后的小塔楼地震作用按小塔楼和主体结构的刚度分配并计算构件

(C) 放大后的小塔楼地震作用仅用于设计小塔楼自身以及与小塔楼直接连接的主体结构构件

(D) 放大后的小塔楼地震作用分配给塔楼 70%，往下传递 30%

【答案】(C)

【例 2.3.5-8】 某 10 层现浇钢筋混凝土框架结构，该结构顶部增加突出小屋（第 11 层水箱间），其层高为 3.0m。已知：第 10 层（层顶质点）的水平地震作用标准值 F_{10} = 682.3kN，第 11 层（层顶质点）的水平地震作用标准值 F_{11} = 85.3kN，第 10 层的顶部附加水平地震作用标准值为 ΔF_{10} = 910.7kN。

试问，采用底部剪力法计算时，顶部突出小屋（第 11 层水箱间）以及第 10 层的楼层水平地震剪力标准值 V_{Ek11}（kN）和 V_{Ek10}（kN），分别与下列何组数值最为接近？

(A) $V_{\mathrm{Ek11}}=85$，$V_{\mathrm{Ek10}}=1680$

(B) $V_{\mathrm{Ek11}}=256$，$V_{\mathrm{Ek10}}=1680$

(C) $V_{\mathrm{Ek11}}=996$，$V_{\mathrm{Ek10}}=1680$

(D) $V_{\mathrm{Ek11}}=256$，$V_{\mathrm{Ek10}}=1850$

【答案】(B)

【解答】 由《抗震》5.2.4 条，突出屋面的屋顶间宜乘以增大系数 3，此增大部分不应往下传递，

(1) 顶部突出小屋第 11 楼层水平地震剪力标准值乘以增大系数 3

$$V_{\mathrm{Ek11}}=3\times 85.3\mathrm{kN}=255.9\mathrm{kN}。$$

(2) 顶部突出小屋水平地震剪力的增大部分不往下传递，第 10 楼层地震剪力标准值

$$V_{\mathrm{Ek10}}=F_{11}+F_{10}+\Delta F_{10}=(85.3+682.3+910.7)\mathrm{kN}$$

$$=1678.3\mathrm{kN}。$$

(2)《高规》的规定

《高规》规定

C.0.3 高层建筑采用底部剪力法计算水平地震作用时，突出屋面房屋（楼梯间、电梯间、水箱间等）宜作为一个质点参加计算，计算求得的水平地震作用标准值应增大，增大系数 β_n 可按表 C.0.3 采用。增大后的地震作用仅用于突出屋面房屋自身以及与其直接连接的主体结构构件的设计。

突出屋面房屋地震作用增大系数 β_n **表 C.0.3**

结构基本自振周期 T_1(s)	K_n/K G_n/G	0.001	0.010	0.050	0.100
0.25	0.01	2.0	1.6	1.5	1.5
	0.05	1.9	1.8	1.6	1.6
	0.10	1.9	1.8	1.6	1.5
0.50	0.01	2.6	1.9	1.7	1.7
	0.05	2.1	2.4	1.8	1.8
	0.10	2.2	2.4	2.0	1.8
0.75	0.01	3.6	2.3	2.2	2.2
	0.05	2.7	3.4	2.5	2.3
	0.10	2.2	3.3	2.5	2.3
1.00	0.01	4.8	2.9	2.7	2.7
	0.05	3.6	4.3	2.9	2.7
	0.10	2.4	4.1	3.2	3.0
1.50	0.01	6.6	3.9	3.5	3.5
	0.05	3.7	5.8	3.8	3.6
	0.10	2.4	5.6	4.2	3.7

注：1 K_n、G_n 分别为突出屋面房屋的侧向刚度和重力荷载代表值；K、G 分别为主体结构层侧向刚度和重力荷载代表值，要取各层的平均值；

2 楼层侧向刚度可由楼层剪力除以楼层层间位移计算。

【例 2.3.5-9】 有局部小塔楼高层建筑的地震作用计算

条件：某十层现浇钢筋混凝土框架-剪力墙结构房屋，丙类建筑，剖面如图 2.3.5-3 所示。其抗震设防烈度为 8 度、地震分组第二组，地震加速度 $0.20g$，Ⅱ类场地。质量和刚度沿高度分布比较均匀，但屋面有局部突出的小塔楼。阻尼比 $\zeta=0.05$

设计数据：

结构的基本自振周期 $T_1=1.13$s。

各层的重力荷载代表值：

$G_1=14000$kN

$G_2=G_3=G_4=G_5=G_6=G_7=G_8=G_9=0.9G_1$

$G_{10}=0.8G_1$

$G_n=0.09G_1$

小塔楼的侧向刚度与主体结构的层侧向刚度之比 $K_n/K=0.05$。

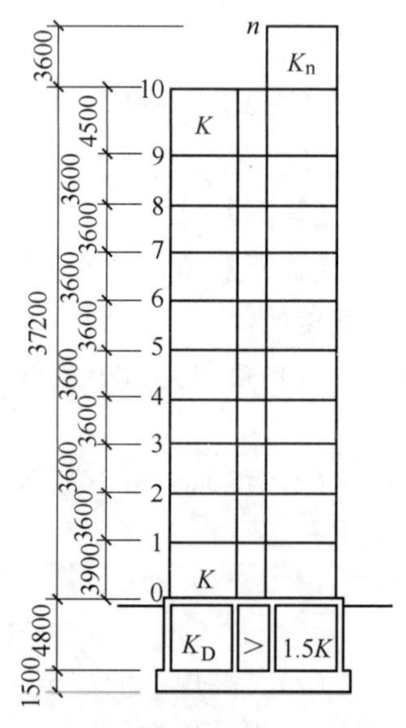

图 2.3.5-3

要求：(1) 计算各层水平地震作用标准值；

(2) 计算各层水平地震剪力设计值；

(3) 计算小塔楼底部的地震弯矩设计值；

(4) 计算地下室顶面的地震弯矩设计值。

提示：略去楼层最小剪力值的验算。

【解答】 (1) 本题的结构高度（从地下室顶面到檐口的距离）为 37.2m，不超过 40m，且质量和刚度沿高度分布比较均匀，符合《高规》4.3.4 条 2 款的规定，可采用底部剪力法。

(2) 根据地震分组第二组Ⅱ类场地，由《高规》表 4.3.7-2 查得场地的特征周期值 $T_g=0.40s$。

根据抗震设防烈度为 8 度、地震加速度 $0.2g$，由《高规》表 4.3.7-1 得

水平地震影响系数最大值 $\alpha_{max}=0.16$

根据结构的基本自振周期 $T_1=1.13s$

因 $T_g=0.40s<T_1=1.13s<5T_g=2.0s$

由《高规》图 4.3.8 的曲线得地震影响系数

$$\alpha=\left[\frac{T_g}{T_1}\right]^{0.9}\eta_2\alpha_{max}=\left(\frac{0.40}{1.13}\right)^{0.9}\times1\times0.16=0.393\times0.16=0.06288$$

其中 $\eta_2=1$。

(3) 结构总重力荷载代表值为

$$G_E=\sum_{i=1}^{n}G_1=G_1+8\times0.96G_1+0.8G_1+0.09G_1$$

$$=9.09G_1=9.09\times14000\text{kN}=127260\text{kN}$$

结构等效总重力荷载代表值

$$G_{eq}=0.85G_E=0.85\times127260\text{kN}=108171\text{kN}。$$

结构总水平地震作用标准值

$$F_{Ek}=\alpha_1G_{eq}=0.06288\times108171=6802\text{kN}。$$

(4) 因 $T_1=1.13s>1.4T_g=1.4\times0.40=0.56s$。

顶部附加水平地震作用系数 $\delta_n=0.08T_1+0.01=0.08\times1.13+0.01=0.10$

顶部附加水平地震作用标准值 $\Delta F_n=\delta_nF_{Ek}=0.10\times6802=680\text{kN}$。

(5) 求质点 i 的水平地震作用标准值

$$F_1=\frac{G_iH_i}{\sum G_iH_i}\cdot F_{Ek}(1-\delta_n)$$

$$F_{Ek}(1-\delta_n)=6802\times(1-0.10)=6122\text{kN}$$

$$\sum G_iH_i=G_i\times3.9+0.9G_1\times(7.5+11.1+14.7+18.3+21.9+25.0+29.1+32.7)$$

$$+0.8G_1\times37.2+0.09G_1\times40.8=182.05G_1$$

$$\frac{F_{Ek}(1-\delta_n)}{\sum G_iH_i}=\frac{6122}{182.05G_1}=\frac{33.63}{G_1}$$

$$\therefore\quad F_i=\frac{G_iH_i}{\sum G_iH_i}F_{Ek}(1-\delta_n)=G_iH_i\frac{33.63}{G_1}。$$

计算过程如下表 2.3.5-3：

各层水平地震作用标准值（F_i）与水平地震剪力设计值 V　　表 2.3.5-3

层数 i	$H_i(m)$	G_iH_i	$F_i=G_iH_i\frac{33.63}{G_1}$	V_i(kN)	V[②](kN)	F_iH_i(kN·m)
11	40.8	$3.672G_1$	123	426[③]	554	5018
10	37.2	$29.76G_1$	1001+680[①]=1681	1804	2345	62533
9	32.7	$29.43G_1$	990	2794	3632	32373
8	29.1	$26.19G_1$	881	3675	4778	25637
7	25.5	$22.95G_1$	772	4447	5781	19686
6	21.9	$19.71G_1$	663	5110	6643	14520
5	18.3	$16.47G_1$	554	5664	7363	10138
4	14.7	$13.23G_1$	445	6109	7942	6542
3	11.1	$9.99G_1$	336	6445	8379	3730
2	7.5	$6.75G_1$	227	6672	8674	1703
1	3.9	$3.90G_1$	131	6803	8844	511

注：①$\Delta F_n=680$kN，为顶部附加水平地震作用标准值；
②剪力设计值 $V=1.3V_k$；
③放大后的小塔楼水平地震剪力设计值，不向下传递。

(6) 根据《高规》附录 C 第 C.0.3 条，可知

主体结构的层重力荷载代表值　$G=\dfrac{G_1+8\times0.9G_1+0.8G_1}{10}=0.9G_1$

小塔楼的重力荷载代表值　　$G_n=0.09G_1$

故$\dfrac{G_n}{G}=\dfrac{0.09G_1}{0.9G_1}=0.1$；又已知$\dfrac{K_n}{K}=0.05$

查《高规》表 C.0.3 得：

$T_1=1.00$s 时，增大系数 $\eta_n=3.2$

$T_1=1.50$s 时，$\eta_n=4.2$

由内插法得：$T_1=1.13$s 时，$\beta_n=3.46$

∴放大后的小塔楼水平地震作用 $\beta_nF_n=3.46\times123=426$kV

∴小塔楼底部的地震弯矩设计值 $M_0=1.3\times426\times3.6=1994$kN·m

(7) 各层水平地震剪力设计值 V

各屋水平地震剪力的标准值和设计值的计算结果列于表 2.3.5-1 内。小塔楼处的水平剪力标准值中已考虑了增大部分，此增大部分不向下传递。

(8) 地下室顶面的地震弯矩标准值 $M_k=\sum_{j=1}^{11}F_iH_i\times182391$kN·m

该处地震弯矩设计值 $M=1.3M_k=1.3\times182391=237108$kN·m。

3. 地基与结构的相互作用

结构物与支承它的地基之间，总是有相互作用的。这种相互作用、当上部结构物的刚度大而地基的刚度相对较小时、更为突出；只有在地基的刚度比上部结构大得多时，这种

相互作用才可以忽略不计。当把地基看成是完全刚性时［图 2.3.5-4（a)］，结构的振动性能完全决定于上部结构，地基的地震动也不受上部结构存在的影响、而与自由地面振动相同，这时、就没有土与结构的相互作用。当地基不是完全刚性时［图 2.3.5-4（b)］，土与结构相互作用会改变结构的振动特性和地基的地震动，或者说，土与结构物共同体系的振动性能会不同于刚性地基时的结构动力性能，共同体系中地基的地震动也不同于自由场的地震动。相互作用对结构影响的大小与地基的硬、软和结构的刚、柔等情况有关，如表 2.3.5-4所示。

地基与结构相互作用程度 **表 2.3.5-4**

结构／地基	刚	柔
硬	中等程度	微小
软	显著	中等程度

在对结构进行地震反应分析时，通常假定地基是刚性的。实际上，一般地基并非刚性，故当上部结构的地震作用通过基础而反馈给地基时，地基将产生局部变形，从而引起结构的移动和摆动。故一般均存在着地基与结构的相互作用、仅是影响程度的高低有别。地基与结构相互作用的结果，使得地基运动和结构动力特性发生改变。表现在：

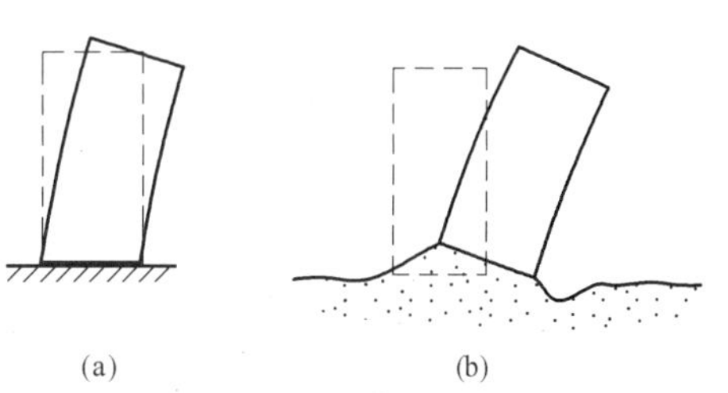

图 2.3.5-4　地基变形引起的结构振

(a) 刚性地基；(b) 软弱地基

（1）改变了地基运动的频谱组成，使接近结构自振频率的分量获得加强。同时改变了地基振动加速度幅值，使其小于邻近自由场地的加速度幅值。

（2）由于地基的柔性，使结构的基本周期延长。

（3）由于地基的柔性，有相当一部分振动能量将通过地基土的滞回作用和波的辐射作用逸散至地基，使得结构振动衰减，地基愈柔，衰减愈大。

研究表明，考虑相互作用后，一般来说，结构的地震作用将减少，但结构的位移和由 P-Δ 效应引起的附加内力将增加。坚硬地基上的柔性结构相互作用的影响较小，而软弱地基上的刚性结构相互作用最为显著。地基愈软，结构愈刚，则地震作用的折减量愈大。

研究表明，水平地震作用的折减系数主要与场地条件、上部结构和地基的阻尼特性等因素有关。一般情况下，柔性地基上建筑结构水平地震作用的折减系数随结构周期的增大而减小，结构刚度越大，水平地震作用的折减量越大；对于高宽比较大的高层建筑，由于高振型的影响，考虑地基与结构动力相互作用后水平地震作用的折减系数，各楼层并非为同一常数，结构顶部几层的水平地震作用没有明显的折减。

《抗震》5.2.7 条对于考虑地基与结构相互作用的影响有具体规定

5.2.7 结构抗震计算，一般情况下可不计入地基与结构相互作用的影响；8度和9度时建造于Ⅲ、Ⅳ类场地，采用箱基、刚性较好的筏基和桩箱联合基础的钢筋混凝土高层建筑，当结构基本自振周期处于特征周期的1.2倍至5倍范围时，若计入地基与结构动力相互作用的影响，对刚性地基假定计算的水平地震剪力可按下列规定折减，其层间变形可按折减后的楼层剪力计算。

1 高宽比小于3的结构，各楼层水平地震剪力的折减系数，可按下式计算：

$$\psi=\left(\frac{T_1}{T_1+\Delta T}\right)^{0.9} \tag{5.2.7}$$

式中 ψ——计入地基与结构动力相互作用后的地震剪力折减系数；

T_1——按刚性地基假定确定的结构基本自振周期（s）；

ΔT——计入地基与结构动力相互作用的附加周期（s），可按表5.2.7采用。

附加周期（s） **表5.2.7**

烈度	场地类别	
	Ⅲ类	Ⅳ类
8	0.08	0.20
9	0.10	0.25

2 高宽比不小于3的结构，底部的地震剪力按第1款规定折减，顶部不折减，中间各层按线性插入值折减。

3 折减后各楼层的水平地震剪力，应符合本规范第5.2.5条的规定。

【例2.3.5-10】 某10层现浇钢筋混凝土框架-剪力墙普通办公楼，如图2.3.5-5所示，质量和刚度沿竖向分布均匀，房屋高度为40m；设一层地下室，采用箱形基础。该工程为丙类建筑，抗震设防烈度为9度，Ⅲ类建筑场地，设计地震分组为第一组，按刚性地基假定确定的结构基本自振周期为0.8s。

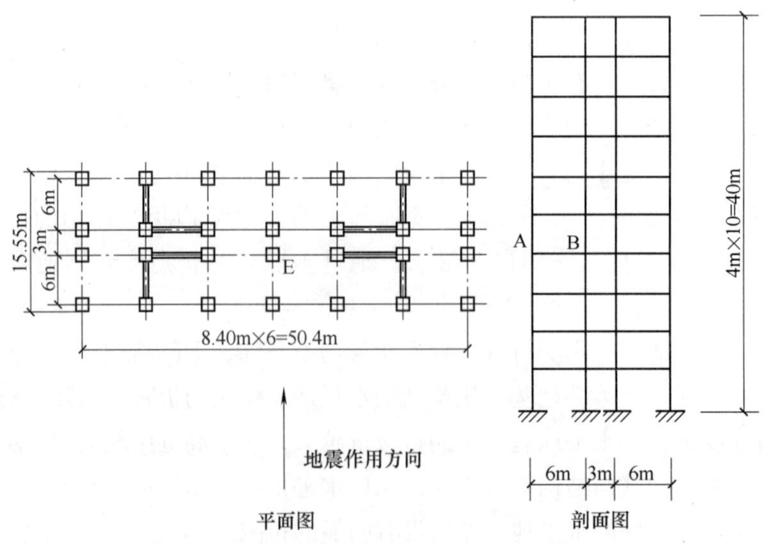

图2.3.5-5

按刚性地基假定计算的水平地震剪力，若呈倒三角形分布，如图 2.3.5-6 所示。当计入地基与结构动力相互作用的影响时，试问，折减后的底部总水平地震剪力，应为下列何项数值？

提示：各层水平地震剪力折减后满足剪重比要求。

(A) 2.95F　　(B) 3.95F

(C) 4.95F　　(D) 5.95F

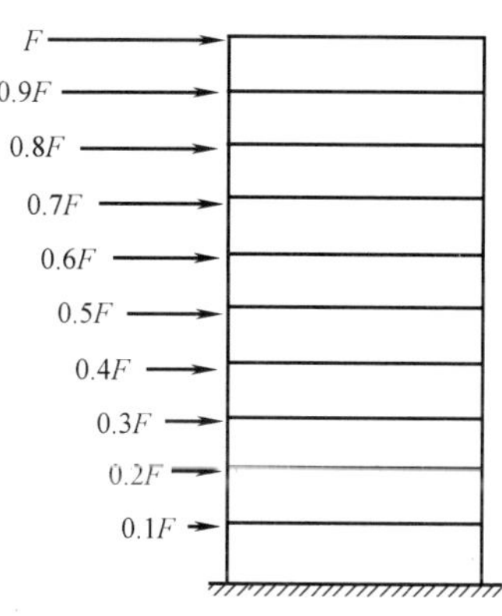

图 2.3.5-6

【答案】(C)

【解答】(1) Ⅲ类场地、9 度、箱形基础，符合要考虑计入地基与结构动力相互作用影响的条件。

(2) Ⅲ类场地、设计地震分组为第一组，查得特征周期 $T_g=0.45s$。结构基本自振周期 $T_1=0.8s$。

$5T_g=2.25s>T_1=0.8s>1.2T_g=1.2\times0.45s=0.54s$，在 1.2～5 范围内。

(3) Ⅲ类场地、9 度，查《抗震》表 5.2.7 得附加周期 $\Delta T=0.10s$。

(4) 根据《抗震》5.2.7 条，$\dfrac{H}{B}=\dfrac{40}{15.55}=2.6<3$，由《抗震》式 (5.2.7) 计算各楼层折减系数

$$\psi=\left(\frac{T_1}{T_1+\Delta T}\right)^{0.9}=\left(\frac{0.8}{0.8+0.1}\right)^{0.9}=0.9$$

(5) 折减后的底部总水平地震剪力

$$V=\psi\sum_{i=t}^{10}F_i=0.9\times(1+0.9+0.8+0.7+0.6+0.5+0.4+0.3+0.2+0.1)F$$
$$=4.95F$$

故选 (C)。

【例 2.3.5-11】建于Ⅲ类场地的现浇钢筋混凝土高层建筑，抗震设防烈度 8 度，丙类建筑，设计地震分组为第一组，平面尺寸为 25m×50m，房屋高度为 102m，质量和刚度沿竖向分布均匀，如图 2.3.5-7 所示。采用刚性好的筏板基础；地下室顶板 (±0.000) 作为上部结构的嵌固端。按刚性地基假定确定的结构基本自振周期 $T=1.8s$。进行该建筑物横向（短向）水平地震作用分析时，按刚性地基假定计算且未考虑地基与上部结构相互作用的情况下，（距室外地面约为 $H/2=51m$ 处的）中间楼层本层的地震剪力为 F。若剪重比满足规范的要求，

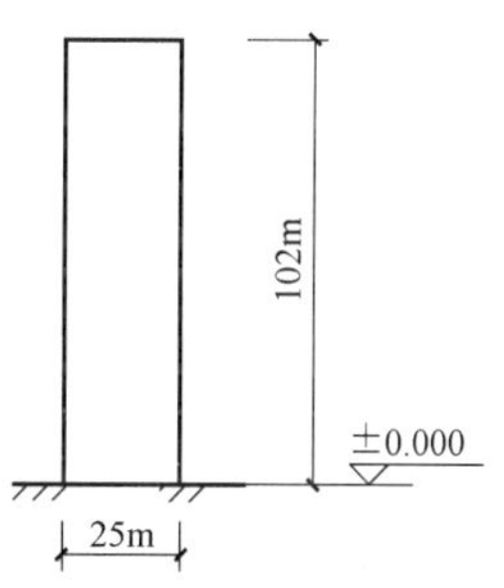

图 2.3.5-7

试问，计入地基与上部结构的相互作用影响后，该楼层本层的水平地震剪力应取下列何项数值？

提示：各楼层的水平地震剪力折减后满足规范对各楼层水平地震剪力最小值的要求。

(A) 0.962F　　(B) F　　(C) 0.976F　　(D) 0.981F

【答案】(D)

【解答】(1) Ⅲ类场地、8 度、刚性筏板基础，符合要考虑计入地基与结构动力相互

作用影响的条件。

(2) Ⅲ类场地、设计地震分组为第一组，查得特征周期 $T_g=0.45s$。

$T_1=1.8s$，$T_1/T_g=1.8/0.45=4$，在1.2～5范围内。

(3) Ⅲ类场地、8度，查《抗震》表5.2.7得附加周期 $\Delta T=0.08s$。

(4) 由《抗震》式（5.2.7）计算底部的折减系数

$$\psi=\left(\frac{T_1}{T_1+\Delta T}\right)^{0.9}=\left(\frac{1.8}{1.8+0.08}\right)^{0.9}=0.957^{0.9}=0.96。$$

(5) $H/B=102/25=4.08>3$，中间楼层 $H/2=51m$ 处的地震剪力折减系数 $\psi=(1+0.96)/2=0.98$，中间楼层折减后 $F'=0.981F$，选（D）。

六、时程分析法

1. 时程分析法的概念

振型分解法仅限于计算结构在地震作用下的弹性地震反应。如果有构件开裂或屈服，则结构就进入非弹性阶段，其刚度不再保持为常量，结构的最大反应将与加载过程有关，以叠加原理为基础的振型分解法就不适用了。这时，可以将时间增量划分较细（如 $\Delta t=0.01s$），假定在 Δt 范围内结构阻尼、刚度保持为常量，将动力方程在地震加速度输入下直接积分，便求得动力反应（位移、速度、加速度），获得动力反应与时间过程的关系。从 $t=0$ 时刻开始，一个时段、一个时段地逐步计算，每一时段均利用前一时段的计算结果。即由初始状态开始逐步积分直至地震终止，求出结构在地震作用下从静止到振动直至振动终止整个过程的地震反应。由此可见，时程分析方法适合于计算弹性、弹塑性、非弹性问题。对于每条地震输入，都可用这一方法计算出结构计算模型的地震反应时间过程。

采用时程分析法可以得到地震作用下各质点随时间变化的位移、速度和加速度反应，进而可以计算出构件内力和变形的时程变化。

时程分析法能给出结构地震反应的全过程，能给出地震过程中各构件进入弹塑性变形阶段的内力和变形状态，因而能找出结构的薄弱环节。

时程分析法分为弹性时程分析法和弹塑性时程分析法两类。

第一阶段抗震计算（“小震不坏”）中，采用时程分析法进行补充计算，这时计算所采用的结构刚度和阻尼在地震作用过程中保持不变，称为弹性时程分析；

第二阶段抗震计算（“大震不倒”）中，采用时程分析法进行弹塑性变形计算，这时结构刚度和阻尼随结构及其构件所处的非线性状态，在不同时刻可能取不同的数值，称为弹塑性时程分析。弹塑性时程分析能够描述结构在强震作用下在弹性和非线性阶段的内力、变形，以及结构构件逐步开裂、屈服、破坏甚至倒塌的全过程。

采用时程分析法进行结构地震反应分析时，其步骤大体如下：

(1) 按照建筑场址的场地条件、设防烈度、震级和震中距等因素，选取若干条具有不同特性的典型强震加速度时程曲线，作为设计用的地震波输入。

(2) 根据结构体系的力学特性、地震反应内容要求以及计算机存储量，建立合理的结构振动模型。

(3) 根据结构材料特性、构件类型和受力状态，选择恰当的结构恢复力模型，并确定相应于结构（或杆件）开裂、屈服和极限位移等特征点的恢复力特性参数，以及恢复力特性曲线各折线段的刚度数值。

（4）建立结构在地震作用下的振动微分方程。

（5）采用逐步积分法求解振动方程，求得结构地震反应的全过程。

（6）必要时也可利用小震下的结构弹性反应所计算出的构件和杆件最大地震内力，与其他荷载内力组合，进行截面设计。

（7）采用容许变形限值来检验中震和大震下结构弹塑性反应对应的结构层间侧移角，判别是否符合要求。

2. 时程分析法是一种补充计算方法

《抗震》5.1.2 条的“条文说明”指出

5.1.2 不同的结构采用不同的分析方法在各国抗震规范中均有体现，底部剪力法和振型分解反应谱法仍是基本方法，时程分析法作为补充计算方法，对特别不规则、特别重要的和较高的高层建筑才要求采用。

所谓“补充”，主要指对计算结果的底部剪力、楼层剪力和层间位移进行比较，当时程分析法大于振型分解反应谱法时，相关部位的构件内力和配筋作相应的调整。

3. 时程分析法的应用范围

时程分析法是根据选定的地震波和结构恢复力特性曲线，对动力方程进行直接积分，采用逐步积分的方法计算地震过程中每一瞬时结构的位移、速度和加速度反应，从而可观察到结构在强震作用下在弹性和非弹性阶段的内力变化以及构件开裂、损坏直至结构倒塌的全过程。但此法的计算工作十分繁重，须借助电子计算机，费用较高，且确定计算参数尚有许多困难，目前仅在一些重要的、特殊的、复杂的以及高层建筑结构的抗震设计中应用。

《抗震》对时程分析法的适用范围规定如下

5.1.2 各类建筑结构的抗震计算，应采用下列方法：

3 特别不规则的建筑、甲类建筑和表 5.1.2-1 所列高度范围的高层建筑，应采用时程分析法进行多遇地震下的补充计算；

采用时程分析的房屋高度范围 **表 5.1.2-1**

烈度、场地类别	房屋高度范围(m)
8 度Ⅰ、Ⅱ类场地和 7 度	>100
8 度Ⅲ、Ⅳ类场地	>80
9 度	>60

【例 2.3.6-1】 下列高层建筑中，地震作用计算时何项宜采用时程分析法进行补充计算。

（Ⅰ）建筑设防类别为甲类的高层建筑结构

（Ⅱ）设防度为 8 度，Ⅲ类场地上高度大于 60m 的高层建筑结构

（Ⅲ）设烈度为 7 度，高度大于 80m 的丙类高层建筑结构

（Ⅳ）刚度与质量沿竖向分布特别不均匀的高层建筑结构

(A)(Ⅰ)、(Ⅳ)　　(B)(Ⅱ)、(Ⅲ)

(C)(Ⅰ)、(Ⅱ)　　(D)(Ⅲ)、(Ⅳ)

【答案】(A)

【解答】根据《抗震》第5.1.2条第3款的规定解答。

【例2.3.6-2】下列何项高层建筑结构，在进行地震作用计算时，可不采用时程分析法进行多遇地震下的补充计算。

(A)抗震设防烈度为7度、高度为70m、建造在Ⅱ类场地上的剪力墙结构，其第三层楼层侧向刚度为第四层楼层侧向刚度的48%

(B)抗震设防烈度为8度、高度为105m、建造在Ⅱ类场上的错层剪力墙结构

(C)抗震设防烈度为8度、高度为85m、建造在Ⅲ类场地上的框架-核心筒结构

(D)抗震设防烈度为9度、高度为45m、建造在Ⅰ类场地上的框架-剪力墙结构

【答案】(D)。

【解答】选项(A)符合《抗震》第5.1.2条第3款的规定，特别不规则的建筑应采用时程分析法进行补充计算。

选项(B)符合《抗震》第5.1.2条表5.1.2-1的规定，应采用时程分析法进行补充计算。

选项(C)符合《抗震》第5.1.2条表5.1.2-1的规定，应采用时程分析法进行补充计算。

选项(D)不符合《抗震》第5.1.2条表5.1.2-1的规定，可不采用时程分析法进行补充计算。

4. 地震波的选取

对于结构地震反应的时程分析法，涉及的基本问题是：计算模型的确定；恢复力模型的建立(理想化的结构构件所受作用和变形之间的关系曲线)；选择地震加速度记录；确定合理的时程分析方法(如振型分解时程法、直接对运动方程组的逐步积分法等)。《规范》仅对地震波的选取及调整作了讲述。

时程分析法是采用地震波作为输入外荷载的。选取地震波是进行结构弹塑性地震反应时程分析的重要内容。选取地震波的目的，是要找出适合于拟建工程场地、抗震设防烈度的地震波，使结构弹塑性地震反应时程分析具有较强的针对性和准确性，为改进结构的抗震设计提供依据。

分析表明结构反应对地震记录十分敏感，波形选取不同，对结构影响较大。图2.3.6-1所示为某三层结构在最大加速度相同的三个波形下位移反应比较，由图可见，其结果差别较大。因此，正确选择输入地震波，是采用时程分析法进行抗震设计的关键步骤。

地震时地面运动特征可以通过以下三要素来描述，即地震动强度、频谱特征和强震持续时间，这三要素之间的不同组合，影响着结构物的抗震安全性。

(1)地震动强度

地面运动强度常用的是地震加速度峰值，并把它作为地震烈度的定量标准。

(2)频谱特征

频谱特性可由地震波的主要周期(占有优势分量的周期)表示，它受到许多因素的影响，如震源的特性、震中距离、场地条件等。在选择强震记录时、该地震波的主要周期应

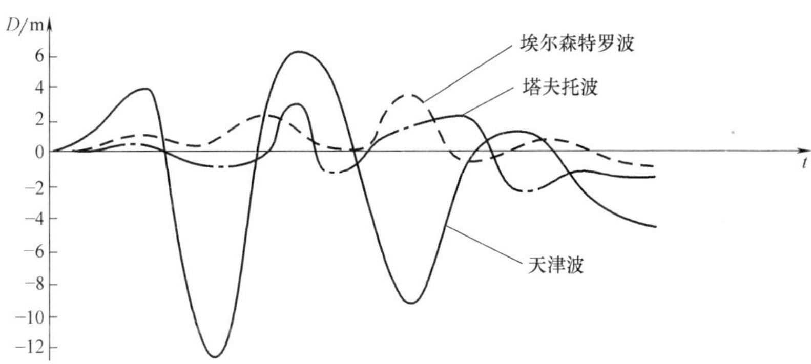

图 2.3.6-1 不同波形下反应的比较

尽量接近于建筑场地的自振周期和建筑物自振周期。这时可能会产生类共振现象，加剧建筑物的破坏。因此，地面运动的频谱变化直接影响结构的抗震性能。

(3) 强震持续时间

持续时间较长的波，因持续时间长时，地震波能量大，结构反应较强烈。而且当结构的变形超过弹性范围时，持续时间长，结构在振动过程中屈服的次数就多，从而易使结构塑性变形积累而破坏。

强震持续时间可以定义为地震波上超过某一加速度限值 α_0 的首末两点之间的时间间隔。在图 2.3.6-2 中，作水平线 $\pm\alpha_0$，T_1 和 T_2 分别为地震波与水平线的首次和末次交点，持续时间为 $T_d = T_2 - T_1$，加速度限值 α_0 可根据情况选为 $0.05g$ 或 $0.1g$。

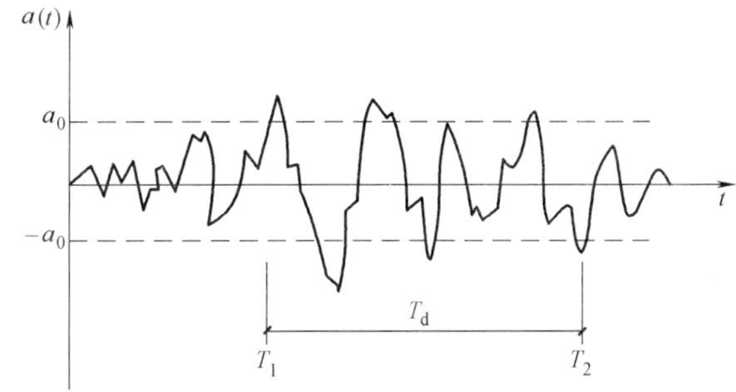

图 2.3.6-2 强震持续时间的定义

目前在抗震设计中采用的地震波有下列两种：

(1) 实际强震记录

根据和所需的地面运动特征（加速度峰值、频谱特性、持续时间）相近似的条件来选择实际强震记录，实际地震记录必须加以数字化才能在计算中应用。所谓数字化就是把用曲线表示的加速度波形转换成一定时间间隔的加速度数值。

(2) 模拟地震波

这是根据随机振动理论产生的符合所需统计特征（加速度峰值、频谱特性、持续时间）的地震波，又称人工地震波。如从大量实际地震记录的统计特征出发，则所产生的人工地震波就有相当的代表性。

时程分析法中所选的实际地震波和人工模拟地震波与结构抗震设计要求的地震波一般存在差异，不能直接采用。因此，需要经过调整后才能应用。调整地震波的方法是，修改地震加速度幅值以实现不同设防烈度（震级）的要求；改变时间步长以改变频率范围；通过截断或重复地震记录以改变地震波的持续时间。

在选取地震波问题上《规范》有四点规定：

(1) 地震波的数量

《高规》规定

> **4.3.5** 进行结构时程分析时，应符合下列要求：
> 1 应按建筑场地类别和设计地震分组选取实际地震记录和人工模拟的加速度时程曲线，其中实际地震记录的数量不应少于总数量的2/3。

（2）对每条时程曲线的要求

《高规》规定

> **4.3.5** 进行结构时程分析时，应符合下列要求：
> 1 弹性时程分析时，每条时程曲线计算所得结构底部剪力不应小于振型分解反应谱法计算结果的65%，多条时程曲线计算所得结构底部剪力的平均值不应小于振型分解反应谱法计算结果的80%。

（3）地震波的持续时间

《高规》规定与“条文说明”

> **4.3.5** 进行结构时程分析时，应符合下列要求：
> 2 地震波的持续时间不宜小于建筑结构基本自振周期的5倍和15s，地震波的时间间距可取0.01s或0.02s。
> **4.3.5**（条文说明）
> 输入地震加速度时程曲线的有效持续时间，一般从首次达到该时程曲线最大峰值的10%那一点算起，到最后一点达到最大峰值的10%为止，约为结构基本周期的5～10倍。

（4）地震加速度的最大值

《高规》规定

> **4.3.5** 进行结构时程分析时，应符合下列要求：
> 3 输入地震加速度的最大值可按表4.3.5采用。

时程分析时输入地震加速度的最大值（cm/s^2） **表4.3.5**

设防烈度	6度	7度	8度	9度
多遇地震	18	35(55)	70(110)	140
设防地震	50	100(150)	200(300)	400
罕遇地震	125	220(310)	400(510)	620

注：7、8度时括号内数值分别用于设计基本地震加速度为0.15g和0.30g的地区，此处g为重力加速度。

【例2.3.6-3】当高层建筑结构采用时程分析法进行补充计算时，所求得的底部剪力应符合下列何项规定？

（A）每条时程曲线计算所得的结构底部剪力不应小于振型分解反应谱法求得的底部剪力的80%

（B）每条时程曲线计算所得的结构底部剪力不应小于振型分解反应谱法求得的底部剪力的65%，多条时程曲线计算所得的结构底部剪力平均值不应小于振型分解反应谱法

求得的底部剪力的 80%

(C) 每条时程曲线计算所得的结构底部剪力不应小于振型分解反应谱法求得的底部剪力的 90%

(D) 每条时程曲线计算所得的结构底部剪力不应小于振型分解反应谱法或底部剪力法求得的底部剪力的 75%

【答案】(B)

【解答】由《高规》4.3.5 条规定可知。

【例 2.3.6-4】某 12 层现浇框架-剪力墙结构，抗震设防烈度 8 度，丙类建筑，设计地震分组为第一组，Ⅱ类建筑场地。已知振型分解反应谱法求得的底部剪力为 6000kN，需进行弹性动力时程分析补充计算。现有 4 组实际地震记录加速度时程曲线 $P_1 \sim P_4$ 和 1 组人工模拟加速度时程曲线 RP_1，各条时程曲线计算所得的结构底部剪力见表 2.3.6-1。假定实际记录地震波及人工波的平均地震影响系数曲线与振型分解反应谱法所采用的地震影响系数曲线在统计意义上相符。试问，进行弹性动力时程分析时，采用下列哪一组地震波（包括人工波）才最为合理?

表 2.3.6-1

	P_1	P_2	P_3	P_4	RP_1
V_0(kN)	5200	3800	4700	5600	4000

(A) P_1；P_2；P_3　　　(B) P_1；P_2；RP_1

(C) P_1；P_3；RP_1　　　(D) P_1；P_4；RP_1

【答案】(D)

【解答】根据《高规》4.3.5 条 1 款，振型分解反应谱法求得的底部剪力为 6000kN。$0.65 \times 6000 = 3900$kN，$0.8 \times 6000 = 4800$kN。

$P_2 = 3800$kN<3900kN、不符要求。故 (A)、(B) 不是正确答案。

$(5200+4700+4000)/3 = 4600kN<4800$kN。(C) 不是正确答案。

$(5200+5600+4000)/3 = 4933kN>4800$kN。(D) 是正确答案。

【例 2.3.6-5】在地震作用下，高层建筑结构按时程分析法求得的底部剪力，若小于振型分解反应谱法所求得的底部剪力的 80%时，其取值方法应符合下列何项规定?

(A) 至少取振型分解反应谱法计算结果的 80%

(B) 按振型分解反应谱法计算的结果取用

(C) 按时程分析法计算的结果取用

(D) 按时程分析法计算结果的 1.2 倍取用

【答案】(B)

【解答】1. 根据《高规》4.3.5 条第 1 款的规定。时程分析法求得的底部剪力为振型分解反应谱法底部剪力的 80%，是判断所选时程曲线是否可用的条件 (A) 不正确

2. 根据 4.3.4 条 3 款，时程分析法只是振型分解反应谱法的补充计算，高层建筑主要是采取振型分解反应谱法，所以 (B) 正确 (C) (D) 均不正确

5. 结构地震作用效应计算结果的取值

《抗震》规定

4.3.5 进行结构时程分析时，应符合下列要求：

4 当取三组时程曲线进行计算时，结构地震作用效应宜取时程法计算结果的包络值与振型分解反应谱法计算结果的较大值；当取七组及七组以上时程曲线进行计算时，结构地震作用效应可取时程法计算结果的平均值与振型分解反应谱法计算结果的较大值。

6. 与振型分解反应谱法的结果对比

与振型分解反应谱法相比，时程分析法校正与补充了反应谱法分析的不足。主要是：

（1）反应谱法采用的设计反应谱，只考虑了震动强度与平均频谱特性，而时程分析则全面反映了地震动强度、频谱特征与持续时间三要素；

（2）反应谱法是基于弹性假设，而时程分析系直接考虑构件与结构弹塑性特性，可以正确地找出结构薄弱环节，以便控制在罕遇地震作用下结构弹塑性反应，防止房屋倒塌的产生；

（3）反应谱法只能分析最大地震反应，而用时程法分析可给出随时间变化的反应时程曲线，由此可以找出各构件出现塑性铰的顺序，判别结构破坏机理。

图 2.3.6-3 给出一项工程实例，该工程在地震中 6 层以上全部倒塌，按时程法计算弹塑性地震反应分析此建筑时，所得出的分析结果与震害现象相吻合。而按振型分解反应谱法分析则不能发现真正的薄弱层。

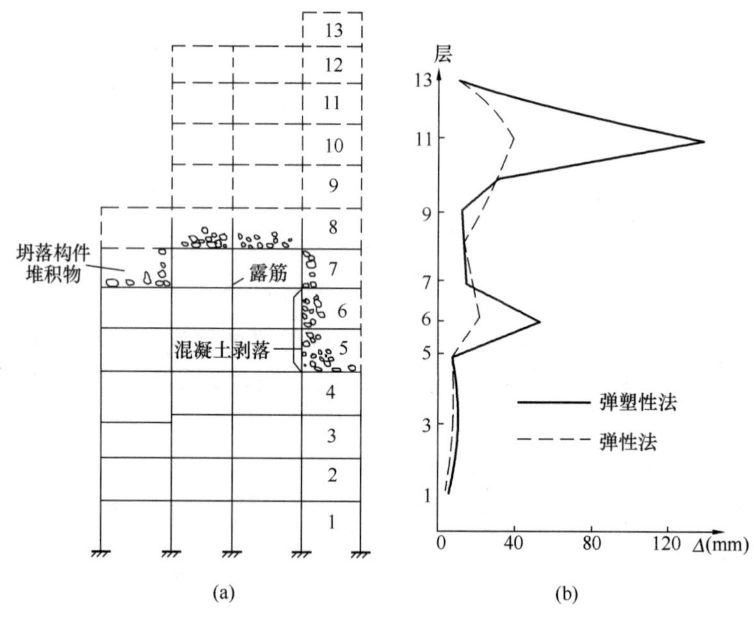

图 2.3.6-3 钢筋混凝土高层框架厂房弹塑性地震反应分析

（a）震害分布；（b）最大层间位移包络图

七、竖向地震作用

地震动不仅会引起建筑物水平向振动，还会引起建筑物竖向振动。震害调查表明，在烈度较高的震中区，竖向地震对结构的影响是不可忽略的。根据竖向地震的时程分析结果，竖向地震作用呈倒三角形分布，结构上部的竖向地震作用明显大于下部；对于大跨度结构和长悬臂结构，竖向地震引起的结构上下振动的惯性力，类似于增加或减少结构的竖向静荷载。

需计算竖向地震作用的主要有如下几类：

① 高（层、烈度）——9 度时的高层建筑；

② 大（跨度）——8 度区跨度大于 24m 及 9 度区跨度大于 18m 的结构；

③ 长（悬臂）——8 度区悬臂长度大于 2m 及 9 度区悬臂长度大于 1.5m 的结构；

④ 转（换）——8 度区高层的转换构件（9 度区高层建筑不允许结构转换）；

⑤ 连（接体）——8 度区高层连体结构的连接体（9 度区高层建筑不允许采用连体结构）。

《抗震》讲述了前三类。《高规》则五类全都讲述。

1. 高层建筑的竖向地震作用

《抗震》规定

5.3.1 9 度时的高层建筑，其竖向地震作用标准值应按下列公式确定（图 5.3.1）；楼层的竖向地震作用效应可按各构件承受的重力荷载代表值的比例分配，并宜乘以增大系数 1.5。

$$F_{\mathrm{Evk}}=\alpha_{\mathrm{vmax}}G_{\mathrm{eq}} \tag{5.3.1-1}$$

$$F_{\mathrm{v}i}=\frac{G_iH_i}{\Sigma G_jH_j}F_{\mathrm{Evk}} \tag{5.3.1-2}$$

式中 F_{Evk}——结构总竖向地震作用标准值；

$F_{\mathrm{v}i}$——质点 i 的竖向地震作用标准值；

α_{vmax}——竖向地震影响系数的最大值，可取水平地震影响系数最大值的 65%；

G_{eq}——结构等效总重力荷载，可取其重力荷载代表值的 75%。

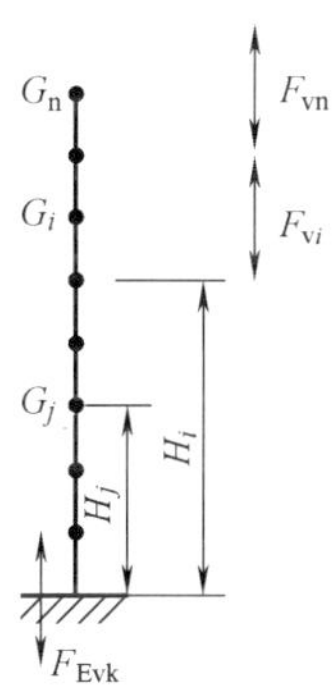

图 5.3.1 结构竖向地作用计算简图

5.3.4 大跨度空间结构的竖向地震作用，尚可按竖向振型分解反应谱方法计算。其竖向地震影响系数可采用本规范第 5.1.4～5.1.5 条规定的水平地震影响系数的 65%，但特征周期可按设计第一组采用。

【例 2.3.7-1】 某现浇钢筋混凝土框架-剪力墙办公楼，地上 11 层，每层层高均为

3.6m，房屋高度为39.9m，抗震设防烈度为9度，设计基本地震加速度0.4g，设计地震分组为第一组，Ⅱ类场地，丙类建筑。若各楼面恒载标准值均为12000kN，各楼层等效活载标准值均为1800kN，屋面层恒载标准值为16000kN，屋面活载标准值为1300kN，屋面雪载标准值为1000kN，结构基本自振周期$T_1=0.9$s（已考虑非承重墙体的影响）。试问，结构总竖向地震作用标准值F_{Evk}（kN）与下列何项数值最接近?

(A) 22500　　(B) 22700　　(C) 25400　　(D) 25700

【答案】(B)

【解答】(1) 根据《抗震》第5.3.1条，

$G_{eq}=0.75\times[(16000+0.5\times1000)+10\times(12000+0.5\times1800)]=109125\text{kN}$

(2) 由《抗震》表5.1.4-1，9度，$\alpha_{max}=0.32$。

(3) 由《抗震》第5.3.1条，$\alpha_{vmax}=0.65\times0.32=0.208$。

(4) 由《抗震》式(5.3.1-1)，

$$F_{Evk}=\alpha_{vmax}G_{eq}=0.208\times109125=22698\text{kN}。$$

【例2.3.7-2】某现浇钢筋混凝土框架-剪力墙办公楼，地上11层，各层计算高度均为3.6m。9度抗震设计时，结构总竖向地震作用标准值$F_{Evk}=24000$kN，各楼层剪力荷载代表值均为12900kN，顶层重力荷载代表值为13500kN，试问，顶层竖向地震作用标准值F_{v11}（kN），与下列何项数值最为接近?

(A) 4770　　(B) 4620　　(C) 4510　　(D) 4154

【答案】(D)

【解答】根据《抗震》式(5.3.1-2) $F_{vi}=\dfrac{G_iH_i}{\Sigma G_jH_j}F_{Evk}$进行计算，

$$G_{i(i=1\sim10)}=12900\text{kN},G_{11}=13500\text{kN}$$

$$\sum_{j=1}^{11}G_jH_j=[12900\times(3.6+7.2+\cdots+36)+13500\times39.6]\text{kN}=3088800\text{kN}$$

$$G_{11}H_{11}=13500\times39.6\text{kN}=534600\text{kN},$$

$$F_{v11}=\frac{G_{11}H_{11}}{\sum_{j=1}^{11}G_jH_j}F_{Evk}=\frac{534600}{3088800}\times24000\text{kN}=4154\text{kN}$$

2. 大跨结构、长悬臂构件的竖向地震作用

根据对跨度24～60m的平板型网架和大于24m以上的标准屋架以及大跨结构竖向地震作用振型分解法的分析表明，竖向地震作用的内力和重力荷载作用下的内力比值，一般比较稳定。因此，《抗震》规定，对这类构件可按静力法计算。

《抗震》5.3.2条、5.3.3条规定

> **5.3.2** 跨度、长度小于本规范第5.1.2条第5款规定且规则的平板型网架屋盖和跨度大于24m的屋架、屋盖横梁及其托架的竖向地震作用标准值，宜取其重力荷载代表值和竖向地震作用系数的乘积；竖向地震作用系数可按表5.3.2采用。

结构类型	烈度	场地类别		
		Ⅰ	Ⅱ	Ⅲ、Ⅳ
平板型网架、钢屋架	8	可不计算(0.10)	0.08(0.12)	0.10(0.15)
	9	0.15	0.15	0.20
钢筋混凝土屋架	8	0.10 (0.15)	0.13(0.19)	0.13(0.19)
	9	0.20	0.25	0.25

竖向地震作用系数　　表 5.3.2

注：括号中数值用于设计基本地震加速度为 0.30g 的地区。

5.3.3 长悬臂构件和不属于本规范第 5.3.2 条的大跨结构的竖向地震作用标准值，8 度和 9 度可分别取该结构、构件重力荷载代表值的 10%和 20%，设计基本地震加速度为 0.30g 时，可取该结构、构件重力荷载代表值的 15%。

【例 2.3.7-3】 竖向地震计算挑梁支座负弯矩

条件：某框架结构中的悬挑架，如图 2.3.7-1 所示，悬挑梁长度 2500mm，重力荷载代表值在该梁上形成的均布线荷载为 20kN/m。该框架所处地区抗震设防烈度为 8 度，设计基本地震加速度值为 0.20g。

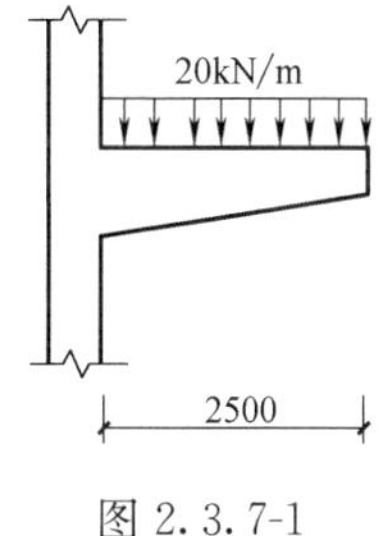

图 2.3.7-1

要求：作竖向地震计算时，其支座负弯矩的设计值 M_0（kN·m）。

【解答】 按《抗震》第 5.3.3 条。竖向地震标准值取重力荷载值的 10%。

$$S=\gamma_G S_{GE}+\gamma_{Ev} S_{Evk}=(1.2\times0.5\times20\times2.5^2+1.3\times0.5\times20\times0.1\times2.5^2)\text{kN}\cdot\text{m}=83.13\text{kN}\cdot\text{m}$$

【例 2.3.7-4】 悬挑钢桁架的竖向地震作用

条件：图 2.3.7-2 表示一悬挑长度为 17.5m 的钢桁架。桁架高度为 2.5m。节点上的重力荷载代表值 P_{gk}＝90kN。抗震设防烈度为 8 度（0.30g）。

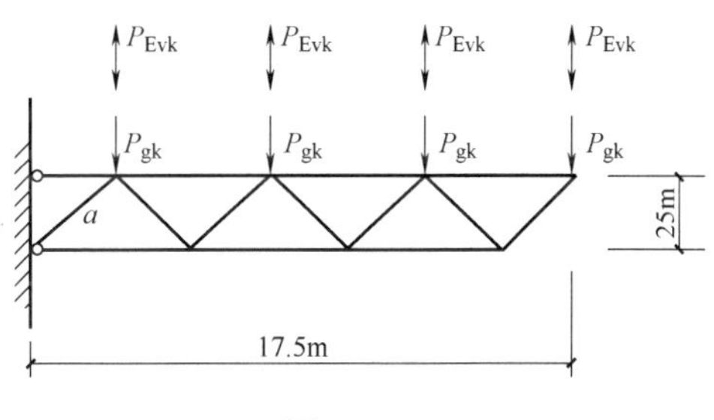

图 2.3.7-2

要求：桁架端部斜腹肝 α 由竖向地震作用产生的轴向力。

【解答】 桁架节点上的竖向地震作用 P_{Evk} 为节点上重力荷载代表值 P_{gk} 的 15%，即

$$P_{Evk}=0.15\times90\text{kN}=13.5\text{kN}$$

由于桁架端部斜腹肝 α 与下弦杆之间的夹角为 45°，则桁架端部斜腹肝 α 由竖向地震作用产生的轴向力

$$N_{Evk}=\sqrt{2}(4P_{Evk})=\sqrt{2}\times(4\times13.5)\text{kN}=76.4\text{kN}。$$

【例 2.3.7-5】 大跨桁架的竖向地震作用

条件：图 2.3.7-3 表示一榀两端简支的钢桁架。跨度为 30m，抗震设防烈度为 8 度

(0.2g)，场地类别为Ⅲ类。屋架节点上重力荷载代表值 P_{gk}=180kN。

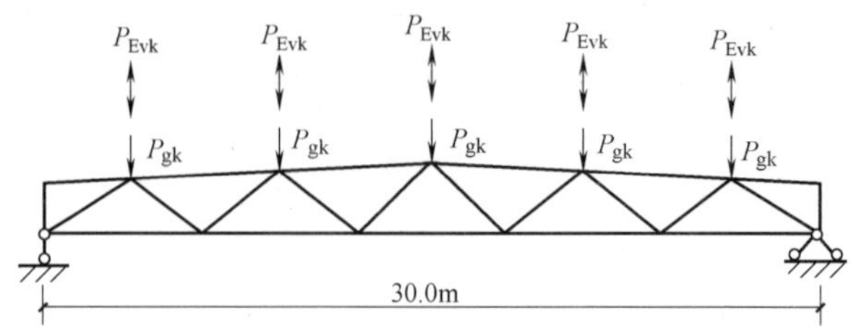

图 2.3.7-3

要求：钢桁架节点上的竖向地震作用。

【解答】 钢桁架节点上的竖向地震作用标准值 P_{Evk}，可取节点上重力荷载代表值 P_{gk} 的 10%，即

$$P_{Evk}=0.1\times P_{gk}=0.1\times 180\text{kN}=18\text{kN}$$

【例 2.3.7-6】 下列关于高层建筑结构中是否考虑竖向地震作用的几种观点，其中哪一种超出了规程的规定？

(A) 8 度采用隔震设计的建筑结构，应计竖向地震作用

(B) 8 度抗震设计时，大跨度和长悬臂结构应考虑竖向地震作用

(C) 8 度抗震设计时，带转换层高层结构中的转换构件应考虑竖向地震的影响

(D) 8 度抗震设计时，B 级高度的高层建筑应考虑竖向地震的影响

【答案】 (D)

【解答】 (1) 根据《抗震》第 5.1.1 条注，答案 (A) 准确。

(2) 根据《抗震》5.3.2 条、5.3.3 条，答案 (B) 准确。

(3) 根据《高规》10.2.4 条，答案 (C) 准确。

(4) 对答案 (D)，规范、规程无特别要求。

八、结构抗震承载力验算

1. 地震作用的方向

抗震验算时，关于地震作用的方向，因地震时地面将发生水平运动与竖向运动，从而引起结构的水平振动与竖向振动。而当结构的质心与刚心不重合时，地面的水平运动还会引起结构的扭转振动。

抗震设计中，考虑到地面运动水平方向的分量较大，而结构抗侧力的强度储备又较抗竖向力的强度储备为小，所以通常认为水平地震作用对结构起主要作用，在验算结构抗震承载力时一般只考虑水平地震作用，仅在高烈度区对竖向地震作用敏感的大跨、长悬臂、高耸结构及高层建筑才考虑竖向地震作用。对于由水平地震作用引起的扭转影响，一般只对质量和刚度明显不均匀、不对称的结构才加以计算。

在验算水平地震作用效应时，虽然地面水平运动的方向是随机的，但在实际抗震验算中一般均假定作用在结构的主轴方向，并分别在两个主轴方向进行分析和验算。而各方向的水平地震作用全部由该方向抗侧力的构件承担。对于有斜交抗侧力构件的结构，当相交角度大于 15°时，应分别考虑各抗侧力构件方向的水平地震作用。

《抗震》规定

5.1.1 各类建筑结构的地震作用，应符合下列规定： 1 一般情况下，应至少在建筑结构的两个主轴方向分别计算水平地震作用，各方向的水平地震作用应由该方向抗侧力构件承担。 2 有斜交抗侧力构件的结构，当相交角度大于15°时，应分别计算各抗侧力构件方向的水平地震作用。 3 质量和刚度分布明显不对称的结构，应计入双向水平地震作用下的扭转影响；其他情况，应允许采用调整地震作用效应的方法计入扭转影响。 4 8、9度时的大跨度和长悬臂结构及9度时的高层建筑，应计算竖向地震作用。 注：8、9度时采用隔震设计的建筑结构，应按有关规定计算竖向地震作用。

【例 2.3.8-1】 图 2.3.8-1 所示建筑的抗震烈度为 8 度，属于二级抗震等级。下列的几种结构动力分析方法中，何项是正确的？

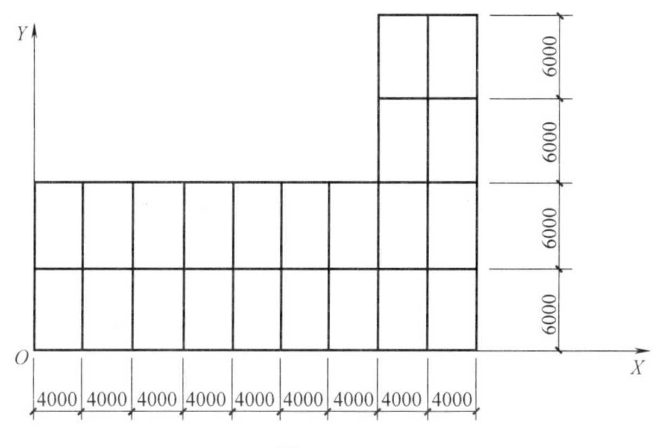

图 2.3.8-1

(A) 只要作横向的平动振型抗震验算就行了，因为横向（Y 向）的抗侧刚度较弱

(B) 不仅要作横向的抗震验算，还要作纵向的抗震验算

(C) 除作 X、Y 向的平动振型的抗震验算外，还要作扭转振型的耦连计算

(D) 该结构属于简单的纯框架，层数又不高，用基底剪力法计算其横向的水平地震力，并按各榀框架的抗侧刚度进行分配就行了

【答案】(C)

【解答】根据《抗震》第 5.1.1 条第 1 款，“在结构两个主轴方向分别考虑水平地震作用计算”；

根据《抗震》第 5.1.1 条第 3 款，“质量与刚度分布明显不对称、不均匀的结构。应计算双向水平地作用下的扭转影响”。

【例 2.3.8-2】 某 12 层现浇钢筋混凝土剪力墙结构住宅楼，各层结构平面布置如图 2.3.8-2所示，质量和刚度沿竖向分布均匀，房屋高度为 34.0m。首层层高为 3.2m，其他各层层高均为 2.8m。该房屋为丙类建筑，抗震设防烈度为 7 度，其设计基本地震加速度为 0.15g，建于Ⅲ类建筑场地，设计地震分组为第一组。

考虑水平地震作用时，需先确定水平地震作用的计算方向。试问，抗震设计时该结构必须考虑的水平地震作用方向（即与 X 轴正向的夹角，按逆时针旋转），应为下列何项所示？

(A) 0°、90°

(B) 30°、90°、150°

(C) 0°、30°、60°、90°

(D) 0°、30°、60°、90°、120°、150°

【答案】(D)

【解答】由《抗震》第 5.1.1 条，抗震设计时该结构必须考虑的水平地震作用方向（即与 X 轴正向的夹角，按逆时针旋转），应为 0°、30°、60°、90°、120°、150°。

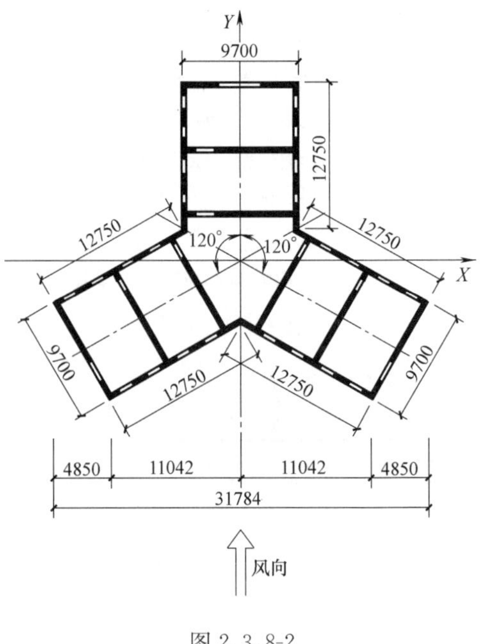

图 2.3.8-2

2. 可不进行截面抗震验算的结构

在结构抗震设计第一阶段即进行在多遇地震作用下承载力的抗震验算时，对于烈度在 7 度和 7 度以上的建筑应加以验算，对于烈度为 6 度时的一般建筑，由于地震作用较小，在结构设计中基本上不起控制作用，故可不进行验算，只须符合有关的抗震措施的要求，但对于建造于Ⅳ类场地上较高的高层建筑，则仍须进行验算，因这类结构的地震作用值可能达到 7 度时的取值。

《抗震》规定

> **5.1.6** 结构的截面抗震验算，应符合下列规定：
>
> 1 6 度时的建筑（不规则建筑及建造于Ⅳ类场地上较高的高层建筑除外），以及生土房屋和木结构房屋等，应允许不进行截面抗震验算，但应符合有关的抗震措施要求。
>
> 2 6 度时不规则建筑、建造于Ⅳ类场地上较高的高层建筑，7 度和 7 度以上的建筑结构（生土房屋和木结构房屋等除外），应进行多遇地震作用下的截面抗震验算。
>
> 注：采用隔震设计的建筑结构，其抗震验算应符合有关规定。

“较高的高层建筑”的取法在《抗震》5.1.6 条的“条文说明”中有交代

> **5.1.6**（条文说明）
>
> 1 当地震作用在结构设计中基本上不起控制作用时，例如 6 度区的大多数建筑，以及被地震经验所证明者，可不做抗震验算，只需满足有关抗震构造要求。但“较高的高层建筑（以后各章同）”，诸如高于 40m 的钢筋混凝土框架、高于 60m 的其他钢筋混凝土民用房屋和类似的工业厂房，以及高层钢结构房屋，其基本周期可能大于Ⅳ类场地的特征周期 T_g，则 6 度的地震作用值可能相当于同一建筑在 7 度Ⅱ类场地下的取值，此时仍须进行抗震验算。

【例 2.3.8-3】某Ⅳ类场地上建造一钢筋混凝土框架结构，高度为 42m，设防烈度为 6

度。试问下列有关该结构抗震设计的叙述中，错误的是下列何项。

(A) 不必计算地震作用和进行抗震截面验算

(B) 应计算地震作用，并作多遇地震作用下的截面抗震验算

(C) 应采用振型分解反应谱法计算地震作用

(D) 不能采用底部剪力法计算地震作用

【答案】(A)

【解答】按《抗震》第5.1.6条，6度时建造于Ⅳ类场地上较高的高层建筑，应进行多遇地震作用下的截面抗震验算。条文说明指出，高于40m的钢筋混凝土框架属于较高的高层建筑，其基本自振周期可能大于Ⅳ类场地的设计特征周期T_g，按6度计算的地震作用值可能大于同一建筑在7度Ⅱ类场地时的取值，故此时仍须进行抗震验算。(A)项错误，(B)项正确。

此结构高度超过40m，按《抗震》第5.1.2条的规定。不应采用底部剪力法计算，又不属于应采用时程分析法进行补充计算的结构，所以(C)、(D)两项正确。

【例2.3.8-4】6度时木结构房屋的抗震设计，下列何项是正确的。

(A) 可不进行截面抗震验算

(B) 木柱木梁房屋可建二层，总高度不宜超过6m

(C) 木柱木屋架房屋应为单层，总高度不宜超过4m

(D) 木柱仅能设有一个接头

【答案】(A)

【解答】根据《抗震》第5.1.6条，6度时的建筑(不规则建筑及建造于Ⅳ类场地上较高的高层建筑除外)，以及生土房屋和木结构房屋等，应允许不进行截面抗震验算，但应符合有关的抗震措施要求。

3. 地震作用效应和其他荷载效应的基本组合

《抗震》规定

5.4.1 结构构件的地震作用效应和其他荷载效应的基本组合，应按下式计算：

$$S=\gamma_G S_{GE}+\gamma_{Eh} S_{Ehk}+\gamma_{Ev} S_{Evk}+\psi_w \gamma_w S_{wk} \tag{5.4.1}$$

式中 S——结构构件内力组合的设计值，包括组合的弯矩、轴向力和剪力设计值等；

γ_G——重力荷载分项系数，一般情况应采用1.2，当重力荷载效应对构件承载能力有利时，不应大于1.0；

γ_{Eh}、γ_{Ev}——分别为水平、竖向地震作用分项系数，应按表5.4.1采用；

γ_w——风荷载分项系数，应采用1.4；

S_{GE}——重力荷载代表值的效应，可按本规范第5.1.3条采用，但有吊车时，尚应包括悬吊物重力标准值的效应；

S_{Ehk}——水平地震作用标准值的效应，尚应乘以相应的增大系数或调整系数；

S_{Evk}——竖向地震作用标准值的效应，尚应乘以相应的增大系数或调整系数；

S_{wk}——风荷载标准值的效应；

ψ_w——风荷载组合值系数，一般结构取0.0，风荷载起控制作用的建筑应采用0.2

注：本规范一般略去表示水平方向的下标。

地震作用分项系数　　表 5.4.1

地震作用	γ_{Eh}	γ_{Ev}
仅计算水平地震作用	1.3	0.0
仅计算竖向地震作用	0.0	1.3
同时计算水平与竖向地震作用(水平地震为主)	1.3	0.5
同时计算水平与竖向地震作用(竖向地震为主)	0.5	1.3

【例 2.3.8-5】关于结构截面抗震验算以及多遇地震作用下的抗震变形验算中分项系数的取值，下列何项所述正确？

(A) 进行截面抗震验算时，重力荷载分项系数应取 1.2

(B) 进行截面抗震验算时，竖向地震作用分项系数应取 0.5

(C) 进行结构位移计算时，各作用分项系数均应采用 1.0

(D) 进行结构位移计算时，水平地震作用分项系数应取 1.3

【答案】(C)

【解答】(1) 根据《抗震》5.5.1 条，当重力荷载效应对构件承载力有利时，不应大于 1.0，(A)

错误；

(2) 根据《抗震》5.4.1 条，竖向地震作用分项系数应接表 5.4.1 采用，(B) 错误；

(3) 根据《抗震》5.5.1 条，当进行多遇地震作用下的抗震变形验算时，地震作用应采用标准值，各作用分项系数均应采用 1.0。(C) 正确；

(4) 根据《抗震》5.5.1 条。当进行多遇地震作用下的抗震变形验算时，地震作用应采用标准值，水平地震作用分项系数均应采用 1.0。(D) 错误。

【例 2.3.8-6】上弦杆的轴心拉力设计值

条件：某格构式门形铰接钢架，如图 2.3.8-3 所示，计算跨度为 30m，位于抗震设防烈度 8 度区。在重力荷载代表值、水平地震作用标准值、垂直地震作用标准值、雪荷载标准值作用下，上弦杆 1 的轴心拉力标准值分别为：$N_{gk}=300\text{kN}$，$N_{Ehk}=120\text{kN}$，$N_{Evk}=50\text{kN}$，$N_{sk}=10\text{kN}$。

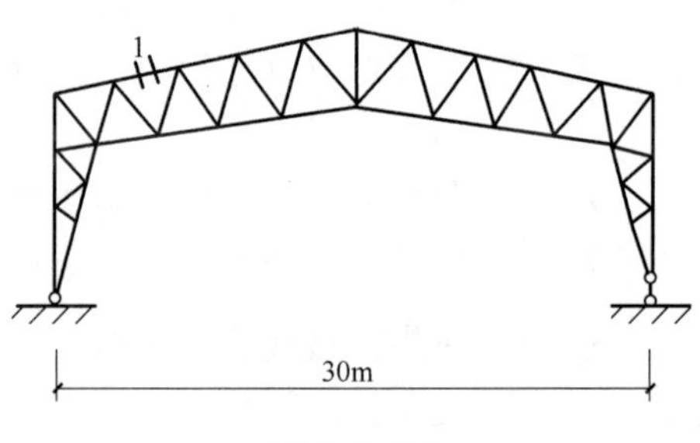

图 2.3.8-3

要求：上弦杆 1 的轴心拉力设计值。

【解答】(1) 因重力荷载代表值中包含了雪荷载的组合，故不计雪荷载参与组合。

(2) 根据《抗震》第 5.3.3 条，大跨结构应考虑竖向地震参与组合，取 $\gamma_{Ev}=0.5$。

(3) 根据《抗震》式 (5.4.1)：

$$N_1=(1.2\times300+1.3\times120+0.5\times50)\text{kN}=541\text{kN}。$$

【例 2.3.8-7】 柱脚的弯矩设计值

条件：一幢二层框架结构。在结构自重及二层楼面活荷载标准值和水平地震作用标准值作用下的框架柱脚弯矩如图 2.3.8-4 所示。结构和构件自重作用下的柱脚弯矩标准值 $M_{Bgk}=40kN\cdot m$，二层楼面活荷载标准值作用下的柱脚弯矩标准值 $M_{Bgk}=30kN\cdot m$（不计屋面活荷载的影响），水平地震作用下的柱脚弯矩标准值 $M_{BEk}=60kN\cdot m$（已计及相应的增大系数或调整系数）。

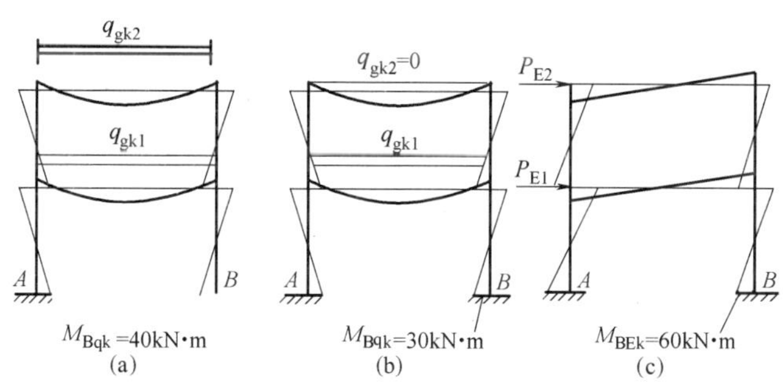

图 2.3.8-4 框架柱脚 B 的弯矩标准值

要求：柱脚弯矩设计值。

【解 答】 根据《抗震》表 5.1.3，楼面活荷载的组合值系数取用 0.5。

根据《抗震》表 5.4.1，水平地震作用分项系数 $\gamma_{Ek}=1.3$。

柱脚 B 的基本组合弯矩设计值 M_B：

$$M_B=[1.2\times(40+0.5\times30)+1.3\times60]kN\cdot m=144kN\cdot m$$

【例 2.3.8-8】 8 层框架结构的内力组合

条件：某高层办公楼，矩形平面、8 层，修建于中小城市。抗震设防烈度为 7 度，Ⅱ类场地，建筑设防类别为丙类。建筑结构采用全现浇框架体系，框架间距为 7.2m，结构计算简图如图 2.3.8-5所示。

已求得底层中柱底部截面处的内力标准值，见表 2.3.8-1。

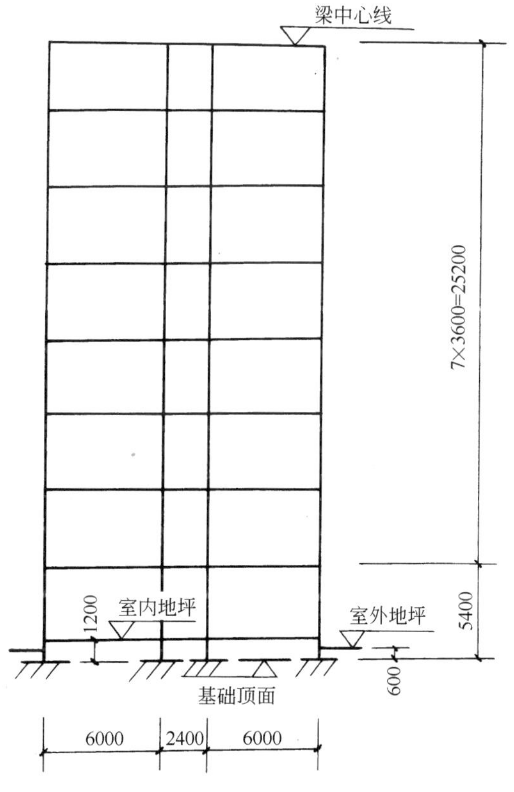

图 2.3.8-5

底层中柱底部截面处的内力标准值 **表 2.3.8-1**

工况 内力	竖向荷载	地震作用	
	重力荷载	左震	右震
M_k/kN·m	21.7	−166.6	166.6
N_k/kN	−2901.3	+23.2	−23.2

表中弯矩以顺时针方向为正，轴向力以拉力为正，反之为负。

要求：计算底层中柱底部截面处组合的弯矩和轴力设计值。

【解答】 查《抗震》5.4.1条得，$\gamma_G=1.2$ 或 $\gamma_G=1.0$，$\gamma_{Eh}=1.3$

由《抗震》式5.4.1得，$S=\gamma_G S_{GE}+\gamma_{Eh}S_{Ehk}$

左震：

$M=1.2\times21.7\text{kN}\cdot\text{m}+1.3\times(-166.6)\text{kN}\cdot\text{m}=-190.6\text{kN}\cdot\text{m}$

$N=1.2\times(-2901.3)\text{kN}+1.3\times23.2\text{kN}=-3451.4\text{kN}$

$M=1.0\times21.7\text{kN}\cdot\text{m}+1.3\times(-166.6)\text{kN}\cdot\text{m}=-194.9\text{kN}\cdot\text{m}$

$N=1.0\times(-2901.3)\text{kN}+1.3\times23.2\text{kN}=-2871.1\text{kN}$

右震：

$M=1.2\times21.7\text{kN}\cdot\text{m}+1.3\times166.6\text{kN}\cdot\text{m}=+242.6\text{kN}\cdot\text{m}$

$N=1.2\times(-2901.3)\text{kN}+1.3\times(-23.2)\text{kN}=-3511.7\text{kN}$

$M=1.0\times21.7\text{kN}\cdot\text{m}+1.3\times166.6\text{kN}\cdot\text{m}=+238.3\text{kN}\cdot\text{m}$

$N=1.0\times(-2901.3)\text{kN}+1.3\times(-23.2)\text{kN}=-2931.5\text{kN}$

内力组合值：

$-M_{max}=-194.9\text{kN}\cdot\text{m}$、相应 $N=-2871.1\text{kN}$；

$+M_{max}=+242.6\text{kN}\cdot\text{m}$、相应 $N=-3511.7\text{kN}$；

$N_{max}=-3451.4\text{kN}$、相应 $-M=-190.6\text{kN}\cdot\text{m}$；

$N_{max}=-3511.7\text{kN}$、相应 $+M=+242.6\text{kN}\cdot\text{m}$。

【例 2.3.8-9】 某高层钢筋混凝土框架-剪力墙结构为一般办公楼，房屋高度小于60m，假定经计算求得某框架边跨梁端截面的负弯矩标准值（kN·m）如下：恒载产生的 $M_{Gk}=-30$；活载产生的 $M_{Qk}=-15$；风载产生的 $M_{Wk}=-10$；水平地震作用产生的 $M_{Ehk}=-22$。试问，在计算该梁端纵向钢筋配筋时，所采用的梁端负弯矩设计值 M（kN·m），与下列何项数值最为接近？

提示：计算中不考虑竖向地震作用，不进行竖向荷载作用下梁端负弯矩的调幅。

(A) −55.2　　(B) −64.7　　(C) −65.4　　(D) −76.4

【答案】 (C)

【解答】 (1) 由《高规》5.6.1条得，无地震作用效应组合时，梁端组合弯矩如下：

$$M=1.35\times(-30)+0.7\times1.4\times(-15)=-55.2(\text{kN}\cdot\text{m})$$

$$M=1.2\times(-30)+1.4\times(-10)+0.7\times1.4\times(-15)=-64.7(\text{kN}\cdot\text{m})$$

$$M=1.2\times(-30)+1.4\times(-15)+0.6\times1.4\times(-10)=-65.4(\text{kN}\cdot\text{m})$$

(2) 由《抗震》5.4.1条得，有地震作用效应组合时，梁端组合弯矩如下：

$$M_E=1.2\times[-30+0.5\times(-15)]+1.3\times(-22)+0.2\times1.4\times(-10)=-76.4(\text{kN}\cdot\text{m})$$

（3）为了与无地震作用效应组合梁端弯矩进行比较，在进行梁端受拉钢筋计算时，有地震作用效应组合的梁端弯矩需考虑承载力抗震调整系数 $\gamma_{RE}=0.75$，而 $\gamma_{RE}M_E=0.75\times 76.4kN\cdot m=57.3kN\cdot m<65.4kN\cdot m$，所以应选（C）。

【例 2.3.8-10】 梁支座处的最大弯矩设计值条件：有一挑出 8m 的长悬挑梁（图 2.3.8-6），作用着永久荷载标准值的线荷载 $g_k=30kN/m$，楼面活荷载标准值的线荷载 $q_k=20kN/m$。抗震设防烈度为 8 度（0.30g）。

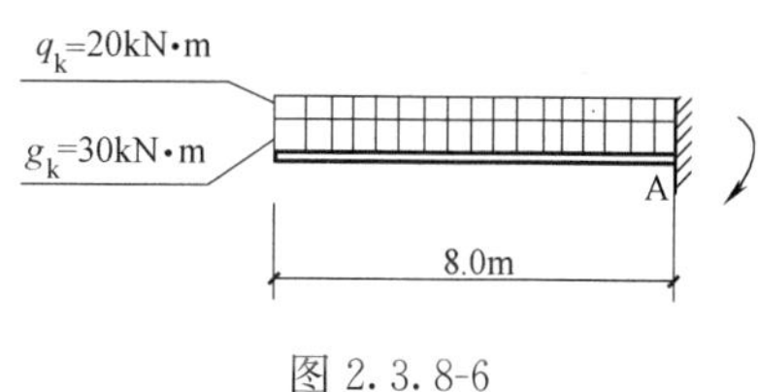

图 2.3.8-6

要求：梁支座 A 处的最大弯矩设计值。

【解答】（1）不考虑竖向地震作用，

楼面活荷载效应控制的组合

$$M_A=\frac{1}{2}\times(1.2\times30+1.4\times20)\times8^2kN\cdot m=2048kN\cdot m$$

永久荷载效应控制的组合

$$M_A=\frac{1}{2}\times(1.35\times30+1.4\times0.7\times20)\times8^2kN\cdot m=1923.2kN\cdot m$$

由上述两种情况的计算结果，不考虑竖向地震作用，楼面活荷载效应控制的组合时，梁支座 A 处产生的弯矩设计值最大。

（2）考虑竖向地震作用效应组合（$\gamma_G=1.2$，$\gamma_{Ev}=1.3$）

根据《抗震》第 5.3.3 条，竖向地震作用标准值的线荷载 g_{Ek} 值，8 度（0.30g）时，取构件上重力荷载代表值的 15%，即

$$g_{Ek}=(g_k+0.5q_k)\times15\%=(30+0.5\times20)\times0.15kN/m=6kN/m。$$

式中 0.5 为楼面活荷载的组合值系数（《抗震》表 5.1.3）。

重力荷载代表值及其竖向地震作用的组合时

$$M_A=\frac{1}{2}\times[1.2\times(30+0.5\times20)+1.3\times6]\times8^2kN\cdot m=1785.6kN\cdot m。$$

（3）不考虑竖向地震作用，永久荷载效应控制的组合

$$M_A=\frac{1}{2}\times(1.35\times30+1.4\times0.7\times20)\times8^2kN\cdot m=1923.2kN\cdot m$$

由上述三种情况的计算结果，不考虑竖向地震作用，楼面活荷载效应控制的组合时，梁支座 A 处产生的弯矩设计值最大。

4. 承载力抗震调整系数

进行建筑结构抗震设计时，对结构构件承载力除以调整系数 γ_{RE} 使承载力提高，主要原因：

（1）快速加载下的材料强度比常规静力荷载下的材料强度高、地震作用的加载速度高于常规静力荷载的加载速度、故材料强度有所提高。

（2）地震作用是偶然作用，结构抗震可靠度要求可比承受其他荷载作用下的可靠度要低些。而结构构件承载力设计值是借用非地震作用的、故要调整可靠度。

《抗震》规定

5.4.2 结构构件的截面抗震验算，应采用下列设计表达式：

$$S \leqslant R/\gamma_{RE} \tag{5.4.2}$$

式中 γ_{RE}——承载力抗震调整系数，除另有规定外，应按表5.4.2采用；

R——结构构件承载力设计值。

承载力抗震调整系数 **表5.4.2**

材料	结构构件	受力状态	γ_{RE}
钢	柱，梁，支撑，节点板件，螺栓，焊缝 柱，支撑	强度 稳定	0.75 0.80
砌体	两端均有构造柱、芯柱的抗震墙 其他抗震墙	受剪 受剪	0.9 1.0
混凝土	梁 轴压比小于0.15的柱 轴压比不小于0.15的柱 抗 震 墙 各类构件	受弯 偏压 偏压 偏压 受剪、偏拉	0.75 0.75 0.80 0.85 0.85

5.4.3 当仅计算竖向地震作用时，各类结构构件承载力抗震调整系数均应采用1.0。

【例2.3.8-11】 抗震调整系数 γ_{RE}

条件：某一设有吊车的单层厂房柱，上柱的截面尺寸400mm×400mm，下柱的截面尺400mm×900，混凝土强度等级C25，考虑横向水平地震作用组合时，在排架方向的内力组合的最不利设计值为：上柱 $N=236$kN；下柱 $N=1400$kN。

要求：正截面承载力计算的抗震调整系数 γ_{RE}。

【解答】 已知 $f_c=11.9\text{N/mm}^2$，则

上柱轴压比为： $\dfrac{N}{f_c bh}=\dfrac{236\times10^3}{11.9\times400\times400}=0.12<0.15$

下柱轴压比为： $\dfrac{N}{f_c bh}=\dfrac{1400\times10^3}{11.9\times400\times900}=0.33>0.15$

根据《抗震》表5.4.2.轴压比小于0.15的柱，其抗震调整系数 γ_{RE} 为0.75；轴压比不小于0.15的柱，其抗震调整系数 γ_{RE} 为0.8。

九、抗震变形验算

1. 变形验算的内容及原因

建筑结构在地震作用下的变形验算与控制在抗震设计中起着不可缺少的重要作用，这不是承载能力强度设计所能代替的。根据两阶段设计原则，变形验算主要包括

（1）在多遇地震作用下弹性变形的验算

多遇地震作用下结构基本处于弹性工作阶段，除满足承载能力要求外还需严格控制弹性层间侧移，其主要原因是：

① 防止非结构构件出现过于严重的破坏；

② 保证建筑自身的正常使用；

③ 要防止防震缝两侧毗连建筑物的碰撞；

④ 防止高层建筑的 $P\text{-}\Delta$ 效应。

（2）在罕遇地震作用下弹塑性变形的验算

弹塑性变形的验算是为了防止结构在预估的罕遇地震作用下因薄弱层弹塑性变形过大而倒塌。

抗震变形验算与前面讲述的截面抗震验算是相辅相成的。《抗震》5.1.7 条明确指出

5.1.7 符合本规范第 5.5 节规定的结构，除按规定进行多遇地震作用下的截面抗震验算外，尚应进行相应的变形验算。

《高规》规定

3.7.1 在正常使用条件下，高层建筑结构应具有足够的刚度，避免产生过大的位移而影响结构的承载力、稳定性和使用要求。

2. 弹性变形验算

（1）弹性水平位移值

《高规》规定

3.7.2 正常使用条件下，结构的水平位移应按本规程第 4 章规定的风荷载、地震作用和第 5 章规定的弹性方法计算。

钢筋混凝土框架结构，当采用手算进行弹性位移校核时，一般仍采用 D 值法。先算出各层柱子的 D 值，然后将底部剪力法得到的楼层地震剪力标准值除以相应各层的 D 值，即得到各层的相对水平位移值，

$$\Delta u_e = \frac{V_e}{\sum_i D_i}$$

除以各层相应层高后，得各层间侧移角。

【例 2.3.9-1】 某 6 层钢筋混凝土框架结构，其计算简图如图 2.3.9-1 所示。

边跨梁、中间跨梁、边柱及中柱各自的线刚度，在各层之间不变。

用 D 值法计算在水平荷载作用下的框架侧移。假定在图 2.3.9-1 所示水平荷载作用下，顶层的层间相对侧移值 $\Delta_6 = 0.0127P$（mm），又已求得底层侧移总刚度 $\sum D_1 = 102.84$（kN/mm），试问，在图示水平荷载作用下，顶层（屋顶）的绝对侧移值 δ_6（mm），与下列何项数值最为接近？

（A）0.06P　　（B）0.12P

（C）0.20P　　（D）0.25P

【答案】（D）

【解答】 第 i 层的侧移值 $\Delta_i = \dfrac{V_i}{\sum D_i}$，除底层外其他各层的 $\sum D$ 相同。

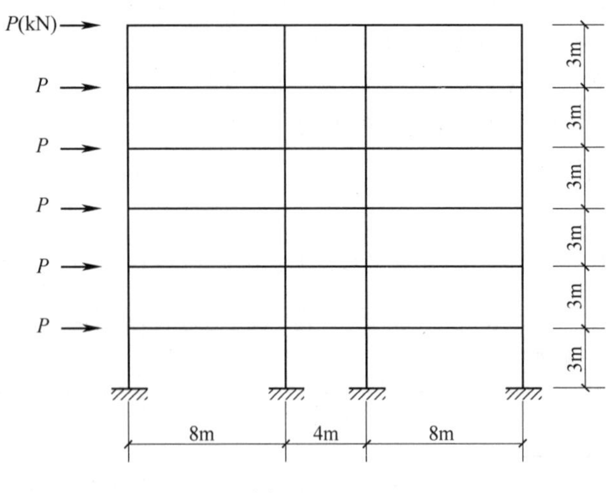

图 2.3.9-1

楼层数 i	层剪力 V_i	层位移 Δ_i	
6	$1P$	$1P/\Sigma D$	$1\Delta_6$
5	$2P$	$2P/\Sigma D$	$2\Delta_6$
4	$3P$	$3P/\Sigma D$	$3\Delta_6$
3	$4P$	$4P/\Sigma D$	$4\Delta_6$
2	$5P$	$5P/\Sigma D$	$5\Delta_6$
2-6 层的总位移			$15\times\Delta_6$

已知第六层的侧移 $\Delta_6=0.0127P$（mm），

2-6 层的总位移 $=15\times\Delta_6=15\times0.0127P=0.1905P$（mm），

底层的侧移 $\Delta_1=6P/\Sigma D_1=6P/102.84=0.0583P$，

顶层的绝对侧移值 $\delta_6=\sum_{i=1}^{6}\Delta_i$

$$\delta_6=\Delta_1+\sum_{i=2}^{6}\Delta_i=0.1905P+0.0583P=0.2488P(\text{mm})。$$

【例 2.3.9-2】某 12 层现浇框架结构，其中一榀中部框架的剖面如图 2.3.9-2 所示，现浇混凝土楼板，梁两侧无洞。底层各柱截面相同，2～12 层各柱截面相同，线刚度为 $i_c=3.91\times10^{10}\text{N}\cdot\text{mm}$ 各层梁截面均相同。假定，$P=10\text{kN}$，底层柱顶侧移值为 2.8mm，且上部楼层各边梁、柱及中梁、柱的修正系数分别为 $\alpha_{边}=0.56$，$\alpha_{中}=0.76$。

提示：(1) 计算位移时，采用 D 值法。

(2) $D=\alpha\dfrac{12i_c}{h^2}$，式中 α 是与梁柱刚度比有关的修正系数。

试问，不考虑柱子的轴向变形影响时，该榀框架的顶层柱顶侧移值（mm），与下列何项数值最为接近？

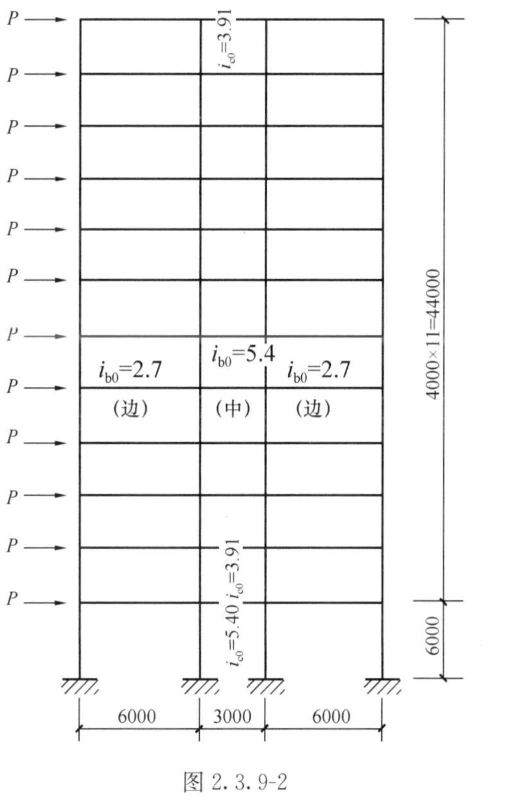

图 2.3.9-2

(A) 9　　(B) 11　　(C) 13　　(D) 15

【答案】(B)

【解答】第 i 层的侧移值 $\Delta_i=\dfrac{V_i}{\sum D_i}$，除底层外其他各层的 $\sum D$ 相同。

$$\sum D=\frac{12}{h^2}\times 2i_c(\alpha_{边}+\alpha_{中})=\frac{12}{4000^2}\times 2\times 3.91\times 10^{10}\times(0.56+0.76)=7.74\times 10^4\text{N/mm}$$

顶层的绝对侧移值 $\delta_{12}=\sum_{i=1}^{12}\Delta_i$

$$\delta_{12}=\Delta_1+\sum_{i=2}^{12}\Delta_i$$

$$=2.8+\frac{10\times 10^3}{7.74\times 10^4}\times(11+10+9+8+7+6+5+4+3+2+1)$$

$$=2.8+8.5=11.3\text{mm}$$

答案选（B）。

（2）楼层内最大的弹性层间位移

《抗震》规定

5.5.1 表 5.5.1 所列各类结构应进行多遇地震作用下的抗震变形验算，其楼层内最大的弹性层间位移应符合下式要求：

$$\Delta u_e\leqslant[\theta_e]h \qquad (5.5.1)$$

式中 Δu_e——多遇地震作用标准值产生的楼层内最大的弹性层间位移；计算时，除以弯曲变形为主的高层建筑外，可不扣除结构整体弯曲变形；应计入扭转变形，各作用分项系数均应采用1.0；钢筋混凝土结构构件的截面刚度可采用弹性刚度；

$[\theta_e]$——弹性层间位移角限值，宜按表5.5.1采用；

H——计算楼层层高。

弹性层间位移角限值 **表5.5.1**

结构类型	$[\theta_e]$
钢筋混凝土框架	1/550
钢筋混凝土框架-抗震墙、板柱-抗震墙、框架-核心筒	1/800
钢筋混凝土抗震墙、筒中筒	1/1000
钢筋混凝土框支层	1/1000
多、高层钢结构	1/250

《高规》规定

3.7.3 按弹性方法计算的风荷载或多遇地震标准值作用下的楼层层间最大水平位移与层高之比 $\Delta u/h$ 宜符合下列规定：

1 高度不大于150m的高层建筑，其楼层层间最大位移与层高之比 $\Delta u/h$ 宜大于表3.7.3的限值。

楼层层间最大位移与层高之比的限值 **表3.7.3**

结构体系	$\Delta u/h$ 限值
框架	1/550
框架-剪力墙、框架-核心筒、板柱-剪力墙	1/800
筒中筒、剪力墙	1/1000
除框架结构外的转换层	1/1000

2 高度不小于250m的高层建筑，其楼层层间最大位移与层高之比 $\Delta u/h$ 不宜大于1/500。

3 高度在150～250m之间的高层建筑，其楼层层间最大位移与层高之比 $\Delta u/h$ 的限值可按本条第1款和第2款的限值线性插入取用。

注：楼层层间最大位移 Δu 以楼层竖向构件最大的水平位移差计算，不扣除整体弯曲变形。抗震设计时，本条规定的楼层位移计算可不考虑偶然偏心的影响。

这两本规范的规定还是有差别的、现比较于下。

《抗震》5.5.1条规定

5.5.1

Δu_e——多遇地震作用标准值产生的楼层内最大的弹性层间位移；计算时，除以弯曲变形为主的高层建筑外，可不扣除结构整体弯曲变形；应计入扭转变形，各作用分项系数均应采用1.0；钢筋混凝土结构构件的截面刚度可采用弹性刚度

《高规》规定

> **3.7.3**
> 注：楼层层间最大位移 Δu 以楼层竖向构件最大的水平位移差计算，不扣除整体弯曲变形。抗震设计时，本条规定的楼层位移计算可不考虑偶然偏心的影响。

【例 2.3.9-3】 一幢 8 层的钢筋混凝土框架结构，在设防烈度 8 度（0.2g）多遇地震的水平地震作用下的水平位移如图 2.3.9-3 所示，其顶层的弹性水平位移 $\delta_8=60\text{mm}$，第 7 层的水平位移 $\delta_7=52\text{mm}$。顶层的弹性层间位移角 $\theta_{e,8}$ 接近下列何项？

(A) 1/400　　(B) 1/500

(C) 1/600　　(D) 1/650

【答案】 (B)

$\Delta u_{e,8}=60-52=8\text{mm}$，

$$\theta_{e,8}=\frac{\Delta u_{e,8}}{h}=\frac{8}{4000}=\frac{1}{500}$$

【例 2.3.9-4】 在正常使用条件下的下列结构中，哪个对于层间最大位移与层高之比限值的要求最严格？

(A) 高度为 160m 的框架-核心筒结构

(B) 高度为 180m 的筒中筒结构

(C) 高度为 170m 的剪力墙结构

(D) 高度为 140m 的框架结构

【答案】 C

【解答】 由《高规》第 3.7.3 条，高度不大于 150m 和高度等于或大于 250m 的高层建筑，其 $\frac{\Delta u}{h}$ 的限值可直接确定；高度在 150～250m 之间的高层建筑，需按下式（1）进行线性插值确定。

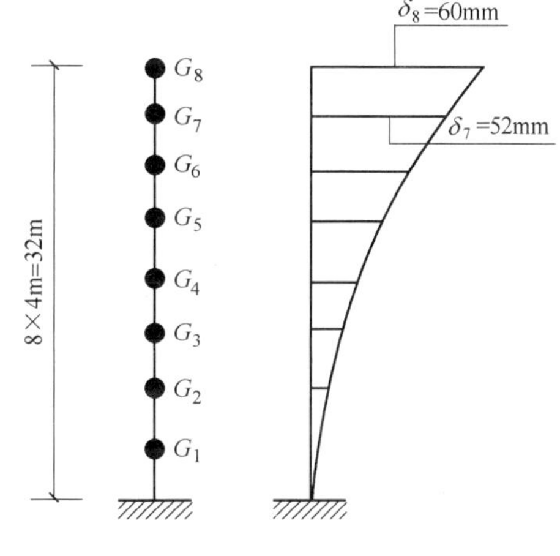

图 2.3.9-3

定义当某种结构类型的建筑总高度为 H（m）时的楼层层间位移与楼层高之比的限值为 δ_H，即 $\delta_H=\left[\frac{\Delta u}{h}\right]_{max}$，根据规程 3.7.3 条第 3 款，可列出确定高度在 150～250m 之间建筑的 δ_H 的插值公式

$$\delta_H=\delta_{150}+(\delta_{250}-\delta_{150})\left(\frac{H}{100}-1.5\right)$$
$$=\delta_{150}+\left(\frac{1}{500}-\delta_{150}\right)\left(\frac{H}{100}-1.5\right) \tag{1}$$

(A) $\delta_{150}=\frac{1}{800}$　　$\delta_{250}=0.002$　　$H=160$

代入公式（1），得：$\delta_{160}=\frac{5.3}{4000}=0.001325$

(B) 该建筑为 $H=180\text{m}$ 的筒中筒结构，其 $\delta_{150}=\frac{1}{1000}=0.001$，$\delta_{250}=\frac{1}{500}=0.002$，代入公式 (1)，得：

$$\delta_{180}=0.001+0.001\times(1.80-1.5)=0.0013$$

(C) $\delta_{150}=\frac{1}{1000}$　　$\delta_{250}=0.002$　　　$H=170$

代入公式 (1)，得：$\delta_{170}=0.0012$

(D) 高度不大于 150m 的框架结构$\frac{\Delta u}{h}$的限值采用 $\delta_{150}=1/550=0.00182$

显然 C 最严格。

【例 2.3.9-5】钢筋混凝土高层建筑抗震设计时，应限制结构层间位移；有关按弹性方法计算出的楼层层间最大位移 Δu 的下列几种认识，其中何项是不准确的？

(A) 楼层层间最大位移 Δu 以楼层最大水平位移差计算，不扣除整体弯曲变形

(B) 楼层位移计算时，不考虑偶然偏心的影响

(C) 应考虑重力二阶效应对水平力作用下结构位移计算的影响

(D) 位移计算时，装配整体式楼面中梁的刚度可考虑翼缘的作用予以增大

【答案】(C)

【解答】(1) 根据《高规》3.7.3 条、注：楼层层间最大位移 Δu 以楼层竖向构件最大的水平位移差计算，不扣除整体弯曲变形。(A) 正确。

(2) 根据《高规》3.7.3 条“条文说明”，本规程采用层间位移角 $\Delta u/h$ 作为刚度控制指标，不扣除整体弯曲转角产生的侧移，即直接采用内力位移计算的位移输出值及 3.7.3 条注“……可不考虑偶然偏心影响”。(B) 正确。

(3) 根据《高规》5.4.1 条 5.4.2 条，(C) 不正确。

(4) 根据《高规》5.2.2 条 (D)，正确。

【例 2.3.9-6】对于下列的一些论点，其中何项是不正确的？

(A) 在正常使用条件下，限制高层建筑结构层间位移的主要目的之一是保证主结构基本处于弹性受力状态

(B) 验算按弹性方法计算的层间位移角 $\Delta u/h$ 是否满足规程限值要求时，其楼层位移计算不考虑偶然偏心影响

(C) 计算楼层的最大弹性层间位移时，应计入扭转变形

(D) 验算弹性层间位移角 $\Delta u/h$ 限值时，第 i 层层间最大位移差 Δu_i 是指第 i 层与第 $i-1$层在楼层平面各处位移的最大值之差，即 $\Delta u_i=u_{i.\max}-u_{i-1.\max}$

【答案】(D)

【解答】根据《高规》3.7.1 条“条文说明”，(A) 正确。

根据《高规》3.7.3 条、注，(B) 正确。

根据《抗震》5.5.1 条，(C) 正确。

根据《高规》3.7.3 条“条文说明”，第 i 层层间最大位移差 Δu_i 是指第 i 层与第 $i-1$ 层在楼层平面各处位移差 $\Delta u_i=u_i-u_{i-1}$ 的最大值，(D) 不正确。

3. 弹塑性变形验算

(1) 薄弱层的特征

《抗震》5.5.2“条文说明”指出

> 震害经验表明，如果建筑结构中存在薄弱层或薄弱部位，在强烈地震作用下，由于结构薄弱部位产生了弹塑性变形，结构构件严重破坏甚至引起结构倒塌；

大量震害分析表明，大震作用下一般结构均存在“塑性变形集中”的薄弱层，这种薄弱层仅按承载力计算有时难以发现。这是因为结构构件强度是按小震作用计算的，各截面实际配筋与计算往往不一致，同时各部位在大震下其效应增大的比例也不同，从而使有些层可能率先屈服，形成塑性变形集中。随着地震强度的增加，结构进入弹塑性变形状态，这些塑性变形集中部位的弹塑性变形超过某种限值，形成薄弱部位（薄弱层），就会产生局部倒塌。而局部倒塌往往又会引起整体的坍塌。

《抗震》3.5.2、3.5.3条“条文说明”指出

> 抗震薄弱层（部位）的概念，也是抗震设计中的重要概念，包括：
>
> 1 结构在强烈地震下不存在强度安全储备，构件的实际承载力分析（而不是承载力设计值的分析）是判断薄弱层（部位）的基础；
>
> 2 要使楼层（部位）的实际承载力和设计计算的弹性受力之比在总体上保持一个相对均匀的变化，一旦楼层（或部位）的这个比例有突变时，会由于塑性内力重分布导致塑性变形的集中；
>
> 3 要防止在局部上加强而忽视整个结构各部位刚度、强度的协调；
>
> 4 在抗震设计中有意识、有目的地控制薄弱层（部位），使之有足够的变形能力又不使薄弱层发生转移，这是提高结构总体抗震性能的有效手段。

（2）罕遇地震作用下的弹塑性变形分析

《抗震》规定

> **3.6.2** 不规则且具有明显薄弱部位可能导致地震时严重破坏的建筑结构，应按本规范有关规定进行罕遇地震作用下的弹塑性变形分析。此时，可根据结构特点采用静力弹塑性分析或弹塑性时程分析方法。

结构的时程分析也说明弹塑性层间变形沿高度的分布是不均匀的（图2.3.9-4）。影响层间变形的主要因素是楼层屈服强度分布，在屈服强度相对较低的薄弱部位，地震作用下将产生很大的塑性层间变形。而其他各层的层间变形相对较小，接近于弹性反应计算结果。因此，在抗震设计中，只要控制了薄弱部位在罕遇地震下的变形，即可控制结构的抗震安全性。判断薄弱层的部位和验算薄弱层的弹塑性变形是否满足抗震要求，就成了大震不倒验算的主要内容。如果将截面抗震验算和多遇地震下

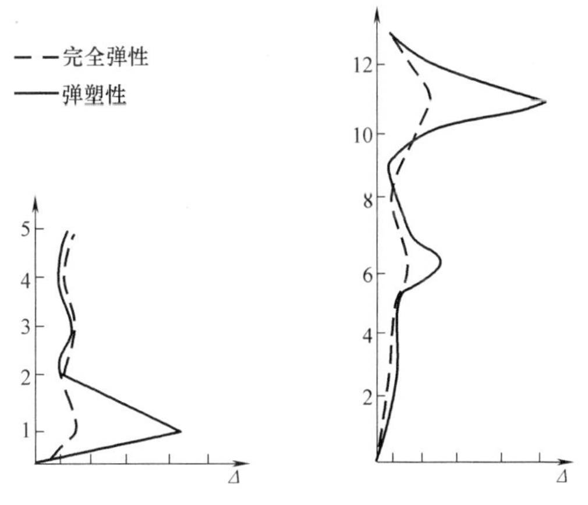

图2.3.9-4 结构弹塑性层间变形分布

的弹性变形验算合称为第一阶段抗震设计（即解决小震不坏），则罕遇地震下弹塑性变形验算可称为第二阶段抗震设计（解决大震不倒）。

（3）需要进行弹塑性变形验算的范围

① 应进行弹塑性变形验算的结构

《抗震》规定

5.5.2 结构在罕遇地震作用下薄弱层的弹塑性变形验算，应符合下列要求：

1 下列结构应进行弹塑性变形验算：

1）8 度Ⅲ、Ⅳ类场地和 9 度时，高大的单层钢筋混凝土柱厂房的横向排架；

2）7～9 度时楼层屈服强度系数小于 0.5 的钢筋混凝土框架结构；

3）高度大于 150m 的结构；

4）甲类建筑和 9 度时乙类建筑中的钢筋混凝土结构和钢结构；

5）采用隔震和消能减震设计的结构；

《高规》亦有同样规定

3.7.4 高层建筑结构在罕遇地震作用下的薄弱层弹塑性变形验算，应符合下列规定：

1 下列结构应进行弹塑性变形验算：

1）7～9 度时楼层屈服强度系数小于 0.5 的框架结构；

2）甲类建筑和 9 度抗震设防的乙类建筑结构；

3）采用隔震和消能减震设计的建筑结构；

4）房屋高度大于 150m 的结构。

② 宜进行弹塑性变形验算的结构

《抗震》规定

5.5.2 结构在罕遇地震作用下薄弱层的弹塑性变形验算，应符合下列要求：

2 下列结构宜进行弹塑性变形验算：

1）本规范表 5.1.2-1 所列高度范围且属于本规范表 3.4.2-2 所列竖向不规则类型的高层建筑结构；

2）7 度Ⅲ、Ⅳ类场地和 8 度时乙类建筑中的钢筋混凝土结构和钢结构；

3）板柱-抗震墙结构和底部框架砌体房屋；

4）高度不大于 150m 的其他高层钢结构。

5）不规则的地下建筑结构及地下空间综合体。

《高规》亦有同样规定

3.7.4 高层建筑结构在罕遇地震作用下的薄弱层弹塑性变形验算，应符合下列规定：

2 下列结构宜进行弹塑性变形验算：

1）本规程表 4.3.4 所列高度范围且不满足本规程第 3.5.2～3.5.6 条规定的竖向不规则高层建筑结构；

2）7 度Ⅲ、Ⅳ类场地和 8 度抗震设防的乙类建筑结构；

3）板柱-剪力墙结构。

以上规定是为了在满足抗震设计基本要求的前提下，尽量减少设计计算工作量。所以，根据震害调查及科学研究结果，只要求对上述在大地震中较易倒塌的延性结构和特殊要求的钢筋混凝土建筑进行薄弱层或薄弱部位的变形验算。

【例 2.3.9-7】 某 10 层现浇钢筋混凝土框架结构，抗震设防烈度为 8 度，设计基本地震加速度为 0.20g，框架抗震等级为一级。沿该建筑物竖向框架结构的层刚度无突变，楼层屈服强度系数 ξ_y 分布均匀。已求得首层的楼层屈服强度系数 $\xi_y=0.45$。其中何项不正确?

（A）不必进行弹塑性变形验算

（B）、（C）、（D）略。

【答案】 由《抗震》5.5.2 条第 2 款，结构需进行弹塑性变形验算，（A）错误。

【例 2.3.9-8】 下列关于高层建筑混凝土结构在罕遇地震作用下薄弱层弹塑性变形验算的相关论述，其中何项不正确?

（A）采用隔震和消能减震技术的建筑结构，应进行薄弱层弹塑性变形验算

（B）、（C）、（D）略。

【答案】 由《高规》3.7.4 条第 1 款，应进行薄弱层弹塑性变形验算，（A）正确。

【例 2.3.9-9】 某 10 层现浇钢筋混凝土框架结构，该建筑物竖向框架结构的层刚度无突变，楼层屈服强度系数 ξ_y 分布均匀。已求得首层的楼层屈服强度系数 $\xi_y=0.45$。1～3 层柱截面及其混凝土强度等级、配筋均相同。按实配钢筋和材料强度标准值计算的边柱、中柱的受剪承载力分别为：

边柱 $V_{cua1}=678kN$，中柱 $V_{cua2}=960kN$

试问，下列何项主张符合相关规范的规定?

（A）、（B）、（D）略。

（C）通过调整柱实配钢筋使 V_{cua1} 和 V_{cua2} 增加 5%后，可不进行弹塑性变形验算

【答案】 通过调整首层柱实配钢筋边柱、中柱受剪承载力增加 5%后：

$\xi_y=1.05\times0.450=0.473<0.50$，结构需进行弹塑性变形验算，（C）错误。

（4）结构薄弱层（部位）位置判断

研究表明，结构弹塑性层间变形与多种因素有关，但主要取决于楼层屈服强度系数的大小及楼层屈服强度系数沿房屋高度的分布情况。对混凝土结构，薄弱层的确定主要用楼层屈服强度系数来判别。当此系数大于 0.5 时，这种楼层可不必再验算弹塑性变形。当此系数等于或小于 0.5 时，则必须进一步验算该层的弹塑性变形是否满足《抗震》要求。

①“楼层屈服强度系数”的计算方法

《抗震》5.5.2 条讲述了“楼层屈服强度系数”的计算方法

5.5.2 注：楼层屈服强度系数为按钢筋混凝土构件实际配筋和材料强度标准值计算的楼层受剪承载力和按罕遇地震作用标准值计算的楼层弹性地震剪力的比值；对排架柱，指按实际配筋面积、材料强度标准值和轴向力计算的正截面受弯承载力与按罕遇地震作用标准值计算的弹性地震弯矩的比值。

《高规》亦有同样规定

3.7.4

注：楼层屈服强度系数为按构件实际配筋和材料强度标准值计算的楼层受剪承载力与按罕遇地震作用计算的楼层弹性地震剪力的比值。

结构第 i 层楼层屈服强度系数 $\xi_y(i)$ 可表示为

$$\xi_y(i)=V_y(i)/V_e(i) \tag{2.3.9-1}$$

式中 $\xi_y(i)$——楼层屈服强度系数，按构件实际配筋和材料强度标准值计算的楼层受剪承载力和楼层弹性地震剪力的比值；

$V_y(i)$——第 i 层受剪实际承载力，根据第一阶段设计所得到的截面实际配筋和材料强度标准值计算；

$V_e(i)$——第 i 层弹性地震剪力，计算时水平地震影响系数最大值 α_{max} 应采用罕遇地震时的数值。

② 结构薄弱层（部位）的确定：

楼层屈服强度系数 ξ_y 反映了结构中楼层所具有的实际强度与该楼层所受罕遇地震下弹性地震剪力的相对关系。两者差值越大则 ξ_y 越小，说明该楼层最弱，有可能率先屈服出现较大弹塑性层间变形。根据数千个 1～15 层剪切型结构弹塑性时程分析的结果可知另一个规律是：多层结构存在“塑性变形集中”的薄弱层是一种普遍现象。薄弱层的位置对于屈服强度系数沿高度分布均匀的结构多在底层，分布不均匀的结构则在 ξ_y 最小处或相对较小处；单层厂房往往在上柱。《抗震》5.5.4 条第 1 款讲述了这一规律。

5.5.4 结构薄弱层（部位）弹塑性层间位移的简化计算，宜符合下列要求：

1 结构薄弱层（部位）的位置可按下列情况确定：

1）楼层屈服强度系数沿高度分布均匀的结构，可取底层；

2）楼层屈服强度系数沿高度分布不均匀的结构，可取该系数最小的楼层（部位）和相对较小的楼层，一般不超过 2～3 处；

3）单层厂房，可取上柱。

《高规》亦有同样规定

5.5.3 结构薄弱层（部位）的弹塑性层间位移的简化计算，宜符合下列规定：

1 结构薄弱层（部位）的位置可按下列情况确定：

1）楼层屈服强度系数沿高度分布均匀的结构，可取底层；

2）楼层屈服强度系数沿高度分布不均匀的结构，可取该系数最小的楼层（部位）和相对较小的楼层，一般不超过 2～3 处。

（5）结构薄弱层（部位）弹塑性层间位移简化计算法的适用范围

除了时程分析法直接计算弹塑性变形外，根据对数千个 1～15 层剪切型结构弹塑性时程分析结果得到以下统计规律：多层剪切型结构薄弱层的弹塑性变形与弹性变形之间有相对稳定的关系。根据此规律给出了近似简化计算变形方法。即《抗震》中给出的将弹性层间变形乘以放大系数来求弹塑性层间变形，称为弹塑性变形简化计算法。

《抗震》5.5.3 条

5.5.3 结构在罕遇地震作用下薄弱层（部位）弹塑性变形计算，可采用下列方法：

1 不超过12层且层刚度无突变的钢筋混凝土框架结构、单层钢筋混凝土柱厂房可采用本规范第5.5.4条的简化计算法；

2 除1款以外的建筑结构，可采用静力弹塑性分析方法或弹塑性时程分析法等。

3 规则结构可采用弯剪层模型或平面杆系模型，属于本规范第3.4节规定的不规则结构应采用空间结构模型。

《高规》亦有同样规定

5.5.2 在预估的罕遇地震作用下，高层建筑结构薄弱层（部位）弹塑性变形计算可采用下列方法：

1 不超过12层且层侧向刚度无突变的框架结构可采用本规程第5.5.3条规定的简化计算法；

2 除第1款以外的建筑结构可采用弹塑性静力或动力分析方法。

【例2.3.9-10】 某10层现浇钢筋混凝土框架结构，地下一层箱形基础顶为嵌固端，房屋高度为36.4m。首层层高为4.0m，2～10层层高均为3.6m。该房屋为丙类建筑，抗震设防烈度为8度，设计基本地震加速度为0.20g，框架抗震等级为一级。

(A)、(C)、(D) 略。

(B) 需进行弹塑性变形验算，且必须采用静力弹塑性分析方法或弹塑性时程分析法

【答案】 由《抗震》5.5.3条第1款，(B) 错误。

【例2.3.9-11】 下列关于高层建筑混凝土结构在罕遇地震作用下薄弱层弹塑性变形验算的相关论述，其中何项不正确？

(A)、(B)、(C) 略。

(D) 不超过12层且层刚度无突变的钢筋混凝土框架结构的薄弱层弹塑性变形计算，可采用规范规定的简化计算方法

【答案】 由《抗震》5.5.3条第1款，(D) 正确。

(6) 结构薄弱层（部位）弹塑性层间位移的简化计算

对于刚度及屈服强度系数 ξ_y 高度分布均匀的框架，大量计算结果的统计分析表明，弹塑性层间位移值可近似用同样罕遇地震作用下弹性层间位移值乘以增大系数 η_p 求得

《抗震》5.5.4条第2款

5.5.4 结构薄弱层（部位）弹塑性层间位移的简化计算，宜符合下列要求：

2 弹塑性层间位移可按下列公式计算：

$$\Delta u_p = \eta_p \Delta u_e \tag{5.5.4-1}$$

$$或\ \Delta u_p = \mu \Delta u_y = \frac{\eta_p}{\xi_y} \Delta u_y \tag{5.5.4-2}$$

式中 Δu_p——弹塑性层间位移；

Δu_y——层间屈服位移；

μ——楼层延性系数；

Δu_e——罕遇地震作用下按弹性分析的层间位移；

η_p——弹塑性层间位移增大系数，当薄弱层（部位）的屈服强度系数不小于相邻层（部位）该系数平均值的0.8时，可按表5.5.4采用。当不大于该平均值的0.5时，可按表内相应数值的1.5倍采用；其他情况可采用内插法取值；

ξ_y——楼层屈服强度系数。

弹塑性层间位移增大系数　　　　表5.5.4

结构类型	总层数n或部位	ξ_y		
		0.5	0.4	0.3
多层均匀框架结构	2～4	1.30	1.40	1.60
	5～7	1.50	1.65	1.80
	8～12	1.80	2.00	2.20
单层厂房	上柱	1.30	1.60	2.00

《高规》亦有同样规定

5.5.3 结构薄弱层（部位）的弹塑性层间位移的简化计算，宜符合下列规定：

2 弹塑性层间位移可按下列公式计算：

$$\Delta u_p = \eta_p \Delta u_e \tag{5.5.3-1}$$

或

$$\Delta u_p = \mu \Delta u_y = \frac{\eta_p}{\xi_y} \Delta u_y \tag{5.5.3-2}$$

式中 Δu_p——弹塑性层间位移（mm）；

Δu_y——层间屈服位移（mm）；

μ——楼层延性系数；

Δu_e——罕遇地震作用下按弹性分析的层间位移（mm）。计算时，水平地震影响系数最大值应按本规程表4.3.7-1采用；

η_p——弹塑性位移增大系数，当薄弱层（部位）的屈服强度系数不小于相邻层（部位）该系数平均值的0.8时，可按表5.5.3采用；当不大于该平均值的0.5时，可按表内相应数值的1.5倍采用；其他情况可采用内插法取值；

ξ_y——楼层屈服强度系数。

结构的弹塑性位移增大系数 η_p　　　　表5.5.3

ξ_y	0.5	0.4	0.3
η_p	1.8	2.0	2.2

（7）弹塑性层间位移角限值

《抗震》5.5.5条给出了结构薄弱层（部位）弹塑性层间位移角限值

5.5.5 结构薄弱层（部位）弹塑性层间位移应符合下式要求：

$$\Delta u_p \leqslant [\theta_p]h \quad (5.5.5)$$

式中 $[\theta_p]$——弹塑性层间位移角限值，可按表5.5.5采用；对钢筋混凝土框架结构，当轴压比小于0.40时，可提高10%；当柱子全高的箍筋构造比本规范第6.3.9条规定的体积配箍率大30%时，可提高20%，但累计不超过25%。

h——薄弱层楼层高度或单层厂房上柱高度。

弹塑性层间位移角限值 **表5.5.5**

结构类型	$[\theta_p]$
单层钢筋混凝土柱排架	1/30
钢筋混凝土框架	1/50
底部框架砌体房屋中的框架-抗震墙	1/100
钢筋混凝土框架-抗震墙、板柱-抗震墙、框架-核心筒	1/100
钢筋混凝土抗震墙、筒中筒	1/120
多、高层钢结构	1/50

《高规》亦有同样规定

3.7.5 结构薄弱层（部位）层间弹塑性位移应符合下式规定：

$$\Delta u_p \leqslant [\theta_p]h \quad (3.7.5)$$

式中 Δu_p——层间弹塑性位移；

$[\theta_p]$——层间弹塑性位移角限值，可按表3.7.5采用；对框架结构，当轴压比小于0.40时，可提高10%；当柱子全高的验筋构造采用比本规程中框架柱箍筋最小配箍特征值大30%时，可提高20%，但累计提高不宜超过25%；

h——层高。

层间弹塑性位移角限值 **表3.7.5**

结构体系	$[\theta_p]$
框架结构	1/50
框架-剪力墙结构、框架-核心筒结构、板柱-剪力墙结构	1/100
剪力墙结构和筒中筒结构	1/120
除框架结构外的转换层	1/120

【例2.3.9-12】 某幢7层钢筋混凝土框架结构房屋，底层层高为4.5m，若底层在多遇地震作用下的弹性层间位移为5mm，在罕遇地震作用下的弹性层间位移为8mm；底层的

楼层屈服强度系数 $\xi_y=0.4$，并且不大于相邻层楼层屈服强度系数平均值的 0.5，则在罕遇地震作用下该结构底层的弹塑性层间位移角 $\theta_{p,1}$ 与下列何项最接近?

(A) 1/235　　(B) 1/227　　(C) 1/327　　(D) 1/310

【答案】(B)

【解答】(1) 7 层框架，底层的楼层屈服强度系数 $\xi_y=0.4$，并根据《抗震》表 5.5.4，$\eta_p=1.65$。

(2) 且底层的楼层屈服强度系数不大于相邻层楼层屈服强度系数平均值的 0.5，根据《抗震》第 5.5.4 条，当薄弱层（部位）的屈服强度系数不大于该平均值的 0.5 时，可按表内相应数值的 1.5 倍采用；$\eta_p=1.65\times1.5=2.475$。

(3) $\Delta u_e=8\text{mm}$，根据《抗震》式 (5.5.4-1)，$\Delta u_p=\eta_p\Delta u_e$，

$$\Delta u_p=\eta_p\Delta u_e=2.475\times8=19.8\text{mm}$$

(4) 根据《抗震》式 (5.5.5)，$\theta p=\Delta u_p/h=19.8/4500=1/227<[\theta_p]=1/50$，满足。

【例 2.3.9-13】某幢 7 层钢筋混凝土框架结构房屋，底层层高为 4.5m，其余层层高均为 4m。假定底层的楼层屈服强度系数 $\xi_y=0.35$ 并且不大于相邻层楼层屈服强度系数平均值的 0.5，满足规范要求在罕遇地震作用下，其底层的最大弹性层间位移 Δu_e(mm)，与下列何项最接近?

(A) 56　　(B) 62　　(C) 40　　(D) 35

【答案】(D)

【解答】(1) 7 层，$\xi_y=0.35$，根据《抗震》表 5.5.4，$\eta_p=(1.65+1.80)/2=1.725$。

(2) 底层的楼层屈服强度系数并不大于相邻层楼层屈服强度系数平均值的 0.5，根据《抗震》第 5.5.4 条，当薄弱层（部位）的屈服强度系数不大于该平均值的 0.5 时，应乘以 1.5，$\eta_p=1.5\times1.725=2.5875$。

(3) 根据《抗震》表 5.5.5，框架结构弹塑性层间位移角限值 $[\theta_p]=1/50$。

(4) 根据《抗震》式 (5.5.5) $\Delta u_p\leqslant[\theta_p]h$

移项得 $\dfrac{\Delta u_p}{h}=\theta_p\leqslant[\theta_p]=\dfrac{1}{50}$。

(5) 根据《抗震》式 (5.5.4-1)，$\Delta u_p=\eta_p\Delta u_e$，即 $\dfrac{\Delta u_p}{h}=\dfrac{\eta_p\Delta u_e}{h}$。

(6) 由 (4) 和 (5) 得 $\dfrac{\Delta u_p}{h}=\dfrac{\eta_p\Delta u_e}{h}\leqslant\dfrac{1}{50}=[\theta_p]$

移项得 $\Delta u_e\leqslant\dfrac{1\times h}{50\times\eta_p}=\dfrac{1\times4500}{50\times2.5875}=34.78\text{mm}$。

【例 2.3.9-14】在罕遇地震作用下按弹性分析的层间位移 Δu_e 的最大值。

条件：某一建于 7 度地震区的 10 层钢筋混凝土框架结构，底层层高 6m，楼层屈服强度系数 ξ_y 为 0.45。底层屈服强度系数是相邻上层该系数的 0.55 倍，且不考虑重力二阶效应及结构稳定方面的影响。

要求：在罕遇地震作用下按弹性分析的层间位移 Δu_e 的最大值。

提示：底层在罕遇地震作用下的弹塑性变形，可按《抗震》中的简化计算法计算。

【解答】(1) 根据《抗震》表 5.5.5，框架结构弹塑性层间位移角限值 $[\theta_p]=1/50$。

(2) 根据《抗震》式 (5.5.5)，$\Delta u_p \leqslant [\theta_p] h = \frac{1}{50} \times 6000\text{mm} = 120\text{mm}$。

(3) 10 层，底层屈服强度系数 $\xi_y = 0.45$，根据《抗震》表 5.5.4，

$$\eta_p = \frac{1}{2} \times (1.8 + 2.0) = 1.9。$$

(4) 底层屈服强度系数是相邻上层该系数的 0.55 倍，根据《抗震》第 5.5.4 条，当薄弱层（部位）的屈服强度系数不小于相邻层（部位）该系数平均值的 0.8 时，可按表 5.5.4 采用。当不大于该平均值的 0.5 时，可按表内相应数值的 1.5 倍采用；其他情况可采用内插法取值；

当 $\xi_{y1} < 0.5\xi_{y2}$，$\eta_p = 1.5 \times \frac{1}{2} \times (1.8 + 2.0) = 2.85$

当 $\xi_{y1} > 0.8\xi_{y2}$，$\eta_p = \frac{1}{2} \times (1.8 + 2.0) = 1.9$

因为 $\xi_{y1} = 0.55\xi_{y2}$，线性内插，$\eta_p = 2.69$。

(5) 根据《抗震》式 (5.5.4-1)，$\Delta u_p = \eta_p \Delta u_e$，移项得 $\Delta u_e = \frac{\Delta u_p}{\eta_p}$

在罕遇地震作用下按弹性分析的层间位移 Δu_e 的最大值 $\Delta u_e \leqslant \frac{120}{2.69}\text{mm} = 44.6\text{mm}$。

【例 2.3.9-15】 某 12 层现浇框架结构，其中一榀中部框架的剖面如图 2.3.9-5 所示，现浇混凝土楼板。底层各柱截面相同，2～12 层各柱截面相同，各层梁截面均相同。假定，该建筑物位于 7 度抗震设防区，经计算，底层框架总侧移刚度 $\sum D = 5.2 \times 10^5 \text{N/mm}$，柱轴压比大于 0.4，楼层屈服强度系数为 0.4，不小于相邻层该系数平均值的 0.8。

试问，在罕遇水平地震作用下，按弹性分析时作用于底层框架的总水平组合剪力标准值 V_{EK} (kN)，最大不能超过下列何值才能满足规范对位移的限值要求？

提示：(1) 结构在罕遇地震作用下薄弱层弹塑性变形计算可采用简化计算法；不考虑重力二阶效应。

(2) 不考虑柱配箍影响。

(3) 计算内力时，采用 D 值法。

(A) 5.6×10^3　　(B) 1.1×10^4

(C) 3.1×10^4　　(D) 6.2×10^4

图 2.3.9-5

【答案】(C)

【解答】(1) 根据《抗震》5.5.2-2 条，7～9 度时楼层屈服强度系数小于 0.5 的钢筋混凝土框架结构应进行弹塑性变形验算；该框架结构楼层屈服强度系数为 0.4，应进行弹塑性变形验算。

(2) 柱轴压比大于0.4，不考虑柱配箍影响，根据《抗震》表5.5.5，$[\theta]=1/50$。

(3) 底层层高$h=6000$mm，根据《抗震》式(5.5.5)，最大弹塑性层间位移$\Delta u_p\leqslant[\theta_p]h$：

$$\Delta u_p=\frac{1}{50}\times6000=120\text{mm}。$$

(4) 12层，楼层屈服强度系数为0.4，查《抗震》表5.5.4。

(5) 根据《抗震》式(5.5.4-1) $\Delta u_e=\frac{\Delta u_p}{\eta_p}$，将$\eta_p=2$代入得

$$\Delta u_e=\frac{120}{2}=60\text{mm}。$$

(6) 底层框架总侧移刚度$\sum D=5.2\times10^5$N/mm，采用D值法，

$$V_{EK}=\sum D_i\cdot\Delta u_e=5.2\times10^5\times60=3.12\times10^7\text{N}=3.12\times10^4\text{kN}。$$

【例2.3.9-16】 罕遇地震作用下薄弱层的抗震变形验算

条件：某一层高为4.0m的10层钢筋混凝土框架结构，如图2.3.9-6所示。位于8度(0.20g)抗震设防区。底层、2层及3层的柱截面、配筋相同，且均为C40混凝土。边柱400mm×400mm，中柱500mm×500mm，每榀横向框架的侧向刚度为89477kN/m。经抗震计算，已知：

(1) 在罕遇地震作用下，该楼共承受总水平地震作用标准值F_{EK}为61875kN。

(2) 底层边柱、底层中柱的轴压比均大于0.40。

(3) 按柱的实际配筋和混凝土的强度标准值所算得的每根底层边柱、每根底层中柱的抗剪承载力分别为550kN和800kN。

(4) 柱子全高的箍筋大于最小含箍特征值30%。

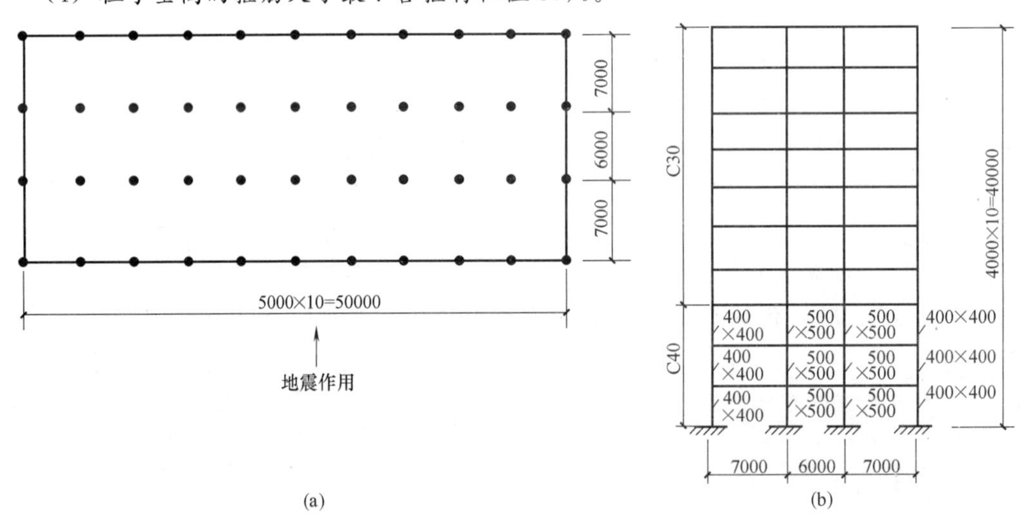

图2.3.9-6

(a) 平面图；(b) 剖面图

要求：罕遇地震作用下的薄弱层抗震变形验算。

【解答】 (1) 判断是否需要进行罕遇地震作用下薄弱层的抗震变形验算

已知8度罕遇地震作用下结构基底弹性地震剪力$V_0=61875$kN。

该楼底层共有 22 根边柱和 22 根中柱用以抗剪，因此该楼底层的楼层屈服强度系数 ξ_y：

$$\xi_y=\frac{22\times(550+800)}{61875}=0.48<0.50$$

根据《抗震》第 5.5.2 条，该框架需要进行罕遇地震作用下薄弱层的抗震变形验算。

(2) 对薄弱层作抗震变形验算

根据《抗震》第 5.5.3、第 5.5.4 条，框架层数小于 12 层，且其侧向刚度无突变，可按规范简化方法计算 Δu_p。薄弱层就在此 ξ_y 沿竖向均匀分布的结构的底层。

① 求罕遇地震作用下，按弹性分析时的层间弹性侧移 Δu_e。

每榀横向框架的侧向刚度为 89477kN/m，在罕遇地震作用下，按弹性分析得薄弱层（即底层结构）的弹性层间侧移：

$$\Delta u_e=\frac{V_0}{11\times\frac{12}{h^2}\Sigma i_c}=\frac{61875}{11\times89477}\text{m}=0.0628\text{m}$$

② 求结构薄弱层的层间弹塑性侧移 Δu_p

已算得 $\xi_y=0.48$，第 2、3 层的配筋柱的截面尺寸、混凝土强度等级又均与底层柱相同，因而底层、2 层及 3 层的楼层屈服强度系数基本相同，满足薄弱层（底层）的屈服强度系数不小于相邻层该系数平均值的 0.8 的要求。根据《抗震》，查得弹塑性位移增大系数为 $\eta_p=1.84$。因此，$\Delta u_p=1.84\times0.0628\text{m}=0.1156\text{m}$。

③ 弹塑性抗震变形验算

根据《抗震》第 5.5.5 条，框架结构的弹塑性层间位移角限 $[\theta_p]$ 为 1/50，当轴压比小于 0.4 时可提高 10%；当柱子全高的箍筋大于最小配箍特征值 30%时，又可提高 20%，但累计不超过 25%。因此，该结构的 $[\theta_p]$ 取为 $1.2\times1/50=0.024$。$\Delta u_p=0.1156\text{m}>[\theta_p]h=0.024\times4\text{m}=0.096\text{m}$，不符合要求。

(8) 以振型分解反应谱法小震弹性层间位移估算大震下弹塑性位移

《抗震》3.10.4 条的“条文说明”指出

> 5 影响弹塑性位移计算结果的因素很多，现阶段，其计算值的离散性，与承载力计算的离散性相比较大。注意到常规设计中，考虑到小震弹性时程分析的波形数量较少，而且计算的位移多数明显小于反应谱法的计算结果，需要以反应谱法为基础进行对比分析；大震弹塑性时程分析时，由于阻尼的处理方法不够完善，波形数量也较少（建议尽可能增加数量，如不少于 7 条；数量较少时宜取包络），不宜直接把计算的弹塑性位移值视为结构实际弹塑性位移，同样需要借助小震的反应谱法计算结果进行分析。建议按下列方法确定其层间位移参考数值：用同一软件、同一波形进行弹性和弹塑性计算，得到同一波形、同一部位弹塑性位移（层间位移）与小震弹性位移（层间位移）的比值，然后将此比值取平均或包络值，再乘以反应谱法计算的该部位小震位移（层间位移），从而得到大震下该部位的弹塑性位移（层间位移）的参考值。

【例 2.3.9-17】

某 70 层办公楼，平、立面如图 2.3.9-7 所示，采用钢筋混凝土筒中筒结构，抗震设防烈度为 7 度，丙类建筑，Ⅱ类建筑场地。房屋高度地面以上为250m，质量和刚度沿竖向分布均匀。已知小震弹性计算时，振型分解反应谱法求得的底部地震剪力为 16000kN，最大层间位移角出现在 k 层，$\theta_k = 1/600$。

假定，正确选用的 7 条时程曲线分别为：AP1～AP7，同一软件计算所得的第 k 层结构的层间位移角（同一层）见表 2.3.9-1

试问，估算的大震下该层的弹塑性层间位移角参考值最接近下列何项数值？

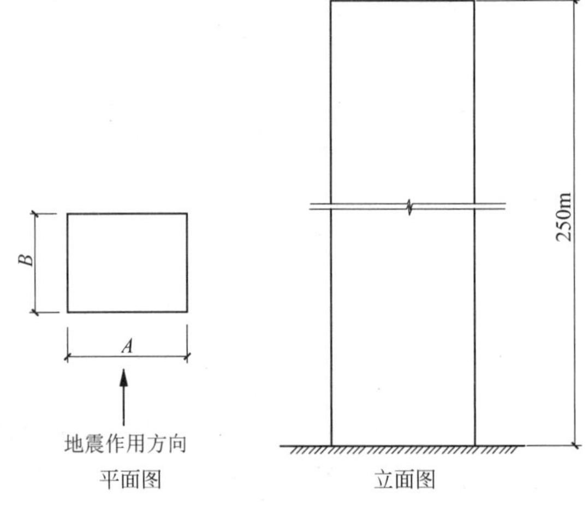

图 2.3.9-7

表 2.3.9-1

	$\Delta u/h$(小震)	$\Delta u/h$(大震)
AP1	1/725	1/125
AP2	1/870	1/150
AP3	1/815	1/140
AP4	1/1050	1/175
AP5	1/945	1/160
AP6	1/815	1/140
AP7	1/725	1/125

(A) 1/90　　(B) 1/100

(C) 1/125　　(D) 1/145

【答案】(B)

【解答】同一楼层弹塑性层间位移与小震弹性层间位移之比分别为：

5.8；5.8；5.82；6.0；5.91；5.82；5.8

平均值为：5.85；最大值为 6.0；

根据《抗震》第 3.10.4 条条文说明，

取平均值时：$5.85 \times \dfrac{1}{600} = \dfrac{1}{103}$

取最大值时：$6.0 \times \dfrac{1}{600} = \dfrac{1}{100}$

选（B)。

2.4　延性与抗震等级

一、延性和塑性耗能能力

1. 单调加载下的延性

(1) 变形能力、延性及延性比的关系

材料、构件或结构的“变形能力”、“延性”及“延性比”，此三者都是与变形有关的量。图 2.4.1-1 以图示方式显示了三者的不同含义。

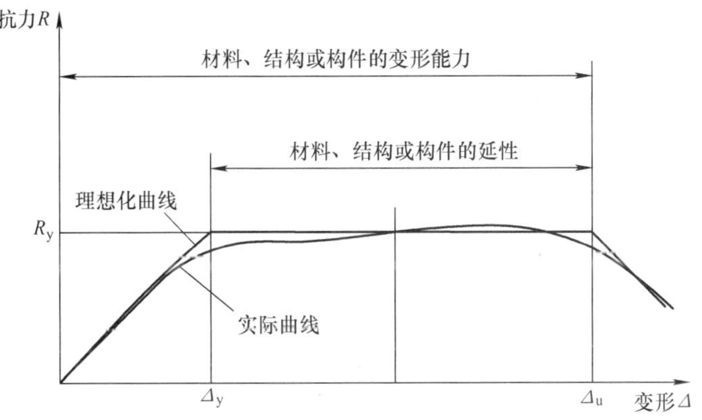

图 2.4.1-1　变形能力和延性

图 2.4.1-1 表示某种材料（或构件，或结构）在力的作用下产生变形后的“抗力 R-变形 Δ”演变全过程示意图，纵坐标为“抗力 R”、横坐标为“变形 Δ”。图上有两条曲线，一条为实际曲线，该曲线经过弹性变形、塑性变形、材料强化、软化破坏等阶段；另一条是将实际曲线简化为由二段直线组成的理想化曲线。理想化曲线有两个关键点，其横坐标分别为“屈服变形 Δ_y”和“极限变形 Δ_u”，与 Δ_y 相对应的纵坐标为“屈服强度 R_y”。

在图 2.4.1-1 中以图示方式显示了“变形能力”、“延性”二者的不同含义。

① 变形能力是指其达到破坏状态时的最大变形。

② 延性是指其非弹性变形能力。

③ 延性比是指极限变形与屈服位移之比 μ=极限变形/屈服变形=Δ_u/Δ_y。

材料、构件或结构的延性、延性比及变形能力都是与变形有关的量。这三者之间既存在密切的联系，又有一定的区别。

（2）材料延性、构件延性和结构延性

延性可以分为材料延性、构件延性和结构延性。

① 材料延性是指混凝土或钢材在没有明显应力下降情况下维持变形的能力，可用应力-应变曲线表示，如混凝土受压曲线、钢筋拉伸曲线、钢筋和混凝土粘结滑移曲线等。

② 构件的延性

当钢筋混凝土构件中某个截面的钢筋达到屈服强度时，即出现塑性铰。塑性铰出现后，截面转角及构件变形速增加，截面抵抗弯矩能力继续略有提高，直至压区边缘纤维混凝土达到“极限压应变 ε_{cu}”（压碎），从而构件丧失承载能力，达到极限状态。

构件截面弯矩-曲率（或力-变形）关系用图 2.4.1-2 中的曲线表示，图中 φ_y 和 f_y 分别表示截面屈服时的曲率与跨中挠度，φ_u 和 f_u 分别为截面极限曲率与极限挠度。

截面和构件的塑性变形能力常常用延性比来衡量。

截面延性常用曲率表示，曲率是指构件单位长度上截面转动能力，如受弯构件的弯矩-曲率曲线。

构件延性可用转角或位移表示，如梁的荷载-跨中挠度曲线，荷载-支座转角曲线；柱

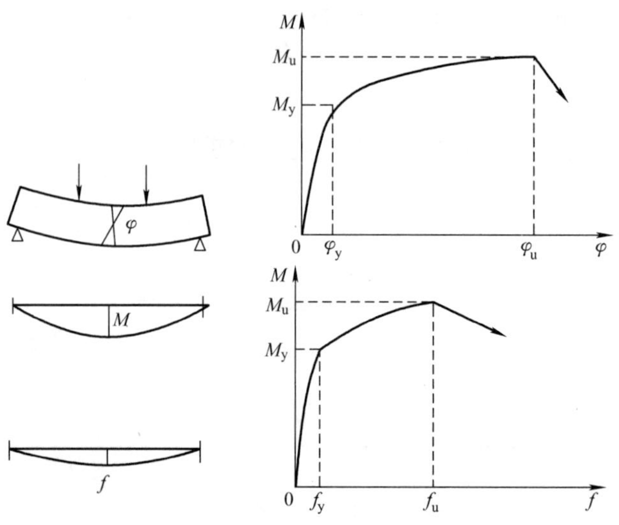

图 2.4.1-2　构件的延性

的荷载-侧移曲线。

延性比定义为：

截面曲率延性比

$$\mu_{\varphi}=\frac{\varphi_{u}}{\varphi_{y}}$$

截面转角延性比

$$\mu_{\theta}=\frac{\theta_{u}}{\theta_{y}}$$

构件位移延性比

$$\mu_{f}=\frac{f_{u}}{f_{y}}$$

③ 结构延性

结构总体延性是指整个结构体系承受变形的能力，多用位移表示，如框架水平力-顶点位移曲线，层间剪力-层间位移曲线。

对一个结构而言，弹性状态是指外荷载与结构位移呈线性关系的状态（严格讲是指去除荷载后，位移能恢复到原来的状态）；当结构中某一（或同时一批）截面屈服（即出现塑性铰）后，即存在着不可消失的塑性变形。荷载与位移将呈现非线性关系，荷载增加很少，而位移迅速增加，可认为结构屈服，如图 2.4.1-3 所示荷载为 P_y 时；当承载力明显下降或结构处于不稳定状态时，则认为结构破坏，达到极限位移。结构的总体延性常常用顶点位移延性比表示，即

$$\mu=\frac{\Delta u}{\Delta y}$$

延性的另一表达式，可采用后期变形能力，通常以 Δu-Δy 表示。

（3）延性破坏与脆性破坏

材料、构件或结构的破坏可分为脆性破坏和延性破坏两类（图 2.4.1-4）。

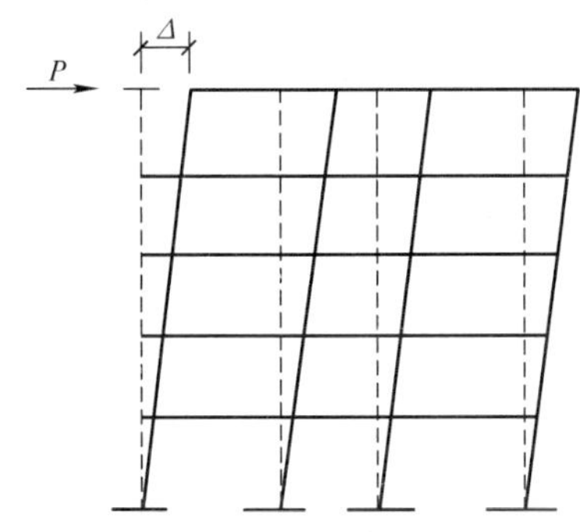

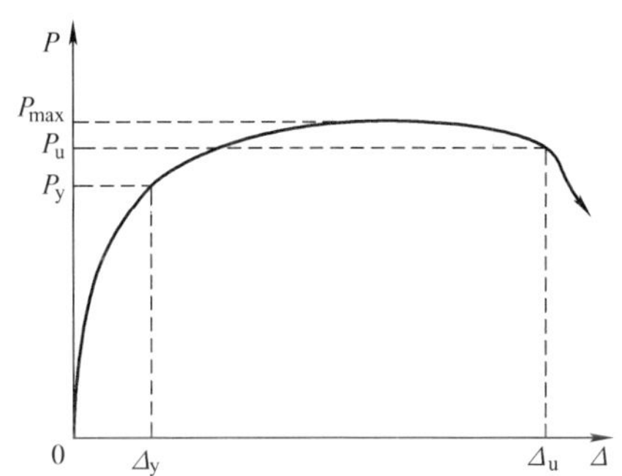

图 2.4.1-3　结构的总体延性

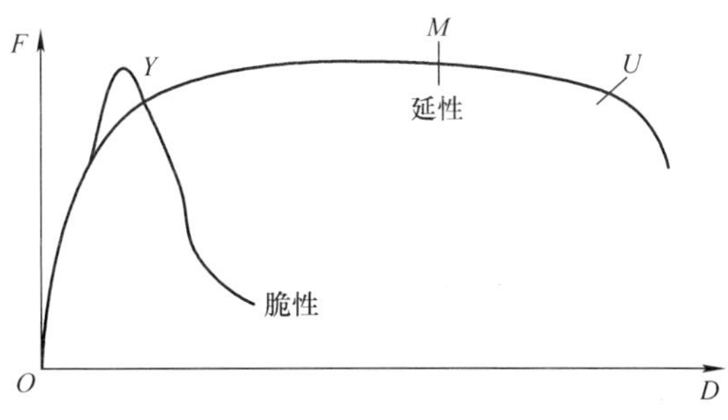

图 2.4.1-4　延性破坏与脆性破坏

脆性破坏是指达到最大承载力后突然丧失承载能力，在没有预兆的情况下发生的破坏，有明显的尖峰，达到最大承载力后曲线突然下跌，延性比 $\mu=1.0$。

延性破坏是指到达最大承载力后，能够经受很大变形、有较长的平台段，在承载力没有显著降低的情况下，还能经历很大的非线性变形后所发生的破坏，在破坏前能给人以警示，延性比 $\mu>1.0$。

在实际工程中判断结构的脆性或延性有重大意义，延性结构具有如下优越性：

① 破坏前有明显预兆，破坏过程缓慢，因而可采用偏小的计算安全可靠度。

② 出现非预计荷载，例如偶然超载，荷载反向，温度升高或基础沉降引起附加内力等情况下，有较强的承载和抗衡能力。

③ 有利于实现超静定结构的内力充分重分布。

④ 在承受动力作用（如振动、地震、爆炸等）情况下，能减小惯性力，吸收更大动能，减轻破坏程度，有利于修复。

⑤ 延性结构的后期变形能力可以作为各种意外情况时的安全储备。

（4）以能量表达的延性

一个结构抗震能力的强弱，主要取决于这个结构对地震能量“吸收与耗散”能力的大小。结构所能吸收的地震能量，它等于结构承载力与变形能力的乘积。这就是说。结构抗震能力是由承载力和变形能力两者共同决定的。

图 2.4.1-5 所示的“抗力-变形”关系曲线代表了两种理想化的结构，结构甲代表采用“理想弹性”结构的“抗力-变形”关系曲线. 结构乙代表由“理想弹性和完全塑性”结构的“抗力-变形”关系曲线。

结构甲的“抗力-变形”关系曲线用直线 0-1-2 代表，图中的 Δ_c 为结构甲的极限变形。图中阴影 $A+D$ 的面积为地震力自 P_y 至 P_e 对结构甲所做的功，由于结构始终处于弹性状态，使该部分能量输入，始终在动能和势能之间转化。随着地震能量的不断输入，积聚的能量也将越来越多，即地震的时间越长，积聚的能量越多。

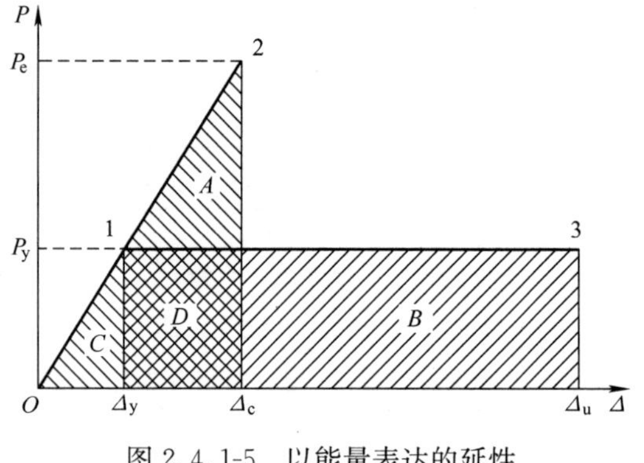

图 2.4.1-5　以能量表达的延性

结构乙的“抗力-变形”关系曲线用折线 0-1-3 代表。图中的 Δ_y 和 Δ_u 分别为结构乙的屈服变形和极限变形。图中阴影 $B+D$ 的面积为地震力达到 P_y 后对结构乙所做的功，由于结构此时产生了不可逆的塑性变形，即已处于塑性状态，使该部分能量大量耗损，部分转化为热能，该过程是不可逆的。故结构乙内积聚的势能不可能超过阴影 C 的面积，凡超过阴影 C 的能量输入，随输入随损耗及转化为热能。在整个过程中消化了大量的地震动能，使结构以较低的承载力（P_y）抵抗了相当于 P_e 的大震。

上述结构甲的“抗力-变形”关系曲线表明脆性结构是没有“延性”的，而结构乙的“抗力-变形”关系曲线表明延性结构则有很好的“延性”。

一般来说，一个延性结构在地震初期，结构所吸收的能量，是以动能和弹性应变能的方式暂时贮存于结构内，在一段时间后的地震中、后期，由于结构在强震的持续作用下，许多部位相继屈服，于是结构以阻尼和非弹性变形能的方式吸收并耗散能量。这样的结构之所以能够耗散这样多的能量，经受强震考验而不倒塌，是由于结构的良好延性所提供的保证。因为结构延性好，变形能力强，则结构吸收与耗散地震能量的能力就大，同时结构还保持着相当的承载能力以承受竖向重力荷载，以保证结构不倒塌。

以能量来表达延性，则延性即是构件承受动力荷载与塑性变形能力的乘积，它等于以非弹性变形能的方式吸收并耗散的能量。

如图 2.4.1-6 所示两种不同结构的力-变形关系曲线，一条曲线属于承载力较低值具有很大延性的结构，所能吸收的能量多，虽然较早出现损坏，但能经受住较大的变形，避免倒塌。另一条曲线是属于仅有较高强度而无塑性变形能力的脆性结构，吸收的能量少，一旦遭遇超过设计水平的地震时，很容易因脆性破坏而突然倒塌。

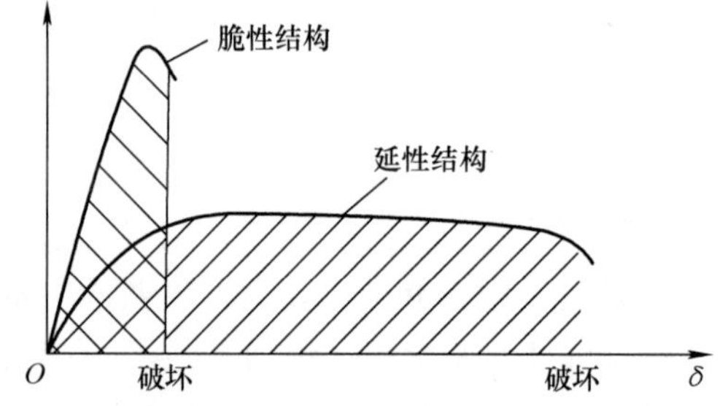

图 2.4.1-6　以能量表达的延性破坏和脆性破坏

现行《抗震》的抗震设防目标是“三水准”，“小震不坏”可以通过结构的抗震承载力验算予以实现；而在遭遇到罕遇地震的影响时要达到“大震不倒”的设防目标，则主要依靠结构的延性。所以，在概念设计中特别强调结构延性的重要意义。当然，允许结构出现较大的弹塑性变形，将造成结构一定程度的损害。因此，我们应将发生概率较大的小震作用下的变形限制在弹性变形范围内，将发生概率较小的中震作用下的结构变形限制在可修范围内，而将发生概率很小的大震作用下的结构变形限制在不倒的范围内。也就是说，只允许在中震、大震作用下利用结构延性。

2. 反复交变荷载下的构件塑性耗能能力

发生地震时，结构在地震荷载的往返作用下工作，其内力将随之正负交替。图2.4.1-7所示为一理想弹性和完全塑性（又称为弹塑性）的构件在反复交变荷载作用下的抗力-变形曲线。每次加荷→卸荷→反向加荷→反向卸荷称为一个循环，而抗力-变形曲线形成一个回环，称为滞回环，也即滞回曲线。可以表示为构件的弯矩与转角、弯矩与曲率、荷载与位移等对应关系。

图2.4.1-7中滞回曲线包围的面积反映了结构的耗能能力。在反复交变荷载作用下每经过一个循环，加荷时先是吸收能量，卸荷时则是释放能量，但二者是不相等的。二者之差为构件在一个循环中的"耗失能量"（耗能），亦即一个滞回环内所包含的面积。以能量来表达延性，则延性即是一个滞回环内所包含的"耗失能量"面积。

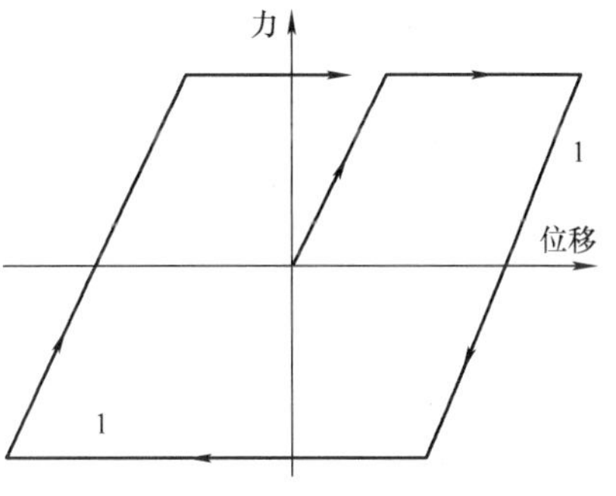

图2.4.1-7 滞回曲线

图2.4.1-7中所代表的结构是一个理想结构，在现实中几乎没有结构能达到这种状态，即使接近理想弹塑性材料的钢结构也不可能达到。典型的钢筋混凝土结构的滞回曲线示于图2.4.1-8中。图2.4.1-8中滞回曲线包围的面积也反映了结构的耗能能力。在理想状态下，滞回曲线所包围的面积占理想弹性和完全塑性滞回环面积的70%～80%，即塑性变形吸收的能量占总地震反应能量的70%～80%。

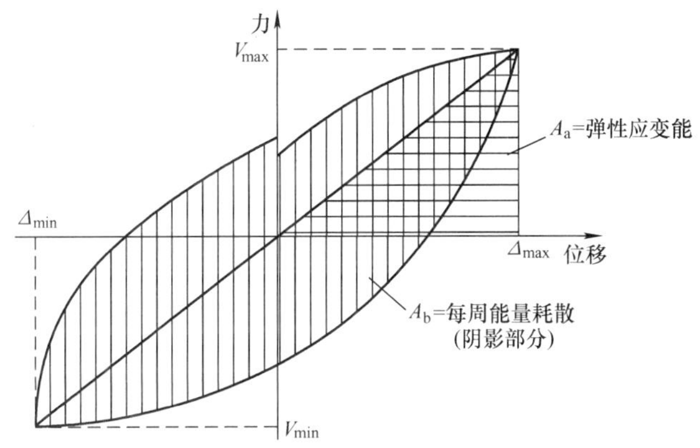

图2.4.1-8 滞回耗能与弹性应变能示意图

我们把结构的动能和弹性应变能合称为结构的能容，把结构的阻尼耗能和滞回耗能合称为结构的能耗。如果结构能够以动能和弹性应变能的形式来储存外力如地震动输入的能量，即结构的能容大于地震输入总能量，则不论其有无耗能能力，结构始终都不会损坏；另一方面，如果结构能及时将地震动输入的能量耗散掉，则尽管结构已经损坏，但它始终都不会倒塌。

从能量观点看，结构延性抗震设计的基本原理即允许结构部分构件在预期的地震动下发生反复的弹塑性变形循环，这些构件被设计成具有较好的滞回延性，通过这些构件在地震动下发生的反复弹塑性变形循环，耗散掉大量地震输入能量，从而保证了结构的抗震安全。

应当看到，尽管延性抗震概念在经济上有很大的优越之处，但这些优势总是以结构出现一定程度的损坏为代价，这是在设计延性结构时必须预先了解的。

发生地震时，结构在地震荷载的往复作用下工作，反复交变荷载是多次的，形成一连串滞回环，连接各次循环加荷峰点（正向或反向）的曲线称为滞回曲线的包线或骨架曲线（图 2.4.1-9）。通过试验资料对骨架曲线与单调加荷时的力-变形曲线的比较发现，在屈服以前两者是重合的，屈服以后两者曲线形状相似，各项指标的变化规律相同，但数值有所差异。图 2.4.1-9 所示为钢筋混凝土压弯构件的力-变形曲线。它主要是指钢筋屈服后的情况，反映了构件在反复周期荷载下受力性能的变化——裂缝的开闭、钢筋的屈服和强化，粘结退化和滑移，局部混凝土的酥裂剥落，以至破坏等力学特征。

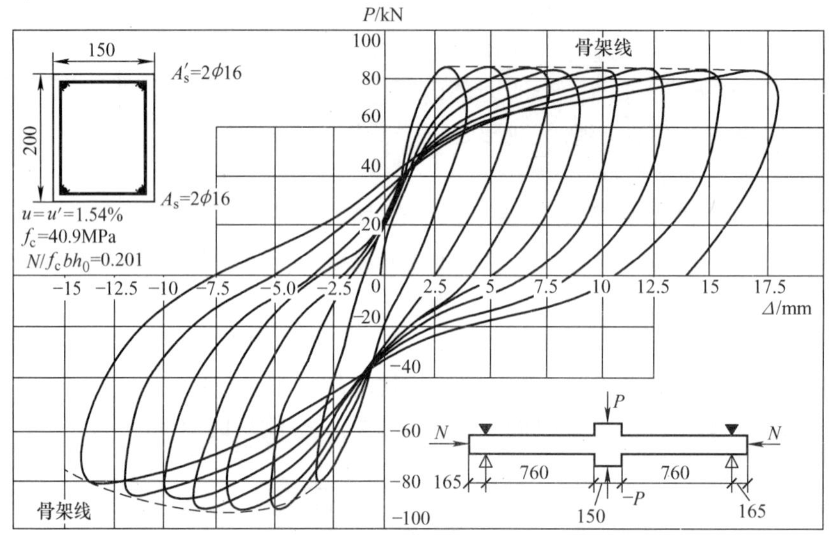

图 2.4.1-9　钢筋混凝土压弯构件的力-变形曲线

钢筋混凝土压弯构件的滞回曲线中呈现了以下一些特点：

① 每一次加载过程中，加载曲线的斜率随荷载的增大而减小，且减小的程度加快；比较各次同向加载曲线，后次曲线比前次的斜率逐渐减小。这是由于反复荷载下构件的刚度退化引起的。

② 卸载曲线出现恢复变形滞后现象，即在开始时曲线陡峭，恢复变形很小，荷载减小后曲线趋向平缓，恢复变形逐渐加快。且同样由于构件刚度的退化，卸载曲线的斜率随反复加卸载次数而减小。

③ 滞回曲线出现“捏拢”现象，在多次反复加卸载的后期总变形较大时尤为显著。钢筋混凝土构件滞回曲线的捏拢程度主要取决于混凝土受拉裂缝的开展宽度、受拉钢筋的伸长应变、钢筋与混凝土的相对滑移，以及混凝土受压塑性（残余）变形的积累、中和轴的变化等。滞回环对角线的斜度反映构件的总体刚度，滞回环包围的面积则是荷载正反交变一周时结构所吸收的能量。

常见的滞回环有四种形态（图 2.4.1-10）：

① 梭形。滞回环饱满，力与位移关系基本无滑移影响，是受弯、压弯构件发生了弯曲破坏特征。

② 弓形。力和位移关系带有一定滑移，有“捏拢”现象，是有一定剪力影响的弯曲

破坏特征。

③ 反S形。有较大的滑移影响，是框架结构、梁柱节点等具有较大剪力影响的弯剪破坏特征。

④ Z形。滑移变形很大，是发生剪切滑移、锚固钢筋滑移、具有一定延性的剪切破坏特征。

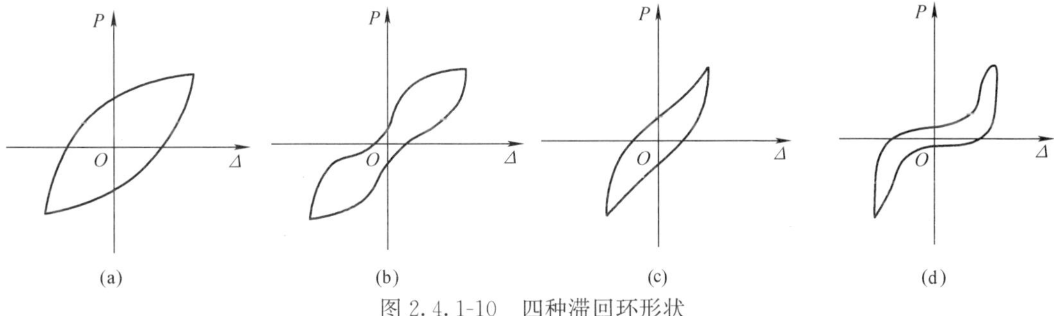

图 2.4.1-10　四种滞回环形状

(a) 梭形；(b) 弓形；(c) 反S形；(d) Z形

延性即是一个滞回环内所包含的"耗失能量"面积，从这四种形状滞回环所覆盖的面积来看，梭形的延性最好。

3. 材料的延性

钢筋混凝土由钢筋和混凝土两种材料组成。

(1) 钢筋的应力-应变性质

钢筋是一种弹塑性材料，具有强度高、良好的延性和能量吸收能力，从图 2.4.1-11所列出的钢筋应力-应变关系图上可看到这一点。

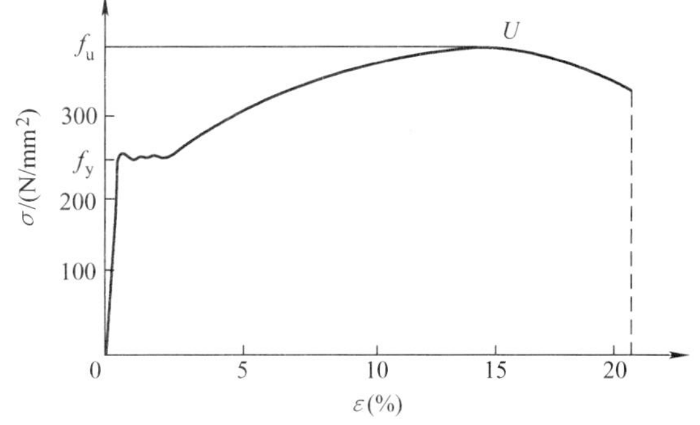

图 2.4.1-11　钢筋应力-应变关系

(2) 混凝土的应力-应变性质

混凝土是一种较为脆性的材料。常规圆柱体混凝土试件在单向轴压下的典型应力-应变曲线如图 2.4.1-12 所示。

当压应力从零升到最高应力的一半时，曲线为直线。在最高应力时的应变约为0.002，越过最高应力，产生应变软化，应力随着应变的增长而下降。从图 2.4.1-12 还可以看出，随着强度的提高脆性的特征越加明显。

(3) 约束混凝土来改善延性

当混凝土的压应力达到单向抗压强度时，由于内部开裂的发展，其横向变形显著加快。如果横向设有封闭式箍筋、螺旋筋等密排横向钢筋，它将对混凝土施加一个约束

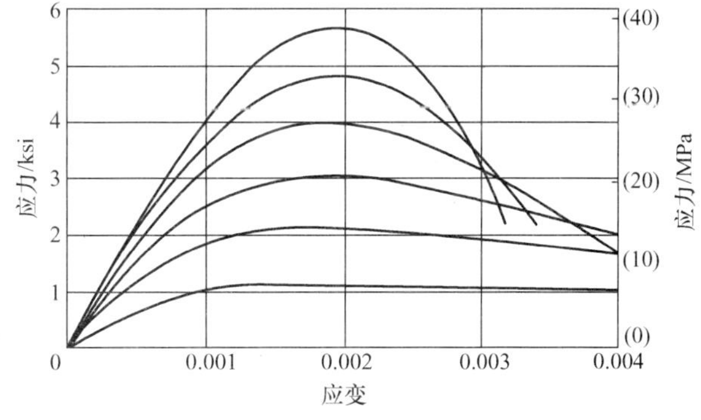

图 2.4.1-12　单向轴压力下混凝土的应力应变曲线

反力，限制混凝土的横向变形，提高混凝土的承载力和极限变形能力，并将大大改善混凝土高应变时的应力-应变性质，吸收与耗散地震能量的能力也相应增大。

图 2.4.1-13 为用螺旋式或矩形钢箍加强的混凝土应力-应变曲线。由于螺旋式钢箍沿试件四周提供了连续的侧限压力，因而有效地约束混凝土。提高了混凝土的变形性能及吸收与耗散地震能量的能力。

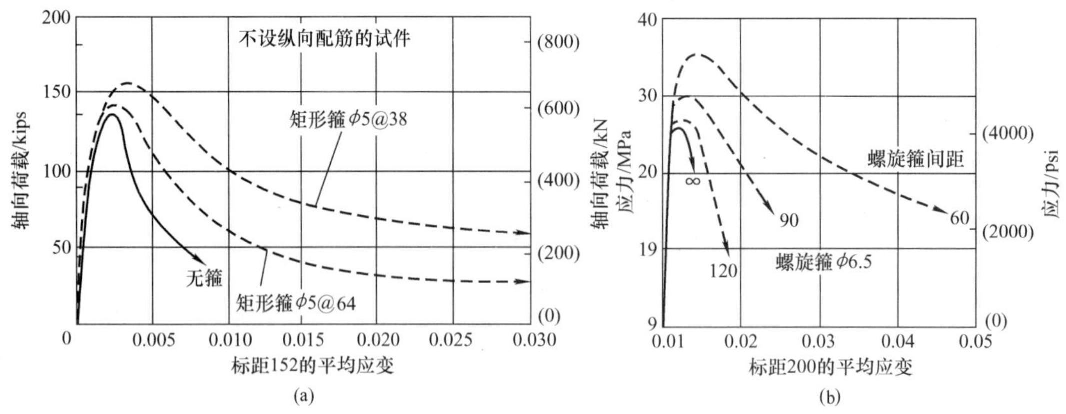

图 2.4.1-13　受约束的混凝土试件的轴向变形

（a）边长为 108mm 的混凝土立方体；（b）φ150mm 的混凝土圆柱体

箍筋对混凝土延性的贡献大小，取决于箍筋的形式和体积配箍率。不同形式的箍筋对核芯区混凝土的约束作用是不相同的，螺旋箍筋对核芯区混凝土产生均匀分布的侧向压力，使混凝土处于三向受压状态；矩形箍筋只对角隅处混凝土产生有效约束，侧面混凝土有外凸的趋势，约束作用降低（图 2.4.1-14）。因此配有螺旋箍筋的构件，其延性好于配有矩形箍筋的构件。

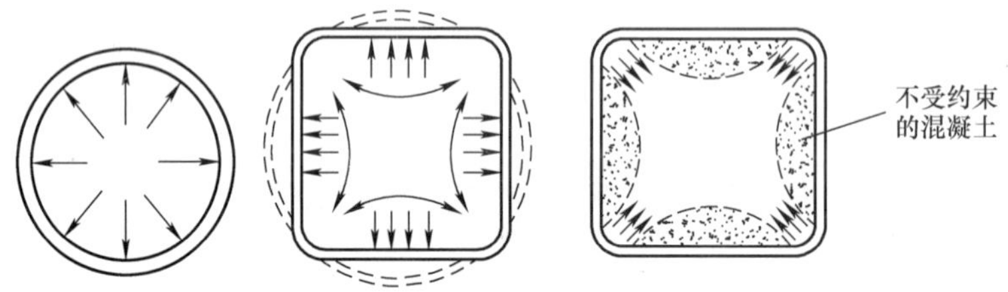

图 2.4.1-14　矩形箍筋的约束效应

（4）“强混凝土弱筋”

比较钢筋和混凝土二种材料的变形性能，钢材的延性远好于混凝土。故要保证钢筋混凝土构件有良好的延性，必须使构件的破坏先是由钢筋强度不足而引起，即要做到“强混凝土弱筋”；同时还要尽可能提高混凝土的变形性能，即应配置能横向约束混凝土的封闭式箍筋。

4. 构件的延性

混凝土结构的构件主要是指：框架梁、框架柱、梁柱节点、剪力墙的墙肢和连梁五类构件，先讨论前三类。

（1）框架梁

① 框架梁的弯曲破坏。图 2.4.1-15 表示-钢筋混凝土框架梁的实测抗力 M-变形 θ 关系，作用在两端的反对称弯矩为 M，梁端的转角为 θ。

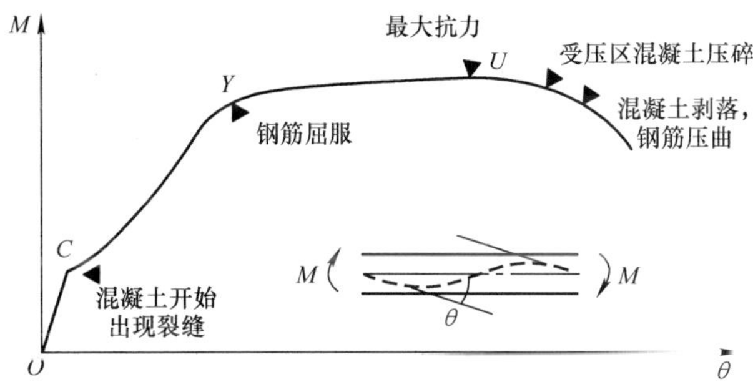

图 2.4.1-15 梁端弯矩-转角（M-θ）关系

在曲线 OC 段，梁受弯之初，混凝土尚未出现裂缝。C 点以后，梁弯矩大的地方，混凝土开始出现裂缝，梁刚度下降。这时，配筋率低的梁，刚度下降快。弯矩继续增大后，混凝土裂缝间距加密，宽度加大。至 Y 点，受拉钢筋屈服，曲线坡度开始渐趋平缓，然后抗力稍有上升，至 U 点达到极限，受压区混凝土碎裂，梁抗力开始下降。然后受压钢筋外包混凝土剥落，受压钢筋压屈，梁达到破坏。

梁承受的弯矩，在受拉钢筋达到屈服前，大致是与转角变形成比例增加；而屈服以后，弯矩几乎不再增加，但塑性转角变形还在增大，直到受拉钢筋过分拉长，受压区混凝土压碎，受压钢筋压曲。从梁端弯矩-转角关系图可以看出该框架梁有很好的延性。

图 2.4.1-15 所述梁的纵向钢筋是在适筋梁范围内，当纵向钢筋配筋过高时属超筋梁，从图 2.4.1-16 的弯矩-转角关系图可以看出，超筋梁是属于脆性破坏，因纵筋数量太多，钢筋受力不大，构件破坏时纵筋尚未屈服，由梁顶混凝土压碎导致破坏，故延性很低。《抗震》采用控制最大配筋率来避开超筋破坏。当纵向钢筋配筋过低属少筋梁时，从图 2.4.1-16 的弯矩-转角关系图可以看出，少筋梁亦是属于脆性破坏，因破坏是由梁截面受拉区混凝土开裂引起的，因纵向钢筋太少，无能力承担原由拉区混凝土承担的拉力，拉区混凝土开裂和纵筋拉断同时发生，延性也很低，《抗震》采用控制最小配筋率来避开少筋破坏。

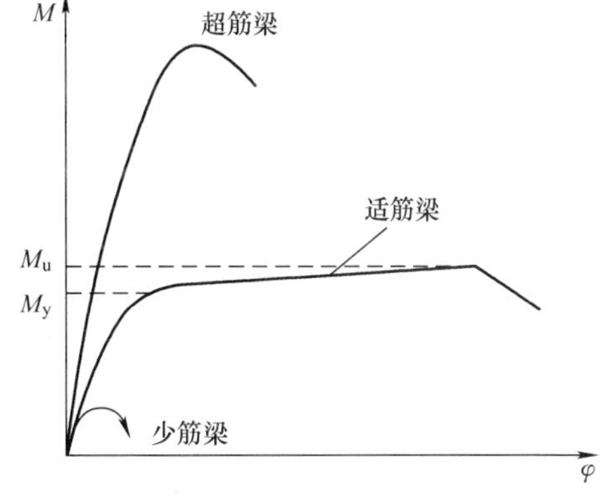

图 2.4.1-16 超筋梁、适筋梁、少筋梁

图 2.4.1-17 给出了在适筋梁范围内三根不同配筋率梁的弯矩-曲率试验曲线。从图中曲线可以看出，随着纵筋配筋率的提高，混凝土相对受压区高度 ξ 增大，截面延性降低。低配筋试件 L3-1 的相对压区高度很小，这时弯矩-曲率曲线能保持相当长度的水平段，然后才缓慢下降，故延性很好；高配筋试件 L3-6 的相对压区高度不小，弯矩达峰值后，弯矩曲率曲线很快下降，故延性较差；从这组试验可以看出，梁的延性和相对压区高度

有关。

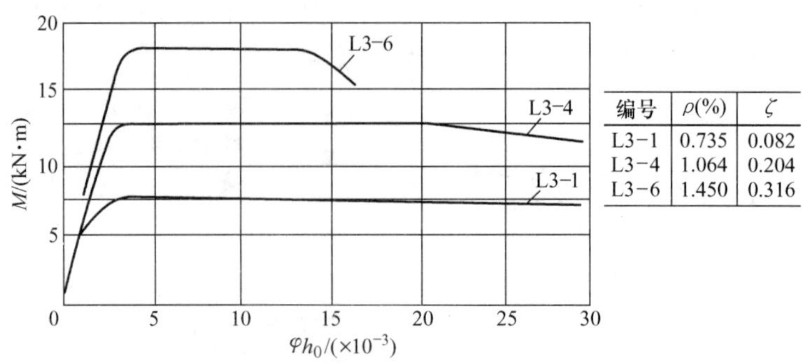

编号	ρ(%)	ζ
L3−1	0.735	0.082
L3−4	1.064	0.204
L3−6	1.450	0.316

图 2.4.1-17　不同配筋率梁的弯矩-曲率试验曲线

图 2.4.1-18 给出了不同相对受压区高度 ξ 条件下框架梁延性比变化规律的系统试验研究结果，纵坐标表示曲率延性比 μ_ϕ、横坐标为相对受压区高度 ξ。试验结果表明框架梁的变形能力随相对受压区高度 ξ 增大而急剧降低，在相对受压区高度 $\xi \leqslant 0.3$ 的情况下延性比是相当好的。在周期反复荷载下的曲率延性系数 μ_ϕ 大于单调加载时的数值。

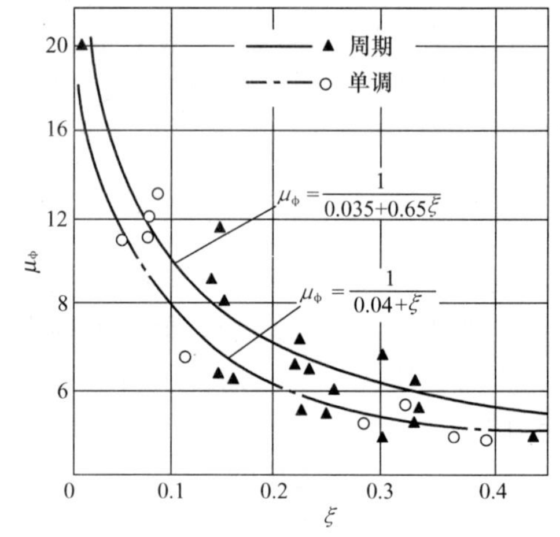

图 2.4.1-18　相对受压区高度 ξ 与曲率延性比 μ_φ 的关系曲线

混凝土受压区配置受压钢筋，可以减小相对受压区高度，改善构件延性，图 2.4.1-19 讨论了这个问题。试件 L3-6、L3-8 配置相同数量的受拉钢筋，试件 L3-6 未配压筋，试件 L3-8 配置了压筋，受压钢筋配筋率为 $\rho'=0.223\%$，由相应的弯矩-曲率曲线比较可知，配置压筋的试件的延性明显优于未配压筋的试件。故《抗震》对压筋的配置数量要地行控制。

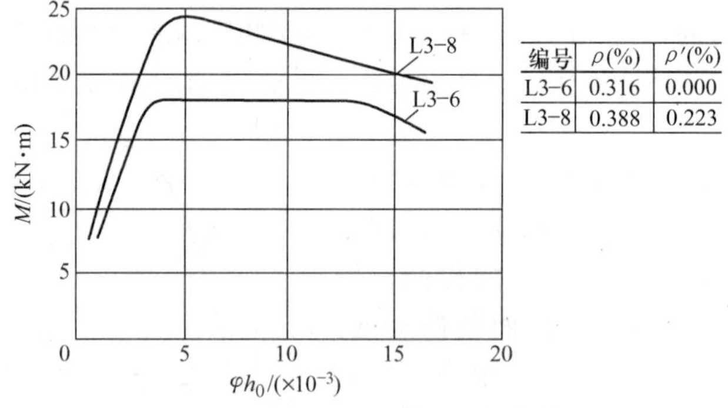

编号	ρ(%)	ρ′(%)
L3−6	0.316	0.000
L3−8	0.388	0.223

图 2.4.1-19　受压钢筋对延性的影响

② 框架梁的剪切破坏。图 2.4.1-20 表示一钢筋混凝土框架梁的实测抗力 V-变形 θ 关系，作用在两端的剪力为 V，梁端的转角为 θ，剪跨比为 1.0，三种配箍情况，即配箍率分别为 0.0%、0.6%、1.0%。

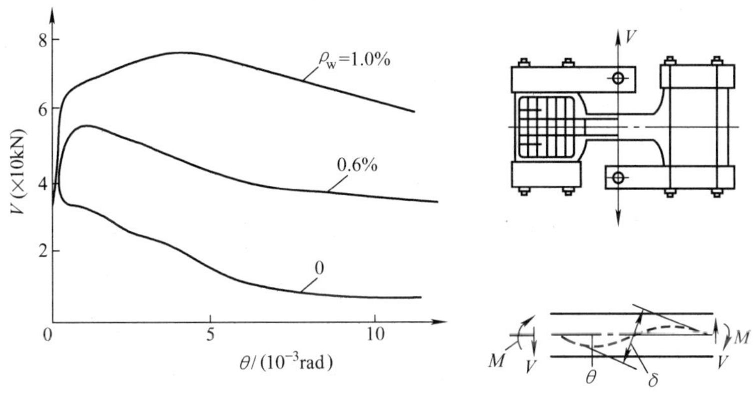

图 2.4.1 20　剪力 转角（V-θ）关系

从图 2.4.1-20 可知：

a）当不配置箍筋（ρ_w＝0％）时，发生剪切破坏，没有延性。

b）当配置足够多的箍筋（ρ_w＝1.0％）时，发生弯曲破坏，有足够的延性。

c）当配置的箍筋不够多（ρ_w＝0.6％）时，还是发生剪切破坏，延性较差。

③ 框架梁的滞回特性。图 2.4.1-21 列出二根框架梁的滞回曲线，图 2.4.1-21(a) 为弯曲破坏滞回曲线，图 2.4.1-21(b) 为剪切破坏滞回曲线，弯曲破坏滞回曲线所覆盖的面积，即耗能能力比剪切破坏滞回曲线所覆盖的面积大得多，这表明斜裂缝的存在降低了框架梁的耗能能力。

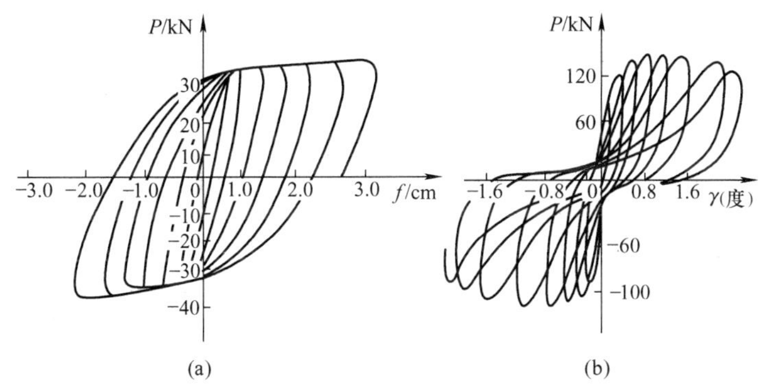

图 2.4.1-21　耗能能力比较

（a）弯曲破坏滞回曲线；（b）剪切破坏滞回曲线

④ “强剪弱弯”

a）保证框架梁有足够延性的关键措施是控制梁的破坏形态，即要做到“强剪弱弯”。框架梁有两种破坏，弯曲破坏是纵向主筋屈服引起的，延性好；剪切破坏是混凝土破坏，延性差。只要做到框架梁出现塑性铰时不出现剪切破坏就可有足够延性，控制框架梁的破坏形态，就能从根本上保证框架梁的延性。

b）当塑性铰在杆件中出现后，杆件承担的弯矩即为其实际抗弯承载力，而杆件承担的剪力应是按实际抗弯承载力及梁上荷载反算出来的剪力，如果杆件的抗剪承载力大于前述的剪力值，则杆件的破坏将不会出现剪切破坏形式。

c）配置足够多的箍筋是保证框架梁不出现剪切破坏的关键。通过调整内力值——提高剪力设计值、降低梁的混凝土抗剪能力来确定箍筋用量。

d）控制纵筋和箍筋的直径、间距、肢距、最大值、最小值、设置范围等构造措施，确保“强剪弱弯”落实。

（2）框架柱

① 大偏压破坏与小偏压破坏。图 2.4.1-22 表示对称配筋柱在轴力-弯矩作用下到达极限状态时承载力 N_u-M_u 的相关关系，纵坐标为 N、横坐标为 M，大、小偏心交界处的轴力是 N_b。以 N_b 为界，柱将产生两种破坏形态，当 $N>N_b$ 时是小偏心受压破坏，破坏时纵向主筋受压或受拉但不屈服；$N\leqslant N_b$ 时是大偏心受压破坏，破坏时受拉钢筋首先屈服。小偏心受压破坏时框架柱的变形性能由受压区混凝土压碎控制，所以延性很差，大偏心受压破坏时框架柱的变形性能由受拉钢筋屈服控制，所以延性很好。

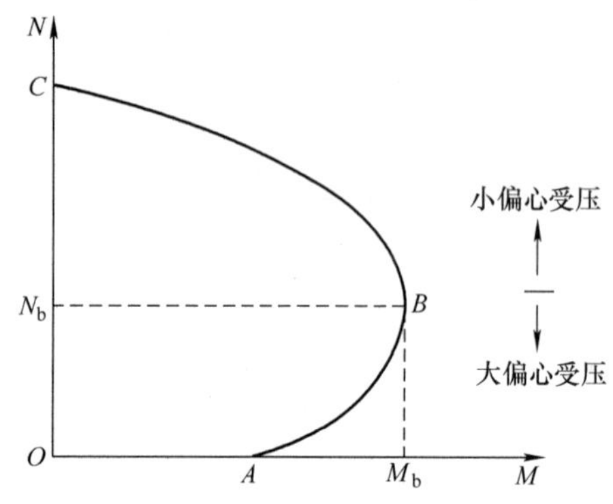

图 2.4.1-22　轴力-弯矩相关关系

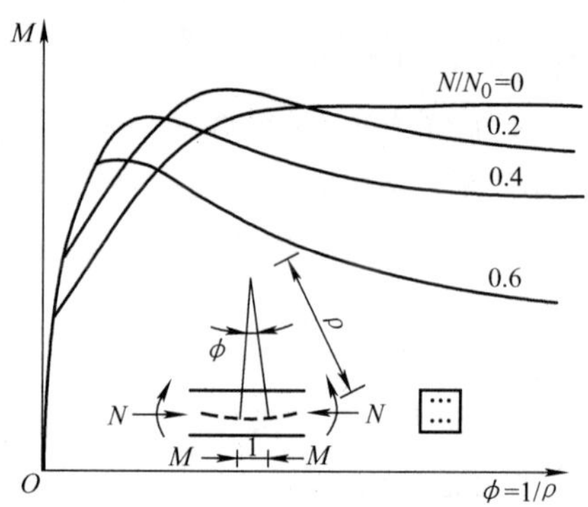

图 2.4.1-23　不同轴力下单向受弯柱的变形
（N_0 为轴心受压承载力）

② 轴压比。图 2.4.1-22 表示的轴力-弯矩相关关系中，弯矩和轴力是同步增长的，即 $M=Ne$，和框架柱的实际受力情况不同。框架柱是重力荷载产生竖向轴压力，水平地震作用引起的轴压力往往忽略不计，故可认为轴压力基本稳定。作用在框架柱上的弯矩是由水平地震作用产生。图 2.4.1-23 表示在四组轴压比作用下的抗力 M-变形 ϕ 关系。从图可以看出，随轴压比的增大，柱的延性在下降。

图 2.4.1-24 给出了不同轴压比条件框架柱延性比变化规律的系统试验研究结果，纵坐标表示延性比，横坐标为轴压比。试验结果表明柱的变形能力随轴压比增大而急剧降低，在大偏压情况下延性比还是相当好的，而在小轴压情况下延性比接近 1.0。从图可以看出，轴压比是影响框架柱延性的主要因素。

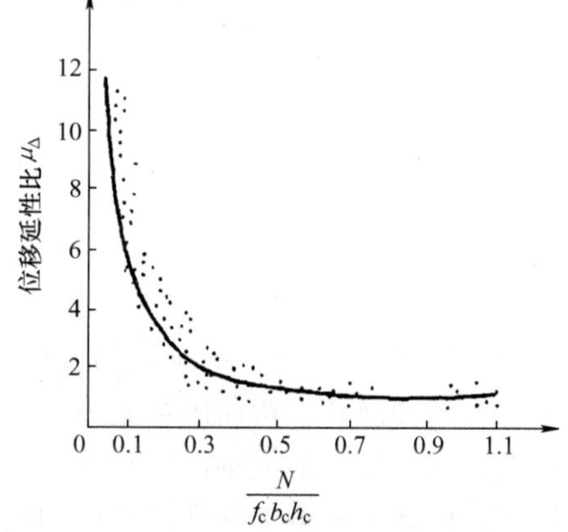

图 2.4.1-24　延性比-轴压比关系

③ 体积配箍率和配箍特征值。在实际工程中小偏心受压柱是不可避免的，为了改善小偏心受压柱的延性，需要对柱上下两端的混凝土给予约束，图 2.4.1-25 所示的箍筋均能有效地约束混凝土。

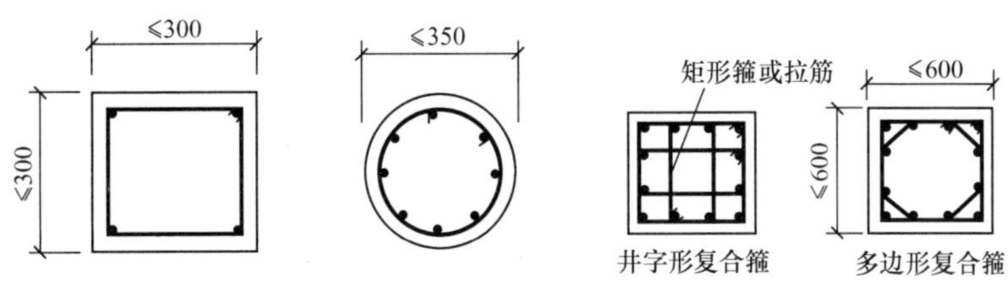

图 2.4.1-25　箍筋的形式

箍筋对混凝土的约束程度可以用一个综合指标——配箍特征值 λ_v 度量；配箍特征值用下式计算

$$\lambda_v=\rho_v\frac{f_{yv}}{f_c}$$

式中　ρ_v——箍筋的体积配箍率。

当混凝土柱的体积配箍率确定后，利用上式即能求得该柱的配箍特征值，对配置了不同配箍特征值的混凝土柱体进行轴心受压试验，可以量测它的应力-应变关系。

图 2.4.1-26 列出了四种“配箍特征值”混凝土柱的实测应力-应变关系曲线，纵坐标为轴心受压应力 σ，横坐标为压应变值 ε。试验表明，轴向压应力接近峰值应力时，箍筋约束的核心混凝土迅速膨胀，横向变形增大，箍筋约束限制了核心混凝土的横向变形，使核心混凝土处于三向受压的状态，混凝土的轴心抗压强度和对应的轴向应变得到提高。试验表明，随着配箍特征值的增大，应力-应变曲线的下降段趋于平缓，意味着混凝土的极限压应变增大，柱的延性增大。可以根据需要到达的延性水平确定应该采用的配箍特征值，由此求出所采用的体积配箍率。

④ 剪切破坏。图 2.4.1-27 给出了轴压比为 0.3 时，不同配箍率的框架柱剪切破坏的实验结果。从抗力-变形关系图中可以看出柱的箍筋，特别是含箍率和箍筋间距是关系到柱会不会发生脆性破坏的重大原因。

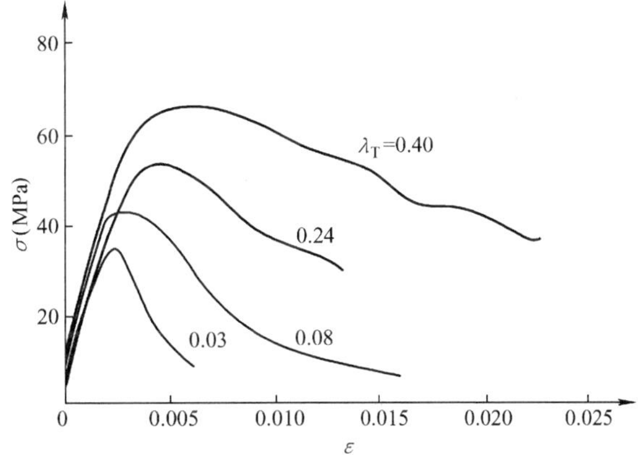

图 2.4.1-26　不同配箍特征值的混凝土应力-应变关系曲线

⑤ 三项关键措施：

a）强剪弱弯，避免剪切破坏。

b）控制轴压比，争取成为大偏心受压破坏。

c）控制体积配箍率，约束混凝土、改善小偏压破坏时混凝土的极限应变值。

（3）梁柱节点

节点核心区是指框架梁与框架柱相交的部位。梁柱节点核心区的破坏为剪切破坏，梁柱节点破坏可能导致框架失效；在地震往复作用下，伸入核心区的纵筋和混凝土之间的粘结破坏，会大大降低梁截面后期受弯承载力和节点刚度，造成破坏。因此，框架设计的重要内容之一是应当避免节点核心区在梁、柱构件破坏之前破坏，同时应保证梁、柱纵向钢

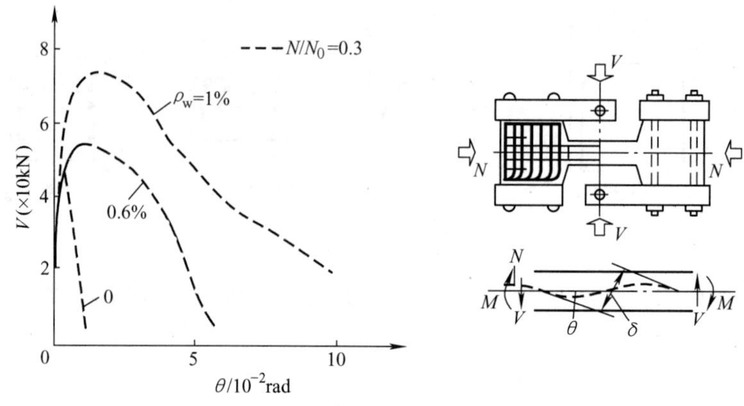

图 2.4.1-27　框架柱的剪切破坏

筋在核心区内有可靠的锚固，即要求采取“强节点、强锚固”的设计措施。

图 2.4.1-28 表示出某一节点和相邻梁、柱的连接情况，图上还列出作用在节点处的内力，从图可知梁柱节点核心区承受的剪力是相当大的，比柱的剪力大得多，要保证核心区的抗震强度，需要配置足够的箍筋。

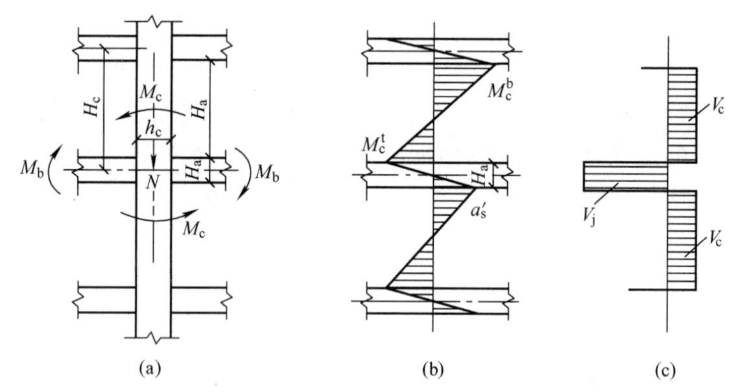

图 2.4.1-28　节点核心区计算简图

(a) 节点区的内力图；(b) 柱弯矩分布；(c) 柱剪力分布

承受地震作用的梁柱节点，不论是外节点还是内节点，承受有梁传来的弯矩和剪力，和柱传来的轴压力、弯矩和剪力，因此节点核心区的受力情况比较复杂的，图 2.4.1-29 为中间层端节点所受的外作用力与应力、裂缝形式、主筋黏着力状况破坏形态和水平箍筋的配置情况。

从图 2.4.1-29 可以得知，节点的受力与其连接杆传递的弯矩、剪力有关。节点核心区混凝土未开裂时，处于弹性阶段。在剪力作用下，核心区混凝土出现对角贯通裂缝，箍筋应力陆续达到屈服。节点的破坏主要在于剪切破坏。梁、柱钢筋在节点核心区内可能发生粘结破坏。节点内宜配置水平箍筋，以增加节点的抗剪强度，提高梁、柱纵筋的锚固能力，并对节点混凝土起约束作用。

图 2.4.1-30 列出了中间层节点在反复受力时的裂缝分布和滞回环线。反复剪应力使节点核心产生交叉的斜向裂缝，由于荷载的反复，抗力就大大降低。滞回环线的形状稍呈反 S 形，加载初期，节点处于弹性工作状态，刚度呈线性变化；开裂后刚度急剧下降，滞

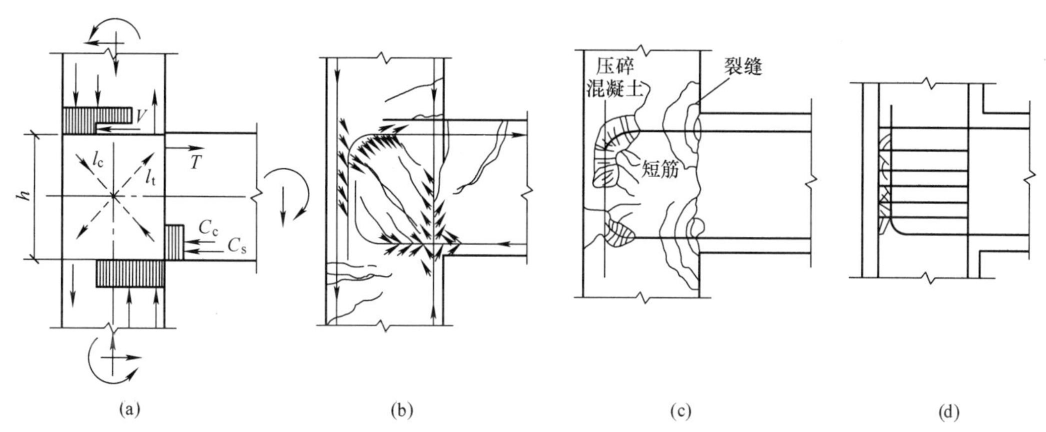

图 2.4.1-29　中间层的外节点

(a) 外作用力与应力；(b) 裂缝形式和握裹力；(c) 破坏形态；(d) 水平箍筋配置

回曲线呈反 S 状，主要是因为在循环荷载作用下节点处梁的两端弯矩反复出现变号，节点核心区产生较大的剪力，造成核心区混凝土开裂，破坏了核心区剪力正常传递；同时梁的纵向主筋粘结应力过大而使粘结破坏，导致纵筋产生粘结滑移，使得节点核心区刚度与耗能能力明显降低，致使震害较严重。

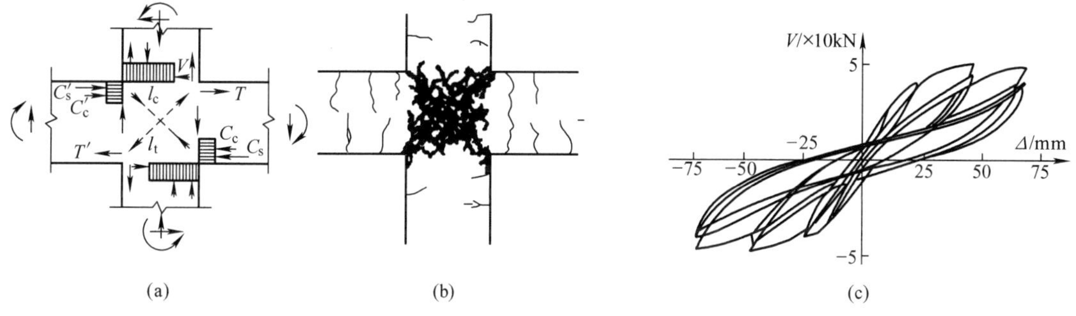

图 2.4.1-30　节点核心区的剪切破坏

(a) 作用力与应力；(b) 裂缝图；(c) 滞回环

（4）控制破坏形态从根本上保证构件的延性

从框架梁、框架柱和梁柱节点这三种基本构件延性的讨论可以得出一个结论，当构件的破坏是钢筋屈服引起的，一般均有良好的延性；当构件的破坏是混凝土破碎引起的，则其延性均很差。所以要保证构件有很好的延性，最主要的措施是避免出现因混凝土破碎引起的破坏。控制了构件的破坏形态，也就从根本上控制了构件的延性。

5. 结构的延性

一个结构抵抗强烈地震的能力强弱，主要取决于这个结构对地震能量“吸收与耗散”能力的大小。要使结构在遭遇强烈地震时具有很强的抗倒塌能力，最理想的是使结构中的所有构件均具有很高的延性。然而，在实际工程中很难完全做到这一点。有效的办法是，有选择地重点提高结构中的重要构件以及某些构件中关键部位的延性。在设计时有意识地设置一系列有利的屈服区，使这些并不危险的部位首先形成塑性铰，把能量耗散在整个结构的平面和高度方面上，这样结构既可承受反复的塑性变形而又不倒塌，仍具有一定的承载能力。这种能力主要依靠结构在有利部位产生塑性铰，即将塑性铰控制在一些预定部位从而保护主要承重体系。否则塑性铰的出现可能使结构成为可变的机构而失去承载能力，引起过早倒塌。

在地震作用下，框架上塑性铰可能出现在梁上，也可能出现在柱上，实际工程中塑性铰的位置如图 2.4.1-31 所示，属于混合型的，在梁上和柱上均能出现塑性铰。但是不允许在梁的跨中出现塑性铰，如图 2.4.1-32 所示的情况，因为梁的跨中出现塑性铰将导致局部破坏。

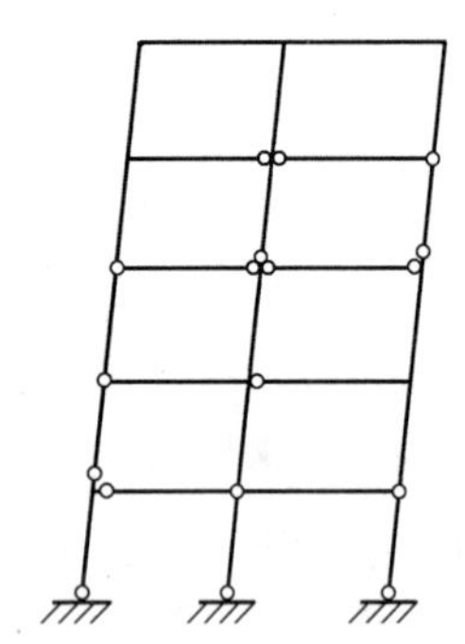

图 2.4.1-31 塑性铰的位置

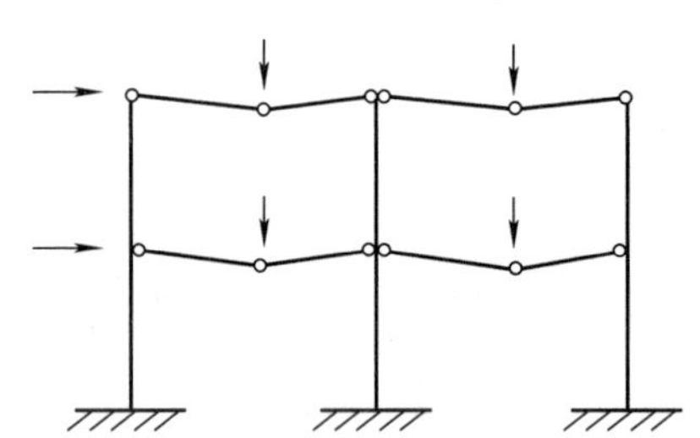

图 2.4.1-32 不允许在梁的跨中出现塑性铰

结构实现最佳破坏机制的特征是，结构在其杆件出现塑性铰之后，在承载能力基本保持稳定的条件下，可以持续地变形而不倒塌，最大限度地吸收和耗散地震能量。结构最佳破坏机制的判别条件如下。

① 结构的塑性发展，从次要构件开始，或从主要构件的次要部位开始，最后才在主要构件上出现塑性铰，从而形成多道抗震防线。

② 结构中所形成的塑性铰的数目多，塑性变形发展的过程长。

③ 构构件中塑性铰的塑性转动量大，结构的塑性变形量大。

框架结构的屈服机制，可以划归为两个基本类型：楼层屈服机制和总体屈服机制。若就构件中杆件出现塑性铰的位置和次序而论，又可称为柱铰机制和梁铰机制。

柱铰机制是指构件在侧向力作用下，竖向杆件先于水平杆件屈服，导致某楼层或某几个楼层，发生侧向整体屈服。可能发生此一屈服机制的多层构件，称为弱柱型框架，如图 2.4.1-33(a) 所示。

梁铰机制是指构件在侧向力作用下，全部水平杆件先于竖向杆件屈服，然后才是竖向杆杆件底部的屈服。可能发生此屈服机制的多层构件，称强柱型框架，如图 2.4.1-33(b) 所示。

从图 2.4.1-33 可以清楚地看出，构件发生梁铰机制时，其塑性铰的数量远比柱铰机制要多；发生梁铰机制的构件，层间侧移沿竖向分布比较均匀，而发生柱铰机制的构件，不仅层间侧移沿竖向呈非均匀分布，而且柔弱楼层处存在着塑性变形集中。所以，从构件实际表现出来的超静定次数和层间侧移限值等角度来衡量，属于梁铰机制的构件，其耐震性能均优于柱铰机制的构件。

图 2.4.1-34 列出了“梁铰”和“柱铰”的滞回曲线。“梁铰”是指塑性铰出现在框架梁的端部，是弯曲破坏，其滞回曲线成梭形，滞回环饱满，耗能能力最好。“柱铰”是指塑性铰出现在框架柱的端部，是压弯破坏，其滞回曲线成弓形，滞回环有“捏拢”现象，

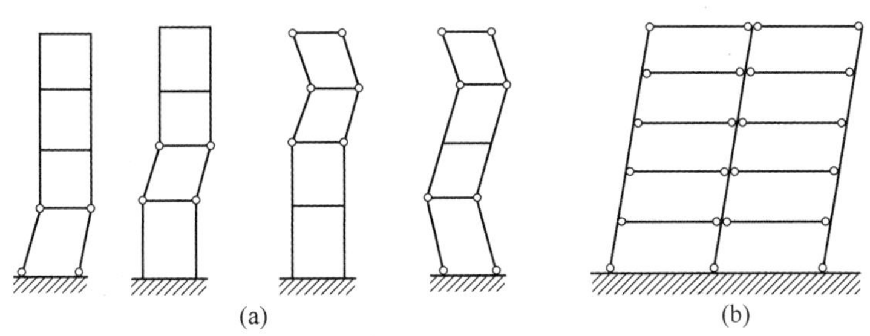

图 2.4.1-33　框架的屈服机制

（a）柱铰机制；（b）梁铰机制

耗能能力降低不少。所以从塑性铰的实际耗能能力的角度来衡量，梁铰机制构件的耐震性能亦优于柱铰机制的构件。

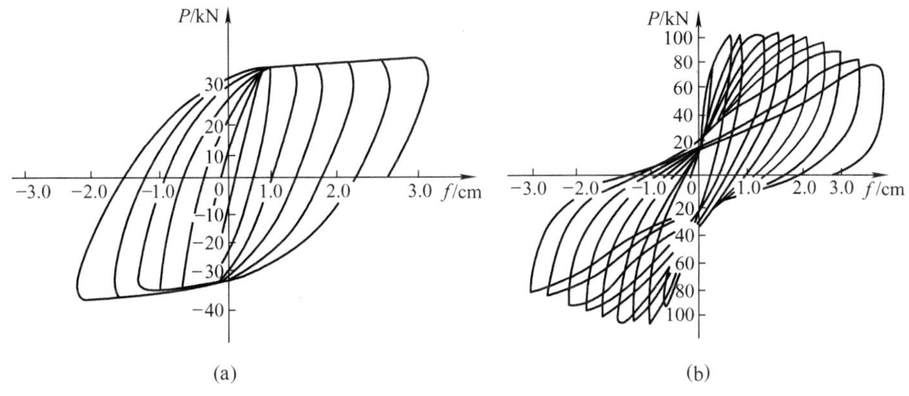

图 2.4.1-34　耗能能力比较

（a）弯曲破坏滞回曲线；（b）压弯破坏滞回曲线

从地震中建筑物破坏和倒塌的过程中认识到，建筑物在地震时要免于倒塌和严重破坏，对于框架结构中的构件，发生强度屈服的顺序应该符合下列条件①杆先于节；②梁先于柱。就是说，一幢框架结构遭遇地震时，其抗侧力体系中的构件损坏过程应该是：梁、柱的屈服先于框架节点，梁的屈服又先于柱的屈服（图 2.4.1-35）。这样，构件发生变形时，能具有较好的延性，而不是脆性破坏，在各环节的变形中，塑性变形成分远大于弹性变形成分。那么，这幢框架结构就具有较高的耐震性能，遭遇等于设防烈度的地震时，框架结构不会发生严重破坏；遭遇高于设防烈度 1 度的地震时，框架结构不至于倒塌。

为使钢筋混凝土框架结构的破坏状态和过程能够符合上述准则，进行框架抗震设计时，需要遵循以下设计原则：①强柱弱梁（或强竖弱平）；②强剪弱弯；③强节点弱杆件、强锚固。下面对“强柱弱梁”作进一步的具体分析。

“强柱弱梁”是通过内力的调整来实现的。控制对同一节点的梁柱的相对承载力，使其在地震作用下，柱端的实际抗弯承载力大于梁端的实际抗弯承载力。因为对于同一节点处的梁柱弯矩应是平衡的，当梁端弯矩达到其承载能力时，梁端纵筋将会屈服，梁所承担的弯矩值将不会增加，由于节点弯矩平衡，此时柱所承担的弯矩就等于梁端的抗弯承载力，如果柱端的抗弯承载力大于梁端的抗弯承载力。则柱承担的弯矩就会小于其承载力而使得柱端不会出现塑性铰，这样，塑性铰将首先出现在梁中而避免在柱中出现。

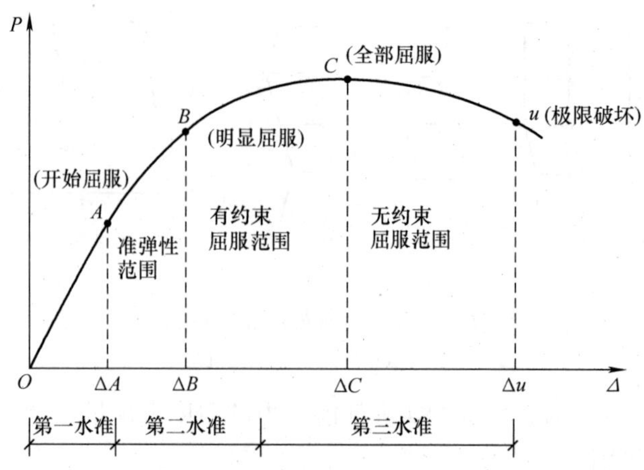

图 2.4.1-35　强度屈服的顺序

注：强度屈服的顺序：梁铰出现、柱铰出现、节点基本完好。

下面介绍一道有关塑性铰的试题。此题为一道考题

【例 2.4.1-1】

某 10 层框架结构，其中一榀框架剖面的轴线几何尺寸如图 2.4.1-36 所示。各楼层处的水平力 F 为某一组荷载作用的标准值。假定该建筑物建于地震区，需要设计成延性框架。现以第 3 层为例，试问，“塑性铰”先在下列哪个部位出现时（见图 2.4.1-36），对框架整体抗震才最为有利？

(A) 梁跨中 C 处　　(B) 梁支座 A、B 处

(C) 柱中 F 处　　(D) 柱端 D、E 处

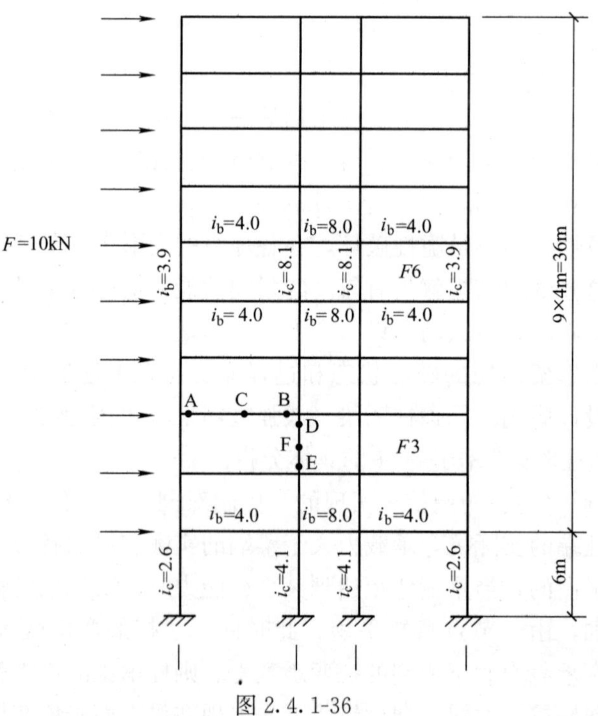

图 2.4.1-36

【答案】(B)

【解答】(A)会导致局部破坏，不允许。(B)符合延性框架“强柱弱梁”的原则。(C)、(D)不符合延性框架“强柱弱梁”的原则。

6. 提高延性的措施

为了增强结构在遭遇罕遇地震时的抗倒塌能力，结构应具有较高的延性。通过耗能使结构振动迅速衰减是提高结构抗震性能的重要问题。

(1) 抓关键点

① 抓结构中的关键构件的延性。在结构抗震设计中，对结构延性的要求具体体现在对构件延性的要求上。对结构中重要构件的延性要求应高于对结构总体的延性要求，特别要提高结构中的关键构件的延性。

关键构件是指多道抗震防线的抗侧力体系中作为第一道防线的构件。

对于框架，应优先提高柱的延性；

对于框架-抗震墙体系，重点提高抗震墙的延性；

对于筒中筒体系，重点提高实墙内筒的延性；

对于多肢墙，应特别注意加大各层窗裙梁的延性；

对于抗震墙体系中满布窗洞的外墙（壁式框架），应着重提高窗间墙的延性。

② 抓构件中的关键部位的延性。对构件中关键部位的延性要求应高于对整个构件的延性要求。

关键部位应该是预期该构件地震时首先屈服的部位，例如梁的两端、柱的上下端、抗震墙的根部加强部位等。

(2) 抓薄弱点

① 在结构的竖向，应该重点提高楼房中可能出现塑性变形集中的相对柔弱楼层的竖向构件延性。

对于刚度沿高度均匀分布的简单体形高层建筑，应着重提高底层的构件延性；

对于带大底盘的高层建筑，应该着重提高主楼与裙房顶面相衔接的楼层中构件的延性；

对于不规则立面高层建筑，应着重加强体形突变处楼层的构件延性；

对于框架-托墙体系，应着重提高底层或底部几层的框架的延性。

② 在平面位置上，应该着重提高房屋周边转角处、平面突变处以及复杂平面各翼相接的构件延性。

对于偏心结构，应加大房屋周边特别是刚度较弱一端构件的延性。

(3) 改善构件延性的措施

一般采取下列措施来提高构件延性：

① 控制构件的破坏形态。低周往复水平荷载下的构件破坏试验结果表明，结构延性和耗能的大小，取决于构件的破坏形态及其塑化过程。因此控制构件的破坏形态，可以从根本上控制构件的延性。弯曲构件的延性远远大于剪切构件的延性，大偏心受压的延性大于小偏心受压的延性。所以，进行工程抗震设计时，应在计算和构造方面采取措施，力争避免构件的剪切破坏，争取更多的构件实现弯曲破坏；力争避免受压构件的小偏压破坏，争取更多的竖向构件实现大偏压破坏。

② 减小竖向构件的轴压比。竖向构件的延性对防止结构的倒塌至关重要。就框架体系而论，柱的延性对于耗散输入的地震能量，防止框架的倒塌，起着十分重要的作用，而轴压比又是影响钢筋混凝土柱延性的一个关键性因素。试验研究结果表明，柱的侧移延性比随着轴压比的增大而急剧下降；所以，在结构设计中，确定柱、墙肢等轴心受压和压弯构件的截面尺寸时，应该控制其轴压比值。

③ 减少梁受压区高度。对于钢筋混凝土框架梁，在其受压区配置一定数量的纵向钢筋可减小梁截面的受压区高度，增强梁端的转动能力，从而提高框架梁的延性。试验研究表明，当梁截面的受压区相对高度 x/h_0 在 0.2～0.35 时，梁的曲率延性比可达 4 左右。

④ 提高构件的受剪承载力，避免剪切破坏先于弯曲破坏。发生弯曲破坏的构件的延性远远高于发生剪切破坏的构件，在钢筋混凝土抗震构件的设计中采用“强剪弱弯”的原则，即进行抗剪计算时、采用增大剪力设计值和增加抗剪箍筋的方法来提高构件的受剪承载力，并且通过控制截面上的剪应力（剪压比），来避免过早发生剪切破坏。

⑤ 加强箍筋，避免混凝土的压溃先于纵筋的屈服。在梁端塑性铰区配置加密的封闭式箍筋可以提高该范围内混凝土的极限压应变，并可防止塑性铰区内的受压纵筋被过早压屈，还可防止发生剪切破坏，从而保证梁有较大的延性。

实际震害表明，钢筋混凝土框架柱，在地震反复作用下，柱端的保护层往往首先剥落。此时，若无足够的箍筋约束，纵筋就会向外膨出。箍筋对柱核心区混凝土还具有较强的约束作用，提高配箍率可以显著提高混凝土的极限压应变，从而提高柱的延性。

⑥ 墙端设边缘构件。对于钢筋混凝土剪力墙，在墙两端部设置边缘构件（暗柱、明柱、翼柱），将墙体竖向钢筋的大部分集中于墙两端边缘构件内，可以提高剪力墙的受弯承载力。而在边缘构件内配置足够数量的横向箍筋，可以防止裂缝贯穿墙面，使剪力墙的变形能力有较大的提高。另外，剪力墙的塑性铰一般出现在底部，因此应特别加强剪力墙底部的构造，以保证剪力墙底部的延性。

⑦ 加强钢筋锚固，避免钢筋的锚固粘结破坏先于构件破坏。

⑧ 加强节点，避免节点破坏先于构件破坏。

⑨ 对预埋件应避免锚固破坏先于连接件破坏。

（4）控制延性的具体途径

规范采用二种具体途径来控制结构的延性：

① 通过“内力调整”来控制构件的破坏形态。

② 通过规定具体的“构造措施”来实现其他延性要求。

规范将延性要求分成四个层次：最好、好、较好、一般。

现举例说明，具体规定在后续内容中讨论。

①“调整内力”。由于剪切破坏是脆性破坏，所以规范通过“强剪弱弯”来避免剪切破坏，具体实施是通过调整剪力设计值，即取 $V=\eta_{vb}(M_b^l+M_b^r)/l_n+V_{Gb}$，并且通过对调整系数 η_v 的取值大小来体现对不同层次延性要求的差别。

由于“柱铰机制”的延性不如“梁铰机制”，所以规范通过“强柱弱梁”来实现“梁铰机制”。具体实施是通过调整弯矩设计值，即取$\Sigma M_c=\eta_c\Sigma M_b$，并且通过对调整系数 η_c 的取值大小来体现对不同层次延性要求的差别。

现将规范中的系数 η 的取值列于表 2.4.1-1 中。

规范中的系数 η 的取值 **表 2.4.1-1**

	延性要求	最好	好	较好	一般
强剪弱弯	$V=\eta_{vb}(M_b^l+M_b^r)/l_n+V_{Gb}$	1.3	1.2	1.1	1.0
	$V=\eta_{vc}(M_c^b+M_c^t)/H_n$	1.5	1.3	1.2	1.1
强柱弱梁	$\sum M_c=\eta_c \sum M_b$	1.7	1.5	1.3	1.2

从表面横向看，自左向右调整系数 η 的值依次在减小，这表明对延性的要求在降低。

从表中竖向着，相同的延性要求，调整系数 η 的值不同，这是反映控制屈服顺序的考虑，即允许先屈服的调整系数低。

②“构造措施”。规范通过大量的“构造措施”来实现结构的延性，这些规定亦是分成四个层次来满足不同的延性要求，现列出框架柱的两个具体规定，见表 2.4.1-2。

框架柱部分构造措施的具体规定 **表 2.4.1-2**

延性要求	最好	好	较好	一般
轴压比	0.65	0.75	0.85	0.90
最小总配筋率	1.0%	0.8%	0.7%	0.6%

从表中可以看出，这两项构造措施的变化规律是不同的，轴压比小则延性好，而最小配筋率高则延性好。

规范通过采取“抗震措施（内力调整）”和“抗震构造措施”来保证结构的抗震性能，又将延性要求分成四个层次来满足不同的抗震要求，这是很科学的，关键是什么情况必须采用最好的延性，什么条件下只需满足最低延性要求，规范通过“抗震等级”来解决这一问题。

二、抗震等级

1.“抗震等级”体现了对结构的延性要求

《抗震》6.1.2 条的“条文说明”指出

> **6.1.2** 钢筋混凝土房屋的抗震等级是重要的设计参数，
>
> 抗震等级的划分，体现了对不同抗震设防类别、不同结构类型、不同烈度、同一烈度但不同高度的钢筋混凝土房屋结构延性要求的不同，以及同一种构件在不同结构类型中的延性要求的不同。
>
> 钢筋混凝土房屋结构应根据抗震等级采取相应的抗震措施。这里，抗震措施包括抗震计算时的内力调整措施和各种抗震构造措施。

上述“条文说明”还表明抗震等级受①设防类别、②结构类型、③烈度和④房屋高度这四个因素的影响。

① 设防类别。对于不同使用性质的建筑物，地震破坏造成的后果的严重性是不一

样的。因此，建筑物的延性要求应根据其重要性和破坏后果的严重性而采用不同的水平。

② 结构类型。不同抗侧力构件组成的结构，其抗震能力取决于主要抗侧力构件。一个结构中的主、次要抗侧力构件的延性要求应有所区别。如框架结构中的框架延性要求应高于框架-抗震墙结构中的框架，框支层框架延性要求更高；框架-抗震墙结构中的抗震墙延性要求应高于抗震墙结构中的抗震墙。

③ 地震烈度。地震作用越大，结构的抗震要求应越高。不同烈度下的地震作用与其他荷载效应组合中所起的作用不同。在结构构件设计时，一般是按最低要求确定的。所以，在不同的地震烈度下，结构的实际抗震潜力会有很大差异。故而地震烈度愈高，结构延性要求也应愈高。

④ 房屋高度。在一定条件下房屋越高，地震反应越大。随着层数的增加，所需变形的要求也会提高，延性要求就越高，因此其抗震要求应越高。

2. "抗震措施等级"与"抗震构造措施等级"

《混规》11.1.3条的"条文说明"指出

11.1.3 抗震措施是在按多遇地震作用进行构件截面承载力设计的基础上保证抗震结构在所在地可能出现的最强地震地面运动下具有足够的整体延性和塑性耗能能力，保持对重力荷载的承载能力，维持结构不发生严重损毁或倒塌的基本措施。其中主要包括两类措施。一类是宏观限制或控制条件和对重要构件在考虑多遇地震作用的组合内力设计值时进行调整增大；另一类则是保证各类构件基本延性和塑性耗能能力的各类抗震构造措施（其中也包括对柱和墙肢的轴压比上限控制条件）。由于对不同抗震条件下各类结构构件的抗震措施要求不同，故用"抗震等级"对其进行分级。抗震等级按抗震措施从强到弱分为一、二、三、四级。

《高规》的"条文说明"指出

3.9.3、3.9.4 抗震设计的钢筋混凝土高层建筑结构，根据设防烈度、结构类型、房屋高度区分为不同的抗震等级，采用相应的计算和构造措施。抗震等级的高低，体现了对结构抗震性能要求的严格程度。

规范采用二种措施来控制结构的延性水平。

（1）计算措施。即通过采用不同大小的内力调整系数 η，使重要构件在多遇地震作用计算时的内力设计值得到不同程度的增大，从而使结构和构件达到不同层次的延性水平。为此将结构和构件的抗震要求分成不同层次的"抗震措施等级"。现将"抗震措施等级"和"延性水平"的对应关系列于表2.4.2-1。

抗震措施等级的划分 **表2.4.2-1**

调整内力控制的延性水平	很好	好	较好	一般
抗震措施等级	很严	严	较严	一般
抗震等级	一级	二级	三级	四级

（2）构造措施。即采用各种不同的具体构造规定来使结构和构件达到不同层次的延性水平，相应地将结构和构件的抗震要求分成不同层次的“抗震构造措施等级”。现将“抗震构造措施等级”和“延性水平”的对应关系列于表 2.4.2-2。

抗震构造措施等级的划分 **表 2.4.2-2**

构造措施控制的延性水平	很好	好	较好	一般
抗震构造措施等级	很严	严	较严	一般
抗震等级	一级	二级	三级	四级

规范不论是“抗震措施等级”还是“抗震构造措施等级”均分为四等，通称为“抗震等级”，实际上“抗震等级”有两个不同的内涵。在多数情况下“抗震措施等级”和“抗震构造措施等级”是一致的，但亦有不一致的场合。

3. “设防类别”对“抗震等级”的影响

“设防类别”是影响“抗震等级”的最重要因素。抗震设防类别分为甲、乙、丙和丁四类，《高规》指出：

3.1.2 注：本规程中甲类建筑、乙类建筑、丙类建筑分别为现行国家标准《建筑工程抗震设防分类标准》GB 50223 中特殊设防类、重点设防类、标准设防类的简称。

《分类标准》第 3.0.3 条规定了抗震设防类别为甲、乙、丁类时设防烈度的调整。

3.0.3 各抗震设防类别建筑的抗震设防标准，应符合下列要求：

1 标准设防类，应按本地区抗震设防烈度确定其抗震措施和地震作用，达到在遭遇高于当地抗震设防烈度的预估罕遇地震影响时不致倒塌或发生危及生命安全的严重破坏的抗震设防目标。

2 重点设防类，应按高于本地区抗震设防烈度一度的要求加强其抗震措施，但抗震设防烈度为 9 度时应按比 9 度更高的要求采取抗震措施；地基基础的抗震措施，应符合有关规定。同时，应按本地区抗震设防烈度确定其地震作用。

3 特殊设防类，应按高于本地区抗震设防烈度提高一度的要求加强其抗震措施；但抗震设防烈度为 9 度时应按比 9 度更高的要求采取抗震措施。同时，应按批准的地震安全性评价的结果且高于本地区抗震设防烈度的要求确定其地震作用。

4 适度设防类，允许比本地区抗震设防烈度的要求适当降低其抗震措施，但抗震设防烈度为 6 度时不应降低。一般情况下，仍应按本地区抗震设防烈度确定其地震作用。

注：对于划为重点设防类而规模很小的工业建筑，当改用抗震性能较好的材料且符合抗震设计规范对结构体系的要求时，允许按标准设防类设防。

“抗震等级”的确定执行了《分类标准》第 3.0.3 条规定。

《抗震》第 6.1.2 条表 6.1.2 列出了“丙类建筑的抗震等级”

6.1.2 钢筋混凝土房屋应根据设防类别、烈度、结构类型和房屋高度采用不同的抗震等级，并应符合相应的计算和构造措施要求。丙类建筑的抗震等级应按表 6.1.2 确定。

现浇钢筋混凝土房屋的抗震等级　　表 6.1.2

<table>
<tr><td colspan="2" rowspan="2">结构类型</td><td colspan="10">设防烈度</td></tr>
<tr><td colspan="2">6</td><td colspan="3">7</td><td colspan="3">8</td><td colspan="2">9</td></tr>
<tr><td rowspan="3">框架结构</td><td>高度（m）</td><td>≤24</td><td>>24</td><td>≤24</td><td colspan="2">>24</td><td>≤24</td><td colspan="2">>24</td><td colspan="2">≤24</td></tr>
<tr><td>框架</td><td>四</td><td>三</td><td>三</td><td colspan="2">二</td><td>二</td><td colspan="2">一</td><td colspan="2">一</td></tr>
<tr><td>大跨度框架</td><td colspan="2">三</td><td colspan="3">二</td><td colspan="3">一</td><td colspan="2">一</td></tr>
<tr><td rowspan="3">框架-抗震墙结构</td><td>高度（m）</td><td>≤60</td><td>>60</td><td>≤24</td><td>25～60</td><td>>60</td><td>≤24</td><td>25～60</td><td>>60</td><td>≤24</td><td>25～50</td></tr>
<tr><td>框架</td><td>四</td><td>三</td><td>四</td><td>三</td><td>二</td><td>三</td><td>二</td><td>一</td><td>二</td><td>一</td></tr>
<tr><td>抗震墙</td><td colspan="2">三</td><td>三</td><td colspan="2">二</td><td>二</td><td colspan="2">一</td><td colspan="2">一</td></tr>
<tr><td rowspan="2">抗震墙结构</td><td>高度/m</td><td>≤80</td><td>>80</td><td>≤24</td><td>25～80</td><td>>80</td><td>≤24</td><td>25～80</td><td>>80</td><td>≤24</td><td>25～60</td></tr>
<tr><td>剪力墙</td><td>四</td><td>三</td><td>四</td><td>三</td><td>二</td><td>三</td><td>二</td><td>一</td><td>二</td><td>一</td></tr>
</table>

注：建筑场地为Ⅰ类时，除 6 度外应允许按表内降低一度所对应的抗震等级采取抗震构造措施，但相应的计算要求不应降低。

抗震设防类别为甲、乙、丁类的建筑应按相应的抗震设防标准，找出调整后的设防烈度。比照丙类建筑的规定确定相应的抗震等级。《分类标准》第 3.0.3 条规定了抗震设防类别为甲、乙、丁类时设防烈度的调整。现将调整的规律总结如下。考虑“抗震措施等级”时设防烈度的调整见表 2.4.2-3。

确定“抗震措施等级”时采用的设防烈度　　表 2.4.2-3

<table>
<tr><td>设防类别</td><td>6</td><td>7</td><td>7（0.15g）</td><td>8</td><td>8（0.30g）</td><td>9</td></tr>
<tr><td>乙</td><td>7</td><td colspan="2">8</td><td colspan="2">9</td><td>9^{+}</td></tr>
<tr><td>丙</td><td>6</td><td colspan="2">7</td><td colspan="2">8</td><td>9</td></tr>
<tr><td>丁</td><td>6</td><td colspan="2">7^{-}</td><td colspan="2">8^{-}</td><td>9^{-}</td></tr>
</table>

注：7^{-}表示比 7 度适当降低的要求，8^{-}表示比 8 度适当降低的要求；9^{-}表示比 9 度适当降低的要求，9^{+}表示比 9 度更高的要求。

《抗震》表 6.1.2 注 1 指出：“建筑场地为Ⅰ类时，除 6 度外应允许按表内降低一度所对应的抗震等级采取抗震构造措施”。这表明表 6.1.2 的“场地类别”定位是“Ⅱ类”。场地类别为Ⅰ、Ⅲ、Ⅳ的抗震等级不能直接应用表 6.1.2 确定“抗震构造措施”，应对“设防烈度”进行调整后再查表 6.1.2。《抗震》3.3.2 条、3.3.3 条规定了场地类别为Ⅰ、Ⅲ、Ⅳ时设防烈度的调整。

《抗震》规定

3.3.2 建筑场地为Ⅰ类时，对甲、乙类的建筑应允许仍按本地区抗震设防烈度的要求采取抗震构造措施；对丙类的建筑应允许按本地区抗震设防烈度降低一度的要求采取抗震构造措施，但抗震设防烈度为6度时仍应按本地区抗震设防烈度的要求采取抗震构造措施。

3.3.3 建筑场地为Ⅲ、Ⅳ类时，对设计基本地震加速度为0.15g和0.30g的地区，除本规范另有规定外，宜分别按抗震设防烈度8度（0.20g）和9度（0.40g）时各抗震设防类别建筑的要求采取抗震构造措施。

考虑“抗震构造措施”时设防烈度的调整见表2.4.2-4

确定“抗震构造措施等级”时采用的设防烈度　　表2.4.2-4

<table>
<tr><td>设防烈度</td><td colspan="2">6</td><td colspan="2">7</td><td>7（0.10g）</td><td>7（0.15g）</td><td colspan="2">8</td><td>8（0.20g）</td><td>8（0.30g）</td><td colspan="2">9</td></tr>
<tr><td>场地类别</td><td>Ⅰ</td><td>Ⅱ
Ⅲ
Ⅳ</td><td>Ⅰ</td><td>Ⅱ</td><td>Ⅲ
Ⅳ</td><td>Ⅲ
Ⅳ</td><td>Ⅰ</td><td>Ⅱ</td><td>Ⅲ
Ⅳ</td><td>Ⅲ
Ⅳ</td><td>Ⅰ</td><td>Ⅱ
Ⅲ
Ⅳ</td></tr>
<tr><td>乙</td><td>6</td><td>7</td><td>7</td><td colspan="2">8</td><td>8⁺</td><td>8</td><td colspan="2">9</td><td>9⁺</td><td>9</td><td>9⁺</td></tr>
<tr><td>丙</td><td>6</td><td>6</td><td>6</td><td colspan="2">7</td><td>8</td><td>7</td><td colspan="2">8</td><td>9</td><td>8</td><td>9</td></tr>
</table>

注：9^{+}表示比9度更高的要求。

【例2.4.2-1】大跨度框架的抗震等级

条件：某四层现浇钢筋混凝土框架结构，各层结构计算高度均为6mm，平面布置如图2.4.2-1所示，抗震设防烈度为7度，设计基本地震加速度为0.15g，设计地震分组为第二组，建筑场地类别为Ⅱ类，抗震设防类别为重点设防类。

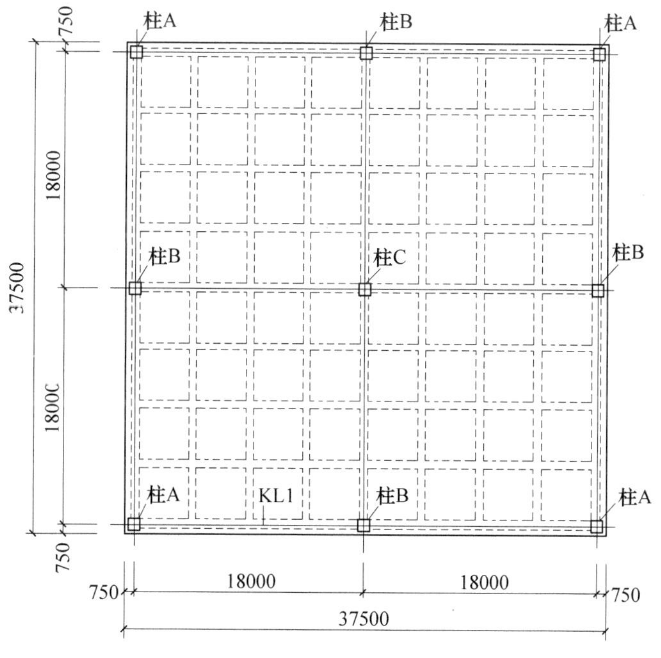

图2.4.2-1

求：抗震措施所用的抗震等级。

【解答】根据《抗震》表6.1.2的注："大跨度框架指跨度不小于18m的框架"，本工程框架梁的跨度为18m，属大跨度框架。

根据《分类标准》，重点设防类的抗震措施应提高一度即按8度设防；

按《抗震》表6.1.2，查表得大跨度框架抗震等级为一级。

【例2.4.2-2】某五层中学教学楼，采用现浇钢筋混凝土框架结构，框架最大跨度9m，层高均为3.6m，抗震设防烈度7度，设计基本地震加速度0.10g，建筑场地类别Ⅱ类。

试问，框架的抗震等级，选取下列何项正确？

(A) 一级　　(B) 二级

(C) 三级　　(D) 四级

【答案】(D)

【解答】根据《分类标准》第6.0.8条，中学教学楼的抗震设防类别应不低于重点设防类。

依据《分类标准》第3.0.3条，重点设防类应按高于本地区抗震设防烈度一度的要求加强其抗震措施，同时，应按本地区抗震设防烈度确定其地震作用。

根据《抗震》表6.1.2，设防烈度按8度，高度＜24m，不属于大跨框架，框架抗震等级为二级。

【例2.4.2-3】框架结构的抗震等级

条件：已知某框架结构为乙类建筑，总高H=23m，所处地区为Ⅲ类场地，抗震设防烈度为7度，设计基本地震加速度为0.15g。

要求：确定采用的抗震等级。

【解答】(1) 根据《抗震》第3.3.3条，因场地为Ⅲ类，设计基本地震加速度为0.15g应按设防烈度8度(0.20g)考虑抗震构造措施所采用的抗震等级。

(2) 根据《分类标准》第3.0.3条第2款的规定，应按高于本地区抗震设防烈度一度的要求加强其抗震措施，属于提高了再提高的情况。对于多重提高的幅度应根据工程具体情况，合理确定。考虑双重调整的特殊情况，宜综合确定调整的幅度，对7度(0.15g)可按7.5+1=8.5确定，即采取比8度更高的抗震构造措施，表述为8^+，但不一定是9度。

(3) 查《抗震》表6.1.2得此框架抗震措施的抗震等级为二级，抗震构造措施的抗震等级为一级。

4. "房屋高度"对"抗震等级"的影响

《高规》指出

> **3.3.1** 钢筋混凝土高层建筑结构的最大适用高度应区分为A级和B级。A级高度钢筋混凝土乙类和丙类高层建筑的最大适用高度应符合表3.3.1-1的规定，B级高度钢筋混凝土乙类和丙类高层建筑的最大适用高度应符合表3.3.1-2的规定。

表 3.3.1-1 A 级高度钢筋混凝土高度建筑的最大适用高度（m）

结构体系		非抗震设计	抗震设防烈度				
			6 度	7 度	8 度		9 度
					0.20g	0.30g	
框架		70	60	50	40	35	—
框架-剪力墙		150	130	120	100	80	50
剪力墙	全部落地剪力墙	150	140	120	100	80	60
	部分框支剪力墙	130	120	100	80	50	不应采用
筒体	框架-核心筒	160	150	130	100	90	70
	筒中筒	200	180	150	120	100	80
板柱-剪力墙		110	80	70	55	40	不应采用

表 3.3.1-2 B 级高度钢筋混凝土高层建筑的最大适用高度（m）

结构体系		非抗震设计	抗震设防烈度			
			6 度	7 度	8 度	
					0.20g	0.30g
框架-剪力墙		170	160	140	120	100
剪力墙	全部落地剪力墙	180	170	150	130	110
	部分框支剪力墙	150	140	120	100	80
筒体	框架-核心筒	220	210	180	140	120
	筒中筒	300	280	230	170	150

注：1 部分框支剪力墙结构指地面以上有部分框支剪力墙的剪力墙结构；
2 甲类建筑，6、7 度时宜按本地区设防烈度提高一度后符合本表的要求，8 度时应专门研究；
3 当房屋高度超过表中数值时，结构设计应有可靠依据，并采取有效的加强措施。

1）A 级高度的抗震等级

3.9.3 抗震设计时，高层建筑钢筋混凝土结构构件应根据抗震设防分类、烈度、结构类型和房屋高度采用不同的抗震等级，并应符合相应的计算和构造措施要求。A 级高度丙类建筑钢筋混凝土结构的抗震等级应按表 3.9.3 确定。当本地区的设防烈度为 9 度时，A 级高度乙类建筑的抗震等级应按特一级采用，甲类建筑应采取更有效的抗震措施。

注：本规程“特一级和一、二、三、四级”即“抗震等级为特一级和一、二、三、四级”的简称。

A级高度的高层建筑结构抗震等级　　　表3.9.3

<table>
<tr><th colspan="3" rowspan="2">结构类型</th><th colspan="7">烈　度</th></tr>
<tr><th colspan="2">6度</th><th colspan="2">7度</th><th colspan="2">8度</th><th>9度</th></tr>
<tr><td colspan="3">框架结构</td><td colspan="2">三</td><td colspan="2">二</td><td colspan="2">一</td><td>一</td></tr>
<tr><td rowspan="3">框架-剪刀墙结构</td><td colspan="2">高度（m）</td><td>≤60</td><td>>60</td><td>≤60</td><td>>60</td><td>≤60</td><td>>60</td><td>≤60</td></tr>
<tr><td colspan="2">框架</td><td>四</td><td>三</td><td>三</td><td>二</td><td>二</td><td>一</td><td>一</td></tr>
<tr><td colspan="2">剪力墙</td><td colspan="2">三</td><td colspan="2">二</td><td colspan="2">一</td><td>一</td></tr>
<tr><td rowspan="2">剪力墙结构</td><td colspan="2">高度（m）</td><td>≤80</td><td>>80</td><td>≤80</td><td>>80</td><td>≤80</td><td>>80</td><td>≤60</td></tr>
<tr><td colspan="2">剪力墙</td><td>四</td><td>三</td><td>三</td><td>二</td><td>二</td><td>一</td><td>一</td></tr>
<tr><td rowspan="3">部分框支剪力墙结构</td><td colspan="2">非底部加强部位的剪力墙</td><td>四</td><td>三</td><td>三</td><td>二</td><td>二</td><td rowspan="3">一</td><td rowspan="3">一</td></tr>
<tr><td colspan="2">底部加强部位的剪力墙</td><td>三</td><td>二</td><td>二</td><td>一</td><td>一</td></tr>
<tr><td colspan="2">框支框架</td><td colspan="2">二</td><td>二</td><td>一</td><td>一</td></tr>
<tr><td rowspan="4">筒体结构</td><td rowspan="2">框架-核心筒</td><td>框架</td><td colspan="2">三</td><td colspan="2">二</td><td colspan="2">一</td><td>一</td></tr>
<tr><td>核心筒</td><td colspan="2">二</td><td colspan="2">二</td><td colspan="2">一</td><td>一</td></tr>
<tr><td rowspan="2">筒中筒</td><td>内筒</td><td colspan="2" rowspan="2">三</td><td colspan="2" rowspan="2">二</td><td colspan="2" rowspan="2">一</td><td rowspan="2">一</td></tr>
<tr><td>外筒</td></tr>
<tr><td rowspan="3">板柱-剪力墙结构</td><td colspan="2">高度</td><td>≤35</td><td>>35</td><td>≤35</td><td>>35</td><td>≤35</td><td>>35</td><td rowspan="3">一</td></tr>
<tr><td colspan="2">框架、板柱及柱上板带</td><td>三</td><td>二</td><td>二</td><td>二</td><td>一</td><td>一</td></tr>
<tr><td colspan="2">剪力墙</td><td>二</td><td>二</td><td>二</td><td>一</td><td>二</td><td>一</td></tr>
</table>

注：1　接近或等于高度分界时，应结合房屋不规则程度及场地、地基条件适当确定抗震等级；

2　底部带转换层的筒体结构，其转换框架的抗震等级应按表中部分框支剪力墙结构的规定采用；

3　当框架-核心筒结构的高度不超过60m时，其抗震等级应允许按框架-剪力墙结构采用。

2）B级高度的抗震等级

3.9.4　抗震设计时，B级高度丙类建筑钢筋混凝土结构的抗震等级应按表3.9.4确定。

B级高度的高层建筑结构抗震等级　　　表3.9.4

<table>
<tr><th colspan="2" rowspan="2">结构类型</th><th colspan="3">烈　度</th></tr>
<tr><th>6度</th><th>7度</th><th>8度</th></tr>
<tr><td rowspan="2">框架-剪力墙</td><td>框架</td><td>二</td><td>一</td><td>一</td></tr>
<tr><td>剪力墙</td><td>二</td><td>一</td><td>特一</td></tr>
<tr><td>剪力墙</td><td>剪力墙</td><td>二</td><td>一</td><td>一</td></tr>
<tr><td rowspan="3">部分框支剪力墙</td><td>非底部加强部位剪力墙</td><td>二</td><td>一</td><td>一</td></tr>
<tr><td>底部加强部位剪力墙</td><td>一</td><td>一</td><td>特一</td></tr>
<tr><td>框支框架</td><td>一</td><td>特一</td><td>特一</td></tr>
<tr><td rowspan="2">框架-核心筒</td><td>框架</td><td>二</td><td>一</td><td>一</td></tr>
<tr><td>筒体</td><td>二</td><td>一</td><td>特一</td></tr>
<tr><td rowspan="2">筒中筒</td><td>外筒</td><td>二</td><td>一</td><td>持一</td></tr>
<tr><td>内筒</td><td>二</td><td></td><td>特一</td></tr>
</table>

注：底部带转换层的筒体结构，其转换框架和底部加强部位筒体的抗震等级应按表中部分框支剪力墙结构的规定采用。

在应用《高规》的规定时应注意执行下列二项调整。

1）考虑设防类别的设防烈度调整

3.9.1 各抗震设防类别在高层建筑结构，其抗震措施应符合下列要求：

1 甲类、乙类建筑；应按本地区抗震设防烈度提高一度的要求加强其抗震措施，但抗震设防烈度为9度时应按比9度更高的要求采取抗震措施；当建筑场地为Ⅰ类时，应允许仍按本地区抗震设防烈度的要求采取抗震构造措施。

2 丙类建筑：应按本地区抗震设防烈度确定其抗震措施；当建筑场地为Ⅰ类时；除6度外，应允许按本地区抗震设防烈度降低一度的要求采取抗震构造措施。

2）考虑场地类别的设防烈度调整

3.9.2 当建筑场地为Ⅲ、Ⅳ类时，对设计基本地震加速度为0.15g和0.30g的地区，宜分别按抗震设防烈度8度（0.20g）和9度（0.40）时各类建筑的要求采取抗震构造措施。

5. 框架和抗震墙组成的结构的抗震等级

框架-剪力墙结构体系由框架和剪力墙组成，整体共同承担荷载和作用。在规定水平力作用下，结构底层框架部分承受的地震倾覆力矩与结构总地震倾覆力矩的比值不尽相同，结构性能也有较大的差别。因此，应根据对框架-剪力墙结构体系中的框架、剪力墙的受力特点，有针对性地确定其构造措施。

框架-剪力墙结构体系中，在规定水平力作用下，当框架部分承担的倾覆力矩不大于结构总倾覆力矩的10%时，框架承担地震作用较小，绝大部分由剪力墙承担，工作性能接近剪力墙结构，框架部分按框架-剪力墙结构的框架进行设计；

当框架部分承担的倾覆力矩大于结构总地震倾覆力矩的10%，但不大于50%时，为典型的框架-剪力墙结构，框架部分按框架-剪力墙结构的框架进行设计；

当框架部分承担的倾覆力矩大于结构总地震倾覆力矩的50%，但不大于80%时，框架部分承担的地震作用较大，框架部分宜按框架结构的规定进行设计，结构适用高度应有所降低；

当框架部分承担的倾覆力矩大于结构总地震倾覆力矩的80%时，意味着结构中的剪力墙数量很少，属于少墙的框架-剪力墙结构，抗震性能较差（注意，抗震性能比典型的框架-剪力墙结构差，但仍优于框架结构），此时框架部分应该框架结构进行设计。

《高规》规定

8.1.3 抗震设计的框架-剪力墙结构，应根据在规定的水平力作用下结构底层框架部分承受的地震倾覆力矩与结构总地震倾覆力矩的比值，确定相应的设计方法，并应符合下列规定：

1 框架部分承受的地震倾覆力矩不大于结构总地震倾覆力矩的10%时，按剪力墙结构进行设计，其中的框架部分应按框架-剪力墙结构的框架进行设计；

2 当框架部分承受的地震倾覆力矩大于结构总地震倾覆力矩的10%但不大于50%时，按框架-剪力墙结构进行设计；

3　当框架部分承受的地震倾覆力矩大于结构总地震倾覆力矩的 50%但不大于 80%时，按框架-剪力墙结构进行设计，其最大适用高度可比框架结构适当增加，框架部分的抗震等级和轴压比限值宜按框架结构的规定采用；

4　当框架部分承受的地震倾覆力矩大于结构总地震倾覆力矩的 80%时，按框架-剪力墙结构进行设计，但其最大适用高度宜按框架结构采用，框架部分的抗震等级和轴压比限值应按框架结构的规定采用。当结构的层间位移角不满足框架-剪力墙结构的规定时，可按本规程第 3.11 节的有关规定进行结构抗震性能分析和论证。

《抗震》规定

6.1.3　钢筋混凝土房屋抗震等级的确定，尚应符合下列要求：

1　设置少量抗震墙的框架结构，在规定的水平力作用下，底层框架部分所承担的地震倾覆力矩大于结构总地震倾覆力矩的 50%时，其框架的抗震等级应按框架结构确定，抗震墙的抗震等级可与其框架的抗震等级相同。

注：底层指计算嵌固端所在的层。

《混规》规定

11.1.4　确定钢筋混凝土房屋结构构件的抗震等级时，尚应符合下列要求：

1　对框架-剪力墙结构，在规定的水平地震力作用下，框架底部所承担的倾覆力矩大于结构底部总倾覆力矩的 50%时，其框架的抗震等级应按框架结构确定。

《抗震》6.1.3 条的“条文说明”

1　关于框架和抗震墙组成的结构的抗震等级。设计中有三种情况：

其一，个别或少量框架，此时结构属于抗震墙体系的范畴，其抗震墙的抗震等级，仍按抗震墙结构确定。

其二，当框架-抗震墙结构有足够的抗震墙时（在规定的水平力作用下，其抗震墙底部承受的地震倾覆力矩不小于结构底部总地震倾覆力矩的 50%），其框架部分是次要抗侧力构件，按表 6.1.2 框架-抗震墙结构中的框架确定抗震等级；

其三，墙体很少（在规定的水平力作用下，底层框架部分所承担的地震倾覆力矩大于结构总地震倾覆力矩的 50%时）仍属于框架结构范畴，其框架部分的抗震等级应按框架结构确定。

关于“在规定的水平地震力作用下，框架底部所承担的倾覆力矩”的理解，《混规》11.1.4 条的‘条文说明’作出了说明。现引用于下

11.1.4　本条给出了在选用抗震等级时，除表 11.1.3 外应满足的要求。其中第 1 款中的“结构底部的总倾覆力矩”一般是指在多遇地震作用下通过振型组合求得楼层地震剪力并换算出各楼层水平力后，用该水平力求得的底部总倾覆力矩。

【例 2.4.2-4】某现浇钢筋混凝土框架-剪力墙结构，高度 57.6m，地下 2 层，地上 15 层，首层层高 6.0m，二层层高 4.5m，其余各层层高均为 3.6m。抗震设防烈度 7 度，丙

类建筑，设计基本地震加速度为0.15g，Ⅲ类场地。在规定的水平力作用下结构总地震倾覆力矩 $M_0=9.6\times10^5\text{kN}\cdot\text{m}$，底层剪力墙承受的地震倾覆力矩 $M_w=3.7\times10^5\text{kN}\cdot\text{m}$。

试问，该结构抗震构造措施所用的抗震等级为下列何项？

(A) 框架一级，剪力墙一级　　(B) 框架一级，剪力墙二级

(C) 框架二级，剪力墙二级　　(D) 框架二级，剪力墙一级

【答案】(A)

【解答】框架部分承受的地震倾覆力矩

$$M_c=M_0-M_w=9.6\times10^5-3.7\times10^5=5.9\times10^5\text{kN}\cdot\text{m}$$

$$\frac{M_c}{M_0}=\frac{5.9\times10^5}{9.6\times10^5}=0.61=61\%\begin{matrix}>50\%\\<80\%\end{matrix}$$

根据《高规》第8.1.3条，框架部分的抗震等级宜按框架结构采用。

根据《高规》表3.9.3及第3.9.2条，该建筑应按8度要求采取抗震构造措施，则框架为一级；剪力墙为一级。故选(A)。

【例2.4.2-5】某钢筋混凝土框架-剪力墙结构，高度为37.8m，地下2层，地上10层，如图2.4.2-2所示。该地区抗震设防烈度为7度，设计基本地震加速度为0.15g，设计地震分组为第二组，场地类别为Ⅳ类，框架柱数量各层保持不变，地下室顶板可作为上部结构的嵌固部位。

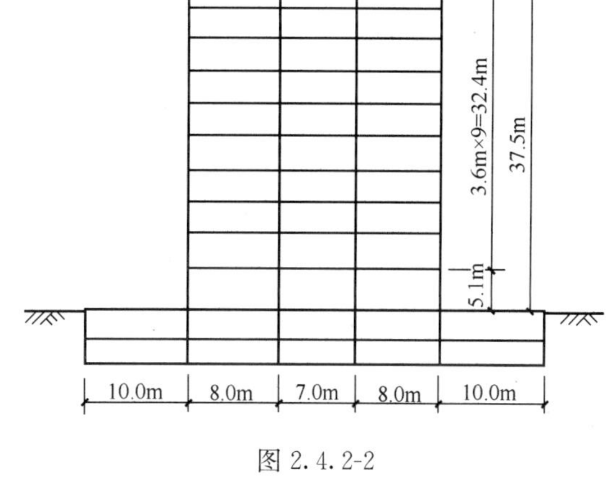

图2.4.2-2

假定，该结构在规定水平力作用下的结构总地震倾覆力矩 $M_0=2.1\times10^6\text{kN}\cdot\text{m}$，底层剪力墙所承受的地震倾覆力矩 $M_w=8.5\times10^5\text{kN}\cdot\text{m}$。试问，该结构地下一层主体结构构件抗震构造措施的抗震等级应为下列何项？

(A) 框架一级，剪力墙一级　　(B) 框架一级，剪力墙二级

(C) 框架二级，剪力墙二级　　(D) 框架二级，剪力墙一级

【答案】(A)

【解答】该结构框架部分承受的地震倾覆力矩

$$M_c=M_0-M_w=2.1\times10^6-8.5\times10^5=1.25\times10^6\text{kN}\cdot\text{m}$$

$$M_c/M_0=1.25/2.1=0.60=60\%\begin{matrix}>50\%\\<80\%\end{matrix}$$

根据《高规》第8.1.3条，框架部分的抗震等级宜按框架结构采用。

根据《高规》表3.9.3及3.9.2条，该建筑应按8度要求采取抗震构造措施，则框架为一级，剪力墙为一级；

根据《高规》第3.9.5条，当地下室顶板作为上部结构的嵌固端时，地下一层相关范围的抗震等级应按上部结构采用，故选(A)。

6. 异形柱结构的抗震等级

《混凝土异形柱结构技术规程》JGJ 149—2017 3.3.1 条规定

3.3.1 抗震设计时，异形柱结构应根据抗震设防烈度、建筑场地类别、结构类型和房屋高度，按表 3.3.1 的规定采用不同的抗震等级，并应符合相应的计算和构造措施要求。建筑场地为Ⅰ类时，除 6 度外，应允许按本地区抗震设防烈度降低一度所对应的抗震等级采取抗震构造措施，但相应的计算要求不应降低。

表 3.3.1 异形柱结构的抗震等级

<table>
<tr><td colspan="2" rowspan="3">结构类型</td><td colspan="11">抗震设防烈度</td></tr>
<tr><td colspan="2">6 度</td><td colspan="6">7 度</td><td colspan="3">8 度</td></tr>
<tr><td colspan="2">0.05g</td><td colspan="3">0.10g</td><td colspan="3">0.15g</td><td colspan="2">0.20g</td><td>0.30g</td></tr>
<tr><td rowspan="2">框架结构</td><td>高度（m）</td><td>≤21</td><td>>21</td><td colspan="2">≤21</td><td>>21</td><td colspan="2">≤18</td><td>>18</td><td colspan="2">≤12</td><td></td></tr>
<tr><td>框架</td><td>四</td><td>三</td><td colspan="2">三</td><td>二</td><td colspan="2">三
（二）</td><td>二
（二）</td><td colspan="2">二</td><td></td></tr>
<tr><td rowspan="3">框架-剪力墙结构</td><td>高度（m）</td><td>≤30</td><td>>30</td><td>≤21</td><td>>21，
≤30</td><td>>30</td><td>≤18</td><td>>18，
≤30</td><td>>30</td><td>≤18</td><td>>187，
≤28</td><td>≤21</td></tr>
<tr><td>框架</td><td>四</td><td>三</td><td>四</td><td>三</td><td>二</td><td>四
（三）</td><td>三
（二）</td><td>二
（二）</td><td>二</td><td>二</td><td>一</td></tr>
<tr><td>剪力墙</td><td>三</td><td>三</td><td>三</td><td>二</td><td>二</td><td>二
（二）</td><td>二
（二）</td><td>二
（一）</td><td>二</td><td>一</td><td>一</td></tr>
</table>

注：1 房屋高度指室外地面到主要屋面板板顶的高度（不包括局部突出屋顶部分）；

2 对 7 度（0.15g）时建于Ⅲ、Ⅳ类场地的异形柱框架结构和异形柱框架-剪力墙结构，应按表中括号内所示的抗震等级采取抗震构造措施；

3 房屋高度接近或等于表中高度分界数值时，允许结合房屋不规则程度及场地、地基条件适当确定抗震等级。

【例 2.4.2-6】 一座 7 层现浇钢筋混凝土框架-剪力墙结构，抗震设防类别为丙类，按 7 度（0.15g）抗震设防，房屋高度 22m，场地类别为Ⅲ类，其框架柱全部采用异形柱。在基本振型地震作用下，框架部分承受的地震倾覆力矩为结构总地震倾覆力矩的 26%。

试问，异形柱框架应按下列何项抗震等级采取抗震构造措施？

(A) 一级　　(B) 二级　　(C) 三级　　(D) 四级

【答案】 (B)

【解答】 框架部分承受的地震倾覆力矩为结构总地震倾覆力矩的 26%，根据《高规》第 8.1.3 条，为典型的框架-剪力墙结构，框架部分按框架-剪力墙结构的框架进行设计；

7 度（0.15g）、场地类别为Ⅲ类，按《混凝土异形柱结构技术规程》表 3.3.1 注 2，应按（括号内）抗震等级采取抗震构造措施。

房屋高度 22m<30m，查《混凝土异形柱结构技术规程》表 3.3.1，框架-剪力墙结构中的异形柱框架应按二级抗震等级采取抗震构造措施。

7. 裙房的抗震等级

《抗震》规定与“条文说明”

6.1.3 钢筋混凝土房屋抗震等级的确定，尚应符合下列要求：

2 裙房与主楼相连，除应按裙房本身确定抗震等级外，相关范围不应低于主楼的抗震等级；主楼结构在裙房顶板对应的相邻上下各一层应适当加强抗震构造措施。裙房与主楼分离时，应按裙房本身确定抗震等级。

6.1.3 （条文说明）

2 关于裙房的抗震等级。裙房与主楼相连，主楼结构在裙房顶板对应的上下各一层受刚度与承载力突变影响较大，抗震构造措施需要适当加强。裙房与主楼之间设防震缝，在大震作用下可能发生碰撞，该部位也需要采取加强措施。

裙房与主楼相连的相关范围，一般可从主楼周边外延 3 跨且不大于 20m，相关范围以外的区域可按裙房自身的结构类型确定其抗震等级。裙房偏置时，其端部有较大扭转效应，也需要加强。

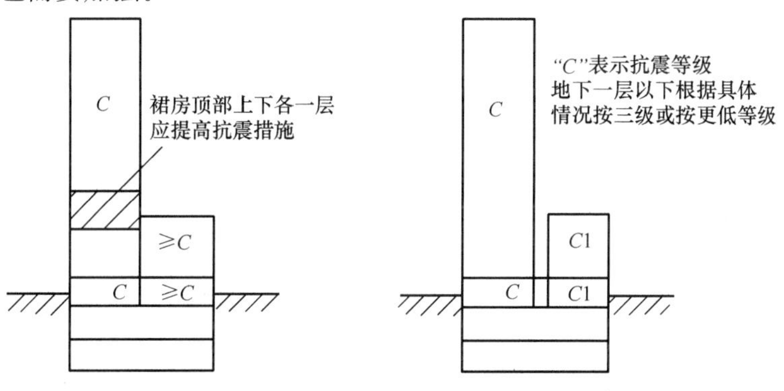

图 6.1.3 裙房的抗震等级

《高规》规定与“条文说明”

3.9.6 抗震设计时，与主楼连为整体的裙房的抗震等级，除应按裙房本身确定外，相关范围不应低于主楼的抗震等级；主楼结构在裙房顶板上、下各一层应适当加强抗震构造措施。裙房与主楼分离时，应按裙房本身确定抗震等级。

（条文说明）：本条中的“相关范围”，一般指主楼周边外延不少于三跨的裙房结构，相关范围以外的裙房可按裙房自身的结构类型确定抗震等级。

10.2.6 带转换层的高层建筑结构，其抗震等级应符合本规程第 3.9 节的有关规定，带托柱转换层的筒体结构，其转换柱和转换梁的抗震等级按部分框支剪力墙结构中的框支框架采纳。对部分框支剪力墙结构，当转换层的位置设置在 3 层及 3 层以上时，其框支柱、剪力墙底部加强部位的抗震等级宜按本规程表 3.9.3 和表 3.9.4 的规定提高一级采用，已为特一级时可不提高。

【例 2.4.2-7】【例 2.4.2-8】 某现浇钢筋混凝土大底盘双塔结构，地上 37 层，地下 2 层，如图 2.4.2-3 所示。

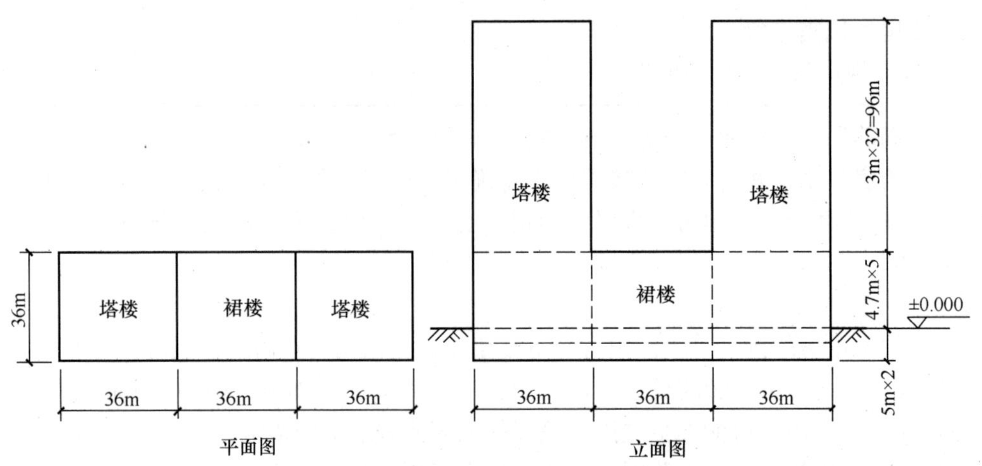

图 2.4.2-3

① 大底盘5层均为商场（乙类建筑），高度23.5m，

塔楼为部分框支剪力墙结构，转换层设在5层顶板处，

塔楼之间为长度36m（4跨）的框架结构。

② 6～37层为住宅（丙类建筑），层高3.0m，剪力墙结构。

抗震设防烈度为6度，Ⅲ类建筑场地。地下一层顶板（±0.000处）可作为上部结构嵌固部位。

【例 2.4.2-7】 上述结构，其1～5层框架、框支框架抗震等级有下列4组，如表A～表D所示。

1～5层框架、框支框架抗震等级A **表A**

	抗震措施	抗震构造措施
框架	一级	一级
框支框架梁	一级	特一级
框支框架柱	一级	特一级

1～5层框架、框支框架抗震等级B **表B**

	抗震措施	抗震构造措施
框架	二级	二级
框支框架梁	一级	一级
框支框架柱	特一级	特一级

1～5层框架、框支框架抗震等级C **表C**

	抗震措施	抗震构造措施
框架	二级	二级
框支框架梁	一级	特一级
框支框架柱	一级	特一级

1～5 层框架、框支框架抗震等级 D　　表 D

	抗震措施	抗震构造措施
框架	二级	二级
框支框架梁	一级	一级
框支框架柱	一级	特一级

试问，采用哪一组符合《高规》的规定？

(A) 表 A　　(B) 表 B　　(C) 表 C　　(D) 表 D

【答案】(B)

【解答】本题讨论大底盘多塔商住综合楼的大底盘部分。

大底盘 5 层为乙类建筑设防，主楼部分为框支框架，裙楼部分为框架结构。

本题求三项内容。

① 主楼部分框支框架梁的抗震等级；

② 主楼部分框支框架柱的抗震等级；

③ 裙楼部分框架结构的抗震等级。

本题的条件是：①抗震设防烈度为 6 度；②Ⅲ类建筑场地。不需要调整抗震构造措施的抗震等级。

根据《高规》3.9.1-1“甲类、乙类建筑：应按本地区抗震设防烈度提高一度的要求加强其抗震措施”。大底盘为乙类，抗震设防烈度为 6＋1＝7 度。

(1) 主楼部分框支框架的抗震等级：

主楼部分房屋高度为 5×4.7＋3×23＝23.5＋96＝119.5m，根据《高规》3.3.1 条，为 A 级高度。

根据《高规》表 3.9.3‘A 级高度的高层建筑结构抗震等级’，查得框支框架的抗震等级一级，抗震构造措施一级。相应框支框架梁的抗震等级取一级、抗震构造措施取一级。

根据《高规》10.2.6“对部分框支剪力墙结构，当转换层的位置设置在 3 层及 3 层以上时，其框支柱、剪力墙底部加强部位的抗震等级宜按本规程表 3.9.3 和表 3.9.4 的规定提高一级采用，已为特一级时可不提高”。本题转换层设在 5 层顶板处，框支框架柱的抗震等级应提高，故框支框架柱的抗震等级取特一级，抗震构造措施取特一级。

(2) 裙楼部分框架结构的抗震等级

《高规》3.9.6 的规定：“抗震设计时，与主楼连为整体的裙房的抗震等级，除应按裙房本身确定外，相关范围不应低于主楼的抗震等级”。‘条文说明’指出：“相关范围一般指主楼周边外延不少于三跨的裙房结构”。

根据《高规》表 3.9.3，裙楼本身为框架结构：抗震等级二级，抗震构造措施二级。

本题的裙房在相关范围内，不应低于主楼的抗震等级。根据《高规》表 3.9.3，主楼的非框支柱的框架：抗震等级二级，抗震构造措施二级。

答案选 (B)

8. 地下室的抗震等级

《抗震》规定与“条文说明”

6.1.3 钢筋混凝土房屋抗震等级的确定，尚应符合下列要求：

3 当地下室顶板作为上部结构的嵌固部位时，地下一层的抗震等级应与上部结构相同，地下一层以下抗震构造措施的抗震等级可逐层降低一级，但不应低于四级。地下室中无上部结构的部分，抗震构造措施的抗震等级可根据具体情况采用三级或四级。

6.1.3 （条文说明）

3 关于地下室的抗震等级。带地下室的多层和高层建筑，当地下室结构的刚度和受剪承载力比上部楼层相对较大时（参见6.1.14条），地下室顶板可视作嵌固部位，在地震作用下的屈服部位将发生在地上楼层，同时将影响到地下一层。地面以下地震响应逐渐减小，规定地下一层的抗震等级不能降低；而地下一层以下不要求计算地震作用，规定其抗震构造措施的抗震等级可逐层降低。

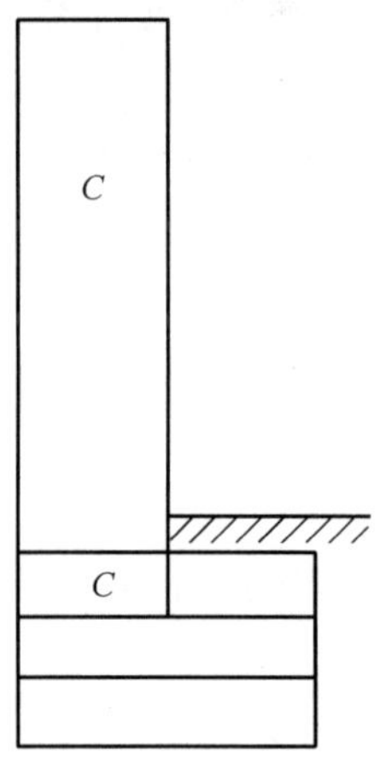

图6.1.3 地下室的抗震等级

《高规》规定与“条文说明”

3.9.5 抗震设计的高层建筑，当地下室顶层作为上部结构的嵌固端时，地下一层相关范围的抗震等级应按上部结构采用，地下一层以下抗震构造措施的抗震等级可逐层降低一级，但不应低于四级；地下室中超出上部主楼相关范围且无上部结构的部分，其抗震等级可根据具体情况采用三级或四级。

3.9.5、3.9.6 这两条是关于地下室及裙楼抗震等级的规定，是对本规程第3.9.3、3.9.4条的补充。

带地下室的高层建筑，当地下室顶板可视作结构的嵌固部位时，地震作用下结构的屈服部位将发生在地上楼层，同时将影响到地下一层；地面以下结构的地震响应逐渐减小。因此，规定地下一层的抗震等级不能降低，而地下一层以下不要求计算地震作用，其抗震构造措施的抗震等级可逐层降低。第3.9.5条中“相关范围”一般指主楼周边外延1～2跨的地下室范围。

【例2.4.2-8】针对上述结构，剪力墙抗震等级有下列4组，如表A～表D所示。试问，下列何组符合《高规》的规定？

(A) 表A (B) 表B (C) 表C (D) 表D

剪力墙的抗震等级 A　　表 A

	抗震措施	抗震构造措施
地下二层	二级	二级
1～5 层	一级	特一级
7 层	二级	一级
20 层	三级	三级

剪力墙的抗震等级 B　　表 B

	抗震措施	抗震构造措施
地下二层		一级
1～5 层	特一级	特一级
7 层	一级	一级
20 层	三级	三级

剪力墙的抗震等级 C　　表 C

	抗震措施	抗震构造措施
地下二层		二级
1～5 层	一级	一级
7 层	二级	一级
20 层	三级	三级

剪力墙的抗震等级 D　　表 D

	抗震措施	抗震构造措施
地下二层		一级
1～5 层	一级	特一级
7 层	三级	三级
20 层	三级	三级

【答案】(B)

【解答】本题讨论大底盘多塔商住综合楼的塔楼部分，采用部分框支剪力墙结构，转换层设在 5 层顶板处，为高位转换。

6～37 层为塔楼住宅，抗震设防类别——丙类。

1～5 层为底盘商场，抗震设防类别——乙类。

地下二层为地下室。地下一层顶板（±0.000 处）为上部结构嵌固部位。

本题的条件是：①抗震设防烈度为 6 度；②Ⅲ类建筑场地。不需要调整抗震构造措施的抗震等级。

根据《高规》3.9.1-1“甲类、乙类建筑：应按本地区抗震设防烈度提高一度的要求加强其抗震措施”。

6～37 层抗震设防类别为丙类，抗震设防烈度为 6 度。

1～5 层抗震设防类别为乙类，抗震设防烈度为 6+1=7 度。

根据《高规》10.2.2 条规定：“带转换层的高层建筑结构，其剪力墙底部加强部位的高度应从地下室顶板算起，宜取至转换层以上两层且不宜小于房屋高度的 1/10”。

转换层设在 5 层顶板处，故 8～37 层为非底部加强部位，1～7 层及以下为底部加强部位。

本题主要考查以下几个内容：

① 20 层，剪力墙的抗震等级。

② 7 层，剪力墙的抗震等级。

③ 1～5 层，剪力墙的抗震等级。

④ 地下第二层，剪力墙的抗震等级。

答题过程如下。

① 20 层：抗震设防类别为丙类，抗震设防烈度为 6 度，非底部加强部位。抗震等级可根据《高规》表 3.9.3 直接查出，不需要修正。查得：剪力墙抗震措施等级为三级，抗震构造措施等级为三级。

② 7 层：抗震设防类别为丙类，抗震设防烈度为 6 度，底部加强部位。根据《高规》10.2.6 条“对部分框支剪力墙结构，当转换层的位置设置在 3 层及 3 层以上时，其框支柱、剪力墙底部加强部位的抗震等级宜按本规程表 3.9.3 和表 3.9.4 的规定提高一级采用，已为特一级时可不提高”。

根据《高规》表 3.9.3 查得抗震等级再提高一级得：剪力墙抗震措施等级为一级；抗震构造措施等级为一级。

③ 1 层～5 层：抗震设防类别为乙类，抗震设防烈度为 7 度，底部加强部位。

根据《高规》表 3.9.3 查得抗震等级再提高一级得：剪力墙抗震措施等级为特一级；抗震构造措施等级为特一级。

④ 地下二层：根据《高规》3.9.5 条规定：“抗震设计的高层建筑，当地下室顶层作为上部结构的嵌固端时，地下一层相关范围的抗震等级应按上部结构采用，地下一层以下抗震构造措施的抗震等级可逐层降低一级，但不应低于四级”。

地下一层抗震等级同地上一层，地下二层不计算地震作用，抗震构造措施比地下一层降低一级为一级。

答案选（B）。

2.5　结构分析、重力二阶效应及结构稳定

一、结构分析

“小震不坏”、“大震不倒”这两项要求是抗震设防目标的最基本要求。

要达到“小震不坏”的目标，需要进行多遇地震作用下的反应分析，截面抗震验算，以及层间弹性位移的验算，这些都是以线弹性理论为基础的。为此《抗震》规定

> **3.6.1**　除本规范特别规定者外，建筑结构应进行多遇地震作用下的内力和变形分析，此时，可假定结构与构件处于弹性工作状态，内力和变形分析可采用线性静力方法或线性动力方法。

“大震不倒”这一设防目标，并不是所有房屋都必须进行计算后才能达到的，相当部分建筑是靠抗震措施，特别是靠抗震构造措施来保证满足“大震不倒”，例如砌体结构等。部分结构需进行罕遇地震作用下的弹塑性变形验算，以防止大震时房屋产生倒塌，为此就需要进行罕遇地震作用下结构的弹塑性变形分析，《抗震》规定

3.6.2 不规则且具有明显薄弱部位可能导致重大地震破坏的建筑结构，应按本规范有关规定进行罕遇地震作用下的弹塑性变形分析。此时，可根据结构特点采用静力弹塑性分析或弹塑性时程分析方法。

当本规范有具体规定时，尚可采用简化方法计算结构的弹塑性变形。

重力二阶效应影响是指：水平地震作用将使结构发生水平侧移，结构重力与水平侧移的乘积，称为重力附加弯矩，在小变形假设下，这种附加弯矩一般不考虑。但是，例如在高层钢结构中，这种附加弯矩由于侧移的增大而增加，当其大到一定程度时，这种重力二阶效应的影响就必须加以考虑。多高层钢结构要考虑此影响，砌体和抗震墙（混凝土墙）结构可不考虑，钢筋混凝土框架结构可适当考虑。对此《抗震》规定

3.6.3 当结构在地震作用下的重力附加弯矩大于初始弯矩的10%时，应计入重力二阶效应的影响。

注：重力附加弯矩指任一楼层以上全部重力荷载与该楼层地震平均层间位移的乘积；初始弯矩指该楼层地震剪力与楼层层高的乘积。

结构分析时，楼、屋盖被区分为刚性横隔板，半刚性横隔板和柔性横隔板等。地震力在各抗侧力构件中的分配将随楼板的刚性不同而有变化，《抗震》3.6.4条规定就是讲述这问题

3.6.4 结构抗震分析时，应按照楼、屋盖的平面形状和平面内变形情况确定为刚性、分块刚性、半刚性、局部弹性和柔性等的横隔板，再按抗侧力系统的布置确定抗侧力构件间的共同工作并进行各构件间的地震内力分析。

质量和侧向刚度分布接近对称且楼、屋盖可视为刚性横隔板的结构，这是一般结构设计中大量应用的结构，对这类结构的抗震分析《抗震》规定

3.6.5 质量和侧向刚度分布接近对称且楼、屋盖可视为刚性横隔板的结构，以及本规范有关章节有具体规定的结构，可采用平面结构模型进行抗震分析。其他情况，应采用空间结构模型进行抗震分析。

利用计算机进行结构抗震分析已经十分普及。对此《抗震》规定

3.6.6 利用计算机进行结构抗震分析，应符合下列要求：

1 计算模型的建立、必要的简化计算与处理，应符合结构的实际工作状况，计算中应考虑楼梯构件的影响。

2 计算软件的技术条件应符合本规范及有关标准的规定，并应阐明其特殊处理的内容和依据。

3 复杂结构在多遇地震作用下的内力和变形分析时，应采用不少于两个合适的不同力学模型，并对其计算结果进行分析比较。

4 所有计算机计算结果，应经分析判断确认其合理、有效后方可用于工程设计。

但遇到较复杂结构就会发生问题。例如构件联结点处理成铰接还是刚结，支座处理成滚动支承还是铰链支承，处理不好会使结构内力发生重大变化。为此《抗震》3.6.6 条第 1 款规定：计算模型的建立、必要的简化计算与处理，应符合结构的实际工作状况。

抗震分析中有相当多地调整系数，是计算机自动计算还是要人工计算后再填入，两者会有很大差别。为此《抗震》3.6.6 条第 2 款规定：计算软件的技术条件应符合本规范及有关标准的规定，并应阐明其特殊处理的内容和依据。为此《抗震》3.6.6 条第 3 款规定：复杂结构进行多遇地震作用下的内力和变形分析时，应采用不少于两个不同的力学模型，并对其计算结果进行分析比较。

《抗震》3.6.6 条第 4 款规定：所有计算机计算结果，应经分析判断确认其合理、有效后方可用于工程设计。《抗震》的这一规定必须认真执行。

【例 2.5.1-1】

下同对钢筋混凝土结构抗震设计提出一些要求，试问，其中何项组合中的要求全部是不正确的?

① 质量和刚度明显不对称的结构，均应计算双向水平地震作用下的扭转影响，并应与考虑偶然偏心引起的地震效应叠加进行计算。

② 特别不规则的建筑，应采用时程分析的方法进行多遇地震作用下的抗震计算，并按其计算结果进行构件设计。

③ 抗震等级为一、二级的框架结构，其纵向受力钢筋采用普通钢筋时，钢筋的屈服强度实测值与强度标准值的比值不应大于 1.3。

④ 因设置填充墙等形成的框架柱净高与柱截面高度之比不大于 4 的柱，其箍筋应在全高范围内加密。

(A) ①②　　(B) ①③④　　(C) ②③④　　(D) ③④

【答案】(A)

【解答】(1) 根据《抗震》5.2.3 条条文说明，偶然偏心与扭转二者不需要同时参与计算。

《高规》4.3.3 条条文说明，当计算双向地震作用时，可不考虑偶然偏心的影响，但应与单向地震作用考虑偶然偏心的计算结果进行比较，取不利的情况进行设计。①错误。

(2) 根据《抗震》5.1.2-3 条，特别不规则的建筑，应采用时程分析法进行多遇地震下的补充计算；当取三组加速度时程曲线输入时，计算结果宜取时程法的包络值和振型分解反应谱法的较大值；当取七组及七组以上的时程曲线时，计算结果可取时辰法的平均值和振型分解反应谱法的较大值。②错误。

(3) 根据《抗震》3.9.2-2-2) 条，抗震等级为一、二、三级的框架和斜撑构件（含梯段)，其纵向受力钢筋采用普通钢筋时，钢筋的抗拉强度实测值与屈服强度实测值的比值不应小于 1.25；钢筋的屈服强度实测值与强度标准值的比值不应大于 1.3。③正确。

(4)《抗震》6.3.9-4) 条，剪跨比不大于 2 的柱、因设置填充墙等形成的柱净高与柱截面高度之比不大于 4 的柱、框支柱、一级和二级框架的角柱，柱的箍筋全高加密。④正确。

综上，故 (A) 正确。

【例 2.5.1-2】

某 12 层现浇框架-剪力墙结构，抗震设防烈度 8 度，丙类建筑，设计地震分组为第一组，Ⅱ类建筑场地，建筑物平、立面如图 2.5.1-1 所示，非承重墙采用非黏土类砖墙。

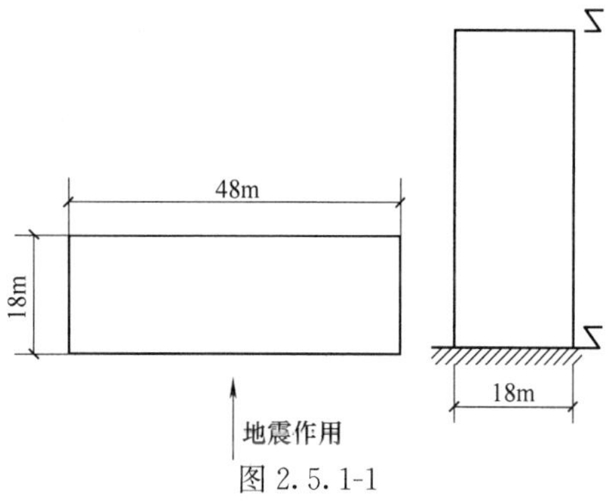

图 2.5.1-1

对建筑物进行水平地震作用分析时，采用 SATWE 电算程序，需输入的 3 个计算参数分别为：连梁刚度折减系数 S_1；竖向荷载作用下框架梁梁端负弯矩调幅系数 S_2；计算自振周期折减系数 S_3。试问，下列各组参数中（依次为 S_1、S_2、S_3），其中哪一组相对准确？

(A) 0.4；0.8；0.7　　(B) 0.5；0.7；0.7

(C) 0.6；0.9；0.9　　(D) 0.5；0.8；0.7

【答案】(D)

【解答】(1) 根据《高规》5.2.1 条，高层建筑结构地震作用效应计算时，可对剪力墙连梁刚度予以折减，折减系数不宜小于 0.5。

(2) 根据《高规》5.2.3-1 条，现浇框架梁端负弯矩调幅系数可取为 0.8～0.9。

(3) 根据《高规》4.3.17 条，框架-剪力墙结构的自振周期折减系数取 0.7～0.8。综上，故 (D) 正确。

【例 2.5.1-3】

下列关于高层混凝土结构抗震分析的一些观点，其中何项相对准确？

(A) B级高度的高层建筑结构应采用至少二个三维空间分析软件进行整体内力位移计算

(B) 计算中应考虑楼梯构件的影响

(C) 对带转换层的高层结构，必须采用弹塑性时程分析方法补充计算

(D) 规则结构控制结构水平位移限值时，楼层位移计算亦应考虑偶然偏心的影响

【答案】(B)

【解答】(1) 根据《高规》5.1.12 条，体型复杂、结构布置复杂以及 B 级高度高层建筑结构，应采用至少两个不同力学模型的结构分析软件进行整体计算。(A) 错误。

(2) 根据《抗震》3.6.6-1 条，计算模型的建立、必要的简化计算与处理，应符合结构的实际工作状况，计算中应考虑楼梯构件的影响。(B) 正确。

(3) 根据《高规》5.1.13-3 条，B 级高度的高层建筑结构宜采用弹塑性静力或弹塑性动力分析方法补充计算。(C) 错误。

(4) 根据《高规》3.7.3 条条注：抗震设计时，本条规定的楼层位移计算可不考虑偶然偏心的影响。(D) 错误。

【例 2.5.1-4】

某五层现浇钢筋混凝土框架-剪力墙结构，柱网尺寸为 9m×9m，各层层高均为 4.5m，位于 8 度 (0.3g) 抗震设防地区，设计地震分组为第二组，场地类别为Ⅲ类，建筑抗震设防类别为丙类。已知各楼层的重力荷载代表值均为 18000kN。

假设，该五层房屋采用现浇有粘结预应力混凝土框架结构。抗震设计时，采用的计算参数及抗震等级如下所示：

Ⅰ. 多遇地震作用计算时，结构的阻尼比为 0.05；

Ⅱ. 罕遇地震作用计算时，特征周期为0.55s；

Ⅲ. 框架的抗震等级为二级。

试问，针对上述参数取值及抗震等级的选择是否正确的判断，下列何项正确?

(A) Ⅰ、Ⅱ正确，Ⅲ错误　　(B) Ⅱ、Ⅲ正确，Ⅰ错误

(C) Ⅰ、Ⅲ正确，Ⅱ错误　　(D) Ⅰ、Ⅱ、Ⅲ均错误

【答案】(D)

【解答】 Ⅰ. 错误，根据《混规》第11.8.3条，预应力混凝土结构自身的阻尼比可采用0.03；

Ⅱ. 错误，根据《抗震》表5.1.4-2，特征周期为0.55s+0.05s=0.6s。

Ⅲ. 错误，根据《抗震》第3.3.3条，Ⅲ类场地，设防烈度8度(0.3g)，宜按9度要求选定的抗震等级采取抗震构造措施，但抗震措施中的内力并不要求调整仍按8度选定的抗震等级。对照《抗震》表6.1.2，框架应为三级。

二、重力二阶效应及结构稳定

1. 两类“二阶效应”

结构或构件在初始内力作用下产生变形、这种变形导致结构或构件内力的增大，由于结构或构件自身变形而在结构或构件内产生的附加内力即是“二阶效应”。

“二阶效应”有两类：挠曲二阶效应（P-δ 效应）和重力二阶效应（P-Δ 效应）。

(1) 挠曲二阶效应（P-δ 效应）

偏心受压构件在轴向压力 N 作用下会产生横向挠度 δ（图2.5.2-1），因此横向总侧移 $e=e_i+\delta$，此外 e_i 为初始偏心距。构件承担的实际弯矩 $M=M_1+M_2=Ne_i+N\delta=N(e_i+\delta)$。在式 $M=N(e_i+\delta)$ 中 $M_1=N\cdot e_i$ 为初始（阶）弯矩、$M_2=N\cdot\delta$ 为二阶弯矩，实际弯矩 M 值明显大于初始弯矩 $M_1=N\cdot e_i$，这种由加载后构件的挠曲变形而引起的内力增大的情况，称为“二阶效应”。这类由于构件自身挠曲引起对结构内力的影响叫作挠曲二阶效应，即 P-δ 效应，二阶内力与构件挠曲形态有关，一般中段大，端部为零。

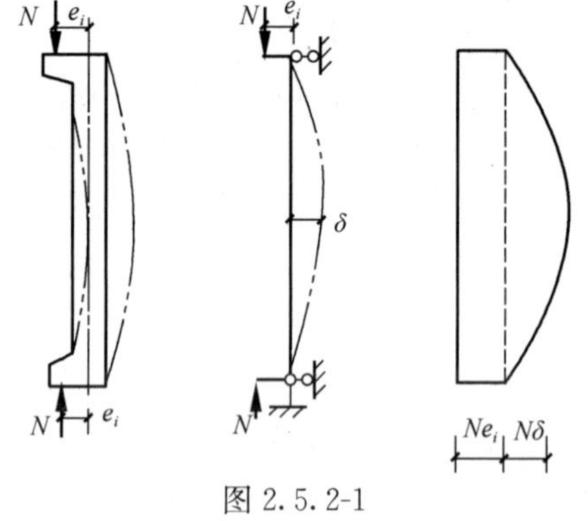

图2.5.2-1

在钢筋混凝土柱承载力验算时，考虑挠曲影响的偏心距增大系数 η 即是考虑这种二阶效应的影响。

$$e_i+\delta=\left(1+\frac{\delta}{e_i}\right)e_i=\eta e_i$$

$$M=M_1+M_2=Ne_i+N\delta=N(e_i+\delta)=N\cdot\eta e_i$$

此处，$\left(1+\frac{\delta}{e_i}\right)=\eta_i$ 称为偏心距增大系数，《混凝土结构设计规范》6.2.4条讲述了偏心距增大系数这问题。

(2) 重力二阶效应（P-Δ 效应）

结构在水平风荷载或水平地震作用下产生侧移变位 Δ 后（图2.5.2-2），重力荷载 P 由于该侧移而引起的附加效应，

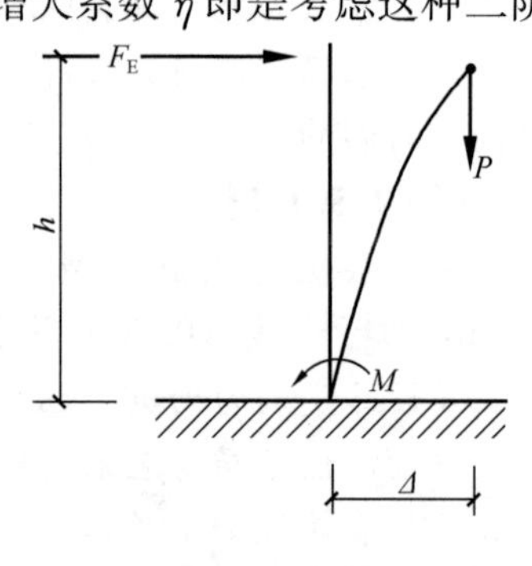

图2.5.2-2

即重力 P-Δ 效应。当柔性结构，如钢和钢筋混凝土框架结构，受到水平荷载时，上部重力荷载 P 会由于其水平位移 Δ 产生额外附加的（二阶）倾覆弯矩。

$$M=M_1+M_2=F_E h+P\Delta$$

式中 $M_1=F_E h$，为初始（阶）弯矩，$M_2=P\Delta$ 为二阶弯矩，M_2 的加入，又使 Δ 增大，同时又对附加弯矩进一步增大。如此反复，对柔弱的结构，可能产生积累性的变形增大而导致结构失稳倒塌。

2. 稳定系数

《抗震》和“条文说明”对计入重力二阶效应影响的条件有规定

《抗震》第 3.6.3 条规定

3.6.3 当结构在地震作用下的重力附加弯矩大于初始弯矩的 10%，应计入重力二阶效应的影响。

注：重力附加弯矩指任一楼层以上全部重力荷载与该楼层地震平均层间位移的乘积；初始弯矩指该楼层地震剪力与楼层层高的乘积。

重力附加弯矩即所谓的二阶弯矩；初始弯矩即一阶弯矩。重力二阶弯矩与地震一阶弯矩的比值称为稳定系数。《抗震》规定用稳定系数来考虑二阶效应的影响，具体方法在“条文说明”中有交代

3.6.3 本条规定，框架结构和框架—抗震墙（支撑）结构在重力附加弯矩 M_a 与初始弯矩 M_0 之比符合下式条件下，应考虑几何非线性，即重力二阶效应的影响。

$$\theta_i=\frac{M_a}{M_0}=\frac{\sum G_i \cdot \Delta u_i}{V_i \cdot h_i}>0.1 \tag{1}$$

式中：θ_i——稳定系数；

$\sum G_i$——i 层以上全部重力荷载计算值；

Δu_i——第 i 层楼层质心处的弹性或弹塑性层间位移；

V_i——第 i 层地震剪力计算值；

h_i——第 i 层层间高度。

上式规定是考虑重力二阶效应影响的下限，其上限则受弹性层间位移角限值控制。对混凝土结构，弹性位移角限值较小，上述稳定系数一般均在 0.1 以下，可不考虑弹性阶段重力二阶效应影响。

当在弹性分析时，作为简化方法，二阶效应的内力增大系数可取 $1/(1-\theta)$。

当在弹塑性分析时，宜采用考虑所有受轴向力的结构和构件的几何刚度的计算机程序进行重力二阶效应分析，亦可采用其他简化分析方法。

混凝土柱考虑多遇地震作用产生的重力二阶效应的内力时，不应与混凝土规范承载力计算时考虑的重力二阶效应重复。

砌体结构和混凝土墙结构，通常不需要考虑重力二阶效应。

【例 2.5.2-1】 稳定系数 θ

条件：有座六层框架结构、平面及竖向均规则，该结构在 y 向地震作用下，底层 y

方向的剪力系数（剪重比）为 0.075，层间弹性位移角为 1/663。

要求：当判断是否考虑重力二阶效应影响时，底层 y 方向的稳定系数 θ。

提示：不考虑刚度折减。重力荷载计算值近似取重力荷载代表值；地震剪力计算值近似取对应于水平地震作用标准值的楼层剪力。

【解答】 根据《抗震》3.6.3 条及其条文说明中公式

$$\theta_i=\frac{M_a}{M_0}=\frac{\sum G_i \cdot \Delta u_i}{V_i h_i}=\frac{1}{(V_i/\sum G_i)} \cdot \left(\frac{\Delta u_i}{h_i}\right)$$

今对于底层 y 向，对应于水平地震作用标准值的剪力标准值为 $V_{1y}=0.075\sum G_i$，底层顶部位移 $\Delta u_1=\theta_1 h_1$，依据给出的提示近似计算，可得

$$\theta_{1y}=\frac{\sum G_i \times (1/663 \times h_1)}{(0.075\sum G_i)\times h_1}=0.020$$

依据《抗震》的 3.6.3 条条文说明，满足下式条件时应计入二阶效应影响。

$$\theta_i=\frac{M_a}{M_0}=\frac{\sum G_i \cdot \Delta u_i}{V_i h_i}\geqslant 0.1$$

本题不需计入二阶效应影响。

3. 高层建筑结构的重力二阶效应

《高规》5.4.4 条的“条文说明”指出

> **5.4.4** 结构整体稳定性是高层建筑结构设计的基本要求。研究表明，高层建筑混凝土结构仅在竖向重力荷载作用下产生整体失稳的可能性很小。高层建筑结构的稳定设计主要是控制在风荷载或水平地震作用下，重力荷载产生的二阶效应不致过大，以免引起结构的失稳、倒塌。

任何情况下，应当保证高层建筑结构的稳定和有足够抵抗倾覆的能力。由于高层建筑的刚度一般较大，又有许多楼板作为横向隔板，在重力荷载作用下一般都不会出现整体丧失稳定的问题。但是在水平荷载作用下，出现侧移后，重力荷载会产生附加弯矩，附加弯矩又增大侧移，这是一种二阶效应，严重时还会使结构位移逐渐加大而倒塌。因此，在某些情况下，高层建筑结构计算要考虑二阶效应，也就是所谓的结构整体稳定验算。

（1）楼层刚重比

对一般高层建筑结构而言，由于构件的长细比不大，其挠曲二阶效应（即 P-δ 效应）的影响相对很小，一般可以忽略不计

由于结构侧移和重力荷载引起的 P-Δ 效应相对较为明显，可使结构的位移和内力增加，当位移较大时甚至导致结构失稳。因此，高层建筑混凝土结构的稳定设计，主要是控制、验算结构在风或地震作用下，重力荷载产生的 P-Δ 效应对结构性能降低的影响以及由此可能引起的结构失稳。

高层建筑结构只要有水平侧移，就会引起重力荷载作用下的侧移二阶效应（P-Δ 效应），其大小与结构侧移和重力荷载自身大小直接相关，而结构侧移又与结构侧向刚度和

水平作用大小密切相关。所以需要控制结构有足够的侧向刚度，宏观上有两个容易判断的指标：

① 结构侧移应满足《高规》的位移限制条件；

② 结构的楼层剪力与该层及其以上各层重力荷载代表值的比值（即楼层剪重比）应满足最小值规定。

《高规》5.4.4 条的“条文说明”指出

> 结构的刚度和重力荷载之比（简称刚重比）是影响重力 $P\text{-}\Delta$ 效应的主要参数。

综上所述，结构的侧向刚度和重力荷载是影响结构稳定和重力 $P\text{-}\Delta$ 效应的主要因素，侧向刚度与重力荷载的比值称之为结构的刚重比。刚重比的最低要求就是结构稳定要求，称之为刚重比下限条件，当刚重比小于此下限条件时，则重力 $P\text{-}\Delta$ 效应将使内力和位移的增量急剧增长，可能导致结构整体失稳；当结构刚度增大，刚重比达到一定量值时，结构侧移变小，重力 $P\text{-}\Delta$ 效应影响不明显，计算上可以忽略不计，此时的刚重比称之为上限条件；在刚重比的下限条件和上限条件之间，重力 $P\text{-}\Delta$ 效应应予以考虑。

（2）结构整体稳定

如果结构满足《高规》5.4.4 条要求，不会产生结构整体失稳

> **5.4.4** 高层建筑结构的整体稳定性应符合下列规定：
>
> 1 剪力墙结构、框架-剪力墙结构、筒体结构应符合下式要求：
>
> $$EJ_{\mathrm{d}} \geqslant 1.4H^2 \sum_{i=1}^{n} G_i \qquad (5.4.4\text{-}1)$$
>
> 2 框架结构应符合下式要求：
>
> $$D_i \geqslant 10 \sum_{i=1}^{n} G_j / h_i \quad (i = 1, 2, \cdots, n) \qquad (5.4.4\text{-}2)$$

高层建筑混凝土结构的稳定设计主要是控制在风荷载或水平地震作用下，重力荷载产生的二阶效应（重力 $P\text{-}\Delta$ 效应）不致过大，以免引起结构的失稳倒塌。如果结构的刚重比满足《高规》公式（5.4.4-1）或（5.4.4-2）的规定，则重力 $P\text{-}\Delta$ 效应可控制内力和位移的增量在 20%之内，结构的稳定具有适宜的安全储备。若结构的刚重比进一步减小，则重力 $P\text{-}\Delta$ 效应将使内力和位移的增量急剧增长，直至引起结构的整体失稳。在水平力作用下，高层建筑混凝土结构的稳定应满足《高规》5.4.4 条的规定，不应再放松要求。如不满足上述规定，应调整并增大结构的侧向刚度。

当结构的设计水平力较小，如计算的楼层剪重比过小（如小于 0.02），结构刚度虽能满足水平位移限值要求，但有可能不满足稳定要求。

（3）可以不考虑 $P\text{-}\Delta$ 效应的刚重比要求

如果结构满足《高规》5.4.1 条要求，重力 $P\text{-}\Delta$ 效应导致的内力和位移增量在 5%左右，重力二阶效应的影响相对较小，可忽略不计

5.4.1 当高层建筑结构满足下列规定时，弹性计算分析时可不考虑重力二阶效应的不利影响。

1 剪力墙结构、框架-剪力墙结构、板柱剪力墙结构、筒体结构：

$$EJ_d \geqslant 2.7H^2 \sum_{i=1}^{n} G_i \quad (5.4.1\text{-}1)$$

2 框架结构：

$$D_i \geqslant 20 \sum_{j=i}^{n} G_j / h_i \quad (i = 1,2,\cdots,n) \quad (5.4.1\text{-}2)$$

式中：EJ_d——结构一个主轴方向的弹性等效侧向刚度，可按倒三角形分布荷载作用下结构顶点位移相等的原则，将结构的侧向刚度折算为竖向悬臂受弯构件的等效侧向刚度；

H——房屋高度；

h_i——第 i 楼层层高；

D_i——第 i 楼层的弹性等效侧向刚度，可取该层剪力与层间位移的比值；

n——结构计算总层数。

G_i、G_j——分别为第 i、j 楼层重力荷载设计值，取 1.2 倍的永久荷载标准值与 1.4 倍的楼面可变荷载标准值的组合值；

【例 2.5.2-2】不考虑重力二阶效应不利影响的弹性等效侧向刚度

条件：某 20 层的钢筋混凝土框架-剪力墙结构，总高为 78m，第一层的重力荷载设计值为 7300kN，第 2 至 19 层为 6505kN。第 20 层为 5100kN。

要求：当结构主轴方向在水平力作用下，可不考虑重力二阶效应不利影响的弹性等效侧向刚度（kN·m^2）的最低值。

【解答】根据《高规》5.4.1 条的规定，弹性等效侧向刚度满足《高规》式（5.4.1-1）的要求，可不考虑重力二阶效应不利影响，即

$$EJ_d \geqslant 2.7H^2 \sum_{i=1}^{n} G_i = 2.7 \times 78^2 \times (7300 + 18 \times 6505 + 5100)$$
$$= 2127106332\text{kN} \cdot \text{m}^2$$

实际上，一般钢筋混凝土结构均能满足《高规》5.4.1 条的要求，通常无需考虑重力二阶效应的影响。

【例 2.5.2-3】不考虑重力二阶效应的影响的弹性水平位移 u（mm）

条件：某 15 层框架-剪力墙结构，其平立面示意如图 2.5.2-3 所示，质量和刚度沿竖向分布均匀，对风荷载不敏感，房屋高度 58m，该结构位于非地震区，仅考虑风荷载作用，且水平风荷载沿竖向呈倒三角形分布，其最大荷载标准值 q=65kN/m，已知该结构各层重力荷载设计值总和为 $\sum_{i=1}^{15} G_i = 1.45 \times 10^5 \text{kN}$。

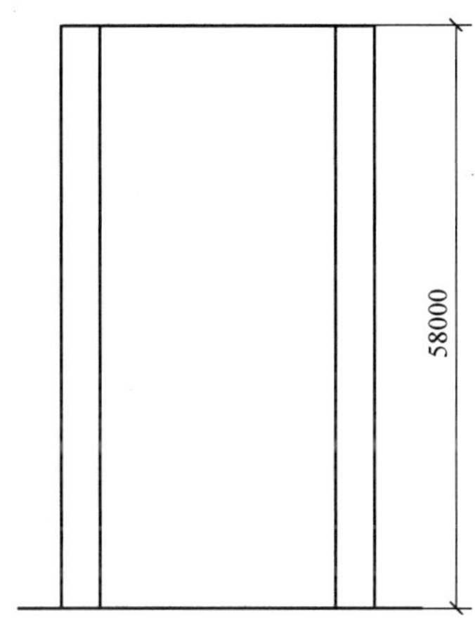

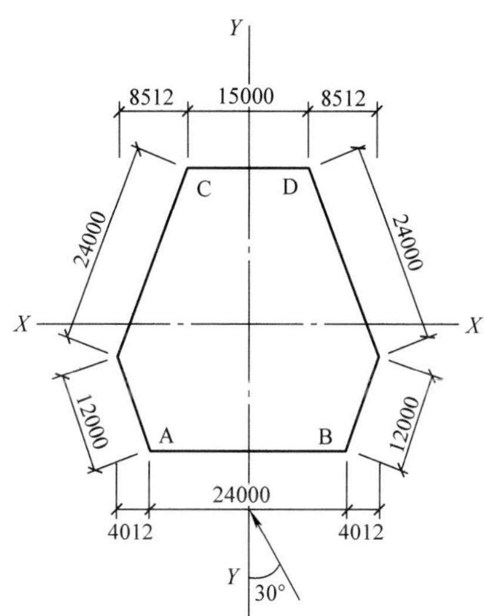

图 2.5.2-3

要求：在上述水平风力作用下，该结构顶点质心的弹性水平位移 u（mm）不超过何值时，方可不考虑重力二阶效应的影响？

【解答】根据《高规》5.4.1-1 条，

$EJ_{\mathrm{d}} \geqslant 2.7H^2\sum_{i=1}^{n}G_i = 2.7\times58^2\times1.45\times10^5 = 1.317\times10^9\mathrm{kN\cdot m^2}$ 时，可不考虑重力二阶效应的影响。

根据《高规》5.4.1 条条文说明公式（5），结构的弹性等效侧向刚度 $EJ_{\mathrm{d}}=\dfrac{11qH^4}{120u}$

则 $u=\dfrac{11qH^4}{120EJ_{\mathrm{d}}}=\dfrac{11\times65\times58^4}{120\times1.317\times10^9}=0.0512\mathrm{m}=51.2\mathrm{mm}$。

该结构顶点质心的弹性水平位移 u（mm）不超过 51.2mm 时，可不考虑重力二阶效应的影响。

【例 2.5.2-4】某 10 层钢筋混凝土框架结构，如图 2.5.2-4 所示，质量和刚度沿竖向分布比较均匀，抗震设防类别为标准设防类，抗震设防烈度 7 度，设计基本地震加速度 0.10g，设计地震分组第一组，场地类别Ⅱ类。

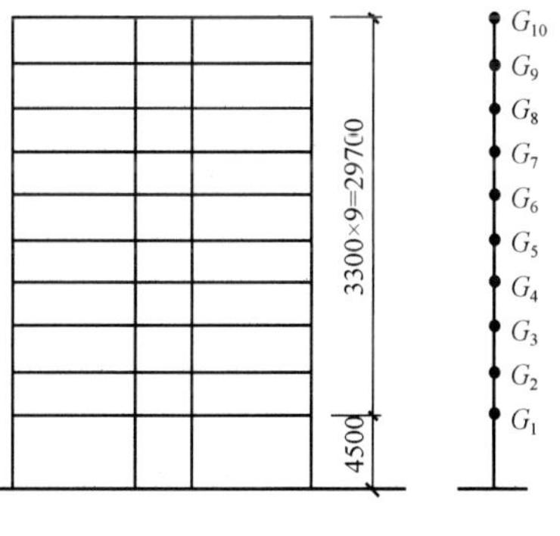

图 2.5.2-4

假定，该结构第 1 层永久荷载标准值为 11500kN，第 2～9 层永久荷载标准值均为 11000kN，第 10 层永久荷载标准值为 9000kN，第 1～9 层可变荷载标准值均为 800kN，第 10 层可变荷载标准值为 600kN。试问，进行弹性计算分析且不考虑重力二阶效应的不利影响时，该结构所需的首层弹性等效侧向刚度最小值（kN/m），与下列何项数值最为接近?

(A) 631200　　(B) 731200　　(C) 831200　　(D) 931200

【答案】(A)

【解答】根据《高规》5.4.1条，对于框架结构满足 $D_i \geqslant 20\sum_{j=i}^{n}G_j/h_i$，弹性计算分析时可不考虑重力二阶效应的不利影响。各层重力荷载设计值分别为：

$$G_1 = 1.2 \times 11500 + 1.4 \times 800 = 14920\text{kN}$$

$$G_2 \sim G_9 = 1.2 \times 1.1000 + 1.4 \times 800 = 14320\text{kN}$$

$$G_{10} = 1.2 \times 9000 + 1.4 \times 600 = 11640\text{kN}$$

$$D_1 \geqslant 20 \times (1.4920 + 8 \times 1432.0 + 11640)/4.5 = 627200\text{kN/m}$$

故选（A）。

（4）P-Δ 效应的近似考虑

混凝土结构在水平力作用下，如果结构的刚重比满足《高规》式（5.4.4-1）或式（5.4.4-2）的结构稳定要求（下限条件），但不满足《高规》式（5.4.1-1）或式（5.4.1-2）的刚重比上限条件要求，则应考虑重力 P-Δ 效应对结构构件的不利影响，此即《高规》5.4.2条的规定

> **5.4.2**　当高层建筑结构不满足本规程第5.4.1条的规定时，结构弹性计算时应考虑重力二阶效应对水平力作用下结构内力和位移的不利影响。

《高规》5.4.2条的“条文说明”中又交代了此时还应控制 $\Delta u/h$ 的要求

> **5.4.2**　混凝土结构在水平力作用下，如果侧向刚度不满足本规程第5.4.1条的规定，应考虑重力二阶效应对结构构件的不利影响。但重力二阶效应产生的内力、位移增量宜控制在一定范围，不宜过大。考虑二阶效应后计算的位移仍应满足本规程第3.7.3条的规定

重力 P-Δ 效应的考虑方法很多，《高规》采用的是一种近似方法。这种近似方法是对不考虑重力 P-Δ 效应的构件内力乘以增大系数，即将不考虑二阶效应的初始内力和位移乘以考虑二阶效应影响的增大系数后，作为考虑二阶效应的内力和位移，该方法对线弹性或弹塑性计算同样适用。

《高规》的增大系数法是一种简单可行的考虑重力 P-Δ 效应的方法。《高规》规定，在位移计算时不考虑结构刚度的折减，以便与《高规》的弹性位移限制条件一致；在计算内力增大系数时，结构构件的弹性刚度考虑0.5倍的折减系数，结构内力增量控制在20%以内。按此假定，考虑重力 P-Δ 效应的结构位移可采用未考虑重力二阶效应的结果乘以位移增大系数，但位移限制条件不变；考虑重力 P-Δ 效应的结构构件（梁、柱、剪力墙）端部的弯矩和剪力值，可采用未考虑重力二阶效应的结果乘以内力增大系数。结构位移增大系数 F_1、F_{1i}，以及结构构件弯矩和剪力增大系数 F_2、F_{2i}，可分别按《高规》第5.4.3条的公式近似计算

5.4.3 高层建筑结构的重力二阶效应可采用有限元方法进行计算；也可采用对未考虑重力二阶效应的计算结果乘以增大系数的方法近似考虑。近似考虑时，结构位移增大系数 F_1、F_{1i} 及结构构件弯矩和剪力增大系数 F_2、F_{2i} 可分别按下列规定计算，位移计算结果仍应满足本规程第 3.7.3 条的规定。

对框架结构，可按下列公式计算：

$$F_{1i}=\frac{1}{1-\sum\limits_{j=i}^{n}G_j/(D_ih_i)}\quad(i=1,2,\cdots,n)\tag{5.4.3-1}$$

$$F_{2i}=\frac{1}{1-2\sum\limits_{j=i}^{n}G_j/(D_ih_i)}\quad(i=1,2,\cdots,n)\tag{5.4.3-2}$$

对剪力墙结构、框架-剪力墙结构、筒体结构，可按下列公式计算：

$$F_1=\frac{1}{1-0.14H^2\sum\limits_{i=1}^{n}G_i/(EJ_{\mathrm{d}})}\tag{5.4.3-3}$$

$$F_2=\frac{1}{1-0.28H^2\sum\limits_{i=1}^{n}G_i/(EJ_{\mathrm{d}})}\tag{5.4.3-4}$$

(5) 结构等效侧向刚度的近似计算

结构的弹性等效侧向刚度 EJ_{d}，《高规》5.4.1 的“条文说明”中有近似的计算公式

结构的弹性等效侧向刚度 EJ_{d}，可近似按倒三角形分布荷载作用下结构顶点位移相等的原则，将结构的侧向刚度折算为竖向悬臂受弯构件的等效侧向刚度。假定倒三角形分布荷载的最大值为 q，在该荷载作用下结构顶点质心的弹性水平位移为 u，房屋高度为 H，则结构的弹性等效侧向刚度 EJ_{d} 可按下式计算：

$$EJ_{\mathrm{d}}=\frac{11qH^4}{120u}\tag{5}$$

【例 2.5.2-5】 重力二阶效应的不利影响

条件：某建于非地震区的 20 层框架-剪力墙结构，房屋高度 H=70m，如图 2.5.2-5 所示。屋面层重力荷载设计值为 0.8×10^4kN，其他楼层的每层重力荷载设计值均为 1.2×10^4kN。倒三角形分布荷载最大标准值 q=85kN/m，在该荷载作用下，结构顶点质心的弹性水平位移为 u。

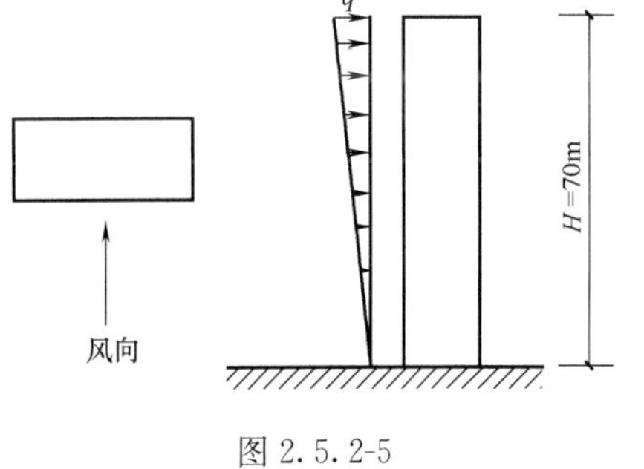

图 2.5.2-5

要求：

(1) 在水平力作用下，计算该高层建筑结构内力、位移时，不考虑重力二阶效应的不利影响，在这条件下该结构顶点质心的弹性水平位移 u 最大值的控制范围是多少？

（2）假定该结构纵向主轴方向的弹性等效侧向刚度是 $EJ_d=3.5\times10^9\text{kN}\cdot\text{m}^2$，底层某中柱按弹性方法计算但未考虑重力二阶效应的纵向水平剪力标准值为160kN。求考虑重力二阶效应不利影响后，该柱的纵向水平剪力标准值？

（3）假定该结构横向主轴方向的弹性等效侧向刚度 $EJ_d=2.28\times10^9\text{kN}\cdot\text{m}^2$；又已知，某楼层未考虑重力二阶效应求得的层间位移与层高之比 $\frac{\Delta u}{h}=\frac{1}{850}$，考虑重力二阶效应后则不能满足规定的限值。如果仅考虑用增大 EJ_d 值的办法来解决，其他参数不变，结构在该主轴方向的 EJ_d 大于多少时才能满足要求？

【解答】（1）根据《高规》5.4.3条在水平力作用下，框架-剪力墙结构的弹性等效侧向刚度 $EJ_d\geqslant2.7H^2\sum_{i=1}^{n}G_i$ 满足时，可不考虑重力二阶效应的不利影响。

$$EJ_d=2.7H^2\Sigma G_i=2.7\times70^2\times(0.8+19\times1.2)\times10^4=3.12\times10^9\text{kN}\cdot\text{m}^2$$

三角形分布荷载作用下结构顶点位移 u，

$$u=\frac{11q_{\max}H^4}{120EJ_d}=\frac{11\times85\times70^4}{120\times3.12\times10^9}=60\text{mm}$$

在水平力作用下，结构顶点质心的弹性水平位移最大值 $u\leqslant60\text{mm}$ 时，计算该高层建筑结构内力、位移可不考虑重力二阶效应的不利影响。

（2）根据《高规》5.4.1条规定，高层建筑结构重力二阶效应，可采用对未考虑重力二阶效应的计算结果乘以增大系数的方法近似考虑。框架-剪力墙结构的结构构件剪力增大系数 F_2 的近似计算公式为

$$F_2=\frac{1}{1-0.28H^2\sum_{i=1}^{n}G_i/(EJ_d)}$$

$$=\frac{1}{1-0.28\times70^2\times(0.8+19\times1.2)\times10^4/(3.5\times10^9)}=1.15$$

考虑重力二阶效应不利影响后，该柱的纵向水平剪力标准值为 $1.15\times160=176\text{kN}$。

（3）《高规》5.4.3条规定，高层建筑结构重力二阶效应，可采用对未考虑重力二阶效应的计算结果乘以增大系数的方法近似考虑。结构位移增大系数 F_1 近似计算公式为

$$F_1=\frac{1}{1-0.14H^2\sum_{i=1}^{n}G_i/(EJ_d)}$$

位移计算结果仍应满足《高规》3.7.3条的规定。

《高规》3.7.3条规定，框架-剪力墙结构按弹性方法计算的楼层层间最大位移与层高之比 $\Delta u/h$ 的限值为1/800。

弹性等效侧向刚度 $EJ_d=2.28\times10^9\text{kN}\cdot\text{m}^2$，未考虑重力二阶效应求得的层间位移 $\Delta u/h=1/850$，考虑重力二阶效应，结构位移增大系数

$$F_1=\frac{1}{1-0.14\times70^2\times(0.8+19\times1.2)\times10^4/(2.28\times10^9)}=1.0764$$

$\Delta u/h=1.0754/850=1/790<1/800$，不满足。要增大 EJ_d 值。结构位移增大系数 $F_1\leqslant 850/800=1.0625$ 时能满足规定的位移限值。

$$F_1=1.0625=\frac{1}{1-0.14\times 70^2\times(0.8+19\times 1.2)\times 10^4/(EJ_d)}$$

解得 $EJ_d=2.75\times 10^9\text{kN}\cdot\text{m}^2$，当 $EJ_d\geqslant 2.75\times 10^9\text{kN}\cdot\text{m}$ 时，考虑重力二阶效应后能满足$[\Delta u]=h/800$ 限值的要求。

【例 2.5.2-6】某 38 层现浇钢筋混凝土框架-核心筒结构，如图 2.5.2-6 所示，房屋高度为 160m，1～4 层层高 6.0m，5～38 层层高 4.0m。抗震设防烈度为 7 度（0.10g），抗震设防类别为标准设防类，无薄弱层。

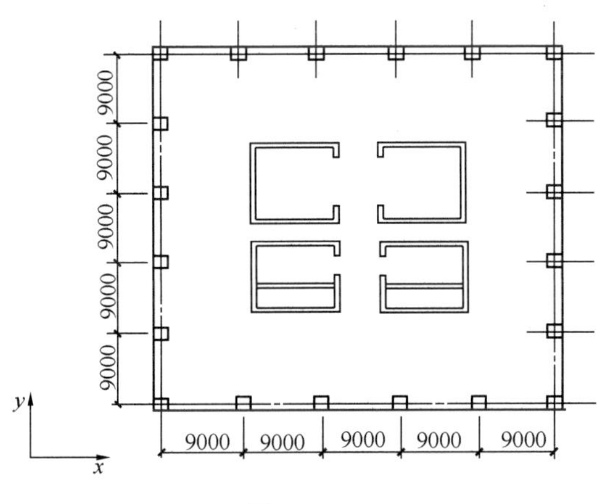

图 2.5.2-6

假定，该结构进行方案比较时，刚重比大于 1.4，小于 2.7。由初步方案分析得知，多遇地震标准值作用下，y 方向按弹性方法计算未考虑重力二阶效应的层间最大水平位移在中部楼层，为 5mm。试估算，满足规范对 y 方向楼层位移很值要求的结构最小刚重比，与下列何项数值最为接近?

(A) 2.7　　(B) 2.5　　(C) 2.0　　(D) 1.4

【答案】(B)

根据《高规》第 3.7.3 条，

高度 150m 高层建筑楼层层间水平位移很值：$[\Delta u_1]=\dfrac{h}{800}=5\text{mm}$

高度 250m 高层建筑楼层层间水平位移限值：$[\Delta u_2]=\dfrac{h}{500}=8\text{mm}$

高度 160m 高层建筑楼层层间水平位移限值：$[\Delta u]=5+\dfrac{8-5}{250-150}\times 10=5.3\text{mm}$

未考虑重力二阶效应的层间最大水平位移在中部楼层为 5mm，考虑重力二阶效应的位移增大系数：$\dfrac{5.3}{5.0}=1.06$

根据《高规》第 5.4.3 条，式（5.4.3-3)，考虑重力二阶效应的位移增大系数：

$$F_1 = \frac{1}{1-0.14H^2\sum_{i=1}^{n}G_i/(EJ_d)} \leqslant 1.06$$

结构最小刚重比 $\frac{EJ_d}{H^2\sum_{i=1}^{n}G_i} \geqslant 2.473 < 2.7$。

答案选（B）。

【例2.5.2-7】 下列关于高层混凝土结构重力二阶效应的观点，哪一项相对准确？

（A）当结构满足规范要求的顶点位移和层间位移限值时，高度较低的结构重力二阶效应的影响较小

（B）当结构在地震作用下的重力附加弯矩大于初始弯矩的10%时，应计入重力二阶效应的影响，风荷载作用时，可不计入

（C）框架柱考虑多遇地震作用产生的重力二阶效应的内力时，尚应考虑《混规》承载力计算时需要考虑的重力二阶效应

（D）重力二阶效应影响的相对大小主要与结构的侧向刚度和自重有关，随着结构侧向刚度的降低，重力二阶效应的不利影响呈非线性关系急剧增长，结构侧向刚度满足水平位移限值要求，有可能不满足结构的整体稳定要求

【答案】（D）

1. 重力二阶效应主要与结构的刚重比有关，结构满足规范位移要求时，结构高度较低，并不意味重力二阶效应小。规范规定位移限值，只在一定程度上保证了结构侧向刚度，当水平作用较小时，结构易满足规范规定的位移限值，即使结构高度较低，也会出现整体稳定不足的高柔结构。根据《高规》第5.4.1条，重力二阶效应主要与结构的刚重比有关，结构满足规范位移要求时，结构高度较低，并不意味重力二阶效应小，（A）不准确；

2. 重力二阶效应是指重力荷载在水平作用位移效应上引起的二阶效应，水平作用包括风荷载作用。根据《高规》第5.4.1、5.4.4条及条文说明，重力二阶效应影响是指水平力作用下的重力二阶效应影响，包括地震作用及风荷载作用，（B）不准确；

3. 框架柱考虑多遇地震作用产生的重力二阶效应的内力，与《混规》承载力计算时考虑的重力二阶效应本质是一致的，不应重复计算。根据《抗震》第3.6.3条及条文说明，（C）不准确；

4. 根据《高规》第5.4.1、5.4.4条及条文说明，（D）准确。

2.6 建筑抗震性能化设计

一、性能化抗震设计方法

抗震概念设计是决定结构抗震性能的重要因素，凡符合抗震概念设计、严格按《规范》有关抗震措施设计和建造的房屋，历次大地震中均表现良好，反映出这些房屋结构具有较高的抗震性能，有效保障了人的生命安全。但随着经济发展，有些地区集中了大量的社会财富，一旦发生强烈地震，即使结构不发生倒塌，因结构破坏而带来的经济损失非常巨大，给社会经济以及人们的心理带来巨大的负面影响。现行规范采用的基于保障生命安

全为基本目标的抗震设计理论，难以有效控制地震破坏所造成的直接和间接经济损失，因而无法适应多层次抗震性能的设计要求。使结构在各种可能遇到的地震作用下的反应和损伤状况控制在设计预期要求的范围内，使结构不仅能确保生命安全，同时能确保经济损失最小，这就是基于性能的抗震设计思想要解决的问题。

“小震不坏、中震可修，大震不倒”的设防目标，已初步体现了抗震性能化设计的基本思想，但规范采用“三水准、二阶段”设计方法，带有很强的经验性因素，难以对不同地震水准下的结构性能进行定量化评估。而基于性能的抗震设计方法则不同，它要求结构在不同水平地震作用下具有明确的性态水平。其基本设计思想是：使所设计的结构在预定的设计使用年限内、在不同强度水准的地震作用下，达到不同的预定性能目标。性能目标可根据业主多层次需求和社会经济发展承受能力等多方面因素综合确定。既可以是结构和人员生命安全，也可以是建筑物的内部装修、设备、非结构构件损伤程度等诸多方面。

基于性能的抗震设计方法具有以下特点：

(1) 可实现所设计的结构，在不同强度水准的地震作用下具有相对明确的性能水平。

(2) 结构抗震性能目标的确定，可综合考虑社会经济水平、建筑物重要性、建造成本和保养维修费用以及在可能遭受地震作用下的直接和间接损失来优化确定，是针对整个结构体系的性能目标。

(3) 传统的抗震设计方法总体上仍是一种基于力（承载力）的设计方法。震害表明，结构破坏和损伤程度与承载力之间没有明确的相关关系，对结构破坏和损伤起控制作用的因素，有时不是力（承载力）而是速度和位移，因此，结构的抗震设计应该不仅仅是基于力（承载力）的设计。结构的破坏和损伤程度与截面的变形和极限应变密切相关，而截面变形（应变或曲率）可以转化为位移（如构件端部的转动位移、结构的层间位移或顶点位移等），从而可以通过位移来控制结构的损伤程度，因此基于位移的抗震性能设计方法是实现结构性能控制的有效方法。

(4) 是一种可兼顾结构共性和个性要求的抗震设计方法，因而能满足不同业主提出的不同层次的设计需求；可充分发挥设计者的创造性，有利于新材料、新技术的应用。

二、抗震性能设计的三项主要工作

1.《抗震》的三项主要工作

3.10.3 建筑结构的抗震性能化设计应符合下列要求：

1 选定地震动水准。对设计使用年限 50 年的结构，可选用本规范的多遇地震、设防地震和罕遇地震的地震作用，其中，设防地震的加速度应按本规范表 3.2.2 的设计基本地震加速度采用，设防地震的地震影响系数最大值，6 度、7 度（0.10g）、7 度（0.15g）、8 度（0.20g）、8 度（0.30g）、9 度可分别采用 0.12、0.23、0.34、0.45、0.68 和 0.90。对设计使用年限超过 50 年的结构，宜考虑实际需要和可能，经专门研究后对地震作用作适当调整。对处于发震断裂两侧 10km 以内的结构，地震动参数应计入近场影响，5km 以内宜乘以增大系数 1.5，5km 以外宜乘以不小于 1.25 的增大系数。

2 选定性能目标，即对应于不同地震动水准的预期损坏状态或使用功能，应不低于本规范第1.0.1条对基本设防目标的规定。

3 选定性能设计指标。设计应选定分别提高结构或其关键部位的抗震承载力、变形能力或同时提高抗震承载力和变形能力的具体指标，尚应计及不同水准地震作用取值的不确定性而留有余地。设计宜确定在不同地震动水准下结构不同部位的水平和竖向构件承载力的要求（含不发生脆性剪切破坏、形成塑性铰、达到屈服值或保持弹性等）；宜选择在不同地震动水准下结构不同部位的预期弹性或弹塑性变形状态，以及相应的构件延性构造的高、中或低要求。当构件的承载力明显提高时，相应的延性构造可适当降低。

【例2.6.2-1】关于建筑抗震性能化设计的以下说法，何项正确?

（A）当抗震设防烈度为7度设计基本地震加速度为0.15g时，多遇地震、设防地震、罕遇地震的地震影响系数最大值分别为0.12、0.34、0.72

（B）建筑结构抗震性能化设计的性能目标，应不低于《抗震》规定的基本设防目标

（C）当构件的承载力明显提高时，相应的延性构造可适当降低

【解答】（1）根据《抗震》3.10.3条1款和表5.1.4-1，（A）正确。

（2）根据《抗震》3.10.3条2款，选定性能目标，即对应于不同地震动水准的预期损坏状态或使用功能，应不低于本规范第1.0.1条对基本设防目标的规定。（B）正确。

（3）根据《抗震》3.10.3条3款，当构件的承载力明显提高时，相应的延性构造可适当降低。（C）正确。

2.《高规》的三项主要工作

3.11.1 本条规定了结构抗震性能设计的三项主要工作：

1 分析结构方案在房屋高度、规则性、结构类型、场地条件或抗震设防标准等方面的特殊要求，确定结构设计是否需要采用抗震性能设计方法，并作为选用抗震性能目标的主要依据。结构方案特殊性的分析中要注重分析结构方案不符合抗震概念设计的情况和程度。国内外历次大地震的震害经验已经充分说明，抗震概念设计是决定结构抗震性能的重要因素。多数情况下，需要按本节要求采用抗震性能设计的工程，一般表现为不能完全符合抗震概念设计的要求。结构工程师应根据本规程有关抗震概念设计的规定，与建筑师协调，改进结构方案，尽量减少结构不符合概念设计的情况和程度，不应采用严重不规则的结构方案。对于特别不规则结构，可按本节规定进行抗震性能设计，但需慎重选用抗震性能目标，并通过深入的分析论证。

2 选用抗震性能目标。本条提出A、B、C、D四级结构抗震性能目标和五个结构抗震性能水准（1、2、3、4、5），四级抗震性能目标与《建筑抗震设计规范》GB 50011提出结构抗震性能1、2、3、4是一致的。地震地面运动一般分为3个水准，即多遇地震（小震）、设防烈度地震（中震）及预估的罕遇地震（大震）。在设定的地震地面运动下，与四级抗震性能目标对应的结构抗震性能水准的判别准则由本规程第3.11.2条作出规定

3 结构抗震性能分析论证的重点是深入的计算分析和工程判断，找出结构有可能出现的薄弱部位，提出有针对性的抗震加强措施，必要的试验验证，分析论证结构可达到预期的抗震性能目标。一般需要进行如下工作：

1）分析确定结构超过本规程适用范围及不规则性的情况和程度；

2）认定场地条件、抗震设防类别和地震动参数；

3）深入的弹性和弹塑性计算分析（静力分析及时程分析）并判断计算结果的合理性；

4）找出结构有可能出现的薄弱部位以及需要加强的关键部位，提出有针对性的抗震加强措施；

5）必要时还需进行构件、节点或整体模型的抗震试验，补充提供论证依据，例如对本规程未列入的新型结构方案又无震害和试验依据或对计算分析难以判断、抗震概念难以接受的复杂结构方案；

6）论证结构能满足所选用的抗震性能目标的要求。

三、结构的抗震性能水准

“结构的抗震性能水准”的定义《高规》是有规定的

2.1.18 结构抗震性能水准

对结构震后损坏状况及继续使用可能性等抗震性能的界定。

《抗震》没有采用“结构抗震性能水准”这一术语，而是采用“可能的损坏状态和继续使用的可能”的提法讨论同样的内容。

1.《抗震》的相关内容

《抗震》3.10.3条的“条文说明”中对建筑结构遭遇各种水准的地震影响时，其可能的结构震后损坏状态和继续使用的情况分成五级

2 建筑结构遭遇各种水准的地震影响时，其可能的损坏状态和继续使用的可能，与89规范配套的《建筑地震破坏等级划分标准》（建设部90建抗字377号）已经明确划分了各类房屋（砖房、混凝土框架、底层框架砖房、单层工业厂房、单层空旷房屋等）的地震破坏分级和地震直接经济损失估计方法，总体上可分为下列五级：

名称	破坏描述	继续使用的可能性	变形参考值
基本完好（含完好）	承重构件完好； 个别非承重构件轻微损坏； 附属构件有不同程度破坏	一般不需修理即可继续使用	$<[\Delta u_e]$
轻微损坏	个别承重构件轻微裂缝（对钢结构构件指残余变形）， 个别非承重构件明显破坏； 附属构件有不同程度破坏	不需修理或需稍加修理，仍可继续使用	$(1.5\sim2)[\Delta u_e]$

续表

名称	破坏描述	继续使用的可能性	变形参考值
中等破坏	多数承重构件轻微裂缝(或残余变形),部分明显裂缝(或残余变形); 个别非承重构件严重破坏	需一般修理,采取安全措施后可适当使用	(3～4)[Δu_e]
严重破坏	多数承重构件严重破坏或部分倒塌	应排险大修,局部拆除	<0.9[Δu_p]
倒塌	多数承重构件倒塌	需拆除	>[Δu_p]

注：1. 个别指5%以下，部分指30%以下，多数指50%以上。
2. 中等破坏的变形参考值，大致取规范弹性和弹塑性位移角限值的平均值，轻微损坏取1/2平均值。

《抗震》3.10.3条的"条文说明"对"完好、基本完好、轻微损坏、中等破坏、接近严重破坏"的内容亦有进一步说明

完好，即所有构件保持弹性状态：各种承载力设计值（拉、压、弯、剪、压弯、拉弯、稳定等）满足规范对抗震承载力的要求 $S<R/\gamma_{RE}$，层间变形（以弯曲变形为主的结构宜扣除整体弯曲变形）满足规范多遇地震下的位移角限值［Δu_e］。这是各种预期性能目标在多遇地震下的基本要求——多遇地震下必须满足规范规定的承载力和弹性变形的要求。

基本完好，即构件基本保持弹性状态：各种承载力设计值基本满足规范对抗震承载力的要求 $S\leqslant R/\gamma_{RE}$。(其中的效应 S 不含抗震等级的调整系数)，层间变形可能略微超过弹性变形限值。

轻微损坏，即结构构件可能出现轻微的塑性变形，但不达到屈服状态，按材料标准值计算的承载力大于作用标准组合的效应。

中等破坏，结构构件出现明显的塑性变形，但控制在一般加固即恢复使用的范围。

接近严重破坏，结构关键的竖向构件出现明显的塑性变形，部分水平构件可能失效需要更换，经过大修加固后可恢复使用。

2.《高规》的相关内容

《高规》3.11.2条将结构在特定的某一地震水准下破坏最大程度的五种情况称为五个抗震性能水准

3.11.2 结构抗震性能水准可按表3.11.2进行宏观判别。

各性能水准结构预期的震后性能状况 **表3.11.2**

结构抗震性能水准	宏观损坏程度	损坏部位			继续使用的可能性
		关键构件	普通竖向构件	耗能构件	
1	完好、无损坏	无损坏	无损坏	无损坏	不需修理即可继续使用
2	基本完好、轻微损坏	无损坏	无损坏	轻微损坏	稍加修理即可继续使用
3	轻度损坏	轻微损坏	轻微损坏	轻度损坏、部分中度损坏	一般修理后可继续使用

续表

结构抗震性能水准	宏观损坏程度	损坏部位			继续使用的可能性
		关键构件	普通竖向构件	耗能构件	
4	中度损坏	轻度损坏	部分构件中度损坏	中度损坏、部分比较严重损坏	修复或加固后可继续使用
5	比较严重损坏	中度损坏	部分构件比较严重损坏	比较严重损坏	需排险大修

注："关键构件"是指该构件的失效可能引起结构的连续破坏或危及生命安全的严重破坏；
"普通竖向构件"是指"关键构件"之外的竖向构件；
"耗能构件"包括框架梁、剪力墙连梁及耗能支撑等。

有关"关键构件",《高规》3.11.2条的"条文说明"指出

本条所说的"关键构件"可由结构工程师根据工程实际情况分析确定。例如：
底部加强部位的重要竖向构件、
水平转换构件及与其相连竖向支承构件、
大跨连体结构的连接体及与其相连的竖向支承构件、
大悬挑结构的主要悬挑构件、
加强层伸臂和周边环带结构的竖向支承构件、
承托上部多个楼层框架柱的腰桁架、
长短柱在同一楼层且数量相当时该层各个长短柱、
扭转变形很大部位的竖向（斜向）构件、
重要的斜撑构件等。

四、结构的抗震性能目标

"结构抗震性能目标"的定义《高规》是有规定的

2.1.17 结构抗震性能目标
针对不同的地震地面运动水准设定的结构抗震性能水准。

1. 《抗震》的相关内容

结构抗震性能目标分为1、2、3、4四个等级，每个性能目标均与一组在指定地震地面运动下的结构震后损坏状态和继续使用的情况相对应。《抗震》3.10.3条的"条文说明"中规定了性能目标的具体内容

地震下可供选定的高于一般情况的预期性能目标可大致归纳如下：

地震水准	性能1	性能2	性能3	性能4
多遇地震	完好	完好	完好	完好
设防地震	完好， 正常使用	基本完好， 检修后继续使用	轻微损坏， 简单修理后继续使用	轻微至接近中等损坏， 变形$<3[\Delta u_e]$
罕遇地震	基本完好， 检修后继续使用	轻微至中等破坏， 修复后继续使用	其破坏 需加固后继续使用	接近严重破坏， 大修后继续使用

《抗震》3.10.3条的“条文说明”对每种抗震性能目标的内容有进一步说明

> 对性能1.结构构件在预期大震下仍基本处于弹性状态，则其细部构造仅需要满足最基本的构造要求，工程实例表明，采用隔震、减震技术或低烈度设防且风力很大时有可能实现；条件许可时，也可对某些关键构件提出这个性能目标。
>
> 对性能2，结构构件在中震下完好，在预期大震下可能屈服，其细部构造需满足低延性的要求。例如，某6度设防的核心筒外框结构，其风力是小震的2.4倍，风载层间位移是小震的2.3倍。结构所有构件的承载力和层间位移均可满足中震（不计入风载效应组合）的设计要求；考虑水平构件在大震下损坏使刚度降低和阻尼加大，按等效线性化方法估算，竖向构件的最小极限承载力仍可满足大震下的验算要求。于是，结构总体上可达到性能2的要求。
>
> 对性能3，在中震下已有轻微塑性变形，大震下有明显的塑性变形，因而，其细部构造需要满足中等延性的构造要求。
>
> 对性能4，在中震下的损坏已大于性能3，结构总体的抗震承载力仅略高于一般情况，因而，其细部构造仍需满足高延性的要求。

2.《高规》的相关内容

结构抗震性能目标是指在设定的地震地面运动水准下结构的预期性能水准，分为A、B、C、D四个等级

> **3.11.1** 结构抗震性能设计应分析结构方案的特殊性、选用适宜的结构抗震性能目标，并采取满足预期的抗震性能目标的措施。
>
> 结构抗震性能目标应综合考虑抗震设防类别、设防烈度、场地条件、结构的特殊性、建造费用、震后损失和修复难易程度等各项因素选定。结构抗震性能目标分为A、B、C、D四个等级，结构抗震性能分为1、2、3、4、5五个水准（表3.11.1），每个性能目标均与一组在指定地震地面运动下的结构抗震性能水准相对应。

结构抗震性能目标 **表3.11.1**

性能目标 / 性能水准 / 地震水准	A	B	C	D
多遇地震	1	1	1	1
设防烈度地震	1	2	3	4
预估的罕遇地震	2	3	4	5

《高规》3.11.1条的“条文说明”对每种抗震性能目标的内容有进一步说明

> A、B、C、D四级性能目标的结构，在小震作用下均应满足第1抗震性能水准，即满足弹性设计要求；在中震或大震作用下，四种性能目标所要求的结构抗震性能水准有较大的区别。

（1）性能目标“A”

《高规》3.11.1条的“条文说明”还指出

> A级性能目标是最高等级，中震作用下要求结构达到第1抗震性能水准，大震作用下要求结构达到第2抗震性能水准，即结构仍处于基本弹性状态；

根据上述规定将抗震性能目标“A”预期达到的震后性能状况和继续使用的可能性汇总于表2.6.4-1。

抗震性能目标“A” **表2.6.4-1**

<table>
<tr><td colspan="3">地震烈度水准</td><td>多遇地震</td><td>设防烈度地震</td><td>预估的罕遇地震</td></tr>
<tr><td colspan="3">性能水准</td><td>1</td><td>1</td><td>2</td></tr>
<tr><td rowspan="4">震后性能状况</td><td colspan="2">宏观损坏程度</td><td>完好、无损坏</td><td>完好、无损坏</td><td>基本完好～轻微损坏</td></tr>
<tr><td rowspan="3">损坏部位</td><td>普通竖向构件</td><td>无损坏</td><td>无损坏</td><td>无损坏</td></tr>
<tr><td>关键构件</td><td>无损坏</td><td>无损坏</td><td>无损坏</td></tr>
<tr><td>耗能构件</td><td>无损坏</td><td>无损坏</td><td>轻微损坏</td></tr>
<tr><td colspan="3">继续使用的可能性</td><td>一般不需修理即可继续使用</td><td>一般不需修理即可继续使用</td><td>稍加修理即可继续使用</td></tr>
</table>

【例2.6.4-1】 下列关于高层混凝土结构抗震性能化设计的观点，是否符合《高规》的要求？

（A）达到A级性能目标的结构在大震作用下仍处于基本弹性状态；

【解答】 根据《高规》3.11.1条条文说明第2款，（A）正确；

（2）性能目标“B”

《高规》3.11.1条的“条文说明”还指出

> B级性能目标，要求结构在中震作用下满足第2抗震性能水准，大震作用下满足第3抗震性能水准，结构仅有轻度损坏；

根据上述规定将抗震性能目标“B”预期达到的震后性能状况和继续使用的可能性汇总于表2.6.4-2。

抗震性能目标“B” **表2.6.4-2**

<table>
<tr><td colspan="3">地震烈度水准</td><td>多遇地震</td><td>设防烈度地震</td><td>预估的罕遇地震</td></tr>
<tr><td colspan="3">性能水准</td><td>1</td><td>2</td><td>3</td></tr>
<tr><td rowspan="4">震后性能状况</td><td colspan="2">宏观损坏程度</td><td>完好、无损坏</td><td>基本完好～轻微损坏</td><td>轻度损坏</td></tr>
<tr><td rowspan="3">损坏部位</td><td>普通“竖向构件”</td><td>无损坏</td><td>无损坏</td><td>轻微损坏</td></tr>
<tr><td>关键构件</td><td>无损坏</td><td>无损坏</td><td>轻微损坏</td></tr>
<tr><td>耗能构件</td><td>无损坏</td><td>轻微损坏</td><td>轻度损坏、部分中度损坏</td></tr>
<tr><td colspan="3">继续使用的可能性</td><td>一般不需修理即可继续使用</td><td>稍加修理即可继续使用</td><td>一般修理后才可继续使用</td></tr>
</table>

（3）性能目标“C”

《高规》3.11.1条的“条文说明”还指出

> C级性能目标，要求结构在中震作用下满足第3抗震性能水准，大震作用下满足第4抗震性能水准，结构中度损坏；

根据上述规定将抗震性能目标“C”预期达到的震后性能状况和继续使用的可能性汇总于表 2.6.4-3。

抗震性能目标“C” **表 2.6.4-3**

<table>
<tr><td colspan="3">地震烈度水准</td><td>多遇地震</td><td>设防烈度地震</td><td>预估的罕遇地震</td></tr>
<tr><td colspan="3">性能水准</td><td>1</td><td>3</td><td>4</td></tr>
<tr><td rowspan="4">震后性能状况</td><td colspan="2">宏观损坏程度</td><td>完好、无损坏</td><td>轻度损坏</td><td>中度损坏</td></tr>
<tr><td rowspan="3">损坏部位</td><td>普通“竖向构件”</td><td>无损坏</td><td>轻微损坏</td><td>部分构件比较严重损坏</td></tr>
<tr><td>关键构件</td><td>无损坏</td><td>轻微损坏</td><td>中度损坏</td></tr>
<tr><td>耗能构件</td><td>无损坏</td><td>轻度损坏、部分中度损坏</td><td>中度损坏、部分比较严重损坏</td></tr>
<tr><td colspan="3">继续使用的可能性</td><td>一般不需修理即可继续使用</td><td>一般修理后才可继续使用</td><td>修复或加固后才能继续使用</td></tr>
</table>

（4）性能目标“D”

《高规》3.11.1 条的“条文说明”还指出

D 级性能目标是最低等级，要求结构在中震作用下满足第 4 抗震性能水准，大震作用下满足第 5 性能水准，结构有比较严重的损坏，但不致倒塌或发生危及生命的严重破坏。

根据上述规定将抗震性能目标“D”预期达到的震后性能状况和继续使用的可能性汇总于表 2.6.4-4。

抗震性能目标“D” **表 2.6.4-4**

<table>
<tr><td colspan="3">地震烈度水准</td><td>多遇地震</td><td>设防烈度地震</td><td>预估的罕遇地震</td></tr>
<tr><td colspan="3">性能水准</td><td>1</td><td>4</td><td>5</td></tr>
<tr><td rowspan="4">震后性能状况</td><td colspan="2">宏观损坏程度</td><td>完好、无损坏</td><td>中度损坏</td><td>比较严重损坏</td></tr>
<tr><td rowspan="3">损坏部位</td><td>普通“竖向构件”</td><td>无损坏</td><td>部分构件中度损坏</td><td>部分构件中度损坏</td></tr>
<tr><td>关键构件</td><td>无损坏</td><td>轻度损坏</td><td>轻度损坏</td></tr>
<tr><td>耗能构件</td><td>无损坏</td><td>中度损坏、部分比较严重损坏</td><td>比较严重损坏</td></tr>
<tr><td colspan="3">继续使用的可能性</td><td>一般不需修理即可继续使用</td><td>修复或加固后才能继续使用</td><td>需排险大修</td></tr>
</table>

五、性能目标选用

1.《抗震》的相关内容

3.10.2 建筑结构的抗震性能化设计，应根据实际需要和可能，具有针对性：可分别选定针对整个结构、结构的局部部位或关键部位、结构的关键部件、重要构件、次要构件以及建筑构件和机电设备支座的性能目标。

3.10.2 （条文说明）建筑的抗震性能化设计，立足于承载力和变形能力的综合考虑，具有很强的针对性和灵活性。针对具体工程的需要和可能，可以对整个结构，也可以对某些部位或关键构件，灵活运用各种措施达到预期的性能目标——着重提高抗震安全性或满足使用功能的专门要求。

【**例 2.6.5-1**】下列关于结构抗震性能化设计的观点，是否符合《抗震》的要求?

（A）针对具体工程的需要，可以对整个结构也可以对某些部位或关键构件，确定预期的性能目标。

【**答案**】根据《抗震》3.10.2 条的“条文说明”，建筑的抗震性能化设计，立足于承载力和变形能力的综合考虑，具有很强的针对性和灵活性。针对具体工程的需要和可能，可以对整个结构，也可以对某些部位或关键构件，灵活运用各种措施达到预期的性能目标，着重提高抗震安全性或满足使用功能的专门要求。（A）正确。

2. 《高规》的相关内容

《高规》3.11.1 条的“条文说明”

选用性能目标时，需综合考虑抗震设防类别、设防烈度、场地条件、结构的特殊性、建造费用、震后损失和修复难易程度等因素。鉴于地震地面运动的不确定性以及对结构在强烈地震下非线性分析方法（计算模型及参数的选用等）存在不少经验因素，缺少从强震记录、设计施工资料到实际震害的验证，对结构抗震性能的判断难以十分准确，尤其是对于长周期的超高层建筑或特别不规则结构的判断难度更大，因此在性能目标选用中宜偏于安全一些。例如：

特别不规则的、房屋高度超过 B 级高度很多的高层建筑或处于不利地段的特别不规则结构，可考虑选用 A 级性能目标；

房屋高度超过 B 级高度较多或不规则性超过本规程适用范围很多时，可考虑选用 B 级或 C 级性能目标；

房屋高度超过 B 级高度或不规则性超过适用范围较多时，可考虑选用 C 级性能目标；

房屋高度超过 A 级高度或不规则性超过适用范围较少时，可考虑选用 C 级或 D 级性能目标。

结构方案中仅有部分区域结构布置比较复杂或结构的设防标准、场地条件等特殊性，使设计人员难以直接按本规程规定的常规方法进行设计时，可考虑选用 C 级或 D 级性能目标。

以上仅仅是举些例子，实际工程情况很复杂，需综合考虑各项因素。选择性能目标时，一般需征求业主和有关专家的意见。

【**例 2.6.5-2**】下列关于高层混凝土结构抗震性能化设计的观点，是否符合《高规》的要求?

（A）严重不规则的建筑结构，其结构抗震性能目标应为 A 级；

（B）结构抗震性能目标应综合考虑抗震设防类别、设防烈度、场地条件、结构的特殊性、建造费用、震后损失和修复难易程度等各项因素选定。

【**解答**】

（1）根据《高规》3.1.4 条规定不应采用严重不规则的建筑结构；根据《高规》3.11.1 条条文说明，特别不规则的高层建筑，可考虑选用 A 级性能目标，（A）错误；

（2）根据《高规》3.11.1 条，结构抗震性能目标应综合考虑抗震设防类别、设防烈度、场地条件、结构的特殊性、建造费用、震后损失和修复难易程度等各项因素选定，

(B) 正确。

《抗震》3.10.3 条文说明

> 3 实现上述性能目标，需要落实到具体设计指标，即各个地震水准下构件的承载力、变形和细部构造的指标。

下面分别讨论各个地震水准下构件承载力、变形和细部构造的性能设计指标。

六、承载力的性能设计指标

1. 《抗震》的相关内容

(1) 不同性能要求的承载力参考指标

> **M. 1. 1. 1** 当以提高抗震安全性为主时，结构构件对应于不同性能要求的承载力参考指标，可按表 M. 1. 1-1 的示例选用。

结构构件实现抗震性能要求的承载力参考指标示例　　表 M. 1. 1-1

性能要求	多遇地震	设防地震	罕遇地震
性能 1	完好，按常规设计	完好，承载力按抗震等级调整地震效应的设计值复核	基本完好，承载力按不计抗震等级调整地震效应的设计值复核
性能 2	完好，按常规设计	基本完好，承载力按不计抗震等级调整地震效应的设计值复核	轻～中等破坏，承载力按极限值复核
性能 3	完好，按常规设计	轻微损坏，承载力按标准值复核	中等破坏，承载力达到极限值后能维持稳定，降低少于 5%
性能 4	完好，按常规设计	轻～中等破坏，承载力按极限值复核	不严重破坏，承载力达到极限值后基本维持稳定，降低少于 10%

(2) 构件抗震承载力验算表达式

结构构件承载力按不同要求进行复核时，地震内力计算和调整、地震作用效应组合、材料强度取值和验算方法，应符合有关要求：

《抗震》M. 1. 2 条介绍了构件承载力验算表达式

> **M. 1. 2** 结构构件承载力按不同要求进行复核时，地震内力计算和调整、地震作用效应组合、材料强度取值和验算方法，应符合下列要求：
>
> 1 设防烈度下结构构件承载力，包括混凝土构件压弯、拉弯、受剪、受弯承载力，钢构件受拉、受压、受弯、稳定承载力等，按考虑地震效应调整的设计值复核时，应采用对应于抗震等级而不计入风荷载效应的地震作用效应基本组合，并按下式验算：
>
> $$\gamma_G S_{GE}+\gamma_E S_{Ek}(I_2,\lambda,\zeta)\leqslant R/\gamma_{RE} \quad (M.1.2\text{-}1)$$

式中：I_2——表示设防地震动，隔震结构包含水平向减震影响；

λ——按非抗震性能设计考虑抗震等级的地震效应调整系数；

ζ——考虑部分次要构件进入塑性的刚度降低或消能减震结构附加的阻尼影响。

其他符号同非抗震性能设计。

2 结构构件承载力按不考虑地震作用效应调整的设计值复核时，应采用不计入风荷载效应的基本组合，并按下式验算：

$$\gamma_G S_{GE}+\gamma_E S_{Ek}(I,\zeta)\leqslant R/\gamma_{RE} \tag{M.1.2-2}$$

式中：I——表示设防烈度地震动或罕遇地震动，隔震结构包含水平向减震影响；

ζ——考虑部分次要构件进入塑性的刚度降低或消能减震结构附加的阻尼影响。

3 结构构件承载力按标准值复核时，应采用不计入风荷载效应的地震作用效应标准组合，并按下式验算：

$$S_{GE}+S_{Ek}(I,\zeta)\leqslant R_k \tag{M.1.2-3}$$

式中：I——表示设防地震动或罕遇地震动，隔震结构包含水平向减震影响；

ζ——考虑部分次要构件进入塑性的刚度降低或消能减震结构附加的阻尼影响；

R_k——按材料强度标准值计算的承载力。

4 结构构件按极限承载力复核时，应采用不计入风荷载效应的地震作用效应标准组合，并按下式验算：

$$S_{GE}+S_{Ek}(I,\zeta)<R_u \tag{M.1.2-4}$$

式中：I——表示设防地震动或罕遇地震动，隔震结构包含水平向减震影响；

ζ——考虑部分次要构件进入塑性的刚度降低或消能减震结构附加的阻尼影响；

R_u——按材料最小极限强度值计算的承载力；钢材强度可取最小极限值，钢筋强度可取屈服强度的 1.25 倍，混凝土强度可取立方强度的 0.88 倍。

《抗震》M.1.2 条“条文说明”的补充

M.1.2 本条列出了实现不同性能要求的构件承载力验算表达式，中震和大震均不考虑地震效应与风荷载效应的组合。

设计值复核，需计入作用分项系数、抗力的材料分项系数、承载力抗震调整系数，但计入和不计入不同抗震等级的内力调整系数时，其安全性的高低略有区别。

标准值和极限值复核，不计入作用分项系数、承载力抗震调整系数和内力调整系数，但材料强度分别取标准值和最小极限值。其中，钢材强度的最小极限值 f_u 按《高层民用建筑钢结构技术规程》JGJ 99 采用，约为钢材屈服强度的（1.35～1.5）倍；钢筋最小极限强度参照本规范第 3.9.2 条，取钢筋屈服强度 f_y 的 1.25 倍；混凝土最小极限强度参照《混凝土结构设计规范》GB 50011—2002 第 4.1.3 条的说明，考虑实际结构混凝土强度与试件混凝土强度的差异，取立方强度的 0.88 倍。

现将《抗震》M.1.2 条“条文说明”的补充内容列于表 2.6.6-1。

表 2.6.6-1

验算内容	承载力验算表达式	抗震等级相关的内力调整系数	作用分项系数	材料分项系数	承载力抗震调整系数
设计值复核	$\gamma_G S_{GE}+\gamma_{Eh} S_{Ek}(\lambda)\leqslant R_d/\gamma_{RE}$	√	√	√	√
设计值复核	$\gamma_G S_{GE}+\gamma_{Eh} S_{Ek}\leqslant R_d/\gamma_{RE}$	×	√	√	√
标准值复核	$S_{GE}+S_{Ek}\leqslant R_k$	×	×	×	×
极限值复核	$S_{GE}+S_{Ek}\leqslant R_u$	×	×	×	×

注：f_u----材料强度的最小极限值

现将《抗震》M.1.2 条式（M.1.2-1）～式（M.1.2-4）和《抗震》M.1.1 条表 M.1.1-l的内容合并列于表 2.6.6-2。

结构构件承载力公式汇总　　表 2.6.6-2

	多遇地震	设防地震	罕遇地震
性能1	完好，按常规设计 $\gamma_G S_{GE}+\gamma_E S_{Ek}(\lambda)\leqslant R/\lambda_{RE}$	完好，承载力按抗震等级调整地震效应的设计值复核 $\gamma_G S_{GE}+\gamma_E S_{Ek}(\lambda)\leqslant R/\gamma_{RE}$	基本完好，承载力按不计抗震等级调整地震效应的设计值复核 $\gamma_G S_{GE}+\gamma_E S_{Ek}\leqslant R/\gamma_{RE}$
性能2	完好，按常规设计 $\gamma_G S_{GE}+\gamma_E S_{Ek}(\lambda)\leqslant R/\gamma_{RE}$	基本完好，承载力按不计抗震等级调整地震效应的设计值复核 $\gamma_G S_{GE}+\gamma_E S_{Ek}\leqslant R/\gamma_{RE}$	轻～中等破坏，承载力按极限值复核 $S_{GE}+S_{Ek}<R_u$
性能3	完好，按常规设计 $\gamma_G S_{GE}+\gamma_E S_{Ek}(\lambda)\leqslant R/\gamma_{RE}$	轻微损坏，承载力按标准值复核 $S_{GE}+S_{Ek}\leqslant R_k$	中等破坏，承载力达到极限值后能维持稳定，降低少于5% $S_{GE}+S_{Ek}<R_u$
性能4	完好，按常规设计 $\gamma_G S_{GE}+\gamma_E S_{Ek}(\lambda)\leqslant R/\gamma_{RE}$	轻～中等破坏，承载力按极限值复核 $S_{GE}+S_{Ek}<R_u$	不严重破坏，承载力达到极限值后基本维持稳定，降低少于10% $S_{GE}+S_{Ek}<R_u$

【例 2.6.6-1】下列关于高层混凝土结构抗震性能化设计的观点，是否符合《抗震》的要求？

（A）结构构件承载力按性能 3 要求进行中震复核时，承载力按标准值复核，不计入作用分项系数、承载力抗震调整系数和内力调整系数，材料强度取标准值

【答案】根据《抗震》M.1.1 条的表 M.1.1-l，性能 3 承载力按标准值复核，(A) 正确。

2. 《高规》的相关内容

（1）第 1 性能水准的结构

> **3.11.3** 不同抗震性能水准的结构可按下列规定进行设计：
>
> 1　第 1 性能水准的结构，应满足弹性设计要求。在多遇地震作用下，其承载力和变形应符合本规程的有关规定；在设防烈度地震作用下，结构构件的抗震承载力应符合下式规定：
>
> $$\gamma_G S_{GE}+\gamma_{Eh} S_{Ehk}^{*}+\gamma_{Ev} S_{Evk}^{*}\leqslant R_d/\gamma_{RE} \quad (3.11.3\text{-}1)$$

式中：R_d、γ_{RE}——分别为构件承载力设计值和承载力抗震调整系数，同本规程第 3.8.1 条；

S_{GE}、γ_G、γ_{Eh}、γ_{Ev}——同本规程第 5.6.3 条；

S_{Ehk}^*——水平地震作用标准值的构件内力，不需考虑与抗震等级有关的增大系数；

S_{Evk}^*——竖向地震作用标准值的构件内力，不需考虑与抗震等级有关的增大系数。

3.11.3（条文说明） 各个性能水准结构的设计基本要求是判别结构性能水准的主要准则。

第 1 性能水准结构，要求全部构件的抗震承载力满足弹性设计要求。在多遇地震（小震）作用下，结构的层间位移、结构构件的承载力及结构整体稳定等均应满足本规程有关规定；结构构件的抗震等级不宜低于本规程的有关规定，需要特别加强的构件可适当提高抗震等级，已为特一级的不再提高。在设防烈度（中震）作用下，构件承载力需满足弹性设计要求，如式（3.11.3-1），其中不计入风荷载作用效应的组合，地震作用标准值的构件内力（S_{Ehk}^*、S_{Evk}^*）计算中不需要乘以与抗震等级有关的增大系数。

现将损坏程度、设计要求和承载力计算的表达式汇集在表 2.6.6-3。

第 1 性能水准结构的损坏程度、设计要求和承载力计算的表达式　　表 2.6.6-3

性能水准 1	宏观	关键构件	普通竖向构件	耗能构件
损坏程度	完好、无损坏	无损坏	无损坏	无损坏
设计要求	弹性设计	弹性设计	弹性设计	弹性设计
多遇地震		$\gamma_G S_{GE}+\gamma_{Eh}S_{Ehk}\leqslant R_d/\gamma_{RE}$		
设防烈度地震		$\gamma_G S_{GE}+\gamma_{Eh}S_{Ehk}^*\leqslant R_d/\gamma_{RE}$		

（2）第 2 性能水准的结构

3.11.3 不同抗震性能水准的结构可按下列规定进行设计：

2 第 2 性能水准的结构，在设防烈度地震或预估的罕遇地震作用下，关键构件及普通竖向构件的抗震承载力宜符合式（3.11.3-1）的规定；耗能构件的受剪承载力宜符合式（3.11.3-1）的规定，其正截面承载力应符合下式规定：

$$S_{GE}+S_{Ehk}^*+0.4S_{Evk}^*\leqslant R_k \tag{3.11.3-2}$$

式中：R_k——截面承载力标准值，按材料强度标准值计算。

3.11.3（条文说明） 各个性能水准结构的设计基本要求是判别结构性能水准的主要准则。

第 2 性能水准结构的设计要求与第 1 性能水准结构的差别是，框架梁、剪力墙连梁等耗能构件的正截面承载力只需要满足式（3.11.3-2）的要求，即满足"屈服承载力设计"。"屈服承载力设计"是指构件按材料强度标准值计算的承载力 R_k 不小于按重力荷载及地震作用标准值计算的构件组合内力。对耗能构件只需验算水平地震作用为主要可变作用的组合工况，式（3.11.3-2）中重力荷载分项系数 γ_G、水平地震作用分项系数 γ_{Eh} 及抗震承载力调整系数 γ_{RE} 均取 1.0，竖向地震作用分项系数 γ_{Ev} 取 0.4。

现将损坏程度、设计要求和承载力计算的表达式汇集在表 2.6.6-4。

第 2 性能水准结构的损坏程度、设计要求和承载力计算的表达式　　表 2.6.6-4

性能水准 2	宏观	关键构件	普通竖向构件	耗能构件
损坏程度	基本完好轻微损坏	无损坏	无损坏	轻微损坏
设计要求	弹性设计	弹性设计	弹性设计	受弯不屈服，受剪弹性
正截面受弯承载力		$\gamma_G S_{GE}+\gamma_{Eh}S^*_{Ehk}\leqslant R_d/\gamma_{RE}$		$S_{GE}+S^*_{Ehk}\leqslant R_k$
斜截面受剪承载力		$\gamma_G S_{GE}+\gamma_{Eh}S^*_{Ehk}\leqslant R_d/\gamma_{RE}$		$\gamma_G S_{GE}+\gamma_{Eh}S^*_{Ehk}\leqslant R_d/\gamma_{RE}$

【例 2.6.6-2】 某地上 38 层的现浇钢筋混凝土框架-核心筒办公楼，房屋高度 155.4m，抗震设防烈度 7 度，设计基本地震加速度 0.10g，设计地震分组第一组，建筑场地类别Ⅱ类，抗震设防类别为丙类。

假定，核心筒某消能连梁 LL 在设防烈度地震作用下，左右两端的弯矩标准值 $M_b^l=M_b^r=1355\text{kN}\cdot\text{m}$（同时针方向），截面为 600mm×1000mm，净跨为 l_n 为 3.0m，混凝土强度等级 C40，纵向钢筋采用 HRB400（Φ），对称配筋，$a_s=a'_s=40\text{mm}$，试问，该连梁进行抗震性能设计时，下列何项纵向钢筋配置符合第 2 性能水准的要求且配筋最小？

(A) 7Φ25　　(B) 6Φ28　　(C) 7Φ28　　(D) 6Φ32

【答案】(B)

【解答】 根据《高规》3.11.3 条 2 款，第 2 性能水准结构的剪力墙连梁等耗能构件，正截面承载力只需要满足式（3.11.3-2）的要求，即满足“屈服承载力设计”。“屈服承载力设计”是指构件按材料强度标准值计算的承载力 R_k 不小于按重力荷载及地震作用标准值计算的构件组合内力。

$$S_{CE}+S^*_{Ehk}+0.4S^*_{Evk}\leqslant R_k$$

式中：R_k——截面承载力标准值，按材料强度标准值计算。

S^*_{Ehk}——水平地震作用标准值的构件内力，不需考虑与抗震等级有关的增大系数；

S^*_{Evk}——竖向地震作用标准值的构件内力，不需考虑与抗震等级有关的增大系数。

对耗能构件只需验算水平地震作用为主要可变作用的组合工况，式（3.11.3-2）中重力荷载分项系数 γ_G、水平地震作用分项系数 γ_{Eh} 及抗震承载力调整系数 γ_{RE} 均取 1.0。

$$S_{GE}+S^*_{Ehk}=M_k=1355\text{kN}\cdot\text{m}$$

对称配筋，
$$R_k=A_s\times f_{yk}(h_0-a'_s)$$

$h=1000\text{mm}$，$a_s=a'_s=40\text{mm}$，HRB400，$f_{yk}=400\text{N/mm}^2$，

$$A_s=\frac{M_k}{f_{yk}(h_0-a_s)}=\frac{1355000000}{400\times(1000-40-40)}=3681\text{mm}^2$$

（3）第 3 性能水准的结构

> **3.11.3** 不同抗震性能水准的结构可按下列规定进行设计：
>
> 3　第 3 性能水准的结构应进行弹塑性计算分析。在设防烈度地震或预估的罕遇地震作用下，关键构件及普通竖向构件的正截面承载力应符合式（3.11.3-2）的规定，水平长悬臂结构和大跨度结构中的关键构件正截面承载力尚应符合式(3.11.3-3)的

规定，其受剪承载力宜符合式（3.11.3-1）的规定；部分耗能构件进入屈服阶段，但其受剪承载力应符合式（3.11.3-2）的规定。在预估的罕遇地震作用下，结构薄弱部位的层间位移角应满足本规程第3.7.5条的规定。

$$S_{GE}+0.4S^{*}_{Ehk}+S^{*}_{Evk}\leqslant R_{k} \quad (3.11.3\text{-}3)$$

3.11.3（条文说明） 各个性能水准结构的设计基本要求是判别结构性能水准的主要准则。

第3性能水准结构，允许部分框架梁、剪力墙连梁等耗能构件正截面承载力进入屈服阶段，受剪承载力宜符合式（3.11.3-2）的要求。竖向构件及关键构件正截面承载力应满足式（3.11.3-2）“屈服承载力设计”的要求；水平长悬臂结构和大跨度结构中的关键构件正截面“屈服承载力设计”需要同时满足式（3.11.3-2）及式（3.11.3-3）的要求。式（3.11.3-3）表示竖向地震为主要可变作用的组合工况，式中重力荷载分项系数 γ_G、竖向地震作用分项系数 γ_{Ev} 及抗震承载力调整系数 γ_{RE} 均取1.0，水平地震作用分项系数 γ_{Eh} 取0.4；这些构件的受剪承载力宜符合式（3.11.3-1）的要求。整体结构进入弹塑性状态，应进行弹塑性分析。为方便设计，允许采用等效弹性方法计算竖向构件及关键部位构件的组合内力（S_{Gk}、S^{*}_{Ehk}、S^{*}_{Evk}），计算中可适当考虑结构阻尼比的增加（增加值一般不大于0.02）以及剪力墙连梁刚度的折减（刚度折减系数一般不小于0.3）。实际工程设计中，可以先对底部加强部位和薄弱部位的竖向构件承载力按上述方法计算，再通过弹塑性分析校核全部竖向构件均未屈服。

现将损坏程度、设计要求和承载力计算的表达式汇集在表2.6.6-5。

第3性能水准结构的损坏程度、设计要求和承载力计算的表达式　　表2.6.6-5

性能水准3	宏观	关键构件	普通竖向构件	耗能构件
损坏程度	轻度损坏	轻微损坏		轻度损坏、部分中度损坏
设计要求	弹塑性状态	应满足不屈服		部分进入屈服
正截面受弯承载力		$S_{GE}+S^{*}_{Ehk}\leqslant R_k$		$S_{GE}+S^{*}_{Ehk}\leqslant R_u$
斜截面受剪承载力		$\gamma_G S_{GE}+\gamma_{Eh}S^{*}_{Ehk}\leqslant R_d/\gamma_{RE}$		$S_{GE}+S^{*}_{Ehk}\leqslant R_k$

【例2.6.6-3】下列关于高层建筑混凝土结构作用效应计算时剪力墙连梁刚度折减的观点，哪一项不符合《高规》的要求？

（B）第3性能水准的结构采用等效弹性方法进行罕遇地震作用下竖向构件的内力计算时，剪力墙连梁刚度可折减，折减系数不宜小于0.3

（A）、（C）、（D）略

【解答】根据《高规》3.11.3条的“条文说明”：整体结构进入弹塑性状态，应进行弹塑性分析。为方便设计，允许采用等效弹性方法计算竖向构件及关键部位构件的组合内力（S_{Gk}、S^{*}_{Ehk}、S^{*}_{Evk}），计算中可适当考虑结构阻尼比的增加（增加值一般不大于0.02）以及剪力墙连梁刚度的折减（刚度折减系数一般不小于0.3）。（B）项符合要求。

（4）第4性能水准的结构

3.11.3 不同抗震性能水准的结构可按下列规定进行设计：

4 第4性能水准的结构应进行弹塑性计算分析。在设防烈度或预估的罕遇地震作用下，关键构件的抗震承载力应符合式（3.11.3-2）的规定，水平长悬臂结构和大跨度结构中的关键构件正截面承载力尚应符合式（3.11.3-3）的规定；部分竖向构件以及大部分耗能构件进入屈服阶段，但钢筋混凝土竖向构件的受剪截面应符合式（3.11.3-4）的规定，钢-混凝土组合剪力墙的受剪截面应符合式（3.11.3-5）的规定。在预估的罕遇地震作用下，结构薄弱部位的层间位移角应符合本规程第3.7.5条的规定。

$$V_{GE}+V_{Ek}^{*}\leqslant 0.15f_{ck}bh。\qquad(3.11.3\text{-}4)$$

$$(V_{GE}+V_{Ek}^{*})-(0.25f_{ak}A_{a}+0.5f_{spk}A_{sp})\leqslant 0.15f_{ck}bh。\qquad(3.11.3\text{-}5)$$

式中：V_{GE}——重力荷载代表值作用下的构件剪力（N）；

V_{Ek}^{*}——地震作用标准值的构件剪力（N），不需考虑与抗震等级有关的增大系数；

f_{ck}——混凝土轴心拉压强度标准值（N/mm^2）；

f_{ak}——剪力墙端部暗柱中型钢的强度标准值（N/mm^2）；

A_a——剪力墙端部暗柱中型钢的截面面积（mm^2）；

f_{spk}——剪力墙墙内钢板的强度标准值（N/mm^2）；

A_{sp}——剪力墙墙内钢板的横截面面积（mm^2）。

3.11.3（条文说明） 各个性能水准结构的设计基本要求是判别结构性能水准的主要准则。

第4性能水准结构，关键构件抗震承载力应满足式（3.11.3-2）“屈服承载力设计”的要求，水平长悬臂结构和大跨度结构中的关键构件抗震承载力需要同时满足式（3.11.3-2）及式（3.11.3-3）的要求；允许部分竖向构件及大部分框架梁、剪力墙连梁等耗能构件进入屈服阶段，但构件的受剪截面应满足截面限制条件，这是防止构件发生脆性受剪破坏的最低要求。式（3.11.3-4）和式（3.11.3-5）中，V_{GE}、V_{Ek}^{*}可按弹塑性计算结果取值，也可按等效弹性方法计算结果取值(一般情况下是偏于安全的)。结构的抗震性能必须通过弹塑性计算加以深入分析，例如：弹塑性层间位移角、构件屈服的次序及塑性铰分布、塑性铰部位钢材受拉塑性应变及混凝土受压损伤程度、结构的薄弱部位、整体结构的承载力不发生下降等。整体结构的承载力可通过静力弹塑性方法进行估计。

现将损坏程度、设计要求和承载力计算的表达式汇集在表2.6.6-6。

第4性能水准结构的损坏程度、设计要求和承载力计算的表达式　　表2.6.6-6

性能水准4	宏观	关键构件	普通竖向构件	耗能构件
损坏程度	中度损坏	轻度损坏	部分构件中度损坏	中度损坏、部分比较严重损坏
设计要求	弹塑性状态	不屈服	部分进入屈服	部分进入屈服
正截面受弯承载力		$S_{GE}+S_{Ehk}^{*}\leqslant R_k$	$S_{GE}+S_{Ehk}^{*}\leqslant R_u$	
受剪截面限制条件			$V_{GE}+V_{Ek}^{*}\leqslant 0.15f_{ck}bh_0$	

（5）第 5 性能水准的结构

3.11.3 不同抗震性能水准的结构可按下列规定进行设计：

5 第 5 性能水准的结构应进行弹塑性计算分析。在预估的罕遇地震作用下，关键构件的抗震承载力宜符合式（3.11.3-2）的规定；较多的竖向构件进入屈服阶段，但同一楼层的竖向构件不宜全部屈服；竖向构件的受剪截面应符合式（3.11.3-4）或（3.11.3-5）的规定；允许部分耗能构件发生比较严重的破坏；结构薄弱部位的层间位移角应符合本规程第 3.7.5 条的规定。

3.11.3（条文说明） 各个性能水准结构的设计基本要求是判别结构性能水准的主要准则。

第 5 性能水准结构与第 4 性能水准结构的差别在于关键构件承载力宜满足“屈服承载力设计”的要求，允许比较多的竖向构件进入屈服阶段，并允许部分“梁”等耗能构件发生比较严重的破坏。结构的抗震性能必须通过弹塑性计算加以深入分析，尤其应注意同一楼层的竖向构件不宜全部进入屈服并宜控制整体结构承载力下降的幅度不超过 10%。

现将损坏程度、设计要求和承载力计算的表达式汇集在表 2.6.6-7。

第 5 性能水准结构的损坏程度、设计要求和承载力计算的表达式　　表 2.6.6-7

性能水准 5	宏观	关键构件	普通竖向构件	耗能构件
损坏程度	比较严重损坏	中度损坏	部分构件比较严重损坏	比较严重损坏
设计指标	弹塑性计算	宜满足不屈服	较多竖向构件进入屈服 同一楼层的不宜全部屈服	部分可发生较严重破坏
预估的罕遇地震		$S_{GE}+S^*_{Ehk}\leqslant R_k$	$S_{GE}+S^*_{Ehk}\leqslant R_u$	

七、变形能力的性能设计指标

1.《抗震》的相关内容

（1）不同性能要求的层间位移参考指标

M.1.1 2 当需要按地震残余变形确定使用性能时，结构构件除满足提高抗震安全性的性能要求外，不同性能要求的层间位移参考指标，可按表 M.1.1-2 的示例选用：

结构构件实现抗震性能要求的层间位移参考指标示例　　表 M.1.1-2

性能要求	多遇地震	设防地震	罕遇地震
性能 1	完好，变形远小于弹性位移限值	完好，变形小于弹性位移限值	基本完好，变形略大于弹性位移限值
性能 2	完好，变形远小于弹性位移限值	基本完好，变形略大于弹性位移限值	有轻微塑性变形，变形小于 2 倍弹性位移限值
性能 3	完好，变形明显小于弹性位移限值	轻微损坏，变形小于 2 倍弹性位移限值	有明显塑性变形，变形约 4 倍弹性位移限值
性能 4	完好，变形小于弹性位移限值	轻～中等破坏，变形小于 3 倍弹性位移限值	不严重破坏，变形不大于 0.9 倍塑性变形限值

注：设防烈度和罕遇地震下的变形计算，应考虑重力二阶效应，可扣除整体弯曲变形。

M. 1. 1 （条文说明）本条依据震害，尽可能将结构构件在地震中的破坏程度，用构件的变形的状态做适当的定量描述，以作为性能设计的参考指标。

关于中等破坏时构件变形的参考值，大致取规范弹性限值和弹塑性限值的平均值；

构件接近极限承载力时，其变形比中等破坏小些；

轻微损坏，构件处于开裂状态，大致取中等破坏的一半。

不严重破坏，大致取规范不倒塌的弹塑性变形限值的 90%。

不同性能要求的位移及其延性要求，参见图 28。从中可见，对于非隔震、减震结构，

性能 1，在罕遇地震时层间位移可按线性弹性计算，约为 [Δu_e]，震后基本不存在残余变形；

性能 2，震时位移小于 2 [Δu_e]，震后残余变形小于 0.5 [Δu_e]；

性能 3，考虑阻尼有所增加，震时位移约为（4～5）[Δu_e]，按退化刚度估计震后残余变形约 [Δu_e]；

性能 4，考虑等效阻尼加大和刚度退化，震时位移约为（7～8）[Δu_e]，震后残余变形约 2 [Δu_e]。

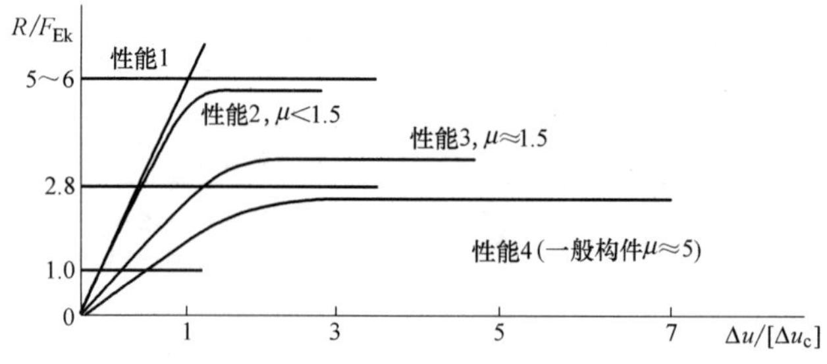

图 28　不同性能要求的位移和延性需求示意图

【例 2. 6. 7-1】 下列关于高层混凝土结构抗震性能化设计的观点，是否符合《抗震》的要求？

（B）结构构件地震残余变形按性能 3 要求进行中震复核时，整个结构中变形最大部位的竖向构件，其弹塑性位移角限值，可取常规设计时弹性层间位移角限值

【答案】 根据《抗震》M. 1. 1 条条文说明，“性能 3，考虑阻尼有所增加，震时位移约为（4～5）[$\Delta\mu_e$]，“按退化刚度估计震后残余变形约 [$\Delta\mu_e$]”，（B）正确。

《抗震》M. 1. 3 条的“条文说明”又介绍一组“结构竖向构件对应于不同破坏状态的最大层间位移角参考控制目标”供应用

结构的竖向构件在不同破坏状态下层间位移角的参考控制目标，若依据试验结果并扣除整体转动影响，墙体的控制值要远小于框架柱。从工程应用的角度，参照常规设计时各楼层最大层间位移角的限值，若干结构类型按本条正文规定得到的变形最大的楼层中竖向构件最大位移角限值，如表 9 所示。

结构竖向构件对应于不同破坏状态的最大层间位移角参考控制目标　　表 9

结构类型	完好	轻微损坏	中等破坏	不严重破坏
钢筋混凝土框架	1/550	1/250	1/120	1/60
钢筋混凝土抗震墙、筒中筒	1/1000	1/500	1/250	1/135
钢筋混凝土框架-抗震墙、板柱-抗震墙、框架-核心筒	1/800	1/400	1/200	1/110
钢筋混凝土框支层	1/1000	1/500	1/250	1/135
钢结构	1/300	1/200	1/100	1/55
钢框架-钢筋混凝土内筒、型钢混凝土框架-钢筋混凝土内筒	1/800	1/400	1/200	1/110

（2）构件层间弹塑性变形验算采用的公式

M.1.3　结构竖向构件在设防地震、罕遇地震作用下的层间弹塑性变形按不同控制目标进行复核时，构件层间位移计算和验算方法，应符合下列要求：

3　构件层间弹塑性变形计算时，应依据其实际的承载力，并应按本规范的规定计入重力二阶效应；风荷载和重力作用下的变形不参与地震组合。

4　构件层间弹塑性变形的验算，可采用下列公式：

$$\Delta u_{\mathrm{p}}(I,\zeta,\xi_{\mathrm{y}},G_{\mathrm{E}})<[\Delta u] \tag{M.1.3}$$

式中：Δu_{p}（…）——竖向构件在设防地震或罕遇地震下计入重力二阶效应和阻尼影响取决于其实际承载力的弹塑性层间位移角；对高宽比大于 3 的结构，可扣除整体转动的影响；

$[\Delta u]$——弹塑性位移角限值，应根据性能控制目标确定；整个结构中变形最大部位的竖向构件，轻微损坏可取中等破坏的一半，中等破坏可取本规范表 5.5.1 和表 5.5.5 规定值的平均值，不严重破坏按小于本规范表 5.5.5 规定值的 0.9 倍控制。

M.1.3（条文说明）本条给出竖向构件弹塑性变形验算的注意事项。

对于不同的破坏状态，弹塑性分析的地震作用和变形计算的方法也不同，需分别处理。

地震作用下构件弹塑性变形计算时，必须依据其实际的承载力——取材料强度标准值、实际截面尺寸（含钢筋截面）、轴向力等计算，考虑地震强度的不确定性，构件材料动静强度的差异等等因素的影响，从工程的角度，构件弹塑性参数可仍按杆件模型适当简化，参照 IBC 的规定，建议混凝土构件的初始刚度取短期或长期刚度，至少按 $0.85E_{c}I$ 简化计算。

（3）大震弹塑性位移（层间位移）的参考值

《抗震》3.10.1 条的“条文说明”又介绍一组构件层间弹塑性变形验算采用的方法

5 影响弹塑性位移计算结果的因素很多，现阶段，其计算值的离散性，与承载力计算的离散性相比较大。注意到常规设计中。考虑到小震弹性时程分析的波形数量较少，而且计算的位移多数明显小于反应谱法的计算结果，需要以反应谱法为基础进行对比分析；大震弹塑性时程分析时，由于阻尼的处理方法不够完善，波形数量也较少（建议尽可能增加数量，如不少于 7 条；数量较少时宜取包络），不宜直接把计算的弹塑性位移值视为结构实际弹塑性位移，同样需要借助小震的反应谱法计算结果进行分析。建议按下列方法确定其层间位移参考数值：用同一软件、同一波形进行弹性和弹塑性计算，得到同一波形、同一部位弹塑性位移（层间位移）与小震弹性位移（层间位移）的比值，然后将此比值取平均或包络值，再乘以反应谱法计算的该部位小震位移（层间位移），从而得到大震下该部位的弹塑性位移（层间位移）的参考值。

【例 2.6.7-2】某 70 层钢筋混凝土筒中筒结构，抗震设防烈度为 7 度。已知小震弹性计算时，最大层间位移角出现在 K 层，$\theta_k=1/600$。

假定，正确选用的 7 条时程曲线分别为：AP1～AP7，由同一软件计算所得的第 K 层结构的层间位移角（同一层）见表。

第 K 层结构的层间位移角 **表 2.6.7-1**

	$\Delta u_e/h$(小震)	$\Delta u_p/h$(大震)		$\Delta u_e/h$(小震)	$\Delta u_p/h$(大震)
AP1	1/725	1/125	AP5	1/945	1/160
AP2	1/870	1/150	AP6	1/815	1/140
AP3	1/815	1/140	AP7	1/725	1/125
AP4	1/1050	1/175			

试问，估算的大震下该层的弹塑性层间位移角参考值最接近下列何项数值？

(A) 1/90 (B) 1/100 (C) 1/125 (D) 1/145

【答案】(B)

【解答】同一楼层弹塑性层间位移 Δu_p 与小震弹性层间位移 Δu_e 之比 $\Delta u_p/\Delta u_e$ 见表：

$\Delta u_p/\Delta u_e$ **表 2.6.7-2**

	$\Delta u_e/h$(小震)	$\Delta u_p/h$(大震)	$\Delta u_p/\Delta u_e$
AP1	1/725	1/125	5.8
AP2	1/870	1/150	5.8
AP3	1/815	1/140	5.82
AP4	1/1050	1/175	6.0
AP5	1/945	1/160	5.91
AP6	1/815	1/140	5.82
AP7	1/725	1/125	5.8

$\Delta u_p/\Delta u_e$ 的平均值为：5.85；

$\Delta u_p/\Delta u_e$ 的最大值为：6.0。

根据《抗震》第3.10.4条条文说明，“用同一软件、同一波形进行弹性和弹塑性计算，得到同一波形、同一部位弹塑性位移（层间位移）与小震弹性位移（层间位移）的比值，将此比值取平均或包络值，再乘以反应谱法计算的该部位小震位移（层间位移），从而得到大震下该部位的弹塑性位移（层间位移）的参考值。”

取平均值时：$5.85\times\frac{1}{600}=\frac{1}{103}$，取最大值时 $6.0\times\frac{1}{600}=\frac{1}{100}$

故选（B）。

2. 《高规》的相关内容

3.11.3 不同抗震性能水准的结构可按下列规定进行设计：

1 第1性能水准的结构，应满足弹性设计要求。在多遇地震作用下，其变形应符合本规程的有关规定；

3 第3性能水准的结构，应进行弹塑性计算分析。在预估的罕遇地震作用下，结构薄弱部位的层间位移角应满足本规程第3.7.5条的规定。

4 第4性能水准的结构，应进行弹塑性计算分析。在预估的罕遇地震作用下，结构薄弱部位的层间位移角应符合本规程第3.7.5条的规定。

5 第5性能水准的结构，应进行弹塑性计算分析。在预估的罕遇地震作用下，结构薄弱部位的层间位移角应符合本规程第3.7.5条的规定。

八、结构构件细部构造的性能设计指标

1. 不同性能要求的构造抗震等级

《抗震》的规定

M.1.1 3 结构构件细部构造对应于不同性能要求的抗震等级，可按表M.1.1-3的示例选用；结构中同一部位的不同构件，可区分竖向构件和水平构件，按各自最低的性能要求所对应的抗震构造等级选用。

结构构件对应于不同性能要求的构造抗震等级示例　　表 M.1.1-3

性能要求	构造的抗震等级
性能1	基本抗震构造。 可按常规设计的有关规定降低二度采用，但不得低于6度，且不发生脆性破坏
性能2	低延性构造。 可按常规设计的有关规定降低一度采用，当构件的承载力高于多遇地震提高二度的要求时，可按降低二度采用；均不得低于6度，且不发生脆性破坏
性能3	中等延性构造。 当构件的承载力高于多遇地震提高一度的要求时，可按常规设计的有关规定降低一度且不低于6度采用，否则仍按常规设计的规定采用
性能4	高延性构造。 仍按常规设计的有关规定采用

【例 2.6.8-1】 下列关于高层混凝土结构抗震性能化设计的观点，是否符合《抗震》的要求？

(C) 结构构件抗震构造按性能 3 要求确定抗震等级时，当构件承载力高于多遇地震提高一度的要求时，构造所对应的抗震等级可降低一度，且不低于 6 度采用，不包括影响混凝土构件正截面承载力的纵向受力钢筋的构造要求

【答案】 根据《抗震》M.1.1 条的表 M.1.1-3，性能 3 中等延性构造按常规设计的规定采用当构件承载力高于多遇地震提高一度的要求时，可降低一度采用且不低于 6 度采用，(C) 正确。

【例 2.6.8-2】

假定，某 6 层新建钢筋混凝土框架结构，房屋高度 36m，建成后拟由重载仓库（丙类）改变用途作为人流密集的大型商场，商场营业面积 $10000m^2$，抗震设防烈度为 7 度，设计基本地震加速度为 0.10g，结构设计针对建筑功能的变化及抗震设计的要求提出了以下主体结构加固改造方案：

Ⅰ. 按《抗震》性能 3 的要求进行抗震性能化设计，维持框架结构体系，框架构件承载力按 8 度抗震要求复核，对不满足的构件进行加固补强以提高承载力；

Ⅱ. 在楼梯间等位置增设剪力墙，形成框架-剪力墙结构体系，框架部分不加固，剪力墙承担倾覆弯矩为结构总地震倾覆弯矩的 40%；

Ⅲ. 在结构中增加消能部件，提高结构抗震性能，使消能减震结构的地震影响系数为原结构地震影响系数的 40%，同时对不满足的构件进行加固。

试问，针对以上结构方案的可行性，下列何项判断正确？

(A) Ⅰ、Ⅱ可行，Ⅲ不可行　　(B) Ⅰ、Ⅲ可行，Ⅱ不可行

(C) Ⅱ、Ⅲ可行，Ⅰ不可行　　(D) Ⅰ、Ⅱ、Ⅲ均可行

【答案】 (B)

【解答】

本题是考查既有建筑结构加固改造方案的选择。

本题建筑物原抗震设防类别为丙类，框架抗震等级为二级，由于建筑功能的变更，改造后为大型商场。根据《分类标准》，大型商场抗震设防类别为乙类，抗震措施应按提高一度即 8 度考虑，框架抗震措施应为一级。

考虑项目已建成，保持采用框架结构并使抗震构造能满足一级要求，采用进行加固改造，从而使原框架抗震等级满足要求，采用三个方案。

① 方案Ⅰ：抗震性能化设计

② 方案Ⅱ：改变结构体系

③ 方案Ⅲ：应用消能减震技术

方案Ⅰ：根据《抗震》附录 M 的抗震性能化设计方法，建筑物可通过提高构件承载力、适当降低延性要求的方法来进行设计；维持框架结构体系，框架结构按设防烈度提高一度即 8 度的要求验算构件承载力，仅对不满足承载力的构件进行加固补强以满足 8 度地震作用下承载力要求，按中等延性构造要求，框架结构抗震措施仍按 7 度抗震设防要求确定。《抗震》表 M.1.1-3 规定，当构件承载力高于多遇地震提高一度的要求，构造抗震等级可降低一度，即维持二级，方案可行；

方案Ⅱ：在楼梯间等位置增设剪力墙，形成框架-剪力墙结构体系，框架部分不加固，剪力墙承担倾覆弯矩为结构总地震倾覆弯矩的40%；本题建筑物由框架结构改造为框架-剪力墙结构，框架-剪力墙结构应根据剪力墙承受倾覆弯矩的比例确定抗震等级，根据《高规》第8.1.3条第3款，当剪力墙承担的倾覆弯矩超过结构总地震倾覆弯矩的50%时，本题建筑物框架抗震等级才可确定为二级，仅少量增加剪力墙的方案Ⅱ不可行。

方案Ⅲ：在结构中增加消能部件，提高结构抗震性能，使消能减震结构的地震影响系数为原结构地震影响系数的40%，同时对不满足的构件进行加固。《抗震》第12.3.8条及条文说明，当消能减震结构的地震影响系数小于原结构地震影响系数的50%时，构造抗震等级可降低一度，即维持二级，方案Ⅲ可行。

2. "高延性，低弹性承载力"或"低延性，高弹性承载力"的抗震设计思路

《抗震》M.1.1条的"条文说明"提出这一思路

> 从抗震能力的等能量原理，当承载力提高一倍时，延性要求减少一半，故构造所对应的抗震等级大致可按降低一度的规定采用。延性的细部构造，对混凝土构件主要指箍筋、边缘构件和轴压比等构造，不包括影响正截面承载力的纵向受力钢筋的构造要求；
>
> 对钢结构构件主要指长细比、板件宽厚比、加劲肋等构造。

《抗震》9.2.14条对轻屋盖厂房在确定框架柱、梁的板件宽厚比时采用了"高延性，低弹性承载力"或"低延性，高弹性承载力"的抗震设计思路。

《抗震》9.2.14条的"条文说明"指出

> **9.2.14** 板件的宽厚比，是保证厂房框架延性的关键指标，也是影响单位面积耗钢量的关键指标。
>
> 对于采用压型钢板轻型屋盖的单层钢结构厂房，对于设防烈度8度（0.20g）及以下的情况，即使按设防烈度的地震动参数进行弹性计算，也经常出现由非地震组合控制厂房框架受力的情况。因此，根据实际工程的计算分析，发现如果采用性能化设计的方法，可以分别按"高延性，低弹性承载力"或"低延性，高弹性承载力"的抗震设计思路来确定板件宽厚比。即通过厂房框架承受的地震内力与其具有的弹性抗力进行比较来选择板件宽厚比：
>
> 当构件的强度和稳定的承载力均满足高承载力——2倍多遇地震作用下的要求（$\gamma_G S_{GE}+\gamma_{Eh}2S_E\leqslant R/\gamma_{RE}$）时，可采用现行《钢结构设计规范》GB 50017弹性设计阶段的板件宽厚比限值，即C类；
>
> 当强度和稳定的承载力均满足中等承载力——1.5倍多遇地震作用下的要求（$\gamma_G S_{GE}+\gamma_{Eh}1.5S_E\leqslant R/\gamma_{RE}$）时，可按表6中B类采用；
>
> 其他情况，则按表6中A类采用。
>
> **柱、梁构件的板件宽厚比限值　　表6**
>
> | 构件 | 板件名称 | | A类 | B类 |
> | --- | --- | --- | --- | --- |
> | 柱 | I形截面 | 翼缘 b/t | 10 | 12 |
> | | | 腹板 h_0/t_w | 44 | 50 |

续表

构件	板件名称		A类	B类
柱	箱形截面	腹板、腹板间翼缘 b/t	33	37
		腹板 h_0/t_w	44	48
	圆形截面	外径壁厚比 D/t	50	70
梁	I形截面	翼缘 b/t	9	11
		腹板 h_0/t_w	65	72
	箱形截面	腹板间翼缘 b/t	30	36
		腹板 h_0/t_w	65	72

注：表列数值适用于 Q235 钢。当材料为其他钢号时，除圆管的外径壁厚比应乘以 $235/f_y$ 外，其余应乘以 $\sqrt{235/f_y}$。

A、B、C 三类宽厚比的数值，系参照欧、日、美等国家的抗震规范选定。大体上，

A 类可达全截面塑性且塑性铰在转动过程中承载力不降低；

B 类可达全截面塑性，在应力强化开始前足以抵抗局部屈曲发生，但由于局部屈曲使塑性铰的转动能力有限。

C 类是指现行《钢结构设计规范》GB 50017 按弹性准则设计时腹板不发生局部屈曲的情况，如

双轴对称 H 形截面翼缘需满足 $b/t \leqslant 15\sqrt{235/f_y}$，

受弯构件腹板需满足 $72\sqrt{235/f_y} < h_0/t_w \leqslant 130\sqrt{235f_y}$，

压弯构件腹板应符合《钢结构设计规范》GB 50017—2003 式（5.4.2）的要求。

上述板件宽厚比与地震作用的对应关系，系根据底部剪力相当的条件，与欧洲 EC8 规范、日本 BCJ 规范给出的板件宽厚比限值与地震作用的对应关系大致持平。

鉴于单跨单层厂房横向刚架的耗能区（潜在塑性铰区），一般在上柱梁底截面附近，因此，即使遭遇强烈地震在上柱梁底区域形成塑性铰，并考虑塑性铰区钢材应变硬化，屋面梁仍可能处于弹性状态工作。所以框架塑性耗能区外的构件区段（即使遭遇强烈地震，截面应力始终在弹性范围内波动的构件区段），可采用 C 类截面。

设计经验表明，就目前广泛采用轻型围护材料的情况，采用上述方法确定宽厚比，虽然增加了一些计算工作量，但充分利用了构件自身所具有的承载力，在 6、7 度设防时可以较大地降低耗钢量。

【例 2.6.8-3】 某单厂，屋面及墙面的围护结构均为轻质材料，屋面梁与上柱刚接，梁柱均采用 Q345 焊接 H 型钢，梁、柱 H 形截面表示方式为：梁高×梁宽×腹板厚度×翼缘厚度。上柱截面为 H800×400 ×12 ×18，梁截面为 H1300×400×12×20，抗震设防烈度为 7 度。

试问，在进行构件的强度和稳定性的承载力计算时，应满足以下何项地震作用要求？

提示：梁、柱腹板宽厚比均符合《钢结构设计规范》弹性设计阶段的板件宽厚比限值。

（A）按有效截面进行多遇地震下的验算　　（B）满足多遇地震下的要求

（C）满足 1.5 倍多遇地震下的要求　　（D）满足 2 倍多遇地震下的要求

【答案】（D）

【解答】 根据《建筑抗震设计规范》9.2.14 第 2 款的规定，轻屋面厂房，塑性耗能区板件宽厚比限值可根据其承载力的高低按性能目标确定。

柱截面：翼缘 $\frac{b}{t}=\frac{194}{18}=10.8>12\sqrt{\frac{235}{345}}=9.9$

腹板 $\frac{h_0}{t_w}=\frac{764}{12}=63.7>50\sqrt{\frac{235}{345}}=41.3$

梁截面：翼缘 $\frac{b}{t}=\frac{194}{20}=9.7>11\sqrt{\frac{235}{345}}=9.1$

腹板 $\frac{h_0}{t_w}=\frac{1260}{12}=105>72\sqrt{\frac{235}{345}}=59.4$

塑性耗能区板件宽厚比为C类。

根据《建筑抗震设计规范》9.2.14条文说明的规定，由于其板件宽厚比为C类，因此应满足高承载力2倍多遇地震下的要求。答案：(D)

九、性能化设计的计算应注意事项

1.《抗震》规定的三项注意事项

3.10.4 建筑结构的抗震性能化设计的计算应符合下列要求：

1 分析模型应正确、合理地反映地震作用的传递途径和楼盖在不同地震动水准下是否整体或分块处于弹性工作状态。

2 弹性分析可采用线性方法，弹塑性分析可根据性能目标所预期的结构弹塑性状态，分别采用增加阻尼的等效线性化方法以及静力或动力非线性分析方法。

3 结构非线性分析模型相对于弹性分析模型可有所简化，但二者在多遇地震下的线性分析结果应基本一致；应计入重力二阶效应、合理确定弹塑性参数，应依据构件的实际截面、配筋等计算承载力，可通过与理想弹性假定计算结果的对比分析，着重发现构件可能破坏的部位及其弹塑性变形程度。

3.10.4(条文说明) 本条规定了性能化设计时计算的注意事项。一般情况，应考虑构件在强烈地震下进入弹塑性工作阶段和重力二阶效应。鉴于目前的弹塑性参数、分析软件对构件裂缝的闭合状态和残余变形、结构自身阻尼系数、施工图中构件实际截面、配筋与计算书取值的差异等等的处理，还需要进一步研究和改进，当预期的弹塑性变形不大时，可用等效阻尼等模型简化估算。为了判断弹塑性计算结果的可靠程度，可借助于理想弹性假定的计算结果，从下列几方面进行综合分析：

1 结构弹塑性模型一般要比多遇地震下反应谱计算时的分析模型有所简化，但在弹性阶段的主要计算结果应与多遇地震分析模型的计算结果基本相同，两种模型的嵌固端、主要振动周期、振型和总地震作用应一致。弹塑性阶段，结构构件和整个结构实际具有的抵抗地震作用的承载力是客观存在的，在计算模型合理时，不因计算方法、输入地震波形的不同而改变。若计算得到的承载力明显异常，则计算方法或参数存在问题，需仔细复核、排除。

2 整个结构客观存在的、实际具有的最大受剪承载力（底部总剪力）应控制在合理的、经济上可接受的范围，不需要接近更不可能超过按同样阻尼比的理想弹性假定计算的大震剪力，如果弹塑性计算的结果超过，则该计算的承载力数据需认真检查、复核，判断其合理性。

3 进入弹塑性变形阶段的薄弱部位会出现一定程度的塑性变形集中，该楼层的层间位移（以弯曲变形为主的结构宜扣除整体弯曲变形）应大于按同样阻尼比的理想弹性假定计算的该部位大震的层间位移；如果明显小于此值，则该位移数据需认真检查、复核，判断其合理性。

4 薄弱部位可借助于上下相邻楼层或主要竖向构件的屈服强度系数（其计算方法参见本规范第 5.1.2 条的说明）的比较予以复核，不同的方法、不同的波形，尽管彼此计算的承载力、位移、进入塑性变形的程度差别较大，但发现的薄弱部位一般相同。

【例 2.6.9-1】关于高层混凝土结构抗震性能化设计的计算要求，下述何项说法不准确？

（A）分析模型应正确、合理地反映地震作用的传递途径和楼盖在不同地震动水准下是否整体或分块处于弹性工作状态

（B）弹性分析时可采用线性分析方法

（C）结构进行大震弹塑性分析时，底部总剪力可以接近甚至超过按同样阻尼比理想弹性假定计算的大震剪力

（D）结构非线性分析模型相对于弹性分析模型可以有所简化，但二者在多遇地震下的线性分析结果应基本一致

【答案】（C）

【解答】根据《抗震》3.10.4 条及条文说明，（A）、（B）、（D）准确，（C）不准确。

2. 《高规》规定的三项注意事项

3.11.4 结构弹塑性计算分析除应符合本规程第 5.5.1 条的规定外，尚应符合下列规定：

1 高度不超过 150m 的高层建筑可采用静力弹塑性分析方法；高度超过 200m 时，应采用弹塑性时程分析法；高度在 150m～200m 之间，可视结构自振特性和不规则程度选择静力弹塑性方法或弹塑性时程分析方法。高度超过 300m 的结构，应有两个独立的计算，进行校核。

2 复杂结构应进行施工模拟分析，应以施工全过程完成后的内力为初始状态。

3 弹塑性时程分析宜采用双向或三向地震输入。

3.11.4（条文说明） 结构抗震性能设计时，弹塑性分析计算是很重要的手段之一。计算分析除应符合本规程第 5.5.1 条的规定外，尚应符合本条之规定。

1 静力弹塑性方法和弹塑性时程分析法各有其优缺点和适用范围。本条对静力弹塑性方法的适用范围放宽到 150m 或 200m 非特别不规则的结构，主要考虑静力弹塑性方法计算软件设计人员比较容易掌握，对计算结果的工程判断也容易一些，但计算分析中采用的侧向作用力分布形式宜适当考虑高振型的影响，可采用本规程 3.4.5 条提出的“规定水平地震力”分布形式。对于高度在 150m～200m 的基本自振周期大于 4s 或特别不规则结构以及高度超过 200m 的房屋，应采用弹塑性时程分析法。对高度超过300m的结构，为使弹塑性时程分析计算结果有较大的把握，本条规定应有两个不

同的、独立的计算结果进行校核。

2 对复杂结构进行施工模拟分析是十分必要的。弹塑性分析应以施工全过程完成后的静载内力为初始状态。当施工方案与施工模拟计算不同时，应重新调整相应的计算。

3 一般情况下，弹塑性时程分析宜采用双向地震输入；对竖向地震作用比较敏感的结构，如连体结构、大跨度转换结构、长悬臂结构、高度超过 300m 的结构等，宜采用三向地震输入。

第3章　混凝土结构

3.1　一　般　规　定

一、基本设计规定

1. 安全等级

《混凝土结构设计规范》GB 50010—2012（以下简称《混规》）3.1.5条的规定和条文说明

> **3.1.5**　混凝土结构的安全等级和设计使用年限应符合现行国家标准《工程结构可靠性设计统一标准》GB 50153的规定。
>
> 混凝土结构中各类结构构件的安全等级，宜与整个结构的安全等级相同。对其中部分结构构件的安全等级，可根据其重要程度适当调整。对于结构中重要构件和关键传力部位，宜适当提高其安全等级。
>
> **3.1.5**　（条文说明）
>
> 混凝土结构的安全等级由现行国家标准《工程结构可靠性设计统一标准》GB 50153确定。本条仅补充规定：可以根据实际情况调整构件的安全等级。对破坏引起严重后果的重要构件和关键传力部位，宜适当提高安全等级、加大构件重要性系数；对一般结构中的次要构件及可更换构件，可根据具体情况适当降低其重要性系数。

【例3.1.1-1】

试判断下列的一些见解，其中哪项是不正确的？

（A）结构的可靠度与结构的使用年限有关。

（B）建筑物中各类构件的安全等级宜与整个结构的安全等级相同，但可对部分构件的安全等级进行调整，但不得低于三级。

（C）我国建筑结构设计规范采用的一般结构的设计基准期为50年。

（D）结构安全等级为三级的建筑，当柱承受恒载为主时，其安全等级应提高一级。

【答案】（D）

【解答】

根据《工程结构可靠性设计统一标准》的规定，（A）、（B）、（C）均正确。

《规范》无有关（D）项的规定，故（D）不正确。

2. 结构重要性系数 γ_0

《混规》3.3.2条的规定和条文说明

> **3.3.2**　对持久设计状况、短暂设计状况和地震设计状况，当用内力的形式表达时。结构构件应采用下列承载能力极限状态设计表达式：

$$\gamma_0 S \leqslant R \quad (3.3.2\text{-}1)$$

$$R = R(f_c, f_s, a_k, \cdots)/\gamma_{Rd} \quad (3.3.2\text{-}2)$$

式中：γ_0——结构重要性系数：在持久设计状况和短暂设计状况下。

对安全等级为一级的结构构件不应小于 1.1；

对安全等级为二级的结构构件不应小于 1.0；

对安全等级为三级的结构构件不应小于 0.9；

对地震设计状况下应取 1.0；

γ_{Rd}——结构构件的抗力模型不定性系数。

静力设计取 1.0。

对不确定性较大的结构构件根据具体情况取大于 1.0 的数值；

抗震设计应用承载力抗震调整系数 γ_{RE}代替 γ_{Rd}；

注：公式（3.3.2-1）中的 γ_0S 为内力设计值。在本规范各章中用 N、MV、T 等表达。

3.3.2 （条文说明）

根据《工程结构可靠性设计统一标准》GB 50153 的规定。本次修订提出了构件抗力模型不定性系数（构件抗力调整系数）γ_{Rd}的概念，在抗震设计中为抗震承载力调整系数 γ_{RE}。

【例 3.1.1-2】

在混凝土结构或结构构件设计中，常遇到的计算或验算有：

①承载力计算；②倾覆、滑移验算；③裂缝宽度验算；④抗震设计计算。

试问，在下列的计算或验算的组合中，何项全部不考虑结构构件的重要性系数 γ_0？

（A）①、③、④　　（B）②、③　　（C）②、③、④　　（D）③、④

【答案】（D）

【解答】

① 承载力计算应考虑结构构件的重要性系数。

② 倾覆、滑移验算为承载力极限状态计算，应考虑结构构件的重要性系数。

③ 裂缝宽度验算为正常使用极限状态验算，不考虑结构构件的重要性系数。

④ 在抗震设计中，不考虑结构构件的重要性系数。

（D）全部不考虑结构构件的重要性系数

3. 耐久性设计

结构的耐久性是指结构在所处的工作环境中，在设计使用年限内，在正常维护条件下不需要进行大修就能完成预定功能的能力。结构的耐久性问题主要表现为：混凝土裂缝、酥裂等，钢筋的锈蚀，以及钢筋与混凝土之间粘结锚固作用的削弱等多个方面，其核心问题是钢筋的锈蚀。耐久性是通过满足耐久性规定与规范限值（如混凝土保护层最小厚度、最低混凝土强度等级等）实现的。混凝土结构应根据使用环境类别和设计使用年限进行耐久性设计。

《混规》规定

3.5.1 混凝土结构应根据设计使用年限和环境类别进行耐久性设计，耐久性设计包括下列内容：

1 确定结构所处的环境类别；

2 提出对混凝土材料的耐久性基本要求；

3 确定构件中钢筋的混凝土保护层厚度；

4 不同环境条件下的耐久性技术措施；

5 提出结构使用阶段的检测与维护要求。

注：对临时性的混凝土结构，可不考虑混凝土的耐久性要求。

3.5.2 混凝土结构暴露的环境类别应按表 3.5.2 的要求划分。

混凝土结构的环境类别 **表 3.5.2**

环境类别	条　件
一	室内干燥环境； 无侵蚀性静水浸没环境
二 a	室内潮湿环境； 非严寒和非寒冷地区的露天环境； 非严寒和非寒冷地区与无侵蚀性的水或土壤直接接触的环境； 严寒和寒冷地区的冰冻线以下与无侵蚀性的水或土壤直接接触的环境
二 b	干湿交替环境； 水位频繁变动环境； 严寒和寒冷地区的露天环境； 严寒和寒冷地区冰冻线以上与无侵蚀性的水或土壤直接接触的环境
三 a	严寒和寒冷地区冬季水位变动区环境； 受除冰盐影响环境； 海风环境
三 b	盐渍土环境； 受除冰盐作用环境； 海岸环境
四	海水环境
五	受人为或自然的侵蚀性物质影响的环境

注：1 室内潮湿环境是指构件表面经常处于结露或湿润状态的环境；

2 暴露的环境是指混凝土结构表面所处的环境。

【例 3.1.1-3】

关于混凝土结构的耐久性设计，下面哪种说法是不恰当的？

(A) 略

(B) 混凝土结构的耐久性，对不同的环境类别对混凝土提出了基本要求，这些基本要求有最低混凝土强度等级、最小水泥用量、最大含碱量等。

(C) 民用建筑游泳池内的框架柱，当设计年限为 50 年时，所采用的混凝土强度等级不小于 C25，柱内纵筋保护层不小于 30mm。

(D) 建设工地上的工棚建筑，一般设计年限为 5 年。当采用预制混凝土梁时，应要求梁的混凝土强度等级不低于C25，混凝土的水灰比不超过0.65，水泥用量大于225kg/m^3。

【答案】(C)、(D)

【解答】根据《混凝土结构设计规范》3.5.1条的规定，(B)正确。

根据《混凝土结构设计规范》表3.5.2，室内潮湿环境的环境类别为二a，根据《混凝土结构设计规范》表3.5.3，最低混凝土强度等级为C25，根据《混凝土结构设计规范》表8.2.1，柱内纵筋保护层厚度为30mm加箍筋直径，即$c=30\text{mm}+\phi$，不是30mm故(C)不正确。

根据《混凝土结构设计规范》3.5.1条注的规定，对临时性的混凝土结构，可不考虑混凝土的耐久性要求。(D)不正确。

4. 防连续倒塌设计

《混规》的"条文说明"指出

> **3.6** 防连续倒塌设计原则
>
> 房屋结构在遭受偶然作用时如发生连续倒塌，将造成人员伤亡和财产损失，是对安全的最大威胁。总结结构倒塌和未倒塌的规律，采取针对性的措施加强结构的整体稳固性，就可以提高结构的抗灾性能，减少结构连续倒塌的可能性。
>
> 混凝土结构防连续倒塌是提高结构综合抗灾能力的重要内容。在特定类型的偶然作用发生时或发生后，结构能够承受这种作用，或当结构体系发生局部垮塌时，依靠剩余结构体系仍能继续承载，避免发生与作用不相匹配的大范围破坏或连续倒塌。这就是结构防连续倒塌设计的目标。无法抗拒的地质灾害破坏作用，不包括在防连续倒塌设计的范围内。

(1) 防连续倒塌的设计基本原则

《混规》规定

> **3.6.1** 混凝土结构防连续倒塌设计宜符合下列要求：
>
> 1 采取减小偶然作用效应的措施；
>
> 2 采取使重要构件及关键传力部位避免直接遭受偶然作用的措施；
>
> 3 在结构容易遭受偶然作用影响的区域增加冗余约束，布置备用的传力途径；
>
> 4 增强疏散通道、避难空间等重要结构构件及关键传力部位的承载力和变形性能；
>
> 5 配置贯通水平、竖向构件的钢筋，并与周边构件可靠地锚固；
>
> 6 设置结构缝，控制可能发生连续倒塌的范围。

结构防连续倒塌设计的难度和代价很大，一般结构只需进行防连续倒塌的概念设计。结构防连续倒塌概念设计的基本原则，以定性设计的方法增强结构的整体稳固性，控制发生连续倒塌和大范围破坏。

当结构发生局部破坏时，如不引发大范围倒塌，即认为结构具有整体稳定性。

结构和材料的延性、传力途径的多重性及超静定结构体系，均能加强结构的整体稳定性。

设置竖直方向和水平方向通长的纵向钢筋并应采取有效的连接、锚固措施，将整个结构连系成一个整体，是提供结构整体稳定性的有效方法之一。

此外，加强楼梯、避难室、底层边墙、角柱等重要构件；在关键传力部位设置缓冲装置（防撞墙、裙房等）或泄能通道（开敞式布置或轻质墙体、屋盖等）；布置分割缝以控制房屋连续倒塌的范围；增加重要构件及关键传力部位的冗余约束及备用传力途径（斜撑、拉杆）等，都是结构防连续倒塌概念设计的有效措施。

【例 3.1.1-4】

关于防止连续倒塌设计的以下说法是否正确？

Ⅰ. 设置竖直方向和水平方向通长的纵向钢筋并采取有效的连接锚固措施，是提供结构整体稳定性的有效方法之一；

Ⅱ、Ⅲ、Ⅳ略。

【答案】 Ⅰ

【解答】 见《混规》3.6.1 条 5 款；

设置竖向和水平方向通长钢筋并采取有效的连接、锚固措施，将整个结构体连成一个整体，可以有效提高结构的整体稳定性。(Ⅰ) 正确

（2）防连续倒塌的设计方法

《混规》规定

3.6.2 重要结构的防连续倒塌设计可采用下列方法：

1 局部加强法：提高可能遭受偶然作用而发生局部破坏的竖向重要构件和关键传力部位的安全储备，也可直接考虑偶然作用进行设计。

2 拉结构件法：在结构局部竖向构件失效的条件下，可根据具体情况分别按梁－拉结模型、悬索－拉结模型和悬臂－拉结模型进行承载力验算，维持结构的整体稳固性。

3 拆除构件法：按一定规则拆除结构的主要受力构件，验算剩余结构体系的极限承载力；也可采用倒塌全过程分析进行设计。

《混规》3.6.2 条的“条文说明”作了如下补充

局部加强法是对多条传力途径交汇的关键传力部位和可能引发大面积倒塌的重要构件通过提高安全储备和变形能力，直接考虑偶然作用的影响进行设计。

拉结构件法设计允许爆炸或撞击造成结构局部破坏，在某个竖向构件失效后，使其影响范围仅限于局部。按新的结构简图采用梁、悬索、悬臂的拉结模型继续承载受力，按整个结构不发生连续倒塌的原则进行设计，从而避免结构的整体垮塌。

拆除构件法是按一定规则撤去结构体系中某部分构件，验算剩余结构的抗倒塌能力的计算方法。可采用弹性分析方法或非线性全过程动力分析方法。

（3）防连续倒塌设计中有关设计参数的取值原则

《混规》规定

3.6.3

当进行偶然作用下结构防连续倒塌的验算时，作用宜考虑结构相应部位倒塌冲击引起的动力系数。

> 在抗力函数的计算中，混凝土强度取强度标准值 f_{ck}；普通钢筋强度取极限强度标准值 f_{sk}，预应力筋强度取极限强度标准值 f_{ptk}并考虑锚具的影响。
>
> 宜考虑偶然作用下结构倒塌对结构几何参数的影响。
>
> 必要时尚应考虑材料性能在动力作用下的强化和脆性，并取相应的强度特征值。

【例 3.1.1-5】

关于防止连续倒塌设计的以下说法是否正确？

Ⅱ. 当进行偶然作用下结构防连续倒塌验算时，混凝土强度取强度标准值，普通钢筋强度取极限强度标准值；

Ⅰ、Ⅲ、Ⅳ略。

【答案】Ⅱ正确，见《混规》第 3.6.3 条；

【解答】防连续倒塌设计时应考虑充分利用混凝土材料的强度，同时发挥延性钢筋的变形-耗能能力，因此，混凝土强度可取强度标准值，普通钢筋强度取极限强度标准值。

5. 既有结构设计

既有结构为所有权移交后已投入使用的结构。一方面，随着社会的发展，既有建筑越来越多，其使用年限不断增长，越来越多的建筑需要提升其使用功能，进行改建、扩建，在此过程中，需要对其结构进行检测鉴定和再设计；另一方面，在建筑的设计服役期内，由于受到环境的作用，结构构件的性能可能会退化，其安全性和正常使用性可能降低，或受到偶然作用而遭受一定程度的损伤或破坏。需要对结构进行加固处理，这时也必须对结构进行检测鉴定和再设计。

（1）既有结构设计适用情况

《混规》规定

> **3.7.1** 既有结构延长使用年限、改变用途、改建、扩建或需要进行加固、修复等，均应对其进行评定、验算或重新设计。

《混规》的“条文说明”

> **3.7.1** 既有结构设计适用于下列几种情况：达到设计年限后延长继续使用的年限；为消除安全隐患而进行的设计校核；结构改变用途和使用环境而进行的复核性设计；对既有结构进行改建、扩建；结构事故或灾后受损结构的修复、加固等。应根据不同的目的，选择不同的设计方案。

（2）复核验算和重新设计

《混规》的“条文说明”

> **3.7.2** 既有结构设计前，应根据现行国家标准《建筑结构检测技术标准》GB/T 50344 等进行检测，根据现行国家标准《工程结构可靠性设计统一标准》GB 50153、《工业建筑可靠性鉴定标准》GB 50144、《民用建筑可靠性鉴定标准》GB 50292 等的要求，对其安全性、适用性、耐久性及抗灾害能力进行评定，从而确定设计方案。设计方案有两类：复核性验算和重新进行设计。

鉴于我国传统结构设计安全度偏低以及结构耐久性不足的历史背景，有大量的既有结构面临评定、验算等问题。验算宜符合本规范的规定，强调“宜”是可以根据具体情况作适当调整，如控制使用荷载和功能，控制使用年限等。因为充分利用既有建筑符合可持续发展的基本国策。

当对既有结构进行改建、扩建或加固修复时，须重新进行设计。为保证安全，承载能力极限状态计算“应”按本规范要求进行，但对正常使用状态验算及构造措施仅作“宜”符合本规范的要求。同样可根据具体情况作适当调整，尽量减少重新设计在构造要求方面的经济代价。

无论是复核验算和重新设计，均应考虑检测、评定以实测的结果确定相应的设计参数。

《混规》规定

3.7.2 对既有结构进行安全性、适用性、耐久性及抗灾害能力进行评定时，应符合现行国家标准《工程结构可靠性设计统一标准》GB 50153 的原则要求，并应符合下列规定：

1 应根据评定结果、使用要求和后续使用年限确定既有结构的设计方案；

2 既有结构改变用途或延长使用年限时，承载能力极限状态验算宜符合本规范的有关规定；

3 对既有结构进行改建、扩建或加固改造而重新设计时，承载能力极限状态的计算应符合本规范和相关标准的规定；

4 既有结构的正常使用极限状态验算及构造要求宜符合本规范的规定；

5 必要时可对使用功能作相应的调整，提出限制使用的要求。

【例 3.1.1-6】

关于既有结构设计的以下说法是否正确？

Ⅲ. 对既有结构进行改建、扩建而重新设计时，承载能力极限状态的计算应符合现行规范的要求，正常使用极限状态验算宜符合现行规范的要求；

Ⅰ、Ⅱ、Ⅳ略

【答案】 Ⅲ

【解答】 见《混规》3.7.2 条 3、4 款；（Ⅲ）正确

由于我国以往的结构设计与现行规范相比，安全度偏低，且结构耐久性不足，为保证安全，在对既有结构进行改建、扩建或加固修复时，承载力极限状态计算“应”满足现行规范的要求，但对正常使用状态验算及构造措施，考虑到经济等方面的原因，要求可适当放松，“宜”符合现行规范的要求。

（3）既有结构的设计原则

《混规》规定

3.7.3 既有结构的设计应符合下列规定：

1 应优化结构方案，保证结构的整体稳固性；

2 荷载可按现行规范的规定确定，也可根据使用功能作适当的调整；

3 结构既有部分混凝土、钢筋的强度设计值应根据强度的实测值确定；当材料的性能符合原设计的要求时，可按原设计的规定取值；

4 设计时应考虑既有结构构件实际的几何尺寸、截面配筋、连接构造和已有缺陷的影响；当符合原设计的要求时，可按原设计的规定取值；

5 应考虑既有结构的承载历史及施工状态的影响；对二阶段成形的叠合构件，可按本规范第 9.5 节的规定进行设计。

《混规》的“条文说明”

3.7.3 本条规定了既有结构设计的原则。避免只考虑局部加固处理的片面做法。本规范强调既有结构加强整体稳固性的原则，适用的范围更为广泛和系统。应避免由于仅对局部进行加固引起结构承载力或刚度的突变。

设计应考虑既有结构的现状，通过检测分析确定既有部分的材料强度和几何参数，并尽量利用原设计的规定值。结构后加部分则完全按本规范的规定取值。应注意新旧材料结构间的可靠连接，并反映既有结构的承载历史以及施工支撑卸载状态对内力分配的影响。

【例 3.1.1-7】

关于既有结构设计的以下说法是否正确？

Ⅳ. 当进行既有结构改建、扩建时，若材料的性能符合原设计的要求，可按原设计的规定取值。同时，为了保证计算参数的统一，结构后加部分的材料也应按原设计规范的规定取值。

Ⅰ、Ⅱ、Ⅲ略

【答案】 Ⅳ

【解答】 见《混规》3.7.3 条 3 款及条文说明，结构后加部分的材料参数应按现行规范的规定取值。（Ⅳ）错误。

既有结构改、扩建时，应考虑既有结构的现状，通过检测分析确定既有部分的材料强度和几何参数，并尽量利用原设计的规定值，但结构后加部分应按现行的规范取值。

二、材料

1. 材料的选用

（1）混凝土的选用

《混规》规定

4.1.2 素混凝土结构的混凝土强度等级不应低于 C15；钢筋混凝土结构的混凝土强度等级不应低于 C20；采用强度等级 400MPa 及以上的钢筋时，混凝土强度等级不应低于 C25。

承受重复荷载的钢筋混凝土构件，混凝土强度等级不应低于 C30。

（2）钢筋的选用

《混规》4.2.1条的规定和条文说明

4.2.1 混凝土结构的钢筋应按下列规定选用：

1 纵向受力普通钢筋可采用HRB400、HRB500、HRBF400、HRBF500、HRB335、RRB400、HPB300钢筋；梁、柱和斜撑构件的纵向受力普通钢筋宜采用HRB400、HRB500、HRBF400、HRBF500钢筋。

2 箍筋宜采用HRB400、HRBF400、HRB335、HPB300、HRB500、HRBF500钢筋。

4.2.1（条文说明）

1 增加强度为500MPa的高强热轧带肋钢筋；将400MPa、500MPa级高强热轧带肋钢筋作为纵向受力的主导钢筋推广应用，尤其是梁、柱和支撑构件的纵向受力配筋应优先采用400MPa、500MPa级高强钢筋，500MPa级高强钢筋用于高层建筑的柱、大跨度与重荷载梁的纵向受力配筋更为有利；淘汰直径16mm及以上的HRB335热轧带肋钢筋，保留小直径的HRB335钢筋，主要用于中、小跨度楼板配筋以及剪力墙的分布筋配筋，还可用于构件的箍筋与构造配筋；用300MPa级光圆钢筋取代235MPa级光圆钢筋，将其规格限于直径6～14mm，主要用于小规格梁柱的箍筋与其他混凝土构件的构造配筋。对既有结构进行再设计时，235MPa的设计值仍可按原规范取值。

2 推广应用具有较好延性、可焊性、机械连接性能及施工适应性的HRB系列普通热轧带肋钢筋。列入采用控温轧制生产的HRBF400、HRBF500系列细晶粒带肋钢筋，取消牌号HRBF335钢筋。

5 箍筋用于抗剪、抗扭及冲切设计时，其抗拉强度设计值发挥受到限制，不宜采用强度高于400MPa级的钢筋。当用于约束混凝土的间接配筋（如连续螺旋配箍或封闭焊接箍等）时，钢筋的高强度可以得到充分发挥，采用500MPa级钢筋具有一定的经济效益。

2. 材料的设计指标取值

（1）混凝土的设计指标取值

《混规》规定

4.1.1 混凝土强度等级应按立方体抗压强度标准值确定。立方体抗压强度标准值系指按标准方法制作、养护的边长为150mm的立方体试件，在28d或设计规定龄期以标准试验方法测得的具有95%保证率的抗压强度值。

【例3.1.2-1】 混凝土的立方体抗压强度标准值是由混凝土立方体试块测得的，以下关于龄期和保证率的表述中，哪项是对的？

（A）龄期为21d，保证率为90%　　（B）龄期为21d，保证率为95%

（C）龄期为28d，保证率为95%　　（D）龄期为28d，保证率为97.73%

【答案】（C）

【解答】 根据《混规》4.1.1条混凝土的立方体抗压强度是按标准试验方法制作养护的边长为150mm的立方体试块，在28d龄期，用标准试验方法测得的具有95%保证率的抗压强度值。

【例 3.1.2-2】 某批混凝土经抽样测定，其强度等级为 C30，这意味着该批混凝土属于下列何种情况？

(A) 立方体抗压强度达到 30N/mm^{2}的保证率为 95%

(B) 立方体抗压强度的平均值为 30N/mm^2

(C) 立方体抗压强度标准值达到 30N/mm^{2}的保证率为 95%

(D) 立方体抗压强度设计值达到 30N/mm^{2}的保证率为 95%

【答案】(C)

【解答】 根据《混凝土结构设计规范》4.1.1 条。

《混规》规定

4.1.4 混凝土轴心抗压强度的设计值 f_c 应按表 4.1.4-1 采用；

轴心抗拉强度的设计值 f_t 应按表 4.1.4-2 采用；

混凝土轴心抗压强度设计值（N/mm^2）　　表 4.1.4-1

强度	混凝土强度等级													
	C15	C20	C25	C30	C35	C40	C45	C50	C55	C60	C65	C70	C75	C80
f_c	7.2	9.6	11.9	14.3	16.7	19.1	21.1	23.1	25.3	27.5	29.7	31.8	33.8	35.9

混凝土轴心抗拉强度设计值（N/mm^2）　　表 4.1.4-2

强度	混凝土强度等级													
	C15	C20	C25	C30	C35	C40	C45	C50	C55	C60	C65	C70	C75	C80
f_c	0.91	1.10	1.27	1.43	1.57	1.71	1.80	1.89	1.96	2.04	2.09	2.14	2.18	2.22

4.1.5 混凝土受压和受拉的弹性模量 E_c 宜按表 4.1.5 采用。

混凝土的剪切变形模量 G_c 可按相应弹性模量值的 40%采用。

混凝土泊松比 v_c 可按 0.2 采用。

混凝土的弹性模量（×10^4 N/mm^2）　　表 4.1.5

混凝土强度等级	C15	C20	C25	C30	C35	C40	C45	C50	C55	C60	C65	C70	C75	C80
E_c	2.20	2.55	2.80	3.00	3.15	3.25	3.35	3.45	3.55	3.60	3.65	3.70	3.75	3.80

注：1. 当有可靠试验依据时，弹性模量可根据实测数据确定；
2. 当混凝土中掺有大量矿物掺合料时，弹性模量可按规定龄期根据实测数据确定。

4.1.8 当温度在 0℃～100℃范围内时，混凝土的热工参数可按下列规定取值：

线膨胀系数 α_c：1×10^{-5}/℃；

导热系数 λ：10.6kJ/(m·h·℃)；

比热容 c：0.96kJ/(kg·℃)。

(2) 钢筋的设计指标取值

《混规》4.2.2 条的规定和条文说明

4.2.2 钢筋的强度标准值应具有不小于95%的保证率。

4.2.2 （条文说明）

普通钢筋采用屈服强度标志。屈服强度标准值 f_{yk} 相当于钢筋标准中的屈服强度特征值 R_{eL}。由于结构抗倒塌设计的需要，本次修订增列了钢筋极限强度（即钢筋拉断前相应于最大拉力下的强度）的标准值 f_{stk} 相当于钢筋标准中的抗拉强度特征值 R_m。

【例3.1.2-3】 钢筋的强度标准值应具有不低于以下何值的保证率？

（A）100%　（B）98%　（C）95%　（D）90%

【答案】（C）

【解答】 根据《混规》4.2.2条规定，钢筋的强度标准值应具有不小于95%的保证率。

《混规》表4.2.2-1规定和条文说明

牌号	符号	公称直径 d（mm）	屈服强度标准值 f_{yk}	极限强度标准值 f_{stk}
HPB300	Φ	6～14	300	420
HRB335	Φ	6～14	335	455
HRB400 HRBF400 RRB400	Φ $Φ^F$ $Φ^R$	6～50	400	540
HRB500 HRBF500	Φ $Φ^F$	6～50	500	630

表4.2.2-1（条文说明）

本次局部修订中删去了牌号为HRBF335钢筋，对HPB300、HRB335牌号的钢筋的最大公称直径限制在14mm以下。

《混规》4.2.3条的规定和条文说明

4.2.3 普通钢筋的抗拉强度设计值 f_y、抗压强度设计值 f'_y 应按表4.2.3-1采用；当构件中配有不同种类的钢筋时，每种钢筋应采用各自的强度设计值。

对轴心受压构件，当采用HRB500、HRBF500钢筋时，钢筋的抗压强度设计值 f'_y 应取400N/mm²。横向钢筋的抗拉强度设计值 f_{yv} 应按表中 f_y 的数值采用；当用作受剪、受扭、受冲切承载力计算时，其数值大于360N/mm²时应取360N/mm²。

普通钢筋强度设计值（N/mm²）　表4.2.3-1

牌号	抗拉强度设计值 f_y	抗压强度设计值 f'_y
HPB300	270	270
HRB335、HRBF335	300	300
HRB400、HRBF400、RRB400	360	360
HRB500、HRBF500	435	435

4.2.3（条文说明）

本次局部修订中将 500MPa 级钢筋的抗压强度设计值从 410N/mm^2 调整到 435N/mm^2；对轴心受压构件，由于混凝土压应力达到 f_c 时混凝土压应变为 0.002，当采用 500MPa 级钢筋时，其钢筋的抗压强度设计值取 400N/mm^2。

根据试验研究结果，限定受剪、受扭、受冲切箍筋的抗拉强度设计值 f_{yv} 不大于 360N/mm^2；但用作围箍约束混凝土的间接配筋时，其强度设计值不受此限。

当构件中配有不同牌号和强度等级的钢筋时，可采用各自的强度设计值进行计算。因为尽管强度不同，但极限状态下各种钢筋先后均已达到屈服。

【例 3.1.2-4】 HRB400 级钢筋的抗拉强度设计值应为下列何值？

（A）400kN/mm^2　（B）360N/mm^2　（C）540kN/mm^2　（D）36N/mm^2

【答案】（B）

【解答】 根据《混规》4.2.3 条表 4.2.3-1 规定，HRB400 级钢筋的抗拉强度设计值为 360N/mm^2。

【例 3.1.2-5】 钢筋混凝土构件中配有不同种类的钢筋时，其钢筋强度取值，以下叙述何为正确？

（A）各种钢筋均取其中最低等级的钢筋强度

（B）每种钢筋根据其受力情况应采用各自的强度

（C）取各种钢筋强度的平均值

（D）取其中最高等级的钢筋强度

【答案】（B）

【解答】 根据《混规》4.2.3 条的条文说明，钢筋混凝土构件中，配有不同种类的钢筋时，其钢筋强度取值应将多种钢筋根据其受力情况采用各自的强度。

《混规》规定

4.2.5　普通钢筋的弹性模量 E_s 可按表 4.2.5 采用。

钢筋的弹性模量（×10^5 N/mm^2）　　**表 4.2.5**

牌号或种类	弹性模量 E_s
HPB300 钢筋	2.10
HRB335、HRB400、HRB500 钢筋 HRBF335、HRBF400、HRBF500 钢筋 RRB400 钢筋	2.00

注：必要时可采用实测的弹性模量。

3. 并筋

《混规》4.2.7 条的规定和条文说明

4.2.7　构件中的钢筋可采用并筋的配置形式。直径 28mm 及以下的钢筋并筋数量不应超过 3 根；直径 32mm 的钢筋并筋数量宜为 2 根；直径 36mm 及以上的钢筋不应采用并筋。并筋应按单根等效钢筋进行计算，等效钢筋的等效直径应按截面面积相等的原则换算确定。

4.2.7 （条文说明）

并筋等效直径的概念适用于本规范中钢筋间距、保护层厚度、裂缝宽度验算、钢筋锚固长度、搭接接头面积百分率及搭接长度等有关条文的计算及构造规定。

相同直径的二并筋等效直径可取为 1.41 倍单根钢筋直径；三并筋等效直径可取为 1.73 倍单根钢筋直径。二并筋可按纵向或横向的方式布置；三并筋宜按品字形布置，并均按并筋的重心作为等效钢筋的重心。

等直径横向二并筋时，并筋后钢筋重心在原钢筋的重心处，如图 3.1.2-1（a）所示；纵向等直径二并筋时，并筋后钢筋重心在距钢筋下或上表面 d 的位置处，如图 3.1.2-1（b）所示。等直径光圆钢筋采用“品”字形并筋时，并筋后钢筋的重心在距钢筋下表面近似为 0.8d 的位置处；等直径肋形圆钢筋采用“品”字形并筋时，并筋后钢筋的重心在距钢筋下表面近似为 0.87d 的位置处，如图 3.1.2-1（c）所示。等直径光圆钢筋反向“品”字形并筋时。并筋后钢筋的重心在距钢筋上表面近似为 0.8d 的位置处；等直径肋形钢筋反向“品”字形并筋时，并筋后钢筋的重心在距钢筋上表面近似为 0.87d 的位置处，如图 3.1.2-1（d）所示。

图 3.1.2-1　梁内纵向受力钢筋的并筋配置方式

两根直径相同的钢筋、并筋后其等效直径可取 1.41 倍单根直径，即 $d_{eq}=1.41d$。三根直径相同的钢筋、并筋等效宜径取 1.73 倍单根钢筋直径，即 $d_{eq}=1.73d$。等效直径 d_{eq} 可以用于近似计算并筋后钢筋截面积，以直径 20mm 的钢筋为例，其面积为 314.2mm^2，两根并筋后的等效直径为 $d_{eq}=1.41\mathrm{d}=1.41\times 20=28.2$mm，按等效直径计算的横截面积为$\frac{\pi d_{eq}^2}{4}=\frac{3.141\times 28.2^2}{4}=624.46$mm^2。与实际结果有近 4mm^2 差异；再以直径 20mm 的钢筋为例讨论三根并筋时其等效直径 $d_{eq}=1.73d=1.73\times 20=34.6$mm，按等效直径计算的横截面积为$\frac{\pi d_{eq}^2}{4}=\frac{3.141\times 34.6^2}{4}=940$mm^2，与实际结果有 2mm^2 差异。这种微小的面积差异只占钢筋实际面积的 0.64%和 0.21%，不会影响结构设计计算的精度，实用中可以根据并筋的钢筋根数得到并筋后的钢筋面积，也可根据等效直径计算并筋后的钢筋面积。

4. 钢筋代换

《混规》规定

4.2.8 当进行钢筋代换时，除应符合设计要求的构件承载力、最大力下的总伸长率、裂缝宽度验算以及抗震规定以外，尚应满足最小配筋率、钢筋间距、保护层厚度、钢筋锚固长度、接头面积百分率及搭接长度等构造要求。

《抗震》规定

3.9.2 结构材料性能指标，应符合下列最低要求：

2）抗震等级为一、二、三级的框架和斜撑构件（含梯段）其纵向受力钢筋采用普通钢筋时，钢筋的抗拉强度实测值与屈服强度实测值的比值不应小于 1.25，钢筋的屈服强度实测值与屈服强度标准值的比值不应大于 1.3，且钢筋在最大拉力下的总伸长率实测值不应小于 9%。

【例 3.1.2-6】 钢筋代换

条件：某混凝土框架结构，抗震设防烈度为 7 度。框架柱原设计的纵筋为 8⏀22；施工过程中，因现场原材料供应原因，拟用表 3.1.2-1 中的钢筋进行代换。

表 3.1.2-1

钢　　筋	屈服强度实测值	抗拉强度实测值
⏀20	470MPa	550MPa
⏀22	440MPa	510MPa
⏀25	482MPa	610MPa

要求：下列哪种代换方案最为合适？

提示：下列 4 种代换方案均满足强剪弱弯要求。

（A）10⏀20　　（B）4⏀25（角部）+4⏀20（中部）

（C）6⏀25　　（D）4⏀22（角部）+6⏀20（中部）

【答案】（C）

【解答】 按《抗震》第 3.9.2 条，相关计算见表 3.1.2-2。

表 3.1.2-2

钢筋	屈服强度实测值	抗拉强度实测值	抗拉强度实测值/屈服强实测值
20	470MPa	550MPa	550/470=1.17<1.25，不可
22	440MPa	510MPa	510/440=1.16<1.25，不可
25	482MPa	610MPa	610/482=1.26>1.25，可

故表中⏀20、⏀22 钢筋均不满足抗震规范 3.9.2 条的要求，答案（A）、（B）、（D）均错。

三、塑性内力重分布

《混规》规定

5.4.1 混凝土连续梁和连续单向板，可采用塑性内力重分布方法进行分析。

重力荷载作用下的框架、框架一剪力墙结构中的现浇梁以及双向板等，经弹性分析求得内力后，可对支座或节点弯矩进行适度调幅，并确定相应的跨中弯矩。

5.4.2 按考虑塑性内力重分布分析方法设计的结构和构件，应选用符合本规范第 4.2.4 条规定的钢筋，并应满足正常使用极限状态要求且采取有效的构造措施。

> 对于直接承受动力荷载的构件，以及要求不出现裂缝或处于三 a、三 b 类环境情况下的结构，不应采用考虑塑性内力重分布的分析方法。
>
> **5.4.3** 钢筋混凝土梁支座或节点边缘截面的负弯矩调幅幅度不宜大于 25%；弯矩调整后的梁端截面相对受压高度不应超过 0.35，且不宜小于 0.10。
>
> 钢筋混凝土板的负弯矩调幅幅度不宜大于 20%。

《高规》规定

> **5.2.3** 在竖向荷载作用下，可考虑框架梁端塑性变形内力重分布对梁端负弯矩乘以调幅系数进行调幅，并应符合下列规定：
>
> 1 装配整体式框架梁端负弯矩调幅系数可取 0.7～0.8，现浇框架梁端负弯矩调幅系数可取为 0.8～0.9；
>
> 2 框架梁端负弯矩调幅后，梁跨中弯矩应按平衡条件相应增大；
>
> 3 应先对竖向荷载作用下框架梁的弯矩进行调幅，再与水平作用产生的框架梁弯矩进行组合；
>
> 4 截面设计时，框架梁跨中截面正弯矩设计值不应小于竖向荷载作用下按简支梁计算的跨中弯矩设计值的 50%。

由于按弹性计算连续梁内力的结果，一般支座截面负弯矩较大，使得支座配筋密集，造成施工不便。所以，一般都将支座截面的最大负弯矩值调低，即减少支座弯矩，这样不但可以节约钢筋，还可以改善配筋过于拥挤的现象。但弯矩减少的程度，必须遵守下列原则：

（1）调整后的支座弯矩应大于或等于按弹性计算的弯矩的 75%，

$$M_{塑} \geqslant 0.75 M_{弹}$$

也就是不希望调幅大于 25%。这是考虑到如果调幅过大，即内力重分布的过程过长，结构产生的裂缝及变形过大，将影响结构的正常使用，所以规范规定了调幅的范围。

（2）为保证弯矩调幅 25%的内力重分布充分实现，塑性铰的转动能力与该截面相对压区高度 ξ 有关，ξ 越大、塑性铰转动幅度越小。规范规定相对压区高度应满足下列要求：

$$\xi = \frac{x}{h_0} \leqslant 0.35$$

截面相对压区高度 ξ 过小，会出现因塑性铰区的裂缝太宽、压区太小而混凝土被压碎、导致内力重分布无法充分展开。故规范又规定相对压区高度应满足下列要求：

$$\xi = \frac{x}{h_0} \geqslant 0.10$$

如果截面按计算配有受压钢筋，在计算 ξ 时，可考虑受压钢筋的作用。

在中等或较低的配筋率下，塑性铰的转动能力取决于钢筋的流幅。由于软钢具有足够长的流幅，所以在钢筋屈服后截面还要经历一段较长的变形过程才破坏，因此，可以认为其内力重分布是充分的。按塑性内力重分布计算的结构杆件钢筋应具有良好的塑性性能，宜采用 HPB300 级、HRB335 级、HRB400 级、HRBF335 级、HRBF400 级、RRB400 级钢筋作为纵向受力钢筋。

(3) 为保证结构的安全，应使调整后的每跨弯矩遵循梁的弯矩分布规律，例如均布荷载时，每跨两端支座弯矩绝对值的平均值 $(M_A+M_B)/2$ 与跨中弯矩 M_C 之和，不小于相当的单跨简支梁跨中弯矩 M_0，即

$$\frac{|M_A|+|M_B|}{2}+M_{中}\geqslant\frac{(g+p)l^2}{8}$$

(4) 如果支座附近的受剪承载力不足，在梁中尚未形成塑性铰前，支座截面就已发生斜截面破坏。以致过早地结束了结构的内力重分布。这在设计中也应予以避免。所以，考虑结构内力重分布后。结构构件应具有足够的受剪承载力。以防过早发生斜截面破坏。

【例 3.1.3-1】 框架梁的塑性内力重分布计算

条件：有三跨现浇框架梁，跨度为 6.1m、3.0m、6.1m，已知梁上作用有均布荷载设计值 $q=40$kN/m，经计算已知三层横梁的支座弯矩如图 3.1.3-1 所示，负号表示梁上部受拉。当考虑梁端塑性变形内力重分布而对梁端负弯矩进行调幅，并取调幅系数为 0.8 时。

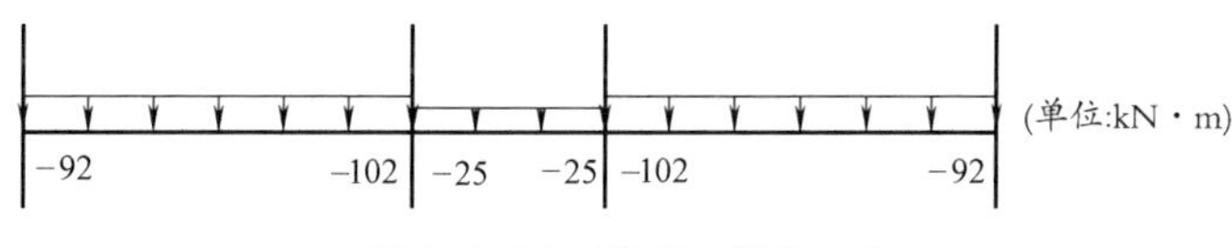

图 3.1.3-1（单位：kN·m）

要求：边横梁的跨中弯矩设计值。

【解答】(1) 根据《高规》5.2.3 条 1 款，取梁端调幅系数为 0.8，调整后的支座弯矩为

$$M_{左}=-92\times0.8=-73.6\text{kN}\cdot\text{m}$$

$$M_{右}=-102\times0.8=-81.6\text{kN}\cdot\text{m}$$

(2) 根据《高规》5.2.3 条 2 款

按简支梁计算跨中弯矩 $M_0=\frac{ql^2}{8}=\frac{40\times6.1^2}{8}=186.05\text{kN}\cdot\text{m}$

由平衡条件 $M_{中}=M_0-\frac{M_{左}+M_{右}}{2}=186.05-\frac{73.6+81.6}{2}=108.45\text{kN}\cdot\text{m}$

(3) 根据《高层建筑混凝土结构技术规程》5.2.3 条第 4 款

检查 $M_{中}=108.45>\frac{M_0}{2}=\frac{186.05}{2}=93.03\text{kN}\cdot\text{m}$

取 $M_{中}=108.45\text{kN}\cdot\text{m}$

【例 3.1.3-2】 计算调幅后的跨中弯矩

条件：有三跨现浇框架梁，左边跨的跨度为 6.1m，梁上恒荷载标准值为 25.75kN/m，活荷载标准值为 8kN/m。梁左边跨的内力标准值如表 3.1.3-1 所示。

表 3.1.3-1

荷　　载	左端弯矩(kN·m)	跨中弯矩(kN·m)	右端弯矩(kN·m)
恒载	−54.50	54.16	−76.41
活载	−17.20	16.83	−25.74

要求：若取梁端调幅系数为0.8，对重力荷载的弯矩进行调幅。计算调幅后的跨中弯矩标准值$M_{中}$(kN·m)。

【解答】根据《高规》4.3.6条规定：

$$M_{左}=-54.50+0.5\times(-17.20)=-63.10\text{kN}\cdot\text{m}$$

$$M_{中}=54.16+0.5\times16.83=62.58\text{kN}\cdot\text{m}$$

$$M_{右}=-76.41+0.5\times(-25.74)=-89.28\text{kN}\cdot\text{m}$$

根据《高规》5.2.3条1款：

$$M_{左}=-63.1\times0.8=-50.48\text{kN}\cdot\text{m}$$

$$M_{右}=-89.28\times0.8=-71.42\text{kN}\cdot\text{m}$$

根据《高规》5.2.3条第2款：

$$M_0=\frac{1}{8}ql^2=\frac{1}{8}\times(25.75+0.5\times8)\times6.1^2=138.37\text{kN}\cdot\text{m}$$

$$M_{中}=M_0-\frac{M_{右}+M_{左}}{2}=138.37-\frac{50.48+71.42}{2}$$

$$=77.42\text{kN}\cdot\text{m}>\frac{M_0}{2}=69.19\text{kN}\cdot\text{m}$$

3.2 构　造　规　定

一、混凝土保护层

《混规》8.2.1条的规定和条文说明

8.2.1 构件中普通钢筋及预应力筋的混凝土保护层厚度应满足下列要求。

1 构件中受力钢筋的保护层厚度不应小于钢筋的公称直径d；

2 设计使用年限为50年的混凝土结构，最外层钢筋的保护层厚度应符合表8.2.1的规定；设计使用年限为100年的混凝土结构，最外层钢筋的保护层厚度不应小于表8.2.1中数值的1.4倍。

混凝土保护层的最小厚度c(mm)　　　　表8.2.1

环境类别	板、墙、壳	梁、柱、杆
一	15	20
二a	20	25
二b	25	35
三a	30	40
三b	40	50

注：1 混凝土强度等级不大于C25时，表中保护层厚度数值应增加5mm；
2 钢筋混凝土基础宜设置混凝土垫层，基础中钢筋的混凝土保护层厚度应从垫层顶面算起，且不应小于40mm。

8.2.1 （条文说明）

1 混凝土保护层厚度不小于受力钢筋直径（单筋的公称直径或并筋的等效直径）的要求，是为了保证握裹层混凝土对受力钢筋的锚固。

2 从混凝土碳化、脱钝和钢筋锈蚀的耐久性角度考虑，不再以纵向受力钢筋的外缘，而以最外层钢筋（包括箍筋、构造筋、分布筋等）的外缘计算混凝土保护层厚度。

4 根据混凝土碳化反应的差异和构件的重要性，按平面构件（板、墙、壳）及杆状构件（梁、柱、杆）分两类确定保护层厚度；表中不再列入强度等级的影响，C30及以上统一取值，C25 及以下均增加 5mm。

【例 3.2.1-1】 混凝土保护层厚度一般指的是下列何项？

（A）箍筋外边缘至混凝土表面的距离

（B）纵筋外边缘至混凝土表面的距离

（C）受拉钢筋重心至混凝土表面的距离

（D）受压钢筋重心至混凝土表面的距离

【答案】（A）

【解答】 根据《混规》8.2.1 条的条文说明。

【例 3.2.1-2】 一类环境中，设计使用年限为 100 年的预应力混凝土梁，混凝土强度等级为 C40. 混凝土保护层厚度取以下何项数值为妥？

（A）28mm　　（B）25mm　　（C）35mm　　（D）20mm

【答案】（A）

【解答】 根据《混规》8.2.1 条 2 款的规定，设计使用年限为 100 年的混凝土结构，保护层厚度应按本规范表 8.2.1 的规定增加 40%，即：$20\times(1+40\%)\text{mm}=28\text{mm}$

二、钢筋的锚固

1. 基本锚固长度

《混规》规定

8.3.1 当计算中充分利用钢筋的抗拉强度时，受拉钢筋的锚固应符合下列要求：

1 基本锚固长度应按下列公式计算：

普通钢筋

$$l_{ab}=\alpha\frac{f_y}{f_t}d \tag{8.3.1-1}$$

预应力筋

$$l_{ab}=\alpha\frac{f_{py}}{f_t}d \tag{8.3.1-2}$$

式中 l_{ab}——受拉钢筋的基本锚固长度；

f_y、f_{py}——普通钢筋、预应力筋的抗拉强度设计值；

f_t——混凝土轴心抗拉强度设计值，当混凝土强度等级高于 C60 时，按 C60 取值；

d——锚固钢筋的直径；

α——锚固钢筋的外形系数，按表 8.3.1 取用。

锚固钢筋的外形系数 α **表 8.3.1**

钢筋类型	光圆钢筋	带肋钢筋	螺旋肋钢丝	三股钢绞线	七股钢绞线
α	0.16	0.14	0.13	0.16	0.17

注：光圆钢筋末端应做 180°弯钩，弯后平直段长度不应小于 $3d$，但作受压钢筋时可不做弯钩。

【例 3.2.2-1】 纵向受拉钢筋的基本锚固长度

条件：C20 级混凝土和 HPB300 级钢筋

要求：纵向受拉钢筋的基本锚固长度 l_{ab}

【解答】 查《混规》：$f_y=270\text{N/mm}^2$，$f_t=1.1\text{N/mm}^2$；

根据《混规》表 8.3.1，锚固钢筋的外形系数 $\alpha=0.16$

代入《混规》式（8.3.1-1）：

$$l_{ab}=\alpha\frac{f_r}{f_t}d=0.16\times\frac{270}{1.1}d=39d$$

2. 受拉钢筋的锚固长度

《混规》规定

8.3.1

2 受拉钢筋的锚固长度应根据锚固条件按下列公式计算，且不应小于 200mm：

$$l_a=\xi_a l_{ab} \tag{8.3.1-3}$$

式中 l_a——受拉钢筋的锚固长度；

ξ_a——锚固长度修正系数，对普通钢筋按本规范第 8.3.2 条的规定取用，当多于一项时，可按连乘计算，但不应小于 0.6；对预应力筋，可取 1.0。

梁柱节点中纵向受拉钢筋的锚固要求应按本规范第 9.3 节（Ⅱ）中的规定执行。

8.3.2 纵向受拉普通钢筋的锚固长度修正系数 ξ_a 应按下列规定取用：

1 当带肋钢筋的公称直径大于 25mm 时取 1.10；

2 环氧树脂涂层带肋钢筋取 1.25；

3 施工过程中易受扰动的钢筋取 1.10；

4 当纵向受力钢筋的实际配筋的面积大于其设计计算面积时，修正系数取设计计算面积与实际配筋面积的比值，但对有抗震设防要求及直接承受动力荷的结构构件，不应考虑此项修正；

5 锚固钢筋的保护层厚度为 $3d$ 时修正系数可取 0.80，保护层厚度为 $5d$ 时修正系数可取 0.70，中间按内插取值，此处 d 为锚固钢筋的直径。

【例 3.2.2-2】 普通钢筋的锚固长度

条件：C25 级混凝土，HRB400 级热轧钢筋Φ22 和Φ28。

要求：求锚固长度 l_a。

【解答】 查《混规》：$f_y=360\text{N/mm}^2$，$f_t=1.27\ \text{N/mm}^2$；$\alpha=0.14$，代入《混规》公式（8.3.1-3）：

Φ22：$l_a=\alpha\frac{f_y}{f_t}d=0.14\times\frac{360}{1.27}d=39.69=874\text{mm}$

Φ28：$l_a=1.1\alpha\dfrac{f_y}{f_t}d=1.1\times0.14\times\dfrac{360}{1.27}d=43.65d=1223\text{mm}$

此处，修正系数 1.1 是考虑钢筋直径>25mm 的影响。

【例 3.2.2-3】 纵向受拉钢筋的锚固长度 l_a

条件：某生根于大体积钢筋混凝土结构中的非抗震设防承受静力荷载悬臂受弯构件，其纵向受拉钢筋为 HRB400 级直径 32mm 钢筋；钢筋在锚固区的混凝土保护层厚度等于钢筋直径的 3 倍且配有箍筋；实配纵向受拉钢筋的截面面积为设计计算面积的 1.05 倍；混凝土强度等级为 C40。

要求：纵向受拉钢筋的锚固长度 l_a。

【解答】 按《混规》8.3.1 条规定，$l_{ab}=\alpha\dfrac{f_y}{f_t}d$，令 $d=32\text{mm}$，$f_y=360\text{N/mm}^2$，$f_t=1.71\text{N/mm}^2$，$\alpha=0.14$，代入得：

$$l_{ab}=0.14\times\frac{360}{1.71}\times32=943\text{mm}$$

由于 $d>25\text{mm}$，其锚固长度应乘以 1.1 修正系数；还由于锚固区钢筋的保护层等于钢筋直径 3 倍，其锚固长度可乘以修正系数 0.8；此外，由于实配钢筋较多，可乘以设计计算面积与实际配筋的比值 1/1.05，因而最终经修正的锚固长度 l_a 为：

$$l_a=1.1\times0.8\times\frac{1}{1.05}\times943=790\text{mm}>0.6l_{ab}=566\text{mm}$$

3. 受压钢筋的锚固长度

《混规》规定

> **8.3.4** 混凝土结构中的纵向受压钢筋，当计算中充分利用其抗压强度时，锚固长度不应小于相应受拉锚固长度的 70%。
>
> 受压钢筋不应采用末端弯钩和一侧贴焊锚筋的锚固措施。
>
> 受压钢筋锚固长度范围内的横向构造钢筋应符合本规范第 8.3.1 条的有关规定。

【例 3.2.2-4】 受压钢筋锚固长度 l'_a 与受拉锚固长度 l_a 的关系为下列何式？

(A) $l'_a=l_a$　　(B) $l'_a\geqslant0.9l_a$　　(C) $l'_a\geqslant0.8l_a$　　(D) $l'_a\geqslant0.7l_a$

【答案】 (D)

【解答】 由《混规》8.3.4 条。

三、钢筋的连接

1. 钢筋的连接接头

《混规》规定

> **8.4.1** 钢筋连接可采用绑扎搭接、机械连接或焊接。机械连接接头及焊接接头的类型及质量应符合国家现行有关标准的规定。
>
> 混凝土结构中受力钢筋的连接接头宜设置在受力较小处。在同一根受力钢筋上宜少设接头。在结构的重要构件和关键传力部位，纵向受力钢筋不宜设置连接接头。
>
> **8.4.2** 轴心受拉及小偏心受拉杆件的纵向受力钢筋不得采用绑扎搭接；其他构件中的钢筋采用绑扎搭接时，受拉钢筋直径不宜大于 25mm，受压钢筋直径不宜大于 28mm。

8.4.9 需进行疲劳验算的构件，其纵向受拉钢筋不得采用绑扎搭接接头，也不宜采用焊接接头，除端部锚固外不得在钢筋上焊有附件。

当直接承受吊车荷载的钢筋混凝土吊车梁、屋面梁及屋架下弦的纵向受拉钢筋采用焊接接头，应符合下列规定：

1 应采用闪光接触对焊，并去掉接头的毛刺及卷边；

2 同一连接区段内纵向受拉钢筋焊接接头面积百分率不应大于25%，焊接接头连接区段的长度应取为$45d$，d为纵向受力钢筋的较大直径；

3 疲劳验算时，焊接接头应符合本规范第4.2.6条疲劳应力幅限值的规定。

【例3.2.3-1】 关于各类连接接头的适用范围，下列何项规定不正确？

(A) 需作疲劳验算的构件，纵向拉筋不得采用搭接接头，也不宜采用焊接接头

(B) 轴拉及小偏拉构件的纵向受力钢筋不得采用绑扎搭接接头

(C) 受压钢筋直径$d>32$mm时，不宜采用绑扎搭接接头

(D) 其他构件的受拉钢筋直径$d\leqslant28$mm时，可采用搭接接头

【答案】(D)

【解答】

(A) 根据《混规》8.4.9条是对的。

(B) 根据《混规》8.4.2条是对的。

(C) 根据《混规》8.4.2条是对的。

(D) 根据《混规》8.4.2条是错的、应≤25mm。

【例3.2.3-2】 下列连接设计的原则中何项正确？

(A) 受力钢筋接头宜设在受力较小处

(B) 在纵向受力钢筋搭接长度范围内应配置箍筋，其直径不应小于搭接钢筋较大直径的$d/4$倍

(C) 同一构件中相邻纵向受力筋的绑扎搭接接头宜互相错开

(D) 纵向受力筋的机械连接接头或焊接接头宜互相错开

(E) 同一钢筋上宜少设接头

【答案】(A)、(B)、(C)、(E)

【解答】

(A) 见《混规》8.4.1条。

(B) 见《混规》8.4.6条，8.3.1条。

(C) 见《混规》8.4.3条。

(D) 见《混规》8.4.7条、8.4.8条，对机械连接接头是对的，对焊接接头要求更严，是“应互相错开”，“宜互相错开”是不够的。

(E) 见《混规》8.4.1条。

2. 钢筋的绑扎搭接连接

(1) 同一连接区段内的受拉钢筋搭接接头面积百分率

《混规》规定

8.4.3 同一构件中相邻纵向受力钢筋的绑扎搭接接头宜互相错开。钢筋绑扎搭接接头连接区段的长度为 1.3 倍搭接长度，凡搭接接头中点位于该连接区段长度内的搭接接头均属于同一连接区段（图 8.4.3）。同一连接区段内纵向受力钢筋搭接接头面积百分率为该区段内有搭接接头的纵向受力钢筋与全部纵向受力钢筋截面面积的比值。当直径不同的钢筋搭接时，按直径较小的钢筋计算。

位于同一连接区段内的受拉钢筋搭接接头面积百分率：对梁类、板类及墙类构件，不宜大于 25%；对柱类构件，不宜大于 50%。当工程中确有必要增大受拉钢筋搭接接头面积百分率时，对梁类构件，不宜大于 50%；对板、墙、柱及预制构件的拼接处，可根据实际情况放宽。

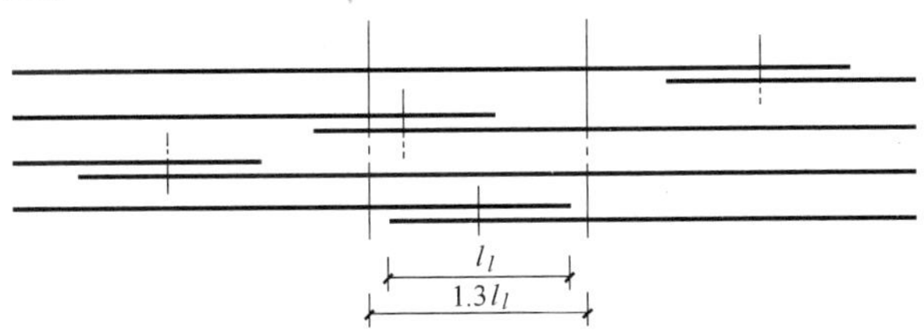

图 8.4.3　同一连接区段内纵向受拉钢筋的绑扎搭接接头

注：图中所示同一连接区段内的搭接接头的钢筋为两根，当钢筋直径相同时，钢筋搭接接头面积百分率为 50%。

【例 3.2.3-3】 钢筋混凝土结构中，当采用绑扎搭接接头时，位于同一连接区段内受拉钢筋搭接接头面积的百分率分别按梁类和柱类构件不宜大于何项？

(A) 50%，25%　(B) 50%，59%　(C) 25%，50%　(D) 50%，不限制

【答案】(C)

【解答】 根据《混规》8.4.3 条，位于同一连接区段内的受拉钢筋搭接接头面积百分率：对梁类、板类及墙类构件，不宜大于 25%；对柱类构件，不宜大于 50%。当工程中确有必要增大受拉钢筋搭接按接头面积百分率时，对梁类构件、不应大于 50%；对板类、墙类及柱类构件，可根据实际情况放宽。

(2) 纵向受拉钢筋的搭接长度

《混规》规定

8.4.4 纵向受拉钢筋绑扎搭接接头的搭接长度，应根据位于同一连接区段内的钢筋搭接接头面积百分率按下列公式计算，且不应小于 300mm。

$$l_1 = \xi_l l_a \tag{8.4.4}$$

式中 l_1——纵向受拉钢筋的搭接长度；

ξ_l——纵向受拉钢筋搭接长度修正系数，按表 8.4.4 取用。当纵向搭接钢筋接头面积百分率为表的中间值时，修正系数可按内插取值。

纵向受拉钢筋搭接长度修正系数　　表 8.4.4

纵向搭接钢筋接头面积百分率(%)	≤25	50	100
ξ_l	1.2	1.4	1.6

【例 3.2.3-4】 关于搭接长度l_l的取值，下列规定何项不正确？

（A）受拉钢筋的搭接长度l_l不应小于$1.2l_a$

（B）对梁、板、墙类构件，搭接接头面积百分率不宜大于25%。当其小于等于25%时，$l_l=1.2l_a$，且不应小于300mm

（C）对柱类构件，搭接接头面积百分率不宜大于50%；当其为50%时，$l_l=1.4l_a$，且不应小于300mm

（D）纵向受压筋搭接长度l_l'不应小于$0.7l_l$，且均不应小于200mm

【答案】（A）

【解答】

（A）根据《混规》8.4.4条的规定，不同的搭接接头面积百分率对l_l有不同的要求，不正确。

（B）根据《混规》8.4.3条、8.4.4条，正确。

（C）根据《混规》8.4.3条、8.4.4条，正确。

（D）根据《混规》8.4.5条，正确。

【例 3.2.3-5】 某钢筋混凝土次梁，下部纵向钢筋配置为4⌀20，$f_y=360\text{N/mm}^2$，混凝土强度等级为C30，$f_t=1.43\text{N/mm}^2$。在施工现场检查时，发现某处采用绑扎搭按接头，其接头方式如图3.2.3-1所示。试问，钢筋最小搭接长度l_l（mm），应与下列何项数值最为接近？

（A）846　　（B）992

（C）1110　　（D）1283

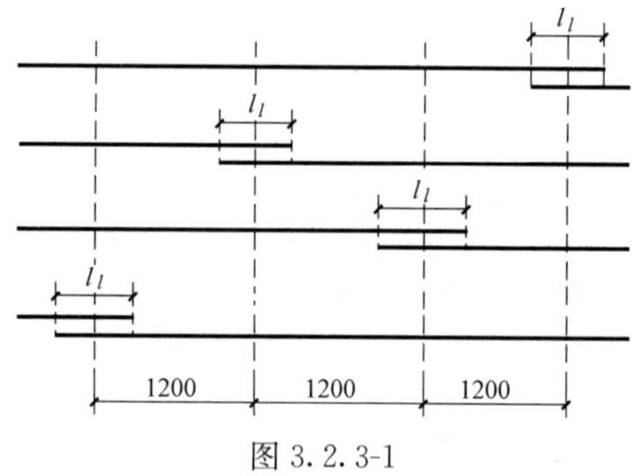

图 3.2.3-1

【答案】（A）

【解答】 由《混规》8.4.3条，式（8.4.4），式（8.3.1-1）

假定接头面积百分率为25%

$$l_l=\xi_b l_a=1.2\times\alpha\frac{f_y}{f_t}d=1.2\times0.14\times\frac{360}{1.43}\times20=846\text{mm}$$

接头连接区段的长度为$1.3l_l=1.3\times846=1099.8\text{mm}$

相邻搭接接头中点为$1200\text{mm}>1.3l_l=1099.8\text{mm}$，即搭接区段长度内只有1个接头，接头面积百分率为25%，原假定符合。

（3）并筋的绑扎搭接连接

《混规》规定

> **8.4.3** 并筋采用绑扎搭接连接时，应按每根单筋错开搭接的方式连接。接头面积百分率应按同一连接区段内所有的单筋钢筋计算。并筋中钢筋的搭接长度应按单筋分别计算。

【例 3.2.3-6】 某现浇钢筋混凝土梁，混凝土强度等级C30，梁底受拉纵筋按并筋方式配置了2×2⌀25的HRB400普通热轧带肋钢筋。已知纵筋混凝土保护层厚度为40mm，该纵筋配置比设计计算所需的钢筋面积大了 20%。该梁无抗震设防要求也不直接承受动力荷载，采取常规方法施工，梁底钢筋采用搭接连接，接头方式如图 3.2.3-2 所示。要求同一链接区段内钢筋接头面积的 25%。试问，图中所示的搭接接头中点之间的最小间距 L（mm）应与下列何项数值最为接近？

（A）1400　　（B）1600　　（C）　1800　　（D）2000

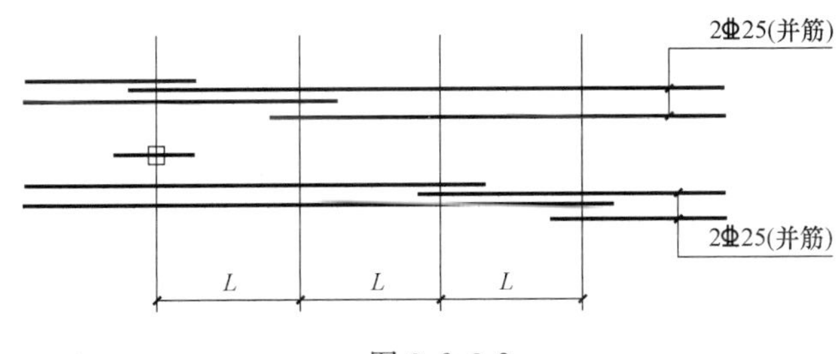

图 3.2.3-2

【答案】（A）

【解答】根据《混规》8.4.3 条并筋中钢筋的搭接长度应按单筋分别计算。

根据《混规》公式（8.3.1-1），$l_{ab}=\alpha\dfrac{f_y}{f_t}d=0.14\times\dfrac{360}{1.43}\times25=881\text{mm}$

根据《混规》第 8.3.1 条及 8.3.2 条，$l_a=\zeta_a l_{ab}=\dfrac{1}{1.2}\times881=734\text{mm}$

根据《混规》第 8.4.4 条，$l_l=\zeta_l l_a=1.2\times734=811\text{mm}$

根据《混规》第 8.4.3 条，$l=1.3l_l=1.3\times881=1145\text{mm}$

（4）受压钢筋的搭接长度

《混规》规定

> **8.4.5**　构件中的纵向受压钢筋当采用搭接连接时，其受压搭接长度不应小于本规范第 8.4.4 条纵向受拉钢筋搭接长度的 70%，且不应小于 200mm。

【例 3.2.3-7】受压钢筋的搭接长度

条件：混凝土基础内伸出 8 根 $d=25\text{mm}$ 的纵向钢筋和圆形截面柱中的 8⌀20 纵向受压钢筋搭接，钢筋为 HRB400 级，混凝土为 C30 级。

要求：搭接长度（mm）。

【解答】查《混规》得 $f_y=360\text{N/mm}^2$，$f_t=1.43\text{N/mm}^2$，$\alpha=0.14$，代入《混规》公式（8.3.1-1）得钢筋的锚固长度

$$l_a=\alpha\frac{f_y}{f_t}d=0.14\times360\times20/1.43=704.90\text{mm}$$

搭接接头面积百分率为 100%，查《混规》表 8.4.3 得搭接长度修正系数为 $\xi=1.6$。

根据《混规》第 8.4.4 条得受压搭接长度

$$l_l=0.7\xi l_a=0.7\times1.6\times704.90=789\text{mm}>200\text{mm}$$

3. 钢筋的焊接连接

《混规》规定

8.4.8 细晶粒热轧带肋钢筋以及直径大于 28mm 的带肋钢筋，其焊接应经试验确定；余热处理钢筋不宜焊接。

纵向受力钢筋的焊接接头应相互错开。钢筋焊接接头连接区段的长度为 $35d$ 且不小于 500mm，d 为连接钢筋的较小直径，凡接头中点位于该连接区段长度内的焊接接头均属于同一连接区段。

纵向受拉钢筋的接头面积百分率不宜大于 50%，但对预制构件的拼接处，可根据实际情况放宽。纵向受压钢筋的接头百分率可不受限制。

【例 3.2.3-8】 关于位于同一连接区段机械连接接头或焊接接头面积百分率的下列规定何项不正确？

(A)、(D) 略

(B) 纵向拉筋焊接接头面积百分率不应大于 25%

(C) 纵向压筋焊接接头面积百分率可不受限制

【答案】 (B)

【解答】

(B) 根据《混规》8.4.8 条，纵向受拉钢筋接头面积百分率不应大于 50%。

(C) 根据《混规》8.4.8 条，正确。

4. 抗震搭接长度

《混规》规定

11.1.7 混凝土结构构件的纵向受力钢筋的锚固和连接除应符合本规范 8.3 节和 8.4 节的有关规定外，尚应符合下列要求：

1 纵向受拉钢筋的抗震锚固长度 l_{aE} 应按下式计算：

$$l_{aE}=\zeta_{aE}l_a \tag{11.1.7-2}$$

式中：ζ_{aE}——纵向受拉钢筋抗震锚固长度修正系数，对一、二级抗震等级取 1.15，对三级抗震等级取 1.05. 对四级抗震等级取 1.00；

l_a——纵向受拉钢筋的锚固长度，按本规范第 8.3.1 条确定。

2 当采用搭接连接时，纵向受拉钢筋的抗震搭接长度 l_{lE} 应按下列公式计算：

$$l_{lE}=\zeta_l l_{aE} \tag{11.1.7-2}$$

式中：ζ_l——纵向受拉钢筋抗震锚固长度修正系数，按本规范第 8.4.4 条确定。

3 纵向受力钢筋的搭接可采用绑扎搭接、机械连接去掉或焊接。

4 纵向受力钢筋连接的位置避开梁端、柱端箍筋加密区；如必须在此连接时，应采用机械连接或焊接。

5 混凝土构件位于同一连接区段内的纵向受力钢筋接头面积百分率不宜超过 50%。

【例 3.2.3-9】 某钢筋混凝土柱，抗震等级二级，混凝土 C40，HRB400 钢筋；在交搭的受拉钢筋⌀20 与⌀25 接头处，采用绑扎搭接连接。当同一连接区段接头面积为 50%，该钢筋连接接头处的最小抗震搭接长度？

(A) 949mm　　(B) 791mm　　(C) 564mm　　(D) 751mm

【答案】 (A)

【解答】

(1) 本题同一连接区段接头面积为 50%，满足《混规》11.1.7 条 5 款接头面积不宜超过 50%的规定。

(2) 根据《混规》8.3.1 条式（8.3.1），$l_a=\alpha\dfrac{f_y}{f_t}\cdot d$。

此处，$\alpha=0.14$（带肋钢筋），$f_y=360\text{N/mm}^2$，$f_t=1.71\text{N/mm}^2$。计算搭接长度时应采取较细的钢筋直径，所以 $l_a=0.14\times\dfrac{360}{1.71}\times20\text{mm}=589.5\text{mm}$

(3) 根据《混规》11.1.7 条 1 款式（11.1.7-1）

$$l_a=1.15l_a=1.15\times589.5\text{mm}=677.9\text{mm}$$

(4) 根据《混规》8.4.4 条表 8.4.4，当纵向钢筋接头面积百分率 50%时，纵向受力钢筋搭接长度修正系数 $\zeta_l=1.4$

(5) 根据《混规》11.1.7 条 2 款式（11.1.7-2）

$$l_{lE}=\zeta_l l_{aE}=1.4\times677.9\text{mm}=949\text{mm}$$

四、纵向受力钢筋的最小配筋率

1. 受压构件

《混规》规定

8.5.1 钢筋混凝土结构构件中纵向受力钢筋的配筋百分率 ρ_{min} 不应小于表 8.5.1 规定的数值。

纵向受力钢筋的最小配筋百分率 ρ_{min}（%）　　表 8.5.1

受力类型			最小配筋百分率
受压构件	全部纵向钢筋	强度等级 500MPa	0.50
		强度等级 400MPa	0.55
		强度等级 300MPa、335MPa	0.60
	一侧纵向钢筋		0.20

注：1 受压构件全部纵向钢筋最小配筋百分率，当采用 C60 以上强度等级的混凝土时，应按表中规定增加 0.10；

2 偏心受拉构件中的受压钢筋，应按受压构件一侧纵向钢筋考虑；

3 受压构件的全部纵向钢筋和一侧纵向钢筋的配筋率以及轴心受拉构件和小偏心受拉构件一侧受拉钢筋的配筋率均应按构件的全截面面积计算；

4 当钢筋沿构件截面周边布置时，“一侧纵向钢筋”系指沿受力方向两个对边中一边布置的纵向钢筋。

【例 3.2.4-1】 偏心受压柱纵向受力钢筋的 A_{min} 数值

条件：有一截面尺寸为 600mm×600mm 的偏心受压柱，$h_0=560\text{mm}$，采用 C45 级混凝土，HRB400 级钢筋。计算表明该柱为大偏心。

要求：受拉钢筋 A_s，受压钢筋 A_s'，及全部钢筋 $\sum A_s+A_s'$ 的最小钢筋面积

【解答】 根据《混规》表 8.5.1，受压构件一侧纵筋，不管受拉、受压 $\rho_{min}=\rho'_{min}=0.002$，并按全截面面积计算，故

$A_s=A_s'\geqslant0.002bh=0.002\times600^2=720\text{mm}^2$，全部纵向受力钢筋的最小配筋率为0.55%，$A_s=A_s'=0.0055bh=0.055\times600^2=1980\text{mm}^2$。

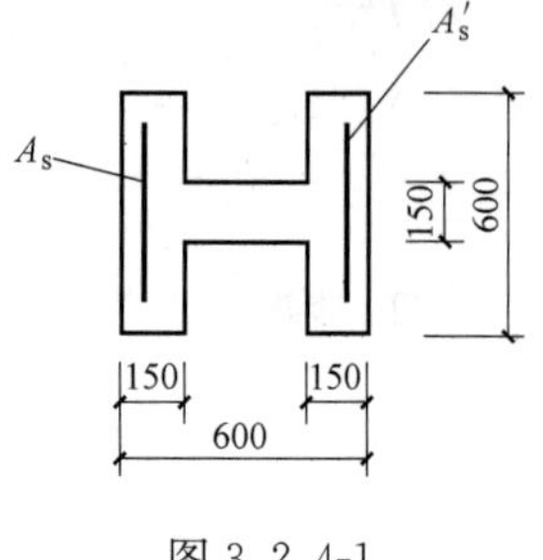

图 3.2.4-1

【例 3.2.4-2】 工字形柱的最小钢筋面积

条件：图 3.2.4-1 所示一钢筋混凝土工字形柱，大偏心受压，不对称配筋。采用C60级混凝土，HRB400级热轧钢筋。

要求：受拉钢筋 A_s，受压钢筋 A_s'和全部钢筋$\sum A_s$ 的最小钢筋面积。

【解答】 查《混规》表 8.5.1 得受压构件一侧纵筋，不管受压受拉，$\rho_{\min}=\rho_{\min}'=0.002$，并按全截面面积计算，故

$$A_s'=A_s=0.002A=0.002\times(600\times600-2\times225\times300)=450\text{mm}^2$$

查《混规》表 8.5.1 得全部纵向钢筋的最小配筋百分率 $\rho_{\min}=0.0055$

$$\sum A_s=0.0055\times(600\times600-2\times225\times300)=1238\text{mm}^2$$

2. 受弯、受拉构件

《混规》规定

8.5.1 钢筋混凝土结构构件中纵向受力钢筋的配筋百分率 $\rho_{\min}$ 不应小于表 8.5.1 规定的数值。

纵向受力钢筋的最小配筋百分率 $\rho_{\min}$（%）　　表 8.5.1

受力类型	最小配筋百分率
受弯构件、偏心受拉、轴心受拉构件一侧的受拉钢筋	0.20 和 $45f_t/f_y$ 中的较大值

3 偏心受拉构件中的受压钢筋，应按受压构件一侧纵向钢筋考虑；

5 受弯构件、大偏心受拉构件一侧受拉钢筋的配筋率应按全截面面积扣除受压翼缘面积 $(b_r'-b)h_f'$后的截面面积计算；

当受弯构件截面为矩形或T形截面，其最小受拉钢筋面积为

$$A_{s,\min}=\rho_{\min}bh$$

当受弯构件截面为I形或倒T形时，其最小受拉钢筋面积应考虑受拉区翼缘悬出部分的面积，即

$$A_{s,\min}=\rho_{\min}[bh+(b_f-b)h_f]$$

式中　b——腹板的宽度；

b_f、h_f——分别为受拉区翼缘的宽度和高度。

【例 3.2.4-3】 受弯构件的受拉钢筋最小面积

条件：有一工形受弯构件的截面尺寸（mm）为：$b=200$，$h=800$，$b_f'=600$，$h_f'=100$，$b_f=400$，$h_f=150$；采用C40级混凝土，HRB400级热轧钢筋。

要求：求受拉钢筋 A_s 的最小钢筋面积。

【解答】 查《混规》：$f_t=1.71\text{N/mm}^2$，$f_y=360\text{N/mm}^2$。由《混规》表 8.5.1，受弯构件一侧的受拉钢筋最小配筋率为 $\rho_{\min}=0.2\%$和 $\rho_{\min}=45\dfrac{f_t}{f_y}\%$中的较大值；应按全截面面

积扣除受压翼缘面积 $(b_f'-b)h_f'$ 后的截面面积计算：

$$\rho_{min}=45\frac{f_t}{f_y}\%=0.45\times\frac{1.71}{360}=0.00214>0.002，取\ \rho_{min}=0.00214。$$

$$A_{s,min}=\rho_{min}[bh+(b_f-b)h_f]=0.00214[200\times800+(400-200)\times150]=406mm^2$$

3. 板类受弯构件

《混规》规定

> **8.5.1**
>
> 2 板类受弯构件（不包括悬臂板）的受拉钢筋，当采用强度等级 400MPa、500MPa 的钢筋时，其最小配筋百分率应允许采用 0.15 和 $45f_t/f_y$ 中的较大值；

4. 卧置于地基上的筏板

《混规》规定

> **8.5.2** 卧置于地基上的混凝土板，板中受拉钢筋的最小配筋率可适当降低，但不应小于 0.15%。

【例 3.2.4-4】 筏形基础底板受拉钢筋的最小配筋面积

条件：某筏形基础底板，板厚 $h=1500mm$，$h_0=1445mm$，采用 C40 混凝土，HRB335 级纵向受力钢筋，计算表明为构造配筋。

要求：板中受拉钢筋的最小配筋面积。

【解答】 根据《混规》8.5.2 条，每米宽板带中受拉钢筋的最小配筋面积 $A_{smin}=0.15\%\times1000\times1500=2250mm^2/m$。

3.3 正截面承载力计算

一、正截面承载力计算的一般规定

1. 相对界限受压区高度 ξ_b

《混规》规定

> **6.2.7** 纵向受拉钢筋屈服与受压区混凝土破坏同时发生时的相对界限受压区高度 ξ_b 应按下列公式计算：
>
> 1 钢筋混凝土构件
>
> 有屈服点普通钢筋
>
> $$\xi_b=\frac{\beta_1}{1+\frac{f_y}{E_s\varepsilon_{cu}}} \tag{6.2.7-1}$$
>
> 无屈服点普通钢筋
>
> $$\xi_b=\frac{\beta_1}{1+\frac{0.002}{\varepsilon_{cu}}+\frac{f_y}{E_s\varepsilon_{cu}}} \tag{6.2.7-2}$$

式中 ξ_b——相对界限受压区高度，取 x_b/h_0；

x_b——界限受压区高度；

h_0——截面有效高度：纵向受拉钢筋合力点至截面受压边缘的距离；

E_s——钢筋弹性模量，按本规范表 4.2.5 采用；

ε_{cu}——非均匀受压时的混凝土极限压应变，按本规范公式（6.2.1-5）计算；

β_1——系数，按本规范第 6.2.6 条的规定计算。

注：当截面受拉区内配置有不同种类或不同预应力值的钢筋时，受弯构件的相对界限受压区高度应分别计算，并取其较小值。

6.2.1 正截面承载力应按下列基本假定进行计算：

$$\varepsilon_{cu}=0.0033-(f_{cu,k}-50)\times10^{-5} \quad (6.2.1\text{-}5)$$

ε_{cu}——正截面的混凝土极限压应变，当处于非均匀受压且按公式（6.2.1-5）计算的值大于 0.0033 时，取为 0.0033；当处于轴心受压时取为 ε_0；

6.2.6 受弯构件、偏心受力构件正截面承载力计算时，受压区混凝土的应力图形可简化为等效的矩形应力图。

矩形应力图的受压区高度 x 可取截面应变保持平面的假定所确定的中和轴高度乘以系数 β_1。当混凝土强度等级不超过 C50 时，β_1 取为 0.80，当混凝土强度等级为 C80 时，β_1 取为 0.74，其间按线性内插法确定。

矩形应力图的应力值可由混凝土轴心抗压强度设计值 f_c 乘以系数 α_1 确定。当混凝土强度等级不超过 C50 时，α_1 取为 1.0，当混凝土强度等级为 C80 时，α_1 取为 0.94，其间按线性内插法确定。

为便于应用，对混凝土强度等级≤C50 和有屈服点钢筋的受弯构件，其对应的相对界限受压区高度 ξ_b 值列于表 3.3.1-1，可供直接查用。

混凝土强度等级≤C50 的 ξ_b 值 **表 3.3.1-1**

钢筋级别	HPB300	HRB335、HRBF335	HRB400、HRBF400、RRB400	HRB500、HRBF500
相对界限受压区高度 ξ_b	0.576	0.550	0.518	0.482

【例 3.3.1-1】相对界限受压区高度 ξ_b

一多层框架-剪力墙结构的底层框架柱 $b\times h$=800mm×1000mm，采用 C60 级混凝土，纵筋采用 HRB400 级钢筋，对称配筋。试问该柱作偏压构件计算时，其相对界限受压区高度 ξ_b 下列何数值最接近？

（A）0.499　（B）0.512　（C）0.517　（D）0.544

【答案】（A）

【解答】（1）由《混规》6.2.6 条：

$$\beta_1=0.8-\frac{0.8-0.74}{80-50}\times10=0.78$$

（2）由《混规》表 4.2.3-1，HRB400 钢筋 $f_y=360\text{N/mm}^2$

由《混规》表 4.2.5，HRB400 钢筋 $E_s=2.0\times10^5\text{N/mm}^2$

（3）由《混规》式（6.2.5）

$$\varepsilon_{cu}=0.0033-(f_{cu,k}-50)\times10^{-5}=0.0033-(60-50)\times10^{-5}=0.0032$$

（4）由《混规》式（6.2.7）

$$\xi_b=\frac{\beta_1}{1+\frac{f_y}{E_s\varepsilon_{cu}}}=\frac{0.78}{1+\frac{360}{2\times10^5\times0.0032}}=0.4992$$

2. 单筋梁的最大配筋率

与单筋梁界限受压区高度相对应的配筋率即为界限配筋率 ρ_b，亦称为适筋梁的最大配筋率 ρ_{max}，对于矩形截面梁，最大配筋率 ρ_{max} 的计算公式为：

$$\rho_{max}=\frac{A_{s,max}}{bh_0}=\xi_b\frac{\alpha_1 f_c}{f_y}$$

【例 3.3.1-2】 最大配筋率 ρ_{max}，

某钢筋混凝土连续梁，截面尺寸 $b\times h=250\times500$（mm）。混凝土强度等级为 C30，纵向钢筋为 HRB400 级钢，当按单筋矩形梁配筋时，其纵向受拉钢筋的最大配筋率 ρ_{max}，最接近下列何项数值？

（A）2.06%　　（B）2.37%　　（C）2.49%　　（D）2.9%

【答案】（A）

【解答】 $\rho_{max}=\frac{A_{s,max}}{bh_0}=\xi_b\frac{\alpha_1 f_c}{f_y}$

已知：$\xi_b=0.518$，$\alpha_1=1.0$，$f_c=14.3\text{ N/mm}^2$，$f_y=360\text{N/mm}^2$，代入上式得

$$\rho_{max}=0.518\times\frac{1.0\times14.3}{360}=2.06\%$$

3. 纵向钢筋应力

《混规》规定

> **6.2.8** 纵向钢筋应力应按下列规定确定：
>
> 1 纵向钢筋应力宜按下列公式计算：
>
> 普通钢筋
>
> $$\sigma_{si}=E_s\varepsilon_{cu}\left(\frac{\beta_1 h_{0i}}{x}-1\right) \quad (6.2.8\text{-}1)$$
>
> 2 纵向钢筋应力也可按下列近似公式计算：
>
> 普通钢筋
>
> $$\sigma_{si}=\frac{f_y}{\xi_b-\beta_1}\left(\frac{x}{h_{0i}}-\beta_1\right) \quad (6.2.8\text{-}3)$$
>
> 3 按公式（6.2.8-1）、公式（6.2.8-3）计算的纵向钢筋应力应符合本规范第 6.2.1 条第 5 款的相关规定。
>
> 式中 h_{0i}——第 i 层纵向钢筋截面重心至截面受压边缘的距离；
>
> x——等效矩形应力图形的混凝土受压区高度；
>
> σ_{si}——第 i 层纵向普通钢筋的应力，正值代表拉应力，负值代表压应力；
>
> **6.2.1** 正截面承载力应按下列基本假定进行计算：
>
> 5 纵向钢筋的应力取钢筋应变与其弹性模量的乘积，但其值应符合下列要求：
>
> $$-f_y'\leqslant\sigma_{si}\leqslant f_y \quad (6.2.1\text{-}6)$$

式中 σ_{si}——第 i 层纵向普通钢筋的应力，正值代表拉应力，负值代表压应力；
f_y——普通钢筋抗拉强度设计值，按本规范表 4.2.3-1 采用；
f'_y——普通钢筋抗压强度设计值，按本规范表 4.2.3-1 采用；

【例 3.3.1-3】 主筋应力

有一钢筋混凝土框架柱，安全等级为二级，矩形截面尺寸 $b\times h=300\text{mm}\times500\text{mm}$，对称配筋，每侧各配有 3⌀20 的钢筋（钢筋为 HRB400），混凝土强度等级为 C25，纵向受拉钢筋合力点至柱边的距离 $a_s=40\text{mm}$。柱的计算长度为 $l_0=4.5\text{m}$，该柱在某荷载组合下，其正截面受压承载力计算中，受压区高度为 $x=290\text{mm}$。试问在该组合内力下，柱的受拉主筋的应力 σ_s（N/mm^2）最接近下列何项数值？

（A）217　　（B）195　　（C）178　　（D）252

【答案】（A）

【解答】

（1）由《混规》6.2.6 条，$\beta_1=0.8$。

（2）由《混规》表 4.2.3-1，HRB400 钢筋 $f_y=360\text{N/mm}^2$。

（3）由《混规》表 4.2.5，HRB400 钢筋 $E_s=2.0\times10^5\text{N/mm}^2$。

由《混规》式（6.2.7-1），相对界限受压区高度

$$\xi_b=\frac{\beta_1}{1+\frac{f_y}{E_s\varepsilon_{cu}}}=\frac{0.8}{1+\frac{f_y}{0.0033E_s}}=0.518$$

$\xi=x/h_0=290/460=0.630>0.518=\xi_b$，属于小偏心受压。

（4）由《混规》式（6.2.8）

$$\sigma_s=\frac{\xi-\beta_1}{\xi_b-\beta_1}f_y=\frac{0.630-0.8}{0.518-0.8}\times360=217\text{N/mm}^2$$

二、正截面受弯承载力计算

1. 矩形梁的受弯承载力

《混规》规定

6.2.10 矩形截面或翼缘位于受拉边的倒 T 形截面受弯构件，其正截面受弯承载力应符合下列规定（图 6.2.10）：

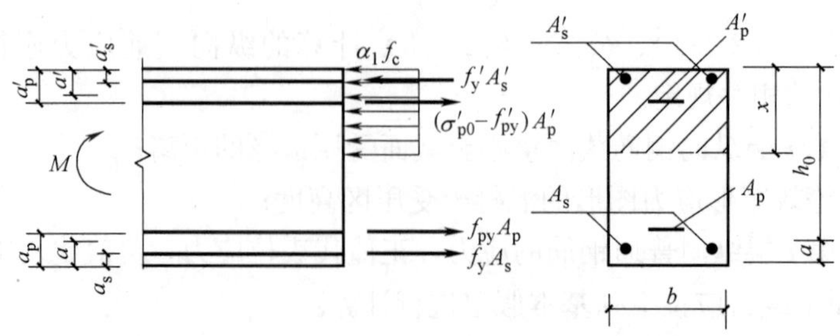

图 6.2.10　矩形截面受弯构件正截面受弯承载力计算

$$M \leqslant \alpha_1 f_c bx\left(h_0-\frac{x}{2}\right)+f'_y A'_s(h_0-a'_s)-(\sigma'_{p0}-f'_{py})A'_p(h_0-a'_p) \quad (6.2.10\text{-}1)$$

混凝土受压区高度应按下列公式确定：

$$\alpha_1 f_c bx=f_y A_s-f'_y A'_s+f_{py}A_p+(\sigma'_{p0}-f'_{py})A'_p \quad (6.2.10\text{-}2)$$

混凝土受压区高度尚应符合下列条件：

$$x \leqslant \xi_b h_0 \quad (6.2.10\text{-}3)$$

$$x \geqslant 2a' \quad (6.2.10\text{-}4)$$

式中 M——弯矩设计值；

α_1——系数，按本规范第 6.2.6 条的规定计算；

f_c——混凝土轴心抗压强度设计值，按本规范表 4.1.4-1 采用；

A_s、A'_s——受拉区、受压区纵向普通钢筋的截面面积；

A_p、A'_p——受拉区、受压区纵向预应力筋的截面面积；

σ'_{p0}——受压区纵向预应力筋合力点处混凝土法向应力等于零时的预应力筋应力；

b——矩形截面的宽度或倒 T 形截面的腹板宽度；

h_0——截面有效高度；

a'_s、a'_p——受压区纵向普通钢筋合力点、预应力筋合力点至截面受压边缘的距离；

a'——受压区全部纵向钢筋合力点至截面受压边缘的距离，当受压区未配置纵向预应力筋或受压区纵向预应力筋应力（$\sigma'_{p0}-f'_{py}$）为拉应力时，公式（6.2.10-4）中的 a' 用 a'_s 代替。

6.2.14 当计算中计入纵向普通受压钢筋时，应满足本规范公式（6.2.10-4）的条件；当不满足此条件时，正截面受弯承载力应符合下列规定：

$$M \leqslant f_{py}A_p(h-a_p-a'_s)+f_y A_s(h-a_s-a'_s)+(\sigma'_{p0}-f'_{py})A'_p(a'_p-a'_s) \quad (6.2.14)$$

式中 a_s、a_p——受拉区纵向普通钢筋、预应力筋至受拉边缘的距离。

（1）单筋梁的正截面受弯承载力

1）承载力计算

基本资料：已知截面尺寸 b、h、材料强度 f_c、f_t、f_y、钢筋面积 A_s，

确定需用的计算参数 α_1、h_0、ξ_b；

计算步骤：

① 根据《混规》8.5.1 条，验算 $A_s \geqslant \rho_{min} bh$，满足要求则进入下一步。此处，

$$\rho_{min}=\min(0.2, 45f_t/f_y)\%$$

② 求压区高度 x，由《混规》式（6.2.10-2）$\alpha_1 f_c bx=f_y A_s$ 得到

$$x=\frac{f_y A_s}{\alpha_1 f_c b}$$

③ 根据《混规》式（6.2.10-3）验算压区高度 x，此时、x 可能出现如下二种情况：

若 $x \leqslant \xi_b h_0$，则转入（④-1）

若 $x > \xi_b h_0$，则转入（④-2）

④ 确定受弯承载力 M_u

（④-1）根据《混规》式（6.2.10-1）$M\leqslant\alpha_1 f_c bx\left(h_0-\frac{x}{2}\right)$，求出受弯承载力 M_u。

（④-2）根据《混规》式（6.2.10-1）求受弯承载力 M_u。取 $x=\xi_b h_0$。得到

$$M_u=\alpha_1 f_c bh_0^2\xi_b(1-0.5\xi_b)$$

【例 3.3.2-1】 确定单筋矩形截面简支梁能承受的受弯承载力

条件：已知梁的截面尺寸 b=200mm，h=500mm，计算跨度 l_0=4.2m，混凝土强度等级为 C30，纵向受拉钢筋为 3⊈20，HRB400 级钢筋，环境类别为一类。

要求：求此梁所能承受的弯矩

【解答】 基本数据

由《混规》表 4.1.4 查得：f_c=14.3N/mm²，f_t=1.43N/mm²

由《混规》表 4.2.3-1 查得 f_y=360N/mm

由《混规》6.2.6 条查得 α_1=1.0

由《混规》6.2.7 条计算得 ξ_b=0.518

由《混规》表 8.2.1 查得，混凝土保护层最小厚度 c=20mm，则取 a_s=35mm，$h_0=h-a_s$=500−35=465mm

由《混规》附录 A 查得，A_s=942mm²

（1）根据《混规》8.5.1 条验算最小配筋率

ρ_{min}取 0.002 和$\frac{0.45f_t}{f_y}$中较大值，$\frac{0.45f_t}{f_y}=\frac{0.45\times1.43}{360}=0.0018$，故 $\rho_{min}=0.002$

$$A_{s,min}=\rho_{min}bh=0.002\times200\times500=200\text{mm}^2$$

$$A_s=942\text{mm}^2>A_{smin}=200\text{mm}^2，满足要求$$

（2）求压区高度 x

由《混凝土结构设计规范》式（6.2.10-2）$\alpha_1 f_c bx=f_y A_s$ 得

$$x=\frac{f_y A_s}{\alpha_1 f_c b}$$

将相关数据代入得

$$x=\frac{f_y A_s}{\alpha_1 f_c b}=\frac{360\times942}{1.0\times14.3\times200}=118.57\text{mm}$$

（3）验算压区高度

由《混规》式（6.2.10-3）得

$$x=118.5\text{mm}<\xi_b h_0=0.518\times565\text{mm}=240.9\text{mm}$$

满足要求

（4）计算截面所能承受的弯矩设计值 M_u

由《混规》式（6.2.10-1）$M=\alpha_1 f_c bx\left(h_0-\frac{x}{2}\right)$将相关数据代入

$$M_u=\alpha_1 f_c bx\left(h_0-\frac{x}{2}\right)=1.0\times14.3\times200\times118.57\times\left(465-\frac{118.57}{2}\right)$$

$$=137.58\times10^6\text{N}\cdot\text{mm}=137.58\text{kN}\cdot\text{m}$$

2）配筋计算

基本资料：已知截面尺寸 b、h、材料强度 f_c、f_t、f_y；

确定需用的计算参数 α_1、h_0、ξ_b；荷载效应 M

计算步骤：

① 求压区高度 x，由《混规》式（6.2.10-1）$M \leqslant \alpha_1 f_c bx = \left(h_0 - \frac{x}{2}\right)$得到

$$x = h_0 - \sqrt{h_0^2 - \frac{2M}{\alpha_1 f_c b}}$$

② 根据《混规》式（6.2.10-3），验算压区高度 $x < \xi_b h_0$，如满足要求则进入下一步。

③ 求受拉钢筋面积 A_s，由《混规》式（6.2.10-2）$\alpha_1 f_c bx = f_y A_s$，得到

$$A_s = \frac{\alpha_1 f_c bx}{f_y}$$

④ 根据《混规》8.5.1条，验算 $A_s \geqslant \rho_{min} bh$，当 $A_s < \rho_{min} bh$ 时取 $A_s = \rho_{min} bh$。此处

$$\rho_{min} = \max(0.2, 45 f_t / f_y)\%$$

【例 3.3.2-2】 矩形截面单筋梁的配筋计算

条件：已知矩形梁截面尺寸 $b \times h = 250\text{mm} \times 500\text{mm}$，安全等级二级，环境类别为一类，弯矩设计值为 $M = 150\text{kN} \cdot \text{m}$，混凝土强度等级为C30，钢筋采用HRB400级钢筋。

要求：所需的受拉钢筋截面面积。

【解答】 由《混规》表4.1.4，表4.2.3-1，查得 $f_c = 14.3\text{N/mm}^2$，$f_t = 1.43\text{N/mm}^2$，$f_y = 360\text{N/mm}^2$

由《混规》6.2.6条，6.2.7条，$\alpha_1 = 1.0$，$\beta_1 = 0.8$，求得 $\xi_= 0.518$

由《混规》8.2.1条，可知 $c = 20\text{mm}$，

故设 $a_s = 35\text{mm}$，$h_0 = 500 - 35 = 465\text{mm}$

（1）求压区高度 x

由《混凝土结构设计规范》式（6.2.10-1）$M = \alpha_1 f_c bx = \left(h_0 - \frac{x}{2}\right)$解得

$$x = h_0 - \sqrt{h_0^2 - \frac{2M}{\alpha_1 f_c b}},$$

代入相关数据解得

$$x = h_0 - \sqrt{h_0^2 - \frac{2M}{\alpha_1 f_c b}} = 465 - \sqrt{465^2 \quad \frac{2 \times 150 \times 10^6}{1.0 \times 14.3 \times 250}} = 101\text{mm}$$

（2）验算压区高度 x

根据《混规》式（6.2.10-3），$x \leqslant \xi_b h_0$

$x = 101\text{mm} < \xi_b h_0 < 0.518 \times 465 = 240.87\text{mm}$，满足要求

（3）求受拉钢筋面积 A_s

由《混规》式（6.2.10-2），$\alpha_1 f_c bx = f_y A_s$

$$A_s = \frac{\alpha_1 f_c bx}{f_y}$$

代入相关数据

$$A_s=\frac{\alpha_1 f_c bx}{f_y}=\frac{1.0\times14.3\times250\times101}{360}=1003\text{mm}^2$$

(4) 验算受拉钢筋最小配筋率

由《混规》8.5.1条，$A_s\geqslant\rho_{min}bh$，当 $A_s<\rho_{min}bh$ 取 $A_s=\rho_{min}bh$

此处，ρ_{min} 取0.002和 $\frac{0.45f_t}{f_y}$ 较大值

$$\frac{0.45f_t}{f_y}=\frac{0.45\times1.43}{360}=0.178\%<0.2\%$$

$$A_{smin}=\rho_{min}\times250\times500=250\text{mm}^2$$

$$A_s=1003\text{mm}^2>A_{s,min}=250\text{mm}^2$$

满足要求。

(2) 双筋梁的正截面受弯承载力

1) 承载力计算

基本资料：已知截面尺寸 b、h、材料强度 f_c、f_t、f_y、钢筋面积 A_s、A_s'，

确定需用的计算参数 α_1、h_0、ξ_b；

① 求压区高度 x，由《混规》式(6.2.10-2)，$\alpha_1 f_c bx=f_yA_s-f_y'A_s'$ 得

$$x=\frac{f_yA_s-f_y'A_s'}{\alpha_1 f_c b}$$

② 根据《混规》式(6.2.10-3)、式(6.2.10-4)，验算压区高度 x，此时、x 可能出现如下三种情况：

若 $x<2a_s'$，则转入(③-1)

若 $2a_s'\leqslant x\leqslant\xi_b h_0$，则转入(③-2)

若 $x>\xi_b h_0$，则转入(③-3)

③ 确定受弯承载力 M_u

(③-1)　$x<2a_s'$，

由《混规》式(6.2.14)，$M_u=f_yA_s(h_0-a_s')$ 求得受弯承载力 M_u

(③-2)　$2a_s'\leqslant x\leqslant\xi_b h_0$，

由《混规》式(6.2.10-1)，$M_u=\alpha_1 f_c bx\left(h_0-\frac{x}{2}\right)+f_y'A_s'(h_0-a_s')$ 求得受弯承载力 M_u

(③-3)　$x>\xi_b h_0$，

由《混规》式(6.2.10-1)，求受弯承载力 M_u，取 $x=\xi_b h_0$ 得到

$$M_u=\alpha_1 f_c bh_0^2\xi_b(1-0.5\xi_b)+f_y'A_s'(h_0-a_s')$$

【例3.3.2-3】 双筋矩形截面梁的承载力计算($2a_s'\leqslant x\leqslant\xi_b h_0$)

条件：已知梁截面尺寸 $b=300$mm，$h=600$mm，选用C35的混凝土和HRB400级的纵向钢筋，环境类别为二a类。配有纵向受压钢筋2⌀16，受拉钢筋4⌀25。

要求：求梁截面所能承受的弯矩设计值 M_u。

【解答】 基本资料：由《混规》表4.1.4、表4.2.3-1，查得 $f_c=16.7\text{N/mm}^2$，$f_t=$

1.57N/mm², $f_y = f'_y = 360\text{N/mm}^2$

由《混规》6.2.6条，查得 $\alpha_1 = 1.0$，

由《混规》6.2.7条，计算得 $\xi_b = 0.518$

由《混规》8.2.1条，最小保护层厚度 $c = 25\text{mm}$

取 $a_s = a'_s = 40\text{mm}^2$，$h_0 = 600 - 40 = 560\text{mm}$

由《混规》附录A，$A'_s = 402\text{mm}^2$，$A_s = 1964\text{mm}^2$

（1）求压区高度 x

由《混规》式（6.2.10-2），$\alpha_1 f_c bx = f_y A_s - f'_y A'_s$，得到

$$x = \frac{f_y A_s - f'_y A'_s}{\alpha_1 f_c b}$$

代入相关数据可得

$$x = \frac{f_y A_s - f'_y A'_s}{\alpha_1 f_c b} = \frac{360 \times 1964 - 360 \times 402}{1.0 \times 16.7 \times 300} = 112.24\text{mm}$$

（2）验算压区高度 x

根据《混规》式（6.2.10-3）、式（6.2.10-4）

$$\xi_b h_0 = 0.518 \times 560 = 290.08\text{mm}$$

$$2a'_s = 2 \times 40 = 80\text{mm}$$

$$2a'_s = 80\text{mm} < x = 112.24\text{mm} < \xi_b h_0 = 0.518 \times 560 = 290.08\text{mm}$$

（3）确定受弯承载力 M_u

根据《混规》式（6.2.10-1）

$$M = \alpha_1 f_c bx\left(h_0 - \frac{x}{2}\right) + f'_y A'_s (h_0 - a'_s)$$

将相关数据代入得

$$\begin{aligned} M_u &= \alpha_1 f_c bx\left(h_0 - \frac{x}{2}\right) + f'_y A'_s (h_0 - a'_s) \\ &= 1.0 \times 16.7 \times 300 \times 112.24 \times \left(560 - \frac{112.24}{2}\right) + 360 \times 402 \times (560 - 40) \\ &= 358.6 \times 10^6 \text{N} \cdot \text{mm} \\ &= 358.6\text{kN} \cdot \text{m} \end{aligned}$$

【例3.3.2-4】 双筋矩形截面梁的承载力计算（$x < 2a'_s$）

条件：已知条件同［3.3.2-3］，但梁中配置的纵向受压钢筋为3⌀16，受拉钢筋为3⌀25。

要求：求梁截面所能承受的弯矩设计值 M_u。

【解答】 确定基本数据

由《混规》附录A查得，$A'_s = 603\text{mm}^2$，$A_s = 1473\text{mm}^2$，其他同［例3.3.2-5］。

（1）求压区高度 x，由《混规》式（6.2.10-2），$\alpha_1 f_c bx = f_y A_s - f'_y A'_s$ 得到

$$x = \frac{f_y A_s - f'_y A'_s}{\alpha_1 f_c b}$$

代入相关数据可得

$$x=\frac{f_yA_s-f'_yA'_s}{\alpha_1 f_c b}=\frac{360\times1473-360\times603}{1.0\times16.7\times300}=62.52\text{mm}$$

(2) 验算压区高度 x

由《混规》式 (6.2.10-4)，$x\geqslant 2a'_s$

$$2a'_s=2\times40=80\text{mm}>x=62.52\text{mm}$$

(3) 确定受弯承载力 M_u

由《混规》式 (6.2.14) 得 $M_u=f_yA_s(h_0-a'_s)$ 得

$$\begin{aligned}M_u&=f_yA_s(h_0-a'_s)=360\times1473\times(560-40)\\&=275.75\times10^6\text{N}\cdot\text{mm}\\&=275.75\text{kN}\cdot\text{m}\end{aligned}$$

【例 3.3.2-5】 双筋矩形截面梁的承载力计算($x>\xi_b h_0$)

条件：已知条件同 [例 3.3.2-3]，但梁中配置的纵向受压钢筋为2Φ16，受拉钢筋为8Φ28。

要求：求梁截面所能承受的弯矩设计值 M_u。

【解答】 确定基本数据

由《混规》附录 A 查得，$A'_s=402\text{mm}^2$，$A_s=4926\text{mm}^2$，取 $a'_s=40\text{mm}$，$a_s=70\text{mm}$，其他同 [例 3.3.2-3]。

(1) 求压区高度 x

由《混规》式 (6.2.10-2)，$\alpha_1 f_c bx=f_yA_s-f'_sA'_s$解得

$$x=\frac{f_yA_s-f'_yA'_s}{\alpha_1 f_c b}$$

代入相关数据可得

$$x=\frac{f_yA_s-f'_yA'_s}{\alpha_1 f_c b}=\frac{360\times4926-360\times402}{1.0\times16.7\times300}=325.08\text{mm}$$

(2) 验算压区高度

根据《混规》式 (6.2.10-3)

$$\xi_b h_0=0.518\times530=274.54\text{mm}<x=325.08\text{mm}$$

(3) 确定受弯承载力 M_u

由《混规》式 (6.2.10-1)，取 $x=\xi_b h_0$ 可得

$$\begin{aligned}M&=\alpha_1 f_c bh_0^2\xi_b(1-0.5\xi_b)+f'_yA_s(h_0-a'_s)\\&=1.0\times16.7\times300\times530^2\times0.518(1-0.5\times0.518)+360\times402\times(530-40)\\&=611.09\times10^6\text{N}\cdot\text{mm}\\&=611.09\text{kN}\cdot\text{m}\end{aligned}$$

2) 配筋计算

Ⅰ、已知 M，求 A_s、A'_s

基本资料：已知截面尺寸 b、h、材料强度 f_c、f_t、f_y；

确定需用的计算参数 α_1、h_0、ξ_b；荷载效应 M

计算步骤：

① 求受压钢筋 A_s'，由《混规》式（6.2.10-1）$M_u=\alpha_1 f_c bx\left(h_0-\dfrac{x}{2}\right)+f_y' A_s'(h_0-a_s')$ 求 A_s'

为了充分发挥混凝土的受压能力，取 $x=\xi_b h_0$ 得到 $A_s'=\dfrac{M-\xi_b(1-0.5\xi_b)\alpha_1 f_c bh_0^2}{f_y'(h_0-a_s')}$

② 对 A_s'进行分析，此时可能出现如下二种情况：

若 $A_s'\leqslant 0$，说明不需配置受压受力筋，可按单筋梁计算。

若 $A_s'>0$，说明需配置受压受力筋，则进入下一步。

③ 求受拉钢筋 A_s，由《混规》式（6.2.10-2），$\alpha_1 f_c bx=f_y A_s-f_y' A_s'$，取 $x=\xi_b h_0$ 可得到 $A_s=\dfrac{\xi_b\alpha_1 f_c bh_0+f_y' A_s'}{f_y}$

【例 3.3.2-6】 双筋矩形截面梁的截面设计，求 A_s 和 A_s'

条件：已知梁截面尺寸 $b=250$mm，$h=550$mm，选用 C30 的混凝土和 HRB400 级的纵向钢筋，环境类别为一类，截面所承受的弯矩设计值 $M=400$kN·m。

要求：求所需的纵向钢筋。

【解答】 基本数据，由《混规》表 4.1.4，表 4.2.3-1，查得 $f_c=14.3\text{N/mm}^2$，$f_y=f_y'=360\text{N/mm}^2$ 由《混规》6.2.6 条查得 $\alpha_1=1.0$

由《混规》6.2.7 条计算，$\xi_b=0.518$

由《混规》表 8.2.1 查得，混凝土保护层最小厚度为 20mm，

因弯矩设计值较大，预计受拉钢筋需排成两排故取 $h_0=h-a_s=550-60=490$mm

（1）求受压钢筋 A_s'

由《混规》式（6.2.10-1）

$$M=\alpha_1 f_c bx\left(h_0-\frac{x}{2}\right)+f_y' A_s'(h_0-a_s')$$

为了充分发挥混凝土的受压能力取 $x=\xi_b h_0$ 得到 $A_s'=\dfrac{M-\xi_b(1-0.5\xi_b)\alpha_1 f_c bh_0^2}{f_y'(h_0-a_s')}$代入相关数据得

$$\begin{aligned}A_s'&=\frac{M-\xi_b\alpha_1 f_c bh_0^2(1-0.5\xi_b)}{f_y'(h_0-a_s')}\\&=\frac{400\times10^6-1.0\times14.3\times250\times490^2\times0.518\times(1-0.5\times0.518)}{360\times(490-35)}\\&=431\text{mm}^2\end{aligned}$$

（2）对 A_s'进行分析

因为 $A_s'>0$ 说明需要配置受压受力钢筋（当 $A_s'\leqslant 0$ 时说明不需配受压受力钢筋，应按单筋梁计算）

（3）求受拉钢筋 A_s

由《混规》式（6.2.10-2），$\alpha_1 f_c bx=f_y A_s-f_y' A_s'$，$x=\xi_b xh_0$ 可得

$$A_s=\frac{\alpha_1 f_c bh_0\xi_b+f_y' A_s'}{f_y}$$

代入相关数据可得

$$A_s=\frac{\alpha_1 f_c b h_0 \xi_b+f_y' A_s'}{f_y}=\frac{1.0\times14.3\times250\times0.518\times490+360\times431}{360}=2952\text{mm}^2$$

(4) 配筋：受压钢筋选 3 Φ 14 ($A_s'=461\text{mm}^2$)，受拉钢筋选 8 Φ 22 ($A_s=3041\text{mm}^2$)

截面配筋见图 3.3.2-1。

图 3.3.2-1

Ⅱ、已知 M 和 A_s'，求 A_s

基本资料：已知截面尺寸 b、h、材料强度 f_c、f_t、f_y，受压钢筋 A_s'；

确定需用的计算参数 α_1、h_0、ξ_b；荷载效应 M

计算步骤：

① 求压区高度 x，由《混规》式 (6.2.10-1)，

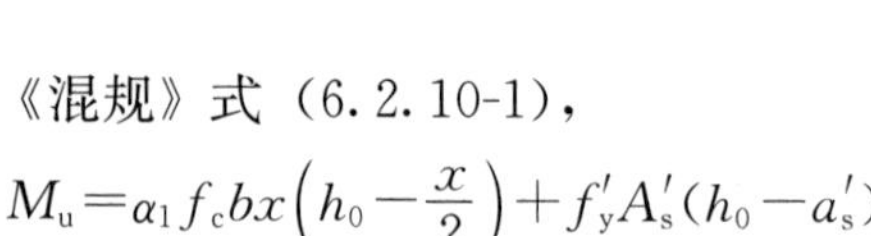

$$M_u=\alpha_1 f_c b x\left(h_0-\frac{x}{2}\right)+f_y' A_s'(h_0-a_s')$$

得到

$$x=h_0-\sqrt{h_0^2-2\left[\frac{M-f_y' A_s'(h_0-a_s')}{\alpha_1 f_c b}\right]}$$

② 根据《混规》6.2.10 条、式 (6.2.10-3)、式 (6.2.10-4) 验算压区高度 x，此时，x 可能出现如下三种情况：

若 $x<2a_s'$，则转入 (③-1)

若 $2a_s'\leqslant x\leqslant\xi_b h_0$，则转入 (③-2)

若 $x>\xi_b h_0$，则转入 (③-3)

③ 求受拉钢筋 A_s

(③-1) $x<2a_s'$，由《混规》式 (6.2.14)，

$$M_u=f_y A_s(h_0-a_s')$$

得到

$$A_s=\frac{M}{f_y(h_0-a_s')}$$

(③-2) $2a_s'\leqslant x\leqslant\xi_b h_0$，由《混规》式 (6.2.10-2)，

$$\alpha_1 f_c b x=f_y A_s-f_y' A_s'$$

得到

$$A_s=\frac{\alpha_1 f_c b x+A_s' f_y'}{f_y}$$

(③-3) $x>\xi_b h_0$，说明受压钢筋 A_s' 太小，应按 A_s' 未知，重新计算 A' 及 A_s

【例 3.3.2-7】 双筋矩形截面梁的截面设计，A_s' 已知，求 A_s $\left(\frac{2a_s'}{h_0}\leqslant\xi\leqslant\xi_b\right)$

条件：已知条件同 [例 3.3.2-6]，但截面的受压区已配置受压钢筋 3 Φ 22。

要求：求所需的受拉钢筋 A_s。

【解答】 确定基本数据，由《混规》附录 A 查得，$A_s'=1140\text{mm}^2$，其他同 [例 3.3.2-6]。

(1) 求压区高度 x

由《混规》式（6.2.10-1），

$$M_u=\alpha_1 f_c bx\left(h_0-\frac{x}{2}\right)+f'_y A'_s(h_0-a'_s)$$

得到

$$x=h_0-\sqrt{h_0^2-2\left[\frac{M-f'_y A'_s(h_0-a'_s)}{\alpha_1 f_c b}\right]}$$

代入相关数据可得

$$x=490-\sqrt{490^2-2\times\frac{[400000000-360\times1140\times(490-35)]}{1.0\times14.3\times250}}=142.1\text{mm}$$

（2）验算压区高度 x

根据《混规》式（6.2.10-3），$2a'_s=2\times35=70\text{mm}$

根据《混规》式（6.2.10-4），$\xi_b h_0=0.518\times490=254\text{mm}$

$$2a'_s=2\times35=70\text{mm}<x=142.1\text{mm}\leqslant\xi_b h_0=0.518\times490=254\text{mm}$$

满足规范要求

（3）求受拉钢筋 A_s

由《混规》式（6.2.10-2），$\alpha_1 f_c bx=f_y A_s-f'_y A'_s$，得到

$$A_s=\frac{\alpha_1 f_c bx+A'_s f'_y}{f_y}$$

代入相关数据可得

$$\begin{aligned}A_s&=\frac{\alpha_1 f_c bx+f'_y A'_s}{f_y}\\&=\frac{1.0\times14.3\times250\times142.1+360\times1140}{360}\\&=2551\text{mm}^2\end{aligned}$$

（4）配筋

受拉钢筋选3Φ25+3Φ22（$A_s=1473+1140=2613\text{mm}^2$）截面配筋见图3.3.2-2。

【例3.3.2-8】双筋矩形截面梁的截面设计，A'_s已知，A_s（$\xi>\xi_b$）

条件：已知条件同［例3.3.2-6］，但截面的受压区已配置受压钢筋2Φ14。

要求：求所需的受拉钢筋 A_s。

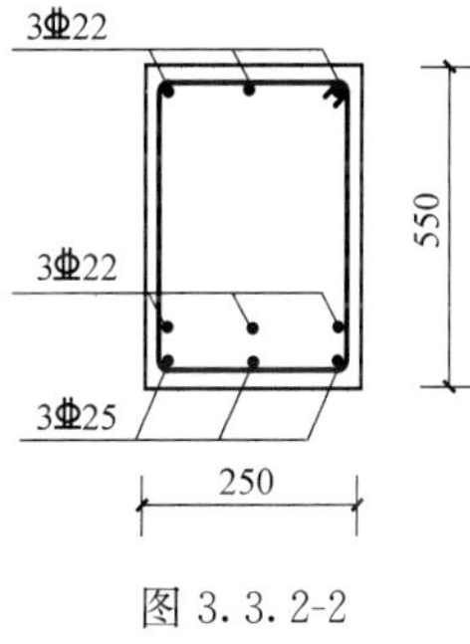

图3.3.2-2

【解答】确定基本数据

由《混凝土结构设计规范》附录A查得，$A'_s=308\text{mm}^2$，其他同［例3.3.2-6］。

（1）求压区高度 x

由《混凝土结构设计规范》式（6.2.12-1）$M=\alpha_1 f_c bx\left(h_0-\frac{x}{2}\right)+f'_y A'_s(h_0-a'_s)$得

$$x=h_0-\sqrt{h_0^2-2\left[\frac{M-f'_y A'_s(h_0-a'_s)}{\alpha_1 f_c b}\right]}$$

代入相关数据可得

$$x=490-\sqrt{490^2-2\times\frac{[400000000-360\times308\times(490-35)]}{1.0\times14.3\times250}}=278.8\text{mm}$$

（2）验算压区高度 x

根据《混凝土结构设计规范》式（6.2.10-3）、式（6.2.10-4）求解 x，满足式（6.2.10-4）得

$$x=278.8\text{mm}>2a_s'=2\times35=70\text{mm}$$

但不满足《混凝土结构设计规范》式（6.2.10-3）

$$x=278.8\text{mm}>\xi_b h_0=0.518\times490=254\text{mm}^2$$

说明原有配置的受压钢筋2Φ14太小应按 A_s' 未知重新计算 A_s' 和 A_s

重新计算过程同［例3.3.2-6］。

【例3.3.2-9】 双筋矩形截面梁的截面设计，A_s' 已知，求 $A_s\left(\xi<\frac{2a_s'}{h_0}\right)$

条件：已知条件同［例3.3.2-6］，但截面的受压区已配置受压钢筋4Φ25。

要求：求所需的受拉钢筋 A_s。

【解答】 确定基本数据

由《混凝土结构设计规范》附录A查得，$A_s'=1964\text{mm}^2$，其他同［例3.3.2-6］。

（1）求压区高度 x

由《混规》式（6.2.10-1），$M=a_1 f_c bx\left(h_0-\frac{x}{2}\right)+f_y'A_s'(h_0-a_s')$ 得

$$x=h_0-\sqrt{h_0-2\left[\frac{M-f_y'A_s'(h_0-a_s')}{a_1 f_c b}\right]}$$

代入相关数据可得

$$x=490-\sqrt{490^2-\frac{2\times[400000000-360\times1964\times(490-35)]}{1.0\times14.3\times250}}=47\text{mm}$$

（2）验算压区高度 x

根据《混规》式（6.2.10-3）、式（6.2.10-4）求解 x 满足式（6.2.10-3）得

$$x=47\text{mm}\leqslant\xi_b h_0=0.518\times490=254\text{mm}$$

但不满足《混规》式（6.2.10-4）

$$x=47\text{mm}<2a_s'=2\times35=70\text{mm}$$

（3）求受拉钢筋 A_s

由《混规》式（6.2.14），$M=f_yA_s(h_0-a_s')$ 解得

$$A_s=\frac{M}{f_y(h_0-a_s')}$$

代入相关数据可得

$$A_s=\frac{400\times10^6}{360\times(490-35)}=2442\text{mm}^2$$

（4）配筋

受拉钢筋选5Φ25（$A_s=2454\text{mm}^2$），截面配筋见图3.3.2-3。

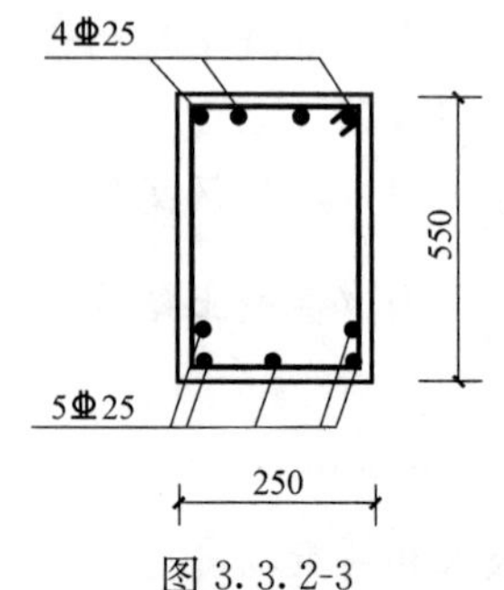

图3.3.2-3

2. T形梁的受弯承载力

（1）T形梁的受压翼缘计算宽度

《混规》规定

5.2.4 对现浇楼盖和装配整体式楼盖，宜考虑楼板作为翼缘对梁刚度和承载力的影响。梁受压区有效翼缘计算宽 b_f'可按表5.2.4所列情况的最小值取用；也可采用梁刚度增大系数法近似考虑，刚度增大系数应根据梁有效翼缘尺寸与梁截面尺寸的相对比例确定。

受弯构件受压区有效翼缘计算宽度 b_f' **表5.2.4**

情况			T形、I形截面		倒L形截面
			肋形梁（板）	独立梁	肋形梁（板）
1	按计算跨度 l_0 考虑		$l_0/3$	$l_0/3$	$l_0/6$
2	按梁（肋）净距 s_n 考虑		$b+s_n$	—	$b+s_n/2$
3	按翼缘高度 h_f' 考虑	$h_f'/h_0\geqslant0.1$	—	$b+12h_f'$	—
		$0.1>h_f'/h_0\geqslant0.05$	$b+12h_f'$	$b+6h_f'$	$b+5h_f'$
		$h_f'/h_0<0.05$	$b+12h_f'$	b	$b+5h_f'$

注：1 表中 b 为梁的腹板厚度；

2 肋形梁在梁跨内设有间距小于纵肋间距的横肋时，可不考虑表中情况3的规定；

3 加腋的T形、I形和倒L形截面，当受压区加腋的高度 h_h'不小于 h_f'且加腋的长度 b_h 不大于 $3h_h$ 时，其翼缘计算宽度可按表中情况3的规定分别增加 $2b_h$（T形、I形截面）和 b_h（倒L形截面）；

4 独立梁受压区的翼缘板在荷载作用下经验算沿纵肋方向可能产生裂缝时，其计算宽度应取腹板宽度 b。

6.2.12 T形、I形及倒L形截面受弯构件位于受压区的翼缘计算宽度 b_f'可按本规范表5.2.4所列情况中的最小值取用。

【例3.3.2-10】

某办公楼现浇钢筋混凝土三跨连续梁如图3.3.2-4所示，该梁的截面如图3.3.2-5所示，截面尺寸 $b\times h=300\text{mm}\times900\text{mm}$，翼缘高度（楼板厚度）$h_f'=80\text{mm}$，楼面梁间净距 $s_n=3000\text{mm}$。试问，当进行正截面受弯承载力计算时，该梁跨中截面受压区的翼缘计算宽度 b_f'(mm) 取下列何项数值最为合适？

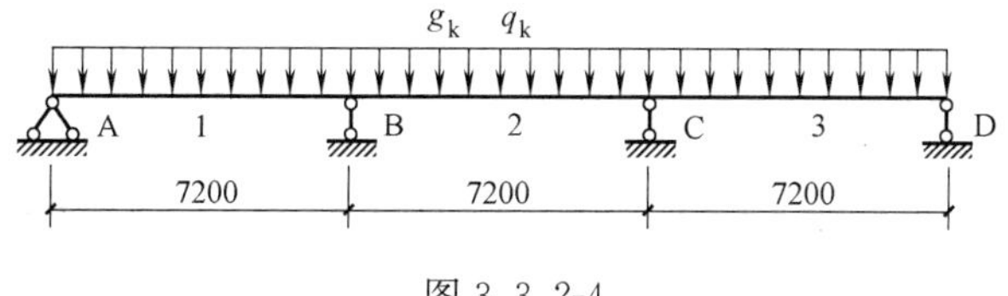

图3.3.2-4

(A) 900　　(B) 1260　　(C) 2400　　(D) 3300

【答案】(B)

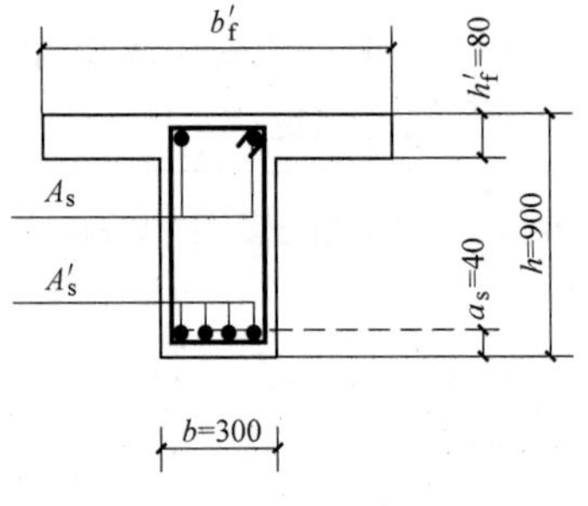

图 3.3.2-5

【解答】 根据《混规》第 5.2.4 条，

按计算跨度 l 考虑：$b'_f=l/3=(7200/3)\text{mm}=2400\text{mm}$

按梁净距 s_n 考虑：$b'_f=b+s_n=(300+3000)\text{mm}=3300\text{mm}$

按翼缘高度 h'_f 考虑：$h'_f/h_0=80/(900-40)=0.09<0.1$

$$b'_f=b+12h'_f=(300+12\times80)\text{mm}=1260\text{mm}$$

取最小值：$b'_f=1260\text{mm}$

（2）T 形梁的受弯承载力计算公式

《混规》规定

6.2.11 翼缘位于受压区的 T 形、I 形截面受弯构件（图 6.2.11），其正截面受弯承载力计算应符合下列规定：

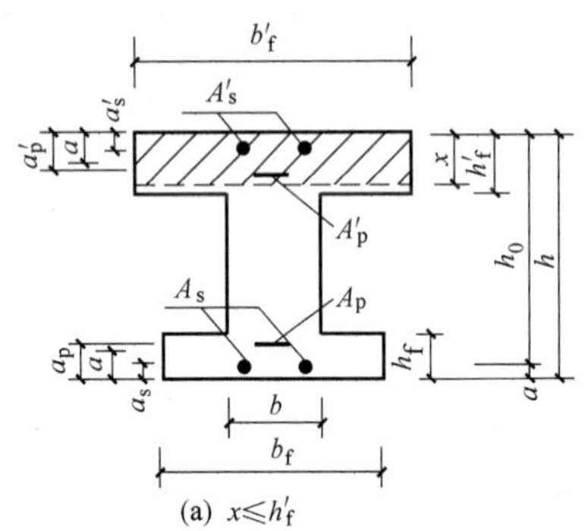

(a) $x\leqslant h'_f$

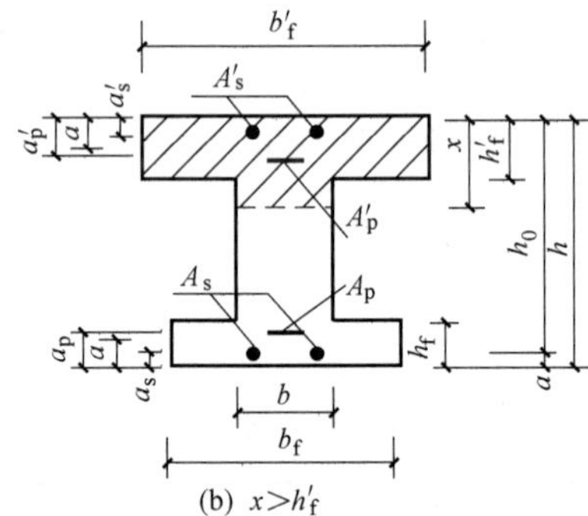

(b) $x>h'_f$

图 6.2.11 I 形截面受弯构件受压区高度位置

1. 当满足下列条件时，应按宽度为 b'_f 的矩形截面计算：

$$f_yA_s+f_{py}+A_p\leqslant a_1f_cb'_fh'_f+f'_yA'_s-(\sigma'_{p0}-f'_{py})A'_p \tag{6.2.11-1}$$

2. 当不满足公式（6.2.11-1）的条件时，应按下列公式计算：

$$M\leqslant a_1f_cbx\left(h_0-\frac{x}{2}\right)+a_1f_c(b'_f-b)h'_f\left(h_0-\frac{h'_f}{2}\right)$$

$$+f'_yA'_s(h_0-a'_s)-(\sigma'_{p0}-f'_{py})A'_p(h_0-a'_p) \tag{6.2.11-2}$$

混凝土受压区高度应按下列公式确定：

$$a_1f_c[bx+(b'_f-b)h'_f]=f_yA_s-f'_yA'_s+f_{py}A_p+(\sigma'_{p0}-f'_{py})A'_p \tag{6.2.11-3}$$

式中 h'_f——T 形、I 形截面受压区的翼缘高度；

b'_f——T 形、I 形截面受压区的翼缘计算宽度，按本规范第 6.2.12 条的规定确定。

按上述公式计算 T 形、I 形截面受弯构件时，混凝土受压区高度仍应符合本规范公式（6.2.10-3）和公式（6.2.10-4）的要求。

6.2.12 T 形、I 形及倒 L 形截面受弯构件位于受压区的翼缘计算宽度 b'_f 可按本规范表 5.2.4 所列情况中的最小值取用。

（3）计算类型的判定

为判定 T 形截面属于何种类型，可把 $x=h_f'$ 作为界限情况进行受力分析，由平衡条件可得

$$\Sigma x=0 \qquad a_1 f_c b'_f h'_f=A_s f_y \tag{3.3.2-1}$$

$$\Sigma M=0 \qquad M=a_1 f_c b_f' h_f'\left(h_0-\frac{h_f'}{2}\right) \tag{3.3.2-2}$$

进行钢筋面积计算时，由于弯矩设计值 M 已知，可用式（3.3.2-2）来判定。

若 $M\leqslant a_1 f_c b_f' h_f'\left(h_0-\frac{h_f'}{2}\right)$（第一类 T 形）

若 $M>a_1 f_c b_f' h_f'\left(h_0-\frac{h_f'}{2}\right)$（第二类 T 形）

进行承载力校核时，由于钢筋截面积 A_s 已知，可用式（3.3.2-1）来判定。

若 $f_y A_s\leqslant a_1 f_c b_f' h_f'$（第一类 T 形）

若 $f_y A_s>a_1 f_c b_f' h_f'$（第二类 T 形）

【例 3.3.2-11】 已知工形截面如图 3.3.2-6 所示。$b=290$mm，$h=125$mm，$b_f'=850$mm，$h_f'=30.4$mm，$b_f=890$mm，$h_f=25.4$mm。混凝土 C30，$f_c=14.3\text{N/mm}^2$，受拉钢筋为 9 ϕ8（$A_s=453\text{mm}^2$），$f_y=270\text{N/mm}^2$，环境类别一类。

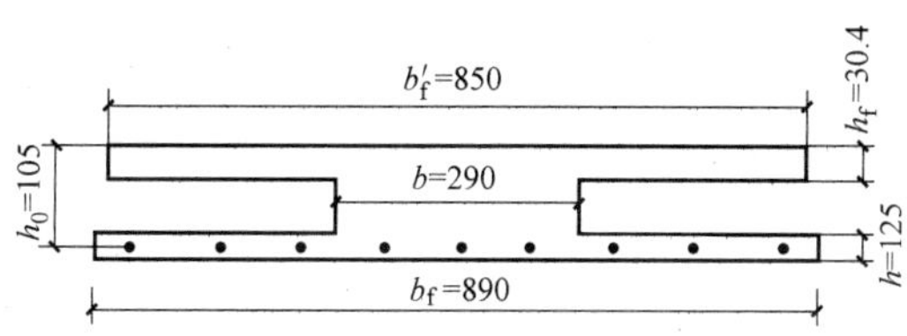

图 3.3.2-6　工形截面和配筋

试问该截面的截面类型为何项？

（A）第一类　　（B）第二类　　（C）界限破坏

【答案】（A）

【解答】 由《混规》式（6.2.11-1）判断截面类型 $f_y A_s=270\times453=12231\text{kN}<a_1 f_c b_f' h_f'=1.0\times14.3\times850\times30.4=369.5\text{kN}$，为第一类 T 型截面。

【例 3.3.2-12】 已知一 T 形截面梁截面尺寸 $b_f'=600$mm、$h_f'=120$mm、$b=250$mm、$h=600$mm，$a_s=35$mm，混凝土强度等级 C25，采用 HRB400 钢筋，梁所承受的弯矩设计值 $M=450\text{kN}\cdot\text{m}$。

试问该截面的截面类型为何项？

（A）第一类　　（B）第二类　　（C）界限破坏

【答案】（B）

【解答】 混凝土强度等级 C25，$\alpha_1=1.0$，$f_c=11.9\text{N/mm}^2$；HRB400 钢筋，$f_y=360\text{N/mm}^2$，$h_0=600-35=565$mm

由《混规》式（6.2.11-2）判断截面类型

$$\alpha_1 f_c b_f' h_f'\left(h_0-\frac{h_f'}{2}\right)=11.9\times600\times120\times\left(565-\frac{120}{2}\right)$$
$$=4.3268\times10^8=432.7\text{kN}\cdot\text{m}<M=450\text{kN}\cdot\text{m}$$

属第二类T形截面。

(4) 承载力计算

已知截面尺寸 b、h 及 b_f'、h_f'，材料强度 f_c、f_y 及配置钢筋截面面积 A_s。

计算截面的承载能力 M_u。

① 根据《混规》式（6.2.11-1）判别类型

当 $f_yA_s\leqslant\alpha_1 f_c b_f' h_f'$ 时，属第一类T形，可按 $b_f'\times h$ 的单筋矩形截面梁计算。

由《混规》式（6.2.10-2）计算 x，

由《混规》式（6.2.10-1）计算 M

若 $f_yA_s>\alpha_1 f_c b_f' h_f'$ 时，属第二类T形，则进入下一步。

② 求出 x 及 ξ，由《混规》式（6.2.11-3）

得到

$$\alpha_1 f_c[bx+(b_f'-b)h_f']=f_yA_s-f_y'A_s'$$

$$x=\frac{f_yA_s-\alpha_1 f_c(b_f'-b)h_f'}{\alpha_1 f_c b},\xi=x/h_0$$

③ 根据《混规》式（6.2.10-3），验算压区高度 x、此时、x 可能出现如下二种情况：

若 $\xi\leqslant\xi_b$ 或 $x\leqslant\xi_b h_0$，则转入（4-1）

若 $\xi>\xi_b$ 或 $x>\xi_b h_0$，则转入（4-2）

④ 确定受弯承载力 M_u

（4-1）根据《混规》式（6.2.11-2）求出受弯承载力 M_u。

$$M_u=\alpha_1 f_c bx\left(h_0-\frac{x}{2}\right)+\alpha_1 f_c(b_f'-b)h_f'\left(h_0-\frac{h_f'}{2}\right)$$

（4-2）根据《混规》式（6.2.11-5）求受弯承载力 M_u。

取 $\xi=\xi_b$ 或 $x=\xi_b h_0$ 得到

$$M_u=\xi_b(1-0.5\xi_b)\alpha_1 f_c bh_0^2+\alpha_1 f_c(b_f'-b)h_f'\left(h_0-\frac{h_f'}{2}\right)$$

【例 3.3.2-13】 第一类T形截面梁的受弯承载力计算

条件：已知某工程T形截面独立梁，如图3.3.2-7所示，$b_f'=500$mm，$b=250$mm，$h_f'=80$mm，$h=600$mm，混凝土强度等级为C30（$f_c=14.3\text{N/mm}^2$，$f_t=1.43\text{N/mm}^2$，$\alpha_1=1.0$，$\beta_1=0.8$，$\varepsilon_{cu}=0.0033$），钢筋为HRB400级（$f_y=360\text{N/mm}^2$），$E_s=2.0\times10^5\text{N/mm}^2$，$\xi_b=0.518$），纵向受拉钢筋5⌀20（$A_s=1571\text{mm}^2$）。安全等级二级，环境类别为一类。

要求：确定该梁截面的极限弯矩设计值 M_u。

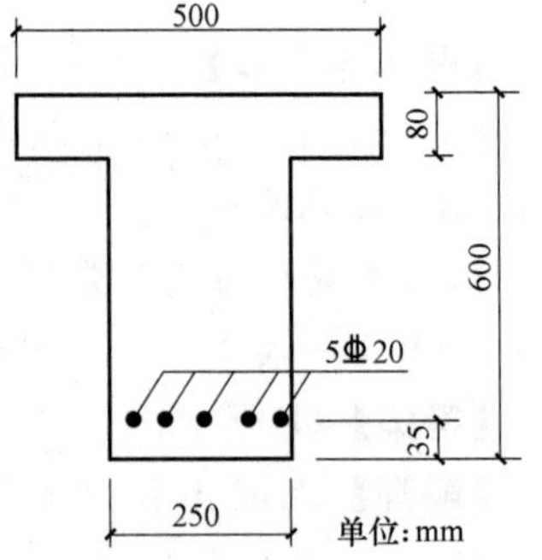

图3.3.2-7 T形梁截面配筋图

【解答】 根据《混规》表8.2.1查得保护层厚度 $c=$

20mm，取α_s＝35mm。

（1）根据《混规》式（6.2.11-1）$f_yA_s \leqslant \alpha_1 f_c b_f' h_f'$判断T形截面的类型，将已知条件代入可得

$$\alpha_1 f_c b_f' h_f' = 1.0 \times 14.3 \times 500 \times 80 = 572000\text{N} \cdot \text{mm}$$

$$> f_y A_s = 360 \times 1571 = 565560\text{N} \cdot \text{mm}$$

属于第一类T形截面，故按截面宽度为b_f'＝500mm的矩形截面进行计算。

按$b \times h$＝500mm×600mm的单筋矩形截面梁计算

（2）验算最小配筋率（可略去）

（3）求压区高度x

由《混规》式（6.2.10-2），

$$\alpha_f f_c bx = f_y A_s,$$

代入已知条件可得

$$1.0 \times 14.3 \times 500x = 360 \times 1571$$

得x＝79mm

（4）验算压区高度x是否满足《混规》式（6.2.10-3），可略去

（5）确定受弯承载力，根据《混规》式（6.2.10-1），

$$M = \alpha_1 f_c bx\left(h_0 - \frac{x}{2}\right)$$

代入已知条件

$$\begin{aligned} M_u &= 1.0 \times 14.3 \times 500x(565 - 0.5x) \\ &= 1.0 \times 14.3 \times 500 \times 79 \times (565 - 0.5 \times 79) \\ &= 296828675\text{N} \cdot \text{mm} \\ &= 296.8\text{kN} \cdot \text{m} \end{aligned}$$

【例 3.3.2-14】 第二类T形截面梁的受弯承载力计算

条件：已知T形截面梁如图3.3.2-8所示。h_0＝740mm，f_c = 11.9N/mm²，纵筋为8⌀20（A_s = 2513mm²），f_y＝360N/mm²，ξ_b＝0.518。

要求：计算该T形截面梁的受弯承载力。

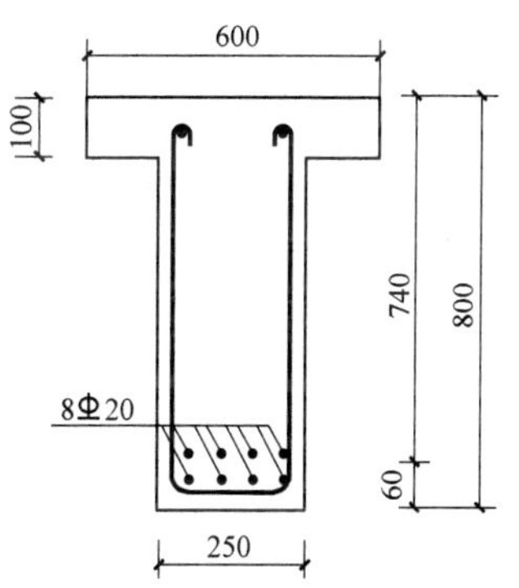

图3.3.2-8 T形梁截面配筋图

【解答】（1）判别类型，应用《混规》式（6.2-11）$f_yA_s = \alpha_1 f_c b_f' h_f'$判别截面类型。代入已知条件

$$f_yA_s = 360 \times 2513 = 904.7\text{kN} > \alpha_1 f_c b_f' h_f' = 11.9 \times 600 \times 100 = 714\text{kN},$$

故为第二类T形截面。

（2）求压区高度x由《混规》式（6.2.11-3）

$$\alpha_1 f_c [bx + (b_f' - b)h_f'] = f_y A_s - f_y' A_s'$$

代入已知条件

$$x = \frac{f_y A_s - \alpha_1 f_c (b_f' - b) h_f'}{\alpha_1 f_c b}$$

$$=\frac{360\times2513-11.9\times(600-250)\times100}{11.9\times250}=164.09\text{mm}$$

$$\xi=\frac{x}{h_0}=164.09/740=0.22$$

(3) 验算压区高度 x 是否满足《混规》式 (6.2.10-3)

$$x=164.09<\xi_b h_0=0.518\times740=383.32\text{mm},$$

或 $\xi=0.22<\xi_b=0.518$ 满足要求

(4) 确定受弯承载力 M，由《混规》式 (6.2.11-2)

$$M=\alpha_1 f_c bx\left(h_0-\frac{x}{2}\right)+\alpha_1 f_c(b_f'-b)h_f'\left(h_0-\frac{h_f'}{2}\right)$$

代入已知条件可得

$$\begin{aligned}M_u&=M_1+M_f'=\alpha_1 f_c bx\left(h_0-\frac{x}{2}\right)+\alpha_1 f_c(b_f'-b)h_f'\left(h_0-\frac{h_f'}{2}\right)\\&=11.9\times250\times164.09\times\left(740-\frac{164.09}{2}\right)+11.9\times350\times100\times\left(740-\frac{100}{2}\right)\\&=608.58\text{kN}\cdot\text{m}\end{aligned}$$

(5) 配筋计算

已知截面尺寸 b、h、b_f'、h_f'，材料强度 f_c、f_y 及弯矩设计值 M。

计算所需钢筋截面面积 A_s。

① 判定截面类型

若 $M\leqslant\alpha_1 f_c b_f' h_f'\left(h_0-\frac{h_f'}{2}\right)$时，属第一类型，可按 $b_f'\times h$ 的矩形截面计算。

若 $M>\alpha_1 f_c b_f' h_f'\left(h_0-\frac{h_f'}{2}\right)$时，属第二类型，则进入下一步。

② 求压区高度 x，由《混凝土结构设计规范》式 (6.2.11-2)

$$M\leqslant\alpha_1 f_c bx\left(h_0-\frac{x}{2}\right)+\alpha_1 f_c(b_f'-b)h_f'\left(h_0-\frac{h_f'}{2}\right)$$

得到

$$x=h_0\left\{1-\sqrt{1-\frac{2[M-\alpha_1 f_c(b_f'-b)h_f'(h_0-h_f'/2)]}{\alpha_1 f_c bh_0^2}}\right\}$$

③ 根据《混规》式 (6.2.10-3) 验算压区高度 x，此时，x 可能出现如下二种情况：

若 $x>\xi_b h_0$，为超筋梁；

若 $2a_s'\leqslant x\leqslant\xi_b h_0$，则进入下一步。

④ 求受拉钢筋 A_s，由《混规》式 (6.2.11-3)，

$$\alpha_1 f_c[bx+(b_f'-b)h_f']=f_y A_s-f_y' A_s'$$

得到

$$A_s=\frac{\alpha_1 f_c(b_f'-b)h_f'+\alpha_1 f_c bx}{f_y}$$

【例 3.3.2-15】 第一类 T 形截面梁的配筋计算

条件：已知一肋形楼盖的次梁，弯矩设计值 $M=410\text{kN}\cdot\text{m}$，梁的截面尺寸为 $b\times h=200\text{mm}\times 600\text{mm}$，$b_f'=1000\text{mm}$，$h_f'=90\text{mm}$；混凝土等级为 C25，钢筋采用 HRB400 级，环境类别为一类。

要求：受拉钢筋截面面积 A_s。

【解答】 查《混规》表 8.2.1 得保护层厚度 $c=25\text{mm}$，当钢筋排成两排时，设 $a_s=65\text{mm}$。根据《混规》4.1.4 条、4.2.3 条、6.2.6 条、6.2.7 条

查表得 $f_c=11.9\text{N/mm}^2$，$f_y=f_y'=360\text{N/mm}^2$，$\alpha_1=1.0$，$\beta_1=0.8$，$\xi_b=0.518$

（1）判别类型：根据《混规》式（6.2.11-2）$M=\alpha_1 f_c b_f' h_f'\left(h_0-\dfrac{b_f'}{2}\right)$代入已知条件。因弯矩较大，截面宽度 b 较窄，预计受拉钢筋需排成两排，故取

$$h_0=h-a=600-65=535\text{mm}$$

$$\alpha_1 f_c b_f' h_f'\left(h_0-\frac{b_f'}{2}\right)=1.0\times 11.9\times 1000\times 90\times\left(535-\frac{90}{2}\right)$$

$$=524.8\times 10^6>410\times 10^6\text{N}\cdot\text{mm}$$

属于第一种类型的 T 形梁，以 b_f'代替 b。按 $b_f'\times h=1000\text{mm}\times 600\text{mm}$ 矩形梁计算

（2）求压区高度 x，由《混规》式（6.2.10-1），$M=\alpha_1 f_c bx\left(h_0-\dfrac{x}{2}\right)$得到

$$x=h_0-\sqrt{h_0^2-\frac{2M}{\alpha_1 f_c b}}=535-\sqrt{535^2-\frac{2\times 410\times 10^6}{1.0\times 11.9\times 1000}}=68.8\text{mm}$$

（3）验算压区高度 x，由《混规》（6.2.10-3），$x\leqslant\xi_b h_0$ 可得

$$x=68.8\text{mm}<\xi_b h_0=0.518\times 535=277.1\text{mm}$$

（4）求受拉钢筋面积 A_s，由《混规》式（6.2.10-2），$\alpha_1 f_c bx=f_y A_s$ 可得

$$A_s=\frac{\alpha_1 f_c bx}{f_y}=\frac{1.0\times 11.9\times 1000\times 68.8}{360}=2274\text{mm}^2$$

选用 6Φ22，$A_s=2281\text{mm}^2$。

【例 3.3.2-16】 第二类 T 形截面独立梁的配筋计算

条件：已知弯矩 $M=650\text{kN}\cdot\text{m}$，混凝土等级为 C30，钢筋采用 HRB400 级，梁的截面尺寸为 $b\times h=300\text{mm}\times 700\text{mm}$，$b_f'=600\text{mm}$，$h_f'=120\text{mm}$；环境类别为一类。

要求：所需的受拉钢筋截面面积 A_s。

【解答】 根据《混规》4.1.4 条、4.2.3 条、6.2.6 条、6.2.7 条

查表得 $f_c=14.3\text{N/mm}^2$，$f_y=f_y'=360\text{N/mm}^2$，$\alpha_1=1.0$，$\beta_1=0.8$，$\xi_b=0.518$

（1）判别截面类型：根据《混规》式（6.2.11-2）式 $M=\alpha_1 f_c b_f' h_f'\left(h-\dfrac{h_f'}{2}\right)$

假设受拉钢筋排成两排，故取 $h_0=h-a=700-60=640\text{mm}$

代入已知条件可得

$$\alpha_1 f_c b_f' h_f'\left(h_0-\frac{h_f'}{2}\right)=1.0\times 14.3\times 600\times 120\times\left(640-\frac{120}{2}\right)$$

$$=597.2\times10^6<650\times10^6\text{N}\cdot\text{mm}$$

属于第二种类型的T形截面。

(2) 求压区高度 x，由《混规》式 (6.2.11-2)，

$$M=\alpha_1 f_c bx\left(h_0-\frac{x}{2}\right)+\alpha_1 f_c(b_f'-b)h_f'\left(h_0-\frac{h_f'}{2}\right)$$

得到

$$x=h_0\left\{1-\sqrt{1-\frac{2\left[M-\alpha_1 f_c(b_f'-b)h_f'\left(h_0-\frac{h_f'}{2}\right)\right]}{\alpha_1 f_c bh_0^2}}\right\}$$

代入已知条件

$$x=h_0\left\{1-\sqrt{-\frac{2[M-\alpha_1 f_c(b_f'-b)h_f'(h_0-h_f'/2)]}{\alpha_1 f_c bh_0^2}}\right\}$$

$$=640\left\{1-\sqrt{1-\frac{2\left[650\times10^6-14.3\times(600-300)\times120\times\left(640-\frac{120}{2}\right)\right]}{1.0\times14.3\times300\times640^2}}\right\}$$

$$=144.25\text{mm}$$

(3) 验算压区高度 x，由《混规》式 (6.2.10-3)，$x\leqslant\xi_b h_0$

$$x=144.25\text{mm}<\xi_b h_0=0.518\times640=331.52\text{mm}$$

(4) 求受拉钢筋 A_s 由《混规》式 (6.2.11-3)，

$$\alpha_1 f_c[bx+(b_f'-b)h_f']=f_y A_s-f_y' A_s'$$

可得

$$A_s=\frac{\alpha_1 f_c(b_f'-b)h_f'+\alpha_1 f_c bx}{f_y}$$

将已知条件代入

$$A_s=\frac{\alpha_1 f_c(b_f'-b)h_f'+\alpha_1 f_c bx}{f_y}$$

$$=\frac{1.0\times14.3\times(600-300)\times120+1.0\times14.3\times300\times144.25}{360}$$

$$=3149\text{mm}^2$$

选配 4Φ25+4Φ20= (1964+1256) =3220mm²。

3. 正截面抗震受弯承载力

《混规》规定

11.1.6 考虑地震组合验算混凝土结构构件的承载力时，均应按承载力抗震调整系数 γ_{RE}进行调整，承载力抗震调整系数 γ_{RE}应按表 11.1.6 采用。 正截面抗震承载力应按本规范第 6.2 节的规定计算，但应在相关计算公式右端项除以相应的承载力抗震调整系数 γ_{RE}。

承载力抗震调整系数　　表 11.1.6

结构构件类别	正截面承载力计算				
	受弯构件	偏心受压柱		偏心受拉构件	剪力墙
		轴压比小于 0.15	轴压比不小于 0.15		
γ_{RE}	0.75	0.75	0.8	0.85	0.85

11.3.1 梁正截面受弯承载力计算中，计入纵向受压钢筋的梁端混凝土受压区高度应符合下列要求：

一级抗震等级

$$x \leqslant 0.25h_0 \qquad (11.3.1\text{-}1)$$

二、三级抗震等级

$$x < 0.35h_0 \qquad (11.3.1\text{-}2)$$

式中：x——混凝土受压区高度；

h_0——截面有效高度。

【例 3.3.2-17】 抗震等级二级的单筋梁

某五层现浇钢筋混凝土框架结构多层办公楼，安全等级为二级，框架抗震等级为二级，混凝土强度等级均为 C30，纵向钢筋采用 HRB400 级钢筋，现浇框架梁 KL2 的截面尺寸 $b\times h=300\text{mm}\times 550\text{mm}$，考虑地震作用组合的梁端最大负弯矩设计值 $M=266.7\text{kN}\cdot\text{m}$，$a_s=a_s'=40\text{mm}$。试问，当按单筋梁计算时，该梁支座顶面纵向受拉钢筋截面面积 A_s（mm^2），应与下列何面数值最为接近？

提示：不验算最小配筋率

(A) 1144　　(B) 1210　　(C) 1609　　(D) 1833

【答案】 (B)

【解答】 (1) 根据《混规》11.1.6 条，表 (11.1.6)

考虑地震作用组合的框架梁承载力计算时，应考虑承载力抗震调整系数 $\gamma_{RE}=0.75$。

(2) 根据《混规》11.3.1 条，抗震等级二级框架梁端的相对压区高度控制值$\xi_b=0.35$

(3) 求支座顶面纵向受拉钢筋时，应按矩形截面梁计算。

根据《混规》6.2.10 条，式 (6.2.10-1)

$$M=\alpha_1 f_c bx(h_0-x/2)/\gamma_{RE}$$

$$266.7\times10^6=1.0\times14.3\times300\cdot x\cdot(510-x/2)/0.75$$

求解得：$x=101.52\text{mm}>2a_s'=2\times40\text{mm}=80\text{mm}$

(4) 根据《混规》式 (11.3.1-2)

$x<\xi_b h_0=0.35\times510\text{mm}=178.5\text{mm}$，满足要求。

(5) 根据《混规》式 (6.2.10-2) 得

$$A_s=\alpha_1 f_c bx/f_y=1.0\times14.3\times300\times101.52/360\text{mm}^2=1209.8\text{mm}^2$$

【例 3.3.2-18】

某钢筋混凝土梁，其截面尺寸 $b\times h=200\text{mm}\times 500\text{mm}$，抗震等级为二级，净跨 $l_n=2.0\text{m}$。混凝土强度等级为 C30，纵向受力钢筋采用 HRB400 级，箍筋采用 HPB300 级，

$a_s=a'_s=35$mm。

该梁考虑地震作用组合的弯矩设计值$M=220$kN·m。试问，当梁上、下纵向受力钢筋对称配置时，下列何项配筋（梁下部钢筋）最为合适？

提示：混凝土截面受压区高度$x<2a'_s$。

(A) 3Φ20　　(B) 2Φ25　　(C) 2Φ22　　(D) 3Φ25

【答案】(D)

【解答】承载力抗震调整系数$\gamma_{RE}=0.75$（《混规》表11.1.6）

根据《混规》式(6.2.14)

$$A_s \geqslant \frac{\gamma_{RE}M}{f_y(h-a_s-a'_s)}=\frac{0.75\times 220\times 10^6}{360\times(500-35-35)}\text{mm}^2=1065.9\text{mm}^2$$

选3Φ25，$A_s=1473\text{mm}^2>1065.9\text{mm}^2$

【例3.3.2-19】抗震等级二级的双筋梁

某规则框架，抗震等级为二级；梁KL1截面尺寸350mm×900mm，边跨梁净跨7.8m，如图3.3.2-9所示。混凝土强度等级均为C30。

假定框架梁端截面上部和下部配筋分别为HRB400级5Φ25和4Φ20；$a_s=a'_s=40$mm，试问当考虑梁下部受压钢筋的作用时，该梁端截面的最大抗震受弯承载力设计值M(kN·m)，与下列何项数值最为接近？

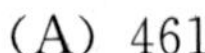

(A) 461　　(B) 662

(C) 769　　(D) 964

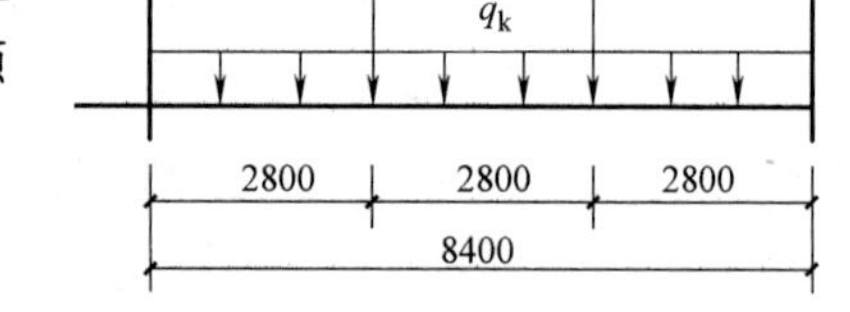

图3.3.2-9　边跨框架梁、荷载示意图

【答案】(D)

【解答】$A_s=2454\text{mm}^2$，$A'_s=1257\text{mm}^2$，$f_c=14.3\text{N/mm}^2$，$f_y=360\text{N/mm}^2$

(1) 根据《混规》11.3.1条，

抗震等级二级框架梁端的相对压区高度控制值$\xi_b=0.35$

(2) 根据《混规》6.2.10条，式(6.2.10-2)

$$\alpha_1 f_c bx=f_y(A_s-A'_s)$$

$$x=\frac{360\times(2454-1257)}{1.0\times 14.3\times 350}\text{mm}=86.1\text{mm}$$

(3) 根据《混规》式(6.2.10-4)和式(11.3.1-2)

$$2\alpha'_s=80\text{mm}<x<0.35h_0=0.35\times 860\text{mm}=301\text{mm}$$

(4) 根据《混规》11.1.6条，表(11.1.6)

考虑地震作用组合的框架梁承载力计算时，应考虑承载力抗震调整系数$\gamma_{RE}=0.75$。

(5) 根据《混规》11.1.6条，式(6.2.10-1)计算框架梁抗震受弯承载力$[M]$

$$[M]=\frac{1}{\gamma_{RE}}\left[\alpha_1 f_c bx\left(h_0-\frac{x}{2}\right)+A'_s f'_y(h_0-\alpha'_s)\right]$$

$$=\frac{1}{0.75}\left[1\times 14.3\times 350\times 86.1\times\left(860-\frac{86.1}{2}\right)+1257\times 360\times(860-40)\right]\times 10^{-6}\text{kN}\cdot\text{m}$$

$=964.15\text{kN}\cdot\text{m}$

【例 3.3.2-20】考虑调幅后双筋梁的抗震受弯承载力

某钢筋混凝土框架结构，梁、板、柱混凝土强度等级均为 C30，梁、柱纵向钢筋为 HRB400 钢筋，楼板钢筋为 HRB335。

若该工程位于抗震设防地区，框架梁 KL3 左端支座边缘截面在重力荷载代表值、水平地震作用下的负弯矩标准值分别为 300kN·m、300kN·m，梁底、梁顶纵向受力钢筋分别为 4⌀25、5⌀25，截面抗弯设计时考虑了有效翼缘内楼板钢筋及梁底受压钢筋的作用。当梁端负弯矩考虑调幅时，调幅系数取 0.80。试问，该截面考虑承载力抗震调整系数的受弯承载力设计值 [M]（kN·m）与考虑调幅后的截面弯矩设计值 M（kN·m），分别与下列哪组数值最为接近？

提示：① 考虑板顶受拉钢筋面积为 628mm²；

② 近似取 $a_s=a_s'=50\text{mm}$；

③ 梁的截面尺寸 $b\times h=400\text{mm}\times700\text{mm}$。

(A) 707；600　　(B) 707；678　　(C) 857；600　　(D) 857；678

【答案】(D)

【解答】(1) 计算调幅后支座边缘截面的弯矩设计值

① 根据《混规》5.4.1 条规定，调幅的对象，是对重力荷载作用下的负弯矩进行调幅，而不是对与地震作用效应组合后的内力进行调幅。

② 根据《混规》5.4.3 条规定，负弯矩调幅幅度不宜大于 25%，本题按题目中给出的梁条件取调幅系数 0.8。

③ 根据《抗震》5.4.1 条，重力荷载分项系数取 1.2，水平地震作用分项系数取 1.3。

④ 经调幅的弯矩设计值；

$$M=1.2\times300\times0.8+1.3\times300=678\text{kN}\cdot\text{m}$$

(2) 双筋梁的抗震受弯承载力

① 根据《混规》式 (6.2.10-2)

$$\alpha_1 f_c bx=f_y A_s-f_y' A_s' \quad \text{（此处 } A_s \text{ 包括梁、板内的受拉钢筋）}$$

$$x=\frac{300\times628+360\times2454-360\times1964}{1.0\times14.3\times400}=63.8\text{mm}<2a_s'=2\times50=100\text{mm}$$

② 根据《混规》表 (11.1.6)，承载力抗震调整系数，受弯构件取 0.75。

③ 根据《混规》6.2.14 条

$$[M]=\frac{f_y A_s(h-a_s-a_s')}{\gamma_{RE}}=\frac{(300\times628+360\times2454)\times(700-50-50)}{0.75}$$

$$=857\times10^6\text{N}\cdot\text{mm}=857\text{kN}\cdot\text{m}$$

【例 3.3.2-21】地震作用效应组合下的配筋计算

某 12 层钢筋混凝土框架-剪力墙结构，每层层高均为 4m，房屋高度为 48.3m，质量和刚度沿高度分布比较均匀，丙类建筑，抗震设防烈度为 7 度。第八层楼面的某框架梁，其截面尺寸为 $b\times h=250\text{mm}\times600\text{mm}$，混凝土强度等级为 C30（$f_c=14.3\text{N/mm}^2$，$f_t=1.43\text{N/mm}^2$），纵向钢筋采用 HRB400（$f_y=f_y'=360\text{N/mm}^2$）。梁端弯矩标准值如下：重力荷载代表值作用下 $M_{GEK}=-70\text{kN}\cdot\text{m}$，水平地震作用下 $M_{Ehk}=\pm95\text{kN}\cdot\text{m}$，风荷载作

用下 $M_{WK}=\pm60kN\cdot m$。

试问，该梁端截面较大纵向受拉钢筋面积 A_S（mm^2），选用下列何项数值最为合适？

提示：$A_s=\frac{\gamma_{RE}M}{0.9f_yh_0}$；$a_s=40mm$，$\rho_{min}=0.31\%$。

（A）1480　　（B）1380　　（C）1030　　（D）860

【答案】（D）

【解答】（1）根据《高规》5.6.4条，$H=48.3m<60m$，不考虑风荷载

（2）根据《抗震》5.4.1条，$\gamma_G=1.2$，$\gamma_{Eh}=1.3$，

（3）根据《抗震》5.4.1条式（5.4.1），

$\gamma_GM_{GEK}+\gamma_{Eh}M_{Ehk}=[1.2\times(-70)+1.3\times(\pm95)]kN\cdot m=-207.5kN\cdot m$ 或 $=\pm39.5kN\cdot m$

取 $M=-207.5kN\cdot m$

（4）根据《混规》11.1.6条表1.1.6，$\gamma_{RE}=0.75$

（5）求 A_s，已知 $h_0=h-a_s=(600-40)mm=560mm$

$$A_s=\frac{\gamma_{RE}M}{0.9f_yh_0}=\frac{0.75\times207.5\times10^6}{0.9\times360\times560}mm^2=857.7mm^2$$

（6）验收配筋率

$$\rho=\frac{A_s}{bh}=\frac{857.7}{250\times600}=0.57\%>0.31\%$$，满足最小配筋率的要求。

三、正截面受压承载力计算

1. 柱的计算长度

（1）排架柱的计算长度

《混规》规定

6.2.20 轴心受压和偏心受压柱的计算长度 l_0 可按下列规定确定：

1. 刚性屋盖单层房屋排架柱、露天吊车柱和栈桥柱，其计算长度 l_0 可按表6.2.20-1取用。

刚性屋盖单层房屋排架柱、露天吊车柱和栈桥柱的计算长度　　表6.2.20-1

柱的类别		l_0		
		排架方向	垂直排架方向	
			有柱间支撑	无柱间支撑
无吊车房屋柱	单跨	$1.5H$	$1.0H$	$1.2H$
	两跨及多跨	$1.25H$	$1.0H$	$1.2H$
有吊车房屋柱	上柱	$2.0H_u$	$1.25H_u$	$1.5H_u$
	下柱	$1.0H_l$	$0.8H_l$	$1.0H_l$

注：1　表中 H 为从基础顶面算起的柱子全高；H_l 为从基础顶面至装配式吊车梁底面或现浇式吊车梁顶面的柱子下部高度；H_u 为从装配式吊车梁底面或从现浇式吊车梁顶面算起的柱子上部高度；

2　表中有吊车房屋排架柱的计算长度，当计算中不考虑吊车荷载时，可按无吊车房屋柱的计算长度采用，但上柱的计算长度仍可按有吊车房屋采用；

3　表中有吊车房屋排架柱的上柱在排架方向的计算长度，仅适用于 H_u/H_l 不小于0.3的情况；当 H_u/H_l 小于0.3时，计算长度宜采用 $2.5H_u$。

【例3.3.3-1】 单跨排架柱的计算长度

条件：有一无吊车工业厂房，采用刚性屋盖，其铰接排架结构计算简图如图 3.3.3-1 所示。

要求：在排架方向，柱子的计算长度 l_0 为何项数值？

【解答】 根据《混规》6.2.20 条表 6.2.20-1 的规定：

在排架方向，单跨排架柱的计算长度按无吊车房屋柱的计算长度

$$l_0=1.5H=1.5\times8.0=12.0\text{m}$$

【例 3.3.3-2】 有吊车排架柱的计算长度

条件：某单层双跨等高钢筋混凝土柱厂房，该厂房为刚性屋盖，其排架简图如图 3.3.3-2所示。

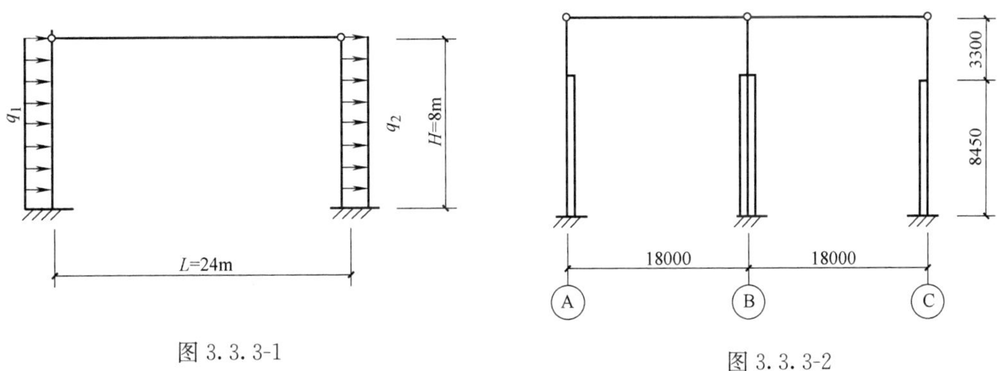

图 3.3.3-1

图 3.3.3-2

要求：在进行有吊车荷载参与组合的计算时，该厂房柱在排架方向的计算长度 l_0？

【解答】 根据《混规》6.2.20 条表 6.2.20-1 注 3 的规定，$H_u/H_l=3.30/8.45=0.39>0.3$ 应采用《混规》表 6.2.20-1 的规定。

根据《混规》6.2.20 条表 6.2.20-1 的规定：

在排架方向，上柱的计算长度 $l_0=2.0H_u=2.0\times3.3=6.6\text{m}$

在排架方向，下柱的计算长度 $l_0=1.0H_l=1.0\times8.45=8.45\text{m}$

【例 3.3.3-3】 无吊车作用时排架柱的计算长度

条件：有一工业厂房高低跨排架，如图 3.3.3-3 所示。低跨跨度为 15m，高跨跨度为 24m。

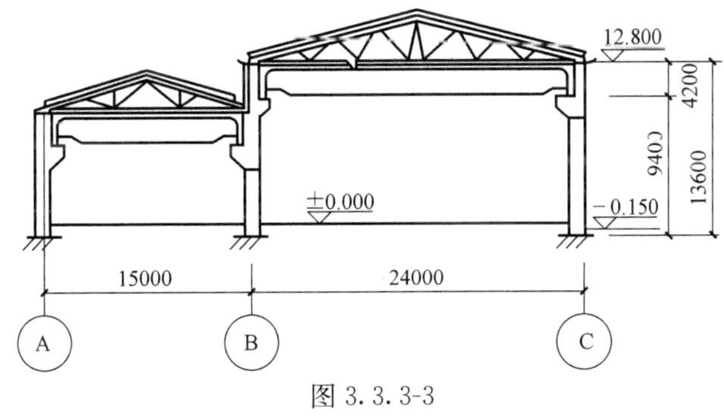

图 3.3.3-3

要求：确定 C 列柱的上柱和下柱在无吊车作用时的排架平面内的计算长度值？

【解答】 根据《混规》6.2.20条表6.2.20-1注2的规定。

$$H_u/H_l=4.20/9.40=0.45>0.3。$$

在排架方向，上柱的计算长度应采用《混规》表6.2.20-1的规定。

$$l_0=2.0H_u=2.0\times4.2=8.4\text{m}$$

在排架方向，下柱的计算长度，按天吊车房屋柱的计算长度

$$l_0=1.25H=1.25\times13.6=17.0\text{m}$$

【例3.3.3-4】 某刚性屋盖单层工业厂房钢筋混凝土排架柱，厂房内安装有吊车，在确定排架柱的计算长度时，下列说法何项不正确?

(A) 对有吊车房屋排架柱上柱在排架方向的计算长度，当吊车梁为现浇式时，取吊车梁顶面算起的柱子上部高度的2倍

(B) 对有吊车房屋排架柱，当计算中不考虑吊车荷载时，可按无吊车房屋柱的计算长度采用，但上柱的计算长度仍可按有吊车房屋采用

(C) 有吊车房屋排架柱在垂直排架方向的下柱计算长度，当有柱间支撑和吊车梁为装配式构件时，取0.8倍从基础顶面至牛腿顶面的柱子下部高度

(D) 有吊车房屋排架柱在垂直排架方向的上柱计算长度，有柱间支撑时，取1.2倍上柱高度

【答案】 (D)

【解答】 选项(A)符合《混规》表6.2.20-1中对有吊车房屋柱，排架方向上柱计算长度的规定，说法正确。

选项(B)符合《混规》表6.2.20-1注2的规定，说法正确。

选项(C)符合《混规》表6.2.20-1有关规定，说法正确。

选项(D)不符合《混规》表6.2.20有关规定，说法错误。

(2) 框架柱的计算长度

《混规》规定

6.2.20 轴心受压和偏心受压柱的计算长度 l_0 可按下列规定确定：

2 一般多层房屋中梁柱为刚接的框架结构，各层柱的计算长度 l_0 可按表6.2.20-2取用。

框架结构各层柱的计算长度 **表6.2.20-2**

楼盖类型	柱的类别	l_0
现浇楼盖	底层柱	$1.0H$
	其余各层柱	$1.25H$
装配式楼盖	底层柱	$1.25H$
	其余各层柱	$1.5H$

注：表中 H 为底层柱从基础顶面到一层楼盖顶面的高度；对其余各层柱为上下两层楼盖顶面之间的高度。

【例3.3.3-5】 现浇钢筋混凝土框架柱的计算高度

条件：某现浇钢筋混凝土7层框架结构，计算简图如图3.3.3-4所示。

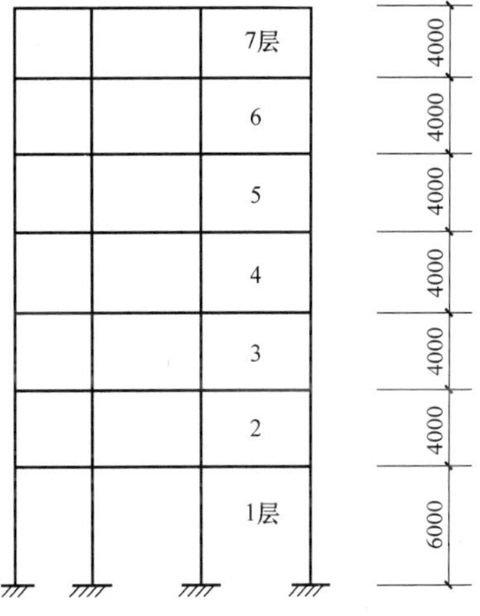

图3.3.3-4

要求：底层柱和顶层柱的计算高度值

【解答】 根据《混规》6.2.20条表6.2.20-2的规定：底层柱的计算高度值

$$l_0=1.0H=1.0\times6.0=6.0\text{m}$$

顶层柱的计算高度值

$$l_0=1.25H=1.25\times4.0=5.0\text{m}$$

【例3.3.3-6】 装配式楼盖框架柱的计算高度

条件：一钢筋混凝土多层框架结构，采用装配式楼盖。已知各层层高均为3.6m，基础顶标高为−1.0m。

要求：底层柱和顶层柱的计算高度值

【解答】 根据《混规》6.2.20条表6.2.20-2的规定：

底层柱的计算高度值 $l_0=1.25H=1.25\times(3.6+1.0)=5.75\text{m}$

顶层柱的计算高度值 $l_0=1.5H=1.5\times3.6=5.4\text{m}$

2. 偏心距

《混规》规定

6.2.17

$$e=e_i+\frac{h}{2}-a \qquad (6.2.17\text{-}3)$$

$$e_i=e_0+e_a \qquad (6.2.17\text{-}4)$$

式中 e——轴向压力作用点至纵向受拉普通钢筋和受拉预应力筋的合力点的距离：

e'——轴向压力作用点至受压区纵向普通钢筋和预应力筋的合力点的距离；

e_0——轴向压力对截面重心的偏心距，取为M/N，当需要考虑二阶效应时，M为按本规范第5.3.4条、第6.2.4条规定确定的弯矩设计值；

e_a——附加偏心距，按本规范第6.2.5条确定。

e_i——初始偏心距；

a——纵向受拉普通钢筋和受拉预应力筋的合力点至截面近边缘的距离；

6.2.5 偏心受压构件的正截面承载力计算时，应计入轴向压力在偏心方向存在的附加偏心距e_a，其值应取20mm和偏心方向截面最大尺寸的1/30两者中的较大值。

【例3.3.3-7】 附加偏心距

偏心受压柱$b=300\text{mm}$，$h=500\text{mm}$，则附加偏心距e_a（mm）最接近下列何项数值？

(A) 30　　(B) 16.7　　(C) 20　　(D) 25

【答案】 (C)

【解答】 根据《混规》6.2.5条的规定

附加偏心距：$e_a=\max(20,h/30)=\max(20,500/30=16.7)=20\text{mm}$

【例 3.3.3-8】 轴向压力作用点至纵向受压钢筋合力点的距离 e'

图 3.3.3-5 所示钢筋混凝土偏压柱、对称配筋，$a=a_s'=40$mm。承受的轴力设计值 $N=150$kN，弯矩设计值 $M=35$kN·m，试问，当进行正截面受压承载力计算时，轴向压力作用点至纵向受压钢筋合力点的距离 e'(mm)，应与以下何项数值最为接近？

(A) 116　　(B) 146　　(C) 306　　(D) 416

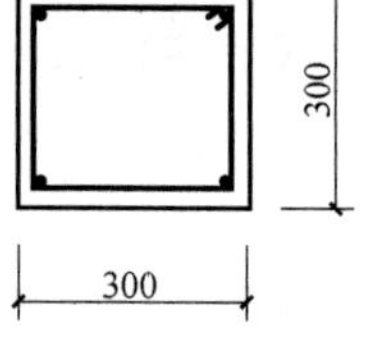

图 3.3.3-5

【答案】(B)

【解答】 根据《混规》6.2.17 条，

$$e_0=M/N=35\times10^6/150\times10^3=233\text{mm}$$

根据《混规》6.2.5 条，

$$e_a=\max(h/30,20)=\max(300/30,20)=20\text{mm}$$

根据《混规》式 (6.2.17-4)，

$$e_i=e_0+e_a=(233+20)\text{mm}=253\text{mm}$$

根据《混规》图 6.2.17，

$$e'=e_i-h/2+a_s'=(253-300/2+40)\text{mm}=143\text{mm}$$

3. 二类偏心受压构件

(1) 大偏心受压与小偏心受压

偏心受压构件随轴向力偏心距的大小和离轴向力远侧纵向钢筋配筋量的不同，存在两种破坏形态，大偏心受压与小偏心受压。这两种破坏形态的破坏过程，破坏性质是不同的。

大偏心受压和小偏心受压构件在发生破坏时，离轴向力较远侧钢筋的应力状态存在着根本的不同。

大偏心受压破坏时，离轴向力较远侧钢筋受拉屈服，其应力达到 f_y。

小偏心受压破坏时随偏心距大小和离轴向力较远侧钢筋配筋量的不同，使得离轴向力较远侧的钢筋可能受拉也可能受压，但无论受拉还是受压，钢筋均未屈服，其应力为 σ_s。《混凝土结构设计规范》式 (6.2.8-3) 给出了 σ_s 的简化计算方法。

$$\sigma_s=\frac{\xi-\beta_1}{\xi_b-\beta_1}f_y$$

在下列三个界限状态的钢筋应力值分别为。

当 $\xi=\xi_b$ 时，$\sigma_s=f_y$；

当 $\xi=\beta_1$ 时，$\sigma_s=0$；

当 $\xi=2\beta_1-\xi_b$ 时，$\sigma_s=-f_y$。

(2) 大小偏心受压的判别

① 大、小偏心受压的界限状态

《混规》6.2.17 条规定

> 1) 当 ξ 不大于 ξ_b 时为大偏心受压构件，此处，ξ 为相对受压区高度，取为 x/h_0；
>
> 2) 当 ξ 大于 ξ_b 时为小偏心受压构件，

该规定给出了判别大小偏心受压的基本准则，在具体实施时可用下列实用方法。

在截面设计时，先假定构件发生大偏心受压破坏，可根据已知条件直接先按大偏心破坏计算，得到 ξ 值与 ξ_b 值比较后确定截面属于哪一种破坏。如 $\xi \leqslant \xi_b$，则说明原定假设正确，继续进行计算；如 $\xi > \xi_b$ 则说明原定假设错误，改按小偏心重新计算。改按小偏心重新计算所得的 ξ 必然满足 $\xi > \xi_b$，但数值上和第一次按大偏心计算所得的 ξ 值不同，因为第一次计算所得的 ξ 值是根据错误的假定计算得出的。

本方法的优点可用于任何形状截面的设计计算。

【例 3.3.3-9】已知轴力、求计算压区高度

条件：已知矩形截面偏心受压柱截面尺寸 $b \times h = 450\text{mm} \times 600\text{mm}$，混凝土强度等级采用 C40，纵向钢筋采用 HRB400 级钢，离轴向力近侧配置 4Φ20（$A_s' = 1256\text{mm}^2$），离轴向力远侧配置 4Φ18（$A_s' = 1017\text{mm}$）。

要求：(1) 轴向力设计值 $N = 1150\text{kN}$ 时的压区高度

(2) 轴向力设计值 $N = 2700\text{kN}$ 时的压区高度

【解答】(1) $N = 1150\text{kN}$，先假定构件发生大偏心受压破坏，计算压区高度

$$x = \frac{N_u - f_y' A_s' + f_y A_s}{\alpha_1 f_c b} = \frac{1150000 - 360 \times 1256 + 360 \times 1017}{1.0 \times 19.1 \times 450}$$

$$= 124\text{mm} < \xi_b h_0 = 0.52 \times 560 = 291.2\text{mm}$$

原定假设正确，故为大偏心受压。

(2) $N = 2700\text{kN}$，先假定构件发生大偏心受压破坏，计算压区高度

$$x = \frac{N_u - f_y' A_s' + f_y A_s}{\alpha_1 f_c b} = \frac{2700000 - 360 \times 1256 + 360 \times 1017}{1.0 \times 19.1 \times 450}$$

$$= 304\text{mm} > \xi_b h_0 = 291.2\text{mm}$$

原定假设不正确，故为小偏心受压

$$\xi = \frac{x}{h_0} = \frac{304}{560} = 0.54 < 2\beta - \xi_b = 1.6 - 0.52 = 1.08$$

重新求 x：

$$N_u = \alpha_1 f_c bx + f_y' A_s' - \frac{\xi - \beta_1}{\xi_b - \beta_1} f_y A_s$$

$$2700000 = 1.0 \times 19.1 \times 450x + 360 \times 1256 - \frac{x/560 - 0.8}{0.52 - 0.8} \times 360 \times 1017$$

$$x = 301\text{mm}$$

② 界限破坏时的轴力 N_b

当 $x = \xi_b h_0$ 时，为大小偏心受压的界限情况。当构件为矩形截面（图 3.3.3-6），对截面中心取矩，并取 $a_s = a_s'$，由截面受力平衡，可得界限破坏时的轴力 N_b。

$$N_b = \alpha_1 f_c b \xi_b h_0 + f_y' A_s' - f_y A_s \tag{3.3.3-1}$$

对称配筋情况下界限破坏时的受压承载力

$$N_b = \alpha_1 f_c b h_0 \xi_b \tag{3.3.3-2}$$

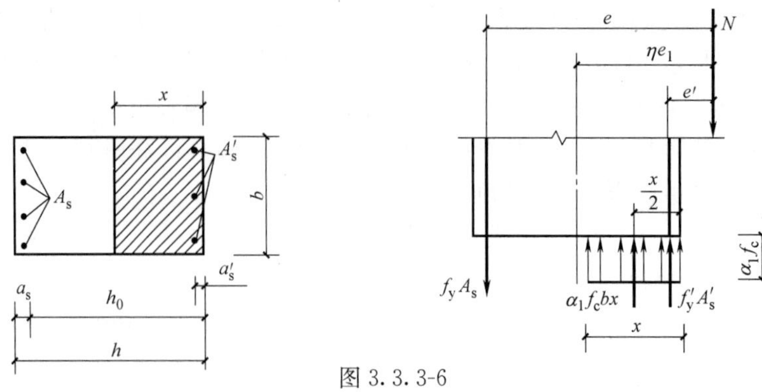

图 3.3.3-6

当截面尺寸、配筋面积及材料强度为已知时可按式（3.3.3-1）或（3.3.3-2）确定 N_b 值。当作用在该截面上的轴向力设计值 $N \leqslant N_b$ 为大偏心受压情况；$N > N_b$ 则为小偏心受压情况。

4. 考虑二阶效应的弯矩设计值

《混规》5.3.4 条规定

> **5.3.4** 当结构的二阶效应可能使作用效应显著增大时，在结构分析中应考虑二阶效应的不利影响。

当结构在进行结构分析时没有考虑二阶效应影响，则在进行截面承载力计算时要对截面的内力值进行调整，通过调整来增补二阶效应的影响；如在进行结构分析时已经考虑了二阶效应影响，则在进行截面承载力计算时，对截面的内力值不需要再进行调整了。《混规》6.2.17 条讲述了这个问题，并指出考虑的途径

> **6.2.17**
>
> e_0——轴向压力对截面重心的偏心距，取为 M/N，当需要考虑二阶效应时，M 为按本规范第 5.3.4 条、第 6.2.4 条规定确定的弯矩设计值；

增补考虑二阶效应的具体调整方法、排架结构柱和非排架结构柱是不同的。《混规》B.0.4 条规定了排架结构偏心受压构件弯矩设计值的调整方法

> **B.0.4** 排架结构柱考虑二阶效应的弯矩设计值可按下列公式计算：
>
> $$M = \eta_s M_0 \tag{B.0.4-1}$$
>
> M_0——一阶弹性分析柱端弯矩设计值；
>
> η_s—— P-Δ 效应增大系数

《混规》6.2.4 条规定了非排架结构偏心受压构件弯矩设计值的调整方法

> **6.2.4** 除排架结构柱外，其他偏心受压构件考虑轴向压力在挠曲杆件中产生的二阶效应后控制截面的弯矩设计值，应按下列公式计算：
>
> $$M = C_m \eta_{ns} M_2 \tag{6.2.4-1}$$

式中 C_m——构件端截面偏心距调节系数，
η_{ns}——弯矩增大系数

6.2.3

M_1、M_2——分别为已考虑侧移影响的偏心受压构件两端截面按结构弹性分析确定的对同一主轴的组合弯矩设计值，绝对值较大端为 M_2，绝对值较小端为 M_1，

（1）偏心受压构件的“二阶效应”

偏心受压构件的“二阶效应”是指在产生了挠曲变形或层间位移的偏心受压构件中，由轴向压力所引起的附加内力。如在结构分析中未曾考虑二阶效应，则求得的构件弯矩中尚未考虑轴力所产生的附加弯矩，故在进行承载力计算时要增补考虑这项二阶效应的影响。增补考虑二阶效应的影响后，构件截面的弯矩会增大，设计时应取弯矩最大的截面进行计算。

偏心受压构件“二阶效应”的影响规律与结构有侧移或无侧移是有关的，现分别讨论如下。

1）结构无侧移时偏心受压构件的二阶弯矩

图 3.3.3-7 所示两端铰接的钢筋混凝土长柱即是一种无侧移的偏心受压构件，在轴力 N 作用下柱高的中段会产生横向挠度 δ，横向挠度 δ 提高了柱的横向总侧移量 $e_i+\delta$，此处 e_i 为初始偏心距，故构件承担的实际弯矩 $M=N(e_i+\delta)$，其值明显大于初始弯矩 $M_0=N\times e_i$，这种由加载后构件的变形而引起增大的弯矩 $M_a=N\times\delta$，称为附加弯矩。初始弯矩称为“一阶弯矩”，附加弯矩称为“二阶弯矩”。

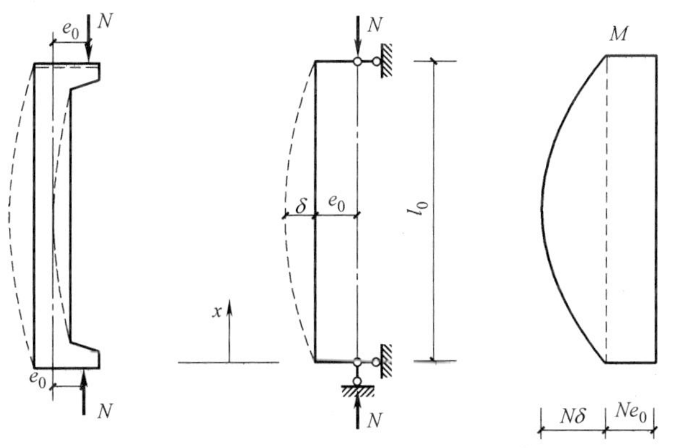

图 3.3.3-7 P-δ 效应

对无侧移的框架结构，二阶效应是指轴向压力在产生了挠曲变形 δ 的柱段中引起的附加内力，通常称为 P-δ 效应（图 3.3.3-7），它可能增大柱段中部的弯矩，一般不增大柱端控制截面的弯矩。

结构无侧移时，根据偏心受压构件两端弯矩值的不同，纵向弯曲引起的二阶弯矩可能遇到以下三种情况。

① 构件两端弯矩值相等且单曲率弯曲

图 3.3.3-8（a）表示构件两端作用着由一阶分析求得的且偏心距为 e_i 的轴向压力 N，故两端的弯矩均为 Ne_i。在 Ne_i 作用下，构件将产生如图虚线所示的弯曲变形，其中 δ 表示在最大弯矩点由弯曲引起的侧移；这时柱高中间的总弯矩值 M_{max} 为

$$M_{max}=Ne_i+N\delta$$

式中 $N\delta$——由纵向弯曲引起的附加弯矩［图 3.3.3-8（b）］

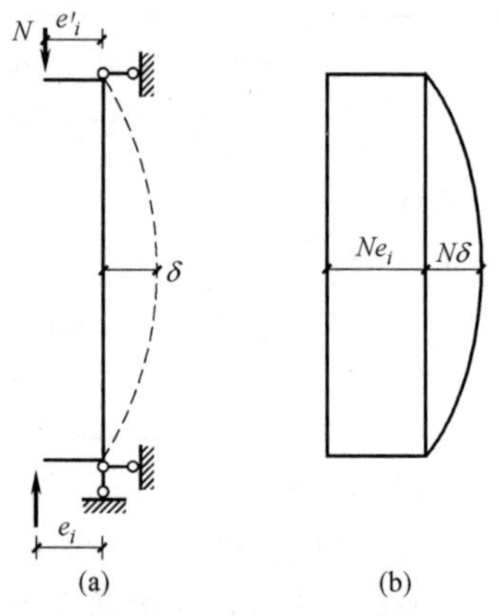

图 3.3.3-8 两端弯矩值相等时的二阶弯矩

② 构件两端弯矩值不相等且单曲率弯曲

构件承受的两端弯矩不相等，但两端弯矩均使构件的同一侧受拉（单曲率弯曲）时，其最大侧移出现在离端部的某一距离处，如图 3.3.3-9（a）所示，其中 $M_2=Ne_{i2}$、$M_1=Ne_{i1}$，$M_2>M_1$。考虑附加偏心距 δ 后，图 3.3.3-9（d）所示的最大弯矩 $M_{max}=M_d+N\delta$，式中 $N\delta$ 为纵向弯曲引起的附加弯矩，如图 3.3.3-9（c）所示。

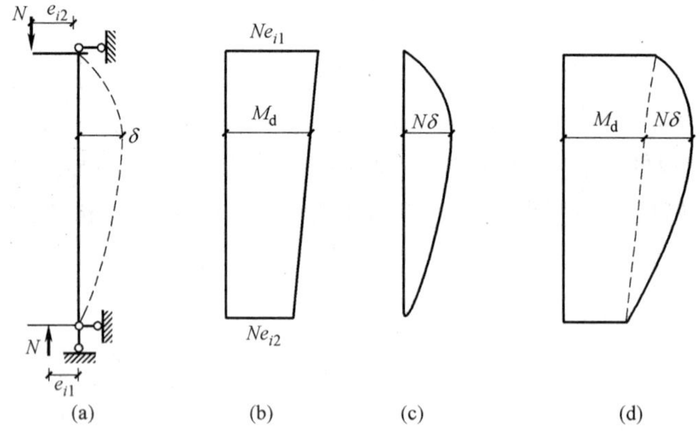

图 3.3.3-9 两端弯矩值相等时的二阶弯矩

③ 构件两端弯矩值不相等且双曲率弯曲

图 3.3.3-10（a）表示构件两端弯矩值不相等且双曲率弯曲的情况。由两端不相等弯

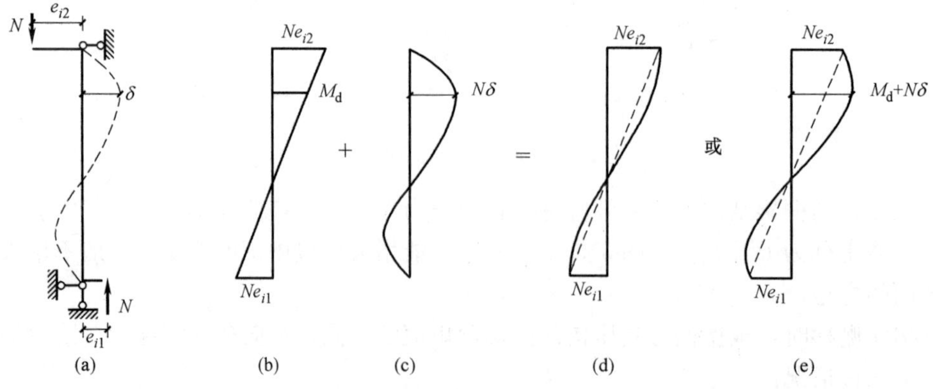

图 3.3.3-10 两端弯矩值不相等且符号相反时的二阶弯矩

矩 $M_2=Ne_{i2}$、$M_1=Ne_{i1}$引起的构件弯矩分布如图 3.3.3-10（b）所示；纵向弯曲引起的二阶弯矩 $N\delta$ 如图 3.3.3-10（c）所示；总弯矩 $M=M_d+N\delta$ 有两种可能的分布，如图 3.3.3-10（d）、（e）所示。图 3.3.3-10（d）中，二阶弯矩未引起最大弯矩的增加，即构件的最大弯矩在柱端，并等于 Ne_{i2}。图 3.3.3-10（e）中，最大弯矩在距柱端某一距离处，其值 $M_{max}=M_d+N\delta$

根据上述分析，可得以下几点结论：

（a）一阶弯矩最大处与二阶弯矩最大处相重合时（图 3.3.3-8），弯矩增加得最多，即临界截面上的弯矩最大。

（b）两个端弯矩值不相等但单曲率弯曲时（图 3.3.3-9），弯矩仍将增加较多。

（c）当构件两端弯矩值不相等且双曲率弯曲时（图 3.3.3-10），沿构件产生一个反弯点，弯矩增加很少，考虑二阶效应后的最大弯矩值一般不会超过构件端部弯矩或稍有增大。

2）结构有侧移时偏心受压构件的二阶弯矩

当框架结构上作用水平荷载，或虽无水平荷载，但结构或荷载不对称，或二者均不对称时，结构会产生侧移 Δ，如图 3.3.3-11 所示。这时竖向荷载在产生了侧移 Δ 的框架中亦会引起附加内力，这类附加内力亦为“二阶弯矩”，通常称为 P-Δ 效应。

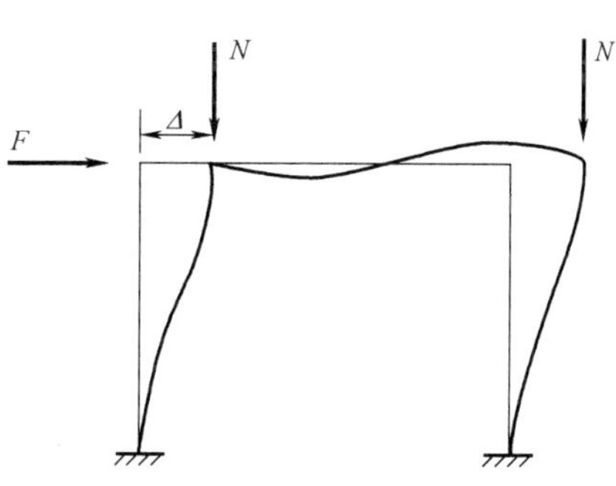

图 3.3.3-11　P-Δ 效应

考虑图 3.3.3-12 所示的简单门架，承受水平荷载 F 和竖向力 N 的作用。仅由水平力 F 引起的变形在图 3.3.3-12（a）中用虚线表示，弯矩 M_F 见图 3.3.3-12（b）。当 N 作用时，产生了附加弯矩和附加变形，变形用实线表示，附加弯矩用图 3.3.3-12（c）的弯矩图表示，此时二阶弯矩为结构侧移和杆件变形所产生的附加弯矩的总和。由图 3.3.3-12（b）、（c）可见，最大的一阶弯矩和二阶弯矩均出现在柱端且同号，临界截面上的弯矩为一阶弯矩与二阶弯矩之和，如图 3.3.3-12（d）、（e）所示。

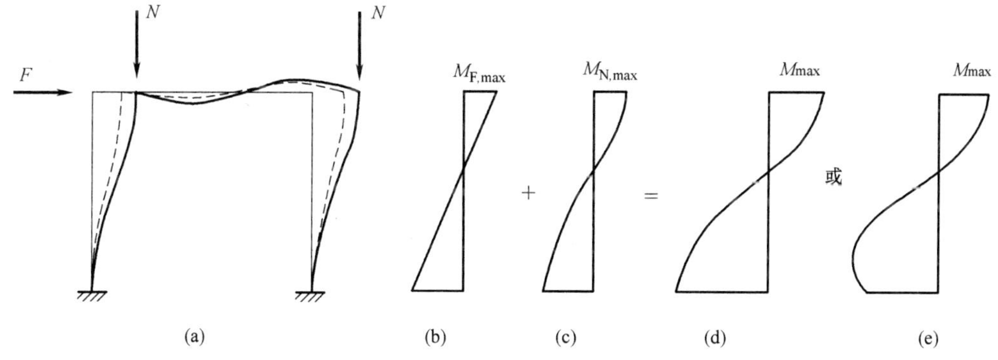

图 3.3.3-12　结构侧移引起的二阶弯矩

（a）计算简图；（b）F 引起的弯矩；（c）N 引起的弯矩；（d）、（e）$F+N$ 引起的弯矩

(2) 不考虑"二阶弯矩"的范围

《混规》规定

6.2.3 弯矩作用平面内截面对称的偏心受压构件，当同一主轴方向的杆端弯矩比$\frac{M_1}{M_2}$不大于 0.9 且轴压比不大于 0.9 时，若构件的长细比满足公式（6.2.3）的要求，可不考虑轴向压力在该方向挠曲杆件中产生的附加弯矩影响；否则应根据本规范第 6.2.4 条的规定，按截面的两个主轴方向分别考虑轴向压力在挠曲杆件中产生的附加弯矩影响。

$$l_c/i \leqslant 34-12(M_1/M_2) \tag{6.2.3}$$

式中 M_1、M_2——分别为已考虑侧移影响的偏心受压构件两端截面按结构弹性分析确定的对同一主轴的组合弯矩设计值，绝对值较大端为 M_2，绝对值较小端为 M_1，当构件按单曲率弯曲时，M_1/M_2 取正值，否则取负值；

l_c——构件的计算长度，可近似取偏心受压构件相应主轴方向上下支撑点之间的距离；

i——偏心方向的截面回转半径。

对于计算内力时已考虑侧移影响和无侧移的结构的偏心受压构件，考虑 P-δ 效应后、一般会增大杆件中间区段截面的弯矩，特别是当杆件较细长，杆件两端弯矩同号（即均使杆件同侧受拉）且两端弯矩的比值接近 1.0 时，可能出现杆件中间区段截面的一阶弯矩考虑 P-δ 效应后的弯矩值超过杆端弯矩的情况。从而，使杆件中间区段截面成为设计的控制截面。在这种情况下，P-δ 效应是应该考虑的。

相反，在结构中常见的反弯点位于柱高中部的偏心受压构件，二阶效应虽能增大构件除两端区域外各截面的曲率和弯矩，但增大后的弯矩通常不可能超过柱两端控制截面的弯矩。因此，在这种情况下，P-δ 效应不会对杆件截面的偏心受压承载力产生不利影响。

上述两种情况均为特例、但已能看出在一定条件下考虑二阶效应后控制截面的弯矩并不会增大，所以这时可不考虑二阶效应的影响。

《混规》给出了可不考虑 P-δ 效应的条件。《混规》规定，弯矩作用平面内截面对称的偏心受压构件，当同一主轴方向的杆端弯矩比不大于 0.9，且轴压比小于 0.90，若杆件长细比满足《混规》式（6.2.3）条件，可不考虑轴向压力在该方向挠曲杆件中产生的附加弯矩的影响。否则，应按两个主轴方向分别考虑轴向压力在挠曲杆件中产生的附加弯矩影响。

具体计算时可按下列步骤进行。

基本资料：已知截面尺寸 b、h、弯矩作用平面内柱计算长度 l_c，材料强度 f_c；外部荷载效应 M、N。

计算步骤：

① 验算杆端弯矩比

当$\frac{M_1}{M_2}>0.9$时，需考虑二阶效应。

当$\frac{M_1}{M_2}\leqslant 0.9$时，转入②

② 验算轴压比

当$\frac{N}{f_c A}>0.9$时，需考虑二阶效应。

当$\frac{N}{f_c A}\leqslant 0.9$时，转入③

③ 验算长细比

当$\frac{l_c}{i}>34-12\times\left(\frac{M_1}{M_2}\right)$时，需考虑二阶效应。

当$\frac{l_c}{i}\leqslant 34-12\times\left(\frac{M_1}{M_2}\right)$时，不需考虑二阶效应。

此处，i——截面回转半径

【例 3.3.3-10】 判断是否需考虑二阶效应

条件：钢筋混凝土框架柱，截面尺寸 $b=400\text{mm}$、$h=700\text{mm}$，构件计算长度 $l_c=2.5\text{m}$，柱轴向力设计值 $N=240\text{kN}$，柱端弯矩设计值 $M_1=M_2=240\text{kN}\cdot\text{m}$，混凝土 C30（$f_c=14.3\text{N/mm}^2$），

要求：判断是否需考虑二阶效应

【解答】 验算杆端弯矩比

$$\frac{M_1}{M_2}=\frac{240}{240}=1.0>0.9$$

根据《混规》6.2.3 条的规定："当同一主轴方向的杆端弯矩比 M_1/M_2 不大于 0.9 可不考虑轴向压力在该方向挠曲杆件中产生的附加弯矩影响"；本题的杆端弯矩比 $M_1/M_2=1.0>0.9$，不符上述 $M_1/M_2\leqslant 0.9$ 的规定、故需考虑二阶弯矩的影响。

【例 3.3.3-11】 判断是否需要考虑轴向力在弯曲方向的二阶效应

条件：某钢筋混凝土偏心受压柱的截面尺寸为 $b\times h=400\text{mm}\times 700\text{mm}$，弯矩作用平面内的计算长度为 5.4m，混凝土强度等级 C30（$f_c=14.3\text{N/mm}^2$），承受的弯矩设计值 $M_1=200\text{kN}\cdot\text{m}$，$M_2=240\text{kN}\cdot\text{m}$，与 M_2 对应的轴向力设计值为 $N=3800\text{kN}$。

要求：判断是否需要考虑轴向力在弯曲方向的二阶效应。

【解答】

（1）验算柱两端弯矩的比值

$$\frac{M_1}{M_2}=\frac{200}{240}=0.83<0.9$$

（2）验算柱的轴压比

$$\frac{N}{f_c A}=\frac{3800\times 10^3}{14.3\times 400\times 700}=0.95>0.9$$

根据《混规》6.2.3 条的规定：应考虑杆件自身挠曲变形的影响。

【例 3.3.3-12】 判断构件是否需要考虑附加弯矩

条件：柱截面尺寸 $b=400\text{mm}$，$h=400\text{mm}$，截面承受轴向压力设计值 $N=350\text{kN}$，柱顶截面弯矩设计值 $M_1=90\text{kN}\cdot\text{m}$，柱底截面弯矩设计值 $M_2=105\text{kN}\cdot\text{m}$。柱挠曲变形为单曲率。弯矩作用平面内柱上下两端的支撑长度为 9.6m，混凝土强度等级为 C35，

$f_c=14.3\text{N/mm}^2$。

要求：判断构件是否需要考虑附加弯矩

【解答】 基本资料：$b=400\text{mm}$、$h=400\text{mm}$、$l_c=9.6\text{m}$，$f_c=16.7\text{N/mm}^2$；$M_1=90\text{kN}\cdot\text{m}$。$M_2=105\text{kN}\cdot\text{m}$，$N=350\text{kN}$。

（1）验算杆端弯矩比

$$\frac{M_1}{M_2}=\frac{90}{105}=0.857<0.9$$

（2）验算轴压比

$$\frac{N}{f_cA}=\frac{350\times10^3}{400\times400\times14.3}=0.15<0.9$$

（3）验算长细比

$$i=\frac{h}{2\sqrt{3}}=\frac{400}{2\sqrt{3}}=115.5\text{mm}$$

截面回转半径

长细比 $\frac{l_c}{i}=\frac{9600}{115.5}=83>34-12(M_1/M_2)=34-12\times(90/105)=23.7$

根据《混规》6.2.3条的规定：应考虑杆件自身挠曲变形的影响。

【例 3.3.3-13】 判断是否需考虑二阶效应

条件：钢筋混凝土框架柱，截面尺寸 $b\times h=400\text{mm}\times450\text{mm}$。柱的计算长度 $l_c=4000\text{mm}$，承受轴向压力设计值 $N=320\text{kN}$，柱端弯矩设计值 $M_1=-100\text{kN}\cdot\text{m}$，$M_2=300\text{kN}\cdot\text{m}$。混凝土强度等级为C30（$f_c=14.3\text{N/mm}^2$），

要求：判断是否需考虑二阶效应

【解答】 基本资料：$b=400\text{mm}$、$h=450\text{mm}$、$l_c=4.0\text{m}$，$f_c=14.3\text{N/mm}^2$；$M_1=-100\text{kN}\cdot\text{m}$。$M_2=300\text{kN}\cdot\text{m}$，$N=320\text{kN}$。

（1）验算杆端弯矩比

$$\frac{M_1}{M_2}=\frac{-100}{300}<0.9$$

（2）验算轴压比

$$\frac{N}{f_cA}=\frac{320\times10^3}{14.3\times400\times450}=0.124<0.9$$

（3）验算长细比

$$A=b\times h=400\times450=180000\text{mm}^2$$

$$I=\frac{1}{12}b\times h^3=\frac{1}{12}\times400\times450^3=3037.5\times10^6\text{mm}^4$$

$$i=\sqrt{\frac{I}{A}}=\sqrt{\frac{3037.5\times10^6}{180000}}=129.90\text{mm}$$

截面回转半径

$$\frac{l_c}{i}=\frac{4000}{129.90}=30.79<34-12\times\left(\frac{M_1}{M_2}\right)=34-12\times\left(\frac{-100}{300}\right)=38$$

根据《混规》6.2.3 条的规定：可不考虑二阶效应的影响。

（3）非排架结构柱考虑二阶效应的弯矩设计值

《混规》规定

6.2.4 除排架结构柱外，其他偏心受压构件考虑轴向压力在挠曲杆件中产生的二阶效应后控制截面的弯矩设计值，应按下列公式计算：

$$M=C_m\eta_{ns}M_2 \tag{6.2.4-1}$$

$$C_m=0.7+0.3\frac{M_1}{M_2} \tag{6.2.4-2}$$

$$\eta_{ns}=1+\frac{1}{1300(M_2/N+e_a)/h_0}\left(\frac{l_c}{h}\right)^2\xi_c \tag{6.2.4-3}$$

$$\xi_c=\frac{0.5f_cA}{N} \tag{6.2.4-4}$$

当 $C_m\eta_{ns}$ 小于 1.0 时取 1.0；对剪力墙及核心筒墙，可取 $C_m\eta_{ns}$ 等于 1.0。

式中 C_m——构件端截面偏心距调节系数，当小于 0.7 时取 0.7；

η_{ns}——弯矩增大系数；

N——与弯矩设计值 M_2 相应的轴向压力设计值；

e_a——附加偏心距，按本规范第 6.2.5 条确定；

ξ_c——截面曲率修正系数，当计算值大于 1.0 时取 1.0；

h——截面高度；对环形截面，取外直径；对圆形截面，取直径；

h_0——截面有效高度；对环形截面，取 $h_0=r_2+r_s$；对圆形截面，取 $h_0=r+r_s$；此处，r、r_2 和 r_s，按本规范第 E.0.3 条和第 E.0.4 条确定；

A——构件截面面积。

1）两端铰支等偏心距单向压弯构件

图 3.3.3-13 为一两端铰支的细长杆件，两端对称平面内作用初始偏心距为 e_i 的轴向压力 N。它在杆件两端产生的弯矩为同号弯矩。杆件在弯矩作用平面内将产生单曲率弯曲变形，设在中间截面的挠度为 δ。该截面上的初始偏心距由 e_i 增加至（$e_i+\delta$），则构件控制截面的弯矩为：

$$M=N(e_i+\delta)=N\left(1+\frac{\delta}{e_i}\right)e_i$$

$$e_i=e_0+e_a$$

$$\eta_{ns}=\frac{e_i+\delta}{e_i}=1+\frac{\delta}{e_i}$$

$$M=\eta_{ns}Ne_i$$

式中 N——与弯矩设计值对应的轴向压力设计值；

η_{ns}——弯矩增大系数。

$$\eta_{ns}=1+\frac{\delta}{e_i}$$

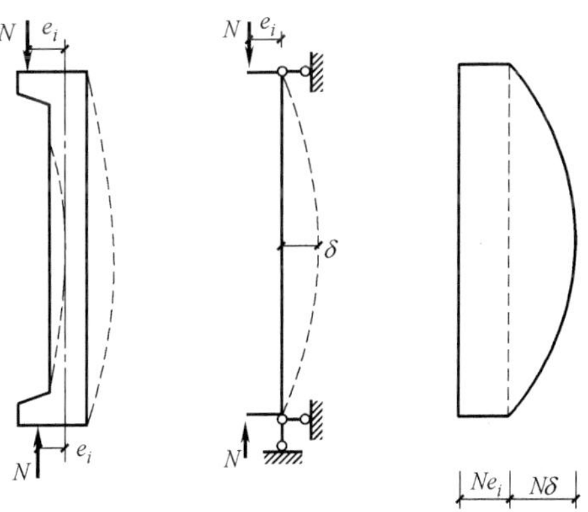

图 3.3.3-13 铰支柱的弯矩和附加弯矩

从上面铰支柱弯矩计算公式的推演过程可知，两端铰支等偏心距的细长柱考虑二阶弯矩后控制截面的弯矩等于一阶弯矩乘以弯矩增大系数。因此，若求构件控制截面弯矩就要求得弯矩增大系数 η_{ns}。

《混规》6.2.4 条式（6.2.4-3）给出了弯矩增大系数 η_{ns} 的表达式：

【例 3.3.3-14】 计算控制截面的弯矩设计值

条件：钢筋混凝土框架柱，截面尺寸 $b\times h=400\text{mm}\times450\text{mm}$。柱的计算长度 $l_0=5000\text{mm}$，承受轴向压力设计值 $N=480\text{kN}$，柱端弯矩设计值 $M_1=M_2=350\text{kN}\cdot\text{m}$ 混凝土强度等级 C30（$f_c=14.3\text{N/mm}^2$）。

提示：需考虑二阶效应的影响

要求：计算控制截面的弯矩设计值

【解答】

（1）按《混规》6.2.5 条

$$e_a=\frac{h}{30}=\frac{450}{30}=15\text{mm}<20\text{mm},\text{取 } e_a=20\text{mm}$$

（2）按《混规》式（6.2.4-4）计算

$$\xi_c=\frac{0.5f_cA}{N}=\frac{0.5\times14.3\times180000}{480\times10^3}=2.681>1.0,\text{取 }\xi_c=1.0$$

（3）按《混规》式（6.2.4-3）计算

$$\eta_{ns}=1+\frac{1}{1300\times\dfrac{(M_2/N)+e_a}{h_0}}\left(\frac{l_c}{h}\right)^2\xi_c$$

$$=1+\frac{1}{1300\times\dfrac{[350\times10^6/(480\times10^3+20)]}{410}}\left(\frac{5000}{450}\right)^2\times1.0=1.052$$

（4）按《混规》式（6.2.4-2）计算

$$C_m=0.7+0.3\frac{M_1}{M_2}=0.7+0.3\times\frac{350}{350}=1.0$$

（5）按《混规》式（6.2.4-1）计算控制截面的弯矩设计值：

$$M=\eta_{ns}C_mM_2=1.052\times1.0\times350=368.2\text{kN}\cdot\text{m}$$

$$e_0=\frac{M}{N}=\frac{368.2\times10^6}{480\times10^3}=767.1\text{mm}$$

【例 3.3.3-15】 计算控制截面的弯矩设计值

条件：框架结构偏心受压柱截面尺寸 $b\times h=400\text{mm}\times550\text{mm}$，轴向力设计值 $N=4800\text{kN}$，弯矩设计值 $M_1=M_2=25\text{kN}\cdot\text{m}$。柱的计算长度 $l_c=3.6\text{m}$。混凝土强度等级为 C30，

提示：需考虑二阶效应的影响

要求：计算控制截面的弯矩设计值

【解答】

（1）按《混规》6.2.5 条

$$e_a=\frac{h}{30}=\frac{550}{30}=18.336\text{mm}<20\text{mm},\text{取 } e_a=20\text{mm}$$

（2）按《混规》式（6.2.4-4）计算

$$\xi_c=\frac{0.5f_cA}{N}=\frac{0.5\times14.31\times220000}{4800\times10^3}=0.328$$

（3）按《混规》式（6.2.4-3）计算

$$\eta_{ns}=1+\frac{1}{1300\frac{(M_2/N)+e_a}{h_0}}\left(\frac{l_c}{h}\right)^2\xi_c$$

$$=1+\frac{1}{1300\times\frac{25\times10^6/(4800\times10^3)+20}{510}}\left(\frac{3600}{550}\right)^2\times0.328=1.218$$

（4）按《混规》式（6.2.4-2）计算

$$C_m=0.7+0.3\frac{M_1}{M_2}=0.7+0.3\times\frac{25}{25}=1.0$$

（5）按《混规》式（6.2.4-1）计算控制截面的弯矩设计值：

$$M=\eta_{ns}C_mM_2=1.0\times1.218\times25=30.45\text{kN}\cdot\text{m}$$

$$e_0=\frac{M}{N}=\frac{30.45\times10^6}{4800\times10^3}=6.34\text{mm}$$

2）两端铰支不等偏心距单向压弯构件

图 3.3.3-14（a）表示两端铰支不等偏心距的单向压弯构件。设构件 A 端的弯矩为 $M_1=Ne_{i1}$，B 端的弯矩为 $M_2=Ne_{i2}$，并设 $|M_2|\geqslant|M_1|$。在二阶弯矩的影响下，其总弯矩图如图 3.3.3-14（b）所示，其控制截面的弯矩为 M_{Imax}。

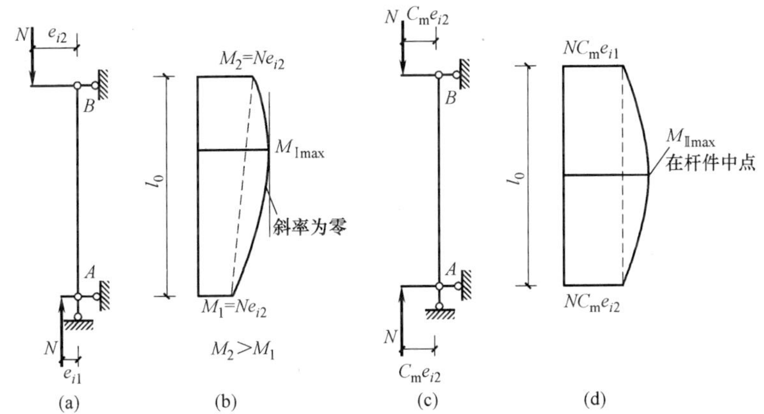

图 3.3.3-14 两端铰支不等偏心距受压构件的计算

（a）原柱；（b）原柱弯矩图；（c）等代柱；（d）等代柱弯矩图

现用一等代柱来替代原柱。等代柱为两端铰支等偏心距 C_me_{i2} 的压弯构件，等代柱两端的一阶弯矩为 NC_me_{i2}，在二阶弯矩的影响下其总弯矩图如图 3.3.3-14（d）所示，控制截面位于构件 1/2 高度处，其弯矩为 $M_{\text{II max}}$。

两柱等效，即两柱的承载力相等，即 $M_{\text{I max}}=M_{\text{II max}}=M$。

等代柱法是指把求两端铰支不等偏心距（e_{i1}，e_{i2}）的压弯构件控制截面弯矩 $M_{\text{I max}}$，变换成求与其等效的两端铰支等偏心距 C_me_{i2} 的压弯构件控制截面的弯矩 $M_{\text{II max}}$。其中，

C_m 称为构件端部截面偏心距调节系数，参见图 3.3.3-14（c）。《混规》6.2.4 条式（6.2.4-2）给出了偏心受压构件端部截面偏心距调节系数的表达式：

【例 3.3.3-16】 计算控制截面的弯矩设计值

条件：已知偏心受压柱截面尺寸 $b\times h=400\text{mm}\times 600\text{mm}$，轴向压力设计值 $N=2500\text{kN}$。弯矩设计值 $M_1=50\text{kN}\cdot\text{m}$、$M_2=80\text{kN}\cdot\text{m}$。柱的计算长度 $l_c=6\text{m}$。混凝土强度等级为 C25，采用 HRB400 级钢筋，截面采用对称配筋。

提示：需考虑二阶效应的影响

要求：计算控制截面的弯矩设计值

【解答】 按《混规》6.2.5 条

$$e_a=\frac{h}{30}=\frac{600}{30}=20\text{mm},\text{取 } e_a=20\text{mm}$$

按《混规》式（6.2.4-4）计算

$$\xi_c=\frac{0.5f_cA}{N}=\frac{0.5\times 11.9\times 240000}{2500\times 10^3}=0.571$$

按《混规》式（6.2.4-3）计算

$$\eta_{ns}=1+\frac{1}{1300\dfrac{(M_2/N)+e_a}{h_0}}\left(\frac{l_c}{h}\right)^2\xi_c$$

$$=1+\frac{1}{1300\times\dfrac{80\times 10^6/(2500\times 10^3)+20}{560}}\times\left(\frac{6000}{600}\right)^2\times 0.571=1.769$$

按《混规》式（6.2.4-2）计算

$$C_m=0.7+0.3\frac{M_1}{M_2}=0.7+0.3\times\frac{50}{80}=0.888$$

按《混规》式（6.2.4-1）计算控制截面的弯矩设计值：

$$C_m\eta_{ns}=0.888\times 1.769=1.571>1.0$$

$$M=C_m\eta_{ns}M_2=1.571\times 80=125.68\text{kN}\cdot\text{m}$$

$$e_0=\frac{M}{N}=\frac{125.68\times 10^6}{2500\times 10^3}=50.27\text{mm}$$

【例 3.3.3-17】 计算控制截面的弯矩设计值

条件：钢筋混凝土偏心受压柱，截面尺寸 $b=500\text{mm}$，$h=500\text{mm}$。截面承受轴向压力设计值 $N=200\text{kN}$，柱顶截面弯矩设计值 $M_1=280\text{kN}\cdot\text{m}$，柱底截面弯矩设计值 $M_2=300\text{kN}\cdot\text{m}$。柱挠曲变形为单曲率。弯矩作用平面内柱上下两端的支撑长度为 4.2m。混凝土强度等级为 C35，纵筋采用 HRB500 级钢筋。采用对称配筋。

提示：需考虑二阶效应的影响

要求：计算控制截面的弯矩设计值

【解答】 按《混规》6.2.5 条

$$e_a=\frac{h}{30}=\frac{500}{30}=16.7\text{mm}<20\text{mm},\text{取 } e_a=20\text{mm}$$

按《混规》式（6.2.4-4）计算

$$\xi_c-\frac{0.5f_cA}{N}=\frac{0.5\times 16.7\times 250000}{200\times 10^3}=10.4>1,\text{取 }\xi_c=1$$

按《混规》式（6.2.4-3）计算

$$\eta_{ns}=1+\frac{1}{1300\frac{(M_2/N)+e_a}{h_0}}\left(\frac{l_c}{h}\right)^2\xi_c$$

$$=1+\frac{1}{1300\times\frac{300\times10^6/(200\times10^3)+20}{460}}\times\left(\frac{4200}{500}\right)^2\times1=1.016$$

按《混规》式（6.2.4-2）计算

$$C_m=0.7+0.3\frac{M_1}{M_2}=0.7+0.3\times\frac{280}{300}=0.979$$

按《混规》式（6.2.4-1）计算控制截面的弯矩设计值：

由于 $C_m\eta_{ns}=0.995<1$，取 $C_m\eta_{ns}=1$

$$M=C_m\eta_{ns}M_2=1.0\times300=300\text{kN}\cdot\text{m}$$

$$e_0=\frac{M}{N}=\frac{300\times10^6}{200\times10^3}=1500\text{mm}$$

3）两端弯矩异号的压弯构件

对于反弯点在中间区段（即端弯矩异号）的构件，《混凝土设计规范》6.2.4 条式（6.2.4-2）给出了二点规定。

① 当计算值 $C_m<0.7$ 时，取 $C_m=0.7$

由《混规》式（6.2.4-2）不难看出，对于反弯点在中间区段（即端弯矩异号）的构件，C_m 值将恒小于 0.70。《混规》规定，当 C_m 计算值小于 0.7 时取 0.7。这就等于规定，对于反弯点在中间区段的构件，取杆端弯矩绝对值较小者 M_1 为零，这时构件将产生单曲率弯曲。显然，这一处理方案对构件的承载力而言，是偏于安全的。

② $\eta_{ns}C_m<1.0$ 时取 $\eta_{ns}C_m=1.0$

在有些情况下，例如在结构中常见的反弯点位于柱高中部的偏压构件中，这时二阶效应虽能增大构件中部各截面的曲率和弯矩，但增大后的弯矩通常不可能超过柱两端截面的弯矩。这时，就会出现 $\eta_{ns}C_m<1.0$ 的情况。由《混规》式（6.2.4-4）可见，说明这时 M 小于 M_2。实际上，这时端弯矩 M_2 为控制截面的弯矩。因此，《混规》规定，当 $\eta_{ns}C_m<1.0$ 时取 1.0。

【例 3.3.3-18】 计算控制截面的弯矩设计值

条件：钢筋混凝土框架柱，截面尺寸 $b\times h=400\text{mm}\times450\text{mm}$。柱的计算长度 $l_c=6000\text{mm}$。承受轴向压力设计值 $N=320\text{kN}$。柱端弯矩设计值 $M_1=-100\text{kN}\cdot\text{m}$，$M_2=300\text{kN}\cdot\text{m}$。混凝土强度等级 C30（$f_c=14.3\text{N/mm}^2$）。

提示：需考虑二阶效应的影响

要求：计算控制截面的弯矩设计值

【解答】

（1）按《混规》6.2.5 条

$$e_a=\frac{h}{30}=\frac{450}{30}=15\text{mm}<20\text{mm},\text{取 } e_a=20\text{mm}$$

（2）按《混规》式（6.2.4-4）计算

$$\xi_c=\frac{0.5f_cA}{N}=\frac{0.5\times14.3\times180000}{320\times10^3}=4.02>1.0\text{，取 }\xi_c=1.0$$

（3）按《混规》式（6.2.4-3）计算

$$\eta_{ns}=1+\frac{1}{1300\frac{(M_2/N)+e_a}{h_0}}\left(\frac{l_c}{h}\right)^2\xi_c$$

$$=1+\frac{1}{1300\times\frac{300\times10^6/(320\times10^3)+20}{410}}\left(\frac{6000}{450}\right)^2\times1.0=1.059$$

（4）按《混规》式（6.2.4-2）计算

$$C_m=0.7+0.3\frac{M_1}{M_2}=0.7+0.3\times\left(\frac{-100}{300}\right)=0.60<0.7$$

取 $C_m=0.7$（即相当取 $M_1=0$）

（5）按《混规》式 6.2.4-1 计算控制截面的弯矩设计值；

$$C_m\eta_{ns}=0.7\times1.059=0.74<1.0\text{，取 }C_m\eta_{ns}=1.0$$

$$M=\eta_{ns}C_mM_2=1.0\times300=300\text{kN}\cdot\text{m}$$

$$e_0=\frac{M}{N}=\frac{300\times10^6}{320\times10^3}=937.5\text{mm}$$

（4）排架结构柱考虑二阶效应的弯矩设计值

《混规》规定

B.0.4 排架结构柱考虑二阶效应的弯矩设计值可按下列公式计算：

$$M=\eta_sM_0 \tag{B.0.4-1}$$

$$\eta_s=1+\frac{1}{1500e_i/h_0}\left(\frac{l_0}{h}\right)^2\xi \tag{B.0.4-2}$$

$$\xi_c=\frac{0.5f_cA}{N} \tag{B.0.4-3}$$

$$e_i=e_0+e_a \tag{B.0.4-4}$$

式中 ξ_c——截面曲率修正系数；当 $\xi_c>1.0$ 时，取 $\xi_c=1.0$。

e_i——初始偏心距；

M_0——一阶弹性分析柱端弯矩设计值；

e_0——轴向压力对截面重心的偏心距，$e_0=M_0/N$；

e_a——附加偏心距，按本规范第 6.2.5 条规定确定；

l_0——排架柱的计算长度，按本规范表 6.2.20-1 取用；

h，h_0——分别为所考虑弯曲方向柱的截面高度和截面有效高度；

A——柱的截面面积。对于 T 形截面取：$A=bh+2(b_f-b)h_f'$。

【例 3.3.3-19】 排架柱考虑二阶效应的弯矩设计值

条件：已知某矩形截面偏心受压排架柱，截面尺寸为 $b\times h=300\text{mm}\times500\text{mm}$，承受纵向压力设计值 $N=300\text{kN}$，一阶弹性分析柱端弯矩设计值 $M_0=270\text{kN}\cdot\text{m}$，混凝土为 C25（$f_c=11.9\text{N/mm}^2$），计算长度 $l_0=6.0\text{m}$。

要求：考虑二阶效应的弯矩设计值

【解答】 基本数据：已知：$b=300\text{mm}$、$h=500\text{mm}$，$N=300\text{kN}$，$M_0=270\text{kN}\cdot\text{m}$，$f_c=11.9\text{N/mm}^2$，$l_0=6.0\text{m}$。

$$e_0=\frac{M_0}{N}=\frac{270}{300}=0.9\text{m}=900\text{mm}$$

$$h_0=500-40=460\text{mm}$$

$$h/30=16.7\text{mm}<20\text{mm},故\ e_a=200\text{mm}$$

$$e_i=e_0+e_a=920\text{mm}$$

$$\xi_c=\frac{0.5f_cA}{N}=\frac{0.5\times11.9\times300\times500}{300000}=2.975>1,取\ \zeta_1=1.0$$

$$\eta_s=1+\frac{1}{1500e_i/h_0}\left(\frac{l_0}{h}\right)^2\zeta_c=1+\frac{1}{1500\times920/460}\left(\frac{6000}{500}\right)\times1.0=1.048$$

考虑二阶效应的弯矩设计值 $M=\eta_sM_0=1.048\times270=282.96\text{kN}\cdot\text{m}$

5. 轴心受压构件的承载力计算

（1）配置箍筋的轴压构件

《混规》规定

6.2.15 钢筋混凝土轴心受压构件，当配置的箍筋符合本规范第 9.3 节的规定时，其正截面受压承载力应符合下列规定（图 6.2.15）：

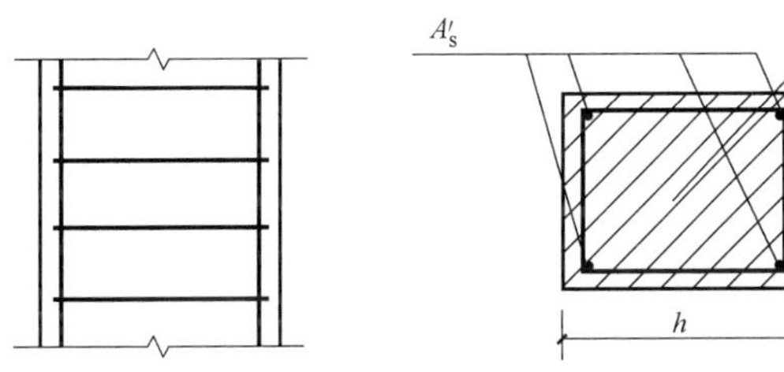

图 6.2.15 配置箍筋的钢筋混凝土轴心受压构件

$$N\leqslant0.9\varphi(f_cA+f'_yA'_s)\qquad(6.2.15)$$

式中 N——轴向压力设计值；

φ——钢筋混凝土构件的稳定系数，按表 6.2.15 采用；

f_c——混凝土轴心抗压强度设计值，按本规范表 4.1.4-1 采用；

A——构件截面面积；

A'_s——全部纵向普通钢筋的截面面积。

当纵向普通钢筋的配筋率大于 3%时，公式（6.2.15）中的 A 应改用 $(A-A'_s)$ 代替。

钢筋混凝土轴心受压构件的稳定系数　　表 6.2.15

l_0/b	≤8	10	12	14	16	18	20	22	24	26	28
l_0/d	≤7	8.5	10.5	12	14	15.5	17	19	21	22.5	24
l_0/i	≤28	35	42	48	55	62	69	76	83	90	97
φ	1.00	0.98	0.95	0.92	0.87	0.81	0.75	0.70	0.65	0.60	0.56
l_0/b	30	32	34	36	38	40	42	44	46	48	50
l_0/d	26	28	29.5	31	33	34.5	36.5	38	40	41.5	43
l_0/i	104	111	118	125	132	139	146	153	160	167	174
φ	0.52	0.48	0.44	0.40	0.36	0.32	0.29	0.26	0.23	0.21	0.19

注：1. l_0 为构件的计算长度，对钢筋混凝土柱可按本规范第 6.2.20 条的规定取用；

2. b 为矩形截面的短边尺寸，d 为圆形截面的直径，i 为截面的最小回转半径。

【例 3.3.3-20】 屋架上弦杆的承载力

屋架混凝土强度等级 C30，纵向钢筋采用 HRB400 级钢筋。上弦杆截面尺寸为 150mm×150mm，如图 3.3.3-15 所示。试问该屋架上弦杆的承载力 N（设计值，kN）与下列何项数值最相近？

提示：上弦杆的计算长度可取节间长度的两倍。

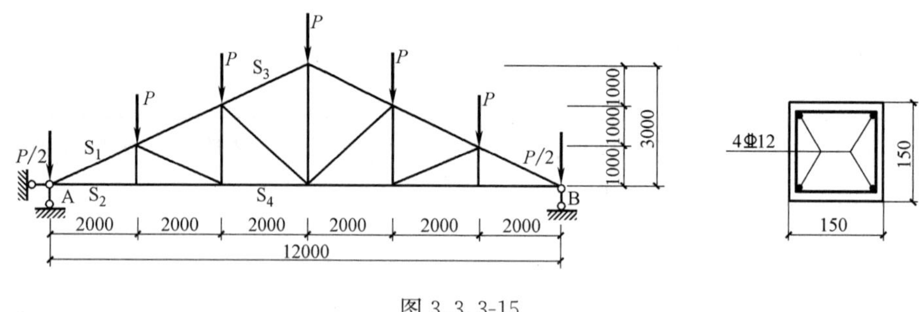

图 3.3.3-15

(A) 337.5　　(B) 477.62　　(C) 226.27　　(D) 428.9

【答案】(C)

【解答】(1)《混规》表 6.2.15，$l_0=2\sqrt{1^2+2^2}=4.472\text{m}$，$l_0/b=4.472/0.15\approx30$，$\varphi=0.52$

(2)《混规》6.2.15 条，$\dfrac{A_s'}{bh}=\dfrac{452}{150\times150}=0.02<3\%$

$N\leqslant0.9\varphi(f_cA+f_y'A_s')=0.9\times0.52\times(14.3\times150\times150+360\times452)=226.73\text{kN}$

【例 3.3.3-21】 某现浇雨篷柱，截面尺寸 250mm×250mm，柱高 5000mm，计算长度 $l_0=5000\text{mm}$，仅承受雨篷梁传来的轴向压力设计值 $N=780\text{kN}$，C30 混凝土。HRB400 级钢筋，则纵向受力钢筋的面积 A_s（mm²）与下列何项数值最为接近？

(A) 727　　(B) 986　　(C) 1224　　(D) 1265

【答案】(A)

【解答】$A=250\times250=62500\text{mm}^2$，$f_c=14.3$，$f_y=360\text{N/mm}^2=f_y'$

$l_0/h=5000/250=20$，由《混规》表 6.2.15 查得 $\varphi=0.75$

由《混规》式（6.2.15）$N\leqslant 0.9\varphi\ (f_cA+f'_yA'_s)$

故

$$A'_s\geqslant\frac{N}{0.9\varphi f'_y}-\frac{f_cA}{f'}=727\text{mm}^2$$

用 4Φ16，$A'_s=804\text{mm}^2$

$$\rho=\frac{804}{250\times250}=1.28\%<5\%=\rho_{max}$$

由《混规》表 8.5.1

全部纵向钢筋 $\rho=1.28\%>0.55\%=\rho_{min}$

一侧纵向钢筋 $\rho=0.64\%>0.2\%=\rho_{min}$

（2）配置螺旋式箍的轴压构件

《混规》规定

6.2.16 钢筋混凝土轴心受压构件，当配置的螺旋式或焊接环式间接钢筋符合本规范 9.3.2 条的规定时，其正截面受压承载力应符合下列规定（图 6.2.16）：

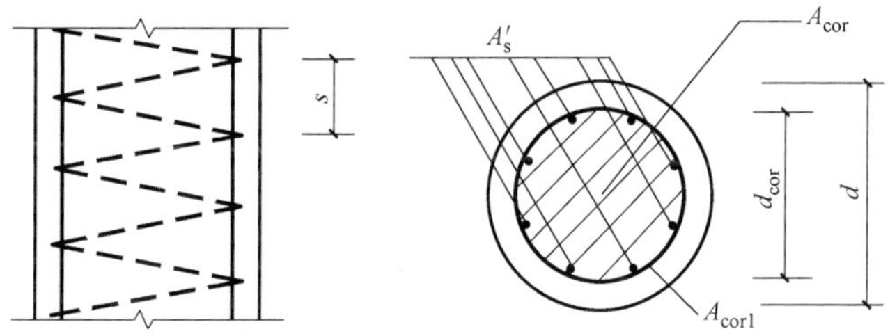

图 6.2.16 配置螺旋式间接钢筋的钢筋混凝土轴心受压构件

$$N\leqslant 0.9(f_cA_{cor}+f'_yA'_s+2\alpha f_{yv}A_{ss0}) \qquad (6.2.16\text{-}1)$$

$$A_{ss0}=\frac{\pi d_{cor}A_{ss1}}{s} \qquad (6.2.16\text{-}2)$$

式中：f_{yv}——间接钢筋的抗拉强度设计值，按本规范第 4.2.3 条的规定采用；

A_{cor}——构件的核心截面面积，取间接钢筋内表面范围内的混凝土截面面积；

A_{ss0}——螺旋式或焊接环式间接钢筋的换算截面面积；

d_{cor}——构件的核心截面直径，取间接钢筋内表面之间的距离；

A_{ss1}——螺旋式或焊接环式单根间接钢筋的截面面积；

s——间接钢筋沿构件轴线方向的间距；

α——间接钢筋对混凝土约束的折减系数：当混凝土强度等级不超过 C50 时，取 1.0，当混凝土强度等级为 C80 时，取 0.85，其间按线性内插法确定。

注：1 按公式（6.1.16-1）算得的构件受压承载力设计值不应大于按本规范公式（6.2.15）算得的构件受压承载力设计值的 1.5 倍；

2 当遇到下列任意一种情况时，不应计入间接钢筋的影响，而应按本规范第 6.2.15 条的规定进行计算：

1）当 $l_0/d>12$ 时；

2）当按公式（6.2.16-1）算得的受压承载力小于按本规范公式（6.2.15）算得的受压承载力时；

3）当间接钢筋的换算截面面积 A_{ss0} 小于纵向普通钢筋全部截面面积的25%时。

9.3.2 柱中的箍筋应符合下列规定

6 在配有螺旋式或焊接环式箍筋的柱中，如在正截面受压承载力计算中考虑间接钢筋的作用时，箍筋间距不应大于80mm及 $d_{cor}/5$，且不宜小于40mm，d_{cor} 为按箍筋内表面确定的核心截面直径。

【例3.3.3-22】 螺旋式箍筋轴压柱的配筋计算

条件：某多层现浇钢筋混凝土框架结构（框架为无侧移结构），底层门厅柱为圆形截面，直径 $d=500$mm，按轴心受压柱设计。轴力设计值 $N=3900$kN，柱高 $H=6$m，混凝土强度等级为C30（$f_c=14.3\text{N/mm}^2$），纵筋采用HRB400（RRB400）（$f'_y=360\text{N/mm}^2$），配置螺旋钢筋HRB335（$f'_y=300N/\text{mm}^2$），安全等级二级，环境类别为一类。

要求：柱的配筋。

【解答】（1）根据《混规》表6.2.20-2知柱的计算长度

$$l_0=1.0H=6000\text{mm}$$

$\dfrac{l_0}{d}=\dfrac{6000}{500}=12$，符合《混规》6.2.16条注2的要求。

（2）根据《混规》表8.2.1的规定，柱的保护层厚度 $c=20$m

根据《混规》6.2.16条的规定，取柱的核心直径

$d_{cor}=d-2(c+\phi)=500-2(20+8)=444$mm。

核心区面积 $A_{cor}=\dfrac{\pi}{4}d_{cor}^2=\dfrac{\pi}{4}\times444^2=154752\text{mm}^2$

（3）先设纵向受压钢筋为6Φ20，查《混规》附录A得 $A'=1884\text{mm}^2$

（4）由《混规》6.2.16条知，因混凝土强度等级不超过C50，故取间接钢筋对混凝土约束的折减系数 $\alpha=1.0$。

（5）由《混规》式（6.2.16）确定螺旋箍筋的换算面积

$$A'_{ss0}=\frac{\dfrac{N}{0.9}f_cA_{cor}-f'_yA'_s}{2\alpha f_y}$$

$$=\frac{\dfrac{3900\times10^3}{0.9}\times14.3\times154752-360\times1884}{2\times1.0\times300}$$

$$=2403\text{mm}^2$$

（6）$A'_{ss0}=2403\text{mm}^2>25\%A'_s=25\%\times1884=471\text{mm}^2$

满足《混规》6.2.16条注2.3的要求。

（7）设螺旋筋的直径为Φ12，查附录A得 $A_{ss1}=113.1\text{mm}^2$

按《混规》6.2.16条得：

$$核心直径\ d_{cor}=500-2(20+12)=436\text{mm}$$

$$核心区面积=\frac{\pi}{4}d_{cor}^2=\frac{3.14\times436^2}{4}=149225\text{mm}^2$$

$\phi\,12>\frac{20}{4}=5\text{mm}$，满足《混规》9.3.2条第1款的要求。

(8) 根据《混规》式(6.2.16-2)得箍筋间距

$$s=\frac{\pi d_{cor}A_{ss1}}{A_{ss0}}=\frac{3.14\times436\times113.1}{2403}=64.4\text{mm}$$

取 $s=60\text{mm}$

(9) 按《混规》9.3.2条6款的规定

$$s=60\text{mm}\leqslant80\text{mm}$$

$$\leqslant\frac{d_{cor}}{5}=\frac{436}{5}=87\text{mm}$$

$$\geqslant40\text{mm}\qquad\qquad 满足要求$$

(10) 根据所配置的螺旋筋 $\phi=12\text{mm}$，$s=60\text{mm}$，按《混规》式(6.2.16-2)和式(6.2.16-1)重新求间接配筋柱的轴向力设计值 N_u。

$$A_{ss0}=\frac{\pi d_{cor}A_{ss1}}{s}=\frac{3.14\times436\times113.1}{60}=2580\text{mm}^2$$

$$\begin{aligned}N_u&=0.9(f_cA_{cor}+f'_yA'_s+2\alpha f_yA'_{ss0})\\&=0.9\times(14.3\times149225+360\times1884+2\times1.0\times300\times2580)\\&=3924146\text{N}\approx3924\text{kN}\end{aligned}$$

(11) $\frac{l_0}{d}=12$，查《混规》表6.2.15得 $\varphi=0.92$。

(12) 根据《混规》式(6.2.15)求得柱的受压承载力

$$\begin{aligned}N&=0.9\varphi(f_cA+f'_yA'_s)\\&=0.9\times0.92\times(14.3\times\frac{1}{4}\times3.14\times500^2+360\times1884)\\&=2885.3\text{kN}\end{aligned}$$

(13) $N_u=3924\text{kN}>N=2885\text{kN}$，符合《混规》6.2.16条注2.2项的要求。

$N_u=3975\text{kN}<1.5N=1.5\times2885=4328\text{kN}$，符合《混规》6.2.16条注1的要求。

(14) 结论　配置6Φ20的纵向钢筋，ϕ 12@60mm的螺旋箍筋后，该柱的受压承载力为3975kN，大于轴力设计值3900kN，满足要求。

6. 偏心受压构件的承载力计算

《混规》规定

6.2.17 矩形截面偏心受压构件正截面受压承载力应符合下列规定（图 6.2.17）：

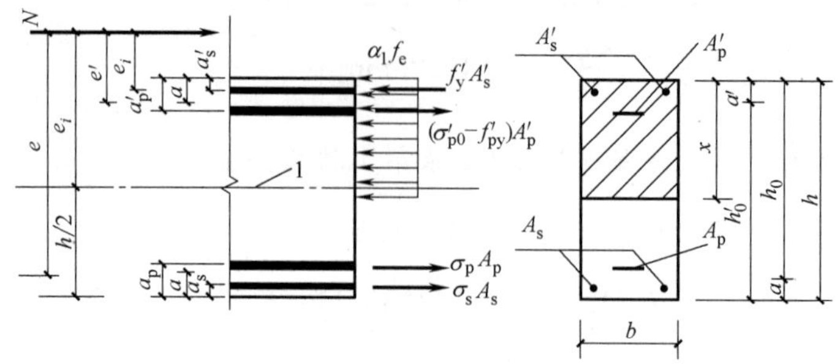

图 6.2.17 矩形截面偏心受压构件正截面受压承载力计算

1—截面重心轴

$$N \leqslant \alpha_1 f_c bx + f'_y A'_s - \sigma_s A_s - (\sigma'_{p0} - f'_{py}) A'_p - \sigma_p A_p \tag{6.2.17-1}$$

$$Ne \leqslant \alpha_1 f_c bx\left(h_0 - \frac{x}{2}\right) + f'_y A'_s (h_0 - a'_s) - (\sigma'_{p0} - f'_{py}) A'_p (h_0 - a'_p) \tag{6.2.17-2}$$

$$e = e_i + \frac{h}{2} - a \tag{6.2.17-3}$$

$$e_i = e_0 + e_a \tag{6.2.17-4}$$

式中 e——轴向压力作用点至纵向受拉普通钢筋和受拉预应力筋的合力点的距离；

σ_s、σ_p——受拉边或受压较小边的纵向普通钢筋、预应力筋的应力；

e_i——初始偏心距；

a——纵向受拉普通钢筋和受拉预应力筋的合力点至截面近边缘的距离；

e_0——轴向压力对截面重心的偏心距，取为 M/N；

e_a——附加偏心距，按本规范第 6.2.5 条确定。

（1）矩形截面偏心受压构件的受压承载力计算公式

1）大偏心受压情况（$\xi \leqslant \xi_b$）

大偏心受压破坏时截面的计算应力图形如图 3.3.3-16 所示。

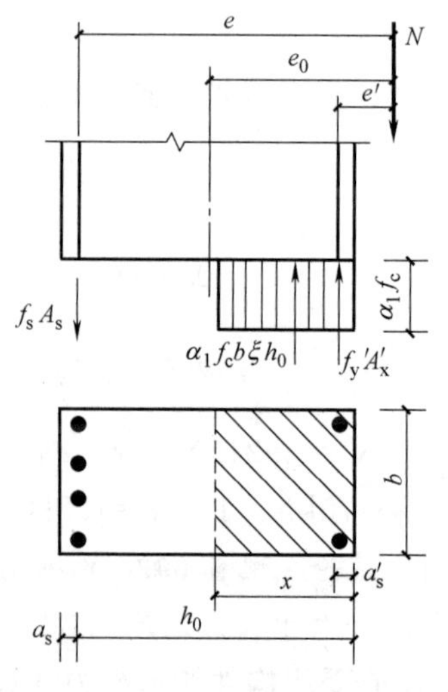

图 3.3.3-16 大偏心受压破坏计算简图

根据大偏压的计算应力图形可将《混规》中的式（6.2.17-1）、式（6.2.17-2）直接写成下列表达式。

$$N \leqslant N_u = \alpha_1 f_c bx + f'_y A'_s - f_y A_s$$

$$Ne \leqslant N_u e = \alpha_1 f_c bx(h_0 - 0.5x) + f'_y A'_s (h_0 - a'_s)$$

为了保证截面破坏时受拉钢筋应力达到其抗拉强度设计值。必须满足下列条件：

$$x \leqslant \xi_b h_0$$

或 $$\xi \leqslant \xi_b$$

为了保证截面破坏时受压钢筋应力达到屈服强度，还须满足《混规》6.2.17条2款的规定

6.2.17

2 当计算中计入纵向受压普通钢筋时，受压区高度应满足本规范公式（6.2.10-4）的条件；当不满足此条件时，其正截面受压承载力可按本规范第6.2.14条的规定进行计算，此时，应将本规范公式（6.2.14）中的 M 以 Ne'_s 代替，此处，e'_s 为轴向压力作用点至受压区纵向普通钢筋合力点的距离；初始偏心距应按公式（6.2.17-4）确定。

即必须满足下列条件：

$$x \geqslant 2a'_s$$

或 $$\xi h_0 \geqslant 2a'_s$$

若不满足上述条件，则与双筋受弯构件一样，取受压区高度 $x=2a'_s$，并对受压钢筋重心取矩（图3.3.3-17），即得《混规》式（6.2.14）的表达式：

$$Ne' = N_u e' = f_y A_s (h_0 - a'_s)$$

$$e' = e_i - h/2 + a'_s$$

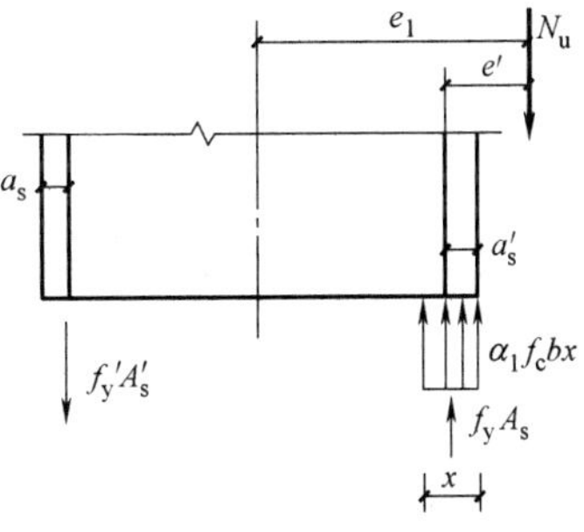

图 3.3.3-17

2）小偏心受压构件（$\xi > \xi_b$）的承载力计算

小偏心受压破坏时，距轴向压力较近一侧混凝土达到极限压应变，受压钢筋中的应力 σ'_s 值达到抗压强度设计值 f'_y，而另一侧钢筋中的应力值不论是受压还是受拉均未达到其强度设计值，即 $\sigma_s < f'_y$（或 f_y）。截面应力图形见图3.3.3-18。

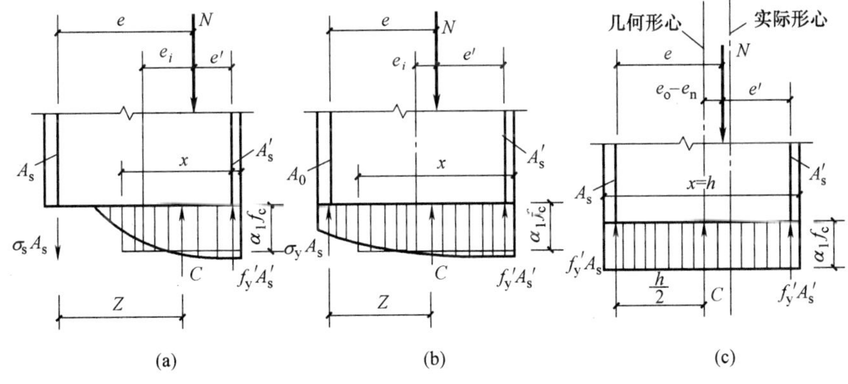

图 3.3.3-18 小偏心受压破坏计算简图

根据力的平衡条件和力矩平衡条件，《混规》式（6.2.17-1）、式（6.2.17-2）能用下式表达。

$$\Sigma Y=0,\quad N\leqslant N_u=\alpha_1 f_c bx+f'_y A'_s-\sigma_s A_s \tag{6.2.17-1}$$

$$\Sigma M_{A_s}=0,Ne\leqslant N_u e=\alpha_1 f_c bx\left(h_0-\frac{x}{2}\right)+f'_y A'_s(h_0-a'_s) \tag{6.2.17-2}$$

或

$$\Sigma M_{A'_s}=0,Ne'\leqslant N_u e'=\alpha_1 f_c bx\left(\frac{x}{2}-a'_s\right)-\sigma_s A_s(h_0-a'_s)$$

$$e=e_i+\frac{h}{2}-a_s$$

应当指出，对于轴向压力作用点靠近截面重心的小偏心受压构件，当 A'_s 比 A_s 大得多，且轴力很大时，截面实际形心轴偏向 A'_s 一边，以致轴向力的偏心改变了方向。因此，有可能在离轴向力较远的一侧混凝土先被压坏，这种情况称为反向破坏（图 3.3.3-18c）。为了防止这种反向破坏的发生，必须满足《混规》6.2.17 条 3 款的规定

6.2.17

3 矩形截面非对称配筋的小偏心受压构件，当 N 大于 $f_c bh$ 时，尚应按下列公式进行验算：

$$Ne'\leqslant f_c bh\left(h'_0-\frac{h}{2}\right)+f'_y A'_s(h'_0-a_s)-(\sigma_{p0}-f'_{yp})A_p(h'_0-a_p) \tag{6.2.17-5}$$

$$e'=\frac{h}{2}-a'-(e_0-e_a) \tag{6.2.17-6}$$

式中 e'——轴向压力作用点至受压区纵向普通钢筋和预应力筋的合力点的距离；

h'_0——纵向受压钢筋合力点至截面远边的距离。

下列表达式是对称配筋小偏心受压柱的承载力计算公式，

$$N\leqslant N_u=\alpha_1 f_c b\xi h_0+f'_y A'_s\frac{\xi_b-\xi}{\xi_b-\beta_1}$$

$$Ne\leqslant N_u e=\alpha_1 f_c bh_0^2\xi(1-0.5\xi)+f'_y A'_s(h-a'_s)$$

应用上述公式求解 ξ 值要解三次方程、计算相当复杂，对矩形截面对称配筋（$A'_s=A_s$）的钢筋混凝土小偏心受压构件，《混规》6.2.17 条 4 款给出一个十分简单的近似计算公式。

6.2.17

4 矩形截面对称配筋（$A'_s=A_s$）的钢筋混凝土小偏心受压构件，也可按下列近似公式计算纵向普通钢筋截面面积：

$$A'_s=\frac{Ne-\xi(1-0.5\xi)\alpha_1 f_c bh_0^2}{f'_y(h_0-a'_s)} \tag{6.2.17-7}$$

此处，相对受压区高度 ξ 可按下列公式计算：

$$\xi=\frac{N-\xi_b\alpha_1 f_c bh_0}{\dfrac{Ne-0.43\alpha_1 f_c bh_0^2}{(\beta_1-\xi_b)(h_0-a'_s)}+\alpha_1 f_c bh_0}+\xi_b \tag{6.2.17-8}$$

(2) 矩形截面对称配筋偏压构件的配筋计算

基本资料：已知截面尺寸 b、h、材料强度 f_c、f_t、f_y；外部荷载效应 M、N。

确定需用的计算参数 α_1、β_1、ξ_b、a_s、a_s'、h_0。

计算步骤：

① 确定初始偏心距 e_i

根据《混规》6.2.17 条，取 $e_0=\dfrac{M}{N}$，

根据《混规》6.2.5 条，$e_a=\max$（20，$h/30$）

根据《混规》式（6.2.17-4），$e_i=e_0+e_a$

② 求轴向力到纵向钢筋作用点的距离 e（e'）

根据《混规》式（6.2.17-3），$e=e_i+\dfrac{h}{2}-a_s$

根据《混规》图 6.2.17，$e'=e_i-\dfrac{h}{2}+a_s'$

③求混凝土受压区高度

假定为大偏压，由《混规》式（6.2.17-1）$N=\alpha_1 f_c bx$，取$x=\dfrac{N}{\alpha_1 f_c b}$

（③-1）当 $x\leqslant\xi_b h_0$ 时，原假定符合即采用 $x=\dfrac{N}{\alpha_1 f_c b}$

（③-2）当 $x>\xi_b h_0$ 时，为小偏压原假定不符，根据《混规》式（6.2.17-8）

$$\xi=\frac{N-\xi_b\alpha_1 f_c bh_0}{\dfrac{Ne-0.43\alpha_1 f_c bh_1^2}{(\beta_1-\xi_b)(h_0-a_s')}+\alpha_1 f_c bh_0}+\xi_b$$

④ 求纵向钢筋 $A_s=A_s'$取 $x=\xi h_0$

（④-1）当 $x<2a_s'$时，根据《混规》式（6.2.14）得到，

$$A_s=A_s'=\frac{Ne'}{f_y(h-a_s-a_s')}$$

（④-2）当 $x\geqslant2a_s'$时，根据《混规》式（6.2.17-2）

$$A_s=A_s'=\frac{Ne-\alpha_1 f_c bx(h_0-x/2)}{f_y'(h_0-a_s')}$$

（④-3）当 $x_b\geqslant\xi_b h_0$ 时，根据《混规》式（6.2.17-2），此时取 $x=\xi h_0$ 可知

$$A_s=A_s'=\frac{Ne-\xi(1-0.5\xi)\alpha_1 f_c bh_0^2}{f_y'(h_0-a_s')}$$

⑤ 验算每一侧纵向钢筋的最小配筋率

根据《混规》表 8.5.1，当 $\rho=\dfrac{A_s}{bh}\geqslant0.2\%$时通过，否则要调整。

⑥ 验算全部纵向钢筋的最小配筋率

根据《混规》表 8.5.1，当 $\rho=\dfrac{A_s+A_s'}{bh}\geqslant\rho_{\min}$时通过，否则要调整。

强度等级 500MPa 时，$\rho_{\min}=0.50\%$

强度等级 400MPa 时，$\rho_{min}=0.55\%$

强度等级 300MPa、335MPa 时，$\rho_{min}=0.60\%$

⑦ 验算全部纵向钢筋的最大配筋率

根据《混规》9.3.1 条 1 款、当 $\rho=\frac{\Sigma A_s}{bh}\leqslant 5\%$时通过，否则要调整。

【例 3.3.3-23】 纵向钢筋截面面积 $A_s=A_s'(2a_s'>x)$

条件：钢筋混凝土框架柱，截面尺寸 $b\times h=400\text{mm}\times 450\text{mm}$，$a_s=a_s'=40\text{mm}$。承受轴向压力设计值 $N=320\text{kN}$，柱端弯矩设计值 $M=300\text{kN}\cdot\text{m}$。混凝土强度等级为 C30（$f_c=14.3\text{N/mm}^2$），采用 HRB400 级钢筋（$f_y=f_y'=360\text{N/mm}^2$），采用对称配筋。

提示：本题所提供的内力已考虑二阶效应的影响。

要求：纵向钢筋截面面积 $A_s=A_s'$

【解答】 基本资料：根据《混规》4.1.4 条、4.2.3 条、6.2.6 条、6.2.7 条、8.2.1 条，可知 $f_c=14.3\text{N/mm}^2$，$f_t=1.43\text{N/mm}^2$，$f_y=f_y'=360\text{N/mm}^2$，$\alpha_1=1$，$\xi_b=0.518$，$c=20\text{mm}$，取 $a_s=a_s'=40\text{mm}$，$h_0=h-a_s=450-40=410\text{mm}$

（1）确定初始偏心距

由《混规》6.2.17 条

$$e_0=\frac{M}{N}\text{可得 }e_0=\frac{M}{N}=\frac{300\times 10^6}{320\times 10^3}=937.5\text{mm}$$

根据《混规》6.2.5 条 $e_a=\max$（20，$h/30$）

$$e_a\max\left(20, h/3=\frac{450}{30}=15\text{mm}\right)=20\text{mm}$$

根据《混规》式（6.2.17-4）$e_i=e_0+e_a$

可得 $$e_i=e_0+e_a=937.5+20=957.5\text{mm}$$

（2）求混凝土压区高度，并验算压区高度

取

$$x=\frac{N}{\alpha_1 f_c b}=\frac{320000}{1.0\times 14.3\times 400}=55.94\text{mm}$$

$$x=55.94\text{mm}<2a_s'=2\times 40=80\text{mm}$$

$$<\xi_b h_0=0.518\times 410=212.4\text{m}$$

（3）求轴向力到纵向钢筋作用点的距离

根据《混规》图 6.2.17$e'=e_i-\frac{h}{2}+a_s'$可得

$$e'=e_i-h/2+a_s'=957.5-\frac{450}{2}+40=772.5\text{mm}$$

（4）求纵向钢筋 A_s 和 A_s'

当 $x\leqslant 2a_s'$，根据《混规》式（6.2.14）

$$M\leqslant f_y A_s(h-a_s-a_s')$$

可得 $A_s=A_s'=\frac{Ne'}{f_y\ (h-a_s-a_s')}$，代入相关数据可得

$$A_s=A_s'=\frac{Ne'}{f_y(h-a_s-a_s')}=\frac{320\times 10^3\times 772.5}{360\times(450-40-40)}=1856\text{mm}^2$$

（5）验算每一侧纵向钢筋的最小配筋率

根据《混规》表 8.5.1，$\rho=\dfrac{A_s}{bh}\geqslant 0.2\%$

$$\rho=\frac{A_s}{bh}=\frac{1856}{400\times 450}=1.03\%>0.2\%$$

（6）验算全部纵向钢筋的最小配筋率

根据《混规》8.5.1 条

$$\rho=\frac{A_s+A_s'}{bh}\geqslant\rho_{min}\quad \rho_{min}=0.55\%$$

截面每侧各配置 4Φ25（$A_s=1964mm)^2$ 配筋，如图 3.3.3-19。

$$\rho=\frac{A_s+A_s'}{bh}=\frac{2\times 1964}{400\times 450}=2.18\%\geqslant\rho_{min}=0.55\%$$

4Φ25

φ8@200

450

4Φ25

400

图 3.3.3-19

（7）验算纵向钢筋最大配筋率，根据《混凝土结构设计规范》9.3.1 条 1 款

$$\rho_{max}\leqslant 5\%，\rho=2.18\%<5\%$$

【例 3.3.3-24】 纵向钢筋截面面积 $A_s=A_s'(2a_s'<x<\xi_b h_0)$

条件：钢筋混凝土框架柱，截面尺寸 $b\times h=400mm\times 450mm$，$a_s=a_s'=40mm$。承受轴向压力设计值 $N=480kN$，柱端弯矩设计值 $M=368.2kN\cdot m$。混凝土强度等级为 C30（$f_c=14.3N/mm^2$），采用 HRB400 级钢筋（$f_y=f_y'=360N/mm^2$），采用对称配筋。

提示：本题所提供的内力已考虑二阶效应的影响。

要求：纵向钢筋截面面积 $A_s=A_s'$

【解答】 基本资料：根据《混规》4.1.4 条，4.2.3 条，6.2.6 条，6.2.7 条，8.2.1 条，可知 $f_c=14.3N/mm^2$，$f_t=1.43N/mm^2$，$f_y=f'_y=360N/mm^2$，$\alpha_1=1.0$，$\xi_b=0.518$，$h_0=h-a_s=450-40=410mm$

（1）确定初始偏心距

由《混规》6.2.17 条，$e_0=M/N$ 可得 $e_0=\dfrac{M}{N}=\dfrac{368.2\times 10^6}{480\times 10^3}=767.1mm$

由《混规》6.2.5 条，$e_a=\max(20，h/30)$

$$h/30=\frac{450}{30}=15\qquad \therefore e_a=20mm$$

根据《混规》(式 6.2.17-4)，$e_i=e_0+e_0$ 可得 $e_i=e_0+e_a=767.1+20=787.1mm$

（2）求混凝土压区高度 x，并验算压区高度是否满足《混规》式（6.2.10-3-4）

取 $x=\dfrac{N}{\alpha_1 f_c b}$ 可得 $x=\dfrac{N}{\alpha_1 f_c b}=\dfrac{480\times 10^3}{1.0\times 14.3\times 400}=83.9mm$

$$x=83.9mm<\xi_b h_0=0.518\times 410=212.4mm$$

$$>2a_s=2\times 40=80mm$$

（3）轴向力到纵向钢筋作用点的距离 e

根据《混规》式（6.2.17-3），可得

$$e=e_i+\frac{h}{2}-a_s=787.1+\frac{450}{2}-40=972.1\text{mm}$$

(4) 求纵向钢筋 A_s；A_s'

根据《混规》式（6.2.17-2）$Ne=\alpha_1 f_c bx\left(h_0-\frac{x}{2}\right)+f_y'A_s'(h_0-a_s')$，

可得 $A_s=A_s'=\dfrac{Ne-\alpha_1 f_c bx\ (h_0-x/2)}{f_y'(h_0-a_s')}$代入已知条件可得

$$A_s=A_s'=\frac{Ne-\alpha_1 f_c bx\ (h_0-x/2)}{f_y'(h_0-a_s')}$$

$$=\frac{480\times10^3\times972.1-1.0\times14.3\times400\times83.9\left(410-\frac{83.9}{2}\right)}{360(410-40)}=2177\text{mm}^2$$

(5) 验算每一侧纵向钢筋的最小配箍率

根据《混规》表 8.5.1，$\rho=\frac{A_s}{bh}\geqslant0.2\%$

$$\rho=\frac{A_s}{bh}=\frac{2177}{400\times450}=1.2\%>\rho_{min}=0.2\%$$

(6) 验算全部纵筋的最小配筋率

根据《混规》表 8.5.1　$\rho=\frac{\Sigma A_s}{bh}\geqslant\rho_{min}=0.55\%$，

$$\rho=\frac{\Sigma A_s}{bh}=\frac{2177\times2}{400\times450}=2.4\%\geqslant\rho_{min}=0.55\%$$

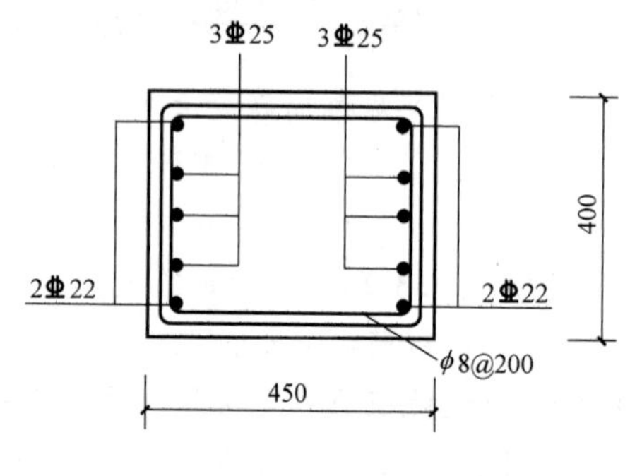

图 3.3.3-20

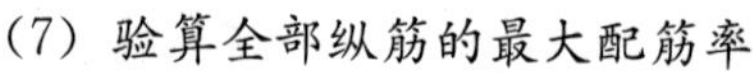

(7) 验算全部纵筋的最大配筋率

根据《混规》9.3.1 条 1 款

$$\rho=\frac{\Sigma A_s}{bh}\leqslant5\%$$

$$\rho=\frac{2177\times2}{400\times450}=2.4\%<\rho_{max}=5\%$$

(8) 配筋

截面每侧各配置 2Φ22+3Φ25（$A_s=2233\text{mm}^2$），配筋如图 3.3.3-20 所示。

$$\rho=\frac{A_s+A_s'}{bh}=\frac{2\times2233}{400\times450}=2.48\%\geqslant\rho_{min}=0.55\%$$

【例 3.3.3-25】 纵向钢筋截面面积 $A_s=A_s'(\xi>\xi_b)$

条件：钢筋混凝土框架柱，截面尺寸 $b\times h=400\text{mm}\times600\text{mm}a_s=a_s'=40\text{mm}$。承受轴向压力设计值 $N=2500\text{kN}$，柱端弯矩设计值 $M=98.11\text{kN}\cdot\text{m}$。混凝土强度等级为 C25（$f_c=11.9\text{N/mm}^2$），采用 HRB400 级钢筋（$f_y=f_y'=360\text{N/mm}^2$），采用对称配筋。

提示：本题所提供的内力已考虑二阶效应的影响。

要求：纵向钢筋截面面积 $A_s=A_s'$

【解答】 基本资料：根据《混规》4.1.4 条，4.2.3 条，6.2.6 条，6.2.7 条，8.2.1 条，可知 $f_c=11.9\text{N/mm}^2$，$f_y=f_y'=360\text{N/mm}^2$，$\alpha_1=1.0$，$\beta_1=0.8$，$\xi_b=0.518$，$a_s=a_s'=40\text{mm}$，$h_0=h_0-a_s=600-40=560\text{mm}$

(1) 确定初始偏心距 e_i

由《混规》6.2.17 条，$e_0=M/N$ 可得

$$e_0=M/N=98.11\times10^6/2500\times10^3=39.24\text{mm}$$

由《混规》6.2.5 条，$e_a=\max(20,h/30)$

$$h/30=600/30=20\text{mm} \text{ 取 } e_a=20\text{mm}$$

由《混规》式（6.2.17-4），$e_i=e_0+e_a$ 可得

$$e_i=e_0+e_a=39.24+20=59.24\text{mm}$$

(2) 求轴向力到纵向钢筋作用点的距离 e

根据《混规》式（6.2.17-3），$e=e_i+\frac{h}{2}-a_s$ 得

$$e=e_i+h/2-a_s=59.24+\frac{600}{2}-40=319.24\text{mm}$$

(3) 求压区高度 x，并验算 x 是否满足《混规》式（6.2.10-3）、式（6.2.10-4）要求

取 $x=\frac{N}{\alpha_1 f_c b}$ 可得

$$x=\frac{N}{\alpha_1 f_c b}=\frac{2500\times10^3}{1.0\times11.9\times400}=525.21\text{mm}>\xi_b h_0=0.518\times560=290.1\text{mm}$$

根据《混规》要求式（6.2.17-8）

$$\zeta=\frac{N-\xi_b\alpha_1 f_c bh_0}{\frac{Ne-0.43\alpha_1 f_c bh_0^2}{(\beta_1-\xi_b)(h_0-a_s')}+\alpha_1 f_c bh_0}+\xi_b$$

代入已知条件可得

$$\zeta=\frac{N-\xi_b\alpha_1 f_c bh_0}{\frac{Ne-0.43\alpha_1 f_c bh_0^2}{(\beta_1-\xi_b)(h_0-a_s')}+\alpha_1 f_c bh_0}+\xi_b$$

$$=\frac{2500\times10^3-0.518\times1.0\times11.9\times400\times560}{\frac{2500\times10^3\times319.24-0.43\times1.0\times11.9\times400\times560^2}{(0.8-0.518)(560-40)}+1.0\times11.9\times400\times560}+0.518$$

$$=0.818$$

(4) 求纵向钢筋 $A_s=A_s'$

根据《混规》式（6.2.17-2）

$$Ne=\alpha_1 f_c bx\left(h_0-\frac{x}{2}\right)+f_y'A_s'(h_0-a_s')$$

此处 $x=\xi h_0$ 代入可得

$$A_s=A_s'=\frac{Ne-\xi(1-0.5\xi)\alpha_1 f_c bh_0^2}{f_y(h_0-a_s')}$$

代入已知条件

$$A_s=A_s'=\frac{Ne-\xi(1-0.5\xi)\alpha_1 f_c bh_0^2}{f_y(h_0-a_s')}$$

$$=\frac{2500\times10^3\times319.24-0.818(1-0.818/2)\times1.0\times11.9\times400\times560^2}{360(560-40)}$$

$$=408\text{mm}^2$$

(5) 验算每一侧纵向钢筋的最小配箍率

根据《混规》表 8.5.1，$\rho=\dfrac{A_s}{bh}\geqslant 0.2\%$

$$\rho=\frac{\Sigma A_s/2}{bh}=\frac{408}{400\times 600}=0.17\%<\rho_{min}=0.2\%$$

$A_{smin}=0.002bh=480mm^2$ 选 4⌀16 即 $A_s=804mm^2$

(6) 验算全部纵筋的最小配筋率

根据《混规》表 8.5.1，$\rho_{min}=\dfrac{A_s}{bh}=0.55\%$

$$\rho=\frac{A_s}{bh}=\frac{804\times 2}{400\times 600}=0.67\%>\rho_{min}=0.55\%$$

(7) 验算全部纵筋的最大配筋率

根据《混规》9.3.1 条 1 款，$\rho=\dfrac{\Sigma A_s}{bh}\leqslant 5\%$

$$\rho=0.67\%<\rho_{max}=5\%$$

(8) 配筋

截面每侧各配置 4⌀16 ($A_s=804mm^2$)，配筋如图 3.3.3-21 所示。

$$\rho=\frac{A_s+A'_s}{bh}=\frac{2\times 804}{400\times 600}=0.67\%\geqslant\rho_{min}=0.55\%$$

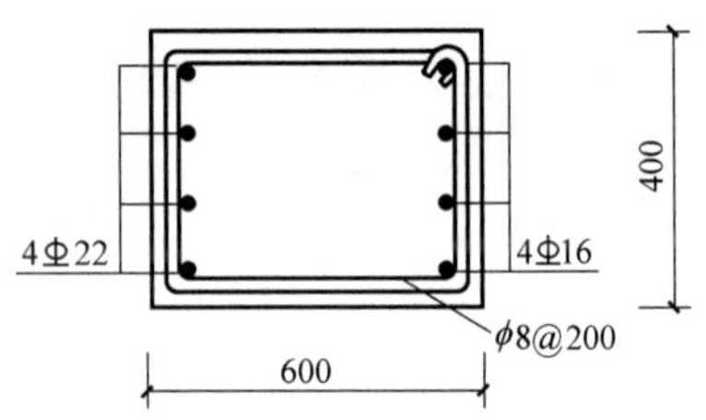

图 3.3.3-21

【例 3.3.3-26】 考虑二阶效应的配筋计算$\left(\dfrac{l_0}{i}<34-12\left(\dfrac{M_1}{M_2}\right)\right)$

条件：钢筋混凝土框架柱，截面尺寸 $b\times h=400mm\times 450mm$。柱的计算长度 $l_c=4000mm$，$a_s=a'_s=40mm$。承受轴向压力设计值 $N=320kN$，柱端弯矩设计值 $M_1=-100kN\cdot m$，$M_2=300kN\cdot m$。混凝土强度等级为 C30 ($f_c=14.3N/mm^2$)，$h_0=h-a_s=450-40=410mm$，采用 HRB400 级钢筋 ($f_y=f'_y=360N/mm^2$)。

提示：本题所提供的内力尚未考虑二阶效应的影响。

要求：采用对称配筋，试确定纵向钢筋截面面积 $A_s=A'_s$。

【解答】(1) 判断是否需考虑二阶效应

$$A=b\times h=400\times 500=180000mm^2$$

$$\frac{M_1}{M_2}=\frac{-100}{300}<0.9$$

$$\frac{N}{f_cbh}=\frac{320\times 10^3}{14.3\times 400\times 450}=0.124<0.9$$

$$I=\frac{1}{12}b\times h^3=\frac{1}{12}\times 400\times 450^3=3037.5\times 10^6mm^4$$

$$i=\sqrt{\frac{I}{A}}=\sqrt{\frac{3037.5\times 10^6}{180000}}=129.90mm$$

因为

$$\frac{l_c}{i}=\frac{4000}{129.90}=30.79<37-12\left(\frac{M_1}{M_2}\right)=34-12\left(\frac{-100}{300}\right)=38$$

故可不考虑二阶效应的影响。

（2）判别大小偏心

$$\xi=\frac{N}{\alpha_1 f_c bh_0}=\frac{320\times10^3}{1\times14.3\times400\times410}=0.136<\xi_b=0.518$$

属于大偏心受压，且 $x=\xi h_0=0.136\times410=55.76\text{mm}<2a_s'=2\times40=80\text{mm}$

$$e_0=\frac{M_2}{N}=\frac{300\times10^6}{320\times10^3}=937.5\text{mm},\frac{h}{30}=\frac{450}{30}=15\text{mm}<20\text{mm},\text{取 } e_a=20\text{mm}$$

$$e_i=e_0+e_a=937.5+20=957.5\text{mm},e'=e_i-\frac{h}{2}+a_s'=957.5-\frac{450}{2}+40=772.5\text{mm}$$

（3）计算配筋

$$A_s=A_s'=\frac{Ne'}{f_y(h_0-a_s')}=\frac{320\times10^3\times772.5}{360\times(410-40)}=1856\text{mm}^2$$

截面每侧各配置 4Φ25（$A_s=1964\text{mm}^2$），配筋如图 3.3.3-22 所示，

$$\rho=\frac{A_s+A_s'}{bh}-\frac{2\times1964}{400\times450}=2.18\%\geqslant\rho_{min}=0.055\%$$

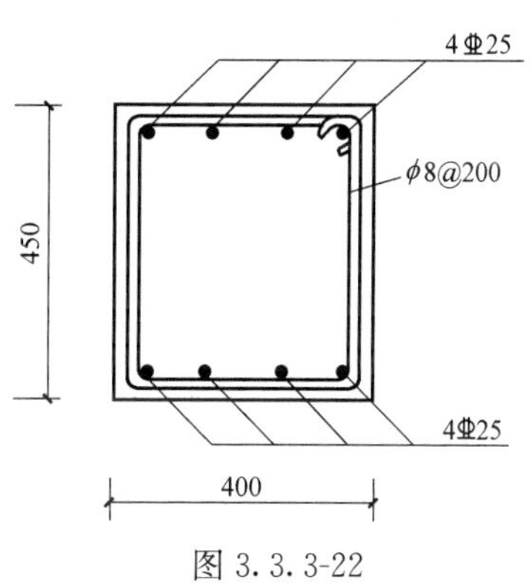

图 3.3.3-22

【例 3.3.3-27】 考虑二阶效应的配筋计算（$x<2a_s'$）

条件：钢筋混凝土偏心受压柱，截面尺寸 $b=500\text{mm}$，$h=500\text{mm}$，$a_s=a_s'=50\text{mm}$。截面承受轴向压力设计值 $N=200\text{kN}$，柱顶截面弯矩设计值 $M_1=280\text{kN}\cdot\text{m}$，柱底截面弯矩设计值 $M_2=300\text{kN}\cdot\text{m}$。柱挠曲变形为单曲率。弯矩作用平面内柱上下两端的支撑长度为 4.2m。混凝土强度等级为 C35，纵筋采用 HRB500 级钢筋。

提示：本题所提供的内力尚未考虑二阶效应的影响。

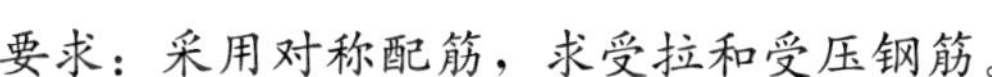

要求：采用对称配筋，求受拉和受压钢筋。

【解答】 $f_y=435\text{N/mm}^2=f_y'$；

$f_c=16.7\text{N/mm}^2$。$h_0=h-a_s=500-50=450\text{mm}$

弯矩作用平面内柱计算长度 $l_c=4.2\text{m}$。

（1）判断构件是否考虑附加弯矩杆端弯矩比$\dfrac{M_1}{M_2}=\dfrac{280}{300}=0.93>0.9$

所以应考虑杆件自身挠曲变形的影响。

（2）计算构件弯矩设计值

$$\frac{h}{30}=\frac{500}{30}=16.7\text{mm}<20\text{mm},\text{取 } e_a=20\text{mm}$$

$$\xi_c=\frac{0.5f_cA}{N}=\frac{0.5\times16.7\times500\times500}{200\times10^3}=10.4>1\ \text{取 } \xi_c=1$$

$$C_m=0.7+0.3\frac{M_1}{M_2}=0.7+0.3\times0.93=0.979$$

$$\eta_{ns}=1+\frac{1}{1300\left(\frac{M_2}{N}+e_a\right)/h_0}\left(\frac{l_c}{h}\right)^2\xi_c$$

$$=1+\frac{1}{1300\times\left(\frac{300\times10^6}{200\times10^3}+20\right)/450}\times\left(\frac{4200}{500}\right)^2\times1=1.016$$

由于 $C_m\eta_{ns}=0.995<1$，取 $C_m\eta_{ns}=1$，则

$$M=C_m\eta_{ns}M_2=1\times300=300\text{kN}\cdot\text{m}$$

(3) 判别偏压类型

$$e_0=\frac{M}{N}=\frac{300\times10^6}{200\times10^3}=1500\text{mm}$$

$$e_i=e_0+e_a=1500+20=1520\text{mm}$$

$$e'=e_i-\frac{h}{2}+a_s'=1520-\frac{500}{2}+50=1320\text{mm}$$

$$x=\frac{N}{\alpha_1 f_c b}=\frac{200\times10^3}{1\times16.7\times500}=24\text{mm}<\xi_b h_0=0.482\times450=217\text{mm}$$

判定为大偏心受压，但 $x<2a_s'=2\times50=100\text{mm}$，近似取 $x=2a_s'$。

(4) 计算钢筋面积

$$A_s'=A_s=\frac{Ne'}{f_y(h_0-a_s')}=\frac{200\times10^3\times1320}{435\times(450-50)}=1517\text{mm}^2$$

选 4Φ22 ($A_s=A_s'=1520\text{mm}^2$)，截面总配筋率为

$\rho=\frac{A_s+A_s'}{bh}-\frac{1520\times2}{500\times500}=0.0122>0.005$，满足要求。

【例 3.3.3-28】 考虑二阶效应的配筋计算 ($2a'<x<\xi_b h_0$)

条件：某钢筋混凝土偏心受压柱，承受轴向压力设计值 $N=500\text{kN}$，柱端较大弯矩设计值 $M_2=380\text{kN}\cdot\text{m}$，截面尺寸为 $b\times h=400\text{mm}\times450\text{mm}$，$a_s=a_s'=40\text{mm}$，柱的计算长度 $l_c=5\text{m}$，采用 C30 混凝土和 HRB400 钢筋（按两端弯矩相等 $M_1/M_2=1$ 的框架柱考虑）。

提示：本题所提供的内力尚未考虑二阶效应的影响。

要求：进行截面对称配筋设计

【解答】(1) 确定设计参数。

C30 混凝土，$\alpha_1=1.0$，$\beta_1=0.8$，$f_c=14.3\text{N/mm}^2$。

HRB400 钢筋，$f_y'=f_y=360\text{N/mm}^2$，$\xi_b=0.518$。

$I=\frac{bh^3}{12}=\frac{400\times450^3}{12}=30375\times10^5\text{mm}^4$，$A=bh=400\times450=180\times10^3\text{mm}^2$

$i=\sqrt{\frac{I}{A}}=\sqrt{\frac{30375\times10^5}{180\times10^3}}=129.9\text{mm}$，$a_s=a_s'=40\text{mm}$，$h_0=450-40=410\text{mm}$

(2) 求框架柱设计弯矩 M。

由 $M_1/M_2=1$，因此，需要考虑附加弯矩影响

$$\xi_c=\frac{0.5f_cA}{N}=\frac{0.5\times14.3\times180\times10^3}{500\times10^3}=2.57>，取\ \xi_c=1.0$$

$$C_m=0.7+0.3\frac{M_1}{M_2}=1$$

$$e_a=\max\left\{\frac{h}{30},20\text{mm}\right\}=\max\{450/30\text{mm},20\text{mm}\}=20\text{mm}$$

$$\eta_{ns}=1+\frac{1}{1300(M_2/N+e_a)/h_0}\left(\frac{l_c}{h}\right)^2\xi_c$$

$$=1+\frac{1}{1300\times(380\times10^6/500000+20)/410}\times\left(\frac{5000}{450}\right)^2\times1-1.05$$

得框架柱设计弯矩为

$$M=C_m\eta_{ns}M_2=1\times1.05\times380=399\text{kN}\cdot\text{m}$$

（3）判别大、小偏心受压。

$$x=\frac{N}{\alpha_1f_cb}=\frac{500\times10^3}{1.0\times14.3\times400}=87.4\text{mm}$$

$$<\xi_bh_0=0.518\times410=212.38\text{mm}$$

故属于大偏心受压，且 $x=87.3\text{mm}>2a_s'=2\times40=80\text{mm}$。

（4）计算 A_s' 和 A_s。

$$e_c=\frac{M}{N}=\frac{399\times10^6}{500\times10^3}=798\text{mm}$$

$$e_i=e_0+e_a=798+20=818\text{mm}$$

$$e=e_i+\frac{h}{2}-a_s=818+450/2-40=1003\text{mm}$$

$$A_s'=A_s=\frac{Ne-\alpha_1f_cbx\left(h_0-\frac{x}{2}\right)}{f_y'(h_0-a_s')}$$

$$=\frac{500\times10^3\times1003-1.0\times14.3\times400\times87.4\times\left(410-\frac{87.4}{2}\right)}{360\times(410-40)}$$

$$2390\text{mm}^2>0.002bh=0.002\times400\times450=360\text{mm}^2$$

（5）选配钢筋并验算配筋率，绘截面配筋图 3.3.3-23。

每侧各选配 5Φ25（$A_s'=A_s=2454\text{mm}^2$）。

全部纵筋配筋率为

$$\rho=\frac{A_s+A_s'}{bh}-\frac{2454\times2}{400\times450}=2.72\%>\rho_{min}=$$

0.55%，且 $\rho<\rho_{max}=5\%$

满足要求。

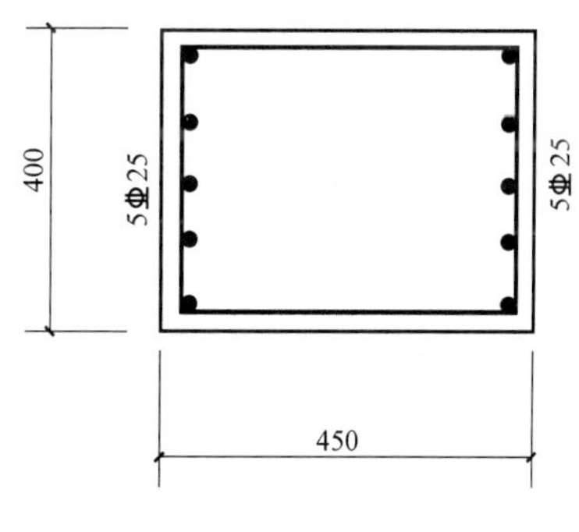

图 3.3.3-23

（3）矩形截面对称配筋大偏压构件的承载力计算（已知 N，求 M）

基本资料：已知截面尺寸 b、h、纵向钢筋截面面积 $A_s=A_s'$，材料强度 f_c、f_t、f_y；外部荷载效应 N。

确定需用的计算参数 α_1、β_1、ξ_b、a_s、a_s'、h_0。

计算步骤：

1）验算配筋率

① 验算每一侧纵向钢筋的最小配筋率

根据《混规》表 8.5.1，当 $\rho=\dfrac{A_s}{bh}\geqslant 0.2\%$时通过，否则本题不成立。

② 验算全部纵向钢筋的最小配筋率

根据《混规》表 8.5.1，$\rho=\dfrac{A_s+A_s'}{bh}\geqslant\rho_{min}$时通过，否则本题不成立。

强度等级 500MPa 时，$\rho_{min}=0.50\%$

强度等级 400MPa 时，$\rho_{min}=0.55\%$

强度等级 300MPa、335MPa 时，$\rho_{min}=0.60\%$

③ 验算全部纵向钢筋的最大配筋率

根据《混规》9.3.1 条 1 款、当 $\rho=\dfrac{\sum A_s}{bh}\leqslant 5\%$时通过，否则本题不成立。

2）求混凝土受压区高度 x 值。$x=\dfrac{N}{\alpha_1 f_c b}$

验算压区高度 x 是否满足《混规》式(6.2.10-3)、式(6.2.10-4)要求。

3）求轴向压力作用点到纵向钢筋合力点的距离 e（或 e'）

① 当 $x<2a_s'$时，根据《混规》式（6.2.14）得到，

$$e'=\frac{f_y a_s\ (h-a_s-a_s')}{N}\text{，转入下面 4）①}$$

② 当 $x\geqslant 2a_s'$时，根据《混规》式（6.2.17-2）得到，

$$e=\frac{\alpha_1 f_c bx\left(h_0-\dfrac{x}{2}\right)+f_y'A_s'(h_0-a_s')}{N}\text{，转入下面 4）②}$$

4）求初始偏心距 e_i

① 根据《混规》图 6.2.17，$e'=e_i-\dfrac{h}{2}+a_s'$，得到 $e_i=e'+\dfrac{h}{2}-a_s'$

② 根据《混规》式（6.2.17-3），$e=e_i+\dfrac{h}{2}-a_s$，得到 $e_i=e-\dfrac{h}{2}+a_s$

5）求轴向力对截面重心的偏心距 e_0

根据《混规》公式（6.2.17-4），得到 $e_0=e_i-e_a$

根据《混规》6.2.5 条

$$e_a=\max(20\text{mm},h/30)$$

6）求 M

根据《混规》6.2.17 条，$e_0=M/N$

$$M=N\times e_0$$

【例 3.3.3-29】偏压柱的承载力计算，已知 N 求 M（$\xi<2a_s'/h_0$）

条件：已知一钢筋混凝土偏心受压柱截面尺寸 $b\times h=400\text{mm}\times 500\text{mm}$，柱子的计算

长度为 $l_0=4.0\text{m}$，混凝土强度等级为 C30，纵向钢筋采用 HRB400，对称配置纵向钢 5 Φ20，$A_s=A_s'=1570\text{mm}^2$，柱子上作用轴向力设计值为 400kN。安全等级二级、环境类别一类。

提示：本题讨论的为短柱，不考虑长细比影响

要求：该柱能承受的弯矩设计值 M。

【解答】 查《混规》表 8.2.1 知该柱的保护层厚度 $c=20\text{mm}$，取 $a_s=a_s'=40\text{mm}$

$$h_0=h-a_s=500-40=460\text{mm}$$

查《混规》表 4.1.4 得 $f_c=14.3\text{N/mm}^2$，$f_t=1.43\text{N/mm}^2$

查《混规》表 4.2.3-1 得 $f_y=f_y'=360\text{N/mm}^2$

查《混规》6.2.6 条，得 $\alpha_1=1.0$

按《混规》公式 6.2.7 计算得 $\xi_b=0.518$

(1) 验算每一侧纵向钢筋的最小配筋率

$$\rho=\frac{A_s}{bh}\geqslant 0.2\%$$

根据《混规》表 8.5.1

$$\rho=\frac{A_s}{bh}=\frac{1570}{400\times500}=0.785\%>\rho_{\min}=0.2\% \qquad \text{通过}$$

(2) 验算全部纵向钢筋的最小配筋率

根据《混规》表 8.5.1

$$\rho=\frac{A_s+A_s'}{bh}\geqslant\rho_{\min}=0.55\%$$

$$\rho=\frac{1570+1570}{400\times500}=1.57\%>\rho_{\min}=0.55\% \qquad \text{通过}$$

验算全部纵向钢筋的最大配筋率

$$\rho_{\max}=\frac{\sum A_s}{dh}\leqslant 5\%$$

根据《混规》9.3.1 条 1 款

$$\rho=1.57\%\leqslant\rho_{\max}=5\% \qquad \text{通过}$$

(3) 求混凝土压区高度 x

$$x=\frac{N}{\alpha_1 f_c b}=\frac{400000}{1.0\times14.3\times400}=69.93\approx70\text{mm}<2a_s'=2\times40=80$$

(4) 求轴向压力作用点到纵向钢筋合力点距离 e（或 e'）

因为 $$x=70\text{mm}<2a_s'=2\times40=80\text{mm}$$

根据《混规》式（6.2.14），$M=f_yA_s(h-a_s-a_s')$ 可得

$$e'=\frac{f_yA_s(h-a_s-a_s')}{N}$$

代入已知条件可得

$$e'=\frac{f_yA_s(h-a_s-a_s')}{N}=\frac{360\times1570\times(500-40-40)}{400000}=593.46\text{mm}$$

(5) 求初始偏心距 e_i

根据《混规》图 6.2.17，$e'=e_i-h/2+a_s'$ 得

$$e_i=e'+h/2-a_s'$$

得 $$e_i=e'+h/2-a_s'=593.46+\frac{500}{2}-40=803.46\text{mm}$$

（6）求轴向压力对截面空心的偏心距 e_0

根据《混规》式（6.2.17-4），$e_i=e_0+e_a$ 可得 $e_0=e_i-e_a$

根据《混规》6.2.5 条 $e_a=$（20mm，$h/30$）较大值

$$h/30=500/30=16.7\text{mm}<20\text{mm} \quad e_a=20\text{mm}$$

$$e_0=e_i-e_a=803.46-20=783.46\text{mm}$$

（7）求 M

根据《混规》6.2.17 条，$e_0=M/N$ 可得 $M=N\times e_0$

$$M=N\cdot e_0=400\times10^3\times783.46=313.38\text{kN}\cdot\text{m}$$

【例 3.3.3-30】 偏心柱的承载力计算，已知 N 求 M（$\xi_b\geqslant\xi\geqslant2a_s'/h_0$）

条件：已知一钢筋混凝土偏心受压柱，截面尺寸 $b\times h=400\text{mm}\times500\text{mm}$，柱子的计算长度为 $l_0=4.0\text{m}$，混凝土强度等级为 C30，纵向钢筋采用 HRB400，对称配置纵向钢筋为 5Φ20，$A_s=A_s'=1570\text{mm}^2$。柱上作用轴向力设计值为 750kN。安全等级二级、环境类别一类。

要求：该柱能承受的弯矩设计值 M。

提示：本题讨论的为短柱，不考虑长细比影响。

【解答】 查《混规》表 8.2.1 知该拄的保护层厚度 $c=20\text{mm}$，取 $a_s=a_s'=40\text{mm}$，$h_0=h-a_s=500-40=460\text{mm}$

查《混规》表 4.1.4 得 $f_c=14.3\text{N/mm}^2$，$f_t=1.43\text{N/mm}^2$

查《混规》表 4.2.3-1 得 $f_y=f_y'=360\text{N/mm}^2$

查《混规》6.2.6 条得 $\alpha_1=1.0$

按《混规》公式 6.2.7 计算得 $\xi_b=0.518$

（1）验算每一侧纵向钢筋的最小配筋率

根据《混规》表 8.5.1，$\rho=A_s/bh\geqslant0.2\%$

$$\rho=A_s/bh=1570/400\times500=0.785\%>\rho_{min}=0.2\%\text{，通过}$$

验算全部纵向钢筋的最小配筋率

$$\rho=\frac{A_s+A_s'}{bh}\geqslant\rho_{min}=0.55\%$$

根据《混规》表 8.5.1

$$\rho=\frac{A_s+A_s'}{bh}=\frac{1570+1570}{400\times500}=1.57\%>\rho_{min}=0.55\%$$

验算全部纵向钢筋的最大配筋率

$$\rho_{max}=\frac{\sum A_s}{bh}\leqslant5\%$$

根据《混规》9.3.1 条 1 款

$$\rho=1.57\%\leqslant\rho_{max}=5\%\text{，通过}$$

（2）求混凝土的压区高度 x

$$x=\frac{N}{\alpha_1f_cb}=\frac{750\times10^3}{1.0\times14.3\times400}=131.1\text{mm}$$

根据《混规》式（6.2.10-3）（6.2.10-4）

$$x \leqslant \xi_b h_0 \quad x \geqslant 2a_s'$$

$$x = 131.1\text{mm} < \xi_b h_0 = 0.518 \times 460 = 238.3\text{m}$$

$$> 2a_s' = 2 \times 40 = 80\text{mm}$$

（3）求轴向力作用点到纵向钢筋合力点的距离 e

因为 x 满足《混规》式（6.2.10-3）（6.2.10-4）要求

$$Ne \leqslant \alpha_1 f_c bx\left(h_0 - \frac{x}{2}\right) + f_y' A_s'(h_0 - a_s')$$

根据《混规》式（6.2.17-2）

可得
$$e = \frac{\alpha_1 f_c bx\left(h_0 - \dfrac{x}{2}\right) + f_y' A_s'(h_0 - a_s')}{N}$$

代入已知条件

$$e = \frac{\alpha_1 f_c bx(h_0 - x/2) + f_y' A_s'(h_0 - a_s')}{N}$$

$$= \frac{1.0 \times 14.3 \times 400 \times 131.1(460 - 131.1/2) + 360 \times 1570 \times (460 - 40)}{750 \times 10^3}$$

$$= 710.9\text{mm}$$

（4）求初始偏心距 e_i

根据《混规》式（6.2.17-3）$e = e_i + h/2 - a_s$ 得到 $e_i = e - \dfrac{h}{2} + a_s$

$$e_i = e - h/2 + a_s = 710.9 - 500/2 + 40 = 500.9\text{mm}$$

（5）求轴向力对截面重心偏心距 e_0

根据《混规》式（6.2.17-4）$e_i = e_0 + e_a$ 得 $e_0 = e_i - e_a$

根据《混规》6.2.5 条 $e_a = \max$（20mm，$h/30$）

$$h/30 = 500/30 = 16.7\text{mm} < 20\text{mm} \quad e_a = 20\text{mm}$$

$$e_0 = e_i - e_a = 500.9 - 20 = 480.9\text{mm}$$

（6）求 M

根据《混规》6.2.17 条 $e_0 = M/N \quad M = Ne_0$ 可得

$$M = Ne_0 = 750 \times 10^3 \times 480.9 = 360.7\text{kN} \cdot \text{m}$$

（4）偏心受压构件的抗震承载力

《混规》规定

11.1.6 考虑地震组合验算混凝土结构构件的承载力时，均应按承载力抗震调整系数 γ_{RE}进行调整，承载力抗震调整系数 γ_{RE}应按表 11.1.6 采用。

正截面抗震承载力应按本规范第 6.2 节的规定计算，但应在相关计算公式右端项除以相应的承载力抗震调整系数 γ_{RE}。

承载力抗震调整系数 **表 11.1.6**

结构构件类别	正截面承载力计算				
	受弯构件	偏心受压柱		偏心受拉构件	剪力墙
		轴压比小于 0.15	轴压比不小于 0.15		
γ_{RE}	0.75	0.75	0.8	0.85	0.85

【例 3.3.3-31】 某柱 700mm×700mm，对称配筋，C30（f_c=14.3N/mm^2），HRB400（f_y=360N/mm^2），$a_s=a'_s$=40mm，考虑地震作用组合的轴力设计值为 3100kN、弯矩设计值为 1250kN·m。柱单侧的钢筋为何项？

提示：按大偏心受压进行计算，不考虑重力二阶效应的影响

(A) 4Φ22　　(B) 5Φ22　　(C) 4Φ25　　(D) 5Φ25

【答案】(D)

【解答】

(1) $\mu=\dfrac{N}{f_cA}=\dfrac{3100\times10^3}{14.3\times700\times700}=0.44>0.15$，《混规》11.1.6 条，$\gamma_{RE}=0.8$

(2)《混规》6.2.17 条和 11.1.6 条，

$$x=\frac{\gamma_{RE}N}{\alpha_1f_cb}=\frac{0.8\times3100\times10^3}{1.0\times14.3\times700}=248\text{mm}<\zeta_bh_0=0.518\times660=341.9\text{mm}$$

$$x\geqslant2a'_s=2\times40=80\text{mm}$$

(3) 因为不需要考虑二阶效应，《混规》6.2.17 条，

$$e_0=\frac{M}{N}=\frac{1250\times10^6}{3100\times10^3}=403.2\text{mm}$$

$$e_a=\max(20,700/30)=23.3\text{mm}$$

$$e=e_0+e_a+h/2-a_s=403.2+23.3+700/2-40=736.5\text{mm}$$

(4)《混规》式（6.2.17-2）

$$A'_s=\frac{\gamma_{RE}Ne-\alpha_1f_cbx\left(h_0-\dfrac{x}{2}\right)}{f'_y(h_0-a'_s)}$$

$$=\frac{0.8\times3100\times10^3\times736.5-1.0\times14.3\times700\times248\times\left(660-\dfrac{248}{2}\right)}{360\times(660-40)}$$

$$=2222\text{mm}^2$$

取 5Φ25，A_s=2454mm^2，

(5) 单侧配筋率$=\dfrac{2454}{700^2}=0.5\%>0.2\%$

满足《混规》11.4.12 条要求。

【例 3.3.3-32】 8 度区某框一剪结构，高度 20m，重点设防类建筑。柱截面550mm×550mm。底层角柱柱底截面未经调整的弯矩设计值 700kN·m，轴力设计值 2500kN。混凝土 C40（f_c=19.1N/mm^2），纵筋 HRB400（f_y=360N/mm^2），对称配筋，$a_s=a'_s$=50mm，ξ_b=0.518，不需考虑二阶效应。

试问：角柱单侧纵筋截面面积 A_s（mm^2）为何项？

(A) 1480　　(B) 1830　　(C) 3210　　(D) 3430

【答案】(D)

【解答】

(1)《分类标准》3.0.3 条，8 度区重点设防类建筑，应按 9 度采取抗震措施。

(2)《抗震》表 6.1.2，$H=20\text{m}<24\text{m}$，框架的抗震等级为二级。

(3)《抗震》6.2.6 条，角柱的弯矩增大系数为 1.1，

$M=700\times1.1=770\text{kN}\cdot\text{m}$

(4)
$$\mu_c=\frac{2500\times1000}{19.1\times550\times550}=0.433>0.15$$

《抗震》5.4.2 条，$\gamma_{RE}=0.8$

(5)《混规》6.2.17 条和 11.1.6 条

$$x=\frac{\gamma_{RE}N}{\alpha_1 f_c b}=\frac{0.8\times2500\times1000}{1\times19.1\times550}=190.39\text{mm}<\xi_b h_0=0.518\times(550-50)=259\text{mm}$$

属大偏心受压，$x=190.39\text{mm}>2a_s'=2\times50=100\text{mm}$

(6)《混规》6.2.17 条，因为不需要考虑二阶效应，

$$e_0=\frac{M}{N}=\frac{770\times10^6}{2500\times10^3}=308\text{mm}$$

$$e_a=\max(20,550/30)=20\text{mm},e_i=e_0+e_a=328\text{mm}$$

$$e=e_i+\frac{h}{2}-a_s=328+\frac{550}{2}-50=553\text{mm}$$

(7)《混规》式（6.2.17-2）

$$A_s'=\frac{\gamma_{RE}Ne-\alpha_1 f_c bx(h_0-x/2)}{f_y(h_0-a_s')}$$

$$=\frac{0.8\times2500\times1000\times553-1\times19.1\times550\times190.39\times(500-190.39/2)}{360\times(500-50)}$$

$=1829.5\text{mm}^2$。

四、正截面受拉承载力计算

1. 轴心受拉

《混规》规定

> **6.2.22** 轴心受拉构件的正截面受拉承载力应符合下列规定：
>
> $$N\leqslant f_y A_s+f_{py}A_p \qquad (6.2.22)$$
>
> 式中 N——轴向拉力设计值；
>
> A_s、A_p——纵向普通钢筋、预应力筋的全部截面面积。

【例 3.3.4-1】 轴心受拉杆件的配筋

某普通钢筋混凝土非预应力屋架，如图 3.3.4-1 所示，跨度 12m，上弦和下弦截面均为 250mm×250mm，腹杆截面尺寸为 250mm×200mm。已知 $P=50\text{kN}$（设计值，屋架自

重已包括在内)。屋架受力筋采用 HRB400,混凝土强度等级 C30,$a_s=35mm$。屋架节点按全铰接考虑,下弦按轴心受拉设计(不考虑裂缝计算)。现对下弦杆有如下四种不同的配筋,试问其中何项正确?

(A) 4 Φ 10　　(B) 4 Φ 12　　(C) 2 Φ 12 +2C10　　(D) 4 Φ 14

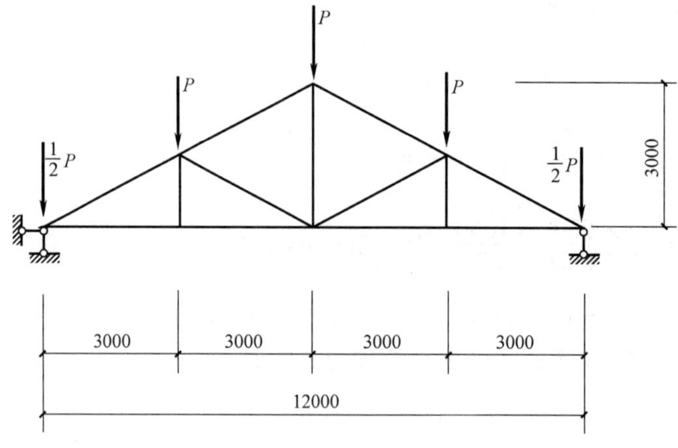

图 3.3.4-1

【答案】(B)

【解答】(1) 内力计算

求支座反力 $R=2P$,取隔离体如图 3.3.4-2 所示,对点 C 取矩,可得下弦拉杆的拉力,

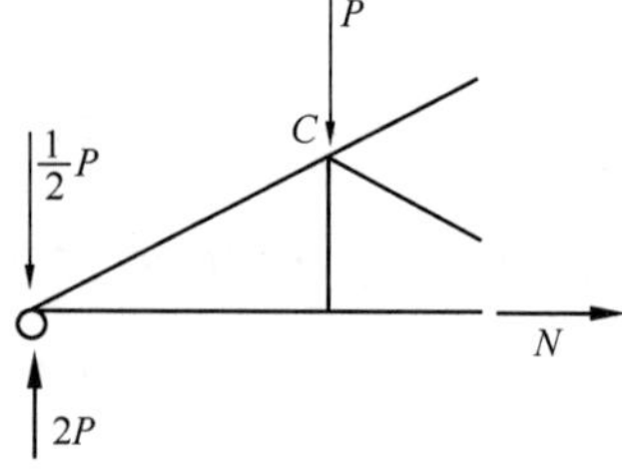

图 3.3.4-2

$N\times1.5=2P\times3.0-0.5P\times3$

$N=3P=3\times50=150kN$

(2) 纵向钢筋面积

由规范式(6.2.22)得:

$$A_s=\frac{N}{f_y}=\frac{150000}{360}=416.7mm^2$$

(3) 验查最小配筋率

$f_t=1.43N/mm^2$,$f_y=360N/mm^2$

根据《混规》表 8.5.1,

$\rho_{min}=0.45f_t/f_y=0.45\times1.43/360=0.179\%<0.2\%$,取 $\rho_{min}=0.2\%$

一侧最小受拉钢筋面积 $A_{s,min}=\rho_{min}bh=0.2\%\times250\times250=125mm^2<A_s=416.7/2=208.7mm^2$,

选 4 Φ 12,$A_s=452mm^2>416.7mm^2$

2. 不对称配筋的偏心受拉

《混规》规定

> **6.2.23** 矩形截面偏心受拉构件的正截面受拉承载力应符合下列规定:
>
> 1 小偏心受拉构件
>
> 当轴向拉力作用在钢筋 A_s 与 A_p 的合力点和 A'_s 与 A'_p 的合力点之间时[图 6.2.23(a)]:
>
> $$Ne\leqslant f_yA'_s(h_0-a'_s)+f_{py}A'_p(h_0-a'_p) \quad (6.2.23\text{-}1)$$

$$Ne' \leqslant f_y A_s (h'_0 - a_s) + f_{py} A_p (h'_0 - a_p) \tag{6.2.23-2}$$

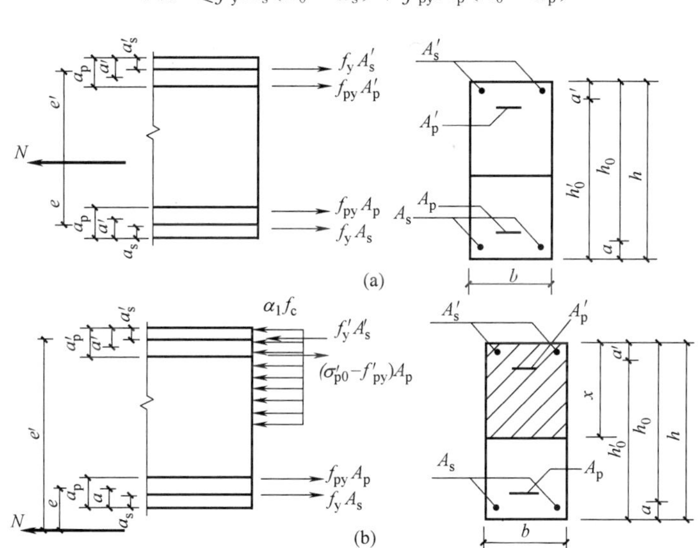

图 6.2.23　矩形截面偏心受拉构件正截面受拉承载力计算

(a) 小偏心受拉构件；(b) 大偏心受拉构件

2　大偏心受拉构件

当轴向拉力不作用在钢筋 A_s 与 A_p 的合力点和 A'_s与 A'_p的合力点之间时（图6.2.23b）：

$$N \leqslant f_y A_s + f_{py} A_p - f'_y A'_s + (\sigma'_{p0} - f'_{py}) A'_p - \alpha_1 f_c bx \tag{6.2.23-3}$$

$$Ne \leqslant \alpha_1 f_c bx \left(h_0 - \frac{x}{2}\right) + f'_y A'_s (h_0 - a'_s) - (\sigma'_{p0} - f'_{py}) A'_p (h_0 - a'_p) \tag{6.2.23-4}$$

此时，混凝土受压区的高度应满足本规范式（6.2.10-3）的要求。当计算中计入纵向受压普通钢筋时，尚应满足本规范式（6.2.10-4）的条件；当不满足时，可按式（6.2.23-2）计算。

【例 3.3.4-2】 偏心受拉构件的下部纵向受力钢筋

方案比较时，假定框架梁 KL1 截面及跨中配筋如图 3.3.4-3所示。纵筋采用 HRB400 级钢筋，混凝土强度等级 C30，$a_s = a'_s = 70$mm，跨中截面弯矩设计值 $M = 880$kN·m，对应的轴向拉力设计值为 $N = 2200$kN。试问，非抗震设计时，该梁跨中截面按矩形截面偏心受拉构件计算所需的下部纵向受力钢筋面积 A_s（mm²）与下列何项数值是为接近？

提示：该梁配筋计算时不考虑上部墙体及梁侧腰筋的作用。

(A) 2900　　(B) 3500

(C) 5900　　(D) 7100

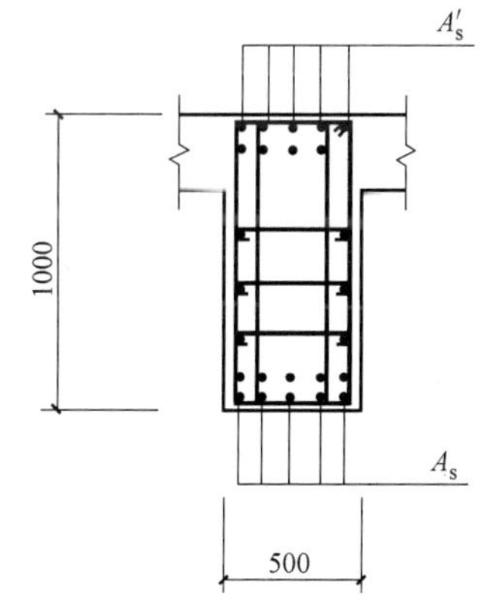

图 3.3.4-3

【答案】(C)

【解答】(1) $e_0=\dfrac{M}{N}=\dfrac{880\times10^6}{2200\times10^3}=400\text{mm}<\dfrac{1000-70-70}{2}=430\text{mm}$

(2) 根据《混规》6.2.23-1条，轴向力在 A_s 和 A_s'之间，为小偏心受拉构件。

$$e'=e_0+\frac{h}{2}-a_s'=400+\frac{1000}{2}-70=830\text{mm}$$

根据公式(6.2.23-2)，$A_s=\dfrac{Ne'}{f_y(h_0'-a_s)}=\dfrac{2200\times10^3\times830}{360\times(1000-70-70)}=5898\text{mm}^2$

(3) 根据《混规》表8.5.1，最小配筋率 $\rho_{\min}=\max\{0.20\%,\ 45f_r/f_y\%\}=0.20\%$；一侧的受拉钢筋面积：$A_{s,\min}=A\rho_{\min}=1000\times500\times0.20\%=1000\text{mm}^2<5898\text{mm}^2$。

3. 对称配筋的偏心受拉

《混规》规定

> **6.2.23** 矩形截面偏心受拉构件的正截面受拉承载力应符合下列规定：
>
> 3. 对称配筋的矩形截面偏心受拉构件，不论大、小偏心受拉情况，均可按式(6.2.23-2)计算。
>
> $$Ne'\leqslant f_yA_s(h_0'-a_s)+f_{py}A_p(h_0'-a_p) \qquad (6.2.23\text{-}2)$$

【例3.3.4-3】对称配筋的偏心受拉

某外挑三脚架，安全等级为二级，计算简图如图3.3.4-4所示。其中横杆AB为混凝土构件，截面尺寸300mm×400mm，混凝土强度等级为C35，纵向钢筋采用HRB400，对称配筋，$a_s=a_s'=45\text{mm}$。假定，均布荷载设计值 $q=25\text{kN/m}$(包括自重)，集中荷载设计值 $P=350\text{kN}$(作用于节点B上)。试问，按承载能力极限状态计算(不考虑抗震)，横杆最不利截面的纵向配筋 A_s(mm^2)与下列何项数值最为接近?

(A) 980　　(B) 1190　　(C) 1400　　(D) 1600

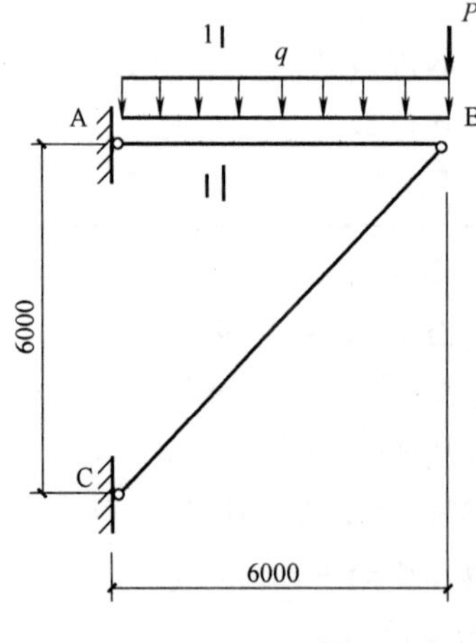

图3.3.4-4

【答案】(D)

【解答】(1) 内力计算

对点C取矩，可得横杆AB的拉力设计值

$$N=\frac{1}{6}\left(350\times6+\frac{25\times6^2}{2}\right)=425\text{kN}$$

横杆 AB 跨中的弯矩设计值

$$M=\frac{25\times6^2}{8}=112.5\text{kN}\cdot\text{m}$$

横杆全跨轴拉力不变，跨中截面弯矩最大，因此跨中截面为最不利截面，按偏心受拉构件计算。

（2）求偏心距 e_0

$e_0=M/N=\frac{112.5\text{kN}\cdot\text{m}}{425\text{kN}}=0.2647\text{m}=264.7\text{mm}>0.5h-a_s=200-45-155\text{m}$，为大偏心受拉。

（3）求钢筋面积

由于对称配筋，故可按《混规》式（6.2.23-2）计算配筋：

其中：$h_0'=h_0=400-45=355\text{mm}$

$$e'=e_0+\frac{h}{2}-a_s'=264.7+200-45=419.7\text{mm}$$

$$A_s\geqslant\frac{Ne'}{f_y(h_0'-a_s)}=\frac{425\times1000\times419.7}{360\times(355-45)}=1598.3\text{mm}^2$$

（4）验查最小配筋率

$f_t=1.57\text{N/mm}^2$，$f_y=360\text{N/mm}^2$

根据《混规》表 8.5.1，$\rho_{min}=0.45\frac{f_t}{f_y}=0.45\frac{1.57}{360}=0.196\%<0.2\%$，

取 $\rho_{min}=0.2\%$

一侧最小受拉钢筋面积 $A_{min}=\rho_{min}bh=0.2\%\times300\times400=240\text{mm}^2<A_s=1598\text{mm}^2$，可以。

因此选（D）。

3.4 抗剪、抗扭、抗冲切、局部承压

一、斜截面受剪承载力计算

1. 无腹筋板的受剪承载力

（1）一般板类受弯构件的斜截面受剪承载力

《混规》的规定

6.3.3 不配置箍筋和弯起钢筋的一般板类受弯构件，其斜截面受剪承载力应符合下列规定：

$$V\leqslant0.7\beta_h f_t bh_0 \qquad (6.3.3\text{-}1)$$

$$\beta_h=\left(\frac{800}{h_0}\right)^{1/4} \qquad (6.3.3\text{-}2)$$

式中 β_h——截面高度影响系数：当 h_0 小于 800mm 时，取 800mm；当 h_0 大于 2000mm 时，取 2000mm。

9.1.9 混凝土厚板及卧置于地基上的基础．当板的厚度大于 2m 时，除应沿板的上、下表面布置的纵、横方向钢筋外，尚宜在板厚度不超过 1m 范围内设置与板面平行的构造钢筋网片，网片钢筋直径不宜小于 12mm，纵横方向的间距不宜大于 300mm。

9.1.10 当混凝土板的厚度不小于 150mm 时，对板的无支承边的端部，宜设置 U 形构造钢筋并与板顶、板底的钢筋搭接，搭接长度不宜小于 U 形构造钢筋直径的 15 倍且不宜小于 200mm；也可采用板面、板底钢筋分别向下、上弯折搭接的形式。

【例 3.4.1-1】地下室底板的受剪承载力计算

条件：某地下室底板采用强度等级 C25 的混凝土浇筑，未配置箍筋和弯起钢筋，厚 1200mm。安全等级二级，环境类别一类。

要求：确定该底板能承受的剪力设计值。

【解答】（1）根据《混规》表 8.2.1 注的规定，底板的混凝土保护层厚度 $c=40$mm，设 $a_s=50$mm，$h_0=h-a_s=1200-50=1150$mm。

（2）查《混规》表 4.1.4，得 $f_t=1.27\text{N/mm}^2$。

（3）按《混规》式（6.3.3-2）的规定

$$\beta_h=\left(\frac{800}{h_0}\right)^{1/4}=\left(\frac{800}{1150}\right)^{1/4}=0.913$$

（4）应用《混规》式（6.3.3-1）取 1m 宽比计算

$V=0.7\beta_h f_t bh_0=0.7\times0.913\times1.27\times1000\times1150=933406\text{N}\approx933\text{kN}$

得每米宽度板能承担的剪力设计值为 933kN。

（2）平板式筏基的受剪承载力计算

《地基》规定

8.4.9 平板式筏基应验算距内筒和柱边缘 h_0 处截面的受剪承载力。当筏板变厚度时，尚应验算变厚度处筏板的受剪承载力。

8.4.10 平板式筏基受剪承载力应按式（8.4.10）验算，当筏板的厚度大于 2000mm 时，宜在板厚中间部位设置直径不小于 12mm、间距不大于 300mm 的双向钢筋网。

$$V_s\leqslant0.7\beta_{hs}f_t b_w h_0 \tag{8.4.10}$$

式中 V_s——相应于作用的基本组合时，基底净反力平均值产生的距内筒或柱边缘 h_0 处筏板单位宽度的剪力设计值（kN）；

b_w——筏板计算截面单位宽度（m）；

h_0——距内筒或柱边缘 h_0 处筏板的截面有效高度（m）。

《地基》"条文说明"指出

8.4.10

本规范明确了取距内柱和内筒边缘 h_0 处作为验算筏板受剪的部位，如图 35 所示。式（8.4.10）中的 V_s 即作用在图 35 中阴影面积上的地基平均净反力设计值除以验算截面处的板格中至中的长度（内柱）。

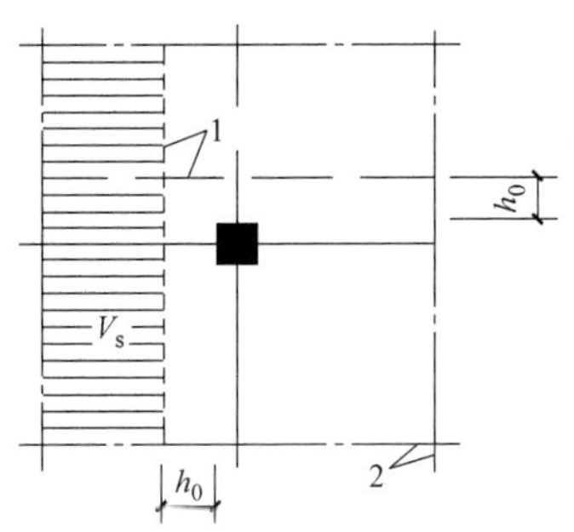

图 35 内柱（筒）下筏板验算剪切部位示意

1—验算剪切部位

2—板格中线

对于上部为框架-核心筒结构的平板式筏形基础，当边柱与核心筒之间的距离较大时，式（8.4.10）中的 V_s 即作用在图 38 中阴影面积上的地基平均净反力设计值与边柱轴力设计值之差除以 b，b 取核心筒两侧紧邻跨的跨中分线之间的距离。

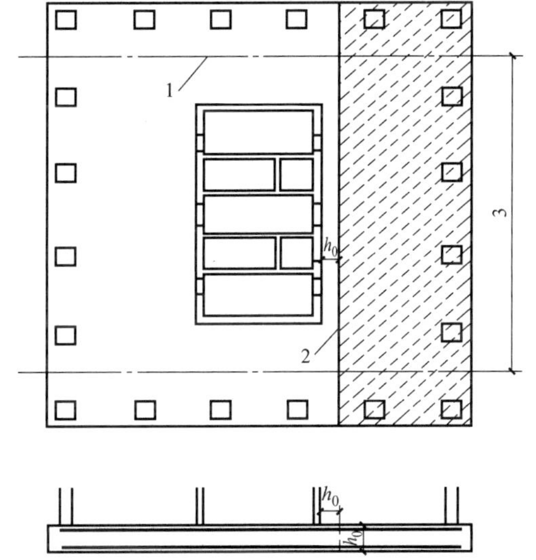

图 38 框架-核心筒下筏板受剪承载力计算截面位置和计算

1—混凝土核心筒与柱之间的中分线；2—剪切计算截面；

3—验算单元的计算宽度 b

【例 3.4.1-2】 平板式筏基的受剪承载力计算

抗震设防烈度为 6 度的某高层钢筋混凝土框架-核心筒结构，采用天然地基上的平板式筏板基础，基础平面如图 3.4.1-1 所示，核心筒的外轮廓平面尺寸为 9.4mm×9.4m，基础板厚 2.6m（基础板有效高度按 2.5m 计）。

荷载效应基本组合下，地基土净反力平均值产生的距内筒右侧外边缘 h_0 处的筏板单位宽度的剪力设计值最大，其最大值为 2400kN/m。

试问，满足抗剪承载力要求的筏板最低混凝土强度等级为下列何项最为合理？

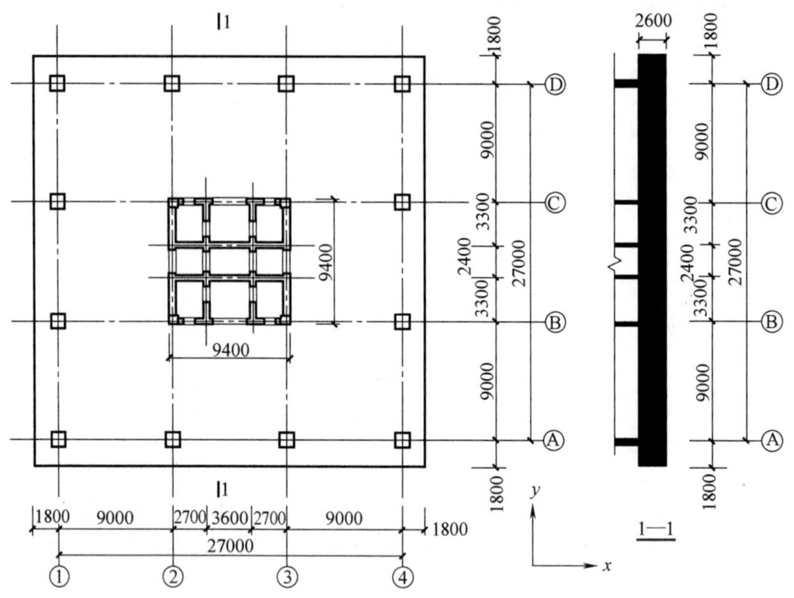

图 3.4.1-1

提示：各等级混凝土的强度指标如表 3.4.1-1 所示。

表 3.4.1-1

混凝土强度等级	C40	C45	C50	C60
f_1/(N/mm²)	1.71	1.80	1.89	2.04

(A) C40　　(B) C45　　(C) C50　　(D) C60

【答案】(B)

【解答】根据《地基》式（8.2.9-2)，有：

$$\beta_{hs}=\left(\frac{800}{h_0}\right)^{0.25}=\left(\frac{800}{2000}\right)^{0.25}=0.795 \quad (h_0>2000,\text{取 } h_0=2000)$$

根据《地基》8.4.10 条，要求：$0.7\beta_{hs}f_tb_wh_0\geqslant V_s$

$$0.7\times0.795\times1000\times2500f_t\geqslant2400000 \quad f_t\geqslant1.73\text{N/mm}^2$$

混凝土强度等级取 C45（$f_t=1.80\text{N/mm}^2$）

(3) 梁板式筏基双向底板的受剪切承载力计算

《地基》规定

8.4.12 梁板式筏基底板受冲切、受剪切承载力计算应符合下列规定：

3 梁板式筏基双向底板斜截面受剪承载力应按下式进行计算：

$$V_s\leqslant0.7\beta_{hs}f_t(l_{n2}-2h_0)h_0 \tag{8.4.12-3}$$

式中 V_s——距梁边缘 h_0 处，作用在图 8.4.12-2 中阴影部分面积上的基底平均净反力产生的剪力设计值(kN)。

4 当底板板格为单向板时，其斜截面受剪承载力应按本规范第 8.2.10 条验算，其底板厚度不应小于 400mm。

8.2.10 墙下条形基础底板应按本规范公式（8.2.9-1）验算墙与基础底板交接处截面受剪承载力，其中 A_0 为验算截面处基础底板的单位长度垂直截面有效面积，V_s 为墙与基础交接处由基底平均净反力产生的单位长度剪力设计值。

8.2.9 当基础底面短边尺寸小于或等于柱宽加两倍基础有效高度时，应按下列公式验算柱与基础交接处截面受剪承载力：

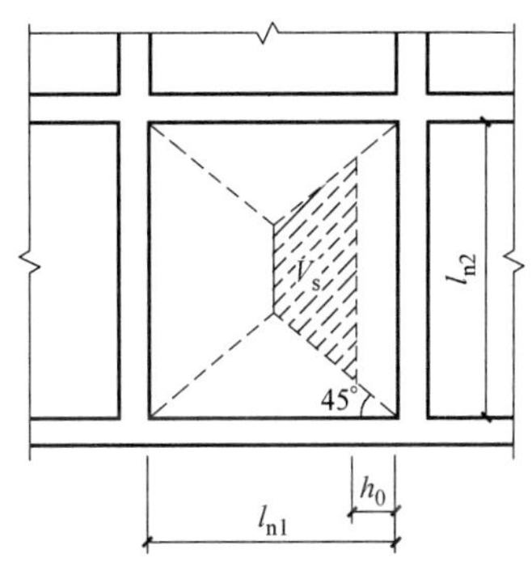

图 8.4.12-2 底板剪切计算示意

$$V_s \leqslant 0.7\beta_{hs} f_t A_0 \tag{8.2.9-1}$$

$$\beta_{hs} = (800/h_0)^{1/4} \tag{8.2.9-2}$$

式中 V_s——相应于作用的基本组合时，柱与基础交接处的剪力设计值（kN），图 8.2.9 中的阴影面积乘以基底平均净反力；

β_{hs}——受剪切承载力截面高度影响系数，当 $h_0 < 800$mm 时，取 $h_0 = 800$mm；当 $h_0 > 2000$mm 时，取 $h_0 = 2000$mm；

A_0——验算截面处基础的有效截面面积（m^2）。当验算截面为阶形或锥形时，可将其截面折算成矩形截面，截面的折算宽度和截面的有效高度按本规范附录 U 计算。

【例 3.4.1-3】～【例 3.4.1-4】 双向底板的受剪切承载力计算

某高层建筑梁板式筏基的地基基础设计等级为乙级，筏板的最大区格分如图 3.4.1-2 所示。筏板混凝土强度等级为 C35，$f_t = 1.57 \text{N/mm}^2$。假定筏基底面处的地基土反力均匀分布，且相应于荷载效应基本组合的地基土净反力设计值 $p = 350$kPa。

提示：计算时取 $a_s = 60$mm，$\beta_{hp} = 1$。

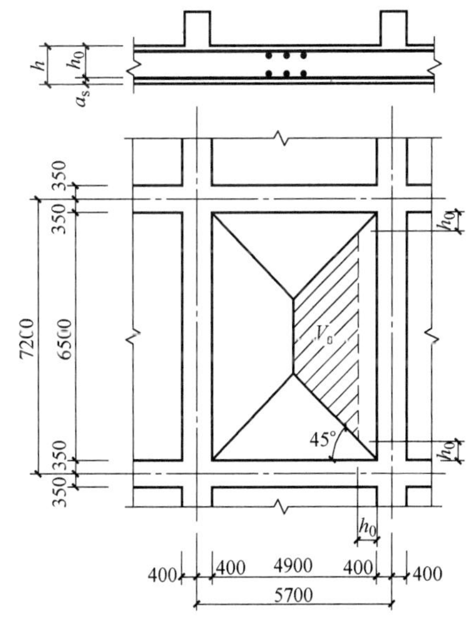

图 3.4.1-2

【例 3.4.1-3】 假设，筏板厚度为 500mm。试问，进行筏板斜截面受剪切承载力计算时，作用在图中阴影部分面积上的地基土平均净反力产生的剪力设计值 V_s（kN），应与下列何项数值最为接近？

(A) 1100 (B) 1900

(C) 2500 (D) 2900

【答案】（C）

【解答】 根据《地基》第 8.4.12 条，阴影部分梯形的底边 $l_1 = 6500 - 2 \times 440 = 5620$mm

阴影部分梯形的顶边 $l_2 = 6500 - 4900 = 1600$mm

$$V_s=(l_1+l_2)\times(4900/2-440)/2\times350\times10^{-6}=2540\text{kN}$$

【例 3.4.1-4】筏板厚度同题【例 3.4.1-3】。试问，进行筏板斜截面剪切承载力计算时，图中阴影部分地基净反力作用下的相应区块筏板斜截面受剪承载力设计值（kN），与下列何项数值最为接近？

（A）2100　　（B）2700　　（C）3000　　（D）3300

【答案】（B）

【解答】根据《地基》公式（8.4.12-3），$h_0=h-a_s=440\text{mm}<800\text{mm}$，$\beta_{hs}=1$，则：

$$0.7\beta_{hs}f_t(l_{n2}-2h_0)h_0=0.7\times1.00\times1.57\times(6500-2\times440)\times440\times10^{-3}=2717.6\text{kN}$$

2. 一般受弯构件的斜截面受剪承载力

《混规》规定

6.3.1　矩形、T形和I形截面受弯构件的受剪截面应符合下列条件：

当 $h_w/b\leqslant4$ 时

$$V\leqslant0.25\beta_c f_c bh_0 \quad (6.3.1\text{-}1)$$

当 $h_w/b\geqslant6$ 时

$$V\leqslant0.2\beta_c f_c bh_0 \quad (6.3.1\text{-}2)$$

当 $4<h_w/b<6$ 时，按线性内插法确定。

式中　V——构件斜截面上的最大剪力设计值；

β_c——混凝土强度影响系数：当混凝土强度等级不超过C50时，β_c 取1.0；当混凝土强度等级为C80时，β_c 取0.8；其间按线性内插法确定；

b——矩形截面的宽度，T形截面或I形截面的腹板宽度；

h_0——截面的有效高度；

h_w——截面的腹板高度：矩形截面，取有效高度；T形截面，取有效高度减去翼缘高度；I形截面，取腹板净高。

注：1 对T形或I形截面的简支受弯构件，当有实践经验时，公式（6.3.1-1）中的系数可改用0.3；

6.3.7　矩形、T形和I形截面的一般受弯构件，当符合下式要求时，可不进行斜截面的受剪承载力计算，其箍筋的构造要求应符合本规范第9.2.9条的有关规定。

$$V\leqslant\alpha_{cv}f_t bh_0+0.05N_{p0} \quad (6.3.7)$$

式中　α_{cv}——截面混凝土受剪承载力系数，按本规范第6.3.4条的规定采用。

6.3.4　当仅配置箍筋时，矩形、T形和I形截面受弯构件的斜截面受剪承载力应符合下列规定：

$$V\leqslant V_{cs}+V_p \quad (6.3.4\text{-}1)$$

$$V_{cs}=\alpha_{cv}f_t bh_0+f_{yv}\frac{A_{sv}}{s}h_0 \quad (6.3.4\text{-}2)$$

$$V_p=0.05N_{p0} \quad (6.3.4\text{-}3)$$

式中　V_{cs}——构件斜截面上混凝土和箍筋的受剪承载力设计值；

V_p——由预加力所提高的构件受剪承载力设计值；

α_{cv}——斜截面混凝土受剪承载力系数，对于一般受弯构件取 0.7；

A_{sv}——配置在同一截面内箍筋各肢的全部截面面积，即 nA_{sv1}，此处，n 为在同一个截面内箍筋的肢数，A_{sv1} 为单肢箍筋的截面面积；

s——沿构件长度方向的箍筋间距；

f_{yv}——箍筋的抗拉强度设计值，按本规范第 4.2.3 条的规定采用；

9.2.9 梁中箍筋的配置应符合下列规定：

1. 按承载力计算不需要箍筋的梁，当截面高度大于 300mm 时，应沿梁全长设置构造箍筋；当截面高度 $h=150\sim300$mm 时，可仅在构件端部 $l_0/4$ 范围内设置构造箍筋，l_0 为跨度。但当在构件中部 $l_0/2$ 范围内有集中荷载作用时，则应沿梁全长设置箍筋。当截面高度小于 150mm 时，可以不设置箍筋。

2. 截面高度大于 800mm 的梁，箍筋直径不宜小于 8mm；对截面高度不大于 800mm 的梁，不宜小于 6mm。

3. 梁中箍筋的最大间距宜符合表 9.2.9 的规定；当 V 大于 $0.7f_tbh_0+0.05N_{p0}$ 时，箍筋的配筋率 ρ_{sv}[$\rho_{sv}=A_{sv}/(bs)$]尚不应小于 $0.24f_t/f_{yv}$。

梁中箍筋的最大间距（mm） **表 9.2.9**

梁高 h	$V>0.7f_t\text{b}h_0+0.05N_{p0}$	$V\leqslant0.7f_t\text{b}h_0+0.05N_{p0}$
$150<h\leqslant300$	150	200
$300<h\leqslant500$	200	300
$500<h\leqslant800$	250	350
$h>800$	300	400

（1）承载力计算

基本资料：已知截面尺寸 b、h、材料强度 f_c、f_t、f_{yv}、箍筋直径 ϕ、箍筋间距 s、箍筋肢数 n，确定需用的计算参数 h_w、h_0、A_{sv1}、A_{sv}；

计算步骤：

1）验算构造规定

符合下列 3 项构造规定的转入 2)；

不符合下列 3 项构造规定的不进行承载力计算。

① 箍筋直径 ϕ 应符合《混规》9.2.9 条 2 款的规定。

$h>800$mm 时、$\phi\geqslant8$mm；$h\leqslant800$mm 时、$\phi\geqslant6$mm；

② 箍筋间距 s 应符合《混规》表 9.2.9 的规定

h(mm)	150～300	300～500	500～800	>800
s(mm)	150	200	250	300

③ 箍筋的配筋率 ρ_{sv} 应符合《混规》9.2.9 条 3 款的规定，

$$\rho_{sv}=\frac{A_{sv}}{bs}\geqslant\rho_{sv,min}=0.24f_t/f_{yv}$$

2）计算受剪承载力 V_{cs}

根据《混规》式（6.3.4-2）$V_{cs}=0.7f_tbh_0+f_{yv}\frac{A_{sv}}{s}h_0$，此处、$A_{sv}=n\times A_{sv1}$

3）按剪压比的控制条件、确定截面允许承载的最大剪力 V_{max}

根据《混规》6.3.1条规定：

当 $h_w/b\leqslant4$ 时，$V_{max}=0.25\beta_cf_cbh_0$

当 $h_w/b\geqslant6$ 时，$V_{max}=0.2\beta_cf_cbh_0$

当 $4<h_w/b<6$ 时，按线性内插法确定

4）确定承载力 V_u

当 $V_{cs}\leqslant V_{max}$时，取 $V_u=V_{cs}$；

当 $V_{cs}>V_{max}$时，取 $V_u=V_{max}$。

【例 3.4.1-5】均布荷载作用下箍筋梁的受剪承载力计算

条件：一承受均布荷载的矩形截面简支梁，截面尺寸 $b\times h=200\text{mm}\times400\text{mm}$，采用C25混凝土，箍筋采用HPB300级，已配双肢 ϕ8@200，安全等级二级，环境类别一类。

要求：(1) 求该梁所能承受的最大剪力设计值 V；

(2) 若梁净跨 $l_n=4.26\text{m}$，求按受剪承载力计算的梁所能承担的均布荷载设计值 q 为多少？

【解答】

查《混规》表4.1.4，得 $f_t=1.27\text{N/mm}^2$，$f_c=11.9\text{N/mm}^2$。

查《混规》表4.2.3-1，得 $f_{yv}=270\text{N/mm}^2$。

查《混规》表8.2.1，得C25的保护层厚度 $c=25\text{mm}$。

设 $a_s=40\text{mm}$，$h_0=h-a_s=400-40=360\text{mm}$。

查《混规》表A.0.1，得 $A_{sv1}=50.3\text{mm}^2$。

(1) 验算构造假定

① 已知梁高400mm<800mm，箍筋直径为 ϕ8 符合《混规》9.2.9条2款规定

② 箍筋间距 $s=200\text{mm}$，符合《混规》表9.2.9规定

③ 箍筋的配筋率为

$$\rho=\frac{A_{sv}}{bs}=\frac{2\times50.3}{200\times200}=0.25\%>\rho_{svmin}=0.24\frac{f_t}{f_{yv}}=0.24\times\frac{1.27}{270}=0.113\%$$

满足《混规》9.2.9条3款规定。

(2) 计算受剪承载力 V_{cs}

根据《混规》式（6.3.4-2）$V_{ss}=0.7f_tbh_0+f_{yv}\frac{A_{sv}}{s}h_0$

代入已知条件可得

$$V_{cs}=0.7f_tbh_0+f_{yv}\frac{A_{sv}}{s}=0.7\times1.27\times200\times360+270\times\frac{2\times50.3}{200}\times360$$
$$=112899.6\text{N}=113\text{kN}$$

(3) 按剪压比控制条件，确定截面允许承载的最大剪力 V_{max}

因为混凝土强度等级为C25，《混规》6.3.1条规定 $\beta_c=1.0$

因为 $h_w = h_0 = 360\text{mm}$，$\frac{h_w}{b} = \frac{360}{200} = 1.8 < 4$

所以按《混规》6.3.1 条，$V \leqslant 0.25\beta_c f_c b h_0$ 可得

$V = 0.25\beta_c f_c b h_0 = 0.25 \times 1 \times 11.9 \times 200 \times 360 = 214200\text{N} = 214\text{kN} > V_{cs} = 113\text{kN}$

所以梁所能承受的最大剪力设计值 $V = V_{cs} = 113\text{kN}$

(4) 该梁所能承担的均布荷载设计值

$$q = \frac{2V_{cs}}{l_n} = \frac{2 \times 113}{4.26} = 53.05\text{kN/m}$$

(2) 配筋计算

基本资料：已知截面尺寸 b、h、材料强度 f_c、f_t、f_{yv}；

确定需用的计算参数 h_w、h_0

外部荷载效应 V

计算步骤：

1) 验算剪压比。

若满足《混规》6.3.1 条规定时，转至 2)；

若不满足《混规》6.3.1 条规定时，则应增大截面尺寸或提高混凝土强度等级。

根据《混规》6.3.1 条规定：

当 $h_w/b \leqslant 4$ 时，$V \leqslant 0.25\beta_c f_c b h_0$

当 $h_w/b \geqslant 6$ 时，$V \leqslant 0.2\beta_c f_c b h_0$

当 $4 < h_w/b < 6$ 时，按线性内插法确定。

2) 验算构造配箍条件

若满足《混规》6.3.7 条规定，即 $V \leqslant 0.7 f_t b h_0$ 时，按构造要求配置箍筋；

若不满足《混规》6.3.7 条规定时，即 $V > 0.7 f_t b h_0$ 时，转至 3)。

3) 箍筋计算

根据《混规》式 (6.3.4-2) $\frac{nA_{sv1}}{s} \geqslant \frac{V - 0.7 f_t b h_0}{1.0 f_{yv} h_0}$

根据 nA_{sv1}/s、可先确定箍筋肢数 n 和箍筋直径 ϕ，然后计算箍筋间距 s；

也可先确定箍筋的肢数 n 和间距 s，然后计算出箍筋的截面面积 A_{sv1}，以确定箍筋直径 ϕ。

4) 验算构造规定

① 箍筋直径 ϕ 应符合《混规》9.2.9 条 2 款的规定。

$h > 800\text{mm}$ 时取 $\phi = 8\text{mm}$；

$h \leqslant 800\text{mm}$ 时取 $\phi = 6\text{mm}$。

② 箍筋间距 s 应符合《混规》表 9.2.9 的规定

h(mm)	150～300	300～500	500～800	>800
s(mm)	150	200	250	300

③ 箍筋的配筋率 ρ_{sv} 应符合《混规》9.2.9 条 3 款的规定，

$$\rho_{sv} = \frac{A_{sv}}{bs} \geqslant \rho_{sv,\min} = 0.24 f_t / f_{yv}$$

【例 3.4.1-6】 均布荷载作用下箍筋梁的配筋计算

条件：钢筋混凝土矩形截面简支梁，截面尺寸、搁置情况及纵筋数量如图 3.4.1-3 所示，该梁承受均布荷载设计值 96kN/m（包括自重），混凝土强度等级为 C25（$f_c=11.9\text{N/mm}^2$，$f_t=1.27\text{N/mm}^2$），箍筋为 HRB335（$f_{yv}=300\text{N/mm}^2$），纵筋为 HRB400（$f_y=360\text{N/mm}^2$）。

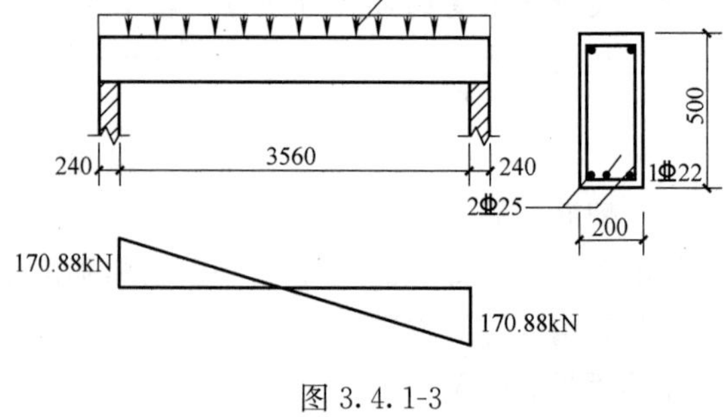

图 3.4.1-3

要求：配置箍筋

【解答】 已知 $f_c=11.9\text{N/mm}^2$，$f_t=1.27\text{N/mm}^2$，$f_{yv}=300\text{N/mm}^2$，$f_y=360\text{N/mm}^2$，$c=20\text{mm}$，取 $a_s=35\text{mm}$，$h_0=h-a_s=500-35=465\text{mm}$

$$V=\frac{ql_n}{2}=\frac{96\times3.56}{2}=170.88\text{kN}$$

（1）验算剪压比

根据《混规》6.3.1 条，$h_w/b\leqslant4$ 时，截面尺寸必须满足

$$V=0.25\beta_c f_c bh_0,\beta_c=1.0$$

代入已知条件可得，$h_w/b=\frac{465}{200}=2.325<4$。

$$V=0.25\times1.0\times1.9\times200\times465=276.7\text{kN}>170.88\text{kN}$$

满足剪压比要求

（2）验算构造配箍条件

根据《混规》6.3.7 条，$V\leqslant\alpha_{cv}f_tbh$。

在《混规》6.3.4 条规定受弯构件 $\alpha_{cv}=0.7$，

代入已知条件可得

$$V=\alpha_{cv}f_tbh_0=0.7\times1.27\times200\times465=82.7\text{kN}<V=170.88\text{kN}$$

需要进行配置箍筋计算

（3）箍筋计算

按《混规》(6.3.4-2) 式 $V_{cs}=\alpha_{cv}f_tbh_0+f_{yv}\frac{A_{sv}}{s}h_0$，可得

$$\frac{nA_{sv1}}{s}\geqslant\frac{V-\alpha_{cv}f_tbh_0}{f_{yv}h_0}$$

代入已知条件可得

$$\frac{nA_{sv1}}{s}=\frac{V-\alpha_c f_tbh_0}{f_{yv}h_0}=\frac{170.88\times10^3-0.7\times1.27\times200\times465}{300\times465}=0.632\text{mm}^2/\text{mm}$$

根据《混规》9.2.9 条规定，选用 $\phi8$（$>\phi6$）钢筋为箍筋，$n=2$，$A_{sv1}=50.3\text{mm}$，代入上式得 $s=159\text{mm}$，取 $s=150\text{mm}$，根据《混规》表 9.2.9 条，$s_{max}=200\text{mm}$，取 $s=150\text{mm}$。

（4）验算箍筋构造要求

箍筋的直径 ϕ，间距 s 已满足《混规》9.2.9 条要求

配筋率 $\rho_{sv}=\frac{nA_{sv}}{bs}=\frac{2\times50.3}{200\times150}=0.279\%>\rho_{svmin}=0.24\frac{f_t}{f_y}=0.24\frac{1.27}{300}=0.1\%$（《混规》9.2.9 条 3 款）

（3）考题介绍

3. 集中荷载独立梁的斜截面受剪承载力

《混规》规定

> **6.3.4** 当仅配置箍筋时，矩形、T 形和 I 形截面受弯构件的斜截面受剪承载力应符合下列规定：
>
> $$V\leqslant V_{cs}+V_p \tag{6.3.4-1}$$
>
> $$V_{cs}=\alpha_{cv}f_tbh_0+f_{yv}\frac{A_{sv}}{s}h_0 \tag{6.3.4-2}$$
>
> $$V_p=0.05N_{p0} \tag{6.3.4-3}$$
>
> 式中 V_{cs}——构件斜截面上混凝土和箍筋的受剪承载力设计值；
>
> V_p——由预加力所提高的构件受剪承载力设计值；
>
> α_{cv}——斜截面混凝土受剪承载力系数，对集中荷载作用下（包括作用有多种荷载，其中集中荷载对支座截面或节点边缘所产生的剪力值占总剪力的75%以上的情况）的独立梁，取 α_{cv} 为 $\frac{1.75}{\lambda+1}$，λ 为计算截面的剪跨比，可取 λ 等于 a/h_0，当 λ 小于 1.5 时，取 1.5，当 λ 大于 3 时，取 3，a 取集中荷载作用点至支座截面或节点边缘的距离；

（1）承载力计算

基本资料：已知截面尺寸 b、h、材料强度 f_c、f_t、f_{yv}、箍筋直径 ϕ、箍筋间距 s、箍筋肢数 n，确定需用的计算参数 h_w、h_0、A_{sv1}、A_{sv}、集中荷载作用点至支座截面或节点边缘的距离 α；

计算步骤：

1）判断是否属于独立梁

不属于独立梁则按一般梁考虑；

属于独立梁则转到 2）。

2）判断是否按集中荷载考虑

当 $V_{集}/V_{总}\leqslant75\%$时，按一般梁考虑；

当 $V_{集}/V_{总}>75\%$，转到 3）。

此处，$V_{集}$——集中荷载在支座截面或节点边缘的剪力

$V_{总}$——支座截面或节点边缘的剪力

3）验算构造规定

符合下列 3 项构造规定的转入 4）；

不符合下列 3 项构造规定的不进行承载力计算。

① 箍筋直径 ϕ 应符合《混规》9.2.9 条 2 款的规定。

$h>800$mm 时、$\phi\geqslant8$mm；$h\leqslant800$mm、$\phi\geqslant6$mm；

② 箍筋间距 s 应符合《混规》表 9.2.9 的规定，

h(mm)	150～300	300～500	500～800	>800
s(mm)	150	200	250	300

③ 箍筋的配筋率 ρ_{sv} 应符合《混规》9.2.9条3款的规定，

$$\rho_{sv} \geqslant \rho_{sv,min} = 0.24 f_t / f_{yv}$$

4）计算构件斜截面上混凝土和箍筋的受剪承载力设计值 V_{cs}

根据《混规》式（6.3.4-3）计算，

$$V_{cs} = \frac{1.75}{\lambda+1} f_t b h_0 + f_{yv} \frac{A_{sv}}{s} h_0$$

此处、λ 为计算截面的剪跨比，当 λ 小于1.5时，取1.5，当 λ 大于3时，取3。

可取 $\lambda = \frac{\alpha}{h_0}$，$\alpha$ 取集中荷载作用点至支座截面或节点边缘的距离；

5）按剪压比的控制条件、确定截面允许承载的最大剪力 V_{max}

根据《混规》6.3.1条规定计算：

当 $h_w/b \leqslant 4$ 时，$V_{max} = 0.25\beta_c f_c b h_0$

当 $h_w/b \geqslant 6$ 时，$V_{max} = 0.2\beta_c f_c b h_0$

当 $4 < h_w/b < 6$ 时，按线性内插法确定

6）确定承载力 V_u

当 $V_{cs} \leqslant V_{max}$ 时，取 $V_u = V_{cs}$；

当 $V_{cs} > V_{max}$ 时，取 $V_u = V_{max}$。

【例3.4.1-7】 集中荷载作用下独立梁的受剪承载力计算

条件：钢筋混凝土简支梁，截面尺寸、配筋情况及加载方式如图3.4.1-4所示。已知混凝土强度等级为C30，纵筋为HRB400级钢筋，$f_y = 360\text{N/mm}^2$，箍筋为HPB300级钢筋，$f_{yv} = 270\text{N/mm}^2$，箍筋 ф8@150，梁配有足够纵筋，保证梁不会发生弯曲破坏，安全等级二级，环境类别为一类。

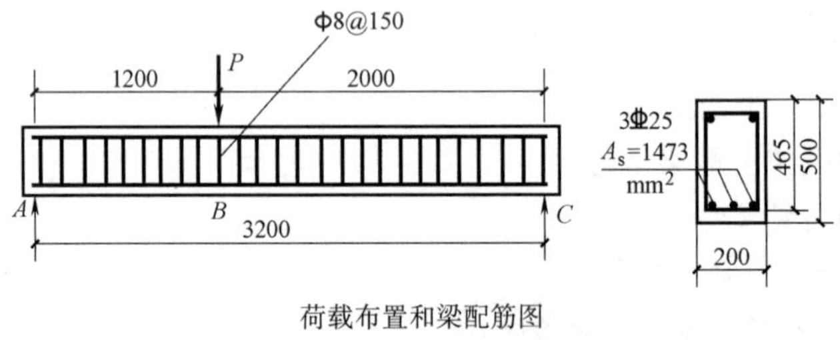

荷载布置和梁配筋图

图3.4.1-4

要求：试由受剪承载力计算梁所能承担的设计荷载 P。

【解答】 查《混规》表4.1.4得 $f_c = 14.3\text{N/mm}^2$，$f_t = 1.43\text{N/mm}^2$

查《混规》表8.2.1得保护层厚度 $c = 20\text{mm}$，设 $a_s = 35\text{mm}$

$$h_0 = h - a_s = 500 - 35 = 465\text{mm}$$

（1）判断是否属于独立梁

题目所给条件指定是属于独立梁。

（2）判断是否按集中荷载考虑

题目所给条件指定是按集中荷载考虑。

(3) 验算构造规定

由《混规》第 9.2.9 条，得 $\rho_{sv,min}=0.24\dfrac{f_t}{f_{yv}}=0.24\times\dfrac{1.43}{270}=0.127\%$

$\rho_{sv}=\dfrac{A_{sv}}{bs}=\dfrac{2\times 50.3}{200\times 150}=0.335\%>\rho_{sv,min}$，满足要求。

选用 ф8，$s=150$，均符合《混规》9.2.9 条规定

本题为独立梁在集中荷载作用下，根据《混规》第 6.3.4 条的规定，应考虑剪跨比的影响。因集中荷载作用不在跨中央，两边剪跨比不同，因而抗剪承载力也不同，应分别计算。

(4) AB 段的斜截面上混凝土和箍筋的受剪承载力设计值 V_{cs}

根据《混规》式 (6.3.4-3) $V_{cs}=\dfrac{1.75}{\lambda+1}f_tbh_0+f_{yv}\dfrac{A_{sv}}{s}h_0$

$\lambda=\dfrac{a}{h_0}=\dfrac{1200}{465}=2.58\begin{matrix}>1.5\\<3.0\end{matrix}$，取 $\lambda=2.58$ 计算

应用《混规》式 (6.3.4-3)

$$\begin{aligned}V_{cs}&=\frac{1.75}{\lambda+1}f_tbh_0+f_{yv}\frac{A_{sv}}{s}h_0\\&=\frac{1.75}{2.58+1}\times 1.43\times 200\times 465+270\times\frac{2\times 50.3}{150}\times 465\\&=65009+84202=149211=149.2\text{kN}\end{aligned}$$

由 $V=\dfrac{P\times 2000}{3200}$ 得 $P=\dfrac{3200}{2000}\times 149.2=238.7\text{kN}$

(5) BC 段斜截面上混凝土和箍筋的受剪承载力设计值 V_{cs}

根据《混规》(6.3.4-3) 式 $V_{cs}=\dfrac{1.75}{\lambda+1}f_tbh_0+f_{yv}\dfrac{A_{sv}}{s}h_0$

$\lambda=\dfrac{2000}{465}=4.3>3.0$，取 $\lambda=3.0$ 计算

应用《混规》式 (6.3.4-3)

$$\begin{aligned}V_{cs}&=\frac{1.75}{\lambda+1}f_tbh_0+f_{yv}\frac{A_{sv}}{s}h_0\\&=\frac{1.75}{3+1}\times 1.43\times 200\times 465+270\times\frac{2\times 50.3}{150}\times 465\\&=58183+84202=142385\approx 142.4\text{kN}\end{aligned}$$

由 $V=\dfrac{P\times 1200}{3200}$ 得 $P=\dfrac{3200}{1200}\times 142.4\text{kN}=379.7\text{kN}$

(6) 按剪压比的控制条件，确定截面允许的最大剪力 V_{max}

$$h_w=h_o=465\text{mm},\beta_c=1.0,\frac{h_w}{b}=\frac{465}{200}=2.325<4$$

由《混规》(6.3.1 条) 得

$$0.25\beta_cf_cbh_0=0.25\times 1.0\times 14.3\times 200\times 465=332475\text{N}\approx 332.5\text{kN}$$

$>149.2\text{kN}$(AB段)

$>142.4\text{kN}$(BC段)　　满足要求。

(7) 确定设计荷载 P

$$P_{AB}=238.7\text{kN}, P_{BC}=379.7\text{kN}$$

取两者之中的较小者，故该梁可承受的设计荷载为

$$P=238.7\text{kN}$$

(2) 配筋计算

基本资料：已知截面尺寸 b、h、材料强度 f_c、f_t、f_{yv}；

确定需用的计算参数 h_w、h_0，集中荷载作用点至支座截面或节点边缘的距离 α；

集中荷载在支座截面或节点边缘的剪力 $V_{集}$、支座截面或节点边缘的剪力 $V_{总}$

计算步骤：

1) 判断是否属于独立梁

不属于独立梁则按一般梁考虑；

属于独立梁则转到2)。

2) 判断是否按集中荷载考虑

当 $V_{集}/V_{总}\leqslant75\%$时，按一般梁考虑；

当 $V_{集}/V_{总}>75\%$时，转到(3)。

3) 验算剪压比。

若满足《混规》6.3.1条规定时，转至4)；

若不满足《混规》6.3.1条规定时，则应增大截面尺寸或提高混凝土强度等级。

根据《混规》6.3.1条规定计算：

当 $h_w/b\leqslant4$ 时，$V\leqslant0.25\beta_c f_c bh_0$

当 $h_w/b\geqslant6$ 时，$V\leqslant0.2\beta_c f_c bh_0$

当 $4<h_w/b<6$ 时，按线性内插法确定。

4) 验算构造配箍条件

若满足《混规》6.3.7条规定，即 $V\leqslant\dfrac{1.75}{\lambda+1}f_t bh_0$ 时，按构造要求配置箍筋；

若不满足《混规》6.3.7条规定时，即 $V>\dfrac{1.75}{\lambda+1}f_t bh_0$ 时，转至5)。

5) 箍筋计算

根据《混规》式(6.3.4-2)

$$\frac{nA_{sv1}}{s}\geqslant\frac{V-\dfrac{1.75}{\lambda+1}f_t bh_0}{1.0f_{yv}h_0}$$

根据 nA_{sv1}/s，可先确定箍筋肢数 n 和箍筋直径 ϕ，然后计算箍筋间距 s；

也可先确定箍筋的肢数 n 和间距 s，然后计算出箍筋的截面面积 A_{sv1}，以确定箍筋直径 ϕ。

6) 验算构造规定

① 箍筋直径 ϕ 应符合《混规》9.2.9条2款的规定。$h>800\text{mm}$ 时取 $\phi=8\text{mm}$，$h\leqslant$

800mm 时取 ϕ=6mm；

② 箍筋间距 s 应符合《混规》表 9.2.9 的规定

h(mm)	150～300	300～500	500～800	>800
s(mm)	150	200	250	300

③ 箍筋的配筋率 ρ_{sv} 应符合《混规》9.2.9 条 3 款的规定，$\rho_{sv} \geqslant \rho_{sv,min} = 0.24 f_t / f_{yv}$

【例 3.4.1-8】 框架梁配置箍筋（集中荷载对节点边缘所产生的剪力占总剪力 75%以上）

条件：某现浇钢筋混凝土楼盖，其结构平面布置见图 3.4.1-5；框架梁 KL 的截面尺寸为 350mm×600mm，h_0=555mm。板厚度 100mm。混凝土强度等级 C25，箍筋采用 HPB300 级钢筋；已算出梁 KL 在支座节点边缘处的剪力设计值最大，V=253kN（其中集中荷载对节点边缘所产生的剪力占总剪力 75%以上）。

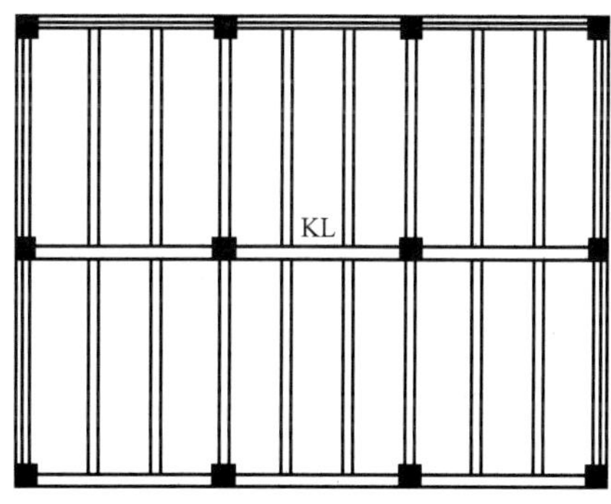

图 3.4.1-5

要求：箍筋配置。

【解答】 基本资料：根据《混规》4.1.4 条，4.2.3 条，8.2.1 条查得

$$f_c = 11.9\text{N/mm}^2, f_t = 1.27\text{N/mm}^2, f_{yv} = 270\text{N/mm}^2, c = 20\text{mm}$$

取 a_s=45mm，$h_0 = h_w = h - 45 = 600 - 45 = 555$mm

(1) 判断是否属于独立梁

因系整浇楼盖非独立梁，所以应按一般梁考虑计算。

(2) 验算剪压比

根据《混规》6.3.1 条，当 $h_w/b = \dfrac{555-100}{350} = 1.3 < 4$，梁的受剪截面应符合下列条件：

$$V = 0.25\beta_c f_c b h_0$$

$$0.25 \times 1.0 \times 11.9 \times 350 \times 555 = 577894\text{N} = 578\text{kN} > 253\text{kN}(\text{可})$$

(3) 验算构造配筋条件

因此梁不属于独立梁，按一般梁考虑，所以应首先按《混规》6.3.7 条规定 $V \leqslant \alpha_{cv} f_t b h_0$ 取 α_{cv}=0.7，式 6.3.7 条 $V \leqslant 0.7 f_t b h_0$ 可得

$0.7 f_t b h_0 = 0.7 \times 1.27 \times 350 \times 555 = 172688\text{N} < 253\text{kN} = V$。需进行配置箍筋计算

(4) 箍筋计算

从《混规》表 9.2.9 得到，当 $V > 0.7 f_t b h_0$ 时，箍筋间距不应大于 250mm，取 s=250mm。

根据《混规》式（6.3.4-2）$V \leqslant 0.7 f_t b h_0 + f_{yv} \dfrac{A_{sv}}{s} h_0$。代入已知条件

$$253000 = 0.7 \times 1.27 \times 350 \times 555 + 270 \times \frac{A_{sv}}{250} \times 555$$

解出 $A_{sv}=134mm^2$

(5) 验算构造规定

选用 ϕ8@250 四肢箍，$A_{sv}=4\times50.3=201mm^2>134mm^2$。

按《混规》9.2.9 条，箍筋的配筋率尚不应不小于 $0.24f_t/f_{yv}$

$$0.24f_t/f_{yv}=0.24\times\frac{1.27}{270}=0.0011,\rho_{sv}=\frac{201}{350\times250}=0.0023>0.0011$$

【例 3.4.1-9】 简支梁（集中荷载+均布荷载）的箍筋配置

条件：有一钢筋混凝土简支梁，如图 3.4.1-6 所示，截面尺寸为 200mm×400mm，混凝土强度等级为 C25，箍筋用 HRB335 级钢筋，环境类别为一类，$a_s=35mm$。

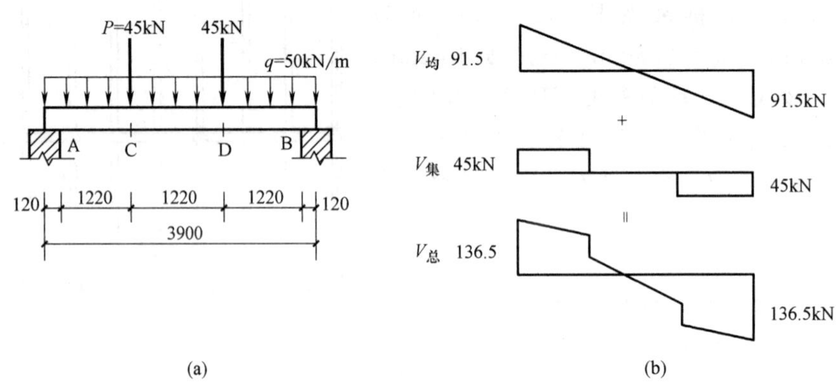

图 3.4.1-6

要求：计算梁的箍筋。

【解答】 确定基本数据

由《混规》表 4.1.4 查得，$f_c=11.9N/mm^2$，$f_t=1.27N/mm^2$

由《混规》表 4.2.3 查得，$f_{yv}=300N/mm^2$

由《混规》第 6.3.1 条查得，$\beta_c=1.0$

由《混规》第 9.2.9 条查得，$\rho_{sv,min}=0.24\dfrac{f_t}{f_{yv}}$

由《混规》第 9.2.9 条查得，$\phi_{min}=6mm$，由《混规》表 9.2.9 查得，该梁中箍筋的最大间距 $s_{max}=200mm$。由《混规》8.2.1 条 $c=25mm$ 取 $a_s=35mm$，$h_0=h-a_s=400-35=365mm$

(1) 求剪力设计值

剪力图见图 4.1.1-6 (b)。均布荷载在支座边缘处产生的剪力设计值为：

$$\frac{1}{2}ql_n=\frac{1}{2}\times50\times3.66=91.5kN$$

(2) 判断是否属于独立梁

∵此梁为简支梁，而非楼板整体浇筑的梁，∴属于独立梁

(3) 判断是否按集中荷载考虑［见图 3.4.1-6 (b)］

$$\because\frac{V_{集}}{V_{总}}=\frac{45}{45+91.5}=33\%<75\%$$

∴根据《混规》6.3.4 条中的一般梁考虑

(4) 验算剪压比

根据《混规》6.3.1 条 $V=0.25\beta_c f_c bh_0$

$$h_w=h_0=365\text{mm},\frac{h_w}{b}=\frac{365}{200}=1.825<4$$

$$0.25\beta_c f_c bh_0=0.25\times1\times11.9\times200\times365=217175\text{N}>V_{总}=136500\text{N}$$

截面尺寸满足要求。

(5) 确定箍筋数量

根据《混规》式(6.3.4-2)

$$V_{cs}=0.7f_t bh_0+f_{yv}\frac{A_{sv}}{s}h_0$$

可得$\frac{A_{sv}}{s}\geqslant\frac{V-0.7f_t bh_0}{f_{yv}h_0}$，代入基本资料可得

$$\frac{A_{sv}}{s}\geqslant\frac{V-0.7f_t bh_0}{f_{yv}h_0}=\frac{136500-0.7\times1.27\times200\times365}{300\times365}=0.654$$

(6) 验算构造规定

根据《混规》9.2.9 条规定

选用双肢Φ8 箍筋，则 $s=\frac{A_{sv}}{0.654}=\frac{2\times50.3}{0.654}=154\text{mm}$，取 $s=150\text{mm}$，满足《混规》9.2.9 条规定，相应的配筋率为：

$$\rho_{sv}=\frac{A_{sv}}{bs}=\frac{2\times50.3}{200\times150}=0.00335>\rho_{sv,\min}=0.24\frac{f_t}{f_{yv}}=0.24\times\frac{1.27}{300}=0.0010$$

故所配的双肢Φ8@150 箍筋，满足要求。

【例 3.4.1-10】 集中荷载作用下 T 形截面独立梁的箍筋配置计算

条件：某 T 形截面简支梁，截面尺寸如图 3.4.1-7 所示，承受一集中荷载，其设计值为 $P=400\text{kN}$（忽略梁自重），采用 C30 混凝土，箍筋采用 HRB335 级，试确定箍筋数量（梁底纵筋排一排）。安全等级二级，环境类别一类。

要求：配置箍筋

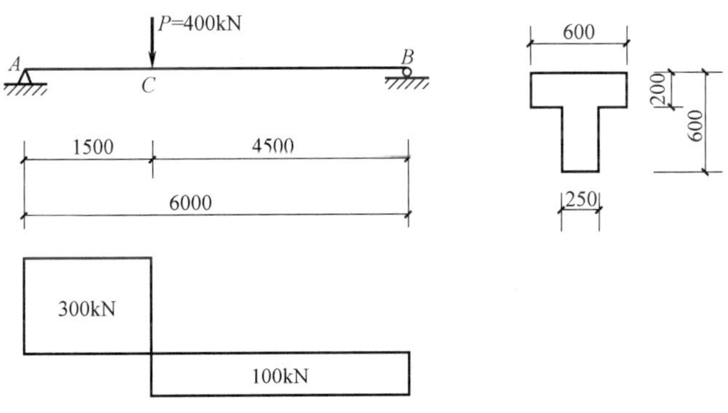

图 3.4.1-7

【解答】 查《混规》表 8.2.1 得保护层厚度 $c=20\text{mm}$，取 $a_s=35\text{mm}$，$h_0=600-35=565\text{mm}$。

查《混规》表 4.1.4 得 $f_c=14.3\text{N/mm}^2$，$f_t=1.43\text{N/mm}^2$

查《混规》表 4.2.3-1 得 $f_{yv}=300\text{N/mm}^2$

(1) 判断是否属于独立梁

题目所给条件指定是属于独立梁。

(2) 判断是否按集中荷载考虑

题目所给条件指定是按集中荷载考虑。

(3) 验算梁剪压比

根据《混规》6.3.1 条规定

$$h_w=h_0-h'_f=565-200=365\text{mm},\frac{h_w}{b}=\frac{365}{250}=1.46<4$$

根据《混规》式 (6.3.1-1) 取 $\beta_c=1.0$

$$0.25\beta_c f_c bh_0=0.25\times1.0\times14.3\times250\times565=504969\text{N}\approx505\text{kN}>V_{max}=300\text{kN}$$

截面尺寸满足要求。

(4) AC 段的箍筋配置

AC 段的剪跨比 $\lambda=\frac{a}{h_0}=\frac{1500}{565}=2.65$

① 验算构造配箍条件

根据《混规》6.3.7 条 $V\leqslant\alpha_{cv}f_t bh_0$，$\alpha_{cv}=\frac{1.75}{\lambda+1}$　$\lambda=\frac{a}{h_0}=\frac{1500}{565}=2.65<3.0$

$$\frac{1.75}{\lambda+1.0}f_t bh_0=\frac{1.75}{2.65+1.0}\times1.43\times250\times565=96843\text{N}=96.843\text{kN}<V_{max}$$

需按计算配箍筋。

② 箍筋计算

根据《混规》式 (6.3.4-2)，$V_{cs}=\alpha_{cv}f_t bh_0+f_{yv}\frac{A_{sv}}{s}$ 可得

$$\frac{nA_{sv1}}{s}\geqslant\frac{V-\frac{1.75}{\lambda+1}f_t bh_0}{f_{yv}h_0}$$

代入已知条件

$$\frac{nA_{sv1}}{s}\geqslant\frac{V_{max}-\frac{1.75}{\lambda+1.0}f_t bh_0}{f_{yv}h_0}=\frac{300\times10^3-\frac{1.75}{2.65+1.0}\times1.43\times250\times565}{300\times565}=1.198\text{mm}^2/\text{mm}$$

③ 验算构造规定：根据《混规》9.2.9 条规定

选Φ10 双肢箍，$A_{sv1}=78.5\text{mm}^2$，$n=2$，代入上式得 $s=\frac{2\times78.5}{1.198}=131\text{mm}$

$$s\leqslant131\text{mm}，实取\ s=120\text{mm}$$

验算配箍率：根据《混规》9.2.9 条第 3 款的规定

$\rho_{sv}=\frac{2\times78.5}{250\times120}=0.52\%>\rho_{sv,min}=0.24\frac{f_t}{f_{yt}}=0.114\%$，满足。

箍筋直径符合《混规》9.2.9 条的构造要求。

箍筋间距符合《混规》表 9.2.9 的构造要求。

(5) CB 段的箍筋配置

CB 段的剪跨比 $\lambda=\frac{a}{h_0}=\frac{4500}{565}=7.96$

① 验算构造配箍条件

根据《混规》6.3.7 条规定

$$\lambda=\frac{a}{h_0}=\frac{4500}{565}=7.96>3.0\text{，取 }\lambda=3.0$$

$$\frac{1.75}{\lambda+1.0}f_t bh_0=\frac{1.75}{3.0+1.0}\times1.43\times250\times565=88370\text{N}=88.37\text{kN}<V=100\text{kN}$$

需按计算配箍筋

② 箍筋计算：根据《混规》式（6.3.4-2）

$$\frac{nA_{sv1}}{s}\geqslant\frac{V_{max}-\frac{1.75}{\lambda+1.0}f_t bh_0}{f_{yv}h_0}=\frac{100\times10^3-\frac{1.75}{3.0+1.0}\times1.43\times250\times565}{300\times565}=0.0686\text{mm}^2/\text{mm}$$

③ 验算构造规定

选Φ8 双肢箍，$A_{sv1}=50.3\text{mm}^2$，$n=2$，代入上式得 $s=\frac{2\times50.3}{0.0686}=1466\text{mm}$

$$s\leqslant1466\text{mm}\text{，按构造要求取 }s=250\text{mm}$$

$$\rho_{sv}=\frac{2\times50.3}{250\times250}=0.161\%>\rho_{sv,min}=0.24\frac{f_t}{f_{yv}}=0.114\%$$

箍筋的直径和间距符合《混规》9.2.9 条中的构造要求。因 AC 段已取Φ10@120 为施工方便，此段也按 AC 段的要求配置箍筋

【例 3.4.1-11】 集中荷载作用下矩形截面独立梁的箍筋配置计算

条件：已知一矩形截面钢筋混凝土简支梁，截面尺寸为 200mm×600mm，计算简图和截面剪力图如图 3.4.1-8 所示。混凝土采用 C25 级（$f_c=11.9\text{N/mm}^2$，$f_t=1.27\text{N/mm}^2$），箍筋为 HPB300 级（$f_{yv}=270\text{N/mm}^2$）。安全等级二级，环境类别二 a 类。

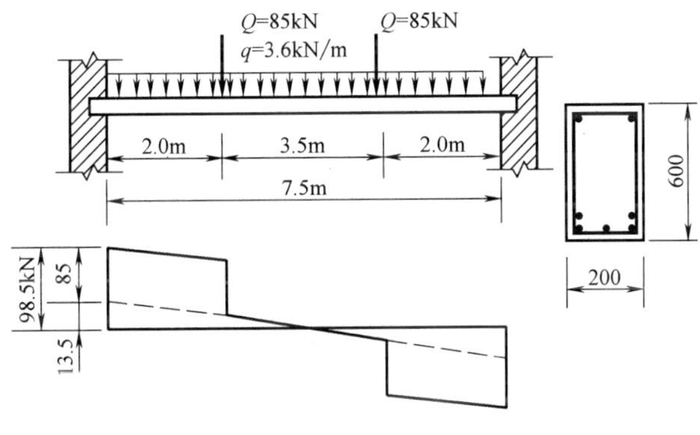

图 3.4.1-8

要求：配置箍筋

【解答】 查《混规》表 8.2.1 得保护层厚度 $c=25\text{mm}$

单排钢筋 $a_s=40\text{mm}$，双排钢筋 $a_s=70\text{mm}$，本题考虑取双排钢筋

$$h_0=h-a_s=600-70=530\text{mm}$$

（1）判断是否属于独立梁

题目所给条件指定是属于独立梁。

(2) 判断是否按集中荷载考虑

集中荷载在支座产生的剪力为 85kN，占支座总剪力 98.5kN 的 86.3%，大于 75%，因此应按《混规》式（6.3.4）计算。

(3) 验算截面剪压比

根据《混规》6.3.1 条规定，$V \leqslant 0.25\beta_c f_c bh_0$

$\frac{h_w}{b}=\frac{530}{200}=2.65<4$，按《混规》式（6.3.1-1）验算，取 $\beta_c=1.0$

$$0.25\beta_c f_c bh_0=0.25\times1.0\times11.9\times200\times530=315\text{kN}$$

$V=98.5\text{kN}<0.25\beta_c f_c bh_0$，截面尺寸满足要求。

(4) 验算构造配箍条件：

根据《混规》6.3.7 条规定 $\lambda=\frac{a}{h_0}=\frac{2000}{530}=3.77>3$，取 $\lambda=3$

$V \leqslant \alpha_c f_t bh_0$，$\alpha_{cv}=\frac{1.75}{\lambda+1}$

$$\frac{1.75}{\lambda+1}f_t bh_0=\frac{1.75}{3+1}\times1.27\times200\times530=59\text{kN}<V=98.5\text{kN}$$

必须按计算配置箍筋。

(5) 箍筋计算

按《混规》式（6.3.4-2）

$$V=\frac{1.75}{\lambda+1}f_t bh_0+f_{yv}\frac{A_{sv}}{s}h_0$$

代入已知条件可得

$$\frac{A_{sv}}{s}=\frac{V-\frac{1.75}{\lambda+1}f_t bh_0}{f_{yv}h_0}=\frac{98.5\times10^3-\frac{1.75}{3+1}\times1.27\times200\times530}{270\times530}=0.277\text{mm}^2/\text{mm}$$

根据《混规》9.2.9 条规定的构造要求选用 $\phi6$，$n=2$，$A_{sv1}=28.3\text{mm}^2$，$A_{sv}=nA_{sv1}=2\times28.5=56.6\text{mm}^2$

$s=\frac{A_{sv}}{0.277}=\frac{56.6}{0.277}=204.5\text{mm}$，实取 $s=200\text{mm}$。满足《混规》表 9.2.9 规定的构造要求。

(6) 验算构造规定

$$\rho_{sv}=\frac{A_{sv}}{bs}=\frac{56.6}{200\times200}=0.14\%>\rho_{svmin}=\frac{0.24f_t}{f_{yv}}=\frac{0.24\times1.27}{270}=0.11\%$$，满足要求。

4. 偏心受压构件的受剪承载力

《混规》规定

6.3.11 矩形、T 形和 I 形截面的钢筋混凝土偏心受压构件和偏心受拉构件，其受剪截面应符合本规范第 6.3.1 条的规定。

6.3.13 矩形、T 形和 I 形截面的钢筋混凝土偏心受压构件，当符合下列要求时，可不进行斜截面受剪承载力计算，其箍筋构造要求应符合本规范第 9.3.2 条的规定。

$$V \leqslant \frac{1.75}{\lambda+1} f_t b h_0 + 0.07N \tag{6.3.13}$$

式中：剪跨比 λ 和轴向压力设计值 N 应按本规范第 6.3.12 条确定。

6.3.12 矩形、T 形和 I 形截面的钢筋混凝土偏心受压构件，其斜截面受剪承载力应符合下列规定：

$$V \leqslant \frac{1.75}{\lambda+1} f_t b h_0 + f_{yv} \frac{A_{sv}}{s} h_0 + 0.07N \tag{6.3.12}$$

式中 λ 偏心受压构件计算截面的剪跨比，取为 $M/(Vh_0)$；

N——与剪力设计值 V 相应的轴向压力设计值，当大于 $0.3f_cA$ 时，取 $0.3f_cA$，此处，A 为构件的截面面积。

计算截面的剪跨比 λ 应按下列规定取用：

1 对框架结构中的框架柱，当其反弯点在层高范围内时，可取为 $H_n/(2h_0)$。当 λ 小于 1 时，取 1；当 λ 大于 3 时，取 3。此处，M 为计算截面上与剪力设计值 V 相应的弯矩设计值，H_n 为柱净高。

2 其他偏心受压构件，当承受均布荷载时，取 1.5；当承受符合本规范第 6.3.4 条所述的集中荷载时，取为 a/h_0，且当 λ 小于 1.5 时取 1.5，当 λ 大于 3 时取 3。

9.3.2 柱中的箍筋应符合下列规定：

1 箍筋直径不应小于 $d/4$，且不应小于 6mm，d 为纵向钢筋的最大直径；

2 箍筋间距不应大于 400mm 及构件截面的短边尺寸，且不应大于 $15d$，d 为纵向钢筋的最小直径；

【例 3.4.1-12】 框架柱的受剪承载力计算（框架结构）

条件：一钢筋混凝土框架结构中的框架柱，$b \times h = 400\text{mm} \times 400\text{mm}$，$a_s = 45\text{mm}$，净高 $H_n = 3\text{m}$。混凝土强度等级为 C30，$f_c = 14.3\text{N/mm}^2$，$f_t = 1.43\text{N/mm}^2$，箍筋用 HPB300 级钢筋，$f_y = 270\text{N/mm}^2$，柱端作用有轴力设计值 $N = 700\text{kN}$，剪力设计值 180kN。

要求：求箍筋数量 A_{sv}/s。

【解答】 根据《混规》4.1.4 条，4.2.3 条，$f_c = 14.3\text{N/mm}^2$，$f_t = 1.43\text{N/mm}^2$，$f_{yv} = 270\text{N/mm}^2$，$h_0 = h - a_s = 400 - 45 = 355\text{mm}$

(1) 验算剪压比

根据《混规》式 (6.3.1-1)，当 $h_w/b \leqslant 4$ 时，$V \leqslant 0.25\beta_c f_c b h_0$，$h_w/b = (400-45)/400 = 0.89 < 4$。

$0.25b_c f_c b h_0 = 0.25 \times 1 \times 14.3 \times 400 \times 355 = 508\text{kN} > V = 180\text{kN}$，截面尺寸符合要求。

(2) 验算构造配箍条件

根据《混规》6.3.13 条 $V \leqslant \frac{1.75}{\lambda+1} f_t b h_0 + 0.07\text{N}$，验算是否需配置箍筋

根据《混规》6.3.12 条 1 款规定

剪跨比 $\lambda = \frac{H_n}{2h_0} = \frac{3000}{2 \times 355} = 4.23 > 3$，取 $\lambda = 3$。

$0.3f_cA = 0.3 \times 14.3 \times 400 \times 400 = 686.4\text{kN} < \text{N} = 700\text{kN}$，取 $N = 0.3f_cA = 686.4\text{kN}$

$\frac{1.75}{\lambda+1}f_t bh_0+0.07N=\frac{1.75}{3+1}\times1.43\times400\times355+0.07\times686.4\times10^3=136.9\text{kN}<V=$ 180kN 需按计算配置箍筋

（3）箍筋计算

根据《混规》6.3.12 条式（6.3.12）$V\leqslant\frac{1.75}{\lambda+1}f_t bh_0+f_{yv}\frac{A_{sv}}{s}h_0+0.07N$ 可得

$$\frac{A_{sv}}{s}=\frac{V-\frac{1.75}{\lambda+1}f_t bh_0-0.07N}{f_{yv}h_0}$$

$$=\frac{180\times10^3-\frac{1.75}{3+1}\times1.43\times400\times355-0.07\times686.4\times10^3}{270\times355}$$

$$=0.45\text{mm}^2/\text{mm}$$

（4）配置箍筋

由《混规》6.3.2 条第二款规定

箍筋间距 $s\ngtr400$mm

$\ngtr b=400$mm

取 $s=200$mm

箍筋直径 $\phi\nless6$mm

选用 $\phi=8$mm，$\frac{A_{sv}}{s}=\frac{2\times50.8}{200}=0.5\text{mm}^2/\text{mm}>0.45\text{mm}^2/\text{mm}$

5. 偏心受拉构件的受剪承载力

《混规》规定

> **6.3.11** 矩形、T 形和 I 形截面的钢筋混凝土偏心受压构件和偏心受拉构件，其受剪截面应符合本规范第 6.3.1 条的规定。
>
> **6.3.14** 矩形、T 形和 I 形截面的钢筋混凝土偏心受拉构件，其斜截面受剪承载力应符合下列规定：
>
> $$V\leqslant\frac{1.75}{\lambda+1}f_1 bh_0+f_{yv}\frac{A_{sv}}{s}h_0-0.2N \quad (6.3.14)$$
>
> 式中 N——与剪力设计值 V 相应的轴向拉力设计值；
>
> λ——计算截面的剪跨比，按本规范第 6.3.12 条确定。
>
> 当公式（6.3.14）右边的计算值小于 $f_{yv}\frac{A_{sv}}{s}h_0$ 时，应取等于 $f_{yv}\frac{A_{sv}}{s}h_0$，且 $f_{yv}\frac{A_{sv}}{s}h_0$ 值不应小于 $0.36f_t bh_0$。

【例 3.4.1-13】受拉构件的箍筋配置计算（无集中荷载作用）

条件：已知混凝土偏拉构件 $b\times h=400\text{mm}\times400\text{mm}$，采用 C30 级混凝土，纵筋为 HRB400 级，箍筋为 HRB335 级钢筋；承受内力设计值 $N=450$kN（+），$M=$ 180kN·m，$V=150$kN。

要求：计算该偏拉构件箍筋用量。

【解答】查《混规》4.1.4 条，4.2.3 条，8.2.1 条

$f_c=14.3\text{N/mm}^2$，$f_t=1.43\text{N/mm}^2$，$f_{yv}=300\text{N/mm}^2$，$c=20\text{mm}$，取 $a_s=a'_s=40\text{mm}$，$h_0=360\text{mm}$；

（1）验算截面剪压比：

根据《混规》6.3.11 条规定，截面应符合《混规》6.3.11 条 $h_w/b\leqslant4$ 时 $V=0.25\beta_c bh_0$ 因为 $h_w/b=\dfrac{360}{400}=0.9$

$V=150\text{kN}<0.25\beta_c f_c bh_0=0.25\times14.3\times400\times360=514.8\text{kN}$，满足要求。

（2）计算箍筋用量

根据《混规》6.3.14 条

$$V=\frac{1.75}{\lambda+1}f_t bh_0+f_{yv}\frac{A_{sv}}{s}h_0-0.2N$$

根据《混规》6.3.12 条规定剪跨比

$\lambda=\dfrac{M}{Vh_0}=\dfrac{180}{150\times0.36}=3.33>3.0$，取 $\lambda=3.0$；由基本公式：

$$\frac{A_{sv}}{s}=\frac{V-\dfrac{1.75}{\lambda+1}f_t bh_0+0.2N}{f_{yv}h_0}$$

$$=\frac{150000-\dfrac{1.75}{3+1}\times1.43\times400\times360+0.2\times450000}{300\times360}$$

$$=1.388\text{mm}^2/\text{mm}$$

（3）配置箍筋

根据《混规》9.2.9 条

采用Φ12@160，$\dfrac{A_{sv}}{s}=\dfrac{226}{160}=1.413$，满足要求。

（4）根据《混规》6.3.14 条规定

$$\frac{1.75}{\lambda+1}f_t bh_0+f_{yv}\frac{A_{sv}}{s}h_0-0.2N=\frac{1.75}{3+1}\times1.43\times400\times360+300\times\frac{226}{160}\times360-0.2\times450000$$

$$=152.64\text{kN}>f_{yv}\frac{A_{sv}}{s}h_0=300\times\frac{226}{160}\times360=152.55\text{kN}$$

且 $f_{yv}\dfrac{A_{sv}}{s}h_0=152.55\text{kN}>0.36f_t bh_0=0.36\times1.43\times400\times360=74.13\text{kN}$，均满足要求。

二、扭转截面的承载力计算

1. 受扭塑性抵抗矩和扭矩的分配

（1）受扭塑性抵抗矩 W_t

对 T 形和 I 形截面受扭构件，将截面划分为数个矩形截面，其原则是：先按截面总高度确定腹板截面，然后再划分受压和受拉翼缘（见图 3.4.2-1），对腹板、受压翼缘及受拉翼缘部分的矩形截面受扭塑性抵抗矩可按《混规》6.4.3 条的规定计算。

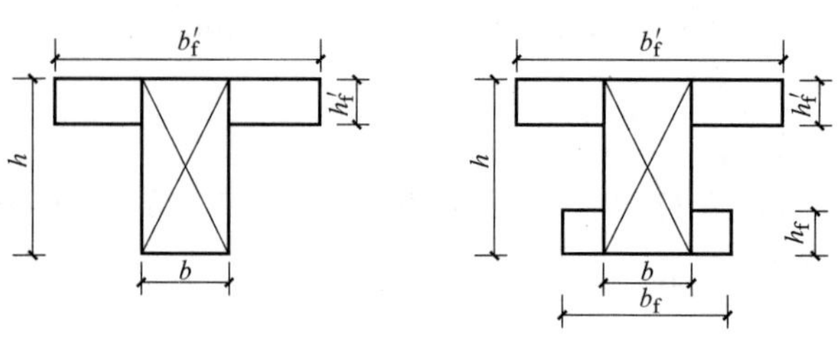

图 3.4.2-1

《混规》规定

6.4.3 受扭构件的截面受扭塑性抵抗矩可按下列规定计算：

2. T形和I形截面

$$W_t = W_{tw} + W'_{tf} + W_{tf} \tag{6.4.3-2}$$

腹板、受压翼缘及受拉翼缘部分的矩形截面受扭塑性抵抗矩 W_{tw}、W'_{tf}和 W_{tf}，可按下列规定计算：

1）腹板

$$W_{tw} = \frac{b^2}{6}(3h - b) \tag{6.4.3-3}$$

2）受压翼缘

$$W'_{tf} = \frac{h_f'^2}{2}(b_f' - b) \tag{6.4.3-4}$$

3）受拉翼缘

$$W_{tf} = \frac{h_f^2}{2}(b_f - b) \tag{6.4.3-5}$$

式中 b、h——分别为截面的腹板宽度、截面高度；

b_f'、b_f——分别为截面受压区、受拉区的翼缘宽度；

h_f'、h_f——分别为截面受压区、受拉区的翼缘高度。

计算时取用的翼缘宽度尚应符合 b_f'不大于 $b+6h_f'$及 b_f 不大于 $b+6h_f$ 的规定。

（2）扭矩的分配

对T形和I形截面受扭构件，每个矩形截面的扭矩设计值可按《混规》6.4.5条的规定计算。

《混规》规定

6.4.5 T形和I形截面纯扭构件，可将其截面划分为几个矩形截面，分别按本规范第6.4.4条进行受扭承载力计算。每个矩形截面的扭矩设计值可按下列规定计算：

1. 腹板

$$T_w = \frac{W_{tw}}{W_t}T \tag{6.4.5-1}$$

2）受压翼缘

$$T'_{\mathrm{f}}=\frac{W'_{\mathrm{tf}}}{W_{\mathrm{t}}}T \quad (6.4.5\text{-}2)$$

3）受拉翼缘

$$T_{\mathrm{f}}=\frac{W_{\mathrm{tf}}}{W_{\mathrm{t}}}T \quad (6.4.5\text{-}3)$$

式中 T_{w}——腹板所承受的扭矩设计值；

T'_{f}、T_{f}——分别为受压翼缘、受拉翼缘所承受的扭矩设计值。

【例 3.4.2-1】 T 形截面纯扭构件的扭矩分配

条件：已知混凝土 T 形截面受扭构件（图 3.4.2-2）$b'_{\mathrm{f}}=400\text{mm}$，$h'_{\mathrm{f}}=100\text{mm}$，$b=250\text{mm}$，$h=500\text{mm}$，承受扭矩设计值 $T=12.7\text{kN}\cdot\text{m}$。

要求：（1）求受扭塑性抵抗矩；

（2）求腹板、翼缘分担的扭矩。

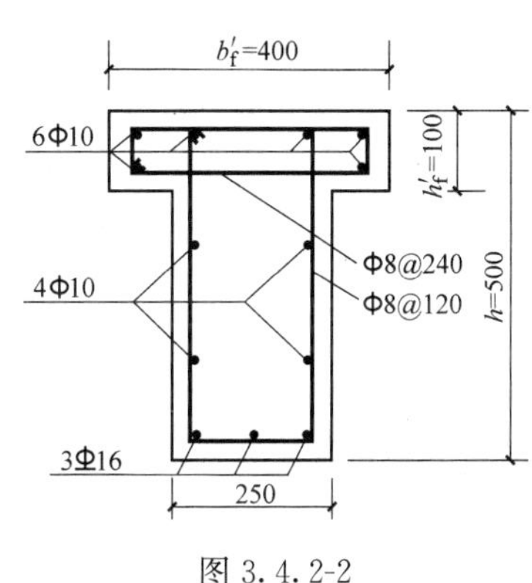

图 3.4.2-2

【解答】（1）受扭塑性抵抗矩

根据《混规》式（6.4.3-3）、式（6.4.3-4）

$$w_{\mathrm{tw}}=\frac{b^2}{6}(3h-b)\text{和 }w'_{\mathrm{tf}}=\frac{h'^2_{\mathrm{f}}}{2}(b'_{\mathrm{f}}-b)$$

腹板的受扭塑性抵抗矩

$$W_{\mathrm{tw}}=\frac{b^2}{6}(3h-b)=\frac{250^2}{6}(3\times500-250)=1302.1\times10^4\text{mm}^3$$

翼缘的受扭塑性抵抗矩

$$W'_{\mathrm{tf}}=\frac{h'^2_{\mathrm{f}}}{2}(b'_{\mathrm{f}}-b)=\frac{100^2}{2}\times(400-250)=75\times10^4\text{mm}^2$$

$$b'_{\mathrm{f}}=400\text{mm}<b+6h'_{\mathrm{f}}=250+6\times100=850\text{mm}$$

根据《混规》式（6.4.3-2）$W_{\mathrm{t}}=W_{\mathrm{tw}}+W'_{\mathrm{tf}}+W_{\mathrm{tf}}$

截面的受扭塑性抵抗矩

$$W_{\mathrm{t}}=W_{\mathrm{tw}}+W'_{\mathrm{tf}}=(1302.1+75)\times10^4=1377.1\times10^4\text{mm}^3$$

（2）扭矩的分配

根据《混规》式（6.4.5-1）、式（6.4.5-2）

$$T_{\mathrm{w}}=\frac{W_{\mathrm{tw}}}{W_{\mathrm{t}}}T\text{ 与 }T'_{\mathrm{f}}=\frac{W'_{\mathrm{tf}}}{W_{\mathrm{t}}}T$$

腹板的扭矩 $$T_{\mathrm{w}}=T\frac{W_{\mathrm{tw}}}{W_{\mathrm{t}}}=12.7\times\frac{1302.1}{1377.1}=12\text{kN}\cdot\text{m}$$

翼缘的扭矩 $$T'_{\mathrm{f}}=12.7-12.0=0.7\text{kN}\cdot\text{m}$$

2. 截面尺寸限制条件和构造配筋界限

（1）截面尺寸限制条件

为了避免受扭构件配筋过多、保证构件不致因截面过小出现破坏时混凝土首先被压碎，防止产生超筋性质的脆性破坏。《混规》6.4.1条对受扭构件的截面尺寸规定了控制要求。如不满足要求，则应加大截面尺寸。

《混规》规定

6.4.1 在弯矩、剪力和扭矩共同作用下，h_w/b 不大于6的矩形、T形、I形截面和 h_w/t_w 不大于6的箱形截面构件（图6.4.1），其截面应符合下列条件：

当 h_w/b（或 h_w/t_w）不大于4时

$$\frac{V}{bh_0}+\frac{T}{0.8W_t}\leqslant 0.25\beta_c f_c \tag{6.4.1-1}$$

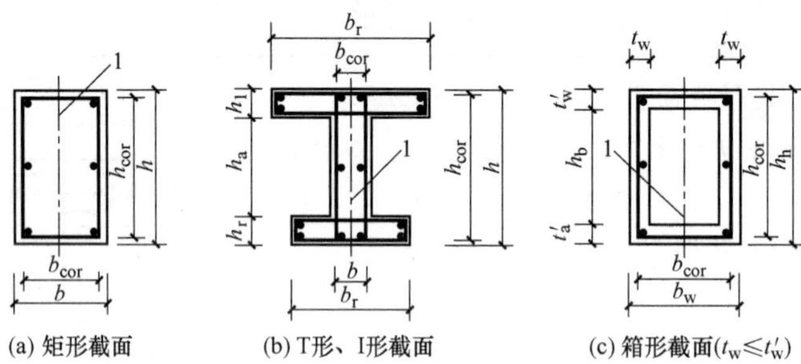

图6.4.1 受扭构件截面

1—弯矩、剪力作用平面

当 h_w/b（或 h_w/t_w）等于6时

$$\frac{V}{bh_0}+\frac{T}{0.8W_t}\leqslant 0.2\beta_c f_c \tag{6.4.1-2}$$

当 h_w/b（或 h_w/t_w）大于4但小于6时，按线性内插法确定。

式中 T——扭矩设计值；

b——矩形截面的宽度，T形或I形截面取腹板宽度，箱形截面取两侧壁总厚度 $2l_w$；

W_t——受扭构件的截面受扭塑性抵抗矩，按本规范第6.4.3条的规定计算；

h_w——截面的腹板高度：对矩形截面，取有效高度 h_0；对T形截面，取有效高度减去翼缘高度；对I形和箱形截面，取腹板净高；

t_w——箱形截面壁厚，其值不应小于 $b_h/7$，此处，b_h 为箱形截面的宽度。

注：当 h_w/b 大于6或 h_w/t_w 大于6时，受扭构件的截面尺寸要求及扭曲截面承载力计算应符合专门规定。

（2）构造配筋界限

当钢筋混凝土构件所能承受的荷载效应（剪力及扭矩）相当于混凝土构件即将开裂时所达到的剪力及扭矩值的界限状态，称为构造配筋界限。当构件处于这一状态时，混凝土承受外荷载而不会开裂，可以不需要设置受剪及受扭钢筋；为保证安全、防止构件因偶然因素导致构件开裂而产生突然的脆性破坏，故规定在构造上尚应按最小配筋率设置。即构件所承担的荷载效应不大于构造配筋界限时仍需按构造配筋。《混规》6.4.2条规定了弯剪扭构件的构造配筋界限。

《混规》规定

6.4.2 在弯矩、剪力和扭矩共同作用下的构件，当符合下列要求时，可不进行构件受剪扭承载力计算，但应按本规范第 9.2.5 条、第 9.2.9 条和第 9.2.10 条的规定配置构造纵向钢筋和箍筋。

$$\frac{V}{bh_0}+\frac{T}{W_t}\leqslant 0.7f_t+0.05\frac{N_{p0}}{bh_0} \tag{6.4.2-1}$$

或

$$\frac{V}{bh_0}+\frac{T}{W_t}\leqslant 0.7f_t+0.07\frac{N}{bh_0} \tag{6.4.2-2}$$

式中 N_{p0}——计算截面上混凝土法向预应力等于零时的预加力，按本规范第 10.1.13 条的规定计算，当 N_{p0} 大于 $0.3f_cA_0$ 时，取 $0.3f_cA_0$，此处，A_0 为构件的换算截面面积；

N——与剪力、扭矩设计值 V、T 相应的轴向压力设计值，当 N 大于 $0.3f_cA$ 时，取 $0.3f_cA$，此处，A 为构件的截面面积。

"截面尺寸限制条件和构造配筋界限的验算"可按下列计算步骤进行、对纯扭构件计算时取 $V=0$。

已知：b、h、b'_f、h'_f、b_f、h_f、h_0、W_t、f_c、f_t、β_c

1）确定截面的腹板高度

矩形截面：$h_w=h_0$

T 形截面：$h_w=h_0-h'_f$

工形截面：$h_w=h-h_f-h'_f$

2）检查截面几何尺寸

① 根据《混规》6.4.1 条的规定

当 $h_w/b>6$ 时、超出公式适用范围、停止计算。

当 $h_w/b\leqslant 6$ 时、处于公式适用范围。

② 根据《混规》6.4.3 条的规定

当 $b'_f>b+6h'_f$ 时、超出公式适用范围、停止计算。

当 $b'_f\leqslant b+6h'_f$ 时、处于公式适用范围。

③ 根据《混规》6.4.3 条的规定

当 $b_f>b+6h_f$ 时、超出公式适用范围、停止计算。

当 $b_f\leqslant b+6h_f$ 时、处于公式适用范围。

3）求截面受扭塑性抵抗矩 W_t

根据《混规》式（6.4.3-1），求矩形截面受扭塑性抵抗矩

$$W_t=\frac{b^2}{6}(3h-b)$$

根据《混规》式（6.4.3-2）、式（6.4.3-3）、式（6.4.3-4）、式（6.4.3-7）、求 T 形和 I 形截面受扭塑性抵抗矩

$$W_t=W_{tw}+W'_{tf}+W_{tf}$$

① 腹板

$$W_{tw}=\frac{b^2}{6}(3h-b)$$

② 受压翼缘

$$W'_{tf}=\frac{h'^2_f}{2}(b'_f-b)$$

③ 受拉翼缘

$$W_{tf}=\frac{h^2_f}{2}(b_f-b)$$

4）检验截面限制条件

根据《混规》6.4.1条的规定，截面应符合下列条件

当$h_w/b\leqslant4$时，$\frac{V}{bh_0}+\frac{T}{0.8W_t}\leqslant0.25\beta_cf_c$，$\beta_c$按《混规》6.3.1条取，

当$h_w/b=6$时，$\frac{V}{bh_0}+\frac{T}{0.8W_t}\leqslant0.2\beta_cf_c$ 当$4<h/b<6$时，按线性内插法确定。

不符合上述条件时，调整截面或混凝土强度等级；

符合上述条件时，转入5）。

5）检验需按计算配筋条件

根据《混规》6.4.2条的规定，应检验下列要求

$$\frac{V}{bh_0}+\frac{T}{W_t}\leqslant0.7f_t$$

当符合上述要求时，可不进行构件承载力计算、按构造配筋；

当不符合上述要求时，应进行构件承载力计算。

【例 3.4.2-2】矩形截面剪、扭构件适用条件的验算

条件：钢筋混凝土矩形截面构件，截面尺寸为$b\times h=250\text{mm}\times500\text{mm}$，承受扭矩设计值$T=12\text{kN}\cdot\text{m}$，剪力设计值$V=90\text{kN}$。混凝土强度等级为C25，箍筋用HPB300级钢筋，纵筋用HRB400级钢筋，安全等级二级，环境类别为一类。

要求：适用条件的验算。

【解答】查《混规》表8.2.1得该构件的纵筋保护层厚度$c=25\text{mm}$，设纵向钢筋的合力中心到近边的距离$a_s=40\text{mm}$，$h_0=h-a_s=500-40=460\text{mm}$。

查出材料的设计指标：

C25级混凝土：$f_t=1.27\text{N/mm}^2$，$f_c=11.9\text{N/mm}^2$。

HPB300级钢筋：$f_{yv}=270\text{N/mm}^2$，HRB400级钢筋：$f_y=360\text{N/mm}^2$。

（1）确定截面的腹板高度

矩形截面　　　　$h_w=h_0=460\text{mm}$

（2）检查截面几何尺寸

根据《混规》6.4.1条，$h_w/b=460/250=1.84\leqslant6$　符合规范规定

（3）求截面受扭塑性抵抗矩W_t

根据《混规》式（6.4.3-1）$W_t=\frac{b^2}{6}(3h-b)$ 可得

$$W_t=\frac{b^2}{6}(3h-b)=\frac{250^2}{6}(3\times500-250)=1302\times10^4\text{mm}^3$$

(4) 检查截面限制条件

根据《混规》6.4.1条规定，当 $h_w/b\leqslant4$ 时 $\frac{V}{bh_0}+\frac{T}{0.8W_t}\leqslant0.25\beta_c f_c$

按《混规》6.3.1条取 $\beta_c=1.0$

$$\frac{V}{bh_0}+\frac{T}{0.8W_t}=\frac{90\times10^3}{250\times460}+\frac{12\times10^6}{13.02\times10^6\times0.8}=1.935\text{N/m}^2$$

$$<0.25\beta_c f_c-0.25\times1.0\times11.9=2.975\text{N/mm}^2$$

符合截面尺寸要求

(5) 检验需按计算配筋条件

根据《混规》6.4.2条规定 $\frac{V}{bh_0}+\frac{T}{W}\leqslant0.7f_t$ 时可按构造配筋，否则应按计算配筋

$$\frac{V}{bh_0}+\frac{T}{W_t}=\frac{90\times10^3}{250\times460}+\frac{12\times10^6}{13.02\times10^6}=1.70\text{N/mm}^2>0.7f_t=0.7\times1.27=0.89\text{N/mm}^2$$

应按计算配置抗剪、抗扭钢筋

【例 3.4.2-3】 T形截面剪、扭构件适用条件的验算

条件：已知T形截面梁如图3.4.2-3所示；承受扭矩设计值 $T=12.7\text{kN}\cdot\text{m}$，剪力设计值 $V=90\text{kN}$。混凝土强度等级为C25，箍筋用HPB300级钢筋，纵筋用HRB400级钢筋，材料的设计指标为 $f_t=1.27\text{N/mm}^2$，$f_c=11.9\text{N/mm}^2$。$f_{yv}=270\text{N/mm}^2$，$f_y=360\text{N/mm}^2$。

截面抗扭塑性抵抗矩 W_t：

$W_t=1377.1\times10^4\text{mm}^3$，$W_{tw}=1302.1\times10^4\text{mm}^3$，$W'_{tf}=75\times10^4\text{mm}^3$，$h_0=460\text{mm}$

要求：检查适用条件

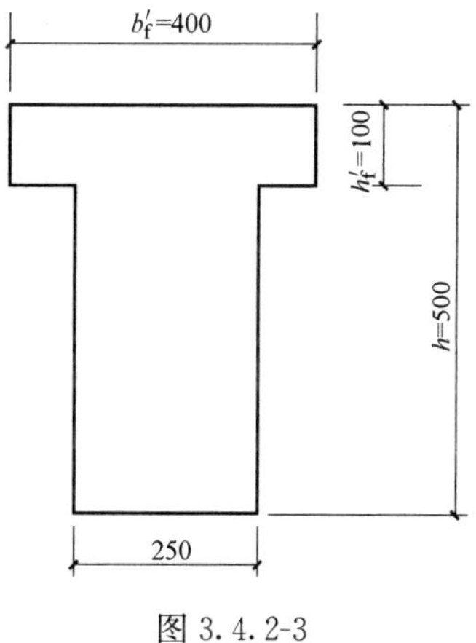

图 3.4.2-3

【解答】 ① 检查截面尺寸限制条件

根据《混规》6.4.1条的规定 $h_w=h_0-h_f=460-100=360\text{mm}$

因混凝土强度等级不超过C50。根据《混规》6.3.1条的规定，取 $\beta_c=1.0$。

根据《混规》6.4.1条规定 $h_w/b\leqslant4$ 时 $V/bh_0+T/0.8W_t\leqslant0.25\beta_c f_c$

$\frac{h_w}{b}=\frac{360}{250}=1.44<4$，采用《混规》式（6.4.1-1）

$$\frac{V}{bh_0}+\frac{T}{0.8W_t}=\frac{90\times10^3}{250\times460}+\frac{12.7\times10^6}{0.8\times13.77\times10^6}=1.935\text{N/mm}^2$$

$$<0.25\beta_c f_c=0.25\times1.0\times11.9=2.975\text{N/mm}^2$$

截面尺寸符合要求。

② 验算构造配钢筋的条件

根据《混规》6.4.2条规定 $V/bh_0+T/W_t\leqslant0.7f_t$ 时可按构造配筋否则应按计算配筋

$$\frac{V}{bh_0}+\frac{T}{W_t}=\frac{90\times10^3}{250\times460}+\frac{12.7\times10^6}{13.77\times10^6}=1.705\text{N/mm}^2$$

$>0.7f_t=0.7\times1.27=0.89\text{N/mm}^2$，

应按计算配受扭纵筋和受扭箍筋。

3. 受扭钢筋配置的构造规定

（1）最小配筋率

为了防止构件发生“少筋”性质的脆性破坏，在试验分析基础上，《混规》规定了构件在剪扭共同作用下最小配筋率。包括纵筋最小配筋率及箍筋最小配筋率。

1）纵筋的最小配筋率

剪扭构件的纵向钢筋最小配筋率。《混规》9.2.5 条有规定

> **9.2.5** 梁内受扭纵向钢筋的最小配筋率 $\rho_{tl,min}$ 应符合下列规定：
>
> $$\rho_{tl,min}=0.6\sqrt{\frac{T}{Vb}}\frac{f_t}{f_y} \tag{9.2.5}$$
>
> 当 $T/(Vb)>2.0$ 时，取 $T/(Vb)=2.0$。
>
> 式中：$\rho_{tl,min}$——受扭纵向钢筋的最小配筋率，取 $A_{stl}/(bh)$；
>
> b——受剪的截面宽度，按本规范第 6.4.1 条的规定取用，对箱形截面构件，b 应以 b_h 代替；
>
> A_{stl}——沿截面周边布置的受扭纵向钢筋总截面面积。

弯剪扭构件的纵向钢筋最小配筋率。《混规》9.2.5 条亦有规定

> 在弯剪扭构件中，配置在截面弯曲受拉边的纵向受力钢筋，其截面面积不应小于按本规范第 8.5.1 条规定的受弯构件受拉钢筋最小配筋率计算的钢筋截面面积与按本条受扭纵向钢筋配筋率计算并分配到弯曲受拉边的钢筋截面面积之和。

2）箍筋的最小配筋率

《混规》规定

> **9.2.10** 在弯剪扭构件中，箍筋的配筋率 ρ_{sv} 不应小于 $0.28f_t/f_{yv}$。

（2）抗扭纵筋布置

《混规》9.2.5 条规定

> 沿截面周边布置受扭纵向钢筋的间距不应大于 200mm 及梁截面短边长度；除应在梁截面四角设置受扭纵向钢筋外，其余受扭纵向钢筋宜沿截面周边均匀对称布置。受扭纵向钢筋应按受拉钢筋锚固在支座内。

（3）箍筋的构造要求

《混规》9.2.10 条规定

> 箍筋间距应符合本规范表 9.2.9 的规定，其中受扭所需的箍筋应做成封闭式，且应沿截面周边布置。当采用复合箍筋时，位于截面内部的箍筋不应计入受扭所需的箍筋面积。受扭所需箍筋的末端应做成 135°弯钩，弯钩端头平直段长度不应小于 $10d$，d 为箍筋直径。

（4）“受扭钢筋配置的步骤”

已知：b、h、f_c、f_t、f_{yv}、A_{st1}、A_{sv1}/s、A_{st1}/s、n（箍筋肢数）。

1）配置箍筋

① 箍筋直径 ϕ，根据《混规》9.2.9 条 2 款的规定：

当 $h\leqslant800$mm 时、取 $\phi=6$mm，$A'_{sv1}=28.3\text{mm}^2$；

当 $h>800$mm 时、取 $\phi=8$mm，$A'_{sv1}=50.3\text{mm}^2$；

② 箍筋间距 s，应同时满足下列两项要求。

$$s=\frac{A'_{sv1}}{\dfrac{A_{sv1}}{s}+\dfrac{A_{st1}}{s}}$$

根据《混规》表 9.2.9 规定

h(mm)	150～300	300～500	500～800	>800
s_{max}(mm)	200	300	350	400

③ 复核最小配箍率

根据《混规》9.2.10 条，最小配箍率，$\rho_{sv,min}=0.28\dfrac{f_t}{f_{yv}}$

当 $\rho_{sv}=A_{sv}/(bs)<\rho_{sv,min}$，调整箍筋；

当 $\rho_{sv}=A_{sv}/(bs)\geqslant\rho_{sv,min}$，符合要求。

2）配置纵筋

① 根据《混规》9.2.5 条，纵筋布置应满足下列要求：

在梁截面四角设置受扭纵向钢筋；

沿截面周边布置受扭纵向钢筋的间距不大于 200mm；

纵向钢筋的间距不大于梁截面短边长度。

② 根据《混规》9.2.1 条 2 款的规定：

当 $h\geqslant300$mm 时、取纵向钢筋直径 $d\geqslant10$mm；

当 $h<300$mm 时、取纵向钢筋直径 $d\geqslant8$mm；

③ 复核最小配筋率

根据《混规》式（9.2.5），最小配筋率 $\rho_{tl,min}=0.6\sqrt{\dfrac{T}{Vb}}\dfrac{f_t}{f_{yv}}$，

当 $T/(Vb)>2.0$ 时，取 $T/(Vb)=2.0$。此时 $\rho_{tl,min}\approx0.85\dfrac{f_t}{f_{yv}}$

当 $\rho_{tl}=A_{stl}/(bh)<\rho_{tl,min}$ 时，调整纵筋；当 $\rho_{tl}=A_{stl}/(bh)\geqslant\rho_{tl,min}$ 时，符合要求。

【例 3.4.2-4】 矩形截面剪、扭构件的配筋

条件：钢筋混凝土矩形截面构件，截面尺寸为 $b\times h=250\text{mm}\times500\text{mm}$。混凝土强度等级为 C25，箍筋用 HPB300 级钢筋，纵筋用 HRB400 级钢筋。承受扭矩设计值 12kN/m，剪力设计值 $V=90$kN，已求得抗扭箍筋用量 $A_{st1}/\text{s}=0.303\text{mm}^2/\text{mm}$，抗剪箍筋用量 $A_{sv1}/\text{s}=0.189\text{mm}^2/\text{mm}$，抗扭纵筋用量 $A_{stl}=321\text{mm}^2$

要求：验算箍筋的配筋率，确定抗扭钢筋配筋率。

【解答】 根据《混规》4.1.4 条，4.2.3 条，$f_t=1.27\text{N/mm}^2$，$f_c=11.9\text{N/mm}^2$，f_{yv}

$=270N/mm^2$，$f_y=360N/mm^2$。

(1) 配置箍筋

① 箍筋直径的要求应满足《混规》9.2.9 条 2 款规定

取 $\phi=8mm$，单肢箍筋面积 $A_{sv}=50.3mm^2$

② 箍筋间距要求应符合《混规》表 9.2.9 条规定

$$\frac{A_{sv}}{s}=\frac{A_{sv1}}{s}+\frac{A_{stl}}{s}=0.189+0.303=0.492mm^2/mm$$

$$s=\frac{A_{sv}}{0.492}=\frac{50.3}{0.492}=102mm,\text{实取 } s=100mm<s_{max}=300mm$$

③ 复核最小配箍率

根据《混规》9.2.10 条 $\rho_{sv,min}=0.28f_t/f_{yv}$

实际配筋率为 $\rho_{sv}=\frac{A_{sv}}{bs}=\frac{2\times50.3}{250\times100}=0.402\%>\rho_{sv,min}=0.28\times1.27/270=0.132\%$

符合要求

(2) 配置纵筋

① 根据《混规》9.2.5 条规定

在截面四角和侧边高度的中部布置抗扭纵筋，纵筋间距小于 200mm。

根据《混规》9.2.1 条 2 款规定纵筋直径要≥10mm，∴选 8Φ 10

$A_{stl}=628mm^2>321mm^2$，单根 $A_s=78.5mm^2$

② 复核最小配筋率

根据《混规》式 (9.2.5) $\rho_{tlmin}=0.6\sqrt{\frac{T}{Vb}}\frac{f_t}{f_y}$

$$\rho_{tlmin}=0.6\sqrt{\frac{T}{Vb}}\frac{f_t}{f_y}=0.6\sqrt{\frac{12\times10^6}{90\times10^3\times250}}\times\frac{1.21}{360}=0.155\%$$

实际配筋率 $\rho_{tl}=\frac{A_{stl}}{bh}=\frac{628}{250\times500}=0.502\%>0.155\%$，满足要求

【例 3.4.2-5】 矩形截面弯、剪、扭构件的配筋

条件：钢筋混凝土矩形截面构件，截面尺寸为 $b\times h=250mm\times500mm$，混凝土强度等级为 C25，箍筋用 HPB300 级钢筋，纵筋用 HRB400 级钢筋。已求得：抗扭箍筋用量 $A_{stl}/s=0.303mm^2/mm$，抗剪箍筋用量 $A_{stl}/s=0.189mm^2/mm$，抗扭纵筋用量 $A_{stl}=321mm^2$。抗弯纵筋用量 $A_s=815mm^2$，$A'_s=0$。

要求：验算最小配筋率，确定箍筋与纵筋的配置。

【解答】 $f_t=1.27N/mm^2$，$f_c=11.9N/mm^2$，$f_{yv}=270N/mm^2$，$f_y=360N/mm^2$。

(1) 箍筋的配置，见上题。

(2) 纵筋的配置

① 抗扭纵筋用量

已知：$A_{stl}=321mm^2$

抗扭纵筋的配置，见上题。选用 8Φ10，$A_{stl}=608mm^2$。布置在截面四角和侧边高度的中部。顶部纵筋 2Φ10，两侧边高度中部配置两排纵筋 2Φ10。

② 抗弯纵筋用量。

已知：$A_s=815mm^2$，$A'_s=0$。

确定底部纵筋的总用量$\frac{A_{stl}}{4}+A_s=\frac{321}{4}+815=895mm^2$，

根据《混规》8.5.1条规定

受弯构件的最小配筋率

$\rho_{s,min}=0.45\times\frac{1.27}{360}=0.159\%<0.2\%$，取$\rho_{min}=0.2\%$

根据《混规》9.2.5条规定

$A_{s,min}=0.2\%\times250\times500+321/4=250+80=330mm^2$

实取3Φ20，$A_s=943mm^2>A_{s,min}=330mm^2$ 截面配筋见图3.4.2-4。

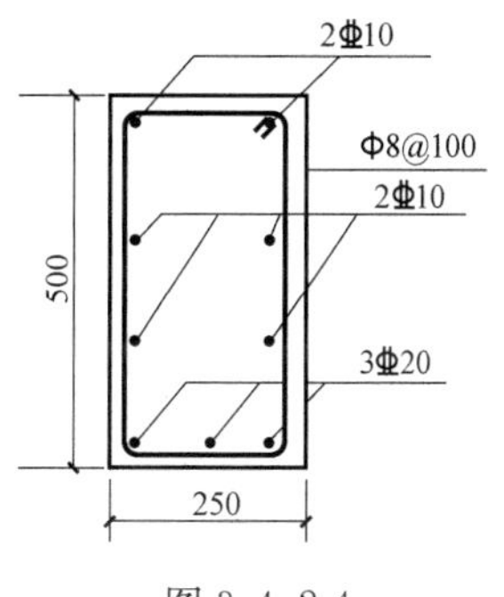

图3.4.2-4

4. 矩形截面纯扭构件的受扭承载力

《混规》规定

6.4.4 矩形截面纯扭构件的受扭承载力应符合下列规定：

$$T\leqslant0.35f_tW_t+1.2\sqrt{\zeta}f_{yv}\frac{A_{st1}A_{cor}}{s} \quad (6.4.4\text{-}1)$$

$$\zeta=\frac{f_yA_{stl}}{f_{yv}A_{st1}u_{cor}} \quad (6.4.4\text{-}2)$$

式中：ζ——受扭的纵向普通钢筋与箍筋的配筋强度比值，ζ值不应小于0.6，当ζ大于1.7时，取1.7；

A_{stl}——受扭计算中取对称布置的全部纵向普通钢筋截面面积；

A_{st1}——受扭计算中沿截面周边配置的箍筋单肢截面面积；

f_{yv}——受扭箍筋的抗拉强度设计值，按本规范第4.2.3条采用；

A_{cor}——截面核心部分的面积，取为$b_{cor}h_{cor}$，此处，b_{cor}、h_{cor}分别为箍筋内表面范围内截面核心部分的短边、长边尺寸；

u_{cor}——截面核心部分的周长，取$2(b_{cor}+h_{cor})$。

矩形截面纯扭构件配筋计算的计算步骤：

已知：b、h、f_c、f_t、f_y、f_{yv}、β_c、T，求受扭钢筋A_{stl}，A_{st1}

1）确定几何尺寸

① 按下列《混规》规定初步假定纵向钢筋直径d、箍筋直径ϕ

根据《混规》9.2.1条2款的规定：当$h\geqslant300mm$时、取$d\geqslant10mm$；当$h<300mm$时、取$d\geqslant8mm$；

根据《混规》9.2.9条2款的规定：当$h\leqslant800mm$时、取$\phi\geqslant6mm$；当$h>800mm$时、取$\phi8mm$；

② 混凝土保护层厚度c

根据《混规》表8.2.1的规定：

一类环境：≯C25时、$c=25mm$，≥C25时、$c=20mm$；

二a类环境：≯C25时、$c=30mm$，≥C25时、$c=25mm$；

③ 与截面相关的尺寸

$$h_0=h-c-\phi-d/2$$

$$b_{cor}=b-2c-2\phi, h_{cor}=h-2c-2\phi, A_{cor}=b_{cor}\times h_{cor}, u_{cor}=2\times(b_{cor}+h_{cor})$$

$$A_{stl}=n\times\pi d^2/4$$

2）求截面受扭塑性抵抗矩 W_t

根据《混规》式（6.4.3-1），截面受扭塑性抵抗矩 $W_t=\frac{b^2}{6}(3h-6)$

3）截面尺寸限制条件和构造配筋界限的验算

具体步骤见“截面尺寸限制条件和构造配筋界限的验算步骤”

4）计算受扭箍筋用量

根据《混规》式（6.4.4-1），$T=0.35f_tW_t+1.2\sqrt{\zeta}f_{yv}\frac{A_{stl}A_{cor}}{s}$，得到

$$\frac{A_{stl}}{s}=\frac{T-0.35f_tW_t}{1.2\sqrt{\zeta}f_{yv}A_{cor}}, 0.6<\zeta\leqslant1.7$$

5）计算受扭纵筋用量

根据《混规》式（6.4.4-2），配筋强度比值 $\zeta=\frac{f_yA_{stl}s}{f_{yv}A_{st1}u_{cor}}$，得到

$$A_{stl}=\frac{\zeta f_{yv}A_{st1}u_{cor}}{f_ys}$$

6）配置受扭钢筋

具体步骤见“配置受扭钢筋的步骤”

【例 3.4.2-6】 矩形截面纯扭构件的配筋计算

条件：钢筋混凝土矩形截面构件，截面尺寸为 $b\times h=250\text{mm}\times500\text{mm}$，承受扭矩设计值 $T=12\text{kN}\cdot\text{m}$，混凝土强度等级为 C25，箍筋用 HPB300 级钢筋，纵筋用 HRB400 级钢筋，安全等级二级，环境类别为一类。

要求：确定抗扭钢筋

【解答】 查《混规》表 8.2.1 得该构件的纵筋保护层厚度 $c=25\text{mm}$，设纵向钢筋的合力中心到近边的距离 $a_s=40\text{mm}$，$h_0=h-a_s=500-40=460\text{mm}$。

根据《混规》4.1.4 条，4.2.3 条查出材料的设计指标：

C25 级混凝土：$f_t=1.27\text{N/mm}^2$，$f_c=11.9\text{N/mm}^2$。

HPB300 级钢筋：$f_{yv}=270\text{N/mm}^2$，HRB400 级钢筋 $f_y=360\text{N/mm}^2$。

（1）确定几何尺寸

根据《混规》9.2.1 条 2 款规定：初步确定纵筋直径 $d=10\text{mm}$

根据《混规》9.2.9 条 2 款规定初步确定箍筋直径 $\phi=8\text{mm}$

$$A_{st1}=50.3\text{mm}$$

根据《混规》6.4.4 条规定

$$b_{cor}=b-2c-2\phi=250-2\times25-2\times8=184\text{mm}$$

$$h_{cor}=h-2c-2\phi=500-2\times25-2\times8=434\text{mm}$$

$$A_{cor}=b_{cor}\times h_{cor}=184\times434=79856\text{mm}^2$$

$$u_{cor}=2\times(b_{cor}+h_{cor})=2\times(184+434)=1236\text{mm}$$

(2) 求截面受扭塑性抵抗矩 W_t

根据《混规》式 (6.4.3-1)

$$W_t=\frac{b^2}{6}(3h-6)$$

$$W_t=\frac{b^2}{6}(3h-b)=\frac{250^2}{6}(3\times500-250)=1302\times10^4\text{mm}^3$$

(3) 验算截面尺寸限制条件

根据《混规》6.4.1，当条 $h_w/b\leqslant4$ 时、$\frac{V}{bh_0}+\frac{T}{0.8W_t}\leqslant0.25\beta_c f_c$，$h_w=h_0=460$，$h_w/b=\frac{460}{250}=1.84<4$，$\beta_c=1.0$

$$\frac{V}{bh_0}+\frac{T}{0.8W_t}=\frac{12\times10^6}{0.8\times1302\times10^4}=1.15\text{N/mm}^2<0.25\beta_c f_c=0.25\times1.0\times11.9=2.975\text{N/mm}^2$$

截面尺寸符合要求

(4) 验算构造配筋界限

根据《混规》6.4.2 条，$\frac{V}{bh_0}+\frac{T}{W_t}\leqslant0.7f_t$ 时可按构造配筋

$$\frac{V}{bh_0}+\frac{T}{W_t}=\frac{12\times10^6}{1302\times10^4}=0.92\text{N/mm}^2>0.7f_t=0.7\times1.27=0.889\text{N/mm}^2$$

需按计算配置受扭的纵向钢筋和箍筋

(5) 计算受扭箍筋用量

根据《混规》式 (6.4.4-1) $T\leqslant0.35f_tW_t+1.2\sqrt{\zeta}f_{yv}\frac{A_{stl}A_{cor}}{s}$

取 $\zeta=1.0$，代入已知条件得

$$\frac{A_{stl}}{s}=\frac{T-0.35f_tW_t}{1.2\sqrt{\zeta}f_{yv}A_{cor}}=\frac{12\times10^6-0.35\times1.27\times1302\times10^4}{1.2\times\sqrt{1}\times270\times79856}=0.24\text{mm}^2/\text{mm}$$

$$s=\frac{A_{stl}}{0.24}=\frac{50.3}{0.24}=210\text{mm}, \text{取 } s=150\text{mm}$$

(6) 计算受扭纵筋用量

根据《混规》式 (6.4.4-2) 配筋强度比值 $\zeta=\frac{f_yA_{stl}s}{f_{yv}A_{stl}u_{cor}}$ 可得

$$A_{stl}=\zeta\frac{f_{yv}A_{stl}u_{cor}}{f_ys}=1.0\times\frac{270\times50.3\times1236}{360\times150}=311\text{mm}^2$$

(7) 配置受扭钢筋

根据《混规》9.2.5 条规定要保证受扭纵筋间距不大于 200mm 并沿截面周边布置。根据本例截面尺寸受扭纵筋分成每边 4 根每根纵筋面积应为 $\frac{311}{2\times4}=39\text{mm}^2$，开始所选纵筋直径为Φ10，$A=78.5\text{mm}$，$A_{stl}=8\times78.5=628\text{mm}^2>311\text{mm}^2$

(8) 受扭纵筋配筋率验算

纵筋配筋率 $\rho_{tl}=\frac{A_{stl}}{bh}=\frac{628}{250\times500}=0.502\%$

根据《混规》式（9.2.5）得 $\rho_{tlmin}=0.6\sqrt{\frac{T}{Vb}}\frac{f_t}{f_y}$

当 $\frac{T}{Vb}>2$ 时，取 $\frac{T}{Vb}=2$，$\because V=0$，$\frac{T}{Vb}=\infty$，所以取 $\frac{T}{Vb}=2$，代入得

$$\rho_{tlmin}=0.6\sqrt{\frac{T}{Vb}}\frac{f_t}{f_y}=0.6\sqrt{2}\cdot\frac{1.27}{360}=0.30\%<0.502\%$$

满足要求

（9）受扭箍筋配筋率验算

箍筋选用 $\phi 8@150$，箍筋配筋率 $\rho_{sv}=\frac{A_{sv}}{bs}=\frac{2\times 50.3}{250\times 150}=0.268\%$

根据《混规》9.2.10条

$\rho_{sv}=0.268\%>\rho_{svmin}=0.28\frac{f_t}{f_{yv}}=0.28\times\frac{1.27}{270}=0.133\%$ 满足要求

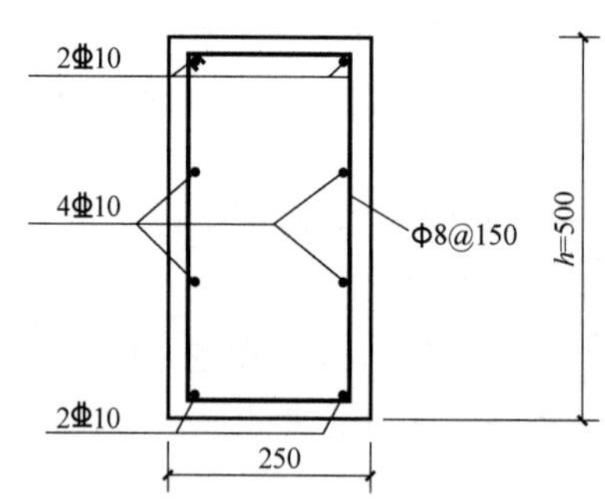

图3.4.2-5

配筋见图3.4.2-5。

5. 矩形截面剪扭构件的受剪扭承载力

扭矩的存在使构件的受剪承载力降低，同时剪力的存在也使构件的抗扭承载力降低，这称为剪扭相关性。《混规》为简化计算，采用混凝土部分相关，钢筋部分不相关的近似方法。混凝土为避免双重利用而引入相关折减系数 β_t，分别对抗扭及抗剪承载力计算公式进行调整。箍筋分别按剪扭构件的受剪承载力和受扭承载力计算出所需箍筋量，然后叠加。

《混规》规定

6.4.8 在剪力和扭矩共同作用下的矩形截面剪扭构件，其受剪扭承载力应符合下列规定：

1. 一般剪扭构件

1）受剪承载力

$$V\leqslant(1.5-\beta_t)(0.7f_tbh_0+0.05N_{p0})+f_{yv}\frac{A_{sv}}{s}h_0 \tag{6.4.8-1}$$

$$\beta_t=\frac{1.5}{1+0.5\frac{VW_t}{Tbh_0}}$$

式中 A_{sv}——受剪承载力所需的箍筋截面面积；

β_t——一般剪扭构件混凝土受扭承载力降低系数：当 β_t 小于0.5时，取0.5；当 β_t 大于1.0时，取1.0。

2）受扭承载力

$$T\leqslant\beta_t\left(0.35f_t+0.05\frac{N_{p0}}{A_0}\right)W_t+1.2\sqrt{\zeta}f_{yv}\frac{A_{st1}A_{cor}}{s} \tag{6.4.8-3}$$

式中 ζ——同本规范第6.4.4条。

剪扭构件当扭矩或剪力较小时，强度计算尚能简化。

《混规》规定

> **6.4.12** 在弯矩、剪力和扭矩共同作用下的矩形、T形、I形和箱形截面的弯剪扭构件，可按下列规定进行承载力计算：
>
> 1. 当V不大于$0.35f_tbh_0$时，可仅计算受弯构件的正截面受弯承载力和纯扭构件的受扭承载力；
>
> 2. 当T不大于$0.175f_tW_t$时，可仅验算受弯构件的正截面受弯承载力和斜截面受剪承载力。

（1）配筋计算的计算步骤

已知：b、h、f_c、f_t、f_y、f_{yv}、β_c、T、V，求：构件的受剪受扭钢筋

1）确定几何尺寸（见纯扭构件）

2）求截面受扭塑性抵抗矩W_t（见纯扭构件）

3）截面尺寸限制条件和构造配筋界限的验算（见纯扭构件）

4）验算是否可以简化计算

① 验算是否可不考虑剪力

根据《混规》6.4.12条1款的规定，符合下列要求可不考虑剪力

$$V\leqslant 0.35f_tbh_0$$

② 验算是否可不考虑扭矩，

根据《混规》6.4.12条2款的规定，符合下列要求可不考虑扭矩

$$T\leqslant 0.175f_tW_t$$

5）计算剪扭构件混凝土受扭承载力降低系数β_t

根据《混规》式（6.4.8-2）

$$\beta_t=\frac{1.5}{1+0.5\dfrac{VW_t}{Tbh_0}}$$

当$\beta_t<0.5$时，取$\beta_t=0.5$；当$\beta_t>1.0$时，取$\beta_t=1.0$。

6）计算箍筋用量

① 计算抗剪箍筋用量

根据《混规》式（6.4.8-1），$V=0.7(1.5-\beta_t)f_tbh_0+f_{yv}\dfrac{A_{sv}}{s}h_0$，得到

$$\frac{A_{sv1}}{s}=\frac{V-0.7(1.5-\beta_t)f_tbh_0}{n\times 1.0f_{yv}h_0}$$

n：抗剪箍筋肢数，取$n=2$。

② 计算抗扭箍筋用量

根据《混规》式（6.4.4-1），$T=0.35\beta_tf_tW_t+1.2\sqrt{\zeta}f_{yv}\dfrac{A_{st1}A_{cor}}{s}$，得到

$$\frac{A_{st1}}{s}=\frac{T-0.35\beta_tf_tW_t}{1.2\sqrt{\zeta}f_{yv}A_{cor}}$$

$0.6<\zeta\leqslant 1.7$，取$\zeta=1.0\sim 1.3$。

7）计算受扭纵筋用量

根据《混规》式（6.4.4-2），配筋强度比值$\zeta=\frac{f_yA_{st1}s}{f_{yv}A_{st1}u_{cor}}$，得到

$$A_{st1}=\zeta\frac{f_{yv}A_{st1}u_{cor}}{f_ys}$$

（2）配置受扭钢筋

具体步骤见“配置受扭钢筋的步骤”

【例 3.4.2-7】矩形截面剪、扭构件的配筋计算

条件：钢筋混凝土矩形截面构件，截面尺寸为$b\times h=250\text{mm}\times500\text{mm}$，承受扭矩设计值$T=12\text{kN}\cdot\text{m}$，剪力设计值$V=90\text{kN}$。混凝土强度等级为C25，箍筋用HPB300级钢筋，纵筋用HRB400级钢筋，安全等级二级，环境类别为一类。

要求：确定抗剪抗扭钢筋。

【解答】查《混规》表8.2.1得$c=25\text{mm}$，设纵向钢筋的合力中心到近边的距离$a_s=40\text{mm}$，$h_0=h-a_s=500-40=460\text{mm}$。

材料的设计指标：C25级混凝土：$f_t=1.27\text{N/mm}^2$，$f_c=11.9\text{N/mm}^2$。HPB300级钢筋：$f_{yv}=270\text{N/mm}^2$，HRB400级钢筋$f_y=360\text{N/mm}^2$。

（1）确定几何尺寸

此部分同【例3.4.2-6】相同，箍筋直径选$\phi8$

$b_{cor}=250-2\times25\times2\times8=184\text{mm}$　　$h_{cor}=500-2\times25-2\times8=434\text{mm}$

$A_{cor}=184\times434=79856\text{mm}^2$　　$u_{cor}=2\times(184+434)=1236\text{mm}$

（2）求截面受扭塑性抵抗矩

与【例3.4.2-6】相同

$$W_t=1302\times10^4\text{mm}^3$$

（3）截面尺寸限制条件和构造配筋界限的验算

同【例3.4.2-6】截面尺寸符合要求，需按计算配置受剪受扭纵筋箍筋

（4）验算是否可以简化计算

① 验算是否可不考虑剪力

根据《混规》6.4.12条1款$V\leqslant0.35f_tbh_0$时，可不考虑剪力

$0.35f_tbh_0=0.35\times1.27\times460=51118\text{N}=51\text{kN}<V=90\text{kN}$，不能忽略剪力

② 验算是否可不考虑扭矩

根据《混规》6.4.12条2款$T\leqslant0.175f_tW_t$时，可不考虑扭矩

$0.175f_tW_t=0.175\times1.27\times1302\times10^4=2.89\text{kN}\cdot\text{m}<T=12\text{kN}\cdot\text{m}$不能忽略扭矩故要按剪扭构件考虑

（5）计算剪扭构件混凝土受扭承载力降低系数β_t

根据《混规》式（6.4.8-2）

$\beta_t=\frac{1.5}{1+0.5\frac{VW_t}{Tbh_0}}$代入已知条件可得

$$\beta_t=\frac{1.5}{1+0.5\frac{VW_t}{Tbh_0}}=\frac{1.5}{1+0.5\frac{90\times10^3\times1302\times10^4}{12\times10^6\times250\times460}}=1.053>1\text{ 取 }\beta_t=1$$

（6）计算箍筋用量

① 计算抗剪箍筋用量

根据《混规》式（6.4.8-1）$V=0.7(1.5-\beta_t)f_tbh_0+f_{yv}\frac{A_{sv}}{s}h_0$ 可得

$$\frac{A_{svl}}{s}=\frac{V-0.7(1.5-\beta_t)f_tbh_0}{n\times f_{yv}h_0}=\frac{90\times10^3-0.7(1.5-1)\times1.27\times250\times460}{2\times270\times460}=0.157\text{mm}^2/\text{mm}$$

② 计算抗扭箍筋用量

根据《混规》式（6.4.4-1）$T=0.35\beta_tf_tW_t+\frac{1.2\sqrt{\zeta}A_{st1}A_{cor}}{s}f_{yv}$，取$\xi=1.2$

$$\frac{A_{st1}}{s}=\frac{T-0.35\beta_tf_tW_t}{1.2\sqrt{\zeta}f_{yv}A_{cor}}=\frac{12\times10^6-0.35\times1.0\times1.27\times1302\times10^4}{1.2\sqrt{1.2}\times270\times79856}=0.219\text{mm}^2/\text{mm}$$

$\frac{A_{sv}}{s}=\frac{A_{svl}}{s}+\frac{A_{st1}}{s}=0.157+0.219=0.376$　　∵前面已假定箍筋 $\phi8$　$A=50.3\text{mm}$

$$s=\frac{A_{sv}}{0.376}=\frac{50.3}{0.376}=133\text{mm 取 } s=100\text{mm}$$

（7）计算受扭纵筋用量

根据《混规》式（6.4.4-2）$\zeta=\frac{f_yA_{st1}s}{f_{yv}A_{st1}u_{cor}}$ 可得

$$A_{stl}=\zeta\frac{f_{yv}A_{st1}u_{cor}}{f_ys}=\frac{1.2\times270\times0.219\times1236}{360}=243.6\text{mm}^2$$

（8）验算配筋率

需验算纵筋配筋率是否满足《混规》式（9.2.5）

$$\rho_{tlmin}=0.6\sqrt{\frac{T}{V_b}}\frac{f_t}{f_y}$$

布置应满足《混规》9.2.5 条要求

需验算箍筋是否满足《混规》9.2.10 条，间距是否满足《混规》9.2.9 条

以上都同【例 3.4.2-4】略。

6. 弯剪扭构件的承载力计算

《混规》规定

6.4.13 矩形、T形、I形和箱形截面弯剪扭构件，其纵向钢筋截面面积应分别按受弯构件的正截面受弯承载力和剪扭构件的受扭承载力计算确定，并应配置在相应的位置；箍筋截面面积应分别按剪扭构件的受剪承载力和受扭承载力计算确定，并应配置在相应的位置。

钢筋混凝土构件，在弯矩和扭矩的共同作用下的承载力计算采用叠加的方法。

1）按受弯构件单独计算在弯矩作用下所需的受弯纵向钢筋截面面积 A_s 及 A_s'。

2）按剪扭构件计算受剪所需的箍筋截面面积 A_{sv}/s 和受扭所需的箍筋截面面积 A_{stl}/s 及受扭纵向钢筋总面积 A_{stl}。

3）叠加上述两者所需的纵向钢筋和箍筋截面面积，即得弯剪扭构件的配筋面积。

（1）纵筋的布置

受弯纵筋 A_s 是配置在截面受拉区，A_s'是配置在截面受压区的顶边，受扭纵筋 A_{stl}则是在截面周边均匀对称布置的。如果受扭纵筋 A_{st1} 分三层配置，则每一层的受扭纵筋面积为 $A_{st1}/3$。因此，叠加时，截面受拉区的纵筋面积为 $A_s+A_{st1}/3$；受压区纵筋面积为 $A_s'+A_{st1}/3$，截面中部纵筋面积为 $A_{st1}/3$。钢筋面积叠加后，顶、底层钢筋可统一配筋(图3.4.2-6)。

抗剪所需的受剪箍筋 A_{sv}，是指同一截面内箍筋各肢的全部截面面积，等于 nA_{sv1}，这里 n 为在同一截面内箍筋的肢数（可以是 2 肢或 4 肢），A_{st1}是单肢箍筋的截面面积。而抗扭所需的受扭箍筋 A_{st1}则是沿截面周边配置的单肢箍筋截面面积。所以由公式求得的是 A_{sv}与 A_{st1}不能直接相加，只能是 A_{st1}与 A_{st1}相加，然后统一配置在截面周边。当采用复合箍筋时，位于截面内部的箍筋则只能抗剪而不能抗扭（图 3.4.2-7）

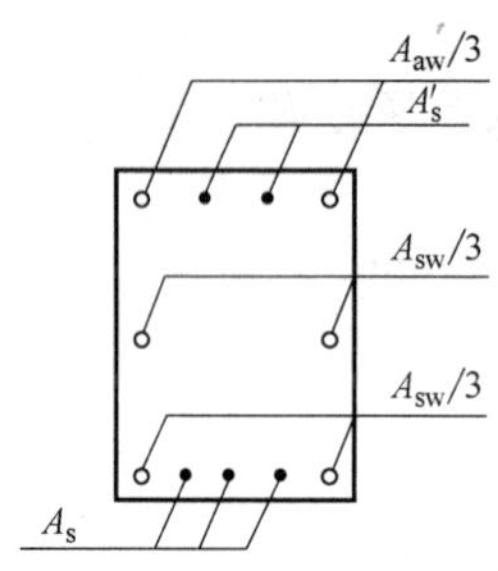
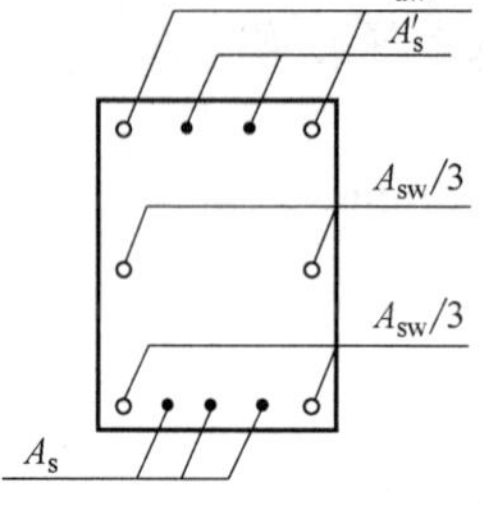

图 3.4.2-6　弯剪扭构件的纵向钢筋配置

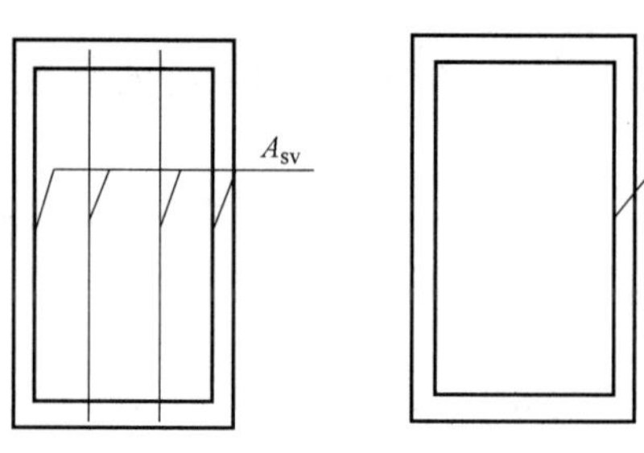

图 3.4.2-7　弯剪扭构件的箍筋配置

（2）计算步骤

当已知构件中的设计弯矩图、设计剪力图和设计扭矩图，并初步选定了截面尺寸和材料强度等级后，即可按下列步骤进行弯剪扭构件的截面设计：

1）验算截面尺寸的限制条件

2）验算简化计算的条件

① 当符合下列条件时：$V\leqslant 0.35f_1bh_0$ 或者对于集中荷载作用（包括集中荷载在计算截面产生的剪力值占该截面总剪力值75%以上的情况）的构件 $V\leqslant\frac{0.875}{\lambda+1}f_tbh_0$，可不考虑剪力的作用，仅按弯扭构件进行计算。

② 当符合下列条件时：$T\leqslant 0.175f_tW_t$

可不考虑扭矩作用，仅按弯剪构件进行计算。

③ 若不符合上述条件，按弯剪扭构件计算。

3）验算构造配筋条件。

4）确定箍筋用量　构件中的箍筋用量不受弯矩的影响，因此可选取扭矩和剪力相对较大的截面，考虑混凝土扭矩和剪力的相关性，分别计算抗扭和抗剪所需的箍筋数量。

① 选定适当的纵筋与箍筋配筋强度比 ζ，一般可取 ζ 为 1.2 或其附近的数值。

② 确定剪扭构件混凝土受扭承载力降低系数 β_t。

③ 求出抗剪所需的单侧箍筋数量 A_{sv1}/s 和抗扭所需的单侧箍筋用量 A_{st1}/s，然后叠加求出单侧的总箍筋数量。

$$\frac{A_{sv}}{s}=\frac{A_{sv1}}{s}+\frac{A_{st1}}{s}$$

④ 按$\frac{A_{sv}}{s}$选定箍筋的直径和间距。所选的箍筋直径和间距还必须符合 $\rho_{sv,min}$ 等有关的构造规定。

5）确定纵筋用量

① 按受弯构件正截面受弯承载力计算抗弯纵筋面积 A_s。

② 根据计算所得$\frac{A_{st1}}{s}$及已选定的系数ζ，求出抗扭纵筋配置 A_{stl}。

③ 按叠加原则确定整个截面中的纵向钢筋用量及布置方式，同时应满足最小配筋率及纵向钢筋有关的各项构造要求。

【例 3.4.2-8】 矩形截面弯、剪、扭构件的配筋计算

条件：钢筋混凝土矩形截面构件，截面尺寸为 $b\times h=250\text{mm}\times500\text{mm}$，承受扭矩设计值 $T=12\text{kN}\cdot\text{m}$，弯矩设计值 $M=100\text{kN}\cdot\text{m}$，剪力设计值 $V=90\text{kN}$。混凝土强度等级为 C25，箍筋用 HPB300 级钢筋，纵筋用 HRB400 级钢筋，安全等级二级，环境类别为一类。$W_t=13.02\times10^6\text{mm}$。

要求：计算构件的配筋。

【解答】 根据《混规》4.1.4 条，4.2.3 条，8.2.1 条查得纵筋保护层厚度 $c=25\text{mm}$，纵向钢筋的合力中心到近边的距离 $a_s=40\text{mm}$，$h_0=h-a_s=500-40=460\text{mm}$。

C25 级混凝土：$f_t=1.27\text{N/mm}^2$，$f_c=11.9\text{N/mm}^2$。

HPB300 级钢筋：$f_{yv}=270\text{N/mm}^2$，HRB3400 级钢筋 $f_y=360\text{N/mm}^2$。

（1）验算截面尺寸的限制条件

根据《混规》6.4.1 条当 $h_w/b\leqslant4$，截面尺寸应符合

$$\frac{V}{bh_0}+\frac{T}{0.8W_t}\leqslant0.25\beta_c f_c$$

$$h_w/b=\frac{460}{250}=1.84\leqslant4 \qquad \beta_c=1.0$$

$$\frac{V}{bh_0}+\frac{T}{0.8W_t}=\frac{90\times10^3}{250\times460}+0.8\times\frac{12\times10^6}{1302\times10^4}=0.78+1.15=1.93$$

$$<0.25\beta_c f_c=0.25\times1\times11.9=2.975，截面尺寸符合要求$$

（2）验算简化计算的条件

① 剪力影响：根据《混规》6.4.12 条 1 款当 $V\leqslant0.35f_tbh_0$ 时，可不考虑剪力

$0.35f_tbh_0=0.35\times1.27\times250\times460=51.1\text{kN}<V=90\text{kN}$，不能忽略剪力影响

② 扭矩影响，根据《混规》6.4.12 条 2 款当 $T\leqslant0.175f_tW_t$ 时，可不考虑扭矩

$0.175f_tW_t=0.175\times1.27\times1302\times10^4=2.87\text{kN}\cdot\text{m}<T=12\text{kN}\cdot\text{m}$ 不能忽略扭矩

（3）验算构造配筋条件

根据《混规》6.4.2 条$\frac{V}{bh_0}+\frac{T}{W_t}\leqslant0.7f_t$ 时，可按构造配筋，否则按计算配筋

$$\frac{V}{bh_0}+\frac{T}{W_t}=\frac{90\times10^3}{250\times460}+\frac{12\times10^6}{1302\times10^4}=0.78+0.92=1.7\text{N/mm}^2>0.7f_t=0.7\times1.27$$

$$=0.889\text{N/mm}^2$$

需按计算配置抗扭的纵向钢筋和箍筋

(4) 确定箍筋用量

① 选定适当的纵筋与箍筋配筋强度比 ζ，一般可取 $\zeta=1.2$

② 确定剪扭构件混凝土受扭承载力降低系数 β_t

根据《混规》式 (6.4.8-2) $\beta_t=\dfrac{1.5}{1+0.5\dfrac{VW_t}{Tbh_0}}$ 代入已知条件

$$\beta_t=\frac{1.5}{1+0.5\dfrac{VW_t}{Tbh_0}}=\frac{1.5}{1+0.5\times\dfrac{90\times10^3\times1302\times10^4}{12\times10^6\times250\times460}}=1.053>1\text{，取 }\beta_t=1$$

③ 确定截面核心部分面积 A_{cor} 和核心部分周长 u_{cor}

根据《混规》6.4.4 条和 9.2.9 条初选箍筋直径 $\phi8$

$$A_{cor}=b_{cor}h_{cor}=(b-2c-2\phi)(h-2c-2\phi)=(250-2\times25-2\times8)$$
$$(500-2\times25-2\times8)=79856\text{mm}^2$$
$$u_{cor}=2\ (b_{cor}+h_{cor})\ =2\times\ (184+434)\ =1236\text{mm}$$

④ 计算抗剪箍筋用量

根据《混规》式 (6.4.8-1) $V=0.7(1.5-\beta_t)f_tbh_0+f_{yv}\dfrac{A_{sv}}{s}h_0$ 可得

$$\frac{A_{svl}}{s}=\frac{V-0.7(1.5-\beta_t)f_tbh_0}{nf_{yv}h_0}=\frac{90\times10^3-0.7(1.5-1)\times1.27\times250\times460}{2\times270\times460}=0.157\text{mm}^2/\text{mm}$$

⑤ 计算抗扭箍筋用量

根据《混规》式 (6.4.8-3) $T=0.35\beta_tf_tW_t+\dfrac{1.2\sqrt{\zeta}f_{yv}A_{cor}A_{st1}}{s}$

$$\frac{A_{st1}}{s}=\frac{T-0.35\beta_tf_tW_t}{1.2\sqrt{\zeta}f_{yv}A_{cor}}=\frac{12\times10^6-0.35\times1.0\times1.27\times1302\times10^4}{1.2\times\sqrt{1.2}\times270\times79856}=0.219\text{mm}^2/\text{mm}$$

$$\frac{A_{sv}}{s}=\frac{A_{svl}}{s}+\frac{A_{st1}}{s}=0.157+0.2190=0.376\text{mm}^2/\text{mm}\text{，已假定箍筋 }\phi8$$

$$s=\frac{A_{sv}}{0.376}=\frac{50.3}{0.376}=134\text{mm，取 }s=100\text{mm}$$

⑥ 确定受扭纵筋

根据《混规》式 (6.4.4-2) $\zeta=\dfrac{f_yA_{st1}s}{f_{yv}A_{st1}u_{cor}}$ 可得

$$A_{st1}=\zeta\frac{f_{yv}A_{st1}u_{cor}}{f_{y\cdot s}}=\frac{1.2\times270\times0.219\times1236}{360}=244\text{mm}$$

根据《混规》9.2.5 条规定抗扭纵筋应四角设置周边均匀对称间距不大于 200mm 要求选 8Φ10 ($A_s=628\text{mm}>244\text{mm}$) 因为 9.2.1 条规定，梁高不小于 300m 时钢筋直径不应小于 10mm。

⑦ 计算受弯纵筋

根据《混规》式 (6.2.10-1) $x=h_0-\sqrt{h_0^2-\dfrac{2M}{\alpha_1f_cb}}$ 可得

$$x=h_0-\sqrt{h_0^2-\frac{2M}{\alpha_1 f_c b}}=460-\sqrt{460^2-\frac{2\times100\times10^6}{1.0\times11.9\times250}}=80\text{mm}<\xi_b h_0=0.518\times460$$
$$=238.3\text{mm}$$

根据《混规》式（6.2.10-2）$\alpha_1 f_c bx=f_y A_s$

$$A_s=\frac{\alpha_1 f_c bx}{f_y}=\frac{1.0\times11.9\times250\times80}{360}=661\text{mm}^2$$

纵筋总用量 244＋661＝905mm²，抗扭纵筋已选定

其中抗扭纵筋为 4 层每边 4 根，沿截面周边均匀布置。

底部纵筋，布置在梁底面积为

$661\text{mm}^2+\frac{A_{st}}{4}=661+\frac{244}{4}=722\text{mm}^2$，选 4Φ16（$A_s=804\text{mm}^2>722\text{mm}^2$）

⑧ 纵筋布置及配筋率验算（略）。

三、受冲切承载力计算

1. 板的受冲切承载力计算（不配置箍筋及弯起钢筋）

《混规》规定

6.5.1 在局部荷载或集中反力作用下，不配置箍筋或弯起钢筋的板的受冲切承载力应符合下列规定（图 6.5.1）：

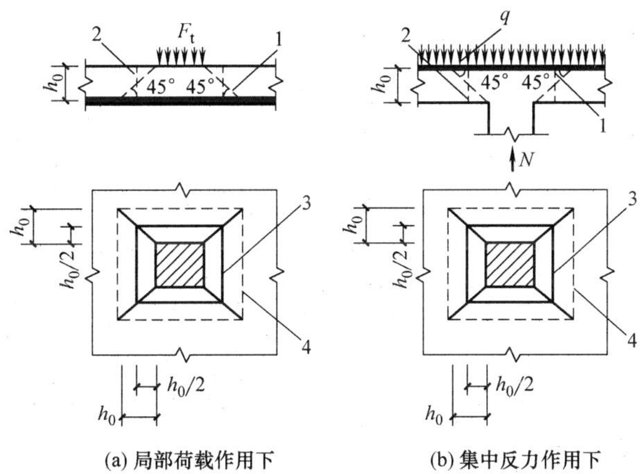

图 6.5.1 板受冲切承载力计算

1—冲切破坏锥体的斜截面；2—计算截面；3—计算截面的周长；4—冲切破坏锥体的底面线

$$F_l\leqslant(0.7\beta_h f_t+0.25\sigma_{pc,m})\eta u_m h_0 \quad (6.5.1\text{-}1)$$

公式（6.5.1-1）中的系数 η，应按下列两个公式计算，并取其中较小值：

$$\eta_1=0.4+\frac{1.2}{\beta_s} \quad (6.5.1\text{-}2)$$

$$\eta_2=0.5+\frac{\alpha_s h_0}{4u_m} \quad (6.5.1\text{-}3)$$

式中 F_l——局部荷载设计值或集中反力设计值；板柱节点，取柱所承受的轴向压力设计值的层间差值减去柱顶冲切破坏锥体范围内板所承受的荷载设计值；当有不平衡弯矩时，应按本规范第 6.5.6 条的规定确定；

β_h——截面高度影响系数：当 h 不大于 800mm 时，取 β_h 为 1.0；当 h 不小于 2000mm 时，取 β_h 为 0.9，其间接线性内插法取用；

$\sigma_{pc,m}$——计算截面周长上两个方向混凝土有效预压应力按长度的加权平均值，其值宜控制在 1.0～3.5N/mm² 范围内；

u_m——计算截面的周长，取距离局部荷载或集中反力作用面积周边 $h_0/2$ 处板垂直截面的最不利周长；

h_0——截面有效高度，取两个方向配筋的截面有效高度平均值；

η_1——局部荷载或集中反力作用面积形状的影响系数；

η_2——计算截面周长与板截面有效高度之比的影响系数；

β_s——局部荷载或集中反力作用面积为矩形时的长边与矩边尺寸的比值，β_s 不宜大于 4；当 β_s 小于 2 时取 2；对圆形冲切面，β_s 取 2；

α_s——柱位置影响系数：中柱，α_s 取 40；边柱，α_s 取 30；角柱，α_s 取 20。

【例 3.4.3-1】局部荷载作用于板的抗冲切承载力计算

条件：一受有局部荷载的钢筋混凝土板，如图 3.4.3-1所示，该荷载均布于 300mm×700mm 范围内。板的混凝土强度等级为 C25，板厚为 100mm。

要求：求板按抗冲切承载力计算所能承受的最大均布荷载设计值（包括自重）。

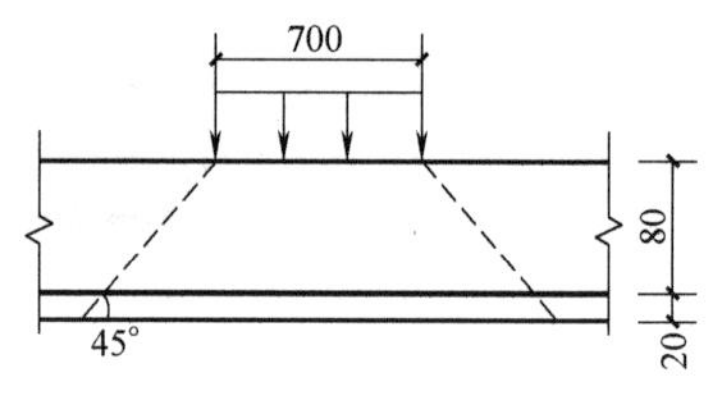

图 3.4.3-1

【解答】由《混规》表 4.1.4 查得，$f_t=1.27\text{N/mm}^2$；

由《混规》第 6.5.1 条查得，$\beta_h=1.0$；

$h_0=100-20=80$mm，取另一个配筋方向 $h_0=100-30=70$mm，平均值为 $h_0=75$mm。

$$\beta_s=\frac{700}{300}=2.33>2$$

$$<4$$

$$\eta=0.4+\frac{1.2}{\beta_s}=0.4+\frac{1.2}{2.33}=0.915$$

$$u_m=2\times(300+h_0+700+h_0)=2\times(300+75+700+75)=2300\text{mm}$$

$$0.7\beta_h f_t \eta u_m h_0=0.7\times1.0\times1.27\times0.915\times2300\times75=140318=140\text{kN}$$

板能承受的最大均布荷载设计值为

$$q=\frac{0.7\beta_h f_t \eta u_m h_0}{A}=\frac{140}{0.3\times0.7}=666.7\text{kN/m}^2$$

【例 3.4.3-2】无梁楼板（无孔）的受冲切承载力计算

条件：如图 3.4.3-2 所示，一钢筋混凝土无梁楼盖，柱网尺寸为 6m×6m，柱的截面尺寸 0.45m×0.45m，柱帽高度为 400mm，柱帽宽度为 1200mm，楼板上作用有荷载设计值 $q=18\text{kN/m}^2$（包括自重），混凝土强度等级为 C20，$f_t=1.1\text{N/mm}^2$。安全等级二级，环境类别为一类。

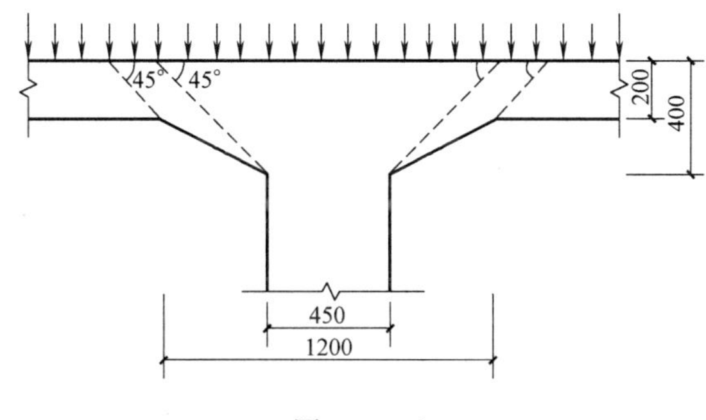

图 3.4.3-2

要求：验算受冲切承载力。

【解答】（1）查《混规》表 8.2.1 得板的保护层厚度 $c=20\text{mm}$。

设纵向钢筋合力中心到近边距离 $a_s=25\text{mm}$。

（2）计算柱所承受的轴力 N

$$N=6\times6\times18=648\text{kN}$$

（3）验算柱帽上边缘与板交接处的受冲切承载力

① 确定基本尺寸

冲切破坏锥体有效高度 $h_0=h-a_s=200-25=175\text{mm}$

冲切破坏锥体斜截面的短边长 $b_t=1200\text{mm}$

冲切破坏锥体斜截面的长边长 $b_b=b_t+2h_0=1200+2\times175=1550\text{mm}$

距冲切破坏锥体斜截面短边 $h_0/2$ 的周长

$$u_m=4\times(b_t+2\times h_0/2)=4\times(1200+175)=5500\text{mm}$$

② 所受的集中反力设计值 F_l

集中反力设计值为柱所承受的轴力 N 减去冲切破坏锥体范围的荷载设计值

$$F_l=N-b_b^2q=648000-1550^2\times0.018=604.8\times10^3\text{N}$$

③ 验算受冲切承载力

采用《混规》式（6.5.1-1）

因未采用预应力，故 $\sigma_{pc,m}$ 不必考虑。

因板厚 $h=200\text{mm}<800\text{mm}$，故 $\beta_h=1.0$。

因集中反力作用面积为矩形，长边与矩边尺寸的比值相等故取 $\beta_s=2$，由《混规》式（6.5.1-2）得 $\eta_1=0.4+\dfrac{1.2}{\beta_s}=1.0$

因该柱为中柱，取 $\alpha_s=40$，由《混规》式（6.5.1-3）得

$$\eta_2=0.5+\frac{\alpha_s h_0}{4u_m}=0.5+\frac{40\times175}{4\times5500}=0.82$$

因 $\eta_2=0.82<\eta_1=1.0$，故取 $\eta=0.82$。

代入《混规》式（6.5.1-1）

$F_l=(0.7\beta_h f_t+0.15\sigma_{pc,m})\eta u_m h_0$

$=0.7\times1.0\times1.1\times0.82\times5500\times175=607723N\approx607.7kN>604.8kN$ 满足要求

（4）验算柱帽下边缘与板交接处的受冲切承载力。

① 确定基本尺寸

$$h_0=h-a_s=400-25=375mm，b_t=450mm$$

$$b_b=b_t+2h_0=450+2\times375=1200mm$$

$$u_m=4\times(b_t+2\times h_0/2)=4\times(450+375)=3300mm$$

② 所受的集中反力设计值 F_l

$$F_l=N-b_b^2q=648000-1200^2\times0.018=622.1\times10^3N$$

③ 验算受冲切承载力

因 $h=400mm<800mm$，取 $\beta_h=1.0$

因集中反力作用面积为正方形，故取 $\beta_s=2$。

由《混规》式（6.5.1-2）得 $\eta_1=1.0$。

因为是中柱，$\alpha_s=40$，由《混规》式（6.5.1-3）得

$$\eta_2=0.5+\frac{\alpha_s h_0}{4u_m}=0.5+\frac{40\times375}{4\times3300}=1.64$$

因 $\eta_1=1.0<\eta_2=1.64$，故取 $\eta=1.0$。

代入《混规》式（6.5.1-1）

$$F_l=0.7\times1.0\times1.1\times1.0\times3300\times375\approx952900N$$

$$=952.9kN>622.1kN \quad 满足要求$$

2. 有孔板的受冲切承载力计算

《混规》规定

6.5.2 当板开有孔洞且孔洞至局部荷载或集中反力作用面积边缘的距离不大于 $6h_0$ 时，受冲切承载力计算中取用的计算截面周长 u_m，应扣除局部荷载或集中反力作用面积中心至开孔外边画出两条切线之所间包含的长度（图 6.5.2）。

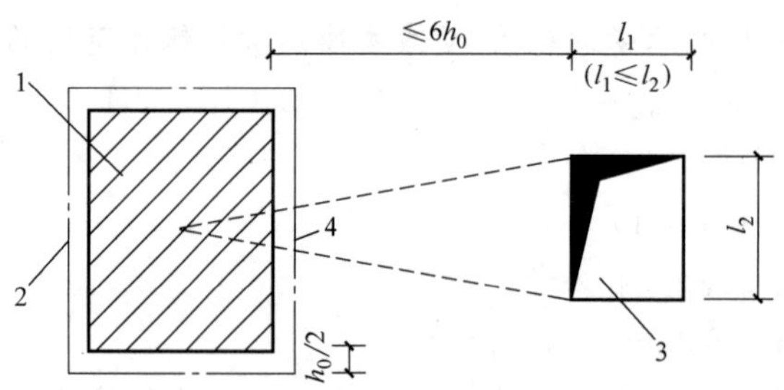

图 6.5.2 邻近孔洞时的计算截面周长

1—局部荷载或集中反力作用面；2—计算截面周长 3—孔洞；4—应扣除的长度

注：当图中 l_1 大于 l_2 时，孔洞边长 l_2 用 $\sqrt{l_1 l_2}$ 代替。

【例 3.4.3-3】无梁楼板（有孔）的受冲切承载力计算

条件：已知一无梁楼板，柱网尺寸为 5.5m×5.5m，板厚 160mm，中柱截面尺寸为

400mm×400mm；楼面荷载设计值（包括自重在内）为 $7kN/m^2$；混凝土为 C30 级（$f_t=1.43N/mm^2$），在距柱边 565mm 处开有一700mm×500mm 的孔洞，安全等级二级，环境类别为一类。

要求：试验算板的受冲切承载力是否安全。

图 3.4.3-3

【解答】(1) 查《混规》第 8.2.1 条知混凝土保护层厚度为 15mm，设纵向钢筋合力点到近边距离 $a_s=30mm$，$h_0=h-a_s=160-30=130mm$

(2) 计算 F_l

柱轴压力 $N=7\times5.5\times5.5=211.75kN$

冲切集中反力

$$F_l=N-q(b+2h_0)^2=211.750-7\times(0.4+2\times0.130)^2=208.7kN$$

(3) 求 u_m，根据《混规》第 6.5.1 条的规定

$$u_m=4\left(b+2\times\frac{h_0}{2}\right)=4\times(0.4+0.130)=2.12m=2120mm$$

但板开有洞口因 $6h_0=6\times130=780mm>565mm$ 根据《混规》第 6.5.2 条的规定，尚应考虑开洞的影响。由图 3.4.3-3 可知

$$\frac{AB}{700}=\frac{200+65}{200+65+500}$$

$$AB=242mm$$

$$u_m=2120-242=1878mm$$

因集中反力作用面积为正方形，故取 $\beta_s=2$，按《混规》式（6.5.1）得

$$\eta_1=0.4+\frac{1.2}{\beta_s}=0.4+\frac{1.2}{2}=1.0$$

因该柱为中柱，故取 $a_s=40$。

按《混规》式（6.5.1-3）得

$$\eta_2=0.5+\frac{a_sh_0}{4u_m}=0.5+\frac{40\times130}{4\times1878}=1.192$$

因 $\eta_1=1.0<\eta_2=1.192$，故取 $\eta=1.0$。

(4) 求冲切承载力

因板厚 $h=160mm<800mm$，根据《混规》第 6.5.1 条的规定，取 $\beta_h=1.0$。

按《混规》式（6.5.1-1）得

$0.7\beta_g f_t\eta u_m h_0=0.7\times1.0\times1.43\times1.0\times1878\times130=244380N\approx244.4kN>208.7kN$，满足要求

3. 配置箍筋及弯起钢筋板的受冲切承载力计算

《混规》规定

6.5.3 在局部荷载或集中反力作用下，当受冲切承载力不满足本规范第6.5.1条的要求且板厚受到限制时，可配置箍筋或弯起钢筋，并应符合本规范第9.1.11条的构造规定。

此时，受冲切截面及受冲切承载力应符合下列要求：

1 受冲切截面 $$F_l \leqslant 1.2 f_t \eta \mu_m h_0 \quad (6.5.3\text{-}1)$$

2 配置箍筋、弯起钢筋时的受冲切承载力

$$F_l \leqslant (0.5 f_t + 0.25\sigma_{pc,m}) \eta \mu_m h_0 + 0.8 f_{yv} A_{svu} + 0.8 f_y A_{sbu} \sin\alpha \quad (6.5.3\text{-}2)$$

式中 f_{yv}——箍筋的抗拉强度设计值，按本规范第4.2.3条的规定采用；

A_{svu}——与呈45°冲切破坏锥体斜截面相交的全部箍筋截面面积；

A_{sbu}——与呈45°冲切破坏锥体斜截面相交的全部弯起钢筋截面面积；

α——弯起钢筋与板底面的夹角。

注：当有条件时，可采取配置栓钉、型钢剪力架等形式的抗冲切措施。

9.1.11 混凝土板中配置抗冲切箍筋或弯起钢筋时，应符合下列构造要求：

1 板的厚度不应小于150mm；

2 按计算所需的箍筋及相应的架立钢筋应配置在与45°冲切破坏锥面相交的范围内，且从集中荷载作用面或柱截面边缘向外的分布长度不应小于$1.5h$。(图9.1.11a)；箍筋直径不应小于6mm，且应做成封闭式，间距不应大于$h_0/3$，且不应大于100mm；

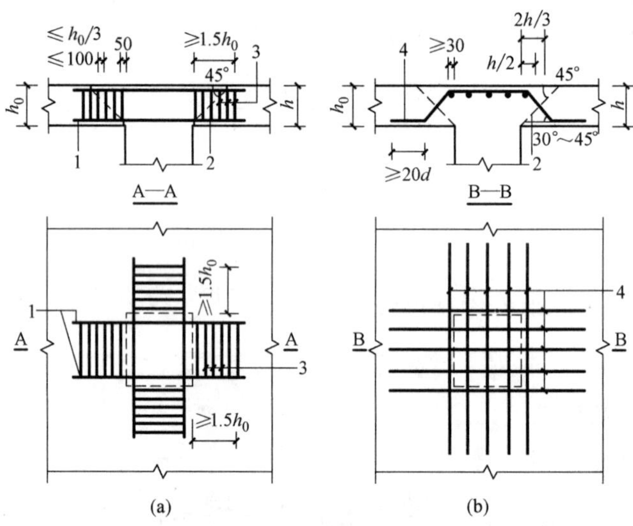

图9.1.11 板中抗冲切钢筋布置

(a) 用箍筋作抗冲切钢筋；(b) 用弯起钢筋作抗冲切钢筋

注：图中尺寸单位mm。

1—架立钢筋；2—冲切破坏锥面；3—箍筋；4—弯起钢筋

3 按计算所需弯起钢筋的弯起角度可根据板的厚度在30°～45°之间选取；弯起钢筋的倾斜段应与冲切破坏锥面相交(图9.1.11b)，其交点应在集中荷载作用面或柱截面边缘以外(1/2～2/3)h的范围内。弯起钢筋直径不宜小于12mm，且每一方向不宜少于3根。

(1) 箍筋板的冲切计算

【例 3.4.3-4】 箍筋板的冲切计算

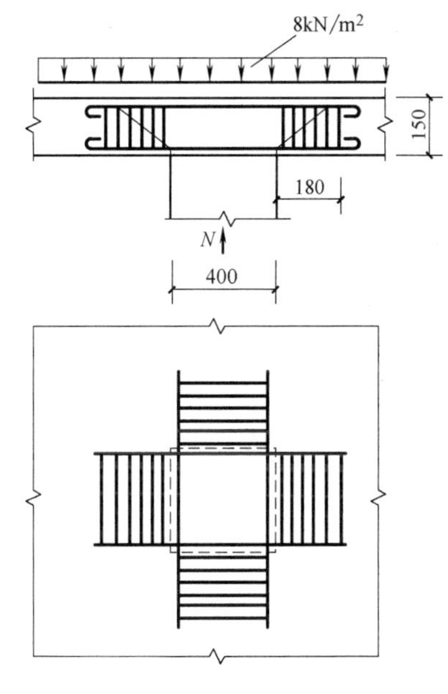

图 3.4.3-4

条件：钢筋混凝土无柱帽无梁楼盖，柱网尺寸 6m×6m，楼板厚度 150mm，中柱截面尺寸 400mm×400mm，混凝土强度等级 C25，箍筋 HPB300 级，楼面荷载设计值 8kN/m²（图 3.4.3-4），a_s=30mm。

要求：计算箍筋截面面积。

【解答】（1）验算混凝土受冲切承载力：

$$h_0=150-30=120\text{mm}$$

$$b_t=400\text{mm}$$

根据《混规》图 6.5.1 冲切破坏锥体底面线

$$b_b=b_t+2h_0=400+2\times120=640\text{mm}$$

根据《混规》图 6.5.1 计算截面的周长 u_m

$$u_m=4\times\frac{b_t+b_b}{2}=4\times\frac{400+640}{2}=2080\text{mm}$$

柱承受的轴向力设计值：

$$N=8\times6\times6=288\text{kN}$$

柱边冲切破坏锥体承受的冲切设计值：

$$F_l=288-8\times(0.4+2\times0.12)^2=284.7\text{kN}$$

根据《混规》6.5.1 条：集中力作用面为正方形，长边与短边尺寸比值为 1，β_s=2 代入《混规》式（6.5.1-2）

$$\eta_1=0.4+\frac{1.2}{\beta_s}=0.4+\frac{1.2}{2}=1.0$$

根据《混规》6.5.1 条，中柱取 α_s=40 代入《混规》式（6.5.1-3）得

$$\eta_2=0.5+\frac{\alpha_s h_0}{4u_m}=0.5+\frac{40\times120}{4\times2080}=1.077$$

取两者中的较小值，故取 η=1.0。

混凝土板的抗冲切承载力：

$$0.7\beta_h f_t\eta u_m h_0=0.7\times1.0\times1.27\times1.0\times2080\times120=221.89\text{kN}<284.7\text{kN}$$

说明应配置箍筋。

（2）验算截面尺寸：

根据《混规》6.5.3 条式（6.5.3-1）冲切截面尺寸应符合 $F_l\leqslant1.2f_t\eta u_m h_0$

$$1.2f_t\eta u_m h_0-1.2\times1.27\times1.0\times2080\times120=380.4\text{kN}>284.7\text{kN}$$

说明截面尺寸符合要求。

（3）计算箍筋截面面积：

根据《混规》6.5.3 条式（6.5.3-2）$F_l\leqslant0.5f_t\eta u_m h_0+0.8f_{yv}A_{svu}$ 可得

$$A_{svu}=\frac{F_l-0.5f_t\eta u_m h_0}{0.8f_{yv}}=\frac{284700-0.5\times1.27\times1.0\times2080\times120}{0.8\times270}=584.3\text{mm}^2$$

（4）配置箍筋

每边所需箍筋面积为 584.3/4=146.1mm²。根据《混规》9.1.11 条在 $1.5h_0$ 范围内配置，直径不小于 ϕ6，间距不大于 $h_0/3$ 且不大于 100mm，根据本题 $1.5h_0=1.5\times120=$

180mm 间距不大于 $h_0/3=120/3=40$mm

$$180\div40=4.5\text{ 根，选 }6\phi6@40\text{，}A_s=340\text{mm}>146.1\text{mm}$$

（2）弯筋板的冲切计算

【例 3.4.3-5】

条件：板柱结构的中柱截面尺寸 600mm×600mm，板厚 $h=180$mm，采用 C40 级混凝土，HRB335 级钢筋；在本层楼板荷载作用下柱的反力设计值 $N=740$kN（图 3.4.3-5）。

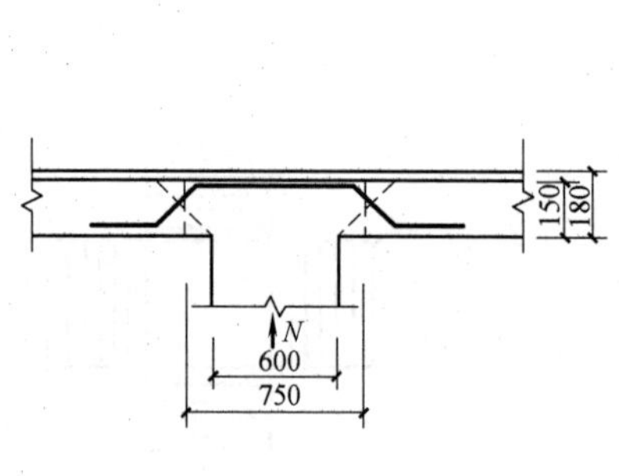

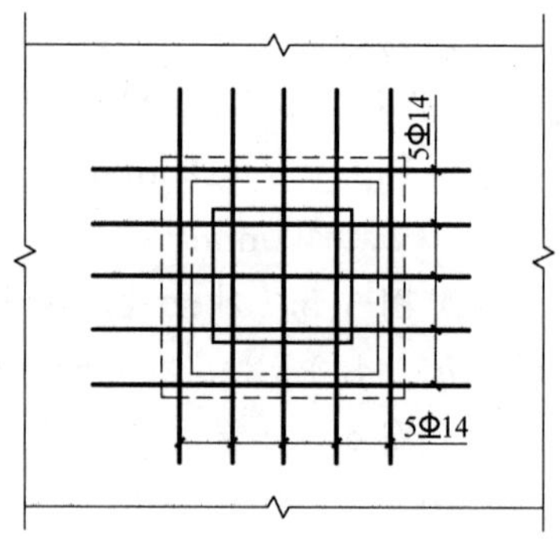

图 3.4.3-5

要求：配置抗冲切的弯起钢筋。

【解答】 查《混规》表 4.1.4 和表 4.2.3-1 得

$$f_c=19.1\text{N/mm}^2\text{，}f_t=1.71\text{N/mm}^2\text{，}f_y=300\text{N/mm}^2\text{；}$$

设 $a_s=30$mm，$h_0=150$mm；

根据《混规》6.5.1 条，$u_m=4\times(600+150)=3000$mm

根据《混规》6.5.1 条，$h\leqslant800$mm，取 $\beta_h=1.0$；

根据《混规》6.5.1 条正方形截面，$\beta_s=1.0<2.0$，取 $\beta_s=2$；

根据《混规》6.5.1 条

对中柱，取 $\alpha_s=40$，则：

$$\eta_1=0.4+\frac{1.2}{\beta_s}=0.4+\frac{1.2}{2}=1.0$$

$$\eta_2=0.5+\frac{\alpha_s h_0}{4u_m}=0.5+\frac{40\times150}{4\times3000}=1.0\text{，故 }\eta=1.0$$

（1）受冲切截面条件的验算：

根据《混规》6.5.3 条，截面尺寸应满足 $F_l\leqslant1.2f_t\eta u_m h_0$

$F_l=740\text{kN}<1.2f_t\eta u_m h_0=1.2\times1.71\times3000\times150=923.4$kN，满足要求。

（2）弯起钢筋计算：

由《混规》式（6.5.3-2）$F_l\leqslant0.5f_t\eta u_m h_0+0.8f_y A_{sbu}\sin\alpha$ 可得求弯起钢筋面积：

$$A_{sbu}=\frac{F_l-0.5f_t\eta u_m h_0}{0.8f_y\sin\alpha}=\frac{740000-0.5\times1.71\times3000\times150}{0.8\times300\times\sin45^\circ}=2093.3\text{mm}^2$$

每个方向配置 5 根鸭筋式弯起钢筋，则有 20 根弯筋与 45°冲切破坏锥体斜截面相交，故每根弯起钢筋面积为 $\frac{2093.3}{20}=104.7\text{mm}^2$，选配Φ14（154mm²）。

（3）配筋冲切破坏锥体以外截面受冲切承载力验算

《混规》规定

> **6.5.4** 配置抗冲切钢筋的冲切破坏锥体以外的截面，尚应按本规范第 6.5.1 条的规定进行受冲切承载力计算，此时，u_m 应取配置抗冲切钢筋的冲切破坏锥体以外 $0.5h_0$ 处的最不利周长。

【例 3.4.3-6】 配置抗冲切钢筋的冲切破坏锥体以外截面的抗冲切验算

条件：一钢筋混凝土无柱帽无梁楼盖，柱网尺寸为 6m×6m，柱的截面尺寸为 0.45m×0.45m，楼板厚 200mm，楼板上作用荷载设计值 $q=12\text{kN/m}^2$（包括自重），混凝土强度等级为 C25，$f_t=1.27\text{N/mm}^2$，安全等级为二级，环境类别为一类。因楼板的受冲切承载力不满足要求，已按要求配置了足够的抗冲切钢筋，要求对配筋冲切破坏锥体以外截面受冲切承载力验算

【答案】（1）设板内纵向钢筋合力作用点到近边距离 $a_s=30\text{mm}$，$h_0=h-a_s=200-30=170\text{mm}$。

（2）配筋冲切破坏锥体底面积为 790mm×790mm(450+2×170=790mm)。在这范围以外再出现冲切破坏时冲切破坏锥体的位置和形状如图 3.4.3-6 所示。

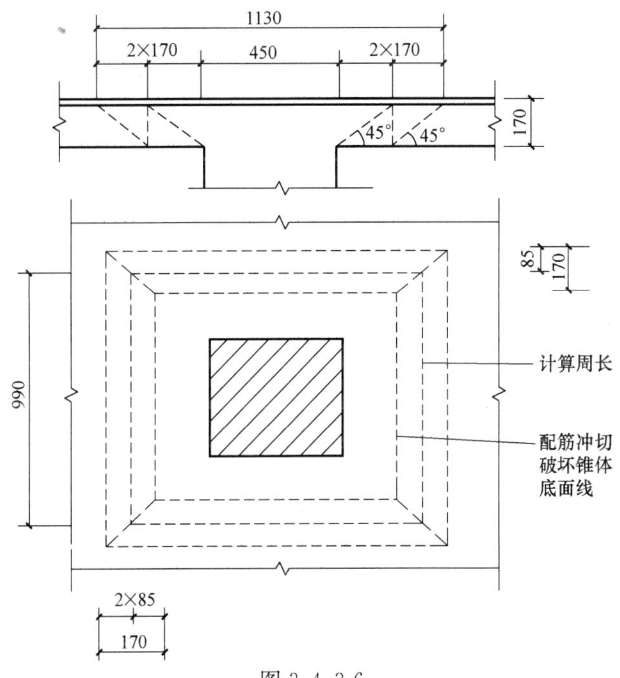

图 3.4.3-6

（3）确定集中反力设计值 F

柱子承受的轴向力　　$N=6\times6\times12=432\text{kN}$

该冲切破坏锥体承受的集中反力设计值为

$$F_l=N-(0.45+4\times0.17)^2\times12=432-15.3=416.7\text{kN}$$

（4）配筋冲切破坏锥体以外截面受冲切承载力验算

根据《混规》6.5.1 条

该冲切破坏锥体斜截面的计算周长为

$$u_m=4\times(450+2\times170+2\times85)=3840\text{mm}$$

根据《混规》6.5.1条，$h\leqslant 800$mm，$\beta_h=1$

根据《混规》6.5.1条

因柱的截面尺寸为正方形，故$\beta_s=2$，代入《混规》式（6.5.1-2）$\eta_1=0.4+\frac{1.2}{\beta_s}=0.4+\frac{1.2}{2}=1.0$求得$\eta_1=1.0$。

根据《混规》6.5.1条

因柱为中柱，故$a_s=40$，按《混规》式（6.5.1-3）得

$\eta_2=0.5+\frac{a_s h_0}{4u_m}=0.5+\frac{40\times1170}{4\times3840}=0.943$　$\eta_1>\eta_2$，故取$\eta=0.943$

根据《混规》6.5.1条

$0.7\beta_h f_t \eta u_m h_0=0.7\times1.0\times1.27\times0.943\times3840\times170=54260\text{N}\approx547.3\text{kN}>F_l=416.7\text{kN}$满足要求。可不配置抗冲切箍筋和弯起钢筋。

4. 梁板式筏基底板的受冲切承载力

《地基》规定

8.4.11 梁板式筏基底板其厚度尚应满足受冲切承载力的要求。

（1）底板的受冲切承载力

《地基》规定

8.4.12 梁板式筏基底板受冲切、受剪切承载力计算应符合下列规定：

1 梁板式筏基底板受冲切承载力应按下式进行计算：

$$F_l\leqslant 0.7\beta_{hp} f_t u_m h_0 \tag{8.4.12-1}$$

式中 F_l——作用的基本组合时，图8.4.12-1中阴影部分面积上的基底平均净反力设计值（kN）；

u_m——距基础梁边$h_0/2$处冲切临界截面的周长（m）（图8.4.12-1）。

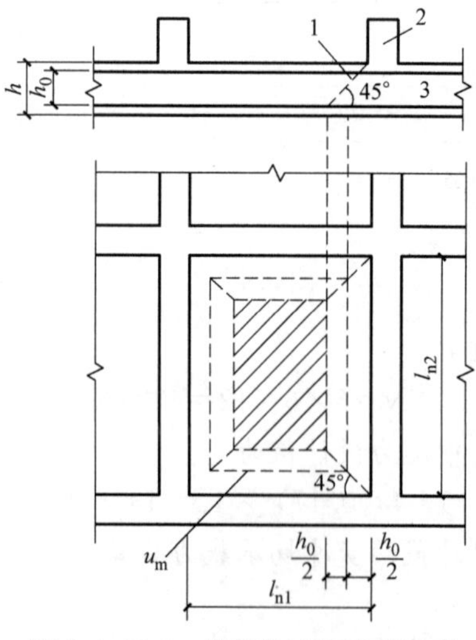

图8.4.12-1　底板的冲切计算示意

1—冲切破坏锥体的斜截面；2—梁；3—底板

【例 3.4.3-7】

某 17 层建筑的梁板式筏形基础，如图 3.4.3-7 所示。采用 C35 级混凝土，$f_t=1.57\text{N/mm}^2$；筏形基础底面处相应于荷载效应基本组合的地基土平均净反力设计值 $P_j=320\text{kPa}$。

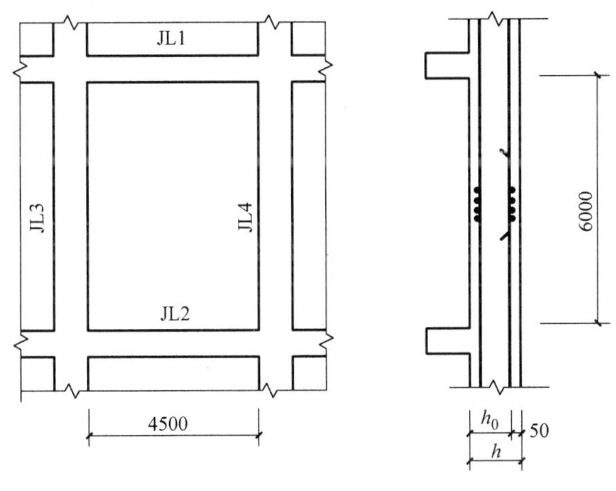

图 3.4.3-7

提示：计算时取 $a_s=50\text{mm}$。

假定：筏形厚度取 500mm。试问，对图示区格内的筏板作冲切承载力验算时，作用在冲切面上的最大冲切力设计值 F_l（kN），应与下列何项数值最为接近？

(A) 5440　　(B) 5870　　(C) 6820　　(D) 7560

【答案】(B)

【解答】 筏板的有效厚度为 $h_0=500-50=450\text{mm}$

根据《地基》8.4.12 条的规定，则作用在冲切面上的最大冲切力设计值为

$$F_l=320\times(4.5-2\times0.45)\times(6.0-2\times0.45)=5875.2\text{kN}$$

故 (B) 正确。

【例 3.4.3-8】

某筏基底板梁板布置如图 3.4.3-8 所示，筏板混凝土强度等级为 C35（$f_t=1.57\text{N/mm}^2$），根据《地基》计算，该底板受冲切承载力最接近下列何项数值？

(A) $5.60\times10^3\text{kN}$　　(B) $11.25\times10^3\text{kN}$

(C) $16.08\times10^3\text{kN}$　　(D) $19.70\times10^3\text{kN}$

【答案】(B)

【解答】 根据《地基》8.2.8 条的规定，取受冲切承载力截面高度影响系数为 $\beta_{hp}=1$。

距基础梁边 $h_0/2$ 处冲切临界截面的周长为

$$u_m=(l_{n1}-h_0+l_{n2}-h_0)\times2=(3200-800+4800-800)\times2=12800\text{mm}$$

根据《地基》8.4.12 条的规定，底板的受冲切承载力设计值为

$$F_l\leqslant0.7\beta_{hp}f_tu_mh_0\leqslant0.7\times1.0\times1.57\times12800\times800=11.25\times10^3\text{kN}$$

(2) 双向板底板受冲切所需厚度

《地基》规定

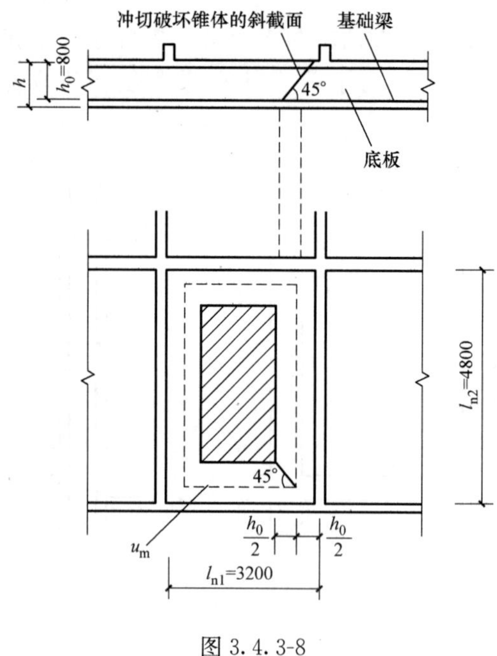

图 3.4.3-8

> **8.4.12** 梁板式筏基底板受冲切、受剪切承载力计算应符合下列规定：
>
> **2** 当底板区格为矩形双向板时，底板受冲切所需的厚度 h_0 应按式（8.4.12-2）进行计算，其底板厚度与最大双向板格的短边净跨之比不应小于 1/14，且板厚不应小于 400mm。
>
> $$h_0=\frac{(l_{n1}+l_{n2})-\sqrt{(l_{n1}+l_{n2})^2-\frac{4p_n l_{n1} l_{n2}}{p_n+0.7\beta_{hp} f_t}}}{4} \tag{8.4.12-2}$$
>
> 式中 l_{n1}、l_{n2}——计算板格的短边和长边的净长度（m）；
>
> p_n——扣除底板及其上填土自重后，相应于作用的基本组合时的基底平均净反力设计值（kPa）。

【例 3.4.3-9】

某高层建筑梁板式筏基的地基基础设计等级为乙级，筏板的最大区格划分如图 3.4.3-9 所示。筏板混凝土强度等级为 C35，$f_t=1.57\text{N/mm}^2$。假定筏基底面处的地基土反力均匀分布，且相应于荷载效应基本组合的地基土净反力设计值 $p=350\text{kPa}$。

提示：计算时取 $a_s=60\text{mm}$，$\beta_{hp}=1$。

试问，为满足底板受冲切承载力的要求，初步估算筏板所需的最小厚度 h（mm），应与下列何项数值最为接近？

(A) 350　　(B) 400　　(C) 420　　(D) 470

【答案】(C)

【解答】根据《地基》式（8.4.12-2）进行计算，

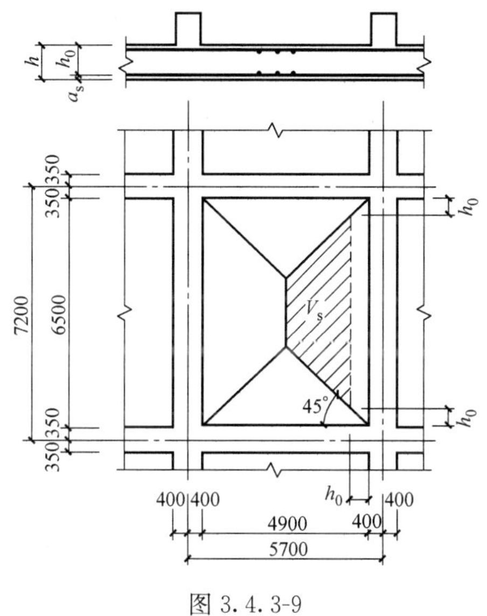

图 3.4.3-9

$$h_0=\frac{(l_{n1}+l_{n2})-\sqrt{(l_{n1}+l_{n2})^2-\frac{4p_n l_{n1}l_{n2}}{p_n+0.7\beta_{hp}f_t}}}{4}$$

$$=\frac{(4.9+6.5)-\sqrt{(4.9+6.5)^2-\frac{4\times0.35\times4.9\times6.5}{0.35+0.7\times1\times1.57}}}{4}$$

$$=0.36\text{m}=360\text{mm}$$

$h=h_0+60=420\text{mm}$　　故最终取 $h=420\text{mm}$

5. 平板式筏基的受冲切承载力计算

《地基》规定

8.4.6　平板式筏基的板厚应满足受冲切承载力的要求。

(1) 柱下筏板的受冲切承载力计算

竖立在筏板上的立柱有内柱、边柱和角柱三种情况，图 3.4.3-10 即表示了这种情况。可以看到内柱是双向对称的，边柱则是单向对称，角柱则双向均不对称的。

图 3.4.3-11 表示筏板在边柱处的受力情况，在冲切临界截面重心存在着不平衡弯矩 M_{unb}。作用在冲切临界截面重心上的不平衡弯矩设计值可按下式计算。

$$M_{unb}=Ne_N-Pe_p\pm M_c \tag{3.4.3-1}$$

式中　N——柱根部柱轴力设计值 (N)；

M_c——柱根部弯矩设计值 (N·mm)；

P——冲切临界截面范围内基底压力设计值 (N)；

e_N——柱根部轴向力 N 到冲切临界截面的距离 (mm)；

e_p——冲切临界截面范围内基底压力设计值之和对冲切临界截面重心的偏心距 (mm)；对内柱，由于对称的缘故，$e_N=e_p=0$；所以，$M_{unb}=M$。

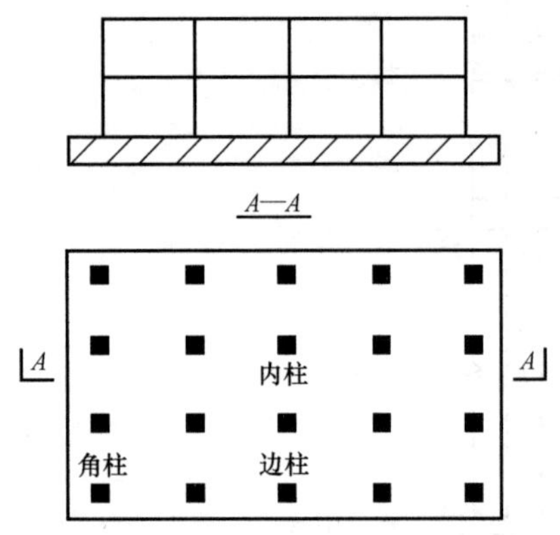

图 3.4.3-10 筏板上的三类立柱

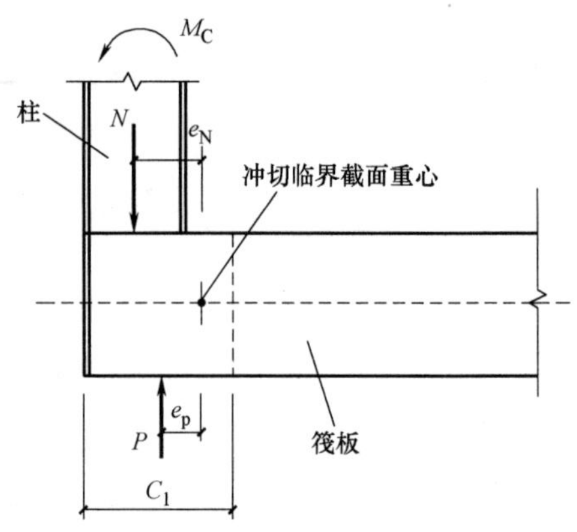

图 3.4.3-11 边柱 M_{unb} 计算示意图

柱下筏板的受冲切承载力计算应考虑不平衡弯矩的影响，《地基》8.4.7 条对此作出了规定

8.4.7 平板式筏基柱下冲切验算应符合下列规定：

1 平板式筏基柱下冲切验算时应考虑作用在冲切临界截面重心上的不平衡弯矩产生的附加剪力。对基础边柱和角柱冲切验算时，其冲切力应分别乘以 1.1 和 1.2 的增大系数。距柱边 $h_0/2$ 处冲切临界截面的最大剪应力 τ_{max} 应按式（8.4.7-1）、式（8.4.7-2）进行计算（图 8.4.7）。板的最小厚度不应小于 500mm。

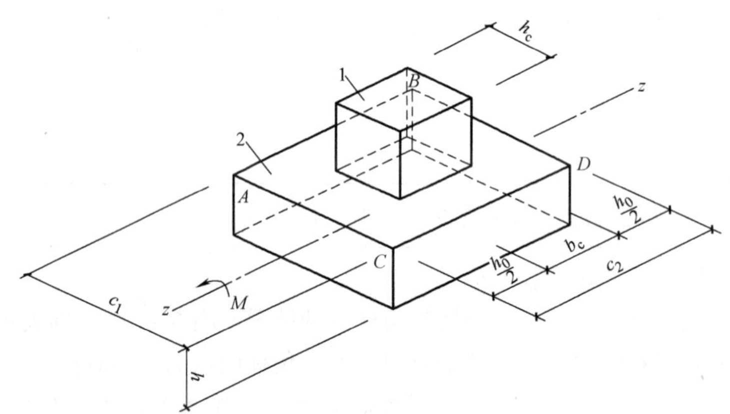

图 8.4.7 内柱冲切临界截面示意
1—柱；2—筏板

$$\tau_{max}=\frac{F_l}{u_m h_0}+\alpha_s\frac{M_{unb}c_{AB}}{I_s} \tag{8.4.7-1}$$

$$\tau_{max}\leqslant 0.7(0.4+1.2/\beta_s)\beta_{hp}f_t \tag{8.4.7-2}$$

$$\alpha_s=1-\frac{1}{1+\frac{2}{3}\sqrt{\left(\frac{c_1}{c_2}\right)}} \tag{8.4.7-3}$$

式中 F_l——相应于作用的基本组合时的冲切力（kN），对内柱取轴力设计值减去筏板冲切破坏锥体内的基底净反力设计值；对边柱和角柱，取轴力设计值减去筏板冲切临界截面范围内的基底净反力设计值；

u_m——距柱边缘不小于 $h_0/2$ 处冲切临界截面的最小周长（m），按本规范附录P计算；

h_0——筏板的有效高度（m）；

M_{unb}——作用在冲切临界截面重心上的不平衡弯矩设计值（kN·m）；

c_{AB}——沿弯矩作用方向，冲切临界截面重心至冲切临界截面最大剪应力点的距离（m），按附录P计算；

I_s——冲切临界截面对其重心的极惯性矩（m^4），按本规范附录P计算；

β_s——柱截面长边与短边的比值，当 $\beta_s<2$ 时，β_s 取2，当 $\beta_s>4$ 时，β_s 取4；

β_{hp}——受冲切承载力截面高度影响系数，当 $h\leqslant 800$mm时，取 $\beta_{hp}=1.0$；当 $h\geqslant 2000$mm时，取 $\beta_{hp}=0.9$，其间按线性内插法取值；

f_t——混凝土轴心抗拉强度设计值（kPa）；

c_1——与弯矩作用方向一致的冲切临界截面的边长（m），按本规范附录P计算；

c_2——垂直于 c_1 的冲切临界截面的边长（m），按本规范附录P计算；

α_s——不平衡弯矩通过冲切临界截面上的偏心剪力来传递的分配系数。

冲切临界截面的周长 μ_m 以及冲切临界截面对其重心的极惯性矩 I_s 等，应根据柱所处位置的不同，分别进行计算。

1）内柱（图3.4.3-12）

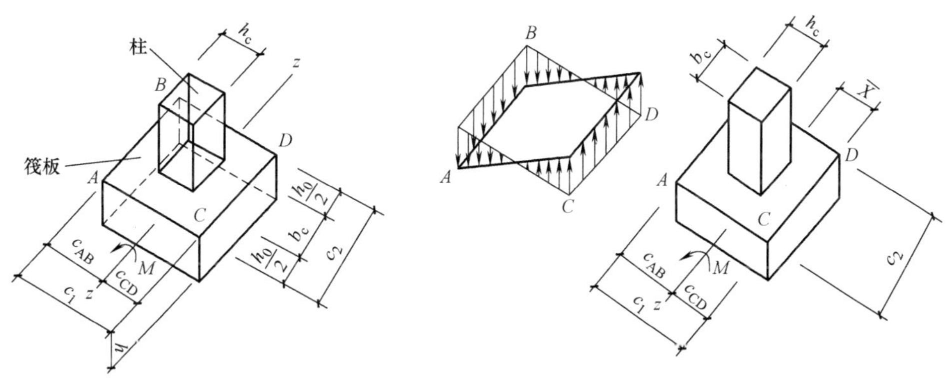

图3.4.3-12 内柱冲切临界截面

内柱应按式（3.4.3-2）～（3.4.3-6）计算

$$\mu_m=2c_1+2c_2 \tag{3.4.3-2}$$

$$I_s=c_1h_0^3/6+c_1^3h_0/6+c_2h_0c_1^2/2 \tag{3.4.3-3}$$

$$c_1=h_c+h_0 \tag{3.4.3-4}$$

$$c_2=b_c+h_0 \tag{3.4.3-5}$$

$$c_{AB}=c_1/2 \tag{3.4.3-6}$$

式中 h_c——与弯矩作用方向一致的柱截面边长（mm）；

b_c——垂直于 h_c 的柱截面边长（mm）。

2）边柱（图 3.4.3-13）

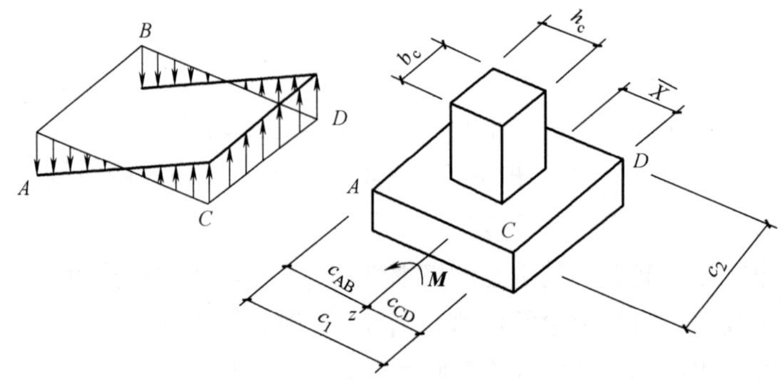

图 3.4.3-13 边柱冲切临界截面

边柱应按式（3.4.3-7）～（3.4.3-12）计算

$$\mu_m=2c_1+c_2 \tag{3.4.3-7}$$

$$c_1=h_c+h_0/2 \tag{3.4.3-8}$$

$$I_s=c_1h_0^3/6+c_1^3h_0/6+2c_1h_0(c_1/2-\overline{x})^2+c_2h_0\overline{x}^2 \tag{3.4.3-9}$$

$$c_2=b_c+h_0 \tag{3.4.3-10}$$

$$c_{AB}=c_1-\overline{x} \tag{3.4.3-11}$$

$$\overline{x}=\frac{c_1^2}{2c_1+c_2} \tag{3.4.3-12}$$

式中 $\overline{x}$——冲切临界截面中心位置。

3）角柱（图 3.4.3-14）

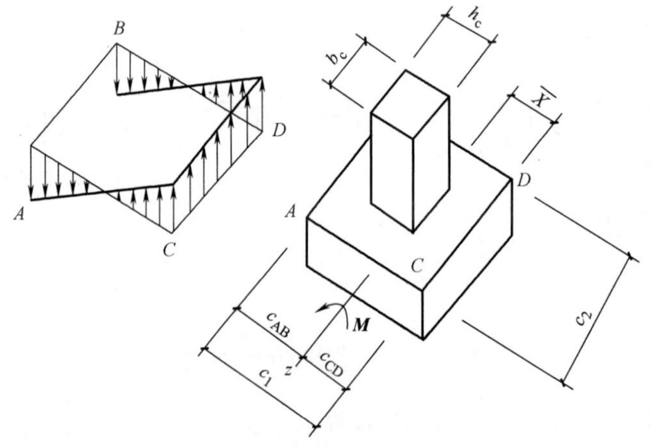

图 3.4.3-14 角柱冲切临界截面

角柱按式（3.4.3-13）～（3.4.3-18）计算

$$\mu_m=c_1+c_2 \tag{3.4.3-13}$$

$$I_s = c_1 h_0^3/12 + c_1^3 h_0/12 + 12c_1 h_0(c_1/2 - \overline{x})^2 + c_2 h_0 x^2 \quad (3.4.3\text{-}14)$$

$$c_1 = h_c + h_0/2 \quad (3.4.3\text{-}15)$$

$$c_2 = b_c + h_0/2 \quad (3.4.3\text{-}16)$$

$$c_{AB} = c_1 - \overline{x} \quad (3.4.3\text{-}17)$$

$$\overline{x} = c_1^2/(2c_1 + 2c_2) \quad (3.4.3\text{-}18)$$

【例 3.4.3-10】

某安全等级为二级的高层建筑采用混凝土框架-核心筒结构体系，框架柱截面尺寸均为 900mm×900mm，如图 3.4.3-15 所示。基础采用平板式筏形基础，板厚 1.4m，筏形基础的混凝土强度等级为 C30（f_t=1.43N/mm²）。

柱传至基础的荷载效应，由永久荷载控制。图 3.4.3-16 中柱 Z_1 按荷载效应标准组合的柱轴力 F_k=9000kN，柱底端弯矩 M_k=150kN·m。荷载标准组合的地基净反力为 135kPa（已扣除筏形基础自重）。已求得 $c_1=c_2=2.25$m，$c_{AB}=1.13$m，$I_s=11.17$m⁴，$\alpha_s=0.4$。试问，柱 Z_1 距柱边 $h_0/2$ 处的冲切临界截面的最大剪应力 τ_{max}（kPa），最接近下列何项数值？

(A) 600　　(B) 810

(C) 1010　　(D) 1110

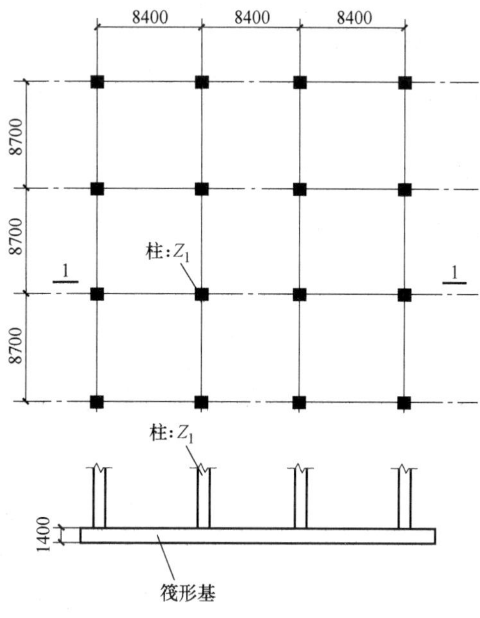

图 3.4.3-15

【答案】(B)

【解答】根据《地基》附录 P 的规定，距柱边 $h_0/2$ 处的冲切临界截面的最小周长为

$$u_m = 2(c_1 + c_2) = 2 \times (2.25 + 2.25) = 9\text{m}$$

沿弯矩作用方向，冲切临界截面重心至冲切临界截面的最大剪应力点的距离为

$$c_{AB} = \frac{c_1}{2} = \frac{2.25}{2} = 1.13\text{m}$$

根据《地基》8.4.7 条的规定，冲切力取基本组合值，有

$$F_l = 1.35 \times [9000 - 135 \times (0.9 + 2 \times 1.35) \times (0.9 + 2 \times 1.35)] = 9788.04\text{kN}$$

根据《地基》式（8.4.7-1），冲切临界截面的最大剪应力为

$$\tau_{max} = \frac{F_l}{u_m h_0} + \frac{\alpha_s M_{unb} c_{AB}}{I_s} = \frac{9788.04}{9 \times 1.35} + \frac{0.4 \times 1.35 \times 150 \times 1.13}{11.17} = 805.6 + 8.19 = 813.79\text{kPa}$$

故（B）正确。

【例 3.4.3-11】

条件同上题。试问，柱 Z_1 下筏板的受冲切混凝土剪应力设计值 τ_c（kPa），最接近下列何项数值？

(A) 950　　(B) 1000　　(C) 1330　　(D) 1520

【答案】(A)

【解答】根据《地基》8.4.7条的规定，有

$\beta_s=1<2$，取 $\beta_s=2$

$$\beta_{hp}=1-\frac{1.4-0.8}{1.2}\times 0.1=0.95$$

根据《地基》式(8.4.7-2)，受冲切混凝土剪应力设计值为

$$\tau_c=0.7\times\left(0.4+\frac{1.2}{\beta_s}\right)\beta_{hp}f_t=0.7\times\left(0.4+\frac{1.2}{2}\right)\times 0.95\times 1430=951\text{kPa}$$

故(A)正确。

(2) 筒下筏板的受冲切承载力计算

《地基》规定

8.4.8 平板式筏基内筒下的板厚应满足受冲切承载力的要求，并应符合下列规定：

1 受冲切承载力应按下式进行计算：

$$F_l/u_m h_0\leqslant 0.7\beta_{hp}f_t/\eta \qquad (8.4.8)$$

式中 F_l——相应于作用的基本组合时，内筒所承受的轴力设计值减去内筒下筏板冲切破坏锥体内的基底净反力设计值(kN)；

u_m——距内筒外表面 $h_0/2$ 处冲切临界截面的周长(m)(图8.4.8)；

h_0——距内筒外表面 $h_0/2$ 筏板的截面有效高度(m)；

η——内筒冲切临界截面周长影响系数，取1.25。

2 当需要考虑内筒根部弯矩的影响时，距内筒外表面 $h_0/2$ 处冲切临界截面的最大剪应力可按式(8.4.7-1)计算，此时 $\tau_{max}\leqslant 0.7\beta_{hp}f_t/\eta$。

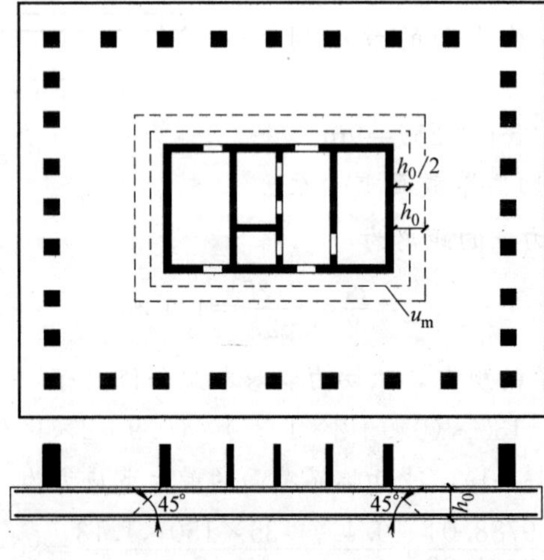

图8.4.8 筏板受内筒冲切的临界截面位置

【例3.4.3-12】~【例3.4.3-13】

某安全等级为二级的高层建筑采用混凝土框架-核心筒结构体系，框架柱截面尺寸均为900mm×900mm，筒体平面尺寸为11.2m×11.6m，如图3.4.3-16所示。基础采用平板式筏形基础，板厚1.4m，筏形基础的混凝土强度等级为C30($f_t=1.43\text{N/mm}^2$)。

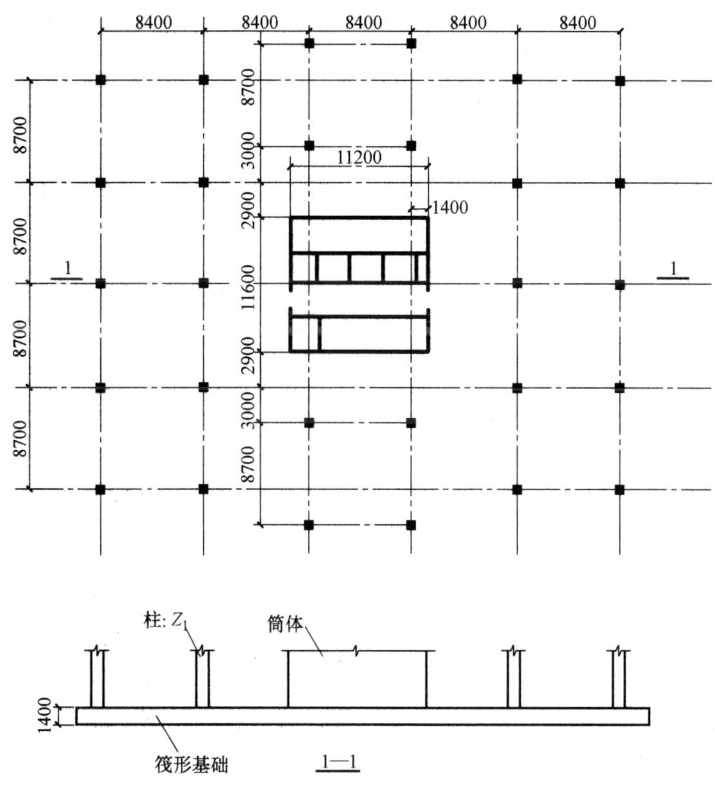

图 3.4.3-16

提示：计算时取 $h_0=1.35$m。

【例 3.4.3-12】

柱传至基础的荷载效应由永久荷载控制。相应于按荷载效应标准组合的内筒轴力为 40000kN，荷载标准组合的地基净反力为 135kPa（已扣除筏形基础自重）。试问，当对筒体下板厚进行受冲切承载力验算时，距内筒外表面 $h_0/2$ 处的冲切临界截面的最大剪应力 τ_{max}（kPa），最接近下列何项数值？

提示：不考虑内筒根部弯矩的影响。

(A) 191　　(B) 258　　(C) 580　　(D) 784

【答案】(B)

【解答】根据《地基》8.4.8 条的规定，有

$$u_m=(11.2+1.35)\times2+(11.6+1.35)\times2=51\text{m}$$

相应于基本组合时的冲切力为

$$F_l=1.35\times[40000-135\times(11.2+2\times1.35)\times(11.6+2\times1.35)]=17774.2\text{kN}$$

根据《地基》式（8.4.8），得

$$\tau_{max}=\frac{F_l}{u_m h_0}=\frac{17774.2}{51\times1.35}=258.2\text{kPa}$$

故（B）正确。

【例 3.4.3-13】

条件同上题。试问，当对筒体下板厚进行受冲切承载力验算时，内筒下筏板受冲切混

凝土的剪应力设计值 τ_c（kPa），最接近下列何项数值？

(A) 760　　(B) 800　　(C) 950　　(D) 1000

【答案】(A)

【解答】根据《地基》8.4.8 条的规定，有

$$\beta_{hp}=1-\frac{1.4-0.8}{1.2}\times 0.1=0.95,\ \eta=1.25$$

根据《地基》式（8.4.8），得

$$\tau_c=\frac{0.7\beta_{hp}f_t}{\eta}=\frac{0.7\times 0.95\times 1430}{1.25}=761\text{kPa}$$

故（A）正确。

【例 3.4.3-14】～【例 3.4.3-15】

抗震设防烈度为 6 度的某高层钢筋混凝土框架-核心筒结构，风荷载起控制作用，采用天然地基上的平板式筏板基础，基础平面如图 3.4.3-17 所示，核心筒的外轮廓平面尺寸为 9.4m×9.4m，基础板厚 2.6m（基础板有效高度按 2.5m 计）。

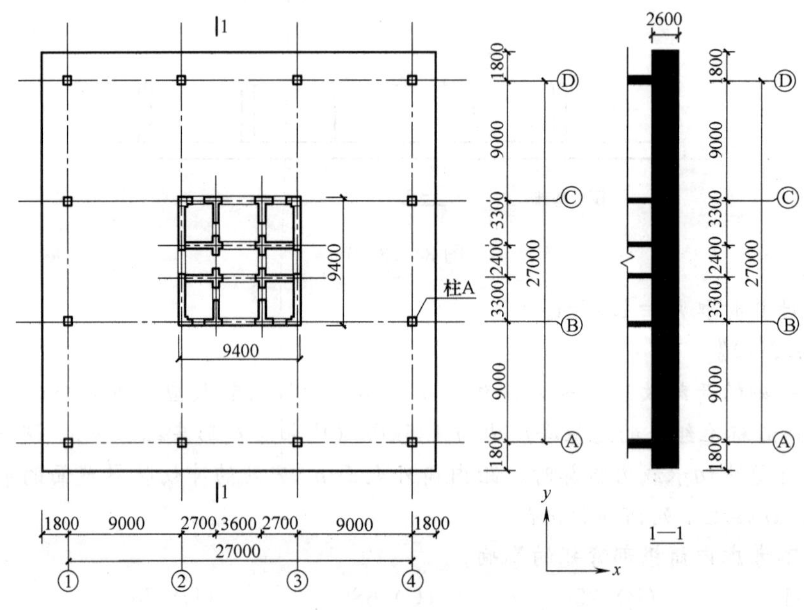

图 3.4.3-17

【例 3.4.3-14】

假定，荷载效应基本组合时，核心筒筏板冲切破坏锥体范围内基底的净反力平均值 $p_n=435.9\text{kN/m}^2$，筒体作用于筏板顶面的竖向力为 177500kN，使用在冲切临界面重心上的不平衡弯矩设计值为 151150kN·m。试问，距离内筒外表面 $h_0/2$ 处冲切临界截面的最大剪应力（N/mm^2）与下列何项数值最为接近？

提示：$u_m=47.6\text{m}$，$I_s=2839.59\text{m}^4$，$\alpha_s=0.40$。

(A) 0.74　　(B) 0.85　　(C) 0.95　　(D) 1.10

【答案】(B)

【解答】根据《地基》8.4.7 条及附录 P：

$c_1=c_2=9.4+h_0=11.9\text{m}$，$c_{AB}=c_1/2=5.95\text{m}$，$u_m=47.6\text{m}$，$I_s=2839.59\text{m}^4$，$\alpha_s=0.40$

$F_l=177500-(9.4+2h_0)^2p_n=87111.8\text{kN}$　　$M_{unb}=151150\text{kN}\cdot\text{m}$

由《地基》式（8.4.7-1）有：

$$\tau_{max}=\frac{F_l}{u_m h_0}+\frac{\alpha_s M_{unb}c_{AB}}{I_s}=\frac{87111800}{47.6\times10^3\times2500}+\frac{0.40\times151150\times10^6\times5.95\times10^3}{2839.59\times10^{12}}$$

$$=0.732+0.127=0.859\text{N/mm}^2$$

【例 3.4.3-15】

荷载效应基本组合下，地基土净反力平均值产生的距内筒外表面 $h_0/2$ 处冲切临界截面的最大剪应力 $\tau_{max}=0.90\text{N/mm}^2$。试问，满足抗冲切承载力要求的筏板最低混凝土强度等级为下列何项最为合理？

提示：各等级混凝土的强度指标如表 3.4.3-1 所示。

表 3.4.3-1

混凝土强度等级	C40	C45	C50	C60
f_t(N/mm^2)	1.71	1.80	1.89	2.04

(A) C40　　(B) C45　　(C) C50　　(D) C60

【答案】(B)

【解答】根据《地基》8.4.8 条，$\tau_{max}\leqslant\frac{0.7\beta_{hp}f_t}{\eta}$，$\eta=1.25$，$h>2000\text{mm}$

故根据《地基》8.2.8 条，$\beta_{hp}=0.9$

故要求：$f_t\geqslant\frac{0.9\times1.25}{0.7\times0.9}=1.79\text{N/mm}^2$

混凝土强度等级取 C45（$f_t=1.80\text{N/mm}^2$）

四、局部受压承载力计算

《混规》规定

6.6.1 配置间接钢筋的混凝土结构构件，其局部受压区的截面尺寸应符合下列要求：

$$F_l\leqslant1.35\beta_c\beta_l f_c A_{ln} \qquad (6.6.1\text{-}1)$$

$$\beta_l=\sqrt{\frac{A_b}{A_l}} \qquad (6.6.1\text{-}2)$$

式中 F_l——局部受压面上作用的局部荷载或局部压力设计值；

f_c——混凝土轴心抗压强度设计值；在后张法预应力混凝土构件的张拉阶段验算中，可根据相应阶段的混凝土立方体抗压强度 f'_{cu}值按本规范表 4.1.4-1的规定以线性内插法确定；

β_c——混凝土强度影响系数，按本规范第 6.3.1 条的规定取用；

β_l——混凝土局部受压时的强度提高系数；

A_l——混凝土局部受压面积；

A_{ln}——混凝土局部受压净面积；对后张法构件，应在混凝土局部受压面积中扣除孔道、凹槽部分的面积；

A_b——局部受压的计算底面积，按本规范第 6.6.2 条确定。

6.6.2 局部受压的计算底面积 A_b，可由局部受压面积与计算底面积按同心、对称的原则确定；常用情况，可按图 6.6.2 取用。

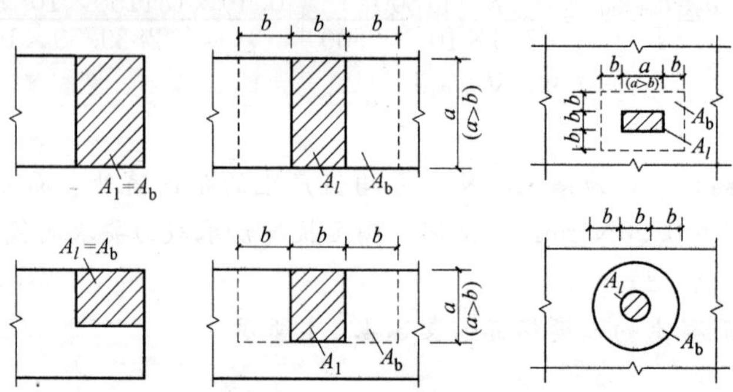

图 6.6.2 局部受压的计算底面积

A_l—混凝土局部受压面积；A_b—局部受压的计算底面积

6.6.3 配置方格网式或螺旋式间接钢筋（图 6.6.3）的局部受压承载力应符合下列规定：

$$F_l \leqslant 0.9(\beta_c \beta_l f_c + 2\alpha\rho_v \beta_{cor} f_{yv}) A_{ln} \tag{6.6.3-1}$$

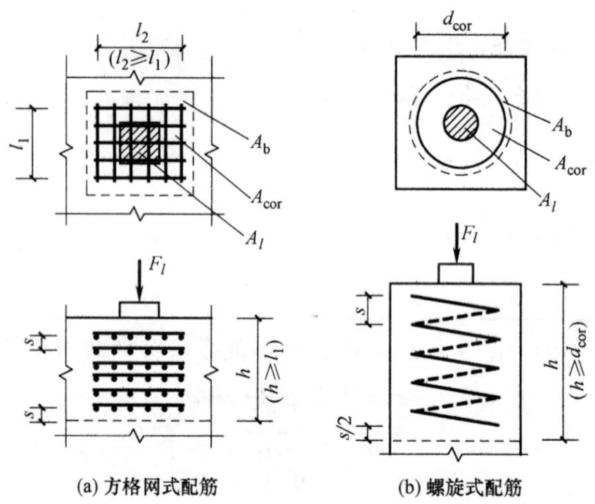

图 6.6.3 局部受压区的间接钢筋

A_l—混凝土局部受压面积；A_b—局部受压的计算底面积

A_{cor}—方格网式或螺旋式间接钢筋内表面范围内的混凝土核心面积

当为方格网式配筋时（图 6.6.3a），钢筋网两个方向上单位长度内钢筋截面面积的比值不宜大于 1.5，其体积配筋率 ρ_v 应按下列公式计算：

$$\rho_v = \frac{n_1 A_{s1} l_1 + n_2 A_{s2} l_2}{A_{cor} s} \tag{6.6.3-2}$$

当为螺旋式配筋时（图 6.6.3b），其体积配筋率 ρ_v 应按下列公式计算：

$$\rho_v=\frac{4A_{ss1}}{d_{cor}s} \quad (6.6.3\text{-}3)$$

式中 β_{cor}——配置间接钢筋的局部受压承载力提高系数，可按本规范公式（6.6.1-2）计算，但公式中 A_b 应代之以 A_{cor}，且当 A_{cor} 大于 A_b 时，A_{cor} 取 A_b；当 A_{cor} 不大于混凝土局部受压面积 A_l 的 1.25 倍时，β_{cor} 取 1.0；

α——间接钢筋对混凝土约束的折减系数，按本规范第 6.2.16 条的规定取用；

f_{yv}——间接钢筋的抗拉强度设计值，按本规范第 4.2.3 条的规定采用；

A_{cor}——方格网式或螺旋式间接钢筋内表面范围内的混凝土核心截面面积，应大于混凝土局部受压面积 A_l，其重心应与 A_l 的重心重合，计算中按同心、对称的原则取值；

ρ_v——间接钢筋的体积配筋率；

n_1、A_{s1}——分别为方格网沿 l_1 方向的钢筋根数、单根钢筋的截面面积；

n_2、A_{s2}——分别为方格网沿 l_2 方向的钢筋根数、单根钢筋的截面面积；

A_{ss1}——单根螺旋式间接钢筋的截面面积；

d_{cor}——螺旋式间接钢筋内表面范围内的混凝土截面直径；

s——方格网式或螺旋式间接钢筋的间距，宜取 30mm～80mm。

间接钢筋应配置在图 6.6.3 所规定的高度 h 范围内，方格网式钢筋，不应少于 4 片；螺旋式钢筋，不应少于 4 圈。柱接头，h 尚不应小于 $15d$，d 为柱的纵向钢筋直径。

【例 3.4.4-1】方格网配筋的局部承压承载力计算

条件：已知构件局部受压面积为 250mm×200mm，焊接钢筋网片为 500mm×400mm，钢筋直径为 ϕ6，两方向的钢筋分别为 10 根和 8 根（f_y=270N/mm^2），网片间距 s=50mm，混凝土强度等级为 C25（f_c=11.9N/mm^2），承受轴向压力设计值 F_l=2200kN。

要求：验算局部受压承载力。

【解答】（1）确定受压面积

混凝土局部受压面积 $A_l=A_{ln}=250\times200=50000\text{mm}^2$

方格网式钢筋范围内的混凝土核心面积 $A_{cor}=(500-6)\times(400-6)=194636\text{mm}^2$

根据《混规》图 6.6.2 的规定，局部受压的计算底面积 $A_b=3b\times(2b+a)$

$$A_b=(3\times200)\times(2\times200+250)=600\times650=390000\text{mm}^2$$

（2）求 β_c、α、β_l、β_{cor}

因混凝土强度等级小于 C50，根据《混规》第 6.3.1 条的规定，取混凝土强度影响系数 β_c=1.0。根据《混规》第 6.2.16 条的规定，取间接钢筋对混凝土约束的折减系数 α=1.0。

应用《混规》式（6.6.1-2）$\beta_l=\sqrt{A_b/A_l}$ 可得

$$\beta_l=\sqrt{\frac{A_b}{A_l}}=\sqrt{\frac{390000}{50000}}=2.79$$

根据《混规》6.6.3 条的规定 $\beta_{cor}=\sqrt{A_{cor}/A_l}$ 可得

$$\beta_{cor}=\sqrt{\frac{A_{cor}}{A_l}}=\sqrt{\frac{194636}{50000}}=1.97$$

(3) 计算间接钢筋体积配筋率 ρ_v

应用《混规》式(6.6.3-2)$\rho_v=\frac{n_1A_{s1}\cdot l_1+n_2A_{s2}\cdot l_2}{A_{cor}s}$可得

$$\rho_v=\frac{n_1A_{s1}\cdot l_1+n_2A_{s2}\cdot l_2}{A_{cor}s}=\frac{10\times28.3\times400+8\times28.3\times500}{194636\times50}=0.0233$$

(4) 验算截面限制条件

应用《混规》式(6.6.1-1)$F_l\leqslant1.35\beta_c\beta_lf_cA_{ln}$可得

$$1.35\beta_c\beta_lf_cA_{ln}=1.35\times1.0\times2.79\times11.9\times50000=2241000\text{N}$$
$$=2241\text{kN}>F_l=2200\text{kN}\quad 满足要求$$

(5) 验算局部受压承载力

应用式《混规》式(6.6.3-1)$F_l\leqslant0.9(\beta_c\beta_lf_c+2\alpha\rho_v\beta_{cor}f_y)A_{ln}$可得

$$0.9(\beta_c\beta_lf_c+2\alpha\rho_vB_{cor}f_y)A_{ln}=0.9\times(1.0\times2.79\times11.9+2\times1.0\times0.0233\times1.97\times270)\times50000$$
$$=2609439\text{N}=2609\text{kN}>F_l=2200\text{kN}\quad 满足要求。$$

【例 3.4.4-2】 螺旋式配筋的局部承压承载力计算

条件:已知构件的局部受压直径为 300mm,间接钢筋用Φ6 的 HRB335 级钢筋,螺旋式配筋以内的混凝土直径为 $d_{cor}=450$mm,间距 $s=50$mm,混凝土强度等级为 C25($f_c=11.9\text{N/mm}^2$),承受轴向力设计值 $F_l=2500$kN。

要求:试验算局部受压承载力。

【解答】(1) 确定受压面积

混凝土局部受压面积 $A_l=\frac{\pi d^2}{4}=\frac{3.14\times300^2}{4}=70650\text{mm}^2$

螺旋式间接钢筋内表面范围内的混凝土核心面积

$$A_{cor}=\frac{\pi d_{cor}^2}{4}=\frac{3.14\times450^2}{4}=158962.5\text{mm}^2$$

根据《混规》图 6.6.2 的规定,局部受压的计算底面积

$$A_b=\frac{\pi(3d)^2}{4}=\frac{3.14\times900^2}{4}=635850\text{mm}^2$$

(2) 求 β_c、α、β_l、β_{cor}

因混凝土的强度等级小于 C50,根据《混规》第 6.3.1 条的规定,取混凝土强度影响系数 $\beta_c=1.0$,根据《混规》第 6.2.16 条的规定,取间接钢筋对混凝土约束的折减系数 $\alpha=1.0$。

应用《混规》式(6.6.1-2)得 $\beta_l=\sqrt{A_b/A_l}$

$$\beta_l=\sqrt{\frac{A_b}{A_l}}=\sqrt{\frac{635850}{70650}}=3$$

根据《混规》6.6.3 条的规定 $\beta_{cor}=\sqrt{A_{cor}/A_l}$可得

$$\beta_{cor}=\sqrt{\frac{A_{cor}}{A_l}}=\sqrt{\frac{158962.5}{70650}}=1.5$$

(3) 计算间接钢筋体积配筋率 ρ_v

单根钢筋的截面面积　$A_{ss1}=28.3\text{mm}^2$

应用《混规》式（6.6.3-3）$\rho_v=\dfrac{4A_{ss1}}{d_{cor}\cdot s}$可得

$$\rho_v=\frac{4A_{ss1}}{d_{cor}\cdot s}=\frac{4\times28.3}{450\times50}=0.00503$$

（4）验算截面限制条件

应用《混规》式（6.6.1-1）$F_e\leqslant1.35\beta_c\beta_l f_c A_{ln}$

$1.35\beta_c\beta_l f_c A_{ln}=1.35\times1.0\times3\times11.9\times70650=3404976.75\approx3405\text{kN}>F_l=2500\text{kN}$

满足要求。

（5）验算局部受压承载力

查《混规》表 4.2.3-1 得　$f_y=300\text{N/mm}^2$

应用《混规》式（6.6.3-1）$F_e\leqslant0.9(\beta_c\beta_l f_c+2\alpha\rho_v\beta_{cor}f_v)A_{ln}$

$0.9(\beta_c\beta_l f_c+2\alpha\rho_v\beta_{cor}f_y)A_{ln}=0.9\times(1.0\times3\times11.9+2\times1.0\times0.00503\times1.5\times300)\times70650$

$=2557833.8\text{N}\approx2558\text{kN}>F_l=2500\text{kN}$，满足要求。

3.5　构件的裂缝和挠度的验算

一、基本设计规定

1. 正常使用极限状态设计的内容

《混规》规定

> **3.4.1**　混凝土结构构件应根据其使用功能及外观要求，按下列规定进行正常使用极限状态验算：
>
> 1　对需要控制变形的构件，应进行变形验算；
>
> 2　对不允许出现裂缝的构件，应进行混凝土拉应力验算；
>
> 3　对允许出现裂缝的构件，应进行受力裂缝宽度验算；
>
> 4　对舒适度有要求的楼盖结构，应进行竖向自振频率验算。

正常使用极限状态设计内容

（1）变形验算，即：$f_{max}\leqslant f_{lim}$

f_{lim}——对于受弯构件，则为受弯构件的挠度限值。

（2）抗裂度验算

一级——严格要求不出现裂缝的构件 $\sigma_{ck}-\sigma_{pc}\leqslant0$；

二级——一般要求不出现裂缝的构件 $\sigma_{ck}-\sigma_{pc}\leqslant f_{tk}$。

（3）裂缝宽度验算，即：$w_{max}\leqslant w_{lim}$

2. 正常使用极限状态的设计表达式

《混规》规定

> **3.4.2** 对于正常使用极限状态，钢筋混凝土构件、预应力混凝土构件应分别按荷载的准永久组合并考虑长期作用的影响或标准组合并考虑长期作用的影响，采用下列极限状态设计表达式进行验算：
>
> $$S \leqslant C \quad (3.4.2)$$
>
> 式中 S——正常使用极限状态荷载组合的效应设计值；
>
> C——结构构件达到正常使用要求所规定的变形、应力、裂缝宽度和自振频率等的限值。

【例 3.5.1-1】

求标准组合弯矩值 M_k 和准永久组合弯矩值 M_q。

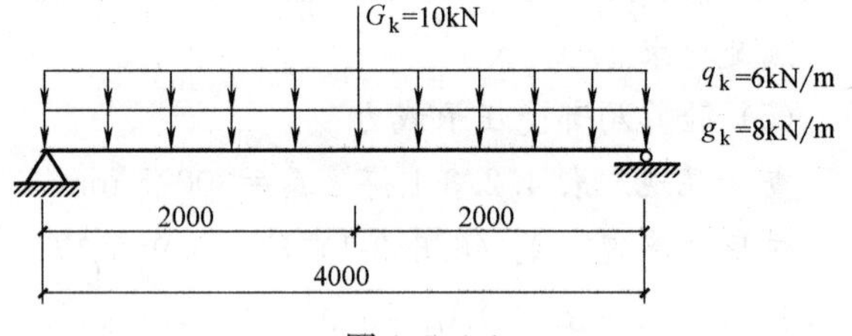

图 3.5.1-1

条件：如图 3.5.1-1 所示，某简支梁的计算跨度 $l_0=4$m，承受永久均布荷载标准值 $g_k=8$kN/m，集中永久荷载（作用于跨中）标准值 $G_k=10$kN，可变均布荷载标准值 $q_k=6$kN/m，准永久值系数 $\psi_q=0.4$。

要求：按正常使用极限状态下荷载效应的标准组合弯矩值 M_k 和荷载效应的准永久组合弯矩值 M_q。

【解答】（1）计算在正常使用极限状态下荷载效应的标准组合弯矩值 M_k：

$$M_k=\frac{l_0^2}{8}g_k+\frac{l_0}{4}G_k+\frac{l_0^2}{8}q_k=\frac{4^2}{8}\times8+\frac{4}{4}\times10+\frac{4^2}{8}\times6=38\text{kN}\cdot\text{m}$$

（2）计算在正常使用极限状态下荷载效应的准永久组合弯矩值 M_q：

$$M_q=\frac{l_0^2}{8}g_k+\frac{l_0}{4}G_k+\psi_q\frac{l_0^2}{8}q_k=\frac{4^2}{8}\times8+\frac{4}{4}\times10+0.4\times\frac{4^2}{8}\times6=30.8\text{kN}\cdot\text{m}$$

3. 受弯构件的挠度限值

《混规》规定

> **3.4.3** 钢筋混凝土受弯构件的最大挠度应按荷载的准永久组合，预应力混凝土受弯构件的最大挠度应按荷载的标准组合，并均应考虑荷载长期作用的影响进行计算，其计算值不应超过表 3.4.3 规定的挠度限值。

受弯构件的挠度限值 **表 3.4.3**

构件类型		挠度限值
吊车梁	手动吊车	$l_0/500$
	电动吊车	$l_0/600$
屋盖、楼盖及楼梯构件	当 $l_0<7$m 时	$l_0/200(l_0/250)$
	当 $7\text{m}\leqslant l_0\leqslant9$m 时	$l_0/250(l_0/300)$
	当 $l_0>9$m 时	$l_0/300(l_0/400)$

注：1 表中 l_0 为构件的计算跨度；计算悬臂构件的挠度限值时，其计算跨度 l_0 按实际悬臂长度的 2 倍取用；
2 表中括号内的数值适用于使用上对挠度有较高要求的构件；
3 如果构件制作时预先起拱，且使用上也允许，则在验算挠度时，可将计算所得的挠度值减去起拱值；对预应力混凝土构件，尚可减去预加力所产生的反拱值；
4 构件制作时的起拱值和预加力所产生的反拱值，不宜超过构件在相应荷载组合作用下的计算挠度值。

【例 3.5.1-2】

单跨楼盖梁的挠度限值

条件：有一带悬挑端的单跨楼盖梁如图 3.5.1-2 所示，使用上对挠度有较高要求，设计中考虑 8m 跨梁施工时按 $l_0/500$ 预先起拱。

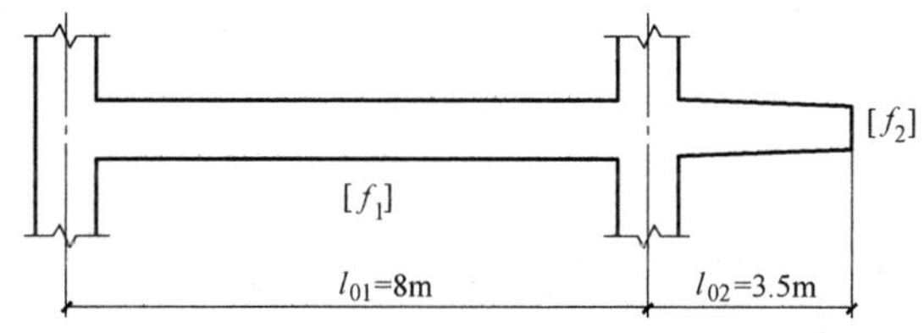

图 3.5.1-2　带悬臂的单跨梁

要求：挠度验算时 f_1、f_2 分别为何值可满足规范限值。

【解答】 根据《混规》表 3.4.3 及注 1、注 2、注 3、注 4。

(1) 由于该楼盖使用上对挠度有较高要求，故：

$$[f_1]=\frac{l_{01}}{300}=\frac{8000}{300}=26.7\text{mm}$$

(2) 由于施工时预先起拱，则在验算挠度时，可将计算所得的挠度值减去起拱值，即

$$f_1=26.7+\frac{8000}{500}=42.7\text{mm}$$

(3) 计算悬臂构件的挠度限值时，其计算跨度按实际悬臂长度的 2 倍取用，故

$$f_2=\frac{2l_{02}}{300}=\frac{2\times3500}{300}=23.3\text{mm}$$

4. 裂缝控制

《混规》规定

> **3.4.4**　结构构件正截面的受力裂缝控制等级分为三级，等级划分及要求应符合下列规定：
>
> 一级——严格要求不出现裂缝的构件，按荷载标准组合计算时，构件受拉边缘混凝土不应产生拉应力。
>
> 二级——一般要求不出现裂缝的构件，按荷载标准组合计算时，构件受拉边缘混凝土拉应力不应大于混凝土抗拉强度的标准值。
>
> 三级——允许出现裂缝的构件：对钢筋混凝土构件，按荷载准永久组合并考虑长期作用影响计算时，构件的最大裂缝宽度不应超过本规范表 3.4.5 规定的最大裂缝宽度限值。对预应力混凝土构件，按荷载标准组合并考虑长期作用的影响计算时，构件的最大裂缝宽度不应超过本规范第 3.4.5 条规定的最大裂缝宽度限值；对二 a 类环境的预应力混凝土构件，尚应按荷载准永久组合计算，且构件受拉边缘混凝土的拉应力不应大于混凝土的抗拉强度标准值。
>
> **3.4.5**　结构构件应根据结构类型和本规范第 3.5.2 条规定的环境类别，按表 3.4.5 的规定选用不同的裂缝控制等级及最大裂缝宽度限值 $w_{\lim}$。

结构构件的裂缝控制等级及最大裂缝宽度的限值（单位：mm）　　表 3.4.5

<table>
<tr><th rowspan="2">环境类别</th><th colspan="2">钢筋混凝土结构</th><th colspan="2">预应力混凝土结构</th></tr>
<tr><th>裂缝控制等级</th><th>w_{lim}</th><th>裂缝控制等级</th><th>w_{lim}</th></tr>
<tr><td>一</td><td rowspan="4">三级</td><td>0.30(0.40)</td><td rowspan="2">三级</td><td>0.20</td></tr>
<tr><td>二 a</td><td rowspan="3">0.20</td><td>0.10</td></tr>
<tr><td>二 b</td><td>二级</td><td>—</td></tr>
<tr><td>三 a、三 b</td><td>一级</td><td>—</td></tr>
</table>

注：1　对处于年平均相对湿度小于60%地区一类环境下的受弯构件，其最大裂缝宽度限值可采用括号内的数值；
2　在一类环境下，对钢筋混凝土屋架、托架及需作疲劳验算的吊车梁，其最大裂缝宽度限值应取为0.20mm；对钢筋混凝土屋面梁和托梁，其最大裂缝宽度限值应取为0.30mm；
3　表中的最大裂缝宽度限值为用于验算荷载作用引起的最大裂缝宽度。

【例 3.5.1-3】

钢筋混凝土楼盖梁如出现裂缝，应按下述哪一项处理更为合理？

（A）不允许的

（B）允许，但应满足构件变形的要求

（C）允许，但应满足裂缝宽度的要求

（D）允许，但应满足裂缝开展深度的要求

【答案】（C）

【解答】根据《混规》第3.4.4条规定，对钢筋混凝土结构构件应根据使用要求选用不同的裂缝控制等级，规范将裂缝控制等级分为三类：一级为严格要求不出现裂缝的构件；二级为一般要求不出现裂缝的构件；三级为允许出现裂缝的构件。因此，并非所有钢筋混凝土结构构件均不允许出现裂缝，而是要根据《混规》的要求作具体分析。本题的钢筋混凝土楼盖梁按《混规》第3.4.5条表3.4.5规定，裂缝控制等级属三级，最大裂缝允许宽度为0.3（0.4）mm。因此，钢筋混凝土楼盖梁出现裂缝是允许的，只是要满足《混规》规定的最大裂缝宽度的要求。

【例 3.5.1-4】室外受雨淋的钢筋混凝土构件如出现裂缝时，下列规定何项是正确的？

（A）不允许

（B）允许，但应满足构件变形的要求

（C）允许，但应满足裂缝开展宽度的要求

（D）允许，但应满足裂缝开展深度的要求

【答案】（C）

【解答】根据《混规》第3.5.2条表3.5.2属于二类环境，又按第3.4.5条表3.4.5规定，裂缝控制等级属三级，最大裂缝宽度允许值为0.2mm。

【例 3.5.1-5】最大裂缝宽度允许值

一类环境下，预制构件应进行结构性能检验。试问，对于需作疲劳验算的某吊车梁预制构件，在进行构件的裂缝宽度检验时，其最大裂缝宽度允许值［w_{max}］（mm）应取下列何项数值？

（A）0.15　　（B）0.20　　（C）0.25　　（D）0.30

【答案】（A）

【解答】(1) 根据《混规》表 3.4.5 条注 2：在一类环境下，对钢筋混凝土屋架、托架及需作疲劳验算的吊车梁，其最大裂缝宽度限值应取为 0.20mm；

(2) 根据《混凝土结构工程施工质量验收规范》GB 50204—2015 表 9.3.5 规定“检验构件裂缝宽度限值取 0.15mm”。

二、裂缝宽度验算

《混规》规定

7.1.1 钢筋混凝土和预应力混凝土构件，应按下列规定进行正截面裂缝宽度验算：

3 三级裂缝控制等级时，钢筋混凝土构件的最大裂缝宽度可按荷载准永久组合并考虑长期作用影响的效应计算，预应力混凝土构件的最大裂缝宽度可按荷载标准组合并考虑长期作用影响的效应计算。最大裂缝宽度应符合下列规定：

$$w_{max} \leqslant w_{lim} \tag{7.1.1-3}$$

式中 w_{max}——按荷载的标准组合或准永久组合并考虑长期作用影响计算的最大裂缝宽度，按本规范第 7.1.2 条计算；

w_{lim}——最大裂缝宽度限值，按本规范第 3.4.5 条采用。

1. 最大裂缝宽度的计算公式

《混规》规定

7.1.2 在矩形、T 形、倒 T 形和 I 形截面的钢筋混凝土受拉、受弯和偏心受压构件及预应力混凝土轴心受拉和受弯构件中，按荷载标准组合或准永久组合并考虑长期作用影响的最大裂缝宽度可按下列公式计算：

$$w_{max} = \alpha_{cr} \psi \frac{\sigma_s}{E_s} \left(1.9c_s + 0.08\frac{d_{eq}}{\rho_{te}}\right) \tag{7.1.2-1}$$

$$\psi = 1.1 - 0.65\frac{f_{tk}}{\rho_{te}\sigma_s} \tag{7.1.2-2}$$

$$d_{eq} = \frac{\sum n_i d_i^2}{\sum n_i v_i d_i} \tag{7.1.2-3}$$

$$\rho_{te} = \frac{A_s + A_p}{A_{te}} \tag{7.1.2-4}$$

式中 α_{cr}——构件受力特征系数，按表 7.1.2-1 采用；

ψ——裂缝间纵向受拉钢筋应变不均匀系数；

σ_s——按荷载准永久组合计算的钢筋混凝土构件纵向受拉普通钢筋应力或按标准组合计算的预应力混凝土构件纵向受拉钢筋等效应力；

E_s——钢筋的弹性模量，按本规范表 4.2.5 采用；

c_s——最外层纵向受拉钢筋外边缘至受拉区底边的距离（mm），当 $c_s<20$ 时，取 $c_s=20$；当 $c_s>65$ 时，取 $c_s=65$；

ρ_{te}——按有效受拉混凝土截面面积计算的纵向受拉钢筋配筋率；

d_{eq}——受拉区纵向钢筋的等效直径（mm）。

构件受力特征系数　　表 7.1.2-1

类型	α_{cr}	
	钢筋混凝土构件	预应力混凝土构件
受弯、偏心受压	1.9	1.5
偏心受拉	2.4	—
轴心受拉	2.7	2.2

2. 计算参数的确定

（1）纵向钢筋应力

《混规》规定

7.1.4　在荷载准永久组合或标准组合下，钢筋混凝土构件受拉区纵向普通钢筋的应力或预应力混凝土构件受拉区纵向钢筋的等效应力也可按下列公式计算：

1. 钢筋混凝土构件受拉区纵向普通钢筋的应力

1）轴心受拉构件

$$\sigma_{sq}=\frac{N_q}{A_s} \tag{7.1.4-1}$$

2）偏心受拉构件

$$\sigma_{eq}=\frac{N_q e'}{A_s(h_0-a_s')} \tag{7.1.4-2}$$

3）受弯构件

$$\sigma_{sq}=\frac{M_q}{0.87h_0A_s} \tag{7.1.4-3}$$

式中　A_s——受拉区纵向普通钢筋截面面积：对轴心受拉构件，取全部纵向普通钢筋截面面积；对偏心受拉构件，取受拉较大边的纵向普通钢筋截面面积；对受弯、偏心受压构件，取受拉区纵向普通钢筋截面面积；

N_q、M_q——按荷载准永久组合计算的轴向力值、弯矩值；

e'——轴向拉力作用点至受压区或受拉较小边纵向普通钢筋合力点的距离。

【例 3.5.2-1】 轴心受拉构件的纵筋应力

条件：一轴心受拉构件，截面尺寸如图 3.5.2-1 所示。按荷载准永久组合计算的轴心拉力值 $N_q=135$kN，混凝土强度等级 C25，根据承载力计算，钢筋取用 HRB400 级，配 4Φ18（$A_s=1016\text{mm}^2$）。

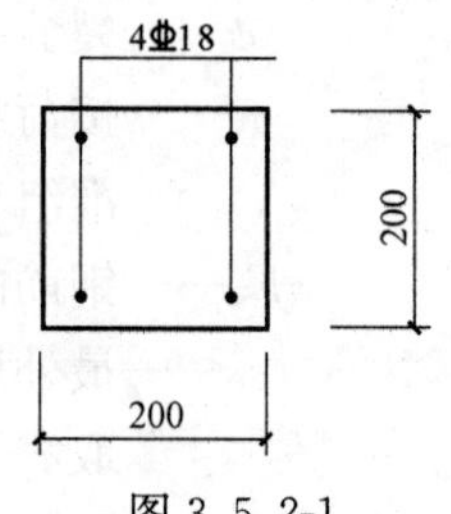

图 3.5.2-1

要求：计算纵筋应力。

【解答】 根据《混规》式（7.1.4-1）：

$$\sigma_{sq}=\frac{N_q}{A_s}=\frac{135\times10^3}{1016}=132.87\text{N/mm}^2$$

【例 3.5.2-2】 T 形截面简支梁的纵筋应力

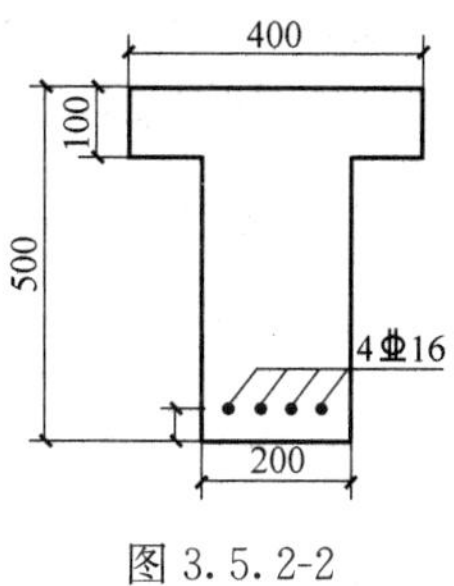

图 3.5.2-2

条件：某T形截面简支梁，采用C25混凝土，HRB400级钢筋，截面构造如图3.5.2-2所示，荷载效应的准永久组合值M_q=80kN·m。环境类别为二a。箍筋⌀6。

要求：计算纵筋应力。

【解答】 环境类别二a，混凝土强度等级为C25，根据《混规》表8.2.1查得保护层厚度$c=25+5=30$mm，$a_s=c+\phi+d/2=30+6+16/2=44$mm，$h_0=h-a_s=500-44=456$mm，$A_s=804\text{mm}^2$。

根据《混规》式（7.1.4-3）

$$\sigma_{sq}=\frac{M_q}{0.87h_0A_s}=\frac{80\times10^6}{0.87\times456\times804}\approx250\text{N/mm}^2$$

【例 3.5.2-3】 偏心受拉构件的纵筋应力

条件：15m跨空腹屋架下弦的截面尺寸为$b\times h=220\text{mm}\times200\text{mm}$，混凝土强度等级为C30，对称配置HRB400级钢筋8⌀20，混凝土保护层厚度$c=30$mm，按荷载效应的标准组合计算的轴向拉力$N_q=260$kN和弯矩$M_q=6.24$kN·m。箍筋采用⌀6。

要求：计算纵筋应力。

【解答】 $A_s=1256\text{mm}^2$

$$a_s=a_s'=c+\phi+d/2=30+6+20/2=46\text{mm}$$
$$h_0=h_0-a_s=200-46=154\text{mm}$$
$$e_0=M_q/N_q=6240000/260000=24\text{mm}$$
$$e'=e_0+h/2-a_s'=24+200/2-46=78\text{mm}$$

根据《混规》式（7.1.4-2）：

$$\sigma_{sq}=\frac{N_qe'}{A_s(h_0-a_s')}=\frac{260000\times78}{1256\times(154-46)}=149.5\text{N/mm}^2$$

（2）按有效受拉混凝土截面面积计算的纵向受拉钢筋配筋率

《混规》第7.1.2条规定

$$\rho_{te}=\frac{A_s}{A_{te}} \tag{7.1.2-4}$$

式中 ρ_{te}——按有效受拉混凝土截面面积计算的纵向受拉钢筋配筋率；在最大裂缝宽度计算中，当$\rho_{te}<0.01$时，取$\rho_{te}=0.01$；

A_{te}——有效受拉混凝土截面面积：对轴心受拉构件，取构件截面面积；对受弯、偏心受压和偏心受拉构件，取$A_{te}=0.5bh+(b_f-b)h_f$，此处，b_f、h_f为受拉翼缘的宽度、高度；

A_s——受拉区纵向普通钢筋截面面积。

【例 3.5.2-4】 工字形截面的A_{te}

按有效受拉混凝土面积计算的$\rho_{te}=A_s/A_{te}$，对工字形截面构件，b为腹板宽，h为截面

高 b_f、h_f 为受拉翼缘宽、高；b_f'、h_f'为受压翼缘宽、高。则下述 A_{te}的取值何项是错误的？

（A）轴心受拉：$A_{te}=bh+(b_f-b)h_f$；受弯、偏心受压，偏心受拉：$A_{te}=bh+(b_f-b)h_f$

（B）轴心受拉：$A_{te}=bh+(b_f-b)h_f+(b_f'-b)h_f'$；受弯、偏心受压、偏心受拉：$A_{te}=\dfrac{bh}{2}+(b_f-b)h_f$

（C）轴心受拉：$A_{te}=\dfrac{bh}{2}+2(b_f-b)h_f$；受弯、偏心受压、偏心受拉：$A_{te}=\dfrac{bh}{2}+2\ (b_f'-b)h_f'$

（D）轴心受拉：$A_{te}=\dfrac{bh}{2}+2(b_f'-b)h_f'$；受弯、偏心受压、偏心受拉：$A_{te}=\dfrac{bh}{2}+\ (b_f'-b)h_f'$

【答案】（A）、（C）、（D）

【解答】根据《混规》第 7.1.2 条，对轴心受拉构件，A_{te}应取构件截面面积；对受弯、偏心受压和偏心受拉构件，应取 $A_{te}=\dfrac{bh}{2}+(b_f-b)h_f$。

【例 3.5.2-5】倒 T 形截面简支梁的 ρ_{te}

条件：已知预制倒 T 形截面简支梁，$b_f=600$mm，$b=250$mm，$h_f=80$mm，$h=500$mm。采用 C30 等级混凝土，配筋如图 3.5.2-3 所示，钢筋强度等级为 HRB400（$A_s=1008.1\text{mm}^2$），环境类别为一类，安全等级为二级。

要求：按有效受拉混凝土截面面积计算的纵向受拉钢筋配筋率。（提示：钢筋均布分布在受拉翼缘内）

【解答】

根据《混规》式（7.1.2-4）：

$$\rho_{te}=\frac{A_s}{A_{te}}=\frac{A_s}{0.5bh+(b_f-b)h_f}$$

$$=\frac{1008.1}{0.5\times250\times500+(600-250)\times80}$$

$$=0.0111>0.01$$

图 3.5.2-3

【例 3.5.2-6】I 形截面简支梁的 ρ_{te}

条件：某一非对称钢筋混凝土 I 形梁截面尺寸如图 3.5.2-4 所示，混凝土强度等级为 C25，宽度 $b=300$mm，高度 $h=500$mm，受拉区翼缘宽度 $b_f=800$mm，受拉区翼缘高度 $h_f=80$mm，受压区翼缘宽度 $b_f'=600$mm。受压区翼缘高度 $h_f'=80$mm。梁下部配有均匀分布在受拉翼缘内的钢筋（$A_s=1256$mm）。

要求：按有效受拉混凝土截面面积计算的纵向受拉钢筋配筋率。

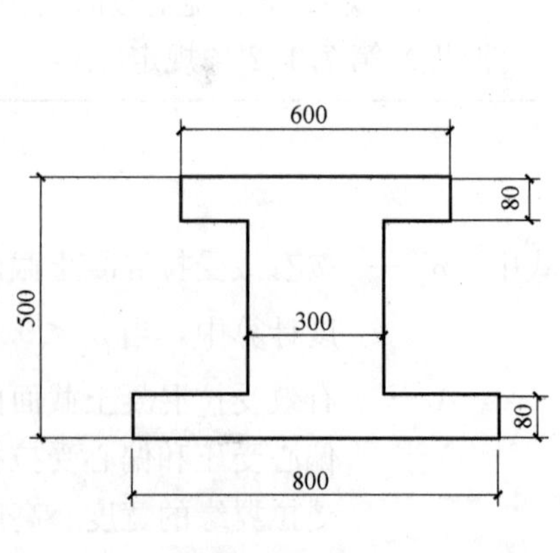

图 3.5.2-4

【解答】$A_s=1256\text{mm}^2$

根据《混规》式（7.1.2-4），对 I 形截面（不对称）的受弯构件：

$$A_{te}=0.5bh+(b_f-b)h_f=0.5\times300\times500+(800-300)\times80=115000mm^2$$

按有效受拉混凝土截面面积计算的纵内受拉钢筋配筋率 ρ_{te}：

$$\rho_{te}=\frac{1256}{115000}=0.01092$$

(3) 受拉区纵向钢筋的等效直径

《混规》第 7.1.2 条规定

$$d_{ep}=\frac{\sum n_i d_i^2}{\sum n_i \nu_i d_i} \quad (7.1.2\text{-}3)$$

式中 d_{ep}——受拉区纵向钢筋的等效直径（mm）；

d_i——受拉区第 i 种纵向钢筋的公称直径；

n_i——受拉区第 i 种纵向钢筋的根数；

ν_i——受拉区第 i 种纵向钢筋的相对粘结特性系数，按表 7.1.2-2 采用。

钢筋的相对粘结特性系数 **表 7.1.2-2**

钢筋类型	钢筋		先张法预应力筋			后张法预应力筋		
	光圆钢筋	带肋钢筋	带肋钢筋	螺旋肋钢筋	钢绞线	带肋钢筋	钢绞线	光面钢丝
ν_i	0.7	1.0	1.0	0.8	0.6	0.8	0.5	0.4

注：对环氧树脂涂层带肋钢筋，其相对粘结特性系数应按表中系数的 80%取用。

【例 3.5.2-7】 受拉区纵向钢筋的等效直径

某钢筋混凝土梁的纵向受拉钢筋为 HRB400 级 2Φ25＋3Φ20。进行裂缝宽度验算时，钢筋等效直径 d_{eq}（mm）应取何项数值？

(A) 20　　(B) 22　　(C) 22.3　　(D) 25

【答案】 (C)

【解答】 查《混规》表 7.1.2-2，非预应力带肋钢筋 $\nu_i=1.0$，由式（7.1.2-3）：

$$d_{eq}=\frac{\sum n_i d_i^2}{\sum n_i \nu_i d_i}=\frac{2\times25^2+3\times20^2}{1.0\times(2\times25+3\times20)}\approx22.3mm$$

(4) 裂缝间纵向受拉钢筋应变不均匀系数

《混规》第 7.1.2 条规定

$$\psi=1.1-0.65\frac{f_{tk}}{\rho_{te}\sigma_s} \quad (7.1.2\text{-}2)$$

式中 ψ——裂缝间纵向受拉钢筋应变不均匀系数：当 $\psi<0.2$ 时，取 $\psi=0.2$；当 $\psi>1.0$ 时，取 $\psi=1.0$；对直接承受重复荷载的构件，取 $\psi=1.0$。

【例 3.5.2-8】 裂缝间纵向受拉钢筋应变不均匀系数 ψ

条件：某屋架下弦按轴心受拉构件设计，保护层厚度 $c=25$mm 配置 4Φ16、HRB400 级钢筋，混凝土强度等级 C40。截面尺寸为 300mm×300mm，按荷载效应标准组合计算的轴向力 $N_q=192.96$kN。

要求：裂缝间纵向受拉钢筋应变不均匀系数 ψ。

【解答】 $f_{tk}=2.39N/mm^2$，$A_s=4\times201=804mm^2$

根据《混规》第 7.1.2 条，对轴心受拉构件，有效受拉混凝土截面面积 A_{te} 取构件截面面积，故 $A_{te}=300\times300=90000\text{mm}^2$

根据《混规》式（7.1.2-4）得有效受拉混凝土截面面积计算的纵向受拉钢筋配筋率：

$$\rho_{pe}=\frac{A_s}{A_{te}}=\frac{804}{90000}=0.0089<0.01\text{，取 }\rho_{te}=0.01$$

由《混规》式（7.1.4-3）得纵筋应力：

$$\sigma_{sq}=\frac{N_q}{A_s}=\frac{192960}{804}=240\text{N/mm}^2$$

根据《混规》式（7.1.2-2）求裂缝间纵向受拉钢筋应变不均匀系数：

$$\psi=1.1-0.65\frac{f_{tk}}{\rho_{te}\sigma_s}=1.1-\frac{0.65\times2.39}{0.01\times240}\approx0.453$$

（5）混凝土保护层

《混规》规定

> **7.1.2**
>
> c_s——最外层纵向受拉钢筋外边缘至受拉区底边的距离（mm），当 $c_s<20$ 时，取 $c_s=20$；当 $c_s>65$ 时，取 $c_s=65$；

【例 3.5.2-9】

寒冷地区某多层现浇钢筋混凝土结构，设两层地下车库，局部地下一层外墙内移，导致右侧地下二层顶板上部处于露天环境，如图 3.5.2-5 所示。在该露天顶板有大梁 L1，大梁 L1 左端与支座梁 KL1 相交，相交处大梁 L1 的截面及配筋如图 3.5.2-6 所示，混凝土强度等级均为 C30。假定按荷载准永久效应标准组合计算的该截面弯矩值 $M_k=600\text{kN}\cdot\text{m}$，$a_s=a_s'=70\text{mm}$。

试问，该支座处梁端顶面按矩形截面计算的考虑长期作用影响的最大裂缝宽度 W_{max}（mm），

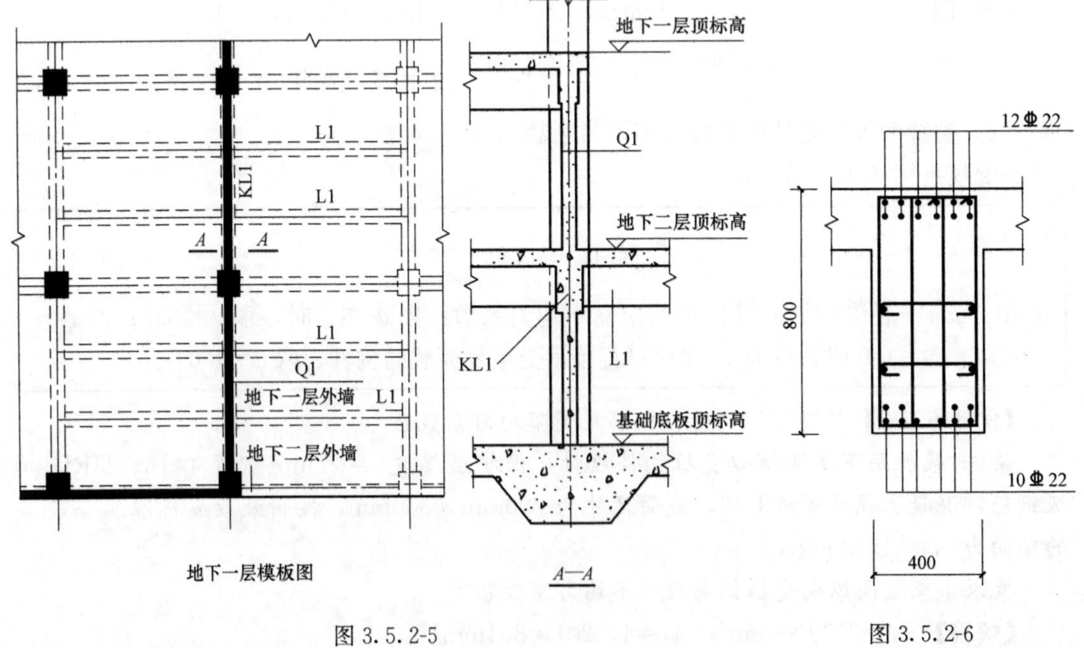

图 3.5.2-5　　图 3.5.2-6

与下列何项数值最为接近？

(A) 0.21　　(B) 0.25　　(C) 0.28　　(D) 0.32

【答案】(B)

【解答】

(1) 根据《混规》表 3.5.2，地下二层顶板内侧属室内干燥环境、环境类别为一类，顶板外侧属寒冷地区露天环境、环境类别为二 b。计算支座处梁端顶面的裂缝宽度应按二 b 环境考虑。

(2) 根据《混规》表 8.2.1，二 b 类环境类别混凝土保护层$c=35$mm，因 $h=800$mm，按构造要求箍筋为Φ6，$c_s=35+6=41$mm

(3) 支座处梁端顶面的纵向钢筋为 12Φ22，$A_s=4560\text{mm}^2$，

(4) 根据《混规》式 (7.1.2-4)

$$\rho_{te}=\frac{A_s}{A_{te}}=\frac{4560}{0.5\times400\times800}=0.0285>0.01$$

(5) 根据《混规》式 (7.1.4-3)

$$\sigma_{sk}=\frac{M_k}{0.87h_0A_s}=\frac{600\times10^6}{0.87\times(800-70)\times4560}=207.2\text{N/mm}^2$$

(6) 根据《混规》式 (7.1.2-2)

$$\psi=1.1-0.65\frac{f_{tk}}{\rho_{te}\sigma_{sk}}=1.1-0.65\times\frac{2.01}{0.0285\times207.2}=0.879$$

(7) 根据《混规》式 (7.1.2-1)

$$w_{max}=\alpha_{cr}\psi\frac{\sigma_{sk}}{E_s}\left(1.9c_s+0.08\frac{d_{eq}}{\rho_{te}}\right)$$

$$=1.9\times0.879\times\frac{207.2}{2.0\times10^5}\times\left(1.9\times41+0.08\times\frac{22}{0.0285}\right)=0.242\text{mm}$$

3. 验算裂缝最大裂缝宽度的计算步骤

已知：E_s、f_{tk}、w_{lim}、A_s、c、d_i、M_q、N_q，求 w_{max}。

(1) 根据《混规》式 (7.1.4) 得裂缝截面处的钢筋应力 σ_{sq}。

(2) 根据《混规》式 (7.1.2-4) 得按有效受拉混凝土截面面积计算的纵向受拉钢筋配筋率 ρ_{te}。

(3) 根据《混规》式 (7.1.2-2) 得纵向受拉钢筋应变不均匀系数 ψ。

(4) 根据《混规》式 (7.1.2-3) 得受拉区纵向钢筋的等效直径 d_{eq}。

(5) 确定最外层纵向受拉钢筋外边缘至受拉区底边的距离 c_s。

(6) 根据《混规》表 7.1.2-1 得构件受力特征系数 α_{cr}。

(7) 根据《混规》式 (7.1.2-1) 得最大裂缝宽度 w_{max}。

4. 考题介绍

【例 3.5.2-10】

某跨度为6m 的钢筋混凝土简支吊车梁，安全等级为二级，环境类别为一类，计算跨度 $l_0=5.8$m，承受两台 A5 级起重量均为 10t 的电动软钩桥式吊车。

按荷载效应准永久组合计算的吊车梁纵向受拉钢筋的应力 $\sigma_s=220\text{N/mm}^2$，吊车梁的截面及配筋如图 3.5.2-7 所示，混凝土强度等级为 C40，最外层纵向受拉钢筋保护层厚度

c_s=40mm，纵向受力钢筋采用 HRB400 级钢筋（⌀），跨中实配纵向受拉钢筋为 3⌀20＋4⌀16（A_s=1746mm^2）试问该吊车梁按荷载效应准永久组合并考虑长期作用影响的最大裂缝宽度 w_{max}（mm），应与下列何项数值最为接近？

（A）0.21　　（B）0.20

（C）0.23　　（D）0.28

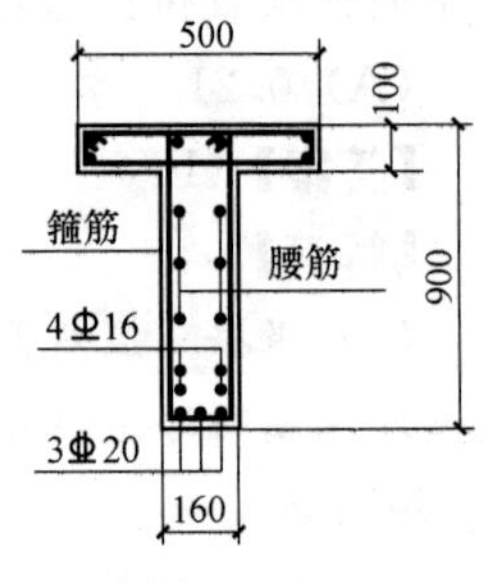

图 3.5.2-7

【答案】（D）

【解答】（1）根据《规范》表 7.1.2-1，受弯、偏心受压，钢筋混凝土构件 α_{ce}=1.9；

（2）根据《混规》7.1.2 条：V_x=1.0

$$d_{eq}=\frac{\sum n_i d_i^2}{\sum n_i v_i d_i}=\frac{3\times20^2+4\times16^2}{3\times20+4\times16}=17.9\text{mm},\ \rho_{te}=\frac{A_s}{A_{te}}=\frac{1746}{0.5\times160\times900}=0.024$$

对直接承受重复荷载的构件，取 ψ=1.0

$$w_{max}=\alpha_{cr}\psi\frac{\sigma_s}{E_s}\left(1.9c_s+0.08\frac{d_{eq}}{\rho_{te}}\right)$$

$$=1.9\times1.0\times\frac{220}{2\times10^5}\times\left(1.9\times40+0.08\times\frac{17.9}{0.024}\right)=0.28\text{mm}$$

【例 3.5.2-11】

图3.5.2-8，某工字形截面钢筋混凝土简支梁，混凝土 C30，纵向钢筋 HRB400，c_s=28mm，纵向受拉钢筋 4⌀12＋3⌀28，合力点至梁截面受拉边缘的距离为 40mm。安全等级为二级，不承受地震作用，不直接承受重复荷载，准永久组合下截面弯矩值为 M_q=275kN·m。

试问，该梁的最大裂缝宽度计算值 w_{max}（mm）与下列何项数值最为接近？

（A）0.17　　（B）0.29

（C）0.33　　（D）0.45

图 3.5.2-8

【答案】（C）

【解答】 f_{tk}=2.01N/mm^2，h_0=500−40=460mm，E_s=2.0×10^{5}N/mm^2

（1）根据《混规》式（7.1.2-4）

纵向受拉钢筋 4⌀12＋3⌀28，A_s=452＋1847=2299mm^2

截面有效受拉面积：$A_{te}=0.5bh+(b_f-b)h_f=0.5\times200\times500+400\times120=98000\text{mm}^2$

$$\rho_{te}=\frac{2299}{98000}=0.0235>0.01$$

（2）根据《混规》式（7.1.2-3）

相对粘结特性系数 ν_i=1.0

$$d_{eq}=\frac{4\times12^2+3\times28^2}{4\times12+3\times28}=22.2\text{mm}$$

（3）根据《混规》式（7.1.4-3）

$$\sigma_{sq}=\frac{M_q}{0.87h_0A_s}=\frac{275\times10^6}{0.87\times460\times2299}=299\text{N/mm}^2$$

（4）根据《混规》式（7.1.2-2）

$$\psi=1.1-0.65\frac{f_{tk}}{\rho_{te}\sigma_{sq}}=1.1-0.65\times\frac{2.01}{0.0235\times299}=0.914$$

$$0.2<\psi<1.0$$

（5）根据《混规》式（7.1.2-1）

$$\alpha_{cr}=1.9$$

$$w_{max}=\alpha_{cr}\psi\frac{\sigma_{sq}}{E_s}\left(1.9c_s+0.08\frac{d_{eq}}{\rho_{te}}\right)$$

$$=1.9\times0.914\times\frac{299}{2.0\times10^5}\times\left(1.9\times28+0.08\times\frac{22.2}{0.0235}\right)=0.33\text{mm}$$

【例 3.5.2-12】

某办公楼中的钢筋混凝土四跨连续梁，结构设计使用年限为 50 年，其计算简图和支座 C 处的配筋如图 3.5.2-9 所示。梁的混凝土强度等级为 C35，纵筋采用 HRB500 钢筋，a_s＝45mm，箍筋的保护层厚度为 20mm。假定，作用在梁上的永久荷载标准值为 q_{Gk}＝28kN/m（包括自重），可变荷载标准值为 q_{Qk}＝8kN/m，可变荷载准永久值系数为 0.4。

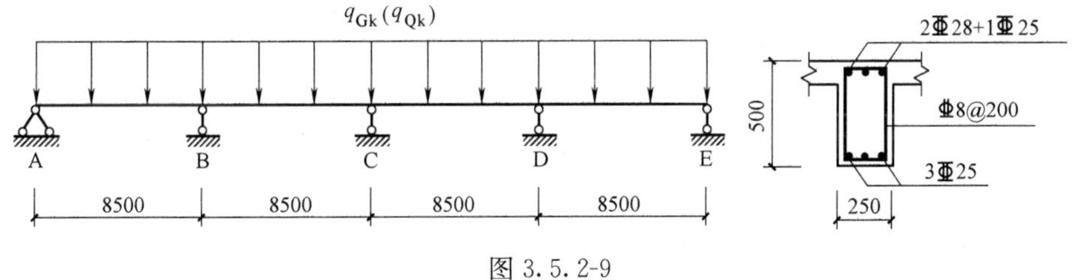

图 3.5.2-9

试问，按《混规》计算的支座 C 梁顶面裂缝最大宽度 w_{max}（mm）与下列何项数值最为接近？

（A）0.24　　（B）0.28　　（C）0.32　　（D）0.36

提示：① 裂缝宽度计算时不考虑支座宽度和受拉翼缘的影响；

② 本题需要考虑可变荷载不利分布图 3.5.2-10，等跨梁在不同荷载分布作用下，支座 C 的弯矩计算公式分别为：

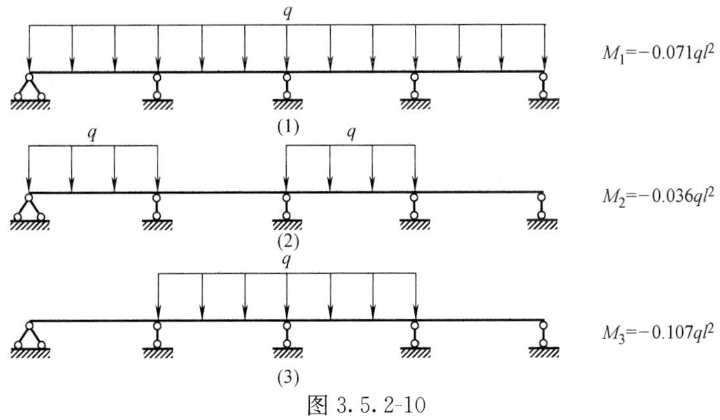

图 3.5.2-10

【答案】(B)

【解答】(1) 根据《混规》式(7.1.2-4)

纵向受拉钢筋 2Φ28+1Φ25，A_s=1232+490.9=1722.9mm^2

截面有效受拉面积：$A_{te}=0.5bh=0.5\times250\times500=62500\text{mm}^2$

$$\rho_{te}=\frac{A_s}{A_{te}}=\frac{1722.9}{62500}=0.02757>0.01$$

(2) 根据《混规》式(7.1.4-3)

$$M_{Gk}=0.071\times28\times8.5\times8.5=143.62\text{kN}\cdot\text{m}$$

$$M_{Qk}=0.107\times8\times8.5\times8.5=61.85\text{kN}\cdot\text{m}$$

$$M_q=143.63+0.4\times61.85=168.37\text{kN}\cdot\text{m}$$

$$h_0=500-45=455\text{mm}$$

$$\sigma_{sq}=\frac{M_q}{0.87\cdot h_0\cdot A_s}=\frac{168.37\times10^6}{0.87\times455\times1722.9}=246.87\text{N/mm}^2$$

(3) 根据《混规》式(7.1.2-3)

相对粘结特性系数 $v_i=1$

$$d_{eq}=\frac{2\times28^2+25^2}{2\times28+25}=27.07\text{mm}$$

(4) 根据《混规》式(7.1.2-2)

$f_{tk}=2.2\text{N/mm}^2$

$$\psi=1.1-0.65\times\frac{f_{tk}}{\rho_{te}\cdot\sigma_s}=1.1-0.65\times\frac{2.2}{0.02757\times246.87}=0.890$$

$$0.2<\psi<1.0$$

(5) 根据《混规》式(7.1.2-1)

$$\alpha_{cr}=1.9, E_s=2\times10^5\text{N/mm}^2, c_s=28\text{mm}$$

$$w_{max}=\alpha_{cr}\psi\frac{\sigma_s}{E_s}\left(1.9c_s+0.08\frac{d_{eq}}{\rho_{te}}\right)$$

$$=1.9\times0.890\times\frac{246.87}{200000}\left(1.9\times28+0.08\times\frac{27.07}{0.02757}\right)=0.275\text{mm}$$

因此选(B)。

三、受弯构件的挠度验算

1. 短期刚度

《混规》规定

7.2.3 按裂缝控制等级要求的荷载组合作用下，钢筋混凝土受弯构件和预应力混凝土受弯构件的短期刚度 B_s，可按下列公式计算：

1 钢筋混凝土受弯构件

$$B_s=\frac{E_sA_sh_0^2}{1.15\psi+0.2+\frac{6\alpha_E\rho}{1+3.5\gamma_f'}} \quad (7.2.3\text{-}1)$$

ρ——纵向受拉钢筋配筋率：对钢筋混凝土受弯构件，取为 $A_s/(bh_0)$；

7.1.4

$$\gamma_f'=\frac{(b_f'-b)h_f'}{bh_0} \quad (7.1.4\text{-}7)$$

γ_f'——受压翼缘截面面积与腹板有效截面面积的比值；

b_f'、h_f'——分别为受压区翼缘的宽度、高度；在公式（7.1.4-7）中，当 h_f' 大于 $0.2h_0$ 时，取 $0.2h_0$。

【例 3.5.3-1】、【例 3.5.3-2】

图3.5.3-1 所示某工字形截面钢筋混凝土简支梁，混凝土 C30，纵筋 HRB400，$a_s=40$mm，纵向受拉钢筋为 4⏀12＋3⏀25。若该梁钢筋应变不均匀系数 $\psi=0.861$。

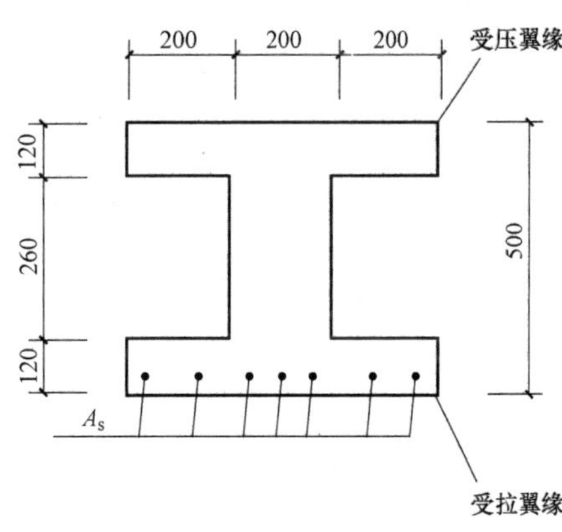

图 3.5.3-1

【例 3.5.3-1】

试问，短期刚度 B_s（$\times10^{13}$N·mm^2）与下列何项数值最为接近？

（A）3.2　　（B）5.3

（C）6.8　　（D）8.3

【答案】（B）

【解答】（1）求纵向受拉钢筋的配筋率

根据《混规》7.2.3 条，"纵向受拉钢筋配筋率：对钢筋混凝土受弯构件，取为 $A_s/(bh_0)$"，即 $\rho=A_s/(bh_0)$；不计入上下翼缘的混凝土截面面积。

$$A_s=452+1473=1925\text{mm}^2, b=200\text{mm}, h_0=500-40=460\text{mm},$$

$$\rho=\frac{1925}{200\times460}=0.021$$

（2）求受压翼缘截面面积与腹板有效截面面积的比值 γ_f'

按《混规》式（7.1.4-7）计算；根据"当 h_f' 大于 $0.2h_0$ 时，取 $0.2h_0$"的规定，取 $h_f'=\min\{120, 0.2\times460\}=92$mm。

$$\gamma_f'=\frac{(b_f'-b)h_f'}{bh_0}=\frac{(600-200)\times92}{200\times460}=0.4$$

（3）求短期刚度，按《混规》式（7.1.4-7）计算；

$$\alpha_E=\frac{E_s}{E_c}=\frac{2.0\times10^5}{3.0\times10^4}=6.667$$

$$B_s=\frac{E_sA_sh_0^2}{1.15\psi+0.2+\frac{6\alpha_E\rho}{1+3.5\gamma_f'}}=\frac{2\times10^5\times1925\times460^2}{1.15\times0.861+0.2+\frac{6\times6.667\times0.021}{1+3.5\times0.4}}$$

$$=5.29\times10^{13}\text{N}\cdot\text{mm}^2$$

2. 考虑荷载长期作用影响的刚度

《混规》规定

7.2.2 矩形、T形、倒T形和I形截面受弯构件考虑荷载长期作用影响的刚度 B 可按下列规定计算：

2 采用荷载准永久组合时

$$B=\frac{B_s}{\theta} \tag{7.2.2-2}$$

式中 B_s——按荷载准永久组合计算的钢筋混凝土受弯构件或按标准组合计算的预应力混凝土受弯构件的短期刚度按本规范第7.2.3条计算；

θ——考虑荷载长期作用对挠度增大的影响系数，按本规范第7.2.5条取用。

7.2.5 考虑荷载长期作用对挠度增大的影响系数 θ 可按下列规定取用：

1 钢筋混凝土受弯构件

当 $\rho'=0$ 时，取 $\theta=2.0$；当 $\rho'=\rho$ 时，取 $\theta=1.6$；当 ρ' 为中间数值时，θ 按线性内插法取用。此处，$\rho'=A'_s/(bh_0)$，$\rho=A_s/(bh_0)$。

对翼缘位于受拉区的倒T形截面，θ 应增加20%。

【例3.5.3-2】

若该梁在荷载准永久组合下的短期刚度 $B_s=2\times10^{13}\text{N}\cdot\text{mm}^2$，且该梁配置的纵向受压钢筋面积为纵向受拉钢筋面积的80%。

试问，该梁考虑荷载长期作用影响的刚度 B（$\times10^{13}\text{N}\cdot\text{mm}^2$）与下列何项数值最为接近？

(A) 1.00　　(B) 1.04　　(C) 1.19　　(D) 1.60

【答案】(C)

【解答】(1) 求考虑荷载长期作用对挠度增大的影响系数 θ：

根据《混规》7.2.5条1款，当 $\rho'=0$ 时，$\theta=2.0$；当 $\rho'=\rho$ 时，$\theta=1.6$，

当 $\rho'=0.8\rho$ 时，内插得：

$$\theta=1.6+\frac{2-1.6}{1.0}\times(1-0.8)=1.68$$

(2) 求考虑荷载长期作用影响的刚度：

根据《混规》7.2.2条式(7.2.2)，

$$B=\frac{B_s}{\theta}=\frac{2\times10^{13}}{1.68}=1.19\times10^{13}\text{N}\cdot\text{mm}^2$$

3. 挠度计算与最小刚度原则

《混规》规定

7.2.1 钢筋混凝土和预应力混凝土受弯构件的挠度可按照结构力学方法计算，且不应超过本规范表3.4.3规定的限值。

在等截面构件中，可假定各同号弯矩区段内的刚度相等，并取用该区段内最大弯矩处的刚度。当计算跨度内的支座截面刚度不大于跨中截面刚度的2倍或不小于跨中截面刚度的1/2时，该跨也可按等刚度构件进行计算，其构件刚度可取跨中最大弯矩截面的刚度。

【例 3.5.3-3】

假设，框架梁 KL2 的截面尺寸 $b\times h=300\text{mm}\times800\text{mm}$，跨度 $l=9\text{m}$，左、右端截面考虑荷载长期作用影响的刚度 B_A、B_B 分别为 $9.0\times10^{13}\text{N}\cdot\text{mm}^2$、$6.0\times10^{13}\text{N}\cdot\text{mm}^2$；跨中最大弯矩处纵向受拉钢筋应变不均匀系数 $\psi=0.8$，梁底配置 4Φ25 纵向钢筋。作用在梁上的均布静荷载标准值 $q_G=30\text{kN/m}$、均布活荷载标准值 $q_Q=15\text{kN/m}$，准永久值系数 $\psi_q=0.4$。

试问，该梁考虑荷载长期作用影响的挠度 f（mm）与下列何项数值最为接近？

提示：①按矩形截面梁计算，不考虑受压钢筋的作用，$a_s=45\text{mm}$；

② 梁挠度近似按公式 $f=0.00542\dfrac{ql^4}{B}$ 计算；

③ 不考虑梁起拱的影响。

(A) 17　　(B) 21　　(C) 25　　(D) 30

【答案】(A)

【解答】(1) 根据《混规》7.2.2 条，按荷载准永久组合计算，在梁上的均布荷载

$$q=q_G+\psi_q q_Q=30+0.4\times15=36\text{kN/m}$$

(2) 计算跨中截面的短期刚度

按《混规》7.2.3 条的规定：

4Φ25 纵向钢筋，$A_s=1964\text{mm}^2$

$$h_0=h-a_s=800-45=755\text{mm}$$

$$\alpha_E=\frac{E_s}{E_c}=\frac{2.0\times10^5}{3.0\times10^4}=6.667$$

$$\rho=\frac{1964}{300\times755}\times100\%=0.867\%$$

$$\gamma_f'=0$$

根据《混规》式（7.2.3-1）计算跨中截面的短期刚度

$$B_s=\frac{E_sA_sh_0^2}{1.15\psi+0.2+\dfrac{6\alpha_E\rho}{1+3.5\gamma_f'}}$$

$$B_s=\frac{2.0\times10^5\times1964\times755^2}{1.15\times0.8+0.2+\dfrac{6\times6.667\times0.00867}{1+3.5\times0}}=1.526\times10^{14}\text{N}\cdot\text{mm}^2$$

(3) 跨中截面的长期刚度

根据《混规》7.2.5 条，不考虑受压钢筋影响的受弯构件，考虑荷载长期作用对挠度增大影响的影响系数 $\theta=2.0$，

按《混规》式（7.2.2-2）计算跨中截面的长期刚度

$$B=\frac{B_s}{\theta}=\frac{1.526\times10^{14}}{2}=7.63\times10^{13}\text{N}\cdot\text{mm}^2$$

(4) 根据《混规》7.2.1 条，当支座截面与跨中截面的刚度比在 0.5～2.0 倍之间时，可近似按等刚度构件计算，构件刚度可取跨中最大弯矩截面的刚度。

跨中最大弯矩截面考虑荷载长期作用影响的刚度 $B=7.63\times10^{13}\text{N}\cdot\text{mm}^2$

左端截面考虑荷载长期作用影响的刚度 $B_A=9.0\times10^{13}\text{N}\cdot\text{mm}^2$

右端截面考虑荷载长期作用影响的刚度 $B_B=6.0\times10^{13}\text{N}\cdot\text{mm}^2$

$$\frac{B}{B_A}=\frac{7.63}{9.0}=0.85,\quad \frac{B}{B_B}=\frac{7.63}{6.0}=1.27$$

跨中截面长期刚度 B 不大于左、右端截面的长期刚度 B_A、B_B 的两倍，不小于 B_A、B_B 的 1/2，即跨中截面长期刚度 B 在 B_A、B_B 的 0.5～2.0 倍之间，根据《混规》7.2.1 条，可按刚度为 B 的等截面梁进行挠度计算。

（5）按跨中截面长期刚度计算梁的挠度

$$f=0.00542\times\frac{(30+0.4\times15)\times9000^4}{7.63\times10^{13}}=16.8\text{mm}$$

4. 计算步骤与算例

（1）计算步骤

已知：b，h，b_f'，h_f'，b_f，h_f，l_0，f_{tk}；E_c，A_s，A_s'，E_s，M_q；求挠度 f。

计算有关参数：f_{lim}，h_0，$\rho=A_s/bh_0$，$\rho'=A_s'/bh_0$，$\alpha_E=E_s/E_c$。

① 根据《混规》式（7.1.4-3）得裂缝截面处的钢筋应力 σ_{sq}，$\sigma_{sq}=\dfrac{M_q}{0.87h_0A_s}$。

② 根据《混规》式（7.1.2-4），按有效受拉混凝土截面面积计算的纵向受拉钢筋配筋率 ρ_{te}：

$\rho_{te}=\dfrac{A_s}{0.5bh+(b_f-b)h_f}$，取在裂缝宽度计算中 $\rho_{te}\geqslant0.01$，而挠度计算时不执行此项。

③ 根据《混规》式（7.1.2-2）得纵向受拉钢筋应变不均匀系数

$$\psi=1.1-\frac{0.65f_{tk}}{\rho_{te}\sigma_{sq}},\text{取}0.2\leqslant\psi\leqslant1.0$$

④ 根据《混规》式（7.1.4-7）

$$\gamma_f'=\frac{(b_f'-b)h_f'}{bh_0}$$

$$h_f'>0.2h_0,\text{取 }h_f'=0.2h_0$$

⑤ 根据《混规》第 7.2.3 条、第 7.2.5 条的符号说明

$$\rho=A_s/(bh_0),\rho'=A_s'/(bh_0),\alpha_E=E_s/E_c$$

⑥ 根据《混规》式（7.2.3-1）计算短期刚度

$$B_s=\frac{E_sA_sh_0^2}{1.15\psi+0.2+\dfrac{6\alpha_E\rho}{1+3.5\gamma_f'}}$$

⑦ 根据《混规》第 7.2.5 条计算长期作用对挠度增大的影响系数

$$\theta=1.6+0.4\left(1-\frac{\rho'}{\rho}\right)$$

倒 T 形截面，θ 值增加 20%，

⑧ 根据《混规》式（7.2.2-2）得该梁按荷载准永久组合并考虑荷载长期作用影响的刚度

$$B=\frac{B_s}{\theta}$$

⑨ 可按简支梁求得该构件的挠度

$$f=\frac{5}{48}\times\frac{M_qL^2}{B}$$

（2）算例

【例 3.5.3-4】～【例 3.5.3-8】

混凝土 T 形截面简支梁属于一类室内正常环境的一般构件，计算跨度 6m，截面尺寸 $b=250$mm，$h=650$mm，$b_f'=800$mm，$h_f'=120$mm，$a_s=70$mm；采用 C30 级混凝土，纵筋采用 HRB400 级钢筋。

【例 3.5.3-4】

若配置 8Φ25 受拉钢筋，则 ρ_{te}最接近下列何项数值？

（A）0.051　　（B）0.048　　（C）0.024　　（D）0.036

【答案】（B）

$$A_s=8\times490.9=3927.2\text{mm}^2$$

【解答】根据《混规》第 7.1.2 条的规定：

$$A_{te}=0.5bh=0.5\times250\times650=81250\text{mm}^2$$

由《混规》式（7.1.2-4）得：

$$\rho_{te}=\frac{A_s}{A_{te}}=\frac{3927.2}{81250}=0.048$$

【例 3.5.3-5】

若梁上作用均布静载 $g_k=35$kN/m（包括梁自重），均布活载 $q_k=28$kN/m（$\psi_q=0.5$），跨中作用集中静载 $G_k=95$kN，集中活载 $Q_k=128$kN（$\psi_q=0.4$）。则 M_q（kN·m）最接近下列何项数？

（A）427.2　　（B）618.0　　（C）439.8　　（D）459.0

【答案】（C）

【解答】根据《混规》式（3.2.10）得：

$$\begin{aligned}M_q&=\frac{l_0^2}{8}(g_k+\psi_q q_k)+\frac{l_0}{4}(G_k+\psi_q Q_k)\\&=\frac{6^2}{8}\times(35+0.5\times28)+\frac{6}{4}\times(95+0.4\times128)\\&=439.8\text{kN}\cdot\text{m}\end{aligned}$$

【例 3.5.3-6】

若 $M_q=571$kN·m，$\rho_{te}=0.06$，则 ψ 最接近下列何项数值？

（A）0.978　　（B）1.0　　（C）1.103　　（D）1.024

【答案】（B）

【解答】$f_{tk}=2.01\text{N/mm}^2$，$a_s=70$mm，$h_0=580$mm

由《混规》式（7.1.4-3）得：

$$\sigma_{sq}=\frac{M_q}{0.87h_0A_s}=\frac{571\times10^6}{0.87\times580\times3927.2}=288.14\text{N/mm}^2$$

由《混规》式（7.1.2-2）：

$$\psi=1.1-\frac{0.65f_{tk}}{\rho_{te}\sigma_{sq}}=1.1-\frac{0.65\times2.01}{0.060\times288.14}=1.024>1.0\text{，取}\ \psi=1.0\text{。}$$

【例 3.5.3-7】

若 $\psi=0.978$，则 B_s（$\times10^{14}$N·mm^2）最接近下列何项数值？

（A）1.087　　（B）1.099　　（C）1.496　　（D）1.517

【答案】（D）

【解答】 $E_c=3\times10^4\text{N/mm}^2, f_y=360\text{N/mm}^2, E_s=2\times10^5\text{N/mm}^2$

$$\alpha_E=\frac{E_s}{E_c}=6.667, \rho=\frac{A_s}{bh_0}=\frac{3927.2}{250\times580}=0.027$$

由《混规》式（7.1.4-7）得：

$$(h_f'=120>0.2h_0=116\text{取 } h_f'=116)$$

$$\gamma_f'=\frac{(b_f'-b)h_f'}{bh_0}=\frac{(800-250)\times116}{250\times580}=0.44$$

由《混规》式（7.2.3-1）得：

$$B_s=\frac{E_sA_sh_0^2}{1.15\psi+0.2+\frac{6\alpha_E\rho}{1+3.5\gamma_f'}}=\frac{2\times10^5\times3927.2\times580^2}{1.15\times0.978+0.2+\frac{6\times6.667\times0.027}{1+3.5\times0.44}}$$

$$=1.51\times10^{14}\text{N}\cdot\text{mm}^2$$

【例 3.5.3-8】

梁上作用均布荷载准永久值 $g_k+\psi_q q_k=105.0$kN/m，$B_s=2.12\times10^{14}$N·mm^2，则梁的最大挠度 f（mm）最接近下列何项数值？

（A）18.61　　（B）16.18　　（C）16.72　　（D）12.27

【答案】（C）

【解答】 根据《混规》第 7.2.5 条，取 $\theta=2.0$。

由《混规》式（7.2.2-2）得：

$$B=\frac{B_s}{\theta}=\frac{2.12\times10^{14}}{2}=1.06\times10^{14}\text{N}\cdot\text{mm}^2$$

挠度计算：

$$f=\frac{5(g_k+\psi_q q_k)l_0^4}{384B}=\frac{5\times105\times6^4\times10^{12}}{384\times1.06\times10^{14}}=16.72\text{mm}$$

【例 3.5.3-9】

为提高钢筋混凝土受弯构件的刚度，下列措施哪几项是正确的？

（A）加大截面高度　　（B）加大纵向受拉钢筋截面面积

（C）加大纵向受压钢筋截面面积　　（D）提高混凝土强度等级

（E）保持受拉纵筋配筋率不变，采用较小直径钢筋

【答案】（A）、（B）、（C）、（D）

【解答】 由《混规》式（7.2.3-1）、式（7.1.2-2）、式（7.1.2-4）、式（7.1.4-3）及第 7.2.5 条

$$B_s=\frac{E_sA_sh_0^2}{1.15\psi+0.2+\frac{6\alpha_E\rho}{1+3.5\gamma_f'}}$$

$$\psi=1.1-0.65\frac{f_{tk}}{\rho_{te}\sigma_{sq}},\rho_{te}=\frac{A_s+A_p}{A_{te}},\rho=\frac{A_s}{bh_0},\sigma_{sq}=\frac{M_q}{0.87h_0A_s}\quad \alpha_E=\frac{E_s}{E_c}$$

(A) B_s 与 h_0^2 成正比的增大，加大截面高度对提高构件刚度最有效。

(B) B_s 与 A_s 成正比的增大，同时 σ_{sq} 随 A_s 增大而减小，使 ψ 减小，也使 B_s 增大。

(C) A_s' 增大，使 θ 减小，使长期刚度 B 增大；但不及 A_s 显著。

(D) 提高混凝土强度等级，使 f_{tk} 和 E_c 增大，ψ 随 f_{tk} 增大而降低；α_E 随 E_c 增大而降低；均使 B_s 提高。

(E) 保持 ρ 不变，采用较小直径钢筋，可使裂缝宽度减小，对提高刚度无效。

【例 3.5.3-10】

某钢筋混凝土简支大梁，矩形截面，混凝土强度等级为 C30。根据《混规》公式求出梁的挠度和裂缝稍大，需调整设计，但荷载和截面不能改变。下列减少 f 和 w_{max} 的几种办法中，哪几项措施是合适的？

(A) 提高混凝土的强度等级

(B) 取消受压钢筋（$A_s'=0$），同时增加剪力箍筋 A_{sv} 和缩小剪力箍筋间距 s

(C) 增加受拉钢筋（A_s）的截面面积

(D) 增加受压钢筋（A_s'）的截面面积和减少受拉主筋的钢筋直径 d

【答案】(A)、(C)、(D)

【解答】由《混规》式（7.2.3-1）、式（7.1.2-2）、式（7.1.2-4）、式（7.1.4-3），取消受压钢筋（$A_s'=0$），考虑长期荷载作用时对短期刚度的折减最大同时增加剪力箍筋 A_{sv} 和缩小剪力箍筋间距 s，对提高刚度无效。故（B）是错误。

3.6 结构构件的基本规定

一、板

1. 钢筋混凝土板的计算原则

《混规》规定

> **9.1.1** 混凝土板按下列原则进行计算：
>
> 1. 两对边支承的板应按单向板计算；
>
> 2. 四边支承的板应按下列规定计算：
>
> 1) 当长边与短边长度之比不大于 2.0 时，应按双向板计算；
>
> 2) 当长边与短边长度之比大于 2.0，但小于 3.0 时，宜按双向板计算；
>
> 3) 当长边与短边长度之比不小于 3.0 时，宜按沿短边方向受力的单向板计算，并应沿长边方向布置构造钢筋。

【例 3.6.1-1】当按弹性理论计算内力时，钢筋混凝土肋形楼盖中单向板与双向板的叙述，下列哪一项正确？

(A) $l_2/l_1>1.5$（l_2——长边；l_1——短边）为单向板，否则为双向板

(B) $l_2/l_1>1.8$ 为单向板，否则为双向板

（C）$l_2/l_1 \leqslant 2.0$ 时，应按双向板计算

（D）$l_2/l_1 \geqslant 2.0$ 时，可按单向板计算

【答案】（C）

【解答】 根据《混规》9.1.1 条规定：

（1）当 $l_2/l_1 \leqslant 2.0$ 时，应按双向板计算；

（2）当 $3.0 < l_2/l_1 \geqslant 2.0$ 时，宜按双向板计算。

（3）当 $l_2/l_1 \geqslant 3.0$ 时，宜按沿长边方向受力的单向板计算，并应沿长边方向布置构造钢筋。

2. 混凝土板的钢筋配置

（1）板的受力钢筋

《混规》规定

> **9.1.3** 板中受力钢筋的间距，当板厚不大于 150mm 时不宜大于 200mm；当板厚大于 150mm 时不宜大于板厚的 1.5 倍，且不宜大于 250mm。

【例 3.6.1-2】 对于板内受力钢筋的间距，下列叙述中哪条是错误的？

（A）间距 $s \geqslant 70$mm

（B）当板厚 $h \leqslant 150$mm 时，间距不宜大于 200mm

（C）当板厚 $h > 150$mm 时，间距不宜大于 $1.5h$，且不宜大于 250mm

（D）当板厚 $h > 150$mm 时，间距不宜大于 $1.5h$，且不应大于 200mm

【答案】（D）

【解答】 根据《混规》9.1.3 条规定，板内受力钢筋间距不宜过小，一般不应小于 70mm，也不宜过大，当板厚 $h \leqslant 150$mm 时，间距不宜大于 200mm；当 $h > 150$mm 时，间距不宜大于 $1.5h$ 及 250mm。

（2）板的分布钢筋

《混规》规定

> **9.1.7** 当按单向板设计时，应在垂直于受力的方向布置分布钢筋，单位宽度上的配筋不宜小于单位宽度上的受力钢筋的 15%，且配筋率不宜小于 0.15%；分布钢筋直径不宜小于 6mm，间距不宜大于 250mm；当集中荷载较大时，分布钢筋的配筋面积尚应增加，且间距不宜大于 200mm。
>
> 当有实践经验或可靠措施时，预制单向板的分布钢筋可不受本条的限制。

【例 3.6.1-3】 钢筋混凝土单向板中，分布钢筋的面积和间距应满足下列哪一个条件

（A）截面面积不应小于受力钢筋面积的 10%，且间距不小于 200mm

（B）截面面积不宜小于受力钢筋面积的 15%，且间距不宜大于 250mm

（C）截面面积不应小于受力钢筋面积的 20%，且间距不小于 200mm

（D）截面面积不应小于受力钢筋面积的 15%，且间距不小于 300mm

【答案】（B）

【解答】 根据《混规》9.1.7 条规定，钢筋混凝土单向板中，分布钢筋的面积和间距应满足：截面面积不宜小于受力钢筋面积的 15%，间距不宜大于 250mm，当集中荷载较

大时，间距不宜大于200mm。

【例 3.6.1-4】 某现浇钢筋混凝土楼面板，板厚 h=120mm，按单向板设计。已算得沿板受力方向需配置的纵向受拉钢筋为 ϕ12@150，则垂直于受力方向的分布钢筋按下列何项配置为宜。

(A) ϕ6@250　　(B) ϕ6@200　　(C) ϕ8@250　　(D) ϕ8@280

【答案】(C)

【解答】根据《混规》9.1.7 条

$$\phi 12@150, A_s=754\text{mm}^2, A_s\times 15\%=754\times 15\%=113.1\ \text{mm}^2$$

$$0.15\%\times bh=0.15\%\times 1000\times 120=180\text{mm}^2$$

采用 ϕ8@250，A_s=201mm²，且直径大于 6mm，间距不大于 250mm，满足要求。

(3) 支座板面的构造钢筋

《混规》规定

> **9.1.6** 按简支边或非受力边设计的现浇混凝土板，当与混凝土梁、墙整体浇筑或嵌固在砌体墙内时，应设置板面构造钢筋，并符合下列要求：
>
> 1 钢筋直径不宜小于 8mm，间距不宜大于 200mm，且单位宽度内的配筋面积不宜小于跨中相应方向板底钢筋截面面积的 1/3。与混凝土梁、混凝土墙整体浇筑单向板的非受力方向，钢筋截面面积尚不宜小于受力方向跨中板底钢筋截面面积的 1/3。
>
> 2 钢筋从混凝土梁边、柱边、墙边伸入板内的长度不宜小于 $l_0/4$，砌体墙支座处钢筋伸入板边的长度不宜小于 $l_0/7$，其中计算跨度 l_0 对单向板按受力方向考虑，对双向板按短边方向考虑。
>
> 3 在楼板角部，宜沿两个方向正交、斜向平行或放射状布置附加钢筋。
>
> 4 钢筋应在梁内、墙内或柱内可靠锚固。

【例 3.6.1-5】 图 3.6.1-1 中现浇梁式板标有ⓐ、ⓑ、ⓒ、ⓓ、ⓔ处，何项存在错误？

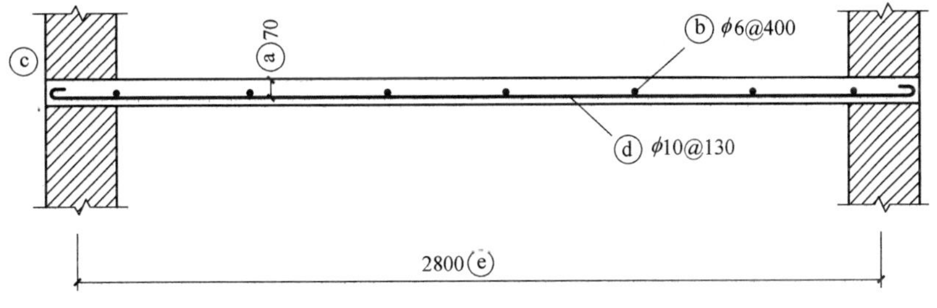

图 3.6.1-1

【答案】ⓐ、ⓑ、ⓒ

【解答】

ⓐ 处：应标注板的厚度，而不应标注受力钢筋到板顶的距离。

ⓑ 处：根据《混规》9.1.7 条，板的分布钢筋间距不宜大于 250mm。

ⓒ 处：根据《混规》9.1.6 条，嵌固在承重砌体墙内的现浇混凝土板，应沿支承周边配置上部的板面构造钢筋

（4）防裂构造钢筋

《混规》规定

> **9.1.8** 在温度、收缩应力较大的现浇板区域，应在板的表面双向配置防裂构造钢筋。配筋率均不宜小于 0.10%，间距不宜大于 200mm。防裂构造钢筋可利用原有钢筋贯通布置，也可另行设置钢筋并与原有钢筋按受拉钢筋的要求搭接或在周边构件中锚固。
>
> 楼板平面的瓶颈部位宜适当增加板厚和配筋。沿板的洞边、凹角部位宜加配防裂构造钢筋，并采取可靠的锚固措施。

【例 3.6.1-6】 现浇钢筋混凝土屋面板厚 150mm，板受力钢筋均按分离式配筋方式，板负筋沿板顶面未直通，则应在板未配筋的上、下表面沿纵横两个方向配置下列何项 的温度收缩钢筋为宜。

（A）ϕ6@150　　（B）ϕ6@200　　（C）ϕ6@250　　（D）ϕ6@300

【答案】（A）

【解答】 根据《混规》9.1.8 条，$A_s=0.1\%bh=0.1\times1000\times150/100=150\text{mm}^2$

$\phi6@200$，$A_s=141\text{mm}^2<0.1\%bh=150\text{mm}^2$

$\phi6@150$，$A_s=198\text{mm}^2>0.1\%bh=150\text{mm}^2$

（5）板底伸入支座的纵筋长度

《混规》规定

> **9.1.4** 采用分离式配筋的多跨板，板底钢筋宜全部伸入支座；支座负弯矩钢筋向跨内延伸的长度应根据负弯矩图确定，并满足钢筋锚固的要求。简支板或连续板下部纵向受力钢筋伸入支座的锚固长度不应小于钢筋直径的 5 倍，且宜伸过支座中心线。当连续板内温度、收缩应力较大时，伸入支座的长度宜适当增加。

【例 3.6.1-7】 纵筋伸入支座的长度

钢筋混凝土简支板的下部纵向受力钢筋伸入支座的锚固长度不应小于以下何值？

（A）5d（d：受力钢筋直径，余同）　　（B）10d

（C）25d　　（D）30d

【答案】（A）

【解答】 根据《混规》9.1.4 条规定，简支板或连续板下部纵向受力钢筋伸入支座的锚固长度不小于 5d（d 为下部纵向受力钢筋的直径）。

【例 3.6.1-8】

图 3.6.1-2 为某现浇钢筋混凝土梁板结构屋面板的施工详图；截面画斜线部分为剪力墙，未画斜线的为钢筋混凝土柱。屋面板的昼夜温差较大。板厚 120mm，混凝土强度等级为 C45；钢筋采用 HPB300。

校审该屋面板施工图时，有如下几种意见，试问其中哪种说法正确的，并说明其理由。

提示：①属于《混规》同一条中的问题，应算为一处。

② 板边支座均按简支考虑。

③ 板的负筋（构造钢筋、受力钢筋）的长度、配置量，均已满足规范要求。

（A）均符合规范，无问题

（B）有一处违反强规，有三处不符合一般规定

（C）有二处不符合一般规定

（D）有一处违反强规，有两处不符合一般规定

【答案】（C）

【解答】（1）根据《混规》表 8.5.1，最小配筋百分率（强制性条文）：

$\rho_{\min}=\max\{0.20\%，45f_t/f_y\%\}=\max\{0.20\%，0.30\%\}=0.30\%$

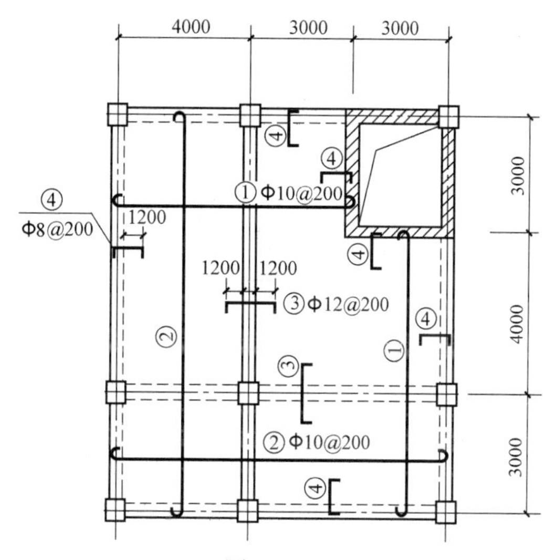

图 3.6.1-2

跨中板最小配筋面积为：$0.30\%\times1000\times120=360\text{mm}^2$

Φ10@200，$A_s=393\text{mm}^2$，符合要求

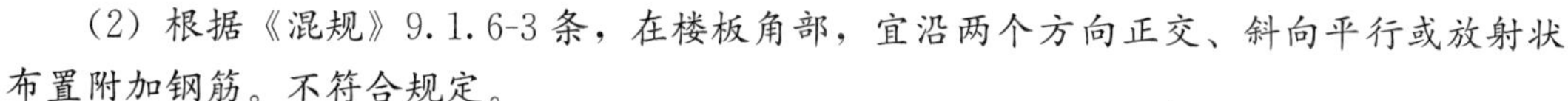

（2）根据《混规》9.1.6-3 条，在楼板角部，宜沿两个方向正交、斜向平行或放射状布置附加钢筋。不符合规定。

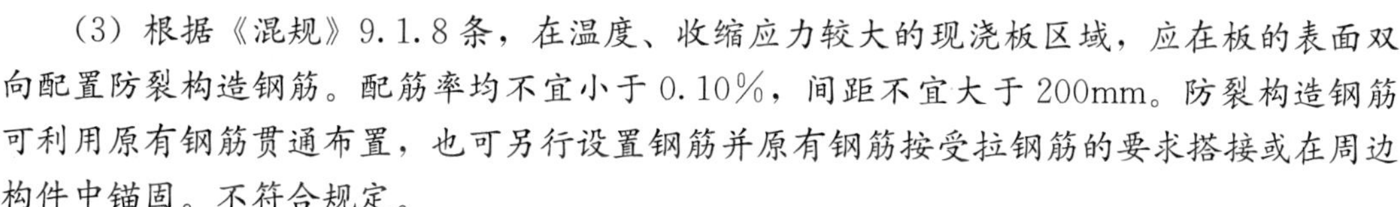

（3）根据《混规》9.1.8 条，在温度、收缩应力较大的现浇板区域，应在板的表面双向配置防裂构造钢筋。配筋率均不宜小于 0.10%，间距不宜大于 200mm。防裂构造钢筋可利用原有钢筋贯通布置，也可另行设置钢筋并原有钢筋按受拉钢筋的要求搭接或在周边构件中锚固。不符合规定。

二、梁

1. 纵向配筋

（1）纵向钢筋的直径、间距

《混规》规定

9.2.1 梁的纵向受力钢筋应符合下列规定：

1 伸入梁支座范围内的钢筋不应少于 2 根。

2 梁高不小于 300mm 时，钢筋直径不应小于 10mm；梁高小于 300mm 时，钢筋直径不应小于 8mm。

3 梁上部钢筋水平方向的净间距不应小于 30mm 和 1.5d；梁下部钢筋水平方向的净间距不应小于 25mm 和 d。当下部钢筋多于 2 层时，2 层以上钢筋水平方向的中距应比下面 2 层的中距增大一倍；各层钢筋之间的净间距不应小于 25mm 和 d，d 为钢筋的最大直径。

4 在梁的配筋密集区域宜采用并筋的配筋形式。

【例 3.6.2-1】 截面的配筋构造

条件：图 3.6.2-1 中列出四种截面配筋构造

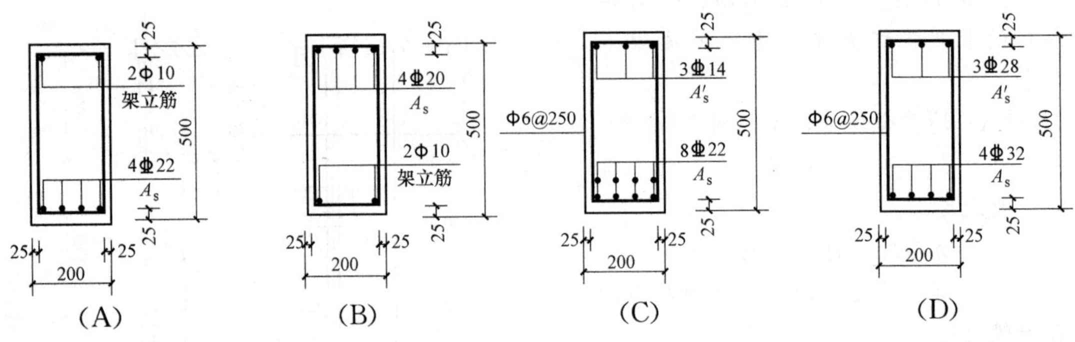

图 3.6.2-1

要求：指出图中截面在配筋构造上的错误。

【解答】(A) 截面纵向受拉钢筋净间距为 20.7mm，25mm 为混凝土表面到受力钢筋边缘距离，200mm－2×25－4×22＝62mm，62mm/3－＝20.7mm，不满足 25mm 的要求。

(B) 截面顶面纵向受力钢筋间距为 23.3mm，(200－2×25－4×20)÷3＝23.3mm 不满足 30mm 的要求。

(C) 截面箍筋间距 250mm，不应大于 15 倍受压钢筋直径 15×14mm＝210mm。不满足《混规》9.2.9 条 4 款。

(D) 截面保护层厚度 25mm 小于受力钢筋直径 d＝32mm；底部纵向钢筋净间距不满足不小于纵筋直径（32mm）的要求；箍筋直径 6mm 不符合不小于 1/4 受压钢筋直径（28mm）的要求。《混规》8.2.1 条 1 款和 9.2.9 条 2 款

【例 3.6.2-2】 钢筋混凝土简支梁，混凝土强度等级为 C30。纵向受力钢筋用 HRB400 级，箍筋用 HPB300 级。梁截面为 200mm×300mm，经计算纵向受拉钢筋仅需按构造配置，则梁的纵向受拉钢筋配置下列何项最为合适？

(A) 3⌀8　　(B) 2⌀10　　(C) 2⌀12　　(D) 2⌀14

【答案】(B)

【解答】 查《混规》f_y＝300N/mm^2，f_t＝1.43N/mm^2，

根据《混规》表 8.5.1，ρ_{min}＝max (0.2，$45f_t/f_y$)

$$45f_t/f_y=45\times1.43/360=0.1876\%<0.2\%\text{，取 }\rho_{min}=0.2\%$$

故 A_{smin}＝0.2%×200×300＝120mm^2

上述 (A)、(B)、(C)、(D) 各项配筋量均满足要求。

由《混规》9.2.1，当梁高 $h\geqslant$300mm 时，受力钢筋直径不应小于 10mm，故 (A) 错，(C)、(D) 配筋量过大。

【例 3.6.2-3】 钢筋混凝土简支梁，混凝土强度等级为 C30。纵向受力钢筋用 HRB400 级，箍筋用 HPB300 级。梁截面为 300mm×600mm，计算配筋为 A_s＝2700.0mm^2，则梁的纵向受拉钢筋配置下列何项最为合适？

(A) 5⌀25　　(B) 4⌀25（第一排）＋2⌀22（第二排）

(C) 5⌀28　　(D) 3⌀28（第一排）＋2⌀25（第二排）

【答案】(B)

【解答】 根据《混规》9.2.1条，为了保证混凝土和受力钢筋有良好的粘结性能，梁的纵向受力钢筋之间有净距的要求。

（A）配5Φ25时 A_s=2454.5mm² 小于计算配筋量。

（B）配置4Φ25（第一排）+2Φ22（第二排）既可满足面积（A_s=2945mm²）要求，受力钢筋之间有净距 s=50mm也可满足要求。

（C）配5Φ28时不能满足净距要求。

（D）配3Φ28+2Φ25配筋量过大。

【例3.6.2-4】 梁下部纵向钢筋净间距应满足下列哪条要求？（d为纵向受力钢筋直径）何项？

（A）≥d 且≥25mm　　（B）≥1.5d 且≥30mm

（C）≥d 且≥30mm　　（D）≥d 且≥20mm

【答案】（A）

【解答】 根据《混规》9.2.1条规定，梁下部纵向钢筋净间距不应小于25mm，且不小于纵向受力钢筋直径。

（2）梁端支座区上部纵向构造钢筋。

《混规》规定

9.2.6 梁的上部纵向构造钢筋应符合下列要求：

1 当梁端按简支计算但实际受到部分约束时，应在支座区上部设置纵向构造钢筋。其截面面积不应小于梁跨中下部纵向受力钢筋计算所需截面面积的1/4，且不应少于2根。该纵向构造钢筋自支座边缘向跨内伸出的长度不应小于 $l_0/5$，l_0 为梁的计算跨度。

2 对架立钢筋，当梁的跨度小于4m时，直径不宜小于8mm；当梁的跨度为4～6m时，直径不应小于10mm；当梁的跨度大于6m时，直径不宜小于12mm。

【例3.6.2-5】～【例3.6.2-6】

某钢筋混凝土简支梁如图3.6.2-2所示。纵向钢筋采用HRB400级钢筋（Φ），该梁计跨度 l_0=7200mm，跨中计算所需的纵向受拉钢筋为4Φ25。

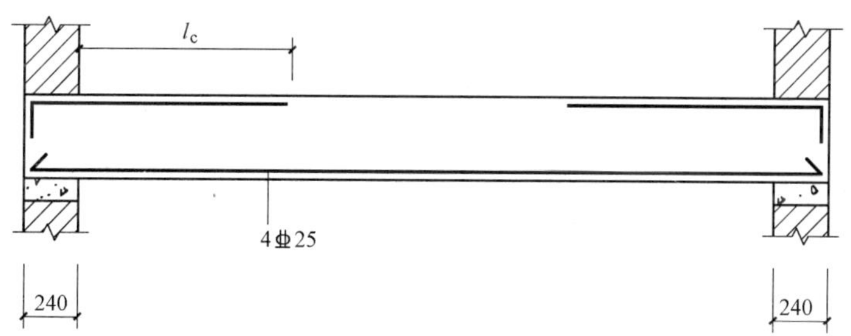

图3.6.2-2

【例3.6.2-5】

试问，该简支梁支座区上部纵向构造钢筋的最低配置，应为下列何项所示？

（A）2Φ16　　（B）2Φ18　　（C）2Φ20　　（D）2Φ22

【答案】(B)

【解答】根据《混规》9.2.6条，简支梁支座区上部纵向构造钢筋截面积不应小于梁跨中纵向受力钢筋计算所需截面积的四分之一，且不应少于两根。

$$A_s'=A_s/4=(1964/4)\text{mm}^2=491\text{mm}^2$$

经比较：选用2⌀18最为合适，$A_s'=2\times254\text{mm}^2=509\text{mm}^2>491\text{mm}^2$

【例 3.6.2-6】

试问，该简支梁支座区上部纵向构造钢筋自支座边缘向跨内伸出的最小长度l_c(mm)，选用下列何项数值最为恰当？

(A) 1500　　(B) 1800　　(C) 2100　　(D) 2400

【答案】(A)

【解答】根据《混规》9.2.6条，简支梁支座区上部纵向构造钢筋自支座边缘向跨内伸出的长度不应小于$0.2l_0$，$l_c\geqslant0.2l_0=0.2\times7200\text{mm}=1440\text{mm}$，选用$l_c=1500\text{mm}$。

(3) 梁简支端下部纵筋的锚固长度

《混规》规定

9.2.2 钢筋混凝土简支梁和连续梁简支端的下部纵向受力钢筋，从支座边缘算起伸入支座内的锚固长度应符合下列规定：

1 当V不大于$0.7f_tbh_0$时，不小于5d；当V大于$0.7f_tbh_0$时，对带肋钢筋不小于$12d$，对光圆钢筋不小于$15d$，d为钢筋的最大直径；

2 如纵向受力钢筋伸入梁支座范围内的锚固长度不符合本条第1款要求时，可采取弯钩或机械锚固措施，并应满足本规范第8.3.3条的规定采取有效的锚固措施；

3 支承在砌体结构上的钢筋混凝土独立梁，在纵向受力钢筋的锚固长度范围内应配置不少于2个箍筋，其直径不宜小于$d/4$，d为纵向受力钢筋的最大直径；间距不宜大于$10d$，当采取机械锚固措施时箍筋间距尚不宜大于$5d$，d为纵向受力钢筋的最小直径。

注：混凝土强度等级为C25及以下的简支梁和连续梁的简支端，当距支座边$1.5h$范围内作用有集中荷载，且V大于$0.7f_tbh_0$时，对带肋钢筋宜采取有效的锚固措施，或取锚固长度不小于$15d$，d为锚固钢筋的直径。

【例 3.6.2-7】如图3.6.2-3所示钢筋混凝土简支梁，其梁端支承在240mm厚砖墙上，混凝土强度等级为C30。纵向受力钢筋用HRB400级，箍筋用HPB300级。梁截面为250mm×500mm，经计算梁端处的组合内力设计值为$M=0$，$V=150\text{kN}$，梁跨中需配置3⌀18的受力纵筋。

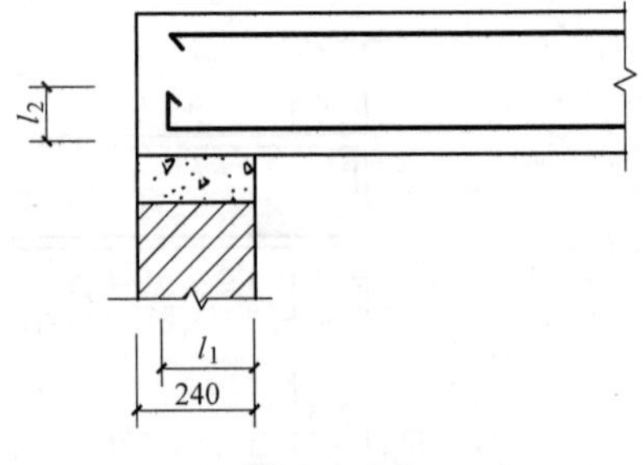

图3.6.2-3

试问钢筋伸入支座的锚固长度l_1、l_2(mm)应采用下列何组数值？

(A) 220，320　　(B) 220，0　　(C) 90，90　　(D) 90，0

【答案】(B)

【解答】根据《混规》9.2.2条1款

$$0.7f_tbh_0=0.7\times1.43\times250\times465=116.37\text{kN}<150\text{kN}$$

故 $l_{as} \geqslant 12d = 12 \times 18 = 216$mm，取 $l_{as} = 220$mm

砖墙厚 240>220，故 $l_1 = 220$mm，$l_2 = 0$

（4）支座负弯矩纵向受力钢筋的截断

钢筋混凝土梁的支座负弯矩纵向受力钢筋不宜在受拉区截断，为使负弯矩钢筋的截断不影响它在各截面中发挥所需的抗弯能力，负弯矩钢筋的截断点需满足下列两个控制条件：

1）截断点钢筋截断后，继续前伸的钢筋能保证通过截断点的斜截面具有足够的受弯承载力；

2）使负弯矩钢筋在梁顶部的特定锚固条件下具有必要的锚固长度。

《混规》规定

> **9.2.3** 钢筋混凝土梁支座截面负弯矩纵向受拉钢筋不宜在受拉区截断，当需要截断时，应符合以下规定：
>
> **1** 当 V 不大于 $0.7f_tbh_0$ 时，应延伸至按正截面受弯承载力计算不需要该钢筋的截面以外不小于 $20d$ 处截断，且从该钢筋强度充分利用截面伸出的长度不应小于 $1.2l_a$；
>
> **2** 当 V 大于 $0.7f_tbh_0$ 时，应延伸至按正截面受弯承载力计算不需要该钢筋的截面以外不小于 h_0 且不小于 $20d$ 处截断，且从该钢筋强度充分利用截面伸出的长度不应小于 $1.2l_a$ 与 h 之和；
>
> **3** 若按本条第 1、2 款确定的截断点仍位于负弯矩对应的受拉区内，则应延伸至按正截面受弯承载力计算不需要该钢筋的截面以外不小于 $1.3h_0$ 且不小于 $20d$ 处截断，且从该钢筋强度充分利用截面伸出的长度不应小于 $1.2l_a$ 与 $1.7h_0$ 之和。

【例 3.6.2-8】

假定，某梁的弯矩包络图形状如图 3.6.2-4 所示，采用 C30 混凝土，HRB400 钢筋，右端悬挑跨负弯矩钢筋（4 Φ 20）在支座内侧的同一位置截断且不下弯，试问，该负弯矩钢筋伸过支座 A 的最小长度 a（mm），与下列何项数值最为接近？

提示：$V < 0.7f_tbh_0$

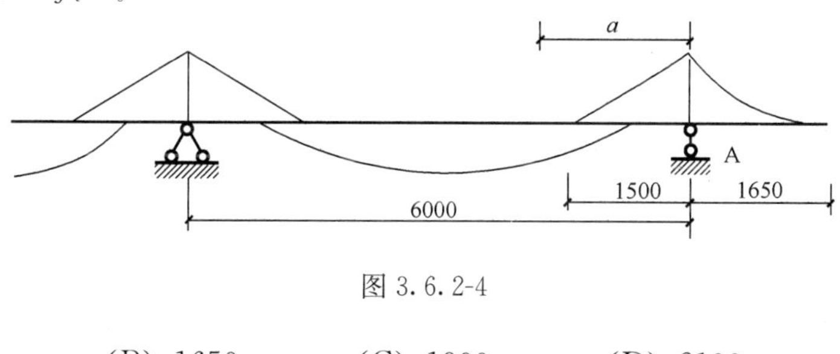

图 3.6.2-4

（A）1500　　（B）1650　　（C）1900　　（D）2100

【答案】（C）

根据《混规》第 9.2.3 条，当 $V < 0.7f_tbh_0$ 时，支座负弯矩钢筋向跨内的延伸长度应伸至不需要该钢筋的截面以外不小于 $20d$ 处截断。

$a = 1500 + 20 \times 20 = 1900$mm，故应选（C）。

（5）弯剪扭构件纵向钢筋的构造规定

1）受扭纵筋的最小配筋率

《混规》规定

> **9.2.5** 梁内受扭纵向钢筋的最小配筋率 $\rho_{tl,\min}$ 应符合下列规定：
>
> $$\rho_{tl,\min}=0.6\sqrt{\frac{T}{Vb}}\frac{f_t}{f_y} \quad (9.2.5)$$
>
> 当 $T/(Vb)>2.0$ 时，取 $T/(Vb)=2.0$。
>
> 式中：$\rho_{tl,\min}$——受扭纵向钢筋的最小配筋率，取 $A_{stl}/(bh)$；
>
> b——受剪的截面宽度，按本规范第6.4.1条的规定取用，对箱形截面构件，b 应以 b_h 代替；
>
> A_{stl}——沿截面周边布置的受扭纵向钢筋总截面面积。
>
> 在弯剪扭构件中，配置在截面弯曲受拉边的纵向受力钢筋，其截面面积不应小于按本规范第8.5.1条规定的受弯构件受拉钢筋最小配筋率计算的钢筋截面面积与按本条受扭纵向钢筋配筋率计算并分配到弯曲受拉边的钢筋截面面积之和。

2）抗扭纵筋布置

《混规》9.2.5条规定

> **9.2.5** 沿截面周边布置受扭纵向钢筋的间距不应大于200mm及梁截面短边长度；除应在梁截面四角设置受扭纵向钢筋外，其余受扭纵向钢筋宜沿截面周边均匀对称布置。受扭纵向钢筋应按受拉钢筋锚固在支座内。

【例3.6.2-9】受扭构件纵向钢筋的布置应沿钢筋混凝土构件截面何项？

（A）上面布置　　（B）上、下面均匀对称布置

（C）下面布置　　（D）周边均匀对称布置

【答案】（D）

【解答】根据《混规》9.2.5条，受扭纵向钢筋的间距不应大于200mm和梁截面短边长度；除应在梁截面四角设置受扭纵向钢筋外，其余受扭纵向钢筋宜沿截面周边均匀对称布置。

【例3.6.2-10】某钢筋混凝土正方形截面框架梁，截面尺寸为500mm×500mm，计算跨度为6.3m，跨中有一短挑梁，挑梁上作用有距梁轴线400mm的集中荷载 $P=250$kN，梁上的均布荷载设计值（包括自重）$g=9$kN/m，混凝土为C25，纵筋为HRB400。箍筋为HRB335。截面有效高度 $h_0=465$mm。考虑梁的支座为固定端，则跨中梁底纵向钢筋的最小配筋率与何项数值最接近？

（A）0.20%　　（B）0.19%　　（C）0.264%　　（D）0.32%

【答案】（C）

【解答】$f_{cu,k}=25.0\text{N/mm}^2$　$f_c=11.9\text{N/mm}^2$　$f_t=1.27\text{N/mm}^2$

$f_y=360\text{N/mm}^2$，$f'_y=360\text{N/mm}^2$，$f_{yv}=300\text{N/mm}^2$，$E_s=200000\text{N/mm}^2$

梁所受扭矩　$T=\frac{P\cdot a}{2}=\frac{250\times0.4}{2}\text{kN}\cdot\text{m}=50\text{kN}\cdot\text{m}$

梁端所受剪力 $V=\frac{P+gl}{2}=\frac{250+9\times6.3}{2}\text{kN}=153.35\text{kN}$

受弯构件中纵向受拉钢筋最小配筋率

$$\rho_{\min}=\max\{0.20\%,0.45f_t/f_y\}=\max\{0.20\%,0.16\%\}=0.20\%$$

受扭构件中受扭纵筋最小配筋率

$$\rho_{tv,\min}=0.6\times\sqrt{\frac{T}{V\times b}}\times\frac{f_t}{f_y}=0.6\times\sqrt{\frac{50}{153.35\times0.5}}\times\frac{1.27}{360}=0.171\%$$

受扭纵向钢筋沿梁周边均匀布置则梁底跨中纵向受拉钢筋最小配筋率为：$0.2\%+0.171\%\times\frac{3}{8}=0.264\%$。

【例 3.6.2-11】受弯剪扭的钢筋混凝土 T 形截面构件如图 3.6.2-5。混凝土为 C30，纵筋为 HRB400，箍筋为 HPB300。假设构件所受的扭矩与剪力的比值为 200，箍筋间距 $s=150\text{mm}$，则翼缘部分按构造要求的最小箍筋面积和最小纵筋面积与何组数据最为接近？

（A）33mm^2，48mm^2　　（B）29mm^2，43mm^2

（C）62mm^2，45mm^2　　（D）32mm^2，58mm^2

【答案】（A）

【解答】根据《混规》9.2.5 条，9.2.10 条

箍筋最小配筋率 $\rho_{sv,\min}=0.28\times\frac{f_t}{f_y}=0.28\times\frac{1.43}{270}=0.148\%$

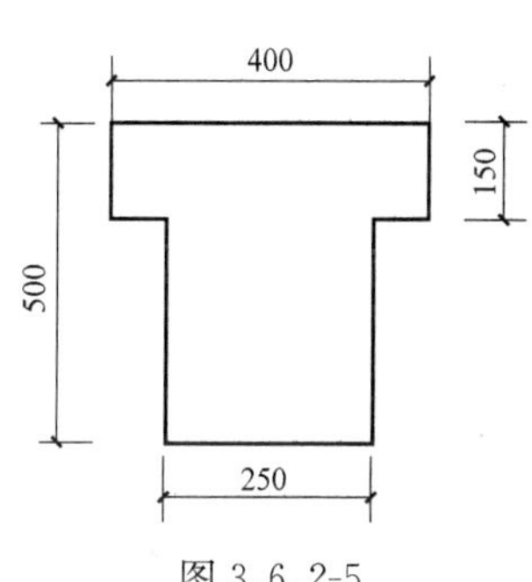

图 3.6.2-5

受扭纵筋最小配筋率

$$\rho_{tv,\min}=0.6\times\sqrt{\frac{T}{V\times b}}\times\frac{f_t}{f_y}=0.6\times\sqrt{\frac{200}{250}}\times\frac{1.43}{360}=0.213\%$$

受压翼缘箍筋最小配筋面积

$$A_{sv,\min}=\rho_{sv,\min}\times(b_f'-b)\times h_f'=0.148\%\times(400-250)\times150\text{mm}^2=33.37\text{mm}^2$$

受压翼缘受扭纵筋最小配筋面积

$$A_{tv,\min}=\rho_{tv,\min}\times h_f'\times(b_f'-b)=0.213\%\times150\times(400-250)\text{mm}^2=47.9\text{mm}^2$$

【例 3.6.2-12】钢筋混凝土简支梁，梁端实际受到部分约束，混凝土强度等级为 C30。纵向受力钢筋用 HRB400 级，箍筋用 HPB300 级。梁截面为 300mm×600mm，纵向受力钢筋配置为 5⌀25，则上部纵向构造钢筋为下列何项最为合适？

（A）2⌀14　　（B）2⌀16　　（C）2⌀18　　（D）2⌀20

【答案】（D）

【解答】根据《混规》9.2.6 条，当梁端实际受到部分约束但按简支计算时，应在支座区上部设置纵向构造钢筋，其截面面积不应小于梁跨中下部纵向受力钢筋计算所需截面面积的 1/4，且不应少于两根。5×490.9/4=613.6，配置 2⌀20 其截面面积为 628mm^2，是合适的。

2. 横向配筋

《混规》规定

9.2.7 混凝土梁宜采用箍筋作为承受剪力的钢筋。

(1) 可以不设置箍筋的范围

《混规》规定

> **9.2.9** 梁中箍筋的配置应符合下列规定：
>
> 1. 按承载力计算不需要箍筋的梁，当截面高度大于 300mm 时，应沿梁全长设置构造箍筋；当截面高度 $h=150\sim300$mm 时，可仅在构件端部 $l_0/4$ 范围内设置构造箍筋，l_0为跨度。但当在构件中部 $l_0/2$ 范围内有集中荷载作用时，则应沿梁全长设置箍筋。当截面高度小于 150mm 时，可以不设置箍筋。

【例 3.6.2-13】 按计算不需要箍筋抗剪时，对于梁的下列规定中错误的是何项？

(A) 当截面高度 $h>300$mm 时，应沿梁全长设置箍筋

(B) 当截面高度 $h=150\sim300$mm 时，可仅在构件端部各 1/4 跨度范围内设置箍筋

(C) 当截面高度 $h=150\sim300$mm 时，可仅在构件端部各 1/6 跨度范围内设置箍筋

(D) 当截面高度 $h<150$mm 时，可不设置构造箍筋

【答案】(C)

【解答】 根据《混规》9.2.9 条 1 款，按计算不需要箍筋的梁，当截面高度 $h>$ 300mm 时，应沿梁全长设置箍筋；当截面高度 $h=150\sim300$mm 时，可仅在构件端部各 1/4 跨度范围内设置箍筋；当截面高度 $h<150$mm 时，可不设箍筋。

【例 3.6.2-14】 已知某非抗震设计的钢筋混凝土简支梁，$b\times h=200\text{mm}\times500\text{mm}$，$h_0=465$mm，计算跨度 $l_0=5000$mm，混凝土强度等级为 C25，采用双肢箍筋，承受均布线荷载设计值 $q=25$N/mm。下列何项箍筋数量为符合《混规》规定的正确值？

(A) 2ϕ8@300，沿梁全跨设置

(B) 2ϕ6@300，仅在梁端 1/4 跨度范围内设置

(C) 2ϕ8@350，沿梁全跨设置

(D) 2ϕ10@250，仅在梁端 1/4 跨度范围内设置

【答案】(A)

【解答】

(1) 求梁支座截面的剪力 V。

$$V=ql_0/2=25\times5000/2=62500\text{N}$$

(2) 验算是否需要按计算配置箍筋。

$$0.7f_tbh_0=0.7\times1.27\times200\times465=82677\text{N}>V$$

可按构造条件配筋。

(3) 按《混规》9.2.9 条 1 款规定，对 $h>300$mm 的梁应沿梁全长设置箍筋。

(4) 按《混规》9.2.9 条表 9.2.9 规定，对 $h=500$mm 的梁，按构造条件配置箍筋的梁，箍筋的最大间距为 300mm。

因此选项 (B)、(C)、(D) 均不符合《混规》9.2.9 条的规定，仅选项 (A) 符合规范的有关规定。

(2) 箍筋的直径

《混规》规定

9.2.9 梁中箍筋的配置应符合下列规定：

2 截面高度大于 800mm 的梁，箍筋直径不宜小于 8mm；对截面高度不大于 800mm 的梁，不宜小于 6mm。梁中配有计算需要的纵向受压钢筋时，箍筋直径尚不应小于 $d/4$，d 为受压钢筋最大直径。

【例 3.6.2-15】 钢筋混凝土简支梁，混凝土强度等级为 C30。纵向受力钢筋用 HRB400 级，箍筋用 HPB300 级。梁截面为 300mm×600mm，若斜截面抗剪承载力计算 $V \leqslant 0.7 f_t b h_0$，为构造配箍，则下列箍筋配置何项最为合适？

(A) ϕ6@350　　(B) ϕ6@250　　(C) ϕ8@300　　(D) ϕ8@200

【答案】 (D)

【解答】

(1) 根据《混规》9.2.9 条 2 款，$h=600\text{mm}<800\text{mm}$，$d \geqslant 6\text{mm}$，(A)、(B)、(C)、(D) 均满足；

(2) 根据《混规》9.2.9 条表 9.2.9，$h=600\text{mm}$，$s_{max} \leqslant 350\text{mm}$，(A)、(B)、(C)、(D) 均满足；

(3) 根据《混规》9.2.9 条 3 款，

$$\rho_{sv,min} = 0.24 f_t / f_{yv} = 0.24 \times 1.43/270 = 0.00127$$

$$\frac{A_{sv}}{s} = 0.00127 \times 300 = 0.381\text{mm}^2/\text{mm}$$

选 ϕ6@350，$\frac{A_{sv}}{s} = \frac{28.3 \times 2}{350} = 0.161\text{mm}^2/\text{mm} < 0.381\text{mm}^2/\text{mm}$，不满足；

选 ϕ6@250，$\frac{A_{sv}}{s} = \frac{28.3 \times 2}{250} = 0.226\text{mm}^2/\text{mm} < 0.381\text{mm}^2/\text{mm}$，不满足；

选 ϕ8@300，$\frac{A_{sv}}{s} = \frac{50.3 \times 2}{300} = 0.335\text{mm}^2/\text{mm} < 0.381\text{mm}^2/\text{mm}$，不满足；

选 ϕ8@200，$\frac{A_{sv}}{s} = \frac{50.3 \times 2}{200} = 0.503\text{mm}^2/\text{mm} > 0.381\text{mm}^2/\text{mm}$，满足。

选 (D)。

(3) 箍筋的最低配置

《混规》规定

9.2.9 梁中箍筋的配置应符合下列规定：

3 梁中箍筋的最大间距宜符合表 9.2.9 的规定；当 V 大于 $0.7 f_t b h_0 + 0.05 N_{p0}$ 时，箍筋的配筋率 ρ_{sv} [$\rho_{sv} = A_{sv}/(bs)$] 尚不应小于 $0.24 f_t f_{yv}$。

梁中箍筋的最大间距（mm）　　**表 9.2.9**

梁高 h	$V>0.7 f_t b h_0 + 0.05 N_{p0}$	$V \leqslant 0.7 f_t b h_0 + 0.05 N_{p0}$
$150<h\leqslant300$	150	200
$300<h\leqslant500$	200	300
$500<h\leqslant800$	250	350
$h>800$	300	400

【例 3.6.2-16】 梁端箍筋的最低配置（$V>0.7f_tbh_0$）

条件：一钢筋混凝土简支梁，截面尺寸为 250mm×500mm，混凝土采用 C30，纵向受力钢筋采用 HRB400，箍筋采用 HPB300，已知梁端 $M=0$，$V=140$kN。安全等级为二级，环境类别为一类。

要求：确定梁端箍筋的最低配置。

【解答】 查《混规》表，$f_c=14.3\text{N/mm}^2$，$f_t=1.43\text{N/mm}^2$，$f_y=360\text{N/mm}^2$，$f_{yv}=270\text{N/mm}^2$，

设 $a_s=35$mm，$h_0=h-a_s=500-35=465$mm

$$V=140\text{kN}>0.7f_tbh_0=0.7\times1.43\times250\times465=116.4\text{kN}$$

故梁端箍筋按计算配筋，并且应满足根据《混规》9.2.9 条规定，即：

$$\rho_{sv,min}=0.24f_t/f_{yv}=0.24\times1.43/270=0.127\%$$

$$\rho_{sv}=\frac{A_{sv}}{bs}=0.127\%$$

由《混规》表 9.2.9 知：$h\leqslant500$mm，取 $s=200$mm，选用两肢箍

$$A_{sv1}=0.127\%\times bs/2=0.127\%\times250\times200/2=31.78\text{mm}^2$$

故选 $\phi8$（$A_s=50.3\text{mm}^2$），配置为 $\phi8$@200，满足要求。

【例 3.6.2-17】 按构造规定配置箍筋（$V\leqslant0.7f_tbh_0$）

条件：一钢筋混凝土简支梁，混凝土强度等级为 C30。纵向受力钢筋用 HRB400 级，箍筋用 HPB300 级。梁截面为 250mm×500mm，经计算梁端处斜截面抗剪承载力计算 $V\leqslant0.7f_tbh_0$。

要求：按构造规定配置箍筋

【解答】 根据《混规》表 9.2.9　300mm$<h\leqslant$500mm 时，$s\leqslant$300mm。

根据《混规》9.2.9 条　$h\leqslant$800mm 时，ϕ=6mm，取 $\phi6$@300mm。

（4）配有受压钢筋时的箍筋

《混规》规定

> **9.2.9**　梁中箍筋的配置应符合下列规定：
>
> 4　当梁中配有按计算需要的纵向受压钢筋时，箍筋应符合以下规定：
>
> 1）箍筋应做成封闭式，且弯钩直线段长度不应小于 $5d$，d 为箍筋直径。
>
> 2）箍筋的间距不应大于 $15d$，并不应大于 400mm。当一层内的纵向受压钢筋多于 5 根且直径大于 18mm 时，箍筋间距不应大于 $10d$，d 为纵向受压钢筋的最小直径。
>
> 3）当梁的宽度大于 400mm 且一层内的纵向受压钢筋多于 3 根时，或当梁的宽度不大于 400mm 但一层内的纵向受压钢筋多于 4 根时，应设置复合箍筋。

【例 3.6.2-18】 当梁中配有计算需要的纵向受压钢筋时，箍筋间距不应大于何项，同时不应大于 400mm（d 为纵向受压钢筋最小直径）？

（A）$20d$　　（B）$25d$　　（C）$15d$　　（D）$30d$

【答案】（C）

【解答】 根据《混规》9.2.9 条 4 款，箍筋间距不应大于 15 倍的受压钢筋的最小直

径，同时不应大于400mm。

【例3.6.2-19】 在图3.6.2-6中关于梁的截面配筋构造，下列何项为正确？

（提示：设图3.6.2-6中所配纵向受力钢筋及箍筋均满足承载力计算要求。）

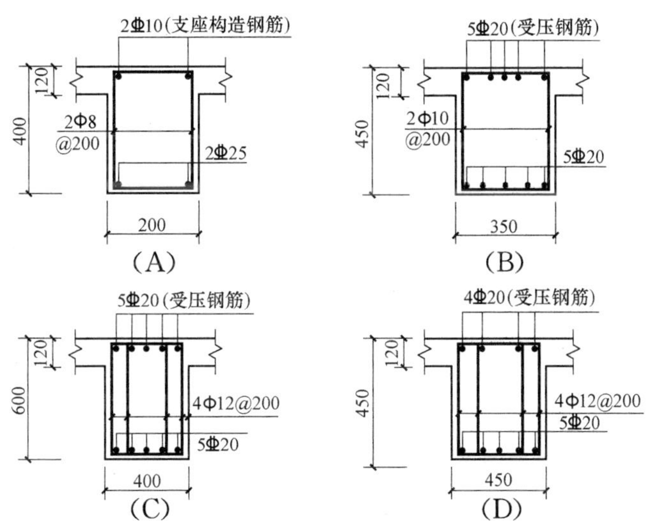

图3.6.2-6

【答案】（D）

【解答】

（A）错，根据《混规》9.2.6条，支座构造钢筋2Φ10截面面积为157mm^2，小于梁中下部纵向受拉钢筋2Φ25截面面积982mm^{2}的1/4。

（B）错，根据《混规》9.2.9条，应设复合箍。

（C）错，根据《混规》9.2.13条，应设腰筋。

（D）对，根据《混规》9.2.9条4款，当梁的宽度大于400mm且一层内的纵向受压钢筋多于3根时，应设置复合箍筋。

（5）弯剪扭构件中的箍筋

《混规》规定

9.2.10 在弯剪扭构件中，箍筋的配筋率ρ_{sv}不应小于$0.28f_t/f_{yv}$。

箍筋间距应符合本规范表9.2.9的规定，其中受扭所需的箍筋应做成封闭式，且应沿截面周边布置。当采用复合箍筋时，位于截面内部的箍筋不应计入受扭所需的箍筋面积。受扭所需箍筋的末端应做成135°弯钩，弯钩端头平直段长度不应小于$10d$，d为箍筋直径。

【例3.6.2-20】 某次梁截面尺寸为$b\times h=300\text{mm}\times600\text{mm}$，混凝土强度等级为C30，梁箍筋采用HPB300级钢筋，属弯剪扭构件。经计算可按构造要求配置箍筋。该梁箍筋的最小配置选用以下何项最为恰当？

（A）ϕ8@300（双肢）　　（B）ϕ8@250（双肢）

(C) $\phi8@200$（双肢） (D) $\phi8@150$（双肢）

【答案】(C)

【解答】根据《混规》第9.2.10条，弯剪扭构件箍筋的最小配筋率为：

$$\rho_{sv} \geqslant 0.28 f_t / f_{yv} = 0.28 \times 1.43/270 = 0.148\%$$

经比较，该梁箍筋的配置选用 $\phi8@200$（双肢）最为接近最小配筋率。

$$\rho_{sv} = A_{sv}/(bs) = 2 \times 50.3/(300 \times 200) = 0.167\% > 0.148\%$$

3. 局部配筋

(1) 集中荷载作用点的附加钢筋计算

《混规》规定

9.2.11 位于梁下部或梁截面高度范围内的集中荷载，应全部由附加横向钢筋承担；附加横向钢筋宜采用箍筋。

箍筋应布置在长度为 $2h_1$ 与 $3b$ 之和的范围内（图9.2.11）。当采用吊筋时，弯起段应伸至梁的上边缘，且末端水平段长度不应小于本规范第9.2.7条的规定。

附加横向钢筋所需的总截面面积应符合下列规定：

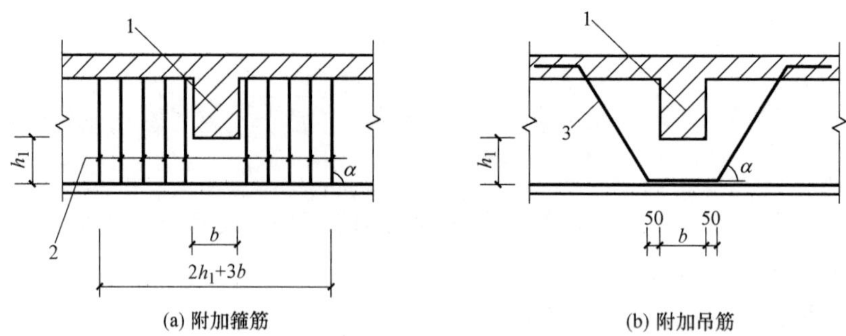

图9.2.11 梁截面高度范围内有集中荷载作用时附加横向钢筋的布置

注：图中尺寸单位mm。

1—传递集中荷载的位置；2—附加箍筋；3—附加吊筋

$$A_{sv} \geqslant \frac{F}{f_{yv} \sin\alpha} \qquad (9.2.11)$$

式中 A_{sv}——承受集中荷载所需的附加横向钢筋总截面面积；当采用附加吊筋时，A_{sv}应为左、右弯起段截面面积之和；

F——作用在梁的下部或梁截面高度范围内的集中荷载设计值；

α——附加横向钢筋与梁轴线间的夹角。

【例3.6.2-21】集中荷载作用点的附加钢筋计算

条件：已知位于梁截面高度范围内通过次梁传递的集中荷载设计值 $F=160\text{kN}$，次梁宽 $b=250\text{mm}$，$h_1=200\text{mm}$，附加横向钢筋布置见图3.6.2-7。箍筋为HPB300级，吊筋为HRB335级。

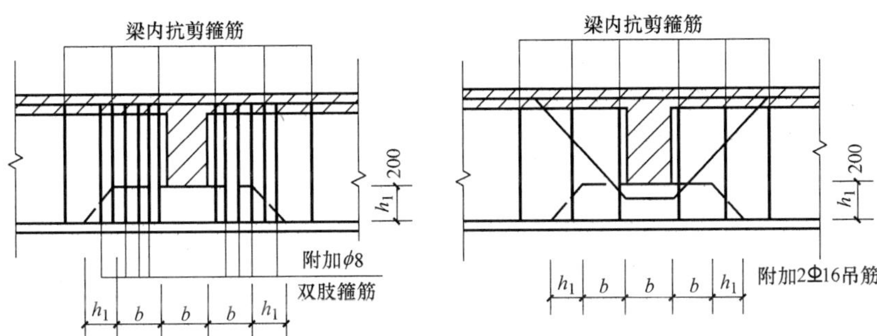

图 3.6.2-7

要求：(1) 采用箍筋时所需箍筋的总截面面积；

(2) 采用吊筋时所需吊筋的总截面面积。

【解答】(1) 当采用箍筋时，根据《混规》式 (9.2.11)，附加箍筋的总截面面积 A_{sv} 为

$$A_{sv}=\frac{F}{f_{sv}\sin\alpha}=\frac{160000}{270\times\sin90^{\circ}}=592.6\text{mm}^2$$

选用 6 根 ϕ8 双肢筋，$A_{sv}=604\text{mm}^2>592.6\text{mm}^2$

(2) 当采用吊筋时，根据《混规》式 (9.2.11)，附加吊筋的总截面面积 A_{sv} 为

$$A_{sv}=\frac{F}{f_y\sin\alpha}=\frac{160000}{300\times\sin45^{\circ}}=754\text{mm}^2$$

采用 2 根Φ16 的吊筋，共 4 个截面，$A_{sv}=804\text{mm}^2$。

(2) 梁内弯折处的附加钢筋计算

《混规》规定

9.2.12 折梁的内折角处应增设箍筋（图 9.2.12）。箍筋应能承受未在压区锚固纵向受拉钢筋的合力，且在任何情况下不应小于全部纵向钢筋合力的 35%。

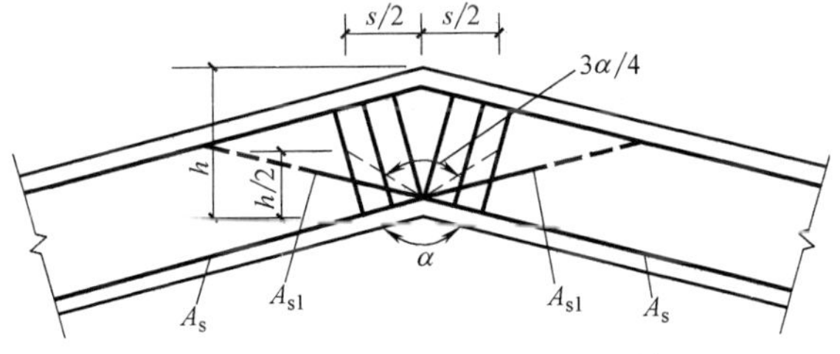

图 9.2.12 折梁内折角处的配筋

由箍筋承受的纵向受拉钢筋的合力按下列公式计算：

未在受压区锚固的纵向受拉钢筋的合力为：

$$N_{s1}=2f_yA_{s1}\cos\frac{\alpha}{2} \tag{9.2.12-1}$$

全部纵向受拉钢筋合力的35%为：

$$N_{s2}=0.7f_yA_s\cos\frac{\alpha}{2} \tag{9.2.12-2}$$

式中 A_s——全部纵向受拉钢筋的截面面积；

A_{s1}——未在受压区锚固的纵向受拉钢筋的截面面积；

α——构件的内折角。

按上述条件求得的箍筋应设置在长度 s 等于 $h\tan(3\alpha/8)$ 的范围内。

【例3.6.2-22】 梁内弯折角处的配筋计算

条件：已知构件的内折角处于受拉区，纵向受拉钢筋3Φ18，$A_s=763\text{mm}^2$（图3.6.2-8）。箍筋选用HPB300，纵向受拉钢筋选用HRB400.

要求：(1) 当3Φ18钢筋全部锚固在混凝土受压区时所需箍筋数量；

(2) 当3Φ18钢筋全部未锚固在混凝土受压区时所需箍筋数量；

(3) 当3Φ18钢筋中只有1Φ18未锚固在混凝土受压区时所需的箍筋数量。

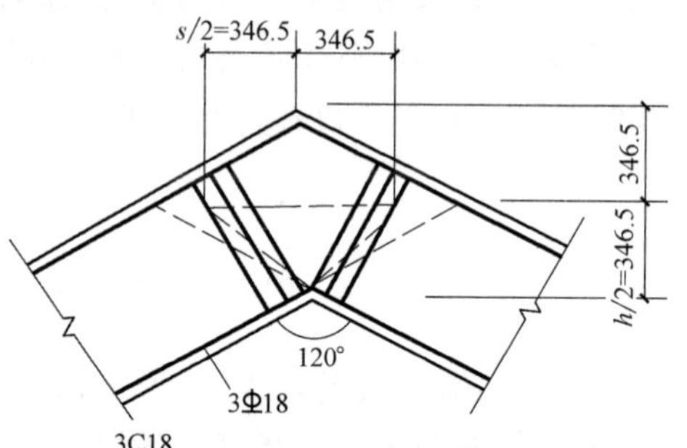

图3.6.2-8

【解答】

(1) 全部纵向钢筋3Φ18（$A_s=763\text{mm}^2$）锚固在混凝土受压区时，根据《混规》9.2.12条纵向受拉钢筋合力的35%由箍筋承担，根据《混规》式(9.2.12-2)，需由箍筋承担的合力为

$$\begin{aligned}N_{s2}&=0.7f_yA_s\cos(\alpha/2)\\&=0.7\times360\times763\cos(120/2)\\&=96138\text{N}\end{aligned}$$

应增设箍筋面积：

$$A_{sv}=\frac{N_{s2}}{f_{yv}\sin(\alpha/2)}=\frac{96138}{270\times\sin(120/2)}=411.2\text{mm}^2$$

选用3ϕ10双肢箍筋 $A_{sv}=471\text{mm}^2$，箍筋设置范围的长度 $s=h\tan(3\alpha/8)=693\times\tan(3\times120/8)=693\text{mm}$。

(2) 全部纵向钢筋未锚固在混凝土受压区时，根据《混规》9.2.12条纵向受拉钢筋的合力全部由箍筋承担，根据《混规》式(9.2.12-1)纵向受拉钢筋的合力为

$$N_{s1}=2f_yA_{s1}\cos(\alpha/2)=2\times360\times763\cos(120/2)=274680\text{N}$$

应增设箍筋面积：$A_{sv}==\dfrac{274680}{270\times\sin(120/2)}=1175\text{mm}^2$

选用8ϕ10双肢箍筋 $A_{sv}=1256\text{mm}^2$，箍筋设置范围 $s=h\tan(3\alpha/8)=693$。

(3) 当3Φ18钢筋中只有1Φ18（$A_{s1}=254.5\text{mm}^2$）钢筋未锚固在混凝土受压区时，箍筋承担纵向钢筋合力为

$$N_{s1}=2f_yA_{s1}\cos(\alpha/2)=2\times360\times254.5\times\cos60°=91620N$$

$$N_{s2}=0.7f_yA_s\cos(\alpha/2)=0.7\times360\times763\times\cos60°=96138\text{N}$$

取 $$N_s=96138\text{N}$$

应增设箍筋面积 $A_{sv}=\dfrac{96138}{270\times\sin(120/2)}=411.2\text{mm}^2$，选用 3Φ10 双肢箍筋。

$A_{sv}=471\text{mm}^2$，箍筋设置范围同上。

（3）腹板的构造钢筋

《混规》规定

> **9.2.13** 梁的腹板高度 h_w不小于 450mm 时，在梁的两个侧面应沿高度配置纵向构造钢筋。每侧纵向构造钢筋（不包括梁上、下部受力钢筋及架立钢筋）的间距不宜大于 200mm，截面面积不应小于腹板截面面积（bh_w）的 0.1%，但当梁宽较大时可以适当放松。此处，腹板高度 h_w按本规范第 6.3.1 条的规定取用。
>
> **9.2.14** 薄腹梁或需作疲劳验算的钢筋混凝土梁，应在下部 1/2 梁高的腹板内沿两侧配置直径 8～14mm 的纵向构造钢筋，其间距为 100～150mm 并按下密上疏的方式布置。在上部 1/2 梁高的腹板内，纵向构造钢筋可按本规范第 9.2.13 条的规定配置。

【例 3.6.2-23】 梁每个侧面的纵向构造钢筋

条件：与板顶面相平的现浇 T 形截面梁，其截面尺寸为 300mm×700mm，板厚为 140mm。采用 C30 级混凝土，环境类别一类，安全等级为二级。

要求：梁每个侧面的纵向构造钢筋。

【解答】 设 $a_s=60\text{mm}$，$h_w=h_0=h-a_s=640\text{mm}$，$h_w=h_0-h_f'=640-140=500\text{mm}$

梁每侧纵向构造钢筋，根据《混规》9.2.13 条规定。

$$A_s=0.1\%bh_w=0.1\%\times300\times500=150\text{mm}^2$$

每侧选 2Φ12，$A_s=226\text{mm}^2>150\text{mm}^2$，且两排布置，满足《混规》9.2.13 条中间距不宜大于 200mm 的规定。

【例 3.6.2-24】 梁的构造钢筋及拉筋条件：图 3.6.2-9（a）所示单筋梁，该梁所采用的混凝土为 C25。

要求：配置所需最少纵向构造钢筋及拉筋，纠正图上的错误、并把正确的做法画在图上并标注。

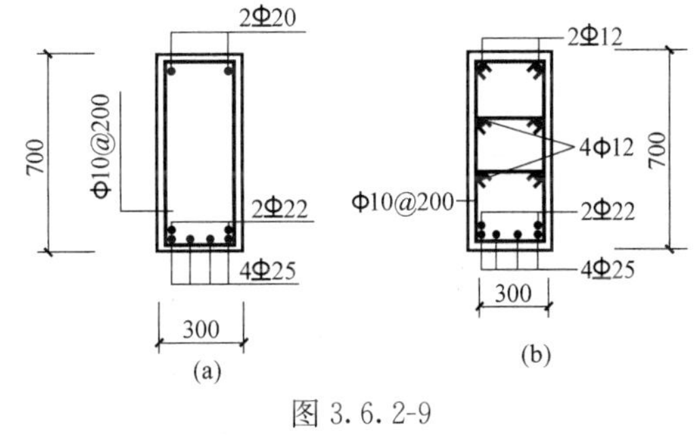

图 3.6.2-9

【解答】 根据构造要求，梁每侧纵向构造钢筋的截面面积 A_s应满足 $A_s=0.1\%bh_w=0.1\%\times300\text{mm}\times640\text{mm}=192\text{mm}^2$，且间距 $s\leqslant200\text{mm}$，

故该梁侧需设置两排纵向构造钢筋，每侧钢筋需要量 2Φ12（$A_s=226\text{mm}^2$）≥192mm^2。拉筋直径一般同梁箍筋直径，间距为梁箍筋间距的两倍，一般控制在 300～500mm。故此设一般控制在 300～500mm。故此设置 $\phi10@400$ 的拉筋。配筋图详见图 3.6.2-9b。

【例 3.6.2-25】 配置腰筋

条件：某钢筋混凝土单跨梁，截面及配筋如图 3.6.2-10 所示，$a_s=a_s'=70\text{mm}$。混凝土强度级为C40，纵向受力钢筋HRB400级，两侧纵向构造钢筋HRB335级。

要求：配置腰筋

【解答】 $h_0=2400-70=2330\text{mm}$

$h_w=2330-200=2130\text{mm}$

$b=800\text{mm}$

根据《混规》9.2.13条，$A_{s构}\geqslant0.1\%bh_w$，且间距宜$\leqslant$200mm

$A_{s构}=0.1\%bh_w=0.001\times800\times2130=1704\text{mm}^2$

按间距求得的钢筋根数$n=(2400-70-200)/200-1=9.7$，取10根

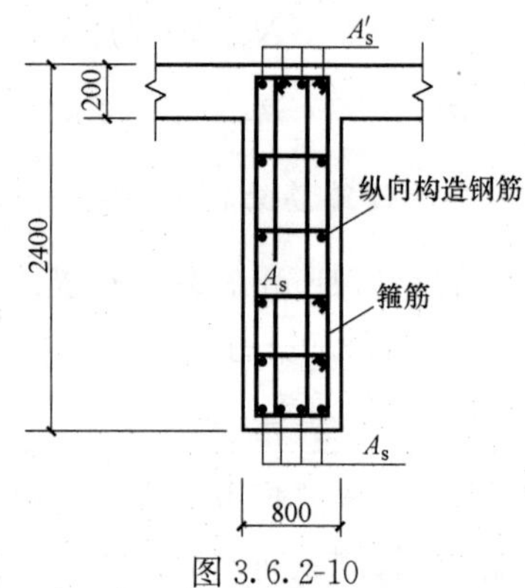

图3.6.2-10

$$A_s=1704/10=170.4\text{mm}^2\text{，选}d=16\text{mm}，A_s=201.1\text{mm}^2。$$

三、柱、墙

1. 柱

（1）柱中纵向钢筋的配置

《混规》规定

> **9.3.1** 柱中纵向钢筋的配置应符合下列规定：
>
> 1 纵向受力钢筋直径不宜小于12mm；全部纵向钢筋的配筋率不宜大于5%；
>
> 2 柱中纵向钢筋的净间距不应小于50mm，且不宜大于300mm；
>
> 3 偏心受压柱的截面高度不小于600mm时，在柱的侧面上应设置直径不小于10mm的纵向构造钢筋，并相应设置复合箍筋或拉筋；
>
> 5 在偏心受压柱中，垂直于弯矩作用平面的侧面上的纵向受力钢筋以及轴心受压柱中各边的纵向受力钢筋，其中距不宜大于300mm。
>
> 注：水平浇筑的预制柱，纵向钢筋的最小净间距可按本规范第9.2.1条关于梁的有关规定取用。

【例3.6.3-1】 图3.6.3-1列出非地震区框架柱的4种配筋形式。哪一种是正确的？

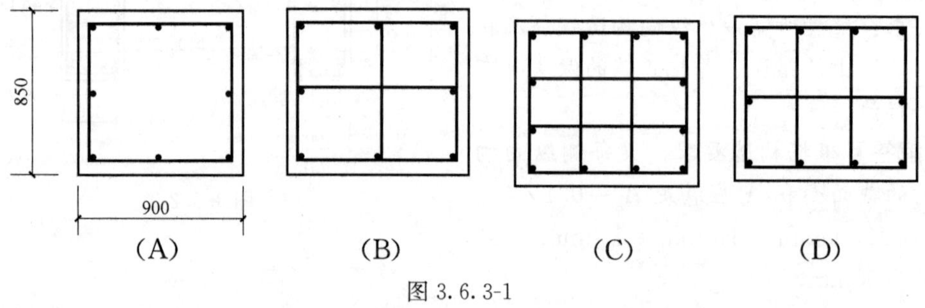

图3.6.3-1

【答案】（C）

【解答】 根据《混规》9.3.1条2款，柱中纵向钢筋的净间距不宜大于300mm；（C）是正确的。

【例3.6.3-2】 下列关于柱纵向受力钢筋的构造要求错误的是何项？

(A) 纵向受力钢筋的直径不宜小于12mm

(B) 当截面高度 $h \geqslant 600$mm 时，在柱的侧面应设置纵向构造筋，并相应设置复合箍筋或拉筋

(C) 纵向受力钢筋的中距不宜小于 300mm

(D) 全部纵向钢筋的配筋率不宜大于 5%

【答案】(C)

【解答】根据《混规》9.3.1条5款，在偏心受压柱中，垂直于弯矩作用平面的侧面上的纵向受力钢筋以及轴心受压柱中各边的纵向受力钢筋，其中距不宜大于300mm。

【例 3.6.3-3】以下关于钢筋混凝土柱构造要求的叙述中。哪一条是不正确的？

(A) 纵向钢筋沿周边布置　　(B) 纵向钢筋净距不小于 50mm

(C) 箍筋应形成封闭　　(D) 纵向钢筋配置越多越好

【答案】(D)

【解答】根据《混规》9.3.1条的规定，全部纵向钢筋配筋率不宜超过5%，题中(D)项是不正确的，因纵向钢筋配置过多时，不能充分发挥钢筋的作用。

(2) 柱中的箍筋

《混规》规定

9.3.2 柱中的箍筋应符合下列规定：

1 箍筋直径不应小于 $d/4$，且不应小于 6mm，d 为纵向钢筋的最大直径；

2 箍筋间距不应大于 400mm 及构件截面的短边尺寸，且不应大于 $15d$，d 为纵向钢筋的最小直径；

3 柱及其他受压构件中的周边箍筋应做成封闭式；

4 当柱截面短边尺寸大于 400mm 且各边纵向钢筋多于 3 根时，或当柱截面短边尺寸不大于 400mm 但各边纵向钢筋多于 4 根时，应设置复合箍筋；

5 柱中全部纵向受力钢筋的配筋率大于 3%时，箍筋直径不应小于 8mm，间距不应大于 $10d$，且不应大于 200mm，d 为纵向受力钢筋的最小直径。箍筋末端应做成 135°弯钩，且弯钩末端平直段长度不应小于箍筋直径的 10 倍；

【例 3.6.3-4】下列关于柱中箍筋构造要求的叙述，错误的是何项？

(A) 箍筋间距 $s \leqslant 400$mm　　(B) 箍筋间距 $s \leqslant 15d_{min}$

(C) 箍筋直径 $d \geqslant d_{max}/4$　　(D) 箍筋间距 $s \geqslant b$

【答案】(D)

【解答】根据《混规》9.3.2条2款规定，箍筋间距不应大于构件截面的短边尺寸 b。

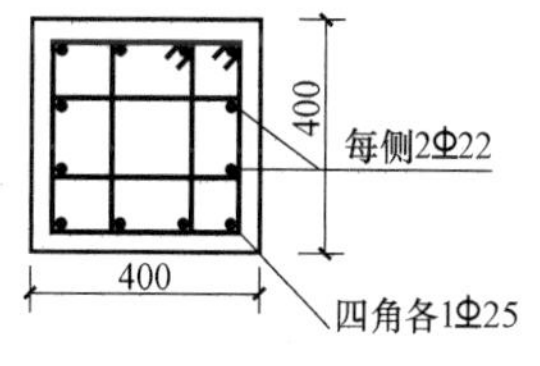

图 3.6.3-2

【例 3.6.3-5】此柱配筋如图3.6.3-2所示，经计算，柱的抗剪箍筋按构造配置，则下列何项为不合适？

(A) ϕ6@150　　(B) ϕ8@200

(C) ϕ10@250　　(D) ϕ10@300

【答案】(A)、(C)、(D)

【解答】 柱中全部纵向受力钢筋的配筋率：$\rho=\frac{4\times490.9+8\times380.1}{400\times400}=3.13\%>3.0\%$

根据《混规》9.3.2条5款，

箍筋直径不应小于8mm，取纵筋直径为8mm；

间距不应大于纵向受力钢筋最小直径d的10倍，且不应大于200mm；

$10d=10\times22=220\text{mm}>200\text{mm}$，取纵筋间距为200mm。

配置ϕ8@200mm既可满足间距要求，也可满足直径要求。

【例3.6.3-6】 此柱配筋为每侧4Φ20，柱的抗剪箍筋按构造配置，则下列何项合适？

(A) ϕ6@350　　(B) ϕ6@300　　(C) ϕ8@350　　(D) ϕ6@400

【答案】 (B)

【解答】 柱中全部纵向受力钢筋配筋率：$\rho=\frac{12\times314.2}{400\times400}=2.36\%<3\%$

根据《混规》9.3.2条1款，箍筋直径不应小于d/4＝20/4＝5mm，且不应小于6mm；

根据《混规》9.3.2条2款，间距不应大于400mm，及截面的短边尺寸且不应大于$15d=15\times20=300\text{mm}$。

配置ϕ6@300既可满足面积要求，又满足间距要求。

(3) 圆柱中的纵向钢筋和箍筋

《混规》规定

> **9.3.1** 柱中纵向钢筋的配置应符合下列规定：
>
> 4 圆柱中纵向钢筋不宜少于8根，不应少于6根，且宜沿周边均匀布置；
>
> **9.3.2** 柱中的箍筋应符合下列规定：
>
> 3 对圆柱中的箍筋，搭接长度不应小于本规范第8.3.1条规定的锚固长度，且末端应做成135°弯钩，弯钩末端平直段长度不应小于$5d$，d为箍筋直径；
>
> 6 在配有螺旋式或焊接环式箍筋的柱中，如在正截面受压承载力计算中考虑间接钢筋的作用时，箍筋间距不应大于80mm及$d_{cor}/5$，且不宜小于40mm，d_{cor}为按箍筋内表面确定的核心截面直径。

2. 墙

《混规》规定

> **9.4.1** 竖向构件截面长边、短边（厚度）比值大于4时，宜按墙的要求进行设计。

(1) 墙的厚度、高厚比与翼缘计算宽度b_f

《混规》规定

> **9.4.1**
>
> 支撑预制楼（屋面）板的墙，其厚度不宜小于140mm；对剪力墙结构尚不宜小于层高的1/25，对框架-剪力墙结构尚不宜小于层高的1/20。

9.4.3
在承载力计算中，剪力墙的翼缘计算宽度可取剪力墙的间距、门窗洞间翼墙的宽度、剪力墙厚度加两侧各 6 倍翼墙厚度、剪力墙墙肢总高度的 1/10 四者中的最小值。

【例 3.6.3-7】 墙的高厚比

非地震区钢筋混凝土剪力墙结构中，剪力墙厚度与楼层高度的比值不宜小于以下何值？

(A) 1/10　　(B) 1/15　　(C) 1/20　　(D) 1/25

【答案】(D)

【解答】根据《混规》9.4.1 条规定，非地震区钢筋混凝土剪力墙结构，墙的厚度不宜小于楼层高度的 1/25。

【例 3.6.3-8】 墙的厚度

若底层层高为4.2m，则剪力墙的厚度（mm）不应小于下列何项？

(A) 140　　(B) 160　　(C) 180　　(D) 200

【答案】(B)

【解答】根据《混规》9.4.1 条，对剪力墙结构，墙的厚度不宜小于楼层高度的 1/25，即 4.20/25＝168mm

【例 3.6.3-9】 翼缘计算宽度 b_f

条件：非抗震地区某剪力墙肢，其外纵墙厚度为 250mm，横墙厚 160mm，横墙间距为 3600mm，横墙间距中开窗宽度 1600mm，房屋高度为 50m。

要求：该横墙的翼缘计算宽度 b_f。

【解答】由《混规》9.4.3 条规定：

剪力墙的间距：$b_f=3600$mm

门窗洞间翼墙的宽度：$b_f=3600-1600=2000$mm

剪力墙厚度加两侧各 6 倍翼墙厚度：$b_f=160+2\times6\times250=3160$mm

剪力墙墙肢总高度的 1/10：$b_t=50000/10=5000$mm

上述值取最小者，取 $b_f=2000$mm。

(2) 承载力计算

《混规》规定

9.4.3 在平行于墙面的水平荷载和竖向荷载作用下，墙体宜根据结构分析所得的内力和本规范第 6.2 节的有关规定，分别按偏心受压或偏心受拉进行正截面承载力计算，并按本规范第 6.3 节的有关规定进行斜截面受剪承载力计算。在集中荷载作用处，尚应按本规范第 6.6 节进行局部受压承载力计算。

6.3.20 钢筋混凝土剪力墙的受剪截面应符合下列条件：

$$V\leqslant 0.25\beta_c f_c b h_0 \tag{6.3.20}$$

6.3.21 钢筋混凝土剪力墙在偏心受压时的斜截面受剪承载力应符合下列规定：

$$V\leqslant\frac{1}{\lambda-0.5}\left(0.5f_t b h_0+0.13N\frac{A_w}{A}\right)+f_{yv}\frac{A_{sh}}{s_v}h_0 \tag{6.3.21}$$

式中：N——与剪力设计值 V 相应的轴向压力设计值，当 N 大于 $0.2f_c bh$ 时，取 $0.2f_c bh$；

A——剪力墙的截面面积；

A_W——T 形、I 形截面剪力墙腹板的截面面积，对矩形截面剪力墙，取为 A；

A_{Sh}——配置在同一截面内的水平分布钢筋的全部截面面积；

s_v——水平分布钢筋的竖向间距；

λ——计算截面的剪跨比，取为 $M/(Vh_0)$；当 λ 小于 1.5 时，取 1.5，当 λ 大于 2.2 时，取 2.2；此处，M 为与剪力设计值 V 相应的弯矩设计值；当计算截面与墙底之间的距离小于 $h_0/2$ 时，λ 可按距墙底 $h_0/2$ 处的弯矩值与剪力值计算。

当剪力设计值 V 不大于公式（6.3.21）中右边第一项时，水平分布钢筋可按本规范第 9.4.2 条、9.4.4 条、9.4.6 条的构造要求配置。

（3）分布钢筋的构造要求

《混规》规定

9.4.2 厚度大于 160mm 的墙应配置双排分布钢筋网；结构中重要部位的剪力墙，当其厚度不大于 160mm 时，也宜配置双排分布钢筋网。

双排分布钢筋网应沿墙的两个侧面布置，且应采用拉筋连系；拉筋直径不宜小于 6mm，间距不宜大于 600mm。

9.4.4 墙水平及竖向分布钢筋直径不宜小于 8mm，间距不宜大于 300mm。可利用焊接钢筋网片进行墙内配筋。

墙水平分布钢筋的配筋率 $\rho_{sh}\left(\dfrac{A_{sh}}{bs_v}，s_v\ 为水平分布钢筋的间距\right)$和竖向分布钢筋的配筋率 $\rho_{sv}\left(\dfrac{A_{sv}}{bs_h}，s_h\ 为竖向分布钢筋的间距\right)$不宜小于 0.20%；重要部位的墙，水平和竖向分布钢筋的配筋率宜适当提高。

墙中温度、收缩应力较大的部位，水平分布钢筋的配筋率宜适当提高。

【例 3.6.3-10】 剪力墙的水平分布钢筋

条件：已知某钢筋混凝土剪力墙，b=180mm，h=3800mm，h_0=3700mm，混凝土强度等级为 C25，f_c=11.9N/mm^2，f_t=1.27N/mm^2，作用在墙肢上的弯矩设计值 M=2020kN·m，压力设计值 N=3450kN，剪力设计值 V=354kN，配置有纵向分布钢筋为 2ϕ8@250，f_{yv}=270N/m^2，墙肢两端 200mm 范围内配置 HRB400 级纵向钢筋，f_y=360N/mm^2。

要求：试求墙肢水平分布钢筋的数量。

【解答】（1）验算截面尺寸

由《混规》式（6.3.20）得

$0.25\beta_c f_c b\mathrm{h}_0 = 0.25\times1.0\times11.9\times180\times3700 = 1981.4\text{kN} > V = 354\text{kN}$

满足要求。

（2）计算水平分布钢筋的数量

由《混规》6.3.21 条

$$\lambda=\frac{M}{Vh_0}=\frac{2020\times10^6}{354\times10^3\times3700}=1.54$$

由于矩形截面$\frac{A_w}{A}=1$　$0.2f_cbh=0.2\times11.9\times180\times3800=1628\text{kN}<N=3450\text{kN}$　取 $N=1628\text{kN}$

$$\frac{1}{\lambda-0.5}\left(0.5f_tbh_0+0.13N\frac{A_w}{A}\right)$$

$$=\frac{1}{1.54-0.5}\times(0.5\times1.27\times180\times3700+0.13\times1628\times10^3\times1)N$$

$$=610144N=610.894\text{kN}>V=354\text{kN}$$

则水平分布钢筋应按构造要求配置。

(3) 水平分布钢筋的配置

根据《混规》9.4.4 条，选用 $\phi8@250$，$A_{sv}=101\text{mm}^2$

$$\rho_{sv}=\frac{A_{sv}}{bs_h}=\frac{101}{180\times250}=0.22\%>\rho_{min}=0.2\%$$

满足要求。

(4) 低层混凝土结构的墙

《混规》规定

> **9.4.5** 对于房屋高度不大于 10m 且不超过 3 层的墙，其截面厚度不应小于 120mm，其水平与竖向分布钢筋的配筋率均不宜小于 0.15%。

【例 3.6.3-11】低层混凝土结构墙的分布钢筋配筋率

假设，某 3 层钢筋混凝土结构房屋，位于非抗震设防区，房屋高度 9.0m，钢筋混凝土墙墙厚 200mm，配置双层双向分布钢筋。试问，墙体双层水平分布钢筋的总配筋率最小值及双层竖向分布钢筋的总配筋率最小值分别与下列何项数值最为接近？

(A) 0.15%，0.15%　　(B) 0.20%，0.15%

(C) 0.20%，0.20%　　(D) 0.30%，0.30%

【答案】(A)

【解答】根据《混规》第 9.4.5 条：房屋高度≤10m、层数≤3 层的钢筋混凝土墙的水平及竖向分布钢筋的配筋率最小值均为 0.15%。答案 (A) 正确。

四、梁柱节点、牛腿

1. 梁柱节点

(1) 中间层端节点

《混规》规定

> **9.3.4** 梁纵向钢筋在框架中间层端节点的锚固应符合下列要求：
>
> 1 梁上部纵向钢筋伸入节点的锚固：

1）当采用直线锚固形式时，锚固长度不应小于 l_a，且应伸过柱中心线，伸过的长度不宜小于 $5d$，d 为梁上部纵向钢筋的直径。

2）当柱截面尺寸不满足直线锚固要求时，梁上部纵向钢筋可采用本规范第 8.3.3 条钢筋端部加机械锚头的锚固方式。梁上部纵向钢筋宜伸至柱外侧纵向钢筋内边，包括机械锚头在内的水平投影锚固长度不应小于 $0.4l_{ab}$（图 9.3.4a）。

【例 3.6.4-1】中间层端节点

如图3.6.4-1 所示框架结构中间层的端节点，柱截面 400×400mm²，混凝土等级 C25，框架梁上排受力筋为 3 Φ 25 的 HRB400 级钢筋。试判断在该节点锚固水平段 b（mm）和向下弯折段 a（mm），应不小于下列何数值？

(A) 331、496　　(B) 370、457

(C) 372、375　　(D) 397、375

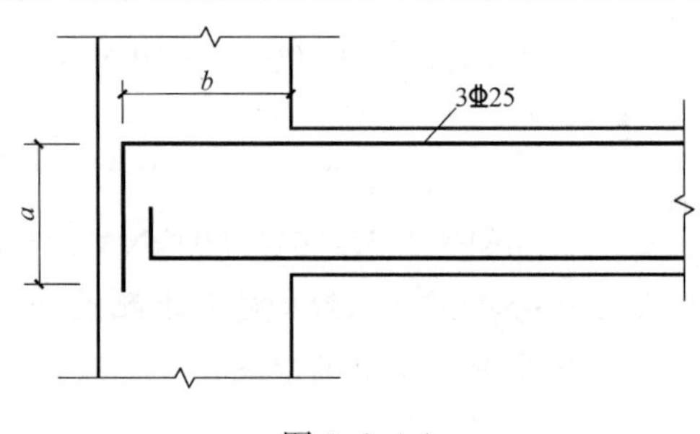

图 3.6.4-1

【答案】(D)

【解答】查《混规》$f_t=1.27\text{N/mm}^2$，$f_y=360\text{N/mm}^2$

由《混规》表 8.3.1，$\alpha=0.14$，

代入《混规》式（8.3.1-1）。

$$l_{ab}=\alpha\frac{f_y}{f_t}d=0.14\frac{360}{1.27}d=39.69d=39.69\times25=992\text{mm}$$

由《混规》9.3.4 条及图 9.3.4

上部纵筋锚入柱内的水平投影长度 b 不应小于 $0.4l_{ab}$，则 $b=0.4l_{ab}=0.4\times992=397\text{mm}$

竖直投影长度应取为 $15d$，则 $A=15d=15\times25=375\text{mm}$

【例 3.6.4-2】带悬臂梁的中间层端节点

图3.6.4-2 所列带悬臂梁的框架中，悬臂梁所需的纵向受拉钢筋为 A_{s1}，框架梁所需的纵向受拉钢筋为 A_{s2}，且 $A_{s2}>1.5A_{s1}$，则何种配筋形式最合理？

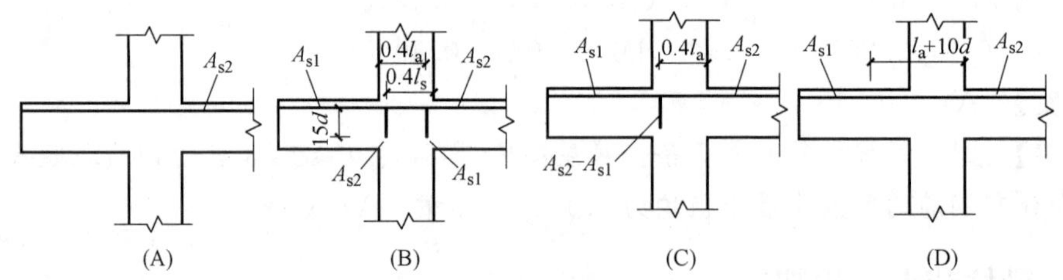

图 3.6.4-2

【答案】(C)

【解答】

(A) 强度上满足要求，但配筋并非最经济合理。

(B) 强度上满足要求，但配筋并非最经济合理。

(C) 该构造做法，满足《混规》9.3.4 条的规定。

(D) 虽然 A_{s1} 部分钢筋伸出 l_a+10d，但不一定能保证其在节点内水平投影长度≥$0.4l_a$。

(2) 顶层端节点

《混规》规定

9.3.7 顶层端节点柱外侧纵向钢筋可弯入梁内作梁上部纵向钢筋；也可将梁上部纵向钢筋与柱外侧纵向钢筋在节点及附近部位搭接，搭接可采用下列方式：

1 搭接接头可沿顶层端节点外侧及梁端顶部布置，搭接长度不应小于 $1.5l_{ab}$（图 9.3.7a）。其中，伸入梁内的柱外侧钢筋截面面积不宜小于其全部面积的 65%；梁宽范围以外的柱外侧钢筋宜沿节点顶部伸至柱内边锚固。当柱外侧纵向钢筋位于柱顶第一层时，钢筋伸至柱内边后宜向下弯折不小于 $8d$ 后截断（图 9.3.7a），d 为柱纵向钢筋的直径；当柱外侧纵向钢筋位于柱顶第二层时，可不向下弯折。当现浇板厚度不小于 100mm 时，梁宽范围以外的柱外侧纵向钢筋也可伸入现浇板内，其长度与伸入梁内的柱纵向钢筋相同。

2 当柱外侧纵向钢筋配筋率大于 1.2%时，伸入梁内的柱纵向钢筋应满足本条第 1 款规定且宜分两批截断，截断点之间的距离不宜小于 $20d$，d 为柱外侧纵向钢筋的直径。梁上部纵向钢筋应伸至节点外侧并向下弯至梁下边缘高度位置截断。

3 纵向钢筋搭接接头也可沿节点柱顶外侧直线布置（图 9.3.7b），此时，搭接长度自柱顶算起不应小于 $1.7l_{ab}$。当梁上部纵向钢筋的配筋率大于 1.2%时，弯入柱外侧的梁上部纵向钢筋应满足本条第 1 款规定的搭接长度，且宜分两批截断，其截断点之间的距离不宜小于 $20d$，d 为梁上部纵向钢筋的直径。

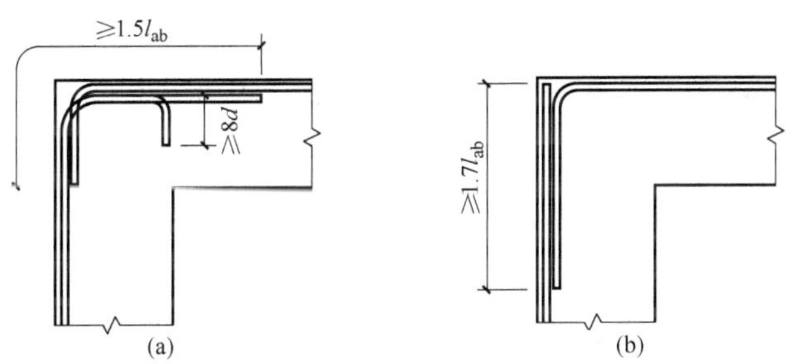

图 9.3.7 顶层端节点梁、柱纵向钢筋在节点内的锚固与搭接

(a) 搭接接头沿顶层端节点外侧及梁端顶部布置；(b) 搭接接头沿节点外侧直线布置

4 当梁的截面高度较大，梁、柱纵向钢筋相对较小，从梁底算起的直线搭接长度未延伸至柱顶即已满足 $1.5l_{ab}$ 的要求时，应将搭接长度延伸至柱顶并满足搭接长度 $1.7l_{ab}$ 的要求；或者从梁底算起的弯折搭接长度未延伸至柱内侧边缘即已满足 $1.5l_{ab}$ 的要求时，其弯折后包括弯弧在内的水平段的长度不应小于 $15d$，d 为柱纵向钢筋的直径。

5 柱内侧纵向钢筋的锚固应符合本规范第 9.3.6 条关于顶层中节点的规定。

【例 3.6.4-3】 顶层端节点

框架顶层端节点若采用位于节点外侧和梁端顶部的搭接接头，从梁底标高算起的搭接长度 l_1，不应小于下列何项数值？

(A) $1.2l_a$　　(B) $1.4l_a$　　(C) $1.5l_{ab}$　　(D) $1.7l_{ab}$

【答案】(C)

【解答】由《混规》9.3.7条及图9.3.7(a)。

【例3.6.4-4】顶层端节点

框架顶层端节点若采用位于柱顶部外侧的直线搭接接头,则从柱顶算起的搭接长度竖直段l_{lv}不应小于何值?

(A) $l_{lv}\geqslant1.4l_a$　　(B) $l_{lv}\geqslant1.5l_a$　　(C) $l_{lv}\geqslant1.5l_a$　　(D) $l_{lv}\geqslant1.7l_a$

【答案】(D)

【解答】由《混规》9.3.7条及图9.3.7(b)和9.3.6条

《混规》规定

> **9.3.8**　顶层端节点处梁上部纵向钢筋的截面面积A_s应符合下列规定:
>
> $$A_s\leqslant\frac{0.35\beta_c f_c b_b h_0}{f_y}\tag{9.3.8}$$
>
> 式中　b_b——梁腹板宽度;
>
> 　　h_0——梁截面有效高度。
>
> 梁上部纵向钢筋与柱外侧纵向钢筋在节点角部的弯弧内半径,当钢筋直径不大于25mm时,不宜小于$6d$;大于25mm时,不宜小于$8d$。钢筋弯弧外的混凝土中应配置防裂、防剥落的构造钢筋。

【例3.6.4-5】顶层端节点处的梁截面高度

某顶层的钢筋混凝土框架梁,混凝土等级为C30,截面为矩形,宽度$b=300$mm端节点处梁的上部钢筋为3⌀25。中间节点处柱的纵向钢筋为4⌀25,钢筋等级为HRB400,$a_s=40$mm,则梁截面的最小高度(mm)与下列项数值最为接近?

(A) 481　　(B) 392　　(C) 425　　(D) 453

【答案】(A)

混凝土强度:$f_c=14.3\text{N/mm}^2$,$f_t=1.43\text{N/mm}^2$

钢筋强度:$f_y=360\text{N/mm}^2$,3⌀25,$A_s=1473\text{mm}^2$

由《混规》式(9.3.8),截面的有效高度需满足:

$$h_0\geqslant\frac{f_yA_s}{0.35\beta_c f_c b_b}=\frac{360\times1473}{0.35\times1.0\times14.3\times300}=353.4\text{mm}$$

截面高度:$h=h_0+a_s=353.4+40=392$mm

根据《混规》8.3.1条、9.3.6条的规定,中间节点处梁的高度应满足:

$$h_0\geqslant0.5\times\alpha\times\frac{f_y}{f_t}d=0.5\times0.14\times\frac{360}{1.43}\times25=440.5\text{mm}$$

由此可知梁的截面高度$h\geqslant440.5\text{mm}+40\text{mm}=480.5\text{mm}$

2. 牛腿

《混规》规定了牛腿的裂缝控制要求

9.3.10 对于 a 不大于 h_0 的柱牛腿（图 9.3.10），其截面尺寸应符合下列要求：

1 牛腿的裂缝控制要求

$$F_{vk} \leqslant \beta\left(1-0.5\frac{F_{hk}}{F_{vk}}\right)\frac{f_{tk}bh_0}{0.5+\dfrac{a}{h_0}} \tag{9.3.10}$$

式中：F_{vk}——作用于牛腿顶部按荷载效应标准组合计算的竖向力值；

F_{hk}——作用于牛腿顶部按荷载效应标准组合计算的水平拉力值；

β——裂缝控制系数：支承吊车梁的牛腿取 0.65；其他牛腿取 0.80；

a——竖向力作用点至下柱边缘的水平距离，应考虑安装偏差 20mm；当考虑安装偏差后的竖向力作用点仍位于下柱截面以内时取等于 0；

b——牛腿宽度；

h_0——牛腿与下柱交接处的垂直截面有效高度，取 $h_1-a_s+c\cdot\tan\alpha$，当 α 大于 45°时，取 45°，c 为下柱边缘到牛腿外边缘的水平长度。

2 牛腿的外边缘高度 h_1 不应小于 $h/3$，且不应小于 200mm。

3 在牛腿顶受压面上，竖向力 F_{vk} 所引起的局部压应力不应超过 $0.75f_c$。

图 9.3.10 牛腿的外形及钢筋配置

注：图中尺寸单位 mm。

1—上柱；2—下柱；3—弯起钢筋；4—水平箍筋

《混规》规定了纵向受力钢筋总截面面积的计算方法。

9.3.11 在牛腿中，由承受竖向力所需的受拉钢筋截面面积和承受水平拉力所需的锚筋截面面积所组成的纵向受力钢筋的总截面面积，应符合下列规定：

$$A_s \geqslant \frac{F_v a}{0.85f_y h_0}+1.2\frac{F_h}{f_y} \tag{9.3.11}$$

当 a 小于 $0.3h_0$ 时，取 a 等于 $0.3h_0$。

式中：F_v——作用在牛腿顶部的竖向力设计值；

F_h——作用在牛腿顶部的水平拉力设计值。

《混规》规定了构造要求

9.3.12 沿牛腿顶部配置的纵向受力钢筋，宜采用 HRB400 级或 HRB500 级热轧带肋钢筋。全部纵向受力钢筋及弯起钢筋宜沿牛腿外边缘向下伸入下柱内 150mm 后截断（图 9.3.10）。

纵向受力钢筋及弯起钢筋伸入上柱的锚固长度，当采用直线锚固时不应小于本规范第 8.3.1 条规定的受拉钢筋锚固长度 l_a；当上柱尺寸不足时，钢筋的锚固应符合本规范第 9.3.4 条梁上部钢筋在框架中间层端节点中带 90°弯折的锚固规定。此时，锚固长度应从上柱内边算起。

承受竖向力所需的纵向受力钢筋的配筋率不应小于 0.20%及 $0.45f_t/f_y$，也不宜大于 0.60%，钢筋数量不宜少于 4 根直径 12mm 的钢筋。

当牛腿设于上柱柱顶时，宜将牛腿对边的柱外侧纵向受力钢筋沿柱顶水平弯入牛腿，作为牛腿纵向受拉钢筋使用。当牛腿顶面纵向受拉钢筋与牛腿对边的柱外侧纵向钢筋分开配置时，牛腿顶面纵向受拉钢筋应弯入柱外侧，并应符合本规范第 8.4.4 条有关钢筋搭接的规定。

9.3.13 牛腿应设置水平箍筋，箍筋直径宜为 6～12mm，间距宜为 100～150mm；在上部 $2h_0/3$ 范围内的箍筋总截面面积不宜小于承受竖向力的受拉钢筋截面面积的 1/2。

当牛腿的剪跨比不小于 0.3 时，宜设置弯起钢筋。弯起钢筋宜采用 HRB400 级或 HRB500 级热轧带肋钢筋，并宜使其与集中荷载作用点到牛腿斜边下端点连线的交点位于牛腿上部 $l/6$～$l/2$ 之间的范围内，l 为该连线的长度（图 9.3.10）。弯起钢筋截面面积不宜小于承受竖向力的受拉钢筋截面面积的 1/2，且不宜少于 2 根直径 12mm 的钢筋。纵向受拉钢筋不得兼作弯起钢筋。

【例 3.6.4-6】 牛腿设计(a=0)

条件：牛腿尺寸如图 3.6.4-3 所示，支承吊车梁。柱截面宽度 b=400mm，a_s=40mm。作用于牛腿顶部的竖向力标准值为 F_{vk}=284.24kN，水平拉力标准值 F_{hk}=0；作用于牛腿顶部的竖向力设计值和水平拉力设计值分别为：F_v=391.34kN，F_h=0。混凝土强度等级为 C25，牛腿水平纵筋采用 HRB400 级钢筋。

要求：验算牛腿截面尺寸、局部受压承载力并计算牛腿水平纵筋。

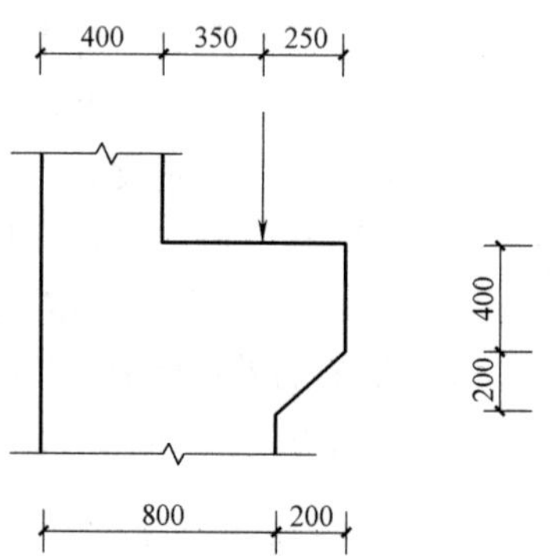

图 3.6.4-3 牛腿外形尺寸

【解答】 由《混规》表 4.1.3 查得，f_{tk} = 1.78N/mm²，f_t = 1.27N/mm²；由《混规》表 4.1.4 查得，f_c=11.9N/mm²；

由《混规》表 4.2.3-1 查得，f_y=360N/mm²。

(1) 牛腿截面尺寸验算

考虑 20mm 安装偏差后的竖向力作用点仍位于下柱截面以内，故取 a=0。

$$h_0=h-a_s=600-40=560\text{mm}$$

根据《混规》式 (9.3.10)

$$\beta\left(1-0.5\frac{F_{hk}}{F_{vk}}\right)\frac{f_{tk}bh_0}{0.5+\dfrac{a}{h_0}}=0.65\times\frac{1.78\times400\times560}{0.5}=518.34\text{kN}>F_{vk}$$

$$=284.24\text{kN}$$

故牛腿高度满足要求。

(2) 牛腿局部受压承载力验算

取吊车梁垫板尺寸为 500mm×400mm

根据《混规》9.3.10 条第 3 款

$$\frac{F_{vk}}{A}=\frac{284.24\times10^3}{500\times400}=1.42\text{N/mm}^2<0.75f_c=0.75\times11.9$$
$$=8.93\text{N/mm}^2$$

故牛腿截面尺寸满足局部受压承载力的要求。

(3) 牛腿水平纵筋计算

应用《混规》式 (9.3.11)

$a=0<0.3h_0$，取 $a=0.3h_0=0.3\times560=168\text{mm}$

$$A_s\geqslant\frac{F_v a}{0.85f_y h_0}+1.2\frac{F_h}{f_y}=\frac{391.34\times10^3\times168}{0.85\times360\times560}=384\text{mm}^2$$

选 4⌀14 ($A_s=616\text{mm}^2$)

验算最小配筋率

$$0.45\frac{f_t}{f_y}=0.45\times\frac{1.27}{360}=0.0016<0.002\text{，取最小配筋率为 }0.002$$

$$\frac{A_s}{bh}=\frac{616}{400\times600}=0.0026>0.002\text{，可以；}$$

验算最大配筋率

$$\frac{A_s}{bh_0}=\frac{616}{400\times560}=0.0028<0.006\text{，可以；}$$

故配筋率满足《混规》第 9.3.12 条的要求。

【例 3.6.4-7】支承吊车梁的牛腿($a<0.3h_0$)

条件：牛腿的截面尺寸为：$h_1=250\text{mm}$，$c=400\text{mm}$，$\alpha=45°$，$h=650\text{mm}$。上柱截面为 400mm×400mm，下柱截面为 400mm×600mm (图 3.6.4-4)。牛腿上作用有吊车竖向荷载 $D_{max,k}=230\text{kN}$，水平荷载 $F_{hk}=8.94\text{kN}$，吊车梁及轨道重 $G_{4k}=33\text{kN}$，混凝土的强度等级为 C30，纵筋及弯起钢筋采用 HR400 级钢，箍筋采用 HPB300 级钢。

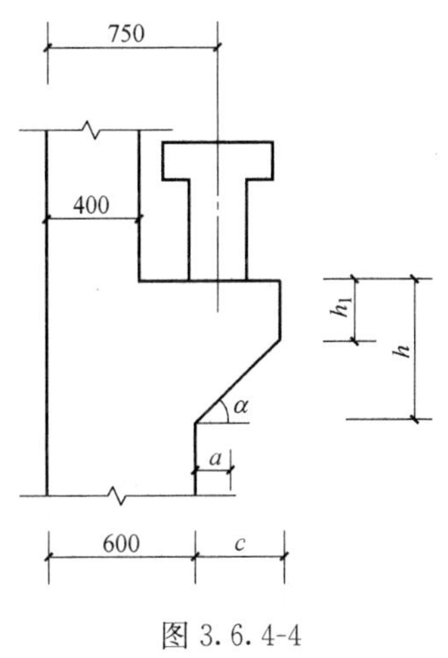

图 3.6.4-4

要求：验算牛腿的尺寸及配筋。

【解答】(1) 验算牛腿截面尺寸

牛腿截面有效高度：$h_0=650-40=610\text{mm}$

考虑安装偏差后 $a=750-600+20=170\text{mm}<0.3h_0=0.3\times610=183\text{mm}$，

$$f_{tk}=2.01\text{N/mm}^2,\ f_y=360\text{N/mm}^2$$

牛腿顶部作用的竖向荷载

$$F_{vk}=D_{max,k}+G_{4k}=230+33=263\text{kN}$$
$$\beta=0.65$$

应用《混规》式 (9.3.10)

$$\beta\left(1-0.5\frac{F_{hk}}{F_{vk}}\right)\frac{f_{tk}bh_0}{0.5+\frac{a}{h_0}}=0.65\left(1-\frac{0.5\times8.94}{263}\right)\frac{2.01\times400\times610}{0.5+\frac{170}{610}}=402\text{kN}>F_{vk}\text{，}$$

满足要求。

(2) 配筋计算

$$a=750-600+20=170\text{mm}<0.3h_0\text{，取 }a=0.3h_0=183\text{mm}$$

$$F_v=1.2\times33+1.4\times230=361.6\text{kN}$$

$$F_h=1.4\times8.94=12.52\text{kN}$$

应用《混规》式（9.3.11）

$$A_s=\frac{F_v a}{0.85f_y h_0}+1.2\frac{F_h}{f_y}=\frac{361.6\times10^3\times183}{0.85\times360\times610}+\frac{1.2\times12.52\times10^3}{360}=354.5+41.7=396.2\text{mm}^2$$

验算最小配筋率，$\frac{A_s}{bh}=\frac{354.7}{400\times610}=0.00145<0.002$，不满足要求。

取 $A_s=0.002\times bh_0+41.7=0.002\times400\times610+41.7=529.7\text{mm}^2$

选用 4⌀14（$A_s=615\text{mm}^2$），

验算最大配筋率，此时$\frac{A_s}{bh_0}=\frac{615}{400\times610}=0.0025<0.006$，满足要求。

箍筋选用 ϕ6@100，则在上部 $2/3h_0$ 范围内箍筋总截面面积为

$$57\div100\times\frac{2}{3}\times610=231.8\text{mm}^2>A_s/2=354.5/2=177\text{mm}^2$$

弯起钢筋　因 $a/h_0<0.3$，故牛腿中可不设弯起钢筋。

五、预埋件及吊钩

1. 直锚筋预埋件

《混规》规定

9.7.1　受力预埋件的锚板宜采用 Q235、Q345 级钢，锚板厚度应根据应力情况计算确定，且不宜小于锚筋直径的 60%；受拉和受弯预埋件的锚板厚度尚宜大于 $b/8$，b 为锚筋的间距。

受力预埋件的锚筋应采用 HRB400 或 HPB300 钢筋，不应采用冷加工钢筋。

直锚筋与锚板应采用 T 形焊接。当锚筋直径不大于 20mm 时宜采用压力埋弧焊；当锚筋直径大于 20mm 时宜采用穿孔塞焊。当采用手工焊时，焊缝高度不宜小于 6mm，且对 300MPa 级钢筋不宜小于 $0.5d$，对其他钢筋不宜小于 $0.6d$，d 为锚筋的直径。

9.7.2　由锚板和对称配置的直锚筋所组成的受力预埋件（图 9.7.2），其锚筋的总截面面积 A_s 应符合下列规定：

1　当有剪力、法向拉力和弯矩共同作用时，应按下列两个公式计算，并取其中的较大值：

$$A_s\geqslant\frac{V}{\alpha_r\alpha_v f_y}+\frac{N}{0.8\alpha_b f_y}+\frac{M}{1.3\alpha_r\alpha_b f_y z}\qquad(9.7.2\text{-}1)$$

$$A_s\geqslant\frac{N}{0.8\alpha_b f_y}+\frac{M}{0.4\alpha_r\alpha_b f_y z}\qquad(9.7.2\text{-}2)$$

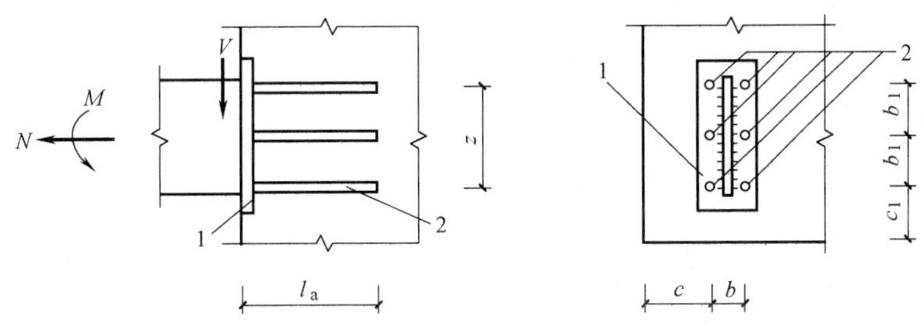

图 9.7.2 由锚板和直锚筋组成的预埋件

1—锚板；2—直锚筋

2 当有剪力、法向压力和弯矩共同作用时，应按下列两个公式计算，并取其中的较大值：

$$A_s \geqslant \frac{V-0.3N}{\alpha_r \alpha_v f_y} + \frac{M-0.4Nz}{1.3\alpha_r \alpha_b f_y z} \tag{9.7.2-3}$$

$$A_s \geqslant \frac{M-0.4Nz}{0.4\alpha_r \alpha_b f_y z} \tag{9.7.2-4}$$

当 M 小于 $0.4Nz$ 时，取 $0.4Nz$。

上述公式中的系数 α_v、α_b，应按下列公式计算：

$$\alpha_v = (4.0-0.08d)\sqrt{\frac{f_c}{f_y}} \tag{9.7.2-5}$$

$$\alpha_b = 0.6+0.25\frac{t}{d} \tag{9.7.2-6}$$

当 α_v 大于 0.7 时，取 0.7；当采取防止锚板弯曲变形的措施时，可取 α_b 等于 1.0。

式中：f_y——锚筋的抗拉强度设计值，按本规范第 4.2 节采用，但不应大于 300N/mm^2；

V——剪力设计值；

N——法向拉力或法向压力设计值，法向压力设计值不应大于 $0.5f_cA$，此处，A 为锚板的面积；

M——弯矩设计值；

α_r——锚筋层数的影响系数；当锚筋按等间距布置时：两层取 1.0；三层取 0.9；四层取 0.85；

α_v——锚筋的受剪承载力系数；

d——锚筋直径；

α_b——锚板的弯曲变形折减系数；

t——锚板厚度；

z——沿剪力作用方向最外层锚筋中心线之间的距离。

9.7.4 预埋件锚筋中心至锚板边缘的距离不应小于 $2d$ 和 20mm。预埋件的位置应使锚筋位于构件的外层主筋的内侧。

预埋件的受力直锚筋直径不宜小于 8mm，且不宜大于 25mm。直锚筋数量不宜小于 4 根，且不宜多于 4 排；受剪预埋件的直锚筋可采用 2 根。

> 对受拉和受弯预埋件（图 9.7.2），其锚筋的间距 b、b_1 和锚筋至构件边缘的距离 c、c_1，均不应小于 $3d$ 和 45mm。
>
> 对受剪预埋件（图 9.7.2），其锚筋的间距 b 及 b_1 不应大于 300mm，且 b_1 不应小于 $6d$ 和 70mm；锚筋至构件边缘的距离 c_1 不应小于 $6d$ 和 70mm，b、c 均不应小于 $3d$ 和 45mm。
>
> 受拉直锚筋和弯折锚筋的锚固长度不应小于本规范第 8.3.1 条规定的受拉钢筋锚固长度；当锚筋采用 HPB300 级钢筋时末端还应有弯钩。当无法满足锚固长度的要求时，应采取其他有效的锚固措施。受剪和受压直锚筋的锚固长度不应小于 $15d$，d 为锚筋的直径。

（1）受拉预埋件计算

计算公式：

受拉预埋件直锚筋总截面面积 A_s 的计算公式为：《混规》式（9.7.2-1）

$$A_s \geqslant \frac{N}{0.8\alpha_b f_y}$$

式中 N——法向拉力设计值；

α_b——锚板弯曲变形的折减系数 $\alpha_b = 0.6 + 0.25t/d$

t——锚板厚度；

d——锚筋直径。

当采取措施防止锚板弯曲变形时，可取 $\alpha_b = 1$。

【例 3.6.5-1】受拉预埋件计算

条件：已知承受拉力设计值 N=170kN 的直锚筋预埋件，构件的混凝土为 C25、锚筋为 HRB400 级钢筋，钢板为 Q235 级钢，厚度 $t=10$mm。

要求：求预埋件直锚筋的总截面面积、直径及锚固长度。

【解答】查《混规》表得 $f_y = 360\text{N/mm}^2 > 300\text{N/mm}^2$ 取 $f_y = 300\text{N/mm}^2$，$f_t = 1.27\text{N/mm}^2$。

（1）根据《混规》9.7.1 条规定，锚板厚度不宜小于锚筋直径的 60%。故选用直径 $d=14$mm的锚筋，$\frac{t}{d} = \frac{10}{14} = 0.7 > 0.6$ 满足条件。

（2）应用《混规》式（9.7.2-6）得锚板的弯曲变形折减系数。

$$\alpha_b = 0.6 + 0.25t/d = 0.6 + 0.25 \times 10/14 = 0.779$$

（3）应用《混规》式（9.7.2-1）。$V=0$，$M=0$，得

$$A_s = \frac{N}{0.8\alpha_b f_y} = \frac{170 \times 10^3}{0.8 \times 0.779 \times 300} = 909.3\text{mm}^2$$

锚筋采用 6Φ14，$A_s = 923\text{mm}^2$，满足要求。

（4）《混规》9.7.4 条规定：受拉直锚筋的锚固长度不应小于受拉钢筋的锚固长度。

查《混规》表 9.3.1 得钢筋的外形系数 $\alpha = 0.14$。

应用《混规》式（8.3.1-1）得

$$l_a = \alpha \frac{f_y}{f_t} d = 0.14 \times \frac{300}{1.27} \times 14 = 463\text{mm}，取\ l_a = \xi_a l_{ab} = 1.0 \times 463 \approx 500\text{mm}。$$

(2) 受剪预埋件计算

计算公式：

受剪预埋件的直锚筋总截面面积

$$A_s \geqslant \frac{V}{\alpha_r \alpha_v f_y}$$

式中 V——剪力设计值；

α_r——锚筋层数影响系数，当等间距配置时，两层取 1.0，三层取 0.9，四层取 0.85；

α_v——锚筋的受剪承载力系数，$\alpha_v=(4.0-0.08d)\sqrt{f_c/f_y}$，当 $\alpha_v>0.7$ 时，取$\alpha_v=0.7$。

【例 3.6.5-2】 受剪预埋件计算

条件：已知承受剪力设计值 $V=230$kN 的直锚筋预埋件，构件混凝土为 C25，锚筋为 HRB400 级钢筋，钢板为 Q235 级钢，板厚 $t=14$mm。锚筋布置为三层。

要求：求预埋件锚筋的总截面面积、直径及锚固长度。

【解答】 查《混规》表得 $f_y=360\text{N/mm}^2>300\text{N/mm}^2$ 取 $f_y=300\text{N/mm}^2$，$f_c=11.9\text{N/mm}^2$

(1) 根据《混规》9.7.1 条规定“锚板厚度不宜小于锚筋直径的 60%”。故选用直径 $d=20$mm 的锚筋，$\frac{t}{d}=\frac{14}{20}=0.7>0.6$ 满足要求。

(2) 应用《混规》式 (9.7.2-5) 得锚筋的受剪承载力系数为

$$\alpha_v=(4-0.08d)\sqrt{f_c/f_y}=(4-0.08\times 20)\sqrt{11.9/300}=0.478<0.7$$

取 $\alpha_v=0.436$。

(3) 因锚筋布置为三层，根据规范第 9.7.2 条的规定，得锚筋层数的影响系数 $\alpha_r=0.9$。

(4) 应用《混规》式 (9.7.2-1) 当 $N=0$，$M=0$ 时，

$$A_s=\frac{V}{\alpha_r \alpha_v f_y}=\frac{230\times 10^3}{0.9\times 0.436\times 300}=1782\text{mm}^2$$

直锚筋采用 6⌀20，$A_s=1884\text{mm}^2$，分三层布置，每层 2⌀20

(5) 根据《混规》9.7.4 条规定，受剪直锚筋的锚固长度不应小于 $15d$，取 $l_a=15\times 20=300$mm

【例 3.6.5-3】 预埋件的最大剪力设计值。

条件：某预埋件仅承受剪力作用，如图 3.6.5-1 所示，构件的混凝土强度等级为 C25，锚筋为 HRB400 级钢筋，钢板为 Q235 级钢。

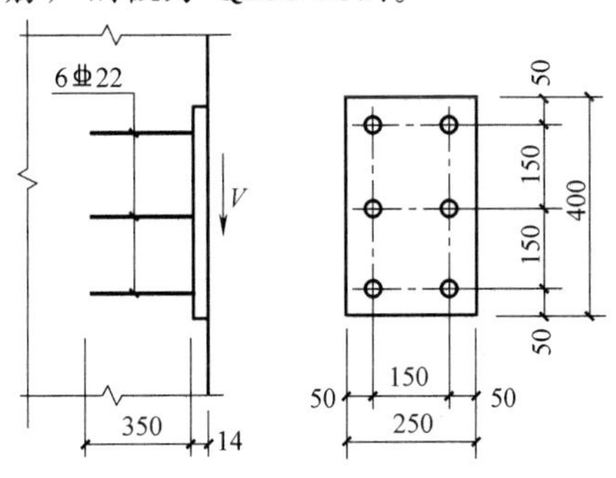

图 3.6.5-1

要求：预埋件所能承受的最大剪力设计值。

【解答】 查《混规》，$f_c=11.9\text{N/mm}^2$，$f_y=360\text{N/mm}^2>300\text{N/mm}^2$，取 $f_y=300\text{N/mm}^2$

根据《混规》9.7.4 条，本题锚筋的锚固长度 $l_a=350\text{mm}>15d=15\times22=330\text{mm}$，满足要求。

钢板厚度与锚筋直径之比 $\frac{t}{d}=\frac{14}{22}=0.64>0.6$，满足构造规定。

由《混规》式（9.7.2-5）得：

$$\alpha_v=(4.0-0.08d)\sqrt{\frac{f_c}{f_y}}=(4.0-0.08\times22)\sqrt{\frac{11.9}{300}}=0.446<0.7$$

锚筋布置为三层，故取 $\alpha_r=0.9$。6⌀22，$A_s=2281\text{mm}^2$

由《混规》规范式（9.7.2-1）得：

$$V\leqslant A_s\alpha_r\alpha_v f_y=2281\times0.9\times0.446\times300=274.7\text{kN}$$

所以预埋件所能承受的最大剪力设计值为 274.7kN。

（3）拉剪预埋件计算

计算公式：

同时承受拉力和剪力的预埋件，其直锚筋总截面面积 A_s 的计算公式为

$$A_s\geqslant\frac{N}{0.8\alpha_b f_y}+\frac{V}{\alpha_r\alpha_v f_y}$$

【例 3.6.5-4】 拉剪预埋件计算

条件：

已知承受拉力设计值 $N=170\text{kN}$，剪力设计值 $V=200\text{kN}$ 的直锚筋预埋件，构件的混凝土为 C25，HRB400 级钢筋，钢板为 Q235 钢，厚度 $t=14\text{mm}$。

要求：

求预埋件锚筋的总截面面积和直径。

【解答】

$$f_c=11.9\text{N/mm}^2,\ f_y=360\text{N/mm}^2>300\text{N/mm}^2\ \text{取}\ f_y=300\text{N/mm}^2$$

（1）取四层锚筋，$\alpha_r=0.85$，假设锚筋直径 $d=20\text{mm}$

（2）应用《混规》式（9.7.2-6）得锚板的弯曲变形折减系数。

$$\alpha_b=0.6+0.25t/d=0.6+0.25\times14/20=0.775$$

（3）应用《混规》式（9.7.2-5）得锚筋的受剪承载力系数为

$$\alpha_v=(4-0.08d)\sqrt{f_c/f_y}=(4-0.08\times20)\sqrt{11.9/300}=0.478<0.7$$

取 $\alpha_v=0.478$。

（4）应用《混规》式（9.7.2-1）

$$A_s=\frac{N}{0.8\alpha_h f_y}+\frac{V}{\alpha_r\alpha_v f_y}==\frac{170\times10^3}{0.8\times0.775\times300}+\frac{200\times10^3}{0.85\times0.478\times300}=914+1641=2555\text{mm}^2$$

采用 8⌀20，$A_s=2514\text{mm}^2$，分四层布置、每层 2⌀20，误差 1.6%<5%尚可接收

$$t/d=14/20=0.7>0.6$$

满足要求。

（4）拉弯剪预埋件计算

计算公式：

同时承受法向拉力、弯矩和剪力的预埋件中直锚筋的总截面面积 A_s 从下列两公式的计算结果中取较大值：

$$A_s \geqslant \frac{V}{\alpha_r \alpha_v f_y} + \frac{N}{0.8\alpha_b f_y} + \frac{M}{1.3\alpha_r \alpha_b f_y Z}$$

$$A_s \geqslant \frac{N}{0.8\alpha_b f_y} + \frac{M}{0.4\alpha_r \alpha_b f_y Z}$$

【例 3.6.5-5】拉弯剪预埋件计算

条件：

已知预埋件承受斜向偏心拉力 N_α = 170kN，斜拉力作用点和预埋钢板之间的夹角 α=45°，对锚筋截面重心的偏心距 e_0 =50mm，钢板厚 t=12mm，锚筋为四层、锚筋之间的距离 b_1=100mm，b=120mm，钢板为 Q235（图 3.6.5-2）。

要求：

求预埋件锚筋的总截面面积和锚筋直径。

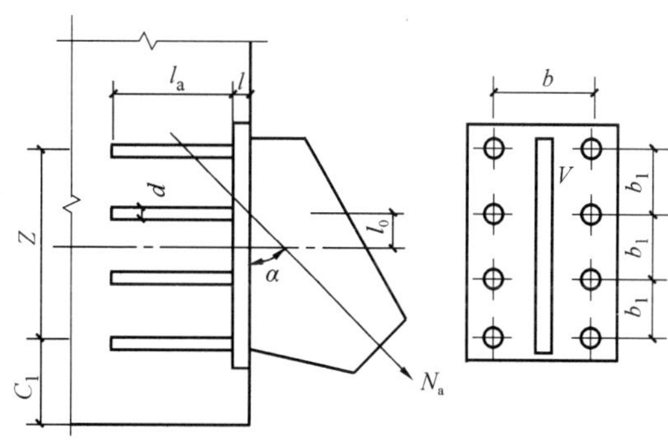

图 3.6.5-2

【解答】

由已知条件得 f_c=15N/mm²，f_y=300N/mm²，锚筋为四层，外层锚筋中心线的距离 $Z=3b_1$=300mm，t=12mm，e_0=50mm，$N_\alpha=170\times10^3$N

锚筋为四层 α_r=0.85

假定直锚筋直径 d=16mm

$$\alpha_v = (4-0.08d)\sqrt{f_c/f_y} = (4-0.08\times16)\times\sqrt{15/300}$$

$$=0.8<0.7$$

$$\alpha_b = 0.6+0.25t/d = 0.6+0.25\times12/16 = 0.788$$

$$V = N_\alpha \cos\alpha = 170\times10^3\cos45° = 120.2\times10^3\text{N}$$

$$N = N_\alpha \sin\alpha = 170\times10^3\sin45° = 120.2\times10^3\text{N}$$

$$M = Ne_0 = 170\times10^3\sin45°\times50 = 6.01\times10^6\text{N}\cdot\text{mm}$$

$$A_s \geqslant \frac{V}{\alpha_r \alpha_v f_y} + \frac{N}{0.8\alpha_b f_y} + \frac{M}{1.3\alpha_r \alpha_b f_y Z}$$

$$= \frac{120.2\times10^3}{0.85\times0.608\times300} + \frac{120.2\times10^3}{0.8\times0.788\times300} + \frac{6.01\times10^6}{1.3\times0.85\times0.788\times300\times300}$$

$$=775+636+76=1487\text{mm}^2$$

$$A_s \geqslant \frac{N}{0.8\alpha_b f_y} + \frac{M}{0.4\alpha_r \alpha_b f_y Z}$$

$$= \frac{120.2 \times 10^3}{0.8 \times 0.814 \times 300} + \frac{6.01 \times 10^6}{0.4 \times 0.85 \times 0.814 \times 300 \times 300}$$

$$= 615 + 241 = 856\text{mm}^2$$

比较计算结果，取 $A_s = 1487\text{mm}^2$

直锚筋采用 8Φ16，$A_s = 1608\text{mm}^2 > 1487\text{mm}^2$

$$t/d = 12/16 = 0.75 > 0.6$$

满足要求。

（5）压弯剪预埋件计算

计算公式：

压弯剪预埋件的直锚筋截面面积 A_s 从下列两个公式的计算值中取较大值：

$$A_s \geqslant \frac{V - 0.3N}{\alpha_r \alpha_v f_y} + \frac{M - 0.4NZ}{1.3\alpha_r \alpha_b f_y Z}$$

$$A_s \geqslant \frac{M - 0.4NZ}{0.4\alpha_r \alpha_b f_y Z}$$

当 $M < 0.4NZ$ 时，取 $M - 0.4NZ = 0$，法向压力值应符合 $N \leqslant 0.5 f_c A$ 的要求。

【例 3.6.5-6】 压弯剪预埋件计算

条件：

已知预埋件承受斜向偏心压力 $N_\alpha = 450\text{kN}$，斜向压力与预埋件钢板平面间的夹角 $\alpha = 30°$，斜压力作用点对锚筋截面重心的偏心距 $e_0 = 50\text{mm}$，预埋钢板的厚度 $t = 14\text{mm}$，锚筋之间的距离 $b_1 = 100\text{mm}$，$b = 120\text{mm}$，预埋钢板尺寸 $l \times l_1 = 190\text{mm} \times 370\text{mm}$。构件混凝土为 C30，锚筋为 HRB400Ⅱ级钢筋，钢板为 Q235 钢（图 3.6.5-3）。

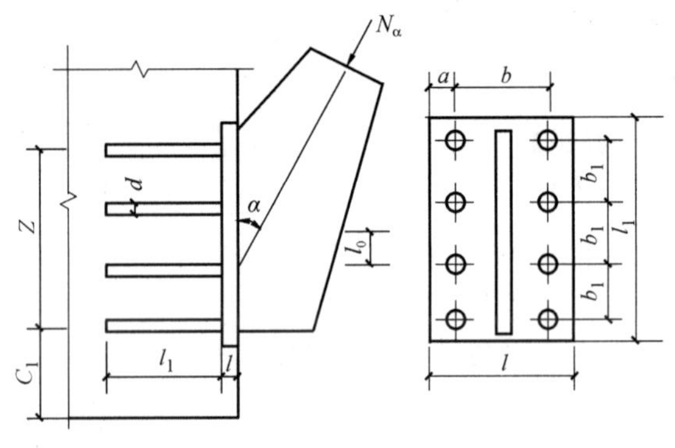

图 3.6.5-3

要求：

求预埋锚筋总截面面积和直径。

【解答】

由已知条件知 $f_c = 15\text{N/mm}^2$，$f_y = 300\text{N/mm}^2$，锚筋为四层，$\alpha_r = 0.85$，$Z = 3 \times b_1 = 300\text{mm}$，$A = l \times l_1 = 190 \times 370 = 70300\text{mm}^2$

$$N = N_\alpha \sin\alpha = 450 \times 10^3 \sin 30° = 225 \times 10^3 \text{N}$$

$$V = N_\alpha \cos\alpha = 450 \times 10^3 \cos 30° = 390 \times 10^3 \text{N}$$

$$M = Ne_0 = 225 \times 10^3 \times 50 = 11.25 \times 10^6 \text{N} \cdot \text{mm}$$

$$0.4NZ = 0.4 \times 225 \times 10^3 \times 300 = 27 \times 10^6 \text{N} \cdot \text{mm}$$

$$M = 11.25 \times 10^6 \text{N} \cdot \text{mm} < 0.4NZ = 27 \times 10^6 \text{N} \cdot \text{mm}$$

取 $M-0.4NZ=0$，则只需按下列公式计算 A_s

$$A_s \geqslant \frac{V-0.3N}{\alpha_r \alpha_v f_y}$$

$$0.5f_cA=0.5\times15\times70300=527\times10^3\text{N}>N=225\times10^3\text{N}$$

N 按实际数值取用。

锚筋四层，$\alpha_r=0.85$

$d=20$mm，则

$$\alpha_r=(4-0.08\times20)\sqrt{15/300}=0.537<0.7$$

$$A_s=\frac{V-0.3N}{\alpha_r\alpha_v f_y}=\frac{390\times10^3-0.3\times225\times10^3}{0.85\times0.537\times300}=2355\text{mm}^2$$

采用 8 Φ 20，$A_s=2513\text{mm}^2>2355\text{mm}^2$

$$t/d=14/20=0.7>0.6$$

满足要求。

2. 弯折锚筋预埋件

《混规》规定

9.7.3 由锚板和对称配置的弯折锚筋及直锚筋共同承受剪力的预埋件（图 9.7.3），其弯折锚筋的截面面积 A_{sb} 应符合下列规定：

$$A_{sb}\geqslant1.4\frac{V}{f_y}-1.25\alpha_v A_s \quad (9.7.3)$$

式中系数 α_v 按本规范第 9.7.2 条取用。当直锚筋按构造要求设置时，α_v 应取为 0。

注：弯折锚筋与钢板之间的夹角不宜小于 15°，也不宜大于 45°。

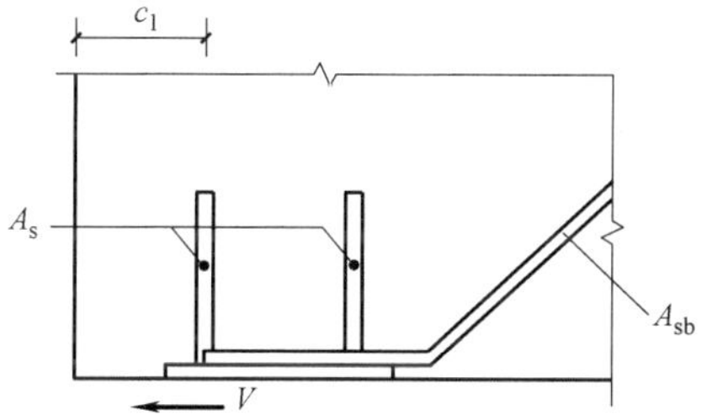

图 9.7.3 由锚板和弯折锚筋及直锚筋组成的预埋件

【例 3.6.5-7】 弯折锚筋预埋件计算

条件：如图 3.6.5-4 所示，由预埋板和对称于力作用线配置的弯折锚筋与直锚筋共同承受剪力的预埋件，已知承受的剪力 $V=225$kN，直锚筋直径 $d=14$mm，为 4 根，弯折钢筋与预埋钢板板面间的夹角 $\alpha=25°$，直锚筋间的距离 b_1 和 b 均为 100mm，弯折锚筋之间的距离 $b_2=100$mm，构件混凝土为 C25，钢板厚 $t=10$mm，直锚筋与弯折锚筋均采用 HRB400 级钢筋，钢板为 Q235 级钢。

要求：求弯折锚筋的总截面面积、直径及锚固长度。

【解答】（1）查《混规》表得 $f_c=11.9\text{N/mm}^2$，$f_y=360\text{N/mm}^2>300\text{N/mm}^2$，取 $f_y=300\text{N/mm}^2$，直锚筋截面总面积 $A_s=615\text{mm}^2$

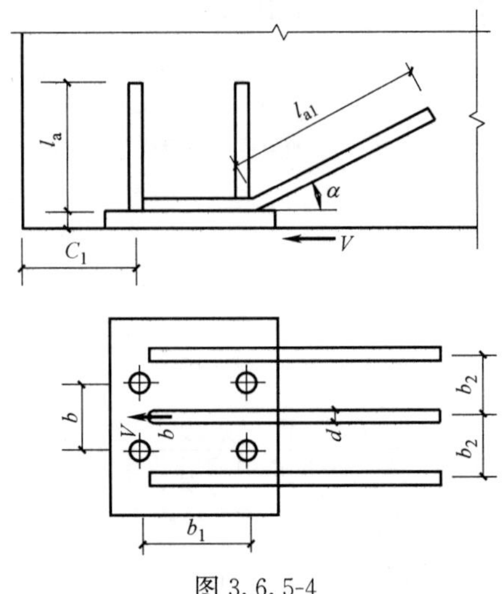

图 3.6.5-4

(2) 应用《混规》式(9.7.2-5)得锚筋的受剪承载力系数

$$\alpha_v=(4-0.08d)\sqrt{f_c/f_y}=(4-0.08\times14)\sqrt{11.9/300}=0.574<0.7$$

取 $\alpha_v=0.574$。

(3) 应用《混规》式(9.7.3)得弯折锚筋的截面面积

$$A_{sb}=1.4V/f_y-1.25\alpha_vA_s=1.4\times225\times10^3/300-1.25\times0.574\times615$$
$$=1050-441=609\text{mm}^2$$

弯折锚筋采用 3Φ16，$A_{sb}=603\text{mm}^2\approx609\text{mm}$ 可以。

根据《混规》9.7.4 条规定，应用式《混规》(8.3.1-1) 取 $\alpha=0.14$，得锚固长度

$l_{ab}=\alpha\dfrac{f_y}{f_t}d=0.14\times\dfrac{300}{1.27}\times16=529\text{m}$，取 $l_a\xi_al_{ab}=1.0\times529=530\text{mm}$。

3. 吊环

《混规》规定

9.7.6 吊环应采用 HPB300 钢筋或 Q235 圆钢，并应符合下列规定：

1 吊环锚入混凝土中的深度不应小于 $30d$ 并应焊接或绑扎在钢筋骨架上，d 为吊环钢筋或圆钢的直径。

2 应验算在荷载标准值作用下的吊环应力，验算时每个吊环可按两个截面计算。对 HPB300 钢筋，吊环应力不应大于 65N/mm²；对 Q235 圆钢，吊环应力不应大于 50N/mm²。

3 当在一个构件上设有 4 个吊环时，应按 3 个吊环进行计算。

9.7.6（条文说明）

由于本次局部修订将 HPB300 钢筋的直径限于不大于 14mm，因此当吊环直径小于等于 14mm 时，可以采用 HPB300 钢筋；当吊环直径大于 14mm 时，可采用 Q235 圆钢。

【例 3.6.5-8】 吊环计算

条件：已知预制楼板重 75kN，设置有 4 个吊环。

要求：求每个吊环所需钢筋截面面积 A_s。

【解答】：仅考虑三个吊环同时发挥作用

（1）假设采用 HPB300 钢筋

$A_s \geqslant \dfrac{75000}{2\times3\times65}=192.3\text{mm}^2$，选用$\Phi$16，$A_s$=201.1mm，直径大于 14mm，不符合表 4.2.2-1 要求。

（2）假设采用 Q235 圆钢

$$A_s \geqslant \frac{75000}{2\times3\times50}=250\text{mm}^2\text{，选用}\Phi 18\text{，}A_s=254.5\text{mm。}$$

【例 3.6.5-9】

关于预制构件吊环的以下 3 种说法：

Ⅰ. 应采用 HPB300 或更高强度的钢筋制作。当采用 HRB335 级钢筋时，末端可不设弯钩；

Ⅱ. 宜采用 HPB300 级钢筋制作。考虑到该规格材料用量可能很少，采购较难，也允许采用 HRB335 级钢筋制作，但其容许应力和锚固均应按 HPB300 级钢筋采用；

Ⅲ. 应采用 HPB300 级钢筋。在过渡期内允许使用 HPB235 级钢筋，但应控制截面的应力不超过 50N/mm^2。

试问，针对上述说法正确性的判断，下列何项正确？

（A）Ⅰ、Ⅱ、Ⅲ均错误　　（B）Ⅰ正确，Ⅱ、Ⅲ错误

（C）Ⅱ正确，Ⅰ、Ⅲ错误　　（D）Ⅲ正确，Ⅰ、Ⅱ错误

【答案】（D）

吊环应尽量采用低强度、高延性的钢筋。

依据《混规》第 9.7.6 条，应采用 HPB300 钢筋。

《混规》第 9.7.6 条的条文说明中允许过渡期内使用 HPB235 级钢筋。

第 4 章　高层建筑结构

4.1　结构设计基本规定

一、房屋的适用高度及高宽比

1. 最大适用高度

《建筑抗震设计规范》GB 50011—2010(以下简称《抗震》) 6.1.1 条的“条文说明”指出

> 对采用钢筋混凝土材料的高层建筑，从安全和经济诸方面综合考虑，其适用最大高度应有限制。

(1)《抗震》规定

《抗震》6.1.1 条规定了各类混凝土房屋的最大高度

6.1.1　本章适用的现浇钢筋混凝土房屋的结构类型和最大高度应符合表 6.1.1 的要求。平面和竖向均不规则的结构，适用的最大高度宜适当降低。

注：本章“抗震墙”指结构抗侧力体系中的钢筋混凝土剪力墙，不包括只承担重力荷载的混凝土墙。

现浇钢筋混凝土房屋适用的最大高度 (m)　　表 6.1.1

结构类型		烈度				
		6	7	8 (0.2g)	8 (0.3g)	9
框架		60	50	40	35	24
框架-抗震墙		130	120	100	80	50
抗震墙		140	120	100	80	60
部分框支抗震墙		120	100	80	50	不应采用
筒体	框架-核心筒	150	130	100	90	70
	筒中筒	180	150	120	100	80
板柱-抗震墙		80	70	55	40	不应采用

注：1　房屋高度指室外地面到主要屋面板板顶的高度（不包括局部突出屋顶部分）；
2　框架-核心筒结构指周边稀柱框架与核心筒组成的结构；
3　部分框支抗震墙结构指首层或底部两层为框支层的结构，不包括仅个别框支墙的情况；
4　表中框架，不包括异形柱框架；
5　板柱-抗震墙结构指板柱、框架和抗震墙组成抗侧力体系的结构；
6　乙类建筑可按本地区抗震设防烈度确定其适用的最大高度；
7　超过表内高度的房屋，应进行专门研究和论证，采取有效的加强措施。

（2）《高规》规定

《高规》将房屋高度分成 A 级、B 级两类。

① A 级房屋高度

《高规》规定

3.3.1 钢筋混凝土高层建筑结构的最大适用高度应区分为 A 级和 B 级。A 级高度钢筋混凝土乙类和丙类高层建筑的最大适用高度应符合表 3.3.1-1 的规定，B 级高度钢筋混凝土乙类和丙类高层建筑的最大适用高度应符合表 3.3.1-2 的规定。

平面和竖向均不规则的高层建筑结构，其最大适用高度宜适当降低。

A 级高度钢筋混凝土高层建筑的最大适用高度（m）　　表 3.3.1-1

结构体系		非抗震设计	抗震设防烈度				
			6 度	7 度	8 度		9 度
					0.20g	0.30g	
框架		70	60	50	40	35	—
框架-剪力墙		150	130	120	100	80	50
剪力墙	全都落地剪力墙	150	140	120	100	80	60
	部分框支剪力墙	130	120	100	80	50	不应采用
筒体	框架-核心筒	160	150	130	100	90	70
	筒中筒	200	180	150	120	100	80
板柱-剪力墙		110	80	70	55	40	不应采用

注：1 表中框架不含异形柱框架；
2 部分框支剪力墙结构指地面以上有部分框支剪力墙的剪力墙结构；
3 甲类建筑，6、7、8 度时宜按本地区抗震设防烈度提高一度后符合本表的要求，9 度时应专门研究；
4 框架结构、板柱-剪力墙结构以及 9 度抗震设防的表列其他结构，当房屋高度超过本表数值时，结构设计应有可靠依据，并采取有效的加强措施。

② B 级房屋高度

《高规》规定

B 级高度钢筋混凝土高层建筑的最大适用高度（m）　　表 3.3.1-2

结构体系		非抗震设计	抗震设防烈度			
			6 度	7 度	8 度	
					0.20g	0.30g
框架-剪力墙		170	160	140	120	100
剪力墙	全部落地剪力墙	180	170	150	130	110
	部分框支剪力墙	150	140	120	100	80
筒体	框架-核心筒	220	210	180	140	120
	筒中筒	300	280	230	170	150

注：1 部分框支剪力墙结构指地面以上有部分框支剪力墙的剪力墙结构；
2 甲类建筑，6、7 度时宜按本地区设防烈度提高一度后符合本表的要求，8 度时应专门研究；
3 当房屋高度超过表中数值时，结构设计应有可靠依据，并采取有效地加强措施。

执行这条规范规定时要注意两点

① 房屋高度的取值要执行《抗震》6.1.1 条表 6.1.1 注 1 的规定。

注：1　房屋高度指室外地面到主要屋面板板顶的高度（不包括局部突出屋顶部分）；

亦即是执行《高规》2.1.2条规定

> **2.1.2**　房屋高度　building height
>
> 自室外地面至房屋主要屋面的高度，不包括突出屋面的电梯机房、水箱、构架等高度。

② 对于不规则结构的房屋高度要执行《抗震》6.1.1条"条文说明"第5款的要求

> 5　对于平面和竖向均不规则的结构，适用的最大高度适当降低的规范用词，由"应"改为"宜"，一般减少10%左右。

【例4.1.1-1】 确定房屋的计算高度(121.20m)

条件：某高层建筑如图4.1.1-1所示，屋面上皮标高为+120.000m，屋面上有一高32m的尖塔和高10m的局部建筑，室内外高差1.2m。

要求：确定抗震等级时的房屋计算高度。

【解答】《高规》规定2.1.2条指出：房屋高度指室外地面至主要屋面高度，不包括局部突出屋面的电梯机房、水箱、构架等高度。

$$H=120.00+1.20=121.20\text{m}$$

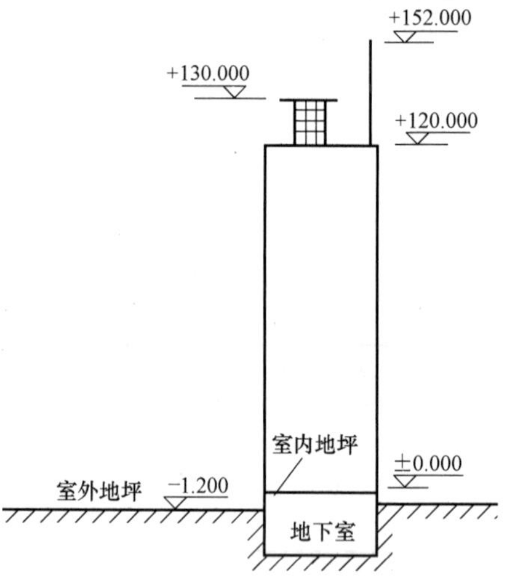

图4.1.1-1　办公楼侧面轮廓尺寸

2. 高宽比限值

《高规》规定

> **3.3.2**　钢筋混凝土高层建筑结构的高宽比不宜超过表3.3.2的规定。

钢筋混凝土高层建筑结构适用的最大高宽比　　**表3.3.2**

结构体系	非抗震设计	抗震设防烈度		
		6度、7度	8度	9度
框架	5	4	3	—
板柱-剪力墙	6	5	4	—
框架-剪力墙、剪力墙	7	6	5	4
框架-核心筒	8	7	6	4
筒中筒	8	8	7	5

控制高厚比的目的《高规》3.3.2条的"条文说明"有交代

3.3.2 高层建筑的高宽比，是对结构刚度、整体稳定、承载能力和经济合理性的宏观控制；在结构设计满足本规程规定的承载力、稳定、抗倾覆、变形和舒适度等基本要求后，仅从结构安全角度讲高宽比限值不是必须满足的，主要影响结构设计的经济性。

宽厚比具体计算时有很多数值不易确定、可参考《高规》3.3.2条的"条文说明"

在复杂体型的高层建筑中，如何计算高宽比是比较难以确定的问题。一般情况下，可按所考虑方向的最小宽度计算高宽比，但对突出建筑物平面很小的局部结构（如楼梯间、电梯间等），一般不应包含在计算宽度内；对于不宜采用最小宽度计算高宽比的情况，应由设计人员根据实际情况确定合理的计算方法；对带有裙房的高层建筑，当裙房的面积和刚度相对于其上部塔楼的面积和刚度较大时，计算高宽比的房屋高度和宽度可按裙房以上塔楼结构考虑。

【例 4.1.1-2】 大底盘单塔楼高层建筑的高宽比

条件：某大底盘单塔楼高层建筑，主楼为钢筋混凝土框架-核心筒，与主楼连为的裙房为混凝土框架结构，如图 4.1.1-2 所示：裙房的面积、刚度相对于其上部塔楼的面积和刚度较大。

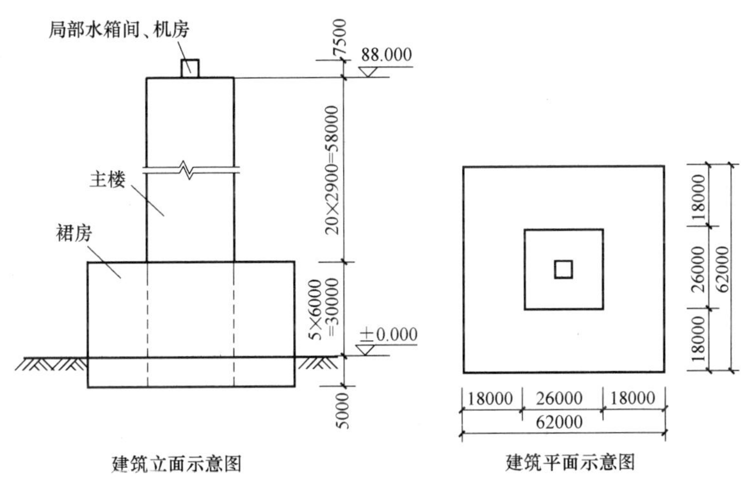

图 4.1.1-2

要求：该房屋主楼高宽比。

【解答】 由《高规》规定表 2.1.2 条：房屋高度指室外地面至主要屋面高度，包括局部突出屋面的电梯机房、水箱等高度；

由《高规》规定 3.3.2 条的条文说明：对带有裙房的高层建筑，当裙房的面积和刚度相对于其上部塔楼的面积和刚度较大时，计算高宽比时的高度和宽度取裙房以上部分考虑。该房屋主楼高宽比$\frac{H}{B}=\frac{58}{26}=2.2$。

二、上部结构的嵌固部位

上部结构的嵌固部位，从力学的观点来观察，它的计算简图是一个‘点’或一条‘线’，而且这‘点’或‘线’是绝对固定的、它具备两个基本特点：

（1）嵌固部位的水平位移为零；

（2）嵌固部位的转角为零。

这种绝对固定的嵌固部位实际工程中是不存在的，实际工程中的嵌固部位是一个区域，只有相对的固定，不是绝对的固定。规范规定、当地下室顶板能满足下面所述的三个基本条件时，该地下室顶板就能认为可以作为上部结构的嵌固部位。

1. 地下室顶板有良好的整体性

《抗震》规定

6.1.14 地下室顶板作为上部结构的嵌固部位时，应符合下列要求：

1 地下室顶板应避免开设大洞口；地下室在地上结构相关范围的顶板应采用现浇梁板结构，相关范围以外的地下室顶板宜采用现浇梁板结构，其楼板厚度不宜小于180mm，混凝土强度等级不宜小于C30，应采用双层双向配筋，且每层每个方向的配筋率不宜小于0.25%。

6.1.14 为了能使地下室顶板作为上部结构的嵌固部位，本条规定了地下室顶板和地下一层的设计要求：

地下室顶板必须具有足够的平面内刚度，以有效传递地震基底剪力。地下室顶板的厚度不宜小于180mm，若柱网内设置多个次梁时，板厚可适当减小。这里所指地下室应为完整的地下室，在山（坡）地建筑中出现地下室各边填埋深度差异较大时，宜单独设置支挡结构。

《高规》规定

12.2.1 高层建筑地下室顶板作为上部结构的嵌固部位时，应符合下列规定：

1 地下室顶板应避免开设大洞口，其混凝土强度等级应符合本规程第3.2.2条的有关规定，楼盖设计应符合本规程第3.6.3条的有关规定；

3.6.3 房屋的顶层、结构转换层、大底盘多塔楼结构的底盘顶层、平面复杂或开洞过大的楼层、作为上部结构嵌固部位的地下室楼层应采用现浇楼盖结构。一般楼层现浇楼板厚度不应小于80mm，当板内预埋暗管时不宜小于100mm；顶层楼板厚度不宜小于120mm，宜双层双向配筋；转换层楼板应符合本规程第10章的有关规定；普通地下室顶板厚度不宜小于160mm；作为上部结构嵌固部位的地下室楼层的顶楼盖应采用梁板结构，楼板厚度不宜小于180mm，应采用双层双向配筋，且每层每个方向的配筋率不宜小于0.25%。

2. 地下室具有足够大的侧向刚度

《抗震》规定

6.1.14 地下室顶板作为上部结构的嵌固部位时，应符合下列要求：

2 结构地上一层的侧向刚度，不宜大于相关范围地下一层侧向刚度的 0.5 倍；地下室周边宜有与其顶板相连的抗震墙。

《高规》规定

12.2.1 高层建筑地下室顶板作为上部结构的嵌固部位时，应符合下列规定：

2 地下一层与相邻上层的侧向刚度比应符合本规程第 5.3.7 条的规定；

5.3.7 高层建筑结构整体计算中，当地下室顶板作为上部结构嵌固部位时，地下一层与首层侧向刚度比不宜小于 2。

5.3.7 本条给出作为结构分析模型嵌固部位的刚度要求。计算地下室结构楼层侧向刚度时，可考虑地上结构以外的地下室相关部位的结构，“相关部位”一般指地上结构外扩不超过三跨的地下室范围。楼层侧向刚度比可按本规程附录 E.0.1 条公式计算。

3. 确保塑性铰只能在上部结构的柱根截面出现，地下室梁柱不出现塑性铰

上部结构理想的出铰顺序（以框架结构为例）为：梁端→柱端→柱根。柱根塑性铰是上部结构最后出现的塑性铰，嵌固层梁端、地下室嵌固层柱顶不得出现塑性铰。

《抗震》规定

6.1.14 地下室顶板作为上部结构的嵌固部位时，应符合下列要求：

3 地下室顶板对应于地上框架柱的梁柱节点除应满足抗震计算要求外，尚应符合下列规定之一：

1）地下一层柱截面每侧纵向钢筋不应小于地上一层柱对应纵向钢筋的 1.1 倍，且地下一层柱上端和节点左右梁端实配的抗震受弯承载力之和应大于地上一层柱下端实配的抗震受弯承载力的 1.3 倍。

2）地下一层梁刚度较大时，柱截面每侧的纵向钢筋面积应大于地上一层对应柱每侧纵向钢筋面积的 1.1 倍；同时梁端顶面和底面的纵向钢筋面积均应比计算增大 10%以上；

4 地下一层抗震墙墙肢端部边缘构件纵向钢筋的截面面积，不应少于地上一层对应墙肢端部边缘构件纵向钢筋的截面面积。

《高规》规定

12.2.1 高层建筑地下室顶板作为上部结构的嵌固部位时，应符合下列规定：

3 地下室顶板对应于地上框架柱的梁柱节点设计应符合下列要求之一：

1）地下一层柱截面每侧的纵向钢筋面积除应符合计算要求外，不应少于地上一层对应柱每侧纵向钢筋面积的 1.1 倍；地下一层梁端顶面和底面的纵向钢筋应比计算值增大 10%采用。

2）地下一层柱每侧的纵向钢筋面积不小于地上一层对应柱每侧纵向钢筋面积的 1.1 倍且地下室顶板梁柱节点左右梁端截面与下柱上端同一方向实配的受弯承载力之和不小于地上一层对应柱下端实配的受弯承载力的 1.3 倍。

4 地下室与上部对应的剪力墙墙肢端部边缘构件的纵向钢筋截面面积不应小于地上一层对应的剪力墙墙肢边缘构件的纵向钢筋截面面积。

《抗震》6.1.14 条的“条文说明”对确保塑性铰只能在上部结构的柱根截面出现，地下室梁柱不出现塑性铰的落实讲得更具体。

> 框架柱嵌固端屈服时，或抗震墙墙肢的嵌固端屈服时，地下一层对应的框架柱或抗震墙墙肢不应屈服。据此规定了地下一层框架柱纵筋面积和墙肢端部纵筋面积的要求。
>
> 当框架柱嵌固在地下室顶板时，位于地下室顶板的梁柱节点应按首层柱的下端为“弱柱”设计，即地震时首层柱底屈服、出现塑性铰。为实现首层柱底先屈服的设计概念，本规范提供了两种方法：
>
> 其一，按下式复核：
>
> $$\sum M_{bua}+M_{cua}^{t}\geqslant 1.3M_{cua}^{b}$$
>
> 式中：$\sum M_{bua}$——节点左右梁端截面反时针或顺时针方向实配的正截面抗震受弯承载力所对应的弯矩值之和，根据实配钢筋面积（计入梁受压筋和相关楼板钢筋）和材料强度标准值确定；
>
> $\sum M_{cua}^{t}$——地下室柱上端与梁端受弯承载力同一方向实配的正截面抗震受弯承载力所对应的弯矩值，应根据轴力设计值、实配钢筋面积和材料强度标准值等确定；
>
> $\sum M_{cua}^{b}$——地上一层柱下端与梁端受弯承载力不同方向实配的正截面抗震受弯承载力所对应弯矩值，应根据轴力设计值、实配钢筋面积和材料强度标准值等确定。
>
> 设计时，梁柱纵向钢筋增加的比例也可不同，但柱的纵向钢筋至少比地上结构柱下端的钢筋增加 10%。
>
> 其二，作为简化，当梁按计算分配的弯矩接近柱的弯矩时，地下室顶板的柱上端、梁顶面和梁底面的纵向钢筋均增加 10%以上。可满足上式的要求。

【例 4.1.2-1】上部结构嵌固端的位置

条件：有一框架结构，地下 2 层，地上 6 层，地下 1 层为车库。已知地下室柱纵向钢筋配筋均比地上柱配筋大 10%；地下室±0.000 处顶板厚 180mm，混凝土强度等级 C30，采用双层双向配筋，配筋率为 0.25%；楼层的侧向刚度比 $K_{-1}/K_{1}=2.2$，$K_{-1}/K_{-2}=1.0$，此处、K_{1}、K_{-1}、K_{-2} 分别为地上首层、地下一层和地下二层的楼层侧向刚度。

要求：判断地下室顶板能否作为上部结构嵌固端的位置。

【解答】根据《抗震》6.1.14 条，地下室顶板作为上部结构的嵌固部位时，其楼板厚度不宜小于 180mm，混凝土强度等级不宜小于 C30，应采用双层双向配筋，地下室结构的楼层侧向刚度不宜小于相邻上部楼层侧向刚度的 2 倍。

（1）地下室±0.000 处顶板厚 180mm，地下室柱配筋均此地上柱配筋大 20%，混凝土 C30，采用双向双层钢筋网，$\rho=0.25\%$，符合《抗震》6.1.14 条 1 款的要求。

（2）地下室结构的楼层侧向刚度 K_{-1}，与相邻上都楼层侧向刚度 K_{1} 的比值 K_{-1}/K_{1}

$=2.2>2.0$，符合《抗震》6.1.14 条 2 款的要求。

(3) 上部结构嵌固端的位置取在地下室顶面（标高±0.000 处）。

【例 4.1.2-2】 地下一层柱纵向钢筋的数量

条件：某现浇钢筋混凝土框架结构，地下 2 层，地上 12 层，抗震设防烈度为 7 度，抗震等级二级，地下室顶板为嵌固端。混凝土采用 C35 级、钢筋采用 HRB400（Φ）。假定地上一层框架某中柱的纵向钢筋的配置如图 4.1.2-1 所示，每侧纵筋计算面积 $A_s=985mm^2$，实配 4 Φ 18，满足构造要求。现将其延伸至地下一层，截面尺寸不变，每侧纵筋的计算面积为地上一层柱每侧纵筋计算面积的 0.88 倍。

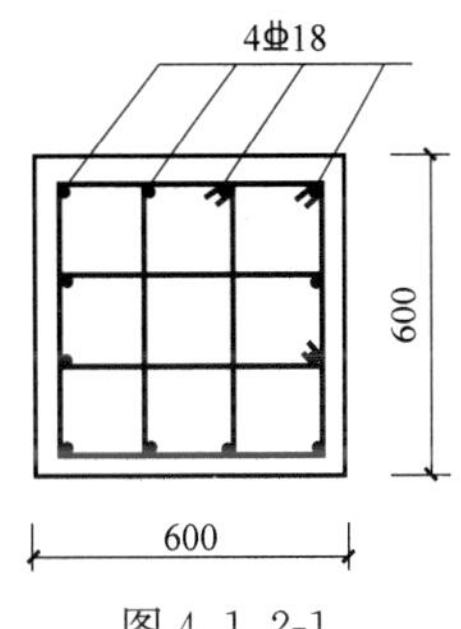

图 4.1.2-1

要求：延伸至地下一层后的中柱，其截面中全部纵向钢筋的数量。

【解答】 根据《高规》12.2.1 条，地下一层每侧纵筋的计算面积除应符合计算要求外，不应少于地上一层对应柱每侧纵向钢筋面积的 1.1 倍；$A_s=1.1\times985mm^2=1084mm^2$，实配 4 Φ 20。截面中全部纵向钢筋的数量 12 Φ 20。

【例 4.1.2-3】 高层建筑结构计算中，地下室顶板作为上部结构嵌固部位时，下列何项是符合规定的？

(A) 地下室结构的楼层侧向刚度不应小于相邻上部结构楼层侧向刚度的 2 倍

(B) 地下室结构的楼层侧向刚度不应小于相邻上部结构楼层侧向刚度的 1.5 倍

(C) 地下室结构的楼层侧向刚度不宜小于相邻上部结构楼层侧向刚度的 2 倍

(D) 地下室结构的楼层侧向刚度不宜小于相邻上部结构楼层侧向刚度的 3 倍

【答案】(C)

【解答】 根据《高规》12.2.1 条的规定。

【例 4.1.2-4】 现浇钢筋混凝土高层建筑，采用刚性好的筏板基础，地下室顶板（±0.000）作为上部结构的嵌固端。地下室顶板采用梁板结构，混凝土强度等级为 C30。配筋分别为：上层为 A_{sxt}、A_{syt}，下层为 A_{sxb}、A_{syb}。试问，板厚 h 及板上、下层的配筋 A_s 取下列何组数值时才能满足规范、规程的最低构造要求？

提示：计算板配筋时，应注意到上、下层钢筋间距@均为 150mm。

(A) $h=120$，$A_{sxt}=A_{sxb}=$Φ 8@150，$A_{syt}=A_{syb}=$Φ 8@150

(B) $h=160$，$A_{sxt}=A_{sxb}=$Φ 10@150，$A_{syt}=A_{syb}=$Φ 10@150

(C) $h=180$，$A_{sxt}=A_{sxb}=$Φ 10@150，$A_{syt}=A_{syb}=$Φ 12@150

(D) $h=180$，$A_{sxt}=A_{sxb}=$Φ 8@150，$A_{syt}=A_{syb}=$Φ 10@150

【答案】(C)

【解答】 根据《高规》12.2.1 条，$h=180mm$，双层双向配筋，每向最小配筋：$0.25\%\times180\times150mm^2=67.5mm^2$，取 ϕ10，$A_s=78.5mm^2>67.5mm^2$。

三、地下室底面的应力控制

《高规》规定

12.1.5 高层建筑应采用整体性好、能满足地基承载力和建筑物容许变形要求并能调节不均匀沉降的基础形式；宜采用筏形基础或带桩基的筏形基础，必要时可采用箱形基础。当地质条件好且能满足地基承载力和变形要求时，也可采用交叉梁式基础或其他形式基础；当地基承载力或变形不满足设计要求时，可采用桩基或复合地基。

12.1.6 高层建筑主体结构基础底面形心宜与永久作用重力荷载重心重合；当采用桩基础时，桩基的竖向刚度中心宜与高层建筑主体结构永久重力荷载重心重合。

12.1.7 在重力荷载与水平荷载标准值或重力荷载代表值与多遇水平地震标准值共同作用下，高宽比大于 4 的高层建筑，基础底面不宜出现零应力区；高宽比不大于 4 的高层建筑，基础底面与地基之间零应力区面积不应超过基础底面面积的 15%。质量偏心较大的裙楼与主楼可分别计算基底应力。

【例 4.1.3-1】

建于Ⅲ类场地的现浇钢筋混凝土高层建筑，平面尺寸为 25m×50m，房屋高度为 102m，如图 4.1.3-1 所示。采用刚性好的筏板基础。该建筑物地基土比较均匀，基础假定为刚性，相应于荷载效应标准组合时，上部结构传至基础底的竖向力 $N_k=6.5\times10^5$kN，横向（短向）弯矩$M_k=2.8\times10^6$kN·m；纵向弯矩较小，略去不计。为使地基压应力不过于集中，筏板周边可外挑，每边挑出长度均为 a；计算时可不计外挑部分增加的土重及墙外侧土的影响。试问，如果仅从限制基底压应力不过于集中及保证结构抗倾覆能力方面考虑，初步估算的 a（m）的最小值，应最接近下列何项数值？

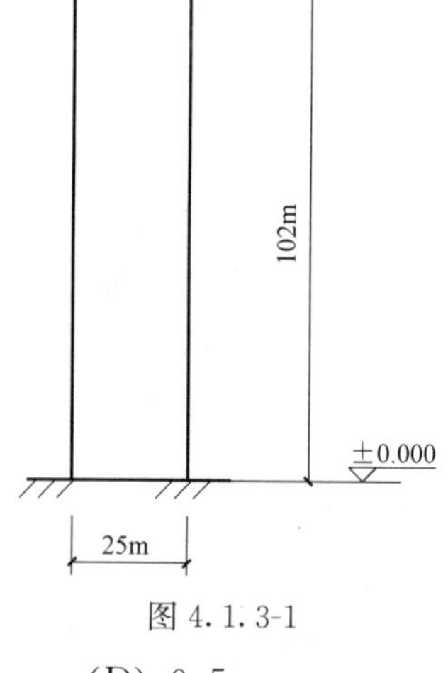

图 4.1.3-1

(A) 0　　(B) 1.5　　(C) 1.0　　(D) 0.5

【答案】(D)

【解答】

$$\frac{H}{B}=\frac{102}{25}=4.08>4,$$

根据《高规》12.1.6 条，应满足下式要求，

$$P_{\min}=\frac{N_k}{A}-\frac{M_k}{W}\geqslant0$$

已知筏板每边均挑出 a，所以有

$$P_{\min}=\frac{6.5\times10^5}{(25+2a)(50+2a)}-\frac{2.8\times10^6}{\frac{1}{6}\times(50+2a)(25+2a)^2}=0$$

由此得 $6.5\times10^5\times(25+2a)=6\times28\times10^6$

$a=0.423$m。

【例 4.1.3-2】

某 11 层办公楼，采用钢筋混凝土框架-剪力墙结构，房屋高度 39.45m，其标准层平面和剖面如图 4.1.3-2 所示。

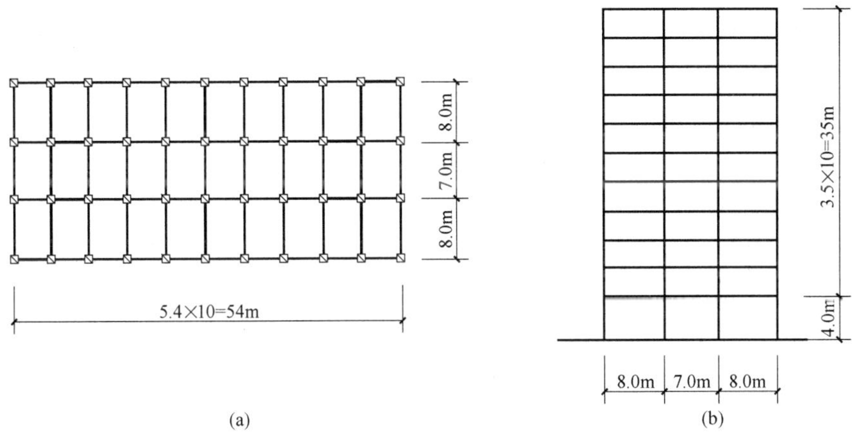

图 4.1.3-2

（a）平面示意图；（b）剖面示意图

假定本工程设有两层地下室，如图 4.1.3-3 所示，总重力荷载合力作用点与基础底面形心重合，基础底面反力呈线性分布，上部及地下室基础总重力荷载标准值为 G，水平荷载与竖向荷载共同作用下基底反力的合力点到基础中心的距离为 e_0。试问，当满足规程对基础底面与地基之间零应力区面积限值时，抗倾覆力矩 M_R 与倾覆力矩 M_{ov} 的最小比值，与下列何项数值最为接近？

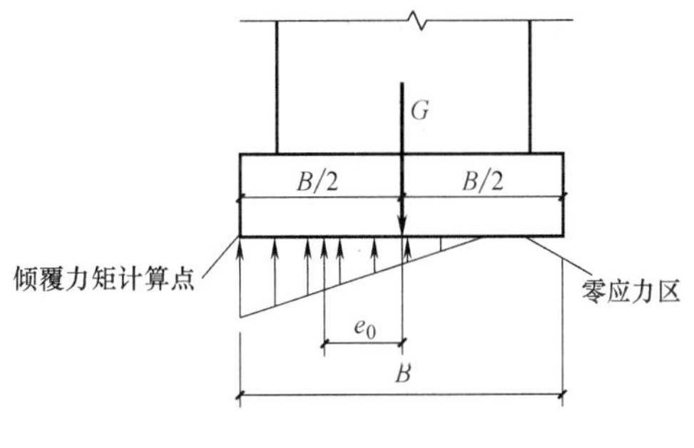

图 4.1.3-3

提示：地基承载力符合要求，不考虑侧土压力，不考虑重力二阶效应。

(A) 1.5　　(B) 1.9　　(C) 2.3　　(D) 2.7

【答案】(C)

【解答】据《高规》12.1.7 条，本工程高宽比 39.45/23 =1.72<4，则基础底面与地基之间零应力区面积不应超过基础底面积的 15%。

设零应力区长度为 B-X（如图 4.1.3-4 所示），

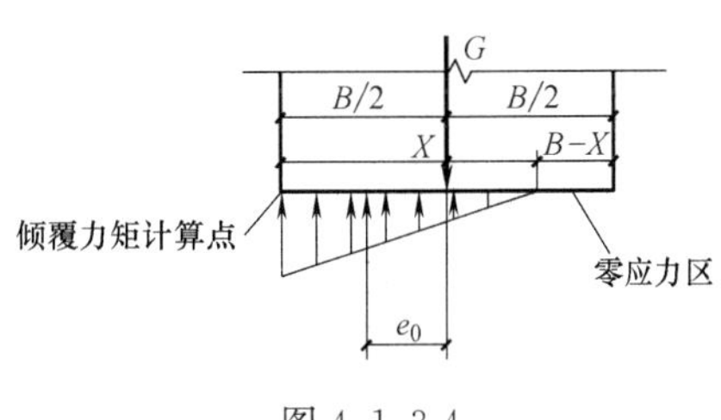

图 4.1.3-4

则 $\dfrac{B-X}{B}=0.15$，$X=0.85B$

$$e_0=\frac{B}{2}-\frac{X}{3}=\frac{B}{2}-\frac{0.85B}{3}=0.217B$$

$$\frac{M_R}{M_{ov}}=\frac{GB/2}{Ge_0}=\frac{B}{2e_0}=\frac{B}{2\times0.217B}=2.3$$

4.2 框架结构

一、一般规定

“框架”包括框架结构及框架-抗震墙结构、框支层和框架-核心筒结构、板柱-抗震墙结构中的框架，本节“框架结构”仅指前者，即纯框架结构的框架。

1. 框架结构的最大适用高度和抗震等级

《抗震》规定

6.1.1 本章适用的现浇钢筋混凝土房屋的结构类型和最大高度应符合表 6.1.1 的要求。平面和竖向均不规则的结构，适用的最大高度宜适当降低。

钢筋混凝土房屋适用的最大高度（单位：m） **表 6.1.1**

结构类型	烈度				
	6	7	8(0.2g)	8(0.3g)	9
框架	60	50	40	35	24

注：4 表中框架，不包括异形柱框架。

6.1.2 钢筋混凝土房屋应根据设防类别、烈度、结构类型和房屋高度采用不同的抗震等级，并应符合相应的计算和构造措施要求。丙类建筑的抗震等级应按表 6.1.2 确定。

现浇钢筋混凝土房屋的抗震等级 **表 6.1.2**

<table>
<tr><td colspan="2" rowspan="2">结构类型</td><td colspan="7">设防烈度</td></tr>
<tr><td colspan="2">6</td><td colspan="2">7</td><td colspan="2">8</td><td>9</td></tr>
<tr><td rowspan="3">框架结构</td><td>高度(m)</td><td>≤24</td><td>>24</td><td>≤24</td><td>>24</td><td>≤24</td><td>>24</td><td>≤24</td></tr>
<tr><td>框架</td><td>四</td><td>三</td><td>三</td><td>二</td><td>二</td><td>一</td><td>一</td></tr>
<tr><td>大跨度框架</td><td colspan="2">三</td><td colspan="2">二</td><td colspan="2">一</td><td>一</td></tr>
</table>

注：大跨度框架指跨度不小于 18m 的框架。

【例 4.2.1-1】 某县级市抗震设防烈度为 7 度，拟建设二级医院项目，其门诊部采用现浇钢筋混凝土框架结构，建筑高度为 24m，建筑场地类别为Ⅱ类，设计使用年限为 50 年。试问，该建筑应按（　　）抗震等级采取抗震措施。

（A）一级　　（B）二级　　（C）三级　　（D）四级

【答案】（B）

【解答】 根据《分类标准》第 4.0.3 条，本工程为乙类建筑；

根据《分类标准》第 3.0.3 条，抗震措施应符合 8 度抗震设防烈度的要求；

根据《抗震》表 6.1.2，应按二级抗震等级采取抗震措施。

2. 结构布置

《高规》规定

6.1.1 框架结构应设计成双向梁柱抗侧力体系。主体结构除个别部位外，不应采用铰接。

6.1.2 抗震设计的框架结构不应采用单跨框架。

《抗震》规定

> **6.1.5** 框架结构中，框架应双向设置，梁中线与柱中线之间偏心距大于柱宽的 1/4 时，应计入偏心的影响。
>
> 甲、乙类建筑以及高度大于 24m 的丙类建筑，不应采用单跨框架结构；高度不大于 24m 的丙类建筑不宜采用单跨框架结构。

【例 4.2.1-2】 一栋四层小型物件仓库，平面尺寸为 18m×24m。堆货高度不超过 2m，楼面活载 10kN/m²，建筑场地为抗震设防区，现已确定采用现浇框架结构，下列各种柱网布置中（　　）最为合适。

（A）横向三柱框架，柱距 9m，框架间距 6m，纵向布置连系梁

（B）横向四柱框架，柱距 6m，框架间距 4m，纵向布置连系梁

（C）双向框架，两向框架柱距均为 6m

（D）双向框架，横向框架柱距 6m，纵向框架柱距 4m

【答案】（C）

【解答】 根据《抗震》第 6.1.5 条规定，框架结构应设计成双向梁柱抗侧力体系，因此，选项中的（C）、（D）方案均是可以的，但为了减少柱与柱基础材料用量，以选用（C）方案最为合适。

《抗震》规定

> **6.1.11** 框架单独柱基有下列情况之一时，宜沿两个主轴方向设置基础系梁：
>
> 1 一级框架和Ⅳ类场地的二级框架。
>
> 2 各柱基础底面在重力荷载代表值作用下的压应力差别较大。
>
> 3 基础埋置较深，或各基础埋置深度差别较大。
>
> 4 地基主要受力层范围内存在软弱黏性土层、液化土层或严重不均匀土层。
>
> 5 桩基承台之间。

【例 4.2.1-3】 当有下列情况中（　　）时，框架单独柱基宜设双向基础系梁。

（A）二级框架　　（B）一级框架

（C）埋深较浅　　（D）埋深一致

【答案】（B）

【解答】 根据《抗震》第 6.1.11 条第 1 款的规定解答。

《高规》规定

> **6.1.4** 抗震设计时，框架结构的楼梯间应符合下列规定：
>
> 1 楼梯间的布置应尽量减小其造成的结构平面不规则。
>
> 2 宜采用现浇钢筋混凝土楼梯，楼梯结构应有足够的抗倒塌能力。
>
> 3 宜采取措施减小楼梯对主体结构的影响。
>
> 4 当钢筋混凝土楼梯与主体结构整体连接时，应考虑楼梯对地震作用及其效应的影响，并应对楼梯构件进行抗震承载力验算。

《抗震》规定

6.1.15 楼梯间应符合下列要求：

1 宜采用现浇钢筋混凝土楼梯。

2 对于框架结构，楼梯间的布置不应导致结构平面特别不规则；楼梯构件与主体结构整浇时，应计入楼梯构件对地震作用及其效应的影响，应进行楼梯构件的抗震承载力验算；宜采取构造措施，减少楼梯构件对主体结构刚度的影响。

3 楼梯间两侧填充墙与柱之间应加强拉结。

二、框架梁

1. 截面尺寸控制

《高规》规定

6.3.1 框架结构的主梁截面高度可按计算跨度的1/10～1/18确定；梁净跨与截面高度之比不宜小于4。梁的截面宽度不宜小于梁截面高度的1/4，也不宜小于200mm。

当梁高较小或采用扁梁时，除应验算其承载力和受剪截面要求外，尚应满足刚度和裂缝的有关要求。在计算梁的挠度时，可扣除梁的合理起拱值；对现浇梁板结构，宜考虑梁受压翼缘的有利影响。

《抗震》规定

6.3.2 梁宽大于柱宽的扁梁应符合下列要求：

1 采用扁梁的楼、屋盖应现浇，梁中线宜与柱中线重合，扁梁应双向布置。扁梁的截面尺寸应符合下列要求，并应满足现行有关规范对挠度和裂缝宽度的规定：

$$b_b \leqslant 2b_c \tag{6.3.2-1}$$

$$b_b \leqslant b_c + h_b \tag{6.3.2-2}$$

$$h_b \geqslant 16d \tag{6.3.2-3}$$

式中：b_c——柱截面宽度，圆形截面取柱直径的0.8倍；

b_b、h_b——分别为梁截面宽度和高度；

d——柱纵筋直径。

2 扁梁不宜用于一级框架结构。

【例4.2.2-1】

在地震区钢筋混凝土框架结构中，采用梁宽大于柱宽的扁梁时，下列何项所述的构造措施不妥？

(A) 楼板应现浇，梁中线宜与柱中线重合

(B) 扁梁应双向布置，且不宜用于一级框架结构

(C) 应满足现行有关规范对挠度和裂缝宽度的规定

(D) 扁梁的截面高度应大于15倍柱纵筋直径

【答案】(D)

【解答】根据《抗震》第6.3.2条，(A)、(B)、(C) 正确；

根据《抗震》式(6.3.2-3)，扁梁的截面高度应大于或等于16倍柱纵筋直径。(D) 不正确，答案选 (D)。

2. 框架梁的纵筋配置

(1) 最小配筋率

《高规》规定

> **6.3.2** 框架梁设计应符合下列要求:
>
> 2 纵向受拉钢筋的最小配筋百分率 ρ_{min} (%), 非抗震设计时, 不应小于 0.2 和 $45f_t/f_y$ 二者的较大值; 抗震设计时, 不应小于表 6.3.2-1 规定的数值。
>
> **梁纵向受拉钢筋最小配筋百分率 ρ_{min} (%)** **表 6.3.2-1**
>
> | 抗震等级 | 位置 | |
> |---|---|---|
> | | 支座(取较大值) | 跨中(取较大值) |
> | 一级 | 0.40 和 $80f_t/f_y$ | 0.30 和 $65f_t/f_y$ |
> | 二级 | 0.30 和 $65f_t/f_y$ | 0.25 和 $55f_t/f_y$ |
> | 三、四级 | 0.25 和 $55f_t/f_y$ | 0.20 和 $45f_t/f_y$ |

对最小配筋率《混规》11.3.6 条的"条文说明"作如下解说

> 在非抗震和抗震框架梁纵向受拉钢筋最小配筋率的取值上统一取用双控方案, 即一方面规定具体数值, 另一方面使用与混凝土抗拉强度设计值和钢筋抗拉强度设计值相关的特征值参数进行控制。规定的数值是在非抗震受弯构件规定数值的基础上, 参考国外经验制定的, 并按纵向受拉钢筋在梁中的不同位置和不同抗震等级分别给出了最小配筋率的相应控制值。这些取值高于非抗震受弯构件的取值。

【例 4.2.2-2】 某框架抗震等级一级。框架梁截面尺寸为 250mm×650mm, h_0=590mm, 混凝土强度等级 C35, (f_t=1.57N/mm^2), 纵筋 HRB400 (f_y=360N/mm^2), 根据抗震计算结果, 其边支座柱边的梁端截面顶面配筋为 6 ⌀ 25。试问, 在满足抗震构造要求的条件下其底部最小配筋面积 (mm^2) 与下列何项数值最为接近?

(A) 645 (B) 884 (C) 893 (D) 1473

【答案】 (D)

【解答】 (1) 根据《高规》第 6.3.2 条第 2 款, 一级抗震等级框架梁支座的最小配筋率为:

$$\rho_{min}=\max\left(0.40\%,0.80\frac{f_t}{f_y}\right)=\max(0.40\%,0.80\times1.57/360)=0.4\%$$

(2) 根据《高规》第 6.3.2 条第 4 款, 一级抗震等级框架梁端截面的 $\frac{A'_s}{A_s}\geqslant0.5$,

已知边支座柱边的梁端截面顶面配筋为 6 ⌀ 25。A_s=2946mm^2,

$$A'_s\geqslant0.5A_s=2946\times0.5=1473\text{mm}^2$$

$$\rho=\frac{1473}{250\times590}=1.0\%>\rho_{min}=0.4\%$$

(3) 根据《高规》第 6.3.2 条第 1 款, 抗震等级一级 $x/h_0\leqslant0.25$,

$$x=\frac{f_y(A_s-A'_s)}{f_cb}=\frac{360\times(2946-1473)}{16.7\times250}=127\text{mm}<0.25h_0=147.5\text{mm}$$

(4) 最小配筋应大于 1473mm^2, 故选 (D)。

(2) 最大配筋率

《高规》规定

> **6.3.3** 梁的纵向钢筋配置，尚应符合下列规定：
>
> 1 抗震设计时，梁端纵向受拉钢筋的配筋率不宜大于2.5%，不应大于2.75%；当梁端受拉钢筋的配筋率大于2.5%时，受压钢筋的配筋率不应小于受拉钢筋的一半。

对最大配筋率《高规》6.3.3条的"条文说明"作如下解说

> 最大配筋率主要考虑因素包括保证梁端截面的延性、梁端配筋不致过密而影响混凝土的浇筑质量等。
>
> 根据国内、外试验资料，受弯构件的延性随其配筋率的提高而降低。但当配置不少于受拉钢筋50%的受压钢筋时，其延性可以与低配筋率的构件相当。此本次修订规定，当受压钢筋不少于受拉钢筋的50%时，受拉钢筋的配筋率可提高至2.75%。

【例4.2.2-3】

某高层现浇钢筋混凝土框架结构，其抗震等级为二级，框架梁局部配筋如图4.2.2-1所示，梁、柱混凝土强度等级C40，(f_c=19.1N/mm²)，梁纵筋为HRB400 (f_y=360N/mm²)，箍筋HRB335 (f_{yv}=300N/mm²)，a_s=60mm。关于梁端A—A剖面处纵向钢筋的配置，如果仅从框架抗震构造措施方面考虑，下列何项配筋相对合理？

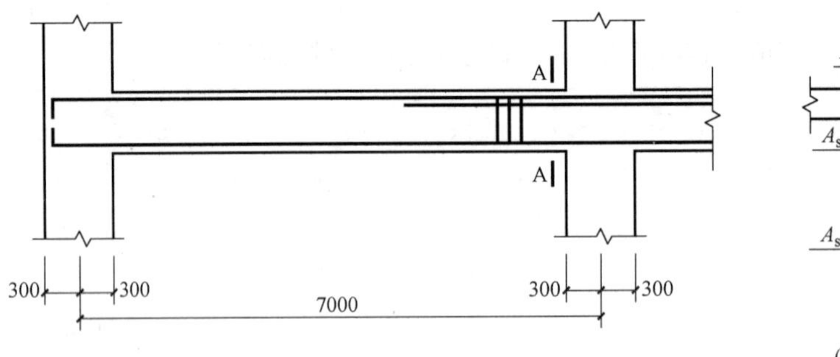

图4.2.2-1

(A) A_{s1}=4 Φ 28，A_{s2}=4 Φ 25；A_s=4 Φ 25

(B) A_{s1}=4 Φ 28，A_{s2}=4 Φ 25；A_s=4 Φ 28

(C) A_{s1}=4 Φ 28，A_{s2}=4 Φ 28；A_s=4 Φ 28

(D) A_{s1}=4 Φ 28，A_{s2}=4 Φ 28；A_s=4 Φ 25

【答案】(B)

【解答】h_0=550−60=490mm，Φ 28，A_s=615.8mm²，Φ 25，A_s=490.9mm²，

根据《高规》6.3.3条：梁纵筋配筋率不宜大于2.5%不应超过2.75%。

4 Φ 28+4 Φ 28，A_s=8×615.8 (mm²)

$\rho=\dfrac{615.8\times 8}{350\times 490}=2.87\%>2.75\%$，所以(C)、(D)均不满足

4 Φ 28+4 Φ 25，A_s=4×615.8+4×490.9 (mm²)

$$2.75\%>\rho=\frac{615.8\times 4+490.9\times 4}{350\times 490}=2.58\%>2.50\%$$

根据《高规》6.3.3条当梁端纵向受拉钢筋配筋率大于2.5%时，受压钢筋的配筋率不应小于受拉钢筋的一半，

(A) $A_{s1}+A_{s2}=4\times615.8+4\times490.9=4426.8\text{mm}^2$，$A_s=4\times490.9=1963.6\text{mm}^2<4426.8/2=2213.4\text{mm}^2$，不满足

(B) $A_{s1}+A_{s2}=4\times615.8+4\times490.9=4426.8\text{mm}^2$，$A_s=4\times615.8=2463.2\text{mm}^2>4426.8/2=2213.4\text{mm}^2$，满足。$x/h_0=\dfrac{360\times(4426.8-2463.2)}{1.0\times350\times490\times19.1}=0.216<0.35$ 故 (B) 正确

答案选（B）。

(3) 梁底、梁顶纵筋面积比 A'_s/A_s

《高规》规定

> **6.3.2** 框架梁设计应符合下列要求：
>
> 3 抗震设计时，梁端截面的底面和顶面纵向钢筋截面面积的比值，除按计算确定外，一级不应小于0.5，二、三级不应小于0.3。

本项规定的机理《抗震》6.3.3条的“条文说明”有讲述，现摘录于下

> 梁端底面和顶面纵向钢筋的比值，同样对梁的变形能力有较大影响。梁端底面的钢筋可增加负弯矩时的塑性转动能力，还能防止在地震中梁底出现正弯矩时过早屈服或破坏过重，从而影响承载力和变形能力的正常发挥。

【例4.2.2-4】 某18层一般现浇钢筋混凝土框架结构，结构环境类别为一类，抗震等级为二级，框架局部梁柱配筋如图4.2.2-2所示。梁柱混凝土强度等级均采用C30，钢筋采用HRB400（Φ）。

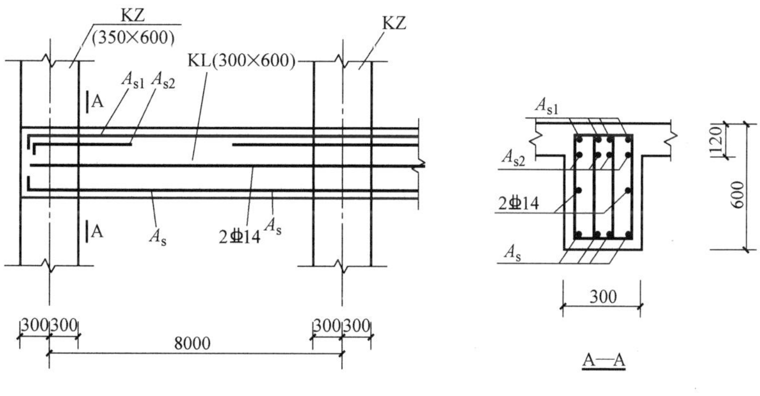

图 4.2.2-2

要求：关于梁端纵向钢筋的设置，下列何组配筋符合相关规范、规程的要求？

提示：不要求验算计入受压钢筋作用的梁端截面混凝土受压区高度与有效高度之比。

(A) $A_{s1}=A_{s2}=4\Phi25$　$A_s=4\Phi20$　　(B) $A_{s1}=A_{s2}=4\Phi25$　$A_s=4\Phi18$

(C) $A_{s1}=A_{s2}=4\Phi25$　$A_s=4\Phi16$　　(D) $A_{s1}=A_{s2}=4\Phi28$　$A_s=4\Phi28$

【答案】（A）

【解答】（A）$A_{s1}+A_{s2}=8\Phi 25=3927\text{mm}^2$；$A_s=4\Phi 20=1259\text{mm}^2$

（B）$A_{s1}+A_{s2}=8\Phi 25=3927\text{mm}^2$；$A_s=4\Phi 18=1017\text{mm}^2$

（C）$A_{s1}+A_{s2}=8\Phi 25=3927\text{mm}^2$；$A_s=4\Phi 16=804\text{mm}^2$

（D）$A_{s1}+A_{s2}=8\Phi 28=4926\text{mm}^2$；$A_s=4\Phi 28=2463\text{mm}^2$

（1）最小配筋率。因钢筋含量较多不必验算。

根据《高规》第6.3.3条，第1款，最大配筋率 $\rho_{max}=2.75\%$

$$A_{s,min}=0.0275bh_0=0.0275\times 300\times(600-70)=4373\text{mm}^2$$

$$A_{s1}+A_{s2}=8\Phi 28=4926\text{mm}^2>4372\text{mm}^2\text{(D)不可。}$$

根据《高规》第6.3.2条，第3款，二级抗震要求 $A'_s/A_s\geq 0.3$

$$0.3A_s=0.3\times 3927\text{mm}^2=1178\text{mm}^2,$$

$A_s=4\Phi 20=1256\text{mm}^2>0.3A_s=1178\text{mm}^2$，（A）可以。

$A_s=4\Phi 18=1017\text{mm}^2<0.3A_s=1178\text{mm}^2$，（B）不可。

$A_s=4\Phi 16=804\text{mm}^2<0.3A_s=1178\text{mm}^2$，（C）不可。

答案选（A）。

（4）相对压区高度 x/h_0

《高规》规定

> **6.3.2** 框架梁设计应符合下列要求：
>
> 1 抗震设计时，计入受压钢筋作用的梁端截面混凝土受压区高度与有效高度之比值，一级不应大于0.25，二、三级不应大于0.35。

本项规定的机理《混规》的条文说明（11.3.1条）有讲述，现摘录于下

> 设计框架梁时，控制梁端截面混凝土受压区高度（主要是控制负弯矩下截面下部的混凝土受压区高度）的目的是控制梁端塑性铰区具有较大的塑性转动能力，以保证框架梁端截面具有足够的曲率延性。根据国内的试验结果和参考国外经验，当相对受压区高度控制在0.25～0.35时，梁的位移延性可达到4.0～3.0左右。在确定混凝土受压区高度时，可把截面内的受压钢筋计算在内。

【例4.2.2-5】某框架结构抗震等级为一级，混凝土强度等级为C30（$f_c=14.3\text{N/mm}^2$），钢筋采用HRB400（Φ）（$f_y=360\text{N/mm}^2$）。框架梁 $h_0=340\text{mm}$，其局部配筋如图4.2.2-3所示。

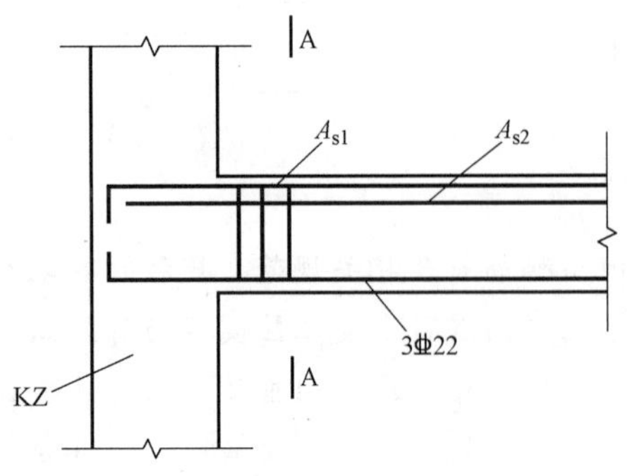

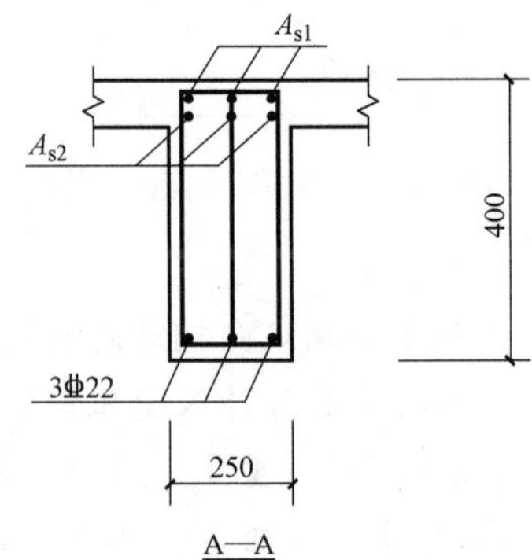

图4.2.2-3

试判断下列关于梁端纵向钢筋的配置中何项是正确的配置。

(A) $A_{s1}=3\Phi25$，$A_{s2}=2\Phi25$　　(B) $A_{s1}=3\Phi25$，$A_{s2}=3\Phi20$

(C) $A_{s1}=A_{s2}=3\Phi22$　　(D) 前三项均非正确配置

【答案】(D)

【解答】(1) 由《高规》第 6.3.3 条第 1 款，$\rho_{max}=2.75\%$

$$A_{s,max}=0.0275bh_0=0.0275\times250\times340=2338mm^2$$

(A) $A_{s1}=1473mm^2$，$A_{s2}=982mm^2$；$A_{s1}+A_{s2}=2455mm^2$

(B) $A_{s1}=1473mm^2$，$A_{s2}=942mm^2$；$A_{s1}+A_{s2}=2415mm^2$

(C) $A_{s1}=1140mm^2$，$A_{s2}=1140mm^2$；$A_{s1}+A_{s2}=2280mm^2$

$A_s>A_{s,max}$，(A)、(B) 不行。

(2) 根据《高规》第 6.3.2 条，第 1 款，一级抗震要求 $x/h_0\leqslant0.25$

$\alpha_1f_cbx=f_yA_s-f'_yA'_s$

$\zeta=\dfrac{f_yA_s-f'_yA'_s}{\alpha_1f_cbh_0}=\dfrac{360\times2280-360\times1140}{1\times14.3\times250\times340}=0.34>0.25$，不满足。(C) 不行。

全部不行。答案选 (D)。

(5) 沿梁全长的通长纵向钢筋

《高规》规定

> **6.3.3** 梁的纵向钢筋配置，尚应符合下列规定：
>
> 2 沿梁全长顶面和底面应至少各配置两根纵向配筋，一、二级抗震设计时钢筋直径不应小于 14mm，且分别不应小于梁两端顶面和底面纵向配筋中较大截面面积的 1/4；三、四级抗震设计和非抗震设计时钢筋直径不应小于 12mm。

对本项规定《混规》的条文说明（11.3.7）条有讲述，现摘录于下

> 沿梁全长配置一定数量的通长钢筋，是考虑框架梁在地震作用过程中反弯点位置可能出现的移动。这里"通长"的含义是保证梁各个部位都配置有这部分钢筋，并不意味着不允许这部分钢筋在适当部位设置接头。

(6) 贯通中柱的纵向钢筋直径

《高规》规定

> **6.3.3** 梁的纵向钢筋配置，尚应符合下列规定：
>
> 3 一、二、三级抗震等级的框架梁内贯通中柱的每根纵向钢筋的直径，对矩形截面柱，不宜大于柱在该方向截面尺寸的 1/20；对圆形截面柱，不宜大于纵向钢筋所在位置柱截面弦长的 1/20。

本项规定的机理《高规》的条文说明（6.3.3 条）有讲述，现摘录于下

> 本条第 3 款的规定主要是防止梁在反复荷载作用时钢筋滑移。

【例 4.2.2-6】

某框架结构抗震等级为一级，框架梁局部配筋图如图 4.2.2-4 所示。梁混凝土强度等

级C30（$f_c=14.3\text{N/mm}^2$），纵筋采用HRB400（⌀）（$f_y=360\text{N/mm}^2$），梁 $h_0=440\text{mm}$。试问，下列关于梁的中支座（A—A）处上部纵向钢筋配置的选项，如果仅从规范、规程对框架梁的抗震构造措施方面考虑，哪一项相对准确？

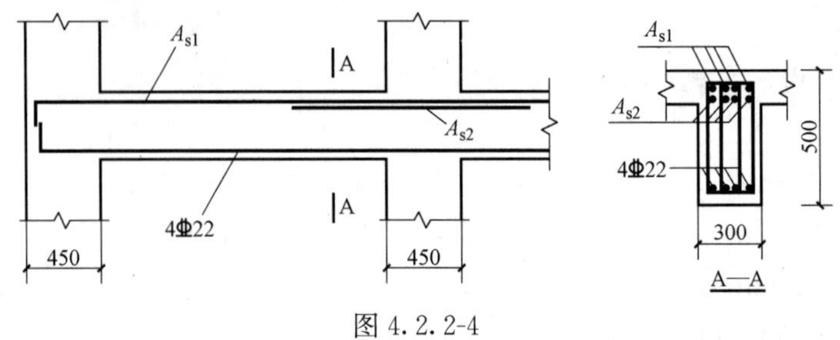

图4.2.2-4

(A) $A_{s1}=4⌀22$；$A_{s2}=4⌀22$ (B) $A_{s1}=4⌀22$；$A_{s2}=2⌀22$

(C) $A_{s1}=4⌀25$；$A_{s2}=4⌀20$ (D) 前三项均不准确

【答案】(B)

【解答】根据《高规》第6.3.3条第3款，中支座梁纵筋直径：

$d\leqslant\dfrac{B}{20}=\dfrac{450}{20}=22.5$，<⌀25（C）不准确。

由《高规》第6.3.2条第1款，抗震等级一级 $x/h_0\leqslant0.25$，

$4⌀22$，$A_s=1520\text{mm}^2$，

对于（A）：$\dfrac{x}{h_0}=\dfrac{f_yA_s-f'_yA'_s}{\alpha_1bh_0f_c}=\dfrac{360\times(2\times1520-1520)}{1\times300\times440\times14.3}=0.29>0.25$，(A) 不准确。

对于（B）：$\dfrac{x}{h_0}=\dfrac{360\times760}{1\times300\times440\times14.3}=0.15<0.25$，(B) 准确。

答案选（B）。

3.“强剪弱弯”求剪力设计值

《高规》规定

6.2.5 抗震设计时，框架梁端部截面组合的剪力设计值，一、二、三级应按下列公式计算；四级时可直接取考虑地震作用组合的剪力计算值。

1 一级框架结构及9度时的框架：

$$V=1.1(M_{bua}^l+M_{bua}^r)/l_n+V_{Gb} \quad (6.2.5\text{-}1)$$

2 其他情况：

$$V=\eta_{vb}(M_{bx}^l+M_{bx}^r)/l_n+V_{Gb} \quad (6.2.5\text{-}2)$$

式中：M_b^l、M_b^r——分别为梁左、右端逆时针或顺时针方向截面组合的弯矩设计值。当抗震等级为一级且梁两端弯矩均为负弯矩时，绝对值较小一端的弯矩应取零；

M_{bua}^l、M_{bua}^r——分别为梁左、右端逆时针或顺时针方向实配的正截面抗震受弯承载力所对应的弯矩值，可根据实配钢筋面积（计入受压钢筋，包括有效翼缘宽度范围内的楼板钢筋）和材料强度标准值并考虑承载力抗震调整系数计算；

l_n——梁的净跨；

V_{Gb}——梁在重力荷载代表值（9度时还应包括竖向地震作用标准值）作用下，按简支梁分析的梁端截面剪力设计和值；

η_{vb}——梁剪力增大系数，一、二、三级分别取1.3、1.2和1.1。

本项规定的机理《高规》6.2.5条的“条文说明”有讲述，现摘录于下

6.2.5 框架结构设计中应力求做到，在地震作用下的框架呈现梁铰型延性机构，为减少梁端塑性铰区发生脆性剪切破坏的可能性，对框架梁提出了梁端的斜截面受剪承载力应高于正截面受弯承载力的要求，即“强剪弱弯”的设计概念。

梁端斜截面受剪承载力的提高，首先是在剪力设计值确定中，考虑了梁端弯矩的增大，以体现“强剪弱弯”的要求。对一级抗震等级的框架结构及9度时的其他结构中的框架，还考虑了工程设计中梁端纵向受拉钢筋有超配的情况，要求梁左、右端取用考虑承载力抗震调整系数的实际抗震受弯承载力进行受剪承载力验算。

图4.2.2-5给出梁有效翼缘宽度范围的示意图。

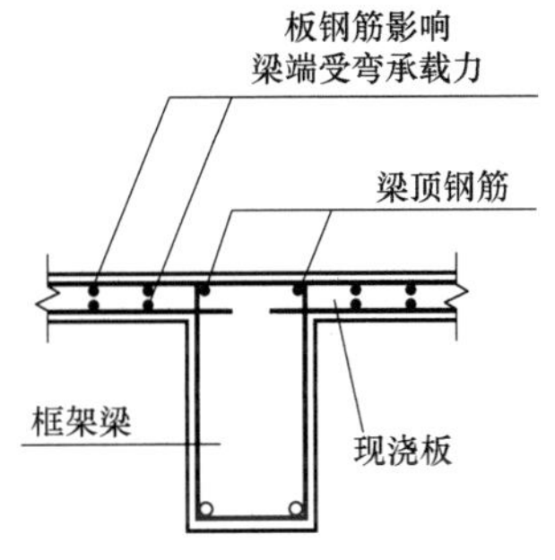

图4.2.2-5

《高规》6.2.5条的条文说明指出

梁端实际抗震受弯承载力可按下式计算：

$$M_{hua}=f_{yk}A_s^a(h_0-a'_s)/\gamma_{RE} \tag{6}$$

式中：f_{yk}——纵向钢筋的抗拉强度标准值；

A_s^a——梁纵向钢筋实际配筋面积。当楼板与梁整体现浇时，应计入有效翼缘宽度范围内的纵筋，有效翼缘宽度可取梁两侧各6倍板厚。

【**例4.2.2-7**】梁端最大剪力设计值

条件：某多层钢筋混凝土框架结构，建筑平面形状为矩形，抗扭刚度较大，属规则框架，在进行结构整体分析计算时，未进行扭转耦联计算，抗震等级为二级，平行于该建筑短边方向的边榀框架局部立面，如图4.2.2-6所示。在计算地震作用时，假定框架梁KL1上的重力荷载代表值$P_k=180\text{kN}$，$q_k=25\text{kN/mm}^2$由重力荷载代表值产生的梁端（柱边处截面）的弯矩标准值$M'_{b1}=260\text{kN}\cdot\text{m}$（∪），$M'_{b1}{}'=-150\text{kN}\cdot\text{m}$（∪）；由地震作用产生的梁端（柱边处截面）的弯矩标准值$M'_{b2}=390\text{kN}\cdot\text{m}$（∪），$M_{b2}{}'=300\text{kN}\cdot\text{m}$（∪）

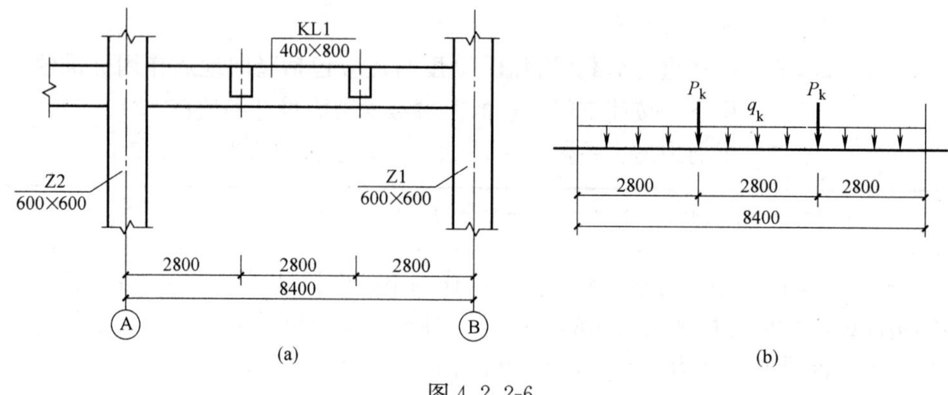

图 4.2.2-6

(a) 框架局部立面示意图（楼板未示出）；(b) 边跨框架梁 KL1 荷载示意图

要求：梁端最大剪力设计值。

【解答】根据《抗震》第 5.2.3 条第 1 款，对于规则结构，不进行扭转耦联计算时，平行于地震作用方向的两个边榀，短边应乘以地震作用放大系数 1.15。

根据《高规》第 6.2.5 条式（6.2.5-2），第 5.6.4 条表 5.6.4

$$V=\eta_{vb}(M_b^l+M_b^r)/l_n+V_{Gb}$$

$M_b^l=1.2\times260\text{kN}\cdot\text{m}+1.15\times1.3\times390\text{kN}\cdot\text{m}=895.1\text{kN}\cdot\text{m}$（↓）

$M_b^r=-1.2\times150\text{kN}\cdot\text{m}+1.15\times1.3\times300\text{kN}\cdot\text{m}=268.5\text{kN}\cdot\text{m}$（↖）

$$V_{Gb}=1.2P_k+1.2\times\frac{1}{2}q_kl=\left[1.2\times180+1.2\times\frac{1}{2}\times25\times(8.4-0.6)\right]\text{kN}=333\text{kN}$$

$$V=\left(1.2\times\frac{895.1+268.5}{7.8}+333\right)\text{kN}=512\text{kN}$$

【例 4.2.2-8】框架梁的梁端剪力设计值（抗震等级一级）

条件：某高层框架结构，抗震等级为一级，框架梁截面尺寸 $b\times h=250\text{mm}\times500\text{mm}$，采用 C30 级混凝土，纵筋采用 HRB400 级，已知梁的两端截面配筋均为：梁顶 4 ⌀ 22，梁底 4 ⌀ 22，梁顶相关楼板参加工作的钢筋为 4 ⌀ 10，梁净跨 $l_n=5.6\text{m}$，重力荷载代表值为 30kN/m。$a_s=a'_s=35\text{mm}$。

要求：框架梁的梁端剪力设计值（kN）。

【解答】（1）重力荷载引起的梁端支座边缘剪力设计值

$$V_{Gb}=1.2\left(\frac{1}{2}ql_a\right)=1.2\times\frac{1}{2}\times30\times5.6\text{kN}=100\cdot8\text{kN}$$

（2）确定实配的正截面抗震受弯承载力

梁顶 $A_s^a=1520\text{mm}^2+314\text{mm}^2=1834\text{mm}^2$，梁底 $A_s^a=1520\text{mm}^2$

逆时针方向：

根据《高规》6.2.5 条及条文说明和 3.8.2 条

$$M_{bua}^{l}=\frac{1}{\gamma_{RE}}f_{yk}A_{s}^{a}(h_0-a'_s)$$
$$=\frac{1}{0.75}\times400\times1834(465-35)\text{kN}\cdot\text{m}=420.6\text{kN}\cdot\text{m}(\circlearrowleft)$$
$$M_{bua}^{r}=\frac{1}{\gamma_{RE}}f_{yk}A_{s}^{a}(h_0-a'_s)$$
$$=\frac{1}{0.75}\times400\times1520\times(465-35)\text{kN}\cdot\text{m}=348.6\text{kN}\cdot\text{m}(\circlearrowleft)$$
$$M_{bua}^{l}+M_{bua}^{r}=(420.6+348.6)\text{kN}\cdot\text{m}=769.2\text{kN}\cdot\text{m}$$

顺时针方向，同理：

$$M_{bua}^{l}=348.6\text{kN}\cdot\text{m},M_{bua}^{r}=420.6\text{kN}\cdot\text{m}$$
$$M_{bua}^{l}+M_{bua}^{r}=(348.6+420.6)\text{kN}\cdot\text{m}=769.2\text{kN}\cdot\text{m}$$

（3）由《高规》式（6.2.5-1）得

$$V=1.1(M_{bua}^{l}+M_{bua}^{r})/l_0+V_{Gb}=1.1\times769.2/5.6+100.8\text{kN}=251.9\text{kN}$$

所以该框架梁梁端剪力设计值为 251.9kN。

4. 框架梁的箍筋配置

（1）梁端箍筋加密区长度、最大间距和最小直径

《高规》规定

6.3.2 框架梁设计应符合下列要求

4 抗震设计时，梁端箍筋的加密区长度、箍筋最大间距和最小直径应符合表 6.3.2-2的要求；当梁端纵向钢筋配筋率大于 2%时，表中箍筋最小直径应增大 2mm。

梁端箍筋加密区的长度、箍筋最大间距和最小直径 **表 6.3.2-2**

抗震等级	加密区长度（取较大值）（mm）	箍筋最大间距（取最小值）（mm）	箍筋最小直径（mm）
一	$2.0h_b$，500	$h_b/4$，$6d$，100	10
二	$1.5h_b$，500	$h_b/4$，$8d$，100	8
三	$1.5h_b$，500	$h_b/4$，$8d$，150	8
四	$1.5h_b$，500	$h_b/4$，$8d$，150	6

注：1 d 为纵向钢筋直径，h_b为梁截面高度；

2 一、二级抗震等级框架梁，当箍筋直径大于 12mm、肢数不少于 4 肢且肢距不大于 150mm 时，箍筋加密区最大间距应允许适当放松，但不应大于 150mm。

对本项规定的机理《混规》的条文说明（11.3.6）有讲述，现摘录于下

框架梁的抗震设计除应满足计算要求外，梁端塑性铰区箍筋的构造要求极其重要，它是保证该塑性区延性能力的基本构造措施。本规范对梁端箍筋加铰区长度、箍筋最大间距和箍筋最小直径的要求作了规定，其目的是从构造上对框架梁塑性铰区的受压混凝土提供约束，并约束纵向受压钢筋，防止它在保护层混凝土剥落后过早压屈，及其后受压区混凝土的随即压溃。

对本项规定的机理《高规》的条文说明（6.3.3，6.3.4）有讲述，现摘录于下

> 根据试验和震害经验，梁端的破坏主要集中于（1.5～2.0）倍梁高的长度范围内；当箍筋间距小于 $6d$～$8d$（d 为纵向钢筋直径）时，混凝土压溃前受压钢筋一般不致压屈，延性较好。因此规定了箍筋加密区的最小长度，限制了箍筋最大肢距；当纵向受拉钢筋的配筋率超过2%时，箍筋的最小直径相应增大。

（2）加密区范围内的箍筋肢距

《高规》规定

> **6.3.5** 抗震设计时，框架梁的箍筋尚应符合下列构造要求：
>
> 2 在箍筋加密区范围内的箍筋肢距：一级不宜大于200mm和20倍箍筋直径的较大值，二、三级不宜大于250mm和20倍箍筋直径的较大值，四级不宜大于300mm。

（3）沿梁全长箍筋的面积配筋率

《高规》规定

> **6.3.5** 抗震设计时，框架梁的箍筋尚应符合下列构造要求：
>
> 1 沿梁全长箍筋的面积配筋率应符合下列规定：
>
> 一级 $\rho_{sv} \geqslant 0.30 f_t / f_{yv}$ （6.3.5-1）
>
> 二级 $\rho_{sv} \geqslant 0.28 f_t / f_{yv}$ （6.3.5-2）
>
> 三、四级 $\rho_{sv} \geqslant 0.26 f_t / f_{yv}$ （6.3.5-3）
>
> 式中：ρ_{sv}——框架梁沿梁全长箍筋的面积配筋率。

【例4.2.2-9】梁端加密区箍筋的设置

条件：某根框架梁的配筋如图4.2.2-7所示。设防烈度为7度，抗震等级为二级。混凝土采用C35级，钢筋采用HRB400（Φ）及HPB300（ϕ）。

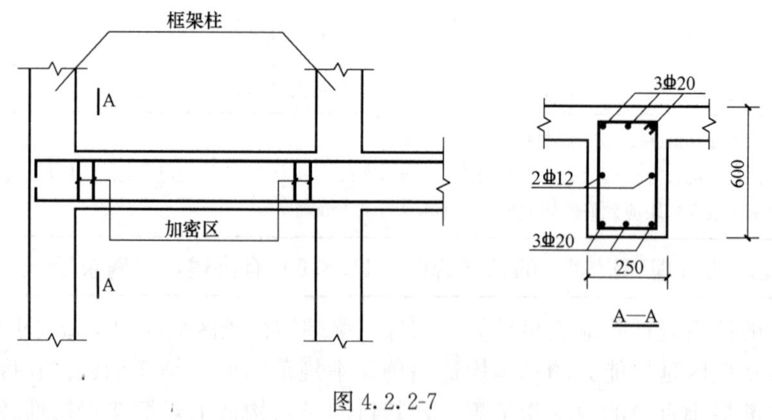

图4.2.2-7

要求：梁端加密区箍筋的设置。

【解答】（1）由《高规》第6.3.2条第4款，当梁端纵向钢筋配筋不大于2%时，箍

筋最小直径按《高规》表 6.3.2-2 采用。该梁的梁端纵向钢筋配筋率 ρ=942/[250/(600−40)]=0.67%<2.0%，故箍筋最小直径d_{min}=8mm。

(2) 由《高规》第 6.3.2 条第 4 款表 6.3.2-2，梁端箍筋的加密区长度 max[1.5×600=900mm,500mm]=900mm。

(3) 由《高规》第 6.3.2 条第 4 款表 6.3.2-2. 梁端箍筋最大间距 min[600/4=150mm，8×20=160mm，100mm]=100mm。

(4) 由《高规》第 6.3.5 条第 1 款，二级沿梁全长箍筋的面积率应符合式（6.3.5-2）ρ_{sv}=[0.28×1·57/270]=0.0016 的要求，该梁箍筋的面积配筋率 2×50.3/250/200=0.0020>ρ_{sv}=0.0016，满足。

(5) 由《高规》第 6.3.5 条第 2 款，在箍筋加密区范围内的箍筋肢距：max [250mm、20×8=160mm] =250mm，满足。

结论：梁端加密区箍筋Φ 8@100，l=900mm。

【例 4.2.2-10】某框架结构，抗震等级为二级，局部梁柱配筋如图 4.2.2-8 所示。梁柱混凝土强度等级均采用 C30，钢筋用 HRB400（Φ）及 HPB300（Φ）。梁端上部纵向钢筋为 8 Φ 25，下部为 4 Φ 25。

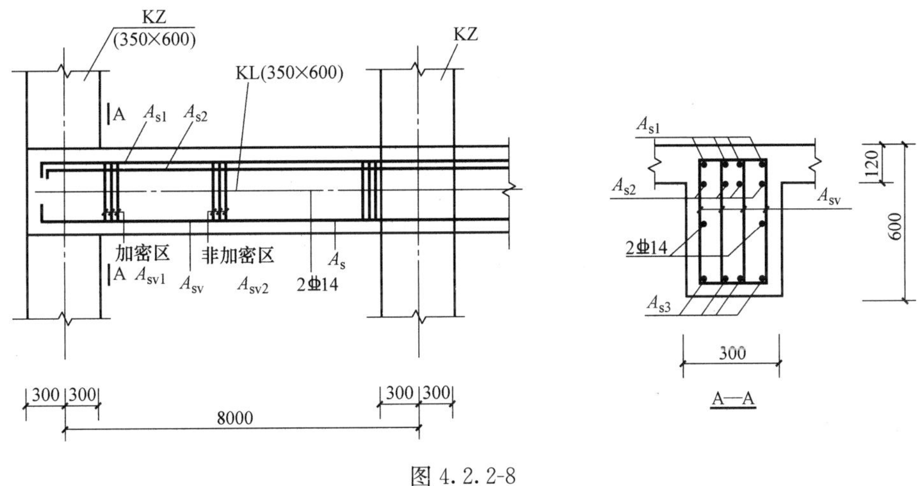

图 4.2.2-8

试问，关于下列何组最为接近相关规范、规程的要求？

(A) A_{sv1}：4ϕ10@100，A_{sv2}：4ϕ10@200

(B) A_{sv1}：4ϕ10@150，A_{sv2}：4ϕ10@200

(C) A_{sv1}：4ϕ8@100，A_{sv2}：4ϕ8@200

(D) A_{sv1}：4ϕ8@150，A_{sv2}：4ϕ8@200

【答案】(A)

【解答】(1) 由《高规》第 6.3.2 条第 4 款，当梁端纵向钢筋配筋率大于 2%时，《高规》表 6.3.2-2 中箍筋最小直径应增大 2mm。该梁的梁端纵向钢筋配筋率 ρ=3927/ [300×(600−70)] =2.47%>2.0%，故箍筋最小直径 d_{min}=(8+2)=10mm，(C)、(D) 二项不满足。

(2) 由《高规》第 6.3.2 条第 3 款表 6.3.2-2，箍筋最大间距应符合 min{600/4

=150mm、8×25=200mm、100mm}=100mm，(B) 项不满足。

(3) 由《高规》第 6.3.5 条第 1 款，二级沿梁全长箍筋的面积配筋率应符合式 (6.3.5-2) $\rho_{sv}=0.28\times1.43/270=0.0015$ 的要求，该梁 (A) 项箍筋的面积配筋率 $4\times78.5/300/200=0.0052>\rho_{sv}=0.0015$，(A) 项满足。

(4) 由《高规》第 6.3.5 条第 2 款，在箍筋加密区范围内的箍筋肢距：二级不宜大于 max{250mm、20×10=200mm}=250mm。全部符合。

结论：(A) 项最为接近相关规范、规程的要求。

5. 施工图校审

(1) 纵筋配置的审校

① 最小配筋率

根据《高规》6.3.2 条，2 款。

② 最大配筋率

根据《高规》6.3.3 条，1 款。

③ A'_s/A_s

根据《高规》6.3.2 条，3 款。

④ $\xi=x/h_0$

根据《高规》6.3.2 条，1 款。

⑤ 沿梁全长的通长纵向钢筋

根据《高规》6.3.3 条，2 款。

⑥ 贯通中柱的纵向钢筋直径

根据《高规》6.3.3 条，3 款。

⑦ 受弯承载力验算——按双筋梁计算：

根据《混规》6.2.10、6.2.14 条

$$x=\frac{f_y(A_s-A'_s)}{\alpha_1 f_c b}$$

$$x\leqslant 2a'_s, M_u=\frac{1}{\gamma_{RE}}f_yA_s(h_0-a'_s)$$

$$2a'_s<x\leqslant\xi_b h_0, M_u=\frac{1}{\gamma_{RE}}(A_s-A'_s)f_y(h_{b0}-0.5x)+A'_sf_y(h_{b0}-a'_s)。$$

(2) 箍筋配置的审校

① 箍筋加密区长度

根据《高规》6.3.2 条，4 款。

② 加密区箍筋最大间距

根据《高规》6.3.3 条，4 款。

③ 箍筋最小直径

根据《高规》6.3.2 条，4 款。

④ 箍筋最小肢距

根据《高规》6.3.5 条，2 款。

⑤ 沿梁全长的箍筋最小面积配筋率

根据《高规》6.3.5 条，1 款。

⑥ 非加密区箍筋最大间距

根据《高规》6.3.5 条，5 款。

⑦ 斜截面受剪承载力

根据《混规》11.3.4 条。

⑧ 受剪截面面积

根据《高规》6.2.6 条

(3) 算例

【例 4.2.2-11】 检验纵筋配置是否满足《高规》的有关规定（抗震等级二级）

条件：某框架梁，$b\times h=250\text{mm}\times 600\text{mm}$，抗震等级为二级，混凝土 C30，纵筋 HRB400。在重力荷载和地震作用组合下，支座柱边的梁弯矩 $M_{max}=210\text{kN}\cdot\text{m}$，$-M_{max}=-420\text{kN}\cdot\text{m}$；支座柱边梁端截面配筋为顶部 4 ⌀ 25，底部为 2 ⌀ 25。

要求：检验配筋是否满足《高规》的有关规定？

【解答】（1）最小配筋率

由《高规》6.3.2 条，2 款。二级抗震等级，支座的最小配筋率为

$$\rho_{min}=\max\left(0.30\%,\ 0.65\frac{f_t}{f_y}\right)=\max\left(0.30\%,\ 0.65\times\frac{1.43}{360}\right)=0.3\%$$

而 2 ⌀ 25，$A_s=982\text{mm}^2$；

$$\frac{A_s}{bh}=\frac{982}{250\times 600}=6.5\%>\rho_{min}=0.3\%，可以。$$

(2) 最大配筋率

由《高规》6.3.3 条，1 款，最大配筋率 $\rho_{max}=2.75\%$，而 4 ⌀ 25，$A_s=1964\text{mm}^2$

$$\rho=\frac{1964}{250\times 565}=1.39\%<\rho_{max}=2.75\%，可以。$$

(3) $A'_s/A_s\geqslant 0.3$

由《高规》6.3.2 条，3 款，二级抗震要求 $A'_s/A_s\geqslant 0.3$，2 ⌀ 25，$A'_s=982\text{mm}^2$，4 ⌀ 25，$A_s=1964\text{mm}^2$，

$$\frac{A'_s}{A_s}=\frac{982}{1964}=0.5>0.3，可以。$$

(4) $\xi=x/h_0\leqslant 0.35$

由《高规》6.3.2 条，1 款，二级抗震要求 $\xi=x/h_0\leqslant 0.35$

$$\alpha_1 f_c bx=f_y A_s-f'_y A'_s,\ x=\frac{360\times(1964-982)}{1.0\times 14.3\times 250}=98.9\text{mm}$$

$$\xi=\frac{x}{h_0}=\frac{98.9}{565}=0.175<0.35，可以。$$

(5) 受弯承载力验算

① 对于底面配筋 2 ⌀ 25，$A_s=982\text{mm}^2$，按双筋梁计算

$\alpha_1 f_c bx = f_y A_s - f'_y A'_s$，$x = \frac{f_y\ (A_s - A'_s)}{\alpha_1 f_c b} = \frac{360\times\ (982-1964)}{1.0\times 14.3\times 250} < 0$，则

$M_u = \frac{1}{\gamma_{RE}} f_y A_s\ (h_0 - a'_s)\ = \frac{1}{0.75}\times 360\times 982\times\ (565-35)\ = 249.8\text{kN}$

② 对顶面配筋 4 Φ 25，$A_s = 1964\text{mm}^2$，按双筋梁计算

$$\alpha_1 f_c bx = f_y A_s - f'_y A'_s, x = \frac{360\times(1964-982)}{1.0\times 14.3\times 250} = 98.9\text{mm} > 2a'_s = 70\text{mm}$$

$$M_u = \frac{1}{\gamma_{RE}}\left[f_y A_{s1}\left(h_0 - \frac{x}{2}\right) + f_y A_{s2}(h_0 - a'_s)\right]$$

$$= \frac{1}{0.75}\left[360\times(1964-982)\times\left(565-\frac{98.9}{2}\right)+360\times 982\times(565-35)\right]$$

$= 243 + 249.8 = 492.8\text{kN}\cdot\text{m}$ 满足承载力要求

【例 4.2.2-12】框架梁配筋检验

条件：某中间层框架边梁部分配筋如图 4.2.2-9 所示，框架抗震等级为一级，梁截面尺寸 $b\times h = 300\text{mm}\times 700\text{mm}$，净跨 $l_0 = 5600\text{mm}$。所配钢筋均满足梁的承载力和变形要求。

要求：判断配筋图中标有ⓑⓒⓔⓕ处，哪处存在错误？

（提示：取 $l_{aE} = 40d$）

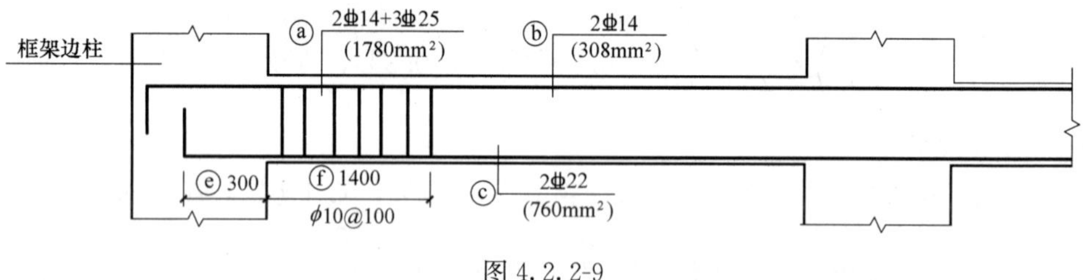

图 4.2.2-9

【解答】

(1)《高规》6.3.3 条 2 款规定，沿梁全长顶面和底面至少应各配置两根通长的纵向钢筋，对一、二级抗震等级，钢筋直径不应小于 14mm，且分别不应小于梁两端顶面和底面纵向受力钢筋中较大截面面积的 1/4。本题框架抗震等级为一级，梁跨中顶面配置 2Φ14，截面面积为 308mm^2，但梁支座处所配负弯矩钢筋截面面积为 1780mm^2，由于 $308\text{mm}^2 < 1780/4 = 445\text{mm}^2$，故ⓑ处错。

(2)《高规》6.3.2 条 3 款规定，梁端截面的底面和顶面纵向受力钢筋截面面积的比值，一级不应小于 0.5，本题梁端底面配置 2Φ22，截面面积为 760mm^2，梁端顶面配置负弯矩钢筋 2Φ14 + 3Φ25，截面面积为 1780mm^2，由于 $760/1780 = 0.427 < 0.5$，故ⓒ处错。

(3)《高规》6.5.5 条 4 款规定，梁底面纵向受力钢筋伸入支座内直线段长度≥$0.4l_{abE}$，本题伸入支座内直线段长度 $300\text{mm} < 0.4l_{abE} = 0.4\times 880 = 352\text{mm}$，故ⓔ错。

$$(l_{abE} = 40d = 40\times 22 = 880\text{mm})$$

（4）《高规》6.3.2 条表 6.3.2-2 规定，箍筋加密区长度等于 max{$2h_b$、500mm}＝1400mm，本题箍筋加密区长度等于 1400mm，ⓕ处正确。

【例 4.2.2-13】某框架梁尺寸为 300mm×700mm，抗震设防烈度为 8 度，抗震等级为二级，环境类别为二类。梁端纵向受拉钢筋为 8Φ25，其重心至受拉边缘 a_s＝65mm，箍筋为 ϕ8 间距 100mm（不必验算箍筋加密区长度），试问（　　）判断是正确的。

（A）未违反强制性条文　　（B）违反一条强制性条文

（C）违反二条强制性条文　　（D）违反三条强制性条文

【解答】（B）

根据《抗震》第 6.3.3 条第 3 款，该梁支座负筋配 8Φ25，其纵向钢筋的配筋率

$$\rho=\frac{A_s}{bh_0}=\frac{8\times 490.9}{300\times(700-65)}\times 100\%=2.06\%>2\%$$

箍筋最小直径应增大 2mm，即箍筋直径不能采用 ϕ8，而需采用 ϕ10，所以，违反一条强制性条文。

三、框架柱

1. 截面尺寸控制

《高规》规定

> **6.4.1**　柱截面尺寸宜符合下列规定：
>
> 1　矩形截面柱的边长，非抗震设计时不宜小于 250mm，抗震设计时，四级不宜小于 300mm，一、二、三级时不宜小于 400mm；圆柱直径，非抗震和四级抗震设计时不宜小于 350mm，一、二、三级时不宜小于 450mm。
>
> 2　柱剪跨比宜大于 2。
>
> 3　柱截面高宽比不宜大于 3。

《抗震》

> **6.3.5**　柱的截面尺寸，宜符合下列各项要求：
>
> 1　截面的宽度和高度，四级或不超过 2 层时不宜小于 300mm，一、二、三级且超过 2 层时不宜小于 400mm；圆柱的直径，四级或不超过 2 层时不宜小于 350mm，一、一、三级且超过 2 层时不宜小于 450mm。
>
> 2　剪跨比宜大于 2。
>
> 3　截面长边与短边的边长比不宜大于 3。

【例 4.2.3-1】关于地震区框架柱截面尺寸的规定，下列叙述不正确的是（　　）

（A）柱截面的高度和截面宽度均应不小于 300mm

（B）宜避免出现柱净高与截面高度之比不大于 4 的柱

（C）截面长短边之比不宜大于 3

（D）宜采用对称配筋

【答案】（A）

【解答】根据《抗震》第 6.3.5 条第 1 款，（A）不妥。

2. 内力调整

(1)"强柱弱梁"求弯矩设计值

《高规》规定

> **6.2.1** 抗震设计时，除顶层、柱轴压比小于 0.15 者及框支梁柱节点外，框架的梁、柱节点处考虑地震作用组合的柱端弯矩设计值应符合下列要求：
>
> 1 一级框架结构及9度时的框架：
>
> $$\sum M_c = 1.2\sum M_{bua} \tag{6.2.1-1}$$
>
> 2 其他情况：
>
> $$\sum M_c = \eta_c \sum M_b \tag{6.2.1-2}$$
>
> 式中：$\sum M_c$——节点上、下柱端截面顺时针或逆时针方向组合弯矩设计值之和；上、下柱端的弯矩设计值，可按弹性分析的弯矩比例进行分配；
>
> $\sum M_b$——节点左、右梁端截面逆时针或顺时针方向组合弯矩设计值之和；当抗震等级为一级且节点左、右梁端均为负弯矩时，绝对值较小的弯矩应取零；
>
> $\sum M_{bua}$——节点左、右梁端逆时针或顺时针方向实配的正截面抗震受弯承载力所对应的弯矩值之和，可根据实际配筋面积（计入受压钢筋和梁有效翼缘宽度范围内的楼板钢筋）和材料强度标准值并考虑承载力抗震调整系数计算；
>
> η_c——柱端弯矩增大系数；对框架结构，二、三级分别取 1.5 和 1.3；对其他结构中的框架，一、二、三、四级分别取 1.4、1.2、1.1 和 1.1。

本项规定的机理、三本规范的"条文说明"有讲述，现摘录于下：

《高规》的条文说明

> **6.2.1** 由于框架柱的延性通常比梁的延性小，一旦框架柱形成了塑性铰，就会产生较大的层间侧移，并影响结构承受垂直荷载的能力。因此，在框架柱的设计中，有目的地增大柱端弯矩设计值，体现"强柱弱梁"的设计概念。

《混规》的条文说明

> **11.4.1** 由于框架柱中存在轴压力，即使在采取必要的抗震构造措施后，其延性能力通常仍比框架梁偏小；加之框架柱是结构中的重要竖向承重构件，对防止结构在罕遇地震下的整体或局部倒塌起关键作用，故在抗震设计中通常均需采取"强柱弱梁"措施，即人为增大柱截面的抗弯能力，以减小柱端形成塑性铰的可能性。

《抗震》的条文说明

> **6.2.2** 框架结构的抗地震倒塌能力与其破坏机制密切相关。试验研究表明，梁端屈服型框架有较大的内力重分布和能量消耗能力，极限层间位移大，抗震性能较好；柱端屈服型框架容易形成倒塌机制。

在强震作用下结构构件不存在承载力储备，梁端受弯承载力即为实际可能达到的最大弯矩，柱端实际可能达到最大弯矩也与其偏压下的受弯承载力相等。这是地震作用效应的一个特点。因此，所谓“强柱弱梁”指的是：节点处梁实际受弯承载力 M_{by}^{a} 和柱端实际受弯承载力 M_{cy}^{a} 之间满足下列不等式：

$$\sum M_{cy}^{a} > \sum M_{by}^{a}$$

这种概念设计，由于地震的复杂性、楼板的影响和钢筋屈服强度的超强，难以通过精确的承载力计算真正实现。

即使按“强柱弱梁”设计的框架，在强震作用下，柱端仍有可能出现塑性铰，保证柱的抗地震倒塌能力是框架抗震设计的关键。本规范通过柱的抗震构造措施，使柱具有大的弹塑性变形能力和耗能能力，达到在大震作用下，即使柱端出铰，也不会引起框架倒塌的目标。

【例 4.2.3-2】 柱顶端弯矩增大系数

条件：某二层钢筋混凝土框架结构，如图 4.2.3-1 所示。抗震等级为二级，柱截面均为 $b \times h = 700\text{mm} \times 700\text{mm}$，混凝土强度等级均为 C30，假定 KZ2 柱顶截面处的轴压比为 0.13。

要求：抗震验算时，KZ2 柱顶端弯矩增大系数 η_c。

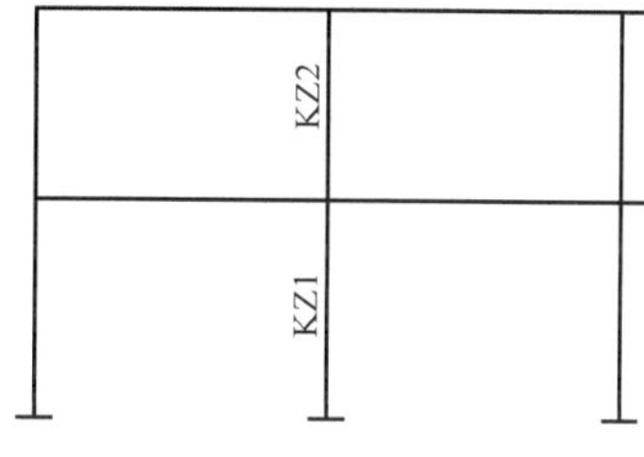

图 4.2.3-1

【解答】 根据《高规》6.2.1 条，KZ2 柱顶为框架“顶层”，且轴压比为 0.13<0.15，均表明可不考虑柱端弯矩增大系数，故 $\eta_c = 1.0$。

【例 4.2.3-3】 节点上、下柱端弯矩设计值（抗震等级一级）

条件：一幢 10 层全现浇钢筋混凝土框架结构，抗震等级为一级。在重力荷载代表值作用下，中间横向框架的计算简图如图 4.2.3-2 所示。混凝土强度等级采用 C30（柱）及 C25（梁、板），梁、柱的纵向钢筋采用 HRB400 级钢。已知节点处横梁配筋上部为 4Φ25，下部为 4Φ20，梁端相关楼板的钢筋为 4Φ10，$a_s = a_s' = 50\text{mm}$。图中节点 Ⅰ 处上、下柱端弯矩相等。

要求：该节点的上、下柱端弯矩设计值（kN·m）。

提示：该节点的上下柱端弯矩相等。

【解答】

查得 $\gamma_{RE} = 0.75$，$f_{yk} = 400\text{kN/mm}^2$

抗震等级一级框架结构，由《高规》式（6.2.1-1）$\sum M_c = 1.2 \sum M_{bua}$ 计算。

横梁上部配筋为 4Φ25，$A_s = 1964\text{mm}^2$，横梁下部配筋为 4Φ20，$A_s = 1256\text{mm}^2$，楼板的钢筋 4Φ10，$A_s = 314\text{mm}^2$，节点 Ⅰ 处左侧梁的 $h_0 = 800 - 50 = 750\text{mm}$，节点 Ⅰ 处右侧梁的 $h_0 = 600 - 50 = 550\text{mm}$。

$$\begin{aligned} M_{bua}^{l} &= \frac{1}{\gamma_{RE}} f_{yk} A_s (h_0 - a_s') = \frac{1}{0.75} \times 400 \times (1964 + 314) \times (750 - 50) \text{kN} \cdot \text{m} \\ &= 850.5 \text{kN} \cdot \text{m} \end{aligned}$$

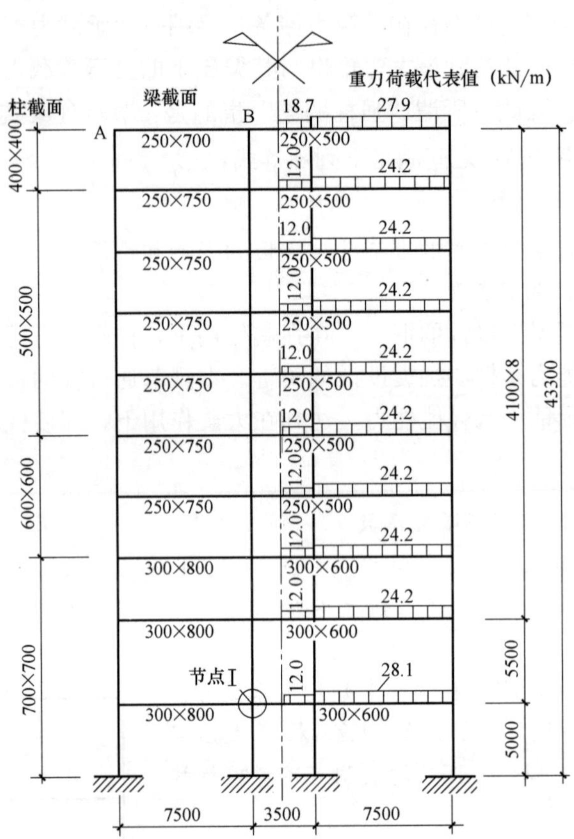

图 4.2.3-2

$$M_{\mathrm{bua}}^{\mathrm{r}}=\frac{1}{\gamma_{\mathrm{RE}}}f_{\mathrm{yk}}A_{\mathrm{s}}(h_0-a_{\mathrm{s}}')=\frac{1}{0.75}\times400\times1256\times(550-50)\mathrm{kN\cdot m}$$

$$=334.9\mathrm{kN\cdot m}$$

$$\sum M_{\mathrm{c}}=1.2(M_{\mathrm{bua}}^{l}+M_{\mathrm{bua}}^{\mathrm{r}})=1.2\times(850.5+334.9)\mathrm{kN\cdot m}=1422.48\mathrm{kN\cdot m}$$

节点的上下柱端弯矩 $M'=\frac{1}{2}\sum M_{\mathrm{c}}=\frac{1}{2}\times1422.48\mathrm{kN\cdot m}=711.24\mathrm{kN\cdot m}$

【例 4.2.3-4】柱端截面的弯矩设计值（抗震等级二级）

条件：某钢筋混凝土框架结构，抗震等级为二级，首层柱上端某节点处各构件弯矩值如下：节点上柱下端 $M_{\mathrm{cu}}=-708\mathrm{kN\cdot m}$；节点下柱上端 $M_{\mathrm{cd}}=-708\mathrm{kN\cdot m}$；节点左梁右端 $M_{\mathrm{bl}}=+882\mathrm{kN\cdot m}$（左震时）；$M_{\mathrm{bl}}=-442\mathrm{kN\cdot m}$（右震时）；节点右梁左端 $M_{\mathrm{br}}=+388\mathrm{kN\cdot m}$（左震时）；$M_{\mathrm{br}}=-360\mathrm{kN\cdot m}$（右震时）。

提示："＋"表示逆时针方向，"－"表示顺时针方向。

要求：此节点下柱上端截面的弯矩设计值。

【解答】已知底层柱上端节点处的弯矩作用情况，如图 4.2.3-3 所示，根据《高规》第 6.2.1 条，抗震等级二级，应满足$\sum M_{\mathrm{c}}=1.5\sum M_{\mathrm{b}}$的规定。

$$\sum M_c=(708+708)\text{kN}\cdot\text{m}=1416\text{kN}\cdot\text{m}$$

$(442+360)\text{kN}\cdot\text{m}<(388+882)\text{kN}\cdot\text{m}$

$1.5\sum M_b=1.5\times(388+882)\text{kN}\cdot\text{m}=1905\text{kN}\cdot\text{m}$

根据$\sum M_c=1905\text{kN}\cdot\text{m}$来调整下柱上端弯矩设计值，有：

$$M_{cd}=1905\times\frac{708}{708+708}=952.5\text{kN}\cdot\text{m}$$

即作用于下柱上端截面的弯矩设计值为：$M=952.5\text{kN}\cdot\text{m}$。

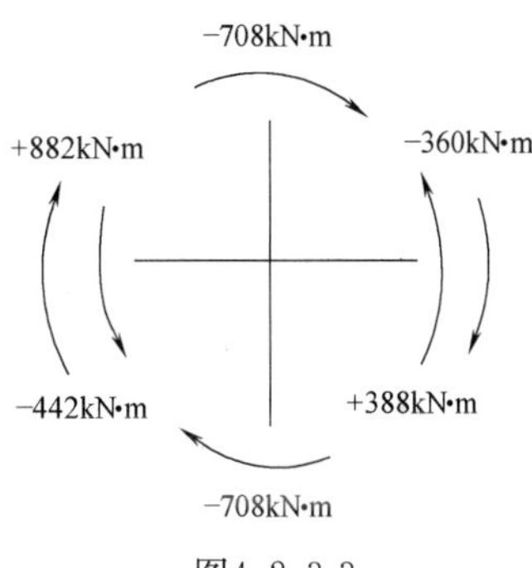

图4.2.3-3

(2)"强柱根"

《高规》规定

6.2.2 抗震设计时，一、二、三级框架结构的底层柱底截面的弯矩设计值，应分别采用考虑地震作用组合的弯矩值增大系数1.7、1.5、1.3的乘积。底层框架柱纵向钢筋应按上、下端的不利情况配置。

本项规定的机理规范的条文说明有讲述，现摘录于下：

《抗震》的条文说明

6.2.3 框架结构计算嵌固端所在层即底层的柱下端过早出现塑性屈服，将影响整个结构的抗地震倒塌能力。嵌固端截面乘以弯矩增大系数是为了避免框架结构柱下端过早屈服。对其他结构中的框架，其主要抗侧力构件为抗震墙，对其框架部分的嵌固端截面，可不作要求。

当仅用插筋满足柱嵌固端截面弯矩增大的要求时，可能造成塑性铰向底层柱的上部转移，对抗震不利。规范提出按柱上下端不利情况配置纵向钢筋的要求。

《高规》的条文说明

6.2.2 研究表明，框架结构的底层柱下端，在强震下不能避免出现塑性铰。为了提高抗震安全度，将框架结构底层柱下端弯矩设计值乘以增大系数，以加强底层柱下端的实际受弯承载力，推迟塑性铰的出现。

增大系数只适用于框架结构，对其他类型结构中的框架，不作此要求。

【例4.2.3-5】 底层柱下端截面最大弯矩设计值

条件：一多层框架结构房屋，抗震等级为三级，某底层某中柱下端截面在恒载、活载、水平地震作用下的弯矩标准值分别为34.6kN·m、20.2kN·m、116.6kN·m。

要求：底层柱下端截面最大弯矩设计值。

【解答】 根据《混规》第5.4.1条：$M'=\gamma_G M_{GE}+\gamma_{Eh}M_{Ehk}$

根据《混规》第5.1.3条：$M_{GE}=(34.6+0.5\times20.0)\text{kN}\cdot\text{m}=44.6\text{kN}\cdot\text{m}$

代入，得：$M=1.2\times44.6\text{kN}\cdot\text{m}+1.3\times116.6\text{kN}\cdot\text{m}=205.1\text{kN}\cdot\text{m}$

根据《高规》第6.2.2条，三级框架底层柱下端截面应乘以1.3增大系数：

$$M=1.3\times205.1\text{kN}\cdot\text{m}=266.6\text{kN}\cdot\text{m}$$

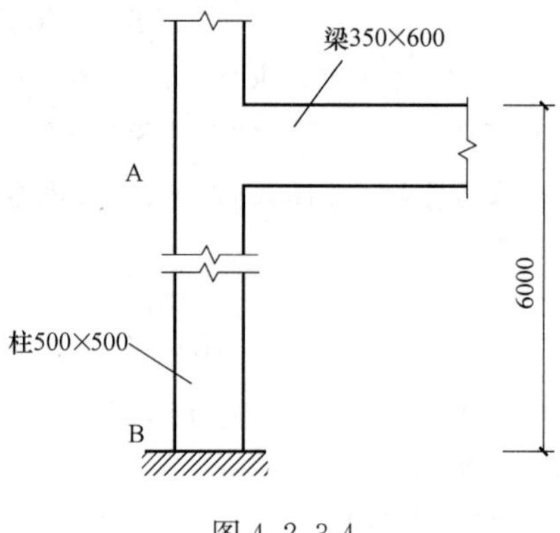

图 4.2.3-4

【例 4.2.3-6】 底层柱截面配筋设计时所采用的弯矩设计值

某框架结构，抗震等级为一级，底层中柱如图 4.2.3-4 所示。考虑地震作用组合时按弹性分析未经调整的构件端部组合弯矩设计值为：柱：$M_{cA上}$ = 300kN·m，$M_{cA下}$ = 280kN·m（同为顺时针方向），柱底 M_B = 320kN·m，梁：M_b = 460 kN·m。已知梁端顶面实配钢筋（HRB400 级）面积 A_s = 2281mm²（计入梁受压筋和相关楼板钢筋影响）。梁 h_0 = 560mm，a'_s = 40mm，试问，该柱进行截面配筋设计时所采用的组合弯矩设计值（kN·m），与下列何项数值最为接近？

(A) 780　　(B) 600　　(C) 545　　(D) 365

【答案】（C）

【解答】 查得 f_{yk} = 400N/mm²，γ_{RE} = 0.75，

（1）根据《高规》第 6.2.1 条调整底层柱顶端截面的弯矩设计值，对一级框架结构，$\sum M_c = 1.2\sum M_{bua}$。

$$M_{bua} = \frac{1}{\gamma_{RE}} f_{yk} A_s (h_0 - a'_s) = \frac{1}{0.75} \times 400 \times 2281 \times (560-40) = 6.33 \times 10^8 \text{N} \cdot \text{mm}$$

$$\sum M_c = 1.2 \times 6.33 \times 10^8 \text{N} \cdot \text{mm} = 7.59 \times 10^8 \text{N} \cdot \text{mm} = 759 \text{kN} \cdot \text{m}$$

$$M'_{cA下} = \frac{280}{300+280} \times 759 \text{kN} \cdot \text{m} = 366 \text{kN} \cdot \text{m}$$

（2）根据《高规》第 6.2.2 条调整底层柱底截面的弯矩设计值，对一级框架结构弯矩值增大系数 1.7。

$$M_{cB} = 1.7 \times 320 \text{kN} \cdot \text{m} = 544 \text{kN} \cdot \text{m}$$

（3）根据《高规》第 6.2.2 条，按柱上下端不利情况配置纵向钢筋的要求取下端的弯矩值，故选（C）。

（3）"强剪弱弯"求剪力设计值

《高规》规定

> **6.2.3** 抗震设计的框架柱、框支柱端部截面的剪力设计值，一、二、三、四级时应按下列公式计算：
>
> 1 一级框架结构和 9 度时的框架：
>
> $$V = 1.2(M^t_{cua} + M^b_{cua})/H_n \quad (6.2.3\text{-}1)$$
>
> 2 其他情况：
>
> $$V = \eta_{vc}(M^t_c + M^b_c)/H_n \quad (6.2.3\text{-}2)$$
>
> 式中：M^t_c、M^b_c——分别为柱上、下端顺时针或逆时针方向截面组合的弯矩设计值，应符合本规程第 6.2.1 条、6.2.2 条的规定；

M^{t}_{cua}、M^{b}_{cua}——分别为柱上、下端顺时针或逆时针方向实配的正截面抗震受弯承载力所对应的弯矩值，可根据实配钢筋面积、材料强度标准值和重力荷载代表值产生的轴向压力设计值并考虑承载力抗震调整系数计算；

H_n——柱的净高；

η_{vc}——柱端剪力增大系数。对框架结构，二、三级分别取 1.3、1.2；对其他结构类型的框架，一、二级分别取 1.4 和 1.2 三、四级均取 1.1。

《混规》11.4.3 条的“条文说明”给出了 M_{cua} 的计算公式，现介绍于下

在按柱端实际配筋计算柱增强后的作用剪力时，对称配筋矩形截面大偏心受压柱按柱端实际配筋考虑承载力抗震调整系数正截面受弯承载力 M_{cua}，可接下列公式计算：

由$\sum x=0$ 的条件，得出

$$N=\frac{1}{\gamma_{RE}}\alpha_1 f_c bx$$

由$\sum M=0$ 的条件，得出

$$Ne=N[\eta e_i+0.5(h_0-a'_s)]$$
$$=\frac{1}{\gamma_{RE}}[\alpha_1 f_{ck}bx(h_0-0.5x)+f_{yk}A^{a'}_s(h_0-a'_s)]$$

用以上二式消去 x，并取 $h=h_0+a_s$，$a_s=a'_s$，可得

$$M_{cua}=\frac{1}{\gamma_{RE}}\left[0.5\gamma_{RK}Nh\left(1-\frac{\gamma_{RE}N}{\alpha_1 f_{ck}bh}\right)+f'_{yk}A^{a'}_s(h_0-a'_s)\right]$$

式中：N——重力荷载代表值产生的柱轴向压力设计值；

f_{ck}——混凝土轴心受压强度标准值；

f'_{yk}——普通受压钢筋强度标准值；

$A^{a'}_s$——普通受压钢筋实配截面面积。

本项规定的机理《混规》的条文说明有讲述，现摘录于下

11.4.3 对于框架柱同样需要通过设计措施防止其在达到罕遇地震对应的变形状态之前过早出现非延性的剪切破坏。为此，一方面应使其抗震受剪承载能力计算公式具有保持抗剪能力达到该变形状态的能力；另一方面应通过对柱截面作用剪力的增强措施考虑柱端截面纵向钢筋数量偏多以及强度偏高有可能带来的作用剪力增大效应。这后一方面的因素也就是柱的“强剪弱弯”措施所要考虑的因素。

【例 4.2.3-7】柱端截面剪力值的计算（抗震等级一级、二级）

条件：某框架结构的二层框架柱截面尺寸 $b\times h=400\text{mm}\times400\text{mm}$，净高度 $H_n=4.5\text{m}$。对称配筋，每侧配置 HRB400 钢筋 2Φ18，$A_s=A'_s=509\text{mm}^2$，混凝土强度等级 C30。已知 $M^{t}_{cua}=M^{b}_{cua}=88.73\text{kN}\cdot\text{m}$。上、下端考虑地震作用组合且经调整后的弯矩设计值分别为 $M^{t}_c=75\text{kN}\cdot\text{m}$，$M^{b}_c=68\text{kN}\cdot\text{m}$。

要求：抗震等级分别为一级、二级时，节点上柱端截面、下柱端截面的剪力设计值。

【解答】

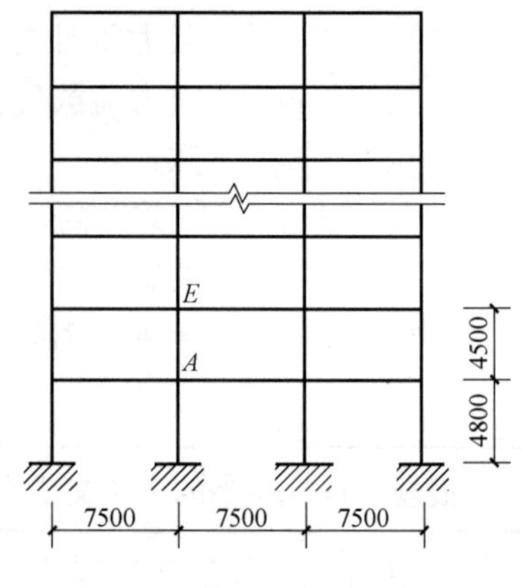

图 4.2.3-5

一级抗震等级框架结构，按《高规》6.2.3 条式(6.2.3-1)

$$V_c = 1.2\frac{(M_{cua}^t + M_{cua}^b)}{H_n} = 1.2\times\frac{88.73\times2}{4.5} = 47.3\text{kN}\cdot\text{m}$$

二级抗震等级，按《高规》6.2.3 条式（6.2.3-2)

$$V_c = 1.3\frac{(M_c^t + M_c^b)}{H_n} = 1.3\times\frac{75+68}{4.5} = 41.3\text{kN}\cdot\text{m}$$

【例 4.2.3-8】框架柱的剪力设计值（抗震等级三级）

条件：图 4.2.3-5 所示某钢筋混凝土高层框架，抗震等级为三级，底部一、二层梁截面高度为 0.6m。已知柱 AE 在重力荷载和地震作用下，柱上、下端的弯矩设计值分别为$M_c^t=302\text{kN}\cdot\text{m}$（↙），$M_c^b=310\text{kN}\cdot\text{m}$（↑）

要求：柱 AE 端部截面的剪力设计值(kN)

【解答】由《高规》6.2.3 条，抗震等级为三级

$$V = \eta_{vc}(M_c^t + M_c^b)/H_n = 1.2\times\frac{302+310}{4.5-0.6} = 188\text{kN}。$$

(4)“强角柱”

《高规》规定

> **6.2.4** 抗震设计时．框架角柱应接双向偏心受力构件进行正截面承载力设计。一、二、三、四级框架角柱经按本规程第 6.2.1～6.2.3 条调整后的弯矩、剪力设计值应乘以不小于 1.1 的增大系数。

本项规定的机理《混规》的条文说明有讲述，现摘录于下

> **11.4.5** 对一、二、三、四级抗震等级的框架角柱，考虑到以往震害中角柱震害相对较重，且受扭转、双向剪切等不利作用，受力复杂，当其内力计算按两个主轴方向分别考虑地震作用时，其弯矩、剪力设计值应取经调整后的弯矩、剪力设计值再乘以不小于 1.1 的增大系数。

【例 4.2.3-9】底层角柱弯矩设计值

条件：某钢筋混凝土高层建筑，平面为矩形框架结构，抗震等级为二级，框架底层角柱按双向偏心受力构件进行正截面承载力设计，其柱底截面考虑地震作用组合的弯矩设计值 $M=280\text{kN}\cdot\text{m}$，

要求：该柱底截面用于正截面承载力计算的弯矩设计值（kN·m)。

【解答】由《高规》6.2.2 条，二级底层柱底截面，$\eta_{c1}=1.5$；

由《高规》6.2.4 条，角柱，$\eta_{c2}=1.1$；

$$M_c = \eta M = 1.5\times1.1\times280 = 462\text{kN}\cdot\text{m}$$

【例 4.2.3-10】底层角柱剪力设计值 V

条件：现浇钢筋混凝土框架结构，抗震等级为二级，其中梁、柱混凝土强度等级均为C30。该楼某框架底层角柱，净高 4.85m，轴压比不小于 0.15。柱上端截面考虑弯矩增大系数的组合弯矩设计值 $M_c^t=104.8\text{kN}\cdot\text{m}$；柱下端截面在永久荷载、活荷载、地震作用下的弯矩标准值分别为 1.5kN·m、0.6kN·m、±115kN·m。

要求：该底层角柱剪力设计值 V（kN）

【解答】根据《抗震》5.1.3 条，活荷载组合系数为 0.5。

根据《抗震》5.4.1 条，重力荷载分项系数取 1.2，地震作用分项系数取 1.3。

根据《高规》6.2.2 条，底层柱下端截面组合的弯矩设计值应乘以 1.5 的增大系数。

根据《高规》6.2.3 条，二级框架柱剪力设计值应乘以$\eta_{vc}=1.3$ 的增大系数。

$$M_c^t=1.5\times(1.2\times1.5+1.2\times0.5\times0.6+1.3\times115)=227.49\text{kN}\cdot\text{m}$$

$$v=\frac{\eta_{vc}(M_c^b+M_c^t)}{H_n}=\frac{1.3\times(104.8+227.49)}{4.85}=89.07\text{kN}$$

根据《高规》6.2.4 条，角柱的剪力设计值应乘以 1.1 的增大系数。

$$89.07\times1.1=98.0\text{kN}$$

3. 轴压比

《高规》规定

6.4.2 抗震设计时，钢筋混凝土柱轴压比不宜超过表 6.4.2 的规定；对于Ⅳ类场地上较高的高层建筑，其轴压比限值应适当减小。

柱轴压比限值 **表 6.4.2**

结构类型	抗震等级			
	一	二	三	四
框架结构	0.65	0.75	0.85	—
板柱—剪力墙、框架-剪力墙、框架-核心筒、筒中筒结构	0.75	0.85	0.90	0.95
部分框支剪力墙结构	0.60	0.70	—	

注：1 轴压比指柱考虑地震作用组合的铀轴压力设计值与柱全截面面积和混凝土轴心抗压强度设计值乘积的比值；

2 表内数值适用于混凝土强度等级不高于 C60 的柱。当混凝土强度等级为 C65～C70 时，轴压比限值应比表中数值降低 0.05；当混凝土强度等级为 C75～C80 时，轴压比限值应比表中数值降低 0.10；

3 表内数值适用于剪跨比大于 2 的柱；剪跨比不大于 2 但不小于 1.5 的柱，其轴压比限值应比表中数值减小 0.05；剪跨比小于 1.5 的柱，其轴压比限值应专门研究并采取特殊构造措施；

4 当沿柱全高采用井字复合箍，箍筋间距不大于 100mm、肢距不大于 200mm、直径不小于 12mm，或当沿柱全高采用复合螺旋箍，箍筋螺距不大于 100mm、肢距不大于 200mm、直径不小于 12mm，或当沿柱全高采用连续复合螺旋箍，且螺距不大于 80mm、肢距不大于 200mm、直径不小于 10mm 时，轴压比限值可增加 0.10；

5 当柱截面中部设置由附加纵向钢筋形成的芯柱，且附加纵向钢筋的截面面积不小于柱截面面积的 0.8%时，柱轴压比限值可增加 0.05。当本项措施与注 4 的措施共同采用时，柱轴压比限值可比表中数值增加 0.15，但箍筋的配箍特征值仍可按轴压比增加 0.10 的要求确定；

6 调整后的柱轴压比限值不应大于 1.05。

《高规》条文说明指出

> 条文所说的“较高的高层建筑”是指，高于40m的框架结构或高于60m的其他结构体系的混凝土房屋建筑。

《抗震》表6.3.6的注1规定

> 轴压比指柱组合的轴压力设计值与柱的全截面面积和混凝土轴心抗压强度设计值乘积之比值；对本规范规定不进行地震作用计算的结构，可取无地震作用组合的轴力设计值计算；

《抗震》的条文说明

> **6.3.6** 限制框架柱的轴压比主要是为了保证柱的塑性变形能力和保证框架的抗倒塌能力。抗震设计时，除了预计不可能进入屈服的柱外，通常希望框架柱最终为大偏心受压破坏。
>
> 在框架-抗震墙、板柱-抗震墙及筒体结构中，框架属于第二道防线，其中框架的柱与框架结构的柱相比，其重要性相对较低，为此可以适当增大轴压比限值。
>
> 利用箍筋对混凝土进行约束，可以提高混凝土的轴心抗压强度和混凝土的受压极限变形能力。但在计算柱的轴压比时，仍取无箍筋约束的混凝土的轴心抗压强度设计值，不考虑箍筋约束对混凝土轴心抗压强度的提高作用。

《混规》的条文说明

> **11.4.16** 试验研究表明，受压构件的位移延性随轴压比增加而减小，因此对设计轴压比上限进行控制就成为保证框架柱和框支柱具有必要延性的重要措施之一。为满足不同结构类型框架柱、框支柱在地震作用组合下的位移延性要求，本条规定了不同结构体系中框架柱设计轴压比的上限值。
>
> 近年来，国内外试验研究结果表明，采用螺旋箍筋、连续复合矩形螺旋箍筋等配筋方式，能在一般复合箍筋的基础上进一步提高对核心混凝土的约束效应，改善柱的位移延性性能，故规定当配置复合箍筋、螺旋箍筋或连续复合矩形螺旋箍筋，且配箍量达到一定程度时，允许适当放宽柱设计轴压比的上限控制条件。同时，国内研究表明，在钢筋混凝土柱中设置矩形核心柱不仅能提高柱的受压承载力，也可提高柱的位移延性，且有利于在大变形情况下防止倒塌，类似于型钢混凝土结构中型钢的作用。因此，在设置矩形核心柱，且核心柱的纵向钢筋配置数量达到一定要求的情况下，也适当放宽了设计轴压比的上限控制条件。在放宽轴压比上限控制条件后，箍筋加密区的最小体积配筋率应按放松后的设计轴压比确定。

【例4.2.3-11】下列对柱轴压比描述正确的是（　　）。

（A）柱的组合轴压力标准值与柱的全截面面积和混凝土轴心抗压强度标准值乘积的比值

（B）柱组合的轴压力设计值与柱的全截面面积和混凝土轴心抗压强度设计值乘积的比值

(C) 柱的组合轴压力标准值与柱的核心混凝土面积和混凝土轴心抗压强度标准值乘积的比值

(D) 柱的组合轴压力设计值与柱的核心混凝土面积和混凝土轴心抗压强度设计值乘积的比值

【答案】(B)

【解答】根据《高规》表 6.4.2 注 1，轴压比指柱组合的轴压力设计值与柱的全截面面积和混凝土轴心抗压强度设计值乘积之比值；规定不进行地震作用计算的结构，取无地震作用组合的轴力设计值。

(1) 柱轴压比 μ_N 的确定

① 风荷载参与的条件

【例 4.2.3-12】某丙类高层建筑房屋高度为 42m，采用现浇混凝土框架结构。在重力荷载代表值、水平风荷载及水平地震作用下，底层边柱的轴向力标准值分别为 N_{Gk} = 4120kN、N_{wk} = 1010kN 及 N_{Ehk} = 520kN，柱截面为 600mm×600mm，混凝土强度等级采用 C40。该柱的轴压比 μ_N 为下列何项?

(A) 0.66　　(B) 0.70　　(C) 0.82　　(D) 0.84

【答案】(C)

【解答】H=42m<60m，根据《高规》5.6.4 条，不考虑风荷载参与组合

$$\mu_N=\frac{\gamma_G N_{Gk}+\gamma_{Eh} N_{Ek}}{f_c A}=\frac{(1.2\times4120+1.3\times520)\times10^3}{19.1\times600\times600}=0.817$$

② 竖向地震作用参与的条件

【例 4.2.3-13】计算框架柱轴压比时，采用的轴压力设计值

条件：某 10 层现浇钢筋混凝土框架-剪力墙普通办公楼，房屋高度为 40m；该工程为丙类建筑，抗震设防烈度为 9 度。在重力荷载代表值、水平地震作用、竖向地震作用及风荷载作用下，首层中柱 E 的柱底截面产生的轴压力标准值依次为 2800kN、500kN、800kN 和 60kN。

要求：计算框架柱轴压比时，采用的轴压力设计值 (kN)。

【解答】根据《高规》表 5.6.4，该结构抗震设防烈度为 9 度应考虑竖向地震作用，房屋高度为 40m<60m，不考虑风荷载。

考虑水平及竖向地震组合时，N_1=(2800×1.2+500×1.3+800×0.5)kN=4410kN

只考虑竖向地震组合时，N_2=(2800×1.2+1.3×800)kN=4400kN

计算框架柱轴压比时，采用的轴压力设计值 N=4410kN

③ 水平地震作用效应的调整

【例 4.2.3-14】扭转耦联的影响

条件：某规则框架，在进行结构整体分析计算时，未进行扭转耦联计算。抗震等级为二级；图 4.2.3-6 表示一短边边榀框架，柱 Z_1、Z_2 截面尺寸均 800mm×800mm，混凝土强度等级为 C30。且已知边柱 Z_1（非角柱）在永久荷载、楼面活荷载、水平地震作用下

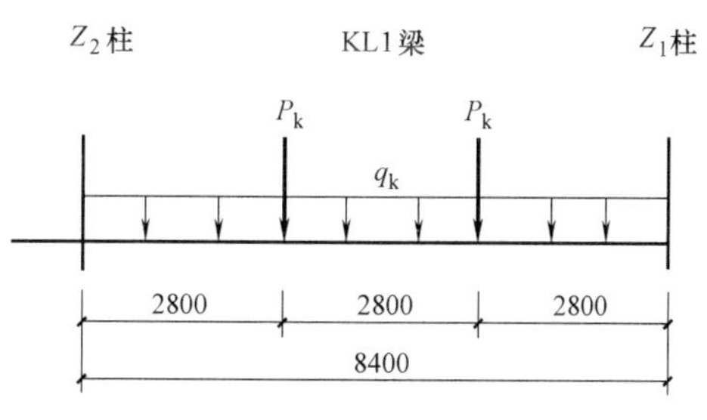

图 4.2.3-6

的轴力标准值，分别为1900kN，540kN，±300kN。

要求：该柱的轴压比μ_N。

【解答】根据《抗震》第5.2.3条，平行于短边方向的边榀框架地震作用效应，应乘以1.15的增大系数

根据《抗震》第5.4.1条及5.1.3条

$$N=(1.2\times1900+1.2\times0.5\times540+1.15\times1.3\times300)\text{kN}=3052\cdot5\text{kN}$$

$$\text{轴压比}\ \mu_N=\frac{3052.5\times10^3}{14.3\times800^2}=0.33。$$

(2) 柱轴压比限值$[\mu_N]$的确定

① 正常情况下$[\mu_N]$的确定

【例4.2.3-15】某高层框架结构，抗震设防烈度为7度，设计基本地震加速度值为0.15g，房屋高度为40m的丙类建筑，修建于Ⅲ类场地上。该边柱截面尺寸为700mm×700mm，柱净高$H_n=3.3$m，采用C40级混凝土，环境类别一类。试问，该柱轴压比限值为下列何项？

(A) 1.10　　(B) 0.95　　(C) 0.80　　(D) 0.65

【答案】(D)

【解答】(1) Ⅲ类场地，设计地震加速度为0.15g，根据《高规》第3.9.2条规定，按8度(0.2g)考虑抗震等级。查《高规》表3.9.3知，抗震等级为一级。

(2) 确定λ，由《高规》第6.2.6条知，

$$\lambda=\frac{H_n}{2h_0}=\frac{3300}{2\times(700-40)}=2.5$$

(3) 因混凝土为C40<C60，符合《高规》表6.4.2注2的规定。

(4) 查《高规》表6.4.2得：$[\mu_N]=0.65$。

② 剪跨比对$[\mu_N]$的影响

【例4.2.3-16】轴压比限值$[\mu_N]$

条件：某12层住宅楼，修建于设防烈度7度、Ⅱ类场地上，其层高为2.9m，室内外高差900mm。采用现浇钢筋混凝土框架结构体系，二层框架柱剪跨比$\lambda=1.8$。

要求：抗震设计时，该柱在竖向荷载与地震作用组合下的轴压比μ_N的限值

【解答】房屋高度$H=12\times2.9+0.9=35.7\text{m}<50\text{m}$，为A级高度，7度设防。

由《高规》表3.9.3注3，框架抗震等级为二级。

由《高规》表6.4.2，$1.5<\lambda=1.8<2$，

$[\mu_N]=0.75-0.05=0.7$。

③ 井字复合箍对$[\mu_N]$的影响

【例4.2.3-17】某高层框架-剪力墙结构底层柱，抗震等级为二级。截面800mm×900mm，混凝土强度等级C30，剪跨比不大于2但不小于1.5；采用ϕ14@100肢距不大于200mm的井字复合箍，按柱轴压比限值其最大轴力设计值N(kN)与下列何项数值最为接近？

(A) 8236.8　　(B) 9266.4　　(C) 9781　　(D) 8752

【答案】(B)

【解答】 根据《高规》表6.4.2，当抗震等级为二级，柱轴压比限值0.85，
剪跨比不大于2但不小于1.5，按表6.4.2注3轴压比限值需减0.05，
采用ϕ14@100肢距不大于200mm的井字复合箍按表6.4.2注4轴压比限值
可增0.1，故可取用轴压比$\mu_N=0.85-0.05+0.1=0.90$，
柱最大轴力设计值为：

$$N=b_c h_c f_c \mu_N=800\times900\times14.3\times0.9=9266400\text{N}=9266.4\text{kN}$$

【例 4.2.3-18】 某高层钢筋混凝土框架剪力墙结构房屋，位于抗震设防烈度8度地区，设计基本地震加速度为0.3g，Ⅲ类场地，丙类建筑，其中间楼层某柱截面尺寸为800mm×800mm，混凝土强度等级为C30。配置ϕ10井字复合箍筋，$a_s=a'_s=50$mm；柱净高2.9m，弯矩反弯点位于柱子高度中部，则该柱的轴压比限值与以下哪项最为接近？

(A) $[\mu_N]=0.70$　　(B) $[\mu_N]=0.75$

(C) $[\mu_N]=0.80$　　(D) $[\mu_N]=0.85$

【答案】 (A)

【解答】 (1) 根据《高规》3.9.2条，8度设防，设计基本地震加速度值为0.30g，丙类建筑，Ⅲ类场地，应按9度(0.40g)时各类建筑的要求采取抗震构造措施。查《高规》表3.9.3，框架部分抗震等级应为一级。

(2) $H_n=2900$mm，$h_0=800-50=750$mm，

$\lambda=H_n/(2h_0)=2900/(2\times750)=1.9333<2.0$，属短柱。

根据《高规》表6.4.2注3，柱的轴压比限值应比表中数值减小0.05。

(3) 虽然配置井字复合箍，但直径仅10mm<12mm，根据《高规》表6.4.2注4，不应考虑柱的轴压比限值放宽。

(4) 查《高规》表6.4.2，框架—剪力墙结构，一级框架，并考虑上述影响。

$$[\mu_N]=0.75-0.05=0.70$$

(3) 轴压比验算

【例 4.2.3-19】 验算轴压比

条件：某抗震设防烈度为7度，设计基本地震加速度值为0.10g，房屋高度为42m的丙类现浇混凝土框架结构，修建于Ⅲ类场地上，某层边柱承受的轴向力标准值分别为：在重力荷载代表值作用下为$N_{gk}=4000$kN，水平风荷载为$N_{wk}=1000$kN，水平地震作用为$N_{Ek}=500$kN，柱截面为600mm×600mm，柱净高$H_n=3.2$m，混凝土C40，$f_c=19.1\text{N/mm}^2$。

要求：验算轴压比

【解答】 (1) 根据《高规》表3.3.1-1，因房屋高度42m<50m，为A级高度。

(2) 根据《高规》3.9.1条第2款，应按7度考虑。

(3) 根据《高规》3.9.2条仍按7度考虑。

(4) 查《高规》表3.9.3应取抗震等级为二级。

(5) 根据《高规》表6.4.2注1的规定和5.6.4条。

$$\text{轴压比}\ \mu_N=\frac{1.2N_{gk}+1.3N_{Ek}}{f_c\times A}=\frac{1.2\times4000\times10^3+1.3\times500\times10^3}{19.1\times600\times600}=0.793$$

$$(6)\ \text{剪跨比}\ \lambda=\frac{H_n}{2h_0}=\frac{3200}{2\times(600-40)}=2.86>2$$

根据《高规》表 6.4.2 注 3 的规定，可以用《高规》表 6.4.2 的数据。

(7) 因混凝土为 C40<C60，符合《高规》表 6.4.2 注 2 的规定。

(8) 查《高规》表 6.4.2 得轴压比允许限值为 $0.75<\mu_N=0.793$，不满足要求。

【例 4.2.3-20】 抗震设防烈度 8 度，Ⅱ类场地，高 58m，丙类的钢筋混凝土框架-剪力墙结构房屋，在重力荷载代表值、水平风荷载及水平地震作用下第 4 层边柱的轴向力标准值分别为 $N_{GE}=4250$kN、$N_w=1200$kN 及 $N_{Eh}=500$kN；柱截面为 600mm×800mm，混凝土 C40，$f_c=19.1\text{N/mm}^2$，第 4 层层高 3.60m，横梁高 600mm，反弯点支在柱中部，$a_s=50$mm，经计算知剪力墙部分承受的地震倾覆力矩大于结构总地震倾覆力矩的 50% 较多，该柱轴压比验算结果正确的是何项？

(A) $\mu_N=0.644<0.75$，符合规程要求　　(B) $\mu_N=0.657<0.80$，符合规程要求

(C) $\mu_N=0.627<0.80$，符合规程要求　　(D) $\mu_N=0.657<0.85$，符合规程要求

【答案】(C)

【解答】 由《高规》表 3.9.3，$H=58$m，8 度，Ⅱ类场地的框架-剪力墙结构，剪力墙承受的地震倾覆力矩超过总地震倾覆力矩的 50%，框架部分承受倾覆力矩小于 50%，框架部分承受的地震倾覆力矩小于 50%，按框架-剪力墙结构设计，《高规》8.1.3 条，按框架-剪力墙设计查表 3.9.3，则框架柱抗震等级为二级。

查《高规》表 6.4.2，二级框架-剪力墙结构的柱，$[\mu_N]=0.85$。

由《高规》表 6.4.2 注 3，该柱剪跨比 $\lambda=\dfrac{H_n}{2h_0}=\dfrac{3.6-0.6}{2\times(0.8-0.05)}=2.0$ 为短柱，柱轴压比限值应减少 $[\mu_N]=0.85-0.05=0.80$。

由《高规》式 (5.6.3)，$H=58\text{m}<60\text{m}$，不考虑风载参与有震组合

$$\mu_N=(1.2\times4250+1.3\times500)\times10^3/(19.1\times600\times800)=0.627$$

(4) 根据轴压比确定柱的断面

【例 4.2.3-21】 根据轴压比确定柱的断面

条件：有一座 10 层现浇混凝土框架结构，如图 4.2.3-7 所示，结构总高 32m，框架的抗震等级为一级，框架柱混凝土采用 C45，柱 DB 断面为 550mm×550mm。D 截面轴压力设计值 $N=4910$kN；剪跨比 $\lambda>2$。

要求：根据轴压比调整柱 DB 的断面。

【解答】

由《高规》表 6.4.2，抗震等级一级，Ⅱ类场地，$[\mu_N]=0.65$，$\mu_N=\dfrac{4910\times10^3}{21.1\times550\times550}=0.769>0.65$，轴压比超限加大截面尺寸。

$$\frac{N}{f_cA}\leqslant[\mu_N],h\geqslant\sqrt{A}=\sqrt{\frac{N}{f_c[\mu_N]}}=\sqrt{\frac{4910\times10^3}{21.1\times0.65}}=598\text{mm}$$

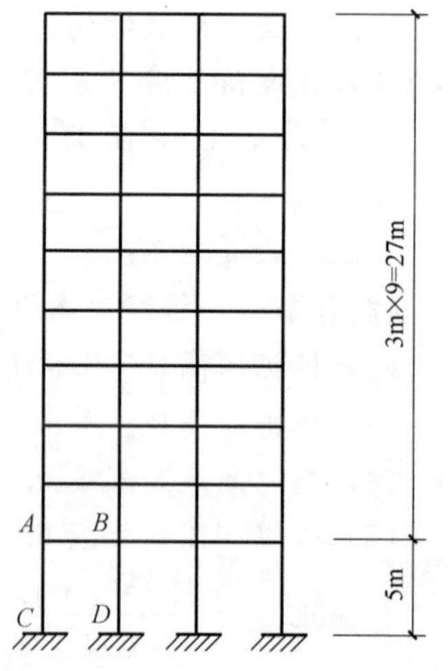

图 4.2.3-7

4. 纵筋配置

《高规》规定

6.4.3 柱纵向钢筋和箍筋配置应符合下列要求：

柱全部纵向钢筋的配筋率，不应小于表 6.4.3-1 的规定值，且柱截面每一侧纵向钢筋配筋率不应小于 0.2%；抗震设计时，对Ⅳ类场地上较高的高层建筑，表中数值应增加 0.1。

柱纵向受力钢筋最小配筋百分率（%） 表 6.4.3-1

柱类型	抗震等级				非抗震
	一级	二级	三级	四级	
中柱、边柱	0.9(1.0)	0.7(0.8)	0.6(0.7)	0.5(0.6)	0.5
角柱	1.1	0.9	0.8	0.7	0.5
框支柱	1.1	0.9	—	—	0.7

注：1 表中括号内数值适用于框架结构；
2 采用 335MPa 级、400MPa 级纵向受力钢筋时，应分别按表中数值增加 0.1 和 0.05 采用；
3 当混凝土强度等级高于 C60 时，上述数值应增加 0.1 采用。

6.4.4 柱的纵向钢筋配置，尚应满足下列规定：

1 抗震设计时，宜采用对称配筋。

2 截面尺寸大于 400mm 的柱，一、二、三级抗震设计时其纵向钢筋间距不宜大于 200mm；抗震等级为四级和非抗震设计时，柱纵向钢筋间距不宜大于 300mm；柱纵向钢筋净距均不应小于 50mm。

3 全部纵向钢筋的配筋率，非抗震设计时不宜大于 5%、不应大于 6%，抗震设计时不应大于 5%。

4 一级且剪跨比不大于 2 的柱，其单侧纵向受拉钢筋的配筋率不宜大于 1.2%。

5 边柱、角柱及剪力墙端柱考虑地震作用组合产生小偏心受拉时，柱内纵筋总截面面积应比计算值增加 25%。

《混规》的条文说明

11.4.12 框架柱纵向钢筋最小配筋率是抗震设计中的一项较重要的构造措施。其主要作用是。考虑到实际地震作用在大小及作用方式上的随机性，经计算确定的配筋数量仍可能在结构中造成某些估计不到的薄弱构件或薄弱截面；通过纵向钢筋最小配筋率规定可以对这些薄弱部位进行补救，以提高结构整体地震反应能力的可靠性；此外，与非抗震情况相同，纵向钢筋最小配筋率同样可以保证柱截面开裂后抗弯刚度不致削弱过多；另外，最小配筋率还可以使设防烈度不高地区一部分框架柱的抗弯能力在“强柱弱梁”措施基础上有进一步提高，这也相当于对“强柱弱梁”措施的某种补充。

11.4.13 当框架柱在地震作用组合下处于小偏心受拉状态时，柱的纵筋总截面面积应比计算值增加 25%，是为了避免柱的受拉纵筋屈服后再受压时，由于包兴格效应导致纵筋压屈。

为了避免纵筋配置过多，施工不便，对框架柱的全部纵向受力钢筋配筋率作了限制。

柱净高与截面高度的比值为3～4的短柱试验表明，此类框架柱易发生粘结型剪切破坏和对角斜拉型剪切破坏。为减少这种破坏，这类柱纵向钢筋配筋率不宜过大。为此，对一级抗震等级且剪跨比不大于2的框架柱，规定每侧纵向受拉钢筋配筋率不宜大于1.2%，并应沿柱全长采用复合箍筋。对其他抗震等级虽未作此规定，但也宜适当控制。

【例4.2.3-22】 角柱按最小配筋率确定配筋面积

条件：在Ⅱ类场地，某现浇混凝土框架，结构环境类别为一类，抗震等级为二级，柱混凝土等级为C65，钢筋HRB400，其角柱纵向钢筋的配置如图4.2.3-8所示。

要求：纵向钢筋最小配筋面积

【解答】 根据《高规》第6.4.3条第1款表6.4.3-1，查得二级抗震等级角柱的最小配筋率$\rho_{s,min}=0.9\%$。

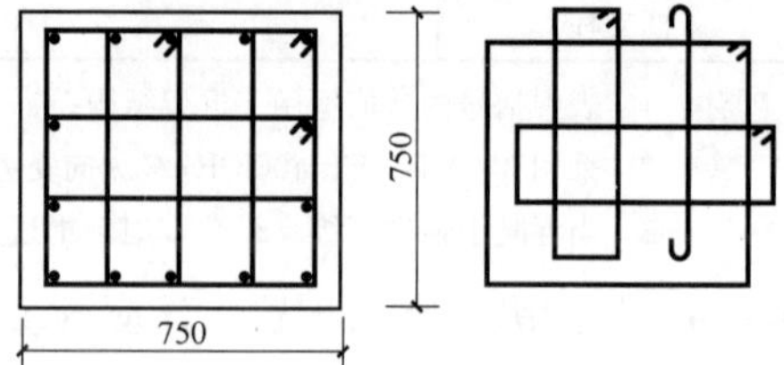

图4.2.3-8

按《高规》表6.4.3-1注2，采用钢筋HRB400，柱最小配筋率应增加0.05%。

按《高规》表6.4.3-1注3，采用混凝土等级C65，柱最小配筋率应增加0.1%。

角柱纵筋最小配筋率为$\rho_{s,min}=(0.9+0.05+0.1)\%=1.05\%$。

故而有　$A_{s,min}=\rho_{s,min}bh=1.05\%\times750\times750\text{mm}^2=5906\text{mm}^2$。

【例4.2.3-23】 小偏心受拉角柱纵向钢筋最小配筋量

条件：在Ⅳ类场地，18层一般现浇混凝土框架，结构环境类别为一类，抗震等级为二级，柱混凝土等级为C30，钢筋HRB400（Φ），其角柱纵向钢筋的配置如图4.2.3-9所示，角柱地震作用组合产生小偏心受拉。

要求：纵向钢筋最小配筋量

【解答】 根据《高规》第6.4.3条第1款表6.4.3-1，二级、角柱、柱的最小总配筋率为0.9%。

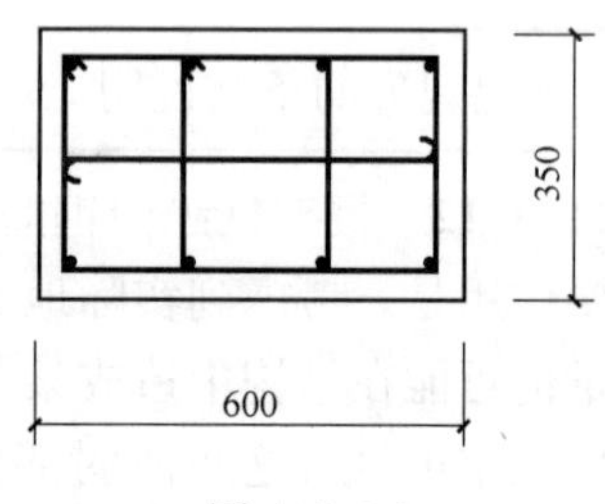

图4.2.3-9

根据《高规》第6.4.3条第1款，对建于Ⅳ类场地且较高的高层建筑，柱最小配筋率应增加0.1%，18层楼高超过40m属于较高的房屋建筑，故应考虑本项增加。

根据《高规》表6.4.3-1注2，采用钢筋HRB400，柱最小配筋率应增加0.05%。

角柱纵筋最小配筋率为$\rho_{s,min}=(0.9+0.1+0.05)\%=1.05\%$。

由《高规》第6.4.4条第5款，"角柱考虑地震作用组合产生小偏心受拉时，柱内纵筋总截面面积应比计算值增加25%"。故而截面中全部纵向钢筋的数量有

$$A_s=1.25\times\rho_{min}bh=1.25\times1.05\%\times350\times600\text{mm}^2=2756\text{mm}^2$$

取10Φ20，$A_s=3142\text{mm}^2$。

5. 体积配箍率

（1）体积配筋率ρ_v计算

箍筋的体积配筋率ρ_v可按下式计算

① 普通箍筋及复合箍筋（图 4.2.3-10）

$$\rho_v = \frac{n_1 A_{s1} l_1 + n_2 A_{s2} l_2 + n_3 A_{s3} l_3}{A_{cor} s}$$

式中：$n_1 A_{s1} l_1 \sim n_3 A_{s3} l_3$分别为沿 1—3 方向的箍筋肢数、肢面积及肢长；

A_{cor}——普通箍筋或复合箍筋范围内最大的混凝土核心面积；

s——箍筋沿柱高度方向的间距；

② 螺旋箍筋（图 4.2.3-11）

$$\rho_v = \frac{4A_{ssl}}{d_{cor} s}$$

式中：d_{cor}——螺旋箍筋范围内最大的混凝土核心直径；

A_{ssl}——螺旋箍筋的单肢面积。

箍筋的宽度和高度均按箍筋中至中距离计算，如图 4.2.3-12 所示，故箍筋的高度方向的肢长 l_1 和宽度方向的肢长 l_2 分别为构件截面高度 h 和宽度 b 减去 2 倍保护层厚度 c 和箍筋直径 $\phi/2$ 之和。

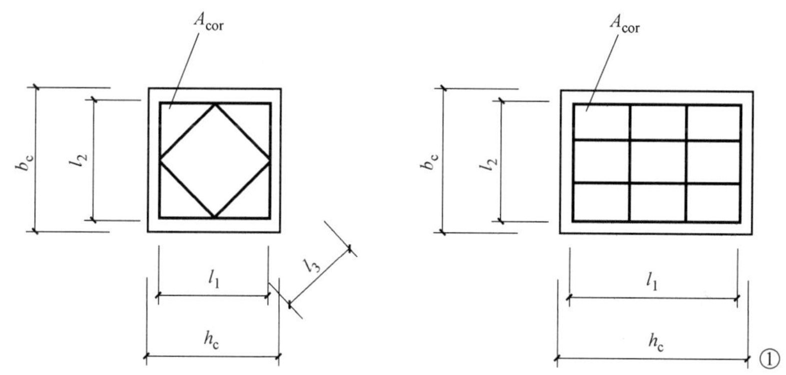

图 4.2.3-10

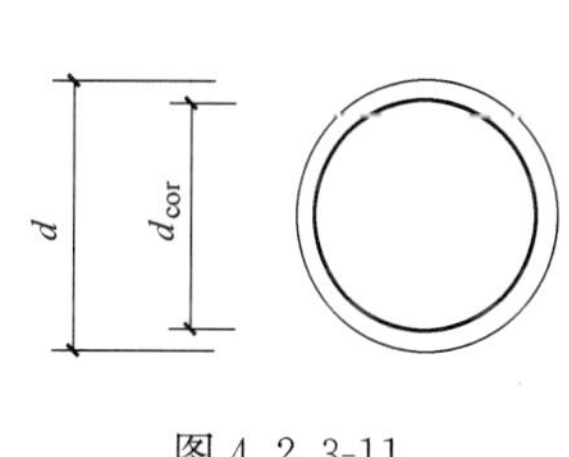

图 4.2.3-11

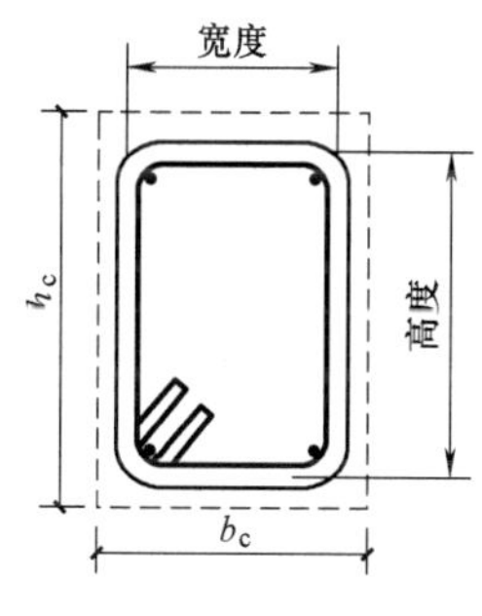

图 4.2.3-12

$$l_1 = h_c - 2 \times (c + \phi/2)$$

$$l_2 = b_c - 2 \times (c + \phi/2)$$

对一类环境、近似取 $c+\phi/2=25$mm，对二 a 类环境、近似取 $c+\phi/2=30$mm。

混凝土核心面积 $A_{cor} = b_{cor} \times h_{cor}$

$$b_{cor} = b_c - 2 \times (c + \phi)$$

$$h_{cor}=h_c-2\times(c+\phi)$$

对一类环境、近似取 $c+\phi=30$mm，对二 a 类环境、近似取 $c+\phi=35$mm。

从图 4.2.3-13 表示的复合箍中可以看到有部分箍筋是重叠的，计算箍筋的体积配筋率时如何考虑是有二种观点，现介绍如下。

① 应扣除重叠部分的箍筋体积

《混规》11.4.17 条的符号说明指出

> ρ_v——柱箍筋加密区的体积配筋率，按本规范第 6.6.3 条的规定计算，计算中应扣除重叠部分的箍筋体积

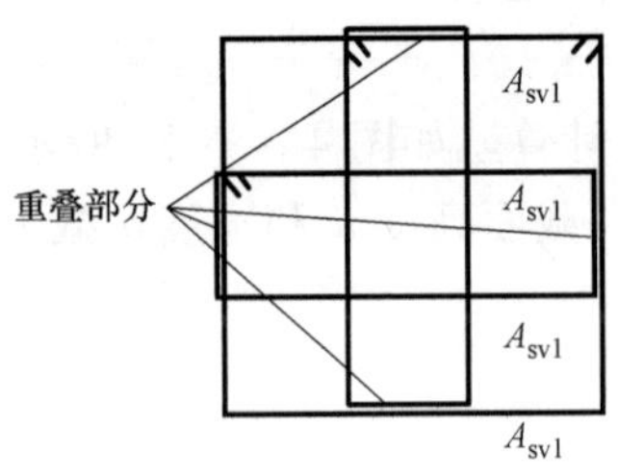

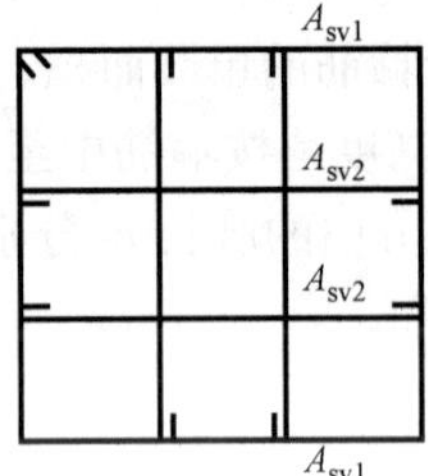

图 4.2.3-13

② 删除了“应扣除重叠部分的箍筋体积”

《抗震》6.3.9 条的条文说明指出

> 本次修订，删除了 89 规范和 2001 规范关于复合箍应扣除重叠部分箍筋体积的规定，因重叠部分对混凝土的约束情况比较复杂，如何换算有待进一步研究；

《高规》6.4.7 条的条文说明指出

> 本次修订取消了“计算复合箍筋的体积配箍率时，应扣除重叠部分的箍筋体积”的要求；

对重叠部分的箍筋体积应根据工程经验确定，当无可靠工程经验时，建议可扣除重叠箍筋以实现与老规范的对接。

(2) 配箍特征值 λ_v

《高规》规定

> **6.4.7** 柱加密区范围内箍筋的体积配箍率，应符合下列规定：
>
> 1 柱箍筋加密区箍筋的体积配箍率，应符合下式要求：
>
> $$\rho_v\geqslant\lambda_v f_c/f_{yv} \tag{6.4.7}$$
>
> 式中：ρ_v——柱箍筋的体积配箍率；
>
> λ_v——柱最小配箍特征值，宜按表 6.4.7 采用；
>
> f_c——混凝土轴心抗压强度设计值，当柱混凝土强度等级低于 C35 时，应按 C35 计算；
>
> f_{yv}——柱箍筋或拉筋的抗拉强度设计值。

柱端箍筋加密区最小配箍特征值 λ_v　　表 6.4.7

抗震等级	箍筋形式	柱轴压比								
		≤0.30	0.40	0.50	0.60	0.70	0.80	0.90	1.00	1.05
一	普通箍、复合箍	0.10	0.11	0.13	0.15	0.17	0.20	0.23	—	—
	螺旋箍、复合或连续复合螺旋箍	0.08	0.09	0.11	0.13	0.15	0.18	0.21	—	—
二	普通箍、复合箍	0.08	0.09	0.11	0.13	0.15	0.17	0.19	0.22	0.24
	螺旋箍、复合或连续复合螺旋箍	0.06	0.07	0.09	0.11	0.13	0.15	0.15	0.20	0.22
三	普通箍、复合箍	0.06	0.07	0.09	0.11	0.13	0.15	0.15	0.20	0.22
	螺旋箍、复合或连续复合螺旋箍	0.05	0.06	0.07	0.09	0.11	0.13	0.15	0.18	0.20

注：1 普通箍指单个矩形箍或单个圆形箍；螺旋箍指单个连续螺旋箍筋；复合箍指由矩形、多边形、圆形箍或拉筋组成的箍筋；复合螺旋箍指由螺旋箍与矩形、多边形、圆形箍或拉筋组成的箍筋；连续复合螺旋箍指全部螺旋箍由同一根钢筋加工而成的箍筋。

2 对一、二、三、四级框架柱，其箍筋加密区范围内箍筋的体积配箍率尚且分别不应小于 0.8%、0.6%、0.4%和 0.4%。

3 剪跨比不大于 2 的柱宜采用复合螺旋箍或井字复合箍，其体积配箍率不应小于 1.2%；设防烈度为 9 度时，不应小于 1.5%。

4 计算复合箍筋的体积配箍率时，可不扣除重叠部分的箍筋体积；计算复合螺旋箍筋的体积配箍率时，其非螺旋箍筋的体积应乘以换算系数 0.8。

《混规》11.4.3 条对混凝土强度等级高于 C60 时有补充规定、现补充于此

表 11.4.17　柱箍筋加密区的箍筋最小配箍特征值 λ_v

3　混凝土强度等级高于 C60 时，箍筋宜采用复合箍、复合螺旋箍或连续复合矩形螺旋箍，当轴压比不大于 0.6 时，其加密区的最小配箍特征值宜按表中数值增加 0.02；当轴压比大于 0.6 时，宜按表中数值增加 0.03。

有关“体积配箍率”的机理两本规范的“条文说明”有讲述，现摘录于下：

《高规》的条文说明

11.4.17　在柱端箍筋加密区内配置一定数量的箍筋（用体积配箍率衡量）是使柱具有必要的延性和塑性耗能能力的另一项重要措施。因抗震等级越高，抗震性能要求相应提高，加之轴压比越高，混凝土强度越高，也需要更高的配箍率，方能达到相同的延性；而箍筋强度越高，配箍率则可相应降低。为此，先根据抗震等级及轴压比给出所需的柱端配箍特征值，再经配箍特征值及混凝土与钢筋的强度设计值算得所需的体积配箍率。

《抗震》的条文说明

> **6.3.9** 框架柱的弹塑性变形能力，主要与柱的轴压比和箍筋对混凝土的约束程度有关。为了具有大体上相同的变形能力，轴压比大的柱，要求的箍筋约束程度高。箍筋对混凝土约束程度，主要与箍筋形式、体积配箍率、箍筋抗拉强度以及混凝土轴心抗压强度等因素有关，而体积配箍率、箍筋强度及混凝土强度三者又可以用配箍特征值表示，配箍特征值相同时，螺旋箍、复合螺旋箍及连续复合螺旋箍的约束程度，比普通箍和复合箍对混凝土的约束更好。因此，规范规定，轴压比大的柱，其配箍特征值大于轴压比低的柱；轴压比相同的柱，采用普通箍或复合箍时的配箍特征值，大于采用螺旋箍、复合螺旋箍或连续复合螺旋箍时的配箍特征值。

【例 4.2.3-24】加密区内的箍筋体积配箍率[ρ_v]

条件：一幢10层全现浇钢筋混凝土框架结构，环境类别一类，抗震等级一级。若二层中柱在重力荷载代表值作用下轴向力标准值 $N_{Gk}=2200kN$，在水平地震作用下该柱的附加轴向力标准值为 $N_{Ek}=\pm150kN$，截面为700mm×700mm，混凝土强度等级采用C30，箍筋采用HPB300级钢、复合箍。

要求：加密区内的箍筋体积配箍率

【解答】

(1) 根据《高规》5.6.4条和6.4.2条，柱轴压比

$$\mu_N=\frac{N}{f_cA}=\frac{(1.2\times2200+1.3\times150)\times10^3}{14.3\times700\times700}=0.405$$

(2) 由《高规》表6.4.7，一级抗震，$\mu_N=0.405$，复合箍，柱端箍筋加密区最小配箍特征值 λ_v

$$\lambda_v=0.11+\frac{0.13-0.11}{0.1}\times(0.405-0.40)=0.111$$

(3) 由《高规》式(6.4.7)，加密区内的箍筋体积配箍率 $\rho_v\geqslant\lambda_v\frac{f_c}{f_{yv}}$

C30<C35，按C35取 $f_c=16.7N/mm^2$，HPB300，$f_{yv}=270N/mm^2$，

$$[\rho_v]=\lambda_v\cdot\frac{f_c}{f_{fv}}=0.111\times\frac{16.7}{270}=0.687\%$$

(4) 由《高规》6.4.7条2款，$\rho_{v,min}=0.8\%>\rho_v=0.687\%$，取 $\rho_v=0.8\%$。

【例 4.2.3-25】

某规则框架-剪力墙结构，框架的抗震等级为二级。梁、柱混凝土强度等级均为C35。某中间层的中柱净高 $H_n=4m$，柱除节点外无水平荷载作用，柱截面 $b\times h=1100mm\times1100mm$，$a_s=50mm$，柱内箍筋采用井字复合箍，箍筋采用HRB500钢筋，其考虑地震作用组合的弯矩如图4.2.3-14所示。假定，柱底考虑地震作用组合的轴压力设计值为13130kN。试问，该柱箍筋加密区的最小体积配箍率与下列何项数值最为接近？

(A) 0.5%　　(B) 0.6%　　(C) 1.2%　　(D) 1.5%

【答案】(C)

【解答】(1) 根据《高规》6.4.2条，柱轴压比

$$轴压比\ \mu_c=\frac{13130\times1000}{16.7\times1100\times1100}=0.65,$$

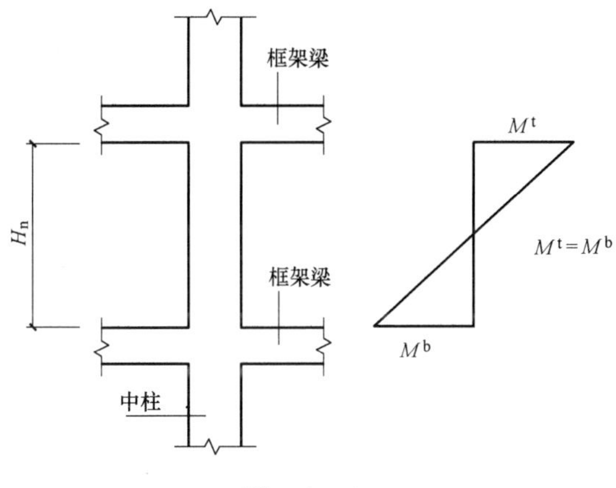

图 4.2.3 14

(2) 由《高规》表 6.4.7，二级抗震，$\mu_N=0.65$，复合箍，柱端箍筋加密区最小配箍特征值 $\lambda_v=0.14$

(3) 由《高规》式 (6.4.7)，加密区内的箍筋体积配箍率 $\rho_v \geqslant \lambda_v \frac{f_c}{f_{yv}}$

HRB500 钢筋，$f_{yv}=435\text{N/mm}^2$，C35，$f_c=16.7\text{N/mm}^2$，

$$\rho_v=\lambda_v \frac{f_c}{f_{yv}}=0.14\times\frac{16.7}{435}=0.537\%$$

$$<0.6\%(\text{抗震等级二级})。$$

(4) 由弯矩示意图可知，剪跨比 $\lambda=\frac{H_n}{2h_0}=\frac{4000}{2\times(1100-50)}=1.905<2$。

(5) 由《高规》6.4.7 条 3 款"剪跨比不大于 2 的柱宜采用复合螺旋箍或井字复合箍，其体积配箍率不应小于 1.2%"。

(6) 因 1.2%>0.6%，故选 $\rho_v=1.2\%$，选 (C)。

【例 4.2.3-26】 体积配箍率 $[\rho_v]$ 与实际体积配箍率 ρ_v 的比值

条件：某框架-剪力墙结构，环境类别二 a 类，框架抗震等级为二级。其中某一框架柱在有地震组合时的轴压比为 0.5，该柱截面配筋示于图 4.2.3-15。纵向受力筋为 HRB400，箍筋为 HPB300，混凝土强度等级为 C30。

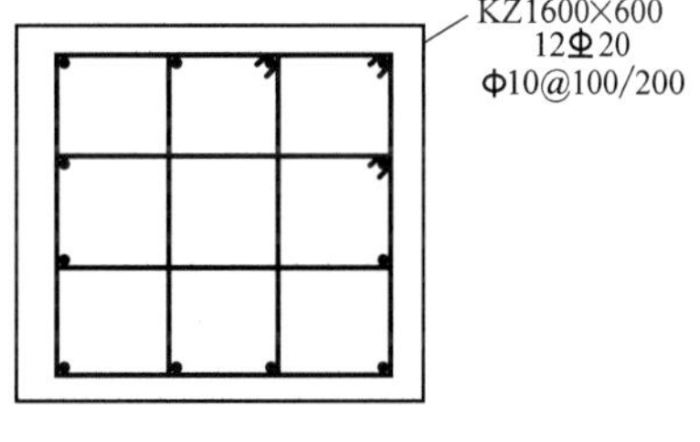

图 4.2.3-15

要求：该柱在加密区的体积配箍率 $[\rho_v]$ 与实际体积配箍率 ρ_v 的比值 ($[\rho_v]/\rho_v$)。

【解答】

(1) 实际体积配箍率 ρ_v

由《混规》式 (6.6.3-2) $\rho_v=\frac{nA_s l}{A_{cov} s}$

$$1=600-2\times30=540\text{mm}, A_{cor}=(600-2\times35)^2=530^2=280900\text{mm}^2$$

$$\rho_v=\frac{nA_s l}{A_{cor} s}=\frac{8\times78.5\times540}{530\times530\times100}=1.207\%。$$

（2）体积配箍率限值$[\rho_v]$

由《高规》表 6.4.7，二级抗震，复合箍筋，轴压比$\mu_N=0.50$，查得配箍特征值$\lambda_v=0.11$。

由《高规》式（6.4.7），$\rho_v \geqslant \lambda_v \dfrac{f_c}{f_{yv}}$

C30<C35，按 C35 取 $f_c=16.7\text{N/mm}^2$

$$[\rho_v]=\lambda_v \cdot \frac{f_c}{f_{fv}}=0.11\times\frac{16.7}{270}=0.68\%>0.6\%$$

（3）比值$[\rho_v]/\rho_v$

$$[\rho_v]/\rho_v=0.68\%/1.207\%=0.56$$

【例 4.2.3-27】有一建造于环境类别一类，Ⅱ类场地上的钢筋混凝土框架，抗震等级为二级，其中某柱的轴压比为 0.7，混凝土强度等级为 C30，箍筋采用 HPB300，剪跨比为 2.1，柱断面尺寸及配筋形式如图 4.2.3-16 所示。

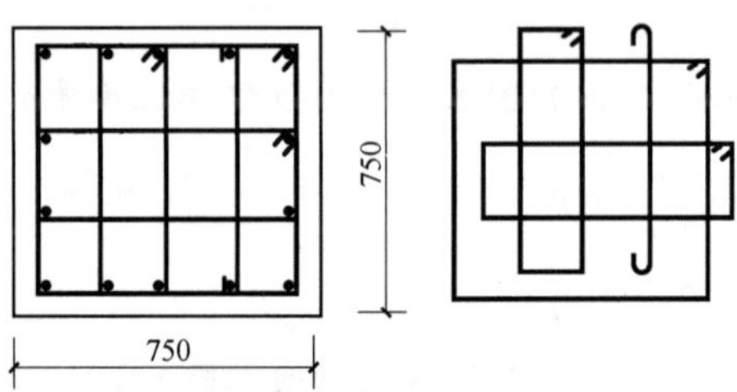

图 4.2.3-16

加密区最小体积配箍率的要求的是何项？

（A）ϕ6@100　　（B）ϕ8@100　　（C）ϕ10@90　　（D）ϕ10@100

【答案】（D）

【解答】由《高规》表 6.4.7，二级抗震，复合箍筋，轴压比$\mu_N=0.70$，查得配箍特征值$\lambda_v=0.15$。

由《高规》式（6.4.7），$\rho_v \geqslant \lambda_v \dfrac{f_c}{f_{yv}}$

C30<C35，按 C35 取 $f_c=16.7\text{N/mm}^2$，HPB300，$f_{yv}=270\text{N/mm}^2$

$$[\rho_v]=\lambda_v \cdot \frac{f_c}{f_{fv}}=0.15\times\frac{16.7}{270}=0.928\%>0.6\%$$

由《混规》式（6.6.3-2）$\rho_v=\dfrac{nA_s l}{A_{cov} s}$

$$l=750-2\times25=700\text{mm}, A_{cor}=(750-2\times30)^2=690^2=476100\text{mm}^2$$

$$\rho_v=\frac{nA_s l}{A_{cor} s}=\frac{9\times A_s\times700}{690^2\times s}\geqslant0.928\%$$

$$\frac{A_s}{s}=0.701, s=\frac{78.5}{0.701}=112\text{mm}，选\ \phi10@100。$$

6. 箍筋配置

（1）箍筋的加密区范围

《高规》规定

6.4.6 抗震设计时，柱箍筋加密区的范围应符合下列规定：

1 底层柱的上端和其他各层柱的两端，应取矩形截面柱之长边尺寸（或圆形截面柱之直径）、柱净高之1/6和500mm三者之最大值范围；

2 底层柱刚性地面上、下各500mm的范围；

3 底层柱柱根以上1/3柱净高的范围；

4 剪跨比不大于2的柱和因填充墙等形成的柱净高与截面高度之比不大于4的柱全高范围；

5 一、二级框架角柱的全高范围；

6 需要提高变形能力的柱的全高范围。

《混规》的条文说明

11.4.14、11.4.15 框架柱端箍筋加密区长度的规定是根据试验结果及震害经验作出的。该长度相当于柱端潜在塑性铰区的范围再加一定的安全余量。对箍筋肢距作出的限制是为了保证塑性铰区内箍筋对混凝土和受压纵筋的有效约束。

【例4.2.3-28】 某现浇混凝土高层框架结构，抗震等级为二级，其第二层中柱截面为600mm×800mm，梁截面为350mm×600mm，层高为3600mm，柱间为填充墙。该柱箍筋加密区的范围（mm）何项数值最为接近?

（A）全高加密　（B）800　（C）500　（D）600

【答案】（A）

【解答】（1）柱上、下端：根据《高规》6.4.6条第1款规定：

$$\max(\text{截面长边};H_n/6;500)=\max\left(800,\frac{3600-600}{6};500\right)=800\text{mm}$$

（2）$H_n/h=\dfrac{3600-600}{800}=3.75<4$，根据《高规》6.4.6条第4款规定，取全高加密。

（3）取上述较大者，即柱全高加密。

《高规》规定

3.4.10 设置防震缝时，应符合下列规定：

4 8、9度抗震设计的框架结构房屋，防震缝两侧结构层高相差较大时，防震缝两侧框架柱的箍筋应沿房屋全高加密，并可根据需要沿房屋全高在缝两侧各设置不少于两道垂直于防震缝的抗撞墙；

【例4.2.3-29】

某钢筋混凝土框架结构办公楼，抗震等级为一级，由于两侧结构层高相差较大且有错层，设计时拟设置防震缝，并在缝两侧设置抗撞墙，如图4.2.3-17所示。已知：该房屋抗震设防类别为丙类，抗震设防烈度为8度，建筑场地类别为Ⅱ类，建筑安全等级为二级。A栋房屋高度为21m，B栋房屋高度为27m。

已知：B栋底层边柱KZ3截面及配筋示意如图4.2.3-18所示，考虑地震作用组合的

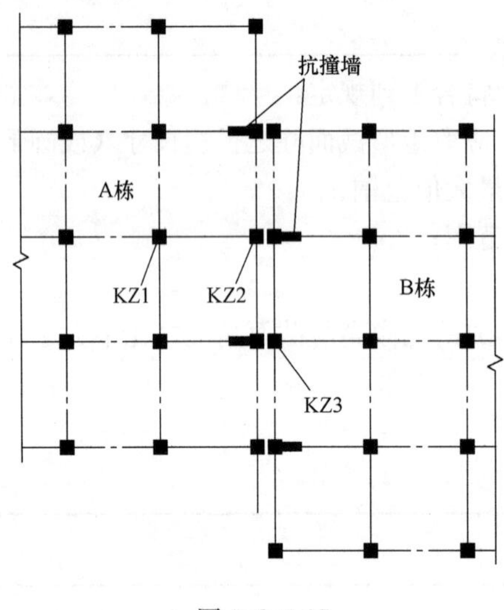

图 4.2.3-17

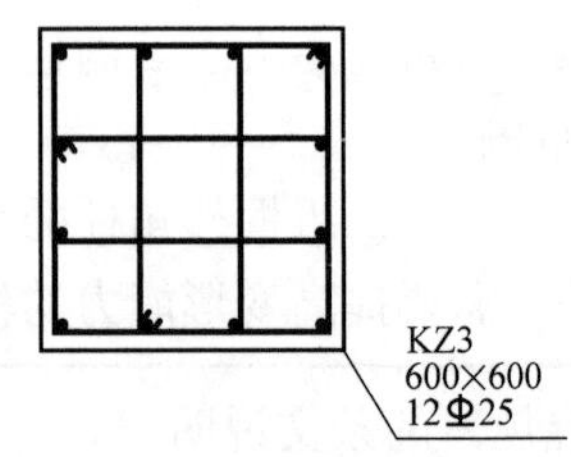

图 4.2.3-18

柱轴压力设计值 $N=4120\text{kN}$，该柱剪跨比 $\lambda=2.5$，该柱混凝土强度等级为 C40，箍筋采用 HPB300 级钢筋，纵向受力钢筋的混凝土保护层厚度 $c=30\text{mm}$。如仅从抗震构造措施方面考虑，试问，该柱选用下列何项箍筋配置（复合箍）最为恰当？

(A) Φ10@100/200　　(B) Φ8@100

(C) Φ12@100/200　　(D) Φ10@100

【答案】(D)

【解答】(1) 由《高规》6.4.2 条，轴压比 $\frac{N}{f_cA}=\frac{4120\times10^3}{19.1\times600\times600}=0.60$。

(2) 由《高规》表 6.4.7，一级抗震，$\mu_N=0.6$，复合箍，柱端箍筋加密区最小配箍特征值，$\lambda_v=0.15$。

(3) 由《高规》式 (6.4.7)，加密区内的箍筋体积配箍率 $\rho_v\geqslant\lambda_v\frac{f_c}{f_{yv}}$

$$\rho_v\geqslant\frac{\lambda_v f_c}{f_{yv}}=\frac{0.15\times19.1}{270}\times100\%=1.06\%$$

Φ8@100 的体积配箍率：$\rho_v=\frac{50.3\times550\times8}{100\times540^2}\times100\%=0.76\%<1.06\%$

Φ10@100 的体积配箍率：$\rho_v=\frac{78.5\times550\times8}{100\times540^2}\times100\%=1.18\%>1.06\%$，满足

(4) 由《高规》

又根据《抗震》第 6.1.4 条，防震缝两侧框架柱的箍筋应全高加密，故选 (D)。

(2) 加密区箍筋的直径、间距、肢距

《高规》规定

6.4.3 柱纵向钢筋和箍筋配置应符合下列要求：

2 抗震设计时，柱箍筋在规定的范围内应加密，加密区的箍筋间距和直径，应符合下列要求：

1）箍筋的最大间距和最小直径，应按表 6.4.2 采用；

柱端箍筋加密区的构造要求　　表 6.4.2

抗震等级	箍筋最大间距(mm)	箍筋最小直径(mm)
一级	$6d$ 和 100 的较小值	10
二级	$8d$ 和 100 的较小值	8
三级	$8d$ 和 150(柱根 100)的较小值	8
四级	$8d$ 和 150(柱根 100)的较小值	6(柱根 8)

注：1　d 为柱纵向钢筋直径（mm）；
　　2　柱根指框架柱底部嵌固部位。

2）一级框架柱的箍筋直径大于 12mm 且箍筋肢距不大于 150mm 及二级框架柱箍筋直径不小于 10mm 且肢距不大于 200mm 时，除柱根外最大间距应允许采用 150mm；三级框架柱的截面尺寸不大于 400mm 时，箍筋最小直径应允许采用 6mm；四级框架柱的剪跨比不大于 2 或柱中全部纵向钢筋的配筋率大于 3%时，箍筋直径不应小于 8mm；

3）剪跨比不大于 2 的柱，箍筋间距不应大于 100mm。

6.4.8　抗震设计时，柱箍筋设置尚应符合下列规定：

1　箍筋应为封闭式，其末端应做成 135°弯钩且弯钩末端平直段长度不应小于 10 倍的箍筋直径，且不应小于 75mm。

2　箍筋加密区的箍筋肢距，一级不宜大于 200mm，二、三级不宜大于 250mm 和 20 倍箍筋直径的较大值，四级不宜大于 300mm。每隔一根纵向钢筋宜在两个方向有箍筋约束；采用拉筋组合箍时，拉筋宜紧靠纵向钢筋并勾住封闭箍筋。

【例 4.2.3-30】 设某框架角柱截面尺寸 $b\times h$=600mm×600mm，抗震等级为一级。Ⅱ类场地，采用 C40 混凝土，纵向受力钢筋采用 HRB400 级，箍筋采用 HPB300 级。该柱加密区截面配筋如图 4.2.3-19 所示。

设所配钢筋均满足柱的承载能力和变形要求，则配筋图中标有（a）、（b）、（c）处，选项中全部有错误的是哪项？

（提示未标注处不必判别正确或错误。）

（A）（a）、（b）

（B）（a）、（c）

（C）（b）、（c）

（D）没有错误

【答案】（C）

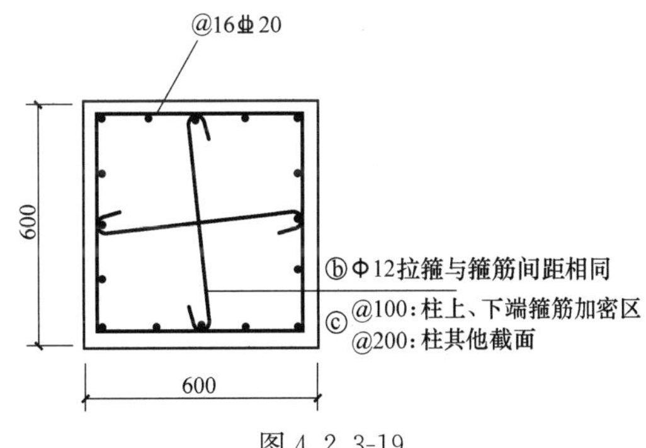

图 4.2.3-19

【解答】（1）本题柱纵向受力钢筋间距小于 200mm，满足《高规》第 6.4.4 条第 2 款的规定，故（a）正确；

（2）根据《高规》第 6.4.8 条，一级框架柱箍筋加密区的箍筋肢距不大于 200mm，故（b）错；

(3) 根据《高规》第6.4.6条第5款，一级和二级框架角柱箍筋应在柱全高范围内加密，故(c)错。

【例4.2.3-31】 按构造要求确定柱加密区复合箍筋的直径、间距

条件：某现浇多层框架，环境类别一类，抗震等级为一级，混凝土强度等级C35，钢筋HRP400(Φ)及HPB300(Φ)。中柱纵向钢筋的配置如图4.2.3-20所示。柱剪跨比$\lambda=2$，柱轴压比为0.70，纵向钢筋为12Φ22。

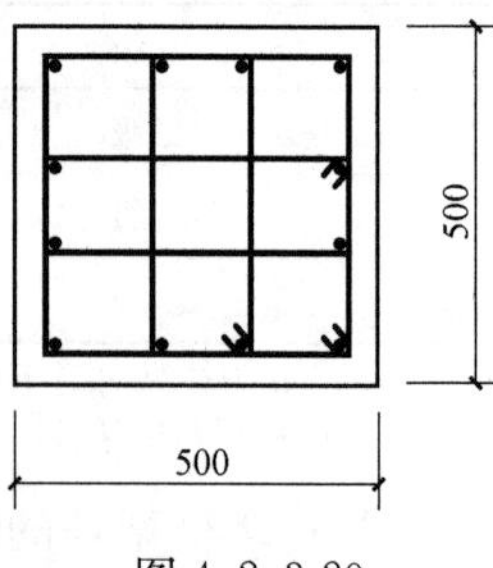

图4.2.3-20

要求：按构造要求确定加密区复合箍筋的直径、间距。

【解答】

(1) 由《高规》6.4.3条的表6.4.3-2，一级抗震，柱箍筋加密区：箍筋直径不小于10mm，间距$s_{max}=\min(6d,100)=\min(6\times22,100)=100mm$。

(2) 由《高规》表6.4.7，一级抗震，复合箍筋，轴压比$\mu_N=0.70$，查得配箍特征值$\lambda_v=0.17$。

由《高规》式(6.4.7)，$\rho_v\geqslant\lambda_v\frac{f_c}{f_{yv}}$

$$C35, f_c=16.7N/mm^2, HPB300, f_{yv}=270N/mm^2$$

$$\rho_v\geqslant\lambda_v\frac{f_c}{f_{yv}}=0.17\times\frac{16.7}{270}=1.052\%。$$

根据表6.4.7及注3，$\rho_v=1.2\%$

(3) 由《混规》式6.6.3-2$\rho_v=\frac{nA_sl}{A_{cov}s}$

$$l=500-2\times25=450mm, A_{cor}=(500-2\times30)^2=440^2=193600mm^2$$

$$\rho_v=\frac{nA_sl}{A_{cor}s}=\frac{8A_s(500-2\times25)}{(500-2\times30)^2s}\geqslant1.2\%$$

取$s=100mm$，则$A_s\geqslant64.5mm^2$，取$\phi10$，$A_s=78.5mm^2$，加密区箍筋：$\phi10@100$

(3) 非加密区的箍筋配置

《高规》规定

6.4.8 抗震设计时，柱箍筋设置尚应符合下列规定：

3 柱非加密区的箍筋，其体积配箍率不宜小于加密区的一半；其箍筋间距，不应大于加密区箍筋间距的2倍，且一、二级不应大于10倍纵向钢筋直径，三、四级不应大于15倍纵向钢筋直径。

【例4.2.3-32】 某钢筋混凝土多层框架结构的底层中柱，截面尺寸如图4.2.3-21所示，抗震等级为四级，混凝土强度等级为C30。纵向受力钢筋采用HRB400级钢筋，箍筋采用HPB300级钢筋，纵向钢筋的配置为4Φ20(角筋)+4Φ12，经验算可按构造要求配置箍筋。

要求：该柱加密区和非加密区箍筋的配置，

【解答】

(1) 该结构为多层房屋、故按《混规》的规定回答。

根据《混规》表 11.4.12-2，四级抗震时底层柱底加密区箍筋最小直径为 ϕ8。箍筋最大间距为 $s=\min(8d,100)=\min(8\times12,100)=96\text{mm}$。

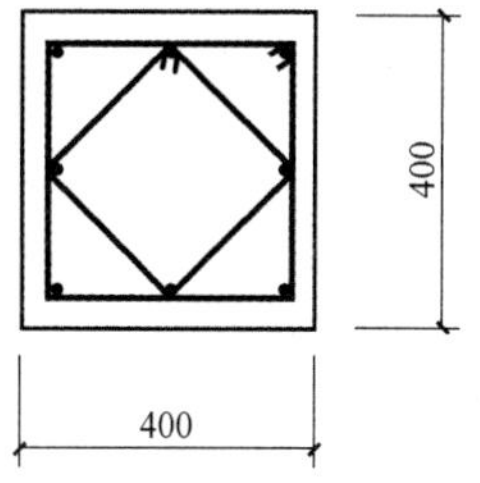

图 4.2.3-21

根据《混规》第 9.3.2 条 2 款，非加密区箍筋间距应 $s\leqslant15d=15\times12\text{mm}=180\text{mm}$。

故选用 ϕ8@90/180。

（2）按《高规》的规定回答，结果相同。

根据《高规》表 6.4.3-2，四级抗震时柱根的加密区箍筋最小直径为 ϕ8。箍筋最大间距为 $s=\min(8d,100)=\min(8\times12,100)=96\text{mm}$。

根据《高规》6.4.8 条 3 款，四级抗震时非加密区箍筋间距

$$s=\min(2\times96\text{mm}=192\text{mm},15\times12\text{mm}=180\text{mm})=180\text{mm}$$

故选用 ϕ8@90/180。

【例 4.2.3-33】

已知框架抗震等级为二级，角柱轴压比为 0.7，采用 HRB335 级复合箍筋，C30 混凝土，试问，该柱非加密区箍筋最小体积配筋率，与以下何项数值最为接近？

（A）1.19%　　（B）0.42%　　（C）0.60%　　（D）1.04%

【答案】（B）

【解答】

（1）由《高规》表 6.4.7，二级抗震，$\mu_N=0.7$，复合箍，柱端箍筋加密区最小配箍特征值 $\lambda_v=0.15$

（2）由《高规》式（6.4.7），加密区内的箍筋体积配箍率 $\rho_v\geqslant\lambda_v\dfrac{f_c}{f_{yv}}$

加密区，$\rho_v\geqslant\dfrac{\lambda_v f_c}{f_{yv}}=0.15\times16.7/300=0.835\%$

因混凝土强度等级低于 C35，按 C35 级取 $f_c=16.7\text{N/mm}^2$。

（3）由《高规》6.4.8 条 3 款，柱非加密区的箍筋，其体积配箍率不宜小于加密区的一半；非加密区：$\rho_{vmin}=\dfrac{\rho_v}{2}=0.42\%$，选（B）。

7. 施工图校审

（1）纵筋配置的审校

① 全部纵向钢筋最小配筋率

根据《高规》6.4.3 条第 1 款表 6.4.3-1，

② 全部纵向钢筋最大配筋率

根据《高规》6.4.4 条第 3 款，

③ 每一侧纵向钢筋最小配筋率

根据《高规》6.4.3 条第 1 款，

④ 纵筋间距

根据《高规》6.4.4 条第 2 款，

（2）箍筋配置的审校

① 加密区箍筋最大间距

根据《高规》6.4.3条第2款表6.4.3-2，

② 加密区箍筋最小直径

根据《高规》6.4.3条第2款表6.4.3-2，

③ 箍筋加密区范围

根据《高规》6.4.6条，

④ 体积配箍率

根据《高规》6.4.7条第1、2款，

⑤ 最小配箍特征值

根据《高规》6.4.7条表6.4.7。

⑥ 加密区箍筋最小肢距

根据《高规》6.4.8条第2款。

（3）算例

【例 4.2.3-34】 校审框架结构中柱纵向钢筋的构造

条件：有一框架结构中柱的配筋情况如图4.2.3-22所示。该结构为一般民用建筑。框架的抗震等级为二级，环境类别为一类；混凝土强度等级为C35；钢材采用HPB300（ϕ）和HRB400（Φ）。

要求：校审该柱纵向钢筋的构造。

图 4.2.3-22

【解答】（1）全部纵向钢筋最小配筋率：由《高规》第6.4.3条第1款表6.4.3-1，$\rho_{min}=0.85\%$（0.8+0.05=0.85）。

实际配筋：4Φ14+6Φ18，$A_s=(615+1527)\text{mm}=2142\text{mm}^2$，

$\rho=\dfrac{2142}{400\times600}=0.89\%>0.85\%$，不违规。

（2）全部纵向钢筋最大配筋率：由《高规》第6.4.4条第3款，$\rho_{max}=5\%>0.89\%$，不违规。

（3）每一侧纵向钢筋最小配筋率：由《高规》第6.4.3条第1款，$\rho_{min}=0.2\%$

实际每一侧配筋：3Φ18，$A_s=763\text{mm}^2$，$\rho=\dfrac{763}{400\times600}=0.32\%>0.2\%$，不违规。

（4）纵筋间距：由《高规》第6.4.4条第2款，抗震等级为二级纵筋间距≤200mm，不违规。

结论：不违规。

【例 4.2.3-35】 校审框架结构中柱加密区箍筋的构造

条件：有一框架结构中柱的配筋情况如图4.2.3-23所示。该结构为一般民用建筑。框架的抗震等级为二级，环境类别为一类；该中柱的轴压比$\mu_N\leqslant0.3$。混凝土强度等级为C35；钢材采用HPB300（ϕ）和HRB400（Φ），柱净高3.6m、两端500mm为箍筋加密

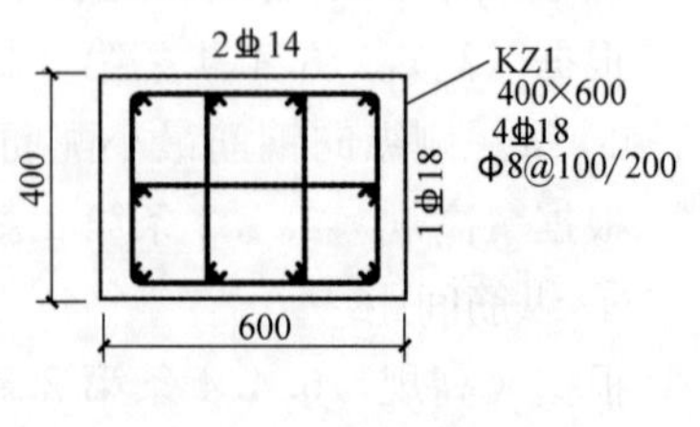

图 4.2.3-23

区范围。

要求：校审该柱加密区箍筋的构造。

【解答】（1）最大间距：由《高规》第 6.4.3 条

表 6.4.3-2 min（$8d$,100mm）=min(8×14mm,100)=100mm，不违规。

（2）最小直径：由《高规》第 6.4.3 条表 6.4.3-2，ϕ_{min}=8mm，不违规。

（3）加密区范围：由《高规》第 6.4.6 条第 1 款，max（h,H_n/6,500）=max(600mm,3600mm/6,500mm)=600mm，两端加密区范围只有 500mm，违规。

（4）体积配箍率：由《高规》第 6.4.7 条表 6.4.7，最小配箍特征值 λ_v=0.08，由《高规》第 6.4.7 条式（6.4.7）

$$[\rho_v]=\lambda_v \cdot \frac{f_c}{f_{yv}}=0.08\times\frac{16.7}{270}=0.495\%<0.6\%$$

实际体积配箍率

l_1=600−2×24=552，l_2=400−2×24=352，A_{cor}=(600−2×28)(400−2×28)根据《混规》(6.6.3-2) 式

$$\rho_v=\frac{\sum n_i A_{svi} l_i}{A_{cor} s}=\frac{3\times552\times50.3+4\times352\times50.3}{544\times344\times100}=0.824\%>0.63\%$$，不违规。

（5）最小肢距：由《高规》第 6.4.8 条第 2 款，肢距=250mm 和 $20d$=20×8=160 中较大者，实际肢距$\frac{550}{3}$mm=183mm<250mm，未违规。

（6）结论：一项违规（加密区范围）。

四、梁柱节点

1. 验算要求

《高规》规定

> **6.2.7** 抗震设计时，一、二、三级框架的节点核心区应进行抗震验算；四级框架节点可不进行抗震验算。各抗震等级的框架节点均应符合构造措施的要求。

《高规》条文说明指出

> **6.2.7** 节点核心区的验算可按现行国家标准《混规》GB 50010 的有关规定执行。

【例 4.2.4-1】 下列何项的框架节点核心区需进行抗震验算。

（A）仅一级框架，节点核心区需进行抗震验算

（B）一、二级框架，节点核心区均需进行抗震验算

（C）一、二、三级框架，节点核心区均需进行抗震验算

（D）一、二、三、四级框架，节点核心区均需进行抗震验算

【答案】（C）

【解答】 根据《高规》第 6.2.7 条的规定解答。

2. 节点核心区的剪力设计值

《混规》规定

11.6.2 一、二、三级抗震等级的框架梁柱节点核心区的剪力设计值 V_j，应按下列规定计算：

1 顶层中间节点和端节点

1）一级抗震等级的框架结构和9度设防烈度的一级抗震等级框架：

$$V_j=\frac{1.15\sum M_{bua}}{h_{b0}-a_s'} \quad (11.6.2\text{-}1)$$

2）其他情况：

$$V_j=\frac{\eta_{jb}\sum M_b}{h_{b0}-a_s'} \quad (11.6.2\text{-}2)$$

2 其他层中间节点和端节点

1）一级抗震等级的框架结构和9度设防烈度的一级抗震等级框架：

$$V_j=\frac{1.15\sum M_{bua}}{h_{b0}-a_s'}\left(1-\frac{h_{b0}-a_s'}{H_c-h_b}\right) \quad (11.6.2\text{-}3)$$

2）其他情况：

$$V_j=\frac{\eta_{jb}\sum M_b}{h_{b0}-a_s'}\left(1-\frac{h_{b0}-a_s'}{H_c-h_b}\right) \quad (11.6.2\text{-}4)$$

式中：$\sum M_{bua}$——节点左、右两侧的梁端反时针或顺时针方向实配的正截面抗震受弯承载力所对应的弯矩值之和，可根据实配钢筋面积（计入纵向受压钢筋）和材料强度标准值确定；

$\sum M_b$——节点左、右两侧的梁端反时针或顺时针方向组合弯矩设计值之和，一级抗震等级框架节点左右梁端均为负弯矩时，绝对值较小的弯矩应取零；

η_{jb}——节点剪力增大系数，对于框架结构，一级取1.50，二级取1.35，三级取1.20；对于其他结构中的框架，一级取1.35，二级取1.20，三级取1.10；

h_{b0}、h_b——分别为梁的截面有效高度、截面高度，当节点两侧梁高不相同时，取其平均值；

H_c——节点上柱和下柱反弯点之间的距离；

a_s'——梁纵向受压钢筋合力点至截面近边的距离。

【例4.2.4-2】 顶层节点剪力设计值的计算

条件：抗震设防的高层框架-剪力墙结构中的某榀框架，抗震等级为二级，中节点左侧梁端的弯矩设计值 $M_b^l=100.8\text{kN}\cdot\text{m}$（↻），右侧梁端的弯矩设计值 $M_b^r=28.4\text{kN}\cdot\text{m}$（↺），左侧梁高700mm，右侧梁高500mm，纵向钢筋合力点至截面近边的距离 $a_s=a_s'=35\text{mm}$，柱计算高度 $H_c=3.6\text{m}$，

要求：确定节点剪力设计值。

【解答】 由于节点两侧梁高度不等，按《混规》11.6.2条规定取其平均值 $h_b=\frac{700+500}{2}=600\text{mm}$，$h_{b0}=600-35=565\text{mm}$；

按《混规》式（11.6.2-2）得：

$$V_j=\eta_{jb}\frac{(M_b^l+M_b^r)}{h_{b0}-a_s'}=1.2\frac{100.8-28.4}{0.565-0.035}=163.9\text{kN}$$

【例 4.2.4-3】 节点核心区剪力设计值（抗震等级一级）

条件：某高层框剪结构，抗震等级为一级。已知中间框架节点左侧梁端的弯矩设计值 $M_b^l=120\text{kN}\cdot\text{m}$（↻），右侧梁端的弯矩设计值 $M_b^r=30\text{kN}\cdot\text{m}$（↺），梁高为 700mm，$a_s=a_s'=40\text{mm}$，柱计算高度 $H_c=3.6\text{m}$。

要求：节点核心区组合剪力设计值

【解答】（1）$h=700\text{mm}$，$h_0=h-a_s=(700-40)\text{mm}=660\text{mm}$。

（2）根据《混规》11.6.2 条规定：$\sum M_b$的取值，当为一级节点左、右梁端弯矩均为负弯矩值时，绝对值较小的弯矩应取零，$\sum M_b=(120+0)\text{kN}\cdot\text{m}$。$\eta_{jb}=1.5$。

$$V_j=\frac{\eta_{jb}\sum M_b}{h_{b0}-a_s'}\left(1-\frac{h_{b0}-a_s'}{H_c-h_b}\right)=\frac{1.5\times(120+0)\times10^6}{660-40}\times\left(1-\frac{660-40}{3600-700}\right)\text{kN}=228.2\text{kN}$$

【例 4.2.4-4】 节点核心区的剪力设计值（一级）

条件：有一现浇混凝土框架结构，抗震等级为一级，中间非顶层框架节点 B 处左右两端梁截面尺寸均为 350mm×600mm，$a_s=a_s'=40\text{mm}$。节点左、右端实配弯矩设计值之和$\sum M_{bua}=915\text{kN}\cdot\text{m}$。柱断面 550mm×550mm，柱的计算高度近似取 3.2m，梁柱中线无偏心。

要求：该节点核心区组合的剪力设计值 V_j（kN）

【解答】 $h_0=h-a_s=600-40=560$

抗震等级一级，由《混规》式（11.6.2-3）得：

$$V_j=\frac{1.5\sum M_{bua}}{h_{b0}-a_s'}\left(1-\frac{h_{b0}-a_s'}{H_c-h_b}\right)=\frac{1.5\times915\times10^6}{560-40}\times\left(1-\frac{560-40}{3200-600}\right)\text{kN}=1618.85\text{kN}$$

【例 4.2.4-5】～【例 4.2.4-6】

某抗震设计烈度为 9 度，抗震等级为一级的现浇钢筋混凝土多层框架结构房屋，梁柱混凝土强度等级为 C30，纵筋均采用 HRB400 级热轧钢筋。框架中间楼层某端节点平面及节点配筋如图 4.2.4-1 所示。

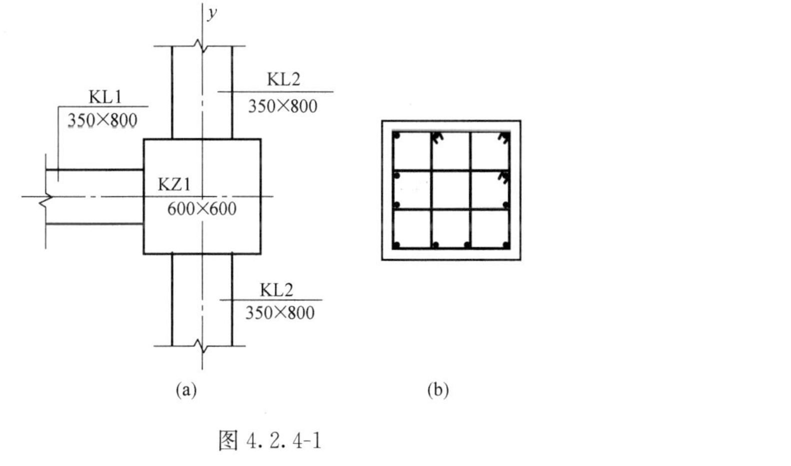

图 4.2.4-1

450
h_1
450
h_c
400
h_2
600

图 4.2.4-2

【例 4.2.4-5】 上、下柱反弯点之间的距离条件：该节点上、下楼层的层高均为4.5m，上柱的上、下端弯矩设计值分别为：

$$M_{c1}^{t}=450\text{kN}\cdot\text{m}, M_{c1}^{b}=400\text{kN}\cdot\text{m}$$

下柱的上、下端弯矩设计值分别为

$$M_{c2}^{t}=450\text{kN}\cdot\text{m}, M_{c2}^{b}=600\text{kN}\cdot\text{m}$$

柱上除节点外无水平荷载作用。

要求：上、下柱反弯点之间的距离 h_c。

【解答】 该节点上下楼层的弯矩图如图4.2.4-2所示，反弯点之间的距离为 $h_c=h_1+h_2$。依据比例关系。

上层柱反弯点距中间层距离：$h_1=\dfrac{400\times4.5\text{mm}}{400+450}=2.118\text{mm}$

下层柱反弯点距中间层距离：$h_2=\dfrac{450\times4.5\text{mm}}{450+600}=1.929\text{mm}$

上、下柱反弯点间距离：$h_c=h_1+h_2=2.118+1.929=4.047\text{mm}$。

【例4.2.4-6】 节点核心区的剪力设计值

条件：中间楼层框架梁KL1在考虑 x 方向地震作用组合时，梁端最大负弯矩设计值 $M_b=600\text{kN}\cdot\text{m}$；梁端上部和下部纵筋采用HRB400、均为6Φ25（$A_s=A_s'=2945\text{mm}^2$），$a_s=a'_s=40\text{mm}$；该节点上柱和下柱反弯点之间的距离为4.5m，梁高为800mm。

要求：在 x 方向进行节点验算时，该节点核心区的剪力设计值。

【解答】 混凝土C30，$f_{ck}=20.1\text{N/mm}^2$，纵筋HRB400、$f_{yk}=400\text{N/mm}^2$，框架梁 $h_{b0}=(800-40)\text{mm}=760\text{mm}$，$\gamma_{RF}=0.75$，$H_c=4500\text{mm}$

（1）计算梁受弯承载力

根据《混规》11.3.2条的条文说明计算 M_{bua}

$$M_{bua}=\frac{M_{buk}}{\gamma_{RE}}\approx\frac{1}{\gamma_{RE}}f_{yk}A_k^a(h_0-a_s')=\frac{1}{0.75}\times400\times2945\times(760-40)\text{N}\cdot\text{mm}$$

$$=1130.88\times10^6\text{N}\cdot\text{mm}$$

（2）按《混规》式（11.6.2-3）计算

$$V_j=1.15\frac{\Sigma M_{bua}}{h_{b0}-a_s'}\left(1-\frac{h_{b0}-a_s'}{H_c-h_b}\right)$$

$$V_j=1.15\times\frac{1130.88\times10^6}{760-40}\times\left(1-\frac{760-40}{4500-800}\right)\times10^{-3}\text{kN}=1455\text{kN}$$

3. 节点抗震受剪承载力的上限

《混规》规定

> **11.6.3** 框架梁柱节点核心区的受剪水平截面应符合下列条件：
>
> $$V_j\leqslant\frac{1}{\gamma_{RE}}(0.3\eta_j\beta_c f_c b_j h_j) \quad (11.6.3)$$
>
> 式中：h_j——框架节点核心区的截面高度，可取验算方向的柱截面高度 h_c；

b_j——框架节点核心区的截面有效验算宽度，当 b_b 不小于 $b_c/2$，可取 b_c；当 b_b 小于 $b_c/2$ 时，可取 $(b_b+0.5h_c)$ 和 b_c 中的较小值；当梁与柱的中线不重合且偏心距 e_0 不大于 $b_c/4$ 时，可取 $(b_b+0.5h_c)$、$(0.5b_b+0.5b_c+0.25h_c-e_0)$ 和 b_c 三者中的最小值。此处，b_b 为验算方向梁截面宽度，b_c 为该侧柱截面宽度；

η_j——正交梁对节点的约束影响系数：当楼板为现浇、梁柱中线重合、四侧各梁截面宽度不小于该侧柱截面宽度 1/2，且正交方向梁高度不小于较高框架梁高度 3/4 时，可取 η_j 为 1.50，但对 9 度设防烈度宜取 η_j 为 1.25；当不满足上述条件时，应取 η_j 为 1.00。

正交梁对节点的约束影响系数 η_j 的计量流程框图

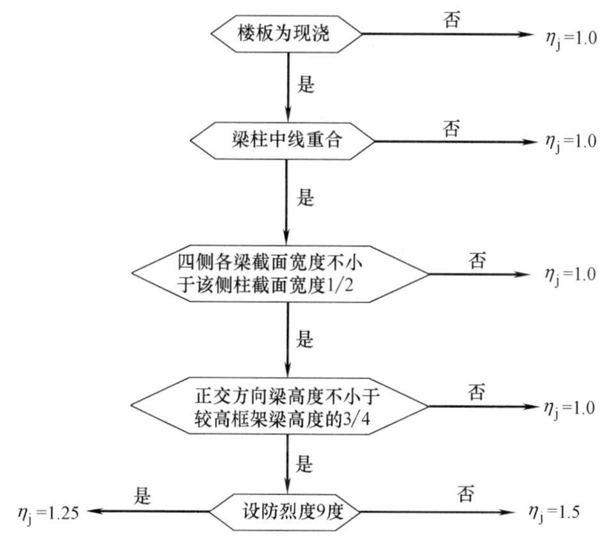

框架节点核心区的截面有效验算宽度 b_j 的计量流程框图

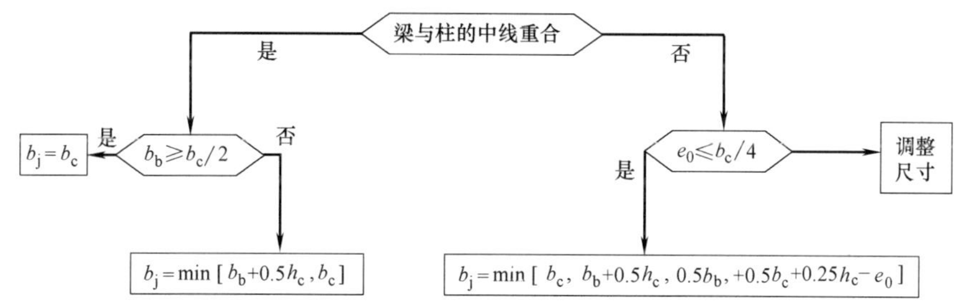

b_j——框架节点核心区的截面有效验算宽度；

b_b——验算方向梁截面宽度；

b_c——该侧柱截面宽度；

e_0——梁与柱中线的偏心距。

【例 4.2.4-7】 节点核心区受剪截面最大受剪承载力

条件：某抗震等级为一级的钢筋混凝土框架结构，首层顶的梁柱中节点横向左侧梁截面尺寸为300mm×800mm，右侧梁截面尺寸为300mm×600mm，纵向梁截面尺寸为300mm×700mm，柱截面尺寸为600mm×600mm，梁柱中心线间无偏心，梁柱混凝土强度等级为C30，上柱底部考虑地震作用组合的轴向压力设计值N=3484.0kN。

要求：节点核心区受剪截面最大受剪承载力。

$$V_j \leqslant \frac{1}{\gamma_{RE}}(0.30\eta_j\beta_j f_c b_j h_j)$$

【解答】(1) 确定节点的约束系数η_j，对四边有梁约束的节点，当两个方向梁的高差不大于框架主梁高度的1/4，且梁宽不小于1/2柱宽时，取η_j=1.5。本题梁宽均为300mm，柱截面$\frac{600}{2}$=300，均不小于柱截面的1/2较高梁为800mm，$800\times\frac{3}{4}$=600mm，各梁高都不小于600，所以取η_j=1.5。

(2) 确定框架节点截面的有效高度，取$h_j=h_c$，节点截面的宽度，当梁柱轴线重合，且$b_b=b_c/2$，$b_b=300=b_c/2=600/2=300$，取$b_j=b_c$=600mm。

(3) 将已知值代入后得：

$$[V_j]=\frac{1}{0.85}\times(0.30\times1.5\times14.3\times600\times600)\text{N}=2725411\text{N}=2725.411\text{kN}。$$

【例4.2.4-8】核心区混凝土轴心受压强度

条件：有一现浇混凝土框架结构，抗震等级为一级，中间框架节点四侧各梁截面尺寸均为350mm×600mm，柱截面面积为550mm×550mm，梁柱中线无偏心。已求得梁柱节点核心区组合的剪力设计值V_j=1550kN。

要求：根据节点核心区受剪截面承载力的要求，求核心区混凝土轴心受压强度f_c的计算值。

【解答】由《混规》11.6.3条，$b_j=b_c$=550mm。

由《混规》11.6.3条，柱四侧各梁截面宽度均大于该侧柱截面宽度的1/2，且正交方向梁高度不小于框架梁高度的3/4。取η_j=1.5。

由《混规》式(11.6.3)

$$V_j \leqslant \frac{1}{\gamma_{RE}}(0.30\eta_j\beta_c f_c b_j h_j)$$

即

$$1550\times10^3 \leqslant \frac{1}{0.85}\times(0.3\times1.5\times1.0\times f_c\times550\times550)$$

$$f_c > 9.68\text{N/mm}^2。$$

4. 节点的抗震受剪承载力

《混规》规定

> **11.6.4** 框架梁柱节点的抗震受剪承载力应符合下列规定：
>
> 1 9度设防烈度的一级抗震等级框架：
>
> $$V_j \leqslant \frac{1}{\gamma_{RE}}\left(0.9\eta_j f_t b_j h_j + f_{yv}A_{svj}\frac{h_{b0}-a_s'}{s}\right) \quad (11.6.4\text{-}1)$$
>
> 2 其他情况：
>
> $$V_j \leqslant \frac{1}{\gamma_{RE}}\left(1.1\eta_j f_t b_j h_j + 0.05\eta_j N\frac{b_j}{b_c} + f_{yv}A_{svj}\frac{h_{b0}-a_s'}{s}\right) \quad (11.6.4\text{-}2)$$

式中：N——对应于考虑地震组合剪力设计值的节点上柱底部的轴向力设计值；当 N 为压力时，取轴向压力设计值的较小值，且当 N 大于 $0.5f_c b_c h_c$ 时，取 $0.5f_c b_c h_c$；当 N 为拉力时，取为 0；

A_{svj}——核心区有效验算宽度范围内同一截面验算方向箍筋各肢的全部截面面积；

h_{b0}——框架梁截面有效高度，节点两侧梁截面高度不等时取平均值。

【例 4.2.4-9】 节点核心区箍筋的配置（抗震等级为一级）

条件：某抗震设计烈度为 9 度，抗震等级为一级的现浇钢筋混凝土多层框架结构，梁柱混凝土强度等级为 C30。框架中间楼层某端节点平面如图 4.2.4 3 所示。框架梁柱节点核心区的剪力设计值 $V=1300$kN，箍筋采用 HRB335 级钢筋，箍筋间距 $s=100$mm，节点核心区箍筋的最小体积配箍率 $\rho_{min}=0.67\%$；$a_s=a'_s=40$mm。

要求：节点核心区箍筋的配置。

提示：①不验算节点核心区受剪截面的最大受剪承载力。

②不验算节点体积配筋率。

图 4.2.4-3

【解答】 $f_c=14.3\text{N/mm}^2$，$f_t=1.43\text{N/mm}^2$，$f_{yv}=300\text{N/mm}^2$，$\beta_c=1.0$，$s=100$mm，$h_{b0}=760$mm。

依据《混规》第 11.1.6 条，$\gamma_{RE}=0.85$，

依据《混规》第 11.6.3 条，$\eta_j=1.0$，

依据《混规》11.6.3 条，$b_b=350>b_c/2=300$mm，

故 $b_j=b_c=600$mm，$h_j=h_c=600$mm，$h_{b0}=800-40=760$mm。

根据《混规》第 11.6.4 条式（11.6.4-1）

$$V_j\leqslant\frac{l}{\gamma_{RE}}\left(0.9\eta_j f_t b_j h_j+f_{yv}A_{svj}\frac{b_{h0}-a'_s}{s}\right)$$

$$1300\times10^3\leqslant\frac{1}{0.85}\left(0.9\times1\times1.43\times600\times600+300A_{svj}\frac{760-40}{100}\right)$$

$$A_{svj}\geqslant297\text{mm}^2$$

采用四肢箍，单肢箍面积：$A_{svl}=\frac{A_{svj}}{4}=\frac{297}{4}\text{mm}^2=74.3\text{mm}^2$

初选Φ10@100，$A_{svl}=78.5\text{mm}^2$。

【例 4.2.4-10】 框架梁柱节点受剪承载力计算

条件：8 度区某框架，二级抗震等级，框架柱截面 $b_c=700$mm，$h_c=700$mm，梁截面 $b_b=350$mm，$h_b=700$mm，梁 $a_s=a'_s=40$mm，梁柱轴线偏心距 $e_0=100$mm，框架柱节点剪力设计值，$V_j=2000$kN，对应于考虑地震作用组合剪力设计值的节点上柱底部的轴向力设计值 $N=2102$kN。采用混凝土强度等级 C30，箍筋为 HRB335 级。

要求：配置节点核心区箍筋。

提示：①不验算节点核心区水平截面；

②不验算节点核心区体积配箍率。

【解答】 按《混规》第11.6.3条，正交梁节点的约束影响系数 $\eta_j=1.0$（有偏心）；节点核心区的截面有效验算宽度 b_j：

$$e_0=100\text{mm}\leqslant\frac{b_c}{4}=\frac{700}{4}\text{mm}=175\text{mm}$$

故 b_j 按下列三者中取较小值：

① $b_j=0.5b_b+0.5b_c+0.25h_c-e_0=(0.5\times350+0.5\times700+0.25\times700-100)\text{mm}=600\text{mm}$

② $b_j=b_b+0.5h_c=(350+0.5\times700)\text{mm}=700\text{mm}$

③$b_j=b_c=700\text{mm}$

取 $b_j=600\text{mm}$

框架节点核心区的截面高度 $h_j=h_c=700\text{mm}$

框架节点斜截面承载力调整系数 $\gamma_{RE}=0.85$

按《混规》第11.6.4条，

$$0.5f_cb_ch_c=0.5\times14.3\times700\times700\text{N}=3503.5\times10^3\text{N}>2102\times10^3\text{N}$$

轴向力设计值 N 按 2102×10^3 计算，$h_{b0}=h_b-a_s=(700-40)\text{mm}=660\text{mm}$

$$\frac{A_{svj}}{s}=\frac{\gamma_{RE}V_j-1.1\eta_jf_tb_jh_j-0.05\eta_jNb_j/b_c}{f_{yv}(h_{b0}-a_s')}$$

$$=\frac{0.85\times2000\times10^3-1.1\times1.0\times1.43\times600\times700-0.05\times1.0\times2102\times10^3\times600/700}{300\times(660-40)}\text{mm}$$

$$=5.10\text{mm}$$

箍筋竖向间距取 $s=100\text{mm}$，$A_{svj}=5.10\times100\text{mm}^2=510\text{mm}^2$

配5肢Φ12（$A_{sv}=565\text{mm}^2$）。

5. 梁、柱纵向受力钢筋在节点区的锚固和搭接

《混规》规定

> **11.6.7** 框架梁和框架柱的纵向受力钢筋在框架节点区的锚固和搭接应符合下列要求：
>
> 1 框架中间层中间节点处，框架梁的上部纵向钢筋应贯穿中间节点。贯穿中柱的每根梁纵向钢筋直径，对于9度设防烈度的各类框架和一级抗震等级的框架结构，当柱为矩形截面时，不宜大于柱在该方向截面尺寸的1/25，当柱为圆形截面时，不宜大于纵向钢筋所在位置柱截面弦长的1/25；对一、二、三级抗震等级，当柱为矩形截面时，不宜大于柱在该方向截面尺寸的1/20，对圆柱截面，不宜大于纵向钢筋所在位置柱截面弦长的1/20。
>
> 2 对于框架中间层中间节点、中间层端节点、顶层中间节点以及顶层端节点，梁、柱纵向钢筋在节点部位的锚固和搭接，应符合图11.6.7的相关构造规定。图中 l_{lE} 按本规范第11.1.7条规定取用，l_{abE} 按下式取用：
>
> $$l_{abE}=\zeta_{aE}l_{ab} \tag{11.6.7}$$
>
> 式中：ζ_{aE}——纵向受拉钢筋锚固长度修正系数，按第11.1.7条规定取用。

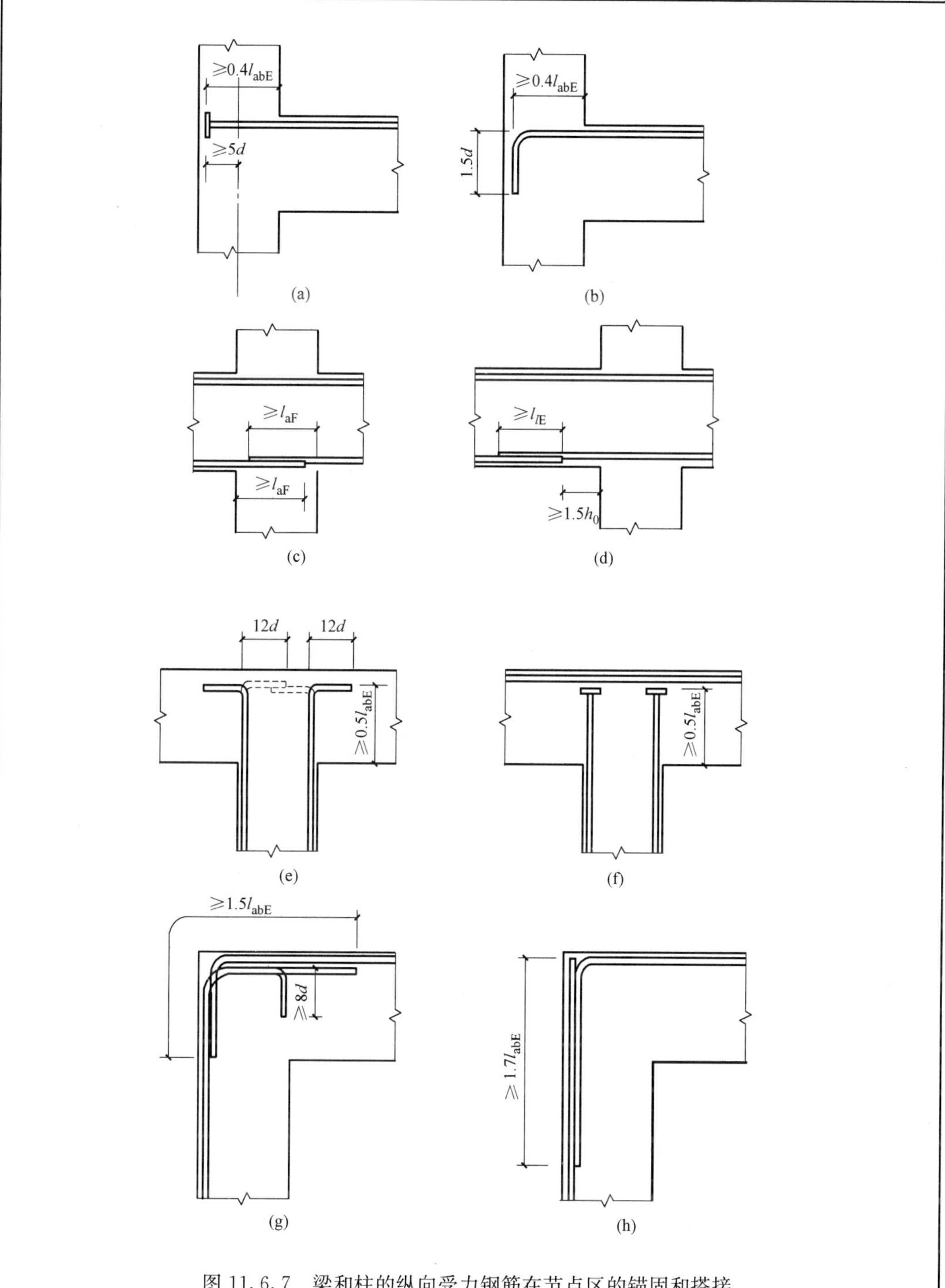

图 11.6.7　梁和柱的纵向受力钢筋在节点区的锚固和搭接

(a) 中间层端节点梁筋加锚头（锚板）锚固；(b) 中间层端间节点梁筋 90°弯折锚固；(c) 中间层中间节点梁筋在节点内直锚固；(d) 中间层中间节点梁筋在节点外搭接；(e) 顶层中间节点柱筋 90°弯折锚固；(f) 顶层中间节点柱筋加锚头（锚板）锚固；(g) 钢筋在顶层端节点外侧和梁端顶部弯折搭接；(h) 钢筋在顶层端节点外侧直线搭接

【例 4.2.4-11】 梁顶面贯穿中柱的纵筋最大直径

条件：钢筋混凝土框架结构，一类环境，抗震等级为二级，混凝土为 C30，中间层中间节点配筋如图 4.2.4-4 所示。

要求：梁顶面贯穿中柱的纵筋最大直径。

【解答】 由《混规》第 11.6.7 条第 1 款，框架中间层的中间节点处，框架梁的上部纵向钢筋应贯穿中间节点，梁内贯穿中柱的每根纵向钢筋直径，对圆柱截面，不宜大于纵向钢筋所在位置柱截面弦长的 1/20。

(1) 一类环境，C30 混凝土梁，保护层厚度取 20mm。钢筋所在处弦长为 $2\sqrt{225^2-100^2}$mm=403mm。

(2) 钢筋直径应小于 1/20 弦长，即 403/20mm=20.16mm≈20mm。

【例 4.2.4-12】 中间层端节点的纵筋锚固

有一框架结构，抗震等级二级。其边柱的中间层节点，如图 4.2.4-5 所示。

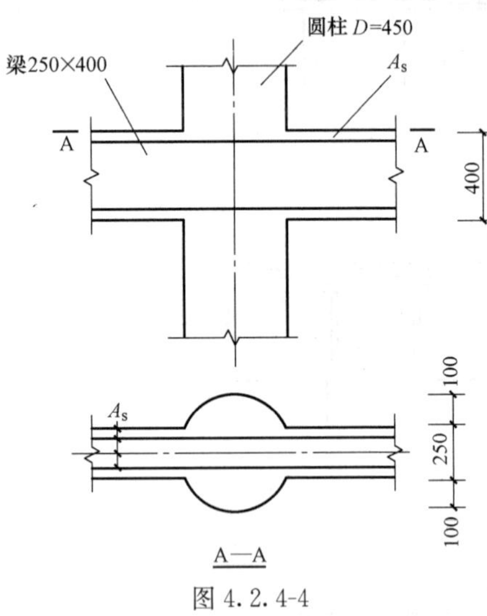

图 4.2.4-4

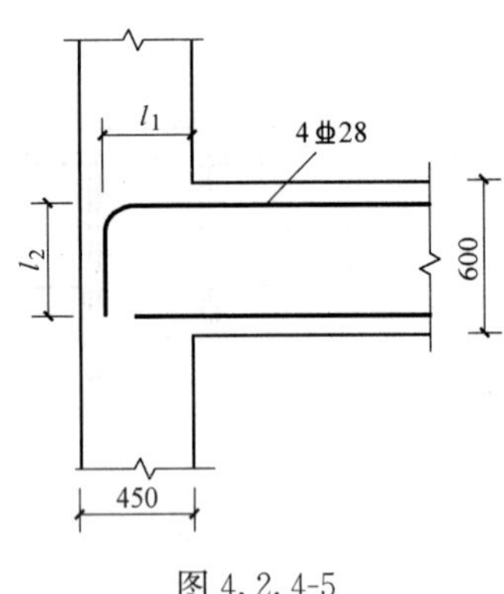

图 4.2.4-5

计算时按刚接考虑；梁上部受拉钢筋采用 HRB400，4Φ28，混凝土强度等级为 C40，a_s=30mm，l_1+l_2（mm）的最合理的长度应与下列何项数值最为接近？

(A) 870　　(B) 830　　(C) 790　　(D) 800

【答案】(D)

【解答】 由《混规》11.6.7 条图 11.6.7 (b)

$$l_1+l_2 \geqslant 0.4l_{abE}+15d$$

由《混规》11.1.7 条式 (11.6.7)

$$l_{abE}=\zeta_{aE}l_{ab}$$

由《混规》11.1.7 条 1 款 $\zeta_{aE}=1.15$

由《混规》8.3.1 条

$$l_{ab}=\alpha \cdot \frac{f_y}{f_t} \cdot d=0.14\times\frac{360}{1.71}\times 28=825\text{mm}$$

$$l_{abE}=1.15\times 825=949\text{mm}$$

$$0.4l_{abE}=0.4\times949=379.6\text{mm}$$

$$l_1+l_2=0.4l_{abE}+15d=379.6+15\times28=799\text{mm}$$

6. 节点核心区的水平箍筋设置

《混规》规定

11.6.8 框架节点区箍筋的最大间距、最小直径宜按本规范表 11.4.12-2 采用。对一、二、三级抗震等级的框架节点核心区，配箍特征值 λ_v 分别不宜小于 0.12、0.10 和 0.08，且其箍筋体积配筋率分别不宜小于 0.6%、0.5%和 0.4%。当框架柱的剪跨比不大于 2 时，其节点核心区体积配箍率不宜小于核心区上、下柱端体积配箍率中的较大值。

11.4.12 2 框架柱和框支柱上、下两端箍筋应加密，加密区的箍筋最大间距和箍筋最小直径应符合表 11.4.12-2 的规定；

柱端箍筋加密区的构造要求　　表 11.4.12-2

抗震等级	箍筋最大间距(mm)	箍筋最小直径(mm)
一级	纵向钢筋直径的 6 倍和 100 中的较小值	10
二级	纵向钢筋直径的 8 倍和 100 中的较小值	8
三级	纵向钢筋直径的 8 倍和 150(柱根 100)中的较小值	8
四级	纵向钢筋直径的 8 倍和 150(柱根 100)中的较小值	6(柱根 8)

注：柱根系指底层柱下端的箍筋加密区范围。

【例 4.2.4-13】 节点核心区的箍筋体积配箍率

条件：某 10 层框架结构，框架抗震等级为一级。框架梁、柱混凝土强度等级为 C30（$f_c=14.3\text{N/mm}^2$）。该框架中某柱截面尺寸为 650mm×650mm，剪跨比为 1.8，节点核心区上柱轴压比 0.45，下柱轴压比 0.60，柱纵筋直径为 28mm，节点核心区的箍筋配置，如图 4.2.4-6 所示，采用 HPB300 级钢筋（$f_y=270\text{N/mm}^2$）。

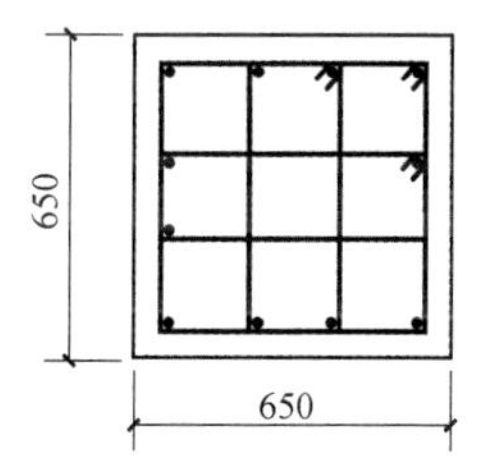

图 4.2.4-6

要求：校核节点核心区箍筋体积配箍率。

【解答】 根据《混规》表 11.4.12-2 抗震等级一级时，箍筋最小直径为 10mm，（6×28mm＝168mm＞100mm，取 100mm），最大间距为 100mm。

$l_1-l_2-650-2\times25=600\text{mm}$，$h_{cor}\times h_{cor}=(650-2\times30)(650-2\times30)=590\times590$。

由《混规》（6.6.3-2）式

$$\rho_v=\frac{78.54\times8\times600}{590\times590\times100}=0.0108。$$

根据《混规》11.6.8 条，要求一级框架节点核心区的配箍特征值 $\lambda\geqslant0.12$，且要求体积配箍率≥0.6%。

根据《混规》11.6.8 条，柱剪跨比不大于 2 的框架节点核心区的配箍特征值不宜小于核心区上、下柱端配箍特征值中较大值。

由《混规》表 11.4.17 查得，一级抗震，轴压比为 0.45、0.60 时最小配箍特征值分别为 0.12 和 0.15，取两者较大值故取核心区 $\lambda_v=0.15$。

根据《混规》式（11.4.17），混凝土强度等级 C30 低于 C35，按（$f_c=16.7\text{N/mm}^2$）

计算

$$\rho_v \geqslant \frac{\lambda_v f_c}{f_{yv}} = \frac{0.15 \times 16.7}{270} = 0.0093 > 0.006。$$

$\rho_v = 0.0108 > 0.0093$，可以。

根据《混规》11.4.17-4，$\lambda < 2$ 时，$\rho_v \geqslant 1.2\%$。

【例 4.2.4-14】 抗震等级为二级的多层框架结构，其节点核心区的尺寸及配筋如图 4.2.4-7 所示，混凝土强度等级为 C40，$f_c = 19.1\text{N/mm}^2$，主筋采用 HRB400，$f_y = 360\text{N/mm}^2$，箍筋采用 HPB300，$f_{yv} = 270\text{N/mm}^2$。已知柱的剪跨比大于 2。

试问，节点核心区箍筋的配置，下列何项最接近又满足规程中的最低构造要求？

(A) ϕ10@150　　(B) ϕ10@100

(C) ϕ8@100　　(D) ϕ8@75

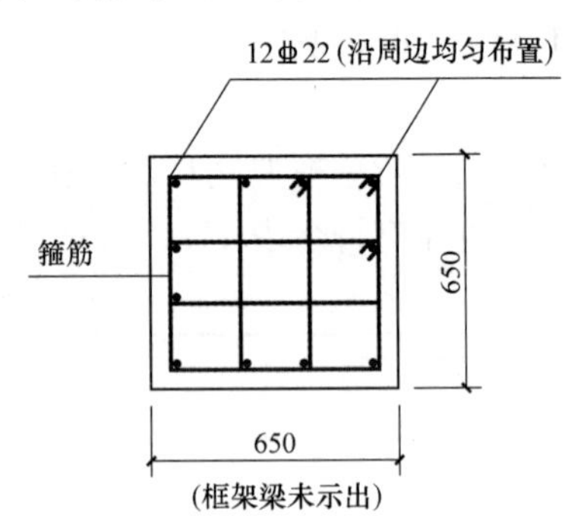

图 4.2.4-7

【答案】(C)

【解答】 根据《混规》11.6.8 条规定。

抗震等级二级，$\lambda_v \geqslant 0.10$，$\rho_v \geqslant 0.5\%$

由《混规》11.4.17 条

$\rho_v \geqslant \lambda_v f_c / f_{yv} = 0.10 \times 19.1/270 = 0.707\% > 0.5\%$

由《混规》(6.6.3-2) 式

$$\rho_v = \frac{\sum n_j A_{sj} l_j}{A_{cor} s} = \frac{2 \times 4 \times A_{sl} \times 590}{590 \times 590 \times s} \geqslant 0.707\%$$

$$\frac{A_{sl}}{s} \geqslant 0.522\text{mm}^2/\text{mm}。$$

根据《混规》11.6.8 条规定，查《混规》表 11.4.12-2 知：

箍筋最小直径：8mm；最大间距：$\min(8d, 100) = \min(8 \times 22, 100) = 100\text{mm}$

故排除（A）项。

选 ϕ10@100，$\frac{A_{sl}}{s} = \frac{78.5}{100} = 0.785 > 0.522$

选 ϕ8@100，$\frac{A_{sl}}{s} = \frac{50.3}{100} = 0.503 \approx 0.522$，满足。

选 ϕ8@75，$\frac{A_{sl}}{s} = \frac{50.3}{75} = 0.6707 > 0.522$

所以最接近又满足规程中最低构造要求的是（C）项。

4.3 剪力墙结构

一、一般规定

1. 剪力墙的最大适用高度和抗震等级

《高规》规定

A 级高度钢筋混凝土高层建筑的最大适用高度（m）　　表 3.3.1-1

结构体系		非抗震设计	抗震设防烈度				
			6 度	7 度	8 度		9 度
					0.20g	0.30g	
剪力墙	全部落地剪力墙	150	140	120	100	80	60
	部分框支剪力墙	130	120	100	80	50	不应采用

钢筋混凝土高层建筑结构适用的最大高宽比　　表 3.3.2

结构体系	非抗震设计	抗震设防烈度		
		6 度、7 度	8 度	9 度
框架-剪力墙、剪力墙	7	6	5	4

A 级高度的高层建筑结构抗震等级　　表 3.9.3

结构类型		烈　　度						
		6 度		7 度		8 度		9 度
剪力墙结构	高度（m）	≤80	>80	≤80	>80	≤80	>80	≤60
	剪力墙	四	三	三	二	二	一	一

2. 结构布置

（1）剪力墙的设置

《高规》规定

7.1.1 剪力墙结构应具有适宜的侧向刚度，其布置应符合下列规定：

1 平面布置宜简单、规则，宜沿两个主轴方向或其他方向双向布置，两个方向的侧向刚度不宜相差过大。抗震设计时，不应采用仅单向有墙的结构布置。

2 宜自下到上连续布置，避免刚度突变。

3 门窗洞口宜上下对齐、成列布置，形成明确的墙肢和连梁；宜避免造成墙肢宽度相差悬殊的洞口设置；抗震设计时，一、二、三级剪力墙的底部加强部位不宜采用上下洞口不对齐的错洞墙，全高均不宜采用洞口局部重叠的叠合错洞墙。

《抗震》规定

6.1.9 抗震墙结构中的抗震墙设置，应符合下列要求：

3 墙肢的长度沿结构全高不宜有突变；抗震墙有较大洞口时，以及一、二级抗震墙的底部加强部位，洞口宜上下对齐。

本项规定的机理《高规》的“条文说明”有讲述，现摘录于下

7.1.1 高层建筑结构应有较好的空间工作性能，剪力墙应双向布置，形成空间结构。特别强调在抗震结构中，应避免单向布置剪力墙，并宜使两个方向刚度接近。

剪力墙的抗侧刚度较大，如果在某一层或几层切断剪力墙，易造成结构刚度突变，因此，剪力墙从上到下宜连续设置。

剪力墙洞口的布置，会明显影响剪力墙的力学性能。规则开洞，洞口成列、成排布置，能形成明确的墙肢和连梁，应力分布比较规则，又与当前普遍应用程序的计算简图较为符合，设计计算结果安全可靠。错洞剪力墙和叠合错洞剪力墙的应力分布复杂，计算、构造都比较复杂和困难。剪力墙底部加强部位，是塑性铰出现及保证剪力墙安全的重要部位，一、二和三级剪力墙的底部加强部位不宜采用错洞布置，如无法避免错洞墙，应控制错洞墙洞口间的水平距离不小于2m，并在设计时进行仔细计算分析，在洞口周边采取有效构造措施（图6a、图6b）。此外，一、二、三级抗震设计的剪力墙全高都不宜采用叠合错洞墙，当无法避免叠合错洞布置时，应按有限元方法仔细计算分析，并在洞口周边采取加强措施（图6c），或在洞口不规则部位采用其他轻质材料填充，将叠合洞口转化为规则洞口（图6d，其中阴影部分表示轻质填充墙体）。

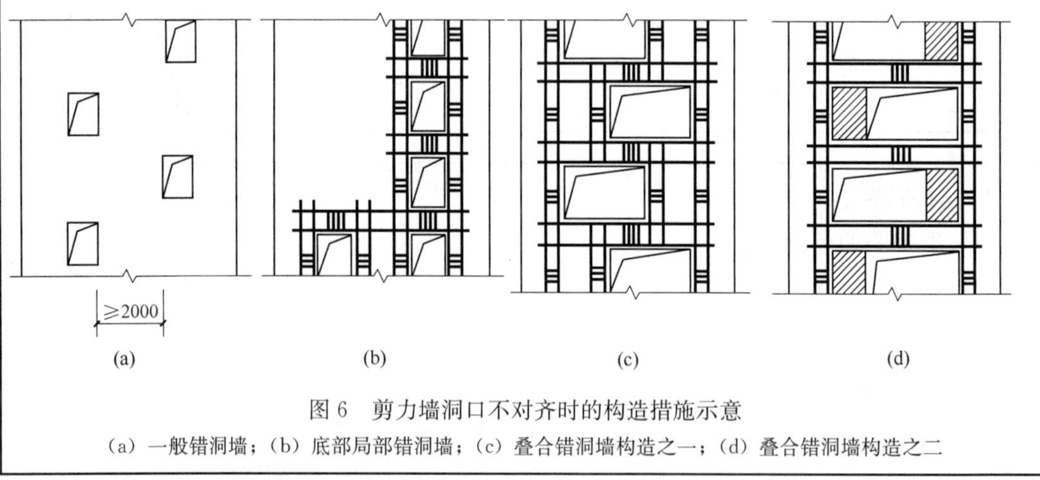

图6　剪力墙洞口不对齐时的构造措施示意

(a) 一般错洞墙；(b) 底部局部错洞墙；(c) 叠合错洞墙构造之一；(d) 叠合错洞墙构造之二

【例4.3.1-1】 下列关于高层剪力墙结构设计的说法，何项是不正确的？

(A) 剪力墙结构中，剪力墙宜沿主轴方向或其他方向双向布置，抗震设计的剪力墙结构，应避免仅单向有剪力墙的结构布置形式

(B) 只要建筑布局需要，对抗震设防区的矩形的建筑平面中，也可只在一个主轴方向上布置剪力墙

(C) 剪力墙应双向或多向布置，宜拉通对直

(D) 剪力墙的门窗洞口宜上下对齐，成列布置

【答案】 (B)

【解答】 根据《高规》7.1.1条1款的规定，选项(A)符合。

根据《高规》7.1.1条1款的规定，选项(B)不符合。

根据《高规》7.1.1条1款的规定，选项(C)符合。

根据《高规》7.1.1条3款的规定，选项(D)符合。

【例4.3.1-2】 图4.3.1-1所示钢筋混凝土高层建筑的剪力墙，何者对抗震最不利？

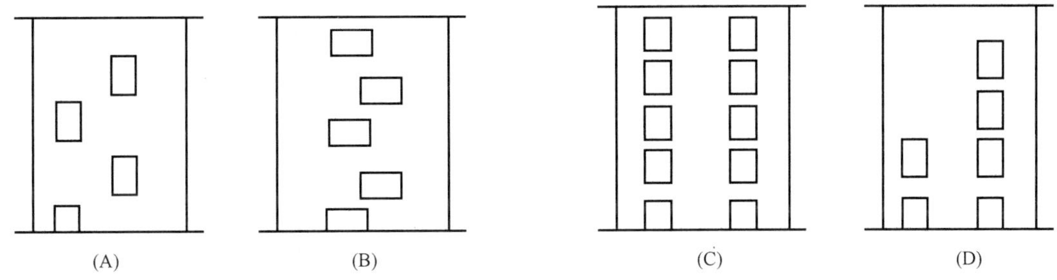

图 4.3.1-1

【答案】(B)

【解答】图(A)为一般叠合错洞墙，图(B)为叠合错洞墙，图(C)为规则开洞墙，图(D)为底层局部错洞墙。根据《高规》7.1.1 条，对抗震设计及非抗震设计，均不宜采用叠合错洞墙。在提示给出的 4 种开洞形式的剪力墙中，对抗震最有利的是(C)，其次是(D)，再次是(A)，(B)为最不利。

【例 4.3.1-3】对于剪力墙上开洞，下列哪一种说法是错误的?

(A)少开洞比多开洞好　　(B)开小洞比开大洞好

(C)单排洞口比多排洞口好　　(D)上下层洞口对齐比洞口错开好

【答案】(C)

【解答】根据《高规》7.1.1 条的规定。

(2)洞口的布置

《高规》规定

> **7.1.2**　剪力墙不宜过长，较长剪力墙宜设置跨高比较大的连梁将其分成长度较均匀的若干墙段，各墙段的高度与墙段长度之比不宜小于 3，墙段长度不宜大于 8m。

《抗震》规定

> **6.1.9**　抗震墙结构中的抗震墙设置，应符合下列要求：
>
> 2　较长的抗震墙宜设置跨高比大于 6 的连梁形成洞口，将一道抗震墙分成长度较均匀的若干墙段，各墙段的高宽比不宜小于 3。

本项规定的机理、两本规程的“条文说明”有讲述，现摘录于下《高规》的“条文说明”

> **7.1.2**　剪力墙结构应具有延性，细高的剪力墙(高宽比大于 3)容易设计成具有延性的弯曲破坏剪力墙。当墙的长度很长时，可通过开设洞口将长墙分成长度较小的墙段，使每个墙段成为高宽比大于 3 的独立墙肢或联肢墙，分段宜较均匀。用以分割墙段的洞口上可设置约束弯矩较小的弱连梁(其跨高比一般宜大于 6)。此外，当墙段长度(即墙段截面高度)很长时，受弯后产生的裂缝宽度会较大，墙体的配筋容易拉断，因此墙段的长度不宜过大，本规程定为 8m。

《抗震》6.1.9 条的“条文说明”

为提高较长抗震墙的延性，分段后各墙段的总高度与墙宽之比，由不应小于2改为不宜小于3（图14）。

图14　较长抗震墙的组成示意图

【例4.3.1-4】剪力墙结构的剪力墙布置，下列何项符合规定?

（A）剪力墙宜双向布置，每个独立墙段的总高度与长度之比不应小于2，墙肢截面高度不应大于8m

（B）剪力墙宜双向布置，每个独立墙段的总高度与长度之比不应小于3，墙肢截面高度不应大于8m

（C）剪力墙宜双向布置，每个独立墙段的总高度与长度之比不应小于2，墙肢截面高度不应大于7m

（D）剪力墙宜双向布置，每个独立墙段的总高度与长度之比不应小于3，墙肢截面高度不应大于7m

【答案】（B）

【解答】根据《高规》7.1.1条、7.1.2条的规定。

【例4.3.1-5】下列关于高层剪力墙结构设计的说法，何项是正确的?

（A）较长的剪力墙可开洞后设连梁，连梁宜采用较大的跨高比

（B）较长的剪力墙宜开设洞口，将其分为长度较为均匀的若干墙段，洞口大小一般取1000mm×1000mm

（C）剪力墙开洞后形成的连梁，可按框架梁进行设计

（D）为增大抗震剪力墙的侧向刚度，宜设置较长的剪力墙，并少开洞口

【答案】（A）

【解答】根据《高规》7.1.2条，在钢筋混凝土剪力墙结构布置中，当剪力墙过长（如超过8m）时，可以开构造洞将剪力墙分成长度合适的均匀的墙肢，用连梁拉接，但连梁刚度不一定要求很大，可做成高度较小的弱梁。

根据《高规》7.1.2条，选项（B）不符合。

根据《高规》7.1.3条，选项（C）不符合。

根据《高规》7.1.2条，（D）项不符合。

【例 4.3.1-6】 图 4.3.1-2 四种独立剪力墙，哪一种抗震性能最好？

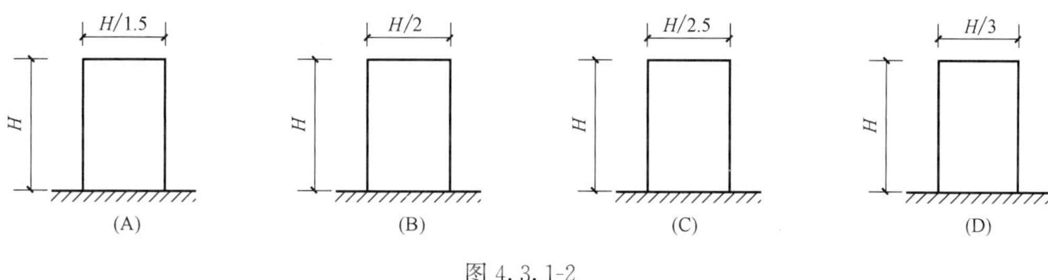

图 4.3.1-2

【答案】（D）

【解答】 根据《高规》7.1.2 条。每个独立墙段的总高度与其截面高度之比不应小于 3。

（3）梁的布置

剪力墙的特点是平面内刚度及承载力大，而平面外刚度及承载力都相对很小。当剪力墙与平面外方向的梁连接时，会造成墙肢平面外弯矩，而一般情况下并不验算墙的平面外的刚度及承载力。

《高规》规定：

1）要求控制剪力墙平面外弯矩；

2）要求采取措施加强剪力墙平面外的刚度和承载力。

《高规》第 7.1.6 条所列措施（图 4.3.1-3），都是当剪力墙墙肢与其平面外方向的楼面梁连接时，增大墙肢抵抗平面外弯矩能力的措施。

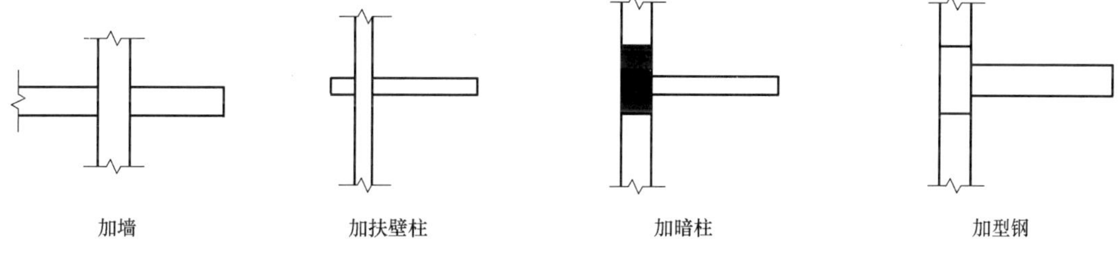

图 4.3.1-3 梁墙相交时的措施

《高规》规定

7.1.6 当剪力墙或核心筒墙肢与其平面外相交的楼面梁刚接时，可沿楼面梁轴线方向设置与梁相连的剪力墙、扶壁柱或在墙内设置暗柱，并应符合下列规定：

1 设置沿楼面梁轴线方向与梁相连的剪力墙时，墙的厚度不宜小于梁的截面宽度；

2 设置扶壁柱时，其截面宽度不应小于梁宽，其截面高度可计入墙厚；

3 墙内设置暗柱时，暗柱的截面高度可取墙的厚度，暗柱的截面宽度可取梁宽加 2 倍墙厚；

4 应通过计算确定暗柱或扶壁柱的纵向钢筋（或型钢），纵向钢筋的总配筋率不宜小于表 7.1.6 的规定。

设计状况	抗震设计				非抗震设计
	一级	二级	三级	四级	
配筋率(%)	0.9	0.7	0.6	0.5	0.5

暗柱、扶壁柱纵向钢筋的构造配筋率　　表 7.1.6

注：采用400MPa、335MPa级钢筋时，表中数值宜分别增加0.05和0.10。

5　楼面梁的水平钢筋应伸入剪力墙或扶壁柱，伸入长度应符合钢筋锚固要求。钢筋锚固段的水平投影长度，非抗震设计时不宜小于 $0.4l_{ab}$，抗震设计时不宜小于 $0.4l_{abE}$；当锚固段的水平投影长度不满足要求时，可将楼面梁伸出墙面形成梁头，梁的纵筋伸入梁头后弯折锚固（图7.1.6），也可采取其他可靠的锚固措施。

6　暗柱或扶壁柱应设置箍筋，箍筋直径，一、二、三级时不应小于8mm，四级及非抗震时不应小于6mm，且均不应小于纵向钢筋直径的1/4；箍筋间距，一、二、三级时不应大于150mm，四级及非抗震时不应大于200mm。

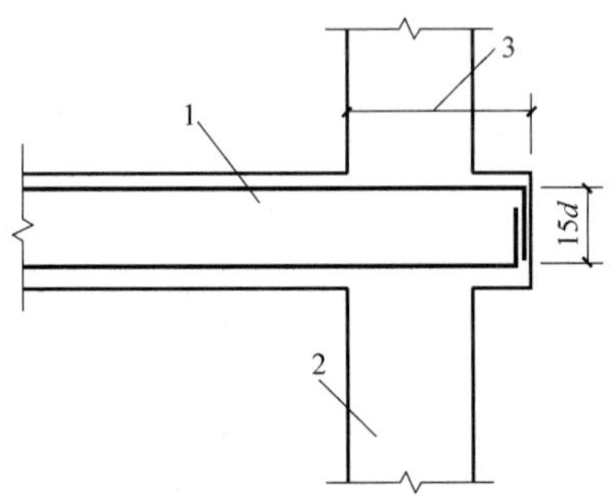

图 7.1.6　楼面梁伸出墙面形成梁头

1—楼面梁；2—剪力墙；3—楼面梁钢筋锚固水平投影长度

《高规》的“条文说明”又作了补充交代

7.1.6　剪力墙的特点是平面内刚度及承载力大，而平面外刚度及承载力部很小，因此，应注意剪力墙平面外受弯时的安全问题。当剪力墙与平面外方向的大梁连接时，会使墙肢平面外承受弯矩，当梁高大于约2倍墙厚时，刚性连接梁的梁端弯矩将使剪力墙平面外产生较大的弯矩，此时应当采取措施，以保证剪力墙平面外的安全。

当梁与墙在同一平面内时，多数为刚接，梁钢筋在墙内的锚固长度应与梁、柱连接时相同。当梁与墙不在同一平面内时，可能为刚接或半刚接，梁钢筋锚固都应符合锚固长度要求。

此外，对截面较小的楼面梁，也可通过支座弯矩调幅或变截面梁实现梁端铰接或半刚接设计，以减小墙肢平面外弯矩。此时应相应加大梁的跨中弯矩，这种情况下也必须保证梁纵向钢筋在墙内的锚固要求。

（4）端柱和翼墙的设置

《抗震》规定

6.1.9 抗震墙结构中的抗震墙设置，应符合下列要求：

1 抗震墙的两端（不包括洞口两侧）宜设置端柱或与另一方向的抗震墙相连；

实际上，纵墙与横墙在相交处位移必须连续，在侧向荷载作用下，纵墙与横墙是共同工作的。因此在计算横墙受力时，要把纵墙的一部分作为翼缘考虑；而在计算纵墙受力时，要把横墙的一部分作为翼缘考虑，因此就有一个翼墙有效宽度如何确定的问题。不同的计算要求有不同的翼墙有效宽度、现分述于下。

① 内力和变形计算时的翼墙有效长度

《抗震》规定

6.2.13 钢筋混凝土结构抗震计算时，尚应符合下列要求：

3 抗震墙结构、部分框支抗震墙结构、框架-抗震墙结构、框架-核心筒结构、筒中筒结构、板柱-抗震墙结构计算内力和变形时，其抗震墙应计入端部翼墙的共同工作。

《抗震》6.2.13 条的“条文说明”指出

3 抗震墙应计入腹板与翼墙共同工作。对于翼墙的有效长度，89 规范和 2001 规范有不同的具体规定，本次修订不再给出具体规定。2001 规范规定：“每侧由墙面算起可取相邻抗震墙净间距一半、至门窗洞口的墙长度及抗震墙高度的 15%三者的最小值”，可供参考。

现将 2001 版的《抗震》6.2.13 条 3 款摘录于下

3 抗震墙结构、部分框支抗震墙结构、框架-抗震墙结构、筒体结构、板柱-抗震墙结构计算内力和变形时，其抗震墙应计入端部翼墙的共同工作。翼墙的有效长度，每侧由墙面算起可取相邻抗震墙净间距的一半、至门窗洞口的墙长度及抗震墙总高度的 15%三者的最小值。

【例 4.3.1-7】 翼墙的有效长度

条件：某剪力墙结构，房屋高度为 54m，底层一双肢剪力墙，如图 4.3.1-4 所示，墙

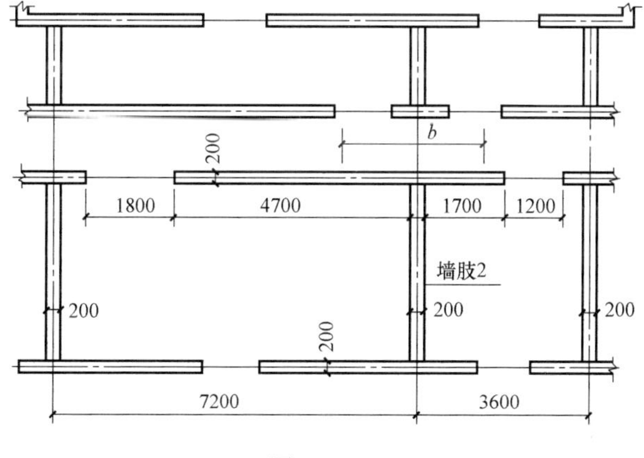

图 4.3.1-4

厚皆为 200mm，主体结构考虑横向水平地震作用计算内力和变形时，与剪力墙墙肢 2 垂直相交的内纵墙作为墙肢 2 的翼墙。

要求：翼墙的有效长度 b 。

【解答】《抗震》第 6.2.13 条条文说明：每侧长度：

（1）左边

① $\frac{1}{2}s_1=\frac{1}{2}\times(7.2-0.2)\text{m}=3.5\text{m}$

② 至洞边：4.7m

③ 15%H：15%×54m=8.1m，取小者，3.5m。

（2）右边

① $\frac{1}{2}s_2=\frac{1}{2}\times(3.6-0.2)\text{m}=1.7\text{m}$

② 至洞边：1.7m

③ 15%H：15%×54m=8.1m，取小者，1.7m。

（3）整个翼缘有效长度 b=3.5m+1.7m+0.2m=5.4m。

② 承载力计算中的翼缘计算宽度

《混规》9.4.3 条规定

> 在承载力计算中，剪力墙的翼缘计算宽度可取剪力墙的间距、门窗洞间翼墙的宽度、剪力墙厚度加两侧各 6 倍翼墙厚度、剪力墙墙肢总高度的 1/10 四者中的最小值。

【例 4.3.1-8】 翼缘计算宽度计算

条件：图 4.3.1-5 为某高层横向剪力墙与纵向剪力墙相交处的局部平面图，剪力墙高度 H_w=40.5m，横向剪力墙间距 3.6m，按规定纵向剪力墙的一部分可作为横向剪力墙的有效翼缘。

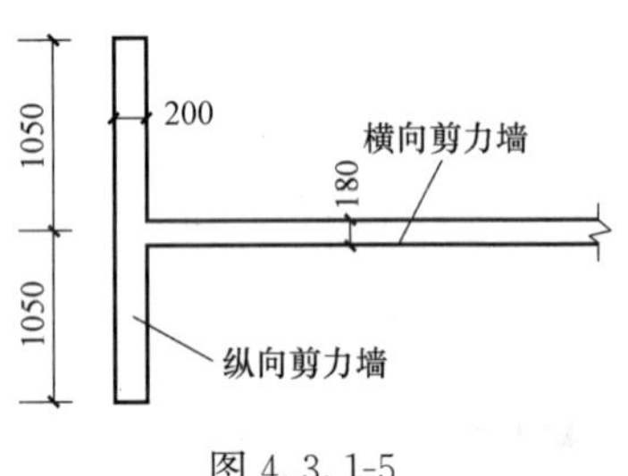

图 4.3.1-5

B=2.1m

要求：承载力计算中的翼缘计算宽度。

【解答】

按《混规》规定计算

剪力墙的间距　3.6m

门窗洞间墙的宽度　2.1m

墙厚加两侧各 6 倍翼墙厚 0.18+2×6×0.2=2.58m

墙高的 1/10　40.5/10=4.05m

四者中取最小值。

③ 边缘构件的翼缘有效范围

边缘构件的翼墙有效范围分二种情况考虑。

1）翼墙长度小于其 3 倍厚度或端柱截面边长小于 2 倍墙厚时，按无翼墙、无端柱考虑；

2）翼墙长度不小于其 3 倍厚度或端柱截面边长不小于 2 倍墙厚时（见图 4.3.1-6），

对能有效约束混凝土的范围取值请看“边缘构件”这一节的内容。

④ 计算“强剪弱弯”实配钢筋的弯矩时计入两侧翼墙内纵向钢筋的翼缘范围。

具体内容请看本节“调整内力设计值”这一段的内容，这里不再重复。

3. 不同洞口的剪力墙

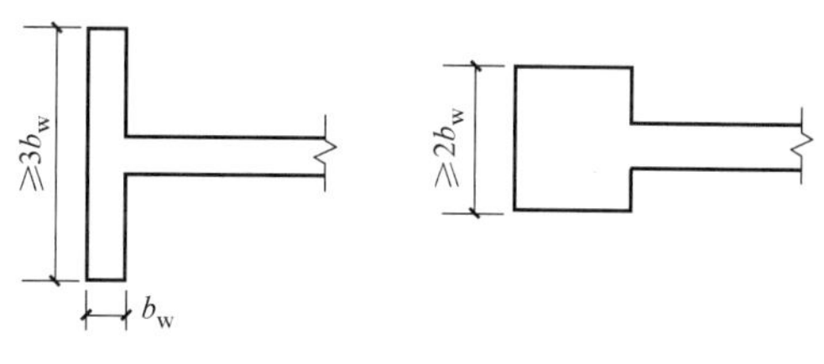

图 4.3.1-6

图 4.3.1-7 所示由弱连梁连接的各墙段、它们的高宽比均大于 3，故每个墙段均为弯曲破坏的延性剪力墙。但各墙段并不全为实体墙、有的墙段还开设有洞口。由于墙段开有洞口，所以剪力墙实际是一开有洞口的悬臂构件，它的受力情况将随洞口的大小、形状和位置的不同而变化。在通常矩形洞口其位置接近横向尺度中部的情况下，其受力特点主要决定于洞口的大小，据此可将剪力墙分为不同的类型，每种类型有不同的力学特性。

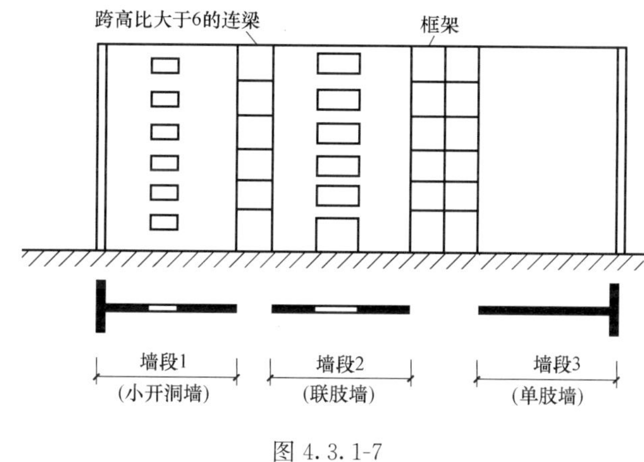

图 4.3.1-7

洞口大小常用洞口系数 ρ 来表示，其定义为：$\rho=\dfrac{\text{墙面洞口面积}}{\text{墙面不计洞口的总面积}}\times 100\%$

(1) 整体墙

凡墙面不开洞或开洞面积较小（通常规定洞口系数小于 15%），且孔洞间净距及洞边至墙边的净距大于洞口长边尺寸时，可以忽略洞口的影响，作为整体墙来考虑，平面假定仍然适用，因而截面应力可按材料力学公式计算，应力图形如图 4.3.1-8(a) 所示。变形属于弯曲型。

(2) 小开口整体墙

当洞口较大（例如洞口系数在 15%至 30%之间）时，平面假定得到的应力应加以修正，此时，可用平面假定得到的应力加上修正应力即可如图 4.3.1-8(b)，变形基本上属于弯曲型。

(3) 双肢剪力墙

如果洞口面积更大（例如洞口系数在 30%～50%之间），此时墙肢截面应力离平面假定所得的应力相差较远，如图 4.3.1-8 (c)，不能用平面假定得到的整体应力加上修正应

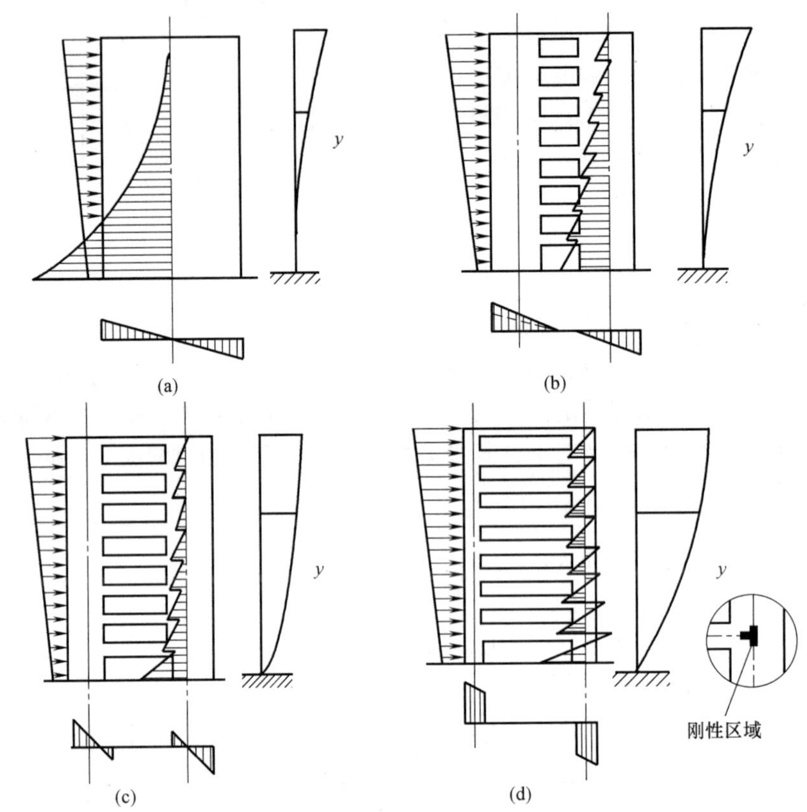

图 4.3.1-8　不同类型剪力墙受力特性

（a）整体墙；（b）小开口整体墙；（c）双肢剪力墙；（d）壁式框架

力来解决，它必须借助于列出墙肢微分方程来求解，它的变形已由弯曲型逐渐向剪切型过渡。对于双肢剪力墙，连梁对其受力特性的影响明显。水平荷载作用下，弯矩在墙肢、连梁之间的分配取决于梁和墙肢的相对刚度。若连梁弱而墙肢强，梁对墙肢的约束作用小，各墙肢如同独立工作的悬臂构件，此时外荷载产生的弯矩基本上由墙肢独立承担，连梁中的弯矩很小，结构的变形为弯曲型。若连梁强而墙肢弱，则梁对墙肢的约束作用大；水平荷载作用下，墙肢在与连梁的连接处转角很小，墙肢的变形表现为每层之间的双曲率弯曲，各层墙肢都有反弯点。结构的总体侧移表现为剪切型。事实上，这种结构的受力特性已接近壁式框架。当连梁和墙肢的相对刚度处于上述两种情况之间时，在水平荷载作用下，连梁的剪力会在墙肢中引起较大的轴力，这种轴力自上而下逐层累加。同时，连梁的约束也会导致墙肢的双曲率弯曲。这两种效应叠加的结果是：在剪力墙的底部数层表现为弯曲型变形，而在上部表现为剪切型变形。结构总体侧移表现为弯剪型，侧移曲线存在反弯点。这个反弯点的高低反映了连梁对墙肢的约束程度以及梁和墙肢的相对强弱。

（4）壁式框架

当洞口尺寸甚大（例如洞口系数大于 50%），虽然仍可按联肢剪力墙进行计算，但其受力情况已接近于框架（如图 4.3.1-8d）。只不过壁梁和壁柱都较宽，因而在梁柱交接区形成不产生弹性变形的刚域，这样梁柱端部一定长度内都属于这个刚域范围，因而常称为壁式框架，它的变形曲线已接近剪切型。

应该指出，与悬臂杆受力不同，墙肢由于宽度较大，每一肢的长宽比较小，故计算时应同时考虑弯曲变形和剪切变形的影响，由于高层结构自重等随高度增大而快速增大，因而还需考虑轴向变形的影响。所以不管是哪一类墙，一般均应考虑弯、剪、轴三种变形影响。

二、悬臂实体剪力墙

1. 延性剪力墙

（1）柱型墙肢、短肢剪力墙和一般剪力墙

实际工程中剪力墙是与各层楼盖或连梁等构件连接形成的空间超静定体系，由于其墙身平面内的刚度较之其连接部件的刚度大得多，在实际计算中为了简化计算又能反映剪力墙的主要受力性能，可将实体剪力墙视为下端固定、上端自由的薄壁悬臂梁，按静定梁计算，这种只考虑一个墙肢的悬臂构件，是剪力墙的基本形式，其抗震性能是剪力墙结构抗震设计的基础。悬臂剪力墙既承受水平荷载所引起的弯矩、剪力，又承受重力荷载所引起的轴向力。整截面墙是截面高度大而厚度相对很小的“片”状构件。有承载力大和平面内刚度大等优点，也具有剪切变形相对较大、平面外较薄弱的不利性能。经过合理设计，悬臂实体剪力墙可达到具有良好变形能力的延性构件。

悬臂实体剪力墙根据墙肢截面高度与厚度之比的不同可分为柱型墙肢、短肢剪力墙和一般剪力墙三类。在设计时的计算、配筋均是有差别的。

① 柱型墙肢

《高规》规定

> **7.1.7** 当墙肢的截面高度与厚度之比不大于 4 时，宜按框架柱进行截面设计。

《高规》的条文说明

> **7.1.7** 剪力墙与柱都是压弯构件，其压弯破坏状态以及计算原理基本相同，但是截面配筋构造有很大不同，因此柱截面和墙截面的配筋计算方法也各不相同。为此，要设定按柱或按墙进行截面设计的分界点。为方便设置边缘构件和分布钢筋，墙截面高厚比 h_w/b_w 宜大于 4。本次修订修改了以前的分界点，规定截面高厚比 h_w/b_w 不大于 4 时，按柱进行截面设计。

《混规》规定

> **9.4.1** 竖向构件截面长边、短边（厚度）比值大于 4 时，宜按墙的要求进行设计。

《混规》的条文说明

> **9.4.1** 根据工程经验并参考国外有关的规范，长短边比例大于 4 的竖向构件定义为墙，比例不大于 4 的则应按柱进行设计。

《抗震》规定

> **6.4.6** 抗震墙的墙肢长度不大于墙厚的3倍时，应按柱的有关要求进行设计；矩形墙肢的厚度不大于300mm时，尚宜全高加密箍筋。

《抗震》是讨论荷载效应的，《混规》是讨论截面承载力的。可见内力计算和配筋计算时在截面长度与厚度之比为3～4这一区段的“柱型墙肢”设计是非常复杂的，内力计算时要按短肢剪力墙考虑，配筋计算时要按框架柱考虑。而轴压比限值的控制还要实行“双控”。

② 短肢剪力墙

《高规》规定

> **7.1.8**
>
> 注：1 短肢剪力墙是指截面厚度不大于300mm，各肢截面高度与厚度之比的最大值大于4但不大于8的剪力墙；

《高规》的条文说明

> **7.1.8** 厚度不大的剪力墙开大洞口时，会形成短肢剪力墙，
>
> 对于L形、T形、十字形剪力墙，其各肢的肢长与截面厚度之比的最大值大于4且不大于8时，才划分为短肢剪力墙。对于采用刚度较大的连梁与墙肢形成的开洞剪力墙，不宜按单独墙肢判断其是否属于短肢剪力墙。

肢长与截面厚度之比的最大值大于4且不大于8时为短肢剪力墙，本节第七段将专门讲述这内容。

③ 一般剪力墙

肢长与截面厚度之比的最大值大于8时为一般剪力墙。

一般剪力墙的设计要求是：在正常使用荷载及小震（或风载）作用下，结构应处于弹性工作阶段，裂缝宽度不能过大；在中等强度地震作用下（设防烈度），允许进入弹塑性状态，但应具有足够的承载能力、延性及良好吸收地震能量的能力；在强烈地震作用（罕遇烈度）下，剪力墙不允许倒塌。此外还应保证剪力墙结构的稳定。

（2）实现延性剪力墙的基本措施

《高规》明确提出：“剪力墙结构应具有延性”（7.1.2条的条文说明）。现在从下列四个方面来论述如何实现“延性剪力墙”。

① 控制墙段的高宽比

在轴向压力和水平力的作用下，实体悬臂墙破坏形态可以归纳为弯曲破坏、弯剪破坏、剪切破坏和滑移破坏几种形态（图4.3.2-1）。弯曲破坏又分为大偏压破坏和小偏压破坏，大偏压破坏是具有延性的破坏形态，小偏压破坏的延性很小，而剪切破坏是脆性的，矮墙经常出现剪切破坏。

要设计成“延性剪力墙”就是要把剪力墙的破坏形态控制在弯曲破坏和大偏压破坏范围内。细高的剪力墙（高宽比大于3）容易设计成弯曲破坏的延性剪力墙，从而可避免脆性的剪切破坏。当墙的长度很长时，为了满足每个端段高宽比大于3的要求，可通过开设洞口将长墙分成长度较小、较均匀的联肢墙或整体墙，洞口连梁宜采用约束弯矩较小的弱

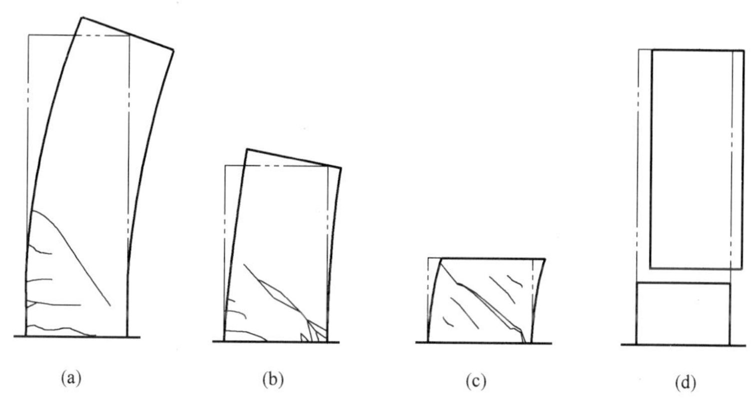

图 4.3.2-1　悬臂墙的破坏形态

（a）弯曲破坏；（b）弯剪破坏；（c）剪切破坏；（d）滑移破坏

连梁。弱连梁是指连梁刚度小、约束弯矩很小的连梁（其跨高比宜大于 6），目的是设置了刚度和承载力比较小的连梁后，地震作用下连梁有可能先开裂、屈服，使墙段成为抗震单元。这是由于连梁对墙肢内力的影响可以忽略，才可近似认为长墙分成了以弯曲变形为主的独立墙段。

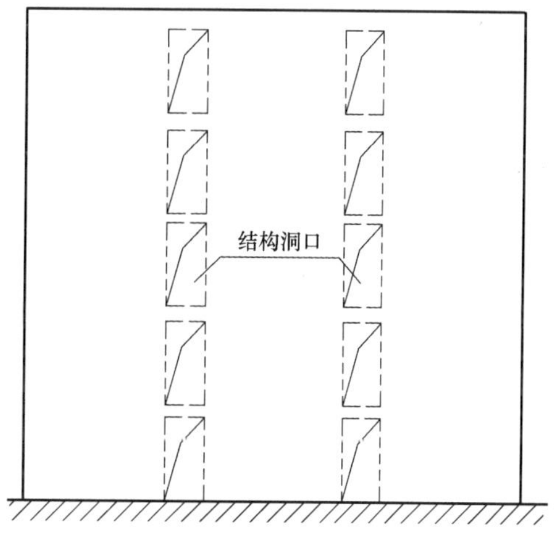

图 4.3.2-2　长墙肢留结构洞

墙肢的平面长度（即墙肢截面高度）不宜大于 8m。剪力墙结构的一个结构单元中，当有少量长度大于 8m 的大墙肢时，计算中楼层剪力主要由这些大墙肢承受，其他小的墙肢承受的剪力很小。一旦地震，尤其超烈度地震时，大墙肢容易首先遭受破坏，而小的墙肢又无足够配筋，使整个结构可能形成各个击破，这是极不利的。当墙肢长度超过 8m 时，应采用施工时墙上留洞，完工时砌填充墙的结构洞方法，把长墙肢分成短墙肢（图 4.3.2-2）。

② 在基底加强部位设置塑性铰

大震时悬臂剪力墙上出现的塑性铰必然会吸收大量的地震能量，缓和地震作用。

在简化计算中悬臂剪力墙是按静定结构计算的，实际上在横向是有多余约束的，故能允许出现塑性铰，但只能出现一个塑性铰。塑性铰的位置可以通过配筋设计来加以控制。如果按设计弯矩图配筋，弯曲屈服就可能沿墙任何高度发生。为保证墙的延性，就要在整个墙高采取较严格的构造措施，这是很不经济的。所以要对塑性铰出现的位置进行控制。

在水平荷载作用下，悬臂剪力墙的弯矩和剪力最大值均在基底部位，一般情况下塑性铰通常在底部截面出现。塑性铰区局限在底部截面以上 h_w 高度范围内，故将这部分设置成底部加强区（图 4.3.2-3），要使悬臂剪力墙具有延性，则要防止剪力墙出现剪切破坏和锚固破坏，充分发挥弯曲作用下的钢筋抗拉作用，使抗震墙的塑性铰具有很好延性。在

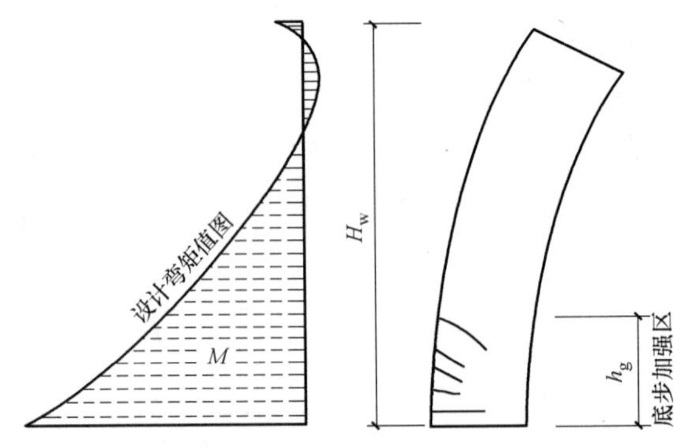

图 4.3.2-3　塑性铰区位于墙肢的底部加强部位

塑性铰区必须按照"强剪弱弯"的设计原则，用截面达到屈服时的剪力进行截面抗剪验算，以保证在塑性铰出现之前，墙肢不剪坏。

为避免脆性的剪切破坏，应按照"强剪弱弯"的要求设计剪力墙墙肢。规范采用的方法是将抗震墙底部加强部位的剪力设计值增大，以防止端底塑性铰区在弯曲破坏前发生剪切脆性破坏。采用增大的剪力设计值计算抗剪配筋可以使设计的受剪承载力大于受弯承载力，达到受弯钢筋首先屈服的目的；但是剪力墙对剪切变形比较敏感，多数情况下剪力墙底部都会出现斜裂缝，当钢筋屈服形成塑性铰区以后，还可能出现剪切滑移破坏、弯曲屈服后的剪切破坏，也可能出现剪力墙平面外的错断而破坏。因此，剪力墙要做到完全的"强剪弱弯"，除了适当提高底部加强部位的抗剪承载力外，还需要考虑本节讨论的其他加强措施。

剪力墙一般都在底部弯矩最大，底截面可能出现塑性铰，底截面钢筋屈服以后由于钢筋和混凝土的粘结力破坏钢筋屈服范围扩大而形成塑性铰区。塑性铰区也是剪力最大的部位，斜裂缝常常在这个部位出现，且分布在一定范围，反复荷载作用就形成交叉斜裂缝，可能出现剪切破坏。在塑性铰区要采取加强措施，称为剪力墙的底部加强部位。由试验可知，一般情况下，塑性铰发展高度为墙底截面以上墙肢高度 h_w 的范围，为安全起见，设计剪力墙时将加强部位适当扩大。

③ 控制轴压比

从图 4.3.2-4 可知，随着轴向力的增大，截面承载力提高，延性明显降低。

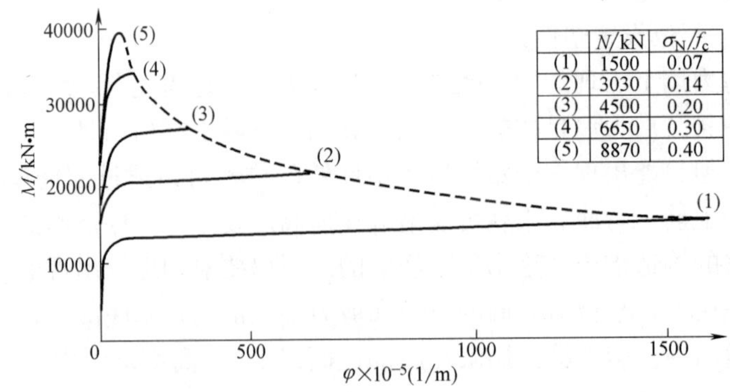

	N/kN	σ_N/f_c
(1)	1500	0.07
(2)	3030	0.14
(3)	4500	0.20
(4)	6650	0.30
(5)	8870	0.40

图 4.3.2-4　剪力墙轴压比变化对 M-φ 的影响

④ 设置边缘构件

由图 4.3.2-5 中的情况（4）可知，当截面没有翼缘时，延性较差。当有翼缘时，会改善墙体的延性性能；随着翼缘面积与截面面积之比的增加，延性也相应增加。从图中的情况（1）与情况（2）相比较来看，片状翼缘和端柱翼缘截面相近时，延性接近。

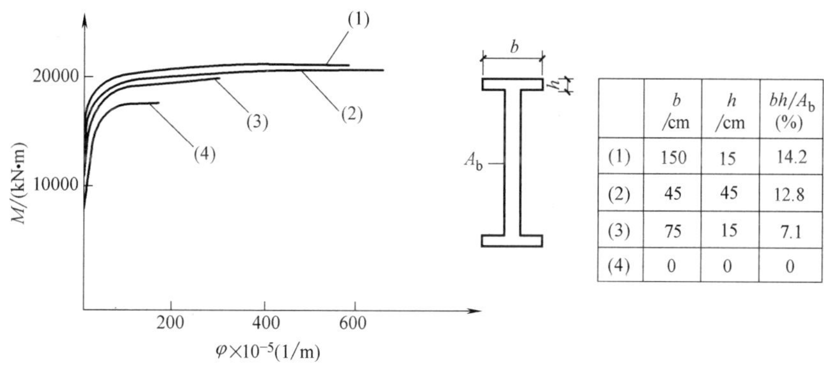

	b /cm	h /cm	bh/A_b (%)
(1)	150	15	14.2
(2)	45	45	12.8
(3)	75	15	7.1
(4)	0	0	0

图 4.3.2-5　翼缘变化对 M-φ 的影响

（3）剪力墙底部加强部位

① 规范规定

《高规》规定

> **7.1.4**　抗震设计时，剪力墙底部加强部位的范围，应符合下列规定：
>
> 1　底部加强部位的高度，应从地下室顶板算起；
>
> 2　底部加强部位的高度可取底部两层和墙体总高度的 1/10 二者的较大值，部分框支剪力墙结构底部加强部位的高度应符合本规程第 10.2.2 条的规定；
>
> 3　当结构计算嵌固端位于地下一层底板或以下时，底部加强部位宜延伸到计算嵌固端。

《混规》规定

> **11.1.5**　剪力墙底部加强部位的范围，应符合下列规定：
>
> 1　底部加强部位的高度应从地下室顶板算起。
>
> 2　部分框支剪力墙结构的剪力墙，底部加强部位的高度可取框支层加框支层以上两层的高度和落地剪力墙总高度的 1/10 二者的较大值。其他结构的剪力墙，房屋高度大于 24m 时，底部加强部位的高度可取底部两层和墙肢总高度的 1/10 二者的较大值；房屋高度不大于 24m 时，底部加强部位可取底部一层。
>
> 3　当结构计算嵌固端位于地下一层的底板或以下时，按本条第 1、2 款确定的底部加强部位的范围尚宜向下延伸到计算嵌固端。

《抗震》

> **6.1.10**　抗震墙底部加强部位的范围，应符合下列规定：
>
> 1　底部加强部位的高度，应从地下室顶板算起。

2 部分框支抗震墙结构的抗震墙，其底部加强部位的高度，可取框支层加框支层以上两层的高度及落地抗震墙总高度的1/10二者的较大值。其他结构的抗震墙，房屋高度大于24m时，底部加强部位的高度可取底部两层和墙体总高度的1/10二者的较大值；房屋高度不大于24m时，底部加强部位可取底部一层。

3 当结构计算嵌固位于地下一层的底板或以下时，底部加强部位尚宜向下延伸到计算嵌固端。

② 设置“剪力墙底部加强部位”的原因

此问题三本规范的“条文说明”有交代现摘录于此。

《高规》的“条文说明”

7.1.4 抗震设计时，为保证剪力墙底部出现塑性铰后具有足够大的延性，应对可能出现塑性铰的部位加强抗震措施，包括提高其抗剪切破坏的能力，设置约束边缘构件等，该加强部位称为“底部加强部位”。剪力墙底部塑性铰出现都有一定范围，一般情况下单个塑性铰发展高度约为墙肢截面高度 h_w，但是为安全起见，设计时加强部位范围应适当扩大。本规定统一以剪力墙总高度的1/10与两层层高二者的较大值作为加强部位。

《混规》的“条文说明”

11.1.5 按本规范设置了约束边缘构件，并采取了相应构造措施的剪力墙和核心筒壁的墙肢底部，通常已具有较大的偏心受压强度储备，在罕遇水准地震地面运动下，该部位边缘构件纵筋进入屈服后变形状态的几率通常不会很大。但因墙肢底部对整体结构在罕遇地震地面运动下的抗倒塌安全性起关键作用，故设计中仍应预计到墙肢底部形成塑性铰的可能性，并对预计的塑性铰区来取保持延性和塑性耗能能力的抗震构造措施。所规定的采取抗震构造措施的范围即为“底部加强部位”，它相当于塑性铰区的高度再加一定的安全余量。该底部加强部位高度是根据试验结果及工程经验确定的。

《抗震》的“条文说明”

6.1.10 延性抗震墙一般控制在其底部即计算嵌固端以上一定高度范围内屈服、出现塑性铰。设计时，将墙体底部可能出现塑性铰的高度范围作为底部加强部位，提高其受剪承载力，加强其抗震构造措施，使其具有大的弹塑性变形能力，从而提高整个结构的抗地震倒塌能力。

③ 注意事项

a.“房屋高度”和“墙肢总高度”是二个不同的高度，有可能在数值相同、亦可能不一致。

b. 以“房屋高度”24m为界、“剪力墙底部加强部位”高度的取法是不相同的。

c. 当墙肢嵌固端设置在地下室顶板以下时，要注意《混规》11.1.5条的“条文说明”

> 当墙肢嵌固端设置在地下室顶板以下时，底部加强部位的高度仍从地下室顶板算起，但相应抗震构造措施应向下延伸到设定的嵌固端处。

④ 有裙房时，要注意《抗震》6.1.10 条的“条文说明”

> 有裙房时，按本规范第 6.1.3 条的要求，主楼与裙房顶对应的相邻上下层需要加强。此时，加强部位的高度也可以延伸至裙房以上一层。

⑤ 算例

【例 4.3.2-1】 底部加强部位的高度

条件：某现浇混凝土一般剪力墙结构，丙类建筑，位于 7 度地震区，房屋总高度为 84m，底层高 6.0m，标准层层高 3.2m。

要求：底部加强部位的高度。

【解答】 根据《高规》第 7.1.4 条规定，底部加强部位的高度为：

$$H=\max[84\text{m}/10,(6.0+3.2)\text{m}]=\max(8.4\text{m},9.2\text{m})=9.2\text{m}$$

2. 内力设计值的调整

（1）弯矩的调整

《高规》规定

> **7.2.5** 一级剪力墙的底部加强部位以上部位，墙肢的组合弯矩设计值和组合剪力设计值应乘以增大系数，弯矩增大系数可取为 1.2，剪力增大系数可取为 1.3。

《混规》规定

> **11.7.1** 一级抗震等级剪力墙各墙肢截面考虑地震组合的弯矩设计值，底部加强部位应按墙肢截面地震组合弯矩设计值采用，底部加强部位以上部位应按墙肢截面地震组合弯矩设计值乘以增大系数，其值可取 1.2；剪力设计值应作相应调整。

本项规定的机理、两本规范的条文说明有讲述，现摘录于下：

《高规》的“条文说明”

> **7.2.5** 剪力墙墙肢的塑性铰一般出现在底部加强部位。对于一级抗震等级的剪力墙，为了更有把握实现塑性铰出现在底部加强部位，保证其他部位不出现塑性铰。因此要求增大一级抗震等级剪力墙底部加强部位以上部位的弯矩设计值，为了实现强剪弱弯设计要求，弯矩增大部位剪力墙的剪力设计值也应相应增大。

《抗震》的“条文说明”

> **6.2.7** 对一级抗震墙规定调整截面的组合弯矩设计值，主要有两个目的：一是使墙肢的塑性铰在底部加强部位的范围内得到发展，不是将塑性铰集中在底层，甚至集中在底截面以上不大的范围内，从而减轻墙肢底截面附近的破坏程度，使墙肢有较大的塑性变形能力；二是避免底部加强部位紧邻的上层墙肢屈服而底部加强部位不屈服。

【例 4.3.2-2】 8 度区某竖向规则的抗震墙结构，房屋高度为 90m，抗震设防类别为标准设防类。试问，下列四种经调整后的墙肢组合弯矩设计值简图（图 4.3.2-6），哪一种相对准确？

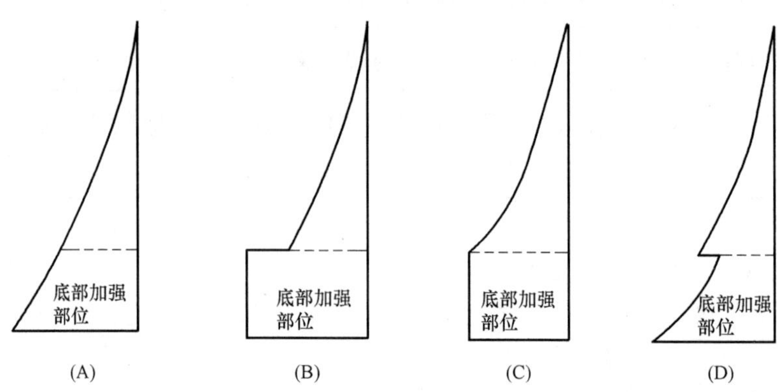

图 4.3.2-6

【答案】(D)

【解答】根据《高规》第 7.2.5 条规定。

（2）剪力的调整

《高规》规定

> **7.2.6** 底部加强部位剪力墙截面的剪力设计值，一、二、三级时应按式（7.2.6-1）调整，9 度一级剪力墙应按式（7.2.6-2）调整；二、三级的其他部位及四级时可不调整。
>
> $$V=\eta_{vw}V_w \tag{7.2.6-1}$$
>
> $$V=1.1\frac{M_{wua}}{M_w}V_w \tag{7.2.6-2}$$
>
> 式中：V——底部加强部位剪力墙截面剪力设计值；
>
> V_w——底部加强部位剪力墙截面考虑地震作用组合的剪力计算值；
>
> M_{wua}——剪力墙正截面抗震受弯承载力，应考虑承载力抗震调整系数 γ_{RE}、采用实配纵筋面积、材料强度标准值和组合的轴力设计值等计算，有翼墙时应计入墙两侧各一倍翼墙厚度范围内的纵向钢筋；
>
> M_w——底部加强部位剪力墙底截面弯矩的组合计算值；
>
> η_{vw}——剪力增大系数，一级取 1.6，二级取 1.4，三级取 1.2。

《高规》的“条文说明”

> **7.2.6** 抗震设计时，为实现强剪弱弯的原则，剪力设计值应由实配受弯钢筋反算得到。为了方便实际操作，一、二、三级剪力墙底部加强部位的剪力设计值是由计算组合剪力按式（7.2.6-1）乘以增大系数得到，按一、二、三级的不同要求，增大系数不同。一般情况下，由乘以增大系数得到的设计剪力，有利于保证强剪弱弯的实现。

在设计 9 度一级抗震的剪力墙时，剪力墙底部加强部位要求用实际抗弯配筋计算的受弯承载力反算其设计剪力，如式（7.2.6-2）。

由抗弯能力反算剪力，比较符合实际情况。因此．在某些情况下，一、二、三级抗震剪力墙均可按式（7.2.6-2）计算设计剪力，得到比较符合强剪弱弯要求而不浪费的抗剪配筋。

【例 4.3.2-3】 某建筑中方筒转角 A 处 ┏型剪力墙首层底部截面，图 4.3.2-7 所示。假定剪力墙抗震等级为二级，在纵向地震作用下，考虑地震作用组合的剪力墙墙肢底部加强部位截面的剪力计算值为 650kN。为体现“强剪弱弯”的原则，抗震设计时需采用的剪力设计值 V（kN）应与下列何项数值最为接近？

（A）650　　（B）720

（C）910　　（D）960

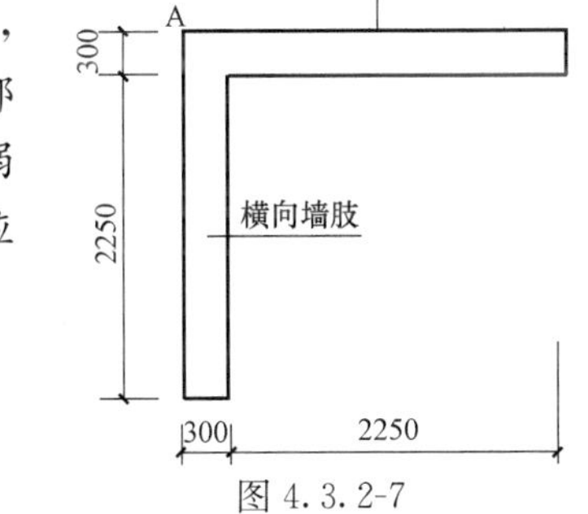

图 4.3.2-7

【答案】（D）

【解答】 根据《高规》7.2.6 条，$\eta_{vw}=1.4$，

$$V=\eta_{vw}\times V_{w}=1.4\times650\text{kN}=910\text{kN}$$

3. 轴压比

《高规》规定

7.2.13 重力荷载代表值作用下，一、二、三级剪力墙墙肢的轴压比不宜超过表 7.2.13的限值。

剪力墙墙肢轴压比限值 **表 7.2.13**

抗震等级	一级(9 度)	一级(6、7、8 度)	二、三级
轴压比限值	0.4	0.5	0.6

注：墙肢轴压比是指重力荷载代表值作用下墙肢承受的轴压力设计值与墙肢的全截面面积和混凝土轴心抗压强度设计值乘积之比值。

《混规》规定

11.7.16 一、二、三级抗震等级的剪力墙，其底部加强部位的墙肢轴压比不宜超过表 11.7.16的限值。

剪力墙轴压比限值 **表 11.7.16**

抗震等级(设防烈度)	一级(9 度)	一级(7、8 度)	二、三级
轴压比限值	0.4	0.5	0.6

注：剪力墙肢轴压比指在重力荷载代表值作用下墙的轴压力设计值与墙的全截面面积和混凝土轴心抗压强度设计值乘积的比值。

《抗震》规定

6.4.2 一、二、三级抗震墙在重力荷载代表值作用下墙肢的轴压比，一级时，9度不宜大于0.4，7、8度不宜大于0.5；二、三级时不宜大于0.6。

注：墙肢轴压比指墙的轴压力设计值与墙的全截面面积和混凝土轴心抗压强度设计值乘积之比值。

（1）墙肢轴压比 μ_N 的定义

《抗震》6.4.2条注

墙肢轴压比指墙的轴压力设计值与墙的全截面面积和混凝土轴心抗压强度设计值乘积之比值。

《抗震》6.4.2条的条文说明

计算墙肢轴压力设计值时，不计入地震作用组合，但应取分项系数1.2。

墙肢轴压力设计值的计算公式：

$$N=1.2\times(\text{恒载标准值}+\text{活载标准值}\times\text{组合系数})$$

（2）剪力墙的轴压比限值$[\mu_N]$

轴压比限值 **表4.3.2-1**

抗震等级	一级			二、三级
设防烈度	9度	7、8度	6度	
高层建筑混凝土结构技术规程	$[\mu_N]\leqslant 0.4$	$[\mu_N]\leqslant 0.5$	$[\mu_N]\leqslant 0.5$	$[\mu_N]\leqslant 0.6$
混凝土结构设计规范	$[\mu_N]\leqslant 0.4$	$[\mu_N]\leqslant 0.5$		$[\mu_N]\leqslant 0.6$
建筑抗震设计规范	$[\mu_N]\leqslant 0.4$	$[\mu_N]\leqslant 0.5$		$[\mu_N]\leqslant 0.6$

短肢剪力墙的轴压比限值$[\mu_N]$

《高规》规定

7.2.2 抗震设计时，短肢剪力墙的设计应符合下列规定：

2 一、二、三级短肢剪力墙的轴压比，分别不宜大于0.45、0.50、0.55，一字形截面短肢剪力墙的轴压比限值应相应减少0.1。

（3）轴压比控制的范围

《混规》规定

11.7.16 一、二、三级抗震等级的剪力墙，其底部加强部位的墙肢轴压比不宜超过表11.7.16的限值。

《高规》7.2.13条的条文说明

本次修订的主要内容为：将轴压比限值扩大到三级剪力墙；将轴压比限值扩大到结构全高，不仅仅是底部加强部位。

《抗震》6.4.2条的条文说明

> **6.4.2** 本次修订，将抗震墙的轴压比控制范围，由一、二级扩大到三级，由底部加强部位扩大到全高。

从这里可以看出在这问题三本规范的规定尚未协调一致。

（4）控制“墙肢轴压比”的意义

《高规》的条文说明

> **7.2.13** 轴压比是影响剪力墙在地震作用下塑性变形能力的重要因素。试验表明，相同条件的剪力墙，轴压比低的，其延性大，轴压比高的，其延性小；通过设置约束边缘构件，可以提高轴压比剪力墙的塑性变形能力，但轴压比大于一定值后，即使设置约束边缘构件，在强震作用下，剪力墙仍可能因混凝土压溃而丧失承受重力荷载的能力。因此，规程规定了剪力墙的轴压比限值。

【例 4.3.2-4】 墙肢的轴压比

条件：剪力墙结构底层某剪力墙肢 $b \times h = 250\text{mm} \times 3000\text{mm}$，采用 C40 混凝土，静载作用下此墙肢的轴向压力标准值 $N_{1k} = 3180.2\text{kN}$，活载作用下此墙肢的轴向压力标准值 $N_{2k} = 573.8\text{kN}$。由水平地震作用标准值产生的轴向压力 $N_{Ek} = 500\text{kN}$。

要求：墙肢的轴压比

【解答】 $f_c = 19.1\text{N/mm}^2$，$A = b \times h = 250\text{mm} \times 3000\text{mm}$

根据《高规》7.2.13 条注，剪力墙轴压比的计算公式为 $\mu_N = N/f_cA$，此处 N 为墙肢在重力荷载代表值下的轴向压力设计值。《抗震》6.4.2 条的条文说明

$$N = 1.2(N_{1k} + 0.5N_{2k}) = 1.2 \times (3180.2 + 0.5 \times 573.8) = 4162 \times 10^3\text{N}$$

故
$$\mu_N = \frac{4162.7 \times 10^3}{19.1 \times 250 \times 3000} = 0.291$$

【例 4.3.2-5】 轴压比与轴压比限值的比值

条件：某高层剪力墙结构，抗震等级为二级，其一矩形截面剪力墙墙肢截面为 $b \times h_w = 250\text{mm} \times 5700\text{mm}$，采用 C30 混凝土，在重力荷载代表值作用下的轴压力标准值 $N_k = 3500\text{kN}$。

要求：该墙肢的轴压比与轴压比限值的比值

【解答】 根据《高规》7.2.13 条，抗震等级二级，轴压比限值 $[\mu_N] = 0.6$

$$\mu_N = \frac{N}{f_cA} = \frac{1.2 \times 3500 \times 10^3}{14.3 \times 250 \times 5700} = 0.206$$

$$\frac{\mu_N}{[\mu_N]} = \frac{0.206}{0.6} = 0.343。$$

4. 边缘构件

《抗震》指出

> **6.4.5** 抗震墙两端和洞口两侧应设置边缘构件，边缘构件包括暗柱、端柱和翼墙，

“约束边缘构件”的功能，《抗震》的“条文说明”有明确的讲述。

6.4.1 试验表明，有边缘构件约束的矩形截面抗震墙与无边缘构件约束的矩形截面抗震墙相比，极限承载力约提高40%，极限层间位移角约增加一倍，对地震能量的消耗能力增大20%左右，且有利于墙板的稳定。

6.4.5 抗震墙墙肢的塑性变形能力和抗地震倒塌能力，…，还与墙两端的约束范围、约束范围内的箍筋配箍特征值有关。当截面相对受压区高度或轴压比较小时，即使不设约束边缘构件，抗震墙也具有较好的延性和耗能能力。当截面相对受压区高度或轴压比大到一定值时，就需设置约束边缘构件，使墙肢端部成为箍筋约束混凝土，具有较大的受压变形能力。当轴压比更大时，即使设置约束边缘构件，在强烈地震作用下，抗震墙有可能压溃、丧失承担竖向荷载的能力。因此，规范规定了一、二级抗震墙在重力荷载代表值作用下的轴压比限值；当墙底截面的轴压比超过一定值时，底部加强部位墙的两端及洞口两侧应设置约束边缘构件，使底部加强部位有良好的延性和耗能能力；考虑到底部加强部位以上相邻层的抗震墙，其轴压比可能仍较大，将约束边缘构件向上延伸一层；还规定了构造边缘构件和约束边缘构件的具体构造要求。

（1）两类“边缘构件”

“边缘构件”包括“约束边缘构件”、“构造边缘构件”两类。每类“边缘构件”设置的条件，规范有规定。

《高规》规定

7.2.14 剪力墙两端和洞口两侧应设置边缘构件，并应符合下列规定：

1 一、二、三级剪力墙底层墙肢底截面的轴压比大于表7.2.14的规定值时，应在底部加强部位及相邻的上一层设置约束边缘构件，约束边缘构件应符合本规程第7.2.15条的规定；

剪力墙可不设约束边缘构件的最大轴压比 **表7.2.14**

等级或烈度	一级（9度）	一级（6、7、8度）	二、三级
轴压比	0.1	0.2	0.3

2 除本条第1款所列部位外，剪力墙应按本规程第7.2.16条设置构造边缘构件；

3 B级高度高层建筑的剪力墙，宜在约束边缘构件层与构造边缘构件层之间设置1～2层过渡层，过渡层边缘构件的箍筋配置要求可低于约束边缘构件的要求，但应高于构造边缘构件的要求。

具体实施时可能出现的情况见表4.3.2-2。

表4.3.2-2

剪力墙底层墙肢底截面的轴压比		≤“最大轴压比”	>“最大轴压比”
多层，A级高层	底部加强部位的楼层	底部加强部位的构造边缘构件	约束边缘构件
	底部加强部位相邻的一层	底部加强部位的构造边缘构件	约束边缘构件
	其他楼层	其他部位的构造边缘构件	其他部位的构造边缘构件

续表

剪力墙底层墙肢底截面的轴压比		≤"最大轴压比"	>"最大轴压比"
B级高层	底部加强部位的楼层		约束边缘构件
	底部加强部位相邻的一层		约束边缘构件
	1～2层过渡层		过渡层边缘构件
	其他楼层		其他部位的构造边缘构件

综上所述、我们需具体学习下列四种情况"边缘构件"的构造措施。

1）"约束边缘构件"， 2）过渡层边缘构件

3）底部加强部位的"构造边缘构件"， 4）其他部位的"构造边缘构件"

（2）约束边缘构件

1）一字形剪力墙的约束边缘构件（暗柱）

《混规》的规定

11.7.18 剪力墙端部设置的约束边缘构件（暗柱）应符合下列要求（图11.7.18）：

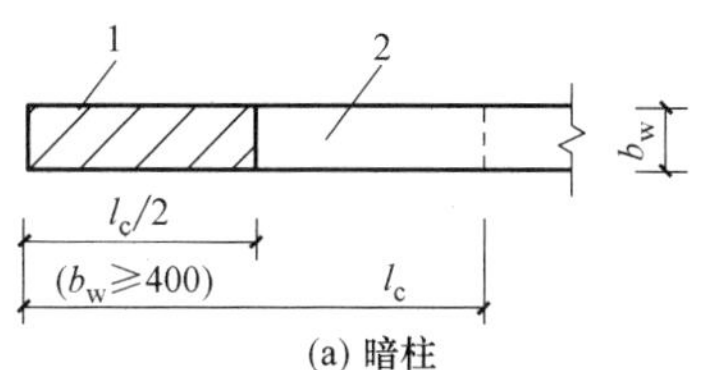

(a) 暗柱

图11.7.18 剪力墙的约束边缘构件

注：图中尺寸单位为mm。

1—配箍特征值为λ_v的区域；2—配箍特征值为$\lambda_v/2$的区域

约束边缘构件沿墙肢的长度l_c及其配箍特征值λ_v **表11.7.18**

抗震等级(设防烈度)		一级(9度)		一级(7、8度)		二、三级	
轴压比		≤0.2	>0.2	≤0.3	>0.3	≤0.4	>0.4
λ_v		0.12	0.20	0.12	0.20	0.12	0.20
l_c(mm)	暗柱	$0.20h_w$	$0.25h_w$	$0.15h_w$	$0.20h_w$	$0.15h_w$	$0.20h_w$

注：1 约束边缘构件沿墙肢长度l_c除满足表11.7.18的要求外，且不宜小于墙厚和400mm；

2 h_w为剪力墙的墙肢截面高度。

① 约束边缘构件沿墙肢的长度

约束边缘构件沿墙肢的长度l_c如《混规》图11.8.18所示。取决于设防烈度、抗震等级、轴压比、墙肢截面尺寸（b_w、h_w）等参数。表达式为

$$l_c=\max\{b_w, 400\text{mm}, (0.15\sim0.25)\times h_w\}$$

② 配箍特征值为λ_v的区域、配箍特征值为$\lambda_v/2$的区域

"配箍特征值为λ_v的区域"亦称"约束边缘构件阴影部分的截面面积"，简称"暗柱"，既是设置箍筋的区域又是约束边缘构件设置竖向钢筋的区域。暗柱沿墙肢的高度表

达式为

$$h_c = \max\{l_c/2、b_w、400\text{mm}\}$$

③ 约束边缘构件的竖向钢筋截面面积

约束边缘构件的竖向钢筋截面面积取决于剪力墙约束边缘构件阴影部分面积，《高规》7.2.15 条 2 款对此有明确规定。

2　剪力墙约束边缘构件阴影部分（图 7.2.15）的竖向钢筋除应满足正截面受压（受拉）承载力计算要求外，其配筋率一、二、三级时分别不应小于 1.2%、1.0% 和 1.0%，并分别不应少于 8Φ16、6Φ16 和 6Φ14 的钢筋（Φ 表示钢筋直径）；

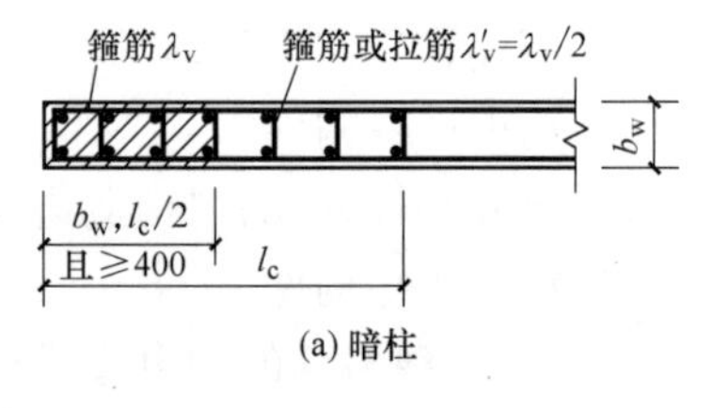

图 7.2.15　剪力墙的约束边缘构件

④ 约束边缘构件的箍筋配置

约束边缘构件配置箍筋的区域分成两个部分、即是配箍特征值为 λ_v 的区域、配箍特征值为 $\lambda_v/2$ 的区域。

a. 约束边缘构件配箍特征值 λ_v

《高规》规定

约束边缘构件的配箍特征值 λ_v　　表 7.2.15

项目	一级(9 度)		一级(6、7、8 度)		二、三级	
	$\mu_N \leqslant 0.2$	$\mu_N > 0.2$	$\mu_N \leqslant 0.3$	$\mu_N > 0.3$	$\mu_N \leqslant 0.4$	$\mu_N > 0.4$
λ_v	0.12	0.20	0.12	0.20	0.12	0.20

b. 最小“体积配箍率” $\rho_{v,\min}$

现列出《高规》7.2.15 条规定的“体积配箍率”控制值的计算公式。

体积配箍率 ρ_v 应按下式计算：

$$\rho_v = \lambda_v \frac{f_c}{f_{yv}} \tag{7.2.15}$$

式中：ρ_v——箍筋体积配箍率。可计入箍筋、拉筋以及符合构造要求的水平分布钢筋，计入的水平分布钢筋的体积配箍率不应大于总体积配箍率的 30%；

λ_v——约束边缘构件配箍特征值；

f_c——混凝土轴心抗压强度设计值；混凝土强度等级低于 C35 时，应取 C35 的混凝土轴心抗压强度设计值；

f_{yv}——箍筋、拉筋或水平分布钢筋的抗拉强度设计值。

《高规》7.2.15 条的“条文说明”对‘体积配箍率’的计算有补充说明。

本条"符合构造要求的水平分布钢筋"，一般指水平分布钢筋伸入约束边缘构件，在墙端有 90°弯折后延伸到另一排分布钢筋并勾住其竖向钢筋，内、外排水平分布钢筋之间设置足够的拉筋，从而形成复合箍，可以起到有效约束混凝土的作用。

对此问题其他规程亦有相应的规定。

《混规》规定

计算体积配箍率时，可适当计入满足构造要求且在墙端有可靠锚固的水平分布钢筋的截面面积。

《抗震》6.4.5 条的"条文说明"

当墙体的水平分布钢筋满足锚固要求且水平分布钢筋之间设置足够的拉筋形成复合箍时，约束边缘构件的体积配箍率可计入分布筋，考虑水平筋同时为抗剪受力钢筋，且竖向间距往往大于约束边缘构件的箍筋间距，需要另增一道封闭箍筋，故计入的水平分布钢筋的配箍特征值不宜大于 0.3 倍总配箍特征值。

实际箍筋的体积配箍率按下式计算

$$\rho_v = V_s/(A_c s)$$

式中 V_s——箍筋间距 s 范围内的箍筋体积

A_c——箍筋内表面范围内的混凝土核心面积；

s——箍筋间距。

对图 4.3.2-8 所示一字形剪力墙

$$V_s = A_s[(b_w - 2a_s)\times m + (a - a_s)\times n]$$

$$A_c = (a - a_s)\times(b_w - 2a_s)$$

A_s——单根箍筋或拉筋的截面积；

a_s——纵筋保护层厚度；

m——横向肢数（垂直墙轴线方向的箍筋或拉筋）；

n——纵向肢数（沿着墙轴线方向的箍筋或拉筋）；

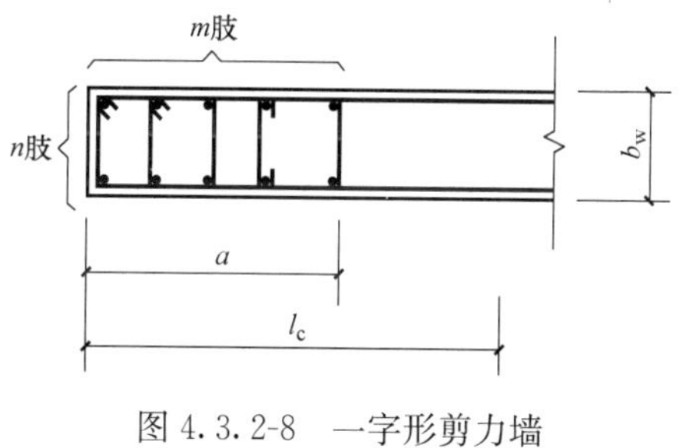

图 4.3.2-8 一字形剪力墙

⑤ 箍筋的竖向间距和水平方向肢距

《高规》7.2.15 条有规定

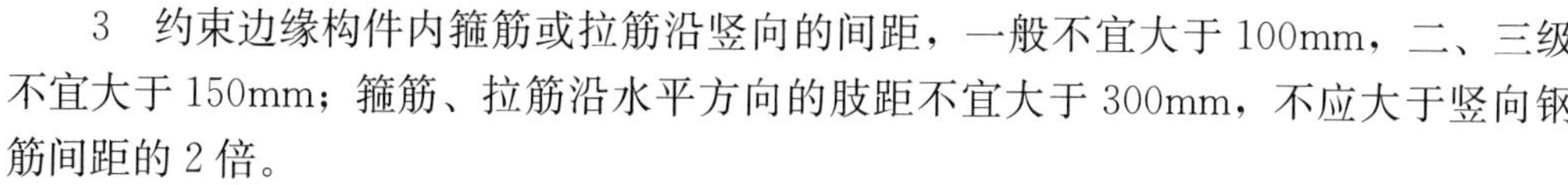

3 约束边缘构件内箍筋或拉筋沿竖向的间距，一般不宜大于 100mm，二、三级不宜大于 150mm；箍筋、拉筋沿水平方向的肢距不宜大于 300mm，不应大于竖向钢筋间距的 2 倍。

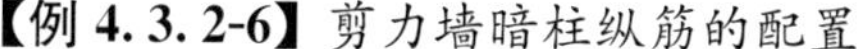

【例 4.3.2-6】 剪力墙暗柱纵筋的配置

条件：某剪力墙结构，高度 87m，8 度设防，Ⅱ类场地。底层某剪力墙肢厚 350mm，墙肢长 3800mm，已知底层剪力墙，应设约束边缘构件，墙肢底部的轴压比$\mu_N>0.3$。经计算知其暗柱纵筋为构造配筋。

要求：配置暗柱纵筋。

【解答】 根据《高规》3.9.2 条，8 度，抗震等级为一级。

根据《高规》7.2.15 条，8 度，一级抗震，$\mu_N>0.3$。

约束边缘构件沿墙肢的长度 l_c

$$l_c=\max[0.2h_w, b_w, 400]=\max[0.2\times3800, 350, 400]=760\text{mm}$$

暗柱长度 $h_c=\max[l_c/2, b_w, 400]=\max[760/2, 350, 400]=400\text{mm}$

暗柱纵筋除根据承载力计算外尚须满足下列构造要求。

$$A_s=1.2\%\times350\times400=1680\text{mm}^2$$

$$A_s=1680/8=210\text{mm}^2\text{，取 }\phi=20\text{mm}, A_s=314.2\text{mm}^2, 8\phi20=1884\text{mm}^2$$

【例 4.3.2-7】 矩形截面剪力墙的约束边缘构件

条件：有一矩形截面剪力墙，总高 $H=50$m，$b_w=250$mm，$h_w=6000$mm，抗震等级二级。已知底层剪力墙，应设约束边缘构件，墙肢底部的轴压比 $\mu_N>0.4$。纵筋 HRB400 级，$f_y=360\text{N/mm}^2$，箍筋 HPB300 级，$f_{yv}=270\text{N/mm}^2$，混凝土强度为 C30，$f_c=14.3\text{N/mm}^2$，$\xi_b=0.55$，竖向分布钢筋为双排 ϕ10@200mm。

要求：(1) 该墙肢底部加强部位约束边缘构件沿墙肢的长度 l_c (mm)；

(2) 该墙肢端部暗柱沿墙肢的高度 h_c (mm)；

(3) 该墙肢约束边缘构件的最小体积配箍率。

【解答】 (1) 由《高规》表 7.2.15，约束边缘构件沿墙肢的长度 l_c 应取下列三者中的大值 $l_c=\max(0.20h_w, b_w, 400\text{mm})=\max(0.20\times6000, 250, 400)=1200\text{mm}$。

(2) 由《高规》图 7.2.15 (a)

暗柱长度 $h_c=\max\left(b_w, \dfrac{l_c}{2}, 400\right)=\max\left(250, \dfrac{1200}{2}, 400\right)=600\text{mm}$。

(3) 由《高规》7.2.15 条表 7.2.15，二级抗震，$\mu_N>0.4$，查得 $\lambda_v=0.20$

混凝土 C30<C35，取 $f_c=16.7\text{N/mm}^2$。

$\rho_{v,\min}=\lambda_v\cdot\dfrac{f_c}{f_{yv}}=0.20\times\dfrac{16.7}{270}=1.24\%$。

【例 4.3.2-8】 设计墙肢的边缘构件

条件：某剪力墙结构、7 度抗震、抗震等级为二级，有单片独立墙肢，其底部加强部位如图 4.3.2-9 所示。采用 C30 混凝土，纵向钢筋采用 HRB400，箍筋、竖向和水平分布钢筋采用 HPB300。已知该墙肢的竖向和水平分布钢筋为双向 2ϕ10@200，该墙肢承受的重力荷载代表值的轴压力设计值 $N=10296$kN，环境类别为一类。

要求：设计墙肢的边缘构件。

【解答】 (1) 确定边缘构件类型

轴压比 $\mu_N=\dfrac{N}{f_cA}=\dfrac{10296\times10^3}{14.3\times6000\times300}=0.4$

根据《高规》第 7.2.14 条表 7.2.14 规定：抗震二级，$\mu_{N,\max}=0.3$，$\mu_N=0.4>\mu_{N,\max}$

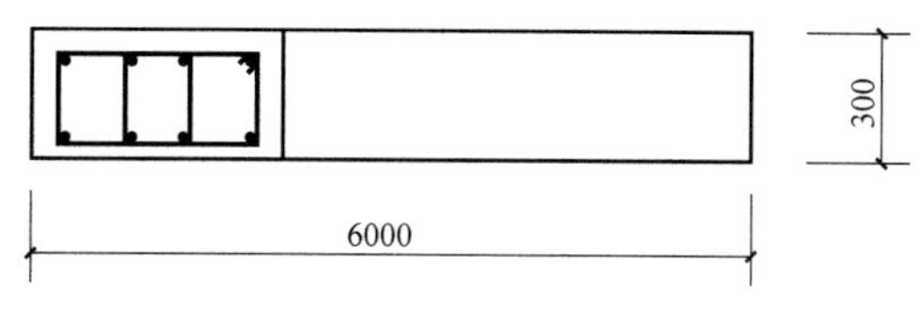

图 4.3.2-9

=0.3，故该剪力墙设置约束边缘构件。

(2) 确定边缘构件沿墙肢的长度 l_c

根据《高规》表 7.2.15 规定，抗震等级为二级，轴压比为 0.4。

$$l_c = \max(0.15h_w, b_w, 400) = \max(0.15 \times 6000, 300, 400) = 900\text{mm}。$$

(3) 墙肢边缘构件的纵向钢筋配置，求 A_s

根据《高规》图 7.2.15 规定，

$$h_c = \max(l_c/2, b_w, 400) = \max(900/2, 300, 400) = 450\text{mm}$$

暗柱纵向钢筋按构造要求配筋面积：

$$A_s = 1.0\% b_c h_w = 1.0\% \times 450 \times 300\text{mm}^2 = 1350\text{mm}^2$$

图示纵筋配筋为 8 根：$A_{s1} = 1350/8 = 168.8\text{mm}^2$，选Φ 16（$A_{s1} = 201.1\text{mm}^2$），纵筋配置为 8Φ16。

(4) 墙肢边缘构件的箍筋配置

根据《高规》表 7.2.15 规定，抗震等级为二级，轴压比 0.4，查得配箍特征值 $\lambda_v =$ 0.12，混凝土 C30<C35，取 $f_c = 16.7\text{N/mm}^2$

$$\rho_{v,\min} = \lambda_v \cdot \frac{f_c}{f_{yv}} = 0.12 \times \frac{16.7}{270} = 0.742\%$$

环境一类，C30 的墙，保护层厚度 $c = 15\text{mm}$

$\rho_v = \frac{V_s}{A_c s}, V_s = A_s[(b_w - 2a_s) \times m + (a - a_s)n]$，纵筋为 8 根 ϕ16，应为双排，其中两根应设拉筋，这样 $m=4$，$n=2$。

$$\rho_v = A_s[(300 - 2 \times 15) \times 4 + (450 - 15) \times 2]$$

$A_c = (a - a_s)(b_w - 2a_s) = (450 - 15)(300 - 2 \times 15)$ 代入可得

$$\frac{A_s(270 \times 4 + 435 \times 2)}{270 \times 435 \times s} = 0.742\%$$

$A_{s1}/s = 0.447\text{mm}^2/\text{mm}$，取 $s = 100\text{mm}$，$A_{s1} \geqslant 44.7\text{mm}^2$，选用 ϕ8（$A_{s1} = 50.3\text{mm}^2$），故箍筋配置为：ϕ8@100。

2）有翼墙剪力墙的约束边缘构件（T 形墙）

《高规》规定

7.2.15 剪力墙的约束边缘构件可为翼墙（图 7.2.15），并应符合下列规定：

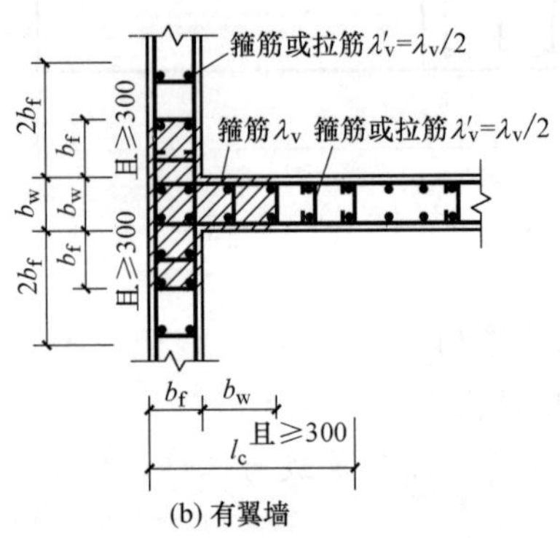

图 7.2.15 剪力墙的约束边缘构件

1 约束边缘构件沿墙肢的长度 l_c 和箍筋配箍特征值 λ_v 应符合表 7.2.15 的要求，

约束边缘构件沿墙肢的长度 l_c 及其配箍特征值 λ_v **表 7.2.15**

项目	一级(9度)		一级(6、7、8度)		二、三级	
	$\mu_N\leqslant0.2$	$\mu_N>0.2$	$\mu_N\leqslant0.3$	$\mu_N>0.3$	$\mu_N\leqslant0.4$	$\mu_N>0.4$
l_c(暗柱)	$0.20h_w$	$0.25h_w$	$0.15h_w$	$0.20h_w$	$0.15h_w$	$0.20h_w$
l_c(翼墙或端柱)	$0.15h_w$	$0.20h_w$	$0.10h_w$	$0.15h_w$	$0.10h_w$	$0.15h_w$
λ_v	0.12	0.20	0.12	0.20	0.12	0.20

注：1 μ_N 为墙肢在重力荷载代表值作用下的轴压比，h_w 为墙肢的长度；

2 剪力墙的翼墙长度小于翼墙厚度的 3 倍时，按无翼墙查表；

3 l_c 为约束边缘构件沿墙肢的长度（图 7.2.15）。有翼墙时，不应小于翼墙厚度沿墙肢方向截面高度加 300mm。

T 形边缘构件（图 4.3.2-10）的体积配箍率计算公式

$$\rho_v=V_s/(A_c s)$$

当 $b_w\leqslant300$，$b_f\leqslant300$ 时，箍筋间距 s 范围内的箍筋体积 V_s

$$V_s=A_s[(b_f+300-a_s)\times n_w+(b_w-2a_s)\times m_w+(b_w+600)\times n_f+(b_f-2a_s)\times m_f\times2]$$

式中 n_w、n_f——纵向肢数（沿着墙轴线方向的箍筋或拉筋），此处 $n_w=2$、$n_f=2$；

m_w、m_f——横向肢数（垂直墙轴线方向的箍筋或拉筋）。

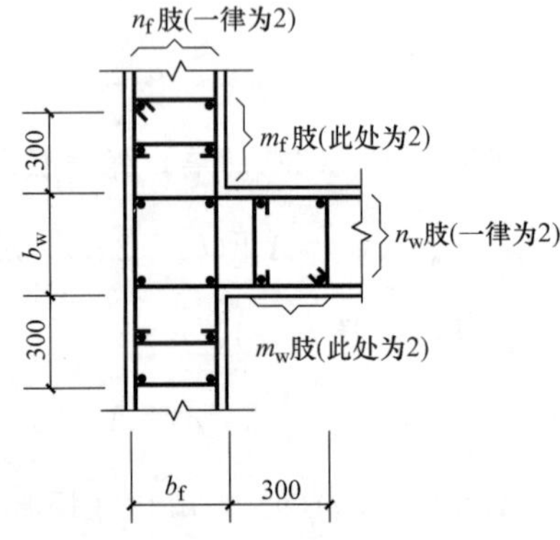

图 4.3.2-10 T 形边缘构件

箍筋内表面范围内的混凝土核心面积 $A_c=(b_f-2a_s)\times(b_w+600)+(a_s+300)\times(b_w-2a_s)$

【例 4.3.2-9】 求边缘构件的纵向钢筋

条件：若底层某剪力墙截面尺寸如图 4.3.2-11 所示，结构抗震设防烈度为 8 度，剪力墙抗震等级为一级。已知底层剪力墙，应设约束边缘构件，墙肢底部的轴压比 $\mu_N>$

0.3。经计算知其边缘构件纵筋为构造配筋。

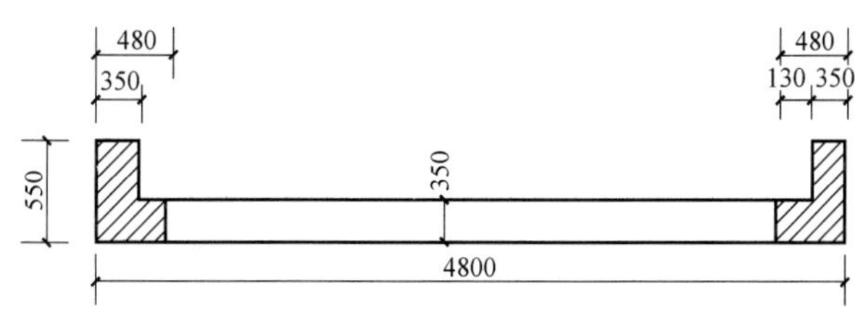

图 4.3.2-11

要求：求边缘构件的纵向钢筋

【解答】

(1) 根据《高规》表 7.2.15 的注 2：该剪力墙属无翼墙也无端柱。

(2) 根据《高规》表 7.2.15。8 度设防，一级抗震，$\mu_N>0.3$。墙两端即无翼墙也无端柱，约束边缘构件的长度 l_c 为

$$l_c=\max(0.2h_w,b_w,400)=\max(0.2\times4800,350,400)=960\text{mm}。$$

(3) 根据《高规》图 7.2.15。墙两端即无翼墙也无端柱，阴影部分截面长度为 $\max(l_c/2,b_w,400)=480\text{mm}$。

(4) 根据《高规》7.2.15 条 2 款，边缘构件的纵向钢筋取阴影部分最小配筋率 1.2%，故有

$$A_s=1.2\%\times350\times[(550-350)+480]=2856\text{mm}^2。$$

【例 4.3.2-10】求边缘构件的纵向钢筋

条件：某 12 层钢筋混凝土框架-剪力墙结构，8 度设防，该建筑在底层有一剪力墙墙肢截面如图 4.3.2-12 所示。假定剪力墙按一级抗震等级采取抗震构造措施，$\mu_N>0.3$，若图中所示剪力墙的边缘构件中阴影部分面积（A_c）按相关规程规定的最低构造要求确定。

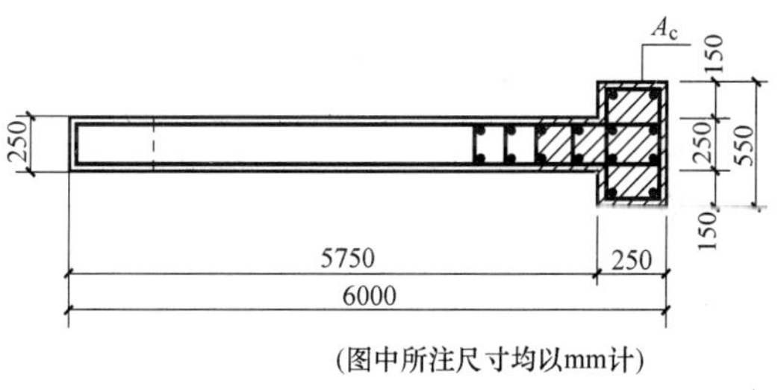

图 4.3.2-12

要求：该边缘构件阴影部分（面积为 A_c）中的纵向钢筋面积 A_s（mm²）。

【解答】根据《高规》表 7.2.15 及注 2，该边缘构件应按无翼墙采用。

$$l_c=\max(0.2h_w,b_w,400)=\max(0.2\times6000,250,400)=1200\text{mm}$$

阴影部分沿长肢方向长度$=\max(b_w,l_c/2,400)=\max(250,600,400)=600\text{mm}$

$A_c=(600+300)\times250\text{mm}^2=225000\text{mm}^2$。

根据《高规》7.2.15 条第 2 款，

$A_s=1.2\%A_c=1.2\%\times225000=2700\text{mm}^2>A_{s,\min}$（8Φ16）$=1608\text{mm}^2$。

【例 4.3.2-11】约束边缘构件中纵向钢筋最小值

条件：某 12 层剪力墙结构底层的 T 形墙肢，如图 4.3.2-13 所示。

要求：墙肢在 T 端（有翼墙端）约束边缘构件中，纵向钢筋配筋范围的面积最小值（mm²）。

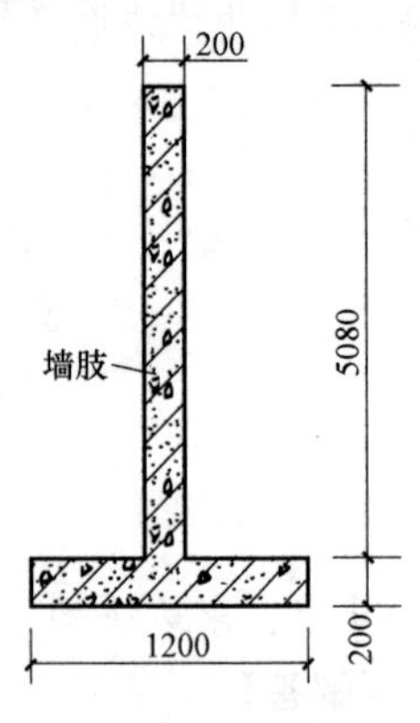

图 4.3.2-13

【解答】 由《高规》7.2.15（b），T 形墙部位的配筋范围沿翼缘、腹板方向的长度分别为

$h_{c1}=\max(b_w+2b_f, b_w+2\times300)$

$=\max(200+2\times200, 200+2\times300)=800\text{mm}$

$h_{c2}=\max(b_f+b_w, b_f+300)=\max(200+200, 200+300)=500\text{mm}$

则翼墙纵向钢筋配筋范围为

$A=(800+300)\times200=2.2\times10^5\text{mm}^2$。

【例 4.3.2-12】 有翼墙边缘构件中钢筋配置

条件：某 18 层现浇钢筋混凝土剪力墙结构，设防烈度为 7 度，抗震等级为二级。底层剪力墙设置约束边缘构件，墙厚皆为 200mm，墙肢底部的轴压比 $\mu_N>0.4$。经计算，该底层墙肢的边缘构件中纵筋计算值为：$A_s=A_s'=1900\text{mm}^2$，实际配筋形成如图 4.3.2-14 所示，纵筋采用 HRB400 级钢筋，箍筋采用 HPB300 级钢，混凝土强度等级为 C30（$f_c=14.3\text{N/mm}^2$）。

要求：(1) 边缘构件中纵向钢筋的最低构造要求

(2) 边缘构件中箍筋的最低构造要求

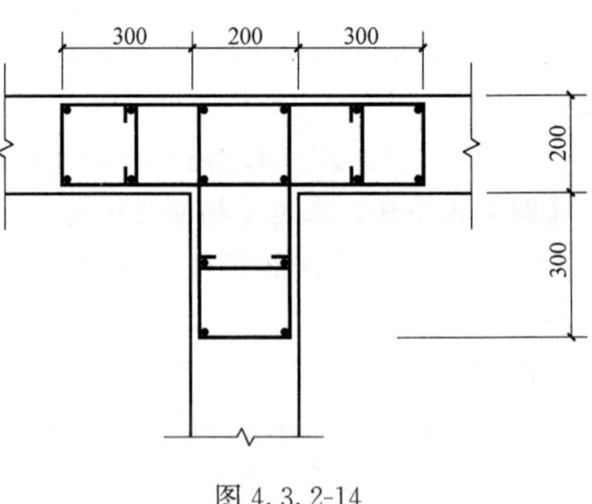

图 4.3.2-14

【解答】

(1) 根据《高规》7.2.15 条图 7.2.15，纵筋配筋区域面积

$A_c=(800+300)\times200\text{mm}^2$

$=220000\text{mm}^2$

根据《高规》7.2.15 条 2 款

$A_s=1.0\%\times A_c=2200\text{mm}^2>1900\text{mm}^2$，$A_s/16=2200/16=137.5\text{mm}^2$，取Φ16（$A_s=201\text{mm}^2$）。

(2) 根据《高规》7.2.16-1 条，

箍筋最小直径为 8mm；最大间距为@150，

查《高规》表 7.2.15，设防烈度为 7 度，抗震等级为二级，轴压比 $\mu_N>0.4$。查得的 $\lambda_v=0.2$。

混凝土 C30<C35，取 $f_c=16.7\text{N/mm}^2$。

$$\rho_{v,\min}=\lambda_v\cdot\frac{f_c}{f_{yv}}=0.20\times\frac{16.7}{270}=1.237\%$$

按 Φ10@100 计算，

$$\rho_v\approx\frac{(800\times2+160\times6+480\times2)\times78.5}{100\times(780\times160+310\times160)}=1.58\%>1.237\%，满足要求。$$

3) 转角墙剪力墙的约束边缘构件（L 形墙）

《高规》规定

7.2.15 剪力墙的约束边缘构件可为翼墙（图 7.2.15），并应符合下列规定：

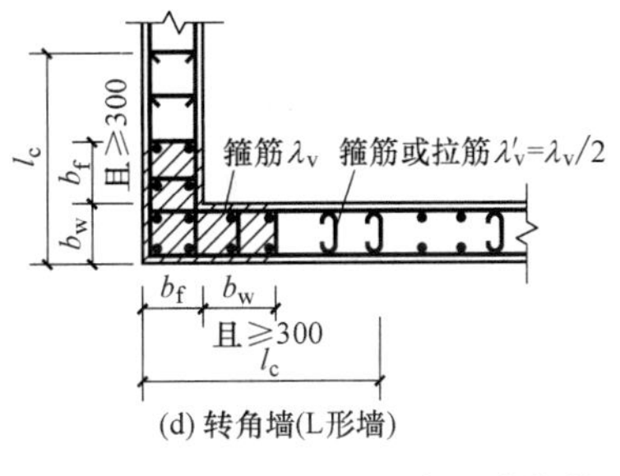

图 7.2.15 剪力墙的约束边缘构件

L 形边缘构件（图 4.3.2-15）的体积配箍率计算公式

$$\rho_v=V_s/(A_c s)$$

当 $b_w\leqslant300$，$b_f\leqslant300$ 时，

$V_s=A_s[(b_f+300-a_s)\times n_w+(b_w-2a_s)\times m_w+(b_w+300-a_s)\times n_f+(b_f-2a_s)\times m_f]A_c=(b_f-2a_s)\times(b_w+300-a_s)+(a_s+300)\times(b_w-2a_s)$。

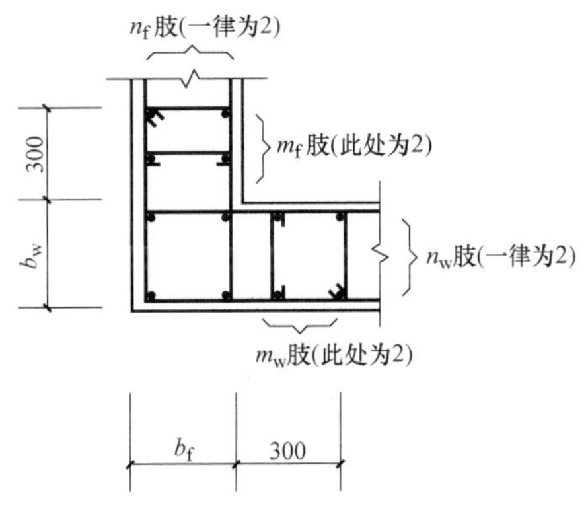

图 4.3.2-15 L 形边缘构件

【例 4.3.2-13】 L 形墙肢的边缘构件

条件：有一多层剪力墙结构的 L 形加强部位剪力墙，如图 4.3.2-16（a）所示，8 度抗震设防，抗震等级为一级，混凝土强度等级为 C40，暗柱（配有纵向钢筋部分）的受力钢筋采用 HRB400，暗柱的箍筋和墙身的分布筋均采用 HPB300，暗柱范围内的箍筋和拉筋的配置情况见局部放大如图 4.3.2-16（b）所示。该剪力墙的竖向和水平向的双向分布钢筋均为 Φ10@200，该剪力墙承受的重力荷载代表值作用下的 $N=6350$kN，环境类别一类。

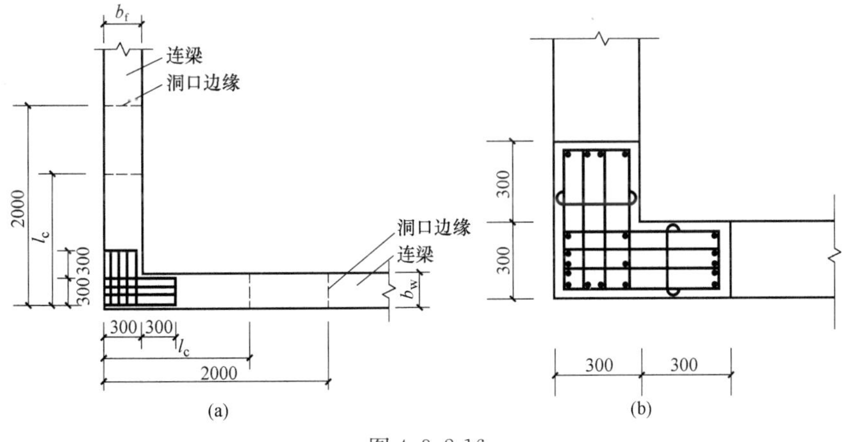

图 4.3.2-16

要求：设计墙肢的边缘构件。

【解答】（1）确定边缘构件类型

轴压比 $\mu_N=\dfrac{N}{f_cA}=\dfrac{6350\times10^3}{19.1\times(2000\times300+1700\times300)}=0.2995$

由《高规》第7.2.14条表7.2.14规定，8度、抗震等级一级，$\mu_{N,max}=0.2$

$\mu_N=0.2995>\mu_{N,max}=0.2$，该加强部位应设置约束边缘构件。

（2）确定边缘构件沿墙肢的长度 l_c。

根据《高规》第7.2.15条表7.2.15规定，8度、抗震等级为一级，轴压比为0.3

$l_c=\max(0.10h_w,b_w,b_f+300)=\max(0.1\times2000,300,300+300)=600\text{mm}$

（3）墙肢边缘构件的纵向钢筋配置

根据《高规》第7.2.15条图7.2.15知

$$h_{c1}=\max(b_w,300)=\max(300,300)=300\text{mm}$$

$$h_{c2}=\max(b_f,300)=\max(300,300)=300\text{mm}$$

根据《高规》第7.2.15条2款规定，暗柱纵向钢筋按构造要求的配筋面积为：

$$A_s=0.012\times(600\times300+300\times300)\text{mm}^2=3240\text{mm}^2$$

图示8根纵筋，$A_s/8=3240/8=180\text{mm}^2$，选Φ18（$A_{s1}=254.5\text{mm}^2$）配置纵筋为8Φ18。

（4）墙肢边缘构件的箍筋配置

根据《高规》第7.2.15条表7.2.15规定，8度、抗震等级为一级，轴压比为0.3，查得配箍特征值 $\lambda_v=0.12$，混凝土C40>C35，取 $f_c=19.1\text{N/mm}^2$。

$$\rho_{v,min}=\lambda_v\cdot\frac{f_c}{f_{yv}}=0.12\times\frac{19.1}{270}=0.849\%$$

一类环境，C40的墙，取保护层厚度 $c=15\text{mm}$

$\rho_v=\dfrac{V_s}{A_cs}$，因是L形，可用图4.3.2-15所展示的公式计算

$$V_s=A_{s1}[(b_f+300-a_s)\times n_w+(b_w-2a_s)\times m_w+(b_w+300-a_s)\times n_f+(b_f-2a_s)\times m_f]$$

根据图3.2.26（b），$n_w=4$ 肢，$m_w=2$ 肢，$n_f=4$ 肢，$m_f=2$ 肢代入为

$$\begin{aligned}V_s&=A_{s1}[(300+300-15)\times4+(300-2\times15)\times2+(300+300-15)\times4+(300-2\times15)\times2]\\&=5760A_s\end{aligned}$$

$$\begin{aligned}A_c&=(b_f-2a_s)\times(b_w+300-a_s)+(a_s+300)\times(b_w-2a_s)\\&=(300-2\times15)\times(300+300-15)+(15+300)\times(300-2\times15)\\&=270\times585+315\times270=243000\end{aligned}$$

$$\rho_v=\frac{5760A_{s1}}{243000s}=0.849\%\qquad\frac{A_{s1}}{s}=0.36\text{mm}^2/\text{mm}$$

根据《高规》7.2.15条三款取 $s=100\text{mm}$，$A_{s1}=36\text{mm}^2$，选 ϕ10（$A_s=78.5\text{mm}^2$）应配置箍筋为ϕ10@100。

4）有端柱剪力墙的约束边缘构件

《高规》规定

7.2.15 剪力墙的约束边缘构件可为端柱（图 7.2.15），并应符合下列规定：

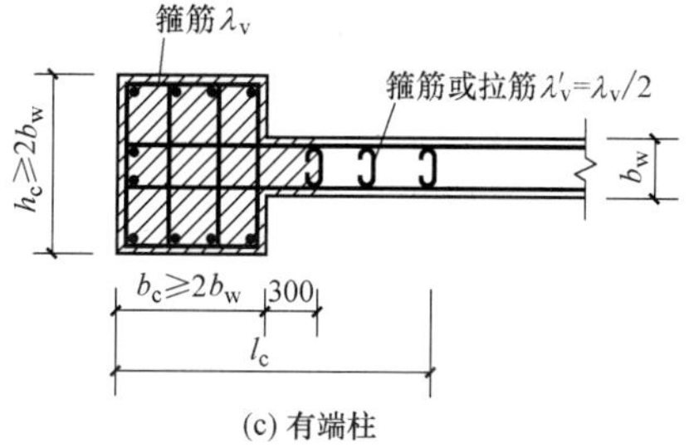

(c) 有端柱

图 7.2.15 剪力墙的约束边缘构件

1 约束边缘构件沿墙肢的长度 l_c 和箍筋配箍特征值 λ_v 应符合表 7.2.15 的要求。

约束边缘构件沿墙肢的长度 l_c 及其配箍特征值 λ_v **表 7.2.15**

项目	一级(9 度)		一级(6、7、8 度)		二、三级	
	$\mu_N\leqslant 0.2$	$\mu_N>0.2$	$\mu_N\leqslant 0.3$	$\mu_N>0.3$	$\mu_N\leqslant 0.4$	$\mu_N>0.4$
l_c(翼墙或端柱)	$0.15h_w$	$0.20h_w$	$0.10h_w$	$0.15h_w$	$0.10h_w$	$0.15h_w$
λ_v	0.12	0.20	0.12	0.20	0.12	0.20

注：1 剪力墙的端柱截面边长小于 2 倍墙厚时，按无端柱查表；

2 l_c为约束边缘构件沿墙肢的长度（图 7.2.15）。有端柱时，不应小于端柱沿墙肢方向截面高度加 300mm。

【例 4.3.2-14】 有端柱剪力墙的约束边缘构件

条件：某 8 度、二级抗震设计的剪力墙底部加强部位，如图 4.3.2-17 所示，混凝土为 C40，端柱纵筋用 HRB400，分布筋为 HPB300。轴压比大于 0.4。

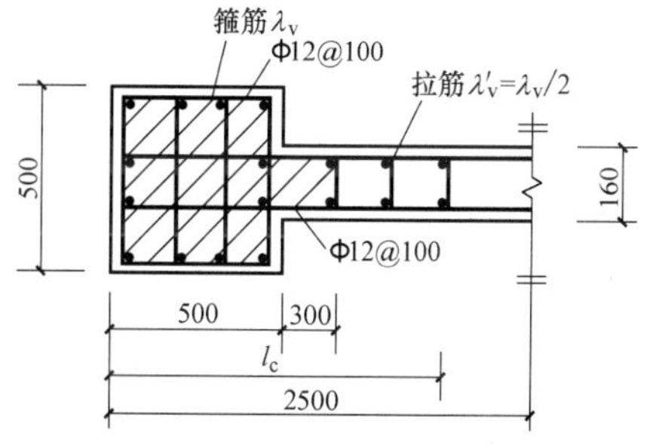

图 4.3.2-17

要求：(1) 剪力墙约束边缘构件沿墙肢方向的长度 l_c（mm）；

(2) 剪力墙约束边缘构件纵向钢筋的最小配筋面积 A_s（mm^2）；

(3) 约束边缘构件的最小体积配筋率 ρ_v；

(4) 若约束边缘构件实配箍筋如图 2.29 所示，求其体积配箍率 ρ_v。

【解答】(1) 由《高规》表 7.2.15，约束边缘构件沿墙肢长度 l_c

$$l_c=\max(0.15h_w,1.0b_w,400\text{mm})$$
$$=\max(0.15\times2500\times2,1.0\times160,400)$$
$$=750\text{mm}。$$

尚不应小于端柱沿墙肢方向截面高度加 300mm，$l_c\geqslant b_c+300=500+300=800$mm 取大值，$l_c=800$mm。

(2) 由《高规》第 7.2.15 条第 2 款，

纵向钢筋最小截面面积

$A_s \geqslant 1.0\%(b_c h_c + 300b_w) = 0.01 \times (500 \times 500 + 300 \times 160) = 2980\text{mm}^2$，

$A_s \geqslant 6\phi16 = 1206\text{mm}^2$，取 $A_{s,min} = 2980\text{mm}^2$。

（3）由《高规》第 7.2.15 条，表 7.2.15，二级剪力墙 $\mu_N \geqslant 0.4$，查得 $\lambda_v = 0.2$，由式（7.2.15）知

$$\rho_{v,min} = \lambda_v \cdot \frac{f_c}{f_{yv}} = 0.20 \times \frac{19.1}{270} = 1.415\%。$$

（4）体积配箍率

$$\rho_v = \frac{6 \times (500-60) \times 113.1 + 2 \times (500-15+300) \times 113.1 + (160-30) \times 113.1}{100 \times [440 \times 440 + (160-30) \times (300+15)]}$$

$= 2.09\%$。

（3）构造边缘构件

①规范规定

《抗震》规定

6.4.5 抗震墙两端和洞口两侧应设置边缘构件，边缘构件包括暗柱、端柱和翼墙，并应符合下列要求：

1 对于抗震墙结构，底层墙肢底截面的轴压比不大于表 6.4.5-1 规定的一、二、三级抗震墙及四级抗震墙，墙肢两端可设置构造边缘构件，构造边缘构件的范围可按图 6.4.5-1 采用，构造边缘构件的配筋除应满足受弯承载力要求外，并宜符合表 6.4.5-2的要求。

抗震墙设置构造边缘构件的最大轴压比 **表 6.4.5-1**

抗震等级或烈度	一级（9 度）	一级（7、8 度）	二、三度
轴压比	0.1	0.2	0.3

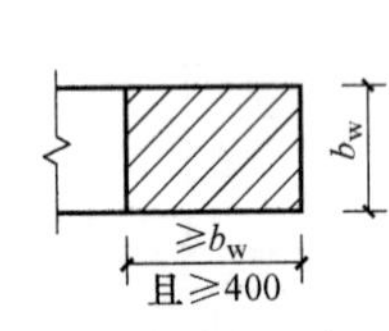

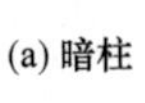

(a) 暗柱

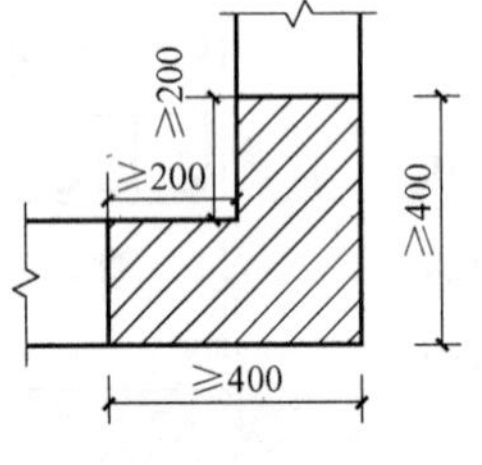

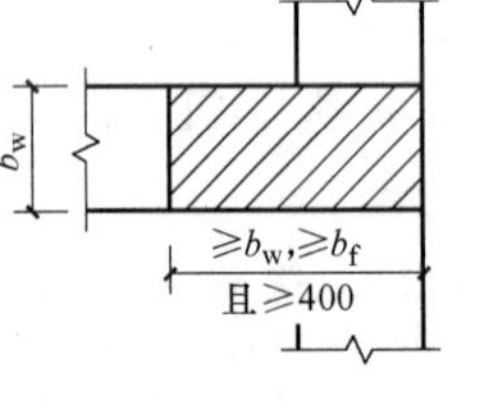

(b) 翼柱

(c) 端柱

图 6.4.5-1 抗震墙的构造边缘构件范围

抗震墙构造边缘构件的配筋要求 **表 6.4.5-2**

抗震等级	底部加强部位			其他部位		
	纵向钢筋最小量（取较大值）	箍筋		纵向钢筋最小量（取较大值）	拉筋	
		最小直径（mm）	沿竖向最大间距（mm）		最小直径（mm）	沿竖向最大间距（mm）
一	$0.010A_c$，$6\phi16$	8	100	$0.008A_c$，$6\phi14$	8	150
二	$0.008A_c$，$6\phi14$	8	150	$0.006A_c$，$6\phi12$	8	200
三	$0.006A_c$，$6\phi12$	6	150	$0.005A_c$，$4\phi12$	6	200
四	$0.005A_c$，$4\phi12$	6	200	$0.004A_c$，$4\phi12$	6	250

注：1 A_c为边缘构件的截面面积；

2 其他部位的拉筋，水平间距不应大于纵筋间距的 2 倍；转角处宜采用箍筋；

3 当端柱承受集中荷载时，其纵向钢筋、箍筋直径和间距应满足柱的相应要求。

“构造边缘构件的截面面积”即《高规》图 7.2.16 中“剪力墙截面的阴影部分”。三本规范有关的规定基本是相同的、但还有一些差别、现将差异部分对比于下列表内

高层建筑混凝土结构技术规程	混凝土结构设计规范	建筑抗震设计规范
b_w 300	b_f ≥200 b_w ≥400 A_f 且$2b_w$,≥b_f	b_f b_w ≥b_w,≥b_f 且≥400
300 300	≥200 ≥200 ≥400 ≥400	

② 底部加强部位构造边缘构件的算例

【例 4.3.2-15】 一字形墙肢边缘构件的纵向钢筋面积 A_s

条件：某剪力墙结构、抗震等级为二级，有一单片独立墙肢，其底部加强部位的截面尺寸如图 4.3.2-18 所示。采用 C30 混凝土（$f_c=14.3\text{N/mm}^2$），纵向钢筋采用 HRB400，底层墙肢底截面承受的由重力荷载代表值 $N=7200\text{kN}$。

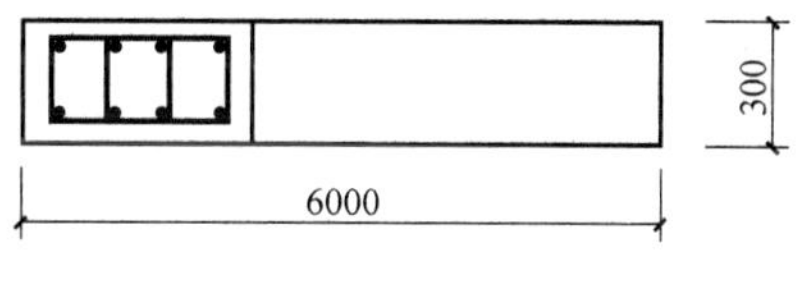

图 4.3.2-18

要求：确定墙肢边缘构件的纵向钢筋面积 A_s

【解答】

$$\text{轴压比}\ \mu_N=\frac{N}{f_cA}=\frac{7200\times10^3}{14.3\times6000\times300}=0.28$$

根据《高规》第 7.2.14 条表 7.2.14 规定：抗震二级，$\mu_{N,max}=0.3$

$\mu_{N,max}=0.3>\mu_N=0.28$，故该剪力墙设置构造边缘构件。

根据《高规》第 7.2.16 条图 7.2.16 规定，暗柱截面长度为：

$$h_c=\max(b_w,400)=\max(300,400)=400\text{mm}$$

根据《高规》第7.2.16条表7.2.16规定：抗震二级，底部加强部位纵筋面积$A_s=\max(0.008A_c, 6\Phi14)=\max(0.008\times300\times400, 923)=960mm^2$（$6\Phi14=923mm^2$）。

【例4.3.2-16】L形剪力墙构造边缘构件的纵向钢筋

条作：某L形加强部位剪力墙，如图4.3.2-19所示，抗震等级为一级，混凝土强度等级为C40（$f_c=19.1N/mm^2$），边缘构件的受力钢筋采用HRB335，重力荷载代表值作用下该剪力墙底层墙肢底截面的轴压力设计值$N=3000kN$。

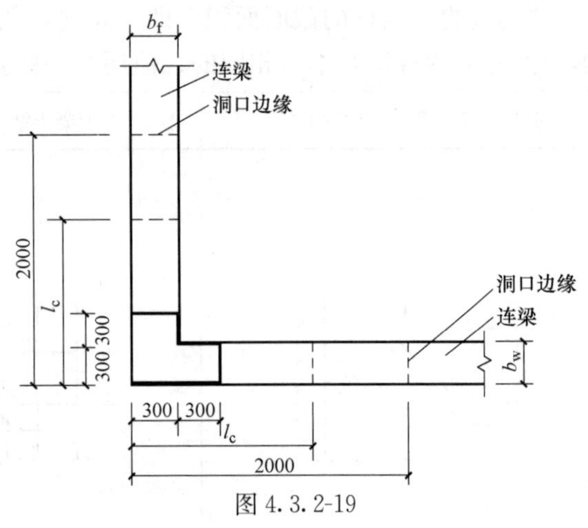

图4.3.2-19

要求：L形剪力墙边缘构件的纵向钢筋。

【解答】轴压比$\mu_N=\dfrac{N}{f_cA}=\dfrac{3000\times10^3}{19.1\times(2000\times300+1700\times300)}=0.1416$

由《高规》第7.2.14条表7.2.14规定：8度，抗震一级，$\mu_{N,max}=0.2$，$\mu_{N,max}=0.2>\mu_N=0.1416$，故该剪力墙只需设置构造边缘构件。

由《高规》第7.2.16条表7.2.16和图7.2.16规定：底部加强部位，纵筋最小截面面积取$0.01A_c$和$6\Phi16$的较大值

$$A_c=(600\times300+300\times300)mm^2=270000mm^2, 0.01A_c=0.01\times270000mm^2$$
$$=2700mm^2$$

$6\Phi16$，$A_s=1206mm^2<2700mm^2$，故纵筋最小截面面积为$2700mm^2$。

③ 其他部位构造边缘构件的算例

【例4.3.2-17】端柱剪力墙边缘构件的纵向钢筋配置

某12层房屋，每层层高4m，总高度为48m，抗震等级为二级，第四层的剪力墙边框柱断面如图4.3.2-20所示，端柱截面尺寸为600mm×600mm；混凝土强度等级为C40。纵筋采用HRB400（Φ）级钢筋。

要求：图4.3.2-20所示剪力墙边框端柱的纵向钢筋配置

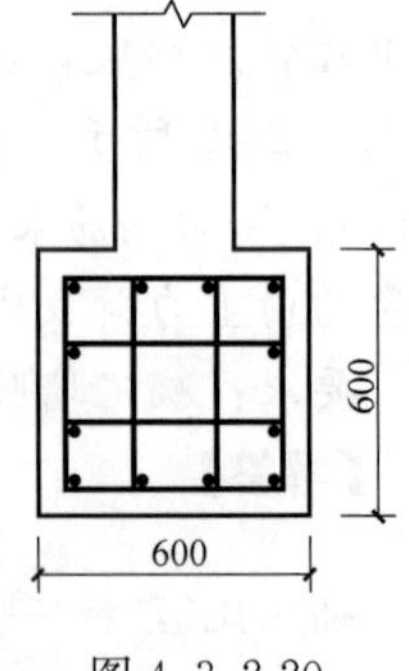

图4.3.2-20

【解答】

（1）根据《高规》7.1.4条确定加强区高度。

加强区高度：$\dfrac{1}{10}\times48m=4.8m$；底部二层高度为8m。取底部两层为加强部位。第四层为非底部加强区。

（2）根据《高规》第7.2.14条2款，端柱为构造边缘构件。

（3）根据《高规》8.2.2条5款及6.4.3条表6.4.3-1，柱配筋：$A_s=0.75\%A_c$。

（4）根据《高规》7.2.16条和表7.2.16，其他部位$A_s=0.6\%A_c$。

(5) 因 $A_s=0.6\%A_c<0.75\%A_c$。取 $A_s=600\times600\times0.75\%\text{mm}^2=2700\text{mm}^2$，配 12 Φ 18 ($A_s=3054\text{mm}^2$)。

【例 4.3.2-18】 构造边缘构件最低构造要求配筋

条件：某高层建筑采用全部落地的现浇剪力墙结构，抗震设防烈度为 7 度，剪力墙抗震等级为一级。Ⅱ类场地，乙类建筑。某剪力墙截面如图 4.3.2-21 所示，顶层墙厚 $b_w=250\text{mm}$。采用 C35 级混凝土，纵向钢筋和箍筋分别采用 HRB400 (Φ) 和 HPB300 (Φ) 级钢筋。顶层剪力墙的构造边缘构件，如图 4.3.2-22 所示。

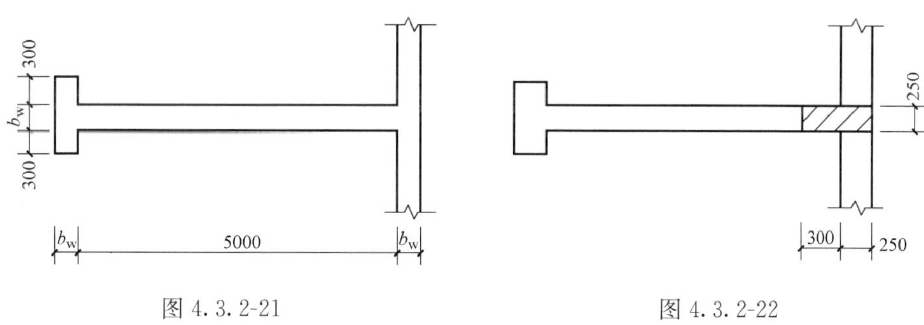

图 4.3.2-21　　　　图 4.3.2-22

要求：最低构造要求配筋。

提示：A_s 表示纵向钢筋；A_{sv} 表示横向钢筋箍筋。

【解答】 顶层为非加强部位，由《高规》图 7.2.16 和表 7.2.16，边缘构件的截面面积 $A_c=250\times550\text{mm}^2$，纵向钢筋 $A_s=0.008A_c=0.008\times250\times550\text{m}^2=1100\text{mm}^2>923\text{mm}^2$ (6 Φ 14)，取 6 Φ 16，$A_s=1206\text{mm}^2$。

由《高规》表 7.2.16 规定：箍筋及拉筋最小直径 $\phi=8\text{mm}$，沿竖向最大间距@150mm。

由《高规》7.2.15 条 3 款规定：拉筋水平间距不应大于纵筋间距的 2 倍，暗柱的截面配筋如图 4.3.2-23 所示。

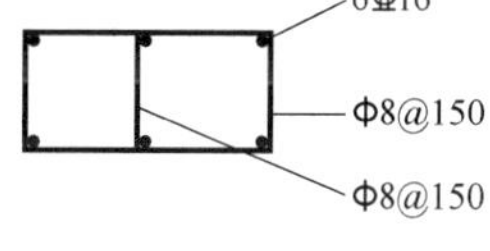

图 4.3.2-23

(4) 过渡层边缘构件

《高规》规定

> **7.2.14** 剪力墙两端和洞口两侧应设置边缘构件，并应符合下列规定：
>
> 3 B级高度高层建筑的剪力墙，宜在约束边缘构件层与构造边缘构件层之间设置1～2层过渡层，过渡层边缘构件的箍筋配置要求可低于约束边缘构件的要求，但应高于构造边缘构件的要求。
>
> **7.2.16** 剪力墙构造边缘构件的范围宜按图 7.2.16 中阴影部分采用，其最小配筋应满足表 7.2.16 的规定，并应符合下列规定：
>
> 4 抗震设计时，对于B级高度高层建筑结构中的剪力墙（筒体），其构造边缘构件的最小配筋应符合下列要求：
>
> 1) 竖向钢筋最小量应比表 7.2.16 中的数值提高 $0.001A_c$ 采用；
>
> 2) 箍筋的配筋范围宜取图 7.2.16 中阴影部分，其配箍特征值 λ_v 不宜小于 0.1。

剪力墙构造边缘构件的最小配筋要求　　表 7.2.16

抗震等级	底部加强部位		
	竖向钢筋最小量（取较大值）	箍筋	
		最小直径(mm)	沿竖向最大间距(mm)
一	$0.010A_c$,6ϕ16	8	100
二	$0.008A_c$,6ϕ14	8	150
三	$0.006A_c$,6ϕ12	6	150
四	$0.005A_c$,4ϕ12	6	200

注：1　A_c为构造边缘构件的截面面积，即图 7.2.16 剪力墙截面的阴影部分；
2　符号 ϕ 表示钢筋直径；
3　其他部位的转角处宜采用箍筋。

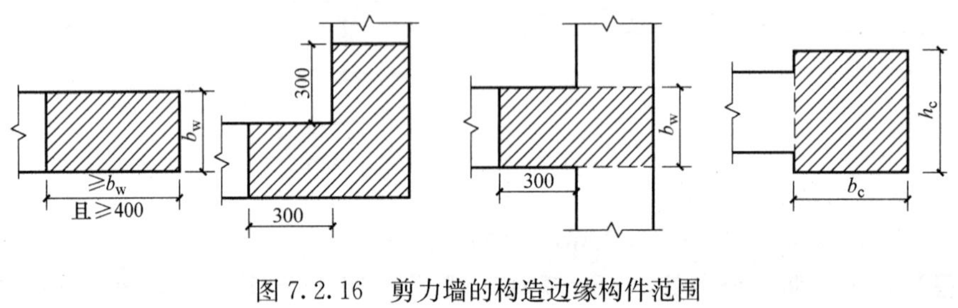

图 7.2.16　剪力墙的构造边缘构件范围

【例 4.3.2-19】

某 42 层高层住宅，采用现浇混凝土剪力墙结构，层高为 3.2m，房屋高度 134.7m，地下室顶板作为上部结构的嵌固部位。抗震设防烈度 7 度。Ⅱ类场地，丙类建筑。采用 C40 混凝土，纵向钢筋和箍筋分别采用 HRB400（Φ）和 HRB335（Φ）钢筋。

7 层某剪力墙（非短肢墙）边缘构件如图 4.3.2-24 所示，阴影部分为纵向钢筋配筋范围，墙肢轴压比 $\mu_N=0.4$，纵筋混凝土保护层厚度为 30mm。

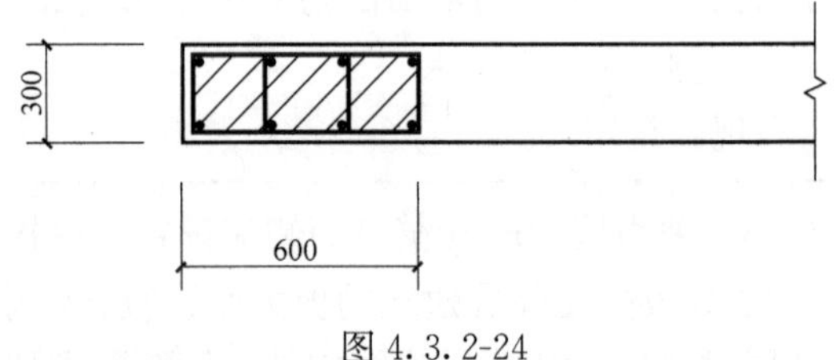

图 4.3.2-24

试问，该边缘构件阴影部分的纵筋及箍筋选用下列何项，能满足规范、规程的最低抗震构造要求？

提示：① 计算体积配箍率时，不计入墙的水平分布钢筋；

② 箍筋体积配箍率计算时，扣除重叠部分箍筋。

(A) 8 Φ 18；Φ 8@100　　(B) 8 Φ 20；Φ 8@100

(C) 8 Φ 18；Φ 10@100　　(D) 8 Φ 20；Φ 10@100

【答案】(C)

【解答】(1) 房屋高度 134.7m，因房屋高度较高首先应判断该结构是否为 B 级高层，根据《高规》表 3.3.1-2，该结构为 B 级高层；

（2）查《高规》表 3.9.4，剪力墙抗震等级为一级；

（3）根据《高规》7.1.4 条，底部加强部位高度：

$$H_1=2\times3.2=6.4\text{m},H_2=\frac{1}{10}\times134.4=13.44\text{m}$$

取大者 13.44m，1～5 层为底部加强部位；

（4）根据《高规》7.2.14 条 1 款，1～6 层设置约束边缘构件；

（5）为避免边缘构件配筋在约束边缘构件与构造边缘构件之间急剧变化，《高规》7.2.14 条 3 款规定，B 级高层宜设过渡层，7 层为过渡层。

设置过渡层边缘构件的目的，是为了实现约束边缘构件与构造边缘构件之间的均匀过渡。

过渡层边缘构件的箍筋配置《高规》7.2.14 条 3 款规定，可低于约束边缘构件的要求，但应高于构造边缘构件的要求。

对过渡层边缘构件的竖向钢筋配置《高规》未作规定，可不提高，但不应低于构造边缘构件的要求。

（6）根据《高规》7.2.16 条 4 款及表 7.2.16 确定 B 级高层的构造边缘构件竖向钢筋配筋：$A_s=(0.008+0.001)A_c=0.9\%A_c$

B 级高层构造边缘构件的阴影范围竖向钢筋，$A_c=300\times600=1.8\times10^5\text{mm}^2$，$A_s=0.9\%A_c=1620\text{mm}^2$，过渡边缘构件竖向钢筋配筋取 8 Φ 18，$A_s'=2036\text{mm}^2>A_s$。

（7）根据《高规》7.2.16 条 4 款及表 7.2.16 确定 B 级高层的构造边缘构件箍筋配置：阴影范围箍筋按构造配Φ 8@100。配箍特征值 $\lambda_v=0.1$，

$$\rho_v=\lambda_v\frac{f_c}{f_{yv}}=0.1\times\frac{19.1}{300}=0.64\%$$

过渡边缘构件的箍筋配置应比构造边缘构件适当加大，配Φ 10@100

$$A_{cor}=(300-30-5)\times(300-30-30)=135600\text{mm}^2$$

$$L_s=(300-30-30+10)\times4+(600-30+5)\times2=2150\text{mm}$$

$$\rho_v=\frac{L_s\times A_s}{A_{cor}\times s}=\frac{2150\times78.5}{135600\times100}=1.24\%>0.64\%$$

（8）过渡边缘构件的钢筋配置取：8 Φ 18；Φ 10@100，选（C）。

（5）施工图校审

1）约束边缘构件的审校

① 约束边缘构件沿墙肢的长度 l_c

根据《高规》7.2.15 条表 7.2.15，

② 约束边缘构件阴影部分的截面面积

根据《高规》7.2.15 条图 7.2.15；

③ 约束边缘构件阴影部分的竖向钢筋截面面积

根据《高规》7.2.15 条第 2 款，

④ 约束边缘构件配箍特征值 λ_v

根据《高规》7.2.15 条表 7.2.15，

⑤ 体积配箍率 $\rho_{v,min}$

根据《高规》7.2.15 条第 1 款，

⑥ 箍筋的竖向间距和水平方向肢距

根据《高规》7.2.15条第3款

2）构造边缘构件的审校

① 构造边缘构件的范围

根据《高规》7.2.16条图7.2.16，

② 构造边缘构件的竖向钢筋

根据《高规》7.2.16条表7.2.16，

③ 构造边缘构件的横向钢筋

根据《高规》7.2.16条表7.2.16

【例4.3.2-20】 剪力墙翼墙校审

条件：某多层框架-剪力墙结构，经验算其底层剪力墙应设约束边缘构件（有翼墙）。该剪力墙抗震等级为二级，$\mu_N \geqslant 0.4$。结构的环境类别为一类，钢材采用HPB300（ф）和HRB400（Φ）；混凝土强度等级为C40。该约束边缘翼墙设置箍筋范围（即图中阴影部分）的尺寸及配筋，采用平法03G101-1表示于图4.3.2-25。

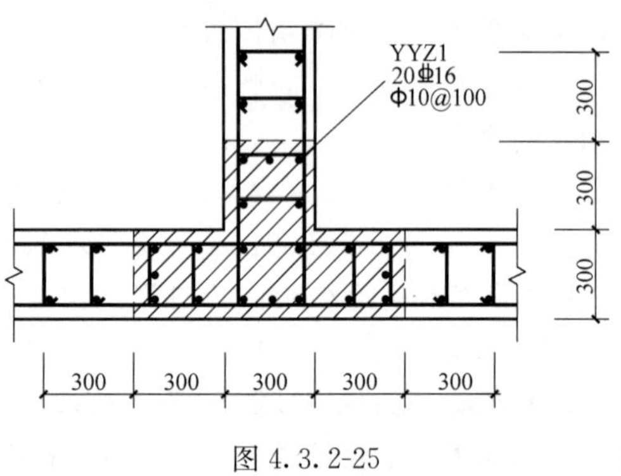

图4.3.2-25

提示：图中非阴影部分的配筋及尺寸均满足规范要求。

要求：对该剪力墙翼墙进行校审。

【解答】 由提示及附图说明约束边缘构件沿墙肢的长度 l_c 及配筋满足规范要求，不必校审。

（1）纵向钢筋的配筋范围：由《高规》图7.2.15：

翼柱尺寸 $\max(b_f+b_w, b_f+300)=300+300=600$

翼墙尺寸 $\max(b_w+2b_f, b_w+2\times300)=300+2\times300=900$，满足要求。

（2）纵向钢筋最小截面面积：由《高规》7.2.15条2款：

$$A_{s,\min}=1.0\%\times(300\times600+600\times300)=3600\text{mm}^2$$

实际：$A_s=20$ Φ $16=4020\text{mm}^2>A_{s,\min}$，满足要求。

（3）箍筋间距由《高规》7.2.15条3款，

$s\leqslant150$mm；实际配箍Φ10@100，满足要求。

（4）体积配箍率 ρ_v：一类环境、墙的保护层厚度 $c=15$mm，求出实际的体积配箍率

$$\rho_v=\frac{\sum A_{svi}n_i l_s}{A_{cor}s}=\frac{78.5\times(6\times270+585\times2+900\times2)}{(270\times900+315\times270)\times100}=1.098\%$$

由《高规》7.2.15条1款，求出所需的最小体积配箍率

$$\rho_{v,\min}=\lambda_v\cdot\frac{f_c}{f_{yv}}=0.20\times\frac{19.1}{270}=1.415\%$$

实际的体积配箍率偏低，不符合规定。

(5) 配箍特征值：经过反算求的实际配箍特征值

$$\lambda_v = \rho_v \frac{f_{yv}}{f_c} = 1.098\% \frac{270}{19.1} = 0.155 < 0.2,$$

不符《高规》表 7.2.15 的规定。

5. 墙厚与分布钢筋

(1) 墙厚

1) 多层房屋的墙厚

① 规范规定

《抗震》规定

6.4.1 抗震墙的厚度，一、二级不应小于 160mm 且不宜小于层高或无支长度的 1/20，三、四级不应小于 140mm 且不宜小于层高或无支长度的 1/25；无端柱或翼墙时，一、二级不宜小于层高或无支长度的 1/16，三、四级不宜小于层高或无支长度的 1/20。

底部加强部位的墙厚，一、二级不应小于 200mm 且不宜小于层高或无支长度的 1/16，三、四级不应小于 160mm 且不宜小于层高或无支长度的 1/20；无端柱或翼墙时，一、二级不宜小于层高或无支长度的 1/12，三、四级不宜小于层高或无支长度的 1/16。

《混规》规定

11.7.12 剪力墙的墙肢截面厚度应符合下列规定：

1 剪力墙结构：一、二级抗震等级时，一般部位不应小于 160mm，且不宜小于层高或无支长度的 1/20；三、四级抗震等级时，不应小于 140mm，且不宜小于层高或无支长度的 1/25。一、二级抗震等级的底部加强部位，不应小于 200mm，且不宜小于层高或无支长度的 1/16，当墙端无端柱或翼墙时，墙厚不宜小于层高或无支长度的 1/12。

②《规范》“条文说明”的补充交代

《抗震》6.4.1 条的“条文说明”摘录

无端柱或翼墙是指墙的两端（不包括洞口两侧）为一字形的矩形截面。

试验表明，有边缘构件约束的矩形截面抗震墙与无边缘构件约束的矩形截面抗震墙相比，极限承载力约提高 40%，极限层间位移角约增加一倍，对地震能量的消耗能力增大 20%左右，且有利于墙板的稳定。

《混规》11.7.12 条的“条文说明”摘录

11.7.12 为保证剪力墙的承载力和侧向（平面外）稳定要求，给出了各种结构体系剪力墙肢截面厚度的规定。对剪力墙最小厚度除具体尺寸要求外，还给出了用层高或无支长度的分数表示的厚度要求。

> 无支长度是指墙肢沿水平方向上无支撑约束的最大长度。
>
> 因端部无端柱或翼墙的剪力墙与端部有端柱或翼墙的剪力墙相比，其正截面受力性能、变形能力以及端部侧向稳定性能均有一定降低。试验表明，极限位移将减小一半左右，耗能能力将降低20%左右。故适当加大了一、二级抗震等级墙端无端柱或翼墙的剪力墙的最小墙厚。

③ 算例：

【例 4.3.2-21】 墙的最小厚度

条件：某剪力墙结构，底部加强部位剪力墙，抗震等级为二级，层高为 3.2m。有翼墙

要求：墙的最小厚度 b_w（mm）。

【解答】 由《抗震》第 6.4.1 条，抗震等级为二级，底部加强部位剪力墙截面厚度，不小于层高的 1/16，且不应小于 200mm。

$$b_w \geqslant \max\left(\frac{h}{16}, 200\right) = \max\left(\frac{3.2\times10^3}{16}, 200\right) = 200\text{mm}。$$

【例 4.3.2-22】 一般部位墙体最小厚度

条件：某现浇混凝土一般剪力墙结构，丙类建筑，位于 7 度地震区，房屋总高度为 84m，底层高度为 6.0m，标准层层高为 3.2m。有翼墙。

要求：第 4 层部位墙体最小厚度 b_w（mm）。

【解答】

（1）丙类、7 度、总高度为 84m，查《抗震》表 6.1.2，知剪力墙抗震等级为二级。

（2）根据《抗震》第 6.1.10 条规定，底部加强部位的高度 H 为：

$$H = \max(84/10, 6+3.2) = \max(8.4, 9.2) = 9.2\text{m}$$

（3）第 4 层部位高度为（6+3.2+3.2）m=12.4m>9.2m，故属一般部位。

（4）根据《抗震》第 6.4.1 条的规定，第 4 层部位墙体最小厚度 $b_w = \max(3200/20, 160) = 160\text{mm}$。

【例 4.3.2-23】 抗震设计时，一、二级抗震墙底部加强部位的厚度（不含端柱或翼墙）为何项？

（A）不宜小于 140mm 且不应小于层高的 1/25

（B）不宜小于 160mm 且不应小于层高的 1/20

（C）不宜小于 200mm 且不应小于层高的 1/16

（D）不宜小于层高的 1/12

【答案】（D）

【解答】 根据《抗震》第 6.4.1 条，抗震墙的厚度，一、二级不应小于 160mm 且不应小于层高的 1/20，三、四级不应小于 140mm 且不应小于层高的 1/25。底部加强部位的墙厚，一、二级不宜小于 200mm 且不应小于层高的 1/16；无端柱或翼墙时不应小于层高的 1/12。

【例 4.3.2-24】 抗震墙的两端有翼墙或端柱时，其墙板厚度（mm）对于一级抗震墙，除不应小于层高的 1/20 外，还不应小于下列何项要求？

(A) 120　　(B) 160　　(C) 200　　(D) 250

【答案】(B)

【解答】根据《抗震》第 6.4.1 条的规定解答

2）高层房屋的墙厚

① 初步选定剪力墙的厚度

《高规》和《抗震》《混规》的规定不同。“不再规定墙厚与层高或剪力墙无支长度比值的限制要求”，而在 02 版规程中是有这项规定。

《高规》7.2.1 条的“条文说明”讲述其原因

> 主要原因是：
>
> 1）本条第 2、3、4 款规定的剪力墙截面的最小厚度是高层建筑的基本要求；
>
> 2）剪力墙平面外稳定与该层墙体顶部所受的轴向压力的大小密切相关，如不考虑墙体顶部轴向压力的影响，单一限制墙厚与层高或无支长度的比值，则会形成高度相差很大的房屋其底部楼层墙厚的限制条件相同，或一幢高层建筑中底部楼层墙厚与顶部楼层墙厚的限制条件相近等不够合理的情况；
>
> 3）本规程附录 D 的墙体稳定验算公式能合理地反映楼层墙体顶部轴向压力以及层高或无支长度对墙体平面外稳定的影响，并具有适宜的安全储备。

《高规》7.2.1 条的“条文说明”并设有完全停止采用 02 规程的规定指出

> 设计人员初步选定剪力墙的厚度，也可参考 02 规程的规定进行初选：一、二级剪力墙底部加强部位可选层高或无支长度（图 7）二者较小值的 1/16，其他部位为层高或剪力墙无支长度二者较小值的 1/20；三、四级剪力墙底部加强部位可选层高或无支长度二者较小值的 1/20，其他部位为层高或剪力墙无支长度二者较小值的 1/25。

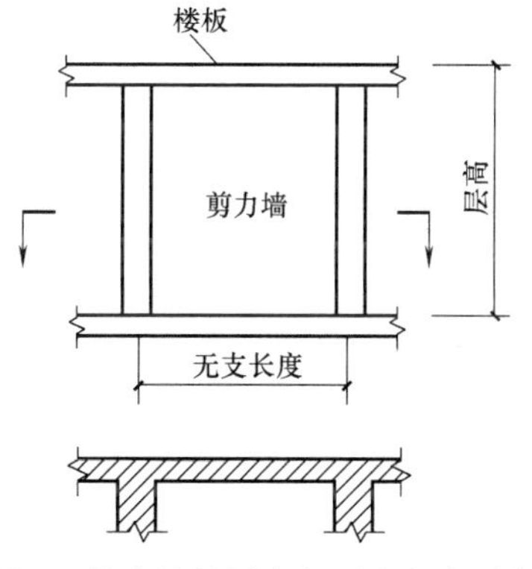

图 7　剪力墙的层高与无支长度示意

② 剪力墙的截面厚度应符合五项要求

《高规》7.2.1 条的“条文说明”指出剪力墙的截面厚度应符合五项要求。

a. 符合墙体稳定验算要求（D.0.1 条）。

b. 满足剪力墙截面最小厚度的规定，其目的是为了保证剪力墙平面外的刚度和稳定性能，也是高层建筑剪力墙截面厚度的最低要求（7.2.1 条）。

c. 满足剪力墙受剪截面限制条件（7.2.7条）。

d. 满足剪力墙正截面受压承载力要求（7.2.8条）。

e. 满足剪力墙轴压比限值要求（7.2.13条）。

③ 规范规定

《高规》规定

7.2.1 剪力墙的截面厚度应符合下列规定：

1 应符合本规程附录D的墙体稳定验算要求。

2 一、二级剪力墙：底部加强部位不应小于200mm，其他部位不应小于160mm；一字形独立剪力墙底部加强部位不应小于220mm，其他部位不应小于180mm。

3 三、四级剪力墙：不应小于160mm，一字形独立剪力墙的底部加强部位尚不应小于180mm。

4 非抗震设计时不应小于160mm。

5 剪力墙井筒中，分隔电梯井或管道井的墙肢截面厚度可适当减小，但不宜小于160mm。

D.0.1 剪力墙墙肢应满足下式的稳定要求：

$$q \leqslant \frac{E_c t^3}{10 l_0^2} \tag{D.0.1}$$

式中：q——作用于墙顶组合的等效竖向均布荷载设计值；

E_c——剪力墙混凝土的弹性模量；

t——剪力墙墙肢截面厚度；

l_0——剪力墙墙肢计算长度，应按本附录第D.0.2条确定。

D.0.2 剪力墙墙肢计算长度应按下式计算：

$$l_0 = \beta h \tag{D.0.2}$$

式中：β——墙肢计算长度系数，应按本附录第D.0.3条确定；

h——墙肢所在楼层的层高。

D.0.3 墙肢计算长度系数β应根据墙肢的支承条件按下列规定采用：

1 单片独立墙肢按两边支承板计算，取β等于1.0。

2 T形、I形、槽形和工字形剪力墙的翼缘（图D），采用三边支承板按式（D.0.3-1）计算；当β计算值小于0.25时，取0.25。

$$\beta = \frac{1}{\sqrt{1 + \left(\frac{h}{2b_f}\right)^2}} \tag{D.0.3-1}$$

式中：b_f——T形、I形、槽形、工字形剪力墙的单侧翼缘截面高度，取图D中各b_{fi}的较大值或最大值。

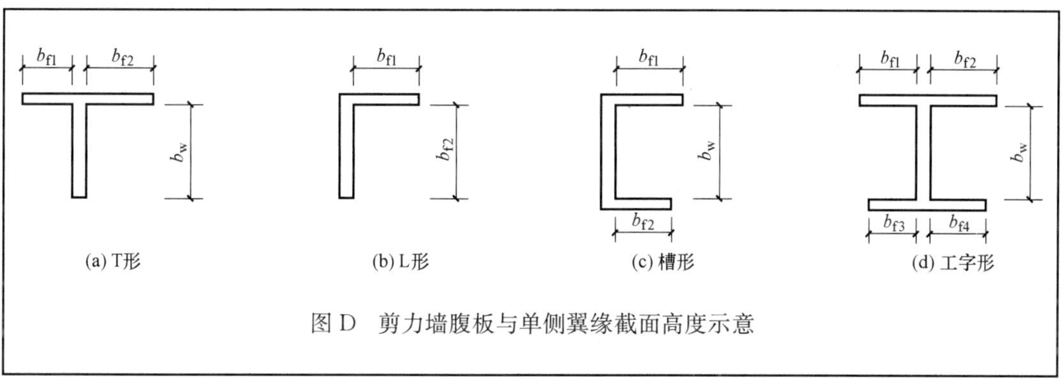

图D　剪力墙腹板与单侧翼缘截面高度示意

④ 算例：

a）墙体稳定验算

【例 4.3.2-25】 假定底层层高 4.8m，剪力墙立面、截面尺寸见图 4.3.2-26。按《高规》附录D对墙体进行稳定验算，主要是通过用式 $q \leqslant \frac{E_c t^3}{10 l_0^2}$ 的计算来完成；式中 q 为作用于墙顶组合的等效竖向均布荷载设计值。当对该底层剪力墙进行稳定验算时，试问，验算式中的 l_0（m）应为下列何项数值时，才最符合规程的要求？

提示：首先判断短肢剪力墙翼墙的作用大小，再判断墙肢为几边支承。

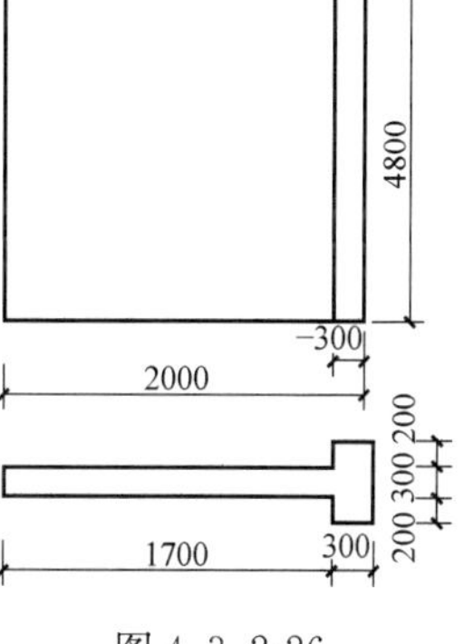

图 4.3.2-26

（A）1.20　　（B）1.70

（C）2.0　　（D）4.80

【答案】（D）

【解答】 根据《高规》7.2.15 条表 7.2.15 注 2：

200mm＋300mm＋200mm＝700mm＜3×300mm＝900mm，应视为无翼墙。

根据《高规》附录D，D.0.2、D.0.3 条 1 款，

$l_0 = 1 \times 4.8\text{m} = 4.8\text{m}$。

【例 4.3.2-26】 墙体稳定

条件：某一字形剪力墙，层高 5m，如图 4.3.2-27 所示，采用 C35 级混凝土，顶部作用的垂直荷载设计值 q—3400kN/m。

要求：满足墙体稳定所需要的厚度 t（mm）。

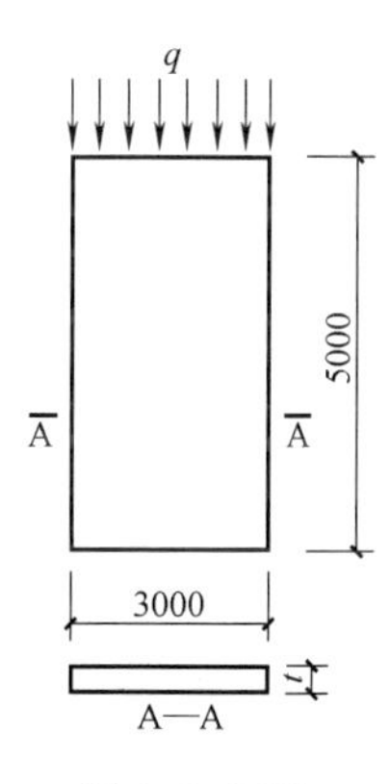

图 4.3.2-27

【解答】

《高规》附录D，式（D.0.1）

$$q \leqslant \frac{E_c \cdot t^3}{10 l_0^2}$$

$$l_0 = \beta h, \beta = 1.0, h = 5000\text{mm}$$

即

$$3400 \leqslant \frac{3.15 \times 10^4 \cdot t^3}{10 \times 5000^2}$$

$$t \geqslant 299.9\text{mm}$$

【例 4.3.2-27】 某剪力墙截面如图 4.3.2-28 所示，底层墙厚 $b_w=350$mm。C35 混凝土，底层层高为 5m。验算底层剪力墙稳定的计算示意图，如图 4.3.2-29 所示。试问，满足剪力墙墙肢稳定要求时，作用于墙顶组合的等效竖向均布荷载最大设计值 q（kN/m），应与下列何项数值最为接近？

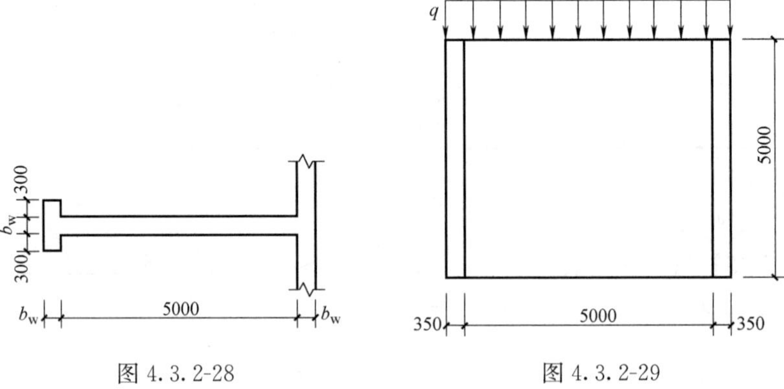

图 4.3.2-28　　　图 4.3.2-29

（A）6.52×10^3　　（B）11.6×10^4　　（C）13.5×10^4　　（D）15.2×10^4

【答案】（A）

【解答】 根据《高规》表 7.2.16 注 3，由于一侧翼墙长度不满足 3 倍厚度的要求，应视为三边支承剪力墙。

按附录 D 验算墙体稳定：按公式（D.0.3-1），

$$\beta=\frac{1}{\sqrt{1+\left(\frac{h}{2b_w}\right)^2}}=\frac{1}{\sqrt{1+\left(\frac{5}{2\times5.35}\right)^2}}=0.91>0.25 \quad \text{取}\ \beta=0.91$$

由公式（D.0.2），$l_0=\beta h=0.91\times5000\text{mm}=4550\text{mm}$

依据公式（D.0.1）计算，$q=\frac{E_c t^3}{10 l_0^2}=\frac{3.15\times10^4\times350^3}{10\times4550^2}\text{kN/m}=6.52\times10^3\text{kN/m}$

【例 4.3.2-28】

假定，建筑底层某落地剪力墙 Q_1，其稳定计算示意图如图 4.3.2-30 所示，混凝土强度等级采用 C40（$f_c=19.1\text{N/mm}^2$，$E_c=3.25\times10^4\text{N/mm}^2$）。试问，满足剪力墙腹板墙肢局部稳定要求时，作用于 400mm 厚墙肢顶部组合的最大等效竖向均布荷载设计值 q

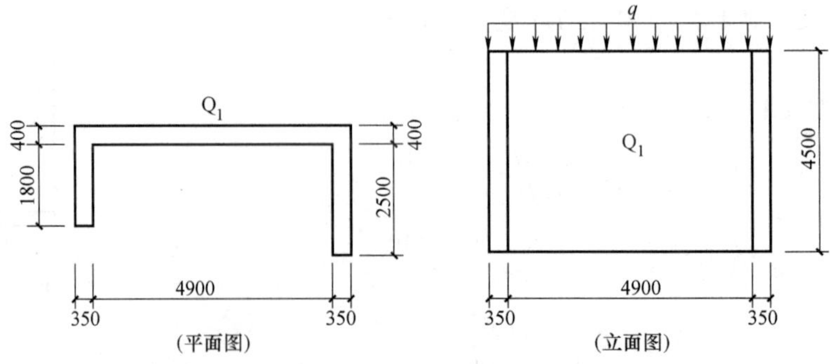

图 4.3.2-30

(kN/m)，与下列何项数值最为接近？

(A) 2.98×10^4　(B) 1.86×10^4　(C) 1.24×10^4　(D) 1.03×10^4

【答案】(A)

【解答】由《高规》式（D.0.3-2），

$$\beta=\frac{1}{\sqrt{1+\left(\frac{3h}{2b_w}\right)^2}}=\frac{1}{\sqrt{1+\left(\frac{3\times4.5}{2\times4.9}\right)^2}}=0.5875$$

由公式（D.0.2），$l_0=\beta h=0.5875\times4500=2644\text{mm}$

依据公式（D.0.1）计算，$q=\frac{E_c t^3}{10l_0^2}=\frac{3.25\times10^4\times400^3}{10\times2644^2}=2.9754\times10^4\text{kN/m}$

故选（A)。

b）截面厚度

【例 4.3.2-29】墙体所需要的厚度

条件：高层钢筋混凝土结构中的底部位剪力墙，为单片独立墙肢（两边支承），如图 4.3.2-31 所示，层高 5m，墙长为 3m，按 8 度抗震设计，抗震等级为二级，混凝土强度等级为 C40（$f_c=19.1\text{MPa}$，$E_c=3.25\times10^4\text{N/mm}^2$）。该墙各荷载效应组合中墙顶的竖向均布荷载标准值分别为：恒荷载作用下为 2133.3kN/m，活荷载作用下为 500kN/m，水平地震作 1166.7kN/m。

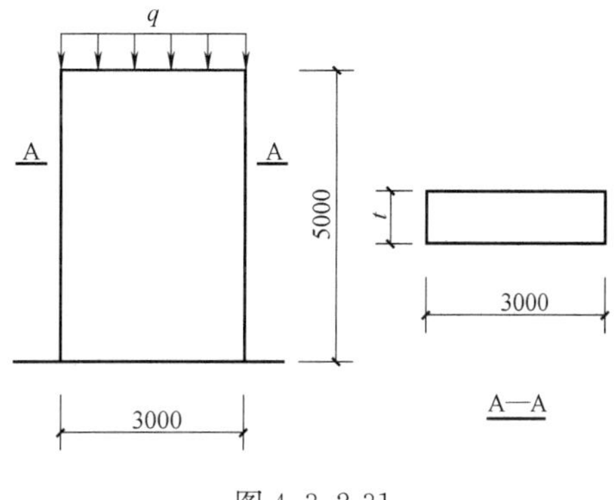

图 4.3.2-31

提示：① 不计墙自重，不考虑风荷载作用。

② 计算重力荷载代表值时，其中活荷载组合值系数取 0.5。

要求：(1) 满足构造要求的剪力墙最小墙厚（mm）；

(2) 满足轴压比限值的剪力墙最小墙厚（mm）；

(3) 满足剪力墙稳定所需的最小墙厚（mm）；

(4) 建议采用的最小墙厚（mm）。

【解答】

(1) 由《高规》7.2.1 条第 2 款，抗震等级二级，底部加强部位剪力墙截面厚度，不应小于 200mm。

(2) 查《高规》表 7.2.13，抗震等级二级的剪力墙轴压比限值 0.6，在重力荷载代表值作用下产生的轴力设计值 $N=1.2(2133.3+0.5\times500)=2860\text{kN/m}$

$N=[\mu_N]f_c bt=0.6\times19.1\times3000\times t=2860\times3\text{kN}$，解得 $t=249\text{mm}$。

(3) 顶部作用的垂直荷载设计值 $q=1.2(2133.3+0.5\times500)+1.3\times1166.7=4377\text{kN/m}$。由《高规》附录 D，D.0.2 条，墙肢计算长度 $l_0=\beta h$，$\beta=1.0$，$h=5000\text{mm}$，$l_0=5000\text{mm}$。

由《高规》附录 D，式（D.0.1）$q\leqslant\frac{E_c\cdot t^3}{10l_0^2}$。即 $4377=\frac{32500\times t^3}{10\times5000^2}$，解得 $t=323\text{mm}$

（4）建议采用的最小墙厚 t=320mm。

【例 4.3.2-30】某现浇高层剪力墙结构，高度为 82m，处于 8 度抗震区，抗震等级为一级，首层层高为 5.4m，标准层为 3.2m，其底部加强部位有一单片独立墙肢，墙肢长度为 3000mm，采用 C40 混凝土，该墙肢的墙顶处的荷载效应和地震作用的标准值分别为：永久荷载作用下为 2500kN/m，楼面活荷载作用下为 600kN/m，水平地震作用下为 1200kN/m，忽略墙肢自重，既能满足剪力墙截面尺寸构造要求，又能满足墙肢轴压比限值的墙肢最小厚度与以下哪项数值最为接近？（活荷载组合值系数取 0.5）

（A）242　　（B）262　　（C）352　　（D）339

【答案】（C）

【解答】根据《高规》7.2.1 条 2 款规定，墙肢厚度 t=220mm

查《高规》表 7.2.13，抗震等级一级、8 度，$[\mu_N=0.5]$

$$N=1.2(2500+0.5\times600)=3360\text{kN/m}$$

$$[\mu_N]=\frac{N}{f_c A}=\frac{N}{f_c h_w t}$$

$$t=\frac{N}{[\mu_N]f_c h_w}=\frac{3360\times10^3\times3}{0.5\times19.1\times3000}=351\text{mm}$$

上述取较大者，故墙肢最小厚度为 355mm。

（2）分布钢筋

① 分布钢筋的排数

《高规》规定

> **7.2.3**　高层剪力墙结构的竖向和水平分布钢筋不应单排配置，剪力墙截面厚度不大于 400mm 时，可采用双排配筋；大于 400mm、但不大于 700mm 时，宜采用三排配筋；大于 700mm 时，宜采用四排配筋。各排分布钢筋之间拉筋的间距不应大 600mm，直径不应小于 6mm。

本项规定的机理《高规》的“条文说明”有讲述，现摘录于下

> **7.2.3**　为防止混凝土表面出现收缩裂缝，同时使剪力墙具有一定的出平面抗弯能力，高层建筑的剪力墙不允许单排配筋。高层建筑的剪力墙厚度大，当剪力墙厚度超过 400mm 时，如果仅采用双排配筋，形成中部大面积的素混凝土，会使剪力墙截面应力分布不均匀，因此本条提出了可采用三排或四排配筋方案，截面设计所需要的配筋可分布在各排中，靠墙面的配筋可略大。在各排配筋之间需要用拉筋互相联系。

② 分布钢筋的配筋率

《高规》规定

> **7.2.17**　剪力墙竖向和水平分布钢筋的配筋率，一、二、三级时均不应小于 0.25%，四级和非抗震设计时均不应小于 0.20%。

《抗震》规定

6.4.3 抗震墙竖向、横向分布钢筋的配筋，应符合下列要求：

1 一、二、三级抗震墙的竖向和横向分布钢筋最小配筋率均不应小于 0.25%，四级抗震墙分布钢筋最小配筋率不应小于 0.20%。

注：高度小于 24m 且剪压比很小的四级抗震墙，其竖向分布筋的最小配筋率应允许按 0.15% 采用。

本项规定的机理《高规》的“条文说明”有讲述，现摘录于下

7.2.17 为了防止混凝土墙体在受弯裂缝出现后立即达到极限受弯承载力，配置的竖向分布钢筋必须满足最小配筋百分率要求。同时，为了防止斜裂缝出现后发生脆性的剪拉破坏，规定了水平分布钢筋的最小配筋百分率。

分布钢筋的定义：

水平分布钢筋的配筋率 $\rho_{sh}\left(\frac{A_{sh}}{bs_v}，s_v\text{ 为水平分布钢筋的间距}\right)$

竖向分布钢筋的配筋率 $\rho_{sv}\left(\frac{A_{sv}}{bs_h}，s_h\text{ 为竖向分布钢筋的间距}\right)$

③ 分布钢筋的直径、间距

《高规》规定

7.2.18 剪力墙的竖向和水平分布钢筋的间距均不宜大于 300mm，直径不应小于 8mm。剪力墙的竖向和水平分布钢筋的直径不宜大于墙厚的 1/10。

本项规定的机理《高规》的“条文说明”有讲述，现摘录于下

7.2.18 剪力墙中配置直径过大的分布钢筋，容易产生墙面裂缝，一般宜配置直径小而间距较密的分布钢筋。

④ 温度应力较大部位的分布钢筋

《高规》规定

7.2.19 房屋顶层剪力墙、长矩形平面房屋的楼梯间和电梯间剪力墙、端开间纵向剪力墙以及端山墙的水平和竖向分布钢筋的配筋率均不应小于 0.25%，间距均不应大于 200mm。

本项规定的机理《高规》的“条文说明”有讲述，现摘录于下

7.2.19 房屋顶层墙、长矩形平面房屋的楼、电梯间墙、山墙和纵墙的端开间等是温度应力可能较大的部位，应适当增大其分布钢筋配筋量，以抵抗温度应力的不利影响。

⑤ 算例

【例 4.3.2-31】 墙体分布钢筋

条件：某剪力墙结构，抗震等级为二级，混凝土强度等级为 C30，墙体分布钢筋采用 HPB300 级钢筋。底层某墙肢截面尺寸 $b_w \times h_w = 200\text{mm} \times 3600\text{mm}$。经验算，该墙肢可按构造要求配置墙体水平和竖向分布钢筋。

要求：墙体分布钢筋的配置。

【解答】 取每米为计算单元，根据《高规》第 7.2.17 条、第 7.2.18 条可知：

$\rho_{min} = 0.25\%$，$s_{max} = 300\text{mm}$，$\phi_{min} = 8\text{mm}$，$\phi_{max} = b_w/10$

$$A_s \geqslant 1000 b_w \rho_{min} = 1000 \times 200 \times 0.25\% \text{mm}^2 = 500\text{mm}^2$$

$$\phi_{max} = 200/10\text{mm} = 20\text{mm}$$

经比较：分布钢筋配置选用 ϕ8@200 最为合适，则

$$A_s = 2 \times 50.3 \times 1000/200\text{mm}^2 = 503\text{mm}^2 > 500\text{mm}^2。$$

6. 承载力计算

《高规》规定

> **7.1.9** 剪力墙应进行平面内的斜截面受剪、偏心受压或偏心受拉、平面外轴心受压承载力验算。在集中荷载作用下，墙内无暗柱时还应进行局部受压承载力验算。

【例 4.3.2-32】 墙肢配筋 A_s 的计算类型选择

条件：某 12 层剪力墙结构的底层墙，如图 4.3.2-32 所示。底层层高 4.5m，8 度地震区，抗震等级为二级。采用的混凝土强度等级为 C30。墙肢正向地震作用的组合值为：

$$M = 2000\text{kN} \cdot \text{m}$$

$$V = 350\text{kN}$$

$$N = 2500\text{kN}(\text{压力})$$

要求：墙肢配筋 A_s 应按下列何项计算确定?

(A) 偏心受压

(B) 偏心受拉

(C) 取偏心受压和偏心受拉二者中大者

(D) 取偏心受压和偏心受拉二者中大者再乘以 1.4

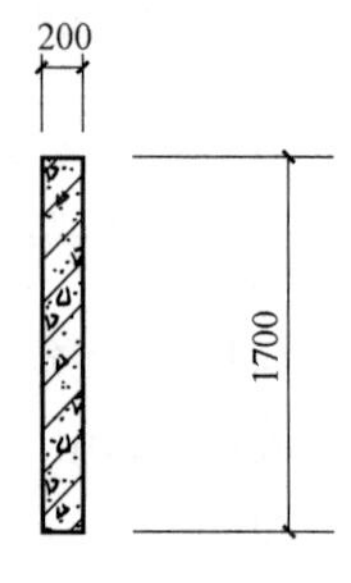

图 4.3.2-32

【答案】 (A)

【解答】 根据《高规》第 7.2.8、7.2.9 条受压、受拉两项控制计算。

(1) 正截面承载力计算

《高规》规定

> **7.2.8** 矩形、T形、I形受压剪力墙墙肢（图 7.2.8）的正截面受压承载力应符合现行国家标准《混凝土结构设计规范》GB 50010 的有关规定，也可按下列规定计算：

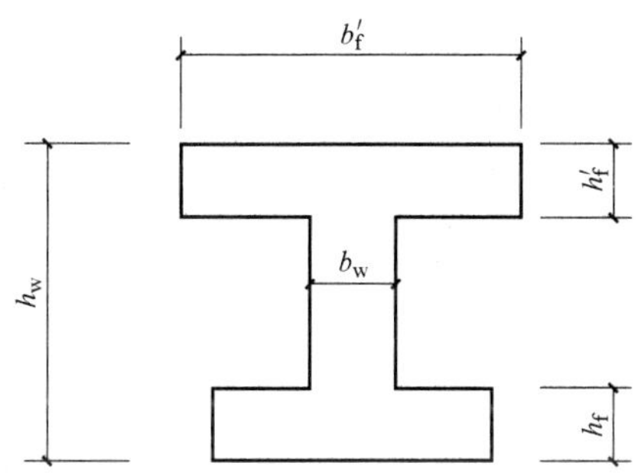

图 7.2.8 截面及尺寸

1 持久 短暂设计状况

$$N \leqslant A_s' f_y' - A_s \sigma_s - N_{sw} + N_c \tag{7.2.8-1}$$

$$N\left(e_0 + h_{w0} - \frac{h_w}{2}\right) \leqslant A_s' f_y' (h_{w0} - a_s') - M_{sw} + M_c \tag{7.2.8-2}$$

当 $x \geqslant h_f'$ 时

$$N_c = \alpha_1 f_c b_w x + \alpha_1 f_c (b_f' - b_w) h_f' \tag{7.2.8-3}$$

$$M_c = \alpha_1 f_c b_w x \left(h_{w0} - \frac{x}{2}\right) + \alpha_1 f_c (b_f' - b_w) h_f' \left(h_{w0} - \frac{h_f'}{2}\right) \tag{7.2.8-4}$$

当 $x \leqslant h_f'$ 时

$$N_c = \alpha_1 f_c b_f' x \tag{7.2.8-5}$$

$$M_c = \alpha_1 f_c b_f' x \left(h_{w0} - \frac{x}{2}\right) \tag{7.2.8-6}$$

当 $x \leqslant \xi_b h_{w0}$ 时

$$\sigma_s = f_y \tag{7.2.8-7}$$

$$N_{sw} = (h_{w0} - 1.5x) b_w f_{yw} \rho_w \tag{7.2.8-8}$$

$$M_{sw} = \frac{1}{2}(h_{w0} - 1.5x)^2 b_w f_{yw} \rho_w \tag{7.2.8-9}$$

当 $x > \xi_b h_{w0}$ 时

$$\sigma_s = \frac{f_y}{\xi_b - 0.8}\left(\frac{x}{h_{w0}} - \beta_c\right) \tag{7.2.8-10}$$

$$N_{sw} = 0 \tag{7.2.8-11}$$

$$M_{sw} = 0 \tag{7.2.8-12}$$

$$\xi_b = \frac{\beta_c}{1 + \dfrac{f_y}{E_s \varepsilon_{cu}}} \tag{7.2.8-13}$$

式中：a_s'——剪力墙受压区端部钢筋合力点到受压区边缘的距离；

b_f'——T 形或 I 形截面受压区翼缘宽度；

e_0——偏心距，$e_0 = M/N$；

f_y、f_y'——分别为剪力墙端部受拉、受压钢筋强度设计值；

f_{yw}——剪力墙墙体竖向分布钢筋强度设计值；

f_c——混凝土轴心抗压强度设计值；

h'_f——T形或I形截面受压区翼缘的高度；

h_{w0}——剪力墙截面有效高度，$h_{w0}=h_w-a'_s$；

ρ_w——剪力墙竖向分布钢筋配筋率；

ξ_b——界限相对受压区高度；

α_1——受压区混凝土矩形应力图的应力与混凝土轴心抗压强度设计值的比值，混凝土强度等级不超过C50时取1.0，混凝土强度等级为C80时取0.94，混凝土强度等级在C50和C80之间时可按线性内插取值；

β_c——混凝土强度影响系数，按本规程第6.2.6条的规定采用；

ε_{cu}——混凝土极限压应变，应按现行国家标准《混凝土结构设计规范》GB 50010的有关规定采用。

2 地震设计状况，公式（7.2.8-1）、（7.2.8-2）右端均应除以承载力抗震调整系数γ_{RE}，γ_{RE}取0.85。

【例4.3.2-33】 剪力墙的纵向钢筋配置计算

条件：有一矩形截面剪力墙，总高$H=50$m，$b_w=250$mm，$h_w=6000$mm，抗震等级二级。纵筋HRB400级，$f_y=360\text{N/mm}^2$，箍筋HPB300级，$f_y=270\text{N/mm}^2$，混凝土为C30，$f_c=14.3\text{N/mm}^2$，$f_t=1.43\text{N/mm}^2$，$\xi_b=0.55$，竖向分布钢筋为双排Φ10@200，墙肢底部加强部位的截面作用有考虑地震作用组合的弯矩设计值$M=18000\text{kN}\cdot\text{m}$，轴力设计值$N=3200$kN，$\mu_N>0.4$。

要求：确定端部纵向钢筋（对称配筋）。

【解答】（1）墙肢底部加强部位约束边缘构件沿墙肢的长度l_c。

由《高规》表7.2.15，应取下列三者中的最大值

$l_c=\max(0.20h_w,b_w,400)=\max(0.20\times6000,250,400)=1200\text{mm}$。

（2）纵向钢筋配筋范围

据《高规》7.2.15条图7.2.15（a）纵向钢筋配筋范围沿墙肢方向的高度为：

$$\begin{cases} b_w=250\text{mm} \\ \dfrac{l_c}{2}=\dfrac{0.2h_w}{2}=\dfrac{0.2\times6000}{2}=600\text{mm} \\ 400\text{mm} \end{cases}$$

取最大值为600mm。

纵向受力钢筋合力点到近边缘的距离 $a'_s=\dfrac{600}{2}=300\text{mm}$

剪力墙截面有效高度 $h_{w0}=h_w-a'_s=6000-300=5700\text{mm}$。

（3）剪力墙竖向分布钢筋配筋率

$$\rho_w=\frac{nA_{sv}}{bs}=\frac{2\times78.5}{250\times200}=0.314\%$$

满足《高规》7.2.17条$\rho_w>\rho_{w,\min}=0.25\%$的规定。

（4）求压区高度

假定 $x<\xi_b h_{w0}$，即 $\sigma_s=f_y$。因 $A_s=A_s'$，故 $A_s'f_y-A_s\sigma_s=0$，应用《高规》式（7.2.8-1）

$$N\leqslant\frac{1}{\gamma_{RE}}(A_s'f_y'-A_s\sigma_s-N_{sw}+N_c)$$

应用《高规》式（7.2.8-3）

$$N_c=\alpha_1 f_c b_w x=1.0\times14.3\times250x=3575x$$

应用《高规》式（7.2.8-8）

$$N_{sw}=(h_{w0}-1.5x)b_w f_{yw}\rho_w=(5700-1.5x)\times250\times270\times0.314\%=1208115-318x$$

合并三式得

$$3200\times10^3=\frac{1}{0.85}(0-1208115+318x+3575x)$$

得 $$x=1009\text{mm}<\xi_b h_{w0}=0.55\times5700=3135\text{mm}$$

原假定符合。

（5）配筋计算

应用《高规》式（7.2.8-4）

$$M_c=\alpha_1 f_c b_w x\left(h_{w0}-\frac{x}{2}\right)=1.0\times14.3\times250\times1009\times\left(5700-\frac{1009}{2}\right)=18741\times10^6\text{N}\cdot\text{mm}$$

应用《高规》式（7.2.8-9）

$$\begin{aligned}M_{sw}&=\frac{1}{2}(h_{w0}-1.5x)^2 b_w f_{yw}\rho_w\\&=\frac{1}{2}(5700-1.5\times1009)^2\times250\times270\times0.314\%\\&=1857.4\times10^6\text{N}\cdot\text{mm}\end{aligned}$$

$$e_0=\frac{M}{N}=\frac{18000\times10^6}{3200\times10^3}=5625\text{mm}$$

应用《高规》式（7.2.8-2）

$$N\left(e_0+h_{w0}-\frac{h_w}{2}\right)=[A_s'f_y'(h_{w0}-a_s')-M_{sw}+M_c]/\gamma_{RE}$$

$$\begin{aligned}A_s=A_s'&=\frac{\gamma_{RE}N(e_0+h_{w0}-h_w/2)+M_{sw}-M_c}{f_y'(h_{w0}-a_s')}\\&=\frac{0.85\times3200\times10^3\times(5625+5700-6000/2)+1857.4\times10^6-18741\times10^6}{360\times(5700-300)}\\&=2963.2\text{mm}^2\end{aligned}$$

（6）验算最小配筋率

根据《高规》7.2.15 条第 2 款的规定

纵向钢筋的最小截面面积

$$A_{s,min}=1\%\times(250\times600)=1500\text{mm}^2$$

并不应小于 6ϕ16。

取 8 Φ 25，$A_s=3927\text{mm}^2$。

（2）斜截面承载力计算

① 墙肢的受剪承载力上限值

《高规》规定

> **7.2.7** 剪力墙墙肢截面剪力设计值应符合下列规定：
>
> 1 永久、短暂设计状况
>
> $$V \leqslant 0.25\beta_c f_c b_w h_{w0} \tag{7.2.7-1}$$
>
> 2 地震设计状况
>
> 剪跨比 λ 大于 2.5 时
>
> $$V \leqslant \frac{1}{\gamma_{RE}}(0.20\beta_c f_c b_w h_{w0}) \tag{7.2.7-2}$$
>
> 剪跨比 λ 不大于 2.5 时
>
> $$V \leqslant \frac{1}{\gamma_{RE}}(0.15\beta_c f_c b_w h_{w0}) \tag{7.2.7-3}$$
>
> 剪跨比可按下式计算：
>
> $$\lambda = M^c/(V^c h_{w0}) \tag{7.2.7-4}$$
>
> 式中：V——剪力墙墙肢截面的剪力设计值；
>
> h_{w0}——剪力墙截面有效高度；
>
> β_c——混凝土强度影响系数，应按本规程第6.2.6条采用；
>
> λ——剪跨比，其中 M_c、V_c 应取同一组合的、未按本规程有关规定调整的墙肢截面弯矩、剪力计算值，并取墙肢上、下端截面计算的剪跨比的较大值。

【例4.3.2-34】 验算剪压比

条件：抗震等级为一级的高层剪力墙结构中，某墙肢厚度为250mm，长度为3000mm，有地震作用组合的剪力计算值 $V_w=1720\text{kN}$，弯矩设计值 $M_w=12300\text{kN}\cdot\text{m}$，混凝土强度等级C35，$f_c=16.7\text{MPa}$，取剪力墙的剪力增大系数 $\eta_{vw}=1.6$，承载力抗震调整系数0.85，已知 $h_{w0}=2800\text{mm}$。

要求：验算剪压比。

【解答】

由《高规》7.2.6条式（7.2.6-1）计算有地震作用组合时剪力墙的剪力设计值，

$$V=\eta_{vw}V_w=1.6\times1720=2752\text{kN}$$

由《高规》7.2.7条得：剪力墙的剪跨比，

$$\lambda=M^c/(V^c h_{w0})=\frac{12300}{1720\times2.8}=2.55$$

由《高规》7.2.7条的公式（7.2.7-2）验算剪力墙的截面剪压比：

$$\gamma_{RE}V/(\beta_c f_c b_w h_{w0})=\frac{0.85\times2752\times10^3}{1\times16.7\times250\times2800}=0.20\text{，满足规定。}$$

② 剪力墙斜截面受剪承载力

《高规》规定

7.2.10 偏心受压剪力墙的斜截面受剪承载力应符合下列规定：

1 永久、短暂设计状况

$$V \leqslant \frac{1}{\lambda - 0.5}\left(0.5 f_t b_w h_{w0} + 0.13 N \frac{A_w}{A}\right) + f_{yh} \frac{A_{sh}}{s} h_{w0} \quad (7.2.10\text{-}1)$$

2 地震设计状况

$$V \leqslant \frac{1}{\gamma_{RE}}\left[\frac{1}{\lambda - 0.5}\left(0.4 f_t b_w h_{w0} + 0.1 N \frac{A_w}{A}\right) + 0.8 f_{yh} \frac{A_{sh}}{s} h_{w0}\right] \quad (7.2.10\text{-}2)$$

式中：N——剪力墙截面轴向压力设计值，N 大于 $0.2 f_c b_w h_w$ 时，应取 $0.2 f_c b_w h_w$；

A——剪力墙全截面面积；

A_w——T 形或 I 形截面剪力墙腹板的面积，矩形截面时应取 A；

λ——计算截面的剪跨比，λ 小于 1.5 时应取 1.5，λ 大于 2.2 时应取 2.2，计算截面与墙底之间的距离小于 $0.5h_{w0}$ 时，λ 应按距墙底 $0.5h_{w0}$ 处的弯矩值与剪力值计算；

s——剪力墙水平分布钢筋间距。

7.2.11 偏心受拉剪力墙的斜截面受剪承载力应符合下列规定：

1 永久、短暂设计状况

$$V \leqslant \frac{1}{\lambda - 0.5}\left(0.5 f_t b_w h_{w0} - 0.13 N \frac{A_w}{A}\right) + f_{yh} \frac{A_{sh}}{s} h_{w0} \quad (7.2.11\text{-}1)$$

上式右端的计算值小于 $f_{yh} \frac{A_{sh}}{s} h_{w0}$ 时，应取等于 $f_{yh} \frac{A_{sh}}{s} h_{w0}$。

2 地震设计状况

$$V \leqslant \frac{1}{\gamma_{RE}}\left[\frac{1}{\lambda - 0.5}\left(0.4 f_t b_w h_{w0} - 0.1 N \frac{A_w}{A}\right) + 0.8 f_{yh} \frac{A_{sh}}{s} h_{w0}\right] \quad (7.2.11\text{-}2)$$

上式右端方括号内的计算值小于 $0.8 f_{yh} \frac{A_{sh}}{s} h_{w0}$ 时，应取等于 $0.8 f_{yh} \frac{A_{sh}}{s} h_{w0}$。

【例 4.3.2-35】 剪力墙的水平钢筋配置计算

条件：有一矩形截面剪力墙，总高 $H=50$m，$b_w=250$mm，$h_w=6000$mm，$h_{w0}=5700$mm。抗震等级二级。纵筋 HRB400 级，$f_y=360\text{N/mm}^2$，箍筋 HPB300 级，$f_y=270\text{N/mm}^2$，C30，$f_c=14.3\text{N/mm}^2$，$f_t=1.43\text{N/mm}^2$，$\xi_b=0.55$，竖向分布钢筋为双排 ϕ10@200mm，已知距墙底 $0.5h_{w0}$ 处的剪力计算值 $V_w=2600$kN，弯矩设计值 $M_w=16250\text{kN}\cdot\text{m}$，轴力设计值 $N=3000$kN。

要求：根据受剪承载力的要求确定水平分布钢筋。

【解答】

（1）确定剪跨比。

根据《高规》7.2.7 条式（7.2.7-4）

$$\lambda = \frac{M^c}{V^c h_{w0}} = \frac{16250 \times 10^6}{2600 \times 10^3 \times 5700} = 1.1。$$

（2）确定剪力设计值

根据《高规》式（7.2.6-1）

$$V=1.4V_w=1.4\times2600=3640\text{kN}。$$

(3) 确定水平分布钢筋

查《高规》表3.8.2得 $\gamma_{RE}=0.85$

应用《高规》式(7.2.10-2)

$$V\leqslant\frac{1}{\gamma_{RE}}\left[\frac{1}{\lambda-0.5}\left(0.4f_tb_wh_{w0}+0.1N\frac{A_w}{A}\right)+0.8f_{yh}\frac{A_{sh}}{s}h_{w0}\right]$$

因 $\lambda=1.1<1.5$ 取 $\lambda=1.5$

$A_w=A$，取 $\frac{A_w}{A}=1.0$

$0.2f_cb_wh_w=0.2\times14.3\times250\times6000=4290\times10^3\text{N}>N=3000\times10^3\text{N}$

取 $N=3000\times10^3\text{N}$。

$$\frac{1}{\gamma_{RE}}\left[\frac{1}{\lambda-0.5}\left(0.4f_tb_wh_{w0}+0.1N\frac{A_w}{A}\right)+0.8f_{yh}\frac{A_{sh}}{s}h_{w0}\right]$$

$$=\frac{1}{0.85}\left[\frac{1}{1.5-0.5}(0.4\times1.43\times250\times5700+0.1\times3000\times10^3\times1)\right.$$

$$\left.+0.8\times270\times\frac{A_{sh}}{s}\times5700\right]=1311880+1448470\frac{A_{sh}}{s}$$

$$V=3640\times10^3\leqslant1311880+1448470\frac{A_{sh}}{s}$$

解得 $\frac{A_{sh}}{s}=1.61\text{mm}$，取双排Φ12，$s=\frac{2\times113}{1.61}=140\text{mm}$，取 $s=140\text{mm}$。

③ 水平施工缝的抗滑移剪力

《高规》规定

> **7.2.12** 抗震等级为一级的剪力墙，水平施工缝的抗滑移应符合下式要求：
>
> $$V_{wj}\leqslant\frac{1}{\gamma_{RE}}(0.6f_yA_s+0.8N) \tag{7.2.12}$$
>
> 式中：V_{wj}——剪力墙水平施工缝处剪力设计值；
>
> A_s——水平施工缝处剪力墙腹板内竖向分布钢筋和边缘构件中的竖向钢筋总面积（不包括两侧翼墙），以及在墙体中有足够锚固长度的附加竖向插筋面积；
>
> f_y——竖向钢筋抗拉强度设计值；
>
> N——水平施工缝处考虑地震作用组合的轴向力设计值，压力取正值，拉力取负值。

【例4.3.2-36】 水平施工缝处抗滑移能力验算

条件：有一矩形截面剪力墙，总高 $H=50\text{m}$，$b_w=250\text{mm}$，$h_w=6000\text{mm}$，抗震等级一级。纵筋HRB400级，$f_y=360\text{N/mm}^2$，箍筋HPB300级，$f_y=270\text{N/mm}^2$，已知水平施工缝处竖向钢筋由竖向分布钢筋和两端纵向钢筋组成，竖向分布钢筋为双排 $\phi10@200\text{mm}$，每排有23肢钢筋。每端的纵向钢筋为8Φ25。水平施工缝处考虑地震作用组合的剪力设计值 $V_{mj}=2600\text{kN}$，轴力设计值 $N-3200\text{kN}$。

要求：验算水平施工缝处的抗滑移能力。

【解答】

（1）两端纵向钢筋的截面面积 $A_{s1}=2\times8\times490.9=7854.4\text{mm}^2$

（2）竖向分布钢筋的截面面积 $A_{s2}=2\times23\times78.5=3611\text{mm}^2$

（3）应用《高规》式（7.2.12）

$$\frac{1}{\gamma_{RE}}(0.6f_yA_s+0.8N)=\frac{1}{0.85}(0.6\times360\times7854.4+0.6\times270\times3611+0.8\times3200\times10^3)$$
$$=5696.3\times10^3\text{N}=5696.3\text{kN}>V_{wj}=2600\text{kN}$$

满足要求。

7. 短肢剪力墙

（1）总体要求

《高规》规定

> **7.1.8** 抗震设计时，高层建筑结构不应全部采用短肢剪力墙；B级高度高层建筑以及抗震设防烈度为9度的A级高度高层建筑，不宜布置短肢剪力墙，不应采用具有较多短肢剪力墙的剪力墙结构。当采用具有较多短肢剪力墙的剪力墙结构时，应符合下列规定：
>
> 1 在规定的水平地震作用下，短肢剪力墙承担的底部倾覆力矩不宜大于结构底部总地震倾覆力矩的50%；
>
> 2 房屋适用高度应比本规程表3.3.1-1规定的剪力墙结构的最大适用高度适当降低，7度、8度（0.2g）和8度（0.3g）时分别不应大于100m、80m和60m。
>
> 注：1 短肢剪力墙是指截面厚度不大于300mm、各肢截面高度与厚度之比的最大值大于4但不大于8的剪力墙；
>
> 2 具有较多短肢剪力墙的剪力墙结构是指，在规定的水平地震作用下，短肢剪力墙承担的底部倾覆力矩不小于结构底部总地震倾覆力矩的30%的剪力墙结构。

（2）具体要求

《高规》规定

> **7.2.2** 抗震设计时，短肢剪力墙的设计应符合下列规定：
>
> 1 短肢剪力墙截面厚度除应符合本规程第7.2.1条的要求外，底部加强部位尚不应小于200mm，其他部位尚不应小于180mm。
>
> 2 一、二、三级短肢剪力墙的轴压比，分别不宜大于0.45、0.50、0.55，一字形截面短肢剪力墙的轴压比限值应相应减少0.1。
>
> 3 短肢剪力墙的底部加强部位应按本节7.2.6条调整剪力设计值，其他各层一、二、三级时剪力设计值应分别乘以增大系数1.4、1.2和1.1。
>
> 4 短肢剪力墙边缘构件的设置应符合本规程第7.2.14条的规定。
>
> 5 短肢剪力墙的全部竖向钢筋的配筋率，底部加强部位一、二级不宜小于1.2%，三四级不宜小于1.0%；其他部位一、二级不宜小于1.0%，三、四级不宜小于0.8%。
>
> 6 不宜采用一字形短肢剪力墙，不宜在一字形短肢剪力上布置平面外与之相交的单侧楼面梁。

《高规》的“条文说明”

7.2.2 本条对短肢剪力墙的墙肢形状、厚度、轴压比、纵向钢筋配筋率、边缘构件等作了相应规定。本次修订对02规程的规定进行了修改，不论是否短肢剪力墙较多，所有短肢剪力墙都要求满足本条规定，短肢剪力墙的抗震等级不再提高，但在第2款中降低了轴压比限值。对短肢剪力墙的轴压比限制很严，是防止短肢剪力墙承受的楼面面积范围过大，或房屋高度太大，过早压坏引起楼板坍塌的危险。 一字形短肢剪力墙延性及平面外稳定均十分不利，因此规定不宜采用一字形短肢剪力墙，不宜布置单侧楼面梁与之平面外垂直连接或斜交，同时要求短肢剪力墙尽可能设置翼缘。

(3) 算例

【例 4.3.2-37】

下列关于高层混凝土剪力墙结构抗震设计的观点，哪一项不符合《高规》的要求？

(A)、(B)、(C) 略；

(D) 剪力墙结构存在较多各肢截面高度与厚度之比大于4但不大于8的剪力墙时，只要墙肢厚度大于300mm，在规定的水平地震作用下，该部分较短剪力墙承担的底部倾覆力矩可大于结构底部总地震倾覆力矩的50%

【解答】

根据《高规》第7.1.8条注1，墙肢厚度大于300mm时，可不作为短肢剪力墙考虑，(D) 符合规程要求。

【例 4.3.2-38】关于短肢剪力墙结构的设计，以下何项说法正确？

(A) 抗震设计时，在规定的水平地震作用下，由短肢剪力墙承受的底部地震倾覆力矩达到结构底部总地震倾覆力矩的30%～50%时，结构的房屋最大适用高度，7度、8度(0.2g) 和8度 (0.3g) 时分别不应大于100m、80m和60m

(B) 抗震设计时，在规定的水平地震作用下，由短肢剪力墙承受的底部地震倾覆力矩达到结构底部总地震倾覆力矩的30%～50%时，各剪力墙的抗震等级应比《高规》表3.9.3规定的剪力墙抗震等级提高一级采用

(C) 抗震设计时，在规定的水平地震作用下，由短肢剪力墙承受的底部地震倾覆力矩达到结构底部总地震力矩的40%～50%时，短肢剪力墙截面的全部纵向钢筋配筋率，底部加强部位不宜小于1.2%，其他部位不宜小于1.0%

(D) 9度抗震设计时，短肢剪力墙较多的剪力墙结构最大适用高度应比《高规》表3.1.1-1中剪力墙结构的规定值适当降低

【答案】(A)

【解答】选项 (A) 符合《高规》7.1.8条的规定，说法正确。

选项 (B) 不符合《高规》7.1.8条、7.2.2条的规定，说法错误。

选项 (C) 不符合《高规》7.2.2条的规定，说法错误。

选项 (D) 不符合《高规》7.1.8条的规定，说法错误。

【例 4.3.2-39】短肢剪力墙

条件：某高层建筑抗震设防烈度为6度，抗震类别为丙类，房屋高度85m，底层为加

强部位、层高 4.8m，系全部落地的现浇剪力墙结构，并布置较多短肢剪力墙，其中某剪力墙截面如图 4.3.2-33 所示。双排配筋，在翼缘部分配置 8 根纵向钢筋。钢筋采用 HRB400（Φ）及 HPB300（ϕ）。混凝土采用 C40 级。

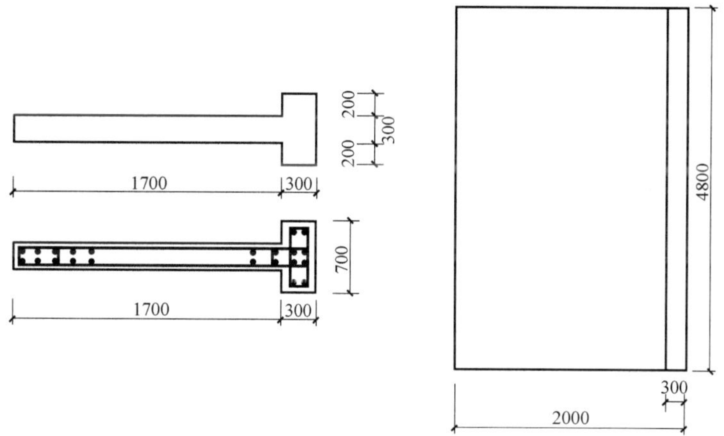

图 4.3.2-33

要求：(1) 轴压比限值；

(2) 计算底层剪力墙墙肢中的竖向配筋；

【解答】

(1) 由《高规》3.9.3 条，表 3.9.3 查得抗震等级为三级。

(2) 由《高规》7.2.15 条，表 7.2.15 注 2“翼墙长度小于其厚度 3 倍或端柱截面边长小于墙厚的 2 倍时，视为无翼墙或无端柱”的规定，本题应视为无翼墙。

(3) $h/b=2000/300=6.7$，由《高规》7.1.8 条注 1，$h/b=6.7>4$、$h/b=6.7<8$，属短肢剪力墙。

(4) 由《高规》7.2.2 条第 2 款，抗震等级三级的轴压比限值为 0.55，因该墙已视为无翼缘的一字形短肢剪力墙，故其轴压比限值相应降低为 $0.55-0.10=0.45$。

(5) 由《高规》7.2.2 条第 5 款，抗震等级三级的底部加强部位，全部纵向钢筋的配筋率不宜小于 1.0%，$A_s=1.0\%(2000\times300+300\times400)=7200\text{mm}^2$。

(6) 由《高规》7.2.18 条，竖向筋的间距取 $s\leqslant300\text{mm}$，现取 $s=200\text{mm}$。$\frac{1700}{200}\times2=17$ 根。

腹板内共需安排 16 根钢筋，加上图中端部已配有 8 根钢筋，共 24 根钢筋，每根钢筋面积为 $7200/24=300\text{mm}^2$，选用 $d=20\text{mm}$。$A_s=314\text{mm}^2$。

三、双肢墙

剪力墙经过门窗洞分割之后，形成了联肢墙。洞口上下之间的部位称为连梁，洞口左右之间的部位称为墙肢，两个墙肢的联肢墙称为双肢墙。本书仅讨论最简单的联肢墙——双肢墙。

1. 双肢墙在水平荷载作用下的受力特点

双肢墙有两个墙肢和上下洞口间的各层连梁组成。墙肢的受力情况如下。

如图 4.3.3-1 所示双肢墙，在水平力作用下，与悬臂梁相似，很容易求出剪力墙的弯矩图。

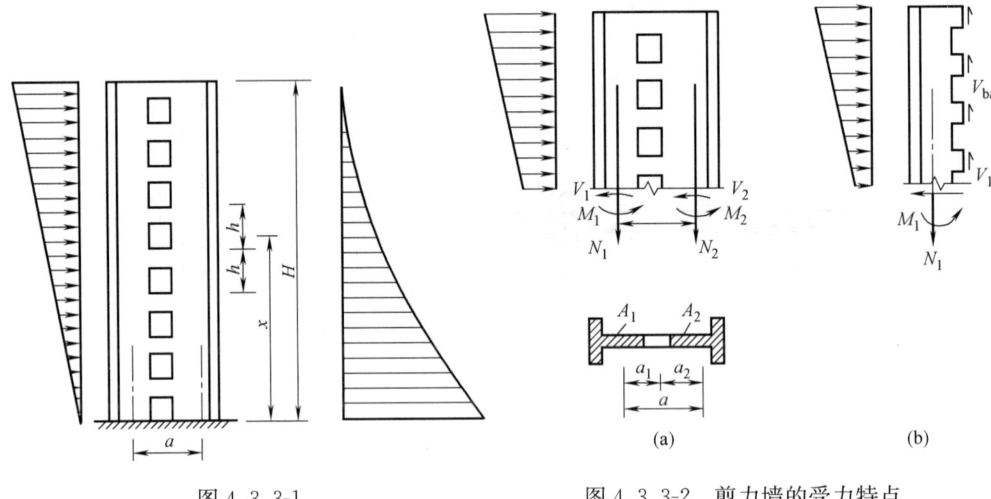

图 4.3.3-1　　　　图 4.3.3-2　剪力墙的受力特点

设离地面距离为 x 的某一水平截面处的弯矩为 M，则由平衡条件知［图 4.3.3-2 (a)］

$$M=(M_1+M_2)+Na$$

式中　M_1、M_2——墙肢 1、2 单独承担的弯矩，称为墙肢的局部弯矩；

Na——由两个墙肢整体工作的组合截面所承担的弯矩，称为墙肢的整体弯矩；其中 N 为墙肢中的轴向力，一肢受压，一肢受拉；a 为两墙肢形心线间的间距。

现在再在连梁的跨中截开，并设该处连梁弯矩为零，见图 4.3.3-2（b）。由平衡条件知

$$N=\sum_{i=1}^{n}V_{bi}$$

式中　V_{bi}——x 截面以上第 i 层连梁的跨中竖向剪力；

n——x 截面以上连梁的数目。

因此就有 $Na=\sum_{i=1}^{n}V_{bi}(a_1+a_2)$，

式中　$V_{bi}(a_1+a_2)$——x 截面以上第 i 层连梁对两个墙肢产生的总约束弯矩；

$(a_1+a_2)\sum^{n}V_{bi}$——x 截面以上所有连梁对墙肢约束弯矩的总和。

可见：

a）任意截面 x 的弯矩 M 是由局部弯矩（M_1+M_2）和整体弯矩 Na 两部分组成的。整体弯矩大，局部弯矩就小；

b）任意一个截面 x 上的整体弯矩等于该截面以上所有连梁约束弯矩的总和，因此可以说，整体弯矩是由连梁提供的；

c）任意一个截面 x 上墙肢的轴向力等于该截面以上所有连梁竖向剪力的总和。

同时，也可理解为：墙肢截面上的正应力是由两部分组成的：

第一部分是按各个单独的墙肢截面计算的由墙肢局部弯矩 M_1 和 M_2 产生的；第一部分正应力在各墙肢截面上的总和为零，即不产生墙肢轴向力；

第二部分是按组合截面由整体弯矩 Na 产生的。第二部分各墙肢截面上正应力的总和就等于该墙肢的轴向力 N。

整体弯矩越大，说明两个墙肢共同工作的程度越大，越接近于整体墙。所以整体弯矩的大小反映了墙肢之间协同工作的程度，这种程度称为剪力墙的整体性。因为整体弯矩是由连梁对墙肢的约束提供的，而连梁的刚度又与洞口的大小有关，所以剪力墙的受力特点与洞口的大小和形状有关。

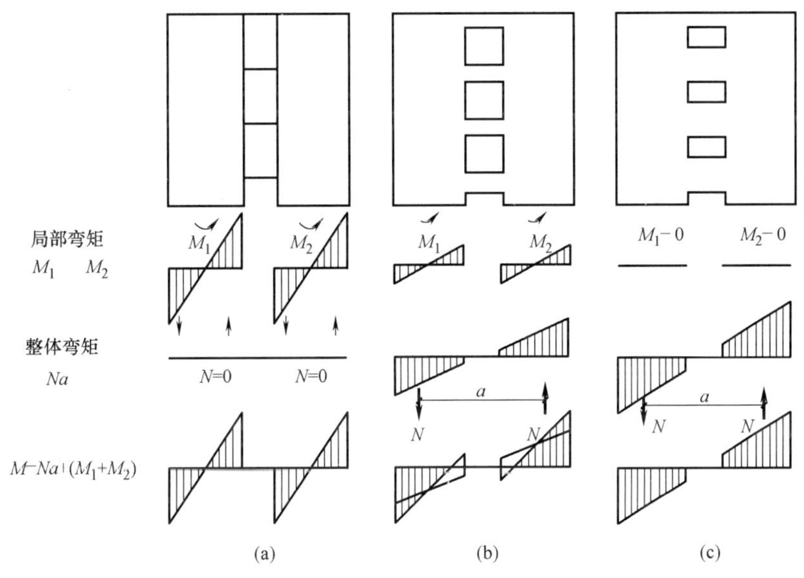

图 4.3.3-3

以图 4.3.3-3 所示带一列洞口的剪力墙为例。当洞口较小时，如图 4.3.3-3（c）所示，洞口对结构内力分布的影响可忽略不计，整个剪力墙受力仍相当于一竖向悬臂构件。在侧向力作用下，剪力墙水平截面内的正应力分布在整个截面高度范围内呈线性分布或接近于线性分布，仅在洞口附近局部区域有应力集中现象发生，但从整体来看，洞口对墙体内力的影响可以忽略不计。这类剪力墙即为整截面剪力墙。

如果剪力墙上开洞很大，如图 4.3.3-3（a）所示，连梁的刚度很小，其结果是由于连梁过分削弱，所以说它的整体性最差，剪力墙水平截面内的正应力分布在二个墙肢截面高度范围内呈线性分布或接近于线性分布。墙肢轴力所产生的整体弯矩很小、已能忽略不计。外荷载产生的弯矩由两个墙肢内的局部弯矩平衡。

当剪力墙开洞大小介于上述两者之间时，剪力墙在侧向荷载作用下的受力特性也介于上述两种情况之间。这一范围内的剪力墙分为整体小开口剪力墙与双肢剪力墙（当墙体上开有多列洞口时称为多肢墙或连肢墙）两种，见图 4.3.3-3（b)。这时整个剪力墙水平截面上的正应力不再呈一直线分布，由于连梁传递弯矩的作用，墙肢内的由下到上的弯矩分布不再像悬壁杆一样呈一光滑的抛物线，而是呈齿状分布。

【例 4.3.3-1】双肢剪力墙连梁支座弯矩估算

条件：某建造于大城市市区的 28 层公寓，采用钢筋混凝土剪力墙结构体系。平面为矩形，共 6 个开间，横向剪力墙间距为 8.1m，其中间的剪力墙的计算简图如图 4.3.3-4 所示。在如图 4.3.3-5 所示的风荷载（标准值）使用下。

要求：确定每根连梁分担的平均剪力值。

提示：仅考虑整体弯矩。

【解答】剪力墙底部截面承受风荷载产生的弯矩M（设计值）

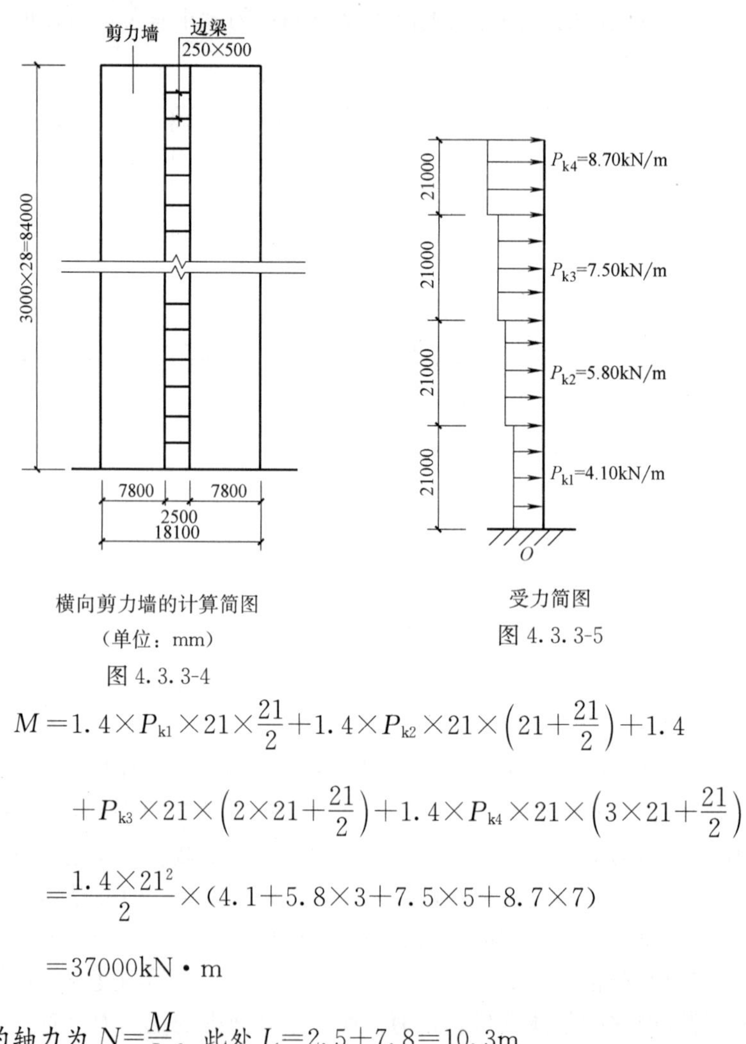

横向剪力墙的计算简图

（单位：mm）

图 4.3.3-4

受力简图

图 4.3.3-5

$$M=1.4\times P_{k1}\times 21\times \frac{21}{2}+1.4\times P_{k2}\times 21\times\left(21+\frac{21}{2}\right)+1.4$$

$$+P_{k3}\times 21\times\left(2\times 21+\frac{21}{2}\right)+1.4\times P_{k4}\times 21\times\left(3\times 21+\frac{21}{2}\right)$$

$$=\frac{1.4\times 21^2}{2}\times(4.1+5.8\times 3+7.5\times 5+8.7\times 7)$$

$$=37000\text{kN}\cdot\text{m}$$

墙肢承受的轴力为 $N=\frac{M}{L}$。此处 $L=2.5+7.8=10.3$m

$$N=\pm\frac{37000}{10.3}=\pm 3594\text{kN}$$

每根连梁平均分担的剪力值

$$V=\pm\frac{N}{28}=\pm128\text{kN}$$

每根连梁平均承受的弯矩值

$$M=\pm V\times1.25=\pm160\text{kN}\cdot\text{m}\text{（反弯点在连梁中间）}$$

2. 连梁“超限”的处理措施

连梁的“超限”是指连梁所承受的剪力过大、超出截面所允许承担的最大受剪承载力。

连梁连接刚度很大的墙肢，在水平力作用下，将产生很大的弯矩和剪力。剪力墙的连梁对剪切变形十分敏感，其名义剪应力限制比较严，由于剪力墙厚度较小，相应连梁的宽度也较小，在很多情况下按内力计算所得的剪力设计值不能满足截面剪压比的控制要求，同时还可能出现超限情况。为了满足剪压比对截面尺寸控制的要求这时不能采用加大截面的办法，因截面加大则连梁的刚度提高，连梁分配到的内力也会提高，陷入恶性循环的境地，问题还是无法解决。

对“超限”问题，《高规》提出了三种处理措施，具体内容列于7.2.26条内

7.2.26 剪力墙的连梁不满足本规程第7.2.22条的要求时，可采取下列措施：

1 减小连梁截面高度或采取其他减小连梁刚度的措施。

2 抗震设计剪力墙连梁的弯矩可塑性调幅；内力计算时已经按本规程第5.2.1条的规定降低了刚度的连梁，其弯矩值不宜再调幅，或限制再调幅范围。此时，应取弯矩调幅后相应的剪力设计值校核其是否满足本规程第7.2.22条的规定；剪力墙中其他连梁和墙肢的弯矩设计值宜视调幅连梁数量的多少而相应适当增大。

3 当连梁破坏对承受竖向荷载无明显影响时，可按独立墙肢的计算简图进行第二次多遇地震作用下的内力分析，墙肢截面应按两次计算的较大值计算配筋。

《高规》7.2.26条的“条文说明”又进一步作了交代

7.2.26 剪力墙连梁对剪切变形十分敏感，其名义剪应力限制比较严，在很多情况下设计计算会出现“超限”情况，本条给出了一些处理方法。

对第2款提出的塑性调幅作一些说明。连梁塑性调幅可采用两种方法，一是按照本规程第5.2.1条的方法，在内力计算前就将连梁刚度进行折减；二是在内力计算之后，将连梁弯矩和剪力组合值乘以折减系数。两种方法的效果都是减小连梁内力和配筋。无论用什么方法，连梁调幅后的弯矩、剪力设计值不应低于使用状况下的值，也不宜低于比设防烈度低一度的地震作用组合所得的弯矩、剪力设计值，其目的是避免在正常使用条件下或较小的地震作用下在连梁上出现裂缝。因此建议一般情况下，可掌握调幅后的弯矩不小于调幅前按刚度不折减计算的弯矩（完全弹性）的80%（6～7度）和50%（8～9度），并不小于风荷载作用下的连梁弯矩。

需注意，是否“超限”，必须用弯矩调幅后对应的剪力代入第7.2.22条公式进行验算。

当第1、2款的措施不能解决问题时，允许采用第3款的方法处理，即假定连梁在大震下剪切破坏，不再能约束墙肢，因此可考虑连梁不参与工作，而按独立墙肢进行第二次结构内力分析，它相当于剪力墙的第二道防线，这种情况往往使墙肢的内力及配筋加大，可保证墙肢的安全。第二道防线的计算没有了连梁的约束，位移会加大，但是大震作用下就不必按小震作用要求限制其位移。

《高规》5.2.1条的规定和说明

5.2.1 高层建筑结构地震作用效应计算时，可对剪力墙连梁刚度予以折减，折减系数不宜小于0.5。

5.2.1 高层建筑结构构件均采用弹性刚度参与整体分析，但抗震设计的框架-剪力墙或剪力墙结构中的连梁刚度相对墙体较小，而承受的弯矩和剪力很大，配筋设计困难。因此，可考虑在不影响承受竖向荷载能力的前提下，允许其适当开裂（降低刚度）而把内力转移到墙体上。通常，设防烈度低时可少折减一些（6、7度时可取0.7），防烈度高时可多折减一些（8、9度时可取0.5）。折减系数不宜小于0.5，以保证连梁承受竖向荷载的能力。

对框架-剪力墙结构中一端与柱连接、一端与墙连接的梁以及剪力墙结构中的某些连梁，如果跨高比较大（比如大于5）、重力作用效应比水平风或水平地震作用效应更为明显，此时应慎重考虑梁刚度的折减问题，必要时可不进行梁刚度折减，以控制正常使用阶段梁裂缝的发生和发展。

本次修订进一步明确了仅在计算地震作用效应时可以对连梁刚度进行折减，对如重力荷载、风荷载作用效应计算不宜考虑连梁刚度折减。有地震作用效应组合工况，均可按考虑连梁刚度折减后计算的地震作用效应参与组合。

对“超限”问题，《抗震》提出了二种处理措施。

① 折减连梁的刚度

② 采用“双连梁”

《抗震》提出的“折减连梁刚度”的处理措施列于6.2.13条的规定和说明内

6.2.13 钢筋混凝土结构抗震计算时，尚应符合下列要求：

2 抗震墙地震内力计算时，连梁的刚度可折减，折减系数不宜小于0.50。

6.2.13 本条规定了在结构整体分析中的内力调整：

2 计算地震内力时，抗震墙连梁刚度可折减；计算位移时，连梁刚度可不折减。抗震墙的连梁刚度折减后，如部分连梁尚不能满足剪压比限值，可采用双连梁、多连梁的布置，还可按剪压比要求降低连梁剪力设计值及弯矩，并相应调整抗震墙的墙肢内力。

《抗震》提出“双连梁”的处理措施列于6.4.7条的规定和说明内

6.4.7 跨高比较小的高连梁，可设水平缝形成双连梁、多连梁或采取其他加强受剪承载力的构造。顶层连梁的纵向钢筋伸入墙体的锚固长度范围内，应设置箍筋。

6.4.7 高连梁设置水平缝，使一根连梁成为大跨高比的两根或多根连梁，其破坏形态从剪切破坏变为弯曲破坏。

对“超限”问题，《混规》提出了设置“交叉斜筋配筋连梁”，“集中对角斜筋配筋连梁”和“对角暗撑配筋连梁”的处理方法。对此问题《混规》11.7.9 条～11.7.11 条的“条文说明”有交代。“条文说明”首先指出‘较大幅度人为折减连梁刚度’的做法所存在的问题

目前在进行小跨高比剪力墙连梁的抗震设计中，为防止连梁过早发生剪切破坏，通常在进行结构内力分析时，采用较大幅度地折减连梁的刚度以降低连梁的作用剪力。近年来对混凝土剪力墙结构的非线性动力反应分析以及对小跨高比连梁的抗震受剪性能试验表明，较大幅度人为折减连梁刚度的做法将导致地震作用下连梁过早屈服，延性需求增大，并且仍不能避免发生延性不足的剪切破坏。

“条文说明”又指出，改变连梁的配筋方式，亦能解决问题

国内外进行的连梁抗震受剪性能试验表明，通过改变小跨高比连梁的配筋方式，可在不降低或有限降低连梁相对作用剪力（即不折减或有限折减连梁刚度）的条件下提高连梁的延性，使该类连梁发生剪切破坏时，其延性能力能够达到地震作用时剪力墙对连梁的延性需求。

《混规》具体提出了设置“交叉斜筋配筋连梁”，“集中对角斜筋配筋连梁”和“对角暗撑配筋连梁”的处理方法。“条文说明”还指出

跨高比小于 2.5 时的连梁抗震受剪试验结果表明，采取不同的配筋方式，连梁达到所需延性时能承受的最大剪压比是不同的。本次修订增加了跨高比小于 2.5 适用于两个剪压比水平的 3 种不同配筋形式连梁各自的配筋计算公式和构造措施。设计时可根据连梁的适应条件以及连梁宽度等要求选择相应的配筋形式和设计方法。

对于“交叉斜筋配筋连梁”，“集中对角斜筋配筋连梁”和“对角暗撑配筋连梁”的具体规定将“连梁”这一段中讲述。

3. 墙肢内力的调整

（1）墙肢轴力、弯矩的重分布

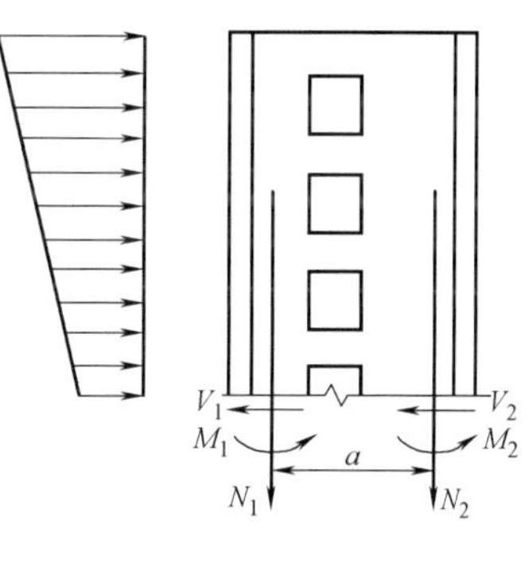

图 4.3.3-6

图 4.3.3-6 所示的双肢墙在外荷载作用下的总倾覆力矩为 M_0，受拉、受压墙肢各自墙身分担的局部弯矩分别为 M_1、M_2，拉、压墙肢轴力形成的双肢墙整体弯矩为 Na。根据双肢墙的实验研究表明，当水平荷载增加到一定程度后部分连梁出现屈服，随着水平荷载进一步增加，更多的连梁出现屈服，随着连梁逐步

屈服而导致墙肢内轴力减少，局部弯矩增加。局部弯矩和总倾覆力矩的比值，即 M_1/M_0 和 M_2/M_0 的比值随着水平荷载的增加而持续增长，整体弯矩和总倾覆力矩的比值，即 Na/M_0 比值越来越降低。而在极限状态下，该比值比弹性分析的结果降低很多。降低的幅度，与连梁的强度、刚度有关。分析结果表明 Na/M_0 比值在极限状态下约为初始状态的 40%～70%。

（2）墙肢中剪力重分布

墙肢中剪力的分配，随着水平荷载增加，在发生变化。主要是在水平荷载的不断增加下，随着墙肢的开裂、屈服以及两个墙肢轴向力的变化，使受拉、受压墙肢的相对刚度发生了变化。由实验可知，当受拉墙肢屈服后，受压墙肢的剪力便急剧增加，直至受压墙肢本身屈服为止。根据连梁强弱而不同，一般压肢分配到的剪力约为 70%～90%。由于实际结构是处于空间工作，并非如实验那样的独立情况，故墙肢分配的剪力不如单片双肢墙实验那样严重。

有关墙肢内力重分布的规律，对于工程设计极为重要，如只按弹性理论计算结果未考虑墙肢内力的重分布，往往会对内力的数值估计不足，会导致墙肢的过早破坏。

（3）规范规定

《高规》规定

7.2.4 抗震设计的双肢剪力墙，其墙肢不宜出现小偏心受拉；当任一墙肢为偏心受拉时，另一墙肢的弯矩设计值及剪力设计值应乘以增大系数 1.25。

《高规》的“条文说明”

7.2.4 如果双肢剪力墙中一个墙肢出现小偏心受拉，该墙肢可能会出现水平通缝而严重削弱其抗剪能力，抗侧刚度也严重退化，由荷载产生的剪力将全部转移到另一个墙肢而导致另一墙肢抗剪承载力不足。因此，应尽可能避免出现墙肢小偏心受拉情况。当墙肢出现大偏心受拉时，墙肢极易出现裂缝，使其刚度退化，剪力将在墙肢中重分配，此时，可将另一受压墙肢按弹性计算的剪力设计值乘以 1.25 增大系数后计算水平钢筋，以提高其受剪承载力。注意，在地震作用的反复荷载下，两个墙肢都要增大设计剪力。

《抗震》规定

6.2.7 抗震墙各墙肢截面组合的内力设计值，应按下列规定采用：

3 双肢抗震墙中，墙肢不宜出现小偏心受拉；当任一墙肢为偏心受拉时，另一墙肢的剪力设计值、弯矩设计值应乘以增大系数 1.25。

《抗震》的“条文说明”

当抗震墙的墙肢在多遇地震下出现小偏心受拉时，在设防地震、罕遇地震下的抗震能力可能大大丧失；而且，即使多遇地震下为偏压的墙肢而设防地震下转为偏拉，则其抗震能力有实质性的改变，也需要采取相应的加强措施。

双肢抗震墙的某个墙肢为偏心受拉时，一旦出现全截面受拉开裂，则其刚度退化严重，大部分地震作用将转移到受压墙肢，因此，受压肢需适当增大弯矩和剪力设计值以提高承载能力。注意到地震是往复的作用，实际上双肢墙的两个墙肢，都可能要按增大后的内力配筋。

（4）算例

【例 4.3.3-2】 双肢剪力墙的组合内力设计值

条件：某 18 层剪力墙结构，设防烈度为 7 度，抗震等级为二级。底层一双肢剪力墙，如图 4.3.3-7 所示。剪力墙端部受压（拉）钢筋合力点到受压（拉）区边缘的距离 $a_s=a_s'=200\text{mm}$。考虑地震作用组合时，底层墙肢 1 在横向水平地震作用下的组合内力设计值为：$M=3300\text{kN}\cdot\text{m}$，$V=616\text{kN}$，$N=-2200\text{kN}$（拉）。底层墙肢 2 相应于墙肢 1 的组合内力设计值（未考虑偏心受拉因素）为：$M=33000\text{kN}\cdot\text{m}$，$V=2200\text{kN}$，$N=15400\text{kN}$。

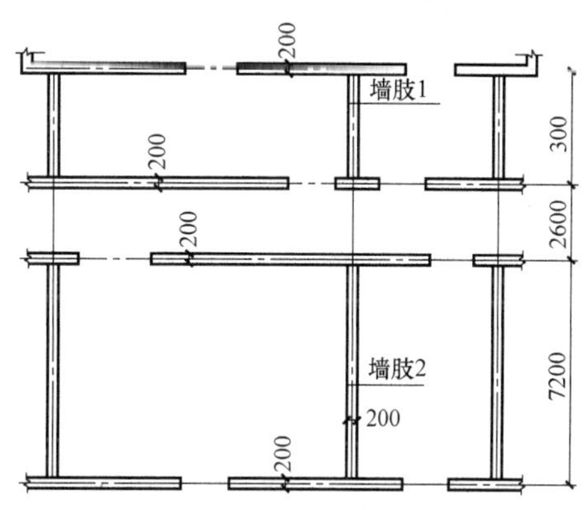

图 4.3.3-7

要求：墙肢 2 进行截面设计时，其相应于地震作用的组合内力设计值。

【解答】

根据《高规》7.2.4 条。墙肢 2 弯矩应乘以增大系数：

$$M_w=1.25M=1.25\times33000\text{kN}\cdot\text{m}=41250\text{kN}\cdot\text{m}$$

根据《高规》7.2.4 条及 7.2.6 条，墙肢 2 剪力应乘以增大系数：

$$V_w=1.4\times1.25\times V=1.4\times1.25\times2200\text{kN}=3850\text{kN}。$$

【例 4.3.3-3】 某剪力墙结构，抗震等级为一级。首层某双肢剪力墙中的墙肢 1 和墙肢 2，在同一方向水平地震作用下，内力组合后墙肢 1 出现大偏心受拉，墙肢 2 在水平地震作用下的剪力标准值为 500kN。若墙肢 2 在其他荷载作用下产生的剪力忽略不计，试问，考虑地震作用组合的墙肢 2 首层剪力设计值（kN）应与下列何项数值最为接近？

（A）650　（B）800　（C）1000　（D）1300

【答案】（D）

【解答】 根据《高规》第 7.2.4 条，增大系数为 1.25。

根据《高规》第 7.2.6 条，抗震等级一级时，底部加强部位增大系数为 1.6。

根据《高规》第 5.6.4 条，$\gamma_{Eh}=1.3$

$$V=1.3\times1.25\times1.6\times500\text{kN}=1300\text{kN}$$

4. 双肢墙的抗震设计

《抗震》的“条文说明”

6.4.5 对于开洞的抗震墙即联肢墙，强震作用下合理的破坏过程应当是连梁首先屈服，然后墙肢的底部钢筋屈服、形成塑性铰。

双肢墙（图 4.3.3-8）在水平地震力作用下，一肢处于压、弯、剪，而另一肢处于拉、弯、剪的复杂受力状态。双肢墙的设计应该把连梁放在抗震第一道防线，在连梁屈服之前，不让墙肢破坏。而连梁本身还要保证能做到受剪承载力高于弯曲承载力，概括起来就是“强肢弱梁”和“强剪弱弯”。

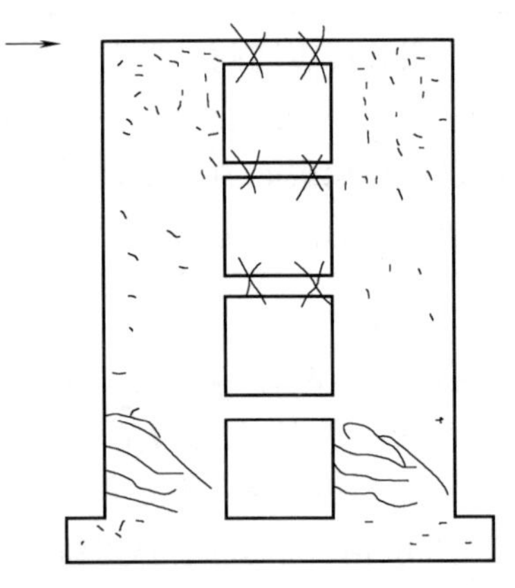

图 4.3.3-8 双肢墙

开洞剪力墙的抗震设计，重点是“大震不倒”，考虑结构的抗震耗能问题，为此要处理好设计中的三个基本原则。预计的弹性区要强、塑性区要弱，墙肢要强、连梁要弱，抗剪强度要强、抗弯强度要弱。其中，连梁的设计是设计延性剪力墙的关键，而墙肢的安全是结构裂而不倒的重要保证。抗剪强度要强、抗弯强度要弱，即所谓“强剪弱弯”原则。这一原则既应体现在整体的开洞剪力墙的设计中，又要体现在连梁、墙肢各局部构件的设计上。

进行抗震设计，认真做到“强剪弱弯”、“弹性区要强、塑性区要弱”的设计原则，就能做到保证墙肢安全，结构会继续承载，直至墙肢截面屈服。

当双肢墙的墙肢做到“强剪弱弯”后，双肢墙的破坏机制可有下列三种情况。

（1）连梁先屈服（图 4.3.3-9a）

当连梁先于墙肢屈服，且连梁具有足够的延性，待墙肢底部出铰以后，形成如图 4.3.3-9a所示的机构。数量众多的连梁端部塑性铰既可较多地吸收地震能量，又能继续传递弯矩与剪力；而且对墙肢形成约束弯矩，使其保持足够的刚度和承载力。墙肢底部的塑性铰也具有延性，这样的联肢剪力墙延性最好。

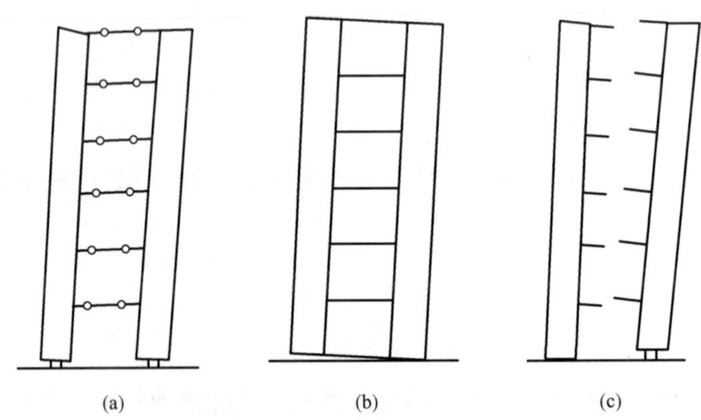

图 4.3.3-9 联肢墙三种破坏机构

（a）连梁先屈服；（b）连梁不屈服；（c）连梁先剪坏

（2）连梁不屈服（图 4.3.3-9b）

当连梁的刚度及抗弯承载力较高时，连梁不屈服，这使联肢墙与整体悬臂墙类似，首先在墙底出现塑性铰，形成如图 4.3.3-9b 所示的机构。只要墙肢不过早剪坏，这种破坏仍然属于有延性的弯曲破坏。但是与前者相比，耗能集中在墙肢底部铰上。这种破坏结构不如前者多铰破坏机构好。

(3) 连梁先剪坏(图 4.3.3-9c)

如果连梁的设计不能满足强剪弱弯的要求，会出现剪切破坏，具有脆性破坏性质，连梁破坏后退出工作，各个墙肢按照独立的悬臂梁工作。与连梁不破坏的墙相比，墙肢中轴力减小，弯矩加大，墙的侧向刚度大大降低。但是，如果能保持墙肢处于良好的工作状态，那么结构仍可继续承载，直到墙肢屈服形成机构，如图 4.3.3-9c 所示。只要墙肢塑性铰具有延性，则这种破坏也是属于延性的弯曲破坏，但同样没有多铰破坏机构好。

连梁是联肢墙中连接各墙肢协同工作的关键部件，连梁的设计要求是：

1) 在小震和风荷载作用的正常使用状态下，它起着联系墙肢、加大抗震墙刚度的作用。

2) 在中震下它是联肢抗震墙的第一道防线，塑性铰就发生在它的两端。应按“强剪弱弯”的原则控制连梁的破坏形态，使连梁二端出现弯曲屈服的塑性铰，耗散地震能量；应按“强墙肢弱连梁”的原则使连梁的屈服先于墙肢发生，使联肢墙形成理想的多铰机构，具有较大的延性。

可见，在开洞剪力墙的设计中，应当仔细选择连梁、墙肢的刚度和强度，按照“强肢弱梁”的原则设计开洞剪力墙；按照“强剪弱弯”的要求来设计墙肢及连梁构件，可以得到较为理想的延性剪力墙结构。只要能合理选择连梁以及墙肢的配筋率，就能设计出具有良好的耗能能力和延性的剪力墙，应该说这种墙比不开洞的悬臂墙具有更好的力学性能和经济性。

四、连梁

1. 预备知识

(1)“连梁”的定义和受力特点

《高规》7.1.3 条的“条文说明”对此有十分明确的讲述，现摘录于下

7.1.3 两端与剪力墙在平面内相连的梁为连梁。

对“连梁”的受力特点《高规》7.1.3 条的“条文说明”亦有十分明确的讲述，现摘录于下

连梁以水平荷载作用下产生的弯矩和剪力为主，竖向荷载下的弯矩对连梁影响不大(两端弯矩仍然反号)，该连梁对剪切变形十分敏感，容易出现剪切裂缝，一般是跨度较小的连梁、应按本章有关连梁设计的规定进行设计，反之，则宜按框架梁进行设计，其抗震等级与所连接的剪力墙的抗震等级相同。

这里：对“连梁”的抗震等级亦作了明确的交代，即“其抗震等级与所连接的剪力墙的抗震等级相同”。

(2) 三类“连梁”

“连梁”根据跨高比和是否设置“斜向交叉钢筋”可分为三类。

① 跨高比不小于 5 的连梁

《高规》规定

7.1.3 跨高比小于5的连梁应按本章的有关规定设计，跨高比不小于5的连梁宜按框架梁设计。

② 跨高比小于5的连梁

③ 跨高比小、又配置斜向交叉钢筋的连梁

《高规》规定

9.3.8 跨高比不大于2的框筒梁和内筒连梁宜增配对角斜向钢筋。跨高比不大于1的框筒梁和内筒连梁宜采用交叉暗撑。

《抗震》规定

6.7.4 一、二级核心筒和内筒中跨高比不大于2的连梁，当梁截面宽度不小于400mm时，可采用交叉暗柱配筋，并应设置普通箍筋；截面宽度小于400mm但不小于200mm时，除配置普通箍筋外，可另增设斜向交叉构造钢筋。

《混规》规定

11.7.10 对于一、二级抗震等级的连梁，当跨高比不大于2.5时，除普通箍筋外宜另配置斜向交叉钢筋。

本书作如下约定：

① 将“跨高比不小于5的连梁”称为“框架梁”；

② 将“跨高比小于5的连梁”称为“剪力墙的连梁”；

③ 将“跨高比小、又配置斜向交叉钢筋的连梁”称为“配置斜向交叉钢筋的连梁”。

2. 剪力墙的连梁

(1) 受弯承载力

① 承载力计算公式

《混规》规定

11.7.7 筒体及剪力墙洞口连梁，当采用对称配筋时，其正截面受弯承载力应符合下列规定：

$$M_b \leqslant \frac{1}{\gamma_{RE}}\left[f_y A_s (h_0 - a_s') + f_{yd} A_{sd} z_{sd} \cos\alpha\right] \tag{11.7.7}$$

式中：M_b——考虑地震组合的剪力墙连梁梁端弯矩设计值；

f_y——纵向钢筋抗拉强度设计值；

f_{yd}——对角斜筋抗拉强度设计值；

A_s——单侧受拉纵向钢筋截面面积；

A_{sd}——单向对角斜筋截面面积，无斜筋时取0；

> z_{sd}——计算截面对角斜筋至截面受压区合力点的距离；
> α——对角斜筋与梁纵轴线夹角；
> h_0——连梁截面有效高度。

② 连梁的纵筋最小配筋率

《高规》规定

> **7.2.24** 跨高比（l/h_b）不大于1.5的连梁，非抗震设计时，其纵向钢筋的最小配筋率可取为0.2%；抗震设计时，其纵向钢筋的最小配筋率宜符合表7.2.24的要求；跨高比大于1.5的连梁，其纵向钢筋的最小配筋率可按框架梁的要求采用。

跨高比不大于1.5的连梁纵向钢筋的最小配筋率　　表7.2.24

跨高比	最小配筋率(采用较大值)
$l/h_b \leq 0.5$	$0.20, 45f_t/f_y$
$0.5 < l/h_b \leq 1.5$	$0.25, 55f_t/f_y$

③ 连梁的纵筋最大配筋率

《高规》规定

> **7.2.25** 剪力墙结构连梁中，非抗震设计时，顶面及底面单侧纵向钢筋的最大配筋率不宜大于2.5%；抗震设计时，顶面及底面单侧纵向钢筋的最大配筋率宜符合表7.2.25的要求。如不满足，则应按实配钢筋进行连梁强剪弱弯的验算。

连梁纵向钢筋的最大配筋率（%）　　表7.2.25

跨高比	最大配筋率
$l/h_b \leq 1.0$	0.6
$1.0 < l/h_b \leq 2.0$	1.2
$2.0 < l/l_b \leq 2.5$	1.5

《高规》7.2.25条的"条文说明"的补充

> 跨高比超过2.5的连梁，其最大配筋率限值可按一般框架梁采用，即不宜大于2.5%。

【例4.3.4-1】 连梁纵筋的配置

条件：有一连梁的截面尺寸为 $b \times h = 160\text{mm} \times 900\text{mm}$，净跨 $l_n = 900\text{mm}$，抗震等级为二级，纵筋HRB400级，$f_y = 360\text{N/mm}^2$，混凝土强度为C30，$f_c = 14.3\text{N/mm}^2$，$f_t = 1.43\text{N/mm}^2$。连梁的两端部由水平地震作用产生弯矩设计值分别为 $M_b = \pm 67.5\text{kN} \cdot \text{m}$，由楼层竖向荷载传递到连梁上的弯矩设计值很小，可略去不计。$h_0 = 900 - 35 = 865\text{mm}$，$\gamma_{RE} = 0.75$（受弯）。

要求：配置纵筋截面面积 A_s $(\text{mm})^2$

【解答】

（1）由《混规》式（11.7.7）

$$M_b=\frac{1}{\gamma_{RE}}f_yA_s(h_0-a_s')$$

$$A_s'=A_s=\frac{\gamma_{RE}M_b}{f_y(h_0-a_s')}=\frac{0.75\times67.5\times10^6}{360\times(865-35)}=169.4\text{mm}^2。$$

（2）由《高规》7.2.24条，因跨高比为1.0，由表7.2.24得最小配筋率

$$\rho_{min}=\min(0.25,55f_t/f_y)=\min(0.25,55\times1.43/360)=\min(0.25,0.218)=0.25\%$$

$$A_{s,min}=\rho_{min}\times bh=0.25\%\times160\times900=360\text{mm}^2>203\text{mm}^2$$

选2Φ16，$A_s=402\text{mm}^2>360\text{mm}^2$。

（3）由《高规》7.2.25条，$\rho_{max}=0.6\%$

$$\frac{A_s}{bh_0}=\frac{402}{160\times865}=0.29\%<\rho_{max}=0.6\%。$$

（2）受剪承载力

①“强剪弱弯”确定剪力设计值

《高规》规定

> **7.2.21** 连梁两端截面的剪力设计值 V 应按下列规定确定：
>
> 1 非抗震设计以及四级剪力墙的连梁，应分别取考虑水平风荷载、水平地震作用组合的剪力设计值。
>
> 2 一、二、三级剪力墙的连梁，其梁端截面组合的剪力设计值应按式（7.2.21-1）确定，9度时一级剪力墙的连梁应按式（7.2.21-2）确定。
>
> $$V=\eta_{vb}\frac{M_b^l+M_b^r}{l_n}+V_{Gb} \tag{7.2.21-1}$$
>
> $$V=1.1(M_{bua}^l+M_{bua}^r)/l_n+V_{Gb} \tag{7.2.21-2}$$
>
> 式中：M_b^l、M_b^r——分别为连梁左右端截面顺时针或逆时针方向的弯矩设计值；
>
> M_{bua}^l、M_{bua}^r——分别为连梁左右端截面顺时针或逆时针方向实配的抗震受弯承载力所对应的弯矩值，应按实配钢筋面积（计入受压钢筋）和材料强度标准值并考虑承载力抗震调整系数计算；
>
> l_n——连梁的净跨；
>
> V_{Gb}——在重力荷载代表值作用下按简支梁计算的梁端截面剪力设计值；
>
> η_{vb}——连梁剪力增大系数，一级取1.3，二级取1.2，三级取1.1。

本项规定的机理、《高规》的条文说明有讲述，现摘录于下

> **7.2.21** 连梁应与剪力墙取相同的抗震等级。
>
> 为了实现连梁的强剪弱弯、推迟剪切破坏、提高延性，应当用实际抗弯钢筋反算设计剪力的方法；但是为了程序计算方便，本条规定，对于一、二、三级抗震采用了组合剪力乘以增大系数的方法确定连梁剪力设计值，对9度一级抗震等级的连梁，设计时要求用连梁实际抗弯配筋反算该增大系数。

【例4.3.4-2】 计算梁端截面组合的剪力设计值

条件：某高层建筑剪力墙开洞后形成的连梁截面尺寸 $b \times h = 200\text{mm} \times 500\text{mm}$，$h_0 = 465\text{mm}$。连梁净跨 $l_n = 2600\text{mm}$，连梁支座弯矩设计值，组合 1：左端：$M_b^l = 110\text{kN} \cdot \text{m}$。右端：$M_b^r = -160\text{kN} \cdot \text{m}$，组合 2：左端：$M_b^l = -210\text{kN} \cdot \text{m}$，右端：$M_b^r = 75\text{kN} \cdot \text{m}$，重力荷载代表值产生的剪力设计值 $V_{Gb} = 85\text{kN}$，梁上的重力荷载为均布荷载。剪力墙抗震等级为二级。

要求：计算梁端截面组合的剪力设计值

【解答】

根据《高规》第 7.2.21 条。框架梁端截面组合的剪力设计值，应按式（7.2.21-1）计算，

二级抗震等级取 $\eta_{vb} = 1.2$。

组合 1：$M_b^l - 110\text{kN} \cdot \text{m}$，$M_b^r = -160\text{kN} \cdot \text{m}$，$M_b^l + M_b^r = 110 + 160 = 270\text{kN} \cdot \text{m}$

组合 2：$M_b^l = -210\text{kN} \cdot \text{m}$，$M_b^r = 75\text{kN} \cdot \text{m}$，$M_b^l + M_b^r = 210 + 75 = 285\text{kN} \cdot \text{m}$

因组合 2 的 $M_b^l + M_b^r$ 绝对数值较大，故连梁考虑地震组合的剪力设计值：

$$V = 1.2(M_b^l + M_b^r)/l_n + V_{Gb} = 1.2 \times 285 \times 10^6 / 2600 + 85 \times 10^3$$
$$= 216.54 \times 10^3 = 216.54\text{kN}。$$

② 连梁的最大剪力值

《高规》规定

> **7.2.22** 连梁截面剪力设计值应符合下列规定：
>
> 1 永久、短暂设计状况
>
> $$V \leqslant 0.25\beta_c f_c b_b h_{b0} \quad (7.2.22\text{-}1)$$
>
> 2 地震设计状况
>
> 跨高比大于 2.5 的连梁
>
> $$V \leqslant \frac{1}{\gamma_{RE}}(0.20\beta_c f_c b_b h_{b0}) \quad (7.2.22\text{-}2)$$
>
> 跨高比不大于 2.5 的连梁
>
> $$V \leqslant \frac{1}{\gamma_{RE}}(0.15\beta_c f_c b_b h_{b0}) \quad (7.2.22\text{-}3)$$
>
> 式中：V——按本规程第 7.2.21 条调整后的连梁截面剪力设计值；
>
> b_b——连梁截面宽度；
>
> h_{b0}——连梁截面有效高度；
>
> β_c——混凝土强度影响系数，见本规程第 6.2.6 条。

【例 4.3.4-3】 验算连梁截面尺寸

条件：已知连梁的截面尺寸为 $b \times h = 160\text{mm} \times 800\text{mm}$，有效高度 $h_{b0} = 765\text{mm}$，连梁净跨 $l_n = 900\text{mm}$，采用 C30 混凝土，纵向受力钢筋采用 HRB400 级，箍筋采用 HPB300 级，抗震等级为二级。两端部的连梁由水平地震作用产生弯矩设计值分别为 $M_b = \pm 63.0\text{kN} \cdot \text{m}$，由楼层竖向荷载传递到连梁上的弯矩设计值很小，可略去不计。

要求：验算连梁截面尺寸。

【解答】 根据《高规》式（7.2.21-1），二级抗震，取 $\eta_{vb} = 1.2$ 则

$$V_b=\frac{1.2(M_b^r)}{l_n}=\frac{1.2\times2\times63\times10^6}{900}=168\times10^3\text{N}$$

$\gamma_{RE}=0.85$，$h_{b0}=765\text{mm}$，$l_n/h_b=900/800=1.13<2.5$

根据《高规》式（7.2.22-2）得：

$$\frac{1}{\gamma_{RE}}(0.15f_cb_bh_{b0})=\frac{1}{0.85}(0.15\times14.3\times160\times765)\text{N}$$
$$=308.88\times10^3\text{N}>V_b$$
$$=168\times10^3\text{N}\ \text{（截面尺寸符合要求）。}$$

③ 受剪承载力计算公式

《高规》规定

7.2.23 连梁的斜截面受剪承载力应符合下列规定：

1 永久、短暂设计状况

$$V\leqslant0.7f_tb_bh_{b0}+f_{yv}\frac{A_{sv}}{s}h_{b0} \quad (7.2.23\text{-}1)$$

2 地震设计状况

跨高比大于2.5的连梁

$$V\leqslant\frac{1}{\gamma_{RE}}\left(0.42f_tb_bh_{b0}+f_{yv}\frac{A_{sv}}{s}h_{b0}\right) \quad (7.2.23\text{-}2)$$

跨高比不大于2.5的连梁

$$V\leqslant\frac{1}{\gamma_{RE}}\left(0.38f_tb_bh_{b0}+0.9f_{yv}\frac{A_{sv}}{s}h_{b0}\right) \quad (7.2.23\text{-}3)$$

式中：V——按7.2.21条调整后的连梁截面剪力设计值。

【例4.3.4-4】 连梁受剪承载力（$2.5<l_n/h_b<5$）

条件：已知连梁的截面尺寸为$b\times h=300\text{mm}\times500\text{mm}$，有效高度$h_{b0}=465\text{mm}$，连梁净跨$l_n=2400\text{mm}$，采用C30混凝土，箍筋采用HPB300级，箍筋采用ϕ12@100，双肢，抗震等级为二级。

要求：连梁受剪承载力。

【解答】 $f_t=1.43\text{N/mm}^2$，$f_c=14.3\text{N/mm}^2$，$f_{yv}=270\text{N/mm}^2$，$\gamma_{RE}=0.85$

$$\frac{l_n}{h}=\frac{2.4}{0.5}=4.8>2.5。$$

（1）斜截面受剪承载力计算

箍筋采用ϕ12@100，双肢，$A_{sv}=226\text{mm}^2$

采用《高规》式（7.2.23-2）

$$\frac{1}{\gamma_{RE}}\left(0.42f_tbh_0+f_{yv}\frac{A_{sv}}{s}h_0\right)=\frac{1}{0.85}\left(0.42\times1.43\times300\times465+270\times\frac{226}{100}\times465\right)$$
$$=432.4\times10^3\text{N}=432.4\text{kN}。$$

（2）截面尺寸验算

采用《高规》式（7.2.22-2）

$\frac{1}{\gamma_{RE}}(0.20\beta_c f_c bh_0)=\frac{1}{0.85}(0.20\times1.0\times14.3\times300\times465)=469.4\text{kN}>432.4\text{kN}$。

(3) 取斜截面受剪承载力 $V=432.4\text{kN}$。

【例 4.3.4-5】 连梁箍筋的配置（无地震作用组合）

条件：某连梁、净跨 $l_n=2.0\text{m}$，$b\times h=250\text{mm}\times500\text{mm}$。箍筋 HPB300 级，$f_{yv}=270\text{N/mm}^2$，混凝土强度为 C30，$f_c=14.3\text{N/mm}^2$，$f_t=1.43\text{N/mm}^2$。连梁承担的剪力值 $V_b=155\text{kN}$。

要求：连梁配置的箍筋

【解答】

连梁的跨高比 $l_n/h_b=2000/500=4$，由《高规》7.1.3 条，按连梁设计。

由《高规》式（7.2.22-1）

$0.25\beta_c f_c bh_{b0}=0.25\times1.0\times14.3\times250\times465=415.6\text{kN}>V_b=155\text{kN}$，截面尺寸满足要求。

由《高规》式（7.2.23-1）

$$V_b\leqslant0.7f_t bh_{b0}+f_{yv}\frac{A_{sv}}{s}h_{b0}$$

$$155\times10^3\leqslant0.7\times1.43\times250\times465+270\times\frac{A_{sv}}{s}\times465$$

$$\frac{A_{sv}}{s}=\frac{155\times10^3-0.7\times1.43\times250\times465}{270\times465}=0.31$$

由《高规》7.2.27 条 2 款，连梁全长箍筋直径不应小于 6mm，间距不大 150mm。

$$A_{sv}=0.31\times s=0.396\times150=46.5\text{mm}^2$$

双肢 $\phi6$，$A_{sv}=56.6\text{mm}^2>46.5\text{mm}^2$，选用双肢 $\phi6@150$。

【例 4.3.4-6】 连梁箍筋的配置（$l_n/h_0=5$）

某连梁净跨 $l=3500\text{mm}$，其截面及配筋如图 4.3.4-1 所示。抗震等级为二级，混凝土强度等级为 C40，$f_t=1.71\text{N/mm}^2$，梁中主筋采用 HRB400，箍筋均采用 HPB300，$f_{yv}=270\text{N/mm}^2$；

试问，下列的梁跨中非加密区箍筋的几种不同配置中，其中何项最接近且满足相关规范、规程中的最低构造要求？

(A) $\phi8@75$　　(B) $\phi8@100$

(C) $\phi8@150$　　(D) $\phi8@200$

【答案】(D)

【解答】 (1) 根据《高规》第 7.1.3 条，$\frac{L}{h}=\frac{3500}{600}=5.8>5$，按框架梁设计。

(2) 按加密区要求选择箍筋根据《高规》6.3.2 条 2 款、箍筋最小直径 8mm，本题箍筋直径 8mm，可以。

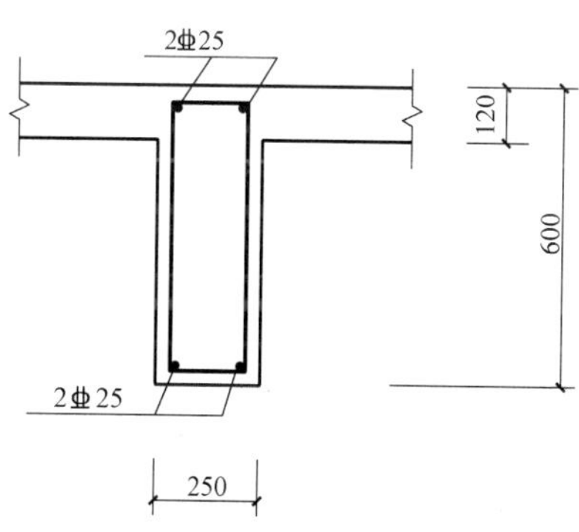

图 4.3.4-1

（3）根据《高规》6.3.5条1款、面积配箍率为

$$\rho_{sv} \geqslant 0.28\frac{f_t}{f_{yv}} = 0.28\times\frac{1.71}{270} = 0.00177$$

因已知箍筋直径、故能此时跨中非加密区双肢箍筋的间距

$$s = \frac{A_{sv}}{b\cdot\rho_{sv}} = \frac{101}{250\times0.00177}\text{mm} = 228\text{mm}。$$

（4）根据《高规》第6.3.5条5款。非加密区箍筋间距不大于两倍加密区箍筋间距。

两倍加密区箍筋间距

$$= 2\times\min\left(\frac{h_b}{4}, 8d, 100\right) = 2\times\min(150, 200, 100) = \min(300, 400, 200)$$

$$= 200\text{mm} < 228\text{mm}$$

（5）非加密区箍筋取 ϕ8@200。

【例 4.3.4-7】 连梁箍筋的配置（$l_n/h_0 = 3.5$）

某多层钢筋混凝土剪力墙连梁，截面尺寸 $b\times h = 180\text{mm}\times600\text{mm}$，抗震等级二级，净跨 $l_n = 2.0\text{m}$，混凝土强度等级C30，箍筋HPB300级，$a_s = a_s' = 35\text{mm}$。$l_n/h_0 = 3.5$。

假定该梁重力荷载代表值作用下，按简支梁计算的梁端截面剪力设计值 $V_{Gk} = 18\text{kN}$，连梁左右端截面逆、顺时针方面组合弯矩设计值 $M_b^l = M_b^r = 150.0\text{kN}\cdot\text{m}$，该连梁箍筋配置为下列何项？

（A）ϕ6@100（双肢）　　（B）ϕ8@150（双肢）

（C）ϕ8@100（双肢）　　（D）ϕ10@100（双肢）

【答案】（C）

【解答】 $l_n/h = 2.0/0.6 = 3.33 > 2.5, \gamma_{RE} = 0.85, h_0 = 565\text{mm}$

（1）由《高规》7.2.21条规定；

$$V_{wb} = 1.2\frac{M_b^l + M_b^r}{l_n} + V_{Gb} = 1.2\times\frac{150+150}{2} + 18 = 198\text{kN}。$$

（2）由《高规》式（7.2.22-2）

$$\frac{1}{\gamma_{RE}}(0.2f_cbh_0) - \frac{1}{0.85}\times0.2\times14.3\times180\times565 = 342.2\text{kN}$$

$$> V_{wb} = 198\text{kN}, 截面满足。$$

（3）由《高规》式（7.2.23-2）；

$$V_{wb} \leqslant \frac{1}{\gamma_{RE}}\left(0.42f_tbh_0 + f_{yv}\frac{A_{sv}}{s}h_0\right)$$

$$\frac{A_{sv}}{s} \geqslant \frac{\gamma_{RE}V_{wb} - 0.42f_tbh_0}{f_{yv}h_0} = \frac{0.85\times198\times10^3 - 0.42\times1.43\times180\times565}{270\times565} = 0.703\text{mm}^2/\text{mm}。$$

（4）

对（A）项：$\frac{A_{sv}}{s} = \frac{2\times28.3}{100} = 0.566$，不满足。

对（B）项：$\frac{A_{sv}}{s} = \frac{2\times50.3}{150} = 0.671$，不满足。

对（C）项：$\frac{A_{sv}}{s}=\frac{2\times50.3}{100}=1.006$，满足。

对（D）项：$\frac{A_{sv}}{s}=\frac{2\times78.5}{100}=1.57$，满足。

故（C）最接近又满足规范要求。

【例 4.3.4-8】 连梁箍筋的配置（$l_n/h_0=1$）

已知连梁的截面尺寸为 $b=160$mm，$h=800$mm，$l_n=900$mm，C30 混凝土，$f_c=14.3\text{N/mm}^2$，$f_t=1.43\text{N/mm}^2$，箍筋 HPB300，$f_{yv}=270\text{N/mm}^2$，抗震等级为二级。由楼层荷载传到连梁上的剪力 V_{Gb} 很小，略去不计，由地震作用产生的连梁剪力设计值 $V_b=140$kN。

连梁所需的箍筋 A_{sv}/s（mm）值与下列何项数值接近？

（A）1.30　　（B）1.01　　（C）0.96　　（D）0.90

【答案】（B）

【解答】（1）计算连梁弯矩

$$M_b=V_b\cdot\frac{l_n}{2}=140\times10^3\times\frac{900}{2}=63\times10^6\text{N}\cdot\text{mm}$$

（2）应用《高规》式（7.2.21-1）得：

$$V_b=\frac{1.2(M_b^l+M_b^r)}{l_n}=\frac{1.2\times2\times63\times10^6}{900}=168\times10^3\text{N}$$

（3）查《高规》表 3.8.2 得 $\gamma_{RE}=0.85$，取 $\beta_c=1$，$h_{b0}=765$mm。

（4）$l_n/h_b=900/800=1.1<2.5$，应用《高规》式（7.2.22-3）得

$$\frac{1}{\gamma_{RE}}(0.15\beta_1 f_c b_b h_{b0})=\frac{1}{0.85}(0.15\times1\times14.3\times160\times765)=308.88\times10^3\text{N}>V_b$$

$=168\times10^3$N　截面尺寸满足要求。

（5）应用《高规》式（7.2.23-3）得

$$\frac{A_{sv}}{s}=\frac{\gamma_{RE}V_b-0.38f_t b_b h_{b0}}{0.9f_{yv}h_{b0}}=\frac{0.85\times168\times10^3-0.38\times1.43\times160\times765}{0.9\times270\times765}=0.41\text{mm}。$$

（6）根据《高规》表 6.3.2-2 的规定，箍筋最小直径 8mm，二肢箍最大间距 $s=h_b/4=800/4=200$mm、8d=8×14=112mm 及 100mm，取上述三种中最小值 $s=100$mm

$$\frac{A_{sv}}{s}-\frac{2\times50.3}{100}=1.006\text{mm}>0.41\text{mm}。$$

④ 连梁的箍筋配置

《高规》规定

> **7.2.27** 连梁的配筋构造（图 7.2.27）应符合下列规定
>
> 1 连梁顶面、底面纵向水平钢筋伸入墙肢的长度，抗震设计时不应小于 l_{aE}，非抗震设计时不应小于 l_a，且均不应小于 600mm。

2　抗震设计时，沿连梁全长箍筋的构造应符合本规程第 6.3.2 条框架梁梁端箍筋加密区的箍筋构造要求；非抗震设计时，沿连梁全长的箍筋直径不应小于 6mm，间距不应大于 150mm。

3　顶层连梁纵向水平钢筋伸入墙肢的长度范围内应配置箍筋，箍筋间距不宜大于 150mm，直径应与该连梁的箍筋直径相同。

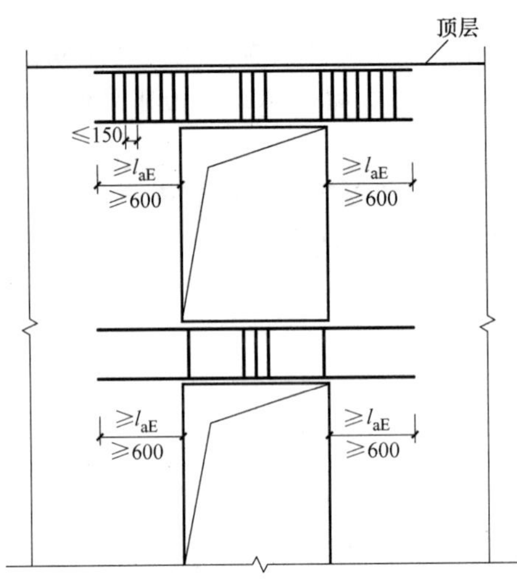

图 7.2.27　连梁配筋构造示意

注：非抗震设计时图中 l_{aE} 取 l_a

【例 4.3.4-9】关于非抗震设计时中间层剪力墙连梁的箍筋构造做法，图 4.3.4-2 中何项正确（设所配箍筋均满足连梁斜截面抗剪承载力要求）？

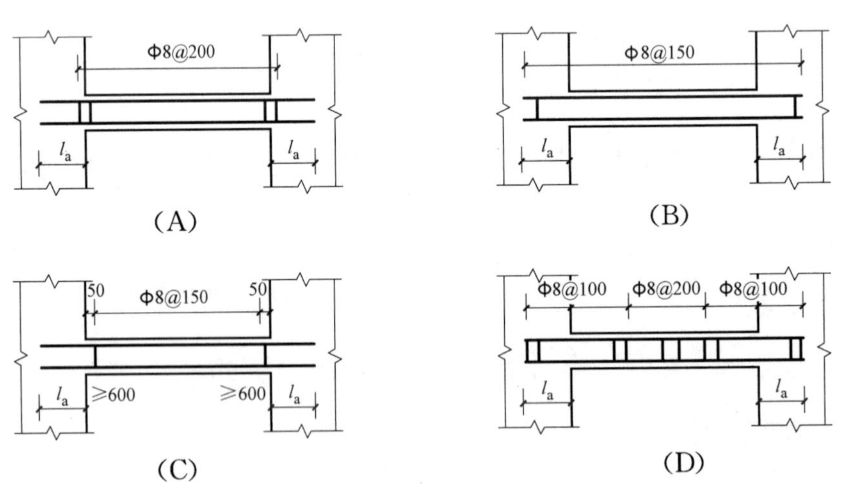

图 4.3.4-2

【答案】(C)

【解答】(A) 项不符合《高规》7.2.27 条 2 款"箍筋间距不应大于 150mm"的规定。

(B) 项不符合《高规》7.2.27 条 1 款“水平钢筋伸入墙肢的长度不应小于 600mm”的规定；

(C) 项符合《高规》7.2.27 条规定；

(D) 项不符合《高规》7.2.27 条 2 款“箍筋间距不应大于 150mm”的规定和不符合《高规》7.2.27 条 1 款“水平钢筋伸入墙肢的长度不应小于 600mm”的规定。

⑤ 连梁的腰筋配置

《高规》规定

> **7.2.27** 连梁的配筋构造（图 7.2.27）应符合下列规定
>
> 4 连梁高度范围内的墙肢水平分布钢筋应在连梁内拉通作为连梁的腰筋。连梁截面高度大于 700mm 时，其两侧面腰筋的直径不应小于 8mm，间距不应大于 200mm；跨高比不大于 2.5 的连梁，其两侧腰筋的总面积配筋率不应小于 0.3%。

【例 4.3.4-10】 某剪力墙水平分布筋为Φ 10@200，其连梁净跨 l_n＝2200mm，a_s＝30mm，其界面及配筋如图 4.3.4-3 所示。试问，下列关于连梁每侧腰筋的配置，何项满足规程的最低要求？

(A) 4Φ12　　(B) 5Φ12

(C) 4Φ10　　(D) 5Φ10

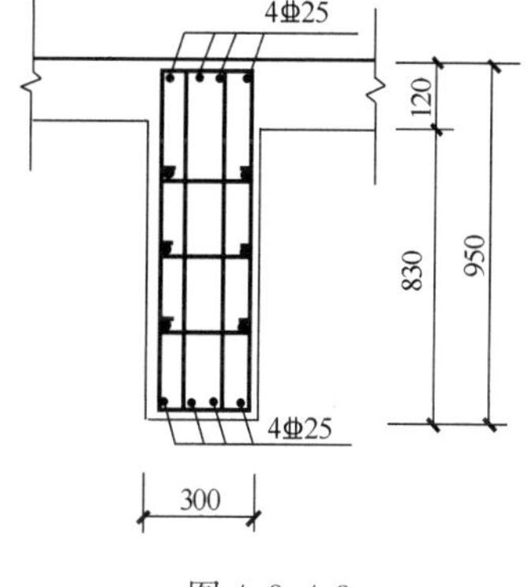

图 4.3.4-3

【答案】(C)

【解答】(1) 根据《高规》7.2.27 条 4 款，连梁截面高度 h＝950mm＞700mm，应配置腰筋，直径不应小于 8mm，间距不应大于 200mm。

l_n/h_b＝2200/950＝2.32＜2.5，腰筋配筋率不应小于 0.3%。

(2) 根据选项验算腰筋面积

h_w＝950－30－120＝800mm

腰筋间距：选项 (A)、(C) 每侧 4 根，5 个间距，s＝800/5＝160mm＜200mm，满足。

单根面积：160×300×0.3%/2＝72mm^2，Φ 10 面积 78.5mm^2＞72mm^2，满足。

4Φ10 满足要求，选 (C)。

⑥ 连梁的开洞

《高规》规定

> **7.2.28** 剪力墙开小洞口和连梁开洞应符合下列规定：
>
> 1 剪力墙开有边长小于 800mm 的小洞口且在结构整体计算中不考虑其影响时，应在洞口上、下和左、右配置补强钢筋，补强钢筋的直径不应小于 12mm，截面面积应分别不小于被截断的水平分布钢筋和竖向分布钢筋的面积（图 7.2.28a）；
>
> 2 穿过连梁的管道宜预埋套管，洞口上、下的截面有效高度不宜小于梁高的 1/3，且不宜小于 200mm；被洞口削弱的截面应进行承载力验算，洞口处应配置补强纵向钢筋和箍筋（图 7.2.28b），补强纵向钢筋的直径不应小于 12mm。

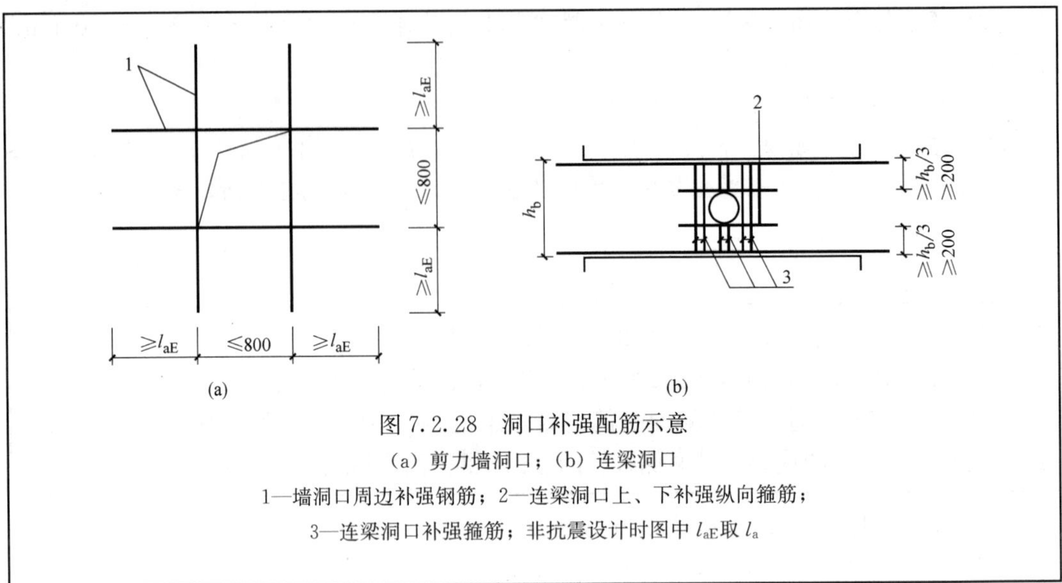

图 7.2.28　洞口补强配筋示意

（a）剪力墙洞口；（b）连梁洞口

1—墙洞口周边补强钢筋；2—连梁洞口上、下补强纵向箍筋；

3—连梁洞口补强箍筋；非抗震设计时图中 l_{aE}取 l_a

【例 4.3.4-11】当有管道穿过剪力墙的连梁时，应预埋套管并保持洞口上下的有效高度不小于下列何值？

（A）150mm　　　　　　　　（B）1/4 梁高，并不小于 150mm

（C）200mm　　　　　　　　（D）1/3 梁高，并不小于 200mm

【答案】（D）

【解答】根据《高规》7.2.28-2 条，当管道穿过剪力墙的连梁时，应预埋套管，且洞口上下的有效高度不宜小于梁高的 1/3，并不宜小于 200mm。

3. 配置交叉暗撑的连梁

《高规》规定

9.3.8　跨高比不大于 2 的框筒梁和内筒连梁宜增配对角斜向钢筋。跨高比不大于 1 的框筒梁和内筒连梁宜采用交叉暗撑（图 9.3.8），且应符合下列规定：

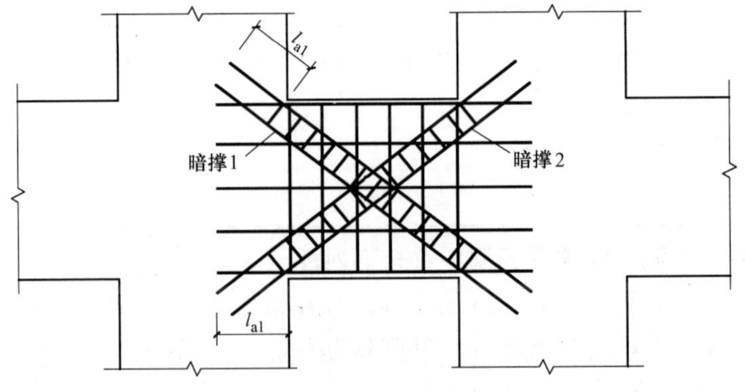

图 9.3.8　梁内交叉暗撑的配筋

1　梁的截面宽度不宜小于 400mm；

2　全部剪力应由暗撑承担，每根暗撑应由不少于 4 根纵向钢筋组成，纵筋直径不应小于 14mm，其总面积 A_s 应按下列公式计算：

1）持久、短暂设计状况

$$A_s \geqslant \frac{V_b}{2f_y \sin\alpha} \tag{9.3.8-1}$$

2）地震设计状况

$$A_s \geqslant \frac{\gamma_{RE} V_b}{2f_y \sin\alpha} \tag{9.3.8-2}$$

式中　α——暗撑与水平线的夹角；

3　两个方向暗撑的纵向钢筋应采用矩形箍筋或螺旋箍筋绑成一体，箍筋直径不应小于 8mm，箍筋间距不应大于 150mm；

4　纵筋伸入竖向构件的长度不应小于 l_{a1}，非抗震设计时 l_{a1} 可取 l_a，抗震设计时 l_{a1} 宜取 $1.15l_a$；

5　梁内普通箍筋的配置应符合本规程第 9.3.7 条的构造要求。

【例 4.3.4-12】交叉暗撑计算

条件：核心筒底层某一连梁，8 度设防抗震等级一级如图 4.3.4-4 所示，连梁截面的有效高度 $h_{b0}=1940$mm。

筒体部分混凝土强度等级均为 C35（$f_c=16.7\text{N/mm}^2$）。考虑水平地震作用组合的连剪力设计值 $V_b=620$kN，其左、右端考虑地震作用组合的弯矩设计值分别为 $M_b^l=-1440$kN·m，$M_b^r=-400$kN·m。在重力荷载代表值作用下，按简支梁计算的梁端截面剪力设计值为 60kN。连梁中交叉暗撑与水平线的夹角 $\alpha=37°$，钢筋选用 HRB400 级。

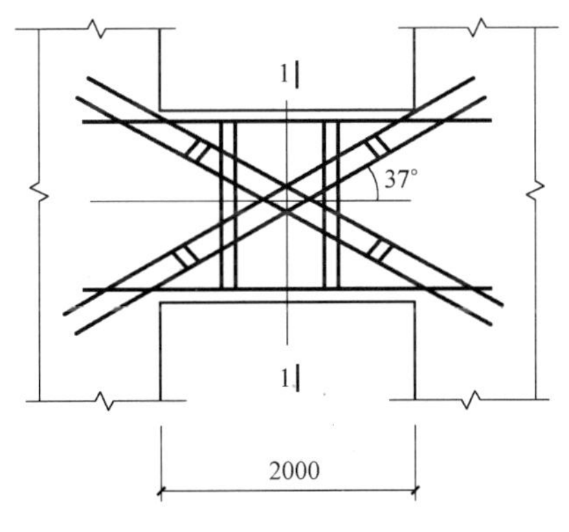

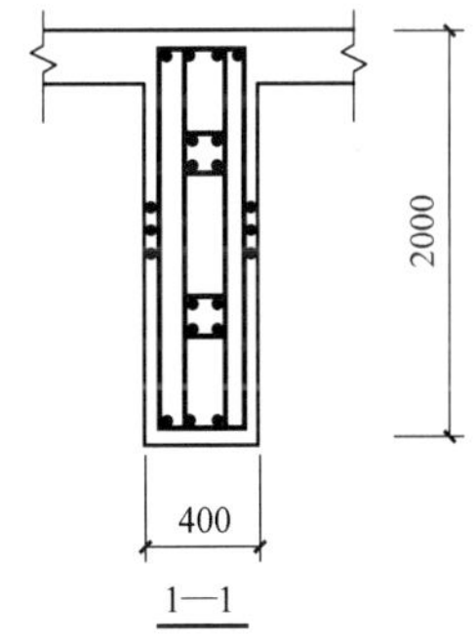

图 4.3.4-4

要求：交叉暗撑中的纵向钢筋。

提示：按《混规》作答。

【解答】

（1）由《混规》11.7.8 条，式（11.7.8-2），8 度，抗震等级一级，

M_b^l、M_b^r 同为负值，取 $M_b^r=0$；$V_{Gb}=60$kN，$\eta_{vb}=1.0$

$$V_b=\eta_{vb}\frac{M_b^l+M_b^r}{l_n}+V_{Gb}=1.0\times\frac{1440+0}{2}+60=780\text{kN}>620\text{kN}。$$

(2) 根据《混规》11.7.10-1条，跨高比2000/1940=1.03<2.5，

$$V_b\leqslant\frac{1}{\gamma_{RE}}(0.25\beta_c f_c b_b h_{b0})=\frac{1}{0.85}\times(0.25\times1\times16.7\times400\times1940)=3812\text{kN}>780\text{kN}。$$

(3) 由《混规》式(11.7.10-4)，全部剪力应由暗撑承担

$$A_s=\frac{\gamma_{RE}V_b}{2f_y\sin\alpha}=\frac{0.85\times780\times10^3}{2\times360\times0.6}=1535\text{mm}^2。$$

选用4根钢筋，直径d=25mm，选4Φ25。A_s=1964mm^2

4.4 框架-剪力墙结构和异形柱结构

一、框架-剪力墙结构

1. 结构布置

(1) 双向抗侧力体系

《高规》规定

> **8.1.5** 框架-剪力墙结构应设计成双向抗侧力体系；抗震设计时，结构两主轴方向均应布置剪力墙。

本项规定的机理《高规》的"条文说明"有讲述，现摘录于下

> **8.1.5** 框架-剪力墙结构是框架和剪力墙共同承担竖向和水平作用的结构体系，布置适量的剪力墙是其基本特点。为了发挥框架-剪力墙结构的优势，无论是否抗震设计，均应设计成双向抗侧力体系，且结构在两个主轴方向的刚度和承载力不宜相差过大；抗震设计时，框架-剪力墙结构在结构两个主轴方向均应布置剪力墙，以体现多道防线的要求。

(2) 刚性连接、对中布置

《高规》规定

> **8.1.6** 框架-剪力墙结构中，主体结构构件之间除个别节点外不应采用铰接；梁与柱或柱与剪力墙的中线宜重合；框架梁、柱中心线之间有偏离时，应符合本规程第6.1.7条的有关规定。

本项规定的机理、《高规》的"条文说明"有讲述，现摘录于下

> **8.1.6** 框架-剪力墙结构中，主体结构构件之间一般不宜采用铰接，但在某些具体情况下，比如采用铰接对主体结构构件受力有利时可以针对具体构件进行分析判定后，在局部位置采用铰接。

《抗震》规定

6.1.5 框架结构和框架-抗震墙结构中，框架和抗震墙均应双向设置，柱中线与抗震墙中线、梁中线与柱中线之间偏心距大于宽的 1/4 时，应计入偏心的影响。

本项规定的机理、《抗震》的“条文说明”有讲述，现摘录于下

6.1.5 梁中线与柱中线之间、柱中线与抗震墙中线之间有较大偏心距时，在地震作用下可能导致核芯区受剪面积不足，对柱带来不利的扭转效应。当偏心距超过 1/4 柱宽时，需进行具体分析并采取有效措施，如采用水平加腋梁及加强柱的箍筋等。

（3）剪力墙布置

《高规》规定

8.1.7 框架-剪力墙结构中剪力墙的布置宜符合下列规定：

1 剪力墙宜均匀布置在建筑物的周边附近、楼梯间、电梯间、平面形状变化及恒载较大的部位，剪力墙间距不宜过大；

2 平面形状凹凸较大时，宜在凸出部分的端部附近布置剪力墙；

3 纵、横剪力墙宜组成 L 形、T 形和 I 形等形式；

4 单片剪力墙底部承担的水平剪力不应超过结构底部总水平剪力的 30%；

5 剪力墙宜贯通建筑物的全高，宜避免刚度突变；剪力墙开洞时，洞口宜上下对齐；

6 楼、电梯间等竖井宜尽量与靠近的抗侧力结构结合布置；

7 抗震设计时，剪力墙的布置宜使结构各主轴方向的侧向刚度接近。

《抗震》规定

6.1.8 框架-抗震墙结构和板柱-抗震墙结构中的抗震墙设置，宜符合下列要求：

1 抗震墙宜贯通房屋全高。

2 楼梯间宜设置抗震墙，但不宜造成较大的扭转效应。

3 抗震墙的两端（不包括洞口两侧）宜设置端柱或与另一方向的抗震墙相连。

4 房屋较长时，刚度较大的纵向抗震墙不宜设置在房屋的端开间。

5 抗震墙洞口宜上下对齐；洞边距端柱不宜小于 300mm。

（4）剪力墙间距

《高规》规定

8.1.8 长矩形平面或平面有一部分较长的建筑中，其剪力墙的布置尚宜符合下列规定：

1 横向剪力墙沿长方向的间距宜满足表 8.1.8 的要求，当这些剪力墙之间的楼盖有较大开洞时，剪力墙的间距应适当减小；

2 纵向剪力墙不宜集中布置在房屋的两尽端。

剪力墙间距（m）　　表 8.1.8

楼盖形式	非抗震设计（取较小值）	抗震设防烈度		
		6 度、7 度（取较小值）	8 度（取较小值）	9 度（取较小值）
现浇	5.0B,60	4.0B,50	3.0B,40	2.0B,30
装配整体	3.5B,50	3.0B,40	2.5B,30	—

注：1　表中 B 为剪力墙之间的楼盖宽度（m）；
2　装配整体式楼盖的现浇层应符合本规程第 3.6.2 条的有关规定；
3　现浇层厚度大于 60mm 的叠合楼板可作为现浇板考虑；
4　当房屋端部未布置剪力墙时，第一片剪力墙与房屋端部的距离，不宜大于表中剪力墙间距的 1/2。

《抗震》规定

6.1.6　框架-抗震墙、板柱-抗震墙结构以及框支层中，抗震墙之间无大洞口的楼、屋盖的长宽比，不宜超过表 6.1.6 的规定；超过时，应计入楼盖平面内变形的影响。

抗震墙之间楼屋盖的长宽比　　表 6.1.6

楼、屋盖类型		设防烈度			
		6	7	8	9
框架-抗震墙结构	现浇或叠合楼、屋盖	4	4	3	2
	装配整体式楼、屋盖	3	3	2	不宜采用
板柱-抗震墙结构的现浇楼、屋盖		3	3	2	—
框支层的现浇楼、屋盖		2.5	2.5	2	—

本项规定的机理、《高规》的“条文说明”有讲述，现摘录于下

8.1.8　长矩形平面或平面有一方向较长（如 L 形平面中有一肢较长）时，如横向剪力墙间距过大，在侧向力作用下，因不能保证楼盖平面的刚性而会增加框架的负担，故对剪力墙的最大间距作出规定，当剪力墙之间的楼板有较大开洞时，对楼盖平面刚度有所削弱，此时剪力墙的间距宜再减小。纵向剪力墙布置在平面的尽端时，会造成对楼盖两端的约束作用，楼盖中部的梁板容易因混凝土收缩和温度变化而出现裂缝，故宜避免。同时也考虑到在设计中有剪力墙布置在建筑中部，而端部无剪力墙的情况，用表注 4 的相应规定，可防止布置框架的楼面伸出太长，不利于地震力传递。

【例 4.4.1-1】对框架-剪力墙结构进行结构布置时，下列说法不正确的是何项？

(A) 由于剪力墙是框架-剪力墙结构中的主要抗侧力构件，因此在各个主轴方向上，均需设置剪力墙

(B) 在抗震设防区进行结构布置时，宜使框架-剪力墙结构在各个主轴方向上的侧向

刚度数值相接近

(C) 宜将各主轴方向上设置的剪力墙相互整体连接，组成T形、L形、I形或围成筒体

(D) 在每个主轴方向上的剪力墙片数，只需按抵抗侧向力的要求即可确定

【答案】(D)

【解答】根据《高规》8.1.5条，(A) 项准确。

根据《高规》8.1.7-7条，(B) 项准确。

根据《高规》8.1.7-3条，(C) 项准确。

位于各主轴方向上的剪力墙的片数，不但由抗侧力的需要所确定，而且还需满足一些构造要求，(D) 项不准确。

【例4.4.1-2】在长矩形平面现浇钢筋混凝土框架-剪力墙高层结构中，关于剪力墙布置的下列几种说法，其中何项不够准确?

(A) 结构两主轴方向均应布置剪力墙，并且两个方向剪力墙宜形成L形，T形和I形等形式

(B) 单片剪力墙底部承担的水平剪力不宜超过结构底部总水平剪力的30%

(C) 两方向的剪力墙宜集中布置在结构单元的两尽端，增大整个结构的抗扭能力

(D) 抗震设计时，剪力墙的布置宜使结构两主轴方向的侧向刚度接近

【答案】(C)

【解答】根据《高规》8.1.5条和8.1.7-3条，(A) 项准确。

根据《高规》8.1.7-4条，(B) 项准确。

根据《高规》8.1.8-2条，(C) 项不准确。

根据《高规》8.1.7-7条，(D) 项准确。

【例4.4.1-3】框架-剪力墙结构中的剪力墙布置，下列哪一种说法是不正确的?

(A) 剪力墙宜均匀布置在建筑物的周边附近、楼梯间、电梯间、平面形状变化及恒载较大的部位

(B) 纵横力墙宜组成L形、T形和I形等形式

(C) 剪力墙宜贯通建筑物的全高，以避免刚度突变；剪力墙开洞时，洞口宜上下对齐

(D) 楼、电梯间等竖井应尽量远离剪力墙

【答案】(D)

根据《高规》8.1.7-1条，(A) 项准确。

根据《高规》8.1.7-3条，(B) 项准确。

根据《高规》8.1.7-5条，(C) 项准确。

根据《高规》8.1.7-6条，(D) 项不准确。楼、电梯间等竖井因形成楼盖水平刚度不连续，因此，宜尽量使其与靠近的抗侧力结构（剪力墙、框架柱）结合布置。

【例4.4.1-4】某现浇钢筋混凝土框架-剪力墙结构，抗震设防烈度为8度，楼面横向宽度为18m。试问，在布置横向剪力墙时，其剪力墙间距s(m) 应取下列何项数值?

(A) 40　　(B) 44　　(C) 42　　(D) 45

【答案】(A)

【解答】根据《高规》8.1.8条规定，查《高规》表8.1.8有

$$s=\min(3.0B,40)=\min(3.0\times18,40)=40\text{m}$$

2. 地震倾覆力矩比值

"地震倾覆力矩比值"是指："抗震设计的框架-剪力墙结构，在规定的水平力作用下，结构底层框架部分承受的地震倾覆力矩与结构总地震倾覆力矩的比值"。我们用M_c表示结构底层框架部分承受的地震倾覆力矩、用M_0表示结构总地震倾覆力矩，则M_c/M_0就是"地震倾覆力矩比值"。

（1）结构底部的总倾覆力矩和框架部分分配的地震倾覆力矩

框架-剪力墙结构中，框架部分和剪力墙部分通过楼板连接的，如图4.4.1-1（a）所示。在这种情况下，刚性楼板保证了在水平力的作用下，同一楼层标高处剪力墙部分与框架部分的水平位移相同。由于假定在水平荷载作用下，楼板的平面外刚度为0，它不能约束剪力墙或框架的转动。因此，可以将这种结构体系框架部分与剪力墙部分之间简化为铰接，将结构单元内所有框架部分合并为总框架，所有剪力墙部分合并为总剪力墙，所有连梁部分合并为总连梁，框架-剪力墙结构由框架部分及剪力墙部分两类抗侧力单元组成，如图4.4.1-1（b）所示。

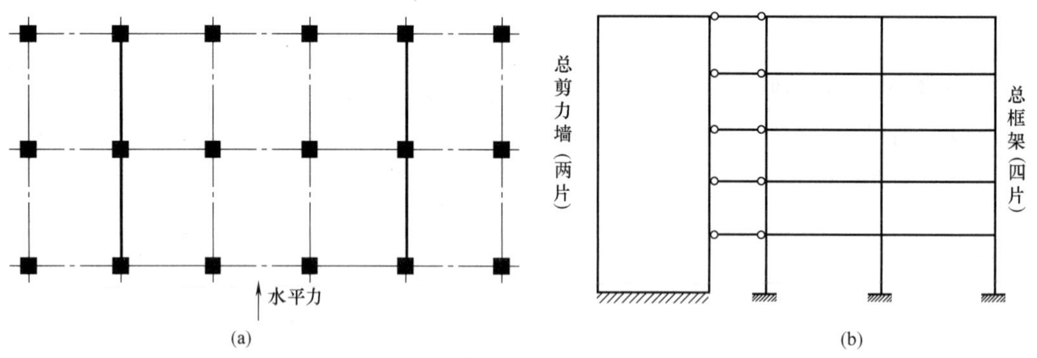

图4.4.1-1　框架与剪力墙的连接及简化形式

图4.4.1-2给出另一个框架-剪力墙结构的计算简图。左侧作用一个规定的水平力，在这规定的水平力作用下，框架-剪力墙结构底层承担的地震倾覆力矩为结构总地震倾覆力矩。

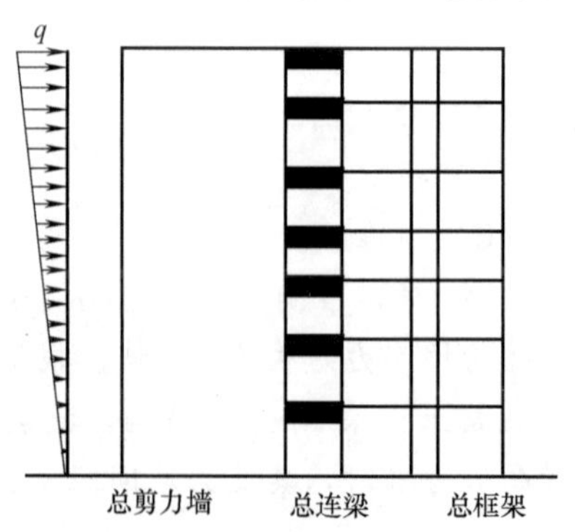

图4.4.1-2　框架-剪力墙结构的计算简图

“结构底部的总倾覆力矩”确定方法《混规》的‘条文说明’，中讲述了

> **11.1.4** “结构底部的总倾覆力矩”一般指在多遇地震作用下通过振型组合求得楼层地震剪力并换算出各楼层水平力后，用该水平力求得的底部总倾覆力矩。

规定的水平力引起的对房屋的倾覆力矩由框架和剪力墙两部分共同承担。

框架部分承受的地震倾覆力矩是指在规定的水平力作用下结构底层框架部分承受的地震倾覆力矩。《抗震》6.1.3 条的‘条文说明’中讲述了框架部分按刚度分配的地震倾覆力矩的计算公式

> 框架部分按刚度分配的地震倾覆力矩的计算公式，保持 2001 规范的规定不变：
>
> $$M_c=\sum_{i=1}^{n}\sum_{j=1}^{m}V_{ij}h_i$$
>
> 式中：M_c——框架-抗震墙结构在规定的侧向力作用下框架部分分配的地震倾覆力矩；
>
> n——结构层数；
>
> m——框架 i 层的柱根数；
>
> V_{ij}——第 i 层第 j 根框架柱的计算地震剪力；
>
> h_i——第 i 层层高。

（2）“地震倾覆力矩比值”对结构性能的影响

每一个“框架-剪力墙结构”在规定的水平力作用下，结构底层框架部分承受的地震倾覆力矩与结构总地震倾覆力矩的比值是互不相同的。不同的“地震倾覆力矩比值”引起各个“框架-剪力墙结构”的结构性能也有较大的差别。《高规》对此作了较为具体的规定

> **8.1.3** 抗震设计的框架-剪力墙结构，应根据在规定的水平力作用下结构底层框架部分承受的地震倾覆力矩与结构总地震倾覆力矩的比值，确定相应的设计方法，并应符合下列规定：
>
> 1 框架部分承受的地震倾覆力矩不大于结构总地震倾覆力矩的 10%时，按剪力墙结构进行设计，其中的框架部分应按框架-剪力墙结构的框架进行设计；
>
> 2 当框架部分承受的地震倾覆力矩大于结构总地震倾覆力矩的 10%但不大于 50%时，按框架-剪力墙结构进行设计；
>
> 3 当框架部分承受的地震倾覆力矩大于结构总地震倾覆力矩的 50%但不大于 80%时，按框架-剪力墙结构进行设计，其最大适用高度可比框架结构适当增加，框架部分的抗震等级和轴压比限值宜按框架结构的规定采用；
>
> 4 当框架部分承受的地震倾覆力矩大于结构总地震倾覆力矩的 80%时，按框架-剪力墙结构进行设计，但其最大适用高度宜按框架结构采用，框架部分的抗震等级和轴压比限值应按框架结构的规定采用。当结构的层间位移角不满足框架-剪力墙结构的规定时，可按本规程第 3.11 节的有关规定进行结构抗震性能分析和论证。

和《高规》相同，《抗震》亦讲述了“地震倾覆力矩比值”对结构性能的影响。现将两本规范的规定、综合起来按四个“地倾覆力矩比值”区段进行介绍。

① 地震倾覆力矩比值 $M_c/M_0 \leqslant 10\%$（少框架的剪力墙体系）

《高规》8.1.3条的“规定”和“条文说明”

1 框架部分承受的地震倾覆力矩不大于结构总地震倾覆力矩的10%时，按剪力墙结构进行设计，其中的框架部分应按框架-剪力墙结构的框架进行设计；

1 当框架部分承担的倾覆力矩不大于结构总倾覆力矩的10%时，意味着结构中框架承担的地震作用较小，绝大部分均由剪力墙承担，工作性能接近于纯剪力墙结构，此时结构中的剪力墙抗震等级可按剪力墙结构的规定执行；其最大适用高度仍按框架-剪力墙结构的要求执行；其中的框架部分应按框架-剪力墙结构的框架进行设计，也就是说需要进行本规程8.1.4条的剪力调整，其侧向位移控制指标按剪力墙结构采用。

《抗震》6.1.3条的“条文说明”

6.1.3 其一，个别或少量框架，此时结构属于其抗震墙体系的范畴，其抗震墙的抗震等级，仍按抗震墙结构确定；框架的抗震等级可参照框架-抗震墙结构的框架确定。

② 地震倾覆力矩比值 $10\% < M_c/M_0 \leqslant 50\%$（典型的框架-剪力墙结构）

《高规》8.1.3条的“规定”和“条文说明”

2 当框架部分承受的地震倾覆力矩大于结构总地震倾覆力矩的10%但不大于50%时，按框架-剪力墙结构进行设计；

2 当框架部分承受的地震倾覆力矩大于结构总地震倾覆力矩的10%但不大于50%时，属于典型的框架-剪力墙结构，按本章有关规定进行设计。

《抗震》6.1.3条的“条文说明”

6.1.3 其二，当框架-抗震墙结构有足够的抗震墙时，其框架部分是次要抗侧力构件，按本规范表6.1.2框架抗震墙结构确定抗震等级；89规范要其抗震墙X底部承受的地震倾覆力矩不小于结构底部总地震倾覆力矩的50%。

③ 地震倾覆力矩比值 $50\% < M_c/M_0$（少墙框架结构）

工程中出现少墙框架结构是有原因的、即《抗震》6.1.3条的条文说明中所说的

在框架结构中设置少量抗震墙，往往是为了增大框架结构的刚度、满足层间位移角限值的要求，

对“少墙框架结构”在三本规范中有些具体规定、现集中起来介绍。

《抗震》6.1.3条的“规定”和“条文说明”

6.1.3 钢筋混凝土房屋抗震等级的确定，尚应符合下列要求：

1 设置少量抗震墙的框架结构，在规定的水平力作用下，底层框架部分所承担的地震倾覆力矩大于结构总地震倾覆力矩的50%时，其框架的抗震等级应接框架结构确定，抗震墙的抗震等级可与其框架的抗震等级相同。

注：底层指计算嵌固端所在的层。

6.1.3

其三，墙体很少，即 2001 规范规定“在基本振型地震作用下，框架部分承受的地震倾覆力矩大于结构总地倾覆力矩的 50%”，其框架部分的抗震等级应按框架结构确定。

《抗震》6.2.13 条的“规定”和“条文说明”

6.2.13 本条规定了在结构整体分析中的内力调整：

4 设置少量抗震墙的框架结构，其框架部分的地震剪力值，宜采用框架结构模型和框架-抗震墙结构模型二者计算结果的较大值。

4 对于少墙框架结构，框架部分的地震剪力取两种计算模型的较大值较为妥当。

《抗震》6.5.4 条的“规定”和“条文说明”

6.5.4 框架-抗震墙结构的其他抗震构造措施，应符合本规范第 6.3 节、6.4 节的有关要求。

注：设置少量抗震墙的框架结构，其抗震墙的抗震构造措施，可仍按本规范第 6.4 节对抗震墙的规定执行。

6.5.4 少墙框架结构中抗震墙的地位不同于框架-抗震墙，不需要按本节的规定设计其抗震墙。

《混规》规定

11.1.4 确定钢筋混凝土房屋结构构件的抗震等级时，尚应符合下列要求：

1 对框架-剪力墙结构，在规定的水平地震力作用下，框架底部所承担的倾覆力矩大于结构底部总倾覆力矩的 50%时，其框架的抗震等级应按框架结构确定。

对“少墙框架”《高规》根据“地震倾覆力矩比值”的大小再细分成二类。

a. 地震倾覆力矩比值 $50\% < M_c/M_0 \leqslant 80\%$（剪力墙偏少）

《高规》8.1.3 条的“规定”和“条文说明”

3 当框架部分承受的地震倾覆力矩大于结构总地震倾覆力矩的 50%但不大于 80%时，按框架-剪力墙结构进行设计，其最大适用高度可比框架结构适当增加，框架部分的抗震等级和轴压比限值宜按框架结构的规定采用；

3 当框架部分承受的倾覆力矩大于结构总倾覆力矩的 50%但不大于 80%时，意味着结构中剪力墙的数量偏少，框架承担较大的地震作用，此时框架部分的抗震等级和轴压比宜按框架结构的规定执行，剪力墙部分的抗震等级和轴压比按框架-剪力墙结构的规定采用；其最大适用高度不宜再按框架-剪力墙结构的要求执行，但可比框架结构的要求适当提高，提高的幅度可视剪力墙承担的地震倾覆力矩来确定。

在条文第 3、4 款规定的情况下，为避免剪力墙过早开裂或破坏，其位移相关控制指标按框架-剪力墙结构的规定采用。

b. 地震倾覆力矩比值 $M_c/M_0 > 80\%$（剪力墙极少）

《高规》8.1.3条的“规定”和“条文说明”

> 4　当框架部分承受的地震倾覆力矩大于结构总地震倾覆力矩的80%时，按框架-剪力墙结构进行设计，但其最大适用高度宜按框架结构采用，框架部分的抗震等级和轴压比限值应按框架结构的规定采用。当结构的层间位移角不满足框架-剪力墙结构的规定时，可按本规程第3.11节的有关规定进行结构抗震性能分析和论证。
>
> 4　当框架部分承受的倾覆力矩大于结构总倾覆力矩的80%时，意味着结构中剪力墙的数量极少，此时框架部分的抗震等级和轴压比应按框架结构的规定执行，剪力墙部分的抗震等级和轴压比按框架-剪力墙结构的规定采用；其最大适用高度宜按框架结构采用。对于这种少墙框剪结构，由于其抗震性能较差，不主张采用，以避免剪力墙受力过大、过早破坏。当不可避免时，宜采取将此种剪力墙减薄、开竖缝、开结构洞、配置少量单排钢筋等措施，减小剪力墙的作用。
>
> 在条文第3、4款规定的情况下，为避免剪力墙过早开裂或破坏，其位移相关控制指标按框架-剪力墙结构的规定采用。对第4款，如果最大层间位移角不能满足框架-剪力墙结构的限值要求，可按本规程第3.11节的有关规定，进行结构抗震性能分析论证。

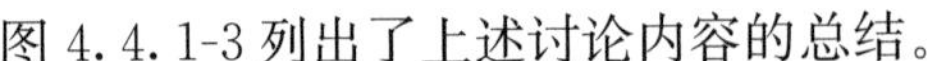

图4.4.1-3列出了上述讨论内容的总结。

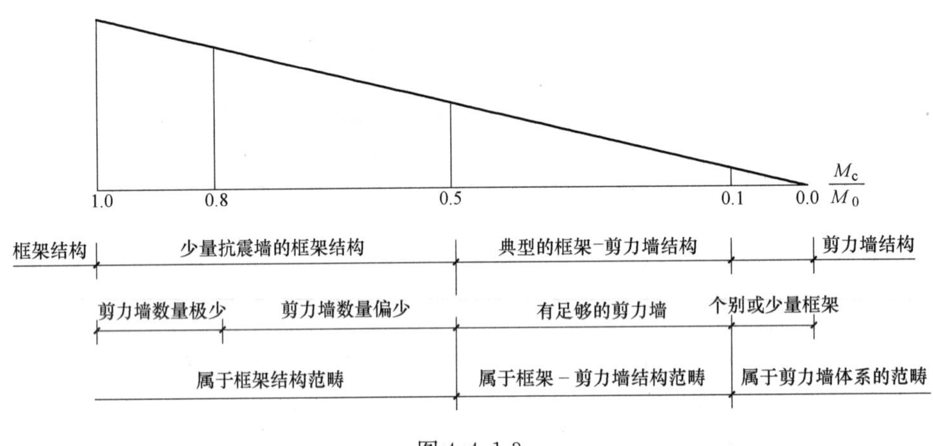

图4.4.1-3

(3)“地震倾覆力矩比值”对设计参数取值的影响

① 最大适用高度

《抗震》规定

现浇钢筋混凝土房屋适用的最大度（单位：m）　　**表6.1.1**

结构类型	烈度				
	6	7	8(0.2*g*)	8(0.3*g*)	9
框架	60	50	40	35	24
框架-抗震墙	130	120	100	80	50
抗震墙	140	120	100	80	60

表 4.4.1-1 列出了地震倾覆力矩比对最大适用高度的影响。

地震倾覆力矩比对最大适用高度的影响　　表 4.4.1-1

地震倾覆力矩比	最大适用高度
≤10%	按框架-剪力墙结构的要求执行
>10%,≤50%	按框架-剪力墙结构的要求执行
>50%,≤80%	可比框架结构适当增加,提高的幅度可视剪力墙承担的地震倾覆力矩来确定
>80%	宜按框架结构采用

表中第三项的依据是《高规》8.1.3 条的“条文说明”

3　当框架部分承受的倾覆力矩大于结构总倾覆力矩的 50%但不大于 80%时，其最大适用高度不宜再接框架-剪力墙结构的要求执行，但可比框架结构的要求适当提高，提高的幅度可视剪力墙承担的地震倾覆力矩来确定。

【例 4.4.1-5】在抗震设防烈度 7 度区，A 级高度的框架-剪力墙结构，结构底层框架部分承受的地震倾覆力矩与结构总地震倾覆力矩的比值为 λ，在下列 λ 值时，房屋适用的最大高度 H 何项是不恰当的？

(A) $\lambda=10\%$时，$H=120$m　　(B) $\lambda=30\%$时，$H=120$m

(C) $\lambda=70\%$时，$H=120$m　　(D) $\lambda=90\%$时，$H=50$m

【答案】(C) 根据《抗震》表 6.1.1 的规定解答。

② 层间位移角限值

根据《抗震》5.5.1 条和 5.5.5 条规定

结构类型	弹性层间位移角限值	弹塑性层间位移角限值
钢筋混凝土框架	1/550	1/50
钢筋混凝土框架-抗震墙	1/800	1/100
钢筋混凝土抗震墙	1/1000	1/120

表 4.4.1 2 列出了地震倾覆力矩比对层间位移角限值的影响。

地震倾覆力矩比对层间位移角限值的影响　　表 4.4.1-2

地震倾覆力矩比	层间位移角限值
≤10%	按剪力墙结构采用
>10%,≤50%	按框架-剪力墙结构采用
>50%,≤80%	《高规》8.1.3 条的“规定”和“条文说明” “为避免剪力墙过早开裂或破坏,其位移相关控制指标按框架-剪力墙结构的规定采用。” 《抗震》6.1.3 条的“条文说明”: “层间位移角限值需按底层框架部分承担倾覆力矩的大小,在框架结构和框架-抗震墙结构两者的层间位移角限值之间偏于安全内插”

续表

地震倾覆力矩比	层间位移角限值
>80%	《高规》8.1.3条的"规定"和"条文说明" "为避免剪力墙过早开裂或破坏,其位移相关控制指标按框架-剪力墙结构的规定采用。当结构的层间位移角不满足框架-剪力墙结构的规定时,可按本规程第3.11节的有关规定进行结构抗震性能分析和论证。" 《抗震》6.1.3条的"条文说明" "层间位移角限值需按底层框架部分承担倾覆力矩的大小,在框架结构和框架-抗震墙结构两者的层间位移角限值之间偏于安全内插"

③ 抗震等级

《混规》规定

混凝土结构的抗震等级　　表11.1.3

<table>
<tr><th colspan="2" rowspan="2">结构类型</th><th colspan="10">设防烈度</th></tr>
<tr><th colspan="2">6</th><th colspan="3">7</th><th colspan="3">8</th><th colspan="2">9</th></tr>
<tr><td rowspan="3">框架结构</td><td>高度(m)</td><td>≤24</td><td>>24</td><td colspan="2">≤24</td><td>>24</td><td>≤24</td><td colspan="2">>24</td><td colspan="2">≤24</td></tr>
<tr><td>普通框架</td><td>四</td><td>三</td><td colspan="2">三</td><td>二</td><td>二</td><td colspan="2">一</td><td colspan="2">一</td></tr>
<tr><td>大跨度框架</td><td colspan="2">三</td><td colspan="3">二</td><td colspan="3">一</td><td colspan="2">一</td></tr>
<tr><td rowspan="3">框架-剪力墙结构</td><td>高度(m)</td><td>≤60</td><td>>60</td><td>≤24</td><td>>24且≤60</td><td>>60</td><td>≤24</td><td>>24且≤60</td><td>>60</td><td>≤24</td><td>>24且≤50</td></tr>
<tr><td>框架</td><td>四</td><td>三</td><td>四</td><td>三</td><td>二</td><td>三</td><td>二</td><td>一</td><td>二</td><td>一</td></tr>
<tr><td>剪力墙</td><td colspan="2">三</td><td>三</td><td colspan="2">二</td><td>二</td><td colspan="2">一</td><td colspan="2">一</td></tr>
<tr><td rowspan="2">剪力墙结构</td><td>高度(m)</td><td>≤80</td><td>>80</td><td>≤24</td><td>>24且≤80</td><td>>80</td><td>≤24</td><td>>24且≤80</td><td>>80</td><td>≤24</td><td>24～60</td></tr>
<tr><td>剪力墙</td><td>四</td><td>三</td><td>四</td><td>三</td><td>二</td><td>三</td><td>二</td><td>一</td><td>二</td><td>一</td></tr>
</table>

表4.4.1-3列出了地震倾覆力矩比对抗震等级的影响。

地震倾覆力矩比对抗震等级的影响　　表4.4.1-3

<table>
<tr><th>地震倾覆力矩比</th><th>框架部分的抗震等级</th><th>剪力墙部分的抗震等级</th></tr>
<tr><td>≤10%</td><td>可参照框架-剪力墙结构的框架确定</td><td>仍按剪力墙结构确定</td></tr>
<tr><td>>10%,≤50%</td><td>按框架-剪力墙结构确定</td><td>按框架-剪力墙结构确定</td></tr>
<tr><td>>50%,≤80%</td><td>宜按框架结构确定</td><td rowspan="2">《高规》8.1.3条规定:"按框架-剪力墙结构的规定采用"
《抗震》6.1.3条规定:"可与其框架的抗震等级相同"</td></tr>
<tr><td>>80%</td><td>应按框架结构确定</td></tr>
</table>

【例 4.4.1-6】 框架-剪力墙结构的抗震等级

条件：某框架-剪力墙结构，如图 4.4.1-4 所示，质量和刚度沿竖向分布均匀，房屋高度丙类建筑，抗震设防烈度为 7 度，Ⅱ类建筑场地，设计地震分组为第一组，混凝土强度等级为 C40。结构总地震倾覆力矩为 $M_0=7.4\times10^5\text{kN}\cdot\text{m}$，剪力墙部分承受的地震倾覆力矩 $M_w=3.4\times10^5\text{kN}\cdot\text{m}$。

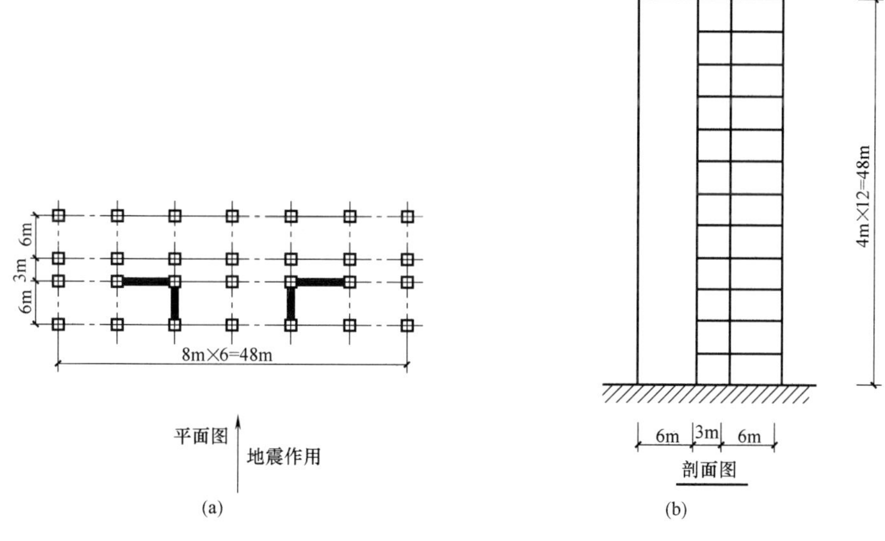

图 4.4.1-4

（a）平面图；（b）剖面图

要求：该建筑的框架和剪力墙的抗震等级。

【解答】 框架部分承受的地震倾覆力矩

$$\begin{aligned}M_c&=M_0-M_w\\&=(7.4\times10^5-3.4\times10^5)\text{kN}\cdot\text{m}\\&=4\times10^5\text{kN}\cdot\text{m}\end{aligned}$$

$$\begin{aligned}\frac{M_c}{M_0}&=\frac{4.0\times10^5}{7.4\times10^5}=0.54\\&=54\%<80\%\end{aligned}$$

根据《高规》第 8.1.3 条，框架部分的抗震等级按框架结构采用，剪力墙部分的抗震等级按框架-剪力墙结构的规定采用。

查《抗震》表 6.1.2，框架部分的抗震等级为二级，剪力墙部分的抗震等级为二级。

④ 轴压比

《抗震》规定

柱轴压比限值 **表 6.3.6**

结构类型	抗震等级			
	一	二	三	四
框架结构	0.65	0.75	0.85	0.90
框架-抗震墙	0.75	0.85	0.90	0.95

表4.4.1-4列出了地震倾覆力矩比对轴压比限值的影响。

地震倾覆力矩比对轴压比限值的影响　　表4.4.1-4

地震倾覆力矩比	轴压比限值
≤10%	应按框架-剪力墙结构的规定进行设计
>10%,≤50%	按框架-剪力墙结构的规定进行设计
>50%,≤80%	宜按框架结构的规定采用
>80%	应按框架结构的规定采用

【例4.4.1-7】 框架-剪力墙结构的抗震等级

条件：某框架-剪力墙结构，质量和刚度沿竖向分布均匀，房屋高度为48m。丙类建筑，抗震设防烈度为7度，设计地震分组为第一组，基本地震加速度0.15g混凝土强度等级为C40。结构总地震倾覆力矩为$M_0=3.8\times10^5$kN·m，剪力墙部分承受的地震倾覆力矩$M_w=1.8\times10^5$kN·m。该结构中部未加剪力墙的某一榀框架，如图4.4.1-5，假设建筑物所示所在场地为Ⅲ类场地，底层边柱AB柱底截面考虑地震作用组合的轴力设计值$N_A=5600$kN；该柱$\lambda>2$，配$\phi10$井字复合箍。

要求：为满足规范、规程对柱的延性要求，柱AB柱底截面的最小尺寸。

【解答】 框架承受的地震倾覆力矩

$$M_F=(3.8\times10^5-1.8\times10^5)\text{kN}\cdot\text{m}=2.0\times10^5\text{kN}\cdot\text{m}$$

$$\frac{M_F}{M_0}=\frac{2\times10^5}{3.8\times10^5}=52.6\%>50\%$$

根据《高规》3.9.2条，3.9.3条

按框架结构采取抗震构造措施。按8度采取构造措施。框架抗震等级为一级。

根据《抗震》表6.3.6，轴压比限值为0.65，则

$$A\geqslant\frac{5600\times10^3}{19.1\times0.65}\text{mm}^2=4.51\times10^5\text{mm}^2$$

取700mm×700mm（$A=4.9\times10^5\text{mm}^2$）。

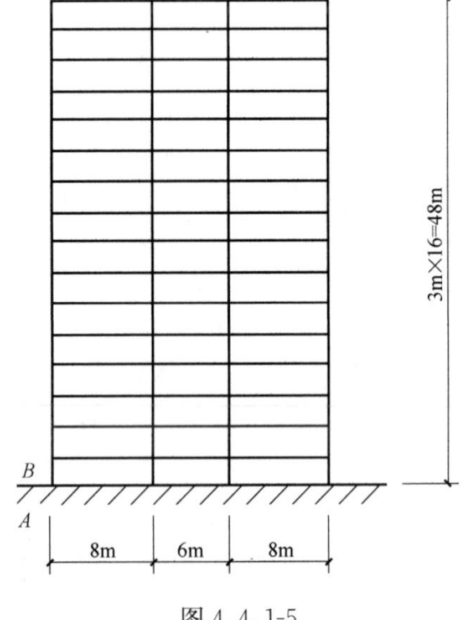

图4.4.1-5

3. 受力特点

（1）框架-剪力墙结构的受力与变形

框架-剪力墙结构由框架及剪力墙两类抗侧力单元组成。这两类抗侧力单元在水平荷载作用下的受力和变形特点各异。剪力墙以弯曲型变形为主，随楼层的增加，总侧移和层间侧移增长加快，如图4.4.1-6（a）所示；框架以剪切型变形为主，随着楼层增加，总侧移与层间侧移增加减慢，如图4.4.1-6（b）所示。在同一结构中，通过楼板把两者联系在一起，楼板在其本身平面内刚度很大、它迫使框架和剪力墙在各层楼板标高处共同变形，如图4.4.1-6（c）所示；图4.4.1-6（d）中a、b线分别表示剪力墙和框架各自的变形曲线，c线表示经过楼板协同后所具有的共同变形曲线。

由图4.4.1-6（d）可见，框架-剪力墙结构的层间变形在下部小于纯框架，在上部小于纯剪力墙。也就是说，各层的层间变形也将趋于均匀化。

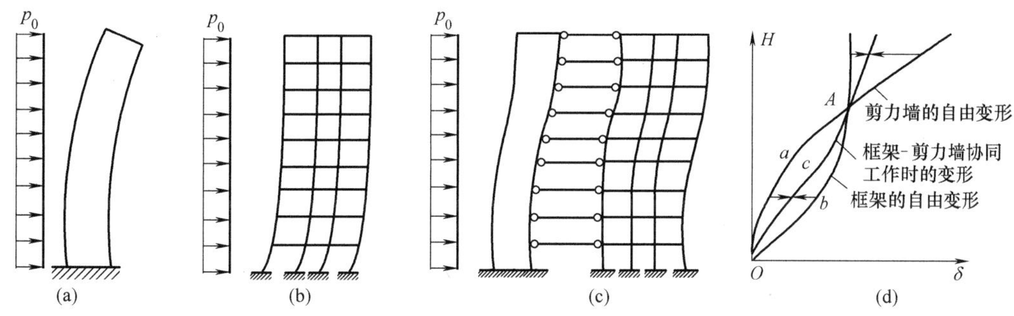

图 4.4.1-6　框架与剪力墙协同工作示意图

（a）剪力墙独立受力变形；（b）框架独立受力变形；

（c）框架与剪力墙协同工作；（d）框架、剪力墙变形曲线图

在协同工作时，首先要注意到剪力墙单元的刚度比框架大很多，往往由剪力墙担负大部分外荷载。其次要注意到二者分担荷载的比例上、下是变化的。由它们的变形特点可以知道，剪力墙下部变形将增大，框架下部变形却减小了，这使得下部剪力墙担负更多剪力，而框架下部担负的剪力较小。在上部，情形正好相反，剪力墙变形减小，因而卸载，框架上部变形加大，担负的剪力将增大。因此，框架上部和下部所受的剪力趋于均匀化。

（2）剪力分配

图 4.4.1-7 给出了均布荷载 p 作用下总框架与总剪力墙之间的剪力分配关系。图 4.4.1-7（a）为各层所承担的外荷载产生的总剪力为 V，因外荷载是均布的、故剪力图呈三角形分布，顶部剪力为零。图 4.4.1-7（b）为各层剪力墙分担的剪力 V_w，图 4.4.1-7（c）为各层框架剪力墙分担的剪力 V_f，每层的剪力和 $V_w+V_f=V$ 亦在图 4.4.1-7（a）中列出。从图可以看到，框架和剪力墙之间剪力分配在各层是不相同的，剪力墙下部承受大部分剪力，而框架底部剪力很小。在上部剪力墙出现负剪力，而框架却担负了较大的正剪力。在顶部，框架和剪力墙的剪力都不是零，它们的和等于零（在倒三角分布及均布荷载作用时，外荷载产生的总剪力为零）。

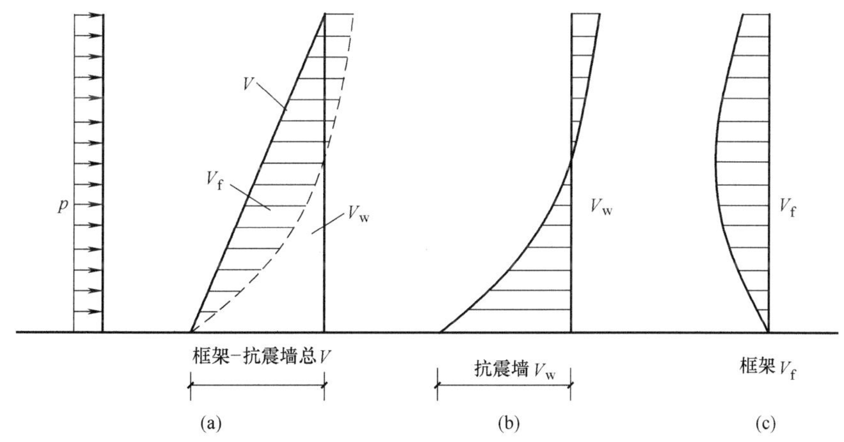

图 4.4.1-7　框架-剪力墙结构剪力分配

（a）V 图；（b）V_w 图；（c）V_f 图

(3) 荷载分配

图 4.4.1-8 给出了框架-剪力墙结构中框架与剪力墙二者之间水平荷载分配情况（剪力 V_w 和 V_p 微分后可得到荷载 p_w 和 P_f），可以清楚地看到框剪结构协同工作的特点。

房屋上面几层，框架阻挡剪力墙变形，外荷载由两者分担；下面几层，框架拉着剪力墙变形，加重剪力墙的负担、使剪力墙负担荷载大于总水平荷载，而框架所负担的荷载的作用方向与总水平荷载的作用方向相反；在顶部，为了平衡剪力，还有一对集中力作用在两者之间，由变形协调产生的相互作用的顶部集中力是剪力墙及框架顶部剪力不为零的原因。

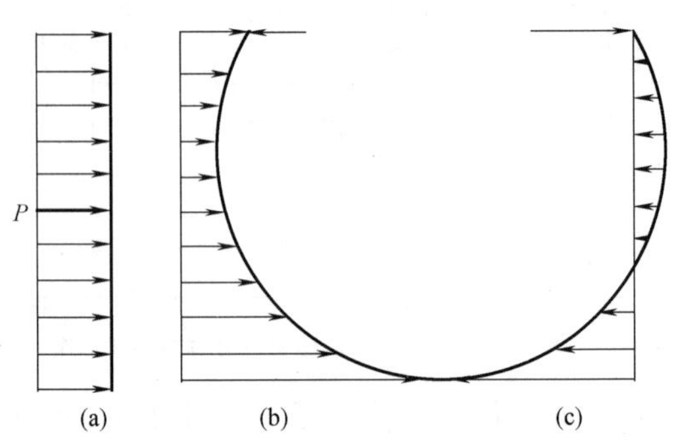

图 4.4.1-8　框架-剪力墙结构荷载分配

(a) P 图；(b) P_w 图；(c) P_f 图

正是由于协同工作造成了这样的荷载和剪力分配特征，使从底到顶各层框架层剪力趋于均匀。这对于框架柱的设计是十分有利的。框架的剪力最大值在结构中部某层，最大剪力层向下移动。通常由最大剪力值控制柱断面的配筋。因此，框架-剪力墙结构中的框架柱和梁的断面尺寸和配筋可能做到上下比较均匀。

此外，还应注意，正是由于协同工作，框架与剪力墙之间的剪力传递变得更为重要。剪力传递是通过楼板实现的，因此，框架-剪力墙结构中的楼板应能传递剪力。楼板整体性要求较高，特别是屋顶层要传递相互作用的集中剪力，设计时要注意保证楼板的整体性。

【例 4.4.1-8】在水平荷载作用下，当不考虑扭转的情况时，对于框架-剪力墙结构的受力或位移特点，下列的何项描述是正确的？

(A) 剪力墙是竖向悬臂弯曲结构，而框架的工作特点类似于竖向悬臂剪切梁，所以框架-剪力墙结构的位移曲线呈反 S 形；

(B) 框架-剪力墙结构中，框架承受的剪力都是下大上小、顶部为零；

(C) 框架的刚度小、位移大，剪力墙的刚度大、位移小，由于变形协调，剪力墙拉着框架，限制了框架的位移；

(D) 根据协同工作原理，水平力由框架和剪力墙共同承受，沿竖向剪力墙和框架之间水平力的分配比例 V_w/V_f 是一个定值。

【答案】 (A)

4. 内力的调整

(1) 框架部分内力的总调整

《高规》规定

8.1.4　抗震设计时，框架-剪力墙结构对应于地震作用标准值的各层框架总剪力应符合下列规定：

1　满足式 (8.1.4) 要求的楼层，其框架总剪力不必调整；

不满足式 (8.1.4) 要求的楼层，其框架总剪力应按 $0.2V_0$ 和 $1.5V_{f,max}$ 二者的较小值采用；

$$V_f \geqslant 0.2V_0 \quad (8.1.4)$$

式中：V_0——对框架柱数量从下至上基本不变的结构，应取对应于地震作用标准值的结构底层总剪力；对框架柱数量从下至上分段有规律变化的结构，应取每段底层结构对应于地震作用标准值的总剪力；

V_f——对应于地震作用标准值且未经调整的各层（或某一段内各层）框架承担的地震总剪力；

$V_{f,max}$——对框架柱数量从下至上基本不变的结构，应取对应于地震作用标准值且未经调整的各层框架承担的地震总剪力中的最大值；对框架柱数量从下至上分段有规律变化的结构，应取每段中对应于地震作用标准值且未经调整的各层框架承担的地震总剪力中的最大值。

2　各层框架所承担的地震总剪力按本条第1款调整后，应按调整前、后总剪力的比值调整每根框架柱和与之相连框架梁的剪力及端部弯矩标准值，框架柱的轴力标准值可不予调整；

3　按振型分解反应谱法计算地震作用时，本条第1款所规定的调整可在振型组合之后、并满足本规程第4.3.12条关于楼层最小地震剪力系数的前提下进行。

《抗震》规定

6.2.13　钢筋混凝土结构抗震计算时，尚应符合下列要求：

1　侧向刚度沿竖向分布基本均匀的框架-抗震墙结构和框架-核心筒结构，任一层框架部分承担的剪力值，不应小于结构底部总地震剪力的20%和按框架-抗震墙结构、框架-核心筒结构计算的框架部分各楼层地震剪力中最大值1.5倍二者的较小值。

本项规定的机理、两本规范的“条文说明”有讲述，现摘录于下：

《高规》的“条文说明”

8.1.4　框架-剪力墙结构在水平地震作用下，框架部分计算所得的剪力一般都较小。按多道防线的概念设计要求，墙体是第一道防线，在设防地震、罕遇地震下先于框架破坏，由于塑性内力重分布，框架部分按侧向刚度分配的剪力会比多遇地震下加大，为保证作为第二道防线的框架具有一定的抗侧力能力，需要对框架承担的剪力予以适当的调整。随着建筑形式的多样化，框架柱数量沿竖向有时会有较大的变化，框架柱的数量沿竖向有规律分段变化时可分段调整的规定，对框架柱数量沿竖向变化更复杂的情况，设计时应专门研究框架柱剪力的调整方法。

对有加强层的结构，框架承担的最大剪力不包含加强层及相邻上下层的剪力。

《抗震》的“条文说明”

6.2.13　本条规定了在结构整体分析中的内力调整：

1　按照框墙结构（不包括少墙框架体系和少框架的抗震墙体系）中框架和墙体协同工作的分析结果，在一定高度以上，框架按侧向刚度分配的剪力与墙体的剪力反号，二者相减等于楼层的地震剪力，此时，框架承担的剪力与底部总地震剪力的比值基本保持某个比例；按多道防线的概念设计要求，墙体是第一道防线，在设防地震、罕遇地震下先于框架破坏，由于塑性内力重分布，框架部分按侧向刚度分配的剪力会比多遇地震下加大。

此项规定适用于竖向结构布置基本均匀的情况；对塔类结构出现分段规则的情况，可分段调整；对有加强层的结构，不含加强层及相邻上下层的调整。此项规定不适用于部分框架柱不到顶，使上部框架柱数量较少的楼层。

【例 4.4.1-9】 各楼层框架部分总剪力的计算

条件：有一幢高 15 层框架-剪力墙结构属框架柱数量从下至上基本不变的规则建筑，抗震设防烈度为 7 度，Ⅱ类场地。经计算得结构底部总水平地震作用标准值 $F_{Ek}=6500kN$，已求得某楼层框架分配的最大剪力 $V_{f,max}=800kN$。

要求：确定各楼层框架总剪力标准值。

【解答】 应用《高规》式（8.1.4），

$0.2V_0=0.2F_{Ek}=0.2\times6500=1300kN$

$V_{f,max}=800kN<0.2V_0=1300kN$

不满足《高规》式（8.1.4）的要求。

$$1.5V_{f,max}=1.5\times800=1200kN<0.2V_0=1300kN$$

根据《高规》8.1.4 条的规定

取各楼层框架总剪力为 $0.2V_0$ 和 $1.5V_{f,max}$ 中较小值，即取 $V_f=1200kN$。

【例 4.4.1-10】 确定某楼层一根柱的剪力

条件：某 14 层框架-剪力墙结构属框架柱数量从下至上基本不变的规则建筑，已知在水平地作用下结构的总基底剪力 $V_0=12000kN$，框架的总剪力最大值在第 5 层，$V_{f,max}=1800kN$，经计算得某层一根柱在水平地震作用下的内力标准值为

$$上端弯矩\ M_{上}=\pm120kN\cdot m$$

$$下端弯矩\ M_{下}=\pm280kN\cdot m$$

$$剪力\ V=\pm70kN$$

$$轴力\ N_{max}=-400kN$$

$$N_{min}=-300kN$$

要求：确定该柱应采用的内力值。

【解答】（1）因 $0.2V_0=0.2\times12000=2400kN>V_{f,max}=1800kN$

根据《高规》8.1.4 条第 1 款，该柱内力需要调整。

（2）因 $1.5V_{f,max}=1.5\times1800=2700kN>2400kN=0.2V_0$

根据《高规》8.1.4 条的规定，应取较小值作为框架的总剪力，即取 $V=2400kN$。

（3）内力的调整系数 $\eta=\dfrac{2400}{1800}=1.3$。

（4）根据《高规》8.1.4 条第 2 款得该柱调整后的内力值

$$M_{上}=\pm120\times1.3=\pm156kN\cdot m$$

$$M_{下}=\pm280\times1.3=\pm364kN\cdot m$$

$$V=\pm 70\times 1.3=\pm 91\text{kN}$$

轴力不必调整。

【例 4.4.1-11】 有抗震设防的框架-剪力墙结构计算所得框架各层剪力 V_f 应按下列何项方法调整：

1. $V_f\geqslant 0.2V_0$ 的楼层不必调整，V_f 可按计算值采用。

2. $V_f<0.2V_0$ 的楼层，设计时 V_f 取 $1.5V_{f,max}$ 和 $0.2V_0$ 的较小值，V_0 为底部总剪力。

做上述调整的是属于下列哪类框架-剪力墙结构？

(A) 规则的框架-剪力墙结构

(B) 平面、立面不论规则与否的框架-剪力墙结构

(C) 平面规则立面变化较大的框架-剪力墙结构

(D) 平面很不规则立面也不规则的框架-剪力墙结构

【答案】 (A)

【解答】 根据《高规》8.1.4 条第 1 款的规定。

【例 4.4.1-12】 有抗震设防的框架-剪力墙结构计算所得框架各层剪力 V_f 应按下列何项方法调整？

(A) $V_f<0.2V_0$ 的楼层，设计时 V_f 取 $1.5V_{f,max}$ 和 $0.2V_0$ 的较小值

(B) $V_f<0.2V_0$ 的楼层，设计时 V_f 取 $1.5V_{f,max}$ 和 $0.2V_0$ 的较大值

(C) $V_f<0.2V_0$ 的楼层，设计时 V_f 取 $V_{f,max}$ 和 $0.2V_0$ 的较小值

(D) $V_f<0.2V_0$ 的楼层，设计时 V_f 取 $V_{f,max}$ 和 $0.2V_0$ 的较大值

【答案】 (A)

【解答】 根据《高规》8.1.4 条。

(2) 框架部分截面内力的调整

框架-抗震墙结构中的框架与框架结构一样要设计成“延性”结构，亦要进行内力调整。由于框架-抗震墙结构中的框架是作为第二道防线，其要求应该比框架结构降低一些，故“增大系数 η”要低于框架结构。

① 强柱弱梁。

《混规》规定

11.4.1 除框架顶层柱、轴压比小于 0.15 的柱以及框支梁与框支柱的节点外，框架柱节点上、下端和框支柱的中间层节点上、下端的截面弯矩设计值应符合下列要求：

1 9 度设防烈度的一级抗震等级框架

$$\sum M_c=1.2\sum M_{bua} \tag{11.4.1-1}$$

3 其他情况

一级抗震等级

$$\sum M_c=1.4\sum M_b \tag{11.4.1-5}$$

二级抗震等级

$$\sum M_c=1.2\sum M_b \tag{11.4.1-6}$$

三、四级抗震等级

$$\sum M_c=1.1\sum M_b \tag{11.4.1-7}$$

【例 4.4.1-13】梁柱节点核心区的组合剪力设计值

条件：某框架-剪力墙结构，框架抗震等级为二级，已知在重力荷载和地震作用组合下，内力调整前节点 E 的弯矩设计值（kN·m）如图 4.4.1-9 所示。

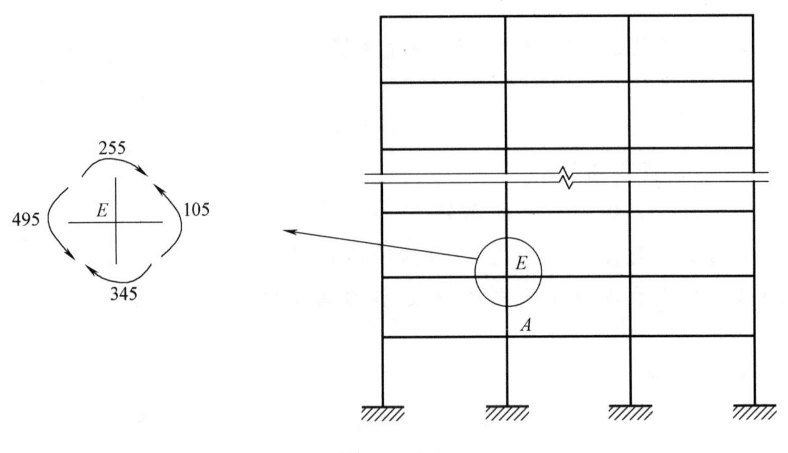

图 4.4.1-9

要求：抗震设计时节点 E 下柱顶端的弯矩设计值（kN·m）。

【解答】由《混规》第 11.4.1 条，框架-剪力墙结构属其他情况、故抗震等级二级，$\eta_c=1.2$。

$$\begin{aligned}\sum M_c&=\eta_c\sum M_b\\&=1.2\times(495+105)\text{kN}\cdot\text{m}\\&=720\text{kN}\cdot\text{m}\end{aligned}$$

$$\begin{aligned}M_{EA}&=\frac{345}{345+255}\times720\text{kN}\cdot\text{m}\\&=414\text{kN}\cdot\text{m}\end{aligned}$$

② 强剪弱弯。

《混规》规定

> **11.4.3** 框架柱、框支柱的剪力设计值 V_c 应按下列公式计算：
>
> 1 9 度设防烈度的一级抗震等级框架
>
> $$V_c=1.2\frac{(M_{cua}^t+M_{cua}^b)}{H_n} \quad (11.4.3\text{-}1)$$
>
> 3 其他情况
>
> 一级抗震等级
>
> $$V_c=1.4\frac{(M_c^t+M_c^b)}{H_n} \quad (11.4.3\text{-}5)$$
>
> 二级抗震等级
>
> $$V_c=1.2\frac{(M_c^t+M_c^b)}{H_n} \quad (11.4.3\text{-}6)$$
>
> 三、四级抗震等级

$$V_c = 1.1\frac{(M_c^t + M_c^b)}{H_n} \qquad (11.4.3\text{-}7)$$

【例 4.4.1-14】 框架柱端部截面的剪力设计值

条件：某框架-剪力墙结构，9 度设防框架抗震等级为一级，已知中柱 EA 净高 4.4m，如图 4.4.1-10 所示。柱截面的组合弯矩设计值为：柱上端弯矩 $M_c^t = 490\text{kN}\cdot\text{m}$（↶），下端 $M_c^b = 380\text{kN}\cdot\text{m}$（↷），对称配筋。柱上、下端实配钢筋的正截面受弯承载力所对应的弯矩值 $M_{cua}^t = M_{cua}^b = 725\text{kN}\cdot\text{m}$。

要求：抗震设计时柱 EA 端部截面的剪力设计值（kN）。

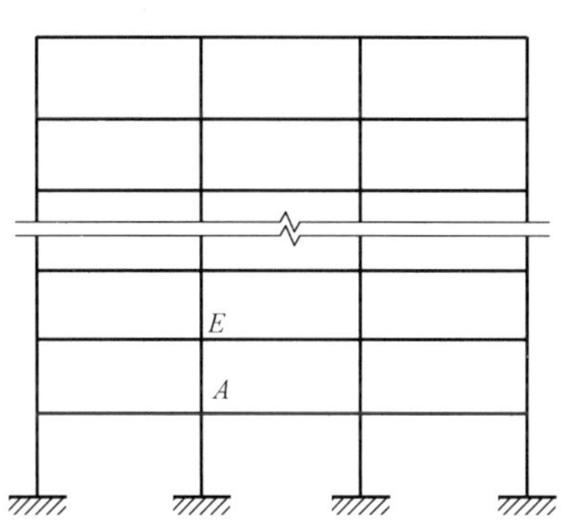

图 4.4.1-10

【解答】 由《混规》第 11.4.3 条，框架-剪力墙结构属其他情况、故一级抗震等级

$$V_c = 1.4\frac{(M_c^t + M_c^b)}{H_n} = 1.4\times\frac{490+380}{4.4}\text{kN} = 276.8\text{kN}$$

$$V_c = 1.2\frac{(M_{cua}^t + M_{cua}^b)}{H_n} = 1.2\times\frac{2\times725}{4.4}\text{kN} = 395.45\text{kN}$$

取较大值，$V_c = 395.45\text{kN}$。

③ 强节点、弱杆件。

《混规》规定

11.6.2 一、二、三级抗震等级的框架梁柱节点核心区的剪力设计值 V_j，应按下列规定计算：

1 顶层中间节点和端节点

1）9 度设防烈度的一级抗震等级框架：

$$V_j = \frac{1.15\sum M_{bua}}{h_{b0} - a_s'} \qquad (11.6.2\text{-}1)$$

2）其他情况：

$$V_j = \frac{\eta_{jb}\sum M_b}{h_{b0} - a_s'} \qquad (11.6.2\text{-}2)$$

2 其他层中间节点和端节点

1）9 度设防烈度的一级抗震等级框架：

$$V_j = \frac{1.15\sum M_{bua}}{h_{b0} - a_s'}\left(1 - \frac{h_{b0} - a_s'}{H_c - h_b}\right) \qquad (11.6.2\text{-}3)$$

2）其他情况：

$$V_j = \frac{\eta_{jb}\sum M_b}{h_{b0} - a_s'}\left(1 - \frac{h_{b0} - a_s'}{H_c - h_b}\right) \qquad (11.6.2\text{-}4)$$

η_{jb}——节点剪力增大系数，对于其他结构中的框架，一级取 1.35，二级取 1.20，三级取 1.10；

【例 4.4.1-15】 梁柱节点核心区的组合剪力设计值

条件：某框架-剪力墙结构，框架抗震等级为二级，某中柱的梁柱节点如图 4.4.1-11 所示，梁受压和受拉钢筋合力点至梁边缘的距离为 $a_s = a'_s = 60\text{mm}$，节点左侧梁端弯矩设计值 $M_b^l = 480\text{kN}\cdot\text{m}$，节点右侧梁端弯矩设计值 $M_b^r = 265\text{kN}\cdot\text{m}$，节点上下层柱反弯点之间的距离 $H_c = 4150\text{mm}$。

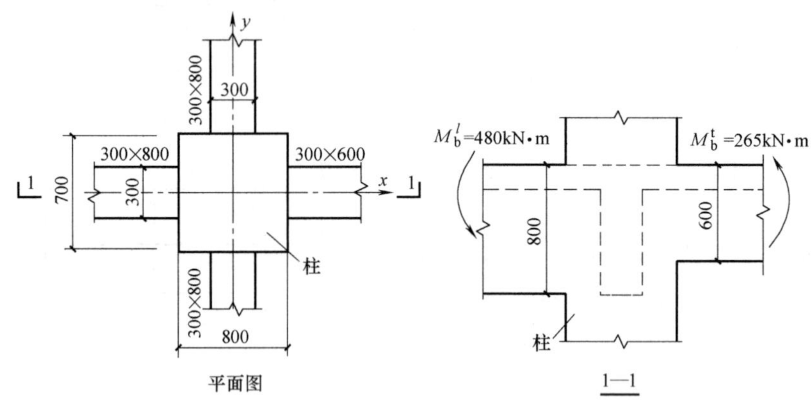

图 4.4.1-11

要求：柱节点核心区截面沿 x 方向的组合剪力设计值（kN）。

【解答】 $h_b = \dfrac{800+600}{2}\text{mm} = 700\text{mm}$，$h_{b0} = (700-60)\text{mm} = 640\text{mm}$

柱计算高度取节点上下柱反弯点之间的距离，$H_c = 4150\text{mm}$。

抗震等级为二级，$\eta_{jb} = 1.2$。

根据《混规》式（11.6.2-4），框架-剪力墙结构属其他情况、故二级抗震等级 $\eta_{jb} = 1.2$，故核心区组合剪力设计值

$$V_j = \frac{\eta_{jb}\sum M_b}{h_{b0}-a'_s}\left(1-\frac{h_{b0}-a'_s}{H_c-h_b}\right) = \frac{1.2\times(480+265)}{0.64-0.06}\times\left(1-\frac{0.64-0.06}{4.15-0.7}\right)\text{kN} = 1282.2\text{kN}。$$

④ 不做“强柱根”要求。

《抗震》条文说明指出

> **6.2.3** 框架结构计算嵌固端所在层即底层的柱下端过早出现塑性屈服，将影响整个结构的抗地震倒塌能力。嵌固端截面乘以弯矩增大系数是为了避免框架结构柱下端过早屈服。对其他结构中的框架，其主要抗侧力构件为抗震墙，对其框架部分的嵌固端截面，可不作要求。
>
> 当仅用插筋满足柱嵌固端截面弯矩增大的要求时，可能造成塑性铰向底层柱的上部转移，对抗震不利。规范提出按柱上下端不利情况配置纵向钢筋的要求。

【例 4.4.1-16】 柱底部截面的弯矩设计值

条件：某现浇钢筋混凝土框架剪力墙结构，丙类建筑，抗震设防烈度为 7 度，该结构中部未加剪力墙的某一榀框架，如图 4.4.1-12 所示，底层边柱 AB 柱底截面考虑地震作用组合的弯矩值 $M_A = 360\text{kN}\cdot\text{m}$（未经调整）。

要求：柱 AB 底部截面进行配筋设计的弯矩设计值。

【解答】 根据《抗震》第 6.2.3 条条文说明，框剪结构当主要抗侧力构件为剪力墙，

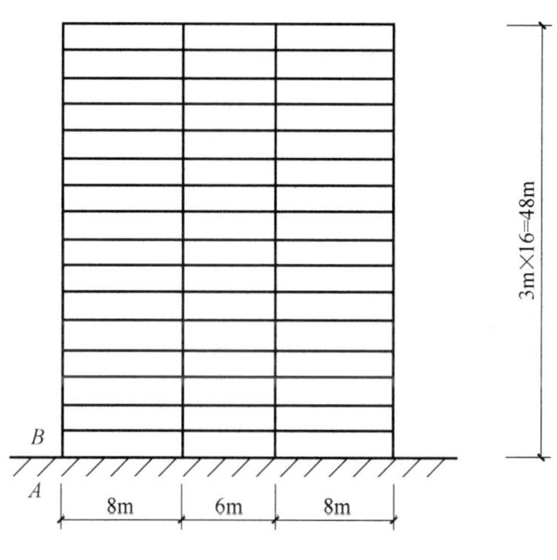

图 4.4.1-12

柱下端截面组合的弯矩设计值中不考虑增大系数。

柱 AB 底部截面进行配筋设计的弯矩设计值 $M_{\mathrm{A}}=360\mathrm{kN\cdot m}$。

5. 带边框剪力墙

《抗震》的“条文说明”

> **6.5.1** 框架-抗震墙结构中的抗震墙，是作为该结构体系第一道防线的主要的抗侧力构件，需要比一般的抗震墙有所加强。
>
> 其抗震墙通常有两种布置方式：一种是抗震墙与框架分开，抗震墙围成筒，墙的两端没有柱；另一种是抗震墙嵌入框架内，有端柱、有边框梁，成为带边框抗震墙。第一种情况的抗震墙，与抗震墙结构中的抗震墙、筒体结构中的核心筒或内筒墙体区别不大。

（1）边框梁

《高规》规定

> **8.2.2** 带边框剪力墙的构造应符合下列规定：
>
> 3 与剪力墙重合的框架梁可保留，亦可做成宽度与墙厚相同的暗梁，暗梁截面高度可取墙厚的 2 倍或与该榀框架梁截面等高，暗梁的配筋可按构造配置且应符合一般框架梁相应抗震等级的最小配筋要求；

《抗震》规定

> **6.5.1** 框架-抗震墙结构的抗震墙厚度和边框设置，应符合下列要求：
>
> 2 有端柱时，墙体在楼盖处宜设置暗梁，暗梁的截面高度不宜小于墙厚和 400mm 的较大值；

【例 4.4.1-17】 剪力墙暗梁的纵向钢筋

条件：某框架-剪力墙结构，抗震等级为一级，第四层剪力墙墙厚 300mm，该楼面处墙内设置暗梁（与剪力墙重合的框架梁），剪力墙（包括暗梁）采用 C40 级混凝土（$f_{\mathrm{t}}=$

1.71N/mm²)，主筋采用 HRB400 (f_y=360N/mm²)。

要求：最接近且又满足最低构造要求的暗梁截面上、下纵向钢筋。

【解答】根据《高规》8.2.2 条 3 款，暗梁截面高度可取墙厚的 2 倍。即 2×300=600mm，配筋按一般框架梁考虑。

依据《高规》表 6.3.2-1，一级抗震。

支座位置的纵向受拉钢筋最小配筋率为 0.40%和 0.80f_t/f_y的较大者。

$$0.8\frac{f_t}{f_y}=0.8\times\frac{1.71}{360}=0.38\%<0.40\%$$

所以，最小配筋量：$A_{s支座}$=0.40%×300×(2×300)mm²=720mm²；2 Φ 22；A_s=760mm²

跨中位置的纵向受拉钢筋配筋率为 0.30%和 0.65f_t/f_y的较大者。

$$0.65\frac{f_t}{f_y}=0.65\times\frac{1.71}{360}=0.31\%>0.3\%$$

所以，最小配筋量：$A_{s跨中}$=0.31%×300×(2×300)mm²=558mm²；2 Φ 20；A_s=628mm²。

(2) 边框柱

《高规》规定

> **8.2.2** 带边框剪力墙的构造应符合下列规定：
>
> 5 边框柱截面宜与该榀框架其他柱的截面相同，边框柱应符合本规程第 6 章有关框架柱构造配筋规定；剪力墙底部加强部位边框柱的箍筋宜沿全高加密；当带边框剪力墙上的洞口紧邻边框柱时，边框柱的箍筋宜沿全高加密。

《抗震》规定

> **6.5.1** 框架-抗震墙结构的抗震墙厚度和边框设置，应符合下列要求：
>
> 端柱截面宜与同层框架柱相同，并应满足本规范第 6.3 节对框架柱的要求；抗震墙底部加强部位的端柱和紧靠抗震墙洞口的端柱宜按柱箍筋加密区的要求沿全高加密箍筋。

《高规》还有规定

> **6.4.4** 柱的纵向钢筋配置，尚应满足下列规定：
>
> 5 剪力墙端柱考虑地震作用组合产生小偏心受拉时，柱内纵筋总截面面积应比计算值增加 25%。
>
> **7.2.16** 剪力墙构造边缘构件的范围宜按图 7.2.16 中阴影部分采用，其最小配筋应满足表 7.2.16 的规定，并应符合下列规定：
>
> 2 当端柱承受集中荷载时，其竖向钢筋、箍筋直径和间距应满足框架柱的相应要求；

【例 4.4.1-18】边框柱纵向钢筋的配置

条件：某框架-剪力墙结构，框架、剪力墙的抗震等级为二级，在非底部加强区的第

4层，有一剪力墙边框柱截面如图4.4.1-13所示，端柱为构造边缘构件，其截面尺寸为600mm×600mm；纵筋采用HRB400（Φ）级钢筋。

要求：边框柱纵向钢筋最低构造要求的配置。

【解答】（1）满足框架柱的配筋构造要求

根据《高规》第8.2.2条要求：边框柱应符合有关框架柱构造配筋的要求

根据《高规》第6.4.3条表6.4.3-1，

柱配筋：$A_s=0.0075\times600\times600mm^2=2700mm^2$。

（2）满足剪力墙端柱的配筋构造要求

根据《抗震》6.5.1条的条文说明，剪力墙嵌入框架内相当于有端柱，所以应满足端柱的配筋构造要求

根据《高规》第7.2.16条表7.2.16，

柱配筋：$A_s=0.006\times600\times600mm^2=2160mm^2>6$ Φ 12（$A_s=678mm^2$）。

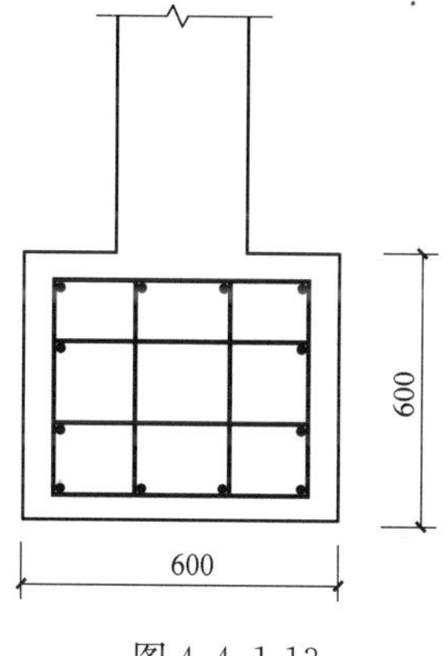

图4.4.1-13

（3）较大值，$A_s=2700mm^2$，$A_{s1}=2700/12=225mm^2$，实际取1 Φ 18，$A_{s1}=254.5mm^2$。

实际配筋12 Φ 18，$A_s=12\times254.5mm^2=3054mm^2$。

【例4.4.1-19】剪力墙端柱纵筋

条件：某框架-剪力墙结构，房屋高度50.1m，位于第5层平面中部的某剪力墙端柱截面为500mm×500mm，仅需设置构造边缘构件。假定其抗震等级为二级。端柱纵向钢筋采用HRB400级钢（Φ）；考虑地震作用组合时，由考虑地震作用组合小偏心受拉内力设计值计算出的该端柱纵筋总截面面积计算值为最大（$1800mm^2$）。

要求：该柱纵筋的实际配筋

【解答】由《高规》第7.2.16条表7.2.16和表6.4.3-1，抗震等级为二级时端柱纵筋最小配筋率为0.0075。

由《高规》第6.4.4条第5款，该端柱内纵筋总截面面积应比计算值增加25%，即取$1800\times1.25mm^2=2250mm^2>500\times500\times0.0075mm^2=1875mm^2$，取$2250mm^2$。

4 Φ 20+4 Φ 18（$2275mm^2$）满足要示。

【例4.4.1-20】边框柱箍筋的构造要求

条件：某现浇钢筋混凝土框架-剪力墙结构，抗震设防烈度为7度，剪力墙的抗震等级为二级，中部一榀带剪力墙的框架，其平剖面如图4.4.1-14所示。边框柱纵筋和箍筋分别采用HRB400级和HPB300级，混凝土C40，底层柱轴压比$\mu_N=0.5$，底层剪力墙端柱为约束边缘构件。

要求：边框柱在底层底部截面处的体积配箍率。

【解答】（1）满足框架柱的配筋构造要求：

根据《高规》第8.2.2条5款，边框柱应符合框架柱的构造配筋要求。

抗震等级为二级，轴压比$\mu_N=0.5$，根据《高规》第6.4.7条表6.4.7，查得配箍特征值$\lambda_v=0.11$。

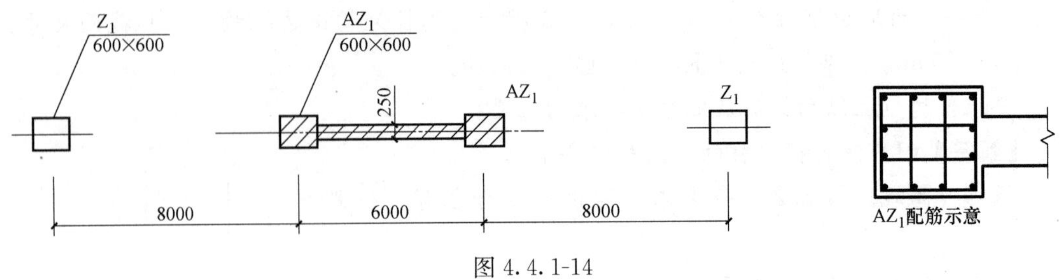

图 4.4.1-14

（2）满足剪力墙端柱的配筋构造要求：

根据《抗震》6.5.1 条的条文说明，剪力墙嵌入框架内框架柱相当于端柱，所以应符合端柱的配筋要求。

抗震等级为二级，轴压比 $\mu_N=0.5$，根据《高规》第 7.2.15 条表 7.2.15，查得配箍特征值 $\lambda_v=0.20$。

（3）取二者的较大值，配箍特征值 $\lambda_v=0.20$，根据《高规》6.4.7 条，式（6.4.7）体积配箍率 $\rho_v \geqslant \lambda_v f_c/f_{yv}=0.2\times19.1/270=0.0141=1.41\%>0.6\%$

取体积配箍率 $\rho_v=1.41\%$。

（3）墙的构造

① 截面形状

《高规》规定

> **8.2.2** 带边框剪力墙的构造应符合下列规定：
>
> 4 剪力墙截面宜按工字形设计，其端部的纵向受力钢筋应配置在边框柱截面内；

② 截面厚度

《高规》规定

> **8.2.2** 带边框剪力墙的构造应符合下列规定：
>
> 1 带边框剪力墙的截面厚度应符合本规程附录 D 的墙体稳定计算要求，且应符合下列规定：
>
> 1）抗震设计时，一、二级剪力墙的底部加强部位不应小于 200mm；
>
> 2）除本款 1）项以外的其他情况下不应小于 160mm。

《混规》规定

> **11.7.12** 剪力墙的墙肢截面厚度应符合下列规定：
>
> 2 框架-剪力墙结构：一般部位不应小于 160mm，且不宜小于层高或无支长度的 1/20；底部加强部位不应小于 200mm，且不宜小于层高或无支长度的 1/16。

《抗震》规定

> **6.5.1** 框架-抗震墙结构的抗震墙厚度和边框设置，应符合下列要求：
>
> 1 抗震墙的厚度不应小于 160mm 且不宜小于层高或无支长度的 1/20，底部加强部位的抗震墙厚度不应小于 200mm 且不宜小于层高或无支长度的 1/16。

③ 分布钢筋

《高规》规定

8.2.1 框架-剪力墙结构、板柱-剪力墙结构中，剪力墙的竖向、水平分布钢筋的配筋率，抗震设计时均不应小于0.25%，非抗震设计时均不应小于0.20%，并应至少双排布置。各排分布筋之间应设置拉筋，拉筋的直径不应小于6mm、间距不应大于600mm。

二、混凝土异形柱结构

1. 异形柱和异形柱结构

(1) 异形柱截面形状和尺寸

《混凝土异形柱结构技术规程》JGJ 149—2017 规定（以下简称《异形柱规程》）

2.1.1 异形柱 截面几何形状为L形、T形、十字形和Z形，且截面各肢的肢高肢厚比不大于4的柱。

图 4.4.2-1 异形柱截面形状

L形、T形、十字形和Z形四种截面见图4.4.2-1，除各肢的肢高肢厚比应符合不大于4外，各肢厚度还应符合《异形柱规程》的规定

6.1.4 异形柱截面的肢厚不应小于200mm，非抗震设计时，肢高不应小于400mm；抗震设计时肢高不应小于450mm。Z形截面柱腹板净高不应小于200mm。 **6.1.4** 条文说明 本规程适用的异形柱柱肢截面最小厚度为200mm，最大厚度应小于300mm。

(2) 异形柱结构

异形柱柱肢截面最大厚度小于300mm是为了实现“隐式框架”，即梁、柱与填充墙齐平，隐而不露，建筑使用面积增加。异形柱可用于框架结构和框架-剪力墙结构，见图4.4.2-2。

2.1.2 异形柱结构 采用异形柱的框架结构和框架-剪力墙结构。

2. 基本参数

(1) 房屋适用的最大高度

《异形柱规程》的规定

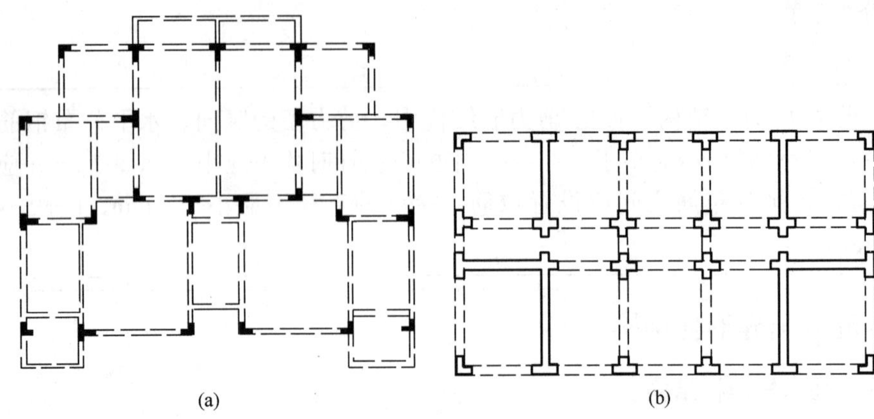

图 4.4.2-2
（a）异形柱框架结构；（b）异形柱框架-剪力墙结构

3.1.2 异形柱结构房屋适用的最大高度应符合表 3.1.2 的要求。底部抽柱带转换层的异形柱结构，房屋适用的最大高度应符合本规程附录 A 的规定；8 度（0.30g）的异形柱框架-剪力墙结构仅限用于Ⅰ、Ⅱ类场地。

混凝土异形柱结构房屋适用的最大高度（m）　　表 3.1.2

结构体系	非抗震设计	抗震设计				
		6 度	7 度		8 度	
		0.05g	0.10g	0.15g	0.20g	0.30g
框架结构	28	24	21	18	12	不应采用
框架-剪力墙结构	58	55	48	40	28	21

注：房屋高度超过表内规定的数值时，结构设计应有可靠依据，并采取有效的加强措施。

A.0.4 底部抽柱带转换层异形柱结构房屋适用的最大高度应按本轨道衡 3.1.2 条规定的限值降低不少于 10%，且框架结构不宜超过 7 层。框架-剪力墙结构，非抗震设计不宜超过 14 层，抗震设计不宜超过 12 层。

（2）最大高宽比

3.1.3 异形柱结构适用的最大高宽比不宜超过表 3.1.3 的限值。

异形柱结构适用的最大高宽比　　表 3.1.3

结构体系	非抗震设计	抗震设计				
		6 度	7 度		8 度	
		0.05g	0.10g	0.15g	0.20g	0.30g
框架结构	4.5	4.0	3.5	3.0	2.5	—
框架-剪力墙结构	5.0	5.0	4.5	4.0	3.5	3.0

（3）剪力墙最大间距

3.2.3 3 剪力墙的间距不宜超过表 3.2.3 中限值的较小值；当剪力墙间距超过限值时，在结构计算中应计入楼盖、屋盖平面内变形的影响。

异形柱结构的剪力墙最大间距（m）　　表 3.2.3

<table>
<tr><th rowspan="3">楼盖、屋盖类型</th><th rowspan="3">非抗震设计</th><th colspan="5">抗震设计</th></tr>
<tr><th>6 度</th><th colspan="2">7 度</th><th colspan="2">8 度</th></tr>
<tr><th>0.05g</th><th>0.10g</th><th>0.15g</th><th>0.20g</th><th>0.30g</th></tr>
<tr><td>现浇</td><td>4.5B,55</td><td>4.0B,50</td><td>3.5B,45</td><td>3.0B,40</td><td>2.5B,35</td><td>2.0B,25</td></tr>
<tr><td>装配整体</td><td>3.0B,45</td><td>—</td><td>—</td><td>—</td><td>—</td><td>—</td></tr>
</table>

注：表中 B 未楼盖宽度（m）。

3.2.3 条文说明　对现浇层不小于 60mm 的叠合板按现浇板考虑来查表。

3.1.4 4 抗震设计时楼板宜采用现浇，也可采用现浇层不小于 60mm 的装配整体式叠合楼板；非抗震设计时，楼板宜采用现浇，也可采用带现浇层的装配整体式叠合楼板。

（4）抗震等级

3.3.1 抗震设计时，异形柱结构应根据设防烈度、建筑场地类别、结构类型和房屋高度，按表 3.3.1 的规定采用不同的抗震等级，并应符合相应的计算和构造措施要求。

建筑场地为Ⅰ类时，除 6 度外，应允许按本地区抗震设防烈度降低一度所对应的抗震等级采取抗震构造措施，但相应的计算要求不应降低。

异形柱的抗震等级　　表 3.3.1

<table>
<tr><th rowspan="3" colspan="2">结构类型</th><th colspan="11">抗震设防烈度</th></tr>
<tr><th colspan="2">6 度</th><th colspan="6">7 度</th><th colspan="3">8 度</th></tr>
<tr><th colspan="2">0.05g</th><th colspan="3">0.10g</th><th colspan="3">0.15g</th><th colspan="2">0.20g</th><th>0.30g</th></tr>
<tr><td rowspan="2">框架结构</td><td>高度（m）</td><td>≤21</td><td>>21</td><td colspan="2">≤21</td><td>>21</td><td colspan="2">≤18</td><td>>18</td><td colspan="2">≤12</td><td rowspan="2"></td></tr>
<tr><td>框架</td><td>四</td><td>三</td><td colspan="2">三</td><td>二</td><td colspan="2">三（二）</td><td>二（二）</td><td colspan="2">二</td></tr>
<tr><td rowspan="3">框架-剪力墙结构</td><td>高度（m）</td><td>≤30</td><td>>30</td><td>≤21</td><td>>21，≤30</td><td>>30</td><td>≤18</td><td>>18，≤30</td><td>>30</td><td>≤18</td><td>>18，≤28</td><td>>21</td></tr>
<tr><td>框架</td><td>四</td><td>三</td><td>四</td><td>三</td><td>二</td><td>四（三）</td><td>三（二）</td><td>二（二）</td><td>二</td><td>二</td><td>一</td></tr>
<tr><td>剪力墙</td><td>三</td><td>三</td><td>三</td><td>二</td><td>二</td><td>二（二）</td><td>二（二）</td><td>二（一）</td><td>二</td><td>一</td><td>一</td></tr>
</table>

注：1 房屋高度指室外地面到主要屋面板顶的高度（不包括局部突出屋顶部分）；
2 对 7 度（0.15g）时建于Ⅲ、Ⅳ类场地的异形柱框架结构和异形柱框架-剪力墙结构，应按表括号内所示的抗震等级采取抗震构造措施；
3 房屋高度接近或等于表中高度分界数值时，允许结合房屋不规则程度及场地、地基条件适当确定抗震等级。

对于异形柱框架-剪力墙结构，除按表 3.3.1 判断抗震等级外，还应根据底层框架部分承受的地震倾覆力矩与结构总地震倾覆力矩的比值确定其适用高度和构造措施。

> **3.1.6** 抗震设计的异形柱框架-剪力墙结构，应根据在规定的水平力作用下结构底层框架部分承受的地震倾覆力矩与结构总地震倾覆力矩的比值，确定相应的设计方法，并应符合下列规定：
>
> 1 框架部分承受的地震倾覆力矩不大于结构总地震倾覆力矩的10%时，应按剪力墙结构进行设计，期中的框架部分应按框架-剪力墙结构的框架进行设计；
>
> 2 当框架部分承受的地震倾覆力矩大于结构总地震倾覆力矩的10%但不大于50%时，应按框架-剪力墙结构进行设计；
>
> 3 当框架部分承受的地震倾覆力矩大于结构总地震倾覆力矩的50%但不大于80%时，应按框架-剪力墙进行设计，其适用的最大高度可比框架结构适当增加，框架部分的抗震等级和轴压比限值宜按框架结构的规定采用；
>
> 4 当框架部分承受的地震倾覆力矩大于结构总地震倾覆力矩80%时，应按框架-剪力墙结构进行设计，其适用的最大高度宜按框架结构采用，框架部分的抗震等级和轴压比限值应按框架结构的规定采用。

【例4.4.2-1】某5层的住宅楼，房屋高度16m，平面和立面均规则，设防烈度7度(0.15g)，采用现浇钢筋混凝土框架-剪力墙结构，抗震设防类别为丙类，场地类别Ⅲ，设计使用年限50年。为了保证户内使用效果，其框架柱全部采用异形柱。在规定的水平力作用下，框架部分承受的地震倾覆力矩为总地震倾覆力矩的66%。试问，异形柱框架应按下列何项抗震等级采取抗震构造措施。

(A) 一级　　(B) 二级　　(C) 三级　　(D) 四级

【答案】(B)

【解答】(1) 根据《异形柱规程》3.1.6条3款，当框架部分承受的地震倾覆力矩占总倾覆力矩的50%到80%之间时，框架部分的抗震等级宜按框架结构的规定采用。

(2) 设防烈度7度(0.15g)，Ⅲ类场地，根据表3.3.1注2要求，应按表中括号内所示的抗震等级采取抗震构造措施，查得抗震构造措施为二级，选(B)。

(5) 层间位移角

本次《异形柱规程》规程修订参考了设计、施工、汶川地震震害经验，并与《高规》和《抗震》协调。《异形柱规程》的规定

异形柱结构弹性层间位移角限值　　**表4.4.1**

结构体系	$[\theta_e]$
框架结构	1/550 (1/650)
框架-剪力墙结构	1/800 (1/900)

注：表中括号内的数字用于底部抽柱带转换层的异形柱结构。

异形柱结构弹塑性层间位移角限值　　**表4.4.3**

结构体系	$[\theta_p]$
框架结构	1/ 50 (1/60)
框架-剪力墙结构	1/100 (1/110)

注：表中括号内的数字用于底部抽柱带转换层的异形柱结构。

（6）承载力抗震调整系数 γ_{RE}

> **5.1.2** 5　γ_{RE}的取值，对偏心受压柱，轴压比小于 0.15 时取 0.75，轴压比不小于 0.15 时取 0.80，对偏心受拉柱取 0.85。

3. 结构计算分析

根据异形柱抗震性能特点，《异形柱规程》规定 6 度时也应进行地震作用计算。

> **4.2.3**　抗震设防烈度为 6 度、7 度和 8 度的异形柱结构应进行地震作用计算及结构抗震验算。

考虑到实际工程的不对称、不均匀情况，地震作用分析时采用振型分析反应谱法，平面不规则结构应采用扭转耦联振型分解反应谱法。

> **4.2.5**　异形柱结构地震作用计算宜采用振型分解反应谱法，不规则异形柱结构的地震作用计算应采用扭转耦联振型分解反应谱法，必要时应补充弹塑性分析或时程分析。

由于异形柱截面特点导致其在不同地震作用方向下承载力有较大差异，以 L 形柱为例，地震作用沿 45°、135°方向时需求的配筋量比 0°、90°多出 10%～20%，因此异形柱结构应增加 45°方向的水平地震作用计算。

> **4.2.4** 1　应至少在结构两个主轴方向分别计算水平地震作用并进行抗震验算，7 度（0.15g）和 8 度（0.20g、0.30g）时尚应对与主轴承 45°方向计算水平地震作用并进行抗震验算。

根据《抗震》的规定，计算单向地震作用时应考虑偶然偏心的影响；而扭转位移比大于 1.20 的扭转不规则结构应计入双向水平地震作用的扭转影响，可不考虑偶然偏心。

> **4.2.4** 2　在计算单向水平地震作用时应计入扭转影响；对扭转不规则的结构，水平地震作用计算应计入双向水平地震作用下的扭转影响。

【例 4.4.2-2】设防烈度 7 度（0.15g）地区一座 7 层住宅楼，房屋高度 22m，平面和里面规则，采用异形柱框架-剪力墙结构，抗震设防类别丙类，Ⅲ类场地，设计使用年限 50 年。试问，此异形柱结构除了计算两个主轴方向水平地震作用外，还应对与主轴成多少度的方向进行补充验算？

(A) 15°　　(B) 30°　　(C) 45°　　(D) 60°

【答案】(C)

【解答】根据《异形柱规程》4.2.4 条 1 款，7 度（0.15g）时尚应对与主轴承 45°方向计算水平地震作用并进行抗震验算。

4. 内力调整

（1）强柱弱梁

《异形柱规程》的规定

> **5.1.5**　抗震等级为一、二、三、四级异形柱框架的梁柱节点处，处框架顶层柱、轴压比小于 0.15 的柱外，有地震作用组合的柱端弯矩设计值应按下式计算：

$$\Sigma M_c = \eta_c \Sigma M_b \tag{5.1.5}$$

式中:ΣM_b ——节点左、右侧梁端截面逆时针和顺时针方向组合的弯矩设计值之和的较大值，一级框架节点左、右侧梁端均为负弯矩时，绝对值较小的弯矩应取零；

ΣM_c ——节点上、下柱端截面顺时针或逆时针方向组合的弯矩设计值之和，上、下柱端弯矩设计值，可按弹性分析的弯矩比例分配确定；

η_c ——柱端弯矩增大系数；对异形柱框架结构，抗震等级为二、三、四级分别取 1.5、1.3、1.2；对异形柱框架-剪力墙结构中的框架，抗震等级为一、二、三四级分别取 1.4、1.2、1.1、1.1。

当反弯点不在柱的层高范围内时，柱端弯矩设计值可取有地震作用组合的弯矩值乘以柱端弯矩增大系数确定。框架顶层柱及轴压比小于 0.15 的柱，柱端弯矩设计值可取有地震作用组合的弯矩值。

（2）强柱根

5.1.6 抗震等级为二、三、四级异形柱结构的底层，柱下端的弯矩设计值，应取有地震作用组合的弯矩值分别乘以系数 1.5、1.3、1.2 确定，底层柱纵向钢筋应按上下端的不利情况配置。

（3）强剪弱弯

异形柱考虑强柱弱梁（5.1.5 条)、强柱根（5.1.6 条）调整后，再进行强剪弱弯调整（5.2.3）。

5.2.3 有地震作用组合的异形柱斜截面剪力设计值 V_c 应按下式计算，式中 M_c^t、M_c^b 之和应分别按顺时针和逆时针方向计算，并取其较大值。M_c^t、M_c^b 的取值应符合本规程第 5.1.5、5.1.6 条的规定。

$$V_c = \eta_{vc}(M_c^t + M_c^b)/H_n \tag{5.2.3}$$

式中：M_c^t、M_c^b ——有地震作用组合，且经调整后的柱上、下端弯矩设计值；

H_n——柱的净高；

η_{vc}——柱剪力增大系数；对异形柱框架结构，抗震等级为二、三、四级分别取 1.3、1.2、1.1；对异形柱框架-剪力墙结构中的框架，抗震等级为一、二、三、四级分别取 1.4、1.2、1.1、1.1。

（4）角柱

角柱受扭转效应影响较大，内力复杂，属于薄弱部位，弯矩和剪力均应增大。角柱弯矩在强柱弱梁（5.1.5 条)、强柱根（5.1.6 条）调整后再提高不小于 1.1 倍。角柱剪力在强柱弱梁（5.1.5 条)、强柱根（5.1.6 条)、强剪弱弯（5.2.3 条）调整后再提高不小于 1.1 倍。

5.1.7 抗震等级为一、二、三、四异形柱框架的角柱，其弯矩设计值应取本规程第 5.1.5、5.1.6 条调整后的弯矩值再乘以不小于 1.1 的增大系数。

> **5.2.4** 各级抗震等级的角柱，有地震作用组合的剪力设计值应按本规程第 5.2.3 条经调整后的剪力值再乘以不小于 1.1 的增大系数。

【例 4.4.2-3】 某现浇钢筋混凝土异形柱框架结构，抗震等级二级，该房屋各层层高均为 3.6m，各层梁高均为 450mm，该框架某边柱底层柱下端截面（基础顶面）有地震作用组合未经调整的弯矩设计值为 320kN·m，底层柱上端截面地震作用组合并经调整后的弯矩设计值为 312kN·m，柱反弯点在柱高范围内。试问，该柱考虑地震作用组合的剪力设计值 V_c（kN）与下列何项数值最为接近？

（A）222　　（B）266　　（C）290　　（D）330

【答案】（D）

【解答】（1）根据《异形柱规程》5.1.6 条，抗震等级二级，底层柱下端弯矩设计值应乘以系数 1.5。

$$M_c^b = 1.5 \times 320 = 480\text{kN} \cdot \text{m}$$

（2）5.2.3 条，有地震作用组合的异形柱斜截面剪力设计值 V_c

$$V_c = \eta_{vc}(M_c^t + M_c^b)/H_n$$

式中，抗震等级二级 $\eta_{vc}=1.3$

（3）代入参数

$$V_c = \eta_{vc}(M_c^t + M_c^b)/H_n = 1.3 \times \frac{(312+480)}{3.6-0.45} = 327\text{kN} \cdot \text{m}$$

5. 异形柱截面设计

（1）异形柱正截面承载力计算

《异形柱规程》5.1.2、5.1.3 条采用数值积分方法计算双向偏心受力状态的异形柱正截面承载力，这种方法适用于计算机程序计算，在此不作介绍。

（2）异形柱斜截面承载力计算

① 截面最大受剪承载力

> **5.2.1** 异形柱的受剪截面应符合下列条件：
>
> 1　无地震作用组合：
>
> $$V_c \leqslant 0.25 f_c b_c h_{c0} \qquad (5.2.1\text{-}1)$$
>
> 2　有地震作用组合：
>
> 剪跨比大于 2 的柱
>
> $$V_c \leqslant \frac{1}{\gamma_{RE}}(0.20 f_c b_c h_{c0}) \qquad (5.2.1\text{-}2)$$
>
> 剪跨比不大于 2 的柱
>
> $$V_c \leqslant \frac{1}{\gamma_{RE}}(0.15 f_c b_c h_{c0}) \qquad (5.2.1\text{-}3)$$
>
> 式中：V_c——斜截面组合的剪力设计值；
>
> γ_{RE}——承载力抗震调整系数，取 0.85；

b_c——验算方向的柱肢截面厚度；

h_{c0}——验算方向的柱肢截面有效高度。对Z形截面柱，当验算方向为翼缘方向时，取 $h_{c0}=h_c+h'_c-h_f-a_s$，其中 h_c 和 h'_c 分别为两侧翼的截面高度，a_s 为受拉钢筋合力点至截面近边的距离。

② 斜截面受剪承载力计算

6.2.1 异形柱的剪跨比宜大于2，抗震设计值不应小于1.50。

5.2.2 异形柱斜截面受剪承载力应符合下列公式规定：

1 当柱承受压力时：

1）无地震作用组合

$$V_c \leqslant \frac{1.75}{\lambda+1.0}f_c b_c h_{c0}+f_{yv}\frac{A_{sv}}{s}h_{c0}+0.07N \tag{5.2.2-1}$$

2）有地震作用组合

$$V_c \leqslant \frac{1}{\gamma_{RE}}\left(\frac{1.05}{\lambda+1.0}f_t b_c h_{c0}+f_{yv}\frac{A_{sv}}{s}h_{c0}+0.056N\right) \tag{5.2.2-2}$$

2 当柱出现拉力时

1）无地震作用组合

$$V_c \leqslant \frac{1.75}{\lambda+1.0}f_t b_c h_{c0}+f_{yv}\frac{A_{sv}}{s}h_{c0}-0.2N \tag{5.2.2-3}$$

2）有地震作用组合

$$V_c \leqslant \frac{1}{\gamma_{RE}}\left(\frac{1.05}{\lambda+1.0}f_t b_c h_{c0}+f_{yv}\frac{A_{sv}}{s}h_{c0}-0.2N\right) \tag{5.2.2-4}$$

式中：λ——剪跨比。

无地震作用组合时，取柱上、下端组合的弯矩计算值 M_c 的较大值与相应的剪力计算值 V_c 和柱肢截面有效高度 h_{c0} 的比值；

有地震作用组合时，取柱上、下端未按本规程第5.1.5条～第5.1.7条调整的组合的弯矩计算值 M_c 的较大值与相应的剪力计算值 V_c 和柱肢截面有效高度 h_{c0} 的比值，即 $\lambda=M_c/(V_c h_{c0})$；

当 $\lambda<1.0$ 时，取 $\lambda=1.0$；当 $\lambda>3.0$ 时，取 $\lambda=3$；此处，H_n 为柱净高。

A_{sv}——验算方向的柱肢截面厚度 b_c 范围内同一截面箍筋各肢总截面面积；$A_{sv}=nA_{sv1}$，此处 n 为 b_c 范围内同一截面内箍筋的肢数，A_{sv1} 为单肢箍筋的截面面积。

f_{yv}——箍筋的抗拉强度设计值，其数值大于360N/mm^{2}时应取360N/mm^2。

s——沿柱高方向的箍筋间距。

3）当式（5.2.2-3）右边的计算值和式（5.2.2-4）右边括号内的计算值小于 $f_{yv}\left(\frac{A_{sv}}{s}\right)h_{c0}$ 时，取等于 $f_{yv}\left(\frac{A_{sv}}{s}\right)h_{c0}$，且 $f_{yv}\left(\frac{A_{sv}}{s}\right)h_{c0}$ 值不应小于 $0.36f_t b_c h_{c0}$。

【例 4.4.2-4】异形柱 KZ2 截面如图 4.4.2-3 所示，截面面积 $2.2\times10^5\text{mm}^2$，轴压比 0.4，混凝土 C35，箍筋 HRB400、Φ10@100。假定，Y 方向该柱的剪跨比 λ 为 2.2，$h_{c0}=565\text{mm}$。试问，该柱 Y 方向斜截面有地震作用组合的受剪承载力（kN），与下列何项数值最为接近？

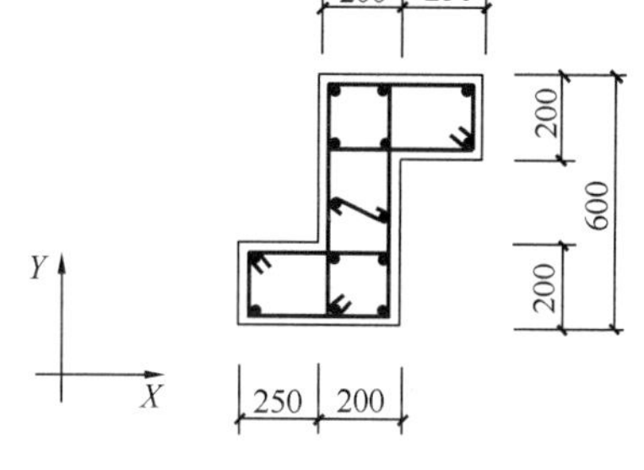

图 4.4.2-3　KZ2

(A) 430　　(B) 455

(C) 510　　(D) 555

【答案】(A)

【解答】(1) 根据《异形柱规程》公式 (5.2.1-2) 求截面最大剪力：

$$V_c \leqslant \frac{1}{\gamma_{RE}}(0.2f_c b_c h_{c0}) = \frac{1}{0.85}(0.2\times16.7\times200\times565) = 444\text{kN}$$

(2) 公式 (5.2.2-2) 求受剪承载力：

$$V_c = \frac{1}{\gamma_{RE}}\left(\frac{1.05}{\lambda+1.0}f_t b_c h_{c0} + f_{yv}\frac{A_{sv}}{s}h_{c0} + 0.056N\right)$$

式中：$N>0.3f_cA=0.3\times16.7\times220000=1102200\text{N}$，取 $N=1102200\text{N}$ 代入上式，

$$V_c = \frac{1}{0.85}\left(\frac{1.05}{2.2+1.0}\times1.57\times200\times565+360\times\frac{2\times78}{100}\times565+0.056\times1102200\right)$$

$$= 514\text{kN} > 444\text{kN}$$

6. 节点核心区受剪承载力

异形柱柱肢厚度较薄，框架节点核心区截面尺寸较窄，受剪承载力较低，确定房屋最大高度时，节点核心区的受剪承载力起控制作用，如图 4.4.2-4a 所示，除梁端出现塑性铰外，节点核心区裂缝少而粗，破坏严重。为提高节点核心区受剪承载力可采用纤维混凝土，2017 版《异形柱规程》在受剪计算公式中新增纤维增强系数 α，当采用聚丙烯纤维混凝土时取 1.1，钢纤维混凝土时取 1.2。如图 4.4.2-4b 所示，节点核心区混凝土中添加聚丙烯纤维增强后，裂缝多且细密，说明聚丙烯纤维有效抑制裂缝开展、减小裂缝宽度。

(a)

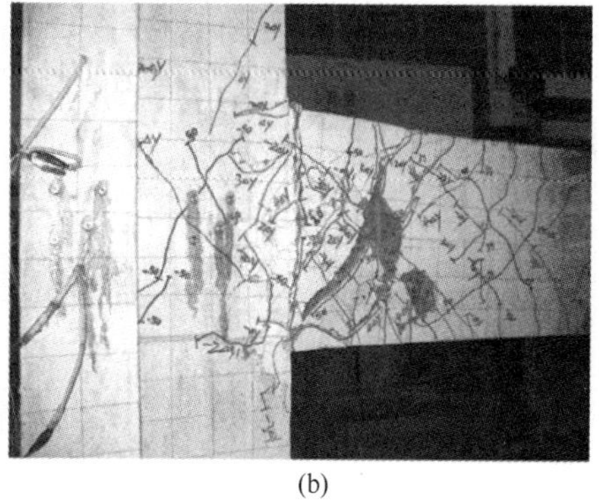

(b)

图 4.4.2-4　异形柱框架节点核心区破坏对比

(a) 普通混凝土异形柱框架节点；(b) 节点核心区添加聚丙烯纤维混凝土

（1）最大受剪承载力

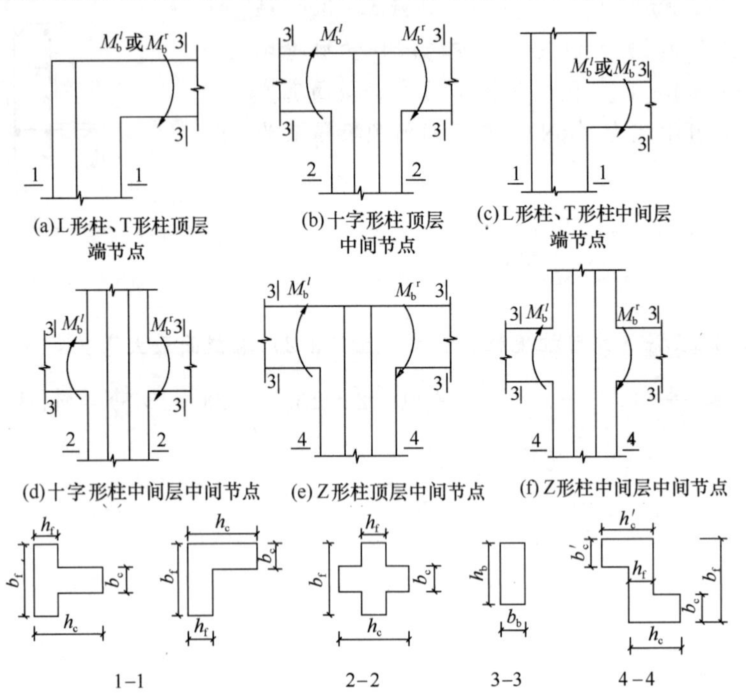

图 5.3.2　框架节点和梁柱截面

（图中验算方向柱肢，对 Z 形截面为翼缘，对其他异形截面为腹板）

5.3.2　节点核心区受剪的水平截面应符合下列条件：

1　无地震作用组合

$$V_j \leqslant 0.26\alpha\zeta_v\zeta_h f_v b_j h_j \tag{5.3.2-1}$$

2　地震作用组合

$$V_j \leqslant \frac{0.21}{\gamma_{RE}}\alpha\zeta_N\zeta_v\zeta_h f_c b_j h_j \tag{5.3.2-2}$$

式中：V_j——节点核心区组合的剪力设计值；

γ_{RE}——承载力抗震调整系数，取 0.85；

b_j、h_j——节点核心区的截面有效验算厚度和截面高度，当梁截面宽度与柱肢截面厚度相同，或梁截面宽度每侧凸出柱边小于 50mm 时，对 L 形、T 形和十字形截面，可取 $b_j=b_c$，$h_j=h_c$；对 Z 形截面，可取 $b_j=b_c$，$h_j=h_c+h_c'$；其中 b_c、h_c 和 h_c' 分别为验算方向的柱肢截面厚度和高度（图 5.3.2）；

α——纤维增强系数，当节点区采用普通混凝土时，取 $\alpha=1$；采用聚丙烯纤维混凝土时，取 $\alpha=1.1$；采用钢纤维混凝土时，取 $\alpha=1.2$；

ζ_N——轴压比影响系数，应按表 5.3.2-1 采用；

ζ_v——正交肢影响系数，与验算方向正交的柱肢对节点核心区受剪承载力的影响系数，应按本规程 5.3.4 条的规定采用；

ζ_h——截面高度影响系数，应按表 5.3.2-2 采用。

（2）受剪承载力计算

5.3.3 节点核心区的受剪承载力应符合下列公式规定：

1 无地震作用组合

$$V_j \leqslant 1.38\alpha\left(1+\frac{0.3N}{f_c A}\right)\zeta_v\zeta_h f_t b_j h_j+\frac{f_{yv}A_{svj}}{s}(h_{b0}-a'_s) \tag{5.3.3-1}$$

2 有地震作用组合

$$V_j \leqslant \frac{1}{\gamma_{RE}}\left[1.1\alpha\zeta_N\left(1+\frac{0.3N}{f_c A}\right)\zeta_v\zeta_h f_t b_j h_j+\frac{f_{yv}A_{svj}}{s}(h_{b0}-a'_s)\right] \tag{5.3.3-2}$$

式中：N——与组合的节点剪力设计值对应的该节点上柱底部轴向力设计值，当 N 为压力且 $N>0.3f_cA$ 时，取 $N=0.3f_cA$；当 N 为拉力时，取 $N=0$；

A_{svj}——核心区有效验算宽度范围内同一截面验算方向的箍筋各肢总截面面积；

h_{b0}——梁截面有效高度，当节点两侧梁截面有效高度不等时取平均值；

a'_s——梁纵向受压钢筋合理点至截面近边的距离。

上述公式中 ζ_N、ζ_h、ζ_v 取值见《异形柱规程》表 5.3.2-1、表 5.3.2-2、5.3.4 条，此处不再赘述。

7. 构造要求

（1）轴压比

6.2.2 抗震设计时，异形柱的轴压比不宜大于表 6.2.2 规定的限值。

异形柱的轴压比限值 **表 6.2.2**

结构体系	截面形式	抗震等级			
		一级	二级	三级	四级
框架结构	L形、Z形	—	0.50	0.60	0.70
	T形	—	0.55	0.65	0.75
	十字形	—	0.60	0.70	0.80
框架-剪力墙结构	L形、Z形	0.40	0.55	0.65	0.75
	T形	0.45	0.60	0.70	0.80
	十字形	0.50	0.65	0.75	0.85

注：1 剪跨比不大于 2 的异形柱，轴压比限值应按表内数值减小 0.05；
2 肢端设暗柱时，L形、Z形柱按表内相应数值增大 0.05；十字形、T形柱一、二级抗震等级按表内相应数值增大 0.1，三、四级抗震等级按表内相应数值增大 0.05；
3 纵向受力钢筋采用 500MPa 级钢筋时，轴压比限值应按表内相应数值减小 0.05。

异形柱柱肢是薄弱部位，在地震往复荷载作用下柱肢端部受压区混凝土破坏严重，如图 4.4.2-5 所示。肢端设置暗柱能改善异形柱的变形能力，试验表明，设置暗柱的异形柱

(a)

(b)

图 4.4.2-5 往复荷载下 T 形截面异形柱破坏形态
(a) 无暗柱；(b) 有暗柱

(图 4.4.2-5b) 截面曲率延性要好于不设置暗柱的异形柱 (图 4.4.2-5a)。因此，表 6.2.2 注 2 指出，设置暗柱的异形柱轴压比限值可提高，《异形柱规程》6.2.15 条规定了暗柱的构造要求。

6.2.15 一、二级抗震等级的房屋角部异形柱以及地震区楼梯间，异形柱肢端（转角处）应设暗柱（图 6.2.15）。肢端（转角处）设暗柱时，暗柱沿肢高方向尺寸 a 不应小于 120mm。暗柱的附加纵向钢筋直径不应小于 14mm，可取与纵向受力钢筋直径相同；暗柱的附加箍筋直径和间距同异形柱箍筋，附加箍筋宜设在异形柱两箍筋中间。

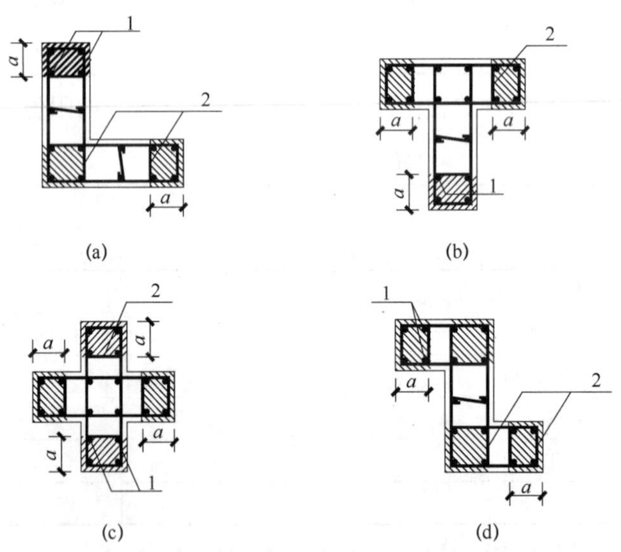

图 6.2.15 异形柱肢端暗柱构造
(a) L 形截面柱（在两端及转角处设暗柱）；(b) T 形截面柱（在三肢端处设暗柱）；(c) 十字形截面柱（在四肢端处设暗柱）；(d) Z 形截面柱（在两肢端及两转角处设暗柱）
1—暗柱附加纵向钢筋；2—暗柱附加箍筋

【例 4.4.2-5】某 11 层住宅，采用现浇钢筋混凝土异形柱框架-剪力墙结构，房屋高度 33m，剖面如图 4.4.2-6a 所示，抗震设防烈度 7 度（0.10g），场地类别Ⅱ类，异形柱混凝土强度等级 C35，纵筋、箍筋采用 HRB400，框架梁截面均为 200mm×500mm，框架部分承受的地震倾覆力矩为结构总地震倾覆力矩的 20%。

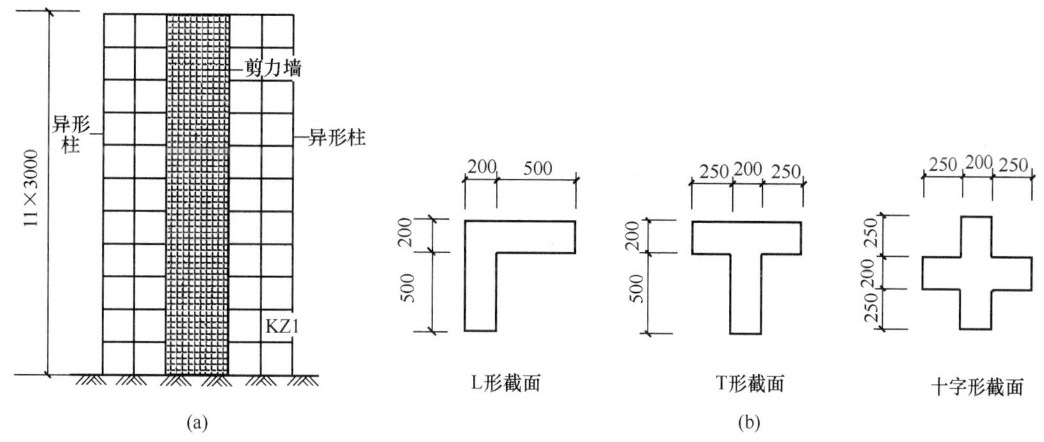

图 4.4.2-6

（a）剖面图；（b）异形柱截面

假定，异形柱 KZ1 在二层的柱底轴向压力设计值 N=2700kN，KZ1 采用面积相同的 L 形、T 形、十字形截面（如图 4.4.2-6b 所示）均不影响建筑使用要求，异形柱肢端设置暗柱，剪跨比均不大于 2。试问，下列何项截面可满足二层 KZ1 的轴压比要求？

（A）各截面均满足要求

（B）T 形及十字形截面满足要求，L 形截面不满足要求

（C）仅十字形截面满足要求

（D）各截面均布满足要求

【答案】（C）

【解答】（1）7 度（0.10g），Ⅱ类，33m，查表 3.3.1，框架抗震等级二级。

（2）查表 6.2.2，框架-剪力墙结构轴压比限值，L 形 0.55、T 形 0.60、十字形 0.65。

（3）已知柱剪跨比均不大于 2，根据表 6.2.2 注 1，轴压比限值减小 0.05；

注 2，肢端设置暗柱时，L 形增大 0.05，十字形、T 形柱二级抗震等级时增大 0.1。

L 形柱：0.55－0.05＋0.05＝0.55

T 形柱：0.60－0.05＋0.1＝0.65

十字形：0.65－0.05＋0.1＝0.7

（4）三类柱截面面积均为 200×(500＋500＋200)＝240000mm²

$N/(f_cA)=2700000/(16.7\times240000)=0.67>0.65$，仅十字形满足要求，选（C）。

（2）柱纵筋

① 最小配筋率

6.2.5 异形柱中全部纵向受力钢筋的配筋百分率不应小于表 6.2.5-1 规定的数值，且柱肢肢端纵向受力钢筋的配筋百分率不应小于表 6.2.5-2 规定的数值。

异形柱全部纵向受力钢筋的最小配筋百分率（%）　　表 6.2.5-1

柱类型	抗震等级				非抗震
	一级	二级	三级	四级	
中柱、边柱	1.0	0.8(0.9)	0.8(0.8)	0.8(0.8)	0.6
角柱	1.2	1.0	0.9	0.8	0.8

注：1　表中括号内数值用于框架结构的柱；

2　采用 400MPa 级纵向受力钢筋时，应按表中数值增加 0.05 采用。

异形柱截面各肢端纵向受力钢筋的最小配筋百分率（%）　　表 6.2.5-2

柱截面形状及肢端	最小配筋率	备注
L形、Z形各凸出的肢端	0.2	按柱全截面面积计算
十字形各肢端、T形非对称轴上的肢端	0.2	按所在肢截面面积计算
T形对称轴上凸出的肢端	0.4	按所在肢截面面积算

6.2.5　条文说明　肢端指沿肢高方向 a 为一倍肢厚范围的柱肢，如本规程图 6.2.15 所示。

表 6.2.5-2 中的“肢端”引用图 6.2.15 的示意，但具体尺寸与 6.2.15 条的 a 不同。表 6.2.5-2 的 a 为“一倍肢厚范围”，6.2.15 条的 a 为“暗柱沿肢高方向尺寸 a 不应小于 120mm”。

② 最大配筋率

异形柱柱肢较薄，纵筋粘结强度较差，最大配筋率相较矩形柱有所降低。

6.2.6　异形柱全部纵向受力钢筋的配筋率，非抗震设计时不应大于 4%，抗震设计时不应大于 3%。

（3）柱箍筋

① 箍筋形式

6.2.7　异形柱应采用复合螺旋箍筋（图 6.2.7），严禁采用有内折角的箍筋。箍筋应做成封闭式焊接箍筋，也可采用绑扎箍筋，其末端应做成 135°的弯钩。弯钩端头平直段长度，非抗震设计时不应小于 $5d$（d 为箍筋直径）；当柱中全部纵向受力钢筋的配筋率大于 3%时，不应小于 $10d$。抗震设计时不应小于 $10d$，且不应小于 75mm。

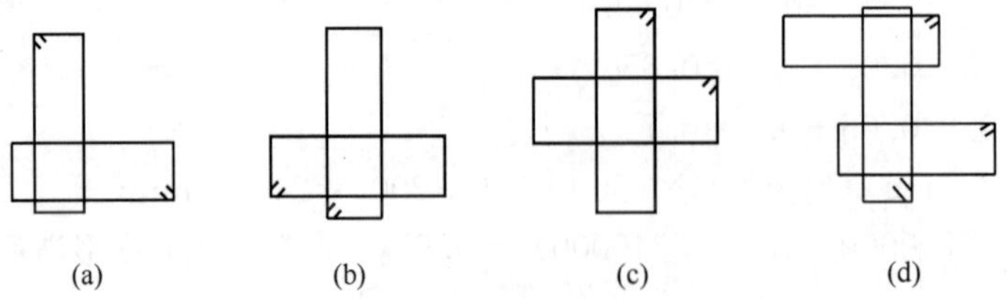

图 6.2.7　箍筋形式

(a) L形截面柱；(b) T形截面柱；(c) 十字形截面柱；(d) Z形截面柱

当采用拉筋形成复合箍筋时，拉筋应紧靠纵向钢筋并钩住箍筋。

② 加密区配箍特征值

6.2.9 抗震设计时，异形柱箍筋加密区的配箍特征值应符合下列规定：

1 加密区的配箍特征值应符合下列公式的规定：

$$\lambda_v \geqslant \lambda_{v,min} \quad (6.2.9\text{-}1)$$

$$\lambda_v = \frac{\rho_v f_{yv}}{f_c} \quad (6.2.9\text{-}2)$$

式中：ρ_v——箍筋加密区的箍筋体积配箍率，计算复合箍筋的体积配箍率时，不应计入重叠部分的箍筋体积，对肢端设暗柱的异形柱尚不应计入暗柱的附加箍筋体积；

f_c——混凝土轴心抗压强度设计值，强度等级低于C35时，按C35计算；

f_{yv}——箍筋抗拉强度设计值；

$\lambda_{v,min}$——最小配箍特征值，按表6.2.9采用。

2 对抗震等级为一、二、三级的框架柱，箍筋加密区的箍筋体积配箍率分别不应小于1.0%、0.8%、0.6%、05%。

3 当剪跨比λ≤2时，抗震等级为一、二、三、四级的框架柱，箍筋加密区的箍筋体积配箍率不应小于1.2%。

异形柱箍筋加密区的箍筋最小配箍特征值 $\lambda_{v,min}$ **表6.2.9**

抗震等级	截面形式	柱轴压比											
		≤0.3	0.35	0.40	0.45	0.50	0.55	0.60	0.65	0.70	0.75	0.80	0.85
一级	L形、Z形	0.17	0.19	0.21	0.23	—	—	—	—	—	—	—	—
二级		0.12	0.14	0.16	0.18	0.21	0.23	—	—	—	—	—	—
三级		0.10	0.12	0.13	0.15	0.17	0.19	0.21	0.23	—	—	—	—
四级		0.09	0.10	0.11	0.12	0.13	0.15	0.17	0.19	0.21	0.23	—	—
一级	T形	0.16	0.18	0.20	0.22	0.24	—	—	—	—	—	—	—
二级		0.11	0.13	0.15	0.17	0.20	0.22	0.24	—	—	—	—	—
三级		0.09	0.11	0.12	0.14	0.16	0.18	0.20	0.22	0.24	—	—	—
四级		0.08	0.09	0.10	0.11	0.13	0.14	0.16	0.18	0.20	0.22	0.24	—
一级	十字形	0.15	0.17	0.18	0.20	0.23	0.25	—	—	—	—	—	—
二级		0.10	0.12	0.14	0.16	0.18	0.20	0.23	0.25	—	—	—	—
三级		0.08	0.10	0.11	0.13	0.15	0.17	0.19	0.21	0.23	0.25	—	—
四级		0.07	0.08	0.09	0.10	0.12	0.13	0.15	0.17	0.19	0.21	0.23	0.25

注：肢端设暗柱的异形柱，其箍筋最小配箍特征值按未增大的轴压比取表中的相应值。

③ 加密区箍筋最大间距和最小直径

6.2.10 抗震设计时，异形柱箍筋加密区的箍筋最大间距和箍筋最小直径应符合表6.2.10的规定。

异形柱箍筋加密区箍筋的构造要求 **表6.2.10**

抗震等级	箍筋最大间距（mm）	箍筋最小直径（mm）
一级	$5d$ 和100较小值	10
二级	$6d$ 和100较小值	8
三级	$7d$ 和120（柱根100）的较小值	8
四级	$7d$ 和150（主根100）的较小值	6（柱根8）

注：1 d 为纵向受力钢筋的最小直径；
2 柱根指底层柱下端箍筋加密区范围；
3 当剪跨比 λ 不大于2时，箍筋间距不应大于100mm，箍筋直径不应小于8mm。

【例4.4.2-6】 某现浇钢筋混凝土异形柱框架结构多层住宅楼，安全等级二级，框架抗震等级二级。框架某边柱截面如图4.4.2-7所示，混凝土等级C35，柱纵向钢筋及箍筋均采用HRB400（Φ），纵向受力钢筋保护层厚度30mm。

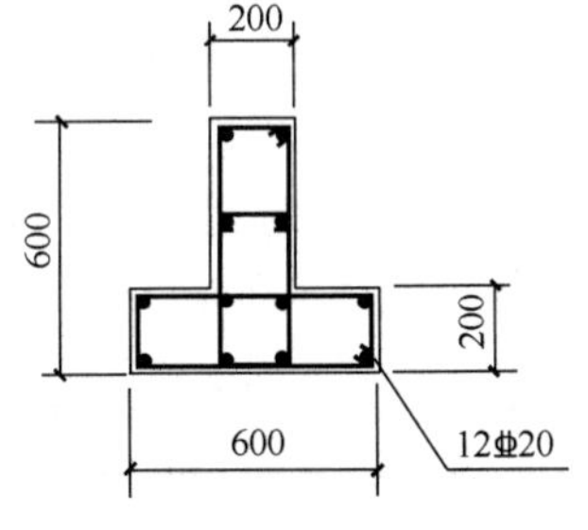

图4.4.2-7

假定底层柱轴压比0.5，剪跨比 $\lambda>2$，试问，底层框架柱柱端加密区的箍筋配置选用下列何项才能满足规程的最低要求？

(A) Φ8@150　(B) Φ8@100

(C) Φ10@150　(D) Φ10@100

【答案】(B)

【解答】

(1) 加密区箍筋配箍率

①《异形柱规程》6.2.9，轴压比0.5，二级T形框架柱 $\lambda_v=0.20$。

② 6.2.9条2款，二级框架柱，箍筋加密区体积配箍率最小值为0.8%。

③ 公式（6.2.9-2）求体积配箍率

$$\rho_v \geqslant \lambda_v \frac{f_c}{f_{yv}} = 0.20 \times \frac{16.7}{360} = 0.93\% > 0.8\%$$

验算（B）Φ8@100配箍率：

$$\rho_v = \frac{4\times[(600-2\times30+8)+200-2\times30+8]\times50.3}{(540^2-400^2)\times100} = 1.06\% > 0.93\%\text{，满足。}$$

(2) 加密区箍筋最大间距和最小直径

表6.2.10，二级抗震等级：箍筋最大间距 min［100mm，6×20＝120mm］＝100mm；最小直径8mm。

(4) 梁柱节点

异形柱柱肢较薄，节点属于薄弱部位，其受剪承载力远低于相同截面面积的矩形框架柱节点，为确保纵向受力钢筋在节点核心区的锚固和粘结，《异形柱规程》规定节点区的构造要求。

① 柱纵筋接头位置

6.3.1 框架柱的纵向钢筋，应贯穿中间层的中间节点和端节点，且接头不应设置在节点核心区内。

② 柱纵筋在顶层节点的锚固

本次修订新增锚固板技术规定，以顶层节点为例说明柱纵向钢筋弯折锚固和锚固板锚固的区别。

6.3.2 框架顶层柱的纵向受力钢筋应锚固在柱顶、梁、板内，锚固长度应从梁底算起，纵向钢筋的锚固应符合下列规定：

1 顶层端节点柱内侧的纵向钢筋和顶层中间节点处的柱纵向钢筋均应伸至柱顶（图 6.3.2），当采用直线锚固方式时，锚固长度对非抗震设计不应小于 l_a，抗震设计不应小于 l_{aE}。直线段锚固长度不足时，该纵向钢筋伸到柱顶后可采用钢筋锚固板锚固，锚固长度非抗震设计不应小于 $0.5l_{ab}$，抗震设计不应小于 l_{abE}，也可采用 90°钢筋弯折锚固，此时纵向钢筋分别向内、外弯折，弯折前的竖直投影长度非抗震设计时不应小于 $0.5l_{ab}$，抗震设计时不应小于 $0.5l_{abE}$。弯折后的水平投影长度不应小于 $12d$。

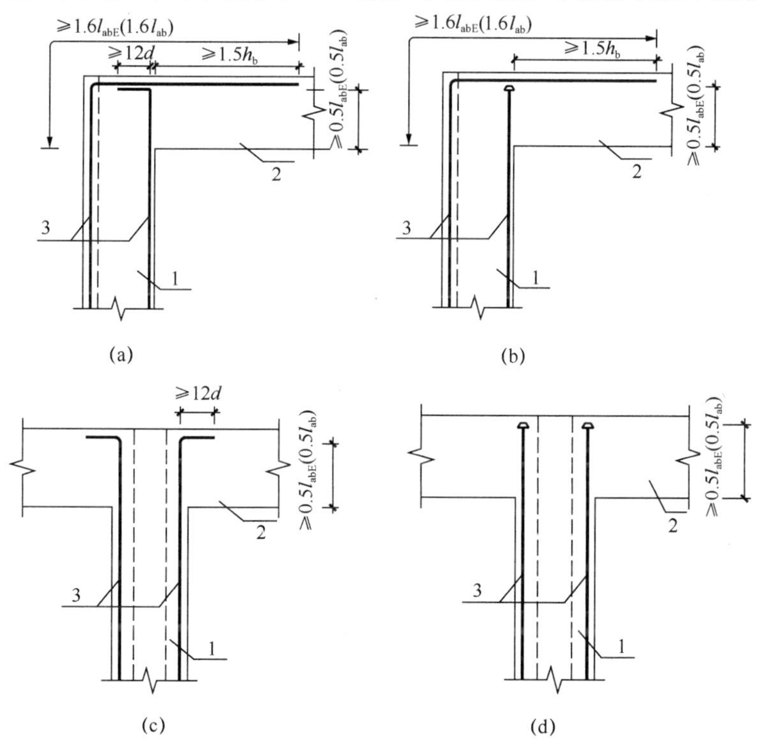

图 6.3.2 框架顶层柱纵向钢筋的锚固和搭接

(a) 顶层端节点钢筋弯折锚固和搭接；(b) 顶层端节点钢筋锚固板锚固和搭接；(c) 顶层中节点钢筋弯折锚固；(d) 顶层中节点钢筋锚固板锚固

1—异形柱；2—框架梁；3—柱的纵向钢筋

2 抗震设计时，贯穿顶层十字形柱中间节点的梁上部纵向钢筋直径，对一、二、三级抗震等级不宜大于该方向柱肢截面高度 h_c 的 1/30。

3 顶层端节点柱外侧纵向钢筋可与梁上部纵向钢筋搭接（图 6.3.2a），搭接长度非抗震设计时不应小于 $1.6l_{ab}$，抗震设计时不应小于 $1.6l_{abE}$。且深入梁内的柱外侧纵向钢筋截面面积不宜少于柱外侧全部纵向钢筋面积的 50%。在梁宽范围以外的柱外侧纵向钢筋可伸入现浇板内，伸入长度应与伸入梁内的相同。

【例 4.4.2-7】某现浇钢筋混凝土异形柱框架结构，混凝土强度等级：框架柱 C35，框架梁、楼板 C30，梁、柱纵向钢筋及箍筋均采用 HRB400（Φ），纵向受力钢筋的保护层厚度为 30mm。该异形柱框架顶层端节点如图 4.4.2-8 所示，计算时按刚接考虑，柱外侧纵向受拉钢筋伸入梁内或板内的水平段长度 l（mm），取以下何项数值才能满足《异形柱规程》的最低要求？

（A）700　　（B）900

（C）1100　　（D）1300

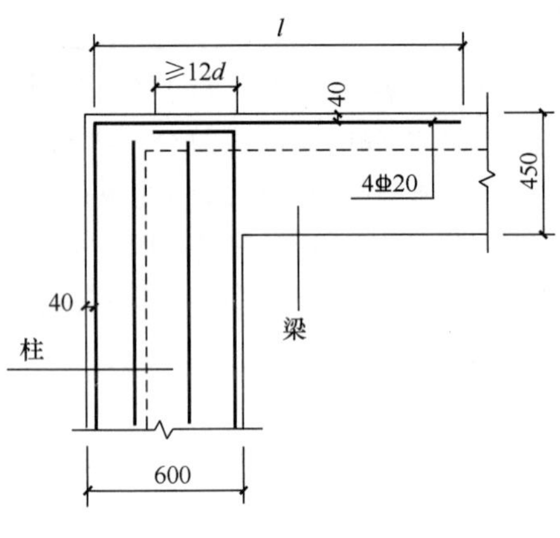

图 4.4.2-8

【答案】（D）

【解答】（1）根据《混规》8.3.1 条

$$l_{ab}=\alpha\frac{f_y}{f_t}d=0.14\times\frac{360}{1.43}\times20=705\text{mm}$$

（2）根据《混规》11.1.7 条，$l_{abE}=1.15l_{ab}=1.15\times705=811$mm。

（3）根据《异形柱规程》图 6.3.2a，按 $\geqslant1.6l_{abE}$ 和 $\geqslant1.5h_b$ 两个条件确定 l

① 边柱外侧纵向由梁底算起的钢筋锚固长度 $\geqslant1.6l_{abE}$，$l=1.6l_{abE}-(450-40)=1.6\times811-410=886$mm

② 边柱内侧算起伸入梁内或板内的水平段长度 $\geqslant1.5h_b$，$l=(600-40)+1.5h_b=560+1.5\times450=1235$mm 取 $l=\max\{886,1235\}=1235$mm，选（D）。

③ 梁纵筋及箍筋在节点区的构造

为了实现"隐式框架"，梁宽往往与柱肢厚度相等或略大于柱肢厚度，《异形柱规程》对这类情况节点的钢筋锚固及箍筋设置有明确要求。

（a）当梁宽与柱肢厚度相等、或每侧宽度凸出柱边不大于 50mm 时

6.3.3 当框架梁的截面宽度与异形柱柱肢截面厚度相等或梁截面宽度每侧凸出柱边不大于 50mm 时，在梁四角上的纵向受力钢筋应在离柱边不小于 800mm 且满足坡度不大于 1/25 的条件下，向本柱肢纵向受力钢筋的内侧弯折锚入梁柱节点核心区。在梁筋弯折处应设置不少于 2 根直径 8mm 的附加封闭箍筋（图 6.3.1-1a）。

对梁的纵筋弯折区段内大于 50mm 的混凝土保护层宜采取有效的放裂构造措施。

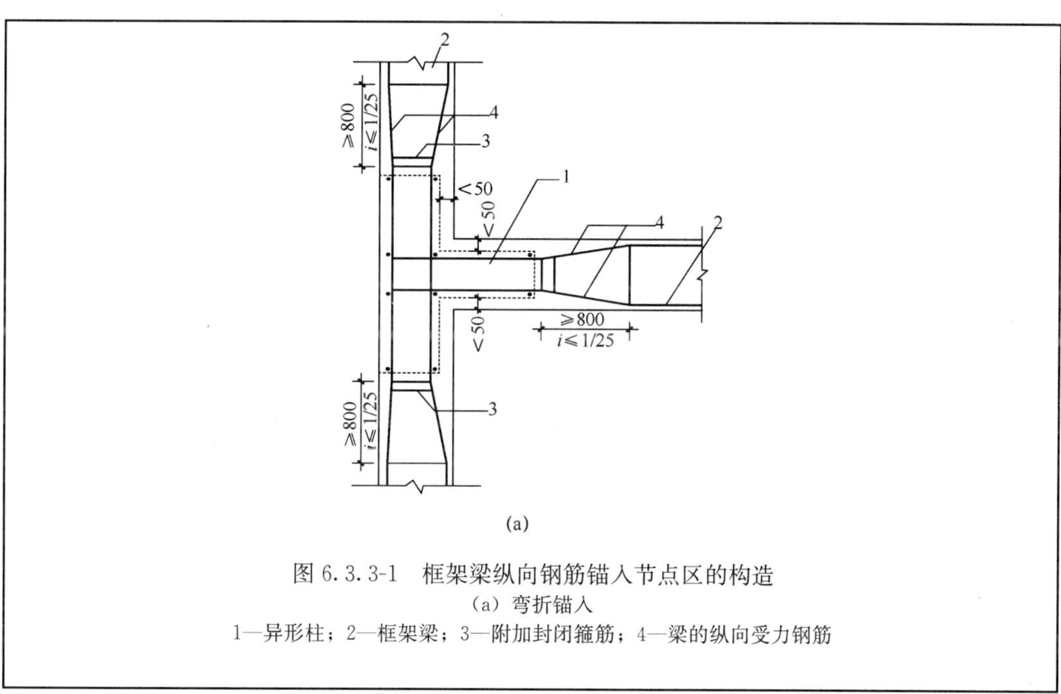

图 6.3.3-1　框架梁纵向钢筋锚入节点区的构造

（a）弯折锚入

1—异形柱；2—框架梁；3—附加封闭箍筋；4—梁的纵向受力钢筋

（b）当梁任一侧宽度凸出柱边 50～70mm 时，应同时满足《异形柱规程》图 6.3.3-1a 和图 6.3.3-2 的要求。

当梁的截面宽度的任一侧凸出柱边不小于 50mm 时，该侧梁角部的纵向受力钢筋可在本柱肢纵向受力钢筋的外侧锚入节点核心区，但凸出柱边尺寸不应大于 75mm（图 6.3.3-1b）。且从柱肢纵向受力钢筋内侧锚入的梁上部、下部纵向受力钢筋，分别不宜小于梁上部、下部纵向受力钢筋截面面积的 70%。

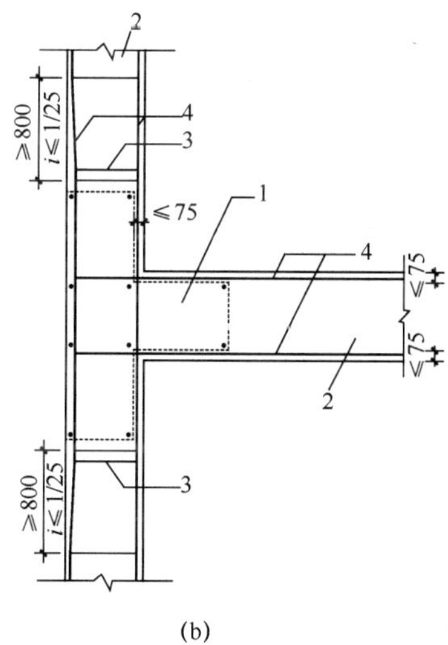

(b)

图 6.3.3-1　框架梁纵向钢筋锚入节点区的构造

（b）直线锚入

1—异形柱；2—框架梁；3—附加封闭箍筋；4—梁的纵向受力钢筋

当上部、下部梁角部的纵向钢筋在本柱肢纵向受力钢筋的外侧锚入节点核心区时，梁的箍筋配置范围应延伸到与另一方向框架梁相交处（图 6.3.3-2），且节点处一倍梁高范围内梁的侧面应设置纵向构造钢筋并伸至柱外侧，钢筋直径不应小于 8mm，间距不应大于 100mm。

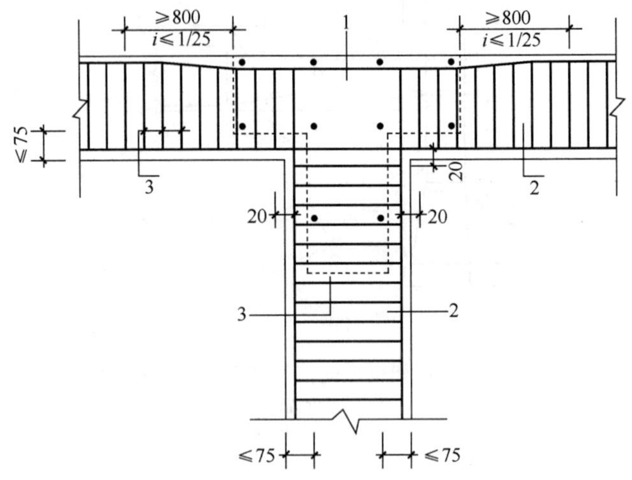

图 6.3.3-2　梁宽大于柱肢厚度时的箍筋构造

（c）框架梁端节点梁纵筋在柱筋外侧锚入节点时，锚固长度应增大，6.3.4 条对图 6.3.4a、b、c 进行了修正。

6.3.4　框架中间层端节点（图 6.3.4a、b），……。当框架梁纵向钢筋在主筋外侧锚入节点时，对钢筋锚固板锚固和 90°钢筋弯折锚固，其锚固长度和弯折前的水平投影段长度均不应小于 $0.5l_{ab}$ 和 $0.5l_{abE}$。

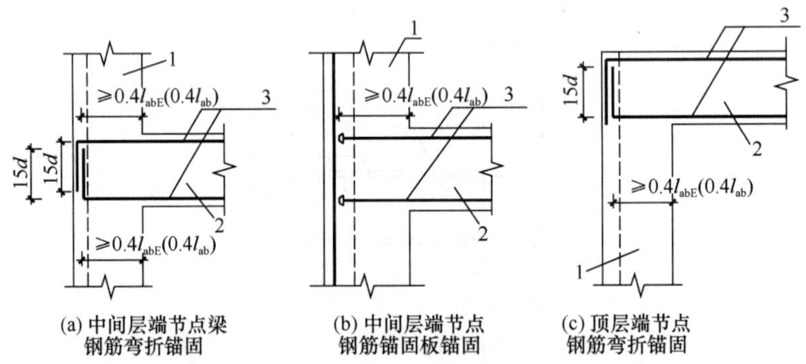

图 6.3.4　框架梁的纵向钢筋在端节点区的锚固

1—异形柱；2—框架梁；3—梁的纵向钢筋

框架顶层端节点（图 6.3.4c），……，当框架梁纵向钢筋在主筋外侧锚入节点时，则不应小于 $0.5l_{ab}$ 和 $0.5l_{abE}$。弯折后的竖直投影长度取 $15d$。

（d）不等高框架梁中间节点梁纵筋在主筋外侧锚入节点时，锚固长度也应增大，见

6.3.5 条 3 款，此处不再赘述。

8. 一般要求

6.1.1 异形柱结构的梁、柱、剪力墙和节点构造措施，除应符合本规程规定外，尚应符合现行国家标准《混凝土结构设计规范》GB 50010 的规定。
6.1.6 异形柱最外层钢筋和纵向受力钢筋的混凝土保护层厚度应符合《混凝土结构设计规范》GB 50010—2010（2015 年版）第 8.2.1 条的规定。

处于一类环境且混凝土强度等级不低于 C40 时，异形柱的混凝土保护层最小厚度可减小 5mm，但纵向受力钢筋的保护层厚度不应小于其直径。
6.1.6 条文说明　较高的混凝土强度具有较好的密实性。

4.5 筒体结构

筒体结构包含二类，即《高规》9.1.1 所指出的二类

9.1.1 本章适用于钢筋混凝土框架-核心筒结构和筒中筒结构

图 4.5.1-1 即列出这二种结构的平面示意图，图 4.5.1-1（a）为“框架-核心筒结构”，图 4.5.1-1（b）为“筒中筒结构”。

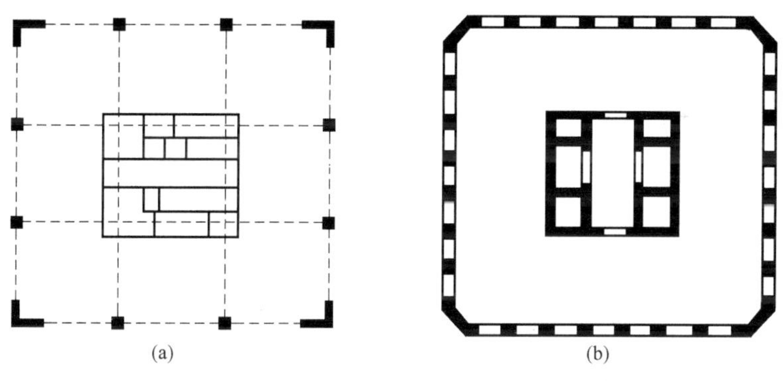

图 4.5.1-1
（a）框架核心筒结构；（b）筒中筒结构

一、一般规定

1. 筒体结构的高度和内外墙距控制

《高规》9.1.1“条文说明”指出

9.1.1 筒体结构具有造型美观、使用灵活、受力合理，以及整体性强等优点，适用于较高的高层建筑。目前全世界最高的 100 幢高层建筑约有 2/3 采用筒体结构；国内 100m 以上的高层建筑约有一半采用钢筋混凝土筒体结构，所用形式大多为框架-核心筒结构和筒中筒结构。

(1) 筒体结构的最大适用高度

《高规》规定

A级高度钢筋混凝土高层建筑的最大适用高度(m)　　表3.3.1-1

结构体系		非抗震设计	抗震设防烈度				
			6度	7度	8度		9度
					0.20g	0.30g	
筒体	框架-核心筒	160	160	150	100	90	70
	筒中筒	200	200	180	120	100	80

B级高度钢筋混凝土高层建筑的最大适用高度(m)　　表3.3.1-2

结构体系		非抗震设计	抗震设防烈度			
			6度	7度	8度	
					0.20g	0.30g
筒体	框架-核心筒	220	210	180	140	120
	筒中筒	300	280	230	170	150

【例4.5.1-1】某钢筋混凝土高层筒中筒结构，矩形平面的宽度26m，长度30m，抗震设防烈度为7度，要求在高宽比不超过《高规》规定B级高度的限值的前提下，下列何项高度H(m)符合要求?

(A) 156　　(B) 230　　(C) 150　　(D) 208

【答案】(D)

【解答】根据《高规》表3.3.1-2，B级高度的筒中筒结构，$H=230$m。

根据《高规》表3.3.2，高宽比限值为$H/B=8$。

则$H=8B=8\times26=208$m，故取$H=208$m。

(2) 筒体结构的最大高宽比

《高规》规定

钢筋混凝土高层建筑结构适用的最大高宽比　　表3.3.2

结构体系		非抗震设计	抗震设防烈度		
			6度、7度	8度	9度
筒体	框架-核心筒	8	7	6	4
	筒中筒	8	8	7	5

【例4.5.1-2】钢筋混凝土筒中筒结构的高宽比，宜大于下列哪项?

(A) 3　　(B) 4　　(C) 5　　(D) 6

【答案】(A)

【解答】根据《高规》9.1.2条，筒中筒结构的高度不宜低于80m，高宽比不应小于3。

(3) 筒体结构的最小适用高度、最小高宽比

《高规》9.1.2 条的“规定”和“条文说明”指出

9.1.2 筒中筒结构的高度不宜低于 80m，高宽比不宜小于 3。对高度不超过 60m 的框架-核心筒结构，可按框架-剪力墙结构设计。

9.1.2 （条文说明） 研究表明，筒中筒结构的空间受力性能与其高度和高宽比有关，当高宽比小于 3 时，就不能较好地发挥结构的整体空间作用；框架-核心筒结构的高度和高宽比可不受此限制。对于高度较低的框架-核心筒结构，可按框架-抗震墙结构设计，适当降低核心筒和框架的构造要求。

【例 4.5.1-3】 混凝土筒中筒结构的高度（m）不宜低于下列哪一个数值？

（A）60　　（B）80

（C）100　　（D）120

【答案】（B）

【解答】 根据《高规》9.1.2 条规定：筒中筒结构的高度不宜低于 80m，高宽比不应小于 3。

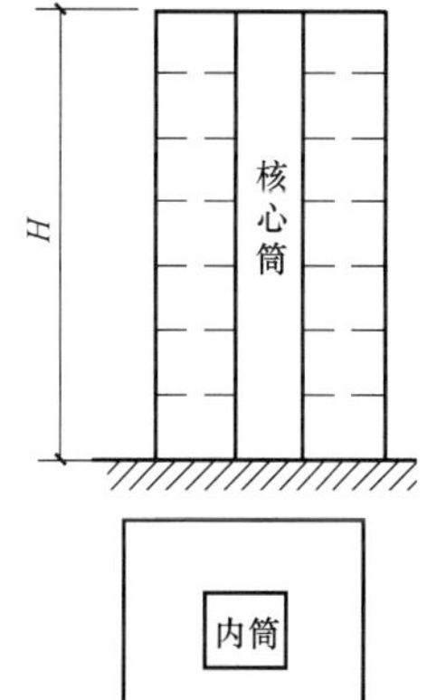

图 4.5.1-2

（4）核心筒和内筒的高宽比控制

图 4.5.1-2 列出筒体结构中“核心筒”和“内筒”的布置示意图。《高规》9.2.1 条和 9.3.3 条给出了“核心筒”和“内筒”的高宽比控制值。并在“条文说明”中讲述了控制的原因。

《高规》的“规定”和“条文说明”指出

9.2.1 核心筒宜贯通建筑物全高。核心筒的宽度不宜小于筒体总高的 1/12，当筒体结构设置角筒、剪力墙或增强结构整体刚度的构件时，核心筒的宽度可适当减小。

9.2.1 （条文说明） 核心筒是框架-核心筒结构的主要抗侧力结构，应尽量贯通建筑物全高。一般来讲，当核心筒的宽度不小于筒体总高度的 1/12 时，筒体结构的层间位移就能满足规定。

9.3.3 内筒的宽度可为高度的 1/12～1/15，如有另外的角筒或剪力墙时，内筒平面尺寸可适当减小。内筒宜贯通建筑物全高，竖向刚度宜均匀变化。

【例 4.5.1-4】 钢筋混凝土筒中筒结构内筒的边长与高度的比值，在下列何种数值范围内是合适的？

（A）1/6～1/8　　（B）1/8～1/10

（C）1/10～1/12　　（D）1/12～1/15

【答案】（D）

根据《高规》9.3.3 条规定，内筒的边长可为高度的 1/12～1/15。

（5）内筒和外墙的中距

《高规》规定

9.1.5 核心筒或内筒的外墙与外框柱间的中距，非抗震设计大于 15m、抗震设计大于 12m 时，宜采取增设内柱等措施。

【例 4.5.1-5】有一位于7度抗震设防区的钢筋混凝土筒中筒结构，高160m，平面尺寸为42m×36m，楼面采用压型钢板混凝土组合楼面，下列各项中，最有可能采用何项作为内筒平面尺寸？

（A）15m×13m　（B）17m×14m　（C）18m×15m　（D）21m×16m

【答案】（C）

【解答】根据《高规》9.1.5条“核心筒或内筒的外墙与外框柱向中距，非抗震设计大于15m，抗震设计大于12m时，宜采取增设内柱等措施”根据此条及条文说明即筒体到外墙不宜大于12m，这样，内筒的长边尺寸为42m－2×12m＝18m，短边尺寸为36m－2×12m＝12m，即从结构角度上考虑，内筒理想平面尺寸为18m×12m，（A）（B）的尺寸过小，如按此尺寸，要采取增设内柱的措施，如选（D）虽然满足9.1.5条规定，但内筒占的面积过大不经济，比较合理为（C）。

2. 抗震等级和轴压比

（1）抗震等级

《高规》规定

A级高度的高层建筑结构抗震等级　表3.9.3

结构类型			烈度			
			6度	7度	8度	9度
筒体结构	框架-核心筒	框架	三	二	一	一
		核心筒	二	二	一	一
	筒中筒	内筒	三	二	一	一
		外筒				

B级高度的高层建筑结构抗震等级　表3.9.4

结构类型		烈度		
		6度	7度	8度
框架-核心筒	框架	二	一	一
	筒体	二	一	特一
筒中筒	外筒	二	一	特一
	内筒	二	一	特一

注：底部带转换层的筒体结构，其转换框架和底部加强部位筒体的抗震等级应按表中部分框支剪力墙结构的规定采用。

（2）轴压比

《高规》9.1.9条的“规定”和“条文说明”指出

9.1.9　抗震设计时，框筒柱和框架柱的轴压比限值可按框架-剪力墙结构的规定采用。

9.1.9　在筒体结构中，大部分水平剪力由核心筒或内筒承担、框架柱或框筒柱所受剪力远小于框架结构中的柱剪力，剪跨比明显增大，因此其轴压比限位可比框架结构适当放松，可按框架-剪力墙结构的要求控制柱轴压比。

柱轴压比限值的具体取值见《高规》表 6.4.2。

柱轴压比限值　　表 6.4.2

结构类型	抗震等级			
	一	二	三	四
框架-核心筒、筒中筒结构	0.75	0.85	0.90	0.95

【例 4.5.1-6】 核心筒的抗震等级

条件：某 102m 的现浇框架核心筒高层建筑，内筒为钢筋混凝土筒体，外周边为钢筋混凝土框架，该建筑物抗震设防烈度为 7 度，丙类，场地类别为Ⅱ类，设计基本地震加速度为 0.1g。

要求：核心筒的抗震等级

【解答】（1）高度 102m，查《高规》表 3.3.1-1 知，该结构属 A 级高度。

（2）丙类、7 度、Ⅱ类场地，根据《高规》3.9.1 条规定，按 7 度考虑抗震等级。

（3）Ⅱ类场地，设计基本地震加速度 0.1g 根据《高规》3.9.2 条，不考虑调整。

（4）查《高规》表 3.9.3 知，核心筒的抗震等级为二级。

二、计算分析

1. 截面的设计校核

《高规》规定

9.1.6 核心筒或内筒中剪力墙截面形状宜简单；截面形状复杂的墙体可按应力进行截面设计校核。

【例 4.5.2-1】 圆形筒中筒结构底层窗间墙的应力计算

条件：某 40 层、高 150m 的圆形筒中筒结构如图 4.5.2-1 所示。承受三角形分布的风荷载，顶部的风荷载标准值为 60.8kN/m，设风力全部由外筒墙抵抗。外筒外径为 32m、底层筒壁厚 0.3m，窗洞面积为外筒面积的一半。外筒墙底部承受由竖向力形成的最大压应力设计值为 11N/mm²。

要求：筒底窗间墙的应力设计值。

【解答】

（1）外筒的截面惯性矩 I

外径 D=32m，内径 d=31.4m，$I=\frac{1}{2}\left(\frac{\pi(D^4-d^4)}{64}\right)=\frac{\pi(32^4-31.4^4)}{128}=1876\text{m}^4$

（2）风荷载产生的底部最大压应力标准值

结构底层总弯矩 $M=\frac{1}{2}\times150\times60.8\times\frac{2}{3}\times150=456000\text{kN}\cdot\text{m}$。风荷载产生的最大压应力 $\sigma_w=\frac{M}{I}y=\frac{456000}{1876}\times(16-0.15)=3853\text{kN/m}^2=3.853\text{N/mm}^2$

（3）风荷载和垂直荷载组合后、筒底窗间墙的组合应力

$$\sigma=\sigma_c+\psi_w\gamma_w\sigma_w=11+1.0\times1.4\times3.85=16.4\text{N/mm}^2$$

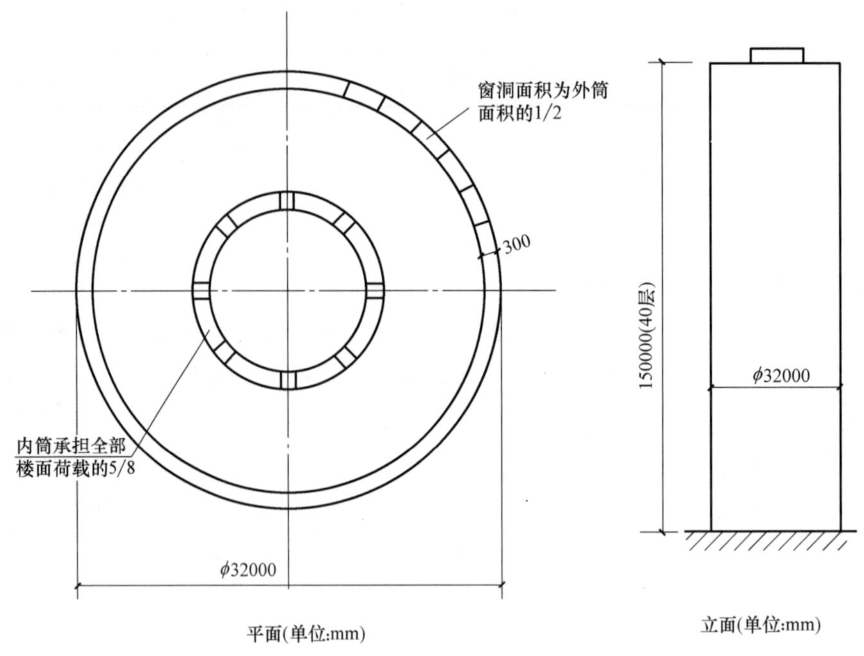

图 4.5.2-1

2. 框架部分楼层地震剪力的调整

框架-筒体结构假定只有两个正交主轴方向，结构在一个主轴方向的水平荷载作用下，结构仅产生单向的水平位移，整个结构体系的变形可用一条侧向水平位移曲线来表达。根据结构体系的变形特点，可将框架-筒体空间结构体系简化为两个正交主轴方向的平面结构，实腹墙筒体折算为一个平面结构；同一主轴方向的各榀框架合并为一个总框架；每层楼盖用一个铰接刚性连杆来代表，而不考虑连梁的作用，连杆将筒体和总框架连接为一个并联体，其计算简图类似于框架-剪力墙结构（图 4.5.2-2）。故《高规》规定

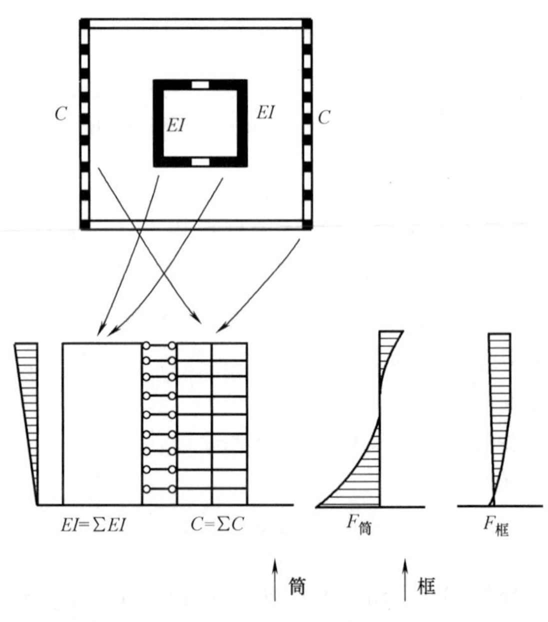

图 4.5.2-2　筒体结构的计算简图

> **9.1.2**　对高度不超过 60m 的框架-核心筒结构，可按框架-剪力墙结构设计。

实腹墙筒体和总框架各自在水平荷载作用下的侧向位移曲线分别为弯曲型和剪切型。前者上部层间位移大，后者下部层间位移大。框架-实腹墙筒体结构在水平荷载作用下，侧向位移曲线的下半段接近弯曲型，曲线的上半段接近剪切型。

图 4.5.2-3 给出了均布荷载作用下总框架与实腹墙筒体之间的剪力分配关系。由图可

见，总框架和实腹墙筒体之间剪力分配在各层是不相同的。实腹墙筒体下部承受大部分剪力，而总框架承受剪力较小，弹性阶段总框架底截面计算剪力 V_f 很小，不到底部截面总剪力 V_0 的 5%。在上部实腹墙筒体出现负剪力，而总框架却担负了较大的正剪力。在顶部，总框架的剪力 V_f 和实腹墙筒体的剪力 V_w 都不是零，它们的和等于零（在倒三角分布及均布荷载作用时，外荷载产生的总剪力为零）。

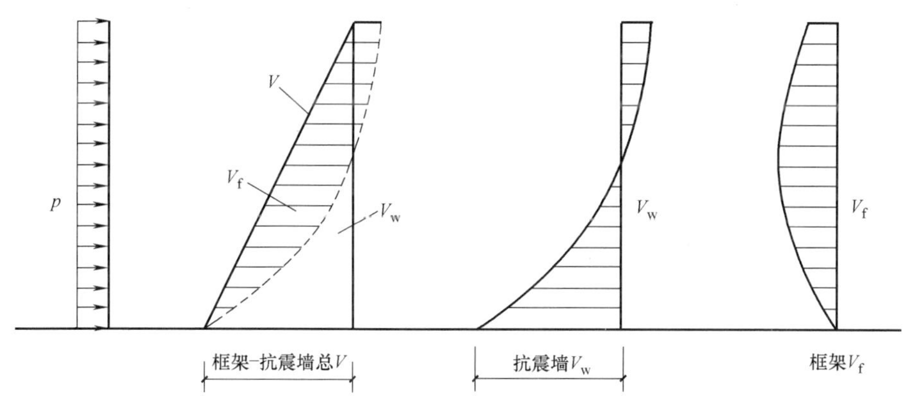

图 4.5.2-3 总框架与实腹墙筒体之间的剪力分配关系

框架-实腹墙筒体结构中各层框架的总剪力分布完全不同于纯框架，框架的最大总剪力值 $V_{f,max}$不在底部，而在中部某层。

框架-实腹墙筒体结构中，总框架与实腹墙筒体相比，其抗剪刚度是很小的，故在地震作用下，楼层地震总剪力主要由实腹墙筒体来承担，框架柱只承担很小一部分，就是说总框架由于地震作用引起的内力是很小的，而总框架作为抗震的第二道防线，过于单薄是不利的。因为计算中采用了楼板平面内刚度无限大的假定，即认为楼板在自身平面内是不变形的。实际上楼板是有变形的，变形的结果将使框架部分的水平位移大于实腹墙筒体的水平位移，相应的，框架实际承受的水平力大于采用刚性楼板假定的计算结果。另外，实腹墙筒体的刚度大，承受了大部分水平力，因而在地震作用下，实腹墙筒体会首先开裂，刚度降低，从而使一部分地震力向框架转移，框架受到的地震作用会显著增加。

由内力分析可知，框架-实腹墙筒体结构中的框架，受力情况不同于纯框架结构中的框架，它下部楼层的计算剪力很小，其底部接近于零。显然，直接按照计算的剪力进行配筋是不安全的，必须予以适当的调整，使框架具有足够的抗震能力，使框架成为框架-实腹墙筒体结构的第二道防线。为了保证框架部分有一定的能力储备，需要对框架部分所承担的地震剪力进行调整，规定一个限值。《高规》9.1.11 条及其“条文说明”给出了如何进行调整的规定

9.1.11 抗震设计时，筒体结构的框架部分按侧向刚度分配的楼层地震剪力标准值应符合下列规定：

1 框架部分分配的楼层地震剪力标准值的最大值不宜小于结构底部总地震剪力标准值的 10%。

2 当框架部分分配的地震剪力标准值的最大值小于结构底部总地震剪力标准值的10%时，各层框架部分承担的地震剪力标准值应增大到结构底部总地震剪力标准值的15%；此时，各层核心筒墙体的地震剪力标准值宜乘以增大系数1.1，但可不大于结构底部总地震剪力标准值，墙体的抗震构造措施应按抗震等级提高一级后采用，已为特一级的可不再提高。

3 当框架部分分配的地震剪力标准值小于结构底部总地震剪力标准值的20%，但其最大值不小于结构底部总地震剪力标准值的10%时，应按结构底部总地震剪力标准值的20%和框架部分楼层地震剪力标准值中最大值的1.5倍二者的较小值进行调整。

按本条第2款或第3款调整框架柱的地震剪力后，框架柱端弯矩及与之相连的框架梁端弯矩、剪力应进行相应调整。

有加强层时，本条框架部分分配的楼层地震剪力标准值的最大值不应包括加强层及其上、下层的框架剪力。

9.1.11（条文说明） 对框架-核心筒结构和筒中筒结构，如果各层框架承担的地震剪力不小于结构底部总地震剪力的20%，则框架地震剪力可不进行调整；否则，应接本条的规定调整框架柱及与之相连的框架梁的剪力和弯矩。

设计恰当时，框架核心筒结构可以形成外周框架与核心筒协同工作的双重抗侧力结构体系。实际工程中，由于外周框架柱的柱距过大、梁高过小，造成其刚度过低、核心筒刚度过高，结构底部剪力主要由核心筒承担。这种情况，在强烈地震作用下、核心筒墙体可能损伤严重，经内力重分布后，外周框架会承担较大的地震作用。因此，本条第1款对外周框架按弹性刚度分配的地震剪力作了基本要求；对本规程规定的房屋最大适用高度范围的筒体结构，经过合理设计，多数情况应该可以达到此要求。一般情况下，房屋高度越高时，越不容易满足本条第1款的要求。

通常，筒体结构外周框架剪力调整的方法与本规程第8章框架-剪力墙结构相同，即本条第3款的规定。当框架部分分配的地震剪力不满足本条第1款的要求，即小于结构底部总地震剪力的10%时，意味着筒体结构的外周框架刚度过弱，框架总剪力如果仍按第3款进行调整，框架部分承担的剪力最大值的1.5倍可能过小，因此要求按第2款执行，即各层框架剪力按结构底部总地震剪力的15%进行调整，同时要求对核心筒的设计剪力和抗震构造措施予以加强。

对带加强层的筒体结构，框架部分最大楼层地震剪力可不包括加强层及其相邻上、下楼层的框架剪力。

框架部分剪力的调整是框架-实腹墙筒体结构进行内力计算后，为提高框架部分承载力的一种人为的措施，是调整截面设计用的内力设计值，所以调整后，节点弯矩与剪力不再保持平衡，也不必再重新分配节点弯矩。

为了便于理解、现用示意图来讲述。图4.5.2-4的竖向坐标为楼层位置、坐标原点为地面、顶上为屋面位置、竖向坐标中间各点为各层楼层的位置。横向坐标为剪力值。中间的三角形斜线表示在均布的水平荷载作用下、房屋整体各层所承受的总剪力值，基底的总剪力为V_0。右边的曲线表示在均布的水平荷载作用下、房屋框架部分各层所承受的总剪

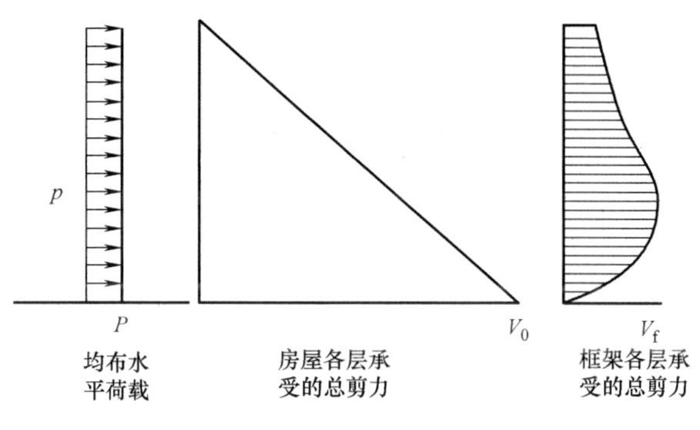

图 4.5.2-4

力值 V_f。最大的楼层剪力值 $V_{f,max}$不在底部。

(1) 如果各层框架承担的地震剪力不小于结构底部总地震剪力的 20%，则框架地震剪力可不进行调整，图 4.5.2-5 就表示这种情况。

(2) 当框架部分分配的地震剪力标准值小于结构底部总地震剪力标准值的 20%，但其最大值不小于结构底部总地震剪力标准值的 10%时（图 4.5.2-6），应按结构底部总地震剪力标准值的 20%和框架部分楼层地震剪力标准值中最大值的 1.5 倍二者的较小值进行调整。图 4.5.2-7 就表示这种情况。

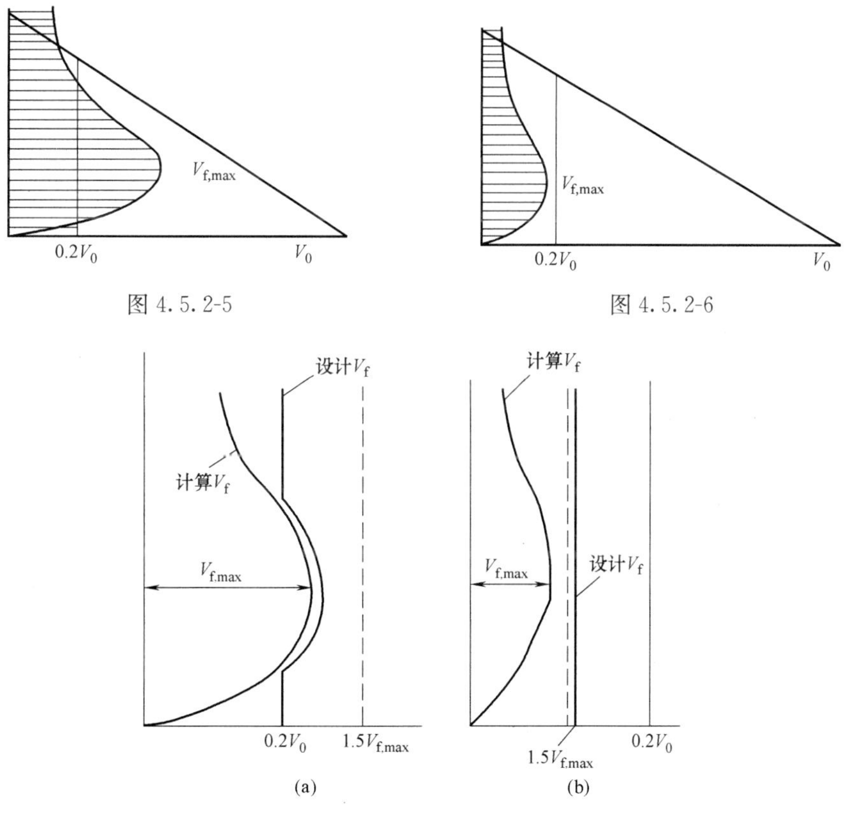

图 4.5.2-5

图 4.5.2-6

图 4.5.2-7

（3）当框架部分分配的地震剪力标准值的最大值小于结构底部总地震剪力标准值的10%时（图4.5.2-8），作下列三项调整。

① 各层框架部分承担的地震剪力标准值应增大到结构底部总地震剪力标准值的15%；

② 各层核心筒墙体的地震剪力标准值宜乘以增大系数1.1，但可不大于结构底部总地震剪力标准值；

③ 墙体的抗震构造措施应按抗震等级提高一级后采用，已为特一级的可不再提高。

图 4.5.2-8

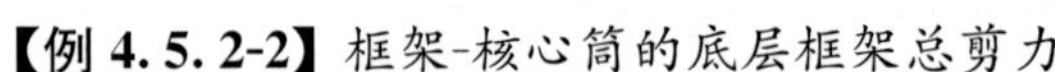

【例 4.5.2-2】框架-核心筒的底层框架总剪力

条件：某32层现浇框架-核心筒高层建筑如图4.5.2-9所示，内筒为钢筋混凝土筒体，外周边为型钢混凝土框架，房屋高度98m，建筑物的竖向体型比较规则、均匀。该建筑物抗震设防烈度为7度0.15g，丙类，设计地震分组为第一组，Ⅱ类场地，结构基本自振周期T_1=3.0s。建筑物总重力荷载代表值6×10^5kN，地震作用分析时，计算得到未经调整的底部总剪力标准值9000kN，各层框架总剪力中底层最大，为800kN。

要求：抗震设计时，对应于地震作用标准值的底层框架总剪力取值。

【解答】根据《高规》4.3.12条表4.3.12，基本周期3.0s，7度0.15g，查得λ=0.024

$$V_{\mathrm{Ek1}}=\lambda\sum_{j=1}^{n}G_j$$
$$=0.024\times6\times10^5$$
$$=14400\mathrm{kN}>9000\mathrm{kN},$$

需要调整各层剪力。

图 4.5.2-9 （楼盖梁及外框架梁未标出）

设计地震分组为第一组，Ⅱ类场地，T_g=0.35，$5T_g$=1.75s<T_1=3.0s，基本周期位于反应谱的位移控制段。根据《建筑抗震设计规范》5.2.5条文说明，若结构基本周期位于反应谱的位移控制段，则各楼层i均需按底部的剪力系数的差值$\Delta\lambda_0$增加该层的地震剪力——$\Delta F_{\mathrm{Ek}i}=\Delta\lambda_0G_{\mathrm{E}i}$。

$$\Delta\lambda_0=0.024-\frac{9000}{6\times10^5}=0.009$$

底层剪力增量按原框架与筒体剪力的比例分配：

$$V_{\mathrm{f1}}=800+\Delta\lambda G_{\mathrm{E1}}\cdot\frac{800}{9000}=800+0.009\times6\times10^5\times\frac{800}{9000}=1280\mathrm{kN}$$

$$\frac{1280}{14400}=0.089<10\%,\text{即}\frac{800}{9000}=0.089<10\%$$

根据《高规》11.1.6，9.1.11条，底层框架部分分配的剪力：

$$V_{\mathrm{f1}}=0.15V_0=0.15\times14400=2160\mathrm{kN}$$

【例 4.5.2-3】调整后各楼层框架的剪力

条件：某现浇框架-核心筒高层建筑结构，地上 35 层高 130m，内筒为钢筋混凝土，外周边为钢筋混凝土框架，抗震设防烈度为 7 度，丙类，设计地震分组为第一组，设计基本地震加速度为 0.1g，场地类别为Ⅱ类。结构的基本自振周期 $T_1=20$s，周期折减系数取 0.8。该建筑物总重力荷载代表值为 6×10^5kN。抗震设计时，在水平地震作用下，对应于地震作用标准值的结构底部总剪力计算值为 8800kN；对于地震作用标准值且未经调整的各层框架总剪力中，其中 24 层最大，其计算值为 1600kN。

要求：调整后各楼层框架的剪力（kN）

【解答】根据《高规》4.3.12 条表 4.3.12，基本周期 20.0s、7 度，0.1g，查得 $\lambda=0.012$，故底层水平地震作用标准值最小值应取为

$0.012\times6\times10^5=7200\text{kN}<8800\text{kN}$，应取 V_0-8800kN。

$$\text{今 } V_{f,max}=1600\text{kN}<0.2V_0=0.2\times8800\text{kN}=1760\text{kN}$$

$$V_{f,max}=1600\text{kN}>0.1V_0=0.1\times8800\text{kN}=880\text{kN}$$

根据《高规》9.1.11 条 3 款规定，框架部分分配的地震剪力标准值应按结构底部总地震剪力标准值的 20％和框架部分楼层地震剪力标准值中最大值的 1.5 倍二者的较小值进行调整。

$0.2V_0=0.2\times8800=1760$kN，$1.5V_{f,max}=1.5\times1600=2400$kN，取小值 1760kN。

【例 4.5.2-4】

某 40 层高层办公楼，建筑物总高度 152m，采用型钢混凝土框架-钢筋混凝土核心筒结构体系，楼面梁采用钢梁，核心筒采用普通钢筋混凝土，经计算地下室顶板可作为上部结构的嵌固部位。该建筑抗震设防类别为标准设防类（丙类），抗震设防烈度为 7 度，设计基本地震加速度为 0.10g，设计地震分组为第一组，建筑场地类别为Ⅱ类。

该结构中框架柱数量各层保持不变，按侧向刚度分配的水平地震作用标准值如下：结构基底总剪力标准值 $V_0=29000$kN，各层框架承担的地震剪力标准值最大值 $V_{f,max}=3828$kN。某楼层框架承担的地震剪力标准值 $V_f=3400$kN，该楼层某柱的柱底弯矩标准值 $M=596$kN·m，剪力标准值 $V=156$kN。试问，该柱进行抗震设计时，相应于水平地震作用的内力标准值 M（kN·m）、V（kN）最小取下列何项数值时，才能满足规范、规程对框架部分多道防线概念设计的最低要求？

(A) 600、160　(B) 670、180　(C) 1010、265　(D) 1100、270

【答案】(C)

【解答】根据《高规》第 11.1.9、9.1.11 条，

$V_f=3400\text{kN}<0.2V_0=29000\times0.2=5800$kN，但 $V_{f,max}=3828\text{kN}>0.1V_0=0.1\times29000=2900$kN

该层柱内力需要调整

$$1.5V_{f,max}=1.5\times3828=5742\text{kN}<0.2V_0$$

取较小值 $V=5742$kN 作为框架部分承担的总剪力

根据《高规》第 9.1.11 条第 3 款，该层框架内力调整系数$=5742\div3400=1.69$

该层柱底弯矩 $M=596\times1.69=1007.24$kN·m，剪力 $V=156\times1.69=263.64$kN

故（C）满足要求。

三、构造措施

1. 角部边缘构件的抗震构造措施

《抗震》6.7.2条的“条文说明”指出筒体结构的角部要加强

> **6.7.2** 框架-核心筒结构的核心筒、筒中筒结构的内筒，都是由抗震墙组成的，也都是结构的主要抗侧力竖向构件，其抗震构造措施应符合本章第6.4节和第6.5节的规定，包括墙的最小厚度、分布钢筋的配置、轴压比限值、边缘构件的要求等，以使筒体具有足够大的抗震能力。
>
> 框架-核心筒结构的框架较弱，宜加强核心筒的抗震能力；核心筒连梁的跨高比一般较小，墙的整体作用较强。因此，核心筒角部的抗震构造措施予以加强。

如何加强筒体结构角部、要采用那些抗震构造措施，《抗震》6.7.2条有具体规定。

> **6.7.2** 框架-核心筒结构的核心筒、筒中筒结构的内筒，其抗震墙除应符合本规范第6.4节的有关规定外，尚应符合下列要求：
>
> 1 抗震墙的厚度、竖向和横向分布钢筋应符合本规范第6.5节的规定；筒体底部加强部位及相邻上一层，当侧向刚度无突变时不宜改变墙体厚度。
>
> 2 框架核心筒结构一、二级筒体角部的边缘构件宜按下列要求加强：底部加强部位，约束边缘构件范围内宜全部采用箍筋，且约束边缘构件沿墙肢的长度宜取墙肢截面高度的1/4，底部加强部位以上的全高范围内宜按转角墙的要求设置约束边缘构件。
>
> 3 内筒的门洞不宜靠近转角。

从《抗震》6.7.2条的规定，可知有下列构造问题要关注：

① 设置约束边缘构件的范围

② 约束边缘构件沿墙肢的长度

③ 约束边缘构件范围内用于约束混凝土的箍筋配置

④ 竖向和横向分布钢筋的配置

《高规》9.2.2条的“条文说明”亦指出筒体结构的角部要加强

> **9.2.2** 抗震设计时，核心筒为框架-核心筒结构的主要抗侧力构件，本条对其底部加强部位水平和竖向分布钢筋的配筋率、边缘构件设置提出了比一般剪力墙结构更高的要求。

《高规》规定

> **9.2.2** 抗震设计时，核心筒墙体设计尚应符合下列规定：
>
> 1 底部加强部位主要墙体的水平和竖向分布钢筋的配筋率均不宜小于0.30%；
>
> 2 底部加强部位约束边缘构件沿墙肢的长度宜取墙肢截面高度的1/4，约束边缘构件范围内应主要采用箍筋；
>
> 3 底部加强部位以上宜按本规程7.2.15条的规定设置约束边缘构件。

现通过“筒体结构的角部边缘构件”和“剪力墙结构的 L 形转角边缘构件”进行对比的方式，来讨论这些构造问题。

表 4.5.3-1

构造规定的内容	筒体结构的角部边缘构件	剪力墙结构的 L 形转角边缘构件
沿房屋高度边缘构件的设置	底部加强部位，设置更高要求的约束边缘构件 其余楼层，按转角墙的要求设置约束边缘构件	底部加强部位及以上一层，按转角墙的要求设置约束边缘构件 其余楼层，按转角墙的要求设置构造边缘构件
底部加强部位，约束边缘构件沿墙肢的长度	沿墙肢的长度宜取墙肢截面高度 h_w 的 1/4（$0.25h_w$）	按不同的抗震等级、轴压比取相应的长度（$0.10h_w$，$0.15h_w$，$0.20h_w$）
底部加强部位，约束边缘构件范围内箍筋	宜全部采用箍筋（配箍特征值 λ_v）	分成二区、即是配置箍筋（λ_v）区域和配置箍筋和拉筋（$\lambda_v/2$）区域
底部加强部位，竖向和横向分布钢筋	配筋率>0.30%	配筋率>0.25%
底部加强部位，墙的厚度	当侧向刚度无突变时不宜改变墙体厚度	—

对‘约束边缘构件范围内用于约束混凝土的箍筋配置’的问题，《高规》9.2.2 条提出了“约束边缘构件范围内应主要采用箍筋”的新规定，这和原有规定是有差异的，对这问题“条文说明”有交代

> **9.2.2**（条文说明） 约束边缘构件通常需要一个沿周边的大箍，再加上各个小箍或拉筋，而小箍是无法勾住大箍的，会造成大箍的长边无支长度过大，起不到应有的约束作用。因此，第 2 款将 02 规程“约束边缘构件范围内全部采用箍筋”的规定改为主要采用箍筋，即采用箍筋与拉筋相结合的配箍方法。

现用示意图来说明上述“条文说明”的观点。图 4.5.3-1（a）为“全部采用箍筋”、图 4.5.3-1（b）为“主要采用箍筋”，即采用箍筋与拉筋相结合的配箍方法。显然、人箍的无支长度二者是不同的。“主要采用箍筋”并不是内部全改用拉筋，拉筋可以减小外圈箍筋的无肢长度，但在沿墙段长度方向、也减小了对混凝土的约束，故可间隔地布设箍筋和拉筋。

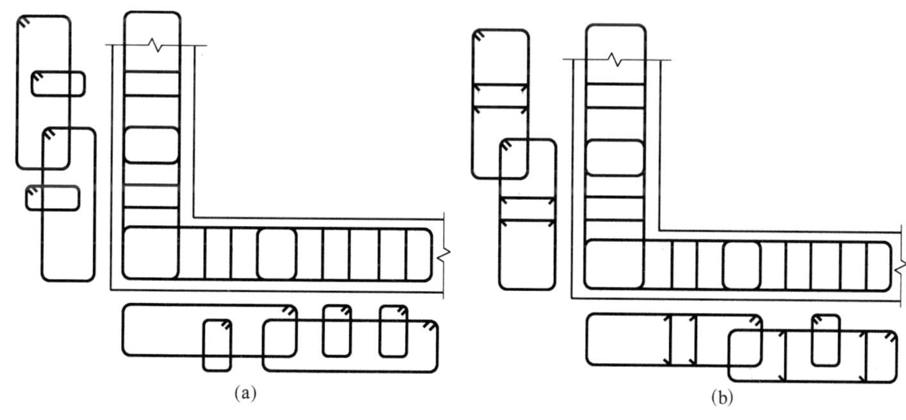

图 4.5.3-1
（a）全部采用箍筋；（b）采用箍筋与拉筋相结合

【例 4.5.3-1】

某底部带转换层的钢筋混凝土框架—核心筒结构，抗震设防烈度为 7 度，丙类建筑，建于Ⅱ类建筑场地。该建筑物地上 31 层，地下 2 层；地下室在主楼平面以外部分，无上部结构。地下室顶板±0.000 处可作为上部结构的嵌固部位，纵向两榀边框架在第三层转换层设置托柱转换梁，如图 4.5.3-2 所示。

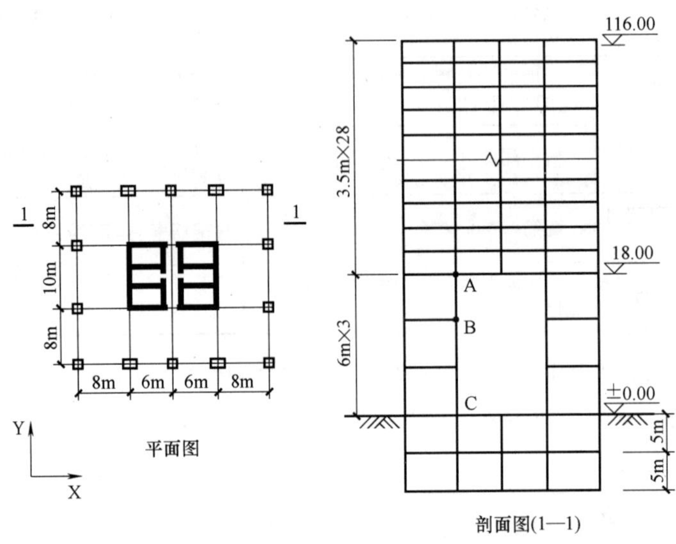

图 4.5.3-2

底层核心筒外墙转角处，墙厚 400，如图 4.5.3-3 所示；轴压比为 0.5，满足轴压比限值的要求。如在第四层该处设边缘构件（其中 b 为墙厚、L_1 为箍筋区域、L_2 为箍筋或拉筋区域），试确定 b（mm），L_1（mm），L_2（mm）为下列何组数值时，最接近并符合相关规范、规程的最低构造要求？

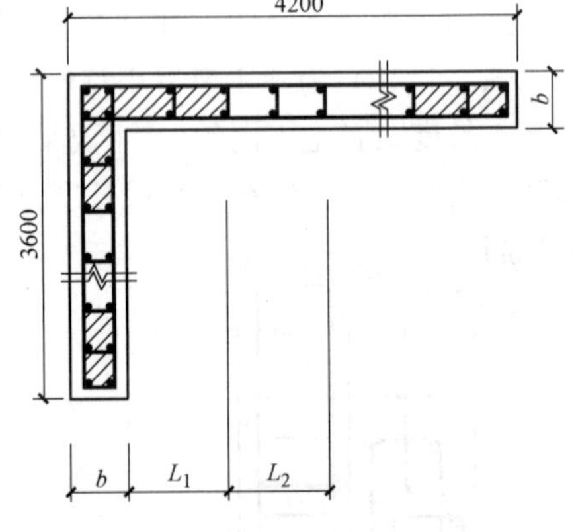

图 4.5.3-3

(A) 350；350；0

(B) 350；350；630

(C) 400；400；250

(D) 400；650；0

【答案】(D)

【解答】(1)《高规》10.2.2 条，“带转换层的高层建筑结构，其剪力墙底部加强部位的高度应从地下室顶板算起，宜取至转换层以上两层且不宜小于房屋高度的 1/10，”第四层应属于加强部位。

(2)《抗震》6.7.2 条 1 款，“筒体底部加强部位及相邻上一层，当侧向刚度无突变时不宜改变墙体厚度”。第四层墙体厚度 b=400mm。

(3)《高规》9.2.2 条 2 款，“底部加强部位角部墙体约束边缘构件沿墙肢的长度宜取墙肢截面高度的 1/4，”墙肢截面高度 4200mm，墙体约束边缘构件沿墙肢的长度 l_c＝4200/4＝1050mm。

（4）《抗震》6.7.2 条 2 款，“底部加强部位，约束边缘构件范围内宜全部采用箍筋”，

$$L_1=l_c-b=1050-400=650\text{mm},\ L_2=0$$

（5）选（D）

【例 4.5.3-2】

建筑为大底盘现浇钢筋混凝土框架-核心筒结构，平面和竖向均比较规则，立面如图 4.5.3-4 所示。抗震设防烈度 7 度，丙类建筑，Ⅱ类场地土。地面以上第三层内筒外墙转角，如图 4.5.3-5 所示。

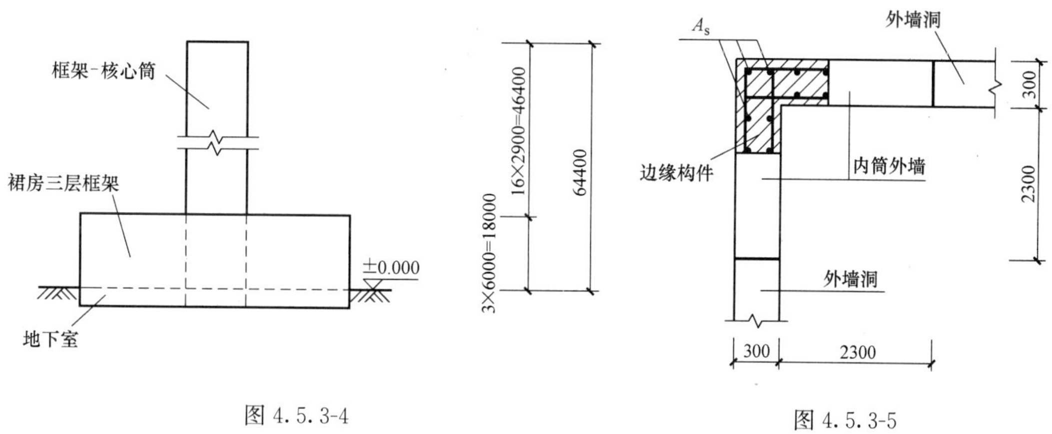

图 4.5.3-4　　　　图 4.5.3-5

试问，筒体转角处边缘构件的纵向钢筋 A_s（mm^2），接近于下列何项数值时才最符合规程关于构造的最低要求？

（A）1620　　（B）2700　　（C）3000　　（D）3600

【答案】（B）

【解答】《高规》表 3.9.3，7 度，核心筒抗震等级为二级。

《高规》7.1.4 条，$H_1=2\times6=12$m，$H_2=64.4/10=6.44$m，底部两层为加强部位，第 3 层为相邻的上一层。

《高规》9.2.2 条 3 款，底部加强部位以上宜按本规程 7.2.15 条的规定设置约束边缘构件。

约束边缘构件（阴影面积处）自内筒外角点起的长度双向均为：

$$300+300=600\text{mm}$$

《高规》图 7.1.15（d），边缘构件中阴影部分面积

$$A_c=(600+600-300)\times300\text{mm}^2=270000\text{mm}^2$$

《高规》7.2.15 条 2 款，$\rho_{min}=1.0\%$，$A_s=1\%\times A_c=1\%\times270000\text{mm}^2=2700\text{mm}^2$

【例 4.5.3-3】 图 4.5.3-6 所示地上 25 层，底层带托柱转换层的框-筒结构，1～2 层层高 4.5m，其余层层高 3.3m，总高 85.2m，转换层位于地上 2 层。

第 6 层核心筒的抗震等级二级，C35（$f_c=16.7\text{N/mm}^2$），箍筋 HPB300（$f_y=270\text{N/mm}^2$），筒体转角处剪力墙的边缘构件的配筋形式如图 4.5.3-7 所示，墙肢底截面的轴压

标准层平面示意图

转换层平面示意图

立面示意图

图 4.5.3-6

比 0.42，纵筋保护层厚为 30mm。转角处边缘构件的箍筋采用何项？

(A) ϕ10@80　　(B) ϕ10@100

(C) ϕ10@125　　(D) ϕ10@150

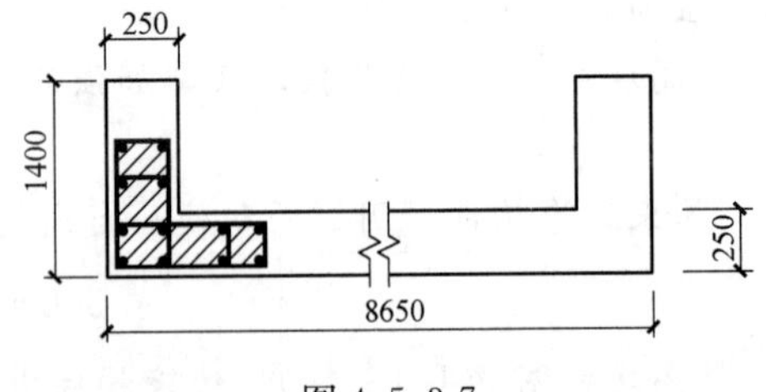

图 4.5.3-7

【答案】(B)

【解答】(1)《高规》10.2.2 条，带转换层的高层建筑结构，其剪力墙底部加强部位的高度应从地下室顶板算起，宜取至转换层以上两层且不宜小于房屋高度的 1/10。$H_1=2\times4.5+2\times3.3=15.6$m，$H_2=85.2/10=8.52$m，地上 4 层及以下为剪力墙底部加强部位；

(2)《高规》9.2.2 条 3 款，底部加强部位以上角部墙体宜按本规程 7.2.15 条的规定设置约束边缘构件。

(3)《高规》表 7.2.15 条，二级，轴压比 0.42，约束边缘构件的配箍特征值 $\lambda_v=0.2$，根据《高规》式（7.2.15），$\rho_v=\lambda_v\dfrac{f_c}{f_{yv}}=0.2\times\dfrac{16.7}{270}=0.01237$

由图 4.5.3-7

$$A_{cor}=(250+300-30-5+300+30-5)\times(250-30\times2)=159600\text{mm}^2$$

$$l_v=(550-30+5)\times4+4\times(250-2\times30+10)=525\times4+4\times200=2900\text{mm}$$

$$\rho_v=\frac{A_{sv}l_v}{A_{cor}s}=0.01237$$

$$\frac{A_{vs}}{s}=\frac{0.01237\times A_{cor}}{l_v}=\frac{0.01237\times159600}{2900}=0.681$$

$\phi10@100$ 时，$\dfrac{A_{sv}}{s}=\dfrac{78.5}{100}=0.785>0.681$，可

$\phi10@125$ 时，$\dfrac{A_{sv}}{s}=\dfrac{78.5}{125}=0.628<0.681$，不可

取 $\phi10@100$。满足《高规》第 7.2.15 规定的箍筋最大间距（150mm）的构造要求。

故选（B）。

2. 发挥筒体结构的空间作用、减少“剪力滞后”的影响

框筒结构在水平荷载的作用下，同一横截面各竖向构件的轴力分布，与按平截面假定的轴力分布有较大的出入。图 4.5.3-8 某框筒在水平荷载下各竖向构件的轴力分布图。其中，角柱的轴力明显比按平截面假定的轴力大，而其他柱的轴力则比按平截面假定的轴力小，且离角柱越远，轴力的减小越明显。这种现象即为“剪力滞后”现象。

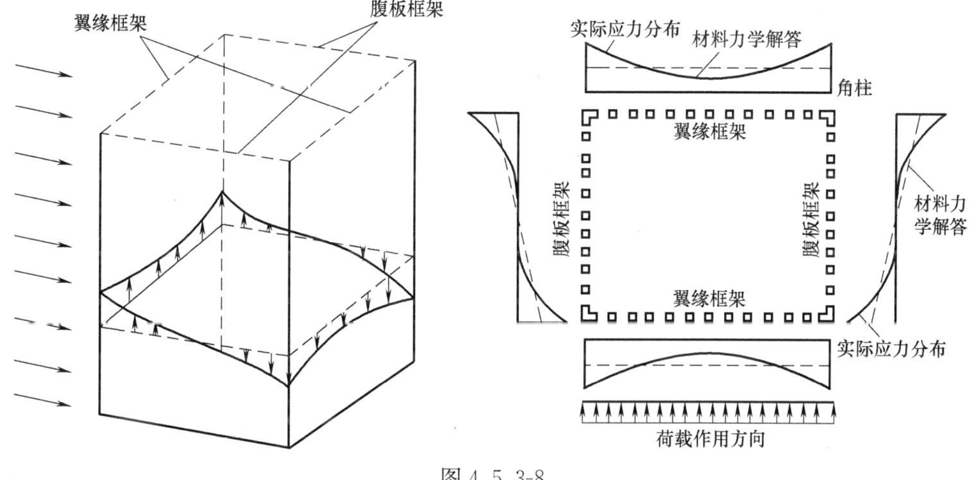

图 4.5.3-8

《高规》9.3.1 条～9.3.5 条的“条文说明”讨论了“剪力滞后”的问题

9.3.1～9.3.5 研究表明，筒中筒结构的空间受力性能与其平面形状和构件尺寸等因素有关，选用圆形和正多边形等平面，能减小外框筒的“剪力滞后”现象，使结构更好地发挥空间作用，矩形和三角形平面的“剪力滞后”现象相对较严重，矩形平面的

长宽比大于2时，外框筒的“剪力滞后”更突出，应尽量避免；三角形平面切角后，空间受力性质会相应改善。

筒中筒结构在侧向荷载作用下，其结构性能与外框筒的平面外形有关。表4.5.3-2列出五种平面形状不同的框筒结构的性能比较。

规则平面框筒的性能比较 **表4.5.3-2**

平面形状		圆形	正六边形	正方形	正三角形	矩形长宽比为2
当水平荷载相同时	筒顶位移	0.90	0.96	1	1	1.72
	最不利柱的轴向力	0.67	0.96	1	1.54	1.47

从表中得到的印象是：对正多边形，边数越多，剪力滞后现象越不明显，结构的空间作用越大；边数越少，结构的空间作用越差。

根据这现象《高规》规定

9.3.1 筒中筒结构的平面外形宜选用圆形、正多边形、椭圆形或矩形等，内筒宜居中。

9.3.2 矩形平面的长宽比不宜大于2。

《高层建筑混凝土结构规程》9.3.1条～9.3.5条的“条文说明”又指出。

除平面形状外，外框筒的空间作用的大小还与柱距、墙面开洞率，以及洞口高宽比与层高和柱距之比等有关，矩形平面框筒的柱距越接近层高、墙面开洞率越小，洞口高宽比与层高和柱距之比越接近，外框筒的空间作用越强；在第9.3.5条中给出了矩形平面的柱距，以及墙面开洞率的最大限值。由于外框筒在侧向荷载作用下的“剪力滞后”现象，角柱的轴向力约为邻柱的1～2倍，为了减小各层楼盖的翘曲，角柱的截面可适当放大，必要时可采用L形角墙或角筒。

现对“条文说明”所述问题再作些分析：

① 框筒的开孔率

当框筒孔洞的双向尺寸分别等于柱距和层高的40%（即开孔率为16%）时，墙面应力分布接近实体墙，在侧向荷载作用下，框筒同一横截面竖向应力分布接近平截面假定；当孔洞的双向尺寸分别等于柱距和层高的80%（即开孔率为64%）时，框筒的剪力滞后现象相当明显。

② 孔洞的形状

框筒的刚度与孔洞的形状（即梁高和柱宽的取值）也有很大关系，洞口高宽比和层高与柱距之比相似。框筒顶部侧移最小，刚度最大。

③ 柱距

计算分析表明，框筒的刚度以柱距等于层高时最佳，考虑到高层建筑的标准层层高大多在4m以内，因此，在一般情况下，柱距不宜大于4m。

④ 角柱截面面积

在侧向力的作用下，框筒角柱的轴向力明显大于端柱，为了减小各层楼盖的翘曲，角柱的截面面积可适当放大，必要时可采用L形角墙或角筒。

根据这现象《高规》规定

> **9.3.3** 内筒的宽度可为高度的 1/12～1/15，如有另外的角筒或剪力墙时，内筒平面尺寸可适当减小。内筒宜贯通建筑物全高，竖向刚度宜均匀变化。
>
> **9.3.4** 三角形平面宜切角，外筒的切角长度不宜小于相应边长的 1/8，其角部可设置刚度较大的角柱或角筒；内筒的切角长度不宜小于相应边长的 1/10，切角处的筒壁宜适当加厚。
>
> **9.3.5** 外框筒应符合下列规定：
>
> 1 柱距不宜大于 4m，框筒柱的截面长边应沿筒壁方向布置，必要时可采用 T 形截面；
>
> 2 洞口面积不宜大于墙面面积的 60%，洞口高宽比宜与层高和柱距之比值相近；
>
> 3 外框筒梁的截面高度可取柱净距的 1/4；
>
> 4 角柱截面面积可取中柱的 1～2 倍。

【例 4.5.3-4】 高层建筑采用筒中筒结构时，下列四种平面形状中，受力性能最差的是哪个？

(A) 圆形　　(B) 三角形

(C) 正方形　　(D) 正多边形

【答案】 (B)

【解答】 根据《高规》9.3.1 条，高层建筑采用筒中筒结构时，为了防止产生显著的扭转，最好采用具有双对称轴的平面。首选圆形，其次是正多边形（如六边形）、正方形和矩形。相对上述平面，三角形平面的性能较差。

三角形平面以正三角形为好，因具有三根对称轴；有时也将正三角形演化为曲线三角形。直角三角形只有一根对称轴，且直角处的角柱受力过分集中，为了避免应力过分集中，三角形平面常将角部分切去，角部常设刚度较大的角柱或角筒。

【例 4.5.3-5】 钢筋混凝土筒中筒结构应符合下列哪个要求？

(A) 长宽比不宜大于 2　　(B) 长宽比不宜大于 3

(C) 长宽比不宜大于 4　　(D) 长宽比不宜大于 5

【答案】 (A)

【解答】 根据《高规》9.3.2 条，“矩形平面的长宽比不宜大于 2”

【例 4.5.3-6】 下列是关于高层建筑筒中筒结构的叙述，其中不正确的是哪项？

(A) 筒中筒结构宜采用对称平面

(B) 当为矩形平面时，长宽比不宜大于 2

(C) 筒中筒结构的高宽比不宜大于 3

(D) 外筒的柱距应接近层高

【答案】 (C)

【解答】 根据《高规》9.3.1 条规定，(A) 正确。

根据《高规》9.3.2 条规定，(B) 正确。

根据《高规》9.1.2 条规定，(C) 不正确。

根据《高规》9.3.5 条的条文说明，(D) 正确。

【例 4.5.3-7】 下列关于高层建筑筒中筒结构的叙述，哪些是不正确的？

Ⅰ. 筒中筒结构宜优先采用圆形或多边形平面；

Ⅱ. 外筒密柱必须直落至基础，底层部分不得采用转换结构扩大柱距；

Ⅲ. 外筒柱距应大于 4m；

Ⅳ. 内筒与外筒距离对非抗震结构不宜大于 15m

(A) Ⅰ、Ⅱ　　(B) Ⅱ、Ⅲ

(C) Ⅲ、Ⅳ　　(D) Ⅰ、Ⅳ

【答案】 (B)

【解答】 根据《高规》9.3.1 条规定，Ⅰ正确。

根据《高规》9.1.3 条规定，Ⅱ不正确。

根据《高规》9.3.5 条 1 款规定，Ⅲ不正确。

根据《高规》9.1.5 条规定，Ⅳ正确。

4.6 带转换层高层建筑结构

一、转换层上下结构的侧向刚度比

部分框支抗震墙结构中，转换层以上结构的侧向刚度较大，相比之下转换层以下由于有部分剪力墙改为框架，侧向刚度较小。因此在转换层处形成刚度突变，对抗震十分不利，受力情况也比较复杂，如果在结构布置上采取一些必要措施并且对转换层和落地剪力墙予以加强，仍然可以保证结构的抗震性能。为了使底层结构的抗侧刚度不致削弱太大，要求对转换层上下结构的侧向刚度比进行控制，即要求不发生明显的刚度突变，使转换层下部结构不应成为柔软层。

《抗震》规定

6.1.9 部分框支抗震墙结构中的抗震墙设置，应符合下列要求：

4 矩形平面的部分框支抗震墙结构，其框支层的楼层侧向刚度不应小于相邻非框支层楼层侧向刚度的 50%；

6.1.9（条文说明）

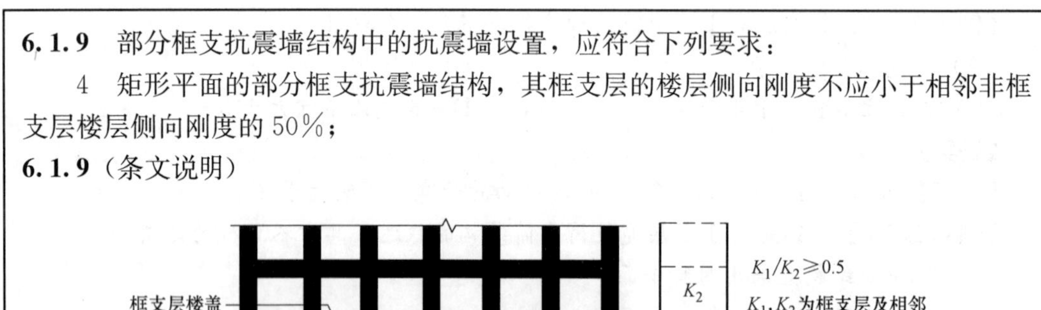

图 13　框支结构示意图

《高规》规定和"条文说明"指出

10.2.3 转换层上部结构与下部结构的侧向刚度变化应符合本规程附录 E 的规定。
10.2.3（条文说明） 在水平荷载作用下，当转换层上、下部楼层的结构侧向刚度相差较大时，会导致转换层上、下部结构构件内力突变，促使部分构件提前破坏；当转换层位置相对较高时，这种内力突变会进一步加剧，因此本条规定，控制转换层上、下层结构等效刚度比满足本规程附录 E 的要求，以缓解构件内力和变形的突变现象。带转换层结构当转换层设置在 1、2 层时，应满足第 E.0.1 条等效剪切刚度比的要求；当转换层设置在 2 层以上时，应满足第 E.0.2、E.0.3 条规定的楼层侧向刚度比要求。当采用本规程附录第 E.0.3 条的规定时，要强调转换层上、下两个计算模型的高度宜相等或接近的要求，且上部计算模型的高度不大于下部计算模型的高度。

1. 当转换层在 1、2 层时的等效剪切刚度比

《高规》规定

E.0.1 当转换层设置在 1、2 层时，可近似采用转换层与其相邻上层结构的等效剪切刚度比 γ_{e1}，表示转换层上、下层结构刚度的变化，γ_{e1} 宜接近 1，非抗震设计时 γ_{e1} 不应小于 0.4，抗震设计时 γ_{e1} 不应小于 0.5。γ_{e1} 可按下列公式计算：

$$\gamma_{e1}=\frac{G_1A_1}{G_2A_2}\times\frac{h_2}{h_1} \qquad (E.0.1\text{-}1)$$

$$A_i = A_{w,i} + \sum_j C_{i,j}A_{ci,j}\,(i = 1,2) \qquad (E.0.1\text{-}2)$$

$$C_{i,j}=2.5\left(\frac{h_{ci,j}}{h_i}\right)^2(i=1,2) \qquad (E.0.1\text{-}3)$$

式中：G_1、G_2——分别为转换层和转换层上层的混凝土剪变模量；
A_1、A_2——分别为转换层和转换层上层的折算抗剪截面面积，可按式（E.0.1-2）计算；
$A_{w,i}$——第 i 层全部剪力墙在计算方向的有效截面面积（不包括翼缘面积）；
$A_{ci,j}$——第 i 层第 j 根柱的截面面积；
h_i——第 i 层的层高；
$h_{ci,j}$——第 i 层第 j 根柱沿计算方向的截面高度；
$C_{i,j}$——第 i 层第 j 根柱截面面积折算系数，当计算值大于 1 时取 1。

【例 4.6.1-1】 上下层刚度比的计算

条件：某有抗震设防的底部大空间剪力墙结构，转换层以上楼层层高 2.8m，横向剪力墙有效截面面积 $A_w=19.2m^2$，框支层层高 3.2m，横向落地剪力墙有效截面面积 $A_{w1}=11.4m^2$，框支层有 8 根 0.6m×0.6m 的框支柱，全部柱截面面积 $A_c=2.88m^2$，混凝土强度等级，框支层为 C40，上层为 C35。

要求：确定上下层刚度比，检验是否符合要求。

【解答】

(1) 查得C35的弹性模量为$3.15\times 10\text{N/mm}^2$，C40的弹性模量为$3.25\times 10^4\text{N/mm}^2$。

(2) 应用《高规》公式(E.0.1-3)

$$C_i=2.5\left(\frac{h_{ci}}{h_i}\right)^2$$

式中 h_{ci}——框支层柱沿计算方向的截面高度；

h_i——框支层的层高。

$$C_i=2.5\times\left(\frac{0.6}{3.2}\right)^2=0.0879$$

(3) 应用《高规》公式(E.0.1-2)

框支层 $A_1=A_{wi}+C_iA_{ci}=11.4+0.0879\times 2.88=11.65\text{m}^2$

上一层 $A_2=A_{w2}=19.2\text{mm}^2$

(4) 应用《高规》公式(E.0.1-1)

刚度比 $\gamma_{ei}=\dfrac{G_1A_1}{G_2A_2}\times\dfrac{h_2}{h_1}=\dfrac{0.4\times 3.25\times 10^4\times 11.65}{0.4\times 3.15\times 10^4\times 19.2}\times\dfrac{2.8}{3.2}=0.55>0.5$，符合要求。

【例4.6.1-2】 首层横向落地剪力墙的最小有效截面面积

条件：某部分框支剪力墙结构，房屋高度52.2m，地下1层，地上14层。首层为转换层，纵横向均有不落地剪力墙，地下室顶板作为上部结构的嵌固部位，抗震设防烈度为8度。首层层高5.4m，混凝土强度等级采用C40(弹性模量$E_c=3.25\times 10^4\text{N/mm}^2$)，其余各层层高均为3.6m，混凝土强度等级采用C30(弹性模量$E_c=3.00\times 10^4\text{N/mm}^2$)。首层有7根截面尺寸为900mm×900mm框支柱(全部截面面积$A_d=5.67\text{m}^2$)，二层横向剪力墙有效截面面积$A_{w2}=16.2\text{m}^2$。

要求：首层横向落地剪力墙的最小有效截面面积A_{w1} (m^2)?

【解答】 由《高规》附录E公式(E.0.1-3)，

$$C_1=2.5\left(\frac{h_{c1}}{h_1}\right)^2=2.5\left(\frac{0.9}{5.4}\right)^2=0.0694$$

由《高规》附录E公式(E.0.1-2)。

首层 $A_1=A_{w1}+C_1A_{c1}=A_{w1}+0.0694\times 5.67=A_{w1}+0.393$

二层 $A_2=A_{w2}=16.2\text{m}^2$

由《高规》附录E公式(E.0.1-1)，

刚度比 $\gamma_{ei}=\dfrac{G_1A_1}{G_2A_2}\times\dfrac{h_2}{h_1}=\dfrac{0.4\times 3.25\times 10^4\ (A_{w1}+0.393)}{0.4\times 3.0\times 10^4\times 16.2}\times\dfrac{3.6}{5.4}=\dfrac{11.7A_{w1}+4.598}{262.44}\geqslant 0.5$

求得 $A_{w1}\geqslant 10.82\text{m}^2$

2. 当转换层在2层以上时的侧向刚度比

《高规》规定

E.0.2 当转换层设置在第2层以上时，按本规程式(3.5.2-1)计算的转换层与其相邻上层的侧向刚度比不应小于0.6。

3.5.2 抗震设计时，高层建筑相邻楼层的侧向刚度变化应符合下列规定：

1　对框架结构，楼层与其相邻上层的侧向刚度比 γ_1 可按式（3.5.2-1）计算，且本层与相邻上层的比值不宜小于0.7，与相邻上部三层刚度平均值的比值不宜小于0.8。

$$\gamma_1=\frac{V_i\Delta_{i+1}}{V_{i+1}\Delta_i} \qquad (3.5.2\text{-}1)$$

式中：γ_1——楼层侧向刚度比；

V_i、V_{i+1}——第 i 层和第 $i+1$ 层的地震剪力标准值（kN）；

Δ_i、Δ_{i+1}——第 i 层和第 $i+1$ 层在地震作用标准值作用下的层间位移（m）。

3. 当转换层在2层以上时的等效侧向刚度比

《高规》规定

E.0.3　当转换层设置在第2层以上时，尚宜采用图E所示的计算模型按公式（E.0.3）计算转换层下部结构与上部结构的等效侧向刚度比 γ_{e2}。γ_{e2}宜接近1，非抗震设计时 γ_{e2}不应小于0.5，抗震设计时 γ_{e2}不应小于0.8。

$$\gamma_{e2}=\frac{\Delta_2 H_1}{\Delta_1 H_2} \qquad (E.0.3)$$

式中：γ_{e2}——转换层下部结构与上部结构的等效侧向刚度比；

H_1——转换层及其下部结构（计算模型1）的高度；

Δ_1——转换层及其下部结构（计算模型1）的顶部在单位水平力作用下的侧向位移；

H_2——转换层上部若干层结构（计算模型2）的高度，其值应等于或接近计算模型1的高度 H_1，且不大于 H_1；

Δ_2——转换层上部若干层结构（计算模型2）的顶部在单位水平力作用下的侧向位移。

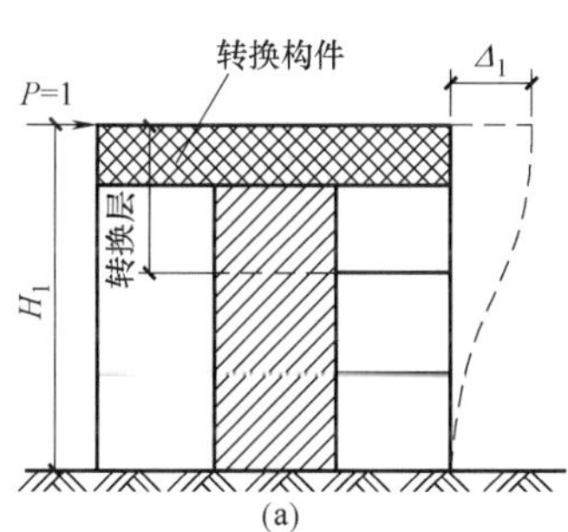

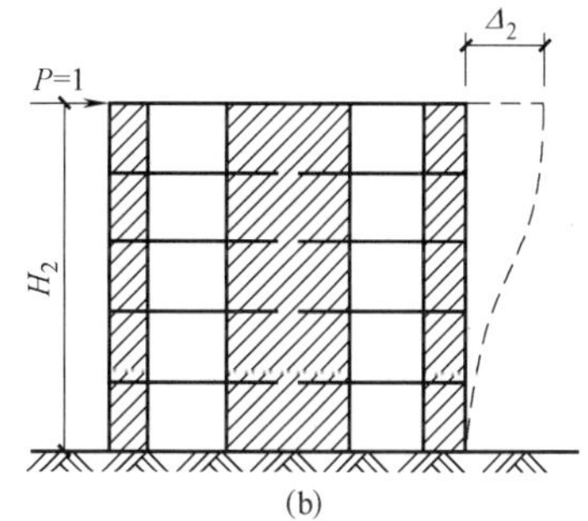

图E　转换层上、下等效侧向刚度计算模型

(a) 计算模型1——转换屋及下部结构；(b) 计算模型2——转换屋上部结构

【例4.6.1-3】

某普通办公楼，采用现浇钢筋混凝土框架-核心筒结构，房屋高度116.3m，地上31层，地下2层，3层设转换层，采用桁架转换构件，平、剖面如图4.6.1-1（Z）所示。抗震设防烈度为7度（0.1g），丙类建筑，设计地震分组第二组，Ⅱ类建筑场地，地下室顶板±0.000处作为上部结构嵌固部位。

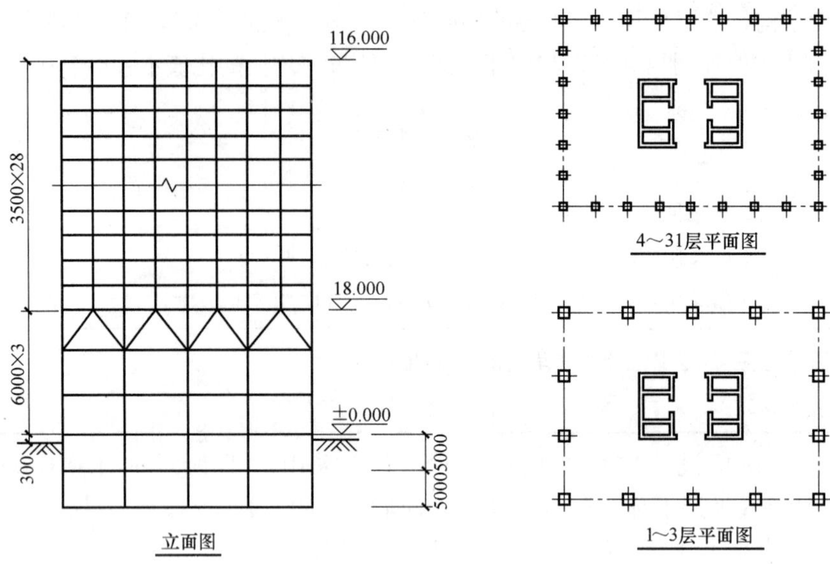

图 4.6.1-1

振型分解反应谱法求得的 2～4 层的水平地震剪力标准值（V_i）及相应层间位移值（Δ_i）见表 4.6.1-1。

表 4.6.1-1

	2层	3层	4层
V_i(kN)	900	1500	900
Δ_i(mm)	3.5	3.0	2.1

在 P=1000kN 水平力作用下，按图 4.6.1-2 模型计算的位移分别为：Δ_1=7.8mm；Δ_2=6.2mm。

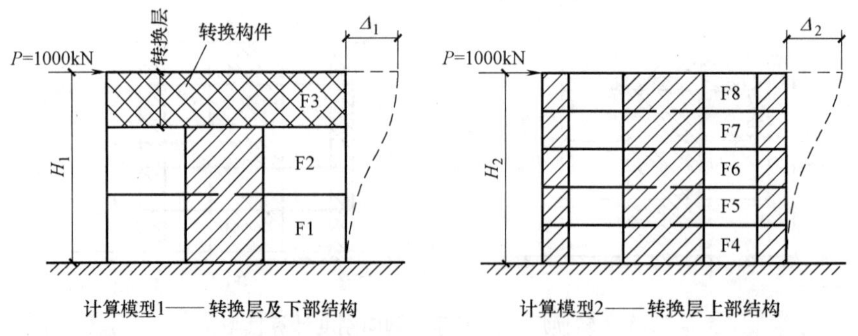

图 4.6.1-2

试问，进行结构竖向规则性判断时，宜取下列哪种方法及结果作为结构竖向不规则的判断依据？

提示：3 层转换层按整层计。

(A) 等效剪切刚度比验算方法，侧向刚度比不满足要求

(B) 楼层侧向刚度比验算方法，侧向刚度比不满足规范要求

（C）考虑层高修正的楼层侧向刚度比验算方法，侧向刚度比不满足规范要求

（D）等效侧向刚度比验算方法，等效刚度比不满足规范要求

【答案】（B）

【解答】（1）根据《高规》第 E.0.1 条，转换层设置在 3 层时，等效剪切刚度比验算方法不是规范规定的适用于本题的方法。

（2）侧向刚度比验算：（第 2，3 层与第 4 层的侧向刚度比）

根据《高规》第 E.0.2 条，按《高规》式（3.5.2-1）计算第 2，3 层串联后的侧向刚度与相邻第 4 层的侧向刚度之比不应小于 0.6，

$$\gamma_1=\frac{V_i\Delta_{i+1}}{V_{i+1}\Delta_i}$$

第 2，3 层串联后的侧向刚度

$$K_{23}=\frac{1}{\dfrac{\Delta_2}{V_2}+\dfrac{\Delta_3}{V_3}}=\frac{1}{\dfrac{3.5}{900}+\dfrac{3}{1500}}=170\text{kN/mm}^2$$

$$K_4=\frac{V_4}{\Delta_4}=\frac{900}{2.1}=428.6\text{kN/mm}^2$$

$$K_{23}/K_4=170/428.6=0.4<0.6 \text{ 不满足规范要求}$$

（3）等效侧向刚度比：按式（E.0.3）：$\gamma_{e2}=\dfrac{\Delta_2 H_1}{\Delta_1 H_2}$

$\gamma_{e2}=\dfrac{6.2\times18}{7.8\times17.5}=0.85>0.8$，满足规范要求

2 层与 3 层侧向刚度比起控制作用。

选（B）。

二、三项基本参数

三项基本参数是指：“剪力墙底部加强部位的高度”、“转换层位置”和“抗震等级”这三个主要参数。

1. 剪力墙底部加强部位的高度

《高规》10.2.2 条的“规定”和“条文说明”

10.2.2 带转换层的高层建筑结构，其剪力墙底部加强部位的高度应从地下室顶板算起，宜取至转换层以上两层且不宜小于房屋高度的 1/10。

10.2.2（条文说明） 由于转换层位置的增高，结构传力路径复杂、内力变化较大，规定剪力墙底部加强范围亦增大，可取转换层加上转换层以上两层的高度或房屋总高度的 1/10 二者的较大值。这里的剪力墙包括落地剪力墙和转换构件上部的剪力墙。将墙肢总高度的 1/8 改为房屋总高度的 1/10。

【例 4.6.2-1】底部带转换房结构剪力墙底部加强部位的高度

条件：一框架-核心筒钢筋混凝土高层建筑。地上28层，地下一层，如图4.6.2-1所示。底部的嵌固端在±0.000处。抗震设防烈度为7度。外围框架结构的部分柱在底层不连续，形成带转换层的结构。

要求：剪力墙底部需加强部位的高度（m）。

【解答】由《高规》10.2.2条，

（1）框支层加上框支层以上两层的高度：5.2+4.8+3.0=13m

（2）墙肢总高度的1/10：88/10=8.8m

（3）max{13,8.8}=13m

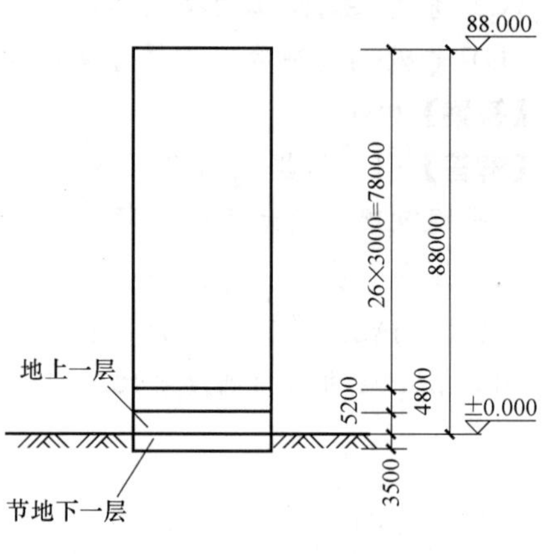

图4.6.2-1

【例4.6.2-2】某建筑为地下2层，地上26层的含有部分框支剪力墙的剪力墙结构，总高95.4m，一层层高为5.4m，其余各层层高为3.6m。转换梁顶面标高为5.4m，剪力墙抗震等级为二级。试问，剪力墙的约束边缘构件至少应做到下列何层楼面处为止？

（A）二层楼面，即标高5.400m处　　（B）三层楼面，即标高9.000m处

（C）四层楼面，即标高12.600m处　　（D）五层楼面，即标高16.200m处

【答案】（D）

【解答】（1）根据《高规》10.2.2条，加强部位范围：框架底层加以上两层高度及墙总高度的1/10二者中的较大值。

$$\max(5.4+3.6\times2=12.6\text{m},95.4/10=9.54\text{m})=12.6\text{m}$$

（2）规范《高规》7.2.14条规定，底部框支的剪力墙底部加强部位及其上一层墙肢端部宜设约束边缘构件，因此约束边缘构件应做到（12.6+3.6）m=16.2m处。

2. 转换层位置

《高规》10.2.5条的"规定"和"条文说明"

> **10.2.5**　部分框支剪力墙结构在地面以上设置转换层的位置，8度时不宜超过3层，7度时不宜超过5层，6度时可适当提高。
>
> **10.2.5**（条文说明）　转换层位置较高时，更易使框支剪力墙结构在转换层附近的刚度、内力发生突变，并易形成薄弱层，其抗震设计概念与底层框支剪力墙结构有一定差别。转换层位置较高时，转换层下部的落地剪力墙及框支结构易于开裂和屈服，转换层上部几层墙体易于破坏。转换层位置较高的高层建筑不利于抗震，规定7度、8度地区可以采用，但限制部分框支剪力墙结构转换层设置位置：7度区不宜超过第5层，8度区不宜超过第3层。如转换层位置超过上述规定时，应作专门分析研究并采取有效措施，避免框支层破坏。对托柱转换层结构，考虑到其刚度变化、受力情况同框支剪力墙结构不同，对转换层位置未作限制。

【例4.6.2-3】底部大空间部分框支剪力墙高层建筑，地面以上大空间的层数，在8度区和7度区分别不宜超过下列哪一组层数？

（A）2 层，3 层　　　　（B）3 层，5 层

（C）4 层，6 层　　　　（D）5 层，8 层

【答案】（B）

【解答】根据《高规》10.2.5 条。

3. 抗震等级

（1）部分框支剪力墙结构

《高规》10.2.6 条的“规定”和“条文说明”

10.2.6　带转换层的高层建筑结构，其抗震等级应符合本规程第 3.9 节的有关规定，对部分框支剪力墙结构，当转换层的位置设置在 3 层及 3 层以上时，其框支柱、剪力墙底部加强部位的抗震等级宜按本规程表 3.9.3 和表 3.9.4 的规定提高一级采用，已为特一级时可不提高。

10.2.6（条文说明）　对部分框支剪力墙结构，高位转换对结构抗震不利，因此规定部分框支剪力墙结构转换层的位置设置在 3 层及 3 层以上时，其框支柱、落地剪力墙的底部加强部位的抗震等级宜按本规程表 3.9.3、表 3.9.4 的规定提高一级采用（已经为特一级时可不再提高），提高其抗震构造措施。

《高规》规定

A 级高度的高层建筑结构抗震等级　　表 3.9.3

结构类型		烈度						
		6 度		7 度		8 度		9 度
部分框支剪力墙结构	高度(m)	≤80	>80	≤80	>80	≤80	>80	≤60
	非底部加强部位的剪力墙	四	三	三	二	二	—	—
	底部加强部位的剪力墙	三	二	二	一	一		
	框支框架	二		二	一	一		

《抗震》规定

现浇钢筋混凝土房屋的抗震等级　　表 6.1.2

结构类型			设防烈度						
			6		7			8	
部分框支抗震墙结构	高度(m)		≤80	>80	≤24	25～80	>80	≤24	25～80
	抗震墙	一般部位	四	三	四	三	二	三	二
		加强部位	三	二	三	二	一	二	一
	框支层框架		二		二		一	一	

【例 4.6.2-4】 框支剪力墙结构抗震措施所用的抗震等级

条件：某部分框支剪力墙结构为丙类建筑，设防烈度8度、场地类别为Ⅰ类，房层高度为30m，转换层设置在第二层。

要求：问该结构的框支柱在确定柱端弯矩设计值增大系数时所用的抗震等级？

【解答】

（1）根据《高规》3.9.1条第2款规定，确定抗震措施的抗震等级时，按设防烈度8度考虑。

（2）根据《高规》表3.9.3，框支柱抗震措施所用的抗震等级为一级。

（3）根据《高规》10.2.6条规定，转换层设置在第二层，抗震等级仍为一级。

【例 4.6.2-5】 框支剪力墙结构抗震构造措施所用的抗震等级

条件：某框支剪力墙结构为丙类建筑，设防烈度8度，场地类别为Ⅰ类，房屋高度为40m，转换层设在第三层。

要求：该结构的框支柱在确定加密区箍筋最小面积含箍率时所用的抗震等级。

【解答】

（1）根据《高规》3.9.1条第2款的规定，丙类建筑，场地类别Ⅰ类，应将抗震设防烈度降低一度采取抗震构造措施，即按设防烈度7度考虑。

（2）根据《高规》表3.9.3，抗震等级为二级。

（3）根据《高规》10.2.6条规定，转换层设在第三层抗震等级应提高一级采用。

（4）所用的抗震等级为一级。

【例 4.6.2-6】 某60m的框支剪力墙结构，丙类建筑，抗震设防烈度为8度，场地类别为Ⅰ类，转换层在第三层。试问，该结构框支柱、剪力墙底部加强部位抗震构造措施所用的抗震等级以下何项数值正确？

（A）一级、一级　　（B）二级、二级

（C）二级、一级　　（D）一级、二级

【答案】（A）

【解答】　（1）60m，查《高规》表3.3.1-1知，该结构属A级高度。

（2）3.9.1条，丙类、8度、Ⅰ类场地，按7度考虑抗震构造措施所用的抗震等级；

查《高规》表3.9.3知：

框支框架的抗震等级为二级；

剪力墙底部加强部位的抗震等级为二级；

剪力墙其他部位的抗震等级为三级。

（3）根据《高规》10.2.6条规定，转换层在第三层，框支柱、剪力墙底部加强部位的抗震等级宜提高一级，即：

框支柱的抗震等级为一级；

剪力墙底部加强部位的抗震等级为一级；

剪力墙其他部位的抗震等级仍为三级。

（2）托柱转换结构

《高规》10.2.6条的“规定”和“条文说明”

10.2.6　带转换层的高层建筑结构，其抗震等级应符合本规程第3.9节的有关规定，带托柱转换层的筒体结构，其转换柱和转换梁的抗震等级按部分框支剪力墙结构中的框支框架采用。

10.2.6（条文说明） 对于托柱转换结构，因其受力情况和抗震性能比部分框支剪力墙结构有利，故未要求根据转换层设置高度采取更严格的措施。

《高规》规定

A级高度的高层建筑结构抗震等级　　表3.9.3

结构类型		烈度				
		6度		7度		8度
部分框支剪力墙结构	高度(m)	≤80	>80	≤80	>80	≤80
	框支框架	二		二	一	一

注2　底部带转换层的筒体结构，其转换框架的抗震等级应按表中部分框支剪力墙结构的规定采用；

【例4.6.2-7】 框支框架的抗震等级

条件：某底部带转换层的钢筋混凝土框架—核心筒结构，抗震设防烈度为7度，丙类建筑，建于Ⅱ类建筑场地。该建筑物地上31层，地下2层；地下室在主楼平面以外部分，无上部结构。地下室顶板±0.000处可作为上部结构的嵌固部位，纵向两榀边框架在第三层转换层设置托柱转换梁，如图4.6.2-2所示。

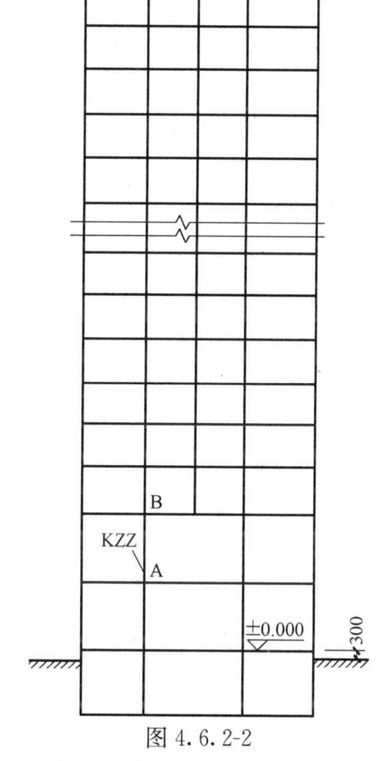

图4.6.2-2

要求：确定框支框架抗震措施所用的抗震等级

【解答】（1）根据《高规》10.2.6条规定，带托柱转换层的筒体结构，其转换柱和转换梁的抗震等级按部分框支剪力墙结构中的框支框架采用。

（2）根据《高规》表3.9.3及注2：7度、$H>80$m，框支框架抗震措施所用的抗震等级为一级。

三、结构布置

1. 框支层不应设计为少墙框架体系

《抗震》6.1.9条的“规定”和“条文说明”

6.1.9　部分框支抗震墙结构中的抗震墙设置，应符合下列要求：

底层框架部分承担的地震倾覆力矩，不应大于结构总地震倾覆力矩的50%。

6.1.9（条文说明） 本次修订，明确部分框支抗震墙结构的底层框架应满足框架-抗震墙结构对框架部分承担地震倾覆力矩的限值——框支层不应设计为少墙框架体系

《高规》规定

10.2.16 框支剪力墙结构的布置应符合下列规定：

7 框架承担的地震倾覆力矩应小于结构总地震倾覆力矩的50%；

2. 控制转换传力路径

《高规》规定

10.2.9 转换层上部的竖向抗侧力构件（墙、柱）宜直接落在转换层的主要转换构件上。

3. 控制落地剪力墙的间距

《抗震》6.1.9条及其“条文说明”指出

6.1.9 框支层落地抗震墙间距不宜大于24m，框支层的平面布置宜对称，且宜设抗震筒体；

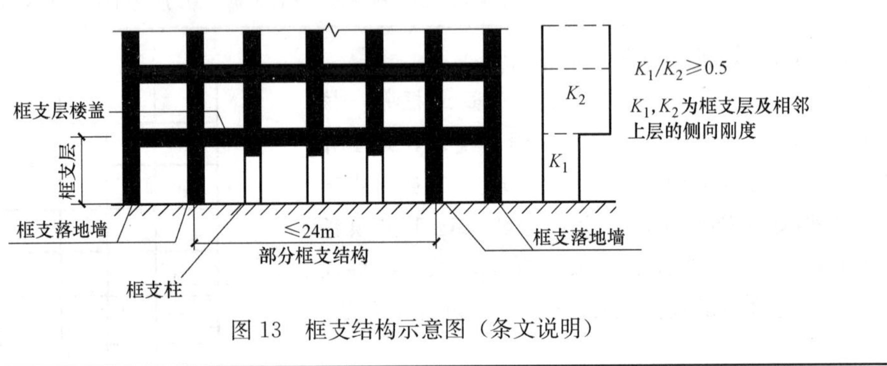

图13 框支结构示意图（条文说明）

《抗震》6.1.6条的“规定”和“条文说明”指出

6.1.6 框支层中，抗震墙之间无大洞口的楼、屋盖的长宽比，不宜超过表6.1.6的规定；超过时，应计入楼盖平面内变形的影响。

抗震墙之间楼屋盖的长宽比 **表6.1.6**

楼、屋盖类型	设防烈度			
	6	7	8	9
框支层的现浇楼、屋盖	2.5	2.5	2	—

6.1.6（条文说明） 楼、屋盖平面内的变形，将影响楼层水平地震剪力在各抗侧力构件之间的分配。为使楼、屋盖具有传递水平地震剪力的刚度，从78规范起，就提出了不同烈度下抗震墙之间不同类型楼、屋盖的长宽比限值。超过该限值时，需考虑楼、屋盖平面内变形对楼层水平地震剪力分配的影响。

《高规》规定

10.2.16 部分框支剪力墙结构的布置应符合下列规定：

5 落地剪力墙的间距应符合下列规定：

1）非抗震设计时，不宜大于 3B 和 36m；
2）抗震设计时，当底部框支层为 1～2 层时，不宜大于 2B 和 24m；
当底部框支层为 3 层及 3 层以上时，不宜大于 1.5B 和 20m；
此处，B 为落地墙之间楼盖的平均宽度。

4. 控制框支柱与相邻落地剪力墙的距离

《高规》10.2.16 条的“规定”和“条文说明”指出

10.2.16 部分框支剪力墙结构的布置应符合下列规定：

6 框支柱与相邻落地剪力墙的距离，1～2 层框支层时不宜大于 12m，3 层及 3 层以上框支层时不宜大于 10m；

10.2.16（条文说明） 规定了框支柱与相邻的落地剪力墙距离，以满足底部大空间层楼板的刚度要求，使转换层上部的剪力能有效地传递给落地剪力墙，框支柱只承受较小的剪力。

5. 控制洞口位置

《高规》规定

10.2.16 部分框支剪力墙结构的布置应符合下列规定：

3 落地剪力墙和筒体的洞口宜布置在墙体的中部；

4 框支梁上一层墙体内不宜设置边门洞，也不宜在框支中柱上方设置门洞；

6. 其他规定

《高规》规定

10.2.16 部分框支剪力墙结构的布置应符合下列规定：

1 落地剪力墙和筒体底部墙体应加厚；

2 框支柱周围楼板不应错层布置；

【例 4.6.3-1】 图 4.6.3-1 所示框支墙在框支梁上的墙体内表示了三个门洞位置：Ⅰ，Ⅱ，Ⅲ，试问哪个部位开洞是允许的？

(A) Ⅰ、Ⅱ (B) Ⅰ、Ⅲ

(C) Ⅱ、Ⅲ (D) Ⅲ

【答案】 (D)

【解答】 根据《高规》10.2.16 条 4 款，框支墙在框支梁上的墙体内开洞，图示Ⅲ门洞位置是允许的。

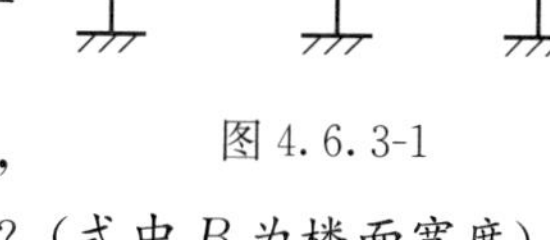

图 4.6.3-1

【例 4.6.3-2】 有抗震设防要求的底层大空间剪力墙结构，当考虑抗震设计时。落地剪力墙的间距 L 应符合下列何种关系？（式中 B 为楼面宽度）

(A) $L \leqslant 2.5B$ (B) $L \leqslant 2.5B$，$L \leqslant 30\text{m}$

(C) $L \leqslant 2.0B$ (D) $L \leqslant 2.0B$，$L \leqslant 24\text{m}$

【答案】 (D)

【解答】 根据《高规》10.2.16 条 5 款规定，长矩形平面建筑中落地剪力墙的间距 L

宜符合以下规定：非抗震设计：$L\leqslant3B$ 且 $L\leqslant36\mathrm{m}$；抗震设计：底部为1～2层框支层时：$L\leqslant2B$ 且 $L\leqslant24\mathrm{m}$，底部为3层及3层以上框支层时：$L\leqslant1.5B$ 且 $L\leqslant20\mathrm{m}$。其中 B 为楼盖宽度。

【例 4.6.3-3】 对于7度抗震设防的底层大空间剪力墙结构（框支剪力墙结构）的布置，下列要求不正确的是哪一种?

(A) 转换层上部的墙、柱宜直接落在转换层的主要结构上

(B) 底层落地剪力墙应加厚以补偿底层的刚度

(C) 上下层剪切刚度比宜接近于1

(D) 落地剪力墙的间距应小于5倍楼面宽度或60m

【答案】(D)

【解答】 根据《高规》10.2.9条，(A) 是正确的；

根据《高规》10.2.16条1款，(B) 是正确的；

根据《高规》E.0.1条，(C) 是正确的：

根据《高规》10.2.16条5款，(D) 是不正确的。

【例 4.6.3-4】 对于地震区底层大空间剪力墙结构的设计，下列哪一种说法是不正确的?

(A) 在框支梁上的一层墙体内不宜设置边门洞

(B) 框支梁上的一层墙体内，在对应中柱上方可设门洞

(C) 落地剪力墙和筒体的洞口宜设置在墙体中部

(D) 9度时不宜采用转换层结构

【答案】(B)

【解答】 根据《高规》10.2.16条4款，(A) 是正确的；

根据《高规》10.2.16条4款，(B) 是不正确的；

根据《高规》10.2.16条3款，(C) 是正确的；

根据《高规》10.1.2条，(D) 是正确的。

四、内力调整

1. 全局的内力调整

(1) 结构薄弱层地震剪力的增大

《高规》3.5.8条的"规定"和"条文说明"

3.5.8 侧向刚度变化、承载力变化、竖向抗侧力构件连续性不符合本规程第3.5.2、3.5.3、3.5.4条要求的楼层，其对应于地震作用标准值的剪力应乘以1.25的增大系数。

3.5.8（条文说明） 本条是02规程第5.1.14条修改而成。刚度变化不符合本规程第3.5.2条要求的楼层，一般称作软弱层；承载力变化不符合本规程第3.5.3条要求的楼层，一般可称作薄弱层。为了方便，本规程把软弱层、薄弱层以及竖向抗侧力构件不连续的楼层统称为结构薄弱层。结构薄弱层在地震作用标准值作用下的剪力应适当增大，增大系数由02规程的1.15调整为1.25，适当提高安全度要求。

《抗震》规定

> **3.4.4** 建筑形体及其构件布置不规则时，应按下列要求进行地震作用计算和内力调整，并应对薄弱部位采取有效的抗震构造措施：
>
> 2 平面规则而竖向不规则的建筑，应采用空间结构计算模型，刚度小的楼层的地震剪力应乘以不小于 1.15 的增大系数，其薄弱层应按本规范有关规定进行弹塑性变形分析，并应符合下列要求：
>
> 1）竖向抗侧力构件不连续时，该构件传递给水平转换构件的地震内力应根据烈度高低和水平转换构件的类型、受力情况、几何尺寸等，乘以 1.25～2.0 的增大系数；

（2）水平地震剪力系数的调整

《高规》4.3.12 条的"规定"和"条文说明"

> **4.3.12** 多遇震地水平地震作用计算时，结构各楼层对应于地震作用标准值的剪力应符合下式要求：
>
> $$V_{\mathrm{Ek}i} \geqslant \lambda \sum_{j=i}^{n} G_j \tag{4.3.12}$$
>
> 式中：$V_{\mathrm{Ek}i}$——第 i 层对应于水平地震作用标准值的剪力；
>
> λ——水平地震剪力系数，不应小于表 4.3.12 规定的值；对于竖向不规则结构的薄弱层，尚应乘以 1.15 的增大系数；
>
> **4.3.12**（条文说明）
>
> 对于竖向不规则结构的薄弱层的水平地震剪力，本规程第 3.5.8 条规定应乘以 1.25 的增大系数，该层剪力放大 1.25 倍后仍需要满足本条的规定，即该层的地震剪力系数不应小于表 4.3.12 中数值的 1.15 倍。

《抗震》规定

> **5.2.5** 抗震验算时，结构任一楼层的水平地震剪力应符合下式要求：
>
> $$V_{\mathrm{Ek}i} > \lambda \sum_{j=i}^{n} G_j \tag{5.2.5}$$
>
> 式中：$V_{\mathrm{Ek}i}$——第 i 层对应于水平地震作用标准值的楼层剪力；
>
> λ——剪力系数，不应小于表 5.2.5 规定的楼层最小地震剪力系数值，对竖向不规则结构的薄弱层，尚应乘以 1.15 的增大系数；

【例 4.6.4-1】底层承受的地震剪力标准值

条件：某高层建筑物，T_1＝1s，7 度，0.15g。该建筑物底层为薄弱层，1～16 层总重力荷载代表值为 23100kN。地震作用分析计算出的基底剪力为 V_{Ek}＝5000kN，

要求；底层承受的地震剪力标准值

【解答】

（1）T_1＝1s＜3.5s，7 度，0.15g，查《高规》表 4.3.12，λ＝0.024

对于薄弱层，尚应乘以 1.15 的增大系数，即 λ＝1.15×0.024

（2）由《高规》式（4.3.12）

$$V_{EKi}=\lambda\sum G_i=1.15\times0.024\times23100=637.56\text{kN}$$

（3）由《高规》3.5.8条，对于薄弱层剪力放大1.25倍

$$V_{Ek1}=1.25\times5000=6250\text{kN}$$

（4）$V_{Ek1}=6250\text{kN}\geqslant\lambda\sum G_i=637.56\text{kN}$

底层承受的地震剪力标准值 $V_k=6250\text{kN}$。

2. 局部的内力调整

（1）转换构件水平地震作用计算内力的调整

《高规》10.2.4条的规定和"条文说明"

> **10.2.4** 特一、一、二级转换结构构件的水平地震作用计算内力应分别乘以增大系数1.9、1.6、1.3；
>
> 转换结构构件应按本规程第4.3.2条的规定考虑竖向地震作用。
>
> **10.2.4**（条文说明） 带转换层的高层建筑，为保证转换构件的设计安全度并具有良好的抗震性能，本条规定特一、一、二级转换构件在水平地震作用下的计算内力应分别乘以增大系数1.9、1.6、1.3，并应按本规程第4.3.2条考虑竖向地震作用

【例4.6.4-2】

某底层带托柱转换层的钢筋混凝土框架-筒体结构，转换层位于地上2层，见图4.6.4-1（局部）。

假定，地上第2层转换梁的抗震等级为一级，某转换梁截面尺寸为700mm×1400mm，经计算求得梁端截面弯矩标准值（kN·m）如下：恒载 $M_{gk}=1304$；活载（按等效均布荷载计）$M_{qk}=169$；风载 $M_{wk}=135$；水平地震作用 $M_{Ehk}=300$。试问，在进行梁端截面设计时，梁端考虑水平地震作用组合时的弯矩设计值 M（kN·m）与下列何项数值最为接近？

（A）2100　　（B）2200

（C）2350　　（D）2450

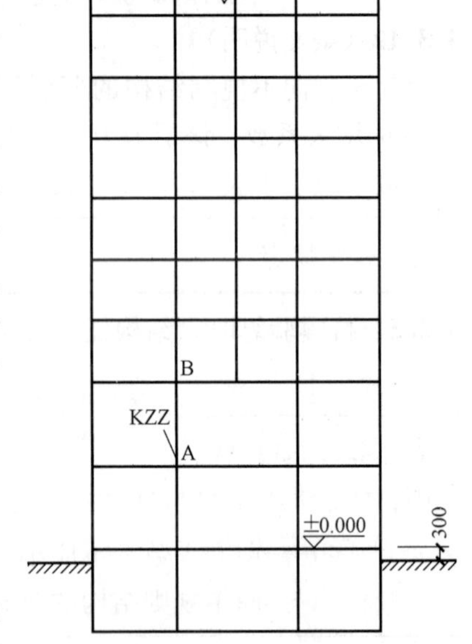

图4.6.4-1

【答案】（C）

【解答】根据《高规》第10.2.4条，一级转换梁水平地震作用的增大系数为1.6，即 $M_{Ehk}=300\times1.6=480\text{kN}\cdot\text{m}$

根据《高规》式（5.6.3）及表5.6.4，

$M=1.2\times1304+1.2\times0.5\times169+1.3\times480+1.4\times0.2\times135=2328\text{kN}\cdot\text{m}$

故选（C）

（2）框支柱的水平地震剪力

《高规》10.2.17条的规定和"条文说明"

10.2.17 部分框支剪力墙结构框支柱承受的水平地震剪力标准值应按下列规定采用：

1 每层框支柱的数目不多于 10 根时，当底部框支层为 1～2 层时，每根柱所受的剪力应至少取结构基底剪力的 2%；当底部框支层为 3 层及 3 层以上时，每根柱所受的剪力应至少取结构基底剪力的 3%。

2 每层框支柱的数目多于 10 根时，当底部框支层为 1～2 层时，每层框支柱承受剪力之和应至少取结构基底剪力的 20%；当框支层为 3 层及 3 层以上时，每层框支柱承受剪力之和应至少取结构基底剪力的 30%。

框支柱剪力调整后，应相应调整框支柱的弯矩及柱端框架梁的剪力和弯矩，但框支梁的剪力、弯矩、框支柱的轴力可不调整。

10.2.17（条文说明） 对于部分框支剪力墙结构，在转换层以下，一般落地剪力墙的刚度远远大于框支柱的刚度，落地剪力墙几乎承受全部地震剪力，框支柱的剪力非常小。考虑到在实际工程中转换层楼面会有显著的面内变形，从而使框支柱的剪力显著增加。12 层底层大空间剪力墙住宅模型试验表明：实测框支柱的剪力为按楼板刚度无限大假定计算值的 6～8 倍；且落地剪力墙出现裂缝后刚度下降，也导致框支柱剪力增加。所以按转换层位置的不同以及框支柱数目的多少，对框支柱剪力的调整增大作了不同的规定。

《抗震》6.2.10 条的“规定”和“条文说明”

6.2.10 部分框支抗震墙结构的框支柱尚应满足下列要求：

1 框支柱承受的最小地震剪力，当框支柱的数量不少于 10 根时，柱承受地震剪力之和不应小于结构底部总地震剪力的 20%；当框支柱的数量少于 10 根时，每根柱承受的地震剪力不应小于结构底部总地震剪力的 2%。框支柱的地震弯矩应相应调整。

6.2.10～6.2.12（条文说明） 这几条规定了部分框支结构设计计算的注意事项。

第 6.2.10 条 1 款的规定，适用于本章 6.1.1 条所指的框支层不超过 2 层的情况。本次修订，将本层地震剪力改为底层地震剪力即基底剪力，但主楼与裙房相连时，不含裙房部分的地震剪力，框支柱也不含裙房的框架柱。

【例 4.6.4-3】 框支层为两层的底部大空间剪力墙结构，底部总设计剪力设计值为 20000kN（已考虑结构薄弱层地震剪力的增大），该结构有 8 根相同的框支柱，其中一根柱计算分配的剪力为 180kN，该柱的最终剪力设计值与何项接近？

（A）20000×2%＝400kN

（B）20000×20%/8＝500kN

（C）400kN 再加上竖向荷载下的该柱剪力

（D）由竖向与地震作用组合计算所得剪力设计值乘以 1.25 调整系数

【答案】（A）

【解答】 根据《高规》10.2.17 条 1 款，框支柱根数少于 10 根，底部大空间层数为 1 层，每根框支柱所分配的地震剪力标准值至少取基底剪力的 2%。每根柱所受剪力为

$$V_c = 20000 \times 2\% = 400\text{kN} > 180\text{kN}$$

【例 4.6.4-4】~【例 4.6.4-5】

某商住楼地上16层地下2层（未示出），系部分框支剪力墙结构，如图4.6.4-2（Z）所示（仅表示1/2，另一半对称），2-16层均匀布置剪力墙，其中第①、②、④、⑥、⑦轴线剪力墙落地，第③、⑤轴线为框支剪力墙。结构的基本周期 $T=1.0s$ 7度设防 $0.15g$。

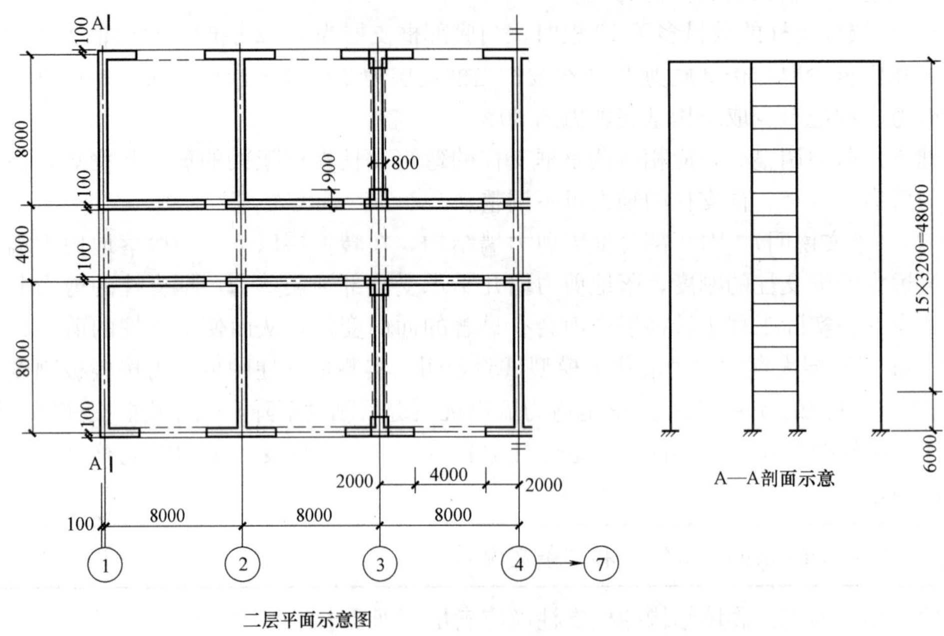

图 4.6.4-2

【例 4.6.4-4】

1～16层总重力荷载代表值为246000kN。假定，该建筑物底层为薄弱层，地震作用分析计算出的对应于水平地震作用标准值的底层地震剪力为 $V_{Ek}=16000kN$，试问，底层每根框支柱承受的地震剪力标准值 V_{Ekc}（kN）最小取下列何项数值时，才能满足《高规》JGJ 3的最低要求？

(A) 150　　(B) 240　　(C) 320　　(D) 400

【答案】(D)

【解答】查《高规》表4.3.12知：楼层最小地震剪力系数 $\lambda=0.024$；对于竖向不规则结构的薄弱层，应乘以1.15的增大系数。

即　$$\lambda=0.024\times1.15=0.0276$$

底层对应于水平地震作用标准值的剪力应满足：

$$V_{Ek1}\geqslant\lambda\sum_{j=1}^{n}G_j=0.0276\times246000=6789.6kN$$

根据《高规》第3.5.8条，V_{Ek} 应乘以增大系数1.25，$1.25V_{Ek}=1.25\times16000=20000kN$

$$V_{Ek1}\geqslant\lambda\sum_{j=1}^{n}G_j=6789.6kN<1.25V_{Ek}=20000kN$$

取 V_{Ek}＝20000kN

根据《高规》第 10.2.17 条第 1 款，框支柱数量 8 根，少于 10 根，底层每根框支柱承受的地震剪力标准值应取基底剪力的 2%。

即 $$V_{Ekc}=2\%\times 1.25V_{Ek}=0.02\times 20000=400\text{kN}$$

故（D）满足要求

【例 4.6.4-5】

假定，该建筑物底层为薄弱层，16 根框支柱，1～16 层总重力荷载代表值为 235000kN，地震作用分析计算出的对应于水平地震作用标准值的底层地震剪力 V_{Ek1}＝5000kN。试问，根据规程中有关对各楼层水平地震剪力最小值的要求，底层全部框支柱承受的地震剪力标准值之和 V_{kc}（kN），应取下列何项数值？

（A）1008　　（B）1120　　（C）1152　　（D）1297

【答案】（D）

【解答】根据《高规》第 4.3.12 条

$$V_{EK1}\geqslant\lambda\sum_{j=1}^{16}G_j=1.15\times 0.024\times 235000\text{kN}=1.15\times 5640\text{kN}=6486\text{kN}$$

根据《高规》3.5.8 条，底层剪力应乘以 1.25 增大系数。

$$V_{Ek}=1.25\times 5000=6250\text{kN}$$
$$V_{Ek1}=6486\text{kN}>V_{Ek}=6250\text{kN}$$

取 $V_{EK1,min}$＝6486kg 对框支柱进行计算

根据规程第 10.2.17 条，框支柱共 16 根，多于 10 根；底层全部框支柱承受的地震剪力标准值之和 V_{KC}＝6486×20%kN＝1297.2kN

3. 截面的内力调整

（1）框支柱

① 由地震作用产生的轴力

《高规》规定

> **10.2.11**　转换柱设计尚应符合下列规定：
>
> 2　一、二级转换柱由地震作用产生的轴力应分别乘以增大系数 1.5、1.2，但计算柱轴压比时可不考虑该增大系数。

【例 4.6.4-6】

现浇钢筋混凝土部分框支剪力墙结构，首层某根框支角柱 C1，在地震作用下，其柱底轴力标准值 N_{Ek}＝1680kN；在重力荷载代表值作用下，其柱底轴力标准值 N_{GE}＝2950kN。框支柱抗震等级为一级，不考虑风荷载。试问，考虑地震作用组合进行截面配筋计算时，柱 C1 柱底轴力最大设计值（kN）与下列何项数值最为接近？

（A）5720　　（B）6160　　（C）6820　　（D）7150

【答案】（C）

【解答】由《高规》第 10.2.11 条第 2 款，地震作用产生的柱底轴力应乘以增大系数 1.5：

$$N=1.5\times 1680=2520\text{kN}$$

根据《高规》第5.6.3条及第5.6.4条，最大轴力设计值

$$N=1.2\times2950+1.3\times2520=6816\text{kN}$$

故选（C）。

② 弯矩设计值

《抗震》规定

> **6.2.10** 部分框支抗震墙结构的框支柱尚应满足下列要求：
>
> 3 一、二级框支柱的顶层柱上端和底层柱下端，其组合的弯矩设计值应分别乘以增大系数1.5和1.25，框支柱的中间节点应满足本规范第6.2.2条的要求。

《高规》规定

> **10.2.11** 转换柱设计尚应符合下列规定：
>
> 3 与转换构件相连的一、二级转换柱的上端和底层柱下端截面的弯矩组合值应分别乘以增大系数1.5、1.3，其他层转换柱柱端弯矩设计值应符合本规程第6.2.1条的规定。

现将《高规》6.2.1条再次摘录于下

> **6.2.1** 2 其他情况：
>
> $$\sum M_c=\eta_c\sum M_b \tag{6.2.1-2}$$
>
> η_c——柱端弯矩增大系数；对框架结构，二、三级分别取1.5和1.3；对其他结构中的框架，一、二、三、四级分别取1.4、1.2、1.1和1.1。

【例4.6.4-7】 某底部带转换层的钢筋混凝土框架-核心筒结构，该建筑物纵向两榀边框架在第三层转换层设置托柱转换梁，如图4.6.4-3所示。

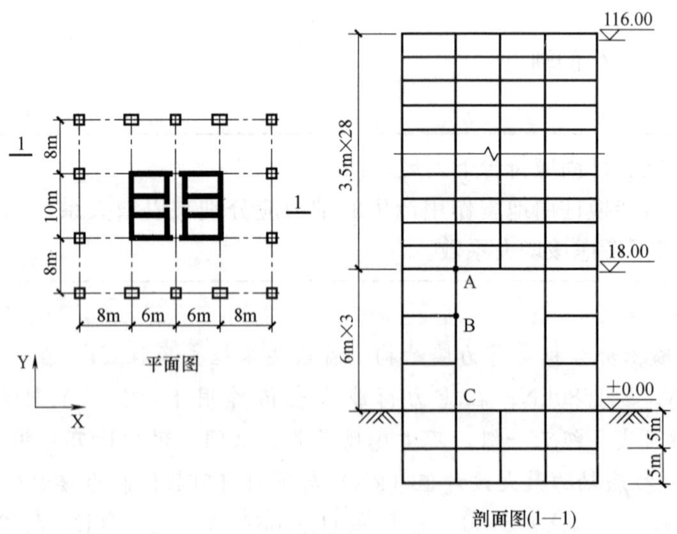

图4.6.4-3

假定某根转换柱抗震等级为一级，X向考虑地震作用组合的二、三层B、A节点处的梁、柱端弯矩组合值分别为：节点A：上柱柱底弯矩$M_c'^{b}=600\text{kN}\cdot\text{m}$，下柱柱顶弯矩$M_c'^{t}=1800\text{kN}\cdot\text{m}$，节点左侧梁端弯矩$M_c'^{l}=480\text{kN}\cdot\text{m}$，节点右侧梁端弯矩$M_b'^{r}=1200\text{kN}\cdot\text{m}$；节

点B：上柱柱底弯矩M'^{b}_{c}=600kN·m，下柱柱顶弯矩M'^{t}_{c}=500kN·m，节点左侧梁端弯矩M'^{l}_{c}=520kN·m；底层柱底弯矩组合值M'_{c}=400kN·m。

试问，该转换柱配筋设计时，节点A、B下柱柱顶及底层柱柱底的考虑地震作用组合的弯矩设计值M_A；M_B；M_C（kN·m）应取下列何组数值？

提示：柱轴压比>0.15，按框支柱。

(A) 1800；500；400　　　(B) 2520；700；400

(C) 2700；500；600　　　(D) 2700；750；600

【答案】(C)

【解答】(1) 根据《高规》10.2.11条3款，抗震等级为一级、转换柱上端

$$M_A=1.5M'_A=1.5\times1800\text{kN}\cdot\text{m}=2700\text{kN}\cdot\text{m}$$

(2) 根据《高规》6.2.1条，节点B：抗震等级为一级、η_b=1.4。

$$\sum M'_c=(500+600)\text{kN}\cdot\text{m}=1100\text{kN}\cdot\text{m}$$

$$\eta_c\sum M'_b=1.4\times520\text{kN}\cdot\text{m}=728\text{kN}\cdot\text{m}<\sum M'_c$$

$$M_B=M'_B=500\text{kN}\cdot\text{m}$$

(3) 根据《高规》10.2.11条3款，抗震等级为一级、底层柱下端

$$M_C=1.5M'_C=1.5\times400\text{kN}\cdot\text{m}=600\text{kN}\cdot\text{m},$$

故选（C）

③ 剪力设计值

《高规》规定

> **10.2.11** 转换柱设计尚应符合下列规定：
>
> 4 一、二级柱端截面的剪力设计值应符合本规程第6.2.3条的有关规定。

④ 转换角柱的弯矩设计值和剪力设计值

《高规》规定

> **10.2.11** 转换柱设计尚应符合下列规定：
>
> 5 转换角柱的弯矩设计值和剪力设计值应分别在本条第3、4款的基础上乘以增大系数1.1。

【例4.6.4-8】

某现浇混凝土框架-剪力墙结构，角柱为穿层柱，柱顶支承托柱转换梁，如图4.6.4-4所示。该穿层柱抗震等级为一级，实际高度L=10m，

考虑地震作用组合时，轴向压力设计值N=25900kN，按弹性分析的柱顶、柱底截面的弯矩组合值分别为：M^t=1100kN·m；M^b=1350kN·m。

试问，该转换柱配筋设计时，弯矩设计值应取何值？

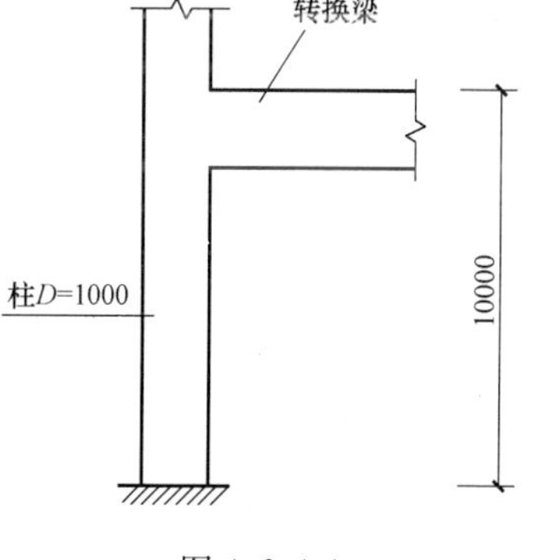

图4.6.4-4

【解答】(1) 根据《高规》10.2.11条5款，"转换

角柱的弯矩设计值应在本条第3款的基础上乘以增大系数1.1”。

(2) 根据《高规》10.2.11条3款，“与转换构件相连的一、二级转换柱的上端和底层柱下端截面的弯矩组合值应分别乘以增大系数1.5、1.3,”

(3) 本题的抗震等级为一级、增大系数为1.5×1.1,

柱顶截面的弯矩　$M^t = 1100 \times 1.5 \times 1.1 = 1815\text{kN} \cdot \text{m}$

柱底截面的弯矩　$M^b = 1350 \times 1.5 \times 1.1 = 2228\text{kN} \cdot \text{m}$

(4) 根据《高规》6.2.2条，“底层框架柱纵向钢筋应按上、下端的不利情况配置”。该转换柱配筋设计时，弯矩设计值取较大值 $M_2 = 2228\text{kN} \cdot \text{m}$。

(2) 落地剪力墙

1) 底部加强部位的弯矩设计值

《高规》10.2.8条的“规定”和“条文说明”

10.2.18　部分框支剪力墙结构中，特一、一、二、三级落地剪力墙底部加强部位的弯矩设计值应按墙底截面有地震作用组合的弯矩值乘以增大系数1.8、1.5、1.3、1.1采用；

10.2.18(条文说明)　部分框支剪力墙结构设计时，为加强落地剪力墙的底部加强部位，规定特一、一、二、三级落地剪力墙底部加强部位的弯矩设计值应分别按墙底截面有地震作用组合的弯矩值乘以增大系数1.8、1.5、1.3、1.1采用；

2) 底部加强部位的剪力设计值

《高规》10.2.17条的“规定”和“条文说明”

10.2.18　部分框支剪力墙结构中，特一、一、二、三级落地剪力墙底部加强部位，其剪力设计值应按本规程第3.10.5条、第7.2.6条的规定进行调整。

10.2.18(条文说明)　部分框支剪力墙结构设计时，为加强落地剪力墙的底部加强部位，其剪力设计值应按规定进行强剪弱弯调整。

现将《高规》7.2.6条再次摘录于下

7.2.6

$$V = \eta_{vw} V_w \qquad (7.2.6\text{-}1)$$

η_{vw}——剪力增大系数，一级取1.6，二级取1.4，三级取1.2。

(3) 落地剪力墙墙肢拉力的控制

《高规》规定

10.2.18　部分框支剪力墙结构中，落地剪力墙墙肢不宜出现偏心受拉

《抗震》规定

6.2.7　抗震墙各墙肢截面组合的内力设计值，应按下列规定采用：

2　部分框支抗震墙结构的落地抗震墙墙肢不应出现小偏心受拉。

本项规定的机理、《抗震》6.2.7条的“条文说明”有讲述，现摘录于下：

> **6.2.7** 当抗震墙的墙肢在多遇地震下出现小偏心受拉时，在设防地震、罕遇地震下的抗震能力可能大大丧失；而且，即使多遇地震下为偏压的墙肢设防地震下转为偏拉，则其抗震能力有实质性的改变，也需要采取相应的加强措施。

【例 4.6.4-9】 落地剪力墙墙肢底部加强部位的弯矩和剪力设计值

条件：某建筑物为框支剪力墙结构，高度 34m，丙类建筑。场地为Ⅱ类场地，7 度设防转换层在 3 层，已考虑地震作用组合时落地剪力墙底部加强部位 $M=165\text{kN}\cdot\text{m}$，$V=546\text{kN}$。

要求：落地剪力墙墙肢底部加强部位的弯矩和剪力设计值。

【解答】 由《高规》10.2.6 条，转换层在 3 层及 3 层以上时，剪力墙底部加强部位的抗震等级提高一级。

查《高规》3.9.1 条 2 款丙类建筑设防烈度仍为 7 度。

查《高规》表 3.9.3，加强部位的剪力墙抗震等级为二级，三层转换提高抗震构造措施。

由《高规》10.2.18 条，$M=1.3\times165\text{kN}\cdot\text{m}=214.5\text{kN}\cdot\text{m}$

由《高规》7.2.6 条，$V=1.4\times546\text{kN}=764.4\text{kN}$

五、五大构件

五大构件是指：转换梁、框支柱、落地剪力墙、框支梁上部的墙体和框支转换层楼板。

1. 转换梁

《高规》10.2.7 条的“条文说明”

> **10.2.7** 转换梁包括部分框支剪力墙结构中的框支梁以及上面托柱的框架梁，是带转换层结构中应用最为广泛的转换结构构件。

（1）二种“转换梁”通用的构造规定

1）纵筋最小配筋率

《高规》规定

> **10.2.7** 转换梁设计应符合下列要求：
>
> 1 转换梁上、下部纵向钢筋的最小配筋率，非抗震设计时均不应小于 0.30%；抗震设计时，特一、一和二级分别不应小于 0.60%、0.50%和 0.40%。

2）箍筋加密区的箍筋配置

《高规》规定

> **10.2.7** 转换梁设计应符合下列要求：
>
> 2 离柱边 1.5 倍梁截面高度范围内的梁箍筋应加密，加密区箍筋直径不应小于 10mm、间距不应大于 100mm。加密区箍筋的最小面积配筋率，非抗震设计时不应小于 $0.9f_t/f_{yv}$；抗震设计时，特一、一和二级分别不应小于 $1.3f_t/f_{yv}$、$1.2f_t/f_{yv}$ 和 $1.1f_t/f_{yv}$。

3）转换梁与转换柱的关系

《高规》规定

10.2.8 设计尚应符合下列规定：

转换梁与转换柱截面中线宜重合。

4）剪压比的验算

《高规》规定

10.2.8 设计尚应符合下列规定

3 转换梁截面组合的剪力设计值应符合下列规定：

持久、短暂设计状况 $V \leqslant 0.20\beta_c f_c bh_0$ （10.2.8-1）

地震设计状况 $V \leqslant \frac{1}{\gamma_{RE}}(0.15\beta_c f_c bh_0)$ （10.2.8-2）

5）开洞的限制

《高规》规定

10.2.8 设计尚应符合下列规定：

6. 转换梁不宜开洞。若必须开洞时，洞口边离开支座柱边的距离不宜小于梁截面高度；被洞口削弱的截面应进行承载力计算，因开洞形成的上、下弦杆应加强纵向钢筋和抗剪箍筋的配置。

《高规》10.2.8条的“条文说明”

转换梁承受较大的剪力，开洞会对转换梁的受力造成很大影响，尤其是转换梁端部剪力最大的部位开洞的影响更加不利，因此对转换梁上开洞进行了限制，并规定梁上洞口避开转换梁端部开洞部位要加强配筋构造。

（2）“托柱转换梁”专用的构造规定

《高规》10.2.8条的“条文说明”

10.2.8（条文说明）

研究表明，托柱转换梁在托柱部位承受较大的剪力和弯矩，其箍筋应加密配置（图12a）。

需要注意的是，对托柱转换梁，在转换层尚宜设置承担正交方向柱底弯矩的楼面梁或框架梁，避免转换梁承受过大的扭矩作用。

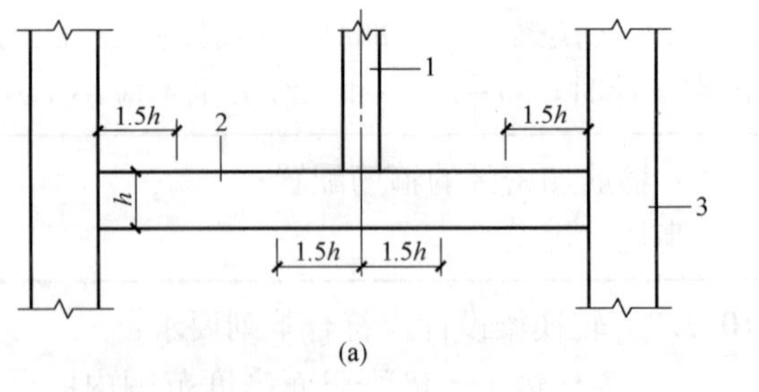

图12 托柱转换梁箍筋加密区示意

1—梁上托柱；2—转换梁；3—转换柱

《高规》规定

10.2.8 转换梁设计尚应符合下列规定：

2 转换梁截面高度不宜小于计算跨度的1/8。托柱转换梁截面宽度不应小于其上所托柱在梁宽方向的截面宽度。

4 托柱转换梁应沿腹板高度配置腰筋，其直径不宜小于12mm、间距不宜大于200mm。

5 转换梁纵向钢筋接头宜采用机械连接，同一连接区段内接头钢筋截面面积不宜超过全部纵筋截面面积的50%，接头位置应避开梁上托柱部位及受力较大部位。

7 对托柱转换梁的托柱部位，梁的箍筋应加密配置，加密区范围可取梁上托柱边1.5倍转换梁高度；箍筋直径、间距及面积配筋率应符合本规程第10.2.7条第2款的规定。

9 托柱转换梁在转换层宜在托柱位置设置正交方向的框架梁或楼面梁。

（3）"框支梁"专用的构造规定

《高规》10.2.8条的"条文说明"

10.2.8 研究表明，框支梁多数情况下为偏心受拉构件，并承受较大的剪力；框支梁上墙体开有边门洞时，往往形成小墙肢，此小墙肢的应力集中尤为突出，而边门洞部位框支梁应力急剧加大。在水平荷载作用下，上部有边门洞框支梁的弯矩约为上部无边门洞框支梁弯矩的3倍，剪力也约为3倍，因此除小墙肢应加强外，边门洞墙边部位对应的框支梁的抗剪能力也应加强，箍筋应加密配置（图12b）。当洞口靠近梁端且剪压比不满足规定时，也可采用梁端加腋提高其抗剪承载力，并加密配箍。

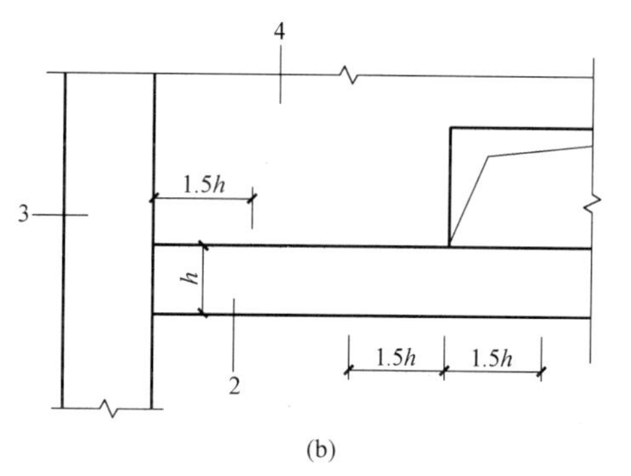

图12 框支梁箍筋加密区示意

2—转换梁；3—转换柱；4—框支剪力墙

《高规》10.2.7条的"规定"和"条文说明"

10.2.7 转换梁设计应符合下列要求：

3 偏心受拉的转换梁的支座上部纵向钢筋至少应有50%沿梁全长贯通，下部纵向钢筋应全部直通到柱内；沿梁腹板高度应配置间距不大于200mm、直径不小于16mm的腰筋。

10.2.7（条文说明） 本条第3款针对偏心受拉的转换梁（一般为框支梁）顶面纵向钢筋及腰筋的配置提出了更高要求。研究表明，偏心受拉的转换梁（如框支梁），截面受拉区域较大，甚至全截面受拉，因此除了按结构分析配置钢筋外，加强梁跨中区段顶面纵向钢筋以及两侧面腰筋的最低构造配筋要求是非常必要的。非偏心受拉转换梁的腰筋设置应符合本规程第10.2.8条的有关规定。

《高规》规定

10.2.8 设计尚应符合下列规定：

2 转换梁截面高度不宜小于计算跨度的1/8。框支梁截面宽度不宜大于框支柱相应方向的截面宽度，且不宜小于其上墙体截面厚度的2倍和400mm的较大值。

5 转换梁纵向钢筋接头宜采用机械连接，同一连接区段内接头钢筋截面面积不宜超过全部纵筋截面面积的50%，接头位置应避开上部墙体开洞部位及受力较大部位。

7 对框支梁上部的墙体开洞部位，梁的箍筋应加密配置，加密区范围可取墙边两侧各1.5倍转换梁高度；箍筋直径、间距及面积配筋率应符合本规程第10.2.7条第2款的规定。

8 框支剪力墙结构中的框支梁上、下纵向钢筋和腰筋（图10.2.8）应在节点区可靠锚固，水平段应伸至柱边，且非抗震设计时不应小于$0.4l_{ab}$，抗震设计时不应小于$0.4l_{abE}$，梁上部第一排纵向钢筋应向柱内弯折锚固，且应延伸过梁底不小于l_a（非抗震设计）或l_{aE}（抗震设计）；当梁上部配置多排纵向钢筋时，其内排钢筋锚入柱内的长度可适当减小，但水平段长度和弯下段长度之和不应小于钢筋锚固长度l_a（非抗震设计）或l_{aE}（抗震设计）。

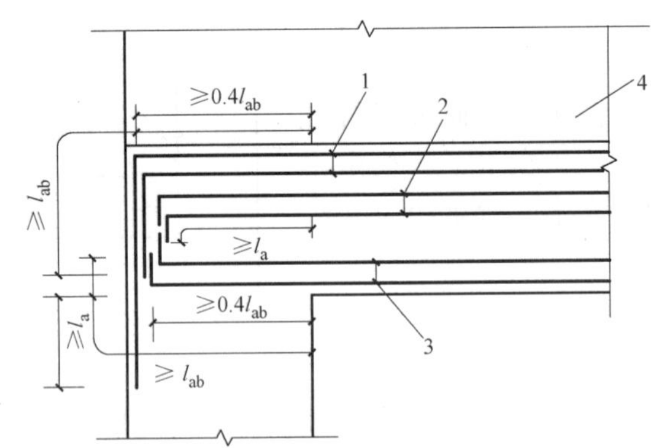

图10.2.8 框支梁主筋和腰筋的锚固

1—梁上部纵向钢筋；2—梁腰筋；3—梁下部纵向钢筋；4—上部剪力墙；抗震设计时图中l_a、l_{ab}分别取为l_{aE}、l_{abE}

【例4.6.5-1】某带转换层的框架-核心筒结构，抗震等级为一级，其局部外框架柱不落地，采用转换梁托柱的方式使下层柱距变大，如图4.6.5-1所示。梁、柱混凝土强度等

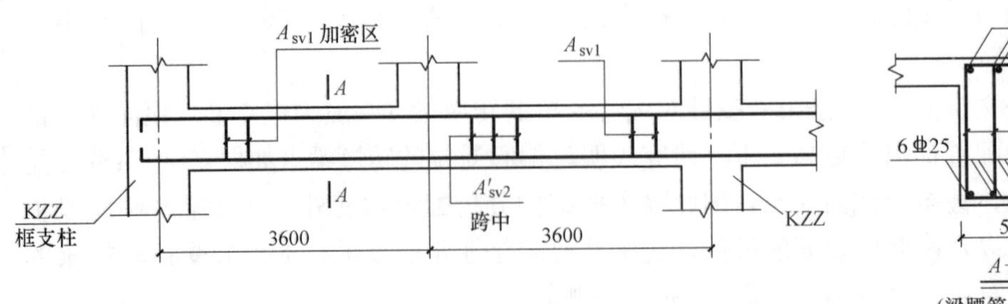

图4.6.5-1

级采用 C40（$f_c=1.71\text{N/mm}^2$），钢筋采用 HRB400（$f_y=360\text{N/mm}^2$）。箍筋采用 HRB335

下列对转换层梁箍筋的不同配置中，其中何项最符合相关规范、规程最低要求？（$f_y=300\text{N/mm}^2$）

(A) $A_{sv1}=4\Phi10@100$，$A_{sv2}=4\Phi10@200$　　(B) $A_{sv1}=A_{sv2}=4\Phi10@100$

(C) $A_{sv1}=4\Phi12@100$，$A_{sv2}=4\Phi12@200$　　(D) $A_{sv1}=A_{sv2}=4\Phi12@100$

【答案】(D)

【解答】(1) 根据《高规》10.2.7 条第 2 款，梁上托柱时，该部位加密箍筋直径不应小于 10mm，间距不应大于 100mm。

(2) 根据《高规》10.2.7 条第 2 款。抗震等级为一级的转换层梁，加密区箍筋最小面积含箍率为

$$\rho_{sv,min}=1.2\frac{f_t}{f_{yv}}=1.2\times\frac{1.71}{300}=0.00684$$

(3) 图 4.6.5-1 所示为 4 肢箍，$s=100\text{mm}$，则单肢箍筋的面积

$$A_{sv1}=\frac{\rho_{sv,min}bs}{4}=\left(\frac{0.00684\times500\times100}{4}\right)\text{mm}^2=85.5\text{mm}^2\begin{matrix}<113.1\text{mm}^2(\Phi)\\>78.5\text{mm}^2(\Phi)\end{matrix}$$

加密区箍筋直径不小于 10mm，故取 12mm。转换梁支座和托柱部位，箍筋均采用 4Φ12@100。

【例 4.6.5-2】某底部带转换层的钢筋混凝土框架-核心筒结构，抗震等级为一级，第三层转换梁如图 4.6.5-2 所示，截面尺寸为 $b\times h=1\text{m}\times2\text{m}$，混凝土强度等级 C40（$f_c=19.1\text{N/mm}^2$，$f_t=1.71\text{N/mm}^2$）。箍筋采用 HRB335（$f_{yv}=300\text{N/mm}^2$）。

试问，截面 B 处梁的箍筋为下列何值时，最接近并符合规范、规程的最低构造要求？

(A) 8Φ10@100　　(B) 8Φ12@100

(C) 8Φ14@150　　(D) 8Φ14@100

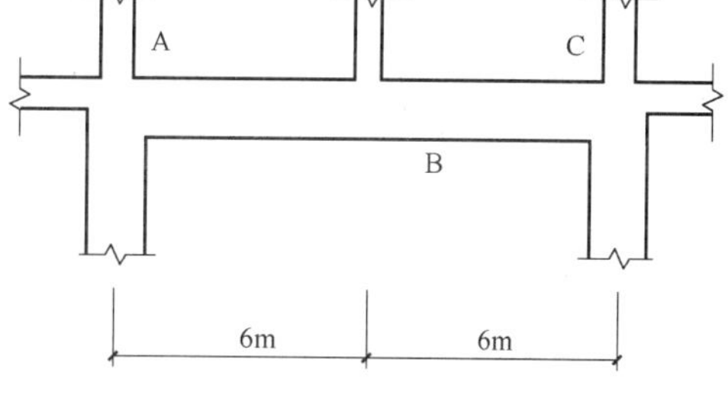

图 4.6.5-2

【答案】(B)

【解答】(1) 根据《高规》10.2.8 条 7 款，对转换梁托柱部位箍筋应当加密，箍筋直径间距配筋率符合《高规》第 10.2.7 条 2 款规定。

查《高规》10.2.7 条 2 款，跨中箍筋应加密，最小间距@100mm。

(2) 根据《高规》10.2.7 条 2 款，抗震等级一级

$$\rho_{sv}>1.2\frac{f_t}{f_{yv}}=1.2\times\frac{1.71}{300}=0.684\%$$

$$A_{sv}>\frac{b\cdot s\cdot\rho_{sv}}{8}=\frac{1000\times100\times0.684\%}{8}=85.5\text{mm}^2$$

取Φ12，$A_s=113.1\text{mm}^2$，所以选 (B)。

2. 框支柱

《高规》的"条文说明"

10.2.10 转换柱包括部分框支剪力墙结构中的框支柱和框架-核心筒、框架-剪力墙结构中支承托柱转换梁的柱，是带转换层结构重要构件，受力性能与普通框架大致相同，但受力大，破坏后果严重。计算分析和试验研究表明，随着地震作用的增大，落地剪力墙逐渐开裂、刚度降低，转换柱承受的地震作用逐渐增大。因此，除了在内力调整方面对转换柱作了规定外，本条对转换柱的构造配筋提出了比普通框架柱更高的要求。

在讨论内力调整时框支柱已考虑了下列三项内容：

（1）与转换构件相连的柱上端和底层柱下端截面的弯矩组合值应分别乘以1.5、1.3，

（2）剪力设计值也应按规定调整

（3）一、二级转换柱由地震作用引起的轴力值应分别乘以增大系数1.5、1.2，

由于转换柱为重要受力构件，《高规》又制定了一系列构造规定。

（1）轴压比

抗震设计时，转换柱截面主要由轴压比控制，《高规》规定

6.4.2 抗震设计时，钢筋混凝土柱轴压比不宜超过表6.4.2的规定；对于Ⅳ类场地上较高的高层建筑，其轴压比限值应适当减小。

柱轴压比限值 **表6.4.2**

结构类型	抗震等级			
	一	二	三	四
部分框支剪力墙结构	0.60	0.70	—	

4 当沿柱全高采用井字复合箍，箍筋间距不大于100mm、肢距不大于200mm、直径不小于12mm，或当沿柱全高采用复合螺旋箍，箍筋螺距不大于100mm、肢距不大于200mm、直径不小于12mm，或当沿柱全高采用连续复合螺旋箍，且螺距不大于80mm、肢距不大于200mm、直径不小于10mm时，轴压比限值可增加0.10；

应注意的是

① 计算柱轴压比时地震作用引起的轴力值可不考虑该增大系数。

② 框支柱沿全高采用复合螺旋箍或井字复合箍、当箍筋的直径、肢距符合表6.4.2注4的要求时、轴压比限值可增加0.1。

（2）剪压比

转换柱截面要满足剪压比的要求，《高规》规定

10.2.11 转换柱设计尚应符合下列规定：

6 柱截面的组合剪力设计值应符合下列规定：

持久、短暂设计状况 $$V \leqslant 0.20\beta_c f_c b h_0 \tag{10.2.11-1}$$

地震设计状况 $$V \leqslant \frac{1}{\gamma_{RE}}(0.15\beta_c f_c b h_0) \tag{10.2.11-2}$$

《混规》规定

11.4.6 考虑地震组合的矩形截面框支柱，其受剪截面应符合下列条件：

$$V_c \leqslant \frac{1}{\gamma_{RE}}(0.15\beta_c f_c b h_0) \quad (10.4.6\text{-}2)$$

式中：λ——框支柱的计算剪跨比，取 $M/(Vh_0)$；此处，M 宜取柱上、下端考虑地震组合的弯矩设计值的较大值，V 取与 M 对应的剪力设计值，h_0 为柱截面有效高度；

（3）截面尺寸

《高规》规定

10.2.11 转换柱设计应符合下列规定

1 柱截面宽度，非抗震设计时不宜小于 400mm，抗震设计时不应小于 450mm；柱截面高度，非抗震设计时不宜小于转换梁跨度的 1/15，抗震设计时不宜小于转换梁跨度的 1/12。

（4）竖向钢筋配置

1）最小配筋率

《高规》规定

10.2.10 转换柱设计应符合下列要求：

1 柱内全部纵向钢筋配筋率应符合本规程第 6.4.3 条中框支柱的规定；

6.4.3 柱纵向钢筋和箍筋配置应符合下列要求：

柱纵向受力钢筋最小配筋百分率（%） **表 6.4.3-1**

柱类型	抗震等级				非抗震
	一级	二级	三级	四级	
框支柱	1.1	0.9	—	—	0.7

2）最大配筋率

《高规》规定

10.2.11 转换柱设计尚应符合下列规定：

7 纵向钢筋间距均不应小于 80mm，且抗震设计时不宜大于 200mm，非抗震设计时不宜大于 250mm；抗震设计时，柱内全部纵向钢筋配筋率不宜大于 4.0%。

《混规》11.4.13 条规定

框支柱中全部纵向受力钢筋配筋率不应大于 5%，柱的纵向钢筋宜对称配置。截面尺寸大于 400mm 的柱，纵向钢筋的间距不宜大于 200mm。

（5）箍筋配置

1）非抗震设计

《高规》规定

10.2.11　转换柱设计尚应符合下列规定： 　　8　非抗震设计时，转换柱宜采用复合螺旋箍或井字复合箍，其箍筋体积配箍率不宜小于0.8%，箍筋直径不宜小于10mm，箍筋间距不宜大于150mm。

2）抗震设计

《高规》10.2.10条的"规定"和"条文说明"

10.2.10　转换柱设计应符合下列要求： 　　2　抗震设计时，转换柱箍筋应采用复合螺旋箍或井字复合箍，并应沿柱全高加密，箍筋直径不应小于10mm，箍筋间距不应大于100mm和6倍纵向钢筋直径的较小值； 　　3　抗震设计时，转换柱的箍筋配箍特征值应比普通框架柱要求的数值增加0.02采用，且箍筋体积配箍率不应小于1.5%。 　　本条第3款中提到的普通框架柱的箍筋最小配箍特征值要求，见本规程第6.4.7条的有关规定，转换柱的箍筋最小配箍特征值应比本规程表6.4.7的规定提高0.02采用。

【例4.6.5-3】某带转换层的框架-核心筒结构，抗震等级为一级；其局部外框架柱不落地，采用转换梁托柱的方式使下层柱距变大，如图图4.6.5-3所示。转换梁下框支柱KZZ配筋如图图4.6.5-4所示；纵向钢筋混凝土保护层厚30mm。梁、柱混凝土强度等级采用C40（$f_t=1.71\text{N/mm}^2$），钢筋采用HRB400（$f_{yv}=360\text{N/mm}^2$）。

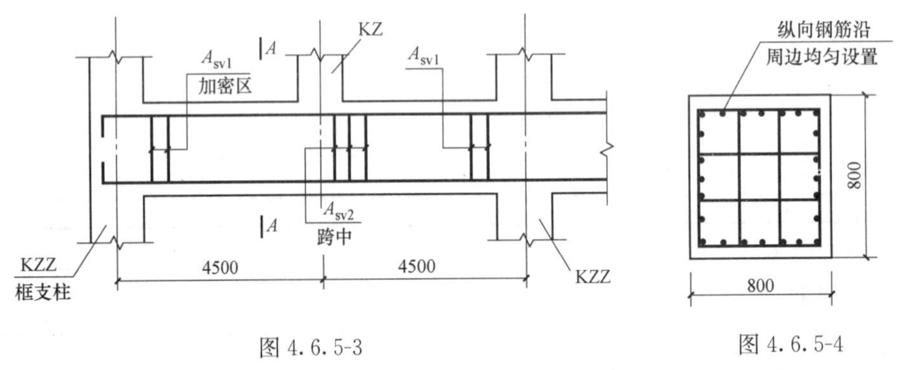

图4.6.5-3　　　　图4.6.5-4

试问，关于纵向钢筋的配置，下列何项才符合有关规范、规程的构造规定？

（A）24Φ28　　（B）28Φ25　　（C）24Φ25　　（D）前三项均符合

【答案】（D）

【解答】框支柱抗震等级为一级

（1）由《高规》10.2.10条1款和表6.4.3-1，柱纵向钢筋最小配筋率为：1.1%+0.05%=1.15%

$\rho_{min}=1.2\%$，且每侧配筋率不应小于0.2%，选项（A）、（B）、（C）均满足。

（2）由《高规》10.2.11条，$\rho_{max}=4\%$。

选项（A）的配筋率 $\rho=\frac{24\times615.8}{800\times760}=2.4\%<4\%$，符合 ρ_{max} 的规定。

$$a=\frac{\left[800-\left(30+\frac{28}{2}\right)\times2\right]\times4}{24}=119\text{mm}>80\text{mm}\ \text{符合纵向钢筋最小间距规定}$$

（3）由《高规》10.2.11 条第 7 款，纵向钢筋间距，抗震设计时不宜大于 200mm，非抗震设计时，不宜大于 250mm，且均不应小于 80mm。

选项（B）的纵向钢筋间距 $a=\frac{\left[800-\left(30+\frac{25}{2}\right)\times2\right]\times4}{28}=102\text{mm}>80\text{mm}$，符合规定。

（4）选项（C）符合规定。

选项（C）的配筋率 $\rho=\frac{24\times490.9}{800\times760}=1.94\%<4\%$，但$>0.2\%$，符合规定。

选项（C）的纵向钢筋间距 $a=\frac{\left[800-\left(30+\frac{25}{2}\right)\times2\right]\times4}{24}=119\text{mm}>80\text{mm}$，符合规定。

【例 4.6.5-4】~【例 4.6.5-5】 某 54m 的底层大空间剪力墙结构，底层采用 C50 混凝土，其他层采用 C30 混凝土，框支柱截面为 800mm×900mm。该建筑位于 7 度地震区，抗震设防类别为丙类，设计基本地基加速度为 0.15g，场地类别Ⅱ类。框支柱考虑地震组合的轴压力设计值 N=13300kN，沿柱全高配复合螺旋箍，采用 HPB300 级，直径 ϕ12，间距 100mm，肢距 200mm；柱剪跨比 $\lambda=2.0$。

【例 4.6.5-4】 框支柱箍筋加密区最小配筋特征值 λ_v，以下何项数值正确？

（A）0.17　　（B）0.15　　（C）0.12　　（D）0.14

【答案】（A）

【解答】 54m，查《高规》表 3.3.1-1 知，该结构属 A 级高度。

丙类、7 度、Ⅱ类场地，根据《高规》3.9.1 条规定，按 7 度考虑抗震等级。

Ⅱ类场地，设计基本地震加速度为 0.15g，根据《高规》3.9.2 规定，不考虑调整，仍按 7 度考虑抗震等级。

查《高规》表 3.9.3 知，框支柱的抗震等级为二级。

根据《高规》表 6.4.2 及注 4 的规定：

$$[\mu_N]=0.70+0.10=0.80$$

$$\mu_N=\frac{N}{f_cA}=\frac{13300\times10^3}{23.1\times800\times900}=0.80\leqslant[\mu_N]=0.80\text{，满足。}$$

根据《高规》10.2.10 条及表 6.4.7 的规定，抗震二级，$\lambda_v=0.15+0.02=0.17$

【例 4.6.5-5】 框支柱箍筋加密区的最小体积配箍率（%）以下何项数值正确？

（A）1.5　　（B）1.87　　（C）1.6　　（D）1.4

【答案】（A）

【解答】

$$\rho_{v,min}=\lambda_v\cdot\frac{f_c}{f_{yv}}=0.17\times\frac{23.1}{270}=1.45\%<1.5\%$$

所以最小体积配箍率为 1.5%。

【例 4.6.5-6】 某部分框支剪力墙结构房屋，地下 3 层，地上 26 层。首层、二层层高均为 4.5m，其他各层层高 3.6m，落地剪力墙直通到结构顶层。抗震设计烈度为 8 度，设计基本地震加速度值为 0.2g，抗震设防类别为丙类，Ⅱ类场地。设二层框支柱截面尺寸$b\times h$=1200mm×1200mm，采用 C55 混凝土，纵向受力钢筋采用 HRB400 级，箍筋采用 HRB335 级复合箍，柱考虑地震作用效应组合的轴向压力设计值 N=18216.0kN，若此柱斜截面受剪承载力计算为构造配筋，则其加密区箍筋的体积配筋率（%），以下何项数值正确？

(A) 0.13　　(B) 1.1　　(C) 1.35　　(D) 1.6

【答案】(B)

【解答】(1) 确定框支柱的抗震等级

先查《高规》表 3.3.1-2，本题房屋属 B 级高度高层建筑，

再查《高规》表 3.9.4，框支柱抗震等级为特一级。

(2) 确定框支柱的配箍特征值

框支柱轴压比 $\mu_N=N/(f_cA)=18216\times10^3/(25.3\times1200\times1200)=0.50$

采用复合箍筋，查《高规》表 6.4.7 得一级柱，当 μ_N=0.5 时的柱端箍筋加密区最小配箍特征值 λ_v=0.13。

根据《高规》3.10.4 条 3 款，特一级框支柱最小配箍特征值应比表 6.4.7 的数值增大 0.03。

$$\lambda_v=0.13+0.03=0.16$$

(3) 计算框支柱箍筋的体积配箍率

根据《高规》6.4.7 条式 (6.4.7) 有

$$\rho_v=\lambda_v\frac{f_c}{f_{yv}}=0.16\times25.3/300=1.35\%<1.6\%$$

根据《高规》3.10.4 条 3 款，特一级框支柱最小体积配箍率不应小于 1.6%，故有 $\rho_{v,min}$=1.6%。

3. 落地剪力墙

在讨论内力调整时落地剪力墙已考虑了下列三项内容：

1) 底部加强部位弯矩设计值的调整

2) 底部加强部位剪力设计值的调整

3) 落地剪力墙墙肢拉力的控制

由于落地剪力墙为重要受力构件，《高规》又规定了一系列构造规定。

(1) 边缘构件

《高规》10.2.20 条的"规定"和"条文说明"

> **10.2.20** 部分框支剪力墙结构的剪力墙底部加强部位，墙体两端宜设置翼墙或端柱，抗震设计时尚应按本规范第 7.2.15 条规定设置约束边缘构件。
>
> **10.2.20**（条文说明） 部分框支剪力墙结构中，抗震设计时应在墙体两端设置约束边缘构件，对非抗震设计的框支剪力墙结构，也规定了剪力墙底部加强部位的增强措施。

《高规》规定

7.2.14 剪力墙两端和洞口两侧应设置边缘构件，并应符合下列规定：

1 部分框支剪力墙结构的剪力墙，应在底部加强部位及相邻的上一层设置约束边缘构件，约束边缘构件应符合本规程第 7.2.15 条的规定；

《抗震》规定

6.1.9 部分框支抗震墙结构中的抗震墙设置，应符合下列要求：

框支部分落地墙的两端（不包括洞口两侧）应设置端柱或与另一方向的抗震墙相连。

6.4.5 抗震墙两端和洞口两侧应设置边缘构件，边缘构件包括暗柱、端柱和翼墙，并应符合下列要求：

2 部分框支抗震墙结构的抗震墙，应在底部加强部位及相邻的上一层设置约束边缘构件，在以上的其他部位可设置构造边缘构件。

《混规》规定

11.7.17 剪力墙两端及洞口两侧应设置边缘构件，并宜符合下列要求：

2 部分框支剪力墙结构中，一、二、三级抗震等级落地剪力墙的底部加强部位及以上一层的墙肢两端，宜设置翼墙或端柱，并应按本规范第 11.7.18 条的规定设置约束边缘构件；不落地的剪力墙，应在底部加强部位及以上一层剪力墙的墙肢两端设置约束边缘构件；

（2）分布钢筋

《高规》10.2.19 条的“规定”和“条文说明”

10.2.19 部分框支剪力墙结构中，剪力墙底部加强部位墙体的水平和竖向分布钢筋的最小配筋率，抗震设计时不应小于 0.3%，非抗设计时不应小于 0.25%；抗震设计时钢筋间距不应大于 200mm，钢筋直径不应小于 8mm。

10.2.19（条文说明） 部分框支剪力墙结构中，剪力墙底部加强部位是指房屋高度的 1/10 以及地下室顶板至转换层以上两层高度二者的较大值。落地剪力墙是框支层以下最主要的抗侧力构件，受力很大，破坏后果严重，十分重要；框支层上部两层剪力墙直接与转换构件相连，相当于一般剪力墙的底部加强部位，且其承受的竖向力和水平力要通过转换构件传递至框支层竖向构件。因此，本条对部分框支剪力墙底部加强部位剪力墙的分布钢筋最低构造，提出了比普通剪力墙底部加强部位更高的要求。

《抗震》6.4.3 条的“规定”和“条文说明”

6.4.3 抗震墙竖向、横向分布钢筋的配筋，应符合下列要求：

2 部分框支抗震墙结构的落地抗墙底部加强部位，竖向和横向分布钢筋配筋率均不应小于 0.3%。

6.4.3（条文说明） 对框支结构，抗震墙的底部加强部位受力很大，其分布钢筋应高于一般抗震墙的要求。通过在这些部位增加竖向钢筋和横向的分布钢筋，提高墙体开裂后的变形能力，以避免脆性剪切破坏，改善整个结构的抗震性能。

（3）拉结筋

《抗震》6.2.11条1款的"规定"和"条文说明"

6.2.11 部分框支抗震墙结构的一级落地抗震墙底部加强部位尚应满足下列要求：
1 当墙肢在边缘构件以外的部位在两排钢筋间设置直径不小于8mm、间距不大于400mm的拉结筋时，抗震墙受剪承载力验算可计入混凝土的受剪作用。
6.2.11（条文说明） 框支结构的落地墙，在转换层以下的部位是保证框支结构抗震性能的关键部位，这部位的剪力传递还可能存在矮墙效应。为了保证抗震墙在大震时的受剪承载力，只考虑有拉筋约束部分的混凝土受剪承载力。

（4）《抗震》对墙肢出现偏拉的规定

1）小偏拉

《抗震》规定

6.2.7 抗震墙各墙肢截面组合的内力设计时，应按下列规定采用；
2 部分框支抗震墙结构的落地抗震墙墙肢不应出现小偏心受拉。

2）大偏拉

《抗震》6.2.11条2款的"规定"和"条文说明"

6.2.11 部分框支抗震墙结构的一级落地抗震墙底部加强部位尚应满足下列要求：
2 墙肢底部截面出现大偏心受拉时，宜在墙肢的底截面处另设交叉防滑斜筋，防滑斜筋承担的地震剪力可按墙肢底截面处剪力设计值的30%采用。
6.2.11（条文说明） 无地下室的部分框支抗震墙结构的落地墙，特别是联肢或双肢墙，当考虑不利荷载组合出现偏心受拉时，为了防止墙与基础交接处产生滑移，宜按总剪力的30%设置45°交叉防滑斜筋，斜筋可按单排设在墙截面中部并应满足锚固要求。

【例4.6.5-7】~【例4.6.5-8】 某部分框支剪力墙结构房屋，地下3层，地上26层，三层转换层。首层、二层层高均为4.5m，其他各层层高3.6m，落地剪力墙直通到结构顶层。抗震设计烈度为8度，设计基本地震加速度值为0.2g，抗震设防类别为丙类，Ⅱ类场地。

【例4.6.5-7】 设房屋中某矩形截面落地剪力墙第三层的截面尺寸$b\times h$=400mm×4800mm，采用C50混凝土，纵向受力钢筋采用HRB400级，箍筋采用HRB335级，轴压比μ_N>0.3。若此墙正截面承载力计算为构造配筋，则其边缘构件纵向钢筋的配筋，以下何项数值正确？

（A）12⌀16 （B）14⌀16 （C）12⌀18 （D）12⌀20

【答案】（B）

【解答】（1）确定墙肢的抗震等级

H=4.5×2+3.6×24=95.4m>80m，查《高规》表3.3.1-2为B级高度高层建筑。

计算剪力墙加强部位的高度，根据《高规》10.2.2条得：

96.3/10=9.63m<2×4.5+2×3.6=16.2m，故知剪力墙底部加强部位的高度应至

四层顶部，第三层剪力墙位于加强区内。

查《高规》表 3.9.4，底部加强部位剪力墙抗震等级为特一级。

（2）确定底部加强部位剪力墙约束边缘构件阴影部分纵向钢筋最小截面面积。

由《高规》表 7.2.15 8 度一级得 $l_c=0.2h_w=0.2\times4800$，$l_c=960$mm，阴影部分长 $\max(l_c/2, b_w, 400)=480$mm，根据《高规》3.10.5 条第 3 款，约束边缘构件纵向钢筋最小截面面积为 $A_s=1.4\%\times400\times480=2688\text{mm}^2$。

（3）确定配筋　配 14Φ16，$A_s=14\times201.1=2815.4\text{mm}^2$，符合计算及构造要求。

【例 4.6.5-8】设前述房屋中某矩形截面落地剪力墙五层的截面尺寸 $b\times h=350\text{mm}\times4800\text{mm}$，采用 C55 混凝土，纵向受力钢筋采用 HRB400 级，箍筋采用 HRB335 级，轴压比 $\mu_N>0.3$。则其边缘构件箍筋的体积配箍率（%），以下何项数值正确？

（A）0.84　　（B）1.2　　（C）1.69　　（D）2.024

【答案】（C）

【解答】（1）确定墙肢的抗震等级

查《高规》表 3.3.1-2 为 B 级高度高层建筑。

由上题可知，五层剪力墙属非底部加强部位剪力墙，查《高规》表 3.9.4，非底部加强部位剪力墙抗震等级为一级。

（2）确定是否设置约束边缘构件

根据《高规》7.2.14 条，应设置约束边缘构件。

（3）确定剪力墙约束边缘构件箍筋的体积配箍率

查《高规》表 7.2.15 得

$l_c=\max(0.2h_w, b_w, 400)=0.2\times4800=960$mm，$\lambda_v=0.2$。

阴影部分长 $\max(l_c/2, b_w, 400)=480$mm

根据《高规》7.2.15 条式（7.2.15），有

$$\rho_v=\lambda_v\frac{f_c}{f_{yv}}=0.20\times25.3/300=1.69\%$$

【例 4.6.5-9】某部分框支剪力墙结构，房屋高度 52.2m，地下 1 层，地上 14 层。首层为转换层，纵横向均有不落地剪力墙，地下室顶板作为上部结构的嵌固部位，抗震设防烈度为 8 度。首层层高 5.4m，其余各层层高均为 3.6m，该结构首层剪力墙的厚度为 300mm，试问，剪力墙底部加强部位的设置高度和首层剪力墙竖向分布钢筋取下列何项数值？

（A）剪力墙底部加强部位设至 2 层楼板顶（9.0m 标高），首层剪力墙竖向分布筋采用双排 ϕ10@200

（B）剪力墙底部加强部位设至 2 层楼板顶（9.0m 标高），首层剪力墙竖向分布筋采用双排 ϕ12@200

（C）剪力墙底部加强部位设至 3 层楼板顶（12.6m 标高），首层剪力墙竖向分布筋采用双排 ϕ10@200

（D）剪力墙底部加强部位设至 3 层楼板顶（12.6m 标高），首层剪力墙竖向分布筋采用双排 ϕ12@200

【答案】(D)

【解答】 由《高规》10.2.2条，底部加强部位取至转换层以上两层（5.4+3.6×2）3层楼板顶（12.6m标高）。

由《高规》10.2.19条，首层剪力墙竖向分布筋最小配筋率为0.3%，双排ϕ10@200的配筋率为$\rho=\frac{A_s}{bs}\%=\frac{2\times78.5}{300\times200}=0.26\%$，不满足要求；双排$\phi$12@200的配筋率为0.37%，满足要求。

【例4.6.5-10】~【例4.6.5-11】

某24层现浇钢筋混凝土部分框支剪力墙结构，房屋总高度75.45m。一层为框支层，二至二十四层布置剪力墙，如图4.6.5-5所示。抗设防烈度8度，底层墙肢的抗震等级为一级，底层墙混凝土强度等级为C40（$f_c=19.1\text{N/mm}^2$，$f_t=1.71\text{N/mm}^2$）。钢筋均采用HRB335级，(Φ，$f_y=300\text{N/mm}^2$)。

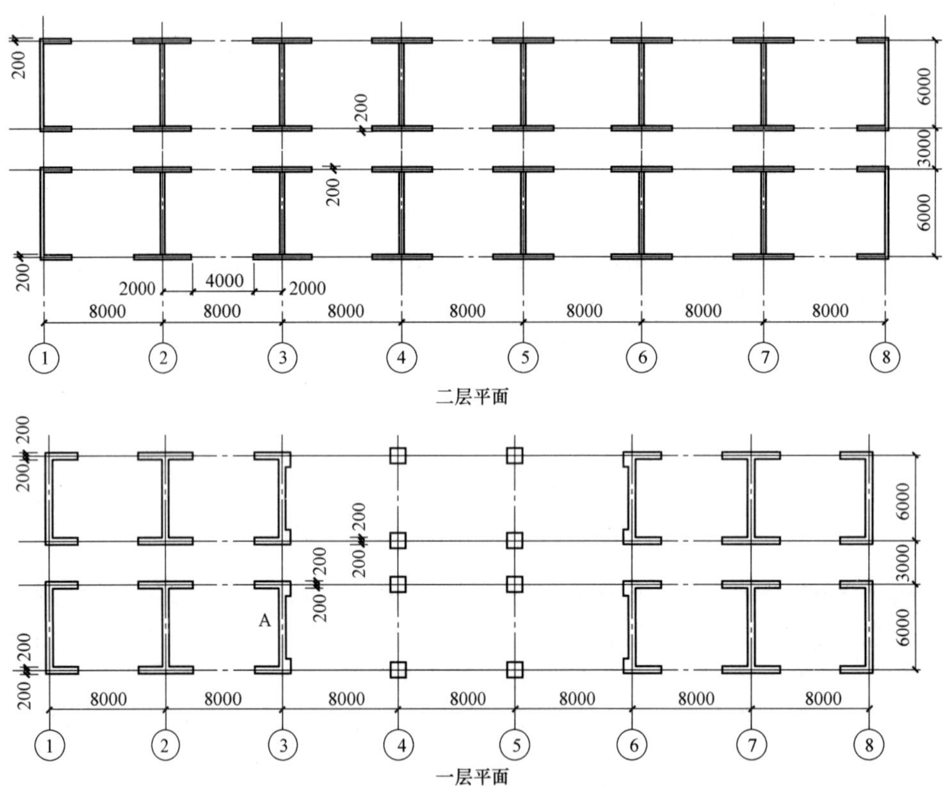

图4.6.5-5

【例4.5.5-10】 假定，第③轴底层墙肢A的厚度400mm，墙长$h_w=6400\text{mm}$，$h_{w0}=6000\text{mm}$，$A_w/A=0.7$，剪跨比$\lambda=1.2$，考虑地震作用组合的剪力计算值$V_w=4100\text{kN}$，对应的轴向压力设计值$N=19000\text{kN}$，已知竖向分布筋为构造配置。试问，该截面竖向及水平向分布筋至少应按下列何项配置，才能满足规范、规程的抗震要求？

(A) Φ10@150（竖向）；Φ10@150（水平）

(B) Φ12@150（竖向）；Φ12@150（水平）

(C) Φ 12@150（竖向）；Φ 14@150（水平）

(D) Φ 12@150（竖向）；Φ 16@150（水平）

【答案】(D)

【解答】(1) 根据《高规》3.9.3 条和 7.2.6 条，底层墙肢 A 的抗震等级为一级，$\eta_{vw}=1.6$。

$$V=\eta_{vw}\cdot V_{W}=1.6\times4100=6560\text{kN}$$

(2) 根据《高规》7.2.7-3 条，$\lambda=1.2<2.5$

$$V=6560\text{kN}<\frac{1}{\gamma_{RE}}(0.15\beta_c f_c b_w h_{w0})\frac{1}{0.85}\times(0.15\times1.0\times19.1\times400\times6000)=8090\text{kN}$$

(3) 根据《高规》7.2.10-2 条，$\lambda=1.2<1.5$，取 $\lambda=1.5$

$0.2f_c b_w h_w=9780\text{kN}<N=19000\text{kN}$，取 $N=9780\text{kN}$

$$V\leqslant\frac{1}{\gamma_{RE}}\left[\frac{1}{\lambda-0.5}\times\left(0.4f_t b_w h_{w0}+0.1N\frac{A_w}{A}\right)+0.8f_{yh}\cdot\frac{A_{sh}}{s}h_{w0}\right]$$

$$0.85\times6560\times10^3\leqslant\frac{1}{1.5-0.5}\times(0.4\times1.71\times400\times6000+0.1\times9.78\times10^6\times0.7)+$$

$$0.8\times300\times\frac{A_{sh}}{150}\times6000$$

$$5576\times10^3\leqslant1641.6\times10^3+684.6\times10^3+9600A_{sh}$$

$$A_{sh}\geqslant338\text{mm}^2$$

(4) 根据《高规》10.2.19 条，竖向及水平分布筋最小配筋率均为 0.3%，$A_{sv,min}=0.3\%\times150\times400=180\text{mm}^2$

配Φ 16@150，$A_{sh}=2\times201.1=402\text{mm}^2$（水平）的Φ 12@150$A_{sv}=2\times113=226\text{mm}>180\text{mm}$（竖向）

【例 4.6.5-11】假定，该建筑物使用需要，转换层设置在 3 层，房屋总高度不变，一至三层层高为 4m，上部 21 层层高均为 3m，第四层某剪力墙的边缘构件仍如图 4.6.5-6 所示。轴压比大于 0.3 试问，该边缘构件纵向钢筋最小构造配箍率 ρ_{sv} (%) 及配箍特征值最小值 λ_v 取下列何项数值时，才能满足规范、规程的最低抗震构造要求？

(A) 1.2；0.2　(B) 1.4；0.2

(C) 1.2；0.4　(D) 1.4；0.24

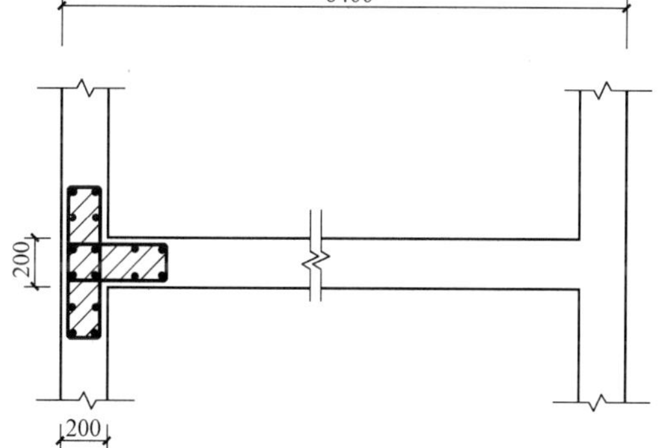

图 4.6.5-6

【答案】(D)

【解答】原墙抗震等级为一级。转换层在三层，按《高规》10.2.2 条，第四层的剪力墙仍属底部加强部位。

由《高规》10.2.6 条，第四层墙抗震等级提高一级，变为特一级。

根据《高规》3.10.5-3条，$\rho_v=1.4\%$

由《高规》3.10.5条表7.2.15条，$\lambda_v=0.20\times(1+20\%)=0.24$

4. 框支梁上部的墙体

《高规》10.2.22条的“条文说明”

> **10.2.22** 根据中国建筑科学研究院结构所等单位的试验及有限元分析，在竖向及水平荷载作用下，框支梁上部的墙体在多个部位会出现较大的应力集中，这些部位的剪力墙容易发生破坏，因此对这些部位的剪力墙规定了多项加强措施。

（1）框支梁上墙体有边门洞的构造

《高规》规定

> **10.2.22** 部分框支剪力墙结构框支梁上部墙体的构造应符合下列规定：
>
> 1 当梁上部的墙体开有边门洞时（图10.2.22），洞边墙体宜设置翼墙、端柱或加厚，并应按本规程第7.2.15条约束边缘构件的要求进行配筋设计；当洞口靠近梁端部且梁的受剪承载力不满足要求时，可采取框支梁加腋或增大框支墙洞口连梁刚度等措施。

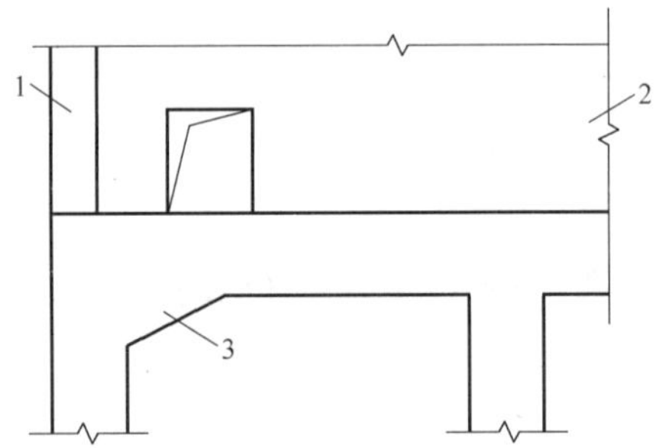

图10.2.22 框支梁上墙体有边门洞时洞边墙体的构造要求

1—翼墙或端柱；2—剪力墙；3—框支梁加腋

（2）框支梁上部一层墙体的配筋

《高规》规定

> **10.2.22** 部分框支剪力墙结构框支梁上部墙体的构造应符合下列规定：
>
> 3 框支梁上部一层墙体的配筋宜按下列规定进行校核：
>
> 1）柱上墙体的端部竖向钢筋面积 A_s：
>
> $$A_s=h_c b_w(\sigma_{01}-f_c)/f_y \quad (10.2.22\text{-}1)$$
>
> 2）柱边 $0.2l_n$ 宽度范围内竖向分布钢筋面积 A_{sw}：
>
> $$A_{sw}=0.2l_n b_w(\sigma_{02}-f_c)/f_{yw} \quad (10.2.22\text{-}2)$$
>
> 3）框支梁上部 $0.2l_n$ 高度范围内墙体水平分布筋面积 A_{sh}：
>
> $$A_{sh}=0.2l_n b_w\sigma_{xmax}/f_{yh} \quad (10.2.22\text{-}3)$$
>
> 式中：l_n——框支梁净跨度（mm）；
>
> h_c——框支柱截面高度（mm）；
>
> b_w——墙肢截面厚度（mm）；
>
> σ_{01}——柱上墙体 h_c 范围内考虑风荷载、地震作用组合的平均压应力设计值（N/mm²）；

σ_{02}——柱边墙体 0.2l_n 范围内考虑风荷载、地震作用组合的平均压应力设计值（N/mm^2）；

σ_{xmax}——框支梁与墙体交接面上考虑风荷载、地震作用组合的水平拉应力设计值（N/mm^2）。

有地震作用组合时，公式（10.2.22-1）～（10.2.22-3）中 σ_{01}、σ_{02}、σ_{xmax} 均应乘以 γ_{RE}，γ_{RE} 取 0.85。

【例 4.6.5-12】 有一幢高层底部大空间剪力墙结构，框支梁上部的墙体厚 300mm，混凝土强度等级为 C30，水平分布筋为 HPB300 级钢，框支梁净跨 l_n=3600mm，框支梁与墙体交接面上考虑风荷载、地震作用组合的水平拉应力设计值 σ_{max}=1.12N/mm^2，则框支梁上的 0.2l_n 范围内的水平分布筋 A_{sh}（mm^2），以下何项数值正确？

(A) 760　　(B) 1152　　(C) 1205　　(D) 1350

【答案】(A)

【解答】 由《高规》式（10.2.22-3），σ_{max} 应乘以 γ_{RE}，γ_{RE}=0.85

$$A_{sh}=0.2l_n b_w \sigma_{max}/f_{yh}=0.2\times3600\times300\times0.85\times1.12/270\text{mm}^2=761.6$$

【例 4.6.5-13】 梁上墙体的分布筋

某部分框支剪力墙结构，房屋高度 45.9m。该建筑为丙类建筑，抗震设防烈度为 7 度，Ⅱ类建筑场地。第 3 层为转换层；纵横向均有落地剪力墙；地下一层板顶作为上部结构的嵌固端。第 4 层某框支梁上剪力墙墙肢 W_2 的厚度为 180mm，该框支梁净跨 L_n=6000mm。框支梁与墙体 W_2 交接面上考虑风荷载、地震作用组合的水平拉应力设计值 σ_{xmax}=0.97MPa。试问：W_2 墙肢在框支梁上 0.2L_n=1200mm 高度范围内的水平分布筋实际配筋（双排）选择下列何项时，其钢筋面积 A_{sh} 才能满足规程要求且最接近计算结果？

提示：HPB300 级钢筋（Φ）强度设计值 f_y=270N/mm^2；

HRB335 级钢筋（Φ）强度设计值，f_y=300N/mm^2。

(A) Φ8@200（A_s=604mm^2/1200mm）　(B) ϕ10@200（A_s=942mm^2/1200mm）

(C) Φ10@150（A_s=1256mm^2/1200mm）　(D) ϕ12@200（A_s=1357mm^2/1200mm）

【答案】(B)

【解答】(1) 由《高规》第 10.2.2 条，第 4 层为剪力墙底部加强部位。

(2)《高规》10.2.19 条的规定了落地剪力墙底部加强部位水平分布筋的最低配筋要求，抗震设计时 ρ_{max}=0.3%，且不小于 ϕ8@200。

$$l_n=6000\text{mm},\ b_w=180\text{mm},\ 0.2l_n=1200\text{mm}$$

根据 ρ_{max}=0.3%，在 1200mm 高度范围内的水平分布筋面积最小值 $A_{sh,min}$=0.3%×180×1200mm^2=648mm^2，

根据 ϕ8@200，在 1200mm 高度范围内的水平分布筋面积 A_{sh}=604mm^2＜$A_{sh,min}$=648mm^2，故 ρ_{max}=0.3%起控制作用。

(3) 选项（A），Φ8@200（A_s=604mm^2/1200mm）不符合构造要求、因 A_{sh}=604mm^2＜$A_{sh,min}$=648mm^2。

(4) 由《高规》第 10.2.22 条式 (10.2.22-3)

$$A_{sh}=\frac{0.2l_{n}b_{w}\gamma_{RE}\sigma_{max}}{f_{yh}}$$

采用钢筋 HPB300 级时：$f_{y}=270\text{N/mm}^2$；

$A_{sh}=0.2l_{n}b_{w}\gamma_{RE}\sigma_{max}/f_{yh}=0.2\times6000\times180\times0.85\times0.97/270\text{mm}^2=659.6\text{mm}^2$

配筋率 $\rho=\frac{660}{180\times1200}=0.31\%>\rho_{min}=0.3\%$

(5) 采用钢筋 $\phi10$@ 200 ($942\text{mm}^2/1200\text{mm}$) 可以，采用选项 (B)。

5. 框支转换层楼板

学习《高规》三条相关规定的“条文说明”

10.2.23～10.2.25 部分框支剪力墙结构中，框支转换层楼板是重要的传力构件，不落地剪力墙的剪力需要通过转换层楼板传递到落地剪力墙，为保证楼板能可靠传递面内相当大的剪力（弯矩），规定了转换层楼板截面尺寸要求、抗剪截面验算、楼板平面内受弯承载力验算以及构造配筋要求。

(1) 框支转换层楼板的截面尺寸和构造配筋

《高规》规定

10.2.23 部分框支剪力墙结构中，框支转换层楼板厚度不宜小于 180mm，应双层双向配筋，且每层每方向的配筋率不宜小于 0.25%，楼板中钢筋应锚固在边梁或墙体内；落地剪力墙和筒体外围的楼板不宜开洞。楼板边缘和较大洞口周边应设置边梁，其宽度不宜小于板厚的 2 倍，全截面纵向钢筋配筋率不应小于 1.0%。与转换层相邻楼层的楼板也应适当加强。

《抗震》规定

E.1.1 框支层应采用现浇楼板，厚度不宜小于 180mm，混凝土强度等级不宜低于 C30，应采用双层双向配筋，且每层每个方向的配筋率不应小于 0.25%。

E.1.4 框支层楼板的边缘和较大洞口周边应设置边梁，其宽度不宜小于板厚的 2 倍，纵向钢筋配筋率不应小于 1%，钢筋接头宜采用机械连接或焊接，楼板的钢筋应锚固在边梁内。

(2) 框支转换层楼板的抗剪截面验算

《高规》规定

10.2.24 部分框支剪力墙结构中，抗震设计的矩形平面建筑框支转换层楼板，其截面剪力设计值应符合下列要求：

$$V_{f}\leqslant\frac{1}{\gamma_{RE}}(0.1\beta_{c}f_{c}b_{f}t_{f}) \tag{10.2.24-1}$$

$$V_{f}\leqslant\frac{1}{\gamma_{RE}}(f_{y}A_{s}) \tag{10.2.24-2}$$

式中：b_f、t_f——分别为框支转换层楼板的验算截面宽度和厚度；

V_f——由不落地剪力墙传到落地剪力墙处按刚性楼板计算的框支层楼板组合的剪力设计值，8度时应乘以增大系数2.0，7度时应乘以增大系数1.5。验算落地剪力墙时可不考虑此增大系数；

A_s——穿过落地剪力墙的框支转换层楼盖（包括梁和板）的全部钢筋的截面面积；

γ_{RE}——承载力抗震调整系数，可取0.85。

《抗震》规定

E.1.2 部分框支抗震端结构的框支层楼板剪力设计值，应符合下列要求：

$$V_f \leqslant \frac{1}{\gamma_{RE}}(0.1 f_c b_f t_f) \tag{E.1.2}$$

式中 V_f——由不落地抗震墙传到落地抗震墙处按刚性楼板计算的框支层楼板组合的剪力设计值，8度时应乘以增大系数2，7度时应乘以增大系数1.5；验算落地抗震墙时不考虑此项增大系数；

b_f、t_f——分别为框支层楼板的宽度和厚度；

γ_{RE}——承载力抗震调整系数，可采用0.85。

E.1.3 部分框支抗震墙结构的框支层楼板与落地抗震墙交接截面的受剪承载力，应按下列公式验算：

$$V_f \leqslant \frac{1}{\gamma_{RE}}(f_y A_s) \tag{E.1.3}$$

式中：A_s——穿过落地抗震墙的框支层楼盖（包括梁和板）的全部钢筋的截面面积。

（3）框支转换层楼板的受弯承载力验算

《高规》规定

10.2.25 部分框支剪力墙结构中，抗震设计的矩形平面建筑框支转换层楼板，当平面较长或不规则以及各剪力墙内力相差较大时，可采用简化方法验算楼板平面内受弯承载力。

【例4.6.5-14】 楼板的最小厚度、楼板双层配筋

条件：某现浇钢筋混凝土部分框支剪力墙结构，一层为框支层，如图4.6.5-7所示。抗设防烈度8度，混凝土C35（$f_c=16.7\text{N/mm}^2$），钢筋HRB335（$f_y=300\text{N/mm}^2$）。在第③轴底层落地剪力墙处，由不落地剪力墙传来按刚性楼板计算的框支层楼板组合的剪力设计值为3000kN（未经调整）。③～⑦轴处楼板无洞口，宽度15400mm。假定剪力沿③轴墙均布，穿过③轴墙的梁纵筋面积$A_{s1}=10000\text{mm}^2$，穿墙楼板配筋宽度10800mm（不包括梁宽）。

要求：（1）③轴右侧楼板的最小厚度t_f（mm）

（2）穿过墙的楼板双层配筋中每层配筋的最小值

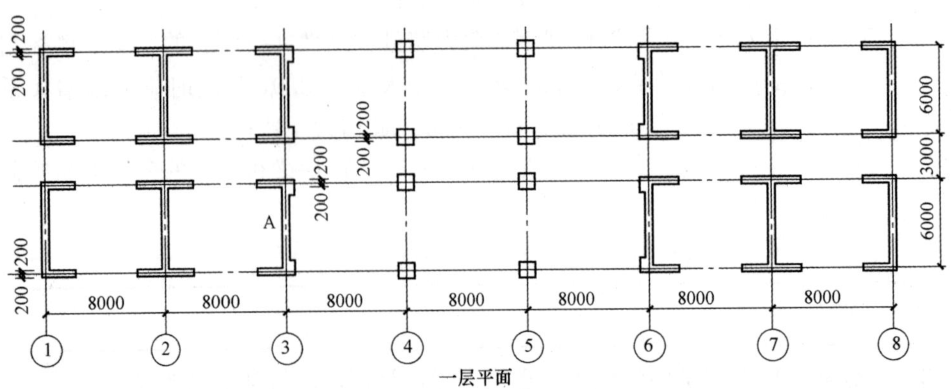

图 4.6.5-7

【解答】 $f_c=16.7\text{N/mm}^2$，$b_f=15400\text{mm}$，$\gamma_{RE}=0.85$。

在第③轴底层落地剪力墙处，由不落地剪力墙传来按刚性楼板计算的框支层楼板组合的剪力设计值为 $V_0=3000\text{kN}$

（1）根据《高规》10.2.24 条，8 度时应乘以增大系数 2.0，由不落地抗震墙传到落地抗震墙处按刚性楼板计算的框支层楼板组合的剪力设计值 $V_f=2V_0$

（2）根据《高规》10.2.24 条，式（10.2.24-1）

$$V_f \leqslant \frac{1}{\gamma_{RE}}(0.1f_c b_f t_f)=\frac{1}{0.85}\times(0.1\times16.7\times15400\times t_f)$$

$$t_f \geqslant \frac{0.85\times2\times3000\times10^3}{0.1\times16.7\times15400}=198.3\text{mm}，取 200\text{mm}>180\text{mm}（最小板厚）$$

（3）根据《高规》10.2.23 条，$\rho \geqslant 0.25\%$，

$t_f=200\text{mm}$ 时，取钢筋间距为 200mm，在这范围内钢筋面积 $A_s \geqslant 200\times200\times0.25\%=100\text{mm}^2$，

采用Φ 12，$A_s=113.1\text{mm}^2$

（4）根据《高规》10.2.24 条，式（10.2.24-2）$V_f \leqslant \frac{1}{\gamma_{RE}}(f_y A_s)$

$$A_s \geqslant \frac{0.85\times2\times3000\times10^3}{300}=17000\text{mm}^2$$

穿过每片墙处的梁纵筋 $A_{s1}=10000\text{mm}^2$

$$A_{sb}=A_s-A_{s1}=17000-10000=7000\text{mm}^2$$

间距 200mm 范围内钢筋面积为 $\frac{7000\times200}{10.8\times1000}=130\text{mm}^2$

上下层相同，每层为 $\frac{1}{2}\times130=65\text{mm}^2<113.1\text{mm}^2$

【例 4.6.5-15】 对于高层钢筋混凝土底层大空间部分框支剪力墙结构，其转换层楼面

采用现浇楼板且双层双向配筋，试问，下列何项符合有关规范、规程的相关构造要求？

(A) 混凝土强度等级不应低于C25，每层每向的配筋率不宜小于0.25%

(B) 混凝土强度等级不应低于C30，每层每向的配筋率不宜小于0.25%

(C) 混凝土强度等级不应低于C30，每层每向的配筋率不宜小于0.20%

(D) 混凝土强度等级不应低于C25，每层每向的配筋率不宜小于0.20%

【答案】(B)

【解答】根据《高规》第3.6.3条规定：转换层楼板应采用现浇楼板，

根据《高规》3.2.2条4款，其混凝土强度等级不应低于C30。

根据《高规》10.2.23条规定：转换层楼板厚度不宜小于180mm，应双层双向配筋，且每层每方向的配筋率不宜小于0.25，楼板中钢筋应锚固在边梁或墙体内。

故选(B)

4.7 混 合 结 构

一、混合结构与组合结构

1. 混合结构

从结构体系层面来说，混合结构指两种或多种结构体系组合在一起的结构形式。主要指钢框架（或型钢混凝土框架、钢管混凝土框架）代替混凝土框架，与钢筋混凝土核心筒组成的框架-核心筒结构；钢框筒（或型钢混凝土框筒、钢管混凝土框筒）替代混凝土框筒，与钢筋混凝土核心筒组成的筒中筒结构。混合结构不仅有钢结构自重轻、截面小、施工快、抗震性能好的特点，也有混凝土结构刚度大、防火性能好、成本低的优点，它兼具钢结构和混凝土结构两者的优势，有其自身的特点。

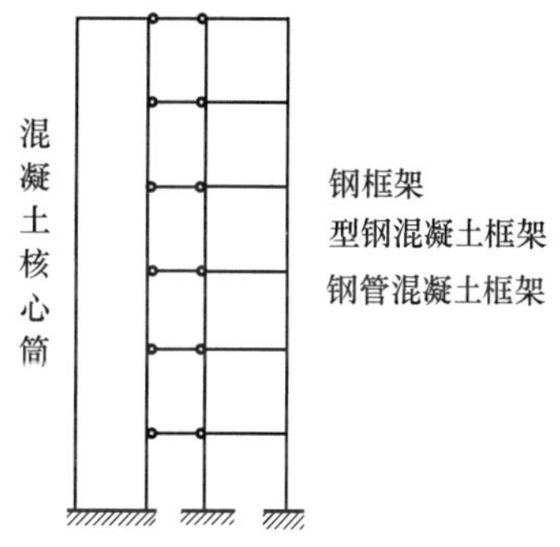

图4.7.1-1 混合结构简化模型

《高规》规定

2.1.10 混合结构

由钢框架（框筒）、型钢混凝土框架（框筒）、钢管混凝土框架（框筒）与钢筋混凝土核心筒体所组成的共同承受水平和竖向作用的建筑结构。

11.1.1 本章规定的混合结构，系指由外围钢框架或型钢混凝土、钢管混凝土框架与钢筋混凝土核心筒所组成的框架-核心筒结构，以及由外围钢框筒或型钢混凝土、钢管混凝土框筒与钢筋混凝土核心筒所组成的筒中筒结构。

11.1.1 条文说明 为减少柱子尺寸或增加延性而在混凝土柱中设置构造型钢，而框架梁仍为钢筋混凝土梁时，该体系不宜视为混合结构；此外对于体系中局部构件（如框支梁柱）采用型钢梁柱（型钢混凝土梁柱）也不应视为混合结构。

2. 组合结构

(1) 从构件层面来说，组合构件指由钢和混凝土两种材料组成的组合柱、组合梁、组合板、组合剪力墙等。组合构件可充分利用钢和混凝土各自的优点，如钢-混凝土组合梁（图 4.7.1-2a）发挥混凝土抗压强度高和钢材抗拉性能好的优点；圆形钢管混凝土柱（图 4.7.1-2b）中钢管约束混凝土使其处于三向受压状态，提高了混凝土的强度和延性，密实的混凝土紧贴钢管防止其屈曲。钢和混凝土相互约束、支持，充分发挥各自的性能。

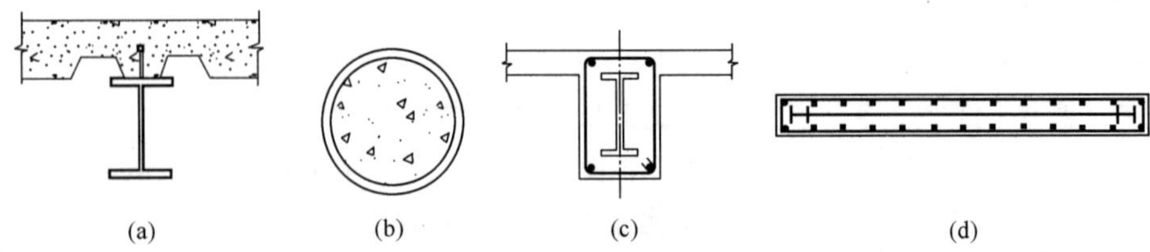

图 4.7.1-2　组合结构构件

（a）钢-混凝土组合梁；（b）圆形钢管混凝土柱；（c）型钢混凝土梁；（d）钢板混凝土剪力墙

《组合结构设计规范》JGJ 138—2016 规定

> **2.1.1**　组合结构构件
>
> 由型钢、钢管或钢板与钢筋混凝土组合能整体受力的结构构件。

（2）从结构体系层面来说，组合结构既包含组合结构构件组成的结构，也包含多种结构体系之间的组合，如组合筒体与组合框架形成的组合体系，钢筋混凝土核心筒与钢框架联合使用。

《组合结构设计规范》规定

> **2.1.2**　组合结构
>
> 由组合结构构件组成的结构，以及由组合结构构件与钢构件、钢筋混凝土构件组成的结构。
>
> **4.1.1**　组合结构构件可用于框架结构、框架-剪力墙结构、部分框支剪力墙结构、框架-核心筒结构、筒中筒等结构体系。
>
> **4.1.2**　各类结构体系中，可整个结构体系采用组合结构构件，也可采用组合结构构件与钢结构、钢筋混凝土结构构件同时使用。

对比两本规范术语可知，组合结构的含义比混合结构更宽泛，例如型钢（钢管）混凝土框架结构属于组合结构，不属于混合结构；型钢（钢管）混凝土框架-钢筋混凝土核心筒结构既属于组合结构，也属于混合结构。本章主要介绍混合结构。

二、基本参数

1. 房屋适用高度

《高规》规定

> **11.1.2**　混凝土结构高层建筑适用的最大高度应符合表 11.1.2 的规定。

<table>
<caption>混合结构高层建筑适用的最大高度（m） 表 11.1.2</caption>
<tr><th colspan="2" rowspan="3">结构体系</th><th rowspan="3">非抗震设计</th><th colspan="5">抗震设防烈度</th></tr>
<tr><th rowspan="2">6 度</th><th rowspan="2">7 度</th><th colspan="2">8 度</th><th rowspan="2">9 度</th></tr>
<tr><th>0.2g</th><th>0.3g</th></tr>
<tr><td rowspan="2">框架-核心筒</td><td>钢框架-钢筋混凝土核心筒</td><td>210</td><td>200</td><td>160</td><td>120</td><td>100</td><td>70</td></tr>
<tr><td>型钢（钢管）混凝土框架-钢筋混凝土核心筒</td><td>240</td><td>220</td><td>190</td><td>150</td><td>130</td><td>70</td></tr>
<tr><td rowspan="2">筒中筒</td><td>钢外筒-钢筋混凝土核心筒</td><td>280</td><td>260</td><td>210</td><td>140</td><td>140</td><td>80</td></tr>
<tr><td>型钢（钢管）混凝土外筒-钢筋混凝土核心筒</td><td>300</td><td>280</td><td>230</td><td>150</td><td>150</td><td>90</td></tr>
</table>

注：平面和竖向均不规则的结构，最大适用高度适当降低。

《抗震》规定

G.2　钢框架-钢筋混凝土核心筒结构

G.2.1　按本节要求进行抗震设计时，其适用的最大高度不宜超过本规范第 6.1.1 条钢筋混凝土框架-核心筒结构最大适用高度和本规范第 8.1.1 条钢框架-中心支撑结构最大适用高度二者的平均值。超过最大适用高度的房屋，应进行专门研究和论证，采取有效的加强措施。

《抗震》6.1.1 条混凝土框架-核心筒结构最大适用高度见表 4.7.2-1，8.1.1 条钢框架-中心支撑结构最大适用高度见表 4.7.2-2，两者平均值即为钢框架-钢筋混凝土核心筒结构的最大适用高度，见表 4.7.2-3。

混凝土框架-核心筒结构最大适用高度　　表 4.7.2-1

结构类型	烈度				
	6	7	8（0.2g）	8（0.3g）	9
框架-核心筒	150	130	100	90	70

钢框架-中心支撑结构最大适用高度　　表 4.7.2-2

结构类型	6、7 度（0.10g）	7 度（0.15g）	8 度		9 度（0.40g）
			（0.20g）	（0.30g）	
框架-中心支撑	220	200	180	150	120

《抗震》规定

G.2.1　抗震设防烈度为 6～8 度且房屋高度超过本规范第 6.1.1 条规定的混凝土框架-核心筒结构最大适用高度时，可采用钢框架-混凝土核心筒组成抗侧力体系的结构。

钢框架-混凝土核心筒最大适用高度 **表 4.7.2-3**

结构类型	烈度					
	6 度	7 度（0.10g）	7 度（0.15g）	8 度（0.20g）	8 度（0.30g）	9 度
钢框架-混凝土核心筒	185	175	165	140	120	—

2. 高宽比

《高规》规定

11.1.3 混合结构高层建筑的高宽比不宜大于表 11.1.3 的规定。

混合结构高层建筑适用的最大高宽比 **表 11.1.3**

结构体系	非抗震设计	抗震设防烈度		
		6 度、7 度	8 度	9 度
框架-核心筒	8	7	6	4
筒中筒	8	8	7	5

3. 抗震等级

《高规》规定

11.1.4 抗震设计时，混合结构房屋应根据设防类别、烈度、结构类型和房屋高度采用不同的抗震等级，并应符合相应的计算和构造措施要求。丙类建筑混合结构的抗震等级应按表 11.1.4 确定。

钢-混凝土混合结构抗震等级 **表 11.1.4**

结构类型		抗震设防烈度						
		6 度		7 度		8 度		9 度
房屋高度（m）		≤150	>150	≤150	>150	≤150	>150	≤70
钢框架-钢筋混凝土核心筒	钢筋混凝土核心筒	二	一	一	特一	一	特一	特一
型钢（钢管）混凝土框架-钢筋混凝土核心筒	钢筋混凝土核心筒	二	二	二	一	一	特一	特一
	型钢（钢管）混凝土框架	三	二	二	一	一	一	一
房屋高度（m）		≤180	>180	≤150	>150	≤120	>120	≤90
钢外筒-钢筋混凝土核心筒	钢筋混凝土核心筒	二	一	一	特一	一	特一	特一
型钢（钢管）混凝土外筒-钢筋混凝土核心筒	钢筋混凝土核心筒	二	二	二	一	一	特一	特一
	型钢（钢管）混凝土外筒	三	二	二	一	一	一	一

注：钢结构构件抗震等级，抗震设防烈度为 6、7、8、9 度时应分别取四、三、二、一级。

《抗震》规定

G.2.1 抗震设防烈度为6～8度且房屋高度超过本规范第6.1.1条规定的混凝土框架-核心筒结构最大适用高度时，可采用钢框架-混凝土核心筒组成抗侧力体系的结构。

G.2.2 钢框架-混凝土核心筒结构房屋应根据设防类别、烈度和房屋高度采用不同的抗震等级，并应符合相应的计算和构造措施要求。丙类建筑的抗震等级，钢框架部分仍按本规范第8.1.3条确定，混凝土部分应比规范第6.1.2条的规定提高一个等级（8度时应高于一级）。

8.1.3 钢结构房屋应根据设防分类、烈度和房屋高度采用不同的抗震等级，并应符合相应的计算和构造措施要求。丙类建筑抗震等级应按表8.1.3确定。

钢结构房屋的抗震等级 **表8.1.3**

房屋高度	烈度			
	6	7	8	9
≤50m		四	三	二
>50m	四	三	二	一

注：1 高度接近或等于高度分界时，应允许结合房屋不规则程度和场地、地基条件确定抗震等级；

2 一般情况，构件的抗震等级应与结构相同；当某个部位各构件的承载力均满足2倍地震作用组合下的内力要求时，7～9度的构件抗震等级应允许按降低一度确定。

6.1.2 钢筋混凝土房屋应根据设防类别、烈度、结构类型和房屋高度采用不同的抗震等级，并应符合相应的计算和构造措施要求。丙类建筑的抗震等级应按表6.1.2确定。

现浇钢筋混凝土房屋的抗震等级 **表6.1.2**

结构类型		设防烈度			
		6	7	8	9
框架-核心筒结构	核心筒	二	二	一	一

注：1 建筑场地为Ⅰ类时，除6度外应允许按表内降低一度所对应的抗震等级采取抗震构造措施，但相应的计算要求不应降低。

【例4.7.2-1～4.7.2-2】

某高层办公楼，地上33层，地下2层，如图4.7.2-1所示房屋高度为128.0m，内筒采用钢筋混凝土核心筒，外围筒为钢框架，钢框架柱距：1～5层6m，6～33层为3.5m，5层设转换桁架。抗震设防烈度为7度（0.10g），设计地震分组为第一组，丙类建筑，场地类别为Ⅲ类。地下一层顶板（±0.000）处作为上部结构嵌固部位。

提示：①本题“抗震措施等级”指用于确定抗震内力调整措施的抗震等级；

②“抗震构造措施等级”指用于确定构造措施的抗震等级。

【例4.7.2-1】

部分楼层核心筒抗震等级见下列4组，如表1A-1D所示，试问其中哪组符合《高规》中规定的抗震等级？

（A）表1A （B）表1B （C）表1C （D）表D

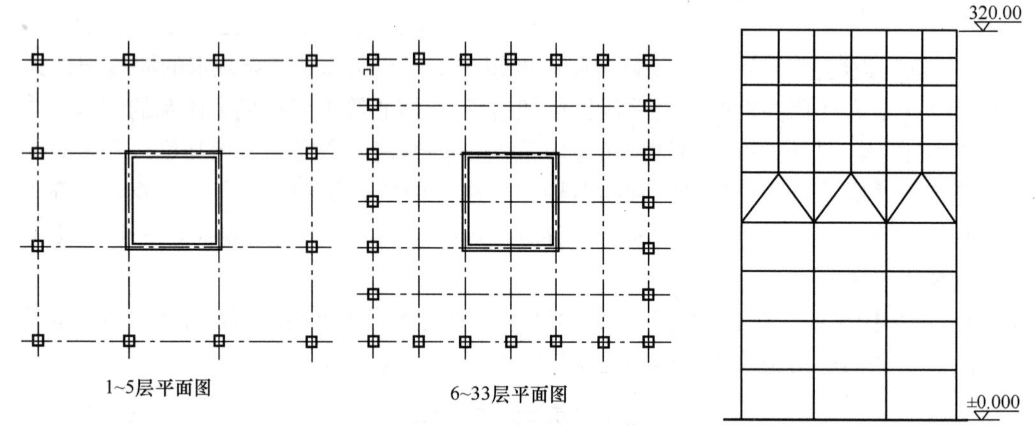

图 4.7.2-1

表 1A

	抗震措施等级	抗震构造措施等级
地下二层	不计算地震作用	一级
20 层	特一级	特一级

表 1B

	抗震措施等级	抗震构造措施等级
地下二层	不计算地震作用	二级
20 层	一级	一级

表 1C

	抗震措施等级	抗震构造措施等级
地下二层	一级	二级
20 层	一级	一级

表 1D

	抗震措施等级	抗震构造措施等级
地下二层	二级	二级
20 层	二级	二级

【答案】(B)

【解答】(1) 根据《高规》3.9.5 条，先判断地下一层的抗震措施和抗震构造措施，再判断地下二层的相关等级。

① 表 11.1.4，7 度 (0.10g)，128m，混凝土核心筒抗震等级一级。

② 3.9.5 条，地下一层相关范围的抗震等级应按上部结构采用。地下一层抗震措施和抗震构造措施均为一级。

③ 3.9.5 条，地下一层以下抗震构造措施的抗震等级逐层降低，因此地下二层抗震构造措施抗震等级二级。

④ 3.9.5 条文说明，地下一层以下不要求计算地震作用，因此地下二层不计算地震作用。

(2) 20 层核心筒抗震措施等级一级，抗震构造措施等级一级。

【例 4.7.2-2】

外围钢框架的抗震等级，判断有下列四组，如表 2A～2D 所示，试问，下列哪组符合《抗震》及《高规》的抗震等级最低要求？

(A) 表 2A　　(B) 表 2B　　(C) 表 2C　　(D) 表 2D

表 2A

	抗震措施等级	抗震构造措施等级
1～5 层	三级	三级
6～33 层	三级	三级

表 2B

	抗震措施等级	抗震构造措施等级
1～5 层	二级	二级
6～33 层	三级	三级

表 2C

	抗震措施等级	抗震构造措施等级
1～5 层	二级	三级
6～33 层	二级	三级

表 2D

	抗震措施等级	抗震构造措施等级
1～5 层	二级	二级
6～33 层	二级	二级

【答案】（A）

【解答】（1）按《抗震》作答。

G. 2. 2 条，丙类建筑的抗震等级，钢框架部分仍按本规范第 8. 1. 3 条确定。

表 8. 1. 3，7 度，128m，钢框架部分抗震等级为三级。

（2）按《高规》作答。

表 11. 1. 4 注：钢结构构件抗震等级，7 度时取三级。

（3）根据《抗震》和《高规》判断，1～5 层，6～33 层均为三级。

4. 位移限值

（1）多遇地震及风荷载

《高规》规定

11. 1. 5 混合结构在风荷载及多遇地震作用下，按弹性方法计算的最大层间位移与层高的比值应符合本规程第 3. 7. 3 条的有关规定。

3. 7. 3 按弹性方法计算的风荷载或多遇地震标准值作用下的楼层层间最大水平位移与层高之比 $\Delta u/h$ 宜符合下列规定：

1 高度不大于 150m 的高层建筑，其楼层层间最大位移与层高之比 $\Delta u/h$ 不宜大于表 3. 7. 3 的限值。

楼层层间最大位移与层高之比的限值 **表 3. 7. 3**

结构体系	$\Delta u/h$ 限值
框架-核心筒	1/800
筒中筒	1/1000
除框架结构外的转换层	1/1000

2 高度不小于 250m 的高层建筑，其楼层层间最大位移与层高之比 $\Delta u/h$ 不宜大于 1/500。

3 高度在 150～250m 之间的高层建筑，其楼层层间最大位移与层高之比 $\Delta u/h$ 的限值可按本条第 1 款和第 2 款的限值线性插入取用。

注：楼层层间最大位移 Δu 以楼层竖向构件最大的水平位移差计算，不扣除整体弯曲变形。抗震设计时，本条规定的楼层位移可不考虑偶然偏心的影响。

（2）罕遇地震

《高规》规定

11.1.5 在罕遇地震作用下，结构的弹塑性层间位移应符合本规程第3.7.5条的有关规定。

3.7.5 结构薄弱层（部位）层间弹塑性位移应符合下式规定：

$$\Delta u \leqslant [\theta_p] h \tag{3.7.5}$$

式中：Δu——层间弹塑性位移。

$[\theta_p]$——层间弹塑性位移限值。

h——层高。

层间弹塑性位移角限值 **表3.7.5**

结构体系	$\Delta u/h$ 限值
框架-核心筒	1/100
筒中筒	1/120
除框架结构外的转换层	1/120

5. 承载力抗震调整系数 γ_{RE}

《高规》规定

11.1.7 地震设计状况下，型钢（钢管）混凝土构件和钢构件的承载力抗震调整系数γ_{RE}可分别按表11.1.7-1和表11.1.7-2采用。

型钢（钢管）混凝土构件承载力抗震调整系数 γ_{RE} **表11.1.7-1**

正截面承载力计算				斜截面承载力计算
型钢混凝土梁	型钢混凝土柱及钢管混凝土柱	剪力墙	支撑	各类构件及节点
0.75	0.8	0.85	0.80	0.85

钢构件承载力抗震调整系数 γ_{RE} **表11.1.7-2**

强度破坏（梁，柱，支撑，节点板件，螺栓，焊缝）	屈曲稳定（柱，支撑）
0.75	0.80

6. 阻尼比

《高规》规定

11.3.5 混合结构在多遇地震作用下的阻尼比可取为0.04。风荷载作用下楼层位移验算和构件设计时，阻尼比可取为0.02～0.04。

11.3.5 条文说明 影响结构阻尼比的因素很多，因此准确确定结构的阻尼比是一件非常困难的事情。试验研究及工程实践表明，一般带填充墙的高层钢结构的阻尼比为0.02左右，钢筋混凝土结构的阻尼比为0.05左右，且随着建筑高度的增加，阻尼比有不断减小的趋势。钢-混凝土混合结构的阻尼比应介于两者之间，考虑到钢-混凝土混合结构抗侧刚度主要来自混凝土核心筒，故阻尼比取为0.04，偏向于混凝土结构。

风荷载作用下，结构的塑性变形一般较设防烈度地震作用下为小，故抗风设计时的阻尼比应比抗震设计时为小，阻尼比可根据房屋高度和结构形式选取不同的值；结构高度越高阻尼比越小，采用的风荷载回归期越短，其阻尼比取值越小。一般情况下，风荷载作用时结构楼层位移和承载力验算时的阻尼比可取为0.02～0.04，结构顶部加速度验算时的阻尼比可取为0.01～0.015。

【例4.7.2-3】 某42层现浇型钢混凝土框架-核心筒高层建筑，如图4.7.2-2所示，内筒为钢筋混凝土筒体，外周边为型钢混凝土框架，房屋高度132m，建筑物的竖向体型比较规则、均匀。该建筑物抗震设防烈度为7度，丙类，设计地震分组为第一组，设计基本地震加速度为0.1g，场地类别为Ⅱ类。结构的计算基本自振周期t_1＝3.0s，周期折减系数取0.8。试问，计算多遇地震作用时，该结构的水平地震作用影响系数，应与下列何项数值最为接近？

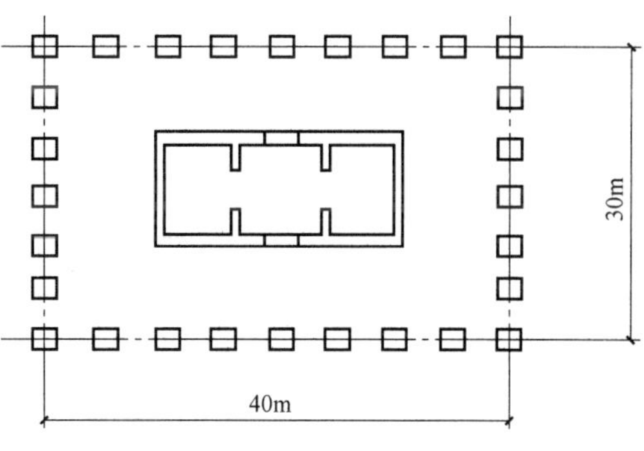

图4.7.2-2
（楼盖梁及外框架未示出）

提示：η_1＝0.021，η_2＝1.078。

(A) 0.019　　(B) 0.021　　(C) 0.023　　(D) 0.025

【答案】 (A)

【解答】 由《高规》11.3.5条，阻尼比ζ＝0.04。

由《高规》表4.3.7-1，7度，α_{max}＝0.08。

由《高规》表4.3.7-2，设计地震分组一组，Ⅱ类场地，T_g＝0.35s。

由《高规》式（4.3.8-1）得：

$$\gamma=0.9+\frac{0.05-\zeta}{0.3+6\zeta}=0.9+\frac{0.05-0.04}{0.3+6\times0.04}=0.9185$$

$$T_1=0.8\times3=2.4\text{s}>5T_g=5\times0.35=1.75\text{s}$$

由《高规》图4.3.8得：

$$\alpha=[0.2^{\gamma}\eta_2-\eta_1(T_1-5T_g)]\alpha_{max}$$
$$=[0.2^{0.9185}\times1.078-0.021(2.4-1.75)]\times0.08=0.0186。$$

【例4.7.2-4】 某地上35层的现浇钢筋混凝土框架-核心筒公寓，质量和刚度沿高度分布均匀，如图4.7.2-2所示，房屋高度150m，基本风压w_0＝0.65kN/m^2，地面粗糙度A类。抗震设防烈度7度，设计基本地震加速度0.10g，设计地震分组第一组，建筑场地类别Ⅱ，抗震设防类别标准设防类，安全等级二级。

假定，该结构的外框架改为钢框架，修改后结构基本自振周期T_1＝4.7s（Y向平动），阻尼比0.04。试问，风荷载作用下舒适度验算时，Y向结构顶点顺风向风振加速度的脉动系数η_a，与下列何项数值最为接近？

提示：按《荷载规范》作答。

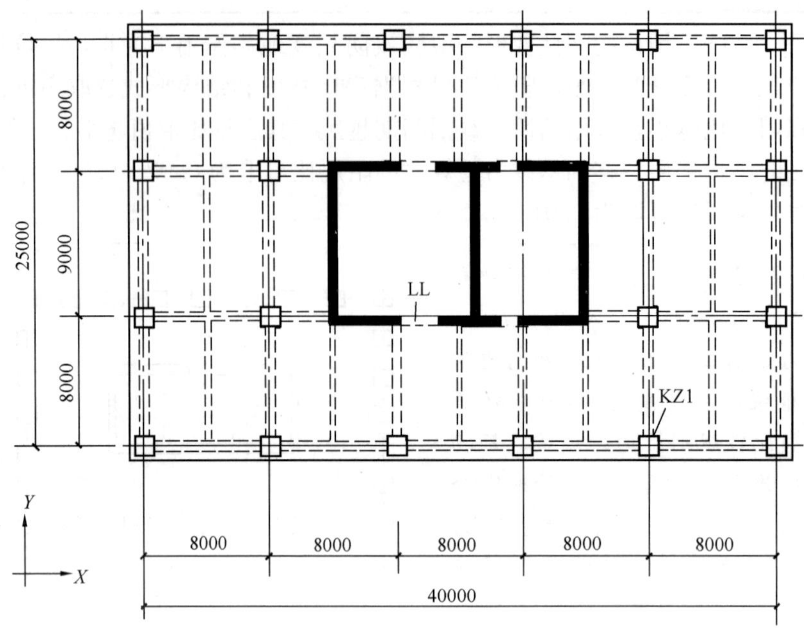

图 4.7.2-2

(A) 1.6　　(B) 1.9　　(C) 2.2　　(D) 2.5

【答案】(B)

【解答】(1) 根据《荷载规范》式 (8.4.4-2-2)

$$x_1 = \frac{30f_1}{\sqrt{k_w w_0}}$$

地面粗糙度 A 类，$k_w=1.28$；$w_0=0.65$，代入上式

$$x_1 = \frac{30 \times \dfrac{1}{4.7}}{\sqrt{1.28 \times 0.65}} = 7$$

(2) $x_1=7$，$\zeta_1=0.04$，查表 J.1.2 得 $\eta_a=1.90$。

三、结构布置

1. 结构平面和竖向布置

《高规》规定

11.2.2　混合结构的平面布置应符合下列规定：

1　平面宜简单、规则、对称、具有足够的整体抗扭刚度，平面宜采用方形、矩形、多边形、圆形、椭圆形等规则平面，建筑的开间、进深宜统一；

11.2.3　混合结构的竖向布置应符合下列规定：

1　结构的侧向刚度和承载力沿竖向宜均匀变化、无突变，构件截面宜由下至上逐渐减小。

2　混合结构的外围框架柱沿高度宜采用同类结构构件；当采用不同类型结构构件时，应设置过渡层，且单柱的抗弯刚度变化不宜超过 30%。

3 对于刚度变化较大的楼层，应采取可靠的过渡加强措施。

4 钢框架部分采用支撑时，宜采用偏心支撑和耗能支撑，支撑宜双向连续布置；框架支撑宜延伸至基础。

2. 梁柱布置

11.2.2 混合结构的平面布置应符合下列规定：

2 筒中筒结构体系中，当外围钢框架柱采用H形截面柱时，宜将柱截面强轴方向布置在外围筒体平面内；角柱宜采用十字形、方形或圆形截面；

3 楼盖主梁不宜搁置在核心筒或内筒的连梁上。

11.2.4 8、9度抗震设计时，应在楼面钢梁或型钢混凝土梁与混凝土筒体交接处及混凝土筒体四角墙内设置型钢柱；7度抗震设计时，宜在楼面钢梁或型钢混凝土梁与混凝土筒体交接处及混凝土筒体四角墙内设置型钢柱。

图4.7.3-1所示外围钢框架柱采用H形截面柱时，将柱截面强轴方向布置在外围筒体平面内；角柱采用十字形、方形或圆形截面；主要目的，一是将截面强轴布置在框架平面内，可减小剪力滞后。二是为适应双向受力要求，同时便于连接，角柱采用方形、十字形或圆形截面。

图4.7.3-2所示型钢或型钢混凝土构架与筒体所组成结构的平面图。不仅梁、柱采用型钢或型钢混凝土，楼面钢梁或型钢混凝土梁与钢筋混凝土筒体交接处及筒体四角亦设置型钢柱。

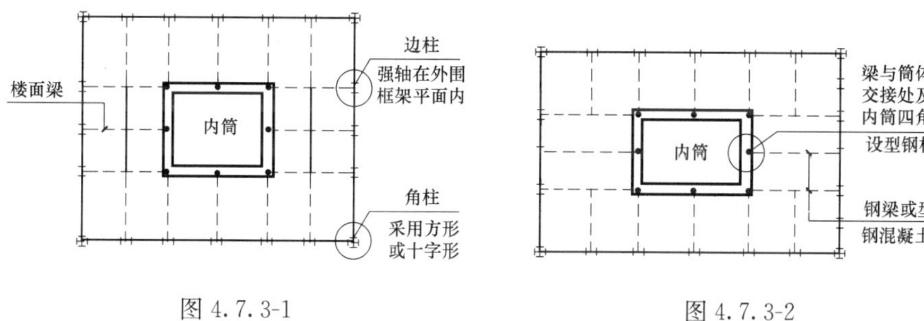

图4.7.3-1　　图4.7.3-2

钢框架-混凝土筒体结构中，混凝土筒体承受结构的绝大部分水平剪力（一般可达85%），故应确保筒体的延性。在楼层钢梁或型钢混凝土梁交接处设置型钢柱的主要目的，一是避免筒体剪力墙平面外方向承受梁端弯矩致错断，二是为便于钢结构安装；筒体四角设置型钢柱（底部加强部位宜设置栓钉）能确保筒体剪力墙开裂后承载力降低不多，角部混凝土不至压溃，防止结构迅速破坏。

《高规》规定

11.2.5 混合结构中，外围框架平面内梁与柱应采用刚性连接；楼面梁与钢筋混凝土筒体及外围框架柱的连接可采用刚接或铰接。

11.2.5 条文说明　刚度发生突变的楼层，梁柱、梁墙采用刚接可以增加结构的空间刚度，使层间变形有效减小。

图 4.7.3-3 所示梁与柱、筒体之间连接。其目的：①外框架平面内梁柱采用刚接，其主要作用为提高外框架的刚度及抵抗水平荷载的能力。②楼面梁与混凝土筒体的连接：当混凝土筒体中设置型钢柱时，刚接；当混凝土筒体中未设置型钢柱时，可采用铰接。③刚度突变的楼层应采用刚接，以增加框架部分的空间刚度，减小层间位移。

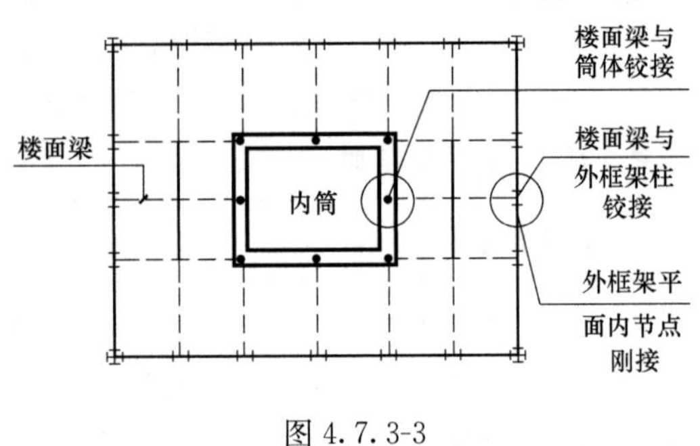

图 4.7.3-3

【例 4.7.3-1】 某 42 层现浇型钢混凝土框架-核心筒高层建筑，如图 4.7.3-4 所示，内筒为钢筋混凝土筒体，外周边为型钢混凝土框架，房屋高度 132m，建筑物的竖向体型比较规则、均匀。该建筑物抗震设防烈度为 8 度，丙类，设计地震分组为第一组，设计基本地震加速度为 0.1g，场地类别为Ⅱ类。

该结构的内筒非底部加强部位四角暗柱如图 4.7.3-5 所示，抗震设计时采用约束边缘构件的办法加强，图中的阴影部分即为暗柱（约束边缘构件）的外轮廓线，纵筋采用 HRB400（Φ），箍筋采用 HPB300（Φ）。试问，下列的何项答案符合相关规范、规程中的构造要求？

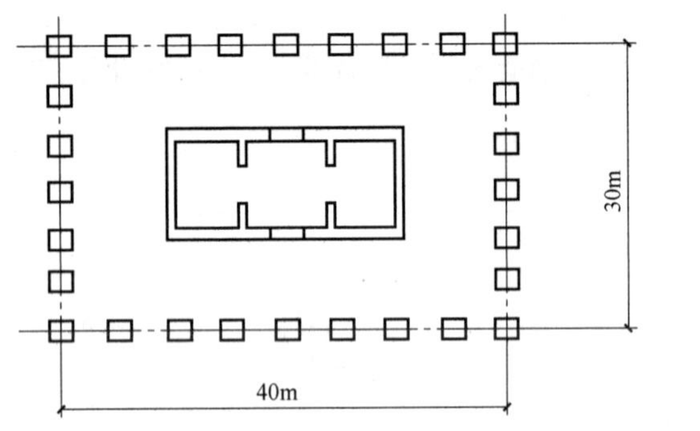

图 4.7.3-4

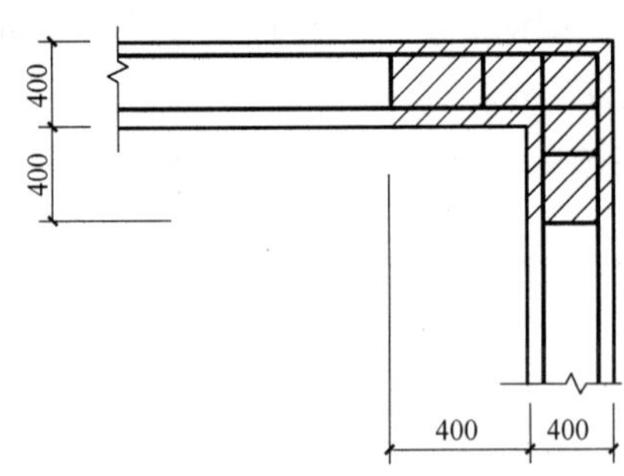

图 4.7.3-5

(A) 14Φ22，Φ10@100　　(B) 14Φ20，Φ10@100

(C) 14Φ18，Φ8@100　　(D) 上述三组皆不符合要求，需另寻其他加强方法

【答案】(D)

【解答】 根据《高规》11.2.4 条，筒体四角应设置型钢柱。

当采用楼面（平面内刚度无限大的）假定进行分析时，梁只承受剪力和弯矩，但试验表明，梁实际上还存在轴力，轴力使梁与墙连接节点在早期发生破坏，因此节点设计必须考虑轴力（水平力）的有效传递。

《高规》规定

> **11.4.16** 钢梁或型钢混凝土梁与混凝土筒体应有可靠连接，应能传递竖向剪力及水平力。当钢梁或型钢混凝土梁通过埋件与混凝土筒体连接时，预埋件应有足够的锚固长度，连接做法可按图 11.4.16 采用。

(a) (b)

(c) (d)

图 11.4.16 钢梁、型钢混凝土梁与混凝土核心筒的连接构造示意

（a）铰接；（b）铰接；（c）铰接；（d）刚接

1—栓钉；2—高强度螺栓及长圆孔；3—钢梁；4—预埋件端板；5—穿筋；6—混凝土墙；7—墙内预埋钢骨柱

3. 加强层

地震作用下结构整体刚度不能满足规范要求时可设置加强层，图 4.7.3-6a，结构在 15 层和 27 层设置加强层后刚度增大，位移反应明显减少（图 4.7.3-6b）。

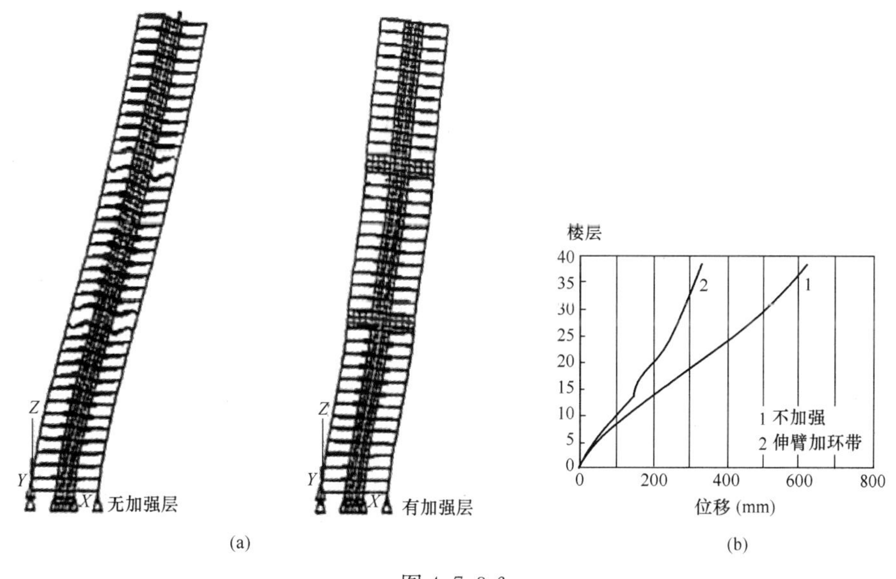

图 4.7.3-6

（a）结构整体变形；（b）位移反应

《高规》规定

11.2.7 当侧向刚度不足时，混合结构可设置刚度适宜的加强层。加强层宜采用伸臂桁架，必要时可配置布置周边带状桁架。加强层设计应符合下列规定：

1 伸臂桁架和周边带状桁架宜采用钢桁架。

2 伸臂桁架应与核心筒墙体刚接，上、下弦杆均应延伸至墙体内且贯通，墙体内宜设置斜腹杆或暗撑；外伸臂桁架与外围框架柱宜采用铰接或半刚接，周边带状桁架与外框架柱的连接宜采用刚性连接。

3 核心筒墙体与伸臂桁架连接处宜设置构造型钢柱，型钢柱宜至少延伸至伸臂桁架高度范围以外上、下各一层。

4 当布置有外伸臂桁架加强层时，应采取有效措施减少由于外框柱与混凝土筒体竖向变形差异引起的桁架杆件内力。

11.3.6 结构内力和位移计算时，设置伸臂桁架的楼层以及楼板开大洞的楼层应考虑楼板平面内变形的不利影响。

11.3.6 条文说明 对于设置伸臂桁架的楼层或楼板开大洞的楼层，如果采用楼板平面内刚度无限大的假定，就无法得到桁架弦杆或洞口周边构件的轴力和变形，对结构设计偏于不安全。

设置加强层会引起结构内力突变，如图 4.7.3-7 所示，加强层上、下层的弯矩、剪力均增大，产生薄弱层。因此，加强层的刚度应“适宜”，避免大震时加强层附近的外框柱和核心筒破坏。

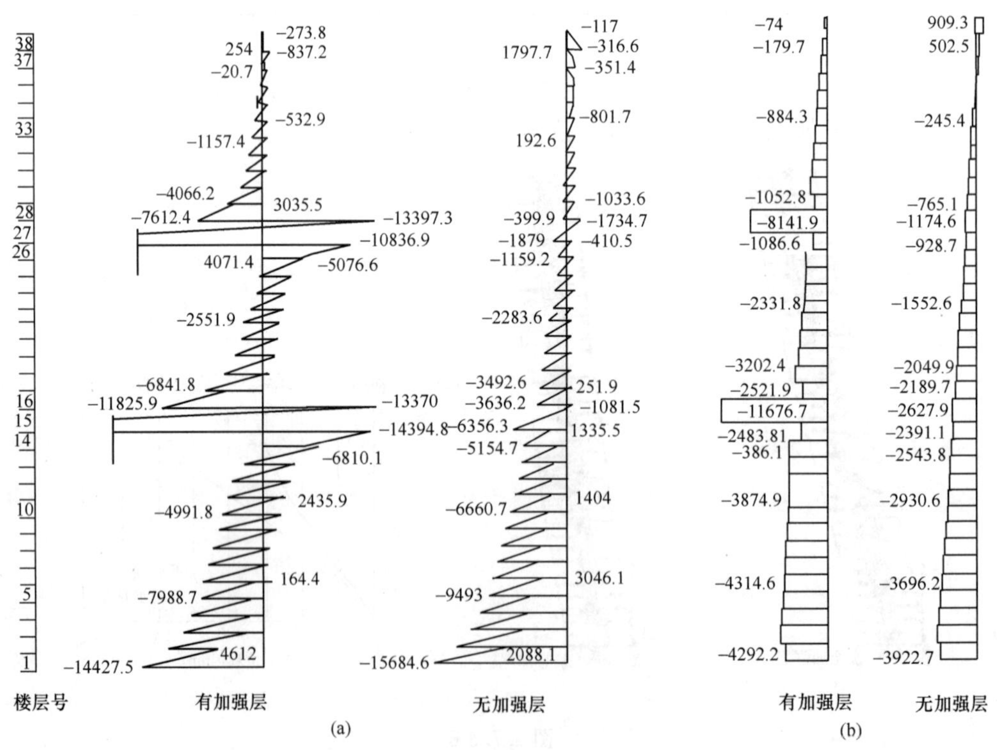

图 4.7.3-7 核心筒墙肢内力

(a) 弯矩 (kN·m)；(b) 剪力 (kN)

《高规》规定

> **10.3.3** 抗震设计时，带加强层高层建筑结构应符合下列要求：
>
> 1 加强层及其相邻层的框架柱、核心筒剪力墙的抗震等级应提高一级采用，一级应提高至特一级，但抗震等级已经为特一级时应允许不再提高；
>
> 2 加强层及其相邻层的框架柱，箍筋应全柱段加密配置，轴压比限值应按其他楼层框架柱的数值减小 0.05 采用；
>
> 3 加强层及其相邻层核心筒剪力墙应设置约束边缘构件。

【例 4.7.3-2】 下列关于钢框架-钢筋混凝土核心筒结构设计中的一些问题，其中何项说法是不正确的?

(A) 略

(B) 筒中筒结构中，当外围框架边柱采用 H 形截面钢柱时，宜将钢柱强轴方向布置在外围框架平面内

(C) 进行加强层水平伸臂桁架内力计算时，应假定加强层楼板的平面内刚度无限大

(D) 当采用外伸桁架加强层时，外伸桁架宜伸入并贯通抗侧力墙体

【答案】(C)

【解答】(1) 根据《高规》11.2.2 条 2 款，(B) 正确。

(2) 11.3.6 及条文说明，(C) 错误。

(3) 11.2.7 条 2 款，(D) 正确。

四、双重抗侧力体系及内力调整

混合结构与框架-剪力墙结构和框架-核心筒结构类似，应按双重抗侧力体系设计。混合结构中钢筋混凝土核心筒是第一道防线，框架是第二道防线，地震作用下核心筒首先开裂，发生内力重分配，框架承担的地震剪力增大。调整参数按钢筋混凝土框架-核心筒的规定执行。

《高规》规定

> **11.1.6** 混合结构框架所承担的地震剪力应符合本规程第 9.1.11 条的规定。
>
> **11.1.6** 条文说明 在地震作用下，钢-混凝土混合结构体系中，由于钢筋混凝土核心筒抗侧刚度较钢框架大很多，因而承担了绝大部分的地震力，而钢筋混凝土核心筒墙体在达到本规程限定的变形时，有些部位的墙体已经开裂，此时钢框架尚处于弹性阶段，地震作用在核心筒墙体和钢框架之间会进行再分配，钢框架承受的地震力会增加，而且钢框架是重要的承重构件，它的破坏和竖向承载力降低将会危及房屋的安全，因此有必要对钢框架承受的地震力进行调整，以使钢框架能适应强地震时大变形且保有一定的安全度。
>
> 本规程第 9.1.11 条已规定了各层框架部分承担的最大地震剪力不宜小于结构底部地震剪力的 10%；小于 10%时应调整到结构底部地震剪力的 15%。一般情况下，15%的结构底部剪力较钢框架分配的楼层最大剪力的 1.5 倍大，故钢框架承担的地震剪力可采用与型钢混凝土框架相同的方式进行调整。

9.1.11 抗震设计时，筒体结构的框架部分按侧向刚度分配的楼层地震剪力标准值应符合下列规定：

1 框架部分分配的楼层地震剪力标准值的最大值不宜小于结构底部总地震剪力标准值的10%。

2 当框架部分分配的地震剪力标准值的最大值小于结构底部总地震剪力标准值的10%时，各层框架部分承担的地震剪力标准值应增大到结构底部总地震剪力标准值的15%；此时，各层核心筒墙体的地震剪力标准值宜乘以增大系数1.1，但可不大于结构底部总地震剪力标准值，墙体的抗震构造措施应按抗震等级提高一级后采用，已为特一级的可不再提高。

3 当框架部分分配的地震剪力标准值小于结构底部总地震剪力标准值的20%，但其最大值不小于结构底部总地震剪力标准值的10%时，应按结构底部总地震剪力标准值的20%和框架部分楼层地震剪力标准值中最大值的1.5倍二者的较小值进行调整。

按本条第2款或第3款调整框架柱的地震剪力后，框架柱端弯矩及与之相连的框架梁端弯矩、剪力应进行相应调整。

有加强层时，本条框架部分分配的楼层地震剪力标准值的最大值不应包括加强层及其上、下层的框架剪力。

9.1.11 条文说明 对框架-核心筒结构和筒中筒结构，如果各层框架承担的地震剪力不小于结构底部总地震剪力的20%，则框架地震剪力可不进行调整；否则，应按本条的规定调整框架柱及与之相连的框架梁的剪力和弯矩。

上述调整规定可总结为表4.7.4-1，符号定义如下：

V_0——结构底部总地震剪力标准值；

$V_{f,i}$——各层框架部分承担的地震剪力标准值；

$V_{f,max}$——框架部分分配的楼层地震剪力标准值的最大值；

$V_{w,i}$——各层核心筒墙体的地震剪力标准值。

框架和墙体的剪力调整 **表4.7.4-1**

《高规》	计算值（标准值，未经调整）	$V_{f,i}$调整	$V_{w,i}$调整
9.1.11-2	$V_{f,max}<0.1V_0$	$0.15V_0$	Min $\{1.1V_{w,i},V_0\}$
9.1.11-3	$V_{f,max}\geq 0.1V_0$且$V_{f,i}<0.2V_0$	Min $\{0.2V_0,1.5V_{f,max}\}$	不调整
9.1.11条文说明	$V_{f,i}>0.2V_0$	不调整	不调整

注：“未经调整”指满足剪重比要求，但未经其他调整。

【例4.7.4-1】 下列关于钢框架-钢筋混凝土核心筒结构设计中的一些问题，其中何项说法正确？

（A）结构底部水平力主要由核心筒承受

（B）、（C）、（D）略

【答案】（A）

【解答】 根据《高规》11.1.6条及条文说明，核心筒承担了绝大部分的地震力，（A）正确。

【例 4.7.4-2】 某42层现浇型钢混凝土框架-核心筒高层建筑，如图4.7.4-1所示，内筒为钢筋混凝土筒体，外周边为型钢混凝土框架，房屋高度132m，建筑物的竖向体型比较规则、均匀。该建筑物抗震设防烈度为7度，丙类，设计地震分组为第一组，设计基本地震加速度为0.1g，场地类别为Ⅱ类。抗震设计时，在水平地震作用下，对应于地震作用标准值的结构底部总剪力计算值为V_0=8600kN，对应于地震作用标准值且未经调整的各层框架总剪力中，底层最大，计算值$V_{f,max}$=1500kN。

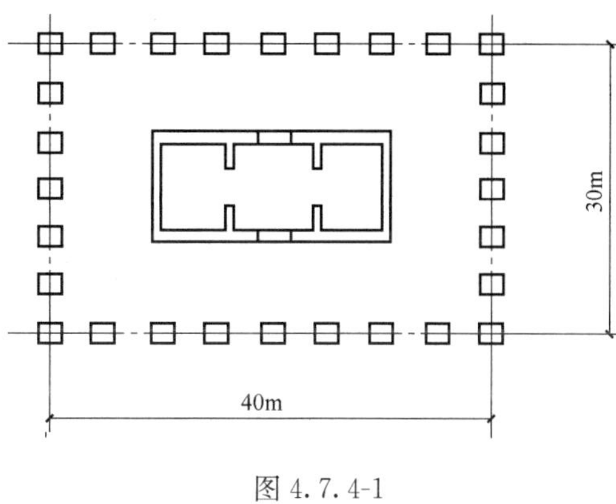

图4.7.4-1

试问，抗震设计时，对应于地震作用标准值的底层框架总剪力的取值（kN），应最接近于下列何项数值？

(A) 1500　　(B) 1720　　(C) 1920　　(D) 2250

【答案】(B)

【解答】(1) 由《高规》11.1.6条的规定："混合结构框架所承担的地震剪力应符合本规程第9.1.11条的规定"。

(2) 由《高规》9.1.11条3款的规定："当框架部分分配的地震剪力标准值小于结构底部总地震剪力标准值的20%，但其最大值不小于结构底部总地震剪力标准值的10%时，应按结构底部总地震剪力标准值的20%和框架部分楼层地震剪力标准值中最大值的1.5倍二者的较小值进行调整"。

(3) $V_{f,max}=1500\text{kN}>0.1V_0=0.1\times8600\text{kN}=860\text{kN}$，$V_{f,max}=1500\text{kN}<0.2V_0=0.2\times8600\text{kN}-1720\text{kN}$

框架部分分配的地震剪力标准值取$0.2V_0$，$1.5V_{f,max}$的较小值。

(4) 由于$0.2V_0=0.2\times8600=1720\text{kN}<1.5V_{f,max}=1.5\times1500=2250\text{kN}$，取$0.2V_0=1720\text{kN}$。

【例 4.7.4-3】 某32层型钢混凝土框架-钢筋混凝土筒体建筑，如图4.7.4-2所示，房屋高度98m，建筑物竖向体型规则、均匀。设防烈度8度(0.20g)，丙类，地震分组第一组，场地类别Ⅱ类。结构基本自振周期T_1=3.0s，周期折减系数0.8。

该建筑物总重力荷载代表值为6×10^5kN。抗震设计时，对应于地震作用标准值的结构底部总剪力计算值为9000kN；对应于地震作用标准值且未经调整的各层框架总剪力中，底层最大，其计算值为1600kN。试问，抗震设计时，对应于地震作用标准值的底层框架总剪力取值，应最接近下列何项数值？

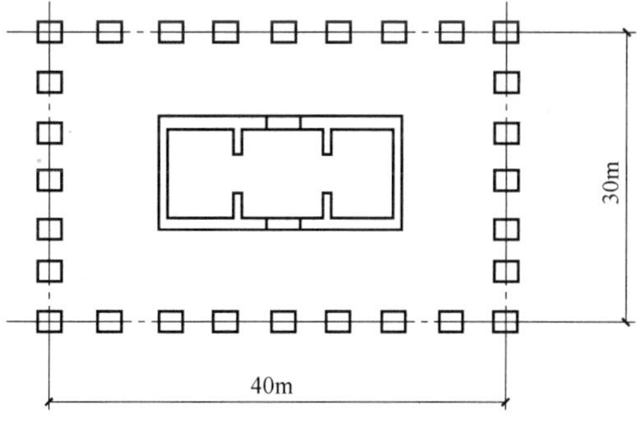

图4.7.4-2

(A) 1600　　(B) 2400　　(C) 3000　　(D) 3840

【答案】(D)

【解答】(1) 根据《高规》4.3.12 条

$$V_{\mathrm{Ek}i}=\lambda\sum_{j=i}^{n}G_j=0.032\times6\times10^5=19200\mathrm{kN}>V_0=9000\mathrm{kN}$$

(2) 结构底部总剪力取 $V_0=19200\mathrm{kN}$，此时框架部分承担的剪力

$$V_{\mathrm{f},1}=V_{\mathrm{f,max}}=\frac{19200}{9000}\times1600=3413\mathrm{kN}$$

(3) 根据 11.1.6 条及 9.1.11 条，判断首层框架部分承担的剪力范围并调整

$$0.1V_0=1920\mathrm{kN}<V_{\mathrm{f},1}=3413\mathrm{kN}<0.2V_0=3840\mathrm{kN}$$

$$V_{\mathrm{f},1}=\mathrm{Min}\{0.2V_0,\ 1.5V_{\mathrm{f,max}}\}=\min\{3840,\ 1.5\times3413=5119.5\}=3840\mathrm{kN}$$

【例 4.7.4-4】某 40 层高层办公楼，建筑物总高度 152m，采用型钢混凝土框架-钢筋混凝土核心筒结构体系，楼面梁采用钢梁，核心筒采用普通钢筋混凝土，经计算地下室顶板可作为上部结构的嵌固部位。该建筑抗震设防类别为标准设防类（丙类），抗震设防烈度为 7 度，设计基本地震加速度为 0.10g，设计地震分组一组，建筑场地类别为Ⅱ类。

该结构中框架柱数量各层保持不变，按侧向刚度分配的水平地震作用标准值如下：结构基底总剪力标准值 $V_0=29000\mathrm{kN}$，各层框架承担的地震剪力标准值最大值 $V_{\mathrm{f,max}}=3828\mathrm{kN}$。某楼层框架承担的地震剪力标准值 $V_\mathrm{f}=3400\mathrm{kN}$，该楼层某柱的柱底弯矩标准值 $M=596\mathrm{kN\cdot m}$，剪力标准值 $V=156\mathrm{kN}$。试问，该柱进行抗震设计时，相应于水平地震作用的内力标准值 M（kN·m）、V（kN）最小取下列何项数值时，才能满足规范、规程对框架部分多道防线概念设计的最低要求？

(A) 600，160　　(B) 670，180　　(C) 1010，265　　(D) 1100，270

【答案】(C)

【解答】(1) 根据《高规》11.1.6、9.1.11 条

$$V_\mathrm{f}=3400\mathrm{kN}<0.2V_0=0.2\times29000=5800\mathrm{kN}$$

$$V_{\mathrm{f,max}}=3828\mathrm{kN}>0.1V_0=0.1\times29000=2900\mathrm{kN}$$

框架部分承担的剪力需要调整

$$V_\mathrm{f}=\mathrm{Min}\{0.2V_0,\ 1.5V_{\mathrm{f,max}}\}=\min\{5800,\ 1.5\times3828=5742\}=5742\mathrm{kN}$$

(2) 该层柱内力按比例调整

调整系数：5742/3400=1.69

柱内力：$M=596\times1.69=1007.24\mathrm{kN\cdot m}$，$V=156\times1.69=263.64\mathrm{kN}$

【例 4.7.4-5】如图 4.7.4-3 所示，某高层办公室，地上 33 层，地下 2 层，房屋高度为 128.0m，内筒采用钢筋混凝土核心筒，外围筒为钢框架，钢框架柱距 9m。抗震设防烈度为 7 度（0.10g），第一组丙类建筑，场地类别为Ⅲ类。地下一层顶板（±0.000）处作为上部结构嵌固部位。

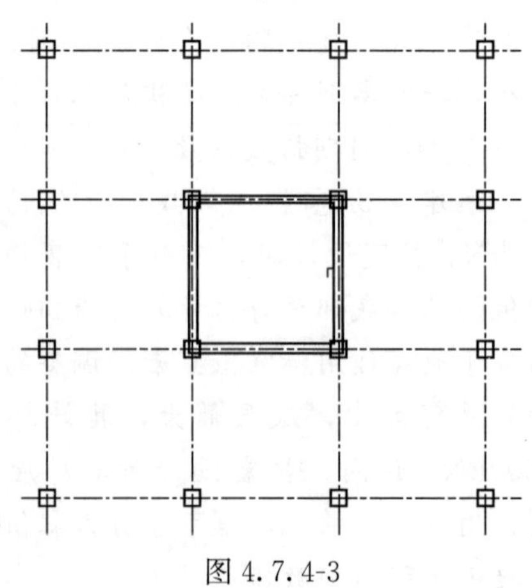
图 4.7.4-3

结构沿竖向层刚度均匀分布，扭转相应不明显，

无薄弱层。假定，重力荷载代表值为 1.0×10^6kN，底部 Y 向剪力标准值 $V=12800$kN，基本周期为 4.0s。多遇地震标准值作用下，Y 向框架部分按侧向刚度分配且未经调整的楼层地震剪力标准值：首层 $V_{f,1}=900$kN；各层最大值 $V_{f,max}=2000$kN，试问，抗震设计时，首层 Y 向框架部分的楼层地震剪力标准值（kN），与下列何项数值最为接近？

提示：假定各层剪力调整系数均按底层剪力调整系数取值。

(A) 900　　(B) 2560　　(C) 2940　　(D) 3450

【答案】(C)

【解答】(1) 根据《高规》4.3.12 条，周期 4.0s 插值求 λ

$$\lambda=0.016-\frac{4-3.5}{5-3.5}\times0.04=0.0147$$

$V=0.0147\times1.0\times10^6=14700\text{kN}>V_{Ek1}=12800\text{kN}$,底部 Y 向地震剪力取 $V_0=14700$kN

(2) 各层框架部分承担的地震剪力调整

$$V_{f,1}=\frac{14700}{12800}\times900=1034\text{kN},\ V_{f,max}=\frac{14700}{12800}\times2000=2297\text{kN}$$

(3) 调整首层框架剪力

$$V_{f,max}=2297\text{kN}>0.1V_0=0.1\times14700=1470\text{kN}$$

$$V_{f,1}=1034\text{kN}<0.2V_0=0.2\times14700=2940\text{kN}$$

根据 9.1.11 条 3 款，$V_{f,1}=\text{Min}\{0.2V_0,\ 1.5V_{f,max}\}=\min\{2940,\ 1.5\times2297=3446\}=2940$kN

五、型钢混凝土构件设计

1. 型钢混凝土构件的型钢板件宽厚比

试验表明，混凝土及箍筋、腰筋对型钢起约束作用，型钢混凝土中的型钢截面板件宽厚比较纯钢结构适当放松。

《高规》规定

11.4.1 型钢混凝土构件中型钢板件（图 11.4.1）的宽厚比不宜超过表 11.4.1 的规定。

型钢板件宽厚比限值　　**表 11.4.1**

钢号	梁		柱		
			H、十、T 形截面		箱型截面
	b/t_f	h_w/t_w	b/t_f	h_w/t_w	h_w/t_w
Q235	23	107	23	96	72
Q345	19	91	19	81	61
Q390	18	83	18	75	56

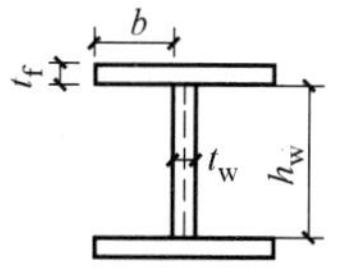

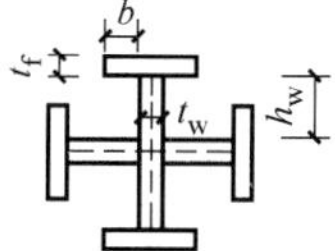

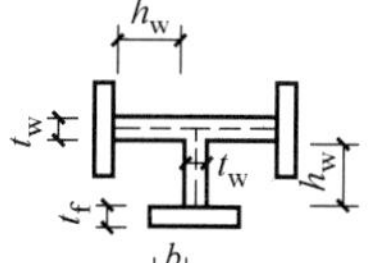

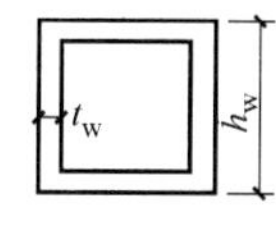

图 11.4.1　型钢板件示意

2. 型钢混凝土梁

《高规》规定

> **11.4.2** 型钢混凝土梁应满足下列构造要求：
>
> 1 混凝土粗骨料最大直径不宜大于25mm，型钢宜采用Q235及Q345级钢材，也可采用Q390或其他符合结构性能要求的钢材。
>
> 2 型钢混凝土梁的最小配筋率不宜小于0.30%，梁的纵向钢筋宜避免穿过柱中型钢的翼缘。梁的纵向的受力钢筋不宜超过两排；配置两排钢筋时，第二排钢筋宜配置在型钢截面外侧。当梁的腹板高度大于450mm时，在梁的两侧面应沿梁高度配置纵向构造钢筋，纵向构造钢筋的间距不宜大于200mm。
>
> 3 型钢混凝土梁中型钢的混凝土保护层厚度不宜小于100mm，梁纵向钢筋净间距及梁纵向钢筋与型钢骨架的最小净距不应小于30mm，且不小于粗骨料最大粒径的1.5倍及梁纵向钢筋直径的1.5倍。
>
> 4 型钢混凝土梁中的纵向受力钢筋宜采用机械连接。如纵向钢筋需贯穿型钢柱腹板并以90°弯折固定在柱截面内时，抗震设计的弯折前直段长度不应小于钢筋抗震基本锚固长度l_{abE}的40%，弯折直段长度不应小于15倍纵向钢筋直径；非抗震设计的弯折前直段长度不应小于钢筋基本锚固长度l_{ab}的40%，弯折直段长度不应小于12倍纵向钢筋直径。
>
> 5 梁上开洞不宜大于梁截面总高的40%，且不宜大于内含型钢截面高度的70%，并应位于梁高及型钢高度的中间区域。
>
> 6 型钢混凝土悬臂梁自由端的纵向受力钢筋应设置专门的锚固件，型钢梁的上翼缘宜设置栓钉；型钢混凝土转换梁在型钢上翼缘宜设置栓钉。栓钉的最大间距不宜大于200mm，栓钉的最小间距沿梁轴线方向不应小于6倍的栓钉杆直径，垂直梁方向的间距不应小于4倍的栓钉杆直径，且栓钉中心至型钢板件边缘的距离不应小于50mm。栓钉顶面的混凝土保护层厚度不应小于15mm。

【例4.7.5-1】型钢框架梁的纵向钢筋

条件：某现浇框架-核心筒高层建筑结构，内筒为钢筋混凝土筒体，外框为型钢混凝土框架，框架抗震等级为二级，若型钢框架梁的截面尺寸$b\times h=350\text{mm}\times700\text{mm}$，采用C35混凝土，纵向钢筋采用HRB400，箍筋采用HPB300。正截面和斜截面承载力计算均为构造配筋。

要求：该梁在箍筋加密区的纵向钢筋

【解答】框架抗震等级为二级，$f_t=1.57\text{N/mm}^2$，$f_{yv}=270\text{N/mm}^2$

根据《高规》第11.4.2条第2款，“型钢混凝土梁的最小配筋率不宜小于0.30%”，

$$A_s=\rho bh=0.30\%\times350\times700=735\text{mm}^2$$

选3Φ18（$A_s=763.4\text{mm}^2$）。

《高规》规定

> **11.4.3** 型钢混凝土梁的箍筋应符合下列规定：
>
> 1 箍筋的最小面积配筋率应符合本规程第6.3.4条第4款和第6.3.5条第1款的规定，且不应小于0.15%。

2 抗震设计时，梁端箍筋应加密配置。加密区范围，一级取梁截面高度的 2.0 倍，二、三、四级取梁截面高度的 1.5 倍；当梁净跨小于梁截面高度的 4 倍时，梁箍筋应全跨加密配置。

3 型钢混凝土梁应采用具有 135°弯钩的封闭式箍筋，弯钩的直段长度不应小于 8 倍箍筋直径。非抗震设计时，梁箍筋直径不应小于 8mm，箍筋间距不应大于 250mm；抗震设计时，梁箍筋的直径和间距应符合表 11.4.3 的要求。

梁箍筋直径和间距（mm）　　表 11.4.3

抗震等级	箍筋直径	非加密区箍筋间距	加密区箍筋间距
一	≥12	≤180	≤120
二	≥10	≤200	≤150
三	≥10	≤250	≤180
四	≥8	250	200

6.3.4 非抗震设计时，框架梁箍筋配筋构造应符合下列规定：

4 承受弯矩和剪力的梁，当梁的剪力设计值大于 $0.7f_tbh_0$时，其箍筋的面积配筋率应符合下式规定：

$$\rho_{sv} \geqslant 0.24f_t/f_{yv} \qquad (6.3.4\text{-}1)$$

5 承受弯矩、剪力和扭矩的梁，其箍筋面积配筋率应符合公式（6.3.4-2）的规定：

$$\rho_{sv} \geqslant 0.28f_t/f_{yv} \qquad (6.3.4\text{-}1)$$

6.3.5 抗震设计时，框架梁的箍筋尚应符合下列构造要求：

1 沿梁全长箍筋的面积配筋率应符合下列规定：

一级 $$\rho_{vs} \geqslant 0.30f_t/f_{yv} \qquad (6.3.5\text{-}1)$$

二级 $$\rho_{vs} \geqslant 0.28f_t/f_{yv} \qquad (6.3.5\text{-}1)$$

三、四级 $$\rho_{vs} \geqslant 0.26f_t/f_{yv} \qquad (6.3.5\text{-}1)$$

式中：ρ_{sv} ——框架梁沿梁全长箍筋的面积配筋率。

【例 4.7.5-2】型钢框架梁的箍筋加密区配筋

条件：某现浇框架-核心筒高层建筑结构，内筒为钢筋混凝土筒体，外框为型钢混凝土框架，框架抗震等级为二级，若型钢框架梁的截面尺寸 $b\times h$=350mm×700mm，采用 C35 混凝土，纵向钢筋采用 HRB400，箍筋采用 HPB300。正截面和斜截面承载力计算均为构造配筋。

要求：该梁在箍筋加密区的箍筋?

【解答】框架抗震等级为二级，f_t=1.57N/mm^2，f_{yv}=270N/mm^2

（1）根据《高规》第 11.4.3 条第 1 款，“箍筋的最小面积配筋率应符合本规程第 6.3.5 条第 1 款的规定，且不应小于 0.15%”。

（2）根据《高规》第 6.3.5 条式（6.3.5-2），二级 $\rho_{sv}\geqslant 0.28f_t/f_{yv}$

$$\rho_{sv}=0.28\times1.57/270=0.163\%>0.15\%。$$

(3) 取加密区箍筋间距100mm，即$A_{sv}/(b\times100)=0.163\%$，则

$$A_{sv}=0.163\%\times350\times100=57mm^2$$

初选2Φ8@100，$A_{sv}=101mm^2>57mm^2$

(4) 根据《高规》第11.4.3条表11.4.3二级框架梁，箍筋最小直径为10mm，故应选2Φ10@100。

3. 型钢混凝土柱

(1) 轴压比

《高规》规定

11.4.4 抗震设计时，混凝土结构中型钢混凝土柱的轴压比不宜大于表11.4.4的限值，轴压比可按下式计算：

$$\mu_N=N/(f_cA_c+f_aA_a) \tag{11.4.4}$$

式中：μ_N——型钢混凝土柱的轴压比；

N——考虑地震组合的柱轴向力设计值；

A_c——扣除型钢后的混凝土截面面积；

f_c——混凝土的轴心抗压强度设计值；

f_a——型钢的抗压强度设计值；

A_a——型钢的截面面积。

型钢混凝土柱的轴压比限值　　表11.4.4

抗震等级	一	二	三
轴压比限值	0.70	0.80	0.90

注：1 转换柱的轴压比应比表中数值减少0.10采用；

2 剪跨比不大于2的柱，其轴压比应比表中数值减少0.05采用；

3 当采用C60以上混凝土时，轴压比宜减少0.05。

11.4.4 条文说明　型钢混凝土柱的轴压比大于柱子的轴向承载力的50%时，柱子的延性将显著下降。型钢混凝土柱有其特殊性，在一定轴力的长期作用下，随着轴向塑性的发展以及长期荷载作用下混凝土的徐变收缩会产生内力重分布，钢筋混凝土部分承担的轴力逐渐向型钢部分转移。根据型钢混凝土柱的试验结果，考虑长期荷载下徐变的影响，一、二、三抗震等级的型钢混凝土框架柱的轴压比限制分别取0.7、0.8、0.9，计算轴压比时，可计入型钢的作用。

【例4.7.5-3】某40层高层办公楼，建筑物总高度152m，采用型钢混凝土框架-钢筋混凝土核心筒结构体系，楼面梁采用钢梁，核心筒采用普通钢筋混凝土，经计算地下室顶板可作为上部结构的嵌固部位。该建筑抗震设防类别为标准设防类（丙类），抗震设防烈度为7度，设计基本地震加速度为0.10g，设计地震分组为第一组，建筑场地类别为Ⅱ类。

首层某型钢混凝土柱的剪跨比不大于2，其截面为1100mm×1100mm，按规范配置普通钢筋，混凝土强度等级为C65（$f_c=29.7N/mm^2$），柱内十字形钢骨面积为51875mm^2（$f_a=295N/mm^2$），如图4.7.5-1。

试问，该柱所能承受的考虑地震组合满足轴压比限值的轴力最大设计值（kN）与下列何项数值最为接近？

(A) 34900　　(B) 34780

(C) 32300　　(D) 29800

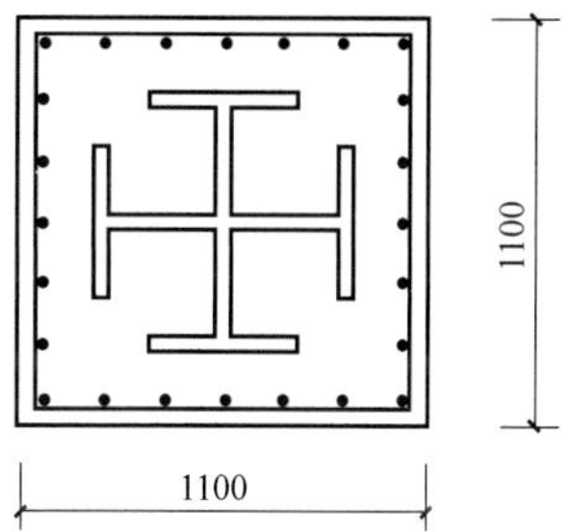

图 4.7.5-1

【答案】(D)

【解答】 (1) 根据《高规》表 11.1.4，柱抗震等级为一级。

(2) 根据《高规》表 11.4.4，柱的轴压比限值为 0.7；

注 2：剪跨比不大于 2 的柱，轴压比减少 0.05；

注 3：当采用 C60 以上混凝土时，轴压比减少 0.05。

所以，柱的轴压比限值为：0.7−0.05−0.05=0.6

(3) 式 (11.4.4)

$$\mu_N=\frac{N}{f_cA_c+f_aA_a}$$

$$N=\mu_N(f_cA_c+f_aA_a)$$

$$=0.6\times[29.7\times(1100\times1100-51875)+295\times51875]=29819.7\text{kN}$$

(2) 长细比、栓钉、骨料、保护层、间距、纵筋配筋率、型钢含钢率

《高规》规定

> **11.4.5** 型钢混凝土柱设计应符合下列构造要求：
>
> 1 型钢混凝土柱的长细比不宜大于 80。
>
> 2 房屋的底层、顶层以及型钢混凝土与钢筋混凝土交接层的型钢混凝土柱宜设置栓钉，型钢截面为箱形的柱子也宜设置栓钉，栓钉水平间距不宜大于 250mm。
>
> 3 混凝土粗骨料的最大直径不宜大于 25mm。型钢柱中型钢的保护层厚度不宜小于 150mm；柱纵向钢筋净间距不宜小于 50mm，且不应小于柱纵向钢筋直径的 1.5 倍；柱纵向钢筋与型钢的最小净间距不应小于 30mm，且不应小于粗骨料最大粒径的 1.5 倍。
>
> 4 型钢混凝土柱的纵向钢筋最小配筋率不宜小于 0.8%，且在四角应各配置一根直径不小于 16mm 的纵向钢筋。
>
> 5 柱中纵向受力钢筋的间距不宜大于 300mm；当间距大于 300mm 时，宜附加配置直径不小于 14mm 的纵向构造钢筋。
>
> 6 型钢混凝土柱的型钢含钢率不宜小于 4%。

【例 4.7.5-4】 某 32 层型钢混凝土框架-钢筋混凝土核心筒建筑，框架抗震等级一级，底层某中柱截面 $b\times h=750\text{mm}\times750\text{mm}$，混凝土强度等级 C50 ($f_c=23.1\text{N/mm}^2$)，内置 Q345 型钢 ($f_a=295\text{N/mm}^2$)，考虑地震作用组合的柱轴向压力设计值 $N=18000\text{kN}$，剪跨比 $\lambda=2.5$。试问，采用型钢截面面积的最小值 (mm^2)，应最接近于下列何项数值 (mm^2)？

(A) 14700　　(B) 19600　　(C) 47000　　(D) 53000

【答案】(C)

【解答】（1）根据《高规》表 11.4.4，抗震等级一级，轴压比限值 $[\mu_N]=0.70$。

（2）公式（11.4.4）

$$\mu_N=\frac{N}{f_cA_c+f_aA_a}\leqslant 0.7$$

$$f_cA_c+f_aA_a=\frac{18000\times 10^3}{0.7}=2.571\times 10^7$$

$$23.1\times(750\times 750-A_a)+295A_a\geqslant 2.571\times 10^7$$

$$A_a\geqslant 4.7\times 10^4\text{mm}^2$$

（2）11.4.5 条 6 款，含钢率不宜小于 4%

$\rho=\dfrac{A_a}{bh}=\dfrac{4.7\times 10^4}{750^2}=8.4\%>4\%$，满足要求，选（C）。

【例 4.7.5-5】型钢和纵筋面积

某型钢混凝土框架-钢筋混凝土核心筒结构，房屋高度 91m，首层层高 4.6m。丙类，8 度，Ⅱ类场地，混凝土强度等级 C50。首层型钢混凝土框架柱 C1 截面尺寸 800mm×800mm，柱内钢骨为十字形，如图 4.7.5-2 所示，图中构造钢筋于每层遇钢框架梁时截断；柱轴压比为 0.65. 试问，满足《高规》最低要求的 C1 柱内十字形钢骨截面面积（mm^2）纵向配筋，应最接近于下列何项数值？

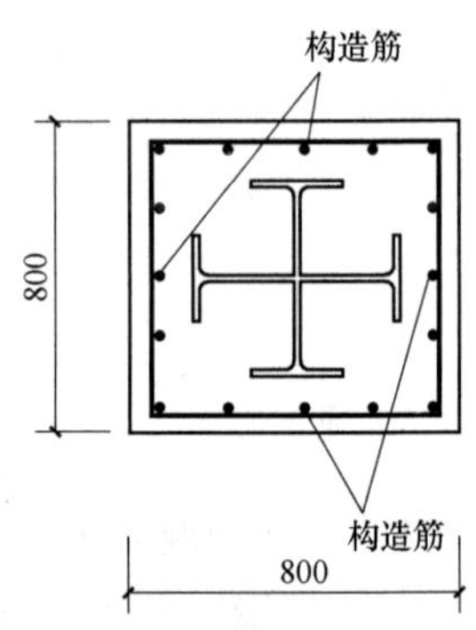

图 4.7.5-2

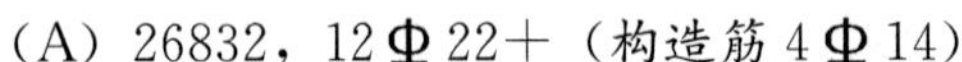

（A）26832，12 Φ 22+（构造筋 4 Φ 14）

（B）26832，12 Φ 25+（构造筋 4 Φ 14）

（C）21660，12 Φ 22+（构造筋 4 Φ 14）

（D）21660，12 Φ 25+（构造筋 4 Φ 14）

【答案】（B）

【解答】（1）根据《高规》11.4.5 条 6 款，型钢混凝土柱的型钢含钢率不宜小于 4%。

$\dfrac{A_a}{bh}=4\%$，$A_a=800\times 800\times 4\%=25600\text{mm}^2\begin{matrix}<26832\text{mm}^2\\>21660\text{mm}^2\end{matrix}$，（C）、（D）不满足要求。

（2）11.4.5 条 4 款，型钢混凝土柱的纵向钢筋最小配筋率不宜小于 0.8%。

$$\frac{A_s}{bh}=0.8\%,\ A_s=800\times 800\times 0.8\%=5120\text{mm}^2$$

（A）12 Φ 22：$A_s=4560\text{mm}^2<5120\text{mm}^2$，不满足；

（B）12 Φ 25：$A_s=5890\text{mm}^2>5120\text{mm}^2$，满足，选（B）。

（3）箍筋构造

《高规》规定

> **11.4.6** 型钢混凝土柱箍筋的构造设计应符合下列规定：
>
> 1 非抗震设计时，箍筋直径不应小于 8mm，箍筋间距不应大于 200mm。
>
> 2 抗震设计时，箍筋应做成 135°弯钩，箍筋弯钩直段长度不应小于 10 倍箍筋直径。

3 抗震设计时，柱端箍筋应加密，加密区范围应取矩形截面柱长边尺寸（或圆形截面柱直径）、柱净高的 1/6 和 500mm 三者的最大值；对剪跨比不大于 2 的柱，其箍筋均应全高加密，箍筋间距不应大于 100mm。

4 抗震设计时，柱箍筋的直径和间距应符合表 11.4.6 的规定，加密区箍筋最小体积配箍率尚应符合式（11.4.6）的要求，非加密区箍筋最小体积配箍率不应小于加密区箍筋最小体积配箍率的一半；对剪跨比不大于 2 的柱，其箍筋体积配箍率尚不应小于 1.0%，9 度抗震设计时尚不应小于 1.3%。

$$\rho_v \geqslant 0.85\lambda_v f_c / f_y \qquad (11.4.6)$$

式中：λ_v——柱最小配箍特征值，宜按本规程表 6.4.7 采用。

型钢混凝土柱箍筋直径和间距（mm）　　表 11.4.6

抗震等级	箍筋直径	非加密区箍筋间距	加密区箍筋间距
一	≥12	≤150	≤100
二	≥10	≤200	≤100
三、四	≥8	≤200	≤150

注：箍筋直径除应符合表中要求外，尚不应小于纵向钢筋直径的 1/4。

柱端箍筋加密区最小配箍特征值 λ_v　　表 6.4.7

抗震等级	箍筋形式	柱轴压比								
		≤0.3	0.40	0.50	0.60	0.70	0.80	0.90	1.00	1.05
一	普通箍、复合箍	0.10	0.11	0.13	0.15	0.17	0.20	0.23	—	—
	螺旋箍、复合或连续复合螺旋箍	0.08	0.09	0.11	0.13	0.15	0.18	0.21	—	—
二	普通箍、复合箍	0.08	0.09	0.11	0.13	0.15	0.17	0.19	0.22	0.24
	螺旋箍、复合或连续复合螺旋箍	0.06	0.07	0.09	0.11	0.13	0.15	0.17	0.20	0.22
三	普通箍、复合箍	0.06	0.07	0.09	0.11	0.13	0.15	0.17	0.20	0.22
	螺旋箍、复合或连续复合螺旋箍	0.05	0.06	0.07	0.09	0.11	0.13	0.15	0.18	0.20

注：普通箍指单个矩形箍或单个圆形箍；螺旋箍指单个连续螺旋箍筋；复合箍指由矩形、多边形、圆形箍或拉筋组成的箍筋；复合螺旋箍指由螺旋箍与矩形、多边形、圆形箍或拉筋组成的箍筋；连续复合螺旋箍指全部螺旋箍由同一根钢筋加工而成的箍筋。

【例 4.7.5-6】 某 32 层型钢混凝土框架-钢筋混凝土核心筒建筑，房屋高度 98m，8 度 0.2g，丙类。底层某中柱截面 $b \times h = 750\text{mm} \times 750\text{mm}$，混凝土强度等级 C50 箍筋 $f_y = 300\text{N/mm}^2$（$f_c = 23.1\text{N/mm}^2$），内置 Q345 型钢（$f_a = 295\text{N/mm}^2$），剪跨比 $\lambda = 1.8$，轴压比 0.5，保护层厚度 20mm。

试问，该柱箍筋加密区的四组配筋（纵筋和箍筋），哪一组满足《高规》的最低构造要求？

(A) 12Φ20，4Φ10@100（每向各四肢，下同）　(B) 12Φ22，4Φ10@100

(C) 12 Φ 20，4 Φ 12@100　　　　(D) 12 Φ 22，4 Φ 12@100

【答案】(D)

【解答】

(1) 型钢混凝土框架-钢筋混凝土核心筒建筑，房屋高度98m，8度0.2g，丙类，查表11.1.4，型钢混凝土框架抗震等级一级。

(2) 箍筋构造

表6.4.7，一级、轴压比0.5，λ_v=0.13。

式(11.4.6)：$\rho_v \geqslant 0.85\lambda_v f_c/f_y = 0.85 \times 0.13 \times 23.1/300 = 0.85\%$

剪跨比λ=1.8<2，根据11.4.6条4款，$\rho_v > 1.0\%$。

表11.4.6，抗震等级一级，箍筋直径≥12，加密区箍筋间距≤100，仅(C)、(D)符合。

验算实际配箍率

箍筋长度：l=750−20−20−12/2=698mm

箍筋内表面尺寸：$b_{cor}=h_{cor}$=698−12=686mm

$$\rho_v = \frac{8 \times 698 \times 113.1}{686 \times 686 \times 100} = 1.34\% > 1.0\%$$，满足。

(3) 纵筋构造

11.4.5条4款，型钢混凝土柱的纵向钢筋最小配筋率不宜小于0.8%，且在四角应各配置一根直径不小于16mm的纵向钢筋。

$A_s > 0.8\% A = 0.8\% \times 750 \times 750 = 4500\text{mm}^2$

(C)：12 Φ 20面积为3768mm^2，不满足。

(D)：12 Φ 22面积为4561mm^2，满足。

(D) 满足规程的箍筋和纵筋构造要求。

【例4.7.5-7】某42层现浇型钢混凝土框架-核心筒高层建筑，如图4.7.5-3所示，内筒为钢筋混凝土筒体，外周边为型钢混凝土框架，房屋高度132m，建筑物的竖向体型比较规则、均匀。该建筑物抗震设防烈度为7度，丙类，设计地震分组为第一组，设计基本地震加速度为0.1g，场地类别为Ⅱ类。

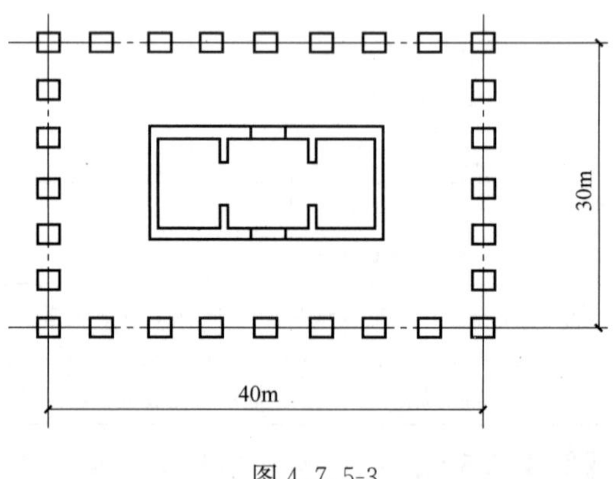

图4.7.5-3

外周边框架底层某柱，截面尺寸750×750mm，混凝土强度等级C50，f_c=23.1N/mm^2，箍筋f_y=300N/mm^2，柱轴压比>0.5，试问，该柱在箍筋加密区的下列四组配筋(纵向钢筋和箍筋)，其中哪一组满足且最接近相关规范、规程中的最低构造要求？

(A) 12 Φ 20，4Φ10@100(每向各四肢)

(B) 12 Φ 22，4Φ10@100(每向各四肢)

(C) 12 Φ 20，4Φ12@100(每向各四肢)

（D）12Φ22，4ϕ12@100（每向各四肢）

【答案】（D）

（1）根据《高规》第 11.1.4 条表 11.1.4，设防烈度 7 度、$H=132$m，型钢混凝土框架的抗震等级为一级。

（2）根据《高规》第 6.4.7 条表 6.4.7，抗震等级一级，轴压比 0.5，普通箍，查得柱端箍筋加密区最小配箍特征值 $\lambda_v=0.13$。

（3）根据《高规》第 11.4.6 条式（11.4.6）$\rho_v \geqslant 0.85\lambda_v f_c/f_y$

$$\rho_v=0.85\frac{\lambda_v f_c}{f_y}=0.85\frac{0.13\times 23.1}{300}=0.85\%$$

$$s=100\text{mm}, b_{cor}=h_{cor}=690\text{mm}, \ l_1=690\text{mm}, \sum n_i A_i=2\times 4\times A_{sv1}$$

$$\rho_v=\frac{\sum n_i A_i l_1}{s A_{cor}}=\frac{2\times 4\times A_{sv1}\times 690}{100\times 690\times 690}=0.85\%$$

解得，$A_{sv1}=73.3\text{mm}^2$，表 11.4.6，一级，取ϕ12，$A_{sv1}=113\text{mm}^2>73.3\text{mm}^2$，即选取$\phi$12@100。

（4）根据《高规》第 11.4.5 条第 4 款，“型钢混凝土柱的纵向钢筋最小配筋率不宜小于 0.8%”，

$$A_s \geqslant A\times 0.8\%=750\times 750\times 0.8\%\text{mm}^2=4500\text{mm}^2$$

取 12Φ22（$A_s=4561.2\text{mm}^2$）。

（5）选（D）12Φ22，4ϕ12@100（每向各四肢）。

【例 4.7.5-8】 某型钢混凝土框架-钢筋混凝土核心筒结构，层高 4.2m，中部楼层型钢混凝土柱（非转换柱）配筋示意如图 4.7.5-4 所示。假定柱抗震等级一级，考虑地震作用组合的柱轴压力设计值 $N=30000$kN，钢筋采用 HRB4000，型钢采用 Q345B，钢板厚度 30mm（$f_a=295\text{N/mm}^2$），型钢截面面积 $A_a=61500\text{mm}^2$，混凝土强度等级 C50，剪跨比 $\lambda=1.6$。试问，从轴压比、型钢含钢率、纵筋配筋率及箍筋配箍率 4 项规定来判断，该柱有几项不符合《高规》的抗震构造要求？

提示：箍筋保护层厚度 20mm，箍筋配箍率计算时扣除箍筋重叠部分。

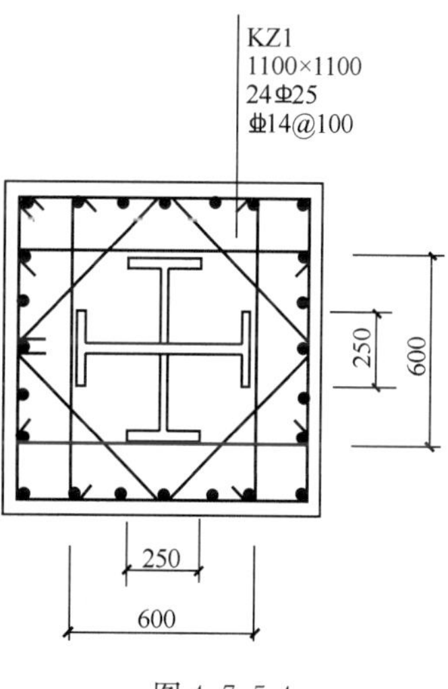

图 4.7.5-4

（A）1　　（B）2

（C）3　　（D）4

【答案】（A）

【解答】（1）轴压比

根据表 11.4.4 条，柱抗震等级一级 $[\mu_n]=0.7$，剪跨比 1.6 表中数值减少 0.05，$[\mu_n]=0.7-0.05=0.65$。

$$\frac{N}{f_c A_c+f_a A_a}=\frac{30000\times 10^3}{23.1\times(1100\times 1100-61500)+295\times 61500}=0.67>0.65\text{，不符合。}$$

（2）型钢含钢率

11.4.5 条 6 款，型钢混凝土柱的型钢含钢率不宜小于 4%。

$\frac{A_a}{bh}=\frac{61500}{1100\times1100}=5.08\%>4\%$，符合。

(3) 纵筋配筋率

11.4.5 条 4 款，型钢混凝土柱的纵向钢筋最小配筋率不宜小于 0.8%，且在四角应各配置一根直径不小于 16mm 的纵向钢筋。

24Φ25 面积 $A_s=12266\text{mm}^2$，配筋率 $\frac{12266}{1100\times1100}=1\%$，角部钢筋直径Φ25 大于 16mm，符合。

(4) 箍筋配箍率

11.4.6 条 4 款，加密区最小体积配箍率应符合式（11.4.6），剪跨比不大于 2 的柱，不应小于 1.0%。

计算配箍率：

已知 $\mu_n=0.67$，查表 6.4.7，抗震等级一级及复合箍，$\lambda_v=0.164$。

$\rho_v\geqslant0.85\lambda_v f_c/f_y=0.85\times0.164\times23.1/360=0.89\%<1.0\%$，$\rho_v=1.0\%$。

实际配箍率：

箍筋直径 14，面积 $A_s=154\text{mm}^2$

矩形箍筋边长：1100－20－20－14＝1046；菱形箍筋边长：$\sqrt{\left(\frac{1042}{2}\right)^2+\left(\frac{1042}{2}\right)^2}=$ 740mm

核心区边长：$b_{cor}=h_{cor}=1046-14=1032\text{mm}$

$\rho_v=\frac{1046\times8+740\times4}{1032\times1032\times100}\times154=1.64\%>1.0\%$，符合。

综上结论，选（A）。

六、钢管混凝土构件设计

钢材与混凝土组合成钢管混凝土构件，不但充分发挥两种材料的优点，还相互弥补双方的缺点。在轴心压力作用下，钢材与混凝土之间产生相互作用的紧箍力，提高了混凝土的抗压强度和延性；同时，混凝土密实填充钢管，保证钢管不发生屈曲，使钢管的折算应力达到钢材屈服强度，充分发挥钢材的强度。这种构件适宜用作轴心受压构件或小偏心受压构件，不宜用作受拉、受弯构件。

钢管混凝土圆形最多，也有方形、六边形和多边形。如图 4.7.6-1 所示，由圆形到多边形到方形，其性能逐渐降低，方形钢管混凝土构件性能最差。

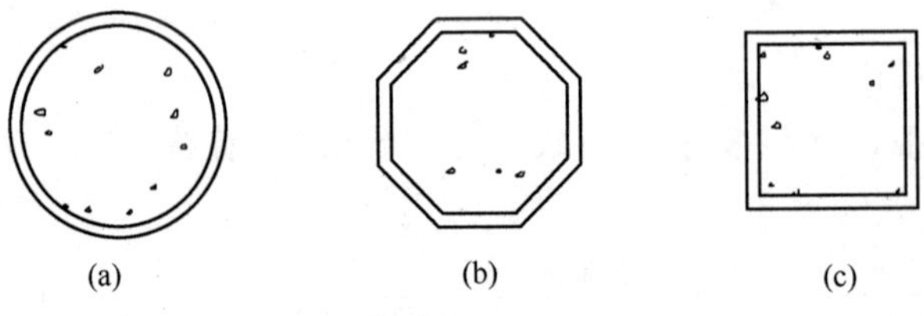

图 4.7.6-1

(a) 圆形；(b) 八边形；(c) 正方形

1. 圆形钢管混凝土柱的基本参数

(1) 含钢率和套箍系数

图 4.7.6-2，圆形钢管混凝土柱的含钢率 α，指钢管面积 A_a 与内填混凝土面积 A_c 的比值，即：

$$\alpha=\frac{A_a}{A_c}\approx\frac{\pi Dt}{\frac{1}{4}\pi D^2}=\frac{4t}{D}$$

D——钢管外径；t——钢管壁厚；r_c——核心混凝土截面半径。

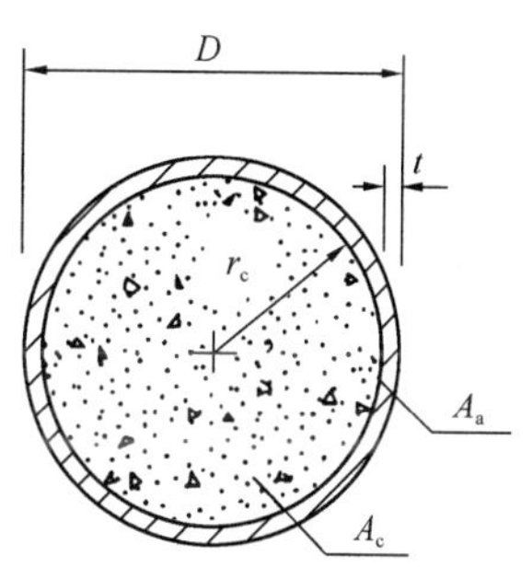

图 4.7.6-2 圆形钢管混凝土截面形式

为反应圆形钢管混凝土柱中钢管与核心混凝土约束作用的大小，描述钢管和混凝土两者之间的相互作用，引入套箍系数 ξ，定义：

$$\xi=\frac{A_a f_y}{A_c f_{ck}}=\alpha\cdot\frac{f_y}{f_{ck}}$$

f_y——钢材屈服强度；f_{ck}——混凝土轴心抗压强度标准值。

套箍系数 ξ 反应钢管对混凝土的约束程度，ξ 值过小，钢管不能有效地提高钢管内混凝土的强度和变形能力；ξ 值过大，则对提高钢管内混凝土的强度和变形能力作用不大。

《高规》规定

> **11.4.9** 圆形钢管混凝土柱尚应符合下列构造要求：
>
> 4 圆形钢管混凝土柱的套箍指标 $\frac{f_a A_a}{f_c A_c}$，不应小于 0.5，也不宜大于 2.5。

(2) 径厚比 D/t

《高规》规定

> **11.4.9** 圆形钢管混凝土柱尚应符合下列构造要求：
>
> 3 钢管外径与壁厚的比值 D/t 宜在 $(20\sim100)\sqrt{235/f_y}$ 之间，f_y 为钢材的屈服强度。

径厚比下限 $(20\sqrt{235/f_y})$ 是为了避免加工难度太大，径厚比上限 $(100\sqrt{235/f_y})$ 是防止管壁受力时局部失稳。

(3) 轴压比和长细比

轴压比和长细比影响构件的延性，研究表明，轴压比对圆形钢管混凝土柱的延性的影响不大，不必控制，构件只需满足承载力要求；长细比对其延性的影响较大，需要控制。

《高规》规定

> **11.4.9** 圆形钢管混凝土柱尚应符合下列构造要求：
>
> 5 柱的长细比不宜大于 80。

(4) 偏心率

钢管混凝土适宜用作轴心受压构件或小偏心受压构件，因此《高规》规定

11.4.9 圆形钢管混凝土柱尚应符合下列构造要求：

6 轴向压力偏心率 e_0/r_c 不宜大于 1.0，e_0 为偏心距，r_c 为核心混凝土横截面半径。

（5）其他构造

《高规》规定

11.4.9 圆形钢管混凝土柱尚应符合下列构造要求：

1 钢管直径不宜小于 400mm。

2 钢管壁厚不宜小于 8mm。

7 钢管混凝土柱与框架梁刚性连接时，柱内或柱外应设置与梁上、下翼缘位置对应的加劲肋；加劲肋设置于柱内时，应留孔以利混凝土浇筑；加劲肋设置于柱外时，应形成加劲环板。

8 直径大于 2m 的圆形钢管混凝土构件应采取有效措施减小钢管内混凝土收缩对构件受力性能的影响。

2. 圆形钢管混凝土柱设计

《高规》规定

11.4.8 圆形钢管混凝土构件及节点可按本规程附录 F 进行设计。

F.1.1 钢管混凝土单肢柱的轴向受压承载力应满足下列公式规定：

持久、短暂设计状况 $$N \leqslant N_u \tag{F.1.1-1}$$

地震设计状况 $$N \leqslant N_u/\gamma_{RE} \tag{F.1.1-2}$$

F.1.2 钢管混凝土单肢柱的轴向受压承载力设计值应按下列公式计算：

$$N_u = \varphi_l \varphi_e N_0 \tag{F.1.2-1}$$

式中：N_0——钢管混凝土轴心受压短柱的承载力设计值；

φ_l——考虑长细比影响的承载力折减系数，按本附录 F.1.4 条的规定确定；

φ_e——考虑偏心率影响的承载力折减系数，按本附录 F.1.3 条的规定确定；

$$N_0 = 0.9A_c f_c(1+\alpha\theta)（当\ \theta \leqslant [\theta]\ 时） \tag{F.1.2-2}$$

$$N_0 = 0.9A_c f_c(1+\sqrt{\theta}+\theta)（当\ \theta > [\theta]\ 时） \tag{F.1.2-3}$$

$$\theta = \frac{A_a f_a}{A_c f_c} \tag{F.1.2-4}$$

式中：θ——钢管混凝土的套箍指标；

A_c——钢管内的核心混凝土横截面面积；

f_c——核心混凝土的抗压强度设计值；

A_a——钢管的横截面面积；

f_a——钢管的抗拉、抗压强度设计值；

且在任何情况下均应满足下列条件：

$$\varphi_l \varphi_e \leqslant \varphi_0 \tag{F.1.2-5}$$

系数 α、[θ] 取值 **表 F.1.2**

混凝土等级	≤C50	C55～C80
α	2.00	1.80
$[\theta]$	1.00	1.56

式中：α——与混凝土强度等级有关的系数，按本附录表 F.1.2 取值；

$[\theta]$——与混凝土强度等级有关的套箍指标界限值，按本附录表 F.1.2 取值；

φ_l——考虑长细比影响的承载力折减系数，按本附录 F.1.4 条的规定确定；

φ_e——考虑偏心率影响的承载力折减系数，按本附录 F.1.3 条的规定确定；

φ_0——按轴心受压柱考虑的 φ_l 值。

【例 4.7.6-1】 某圆形钢管混凝土柱，考虑地震组合的轴力设计值 $N=34000\text{kN}$，混凝土强度等级 C60（$f_c=27.5\text{N/mm}^2$），钢管直径 $D=950\text{mm}$，采用 Q345B（$f_y=345\text{N/mm}^2$，$f_a=310\text{N/mm}^2$）钢材。试问，钢管壁厚 t（mm）为下列何项数值时，才能满足钢管混凝土柱承载力及构造要求且最经济？

提示：① 钢管混凝土柱承载力折减系数 $\varphi_l=1$，$\varphi_e=0.83$，$\varphi_l\varphi_e<\varphi_0$；

② 按《高规》JGJ 3—2010 作答。

(A) 8　　(B) 10　　(C) 12　　(D) 14

【答案】(C)

【解答】(1) 构造要求

11.4.9 条 3 款，$D/t=100\sqrt{235/f_y}=100\sqrt{235/345}=82.5$，(A) $D/t=119$、(B) $D/t=95$，不满足。

(2) 承载力要求

验算选项 (C) 承载力

① $t=12\text{mm}$，$D=950\text{mm}$ 代入式 (F.1.2-4)

$$\theta=\frac{A_a f_a}{A_c f_c}=\frac{310\times(950^2-926^2)}{27.5\times926^2}=0.59<[\theta]=1.56$$

② 式 (F.1.2-2)

$$N_0=0.9A_c f_c(1+\alpha\theta)=0.9\times\frac{1}{4}\times3.14\times926^2\times27.5\times(1+1.8\times0.59)=34352\text{kN}$$

③ 式 (F.1.2-1)

$$N_u=\varphi_l\varphi_e N_0=1\times0.83\times34352=28512\text{kN}$$

④ 式 (F.1.1-2)，查表 11.1.7-1 得 $\gamma_{RE}=0.80$

$N\leqslant N_u/\gamma_{RE}=28512/0.8=35640\text{kN}>34000\text{kN}$，满足。

【例 4.7.5-2～4.7.5-4】 某现浇混凝土框架-剪力墙结构，角柱为穿层柱，柱顶支承托柱转换梁如图 4.7.6-3 所示。穿层柱抗震等级一级，实际高度 $L=10\text{m}$，考虑柱端约束条件的计算长度系数 $\mu=1.3$，采用钢管混凝土柱，钢管材料 Q345（$f_a=300\text{N/mm}^2$），外径 $D=1000\text{mm}$，壁厚 20mm；核心混凝土强度等级 C50（$f_c=23.1\text{N/mm}^2$）。

提示：① 按《高规》作答；

② 按有侧移框架计算。

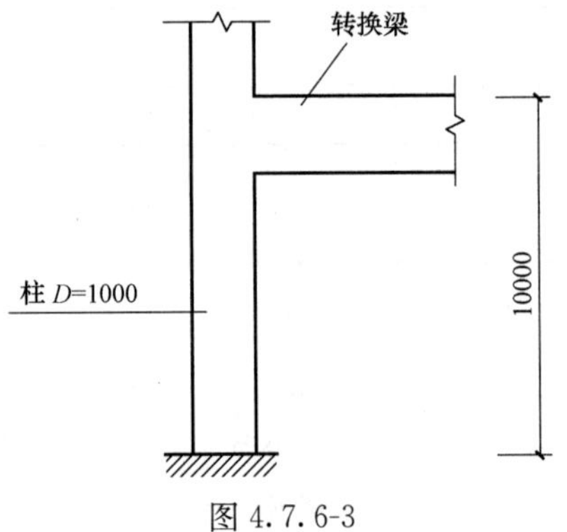

图 4.7.6-3

【例 4.7.6-2】

试问，穿层柱按轴心受压短柱计算的承载力设计值 N_0（kN）与下列何项数值最为接近？

（A）24000　　（B）26000

（C）28000　　（D）47500

【答案】（D）

【解答】（1）附录 F.1.2 条式（F.1.2-1）：$N_u = \varphi_l \varphi_e N_0$

式中：N_0——钢管混凝土轴心受压短柱的承载力设计值；

（2）根据 θ 与 $[\theta]$ 的关系，按式（F.1.2-2）或（F.1.2-3）计算 N_0

$$A_a = \frac{1}{4}\pi(D_1^2 - D_2^2) = 0.25 \times 3.14 \times (1000^2 - 960^2) = 61544\text{mm}^2$$

$$A_c = \frac{1}{4}\pi D_2^2 = 0.25 \times 3.14 \times 960^2 = 723456\text{mm}^2$$

查表 F.1.2，C50，$[\theta]$ =1.0，代入式（F.1.2-4）

$$\theta = \frac{A_a f_a}{A_c f_c} = \frac{61544 \times 300}{723456 \times 23.1} = 1.1 > [\theta] = 1.0$$

式（F.1.2-3）

$$N_0 = 0.9 A_c f_c (1 + \sqrt{\theta} + \theta) = 0.9 \times 723456 \times 23.1 \times (1 + \sqrt{1.1} + 1.1) = 47360\text{kN}$$

F.1.3 钢管混凝土柱考虑偏心率影响的承载力折减系数 φ_e，应按下列公式计算：

当 $e_0/r_c \leqslant 1.55$ 时：

$$\varphi_e = \frac{1}{1 + 1.85\dfrac{e_0}{r_c}} \quad (\text{F.1.3-1})$$

$$e_0 = \frac{M_2}{N} \quad (\text{F.1.3-2})$$

当 $e_0/r_c > 1.55$ 时：

$$\varphi_e = \frac{0.3}{\dfrac{e_0}{r_c} - 0.4} \quad (\text{F.1.3-2})$$

式中：e_0——柱端轴向压力偏心距之较大者；

r_c——核心混凝土横截面的半径；

M_2——柱端弯矩设计值的较大者；

N——轴向压力设计值。

【例 4.7.6-3】

假定，考虑地震作用组合时，轴向压力设计值 N=25900kN，按弹性分析的柱顶、柱底截面的弯矩组合值分别为：M^t=1100kN·m；M^b=1350kN·m。试问，穿层柱考虑偏心率影响的承载力折减系数φ_e与下列何项数值最为接近？

(A) 0.55　　(B) 0.65　　(C) 0.75　　(D) 0.85

【答案】(C)

【解答】(1) 穿层柱为转换柱和角柱，按第十章有关规定调整。

(2) 内力调整

① 轴力

10.2.11条2款，一、二级转换柱由地震作用产生的轴力应分别乘以增大系数1.5、1.2，但计算柱轴压比时可不考虑增大系数。本题给出轴向力设计值N=25900kN是组合后的值，不是地震作用标准值，所以不需要调整。

② 弯矩

根据10.2.11条3、5款，弯矩设计值应考虑一级转换柱1.5，角柱1.1的调整。

$M^t=1100\times1.5\times1.1=1815$kN·m；$M^b=1350\times1.5\times1.1=2228$kN·m

根据F.1.3条符号说明M_2取大值，$M_2=M^b=2228$kN·m

$$e_0=\frac{M}{N}=\frac{2228\times10^6}{25900\times10^3}=86\text{mm}$$

(3) 根据附录F.1.3条求φ_e

$$\frac{e_0}{r_c}=\frac{86}{960/2}=0.179<1.55,\ \varphi_e=\frac{1}{1+1.85\dfrac{e_0}{r_c}}=\frac{1}{1+1.85\times0.179}=0.75$$

F.1.4 钢管混凝土柱考虑长细比影响的承载力折减系数φ_l，应按下列公式计算：

当$L_e/D>4$时：

$$\varphi_l=1-0.115\sqrt{L_e/D-4} \tag{F.1.4-1}$$

当$L_e/D\leqslant4$时：

$$\varphi_l=1 \tag{F.1.4-2}$$

式中：D——钢管的外径；

L_e——柱的等效计算长度，按本附录F.1.5条和第F.1.6条确定。

F.1.5 柱的等效计算长度应按下列公式计算：

$$L_e=\mu kL \tag{F.1.5}$$

式中：L——柱的实际长度；

μ——考虑柱端约束条件的计算长度系数，根据梁柱刚度的比值，按现行国家标准《钢结构设计规范》GB 50017确定；

k——考虑柱自身弯矩分布梯度影响的等效长度系数，按本附录第F.1.6条确定。

F.1.6 钢管混凝土柱考虑柱身弯矩分布梯度影响的等效长度系数k，应按下列公式计算：

1 轴心受压柱和杆件（图F.1.6a）

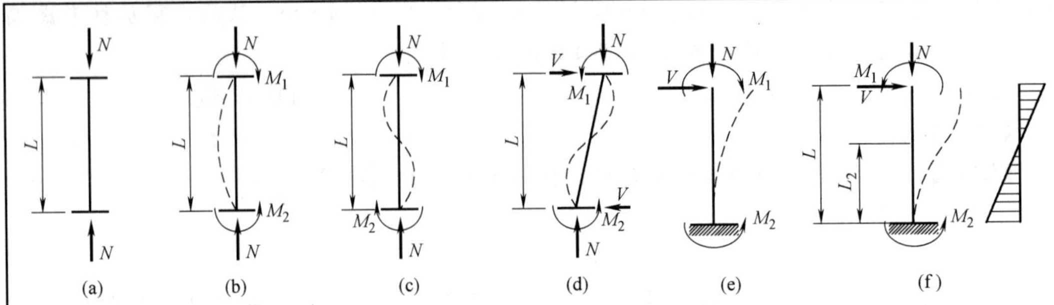

图 F.1.6　框架柱及悬臂柱计算简图

(a) 轴心受压；(b) 无侧移单曲压弯；(c) 无侧移双曲压弯；(d) 有侧移双曲压弯；(e) 单曲压弯；(f) 双曲压弯

$$k=1 \quad (F.1.6\text{-}1)$$

2　无侧移框架柱（图 F.1.6b、c）：

$$k=0.5+0.3\beta+0.2\beta^2 \quad (F.1.6\text{-}2)$$

3　有侧移框架（图 F.1.6d）和悬臂柱（图 F.1.6e、f）：

当 $e_0/r_c \leqslant 0.8$ 时

$$k=1-0.625e_0/r_c \quad (F1.6\text{-}3)$$

当 $e_0/r_c>0.8$ 时，取 $k=0.5$。

当自由端有力矩 M_1 作用时：

$$k=(1+\beta_1)/2 \quad (F.1.6\text{-}4)$$

并将式（F.1.6-3）与式（F.1.6-4）所得 k 值进行比较，取其中之较大值。

式中：β——柱两端弯矩设计值之绝对值较小者 M_1 与绝对值较大值 M_2 的比值，单曲压弯时 β 取正值，双曲压弯时 β 取负值；

β_1——悬臂柱自由端弯矩设计值 M_1 与嵌固端弯矩设计值 M_2 的比值，当 β_1 为负值即双曲压弯时，则按反弯点所分割成的高度为 L_2 的子悬臂柱计算（图 F.1.16f）。

注：1　无侧移框架系指框架中设有支撑架、剪力墙、电梯井等支撑结构，且其抗侧移刚度不小于框架抗侧移刚度的 5 倍者；有侧移框架系指框架中未设上述支撑结构或支撑结构的抗侧刚度小于框架抗侧刚度的 5 倍者；

2　嵌固端系指相交于柱的横梁的线刚度与柱的线刚度的比值不小于 4 者，或柱基础的长和宽均不小于柱直径的 4 倍者。

【例 4.7.6-4】

假定，穿层柱考虑偏心率影响的承载力折减系数 $\varphi_e=0.60$，$e_0/r_c=0.20$。试问，穿层柱轴向受压承载力设计值（N_u）与按轴心受压短柱计算的承载力设计值 N_0 之比（N_u/N_0），与下列何项数值最为接近？

(A) 0.32　　(B) 0.41　　(C) 0.53　　(D) 0.61

【答案】(B)

【解答】(1) 附录 F.1.2 条式（F.1.2-1）

$$N_u=\varphi_l\varphi_e N_0 \text{ 则 } N_u/N_0=\varphi_l\varphi_e$$

(2) 根据 F.1.4、F.1.5、F.1.6 条求 $\varphi_l\varphi_e$

①求 L_e

式 (F.1.5)：$L_e = \mu kL$

题目已知 μ=1.3

根据 F.1.6 条 3 款，有侧移框架柱 e_0/r_c=0.20≤0.8 时

$$k = 1 - 0.625e_0/r_c = 1 - 0.625 \times 0.20 = 0.875$$

$$L_e = \mu kL = 1.3 \times 0.875 \times 10 = 11.375\text{m}$$

② 求 φ_l

F.1.4 条，$L_e/D = 11.375/1 = 11.375 > 4$，按式 (F.1.4-1) 计算 φ_l

$$\varphi_l = 1 - 0.115\sqrt{L_e/D - 4} = 1 - 0.115 \times \sqrt{11.375/1 - 4} = 0.688$$

(3) 已知 φ_e=0.60，$\varphi_l\varphi_e$=0.688×0.60=0.4128

(4) 按式 (F.1.2-5) 判断 $\varphi_l\varphi_e$ 是否符合要求

$$\varphi_l\varphi_e \leqslant \varphi_0$$

式中：φ_0——按轴心受压柱考虑的 φ_l。

①求 φ_0

F.1.6 条 1 款，轴心受压柱和杆件 k=1。

式 (F.1.5)：$L_e = \mu kL = 1.3 \times 1 \times 10 = 13\text{m}$

F.1.4 条，$L_e/D = 13/1 = 13 > 4$，按式 (F.1.4-1) 计算 φ_l

$$\varphi_0 = \varphi_l = 1 - 0.115\sqrt{L_e/D - 4} = 1 - 0.115 \times \sqrt{13/1 - 4} = 0.655$$

② 按式 (F.1.2-5) 判断 $\varphi_l\varphi_e$ 是否符合要求

$$\varphi_l\varphi_e = 0.4128 \leqslant \varphi_0 = 0.655\text{，符合}$$

(5) $N_u/N_0 = \varphi_l\varphi_e = 0.4128$，选 (B)

3. 方形钢管混凝土柱设计

如图 4.7.6-4 所示，与圆形钢管混凝土柱相比，矩形钢管混凝土柱的“约束效应”弱的多。为保证钢管与混凝土的共同工作，规范对边长比、边长与其壁厚比给出限值。同时，矩形钢管混凝土柱的延性与轴压比、长细比有关，因此规范提出了轴压比和长细比的具体要求。

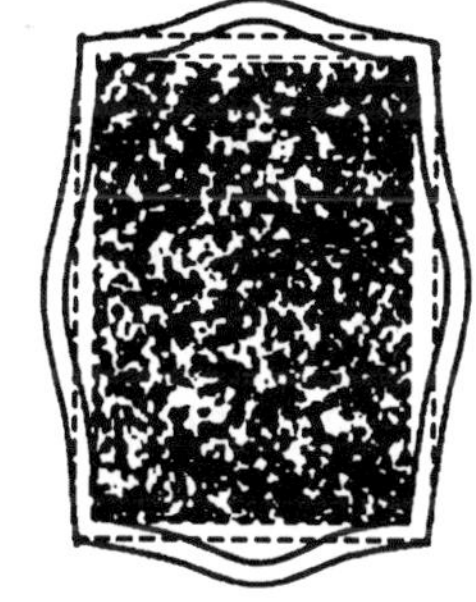

图 4.7.6-4 矩形钢管屈曲示意

《高规》规定

11.4.10 方形钢管混凝土柱应符合下列构造要求：

1 钢管截面短边尺寸不宜小于 400mm；

2 钢管壁厚不宜小于 8mm；

3 钢管截面的高宽比不宜大于 2，当矩形钢管混凝土柱截面最大边尺寸不小于 800mm 时，宜采取在柱子内壁上焊接栓钉、纵向加劲肋等构造措施；

4 钢管管壁板件的边长与其厚度的比值不应大于 $60\sqrt{235/f_y}$；

5 柱的长细比不宜大于 80；

6　矩形钢管混凝土柱的轴压比应按本规程公式（11.4.4）计算，并不宜大于表11.4.10的限值。

矩形钢管混凝土柱轴压比限值　　**表 11.4.10**

一级	二级	三级
0.70	0.80	0.90

七、筒体及连梁

1. 核心筒和内筒

《高规》规定

11.4.18　钢筋混凝土核心筒、内筒的设计，除应符合本规程第9.1.7条的规定外，尚应符合下列规定：

1　抗震设计时，钢框架-钢筋混凝土核心筒结构的筒体底部加强部位分布钢筋的最小配筋率不宜小于0.35%，筒体其他部位的分布筋不宜小于0.30%；

2　抗震设计时，框架-钢筋混凝土核心筒混合结构的筒体底部加强部位约束边缘构件沿墙肢的长度宜取墙肢截面高度的1/4，筒体底部加强部位以上墙体宜按本规程第7.2.15条的规定设置约束边缘构件；

3　当连梁抗剪截面不足时，可采取在连梁中设置型钢或钢板等措施。

11.4.18　条文说明　考虑到钢框架-钢筋混凝土核心筒中核心筒的重要性，其墙体配筋较钢筋混凝土框架-核心筒中核心筒的配筋率适当提高，提高其构造承载力和延性要求。

9.1.7　筒体结构核心筒或内筒设计应符合下列规定：

1　墙肢宜均匀、对称布置；

2　筒体角部附近不宜开洞，当不可避免时，筒角内壁至洞口的距离不应小于500mm和开洞墙截面厚度的较大值；

3　筒体墙应按本规程附录D验算墙体稳定，且外墙厚度不应小于200mm，内墙厚度不应小于160mm，必要时可设置扶壁柱或扶壁墙；

4　筒体墙的水平、竖向配筋不应少于两排，其最小配筋率应符合本规程第7.2.17条的规定；

5　抗震设计时，核心筒、内筒的连梁宜配置对角斜向钢筋或交叉暗撑；

6　筒体墙的加强部位高度、轴压比限值、边缘构件设置以及截面设计，应符合本规程第7章的有关规定。

【例 4.7.7-1】

某40层高层办公楼，建筑总高度152m，采用型钢混凝土框架-钢筋混凝土核心筒结构体系，楼面梁为钢梁，核心筒为普通钢筋混凝土，地下室顶板作为上部的嵌固部位。建筑抗震设防类别丙类，抗震设防烈度7度（0.10g），设计地震分组为第一组，Ⅱ类场地。首层核心筒某偏心受压墙肢截面如图4.7.7-1所示，墙肢1考虑地震组合的内力设计值

（按规范、规程要求作了相应调整）如下：$N=3200\text{kN}$，$V=9260\text{kN}$，计算截面剪跨比 $\lambda=1.91$，$h_{w0}=5400\text{mm}$，墙体采用 C60 混凝土（$f_c=27.5\text{N/mm}^2$，$f_t=2.04\text{N/mm}^2$）、HRB400 钢筋（$f_y=360\text{N/mm}^2$）。试问，其水平分布钢筋最小选用下列何项配筋时，才能满足《高规》的最低要求？

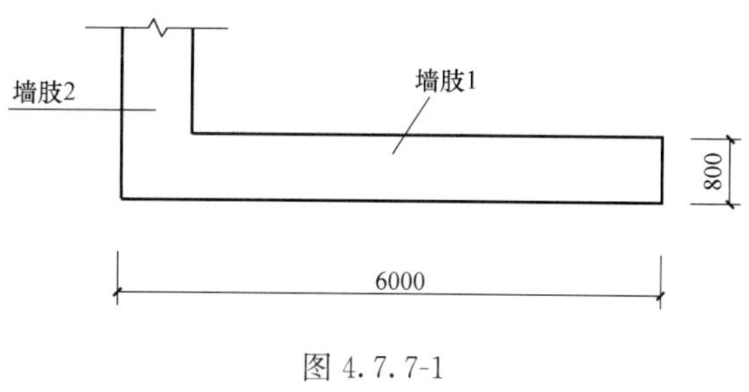

图 4.7.7-1

提示：假定 $A_w=A$。

(A) Φ12@200 (4)　　(B) Φ14@200 (2) +Φ12@200 (2)

(C) Φ14@200 (4)　　(D) Φ16@200 (2) +Φ14@200 (2)

【答案】(C)

【解答】(1) 承载力计算

7.2.10 条 2 款式 (7.2.10-2)

$$V \leqslant \frac{1}{\gamma_{RE}}\left[\frac{1}{\lambda-0.5}\left(0.4f_t b_w h_{w0}+0.1N\frac{A_w}{A}\right)+0.8f_{yh}\frac{A_{sh}}{s}h_{w0}\right]$$

$$0.2f_c b_w h_w = 0.2\times27.5\times800\times6000=2.64\times10^4\text{kN}<N=32000\text{kN}$$

取 $N=2.64\times10^4\text{kN}$，题目已知 $A_w=A$，查表 3.8.2，$\gamma_{RE}=0.85$，代入上式。

$$9260\times10^3\leqslant\frac{1}{0.85}\left[\frac{1}{1.91-0.5}(0.4\times2.04\times800\times5400+0.1\times2.64\times10^7)\right.$$
$$\left.+0.8\times360\frac{A_{sh}}{s}\cdot5400\right]$$

得：$\frac{A_{sh}}{s}\geqslant2.25$，(A)、(B)、(C)、(D) 均满足。

(2) 构造要求

11.4.18 条 1 款，底部加强部位的分布钢筋最小配筋率不宜小于 0.35%。

(A) $\frac{113\times4}{800\times200}=0.283\%<0.35\%$，不满足；

(B) $\frac{154\times2+113\times2}{800\times200}=0.334\%<0.35\%$，不满足；

(C) $\frac{154\times4}{800\times200}=0.385\%>0.35\%$，满足；

(D) $\frac{201\times2+154\times2}{800\times200}=0.444\%>0.35\%$，满足。

选 (C) 最接近。

2. 连梁

由于混合结构中筒体刚度很大，在地震时承担绝大部分剪力，筒体的抗震性能决定了整个结构体系的抗震性，为提高混凝土筒体延性，筒体连梁一般采用交叉配筋。

【例 4.7.7-2】某 32 层型钢混凝土框架-钢筋混凝土筒体建筑，房屋高度 98m，建筑物竖向体型规则、均匀。设防烈度 8 度 (0.20g)，丙类，地震分组第一组，场地类别Ⅱ类。

核心筒底层某连梁如图 4.7.7-2 所示，已知考虑强剪弱弯调整的连梁剪力设计值 $V=$

1120kN。连梁截面有效高度 $h_{b0}=1940$mm，钢筋 HRB400，筒体部分混凝土强度等级 C40（$f_c=19.1$N/mm²），连梁中交叉暗撑与水平线的夹角 $\alpha=37°$时，试问，交叉暗撑中计算所需的纵向钢筋应为下列何项所示？

提示：连梁剪力的承载力抗震调整系数 $\gamma_{RE}=0.85$。

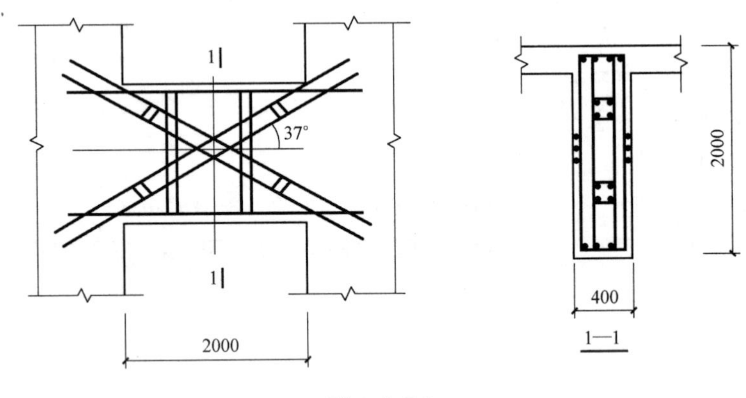

图 4.7.7-2

（A）4Φ20　　（B）4Φ22　　（C）4Φ25　　（D）4Φ28

【答案】（D）

【解答】（1）根据《高规》7.2.22 条，连梁跨高比为 1，小于 2.5，按式（7.2.22-3）验算截面尺寸。

$$V \leqslant \frac{1}{\gamma_{RE}}(0.15\beta_c f_c b_b h_{b0}) = \frac{1}{0.85} \times 0.15 \times 1.0 \times 19.1 \times 400 \times 1940 = 2616\text{kN} > 1120\text{kN}$$

（2）9.3.8 条式（9.3.8-2）

$$A_s \geqslant \frac{\gamma_{RE} V_b}{2 f_y \sin\alpha} = \frac{0.85 \times 1120 \times 10^3}{2 \times 360 \times \sin 37°} = 2197\ \text{mm}^2\text{，取 4C28，}A_s=2461\text{mm}^2\text{。}$$

（3）9.3.8 条 2 款，每根暗撑不少于 4 根纵筋，直径不小于 14mm，符合要求。

八、型钢混凝土剪力墙和钢板混凝土剪力墙

核心筒刚度大则内力大，受剪破坏时延性小，为改善剪力墙延性，可在剪力墙两端设置型钢形成型钢混凝土剪力墙（图 4.7.8-1a、b），或两端设置型钢、中间设置钢板形成钢板混凝土剪力墙（图 4.7.8-1c）。

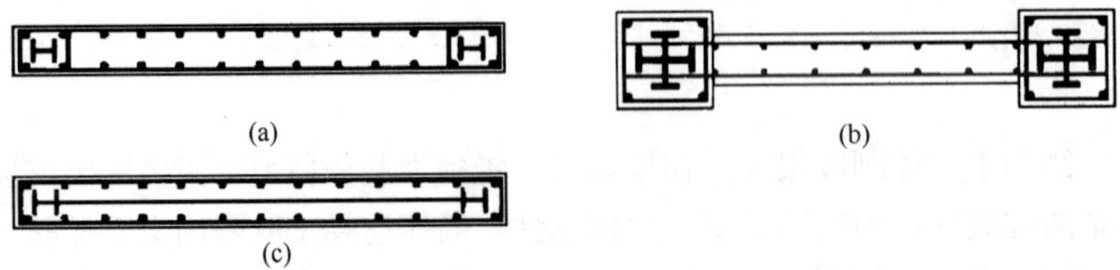

图 4.7.8-1

（a）型钢混凝土剪力墙；（b）有端柱或带边框型钢混凝土剪力墙；（c）钢板混凝土剪力墙

《高规》规定

11.4.11 当核心筒墙体承受的弯矩、剪力和轴力均较大时，核心筒墙体可采用型钢混凝土剪力墙或钢板混凝土剪力墙。

11.4.11 条文说明 钢板混凝土剪力墙是指两端设置型钢柱、上下有型钢暗梁，中间设置钢板，形成的钢-混凝土组合剪力墙。

11.4.14 2 型钢混凝土剪力墙、钢板混凝土剪力墙在楼层标高处宜设置暗梁。

11.4.15 条文说明 在墙身中加入薄钢板，对墙体承载力和破坏形态产生显著影响，而钢板与周围构件的连接关系对承载力和破坏形态的影响至关重要。

11.4.15 3 钢板与周围型钢构件宜采用焊接。

1. 轴压比

《高规》规定

11.4.14 型钢混凝土剪力墙、钢板混凝土剪力墙应符合下列构造要求：

1 抗震设计时，一、二级抗震等级的型钢混凝土剪力墙、钢板混凝土剪力墙底部加强部位，其重力荷载代表值作用下墙肢的轴压比不宜超过本规程表 7.2.13 的限值，其轴压比可按下式计算：

$$\mu_N = N/(f_c A_c + f_a A_a + f_{sp} A_{sp}) \qquad (11.4.14)$$

式中：N——重力荷载代表值作用下墙肢的轴向压力设计值；

A_c——剪力墙墙肢混凝土截面面积；

A_a——剪力墙所配型钢的全部截面面积；

11.4.12

式中：f_{sp}——剪力墙墙身所配钢板的抗压强度设计值；

A_{sp}——剪力墙墙身所配钢板的横截面面积。

剪力墙墙肢轴压比限值 **表 7.2.13**

抗震等级	一级（9度）	一级（6、7、8度）	二、三级
轴压比限值	0.4	0.5	0.6

2. 构造要求

图 4.7.8-2a，钢板发生剪切变形时由于主压应力作用发生平面外屈曲。图 4.7.8-2b 钢板-混凝土组合墙中混凝土墙可减缓钢板平面外屈曲，墙体内分布钢筋宜比普通钢筋混凝土剪力墙适当提高；为使混凝土墙体与内藏钢板更好地共同工作，可在钢板上设置栓钉，起到抗剪和抗拔作用。图 4.7.8-2b、c 中角部混凝土破坏严重，钢板变形，因此角部构造宜适当加强。

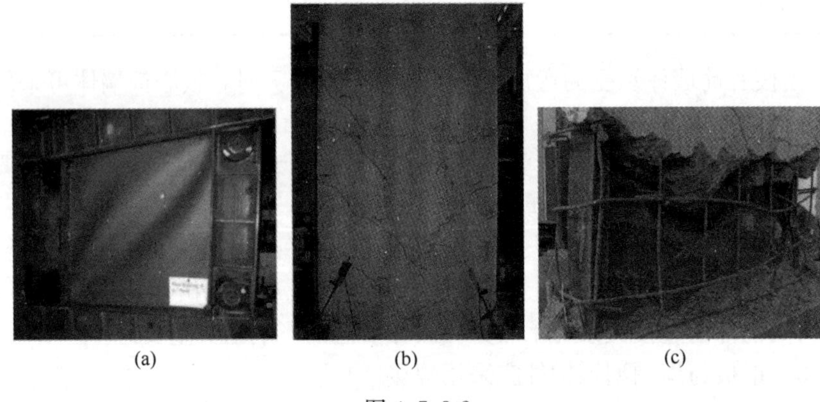

(a) (b) (c)

图 4.7.8-2

(a) 钢板剪切变形；(b) 钢板-混凝土组合墙裂缝分布；(c) 凿开角部混凝土可见钢板变形

《高规》规定

11.4.15 钢板混凝土剪力墙尚应符合下列构造要求：

1 钢板混凝土剪力墙体中的钢板厚度不宜小于10mm，也不宜大于墙厚的1/15；

2 钢板混凝土剪力墙的墙身分布钢筋配筋率不宜小于0.4%，分布钢筋间距不宜大于200mm，且应与钢板可靠连接；

3 钢板与周围型钢构件宜采用焊接；

4 钢板与混凝土墙体之间连接件的构造要求可按现行国家标准《钢结构设计规范》GB 50017中关于组合梁抗剪连接件构造要求执行，栓钉间距不宜大于300mm；

5 在钢板角部1/5板跨且不小于1000mm范围内，钢筋混凝土墙体分布钢筋、抗剪栓钉间距宜适当加密。

3. 受剪承载力

《高规》规定

11.4.11 钢板混凝土剪力墙的受剪截面及受剪承载力应符合本规程第11.4.12、11.4.13条的规定。

（1）截面限值

11.4.12 钢板混凝土剪力墙的受剪截面应符合下列规定：

1 持久、短暂设计状况

$$V_{cw} \leqslant 0.25 f_c b_w h_{w0} \tag{11.4.12-1}$$

$$V_{cw} = V - \left(\frac{0.3}{\lambda} f_a A_{a1} + \frac{0.6}{\lambda - 0.5} f_{sp} A_{sp}\right) \tag{11.4.12-2}$$

2 地震设计状况

剪跨比λ大于2.5时

$$V_{cw} \leqslant \frac{1}{\gamma_{RE}} (0.20 f_c b_w h_{w0}) \tag{11.4.12-3}$$

剪跨比 λ 不大于 2.5 时

$$V_{cw} \leqslant \frac{1}{\gamma_{RE}}(0.15 f_c b_w h_{w0}) \tag{11.4.12-4}$$

$$V_{cw} = V - \frac{1}{\gamma_{RE}}\left(\frac{0.25}{\lambda} f_a A_{a1} + \frac{0.5}{\lambda - 0.5} f_{sp} A_{sp}\right) \tag{11.4.12-5}$$

式中：V——钢板混凝土剪力墙截面承受的剪力设计值；

V_{cw}——仅考虑钢筋混凝土截面承担的剪力设计值；

λ——计算截面的剪跨比。当 $\lambda<1.5$ 时，取 $\lambda=1.5$，当 $\lambda>2.2$ 时，取 $\lambda=2.2$；当计算截面与墙底之间的距离小于 $0.5h_{w0}$ 时，λ 应按距离墙底 $0.5h_{w0}$ 处的弯矩值与剪力值计算；

f_a——剪力墙端部暗柱中所配型钢的抗压强度设计值；

A_{a1}——剪力墙一端所配型钢的截面面积，当两端所配型钢截面面积不同时，取较小一端的面积；

f_{sp}——剪力墙墙身所配钢板的抗压强度设计值；

A_{sp}——剪力墙墙身所配钢板的横截面面积。

（2）受剪承载力计算

11.4.13 钢板混凝土剪力墙偏心受压时的斜截面受剪承载力，应按下列公式进行验算：

1 持久、短暂设计状况

$$V \leqslant \frac{1}{\lambda - 0.5}\left(0.5 f_t b_w h_{w0} + 0.13 N \frac{A_w}{A}\right) + f_{yv} \frac{A_{sh}}{s} h_{w0} + \frac{0.3}{\lambda} f_a A_{a1} + \frac{0.6}{\lambda - 0.5} f_{sp} A_{sp} \tag{11.4.13-1}$$

2 地震设计状况

$$V \leqslant \frac{1}{\gamma_{RE}}\left[\frac{1}{\lambda - 0.5}\left(0.4 f_t b_w h_{w0} + 0.1 N \frac{A_w}{A}\right) + 0.8 f_{yv} \frac{A_{sh}}{s} h_{w0} + \frac{0.25}{\lambda} f_a A_{a1} + \frac{0.5}{\lambda - 0.5} f_{sp} A_{sp}\right] \tag{11.4.13-2}$$

式中：N——剪力墙承受的轴向压力设计值，当大于 $0.2 f_c b_w h_w$ 时，取为 $0.2 f_c b_w h_w$。

九、钢支撑-混凝土框架

图 4.7.9-1，混凝土框架中设置钢支撑形成钢支撑-混凝土框架，这种结构形式比混凝土框架的抗侧刚度大、最大适用高度更高；比混凝土框架-剪力墙结构的剪力墙布置更灵活，自重更轻。钢支撑-混凝土框架也可用于混凝土框架结构加固工程，增强原框架结构的抗震性能。钢支撑-混凝土框架结构适用于超过混凝土框架结构适用高度的商场、办公楼，新增结构，既有混凝土框架结构的加固。

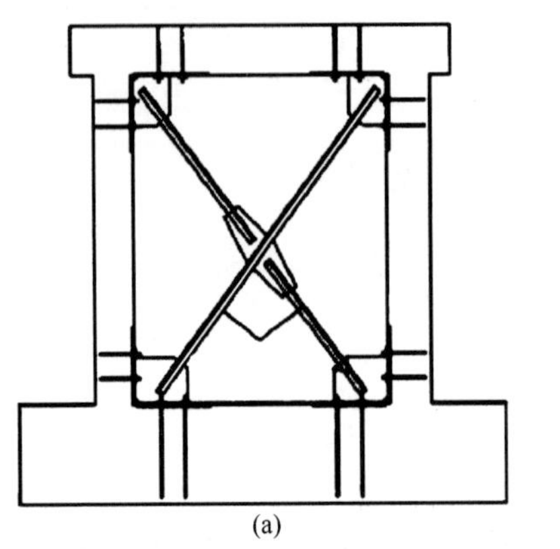

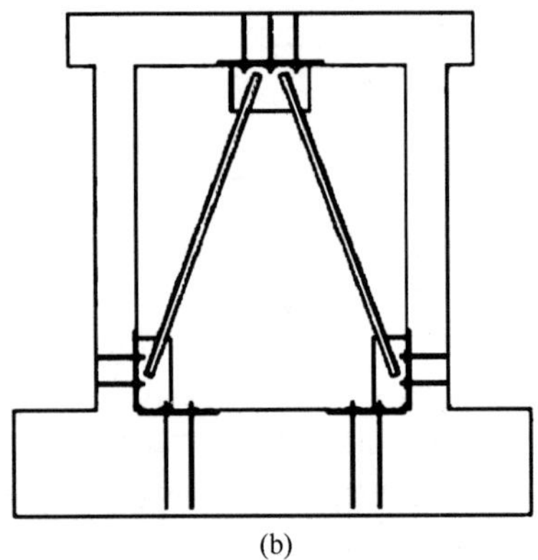

图 4.7.9-1 钢支撑-混凝土框架结构中的钢支撑框架部分
（a）十字交叉支撑；（b）人字支撑

《抗震》规定

G.1.1 抗震设防烈度为 6～8 度且房屋超过本规范第 6.1.1 条规定的钢筋混凝土框架结构最大适用高度时，可采用钢支撑-混凝土框架组成的抗侧力体系和结构。

1. 房屋适用高度

《抗震》规定

G.1.1 按本节要求进行抗震设计时，其适用的最大高度不宜超过本规范 6.1.1 条钢筋混凝土框架结构和框架-抗震墙结构二者最大适用高度的平均值。超过最大适用高度的房屋，应进行专门研究和论证，采取有效的加强措施。

6.1.1 本章适用的现浇钢筋混凝土房屋的结构类型和最大高度应符合表 6.1.1 的要求。平面和竖向均不规则的结构，适用的最大高度宜适当降低。

现浇钢筋混凝土房屋适用的最大高度（mm） **表 6.1.1**

结构类型	烈度				
	6	7	8（0.20g）	8（0.30g）	9
框架	60	50	40	35	24
框架-抗震墙	130	120	100	80	50

根据 G.1.1 条，6～8 度时可采用钢支撑-混凝土框架结构，房屋适用的最大高度可总结为表 4.7.9-1

钢支撑-混凝土框架结构房屋适用的最大高度（mm） **表 4.7.9-1**

结构类型	烈度			
	8（0.30g）	6	7	8（0.20g）
钢支撑-混凝土框架	95	85	70	58

2. 抗震等级

《抗震》规定

G.1.2 钢支撑-混凝土框架结构房屋应根据设防类别、烈度和房屋高度采用不同的抗震等级，并应符合相应的计算和构造措施要求。丙类建筑的抗震等级，钢支撑框架部分应比本规范第 8.1.3 条和第 6.1.2 条框架结构的规定提高一个等级，钢筋混凝土框架部分扔按本规范第 6.1.2 条框架结构确定。

8.1.3 钢结构房屋应根据设防分类、烈度和房屋高度采用不同的抗震等级，并应符合相应的计算和构造措施要求。丙类建筑抗震等级应按表 8.1.3 确定。

钢结构房屋的抗震等级 **表 8.1.3**

房屋高度	烈度			
	6	7	8	9
≤50m		四	三	二
>50m	四	三	二	一

注：1 高度接近或等于高度分界时，应允许结合房屋不规则程度和场地、地基条件确定抗震等级；
2 一般情况，构件的抗震等级应与结构相同；当某个部位各构件的承载力均满足 2 倍地震作用组合下的内力要求时，7～9 度的构件抗震等级应允许按将第一度确定。

6.1.2 钢筋混凝土房屋应根据设防类别、烈度、结构类型和房屋高度采用不同的抗震等级，并应符合相应的计算和构造措施要求。丙类建筑的抗震等级应按表 6.1.2 确定。

现浇钢筋混凝土房屋的抗震等级 **表 6.1.2**

结构类型		设防烈度						
		6		7		8		9
框架结构	高度（m）	≤24	>24	≤24	>24	≤24	>24	≤24
	框架	四	三	三	二	二	一	一
	大跨度框架	三		二		一		一

注：1 建筑场地为Ⅰ类时，除 6 度外应允许按表内降低一度所对应的抗震等级采取抗震构造措施，但相应的计算要求不应降低；
2 大跨度框架指跨度不小于 18m 的框架。

由 G.1.2 条可知，钢支撑-混凝土框架结构的钢筋混凝土框架部分按 6.1.2 条框架结构确定抗震等级；图 4.7.8-1 钢支撑框架部分中的钢支撑和混凝土框架，应按钢结构和混凝土框架结构分别确定抗震等级，再提高一级，这部分规定可用表 4.7.9-2 表示。

钢支撑框架抗震等级 **表 4.7.9-2**

结构类型			设防烈度					
			6		7		8	
钢支撑框架	钢支撑	高度（m）	≤50	>50	≤50	>50	≤50	>50
		抗震等级		三	三	二	二	一
	混凝土框架	高度（m）	≤24	>24	≤24	>24	≤24	>24
		框架	三	二	二	一	一	特一
		大跨度框架	二		一		特一	

注：1 钢支撑——一般情况，构件的抗震等级应与结构相同；当某个部位各构件的承载力均满足 2 倍地震作用组合下的内力要求时，7～9 度的构件抗震等级应允许按将第一度确定。
2 混凝土框架——建筑场地为Ⅰ类时，除 6 度外应允许按表内降低一度所对应的抗震等级采取抗震构造措施，但相应的计算要求不应降低。

3. 钢支撑布置

钢支撑-混凝土框架结构中支撑的作用类似混凝土框架-剪力墙结构中剪力墙的作用，因此钢支撑的布置可参照剪力墙的布置原则。

《抗震》规定

G.1.3 钢支撑-混凝土框架结构的结构布置，应符合下列要求：

1 钢支撑框架应在结构的两个主轴方向同时设置。

2 钢支撑宜上下连续布置，当受建筑方案影响无法连续布置时，宜在邻跨延续布置。

3 钢支撑宜采用交叉支撑，也可采用人字支撑或V形支撑；采用单支撑时，两个方向的斜杆应基本对称布置。

4 钢支撑在平面内的布置应避免导致扭转效应；钢支撑之间无大洞口的楼、无盖的长宽比，宜符合本规范6.1.6条对抗震墙间距的要求；楼梯间宜布置钢支撑。

6.1.6 框架-抗震墙、板柱-抗震墙结构以及框支层中，抗震墙之间无大洞口的楼、屋盖的长宽比，不宜超过表6.1.6的规定；

抗震墙之间楼盖的长宽比 **表6.1.6**

楼、屋盖类型		设防烈度		
		6	7	8
框架-抗震墙结构	现浇或叠合楼、屋盖	4	4	3
	装配整体式楼、屋盖	3	3	2

4. 双重抗侧力体系及内力调整

钢支撑是第一道防线，混凝土框架是第二道防线，第一道防线抵抗的地震倾覆力矩占比应大于50%，第二道防线应考虑不利条件下的内力调整。

《抗震》规定

G.1.3 5 底层的钢支撑框架按刚度分配的地震倾覆力矩应大于结构总地震倾覆力矩的50%。

G.1.4 4 混凝土框架部分承担的地震作用，应按框架结构和支撑框架两种模型计算，并宜取二者的较大值。

【例4.7.9-1】

某拟建12层办公楼，采用钢支撑-混凝土框架结构，房屋高度为43.3m，框架柱截面700mm×700mm，混凝土强度等级C50，抗震设防烈度为7度，丙类建筑，Ⅱ类建筑场地。在进行方案比较时，有四种支撑布置方案。假定，多遇地震作用下起控制作用的主要计算结果见表4.7.9-3。

表4.7.9-3

	M_{XF}/M（%）	M_{YF}/M（%）	N（kN）	N_G（kN）
方案A	51	52	8300	7300
方案B	46	48	8000	7200

续表

	M_{XF}/M（%）	M_{YF}/M（%）	N（kN）	N_G（kN）
方案C	52	51	8250	7250
方案D	42	43	7800	7600

M_F——底层框架部分按刚度分配的地震倾覆力矩；M——结构总地震倾覆力矩；N——普通框架柱最大轴压力设计值；N_G——支撑框架柱最大轴压力设计值。

假定该结构刚度，支撑间距等其他方面均满足规范规定，如果仅从支撑布置及柱抗震构造方面考虑，试问哪种方案最为合理？

提示：① 按《抗震》GB 5011—2010 作答；

② 柱不采取提高轴压比限制的措施。

（A）方案A　　（B）方案B

（C）方案C　　（D）方案D

【答案】（B）

【解答】（1）G.1.3 条 5 款，钢支撑框架的地震倾覆力矩应大于总倾覆力矩的 50%。（A）、（C）错误

（2）根据 G.1.2 条，钢支撑框架部分框架柱按 6.1.2 条提高一级；普通框架部分框架柱按 6.1.2 条确定抗震等级

支撑框架柱抗震等级一级，轴压比限值 0.65，$[N_G]=0.65\times23.1\times700\times700=7357$kN，（D）错误。

普通框架柱抗震等级二级，轴压比限值 0.75，$[N]=0.75\times23.1\times700\times700=8489$kN，（B）符合。

5. 位移限值

《抗震》规定

G.1.4　4　钢支撑-混凝土框架的层间位移限值，宜按框架和框架-抗震墙结构内插。

6. 阻尼比

《抗震》规定

G.1.4　1　结构的阻尼比不应大于 0.045，也可按混凝土框架部分和钢支撑部分在结构总变形能所占的比例折算为等效阻尼比。

4.8 烟　　囱

一、安全等级和重要性系数 γ_0

《烟囱》规定

3.1.3 烟囱应根据其高度按表 3.1.3 划分安全等级。

烟囱的安全等级 **表 3.1.3**

安全等级	烟囱高度(m)
一级	≥200
二级	<200

注：对于高度小于 200m 的电厂烟囱，当单机容量大于或等于 300MW 时，其安全等级按一级确定。

3.1.5 对安全等级为一级的烟囱，烟囱的重要性系数 γ_0 不应小于 1.1。

5.2.1 基本风压应按现行国家标准《建筑结构荷载规范》GB 50009 规定的 50 年一遇的风压采用，但基本风压不得小于 0.35kN/m^2。烟囱安全等级为一级时，其计算风压应按基本风压的 1.1 倍确定。

二、烟囱承载能力极限状态设计

1. 作用效应基本组合的表达式

《烟囱》规定

3.1.4 对于持久设计状况和短暂设计状况，烟囱承载能力极限状态设计应按下列公式的最不利值确定：

$$\gamma_0\Big(\sum_{i=1}^{m}\gamma_{Gi}S_{Gik}+\gamma_{Q1}\gamma_{L1}S_{Q1k}+\sum_{j=2}^{n}\gamma_{Qj}\psi_{cj}\gamma_{Lj}S_{Qjk}\Big)\leqslant R_d \tag{3.1.4-1}$$

$$\gamma_0\Big(\sum_{i=1}^{m}\gamma_{Gi}S_{Gik}+\sum_{j=1}^{n}\gamma_{Qj}\psi_{cj}\gamma_{Lj}S_{Qjk}\Big)\leqslant R_d \tag{3.1.4-2}$$

式中：γ_0——烟囱重要性系数，按本规范第 3.1.5 条的规定采用；

γ_{Gi}——第 i 个永久作用分项系数，按本规范第 3.1.6 条的规定采用；

γ_{Q1}——第 l 个可变作用（主导可变作用）的分项系数，按本规范第 3.1.6 条的规定采用；

γ_{Qj}——第 j 个可变作用的分项系数，按本规范第 3.1.6 条的规定采用；

S_{Gik}——第 i 个永久作用标准值的效应；

S_{Q1k}——第 l 个可变作用（主导可变作用）标准值的效应；

S_{Qjk}——第 j 个可变作用标准值的效应；

ψ_{cj}——第 j 个可变作用的组合值系数，按本规范第 3.1.7 条的规定采用；

γ_{L1}、γ_{Lj}——第 1 个和第 j 个考虑烟囱设计使用年限的可变作用调整系数，按现行国家标准《建筑结构荷载规范》GB 50009 采用；

R_d——烟囱或烟囱构件的抗力设计值。

2. 作用效应基本组合的分项系数

《烟囱》规定

3.1.6 承载能力极限状态计算时，作用效应基本组合的分项系数应按表3.1.6的规定采用。

基本组合分项系数 **表3.1.6**

<table>
<tr><th rowspan="2">作用名称</th><th colspan="2">分项系数</th><th rowspan="2" colspan="2">备注</th></tr>
<tr><th>符号</th><th>数值</th></tr>
<tr><td rowspan="4">永久作用</td><td rowspan="4">γ_G</td><td>1.20</td><td>用于式(3.1.4-1)</td><td rowspan="2">其效应对承载能力不利时</td></tr>
<tr><td>1.35</td><td>用于式(3.1.4-2)</td></tr>
<tr><td>1.00</td><td>一般构件</td><td rowspan="2">其效应对承载能力有利时</td></tr>
<tr><td>0.90</td><td>抗倾覆和滑移验算</td></tr>
<tr><td>风荷载</td><td>γ_W</td><td>1.40</td><td colspan="2"></td></tr>
<tr><td>平台上活荷载</td><td>γ_L</td><td>1.40</td><td colspan="2" rowspan="2">当对结构承载力有利时取0</td></tr>
<tr><td>安装检修荷载</td><td>γ_A</td><td>1.30</td></tr>
<tr><td>环向烟气负压</td><td>γ_{CP}</td><td>1.10</td><td colspan="2">用于玻璃钢烟囱</td></tr>
<tr><td>裹冰荷载</td><td>γ_I</td><td>1.40</td><td colspan="2">—</td></tr>
<tr><td rowspan="2">温度作用</td><td rowspan="2">γ_T</td><td>1.10</td><td colspan="2">用于玻璃钢烟囱</td></tr>
<tr><td>1.00</td><td colspan="2">其他类型烟囱</td></tr>
</table>

注：用于套筒式或多管式烟囱支承平台水平构件承载力计算时，永久作用分项系数 γ_G 取1.35。

3. 作用效应基本组合的组合值系数

《烟囱》规定

3.1.7 承载能力极限状态计算时，应按表3.1.7的规定确定相应的组合值系数。

作用效应的组合情况及组合值系数 **表3.1.7**

<table>
<tr><th colspan="2" rowspan="2">作用效应的组合情况</th><th rowspan="2">第1个可变作用</th><th rowspan="2">其他可变作用</th><th colspan="5">组合值系数</th></tr>
<tr><th>ψ_{cW}</th><th>ψ_{cWa}</th><th>ψ_{cL}</th><th>ψ_{cT}</th><th>ψ_{cCP}</th></tr>
<tr><td>Ⅰ</td><td>$G+W+L$</td><td>W</td><td>M_a+L</td><td>1.00</td><td>1.00</td><td>0.70</td><td>—</td><td>—</td></tr>
<tr><td>Ⅱ</td><td>$G+A+W+L$</td><td>A</td><td>$W+M_a+L$</td><td>0.60</td><td>1.00</td><td>0.70</td><td>—</td><td>—</td></tr>
<tr><td>Ⅲ</td><td>$G+I+W+L$</td><td>I</td><td>$W+M_a+L$</td><td>0.60</td><td>1.00</td><td>0.70</td><td>—</td><td>—</td></tr>
<tr><td>Ⅳ</td><td>$G+T+W+CP$</td><td>T</td><td>$W+CP$</td><td>1.00</td><td>1.00</td><td>—</td><td>1.00</td><td>1.00</td></tr>
<tr><td>Ⅴ</td><td>$G+T+CP$</td><td>T</td><td>CP</td><td>—</td><td>—</td><td>—</td><td>1.00</td><td>1.00</td></tr>
<tr><td>Ⅵ</td><td>$G+AT+CP$</td><td>AT</td><td>CP</td><td>0.20</td><td>1.00</td><td>—</td><td>1.00</td><td>1.00</td></tr>
</table>

注：1 G表示烟囱或结构构件自重，W为风荷载，M_a为附加弯矩，A为安装荷载（包括施工吊装设备重量，起吊重量和平台上的施工荷载），I为裹冰荷载，L为平台活荷载（包括检修维护和生产操作活荷载）；T表示烟气温度作用；AT表示非正常运行烟气温度作用；CP表示环向烟气负压。组合Ⅳ、Ⅴ、Ⅵ用于自立式或悬挂式排烟内筒计算。

2 砖烟烟囱和塔架式钢烟囱可不计算附加弯矩M_a。

三、烟囱的截面抗震验算

《烟囱》规定

3.1.8 抗震设防的烟囱除应按本规范第 3.1.4 条～第 3.1.7 条极限承载能力计算外，尚应按下列公式进行截面抗震验算：

$$\gamma_{GE}S_{GE}+\gamma_{Eh}S_{Ehk}+\gamma_{Ev}S_{Evk}+\psi_{WE}\gamma_{W}S_{Wk}+\psi_{MaE}S_{MaE}\leqslant R_{d}/\gamma_{RE} \quad (3.1.8\text{-}1)$$

$$\gamma_{GE}S_{GE}+\gamma_{Eh}S_{Ehk}+\gamma_{Ev}S_{Evk}+\psi_{WE}\gamma_{W}S_{Wk}+\psi_{MaE}S_{MaE}+\psi_{cT}S_{T}\leqslant R_{d}/\gamma_{RE} \quad (3.1.8\text{-}2)$$

式中：γ_{RE}——承载力抗震调整系数，砖烟囱和玻璃钢烟囱取 1.0；钢筋混凝土烟囱取 0.9；钢烟囱取 0.8；钢塔架按本规范第 10 章规定采用；当仅计算竖向地震作用时，各类烟囱和构件均应采用 1.0；

γ_{Eh}——水平地震作用分项系数，按表 3.1.8-1 的规定采用；

γ_{Ev}——竖向地震作用分项系数，按表 3.1.8-1 的规定采用；

S_{Ehk}——水平地震作用标准值的效应，按本规范第 5.5 节的规定进行计算；

S_{Evk}——竖向地震作用标准值的效应，按本规范第 5.5 节的规定进行计算；

S_{Wk}——风荷载标准值作用效应；

S_{MaE}——由地震作用、风荷载、日照和基础倾斜引起的附加弯矩效应，按本规范第 7.2 节的规定计算；

S_{GE}——重力荷载代表值的效应，重力荷载代表值取烟囱及其构配件自重标准值和各层平台活荷载组合值之和。活荷载的组合值系数，应按表 3.1.8-2 的规定采用；

S_{T}——烟气温度作用效应；

γ_{w}——风荷载分项系数，按本规范表 3.1.6 的规定采用；

ψ_{WE}——风荷载的组合值系数，取 0.20；

ψ_{MaE}——由地震作用、风荷载、日照和基础倾斜引起的附加弯矩组合值系数，取 1.0；

ψ_{cT}——温度作用组合系数，取 1.0；

γ_{GE}——重力荷载分项系数，一般情况应取 1.2，当重力荷载对烟囱承载能力有利时，不应大于 1.0。

地震作用分项系数 **表 3.1.8-1**

地震作用		γ_{Eh}	γ_{Ev}
仅计算水平地震作用		1.3	0
仅计算竖向地震作用		0	1.3
同时计算水平和竖向地震作用	水平地震作用为主时	1.3	0.5
	竖向地震作用为主时	0.5	1.3

计算重力荷载代表值时活荷载组合值系数 **表 3.1.8-2**

活荷载种类		组合值系数
积灰荷载		0.9
筒壁顶部平台活荷载		不计入
其余各层平台	按实际情况计算的平台活荷载	1.0
	按等效均布荷载计算的平台活荷载	0.2

【例 4.8.3-1】

某环形截面钢筋混凝土烟囱。如图 4.8.3-1 所示，抗震设防烈度为 8 度，已知，烟囱底部（基础顶面处）

由风荷载标准值产生的弯矩 $M_{\mathrm{Wk}}=11000\mathrm{kN \cdot m}$，

由水平地震作用标准值产生的弯矩 $M_{\mathrm{Ehk}}=18000\mathrm{kN \cdot m}$，

由地震作用、风荷载、日照和基础倾斜引起的附加弯矩 $M_{\mathrm{MaE}}=1800\mathrm{kN \cdot m}$。

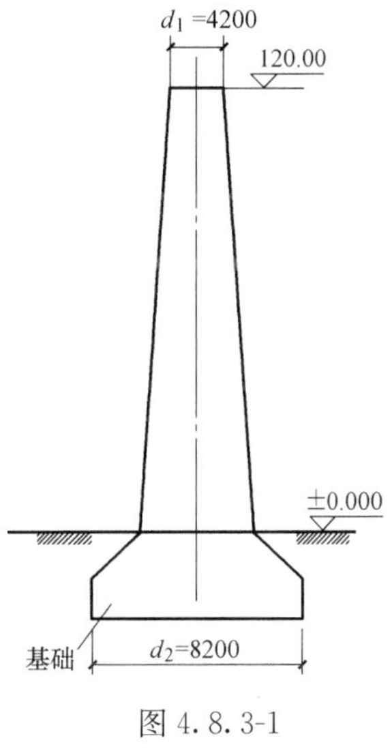

图 4.8.3-1

试问，烟囱底部截面进行抗震极限承载力设计时，烟囱抗弯承载力设计值最小值 R_{d}（kN·m），与下列何项数值最为接近？

（A）28200　　（B）25500

（C）25000　　（D）22500

【答案】（B）

【解答】根据《烟囱》3.1.8 条式（3.1.8-1），

$\gamma_{\mathrm{GE}}S_{\mathrm{GE}}+\gamma_{\mathrm{Eh}}S_{\mathrm{Ehk}}+\gamma_{\mathrm{Ev}}S_{\mathrm{Evk}}+\psi_{\mathrm{WE}}\gamma_{\mathrm{W}}S_{\mathrm{Wk}}+\psi_{\mathrm{MaE}}S_{\mathrm{MaE}}\leqslant R_{\mathrm{d}}/\gamma_{\mathrm{RE}}$。

由题意知：$M_{\mathrm{Ehk}}=18000\mathrm{kN \cdot m}$

$M_{\mathrm{Wk}}=11000\mathrm{kN \cdot m}$

$M_{\mathrm{MaE}}=1800\mathrm{kN \cdot m}$

根据《烟囱》表 3.1.6 $\gamma_{\mathrm{W}}=1.4$

根据《烟囱》表 3.1.8-1 $\gamma_{\mathrm{Eh}}=1.3$

根据《烟囱》3.1.8 条，$\gamma_{\mathrm{RE}}=0.9$，$\psi_{\mathrm{WE}}=0.2$，$\psi_{\mathrm{MaE}}=1.0$

代入《烟囱》式（3.1.8-1）

$\gamma_{\mathrm{Eh}}M_{\mathrm{Ehk}}+\psi_{\mathrm{WE}}\gamma_{\mathrm{w}}M_{\mathrm{wk}}+\psi_{\mathrm{MaE}}M_{\mathrm{MaE}}\leqslant R_{\mathrm{d}}/\gamma_{\mathrm{RE}}$

$1.3\times18000+0.2\times1.4\times11000+1.0\times1800=R_{\mathrm{d}}/0.9$

$23400+3080+1800=R_{\mathrm{d}}/0.9$

$R_{\mathrm{d}}=25452\mathrm{kN \cdot m}$，选（B）。

四、烟囱的横风向风振验算

《烟囱》规定

5.2.1 基本风压应按现行国家标准《建筑结构荷载规范》GB 50009 规定的 50 年一遇的风压采用，但基本风压不得小于 0.35kN/m²。烟囱安全等级为一级时，其计算风压应按基本风压的 1.1 倍确定。

5.2.4 对于圆形钢筋混凝土烟囱，当其坡度小于或等于 2%时，应根据雷诺数的不同情况进行横风向风振验算；并应符合下列规定：

1 用于横风向风振验算的雷诺数 Re、临界风速和烟囱顶部风速，应分别按下列公式计算：

$$Re=69000vd \tag{5.2.4-1}$$

$$v_{\mathrm{cr},j}=\frac{d}{S_{\mathrm{t}}\times T_j} \tag{5.2.4-2}$$

$$v_{\mathrm{H}}=40\sqrt{\mu_{\mathrm{H}}w_0} \tag{5.2.4-3}$$

式中 $v_{\mathrm{cr},j}$——第 j 振型临界风速（m/s）；

v_{H}——烟囱顶部 H 处风速（m/s）；

v——计算高度处风速（m/s），计算烟囱筒身风振时，可取 $v=v_{\mathrm{cr},j}$；

d——圆形杆件外径（m），计算烟囱筒身时，可取烟囱 2/3 高度处外径；

S_{t}——斯脱罗哈数，圆形截面结构的取值范围为 0.2～0.3；

T_j——结构的第 j 振型自振周期（s）；

μ_{H}——烟囱顶部 H 处风压高度变化系数；

w_0——基本风压（kN/m²）。

2 当 $Re<3\times10^5$，且 $v_{\mathrm{H}}>v_{\mathrm{cr},j}$ 时，钢筋混凝土烟囱可不计算亚临界横风向共振荷载。

3 当 $Re\geqslant3.5\times10^6$，且 $1.2v_{\mathrm{H}}>v_{\mathrm{cr},j}$ 时，应验算其共振响应。

4 当雷诺数为 $3\times10^5\leqslant Re\leqslant3.5\times10^6$ 时，可不计算横风向共振荷载。

5.2.5 在验算横风向共振时，应计算风速小于基本设计风压工况下可能发生的最不利共振响应。

5.2.6 当烟囱发生横风向共振时，可将横风向共振荷载效应 S_{C} 与对应风速下顺风向荷载效应 S_{A} 按下式进行组合：

$$S=\sqrt{S_{\mathrm{C}}^2+S_{\mathrm{A}}^2} \tag{5.2.6}$$

【例 4.8.4-1】

某环形截面钢筋混凝土烟囱，建于非地震区，如图 4.8.4-1 所示，烟囱基本自振周期 $T_1=2.5$s。如果斯脱罗哈数 $S_{\mathrm{t}}=0.2$，烟囱承载能力极限状态设计时，风荷载按下列何项考虑?

提示：假定烟囱第 2 及以上振型，不出现跨临界的强风共振。

(A) 由顺风向荷载效应控制，可忽略横风向风荷载效应

(B) 由横风向风荷载效应控制，可忽略顺风向风荷载效应

(C) 取顺风向风荷载效应与横风向风荷载效应之较大者

(D) 取顺风向风荷载效应与横风向风荷载效应组合值 $\sqrt{S_{\mathrm{A}}^2+S_{\mathrm{C}}^2}$

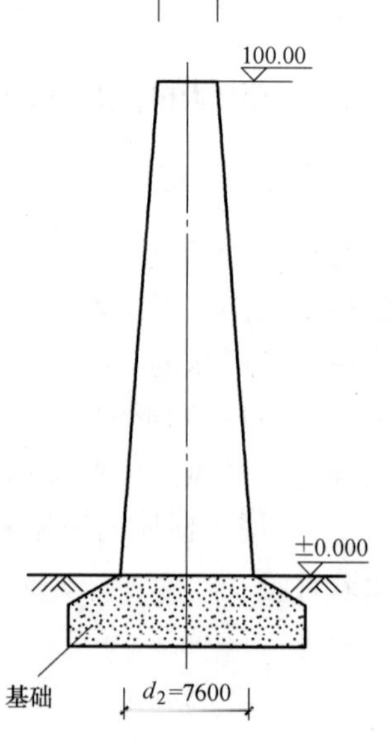

图 4.8.4-1

【答案】(A)

【解答】

(1) 烟囱的坡度：$\dfrac{(7.6-3.6)/2}{100}=0.02$，

根据《烟囱》5.2.4 条，当烟囱坡度≤2%时，对于钢筋混凝土烟囱应验算横风向风振影响。

（2）根据《烟囱》5.2.4条1款，计算烟囱筒身时，圆形杆件外径 d 可取烟囱2/3高度处外径；

$$d=3.6+\frac{2}{3}\times100\times0.02=4.93\text{m}。$$

（3）根据《烟囱》5.2.4条式（5.2.4-2）计算高度处风速 v，

$$v=v_{\text{cr},j}=\frac{d}{S_t\times T_j}=\frac{4.93}{0.2\times2.5}=9.86\text{m/s}。$$

（4）根据《烟囱》5.2.4条式（5.2.4-1）计算雷诺数，

$$Re=69000v_d=69000\times9.86\times4.93=3.35\times10^6。$$

（5）根据《烟囱》5.2.4条4款，当雷诺数为 $3\times10^5\leqslant Re<3.5\times10^6$ 时，可不计算横风向共振荷载。（A）正确。

五、地震作用

1. 烟囱的水平地震作用标准值

《烟囱》规定

> **5.5.1** 烟囱抗震验算应符合下列规定：
>
> 1 本规范未作规定的均应按现行国家标准《建筑抗震设计规范》GB 50011的有关规定执行。
>
> 2 在地震作用计算时，钢筋混凝土烟囱的结构阻尼比可取0.05。
>
> **5.5.3** 下列烟囱可不进行截面抗震验算，但应满足抗震构造要求：
>
> 1 抗震设防烈度为7度时Ⅰ、Ⅱ类场地，且基本风压 $w_0\geqslant0.5\text{kN/m}^2$ 的钢筋混凝土烟囱。
>
> **5.5.4** 水平地震作用可按现行国家标准《建筑抗震设计规范》GB 50011规定的振型分解反应谱法进行计算。高度不超过150m时，可计算前3个振型组合；高度超过150m时，可计算前3个～5个振型组合；高度大于200m时，计算的振型数量不应少于5个。

【例4.8.5-1】烟囱的地震作用计算（振型分解法）

条件：图4.8.5-1a表示一座 H=180m的钢筋混凝土烟囱。其抗震设防烈度为8度、设计地震分组为第二组，建于Ⅱ类场地上。烟囱各质点的重力荷载代表值如图4.8.5-1b所示，烟囱的自振周期 T_1=2.75s，T_2—0.91s；烟囱的第一、第二振型如图4.8.5-1c、d所示。

要求：求水平地震作用下烟囱的基底剪力和弯矩设计值（近似取两个振型）。

【解答】根据《烟囱》5.5.4条应采用振型分解法。实际设计时宜取3～5个振型，此处为减少工作量，选用第一、第二两个振型以说明解题方法。

根据《烟囱》5.5.1条，取阻尼比 ζ=0.05。

（1）第一振型

$$\alpha_{\max}=0.16, T_g=0.4\text{s},$$

因 ζ=0.05，所以取 η_1=0.02，η_2=1.0，γ=0.9

因 $T_1=2.75\text{s}>5T_g=2.0\text{s}$，则 $\alpha_1=[\eta_2 0.2^\gamma-\eta_l(T-5T_g)]\alpha_{\max}=[1\times0.2^{0.9}-0.02\times(2.75-2.00)]\times0.16=0.0352$（《抗震》5.1.5）条。

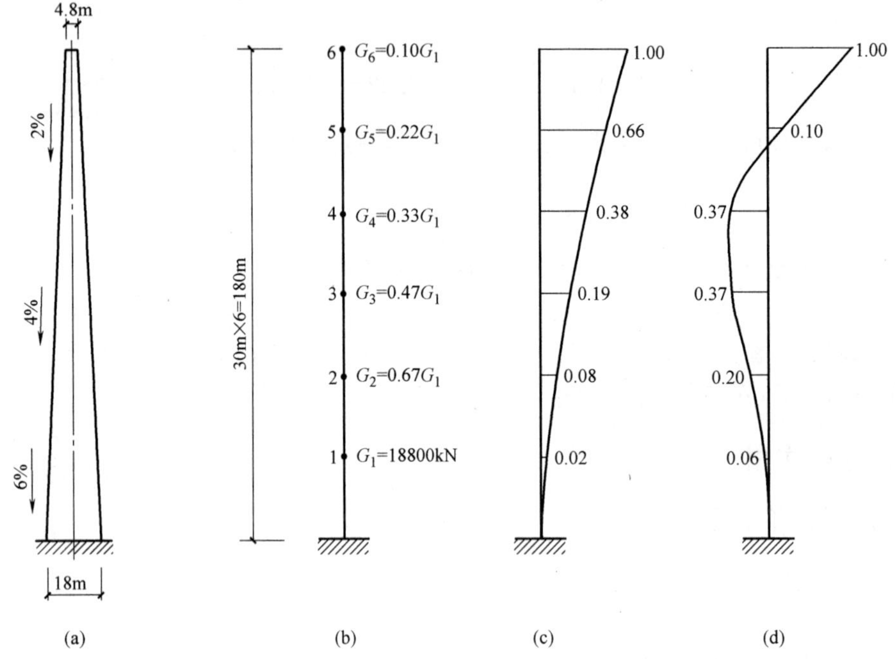

图 4.8.5-1

振型参与系数

$$\gamma_1 = \sum_{i=1}^{6} x_{1i} G_i / \sum_{i=1}^{6} x_{1i}^2 G_i$$

$$= \frac{0.02\times1.0+0.08\times0.67+0.19\times0.47+0.38\times0.33+0.66\times0.22+1.0\times0.10}{0.02^2\times1.0+0.08^2\times0.67+0.19^2\times0.47+0.38^2\times0.33+0.66^2\times0.22+1.0^2\times0.10}$$

$=0.5335/0.2651$

$=2.012$。

$$F_{1i}=\alpha_1\gamma_1 x_{1i} G_i$$

$$\alpha_1\gamma_1=0.0352\times2.012=0.0708$$

$$F_{11}=0.0708\times0.02\times1.00G_1=0.0014G_1$$

$$F_{12}=0.0708\times0.08\times0.67G_1=0.0038G_1$$

$$F_{13}=0.0708\times0.19\times0.47G_1=0.0063G_1$$

$$F_{14}=0.0708\times0.38\times0.33G_1=0.0089G_1$$

$$F_{15}=0.0708\times0.66\times0.22G_1=0.0103G_1$$

$$F_{16}=0.0708\times1.00\times0.10G_1=0.0071G_1$$

$$\sum_{i=1}^{6} F_{1i} = 0.0378G_1=0.0378\times18800\text{kN}\approx710\text{kN}$$

$$V_{10} = \sum_{i=1}^{6} F_{1i} = 710\text{kN}$$

$$M_{10}=\sum_{i=1}^{6}F_{1i}H_i$$

$$=0.0014G_1\times30+0.0038G_1\times60+0.0063G_1\times90+0.0089G_1\times120+0.0103G_1\times150+0.0071G_1\times180$$

$$=4.728G_1=4.728\times18800=88886\text{kN}\cdot\text{m}。$$

（2）第二振型：$T_2=0.91\text{s}<5T_g=2.0\text{s}$

$$\alpha_2=\left(\frac{T_g}{T_2}\right)^{0.9}\eta_2\alpha\max=\left(\frac{0.40}{0.91}\right)^{0.9}\times1.0\times0.16$$

$$=0.477\times0.16=0.076。$$

$$\gamma_2=\sum_{i=1}^{6}x_{2i}G_i/\sum_{i=1}^{6}x_{?i}^2G_i$$

$$=\frac{-0.06\times1.0-0.20\times0.67-0.37\times0.47-0.37\times0.33+0.10\times0.22+1.00\times0.10}{(-0.06)^2\times1.0+(-0.20)^2\times0.67+(-0.37)^2\times0.47+(-0.37)^2\times0.33+0.10^2\times0.22+1.00^2\times0.10}$$

$$=-0.3680/0.2421$$

$$=-1.520$$

$$F_{2i}=\alpha_2\gamma_2x_{2i}G_i$$

$$\alpha_2\gamma_2=0.076\times(-1.520)=-0.116$$

$$F_{21}=-0.116\times(-0.06)\times1.00G_1=0.0070G_1$$

$$F_{22}=-0.116\times(-0.20)\times0.67G_1=0.0155G_1$$

$$F_{23}=-0.116\times(-0.37)\times0.47G_1=0.0202G_1$$

$$F_{24}=-0.116\times(-0.37)\times0.33G_1=0.0142G_1$$

$$F_{25}=-0.116\times0.10\times0.22G_1=-0.0026G_1$$

$$F_{26}=-0.116\times1.00\times0.10G_1=-0.0116G_1$$

$$\sum_{i=1}^{6}F_{2i}=0.0427G_1=803\text{kN}$$

$$V_{20}=\sum_{i=1}^{6}F_{2i}=803\text{kN}$$

$$M_{20}=\sum_{i=1}^{6}F_{2i}H_i$$

$$=0.0070G_1\times30+0.0155G_1\times60+0.0202G_1\times90+0.0142G_1\times120+(-0.0026G_1)\times150+(-0.0116G_1)\times180$$

$$=2.184G_1=2.184\times18800$$

$$=41059\text{kN}\cdot\text{m}$$

（3）水平地震作用下烟囱的基底剪力和弯矩

标准值：$V_{0k}=\sqrt{V_{10}^2+V_{20}^2}=1072\text{kN}$，$M_{0k}=\sqrt{M_{10}^2+M_{20}^2}=97911\text{kN}\cdot\text{m}$

设计值：$V_0=\gamma_{ek}V_{0k}=1.3\times1072=1394\text{kN}$，$M_0=\gamma_{ck}M_{0k}=1.3\times97911=127284\text{kN}\cdot\text{m}$。

2. 烟囱的竖向地震作用标准值

《烟囱》规定

5.5.1 烟囱抗震验算应符合下列规定：

3 抗震设防烈度为6度和7度时，可不计算竖向地震作用；8度和9度时，应计算竖向地震作用。

5.5.5 烟囱竖向地震作用标准值可按下列公式计算：

1 烟囱根部的竖向地震作用可按下式计算：

$$F_{\mathrm{Ev0}}=\pm 0.75\alpha_{\mathrm{vmax}}G_{\mathrm{E}} \tag{5.5.5-1}$$

式中：G_{E}——基础顶面以上的烟囱总重力荷载代表值（kN），取烟囱总重力荷载标准值与各层平台活荷载组合值之和，活荷载组合值系数按本规范表3.1.8-2的规定采用；

$\alpha_{\max}$——竖向地震影响系数最大值，按现行国家标准《建筑抗震设计规范》GB 50011的规定，取水平地震影响系数最大值的65%。

【例4.8.5-2】

某环形截面钢筋混凝土烟囱。如图4.8.5-2所示，抗震设防烈度为8度，设计基本地震加速度为0.2g，设计地震分组为第一组，场地类别为Ⅱ类，基本风压$w_0=0.4\mathrm{kN/m^2}$，烟囱基础顶面以上总重力荷载代表值为15000kN，烟囱基本自振周期为$T_1=2.5\mathrm{s}$。

烟囱底部（基础顶面处）截面筒壁竖向配筋设计时，需要考虑地震作用并按大、小偏心包络设计，已知，

小偏心受压时重力荷载代表值的轴压力对烟囱承载能力不利，

大偏心受压时重力荷载代表值的轴压力对烟囱承载能力有利。

假定，小偏心受压时轴压力设计值为N_1（kN），

大偏心受压时轴压力设计值为N_2（kN），

试问，N_1、N_2与下列何项数值最为接近？

(A) 18000、15660　　(B) 20340、15660

(C) 18900、12660　　(D) 19500、13500

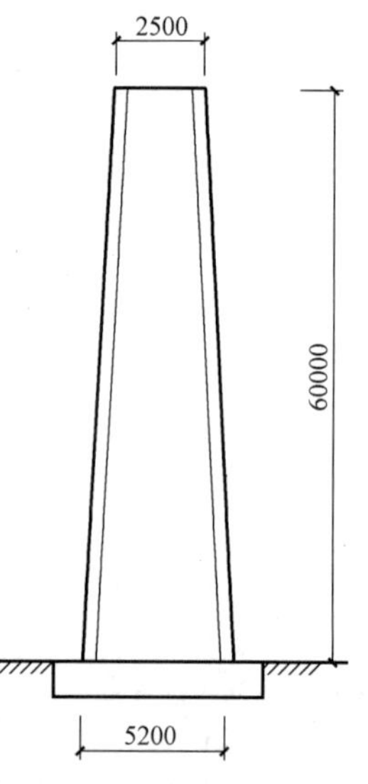

图4.8.5-2

【答案】(D)

【解答】(1) 根据《烟囱》5.5.1条3款，8度应计算竖向地震作用。

(2) 根据《抗震》表5.1.4-1，当抗震设防烈度为8度，设计基本地震加速度为0.2g，自振周期$T_1=2.5\mathrm{s}$时。水平地震影响系数最大值为0.16。

(3) 根据《烟囱》5.5.5条，竖向地震影响系数最大值$\alpha_{\max}=0.65\times0.16=0.104$。

(4) 由题意得基础顶面以上的烟囱总重力荷载代表值$G_{\mathrm{E}}=15000\mathrm{kN}$，

根据《烟囱》式(5.5.5-1)得烟囱根部的竖向地震作用

$$F_{\mathrm{Ev0}}=\pm 0.75\alpha_{\mathrm{vmax}}G_{\mathrm{E}}$$
$$=\pm 0.75\times0.104\times15000=\pm 1170\mathrm{kN}。$$

(5) 已知：$N_{\mathrm{GE}}=15000\mathrm{kN}$，$N_{\mathrm{Evk}}=F_{\mathrm{Ev0}}=\pm 1170\mathrm{kN}$

根据《烟囱》3.1.8 条式（3.1.8-1），

$$\gamma_{GE}S_{GE}+\gamma_{Eh}S_{Ehk}+\gamma_{Ev}S_{Evk}+\psi_{WE}\gamma_{W}S_{Wk}+\psi_{WaE}S_{MaE}\leqslant R_{d}/\gamma_{RE}$$

$$\gamma_{GE}N_{GE}+\gamma_{Ev}N_{Evk}\leqslant R_{d}/\gamma_{R}$$

根据《烟囱》表 3.1.8-1，仅计算竖向地震作用时 $\gamma_{EV}=1.3$

根据《烟囱》3.1.8 条，一般情况 $\gamma_{GE}=1.2$，当重力荷载对烟囱承载能力有利时，$\gamma_{GE}=1.0$。

(6) 小偏心受压时重力荷载代表值的轴压力对烟囱承载能力不利，$\gamma_{GE}=1.2$

$\gamma_{GE}N_{GE}+\gamma_{Ev}N_{Evk}=1.2\times15000+1.3\times1170=18000+1521=19521\text{kN}$。

(7) 大偏心受压时重力荷载代表值的轴压力对烟囱承载能力有利，$\gamma_{GE}=1.0$。

$\gamma_{GE}N_{GE}+\gamma_{Ev}N_{Evk}=1.0\times15000-1.3\times1170=15000-1521=13479\text{kN}$

选（D）。

执业资格考试丛书

一级注册结构工程师专业考试复习教程

下

施岚青　主　编
陈　嵘　副主编

中国建筑工业出版社

目　录

上

下

第 5 章　钢　结　构

5.1　基 本 设 计 规 定

一、钢材的主要力学性能

钢材的主要性能包括力学性能和工艺性能。力学性能指承受外力和作用的能力，工艺性能指经受冷加工、热加工和焊接时的性能表现。

最主要的力学性能指标是：屈服强度 f_y，抗拉强度 f_u，伸长率 δ 和断面收缩率 ψ。

1）屈服强度 f_y，抗拉强度 f_u

在图 5.1.1-1 的应力-应变曲线图上列出了屈服强度 f_y 和抗拉强度 f_u 的位置。

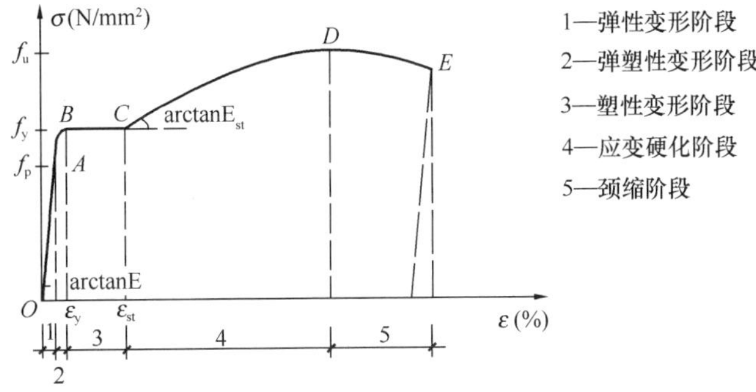

图 5.1.1-1　应力-应变曲线

①屈服强度 f_y 是指试件开始屈服时的应力；

②抗拉强度 f_u 是指应力-应变曲线最高点的应力。

f_u 与 f_y 的差值可作为构件的强度储备。

调质处理的低合金钢没有明显屈服点和塑性平台，这类钢的屈服点是以卸载后试件中残余应变为 0.2%所对应的应力人为定义的，称为名义屈服点（图 5.1.1-2）。

2）伸长率 δ 是以试件破坏后在标定长度内的残余应变表示，是衡量钢材断裂前所具有的塑性变形能力的指标。

$$\delta=\frac{l-l_0}{l_0}\times 100\% \tag{5.1.1-1}$$

式中 l_0 和 l 为试件拉伸前和拉断后的标距，取圆试件直径的 5 倍或 10 倍为标定长度，其相应伸长率分别用 δ_5 或 δ_{10} 表示，同一钢材的 δ_5 大于 δ_{10}。

3）断面收缩率 ψ 这是钢材塑性性能的另一个指标，是指试件横断面面积在试验前后的相对减缩，即

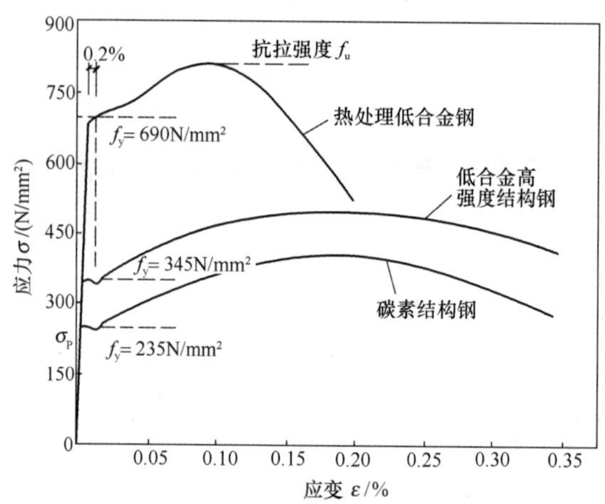

图 5.1.1-2

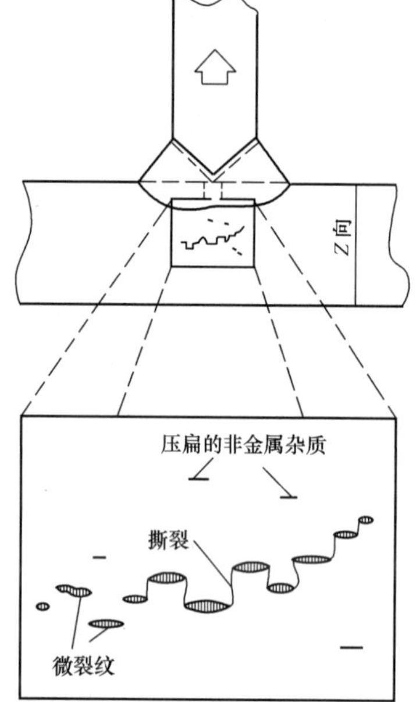

图 5.1.1-3　厚钢板的层状撕裂

$$\psi = \frac{A_0 - A}{A_0} \times 100\% \qquad (5.1.1\text{-}2)$$

式中 A_0 和 A 为试件试验前的横截面面积和试件拉断后断口处的横截面面积。ψ 越大，塑性越好。

在焊接承重结构中，当钢板或型钢的厚度较厚时，在焊接过程中或在厚度方向受拉力作用时，在厚度中部会产生与厚度方向垂直的裂纹，这种现象称为层状撕裂（图 5.1.1-3）。防止钢材的层状撕裂要采用厚度方向性能钢材。在国家标准《厚度方向性能钢板》GB/T 5313—2010 中，使用沿厚度方向的标准拉伸试件的断面收缩率来定义 Z 向钢的种类，如 ψ 分别大于或等于 15%、25%、35%时，为 Z15、Z25、Z35 钢。同时，严格控制含硫量，三个级别钢板的含硫量分别不大于 0.01%、0.007%和 0.005%。

《钢标》4.1.2 条规定

4.1.2　焊接承重结构为防止钢材的层状撕裂而采用 Z 向钢时，其质量应符合现行国家标准《厚度方向性能钢板》GB/T 5313 的规定。

4.3.5　在 T 形、十字形和角形焊接的连接节点中，当其板件厚度不小于 40mm 且沿板厚方向有较高撕裂拉力作用，包括较高约束拉力应力作用时，该部位板件钢材宜具有厚度方向抗撕裂性能及 Z 向性能的合格保证，其沿厚度方向断面收缩率不小于按现行国家标准《厚度方向性能钢板》GB/T 5313 规定的 Z15 级允许限值。钢板厚度方向承载性能等级应根据节点形式、板厚、熔深或焊缝尺寸、焊接时节点拘束度以及预热、后热情况等综合确定。

《高钢规》4.1.5 条规定

> **4.1.5** 焊接节点区 T 形或十字形焊接接头中的钢板，当板厚不小于 40mm 且沿板厚方向承受较大拉力作用（含较高焊接约束拉应力作用）时，该部分钢板应具有厚度方向抗撕裂性能（Z 方向性能）的合格保证。其沿板厚方向的断面收缩率不应小于现行国家标准《厚度方向性能钢板》GB/T 5313 规定的 Z15 级允许限值。

【例 5.1.1-1】北方地区某高层钢结构建筑，其 1-10 层外框柱采用焊接箱形截面，板厚为 60～80mm，工作温度低于－20℃，初步确定选用 Q345 国产钢材。试问，以下何种质量等级的钢材是最合适的选择？

提示："GJ"代表高性能建筑结构用钢。

(A) Q345D　　(B) Q345GJC　　(C) Q345GJD—Z15　(D) Q345G

【答案】(C)

【解答】根据《钢标》第 4.1.2 条、4.3.5 条及《高钢规》JGJ 99—2015 第 4.1.5 条。

二、钢材的分类及选用原则

1. 钢材的分类

钢结构中常用的只是碳素结构钢和低合金高强度结构钢中的几个牌号以及性能较优的几类专用结构钢（如桥梁用钢、耐候钢及高层建筑结构用钢等）。对用于紧固件的螺栓及焊接材料类用钢，还有其他工艺要求。

钢材的牌号简称为钢号。下面分别介绍碳素结构钢、低合金高强度结构钢及某些专用结构钢的钢号表示方法及所代表含义。

(1) 碳素结构钢

碳素结构钢的钢号由 4 个部分按顺序组成，它们分别是：

① 表示屈服点的字母 Q。

② 屈服强度 f_y 的数值（单位是 N/mm^2）。

③ 质量等级符号 A、B、C、D，表示钢材质量等级，其质量从前至后依次提高。A 级钢只保证抗拉强度、屈服强度、伸长率，必要时尚可附加冷弯试验的要求，化学成分对碳、锰可以不作为交货条件。B、C、D 级钢除保证抗拉强度、屈服强度、伸长率和冷弯试验合格外，还分别要求＋20℃（B 级）、0℃（C 级）、－20℃（D 级）冲击韧性值 A_{kv} 不小于 27J。

④ 脱氧方法符号 F、b、Z 和 TZ，分别表示沸腾钢、半镇静钢、镇静钢和特殊镇静钢（其中 Z 和 TZ 在钢号中可省略不写）。

Q235 属于国家标准《碳素结构钢》GB/T 700—2006，A、B 两级的脱氧方法可以是 Z、b 或 F，C 级只能是 Z，D 级且只能是 TZ。这样，其钢号表示法及代表的意义如下：

Q235-A——屈服强度为 $235N/mm^2$，A 级，镇静钢；

Q235-A・b——屈服强度为 $235N/mm^2$，A 级，半镇静钢；

Q235-A・F——屈服强度为 235 N/mm^2，A 级，沸腾钢；

Q235-B——屈服强度为 235 N/mm^2，B 级，镇静钢；

Q235-B・b——屈服强度为 235 N/mm^2，B 级，半镇静钢；

Q235-B・F——屈服强度为 235 N/mm^2，B 级，沸腾钢；

Q235-C——屈服强度为 $235N/mm^2$，C 级，镇静钢；

Q235-D——屈服强度为 235 N/mm^2，D 级，特殊镇静钢。

(2) 低合金钢

低合金钢也称低合金高强度钢，Q345、Q390 和 Q420 都属于国家标准《低合金高强度结构钢》GB/T 1591—2018。低合金是在冶炼碳素结构钢时加入一种或几种适量的合金元素而成的钢，具有较好的屈服强度和抗拉强度，也有良好的塑性和冲击韧性，尤其是低温冲击韧性，并具有耐腐蚀、耐低温的优良性能。

低合金钢钢材牌号的表示方法与碳素结构钢相似，但质量等级分为 A、B、C、D、E 五级，且无脱氧方法，例如 Q345-B，Q390-D，Q420-E。A 级钢没有冲击功要求；B、C、D 级分别要求提供+20℃、0℃、−20℃冲击韧性值 A_{kv}不小于 34J，E 级要求提供−40℃冲击韧性值 A_{kv}不小于 27J。

《钢标》4.1.1 条规定

4.1.1 钢材宜采用 Q235、Q345、Q390、Q420、Q460 和 Q345GJ 钢，其质量应分别符合现行国家标准《碳素结构钢》GB/T 700、《低合金高强度结构钢》GB/T 1591 和《建筑结构用钢板》GB/T 19879 的规定。结构用钢板、热轧工字钢、槽钢、角钢、H 型钢和钢管等型材产品的规格、外形、重量及允许偏差应符合国家现行相关标准的规定。

【例 5.1.2-1】《钢标》中推荐使用的承重结构钢材是下列哪一组？

(A) Q235、45 号钢、Q345　　(B) Q235、Q345、Q390

(C) Q235、45 号钢、Q420　　(D) Q235、35 号钢、Q390

【答案】(B)

【解答】根据《钢标》4.1.1 条的规定，(B) 正确。

(3) 优质碳素结构钢

优质碳素结构钢是碳素钢经过热处理，如调质处理和正火处理得到的，综合性能较好。它与碳素钢的主要区别在于杂质元素少，其他缺陷也受到严格限制。用于高强度螺栓的 8.8 级优质碳素钢（45 号钢）和 10.9 级低合金高强度钢的强度较高，塑性和韧性也比较优越。

标记 8.8 级螺栓小数点前后的数字分别表示螺栓材料的公称抗拉强度和屈强比，即抗拉强度达到 800MPa，屈强比为 0.8 即其屈服强度达到 800×0.8=640MPa。

(4) 耐候钢和耐火钢

在钢冶炼过程中，加入少量特定的合金元素，如铜（Cu）、铬（Cr）、镍（Ni）、钼（Mo）、铌（Nb）、钛（Ti）、锆（Zr）、钒（Q）等，使之在金属基体表面上形成保护层，以提高钢材耐大气腐蚀性能，这类钢称为耐候钢。耐候钢比碳素结构钢的力学性能高，低温冲击韧性好，冷热成型性能和可焊性也都好。

耐火钢是在钢中加入少量的贵金属钼（Mo）、铬（Cr）、铌（Nb）等，具有较好抗高温性能，特别是在高温下具有较高强度。

2. 钢材的选用原则

钢材选用的基本原则是安全、可靠、经济、合理。选择钢材时既要确定所用钢材的钢号，又要提出应有的力学性能和化学成分保证项目，它是钢结构设计的首要环节。

通常应综合考虑以下因素。

①结构的重要性。根据《建筑结构可靠性设计统一标准》GB 50068—2008 中结构破坏后的严重性，首先应判明建筑物及其构件的分类（为重要、一般还是次要）及安全等级（为一级、二级还是三级）。

②荷载的性质。要考虑结构所受荷载的特性，如是静荷还是动荷，是直接动荷还是间接动荷。

③连接方法。需考虑钢材是采用焊接连接还是非焊接连接形式，以便选择符合实际要求的钢材。

④结构的工作环境。需考虑结构的工作温度及周围环境中是否有腐蚀性介质。

⑤钢材的厚薄程度。需选用厚度较大的钢材时，应考虑其厚度方向抗撕裂性能较差的因素，从而决定是否选择 Z 向钢。

《钢标》规定

4.3.1 结构钢材的选用应遵循技术可靠、经济合理的原则，综合考虑结构的重要性、荷载特征、结构形式、应力状态、连接方法、工作环境、钢材厚度和价格等因素，选用合适的钢材牌号和材性保证项目。

4.3.2 承重结构所用的钢材应具有屈服强度、抗拉强度、断后伸长率和硫、磷含量的合格保证，对焊接结构尚应具有碳当量的合格保证。焊接承重结构以及重要的非焊接承重结构采用的钢材应具有冷弯试验的合格保证；对直接承受动力荷载或需验算疲劳的构件所用钢材尚应具有冲击韧性的合格保证。

《钢标》规定

4.3.3 钢材质量等级的选用应符合下列规定：

1 A 级钢仅可用于结构工作温度高于 0℃的不需要验算疲劳的结构，且 Q235A 钢不宜用于焊接结构。

2 需验算疲劳的焊接结构用钢材应符合下列规定：

1) 当工作温度高于 0℃时其质量等级不应低于 B 级；

2) 当工作温度不高于 0℃但高于－20℃时，Q235、Q345 钢不应低于 C 级，Q390、Q420 及 Q460 钢不应低于 D 级；

3) 当工作温度不高于－20℃时，Q235 钢和 Q345 钢不应低于 D 级，Q390 钢、Q420 钢、Q460 钢应选用 E 级。

3 需验算疲劳的非焊接结构，其钢材质量等级要求可较上述焊接结构降低一级但不应低于 B 级。吊车起重量不小于 50t 的中级工作制吊车梁，其质量等级要求应与需要验算疲劳的构件相同。

【例 5.1.2-2】 在钢结构中，其主要焊接结构不宜使用下列何项钢材。

（A）Q235A　（B）Q235B　（C）Q235C　（D）Q235D

【答案】（A）

《钢标》4.3.3 条 1 款，'Q235A 钢不宜用于焊接结构'。

4.3.4 工作温度不高于−20℃的受拉构件及承重构件的受拉板材应符合下列规定：

1 所用钢材厚度或直径不宜大于 40mm，质量等级不宜低于 C 级；

2 当钢材厚度或直径不小于 40mm 时，其质量等级不宜低于 D 级；

3 重要承重结构的受拉板材宜满足现行国家标准《建筑结构用钢板》GB/T 19879 的要求。

【例 5.1.2-3】 东北某市最低日平均温度为−35℃，建造单层工业厂房，其吊车工作级别为 A6 级，吊车梁采用焊接实腹工字形截面，假若分别采用 Q345 钢、Q390 钢，其牌号应选择下列何项?

(A) Q345-B；Q390-A　　(B) Q345-C；Q390-C

(C) Q345-D；Q390-D　　(D) Q345-D；Q390-E

【答案】(D)

《钢标》4.3.4 条，结构工作温度为−35℃，不高于−20℃，对 Q345 钢应具有−20℃冲击韧性的合格保证，应采用 Q345-D；对 Q390 钢应具有−40℃冲击韧性的合格保证，应采用 Q390-E。

试问，针对上述说法正确性的判断，下列何项正确?

(A) Ⅰ、Ⅱ、Ⅲ正确，Ⅳ、Ⅴ错误　　(B) Ⅰ、Ⅱ正确，Ⅲ、Ⅳ、Ⅴ错误

(C) Ⅳ、Ⅴ正确，Ⅰ、Ⅱ、Ⅲ错误　　(D) Ⅲ、Ⅳ、Ⅴ正确，Ⅰ、Ⅱ错误

三、强度设计指标

1. 钢材的强度设计值《钢标》规定

4.4.1 钢材的设计用强度指标，应根据钢材牌号、厚度或直径按表 4.4.1 采用。

钢材的设计用强度指标（N/mm^2）　　表 4.4.1

钢材牌号		钢材厚度或直径(mm)	强度设计值			屈服强度 f_y	抗拉强度 f_u
			抗拉、抗压、抗弯 f	抗剪 f_v	端面承压(刨平顶紧) f_{ce}		
碳素结构钢	Q235	≤16	215	125	320	235	370
		>16，≤40	205	120		225	
		>40，≤100	200	115		215	
低合金高强度结构钢	Q345	≤16	305	175	400	345	470
		>16，≤40	295	170		335	
		>40，≤63	290	165		325	
		>63，≤80	280	160		315	
		>80，≤100	270	155		305	

注：表中直径指实芯棒材直径，厚度系指计算点的钢材或钢管壁厚度，对轴心受拉和轴心受压构件系指截面中较厚板件的厚度。

【例 5.1.3-1】 确定钢材的强度设计值

条件：图 5.1.3-1 所示工形截面柱、采用 Q235 钢，承受轴心压力、整个截面的压应力是均匀的。

要求：确定钢材的强度设计值。

【答案】腹板：厚 10mm、查《钢结构设计规范》表 4.4.1-1、厚度<16mm、$f=215\text{N/mm}^2$；

翼缘：厚 20mm、查《钢结构设计规范》表 4.4.1-1、厚度 16～40mm、$f=205\text{N/mm}^2$；

根据《钢标》表 3.4.1-1 注的规定，取 $f=205\text{N/mm}^2$。

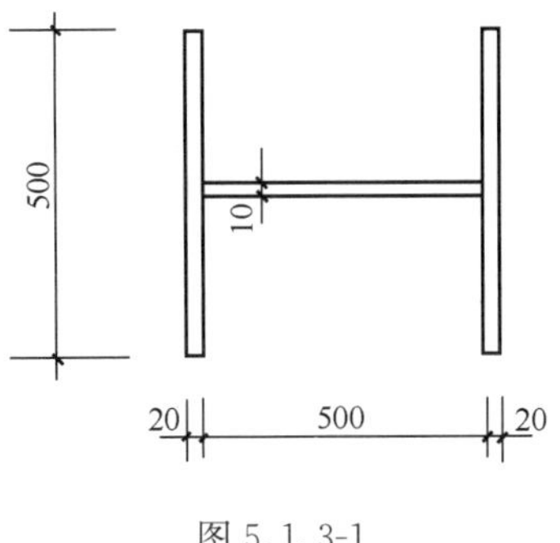

图 5.1.3-1

【例 5.1.3-2】某工字形柱采用 Q345 钢，翼缘厚度 40mm，腹板厚度 20mm。试问，作为轴心受压构件，该柱钢材的强度设计值（N/mm^2）应取下列何项数值？

(A) 295　　(B) 265　　(C) 215　　(D) 205

【答案】(B)

根据《钢标》表 4.4.1-1 及其后的注解，对轴心受力构件其钢材的强度设计值应按截面中较厚板件的厚度取值。

【例 5.1.3-3】某受弯构件采用 HN700×300×13×24，钢材为 Q235，其抗弯、抗剪强度设计值（N/mm^2）应为下列何项？

(A) 215；125　　(B) 205；120　　(C) 215；120　　(D) 205；125

【答案】(D)

根据《钢标》表 4.4.1-1 及注的规定，H 型钢抗弯计算时翼缘强度设计值值控制，翼缘 $t_2=24\text{mm}$，取 $f=205\text{N/mm}^2$；抗剪计算时以腹板强度设计值控制，$t_1=13\text{mm}$，$f_v=125\text{N/mm}^2$。

2. 焊缝的强度设计值

《钢标》规定

4.4.5 焊缝的强度指标应按表 4.4.5 采用

焊缝的强度指标（N/mm^2）　　表 4.4.5

焊接方法和焊条型号	构件钢材		对接焊缝强度设计值				角焊缝强度设计值	对接焊缝抗拉强度 f_u^w	角焊缝抗拉、抗压和抗剪强度 f_u^f
	牌号	厚度或直径（mm）	抗压 f_c^w	焊缝质量为下列等级时，抗拉 f_t^w		抗剪 f_v^w	抗拉、抗压和抗剪 f_f^w		
				一级、二级	三级				
自动焊、半自动焊和 E43 型焊条手工焊	Q235	≤16	215	215	185	125	160	415	240
		>16，≤40	205	205	175	120			
		>40，≤100	200	200	170	115			

续表

<table>
<tr><th rowspan="3">焊接方法和焊条型号</th><th colspan="2">构件钢材</th><th colspan="4">对接焊缝强度设计值</th><th>角焊缝强度设计值</th><th rowspan="3">对接焊缝抗拉强度 f_u^w</th><th rowspan="3">角焊缝抗拉、抗压和抗剪强度 f_u^f</th></tr>
<tr><th rowspan="2">牌号</th><th rowspan="2">厚度或直径（mm）</th><th rowspan="2">抗压 f_c^w</th><th colspan="2">焊缝质量为下列等级时，抗拉 f_t^w</th><th rowspan="2">抗剪 f_v^w</th><th rowspan="2">抗拉、抗压和抗剪 f_f^w</th></tr>
<tr><th>一级、二级</th><th>三级</th></tr>
<tr><td rowspan="9">自动焊、半自动焊和E50、E55型焊条手工焊</td><td rowspan="5">Q345</td><td>≤16</td><td>305</td><td>305</td><td>260</td><td>175</td><td rowspan="5">200</td><td rowspan="9">480
（E50）
540
（E55）</td><td rowspan="9">280
（E50）
315
（E55）</td></tr>
<tr><td>＞16，≤40</td><td>295</td><td>295</td><td>250</td><td>170</td></tr>
<tr><td>＞40，≤63</td><td>290</td><td>290</td><td>245</td><td>165</td></tr>
<tr><td>＞63，≤80</td><td>280</td><td>280</td><td>240</td><td>160</td></tr>
<tr><td>＞80，≤100</td><td>270</td><td>270</td><td>230</td><td>155</td></tr>
<tr><td rowspan="4">Q390</td><td>≤16</td><td>345</td><td>345</td><td>295</td><td>200</td><td rowspan="4">200
（E50）
220
（E55）</td></tr>
<tr><td>＞16，≤40</td><td>330</td><td>330</td><td>280</td><td>190</td></tr>
<tr><td>＞40，≤63</td><td>310</td><td>310</td><td>265</td><td>180</td></tr>
<tr><td>＞63，≤100</td><td>295</td><td>295</td><td>250</td><td>170</td></tr>
</table>

【例 5.1.3-4】当用手工焊接时，下列哪项提法是不妥的？

（A）当焊接结构钢材采用 Q235-B 时，应采用 E43 型焊条焊接

（B）当焊接结构钢材采用 Q345-B 时，应采用 E50 型焊条焊接

（C）在焊接结构中，当将钢材 Q235-B 与 Q345-B 焊接时，可采用 E43 型焊条

（D）在焊接结构中，当将钢材 Q235-B 与 Q345-B 焊接时，可采用 E50 型焊条

【答案】（D）

（A）符合《钢标》表 4.4.5 的规定；

（B）符合《钢标》表 4.4.5 条的规定；

（C）符合《钢标》11.1.5 条 6 款的规定；

（D）不符《钢标》11.1.5 条 6 款的规定。

11.1.5 钢结构焊接连接构造设计应符合下列规定：

6 焊缝连接宜选择等强匹配；当不同强度的钢材连接时，可采用与低强度钢材相匹配的焊接材料。

【例 5.1.3-5】关于焊缝的强度设计值，试问，下列哪一项说法是错误的？

（A）对接焊缝的强度设计值，与母材厚度有关

（B）质量等级为一级及二级的对接焊缝，其抗压、抗拉、抗剪强度设计值与母材相同

（C）角焊缝的强度设计值与母材厚度无关

(D) 角焊缝的强度设计值与焊缝质量等级有关

【答案】(D)

根据《钢标》表 4.4.5,(A)、(B)、(C) 均相符,(D) 没有相应说明。

【例 5.1.3-6】关于钢材和焊缝强度设计值的下列说法中,下列何项正确?

Ⅰ. 同一钢号不同质量等级的钢材,强度设计值相同;

Ⅱ. 同一钢号不同厚度的钢材,强度设计值相同;

Ⅲ. 对接焊缝强度设计值与母材厚度有关;

Ⅳ. 角焊缝的强度设计值与焊缝质量等级有关。

(A) Ⅱ、Ⅳ　　(B) Ⅱ、Ⅳ

(C) Ⅲ、Ⅳ　　(D) Ⅰ、Ⅲ

【答案】(D)

(1) 根据《钢标》表 4.4.1,钢材强度设计值随钢材厚度增加而降低,与工作温度和质量等级无关。

(2) 根据《钢标》表 4.4.5,对接焊缝强度设计值随母材厚度增加而降低,角焊缝的强度设计值仅与焊条型号有关。

3. 螺栓的强度设计值

《钢标》规定

4.4.6 螺栓连接的强度指标应按表 4.4.6 采用。

螺栓连接的强度指标(N/mm^2)　　表 4.4.6

螺栓的性能等级、锚栓和构件钢材的牌号		强度设计值										高强度螺栓的抗拉强度 f_u^b
		普通螺栓						锚栓	承压型连接或网架用高强度螺栓			
		C级螺栓			A级、B级螺栓							
		抗拉 f_t^b	抗剪 f_v^b	承压 f_c^b	抗拉 f_t^b	抗剪 f_v^b	承压 f_c^b	抗拉 f_t^a	抗拉 f_t^b	抗剪 f_v^b	承压 f_c^b	
普通螺栓	4.6级、4.8级	170	140	—	—	—	—	—	—	—	—	—
	5.6级	—	—	—	210	190	—	—	—	—	—	—
	8.8级	—	—	—	400	320	—	—	—	—	—	—
承压型连接高强度螺栓	8.8级			—	—	—	—	—	400	250	—	830
	10.9级	—	—	—	—	—	—	—	500	310	—	1040

注:A级螺栓用于 $d \leqslant 24mm$ 和 $L \leqslant 10d$ 或 $L \leqslant 150mm$(按较小值)的螺栓;
B级螺栓用于 $d > 24mm$ 和 $L > 10d$ 或 $L > 150mm$(按较小值)的螺栓;
d 为公称直径,L 为螺栓公称长度。

四、截面板件宽厚比等级

截面板件宽厚比指截面板件平直段的宽度和厚度之比,受弯或压弯构年腹板平直段的高度与腹板厚度之比也可称为板件高厚比。翼缘的板件宽厚比 b/t 中的 b 为工字形截面的翼缘外伸宽度、t 为翼缘厚度,如图 5.1.4-1 所示。

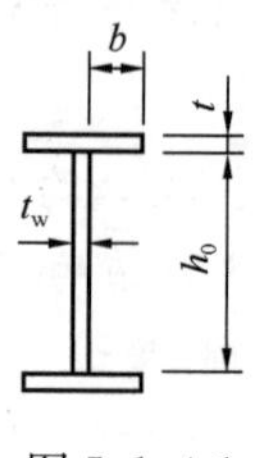

图 5.1.4-1

“板件宽厚比”分为 5 个等级，为什么要对“板件宽厚比”进行控制《钢标》3.5.1 条的‘条文说明’作了交代。

> **3.5.1**（条文说明）绝大多数钢构件由板件构成，而板件宽厚比大小直接决定了钢构件的承载力和受弯及压弯构件的塑性转动变形能力，因此钢构件截面的分类，是钢结构设计技术的基础，尤其是钢结构抗震设计方法的基础。
>
> 根据截面承载力和塑性转动变形能力，将截面根据其板件宽厚比分为 5 个等级。
>
> 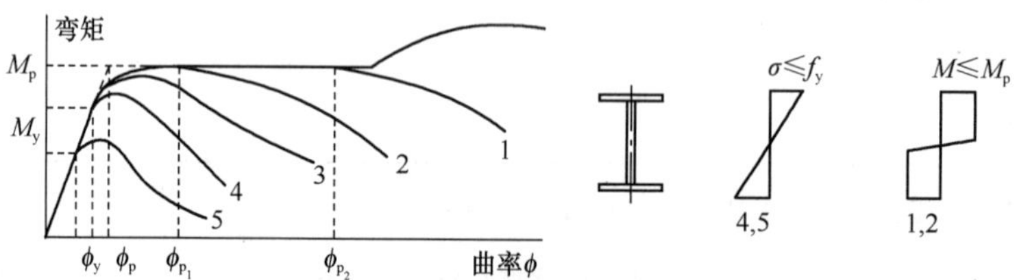
>
>
> 图 1　截面的分类及其转动能力
>
> **1**　S1 级：可达全截面塑性，保证塑性铰具有塑性设计要求的转动能力，且在转动过程中承载力不降低，称为一级塑性截面，也可称为塑性转动截面；此时图 1 所示的曲线 1 可以表示其弯矩-曲率关系，ϕ_{p_2} 一般要求达到塑性弯矩 M_p 除以弹性初始刚度得到的曲率 ϕ_p 的 8～15 倍；
>
> **2**　S2 级截面：可达全截面塑性，但由于局部屈曲，塑性铰转动能力有限，称为二级塑性截面；此时的弯矩-曲率关系见图 1 所示的曲线 2，ϕ_{p_1} 大约是 ϕ_p 的2～3倍；
>
> **3**　S3 级截面：翼缘全部屈服，腹板可发展不超过 1/4 截面高度的塑性，称为弹塑性截面；作为梁时，其弯矩-曲率关系如图 1 所示的曲线 3；
>
> **4**　S4 级截面：边缘纤维可达屈服强度，但由于局部屈曲而不能发展塑性，称为弹性截面；作为梁时，其弯矩-曲率关系如图 1 所示的曲线 4；
>
> **5**　S5 级截面：在边缘纤维达屈服应力前，腹板可能发生局部屈曲，称为薄壁截面；作为梁时，其弯矩-曲率关系为图 1 所示的曲线 5。

对“板件宽厚比”进行控制的控制值，《钢标》3.5.1 条有规定：

> **3.5.1**　进行受弯和压弯构件计算时，截面板件宽厚比等级及限值应符合表 3.5.1 的规定，其中参数 α_0 应按下式计算：

$$\alpha_0 = \frac{\sigma_{max} - \sigma_{min}}{\sigma_{max}} \tag{3.5.1}$$

式中：σ_{max}——腹板计算边缘的最大压应力（N/mm^2）；

σ_{min}——腹板计算高度另一边缘相应的应力（N/mm^2），压应力取正值，拉应力取负值。

压弯和受弯构件的截面板件宽厚比等级及限值　　表 3.5.1

构件	截面板件宽厚比等级		S1 级	S2 级	S3 级	S4 级	S5 级
压弯构件（框架柱）	H 形截面	翼缘 b/t	$9\varepsilon_k$	$11\varepsilon_k$	$13\varepsilon_k$	$15\varepsilon_k$	20
		腹板 h_0/t_w	$(33+13\alpha_0^{1.3})\varepsilon_k$	$(38+13\alpha_0^{1.39})\varepsilon_k$	$(40+18\alpha_0^{1.5})\varepsilon_k$	$(45+25\alpha_0^{1.66})\varepsilon_k$	250
受弯构件（梁）	工字形截面	翼缘 b/t	$9\varepsilon_k$	$11\varepsilon_k$	$13\varepsilon_k$	$15\varepsilon_k$	20
		腹板 h_0/t_w	$65\varepsilon_k$	$72\varepsilon_k$	$93\varepsilon_k$	$124\varepsilon_k$	250

注：1. ε_k 为钢号修正系数，其值为 235 与钢材牌号中屈服点数值的比值的平方根。

2. b 为工字形、H 形截面的翼缘外伸宽度；

t、h_0、t_w 分别是翼缘厚度、腹板净高和腹板厚度；

对轧制型截面，腹板净高不包括翼缘腹板过渡处圆弧段。

5.2 连 接 计 算

一、焊缝连接

1. 焊缝

（1）焊条型号

焊条型号的表示方法为：E 代表焊条（Electrode），E 后面的两个数字如 43、50 和 55 表示焊条钢丝的抗拉强度的最小值分别为 $43kgf/mm^2$、$50kgf/mm^2$ 和 $55kgf/mm^2$（相当于 $420N/mm^2$、$490N/mm^2$ 和 $540N/mm^2$）。

《钢标》4.3.8 条规定

4.3.8 连接材料的选用应符合下列规定：

1 焊条或焊丝的型号和性能应与相应母材的性能相适应，其熔敷金属的力学性能应符合设计规定，且不应低于相应母材标准的下限值；

2 对直接承受动力荷载或需要验算疲劳的结构，以及低温环境下工作的厚板结构，宜采用低氢型焊条。

焊条型号应与焊件母材的牌号相匹配，亦即焊缝金属应与主体金属相适应。用于焊接 Q235 钢的焊条型号为 E43，焊接 Q345 钢的焊条型号为 E50，焊接 Q390 钢和 Q420 钢的焊条型号为 E55。

（2）焊缝的强度指标

《钢标》4.4.5条规定

4.4.5 焊缝的强度指标应按表4.4.5采用并应符合下列规定：

1 手工焊用焊条、自动焊和半自动焊所采用的焊丝和焊剂，应保证其熔敷金属的力学性能不低于母材的性能。

2 焊缝质量等级应符合现行国家标准《钢结构焊接规范》GB 50661 的规定，其检验方法应符合现行国家标准《钢结构工程施工质量验收规范》GB 50205 的规定。其中厚度小于6mm钢材的对接焊缝，不应采用超声波探伤确定焊缝质量等级。

3 对接焊缝在受压区的抗弯强度设计值取 f_c^w，在受拉区的抗弯强度设计值取 f_t^w。

4 计算下列情况的连接时，表4.4.5规定的强度设计值应乘以相应的折减系数；几种情况同时存在时，其折减系数应连乘：

1） 施工条件较差的高空安装焊缝应乘以系数0.9；

2） 进行无垫板的单面施焊对接焊缝的连接计算应乘折减系数0.85。

【例5.2.1-1】 下列在计算钢结构构件或连接时的几种情况中，关于其强度设计值取值的几种提法，哪一项不符合规范的要求，并说明理由。

(A) 单边连接的单角钢，按轴心受力计算强度和连接应乘以系数0.85

(B) 无垫板的单面施焊对接焊缝应乘以系数0.85

(C) 施工条件较差的高空安装焊缝，应乘以系数0.9

(D) 当几种情况同时存在时，其折减系数不得直接简单连乘

【答案】(D)

依据《钢标》的4.4.5条第4款，当几种情况同时存在时，折减系数应连乘。选择(D)。

焊缝的强度指标见《钢标》表4.4.5。

焊缝的强度指标（N/mm²） **表4.4.5**

<table>
<tr><th rowspan="3">焊接方法和焊条型号</th><th colspan="2">构件钢材</th><th colspan="3">对接焊缝强度设计值</th><th colspan="2">角焊缝强度设计值</th><th rowspan="3">对接焊缝抗拉强度 f_u^w</th><th rowspan="3">角焊缝抗拉、抗压和抗剪强度 f_u^f</th></tr>
<tr><th rowspan="2">牌号</th><th rowspan="2">厚度或直径（mm）</th><th rowspan="2">抗压 f_c^w</th><th colspan="2">焊缝质量为下列等级时，抗拉 f_t^w</th><th rowspan="2">抗剪 f_v^w</th><th rowspan="2">抗拉、抗压和抗剪 f_f^w</th></tr>
<tr><th>一级、二级</th><th>三级</th></tr>
<tr><td rowspan="3">自动焊、半自动焊和E43型焊条手工焊</td><td rowspan="3">Q235</td><td>≤16</td><td>215</td><td>215</td><td>185</td><td>125</td><td rowspan="3">160</td><td rowspan="3">415</td><td rowspan="3">240</td></tr>
<tr><td>>16，≤40</td><td>205</td><td>205</td><td>175</td><td>120</td></tr>
<tr><td>>40，≤100</td><td>200</td><td>200</td><td>170</td><td>115</td></tr>
<tr><td rowspan="5">自动焊、半自动焊和E50、E55型焊条手工焊</td><td rowspan="5">Q345</td><td>≤16</td><td>305</td><td>305</td><td>260</td><td>175</td><td rowspan="5">200</td><td rowspan="5">480（E50）
540（E55）</td><td rowspan="5">280（E50）
315（E55）</td></tr>
<tr><td>>16，≤40</td><td>295</td><td>295</td><td>250</td><td>170</td></tr>
<tr><td>>40，≤63</td><td>290</td><td>290</td><td>245</td><td>165</td></tr>
<tr><td>>63，≤80</td><td>280</td><td>280</td><td>240</td><td>160</td></tr>
<tr><td>>80，≤100</td><td>270</td><td>270</td><td>230</td><td>155</td></tr>
</table>

（3）焊缝质量

在焊接过程中，焊缝金属及其附近热影响区的表面或内部会产生各种焊缝缺陷。如裂纹、焊瘤、烧穿、弧坑、气孔、夹渣、咬边、未熔合、未焊透等，如图 5.2.1-1 所示。

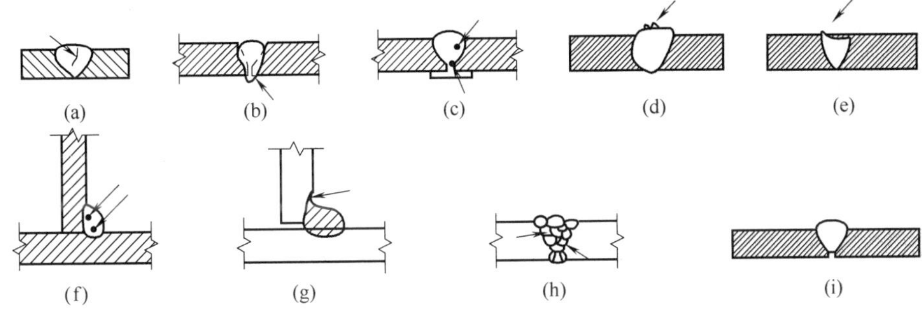

图 5.2.1-1 焊缝缺陷

（a）裂纹；（b）烧穿；（c）气孔；（d）焊瘤；（e）弧坑；（f）夹渣；（g）咬边；（h）未熔合；（i）未焊透

《钢结构工程施工质量验收规范》GB 50205—2001 规定，焊缝按其检验方法和质量要求分为一级、二级和三级。三级焊缝只要求对全部焊缝做外观检查，且符合三级质量标准；一、二级焊缝除了外观检查，还要求进行超声波探伤或射线探伤等内部缺陷检验，并符合国家相应质量标准的要求。一级焊缝全数进行内部无损检验，二级焊缝抽检 20%以上进行内部无损检验。

《钢标》11.1.6 条规定

11.1.6 焊缝的质量等级应根据结构的重要性、荷载特性、焊缝形式、工作环境以及应力状态等情况，按下列原则选用：

1 在承受动荷载且需要进行疲劳验算的构件中，凡要求与母材等强连接的焊缝应焊透，其质量等级应符合下列规定：

1） 作用力垂直于焊缝长度方向的横向对接焊缝或 T 形对接与角接组合焊缝，受拉时应为一级，受压时不应低于二级；

2） 作用力平行于焊缝长度方向的纵向对接焊缝不应低于二级；

3） 重级工作制（A6～A8）和起重量 $Q \geqslant 50t$ 的中级工作制（A4、A5）吊车梁的腹板与上翼缘之间以及吊车桁架上弦杆与节点板之间的 T 形连接部位焊缝应焊透，焊缝形式宜为对接与角接的组合焊缝，其质量等级不应低于二级。

2 在工作温度等于或低于－20℃的地区，构件对接焊缝的质量不得低于二级。

3 不需要疲劳验算的构件中，凡要求与母材等强的对接焊缝宜焊透，其质量等级受拉时不应低于二级，受压时不宜低于二级。

4 部分焊透的对接焊缝、采用角焊缝或部分焊透的对接与角接组合焊缝的 T 形连接部位，以及搭接连接角焊缝，其质量等级应符合下列规定：

1） 直接承受动荷载且需要疲劳验算的结构和吊车起重量等于或大于 50t 的中级工作制吊车梁以及梁柱、牛腿等重要节点不应低于二级；

2） 其他结构可为三级。

2. 对接焊缝

(1) 承受轴心力的对接焊缝计算

《钢标》11.2.1条规定

11.2.1 全熔透对接焊缝或对接与角接组合焊缝应按下列规定进行强度计算。

1 在对接和T形连接中，垂直于轴心拉力或轴心压力的对接焊接或对接角接组合焊缝，其强度应按下式计算：

$$\sigma=\frac{N}{l_{w}h_{e}}\leqslant f_{t}^{w}\text{ 或 }f_{c}^{w} \tag{11.2.1-1}$$

式中：N——轴心拉力或轴心压力（N）；

l_w——焊缝长度（mm）；

h_e——对接焊缝的计算厚度（mm），在对接连接节点中取连接件的较小厚度，在T形连接节点中取腹板的厚度；

f_t^w、f_c^w——对接焊缝的抗拉、抗压强度设计值（N/mm^2）。

对接焊时焊缝的起弧和灭弧处常会出现弧坑等缺陷，这些缺陷对承载力影响极大，故焊接时一般应设置引弧板和引出板（图5.2.1-2），其材质和坡口形式应与焊件相同，焊后用气割切除，并将焊件边缘修磨平整。焊缝受力计算时，焊缝计算长度为实际长度减去$2t$，t为焊件厚度。

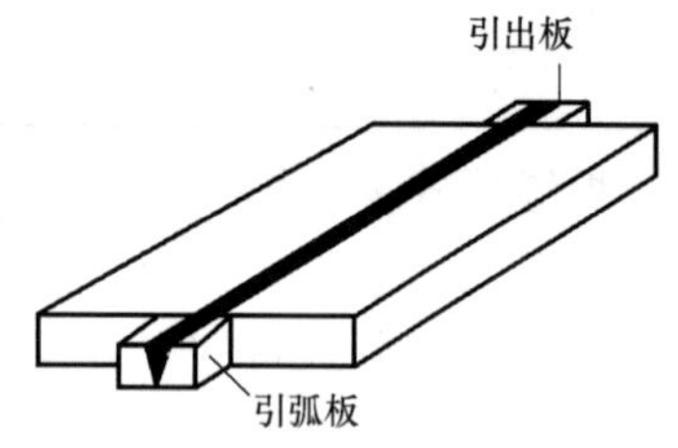

图5.2.1-2 对接焊缝的引弧板和引出板

【例5.2.1-2】有垫板的单面施焊对接焊缝

条件：某承受轴心拉力的钢材，采用Q235钢，宽度b=200mm，如图5.2.1-3所示。钢板所受轴心拉力设计值为N=492kN。钢板上有一垂直于钢板轴线的对接焊缝，焊条为E43型，手工焊。取V形坡口焊缝。采用有垫板的单面施焊的对接焊缝。

要求：求下列三种情况下该钢板所需的厚度t。

(1) 焊缝质量为二级，用引弧板和引出板施焊；

(2) 焊缝质量为三级，用引弧板和引出板施焊；

(3) 焊缝质量为三级，不用引弧板和引出板施焊。

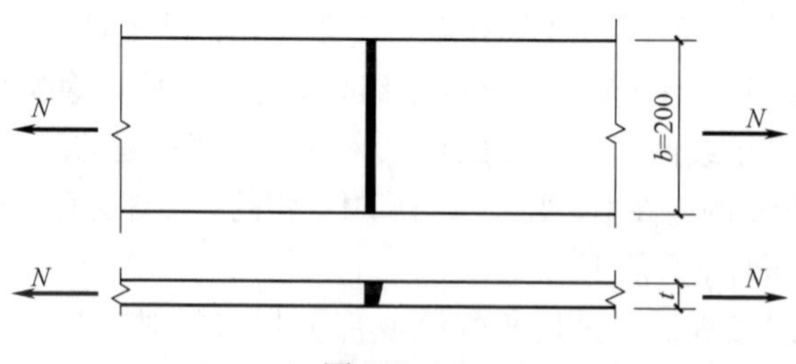

图5.2.1-3

【答案】(1) 焊缝质量为二级，用引弧板和引出板施焊

查《钢标》表4.4.1-1、表4.4.1-5，知E43型焊条的$f_t^w=215N/mm^2$，Q235钢的$f=215N/mm^2$，两者相同，$l_w=b$，$t_w=t$，焊缝与钢板等强。

所需钢板厚度为：

$$t \geqslant \frac{N}{bf}=\frac{492\times10^3}{200\times215}=11.44\text{mm}$$

取 $t=12$mm。

(2) 焊缝质量为三级，用引弧板和引出板施焊

$$f=215\text{N/mm}^2, f_t^w=185\text{N/mm}^2, l_w=b, t_w=t$$

钢板厚度由所需焊缝厚度所控制，所需钢板厚度为：

$$t \geqslant \frac{N}{l_w f_t^w}=\frac{492\times10^3}{200\times185}=13.30\text{mm}$$

取 $t=14$mm。

(3) 焊缝质量为三级，不用引弧板和引出板施焊

$$f_t^w=185\text{N/mm}^2, \text{设 } t=16\text{mm}, l_w=b-2t=200-2\times16=168\text{mm}$$

钢板厚度由所需焊缝厚度控制，为：

$$t \geqslant \frac{N}{l_w f_t^w}=\frac{492\times10^3}{168\times185}=15.83\text{mm}$$

取 $t=16$mm 是合适的。

【例 5.2.1-3】 无垫板的单面施焊对接焊缝

条件同【例 5.2.1-2】但采用无垫板的单面施焊对接焊缝，焊缝质量为三级，不用引弧板和引出板。

要求：求该钢板所需的厚度 t。

【答案】 假定板厚 $t \leqslant 16$mm，取 $f_t^w=185\text{N/mm}^2$。

根据《钢标》4.4.5 条 4 款的规定，$f_t^w=0.85\times185=157.3\text{N/mm}^2$，焊缝质量为三级，钢板厚度由所需焊缝厚度控制，不用引弧板和引出板施焊，设 $t=16$mm。

$$l_w=b-2t=200-2\times16=168\text{mm}$$

$$t \geqslant \frac{N}{l_w f_t^w}=\frac{492000}{168\times157.3}=18.6\text{mm}>16\text{mm}$$

取 $f_t^w=175\text{N/mm}^2$，重新计算，设 $t=20$mm，$l_w=b-2t=200-2\times20=160$mm，

$$t=\frac{492000}{160\times0.85\times175}=20.67\text{mm}，取 t=20\text{mm}，尚可。$$

【例 5.2.1-4】 非抗震的某梁柱节点，如图 5.2.1-4 所示。梁柱均选用热轧 H 型钢截面，梁采用 HN500×200×10×16（$r=20$），柱采用 HM390×300×10×16（$r=24$），梁、柱钢材均采用 Q345B。主梁上、下翼缘与柱翼缘为全熔透坡口对接焊缝，采用引弧板和引出板施焊；梁腹板与柱为工地熔透焊，单侧安装连接板（兼作腹板焊接衬板），并采用 4×M16 工地安装螺栓。

梁柱节点采用全截面设计法，即弯矩由翼缘和腹板共同承担，剪力由腹板承担。试问，梁翼缘与柱之间全熔透坡口对接焊缝的应力设计值（N/mm²），应与下列何项数值最为接近？

提示：梁腹板和翼缘的截面惯性矩分别为 $I_{wx}=8541.9\times10^4\text{mm}^4$，$I_{fx}=37480.96\times10^4\text{mm}^4$。

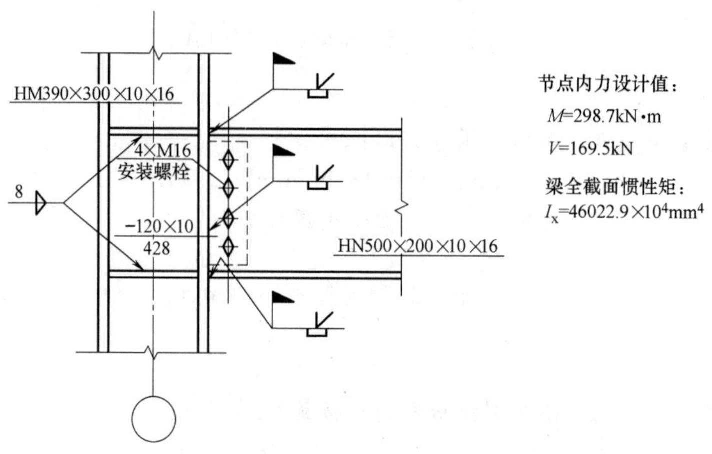

图 5.2.1-4

(A) 300.2　　(B) 280.0　　(C) 246.5　　(D) 157.1

【答案】(D)

采用全截面设计法，梁腹板除承受剪力外还和梁翼缘共同承担弯矩，翼缘和腹板承担弯矩的比例根据两者的刚度比确定。

梁腹板和梁翼缘的截面惯性矩分别为（题中已给出）

$$I_{wx}=\frac{1}{12}\times10\times(500-2\times16)^3\text{mm}^4=8541.9\times10^4\text{mm}^4$$

$$I_{fx}=2\times200\times16\times(250-8)^2\text{mm}^4=37480.96\times10^4\text{mm}^4$$

梁翼缘所承担的弯矩为

$$M_f=\frac{I_{fx}M}{I_x}=\frac{37480.96\times10^4}{46022.9\times10^4}\times298.7\text{kN}\cdot\text{m}=243.3\text{kN}\cdot\text{m}$$

梁腹板所承担的弯矩为

$$M_w=\frac{I_{wx}M}{I_x}=\frac{8541.9\times10^4}{46022.9\times10^4}\times298.7\text{kN}\cdot\text{m}=55.4\text{kN}\cdot\text{m}$$

根据《钢标》第 11.2.1 条，式（11.2.1-1）

$$\sigma=\frac{N}{l_wt}=\frac{M_f/h_b}{l_wt}=\frac{243.3\times10^6/(500-16)}{200\times16}\text{N/mm}^2=157.1\text{N/mm}^2<310\text{N/mm}^2。$$

(2) 同时承受正应力和剪应力的对接焊缝计算

《钢标》11.2.1 条规定

> **11.2.1** 全熔透对接焊缝或对接与角接组合焊缝应按下列规定进行强度计算。
>
> **2** 在对接和 T 形连接中，承受弯矩和剪力共同作用的对接焊缝或对接角接组合焊缝，其正应力和剪应力应分别进行计算。但在同时受有较大正应力和剪应力处（如梁腹板横向对接焊缝的端部）应按下式计算折算应力：
>
> $$\sqrt{\sigma^2+3\tau^2}\leqslant1.1f_t^w \tag{11.2.1-2}$$

【例 5.2.1-5】某钢支撑与柱的连接节点如图 5.2.1-5 所示，支撑杆的斜向拉力设计值 $N=650\text{kN}$，采用 Q235B 钢制作，E43 型焊条。节点板与钢柱采用 V 形坡口焊缝，焊缝质量等级为二级。

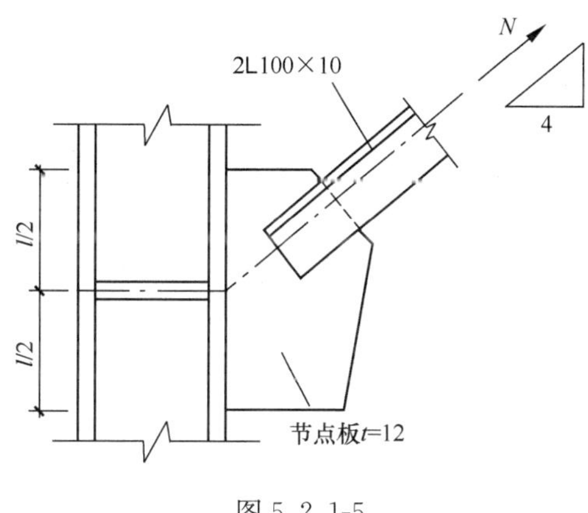

图 5.2.1-5

试问，焊缝连接长度（mm），与下列何项数值最为接近？

提示：焊缝的长度取与节点板的尺寸相等。

（A）290　　（B）340　　（C）410　　（D）460

【答案】（B）

由于是二级对接焊缝，与节点板的强度相等，因此，可以根据节点板的尺寸确定焊缝的长度。

设焊缝处节点板的尺寸为 l，则节点板强度应满足

$$\sigma=\frac{N_{\mathrm{x}}}{lt}\leqslant f$$

$$t=\frac{N_{\mathrm{y}}}{lt}\leqslant f_{\mathrm{v}}$$

$$\sqrt{\sigma^2+3\tau^2}\leqslant 1.1f_{\mathrm{t}}^{\mathrm{w}}$$

$$N_{\mathrm{x}}=520\text{kN},\ N_{\mathrm{y}}=390\text{kN}$$

第三个算式起控制作用。于是，可以得到

$$\sqrt{\left(\frac{520\times10^3}{12\times l}\right)^2+3\times\left(\frac{390\times10^3}{12\times l}\right)^2}\leqslant 1.1\times215=237\text{N/mm}^2$$

解方程得到 $l=330\text{mm}$，故选择（B）。

3. 角焊缝

（1）角焊缝的形式和受力性能

角焊缝按其焊缝长度方向与外力的关系可分为正面角焊缝和侧面角焊缝。正面角焊缝也称端缝，其焊缝长度方向垂直于外力方向；侧面角焊缝也称侧缝，其焊缝长度方向平行于外力方向，如图 5.2.1-6 所示。

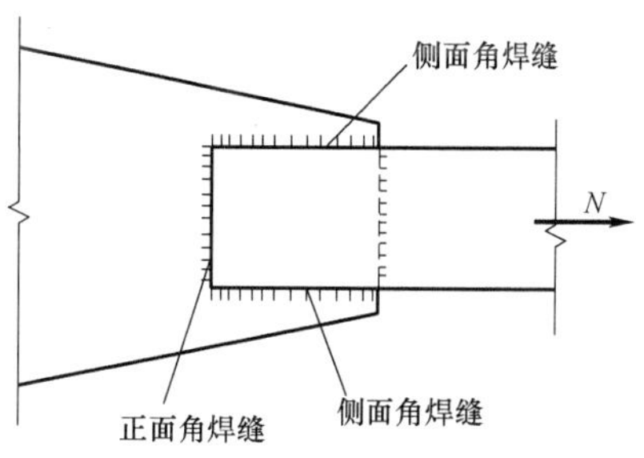

图 5.2.1-6　正面角焊缝、侧面角焊缝

直角角焊缝的截面形式见图 5.2.1-7，可分为

普通焊缝、平坡焊缝、深熔焊缝三种。一般情况下用普通焊缝，在直接承受动力荷载中，常用平坡焊缝和深熔焊缝。

在计算直角角焊缝时，熔深（熔入母材的深度）和余高均不计入，一般假定焊缝截面为二等边直角三角形（图 5.2.1-8），并以 45°方向的斜面为计算的破坏面，以斜面上的最小高度 h_e 为直角角焊缝的有效厚度，$h_e-0.7h_f$，h_f 为焊脚尺寸，也称焊缝厚度。

侧面角焊缝主要承受剪力作用。在弹性阶段，应力沿焊缝长度方向分布不均匀，两端大而中间小（图 5.2.1-9a）。图 5.2.1-9b 表示焊缝越长剪应力分布越不均匀。但由于侧面角焊缝的塑性较好，两端出现塑性变形，产生应力重分布，在《钢标》规定长度范围内，应力分布可趋于均匀。在图 5.2.1-9a 所示连接范围内，板的应力分布也是不均匀的。

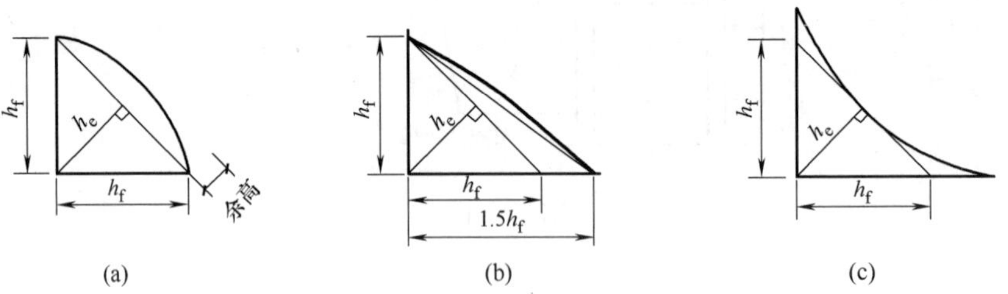

图 5.2.1-7　直角角焊缝截面

（a）普通焊缝；（b）平坡焊缝；（c）深熔焊缝

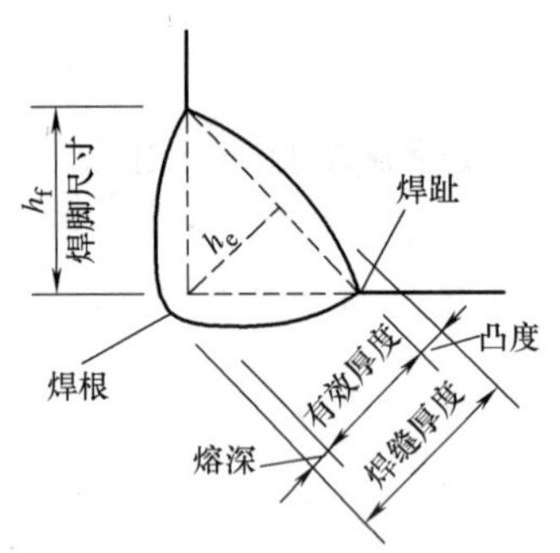

图 5.2.1-8　焊缝详图

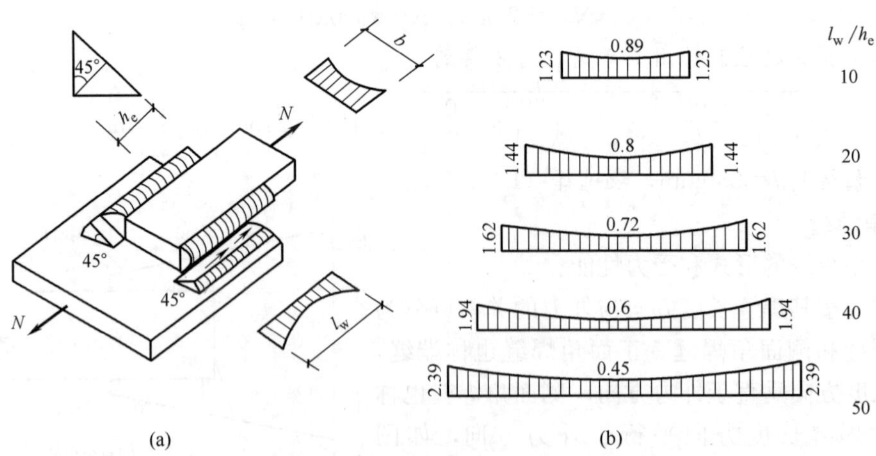

图 5.2.1-9　侧面角焊缝应力分布

图 5.2.1-10 给出角焊缝应力-位移曲线的示意图，$\theta=0°$为正面角焊缝，$\theta=90°$为侧面角焊缝。可以看出，正面角焊缝破坏强度比侧面角焊缝的要高，但塑性变形要差。

在外力作用下，由于力线弯折，产生较大的应力集中，焊缝跟部应力集中最为严重（图 5.2.1-11b），故破坏总是首先在根部出现裂缝，然后扩展至整个截面。正面角焊缝焊脚截面 AB 和 BC 上都有正应力和剪应力（图 5.2.1-11b），且分布不均匀，但沿焊缝长度的应力分布则比较均匀，两端的应力略比中间的低（图 5.2.1-11a）。

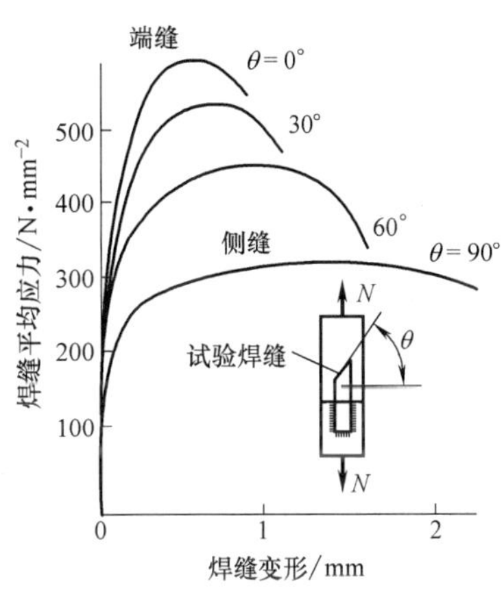

图 5.2.1-10 角焊缝应力-位移曲线

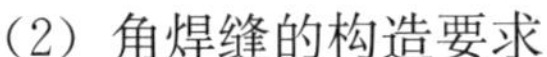

（2）角焊缝的构造要求

1）焊脚尺寸

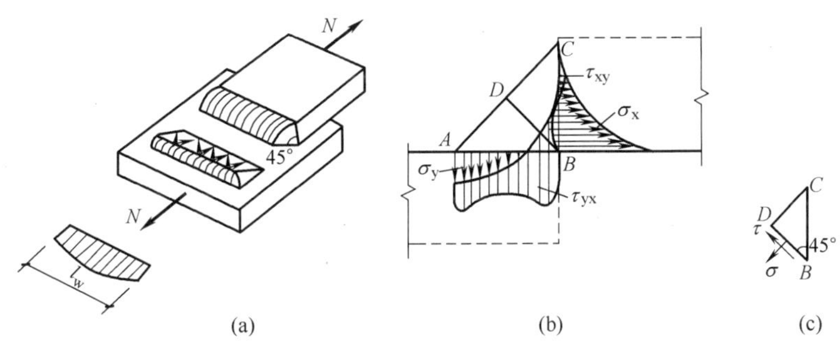

图 5.2.1-11 正面角焊缝应力分布

《钢标》11.3.5 条、11.3.6 条规定

11.3.5 角焊缝的尺寸应符合下列规定：

3 角焊缝最小焊脚尺寸宜按表 11.3.5 取值，承受动荷载时角焊缝焊脚尺寸不宜小于 5mm；

角焊缝最小焊脚尺寸（mm） **表 11.3.5**

母材厚度 t	角焊缝最小焊脚尺寸 h_f
$t\leqslant6$	3
$6<t\leqslant12$	5
$12<t\leqslant20$	6
$t>20$	8

注：1 采用不预热的非低氢焊接方法进行焊接时，t 等于焊接连接部位中较厚件厚度，宜采用单道焊缝；采用预热的非低氢焊接方法或低氢焊接方法进行焊接时，t 等于焊接连接部位中较薄件厚度；

2 焊缝尺寸 h_f 不要求超过焊接连接部位中较薄件厚度的情况除外。

11.3.6 搭接连接角焊缝的尺寸及布置应符合下列规定：

4 搭接焊缝沿母材棱边的最大焊脚尺寸，当板厚不大于 6mm 时，应为母材厚度，当板厚大于 6mm 时，应为母材厚度减去 1～2mm（图 11.3.6-2）；

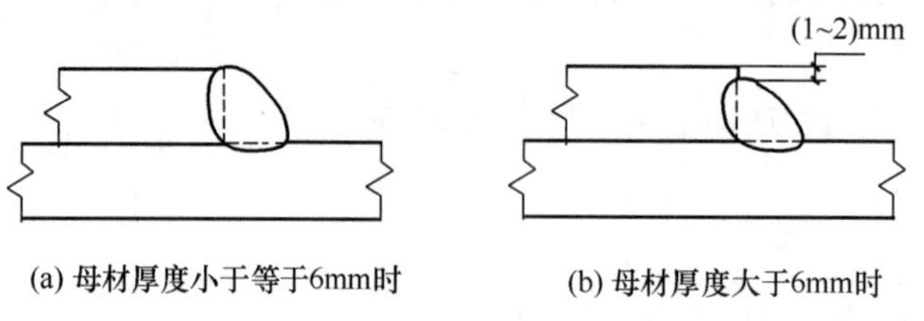

图 11.3.6-2 搭接焊缝沿母材棱边的最大焊脚尺寸

【例 5.2.1-6】如图 5.2.1-12 所示，支承板厚 6mm，需用双面角焊缝将其焊接在主梁上。主梁 ZL1 的截面为 H450×250×8×12，经计算该焊缝为构造控制，

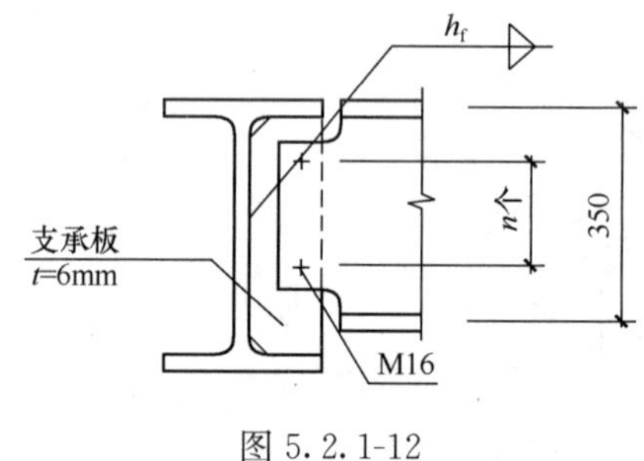

图 5.2.1-12

试问，当采用手工焊时，在腹板上的焊脚尺寸 h_r（mm）采用下列何项数值最为合适？

（A）3　　（B）4　　（C）5　　（D）6

【答案】（C）

依据《钢标》11.3.5 条表 1.3.5，母材厚度 t=8mm，最小焊脚尺寸为 5mm。故选择（C）。

2）焊缝长度

《钢标》11.3.5 条 1 款规定

11.3.5 角焊缝的尺寸应符合下列规定：

1 角焊缝的最小计算长度应为其焊脚尺寸 h_f的 8 倍，且不应小于 40mm；焊缝计算长度应为扣除引弧、收弧长度后的焊缝长度；

11.2.6（条文说明）有效焊缝计算长度不应超过 $180h_f$。

【例 5.2.1-7】某钢烟囱设计时，在邻近构筑物平台上设置支撑与钢烟囱相连，其计算简图如图 5.2.1-13 所示。撑杆 AB 采用填板连接而成的双角钢构件，十字形截面（+100×7）。撑杆 AB 与钢烟囱的连接节点如图 5.2.1-14 所示，侧面角焊缝的焊脚尺寸 h_f=6mm。

试问，按焊缝连接的构造要求确定，实际焊缝长度的最小值（mm）为下列何项数值？

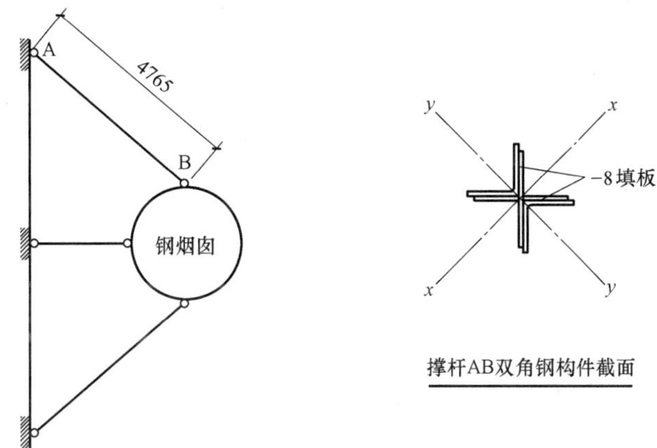

图 5.2.1-13

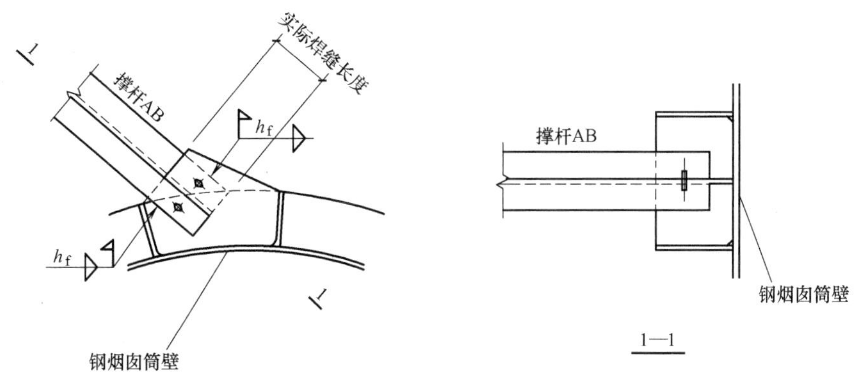

图 5.2.1-14

(A) 40　　(B) 60　　(C) 80　　(D) 100

【答案】(B)

根据《钢标》11.3.5条1款规定：侧面角焊缝的最小计算长度 $I_{wmin}=8h_f=8\times6=48mm>40mm$，实际焊缝长度的最小值为：$I_{wmin}+2h_f=48+2\times6=60mm$。

3) 断续角焊缝

在次要构件或次要焊接连接中，由于焊缝受力不大，可采用断续角焊缝，如图 5.2.1-15。

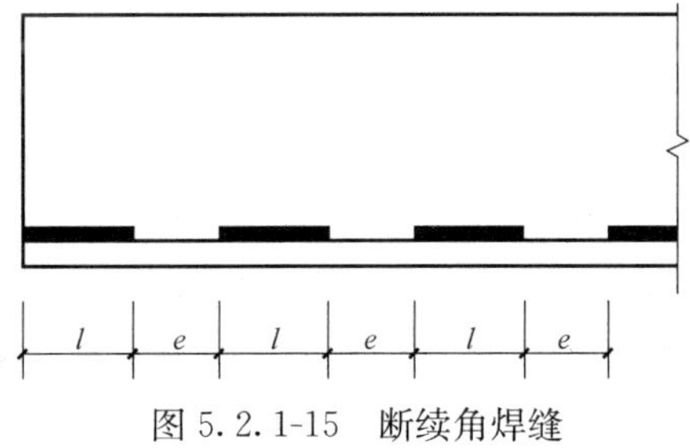

图 5.2.1-15　断续角焊缝

《钢标》11.3.8条的规定

11.3.8 在次要构件或次要焊接连接中，可采用断续角焊缝。断续角焊缝焊段的长度不得小于 $10h_f$ 或 50mm，其净距不应大于 $15t$（对受压构件）或 $30t$（对受拉构件），t 为较薄焊件厚度。腐蚀环境中不宜采用断续角焊缝。

【例 5.2.1-8】 一底层层高为 3.5m 的全钢结构夹层如图 5.2.1-16，该夹层的楼板基层采用花纹钢铺板，加劲肋与钢铺板的连接，采用断续角焊缝，假定加劲肋与钢铺板的厚度均为 5mm，角焊缝的焊脚尺寸为 4mm。

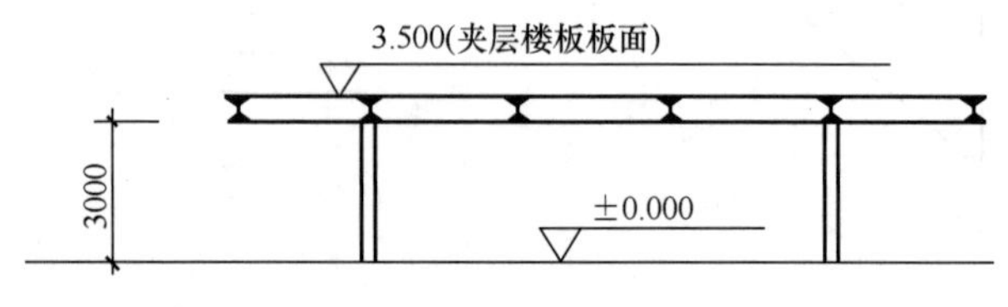

图 5.2.1-16

试问，焊缝的最小长度（mm）和焊缝之间的最大争距（mm），应取下列何组数值?

（A）35，90　　（B）40，85　　（C）45，80　　（D）50，75

【答案】（D）

依据《钢标》11.3.8 条的规定，侧面断续角焊缝的长度不得小于 $10h_f$ 和 50mm，今 $h_f=4$mm，故最小长度为 50mm。

断续角焊缝的净距不应大于 $15t$（对受压构件）或 $30t$（对受拉构件），t 为较薄焊件的厚度。这里，$t=5$mm，故断续角焊缝的净距不应大于 $15\times5=75$mm。

故选择（D）

（3）直角角焊缝的计算

1）正面角焊缝的计算

《钢标》11.2.2 条第 1 款规定

11.2.2 直角角焊缝应按下列规定进行强度计算：

1 在通过焊缝形心的拉力、压力或剪力作用下：

正面角焊缝（作用力垂直于焊缝长度方向）：

$$\sigma_f=\frac{N}{h_e l_w}\leqslant\beta_f f_f^w \tag{11.2.2-1}$$

式中：σ_f——按焊缝有效截面（$h_e l_w$）计算，垂直于焊缝长度方向的应力（N/mm²）；

h_e——直角角焊缝的计算厚度（mm），当两焊件间隙 $b\leqslant1.5$mm 时，$h_e=0.7h_f$；$1.5\text{mm}<b\leqslant5$mm 时，$h_e=0.7(h_f-b)$，h_f 为焊脚尺寸（图 11.2.2）；

l_w——角焊缝的计算长度（mm），对每条焊缝取其实际长度减去 $2h_f$；

f_f^w——角焊缝的强度设计值（N/mm²）；

β_f——正面角焊缝的强度设计值增大系数，对承受静力荷载和间接承受动力荷载的结构，$\beta_f=1.22$；对直接承受动力荷载的结构，$\beta_f=1.0$。

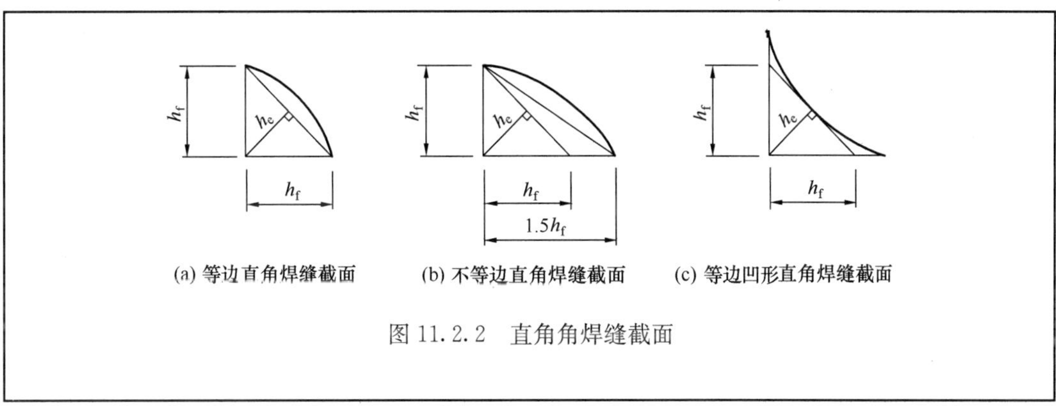

图 11.2.2 直角角焊缝截面

【例 5.2.1-9】 吊杆与横梁的连接如图 5.2.1-17 所示，节点板与横梁连接的角焊缝 h_f ＝10mm；吊杆的轴心拉力设计值 N＝520kN。

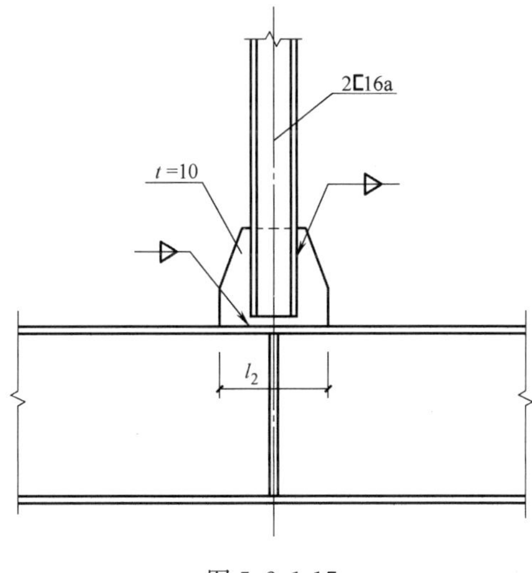

图 5.2.1-17

试问，角焊缝的实际长度 l_2（mm），应与下列荷项数值最为接近？

（A）220　　（B）280　　（C）350　　（D）400

【答案】（B）

（1）根据《钢标》第 11.2.2 条式（11.2.2-1）进行计算

$$l_2=\frac{N}{nh_e\beta_f f_f^w}+2h_f=\frac{520\times10^3}{2\times0.7\times10\times160\times1.22}\text{mm}+2\times10\text{mm}$$

$$=190\text{mm}+20\text{mm}=210\text{mm}。$$

（2）按节点板抗拉：$l_2=\dfrac{N}{tf}+2t=\dfrac{520\times10^3}{10\times215}\text{mm}+2\times10\text{mm}=242\text{mm}+20\text{mm}=262\text{mm}$

取 l_2＝280mm。

2）侧面角焊缝的计算

《钢标》11.2.2 条第 1 款规定

11.2.2 直角角焊缝应按下列规定进行强度计算：

1 在通过焊缝形心的拉力、压力或剪力作用下：

侧面角焊缝（作用力平行于焊缝长度方向）：

$$\tau_f = \frac{N}{h_e l_w} \leqslant f_f^w \tag{11.2.2-2}$$

τ_f——按焊缝有效截面计算，沿焊缝长度方向的剪应力（N/mm^2）；

h_e——直角角焊缝的计算厚度（mm），当两焊件间隙 $b \leqslant 1.5$mm 时，$h_e = 0.7h_f$；$1.5\text{mm} < b \leqslant 5$mm 时，$h_e = 0.7(h_f - b)$，$h_f$ 为焊脚尺寸（图 11.2.2）；

l_w——角焊缝的计算长度（mm），对每条焊缝取其实际长度减去 $2h_f$；

f_f^w——角焊缝的强度设计值（N/mm^2）；

【例 5.2.1-10】 吊杆与横梁的连接如图 5.2.1-18 所示，吊杆与节点板连接的角焊缝 $h_f = 6$mm；吊杆的轴心拉力设计值 $N = 520$kN。

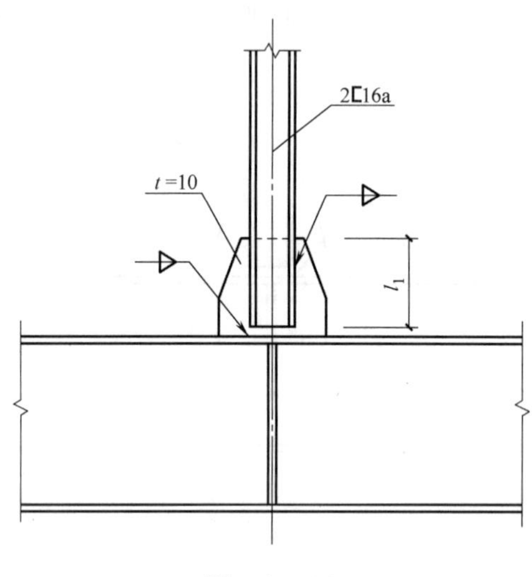

图 5.2.1-18

试问，角焊缝的实际长度 l_1（mm），应与下列何项数值最为接近？

（A）220　　（B）280　　（C）350　　（D）400

【答案】（A）

根据《钢标》第 11.2.2 条式（11.2.2-2）进行计算

$$\tau = \frac{N}{nh_e f_f^w} + 2h_f$$

$$= \left(\frac{520 \times 10^3}{4 \times 0.7 \times 6 \times 160} + 2 \times 6\right)\text{mm}$$

$$= (194 + 12)\text{mm} = 206\text{mm}, \text{取 } l_1 = 220\text{mm}$$

3）各种力综合作用下角焊缝的计算

《钢标》11.2.2 条第 2 款规定

11.2.2 直角角焊缝应按下列规定进行强度计算：

2 在各种力综合作用下，σ_f 和 τ_f 共同作用处：

$$\sqrt{\left(\frac{\sigma_f}{\beta_f}\right)^2+\tau_f^2}\leqslant f_f^w \quad (11.2.2\text{-}3)$$

式中：σ_f——按焊缝有效截面（$h_e l_w$）计算，垂直于焊缝长度方向的应力（N/mm²）；

τ_f——按焊缝有效截面计算，沿焊缝长度方向的剪应力（N/mm²）；

f_f^w——角焊缝的强度设计值（N/mm²）；

β_f——正面角焊缝的强度设计值增大系数，对承受静力荷载和间接承受动力荷载的结构，$\beta_f=1.22$；对直接承受动力荷载的结构，$\beta_f=1.0$。

【例 5.2.1-11】 某钢平台承受静荷载，支撑与柱的连接节点如图 5.2.1-19 所示，支撑杆的斜向拉力设计值 $N=650$kN，采用 Q235B 钢制作，E43 型焊条。节点板与钢柱采用双面角焊缝连接，取焊脚尺寸 $h_f=8$mm。

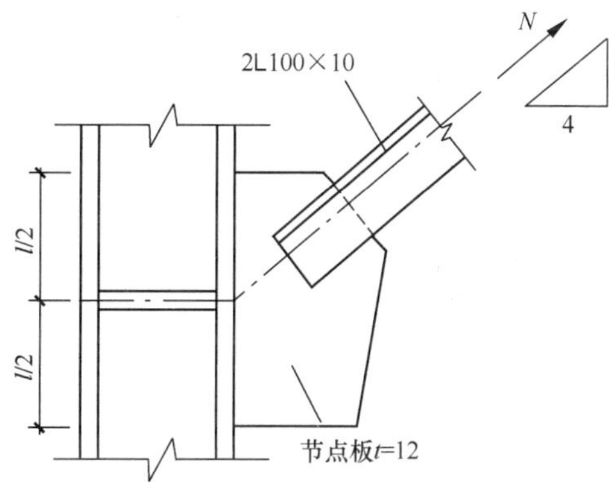

图 5.2.1-19

试问，焊缝连接长度（mm），与下列何项数值最为接近？

(A) 290　　(B) 340　　(C) 390　　(D) 460

【答案】(B)

焊缝受到的水平力为 $N_x=4/5\times650=520$kN，竖向力为 $N_y=3/5\times650=390$kN。

根据《钢标》11.2.2 条式（11.2.2-3）进行计算

$$\sqrt{\left(\frac{\sigma_f}{\beta_f}\right)^2+\tau_f^2}\leqslant f_f^w$$

于是，得到

$$\sqrt{\left(\frac{N_x}{2\times1.22\times0.7h_f l_w}\right)^2+\left(\frac{N_y}{2\times0.7h_f l_w}\right)^2}\leqslant f_f^w$$

即

$$\sqrt{\left(\frac{520\times10^3}{2\times1.22\times0.7\times8l_w}\right)^2+\left(\frac{390\times10^3}{2\times0.7\times8l_w}\right)^2}\leqslant160$$

解方程得到 $l_w=322$mm。考虑端部缺陷之后，角焊缝所需几何长度为 $322+2\times8=$

338mm，故选择（B）。

【例 5.2.1-12】 某钢梁采用端板连接接头，钢材为 Q345 钢，其连接形式见图 5.2.1-20 所示，弯矩设计值 M=260kN·m，剪力设计值 V=65kN，轴力设计值 N=100kN（压力）。

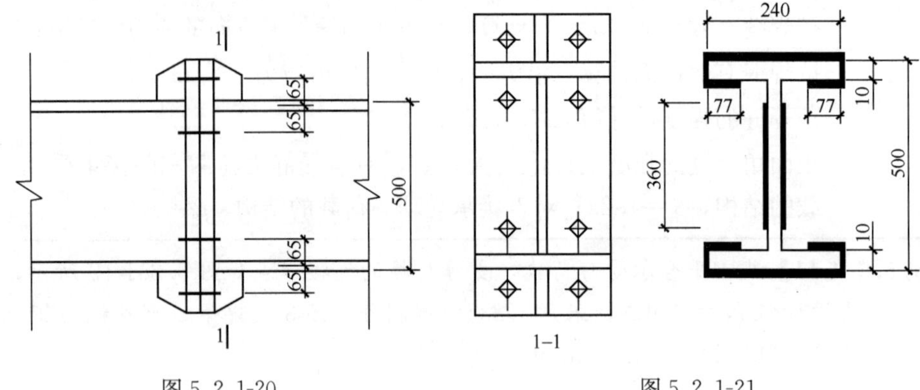

图 5.2.1-20　　　　图 5.2.1-21

端板与梁的连接焊缝采用角焊缝，焊条为 E50 型，焊缝计算长度如图 5.2.1-21 所示，翼缘焊脚尺寸 h_f=8mm，腹板焊脚尺寸 h_f=6mm。

试问，按承受静力荷载计算，角焊缝最大应力（N/mm²）与下列何项数值最为接近？

（A）156　　（B）164　　（C）190　　（D）199

【答案】（C）

根据《钢标》11.2.2 条式（11.2.2-3）进行计算有效截面对 x 轴的惯性矩（忽略沿翼缘厚度方向的焊缝）：

$$I_x=2\times0.7\times8\times240\times(250+2.8)^2+4\times0.7\times8\times77\times(250-10-2.8)+2\times\frac{1}{12}\times(0.7\times6\times360^3)$$
$$=301.5\times10^6\text{mm}^4$$

焊缝最外边缘纤维对 x 轴的抵抗矩：

$$W_x=\frac{I_x}{0.5h}=\frac{301.5\times10^6}{255.6}=1.18\times10^6\text{mm}^3$$

全部角焊缝的有效截面积：

$$A_e=2\times0.7\times6\times360+4\times77\times0.7\times8+2\times240\times0.7\times8=7437\text{mm}^2$$

弯矩引起的连接角焊缝最大正应力为：

$$\sigma_f^M=\frac{M}{W_x}=\frac{260\times10^6}{1.18\times10^6}=220.3\text{N/mm}^2$$

轴压力引起的正应力为：

$$\sigma_f^N=\frac{N}{A_e}=\frac{100\times10^3}{7437}=13.4\text{N/mm}^2$$

剪力引起的剪应力为：

$$\tau_f=\frac{V}{A_e}=\frac{65\times10^3}{7437}=8.7\text{N/mm}^2$$

考虑正应力和剪应力后，为：

$$\sqrt{\left(\frac{\sigma_f}{\beta_f}\right)^2+\tau_f^2}=\sqrt{\left(\frac{220.3+13.4}{1.22}\right)^2+8.7^2}=192\text{N/mm}^2$$

4）超长角焊缝的强度

《钢标》11.2.6 条指出超长角焊缝的强度调整

11.2.6 角焊缝的搭接焊缝连接中，当焊缝计算长度 l_w 超过 $60h_f$ 时，焊缝的承载力设计值应乘以折减系数 α_f，$\alpha_f=1.5-\frac{l_w}{120h_f}$，并不小于 0.5。

11.2.6（条文说明）考虑到大于 $60h_f$ 的长角焊缝在工程中的应用增多，在计算焊缝强度时可以不考虑超过 $60h_f$ 部分的长度，也可对全长焊缝的承载力进行折减，以考虑长焊缝内力分布不均匀的影响，但有效焊缝计算长度不应超过 $180h_f$。

【例 5.2.1-13】某焊接工字形截面如图 5.2.1-22 所示，采用 Q345-C 钢制作，焊条采用 E50 型。图中长度单位为 mm。梁采用突缘支座，支座端板与梁腹板采用双面角焊缝连接，焊缝高度 h_f＝10mm。支座剪力设计值 V＝3041.7kN。

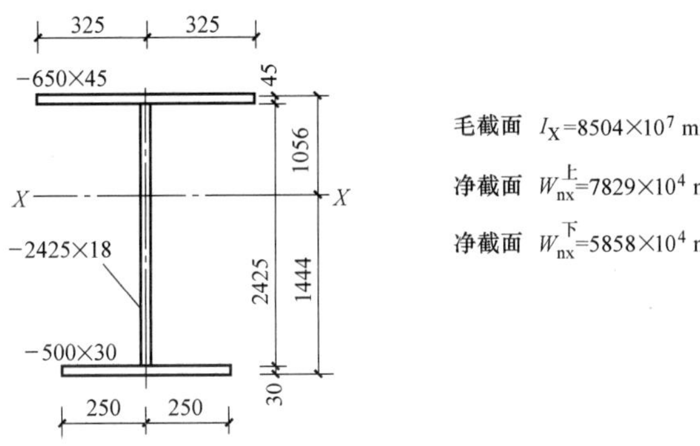

图 5.2.1-22

试问，该焊接连接的剪应力设计值（N/mm²）和焊缝的承载力设计值与下列何项数值最为接近？

（A）80，85　　（B）90，85　　（C）80，80　　（D）90，80

【答案】（B）

根据《钢标》11.2.2 条式（11.2.2-2）进行计算

内力沿侧面角焊缝全长分布：

$$l_w=(2425-2\times10)\text{mm}=2405\text{mm}$$

$$\tau_f=\frac{V}{2\times h_f\times0.7\times l_w}=\frac{3041.7\times10^3}{2\times10\times0.7\times2405}\text{N/mm}^2=90.3\text{N/mm}^2$$

根据《钢标》表 4.4.5，查得焊缝的抗剪强度 f_v^w＝170N/mm²，

根据《钢标》11.2.6 条，焊缝的承载力设计值折减系数 α_f，

$$\alpha_f=1.5-\frac{l_w}{120h_f}$$

$$=1.5-2405/(120\times10)<0，取 \alpha_t=0.5$$

焊缝的抗剪强度 $f_v^w=0.5\times170=85\text{N/mm}^2$。

【例 5.2.1-14】（焊缝长度超过 $60h_f$）

如图 5.2.1-23（a）所示框架结构选用钢材 Q235B，E43 型焊条。一根次梁传给主梁的集中荷载设计值为 58.7kN，次梁通过加劲肋与主梁相连，加劲肋与主梁腹板采用双面直角角焊缝连接，焊缝高度 6mm，如图 5.2.1-23（b）所示。

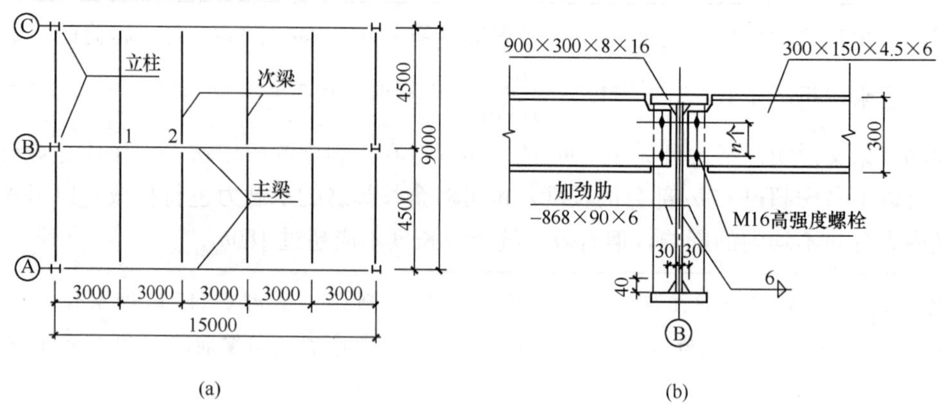

图 5.2.1-23

（a）柱网平面布置；（b）主次梁连接

试问，该焊接连接的剪应力设计值（N/mm^2）与下列何项数值最为接近？

提示：不考虑超长部分长度的作用。

（A）13.6　（B）19.4　（C）25.6　（D）50.9

【答案】（B）

根据《钢标》11.2.2 条式（11.2.2-2）进行计算

侧面角焊缝长度不宜大于 $60h_f$，当大于上述数值时，其超过部分在计算中不予考虑。

$$\tau_f=\frac{N}{h_e l_w}=\frac{N}{0.7h_f\times2\times60h_f}=\frac{58.7\times10^3}{0.7\times6\times2\times60\times6}\text{N/mm}^2$$

$$=19.4\text{N/mm}^2<f_f^w=160\text{N/mm}^2$$

5）三面围焊的角焊缝连接计算

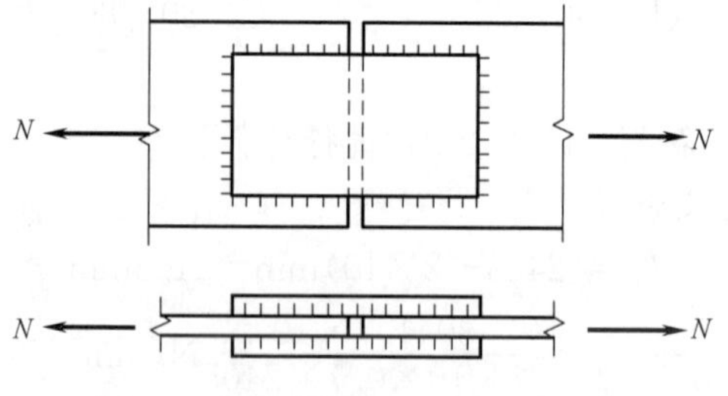

图 5.2.1-24　受轴心力的盖板连接

如图 5.2.1-24 所示三面围焊的受轴心力的盖板连接，当焊件受轴心力，且轴心力通过焊缝中心时，可认为焊缝应力是均匀分布的。

当只有侧面角焊缝时，按《钢标》式（11.2.1-2）计算；

当只有正面角焊缝时，按《钢标》式（11.2.1-1）计算；

当三面围焊时，先计算正面角焊缝所承担的内力 $N'=\beta_f f_f^w \sum h_e l_{w1}$，式中$\sum l_{w1}$为连接一侧所有的正面角焊缝计算长度总和。剩下的力（$N-N'$）由侧面角焊缝承担：

$$\tau_f = \frac{N-N'}{\sum h_e l_{w2}} \leqslant f_f^w \qquad (5.2.1\text{-}1)$$

式中　$\sum l_{w2}$连接一侧的所有侧面角焊缝计算长度的总和。

【例 5.2.1-15】 某钢结构平台，主梁与次梁的刚接节点如图 5.2.1-25 所示，次梁上翼缘处的连接板需要承受由支座弯矩产生的轴心拉力设计值 $N=360$kN。次梁上翼缘与连接板采用角焊缝连接，三面围焊，焊缝长度一律满焊，焊条采用 E43 型。

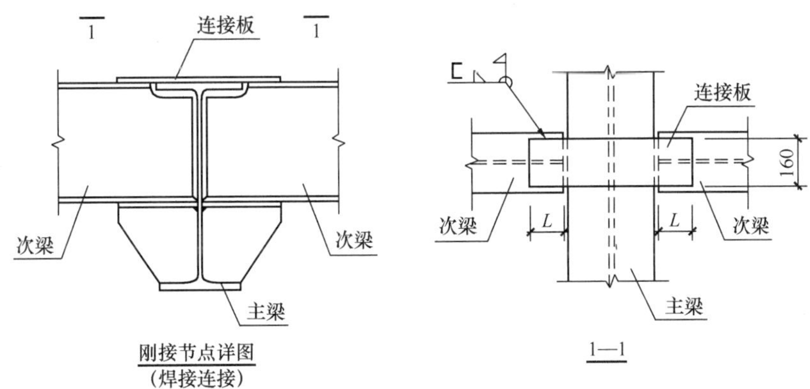

图 5.2.1-25

试问，若角焊缝的焊脚尺寸 $h_f=8$mm，次梁上翼缘与连接板的连接长度 L（mm）采用下列何项数值最为合理？钢材均采用 Q235 钢。

（A）120　　（B）260　　（C）340　　（D）420

【答案】（A）

根据《钢标》11.2.1 条的规定计算：首先计算正面角焊缝能承受的轴心拉力 N_1，所有围焊的转角处必须连续施焊，正面角焊缝的计算长度取其实际长度：$l_{w1}=160$mm

$$N_1 = \beta_f f_f^w h_e l_{w1} = 1.22 \times 160 \times 0.7 \times 8 \times 160 \times 10^{-3} = 175\text{kN}$$

其余轴心拉力由两条侧面角焊缝承受，其计算长度 l_{w2} 为：

$$l_{w2} = \frac{N-N_1}{2 \times h_e f_f^w} = \frac{360 \times 10^3 - 175 \times 10^3}{2 \times 0.7 \times 8 \times 160} = 103\text{mm}$$

$$L \geqslant l_{w2} + h_f = 103 + 8 = 111\text{mm}$$

选（A）

6）角钢承受轴心力时的角焊缝连接

当角钢与钢板用角焊缝连接时，一般采用两条侧面角焊缝（图 5.2.1-26a），也可采用三面围焊（图 5.2.1-26b），特殊情况下也允许采用 L 形围焊（图 5.2.1-26c）。

虽然轴心力通过截面形心，但由于截面形心到角钢肢背和肢尖的距离不等，所以肢背焊缝和肢尖焊缝受力也不相等。由力的平衡关系（$\sum M=0$；$\sum N=0$）可求出各条焊缝的受力。

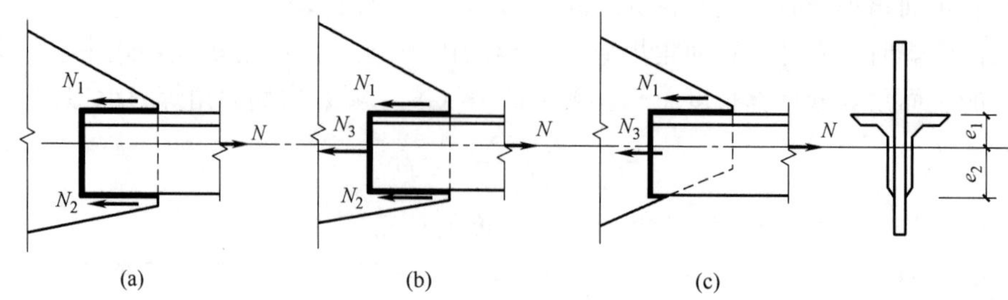

图 5.2.1-26 角钢与钢板用角焊缝连接受轴心力作用

① 图 5.2.1-26（a）所示，仅采用两条侧面角焊缝连接时，肢背和肢尖角焊缝所受的内力为：

肢背 $$N_1 = e_2 N/(e_1 + e_2) = K_1 N \quad (5.2.1\text{-}2a)$$

肢尖 $$N_2 = e_1 N/(e_1 + e_2) = K_2 N \quad (5.2.1\text{-}2b)$$

式中 K_1、K_2——肢背、肢尖角焊缝的内力分配系数，见表 5.2.1-1。

角钢角焊缝的内力分配系数 **表 5.2.1-1**

角钢类型	连接形式	内力分配系数	
		肢背 K_1	肢尖 K_2
等肢角钢		0.7	0.3
不等肢角钢短肢连接		0.75	0.25
不等肢角钢长肢连接		0.65	0.35

② 图 5.2.1-26（b）所示，采用三面围焊时，正面角焊缝承担的力为：

$$N_3 = 0.7 h_f \sum l_{w3} \beta_f f_f^w$$

则 肢背 $$N_1 = e_2 N/(e_1 + e_2) - N_3/2 = K_1 N - N_3/2 \quad (5.2.1\text{-}3a)$$

肢尖 $$N_2 = e_1 N/(e_1 + e_2) - N_3/2 = K_2 N - N_3/2 \quad (5.2.1\text{-}3b)$$

式中 l_{w3}——端部正面角焊缝的计算长度。采用三面围焊时，杆件端部转角处必须连续施焊，因此 l_{w3} 等于角钢拼接肢的肢宽 b。

③ 图 5.2.1-26（c）所示，采用L形焊缝时，正面角焊缝承担的力为：

$$N_3 = 0.7 h_f \sum l_{w3} \beta_f f_f^w$$

则肢背 $$N_1 = N - N_3 \quad (5.2.1\text{-}4)$$

【例 5.2.1-16】 不等边角钢腹杆Ⅲ（2L140×90×10）与下弦杆的连接节点详图如图 5.2.1-27 所示，腹杆Ⅲ采用双角钢构件，直角角焊缝连接，采用 E43 型焊条，按实腹式受压构件进行计算。腹杆Ⅲ的轴心压力设计值 $N=396\text{kN}$，腹杆Ⅲ角钢肢背与节点板间角焊缝的焊脚尺寸 $h_f=8\text{mm}$，实际焊缝长度为 210mm。

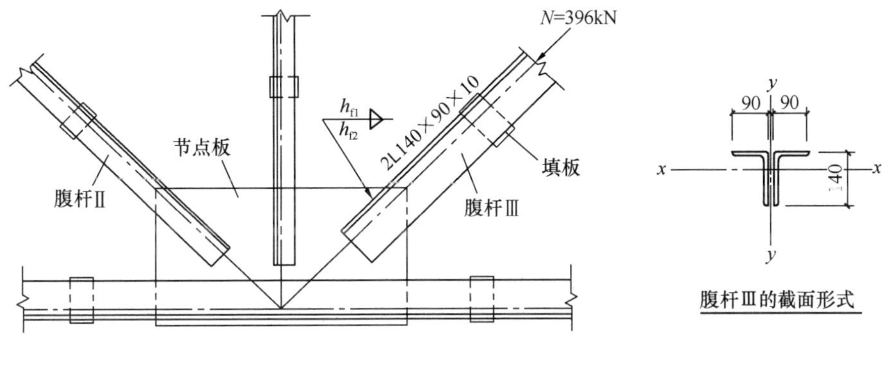

图 5.2.1-27

试问，腹杆Ⅲ角钢肢背处的侧面角焊缝的强度计算值（N/mm²），与下列何项数值最为接近？

提示：不等边角钢肢背处的焊缝内力分配系数 $k_1=0.65$。

(A) 83　　(B) 109　　(C) 118　　(D) 144

【答案】(C)

根据《钢规》第 7.1.3 条，$l_w=210-2\times8=194\text{mm}$

$$\tau_f=\frac{k_1N}{h_el_w}=\frac{0.65\times396\times10^3}{2\times0.7\times8\times194}=118\text{N/mm}^2\text{，选(C)。}$$

【例 5.2.1-17】某钢平台承受静荷载，支撑与柱的连接节点如图 5.2.1-28 所示。支撑杆的斜向拉力设计值 $N=650\text{kN}$。采用 Q235-B 钢制作，E43 型焊条。支撑拉杆为双角钢 2L100×10，角钢与节点板采用两侧角焊缝连接，角钢肢背焊缝 $h_f=10\text{mm}$，肢尖焊缝 $h_f=8\text{mm}$。试问，角钢肢背的焊缝连接长度（mm），与下列何项数值最为接近？

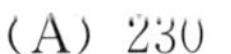

(A) 230　　(B) 290

(C) 340　　(D) 460

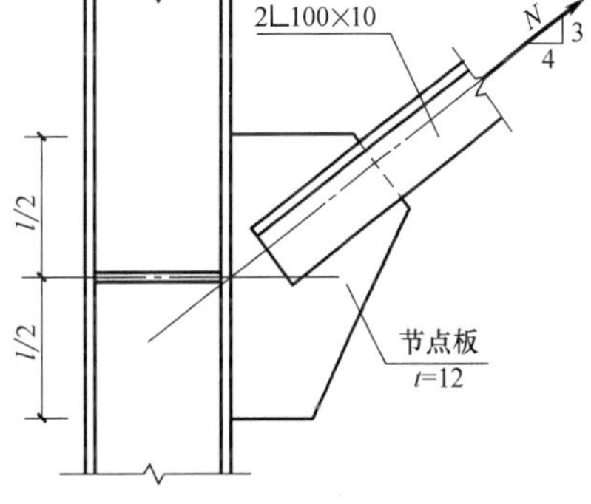

图 5.2.1-28

【答案】(A)

根据《钢标》11.2.2 条式（11.2.2-2）进行计算

由式 $\tau_f=\frac{N}{h_el_w}\leqslant f_f^w$ 得：

角钢肢背处焊缝 $l_w=\frac{0.7N}{2\times0.7h_ff_f^w}+2h_f=\left(\frac{0.7\times650\times10^3}{2\times0.7\times10\times160}+2\times10\right)\text{mm}=223\text{mm}\approx230\text{mm}$

$8h_f=8\times10=80<l_w<60h_f=60\times10=600$，满足要求。

【例 5.2.1-18】某屋架上弦节点的连接形式如图 5.2.1-29 所示，腹杆截面采用ㄱ┌ 56

$\times 5$，$A=1083\text{mm}^2$，钢材采用 Q235，焊条采用 E43 型。角钢与节点板采用两侧角焊缝连接，焊脚尺寸 $h_f=5\text{mm}$。

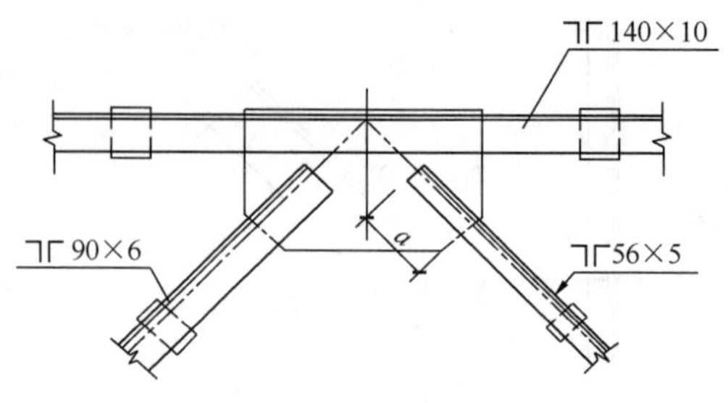

图 5.2.1-29

采用受拉等强连接，焊缝连接实际长度 a（mm）与下列何项数值最为接近？

提示：截面无削弱，肢尖、肢背内力分配比例为 3∶7。

(A) 140　　(B) 160　　(C) 290　　(D) 300

【答案】(B)

根据《钢标》7.1.1 条式（7.1.1-1）进行计算，杆件受拉承载力为

$$N = fA_n = 215 \times 1083 \times 10^{-3} = 232.8\text{kN}$$

由于采用等强连接，根据《钢标》11.2.2 条式（11.2.2-2）进行计算计算：由式 $\tau_f = \dfrac{N}{h_1 l_w} \leqslant f_f^w$ 得：

肢背焊缝计算长度　$l_w = \dfrac{0.7N}{2\times 0.7 h_f f_f^w} = \dfrac{0.7\times 232.8\times 10^3}{2\times 0.7\times 5\times 160} = 146\text{mm}$

$8h_f = 8\times 5 = 40 < l_w < 60h_f = 60\times 5 = 300$ 满足要求。

焊缝实际长度为　　$l_w + 2h_f = 146 + 2\times 5 = 156\text{mm}$。

7）强度的调整

① 焊缝强度指标的调整

《钢标》4.4.5 条指出焊缝强度指标的调整

4.4.5　焊缝的强度指标应按表 4.4.5 采用并应符合下列规定：

4　计算下列情况的连接时，表 4.4.5 规定的强度设计值应乘以相应的折减系数；几种情况同时存在时，其折减系数应连乘：

1）施工条件较差的高空安装焊缝应乘以系数 0.9；

2）进行无垫板的单面施焊对接焊缝的连接计算应乘折减系数 0.85。

【例 5.2.1-19】由于生产需要，两个钢槽罐间需增设钢平台。节点板与钢槽罐采用双面角焊缝连接见图 5.2.1-30，角焊缝的焊脚尺寸 $h_f=6\text{mm}$，最大剪力设计值 $V=202.2\text{kN}$。

试问，节点板与钢槽罐竖壁板之间角焊缝的最小焊接长度 l（mm），与何值接近？

提示：①内力沿侧面角焊缝全长分布；

②为施工条件较差的高空安装焊缝；

③最大剪力设计值 V 需考虑偏心影响，取增大系数 1.10。

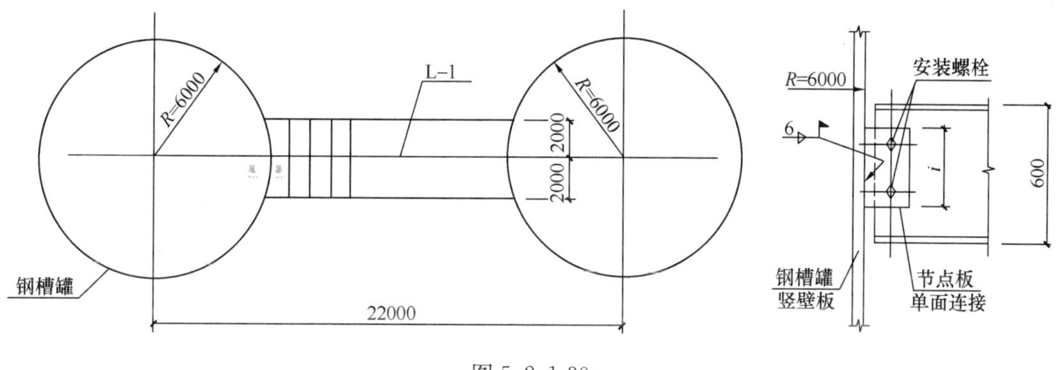

图 5.2.1-30

(A) 200 (B) 250 (C) 300 (D) 400

【答案】(A)

根据《钢标》4.4.5 条指出，施工条件较差的高空安装焊缝强度设计值的折减系数为 0.9。

根据《钢标》11.2.2 条式（11.2.2-2）进行计算

$$l_w = \frac{N}{n \cdot 0.7h_f \cdot f_f^w} = \frac{1.10 \times 202.2 \times 10^3}{2 \times 0.7 \times 6 \times (160 \times 0.9)} = 184\text{mm}$$

$l = 184 + 2 \times 6 = 196\text{mm}$。

② 单面连接单角钢的调整

《钢标》7.6.1 条指出单面连接单角钢的截面强度应调整

7.6.1 桁架的单角钢腹杆，当以一个肢连接于节点板时（图 7.6.1），除弦杆亦为单角钢，并位于节点板同侧者外，应符合下列规定：

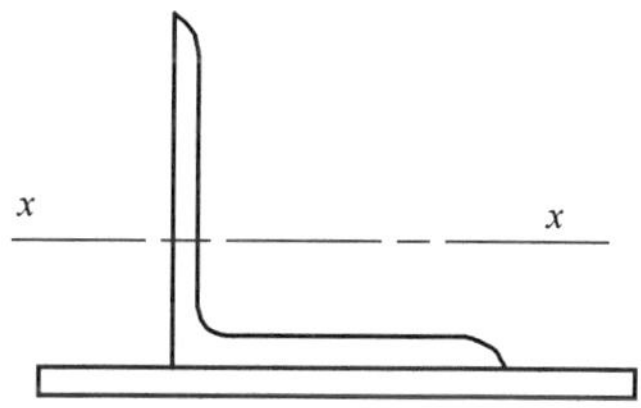

图 7.6.1 角钢的平行轴

1 轴心受力构件的截面强度应按本标准式（7.1.1-1）和式（7.1.1-2）计算，但强度设计值应乘以折减系数 0.85。

【例 5.2.1-20】 某单层厂房，其边跨线向柱列的柱间支撑布置如图 5.2.1-31 所示。柱间支撑均采用十字交叉式，按柔性受拉斜杆设计。下段柱间支撑与厂房柱连接如图 5.2.1-32 所示。肢背、肢尖的焊脚尺寸比值为 8/6。支撑拉力设计值 N＝280kN。

试问，支撑角钢与节点板连接的侧面角焊缝长度 l_w（mm），应与下列何项数值最为接近？

(A) 200 (B) 240 (C) 280 (D) 300

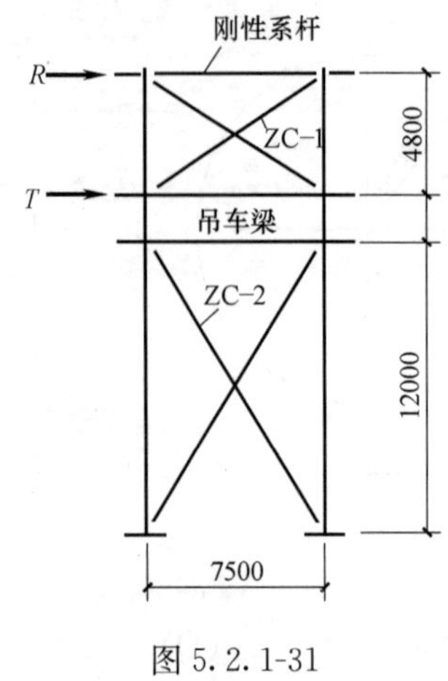

图 5.2.1-31

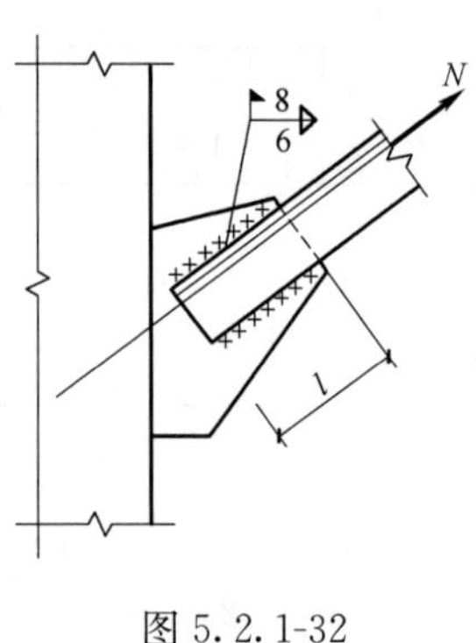

图 5.2.1-32

【答案】(C)

由于肢背、肢尖焊缝长度相等，且肢背处焊缝受力与肢尖处焊缝受力之比为 0.7/0.3 大于焊脚尺寸比值 8/6，因此，肢背处焊缝控制设计。

由于是单面连接单角钢，《钢标》7.6.1 条指出单面连接单角钢的截面强度应乘以折减系数 0.85。

根据《钢标》11.2.2 条式（11.2.2-2）进行计算

$$\tau_{\mathrm{f}}=\frac{N}{h_{\mathrm{e}}l_{\mathrm{w}}}\leqslant 0.85f_{\mathrm{f}}^{\mathrm{w}}$$

$$\frac{0.7\times 280\times 10^{3}}{0.7\times 8\times l_{\mathrm{w}}}\leqslant 0.85\times 160$$

解方程，得到 $l_{\mathrm{w}}=257\mathrm{mm}$。考虑两端的缺陷，几何长度应最小为 $257+2\times 8-273\mathrm{mm}$，此时能满足焊缝最大、最小长度要求，选择（C)。

【例 5.2.1-21】图 5.2.1-33 所示下段柱，其斜腹杆采用 2L140×10，$A=5475\mathrm{mm}^2$，柱子的斜腹杆与柱肢节点板采用单面连接。角钢腹杆与柱肢节点板采用三面围焊，已知腹

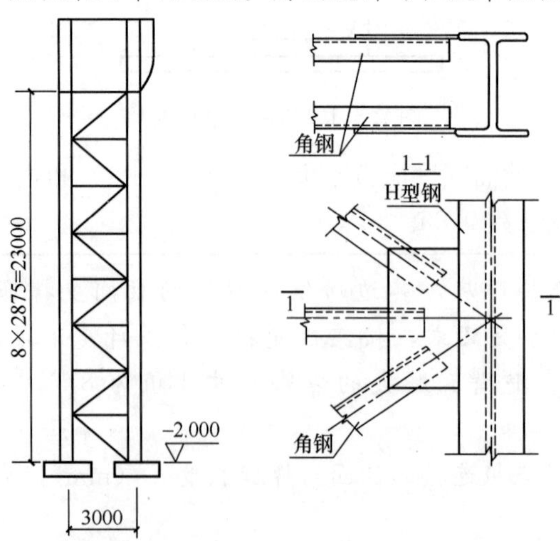

图 5.2.1-33

杆轴心力设计值 N=709kN，试问，当角焊缝 h_f=10mm² 时，角焊缝的实际长度（mm），应与下列何项数值最为接近？

(A) 240　　(B) 320　　(C) 200　　(D) 400

【答案】(B)

依据《钢标》7.6.1 条指出，单面连接单角钢的截面强度应乘折减系数 0.85。E50 型焊条。

查表《钢标》4.4.5 得角焊缝强度设计值 f_f^w=200N/mm²。

于是，需要的全部角焊缝计算长度：

$$l_w = \frac{709/2 \times 10^3 - 1.22 \times 140 \times 0.7 \times 10 \times 200 \times 0.85}{0.7 \times 10 \times 200 \times 0.85} + 140$$

$$= 267\text{mm}$$

上式中，1.22 是考虑端焊缝的强度提高。

实际需要的几何长度为 $267+2h_f=267+2\times10=287$mm，故选择（B）。

二、螺栓连接

1. 螺栓连接的构造要求

(1) 普通螺栓连接分为 A、B、C 三级

普通螺栓由 35 号钢和优质碳素钢中的 45 号钢制成，按制造方法及精度不同，分为 A、B、C 三级，其中 A 级和 B 级为精制螺栓，C 级为粗制螺栓。工程中常用的螺栓直径有 16、20、22、24（mm）等。

A、B 级螺栓性能等级有 5.6 级和 8.8 级两种，C 级螺栓性能等级有 4.6 级和 4.8 级两种。螺栓性能等级的含义是（以 8.8 级为例）：小数点前的数字“8”表示螺栓热处理后的最低抗拉强度为 800N/mm²，小数点及小数点后面的数字“.8”表示其屈强比（屈服强度与抗拉强度之比）为 0.8。

《钢标》表 4.4.6 规定螺栓连接的强度指标

4.4.6 螺栓连接的强度指标应按表 4.4.6 采用。

螺栓连接的强度指标（N/mm²）　　**表 4.4.6**

螺栓的性能等级		强度设计值			
		普通螺栓			
		C 级螺栓		A 级、B 级螺栓	
		抗拉 f_t^b	抗剪 f_v^b	抗拉 f_t^b	抗剪 f_v^b
普通螺栓	4.6 级、4.8 级	170	140		
	5.6 级			210	190
	8.8 级			400	320

《钢标》11.1.3 条和 11.5.3 条规定了螺栓的应用

> **11.1.3** C级螺栓宜用于沿其杆轴方向受拉的连接，在下列情况下可用于受剪连接：
>
> **1** 承受静力荷载或间接承受动力荷载结构中的次要连接；
>
> **2** 承受静力荷载的可拆卸结构的连接；
>
> **3** 临时固定构件用的安装连接。
>
> **11.5.3** 对直接承受动力荷载的普通螺栓受拉连接应采用双螺帽或其他能防止螺帽松动的有效措施。

（2）螺栓的排列和间距

螺栓的排列应简单、统一、整齐而紧凑。排列方法有并列和错列两种，并列简单整齐，错列较紧凑（图 5.2.2-1）。

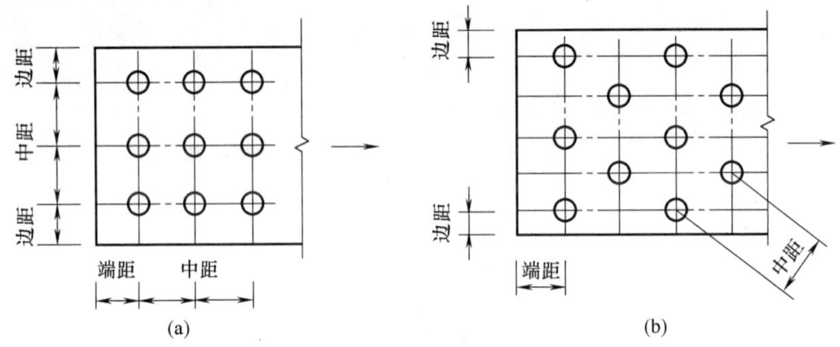

图 5.2.2-1 螺栓排列

（a）并列；（b）错列

螺栓在构件上的排列应考虑下列要求：

1）受力要求 在受力方向的端距不能太小。端距太小，栓钉前钢板有被剪断的可能。当端距≥$2d_0$（d_0 为孔径），可保证钢板不被剪断（图 5.2.2-2a）。对于受拉构件，当各排中距太小时，构件有沿折线或直线破坏的可能。对于受压构件，沿外力方向的中距不宜过大，否则构件易发生张口或鼓曲现象（图 5.2.2-2b）。

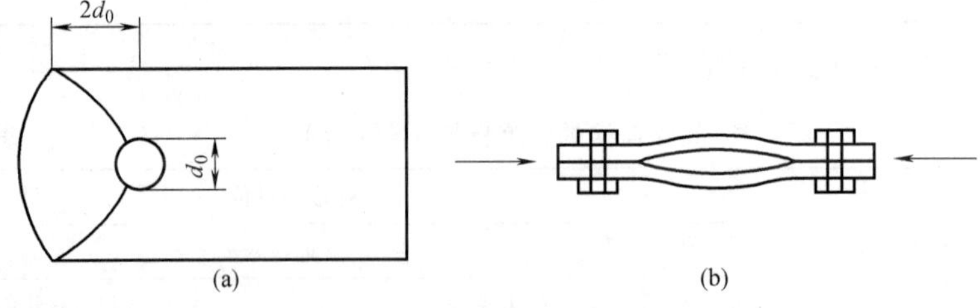

图 5.2.2-2 螺栓构造不合理的破坏

2）构造要求 螺栓的边距及中距不宜过大，否则被连接板件接触面不紧密，潮气侵入缝隙，造成钢材锈蚀。

3）施工要求 布置螺栓时，要保证有一定的空间，以便转动扳手拧紧螺帽。

总之，螺栓的间距不能过大，也不能过小。《钢标》11.5.2 条规定了最大最小容许间距，如图 5.2.2-3 所示。

<table>
<tr><th colspan="6">螺栓或铆钉的孔距、边距和端距容许值　　表 11.5.2</th></tr>
<tr><th>名称</th><th colspan="3">位置和方向</th><th>最大容许间距
（取两者的较小值）</th><th>最小容许间距</th></tr>
<tr><td rowspan="5">中心间距</td><td colspan="3">外排（垂直内力方向或顺内力方向）</td><td>$8d_0$或$12t$</td><td rowspan="5">$3d_0$</td></tr>
<tr><td rowspan="3">中间排</td><td colspan="2">垂直内力方向</td><td>$16d_0$或$24t$</td></tr>
<tr><td rowspan="2">顺内力方向</td><td>构件受压力</td><td>$12d_0$或$18t$</td></tr>
<tr><td>构件受拉力</td><td>$16d_0$或$24t$</td></tr>
<tr><td colspan="3">沿对角线方向</td><td>—</td></tr>
<tr><td rowspan="4">中心至构件边缘距离</td><td colspan="3">顺内力方向</td><td rowspan="4">$4d_0$或$8t$</td><td>$2d_0$</td></tr>
<tr><td rowspan="3">垂直内力方向</td><td colspan="2">剪切边或手工切割边</td><td rowspan="2">$1.5d_0$</td></tr>
<tr><td rowspan="2">轧制边、自动气割或锯割边</td><td>高强度螺栓</td></tr>
<tr><td>其他螺栓或铆钉</td><td>$1.2d_0$</td></tr>
</table>

注：1 d_0为螺栓或铆钉的孔径，对槽孔为短向尺寸，t为外层较薄板件的厚度；

2 钢板边缘与刚性构件（如角钢，槽钢等）相连的高强度螺栓的最大间距，可按中间排的数值采用；

3 计算螺栓孔引起的截面削弱时可取 $d+4$mm 和 d_0的较大者。

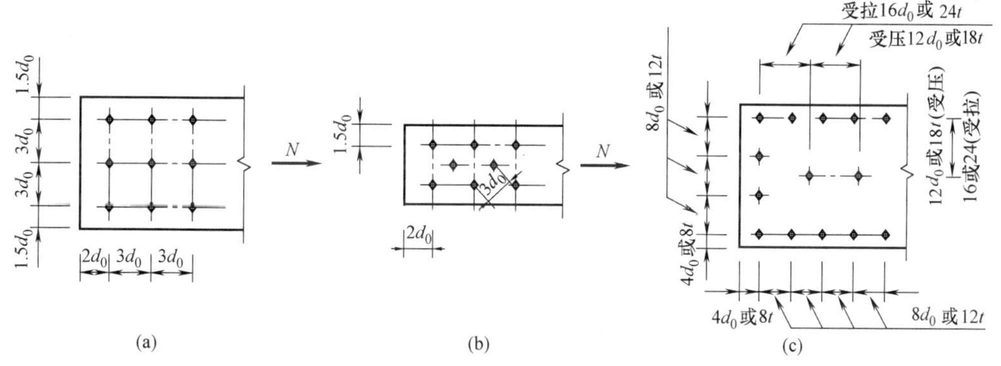

图 5.2.2-3

（a）并列式的最小间距；（b）错列式的最小间距；（c）最大间距

2. 普通螺栓连接的计算

普通螺栓连接按受力情况可分为螺栓受剪、螺栓受拉和螺栓同时受剪受拉。当外力垂直于螺栓杆时，螺栓承受剪力（5.2.2-4a）；当外力平行于螺栓杆时，螺栓承受拉力（图 5.2.2-4b）；图 5.2.2-4（c）所示的螺栓同时承受剪力和拉力作用。

（1）抗剪螺栓

1）螺栓受剪时的破坏形式

受剪螺栓连接达到极限承载力时，可能的破坏形式、原因及措施如表 5.2.2-1 所示。

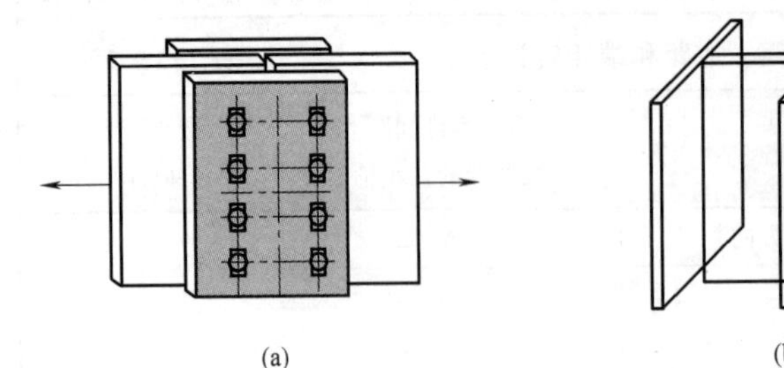

(a)

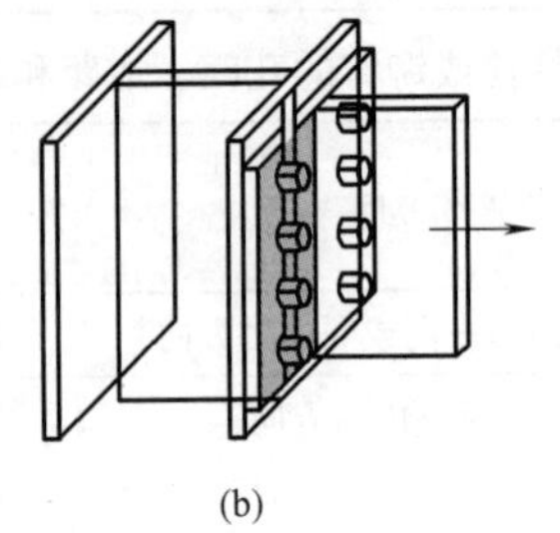

(b)

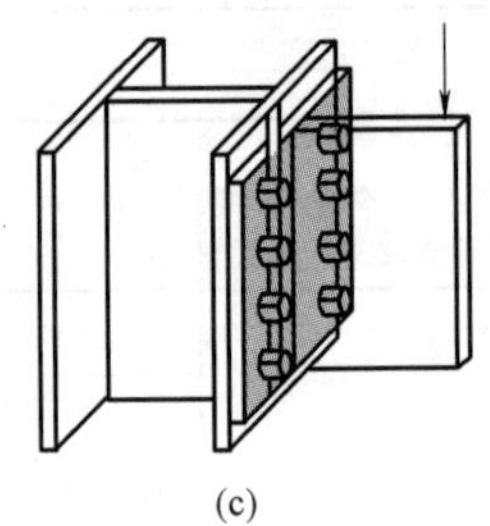

(c)

图 5.2.2-4　螺栓受力分类

受剪螺栓的破坏、原因及措施　　　　**表 5.2.2-1**

序号	破坏形式	图　示	原　因	措　施
1	螺杆受剪破坏		螺杆直径较小，板件较厚	计算抗剪承载力 $N\leqslant N_v^b$
2	螺栓承压破坏		螺杆直径较大，板件较薄	计算板受压承载力 $N\leqslant N_c^b$
3	板件净截面破坏		螺栓孔对板件截面削弱太多	验算板件的净截面强度 $\sigma=\dfrac{N}{A_n}\leqslant f$
4	螺杆冲剪破坏		端距太小	端距 $e\geqslant 2d_0$

① 当螺杆直径较小而板件较厚时，螺杆可能先被剪断（表 5.2.2-1 序号 1），该种破坏形式称为螺栓杆受剪破坏；

② 当螺杆直径较大而板件较薄时，板件可能先被挤坏（表 5.2.2-1 序号 2），该种破坏形式称为孔壁承压破坏，也叫作螺栓承压破坏；

③ 当板件净截面面积因螺栓孔削弱太多时，板件可能被拉断（表 5.2.2-1 序号 3）；

④ 当螺栓排列的端距太小时，端距范围内的板件有可能被螺杆冲剪破坏（表 5.2.2-1 序号 4）。

上述四种破坏形式中，前三种必须通过计算加以防止，其中栓杆被剪断和孔壁承压破坏通过计算单个螺栓承载力来控制，板件被拉断则由验算构件净截面强度来控制。后一种通过构造措施加以防止，即控制端距 $e \geqslant 2d_0$。

螺栓连接的计算通常按下列步骤：首先计算单个螺栓的承载力设计值，其次按受力情况确定所需螺栓数量，最后按构造要求排列需要的螺栓，必要时还进行构件的净截面强度验算。在受力较复杂的螺栓连接中，也可先假定需要的螺栓数进行排列后验算受力最大的螺栓是否小于其承载力设计值；相差过大时，重新假定螺栓数进行排列和复算。为此，首先要求单个螺栓的承载力设计值。

2）单个普通螺栓的受剪计算

普通螺栓的受剪承载力主要由螺杆受剪和孔壁承压两种破坏模式控制，因此应分别计算，取其小值进行设计。

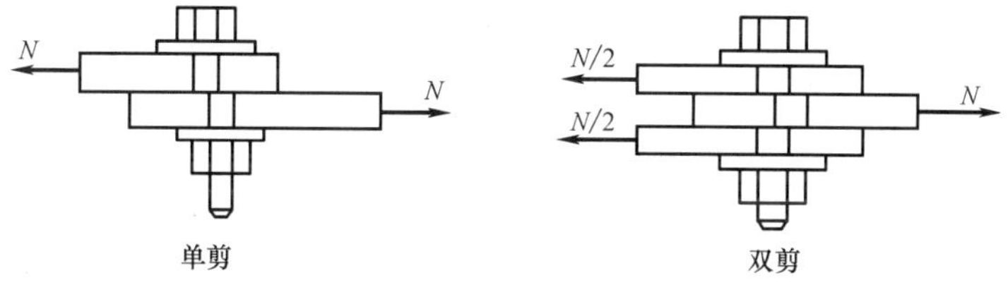

图 5.2.2-5　螺栓受剪

① 栓杆受剪计算时，假定螺栓受剪面上的剪应力是均匀分布的，当单剪时有一个剪切面，$n_v=1$，双剪时有两个剪切面 $n_v=2$，如图 5.2.2-5 所示。

② 孔壁承压计算时，假定挤压力沿栓杆直径平面（实际上是相应于栓杆直径平面的孔壁部分）均匀分布（如图 5.2.2-6）。

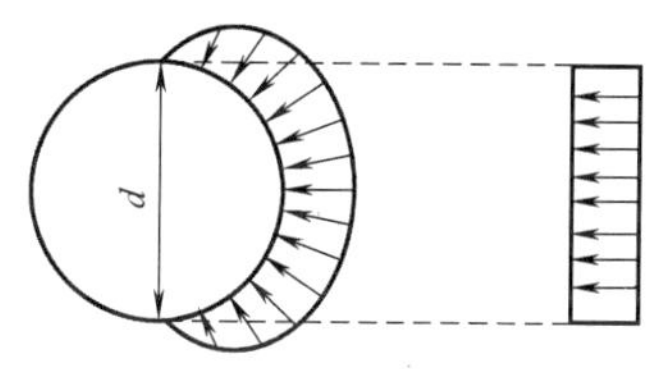

图 5.2.2-6　螺栓承压的计算承压面积

《钢标》11.4.1 条规定

11.4.1　普通螺栓连接应按下列规定计算：

1　在普通螺栓受剪的连接中，每个螺栓的承载力设计值应取受剪和承压承载力设计值中的较小者。

受剪承载力设计值：

普通螺栓

$$N_v^b = n_v \frac{\pi d^2}{4} f_v^b \qquad (11.4.1\text{-}1)$$

承压承载力设计值：

普通螺栓

$$N_c^b = d \sum t \cdot f_c^b \qquad (11.4.1\text{-}3)$$

式中：n_v——受剪面数目；

d——螺栓杆直径；

$\sum t$——在不同受力方向中一个受力方向承压构件总厚度的较小值；

f_v^b、f_c^b——螺栓的抗剪和承压强度设计值；

【例 5.2.2-1】设次梁 L1 与主梁 ZL1 的连接如图 5.2.2-7 所示，采用 M16 的 C 级普

通螺栓，且剪切面在螺纹处。梁端剪力设计值 $V=65\text{kN}$，考虑到连接偏心的不利影响，将剪力乘以1.3倍。

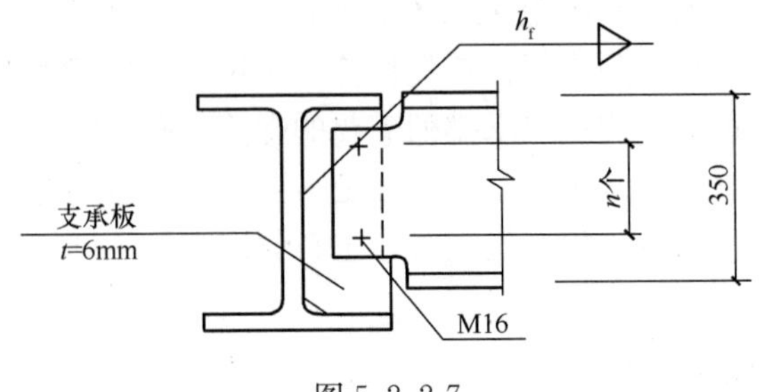

图 5.2.2-7

试问，其螺栓数（个）应和下列何项数值最为接近？

提示：次梁L1（焊接H型钢）腹板厚4.5mm。

(A) 2　　(B) 3　　(C) 4　　(D) 5

【答案】(C)

$$f_v^b=140\text{N/mm}^2 \qquad f_c^b=305\text{N/mm}^2$$

一个螺栓的抗剪承载力设计值为

$$N_v^b=n_v\frac{\pi d^2}{4}f_v^b=1\times3.14\times16^2/4\times140=28134\text{N}$$

$$N_c^b=d\cdot\Sigma t\cdot f_c^b=16\times4.5\times305=21960\text{N}$$

$$N_{\text{vmin}}^b=\min(N_v^b,N_c^b)=21960\text{N}$$

所需要的螺栓数

$$n=1.3V/N_{\text{vmin}}^b=1.3\times65/21.96=3.8,$$

取为4个，选择C。

【例5.2.2-2】如图5.2.2-8所示焊接工字形截面梁，Q345B制作。由于长度超长，主梁翼缘拟在工地用5.6级M24普通螺栓进行双面拼接，螺栓孔径 $d_0=25.5\text{mm}$。

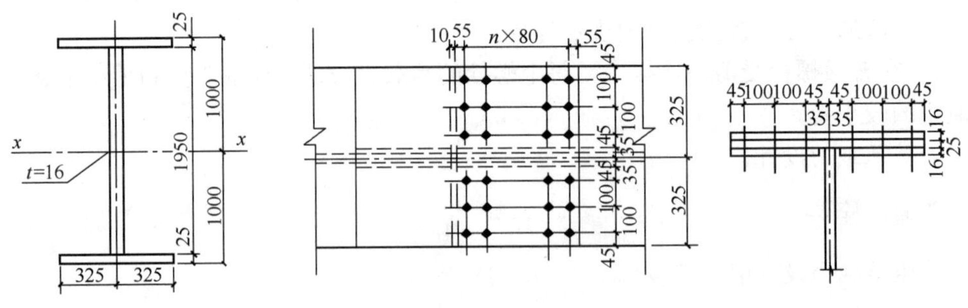

图 5.2.2-8

试问，在拼接头一端，主梁上翼缘拼接所需的普通螺栓数量，与下列何项数值最为接近？

(A) 12　　(B) 18　　(C) 24　　(D) 30

【答案】(C)

$$f_v^b=190\text{N/mm}^2, f_c^b=510\text{N/mm}^2$$

一个 5.6 级 M24 普通螺栓的受剪承载力为

$$N_{v}^{b}=n_{v}\frac{\pi d^{2}}{4}f_{v}^{b}=2\times\frac{\pi\times24^{2}}{4}\times190=172\times10^{3}\mathrm{N}$$

$$N_{c}^{b}=d\sum tf_{c}^{b}=24\times25\times510=306\times10^{3}\mathrm{N}$$

取二者较小者，$N_{v,\min}^{b}=172\mathrm{kN}$。

翼缘净截面可承受的拉力设计值为 $N=25\times(650-6\times25.5)\times295=3665\times10^{3}\mathrm{N}$

一侧所需螺栓数

$$n=\frac{N}{N_{v,\min}^{b}}=\frac{3665}{172}=22$$

今按照 24 个螺栓考虑，连接长度为 $3\times80=240\mathrm{mm}<1.5d_{0}=15\times25.5=382\mathrm{mm}$，不必考虑折减，故 24 个螺栓可以满足要求，选择（C）。

3）螺栓计算的调整

① 超长的调整

试验证明，螺栓群的抗剪连接承受轴心力时，螺栓群在长度方向各螺栓受力不均匀（图 5.2.2-9），两端受力大，而中间受力小。当连接长度 $l_1\leqslant15d_0$（d_0 为螺栓孔直径）时，由于连接工作进入弹塑性阶段后，内力发生重分布，螺栓群中各螺栓受力逐渐接近，故可认为轴心力由每个螺栓平均分担。

$l_1>15d_0$ 时，连接工作进入弹塑性阶段后，各螺杆所受内力也不易均匀，端部螺栓首先达到极限强度而破坏，随后由外向里依次破坏（即解纽扣现象）。当 $l_1>15d_0$ 时，连接强度明显下降，开始下降较快，以后逐渐缓和，并趋于常值。如图 5.2.2-10 所示，实线为我国现行《钢标》所采用的曲线。

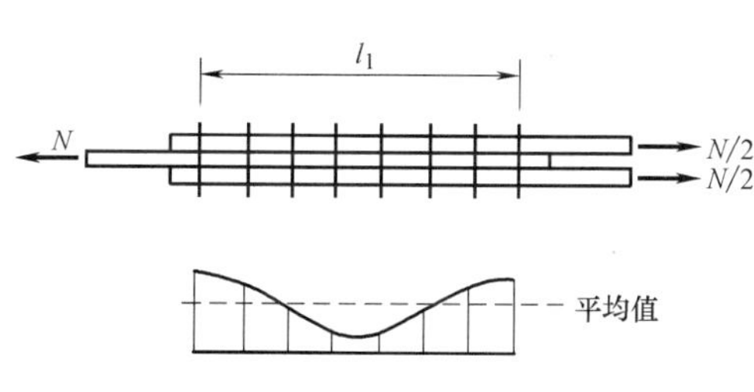

图 5.2.2-9 长接头螺栓的内力分布

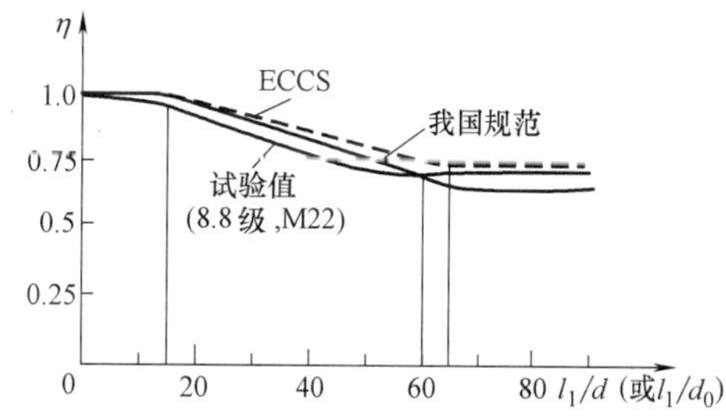

图 5.2.2-10 接头长度的影响系数

《钢标》11.4.5 条规定

> **11.4.5** 在构件连接节点的一端，当螺栓沿轴向受力方向的连接长度 l_1 大于 $15d_0$ 时，应将螺栓的承载力设计值乘以折减系数 $\left(1.1-\frac{l_1}{150d_0}\right)$。当大于 $60d_0$ 时，折减系数取为定值 0.7。

【例 5.2.2-3】 角钢和节点板的搭接连接（用螺栓连接）

条件：有一角钢和节点板搭接的螺栓连接，钢材为 Q235-B・F 钢。承受的轴心拉力设计值 $N=3.9\times10^{5}\mathrm{N}$（静载）。采用 C 级螺栓，用 2L90×6 的角钢组成 T 形截面（图 5.2.2-11），截面积 $A=2120\mathrm{mm}^{2}$。

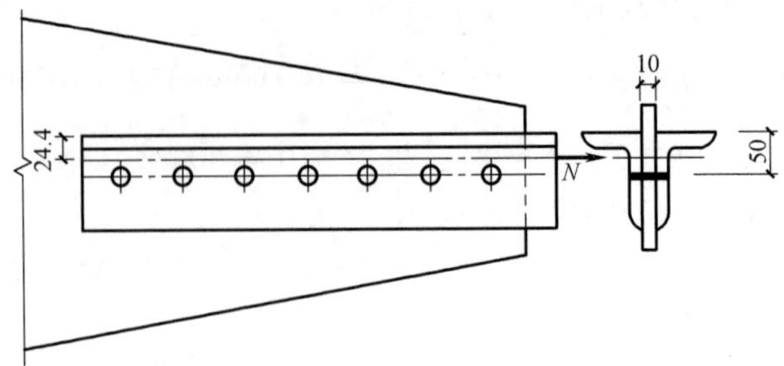

图 5.2.2-11

要求：确定螺栓数量和布置。

【答案】(1) 螺栓直径确定

根据在角钢上设置螺栓的构造要求，在角钢 2L90×6 上的栓孔最大开孔直径为 22.5mm，线距 e=50mm。据此选用 M20 螺栓，孔径为 d_0=21.5mm。

由螺栓的最大、最小容许距离确定螺栓边距及中距。

顺内力方向边距 l（端距），$l_{max}=\min\{4d_0,8t\}=\min\{4\times21.5,8\times6\}=\min\{86,48\}=48$mm，$l_{min}=2d_0=2\times21.5=43$mm，故取端距为 45mm。

中距（螺距）l，$l_{max}=\min\{8d_0,12t\}=\min\{8\times21.5,12\times6\}=\min\{172，72\}=72$mm，$l_{min}=3d_0=3\times21.5=64.5$mm，故取中距 65mm。

(2) 螺栓数目确定

一个 C 级螺栓受剪承载力设计值 N^b 为

$$N_v^b=n_v\frac{\pi d^2}{4}f_v^b=2\times\frac{3.14\times20^2}{4}\times140=87920\text{N}$$

$$N_c^b=d\cdot\sum t\cdot f_c^b=20\times10\times305=61000\text{N}$$

$$N^b=\min\{N_v^b,N_c^b\}=61000\text{N}$$

所需螺栓数 n 为

$$n=\frac{N}{N^b}=\frac{3.9\times10^5}{61000}=6.4\text{ 个，取 7 个。}$$

螺栓布置如图 5.2.2-11 所示。

$$l_1=6\times65=390\text{mm}>15d_0=15\times21.5=322.5\text{mm}$$

故螺栓的承载力设计值应乘以折减系数 η 为

$$\eta=1.1-\frac{l_1}{150d_0}=1.1-\frac{390}{150\times21.5}=0.979>0.7$$

得所需螺栓数为

$$n=\frac{N}{\eta N^b}=\frac{3.9\times10^5}{\left(1.1-\frac{390}{150\times21.5}\right)\times61000}=6.6\text{ 个}$$

所以取 7 个螺栓满足螺栓抗剪要求。

(3) 构件净截面强度验算

根据《钢标》表 11.5.2 注 3，计算螺栓孔引起的截面削弱时可取 $d+4$mm 和 d_0 的较大者。

$$\max\{d+4=20+4=24\text{mm}, d_0=21.5\text{mm}\}=24\text{mm}$$

$$A_n=A-n_1d_0t=2120-1\times24\times6\times2=1832\text{mm}$$

$$\sigma=\frac{N}{A_n}=\frac{3.9\times10^5}{1832}=212.9\text{N/mm}^2<215\text{N/mm}^2$$

所以该连接按 M20，d_0=21.5mm，7 个螺栓如图布置满足要求。

② 偏心的调整

《钢标》11.4.4 条规定

11.4.4 在下列情况的连接中，螺栓或铆钉的数目应予增加：

1 一个构件借助填板或其他中间板件与另一构件连接的螺栓（摩擦型连接的高强度螺栓除外）或铆钉数目，应按计算增加 10%。

2 当采用搭接或拼接板的单面连接传递轴心力，因偏心引起连接部位发生弯曲时，螺栓（摩擦型连接的高强度螺栓除外）或铆钉数目，应按计算增加 10%。

3 在构件的端部连接中，当利用短角钢连接型钢（角钢或槽钢）的外伸肢以缩短连接长度时，在短角钢两肢中的一肢上，所用的螺栓或铆钉数目应按计算增加 50%。

4 当铆钉连接的铆合总厚度超过铆钉孔径的 5 倍时，总厚度每超过 2mm，铆钉数目应按计算增加 1%（至少应增加一个铆钉），但铆合总厚度不得超过铆钉孔径的 7 倍。

(a) 图 5.2.2-12 表示两块不等厚度的钢板的螺栓平接接头，在右侧有较薄板的一侧需设填板。因填板一侧的螺栓受力后易弯曲，工作状况较差，因而该侧螺栓数应增加 10%。

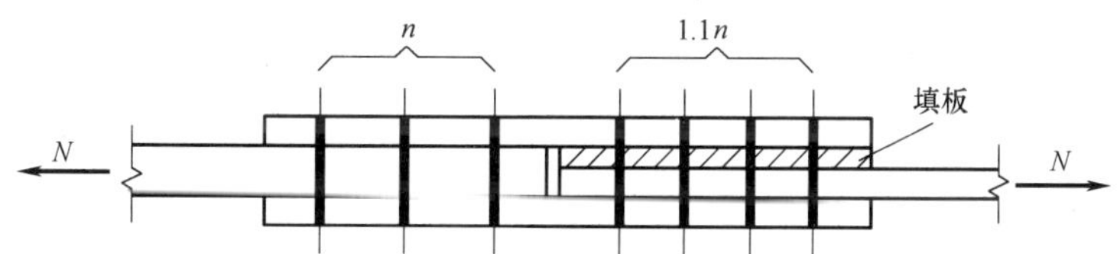

图 5.2.2-12 用填板的螺栓对接接头

(b) 搭接接头或用拼接板的单面连接，如图 5.2.2-13。由于接头易弯曲，螺栓（不包括摩擦型高强度螺栓）或铆钉数目应按计算数增加 10%。

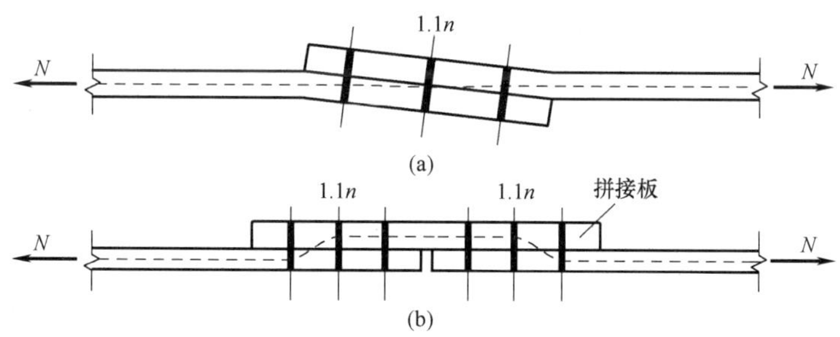

图 5.2.2-13 搭接接头和单面拼接板连接

(a) 搭接接头；(b) 单面拼接板连接

(c) 在杆件端部连接中，当利用短角钢与型钢的外伸肢相连以缩短连接长度时，（见

图 5.2.2-14)，在短角钢两肢中的任意一肢上所用螺栓数目应按计算值增加 50%。

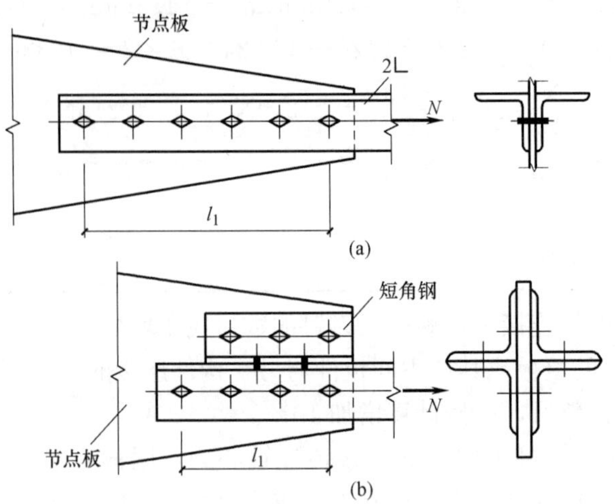

图 5.2.2-14　角钢与节点板的螺栓连接

图 5.2.2-14 是角钢与节点板的连接，连接长度太长。为缩短连接长度，角钢上保留所需 6 个螺栓中的 4 个，其余 2 个螺栓则利用短角钢与节点板相连，如图 5.2.2-14b 所示。按《钢标》规定，可以在短角钢的外伸肢上放置 2 个，连接肢上放置 2×1.5=3 个；也可以在外伸肢上放置 3 个，连接肢上放置 2 个。

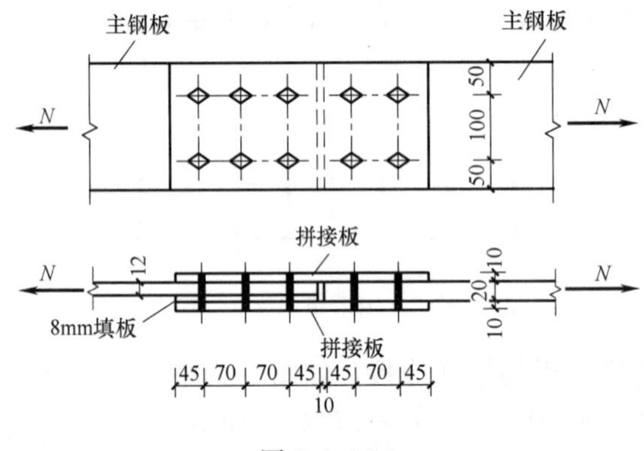

图 5.2.2-15

【例 5.2.2-4】 两不等厚钢板拼接的螺栓连接

条件：两块 Q235 钢的钢板，一块为 200mm×20mm，另一块为 200mm×12mm，用上、下两块 200mm×100mm 的拼接板拼接如图 5.2.2-15 所示。C 级螺栓，直径 d=20mm，孔径 d_0=21.5mm。承受静力荷载设计值为 N=320kN。

要求：试设计此螺栓连接。

【答案】 $f_v^b=140\text{N/mm}^2$　　$f_c^b=305\text{N/mm}^2$

两块厚度不等的钢板对接，必须采用填板，填板厚 $t=20-12=8\text{mm}$。

(1) 计算螺栓的承载力设计值

受剪　$$N_v^b=n_v\frac{\pi d^2}{4}f_v^b=2\times\frac{\pi\times20^2}{4}\times140\times10^{-3}=87.96\text{kN}$$

承压　$N_c^b = d\sum t f_c^b$

当$\sum t=20$mm 时　$N_c^b = 20\times20\times305\times10^{-3} = 122$kN

当$\sum t=12$mm 时　$N_c^b = 20\times12\times305\times10^{-3} = 73.2$kN。

(2) 计算所需螺栓数并进行布置

1) 拼接右侧（即板厚为 20mm 处）

所需螺栓数为（由受剪控制）

$$n=\frac{N}{N_v^b}=\frac{320}{87.96}=3.6\text{ 个，采用 4 个。}$$

2) 拼接左侧（即板厚为 12mm 处）

需设 8mm 厚的填板。填板不伸出拼接板之外如图 5.2.2-15 所示。填板不传力，只是提供一个“厚度”使接缝两侧等厚。由于螺栓杆在这种情况下易弯曲变形，《钢标》第 11.4.4 条中规定：一个构件借助填板或其他中间板件与另一构件连接的螺栓（摩擦型高强度螺栓除外）数目，应按计算增加 10%。因而接缝左侧所需螺栓数为（由对 12mm 厚钢板承压控制）：

$$n=1.1\frac{N}{N_c^b}=1.1\times\frac{320}{73.2}=1.1\times4.4=4.8\text{ 个，采用 6 个。}$$

布置并排列螺栓如图 5.2.2-15 所示。所有螺栓纵横向的中心间距和边距、端距等均符合要求。拼接板长度为 400mm，填板长度为 230mm。

(2) 抗拉螺栓

1) 螺栓受拉时的工作性能

螺栓受拉时，通常拉力不可能正好作用在螺栓的轴线上，而是常常通过连接角钢或 T 形钢传递，如图 5.2.2-16 (a) 所示的 T 形连接。

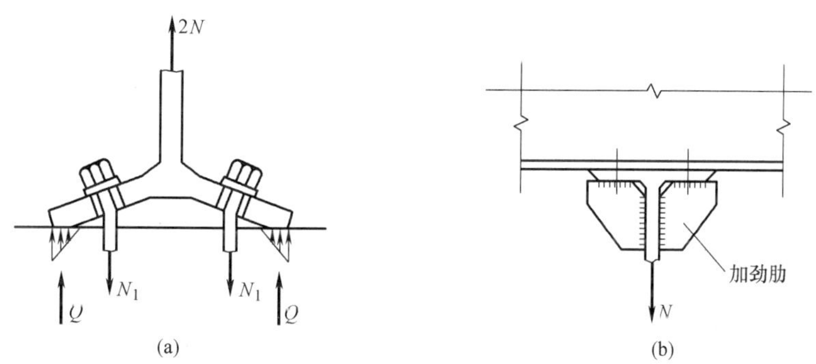

图 5.2.2-16　T 形连接

(a) 受拉螺栓的撬力；(b) 构造措施

如果连接件的刚度小，受力后与螺栓杆垂直的板件会有变形，此时螺栓有撬开的趋势，犹如杠杆一样，会使端板外角点附近产生杠杆力或称撬力，使螺栓拉力增加。图中螺杆实际所受拉力为：

$$N_1 = N + Q$$

撬力 Q 的大小与连接件的刚度有关，刚度小，则撬力大。由于确定撬力值比较复杂，为了简化计算，不直接求撬力 Q，而是把普通螺栓的抗拉强度设计值 f_t^b 取为螺栓钢材抗拉强度设计值 f 的 0.8 倍，以考虑撬力的不利影响。例如 Q235 钢，螺栓的 $f_t^b=0.8\times215=170\text{N/mm}^2$。在构造上采取措施，如设置加劲肋如图 5.2.2-16（b）所示，提高刚度，可以减小甚至消除撬力影响。

螺栓受拉时，其最不利的截面在螺母下螺纹削弱处。破坏时，在这里被拉断，应根据螺纹削弱处的有效直径或有效面积计算。

单个螺栓的抗拉设计承载力为：

$$N_t^b=\frac{\pi d_e^2}{4}f_t^b=A_e f_t^b \tag{5.2.2-1}$$

式中 d_e——普通螺栓螺纹处的有效直径，查表 5.2.2-2；

A_e——普通螺栓的有效面积，查表 5.2.2-2；

f_t^b——普通螺栓抗拉强度设计值。

由于螺纹是斜方向的，所以螺栓抗拉时采用的直径既不是栓杆的外径 d，也不是净直径 d_n 或平均直径 d_m，如图 5.2.2-17。根据现行国家标准：

$$d_e=d-\frac{13}{24}\sqrt{3}p \tag{5.2.2-2}$$

式中 p——螺距。

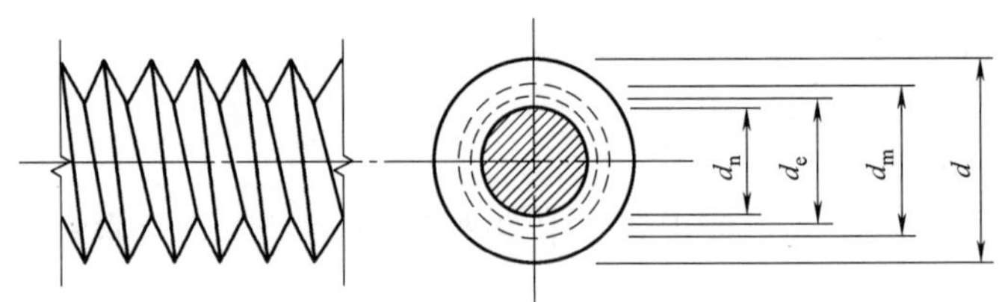

图 5.2.2-17 螺栓螺纹处的直径

六角头螺栓规格（按 GB/T 5782—2016） **表 5.2.2-2**

螺栓直径 d (mm)	螺距 p (mm)	螺栓有效直径 d_e (mm)	螺栓有效面积 (mm²)	注
16	2	14.12	156.7	螺栓有效直径 d_e 按下式算得：$d_e=d-0.9382p$ 螺栓有效面积 A_e 按下式算得：$A_e=\frac{\pi}{4}(d-0.9382p)^2$
18	2.5	15.65	192.5	
20	2.5	17.65	244.8	
22	2.5	19.65	303.4	
24	3	21.19	352.5	
27	3	24.19	459.4	
30	3.5	26.72	560.6	
33	3.5	29.72	693.6	
36	4	32.25	816.7	
39	4	35.25	975.8	
42	4.5	37.78	1121.0	
45	4.5	40.78	1306.0	
48	5	43.31	1473.0	
52	5	47.31	1757.0	
56	5.5	50.84	2030.0	
60	5.5	54.84	2362.0	

2）螺栓群轴心受拉

图 5.2.2-18 所示，螺栓群在轴心力 N 作用下的抗拉连接，假定每个螺栓平均受力，则一个螺栓所受拉力为：

$$N_t^N=\frac{N}{n}\leqslant N_t^b \quad (5.2.2\text{-}3)$$

式中 n——螺栓总数。

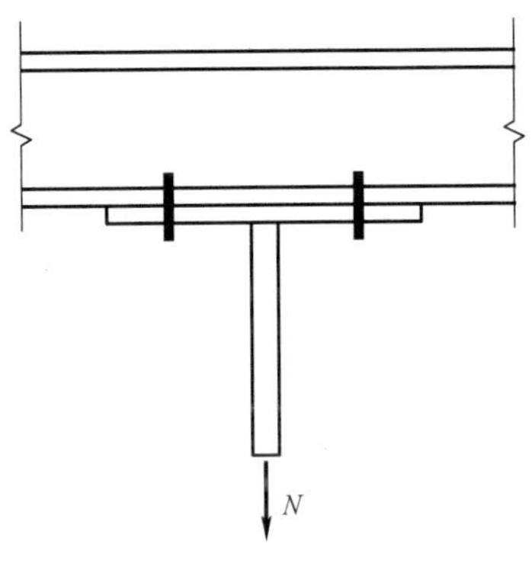

图 5.2.2-18 螺栓群轴心受拉

【例 5.2.2-5】起重机梁与钢屋架下弦节点间采用普通 C 级螺栓连接，如图 5.2.2-19 所示。若已知悬吊点竖向荷载设计值取 $N=102.1\text{kN}$，

试问，连接螺栓的公称直径按计算应选用下列何项规格最为合适？

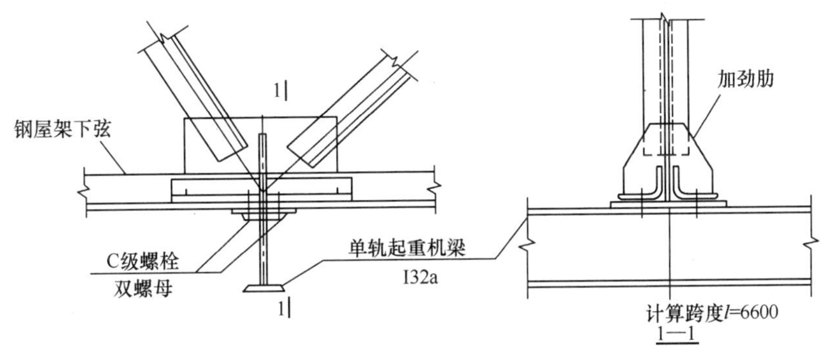

图 5.2.2-19

(A) M14　　(B) M16　　(C) M18　　(D) M20

【答案】(B)

$$f_t^b=170\text{N/mm}^2$$

根据图示，共 4 个螺栓承受此集中力。设所需的螺栓有效截面积为 A_e，则应满足下式要求：

$$N\leqslant 4A_e f_t^b$$

即

$$102.1\times10^3\leqslant 4\times A_e\times170$$

解方程得到 $A_e\geqslant150.1\text{mm}^2$，查表 5.2.2-2，M16 可提供有效截面积 156.7mm^2，满足要求。选择 (B)。

3）螺栓群受弯矩作用

图 5.2.2-20 所示，螺栓群在弯矩 M 作用下的抗拉连接，剪力 V 则通过承托板传递。按常规的弹性设计法计算螺栓内力。在 M 作用下，连接中的中和轴以上部分螺栓受拉力，中和轴以下的端板受压力。弯曲拉应力和压应力按三角形直线分布，离中和轴越远的螺栓受拉力越大。设中和轴至端板边缘距离为 c。这种连接受力有以下特点：螺栓间距很大，受拉螺栓只是孤立的几个螺栓点，而钢板受压区则是宽度很大的实体矩形面积。当计算其形心位置作为中和轴时，所求得的端板受压区高度 c 很小，中和轴通常在弯矩指向一侧最

外排螺栓以外的附近某个位置。

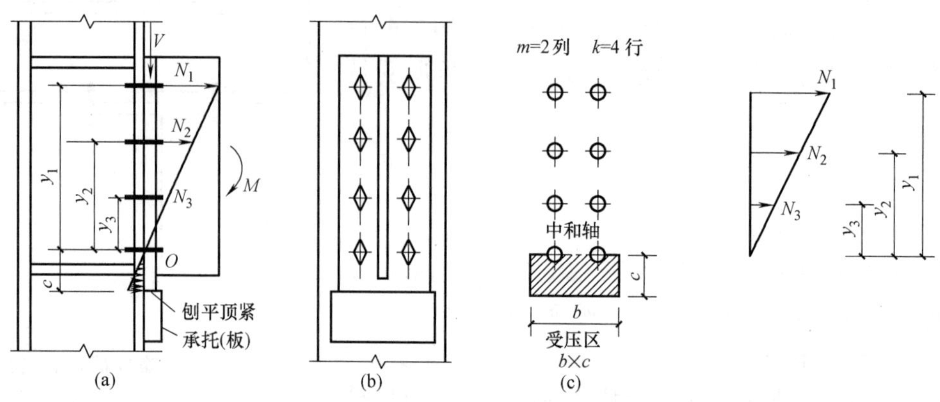

图 5.2.2-20 普通螺栓弯矩作用下的抗拉计算

因此，实际计算时可近似并偏安全地取中和轴位于最下排螺栓处，即认为连接变形为绕 O 处水平轴转动，O 点为旋转中心，螺栓拉力与 O 点算起的纵坐标 y 成正比。O 处水平轴的弯矩平衡方程为：

$$M=m(N_1y_1+N_2y_2+\cdots+N_ny_n) \tag{5.2.2-4}$$

由变形协调条件得：

$$\frac{N_1}{y_1}=\frac{N_2}{y_2}=\cdots=\frac{N_n}{y_n} \tag{5.2.2-5}$$

则

$$N_2=N_1\frac{y_2}{y_1},\cdots,N_n=N_1\frac{y_n}{y_1} \tag{5.2.2-6}$$

将式（5.2.2-6）代入式（5.2.2-4）得：

$$N_1^M=\frac{My_1}{m\sum y_i^2}\leqslant N_t^b \tag{5.2.2-7}$$

或

$$N_i^M=\frac{My_i}{m\sum y_i^2}\leqslant N_t^b$$

式中 m——螺栓的列数；

N_1^M——由 M 引起的顶排受力最大螺栓的轴心拉力；

$$\sum y_i^2=y_1^2+y_2^2+\cdots+y_n^2 \tag{5.2.2-8}$$

设计时要求受力最大的最外排螺栓1的拉力 $N_1\leqslant N_t^b$。

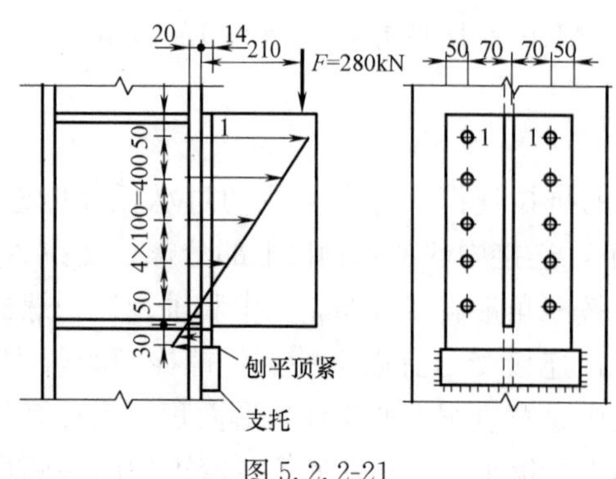

图 5.2.2-21

【例 5.2.2-6】 牛腿与柱翼缘用普通螺栓连接（弯）。

条件：如图 5.2.2-21 所示。图中的荷载均为设计值，螺栓 M20，连接件采用 Q230 钢材。

要求：验算连接强度。

【答案】 将集中力 F 平移至螺栓群平面，

则产生弯矩 M 和剪力 V。剪力 V 由于牛腿的端板与支托刨平顶紧，则由支托承担。螺栓群仅承受弯矩 M

$$M=Fe=280\times0.21=58.8\text{kN}\cdot\text{m}$$

单个螺栓的抗拉承载力

$$N_t^b=A_e f_t^b=244.8\times170=41620\text{N}=41.62\text{kN}$$

螺栓群强度验算

由前述可知，1 号螺栓受力最大，为设计控制点，则对其进行强度验算

$$\begin{aligned}N_1&=My_1/m\sum y_i^2\\&=\frac{(58.8\times10^3\times400)}{2\times(100^2+200^2+300^2+400^2)}\\&=39.2\text{kN}\leqslant N_t^b=41.62\text{kN}\end{aligned}$$

连接强度满足要求。

三、高强度螺栓接连

高强度螺栓的螺杆、螺帽和垫圈均采用高强度钢材制作，螺栓的材料 8.8 级为 35 号钢、45 号钢、40B 钢；10.9 级为 20MnTiB 钢和 35VB 钢。

高强度螺栓安装时通过拧紧螺帽在杆中产生较大的预拉力把被连接板夹紧，连件间就产生很大的压力，从而提高连接的整体性和刚度。

高强度螺栓分为大六角头型（图 5.2.3-1a）和扭剪型（图 5.2.3-1b）两种。

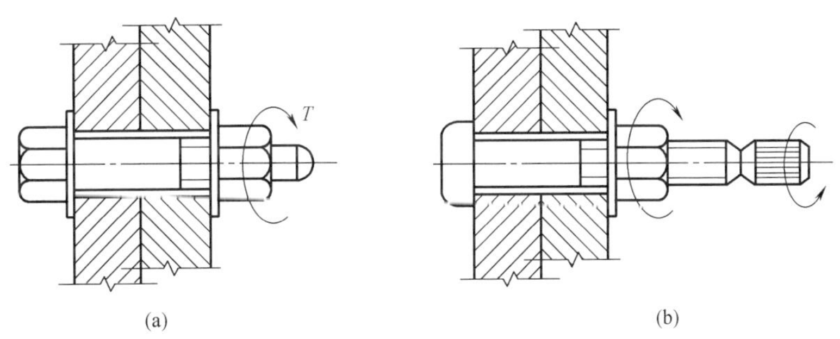

图 5.2.3-1　高强度螺栓

（a）大六角头型；（b）扭剪型

虽然这两种高强度螺栓预拉力的具体控制方法各不相同，但对螺栓施加预拉力的思路是一样的。安装时通过拧紧螺帽，使螺杆受到拉伸作用，在杆中产生较大的预拉力。预拉力把被连接板夹紧，便被连接件间产生很大的夹紧力，从而提高连接的整体性和刚度。

按受剪时的极限状态的不同，高强度螺栓连接可分为摩擦型连接和承压型连接两种，它们的本质区别是极限状态不同。

在抗剪设计时，高强螺栓摩擦型连接依靠部件接触面间的摩擦力来传递外力（图 5.2.3-2），即外剪力达到板件间最大摩擦力为连接的极限状态。其特点是孔径比螺栓公称直径大 1.5～2.0mm，故连接紧密，变形小，传力可靠，疲劳性能好；可用于直接承受动力荷载的结构、构件的连接。高强度螺栓摩擦型连接工程中应用较多，如框架梁柱连接、门式刚架端板连接等。

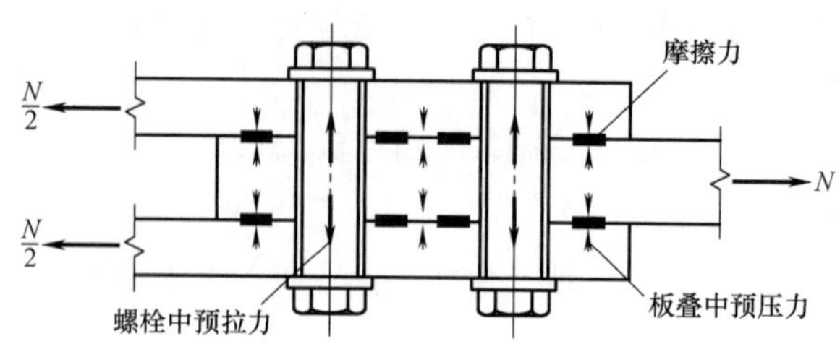

图 5.2.3-2　高强度螺栓摩擦型连接

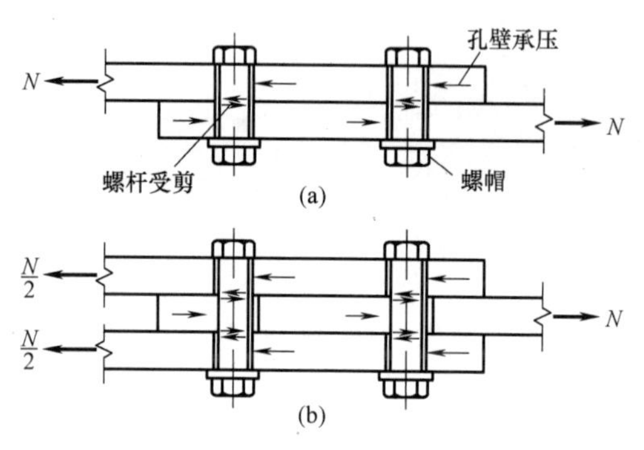

图 5.2.3-3　螺栓抗剪连接

(a) 单剪搭接连接；(b) 双剪对接连接

在抗剪设计时，高强度螺栓承压型连接起初由摩擦传递外力，当摩擦力被克服后，板件产生相对滑动，同普通螺栓连接一样，依靠螺栓杆抗剪和螺栓孔承压来传力（图 5.2.3-3），连接承载力比摩擦型高，可节约钢材。但由于孔径比螺栓公称直径大 1.0～1.5mm，在摩擦力被克服后变形较大，故工程中高强度螺栓连接承压型仅适用于承受静力荷载或间接承受动力荷载的结构、构件的连接。

1. 高强度螺栓的预拉力

（1）预拉力的控制方法

1）对大六角头型螺栓的预拉力的控制方法有力矩法和转角法。

力矩法是用可直接显示或控制扭矩的特制扳手，利用事先测定的扭矩与螺栓预拉力的对应关系施加扭矩，达到预定扭矩时自动或人工停拧；

转角法是先用人工扳手初拧螺母直到拧不动为止，使被连接件紧密贴合，终拧时以初拧位置为起点，自动或人工控制继续旋拧螺母一个角度，即为达到预定的预拉力值。

2）扭剪型高强度螺栓具有强度高、安装简便、质量易保证、对安装人员无特殊要求等优点。扭剪型高强度螺栓连接的安装过程如图 5.2.3-4所示。安装时用特制的电动扳引，有两个头，一个套在螺母六角体上，另一个套在螺栓的十二角体上。拧紧时，对螺母施加顺时针力，对螺栓十二角体施加大小相等的逆时针力矩，使螺栓断颈部分承受扭剪，其初拧力为拧紧力矩的 50%，复拧力矩等于初拧力矩，终拧至断颈剪断为止，安装结束，相应的安装矩即为拧紧力矩。安装后一般不拆卸。

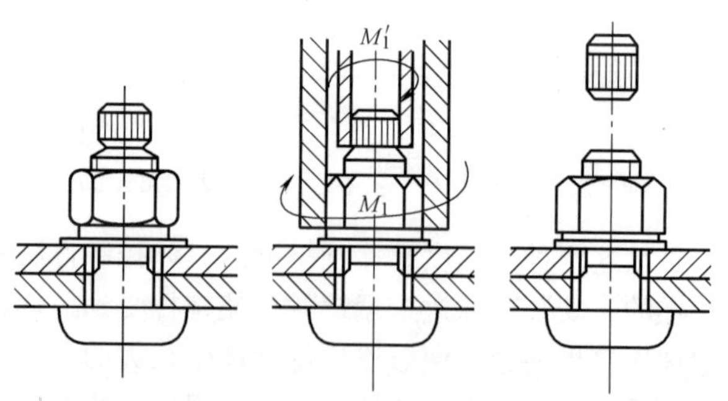

图 5.2.3-4　剪扭型高强度螺栓连接的安装过程

（2）预拉力的大小

高强度螺栓的预拉力值希望尽量高一些，以抗拉强度 f_u 为准，但需保证螺栓不会在拧紧过程中屈服或断裂。

《钢标》11.4.2 条条文说明指出，预拉力设计值按下式确定

11.4.2 3 关于高强度螺栓预拉力 P 的取值根据原规范的规定采用，预拉力 P 值以螺栓的抗拉强度为准，再考虑必要的系数，用螺栓的有效截面经计算确定。

拧紧螺栓时，除使螺栓产生拉应力外，还产生剪应力。在正常施工条件下，即螺母的螺纹和下支承面涂黄油润滑剂的条件下，或在供货状态原润滑剂未干的情况下拧紧螺栓时，试验表明可考虑对应力的影响系数为 1.2。

考虑螺栓材质的不均匀性，引进一折减系数 0.9。

施工时为了补偿螺栓预拉力的松弛，一般超张拉 5%～10%，为此采用一个超张拉系数 0.9。由于以螺栓的抗拉强度为准，为安全起见再引入一个附加安全系数 0.9，这样高强度螺栓预拉力值应由下式计算：

$$P=\frac{0.9\times0.9\times0.9}{1.2}f_{u}A_{e} \tag{44}$$

式中：f_u ——螺栓经热处理后的最低抗拉强度；对 8.8 级，取 $f_u=830\ \mathrm{N/mm^2}$，对 10.9 级，取 $f_u=1040\ \mathrm{N/mm^2}$；

A_e ——螺纹处的有效面积。

本标准表 11.4.2-2 中的 P 值就是按式（44）计算的（取 5kN 的整倍数值），

《钢标》表 11.4.2-2 规定各种规格高强度螺栓预拉力的取值。

一个高强度螺栓的预拉力设计值 P（kN）　　表 11.4.2-2

螺栓的承载性能等级	螺栓公称直径（mm）					
	M16	M20	M22	M24	M27	M30
8.8 级	80	125	150	175	230	280
10.9 级	100	155	190	225	290	355

（3）接触面的处理和抗滑移系数

使用高强度螺栓时，构件的接触面通常应经特殊处理，使其洁净并粗糙，以提高其抗滑移系数 μ。μ 的大小与构件接触面的处理方法和构件的钢号有关，常用的处理方法及对应的 μ 值详见《钢标》表 11.4.2-1。高强度螺栓在潮湿环境中，将严重降低抗滑移系数，故应严格避免雨季施工，并应保证连接表面干燥。

钢材摩擦面的抗滑移系数 μ　　表 11.4.2-1

连接处构件接触面的处理方法	构件的钢材牌号		
	Q235 钢	Q345 钢或 Q390 钢	Q420 钢或 Q460 钢
喷硬质石英砂或铸钢棱角砂	0.45	0.45	0.45
抛丸（喷砂）	0.40	0.40	0.40
钢丝刷清除浮锈或未经处理的干净轧制面	0.30	0.35	—

注：1 钢丝刷除锈方向应与受力方向垂直。
2 当连接构件采用不同钢材牌号时，μ 按相应较低强度者取值。
3 采用其他方法处理时，其处理工艺及抗滑移系数值均需经试验确定。

【例 5.2.3-1】 高强螺栓预拉力

试问，下列各种因素中哪种因素影响高强度螺栓的预拉力？

(A) 连接表面的处理方法　　(B) 螺栓的性能等级及螺栓杆的直径

(C) 构件的钢号　　(D) 荷载的作用方式

【答案】(B)

【解答】见《钢标》第11.4.2条具体内容。

2. 高强度螺栓连接的受剪工作

(1) 摩擦型连接和承压型连接

《钢标》11.5.4条条文说明指出

11.5.4 当摩擦面处理方法相同且用于使螺栓受剪的连接时，从单个螺栓受剪的工作曲线（图15）可以看出：当以曲线上的“1”作为连接受剪承载力的极限时，即仅靠板叠间的摩擦阻力传递剪力，这就是摩擦型的计算准则。但实际上此连接尚有较大的承载潜力。承压型高强度螺栓是以曲线的最高点“3”作为连接承载力极限，因此更加充分利用了螺栓的承载能力。由于承压型连接和摩擦型连接是同一高强度螺栓连接的两个不同阶段，因此可将摩擦型连接定义为承压型连接的正常使用状态。另外，进行连接极限承载力计算时，承压型连接可视为摩擦型连接的损伤极限状态。

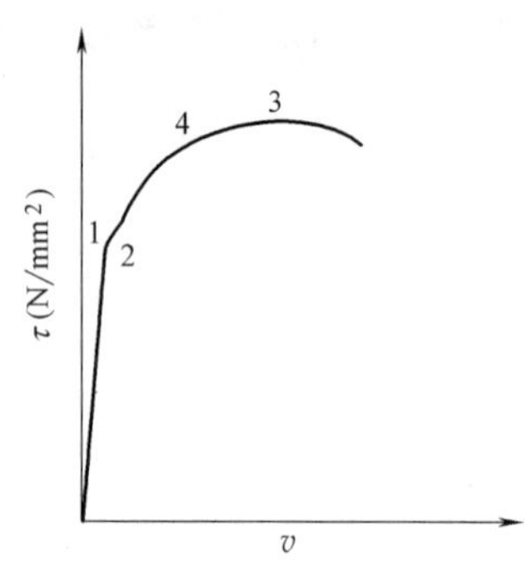

图15 单个螺栓受剪时的工作曲线

因高强度螺栓承压型连接的剪切变形比摩擦型的大，所以只适于承受静力荷载或间接承受动力荷载的结构中。另外，高强度螺栓承压型连接在荷载设计值作用下将产生滑移，也不宜用于承受反向内力的连接。

(2) 高强度摩擦型连接的抗剪设计承载力

1) 螺栓的承载力

高强度螺栓摩擦型连接受剪时的设计准则是外剪力不超过接触面的摩擦力，而摩擦力的大小与预拉力、抗滑移系数及摩擦面数目有关。一个高强度螺栓的最大摩擦阻力为$n_f\mu P$，考虑到连接中螺栓受力未必均匀等不利因素，《钢标》规定一个摩擦型连接的高强度螺栓的抗剪设计承载力为

11.4.2 高强度螺栓摩擦型连接应按下列规定计算：

1 在受剪连接中，每个高强度螺栓的承载力设计值按下式计算：

$$N_v^b=0.9kn_f\mu P \tag{11.4.2-1}$$

式中：N_v^b——一个高强度螺栓的受剪承载力设计值（N）；

k——孔型系数，标准孔取1.0；大圆孔取0.85；内力与槽孔长向垂直时取0.7；内力与槽孔长向平行时取0.6；

n_f——传力摩擦面数目；

μ——摩擦面的抗滑移系数，可按表11.4.2-1取值；

P——一个高强度螺栓的预拉力设计值（N），按表11.4.2-2取值。

【例 5.2.3-2】

次梁与主梁为 Q345 钢，连接采用 10.9 级 M16 的高强度螺栓摩擦型连接，连接处钢材接触表面的处理方法为钢丝刷法除浮锈，其连接形式如图 5.2.3-5 所示，考虑了连接偏心的不利影响后，取次梁端部剪力设计值 V=110.2kN，连接所需的高强度螺栓数量（个）与下列何项数值最为接近？

钢材为 Q235，

(A) 2　　(B) 3

(C) 4　　(D) 5

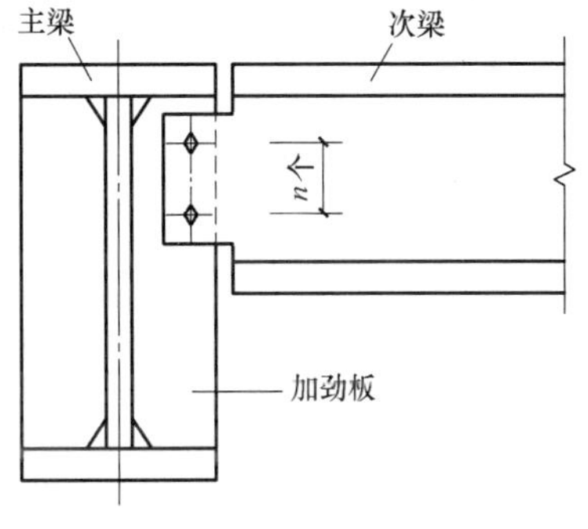

图 5.2.3-5

【答案】(C)

根据《钢标》第 11.4.2 条表 11.4.2-1、表 11.4.2-2，查表得 μ=0.35，P=100kN。

根据《钢标》第 11.4.2 条第 1 款，式（11.4.2-1）

一个 10.9 级 M16 高强度螺栓的抗剪承载力设计值为：

$$N_v^b = 0.9 n_f \mu P = 0.9 \times 1 \times 0.35 \times 100 = 31.5\text{kN}。$$

高强度螺栓数量计算：$n = \dfrac{V}{N_v^b} = \dfrac{110.2 \times 10^3}{31.5 \times 10^3} = 3.49$ 取 4 个。

【例 5.2.3-3】某节点如图 5.2.3-6 所示。梁与柱为 Q235 钢，连接采用 10.9 级摩擦型高强螺栓连接，采用标准圆孔，连接处构件接触面处理方法为喷硬质石英砂，下设钢板支托，钢梁为可拆卸的，钢板支托只在安装时起作用，节点连接处剪力均由抗剪螺栓承担，每个抗剪螺栓承受的剪力设计值 N_v=50kN。

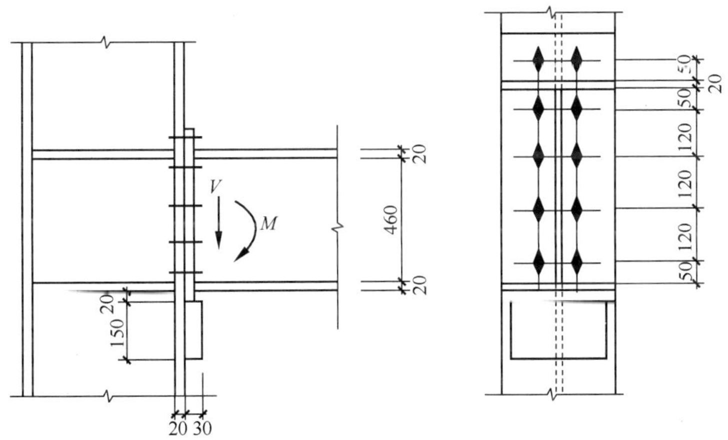

图 5.2.3-6

试问，仅考虑螺栓受剪，梁柱连接处高强度螺栓，采用下列何项规格最为合适？

(A) M16　　(B) M20　　(C) M22　　(D) M24

【答案】(B)

已知 N_v=50kN，

$\mu=0.45$，$n_f=1$

根据《钢标》第 11.4.2 条计算：

$$\frac{N_v}{N_v^b}=\frac{N_v}{0.9n_f\mu P}=\frac{50}{0.9\times 0.45\times P}=\frac{123.5}{P}\leqslant 1$$

$P\geqslant 123.5\text{kN}$

选 M20，$P=155\text{kN}$

【例 5.2.3-4】 钢梁 GL1 的拼接节点见图 5.2.3-7 所示。腹板按等强原则进行拼接，采用高强度螺栓摩擦型连接，螺栓为 10.9 级 M20 高强度螺栓，孔径 $d_0=21.5\text{mm}$，摩擦面抗滑移系数 $\mu=0.35$。已知腹板的净截面面积 $A_{nw}=4325\text{mm}^2$，钢材均采用 Q235B 钢。

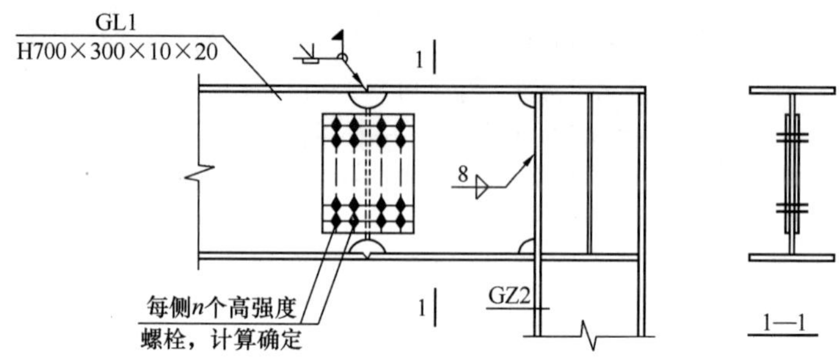

图 5.2.3-7

试问，腹板拼接接头一侧的螺栓数量 n（个），与下列何项数值最为接近？

提示：一个 M20 高强度螺栓的预拉力 $P=155\text{kN}$。

(A) 25　　(B) 20　　(C) 15　　(D) 10

【答案】(D)

依据《钢标》式（11.4.2-1）计算螺栓抗剪承载力：

$$N_v^b=0.9n_f\mu P=0.9\times 2\times 0.35\times 155=97.65\text{kN}$$

螺栓群承受的剪力设计值：

$$N=A_{nw}f=4325\times 215=929.9\times 10^3\text{N}$$

所需螺栓个数为

$$n=\frac{N}{N_v^b}=\frac{929.9}{97.65}=9.5$$

至少应取 10 个螺栓，选择（D）。

【例 5.2.3-5】 如图 5.2.3-8 所示焊接工字形截面钢梁，Q345B 制作。由于长度超长，需要拼接。主梁腹板拟在工地用 10.9 级高强度螺栓摩擦型连接进行双面拼控。连接处构件接触面处理方式为喷硬质石英砂。拼接处梁的弯矩设计值 $M=6000\text{kN}\cdot\text{m}$，剪力设计值 $V=1200\text{kN}$。

试问，主梁腹板拼接所用高强度螺栓的型号，应按下列何项采用？

提示：弯矩设计值引起的单个螺栓水平方向最大剪力 $N_v^M=\frac{M_w y_{max}}{2\sum y_i^2}=142.2\text{kN}$。

(A) M16　　(B) M20　　(C) M22　　(D) M24

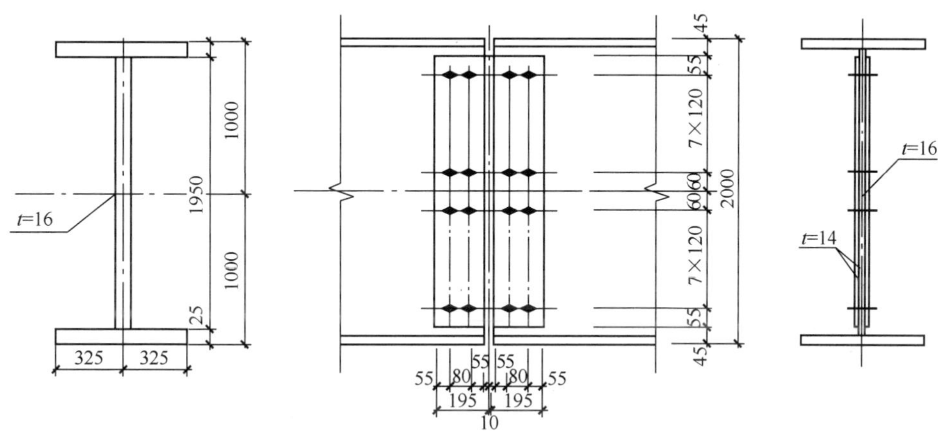

图 5.2.3-8

【答案】(C)

图中一侧螺栓数为 8×4=32 个。剪力引起的单个螺栓竖向剪力为 1200/32=37.5kN

一个受力最大螺栓承受的总剪力

$$N_{\max}=\sqrt{142.2^2+37.5^2}=147\text{kN}$$

依据《钢标》的 11.4.2 条，所需预拉力为

$$P=\frac{N}{0.9n_{\mathrm{f}}\mu}=\frac{147}{0.9\times2\times0.45}=181.5\text{kN}$$

查表 11.4.2-2 可知，10.9 级、M22 高强度螺栓可提供预拉力 P=190kN，满足要求。故选择（C）。

【例 5.2.3-6】某钢结构平台承受静力荷载，钢材均采用 Q235 钢。该平台有悬挑次梁与主梁刚接，其刚接节点如图 5.2.3-9 所示。悬挑次梁与主梁的连接为高强度螺栓摩擦型连接，次梁上翼缘与连接板每侧各采用 6 个高强度螺栓，高强度螺栓的性能等级为 10.9 级，连接处构件接触面采用喷硬质石英砂。次梁上翼缘处的连接板需要承受由支座弯矩产生的轴心拉力设计值 N=360kN。

试问，次梁上翼缘处连接所需高强度螺栓的最小规格应为下列项？

(A) M24　　(B) M22　　(C) M20　　(D) M16

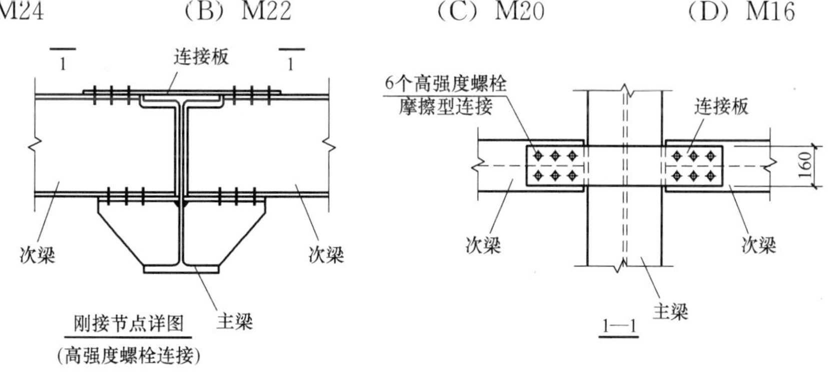

图 5.2.3-9

【答案】（C）

根据《钢标》第 11.4.2 条第 1 款规定及表 11.4.2-1：

$$\mu=0.45，n_{\mathrm{f}}=1$$

一个高强度螺栓的预拉力 $P\geqslant\dfrac{N}{n\times0.9n_{\mathrm{f}}\mu}=\dfrac{360}{6\times0.9\times1\times0.45}=148\mathrm{kN}$

根据《钢标》表 11.4.2-2，次梁上翼缘处连接所需高强度螺栓（10.9 级）的最小规格应为 M20。

2）板件的承载力

图 5.2.3-10 表示轴心力作用下高强度螺栓的摩擦型连接的传力情况，上面板件的力通过上下板件之间接触面上的摩擦力逐步传递到下面的板件上。

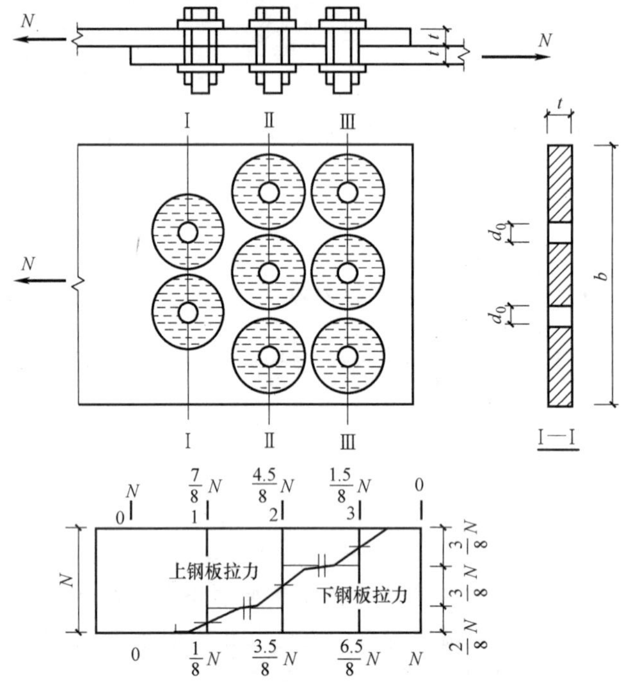

图 5.2.3-10 轴心力作用下高强度螺栓的摩擦型连接

板件净截面强度的验算与普通螺栓略有不同，板件最危险截面是在Ⅰ-Ⅰ处，该截面上传递的力是 N'而不是 N，如图 5.2.3-10 所示。这是由于摩擦阻力的作用，一部分力由孔前接触面传递。试验表明：孔前接触面传力占高强度螺栓传力的一半。设连接一侧的螺栓数为 n，每个螺栓承受的力为 N/n，所计算截面Ⅰ-Ⅰ上的螺栓数为 n_1，则Ⅰ-Ⅰ截面上高强度螺栓传力为：$n_1\cdot\dfrac{N}{n}$；Ⅰ-Ⅰ截面上高强度螺栓孔前传力为：$0.5n_1\cdot\dfrac{N}{n}$，0.5 为孔前传力系数；板件Ⅰ-Ⅰ截面所传力为

$$N'=N-0.5n_1\cdot\frac{N}{n}=N\left(1-0.5\,\frac{n_1}{n}\right)\tag{5.2.3-1}$$

式中　n_1——1-1 截面上的螺栓数；

n——连接一侧的螺栓总数。

净截面强度应满足：

$$\sigma=\frac{N'}{A_n}\leqslant 0.7f_u \tag{5.2.3-2}$$

《钢标》7.1.1条规定

> **7.1.1 2** 采用高强度螺栓摩擦型连接的构件，其毛截面强度计算应采用式（7.1.1-1），
>
> $$\sigma=\frac{N}{A}\leqslant f \tag{7.1.1-1}$$
>
> 净截面断裂应按下式计算：
>
> $$\sigma=\left(1-0.5\frac{n_1}{n}\right)\frac{N}{A_n}\leqslant 0.7f_u \tag{7.1.1-3}$$
>
> 式中：N——所计算截面处的拉力设计值（N）；
>
> f——钢材的抗拉强度设计值（N/mm²）；
>
> A——构件的毛截面面积（mm²）；
>
> A_n——构件的净截面面积，当构件多个截面有孔时，取最不利的截面（mm²）；
>
> f_u——钢材的抗拉强度最小值（N/mm²）；
>
> n——在节点或拼接处，构件一端连接的高强度螺栓数目；
>
> n_1——所计算截面（最外列螺栓处）高强度螺栓数目。

【例5.2.3-7】 如图5.2.3-11所示焊接H型钢H450×260×8×12，钢梁按内力需求拼接，翼缘承受全部弯矩，钢梁截面采用连接接头处弯矩设计值M=210kN·m，采用摩擦型高强度螺栓连接。

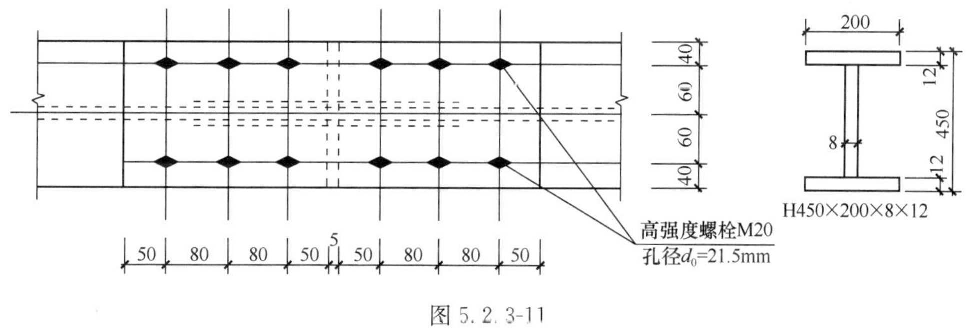

图5.2.3-11

试问，该连接处翼缘板的最大应力设计值σ（N/mm²），与下列何项数值最为接近？

提示：翼缘板根据弯矩按轴心受力构件计算。

（A）120　　（B）150　　（C）190　　（D）215

【答案】（D）

（1）由提示可知：翼缘板按轴心受力构件计算，截面的高度取两个翼缘板厚度中心线之间的距离。根据已知弯矩求出轴力

$$N=\frac{210\times10^6}{450-12}\times10^{-3}=479.5\text{kN}$$

（2）螺栓孔处净截面面积

根据《钢标》表 11.5.2 注 3，计算螺栓孔引起的截面削弱时可取 $d+4\text{mm}$ 和 d_0 的较大者。

$$\max\{d+4=20+4=24\text{mm}, d_0=21.5\text{mm}\}=24\text{mm}$$

$$A_n=(200-2\times 24)\times 12=1824\text{mm}$$

（3）按《钢标》式（7.1.1-3）其中：$n_1=2$，$n=6$

$$\sigma=\left(1-0.5\frac{n_1}{n}\right)\frac{N}{A_n}$$

$$\sigma=\left(1-0.5\times\frac{2}{6}\right)\times\frac{479.5\times 10^3}{1824}=219\text{N/mm}^2$$

（4）按《钢标》式（7.1.1-4）

$$\sigma=\frac{N}{A}=\frac{479.5\times 10^3}{200\times 12}=199.8\text{N/mm}^2$$

（5）取较大值。$\sigma=219\text{N/mm}^2$，选（D）。

【例 5.2.3-8】受拉板件（Q235 钢，-400×22），工地采用高强度螺栓摩擦型连接（M20，10.9 级，$\mu=0.45$，$d_0=21.5\text{mm}$）。试问，图 5.2.3-12 中按净截面断裂判断哪种连接形式板件的抗拉承载力最高？

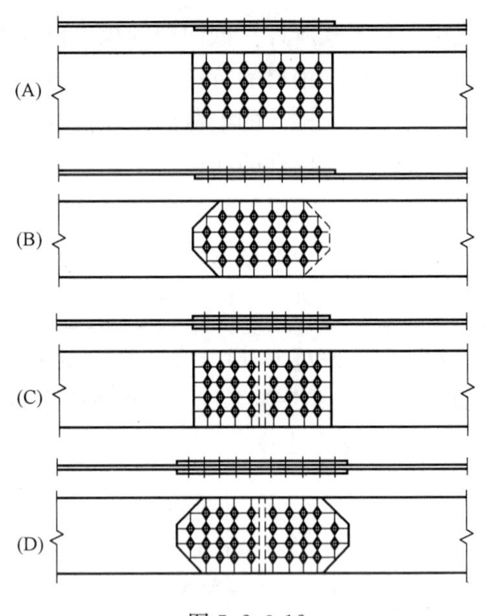

图 5.2.3-12

【解答】（D）

由于本题只是判断板件的承载力、而不是判断连接或者接头的承载力，因此，不必考虑螺栓的承载力。对于摩擦型连接，由于有孔前传力，板件的承载力较相同情况下的普通螺栓连接略大。

根据《钢标》式（7.1.1-3），公式变形为

$$N\leqslant\frac{A_n(0.7f_u)}{1-0.5\dfrac{n_1}{n}}$$

根据《钢标》表 11.5.2 注 3，计算螺栓孔引起的截面削弱时可取 $d+4\text{mm}$ 和 d_0 的较大者。

$$\max\{d+4=20+4=24\text{mm}, d_0=21.5\text{mm}\}=24\text{mm}$$

选项 A：

$$\frac{A_n(0.7f_u)}{1-0.5\dfrac{n_1}{n}}=\frac{22\times(400-4\times 24)\times(0.7f_u)}{1-0.5\times\dfrac{4}{28}}=5042f_u$$

选项 B：

$$\frac{A_n(0.7f_u)}{1-0.5\dfrac{n_1}{n}}=\frac{22\times(400-2\times 24)\times(0.7f_u)}{1-0.5\times\dfrac{2}{28}}=5622f_u$$

选项 C：

$$\frac{A_n(0.7f_u)}{1-0.5\dfrac{n_1}{n}}=\frac{22\times(400-4\times 24)\times(0.7f_u)}{1-0.5\times\dfrac{4}{16}}-5350f_u$$

选项 D：

$$\frac{A_{\mathrm{n}}(0.7f_{\mathrm{u}})}{1-0.5\dfrac{n_1}{n}}=\frac{22\times(400-2\times24)\times(0.7f_{\mathrm{u}})}{1-0.5\times\dfrac{2}{18}}=5740f_{\mathrm{u}}$$

故选（D）。

3）螺栓和板件的等强设计

一个螺栓的受剪承载力为 $N_{\mathrm{v}}^{\mathrm{b}}=0.9n_{\mathrm{f}}\mu P$

毛截面屈服承载力 $N=Af$

净截面断裂承载力 $N=\dfrac{A_{\mathrm{n}}(0.7f_{\mathrm{u}})}{1-0.5\dfrac{n_1}{n}}$

翼缘净截面承载力计算时，考虑螺栓连接的承载力与翼缘截面承载力相等，可得

$$n\cdot N_{\mathrm{v}}^{\mathrm{b}}=\frac{A_{\mathrm{n}}(0.7f_{\mathrm{u}})}{1-0.5\dfrac{n_1}{n}}$$

解方程得到螺栓数为

$$n=\frac{A_{\mathrm{n}}(0.7f_{\mathrm{u}})}{N_{\mathrm{v}}^{\mathrm{b}}}+0.5n_1 \tag{5.2.3-3}$$

【例 5.2.3-9】 如图 5.2.3-13 所示主梁的翼缘板工地拼接，用高强度螺栓摩擦型连接。采用 M20（孔径 $d_0=21.5\mathrm{mm}$），螺栓性能等级为 10.9 级，摩擦面抗滑移系数 $\mu=0.45$；主梁受拉（或受压）一侧翼缘板毛截面面积 $A=400\times18=7200\mathrm{mm}^2$，净截面面积 $A_{\mathrm{n}}=5652\mathrm{mm}^2$，钢材抗拉强度设计值 $f=295\mathrm{N/mm}^2$，抗拉强度 $f_{\mathrm{u}}=470\mathrm{N/mm}^2$。

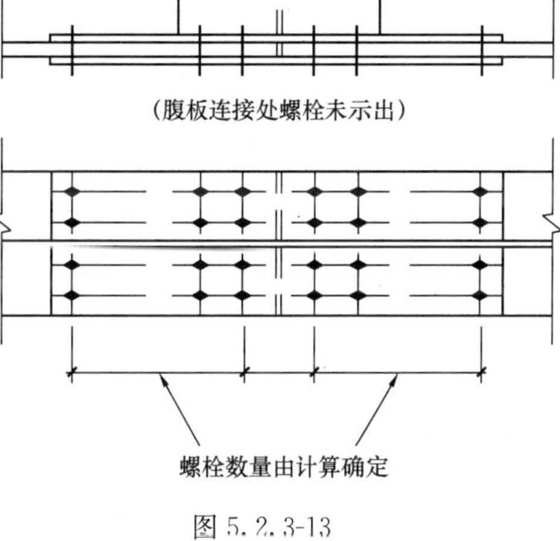

图 5.2.3-13

试问，在要求高强度螺栓连接的承载力与翼缘板等强度条件下，在翼缘板一侧的螺栓数目应采用下列何项数值？

（A）8　　（B）12

（C）16　　（D）20

【答案】（C）

依据《钢标》的表 11.4.2-2，M20 的高强度螺栓预拉力设计值为 $P=155\mathrm{kN}$。

螺栓抗剪承载力为

$$N_{\mathrm{v}}^{\mathrm{b}}=0.9n_{\mathrm{f}}\mu P=0.9\times2\times0.45\times155=125.55\mathrm{kN}$$

高强度螺栓摩擦型连接按照等强原则设计时，所需螺栓数为

$$n=\frac{A_{\mathrm{n}}(0.7f_{\mathrm{u}})}{N_{\mathrm{v}}^{\mathrm{b}}}+0.5n_1$$

可得

$$n=\frac{A_{\mathrm{n}}(0.7f_{\mathrm{u}})}{N_{\mathrm{v}}^{\mathrm{b}}}+0.5n_1=\frac{5652\times0.7\times470}{125.55\times10^3}+0.5\times4=16.8$$

初步设计20个螺栓，依据《钢标》表11.5.2规定的螺栓最大、最小间距，取螺栓间距为70mm，满足最小间距$3d_0$和最大间距要求。一侧连接长度$4\times70=280\text{mm}<15d_0=15\times21.5=322.5\text{mm}$，不必考虑螺栓受剪承载力的折减。

按净面积得到的翼缘受拉承载力为

$$N=\frac{A_n(0.7f_u)}{1-0.5\dfrac{n_1}{n}}=\frac{5652\times0.7\times470}{1-0.5\times\dfrac{4}{20}}=2066.1\text{kN}$$

按毛面积得到的翼缘受拉承载力为

$$Af=400\times18\times295=2124\text{kN}$$

综上，翼缘受拉承载力为2066.1kN。

此时，螺栓的受剪承载力为$20\times125.55=2511\text{kN}>2066.1\text{kN}$，不小于翼缘板的承载力，满足要求，选(D)。

【例5.2.3-10】某焊接工字形截面钢梁，如图5.2.3-14所示。Q345B制作。由于长度超长，需要工地拼接。主梁翼缘用10.9级M24高强度螺栓摩擦型连接进行双面拼接，螺栓孔径$d_0=25.5\text{mm}$。设计按等强原则，连接处构件接触面处理方式为喷硬质石英砂。

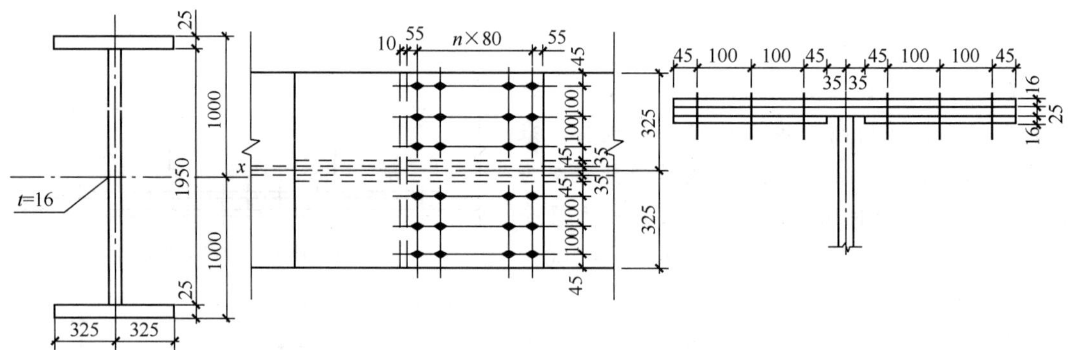

图5.2.3-14

试问，在拼接头一端，主梁上翼缘拼接所用高强度螺栓的数量，与下列何项数值最为接近？

(A) 12 (B) 18 (C) 24 (D) 30

【答案】(D)

高强度螺栓摩擦型连接按照等强原则设计时，所需螺栓数为

$$n=\frac{A_n(0.7f_u)}{N_v^b}+0.5n_1$$

《钢标》11.4.2条，一个10.9级M24高强度螺栓摩擦型连接的受剪承载力设计值为

$$N_v^b=0.9n_f\mu P=0.9\times2\times0.45\times225=182.25\text{kN}$$

《钢标》表11.5.2注3，计算螺栓孔引起的截面削弱时可取$d+4\text{mm}$和d_0的较大者。

$$\max\{d+4=24+4=28\text{mm},d_0=25.5\text{mm}\}=28\text{mm}$$

所需螺栓个数

$$n=\frac{A_n(0.7f_u)}{N_v^b}+0.5n_1=\frac{25\times(650-6\times28)\times0.7\times470}{182.5\times10^3}+0.5\times6=24.7$$

按毛截面考虑，需要螺栓数

$$n=\frac{Af}{N_v^b}=\frac{25\times650\times295}{182.25\times10^3}=26.3$$

螺栓数应取两者较大值，按一排 6 个布置，取 30 个。

连接长度 4×80=320mm<$15d_0$=15×25.5=382mm，螺栓承载力不必考虑折减，满足要求，

选（D）。

【例 5.2.3-11】 某工地拼接实腹梁的受拉翼缘板，采用高强度螺栓摩擦型连接，如图 5.2.3-15所示。受拉翼缘板的截面为 1050×100，f=305N/mm²，f_u=520N/mm²。高强度螺栓采用 M24（孔径 d_0=26mm），10.9 级，摩擦面抗滑移系数 μ=0.4。

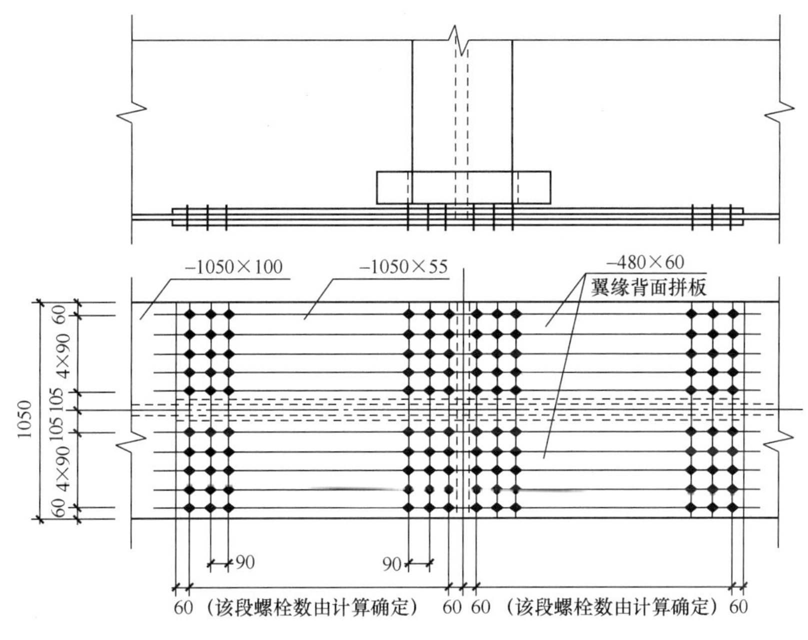

图 5.2.3-15

试问，在高强度螺栓的承载力不低于板件承载力的条件下，拼接螺栓的数目，与下列何项数值最为接近？

(A) 170　(B) 220　(C) 260　(D) 310

【答案】(C)

《钢标》表 11.5.2 注 3，计算螺栓孔引起的截面削弱时可取 d+4mm 和 d_0 的较大者。

$$\max\{d+4=24+4=28\text{mm},d_0=26\text{mm}\}=28\text{mm}$$

《钢标》7.1.1 条，板件净截面承载力

$$N=\frac{A_n(0.7f_u)}{1-0.5\frac{n_1}{n}}=\frac{100\times(1050-10\times28)\times0.7\times520}{1-0.5\times\frac{10}{n}}=\frac{28028}{1-\frac{5}{n}}$$

一个高强度螺栓摩擦型连接的受剪承载力设计值

$$N_{\mathrm{v}}^{\mathrm{b}} = 0.9 n_{\mathrm{f}} \mu P = 0.9 \times 2 \times 0.4 \times 225 = 162\mathrm{kN}$$

等强连接 $N=N_{\mathrm{v}}^{\mathrm{b}}$，$\dfrac{28028}{1-\dfrac{5}{n}}=n \cdot 162$，得 $n=178$。

一排 10 个螺栓，选 180 个，布置 18 排。

连接长度 $17\times90=1530\mathrm{mm}>15d_0=15\times26=390\mathrm{mm}$。

依据《钢标》11.4.5 条，折减系数为

$$\eta = 1.1 - \frac{l_1}{150d_0} = 1.1 - \frac{17\times90}{150\times26} = 0.707 > 0.7, \text{取}\ \eta = 0.707$$

$180\times0.707=127.3$ 个<178 个，螺栓承载力不足，应增加螺栓。$180/0.707=255$ 个，取 260 个螺栓，260 个螺栓为 25 排连接长度 $l_1=25\times90\mathrm{mm}=2250\mathrm{mm}>600d_0=60\times26=1560\mathrm{mm}$，折减系数 $\eta=0.7$。

螺栓群承载力　　　$\eta n N_{\mathrm{v}}^{\mathrm{b}}=0.7\times260\times162=29484\mathrm{kN}$

板件净截面承载力

$$N = \frac{A_{\mathrm{n}}(0.7f_{\mathrm{u}})}{1-0.5\dfrac{n_1}{n}} = \frac{28028}{1-\dfrac{5}{n}} = \frac{28028}{1-\dfrac{5}{260}} = 28577\mathrm{kN}$$

板件毛截面承载力　　$N=Af=1050\times100\times305=32025\mathrm{kN}$

板件承载力设计值 $28577\mathrm{kN}<29484\mathrm{kN}$，满足等强原则，选（C）。

【例 5.2.3-12】 某大跨度主桁架结构使用 Q345B 钢材，其所有杆件均采用 H 形钢。H 形钢的腹板与桁架平面垂直。桁架端节点斜杆轴心拉力设计值 $N=4900\mathrm{kN}$。桁架端节点采用两侧外贴节点板的高强度螺栓摩擦型连接，如图 5.2.3-16 所示。螺栓采用 10.9 级 M27 高强度螺栓，摩擦面抗滑移系数 $\mu=0.4$。

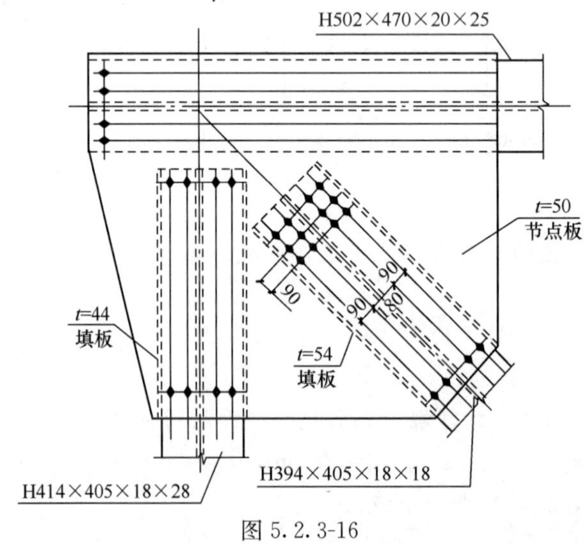

图 5.2.3-16

试问，顺内力方向每排螺栓数量（个），应与下列何项数值最为接近？

（A）5　　　（B）6　　　（C）7　　　（D）8

提示：图中杆件采用热轧 H 型钢，经计算，均满足净截面强度要求。

【答案】(B)

依据《钢标》的表 11.4.2-2，得 10.9 级 M27 螺栓的预拉力 $P=290\text{kN}$。一个螺栓的受剪承载力设计值：

$$N_v^b = 0.9n_f\mu P = 0.9\times1\times0.4\times290 = 104.4\text{kN}$$

取一侧翼缘的螺栓计算，螺栓群所受剪力为 4900/2=2450kN。于是，连接一侧所需螺栓数为：$n-2450/104.4=23.5$

由于螺栓为 4 排，故取螺栓为 24 个，每排布置 6 个。此时，连接长度为

$$90\times(6-1)=450\text{mm}>15d_0=15\times28.5=427.5\text{mm}$$

上式中取 M27 螺栓的孔径 $d_0=28.5\text{mm}$。

依据《钢标》11.4.5 条考虑强度折减，有

$$\eta=1.1-\frac{l_1}{150d_0}=1.1-\frac{450}{150\times28.5}=0.995$$

由于 23.5/0.995=23.6，所以，考虑承载力折减之后，24 个螺栓仍满足要求。

(3) 高强度螺栓承压型连接的抗剪设计承载力

为了充分利用高强螺栓的潜力，高强度螺栓承压型连接受剪时的极限承载力由杆身抗剪和孔壁承压决定，摩擦力只起延缓滑动的作用，计算方法和普通螺栓相同，只是应采用承压型连接高强度螺栓的强度设计值。当剪切面在螺纹处时，承压型连接高强度螺栓的抗剪承载力应按螺纹处的有效截面计算。但对于普通螺栓，其抗剪强度设计值是根据连接的试验数据统计而定的，试验时不分剪切面是否在螺纹处，计算抗剪强度设计值时均用公称直径。

在同一连接中，高强度螺栓承压型连接不宜与焊接共用。因刚度较大的焊缝会对连接滑移产生约束，使二者变形不协调，不能协同工作。

《钢标》11.4.3 条规定：

11.4.3 高强度螺栓承压型连接应按下列规定计算：

1 承压型连接的高强度螺栓预拉力 P 的施拧工艺和设计值取值应与摩擦型连接高强度螺栓相同；

2 承压型连接中每个高强度螺栓的受剪承载力设计值，其计算方法与普通螺栓相同，但当计算剪切面在螺纹处时，其受剪承载力设计值应按螺纹处的有效截面积进行计算；

【例 5.2.3-13】 高强度螺栓概念

试判断下列何项提法是错误的？

(A) 在采用摩擦型高强度螺栓的受剪连接中，其接触面必须进行处理，安装时必须对每个高强度螺栓施加预拉力

(B) 在采用承压型高强度螺栓的受剪连接中，由于是利用螺栓本身的抗剪和承压强度，因此其接触面不必进行处理，安装时也不必对每个高强度螺栓施加预拉力

(C) 在用承压型高强度螺栓的连接中，当剪切面位于螺纹处时，其受剪承载力设计值应按螺纹处的有效面积进行计算

(D) 在普通螺栓的连接中，当剪切面位于螺纹处时，其受剪承载力设计值应按螺杆的毛面积进行计算

【答案】(B)

解答见《钢标》11.4.3条的规定。

【例5.2.3-14】 次梁L1与主梁ZL1的连接如图5.2.3-17所示，采用10.9级M16高强度螺栓承压型连接，连接处钢材表面为喷砂后涂无机富锌漆。梁端剪力设计值$V=65\text{kN}$，考虑到连接偏心的不利影响，将剪力乘以1.3倍。采用高强度螺栓承压型连接，且剪切面在螺纹处。

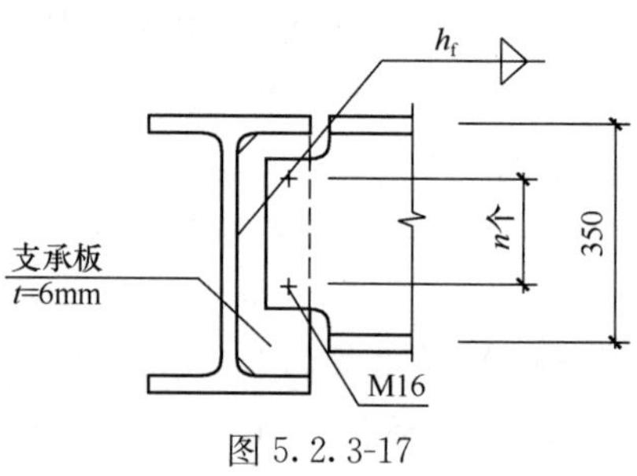

图5.2.3-17

试问，应采用的螺栓个数与下列何项数值最为接近?

提示：次梁L1（焊接H型钢）腹板厚4.5mm。

(A) 2　　(B) 3　　(C) 4　　(D) 5

【答案】(B)

一个螺栓的抗剪承载力设计值为

$$N_v^b = n_v A_e f_v^b = 1 \times 156.7 \times 310 = 48577\text{N}$$

$$N_c^b = d \cdot \Sigma t \cdot f_c^b = 16 \times 4.5 \times 470 = 33840\text{N}$$

《钢标》11.4.3条规定

所需要的螺栓

$$n = 1.3V/N_{vmin}^b = 1.3 \times 65/33.84 = 2.5,$$

取为3个，选择(B)。

【例5.2.3-15】

条件：如图5.2.3-18所示为双盖板拼接的钢板连接，钢材为Q235B，高强度螺栓为8.8级的M20，连接处板件接触面采用喷砂处理，作用在螺栓群形心处的轴心拉力设计值$N=800\text{kN}$。

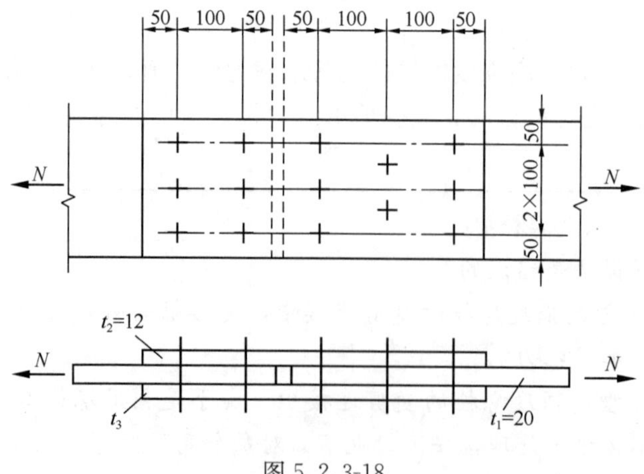

图5.2.3-18

提示：①螺栓的剪切面不在螺纹处。

②$f_v^b=250N/mm^2$，$f_c^b=470N/mm^2$。

要求：设计此连接。

【答案】(1) 采用摩擦型连接

查得每个8.8级的M20高强度螺栓的预拉力 $P=125kN$，对于Q235钢材接触面做喷砂处理时，查得 $\mu=0.45$。

一个螺栓的抗剪承载力设计值

$$N_v^b=0.9n_f\mu P=0.9\times2\times0.45\times125=101.3kN$$

所需螺栓数

$$n=\frac{N}{N_v^b}=\frac{800}{101.3}=7.9\text{，取 8 个。}$$

螺栓排列如图5.2.3-18右边所示。

(2) 采用承压型连接时

一个螺栓的承载力设计值

$$N_v^b=n_v\frac{\pi d^2}{4}f_v^b=2\times\frac{3.14\times20^2}{4}\times250\times10^{-3}=157kN$$

$$N_c^b=d\Sigma tf_c^b=20\times20\times470\times10^{-3}=188kN$$

$$N_{min}^b=157kN$$

则所需螺栓数

$$n=\frac{N}{N_{min}^b}=\frac{800}{157}=5.1\text{ 个，取 6 个。}$$

螺栓排列如图5.2.3-18左边所示。

3. 高强度螺栓连接的受拉工作

(1) 受拉工作性能及承载力计算

高强度螺栓在承受外拉力前，螺杆间已有很高的预拉力 P，板层间已有较大的预压力 C，$C=P$，如图5.2.3-19。当螺栓受外拉力 N 时，栓杆被拉长，此时螺杆中的拉力增量为 ΔP，夹紧的板件被拉松，压力 C 减少了 ΔC。实验得知：当外拉力大于预拉力时，板

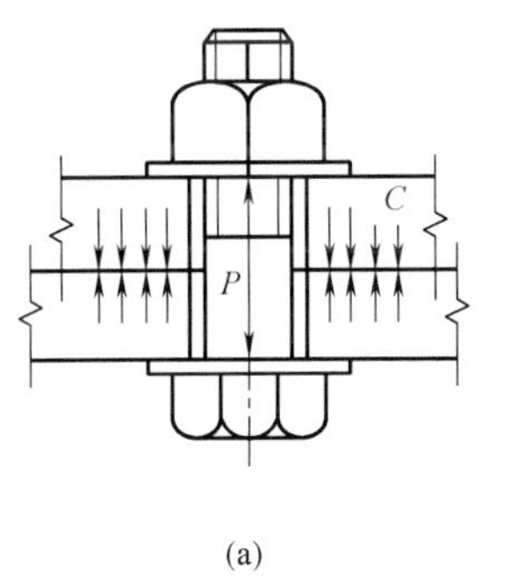

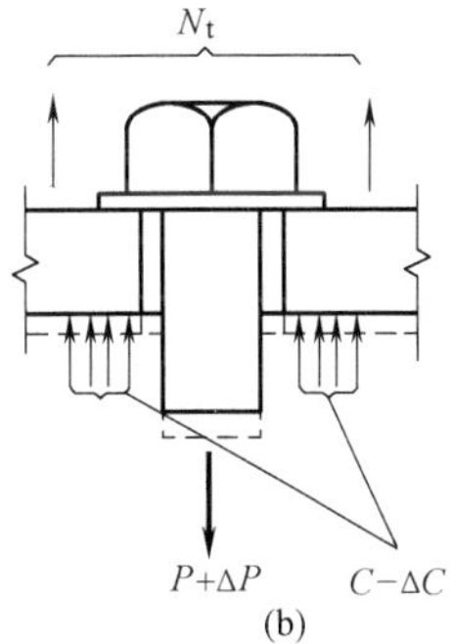

图5.2.3-19 高强度螺栓受拉

件间发生松弛现象；当外拉力小于预拉力80%时，板件间仍保证一定的夹紧力，无松弛现象发生，连接有一定的整体性。

《钢标》11.4.2条规定

> **11.4.2** 高强度螺栓摩擦型连接应按下列规定计算：
>
> **2** 在螺栓杆轴方向受拉的连接中，每个高强度螺栓的承载力应按下式计算：
>
> $$N_t^b = 0.8P \tag{11.4.2-2}$$

《钢标》11.4.3条规定

> **11.4.3** 高强度螺栓承压型连接应按下列规定计算：
>
> **3** 在杆轴受拉的连接中，每个高强度螺栓的受拉承载力设计值的计算方法与普通螺栓相同；

【例5.2.3-16】

某钢梁采用端板连接接头，钢材为Q345钢，采用10.9级高强度螺栓摩擦型连接，连接处钢材接触表面的处理方法为未经处理的干净轧制表面，其连接形式见图5.2.3-20所示，考虑了各种不利影响后，取弯矩设计值M=260kN·m，剪力设计值V=65kN，轴力设计值N=100kN（压力）。

提示：设计值均为非地震作用组合内力。

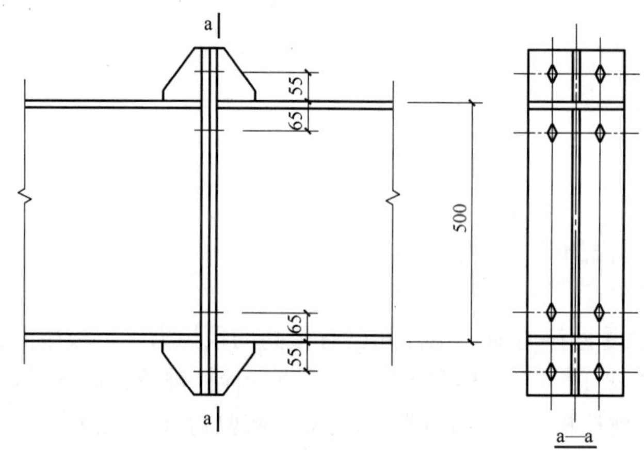

图5.2.3-20

试问，连接可采用的高强度螺栓最小规格为下列何项？

提示：①梁上、下翼缘板中心间的距离取h=490mm；

②忽略轴力和剪力影响。

(A) M20　　(B) M22　　(C) M24　　(D) M27

【答案】 (B)

单个螺栓最大拉力　　$N_t = \dfrac{M}{n_1 h} = \dfrac{260 \times 10^3}{4 \times 490} = 132.7\text{kN}$

根据《钢标》第11.4.2条第2款及表11.4.2-2，单个螺栓预拉力$P \geqslant \dfrac{132.7}{0.8} =$

165.9kN<190kN，应选答案B。

注：1. 根据提示1，可知弯矩的力臂高度为490mm，因此，可以直接求出每个高强螺栓所承受的杆轴方向的拉力。

2. 本题的所有提示都是为简化计算所设置的，实际工程设计中，需要进行同时承受拉、弯、剪共同作用的计算。

（2）高强度螺栓群受弯矩作用

图5.2.3-21所示连接受弯矩作用，由于高强度螺栓（摩擦型和承压型）施加预拉力很大，被连接件的接触面一直保持紧密贴合，即外拉力总是小于预拉力P时，弯曲中和轴在截面高度中央，可以认为就在螺栓群形心轴线上。边缘受拉力最大的螺栓拉力应满足如下强度条件：

$$N_{t1}^{M}=\frac{My_1}{m\sum y_i^2}\leqslant N_t^b \tag{5.2.3-4}$$

式中 m——螺栓的列数；

y_1——最上端螺栓至中和轴的距离；

$\sum y_i^2=y_1^2+y_2^2+\cdots+y_n^2$。

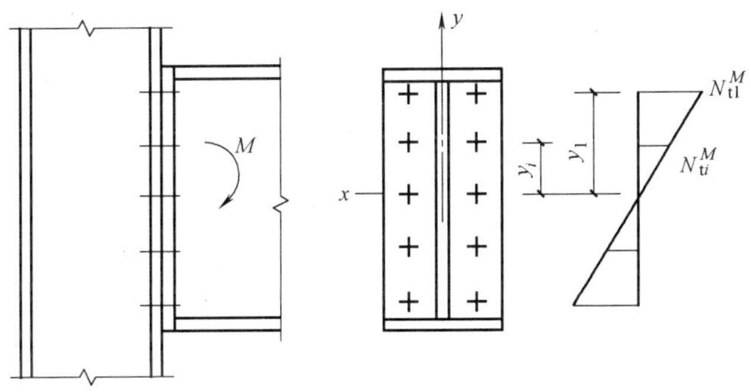

图5.2.3-21 高强度螺栓受弯连接

按式（5.2.3-4）计算螺栓数量偏于保守，连接实际承载能力并未充分发挥。当弯矩进一步增大时，受拉区接触面挤压力逐渐减小甚至消失，螺栓群的中和轴下移，并不妨碍螺栓有效承载力，只要变形不过大，像普通螺栓群一样把中和轴定在最下排螺栓处，应该是可行的。如果螺栓兼承剪力，则第二种方法只宜用于承压型连接。

【例5.2.3-17】如图5.2.3-22所示某梁与柱的连接，采用10.9级摩擦型高强螺栓连接，采用标准圆孔，连接处构件接触面处理方法为喷砂后生赤锈。梁端竖板下设钢板支托，梁端竖板与钢板支托刨平顶紧，节点连接处螺栓仅承担弯矩，由弯矩产生的螺栓最大拉力设计值$N_t^W=93.8$kN。

试问，梁柱连接处高强度螺栓，采用下列何项规格最为合适？

（A）M16　（B）IVI20　（C）M22　（D）M24

【答案】（B）

已知$N_t^M=93.8$kN

根据《钢标》第11.4.2条计算：

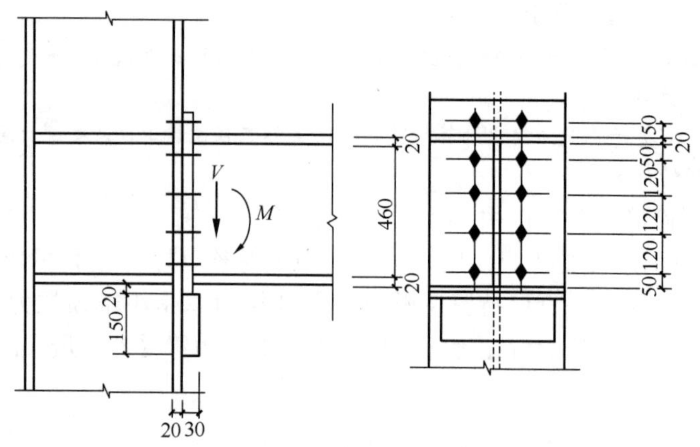

图 5.2.3-22

$$P=\frac{N_t^M}{0.8}=\frac{93.8}{0.8}=117.2\text{kN}$$

选 M20，$P=155$kN。

4. 高强度螺栓摩擦型连接同时承受剪力和拉力

《钢标》11.4.2 条规定

> **11.4.2** 高强度螺栓摩擦型连接应按下列规定计算：
>
> **3** 当高强度螺栓摩擦型连接同时承受摩擦面间的剪力和螺栓杆轴方向的外拉力时，承载力应符合下式要求：
>
> $$\frac{N_v}{N_v^b}+\frac{N_t}{N_t^b}\leqslant 1.0 \tag{11.4.2-3}$$
>
> 式中：N_v、N_t——分别为某个高强度螺栓所承受的剪力和拉力（N）；
>
> N_v^b、N_t^b——一个高强度螺栓的受剪、受拉承载力设计值（N）。

【例 5.2.3-18】 刚架梁、柱的连接如图 5.2.3-23 所示，梁受拉翼缘外侧每个螺栓所受拉力 $N_t=124$kN，并已知梁端剪力设计值 $V=90$kN，高强度螺栓选用 8.8 级，摩擦面抗滑移系数 $\mu=0.45$。

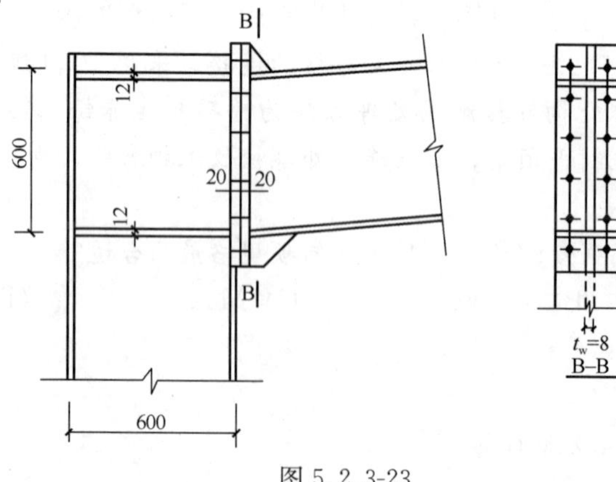

图 5.2.3-23

试问，所需高强度螺栓的直径，应取下列何项数值？

(A) M16　　(B) M20　　(C) M22　　(D) M24

【答案】(D)

依据《钢标》式（11.4.2-3），应满足$\frac{N_t}{N_t^b}+\frac{N_v}{N_v^b}\leqslant 1$

其中，$N_t^b=0.8P$，$N_v^b=0.9n_f\mu P$。

代入数值，可得

$$\frac{124}{0.8P}+\frac{90/12}{0.9\times 1\times 0.45P}\leqslant 1$$

解方程，得到$P\geqslant 173.5$kN。查《钢标》表11.4.2-2，M24时$P=175$kN，满足要求。选择(D)。

5. 高强度螺栓连接的构造

(1) 孔径

《钢标》11.5.1规定

> **11.5.1** 螺栓孔的孔径与孔型应符合下列规定：
>
> **2** 高强度螺栓承压型连接采用标准圆孔时，其孔径d_0可按表11.5.1采用；
>
> **3** 高强度螺栓摩擦型连接可采用标准孔、大圆孔和槽孔，孔型尺寸可按表11.5.1采用；采用扩大孔连接时，同一连接面只能在盖板和芯板其中之一的板上采用大圆孔或槽孔，其余仍采用标准孔；

高强度螺栓连接的孔型尺寸匹配(mm)　　表11.5.1

螺栓公称直径			M12	M16	M20	M22	M24	M27	M30
孔型	标准孔	直径	13.5	17.5	22	24	26	30	33
	大圆孔	直径	16	20	24	28	30	35	38
	槽孔	短向	13.5	17.5	22	24	26	30	33
		长向	22	30	37	40	45	50	55

> **4** 高强度螺栓摩擦型连接盖板按大圆孔、槽孔制孔时，应增大垫圈厚度或采用连续型垫板，其孔径与标准垫圈相同，对M24及以下的螺栓，厚度不宜小于8mm；对M24以上的螺栓，厚度不宜小于10mm。

【例5.2.3-19】采用摩擦型高强度螺栓或承压型高强度螺栓连接型式。二者在同样直径的条件下，其对螺栓孔与螺栓杆之间的孔隙要求，以下何项为正确？

(A) 摩擦型空隙要求略大，承压型空隙要求较小；

(B) 摩擦型空隙要求略小，承压型空隙要求较大；

(C) 两者孔隙要求相同；

(D) 无孔隙要求。

【答案】(A)

依据《钢标》11.5.1条的规定。

(2) 孔距

《钢标》11.5.2规定

11.5.2 螺栓连接宜采用紧凑布置，其连接中心宜与被连接构件截面的重心相一致。螺栓的间距、边距和端距容许值应符合表 11.5.2 的规定。

螺栓的孔距、边距和端距容许值　　　　表 11.5.2

<table>
<tr><th>名称</th><th colspan="3">位置和方向</th><th>最大容许间距（取两者的较小值）</th><th>最小容许间距</th></tr>
<tr><td rowspan="5">中心间距</td><td colspan="3">外排（垂直内力方向或顺内力方向）</td><td>$8d_0$或$12t$</td><td rowspan="5">$3d_0$</td></tr>
<tr><td rowspan="3">中间排</td><td colspan="2">垂直内力方向</td><td>$16d_0$或$24t$</td></tr>
<tr><td rowspan="2">顺内力方向</td><td>构件受压力</td><td>$12d_0$或$18t$</td></tr>
<tr><td>构件受拉力</td><td>$16d_0$或$24t$</td></tr>
<tr><td colspan="3">沿对角线方向</td><td>—</td></tr>
<tr><td rowspan="4">中心至构件边缘距离</td><td colspan="3">顺内力方向</td><td rowspan="4">$4d_0$或$8t$</td><td>$2d_0$</td></tr>
<tr><td rowspan="3">垂直内力方向</td><td colspan="2">剪切边或手工切割边</td><td rowspan="2">$1.5d_0$</td></tr>
<tr><td rowspan="2">轧制边、自动气割或锯割边</td><td>高强度螺栓</td></tr>
<tr><td>其他螺栓或铆钉</td><td>$1.2d_0$</td></tr>
</table>

注：1 d_0为螺栓的孔径，对槽孔为短向尺寸，t 为外层较薄板件的厚度；

2 钢板边缘与刚性构件（如角钢，槽钢等）相连的高强度螺栓的最大间距可按中间排的数值采用；

3 计算螺栓孔引起的截面削弱时可取 $d+4$mm 和 d_0的较大者。

【例 5.2.3-20】 框架梁截面采用轧制型钢 H600×200×11×17，框架梁拼接如图 5.2.3-24所示，高强螺栓采用 10.9 级 M22 螺栓，连接板采用 Q345B，试问，下列何项说法正确？

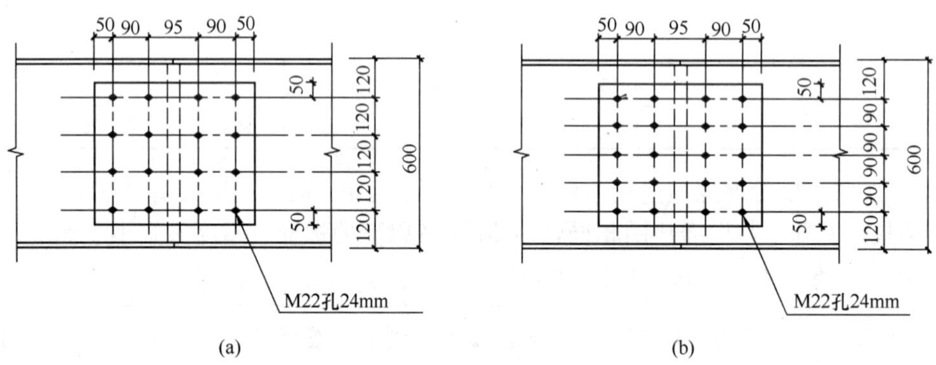

图 5.2.3-24

(A) 图 (a)、图 (b) 均符合螺栓孔距设计要求

(B) 图 (a)、图 (b) 均不符合螺栓孔距设计要求

(C) 图 (a) 符合螺栓孔距设计要求

(D) 图 (b) 符合螺栓孔距设计要求

【答案】(D)

根据《钢标》表 11.5.2 的规定，螺栓中心间距的最小容许距离应取 $12t$。

按腹板等强估算连接板厚 $t=11\times600/(2\times460)=7.2$mm，取 $t=8$mm。

图（a）孔中心间距为 120mm＞$12t$＝96mm，不符合规定。

图（b）孔中心间距为 90mm＜$12t$＝96mm，符合规定。

5.3 轴心受力构件

一、轴心受力构件的强度

1. 非采用高强度螺栓摩擦型连接的构件

从轴心受拉构件的承载能力极限状态来看，可分为两种情况：

（1）毛截面屈服强度验算

毛截面的平均应力达到材料的屈服强度，构件将产生很大的变形，即达到不适于继续承载的变形的极限状态，其计算式为：

$$\sigma = \frac{N}{A} \leqslant \frac{f_y}{\gamma_R} = f \tag{5.3.1-1}$$

（2）净截面断裂强度验算

净截面的平均应力达到材料的抗拉强度 f_u，即达到最大承载能力的极限状态，其计算式为：

$$\sigma = \frac{N}{A_n} \leqslant \frac{f_u}{\gamma_{uR}} = 0.7f_u \tag{5.3.1-2}$$

由于净截面的孔眼附近应力集中较大，容易首先出现裂缝，因此其抗力分项系数 γ_{uR} 应予提高。取 γ_{uR}＝1.43，即 $1/\gamma_{uR}$＝0.7。

《钢标》指出

> **7.1.1** 轴心受拉构件，当端部连接及中部拼接处组成截面的各板件都由连接件直接传力时，其截面强度计算应符合下列规定：
>
> **1** 其截面强度应采用下列公式计算：
>
> 毛截面屈服：
>
> $$\sigma = \frac{N}{A} \leqslant f \tag{7.1.1-1}$$
>
> 净截面断裂：
>
> $$\sigma = \frac{N}{A_n} \leqslant 0.7f_u \tag{7.1.1-2}$$
>
> 式中：N——所计算截面处的拉力设计值（N）；
>
> f——钢材的抗拉强度设计值（N/mm²）；
>
> A——构件的毛截面面积（mm²）；
>
> A_n——构件的净截面面积，当构件多个截面有孔时，取最不利的截面（mm²）；
>
> f_u——钢材的抗拉强度最小值（N/mm²）。

①钢材强度指标取值

钢材的设计用强度指标是根据钢材牌号和钢材厚度从《钢标》表 4.4.1 中查得，当截面中各肢板件的厚度不等时，对钢材厚度的采用《钢标》表 4.4.1 小注有规定。

《钢标》表4.4.1注

注：1表中厚度系指计算点的钢材厚度，对轴心受拉和轴心受压构件系指截面中较厚板件的厚度

②净截面面积 A_n 取值

当采用普通螺栓或者高强度螺栓承压型连接时，须判断板件产生强度破坏的截面位置，如图5.3.1-1所示。

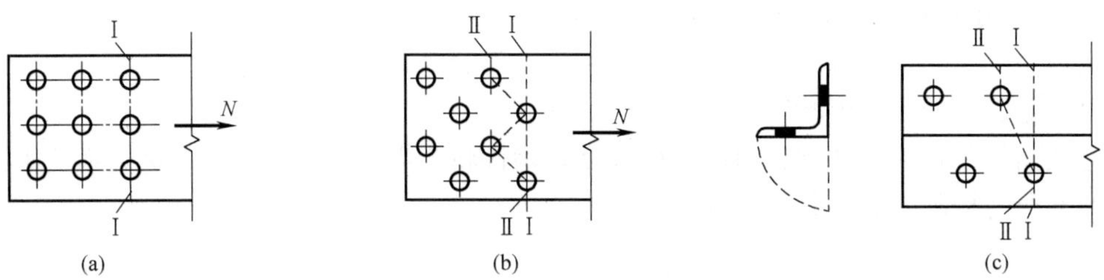

图5.3.1-1　构件破坏截面

图5.3.1-1（a）为并列布置的螺栓连接，危险截面为靠近荷载作用端的Ⅰ-Ⅰ正交截面。在图3.1.1（b）、（c）错列布置的螺栓连接中，构件可能的破坏截面有Ⅰ-Ⅰ正交截面和Ⅱ-Ⅱ斜交截面。在可能的破坏截面中，净截面最小的截面即为危险截面。

【例5.3.1-1】轴向拉杆的强度验算

条件：如图5.3.1-2所示由2L75×5（面积为7.41×2cm^2）组成的水平放置的轴心拉杆。轴心拉力的设计值为270kN，只承受静力作用，计算长度为3m。杆端有一排螺栓M20，孔径 d_0=21.5mm。钢材为Q235钢。计算时忽略连接偏心和杆件自重的影响。

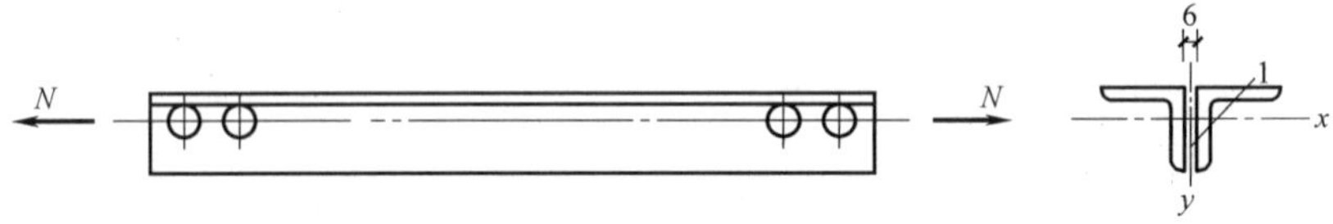

图5.3.1-2

要求：验算强度

【答案】对于Q235钢，f=215N/mm^2，f_u=370N/mm^2。

①毛截面屈服强度计算

$$A = 741 \times 2 = 1482\text{mm}^2$$

$$\sigma = N/A = 270000/1482 = 182\text{N/mm}^2 < f = 215\text{N/mm}^2$$

②净截面断裂强度计算

《钢标》表11.5.2注3，计算螺栓孔引起的截面削弱时可取 d+4mm和 d_0 的较大者。

$$\max\{d + 4 = 20 + 4 = 24\text{mm}, d_0 = 21.5\text{mm}\} = 24\text{mm}$$

$$A_n = 1482 - 24 \times 5 \times 2 = 1242\text{mm}^2$$

$$\sigma = N/A_n = 270000/1242 = 217\text{N/mm}^2 < 0.7f_u = 0.7 \times 370 = 259\text{N/mm}^2$$

强度满足要求。

【例5.3.1-2】下弦拉杆的截面选择

条件：某梯形钢屋架下弦杆，承受轴心拉力设计值 N=975kN。采用由两角钢组成的

T 形截面如图 5.3.1-3 所示，在杆件同一截面上设有两个螺栓 M20，孔径为 $d_0=21.5$mm。钢材采用 Q235-B·F 钢。

要求：按强度要求选择此构件的截面。

【答案】 对于 Q235 钢，$f=215\text{N/mm}^2$，$f_u=370\text{N/mm}^2$。

①求毛截面面积

$$A \geqslant \frac{N}{f}=\frac{975\times10^3}{215}\times10^{-2}=45.35\text{cm}^2$$

由型钢表，选用 2L160×100×10，长肢外伸如图 5.3.1-3 所示，$A=50.63\text{cm}^2$。

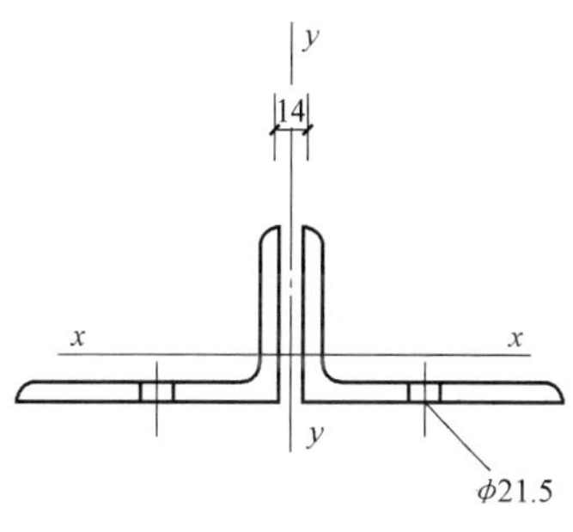

图 5.3.1-3

②验算净截面断裂强度

《钢标》表 11.5.2 注 3，计算螺栓孔引起的截面削弱时可取 $d+4$mm 和 d_0 的较大者。

$$\max\{d+4=20+4=24\text{mm}, d_0=21.5\text{mm}\}=24\text{mm}$$

$$A_n=A-2d_0t=50.63-2\times2.4\times1=45.83\text{cm}^2$$

$$\sigma=\frac{N}{A_n}=\frac{975\times10^3}{45.83\times10^2}=212.7\text{N/mm}^2<0.7f_u=0.7\times370=259\text{N/mm}^2$$，满足要求。

【例 5.3.1-3】 有孔角钢拉杆的承载力计算

条件：如图 5.3.1-4 所示屋架的双角钢拉杆，截面为 2L100×10，采用 M18 的普通螺栓，角钢上有交错排列的普通螺栓孔，孔径 $d_0=20$mm。2L100×10 角钢，角钢的厚度为 10mm。钢材为 Q235 钢。

要求：试计算此拉杆所能承受的最大拉力。

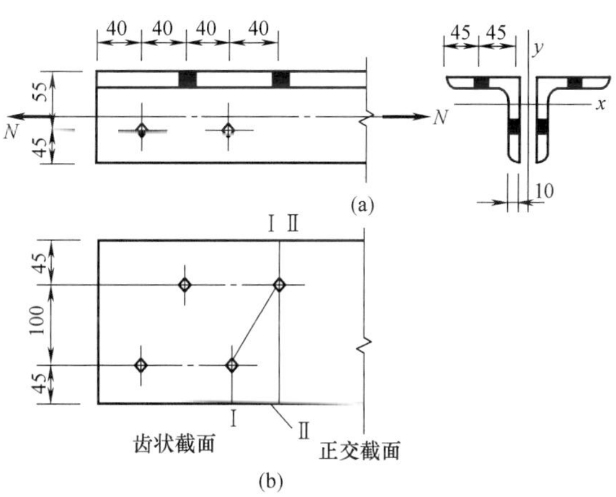

图 5.3.1-4

【答案】 对于 Q235 钢，$f=215\text{N/mm}^2$，$f_u=370\text{N/mm}^2$。

①净截面断裂强度计算

在确定危险截面之前先把它展开如图 5.3.1-4（b）所示的平面。

《钢标》表 11.5.2 注 3，计算螺栓孔引起的截面削弱时可取 $d=4$mm 和 d_0 的较大者。

$$\max\{d+4=18+4=22\text{mm}, d_0=20\text{mm}\}=22\text{mm}$$

正交净截面面积：

$$A_n = 2\times(4.5+10+4.5-2.2)\times1.0 = 33.6\text{cm}^2$$

齿状净截面面积：

$$A_n = 2\times(4.5+\sqrt{10^2+4^2}+4.5-2.2\times2)\times1.0 = 30.7\text{cm}^2$$

齿状截面是危险截面，截面最大拉力为：

$$N=A_n\cdot0.7f_u=30.7\times10^2\times0.7\times370=795\text{kN}$$

②毛截面屈服强度计算

毛截面的面积为：

$$A = 2\times(4.5+10+4.5)\times1.0 = 38.0\text{cm}^2$$

此截面所能承受的最拉力为：

$$N = Af = 38.0\times10^2\times215 = 817000\text{N} = 817\text{kN}$$

③能承受的最大拉力 N=795kN

2. 摩擦型高强度螺栓连接处的强度

当轴心受力构件采用摩擦型高强度螺栓连接时，验算净截面断裂强度则应考虑摩擦型高强度螺栓连接的工作性能，即净截面上所受的内力应扣除螺栓孔前的传力，如图5.3.1-5所示。因此，验算最外列螺栓处危险截面的强度时，应考虑螺栓孔前摩擦力的影响，按《钢标》7.1.1条式（7.1.1-1）和式（7.1.1-3）进行计算。

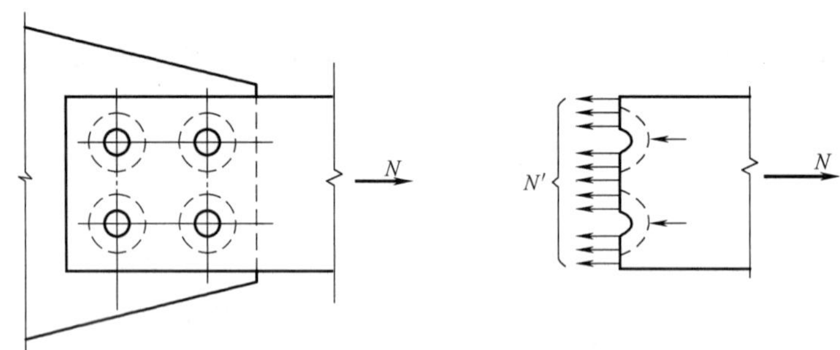

图5.3.1-5　摩擦型高强度螺栓孔前传力

《钢标》规定

7.1.1　轴心受拉构件，当端部连接及中部拼接处组成截面的各板件都由连接件直接传力时，其截面强度计算应符合下列规定：

2　采用高强度螺栓摩擦型连接的构件，

其毛截面强度计算应采用式（7.1.1-1），

净截面断裂应按下式计算：

$$\sigma=\left(1-0.5\frac{n_1}{n}\right)\frac{N}{A_n}\leqslant0.7f_u \quad (7.1.1\text{-}3)$$

式中：N——所计算截面处的拉力设计值（N）；

f——钢材的抗拉强度设计值（N/mm²）；

A——构件的毛截面面积（mm²）；

A_n——构件的净截面面积，当构件多个截面有孔时，取最不利的截面（mm²）；

> f_u——钢材的抗拉强度最小值（N/mm²）；
> n——在节点或拼接处，构件一端连接的高强度螺栓数目；
> n_1——所计算截面（最外列螺栓处）高强度螺栓数目。

【例 5.3.1-4】 高强度螺栓摩擦型连接的节点强度验算

条件：一块—400×20 的钢板用两块—400×12 的拼接板及摩擦型高强度螺栓进行连接。螺栓 M20，孔径 d_0 = 22mm，排列如图 5.3.1-6 所示。钢板轴心受拉，N=1600kN（设计值），为 Q235 钢。

要求：验算该连接的强度。

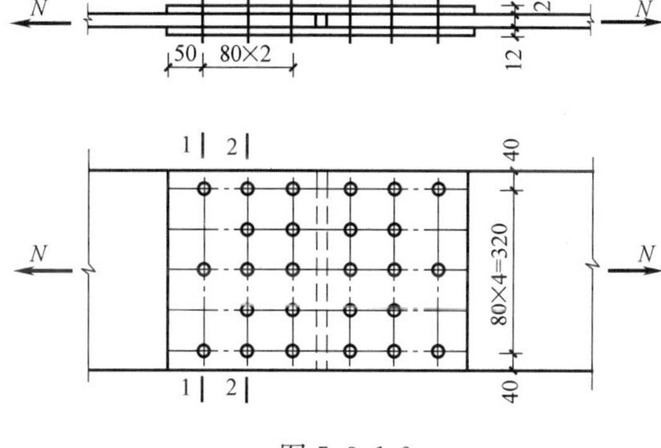

图 5.3.1-6

【答案】 钢材为 Q235，f=205N/mm²，f_u=370N/mm²。

（1）净截面断裂强度验算

《钢标》表 11.5.2 注 3，计算螺栓孔引起的截面削弱时可取 d+4mm 和 d_0 的较大者。

$$\max\{d+4=20+4=24\text{mm}, d_0=20\text{mm}\}=24\text{mm}$$

① 1-1 截面断裂强度验算

1-1 截面钢板面积 $A_n=400\times20-3\times24\times20=6560\text{mm}^2$

$$\sigma=\left(1-0.5\times\frac{3}{13}\right)\frac{N}{A_n}=0.885\times\frac{1600\times10^3}{6560}=216\text{N/mm}^2<0.7f_u$$

$$=0.7\times370=259\text{N/mm}^2$$

强度满足要求。

②2-2 截面断裂强度验算

2-2 截面钢板面积 $A'_n=400\times20-5\times24\times20=5600\text{mm}^2$

2-2 截面传递拉力 N' $N'=\left(1-\frac{3}{13}-0.5\times\frac{5}{13}\right)\times1600=923.1\text{kN}$

$\sigma'=\frac{N'}{A'_n}=\frac{923.1\times10^3}{5600}=164.8\text{N/mm}^2<0.7f_u=0.7\times370=259\text{N/mm}^2$，强度满足要求。

（2）毛截面屈服强度验算

$$\sigma=\frac{N}{A}=\frac{1600\times10^3}{400\times20}=200\text{N/mm}^2$$

$$<f=205\text{N/mm}^2$$

所以，毛截面屈服强度也满足。

3. 净截面屈服强度验算

当沿构件长度有排列较密的螺栓孔时，应由净截面屈服控制，以免变形过大。

> **7.1.1** 轴心受拉构件，当端部连接及中部拼接处组成截面的各板件都由连接件直接传力时，其截面强度计算应符合下列规定：
>
> **3** 当构件为沿全长都有排列较密螺栓的组合构件时，其截面强度应按下式计算：
>
> $$\frac{N}{A_n} \leqslant f \tag{7.1.1-4}$$
>
> 式中：N——所计算截面处的拉力设计值（N）；
>
> f——钢材的抗拉强度设计值（N/mm^2）；
>
> A_n——构件的净截面面积，当构件多个截面有孔时，取最不利的截面（mm^2）。

【例 5.3.1-5】 某钢结构屋面梁 WL-1，截面采用 H700×300×8×16，为 Q235 钢，其安装接头采用高强度螺栓摩擦型连接，并假定由两翼缘板承受截面上的全部弯矩。翼缘板连接螺栓布置如图 5.3.1-7 所示，螺栓直径 M20，孔径 $d_0=21.5$mm。连接处弯矩设计值 $M=450$kN·m；在弯矩作用下，翼缘板按轴心受力构件计算。

要求：验算该连接的强度。

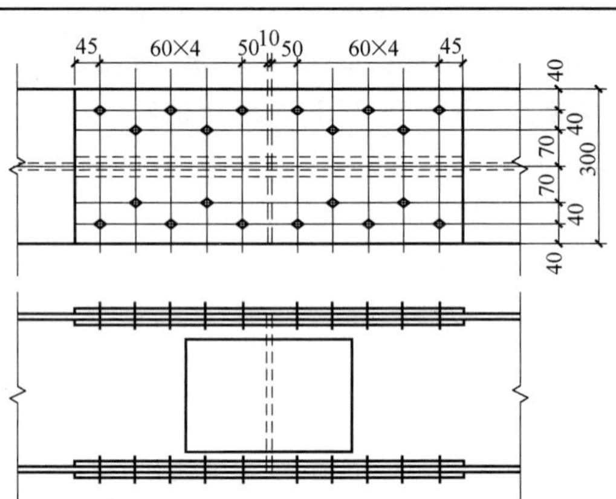

图 5.3.1-7

【答案】 钢材为 Q235，$f=215N/mm^2$，$f_u=370N/mm^2$。

翼缘板承受的轴心力

$$N_t = \frac{M}{h} = \frac{450\times10^6}{700-16}\times10^{-3}\text{kN} = 657.9\text{kN}$$

（1）毛截面屈服强度验算

按《钢标》式（7.1.1-1）

$$\sigma = \frac{N}{A} = \frac{657.9\times10^3}{300\times16}N/mm^2 = 137.1N/mm^2 < f = 215N/mm^2,$$

毛截面屈服强度满足。

（2）净截面断裂强度验算根据《钢标》表 11.5.2 注 3，计算螺栓孔引起的截面削弱时可取

$$\max(d+4=20+4=24\text{mm} \quad d_0=21.5\text{m}) = 24\text{mm}$$

按《钢标》式（7.1.1-3）

$$\sigma = \left(1-0.5\frac{n_1}{n}\right)\frac{N_1}{A_n}$$

其中 $n_1=2$，$n=10$，$A_n=(300-2\times24)\times16mm^2=4032mm^2$

$$\sigma = \left(1-0.5\times\frac{2}{10}\right)\times\frac{657.9\times10^3}{4032}N/mm^2 = 147.0N/mm^2 < 0.7f_u = 0.7\times370N/mm^2 = 259N/mm^2$$

净截面断裂强度满足。

(3) 净截面屈服强度验算

按《钢标》式(7.1.1-4)

$$\sigma=\left(1-0.5\times\frac{2}{10}\right)\times\frac{657.9\times10^3}{4032}\text{N/mm}^2=147.0\text{N/mm}^2$$

$$<f=215\text{N/mm}^2,$$

净截面屈服强度满足。

4. 单面连接的单角钢的强度调整系数

《钢标》规定

> **7.6.1** 桁架的单角钢腹杆,当以一个肢连接于节点板时(图7.6.1),除弦杆亦为单角钢,并位于节点板同侧者外,应符合下列规定:
>
> 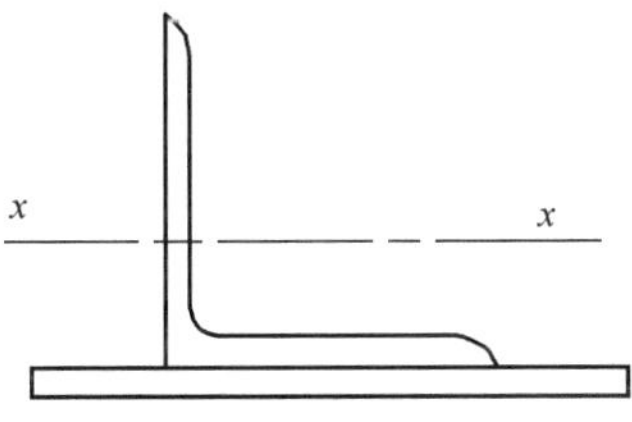
>
>
> 图7.6.1 角钢的平行轴
>
> **1** 轴心受力构件的截面强度应按本标准式(7.1.1-1)和式(7.1.1-2)计算,但强度设计值应乘以折减系数0.85。

【例5.3.1-6】 单面连接角钢的受拉承载力计算条件:某三角形钢屋架的一受拉斜腹杆,长 l=2309mm,轴心拉力的设计值 N=31.7kN。钢材用Q235-B.F钢,构件截面无削弱。

要求:试选择此构件的截面。

【答案】 $f=215\text{N/mm}^2$

因构件内力较小,拟选用单角钢截面。为制作方便,节点处采用单面连接的形式(图5.3.1-8)。

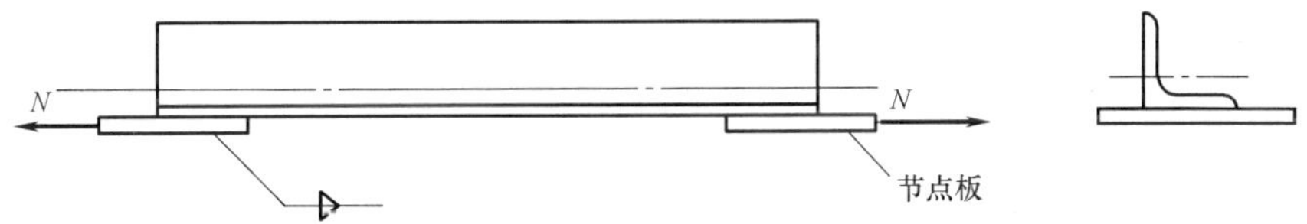

图5.3.1-8 单面连接的单角钢构件

按《钢标》7.6.1条规定,计算强度时 f 应乘以折减系数 $\eta_k=0.85$。

$$A\geqslant\frac{N}{\eta_R f}=\frac{31.7\times10^3}{0.85\times215}\times10^{-2}=1.74\text{cm}^2$$

二、计算长度和长细比验算

按照结构的使用要求,钢结构构件不应过分柔弱,而是应具有足够的刚度,以保证构件不产生过大的变形。当构件的刚度不足时,会产生下列不利影响:

(1) 在运输和安装过程中产生弯曲或过大的变形。

（2）使用期间因其自重而明显下挠。

（3）在动力荷载作用下发生较大的振动。

（4）压杆的刚度过小时，将使构件的极限承载力显著降低，同时初弯曲和自重产生的挠度也将给构件的整体稳定带来不利影响。

轴心受力构件刚度的保证是通过控制构件的长细比 λ 来实现。

1. 构件的长细比

《钢标》规定

> **2.1.2** 长细比
>
> 构件计算长度与构件截面回转半径的比值。

《钢标》规定

> **7.4.6** 验算容许长细比时，可不考虑扭转效应。

《钢标》7.2.2条规定

> 1）当计算弯曲屈曲时，长细比按下列公式计算：
>
> $$\lambda_x = \frac{l_{0x}}{i_x} \tag{7.2.2-1}$$
>
> $$\lambda_y = \frac{l_{0y}}{i_y} \tag{7.2.2-2}$$
>
> 式中：l_{0x}、l_{0y}——分别为构件对截面主轴 x 和 y 的计算长度（mm）；
>
> i_x、i_y——分别为构件截面对主轴 x 和 y 的回转半径（mm）。

《钢标》7.2.2条中所提到“主轴”的内涵是指：

惯性矩具有极大值和极小值的一对相互垂直通过形心的轴称为形心主轴。

截面具有两个对称轴、这两个对称轴就是形心主轴。

截面只有一个对称轴、这个对称轴以及与它垂直的另一个形心轴就是形心主轴。

回转半径的计算公式为 $i=\sqrt{\frac{I}{A}}$

【例5.3.2-1】箱形截面构件的长细比

条件：如图5.3.2-1所示一焊接箱形截面轴心受压构件。钢材为Q235-B钢。柱高9m，上端铰接，下端固定。翼缘板2—16×500，腹板2—16×480。

要求：求构件的长细比。

【答案】（1）计算长度。

$l_{0x}=l_{0y}=0.8l=0.8\times9=7.2\text{m}$

（2）截面几何特性

截面积 $A=2\times1.6\times(50+48)=313.6\text{cm}^2$；

惯性矩

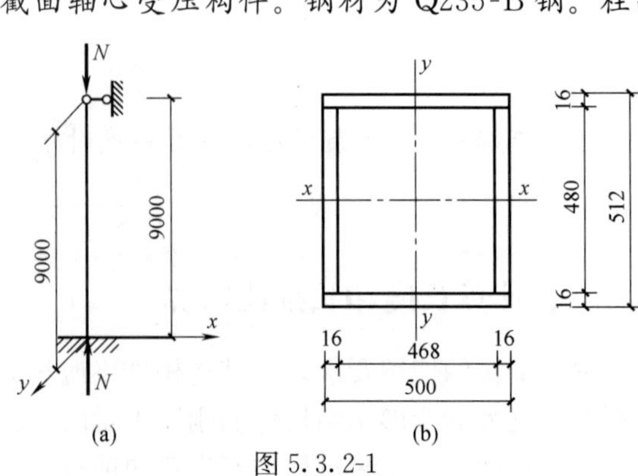

图5.3.2-1

$$I_x=\frac{1}{12}\times(50\times51.2^3-46.8\times48^3)=127932\text{cm}^4$$

$$I_y=\frac{1}{12}\times(51.2\times50^3-48\times46.8^3)=123320\text{cm}^4$$

回转半径

$$i_x=\sqrt{\frac{I_x}{A}}=\sqrt{\frac{127932}{313.6}}=20.20\text{cm}$$

$$i_y=\sqrt{\frac{I_y}{A}}=\sqrt{\frac{123320}{313.6}}=19.83\text{cm}$$

(3) 长细比

$$\lambda_x=\frac{l_{0x}}{i_x}=\frac{720}{20.20}=35.6$$

$$\lambda_y=\frac{l_{0y}}{i_y}=\frac{720}{19.83}=36.3>35.6。$$

【例 5.3.2-2】 工形截面柱的长细比

条件：两端铰接轴心压杆柱的高度为 6m，在 x 平面内柱高为 4.5m 处有支撑系统以阻止柱的侧向位移，柱截面为焊接工字形，翼缘为轧制边，尺寸如图 5.3.2-2 所示，钢材为 Q235。

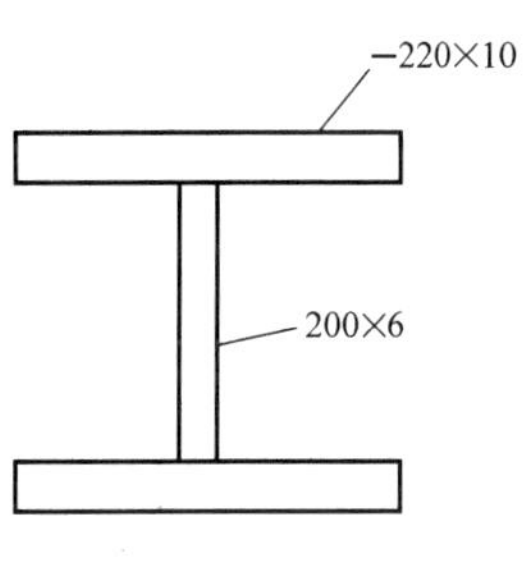

图 5.3.2-2

要求：计算长细比。

【答案】 根据题意可知 $l_{0x}=6\text{m}$，$l_{0y}=4.5\text{m}$。

(1) 计算截面特征值。

毛截面面积：

$$A=2\times22\times1+20\times0.6=56\text{cm}^2$$

截面惯性矩：

$$I_x=\frac{1}{12}\times(22\times22^3-21.4\times20^3)=5255\text{cm}^4$$

$$I_y=2\times\frac{1\times22^3}{12}=1775\text{cm}^4\text{(忽略腹板)}$$

截面回转半径：

$$i_x=\sqrt{\frac{I_x}{A}}=\sqrt{\frac{5255}{56}}=9.69\text{cm}$$

$$i_y=\sqrt{\frac{I_y}{A}}=\sqrt{\frac{1775}{56}}=5.63\text{cm}$$

(2) 柱的长细比和刚度验算。

$$\lambda_x=\frac{l_{0x}}{i_x}=\frac{600}{9.69}=61.92$$

$$\lambda_y=\frac{l_{0y}}{i_y}=\frac{450}{5.63}=79.93。$$

2. 轴心受压构件的计算长度

(1) 等截面轴心受压构件的计算长度

1）理想轴心受压杆件的屈曲形态

所谓理想轴心受压构件，就是杆件为等截面理想直杆，压力作用线与杆件形心轴重合，材料匀质、各向同性、无限弹性且符合虎克定律，没有初始应力的轴心受压构件。此种杆件发生失稳现象，也可以称之为屈曲。屈曲形式可分为弯曲屈曲、扭转屈曲和弯扭屈曲三种。①弯曲屈曲：杆件的纵轴由直线变为曲线，发生弯曲变形，任一截面只绕一个主轴旋转，如图5.3.2-3（a）所示。②扭转屈曲：失稳时杆件除支承端外，任意截面均绕纵轴发生扭转，如图5.3.2-3（b）所示。③弯扭屈曲：杆件在发生弯曲变形的同时伴随着截面的扭转，这是单轴对称截面构件或无对称轴截面构件失稳的基本形式，如图5.3.2-3（c）所示。上述三种屈曲形式中，弯曲屈曲是理想轴心受压构件最基本的一种失稳形式，它是轴心受压构件整体稳定计算的基础。

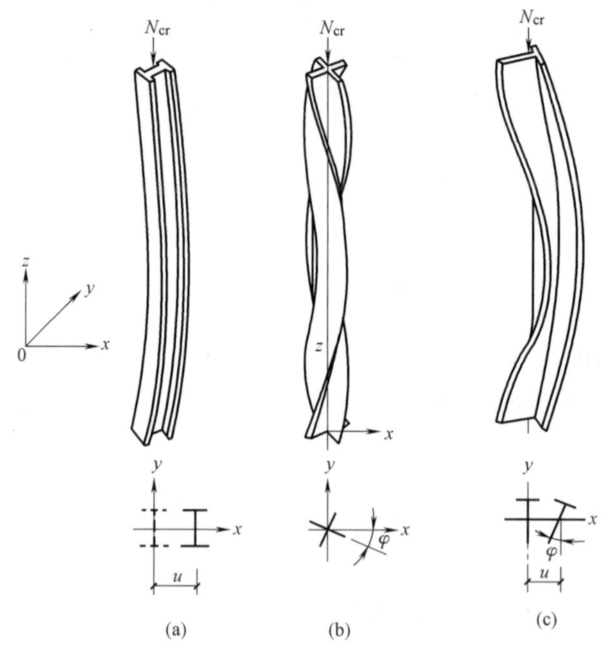

图5.3.2-3　理想轴心受压杆件的屈曲形态

（a）弯曲屈曲（绕 y 轴）；（b）扭转屈曲（绕 z 轴）；（c）弯扭屈曲（绕 y、z 轴）

单轴对称截面构件或无对称轴截面构件之所以可能发生弯扭屈曲，是由于截面的形心 O 与剪切中心 S 不重合所引起的，如图5.3.2-4所示。因此，当单轴对称截面构件绕截面的对称轴弯曲的同时，必然伴随构件的扭转变形，产生弯扭屈曲。

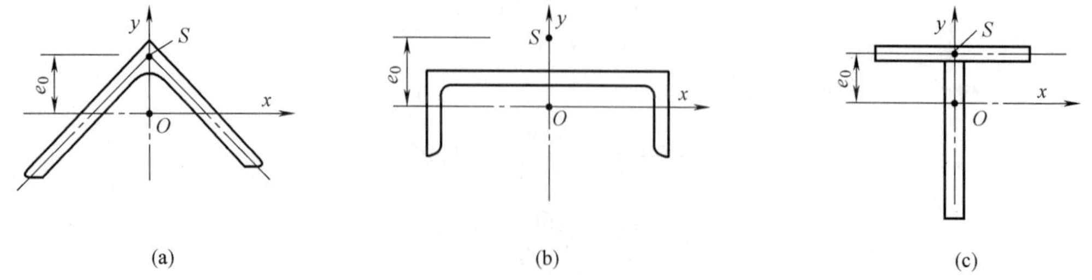

图5.3.2-4　单轴对称截面的形心与剪切中心

（a）角钢截面；（b）槽钢截面；（c）T形钢截面

2）两端铰接轴心压杆件在弯曲屈曲时的临界荷载（欧拉荷载）

图 5.3.2-5 表示两端铰接轴心压杆的临界状态，由材料力学知识知弯曲屈曲的临界荷载（欧拉荷载）为：

$$N_{cr}=\frac{\pi^2 EI}{l^2} \tag{5.3.2-1}$$

临界应力：

$$\sigma_{cr}=\frac{N_{cr}}{A}=\frac{\pi^2 E}{\frac{l^2}{I/A}}=\frac{\pi^2 E}{\frac{l^2}{i^2}}=\frac{\pi^2 E}{\lambda^2} \tag{5.3.2-2}$$

式中 $\lambda=\frac{l}{i}$，回转半径 $i=\sqrt{\frac{I}{A}}$。

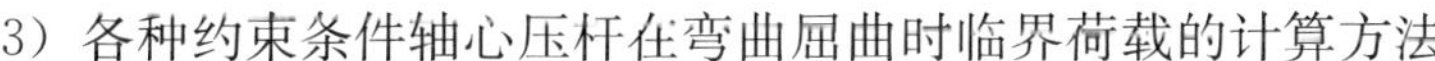

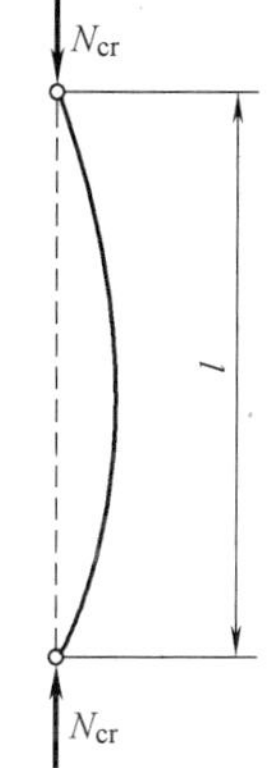

图 5.3.2-5 两端铰接轴心压杆弯曲屈曲时的临界状态

3）各种约束条件轴心压杆在弯曲屈曲时临界荷载的计算方法

实际工程中、压杆端部不可能都为铰接，为了应用上的方便，采用引入等效长度 l_0 的方法。通过调整压杆的长度把两端非铰接的杆件转换为等效的两端铰接杆件，使调整长度后等效的两端铰接轴心受压构件的临界荷载 N_{cr} 和两端为各种约束条件构件的临界荷载 N_{cr} 相等。这方法就是把端部有约束的构件用等效长度 l_0 转换成两端铰接的构件，等效长度通常称为计算长度，与构件实际的几何长度之间的关系是 $l_0=\mu l$，μ 称为计算长度系数，此即《钢标》2.1.11 条、2.1.12 条的规定

> **2.1.11** 计算长度系数 effective length ratio
>
> 与构件屈曲模式及两端转动约束条件相关的系数。
>
> **2.1.12** 计算长度 effective length
>
> 计算稳定性时所用的长度，其值等于构件在其有效约束点间的几何长度与计算长度系数的乘积。

由材料力学知识知计算长度系数 μ 的取值见表 5.3.2-1。

等截面轴心受压构件计算长度系数的理论值和建议值 **表 5.3.2-1**

	两端支承情况					
	两端铰接	上端自由 下端固定	上端铰接 下端固定	两端固定	上端可移动 但不转动 下端固定	上端可移动 但不转动 下端铰接
计算长度系数 μ	N，l，$l_0=l$，N	N，l，$l_0=2l$，N	N，l，$l_0=0.7l$，N	N，l，$l_0=0.5l$，N	N，l，$l_0=l$，N	N，l，$l_0=2l$，N
μ 的理论值	1.0l	2.0l	0.7l	0.5l	1.0l	2.0l
μ 的设计建议值	1	2	0.8	0.65	1.2	2

(2) 桁架弦杆和单系腹杆的计算长度

单系腹杆是指桁架中用节点板与弦杆连接的腹杆。

《钢标》7.4.1条规定

7.4.1 确定桁架弦杆和单系腹杆的长细比时，其计算长度 l_0 应按表7.4.1-1的规定采用：

桁架弦杆和单系腹杆的计算长度 l_0 **表7.4.1-1**

弯曲方向	弦杆	腹杆	
		支座斜杆和支座竖杆	其他腹杆
桁架平面内	l	l	$0.8l$
桁架平面外	l_1	l	l
斜平面	—	l	$0.9l$

注：1 l 为构件的几何长度(节点中心间距离)，l_1 为桁架弦杆侧向支承点之间的距离。

2 斜平面系指与桁架平面斜交的平面，适用于构件截面两主轴均不在桁架平面内的单角钢腹杆和双角钢十字形截面腹杆。

①在桁架平面内的计算长度

《钢标》7.4.1条规定

桁架弦杆和单系腹杆的计算长度 l_0 **表7.4.1-1**

项次	弯曲方向	弦杆	腹杆	
			支座斜杆和支座竖杆	其他腹杆
1	在桁架平面内	l	l	$0.8l$

注：l 为构件的几何长度（节点中心间距离）。

在理想的铰接桁架中，压杆在桁架平面内的计算长度应是节点中心之间的距离。但由于节点具有一定刚性，当某一压杆在屋架平面内失稳屈曲、绕节点转动时，将受到与节点相连的其他杆件的阻碍，显然这种阻碍相当于弹性嵌固，这对压杆的工作是有利的。理论分析和实验证明阻碍节点转动的主要因素是拉杆，节点上的拉杆数量愈多，拉力和拉杆的线刚度愈大，则嵌固程度也愈大，由此可确定杆件在屋架平面内的计算长度。图5.3.2-6所示的普通钢桁架的受压弦杆、支座竖杆及端斜杆的两端节点上压杆多、拉杆少，杆件本身线刚度又大，故节点的嵌固程度较弱，可偏于安全地视为铰接，计算长度取其几何长

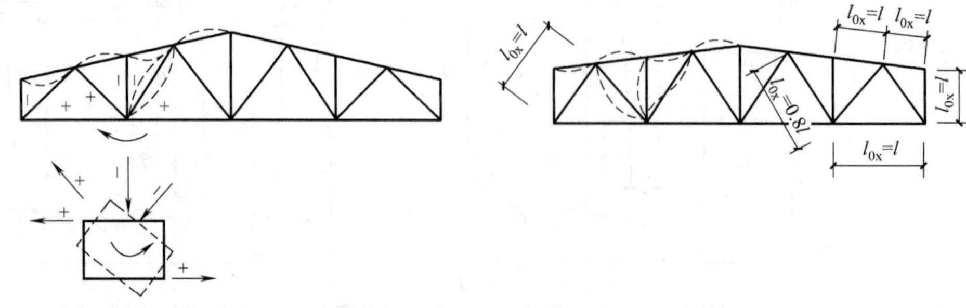

图5.3.2-6 屋架平面内计算长度

度，即 $l_{0x}=l$，l 是杆件的几何长度。对于其他腹杆，由于一端与上弦杆相连，嵌固作用不大，可视为铰接，另一端与下弦杆相连的节点，拉杆数量多、拉力大、拉杆刚度也大，所以嵌固程度较大，计算长度取 $l_{0x}=0.8l$。

【例 5.3.2-3】 某单层工业厂房，屋架采用钢结构桁架，l 为腹杆的几何长度。

试问，在屋架平面内，除支座斜杆和支座竖杆外，其余腹杆的计算长度 l_0，为下列何项数值？

(A) 1.1l　　(B) 1.0l　　(C) 0.9l　　(D) 0.8l

【答案】(D)

根据《钢标》7.4.1 条规定：

②在桁架平面外的计算长度

《钢标》7.4.1 条规定

桁架弦杆和单系腹杆的计算长度 l_0　　**表 7.4.1-1**

项　次	弯曲方向	弦杆	腹　杆	
			支座斜杆和支座竖杆	其他腹杆
2	在桁架平面外	l_1	l	l

注：l 为构件的几何长度（节点中心间距离）；l_1 为桁架弦杆侧向支承点之间的距离。

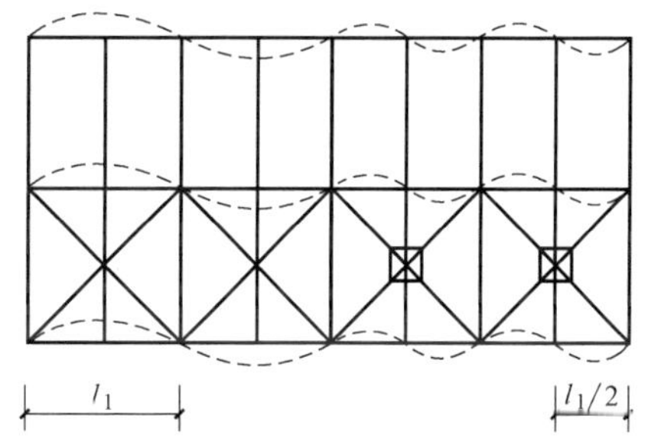

图 5.3.2-7　屋架平面外计算长度

桁架弦杆在桁架平面外的计算长度应取桁架侧向支撑节点之间的距离。对于上弦杆，在有檩方案中檩条与支撑的交叉点不相连时（图 5.3.2-7），此距离即为 $l_0=l_1$ 是支撑节点间的距离；当檩条与支撑交叉点相连时，则 $l_0=l_1/2$，即上弦杆在屋架平面外的计算长度就等于檩距。在无檩屋盖设计中，根据施工情况，当不能保证所有大型屋面板都能以 3 点与屋架可靠焊连时，为安全起见，认为大型屋面板只能起刚性系杆作用，上弦杆平面外计算长度仍取为支撑节点之间的距离；若每块屋面板与屋架上弦杆能够保证 3 点可靠焊连，考虑到屋面板能起支撑作用，上弦杆在屋架平面外的计算长度可取两块屋面板宽，但不大于 3m。屋架下弦杆在屋架平面内的计算长度取 $l_{0x}=l$，平面外的计算长度取 $l_{0y}=l_1$，l_1 为侧向支撑点间距离，视下弦支撑及系杆设置而定。由于节点板在屋架平面外的刚度很小，当腹杆平面外屈曲时只起铰作用，故其平面外的计算长度取其几何长度，即 $l_{0y}=l$。

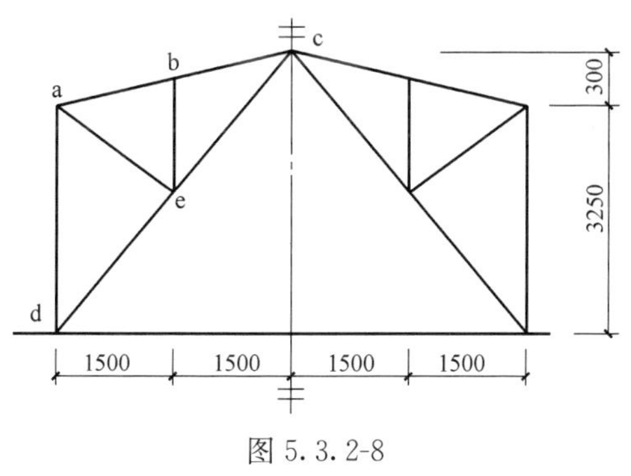

图 5.3.2-8

【例 5.3.2-4】 某三铰拱式天窗架采用 Q235B 钢制作，其平面外稳定性有支撑系统保证。杆件选用双角钢组成的 T 形截面，计算简图如图 5.3.2-8 所示。

试问，杆件cd平面内的计算长度（mm）和平面外的计算长度（mm），应取下列何项数值？

（A）2324；4648　　（B）2324；2324

（C）4648；4648　　（D）4648；2324

【答案】（A）

cd杆件的几何长度 $l=\sqrt{3000^2+3550^2}=4648$mm

cd杆为腹杆，且为支座斜杆。在平面内有支点，作用在杆件正中间。根据《钢标》表7.4.1-1的规定：支座斜杆在桁架平面内和平面外的计算长度均等于杆件实际长度。

$$l_{0x}=\frac{l}{2}=2324(\text{平面内})$$

$$l_{0y}=l=4648(\text{平面外})。$$

③斜平面内腹杆的计算长度

《钢标》7.4.1条规定

桁架弦杆和单系腹杆的计算长度 l_0　　**表7.4.1-1**

项　次	弯曲方向	腹　杆	
		支座斜杆和支座竖杆	其他腹杆
3	斜平面	l	$0.9l$

注：2 斜平面系指与桁架平面斜交的平面，适用于构件截面两主轴均不在桁架平面内的单角钢腹杆和双角钢十字形截面腹杆。

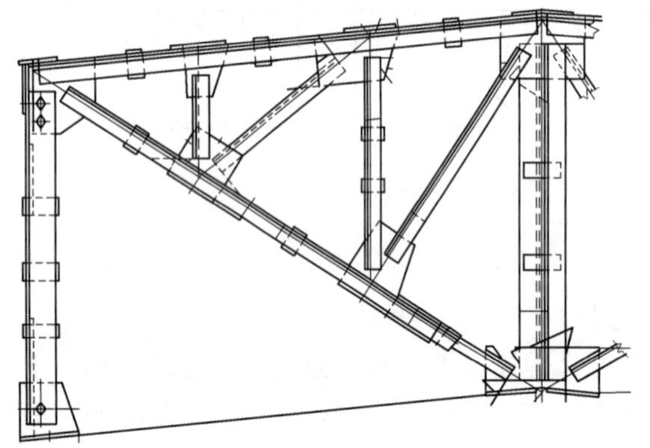

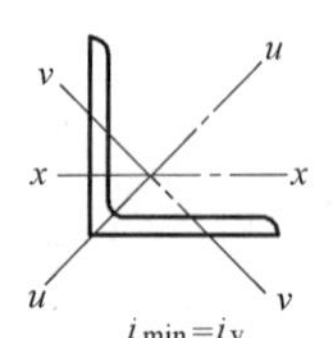

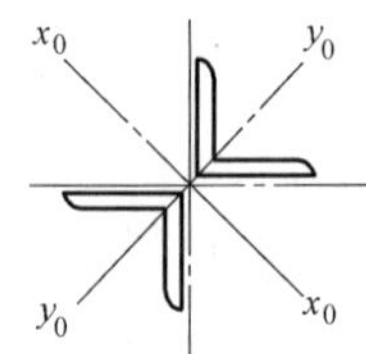

图5.3.2-9　桁架平面内的单角钢腹杆和双角钢十字形截面腹杆

在图5.3.2-9所示的天窗架示意图中列出了桁架平面内的单角钢腹杆和双角钢十字形截面腹杆。

对于双角钢组成的十字形截面杆件的单角钢腹杆，因截面的主轴不在屋架平面内（图5.3.2-9），有可能绕主轴中的弱轴 y_0-y_0 发生斜平面屈曲，这时屋架下弦节点可起到一定的嵌固作用，故其计算长度取 $l_0=0.9l$。

【例5.3.2-5】某跨度为12m的托架构件如图5.3.2-10所示，设有完整的支撑体系，腹杆采用节点板与弦杆连接，采用Q235钢。

试问，腹杆Ⅰ、Ⅱ在桁架平面内的计算长度（mm），为下列何项数值？

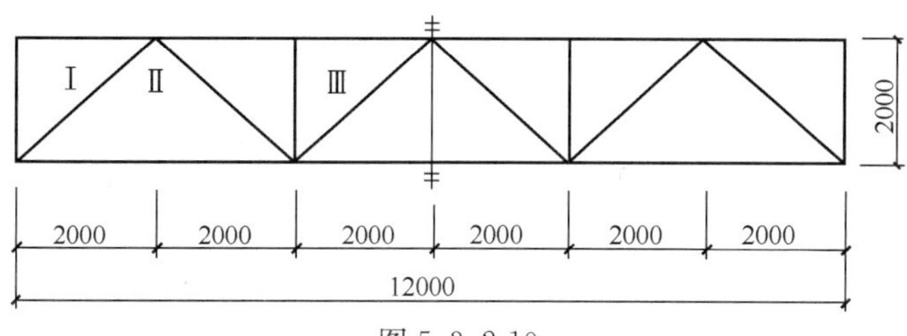

图 5.3.2-10

(A) 2828、2263　(B) 2263、2828　(C) 2263、2263　(D) 2828、2828

【答案】(A)

根据《钢标》第 7.4.1 条和表 7.4.1-1。

腹杆Ⅰ为支座斜杆，其在桁架平面内的计算长度为：

$$l_{01}=l=\sqrt{2000^2+2000^2}=2828\text{mm}$$

腹杆Ⅱ为除支座斜杆和支座竖杆的其他腹杆，其在桁架平面内的计算长度为：

$$l_{02}=0.8l=0.8\times\sqrt{2000^2+2000^2}=2263\text{mm}$$

因此，答案（A）正确。

④变内力上弦压杆在桁架平面外的计算长度

《钢标》7.4.3 条图 7.4.3 给出了弦杆轴心压力在侧向支承点间有变化的桁架简图，该弦杆在桁架平面外的计算长度按《钢标》式（7.4.3）计算。

7.4.3 当桁架弦杆侧向支承点之间的距离为节间长度的 2 倍（图 7.4.3）且两节间的弦杆轴心压力不相同时，该弦杆在桁架平面外的计算长度应按下式确定（但不应小于 $0.5l_1$）：

$$l_0=l_1\left(0.75+0.25\frac{N_2}{N_1}\right)\tag{7.4.3}$$

式中：N_1——较大的压力，计算时取正值；

N_2——较小的压力或拉力，计算时压力取正值，拉力取负值

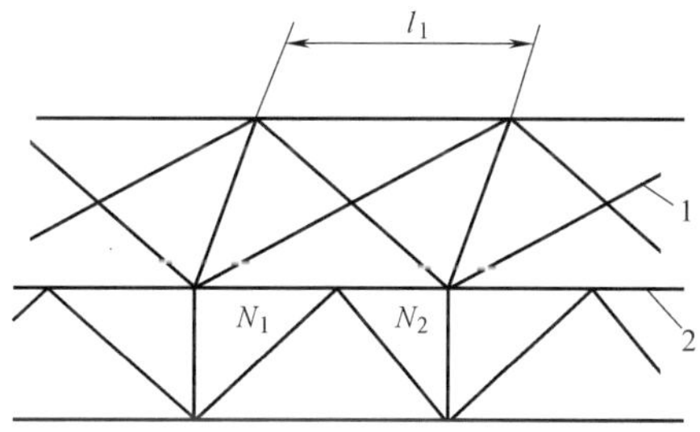

图 7.4.3　弦杆轴心压力在侧向支承点间有变化的桁架简图

1—支撑；2—桁架

【例 5.3.2-6】某单坡倒梯形钢屋架，跨度 30m，柱距 12m。屋架与柱顶铰接，屋面采用金属压型板、高频焊接薄壁 H 型钢檩条。屋架上下弦杆与腹杆间以节点板连接（中间节点板厚 t=10mm）并均采用双角钢组合截面。屋架部分杆件内力设计值见图 5.3.2-11。屋架钢材全部采用 Q235B，焊条采用 E43 型。

已知上弦杆在间距 6m 节点处（E、G、J 等）设有支撑系杆，杆段 FH 及 HK 的轴心

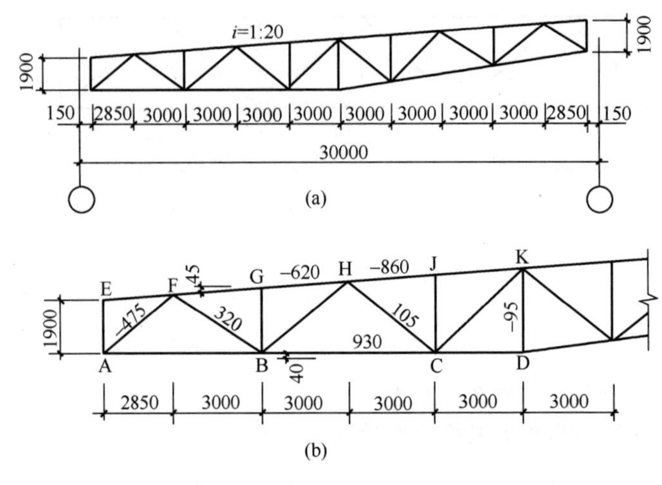

图 5.3.2-11

(a) 屋架几何尺寸图；(b) 屋架部分杆件设计内力（kN）

压力设计值分别为−620kN 及−860kN，采用等边双角钢（L160×10）组合截面，i_x＝49.7mm，i_y＝69.2mm。试问，按稳定性验算时，上弦杆 GJ 在桁架平面外的计算长细比 λ_y 与下列何项数值最为接近？

提示：上弦杆 GJ 几何长度为 6007mm。

(A) 60.4　　(B) 70.2　　(C) 80.7　　(D) 87.7

【答案】(C)

依据《钢标》的 7.4.3 条，可得 GJ 在桁架平面外的计算长度为

$$l_0 = l_1\left(0.75 + 0.25\frac{N_2}{N_1}\right) = 6007 \times \left(0.75 + 0.25 \times \frac{620}{860}\right) = 5587\text{mm}$$

$$\lambda_y = \frac{l_{0y}}{i_y} = \frac{5587}{69.2} = 81$$

选择（C）。

⑤再分式腹杆体系和 K 形腹杆体系的计算长度

图 5.3.2-12 表示了再分式腹杆体系和 K 形腹杆体系这二种腹杆体系的计算简图。

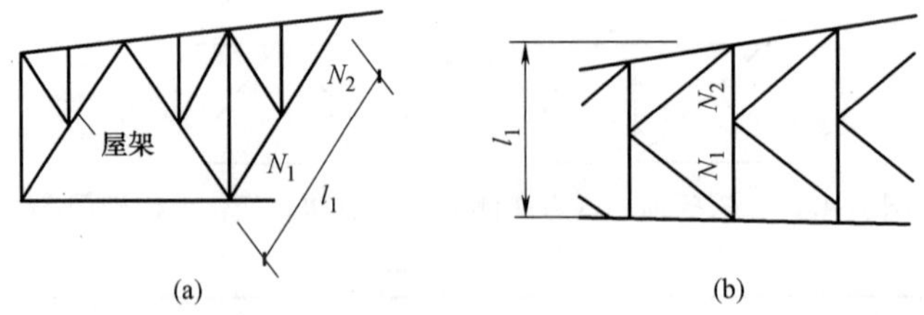

图 5.3.2-12

(a) 再分式腹杆体系；(b) K 形腹杆体系

《钢标》7.4.1 条规定

7.4.1 桁架再分式腹杆体系的受压主斜杆及K形腹杆体系的竖杆等，在桁架平面内的计算长度则取节点中心间距离。

【例 5.3.2-7】上弦杆和K形腹杆的平面外计算长度

条件：图 5.3.2-13 所示桁架中 AB 和 BC 两杆的几何尺寸和受力如下，采用 Q235。BC 杆之间几何长度为 4×1507mm，AB 杆之间几何长度为 2×2039mm。$N_1=-24.9$kN（压力），$N_2=-27.9$kN（压力），$N_3=-879.8$kN（压力），$N_4=-859.3$kN（压力）。

要求：AB 杆、BC 杆的平面外计算长度(m)。

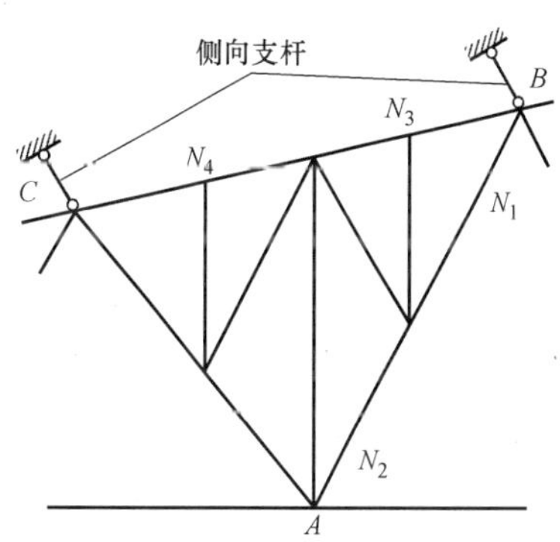

图 5.3.2-13

【答案】(1) AB 杆的平面外计算长度 l_{0y}

由《钢标》式(7.4.3)，

$$l_{0y}=l\left(0.75+0.25\frac{N_2}{N_1}\right)$$

$$=2\times2039\times\left(0.75+0.25\times\frac{24.9}{27.9}\right)$$

$$=3.968\text{m}。$$

(2) BC 杆的平面外计算长度 l_{0y}

因和 BC 杆相交的两根竖向腹杆是零杆，故 BC 杆还是二个节间。

由《钢标》式（7.4.3），平面外为侧向支撑点的间距是节点间距的4倍，$4l=4\times1.507=6.028$m。

$$l_{0y}=l\left(0.75+0.25\frac{N_2}{N_1}\right)=4\times1.507$$

$$\times\left(0.75+0.25\times\frac{859.3}{879.8}\right)=5.99\text{m}。$$

⑥无节点板腹杆的计算长度

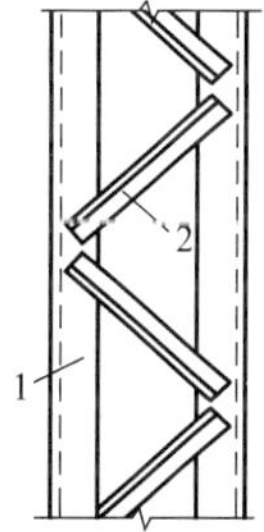

图 5.3.2-14

图 5.3.2-14 表示了无节点板腹杆的示意图，此腹杆不属于“单系腹杆”，其计算长度应按《钢标》7.4.1 条的规定执行。

7.4.1 除钢管结构外，无节点板的腹杆计算长度在任意平面内均应取其等于几何长度。

(3) 桁架交叉腹杆的计算长度

图 5.3.2-15 列出桁架交叉腹杆体系的示意图，其交叉点的构造有三种做法，(a) 两杆均是连续的，(b) 一杆连续、另一杆在交叉点中断以节点板搭接，(c) 二杆在交叉点均中断以节点板搭接。

桁架交叉腹杆计算长度的计算方法《钢标》7.4.2 条给出了规定

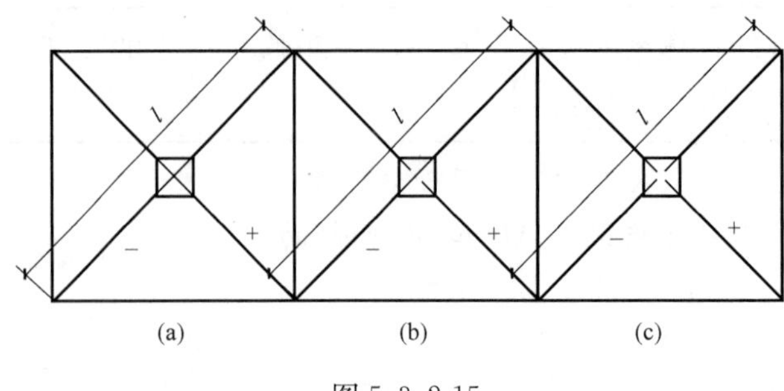

图 5.3.2-15

7.4.2 确定在交叉点相互连接的桁架交叉腹杆的长细比时，在桁架平面内的计算长度应取节点中心到交叉点的距离；在桁架平面外的计算长度，当两交叉杆长度相等且在中点相交时，应按下列规定采用：

1 压杆。

1）相交另一杆受压，两杆截面相同并在交叉点均不中断，则：

$$l_0 = l\sqrt{\frac{1}{2}\left(1+\frac{N_0}{N}\right)} \tag{7.4.2-1}$$

2）相交另一杆受压，此另一杆在交叉点中断但以节点板搭接，则：

$$l_0 = l\sqrt{1+\frac{\pi^2}{12}\cdot\frac{N_0}{N}} \tag{7.4.2-2}$$

3）相交另一杆受拉，两杆截面相同并在交叉点均不中断，则：

$$l_0 = l\sqrt{\frac{1}{2}\left(1-\frac{3}{4}\cdot\frac{N_0}{N}\right)} \geqslant 0.5l \tag{7.4.2-3}$$

4）相交另一杆受拉，此拉杆在交叉点中断但以节点板搭接，则：

$$l_0 = l\sqrt{1-\frac{3}{4}\cdot\frac{N_0}{N}} \geqslant 0.5l \tag{7.4.2-4}$$

5）当拉杆连续而压杆在交叉点中断但以节点板搭接，若 $N_0 \geqslant N$ 或拉杆在桁架平面外的弯曲刚度 $EI_y \geqslant \frac{3N_0 l^2}{4\pi^2}\left(\frac{N}{N_0}-1\right)$ 时，取 $l_0 = 0.5l$。

式中：l——桁架节点中心间距离(交叉点不作为节点考虑)（mm）；

N、N_0——所计算杆的内力及相交另一杆的内力，均为绝对值；两杆均受压时，取 $N_0 \leqslant N$，两杆截面应相同（N）。

2 拉杆，应取 $l_0 = l$。当确定交叉腹杆中单角钢杆件斜平面内的长细比时，计算长度应取节点中心至交叉点的距离。当交叉腹杆为单边连接的单角钢时，应按本标准第 7.6.2 条的规定确定杆件等效长细比。

1）交叉腹杆在桁架平面内的计算长度

图 5.3.2-16 列出交叉腹杆在桁架平面内的受力情况，其基本特点是：在桁架平面内，

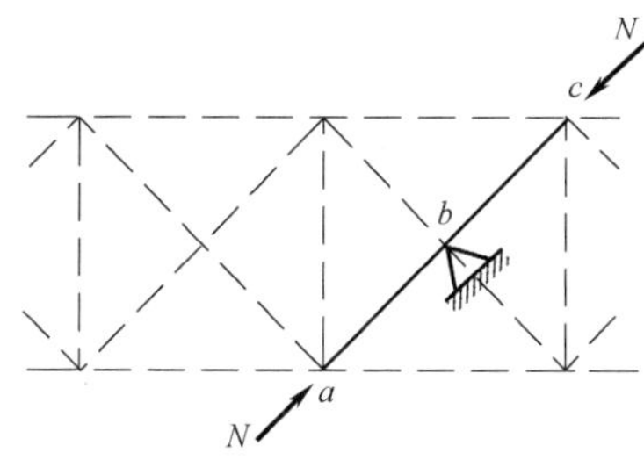

图 5.3.2-16　交叉腹杆在桁架平面内的情况

无论另一杆件为拉杆或压杆，认为两杆可互为支承点。

《钢标》规定

> **5.3.2**　确定在交叉点相互连接的桁架交叉腹杆的长细比时，在桁架平面内的计算长度应取节点中心到交叉点间的距离；

2）交叉腹杆在桁架平面外的计算长度

①两杆在交叉节点处都是连续的连接构造

其计算简图如图 5.3.2-17 所示，组成交叉腹杆体系杆 AB 和杆 CD 都是连续的。

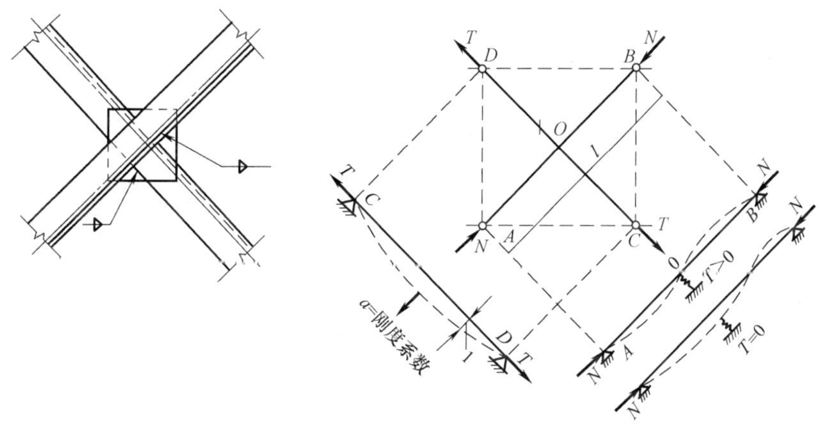

图 5.3.2-17

现讨论 AB 杆平面外的计算长度，这时相交叉的杆 CD 可以看作杆 AB 的弹性支座。弹性支座的弹簧刚度与 CD 杆的几何参数有关，也和 CD 杆的受力性质（拉或压）及大小有关。需要区分 CD 杆受拉、受压和不受力三种不同情况进行分析。

当 CD 杆受拉时，弹性支座的刚度很大。一般情况是 CD 杆的几何尺寸和 AB 杆相同，拉力 T 和压力 N 的大小也相同。此时弹性支座的作用和刚性支座一样，AB 杆的计算长度可为 $AO=OB=1/2$，亦即计算长度系数 $\mu=0.5$。

当 CD 杆不受力时（$T=0$），弹簧刚度只和杆的截面惯性矩及长度有关。当 CD 和 AB 的截面、长度都相同时，可以算得 $\mu=0.714$。

当 CD 杆承受压力时，其弹簧刚度进一步降低。如果 CD 杆不仅尺寸和 AB 杆相同，所承受的内力也相同，则两者同时屈曲，相互之间完全没有约束，系数 $\mu=1.0$。这种情况下，交叉点相互连接虽然没有起到减小计算长度作用，但却使杆件在全长范围内的扭转受到阻碍，应按绕平行于角钢边的弯曲屈曲计算稳定。

《钢标》7.4.6条规定

> **7.4.6** 计算单角钢受压构件的长细比时，应采用角钢的最小回转半径，但计算在交叉点相互连接的交叉杆件平面外的长细比时，可采用与角钢肢边平行轴的回转半径。

②一杆连续，另一杆断开用节点板相连的连接构造，

A. 连续杆受压而用板相接的杆受拉

其计算简图如图5.3.2-18所示，AB杆连续的，相交叉的杆分成CD和EF二段由节点板连接，节点板出桁架平面弯曲的刚度很小，在交叉节点处看作有D、E两铰。AB杆仍然是中央有弹性支座的杆，不过弹簧刚度仅由拉力提供，有所减弱。

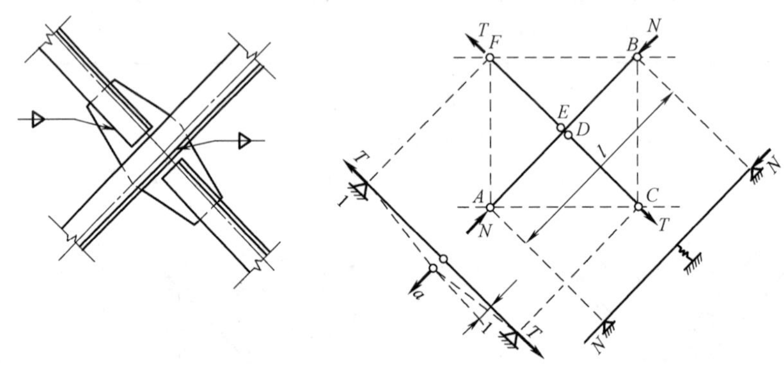

图5.3.2-18

当$CDEF$杆的尺寸和AB杆相同，且力T和N相同时，可以算得$\mu=0.5$。但若$CDEF$杆的拉力较小或长度较大时，μ即将大于0.5。

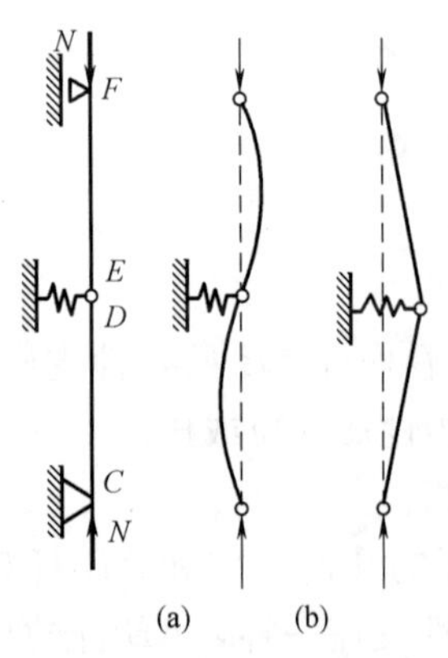

图5.3.2-19　带铰杆的屈服形式

当$CDEF$杆不受力时，它就转化成为机动体系，对AB杆起不到约束作用，即$\mu=1.0$。

当$CDEF$杆受压时，情况更为不利，需要AB杆反过来为$CDEF$杆提供弹性约束，它的μ系数将大于1。

B. 用板相接的杆受压而连续杆受拉。这时压杆的计算简图见图5.3.2-19。

这种杆有两种可能的失稳形式：

当弹簧刚度强而杆刚度弱时，弹簧支座不动而杆弯曲屈曲[图5.3.2-19(a)图]；

当弹簧刚度较弱时，则弹簧拉开而屈曲[图5.3.2-19(b)图]。

设计时应该要求弹簧有足够的刚度。当两交叉杆长度相同时，要求连续杆的拉力T大于或至少等于压力N。按图5.3.2-19（a）图的形式失稳，计算长度即为$0.5l$。

由上述规定可总结得到表5.3.2-2的计算长度系数

交叉杆中所计算杆的平面外计算长度系数　　　　表 5.3.2-2

所计算杆	规范公式，$l_1=l_2$，$N\neq N_0$	$l_1=l_2$，$N=N_0$时
压杆	1. 另一杆受压，两杆不中断：$\mu=\sqrt{\frac{1}{2}\left(1+\frac{N_0}{N}\right)}$	$\mu=1.0$
	2. 另一杆受压，另杆中断：$\mu=\sqrt{1+\frac{\pi^2}{12}\cdot\frac{N_0}{N}}$	$\mu=1.35$
	3. 另一杆受拉，两杆不中断：$\mu=\sqrt{\frac{1}{2}\left(1-\frac{3}{4}\cdot\frac{N_0}{N}\right)}\geqslant 0.5$	$\mu=0.5$
	4. 另一杆受拉，另杆中断：$\mu=\sqrt{1-\frac{3}{4}\cdot\frac{N_0}{N}}\geqslant 0.5$	$\mu=0.5$
拉杆	$\mu=1.0$	$\mu=1.0$

注：当计算杆为压杆中断，另一杆为连续的拉杆时，若 $N_0\geqslant N$ 或拉杆在桁架平面外的抗弯刚度 $EI_y\geqslant\frac{3N_0l^2}{4\pi^2}\left(\frac{N}{N_0}-1\right)$ 时，取 $\mu=0.5$。

【例 5.3.2-8】 交叉腹杆在平面外的计算长度（两斜杆在交叉点均不中断）。

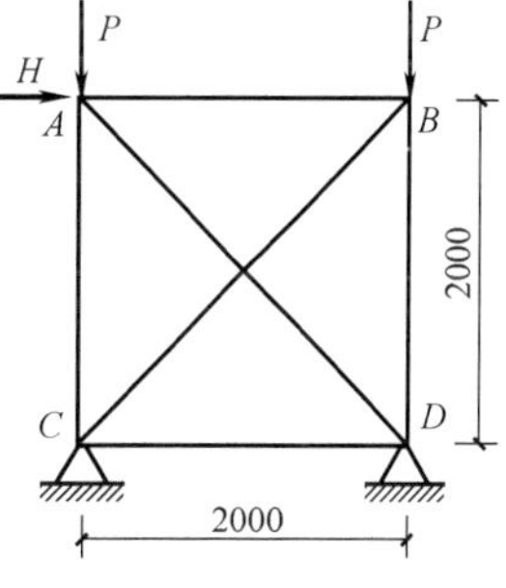

图 5.3.2-20

条件：图 5.3.2-20 所示超静定桁架、两斜杆截面相同。承受竖向荷载 P，因竖杆压缩而在两斜杆中产生压力 250kN。桁架的水平荷载则使两斜杆分别产生拉力和压力 150kN。

要求：确定在下述条件下斜杆 AD 在桁架平面外的计算长度。

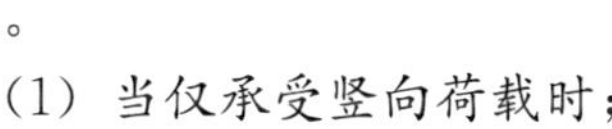

(1) 当仅承受竖向荷载时；

(2) 当仅承受水平荷载时；

(3) 同时作用有竖向荷载和水平荷载时。

【答案】(1) 由《钢标》式 (7.4.2-1) 计算长度系数

$$\mu=\sqrt{\frac{1}{2}\left(1+\frac{N_0}{N}\right)}=\sqrt{\frac{1}{2}\left(1+\frac{250}{250}\right)}=1.0，\ l=2\sqrt{2}\text{m}，$$

则平面外：$l_0=\mu l=2.828\text{m}$。

(2) 由《钢标》式 (7.4.2-3)

$$\mu=\sqrt{\frac{1}{2}\left(1-\frac{3}{4}\cdot\frac{N_0}{N}\right)}=\sqrt{\frac{1}{2}\times\left(1-\frac{3}{4}\times\frac{150}{150}\right)}=0.35<0.5$$

取 $\mu=0.5$，$l_0=\mu l=0.5\times2\sqrt{2}=1.414\text{m}$。

(3) 斜杆 BC：承受 250−150=100kN 压力；斜杆 AD：承受 250+150=400kN 压力

$$\mu=\sqrt{\frac{1}{2}\left(1+\frac{N_0}{N}\right)}=\sqrt{\frac{1}{2}\times\left(1+\frac{100}{400}\right)}=0.791$$

由《钢标》7.4.2 条 1 款的 1)

$$l_0=\mu l=0.791\times2.828=2.236\text{m}$$

【例 5.3.2-9】 交叉腹杆在平面外的计算长度（一斜杆在交叉点中断）。

条件：除斜杆 BC 在交叉点中断并以节点板与 AD 杆连接外，其他条件同［例 5.3.2-8］。

要求：确定在下述条件下斜杆 AD 在桁架平面外的计算长度：

(1) 当仅承受竖向荷载时；

(2) 当仅承受水平荷载时；

(3) 同时作用有竖向荷载和水平荷载时。

【答案】(1) 由《钢标》式（7.4.2-2）

$$\mu=\sqrt{1+\frac{\pi^2}{12}\cdot\frac{N_0}{N_1}}=\sqrt{1+\frac{\pi^2}{12}\times\frac{250}{250}}=1.35,\ l_0=\mu l=1.35\times2.828=3.818\text{m}。$$

(2) 由《钢标》式（7.4.2-4）

$$\mu=\sqrt{1-\frac{3}{4}\frac{N_0}{N}}=\sqrt{1-\frac{3}{4}\times\frac{150}{150}}=0.5,\ l_0=\mu l=0.5\times2.828=1.414\text{m}。$$

(3) 杆 BC：压力 100kN，杆 AD：压力 400kN。

由《钢标》式（7.4.2-2）

$$\mu=\sqrt{1+\frac{\pi^2}{12}\times\frac{100}{400}}=1.098,\ l_0=1.098\times2.828=3.105\text{m}。$$

3. 容许长细比

(1) 受拉构件的容许长细比

《钢标》7.4.7 条规定了受拉构件的容许长细比

7.4.7 受拉构件的容许长细比宜符合下列规定：

1 除对腹杆提供平面外支点的弦杆外，承受静力荷载的结构受拉构件，可仅计算竖向平面内的长细比。

2 中、重级工作制吊车桁架下弦杆的长细比不宜超过 200。

3 在设有夹钳或刚性料耙等硬钩起重机的厂房中，支撑的长细比不宜超过 300。

4 受拉构件在永久荷载与风荷载组合作用下受压时，其长细比不宜超过 250。

5 跨度等于或大于 60m 的桁架，其受拉弦杆和腹杆的长细比，承受静力荷载或间接承受动力荷载时不宜超过 300，直接承受动力荷载时，不宜超过 250。

6 受拉构件的长细比不宜超过表 7.4.7 规定的容许值。柱间支撑按拉杆设计时，竖向荷载作用下柱子的轴力应按无支撑时考虑。

受拉构件的容许长细比 **表 7.4.7**

构件名称	承受静力荷载或间接承受动力荷载的结构			直接承受动力荷载的结构
	一般建筑结构	对腹杆提供平面外支点的弦杆	有重级工作制起重机的厂房	
桁架的构件	350	250	250	250
吊车梁或吊车桁架以下柱间支撑	300	—	200	
除张紧的圆钢外的其他拉杆、支撑、系杆等	400	—	350	—

【例 5.3.2-10】门式刚架屋面水平支撑采用张紧的十字交叉圆钢支撑，假定，其截面满足抗拉强度的设计要求。

试问，该支撑的长细比按下列何项要求控制？

（A）300　　（B）350　　（C）400　　（D）不控制

【答案】（D）

依据《钢标》的表 7.4.7，张紧的圆钢支撑，长细比不受限制，选择（D）。

（2）轴心受压构件的容许长细比

《钢标》规定 7.4.6 条规定了受压构件的容许长细比

7.4.6　轴心受压构件的容许长细比宜符合下列规定：

1　跨度等于或大于 60m 的桁架，其受压弦杆、端压杆和直接承受动力荷载的受压腹杆的长细比不宜大于 120。

2　轴心受压构件的长细比不宜超过表 7.4.6 规定的容许值，但当杆件内力设计值不大于承载能力的 50%时，容许长细比值可取 200。

受压构件的长细比容许值　　**表 7.4.6**

构件名称	容许长细比
轴心受压柱、桁架和天窗架中的压杆	150
柱的缀条、吊车梁或吊车桁架以下的柱间支撑	150
支撑	200
用以减小受压构件计算长度的杆件	200

【例 5.3.2-11】某厂房三铰拱式天窗架采用 Q235B 钢制作，其平面外稳定性由支撑系统保证。天窗架侧柱 ad 选用双角钢ㄱ1F125×8，天窗架计算简图及侧柱 ad 的截面特性如图 5.3.2-21 所示。

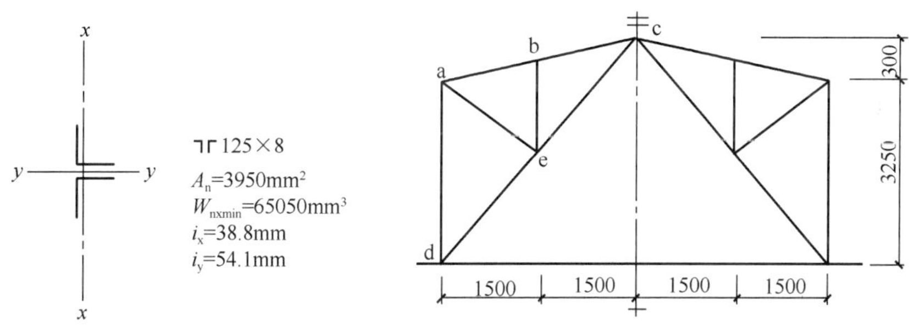

图 5.3.2-21

试问，天窗架中的受压杆件容许长细比不宜超过下列何项数值？

（A）100　　（B）150　　（C）200　　（D）250

【答案】（B）

依据《钢标》的表 7.4.6 中第 1 项的规定，天窗架中的受压杆件容许长细比＝150，选择（B）。

【例 5.3.2-12】其单层工业厂房设有重级工作制吊车，屋架采用钢结构桁架。试问，屋架受压杆件的容许长细比和受拉杆件的容许长细比，分别为下列何项数值？

提示：已知压杆内力为承载能力的 0.8 倍。

（A）150，350　　（B）200，350

（C）150，250　　（D）200，250

【答案】（C）

根据《钢标》的表7.4.6，桁架受压杆件的容许长细比λ=150。

根据《钢标》的表7.4.7，桁架受拉杆件的容许长细比λ=250（有重级工作制吊车）。

4. 长细比验算

构件长细比λ验算的表达式

$$\lambda = \frac{l_0}{i} \leqslant [\lambda] \tag{5.3.2-3}$$

式中 [λ]——构件的容许长细比；

λ——构件的长细比；

l_0——计算长度；

l——回转半径。

单角钢构件的回转半径《钢标》有专门规定。

《钢标》规定

> **7.4.6** 验算容许长细比时，计算单角钢受压构件的长细比时，应采用角钢的最小回转半径，但计算在交叉点相互连接的交叉杆件平面外的长细比时，可采用与角钢肢边平行轴的回转半径。
> **7.4.7** 验算容许长细比时，在直接或间接承受动力荷载的结构中，计算单角钢受拉构件的长细比时，应采用角钢的最小回转半径，但计算在交叉点相互连接的交叉杆件平面外的长细比时，可采用与角钢肢边平行轴的回转半径。

【例5.3.2-13】某栈桥柱的构件尺寸及主要构造如图5.3.2-22所示；栈桥柱腹杆CD作为减少受压柱肢长细比的杆件，假定采用两个中间无联系的等边角钢。

提示：CD杆的计算长度l_0=0.91=0.9×2700=2430mm。

试问，杆件最经济合理的截面与下列何项数值最为接近?

(A) L90×6(i_x=27.9mm，i_{min}=18mm)　(B) L80×6(i_x=24.7mm，i_{min}=15.9mm)

(C) L75×6(i_x=23.1mm，i_{min}=14.9mm)　(D) L63×6(i_x=19.3mm，i_{min}=12.4mm)

【答案】D

①计算长度取l_0=0.91=0.9×2700=2430mm。

②查《钢标》7.4.6条表7.4.6，用以减小受压构件计算长度的杆件的容许长细比[λ]=200。

③考虑到《钢标》7.4.6条‘验算容许长细比时，计算单角钢受压构件的长细比时，应采用角钢的最小回转半径’。

④由长细比控制公式

$$i = \frac{l_0}{[\lambda]}$$

$$i_{min} = \frac{0.9 \times 2700}{200}\text{mm} = 12.15\text{mm}$$

⑤选项（D）L63×6，i_{min}=12.4mm最接近。

【5.3.2-14】某重级工作制吊车的单层厂房，其边跨纵向柱列的柱间支撑布置及几何尺寸如图5.3.2-23所示。上段、下段柱间支撑ZC-1、ZC-2均采用十字交叉式，按柔性受

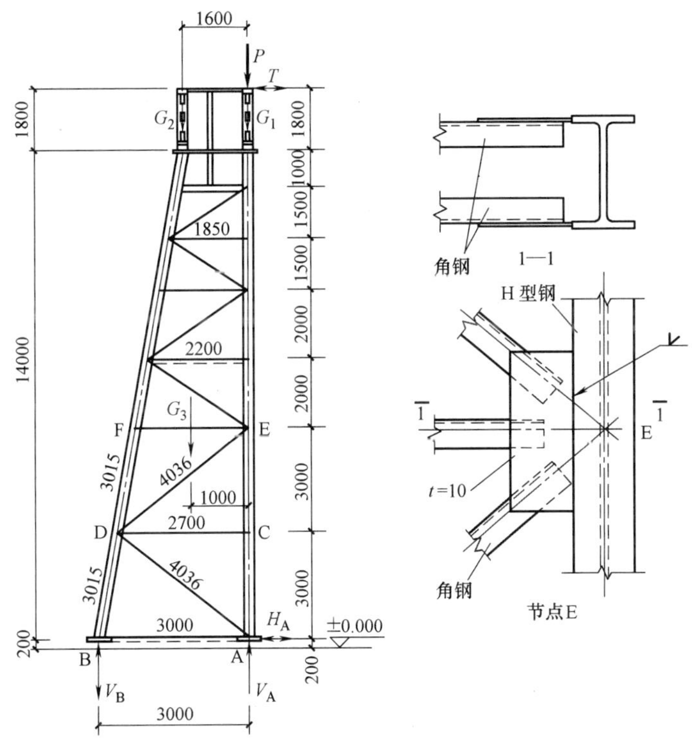

图 5.3.2-22

拉斜杆设计，柱顶设有通长刚性系杆。钢材采用 Q235 钢，焊条为 E43 型。假定，厂房山墙传来的风荷载设计值 R=110kN，吊车纵向水平刹车力设计值T=125kN。

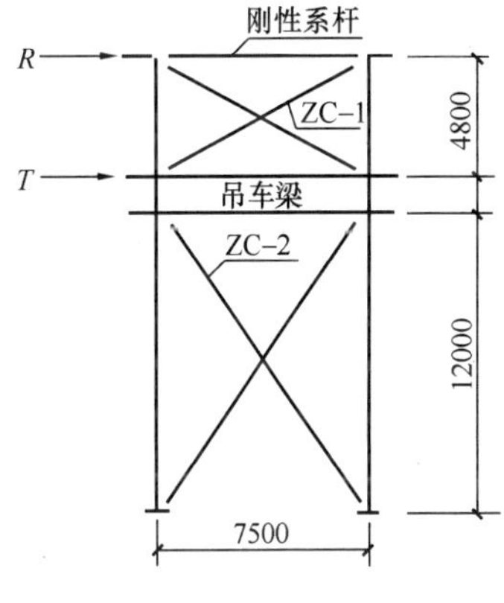

图 5.3.2-23

假定，上段柱间支撑 ZC-1 采用等边单角钢组成的单片交叉式支撑，在交叉点相互连接。试问，若仅按构件的容许长细比控制，该支撑选用下列何种规格角钢最为合理？

提示：斜平面内的计算长度可取平面外计算长度的 0.7 倍。

(A) L70×6 (i_x=21.5mm, i_{min}=13.8mm)

(B) L80×6 (i_x=24.7mm, i_{min}=15.9mm)

(C) L90×6 (i_x=27.9mm, i_{min}=18.0mm)

(D) L100×6 (i_x=31.0mm, i_{min}=20.0mm)

【答案】(C)

①该支撑斜杆的几何长度为：$\sqrt{4.8^2+7.5^2}$=8.904m。

桁架平面外计算长度取几何长度，$l_{0外}$=8904mm。

桁架平面内计算长度为几何长度的 0.7 倍，$l_{0内}$=0.7×8904=6233mm。

②查《钢标》7.4.7 条表 7.4.7，重级工作制吊车的单层厂房的支撑，该拉杆的容许长细比［λ］=350。

考虑到《钢标》7.4.7 条‘验算容许长细比时，在直接或间接承受动力荷载的结构中，计算单角钢受拉构件的长细比时，应采用角钢的最小回转半径，但计算在交叉点相互连接的交叉杆件平面外的长细比时，可采用与角钢肢边平行轴的回转半径’。

验算平面内的容许长细比时，采用角钢的最小回转半径 i_{min}

验算平面外的容许长细比时，采用角钢与角钢肢边平行轴的回转半径 i_x 因此，平面内的长细比验算所需的回转半径为 $i_{min} \geqslant 6233/350 = 17.8$mm，

采用 L90×6(i_{min} = 18.0mm)

平面外的长细比验算所需的回转半径为 $i_x \geqslant 8904/350 = 25.4$mm，

采用 L90×6(i_x = 27.9mm)

选择（C）。

【例 5.3.2-15】 某商厦钢结构入口大堂，其屋面结构布置如图 5.3.2-24 所示，入口大堂钢结构依附于商厦的主体结构。钢材采用 Q235B 钢，钢柱 GZ-1 和钢梁 GL-1 均采用热轧 H 型钢 H446×199×8×12 制作，其截面特性为：$A = 8297\text{mm}^2$，$I_x = 28100 \times 10^4\text{mm}^4$，$I_y = 1580 \times 10^4\text{mm}^4$，$i_x = 184$mm，$i_y = 43.6$mm，$W_x = 1260 \times 10^3\text{mm}^3$，$W_y = 159 \times 10^3\text{mm}^3$。钢柱高 15m，上、下端均为铰接，弱轴方向 5m 和 10m 处各设一道系杆 XG。

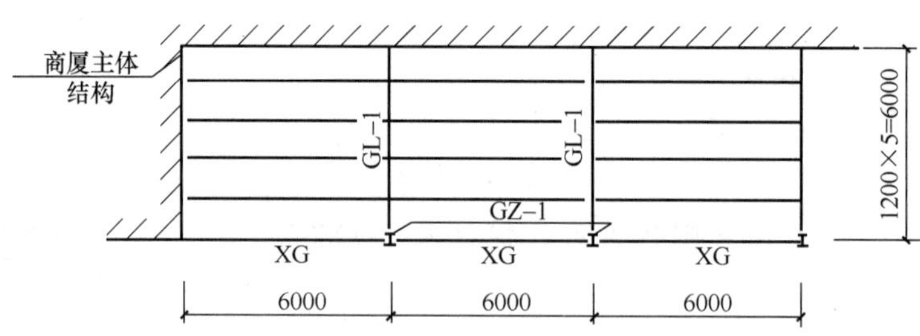

图 5.3.2-24

假定，系杆 XG 采用钢管制作。试问，该系杆选用下列何种截面的钢管最为经济？

(A) d76×5 钢管，$i = 2.52$cm　　(B) d83×5 钢管，$i = 2.76$cm

(C) d95×5 钢管，$i = 3.19$cm　　(D) d102×5 钢管，$i = 3.43$cm

【答案】(C)

系杆 XG 的计算长度 $l_0 = 600$cm。

根据《钢标》7.4.6 条表 7.4.6，用以减小受压构件长细比的杆件，容许长细比为 $[\lambda] = 200$。

钢管的最小回转半径 $i_{min} = l_0 / [\lambda] = 600/200 = 3.0$cm。

d95×5 钢管 $i = 3.19\text{cm} > 3.0$cm，选（C）。

【例 5.3.2-16】 某厂房的纵向天窗宽 8m，高 4m，如图 5.3.2-25 所示；采用 Q235 钢。杆件 CD 的轴心压力很小（远小于其承载能力的 50%），可按长细比选择截面，试问，下列何项截面较为经济合理？

(A) ┼45×5 ($i_{min} = 17.2$mm)

(B) ┼56×5 ($i_{min} = 21.7$mm)

(C) ┼50×5 ($i_{min} = 19.2$mm)

(D) +70×5 (i_{min}=27.3mm)

【答案】(C)

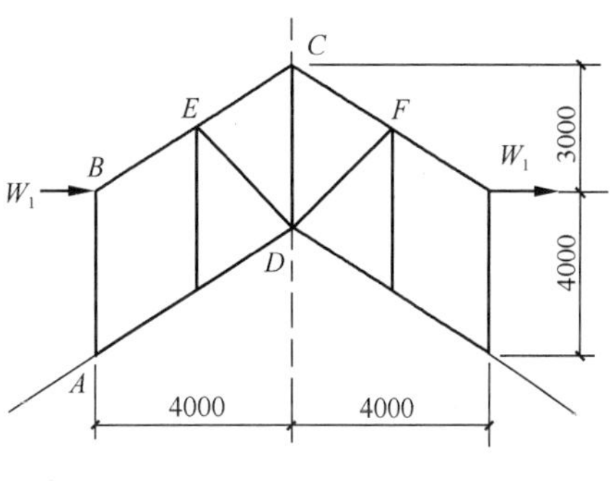

图 5.3.2-25

杆件 CD 的几何长度 l=4000mm。

根据《钢标》7.4.6 条 2 款的规定：当杆件内力设计值不大于承载能力的 50%时，容许长细比值可取 200。故 [λ] =200。

依据《钢标》表 7.4.1-1 下的注 2，对双角钢组成的十字形截面腹杆，应采用斜平面的计算长度，即 l_0=0.91。从而

$$i_{min}=\frac{l_0}{[\lambda]}=\frac{0.9\times4000}{200}=18\text{mm}$$

故选择 (C)。

【例 5.3.2-17】某单层钢结构厂房，位于 8 度区，采用轻屋面，屋面支撑布置见图 5.3.2-26，支撑采用 Q235。

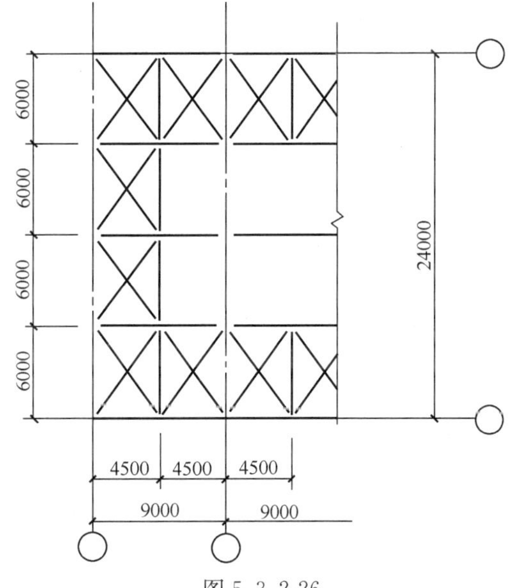

图 5.3.2-26

各支撑截面特性如下：

截　面	回转半径 i_x (mm)	回转半径 i_y (mm)	回转半径 i_V (mm)
L70×5	21.6	21.6	13.9
L110×7	34.1	34.1	22.0
2L63×5	19.4	28.2	
2L90×6	27.9	39.1	

试问，屋面支撑采用下列何种截面最为合理（满足规范要求且用钢量最低）？

(A) L70×5　　(B) L110×7　　(C) 2L63×5　　(D) 2L90×6

【答案】(A)

支撑长度计算：$l_{br}=\sqrt{4500^2+6000^2}=7500mm$

根据《抗震》第 9.2.9 条 2 款，屋面支撑交叉斜杆可按拉杆设计，

根据《钢标》表 7.4.7，容许长细比取 350（有重级工作制吊车的厂房屋面支撑）。

根据《钢标》7.4.2 条 2 款：平面外拉杆计算长度为 $l_{bx}=7500mm$

单角钢斜平面计算长度为 $0.9l_{br}=\frac{7500}{2}=3750mm$

采用等边单角钢时，构造要求的最小回转半径计算：

$$i_x = i_y \geqslant \frac{7500}{350} = 21.4mm$$

$$i_v \geqslant \frac{3750}{350} = 10.7mm$$

因此，正确答案为（A）。

5. 填板连接

当采用双肢角钢组成的 T 形或十字形组合截面时，为了确保两个角钢能够共同工作，应在两角钢间每隔一定距离焊上一块填板（也叫垫板）。组合截面的两个主轴回转半径与杆件在桁架平面内和平面外的计算长度相配合，使两个方向的长细比比较接近，达到用料经济、连接方便的要求。

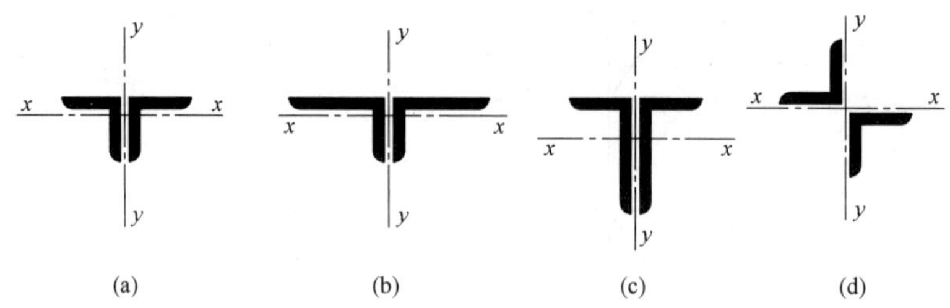

图 5.3.2-27

（a）等边角钢相并；（b）不等边角钢短肢相并；（c）不等边角钢长肢相并；（d）等边角钢对角布置

（1）等边角钢相并（图 5.3.2-27（a）），其特点是 $i_y\approx$（1.3～1.5）i_x。即 y-y 方向的回转半径略大 x-x 方向，所以用在腹杆中较好，因为腹杆的 $l_{0x}=0.81$，$l_{0y}=l$，这样，$l_{0y}=1.25l_{0x}$，两个方向长细比就比较接近。

（2）不等边角钢短肢相并（图 5.3.2-27（b）），其特点是 $i_y\approx$（2.6～2.9）i_x。在上下弦杆中，如果屋架平面外的计算长度 l_{0y} 等于屋架平面内的计算长度 l_{0x} 的 2 到 3 倍，即 $l_{0y}=$（2～3）l_{0x}，采用这种截面可使两个方向的长细比比较接近。

（3）不等边角钢长肢相并（图 5.3.2-27（c）），其特点是 $i_y\approx$（0.75～1.0）i_x 用于端斜杆、端竖杆较好，因为这两种杆件的 $l_{0y}=l_{0x}$，可使两个方向长细比相近。此外当上弦杆有较大弯矩作用时，宜采用这种截面形式。

（4）十字形截面（图 5.3.2-27（d）），其特点是 $i_y\approx i_x$，宜用于有竖向支撑相连的竖腹杆，使竖向支撑与架节点不产生偏心作用。

两角钢间每隔一定距离焊上一块填板（也叫垫板）。填板宽度一般取 40～60mm；填

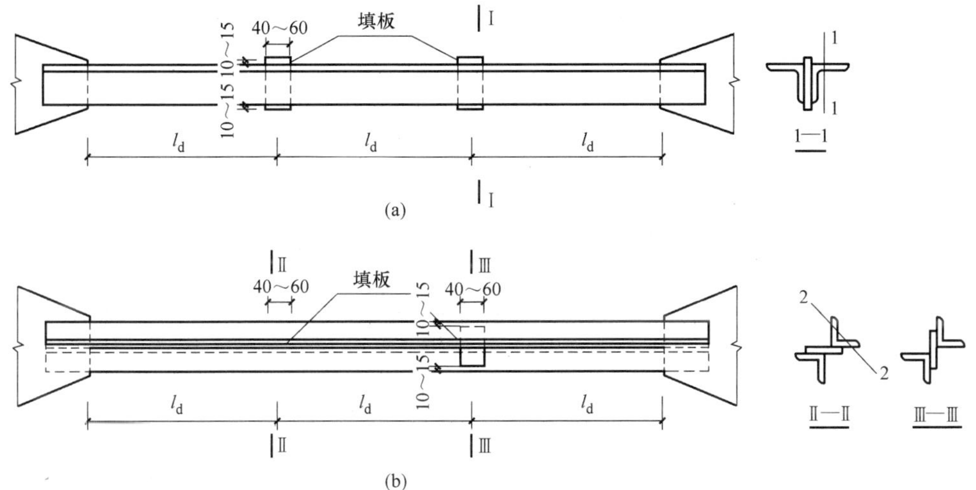

图 5.3.2-28　填板布置

板长度，对于 T 形截面应比角钢肢大 10～15mm，对于十字形截面应从角钢肢尖缩进 10～15mm，以便施焊；填板的厚度应与节点板厚度相同。

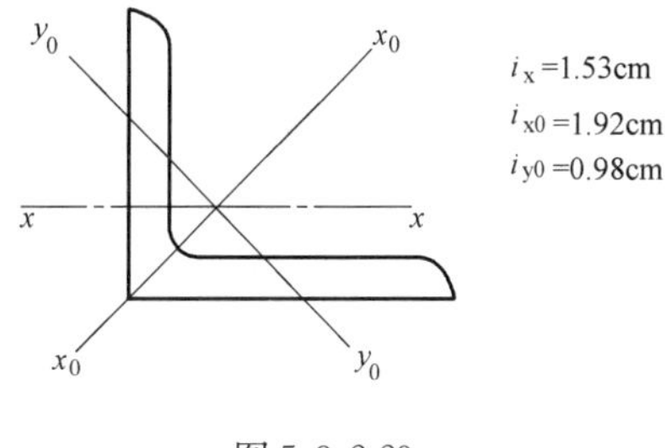

图 5.3.2-29

填板间距 l_d：对压杆取 $l_d \leqslant 40i$，对拉杆取 $l_d \leqslant 80i$（i 为回转半径）。对 T 形截面，i 为一个角钢对平行于填板的自身形心轴的回转半径；对十字形截面，i 为一个角钢的最小回转半径，填板应沿两个方向纵横交错放置（图 5.3.2-28）。填板数在压杆的两个侧向支承点间不应少于 2 块，各轴的回转半径见图 5.3.2-29。

《钢标》7.2.6 条规定

7.2.6　用填板连接而成的双角钢或双槽钢构件，采用普通螺栓连接时应按格构式构件进行计算；除此之外，可按实腹式构件进行计算，但受压构件填板间的距离不应超过 $40i$，受拉构件填板间的距离不应超过 $80i$。i 为单肢截面回转半径，应按下列规定采用：

1　当为图 7.2.6（a）、图 7.2.6（b）所示的双角钢或双槽钢截面时，取一个角钢或一个槽钢对与填板平行的形心轴的回转半径；

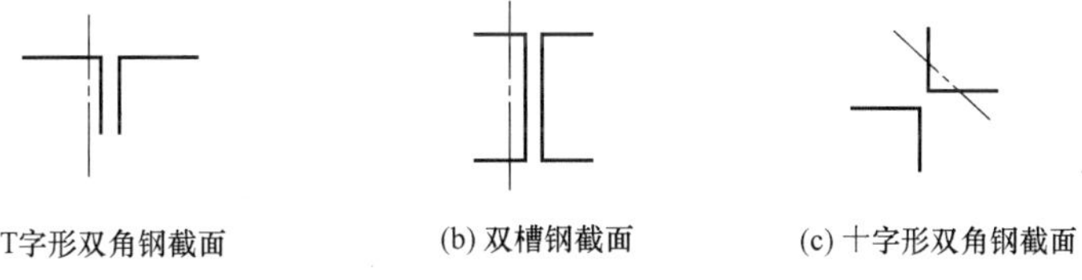

(a) T字形双角钢截面　(b) 双槽钢截面　(c) 十字形双角钢截面

图 7.2.6　计算截面回转半径时的轴线示意图

2　当为图 7.2.6（c）所示的十字形截面时，取一个角钢的最小回转半径。

受压构件的两个侧向支承点之间的填板数不应少于 2 个。

【例 5.3.2-18】 确定压杆的填板数量。

条件：一钢桁架的受压腹杆，采用填板连接而成的双角钢 T 形截面构件，角钢用 2L50×5。腹杆的两端分别焊于上、下弦杆的节点板上，节点中心距为 1.2mm。角钢截面特性如图 5.3.2-29 所示。

要求：确定在节点板间连接两角钢的填板数。

【答案】 用填板连接而成的双角钢 T 形截面受压构件，若按实腹式受压构件进行计算，则填板间距 $s \leqslant 40i$，对于双角钢 T 形截面时，i 取一个角钢与填板平行的形心轴的回转半径。同时规定受压构件的两个侧向支承点之间的填板数不得少于 2 个。由于 $s \leqslant 40i = 40i_x = 40 \times 1.53 = 61.2\text{cm}$，只需设置 1 块，而按受压构件设置的最小数是 2 块，故该受压腹杆应设置 2 块。

【例 5.3.2-19】 确定拉杆的填板数量。

条件：除承受拉力外，其他条件同【5.3.2-18】。

要求：确定在节点板间连接两角钢的填板数。

【答案】 当腹杆承受拉力时，填板间距 $s \leqslant 80i_x = 80 \times 1.53 = 122.4\text{cm}$。因受拉构件的两个侧向支承点之间未规定最少填板数。故本题可不设填板。

【例 5.3.2-20】 某钢烟囱设置支撑与邻近构筑物平台相连，如图 5.3.2-30 所示。撑杆 AB 采用填板连接而成的双角钢十字形截面（＋100×7），如图 5.3.2-31 所示，撑杆 AB 承受的轴心压力设计值 $N = 185\text{kN}$。一个等边角钢 L100×7 的最小回转半径 $i_{\min} = 19.9\text{mm}$。

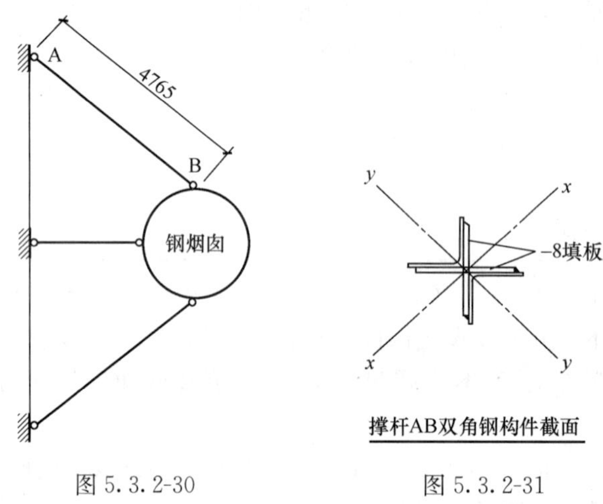

图 5.3.2-30　　　　图 5.3.2-31

试问，撑杆 AB 角钢之间连接用填板间的最大距离（mm）与下列何项数值最为接近？

（A）770　　（B）1030　　（C）1290　　（D）1540

【答案】（A）

根据《钢标》7.2.6 条：撑杆 AB 为受压构件，且为十字形截面，填板间的距离不应超过下列数值：$40i = 40 \times 19.9 = 796\text{mm}$

【例 5.3.2-21】 某跨度 18m 钢屋架如图 5.3.2-32 所示，竖腹杆 5-10 的截面为 2L50×6，已知 L50×6 的回转半径：$i_x = 15.1\text{mm}$，$i_u = 19.1\text{mm}$，$i_v = 9.8\text{mm}$。该腹杆在屋架上下节点板之间的净距为 1950mm。

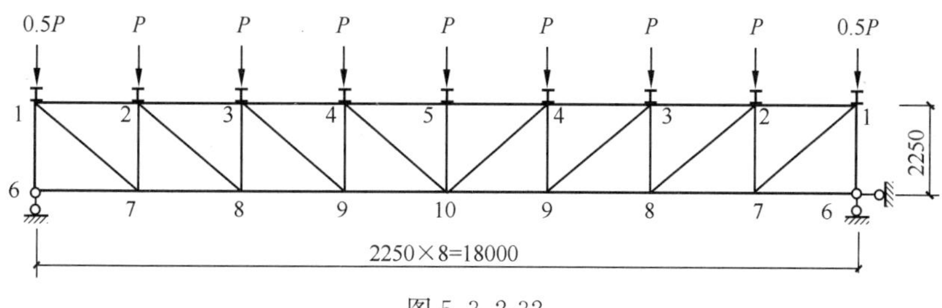

图 5.3.2-32

试问，其间所设置的填板数 n 应取下列何项数值，才可将其作为组合十字形截面进行计算？

(A) 1　　(B) 2　　(C) 3　　(D) 4

【答案】(D)

竖腹杆 5-10 为压杆，依据《钢标》的 7.2.6 条，填板间的距离不应超过 $40i$，即 $40\times9.8=392$mm。1950/392=5.0，故至少 4 块填板，选择 (D)。

三、轴心受压构件的整体稳定

1. 弯曲屈曲的稳定系数

(1) 初始缺陷对轴心受压构件弯曲屈曲的影响

①残余应力

在构件受荷前，截面内就存在自相平衡的初始应力即为残余应力。其产生的主要原因有焊接时的不均匀受热和不均匀冷却、型钢热轧后的不均匀冷却、板边缘经火焰切割后的热塑性收缩、构件经冷校正产生的塑性变形。

残余应力对轴心受压构件稳定性的影响与其在截面上的分布和大小有关。残余应力的分布和大小与构件截面的形状、尺寸、制造方法及加工方法有关，与钢材的强度无关。构件截面实际的残余应力分布比较复杂。图 5.3.3-1 为几种不同加工方法制造的常见截面的残余应力分布。

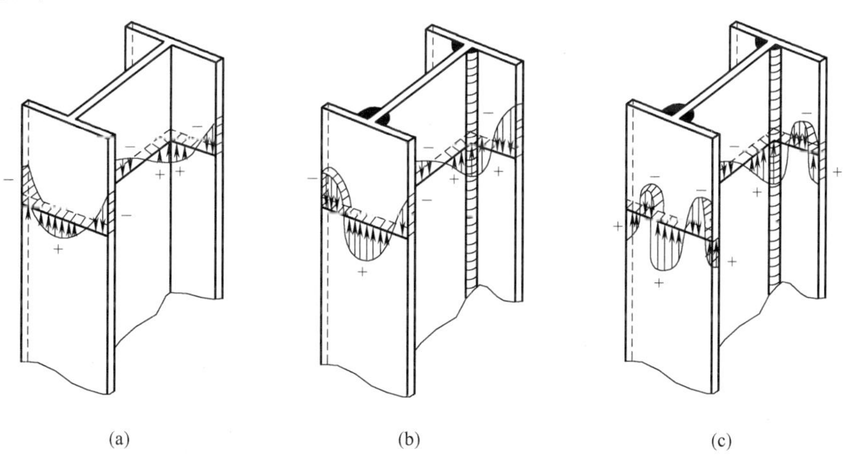

图 5.3.3-1　残余应力分布形式

(a) 热轧 H 型钢；(b) 轧制边翼缘的焊接截面；(c) 焰切边翼缘的焊接截面

由分析可知：残余应力对热轧 H 型钢截面绕弱轴 y 屈曲的影响要比绕强轴 x 严重得多，原因是截面远离 y 轴的部分恰好是残余压应力最大的部分。

②初弯曲和初偏心

图 5.3.3-2 所示为具有微小初弯曲的两端铰接的轴心压杆，其中 v_0 为杆长度中央的初挠度。在轴心压力 N 作用下，杆的挠度在初弯曲的基础上不断发展。

图 5.3.3-3 所示为由于构造上的原因和构件截面尺寸的变异，作用在杆端的轴压力不可避免地会偏离截面的形心而产生初偏心 e_0。

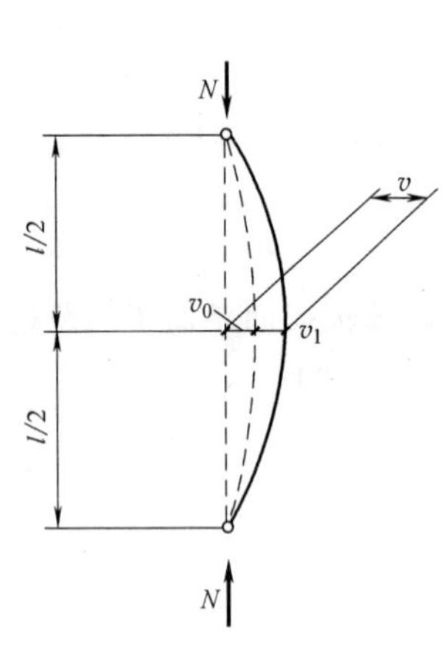

图 5.3.3-2　有初弯曲的轴心压杆

图 5.3.3-3　具有初偏心的压杆

不论在弹性阶段还是弹塑性阶段，初偏心的影响和初弯曲的影响在本质上是相同的，但影响的程度有差别。初偏心对短压杆的影响比较明显，而对长杆的影响甚微；初弯曲对中长杆有较大影响。但是，对相同的构件，当初偏心 e_0 与初弯曲 v_0 相等时，初偏心的影响更为不利，这是由于初偏心情况中构件从两端开始就存在初始附加弯矩 Ne_0。

（2）截面分类

实际轴心受压构件的各种缺陷总是同时存在的，但因初弯曲和初偏心的影响类似，且各种不利因素同时出现最大值的概率较小，因此《钢标》只考虑残余应力和初始弯曲两个主要的影响因素。图 5.3.3-4 列出两端铰接、有残余应力和初始弯曲的轴心受压构件及其荷载-挠度曲线图，可以看到这些缺陷的影响是不能忽略的。

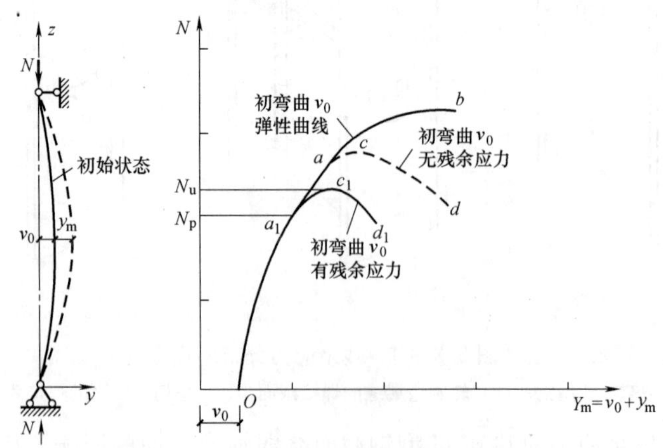

图 5.3.3-4　轴心压杆荷载-挠度曲线

《钢标》在制订轴心受压构件的柱子曲线时，根据不同截面形状和尺寸、不同加工条件和相应的残余应力分布及大小、不同的弯曲屈曲方向以及 $l/1000$ 的初弯曲（可理解为几何缺陷的代表值），按极限承载力理论，采用数值积分法，对多种实腹式轴心受压构件弯曲屈曲算出了 200 条柱子曲线。如前所述，轴心受压构件的极限承载力并不仅仅取决于长细比。由于残余应力的影响，即使长细比相同的构件，随着截面形状、弯曲方向、残余应力分布和大小的不同，构件的极限承载能力有很大差异，所计算的柱子曲线形成相当宽的分布带。这个分布带的上、下限相差较大，特别是中等长细比的常用情况相差尤其显著。因此，若用一条曲线来代表，显然是不合理的。《钢标》将这些曲线分成四组，也就是将分布带分成四个窄带，取每组的平均值（50%的分位值）曲线作为该组代表曲线，给出 a、b、c、d 四条柱子曲线，如图 5.3.3-5 所示。在 $\lambda=40\sim120$ 的常用范围，柱子曲线 a 约比曲线 b 高出 4%～15%，而曲线 c 比曲线 b 约低 7%～13%。曲线 d 则更低，主要用于厚板截面。曲线中 $\varphi=N_u/(Af)=\sigma_u/f_y=\sigma_{cr}/f_y$，称为轴心受压构件的整体稳定系数。

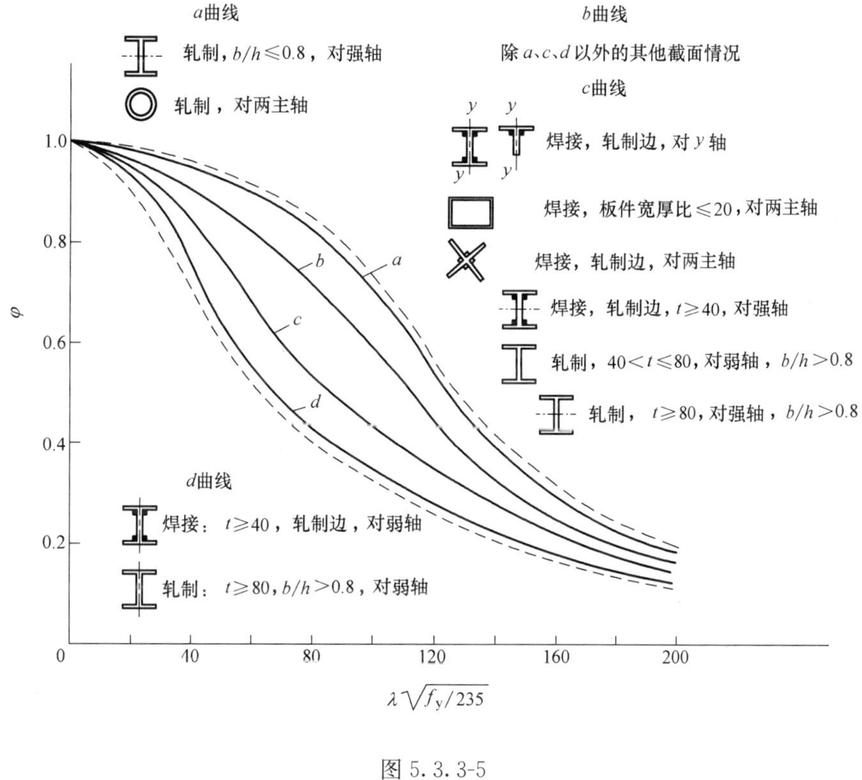

图 5.3.3-5

《钢标》将整体稳定系数曲线分成 a、b、c、d 四条曲线，同时根据截面形状、弯曲方向、制作加工条件等因素将构件分为 a、b、c、d 四类截面形式，具体的分类规定在《钢标》表 7.2.1 内。根据受压柱的长细比和截面形式的类别去查出相应的稳定系数。

根据板厚的不同《钢标》表 7.2.1 分成两个表。

轴心受压构件的截面分类（板厚 $t<40$mm） **表 7.2.1-1**

截面形式		对 x 轴	对 y 轴
轧制		a类	a类
轧制	$b/h\leqslant 0.8$	a类	b类
	$b/h>0.8$	a^*类	b^*类
轧制等边角钢		a^*类	a^*类
焊接，翼缘为焰切边	焊接	b类	b类
轧制			
轧制，焊接（板件宽厚比>20）	轧制或焊接	b类	b类
焊接	轧制截面和翼缘为焰切边的焊接截面		
格构式	焊接，板件边缘焰切		

续表

截面形式		对 x 轴	对 y 轴
焊接,翼缘为轧制或剪切边		b类	c类
焊接，板件边缘轧制成剪切	轧制、焊接（板件宽厚比≤20）	c类	c类

注：1 a* 类含义为 Q235 钢取 b 类，Q345、Q390、Q420 和 Q460 钢取 a 类；b* 类含义为 Q235 钢取 c 类，Q345、Q390、Q420 和 Q460 钢取 b 类；

2 无对称轴且剪心和形心不重合的截面，其截面分类可按有对称轴的类似截面确定，如不等边角钢采用等边角钢的类别；当无类似截面时，可取 c 类。

轴心受压构件的截面分类（板厚 $t\geqslant40$mm） **表 7.2.1-2**

截面形式		对 x 轴	对 y 轴
轧制工字形或H形截面	$t<80$mm	b类	c类
	$t\geqslant80$mm	c类	d类
焊接工字形截面	翼缘为焰切边	b类	b类
	翼缘为轧制或剪切边	c类	d类
焊接箱形截面	板件宽厚比>20	b类	b类
	板件宽厚比≤20	c类	c类

(3) 弯曲屈曲的稳定系数表

轴心受压构件的整体稳定系数 $\varphi = N_u/(Af) = \sigma_u/f_y = \sigma_{cr}/f_y$，《钢标》附录 D 给出了弯曲屈曲的稳定系数表，在应用表 D. 0. 1 时参数长细比 λ 要根据钢材强度进行修正。

D. 0. 1 a 类截面轴心受压构件的稳定系数应按表 D. 0. 1 取值。

a 类截面轴心受压构件的稳定系数 φ **表 D. 0. 1**

λ/ε_k	0	1	2	3	4	5	6	7	8	9
0	1.000	1.000	1.000	1.000	0.999	0.999	0.998	0.998	0.997	0.996
10	0.995	0.994	0.993	0.992	0.991	0.989	0.988	0.986	0.985	0.983
20	0.981	0.979	0.977	0.976	0.974	0.972	0.970	0.968	0.966	0.964
30	0.963	0.961	0.959	0.957	0.954	0.952	0.950	0.948	0.946	0.944
40	0.941	0.939	0.937	0.934	0.932	0.929	0.927	0.924	0.921	0.918
50	0.916	0.913	0.910	0.907	0.903	0.900	0.897	0.893	0.890	0.886
60	0.883	0.879	0.875	0.871	0.867	0.862	0.858	0.854	0.849	0.844
70	0.839	0.834	0.829	0.824	0.818	0.813	0.807	0.801	0.795	0.789
80	0.783	0.776	0.770	0.763	0.756	0.749	0.742	0.735	0.728	0.721
90	0.713	0.706	0.698	0.691	0.683	0.676	0.668	0.660	0.653	0.645
100	0.637	0.630	0.622	0.614	0.607	0.599	0.592	0.584	0.577	0.569
110	0.562	0.555	0.548	0.541	0.534	0.527	0.520	0.513	0.507	0.500
120	0.494	0.487	0.481	0.475	0.469	0.463	0.457	0.451	0.445	0.439
130	0.434	0.428	0.423	0.417	0.412	0.407	0.402	0.397	0.392	0.387
140	0.382	0.378	0.373	0.368	0.364	0.360	0.355	0.351	0.347	0.343
150	0.339	0.335	0.331	0.327	0.323	0.319	0.316	0.312	0.308	0.305
160	0.302	0.298	0.295	0.292	0.288	0.285	0.282	0.279	0.276	0.273
170	0.270	0.267	0.264	0.261	0.259	0.256	0.253	0.250	0.248	0.245
180	0.243	0.240	0.238	0.235	0.233	0.231	0.228	0.226	0.224	0.222
190	0.219	0.217	0.215	0.213	0.211	0.209	0.207	0.205	0.203	0.201
200	0.199	0.197	0.196	0.194	0.192	0.190	0.188	0.187	0.185	0.183
210	0.182	0.180	0.178	0.177	0.175	0.174	0.172	0.171	0.169	0.168
220	0.166	0.165	0.163	0.162	0.161	0.159	0.158	0.157	0.155	0.154
230	0.153	0.151	0.150	0.149	0.148	0.147	0.145	0.144	0.143	0.142
240	0.141	0.140	0.139	0.137	0.136	0.135	0.134	0.133	0.132	0.131

注：表中值系按本标准第 D. 0. 5 条中的公式计算而得。

2. 弯曲屈曲整体稳定计算

《钢标》7.2.1条给出了实腹式轴心受压构件稳定性的计算公式。

> **7.2.1** 除可考虑屈服后强度的实腹式构件外，轴心受压构件的稳定性计算应符合下式要求：
>
> $$\frac{N}{\varphi A f} \leqslant 1.0 \tag{7.2.1}$$
>
> 式中：φ——轴心受压构件的稳定系数（取截面两主轴稳定系数中的较小者），根据构件的长细比（或换算长细比）、钢材屈服强度和表7.2.1-1、表7.2.1-2的截面分类，按本标准附录D采用。

1）截面形心与剪心重合的构件

【例5.3.3-1】 实腹柱计算

条件：图5.3.3-6所示为一管道支架，柱高6m，两端铰接，轧制工字钢I40b，支柱承受的轴心压力设计值为1000kN，材料用Q235钢，截面无孔洞削弱。

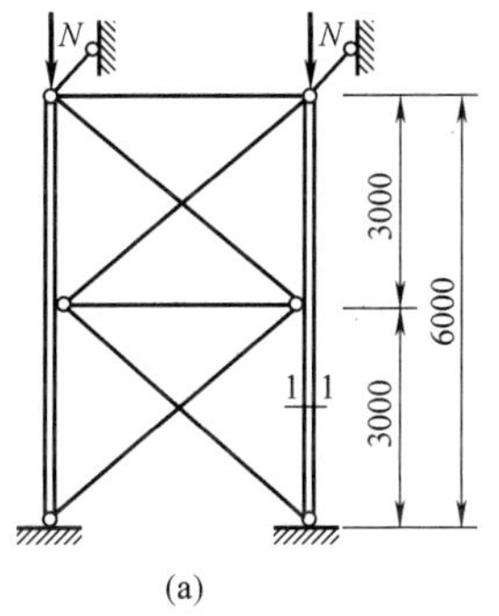

(a)

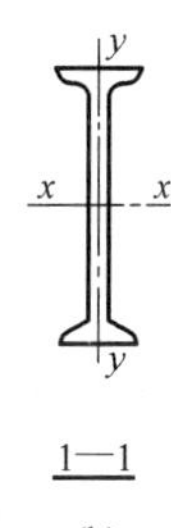

(b)

图5.3.3-6

要求：验算轴心受压支柱。

【答案】 轴心受压支柱的容许长细比 $[\lambda]=150$；由图5.3.3-6可知 $l_x=6\text{m}$，$l_y=3\text{m}$。

Q235钢的强度设计值 $f=215\text{N/mm}^2$，$f_y=235\text{N/mm}^2$。

I40b截面特性为：$A=941\text{cm}^2$，$i_x=15.6\text{cm}$，$i_y=2.71\text{cm}$，$b/h=144/400=0.36\leqslant 0.80$。查《钢标》表7.2.1-1、对 x 轴属于a类截面，对 y 轴属于b类截面。

杆件的刚度

$$\lambda_x=\frac{l_x}{i_x}=\frac{600}{15.6}=38.5<[\lambda]=150$$

$$\lambda_y=\frac{l_y}{i_y}=\frac{300}{2.71}=110.7<[\lambda]=150$$

分别查轴压件稳定系数表（《钢标》附表D.0.1、附表D.0.2），得

$$\varphi_x=0.945,\ \varphi_y=0.493-\frac{0.493-0.487}{10}\times 7=0.489$$

杆件的整体稳定性计算

$$\frac{N}{\varphi_{\min}A}=\frac{1000\times10^3}{0.489\times94.1\times10^2}=217.3\text{N/mm}^2>f=215\text{N/mm}^2$$

由于$\frac{217.3-215}{215}=1.07\%<5\%$，故整体稳定性满足。

因轴心受压支柱截面无孔洞削弱，可不计算其强度。

【例 5.3.3-2】 板厚 40mm 轴心受压柱的整体稳定。

条件：一重型厂房轴心受压柱，截面为双轴对称焊接工字钢，如图 5.3.3-7 所示，翼缘为轧制，钢材为 Q390。该柱对两个主轴的计算长度分别为 $l_{0x}=15\text{m}$，$l_{0y}=5\text{m}$。

要求：试计算其最大稳定承载力 $N_{\max}$。

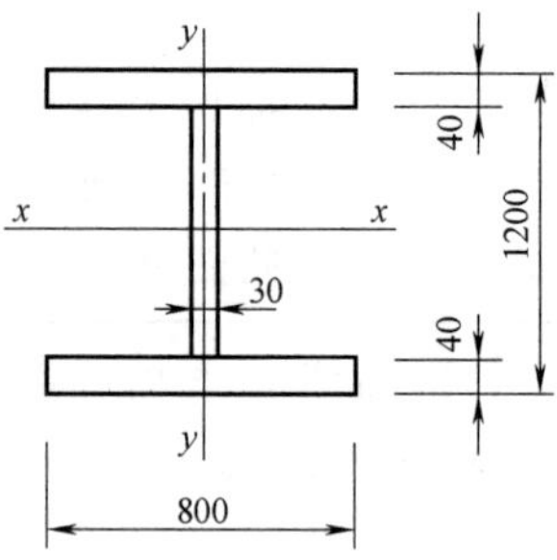

图 5.3.3-7　轴心受压柱

【答案】(1) 截面特性计算。

$$A=2\times80\times4.0+(120-2\times4.0)\times3.0=976\text{cm}^2$$

$$I_x=\frac{1}{12}\times(80\times120^3-77\times112^3)=2.51\times10^6\text{cm}^4$$

$$I_y=2\times\frac{1}{12}\times(4.0\times80^3)=3.41\times10^5\text{cm}^4$$

$$i_x=\sqrt{\frac{2.51\times10^6}{976}}=50.71\text{cm}，i_y=\sqrt{\frac{3.41\times10^5}{976}}=18.69\text{cm}$$

(2) 稳定承载力计算。

因属于双轴对称截面，只会发生弯曲屈曲，所用长细比为 λ_x 和 λ_y 进行稳定计算。

$$\lambda_x=\frac{l_{0x}}{i_x}=\frac{1500}{50.71}=29.6，\lambda_x\sqrt{\frac{f_y}{235}}=29.6\times\sqrt{\frac{390}{235}}=38.1$$

$$\lambda_y=\frac{l_{0y}}{i_y}=\frac{500}{18.69}=26.8，\lambda_y\sqrt{\frac{f_y}{235}}=26.8\times\sqrt{\frac{390}{235}}=34.5$$

因该柱翼缘厚度达到了 40mm，查《钢标》表 7.2.1-2 知，绕 x 轴属于 c 类截面，绕 y 轴属于 d 类截面。查得 $\varphi_x=0.851$，查得 $\varphi_y=0.811$。

根据《钢标》表 4.4.1 知，40mm 厚的钢板属于第三组，即 $f=315\text{N/mm}$。所以构件的最大稳定承载力为：

$$N_{\max}=\varphi_y Af=0.811\times976\times10^2\times315=2.49\times10^7\text{N}=2.49\times10^4\text{kN}$$

【例 5.3.3-3】 某重级工作制吊车的单层厂房，其边跨纵向柱列的柱间支撑布置及几何尺寸如图 5.3.3-8 所示。上段、下段柱间支撑 ZC-1、ZC-2 均采用十字交叉式，按柔性受拉斜杆设计，柱顶设有通长刚性系杆。钢材采用 Q235 钢，焊条为 E43 型。假定，厂房山墙传来的风荷载设计值 $R=110\text{kN}$，吊车纵向水平刹车力设计值 $T=125\text{kN}$。假定，柱顶通长刚性系杆采用热轧无缝钢管 $d=152\text{mm}$，$t=5\text{mm}$，$A=2309\text{mm}^2$，$i=52\text{mm}$。

试问，按轴心受压杆稳定验算，在风荷载作用下，该杆截面压应力设计值（N/mm²），与下列何项数值最为接近？

(A) 100　　(B) 120　　(C) 130　　(D) 145

【答案】(C)

柱顶通长刚性系杆应按压杆设计，承受的压力设计值 $N=R=110\text{kN}$。

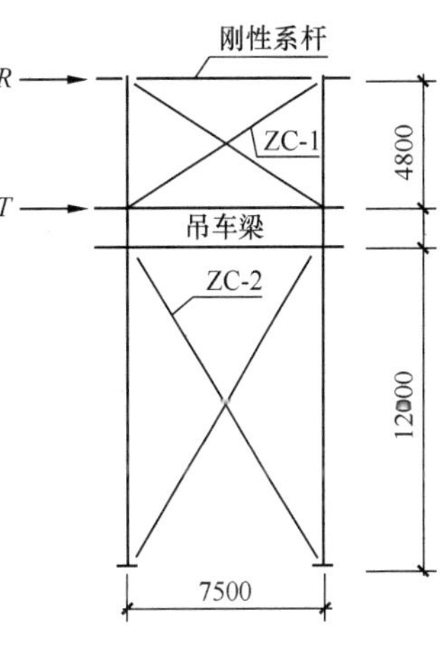

图 5.3.3-8

长细比　　$\lambda=\dfrac{l_0}{i}=\dfrac{7500}{52}=144$

查《钢标》的表 7.2.1-1，得无缝钢管属于 a 类。

依据 a 类截面查《钢标》的附表 D.0.1，得到 $\varphi=0.364$。

$$\frac{N}{\varphi A}=\frac{110\times10^3}{0.364\times2309}=131\text{N/mm}^2$$

选择（C）

2）截面为单轴对称的构件

《钢标》规定

> **7.2.2** 实腹式构件的长细比 λ 应根据其失稳模式，由下列公式确定：
>
> **2** 截面为单轴对称的构件：
>
> **1)** 计算绕非对称主轴的弯曲屈曲时，长细比应由式（7.2.2-1)、式（7.2.2-2）计算确定。

【例 5.3.3-4】 跨度为 12m 的桁架结构简图如图 5.3.3-9 所示。采用 Q235B 钢材，上弦杆的轴心压力设计值 $N=120\text{kN}$，采用[10，$A=1274\text{mm}^2$，$i_x=39.5\text{mm}$（x 轴为截面对称轴）。$i_y=14.1\text{mm}$；槽钢的腹板与桁架平面相垂直。上弦杆在集中力 F 作用点有侧向支承。

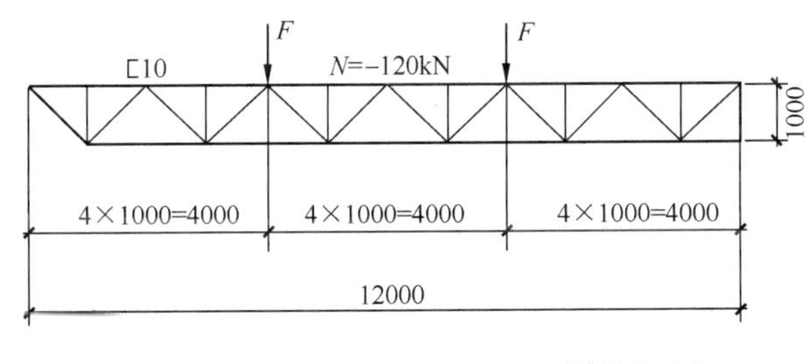

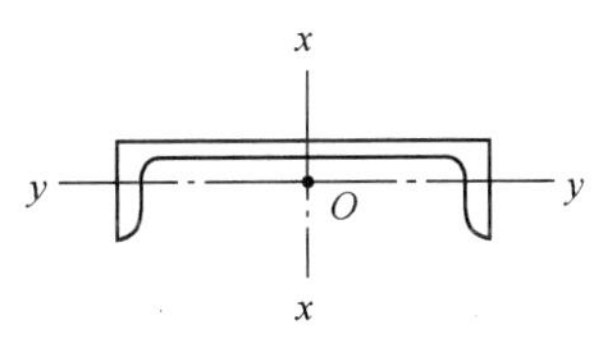

图 5.3.3-9

试问，当上弦杆按照轴心受压构件进行稳定性计算时，最大压应力（N/mm^2）与下列何项数值最为接近？

(A) 101.0　　(B) 126.4　　(C) 143.4　　(D) 171.6

【答案】(D)

由于槽钢的腹板与桁架平面相垂直，依图可知，绕槽钢弱轴（截面 y 轴）的计算长度即为弯矩作用平面内的计算长度，$l_{0y}=1000\text{mm}$；绕槽钢强轴（截面 x 轴）的计算长度为弯矩作用平面外计算长度，$l_{0x}=4000\text{mm}$。于是

$$\lambda_x=4000/39.5=101,\ \lambda_y=1000/14.1=71$$

依据《钢标》的表 7.2.1-1，得到槽钢截面绕 x 轴、y 轴均属于 b 类。Q235 钢，由 $\lambda=101$ 查《钢标》的表 D.0.2，得到 $\varphi=0.549$，于是

$$\frac{N}{\varphi A}=\frac{120\times10^3}{0.549\times1274}=171.6\text{N/mm}^2$$

故选择（D）。

【例 5.3.3-5】 某跨度 18m 钢屋架如图 5.3.3-10 所示，竖腹杆采用 Q345 钢，最大轴心压力设计值为 375kN，截面为 2∟80×7 组成的 T 形截面，绕非对称轴的回转半径 $i_x=24.6\text{mm}$，绕对称轴的换算长细比为 $\lambda_{yz}=64.7$。

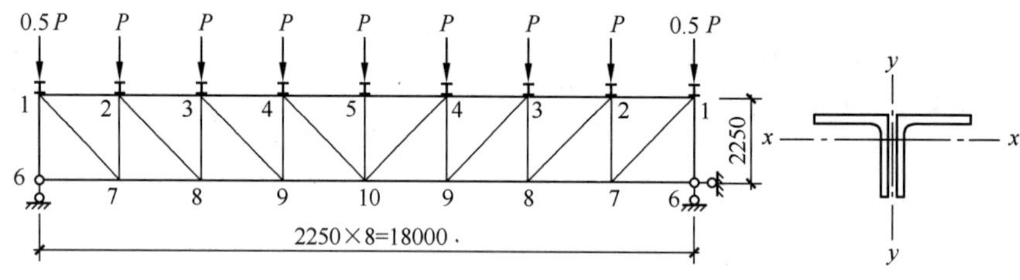

图 5.3.3-10

试问，按实腹式轴心受压构件进行稳定性计算时，其压应力（N/mm²），为下列何项数值？

（A）262　　（B）274　　（C）286　　（D）29820

【答案】（B）

根据《钢标》的表 7.4.1-1，桁架平面内的计算长度 $l_0=0.8\times2250=1800\text{mm}$，据此得到平面内的长细比为

$$\lambda_x=l_{0x}/i_x=1800/24.6=73.17$$

由题意，已知绕对称轴的换算长细比为 $\lambda_{yz}=64.7$。

依据《钢标》表 7.2.1-1，得到截面绕 x 轴、y 轴均属于 b 类，

故取长细比较大者 73.17 查表。

$\lambda\sqrt{f_y/235}=88.7$，近似取为 89，查《钢标》D.0.2 表得到 $\varphi=0.628$，依据《钢标》式（7.2.1）

$$\frac{N}{\varphi A}=\frac{375\times10^3}{0.628\times2172}=274.9\text{N/mm}^2,$$

故选择（B）。

3）可不计算扭转屈曲的构件

《钢标》规定

> **7.2.2**
>
> **1** 截面形心与剪心重合构件：
>
> **2**）双轴对称十字形截面板件宽厚比不超过 $15\varepsilon_k$ 者，可不计算扭转屈曲。

> **2** 截面为单轴对称的构件：
> **2**）等边单角钢轴心受压构件当绕两主轴弯曲的计算长度相等时，可不计算弯扭屈曲。

图 5.3.3-11 列出常见的三种双轴对称十字形截面。

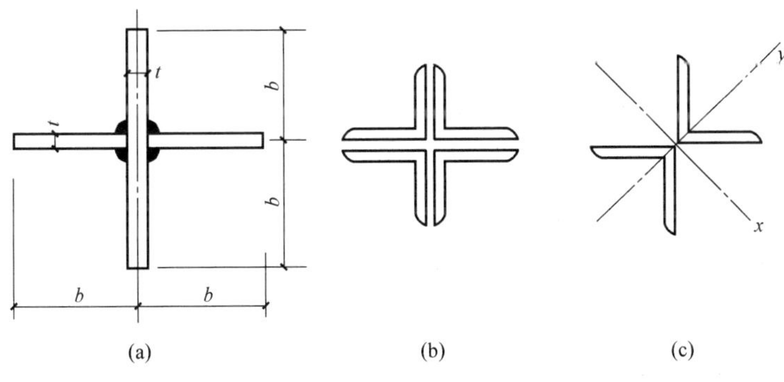

图 5.3.3-11

【例 5.3.3-6】 某单坡倒梯形钢屋架，跨度 30m，柱距 12m。屋架上下弦杆与腹杆间以节点板连接（中间节点板厚 $t=10$mm）并均采用双角钢组合截面。屋架钢材全部采用 Q235B，焊条采用 E43 型。屋架部分杆件内力设计值见图 5.3.3-12。竖腹杆 KD，其几何长度为 2643mm，采用等边双角钢（L56×5）十字形组合截面，截面特性：$A=1083\text{mm}^2$，$i_{x1}=29.9$mm，$i_{y1}=21.3$mm。该杆轴力设计值 $N=95$kN。

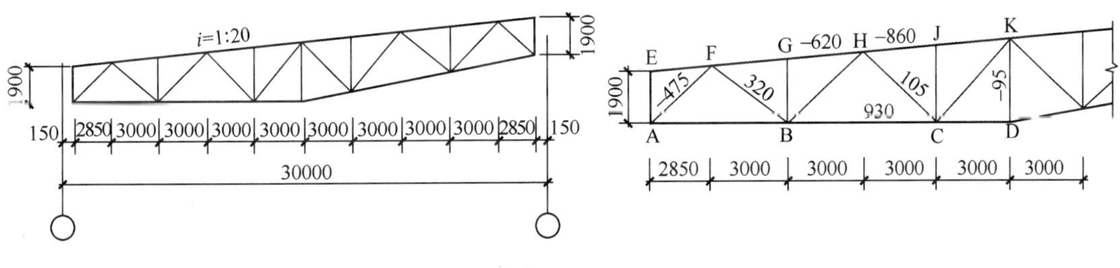

图 5.3.3-12

试问，按稳定性验算时，该杆在轴心压力作用下其截面上的压应力设计值（N/mm²），应与下列何项数值最为接近？

(A) 125　　(B) 154　　(C) 207　　(D) 182

【答案】(D)

依据《钢标》7.2.2 条"双轴对称十字形截面板件宽厚比不超过 $15\varepsilon_k$ 者可不计算扭转屈曲"，$b/t=56/5=11.2<15\varepsilon_k=15$，可不计算扭转屈曲。

依据《钢标》表 7.4.1-1，十字形截面用斜平面计算长度 $l_0=0.9\times2643=2379$mm，$\lambda_{y1}=l_0/l_{y1}=2379/21.3=112$，查《钢标》表 7.2.1-1，属于 b 类截面。

查《钢标》表 D.0.1，得到 $\varphi=0.481$。

$$\frac{N}{\varphi A}=\frac{95\times10^3}{0.481\times10.83\times10^2}=182\text{N/mm}^2$$

选择（D）。

3. 弯扭屈曲

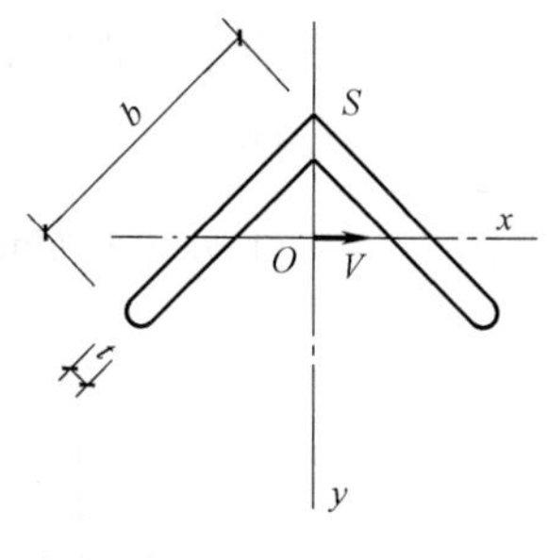

图 5.3.3-13

以上讨论轴心受压构件的整体稳定时，假定构件失稳时只发生弯曲而没有扭转，即所谓弯曲屈曲。对于单轴对称截面，除绕非对称轴 x 轴发生弯曲屈曲外，也有可能发生绕对称轴 y 的弯扭屈曲。这是因为，当构件绕 y 轴发生弯曲屈曲时，轴力 N 由于截面的转动会产生作用于形心处沿 x 轴方向的水平剪力 V（见图 5.3.3-13），该剪力不通过剪心 S，将发生绕 S 的扭矩。

弹性稳定理论可以证明，单轴对称截面轴心压杆的弯扭屈曲比绕 y 轴的弯曲屈曲的临界力要低。

1）换算长细比 λ_{yz}

计算截面为单轴对称的轴心受压构件的整体稳定时，计算临界力时仍按弯曲屈曲失稳的公式来计算，但绕对称轴 y 轴应取计及扭转效应的换算长细比 λ_{yz} 代替 λ_y。即将长细比调整成换算长细比，其效果是计算所得临界力数值和实际的弯扭屈曲的临界力相等。《钢标》2.1.14 条就指出了这一点。

2.1.14 换算长细比

在轴心受压构件的整体稳定计算中，按临界力相等的原则，将弯扭与扭转失稳换算为弯曲失稳时采用的长细比。

2）双角钢组合 T 形截面构件绕对称轴的换算长细比 λ_{yz}。

《钢标》7.2.2 条 2 款 3）指出可用简化公式计算换算长细比 λ_{yz}。

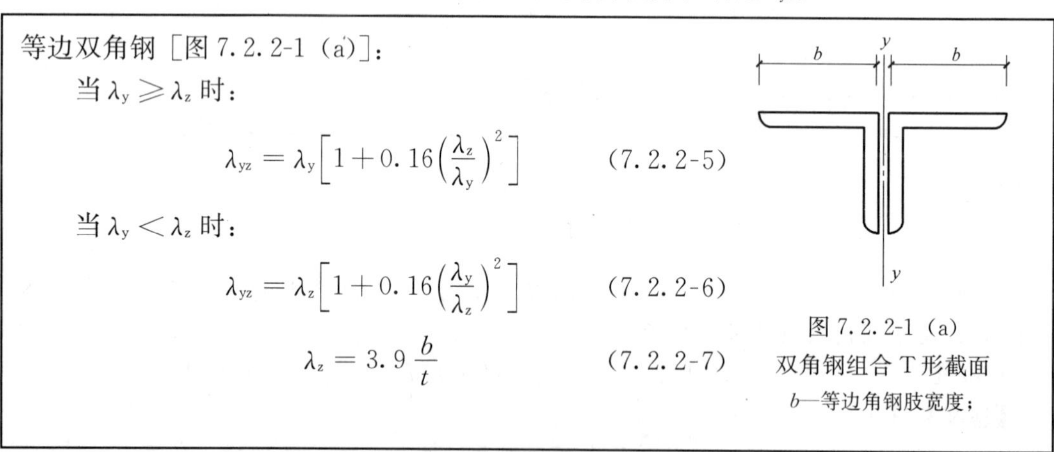

等边双角钢［图 7.2.2-1（a）］：

当 $\lambda_y \geqslant \lambda_z$ 时：

$$\lambda_{yz} = \lambda_y\left[1 + 0.16\left(\frac{\lambda_z}{\lambda_y}\right)^2\right] \quad (7.2.2\text{-}5)$$

当 $\lambda_y < \lambda_z$ 时：

$$\lambda_{yz} = \lambda_z\left[1 + 0.16\left(\frac{\lambda_y}{\lambda_z}\right)^2\right] \quad (7.2.2\text{-}6)$$

$$\lambda_z = 3.9\,\frac{b}{t} \quad (7.2.2\text{-}7)$$

图 7.2.2-1（a）
双角钢组合 T 形截面
b—等边角钢肢宽度；

【例 5.3.3-7】 天窗架中等边双角钢 T 形截面的长细比

某厂房三铰拱式天窗架采用 Q235B 钢制作，其平面外稳定性由支撑系统保证。天窗架侧柱 ad 选用双角钢 T 形截面 2L125×8，天窗架计算简图及侧柱 ad 的截面特性如图 5.3.3-14所示。

试问，侧柱 ad 在平面外的换算长细比应与下列何项数值最为接近？

提示：采用简化方法确定。

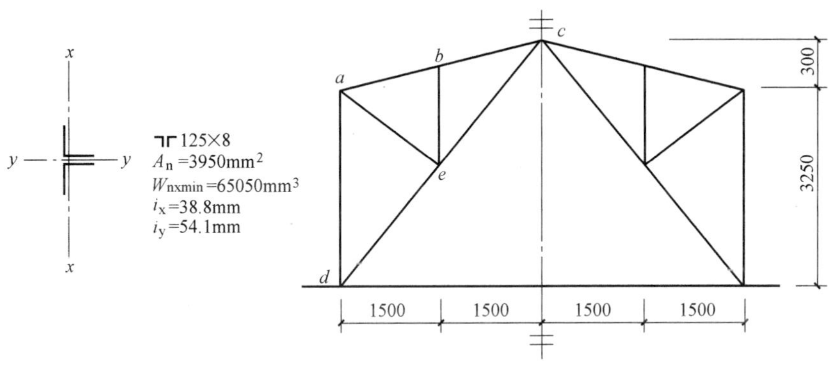

图 5.3.3-14

(A) 60　　(B) 70　　(C) 80　　(D) 90

【答案】(B)

根据《钢标》第 7.2.2 条第 2 款，换算长细比应为 λ_{yz}

$l_{0y}=3250\text{mm}$，$i_y=54.1\text{mm}$，$\lambda_y=l_{0y}/i_y=3250/54.1=60.1$

$b=125\text{mm}$，$t=8\text{mm}$，$\lambda_z=3.9b/t=3.9\times125/8=60.9$

$\lambda_y=60.1<\lambda_z=60.9$，取《钢标》式（7.2.2-6）计算，

$\lambda_y/\lambda_z=60.1/60.9=0.986$

$$\lambda_{yz}=\lambda_z\left[1+0.16\left(\frac{\lambda_y}{\lambda_x}\right)^2\right]$$

$$\lambda_{yz}=60.9(1+0.16\times0.986^2)=70.4$$

选（B）。

【例 5.3.3-8】 某天窗架的结构简图如图 5.3.3-15 所示。所有构件均采用 Q235 钢，手工焊接时使用 E43 型电焊条，要求焊缝质量等级为二级。

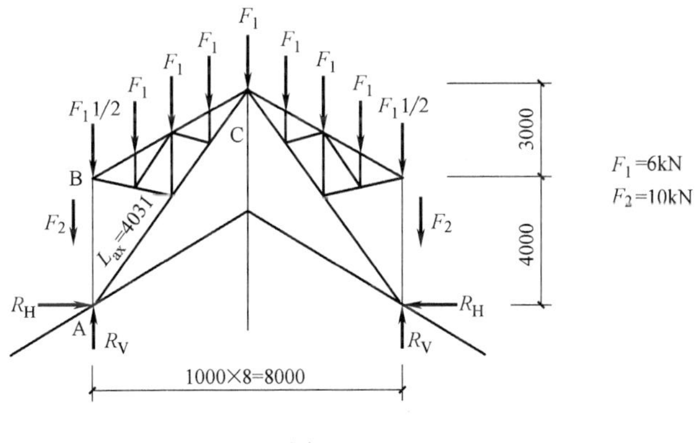

图 5.3.3-15

杆件 AC 采用 2L100×6，$A=2386\text{mm}^2$，$i_x=31\text{mm}$，$i_y=43\text{mm}$。在两节间最大的轴心压力设计值 $N=12\text{kN}$；当按轴心受压构件进行稳定性计算时，试问，杆件截面的压应力设计值（N/mm^2）应与下列何项数值最为接近？

提示：在确定桁架平面外的计算长度时不考虑各节间内力变化的影响。

(A) 46.2　　(B) 35.0　　(C) 27.8　　(D) 24.9

【答案】(D)

$l_{0x}=4031\text{mm}$，$i_x=31\text{mm}$，$\lambda_x=\frac{4031}{31}=130$，

$l_{0y}=\sqrt{4000^2+7000^2}\text{mm}=8062\text{mm}$，$i_y=43\text{mm}$，$\lambda_y=\frac{8062}{43}=187.5$

$b=100\text{mm}$，$t=6\text{mm}$，$\lambda_z=3.9b/t=3.9\times100/6=65$

$\lambda_y=187.5>\lambda_z=65$，取《钢标》式（7.2.2-5）计算，

$\lambda_z/\lambda_y=65/187.5=0.347$

$$\lambda_{yz}=\lambda_y\left[1+0.16\left(\frac{\lambda_z}{\lambda_y}\right)^2\right]$$

$$\lambda_{yz}=187.5(1+0.16\times0.347^2)=191.1$$

b类，$\varphi=0.202$

$$\sigma=\frac{12000}{0.202\times2386}\text{N/mm}^2=24.9\text{N/mm}^2\text{，选（D）。}$$

四、轴心受压构件的局部稳定

钢结构中的轴心受压构件大多由若干矩形平面薄板组成。设计时板件的宽度与厚度之比通常都比较大，使截面具有较大的回转半径，获得较高的整体稳定承载力。但如果板件的宽度与厚度之比过大，在轴心压力作用下，可能在构件丧失整体稳定或强度破坏之前，板件偏离其原来的平面位置而发生波状鼓曲，如图5.3.4-1所示，称这种现象为板件丧失了稳定性。因为板件失稳发生在整个构件的局部部位，所以称为构件丧失局部稳定或发生局部屈曲。由于丧失稳定的板件不能再承受或少承受所增加的荷载，并改变了原来构件的受力状态，导致构件的整体稳定承载力降低。

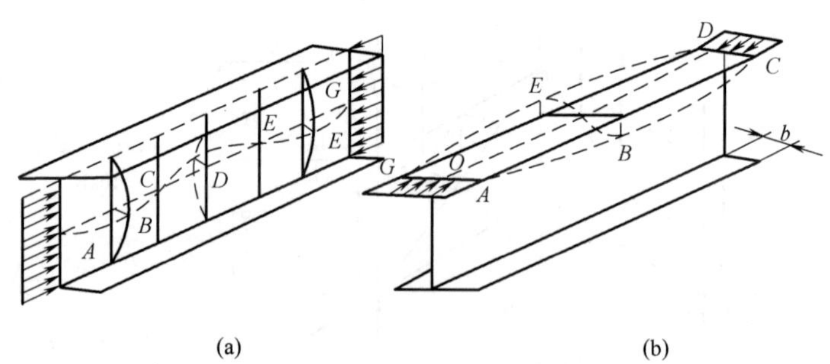

图5.3.4-1　轴心受压构件的局部失稳

(a) 腹板失稳；(b) 翼缘失稳

目前关于轴心受压构件的局部稳定性计算采用两种设计准则：

(1) 一种是不允许出现局部失稳，即板件受到的压应力不超过局部失稳的临界应力；

（2）一种是允许出现局部失稳，利用板件屈曲后强度，板件受到的压应力不超过板件发挥屈曲后强度的极限承载应力。

实践证明，局部稳定与构件自由外伸部分翼缘的宽厚比和腹板的高厚比两个方面比有关。采用第一种准则时，通过对这两方面宽厚比的有效限制，可以保证构件在丧失整体稳定承载力之前不会发生组成板件的局部失稳。

1. 宽厚比和高厚比的控制

《钢标》规定

> **7.3.1** 实腹轴心受压构件要求不出现局部失稳者，其板件宽厚比应符合下列规定：
>
> **1** H形截面腹板
>
> $$h_0/t_w \leqslant (25+0.5\lambda)\varepsilon_k \quad (7.3.1\text{-}1)$$
>
> 式中：λ——构件的较大长细比；当 $\lambda<30$ 时，取为 30；当 $\lambda>100$ 时，取为 100；
>
> h_0、t_w——分别为腹板计算高度和厚度，按本标准表 3.5.1 注 2 取值（mm）。
>
> **2** H形截面翼缘
>
> $$b/t_f \leqslant (10+0.1\lambda)\varepsilon_k \quad (7.3.1\text{-}2)$$
>
> 式中：b、t_f——分别为翼缘板自由外伸宽度和厚度，按本标准表 3.5.1 注 2 取值。
>
> **4** T形截面翼缘宽厚比限值应按式（7.3.1-2）确定。
>
> T形截面腹板宽厚比限值为：
>
> 热轧剖分T形钢
>
> $$h_0/t_w \leqslant (15+0.2\lambda)\varepsilon_k \quad (7.3.1\text{-}4)$$
>
> 焊接T形钢
>
> $$h_0/t_w \leqslant (13+0.17\lambda)\varepsilon_k \quad (7.3.1\text{-}5)$$
>
> 对焊接构件，h_0 取腹板高度 h_w；对热轧构件，h_0 取腹板平直段长度，简要计算时，可取 $h_0=h_w-t_f$，但不小于 (h_w-20)mm。

轴心受压构件板件的容许宽厚比 　　　　**表 5.3.4-1**

截面形式		容许宽（高）厚比	说明
b, t, t_y, h_0	翼缘板外伸肢	$\frac{b}{t} \leqslant (10+0.1\lambda)\varepsilon_k$	式中的 λ 是构件两方向长细比的较大值；当 $\lambda<30$ 时，取 $\lambda=30$；当 $\lambda>100$ 时，取 $\lambda=100$，下均此
	腹　板	$\frac{h_0}{t_w} \leqslant (25+0.5\lambda)\varepsilon_k$	

续表

截面形式		容许宽（高）厚比	说　明
	翼缘板外伸肢	$\frac{b}{t}\leqslant(10+0.1\lambda)\varepsilon_k$	
	腹　板	$\frac{h_0}{t_w}\leqslant(15+0.2\lambda)\varepsilon_k$	热轧剖分 T 型钢
	腹　板	$\frac{h_0}{t_w}\leqslant(13+0.17\lambda)\varepsilon_k$	焊接 T 形钢

【例 5.3.4-1】工形截面柱的局部稳定验算。

条件：如图 5.3.4-2 所示，焊接组合工字形截面轴心受压柱，轴心压力设计值 $N=2000\text{kN}$，柱的计算长度 $l_{0x}=6\text{m}$，$l_{0y}=3\text{m}$，$\lambda=50.4$。钢材为 Q345，翼缘板为焰切边，截面无削弱。

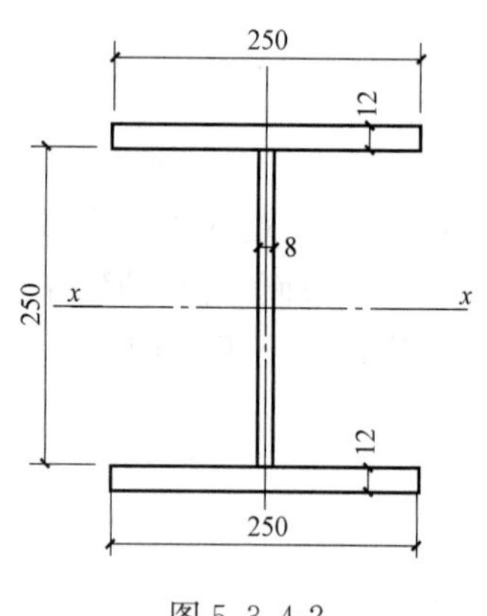

图 5.3.4-2

要求：验算实腹柱腹板和翼缘的局部稳定。

【答案】腹板高度 $h_0=250\text{mm}$，厚度 $t_w=8\text{mm}$，长细比 $\lambda=50.4$，翼缘外伸宽度 $b=125\text{mm}$，厚度 $t=12\text{mm}$。

腹板局部稳定按《钢标》式（7.3.1-1）：

$$\frac{h_0}{t_w}=\frac{250}{8}=31.25<(25+0.5\lambda)\sqrt{\frac{235}{f_y}}$$

$$=(25+0.5\times50.4)\times\sqrt{\frac{235}{345}}=41.43$$

翼缘局部稳定按《钢标》式（7.3.1-2）：

$$\frac{b}{t}=\frac{121}{12}=10.08<(10+0.1\lambda)\sqrt{\frac{235}{f_y}}$$

$$=(10+0.1\times50.4)\times\sqrt{\frac{235}{345}}=12.4$$

腹板和翼缘的局部稳定均能得到保证。

2. 腹板局部失稳后的强度利用

当工字形、H 形及箱形截面轴心受压构件的腹板局部稳定不满足要求时，增加板厚往往不够经济，一般采取设置纵向加劲肋加强板件的措施，如图 5.3.4-3 所示。

在设置纵向加劲肋的情况下验算腹板的局部稳定时，注意 h_0 应取为翼缘与纵向加劲肋之间的距离。若不设置加劲肋来加强板件，则需要在计算构件的强度和稳定性时，按有效截面进行计算，如图 5.3.4-4 所示。在图 5.3.4-4(a) 中，由于板中面的薄膜应力作用，腹板在屈曲后仍具有承载能力，这种能力一般称之为屈曲后强度，此时板内纵向压应力出现不均匀的状况。若以图中的虚线所示应力图形来代替板件屈曲后纵向压应力的分布图形，则可以在考虑屈曲后强度的基础上简化计算，进而引入了等效宽度 b_e 和有效截面 $b_e t_w$ 的概念。计算构件的承载力时，腹板的截面仅考虑计算高度边缘范围内两侧有效宽度的部分，此宽度相当于 $b_e/2$，如图 5.3.4-4(b) 所示。值得注意的是，采用有效截面计算构件的承载力时，构件的稳定系数计算仍需用全部截面。

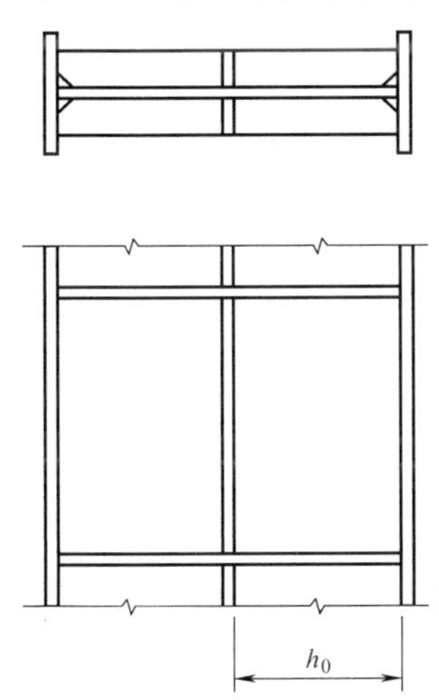

图 5.3.4-3 实腹柱的腹板加劲肋

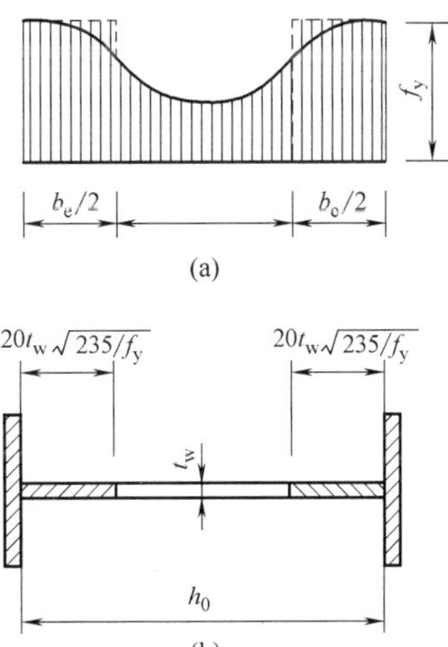

图 5.3.4-4 腹板屈曲后的有效截面

《钢标》7.3.3、7.3.4 条对腹板局部失稳后的强度利用作出了规定

7.3.3 板件宽厚比超过本标准第 7.3.1 条规定的限值时，可采用纵向加劲肋加强；当可考虑屈曲后强度时，轴心受压杆件的强度和稳定性可按下列公式计算：

强度计算

$$\frac{N}{A_{ne}} \leqslant f \tag{7.3.3-1}$$

稳定性计算

$$\frac{N}{\varphi A_e f} \leqslant 1.0 \tag{7.3.3-2}$$

$$A_{ne} = \Sigma \rho_i A_{ni} \tag{7.3.3-3}$$

$$A_e = \Sigma \rho_i A_i \tag{7.3.3-4}$$

式中：A_{ne}、A_e ——分别为有效净截面面积和有效毛截面面积（mm^2）；

A_{ni}、A_i ——分别为各板件净截面面积和毛截面面积（mm^2）；

φ ——稳定系数，可按毛截面计算；

ρ_i ——各板件有效截面系数，可按本标准第 7.3.4 条的规定计算。

7.3.4 H形、工字形、箱形和单角钢截面轴心受压构件的有效截面系数 ρ 可按下列规定计算：

1 箱形截面的壁板、H形或工字形的腹板：

1） 当 $b/t \leqslant 42\varepsilon_k$ 时：

$$\rho = 1.0 \tag{7.3.4-1}$$

2） 当 $b/t > 42\varepsilon_k$ 时：

$$\rho = \frac{1}{\lambda_{n,p}}\left(1 - \frac{0.19}{\lambda_{n,p}}\right) \tag{7.3.4-2}$$

$$\lambda_{n,p} = \frac{b/t}{56.2\varepsilon_k} \tag{7.3.4-3}$$

当 $\lambda > 52\varepsilon_k$ 时：

$$\rho \geqslant (29\varepsilon_k + 0.25\lambda)t/b \tag{7.3.4-4}$$

式中：b、t——分别为壁板或腹板的净宽度和厚度。

五、格构式轴心受压构件

1. 格构式轴心受压构件的常用截面形式

当轴心受压构件承受的压力较大或构件的长度较大时，采用格构式截面形式可在不增加材料的情况下获得较大的抗弯刚度，经济效果良好，并可以很方便地做到截面对两主轴的等稳定。

格构式轴心受压柱，一般采用两槽钢或工字钢作为肢件的双轴对称截面，两肢件之间用缀条（角钢）或缀板（钢板）连成整体，即成为格构式双肢柱，如图 5.3.5-1(a)、(b) 所示。这种柱只需调整两肢间的距离，即可实现对两主轴的等稳定性。

当格构式轴心受压柱承受的压力较小而长度较大时，其截面设计一般由刚度控制，此

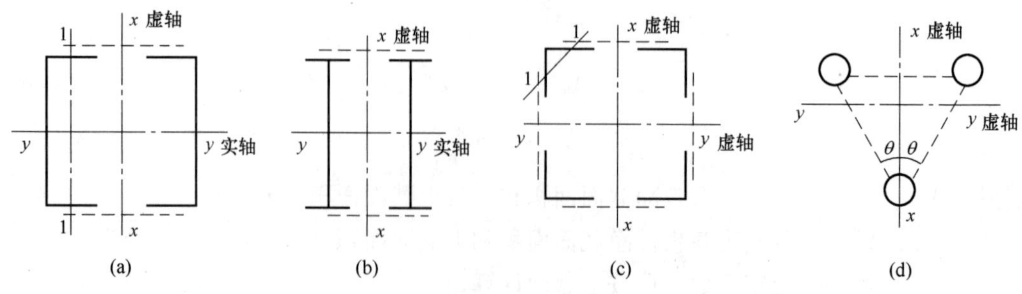

图 5.3.5-1 常用格构式轴心受压柱截面形式

时可以采用角钢组成的双轴对称截面，如图 5.3.5-1(c) 所示的四肢柱：这种截面形式可以充分利用小规格的型钢，具有较好的经济性。也可以采用如图 5.3.5-1(d) 所示钢管作为肢件的三肢柱，其受力性能较好。三肢柱和四肢柱两主轴均为虚轴，其缀材多用缀条而不用缀板，进一步提高经济效果。

缀条一般用单根角钢做成，而缀板通常用钢板做成。缀条和缀板统称为缀件。荷载较小的柱子可采用缀板组合；荷载较大时，即缀材截面剪力较大，或两肢相距较宽的格构柱，采用缀条组合，缀条主要是保证分肢间的整体工作，并可以减少分肢的计算长度。

在格构式柱的横截面上，穿过肢件腹板的轴叫作实轴，穿过两肢之间缀材面的轴称为虚轴。

图 5.3.5-2 列出格构柱的组成。格构式轴心受压构件计算包括绕实轴的稳定计算、绕虚轴的稳定计算、分肢的稳定计算以及缀材受力及连接计算等。

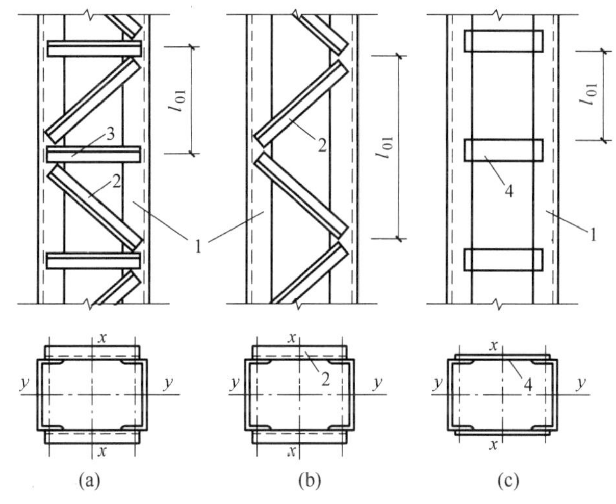

图 5.3.5-2 格构柱组成

1—分肢；2—斜缀条；3—横缀条；4—缀板

2. 格构式轴心受压构件的整体稳定计算

(1) 对实轴的整体稳定

格构式轴压构件绕实轴（图 5.3.5-2a、b、c 中 y-y 轴）的整体稳定计算与实腹柱完全相同。《钢标》7.2.3 条规定

> **7.2.3** 格构式轴心受压构件的稳定性应按本标准式（7.2.1）计算，对实轴的长细比应按本标准式（7.2.2-1）或式（7.2.2-2）计算。

【例 5.3.5-1】 某格构柱如图 5.3.5-3 所示，柱高 6m，两端铰接，轴心压力设计值为 1000kN，钢材采用 Q235 钢，焊条采用 E43 型，截面无削弱。缀板的设置满足《钢标》

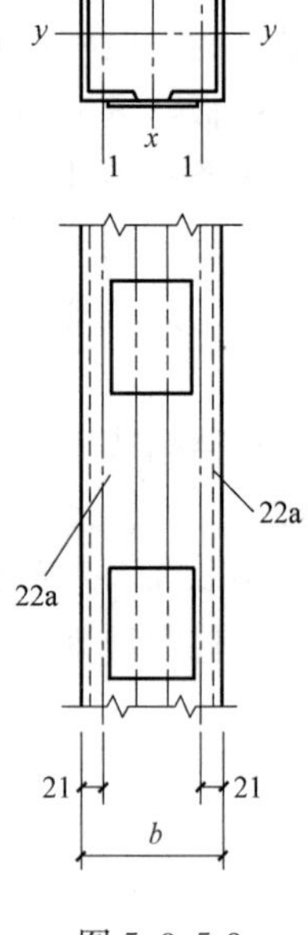

截　面	A	I_1	i_y	i_1
	mm^2	mm^4	mm	mm
[22a	3180	1.58×10^6	86.7	22.3

图 5.3.5-3

提示：所有板厚均≤16mm。

试问，该格构柱作为轴心受压构件，当采用最经济截面进行绕 y 轴的稳定性计算时，以应力形式表达的稳定性计算值（N/mm^2）应与下列何项数值最为接近？

(A) 210　　(B) 190　　(C) 160　　(D) 140

【答案】(A)

根据《钢标》第 7.2.2 条：$\lambda_y=\dfrac{l_{0y}}{i_y}=\dfrac{6000}{86.7}=69.2$，

根据《钢标》第 7.2.1 条表 7.2.1-1：b 类截面

查《钢标》表 D.0.2，$\varphi_y=0.756$，

根据《钢标》式（7.1.1-1）

$$\frac{N}{\varphi A}=\frac{1000\times10^3}{0.756\times2\times3180}=208\text{N/mm}^2,$$

应选答案（A）。

(2) 对虚轴的整体稳定

轴心受压构件整体弯曲后，沿杆长各截面将存在弯矩和剪力。对实腹式轴心受压构件，剪力引起的附加变形极小，对临界力的影响只占 3/1000 左右，因此，在确定实腹式轴心受压构件的整体稳定临界力时，仅仅考虑了弯矩作用所产生的变形，而忽略了剪力所产生变形的影响。对于格构式轴心受压柱，由于缀件较细，构件初始缺陷或因构件弯屈产生的横向剪力不可忽略（如图 5.3.5-4、图 5.3.5-5）。在格构式轴心受压柱的设计中，对虚轴的稳定性计算，《钢标》7.2.3 条以加大长细比的办法来考虑剪切变形对整体稳定承载力的影响，加大后的长细比称为换算长细比。

《钢标》2.1.14 条对‘换算长细比’有明确规定。

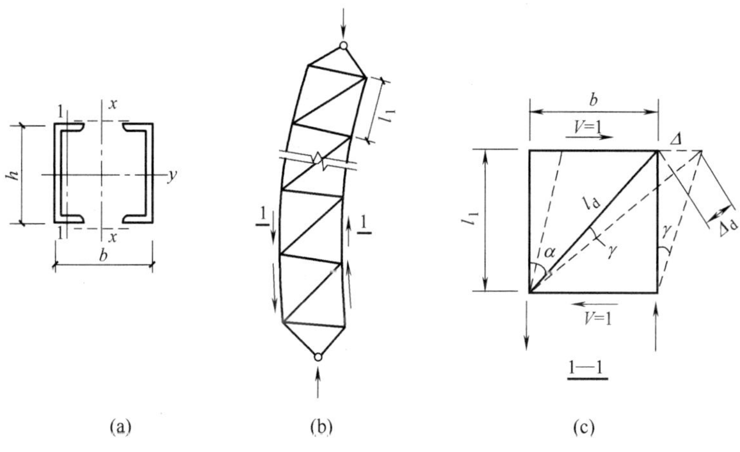

图 5.3.5-4　双肢缀条柱的剪切变形

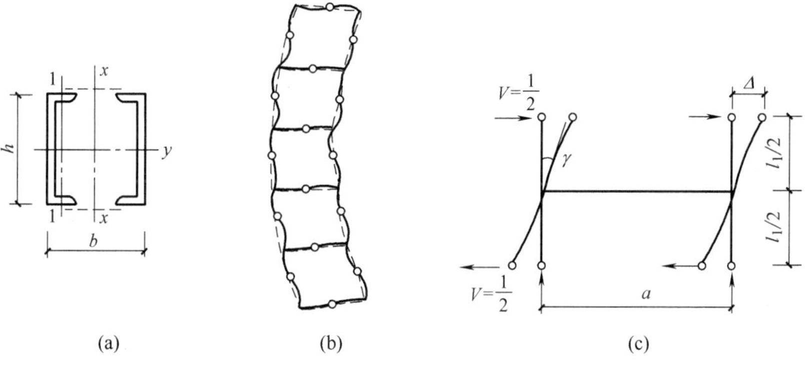

图 5.3.5-5　双肢缀板柱的剪切变形

2.1.14　换算长细比

在轴心受压构件的整体稳定计算中，按临界力相等的原则，将格构式构件换算为实腹式构件进行计算，或将弯扭与扭转失稳换算为弯曲失稳计算时，所对应的长细比。

《钢标》7.2.3条规定了‘换算长细比’的计算公式。

7.2.3　格构式轴心受压构件的稳定性应按本标准式（7.2.1）计算，对虚轴［图7.2.3(a)］的 x 轴及图7.2.3(b)、图7.2.3(c) 的 x 轴和 y 轴应取换算长细比。

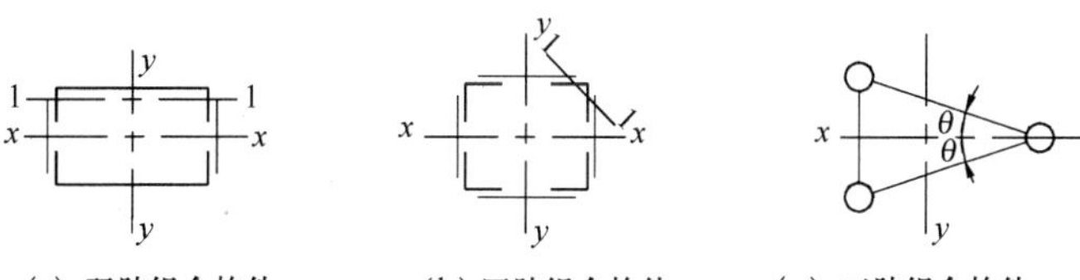

图 7.2.3　格构式组合构件截面

换算长细比应按下列公式计算：

1 双肢组合构件［图 7.2.3(a)］：

当缀件为缀板时：

$$\lambda_{0x} = \sqrt{\lambda_x^2 + \lambda_1^2} \tag{7.2.3-1}$$

当缀件为缀条时：

$$\lambda_{0x} = \sqrt{\lambda_x^2 + 27\frac{A}{A_{1x}}} \tag{7.2.3-2}$$

式中：λ_x ——整个构件对 x 轴的长细比；

λ_1 ——分肢对最小刚度轴 1-1 的长细比，其计算长度取为：焊接时，为相邻两缀板的净距离；螺栓连接时，为相邻两缀板边缘螺栓的距离；

A_{1x} ——构件截面中垂直于 x 轴的各斜缀条毛截面面积之和（mm^2）。

3. 格构式轴心受压构件分肢的稳定

格构柱的分肢可视为单独的轴心受压实腹式构件，因此，应保证它不先于构件整体失去承载能力。但计算式不能简单地用 $\lambda_1 < \lambda_{max}$，因为由于初弯曲等缺陷的影响，可能使构件受力时呈弯曲状态，从而产生附加弯矩和剪力。所以《钢标》7.2.4 条、7.2.5 有相应的规定。

7.2.4 缀件面宽度较大的格构式柱宜采用缀条柱，斜缀条与构件轴线间的夹角应为 40°～70°。缀条柱的分肢长细比 λ_1 不应大于构件两方向长细比较大值 λ_{max} 的 0.7 倍，对虚轴取换算长细比。

7.2.5 缀板柱的分肢长细比 λ_1 不应大于 $40\varepsilon_k$，并不应大于 λ_{max} 的 0.5 倍，当 $\lambda_{max} < 50$ 时，取 $\lambda_{max} = 50$。缀板柱中同一截面处缀板或型钢横杆的线刚度之和不得小于柱较大分肢线刚度的 6 倍。

缀件的计算长度

当缀件为缀条的格构式柱，可分为单系缀条、交叉缀条。如图 5.3.5-2（b）所示单系缀条，当斜缀条和分肢之间的夹角 $\theta = 45°$ 时，分肢的计算长度 $l_{01} = 2c$、此处 c 值的取法见图 5.3.5-6。

当单系缀条设有横缀条，如图 5.3.5-2(a) 所示，当 $\theta = 45°$ 时，此时分肢的计算长度 $l_{01} = c$。

当缀件为缀板的格构式柱，按《钢标》7.2.3 条的规定，其计算长度 l_{01} 如图 5.3.5-7 所示。采用螺栓连接时（图 5.3.5-7a），为相邻两缀板边缘螺栓的距离；采用焊接时（图 5.3.5-7b），为相邻两缀板的净距离。

【例 5.3.5-2】条种同【例 5.3.5-1】的格构柱。

试问，根据构造确定，柱宽 b（mm）与下列何项数值最为接近？

(A) 150　　(B) 250　　(C) 350　　(D) 450

【答案】(B)

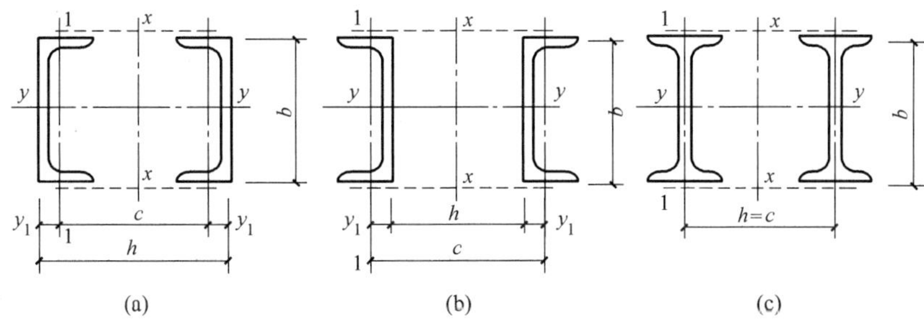

图 5.3.5-6 缀件为缀条的格构式构件截面

（a）双槽钢截面槽口向内；（b）双槽钢截面槽口向外；（c）双工字钢截面

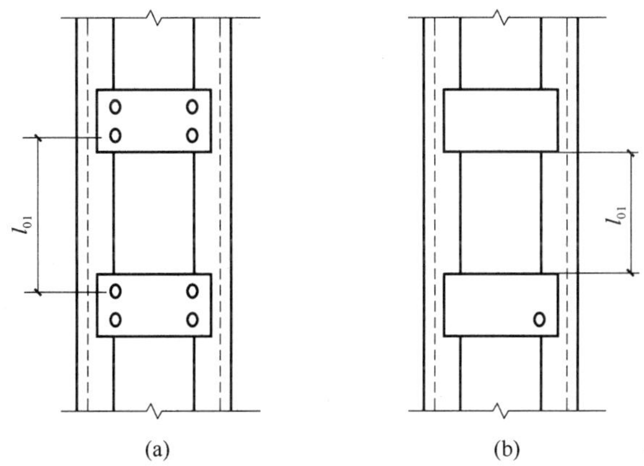

图 5.3.5-7 缀件为缀板的格构式柱

（a）螺栓连接；（b）焊接

$$l_{0x}=l_{0y}=6000, \lambda_{0x}\approx\lambda_y=\frac{6000}{86.7}=69.2, \text{取}\ \lambda_{max}=69.2$$

根据《钢标》第 7.2.5 条，

$$\lambda_1\leqslant0.5\lambda_{max}=0.5\times69.2=35<40，\text{取}\ \lambda_1=35$$

根据《钢标》式（7.2.3-1）：$\lambda_{0x}=\sqrt{\lambda_x^2+\lambda_1^2}$，将 $\lambda_{0x}=69.2$，$\lambda_1=35$ 代入，解得：$\lambda=60$

$$i_x\geqslant\frac{6000}{60}=100\text{mm}$$

得：

$$I_x\geqslant2A\cdot i_x^2=2\times3180\times100^2=6.36\times10^7\text{mm}^4$$

$$I_x\leqslant2I_1+\left(\frac{1}{2}b-21\right)^2\cdot2A$$

$$b>21\times2+2\times\sqrt{\frac{I_x-2I_1}{2A}}=42+2\times\sqrt{\frac{6.36\times10^7-2\times1.58\times10^6}{2\times3180}}=237\text{mm}$$

答案（B）最为接近。

5.4 受 弯 构 件

一、受弯构件的强度

1. 抗弯强度

（1）三个受力阶段——弹性、弹塑性、塑性

图 5.4.1-1 给出钢梁受弯时截面上的正应力分布情况，随着弯矩由小到大逐步提高，截面正应力的发展经历了 3 个阶段。

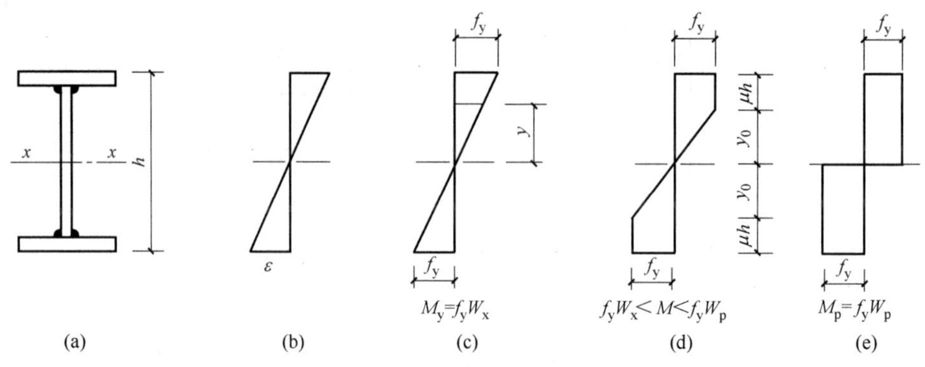

图 5.4.1-1 三个受力阶段

1）弹性阶段（图 5.4.1-1b、c）：截面上的应力呈三角形分布，中和轴为截面的形心轴。随着弯矩的增大，正应力按比例增加。当梁截面边缘纤维的最大正应力达到屈服点 f_y 时，表示弹性阶段结束，相应的弯矩称为屈服弯矩 M_y（或弹性极限弯矩），其值为：

$$M_y=W_xf_y \tag{5.4.1-1}$$

式中 W_x——梁净截面抵抗矩。

2）弹塑性阶段（图 5.4.1-1d）：弯矩继续增大，梁截面边缘应力保持 f_y 不变，而在截面的上、下两边，凡是应变值达到和超过 f_y 的部分，其应力都相应达到 f_y，形成两端塑性区，中间弹性区。

3）塑性阶段（图 5.4.1-1e）：弯矩进一步增大，截面塑性变形不断向内发展，最终整个截面进入塑性，应力图形将成为两个矩形，这时塑性变形急剧增大，梁就在弯矩作用方向绕该截面中和轴自由转动，形成一个塑性铰，达到承载力的极限，此时的弯矩称为塑性弯矩 M_p（或极限弯矩），其值为：

$$M_p=f_y(S_1+S_2)=f_yW_p \tag{5.4.1-2}$$

式中 S_1——中和轴以上净截面对中和轴的面积矩；

S_2——中和轴以下净截面对中和轴的面积矩；

W_p——梁净截面塑性抵抗矩，$W_p=S_1+S_2$。

在塑性铰阶段，由梁截面的轴向力等于零的条件，即中和轴以上的截面面积应等于中

和轴以下的截面面积，可知中和轴是截面面积的平分轴。对于双轴对称截面，中和轴仍与形心轴重合；但对单轴对称的截面（图 5.4.1-2），中和轴与形心轴不重合，这是与弹性阶段的不同之处。

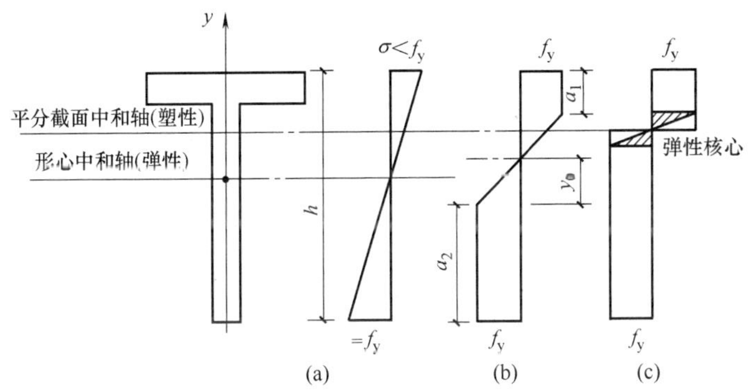

图 5.4.1-2　纯弯下单轴对称截面的正应力

（a）弹性阶段；（b）弹塑性阶段；（c）塑性阶段

塑性抵抗矩与弹性抵抗矩的比值 γ 称为截面形状系数，它的大小仅与截面的形状有关，而与材料的性质无关。它实质上体现了截面塑性弯矩 M_p 和屈服弯矩 M_y 的比值，γ 越大，则截面在弹塑性阶段的后续承载力越大。

$$\gamma=\frac{M_p}{M_y}=\frac{W_p}{W_x} \tag{5.4.1-3}$$

对于矩形截面 $\gamma=1.5$；圆截面 $\gamma=1.7$；圆管截面 $\gamma=1.27$。工字形截面绕强轴的塑性发展系数与截面组成（翼缘面积和腹板面积之比，翼缘厚度与梁高之比）有关，在常见的尺寸比例下，γ 在 1.10～1.17 之间。

（2）塑性发展系数

《钢标》主要考虑是在弯矩已经达到限值的截面上，塑性变形发展的深度一般控制在 $h/8$～$h/4$ 之间，以免使梁产生过大的塑性变形而影响使用。

利用塑性可以获得较大的经济效益，但同时必须考虑是否会因过度的塑性变形使梁不适于继续承载。梁截面出现塑性后，其跨中挠度与荷载分布情况有关。图 5.4.1-3 所示跨度中央承受一个集中荷载的梁，由于出现塑性的区域不大，挠度比完全弹性的梁增大不多。当塑性深度发展到弹性核只占截面高度的 1/10 时，最大弯矩 $M_{max}=1.116M_y$，已很接近塑性铰弯矩 $M_p=1.117M_y$，此处、M_y 为边缘屈服时的弯矩。这时出现的塑性区段长度为 $2a$，只占跨度的很小部分。跨中挠度 $\upsilon=1.28\upsilon_y$，比边缘屈服的挠度只大 28%。图 5.4.1-4所示在左右四分点上承受两个相同荷载 P 的梁，情况要严重很多。在与图 5.4.1-3 的弹性核高度相同的情况下，出现的塑性区段长度却达到 $\frac{l}{2}+2b$，已超过跨度的一半。跨中挠度 $\upsilon=8.4\upsilon_y$，比边缘屈服时大 740%。因过度的塑性变形而不适于继续承载。所以当梁有相当大的一段同时达到最大弯矩时，塑性发展应该加以限制。《钢标》规定采用小于截面形状系数的塑性发展系数，原因就在这里。

《钢标》6.1.2 条规定了截面塑性发展系数

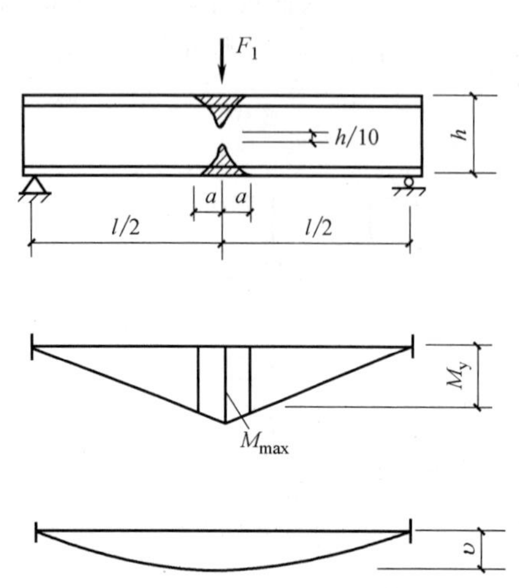

图 5.4.1-3 承受一个集中荷载的梁的挠度

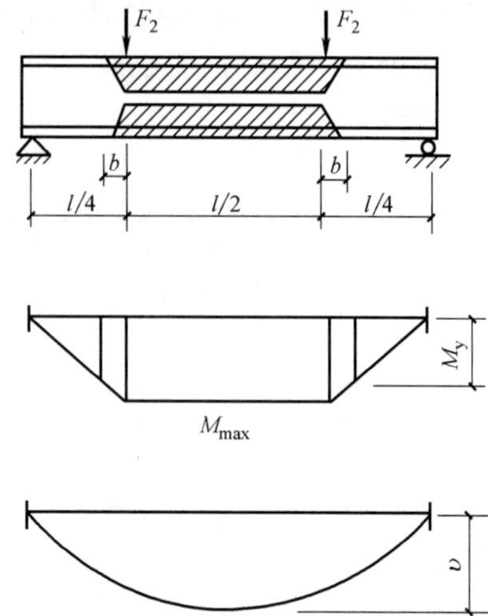

图 5.4.1-4 承受两个集中荷载的梁的挠度

> **6.1.2** 截面塑性发展系数应按下列规定取值：
>
> **1** 对工字形和箱形截面，当截面板件宽厚比等级为 S4 或 S5 级时，截面塑性发展系数应取为 1.0，当截面板件宽厚比等级为 S1、S2 及 S3 时，截面塑性发展系数应按下列规定取值：
>
> **1**）工字形截面（x 轴为强轴，y 轴为弱轴）：$\gamma_x = 1.05$，$\gamma_y = 1.20$；
>
> **2**）箱形截面：$\gamma_x = \gamma_y = 1.05$。
>
> **2** 其他截面应根据其受压板件的内力分布情况确定其截面板件宽厚比等级。
>
> **3** 对需要计算疲劳的梁，宜取 $\gamma_x = \gamma_y = 1.0$。

【例 5.4.1-1】设有一用 Q235A·F 钢焊接的工字钢梁，其上下翼缘的截面尺寸为 —300×10，腹板的截面尺寸为—780×8，该梁在竖向静荷载作用下于腹板平面内可承受的最大弯矩设计值为 $M_x = \gamma_x W_n f$。试问，在此条件下，式中的 γ_x（截面塑性发展系数）值应取下列何项数值？

(A) $\gamma_x = 1.0$　　(B) $\gamma_x = 1.05$　　(C) $\gamma_x = 1.15$　　(D) $\gamma_x = 1.20$

【答案】(A)

梁受压翼缘的自由外伸宽度 $b_t = (300-8)/2 = 146\text{mm}$

梁受压翼缘厚度 $t = 10\text{mm}$

受压翼缘的自由外伸宽度与其厚度之比 $b_t/t = 146/10 = 14.6 < 15\sqrt{235/f_y} = 15$

$$b_t/t = 14.6 > 13\sqrt{235/f_y} = 13$$

根据《钢标》表 3.5.1，截面板件宽厚比等级为 S4 级。

根据《钢标》6.1.2 条，“对工字形截面，当截面板件宽厚比等级为 S4 级时，截面塑性发展系数应取为 1.0”。

取 $\gamma_x = 1.0$，选 (A)。

《钢标》8.1.1 条表 8.1.1 规定了其他截面梁的塑性发展系数

截面塑性发展系数 γ_x、γ_y　　表 8.1.1

项次	截面形式	γ_x	γ_y
1		1.05	1.2
2			1.05
3		$\gamma_{x1}=1.05$ $\gamma_{x2}=1.2$	1.2
4			1.05
5		1.2	1.2
6		1.15	1.15
7		1.0	1.05
8			1.0

《钢标》表 8.1.1 的规定，实际上可归纳如下 3 条，并如图 5.4.1-5 所示。

（1）对截面为有翼缘板的一侧，取 $\gamma=1.05$；

（2）对无翼缘板的一侧，取 $\gamma=1.20$；

（3）对圆管边缘，取 $\gamma=1.15$。

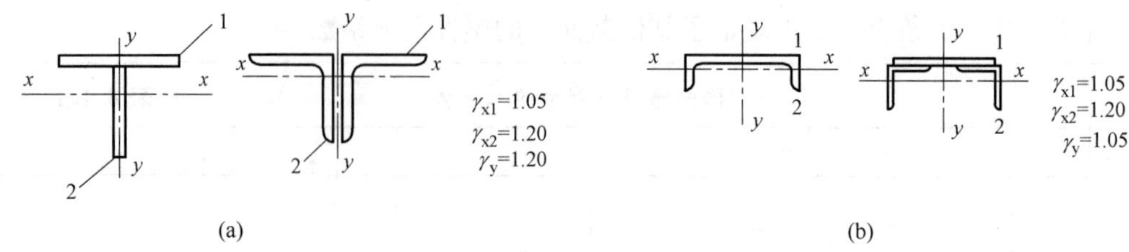

图 5.4.1-5　截面塑性发展系数示例

（3）抗弯强度计算公式

《钢标》6.1.1 条规定

> **6.1.1**　在主平面内受弯的实腹构件，其受弯强度应按下式计算：
>
> $$\frac{M_x}{\gamma_x W_{nx}}+\frac{M_y}{\gamma_y W_{ny}}\leqslant f \tag{6.1.1}$$
>
> 式中：M_x、M_y——同一截面处绕 x 轴和 y 轴的弯矩设计值（N·mm）；
>
> W_{nx}、W_{ny}——对 x 轴和 y 轴的净截面模量，当截面板件宽厚比等级为 S1、S2、S3 或 S4 级时，应取全截面模量，当截面板件宽厚比等级为 S5 级时，应取有效截面模量，均匀受压翼缘有效外伸宽度可取 $15\varepsilon_k$，腹板有效截面可按本标准第 8.4.2 条的规定采用（mm^3）；
>
> γ_x、γ_y——截面塑性发展系数，应按本标准第 6.1.2 条的规定取值；
>
> f——钢材的抗弯强度设计值（N/mm^2）。

① 单向受弯

【例 5.4.1-2】 吊车梁受弯承载力验算。

条件：重级工作制吊车梁承担作用在垂直面内弯矩设计值 M_x=4302kN·m，该梁需进行疲劳验算，对吊车梁下翼缘的净截面模量 $W_{nx}=16169\times10^3mm^3$。钢材为 Q345。

要求：验算吊车梁受弯承载力。

【答案】 按《钢标》式（6.1.1）$\frac{M_x}{\gamma_x W_{nx}}+\frac{M_y}{\gamma_y W_{ny}}\leqslant f$ 计算，取 $M_y=0$。

根据《钢标》6.1.2 条规定，对需要计算疲劳的梁，宜取 $\gamma_x=1.0$。

$$\frac{M_x}{\gamma_x M_{nx}}+\frac{M_y}{\gamma_y M_{ny}}=\frac{4302\times10^6}{1.0\times16169\times10^3}+0=266.06N/mm^2$$

根据《钢标》4.4.1 条，$f=295N/mm^2$，$\sigma_x=266N/mm^2<f$（可以）。

【例 5.4.1-3】 受弯承载力验算(动力荷载)。

条件：已知简支轨道梁承受动力荷载，其最大弯矩设计值 M_x=440kN·m；采用热轧 H 型钢 H600×200×11×17 制作，$I_x=78200\times10^4$（mm^4），$W_{nx}=W_x=2610\times10^3$（$mm^3$）。钢材为 Q235。

要求：验算受弯承载力。

【答案】 翼缘宽厚比为：$\frac{b_1}{t}=\frac{b-t_w}{2t}=\frac{200-11}{2\times17}=5.6<9\sqrt{\frac{235}{f_y}}=9$，为 S1 级。

由《钢标》6.1.2 条得 $\gamma_x=1.05$，

由《钢标》式（6.1.1）：

$$\sigma=\frac{M_x}{\gamma_x W_{nx}}=\frac{440\times10^6}{1.05\times2610\times10^3}=160.6\text{N/mm}^2<f=205\text{N/mm}^2\text{（可以）。}$$

【例 5.4.1-4】 某主梁与单跨带悬臂段简支梁，计算简图如图 5.4.1-6 所示。

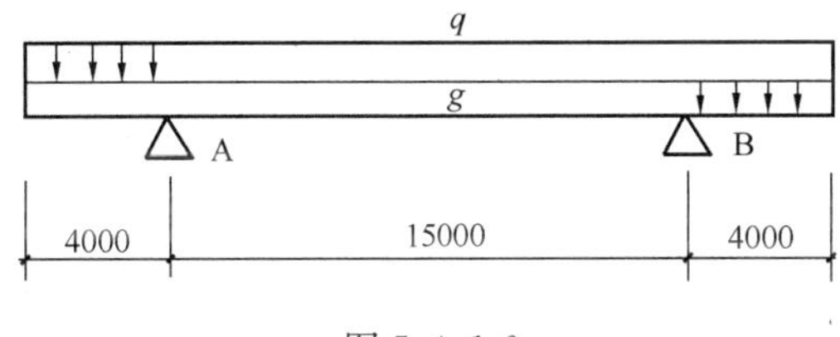

图 5.4.1-6

采用焊接 H 型钢 H1200×400×12×20，钢材采用 Q235B，其截面特性 $I_x=713103\times10^4\text{mm}^4$，$W_x=11885\times10^3\text{mm}^3$，$S_x=6728\times10^3\text{mm}^3$。为简化计算，梁上作用的荷载已折算为等效均布荷载，其中恒荷载设计值 $g=12\text{kN/m}$（含结构自重），活荷载设计值 $g=80\text{kN/m}$。

试问，主梁跨中截面的最大弯曲应力设计值 σ（N/mm²），与下列何项数值最为接近？

提示：梁无截面削弱。

（A）210　　（B）200　　（C）185　　（D）175

【答案】（B）

对跨中弯矩而言，荷载布置在悬臂部分是有利影响，因此，悬臂部分的恒荷载取分项系数为 1.0，活荷载不考虑。

跨中弯矩设计值为

$$M_{max}=\frac{(12+80)\times15^2}{8}-\frac{12/1.2\times4^2}{2}=2507.5\text{kN}\cdot\text{m}$$

截面翼缘自由外伸宽度为(400−12)/2=194mm

截面翼缘自由外伸宽度与厚度之比为 194/20=9.7

依据《钢标》的 3.5.1 条，$9.7<11\varepsilon_k$，又 $9.7>9\varepsilon_k$ 得截面板件宽厚比等级为 S2 级。

依据《钢标》的 6.1.2 条，可得 $\gamma_x=1.05$。

依据《钢标》的 6.1.1 条，可得：

$$\frac{M_x}{\gamma_x W_{nx}}=\frac{2507.5\times10^6}{1.05\times11885\times10^3}=201\text{N/mm}^2$$

选择（B）。

② 双向受弯

在竖向荷载 q 的作用下，荷载作用线通过截面的剪心而又不与截面的形心主轴 x、y 平行时（图 5.4.1-7），该梁即产生双向弯曲。截面的两个主轴方向分别承受分力 $q_x=q\sin\varphi$ 和 $q_y=q\cos\varphi$ 的作用（φ 为 q 与主轴 y 的夹角）。如荷载偏离截面的剪心，还要产生扭转。但一般偏心不大，且屋面材料和拉条对阻止檩条扭转能起一定作用，故扭矩的影响可不考虑，只需按双向受弯构件做强度计算。

【例 5.4.1-5】 双向弯曲简支檩条的强度验算。

条件：某无积灰的瓦楞铁屋面，屋面坡度 1/2.5，普通单跨简支槽钢檩条（图 5.4.1-

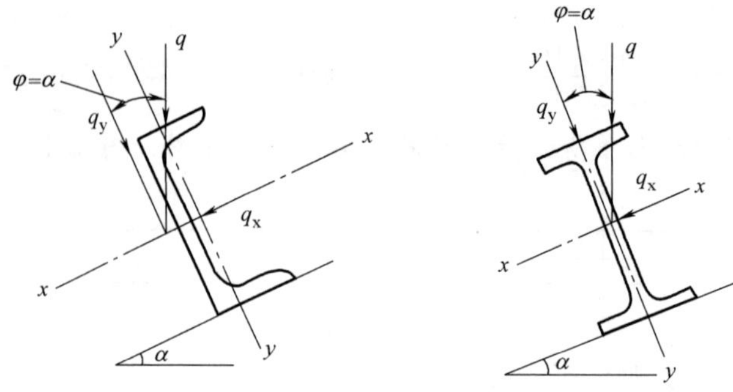

图 5.4.1-7

8)，跨度为 6m，跨中设一道拉条。檩条上活荷载标准值为 600N/m，恒荷载标准值为 200N/m（包括檩条自重）。钢材为 Q235，选 [10，W_x=39.7cm³，W_y=7.8cm³，I_x=198cm⁴。

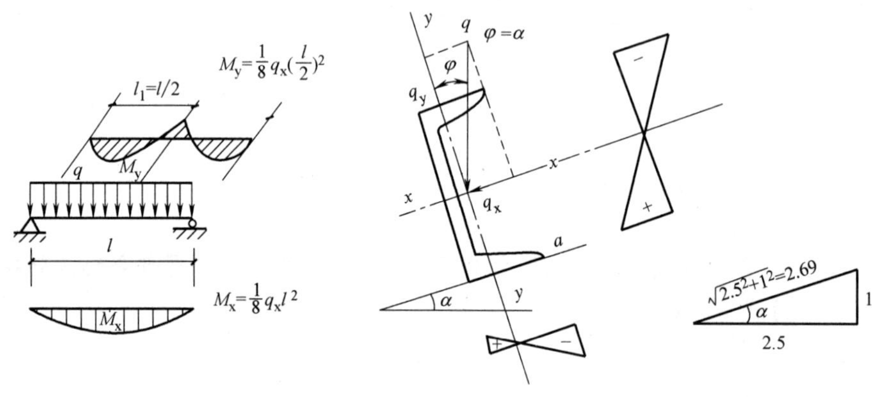

图 5.4.1-8

要求：验算强度。

【答案】(1) 内力计算

$$q=600\times1.4+200\times1.2=1080\text{N/m}$$

$$q_k=600+200=800\text{N/m}$$

$$q_y=q\cos\varphi=1080\times\frac{2.5}{2.69}=1004\text{N/m}$$

$$q_{yk}=800\times\frac{2.5}{2.69}=743.5\text{N/m}$$

$$q_x=q\sin\varphi=1080\times\frac{1.0}{2.69}=401.5\text{N/m}$$

由 q_y 和 q_x 引起跨中截面的弯矩 M_x 和 M_y 分别为：

$$M_y=\frac{1}{8}q_yl^2=\frac{1}{8}\times1004\times6^2=4518\text{N}\cdot\text{m}$$

$$M_x=\frac{1}{8}q_xl^2=-\frac{1}{8}\times401.5\times3^2=-451.7\text{N}\cdot\text{m}$$

(2) 钢结构设计截面抗弯强度验算

由《钢标》表 4.4.1 查得 $f=215\text{N/mm}^2$。

根据《钢标》6.1.2 条规定，取 $\gamma_x=1.05$，$\gamma_x=1.20$

由于跨中截面 M_x、M_y 都最大，故该截面上的 a 点应力最大（图 5.4.1-8），为拉应力。

$$\sigma=\frac{M_x}{\gamma_x W_x}+\frac{M_y}{\gamma_y W_y}=\frac{4518\times10^3}{1.05\times39.7\times10^3}+\frac{451.7\times10^3}{1.20\times7.8\times10^3}$$

$$=108.4+48.3=156.7\text{N/mm}^2<f$$

$$=215\text{N/mm}^2。$$

【例 5.4.1-6】 双向受弯。

某轻屋盖钢结构厂房，屋面不上人，屋面坡度为 1/10。采用热轧 H 形钢屋面檩条，其水平间距为 3m，钢材采用 Q235 钢。屋面檩条按简支梁设计，计算跨度 $l=12\text{m}$。热轧钢檩条型号为 H400×150×8×13，自重为 0.56kN/m，其截面特性：$W_x=929\times10^3\text{mm}^3$，$W_y=97.8\times10^3\text{mm}^3$。屋面檩条如图 5.4.1-9 所示。

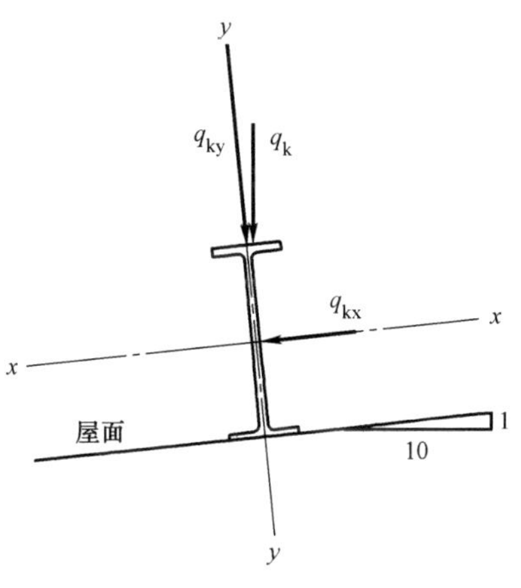

图 5.4.1-9

假定，屋面檩条垂直于屋面方向的最大弯矩设计值 $M_x=133\text{kN}\cdot\text{m}$，同一截面处平行于屋面方向的侧向弯矩设计值 $M_y=0.3\text{kN}\cdot\text{m}$。试问，若计算截面无削弱，在上述弯矩作用下，强度计算时，屋面檩条上翼缘的最大正应力计算值（N/mm^2）与下列何项数值最为接近？

(A) 180　　(B) 165　　(C) 150　　(D) 140

【答案】(D)

根据《钢标》6.1.2 条规定，取 $\gamma_x=1.05$，$\gamma_x=1.20$，

根据《钢标》6.1.1 条式 (6.1.1)

$$\sigma=\frac{M_x}{\gamma_x W_x}+\frac{M_y}{\gamma_y W_y}$$

$$=\frac{133\times10^6}{1.05\times929\times10^3}+\frac{0.3\times10^6}{1.20\times97.8\times10^3}$$

$$=138.9\text{N/mm}^2，\text{(D) 正确。}$$

2. 抗剪强度

《钢标》6.1.3 条规定

6.1.3 在主平面内受弯的实腹构件，除考虑腹板屈曲后强度者外，其受剪强度应按下式计算：

$$\tau = \frac{VS}{It_w} \leqslant f_v \qquad (6.1.3)$$

式中：V ——计算截面沿腹板平面作用的剪力设计值（N）；

S ——计算剪应力处以上（或以下）毛截面对中和轴的面积矩（mm^3）；

I ——构件的毛截面惯性矩（mm^4）；

t_w ——构件的腹板厚度（mm）；

f_v ——钢材的抗剪强度设计值（N/mm^2）。

【例 5.4.1-7】焊接工字形等截面简支梁的抗剪强度验算。

条件：某焊接工字形等截面简支楼盖梁，截面尺寸如图 5.4.1-10 所示，无削弱，为 Q345 钢。梁的剪力设计值：支座截面：$V_{max}=224.22kN$，跨度中点截面处：$V=214.5kN$。

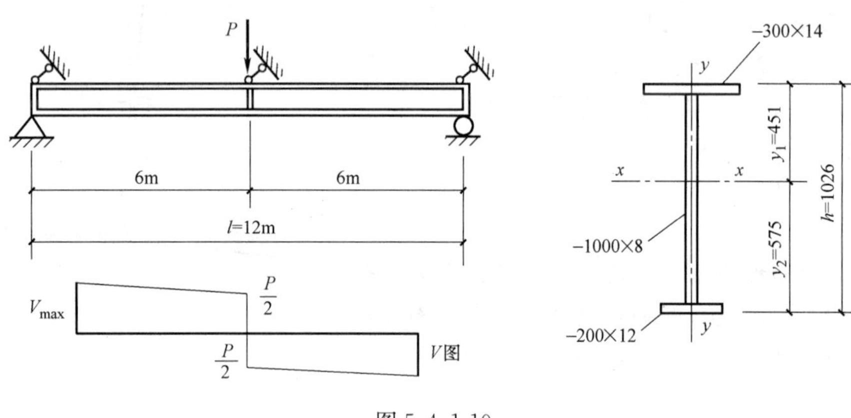

图 5.4.1-10

要求：验算抗剪强度。

（1）截面几何特性计算面积

$$A=30\times1.4+100\times0.8+20\times1.2=146cm^2$$

中和轴位置：$y_1=\dfrac{100\times0.8\times\left(\dfrac{100+1.4}{2}\right)+20\times1.2\times\left(100+\dfrac{1.4+1.2}{2}\right)}{146}+\dfrac{1.4}{2}=45.1cm$

$$y_2=h-y_1=102.6-45.1=57.5cm$$

$$I_x=300\times14\times444^2+\frac{300\times14^3}{12}+200\times12\times569^2+\frac{200\times12^3}{12}+1000\times8\times63^2$$

$$+\frac{8\times1000^3}{12}=2.30342\times10^9mm^4$$

x 轴以上（或以下）截面对 x 轴的面积矩：$S_x=1865+0.8\times(45.1-1.4)^2\times\dfrac{1}{2}$ $=2629cm^3$

（2）梁支座截面处的抗剪强度

$\tau_{max}=\dfrac{V_{max}S_x}{I_xt_w}=\dfrac{224.22\times10^3\times2629\times10^3}{230342\times10^4\times8}=32.0N/mm^2<f_v=180N/mm^2$，满足要求。

【例 5.4.1-8】 考虑动力系数。

某 12m 跨重级工作制简支焊接实腹工字形吊车梁的截面几何尺寸及截面特性如图 5.4.1-11所示。吊车梁钢材为 Q345 钢，焊条采用 E50 型。假定，吊车最大轮压标准值 $P_k = 441$kN。

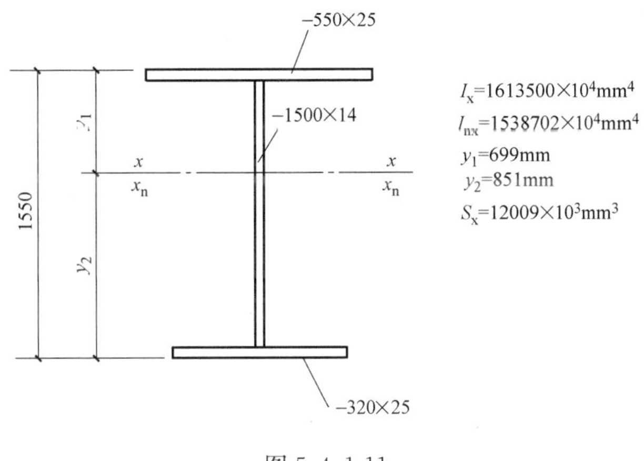

图 5.4.1-11

假定，计算吊车梁支座处剪力时，两台吊车轮压作用位置如图 5.4.1-12 所示。试问，若仅考虑最大轮压设计值的作用，吊车梁截面最大剪应力设计值 τ(N/mm²) 与下列何项数值最为接近?

提示：吊车梁支座为平板式支座。

(A) 81　　(B) 91　　(C) 101　　(D) 111

【答案】 (A)

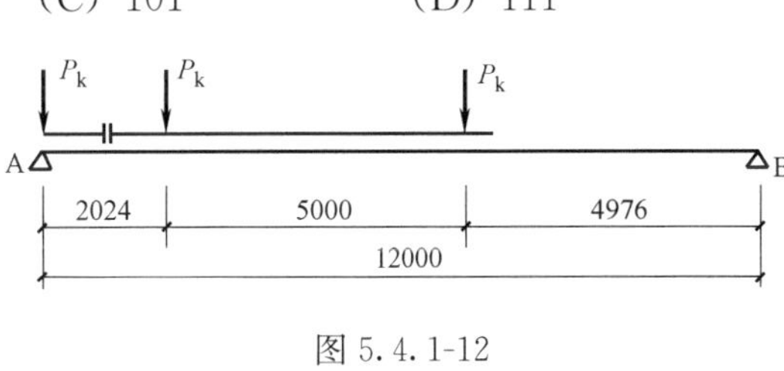

图 5.4.1-12

根据《荷载规范》第 6.3.1 条，吊车荷载的动力系数取 1.1

最大轮压设计值 $P = 1.1 \times 1.4 \times 441 = 679.1$kN

$$R_A = \frac{679.1 \times (12 + 9.976 + 4.976)}{12} = 1525.3\text{kN}$$

根据《钢标》式 (6.1.3)，

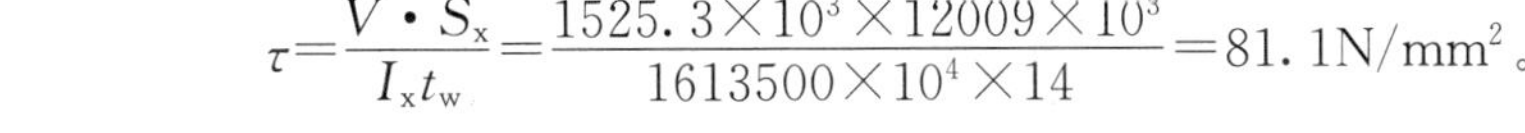

$$\tau = \frac{V \cdot S_x}{I_x t_w} = \frac{1525.3 \times 10^3 \times 12009 \times 10^3}{1613500 \times 10^4 \times 14} = 81.1\text{N/mm}^2。$$

3. 局部承压强度

如图 5.4.1-13 所示，在梁的固定集中荷载（包括支座反力）作用处无支承加劲肋，或有移动的集中荷载（如吊车轮压），这时梁的腹板将承受集中荷载产生的局部压应力 σ_c。局部压应力 σ_c 在梁腹板与上翼缘交界处最大，到下翼缘处减为零，如图 5.4.1-13(b) 所示。

计算时如图 5.4.1-13 所示，假设局部压应力在荷载作用点以下的 h_R（吊车轨道高度）高度范围内以 45°角扩散，在 h_y 高度范围内以 1∶2.5 的比例扩散。实际上，传至腹板与翼缘交界处的局部压应力沿梁纵向分布并不均匀，但为简化计算，假设在 l_z 范围内局部压

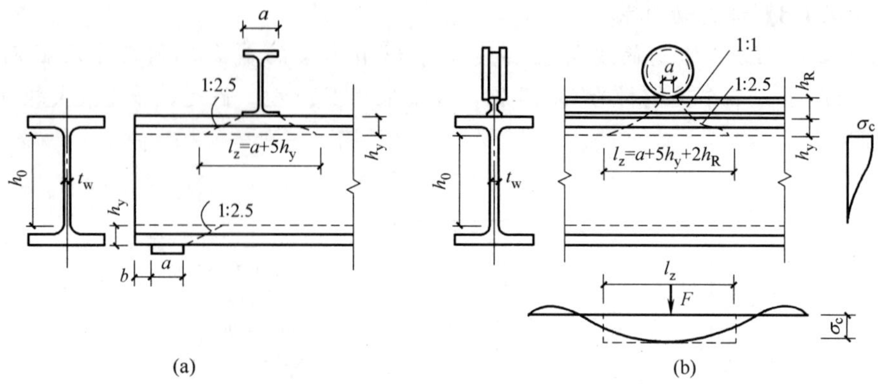

图 5.4.1-13

应力均匀分布，并按《钢标》6.1.5 条规定的公式计算腹板边缘的局部压应力。

《钢标》6.1.4 条规定

6.1.4 当梁受集中荷载且该荷载处又未设置支承加劲肋时，其计算应符合下列规定：

1 当梁上翼缘受有沿腹板平面作用的集中荷载且该荷载处又未设置支承加劲肋时，腹板计算高度上边缘的局部承压强度应按下列公式计算：

$$\sigma_c = \frac{\psi F}{t_w l_z} \leqslant f \quad (6.1.4\text{-}1)$$

$$l_z = 3.25\sqrt[3]{\frac{I_R + I_f}{t_w}} \quad (6.1.4\text{-}2)$$

$$l_z = a + 5h_y + 2h_R \quad (6.1.4\text{-}3)$$

2 在梁的支座处，当不设置支承加劲肋时，也应按式（6.1.4-1）计算腹板计算高度下边缘的局部压应力，但 ψ 取 1.0。支座集中反力的假定分布长度，应根据支座具体尺寸按式（6.1.4-3）计算。

式中：F——集中荷载设计值，对动力荷载应考虑动力系数（N）；

ψ——集中荷载增大系数；对重级工作制吊车梁，$\psi=1.35$；对其他梁，$\psi=1.0$；

l_z——集中荷载在腹板计算高度上边缘的假定分布长度，宜按式（6.1.4-2）计算，也可采用简化式（6.1.4-3）计算（mm）；

I_R——轨道绕自身形心轴的惯性矩（mm^4）；

I_f——梁上翼缘绕翼缘中面的惯性矩（mm^4）；

a——集中荷载沿梁跨度方向的支承长度，对钢轨上的轮压可取 50mm（mm）；

h_y——自梁顶面至腹板计算高度上边缘的距离；对焊接梁为上翼缘厚度，对轧制工字形截面梁，是梁顶面到腹板过渡完成点的距离（mm）；

h_R——轨道的高度，对梁顶无轨道的梁取值为 0（mm）；

f——钢材的抗压强度设计值（N/mm^2）。

图 5.4.1-14 列出腹板计算高度 h_0 的示意图，从图上可以看到腹板计算高度上边缘的具体位置。

【例 5.4.1-9】热轧工字钢简支梁的局部承压强度验算。

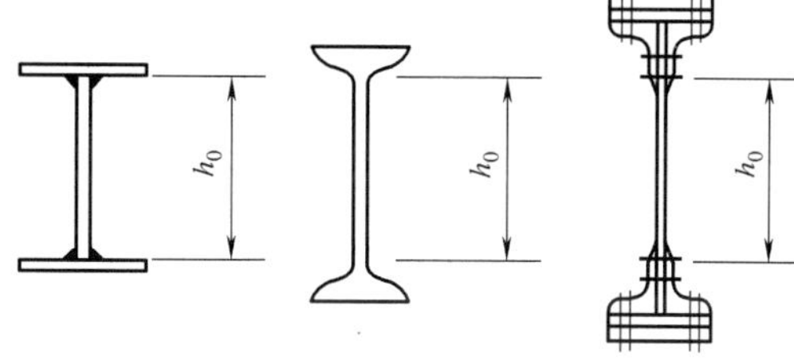

图 5.4.1 14

条件：热轧普通工字钢简支梁如图 5.4.1-15所示，型号 I36a，跨度为 5m，梁上翼缘作用有均布荷载设计值 q=36kN/m（包括自重）。该梁为支承于主梁顶上的次梁，未设加劲肋。支承长度 a=100mm。t_w=10mm；$h_y=t+r$，此处 t=15.8mm，r=12.0mm，钢材 Q235，f=215N/mm²。

要求：验算此梁的局部承压强度。

【答案】

上翼缘承受均匀荷载，可不做局部承压验算。作为次梁、梁端支承于主梁面上，且端部无支承加劲肋，应验算支座处局部承压强度。

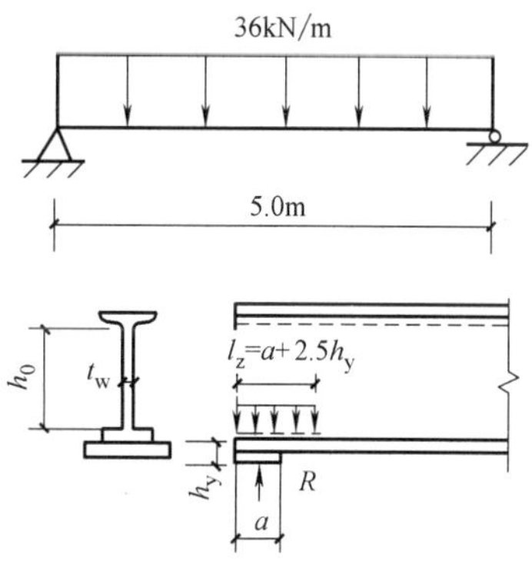

图 5.4.1-15

支座反力：$R=\frac{1}{2}ql=\frac{1}{2}\times36\times5=90\text{kN}$

根据《钢标》6.1.5 条的规定得 $h_y=r+t=12.0+15.8=27.8\text{mm}$，$\psi=1.0$。

因是梁端、故分布长度取 $l_w=a+2.5h_y$

$$\sigma_c=\frac{\psi F}{t_w l_z}=\frac{1.0\times90\times10^3}{10\times(100+2.5\times27.8)}$$

$$=53.1\text{N/mm}^2<f=215\text{N/mm}^2(\text{满足})。$$

【例 5.4.1-10】考虑动力系数。

某起重机梁为焊接工字形截面如图 5.4.1-16 所示，采用 Q345-C 钢，E50 型焊条。起重机轨道高度 h_R=150mm，重级吊车，起重机最大轮压标准值 $P_{k,max}$=355kN。试问，在最大轮压作用下，起重机梁在腹板计算高度上边缘的局部承压应力设计值（N/mm²），与下列何项数值最为接近？

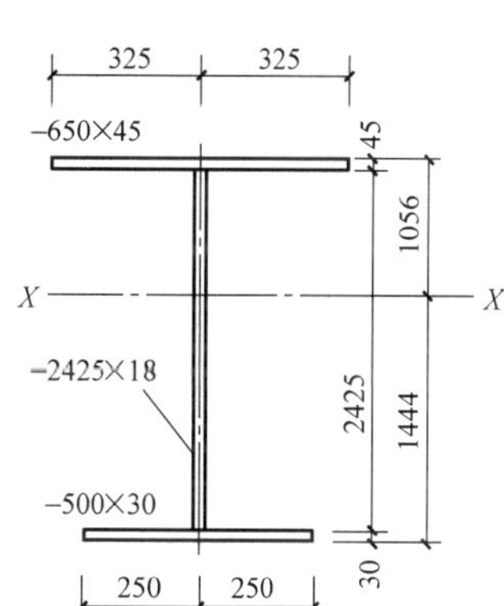

图 5.4.1-16 （长度单位为 mm）

(A) 78　　(B) 71

(C) 61　　(D) 52

【答案】(B)

【解答】根据《荷载规范》第 3.2.3 条、第 6.3.1 条

动力系数取 1.1；荷载分项系数取 1.4

$$F=1.1\times1.4\times355\times10^3\text{N}=546.7\times10^3\text{N}$$

根据《钢标》第 6.1.4 条：

$$l_z=a+5h_y+2h_R=(50+5\times45+2\times150)\text{mm}=575\text{mm}$$

重级吊车 $\psi=1.35$，

$$\sigma_c=\frac{\psi F}{t_w l_z}=\frac{1.35\times546.7\times10^3}{18\times575}N/mm^2=71.3N/mm^2。$$

4. 折算应力计算

如图 5.4.1-17 所示工字型截面梁，梁腹板计算高度上边缘处，同时受到较大的正应力、剪应力和局部压应力；应按《钢标》6.1.5 条规定验算该处的折算应力。

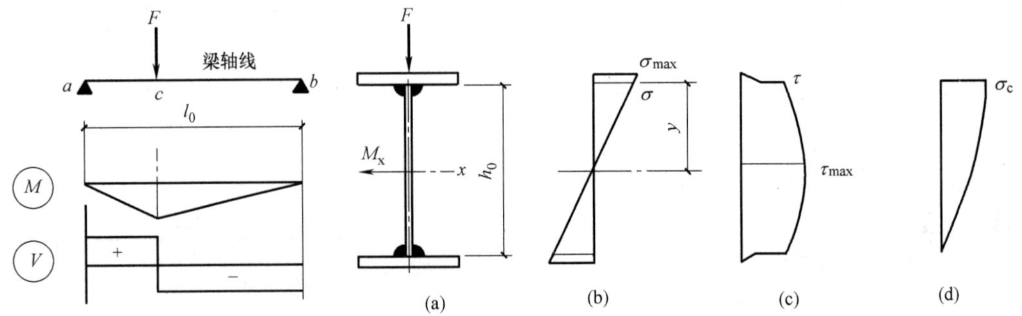

图 5.4.1-17　工字型截面梁的σ、τ和σ_c

（a）截面c；（b）弯曲正应力σ；（c）剪应力τ；（d）腹板局部压应力σ_c

《钢标》6.1.5 条规定

> **6.1.5**　在梁的腹板计算高度边缘处，若同时承受较大的正应力、剪应力和局部压应力，或同时承受较大的正应力和剪应力时，其折算应力应按下列公式计算：
>
> $$\sqrt{\sigma^2+\sigma_c^2-\sigma\sigma_c+3\tau^2}\leqslant\beta_1 f \tag{6.1.5-1}$$
>
> $$\sigma=\frac{M}{I_n}y_1 \tag{6.1.5-2}$$
>
> 式中：σ、τ、σ_c——腹板计算高度边缘同一点上同时产生的正应力、剪应力和局部压应力，τ和σ_c应按本标准式（6.1.3）和式（6.1.4-1）计算，σ应按式（6.1.5-2）计算，σ和σ_c以拉应力为正值，压应力为负值（N/mm^2）；
>
> I_n——梁净截面惯性矩（mm^4）；
>
> y_1——所计算点至梁中和轴的距离（mm）；
>
> β_1——强度增大系数；当σ与σ_c异号时，取$\beta_1=1.2$；当σ与σ_c同号或$\sigma_c=0$时，取$\beta_1=1.1$。

【例 5.4.1-11】 折算应力计算（$\sigma_c\neq0$）。

条件：图 5.4.1-18 所示为一焊接组合截面吊车梁，钢梁截面尺寸如图所示。吊车为重级工作制（A7），吊车轨道型号为 QU100，轨道高度为 150mm。吊车最大轮压 $F=355kN$，吊车竖向荷载动力系数为 1.1，可变荷载分项系数为 1.4，图示车轮作用处最大弯矩设计值为 $M=4932kN\cdot m$，对应的剪力设计值为 316kN。吊车梁材料采用 Q345-B 钢，$I_{nx}=2.433\times10^{10}mm^4$。

要求：车轮作用处钢梁的折算应力。

【答案】

（1）计算点车轮作用处钢梁的局部压应力计算：

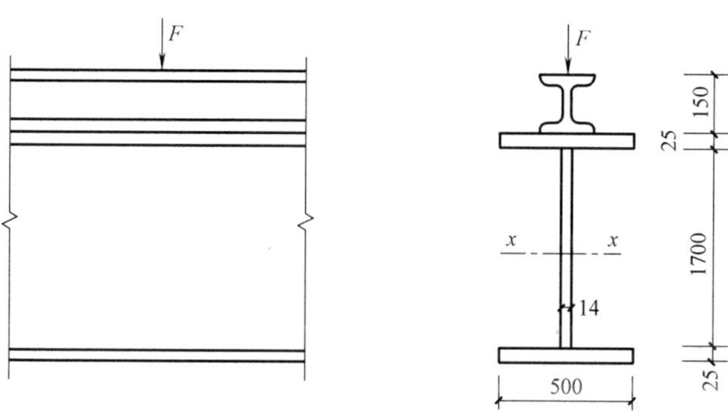

图 5.4.1-18

吊车最大轮压设计值：$F_d=1.4\times1.1\times355\text{kN}=546.7\text{kN}$

重级工作制吊车：$\psi=1.35$

$$l_z=a+5h_y+2h_R=(50+5\times25+2\times150)\text{mm}=475\text{mm}$$

$$\sigma_c=\frac{\psi F}{l_z t_w}=\frac{1.35\times546.7\times10^3}{475\times14}\text{N/mm}^2=111.0\text{N/mm}^2<f=295\text{N/mm}^2$$

(2) 计算点正应力计算：

$$\sigma=\frac{My}{I_{nx}}=\frac{4932\times10^6\times850}{2.433\times10^{10}}\text{N/mm}^2=172.3\text{N/mm}^2$$

(3) 计算点剪应力计算：

上翼缘对中和轴的面积矩：$S_1=500\times25\times(850+12.5)\text{mm}^3=1.078\times10^7\text{mm}^3$

$$\tau=\frac{VS_1}{It_w}=\frac{316\times10^3\times1.078\times10^7}{2.433\times10^{10}\times14}=\text{N/mm}^2=10.0\text{N/mm}^2$$

(4) 计算点折算应力计算：

σ_c 与 σ 同号，$\beta_1=1.1$

$$\sqrt{\sigma^2+\sigma_c^2-\sigma\sigma_c+3\tau^2}=\sqrt{172.3^2+111^2-172.3\times111+3\times10^2}\text{N/mm}^2$$

$$=152.3\text{N/mm}^2<1.1\times295=324.5\text{N/mm}^2。$$

二、受弯构件的整体稳定

1. 梁整体稳定的概念

如图 5.4.2-1 所示的工字形截面梁，在其最大刚度平面内作用有荷载 F。当荷载较小时，梁的弯曲平衡状态是稳定的。虽然外界各种因素会使梁产生微小的侧向弯曲和扭转变形，但外界影响消失后，梁仍能恢复到原来的弯曲平衡状态。当荷载增大到某一数值后，梁突然发生侧向弯曲（绕弱轴的弯曲）和扭转，并丧失继续承载的能力，这种现象称为梁丧失整体稳定或梁的弯扭屈曲。梁维持其稳定状态所能承担的最大荷载或最大弯矩，称为临界荷载或临界弯矩 M_{cr}。

梁的受压翼缘类似于轴心受压杆，若无腹板的牵制，本应绕自身的弱轴（图 5.4.2-1b 中 1—1 轴）屈曲，但由于腹板对翼缘提供了连续的支撑作用，使得这一方向的刚度提高较大，不能发生此方向的屈曲，于是受压翼缘只可能在更大压力作用下绕其强轴（2—2 轴）屈曲，发生翼缘平面内屈曲。当受压翼缘屈曲时，受压翼缘产生了侧向位移，而受拉

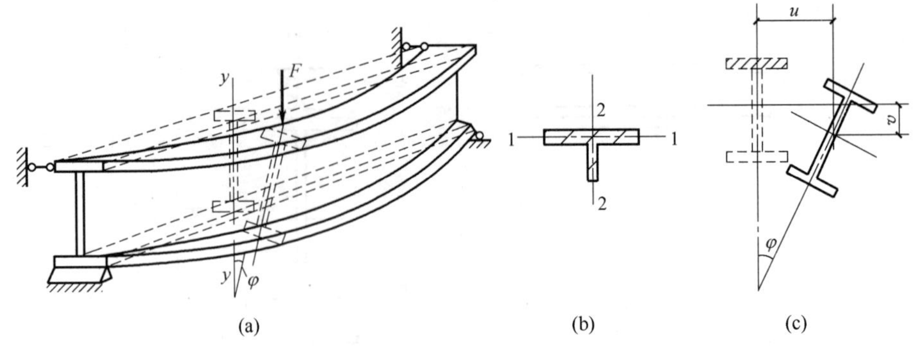

图 5.4.2-1　梁的整体失稳

(a) 整体位移；(b) 受压翼缘；(c) 截面位移

翼缘却力图保持原来状态的稳定，致使梁截面在产生侧向弯曲的同时伴随着扭转变形。

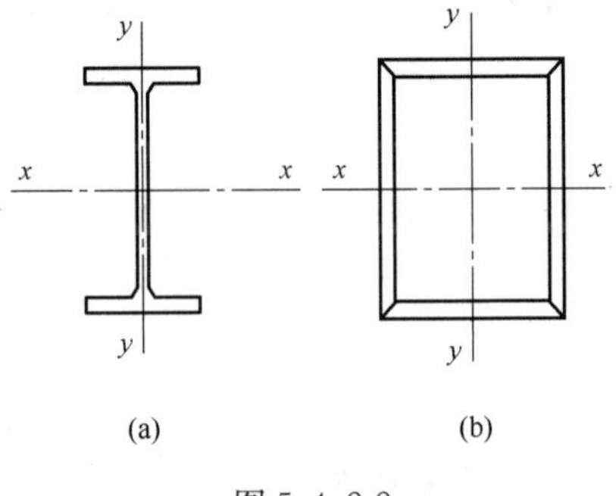

图 5.4.2-2

2. 影响因素

影响钢梁临界弯矩大小，即钢梁整体稳定性的主要因素有：

① 截面的侧向抗弯刚度 EI_y，抗扭刚度 GI_t 和抗翘曲刚度 EI_ω 越大，则临界弯矩越大，梁的整体稳定性越好，如图 5.4.2-2 所示箱形截面更稳定。

② 梁的侧向无支承长度或受压翼缘侧向支承点的间距 l_1 越小，则梁的整体稳定性越好（如图 5.4.2-3）。此外，加宽受压翼缘则梁的临界弯矩增大，如图 5.4.2-4 的二根工形截面梁中左侧受压翼缘宽的整体稳定比右侧的更好。

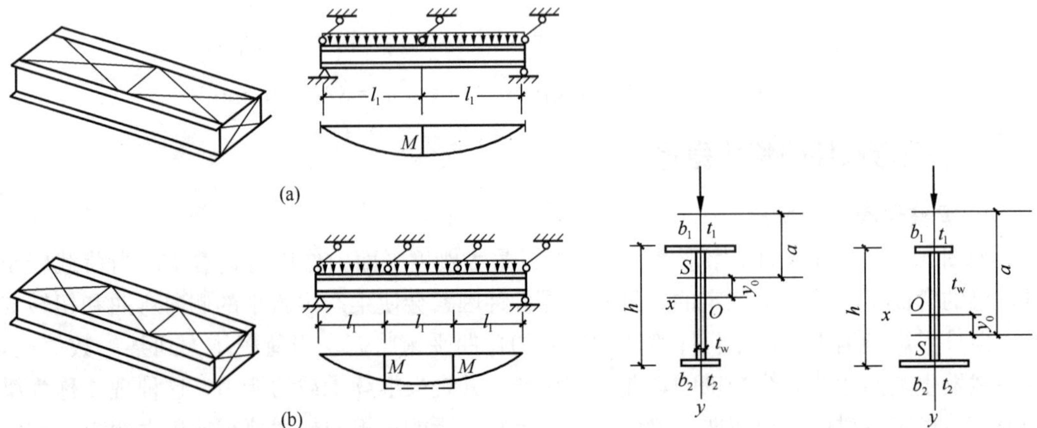

图 5.4.2-3　侧向有支承点的梁　　图 5.4.2-4　单轴对称工字形截面

③ 荷载类型，荷载在梁上作用形成的弯矩图沿梁的跨度方向分布越均匀，临界弯矩越小。如：纯弯曲时，弯矩图为矩形，则 M_{cr} 最小；满跨均布荷载时，弯矩图为抛物线形，M_{cr} 略大些；跨中一个集中荷载时，弯矩图为三角形，M_{cr} 最大。（见表 5.4.2-1）

荷载类型对临界弯矩 M_{cr} 的影响　　　　表 5.4.2-1

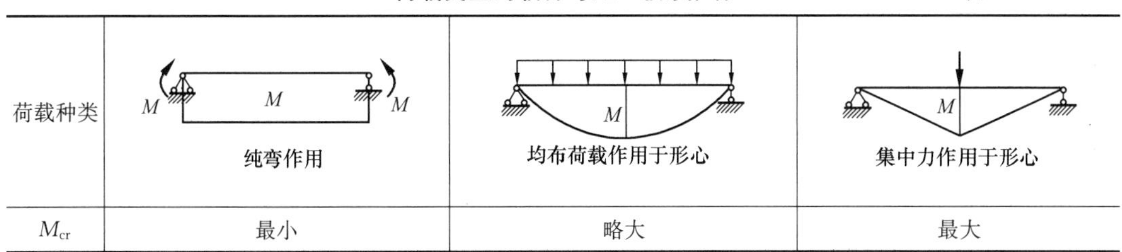

荷载种类	纯弯作用	均布荷载作用于形心	集中力作用于形心
M_{cr}	最小	略大	最大

④ 沿梁截面高度方向的荷载作用点位置越高，M_{cr} 越小。荷载作用在上翼缘时临界弯矩较小；荷载作用在下翼缘时，临界弯矩较大。由图 5.4.2-5也可以看出，在梁产生微小侧向弯曲扭转时，作用在上翼缘的荷载对剪心 S 产生不利的附加弯矩，使梁扭转加剧（图 5.4.2-5a）；而作用在下翼缘的荷载（图 5.4.2-5b）对剪心 S 产生的附加弯矩对梁截面匀转动有阻止作用，延缓梁的整体失稳。

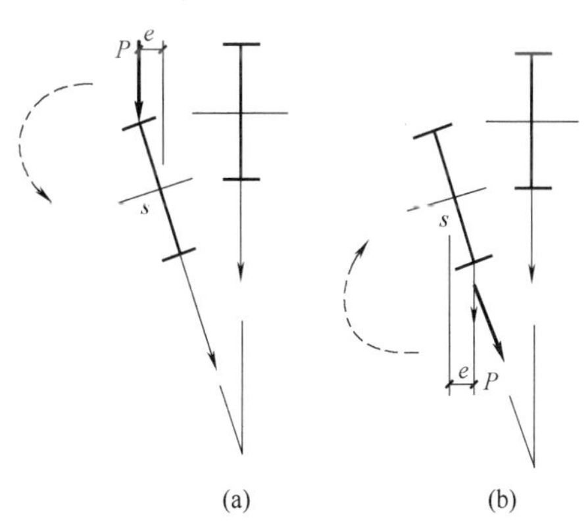

图 5.4.2-5　荷载作用位置对梁稳定的影响

⑤ 梁端支座对截面的约束，尤其是对截面绕 y 轴的转动约束程度越大，临界弯矩 M_{cr} 越大，梁的整体稳定性越好。

3. 不需要计算整体稳定的范围

《钢标》规定

6.2.1　当铺板密铺在梁的受压翼缘上并与其牢固相连，能阻止梁受压翼缘的侧向位移时，可不计算梁的整体稳定性。

6.2.4　当箱形截面简支梁符合本标准第 6.2.1 条的要求或其截面尺寸（图 6.2.4）满足 $h/b_0 \leqslant 6$，$l_1/b_0 \leqslant 95\varepsilon_k^2$ 时，可不计算整体稳定性，l_1 为受压翼缘侧向支承点间的距离（梁的支座处视为有侧向支承）。

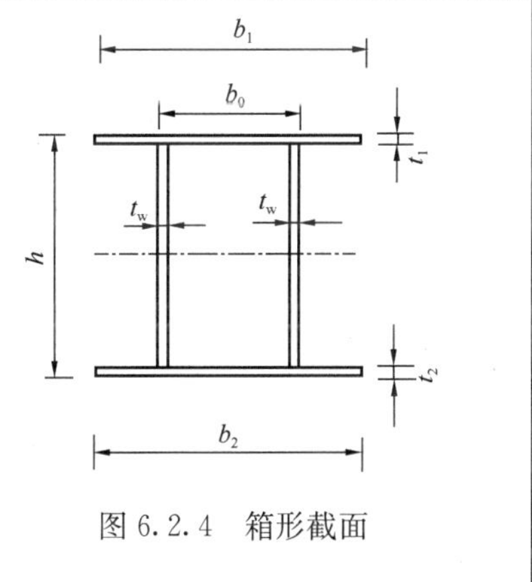

图 6.2.4　箱形截面

【例 5.4.2-1】 不计算梁整体稳定的条件。

某构筑物根据使用要求设置一钢结构夹层，钢材采用 Q235 钢，结构平面布置如图 5.4.2-6所示。构件之间连接均为铰接。抗震设防烈度为 8 度。

假定，不考虑平台板对钢梁的侧向支承作用。试问，采取下列何项措施对增加梁的整体稳定性最为有效？

（A）上翼缘设置侧向支承点

(B) 下翼缘设置侧向支承点

(C) 设置加劲肋

(D) 下翼缘设置隅撑

【答案】(A)

侧向支承点应设置在受压翼缘处，由于简支梁的受压翼缘为上翼缘，因此，(B)、(D) 错误，而若让加劲肋作为侧向支撑点，需要满足各种条件，故本题 A 正确。

图 5.4.2-6

4. 梁的整体稳定系数 φ_b

梁的整体稳定系数 φ_b 为梁的临界弯矩 M_{cr} 与边缘屈服弯矩 M_x^y 的比值。

$$\varphi_b = \frac{M_{cr}}{M_x^y}$$

(1) 等截面焊接工字形和轧制 H 型钢简支梁的稳定系数

《钢标》规定

C.0.1 等截面焊接工字形和轧制 H 型钢（图 C.0.1）简支梁的整体稳定系数 φ_b 应按下列公式计算：

$$\varphi_b = \beta_b \frac{4320}{\lambda_y^2} \cdot \frac{Ah}{W_x} \left[\sqrt{1+\left(\frac{\lambda_y t_1}{4.4h}\right)^2} + \eta_b\right]\varepsilon_k \quad \text{(C.0.1-1)}$$

式中：β_b——梁整体稳定的等效弯矩系数，应按表 C.0.1 采用；

λ_y——梁在侧向支承点间对截面弱轴 y—y 的长细比；

A——梁的毛截面面积（mm^2）；

h、t_1——梁截面的全高和受压翼缘厚度，等截面铆接（或高强度螺栓连接）简支梁，其受压翼缘厚度 t_1 包括翼缘角钢厚度在内（mm）；

η_b——截面不对称影响系数；

① 梁在侧向支承点间对截面弱轴 y—y 的长细比 λ_y

$$\lambda_y = \frac{l_1}{i_y} \quad \text{(C.0.1-2)}$$

l_1——梁受压翼缘侧向支承点之间的距离（mm）；

i_y——梁毛截面对 y 轴的回转半径（mm）；

② 截面不对称影响系数 η_b

截面不对称影响系数 η_b 应按下列公式计算：

对双轴对称截面［图 C.0.1（a）、图 C.0.1（d）］：

$$\eta_b = 0 \quad \text{(C.0.1-3)}$$

对单轴对称工字形截面［图 C.0.1（b）、图 C.0.1（c）］：

加强受压翼缘 $\eta_b = 0.8(2\alpha_b - 1)$ （C. 0. 1-4）

加强受拉翼缘 $\eta_b = 2\alpha_b - 1$ （C. 0. 1-5）

$$\alpha_b = \frac{I_1}{I_1 + I_2} \quad \text{(C. 0. 1-6)}$$

I_1、I_2——分别为受压翼缘和受拉翼缘对 y 轴的惯性矩（mm^3）。

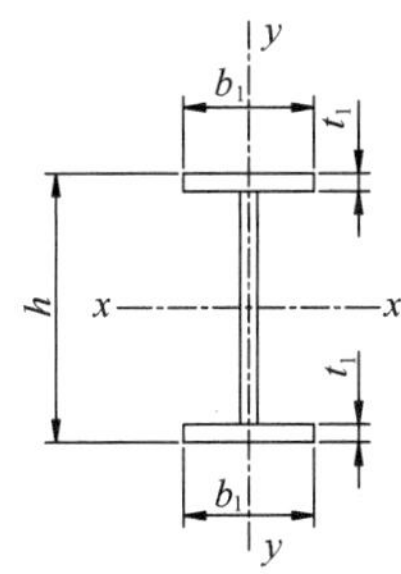

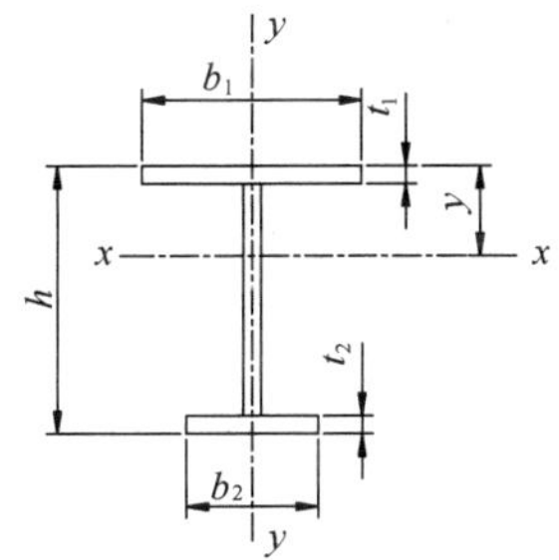

(a) 双轴对称焊接工字形截面 (b) 加强受压翼缘的单轴对称 焊接工字形截面

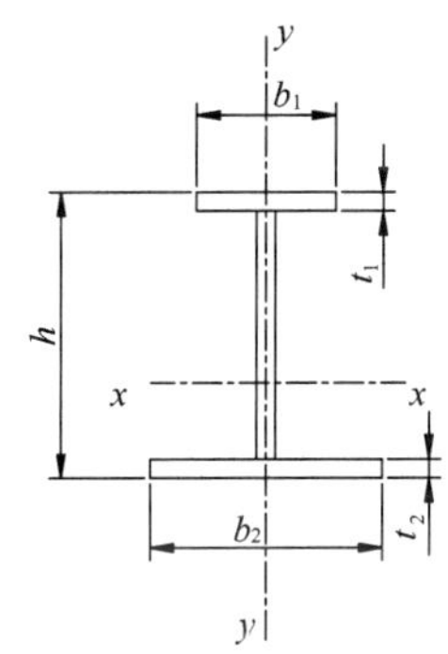

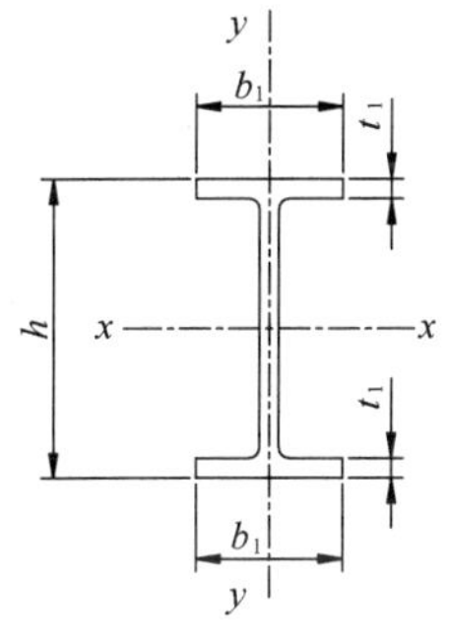

(c) 加强受拉翼缘的单轴对称焊接工字形截面 (d) 轧制H型钢截面

图 C. 0. 1 焊接工字形和轧制 H 型钢

③ 梁整体稳定的等效弯矩系数 β_b

H 型钢和等截面工字形简支梁的系数 β_b **表 C. 0. 1**

项次	侧向支承	荷载		$\xi \leq 2.0$	$\xi > 2.0$	适用范围
1	跨中无侧向支承	均布荷载作用在	上翼缘	$0.69 + 0.13\xi$	0.95	图 C. 0. 1（a）、（b）和（d）的截面
2			下翼缘	$1.73 - 0.20\xi$	1.33	
3		集中荷载作用在	上翼缘	$0.73 + 0.18\xi$	1.09	
4			下翼缘	$2.23 - 0.28\xi$	1.67	

注：1 ξ 为参数，$\xi = \frac{l_1 t_1}{b_1 h}$，其中 b_1 为受压翼缘的宽度。

④ 整体稳定系数的修正

上述整体稳定系数是按弹性稳定理论求得的，当 $\varphi_b>0.6$ 时梁已进入弹塑性阶段。《钢标》规定此时必须按式（C.0.1-7）对 φ_b 进行修正，用 φ'_b 代替 φ_b 考虑钢材弹塑性对整体稳定的影响。

当按公式（C.0.1-1）算得的 φ_b 值大于0.6时，应用下式计算的 φ'_b 代替 φ_b 值：

$$\varphi'_b=1.07-\frac{0.282}{\varphi_b}\leqslant 1.0 \tag{C.0.1-7}$$

【例 5.4.2-2】 吊车梁的稳定系数。

某单层工业厂房，柱距6m，吊车梁无制动结构，截面如图5.4.2-7所示，采用Q345钢。试问，梁的整体稳定系数与下列何项数值最为接近？

提示：$\beta_b=0.696$，$\eta_b=0.631$。

截面	A	I_x	I_y	W_{x1}	W_{x2}	i_y
	mm^2	mm^4	mm^4	mm^3	mm^3	mm
见图4.3.9	17040	2.82×10^9	8.84×10^7	6.82×10^6	4.566×10^6	72

（A）1.25　　（B）1.0　　（C）0.85　　（D）0.5

【答案】（C）

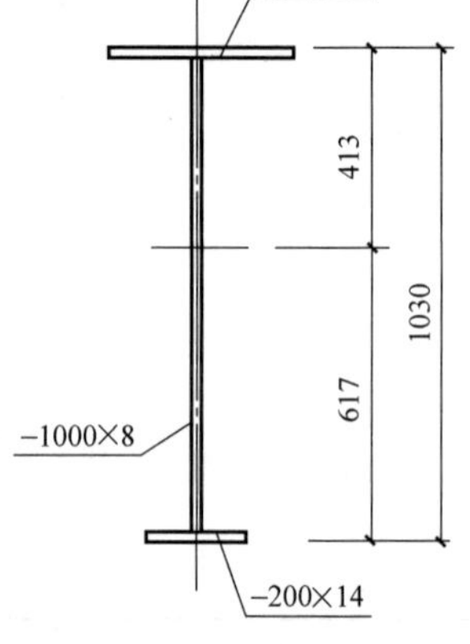

图 5.4.2-7

$$\lambda_y=\frac{6000}{72}=83$$

根据《钢标》式（C.0.1-1），

$$\varphi_b=\beta_b\cdot\frac{4320}{\lambda_y^2}\cdot\frac{Ah}{W_x}\left[\sqrt{1+\left(\frac{\lambda_y t_1}{4.4h}\right)^2}+\eta_b\right]\cdot\frac{235}{f_y}$$

$$=0.696\times\frac{4320}{83^2}\times\frac{17040\times1030}{6.82\times10^6}$$

$$\left[\sqrt{1+\left(\frac{83\times16}{4.4\times1030}\right)^2}+0.631\right]\times\frac{235}{345}=1.28>0.6$$

根据《钢标》式（C.0.1-7），

$$\varphi'_b=1.07-\frac{0.282}{\varphi_b}=1.07-\frac{0.282}{1.28}=0.85<1$$

应选答案（C）。

（2）轧制工字钢梁整体稳定系数

《钢标》规定

C.0.2 轧制普通工字形简支梁的整体稳定系数 φ_b 应按表C.0.2采用，当所得的 φ_b 值大于0.6时，应按本标准式（C.0.1-7）算得的代替值。

轧制普通工字钢简支梁的值 表 C. 0. 2

项次	荷载情况			工字钢型号	自由长度 l_1(m)								
					2	3	4	5	6	7	8	9	10
1	跨中无侧向支承点的梁	集中荷载作用于	上翼缘	10～20	2.00	1.30	0.99	0.80	0.68	0.58	0.53	0.48	0.43
				22～32	2.40	1.48	1.09	0.86	0.72	0.62	0.54	0.49	0.45
				36～63	2.80	1.60	1.07	0.83	0.68	0.56	0.50	0.45	0.40
2			下翼缘	10～20	3.10	1.95	1.34	1.01	0.82	0.69	0.63	0.57	0.52
				22～40	5.50	2.80	1.84	1.37	1.07	0.86	0.73	0.64	0.56
				45～63	7.30	3.60	2.30	1.62	1.20	0.96	0.80	0.69	0.60
3		均布荷载作用于	上翼缘	10～20	1.70	1.12	0.84	0.68	0.57	0.50	0.45	0.41	0.37
				22～40	2.10	1.30	0.93	0.73	0.60	0.51	0.45	0.40	0.36
				45～63	2.60	1.45	0.97	0.73	0.59	0.50	0.44	0.38	0.35
4			下翼缘	10～20	2.50	1.55	1.08	0.83	0.68	0.56	0.52	0.47	0.42
				22～40	4.00	2.20	1.45	1.10	0.85	0.70	0.60	0.52	0.46
				45～63	5.60	2.80	1.80	1.25	0.95	0.78	0.65	0.55	0.49
5	跨中有侧向支承点的梁(不论荷载作用点在截面高度上的位置)			10～20	2.20	1.39	1.01	0.79	0.66	0.57	0.52	0.47	0.42
				22～40	3.00	1.80	1.24	0.96	0.76	0.65	0.56	0.49	0.43
				45～63	4.00	2.20	1.38	1.01	0.80	0.66	0.56	0.49	0.43

注：1. 同表 C. 0. 1 的注 3、注 5。

2. 表中的 φ_b 适用于 Q235 钢。对其他钢号，表中数值应乘以 ε_k^2。

【例 5. 4. 2-3】

某厂房钢屋架下弦节点悬挂单轨吊车梁，按单跨简支构造，直线布置，计算跨度取 L=6600mm，如图 5. 4. 2-8 所示。吊车梁选用 Q235-B 热轧普通工字钢I 32a。

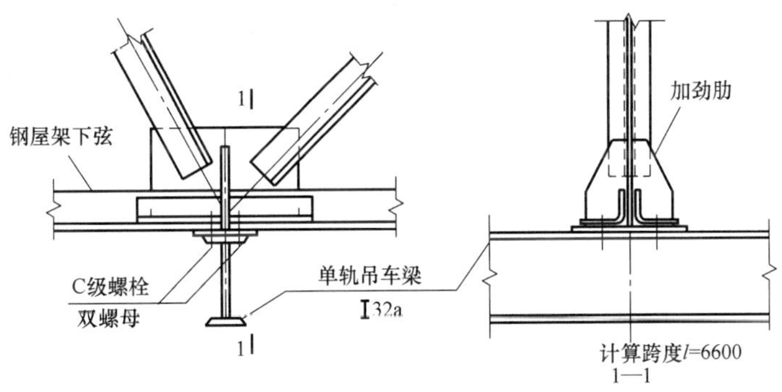

图 5. 4. 2-8

若已知吊车梁在跨中无侧向支撑点，按受弯构件整体稳定验算时，试问，钢梁的整体稳定性系数 φ_b 应与下列何项数值最为接近?

提示：跨度 l 为非整（m）数值时，查表按线性内插法计算。

(A) 0.770　　(B) 0.806　　(C) 0.944　　(D) 1.070

【答案】(A)

【解答】按《钢标》6. 2. 2 条，φ_b 按附录 C 确定。

跨中无侧向支承、集中荷载作用下翼缘，Q235钢，工字钢型号为Ⅰ32a，查附表C.0.2，$l_1=6.6\text{m}$，按线性内插

$$\varphi_b=1.07-\frac{(1.07-0.86)\times 6}{10}=0.944>0.6$$

按式（C.0.1-7）：$\varphi_b'=1.07-\frac{0.282}{0.944}=0.77$。

（3）整体稳定系数的近似计算

《钢标》规定

C.0.5 均匀弯曲的受弯构件，当 $\lambda_y\leqslant 120\varepsilon_k$ 时，其整体稳定系数 φ_b 可按下列近似公式计算：

1 工字形截面：

双轴对称

$$\varphi_b=1.07-\frac{\lambda_y^2}{44000\varepsilon_k^2} \tag{C.0.5-1}$$

单轴对称

$$\varphi_b=1.07-\frac{W_x}{(2\alpha_b+0.1)Ah}\cdot\frac{\lambda_y^2}{14000\varepsilon_k^2} \tag{C.0.5-2}$$

2 弯矩作用在对称轴平面，绕 x 轴的T形截面：

1） 弯矩使翼缘受压时：

双角钢T形截面

$$\varphi_b=1-0.0017\lambda_y/\varepsilon_k \tag{C.0.5-3}$$

剖分T型钢和两板组合T形截面

$$\varphi_b=1-0.0022\lambda_y/\varepsilon_k \tag{C.0.5-4}$$

2） 弯矩使翼缘受拉且腹板宽厚比不大于 $18\varepsilon_k$ 时：

$$\varphi_b=1-0.0005\lambda_y/\varepsilon_k \tag{C.0.5-5}$$

当按公式（C.0.5-1）和公式（C.0.5-2）算得的 φ_b 值大于1.0时，取 $\varphi_b=1.0$。

在采用近似公式确定梁的整体稳定系数时要满足两个条件，其中所要求“是均匀弯曲的受弯构件”的含义可以从图5.4.2-9中了解到。就是说跨中弯矩图形没有突变、符合图5.4.2-9(a)的弯矩图形的梁才能采用。

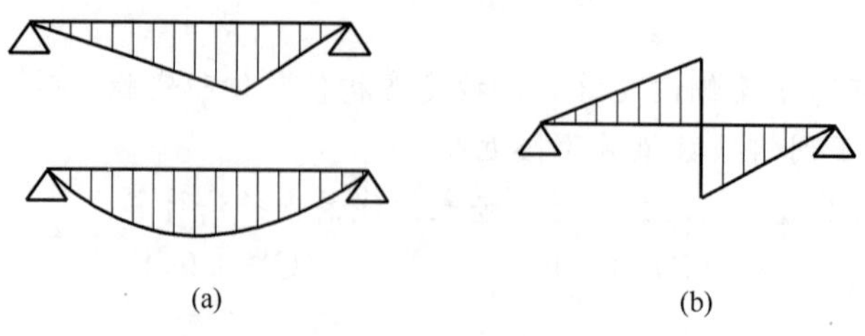

图5.4.2-9

(a) 均匀弯曲；(b) 非均匀弯曲

【例 5.4.2-4】

屋面梁 WL-1 的截面采用 H700×300×8×16，$A=149.4\times10^2\text{mm}^2$，$I_x=132178\times10^4\text{mm}^4$，$I_y=7203\times10^4\text{mm}^4$；梁侧向支承点间距（沿梁纵向）均可近似取为 6m。试问，作为受弯构件，该梁整体稳定性系数 φ_b 应与下列何项数值最为接近？

提示：按标准提供的受弯构件整体稳定系数的近似计算方法取值。

(A) 0.80　　(B) 0.85　　(C) 0.90　　(D) 0.95

【答案】(C)

【解答】$i_y=\sqrt{\dfrac{I_y}{A}}=\sqrt{\dfrac{7203\times10^4}{149.4\times10^2}}\text{mm}=69.4\text{mm}$

$$\lambda_y=\frac{l}{i_y}=\frac{6000}{69.4}=86.5<120$$

按《钢标》式（C.0.5-1），此处 $\varepsilon_k=1.0$

$$\varphi_b=1.07-\frac{\lambda_y^2}{44000}=1.07-\frac{86.5^2}{44000}=0.9。$$

5. 单向受弯构件的整体稳定验算

《钢标》规定

> **6.2.2** 除 6.2.1 条所指情况外，在最大刚度主平面内受弯的构件，其整体稳定性应按下式计算：
>
> $$\frac{M_x}{\varphi_b W_x f}\leqslant 1.0 \qquad (6.2.2\text{-}1)$$
>
> 式中：M_x——绕强轴作用的最大弯矩设计值（N·mm）；
>
> W_x——按受压最大纤维确定的梁毛截面模量，当截面板件宽厚比等级为 S1、S2、S3 或 S4 级时，应取全截面模量，当截面板件宽厚比等级为 S5 级时，应取有效截面模量，均匀受压翼缘有效外伸宽度可取 $15\varepsilon_k$，腹板有效截面可按本标准第 8.4.2 条的规定采用（mm^3）；
>
> φ_b——梁的整体稳定性系数，应按本标准附录 C 确定。

【例 5.4.2-5】验算次梁整体稳定。

条件：某平台次梁，平台铺板不与次梁连牢，次梁跨度为 5m，截面为 HN350×175×7×11，钢材为 Q235 钢，承受的线荷载设计值为 $q=34.35$（kN/m）。

要求：验算该梁整体稳定。

【答案】

(1) 由于平台铺板不与次梁连牢，需验算梁的整体稳定。

(2) HN350×175×7×11 的截面特性：$I_x=13700\text{cm}^4$，$W_x=782\text{cm}^3$，$A=63.66\text{cm}^2$，$i_y=3.93\text{cm}$。

$\lambda_y=\dfrac{500}{3.93}=127>120$，不满足《钢标》C.0.5 所规定采用近似计算的条件，故按 C.0.1 的规定计算。

(3) 计算简支梁的整体稳定系数 φ_b

$\xi=\frac{l_1t_1}{b_1h}=\frac{5000\times11}{175\times350}=0.898$，查《钢标》表C.0.1得$\beta_b=0.69+0.13\times0.898=0.807$。

应用《钢标》公式（C.0.1-1）得

$$\varphi_b=\beta_b\frac{4320}{\lambda_y^2}\cdot\frac{Ah}{W_x}\sqrt{1+\left(\frac{\lambda_yt_1}{4.4h}\right)^2}$$

$$=0.807\times\frac{4320}{127^2}\times\frac{63.66\times35}{782}\sqrt{1+\left(\frac{127\times1.1}{4.4\times35}\right)^2}=0.83$$

$$\varphi_b'=1.07-0.282/0.83=0.73$$

（4）验算整体稳定：

最大弯矩设计值为　　$M_z=\frac{1}{8}ql^2=\frac{1}{8}\times34.35\times5^2=107.3\text{kN}\cdot\text{m}$

应用《钢标》公式（6.2.2）得

$$\sigma=\frac{M_x}{\varphi_b'W_x}=\frac{107.3\times10^6}{0.73\times782\times10^3}=188(\text{N/mm}^2)<f=215\text{N/mm}^2$$

【例5.4.2-6】轧制工字钢简支梁的整体稳定验算。

条件：某轧制普通工字钢简支梁，型号I50a，$W_x=1860\text{cm}^3$，跨度6m，梁上翼缘作用均布永久荷载$g_k=10\text{kN/m}$（标准值，含自重）和可变荷载$q_k=25\text{kN/m}$（标准值），跨中无侧向支承。钢材为Q235。

要求：试验算此梁的整体稳定性。

【答案】（1）求最大弯矩设计值

$$M_{max}=\frac{1}{8}(\gamma_Gg_k+\gamma_Qq_k)l^2=\frac{1}{8}\times(1.2\times10+1.4\times25)\times6^2=211.5\text{kN}\cdot\text{m}$$

（2）求整体稳定系数φ_b

按跨中无侧向支承，均布荷载作用于上翼缘，$l_1=6\text{m}$，查《钢标》附表C.0.2中工字钢型号45～63栏，得$\varphi_b=0.59<0.6$。

（3）验算整体稳定性

查《钢标》表4.4.1，$f=215\text{N/mm}^2$。

$$\frac{M_{max}}{\varphi_bW_x}=\frac{211.5\times10^6}{0.59\times1860\times10^3}=192.7\text{N/mm}^2<f$$

可见，整体稳定性满足要求。

【例5.4.2-7】双轴对称焊接工字形等截面简支梁的整体稳定验算（跨中有两个侧向支承点）

条件：一焊接工字形截面的简支主梁（图5.4.2-10），截面无扣孔，跨度为12.75m。距每边支座4.25m处支承次梁（假定在该处可作为主梁的侧向支点），次梁传到主梁上的非动力集中荷载设计值$P=220\text{kN}$，主梁自重设计值取2.0kN/m，Q235钢材。

已知：截面面积　　$A=156.8\times10^2\text{mm}^2$

截面惯性矩　　$I_x=264876\times10^4\text{mm}^4$

截面模量　　$W_{nx}=W_x=5133\times10^3\text{mm}^3$

截面回转半径　　$i_y=48.5\text{mm}$

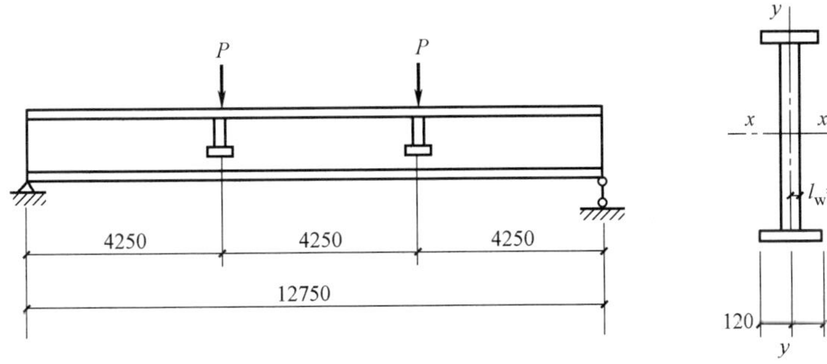

图 5.4.2-10

要求：验算主梁的整体稳定。

$$M=220000\times4250+\frac{2\times12750^2}{8}=975.6\times10^6\text{N}\cdot\text{mm}$$

根据 $\lambda_y=\dfrac{425}{4.85}=87.6<120\sqrt{\dfrac{235}{f_y}}$ 其中 φ_b 可按《钢标》式（C.0.5-1）进行近似计算，式中 $\varepsilon_k=\sqrt{235/f_y}=1.0$。

$$\varphi_b=1.07-\frac{\lambda_y^2}{44000}\cdot\frac{f_y}{235}=1.07-\frac{87.6^2}{44000}\times1=0.896<1.0$$

$$\frac{M_x}{\varphi_b W_x}=\frac{975.6\times10^6}{0.896\times5133\times10^3}=212.1\text{N/mm}^2<f=215\text{N/mm}^2\text{(满足要求)。}$$

6. 双向受弯构件的整体稳定验算

《钢标》规定

> **6.2.3** 除 6.2.1 条所指情况外，在两个主平面受弯的 H 型钢截面或工字形截面构件，其整体稳定性应按下式计算：
>
> $$\frac{M_x}{\varphi_b W_x f}+\frac{M_y}{\gamma_y W_y f}\leqslant1.0 \qquad (6.2.3)$$
>
> 式中：W_x、W_y ——按受压最大纤维确定的对 x 轴的稳定计算截面模量和对 y 轴的毛截面模量（mm^3）；
>
> φ_b ——绕强轴弯曲所确定的梁整体稳定系数，应按本标准附录 C 计算。

【例 5.4.2-8】 檩条双向受弯的稳定性。

某轻屋盖钢结构厂房，屋面不上人，屋面坡度为1/10。采用热轧 H 型钢屋面檩条，其水平间距为 3m，钢材采用 Q235 钢。屋面檩条按简支梁设计，计算跨度 l=12m。

热轧钢檩条型号为 H400×150×8×13，自重为 0.56kN/m，其截面特性：$A=70.37\times10^2\text{mm}^2$，$I_x=18600\times10^4\text{mm}^4$，$W_x=929\times10^3\text{m}$，$W_y=97.8\times10^3\text{mm}^3$。屋面檩条如图 5.4.2-11所示。

假定，屋面檩条垂直于屋面方向的最大弯矩设计值 M_x=133kN·m，同一截面处平行于屋面方向的侧向弯矩设计值 M_y=0.3kN·m。檩条支座处已采取构造措施以防止梁端截面的扭转。屋面不能阻止屋面檩条的扭转和受压翼缘的侧向位移，檩条间设置水平支撑系统，檩条受压翼缘侧向支承点之间间距为 4m。试问，对屋面檩条进行整体稳定性计算时，以应力形式表达的整体稳定性计算值（N/mm²）下列何项数值最为接近？

(A) 205　　(B) 190

(C) 170　　(D) 145

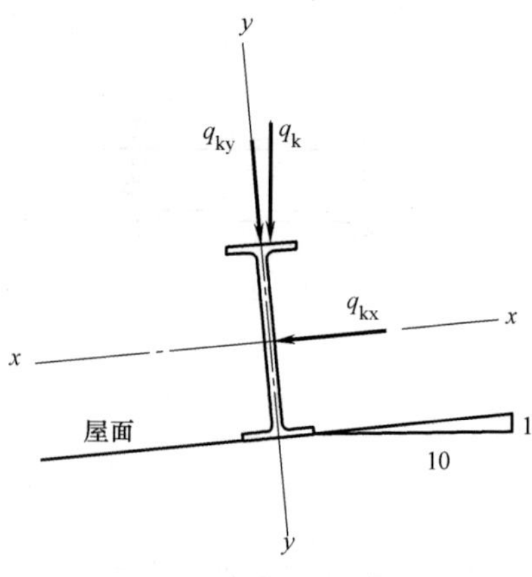

图 5.4.2-11

【答案】(C)

$$I_y = W_y \cdot \frac{150}{2} = 7335000\text{mm}^4,$$

$$i_y = \sqrt{\frac{I_y}{A}} = \sqrt{\frac{7335000}{70.37\times10^2}} = 32.2\text{mm}$$

Q235　$i_y = 32.2\text{mm}$　$l_y = 4$　$\lambda_y = \frac{4000}{32.2} = 124$

侧向支承之间距为4m，所以12m跨度内有两个支撑点，查《钢标》C.0.1条，

$\beta_b = 1.2$　$A = 70.37\times10^2\text{mm}^2$　$h = 400\text{mm}$　$W_x = 929\times10^3\text{mm}^3$　$t_1 = 13\text{mm}$　$\eta_b = 0$　$f_y = 235\text{N/mm}^2$

$$\varphi_b = 1.2\times\frac{4320}{124^2}\times\frac{70.37\times10^2 400}{929\times10^3}\left[\sqrt{1+\left(\frac{124\times13}{4.4\times400}\right)^2}\right] = 1.39 > 0.6$$

$$\varphi_b' = 1.07 - \frac{0.282}{1.39} = 0.867$$

$$\frac{133\times10^6}{0.867\times929\times10^3} + \frac{0.3\times10^6}{1.20\times97.8\times10^3} = 167.7\text{N/mm}^2，\text{(C) 正确。}$$

【例 5.4.2-9】 双向受弯时的整体稳定强度计算。

条件：某屋面檩条跨度6m，中间设一道拉条体系作为侧向支承点，作用于檩条的弯矩设计值 $M_x = 45.0\text{kN}\cdot\text{m}$、$M_y = 0.9\text{kN}\cdot\text{m}$，檩条采用Ⅰ22a，$W_x = 309.6\text{cm}^3$，$W_y = 41.1\text{cm}^3$，钢材为Q235B。

要求：整体稳定强度计算值（N/mm²）。

【答案】 查《钢标》表C.0.2、$l_1 = 3\text{m}$，项次5，Ⅰ22a，得 $\varphi_b = 1.80 > 0.6$，再按《钢标》式（C.0.1-2）折算为 φ_b' 代替 φ_b：

$$\varphi_b' = 1.07 - \frac{0.282}{\varphi_b} = 1.07 - \frac{0.282}{1.8} = 0.913$$

查《钢标》6.1.2条得 $\gamma_y = 1.2$。按《钢标》公式（6.2.3）

$$\frac{M_x}{\varphi_b W_x} + \frac{M_y}{\gamma_y W_y} = \frac{45\times10^6}{0.913\times309.6\times10^3} + \frac{0.9\times10^6}{1.2\times41.1\times10^3}$$

$$= 159.2 + 18.2 = 177.4\text{N/mm}^2 < f = 215\text{N/mm}^2。$$

三、受弯构件的局部稳定

1. 受压翼缘和腹板的屈曲

组合梁一般是由翼缘和腹板等板件组成的，考虑梁的整体稳定及强度要求时，希望板尽可能宽而薄，但过薄的板可能导致构件在整体失稳或强度破坏前，板中压应力或剪应力达到某一数值后，腹板或受压翼缘有可能偏离其平面位置，出现波形鼓曲，这种现象称为梁局部失稳（见图 5.4.3-1）。梁的局部稳定问题就是保证这些板件在构件整体失稳前不发生局部失稳或者在设计中合理利用板件的屈曲后性能。

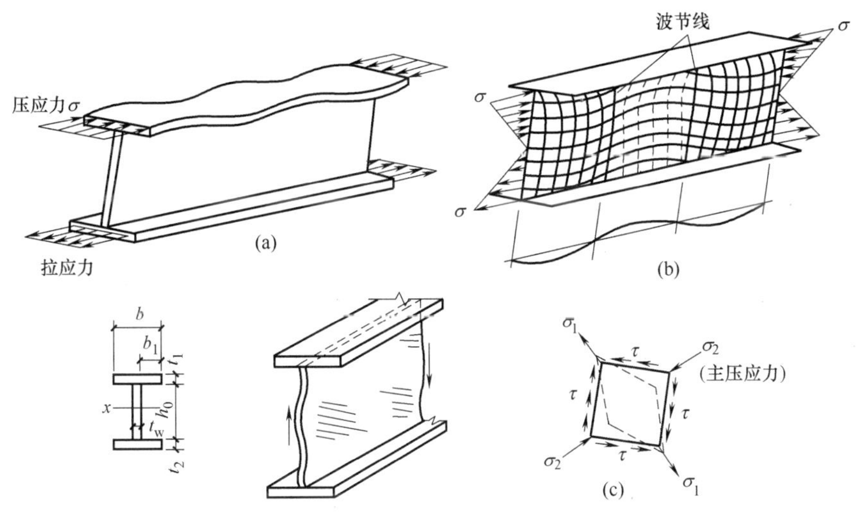

图 5.4.3-1　受压翼缘和腹板的屈曲

在钢梁设计中可以采用两种方法处理局部失稳问题：

（1）对普通钢梁构件，按《钢标》设计，可通过设置加劲肋、限制板件宽厚比的方法，保证板件不发生局部失稳。对于承受非疲劳荷载的梁，可利用腹板屈曲后强度。

（2）对冷弯薄壁型钢梁的受压或受弯板件，宽厚比未超过规定限制时，认为板件全部有效；当超过此限制时，则只考虑一部分宽度有效（称为有效宽度），应按现行《冷弯薄壁型钢结构技术规范》GB 50018—2002 计算。

对于热轧型钢梁，由于轧制条件限制，其板件宽厚比较小，均能满足局部稳定要求，不需要计算。

2. 梁腹板加劲肋的配置

《钢标》6.3.2 条和 6.3.6 条规定

6.3.2　焊接截面梁腹板配置加劲肋应符合下列规定：

1　当 $h_0/t_w \leqslant 80\varepsilon_k$ 时，对有局部压应力的梁，宜按构造配置横向加劲肋；当局部压应力较小时，可不配置加劲肋。

2　直接承受动力荷载的吊车梁及类似构件，应按下列规定配置加劲肋（图 6.3.2）：

1） 当 $h_0/t_w > 80\varepsilon_k$ 时，应配置横向加劲肋；

2） 当受压翼缘扭转受到约束且 $h_0/t_w > 170\varepsilon_k$、受压翼缘扭转未受到约束且 $h_0/t_w > 150\varepsilon_k$，或按计算需要时，应在弯曲应力较大区格的受压区增加配置纵向加劲肋。局部压应力很大的梁，必要时尚宜在受压区配置短加劲肋；对单轴对称梁，当确定是否要配置纵向加劲肋时，h_0 应取腹板受压区高度 h_c 的 2 倍。

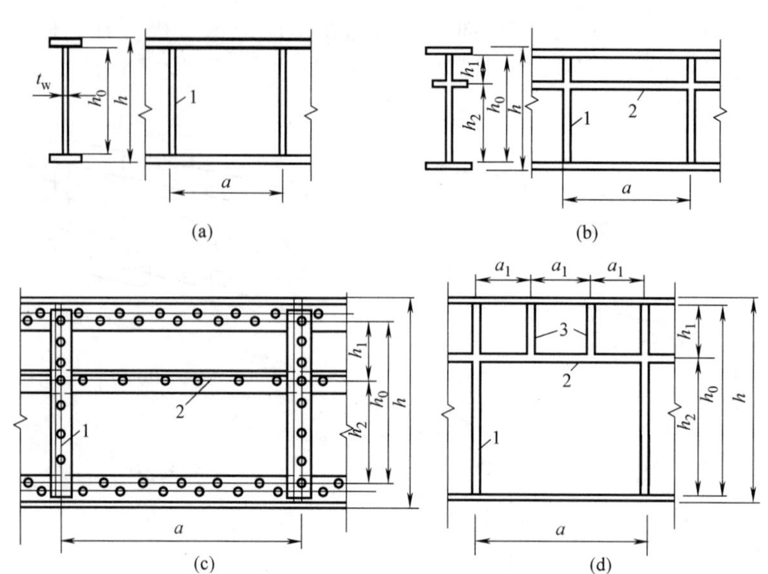

图 6.3.2　加劲肋布置

1—横向加劲肋；2—纵向加劲肋；3—短加劲肋

3　不考虑腹板屈曲后强度时，当 $h_0/t_w>80\varepsilon_k$ 时，宜配置横向加劲肋。

4　h_0/t_w 不宜超过 250。

5　梁的支座处和上翼缘受有较大固定集中荷载处，宜设置支承加劲肋。

6　腹板的计算高度 h_0 应按下列规定采用：对轧制型钢梁，为腹板与上、下翼缘相接处两内弧起点间的距离；对焊接截面梁，为腹板高度；对高强度螺栓连接（或铆接）梁，为上、下翼缘与腹板连接的高强度螺栓（或铆钉）线间最近距离（图 6.3.2）。

6.3.6　加劲肋的设置应符合下列规定：

1　加劲肋宜在腹板两侧成对配置，也可单侧配置，但支承加劲肋、重级工作制吊车梁的加劲肋不应单侧配置。

2　横向加劲肋的最小间距应为 $0.5h_0$，除无局部压应力的梁，当 $h_0/t_w\leqslant 100$ 时，最大间距可采用 $2.5h_0$ 外，最大间距应为 $2h_0$。纵向加劲肋至腹板计算高度受压边缘的距离应为 $h_c/2.5\sim h_c/2$。

【例 5.4.3-1】 选用加劲肋的间距。

条件：图 5.4.3-2 所示某焊接工字形截面简支板梁，跨度 $L=10.8$m，承受静力集中荷载，作用在梁的上翼缘。

要求：选用加劲肋的间距。

【答案】

(1) 确定加劲肋的配置方式

按受压翼缘扭转未受到约束考虑。

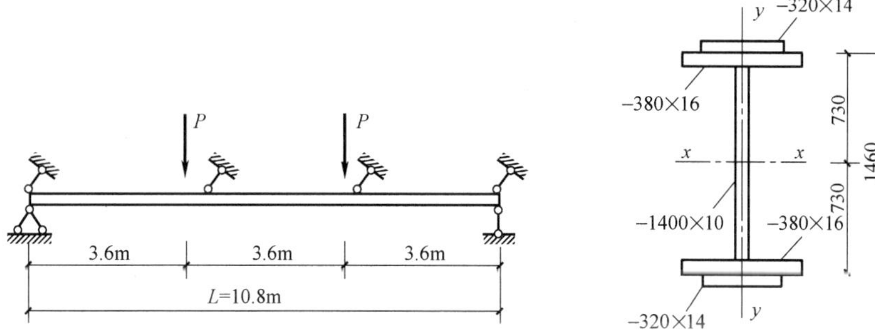

图 5.4.3-2

$$\frac{h_0}{t_w}=\frac{1400}{10}=140\begin{matrix}>80\\<150\end{matrix}$$

只需设置横向加劲肋，加劲肋间距应按计算确定。

(2) 选用加劲肋的间距

横向加劲肋的最大间距 $a=2h_0=2\times1400=2800$mm

考虑到在集中荷载作用处（支座和跨度的三分点处）需设置支承加劲肋，因而取横向加劲肋间距为 $a=3600/2=1800$mm，布置如图 5.4.3-3 所示，满足 $0.5h_0\leqslant a\leqslant2h_0$ 的构造要求。

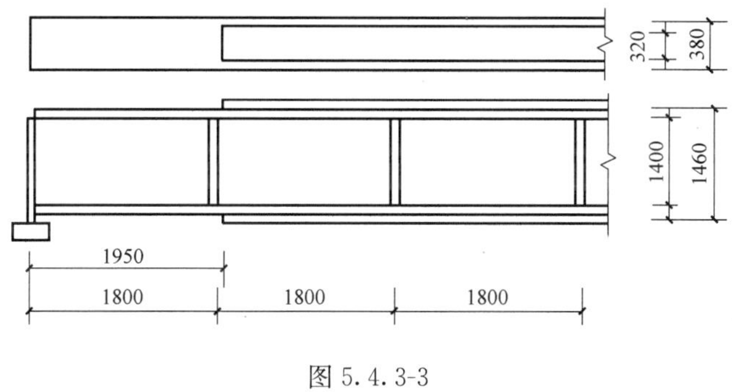

图 5.4.3-3

【例 5.4.3-2】 布置纵向加劲肋。

条件：一工字形组合截面钢梁，其尺寸和受力如图 5.4.3-4 所示。已知其腹板的高厚比 $\frac{h_0}{t_w}\geqslant170\sqrt{\frac{235}{f_y}}$

要求：为保证腹板的局部稳定，在支座 A、B 处及其之间梁段内布置加劲肋

【答案】 在 P 力作用下，梁的弯矩图在支座 A、B 间皆为负弯矩，即工字形梁的下翼缘受压，上翼缘受拉。由于腹板的高厚比 $\frac{h_0}{t_w}\geqslant170\sqrt{\frac{235}{f_y}}$，因而需要设置横向加劲肋和纵向加劲肋。其横向加劲肋的间距，由于未给出其他条件，故可按一般构造要求取 $a=2h_0$；其纵向加劲肋则应设在距受压的下翼缘 $\left(\frac{1}{4}\sim\frac{1}{5}\right)h_0$ 处（《钢标》6.3.6 条），如图 5.4.3-5 所示。在横向和纵向加劲肋相接处，横向加劲肋连续，切断纵向加劲肋。

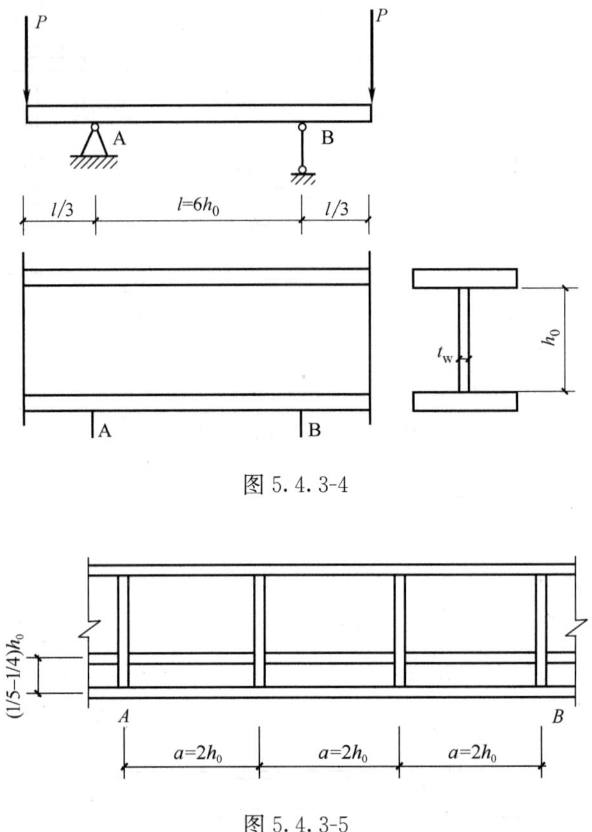

图 5.4.3-4

图 5.4.3-5

【例 5.4.3-3】修改加劲肋布置不合理之处。

条件：一工字形组合截面钢梁，其尺寸和受力如图 5.4.3-6 所示，Q235 钢。

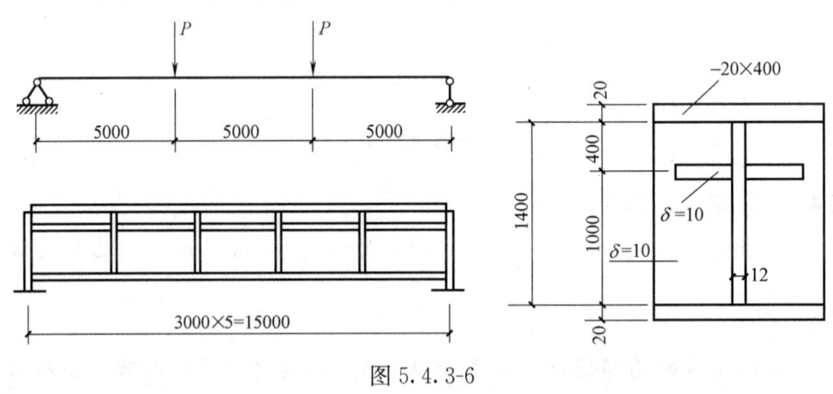

图 5.4.3-6

要求：修改加劲肋布置不合理之处，画出正确布置图，且说明理由。

【答案】根据腹板高厚比 $h_0/t_w=1400/10=140$，只需加横向加劲肋。

横向加劲肋配置时，首先在集中荷载和支座处设，然后计算加劲肋间距 a，并且要求满足构造要求：$0.5h_0\leqslant a\leqslant 2h_0$。此时，$a\leqslant 2h_0=2.8\text{m}$、为此取 $a=2.5\text{m}$。即除在集中荷载 P 下和支座处设横向加劲肋外，再在其之间等分点加横向加劲肋，如图5.4.3-7所示。

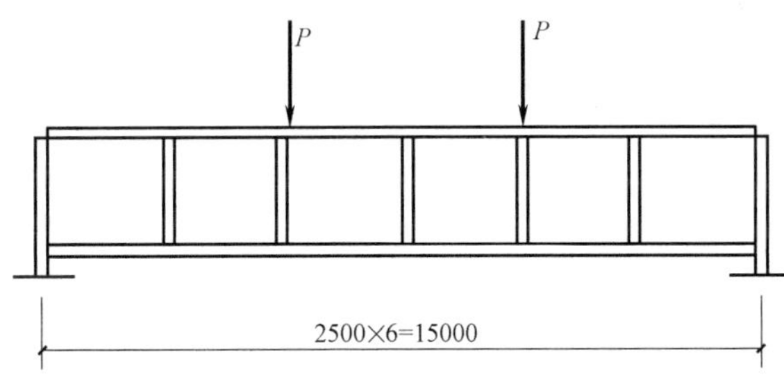

图 5.4.3-7

【例 5.4.3-4】

梁受固定集中荷载作用，当局部压应力不能满足要求时，采用以下何项措施才是较为合理的选择？

(A) 加厚翼缘　　(B) 在集中荷载作用处设置承加劲肋

(C) 沿梁长均匀增加横向加劲肋　　(D) 加厚腹板

【答案】(B)

根据《钢标》第 6.3.2 条可知选项 (B) 的论述较为合理。

四、受弯构件的挠度验算

(1) 采用的荷载和截面

计算变形时应采用荷载的标准组合，不考虑荷载分项系数和动力系数。由于构件内部的孔洞等削弱对构件的变形影响不大，故习惯上构件截面的“惯性矩”均按毛截面计算。

《钢标》规定

> **3.1.5** 按承载能力极限状态设计钢结构时，应考虑荷载效应的基本组合，必要时尚应考虑荷载效应的偶然组合。
>
> 按正常使用极限状态设计钢结构时，应考虑荷载效应的标准组合。
>
> **3.1.6** 对于直接承受动力荷载的结构：在计算强度和稳定性时，动力荷载设计值应乘动力系数；在计算疲劳和变形时，动力荷载标准值不乘动力系数。
>
> 计算吊车梁或吊车桁架及其制动结构的疲劳和挠度时，起重机荷载应按作用在跨间内荷载效应最大的一台起重机确定。
>
> **3.4.2** 计算结构或构件的变形时，可不考虑螺栓或铆钉孔引起的截面削弱。

【例 5.4.4-1】荷载取值和截面削弱问题。

试问，计算纯钢结构变形时，应采用下列何项取值？

(A) 荷载设计值、构件毛截面面积　　(B) 荷载标准值、构件毛截面面积

(C) 荷载设计值、构件净截面面积　　(D) 荷载标准值、构件净截面面积

【答案】(B)

【解答】根据《钢标》3.1.5，荷载效应为标准值；

根据《钢标》3.4.2，可不考虑截面削弱，可取毛截面。

【例 5.4.4-2】不考虑截面削弱。

某一在主平面内受弯的实腹构件；当构件截面上有螺栓（或铆钉）孔时，试问，下列何项计算要考虑螺栓（或铆钉）孔引起的截面削弱？

（A）构件变形计算　　（B）构件整体稳定性计算

（C）构件受弯强度计算　　（D）构件抗剪强度计算

【答案】（C）

【解答】见《钢标》第3.4.2条、第6.2.2条、第6.1.1条和第6.1.3条的有关规定。

（2）最大挠度的计算公式

挠度计算公式　　表5.4.4-1

荷载类型	F 作用于跨中（$l/2$，$l/2$）	两个 F（$l/3$，$l/3$，$l/3$）	三个 F（$l/4$，$l/4$，$l/4$，$l/4$）	均布荷载 q（l）
计算公式	$\frac{1}{48}\frac{Fl^3}{EI}=0.083\frac{Ml^2}{EI}$	$\frac{23}{648}\frac{Fl^3}{EI}=0.106\frac{Ml^2}{EI}$	$\frac{19}{384}\frac{Fl^3}{EI}=0.099\frac{Ml^2}{EI}$	$\frac{5}{384}\frac{ql^4}{EI}=0.104\frac{Ml^2}{EI}$

一般情况下，统一采用近似公式　$v=0.1\frac{Ml^2}{EI}$

【例5.4.4-3】某车间内设有一台电动葫芦，其轨道梁吊挂于钢梁AB下。钢梁两端连接于厂房框架柱上，计算跨度 $L=7000$mm，计算简图如图5.4.4-1所示。钢材采用Q235-B钢，钢梁选用热轧H型钢HN400×200×8×13，其截面特性：$A=83.37\times10^2\text{mm}^2$，$I_x=23500\times10^4\text{mm}^4$。

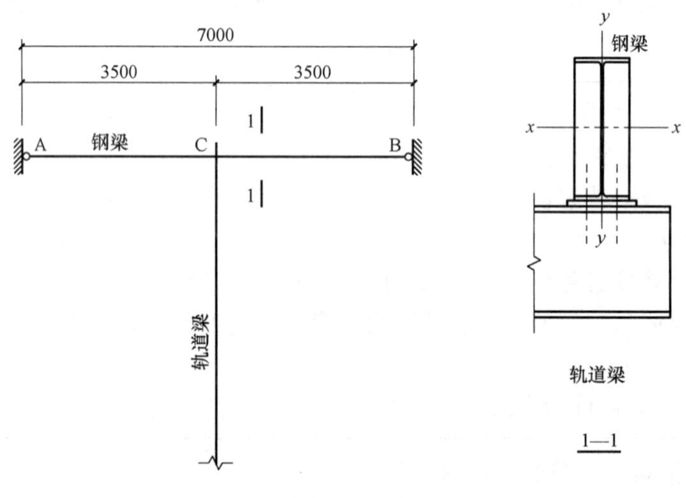

图5.4.4-1

为便于对钢梁AB进行计算，将电动葫芦轨道梁、相关连接件和钢梁等自重折合为一集中荷载标准值 $G_k=6$kN，作用于C点处钢梁下翼缘，电动葫芦自重和吊重合计的荷载标准值 $Q_k=66$kN（按动力荷载考虑），不考虑电动葫芦的水平荷载。试问，钢梁C点处由可变荷载 Q_k 产生的最大挠度值（mm）应与下列何项数值最为接近？

（A）4　　（B）6　　（C）10　　（D）14

【答案】（C）

【解答】

$$f_{Q\max}=\frac{1}{48}\cdot\frac{Q_kL^3}{EI_x}=\frac{1}{48}\times\frac{66\times10^3\times7000^3}{206\times10^3\times23500\times10^4}=9.7\text{mm}。$$

（3）挠度容许值

梁必须具有一定的刚度才能保证正常的使用和观感，梁的刚度可用荷载作用下的挠度进行衡量。挠度过大；给人感觉不舒适和不安全。对梁的挠度 v 应分别按全部（永久和可变）荷载、可变荷载两种情况计算。全部荷载的挠度容许值［v_T］主要是考虑观感。而可变荷载的［v_Q］，则是保证正常使用条件，如吊车梁若挠度过大，轨道将随之变形，可能影响吊车的正常运行和引起过大的振动。故两者均应计算。

《钢标》规定

3.4.1 结构或构件变形的容许值宜符合本标准附录 B 的规定。当有实践经验或有特殊要求时，可根据不影响正常使用和观感的原则对本标准附录 B 中的构件变形容许值进行调整。

附录 B 结构或构件的变形容许值

B.1 受弯构件的挠度容许值

B.1.1 吊车梁、楼盖梁、屋盖梁、工作平台梁以及墙架构件的挠度不宜超过表 B.1.1 所列的容许值。

受弯构件的挠度容许值 **表 B.1.1**

项次	构件类别	挠度容许值	
		［v_T］	［v_Q］
1	吊车梁和吊车桁架（按自重和起重量最大的一台吊车计算挠度） （1）手动吊车和单梁吊车（含悬挂吊车） （2）轻级工作制桥式吊车 （3）中级工作制桥式吊车 （4）重级工作制桥式吊车	 $l/500$ $l/800$ $l/1000$ $l/1200$	—
2	手动或电动葫芦的轨道梁	$l/400$	—
3	有重轨（重量等于或大于 38kg/m）轨道的工作平台梁 有轻轨（重量等于或小于 24kg/m）轨道的工作平台梁	$l/600$ $l/400$	—
4	楼（屋）盖梁或桁架、工作平台梁（第 3 项除外）和平台板 （1）主梁或桁架（包括设有悬挂起重设备的梁和桁架） （2）仅支承压型金属板屋面和冷弯型钢檩条 （3）除支承压型金属板屋面和冷弯型钢檩条外，尚有吊顶 （4）抹灰顶棚的次梁 （5）除第 1）款～第 4）款外的其他梁（包括楼梯梁） （6）屋盖檩条 支承压型金属板屋面者 支承其他屋面材料者 有吊顶 （7）平台板	 $l/400$ $l/180$ $l/240$ $l/250$ $l/250$ $l/150$ $l/200$ $l/240$ $l/150$	 $l/500$ $l/350$ $l/300$ — — — —

续表

项次	构件类别	挠度容许值	
		$[v_T]$	$[v_Q]$
5	墙架构件（风荷载不考虑阵风系数） (1) 支柱（水平方向） (2) 抗风桁架（作为连续支柱的支承时，水平位移） (3) 砌体墙的横梁（水平方向） (4) 支承压型金属板的横梁（水平方向） (5) 支承其他墙面材料的横梁（水平方向） (6) 带有玻璃窗的横梁（竖直和水平方向）	 — — — — — $l/200$	 $l/400$ $l/1000$ $l/300$ $l/100$ $l/200$ $l/200$

注：1 l 为受弯构件的跨度（对悬臂梁和伸臂梁为悬臂长度的 2 倍）。

2 $[v_T]$ 为永久和可变荷载标准值产生的挠度（如有起拱应减去拱度）的容许值，$[v_Q]$ 为可变荷载标准值产生的挠度的容许值。

3 当吊车梁或吊车桁架跨度大于 12m 时，其挠度容许值 $[v_T]$ 应乘以 0.9 的系数。

4 当墙面采用延性材料或与结构采用柔性连接时，墙架构件的支柱水平位移容许值可采用 $l/300$，抗风桁架（作为连续支柱的支承时）水平位移容许值可采用 $l/800$。

【例 5.4.4-4】 次梁的挠度验算。

条件：图 5.4.4-2 所示工作平台梁格中的次梁。采用 HN298×149×5.5×8，I_x = 6460cm^4，自重 32.6kg/m=0.32kN/m。梁上铺 80mm 厚预制钢筋混凝土板和 30mm 厚素混凝土面层。钢筋混凝土自重 25kN/m^3，素混凝土自重 24kN/m^3。活荷载标准值 6kN/m^2（静力荷载）。

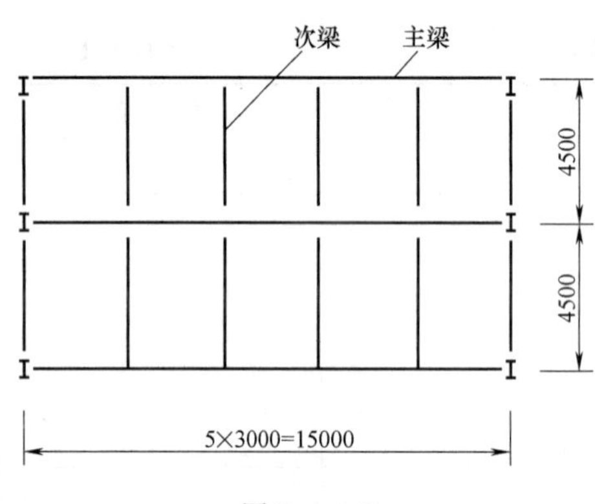

图 5.4.4-2

要求：验算挠度。

【答案】

钢材的弹性模量 206×10^{3}N/mm^2

次梁承受的活荷载标准值（线荷载）为：

$$q_{kQ}=6\times3=18\text{N/m}$$

平台板和面层的重量标准值为：

$$0.08\times25+0.03\times24=2.72\text{kN/m}^2$$

次梁承受的全部荷载标准值（线荷载）为

$$q_{kT}=2.72\times3+6\times3+0.32$$
$$=8.16+18+0.32=26.48\text{kN/m}$$

刚度验算应分别计算全部荷载和活荷载标准值作用下的挠度。查《钢标》表 B.1.1 得工作平台次梁的挠度容许值 $[v_T]=1/250$，$[v_Q]=1/300$。

$$\frac{v_T}{l}=\frac{5}{384}\cdot\frac{q_{kT}l^3}{EI_x}=\frac{5\times26.48\times4500^3}{384\times206\times10^3\times6460\times10^4}=\frac{1}{424}<\frac{[v_T]}{l}=\frac{1}{250}\text{(满足)}$$

$$\frac{v_Q}{l}=\frac{1}{424}\times\frac{18}{26.48}=\frac{1}{624}<\frac{[v_Q]}{l}=\frac{1}{300}\text{(满足)。}$$

【例 5.4.4-5】 验算梁的挠度。

条件：如图 5.4.4-3 所示普通工字钢主梁的计算简图，主梁间距 6m，采用I 45a，I_x = 32241cm^4，重量为 80.4kg/m。次梁间距 2m，选用I 25a，重量为：38.1×6＝228.6kg。梁

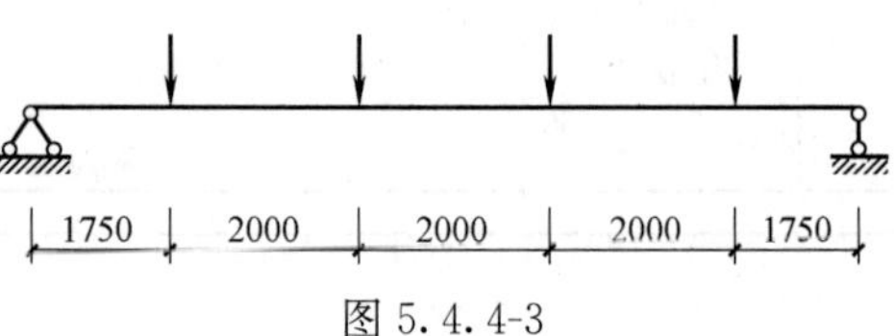

图 5.4.4-3

上铺设钢筋混凝土预制板，楼板自重标准值为 $3kN/m^2$，均布活荷载标准值为 $3kN/m^2$。

已知：次梁传来的恒荷载标准值为：19.1kN，

次梁传来的活荷载标准值为：18kN，

次梁传来的总荷载标准值为：37.1kN。

要求：验算梁的挠度。

【答案】 梁的计算跨度为 2×5−0.5=9.5m。

（1）由可变荷载标准值产生的最大弯矩为：

$$M_{kQ}=36\times9.5/2-18\times1-18\times3=99kN\cdot m$$

由此产生的最大挠度为：

$$v_{max}=\frac{M_k l^2}{10EI_x}=\frac{99\times9.5^2\times10^{12}}{10\times2.06\times10^5\times32241\times10^4}=13.5mm$$

查《钢标》表 B.1.1 得 $[v_Q]=1/500=9500/500=19mm>v_{max}=13.5mm$ 满足要求。

（2）由永久和可变荷载标准值产生的最大弯矩为：

$$M_{kT}=74.3\times9.5/2-37.1\times1-37.1\times3+80.4\times9.8\times10^{-3}\times9.5^2/8=212.9kN\cdot m$$

由此产生的最大挠度为：

$$v_{max}=\frac{M_k l^2}{10EI_x}=\frac{212.9\times9.5^2\times10^{12}}{10\times2.06\times10^5\times32241\times10^4}=28.9mm$$

$[v_T]=1/400=9500/400=23.8mm$，$v_{max}>[v_T]$，不满足要求。

（4）横向水平荷载下梁的挠度

《钢标》规定

> **B.1.2** 冶金工厂或类似车间中设有工作级别为 A7、A8 级起重机的车间，其跨间每侧吊车梁或吊车桁架的制动结构，由一台最大起重机横向水平荷载（按荷载规范取值）所产生的挠度不宜超过制动结构跨度的 1/2200。

【例 5.4.4-6】

某冶金车间设有 A8 级吊车。试问，由一台最大吊车横向水平荷载所产生的挠度与吊车梁制动结构跨度之比的容许值，应取下列何项数值较为合适？

（A）1/500　（B）1/1200　（C）1/1800　（D）1/2200

【答案】（D）

【解答】 根据《钢标》附录 B.1.2 条，容许值为 1/2200。

（5）为改善外观条件、由全部荷载产生的最终挠度

《钢标》规定

> **3.4.3** 横向受力构件可预先起拱，起拱大小应视实际需要而定，可取恒载标准值加 1/2 活载标准值所产生的挠度值。当仅为改善外观条件时，构件挠度应取在恒荷载和活荷载标准值作用下的挠度计算值减去起拱值。

【例 5.4.4-7】

条件：某简支楼盖主钢梁截面为 HN500×200×10×16，$I_x=4.57\times10^8mm^4$，跨度

l=12000mm，承受永久荷载标准值 g_k=8kN/m，可变荷载标准值 q_k=8kN/m，为改善外观条件将梁按一般规定起拱。

要求：由全部荷载产生的最终挠度 v_T（mm）。

【答案】

由永久荷载产生的挠度

$$v_G=\frac{5g_k l^4}{384EI}=\frac{5\times8\times12000^4}{384\times2.06\times10^5\times4.57\times10^8}=22.94\text{mm}$$

由可变荷载产生的挠度

$$v_Q=v_G=22.94\text{mm}<[v_Q]=12000/500=24\text{mm}$$

根据《钢标》3.5.3 条的规定，起拱的大小一般为恒载标准值加 1/2 活荷载标准值所产生的挠度值，故起拱值为：

$$v_G+\frac{v_Q}{2}=22.94+22.94/2=34.41\text{mm}$$

故此梁由全部荷载产生的挠度扣去起拱度后的最终挠度为：

$$v_T=2\times22.94-34.41=11.47\text{mm}<[v_T]=1/400=12000/400=30\text{mm}。$$

(6) 双向弯曲的挠度验算

【例 5.4.4-8】 双向弯曲简支檩条挠度验算。

条件：某轻屋盖钢结构厂房，屋面不上人，屋面坡度为 1/10。采用热轧 H 型钢屋面檩条，其水平间距为 3m，钢材采用 Q234 钢。屋面檩条按简支梁设计，计算跨度 l=12m。假定，屋面水平投影面上的荷载标准值：屋面自重为 0.18kN/m²，均布活荷载为 0.5kN/m²，积灰荷载为 1.00 kN/m²，雪荷载为 0.65kN/m²。热轧钢檩条型号为 H400×150×8×13，自重为 0.56kN/m，其截面特性：$I_x=18600\times10^4\text{mm}^4$。屋面檩条如图 5.4.4-4 所示。

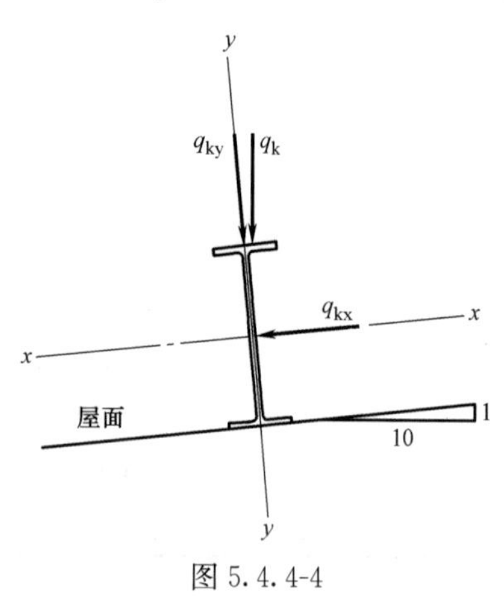

图 5.4.4-4

试问，屋面檩条垂直于屋面方向的最大挠度（mm）应与下列何项数值最为接近？

(A) 40　　(B) 50　　(C) 60　　(D) 80

【答案】(A)

【解答】

根据《钢标》第 3.1.5 条：按正常使用极限状态设计钢结构时，应考虑荷载效应的标准组合。

根据《荷载规范》第 5.4.3 条：积灰荷载应与雪荷载或不上人的屋面均布活荷载两者中的较大值同时考虑。

根据《荷载规范》第 7.1.5 条：雪荷载的组合值系数可取 0.7。

根据《荷载规范》第 3.2.8 条：作用在屋面檩条上的线荷载标准值为：

$$q_k=(0.18\times3+0.56)+(1.00+0.7\times0.65)\times3=5.465\text{kN/m}$$

垂直于屋面方向的荷载标准值为：

$$q_{ky}=5.465\times\frac{10}{\sqrt{10^2+1^2}}=5.44\text{kN/m}$$

$$v=\frac{5}{384}\cdot\frac{q_{ky}l^4}{EI_x}=\frac{5}{384}\cdot\frac{5.44\times12000^4}{206\times10^3\times18600\times10^4}=38.3\text{mm}。$$

5.5 拉弯和压弯构件

同时承受轴向力和弯矩或横向荷载共同作用的构件称为拉弯或压弯构件，如图 5.5-1，图 5.5-2 所示。弯矩可能由轴向力的偏心作用、端弯矩作用或横向荷载作用 3 种因素形成。当弯矩作用在截面的一个主轴平面内时称为单向压弯（或拉弯）构件，作用在两主轴平面的称为双向压（或拉弯）构件。

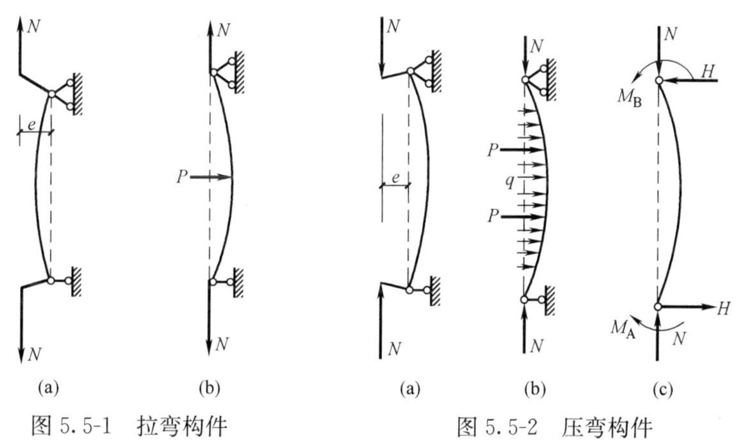

图 5.5-1 拉弯构件

图 5.5-2 压弯构件

、拉弯和压弯构件的强度

拉弯和压弯构件的强度计算是一样的，本节以压弯构件为例说明分析过程。

对于一般的压弯构件，轴向压力在构件长度方向产生的压应力在任一截面上都是一样的，而弯矩在构件长度方向上可能是不一样的，存在弯矩最大截面。

图 5.5.1-1 中的矩形截面，设计时取受力最大的跨中截面进行分析。在弹性受力阶段，轴向压应力和弯曲正应力叠加，使得弯曲最内侧的应力达到最大 $\sigma_{max}=\dfrac{N}{A}+\dfrac{M}{W}$，弯曲最外侧的应力最小 $\sigma_{min}=\dfrac{N}{A}-\dfrac{M}{W}$，如图 5.5.1-2（c）、（d）所示。随着构件截面逐渐进入屈服和塑性区的不断开展，压弯构件的强度设计分为三种不同的方法。

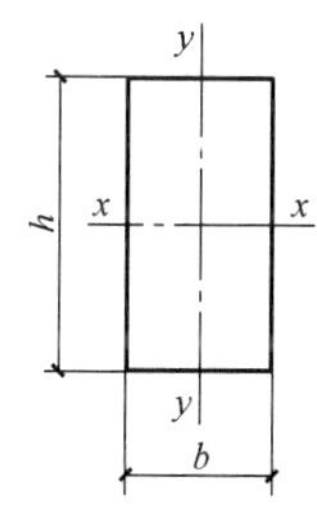

图 5.5.1-1

（1）弹性设计

以受力最大截面上的最大应力不超过钢材材料强度设计值作为承载能力极限状态，这一设计方法称为弹性设计，也称为边缘纤维屈服准则。截面上的应力极限状态如图 5.5.1-2（d）所示。

（2）塑性设计

在构件受力最大截面的边缘纤维进入屈服以后，随着弯矩和轴力的增大，截面上弯曲

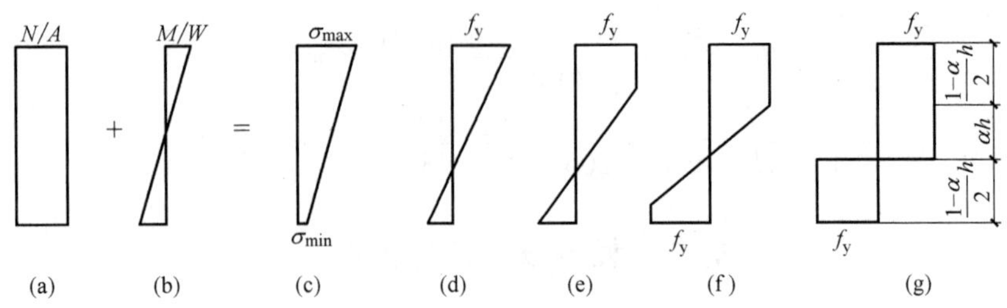

图 5.5.1-2　压弯构件截面应力的发展过程

受压侧进入屈服的区域逐渐扩大，同时弯曲受拉侧也开始进入屈服，截面上的应力分布如图 5.5.1-2（e）、（f）所示，最终达到全截面进入塑性。如果不考虑构件材料的应变强化，材料的分析模型采用理想弹塑性模型，则截面上的应力分布如图 5.5.1-2（g）所示。压弯构件的塑性设计就是以构件受力截面全部进入塑性作为承载能力极限状态。根据构件的内外力平衡和内外力矩平衡，有

$$N = b \cdot \alpha h \cdot f_y \tag{5.5.1-1}$$

$$M = b \cdot \frac{1-\alpha}{2}h \cdot f_y \cdot \left(\frac{\alpha h}{2} + \frac{1-\alpha}{4}h\right) \times 2 = \frac{bh^2}{4}(1-\alpha^2)f_y \tag{5.5.1-2}$$

两式中，利用截面面积 $A = bh$，截面塑性模量 $W_p = bh^2/4$，消去 α，得到 N 和 M 的关系为：

$$\left(\frac{N}{Af_y}\right)^2 + \frac{M}{W_p f_y} = 1 \tag{5.5.1-3}$$

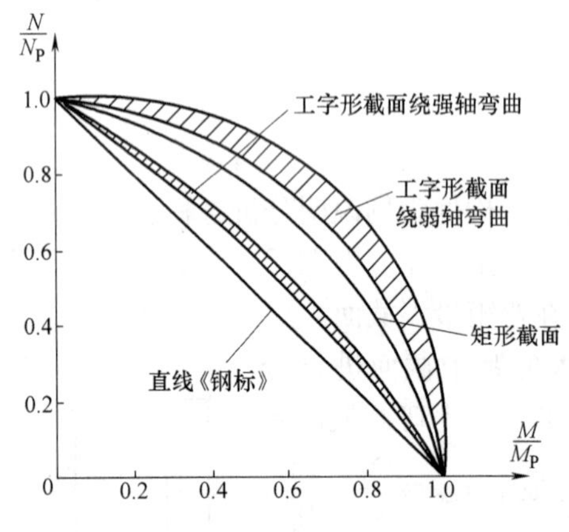

图 5.5.1-3　压弯构件强度计算相关曲线

对于常用的工字形和 H 形截面，也可以用上述方法得到类似上式的关系。但由于不同的工字形截面，翼缘和腹板所占截面面积的比例不同，相关曲线会在一定范围内变化。图 5.5.1-3中的两个阴影区给出了常用工字形截面压弯构件绕强轴和弱轴弯曲时相关曲线的变化情况。《钢标》采用了图中的直线作为塑性设计时强度计算公式的依据，这样处理既简化了计算又偏于安全：

$$\frac{N}{Af_y} + \frac{M}{W_p f_y} = 1 \tag{5.5.1-4}$$

（3）弹塑性设计

对于承受静力荷载作用的拉弯和压弯构件，常用的设计方法是考虑截面部分塑性发展的弹塑性设计方法，设计时以净截面面积和净截面模量为验算依据，以截面塑性发展系数 γ_x 与净截面模量 W_{nx} 的乘积代替式（5.5.1-4）中的塑性截面模量 W_p 。设计公式为：

$$\frac{N}{A_n} + \frac{M_x}{\gamma_x W_{nx}} \leqslant f \tag{5.5.1-5}$$

如果构件是双向受弯，则为：

$$\frac{N}{A_n}+\frac{M_x}{\gamma_x W_{nx}}+\frac{M_y}{\gamma_y W_{ny}}\leqslant f \qquad (5.5.1\text{-}6)$$

《钢标》8.1.1 条规定

8.1.1 弯矩作用在两个主平面内的拉弯构件和压弯构件，其截面强度应符合下列规定：

1 除圆管截面外，弯矩作用在两个主平面内的拉弯构件和压弯构件，其截面强度应按下式计算：

$$\frac{N}{A_n}\pm\frac{M_x}{\gamma_x W_{nx}}\pm\frac{M_y}{\gamma_y W_{ny}}\leqslant f \qquad (8.1.1\text{-}1)$$

式中：N——同一截面处轴心压力设计值（N）；

M_x、M_y——分别为同一截面处对 x 轴和 y 轴的弯矩设计值(N·mm)；

γ_x、γ_y——截面塑性发展系数，根据其受压板件的内力分布情况确定其截面板件宽厚比等级，当截面板件宽厚比等级不满足 S3 级要求时取 1.0，满足 S3 级要求时，可按本标准表 8.1.1 采用；需要验算疲劳强度的拉弯、压弯构件，宜取 1.0；

A_n——构件的净截面面积（mm²）；

W_n——构件的净截面模量（mm³）。

《钢标》表 8.1.1 中对满足 S3 级要求的截面塑性发展系数 γ_x 的取值给出了明确的规定：

截面塑性发展系数 γ_x、γ_y　　表 8.1.1

项次	截面形式	γ_x	γ_y
1		1.05	1.2
2			1.05
3		$\gamma_{x1}=1.05$ $\gamma_{x2}=1.2$	1.2
4			1.05

续表

项次	截面形式	γ_x	γ_y
5		1.2	1.2
6		1.15	1.15
7		1.0	1.05
8			1.0

【例 5.5.1-1】 T形截面拉弯构件的强度验算。

条件：某屋架的下弦杆如图 5.5.1-4 所示，截面为 2L140×90×10，长肢相连，节点板厚 12mm，钢材为 Q235-B. F 钢。构件长 l=6m，截面无孔洞削弱，承受轴心拉力设计值为 150kN，跨中承受一集中活荷载（为静力荷载），标准值为 9kN。

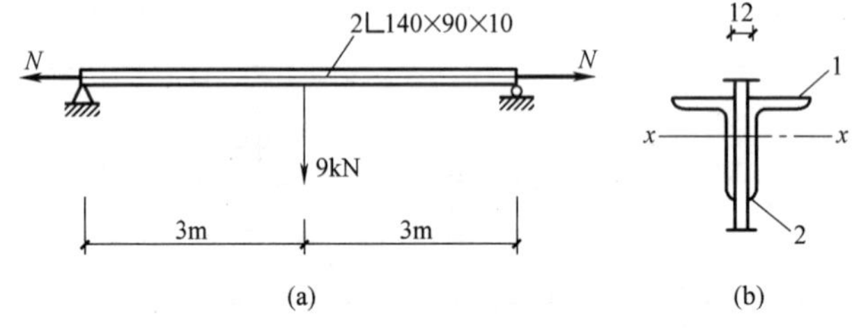

图 5.5.1-4

要求：验算此构件是否满足设计要求。

【答案】（1）双角钢（长肢相连）截面的几何特性

毛截面面积　　$A=44.52\text{cm}^2$

截面模量　　$W_{1x}=194.39\text{cm}^3$　$W_{2x}=94.62\text{cm}^3$

回转半径　　$i_x=4.47\text{cm}$　$i_y=3.73\text{cm}$

截面板件宽厚比等级为 S1 级。

（2）构件内力设计值

轴心拉力设计值　　$N=150\text{kN}$

最大弯矩设计值 $M_x=\dfrac{1}{4}\times(1.4\times9)\times6=18.9\text{kN}\cdot\text{m}$；式中 1.4 为活荷载分项系数。

(3) 构件截面强度验算

验算条件：

$$\frac{N}{A_{\mathrm{n}}}\pm\frac{M_{\mathrm{x}}}{\gamma_{\mathrm{x}}M_{\mathrm{nx}}}\leqslant f$$

因截面无削弱，净截面几何特性与毛截面几何特性相同。

对角钢水平肢 1

截面塑性发展系数 $\gamma_{x1}=1.05$（《钢标》表 8.1.1）

$$\frac{N}{A_{\mathrm{n}}}\pm\frac{M_{\mathrm{x}}}{\gamma_{\mathrm{x}}W_{\mathrm{nx}}}=\frac{N}{A}-\frac{M_{\mathrm{x}}}{\gamma_{\mathrm{x1}}W_{1\mathrm{x}}}=\frac{150\times10^{3}}{44.52\times10^{2}}-\frac{18.9\times10^{6}}{1.05\times194.39\times10^{3}}$$

$$=33.7-92.6=-58.9\mathrm{N/mm^2}\text{（压应力）}$$

$$<f=215\mathrm{N/mm^2}\text{，满足要求。}$$

由于角钢水平肢上压应力不大，该构件无整体稳定问题。

对角钢竖肢 2

截面塑性发展系数 $\gamma_{x2}=1.20$（《钢标》表 8.1.1）

$$\frac{N}{A_{\mathrm{n}}}\pm\frac{M_{\mathrm{x}}}{\gamma_{\mathrm{x}}W_{\mathrm{nx}}}=\frac{N}{A}+\frac{M_{\mathrm{x}}}{\gamma_{\mathrm{x2}}W_{2\mathrm{x}}}=\frac{150\times10^{3}}{44.52\times10^{2}}+\frac{18.9\times10^{6}}{1.20\times94.62\times10^{3}}$$

$$=33.7+166.5=200.2\mathrm{N/mm^2}\text{（拉应力）}$$

$$<f=215\mathrm{N/mm^2}\text{，满足要求。}$$

(4) 构件长细比验算

$$\lambda_{\max}=\frac{l}{i_{\mathrm{y}}}=\frac{6\times10^{2}}{3.73}=161<[\lambda]=350\text{，满足要求。}$$

构件截面采用 2∟140×90×10（长肢相连），全部满足拉弯构件的设计要求。

【例 5.5.1-2】 倒 T 形截面拉弯构件的强度验算。

条件：某屋架下弦用 Q235 钢 T125×250×9×14 做成；两端简支，如图 5.5.1-5 所示，承受的轴心拉力设计值 $N=500\mathrm{kN}$，跨中悬挂集中荷载设计值 $P=10\mathrm{kN}$。

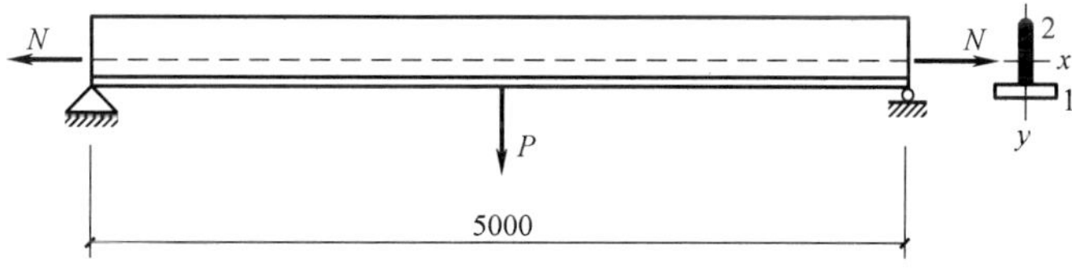

图 5.5.1-5

已知 $A=46.09\mathrm{cm^2}$，$W_{x1}=118.40\mathrm{cm^3}$，$W_{x2}=45.7\mathrm{cm^3}$，$W_y=145.9\mathrm{cm^3}$，$i_x=2.99\mathrm{cm}$，$i_y=6.29\mathrm{cm}$，对 x 轴的截面塑性发展系数分别为 1.05 和 1.2，对 y 轴为 1.2。截面无削弱。

要求：计算该构件的强度和刚度。

【答案】

(1) 强度计算

对于拉弯构件，其强度验算公式为 $\frac{N}{A_n}+\frac{M_x}{\gamma_x W_{nx}}+\frac{M_y}{\gamma_y W_{ny}}\leqslant f$。这里 $N=500\text{kN}$，$M_x=Pl/4=10\times5/4=12.5\text{kN}\cdot\text{m}$，$M_y=0$。

T 形截面的翼缘受拉、肢尖受压

肢背处：$\gamma_x=1.05$，$W_{nx}=W_{x1}=118.4\text{cm}^3$，

$$\frac{N}{A_n}+\frac{M}{\gamma_{x1}W_{n1}}=\frac{500\times10^3}{46.09\times10^2}+\frac{12.5\times10^6}{1.05\times118.4\times10^3}$$

$$=108.5+100.5=209.0\text{N/mm}^2$$

肢尖处：$\gamma_x=1.20$，$W_{nx}=W_{x2}=45.7\text{cm}^3$，

$$\frac{N}{A_n}-\frac{M}{\gamma_{x2}W_{n2}}=\frac{500\times10^3}{46.09\times10^2}-\frac{12.5\times10^6}{1.2\times45.7\times10^3}$$

$$=108.5-227.9=-119.4\text{N/mm}^2$$

满足拉弯构件的强度要求。

（2）刚度计算

屋架下弦杆承受的是静力荷载或间接动力荷载，因而只需验算自重作用平面内的长细比。容许值 $[\lambda]=350$。

$$\lambda_x=\frac{l}{i_x}=\frac{500}{2.99}=167.2<[\lambda]=350$$

所以，满足拉弯构件的刚度要求。

【例 5.5.1-3】 工形截面拉杆能承受的横向荷载计算。

条件：某轴心受拉构件的受力情况和截面尺寸见图 5.5.1-6，承受的静力荷载设计值为 $N=1000\text{kN}$，钢材为 Q235A，构件截面无削弱。

要求：确定能承受的最大横向荷载 F。

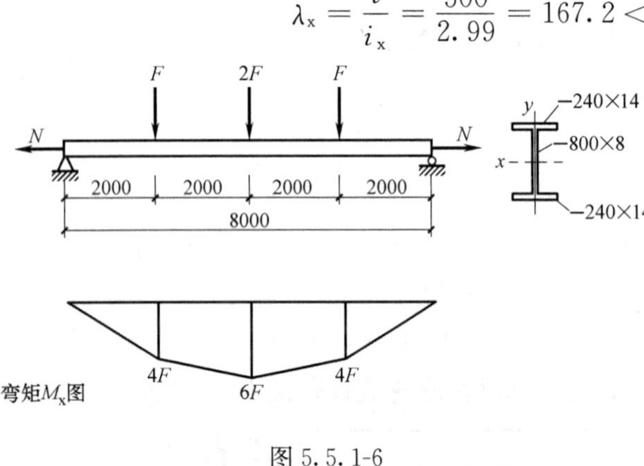

图 5.5.1-6

【答案】 截面特性为

$$A=2\times24\times1.4+80\times0.8=131.2\text{cm}^2$$

$$I_x=2\times24\times1.4\times\left(\frac{1}{2}\times80+\frac{1}{2}\times1.4\right)^2+0.8\times80^3/12$$

$$=145449.5\text{cm}^4$$

$$W_x=I_x/(40+1.4)=145449.5/41.4=3513.3\text{cm}^3$$

翼缘自由外伸宽度与厚度之比为：$\frac{b_1}{t}=\frac{240-8}{2\times14}=8.3<13\sqrt{\frac{235}{235}}=13$。满足 S3 级要求，由《钢标》表 8.1.1 查得 $\gamma_x=1.05$。

构件的最大弯矩为 $M_x=6F$（kN·m）。由《钢标》式（8.1.1）有

$$M_x \leqslant \left(f - \frac{N}{A_n}\right)\gamma_x W_{nx} = \left(215 - \frac{1000}{131.2} \times 10\right) \times 1.05 \times 3513.3 \times 10^{-3}$$
$$= 512.0\text{kN} \cdot \text{m}$$
$$F = M_x / 6 \leqslant 85.3\text{kN}$$

即横向荷载 F 的最大值为 85.3kN。

【例 5.5.1-4】 格构式双肢缀条柱压弯验算。

某支架为一单向压弯格构式双肢缀条柱结构，如图 5.5.1-7 所示，截面无削弱；柱肢采用 HA300×200×6×10（翼缘为焰切边），缀条采用 L63×6。该柱承受的荷载设计值为：轴心压力 N=960kN，弯矩 M_x=210kN·m。

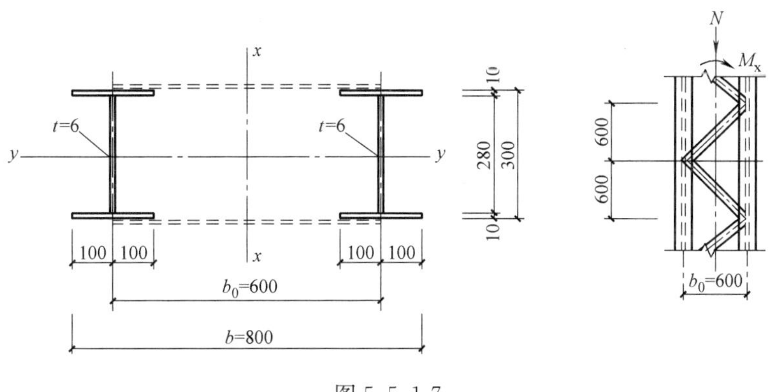

图 5.5.1-7

提示：双肢缀条柱组合截面 $I_x = 104900 \times 10^4 \text{mm}^4$，$i_x$=304mm。

试问，强度计算时，该格构式双肢缀条柱柱肢翼缘外侧最大压应力设计值（N/mm^2）与下列何项数值最为接近？

提示：$W_{nx} = \dfrac{2I_x}{b} = 2622.5 \times 10^3 \text{ mm}^3$。

(A) 165　　(B) 173　　(C) 178　　(D) 183

【答案】(A)

【解答】

根据《钢标》第 5.2.1 条及表 5.2.1 计算：$\gamma_x = 1.0$

$$\frac{N}{A_n} + \frac{M_x}{\gamma_x W_{nx}} = \left(\frac{960 \times 10^3}{113.6 \times 10^2} + \frac{210 \times 10^6}{1.0 \times 2622.5 \times 10^3}\right)\text{N/mm}^2$$
$$= (84.5 + 80.1)\text{N/mm}^2$$
$$= 165\text{N/mm}^2。$$

二、柱的计算长度

1. 框架平面内的失稳形式

(1) 单层单跨框架的失稳

以一个完全对称的单层单跨刚架说明框架的稳定问题。如图 5.5.2-1 (a) 所示，因为设置有强劲的交叉支撑，所以柱顶侧移完全受到阻止。在两个柱头处分别有集中荷

载 P 沿柱的形心轴线作用，且柱没有初弯曲。当荷载 P 不断增加并达到屈曲荷载 P_{cr} 时，刚架将产生如图中虚线所示的弯曲变形，此时，整个刚架将达到稳定承载能力的极限状态。

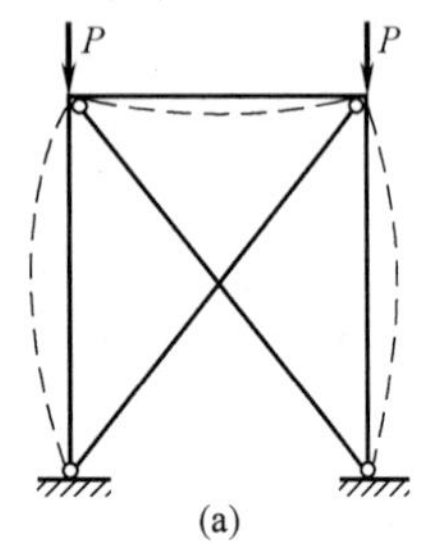

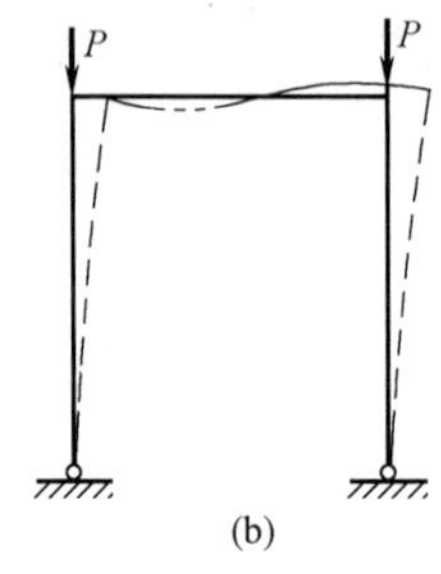

图 5.5.2-1　单层单跨对称框架

若除去交叉支撑，如图 5.5.2-1（b）所示，刚架失稳时因柱顶可以移动，将产生有侧向位移的反对称弯曲变形，如图中虚线所示。

图 5.5.2-1（a）称之为无侧移失稳，图 5.5.2-1（b)称之为有侧移失稳。分析结果表明，在其他条件不变时，一般刚架的有侧移屈曲荷载要远小于无侧移的屈曲荷载。

对一般框架而言，框架柱的临界荷载不仅和失稳形式有关，还和框架横梁的刚度及柱脚与基础的连接形式有关，这里利用第三章轴心受压构件的概念予以说明。

图 5.5.2-2（a)、（c）为两榀无侧移框架，两柱的几何高度、截面尺寸相同，且柱脚均为刚接，区别仅在于（a）图横梁刚度无穷大，（b）图横梁刚度为零。根据已学知识，可将框架柱的计算简图分别简化为图 5.5.2-2（b)、（d）的形式。可知，其对应的欧拉临界力分别为 $N_{cr}=\dfrac{\pi^2 EI}{(0.5H)^2}$ 和 $N_{cr}=\dfrac{\pi^2 EI}{(0.7H)^2}$。通常横梁具有有限刚度，则框架的临界荷载在两者之间。

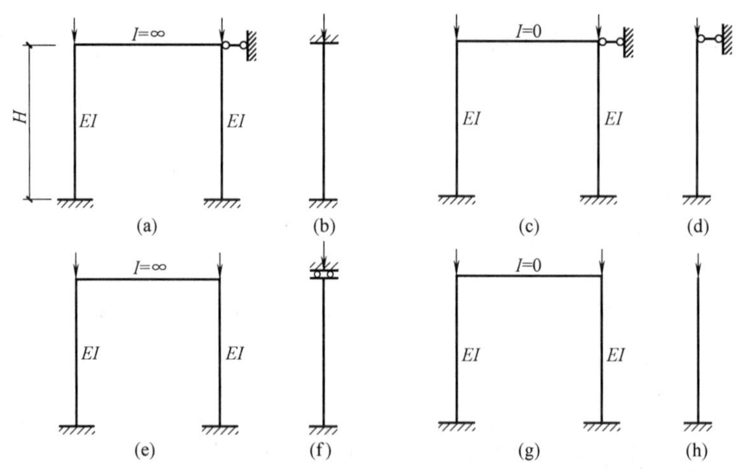

图 5.5.2-2　简单框架柱的计算长度

若将图 5.5.2-2（a)、（c）中柱顶的水平支承杆去掉，其他条件不变，见图 5.5.2-2（e)、（f)、（g)、（h)，则对应的柱欧拉临界力分别为 $N_{cr}=\dfrac{\pi^2 EI}{H^2}$ 和 $N_{cr}=\dfrac{\pi^2 EI}{(2H)^2}$。

若将图 5.5.2-2（a)、（c）中的柱脚变为铰接，其他条件不变（图略)，则对应的柱欧拉临界力分别为 $N_{cr}=\dfrac{\pi^2 EI}{(0.7H)^2}$ 和 $N_{cr}=\dfrac{\pi^2 EI}{H^2}$。

由上述分析可知，对于单层单跨无侧移框架，计算长度系数 μ 在有限的范围内变动；

柱脚固接时为 0.5～0.7，柱脚铰接时为 0.7～1.0 之间，如图 5.5.2-3（a）、（b）、（c）所示。对于单层单跨有侧移框架，柱脚刚接时长度系数 μ 在 1～2 之间，如图 5.5.2-3（e）、（f）。柱脚铰接时 μ 为 2～∞，μ=∞表示框架不能维持稳定。

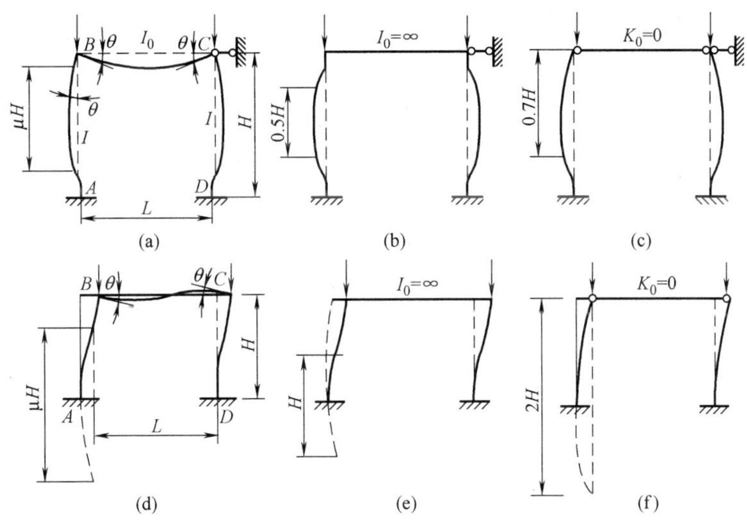

图 5.5.2-3　单层单跨框架失稳形式

（2）单层多跨框架的失稳

①对单层多跨无侧移框架，可以认为各柱是同时失稳的，假定失稳时横梁两端的转角 θ 相等但方向相反，计算长度范围如图 5.5.2-4（a）、（b）所示；

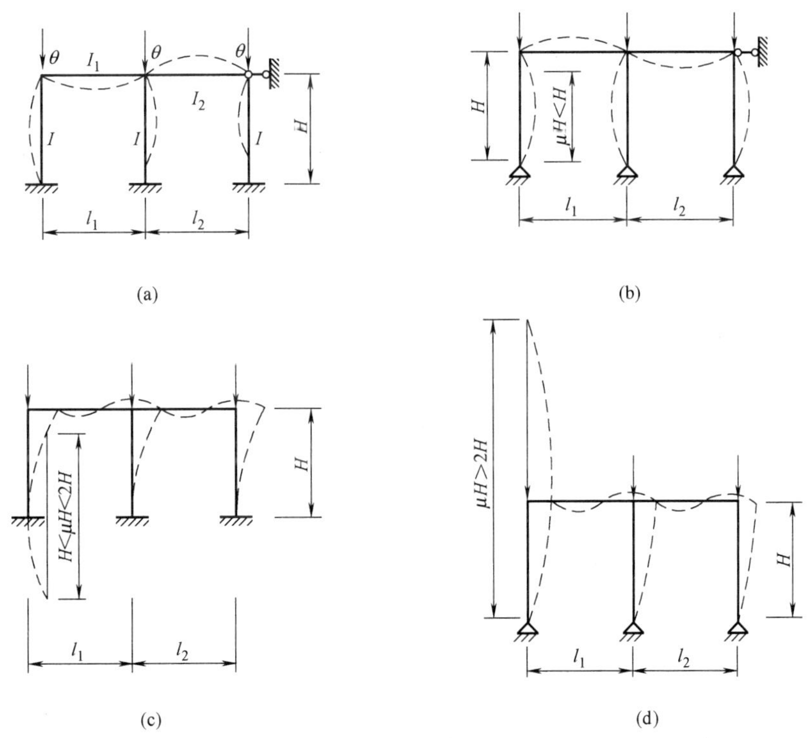

图 5.5.2-4　单层多跨框架失稳形式

②对单层多跨有侧移框架，失稳时横梁两端的转角大小相等方向相同，变形是反对称的，计算长度范围如图 5.5.2-4（c）、（d）所示；

（3）多层多跨框架的失稳

多层多跨框架的失稳形式也分为无侧移失稳（图 5.5.2-5（a））和有侧移失稳（图 5.5.2-5（b））两种情况，计算时的基本假定与单层框架相同。

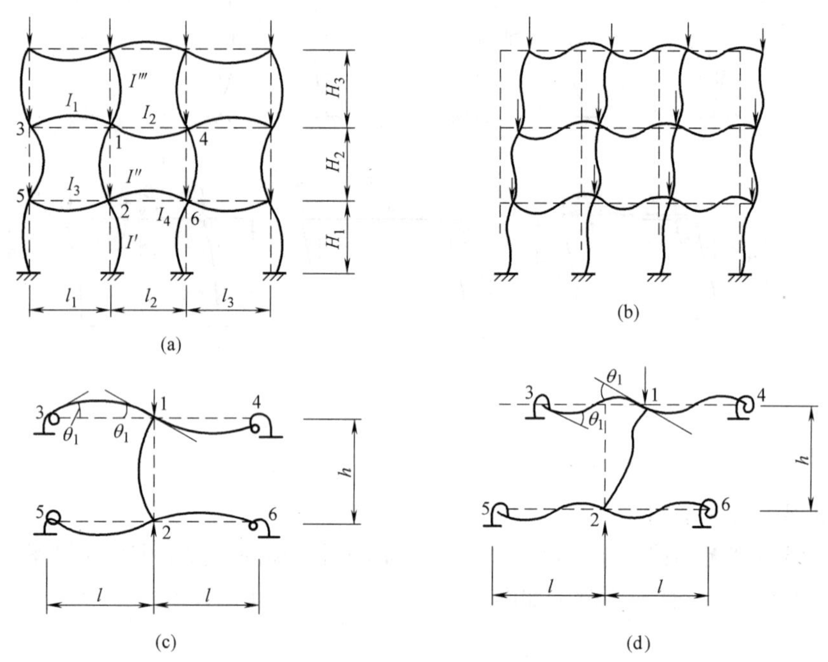

图 5.5.2-5　多层多跨框架失稳形式

多层框架无论在哪一类形式下失稳，每一根柱都要受到柱端构件以及远端构件的影响。因多层多跨框架的未知节点位移数较多，需要展开高阶行列式和求解复杂的超越方程，其计算工作量大且很困难。因此引入了简化杆端约束条件的假定，即将框架简化为图 5.5.2-5（c）、（d）所示的计算单元，只考虑与柱子直接相连构件的约束作用。在确定柱的计算长度时，假设柱子开始失稳时相交于上下两端节点的横梁对于柱子提供的约束弯矩，按线刚度比值 K_1 和 K_2 分配给柱子。这里，K_1 为相交于柱上端节点的横梁线刚度之和与柱线刚度之和的比值；K_2 为相交于柱下端节点的横梁线刚度之和与柱线刚度之和的比值。以图 5.3.5 中的 12 杆为例，则

$$K_1 = \frac{I_1/l_1 + I_2/l_2}{I'''/H_3 + I''/H_2} \tag{5.5.2-1}$$

$$K_2 = \frac{I_3/l_1 + I_4/l_2}{I''/H_2 + I'/H_1} \tag{5.5.2-2}$$

多层框架的计算长度系数 μ 见《钢标》附录 E.0.1（无侧移框架）和 E.0.2（有侧移框架）。柱与基础刚接时，从理论上来说 $K_2=\infty$，但考虑到实际工程情况，取 $K_2 \geqslant 10$ 时的 μ 值。

2. 框架等截面柱在平面内的计算长度

（1）无支撑框架和有支撑框架

《钢标》规定框架分成二类

8.3.1 框架应分为无支撑框架和有支撑框架。

2.1.16 无支撑框架

利用节点和构件的抗弯能力抵抗荷载的结构。

2.1.19 强支撑框架

在框架-支撑结构中，支撑结构（支撑桁架、剪力墙、筒体等）的抗侧移刚度较大，可将该框架视为无侧移的框架。

（2）无支撑框架柱（有侧移框架柱）的计算长度

《钢标》规定

8.3.1 等截面柱，在框架平面内的计算长度应等于该层柱的高度乘以计算长度系数 μ。当采用一阶弹性分析方法计算内力时，框架柱的计算长度系数 μ 应按下列规定确定：

1 无支撑框架：

1） 框架柱的计算长度系数 μ 按本标准附录 E 表 E.0.2 有侧移框架柱的计算长度系数确定。

有侧移框架柱的计算长度系数 μ **表 E.0.2**

K_2 \ K_1	0	0.05	0.1	0.2	0.3	0.4	0.5	1	2	3	4	5	≥10
0	∞	6.02	4.46	3.42	3.01	2.78	2.64	2.33	2.17	2.11	2.08	2.07	2.03
0.05	6.02	4.16	3.47	2.86	2.58	2.42	2.31	2.07	1.94	1.90	1.87	1.86	1.83
0.1	4.46	3.47	3.01	2.56	2.33	2.20	2.11	1.90	1.79	1.75	1.73	1.72	1.70
0.2	3.42	2.86	2.56	2.23	2.05	1.94	1.87	1.70	1.60	1.57	1.55	1.54	1.52
0.3	3.01	2.58	2.33	2.05	1.90	1.80	1.74	1.58	1.49	1.46	1.45	1.44	1.42
0.4	2.78	2.42	2.20	1.94	1.80	1.71	1.65	1.50	1.42	1.39	1.37	1.37	1.35
0.5	2.64	2.31	2.11	1.87	1.74	1.65	1.59	1.45	1.37	1.34	1.32	1.32	1.30
1	2.33	2.07	1.90	1.70	1.58	1.50	1.45	1.32	1.24	1.21	1.20	1.19	1.17
2	2.17	1.94	1.79	1.60	1.49	1.42	1.37	1.24	1.16	1.14	1.12	1.12	1.10
3	2.11	1.90	1.75	1.57	1.46	1.39	1.34	1.21	1.14	1.11	1.10	1.09	1.07
4	2.08	1.87	1.73	1.55	1.45	1.37	1.32	1.20	1.12	1.10	1.08	1.08	1.06
5	2.07	1.86	1.72	1.54	1.44	1.37	1.32	1.19	1.12	1.09	1.08	1.07	1.05
≥10	2.03	1.83	1.70	1.52	1.42	1.35	1.30	1.17	1.10	1.07	1.06	1.05	1.03

【例 5.5.2-1】 单层单跨框架柱的计算长度。

要求：求图 5.5.2-6 所示各单跨单层对称框架的柱的计算长度。

【答案】 不论是图 5.5.2-6 中的图（a）、（b）和（c），框架失稳时均有侧移，其计算长度系数应查《钢标》表 E.0.2。

（1）图 5.5.2-6（a）所示框架

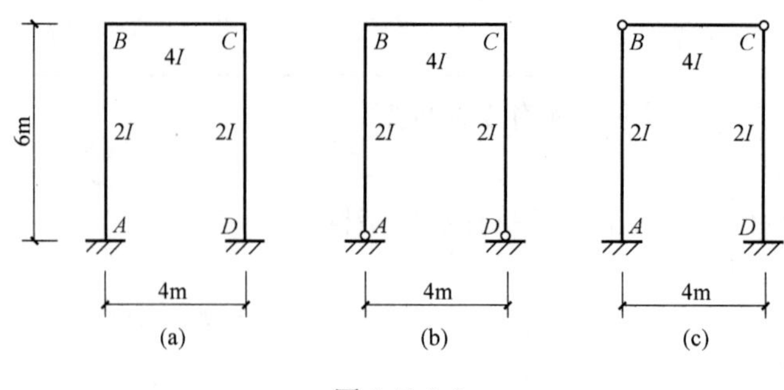

图 5.5.2-6

AB 柱

$$K_1=\frac{\Sigma\left(\frac{I}{l}\right)_{b1}}{\Sigma\left(\frac{I}{h}\right)_{c1}}=\frac{\frac{4I}{4}}{\frac{2I}{6}}=3$$

$K_2=10$（A 端为固定端）

查《钢标》表 E.0.2，得计算长度系数 $\mu=1.07$

计算长度 $l_0=1.07\times6=6.42\text{m}$

(2) 图 5.5.2-6 (b) 所示框架

AB 柱 $K_1=3$

$K_2=0$（A 端为铰接）

查《钢标》表 E.0.2，得 $\mu=2.11$

计算长度 $l_0=2.11\times6=12.66\text{m}$

(3) 图 5.5.2-6 (c) 所示框架

AB 柱 $K_1=0$（横梁与柱铰接）

$K_2=10$（A 端为固定端）

查《钢标》表 E.0.2，得 $\mu=2.03$

计算长度 $l_0=2.03\times6=12.18\text{m}$

上述三图所示框架柱的计算长度系数 μ 均大于 1，以 (b) 图示框架柱的 μ 值为最大，其稳定性最差。

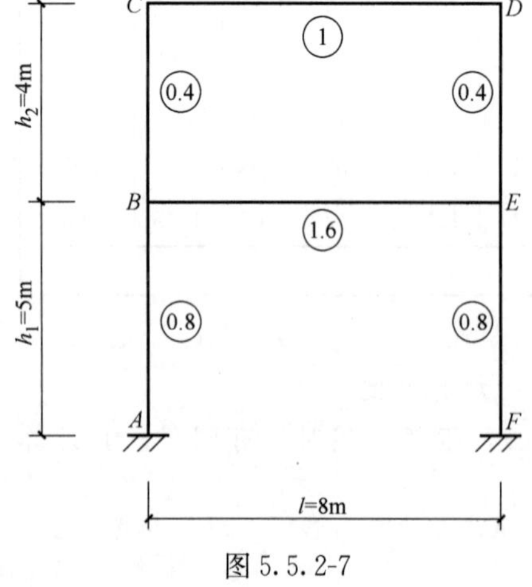

图 5.5.2-7

【例 5.5.2-2】 双层单跨框架柱的计算长度。

要求：求图 5.5.2-7 所示刚架柱的计算长度系数。图中圆圈中数字表示各构件的相对线刚度。

【答案】 失稳时框架有侧移，应查《钢标》表 E.0.2。

AB 柱

$K_1=\frac{1.6}{0.4+0.8}=1.333$，$K_2=10$（A 端固定）

$\mu'_1=1.133$（查《钢标》表 E.0.2）

BC 柱 $K_1=\frac{1}{0.4}=2.5$，$K_2=\frac{1.6}{0.4+0.8}=1.333$

$\mu'_2=1.200$（查《钢标》表 E.0.2）。

【例 5.5.2-3】单层双跨框架柱的计算长度。

条件：图 5.5.2-8 所示为双跨等截面柱框架，柱与基础铰接。已知：$I_0=229100\text{cm}^4$，$I_1=28800\text{cm}^4$，$I_2=62500\text{cm}^4$。

要求：试确定边柱与中柱在框架平面内的计算长度。

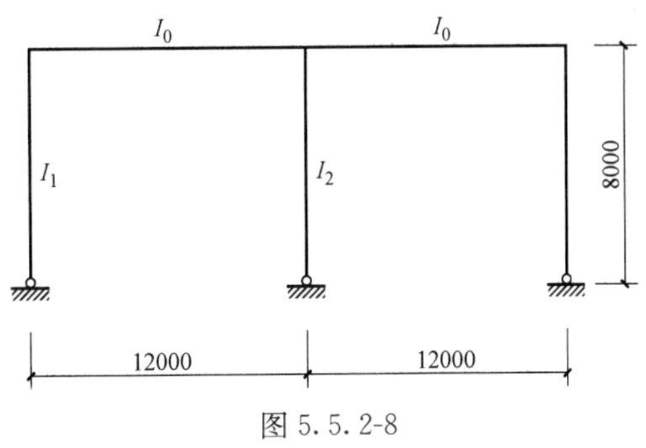

图 5.5.2-8

【答案】

(1) 边柱

$$K_1=\frac{I_0H}{I_1l}=\frac{229100\times8}{28800\times12}=5.3,\ K_2=0$$

柱的上端与横梁刚接，下端为铰接，按有侧移框架查《钢标》表 E.0.2。得：$\mu_1=2.068$

$$H_{01}=\mu_1H=2.068\times8\text{m}=16.5\text{m}$$

(2) 中柱

$$K_1=\frac{2I_0H}{I_2l}=\frac{2\times229100\times8}{62500\times12}=4.9,\ K_2=0$$

查《钢标》表 E.0.2 得：$\mu_2=2.0765$

$$H_{02}=\mu_2H=2.0765\times8\text{m}=16.6\text{m}。$$

图 5.5.2-9

【例 5.5.2-4】三层双跨框架柱的计算长度。

条件：图 5.5.2-9 所示一有侧移多层框架，图中圆圈内数字为横梁或柱的线刚度值。

要求：确定各柱在框架平面内的计算长度系数。

【答案】先计算 K_1、K_2，然后按附表 E.0.2，查出 μ 值。

柱 C1　$K_1=\frac{4}{2}=2$，$K_2=\frac{10}{2+3}=2$，$\mu=1.16$；

柱 C2　$K_1=\frac{10}{2+3}=2$，$K_2=\frac{10}{3+4}=1.43$，$\mu=1.21$；

柱 C3　$K_1=\frac{10}{3+4}=1.43$，$K_2=10$，$\mu=1.14$；

柱 C4　$K_1=\frac{4}{2}=2$，$K_2=\frac{10+10}{2+3}=4$，$\mu=1.12$；

柱 C5　$K_1=\frac{10+10}{2+3}=4$，$K_2=\frac{10+10}{3+4}=2.86$，$\mu=1.10$；

柱 C6　$K_1=\frac{10+10}{3+4}=2.86$，$K_2=0$，$\mu=2.12$；

柱 C7　$K_1=\frac{10}{3}=3.33$，$K_2=\frac{10}{3+4}=1.43$，$\mu=1.18$；

柱 C8　$K_1=\frac{10}{3+4}=1.43$，$K_2=10$，$\mu=1.14$。

【例 5.5.2-5】 某钢结构框架结构，柱列纵向设交叉支撑，柱脚铰接（平板支座）。平台主次梁间采用简支平接，平台板采用带肋钢铺板，梁柱构件均选用轧制 H 型钢。其中框架 GJ-1 计算简图及梁柱截面特性如图 5.5.2-10 所示。试问，在框架平面内柱的计算长度系数 μ，应与下列何项数值最为接近？

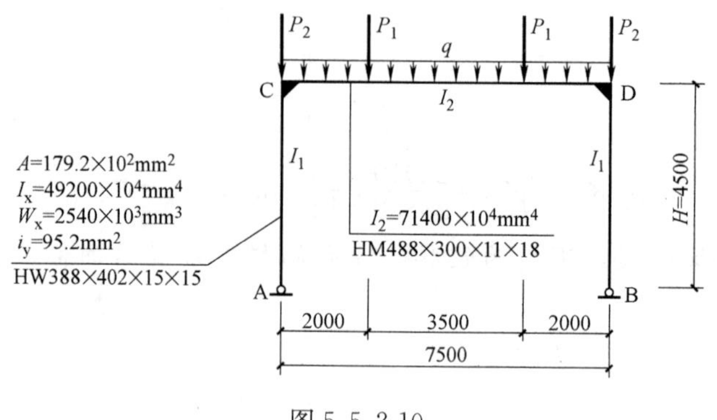

图 5.5.2-10

（A）0.7　　（B）1.0　　（C）1.25　　（D）2.0

【答案】（D）

【解答】 根据《钢标》附录 E 表 E.0.2 及其附注：

由于 GJ-1 为有侧移框架，且柱与基础铰接（平板支座），根据注 1：

$$K_1=\frac{I_2}{I_1}\cdot\frac{H}{l}=\frac{71400}{49200}\times\frac{4500}{7500}=0.87$$

$$K_2=0.1\ （附注\ E.0.2\ 注\ 3）$$

查表 E.0.2：$\mu\approx1.95$。

【例 5.5.2-6】 某二层操作平台为框架结构，框架柱平面外设有柱间支撑，平台面设有简支梁和钢铺板。框架结构采用一阶弹性分析方法进行内力计算，计算简图和构件编号如图 5.5.2-11 所示。

已知 GZ3 和 GL 上采用相同规格的热轧 H 型钢。试问，GZ3 在框架平面内的计算长

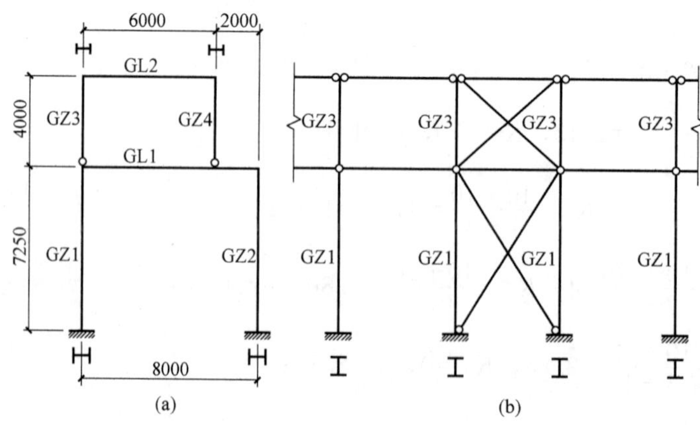

图 5.5.2-11

度系数 μ 值，与下列何项数值最为接近？

提示：①GL2 所受轴心压力 N_b 忽略不计。

②中间值按插值法计算。

(A) 2.33　　(B) 2.54　　(C) 2.64　　(D) 2，78

【答案】(B)

【解答】根据《钢标》第 8.3.1.1 条：按附录 E 表 E.0.2 确定 μ 值

GZ3 柱底铰接，$K_2=0$

$K_1=\frac{I/L}{I/H}=\frac{I/6}{I/4}=\frac{2}{3}$，查表 E.0.2

$$\mu=2.64-\left(\frac{2}{3}-0.5\right)\times\frac{2.64-2.33}{1-0.5}=2.54$$

(3) 强支撑框架柱（无侧移框架柱）的计算长度

《钢标》规定

8.3.1 等截面柱，在框架平面内的计算长度应等于该层柱的高度乘以计算长度系数 μ。当采用一阶弹性分析方法计算内力时，框架柱的计算长度系数 μ 应按下列规定确定：

2 有支撑框架：

当支撑结构（支撑桁架、剪力墙等）满足式（8.3.1-6）要求时，为强支撑框架，框架柱的计算长度系数 μ 可按本标准附录 E 表 E.0.1 无侧移框架柱的计算长度系数确定，

无侧移框架柱的计算长度系数 μ　　**表 E.0.1**

K_2 \ K_1	0	0.05	0.1	0.2	0.3	0.4	0.5	1	2	3	4	5	≥10
0	1.000	0.990	0.981	0.964	0.949	0.935	0.922	0.875	0.820	0.791	0.773	0.760	0.732
0.05	0.990	0.981	0.971	0.955	0.940	0.926	0.914	0.867	0.814	0.784	0.766	0.754	0.726
0.1	0.981	0.971	0.962	0.946	0.931	0.918	0.906	0.860	0.807	0.778	0.760	0.748	0.721
0.2	0.964	0.955	0.946	0.930	0.916	0.903	0.891	0.846	0.795	0.767	0.749	0.737	0.711
0.3	0.949	0.940	0.931	0.916	0.902	0.889	0.878	0.834	0.784	0.756	0.739	0.728	0.701
0.4	0.935	0.926	0.918	0.903	0.889	0.877	0.866	0.823	0.774	0.747	0.730	0.719	0.693
0.5	0.922	0.914	0.906	0.891	0.878	0.866	0.855	0.813	0.765	0.738	0.721	0.710	0.685
1	0.875	0.867	0.860	0.846	0.834	0.823	0.813	0.774	0.729	0.704	0.688	0.677	0.654
2	0.820	0.814	0.807	0.795	0.784	0.774	0.765	0.729	0.686	0.663	0.648	0.638	0.615
3	0.791	0.784	0.778	0.767	0.756	0.747	0.738	0.704	0.663	0.640	0.625	0.616	0.593
4	0.773	0.766	0.760	0.749	0.739	0.730	0.721	0.688	0.648	0.625	0.611	0.601	0.580
5	0.760	0.754	0.748	0.737	0.728	0.719	0.710	0.677	0.638	0.616	0.601	0.592	0.570
≥10	0.732	0.726	0.721	0.711	0.701	0.693	0.685	0.654	0.615	0.593	0.580	0.570	0.549

【例 5.5.2-7】无侧移框架柱的计算长度。

条件：图 5.5.2-12 所示两个无侧移框架，各杆惯性矩相同。

要求：确定无侧移框架柱平面内的计算长度（mm）。

【答案】

(1) 无侧移框架柱，有一梁远端铰接

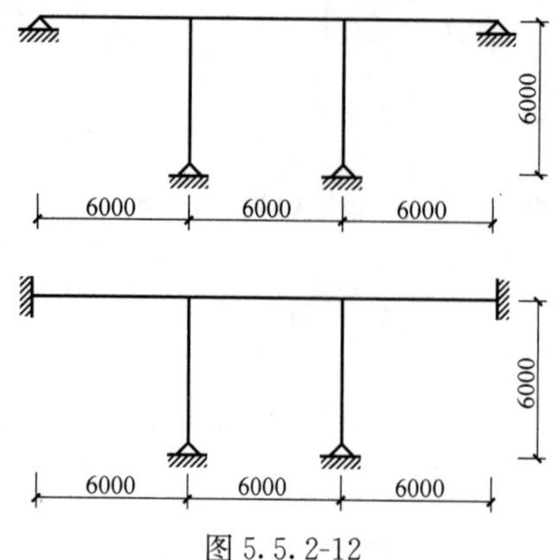

图 5.5.2-12

柱顶，$K_1=\dfrac{\sum i_b}{\sum i_c}=\dfrac{1+1.5}{1}=2.5$；柱底，$K_2=0$

查《钢标》表 E.0.1，$\mu=0.8055$，$l_{0x}=\mu l=0.8055\times6=4.833\text{m}$

(2) 无侧移框架柱，有一梁远端嵌固

柱顶，$K_1=\dfrac{\sum i_b}{\sum i_c}=\dfrac{1+2}{1}=3$；柱底，$K_2=0$ 查表 E.0.1，$\mu=0.791$，$l_{0x}=\mu l=0.791\times6=4.746\text{m}$。

【例 5.5.2-8】 支撑对框架计算长度的影响

条件：图 5.5.2-13 (a) 所示为双跨等截面框架，柱与基础刚接。

要求：(1) 试将该框架按无支撑纯框架，确定其框架柱（边柱和中柱）在框架平面内的计算长度。

(2) 在该框架内加支撑（图 5.5.2-13 (b)），按强支撑框架计算其框架柱（边柱和中柱）在框架平面内的计算长度，并将其结果与上述无支撑纯框架情况进行比较。

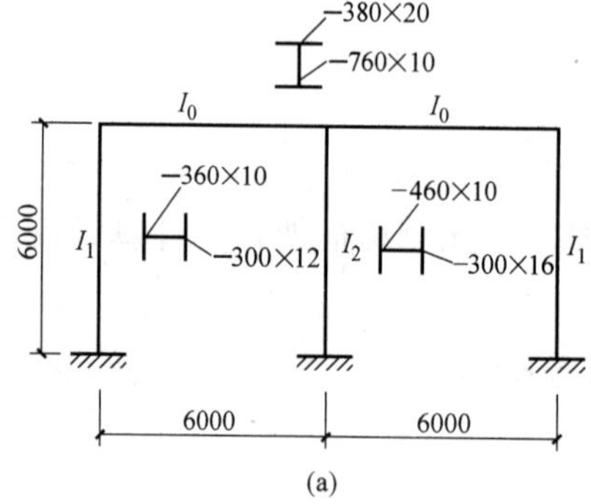

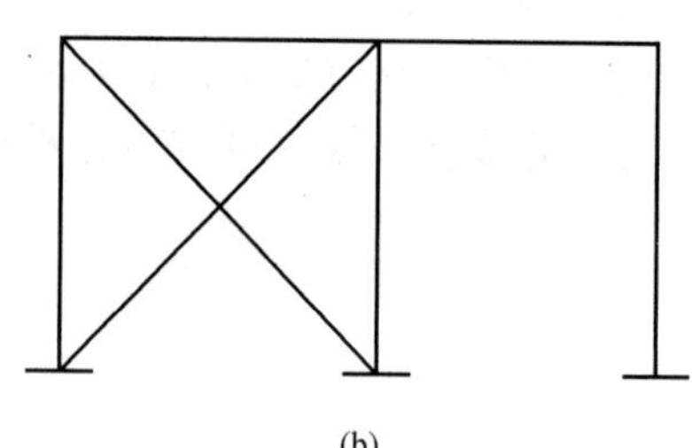

图 5.5.2-13

【答案】

$$I_0=\frac{1}{12}\times1\times76^3+2\times38\times2\times39^2=267770\ (\text{cm}^4)$$

$$I_1=\frac{1}{12}\times1\times36^3+2\times30\times1.2\times18.6^2=28800\ (\text{cm}^4)$$

$$I_2=\frac{1}{12}\times1\times46^3+2\times30\times1.6\times23.8^2=62500\ (\text{cm}^4)$$

$$K_0=\frac{I_0H}{I_1L}=\frac{267770\times6}{28800\times6}=9.3$$

$$K_1=\frac{2I_0H}{I_2L}=\frac{2\times267770\times6}{62500\times6}=8.6$$

(1) 按无支撑纯框架计算

① 边柱：柱下端为刚接，取 $K_2=10$，由 K_1 和 K_2 查《钢标》表 E.0.2 得 $\mu_1=1.033$。边柱的计算长度为

$$H_{01}=1.033\times6=6.198\ (\text{m})$$

② 中柱：柱下端为刚接，取 $K_2=10$，由 K_1 和 K_2 查《钢标》表 E.0.2 得 $\mu_1=1.036$。中柱的计算长度为

$$H_{02}=1.036\times6=6.216\ (\mathrm{m})$$

(2) 按强支撑框架计算

① 边柱：由 K_1 和 K_2 查《钢标》表 E.0.1 得 $\mu_1=0.552$。边柱的计算长度为

$$H_{01}=0.552\times6=3.312\ (\mathrm{m})$$

② 中柱：由 K_1 和 K_2 查《钢标》表 E.0.1 得 $\mu_1=0.555$。中柱的计算长度为

$$H_{02}=0.555\times6=3.33\ (\mathrm{m})$$

设支撑后，框架柱的计算长度大大减少，承载力提高。

【例 5.5.2-9】 双层双跨框架柱的计算长度系数。

条件：图 5.5.2-14 为一双层双跨等截面有侧移框架，梁柱均为刚接，柱脚铰接。梁、柱截面尺寸为：柱 1 为 H300×200×6×8；柱 2 为 H400×200×6×10；柱 3 为 H300×200×6×8；柱 4 为 H400×200×6×10；梁 1 为 H300×180×6×8；梁 2 为 H250×150×6×8。梁长 $l_b=7.2$m，柱高 $l_c=4.5$m。

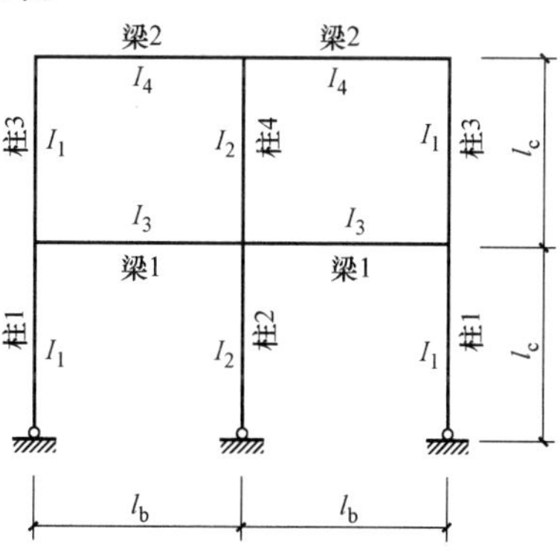

图 5.5.2-14

要求：(1) 确定各柱在框架平面内的计算长度系数。

(2) 若框架平面内在梁端有可靠的支承点，为无侧移框架，确定各柱平面内的计算长度。

【答案】 (1) 计算截面惯性矩

$$I_1=2\times20.0\times0.8\times(30.0/2-0.8/2)^2+0.6\times(30.0-2\times0.8)^3/12=7966.4\mathrm{cm}^4$$

$$I_2=2\times20.0\times1.0\times(40.0/2-1.0/2)^2+0.6\times(40.0-2\times1.0)^3/12=17953.6\mathrm{cm}^4$$

$$I_3=2\times18.0\times0.8\times(30.0/2-0.8/2)^2+0.6\times(30.0-2\times0.8)^3/12=7284.3\mathrm{cm}^4$$

$$I_4=2\times15.0\times0.8\times(25.0/2-0.8/2)^2+0.6\times(25.0-2\times0.8)^3/12=4154.5\mathrm{cm}^4$$

(2) 有侧移框架柱平面内计算长度

柱 1： $K_1=\dfrac{\Sigma I_b/l_b}{\Sigma I_c/l_c}=\dfrac{I_3/l_b}{2\times I_1/l_c}=\dfrac{7284.3/720}{2\times7966.4/450}=0.286$，$K_2=0$

查《钢标》表 E.0.2 得：$\mu_1=3.07$

柱 2： $K_1=\dfrac{\Sigma I_b/l_b}{\Sigma I_c/l_c}=\dfrac{2\times I_3/l_b}{2\times I_2/l_c}=\dfrac{2\times7284.3/720}{2\times17953.6/450}=0.254$，$K_2=0$

查《钢标》表 E.0.2 得： $\mu_2=3.20$

柱 3： $K_1=\dfrac{\Sigma I_b/l_b}{\Sigma I_c/l_c}=\dfrac{I_4/l_b}{I_1/l_c}=\dfrac{4154.5/720}{7966.4/450}=0.326$，$K_2=0.286$

查《钢标》表 E.0.2 得： $\mu_3=1.89$

柱 4： $K_1=\dfrac{\Sigma I_b/l_b}{\Sigma I_c/l_c}=\dfrac{2\times I_4/l_b}{I_2/l_c}=\dfrac{2\times4154.5/720}{17953.6/450}=0.289$，$K_2=0.254$

查《钢标》表 E.0.2 得：$\mu_4=1.99$

(3) 无侧移框架柱平面内计算长度

柱 1： $K_1=0.286$，$K_2=0$

查《钢标》表 E. 0. 1 得：$\mu_1=0.951$

柱 2： $K_1=0.254$，$K_2=0$

查《钢标》表 E. 0. 1 得：$\mu_2=0.956$

柱 3： $K_1=0.326$，$K_2=0.286$

查《钢标》表 E. 0. 1 得：$\mu_3=0.901$

柱 4： $K_1=0.289$，$K_2=0.254$

查《钢标》表 E. 0. 1 得：$\mu_4=0.910$

(4) 讨论。以上计算表明，在框架几何尺寸完全相同的情况下，有侧移框架柱的计算长度系数比无侧移框架的要大得多，相应地，有侧移框架柱的承载力比无侧移框架的要小很多。

【例 5. 5. 2-10】 无侧移框架柱的计算长度。

条件：如图 5. 5. 2-15 所示一有支撑的多层对称框架，承受对称布置的竖向节点荷载。支撑架有足够的抗侧移刚度因而可认为该框架为无侧移框架。框架中横梁与柱为刚性连接。采用一阶弹性分析方法计算内力。

要求：求该框架各柱的计算长度系数。图中圆圈中数字为相对线刚度值。

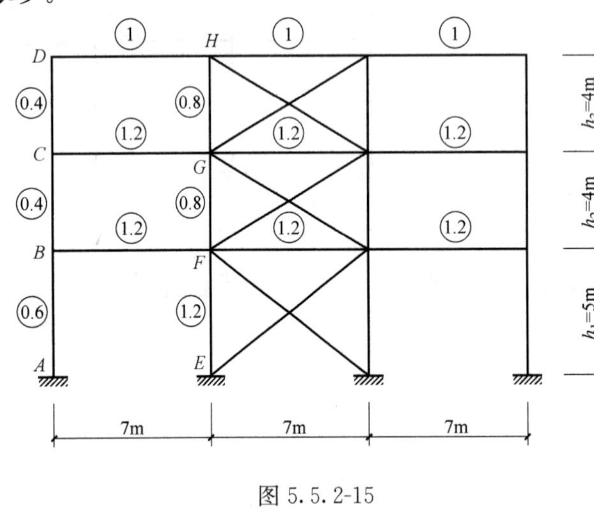

图 5. 5. 2-15

【答案】 本刚架为无侧移刚架，结构及荷载为对称，可利用《钢标》表 E. 0. 1 查取各柱的计算长度系数。

柱 AB $\qquad K_1=\dfrac{1.2}{0.4+0.6}=1.2 \qquad K_2=10$

$$\mu_{AB}=0.619$$

柱 BC $\qquad K_1=\dfrac{1.2}{0.4+0.4}=1.5 \qquad K_2=1.2$

$$\mu_{BC}=0.742$$

柱 CD $\qquad K_1=\dfrac{1}{0.4}=2.5 \qquad K_2=1.5$

$$\mu_{CD}=0.696$$

柱 EF $\qquad K_1=\dfrac{1.2+1.2}{1.2+0.8}=1.2 \qquad K_2=10$

$$\mu_{EF}=0.619$$

柱 FG $\qquad K_1=\dfrac{1.2+1.2}{0.8+0.8}=1.5 \qquad K_2=1.2$

$$\mu_{FG}=0.742$$

柱 GH $\qquad K_1=\dfrac{1+1}{0.8}=2.5 \qquad K_2=1.5$

$$\mu_{GH}=0.696$$

【例 5.5.2-11】

假定，图 5.5.2-16 中框架 X 平面内与柱 JK 上、下端相连的框架梁远端为铰接。试问，当计算柱 JK 在重力作用下的稳定性时，X 向平面内计算长度系数与下列何项数值最为接近？

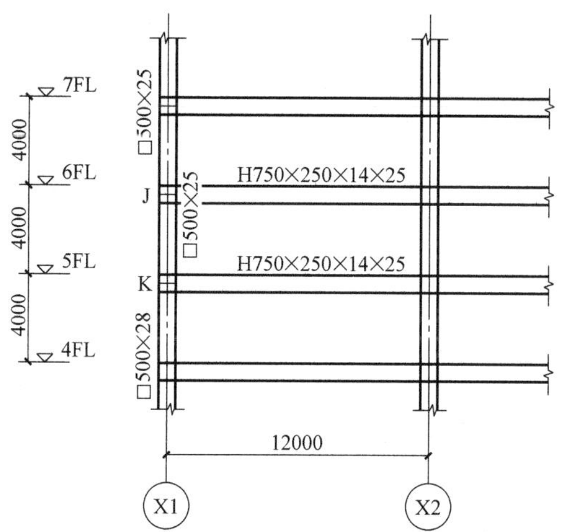

截面	I_x (mm⁴)
H750×250×14×25	2.04×10^9
□500×25	1.79×10^9
□500×28	1.97×10^9

图 5.5.2-16

提示：结构 X 向满足强支撑框架的条件，符合刚性楼面假定。

(A) 0.80 $\qquad$ (B) 0.90 $\qquad$ (C) 1.00 $\qquad$ (D) 1.50

【答案】(B)

根据《钢标》第 8.3.1 条，强支撑框架，框架柱计算长度系数按无侧移框架柱的计算长度系数确定。

相交于柱上端梁的线刚度之和 $\quad \dfrac{2.04\times10^9\times1.5}{12000}E=2.55\times10^5E$

相交于柱上端节点柱的线刚度之和 $\quad \left(\dfrac{1.79\times10^9}{4000}+\dfrac{1.79\times10^9}{4000}\right)E=8.95\times10^5E$

相交于柱下端梁的线刚度之和 $\quad \dfrac{2.04\times10^9\times1.5}{12000}E=2.55\times10^5E$

相交于柱下端节点柱的线刚度之和 $\quad \left(\dfrac{1.79\times10^9}{4000}+\dfrac{1.97\times10^9}{4000}\right)E=9.4\times10^5E$

$$K_1=\frac{2.55\times10^5E}{8.95\times10^5E}=0.28, K_2=\frac{2.55\times10^5E}{9.4\times10^5E}=0.27$$

查《钢标》表 E.0.1，得 $\mu=0.9$。

【例 5.5.2-12】某车间设备平台改造增加一跨，新增部分跨度 8m，柱距 6m，采用柱下端铰接、梁柱刚接、梁与原有平台铰接的刚架结构，平台铺板为钢格栅板；刚架计算简图如图 5.5.2-17 所示；图中长度单位为 mm。

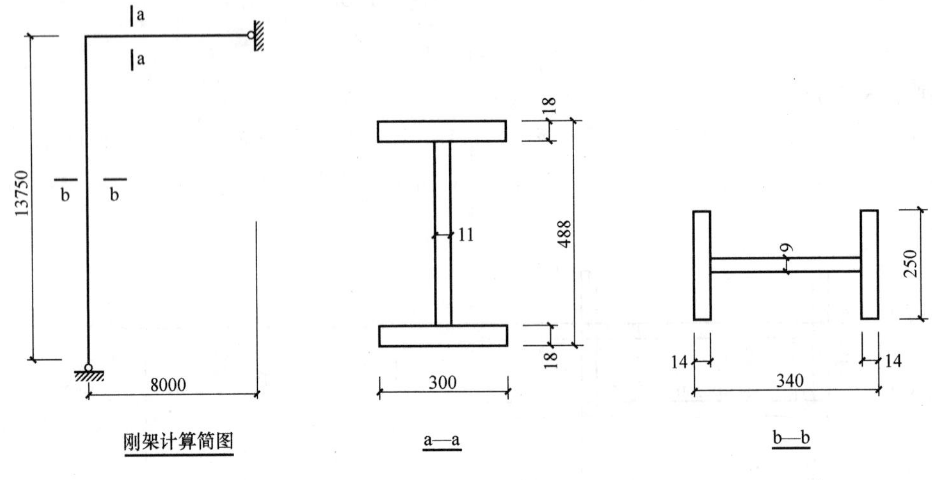

图 5.5.2-17

构件截面参数

截　面	截面面积 A（mm^2）	惯性矩（平面内）I_x（mm^4）	惯性半径 i_x（mm）	惯性半径 i_y（mm）	截面模量 W_x（mm^3）
HM340×250×9×14	99.53×10^2	21200×10^4	14.6×10	6.05×10	1250×10^4
HM488×300×11×18	159.2×10^2	68900×10^4	20.8×10	7.13×10	2820×10^3

假定刚架无侧移，刚架梁及柱均采用双轴对称轧制 H 型钢，梁计算跨度 l_x=8m，平面外自由长度 l_y=4m，梁截面为 HM488×300×l1×18，柱截面为 HM340×250×9×14，柱下端采用平板支座。试问，框架平面内柱的计算长度系数与下列何项数值最为接近？

提示：忽略横梁轴心压力的影响。

(A) 0.79　　(B) 0.76　　(C) 0.73　　(D) 0.70

【答案】(C)

如题图：柱高度取 H=13750mm，梁跨度 L=8000mm

根据《钢标》第 8.3.1 条及表 E.0.1：柱下端铰接采用平板支座：K_2=0.1；

柱上端，梁远端为铰接：

$$K_1=\frac{1.5I_bH}{I_cL}=\frac{1.5\times68900\times10^4\times13750}{21200\times10^4\times8000}=8.4$$

查表 E.0.1，计算长度系数 μ=0.73。

(4) 附有摇摆柱的无支撑纯框架柱和弱框架柱的计算长度

多跨框架可以把一部分柱和梁组成框（刚）架体系来抵抗侧力，而把其余的柱做成两端铰接。这种不参加承受侧力的柱称为摇摆柱（图 5.5.2-18），它们的截面较小，连接构造简单，从而降低造价。不过这些上下均为铰接的摇摆柱承受荷载的倾覆作用必然由支持它的框（刚）架来抵抗，使框（刚）架柱的计算长度增大。规范规定，附有摇摆桩的无支撑纯框架柱的计算长度系数应乘以增大系数 η。

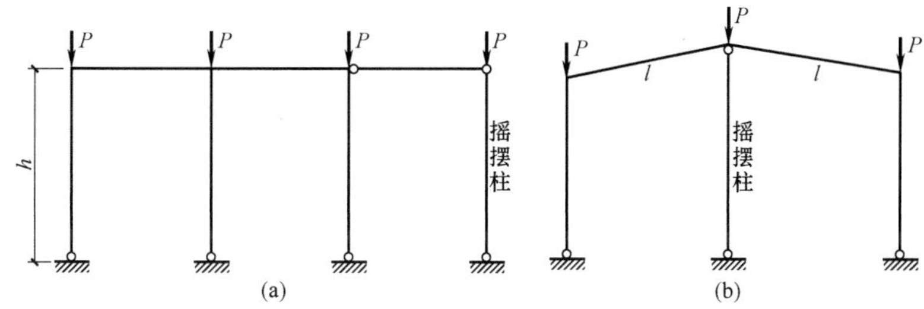

图 5.5.2-18　带有摇摆柱的框架

图 5.5.2-18 中，框架（a）的三根框架柱在按两跨框架得出计算长度系数 μ 后，再乘以增大系数。框架（b）的两根边柱，则先按跨度为 $2l$ 的单跨框架（l 为斜梁长度）求得计算长度系数 μ，再乘以增大系数。

2.1.20　摇摆柱

设计为只承受轴向力而不考虑侧向刚度的柱子。

8.3.1　等截面柱，在框架平面内的计算长度应等于该层柱的高度乘以计算长度系数 μ。当采用一阶弹性分析方法计算内力时，框架柱的计算长度系数 μ 应按下列规定确定：

1　无支撑框架：

2）设有摇摆柱时，摇摆柱自身的计算长度系数取 1.0，框架柱的计算长度系数应乘以放大系数 η，η 应按下式计算：

$$\eta=\sqrt{1+\frac{\Sigma(N_l/h_l)}{\Sigma(N_f/h_f)}} \quad (8.3.1\text{-}2)$$

式中：$\Sigma(N_f/h_f)$——本层各框架柱轴心压力设计值与柱子高度比值之和；

$\Sigma(N_l/h_l)$——本层各摇摆柱轴心压力设计值与柱子高度比值之和。

【例 5.5.2-13】 附有摇摆柱的有侧移框架柱的计算长度（一）。

条件：如图 5.5.2-19 所示有侧移框架柱，各杆惯性矩相同

要求：确定柱 A、柱 B 平面内的计算长度(mm)

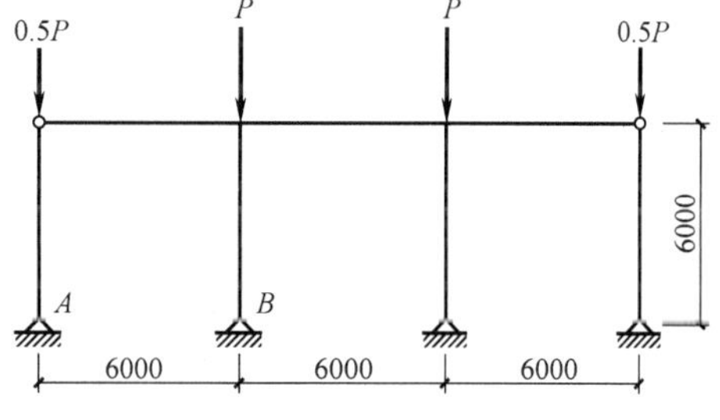

图 5.5.2-19

【答案】

柱 A：上，下端均为铰接，是摇摆柱，

由《钢标》8.3.1 条，摇摆柱计算长度为几何长度。

$$l_0=l=6\text{m}$$

柱 B，有一梁远端铰接，

柱顶，$K_1=\dfrac{\Sigma i_b}{\Sigma i_c}=\dfrac{1+0.5}{1}=1.5$，柱底，$K_2=0$，查表 E.0.2，$\mu=2.25$，$l_{0x}=\mu l=2.25\times6=13.5\text{m}$。

由《钢标》式（8.3.1-2)，附有摇摆柱的有侧移框架柱的计算长度增大系数

$$\eta=\sqrt{1+\frac{\Sigma\ (N_1/H_1)}{\Sigma\ (N_f/H_f)}}=\sqrt{1+0.5}=1.22。$$

$$l_{0x}=\eta\mu l=1.22\times13.5=16.5\text{m}。$$

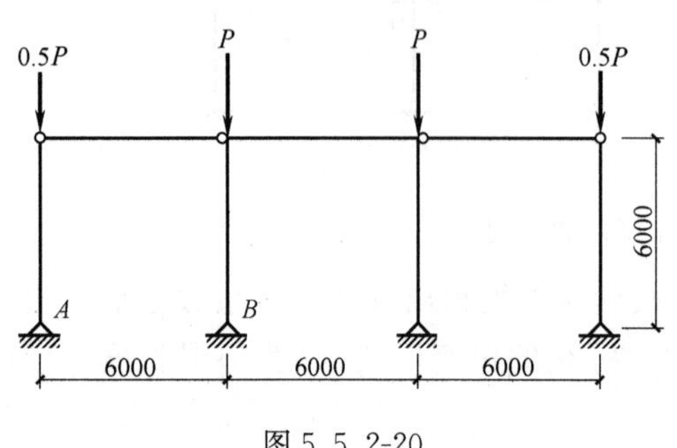

图 5.5.2-20

【例 5.5.2-14】 附有摇摆柱的有侧移框架柱的计算长度（二）。

条件：如图 5.5.2-20 所示有侧移框架柱，各杆惯性矩相同。

要求：确定柱 B 平面内的计算长度（mm）。

【答案】

有侧移框架，查表 E.0.2，柱 B：

柱顶 $K_1=\frac{\Sigma i_b}{\Sigma i_c}=\frac{1}{1}=1$，　柱底，$K_2=0$，

查《钢标》表 E.0.2，$\mu=2.33$

附有摇摆柱，计算长度增大系数 η：

由《钢标》式（8.3.1-2）$\eta=\sqrt{1+\frac{\Sigma\ (N_1/H_1)}{\Sigma\ (N_f/H_f)}}=\sqrt{1+0.5}=1.22$

计算长度 $l_{0x}=\eta\mu l=1.22\times2.33\times6=17.06\text{m}$。

【例 5.5.2-15】 附有摇摆柱的有侧移框架柱的计算长度（三）。

条件：如图 5.5.2-21 所示有侧移框架柱，各杆惯性矩相同。

要求：确定柱在平面内的计算长度（mm）。

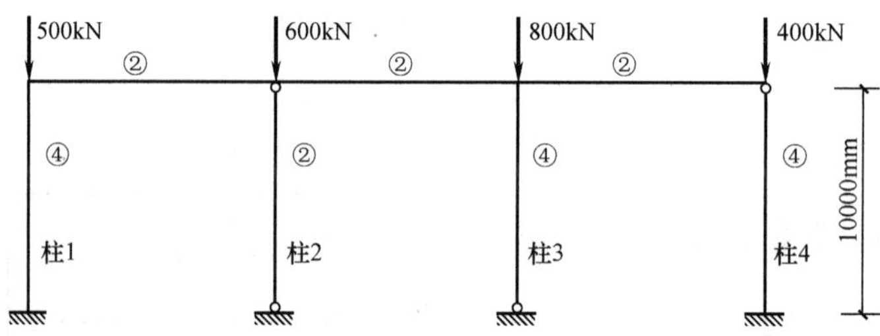

图 5.5.2-21

【答案】 附有摇摆柱的有侧移框架——根据附表 E.0.2 计算，并考虑修正系数 η。

$$\eta=\sqrt{1+\frac{\Sigma(N_1/H_1)}{\Sigma(N_f/H_f)}}=\sqrt{1+\frac{600}{500+800+400}}=1.163$$

柱 2 为摇摆柱，求柱 1、柱 3、柱 4 的计算长度时，按两跨计算得，柱 1 至柱 3 一跨、柱 3 至柱 4 一跨，得到计算长度系数后再乘以 η。

柱 1：框架柱

柱上端　　$K_1=\frac{\Sigma EI_b/l_b}{\Sigma EI_c/l_c}=\frac{2\times0.5}{4}=0.25$

柱下端　$K_2=10$（柱与基础刚接），$\mu=1.47$

框架柱 1 计算长度 $l_0=1.47\times1.163\times10=17.096\text{m}$

柱 2：摇摆柱

摇摆柱计算长度 $l_0=H=10\text{m}$

柱 3：框架柱

柱上端 $K_1=\dfrac{\sum EI_b/l_b}{\sum EI_c/l_c}=\dfrac{2\times0.5+2\times0.5}{4}=0.5$

柱下端 $K_2=0$（柱与基础铰接），$\mu=2.64$

框架柱 3 计算长度 $l_0=2.64\times1.163\times10=30.7032\text{m}$

柱 4：框架柱

柱上端 $K_1=0$（柱与横梁铰接）

柱下端 $K_2=10$（柱与基础刚接）故 $\mu=2.03$

框架柱 4 计算长度 $l_0=2.03\times1.163\times10=23.609\text{m}$。

【例 5.5.2-16】 单层双跨框架柱的计算长度系数。

条件：图 5.5.2-22 表示一铰接柱脚的双跨等截面柱框架。

要求：确定边柱和中柱在框架平面内的计算长度。

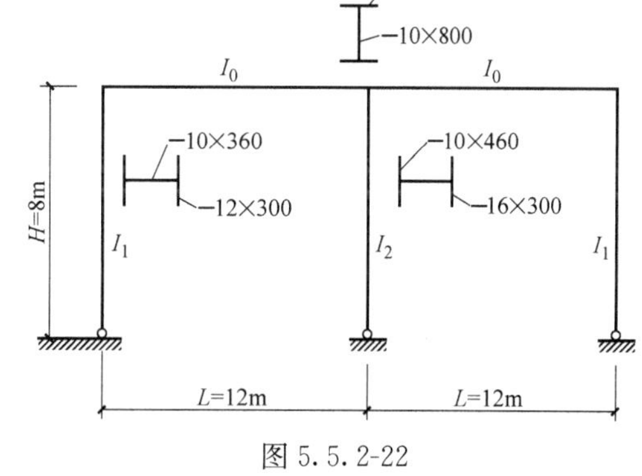

图 5.5.2-22

【答案】（1）构件的截面惯性矩。

横梁：$I_0=1\times80^3/12+2\times35\times1.6\times40.8^2=229106\text{cm}^4$

边柱：$I_1=1\times36^3/12+2\times30\times1.2\times18.6^2=28797\text{cm}^4$

中柱：$I_2=1\times46^3/12+2\times30\times1.6\times23.8^2=62489\text{cm}^4$

（2）这是一个有侧移框架，柱的下端与柱铰接，上端与横梁刚接，查《钢标》表 E.0.2 得 $K_2=0$。

（3）横梁的线刚度与边柱的线刚度比值，$K_1=\dfrac{I_0H}{I_1l}=\dfrac{229106\times8}{28797\times12}=5.3$ 查《钢标》表 E.0.2 得边柱的计算长度系数：$\mu=2.07-\dfrac{5.3-5}{10-5}(2.07-2.03)=2.068$，$l_0=\mu H=2.068\times8=16.544\text{m}$。

（4）两个横梁的线刚度之和与中柱的线刚度比值，

$$K_1=\frac{2I_0H}{I_2l}=\frac{2\times229106\times8}{62489\times12}=4.9$$

查《钢标》表 E.0.2 得中柱的计算长度系数：$\mu=2.07+\dfrac{5-4.9}{5-1}(2.33-2.07)=2.0765$，$l_0=\mu H=2.0765\times8=16.612\text{m}$。

【例 5.5.2-17】 附摇摆柱的框架柱计算长度系数计算。

条件：图 5.5.2-23 为一带摇摆柱的框架。左侧的铰接柱脚双跨等截面柱框架与【例 5.5.2-16】完全相同，各柱柱顶的受力如图所示。

要求：确定三根框架柱平面内的计算长度。

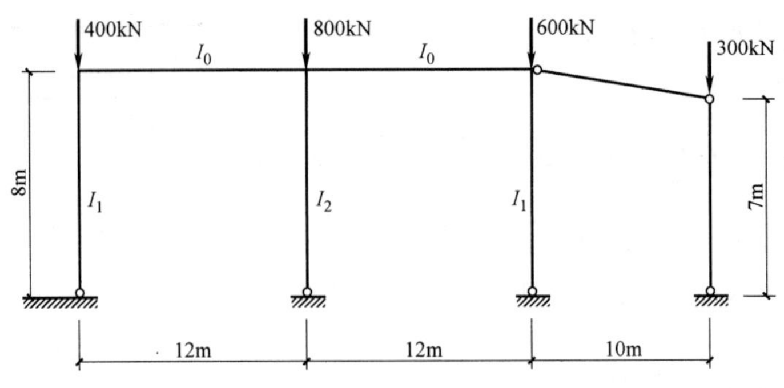

图 5.5.2-23

【答案】应用《钢标》式（8.3.1-2）计算长度增大系数：

$$\eta=\sqrt{1+\frac{\Sigma(N_l/h_l)}{\Sigma(N_\mathrm{f}/h_\mathrm{f})}}=\sqrt{1+\frac{300/7}{400/8+800/8+600/8}}=1.091$$

框架边柱计算长度系数：$\mu=2.068\times1.091=2.256$，$l_0=2.256\times8=18.048\mathrm{m}$

框架中柱计算长度系数：$\mu=2.0765\times1.091=2.266$，$l_0=2.2566\times8=18.128\mathrm{m}$

摇摆柱的计算长度 $l_0=H=7\mathrm{m}$。

3. 变截面阶形柱的计算长度

（1）单阶柱的失稳形式及计算长度系数

图 5.5.2-24（a）和（c）分别表示屋架与阶形柱上端铰接和刚接的单层单跨厂房横向框架。N_1中主要包括由屋盖传给柱的荷载和上部柱所承受的墙体重量（当用墙架时），还包括上部柱的自重等。N_2中包括阶形截面处吊车梁传下的吊车竖向荷载和吊车梁自重、下部柱承受的墙体重量、下部柱自重以及由上部柱传下的 N_1。框架左右两柱所受的轴力 N_1在对称框架中一般相等，但两柱所受吊车竖向荷载因设计柱子时常考虑桥式吊车上的横行小车及所吊荷载位于所计算柱子一边而使两柱受力不等，因而两柱下部柱所受 N_2是不等的。

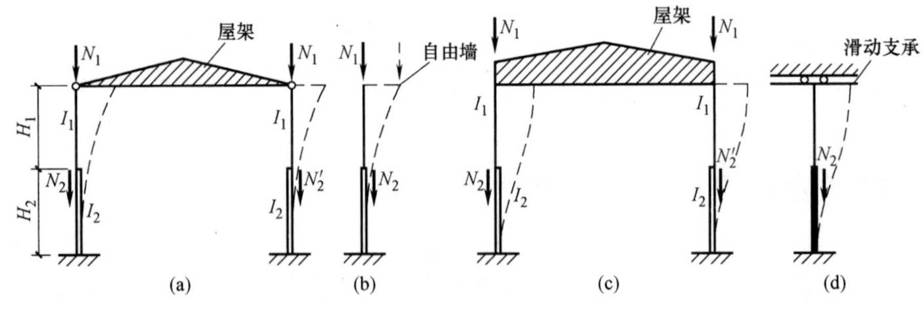

图 5.5.2-24　单阶柱的计算长度

令上部柱与下部柱线刚度之比为

$$K_1=\frac{I_1}{I_2}\cdot\frac{H_2}{H_1}\tag{5.5.2-3}$$

使 N_2与 N_1之比等于下部柱与上部柱欧拉荷载之比，即

$$\frac{N_2}{N_1}=\frac{\pi^2 EI_2/(\mu_2 H_2)^2}{\pi^2 EI_1/(\mu_1 H_1)^2}=\frac{I_2}{I_1}\cdot\frac{H_1^2}{H_2^2}\cdot\frac{\mu_1^2}{\mu_2^2} \tag{5.5.2-4}$$

设

$$\eta_1=\frac{\mu_2}{\mu_1} \tag{5.5.2-5}$$

式（5.5.2-5）代入式（5.5.2-4）得

$$\eta_1=\frac{H_1}{H_2}\sqrt{\frac{I_2}{I_1}\cdot\frac{N_1}{N_2}} \tag{5.5.2-6}$$

上述参数为《钢标》附录表 E.0.3、E.0.4、E.0.5、E.0.6 求阶形柱计算长度系数时用的参数。

单层厂房平面框架之间由于厂房纵向构件的联系实际上可起空间作用。若某框架柱因受吊车最大竖向荷载及其他荷载而失稳，此时相邻框架柱因未受或少受吊车竖向荷载而尚未失稳，这些相邻框架可给所计算框架柱的侧向位移以一定的约束，因此下段柱计算长度系数因空间作用可有所减小。规范中规定了折减系数，下段柱的计算长度系数先由附录求得，再乘以《钢标》表 8.3.3 中所给折减系数。根据此经折减后的 μ_2，由（8.3.3-3）式求 μ_1，这样，既符合厂房工作的实际情况，又可得到经济的效果。

《钢标》8.3.3 条规定

8.3.3 单层厂房框架下端刚性固定的阶形柱，在框架平面内的计算长度应按下列规定确定：

1 单阶柱：

1）下段柱的计算长度系数 μ_2；

当柱上端与横梁铰接时，应按本标准附录 E 表 E.0.3 的数值乘以表 8.3.3 的折减系数；当柱上端与桁架型横梁刚接时，应按本标准附录 E 表 E.0.4 的数值乘以表 8.3.3 的折减系数。

单层厂房阶形柱计算长度的折减系数　　表 8.3.3

<table>
<tr><th colspan="4">厂　房　类　型</th><th rowspan="2">折减系数</th></tr>
<tr><th>单跨或多跨</th><th>纵向温度区段内一个柱列的柱子数</th><th>屋面情况</th><th>厂房两侧是否有通长的屋盖纵向水平支撑</th></tr>
<tr><td rowspan="4">单跨</td><td>等于或少于 6 个</td><td>—</td><td></td><td>0.9</td></tr>
<tr><td rowspan="3">多于 6 个</td><td rowspan="2">非大型混凝土屋面板的屋面</td><td>无纵向水平支撑</td><td rowspan="4">0.8</td></tr>
<tr><td>有纵向水平支撑</td></tr>
<tr><td>大型混凝土屋面板的屋面</td><td>—</td></tr>
<tr><td rowspan="3">多跨</td><td rowspan="3">—</td><td rowspan="2">非大型混凝土屋面板的屋面</td><td>无纵向水平支撑</td></tr>
<tr><td>有纵向水平支撑</td><td rowspan="2">0.7</td></tr>
<tr><td>大型混凝土屋面板的屋面</td><td>—</td></tr>
</table>

$$\eta_1=\frac{H_1}{H_2}\sqrt{\frac{N_1}{N_2}\cdot\frac{I_2}{I_1}} \tag{8.3.3-3}$$

式中：I_1、H_1——阶形柱上段柱的惯性矩（mm^4）和柱高（mm）；

I_2、H_2——阶形柱下段柱的惯性矩（mm^4）和柱高（mm）；

η_1——参数，根据式（8.3.3-3）计算。

2）上段柱的计算长度系数 μ_1 应按下式计算：

$$\mu_1=\frac{\mu_2}{\eta_1} \tag{8.3.3-4}$$

（2）柱的几何长度

① 排架柱的高度 H

当柱顶与屋架铰接时，取柱脚底面至柱顶面的高度，如图 5.5.2-25（a）、（b）、（d）、（e）所示；当柱顶与屋架刚接时，可取柱脚底面至屋架下弦重心线之间的高度，如图 5.5.2-25（c）所示。

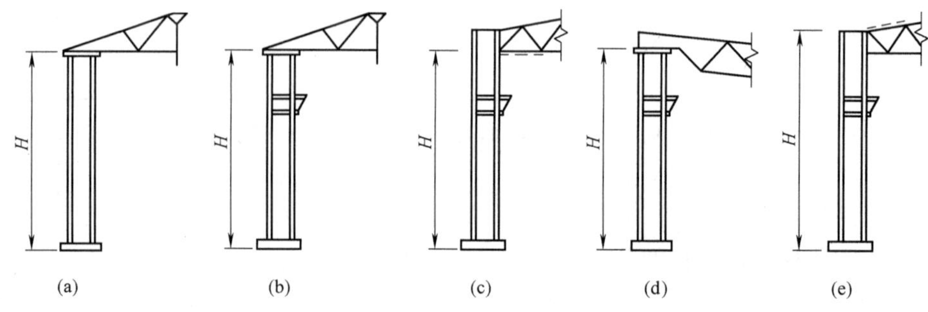

图 5.5.2-25

② 排架下端刚性固定于基础上的单阶柱的高度

上段柱高度：当柱与屋架（横梁）铰接时，取肩梁顶面至柱顶面高度，如图 5.5.2-26（c）所示。当柱与屋架刚接时，取肩梁顶面至屋架下弦杆件重心线间的柱高度如图 5.5.2-26（a）、（b）所示。

下段柱高度：取柱脚底面至肩梁顶面之间的柱高度，如图 5.5.2-26（a）、（b）、（c）所示。

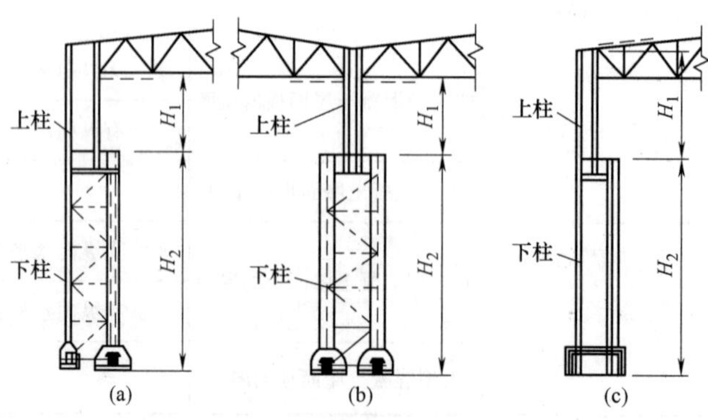

图 5.5.2-26　单阶柱

（3）柱上段为自由的单阶柱的计算长度

柱上端为自由的单阶柱下段的计算长度系数 μ_2 **表 E.0.3**

简图	η_1 \ K_1	0.06	0.08	0.10	0.12	0.14	0.16	0.18	0.20	0.22	0.24	0.26	0.28	0.3	0.4	0.5	0.6	0.7	0.8
	0.2	2.00	2.01	2.01	2.01	2.01	2.01	2.01	2.02	2.02	2.02	2.02	2.02	2.02	2.03	2.04	2.05	2.06	2.07
	0.3	2.01	2.02	2.02	2.02	2.03	2.03	2.03	2.04	2.04	2.05	2.05	2.05	2.06	2.08	2.10	2.12	2.13	2.15
	0.4	2.02	2.03	2.04	2.04	2.05	2.06	2.07	2.07	2.08	2.09	2.09	2.10	2.11	2.14	2.18	2.21	2.25	2.28
	0.5	2.04	2.05	2.06	2.07	2.09	2.10	2.11	2.12	2.13	2.15	2.16	2.17	2.18	2.24	2.29	2.35	2.40	2.45
	0.6	2.06	2.08	2.10	2.12	2.14	2.16	2.18	2.19	2.21	2.23	2.25	2.26	2.28	2.36	2.44	2.52	2.59	2.66
	0.7	2.10	2.13	2.16	2.18	2.21	2.24	2.26	2.29	2.31	2.34	2.36	2.38	2.41	2.52	2.62	2.72	2.81	2.90
	0.8	2.15	2.20	2.24	2.27	2.31	2.34	2.38	2.41	2.44	2.47	2.50	2.53	2.56	2.70	2.82	2.94	3.06	3.16
	0.9	2.24	2.29	2.35	2.39	2.44	2.48	2.52	2.56	2.60	2.63	2.67	2.71	2.74	2.90	3.05	3.19	3.32	3.44
	1.0	2.36	2.43	2.48	2.54	2.59	2.64	2.69	2.73	2.77	2.82	2.86	2.90	2.94	3.12	3.29	3.45	3.59	3.74
$K_1=\frac{I_1}{I_2}\cdot\frac{H_2}{H_1}$	1.2	2.69	2.76	2.83	2.89	2.95	3.01	3.07	3.12	3.17	3.22	3.27	3.32	3.37	3.59	3.80	3.99	4.17	4.34
$\eta_1=\frac{H_1}{H_2}\sqrt{\frac{N_1}{N_2}\cdot\frac{I_2}{I_1}}$	1.4	3.07	3.14	3.22	3.29	3.36	3.42	3.48	3.55	3.61	3.66	3.72	3.78	3.83	4.09	4.33	4.56	4.77	4.97
	1.6	3.47	3.55	3.63	3.71	3.78	3.85	3.92	3.99	4.07	4.12	4.18	4.25	4.31	4.61	4.88	5.14	5.38	5.62
N_1——上段柱的	1.8	3.88	3.97	4.05	4.13	4.21	4.29	4.37	4.44	4.52	4.59	4.66	4.73	4.80	5.13	5.44	5.73	6.00	6.26
轴心力；	2.0	4.29	4.39	4.48	4.57	4.65	4.74	4.82	4.90	4.99	5.07	5.14	5.22	5.30	5.66	6.00	6.32	6.63	6.92
N_2——下段柱的 轴心力	2.2	4.71	4.81	4.91	5.00	5.10	5.19	5.28	5.37	5.46	5.54	5.63	5.71	5.80	6.19	6.57	6.92	7.26	7.58
	2.4	5.13	5.24	5.34	5.44	5.54	5.64	5.74	5.84	5.93	6.03	6.12	6.21	6.30	6.73	7.14	7.52	7.89	8.24
	2.6	5.55	5.66	5.77	5.88	5.99	6.10	6.20	6.31	6.41	6.51	6.61	6.71	6.80	7.27	7.71	8.13	8.52	8.90
	2.8	5.97	6.09	6.21	6.33	6.44	6.55	6.67	6.78	6.89	6.99	7.10	7.21	7.31	7.81	8.28	8.73	9.16	9.57
	3.0	6.39	6.52	6.64	6.77	6.89	7.01	7.13	7.25	7.37	7.48	7.59	7.71	7.82	8.35	8.86	9.34	9.80	10.24

注：表中的计算长度系数 μ_2 值系按下式计算得出：

$$\eta K_1\cdot\mathrm{tg}\frac{\pi}{\mu_2}\cdot\mathrm{tg}\frac{\pi\eta_1}{\mu_2}-1=0$$

【例 5.5.2-18】 工字形截面单阶柱的计算长度。

条件：某单跨单层工业厂房，设有一个吊车，因此柱采用工字形截面单阶柱，如图 5.5.2-27 所示，柱顶端与钢梁铰接，柱底端在平面内与基础刚接，平面外与基础铰接。柱侧向设两道支撑，分别位于柱顶和牛腿处。$N_1=800\text{kN}$，$N_2=3000\text{kN}$，$I_1=4\times10^5\text{cm}^4$，$I_2=5\times10^6\text{cm}^4$。

要求：计算该柱在平面内外的计算长度。

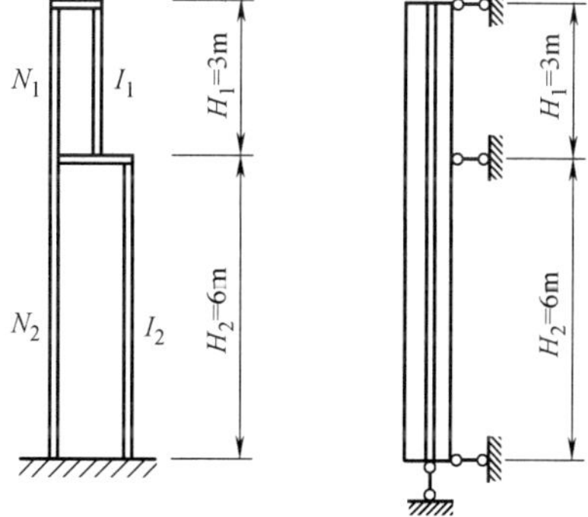

图 5.5.2-27

【答案】

（1）平面外计算长度。平面外计算长度取决于侧向支撑点间距，因此

$$H_{01}=H_1=3\text{m},\ H_{02}=H_2=6\text{m}$$

（2）平面内计算长度

$$K_1=\frac{I_1H_2}{I_2H_1}=\frac{4\times10^5\times600}{5\times10^6\times300}=0.16、\eta_1=\frac{H_1}{H_2}\sqrt{\frac{N_1I_2}{N_2I_1}}=\frac{300}{600}\sqrt{\frac{800\times5\times10^6}{3000\times4\times10^5}}=0.91$$

根据 K_1 和 η_1 查《钢标》表 E. 0. 3 可得

柱上端为自由的单阶柱时的下段柱的计算长度系数 $\mu_2=2.50$，

当柱上端为铰接的单阶柱时，尚应乘折减系数 β，

根据《钢标》表 8. 3. 3 查得 $\beta=0.8$，

故柱上端为铰接的单阶柱，下段柱的计算长度系数 $\mu_2=0.8\times2.5=2.0$

上段柱的计算长度系数 $\mu_1=\dfrac{\mu_2}{\eta_1}=\dfrac{2.0}{0.91}=2.2$

所以平面内计算长度为

$$H_{01}=\mu_1 H_1=2.2\times3=6.6\text{m}$$

$$H_{02}=\mu_2 H_2=2.0\times6=12.0\text{m}。$$

（4）柱上段为可移动但不转动的单阶柱的计算长度

柱上端可移动但不转动的单阶柱下段的计算长度系数 μ_2 **表 E. 0. 4**

简　图	η_1 \ K_1	0.06	0.08	0.10	0.12	0.14	0.16	0.18	0.20	0.22	0.24	0.26	0.28	0.3	0.4	0.5	0.6	0.7	0.8
	0.2	1.96	1.94	1.93	1.91	1.90	1.89	1.88	1.86	1.85	1.84	1.83	1.82	1.81	1.76	1.72	1.68	1.65	1.62
	0.3	1.96	1.94	1.93	1.92	1.91	1.89	1.88	1.87	1.86	1.85	1.84	1.83	1.82	1.77	1.73	1.70	1.66	1.63
	0.4	1.96	1.95	1.94	1.92	1.91	1.90	1.89	1.88	1.87	1.86	1.85	1.84	1.83	1.79	1.75	1.72	1.68	1.66
	0.5	1.96	1.95	1.94	1.93	1.92	1.91	1.90	1.89	1.88	1.87	1.86	1.85	1.85	1.81	1.77	1.74	1.71	1.69
	0.6	1.97	1.96	1.95	1.94	1.93	1.92	1.91	1.90	1.90	1.89	1.88	1.87	1.87	1.83	1.80	1.78	1.75	1.73
	0.7	1.97	1.97	1.96	1.95	1.94	1.94	1.93	1.92	1.92	1.91	1.90	1.90	1.89	1.86	1.84	1.82	1.80	1.78
	0.8	1.98	1.98	1.97	1.96	1.96	1.95	1.95	1.94	1.94	1.93	1.93	1.93	1.92	1.90	1.88	1.87	1.86	1.84
	0.9	1.99	1.99	1.98	1.98	1.98	1.97	1.97	1.97	1.97	1.96	1.96	1.96	1.96	1.95	1.94	1.93	1.92	1.92
$K_1=\dfrac{I_1}{I_2}\cdot\dfrac{H_2}{H_1}$	1.0	2.00	2.00	2.00	2.00	2.00	2.00	2.00	2.00	2.00	2.00	2.00	2.00	2.00	2.00	2.00	2.00	2.00	2.00
$\eta_1=\dfrac{H_1}{H_2}$	1.2	2.03	2.04	2.04	2.05	2.06	2.07	2.07	2.08	2.08	2.09	2.10	2.10	2.11	2.13	2.15	2.17	2.18	2.20
	1.4	2.07	2.09	2.11	2.12	2.14	2.16	2.17	2.18	2.20	2.21	2.22	2.23	2.24	2.29	2.33	2.37	2.40	2.42
$\sqrt{\dfrac{N_1}{N_2}\cdot\dfrac{I_2}{I_1}}$	1.6	2.13	2.16	2.19	2.22	2.25	2.27	2.30	2.32	2.34	2.36	2.37	2.39	2.41	2.48	2.54	2.59	2.63	2.67
	1.8	2.22	2.27	2.31	2.35	2.39	2.42	2.45	2.48	2.50	2.53	2.55	2.57	2.59	2.69	2.76	2.83	2.88	2.93
N_1——上段柱的轴心力；	2.0	2.35	2.41	2.46	2.50	2.55	2.59	2.82	2.66	2.69	2.72	2.75	2.77	2.80	2.91	3.00	3.08	3.14	3.20
N_2——下段柱的轴心力	2.2	2.51	2.57	2.63	2.68	2.73	2.77	2.81	2.85	2.89	2.92	2.95	2.98	3.01	3.14	3.25	3.33	3.41	3.47
	2.4	2.68	2.75	2.81	2.87	2.92	2.97	3.01	3.05	3.09	3.13	3.17	3.20	3.24	3.38	3.50	3.59	3.68	3.75
	2.6	2.87	2.94	3.00	3.06	3.12	3.17	3.22	3.27	3.31	3.35	3.39	3.43	3.46	3.62	3.75	3.86	3.95	4.03
	2.8	3.06	3.14	3.20	3.27	3.33	3.38	3.43	3.48	3.53	3.58	3.62	3.66	3.70	3.87	4.01	4.13	4.23	4.32
	3.0	3.26	3.34	3.41	3.47	3.54	3.60	3.65	3.70	3.75	3.80	3.85	3.89	3.93	4.12	4.27	4.40	4.51	4.61

注：表中的计算长度系数 μ_2 值系按下式计算得出：

$$\tan\frac{\pi\mu_1}{\mu_2}+\eta_1 K_1\cdot\tan\frac{\pi}{\mu_2}=0$$

【例 5. 5. 2-19】 上段柱、下段柱的计算长度。

条件：某一有六个开间的钢结构单跨框架，采用单阶钢柱，柱顶与屋架刚接，柱底与基础假定为刚接，钢柱的简图如图 5. 5. 2-28 所示。屋架下弦设有纵向水平支撑和横向水平支撑。

框架柱的高度：上段柱 $H_1=10\text{m}$，下段柱 $H_2=25\text{m}$

框架柱的惯性矩：上段柱 $I_1=856021\times10^4$（mm^4）

下段柱 $I_2=20769461\times10^4$（mm^4）

框架柱的内力设计值：上段柱 $N_1=43571\text{kN}$

下段柱 $N_2=9820\text{kN}$

要求：上段柱、下段柱在框架平面内的计算长度。

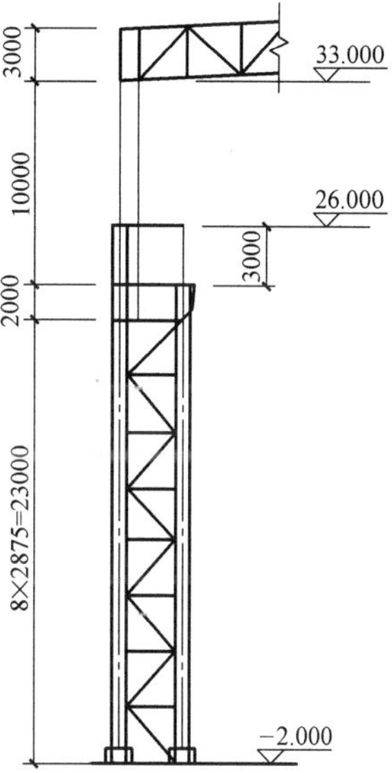

图 5.5.2-28

【答案】

（1）下段柱的计算长度 H_{02}

根据《钢标》5.3.4 条 1 款，单层厂房框架下端刚性固定的阶形柱，在框架平面内的计算长度应按下列规定确定：单阶柱下段柱的计算长度系数 μ_2，当柱上端与桁架型横梁刚接时，等于按规范附录 E 表 E.0.4（柱上端可移动但不转动的单阶柱）的数值乘以表 8.3.3 的折减系数。

按表 E.0.4 中的简图计算如下：

$$K_1=\frac{I_1}{I_2}\cdot\frac{H_2}{H_1}=\frac{856021\times10^4}{20769461\times10^4}\times\frac{25\times10^3}{10\times10^3}$$

$$=0.103\approx0.10$$

$$\eta_1=\frac{H_1}{H_2}\sqrt{\frac{N_1}{N_2}\cdot\frac{I_2}{I_2}}=\frac{10\times10^3}{25\times10^3}\sqrt{\frac{4357\times10^3}{9820\times10^3}\times\frac{20769461\times10^4}{856021\times10^4}}\approx1.31$$

由表 E.0.4 查得 $\mu_2=2.0805$。

厂房纵向柱列为 7 根柱，大于 6 根，且屋架下弦设纵向水平支撑和横向水平支撑。按表 8.3.3 查得单层厂房阶形柱计算长度的折减系数为 0.8。

下段柱的计算长度：

$$H_{02}=0.8\mu_2H_2=0.8\times2.0805\times25=41.61\text{m}$$

（2）上段柱的计算长度 H_{01}

根据《钢标》8.3.3 条，上段柱计算长度系数 $\mu_1=\mu_2/\eta_1$。

$$\mu_1=\frac{0.8\mu_2}{\eta_1}=\frac{0.8\times2.0805}{1.31}=1.27$$

上段柱的计算长度 H_{01}

$$H_{01}=\mu_1H_1=1.27\times10=12.7\text{m}$$

【例 5.5.2-20】，**【例 5.5.2-21】** 某单跨厂房框架采用单阶钢柱，柱顶与桁架型屋架刚接，柱底与基础也假定为刚接，钢柱的简图和截面尺寸如图 5.5.2-29 所示。

根据内力分析，厂房框架上段柱和下段柱的内力设计值如下：

上段柱：$M_1=1800\text{kN}\cdot\text{m}$，$N_1=3485.6\text{kN}$，$V_1=294.4\text{kN}$；

下段柱：$M_2=10360\text{kN}\cdot\text{m}$，$N_2=7856\text{kN}$，$V_2=409.6\text{kN}$。

【例 5.5.2-20】 在框架平面内，上段柱的高度 H_1（mm）与下列何项数值最为接近？

（A）7000　　（B）8000　　（C）10000　　（D）11500

【答案】（B）

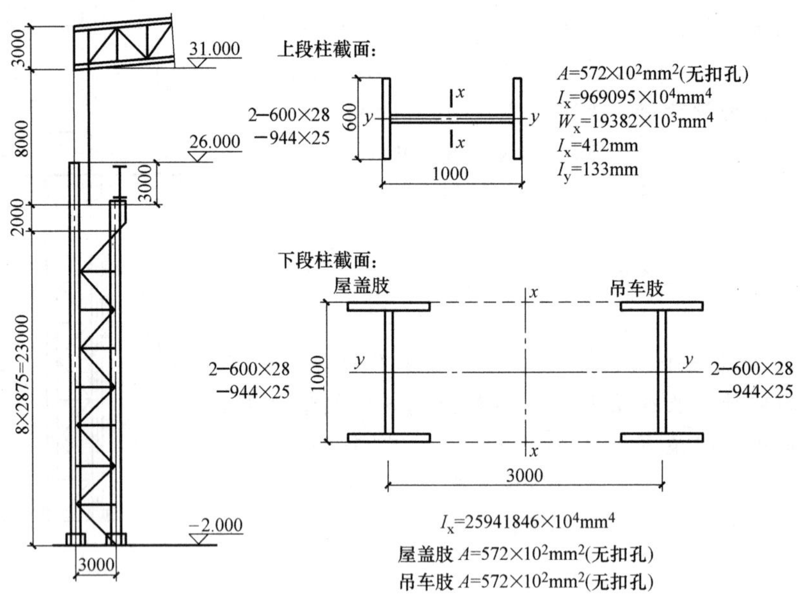

图 5.5.2-29

【解答】上段柱的几何长度，为肩梁顶至屋架下弦的长度，为 8000mm。

【例 5.5.2-21】在框架平面内，上段柱的计算长度系数与下列何项数值最为接近？

提示：①下段柱的惯性矩已考虑了腹杆变形的影响。

②屋架下弦设有纵向水平支撑和横向水平支撑。

(A) 1.51　　(B) 1.31　　(C) 1.40　　(D) 1.12

【答案】(C)

【解答】根据《钢标》第 8.3.3 条及附录 E 的表 E.0.4

$$K_1=\frac{I_1H_2}{I_2H_1}=\frac{969095\times10^4\times25000}{25941846\times10^4\times8000}=0.1167$$

$$\eta_1=\frac{H_1}{H_2}\sqrt{\frac{N_1I_2}{N_2I_1}}=\frac{8000}{25000}\times\sqrt{\frac{3485.6\times25941846\times10^4}{7856\times969095\times10^4}}=1.1028$$

查表 E.0.4，下段柱计算长度系数 $\mu_2=2.00$

上段柱计算长度系数 $\mu_1=\frac{\mu_2}{\eta_1}=\frac{2.00}{1.1028}=1.813$

按《钢标》第 8.3.3 条的表 8.3.3，折减系数为 0.8，则上段柱的计算长度系数应采用

$$\mu_1=0.8\times1.813=1.450。$$

4. 柱在框架平面外的计算长度

柱在框架平面外的计算长度取决于支撑构件的布置。支撑结构使柱在框架平面外得到支承点。柱在框架平面外失稳时，支承点可以看作变形曲线的反弯点，并取计算长度等于支承点之间的距离。如图 5.5.2-30 所示单层框架柱，在平面外的计算长度，上下段是不

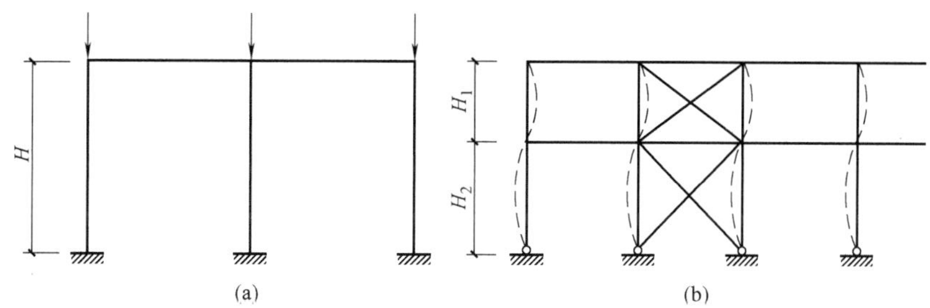

图 5.5.2-30　框架柱在弯矩作用平面外的计算长度

同的，上段为 H_1，下段为 H_2。

空间框架通常承受双向弯矩，两个方向的计算长度都可采用同样的方法求得。

三、实腹式压弯构件的整体稳定

1. 两种整体失稳形式

单向压弯构件的整体失稳分为两种情况，弯矩作用平面内失稳为弯曲屈曲（图 5.5.3-1a），弯矩作用平面外失稳为弯扭屈曲（图 5.5.3-1b）。双向压弯构件则只有弯扭失稳一种可能。

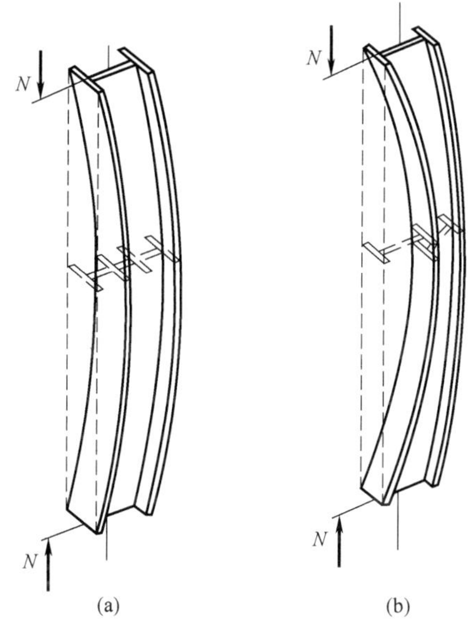

图 5.5.3-1　压弯构件的失稳形式

（1）弯矩作用平面内的整体失稳

现以图 5.5.3-2（a）所示偏心受压构件为例（弯矩与轴力按比例加载），来考察弯矩作用平面内失稳的情况。

直杆在偏心压力作用下，如果有足够的约束防止弯矩作用平面外的侧移和变形，弯矩作用平面内构件跨中最大挠度 v 与构件压力 N 的关系如图 5.5.3-2（c）中 N-v 曲线所示。从 N-v 曲线中可以看出，随着压力 N 的增加，构件中点挠度 v 非线性地增长。

如果是完全弹性的构件，压力-挠度曲线为图 5.5.3-2（c）中的虚线，它以水平线 $N=N_E$ 为渐近线，N_E 为构件的欧拉临界力。

由于二阶效应（轴压力增加时，挠度增长的同时产生附加弯矩，附加弯矩又使挠度进一步增长）的影响，即使在弹性阶段，轴压力与挠度的关系也呈现非线性。到达 A 点时，截面边缘开始屈服。随后，由于构件的塑性发展，截面内弹性区不断缩小，截面上拉应力合力与压应力合力间的力臂在缩短，内弯矩的增量在减小，而外弯矩增量却随轴压力增大而非线性增长，使轴压力与挠度间呈现出更明显的非线性关系。此时，随着压力的增加，挠度比弹性阶段增长得快。在曲线的上升段 OAB，挠度是随着压力的增加而增加的，压弯构件处在稳定平衡状态。但是，曲线到达最高点 B 后，要继续增加压力已不可能，要维持平衡，必须卸载，曲线出现了下降段 BC，压弯构件处于不稳定平衡状态。显然，B

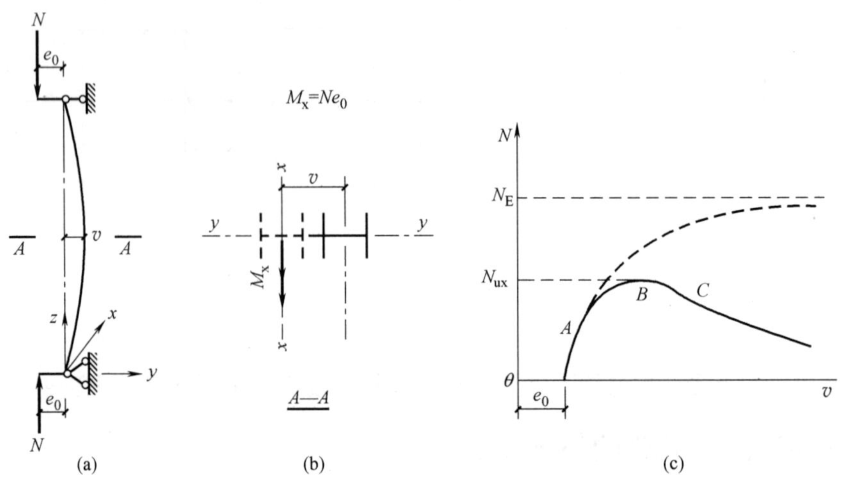

图 5.5.3-2 单向压弯构件弯矩作用平面内失稳变形和轴力-位移曲线

点表示构件达到了稳定极限状态，相应于 B 点的轴力 N_{ux}，称为极限荷载。轴压力达到 N_{ux}之后，构件即失去弯矩作用平面内的稳定。需要注意的是，在曲线的极值点，构件的最大内力截面不一定到达全塑性状态，而这种全塑性状态可能发生在轴压承载力下降段的某点 C 处。

（2）弯矩作用平面外的整体失稳

图 5.5.3-3 表示单向压弯构件弯矩作用平面外失稳时的轴力-位移曲线。

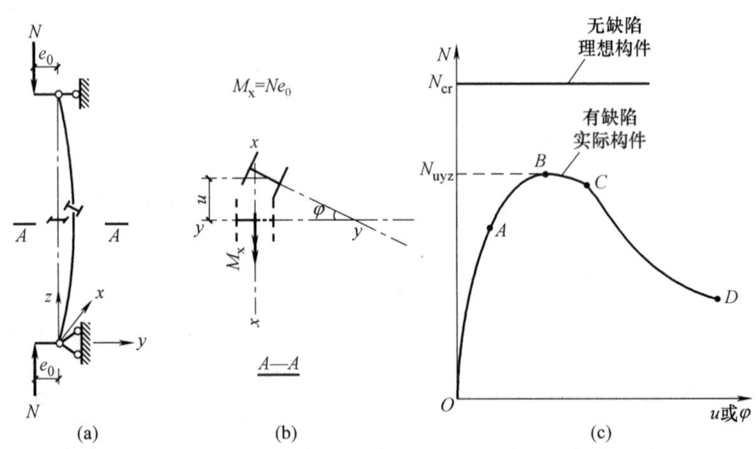

图 5.5.3-3 单向压弯构件弯矩作用平面外失稳变形和轴力-位移曲线

若构件具有初始缺陷，荷载一经施加，构件就会产生较小的侧向位移 u 和扭转位移 φ，并随荷载的增加而增加，当达到某一极限荷载 N_{uyz}之后，位移 u 和 φ 增加速度很快，而荷载却反而下降，压弯构件失去了稳定。有初始缺陷压弯构件在弯矩作用平面外失稳为极值失稳，N_{uyz}是其极限荷载，如图 5.5.3-3 曲线 B 点所示。

2. 弯矩作用平面内的稳定性

《钢标》8.2.1 条规定

8.2.1 除圆管截面外，弯矩作用在对称轴平面内的实腹式压弯构件，弯矩作用平面内稳定性应按式（8.2.1-1）计算，

$$\frac{N}{\varphi_x Af}+\frac{\beta_{mx}M_x}{\gamma_x W_{1x}(1-0.8N/N'_{Ex})f}\leqslant 1.0 \quad (8.2.1\text{-}1)$$

$$N'_{Ex}=\pi^2 EA/(1.1\lambda_x^2) \quad (8.2.1\text{-}2)$$

式中 N——所计算构件范围内轴心压力设计值（N）；

N'_{Ex}——参数，按式（8.2.1-2）计算（mm）；

φ_x——弯矩作用平面内轴心受压构件稳定系数；

M_x——所计算构件段范围内的最大弯矩设计值（N·mm）；

W_{1x}——在弯矩作用平面内对受压最大纤维的毛截面模量（mm^3）。

公式（5.2.2-1）有4个影响因素：

1）$\frac{N}{\varphi_x A}$ 为轴心受压的影响；

2）$\frac{1}{(1-0.8N/N'_{Ex})}$ 是考虑二阶效应后对 M_x 的放大系数；

3）β_{mx} 是将非均匀弯矩转化为均匀弯矩的等效弯矩系数；

4）γ_x 是与 W_{1x} 对应的塑性发展系数，可将 γ_x 看成 γ_{x1}。

（1）$\frac{1}{(1-0.8N/N'_{Ex})}$ 是考虑二阶效应后对 M_x 的放大系数；

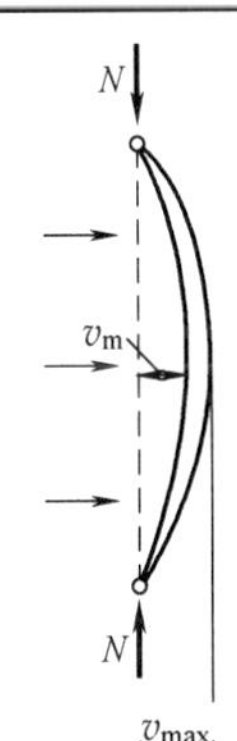

图 5.5.3-4

图5.5.3-4为一两端铰接压弯构件，横向荷载产生的跨中挠度为 v_m。当轴心力作用后，在弹性范围，跨中挠度增加为 v_{max}

由横向荷载产生的跨中最大弯矩为 M_x，由轴力产生的弯矩为 $N\cdot v_{max}$，

将任意荷载产生的杆中点弯矩 M_x 加上 N 产生的弯矩 $N\cdot v$，可得压弯构件的最大弯矩

$$M_{max}=M_x+N\cdot v_{max}$$

压弯构件的最大弯矩 M_{max} 与任意荷载作用下（不考虑 N 按简支梁计算）的最大弯矩 M_x 之比 $\eta=M_{max}/M$，η 称为弯矩放大系数，表达了轴心压力 N 对 M_x 起的放大作用。因最大弯矩 M_{max} 称为二阶弯矩，M_x 称为一阶弯矩。故 η 是考虑二阶效应后对 M_x 的放大系数。

《钢标》8.2.1条给出了考虑二阶效应后对 M_x 的放大系数为

$$\frac{1}{(1-0.8N/N'_{Ex})}$$

（2）等效弯矩系数 β_{mx}

等效弯矩系数 β_{mx} 是将非均匀弯矩转化为均匀弯矩。

压弯构件的整体稳定性计算式是根据两端受轴心压力和等弯矩，即弯矩沿杆长保持不变的情况导出。因此，为了普遍应用于其他弯矩沿杆长有变化的情况，必须引入将各种非均匀分布弯矩换算成与两端等弯矩效应相等的系数，即通称为等效弯矩系数的 β_m。

等效弯矩系数 β_m 的本意是使非均匀弯矩对构件稳定的效应和等效的均匀弯矩相同。但是为了简化，在具体操作时按二阶弯矩最大值相等来处理。

图5.5.3-5（a）所示的压弯构件在跨中横向集中荷载 Q 作用下的一阶最大弯矩为

M_{max}。由于轴线压力 N 的作用，二阶最大弯矩为 $M_{\mathrm{II}\,max}$。

图 5.5.3-5（b）表示同一构件，承受相同的轴线压力 N，一阶弯矩图为均匀弯矩 M_e，当其二阶最大弯矩 $M_{\mathrm{II}\,e}$与图 5.5.3-5（a）的 $M_{\mathrm{II}\,max}$相同时，M_e即为等效弯矩。

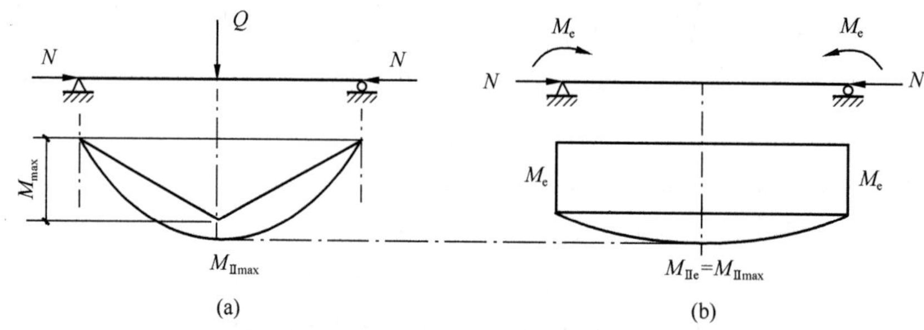

图 5.5.3-5

等效弯矩系数 β_m 可按下式求得

$$\beta_m = M_{\mathrm{II}\,e}/M_{\mathrm{II}\,max}$$

《钢标》8.2.1 条规定

8.2.1

等效弯矩系数 β_{mx}应按下列规定采用：

1 无侧移框架柱和两端支承的构件：

1）无横向荷载作用时，β_{mx}应按下式计算：

$$\beta_{mx} = 0.6 + 0.4\frac{M_2}{M_1} \quad (8.2.1\text{-}5)$$

式中：M_1，M_2——端弯矩（N·mm），构件无反弯点时取同号；构件有反弯点时取异号，$|M_1| \geqslant |M_2|$。

2）无端弯矩但有横向荷载作用时，β_{mx}应按下列公式计算：

跨中单个集中荷载：

$$\beta_{mx} = 1 - 0.36N/N_{cr} \quad (8.2.1\text{-}6)$$

全跨均布荷载：

$$\beta_{mx} = 1 - 0.18N/N_{cr} \quad (8.2.1\text{-}7)$$

$$N_{cr} = \frac{\pi^2 EI}{(\mu l)^2} \quad (8.2.1\text{-}8)$$

式中：N_{cr}——弹性临界力（N）；

μ——构件的计算长度系数。

3）端弯矩和横向荷载同时作用时，式（8.2.1-1）的 $\beta_{mx}M_x$ 应按下式计算：

$$\beta_{mx}M_x = \beta_{mqx}M_{qx} + \beta_{m1x}M_1 \quad (8.2.1\text{-}9)$$

式中：M_{qx}——横向荷载产生的弯矩最大值（N·mm）；

M_1——跨中单个横向集中荷载产生的弯矩（N·mm）；

β_{m1x}——取按本条第 1 款第 1 项计算的等效弯矩系数；

β_{mqx}——取本条第 1 款第 2 项计算的等效弯矩系数。

2 有侧移框架柱和悬臂构件，等效弯矩系数 β_{mx} 应按下列规定采用：

1）除本款第 2 项规定之外的框架柱，β_{mx} 应按下式计算：

$$\beta_{mx}=1-0.36N/N_{cr} \tag{8.2.1-10}$$

2）有横向荷载的柱脚铰接的单层框架柱和多层框架的底层柱，$\beta_{mx}=1.0$。

3）自由端作用有弯矩的悬臂柱，β_{mx} 应按下式计算：

$$\beta_{mx}=1-0.36(1-m)N/N_{cr} \tag{8.2.1-11}$$

式中：m——自由端弯矩与固定端弯矩之比，当弯矩图无反弯点时取正号，有反弯点时取负号。

现将有强支撑框架柱和两端支承构件这两情况有关的《钢标》8.2.1 条规定整理在表 5.5.3-1内。

等效弯矩系数 β_m **表 5.5.3-1**

荷载作用	M, N / M, N	M_1, N / M_2, N	N, F, N	N, q, N	M_1, N, F, M_2, N
一阶弯矩	M M	M_1 M_2	M	M	M
二阶弯矩	M M_{max} M	M_1 M_{max} M_2	M_{max}	M_{max}	M_{max}
二阶等效弯矩	M_{max} $\beta_{max}M$	M_{max} $\beta_{max}M_1$	M_{max} $\beta_{max}M$	M_{max} $\beta_{max}M$	M_{max} $\beta_{max}M$
β_{tx}	1.0	$0.6+0.4\dfrac{M_2}{M_1}$	$1-0.36N/N_{cr}$	$1-0.18N/N_{cr}$	$\beta_{mx}M_x=\beta_{mqx}M_{qx}+\beta_{m1x}M_1$

（3）双轴对称实腹式压弯构件计算

【例 5.5.3-1】 工形截面压弯构件的平面内整体稳定性验算。

条件：某工形截面压弯构件，两端铰接，长度 3.3m，在长度的三分点处各有一个侧向支承以保证构件不发生弯扭屈曲。钢材为 Q235 钢。构件除承受相同的轴线压力 $N=16\text{kN}$ 外，作用的弯矩分别为：

（1）在左端腹板的平面作用着弯矩 $M_x=10\text{kN}\cdot\text{m}$，图 5.5.3-6（a）。

（2）在两端同时作用着数量相等并产生同向曲率的弯矩 $M_x=10\text{kN}\cdot\text{m}$，图 5.5.3-6（b）。

（3）在构件的两端同时作用着数量相等但产生反向曲率的弯矩 $M_x=10\text{ kN}\cdot\text{m}$，图 5.5.3-6（c）。

钢材的强度设计值 $f=215\text{N/mm}^2$。截面特性：$A=14.3\text{cm}^2$，$W_x=49\text{cm}^3$，$i_x=4.14\text{cm}$。

要求：验算所示三种受力情况构件的平面内整体稳定承载力。

【答案】（1）左端作用 M_x 时，截面的最大弯矩发生在构件端部。

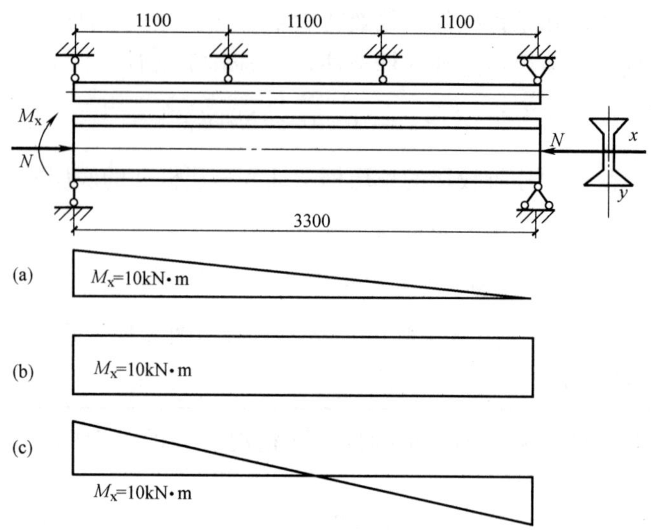

图 5.5.3-6

由图 5.5.3-6（a）可知，$M_2=0$，$M_1=10\text{kN}\cdot\text{m}$，等效弯矩系数 $\beta_{mx}=0.6+0.4M_2/M_1=0.6$。

构件绕强轴弯曲的长细比 $\lambda_x=(l_{0x}/i_x)=330/4.14=80$，按 a 类截面查得，$\varphi_x=0.783$。

$$N'_{Ex}=\frac{\pi^2 EA}{1.1\lambda_x^2}=\frac{\pi^2\times206\times10^3}{1.1\times80^2}\times14.3\times10^2=413\times10^3\text{N}=413\text{kN}$$

$$\frac{N}{\varphi_x A}+\frac{\beta_{mx}M_x}{\gamma_x W_x(1-0.8N/N'_{Ex})}=\frac{16\times10^3}{0.783\times14.3\times10^2}+\frac{0.6\times10\times10^6}{1.05\times49\times10^3\times(1-0.8\times16/413)}$$

$$=14.29+\frac{0.6\times194.36}{1-0.031}=130.9\text{N/mm}^2<f=215\text{N/mm}^2。$$

（2）两端作用数量相等并产生同向曲率的 M_x，

$$M_1=M_2=10\text{kN}\cdot\text{m},\ \beta_{mx}=1.0$$

$$\frac{N}{\varphi_x A}+\frac{\beta_{mx}M_x}{\gamma_x W_x(1-0.8N/N'_{Ex})}=14.29+\frac{1.0\times194.36}{1-0.031}=214.87\text{N/mm}^2<f$$

$$=215\text{N/mm}^2$$

（3）两端作用数量相等但产生反向曲率的弯矩

$$\beta_{mx}=0.6+0.4\times\frac{-10}{10}=0.2$$

$$\frac{N}{\varphi_x A}+\frac{\beta_{mx}M_x}{\gamma_x W_x(1-0.8N/N'_{Ex})}=14.29+\frac{0.2\times194.36}{1-0.031}=54.4\text{N/mm}^2<f$$

$$=215\text{N/mm}^2$$

对于以上三种受力情况的压弯构件，虽作用的轴线压力和最大弯矩都是相同的，但是因弯矩在整个构件上的分布不同，稳定承载能力就有区别。第二种情况由稳定承载能力控制构件的截面设计。

【例 5.5.3-2】 箱形截面压弯构件的平面内整体稳定性验算。

条件：一箱形截面偏心受压柱，荷载设计值和截面尺寸如图 5.5.3-7 所示，钢材为 Q235。截面的几何特性：截面积 $A=240\text{cm}^2$；惯性矩 $I_x=113302\text{cm}^4$，$I_y=69167\text{cm}^4$；截面模量 $W_{1x}=4292\text{cm}^3$；回转半径 $i_x=21.7\text{cm}$，$i_y=17.0\text{cm}$。

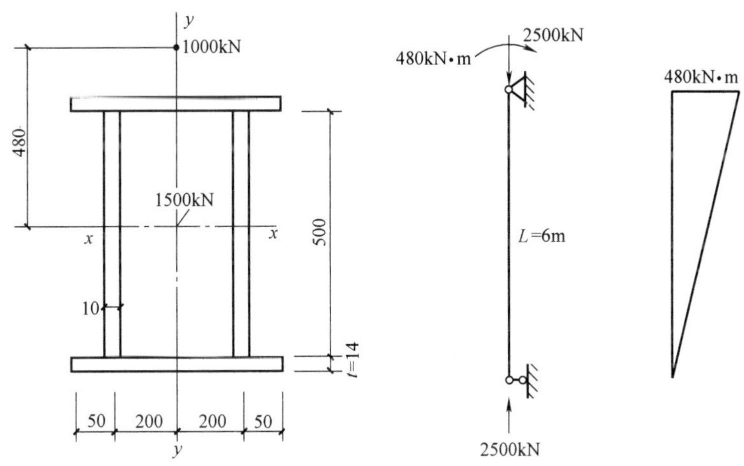

图 5.5.3-7

要求：验算构件的弯矩作用平面内整体稳定。

【答案】

长细比 $\lambda_x=\dfrac{600}{21.7}=27.6$，查附表 D.0.2，$\varphi_x=0.944$。

$$N'_{Ex}=\frac{\pi^2 EA}{1.1\lambda_x^2}=\frac{3.14^2\times206\times10^3\times24000}{1.1\times27.6^2}=58174\times10^3\text{（N）}=58174\text{kN}$$

$$M_2=480\text{kN}\cdot\text{m},\ M_1=0,\ \beta_{mx}=0.6$$

$$\sigma=\frac{N}{\varphi_x A}+\frac{\beta_{mx}M_x}{\gamma_x W_{1x}\left(1-0.8\dfrac{N}{N'_{Ex}}\right)}=\frac{2500\times10^3}{0.944\times24000}+\frac{0.6\times480\times10^6}{1.05\times4292\times10^3\times\left(1-0.8\times\dfrac{2500}{58174}\right)}$$

$$=110.3+66.2=176.5\text{（N/mm}^2\text{）}<f=215\text{N/mm}^2\text{（满足要求）。}$$

【例 5.5.3-3】 刚架跨度 8m，柱距 6m。柱下端铰接，梁柱刚接，梁与原有平台铰接，刚架铺板为钢格栅板，计算简图见图 5.5.3-8，Q235 钢，梁、柱的截面特征见表5.5.3-2。

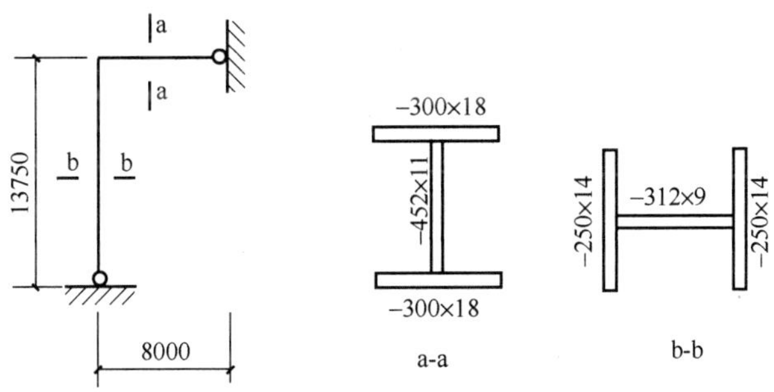

图 5.5.3-8

梁、柱的截面特征　　　　表 5.5.3-2

截面	A(mm²)	i_x(mm)	i_y(mm)	W_x(mm³)	I_x(mm⁴)
HM340×250×9×14	99.53×10^2	146	60.5	1250×10^3	21200×10^4
HM488×300×11×18	159.2×10^2	208	71.3	2820×10^3	68900×10^4

刚架无侧移，柱弯矩作用平面内计算长度 $l_{0x}=10.1$m，柱上端设计值 $M_2=192.5$kN·m，$N_2=276.6$kN，下端 $M_1=0$，$N_1=292.1$kN，无横向荷载作用。

试问，弯矩作用平面内稳定性验算时，以应力形式表达的计算值（N/mm²），应为下列何项？

提示：$1-0.8\dfrac{N}{N'_{Er}}=0.942$。

(A) 134　　(B) 156　　(C) 173　　(D) 189

【答案】(A)

(1) 受压翼缘宽厚比为，$\dfrac{(250-9)/2}{14}=8.6<13$，满足S3级要求，根据《钢标》表8.1.1，取 $\gamma_x=1.05$。

(2) 无横向荷载作用，且较小弯矩为零，根据《钢标》式（8.2.1-5）

$$\beta_{mx}=0.6+0.4\frac{M_2}{M_1}=0.6$$

(3) 根据《钢标》式（7.2.2-1），$\lambda_x=\dfrac{l_{0x}}{i_x}=\dfrac{10100}{146}=69.2$

(4) 轧制截面，$b/h=250/340=0.73<0.8$，查《钢标》表7.2.1-1，对 x 轴属于a类截面。

(5) 按 $\lambda_x=69$、Q235钢，a类截面，查《钢标》表D.0.1，得到 $\varphi_x=0.844$。

(6) 依据《钢标》式（8.2.1-1）计算。

$$\frac{N}{\varphi_x A}+\frac{\beta_{mx}M_x}{\gamma_x W_{1x}\left(1-0.8\dfrac{N}{N'_{Ex}}\right)}=\frac{276.6\times10^3}{0.843\times99.53\times10^2}+\frac{0.6\times192.5\times10^6}{1.05\times1250\times10^3\times0.942}$$

$$=33+93.4=126.4\text{N/mm}^2$$

选择（A）。

【例5.5.3-4】某单阶钢柱，截面形式和截面尺寸如图5.5.3-9所示。采用Q345钢。上段钢柱采用焊接工字形截面H1200×700×20×32，翼缘为焰切边，其截面特性：$A=675.2\times102\text{mm}^2$，$W_x=29544\times10^3\text{mm}^3$，$i_x=512.3$mm，$i_x=164.6$mm；下段钢柱为双肢格构式构件。

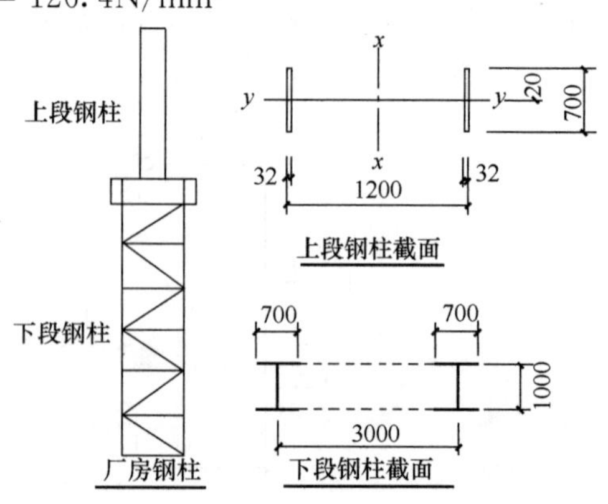

图5.5.3-9

假定，厂房柱上段钢柱框架平面内计算长度 $H_{0x}=30860$mm，框架平面外计算长度 $H_{0y}=12230$mm，上段钢柱的内力设计值：

弯矩 M_x=5700kN·m，轴心压力 N=2100kN。

试问，上段钢柱作为压弯构件，进行弯矩作用平面内的稳定性计算时，以应力形式表达的稳定性计算值（N/mm²）应与下列何项数值最为接近?

提示：取等效弯矩系数 $\beta_{mx}=1.0$。

（A）215　　（B）235　　（C）270　　（D）295

【答案】（B）

（1）根据《钢标》式（7.2.2-1）：$\lambda_x=\frac{H_{0x}}{i_x}=\frac{30860}{512.3}=60.24$。

（2）焊接工形截面，查《钢标》表 7.2.1-1，b 类截面。

（3）按 $\lambda_x\sqrt{\frac{f_y}{235}}=60.24\times\sqrt{\frac{345}{235}}=73$、b 类截面，根据《钢标》表 D.0.2，得到 $\varphi_x=0.732$。

（4）受压翼缘宽厚比为，0.5×（700−20）/32=10.63<13，满足 S3 级要求，根据《钢标》表 8.1.1，取 $\gamma_x=1.05$。

（5）根据《钢标》式（8.2.1-1）：

$$N'_{Ex}=\frac{\pi^2EA}{1.1\lambda_x^2}=\frac{\pi^2\times206\times10^3\times675.2\times10^2}{1.1\times60.24^2}\times10^{-3}=34390\text{kN}。$$

（6）由提示，等效弯矩系数 $\beta_{mx}=1.0$。

（7）依据《钢标》式（8.2.1-1）计算：

$$\frac{N}{\varphi_xA}+\frac{\beta_{mx}M_x}{\gamma_xW_{1x}\left(1-0.8\frac{N}{N'_{Ex}}\right)}=\frac{2100\times10^3}{0.732\times675.2\times10^2}$$

$$+\frac{1.0\times5700\times10^6}{1.05\times29544\times10^3\times\left(1-0.8\frac{2100}{34390}\right)}$$

$$=42.5+193.2=235.7\text{N/mm}^2。$$

（4）单轴对称实腹式压弯构件计算

对图 5.5.3-10 所示的单轴对称压弯构件截面，《钢标》8.2.1 条规定：还应按式（8.2.1-4）进行补充计算。

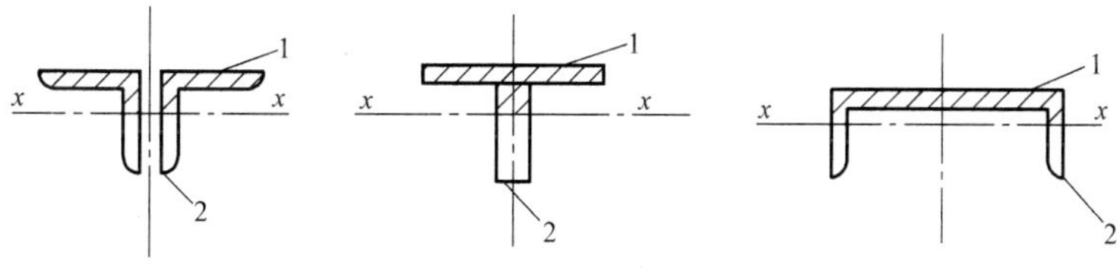

图 5.5.3-10　单轴对称压弯构件截面

《钢标》8.2.1 条规定

> **8.2.1** 除圆管截面外，弯矩作用在对称轴平面内的实腹式压弯构件，对于本标准表 8.1.1 第 3、4 项中的单轴对称压弯构件，当弯矩作用在对称平面内且使翼缘受压时，除应按式（8.2.1-1）计算外，尚应按式（8.2.1-4）计算：
>
> $$\left|\frac{N}{Af}-\frac{\beta_{mx}M_x}{\gamma_x W_{2x}(1-1.25N/N'_{Ex})f}\right|\leqslant 1.0 \qquad (8.2.1\text{-}4)$$
>
> 式中：N——所计算构件范围内轴心压力设计值（N）；
>
> N'_{Ex}——参数，按式（8.2.1-2）计算（mm）；
>
> M_x——所计算构件段范围内的最大弯矩设计值（N·mm）；

这是因为当弯矩使此种截面的较大翼缘受压时，可能无翼缘一侧首先屈服，使塑性深入截面，构件刚度削弱，承载力急剧降低（图 5.5.3-11）。故对截面很不对称的 T 形截面和槽形截面，必须进行补充计算。

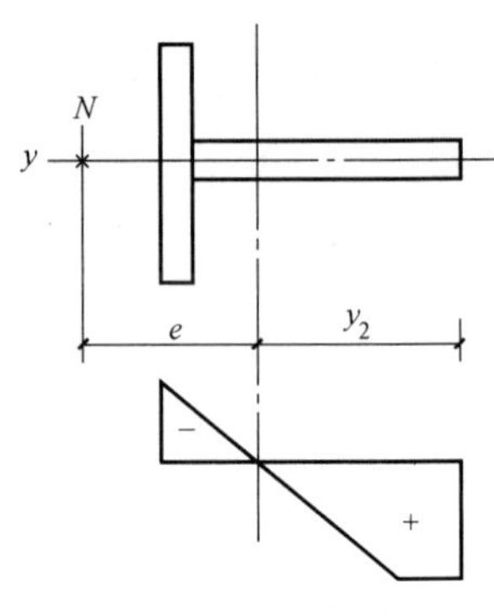

图 5.5.3-11　压弯构件平面内失稳的塑性区

【例 5.5.3-5】 双角钢 T 形截面压弯构件平面内的稳定性。

条件：设计图 5.5.3-12 所示双角钢 T 形截面压弯构件的截面尺寸，截面无削弱，节点板厚 12mm。承受的荷载设计值为：轴心压力 $N=38$kN，均布线荷载 $q=3$kN/m。构件长 $l=3$m，两端铰接并有侧向支承，材料用 Q235-B·F 钢（$f=215$N/mm²）。构件为由长边相连的两个不等边角钢 2L80×50×5 组成的 T 形截面。

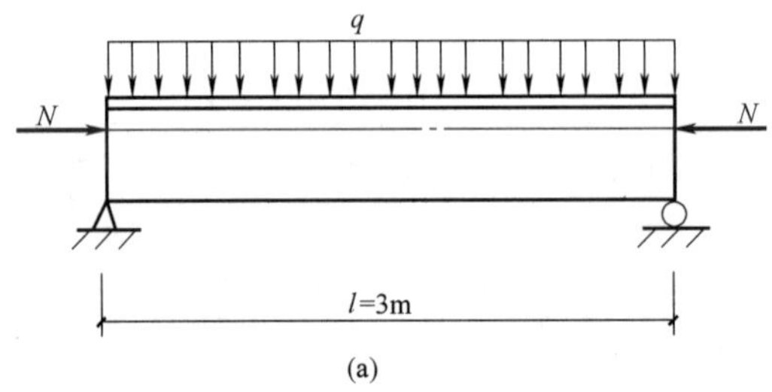

(a)

(b)

图 5.5.3-12

提示：已知 $\varphi_x=0.455$

要求：验算平面内的整体稳定。

【解答】 最大弯矩设计值为

$$M_x=\frac{1}{8}ql^2=\frac{1}{8}\times3\times3^2=3.38\text{kN}\cdot\text{m}$$

计算长度　$l_{0x}=l=3$m

面积　$A=12.75$cm²

回转半径　$i_x=2.57$cm

抵抗矩　$W_{1x}=W_{xmax}=32.22$cm³，$W_{2x}=W_{xmin}=15.55$cm³

$$\lambda_x=\frac{l_{0x}}{i_x}=\frac{3\times10^2}{2.57}=116.7$$

根据《钢标》式（8.2.1-8）$N_{cr}=\frac{\pi^2 EI}{(\mu l)^2}=190\text{kN}$

根据《钢标》式（8.2.1-7），构件无端弯矩但承受横向均布荷载作用，弯矩作用平面内的等效弯矩系数为 $\beta_{mx}=1-0.18N/N_{cr}=1-0.18\times38/190=0.964$

双角钢T形截面构件对 x 轴屈曲属b类截面（《钢标》表7.2.1-1）。

截面塑性发展系数（按《钢标》表8.1.1采用）

$$\gamma_{x1}=1.05\quad\gamma_{x2}=1.20$$

构件在弯矩作用平面内的稳定性验算按《钢标》第8.2.1条。

因构件截面单轴对称、横向荷载 q 产生的弯矩作用在对称轴 y 轴平面内且使较大翼缘角钢水平肢1受压，故弯矩作用平面内的稳定性应按下列两种情况计算：

① 对角钢水平肢1：

$$\frac{N}{\varphi_x A}+\frac{\beta_{mx}M_x}{\gamma_{x1}W_{1x}\left(1-0.8\frac{N}{N'_{Ex}}\right)}\leqslant f=215\text{N/mm}^2$$

② 对角钢竖直肢2：

$$\left|\frac{N}{A}-\frac{\beta_{mx}M_x}{\gamma_{x2}W_{2x}\left(1-1.25\frac{N}{N'_{Ex}}\right)}\right|\leqslant f=215\text{N/mm}^2$$

$$\varphi_x=0.455\text{（b 类截面，《钢标》表 D.0.2）}$$

$$N'_{Ex}=\frac{\pi^2 EA}{1.1\lambda_x^2}=\frac{\pi^2\times206\times10^3\times12.75\times10^2}{1.1\times116.7^2}\times10^{-3}=173\text{kN}$$

$$\frac{N}{N'_{Ex}}=\frac{38}{173}=0.22$$

得

$$\frac{N}{\varphi_x A}+\frac{\beta_{mx}M_x}{\gamma_{x1}W_{1x}\left(1-0.8\frac{N}{N'_{Ex}}\right)}=\frac{38\times10^3}{0.455\times12.75\times10^2}+\frac{0.964\times3.38\times10^6}{1.05\times32.22\times10^3(1-0.8\times0.22)}$$

$$=65.5+116.9=182.4\text{N/mm}^2<f=215\text{N/mm}^2\text{，满足要求}$$

$$\left|\frac{N}{A}-\frac{\beta_{mx}M_x}{\gamma_{x2}W_{2x}\left(1-1.25\frac{N}{N'_{Ex}}\right)}\right|=\left|\frac{38\times10^3}{12.75\times10^2}-\frac{0.964\times3.38\times10^6}{1.20\times15.55\times10^3(1-1.25\times0.22)}\right|$$

$$=|29.8-241|=211\text{N/mm}^2<f=215\text{N/mm}^2$$

3. 弯矩作用平面外的稳定性

对于弯矩作用平面外刚度较弱的压弯构件，有可能发生平面外的弯曲和扭转变形同时出现的弯扭失稳，如图5.5.3-13所示。压弯构件的平面外稳定与以下影响因素有关：

1）构件的端部约束。构件端部提供的抗弯和抗扭约束越强，构件的稳定性越好。

2）平面外的侧向支撑点之间的距离。该距离越短，侧向抗弯和抗扭刚度越大，构件

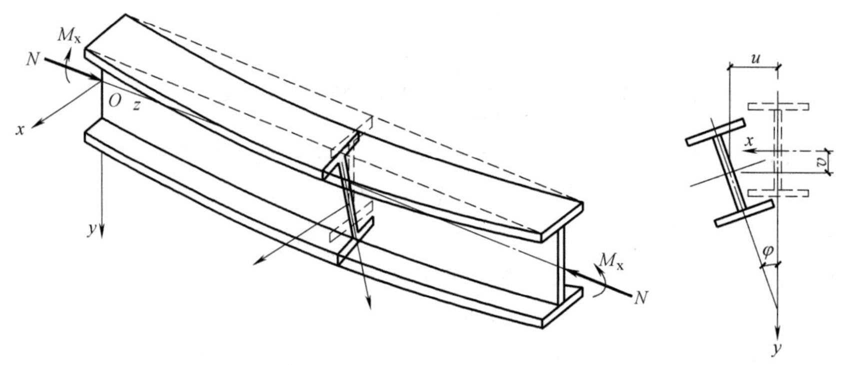

图 5.5.3-13　压弯构件平面外弯扭失稳

越不容易发生平面外的弯扭失稳。

3）截面的扭转刚度 GI_k 和翘曲刚度 EI_w 越大，构件越不容易发生平面外失稳。

4）截面的弯矩作用平面外的抗弯刚度越大，构件的平面外稳定性能越好。

《钢标》8.2.1 条规定

8.2.1　除圆管截面外，弯矩作用在对称轴平面内的实腹式压弯构件，弯矩作用平面外稳定性应按式（8.2.1-3）计算：

$$\frac{N}{\varphi_y A f}+\eta\frac{\beta_{tx}M_x}{\varphi_b W_{1x} f}\leqslant 1.0 \tag{8.2.1-3}$$

式中：N——所计算构件范围内轴心压力设计值（N）；

W_{1x}——在弯矩作用平面内对受压最大纤维的毛截面模量（mm^2）；

φ_y——弯矩作用平面外的轴心受压构件稳定系数，按本标准第 7.2.1 条确定；

φ_b——均匀弯曲的受弯构件整体稳定系数，按本标准附录 C 计算，其中工字形和 T 形截面的非悬臂构件，可按本标准附录 C 第 C.0.5 条的规定确定；对闭口截面 $\varphi_b=1.0$；

η——截面影响系数，闭口截面 $\eta=0.7$，其他截面 $\eta=1.0$；

β_{tx}——等效弯矩系数，两端支承的构件段取其中央 1/3 范围内的最大弯矩与全段最大弯矩之比，但不小于 0.5；悬臂段取 $\beta_{tx}=1.0$。

公式（8.2.1-3）有 4 个系数：

1）β_{tx} 等效弯矩系数；2）φ_y 轴压稳定系数；

3）φ_b 受弯稳定系数；4）η 截面影响系数。

（1）等效弯矩系数 β_{tx}

《钢标》8.2.1 条规定

8.2.1

等效弯矩系数 β_{tx} 应按下列规定采用：

1　在弯矩作用平面外有支承的构件，应根据两相邻支承间构件段内的荷载和内力情况确定：

1）无横向荷载作用时，β_{tx}应按下式计算：

$$\beta_{tx}=0.65+0.35\frac{M_2}{M_1} \quad (8.2.1\text{-}12)$$

2）端弯矩和横向荷载同时作用时，β_{tx}应按下列规定取值：

使构件产生同向曲率时：

$$\beta_{tx}=1.0$$

使构件产生反向曲率时

$$\beta_{tx}=0.85$$

3）无端弯矩有横向荷载作用时，$\beta_{tx}=1.0$。

2　弯矩作用平面外为悬臂的构件，$\beta_{tx}=1.0$。

现将常见受力情况下的等效弯矩系数β_{tx}列在表5.5.3-3内。

等效弯矩系数 β_{tx}　　　　**表 5.5.3-3**

计算简图	所考虑构件段内受力情况	等效弯矩系数β_{tx}
M；M=M₁；M₂	有端弯矩 无横向荷载作用	$\beta_{tx}=0.65+0.35\frac{M_2}{M_1}$，$\lvert M_1\rvert \geqslant \lvert M_2\rvert$； M_1和M_2是在弯矩作用平面内的端弯矩，使构件段产生同向曲率时取同号；产生反向曲率时取异号
N M q M N；M M_{max} M	有端弯矩 有横向荷载 （构件段产生同向曲率）	$\beta_{tx}=1.0$
M；M；2M；M	有端弯矩 有横向荷载 （构件段产生反向曲率）	$\beta_{tx}=0.85$
M；M；M	无端弯矩 有横向荷载作用	$\beta_{tx}=1.0$

（2）弯矩作用平面外的轴心受压构件稳定系数φ_y

按《钢标》7.2.1条规定确定；当构件的截面为单轴对称时，构件绕对称轴的长细比应计及扭转效应、采用换算长细比λ_{yz}。

（3）均匀弯曲的受弯构件整体稳定系数φ_b

《钢标》8.2.1条规定：按附录C计算，其中工字形（含H型钢）和T形截面的非悬臂（悬伸）构件可按附录C第C.0.5确定；对闭口截面$\varphi_b=1.0$。

C.0.5 均匀弯曲的受弯构件，当 $\lambda_y \leqslant 120\varepsilon_k$ 时，其整体稳定系数 φ_b 可按下列近似公式计算：

1 工字形截面：

双轴对称

$$\varphi_b = 1.07 - \frac{\lambda_y^2}{44000\varepsilon_k^2} \tag{C.0.5-1}$$

单轴对称：

$$\varphi_b = 1.07 - \frac{W_x}{(2\alpha_b + 0.1)Ah} \cdot \frac{\lambda_y^2}{14000\varepsilon_k^2} \tag{C.0.5-2}$$

2 弯矩作用在对称轴平面，绕 x 轴的 T 形截面：

1） 弯矩使翼缘受压时：

双角钢 T 形截面：

$$\varphi_b = 1 - 0.0017\lambda_y/\varepsilon_k \tag{C.0.5-3}$$

部分 T 型钢和两板组合 T 形截面：

$$\varphi_b = 1 - 0.0022\lambda_y/\varepsilon_k \tag{C.0.5-4}$$

2） 弯矩使翼缘受拉且腹板宽厚比不大于 $18\varepsilon_k$ 时：

$$\varphi_b = 1 - 0.0005\lambda_y/\varepsilon_k \tag{C.0.5-5}$$

当按公式（C.0.5-1）和公式（C.0.5-2）算得的 φ_b 值大于 1.0 时，取 $\varphi_b = 1.0$。

在执行《钢标》C.0.5 条规定时应注意两点：

① 不执行 $\lambda \leqslant 120$ 时才允许采用式（C.0.5）的规定，当 $\lambda > 120$ 时还是用式（C.0.1）求 φ_b 值；

② 对 T 形截面的长细比采用 λ_y，不采用折算长细比 λ_{yz}。

【例 5.5.3-6】 工形截面柱的平面外整体稳定承载能力验算（有端弯矩）。

条件：图 5.5.3-14 所示 Q235 钢焊接工字形截面压弯构件，翼缘为火焰切割边，承受的轴向压力设计值为 $N = 900\text{kN}$，构件一端承受 $M = 490\text{kN}\cdot\text{m}$ 的弯矩设计值，另一端弯矩为零。构件两端铰接，并在三分点处各有一侧向支承点。截面几何特性：$A = 151.2\text{cm}^2$，$I_x = 133295.2\text{cm}^4$，$W_x = 3507.8\text{cm}^3$，$I_y = 3125.0\text{cm}^4$，

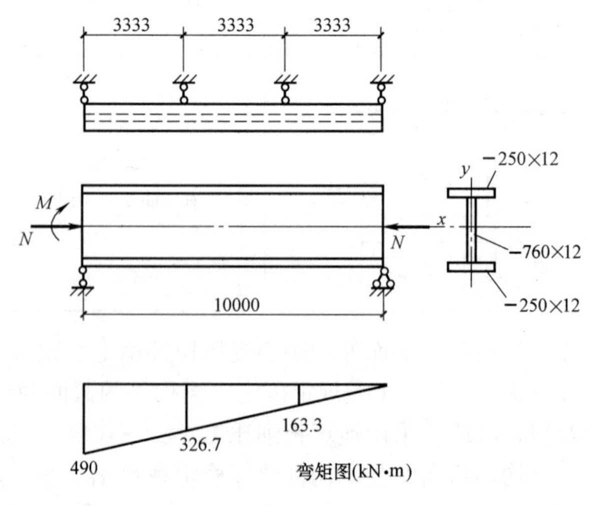

图 5.5.3-14

$i_y=4.55\text{cm}$。

要求：弯矩作用平面外稳定计算。

【答案】

$\lambda_y=l_y/i_y=333.3/4.55=73.3<[\lambda]=150$，按b类截面查《钢标》表D.0.2得$\varphi_y=0.730$

因最大弯矩在左端，而左边第一段β_{tx}又最大，故只需验算该段：

$$\beta_{tx}=0.65+0.35\times326.7/490=0.883$$

因$\lambda_y=73.3$，故

$$\varphi_b=1.07-\lambda_y^2/44000\times f_y/235=1.07-73.3^2/44000=0.948<1.0$$

$$\frac{N}{\varphi_y A}+\eta\frac{\beta_{tx}M_x}{\varphi_b W_{1x}}=\frac{900}{0.730\times151.2}\times10+\frac{1.0\times0.883\times490}{0.948\times3507.8}\times10^3$$

$$=215.8\approx f=215\text{N/mm}^2$$

【例 5.5.3-7】箱形截面压弯构件的平面外整体稳定性验算。

条件：同【例 5.5.3-2】。

要求：验算构件的弯矩作用平面外整体稳定。

【答案】（1）截面几何特性

截面积 $$A=2\times50\times1.4+2\times50\times1=240\text{cm}^2$$

惯性矩 $$I_x=2\times\frac{1}{12}\times1\times50^3+2\times1.4\times50\times25.7^2=113302\text{cm}^4$$

$$I_y=2\times\frac{1}{12}\times1.4\times50^3+2\times1\times50\times20^2=69167\text{cm}^4$$

截面模量 $$W_{1x}=\frac{I_x}{y_1}=\frac{113302}{26.4}=4292\text{cm}^3$$

回转半径 $$i_y=\sqrt{\frac{69167}{240}}=17.0\text{cm}$$

（2）长细比 $$\lambda_y=\frac{600}{17.0}=35.3<[\lambda]=150\text{（满足）。}$$

（3）按b类截面查《钢标》附表D.0.2，$\varphi_y=0.917$

（4）查《钢标》8.2.1条，对箱形截面$\eta=0.7$，$\varphi_b=1.0$。

$$\beta_{tx}=0.65+0.35\frac{M_2}{M_1}=0.65\text{（下端弯矩}M_2=0\text{）}$$

$$\sigma=\frac{N}{\varphi_y A}+\eta\frac{\beta_{tx}M_x}{\varphi_b W_{1x}}=\frac{2500\times10^3}{0.917\times24000}+0.7\times\frac{0.65\times480\times10^6}{1\times4292\times10^3}$$

$$=113.6+50.9=164.5\text{N/mm}^2<f=215\text{N/mm}^2\text{（满足要求）。}$$

【例 5.5.3-8】条件同【例 5.5.3-4】

假定，厂房柱上段钢柱框架平面内计算长度$H_{0x}=30860\text{mm}$，框架平面外计算长度$H_{0y}=12230\text{mm}$。上段钢柱的内力设计值：弯矩$M_x=5700\text{kN}\cdot\text{m}$，轴心压力$N=2100\text{kN}$。

试问，上段钢柱作为压弯构件，进行弯矩作用平面内的稳定性计算时，以应力形式表达的稳定性计算值（N/mm^2）应与下列何项数值最为接近？

提示：取等效弯矩系数 $\beta_{tx}=1.0$。

(A) 215　　(B) 235　　(C) 270　　(D) 295

【答案】(C)

(1) 根据《钢标》式 (7.2.2-1)：

$$\lambda_x=\frac{H_{0y}}{i_y}=\frac{12230}{164.6}=74.3<120\sqrt{\frac{235}{f_y}}=120\sqrt{\frac{235}{345}}=99。$$

(2) 焊接工形截面，查《钢标》表 7.2.1-1，b 类截面。

(3) 按 $\lambda_y\sqrt{\frac{f_y}{235}}=74.3\times\sqrt{\frac{345}{235}}=90$、b 类截面，根据《钢标》表 D.0.2，得到 $\varphi_x=0.621$。

(4) 根据《钢标》附录 C.0.5，式 (C.0.5-1)：

$$\varphi_b=1.07-\frac{\lambda_y^2}{44000\varepsilon_k^2}=1.07-\frac{74.3^2}{44000}\times\frac{345}{235}=0.866。$$

(5) 依据《钢标》8.2.1 条，'其他截面'的截面影响系数 $\eta=1.0$。

(6) 由提示，等效弯矩系数 $\beta_{tx}=1.0$。

(7) 依据《钢标》式 (8.2.1-3) 计算：

$$\frac{N}{\varphi_y A}+\eta\frac{\beta_{tx}M_x}{\varphi_b W_{1x}}=\frac{2100\times10^3}{0.621\times675.2\times10^2}+1.0\times\frac{1.0\times5700\times10^6}{0.886\times29544\times10^3}$$
$$=50+217.8=267.8\text{N/mm}^2，选(C)。$$

【例 5.5.3-9】框架柱截面为口 500×25 箱形柱，按单向弯矩计算时，弯矩设计值见框架柱弯矩图（图 5.5.3-15），轴压力设计值 $N=2693.7\text{kN}$，在进行弯矩作用平面外的稳定性计算时，构件以应力形式表达的稳定性计算数值 (N/mm²) 与下列何项数值最为接近？

提示：1. 框架柱截面分类为 C 类：$\lambda_y\sqrt{\frac{f_y}{235}}=41$。

2. 框架柱所考虑构件段无横向荷载作用。

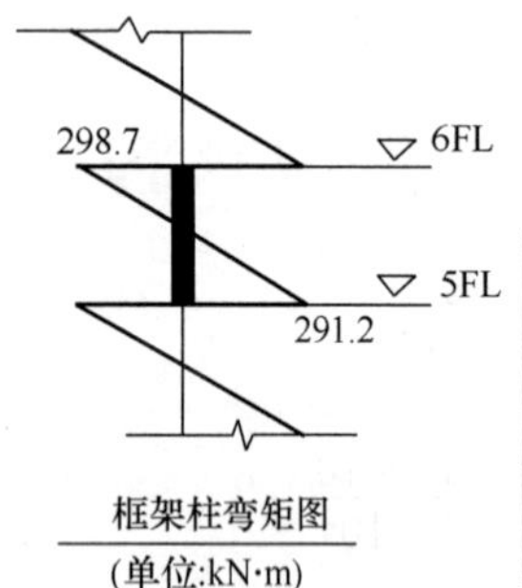

截面	A	I_x	W_x
	mm²	mm⁴	mm³
□500×25	4.75×10^4	1.79×10^9	7.16×10^6

图 5.5.3-15

(A) 75　　(B) 90　　(C) 100　　(D) 110

【答案】(A)

(1) 依据《钢标》8.2.1 条款，'闭口截面'的截面影响系数 $\eta=0.7$。

(2) 根据《钢标》8.2.1 条款，'闭口截面'的稳定系数 $\varphi_b=1.0$。

（3）根据《钢标》式（8.2.1-12），所考虑构件段无横向荷载作用的等效弯矩系数

$$\beta_{tx}=0.65+0.35\frac{M_2}{M_1}=0.65-0.35\times\frac{291.2}{298.7}=0.31。$$

（4）根据提示，框架柱截面分类为 C 类，$\lambda_y\sqrt{\frac{f_y}{235}}=41$，

查《钢标》表 D.0.3，得到 $\varphi_y=0.833$。

（5）依据《钢标》式（8.2.1-3）计算：

$$\frac{N}{\varphi_y A}+\eta\frac{\beta_{tx}M_x}{\varphi_b W_{1x}}=\frac{2693.7\times10^3}{0.833\times4.75\times10^4}+0.7\times\frac{0.31\times298.7\times10^6}{1\times7.16\times10^6}=68.1+9.1=$$

77.2N/mm^2。

四、压弯构件的局部稳定

为保证压弯构件中板件的局部稳定，《钢标》采取了将保证局部稳定的要求转化为对板件翼缘和腹板的高厚比及宽厚比的限制。

《钢标》规定

8.4.1 实腹压弯构件要求不出现局部失稳者，其腹板高厚比、翼缘宽厚比应符合本标准表 3.5.1 规定的压弯构件 S4 级截面要求。

《钢标》3.5.1 条规定

压弯构件的截面板件宽厚比等级及限值 **表 3.5.1**

构件	截面板件宽厚比等级		S4 级
压弯构件（框架柱）	H 形截面	翼缘 b/t	$15\varepsilon_k$
		腹板 h_0/t_w	$(45+25\alpha_0^{1.66})\ \varepsilon_k$
	箱形截面	壁板（腹板）间翼缘 b_0/t	$45\varepsilon_k$

注：1 ε_k 为钢号修正系数，其值为 235 与钢材牌号中屈服点数值的比值的平方根。

2 b 为工字形、H 形截面的翼缘外伸宽度，t、h_0、t_w 分别是翼缘厚度、腹板净高和腹板厚度。对轧制型截面，腹板净高不包括翼缘腹板过渡处圆弧段；对于箱形截面，b_0、t 分别为壁板间的距离和壁板厚度。

3 箱形截面梁及单向受弯的箱形截面柱，其腹板限值可根据 H 形截面腹板采用。

此处，参数 α_0 的含义是‘应力梯度’。

腹板的局部失稳，是在不均匀压力作用下发生的，所以引入应力梯度 α_0 来表述影响，如图 5.5.4-1 所示。

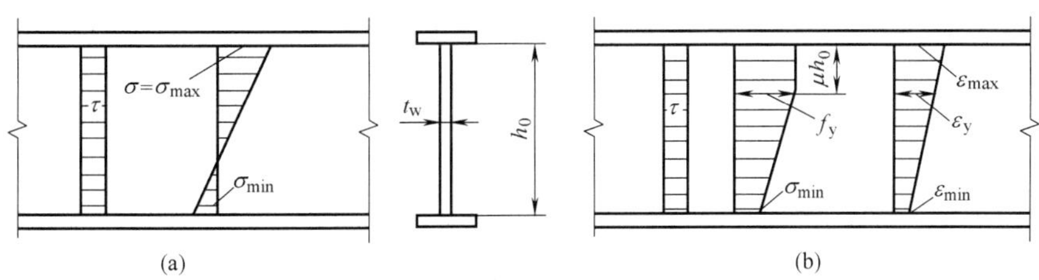

图 5.5.4-1 腹板的应力和应变

$$\alpha_0=\frac{\sigma_{max}-\sigma_{min}}{\sigma_{max}} \tag{5.5.4-1}$$

式中 σ_{max}——腹板计算边缘的最大压应力（N/mm^2）；

σ_{min}——腹板计算高度另一边缘相应的应力（N/mm^2），压应力取正值，拉应力取负值。

1. 工形截面

【例 5.5.4-1】 工形截面柱的局部稳定验算（跨中有一个侧向支承点）。

条件：构件长 $l=8m$，两端铰接，跨中有一侧向支承点，轴心压力设计值 $N=800kN$，横向集中荷载设计值 $F=200kN$。钢材为 Q235-B·F，钢材剪切加工。腹板 -450×8，翼缘 $2\text{-}380\times14$，见图 5.5.4-2。

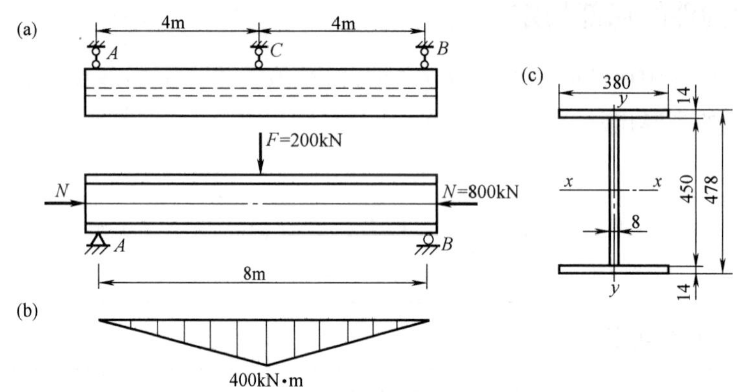

图 5.5.4-2

已知：$A=14240mm^2$，$I_x=633\times10^6mm^4$，$i_x=211mm$

要求：验算局部稳定。

【答案】

翼缘 $\frac{b}{t}=\frac{186}{14}=13.3\leqslant15\sqrt{\frac{f}{235}}=15$，可以。

腹板
$$\sigma_{max}=\frac{N}{A}+\frac{M_xh_0}{2I_x}=\frac{800\times10^3}{14240}+\frac{400\times10^6\times225}{633\times10^6}$$
$$=198.4N/mm^2$$
$$\sigma_{min}=\frac{N}{A}-\frac{M_xh_0}{2I_x}=\frac{800\times10^3}{14240}-\frac{400\times10^6\times225}{633\times10^6}$$
$$=-86N/mm^2$$
$$\alpha_0=\frac{\sigma_{max}-\sigma_{min}}{\sigma_{max}}=\frac{198.4+86}{198.4}=1.43$$
$$[h_0/t_w]=(45+25\alpha_0^{1.66})\sqrt{\frac{235}{f}}$$
$$=45+25\times1.43^{1.66}=66.8$$

实际腹板 $\frac{h_0}{t_w}=\frac{450}{8}=56.25<66.8$，满足要求。

所选截面满足要求。

2. 箱形截面

【例 5.5.4-2】 箱形截面压弯构件的局部稳定验算。

条件：图 5.5.4-3 所示箱形截面压弯构件，承受静力荷载：轴心压力设计值 $N=1500\text{kN}$，上端弯矩设计值 $M_x=700\text{kN}\cdot\text{m}$。钢材 Q235-A。截面无削弱。截面几何特性 $A=240\text{cm}^2$，$I_x=113300\text{cm}^4$，$I_y=84390\text{cm}^4$，$i_x=21.7\text{cm}$，$i_y=18.8\text{cm}$，$W_{nx}=W_x=4290\text{cm}^3$。

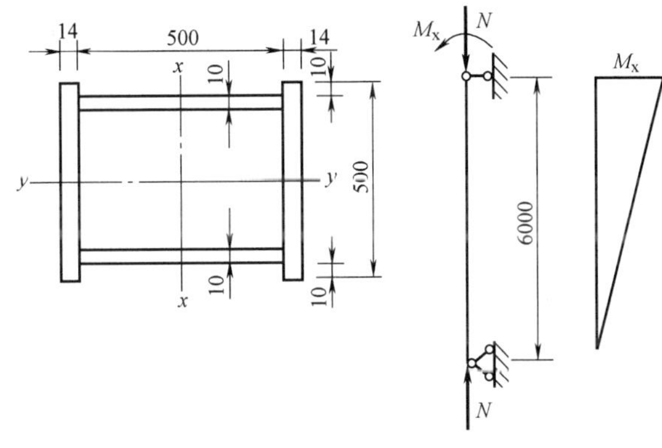

图 5.5.4-3

要求：验算构件的局部稳定。

【答案】

翼缘：

$$\frac{b_0}{t}=\frac{48}{1.4}=34<45\sqrt{\frac{235}{f_y}}=45\sqrt{\frac{235}{235}}=45\text{（满足）}$$

腹板：

$$\frac{\sigma_{max}}{\sigma_{min}}=\frac{N}{A}\pm\frac{M_x}{I_x}\frac{h_0}{2}=\frac{1500\times10^3}{240\times10^2}\pm\frac{700\times10^6}{113300\times10^4}\times\frac{500}{2}=62.5\pm154.5=\frac{217}{-92}\text{N/mm}^2$$

$$\alpha_0=\frac{\sigma_{max}-\sigma_{min}}{\sigma_{max}}=\frac{217-(-92)}{217}=1.42$$

$$\frac{h_0}{t_w}=\frac{50}{1}=50<(45+25\alpha_0^{1.66})\sqrt{\frac{235}{f_y}}=(45+25\times1.42^{1.66})\sqrt{\frac{235}{235}}$$

$$=51.2\text{（满足）}$$

五、格构式压弯构件

厂房框架柱和大型独立柱常采用格构柱，通常为单向压弯双肢格构柱，截面在弯矩作用平面内的宽度较大，构件肢件基本上都采用缀条连接。当弯矩不大或正负号弯矩的绝对值相差较小时，常用双轴对称截面。当符号不变的弯矩较大或正负号弯矩的绝对值相差较大时，可采用单轴对称截面，并把较大肢件放在较大弯矩产生压应力的一侧。

1. 弯矩绕实轴作用

《钢标》规定

> **8.2.3** 弯矩绕实轴作用的格构式压弯构件，其弯矩作用平面内和平面外的稳定性计算均与实腹式构件相同。但在计算弯矩作用平面外的整体稳定性时，长细比应取换算长细比，φ_b 应取 1.0。

2. 弯矩绕虚轴作用

（1）弯矩作用平面内的整体稳定

《钢标》规定

8.2.2 弯矩绕虚轴作用的格构式压弯构件整体稳定性计算应符合下列规定：

1 弯矩作用平面内的整体稳定性应按下列公式计算：

$$\frac{N}{\varphi_{x}Af}+\frac{\beta_{mx}M_{x}}{W_{1x}\left(1-\frac{N}{N'_{Ex}}\right)f}\leqslant 1.0 \tag{8.2.2-1}$$

$$W_{1x}=I_{x}/y_{0} \tag{8.2.2-2}$$

式中：I_x——对虚轴的毛截面的惯性矩（mm^4）；

y_0——由虚轴到压力较大分肢的轴线距离或者到压力较大分肢腹板外边缘的距离，二者取较大者（mm）；

φ_x、N'_{Ex}——分别为弯矩作用平面内轴心受压构件稳定系数和参数，由换算长细比确定。

7.2.3 格构式轴心受压构件的稳定性应按本标准式（7.2.1）计算，

对实轴的长细比应按本标准式（7.2.2-1）或式（7.2.2-2）计算，

对虚轴［图 7.2.3（a）］的 x 轴应取换算长细比。换算长细比应按下列公式计算：

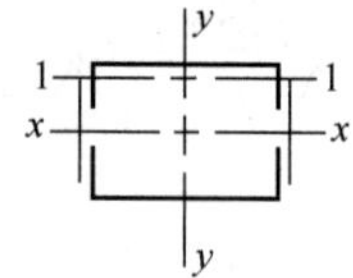

(a) 双肢组合构件

图 7.2.3 格构式组合构件截面

1 双肢组合构件［图 7.2.3（a）］：

当缀件为缀板时：

$$\lambda_{0x}=\sqrt{\lambda_{x}^{2}+\lambda_{1}^{2}} \tag{7.2.3-1}$$

当缀件为缀条时：

$$\lambda_{0x}=\sqrt{\lambda_{x}^{2}+27\frac{A}{A_{1x}}} \tag{7.2.3-2}$$

式中：λ_x——整个构件对 x 轴的长细比；

λ_1——分肢对最小刚度轴 1-1 的长细比，其计算长度取为：焊接时，为相邻两缀板的净距离；螺栓连接时，为相邻两缀板边缘螺栓的距离；

A_{1x}——构件截面中垂直于 x 轴的各斜缀条毛截面面积之和（mm^2）。

（2）分肢的稳定性

《钢标》规定

8.2.2　2　弯矩作用平面外的整体稳定性可不计算，但应计算分肢的稳定性，分肢的轴心力按桁架的弦杆计算。对缀板柱的分肢尚应考虑由剪力引起的局部弯矩。

弯矩作用平面外的整体稳定性不必计算，但要求计算分肢的稳定性。这是因为受力最大的分肢平均应力大于整个构件的平均应力，只要分肢在两个方向的稳定性得到保证，整个构件在弯矩作用平面外的稳定也可以得到保证。

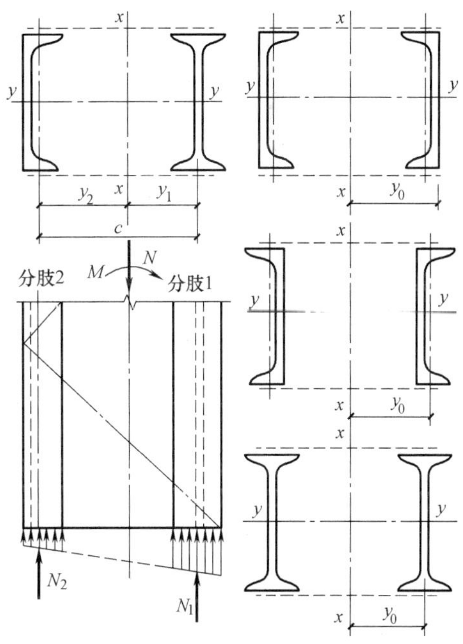

图 5.5.5-1　截面中 $W_{1x}=I_x/y_0$ 的 y_0 取值

图 5.5.5-1 格构式压弯构件两分肢受力不等，受压较大分肢上的平均应力大于整个截面的平均应力，因而还需对分肢进行稳定性计算。可把分肢视作桁架的弦杆来计算每个分肢的轴心力。

分肢 1

$$N_1=(Ny_2+M_x)/C \quad (5.5.5\text{-}1)$$

分肢 2

$$N_2=N-N_1 \quad (5.5.5\text{-}2)$$

缀条式压弯构件的单肢按轴心受压构件计算。单肢的计算长度在缀材平面内取缀条体系的节间长度，而在缀材平面外则取侧向支承点之间的距离。

缀板式压弯构件的单肢除承受轴心力 N_1 或 N_2 作用外，还承受由剪力引起的局部弯矩，剪力按《钢标》8.2.7 条计算

8.2.7　计算格构式缀件时，应取构件的实际剪力和按本标准式（7.2.7）计算的剪力两者中的较大值进行计算。

7.2.7　轴心受压构件剪力 V 值可认为沿构件全长不变，格构式轴心受压构件的剪力 V 应由承受该剪力的缀材面（包括用整体板连接的面）分担，其值应按下式计算：

$$V-\frac{Af}{85\varepsilon_k} \quad (7.2.7)$$

计算肢件在弯矩作用平面内的稳定性时，取一个节间的单肢按压弯构件计算其弯矩作用平面内的稳定性。计算肢件在弯矩作用平面外的稳定性时，计算长度取侧向支承点之间的距离。

受压较大分肢在弯矩作用平面外的计算长度与整个构件相同，只要受压较大分肢在其两个主轴方向的稳定性得到满足，整个构件在弯矩作用平面外的整体稳定性也得到保证，因此不必再计算整个构件在弯矩作用平面外的稳定性。

【例 5.5.5-1】～【例 5.5.5-3】

某支架为一单向压弯格构式双肢缀条柱结构，如图 5.5.5-2 所示，截面无削弱；材料

采用Q235-B钢，E43型焊条，手工焊接，柱肢采用HA300×200×6×10（翼缘为焰切边），缀条采用L63×6。该柱承受的荷载设计值为：轴心压力N=960kN，弯矩M_x=210kN·m，剪力V=25kN。柱在弯矩作用平面内有侧移，计算长度l_{0x}=17.5m；柱在弯矩作用平面外计算长度l_{0y}=8m。

提示：双肢缀条柱组合截面I_x=104900×10^4mm^4，i_x=304mm。

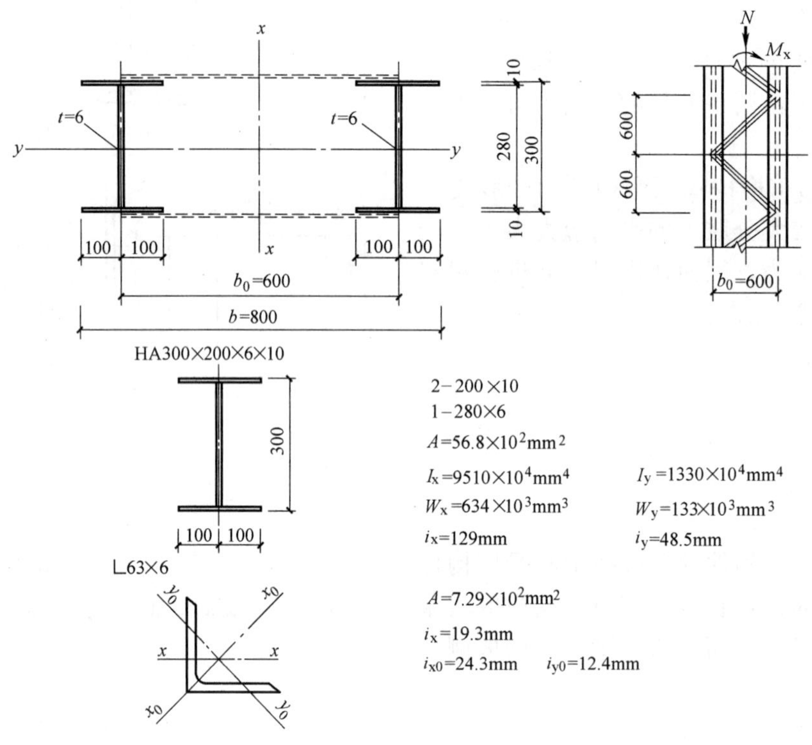

图5.5.5-2

【例5.5.5-1】 试验算格构式双肢缀条柱弯矩作用平面内的整体稳定性，并指出其最大压应力设计值（N/mm^2）与下列何项数值最为接近？

提示：$\varphi_x \cdot \frac{N}{N'_{Ex}} = 0.131$，$W_{1x} = \frac{2I_x}{b_0} = 3497 \times 10^3\ \text{mm}^3$，有侧移时，$\beta_{mx} = 1.0$。

(A) 165　　(B) 173　　(C) 181　　(D) 190

【答案】(B)

【解答】 柱截面A=2×56.8×10^2mm^2=113.6×10^2mm^2，I_x=104900×10^4mm^4 i_x=304mm（已知）

缀条截面A_1=2×7.29×10^2mm^2=14.58×10^2mm^2

$$\lambda_x = \frac{l_{0x}}{i_x} = \frac{17500}{304} = 57.6$$

根据《钢标》第7.2.3条及第8.2.2条计算：

换算长细比$\lambda_{0x} = \sqrt{\lambda_x^2 + 27\frac{A}{A_1}} = \sqrt{57.6^2 + 27 \times \frac{113.6}{14.58}} = 59.4$

b类截面，查附表D.0.2 φ_x=0.81

$$\frac{N}{\varphi_x A}+\frac{\beta_{mx}M_x}{W_{1x}\cdot\left(1-\varphi_x\frac{N}{N'_{Ex}}\right)}=\left[\frac{960\times10^3}{0.81\times113.6\times10^2}+\frac{1.0\times210\times10^6}{3497\times10^3\times(1-0.131)}\right]\text{N/mm}^2$$

$$=(104.3+69.1)\text{N/mm}^2=173\text{N/mm}^2。$$

【例 5.5.5-2】 试验算格构式柱分肢的稳定性，并指出其最大压应力设计值（N/mm^2）与下列何项数值最为接近?

(A) 165　　(B) 169　　(C) 173　　(D) 183

【答案】 (D)

【解答】 分肢承受的最大轴心压力 $N_1=\frac{N}{2}+\frac{M_x}{b_0}=\left(\frac{960}{2}+\frac{210\times10^3}{600}\right)\text{kN}=830\text{kN}$

$$A_1=56.8\times10^2\text{mm}^2$$

根据《钢标》第 8.2.2 条及第 7.2.1 条计算：b 类截面

$\lambda_1=\frac{l_{01}}{i_1}=\frac{1200}{48.5}=24.7$　　$\lambda_{y1}=\frac{l_{0y}}{i_y}=\frac{8000}{129}=62.0$,取 $\lambda=62$,查附表 D.0.2 $\varphi_{y1}=0.797$

$$\frac{N_1}{\varphi_{y1}A_1}=\frac{830\times10^3}{0.797\times56.8\times10^2}\text{N/mm}^2=183\text{N/mm}^2。$$

【例 5.5.5-3】 试验算格构式柱缀条的稳定性，并指出其最大压应力设计值（N/mm^2）与下列何项数值最为接近?

提示：计算缀条时，应取实际剪力和按规范指定公式计算的剪力二者中的较大值。

(A) 29　　(B) 35　　(C) 41　　(D) 45

【答案】 (B)

【解答】 根据《钢标》第 8.2.7 条、第 7.2.7 条及表 7.4.1-1 计算：

柱截面 $A=2\times56.8\text{mm}^2=113.6\times10^2\text{mm}^2$　$V=25\text{kN}$

$$V_1=\frac{Af}{85}\sqrt{\frac{f_y}{235}}=\frac{113.6\times10^2\times215}{85}\times10^{-3}\text{kN}=28.7\text{kN}\quad V_1>V$$

取 V_1 计算柱的缀条杆　$N_1=\frac{V_1}{\cos\alpha}=\frac{\frac{28.7}{2}}{\frac{\sqrt{2}}{2}}\text{kN}=20.3\text{kN}$

缀条长度 $l_1=600\times\sqrt{2}\text{mm}=848.5\text{mm}$，$i_{y0}=12.4\text{mm}$，$A_1=7.29\times10^2\text{mm}^2$

$\lambda_0=\frac{0.9l_1}{i_{y0}}=\frac{0.9\times848.5}{12.4}=61.6$，b 类截面，$\varphi_0-0.80$

$$\frac{N_t}{\varphi_0 A_t}=\frac{20.3\times10^3}{0.80\times7.29\times10^2}\text{N/mm}^2=35\text{N/mm}^2。$$

5.6 构件的连接计算

一、梁与柱的刚性连接

1. 无加劲肋柱节点的计算

不设加劲肋的柱在达到极限状态时，可能出现的破坏形式是腹板在梁翼缘传来的压力作用下屈服或屈曲，以及翼缘在梁翼缘传来的拉力作用下弯曲而出现塑性铰或连接焊缝被拉开。图 5.6.1-1 表示腹板压屈和翼缘弯曲的情况。此外，梁翼缘传来的力还使腹板受剪，这些都需要验算。

(1) 柱腹板在边缘处的局部承压强度

梁受压翼缘传来的力是否足以使柱腹板屈服，要在柱腹板与翼缘连接焊缝（或轧制 H 型钢圆角）的边缘处计算。图 5.6.1-2 给出柱腹板在边缘处的局部传力情况的示意图。

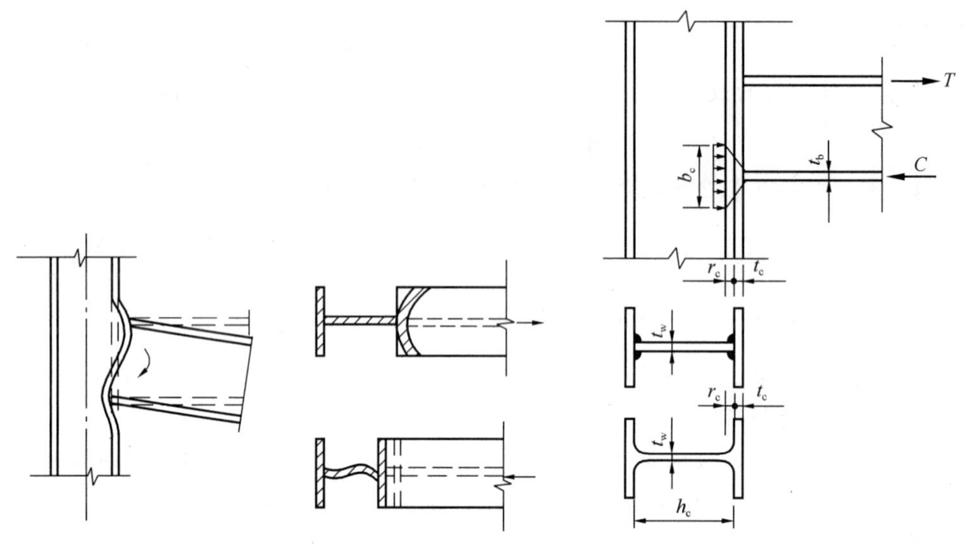

图 5.6.1-1 无加劲肋柱节点域的极限状态　　图 5.6.1-2 柱腹板受压区计算

当梁翼缘与柱翼缘采用坡口焊缝对接时，柱腹板承压的有效宽度为：

$$b_e = t_b + 5(t_c + r_c) \tag{5.6.1-1}$$

式中符号见图 5.6.1-2。

如果只考虑压力 C 的作用（图 5.6.1-2），按照等强条件，可以得出柱腹板的厚度为：

$$t_w \geqslant \frac{A_{fc} f_b}{b_e f_c} \tag{5.6.1-2}$$

式中 A_{fc}——梁受压翼缘的截面积；

f_b——梁钢材抗拉、抗压强度设计值；

f_c——柱钢材抗压强度设计值。

(2) 柱腹板在压力作用下的局部稳定

为了满足局部稳定要求，柱腹板的厚度应满足

$$t_{wc} \geqslant \frac{h_{cw}}{30}\sqrt{f_{yc}/235} \tag{5.6.1-3}$$

上述公式即《钢标》12.3.4 条 1 款规定

12.3.4 梁柱刚性节点中当工字形梁翼缘采用焊透的 T 形对接焊缝与 H 形柱的翼缘焊接，同时对应的柱腹板未设置水平加劲肋时，柱翼缘和腹板厚度应符合下列规定：

1 在梁的受压翼缘处，柱腹板厚度 t_w 应同时满足：

$$t_w \geqslant \frac{A_{fb} f_b}{b_e f_c} \quad (12.3.4\text{-}1)$$

$$t_w \geqslant \frac{h_c}{30} \frac{1}{\varepsilon_{k,c}} \quad (12.3.4\text{-}2)$$

$$b_e = t_f + 5h_y \quad (12.3.4\text{-}3)$$

式中：A_{fb}——梁受压翼缘的截面积（mm^2）；

f_b、f_c——分别为梁和柱钢材抗拉、抗压强度设计值（N/mm^2）；

b_e——在垂直于柱翼缘的集中压力作用下，柱腹板计算高度边缘处压应力的假定分布长度（mm）；

h_y——自柱顶面至腹板计算高度上边缘的距离，对轧制型钢截面取柱翼缘边缘至内弧起点间的距离，对焊接截面取柱翼缘厚度（mm）；

t_f——梁受压翼缘厚度（mm）；

h_c——柱腹板的宽度（mm）；

$\varepsilon_{k,c}$——柱的钢号修正系数；

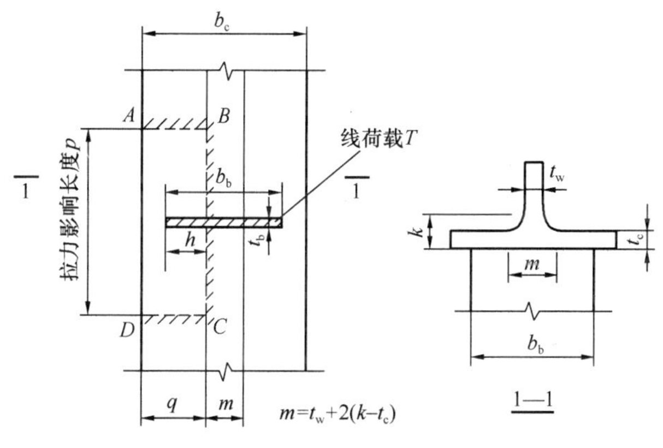

图 5.6.1-3 柱翼缘在拉力下的受力情况

(3) 柱翼缘板的厚度

图 5.6.1-3 给出柱腹板边缘处在拉力下的受力情况示意图。

在梁受拉翼缘处，柱翼缘板受到梁翼缘传来的拉力 $T=A_{ft} f_b$（A_{ft} 为梁受拉翼缘截面积，f_b 为梁钢材抗拉强度设计值）。T 由柱翼缘板的三个组成部分承担：

1) 中间部分（分布长度为 m）直接传给柱腹板的力为 $f_c t_b m$。

2) 其余各由两侧 ABCD 部分的板件承担。根据试验研究，拉力在柱翼板上的影响长度 $p \approx 12t_c$，并可将此受力部分视为三边固定一边自由的板件，在固定边将因受弯而形成塑性铰。单块板（ABCD）能承受的拉力可以近似地取为 $3.5t_c^2 f_y$。

这样柱翼缘板受拉时的总承载力为：$2\times3.5f_c t_c^2 + f_c t_b m$。考虑到翼缘板中间和两侧部分的抗拉刚度不同，难以充分发挥共同工作，可乘以 0.8 的折减系数后再与拉力 T 平衡：

$$0.8(7f_c t_c^2 + f_c t_b m) \geqslant A_{ft} f_b \quad (5.6.1\text{-}4)$$

$$\therefore \quad t_c \geqslant \sqrt{\frac{A_{ft} f_b}{7f_c}\left(1.25 - \frac{f_c t_b m}{A_{ft} f_b}\right)} \quad (5.6.1\text{-}5)$$

在上式中 $\frac{f_c t_b m}{A_{ft} f_b} = \frac{f_c t_b m}{b_b t_b f_b} = \frac{f_c m}{f_b b_b}$，$\frac{m}{b_b}$ 愈小，t_c 愈大。按统计分析，$\frac{f_c m}{f_b b_b}$ 的最小值约为

0.15，以此代入，即得：

$$t_c \geqslant 0.396\sqrt{\frac{A_{ft}f_b}{f_c}} \text{即} t_c \geqslant 0.4\sqrt{\frac{A_{ft}f_b}{f_c}} \tag{5.6.1-6}$$

上述公式即《钢标》12.3.4 条 2 款规定

12.3.4 梁柱刚性节点中当工字形梁翼缘采用焊透的 T 形对接焊缝与 H 形柱的翼缘焊接，同时对应的柱腹板未设置水平加劲肋时，柱翼缘和腹板厚度应符合下列规定：

2 在梁的受拉翼缘处，柱翼缘板的厚度 t_c应满足下式要求：

$$t_c \geqslant 0.4\sqrt{A_{ft}f_b/f_c} \tag{12.3.4-4}$$

式中：f_b、f_c——分别为梁和柱钢材抗拉、抗压强度设计值（N/mm²）；

A_{ft}——梁受拉翼缘的截面积（mm²）。

2. 有加劲肋柱节点域的计算

当梁柱刚性连接处关于压力或拉力作用的计算不能满足《钢标》12.3.4 条的规定时，应设置柱腹板的横向加劲肋。

梁与柱刚性连接节点的节点域如图 5.6.1-4a 所示，由柱的翼缘板和腹板的横向加劲肋所包围，节点域的边长分别是梁和柱的腹板高度。节点域在周边剪力和弯矩作用下，柱腹板存在局部失稳和屈服的可能性，应验算其稳定性和抗剪强度。

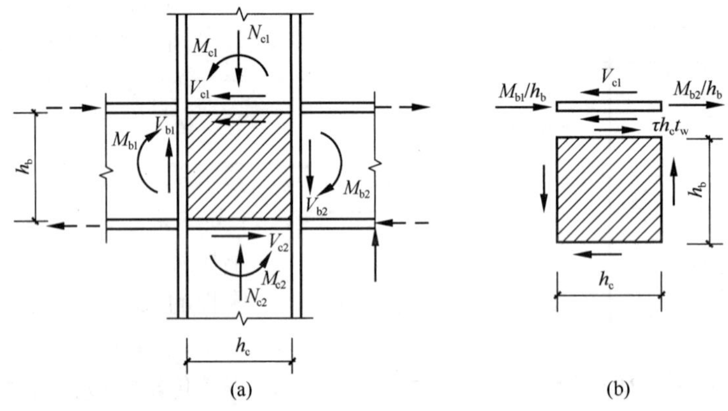

图 5.6.1-4 梁与柱刚性连接的节点域

（1）节点域局部稳定验算

为了防止节点域的柱腹板受剪时发生局部失稳，节点域内柱腹板的宽厚比 h_b/t，应进行控制，《钢标》12.3.3 条 1 款对正则化宽厚比 $\lambda_{n,s}$规定了上限值。此处，正则化宽厚比是指经过钢号修正后的节点域腹板的宽厚比。

《钢标》规定

12.3.3 当梁柱采用刚性连接，对应于梁翼缘的柱腹板部位设置横向加劲肋时，节点域应符合下列规定：

1 当横向加劲肋厚度不小于梁的翼缘板厚度时，节点域的受剪正则化宽厚比 $\lambda_{n,s}$不应大于 0.8；对单层和低层轻型建筑，$\lambda_{n,s}$不得大于 1.2。

《钢标》12.3.3 条 1 款规定了节点域的受剪正则化宽厚比 $\lambda_{n,s}$ 的计算公式。

12.3.3 1 节点域的受剪正则化宽厚比 $\lambda_{n,s}$ 应按下式计算：

当 $h_c/h_b \geqslant 1.0$ 时：

$$\lambda_{n,s} = \frac{h_b/t_w}{37\sqrt{5.34 + 4\ (h_b/h_c)^2}}\frac{1}{\varepsilon_k} \tag{12.3.3-1}$$

当 $h_c/h_b < 1.0$ 时：

$$\lambda_{n,s} = \frac{h_b/t_w}{37\sqrt{4 + 5.34\ (h_b/h_c)^2}}\frac{1}{\varepsilon_k} \tag{12.3.3-2}$$

式中：h_c、h_b——分别为节点域腹板的宽度和高度。

(2) 节点域抗剪强度验算

柱腹板上边加劲肋受力如图 5.6.1-4b 所示，节点域在梁端弯矩作用下将产生较大的剪力。设梁端弯矩仅由梁翼缘板承受，忽略柱剪力 V_{c1} 的影响，则有：

$$\tau h_c t_w = \frac{M_{b1} + M_{b2}}{h_b} \tag{5.6.1-7}$$

$$\tau = \frac{M_{b1} + M_{b2}}{h_b h_c t_w} \tag{5.6.1-8}$$

式中，M_{b1}、M_{b2} 分别为节点两侧梁端弯矩设计值；h_b、h_c 分别为梁和柱的腹板高度；t_w 为柱腹板厚度。

节点域中的应力比较复杂，剪应力 τ 在节点域的中心为最大，剪切屈服由中心开始逐步向四周扩展。由于节点域四周有较强的弹性约束，节点域屈服后，剪切承载力仍可提高。试验证明：节点域的剪应力 τ 达到钢材的抗剪强度 f_v 时，节点域仍能保持稳定，因此将节点域屈服剪应力得到提高，节点域的抗剪强度用符号 f_{ps} 表示。故节点域抗剪屈服条件为：$\tau \leqslant f_{ps}$。

《钢标》12.3.3 条 3 款规定了节点域的抗剪强度 f_{ps}。

12.3.3 3 节点域的抗剪强度 f_{ps} 应据节点域受剪正则化宽厚比 $\lambda_{n,s}$ 按下列规定取值：

1) 当 $\lambda_{n,s} \leqslant 0.6$ 时，$f_{ps} = \frac{4}{3} f_v$；

2) 当 $0.6 < \lambda_{n,s} \leqslant 0.8$ 时，$f_{ps} = \frac{1}{3}(7 - 5\lambda_{n,s}) f_v$；

3) 当 $0.8 < \lambda_{n,s} \leqslant 1.2$ 时，$f_{ps} = [1 - 0.75(\lambda_{n,s} - 0.8)] f_v$。

当轴压比 $\frac{N}{Af} > 0.4$ 时，受剪承载力 f_{ps} 应乘以修正系数，当 $\lambda_{n,s} \leqslant 0.8$ 时，修正系数可取为 $\sqrt{1 - \left(\frac{N}{Af}\right)^2}$。

《钢标》12.3.3 条 2 款还规定了节点域抗剪强度的验算公式

> **12.3.3** 2 节点域的承载力应满足下式要求：
>
> $$\frac{M_{b1}+M_{b2}}{V_p}\leqslant f_{ps} \quad (12.3.3\text{-}3)$$
>
> H形截面柱：
>
> $$V_p=h_{b1}h_{c1}t_w \quad (12.3.3\text{-}4)$$
>
> 箱形截面柱：
>
> $$V_p=1.8h_{b1}h_{c1}t_w \quad (12.3.3\text{-}5)$$
>
> 式中：M_{b1}、M_{b2}——分别为节点域两侧梁端弯矩设计值（N）；
>
> V_p——节点域的体积（mm^3）；
>
> h_{c1}——柱翼缘中心线之间的宽度和梁腹板高度（mm）；
>
> h_{b1}——梁翼缘中心线之间的高度（mm）；
>
> t_w——柱腹板节点域的厚度（mm）；
>
> f_{ps}——节点域的抗剪强度（N/mm^2）。

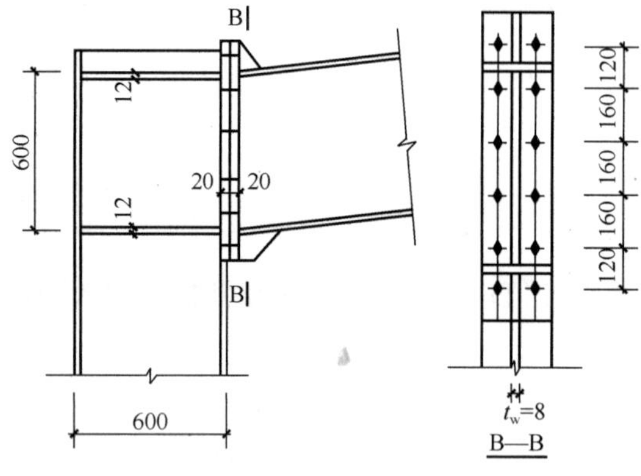

图 5.6.1-5

【例 5.6.1-1】 节点域内腹板的计算剪应力。

条件：某梁柱节点为刚性节点，梁、柱截面相同，均为双轴对称焊接工字形钢制作、翼缘板为轧制，截面为 $h\times b\times t_w\times t=600\times200\times8\times12$。其连接的构造如图 5.6.1-5 所示；梁柱节点弯矩设计值 $M=250\text{kN}\cdot\text{m}$。

要求：在弯矩作用下由柱翼缘及横向加劲肋所包围的柱腹板节点域内腹板的计算剪应力 τ（N/mm^2）。

【答案】 根据《钢标》12.3.3 条

$$h_{b1}=600-12=588\text{mm},h_{c1}=600-12=588\text{mm},t_w=8\text{mm}$$

$$V_p=h_{b1}h_{c1}t_w=588\times588\times8=2765952\text{mm}^3$$

$$\tau=(M_{b1}+M_{b2})/V_p=250\times10^6/2765952=90.38\text{N/mm}^2。$$

【例 5.6.1-2】 节点域内腹板的计算剪应力（箱形截面柱）

条件：H形截面梁与箱形截面柱采用刚性连接，梁翼缘与柱采用完全焊透的坡口对接焊缝连接，梁腹板与柱连接采用高强度螺栓连接，见图 5.6.1-6，

柱截面□700mm×700mm×30mm，梁截面 $H=500\text{mm}\times220\text{mm}\times10\text{mm}\times22\text{mm}$，梁的净跨 $l_n=7.3\text{m}$，钢材 Q345B，梁端内力设计值 $M=650\text{kN}\cdot\text{m}$，

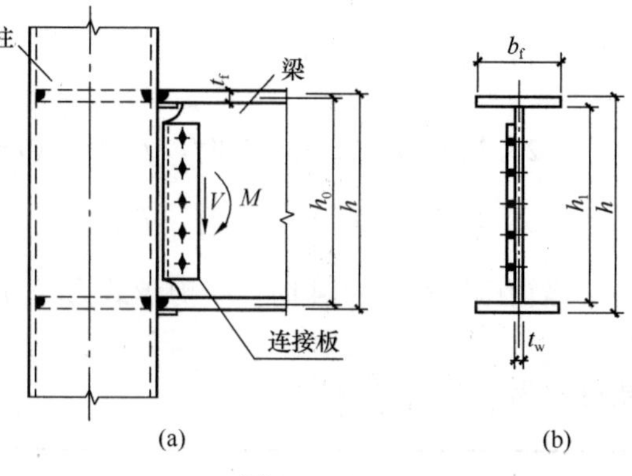

图 5.6.1-6

$V=350\text{kN}$。

要求：在弯矩作用下由柱翼缘及横向加劲肋所包围的柱腹板节点域内腹板的计算剪应力 τ（N/mm^2）。

【答案】

根据《钢标》12.3.3 条

$$V_p=1.8h_{b1}h_{c1}t_w=1.8\times478\times670\times30=17294040\text{mm}^3$$

$$t=(M_{b1}+M_{b2})/V_p=650\times10^6/17294040=37.59\text{N/mm}^2。$$

二、连接节点处板件的计算

1. 板件的拉、剪撕裂

板件在拉力作用下的破坏特征为沿最危险的线段撕裂破坏，即图 5.6.2-1（a）中的 BA-AC-CD 三折线撕裂，BA 和 CD 均与节点板边缘线基本垂直。

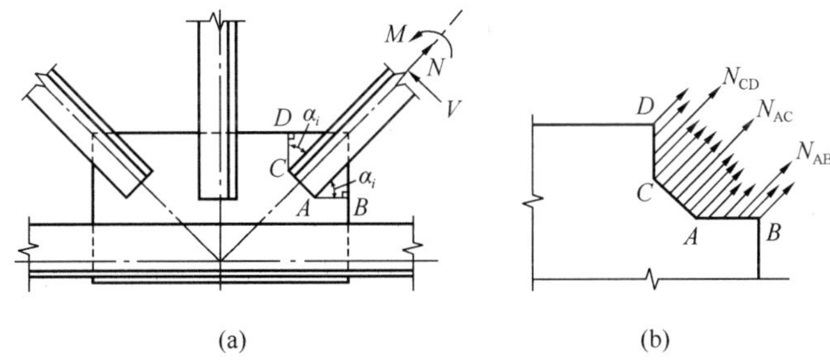

图 5.6.2-1　节点计算简图

沿 BACD 撕裂线割取自由体（图 5.6.2-1b），由于板内塑性发展引起应力重分布，可假定破坏时在撕裂面各段上平行于腹杆轴线的应力 σ_i 均匀分布，当各撕裂线段的折算应力达到抗拉强度 f_u 时试件破坏。根据平衡条件并略去影响很小的 M 和 V，则第 i 段撕裂面上的平均正应力 σ_i 和平均剪应力 τ_i 为

$$\sigma_i=\sigma_i'\sin\alpha_i=\frac{N_i}{l_it}\sin\alpha_i$$

$$\tau_i=\sigma_i'\cos\alpha_i=\frac{N_i}{l_it}\cos\alpha_i$$

折算应力

$$\sigma_{red}=\sqrt{\sigma_i^2+3\tau_i^2}=\frac{N_i}{l_it}\sqrt{\sin^2\alpha_i+3\cos^2\alpha_i}\leqslant f_u$$

即

$$N_i\leqslant\frac{1}{\sqrt{1+2\cos^2\alpha_i}}\cdot l_itf_u$$

令

$$\eta_i=\frac{1}{\sqrt{1+2\cos^2\alpha_i}} \tag{5.6.2-1}$$

则

$$N_i\leqslant\eta_il_itf_u$$

由

$$N=\sum N_i=\sum(\eta_iA_i)f_u$$

写成计算式则为

$$\frac{N}{\sum\eta_iA_i}\leqslant f_u \tag{5.6.2-2}$$

此公式还适用于图 5.6.2-2 所示的两种板件撕裂情况，图 5.6.2-2（a）为板件沿螺栓

孔的撕裂，图 5.6.2-2（b）为角钢与节点板螺栓连接时，角钢发生块状拉剪撕裂。

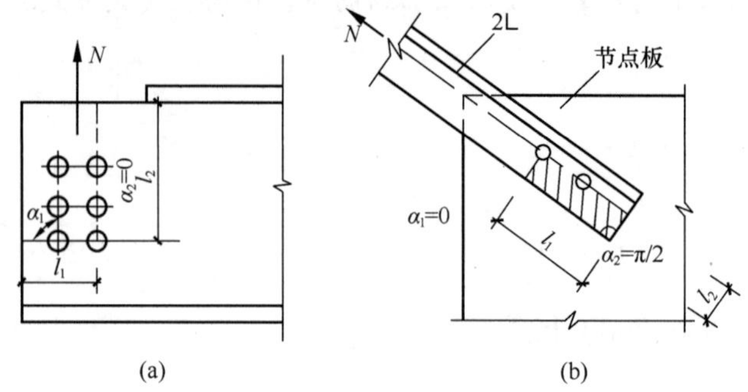

图 5.6.2-2　板件的拉、剪破坏

（a）板件的撕裂；（b）角钢的撕裂

《钢标》12.2.1 条规定

12.2.1　连接节点处板件在拉、剪作用下的强度应按下列公式计算：

$$\frac{N}{\Sigma(\eta_i A_i)} \leqslant f \tag{12.2.1-1}$$

$$A_i = tl_i \tag{12.2.1-2}$$

$$\eta_i = \frac{1}{\sqrt{1+2\cos^2\alpha_i}} \tag{12.2.1-3}$$

式中：N——作用于板件的拉力（N）；

A_i——第 i 段破坏面的截面积，当为螺栓连接时，应取净截面面积（mm^2）；

t——板件厚度（mm）；

l_i——第 i 破坏段的长度，应取板件中最危险的破坏线长度（图 12.2.1）（mm）；

η_i——第 i 段的拉剪折算系数；

α_i——第 i 段破坏线与拉力轴线的夹角。

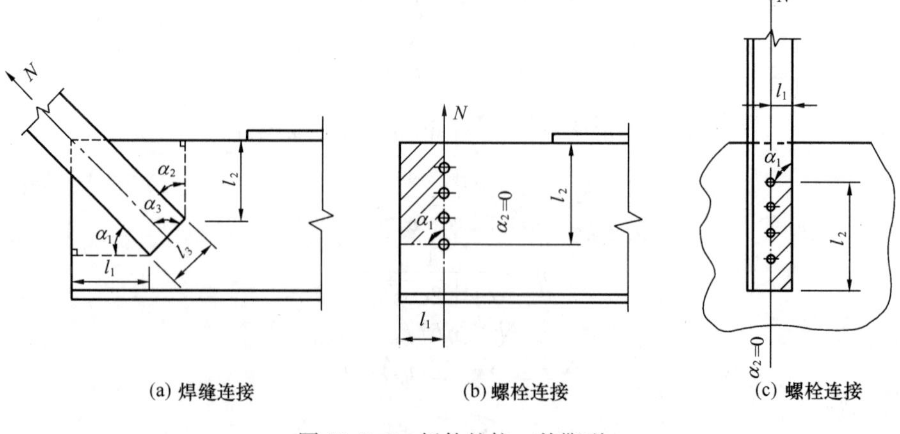

(a) 焊缝连接　(b) 螺栓连接　(c) 螺栓连接

图 12.2.1　板件的拉、剪撕裂

2. 桁架节点板强度的有效宽度计算法

有效宽度即认为腹杆轴力 N 将通过连接件在节点板内按照某一个应力扩散角度传至连接件端部与 N 相垂直的一定宽度范围内，该一定宽度即称为有效宽度 b_e。

通过试验研究，取应力扩散角 $\theta=30°$。

有效宽度法计算简单，概念清楚，适用于腹杆与节点板的多种连接情况，如侧焊、围焊和铆钉、螺栓连接等（当采用铆钉或螺栓连接时，b_e 应取为有效净宽度）。

《钢标》12.2.2 条规定

12.2.2 桁架节点板（杆件轧制 T 形和双板焊接 T 形截面者除外）的强度除可按本标准第 12.2.1 条相关公式计算外，也可用有效宽度法按下式计算：

$$\sigma=\frac{N}{b_e t}\leqslant f \tag{12.2.2}$$

式中：b_e——板件的有效宽度（图 12.2.2）（mm）；当用螺栓（或铆钉）连接时，应减去孔径，孔径应取比螺栓（或铆钉）标称尺寸大 4mm。

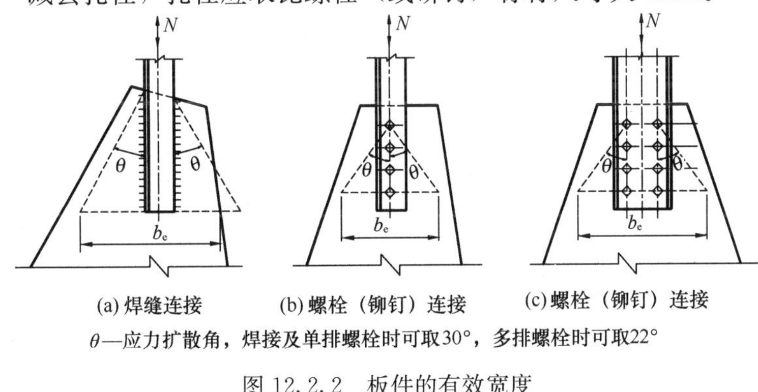

图 12.2.2 板件的有效宽度

3. 桁架节点板的稳定

与受压杆件相连的节点板区域在压力作用下可能失稳。如图 5.6.2-3 所示，在斜腹杆压力作用下，失稳形式一般为在 BA-AC- CD 线附近或前方呈三折线屈折破坏。失稳时屈折线位置和方向与受拉时的撕裂线类似，而且一般在 AC 区的前方首先失稳，其他各区相继失稳。

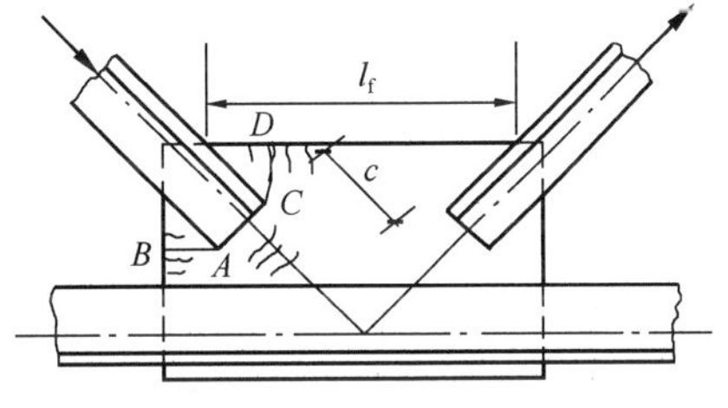

图 5.6.2-3 节点板受压失稳

《钢标》12.2.3、12.2.4 条规定

12.2.3 桁架节点板在斜腹杆压力作用下的稳定性可用下列方法进行计算：

1 对有竖腹杆相连的节点板，当 $c/t\leqslant15\varepsilon_k$ 时，可不计算稳定，否则应按本标准附录 G 进行稳定计算，在任何情况下，c/t 不得大于 $22\varepsilon_k$，c 为受压腹杆连接肢端面中点沿腹杆轴线方向至弦杆的净距离；

2 对无竖腹杆相连的节点板，当 $c/t\leqslant10\varepsilon_k$ 时，节点板的稳定承载力可取为 $0.8b_e tf$。当 $c/t>10\varepsilon_k$ 时，应按本标准附录 G 进行稳定计算，但在任何情况下，c/t 不得大于 $17.5\varepsilon_k$。

> **12.2.4** 当采用本标准第 12.2.1 条至第 12.2.3 条方法计算桁架节点板时，尚应符合下列规定：
>
> **1** 节点板边缘与腹杆轴线之间的夹角不应小于 15°；
>
> **2** 斜腹杆与弦杆的夹角应为 30°～60°；
>
> **3** 节点板的自由边长度 l_f 与厚度 t 之比不得大于 $60\varepsilon_k$。

【例 5.6.2-1】 次梁腹板外伸板件的拉剪撕裂。

条件：次梁（H300×150×6.5×9）与主梁（H596×199×10×15）简支连接，如图 5.6.2-4所示，梁端剪力设计值 V=110kN，钢材为 Q345；采用 8.8 级 M20 高强度螺栓、孔径 d_0=21.5mm、螺栓数 n=3，h_1=282mm、h_2=240mm。

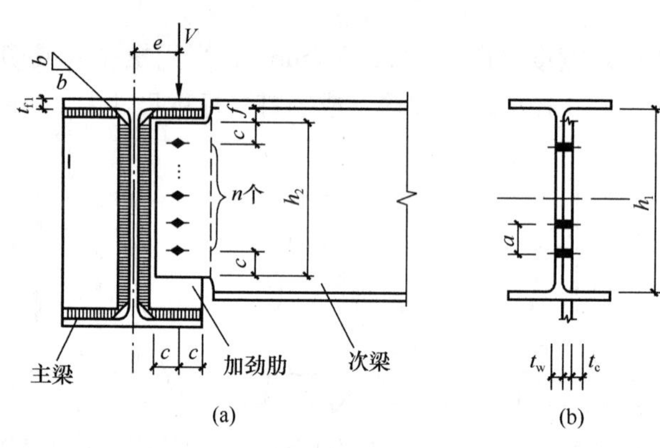

图 5.6.2-4

要求：验算次梁腹板外伸板件的拉剪撕裂。

【答案】 根据《钢标》（12.2.1）条

$$\alpha_2=0°, l_2=h_2=240\text{mm}$$

$$\eta_i=\frac{1}{\sqrt{1+2\cos^2\alpha_i}}=1/(1+2\times1.0^2)^{1/2}=0.577$$

$$A_i=l_it=(240-3\times21.5)\times6.5=1140.8\text{mm}^2$$

$$\frac{V}{\Sigma(\eta_iA_i)}=110\times10^3/(0.577\times1140.8)=167.11\text{N/mm}^2<f$$

$$=310\text{N/mm}^2$$（满足要求）。

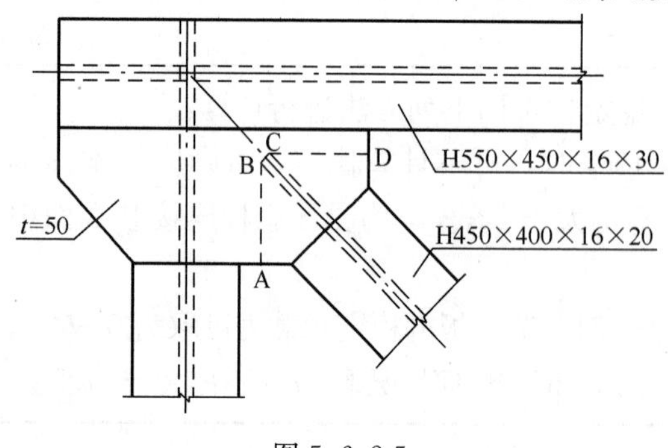

图 5.6.2-5

【例 5.6.2-2】

某桁架结构的所有杆件均采用焊接 H 型钢；H 型钢的腹板与桁架平面垂直。桁架端节点斜杆轴心拉力设计值 N=5900kN。

桁架的端节点采用等强焊接对接节点板的连接形式，如图 5.6.2-5 所示。在斜杆轴心拉力作用下，节点板将沿 AB-BC-CD 破坏线撕裂。已确定 AB＝CD＝

400mm，其拉剪折算系数均取 $\eta=0.7$，BC＝33mm。试问，在节点板破坏线上的拉应力设计值（N/mm²），应与下列何项数值最为接近？

（A）356.0　（B）258.7　（C）99.5　（D）158.2

【答案】（C）

【解答】：根据《钢标》第 12.2.1 条，破坏线的面积

$$\sum \eta_i A_i=(400\times0.7+33+400\times0.7)\times50\times2\text{mm}^2=59300\text{mm}^2$$

$$\sigma=\frac{N}{\sum \eta_i A_i}=\frac{5900\times10^3}{59300}\text{N/mm}^2=99.5\text{N/mm}^2$$

【例 5.6.2-3】 某屋架上弦杆 F 节点的节点板与腹杆连接构造如图 5.6.2-6所示。

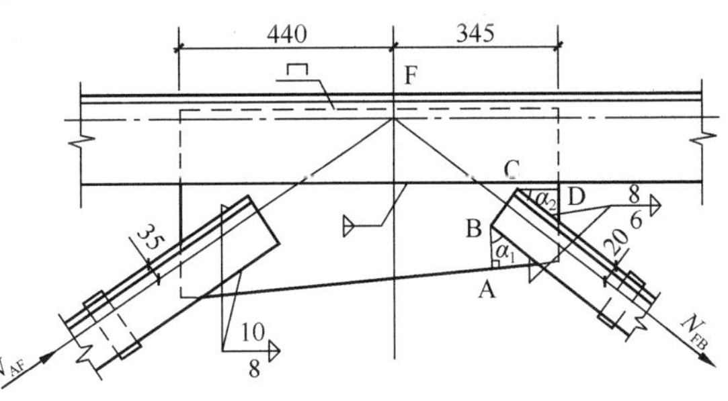

图 5.6.2-6

图中节点板的厚度为 12mm；斜腹杆 FB 截面为 L80×6，轴力设计值 $N=320$kN；腹杆与节点板间为焊接连接。节点板在拉剪作用下其撕裂破坏线为 ABCD。已知三折线段的长度分别为 AB＝100mm，BC＝80mm，CD＝125mm；折线段 AB、CD 与腹杆轴线的夹角 $\alpha_1=47°$，$\alpha_2=38°$。试问，节点板在拉剪作用下的强度计算值（N/mm²），应与下述何项数值最为接近？

（A）90　（B）113　（C）136　（D）173

【答案】（B）

【解答】《钢标》式（12.2.1-2），$\eta_i=\dfrac{1}{\sqrt{1+2\cos^2\alpha_i}}$

$$\alpha_1=47°,\eta_1=0.72,\alpha_2=38°,\eta_2=0.67$$

《钢标》式（12.2.1-1），

$$\frac{N}{\sum(\eta_i A_i)}=\frac{320\times10^3}{(0.72\times100+80+0.67\times125)\times12}\text{N/mm}^2=113\text{N/mm}^2<f。$$

三、与梁、柱有关的连接计算

1. 焊接组合梁翼缘焊缝的计算

由三块钢板焊接而成的工字形截面梁，通过连接焊缝保证截面的整体工作。为了了解焊缝的受力性能，可取如图 5.6.3-1（a）所示三块叠放的受弯板材为例进行说明。如果三

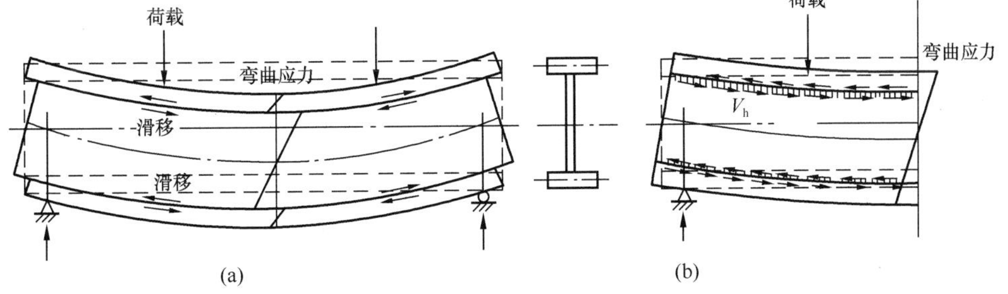

图 5.6.3-1　叠放和焊接工字形梁的弯曲变形

块板材之间的接触面上无摩擦力存在或克服摩擦力之后，则在横向荷载作用下各板将分别产生如图所示的变形，各板之间产生相互错动。若保证各板的整体工作，不产生相互错动，则如图 5.6.3-1（b）所示，必须在板与板间加上焊缝，用来承担各板之间所产生的剪力作用。这种剪力作用是由于弯矩沿梁长的变化而产生的。

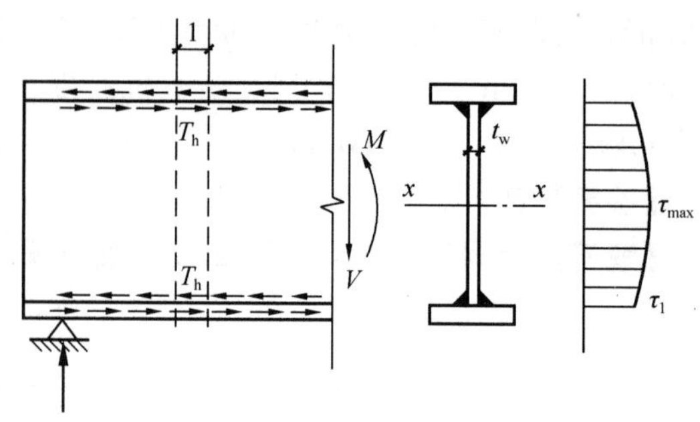

图 5.6.3-2　翼缘焊缝所受剪力

工字形截面梁弯曲剪应力在腹板上成抛物线分布如图 5.6.3-2 所示。

工字形截面梁弯曲剪应力在腹板上成抛物线分布（图 5.6.3-2），腹板边缘（与翼缘交点）的剪应力为：

$$\tau=\frac{VS_f}{I_x t_w} \tag{5.6.3-1}$$

式中　V——所计算截面处梁的剪力；

I_x——所计算截面处梁截面对 x 轴的惯性矩；

S_f——上翼缘板（或下翼缘板）对梁截面中和轴的面积矩。

根据剪应力互等定理，焊接工字钢（图 5.6.3-2）翼缘与腹板接触面间沿梁轴单位长度上的水平剪力 T_h 为：

$$T_h=\frac{VS_f}{I_x t_w}\cdot t_w\cdot 1=\frac{VS_f}{I_x}$$

如图 5.6.3-3 所示，为了保证翼缘板和腹板的整体工作，应使两条角焊缝的剪应力 τ_f 不超过角焊缝的强度设计值 f_f^w，即

$$\tau_f=\frac{T_h}{2h_e\cdot 1}=\frac{VS_f}{1.4h_f I_x}\leqslant f_f^w \tag{5.6.3-2}$$

可得焊脚尺寸

$$h_f\geqslant\frac{VS_f}{1.4f_f^w I_x}$$

当梁的翼缘上承受有移动集中荷载或承受有固定集中荷载而未设置支承加劲肋时，则翼缘与腹板间的连接焊缝不仅承受有上述由于梁弯曲而产生的水平剪力 T_h 的作用（图 5.6.3-4），同时还承受有集中压力 F 所产生的垂直剪力 T_v 的作用。

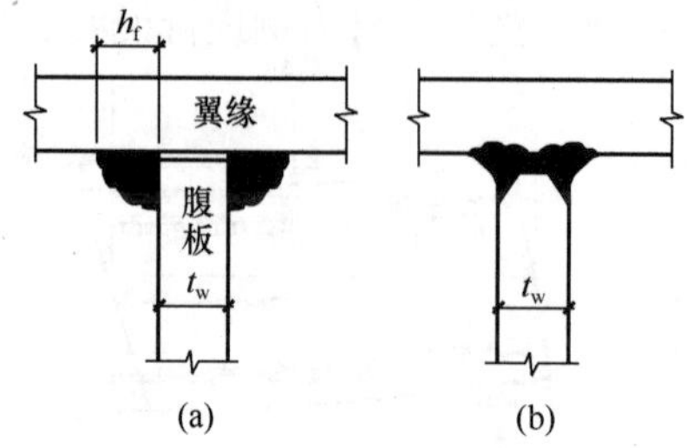

图 5.6.3-3　角焊缝和 T 形对接焊缝

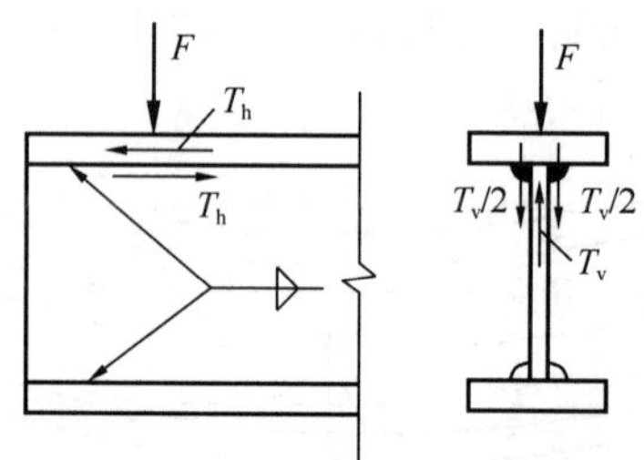

图 5.6.3-4　双向剪力作用下的翼缘焊接

与《钢标》6.1.3 条类似。单位长度上的垂直剪力可依下式计算得到：

$$T_v=\sigma_c t_w\cdot 1=\frac{\psi F}{t_w l_z}t_w\cdot 1=\frac{\psi F}{l_z}$$

在 T_v 作用下，两条焊缝相当于正面角焊缝，其应力为：

$$\sigma_f=\frac{T_V}{2h_e\cdot 1}=\frac{\psi F}{1.4h_f l_z} \quad (5.6.3\text{-}3)$$

因此，在 T_h 和 T_v 共同作用下，根据《钢标》11.2.2 条：

$$\sqrt{\left(\frac{\sigma_f}{\beta_f}\right)^2+\tau_f^2}\leqslant f_f^w \quad (5.6.3\text{-}4)$$

将式（5.6.3-1）、（5.6.3-2）代入式（5.6.3-3）并整理可得：

$$h_f\geqslant\frac{1}{1.4f_f^w}\sqrt{\left(\frac{\psi F}{\beta_f l_z}\right)^2+\left(\frac{VS_f}{I_x}\right)^2} \quad (5.6.3\text{-}5)$$

当腹板与翼缘的连接采用焊透的 T 形对接与角接组合焊缝时，其强度与腹板等强，不必计算焊缝强度。

《钢标》11.2.7 条规定

11.2.7 焊接截面工字形梁翼缘与腹板的焊缝连接强度计算应符合下列规定：

1 双面角焊缝连接，其强度应按下式计算，当梁上翼缘受有固定集中荷载时，宜在该处设置顶紧上翼缘的支承加劲肋，按式（11.2.7）计算时取 $F=0$：

$$\frac{1}{2h_e}\sqrt{\left(\frac{VS_f}{I}\right)^2+\left(\frac{\psi F}{\beta_f l_z}\right)^2}\leqslant f_f^w \quad (11.2.7)$$

式中：S_f——所计算翼缘毛截面对梁中和轴的面积矩（mm^3）；

I——梁的毛截面惯性矩（mm^4）；

F、ψ、l_z——按本标准第 6.1.4 条采用。

2 当腹板与翼缘的连接焊缝采用焊透的 T 形对接与角接组合焊缝时，其焊缝强度可不计算。

【例 5.6.3-1】

某工字形截面的实腹式钢吊车梁，沿吊车梁腹板平面作用的最大剪力为 V；在吊车梁顶面作用有吊车轮压产生的移动集中荷载 P 和吊车安全走道上的均布荷载 q。

吊车梁上翼缘板与腹板采用双面角焊缝连接。当对上翼缘焊缝进行强度计算时，试问应采用下列何项荷载的共同作用？

(A) V 与 P 的共同作用　　(B) V 与 P 和 q 的共同作用

(C) V 与 q 的共同作用　　(D) P 与 q 的共同作用

【答案】(B)

【解答】：根据《钢标》第 11.2.7 条的公式（11.2.7）

V 产生水平方向的剪应力；

P 和 q 产生垂直方向的剪应力。

【例 5.6.3-2】梁翼缘与腹板间的角焊缝计算。

条件：一焊接工字形截面简支梁，梁上受均布荷载作用，钢材为 Q235，焊条为 E43

型，均布荷载设计值为 $q=160\text{kN/m}$，梁的跨度及截面尺寸如图 5.6.3-5 所示。

要求：设计梁翼缘与腹板间的角焊缝。

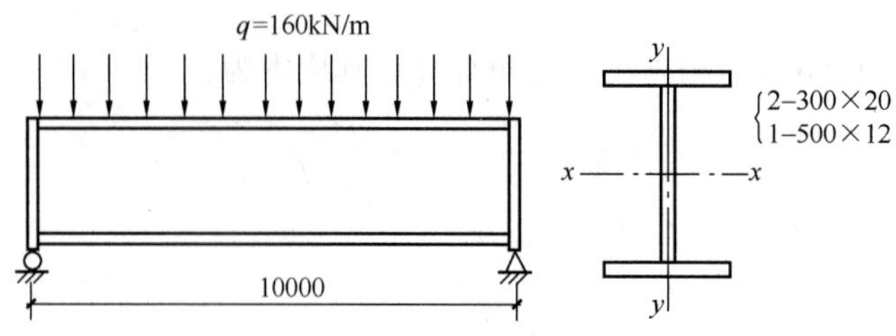

图 5.6.3-5

【答案】《钢标》表 4.4.5 查得：

角焊缝的强度设计值 $f_f^w=160\text{N/mm}^2$。

(1) 角焊缝的构造要求

依据《钢标》第 11.3.5 条要求

最小焊脚尺寸　　　　　　　　$h_{fmin}=5\text{mm}$

故　取焊脚尺寸 $h_f=8\text{mm}$

因梁的内力沿侧面角焊缝全长分布，故焊缝计算长度不受限制。

(2) 截面几何特性

$$I_x=\frac{1.2\times50^3}{12}+2\times2\times30\times26^2=93620\text{cm}^4$$

焊缝处 $S_1=2\times30\times26=1560\text{cm}^3$。

(3) 角焊缝的强度计算

依据《钢标》11.2.7 条要求

支座处剪力最大　　　$V=(ql)/2=(160\times10)/2=800\text{kN}$

角焊缝的应力

$$\frac{1}{2h_e}\sqrt{\left(\frac{VS_1}{I}\right)^2+\left(\frac{\psi F}{\beta_f l_z}\right)^2}=\frac{1}{2\times0.7\times8}\times\left(\frac{800\times10^3\times1560}{93620\times10}\right)=119\text{N/mm}^2$$

$$\leqslant f_f^w=160\text{N/mm}^2$$

故此焊缝连接可靠。

【例 5.6.3-3】

如图 5.6.3-6 所示次梁铰接支承于主梁，主梁在次梁连接处左侧的剪力设值 $V_2=120.3\text{kN}$。若主梁翼缘与腹板采用双面角焊缝连接，焊缝高度 $h_f=6\text{mm}$，焊缝强度 $f_t^w=$

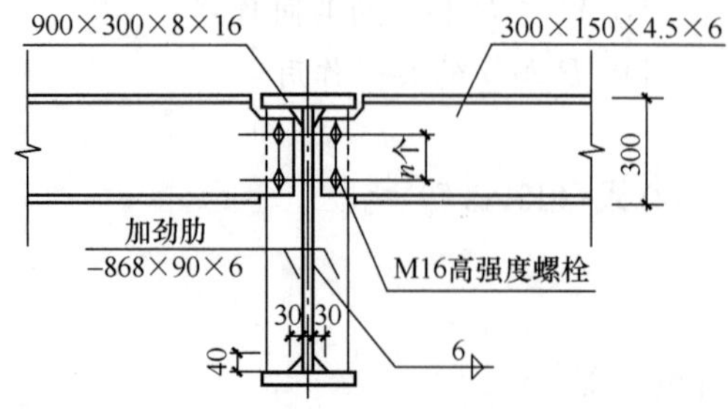

主梁：H900×300×8×16焊接H型钢
$A=165.44\times10^2\text{mm}^2$
$I_x=231147.6\times10^4\text{mm}^4$
$W_{nx}=5136.6\times10^3\text{mm}^3$

图 5.6.3-6

160N/mm^2

试问，主梁翼缘与腹板的焊接连接强度设计值（N/mm^2）与下列何项数值最为接近？

提示：焊缝处的 $S_f=2121.6\times10^3\text{mm}^3$，

(A) 20.3　　(B) 18.7　　(C) 16.5　　(D) 13.1

【答案】(D)

解答：根据《钢标》第 11.2.7 条，次梁连接处主梁腹板设置加劲肋，取 $F=0$，

$$\frac{1}{2h_e}\sqrt{\left(\frac{VS_f}{I}\right)^2+\left(\frac{\psi F}{\beta_f l_Z}\right)^2}=\frac{1}{2\times0.7\times6}\sqrt{\left(\frac{120.3\times10^3\times2121.6\times10^3}{231147.6\times10^4}\right)^2+0}\text{N/mm}^2$$

$$=13.1\text{N/mm}^2<f_t^w=160\text{N/mm}^2。$$

2. 柱端焊缝的计算

《钢标》12.7.3 条规定

> **12.7.3** 轴心受压柱或压弯柱的端部为铣平端时，柱身的最大压力应直接由铣平端传递，其连接焊缝或螺栓应按最大压力的 15%或最大剪力中的较大值进行抗剪计算；当压弯柱出现受拉区时，该区的连接尚应按最大拉力计算。

【例 5.6.3-4】 箱形柱的柱脚

条件：箱形柱的柱脚如图 5.6.3-7 所示，采用 Q235 钢，手工焊接使用 E43 型电焊条，柱底端刨平，沿柱周边用角焊缝与柱底板焊接。

要求：直角角焊缝的焊脚尺寸 h_f (mm)。

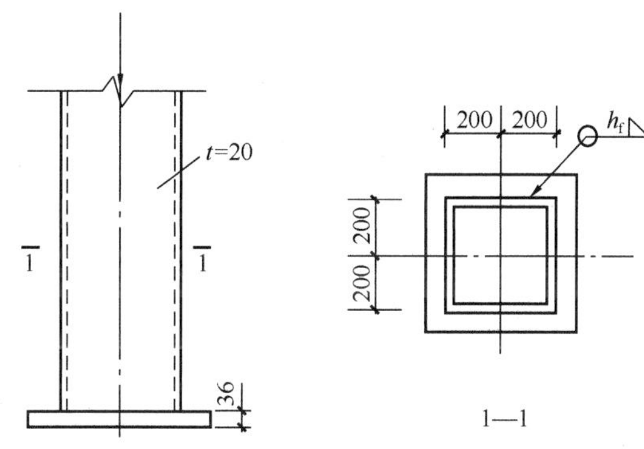

图 5.6.3-7

【答案】 由《钢标》12.7.3 条，$V=0.15\times4000=600\text{kN}$

查《钢标》表 4.4.5，$f_f^w=160\text{N/mm}^2$

由《钢标》式（11.2.2）

$$\sigma_f=\frac{V}{h_e l_w}\leqslant\beta_f f_f^w\quad V=h_e l_w\beta_f\cdot f_f^w+h_e l_w f_f^w$$

$$h_f\geqslant\frac{V}{0.7(2+2\beta_f)l_{w1}\times f_f^w}$$

$$=\frac{600000}{0.7\times(2+2\times1.22)\times400\times160}$$

$$=3.02\text{mm}$$

由《钢标》，表 11.3.5，$h_{f,\min}=6\text{mm}$，11.5.6 条，$h_{f\max}=20-2=18\text{mm}$

选 $h_f=10\text{mm}$。

5.7 塑性设计

一、塑性设计的基本思路

钢结构塑性设计是利用钢材进入塑性状态，在外荷载作用下，结构逐步产生塑性铰，直至形成机构（图 5.7.1-1a），以此作为结构承载能力极限状态的设计方法。塑性设计可以充分利用钢材的塑性变形能力产生内力重分布，提高结构的整体承载力。

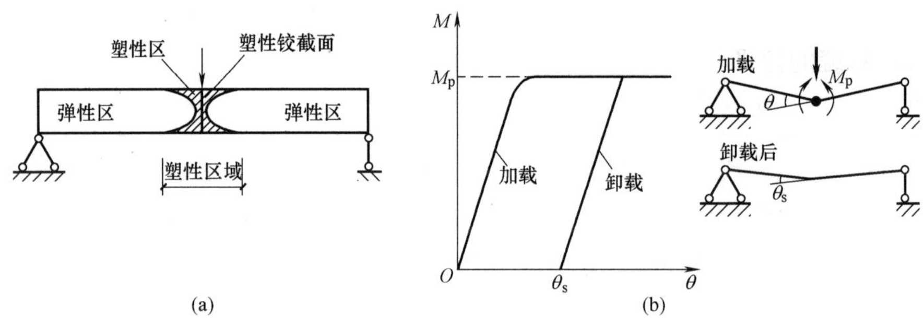

图 5.7.1-1 塑性铰及其性质

《钢标》10.1.1 条规定

> **10.1.1** 本章规定宜用于不直接承受动力荷载的下列结构或构件：
>
> **1** 超静定梁；
>
> **2** 由实腹式构件组成的单层框架结构；
>
> **3** 2～6 层框架结构其层侧移不大于容许侧移的 50％；
>
> **4** 满足下列条件之一的框架-支撑（剪力墙、核心筒等）结构中的框架部分：
>
> **1**）结构下部 1/3 楼层的框架部分承担的水平力不大于该层总水平力的 20％；
>
> **2**）支撑（剪力墙）系统能够承担所有水平力。

1. 截面全塑性弯矩 M_p

当工字形截面梁在弯矩作用下处于弹性范围时，截面应力应变分布均呈三角形，如图 5.7.1-2a 所示；当弯矩逐渐增加，工字形截面部分进入塑性状态时，截面应力应变分布如图 5.7.1-2b 所示；当受拉、受压区截面的应力均达到屈服强度 f_y 时，截面进入全塑性状态，截面应力应变分布如图 5.7.1-2c 所示。这时截面曲率可以任意增长，但截面弯矩保持不变，塑性铰形成，此弯矩称为截面全塑性弯矩 M_p。

2. 内力重分布的塑性分析

《钢标》10.1.3 条规定

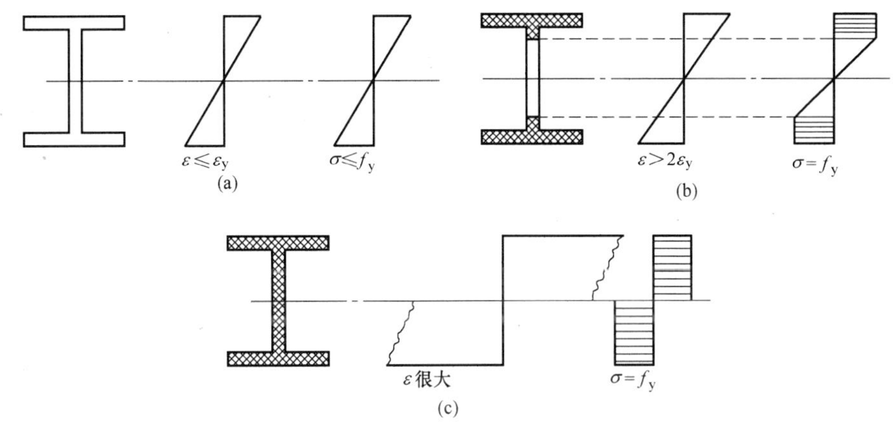

图 5.7.1-2　截面应力应变分布

10.1.3　结构或构件采用塑性或弯矩调幅设计时应符合下列规定：

1　按正常使用极限状态设计时，应采用荷载的标准值，并应按弹性理论进行计算；

2　按承载能力极限状态设计时，应采用荷载的设计值，用简单塑性理论进行内力分析；

3　柱端弯矩及水平荷载产生的弯矩不得进行调幅。

按简单塑性理论进行内力分析时，假定材料为理想弹塑性体，荷载按比例增加，且考虑发生塑性铰而使结构转化成破坏机构体系。

在静定梁中，若某截面形成一个塑性铰，则该梁具有一个自由度。从而成为破坏机构（图 5.7.1-3a）。在超静定梁中，若使之成为具有一个自由度的机构，则需在梁中的塑性铰个数比它的超静定次数多，才能成为破坏机构。例如图 5.7.1-3（b）的一端固定、另一端简支的梁为一次超静定，需要形成两个塑性铰；图 5.7.1-3（c）的两端固定的梁，需要三个塑性铰。

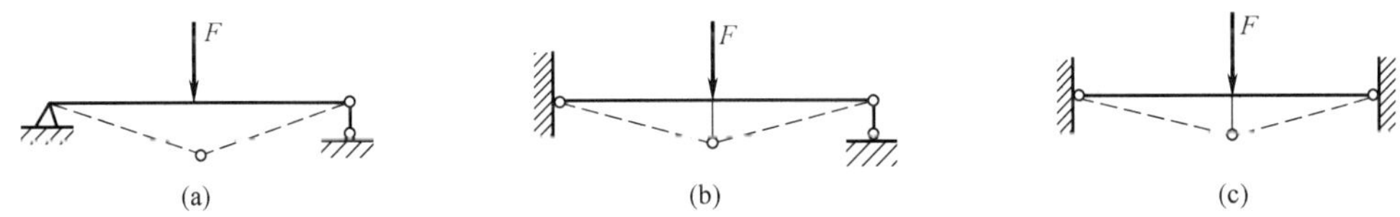

图 5.7.1-3　简支梁和超静定梁的破坏机构

现以固端梁为例，说明按内力重分配的内力计算方法。在均布荷载 q 作用下，两端固定的单跨梁如图 5.7.1-4a 所示，弹性阶段弯矩如图 5.7.1-4b 所示。随着荷载逐渐增大，固定端弯矩逐渐增大为截面全塑性弯矩 M_p，如图 5.7.1-4c 所示，这时外荷载仍可继续增加，两端在弯矩保持 M_p 的情况下，产生塑性铰转动，梁跨中弯矩逐渐增大，直至达到截面全塑性弯矩 M_p，结构成为可动机构，达到塑性设计的承载力极限状态，外荷载无法继续增加。通过结构塑性内力重分布设计，充分发挥了材料的塑性变形能力，达到节省钢材的目的。

又如图 5.7.1-5（a）所示的连续梁，有可能形成图（b）的破坏机构，也可能形成图（c）的破坏机构。图 5.7.1-6（a）的单跨单层刚架，其破坏机构可能有三种：图（b）为“梁机构”，图（c）为“层机构”，以上两者统称为“基本机构”；此外还可由基本机构叠加而成破坏机构，称为“叠加机构”，如图 5.7.1-6（d）所示。所有机构所对应的破坏荷载中的最小者，即为此刚架的极限荷载。

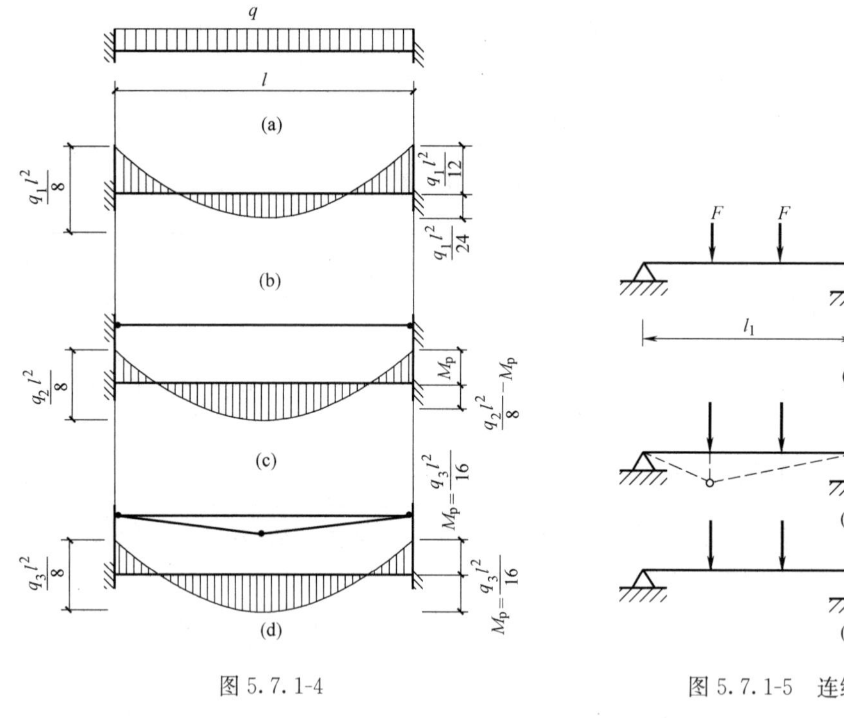

图 5.7.1-4

图 5.7.1-5　连续梁的破坏机构

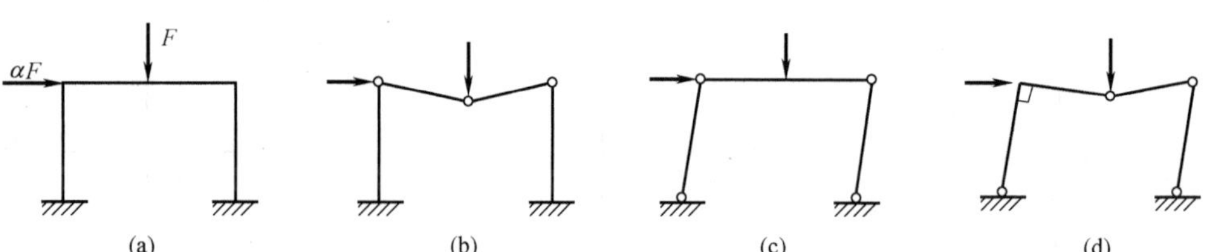

图 5.7.1-6　单跨单层刚架的破坏机构

二、塑性设计的必要条件

1. 塑性设计对钢材的要求

由于塑性设计充分利用了结构及构件的塑性性能，必须要求钢材有足够的延性。

《钢标》10.1.4 条规定

10.1.4 采用塑性设计的结构及进行弯矩调幅的构件，钢材性能应符合本标准第 4.3.6 条的规定。

4.3.6 采用塑性设计的结构及进行弯矩调幅的构件，所采用的钢材应符合下列规定：

1 屈强比不应大于 0.85；

2 钢材应有明显的屈服台阶，且伸长率不应小于 20%。

2. 板件的容许宽厚比

塑性设计要求某些截面不但全部进入塑性而形成塑性铰，而且还要经受塑性铰的转动，所以对板件的宽厚比应严加控制，以避免由于板件屈曲而降低构件的承载能力。

《钢标》10.1.5 条规定

10.1.5 采用塑性及弯矩调幅设计的结构构件，其截面板件宽厚比等级应符合下列规定：

1 形成塑性铰并发生塑性转动的截面，其截面板件宽厚比等级应采用 S1 级；

2 最后形成塑性铰的截面，其截面板件宽厚比等级不应低于 S2 级截面要求；

3 其他截面板件宽厚比等级不应低于 S3 级截面要求。

3. 防止弯扭屈曲和其他构造要求

按塑性设计要求，已形成塑性铰的截面，在结构尚未达到破坏机构之前必须能继续变形，为了使塑性铰在充分转动中能保持承受塑性弯矩 M_p 的能力，不但要避免板件的局部屈曲，还必须避免构件的侧向弯扭屈曲，为此，应在塑性铰处及其附近适当距离处设置侧向支承点。试验证明：塑性铰与相邻侧向支承点间的梁段在弯矩作用平面外的长细比 λ_y（简称侧向长细比）越小，塑性铰截面的转动能力 θ/θ_y，就越强（图 5.7.2-1），θ_y 为试验测定的塑性铰截面处的最大弹性转角。因此，可用限制侧向长细比 λ_y 作为保证梁段在塑性铰处的转动能力的一项措施。《钢标》规定，在构件出现塑性铰的截面处，必须设置侧向支承。该支承点与其相邻支承点间构件的长细比 λ_y 应符合下列要求：

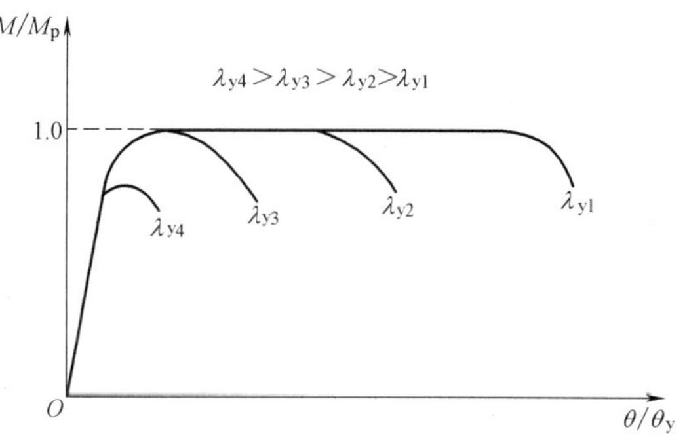

图 5.7.2-1 侧向长细比与塑性铰转动能力关系

《钢标》规定

10.4.2 当钢梁的上翼缘没有通长的刚性铺板或防止侧向弯扭屈曲的构件时，在构件出现塑性铰的截面处应设置侧向支承。该支承点与其相邻支承点间构件的长细比 λ_y 应符合下列规定：

当 $-1\leqslant\dfrac{M_1}{\gamma_x W_x f}\leqslant 0.5$ 时：

$$\lambda_y \leqslant \left(60-40\frac{M_1}{\gamma_x W_x f}\right)\varepsilon_k \tag{10.4.2-1}$$

当 $0.5<\frac{M_1}{\gamma_x W_x f}\leqslant 1$ 时：

$$\lambda_y \leqslant \left(45-10\frac{M_1}{\gamma_x W_x f}\right)\varepsilon_k \quad (10.4.2\text{-}2)$$

$$\lambda_y = \frac{l_1}{i_y} \quad (10.4.2\text{-}3)$$

式中：λ_y——弯矩作用平面外的长细比；

l_1——侧向支承点间距离（mm）；对不出现塑性铰的构件区段，其侧向支承点间距应由本标准第6章和第8章内有关弯矩作用平面外的整体稳定计算确定；

i_y——截面绕弱轴的回转半径（mm）；

M_1——与塑性铰距离为 l_1 的侧向支承点处的弯矩(N·mm)；当长度 l_1 内为同向曲率时，$M_1/(\gamma'_x W_x f)$为正；当为反向曲率时，$M_1/(\gamma_x W_x f)$为负。

10.4.4 用作减少构件弯矩作用平面外计算长度的侧向支撑，其轴心力应按本标准第7.5.1条确定。

除防止侧向弯扭屈曲的要求之外，塑性设计的结构尚应考虑下述构造要求：

① 避免引起过大的二阶效应

10.4.1 受压构件的长细比不宜大于 $130\varepsilon_k$。

② 保证刚度

10.4.5 所有节点及其连接应有足够的刚度，应保证在出现塑性铰前节点处各构件间的夹角保持不变。构件拼接和构件间的连接应能传递该处最大弯矩设计值的1.1倍，且不得低于 $0.5\gamma_x W_x f$。

③ 保证在出现塑性铰处有足够的塑性转动能力

10.4.6 当构件采用手工气割或剪切机割时，应将出现塑性铰部位的边缘刨平。当螺栓孔位于构件塑性铰部位的受拉板件上时，应采用钻成孔或先冲后扩钻孔。

三、受弯构件的塑性设计

因为塑性设计是以发挥构件截面的最大塑性强度为计算依据的，故其构件承载力的引算表达式均采用了内力表达形式。

《钢标》规定

10.3.1 除塑性铰部位的强度计算外，受弯构件的强度和稳定性计算应符合本标准第6章的规定。

10.3.2 受弯构件的剪切强度应符合下式要求：

$$V \leqslant h_w t_w f_v \quad (10.3.2)$$

式中：h_w、t_w——腹板高度和厚度（mm）；

V——构件的剪力设计值（N）；

f_v——钢材抗剪强度设计值（N/mm^2）。

【例 5.7.3-1】 梁的塑性设计。

条件：已知跨度为 6m 的钢梁（一端固定，另一端简支）如图 5.7.3-1 所示。在距固定端 2m 处作用集中恒荷载 $F_G=150$kN 和集中活荷载 $F_Q=400$kN（均为标准值），在梁两端和跨中 1/3 处有侧向支承点。钢梁采用 Q235 钢。

要求：按塑性设计选择梁截面，并验算侧向支承点间距和侧向长细比是否满足要求，计算时可忽略钢梁自重。

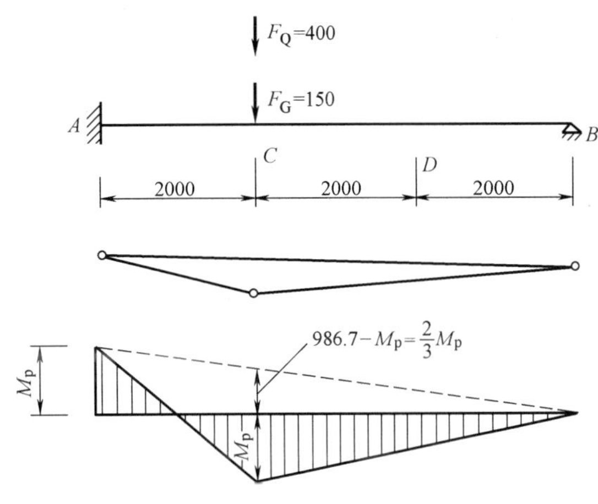

图 5.7.3-1 钢梁受力简图

【答案】

（1）按塑性设计选择钢梁截面

① 荷载：

恒荷载 1.2×150=180kN

活荷载 1.4×400=560kN

总计 740kN

② 计算塑性设计中弯矩设计值 M_p。所验算的钢梁的固定端和集中荷载处各形成一个塑性铰时，即形成破坏机构。M_p 可从图 5.7.3-1 求得。

简支梁最大弯矩

$$M=\frac{740\times4\times2}{6}=986.7\text{kN}\cdot\text{m}$$

$$986.7-M_p=\frac{2}{3}M_p$$

得 $M_p=592\text{kN}\cdot\text{m}$

求所需对 x 轴的净截面塑性抵抗矩 $W_{pnx,y}$

$$W_{pnx,y}=\frac{M_p}{f_p}=\frac{592\times10^6}{215}=2.754\times10^6\text{mm}^3$$

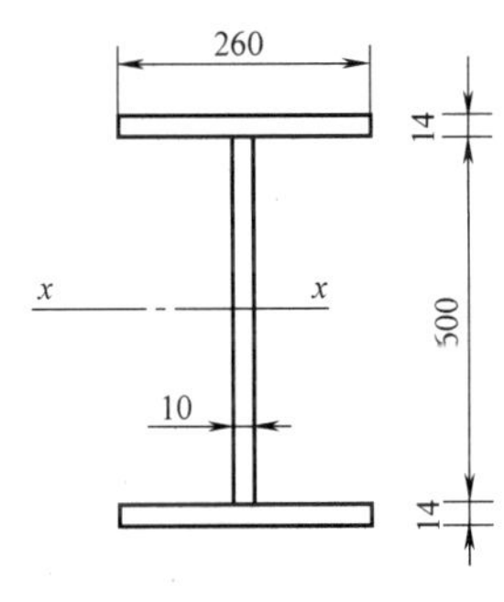

图 5.7.3-2 钢梁截面

试选图 5.7.3-2 所示截面，钢梁截面积为

$$A=2\times260\times14+10\times600=7280+6000=13280\text{mm}^2$$

对 x 轴的净截面塑性抵抗矩为：

$W_{pnx}=260\times14\times614+300\times10\times300=3135000\text{mm}^3=3.135\times10^6\text{mm}^3>W_{pnx,y}$，可。

（2）验算板件宽厚比

① 翼缘 $\frac{b}{t}=\frac{125}{14}=8.93<9$，可。

② 腹板 $\frac{h_w}{t_w}=\frac{600}{10}=60<72$，可。

（3）验算抗弯强度

$W_{pnx}f_p=3135000\times215=674.0\text{kN}\cdot\text{m}>592\text{kN}\cdot\text{m}$，可。

（4）验算抗剪强度

$$V_A=\frac{740\times4+592}{6}=592\text{kN}$$

$V=h_wt_wf_{vp}=600\times10\times125=750\text{kN}>592\text{kN}$，可。

（5）验算侧向支承点间距和长细比

① 在 A、B 和跨中 1/3 点设支承点，符合《钢标》要求“在构件出现塑性铰的截面处，必须设置侧向支承”的规定。

② 相邻支承点间的长细比 λ_y 的验算

$$I_y=\frac{1}{12}\times2\times14\times260^3=41.01\times10^6\text{mm}^4$$

$$i_y=\sqrt{I_y/A}=\sqrt{41.01\times10^6/(13.28\times10^3)}=55.57\text{mm}$$

$$l_1=2000\text{mm}$$

$$\lambda_y=\frac{2000}{55.57}=36$$

在 AC 段

$$M_1/(\alpha_xW_{pnx}f)=-592/1.05\times674=-0.836$$

$$\lambda_y=36<\left(60-40\alpha_x\frac{M_1}{W_{pnx}f}\right)\sqrt{\frac{235}{f_y}}=60+33.4=93.5\text{，可。}$$

在 CD 段

$$M_1/(\alpha_xW_{pnx}f)=\frac{1}{2}\times592/1.05\times674=0.42$$

$$\lambda_y=36<\left(60-40\alpha_x\frac{M_1}{W_{pnx}f}\right)\sqrt{\frac{235}{f_y}}=60-16.8=43.2\text{，可。}$$

DB 段按《钢标》6.2.2 条验算稳定，计算过程略。

5.8 钢与混凝土组合梁

一、组合构件的分类

将钢结构常用的轧制型钢、焊接型钢或板材与混凝土材料组合起来，形成一种不同于钢筋混凝土构件的钢-混凝土组合构件，可以更有效地利用这两种材料各自的优点。这种组合结构构件已在工程结构中得到越来越广泛的应用。

目前经常使用的组合构件主要有组合板、组合梁（受弯构件）、钢管混凝土构件（轴心受压或偏心受力构件）以及型钢混凝土构件（又称钢骨混凝土或劲性混凝土构件）。

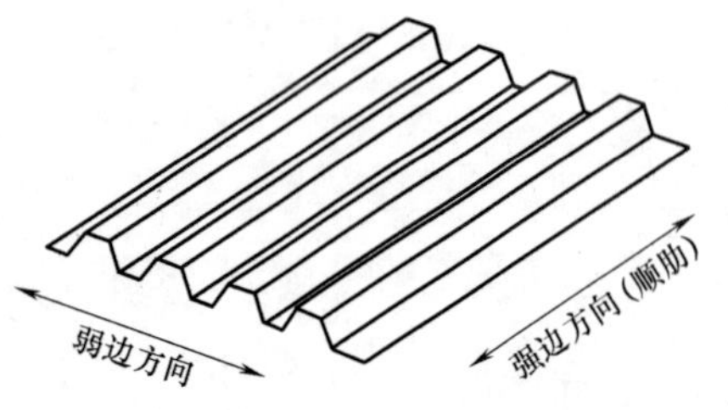

图 5.8.1-1　压型钢板

1. 压型钢板与混凝土组合板

这种构件是在压型钢板（图 5.8.1-1）上浇灌混凝土而形成的组合板。

压型钢板与混凝土可以共同工作的前提是两种材料之间的界面上能够互相传递剪力。工程中有如下一些处理方法：①在压型钢板的肋上冲压抗剪齿槽，有时也可在平板部分设置凹凸齿槽（图 5.8.1-2a、b）；②将压型钢板制成倒梯形的开口（图 5.8.1-2c）或具有棱角的凸肋，增加混凝土与板之间的咬合作用（图 5.8.1-2d）；③在压型钢板上加焊横向钢筋（图 5.8.1-2e）等。通过这些措施的保证钢材与混凝土的组合作用。

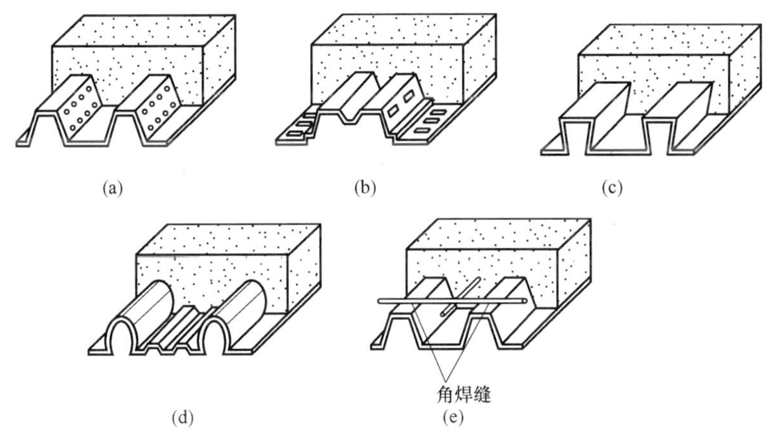

图 5.8.1-2　组合板示意图

2. 钢与混凝土组合梁

若在钢梁上支放有钢筋混凝土板，它们之间没有任何连接，则在荷载作用下二者都将发生弯曲，弯曲时就如同两个上下紧贴的高度不等的受弯构件，各自顶面和底面均出现缩短和伸长，上下两构件保持各自单独受力，而没有任何组合作用，称为非组合梁，如图 5.8.1-3a所示。

若在混凝土板与钢梁之间设置一些抗剪连接件来阻止两构件在受弯时的相互错动，使之组合成一个整体，这种组合构件称为钢与混凝土组合梁，如图 5.8.1-3b、c 所示。

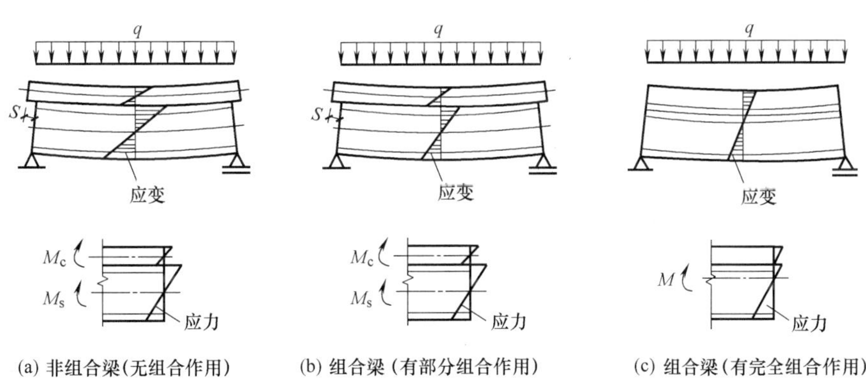

图 5.8.1-3　不同组合程度下组合梁的应力、应变及界面滑移

《钢标》14.1.1 条

14.1.1　本章规定适用于不直接承受动力荷载的组合梁。

组合梁的翼板可采用现浇混凝土板、混凝土叠合板或压型钢板混凝土组合板等，其中混凝土板除应符合本章的规定外，尚应符合现行国家标准《混凝土结构设计规范》GB 50010 的有关规定。

二、组合梁的组成

1. 组合梁截面

图 5.8.2-1 给出了组合梁截面示意图。

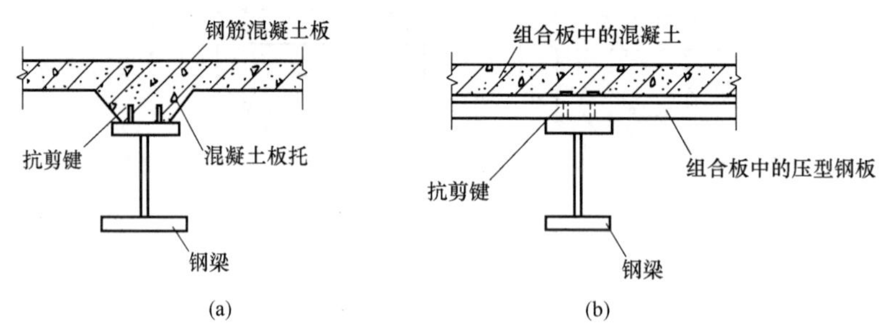

图 5.8.2-1　组合梁截面示意图

钢-混凝土组合梁中抗剪连接件是保证混凝土板与钢梁共同工作的基础，它通常沿混凝土板与钢梁的界面上设置，如图 5.8.2-1 所示。混凝土板可以是现浇钢筋混凝土板，也可以是预制钢筋混凝土板、压型钢板混凝土组合板或预应力混凝土板。钢梁可以是轧制型钢，也可以是几块钢板焊接成的钢梁，钢梁形式有工字钢、槽钢或箱形钢梁。

组合梁的钢梁采用焊接工字形组合截面时可以使上翼缘宽度较窄，板厚较薄（图 5.8.1-1a），这是因为当组合梁受正弯矩作用时，中和轴在组合截面的较高位置，靠近上翼缘。

混凝土翼缘板与钢梁接触处，经常设置板托，如图 5.8.2-1（a）所示。板托增加了板在梁支承处的截面高度，使板的抗剪与抗冲击能力提高，同时，由于梁的截面高度增加了，组合截面的承载能力与刚度也得到了提高。

《钢标》14.7.1 条规定

14.7.1　组合梁截面高度不宜超过钢梁截面高度的 2 倍，混凝土板托高度 h_{c2} 不宜超过翼板厚度 h_{c1} 的 1.5 倍。

2. 组合梁翼缘板有效宽度

计算组合梁时，将其截面视为 T 形截面，上部受压翼缘为混凝土板的一部分甚至全部，如图 5.8.2-2 中有影线的范围。由于剪力滞后的影响，混凝土翼板内的压应力分布沿宽度方向是不均匀的，所谓计算宽度实质上是指以应力均匀分布为前提的当量宽度。

《钢标》规定

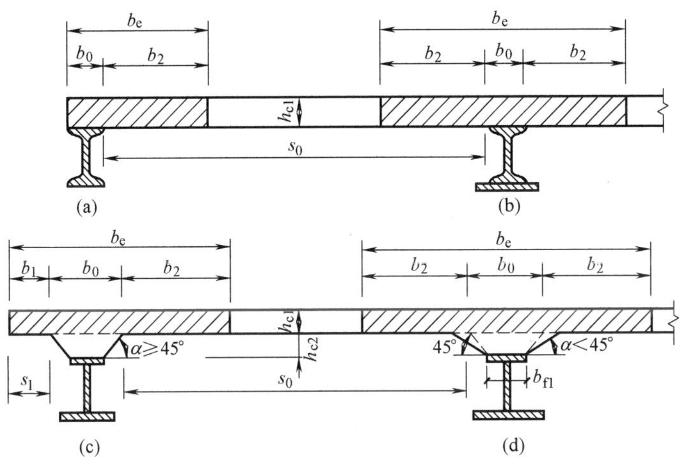

图 5.8.2-2　组合梁翼缘板有效宽度 b_e

14.1.2　在进行组合梁截面承载能力验算时，跨中及中间支座处混凝土翼板的有效宽度 b_e（图 14.1.2）应按下式计算：

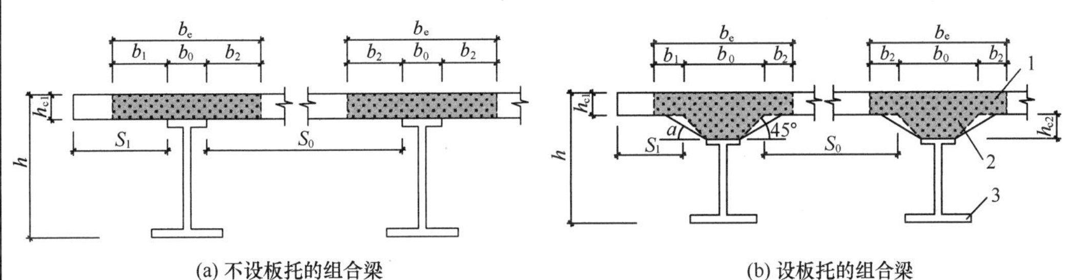

图 14.1.2　混凝土翼板的计算宽度

1—混凝土翼板；2—板托；3—钢梁

$$b_e = b_0 + b_1 + b_2 \tag{14.1.2}$$

式中：b_0——板托顶部的宽度：

当板托倾角 $\alpha < 45°$时，应按 $\alpha = 45°$计算；

当无板托时，则取钢梁上翼缘的宽度；

当混凝土板和钢梁不直接接触（如之间有压型钢板分隔）时，取栓钉的横向间距，仅有一列栓钉时取 0（mm）。

b_1、b_2——梁外侧和内侧的翼板计算宽度，当塑性中和轴位于混凝土板内时，各取梁等效跨径 l_e 的 1/6。

此外，b_1 尚不应超过翼板实际外伸宽度 S_1；

b_2 不应超过相邻钢梁上翼缘或板托间净距 S_0 的 1/2（mm）。

l_e——等效跨径。

对于简支组合梁，取为简支组合梁的跨度；

对于连续组合梁，中间跨正弯矩区取为0.6l；

边跨正弯矩区取为0.8l，l为组合梁跨度；

支座负弯矩区取为相邻两跨跨度之和的20%（mm）。

14.7.2 组合梁边梁混凝土翼板的构造应满足下列要求：

1 有板托时，伸出长度不宜小于h_{c2}；

2 无板托时，应同时满足伸出钢梁中心线不小于150mm、伸出钢梁翼缘边不小于50mm的要求（图14.7.2）。

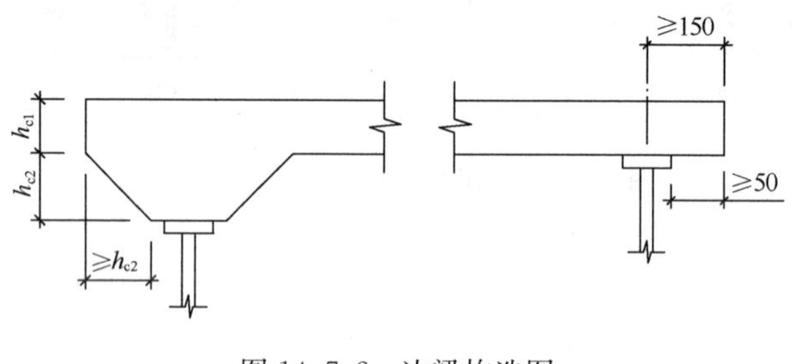

图14.7.2 边梁构造图

【例5.8.2-1】 翼板的有效宽度。

条件：如图5.8.2-3所示，某楼盖组合梁间距3m，跨度6m，钢筋混凝土楼板厚h_{c1}=120mm，钢梁为工字形焊接组合，腹板用—200×10，上翼缘板—120×18，下翼缘板—150×18，钢材为Q345钢。

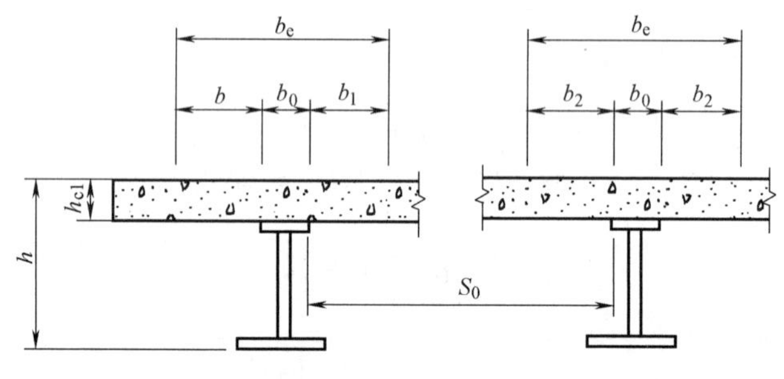

图5.8.2-3

要求：混凝土翼板的有效宽度b_e。

【答案】 根据《钢标》14.1.2条规定，b_0=120mm，b_2=6000/6=1000mm，$b_2 \leqslant \frac{1}{2}s_0$

$$=\frac{1}{2}(3000-120)=1410\text{mm}$$

故取b_2=1000mm。

$b_e=b_0+b_2+b_2=120+1000+1000=2120\text{mm}$。

【例5.8.2-2】 钢梁截面高度。

条件：如图5.8.2-4所示，某组合梁截面高度为1000mm、翼板厚度h_{c1}=120mm。

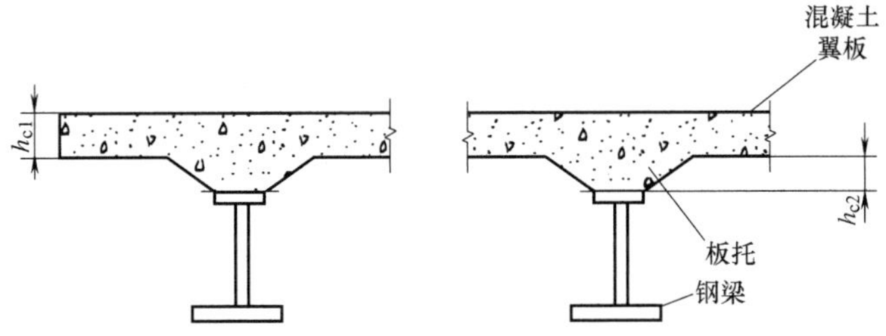

图 5.8.2-4

要求：钢梁截面最小高度 h、板托的最大厚度 h_{c2}。

【答案】 根据《钢标》14.7.1 条规定：

$$1000 \leqslant h \times 2.0$$

钢梁截面最小高度 $h \geqslant 1000/2.0 = 500\text{mm}$。

$$h_{c2} \leqslant 1.5h_{c1} = 1.5 \times 120 = 180\text{mm}。$$

【例 5.8.2-3】 翼板的有效宽度。

某钢结构办公楼，结构平面图如图 5.8.2-5 所示。框架梁、柱采用 Q345，次梁、中心支撑、加劲板采用 Q235，楼面采用 150mm 厚 C30 混凝土楼板，钢梁顶采用抗剪栓钉与楼板连接。

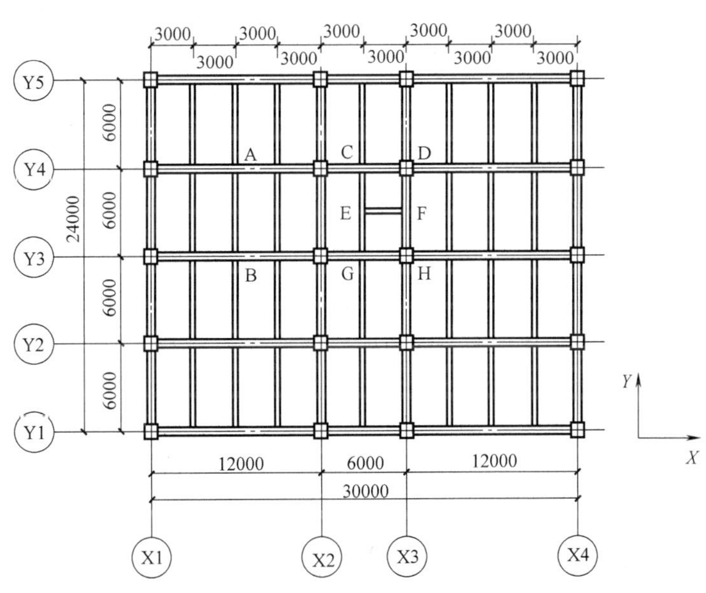

图 5.8.2-5 标准层平面布置图

图 5.8.2-6，次梁 AB 截面为 H346×174×6×9，当楼板采用无板托连接，按组合梁计算时，混凝土翼板的有效宽度（mm）与下列何项数值最为接近？

(A) 1050　　(B) 1400　　(C) 2170　　(D) 2300

【答案】 (C)

【解答】 根据《钢标》第 14.1.2 条，梁外侧和内侧的翼板计算宽度，各取梁跨度的 1/6，且不大于相邻梁净距的 1/2。

$$b_1=b_2=\frac{1}{6}\times6000$$

$$=1000\text{mm}<\frac{1}{2}\times(3000-174)=1413\text{mm}$$

$$b_c=b_0+b_1+b_2=174+1000\times2=2174\text{mm}。$$

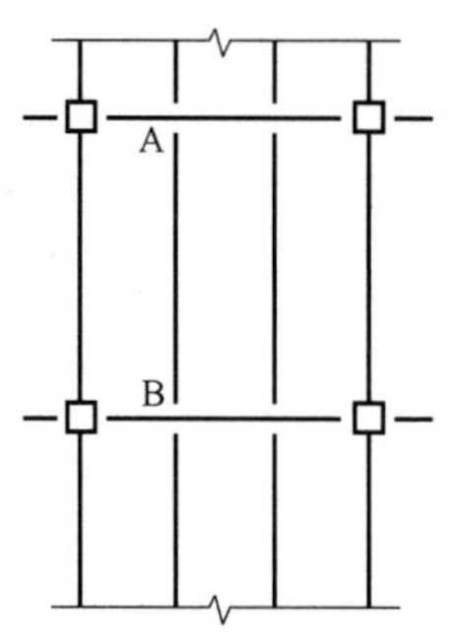

图 5.8.2-6

【例 5.8.2-4】 钢梁截面

某构筑物根据使用要求设置一钢结构夹层，钢材采用 Q235 钢，结构平面布置如图 5.8.2-7 所示。构件之间连接均为铰接。抗震设防烈度为 8 度。

假定，夹层平台板采用混凝土并考虑其与钢梁组合作用。试问，若夹层平台钢梁高度确定，仅考虑钢材用量最经济，采用下列何项钢梁截面形式最为合理？

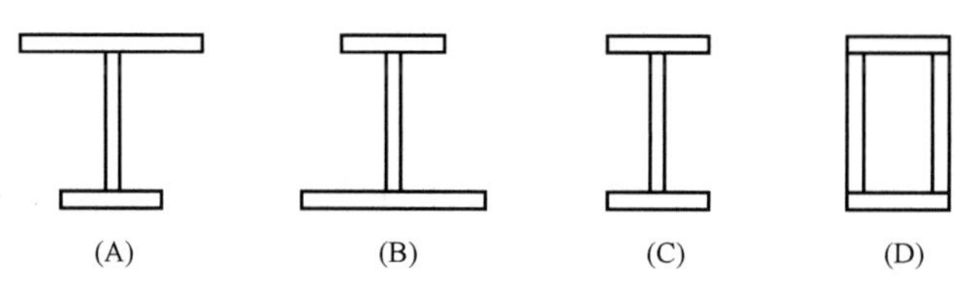

图 5.8.2-7

【答案】 (B)

【解答】 答案 (B) 所示钢梁截面形式可以充分利用混凝土的抗压承载力，从而减少钢结构的用钢量。

三、组合梁的计算

1. 完全抗剪连接和部分抗剪连接

在强度和变形满足的条件下，组合梁交接面上抗剪连接件的纵向水平抗剪能力如能保证最大弯矩截面上抗弯承载力得以充分发挥时，该连接称为完全抗剪连接；而当抗剪连接件的纵向水平抗剪能力不能保证最大弯矩截面上抗弯承载力充分发挥时，该连接称为部分抗剪连接。

14.1.5 在强度和变形满足要求时，组合梁可按部分抗剪连接进行设计。

2. 完全抗剪连接组合梁在正弯矩作用区段的抗弯设计

14.2.1 完全抗剪连接组合梁的受弯承载力应符合下列规定：

1 正弯矩作用区段：

1）塑性中和轴在混凝土翼板内（图 14.2.1-1），即 $Af\leqslant b_e h_{c1} f_c$ 时：

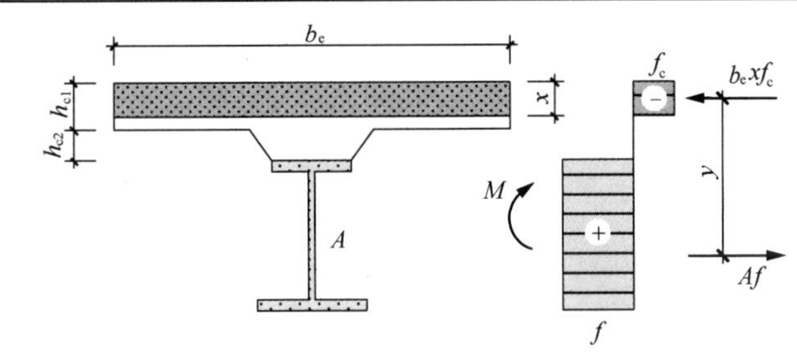

图 14.2.1-1 塑性中和轴在混凝土翼板内时的组合梁截面及应力图形

$$M \leqslant b_e x f_c y \tag{14.2.1-1}$$

$$x = Af/(b_e f_c) \tag{14.2.1-2}$$

式中：M——正弯矩设计值（N·mm）；

A——钢梁的截面面积（mm^2）；

x——混凝土翼板受压区高度（mm）；

y——钢梁截面应力的合力至混凝土受压区截面应力的合力间的距离（mm）；

f_c——混凝土抗压强度设计值（N/mm^2）。

【例 5.8.3-1】 塑性中和轴在混凝土板内。

条件：有一钢与混凝土组合梁，截面如图 5.8.3-1 所示，混凝土板强度等级 C20，f_c=9.6N/mm^2，b_e=1620mm，钢梁材质为 Q235，f=215N/mm^2。

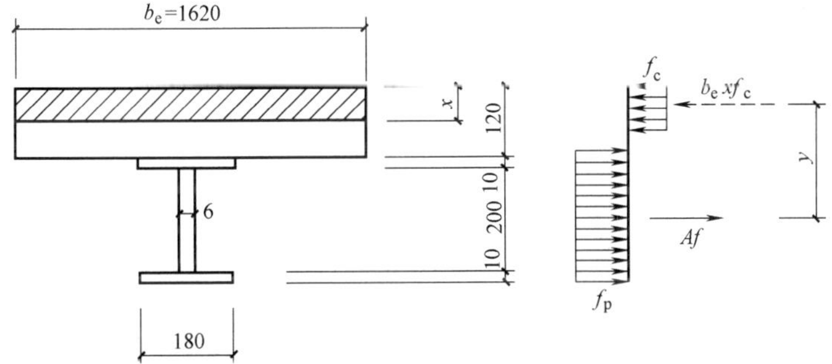

图 5.8.3-1

要求：求此组合梁抗弯设计值。

【答案】 根据《钢标》式（14.2.1-2）：

$$x = Af/(b_e f_c) = (2\times180\times10+200\times6)\times215/(1620\times9.6) = 66.4\text{mm}$$

中和轴在混凝土板内，按《钢标》式（14.2.1-1）：

$$M = b_e x f_c y = 1620\times66.4\times9.6\times\left(340-\frac{66.4}{2}-\frac{220}{2}\right) = 203\text{kN}\cdot\text{m}$$

3. 抗剪设计

> **14.2.3** 组合梁的受剪强度应按本标准式（10.3.2）计算。
>
> **10.3.2** 受弯构件的剪切强度应符合下式要求：
>
> $$V \leqslant h_w t_w f_v \tag{10.3.2}$$
>
> 式中：h_w、t_w——腹板高度和厚度（mm）；
>
> V——构件的剪力设计值（N）；
>
> f_v——钢材抗剪强度设计值（N/mm²）。

【例 5.8.3-2】 组合梁设计。

条件：楼盖组合次梁间距 3m，跨度 5.5m，钢筋混凝土楼板厚 120mm，楼面活载 2.5kN/m²，楼面恒载（不包括楼板自重）2.0kN/m²，Q235-B.F 钢材，C20 混凝土，采用圆柱头焊钉连接件，施工时梁下设置临时支承。

要求：试选择钢梁截面（计算中忽略钢梁自重，不设托板）。

【答案】 采用有支撑施工，只对使用阶段的强度进行验算。

（1）梁上荷载计算

均布恒载标准值　$g_1 = 25\times3\times0.12+3\times2.0=15\text{kN/m}$

楼面活载标准值　$q_2 = 3\times2.5=7.5\text{kN/m}$

荷载设计值　$q=1.2\times15+1.4\times7.5=28.5\text{kN/m}$

跨中弯矩设计值　$M=28.5\times5.5^2/8=107.77\text{kN}\cdot\text{m}$

支座设计剪力　$V=28.5\times5.5/2=78.38\text{kN}$

（2）初选截面

Q235 钢材　$f=215\text{N/mm}^2, f_v=125\text{N/mm}^2$

C20 混凝土　$f_c=9.6\text{N/mm}^2$

按构造要求和宽厚比初估钢梁截面尺寸，翼缘 180×10mm，腹板 200×6mm

混凝土翼板有效宽度，$b_0=180\text{mm}$，

$$b_1=b_2=\min(5500/6,(3000-180)/2)=915\text{mm}$$

$$b_e=180+2\times915=2010\text{mm}, h_{c1}=120\text{mm}, h_{c2}=0, h=220\text{mm}$$

$$A=4800\text{mm}(180\times10\text{mm}\times2+200\times6\text{mm})$$

（3）构件强度验算

$$Af=4800\times215=1032\text{kN}<b_e h_{c1} f_c=2010\times120\times9.6=2316\text{kN}$$

所以塑性中和轴在混凝土翼板内，受压区高度

$$x=1032000/(2010\times9.6)=53.48\text{mm}$$

截面抗弯承载力

$$\begin{aligned}M&=2010\times53.48\times9.6\times[0.5\times220+(120-53.48)+53.48/2]\\&=209.7\text{kN}\cdot\text{m}>107.77\text{kN}\cdot\text{m}\end{aligned}$$

截面抗剪承载力　$h_w t_w f_v=200\times6\times125=150\text{kN}>V=78.38\text{kN}$

宽厚比验算，腹板 $h_0/t_w=200/6=33<72$，翼缘 $b/t_1=87/10=8.7<9$。

4. 施工阶段的计算

施工阶段是指混凝土板浇筑后尚未达到设计强度以前的阶段。如果施工时钢梁下有足够的支撑（如图 5.8.3-2a，对一般的房屋结构），可以认为通过梁传来的荷载，包括结构自重与施工荷载全部通过支撑传到地面，且地面有足够大的承压面，不致发生过大沉降，此时钢梁的强度与变形可以不需要验算。当施工阶段无支撑时（如图 5.8.3-2b，对一般的桥梁结构），结构自重与施工荷载仅由钢梁承担，而钢梁本身的强度和刚度比组合后的整体组合梁的强度和刚度小得多，因此必须验算施工阶段钢梁的强度、稳定与变形。

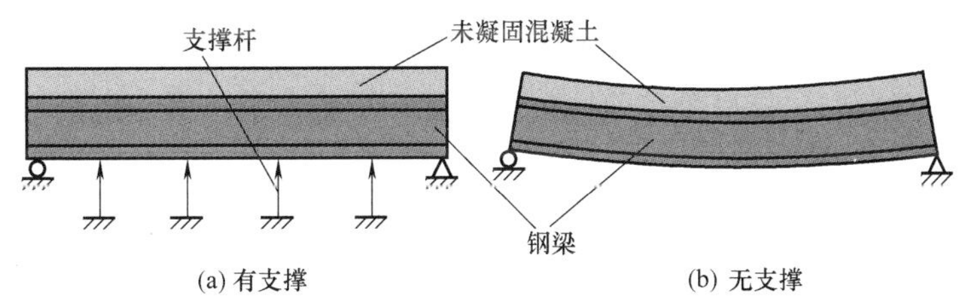

图 5.8.3-2

14.1.4 组合梁施工时，混凝土硬结前的材料重量和施工荷载应由钢梁承受，钢梁应根据实际临时支撑的情况按本标准第 3 章和第 7 章的规定验算其强度、稳定性和变形。

计算组合梁挠度和负弯矩区裂缝宽度时应考虑施工方法及工序的影响。计算组合梁挠度时，应将施工阶段的挠度和使用阶段续加荷载产生的挠度相叠加，当钢梁下有临时支撑时，应考虑拆除临时支撑时引起的附加变形。计算组合梁负弯矩区裂缝宽度时，可仅考虑形成组合截面后引入的支座负弯矩值。

【例 5.8.3-3】 某钢结构建筑，次梁采用钢与混凝土组合梁设计，施工时钢梁下不设临时支撑，试问，下列何项说法正确？

（A）混凝土硬结前的材料重量和施工荷载应与后续荷载累加由钢与混凝土组合梁共同承受。

（B）删

（C）删

（D）混凝土硬结前的材料重量和施工荷载应由钢梁承受。

【答案】（D）

根据《钢标》第 14.1.4 条指出：‘组合梁施工时，混凝土硬结前的材料重量和施工荷载应由钢梁承受’，可知（A）错误（D）正确。

四、抗剪连接件

使混凝土板与钢梁共同工作的关键是连接件。当组合梁弯曲时，混凝土板与钢梁上翼板之间将产生水平剪力，此剪力由连接件承受，因而它又称为抗剪件。连接件的另一个作用是承受混凝土板与钢梁上下掀开的力（图 5.8.4-1）。

1. 抗剪连接件的承载力

《钢标》规定

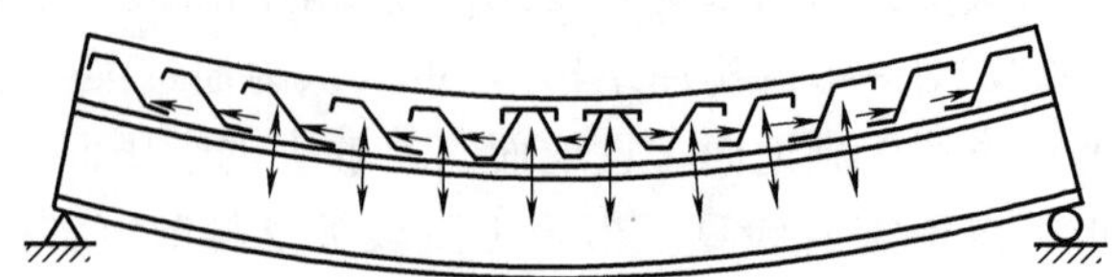

图 5.8.4-1　组合梁连接件的受力

14.3.1　组合梁的抗剪连接件宜采用圆柱头焊钉，也可采用槽钢或有可靠依据的其他类型连接件（图 14.3.1）。单个抗剪连接件的受剪承载力设计值应由下列公式确定：

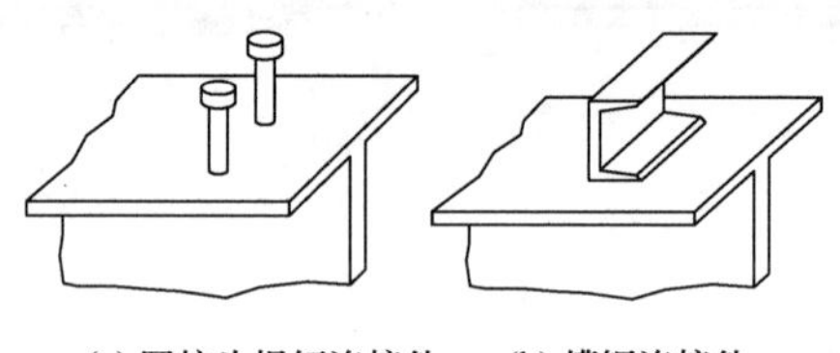

图 14.3.1　连接件的外形

1　圆柱头焊钉连接件：

$$N_v^c = 0.43A_s\sqrt{E_c f_c} \leqslant 0.7A_s f_u \quad (14.3.1\text{-}1)$$

式中：E_c——混凝土的弹性模量（N/mm^2）；

A_s——圆柱头焊钉钉杆截面面积（mm^2）；

f_u——圆柱头焊钉极限抗拉强度设计值，需满足《电弧螺柱焊用圆柱头焊钉》GB/T 10433 的要求（N/mm^2）。

【例 5.8.4-1】某钢与混凝土组合结构。钢梁 AB 与混凝土楼板通过抗剪连接件（栓钉）形成钢与混凝土组合梁，栓钉在钢梁上按双列布置，其有效截面形式如图 5.8.4-2 所

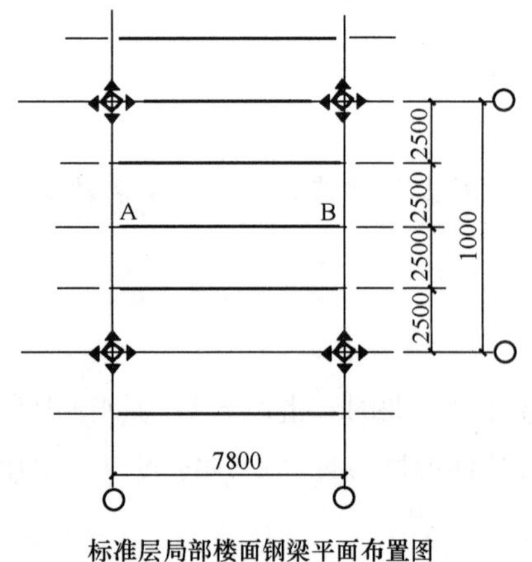

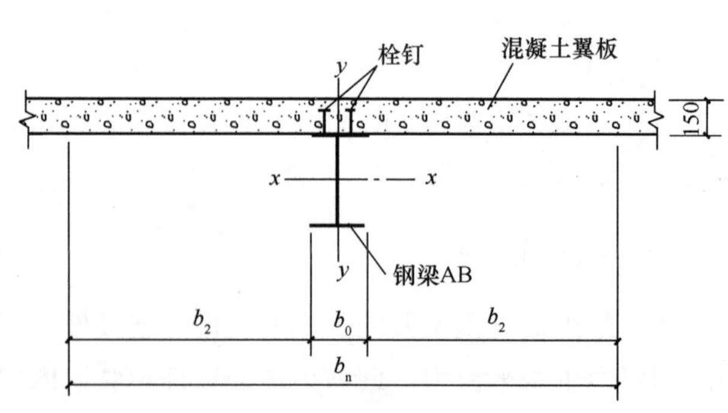

图 5.8.4-2

示。板厚 h=150mm，楼板的混凝土强度等级为 C30，$E_c=3\times10^4\text{N/mm}^2$，$f_c=14.3\text{N/mm}^2$。钢梁采用热轧 H 型钢 H400×200×8×13，截面面积 $A=8337\text{mm}^2$，钢材采用 Q235B 钢，$f=215\text{N/mm}$。抗剪连接件采用材料等级为 4.6 级的圆柱头螺栓，栓钉材料的极限抗拉强度设计值 $f_u=360\text{N/mm}^2$，栓钉钉杆截面面积 $A_s=190\text{mm}^2$。组合楼盖施工时设置了可靠的临时支撑。

试问，梁 AB 按完全抗剪连接设计时，其全跨需要的最少栓钉总数 n_f（个）与下列何项数值最为接近？

提示：钢梁与混凝土翼板交界面的纵向剪力 V_s 按钢梁的截面面积和设计强度确定。

(A) 38　　(B) 58　　(C) 76　　(D) 98

【答案】(C)

(1) 根据《钢标》第 14.3.1 条第 1 款的规定计算抗剪连接件的承载力设计值

$$0.7A_sf_u=0.7\times190\times360=47.8\text{kN}$$

$$0.43A_s\sqrt{E_cf_c}=0.43\times190\times\sqrt{3.00\times10^4\times14.3}\times10^{-3}=53.5\text{kN}$$

取一个抗剪连接件的承载力设计值 $N_v^c=47.8\text{kN}$

(2) 根据提示，钢梁与混凝土翼板交界面的纵向剪力 V_s

$$V_s=Af=8337\times215\times10^{-3}=1792\text{kN}$$

(3) 全跨需要的最少栓钉总数 n_f

$$n_f=2\times V_s/N_v^c=2\times\frac{1792}{47.8}=75\text{ 个，取 }n_f=76\text{ 个}$$

《钢标》规定

14.3.2 对于用压型钢板混凝土组合板做翼板的组合梁（图 14.3.2），其焊钉连接件的受剪承载力设计值应分别按以下两种情况予以降低：

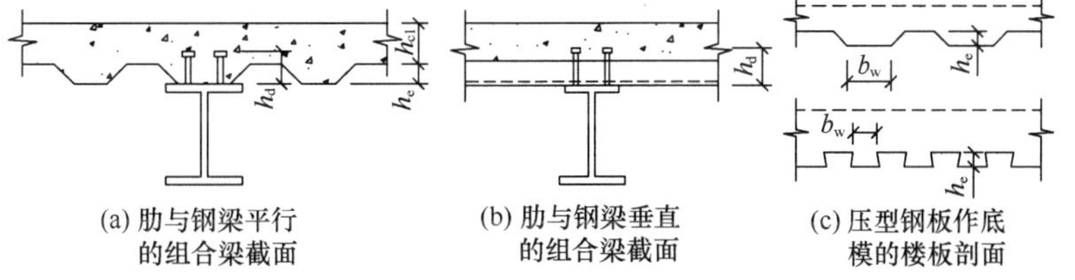

(a) 肋与钢梁平行的组合梁截面　(b) 肋与钢梁垂直的组合梁截面　(c) 压型钢板作底模的楼板剖面

图 14.3.2 用压型钢板作混凝土翼板底模的组合梁

1 当压型钢板肋平行于钢梁布置［图 14.3.2(a)］，$b_w/h_e<1.5$ 时，按本标准式(14.3.1-1) 算得的 N_v^c 应乘以折减系数 β_v 后取用。β_v 值按下式计算：

$$\beta_v=0.6\frac{b_w}{h_e}\left(\frac{h_d-h_e}{h_e}\right)\leqslant1 \tag{14.3.2-1}$$

式中：b_w——混凝土凸肋的平均宽度，当肋的上部宽度小于下部宽度时［图 14.3.2(c)］，改取上部宽度（mm）；

h_e——混凝土凸肋高度（mm）；

h_d——焊钉高度（mm）。

> **2** 当压型钢板肋垂直于钢梁布置时［图 14.3.2(b)］，焊钉连接件承载力设计值的折减系数按下式计算：
>
> $$\beta_v=\frac{0.85}{\sqrt{n_0}}\frac{b_w}{h_e}\left(\frac{h_d-h_e}{h_e}\right)\leqslant 1 \tag{14.3.2-2}$$
>
> 式中：n_0——在梁某截面处一个肋中布置的焊钉数，当多于 3 个时，按 3 个计算。

【例 5.8.4-2】 为增加使用面积，在现有一个单层单跨建筑内加建一个全钢结构夹层，该夹层与原建筑结构脱开，可不考虑抗震设防，如图 5.8.4-3 所示。

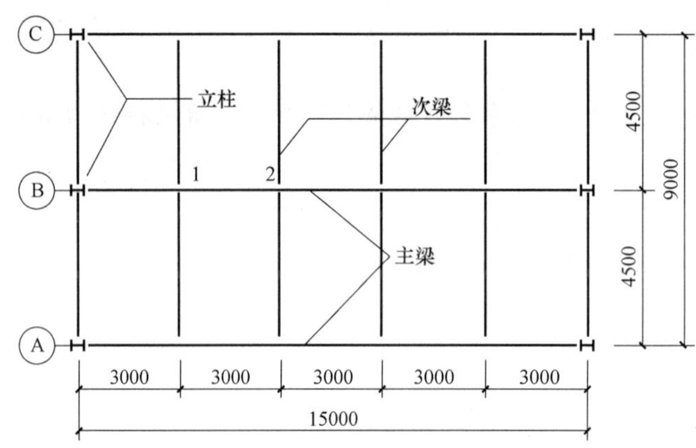

图 5.8.4-3　柱网平面布置图

若次梁按组合梁设计，并采用压型钢板混凝土组合板作翼板，压型钢板板肋垂直于次梁，混凝土强度等级为 C20，$E_c=25.5\times10^3\text{N/mm}^3$，$f_c=9.6\text{N/mm}^2$。抗剪连接件采用材料等级为 4.6 级的 $d=19\text{mm}$ 圆柱头螺栓，栓钉材料的极限抗拉强度设计值 $f_u=360\text{N/mm}^2$。已知组合次梁上跨中最大弯矩点与支座零弯矩点之间钢梁与混凝翼板交界面的纵向剪力 $V_s=665.4\text{kN}$；螺栓抗剪连接件承载力设计值折减系数 $\beta_v=0.54$。

试问，组合次梁上连接螺栓的个数，应与下列何项数值最为接近？

提示：按完全抗剪连接计算。

(A) 20 个　　(B) 34 个　　(C) 42 个　　(D) 46 个

【答案】 (C)

① 根据《钢标》第 14.3.1 条 1 款，式（14.3.1-1），一个抗剪连接件承受承载力设计值为

$$A_s=\frac{1}{4}\times3.14\times19^2\text{mm}^2=283.4\text{mm}^2$$

$$N_v^c=0.43A_s\sqrt{E_cf_c}=0.43\times283.4\times\sqrt{25.5\times10^3\times9.6\text{N}}=60.29\times10^3\text{N}$$

$$\leqslant0.7A_sf_u=0.7\times283.4\times360=71.2\times10^3\text{N},$$

取 $N_v^c=60.29\times10^3\text{N}$。

② 根据《钢标》第 14.3.2 条，考虑压型钢板板肋垂直于次梁，螺栓抗剪连接件承载

力设计值应予以折减，

$$\beta_v N_v^c = 0.54 \times 60.29 \times 10^3 \text{N} = 32.56 \times 10^3 \text{N}$$

③ 沿次梁半跨所需连接螺栓为

$$n = \frac{V_s}{\beta_v N_v^c} = \frac{665.4}{32.56} = 20.44，取 21 个$$

④ 在次梁全长上连接螺栓应为 $2 \times n = 42$（个）。

2. 抗剪键的构造要求

《钢标》规定

> **14.7.4** 抗剪连接件的设置应符合下列规定：
>
> **1** 圆柱头焊钉连接件钉头下表面或槽钢连接件上翼缘下表面与翼板底部钢筋顶面的距离 h_{e0} 不宜小于 30mm；
>
> **2** 连接件沿梁跨度方向的最大间距不应大于混凝土翼板（包括板托）厚度的 3 倍，且不大于 300mm；连接件的外侧边缘与钢梁翼缘边缘之间的距离不应小于 20mm；连接件的外侧边缘至混凝土翼板边缘间的距离不应小于 100mm；连接件顶面的混凝土保护层厚度不应小于 15mm。
>
> **14.7.5** 圆柱头焊钉连接件除应满足本标准第 14.7.4 条的要求外，尚应符合下列规定：
>
> **1** 当焊钉位置不正对钢梁腹板时，如钢梁上翼缘承受拉力，则焊钉钉杆直径不应大于钢梁上翼缘厚度的 1.5 倍；如钢梁上翼缘不承受拉力，则焊钉钉杆直径不应大于钢梁上翼缘厚度的 2.5 倍。
>
> **2** 焊钉长度不应小于其杆径的 4 倍。
>
> **3** 焊钉沿梁轴线方向的间距不应小于杆径的 6 倍，垂直于梁轴线方向的间距不应小丁杆径的 4 倍。
>
> **4** 用压型钢板作底模的组合梁，焊钉钉杆直径不宜大于 19mm，混凝土凸肋宽度不应小于焊钉钉杆直径的 2.5 倍；焊钉高度 h_d 应符合 $h_d \geqslant h_e + 30$ 的要求（本标准图 14.3.2）。

【例 5.8.4-3】假定，次梁采用 H350×175×7×11，底模采用压型钢板，$h_c = 76$mm，混凝土楼板总厚为 130mm，采用钢与混凝土组合梁设计，沿梁跨度方向栓钉间距约为 300mm。试问，栓钉应选用下列何项？

（A）采用 $d = 13$mm 栓钉，栓钉总高度 100mm，垂直于梁轴线方向间距 $d = 90$mm

（B）采用 $d = 16$mm 栓钉，栓钉总高度 110mm，垂直于梁轴线方向间距 $d = 90$mm

（C）采用 $d = 16$mm 栓钉，栓钉总高度 115mm，垂直于梁轴线方向间距 $d = 125$mm

（D）采用 $d = 19$mm 栓钉，栓钉总高度 120mm，垂直于梁轴线方向间距 $d = 125$mm

【答案】（B）

（1）根据《钢标》第 14.7.4 条第 2 款的有关规定：连接件的外侧边缘与钢梁翼缘边缘之间的距离不应小于 20mm。即栓钉应满足下式：

$$\frac{梁上翼缘宽度 - 栓钉横向间距 - 栓钉直径}{2} = \frac{175 - a - d}{2} \geqslant 20\text{mm}$$

只有（A）、（B）符合

（2）根据《钢标》第14.7.5条的有关规定，栓钉应符合下列条件：

① 第2款规定：'焊钉长度不应小于其杆径的4倍'。（A）、（B）均符合栓钉长度≥4d。

② 第3款规定：'垂直于梁轴线方向的间距不应小于杆径的4倍'。（A）、（B）均符合d≥4d。

③ 第4款规定：'用压型钢板作底模的组合梁，焊钉钉杆直径不宜大于19mm，焊钉高度h_d应符合$h_d \geq h_0 + 30$的要求'。栓钉直径≤19mm，栓钉高度76＋30＝106mm，只有（B）符合。

正确答案（B）。

5.9 单层钢结构厂房抗震

《抗震》规定

> **9.2.1** 本节主要适用于钢柱、钢屋架或钢屋面梁承重的单层厂房。
> 单层的轻型钢结构厂房的抗震设计，应符合专门的规定。

1. 单层钢结构厂房震害

《抗震》9.2.1，9.2.2“条文说明”指出

> **9.2.1** 国内外的多次地震经验表明，钢结构的抗震性能一般比其他结构的要好。总体上说，单层钢结构厂房在地震中破坏较轻，但也有损坏或坍塌的。因此，单层钢结构厂房进行抗震设防是必要的。
> **9.2.2** 从单层钢结构厂房的震害实例分析，在7～9度的地震作用下，其主要震害是柱间支撑的失稳变形和连接节点的断裂或拉脱，柱脚锚栓剪断和拉断，以及锚栓锚固过短所至的拔出破坏。亦有少量厂房的屋盖支撑杆件失稳变形或连接节点板开裂破坏。

2. 结构布置

（1）结构体系

《抗震》规定

> **9.2.2** 厂房的结构体系应符合下列要求：
>
> **1** 厂房的横向抗侧力体系，可采用刚接框架、铰接框架、门式刚架或其他结构体系。厂房的纵向抗侧力体系，8、9度应采用柱间支撑；6、7度宜采用柱间支撑，也可采用刚接框架。
>
> **2** 厂房内设有桥式起重机时，起重机梁系统的构件与厂房框架柱的连接应能可靠地传递纵向水平地震作用。
>
> **3** 屋盖应设置完整的屋盖支撑系统。屋盖横梁与柱顶铰接时，宜采用螺栓连接。

（2）支撑

《抗震》规定

9.2.10 柱间X形支撑、V形或Λ形支撑应考虑拉压杆共同作用，其地震作用及验算可按本规范附录K第K.2节的规定按拉杆计算，并计及相交受压杆的影响，但压杆卸载系数宜改取0.30。

交叉支撑端部的连接，对单角钢支撑应计入强度折减，8、9度时不得采用单面偏心连接；交叉支撑有一杆中断时，交叉节点板应予以加强，其承载力不小于1.1倍杆件承载力。

支撑杆件的截面应力比，不宜大于0.75。

9.2.15 柱间支撑应符合下列要求：

1 厂房单元的各纵向柱列，应在厂房单元中部布置一道下柱柱间支撑；当7度厂房单元长度大于120m（采用轻型围护材料时为150m）、8度和9度厂房单元大于90m（采用轻型围护材料时为120m）时，应在厂房单元1/3区段内各布置一道下柱支撑；当柱距数不超过5个且厂房长度小于60m时，亦可在厂房单元的两端布置下柱支撑。上柱柱间支撑应布置在厂房单元两端和具有下柱支撑的柱间。

2 柱间支撑宜采用X形支撑，条件限制时也可采用V形、Λ形及其他形式的支撑。X形支撑斜杆与水平面的夹角、支撑斜杆交叉点的节点板厚度，应符合本规范第9.1节的规定。

3 柱间支撑杆件的长细比限值，应符合现行国家标准《钢结构设计规范》GB 50017的规定。

4 柱间支撑宜采用整根型钢，当热轧型钢超过材料最大长度规格时，可采用拼接等强接长。

5 有条件时，可采用消能支撑。

【例5.9.1-1】 某钢结构厂房，抗震设防烈度8度，采用轻屋面，2倍多遇地震作用下水平作用组合值为400kN且为最不利组合，柱间支撑采用双片支撑，如图5.9.1-1，单片支撑截面

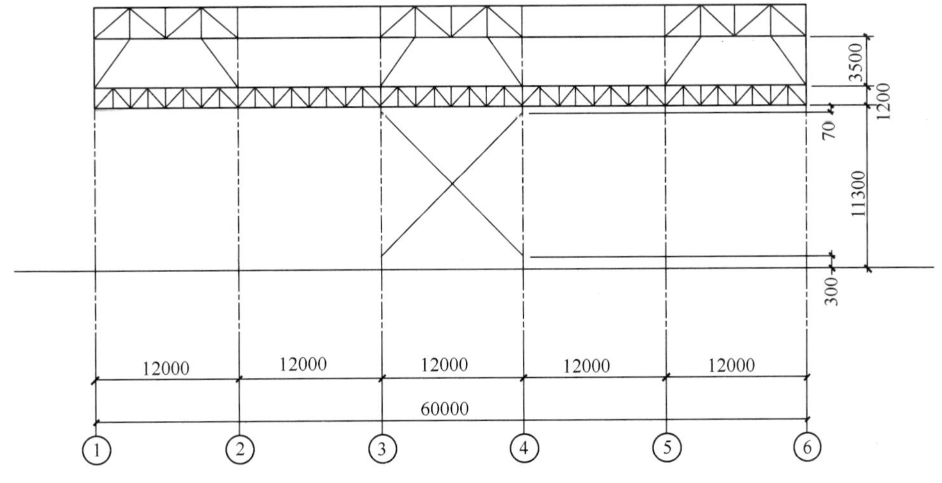

图5.9.1-1 柱间支撑布置图

采用槽钢12.6，截面无削弱，槽钢12.6截面特性：面积 $A_1=1569\text{mm}^2$，回转半径 $i_x=49.8\text{mm}$，$i_y=15.6\text{mm}$。试问，支撑的强度设计值（N/mm^2）与下列何项数值最为接近?

提示：①按拉杆计算，并计及相交受压杆的影响；

②支撑平面内计算长细比大于平面外计算长细比。

(A) 86　　(B) 118　　(C) 159　　(D) 323

【答案】(C)

【解答】

根据《抗震》第9.2.10条，交叉支撑可按受拉构件设计

$$l_{br}=\sqrt{(11300-300-70)^2+12000^2}=16232\text{mm}$$

平面内计算长度为 $0.5l_{br}=8116\text{mm}$

$$长细比\ \lambda=\frac{8116}{49.8}=163$$

根据 $\lambda=163$ 查《钢标》表C-2，得压杆稳定系数 $\varphi=0.267$

根据《抗震》第9.2.10条和K.2.2条

单肢轴力 $N_{br}=\dfrac{1}{1+0.3\times0.267}\times\dfrac{16232}{12000}\times\dfrac{400000}{2}=2.50\times10^5\text{N}=250\text{kN}$

强度设计值 $\dfrac{N_{br}}{A_n}=\dfrac{250000}{1569}=159\text{N/mm}^2$

因此，正确答案为（C）

3. 抗震计算

（1）横向抗震计算

《抗震》规定

> **9.2.7** 厂房的横向抗震计算，可采用下列方法：
>
> **1** 一般情况下，宜采用考虑屋盖弹性变形的空间分析方法；
>
> **2** 平面规则、抗侧刚度均匀的轻型屋盖厂房，可按平面框架进行计算。等高厂房可采用底部剪力法，高低跨厂房应采用振型分解反应谱法。

（2）纵向抗震计算

《抗震》规定

> **9.2.8** 厂房的纵向抗震计算，可采用下列方法：
>
> **1** 采用轻型板材围护墙或与柱柔性连接的大型墙板的厂房，可采用底部剪力法计算，各纵向柱列的地震作用可按下列原则分配：
>
> **1）** 轻型屋盖可按纵向柱列承受的重力荷载代表值的比例分配；
>
> **2）** 钢筋混凝土无檩屋盖可按纵向柱列刚度比例分配；
>
> **3）** 钢筋混凝土有檩屋盖可取上述两种分配结果的平均值。
>
> **2** 采用柱边贴砌且与柱拉结的普通砖砌体围护墙厂房，可参照本规范第9.1节的规定计算。
>
> **3** 设置柱间支撑的柱列应计入支撑杆件屈曲后的地震作用效应。

（3）屋盖构件抗震设计

《抗震》规定

9.2.9 厂房屋盖构件的抗震计算，应符合下列要求：

1 竖向支撑桁架的腹杆应能承受和传递屋盖的水平地震作用，其连接的承载力应大于腹杆的承载力，并满足构造要求。

2 屋盖横向水平支撑、纵向水平支撑的交叉斜杆均可按拉杆设计，并取相同的截面面积。

3 8、9度时，支承跨度大于24m的屋盖横梁的托架以及设备荷重较大的屋盖横梁，均应按本规范第5.3节计算其竖向地震作用。

【例5.9.1-2】

某钢结构单层厂房，抗震设防烈度8度，关于厂房构件抗震设计的以下说法：

Ⅰ. 竖向支撑桁架的腹杆应能承受和传递屋盖的水平地震作用；

Ⅱ. 屋盖横向水平支撑的交叉斜杆可按拉杆设计；

Ⅲ. 柱间支撑采用单角钢截面，并单面偏心连接；

Ⅳ. 支承跨度大于24m的屋盖横梁的托架，应计算其竖向地震作用。

试问，针对上述说法是否符合相关规范要求的判断，下列何项正确？

（A）Ⅰ、Ⅱ、Ⅲ符合，Ⅳ不符合　　（B）Ⅱ、Ⅲ、Ⅳ符合，Ⅰ不符合

（C）Ⅰ、Ⅱ、Ⅳ符合，Ⅲ不符合　　（D）Ⅰ、Ⅲ、Ⅳ符合，Ⅱ不符合

【答案】（C）

【解答】

（1）根据《抗震》9.2.9-1条，竖向支撑桁架的腹杆应能承受和传递屋盖的水平地震作用，其连接的承载力应大于腹杆的承载力，并满足构造要求。Ⅰ正确；

（2）根据《抗震》9.2.9 2条，屋盖横向水平支撑、纵向水平支撑的交叉斜杆均可按拉杆设计，并取相同的截面面积。Ⅱ正确；

（3）根据《抗震》9.2.9-3条8、9度时，支承跨度大于24m的屋盖横梁的托架以及设备荷重较大的屋盖横梁，均应按本规范第5.3节计算其竖向地震作用。Ⅳ正确；

（4）根据《抗震》9.2.10条交叉支撑端部的连接，对角钢支撑应计入强度折减，8、9度时不得采用单面偏心连接。Ⅲ错误。

4. 抗震构造措施

（1）柱长细比

《抗震》规定

9.2.13 厂房框架柱的长细比，轴压比小于0.2时不宜大于150；轴压比不小于0.2时，不宜大于$120\sqrt{235/f_{ay}}$。

【例5.9.1-3】、【例5.9.1-4】

某单层工业厂房，屋面及墙面的维护结构均为轻质材料，屋面梁与上柱刚接，梁柱均采用Q345焊接H形钢，梁、柱H形截面表示方式为：截面高度×翼缘宽度×腹板厚度×翼缘厚度。上柱截面为H800×400×12×18，梁截面为H1300×400×12×20，抗震设

防烈度为 7 度，框架上柱最大设计轴力为 525kN。

【例 5.9.1-3】

试问，本工程框架上柱长细比限值与下列何项数值最为接近？

(A) 150　　(B) 123　　(C) 99　　(D) 80

【答案】(A)

【解答】

框架柱截面面积 $A=400\times18\times2+764\times12=23568\text{mm}^2$

框架柱轴压比为 $\dfrac{N}{Af}=\dfrac{525\times10^3}{23568\times295}=0.08<0.2$

根据《抗震》第 9.2.13 条，框架柱长细比限值为 150。

应选答案 A。

(2) 板件宽厚比

《抗震》规定

> **9.2.14** 厂房框架柱、梁的板件宽厚比，应符合下列要求：
>
> **1** 重屋盖厂房，板件宽厚比限值可按本规范第 8.3.2 条的规定采用，7、8、9 度的抗震等级可分别按四、三、二级采用。
>
> **2** 轻屋盖厂房，塑性耗能区板件宽厚比限值可根据其承载力的高低按性能目标确定。塑性耗能区外的板件宽厚比限值，可采用现行《钢结构设计规范》GB 50017 弹性设计阶段的板件宽厚比限值。
>
> 注：腹板的宽厚比，可通过设置纵向加劲肋减小。

《抗震》9.2.14 条的"条文说明"指出

> **9.2.14** 板件的宽厚比，是保证厂房框架延性的关键指标，也是影响单位面积耗钢量的关键指标。本次修订，对重屋盖和轻屋盖予以区别对待。重屋盖参照多层钢结构低于 50m 的抗震等级采用，柱的宽厚比要求比 2001 规范有所放松。
>
> 对于采用压型钢板轻型屋盖的单层钢结构厂房，对于设防烈度 8 度 (0.20g) 及以下的情况，即使按设防烈度的地震动参数进行弹性计算，也经常出现由非地震组合控制厂房框架受力的情况。因此，根据实际工程的计算分析，发现如果采用性能化设计的方法，可以分别按"高延性，低弹性承载力"或"低延性，高弹性承载力"的抗震设计思路来确定板件宽厚比。即通过厂房框架承受的地震内力与其具有的弹性抗力进行比较来选择板件宽厚比：
>
> 当构件的强度和稳定的承载力均满足高承载力——2 倍多遇地震作用下的要求 ($\gamma_G S_{GE}+\gamma_{Eh}2S_E\leqslant R/\gamma_{RE}$) 时，可采用现行《钢结构设计规范》GB 50017 弹性设计阶段的板件宽厚比限值，即 C 类；当强度和稳定的承载力均满足中等承载力——1.5 倍多遇地震作用下的要求 ($\gamma_G S_{GE}+\gamma_{Eh}1.5S_E\leqslant R/\gamma_{RE}$) 时，可按表 6 中 B 类采用；其他情况，则按表 6 中 A 类采用。

柱、梁构件的板件宽厚比限值 表 6

构件	板件名称		A类	B类
柱	Ⅰ形截面	翼缘 b/t	10	12
		腹板 h_0/t_w	44	50
	箱形截面	壁板、腹板间翼缘 b/t	33	37
		腹板 h_0/t_w	44	48
	圆形截面	外径壁厚比 D/t	50	70
梁	Ⅰ形截面	翼缘 b/t	9	11
		腹板 h_0/t_w	65	72
	箱形截面	腹板间翼缘 b/t	30	36
		腹板 h_0/t_w	65	72

注：表列数值适用于 Q235 钢。当材料为其他钢号时，除圆管的外径壁厚比应乘以 $235/f_y$ 外，其余应乘以 $\sqrt{235/f_y}$。

A、B、C 三类宽厚比的数值，系参照欧、日、美等国家的抗震规范选定。大体上，A 类可达全截面塑性且塑性铰在转动过程中承载力不降低；B 类可达全截面塑性，在应力强化开始前足以抵抗局部屈曲发生，但由于局部屈曲使塑性铰的转动能力有限。C 类是指现行《钢结构设计规范》GB 50017 按弹性准则设计时腹板不发生局部屈曲的情况，如双轴对称 H 形截面翼缘需满足 $b/t \leqslant 15\sqrt{235/f_y}$，受弯曲构件腹板需满足 $72\sqrt{235/f_y} < h_0/t_w \leqslant 130\sqrt{235/f_y}$，压弯构件腹板应符合《钢结构设计规范》GB 50017—2003 式（5.4.2）的要求。

【例 5.9.1-4】

试问，在进行构件的强度和稳定性的承载力计算时，应满足以下何项地震作用要求？

提示：梁、柱腹板宽厚比均符合《钢标》弹性设计阶段的板件宽厚比限值。

(A) 按有效截面进行多遇地震下的验算　　(B) 满足多遇地震下的要求

(C) 满足 1.5 倍多遇地震下的要求　　(D) 满足 2 倍多遇地震下的要求

【答案】(D)

【解答】

根据《抗震》第 9.2.14 第 2 款的规定，轻屋面厂房，塑性耗能区板件宽厚比限值可根据其承载力的高低按性能目标确定。

柱截面：

翼缘 $$\frac{b}{t}=\frac{194}{18}=10.8>12\sqrt{\frac{235}{345}}=9.9$$

腹板 $$\frac{h_0}{t_w}=\frac{764}{12}=63.7>50\sqrt{\frac{235}{345}}=41.3$$

梁截面：

翼缘 $$\frac{b}{t}=\frac{194}{20}=9.7>11\sqrt{\frac{235}{345}}=9.1$$

腹板 $$\frac{h_0}{t_w}=\frac{1260}{12}=105>72\sqrt{\frac{235}{345}}=59.4$$

塑性耗能区板件宽厚比为 C 类。

根据《抗震》第 9.2.14 条文说明的规定，由于其板件宽厚比为 C 类，因此，应满足高承载力 2 倍多遇地震下的要求。

5.10 钢结构抗震性能化设计

新版《钢标》和老版《钢规范》相比，变动最大的是“抗震”。全新的思路，和混凝土结构的“抗震”从思路上就分手了。钢结构“抗震”采用新思路是很准确的。在混凝土结构的“抗震”设计时，基本思路是“高延性、低承载力”，即通过采用构造措施、加大结构延性的办法来达到抗震设防的目标。这一思路对钢结构并不完全合适，现举例说明。在实际工程中门式刚架轻型钢结构在 7 度地震时按“低延性、高承载力”的思路进行抗震设计，设计成果更合理，更经济。因钢结构为薄壁构件，可以通过减小腹板厚度增加腹板高度的办法提高构件的受弯承载力，从而满足抗震要求。因没有提高延性的要求，故构造措施可以简单处理，减少了结构的用钢量。

《钢标》17.1.1（条文说明）指出

> 大部分钢结构构件由薄壁板件构成，因此针对结构体系的多样性及其不同的设防要求，采用合理的抗震设计思路才能在保证抗震设防目标的前提下减少结构的用钢量。如虽然大部分多高层钢结构适合采用高延性-低承载力设计思路，但对于多层钢框架结构，在低烈度区，采用低延性-高承载力的抗震思路可能更为合理，单层工业厂房也更适合采用低延性-高承载力的抗震思路，本章可为工程师的选择提供依据。满足本章规定的钢结构无需满足现行国家标准《建筑抗震设计规范》GB 50011 及《构筑物抗震设计规范》GB 50191 中针对特定结构的构造要求和规定。

一、“等能量原理”

《钢标》明确提出：高层钢结构继续采用“高延性-低承载力”设计思路，多层钢框架结构和单层工业厂房要采用“低延性-高承载力”的抗震思路。为什么“高延性、低承载力”能满足抗震设防要求，而“低延性、高承载力”亦能达到同一效果？这要从“等能量原理”谈起。

《钢标》17.1（条文说明）指出

> 抗震设计的本质是控制地震施加给建筑物的能量，弹性变形与塑性变形（延性）均可消耗能量。

为说清这本质问题，现以“强度-位移”示意图（图 5.10.1-1）进行讨论。竖向坐标是强度，横坐标为位移。图中的曲线和横坐标所包围的面积为地震施加给建筑物的能量。

图中四条曲线表示该建筑在地震破坏时可能遇到的四种受力情况。图 5.10.1-2 是将这四条曲线分开表示。

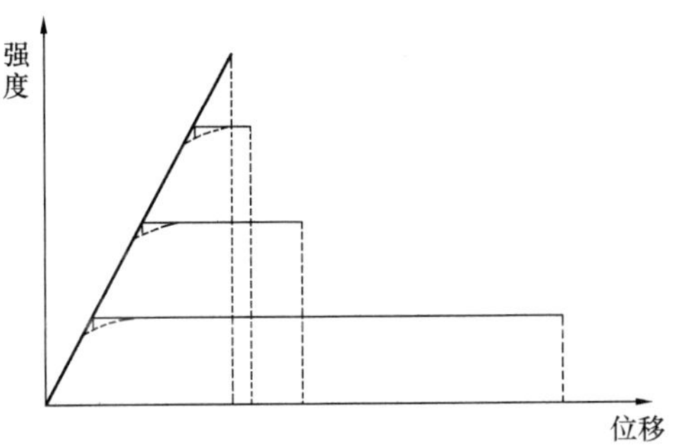

图 5.10.1-1 “强度-位移”示意图（一）

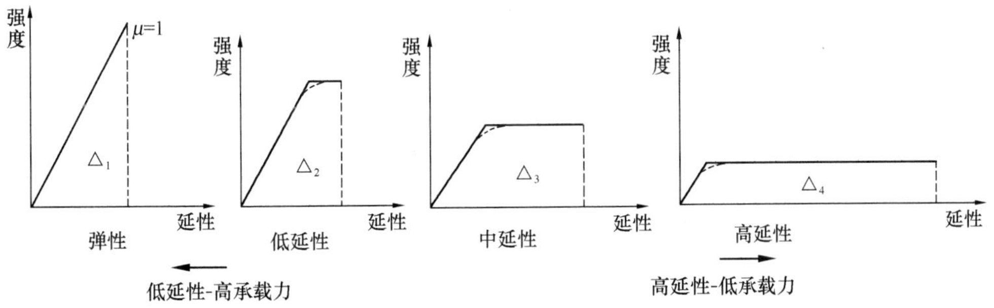

图 5.10.1-2 “强度-位移”示意图（二）

“强度-位移”示意图中四条曲线表示这四种受力情况的强度和位移是不同的，虽然他们的强度各异，但均达到所要求的设防目标。其基本特点是这四条曲线和横坐标所包围的面积$\triangle_i$是相同的，即$\triangle_1=\triangle_2=\triangle_3=\triangle_4$。这表明地震施加给建筑物的能量是相同的，此即“等能量原理”。

根据“强度-位移”示意图表示的‘等能量原理’。达到同一设防目标，所采用的抗震设防路径是可以选择的。结构可以按照图中不同的路径抗震，不同曲线对应不同的承载力和延性，但不同曲线和横坐标围住的面积（即地震能量）均是相同的。

《钢标》17.1.1（条文说明）指出

> 在能量输入相同的条件下，结构延性越好，弹性承载力要求越低，反之，结构延性差，则弹性承载力要求高，本标准简称为“高延性-低承载力”和“低延性-高承载力”两种抗震设计思路，均可达成大致相同的设防目标

《钢标》17.1.2 规定

> **17.1.2** 本标准采用延性等级反映构件延性，承载性能等级反映构件承载力，延性等级和承载性能等级的合理匹配实现“高延性-低承载力、低延性-高承载力”的设计思路。

二、塑性机构控制

《钢标》17.1.3（条文说明）指出

> 本章钢结构抗震设计思路是进行塑性机构控制

塑性机构控制即是控制结构的破坏路径，使结构按设计预定的破坏路径传递地震力。具体工作就是在设计时要正确设定“塑性耗能区”。

《钢标》对“塑性耗能区”有明确的定义

> **2.1.39** 塑性耗能区——在强烈地震作用下，结构构件首先进入塑性变形并消耗能量的区域。

为什么要进行塑性机构控制，《钢标》17.1一般规定（条文说明）指出

> 结构的抗震设计均允许结构在地震过程中发生一定程度的塑性变形，但塑性变形必须控制在对结构整体危害较小的部位。如梁端形成塑性铰是可以接受的，因为轴力较小，塑性转动能力很强，能够适应较大的塑性变形，因此结构的延性较好；而当柱子截面内出现塑性变形时，其后果就不易预料，因为柱子内出现塑性铰后，需要抵抗随后伴随侧移增加而出现的新增弯矩，而柱子内的轴力由竖向重力荷载产生的部分无法卸载，这样结构整体内将会发生较难把握的内力重分配。因此抗震设防的钢结构除应满足基本性能目标的承载力要求外，尚应采用能力设计法进行塑性机构控制，无法达成预想的破坏机构时，应采取补偿措施。

塑性机构控制是性能化设计要做的工作。应该指出并不是所有钢结构的性能化设计均需进行塑性机构控制，要分二种情况区别对待。

《钢标》17.1.4（条文说明）指出

> 当按本标准进行性能化设计，采用低延性-高承载力设计思路时，无须进行机构控制验算。
>
> 按高延性-低承载力思路进行的设计，进行延性开展机构的控制。

明确指出要进行塑性机构控制的仅是需要采用“高延性-低承载力”思路抗震的结构。

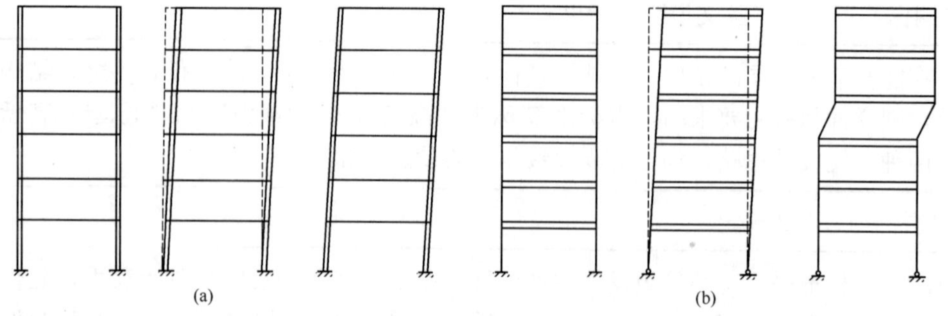

图5.10.2-1　梁铰机制和柱铰机制

（a）梁铰机制；（b）柱铰机制

图 5.10.2-1 表示的高层钢结构需采用“高延性-低承载力”思路设计进行抗震。左侧框架的‘塑性耗能区’位于梁的两端，结构具有很好的延性。右侧框架的“塑性耗能区”位于柱的两端，结构延性不好。所以设计时要控制结构的破坏路径，即要控制“塑性耗能区”出现的部位，使“塑性耗能区”的部位在梁端，而不在柱端。使框架的破坏出现梁铰机制，不要出现柱铰机制。进行性能化设计就要保证预定的“塑性耗能区”得到实现。如何做到这点，《钢标》17.1.4（条文说明）指出

按高延性-低承载力思路进行的设计，采用下列措施进行延性开展机构的控制：

1）采用能力设计法，进行塑性开展机构的控制；

2）引入非塑性耗能区内力调整系数，引导构件相对强弱符合延性开展的要求；

3）引入相邻构件材料相对强弱系数，确保延性开展机构的实现

《钢标》对落实这三条原则有一系列具体的规定，第 17.2.4 条～第 17.2.12 条即为能力设计法的具体规定。在设定性能系数时就引入内力调整系数和材料相对强弱系数。

三、承载性能等级

1. 承载性能分成七个等级

构件塑性耗能区的抗震性能分成五个层次：

①完好、②基本完好、③轻微变形、④中等变形、⑤显著变形。

《钢标》17.1.3（条文说明）对“构件塑性耗能区的抗震性能”的具体要求作了交代。

17.1.3（条文说明）

本条为性能化设计指标要求的具体化。

完好指承载力设计值满足弹性计算内力设计值的要求，

基本完好指承载力设计值满足刚度适当折减后的内力设计值要求或承载力标准值满足要求，

轻微变形指层间侧移约 1/200 时塑性耗能区的变形，

显著变形指层间侧移为 1/50～1/40 时塑性耗能区的变形。

《钢标》17.1.3（条文说明）对“中等变形”没有给出交代，但可以推断出“中等变形”的层间侧移值应在 1/100 左右。

《钢标》17.1.3（条文说明）对“基本完好”作了进一步分析、明确就是“多遇地震不坏”。

“多遇地震不坏”，即允许耗能构件的损坏处于日常维修范围内，此时可采用耗能构件刚度适当折减的计算模型进行弹性分析并满足承载力设计值的要求，故称之为“基本完好”。

现通过三个［例子］来讨论钢结构的承载性能。

［1］图 5.10.3-1（a）为单层框架，图 5.10.3-1（b）为该框架的‘强度-位移’曲线。该框架小震时尚处于弹性阶段，大震时层间侧移约 1/200。该单层框架的承载性能见表5.10.3-1。

表 5.10.3-1

多遇地震	设防地震	罕遇地震
完好	基本完好	轻微变形

［2］图 5.10.3-2（a）为多层框架，图 5.10.3-2（b）为该框架的‘强度-位移’曲线。该框架小震时尚处于弹性阶段，中震时层间侧移接近 1/200，大震时层间侧移约 1/100。该多层框架的承载性能见表 5.10.3-2。

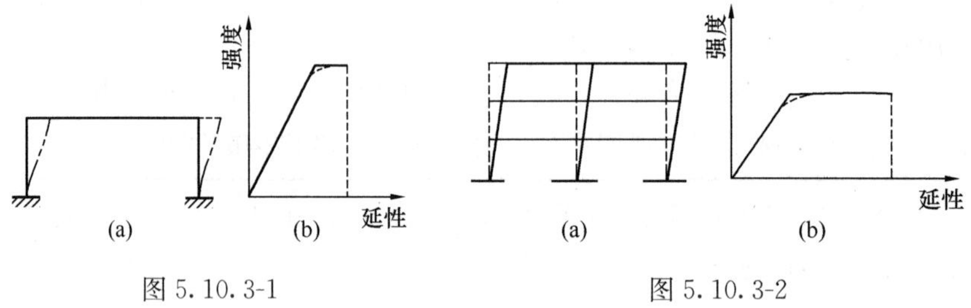

图 5.10.3-1　　　　图 5.10.3-2

表 5.10.3-2

多遇地震	设防地震	罕遇地震
完好	基本完好～轻微变形	中等变形

［3］图 5.10.3-3（a）为高层框架，图 5.10.3-3（b）为该结构的‘强度-位移’曲线。该结构小震时已超出于弹性阶段，中震时层间侧移接近 1/100，大震时层间侧移约 1/50。该高层框架的承载性能见表 5.10.3-3。

表 5.10.3-3

多遇地震	设防地震	罕遇地震
基本完好	中等变形	显著变形

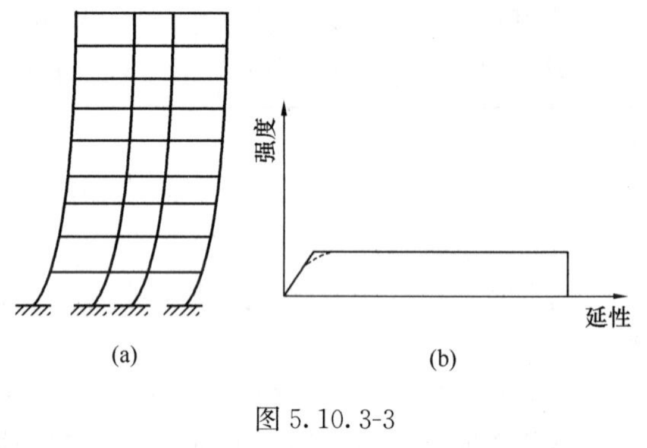

图 5.10.3-3

《钢标》将钢结构的承载性能分成七个等级，如表 5.10.3-4 所述

表 5.10.3-4

承载性能等级	1	2	3	4	5	6	7
多遇地震	完好	完好	完好	完好	完好	基本完好	基本完好
设防地震	完好	基本完好	基本完好	基本完好	基本完好～轻微变形	轻微变形	中等变形
罕遇地震	基本完好	基本完好～轻微变形	轻微变形	基本完好～中等变形	中等变形	基本完好～显著变形	显著变形
强度-位移曲线	强度 延性	强度 延性	强度 延性	强度 延性	强度 延性	强度 延性	强度 延性

现对设防地震（中震）时结构的承载性能进行分析。随着‘承载性能等级’由低到高，结构的性能由“完好”、“基本完好”、“轻微变形”发展到“中等变形”。“承载性能等级”高的结构变形大，吸收和耗散的地震能量亦大，这时已经屈服的杆件多，塑性耗能区的范围广。相应结构的周期在增大，结构的刚度在削减，从而使作用在结构上的水平地震作用在降低，而且降低的幅度随“承载性能等级”的提高而加大。水平地震作用产生的内力亦在折减，折减的幅度亦随‘承载性能等级’的提高而加大。所以抗震计算时，结构承受的内力值中的水平地震作用要乘一个折减系数，这折减数就是“性能系数”。为了能直观地看到‘性能系数’和‘承载性能等级’之间的对应关系，现用图的形式将《钢标》表17.2.2-1给出的“性能系数最小值”表示出来（图5.10.3-4），从图中就能直观地看到“性能系数最小值”的变化规律。

性能系数最小值

1.1							
1.0							
0.9							
0.8							
0.7							
0.6							
0.5							
0.4							
0.3							
0.2							
0.1							
性能系数最小值	1.10	0.9	0.70	0.55	0.45	0.35	0.28
性能系数			高	较高	中	低	最低
中　震	完好	基本完好	基本完好	基本完好	基本完好 轻微变形	轻微变形	中等变形
承载性能等级	性能1	性能2	性能3	性能4	性能5	性能6	性能7

图5.10.3-4

图5.10.3-4可知，中震时“抗震性能”由“完好、基本完好、轻微变形、中等变形”的规律在变化，相对应“性能系数最小值”则由“高、较高、中、低、最低”的规律在变化。二者是对应的。

图5.10.3-4可知，中震时“承载性能等级”可用“性能系数”来表示。表5.10.3-5再次列出这二者之间的对应关系。

表5.10.3-5

性能3	性能4	性能5	性能6	性能7
高性能系数	较高性能系数	中性能系数	低性能系数	最低性能系数

《钢标》17.1.3条表17.1.3在讲述中震的承载性能等级时，就采用“性能系数”的高低作为讲述承载性能的指标。

17.1.3 构件塑性耗能区的抗震承载性能等级可按表 17.1.3 划分

表 17.1.3 构件塑性耗能区的抗震承载性能等级和目标

承载性能等级	地震动水准		
	多遇地震	设防地震	罕遇地震
性能 1	完好	完好	基本完好
性能 2	完好	基本完好	基本完好～轻微变形
性能 3	完好	实际承载力满足高性能系数的要求	轻微变形
性能 4	完好	实际承载力满足较高性能系数的要求	轻微变形～中等变形
性能 5	完好	实际承载力满足中性能系数的要求	中等变形
性能 6	基本完好	实际承载力满足低性能系数的要求	中等变形～显著变形
性能 7	基本完好	实际承载力满足最低性能系数的要求	显著变形

注：性能 1～性能 7 性能目标依次降低，性能系数的高、低取值见本标准第 17.2 节。

2. 承载性能等级的选定

(1) 抗震性能目标

《钢标》17.1.3 条提出：钢结构构件的抗震性能化设计应选定其抗震性能目标。

17.1.3 钢结构构件的抗震性能化设计应根据建筑的抗震设防类别、设防烈度、场地条件、结构类型和不规则性，结构构件在整个结构中的作用、使用功能和附属设施功能的要求、投资大小、震后损失和修复难易程度等，经综合分析比较选定其抗震性能目标。

《钢标》17.1.3 条接着提出，"抗震性能目标"亦直接按抗震"承载性能等级"来"划分"。此即《钢标》17.1.3 条的规定："构件塑性耗能区的抗震承载性能等级及其在不同地震动水准下的性能目标可按表 17.1.3 划分。"

(2)"丙类建筑"承载性能等级的选定

对"丙类建筑"如何选定其抗震性能目标，《钢标》17.1.4 条有进一步规定。

17.1.4

2 抗震设防类别为标准设防类（丙类）的建筑，可按表 17.1.4-1 初步选择塑性耗能区的承载性能等级。

表 17.1.4-1 塑性耗能区承载性能等级参考选用表

设防烈度	单层	$H\leqslant 50m$	$50m<H\leqslant 100m$
6 度（0.05g）	性能 3～7	性能 4～7	性能 5～7
7 度（0.10g）	性能 3～7	性能 5～7	性能 6～7
7 度（0.15g）	性能 4～7	性能 5～7	性能 6～7
8 度（0.20g）	性能 4～7	性能 6～7	性能 7

注：H 为钢结构房屋的高度，即室外地面到主要屋面板板顶的高度（不包括局部突出屋面的部分）。

对如何执行这条规定，条文说明是有交代的。

17.1.4（条文说明）为引导合理设计，避免不必要的抗震构造，本条对标准设防类的建筑根据设防烈度和结构高度提出了构件塑性耗能区不同的抗震性能要求范围，由于地震的复杂性，表 17.1.4-1 仅作为参考，不需严格执行。抗震设计仅是利用有限的财力，使地震造成的损失控制在合理的范围内，设计者应根据国家制定的安全度标准，权衡承载力和延性，采用合理的承载性能等级。

（3）最低承载性能等级

《钢标》17.1.4（条文说明）明确指出表 17.1.4-1 不需严格执行，是为引导合理设计而提出的。为了掌握所引导的思想，现用三个［例子］对“最低承载性能等级”的选定进行讨论。

［1］单层房屋的“最低承载性能等级”选定

现将《钢标》表 17.1.4-1 中有关单层房屋“最低承载性能等级”的相关内容列于表 5.10.3-6，可以看到单层房屋采用“低延性-高承载力”的抗震思路是合适的。

表 5.10.3-6

单层	设防烈度	最低承载性能等级	多遇地震	设防地震	罕遇地震	
	6 度（0.05g）	性能 3	完好	基本完好	轻微变形	强度 延性
	7 度（0.10g）	性能 3				
	7 度（0.15g）	性能 4	完好	基本完好	轻微变形～中等变形	强度 延性
	8 度（0.20g）	性能 4				

［2］多层房屋的“最低承载性能等级”选定

现将《钢标》表 17.1.4-1 中有关多层房屋“最低承载性能等级”的相关内容列于表 5.10.3-7，可以看到设防烈度 6 度（0.05g）的多层房屋采用“高延性-低承载力”的抗震思路还是合适的。而更高设防烈度的多层房屋则应采用“低延性-高承载力”的抗震思路。

表 5.10.3-7

$H \leqslant 50m$	设防烈度	最低承载性能等级	多遇地震	设防地震	罕遇地震	
	6 度（0.05g）	性能 4	完好	基本完好	轻微变形～中等变形	强度 延性
	7 度（0.10g）	性能 5	完好	基本完好～轻微变形	中等变形	强度 延性
	7 度（0.15g）	性能 5				
	8 度（0.20g）	性能 6	基本完好	轻微变形	中等变形～显著变形	强度 延性

[3] 高层房屋的“最低承载性能等级”选定

现将《钢标》表17.1.4-1中有关高层房屋“最低承载性能等级”的相关内容列于表5.10.3-8，可以看到高层房屋必须采用“高延性-低承载力”的抗震思路。

表 5.10.3-8

50m<H≤100	设防烈度	最低承载性能等级	多遇地震	设防地震	罕遇地震	
	6度（0.05g）	性能5	完好	基本完好～轻微变形	中等变形	强度 延性
	7度（0.10g）	性能6	基本完好	轻微变形	中等变形～显著变形	强度 延性
	7度（0.15g）	性能6				
	8度（0.20g）	性能7	基本完好	中等变形	显著变形	强度 延性

总结上述讨论，可知采用最低承载性能等级时，应按下列思路进行抗震设计。

1）单层工业厂房适合采用低延性-高承载力的抗震思路。

2）多层钢框架结构，低烈度区应采用低延性-高承载力的抗震思路，高烈度区应采用高延性-低承载力的抗震思路。

3）高层钢结构适合采用高延性-低承载力的抗震思路。

对这设计思路《钢标》17.1.4（条文说明）讲得更直接。

17.1.4（条文说明）

一般来说，由于地震作用的不确定性，对于结构来说，延性比承载力更为重要，因此，对于多高层民用钢结构，首先必须保证必要的延性，一般应采用高延性-低承载力的设计思路；而对于工业建筑，为降低造价，宜采用低延性-高承载力的设计思路。

四、延性等级

(1)《钢标》表17.1.4-2对结构构件‘最低延性等级’的确定给出了规定。

17.1.4

4 构件和节点的延性等级应根据设防类别及塑性耗能区最低承载性能等级按表17.1.4-2确定，

表 17.1.4-2 结构构件最低延性等级

设防类别	塑性耗能区最低承载性能等级						
	性能1	性能2	性能3	性能4	性能5	性能6	性能7
适度设防类（丁类）				Ⅴ级	Ⅳ级	Ⅲ级	Ⅱ级
标准设防类（丙类）			Ⅴ级	Ⅳ级	Ⅲ级	Ⅱ级	Ⅰ级
重点设防类（乙类）		Ⅴ级	Ⅳ级	Ⅲ级	Ⅱ级	Ⅰ级	
特殊设防类（甲类）	Ⅴ级	Ⅳ级	Ⅲ级	Ⅱ级	Ⅰ级		

注：Ⅰ级至Ⅴ级，结构构件延性等级依次降低。

（2）影响“最低延性等级”的主要因素

见表 5.10.4-1，以图表形式列出最主要的影响因素，这里先讨论标准设防类（丙类）的情况。

表 5.10.4-1

最低延性等级	Ⅴ级	Ⅳ级	Ⅲ级	Ⅱ级	Ⅰ级
承载性能等级	性能 3	性能 4	性能 5	性能 6	性能 7
6 度（0.05g）					
7 度（0.10g）					
7 度（0.15g）					
8 度（0.20g）					
低延性-高承载力		高延性-低承载力			
	强度 延性	强度 延性	强度 延性	强度 延性	强度 延性

可以看出‘最低延性等级’大体可分为二组。

“最低延性等级”Ⅴ级、Ⅳ级适用于“低延性-高承载力”的抗震思路，即设防烈度低的单层房屋。

“最低延性等级”Ⅲ级、Ⅱ级、Ⅰ级适用于“高延性-低承载力”的抗震思路，即设防烈度高的多高层房屋。

对延性要求最高的“Ⅰ级”是适用于设防烈度最高（8 度、0.20g）的高层房屋。

对延性要求低的“Ⅴ级”是适用于低设防烈度（6 度、0.05g）的单层房屋。

（3）非标准设防类（甲、乙、丁类）的“延性等级”

《钢标》17.1.2 条（条文说明）有明确交待。

> **17.1.2**（条文说明）本章条文主要针对标准设防类钢结构。对于不同设防类别的设防标准，本标准按现行国家标准《建筑工程抗震设防分类标准》GB 50223 规定的原则，在其他要求一致的情况下，相对于标准设防类钢结构，重点设防类钢结构拟采用承载性能等级保持不变、延性等级提高一级或延性等级保持不变、承载性能等级提高一级

> 的设计手法，特殊设防类钢结构采用承载性能等级保持不变、延性等级提高两级或延性等级保持不变、承载性能等级提高两级的设计手法，在延性等级保持不变的情况下，重点设防类钢结构承载力约提高25%，特殊设防类钢结构承载力约提高55%。

（4）延性等级和承载性能等级的合理匹配

《钢标》17.1.2条（条文说明）指出

> **17.1.2**（条文说明）本标准采用延性等级反映构件延性，承载性能等级反映构件承载力，延性等级和承载性能等级的合理匹配实现“高延性-低承载力、低延性-高承载力”的设计思路。

五、在承载力和延性间进行权衡，寻找合理的匹配

1. 设计准则

《钢标》17.1（条文说明）指出，钢结构抗震性能化设计的准则：小震不坏、中震可修、大震不倒。

> **17.1**（条文说明）
>
> 根据性能化设计的钢结构，其抗震设计准则如下：
>
> **1** 验算本地区抗震设防烈度的多遇地震作用的构件承载力和结构弹性变形（小震不坏）、
>
> **2** 根据其延性验算设防地震作用的承载力（中震可修）、
>
> **3** 验算其罕遇地震作用的弹塑性变形（大震不倒）。

三项准则是原则性指示，实际工作要执行《钢标》17.1.4条提出的基本步骤和方法。

2. 基本步骤和方法

《钢标》17.1.4条提出，通过5个步骤来落实上述三条准则。

> **17.1.4** 钢结构构件的抗震性能化设计可采用下列基本步骤和方法：
>
> **1** 按现行国家标准《建筑抗震设计规范》GB 50011的规定进行多遇地震作用验算，结构承载力及侧移应满足其规定。
>
> **2** 抗震设防类别为标准设防类（丙类）的建筑，可按表17.1.4-1初步选择塑性耗能区的承载性能等级。
>
> **3** 按本标准第17.2节的有关规定进行设防地震下的承载力抗震验算；
>
> **4** 构件和节点的延性等级应根据设防类别及塑性耗能区最低承载性能等级按表17.1.4-2确定，并按本标准第17.3节的规定对不同延性等级的相应要求采取抗震措施。
>
> **5** 当塑性耗能区的最低承载性能等级为性能5、性能6或性能7时，通过罕遇地震下结构的弹塑性分析，进行竖向构件的弹塑性层间位移角验算。

《钢标》17.1.4条对丙类建筑的计算步骤做了完整的规定。

第1款是讲“小震不坏”，这是常规的抗震设计方法。按照小震地震作用进行计算，

再加上按抗震构造要求进行设计。

第 2、3、4 款是讲“中震可修”。是在中震的地震作用下，按设定的延性要求进行承载力的验算。《钢标》17.1.4 条对这项“设防地震下的承载力抗震验算”还有详细的规定。

第 5 款是讲“大震不倒”。仅在需要时才按照大震地震作用进行弹塑性计算，对层间位移角进行控制。

3. “性能化设计方法”

《钢标》17.1.4 条第 3 款的规定

> **3** 按本标准第 17.2 节的有关规定进行设防地震下的承载力抗震验算：
>
> 1）建立合适的结构计算模型进行结构分析；
>
> 2）设定塑性耗能区的性能系数、选择塑性耗能区截面，使其实际承载性能等级与设定的性能系数尽量接近；
>
> 3）其他构件承载力标准值应进行计入性能系数的内力组合效应验算，当结构构件承载力满足延性等级为Ⅴ级的内力组合效应验算时，可忽略机构控制验算；
>
> 4）必要时可调整截面或重新设定塑性耗能区的性能系数。

《钢标》17.1.4 条第 3 款的执行可能是一个迭代循环的过程。

对塑性耗能区，先设定塑性耗能区的性能系数，设定了性能系数就是设定了延性要求。再次求出计入性能系数的内力组合效应，根据此内力进行构件承载力抗震验算。如承载力验算满足要求但工作未完，还要求出其实际性能系数，看看实际能达到的延性是什么水平。通过检查实际性能系数与设定的性能系数是否接近来了解能达到的延性水平和设定的延性要求是否接近。不合适时要重新设定塑性耗能区的性能系数，再行计算。所以这个计算过程可能是一个迭代循环的过程。就是在这迭代循环过程中进行承载力和延性之间的平衡和选择。经过权衡和比较，取得延性等级和承载性能等级的合理匹配。实现“高延性-低承载力、低延性-高承载力”的设计思路。

《钢标》17.1（条文说明）指出

> 结构根据预先设定的延性等级确定对应的地震作用的设计方法，本标准称为“性能化设计方法”。

《钢标》17.1.4 条所提出的设计方法就是这种“根据预先设定的延性等级确定对应的地震作用的设计方法”所以是“性能化设计方法”。

六、性能系数

1. 内力性能组合值

前面提到：抗震计算时，结构承受的内力值中的水平地震作用要乘折减系数，这折减数就是“性能系数”。承载力验算时用到的内力就要计入这折减系数——“性能系数 Ω”，此时的内力组合值即为“内力性能组合值”，其表达式即为下列公式。

$$S_{E2} = S_{GE} + \Omega_i S_{Ehk2} + 0.4 S_{Evk2}$$

内力性能组合值 S_{E2} 是由重力荷载代表值、水平设防地震作用和竖向设防地震作用三部分效应组成。竖向地震作用效应的折减系数取定值 0.4，而水平地震作用效应的折减系数取“性能系数”，其数值因承载性能等级不同而变化，这个变化就反映了延性要求的不同，这是他的最大特点。《钢标》式（17.2.3-1）即为“性能组合值”的表达式。《钢标》17.2.3 条给出了钢结构构件的承载力验算公式。

17.2.3 钢结构构件的承载力应按下列公式 验算：

$$S_{E2} = S_{GE} + \Omega_i S_{Ehk2} + 0.4 S_{Evk2} \quad (17.2.3\text{-}1)$$

$$S_{E2} \leqslant R_k \quad (17.2.3\text{-}2)$$

式中：S_{E2}——构件设防地震内力性能组合值（N）；

S_{GE}——构件重力荷载代表值产生的效应，按现行国家标准《建筑抗震设计规范》GB 50011 或《构筑物抗震设计规范》GB 50191 的规定采用（N）；

S_{Ehk2}、S_{Evk2}——分别为按弹性或等效弹性计算的构件水平设防地震作用标准值效应、8 度且高度大于 50m 时按弹性或等效弹性计算的构件竖向设防地震作用标准值效应；

R_k——按屈服强度计算的构件实际截面承载力标准值（N/mm^2）。

计入性能系数的内力组合效应进行承载力验算时，采用的公式就是式（17.2.3-2）。

2. 实际性能系数 Ω_0^a

《钢标》17.2.2 条规定了“框架结构、中心支撑结构、框架-支撑结构”这三种结构的实际性能系数，这里仅讲述框架结构的实际性能系数。

17.2.2

3）塑性耗能区实际性能系数可按下列公式计算：

（1）框架结构：

$$\Omega_0^a = (W_E f_y - M_{GE} - 0.4 M_{Evk2})/M_{Ehk2} \quad (17.2.2\text{-}2)$$

Ω_0^a——构件塑性耗能区实际性能系数；

f_y——钢材屈服强度（N/mm^2）；

M_{GE}——重力荷载代表值产生的弯矩效应（N·mm），可按现行国家标准《建筑抗震设计规范》GB 50011 的规定采用；

M_{Ehk2}、M_{Evk2}——分别为按弹性或等效弹性计算的构件水平设防地震作用标准值的弯矩效应、8 度且高度大于 50m 时按弹性或等效弹性计算的构件竖向设防地震作用标准值的弯矩效应（N·mm）；

W_E——构件塑性耗能区截面模量（mm^3），按表 17.2.2-2 取值；

表 17.2.2-2 构件截面模量 W_E 取值

截面板件宽厚比等级	S1	S2	S3	S4	S5
构件截面模量	$W_E=W_p$		$W_E=\gamma_x W$	$W_E=W$	有效截面模量

注：W_p为塑性截面模量；

γ_x为截面塑性发展系数，按本标准表 8.1.1 采用；

W 为弹性截面模量；

有效截面模量，均匀受压翼缘有效外伸宽度不大于 $15\varepsilon_k$，腹板可按本标准第 8.4.2 条的规定采用。

实际性能系数的物理意义是：结构的屈服承载力扣除重力荷载代表值以及竖向地震作用效应后与设防地震（中震）产生弯矩的比值，即达到中震的多少分之一时屈服。1.0 表示在中震时刚好屈服。

【例 5.10.6-1、例 5.10.6-2】

某框架结构如图 5.10.6-1 所示，抗震设防烈度为 8 度（0.20g），丙类。框架柱采用焊接 H 形截面，框架梁采用焊接工字形截面，材料强度为 Q345，H=50m。

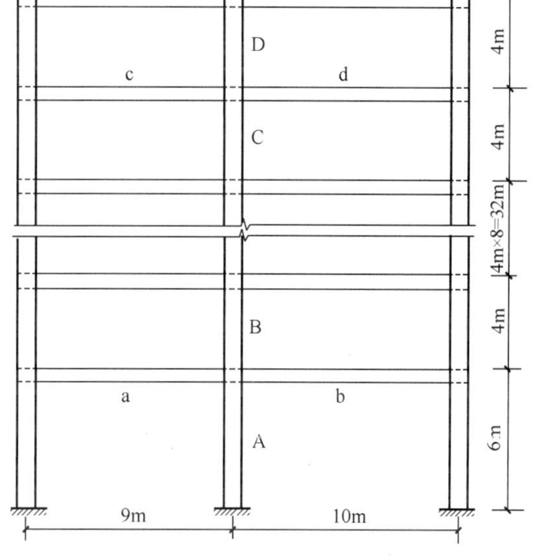

图 5.10.6-1

【例 5.10.6-1】

假定框架梁截面 H700×400×12×24，弹性截面模量为 W，塑性截面模量为 W_p。试问：计算梁性能系数时，该构件的塑性耗能区截面模量 W_E 为下列何项？

(A) 1.05 W_p　　(B) 1.05W

(C) 1.0 W_p　　(D) 1.0W

【答案】(C)

(1)《钢标》表 17.2.2-2，构件截面模量 W_E 取值与截面板件宽厚比等级有关。

(2) 框架梁截面板件宽厚比等级

① 翼缘板件宽厚比 $b/t=(400-12)/(2\times24)=8.08$

根据《钢标》表 3.5.1

S1 级：$9\varepsilon_k=9\times(235/345)^{1/2}=7.43$

S2 级：$11\varepsilon_k=11\times(235/345)^{1/2}=9.08$

翼缘的板件宽厚比等级为 S2 级

② 腹板板件宽厚比 $h_0/t=(700-2\times24)/12=54.33$

根据《钢标》表 3.5.1

S1 级：$65\varepsilon_k=65\times(235/345)^{1/2}=53.65$

S2 级：$72\varepsilon_k=72\times(235/345)^{1/2}=59.4$

腹板的板件宽厚比等级为 S2 级

(3) 根据《钢标》表 17.2.2，截面板件宽厚比等级 S2 级，取 $W_e=W_p$，选 (C)。

3. 设定性能系数的原则

《钢标》17.1.5 条的规定了设定性能系数的基本原则。

17.1.5 钢结构构件的性能系数应符合下列规定：

1 整个结构中不同部位的构件、同一部位的水平构件和竖向构件，可有不同的性能系数；塑性耗能区及其连接的承载力应符合强节点弱杆件的要求；

2 对框架结构，同层框架柱的性能系数宜高于框架梁；

3 对支撑结构和框架-中心支撑结构的支撑系统，同层框架柱的性能系数宜高于框架梁，框架梁的性能系数宜高于支撑；

4 框架-偏心支撑结构的支撑系统，同层框架柱的性能系数宜高于支撑，支撑的性能系数宜高于框架梁，框架梁的性能系数应高于消能梁段；

5 关键构件的性能系数不应低于一般构件。

17.1.5（条文说明）本条为性能化设计的基本原则，本标准第 17.2 节及第 17.3 节为这些原则的具体化，塑性耗能区性能系数取值最低，关键构件和节点取值较高，关键构件和节点可按下列原则确定：

1 通过增加其承载力保证结构预定传力途径的构件和节点；

2 关键传力部位；

3 薄弱部位。

柱脚、多高层钢结构中低于 1/3 总高度的框架柱、伸臂结构竖向桁架的立柱、水平伸臂与竖向桁架交汇区杆件、直接传递转换构件内力的抗震构件等都应按关键构件处理。关键构件和节点的性能系数不宜小于 0.55。

采用低延性-高承载力设计思路时，本条要求可适当放宽。

这些原则可以用简单的顺口溜来帮助记忆。如“强节点、弱杆件”，“强柱、弱梁”，“强关键构件、弱一般构件”等。

【例 5.10.6-2】

该结构采用性能化设计，塑性耗能区承载力性能等级采用性能 7。试问，下列关于构件性能系数的描述，哪项不符合《钢标》中有关钢结构构件性能系数的有关规定？

(A) 框架柱 A 的性能系数宜高于框架梁 a、b 的性能系数

(B) 框架柱 A 的性能系数不应低于框架柱 C、D 的性能系数

(C) 当该框架底层设置偏心支撑后，框架柱 A 的性能系数可以低于框架梁 a、b 的性能系数

(D) 框架梁 a、b 和框架梁 c、d 可有不同的性能系数

【答案】(C)

(1)《钢标》17.1.5 条 2 款，“对框架结构，同层框架柱的性能系数宜高于框架梁”。(A) 正确；

(2)《钢标》17.1.5 条文说明，“多高层钢结构中低于 1/3 总高度的框架柱应按关键

构件处理”。

《钢标》17.1.5 条 5 款，“关键构件的性能系数不应低于一般构件。”(B) 正确；

(3)《钢标》17.1.5 条 4 款，“框架-偏心支撑结构的支撑系统，同层框架柱的性能系数宜高于支撑，支撑的性能系数宜高于框架梁，框架梁的性能系数应高于消能梁段；”(C) 不正确；

(4)《钢标》17.1.5 条 1 款，“整个结构中不同部位的构件，可有不同的性能系数。”(D) 正确。

4. i 层构件性能系数 Ω_i

结构中不同楼层、不同部位、不同构件可有不同的性能系数。为简化设计，同一楼层的构件可采用相同的性能系数。《钢标》17.2.2 条规定了“i 层构件性能系数 Ω_i”的公式。

17.2.2 钢结构构件的性能系数应符合下列规定：

1 钢结构构件的性能系数应按下式计算：

$$\Omega_i \geqslant \beta_e \Omega^a_{i,\min} \tag{17.2.2-1}$$

式中：Ω_i——i 层构件性能系数；

$\Omega^a_{i,\min}$——i 层构件塑性耗能区实际性能系数最小值；

β_e——水平地震作用非塑性耗能区内力调整系数，塑性耗能区构件应取 1.0，其余构件不宜小于 $1.1\eta_y$

η_y——钢材超强系数，可按本标准表 17.2.2-3 采用，其中塑性耗能区、弹性区分别采用梁、柱替代；

表 17.2.2-3 钢材超强系数 η_y

塑性耗能区 / 弹性区	Q235	Q345、Q345GJ
Q235	1.15	1.05
Q345、Q345GJ、Q390、Q420、Q460	1.2	1.1

(1) 实际性能系数 Ω^a_0 不能低于设定性能系数 Ω，要满足 $\Omega \geqslant \Omega^a_0$ 的要求。

性能系数的物理意义是：表示结构在中震的地震作用达到多少分之一时屈服。

设定性能系数 $\Omega=0.5$ 的物理意义是：设计要求结构在中震的地震作用达到 50%时屈服。

实际性能系数 $\Omega^a_0=0.4$ 的物理意义是：实际结构在中震的地震作用达到 40%时屈服。

如实际性能系数低于设定性能系数，即出现 $\Omega<\Omega^a_0$ 的情况，表明结构达到屈服时的承载力没有达到设计的要求，所以是要调整。

为简化设计，同一层的构件取同一性能系数 Ω_i 时要满足 $\Omega_i \geqslant \Omega^a_{i,\min}$ 的要求。此处、下标 i 表示为 i 层的性能系数。

(2) 确保延性开展机构的实现，要落实 $\Omega_i \geqslant \beta_e \Omega^a_{i,\min}$ 的要求，

当钢结构构件延性等级为Ⅴ级时，是按‘低延性-高承载力’思路进行抗震设计的，故不必开展塑性机构的控制。对按‘高延性-低承载力’思路进行抗震设计时，要确保塑性开展机构的实现。做到当‘塑性耗能区’屈服时‘非塑性耗能区’尚处于弹性阶段。这

目标是通过对水平地震作用内力的调整来进行，即对水平地震作用的内力乘调整系数 β_e。塑性耗能区此水平地震作用内力不能提高，取 $\beta_e=1.0$。非塑性耗能区此水平地震作用内力要提高，取 $\beta_e>1.0$。按此提高的内力来确定截面尺寸提高了非塑性耗能区的承载力。

上述内力调整系数通过调整同一构件二部份之间的相对强弱来保证延性开展的实现；当相邻梁柱二种构件采用不同的材料时，各种材料的屈服强度离散性差别很大，所以这调整系数尚需考虑相邻构件材料相对强弱的影响。梁、柱分别采用各自的钢材超强系数 η_y 来确定各自的内力调整系数。

表 5.10.6-1 列出内力调整系数 β_e，表 5.10.6-2 列出钢材超强系数 η_y

内力调整系数 β_e **表 5.10.6-1**

塑性耗能区	$\beta_e=1.0$
非塑性耗能区	$\beta_e\geqslant1.1\eta_y$

钢材超强系数 η_y **表 5.10.6-2**

柱 \ 梁	Q235	Q345、Q345GJ
Q235	1.15	1.05
Q345、Q345GJ、Q390、Q420、Q460	1.2	1.1

当钢结构构件延性等级为Ⅴ级时，非塑性耗能区内力调整系数可采用 1.0

《钢标》在执行时把这内力调整系数 β_e 和用来折减内力的性能系数合并进行，此即式 (17.2.2-1) $\Omega_i\geqslant\beta_e\Omega_{i,\min}^{a}$。

（3）要符合性能系数最小值的要求，要符合 $\Omega_i\geqslant\Omega_{i,\min}$。

17.2.2

2 塑性耗能区的性能系数应符合下列规定：

1）对框架结构、中心支撑结构、框架-支撑结构，规则结构塑性耗能区不同承载性能等级对应的性能系数最小值宜符合表 17.2.2-1 的规定：

表 17.2.2-1 规则结构塑性耗能区不同承载性能等级对应的性能系数最小值

承载性能等级	性能 1	性能 2	性能 3	性能 4	性能 5	性能 6	性能 7
性能系数最小值	1.10	0.9	0.70	0.55	0.45	0.35	0.28

2）不规则结构塑性耗能区的构件性能系数最小值，宜比规则结构增加 15%～50%。

性能系数最小值分二类。① 规则结构塑性耗能区的构件性能系数最小值，
② 不规则结构塑性耗能区的构件性能系数最小值。

《钢标》表 17.2.2-1 规定的性能系数最小值 $\Omega_{i,\min}$ 是针对规则结构。

当结构布置不符合抗震规范规定的对建筑规则性要求时，结构延性将受到不利影响，承载力要求必须提高。不规则结构塑性耗能区的构件性能系数最小值，宜比规则结构增加 15%～50%。

当符合 $\Omega_i\geqslant\Omega_{i,\min}$ 的要求后的效果如何，《钢标》17.2.2 条的（条文说明）做出说明。

17.2.2（条文说明）

2 由于塑性耗能区即为设计预定的屈服部位，其性能系数依据塑性耗能区的实际承载力确定，即结构在设防地震作用下，按弹性设计所需屈服强度的折减系数，由此可知，当性能系数符合表 17.2.2-1 的规定时，塑性耗能区无需进行承载力验算。

结构的抗震设计具有循环论证、自我实现的性质，即塑性耗能区构件承载力越高，则结构的地震作用越大。当取某一性能系数乘以设防地震作用作为地震作用，进行内力分析并据此验证塑性耗能区构件满足承载力要求时，则塑性耗能区构件的性能系数将不低于事先设定的性能系数，这种性质可极大地简化性能化设计方法。

《钢标》表 17.2.2-1 规定了"性能系数最小值"。根据上述《钢标》17.2.2 条（条文说明）的讲法：当性能系数符合表 17.2.2-1 的规定，也就是性能系数符合 $\Omega_i \geqslant \Omega_{i,\min}$ 时，塑性耗能区无需进行承载力验算。

七、实现"塑性机构"的措施

《钢标》采取了二项措施。

计算措施：能力设计法——《钢标》第 17.2.4 条～第 17.2.12 条。

构造措施：基本抗震措施——《钢标》第 17.3.1 条～第 17.3.16 条。

1. 能力设计法

为保证结构按设计预定的破坏路径进行，《钢标》第 17.2.4 条～第 17.2.12 条为机构控制验算做了的具体规定，如"强柱弱梁"、"强节点弱杆件"、"强柱根"等。通过对结构的不同杆件、不同部位、不同截面的承载能力强弱，进行控制和调整的办法，做到保证破坏机构符合设计要求。现讲述一个"强柱根"例题。

17.2.9 塑性耗能区的连接计算应符合下列规定：

1 与塑性耗能区连接的极限承载力应大于与其连接构件的屈服承载力。

4 柱脚与基础的连接极限承载力应按下式验算：

$$M^{\mathrm{j}}_{\mathrm{u,base}} \geqslant \eta_j M_{\mathrm{pc}} \tag{17.2.9-5}$$

式中：M_{pc}——考虑轴心影响时柱的塑性受弯承载力；

$M^{\mathrm{j}}_{\mathrm{u,base}}$——柱脚的极限受弯承载力（N·mm）；

η_{j}——连接系数，可按表 17.2.9 采用。

表 17.2.9 连接系数

母材牌号	柱脚	
Q235	埋入式	1.2
Q345	外包式	1.2
Q345GJ	外露式	1.2

注：1 屈服强度高于 Q345 的钢材，按 Q345 的规定采用；

2 屈服强度高于 Q345GJ 的 GJ 钢材，按 Q345GJ 的规定采用；

【例 5.10.7-1】

在塑性耗能区的连接计算中，假定，框架柱柱底承载力极限状态最大组合弯矩设计为 M，考虑轴力影响时柱截面的塑性受弯承载力为 M_{pc}。试问，采用外包式柱脚时，柱脚与基础的连接极限承载力，与下列何项最接近？

(A) 1.0M　　(B) 1.2M　　(C) 1.0M_{pc}　　(D) 1.2M_{pc}

【答案】(D)

(1)《钢标》17.2.9 条 1 款，与塑性耗能区连接的极限承载力应大于与其连接构件的屈服承载力。

(2)《钢标》17.2.9 条 2 款，柱脚与基础的连接极限承载力应按式(17.2.9-1)验算：

$$M_{u,base}^{j} = \eta_j M_{pc}$$

式中：M_{pc}——考虑轴力影响时柱的塑性受弯承载力。

查《钢标》表 17.2.9，外包式柱脚 η_j=1.2，$M_{u,base}^{j} = 1.2M_{pc}$，选(D)。

2. 基本抗震措施

《钢标》17.3（条文说明）说了两句话。

> 本节各条文的目的是保证节点破坏不先于构件破坏，同时根据不同的结构延性要求相应的构造来保证设计的经济性。

现通过二个案例来帮助大家理解这两句话。

(1) 基本抗震措施各条文的目的是保证节点破坏不先于构件破坏

基本抗震措施的条文很多，现举 17.3.9 条“梁柱节点”为例。

> **17.3.9** 当梁柱节点采用梁端加强的方法来保证塑性铰外移要求时，应符合下列规定：
>
> **1** 加强段的塑性弯矩的变化宜与梁端形成塑性铰时的弯矩图相接近；
>
> **2** 采用盖板加强节点时，盖板的计算长度应以离开柱子表面 50mm 处为起点；
>
> **3** 采用翼缘加宽的方法时，翼缘边的斜角不应大于 1：2.5；加宽的起点和柱翼缘间的距离宜为(0.3～0.4)h_b，h_b 为梁截面高度；翼缘加宽后的宽厚比不应超过 13ε_k；
>
> **4** 当柱子为箱形截面时，宜增加翼缘厚度。

【例 5.10.7-2】

假定，梁柱节点采用梁端加强的办法来保证塑性铰外移，采用下述哪些措施符合《钢标》的规定？

Ⅰ.上下翼缘加盖板　　Ⅱ.加宽翼缘板且满足宽厚比的规定

Ⅲ.增加翼缘板的厚度　　Ⅳ.增加腹板的厚度

(A) Ⅰ、Ⅱ、Ⅲ　　(B) Ⅰ、Ⅱ、Ⅳ

(C) Ⅱ、Ⅲ、Ⅳ　　(D) Ⅰ、Ⅲ、Ⅳ

【答案】(A)

根据《钢标》17.3.9 条

2 采用盖板加强节点时，盖板的计算长度应以离开柱子表面 50mm 处为起点；Ⅰ

符合

3 采用翼缘加宽的方法时，翼缘加宽后的宽厚比不应超过 $13\varepsilon_k$；Ⅱ符合

4 当柱子为箱形截面时，宜增加翼缘厚度。Ⅲ符合

选（A）。

（2）根据结构延性等级的要求采取抗震措施

确定构造措施之前先要确定结构的延性等级，再根据结构延性等级的要求采取相应的抗震措施，现以‘截面板件宽厚比等级’为例说明。

17.3.4 框架梁应符合下列规定：

1 结构构件延性等级对应的塑性耗能区（梁端）截面板件宽厚比等级和设防地震性能组合下的最大轴力 N_{E2}、按本标准式（17.2.4-1）计算的剪力 V_{pb} 应符合表17.3.4-1的要求：

表 17.3.4-1 结构构件延性等级
对应的塑性耗能区（梁端）截面板件宽厚比等级和轴力、剪力限值

结构构件延性等级	Ⅴ级	Ⅳ级	Ⅲ级	Ⅱ级	Ⅰ级
截面板件宽厚比最低等级	S5	S4	S3	S2	S1
N_{E2}	—	$\leqslant 0.15Af$		$\leqslant 0.15AF_y$	
V_{pb}（未设置纵向加劲肋）	—	$\leqslant 0.5h_w t_w f_v$		$\leqslant 0.5h_w t_w f_{vy}$	

注：单层或顶层无需满足最大轴力与最大剪力的限值。

【例 5.10.7-3】

假定结构需加一层，高度 H=54m。试问，进行抗震性能化设计时，框架塑性耗能区（梁端）截面板件宽厚比等级应采用下列何项？

（A）S1　　（B）S2　　（C）S3　　（D）S4

【答案】：A

（1）根据《钢标》表17.1.4-1，由参数：8度0.20g，H=54m，查得塑性耗能区的承载性能等级为性能7。

表 17.1.4-1 塑性耗能区承载性能等级参考选用表

设防烈度	单层	$H\leqslant$50m	50m$<H\leqslant$100m
6度（0.05g）	性能3～7	性能4～7	性能5～7
7度（0.10g）	性能3～7	性能5～7	性能6～7
7度（0.15g）	性能4～7	性能5～7	性能6～7
8度（0.20g）	性能4～7	性能6～7	性能7

（2）根据《钢标》表17.1.4-2，由参数：标准设防类（丙类），性能7，查得构件的延性最低等级为Ⅰ级。

表 17.1.4-2　结构构件最低延性等级

设防类别	塑性耗能区最低承载性能等级						
	性能1	性能2	性能3	性能4	性能5	性能6	性能7
适度设防类(丁类)				Ⅴ级	Ⅳ级	Ⅲ级	Ⅱ级
标准设防类(丙类)			Ⅴ级	Ⅳ级	Ⅲ级	Ⅱ级	Ⅰ级
重点设防类(乙类)		Ⅴ级	Ⅳ级	Ⅲ级	Ⅱ级	Ⅰ级	
特殊设防类(甲类)	Ⅴ级	Ⅳ级	Ⅲ级	Ⅱ级	Ⅰ级		

(3) 根据《钢标》表 17.3.4-1，构件的延性等级Ⅰ级所对应的塑性耗能区（梁端）截面的板件宽厚比为 S1 级。

结构构件延性等级	Ⅴ级	Ⅳ级	Ⅲ级	Ⅱ级	Ⅰ级
截面板件宽厚比最低等级	S5	S4	S3	S2	S1
N_{F2}	—	$\leqslant 0.15Af$		$\leqslant 0.15Af_y$	
V_{pb}（未设置纵向加劲肋）	—	$\leqslant 0.5h_w t_w f_v$		$\leqslant 0.5h_w t_w f_{vy}$	

(4) 选（A）。

第6章 高层钢结构

6.1 基本规定

一、适用范围

《高层民用建筑钢结构技术规程》JGJ 99—2015（以下简称《高钢规》）为了与我国现行有关标准协调，给出了规程的适用范围

1.0.2 本规程适用于10层及10层以上或房屋高度大于28m的住宅建筑及房屋高度大于24m的其他高层民用建筑钢结构的设计、制作与安装。非抗震设计和抗震设防烈度为6度至9度抗震设计的高层民用建筑钢结构，其适用的房屋最大高度和结构类型应符合本规程的有关规定。

根据抗侧力结构的力学模型和受力特点，可将高层建筑钢结构分为如下结构体系

3.2.1 高层民用建筑钢结构可采用下列结构体系：

1 框架结构；

2 框架-支撑结构：包括框架-中心支撑、框架-偏心支撑和框架-屈曲约束支撑结构；

3 框架-延性墙板结构；

4 筒体结构：包括框筒、筒中筒、桁架筒和束筒结构；

5 巨型框架结构。

各结构类型如图6.1.1-1所示，①框架结构；②框架-中心支撑结构；③框架-偏心支

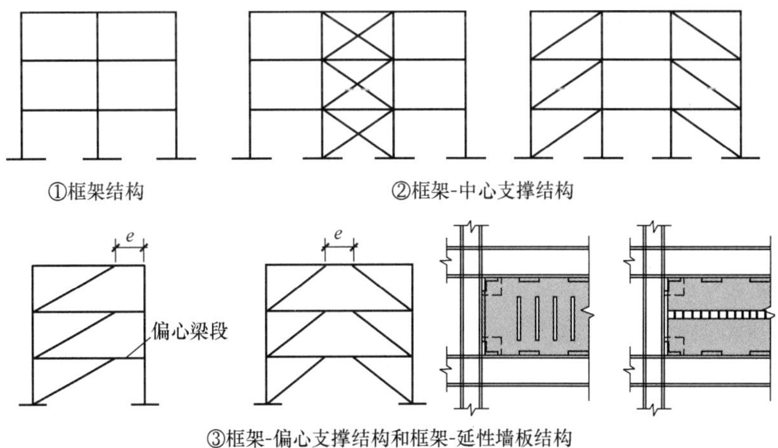

图6.1.1-1 钢结构体系（一）

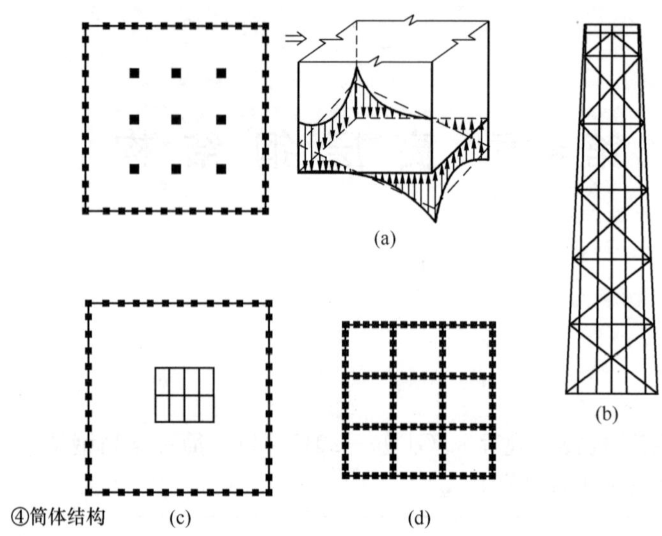

图 6.1.1-1　钢结构体系（二）

(a) 框架筒；(b) 桁架筒；(c) 筒中筒；(d) 束筒

撑结构和框架-延性墙板结构；④筒体结构和巨型框架结构。规范对各结构类型规定了适用的最大高度。

二、最大高度和最大高宽比

钢结构房屋的最大适用高度和最大高宽比及相关规定，《高层民用建筑钢结构技术规程》和《抗震》的规定基本相同。

《高钢规》的规定

3.2.2　非抗震设计和抗震设防烈度为 6 度至 9 度的乙类和丙类高层民用建筑钢结构适用的最大高度应符合表 3.2.2 的规定。

表 3.2.2　高层民用建筑钢结构适用的最大高度（m）

结构体系	6 度，7 度(0.10g)	7 度 (0.15g)	8 度		9 度 (0.40g)	非抗震设计
			(0.20g)	(0.30g)		
框架	110	90	90	70	50	110
框架-中心支撑	220	200	180	150	120	240
框架-偏心支撑 框架-屈曲约束支撑 框架-延性墙板	240	220	200	180	160	260
筒体(框筒，筒中筒，桁架筒，束筒) 巨型框架	300	280	260	240	180	360

注：1　房屋高度指室外地面到主要屋面板板顶的高度（不包括局部突出屋顶部分）；

2　超过表内高度的房屋，应进行专门研究和论证，采取有效的加强措施；

3　表内筒体不包括混凝土筒；

4　框架柱包括全钢柱和钢管混凝土柱；

5　甲类建筑，6、7、8 度时宜按本地区抗震设防烈度提高 1 度后符合本表要求，9 度时应专门研究。

3.2.3 高层民用建筑钢结构的高宽比不宜大于表3.2.3的规定。

表3.2.3 高层民用建筑钢结构适用的最大高宽比

烈度	6、7	8	9
最大高宽比	6.5	6.0	5.5

注：1 计算高宽比的高度从室外地面算起；
2 当塔形建筑底部有大底盘时，计算高宽比的高度从大底盘顶部算起。

3.2.4 房屋高度不超过50m的高层民用建筑可采用框架、框架-中心支撑或其他体系的结构；超过50m的高层民用建筑，8、9度时宜采用框架-偏心支撑、框架-延性墙板或屈曲约束支撑等结构。高层民用建筑钢结构不应采用单跨框架结构。

二、抗震等级

《高钢规》对各设防类别高层民用建筑钢结构采取的抗震措施（包括抗震构造措施），与《分类标准》的规定一致。

历次地震经验表明，建筑建造于Ⅰ类场地时震害较轻，建造于Ⅲ、Ⅳ类场地的震害较重。因此，规范对这三类场地的抗震构造措施给出了调整规定。

《高钢规》规定

3.7.1 各抗震设防类别的高层民用建筑钢结构的抗震措施应分别符合现行国家标准《建筑工程抗震设防分类标准》GB 50223和《建筑抗震设计规范》GB 50011的有关规定。

3.7.1 条文说明 Ⅰ类建筑场地上高层民用建筑抗震构造措施放松要求与现行国家标准《建筑抗震设计规范》GB 50011的规定一致。

3.7.2 当建筑场地为Ⅲ、Ⅳ类时，对设计基本地震加速度为0.15g和0.30g的地区，宜分别按抗震设防烈度8度（0.20g）和9度时各类建筑的要求采取抗震构造措施。

3.7.3 抗震设计时，高层民用建筑钢结构应根据抗震设防分类、烈度和房屋高度采用不同的抗震等级，并应符合相应的计算和构造措施要求。丙类建筑的抗震等级应按现行国家标准《建筑抗震设计规范》GB 50011的有关规定确定。对甲类建筑和房屋高度超过50m，抗震设防烈度9度时的乙类建筑应采取更有效的抗震措施。

《抗震》规定

8.1.3 钢结构房屋应根据设防分类、烈度和房屋高度采用不同的抗震等级，并应符合相关的计算和构造措施要求。丙类建筑的抗震等级应按表8.1.3确定。

表8.1.3 钢结构房屋的抗震等级

房屋高度	烈度			
	6	7	8	9
≤50m		四	三	二
>50m	四	三	二	一

注：1 高度接近或等于高度分界时，应允许结合房屋不规则程度和场地、地基条件确定抗震等级；
2 一般情况，构件的抗震等级应与结构相同；当某个部位各构件的承载力均满足2倍地震作用组合下的内力要求时，7～9度的构件抗震等级应允许按降低一度确定。

【例 6.1.3-1】 抗震等级

某钢结构住宅，采用框架-中心支撑结构体系，房屋高度为 23.4m，建筑抗震设防类别为丙类，采用 Q235 钢。假定，抗震设防烈度为 7 度。试问，该钢结构住宅的抗震等级应为下列何项？

（A）一级　　（B）二级　　（C）三级　　（D）四级

【答案】（D）

【解答】 根据《抗震》8.1.3 和表 8.1.3，该钢结构住宅的抗震等级应确定为四级。

6.2　结构布置的规则性

一、规则性判定

根据概念设计将建筑形体和结构布置划分为规则和不规则两大类，给出了参考指标，针对不规则的具体情况提出不同要求。

3.3.1　高层民用建筑钢结构的建筑设计应根据抗震概念设计的要求明确建筑形体的规则性。不规则的建筑方案应按规定采取加强措施；特别不规则的建筑方案应进行专门研究和论证，采用特别的加强措施；严重不规则的建筑方案不应采用。

3.3.2　高层民用建筑钢结构及其抗侧力结构的平面布置宜规则、对称，并应具有良好的整体性；建筑的立面和竖向剖面宜规则，结构的侧向刚度沿高度宜均匀变化，竖向抗侧力构件的截面尺寸和材料强度宜自下而上逐渐减小，应避免抗侧力结构的侧向刚度和承载力突变。建筑形体及其结构布置的平面、竖向不规则性，应按下列规定划分：

1　高层民用建筑存在表 3.3.2-1 所列的某项平面不规则类型或表 3.3.2-2 所列的某项竖向不规则以及类似的不规则类型，应属于不规则的建筑。

2　当存在多项不规则或某项不规则超过规定的参考指标较多时，应属于特别不规则的建筑。

表 3.3.2-1　平面不规则的主要类型

不规则类型	定义和参考指标
扭转不规则	在规定的水平力及偶然偏心作用下，楼层两端弹性水平位移（或层间位移）的最大值与其平均值的比值大于 1.2
偏心布置	任一层的偏心率大于 0.15（偏心率按本规程附录 A 的规定计算）或相邻层质心相差大于相应边长的 15%
凹凸不规则	结构平面凹进的尺寸，大于相应投影方向总尺寸的 30%
楼板局部不连续	楼板的尺寸和平面刚度急剧变化，例如，有效楼板宽度小于该层楼板典型宽度的 50%，或开洞面积大于该层楼面面积的 30%，或有较大的楼层错层

表 3.3.2-2 竖向不规则的主要类型

不规则类型	定义和参考指标
侧向刚度不规则	该层的侧向刚度小于相邻上一层的 70%，或小于其上相邻三个楼层侧向刚度平均值的80%；除顶层或出屋面小建筑外，局部收进的水平向尺寸大于相邻下一层的 25%
竖向抗侧力构件不连续	竖向抗侧力构件（柱、支撑、剪力墙）的内力由水平转换构件（梁、桁架等）向下传递
楼层承载力突变	抗侧力结构的层间受剪承载力小于相邻上一楼层的 80%

3.3.2 条文说明 本条结构布置要求、不规则定义和参考指标，与现行国家标准《建筑抗震设计规范》GB 50011 的规定基本一致，只是作了文字修改，进一步明确了扭转位移比的含义和保留了偏心布置的不规则类型。

任一楼层偏心距示意图见 6.2.1-1，具体计算方法见《高钢规》附录 A：

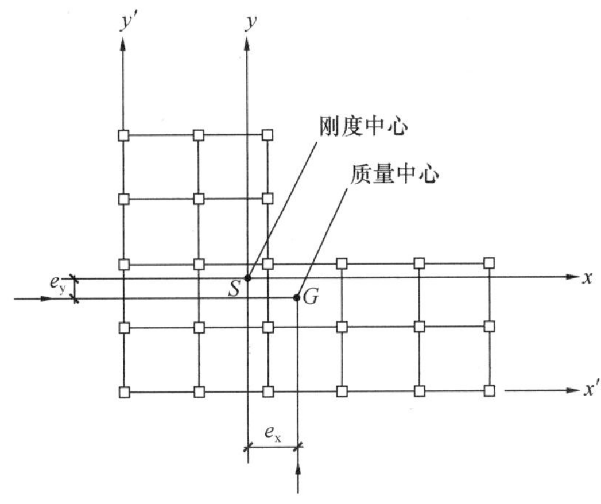

图 6.2.1-1 刚度中心和质量中心、偏心距 e_x、e_y

附录 A 偏 心 率 计 算

A.0.1 偏心率应按下列公式计算：

$$\varepsilon_x = \frac{e_y}{r_{ex}} \qquad \varepsilon_y = \frac{e_x}{r_{ey}} \tag{A.0.1-1}$$

$$r_{ex} = \sqrt{\frac{K_T}{\sum K_x}} \qquad r_{ey} = \sqrt{\frac{K_T}{\sum K_y}} \tag{A.0.1-2}$$

$$K_T = \sum(K_x \cdot y^2) + \sum(K_y \cdot x^2) \tag{A.0.1-3}$$

式中：ε_x、ε_y——分别为计算楼层在 x 和 y 方向的偏心率；

e_x、e_y——分别为 x 和 y 方向水平作用合力线到结构刚心的距离；

r_{ex}、r_{ey}——分别为 x 和 y 方向的弹性半径；

ΣK_x、ΣK_y ——分别为所计算楼层各抗侧力构件在 x 和 y 方向的侧向刚度之和；

K_T ——所计算楼层的扭转刚度；

x、y——以刚心为原点的抗侧力构件坐标。

二、不规则结构的抗震构造措施

根据《高钢规》3.3.2 的不规则定义和参考指标，判断结构不规则类型的数量和程度，采取不同的抗震措施。具体措施（3.3.3 条）与《抗震》GB 50011 规定一致。

3.3.3 不规则高层民用建筑应按下列要求进行水平地震作用计算和内力调整，并应对薄弱部位采取有效的抗震构造措施：

1 平面不规则而竖向规则的建筑，应采用空间结构计算模型，并应符合下列规定：

1） 扭转不规则或偏心布置时，应计入扭转影响，在规定的水平力及偶然偏心作用下，楼层两端弹性水平位移（或层间位移）的最大值与其平均值的比值不宜大于 1.5，当最大层间位移角远小于规程限值时、可适当放宽。

2） 凹凸不规则或楼板局部不连续时，应采用复合楼板平面内实际刚度变化的计算模型；高烈度或不规则程度较大时，宜计入楼板局部变形的影响。

3） 平面不对称且凹凸不规则或局部不连续时，可根据实际情况分块计算扭转位移比，对扭转较大的部位应采用局部的内力增大。

2 平面规则而竖向不规则的高层民用建筑，应采用空间模型，侧向刚度不规则、竖向抗侧力构件不连续、楼层承载力突变的楼层，其对应于地震作用标准值的剪力应乘以不小于 1.15 的增大系数，应按本规程有关规定进行弹塑性变形分析，并应符合下列规定：

1） 竖向抗侧力构件不连续时，该构件传递给水平转换构件的地震内力应根据烈度高低和水平转换构件的类型、受力情况、几何尺寸等，乘以 1.25～2.0 的增大系数；

2） 侧向刚度不规则时，相邻层的侧向刚度比应依据其结构类型符合本规程第 3.3.10 条的规定；

3） 楼层承载力突变时，薄弱层抗侧力结构的受剪承载力不应小于相邻上一楼层的 65%。

3.3.10 抗震设计时高层民用建筑相邻楼层的侧向刚度变化应符合下列规定：

1 对框架结构，楼层与其相邻上层的侧向刚度比 γ_1 可按式（3.3.10-1）计算，且本层与相邻上层的比值不宜小于 0.7，与相邻上部三层刚度平均值的比值不宜小于 0.8。

$$\gamma_1 = \frac{V_i \Delta_{i+1}}{V_{i+1} \Delta_i} \tag{3.3.10-1}$$

式中：γ_1 ——楼层侧向刚度比；

V_i、V_{i+1} ——第 i 层和第 $i+1$ 层的地震剪力标准值（kN）；

Δ_i、Δ_{i+1} ——第 i 层和第 $i+1$ 层在地震作用标准值作用下的层间位移（m）。

2　对框架-支撑结构、框架-延性墙板结构、筒体结构和巨型框架结构，楼层与其相邻上层的侧向刚度比 γ_2 可按式（3.3.10-2）计算，且本层与相邻上一层的比值不宜小于0.9；当本层层高大于相邻上层层高的1.5倍时，该比值不宜小于1.1；对结构底部嵌固层，该比值不宜小于1.5。

$$\gamma_2=\frac{V_i\Delta_{i+1}}{V_{i+1}\Delta_i}\cdot\frac{h_i}{h_{i+1}} \tag{3.3.10-2}$$

式中：γ_2 ——考虑层高修正的楼层侧向刚度比；

h_i、h_{i+1} ——第 i 层和第 $i+1$ 层的层高（m）。

根据上述条文和设计要求，可总结为表6.2.2-1。

规则性类别及处理方法　　**表6.2.2-1**

<table>
<tr><th>规则性类别</th><th colspan="2">判定条件</th><th>设计方法</th><th>备注</th></tr>
<tr><td>规则</td><td colspan="2">3.3.2平面布置规则、对称，具有良好整体性；高度均匀变化；建筑立面和竖向剖面规则，侧向刚度沿竖向抗侧力构件的截面尺寸和材料强度自下而上逐渐减小；抗侧力结构的侧向刚度和承载力无突变</td><td></td><td>规则建筑无直接判定指标，可通过排除非特别不规则、非不规则结构来反向判定为规则结构</td></tr>
<tr><td rowspan="7">不规则</td><td rowspan="4">表3.3.2-1，平面不规则</td><td>（1）扭转不规则</td><td rowspan="2">计入扭转影响，考虑偶然偏心的扭转位移比不大于1.5；最大层间位移远小于规范限值时，可适当放宽</td><td rowspan="4">采用空间结构计算模型</td></tr>
<tr><td>（2）偏心布置</td></tr>
<tr><td>（3）凹凸不规则</td><td rowspan="2">（Ⅰ）符合（3）或（4），应采用符合楼板平面内实际刚度变化的计算模型；高烈度或不规则程度较大时，宜计入楼板局部变形的影响；
（Ⅱ）符合（3）或（4）且平面不对称，可根据实际情况分块计算扭转位移比，对扭转较大部位应采用局部内力增大</td></tr>
<tr><td>（4）楼板局部不连续</td></tr>
<tr><td rowspan="3">表3.3.2-2，竖向不规则</td><td>（5）竖向抗侧力构件不连续</td><td>该构件传递给水平转换构件的地震内力应乘以1.25～2.0增大系数（根据烈度、水平转换构件的类型、受力情况、几何尺寸等确定）</td><td rowspan="3">采用空间模型所在楼层以对应的地震作用标准值的剪力应乘以不小于1.15的增大系数</td></tr>
<tr><td>（6）侧向刚度不规则</td><td>相邻层的侧向刚度比应符合3.3.10条</td></tr>
<tr><td>（7）楼层承载力突变</td><td>薄弱层抗侧力结构的受剪承载力不应小于相邻上一层的65%</td></tr>
</table>

续表

规则性类别	判定条件	设计方法	备注
特别不规则	(1)符合七个不规则类型的三个及以上 (2)《抗规》GB 50011 中 3.4.1 条条文说明表 1 的任意一项 (3)同时符合平面不规则和竖向不规则且其中一项接近上述表 1 的不规则指标	进行专门研究和论证，采用特别的加强措施	见《超限高层建筑工程抗震设防专项审查技术要点》(2015版)的规则性超限相关规定
严重不规则	体型复杂，多项不规则指标超过 3.3.3(《抗规》3.4.4 条)上限值或某一项大大超过规定值	不应采用	

3.3.4 高层民用建筑宜不设防震缝；体型复杂、平立面不规则的建筑，应根据不规则程度、地基基础等因素，确定是否设防震缝；当在适当部位设置防震缝时，宜形成多个较规则的抗侧力结构单元。

图 6.2.2-1 (a)，无不均匀沉降时防震缝可贯通至地下室以上。有多层地下室，带裙房的单塔、多塔结构，防震缝可贯通至地下室以上；图 6.2.2-1 (b)，防震缝一般可结合沉降缝要求贯通至地基。

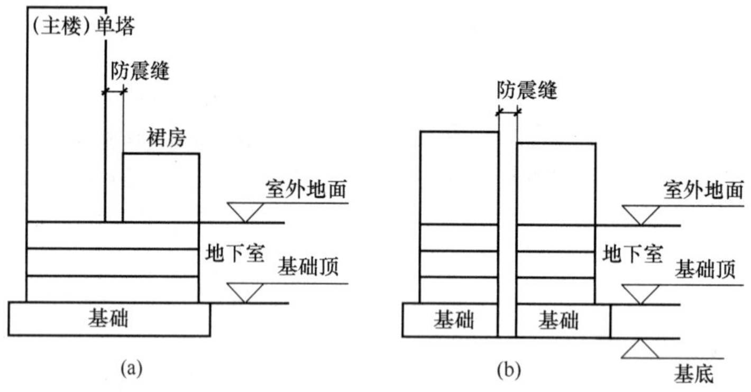

图 6.2.2-1 防震缝设置示意

3.4.4 当主楼与裙房之间设置沉降缝时，应采用粗砂等松散材料将沉降缝地面以下部分填实；当不设沉降缝时，施工中宜设后浇带。

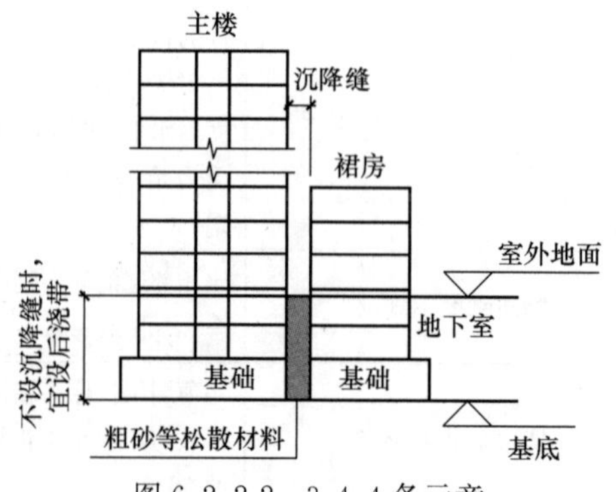

图 6.2.2-2 3.4.4 条示意

6.3 材　　料

一、选材基本规定

高层民用建筑钢结构由于材料强度高，结构自重轻，减小了地震作用，同时增加了建筑物的使用面积和空间。因此对钢材的品种、质量和性能有着更高的要求，同时也要求在设计选材中更要做好优化比选工作。

4.1.2 钢材的牌号和质量等级应符合下列规定：

1 主要承重构件所用钢材的牌号宜选用 Q345 钢、Q390 钢，一般构件宜选用 Q235 钢，其材质和材料性能应分别符合现行国家标准《低合金高强度结构钢》GB/T 1591 或《碳素结构钢》GB/T 700 的规定。有依据时可选用更高级别的钢材。

2 主要承重构件所用较厚的板材宜选用高性能建筑用 GJ 钢板，其材质和材料性能应符合现行国家标准《建筑结构用钢板》GB/T 19879 的规定。

4 承重构件所用钢材的质量等级不宜低于 B 级；抗震等级为二级及以上的高层民用建筑钢结构，其框架梁、柱和抗侧力支撑等主要抗侧力构件钢材的质量等级不宜低于 C 级。

5 承重构件中厚度不小于 40mm 的受拉板件，当其工作温度低于－20℃时，宜适当提高其所用钢材的质量等级。

6 选用 Q235A 或 Q235B 级钢时应选用镇静钢。

4.1.2 条 1-6 款可总结为表 6.3.1-1、表 6.3.1-2。

钢材牌号及标准　　　　**表 6.3.1-1**

构件类别	选材要求	标准名称及编号	现行版本	备注
主要称重构件	宜选用 Q345、Q390	《低合金高强度结构钢》GB/T 1591	2008	
	较厚的板材宜用 GJ 钢板	《建筑结构用钢板》GB/T 19879	2005	
一般构件	宜选用 Q235	《碳素结构钢》GB/T 700	2006	Q235A 或 Q235B 应选镇静钢
外露承重钢结构	可选用 Q235NH、Q355NH、Q415NH 等	《耐候结构钢》GB/T4171	2008	宜附加要求：晶粒度≥7，耐腐蚀指数≥6.0

钢材性能等级　　　　**表 6.3.1-2**

构件类别	选用情况	质量等级
承重构件		不低于 B 级
主要抗侧力构件（框架梁、柱、抗侧力支撑等）	抗震等级一级、二级	不低于 C 级
承重构件中的受拉板件	t≥40，且工作温度低于－20℃	适当提高质量等级

4.1.4 高层民用建筑中按抗震设计的框架梁、柱和抗侧力支撑等主要抗侧力构件，其钢材性能要求尚应符合下列规定：

1 钢材抗拉性能应有明显的屈服台阶，其断后伸长率 A 不应小于 20%；

2 钢材屈服强度波动范围不应大于 120N/mm^2，钢材实物的实测屈强比不应大于 0.85；

3 抗震等级为三级及以上的高层民用建筑钢结构，其主要抗侧力构件所用钢材应具有与其工作温度相应的冲击韧性合格保证。

4.1.5 焊接节点区 T 形或十字形焊接接头中的钢板，当板厚不小于 40mm 且沿厚度方向承受较大拉力作用（含较高焊接约束拉应力作用）时。其沿板厚方向的断面收缩率不应小于现行国家标准《厚度方向性能钢板》GB/T 5313 规定的 Z15 级允许限值。

4.1.7 偏心支撑框架中的消能梁段所用钢材的屈服强度不应大于 345N/mm^2，屈强比不应大于 0.8；且屈服强度波动范围不应大于 100N/mm^2。有依据时，屈曲约束支撑核心单元可选用材质与性能符合现行国家标准《建筑用低屈服强度钢板》GB/T 28905 的低屈服强度钢。

4.1.10 钢结构所用焊接材料的选用应符合下列规定：

1 手工焊条或自动焊焊丝和焊剂的性能应与构件钢材性能相匹配，其熔敷金属的力学性能不应低于母材的性能。当两种强度级别的钢材焊接时，宜选用与强度较低钢材相匹配的焊接材料。

4.1.10 条 1 款，当采用两种强度级别的钢材焊接时，按图 6.3.1-1 选用焊接材料。

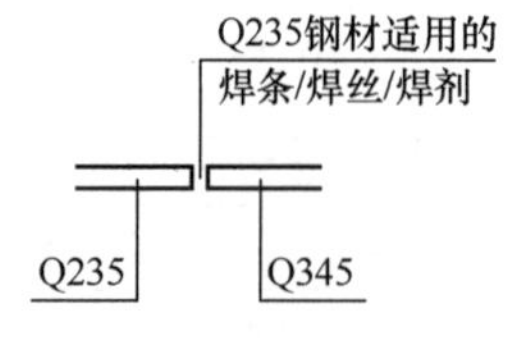

图 6.3.1-1　4.1.10 条 1 款示意图

二、材料设计指标

《高钢规》规定

4.2.1 各牌号钢材的设计强度值应按表 4.2.1 采用。

表 4.2.1　设计用钢材强度值（N/mm^2）

钢材牌号		钢材厚度或直径（mm）	钢材强度		钢材强度设计值		
			抗拉强度最小值 f_u	屈服强度最小值 f_y	抗拉、抗压、抗弯 f	抗剪 f_v	端面承压（刨平顶紧）f_{ce}
碳素结构钢	Q235	≤16	370	235	215	125	320
		>16，≤40		225	205	120	
		>40，≤100		215	200	115	

续表

钢材牌号		钢材厚度或直径(mm)	钢材强度		钢材强度设计值		
			抗拉强度最小值 f_u	屈服强度最小值 f_y	抗拉、抗压、抗弯 f	抗剪 f_v	端面承压（刨平顶紧）f_{ce}
低合金高强度结构钢	Q345	≤16	470	345	305	175	400
		>16，≤40		335	295	170	
		>40，≤63		325	290	165	
		>63，≤80		315	280	160	
		>80，≤100		305	270	155	
	Q390	≤16	490	390	345	200	415
		>16，≤40		370	330	190	
		>40，≤63		350	310	180	
		>63，≤100		330	295	170	
	Q420	≤16	520	420	375	215	440
		>16，≤40		400	355	205	
		>40，≤63		380	320	185	
		>63，≤100		360	305	175	
建筑结构用钢板	Q345GJ	>16，≤50	490	345	325	190	415
		>50，≤100		335	300	175	

注：表中厚度系指计算点的钢材厚度，对轴心受拉和受压杆件系指截面中较厚板件的厚度。

4.2.4 设计用焊缝的强度值应按表4.2.4采用。

表 4.2.4 设计用焊缝强度值（N/mm²）

焊接方法和焊条型号	构件钢材		对接焊缝抗拉强度最小值 f_u	对接焊缝强度设计值				角焊缝强度设计值
	钢材牌号	厚度或直径(mm)		抗压 f_c^w	焊缝质量为下列等级时抗拉、抗弯 f_t^w		抗剪 f_v^w	抗拉、抗压和抗剪 f_f^w
					一级、二级	三级		
F4XX-H08A 焊剂焊丝自动焊、半自动焊 E43 型焊条手工焊	Q235	≤16	370	215	215	185	125	160
		>16，≤40		205	205	175	120	
		>40，≤100		200	200	170	115	
F48XX-H08MnA 或 F48XX-H10Mn2 焊剂-焊丝自动焊、半自动焊 E50 型焊条手工焊	Q345	≤16	470	305	305	260	175	200
		>16，≤40		295	295	250	170	
		>40，≤63		290	290	245	165	
		>63，≤80		280	280	240	160	
		>80，≤100		270	270	230	155	

续表

焊接方法和焊条型号	构件钢材		对接焊缝抗拉强度最小值 f_u	对接焊缝强度设计值				角焊缝强度设计值
	钢材牌号	厚度或直径（mm）		抗压 f_c^w	焊缝质量为下列等级时抗拉、抗弯 f_t^w		抗剪 f_v^w	抗拉、抗压和抗剪 f_f^w
					一级、二级	三级		
F55XX-H10Mn2 或 F55XX-H08Mn MoA 焊剂-焊丝自动焊、半自动焊 E55 型焊条手工焊	Q390	≤16	490	345	345	295	200	220
		>16，≤40		330	330	280	190	
		>40，≤63		310	310	265	180	
		>63，≤100		295	295	250	170	
	Q420	≤16	520	375	375	320	215	220
		>16，≤40		355	355	300	205	
		>40，≤63		320	320	270	185	
		>63，≤100		305	305	260	175	
	Q345GJ	>16，≤50	490	325	325	275	185	200
		>50，≤100		300	300	255	170	

注：1 焊缝质量等级应符合现行国家标准《钢结构焊接规范》GB 50661 的规定，其检验方法应符合现行国家标准《钢结构工程施工质量验收规范》GB 50205 的规定。其中厚度小于 8mm 钢材的对接焊缝，不应采用超声波探伤确定焊缝质量等级。

2 对接焊缝在受压区的抗弯强度设计值取 f_c^w，在受拉区的抗弯强度设计值取 f_t^w。

3 表中厚度系指计算点的钢材厚度，对轴心受拉和轴心受压构件系指截面中较厚板件的厚度。

4 进行无垫板的单面施焊对接焊缝的连接计算时，上表规定的强度设计值应乘折减系数 0.85。

5 Q345GJ 钢与 Q345 钢焊接时，焊缝强度设计值按较低者采用。

4.2.5 设计用螺栓的强度值应按表 4.2.5 采用。

表 4.2.5 设计用螺栓的强度值（N/mm²）

螺栓的钢材牌号（或性能等级）和连接构件的钢材牌号		螺栓的强度设计值											锚栓、高强度螺栓钢材的抗拉强度最小值 f_u^b
		普通螺栓						锚栓		承压型连接高强螺栓			
		C 级螺栓			A 级、B 级螺栓								
		抗拉 f_t^b	抗剪 f_v^b	承压 f_c^b	抗拉 f_t^b	抗剪 f_v^b	承压 f_c^b	抗拉 f_t^a	抗剪 f_v^a	抗拉 f_t^b	抗剪 f_v^b	承压 f_c^b	
普通螺栓	4.6 级 4.8 级	170	140	—	—	—	—	—	—	—	—	—	—
	5.6 级	—	—	—	210	190	—	—	—	—	—	—	
	8.8 级	—	—	—	400	320	—	—	—	—	—	—	
锚栓	Q235 钢	—	—	—	—	—	—	140	80	—	—	—	370
	Q345 钢	—	—	—	—	—	—	180	105	—	—	—	470
	Q390 钢	—	—	—	—	—	—	185	110	—	—	—	490
承压型连接的高强度螺栓	8.8 级	—	—	—	—	—	—	—	—	400	250	—	830
	10.9 级	—	—	—	—	—	—	—	—	500	310	—	1040

续表

螺栓的钢材牌号（或性能等级）和连接构件的钢材牌号		螺栓的强度设计值											锚栓、高强度螺栓钢材的抗拉强度最小值 f_u^b
		普通螺栓						锚栓		承压型连接高强螺栓			
		C级螺栓			A级、B级螺栓								
		抗拉 f_t^b	抗剪 f_v^b	承压 f_c^b	抗拉 f_t^b	抗剪 f_v^b	承压 f_c^b	抗拉 f_t^a	抗剪 f_v^a	抗拉 f_t^b	抗剪 f_v^b	承压 f_c^b	
所连接构件钢材牌号	Q235钢	—	—	305	—	—	405	—	—	—	—	470	
	Q345钢	—	—	385	—	—	510	—	—	—	—	590	
	Q390钢	—	—	400	—	—	530	—	—	—	—	615	—
	Q420钢	—	—	425	—	—	560	—	—	—	—	655	
	Q345GJ钢	—	—	400	—	—	530	—	—	—	—	615	

注：1 A级螺栓用于 $d \leqslant 24mm$ 和 $l \leqslant 10d$ 或 $l \leqslant 150mm$（按较小值）的螺栓；B级螺栓用于 $d > 24mm$ 或 $l > 10d$ 或 $l > 150mm$（按较小值）的螺栓。d 为公称直径，l 为螺杆公称长度。

2 B级螺栓孔的精度和孔壁表面粗糙度及C级螺栓孔的允许偏差和孔壁表面粗糙度，均应符合现行国家标准《钢结构工程施工质量验收规范》GB 50205的规定。

3 摩擦型连接的高强度螺栓钢材的抗拉强度最小值与表中承压型连接的高强度螺栓相应值相同。

6.4 荷载与作用

一、风荷载

1. 一般规定

《高钢规》规定

5.2.1 垂直于高层民用建筑表面的风荷载，包括主要抗侧力结构和维护结构的风荷载标准值，应按现行国家标准《建筑结构荷载规范》GB 50009的规定计算。

3.3.7 高层民用建筑，宜采用有利于减小横风向振动影响的建筑形体。

3.3.7 条文说明 高层民用建筑钢结构的刚度较小，容易出现舒适度不利的横风向振动，通过采用合适的建筑形体，可减小横风向振动的影响。

合适的建筑形体包括方形、圆形、正六边形、正八边形和矩形、椭圆形等双轴对称的平面形状，如图6.4.1-1所示。

  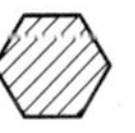 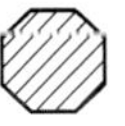 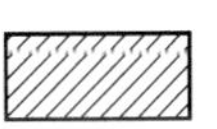 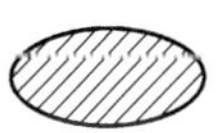

图6.4.1-1 建筑形体

如图6.4.1-2，顺风向风荷载产生的效应由平均风和脉动风两部分组成：平均风压对

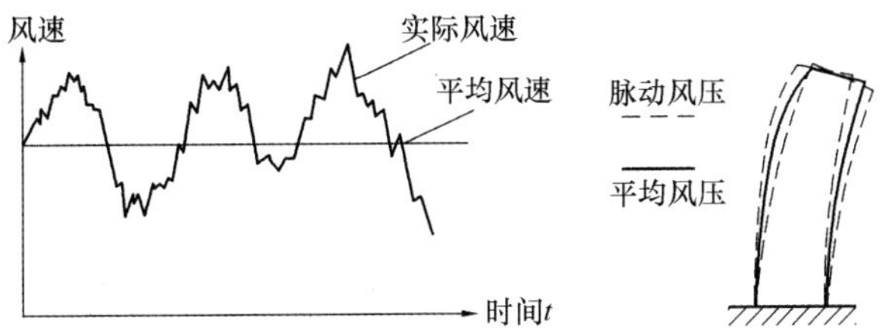

图6.4.1-2 脉动风压和平均风压

结构的作用相当于静力（实线部分）；脉动风压对结构产生顺风向振动（虚线部分）。

《高钢规》规定

5.2.2 对于房屋高度大于30m且高宽比大于1.5的房屋，应考虑风压脉动对结构产生顺风向振动的影响。

对横向风振作用效应或扭转风振作用效应明显的高层建筑，应考虑横风向风振或扭转风振的影响。

5.2.2 条文说明 设计人员注意考虑结构顺风向风振、横风向风振或扭转风振对高层民用建筑钢结构的影响。

横风振作用效应明显一般是指房屋高度超过150m或者高宽比大于5的高层民用建筑钢结构。

2. 体形系数

通过对国家标准《荷载规范》GB 50009有关规定的简化和整理，以便设计，《高钢规》规定

5.2.5 计算主体结构的风荷载效应时，风荷载体型系数μ_s可按下列规定采用：

1 对平面为圆形的建筑可取0.8。

2 对平面为正多边形及三角形的建筑可按下式计算：

$$\mu_s = 0.8 + 1.2/\sqrt{n} \tag{5.2.5}$$

式中：μ_s——风荷载体型系数；

n——多边形的边数。

3 高宽比H/B不大于4的平面为矩形、方形和十字形的建筑可取1.3。

4 下列建筑可取1.4：

1）平面为V形、Y形、弧形、双十字形和井字形的建筑；

2）平面为L形和槽形及高宽比H/B大于4的平面为十字形的建筑；

3）高宽比H/B大于4、长宽比L/B不大于1.5的平面为矩形和鼓形的建筑。

5 在需要更细致计算风荷载的场合，风荷载体型系数可由风洞试验确定。

5.2.6 当多栋或群集的高层民用建筑相互间距较近时，宜考虑风力相互干扰的群体效应。一般可将单栋建筑的体型系数μ_s乘以相互干扰增大系数，该系数可参考类似条件的试验资料确定，必要时通过风洞试验或数值计算确定。

5.2.7 房屋高度大于200m或有下列情况之一的高层民用建筑，宜进行风洞试验或通过数值技术判断确定其风荷载：

1 平面形状不规则，立面形状复杂；

2 立面开洞或连体建筑；

3 周围地形和环境较复杂。

5.2.8 计算檐口、雨篷、遮阳板、阳台等水平构件的局部上浮风荷载时，风荷载体型系数μ_s不宜大于−2.0。

5.2.9 设计高层民用建筑的幕墙结构时，风荷载应按国家现行标准《玻璃幕墙工程技术规范》JGJ 102、《金属与石材幕墙工程技术规范》JGJ 133、《人造板材幕墙工程技术规范》JGJ 336和《建筑结构荷载规范》GB 50009的有关规定采用。

5.2.5 条至 5.2.9 条可总结为表 6.4.1-1。

风荷载体型系数 **表 6.4.1-1**

			体形系数		相关条文	备注
主体结构	单体建筑	总体计算	圆形	$\mu_s=0.8$	5.2.5-1～4	
			正三角形、正多边形	$\mu_s=0.8+1.2\sqrt{n}$		n 为正多边形的边数
			$H/B\leqslant4$ 的矩形、方形、十字形	$\mu_s=1.3$		
			V 形、Y 形、弧形（风向） 双十字形和井字形（风向） L 形和槽形、高宽比大于 4 的十字形（风向；$H/B>4$的十字形） 高宽比 H/B 大于 4、长宽比 L/B 不大于 1.5 的矩形　鼓形 L　B　风向　风向 矩形：$H/B>4,L/B\leqslant1.5$　鼓形 注：鼓形建筑承受水平向左的风荷载时，体形系数可参考圆形建筑	$\mu_s=1.4$		
			$H>200$m； 平面形状不规则，立面形状复杂；立面开洞或连体建筑；周围地形和环境复杂	由风洞试验或数值技术确定	5.2.7	
		细致计算	μ_s：风洞试验确定		5.2.5-5	
		群体建筑	宜考虑群体效应：μ_s · 增大系数 增大系数由边界层风洞试验或数值技术确定		5.2.6	

续表

<table>
<tr><th></th><th></th><th>体形系数</th><th>相关条文</th><th>备注</th></tr>
<tr><td rowspan="4">维护结构</td><td>檐口、雨篷、遮阳板、阳台灯</td><td>局部上浮风荷载计算：$\mu_s \leqslant -2.0$</td><td>5.2.8</td><td></td></tr>
<tr><td rowspan="3">幕墙结构</td><td>《玻璃幕墙工程技术规范》JGJ 102—2013 风荷载≥1.0kN/m³</td><td rowspan="3">5.2.9</td><td>JGJ 102—2013，5.3.2条</td></tr>
<tr><td>《金属与石材幕墙工程技术规范》JGJ 133 风荷载≥1.0kN/m³</td><td>JGJ 133—2013，4.2.4条</td></tr>
<tr><td>《人造板材幕墙工程技术规范》JGJ 336</td><td></td></tr>
</table>

3. 计算要求

高层建筑钢结构的抗风设计包括（1）承载力，（2）楼层层间最大位移与层高比，（3）舒适度。

（1）承载力

《高钢规》规定

5.2.4 基本风压应按现行国家标准《建筑结构荷载规范》GB 50009 的规定采用。对风荷载比较敏感的高层民用建筑，承载力设计时应按基本风压的1.1倍采用。

5.2.4 条文说明 对风荷载是否敏感，主要与高层民用建筑的体型、结构体系和自振特性有关，目前尚无实用的划分标准。一般情况下高度大于60m的高层民用建筑，承载力设计时风荷载计算可按基本风压的1.1倍采用；对房屋高度不超过60m的高层建筑，风荷载取值是否提高，可由设计人员根据实际情况确定。

本条的规定，对设计使用年限为50年和100年的高层民用建筑钢结构都是适用的。

（2）楼层层间最大位移与层高比

在正常使用状态下，为保证高层民用建筑钢结构具有必要的刚度，应控制其楼层位移。位移是截面和刚度的一个宏观指标。限制层间位移的目的是：保证主体结构基本处于弹性状态，避免填充墙、隔墙等非结构构件产生明显损伤。

《高钢规》规定

3.5.2 在风荷载或多遇地震标准值作用下，按弹性方法计算的楼层层间最大水平位移与层高之比不宜大于1/250。

3.5.2 条文说明 本规程采用层间位移角作为刚度控制指标，不扣除整体弯曲转角产生的侧移。

5.2.3 考虑横风向风振或扭转风振影响时，结构顺风向及横风向的楼层层间最大水平位移与层高之比分别符合规程第3.5.2条的规定。

5.2.3 条文说明 横风向风振作用效应明显一般是指房屋高度超过150m或者高宽比大于5的高层民用建筑钢结构。

(3) 舒适度

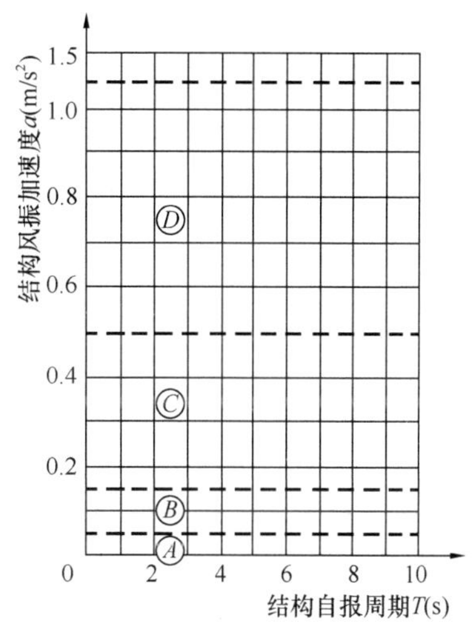

图 6.4.1-3 加速度分级

在强风作用下，钢结构高层建筑产生的振动有时会使人感到不适，影响工作和休息。而结构在侧移角符合限值要求时，不一定能满足风振舒适度的要求。人体感觉器官不能察觉位置的绝对位移和速度，但对相对变化的加速度比较敏感。所以结构的风振加速度是衡量人体对风振反应的标准。通过加速度分级的方法可描述人体对风振的反应，图 6.4.1-3 中的分级标准是：Ⓐ，无感觉；Ⓑ，有感觉；Ⓒ，令人烦躁；Ⓓ无法忍受。

而且，人们在不同使用性质的房屋中的感受不一样。试验表明，人们在办公时对建筑物摆动的敏感性比在公寓休息时低一些；在纪念性建筑物观光时对摆动的敏感性更低。因此《高钢规》根据建筑物的使用功能，即住宅、公寓和办公、旅馆给出不同的加速度限值

3.5.5 房屋高度不小于 150m 的高层民用建筑钢结构应满足风振舒适度要求。在现行国家标准《建筑结构荷载规范》GB 50009 规定的 10 年一遇的风荷载标准值作用下，结构顶点的顺风向和横风向振动最大加速度计算值不应大于表 3.5.5 的限值。结构顶点的顺风向和横风向振动最大加速度，可按现行国家标准《建筑结构荷载规范》GB 50009 的有关规定计算，也可通过风洞试验结果判断确定。

计算时钢结构阻尼比宜取 0.01～0.015。

表 3.5.5 结构顶点的顺风向和横风向风振加速度限值

使用功能	$a_{\lim}$
住宅、公寓	0.20m/s^2
办公、旅馆	0.28m/s^2

《荷载规范》附录 J 给出了顺风向和横风向风振加速度计算方法，此处不再引用。

二、地震作用

1. 计算原则

《抗震》确立了“三水准设防，两阶段设计”的设防目标，《高钢规》根据《抗震》及高层钢结构的特点给出了具体规定

5.3.1 高层民用建筑钢结构的地震作用计算除应符合现行国家标准《建筑抗震设计规范》GB 50011 的有关规定外，尚应符合下列规定：

1 扭转特别不规则的结构，应计入双向水平地震作用下的扭转影响；其他情况，应计算单向水平地震作用下的扭转影响；

2 9度抗震设计时应计算竖向地震作用；

3 高层民用建筑中的大跨度、长悬臂结构，7度（0.15g）、8度抗震设计时应计入竖向地震作用。

5.3.1 条文说明 大跨度指跨度大于24m的楼盖结构、跨度大于12m的转换层结构，悬挑长度大于5m的悬挑结构。大跨度、长悬臂结构应验算自身及其支撑部位结构的竖向地震效应。

5.3.2 高层民用建筑钢结构的抗震计算，应采用下列方法：

1 高层民用建筑钢结构宜采用振型分解反应谱法；对质量和刚度不对称、不均匀的结构以及高度超过100m的高层民用建筑钢结构应采用考虑扭转耦联振动影响的振型分解反应谱法。

2 高度不超过40m、以剪切变形为主且质量和刚度沿高度分布比较均匀的高层民用建筑钢结构，可采用底部剪力法。

3 7度～9度抗震设防的高层民用建筑，下列情况应采用弹性时程分析进行多遇地震下的补充计算。

1） 甲类高层民用建筑钢结构；

2） 表5.3.2所列的乙、丙类高层民用建筑钢结构；

3） 不满足本规程第3.3.2条规定的特殊不规则的高层建筑钢结构。

表5.3.2 采用时程分析的房屋高度范围

烈度、场地类别	房屋高度范围（m）
8度Ⅰ、Ⅱ类场地和7度	＞100
8度Ⅲ、Ⅳ类场地	＞80
9度	＞60

4 计算罕遇地震下的结构变形，应按现行国家标准《建筑抗震设计规范》GB 50011的规定，采用静力弹塑性分析方法或弹塑性时程分析法。

5 计算安装有消能减震装置的高层民用建筑的结构变形，应按现行国家标准《建筑抗震设计规范》GB 50011的规定，采用静力弹塑性分析方法或弹塑性时程分析法。

5.3.3 高层民用建筑钢结构在罕遇地震作用下的薄弱层弹塑性变形验算，应符合下列规定：

1 下列结构应进行弹塑性变形验算：

1） 甲类建筑和9度抗震设防的乙类建筑；

2） 采用隔震和消能减震设计的建筑结构；

3） 房屋高度大于150m的结构。

2 下列结构宜进行弹塑性变形验算：

1） 本规程表5.3.2所列高度范围且为竖向不规则类型的高层民用建筑钢结构；

2） 7度Ⅲ、Ⅳ类场地和8度时乙类建筑。

对于地震作用的计算方法和相关条文可总结为表 6.4.2-1。

不同情况下的地震作用计算方法　　　表 6.4.2-1

设计情况	地震作用方向	抗震计算方法	相关条文	扭转影响考虑方式	振型组合	备注
$H \leqslant 40$，以剪切变形为主且质量和刚度沿高度分布较均匀	两个水平方向分别计算水平地震	可采用底部剪力法	5.4.3	偶然偏心		
一般情况	两个水平方向分别计算水平地震	宜采用振型分解反应谱法（不考虑扭转偶联）	5.4.1	偶然偏心	周期比小于 0.85 时 SRSS	周期比大于 0.85 时采用 CQC 法
扭转特别不规则的结构	计算双向地震下扭转耦联的作用效应	应采用考虑扭转耦联的振型分解反应谱法	5.4.2-1～3	扭转耦联（不考虑偶然偏心）	CQC	
$H>100$m，质量和刚度对称、均匀的结构	计算单向地震作用下扭转耦联的作用效应	应采用考虑扭转耦联的振型分解反应谱法	5.4.2-1、2	扭转耦联（不考虑偶然偏心）	CQC	
甲类建筑；不满足表 3.3.2 条的特殊不规则建筑；表 5.3.2 所列的乙、丙建筑	根据对应上述情况选择细分的振型分解反应谱法	振型分解反应谱法	5.3.2-3	参照上面		时程分析法指通过微分方程进行数值积分求解的方法，也称为直接动力法
		时程分析法（补充计算）		直接动力法		

《高钢规》采用附加偶然偏心作用的方法，考虑地面扭转运动、刚度和质量相对于计算假定的偏差、刚度退化等原因引起的结构扭转反应增大。

5.3.7 多遇地震下计算双向水平地震作用效应时可不考虑偶然偏心的影响，但应验算单向水平地震作用下考虑偶然偏心影响的楼层竖向构件最大弹性水平位移与最大和最小弹性水平位移平均值之比；计算单向水平地震作用效应时应考虑偶然偏心的影响。每层质心沿垂直于地震作用方向的偏移值可按下列公式计算：

方形及矩形平面　　$e_i = \pm 0.05L_i$　　(5.3.7-1)

其他形式平面　　$e_i = \pm 0.172r_i$　　(5.3.7-2)

式中：e_i ——第 i 层质心偏移值（m），各楼层质心偏移方向相同；

r_i ——第 i 层相应质点所在楼层平面的转动半径（m）；

L_i ——第 i 层垂直于地震作用方向的建筑物长度（m）。

5.3.7 条文说明 采用底部剪力法计算地震作用时，也应考虑偶然偏心的不利影响。

当采用双向地震作用计算时，可不考虑偶然偏心的影响，但进行位移比计算时，按单向地震作用考虑偶然偏心影响计算。同时应与单向地震作用考虑偶然偏心的计算结果进行比较，取不利的情况进行设计。

2. 侧移限值

3.5.2 在风荷载或多遇地震标准值作用下，按弹性方法计算的楼层层间最大水平位移与层高之比不宜大于1/250。

3.5.2 条文说明 本规程采用层间位移角作为刚度控制指标，不扣除整体弯曲转角产生的侧移。

3.5.4 高层民用建筑钢结构薄弱层或薄弱部位弹塑性层间位移不应大于层高的1/50。

3. 地震作用计算

《高钢规》的地震作用计算方法和规定与《建筑抗震设计规范》基本一致，下面仅介绍两本规范略有差异的地方以及体现高层钢结构特点的规定。

（1）重力荷载代表值

《高钢规》规定

5.3.4 计算地震作用时，重力荷载代表值应取永久荷载标准值和各可变荷载组合值之和。各可变荷载的组合值系数应按表5.3.4采用。

表5.3.4 组合值系数

可变荷载种类		组合值系数
雪荷载		0.5
屋面活荷载		不计入
按实际情况计算的楼面活荷载		1.0
按等效均布荷载计算的楼面活荷载	藏书库、档案库、库房	0.8
	其他民用建筑	0.5

（2）水平地震影响系数最大值和特征周期

《高钢规》规定

5.3.5 建筑结构的地震影响系数应根据烈度、场地类别、设计地震分组和结构自振周期以及阻尼比确定。其水平地震影响系数最大值α_{max}应按表5.3.5-1采用；对于发震断裂带两侧10km以内的建筑，尚应乘以近场效应系数。近场效应系数，5km以内取1.5，5～10km取1.25。特征周期T_g应根据场地类别和设计地震分组按表5.3.5-2采用，计算罕遇地震作用时，特征周期应增加0.05s。周期大于6.0s的高层民用建筑钢结构所采用的地震影响系数应专门研究。

表 5.3.5-1 水平地震影响系数最大值 α_{max}

地震影响	6 度	7 度	8 度	9 度
多遇地震	0.04	0.08（0.12）	0.16（0.24）	0.32
设防地震	0.12	0.23（0.34）	0.45（0.68）	0.90
罕遇地震	0.28	0.50（0.72）	0.90（1.20）	1.40

注：7、8 度时括号内的数值分别用于设计基本地震加速度为 0.15g 和 0.30g 的地区。

表 5.3.5-2 特征周期值 T_g（s）

设计地震分组	场地类别				
	I_0	I_1	Ⅱ	Ⅲ	Ⅳ
第一组	0.20	0.25	0.35	0.45	0.65
第二组	0.25	0.30	0.40	0.55	0.75
第三组	0.30	0.35	0.45	0.65	0.90

5.3.5 条文说明 本次按现行国家标准《建筑抗震设计规范》GB 50011 做了修订，补充中震参数和近场效应的规定；同时为了与结构抗震性能设计要求相适应，增加了设防烈度地震（中震）的地震影响系数最大值规定。

（3）阻尼比

阻尼比对结构反应谱曲线的影响较大。混凝土结构的阻尼比为 0.05，老版《高层民用建筑钢结构技术规程》阻尼比取 0.02，图 6.4.2-1 说明由于钢结构的阻尼比取值较小，水平地震影响系数比混凝土结构增大较多。新版《高钢规》调整了阻尼比取值方法，考虑不同条件给出不同的阻尼比。

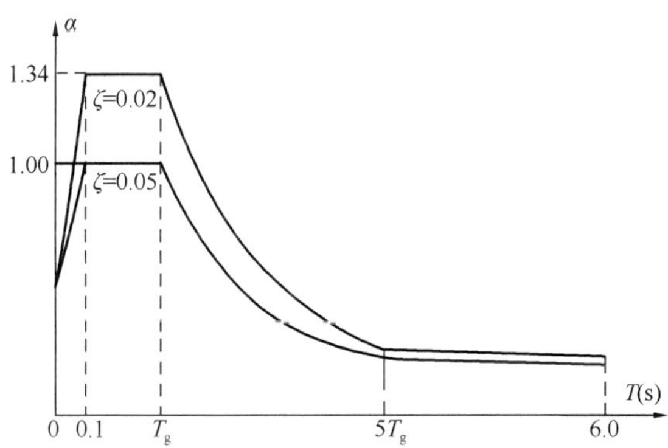

图 6.4.2-1 不同阻尼比的地震影响系数曲线

《高钢规》规定

5.4.6 高层民用建筑钢结构抗震计算时的阻尼比取值宜符合下列规定：

1 多遇地震下的计算：高度不大于 50m 可取 0.04；高度大于 50m 且小于 200m 可取 0.03；高度不小于 200m 时宜取 0.02；

> **2** 当偏心支撑框架部分承担的地震倾覆力矩大于地震总倾覆力矩的50%时，多遇地震下的阻尼比可比本条1款相应增加0.005；
>
> **3** 在罕遇地震作用下的弹塑性分析，阻尼比可取0.05。

《抗震》规定

> **8.2.2** 钢结构抗震设计的阻尼比宜符合下列规定：
>
> **1** 多遇地震下的计算，高度不大于50m时可取0.04；高度大于50m且小于200m时，可取0.03；高度不小于200m时，宜取0.02。
>
> **2** 当偏心支撑框架部分承担的地震倾覆力矩大于结构总地震倾覆力矩的50%时，其阻尼比可比本条1款相应增加0.005。
>
> **3** 在罕遇地震下的弹塑性分析，阻尼比可取0.05。

【例6.4.2-1】 阻尼比

某钢结构办公楼如图6.4.2-2所示。

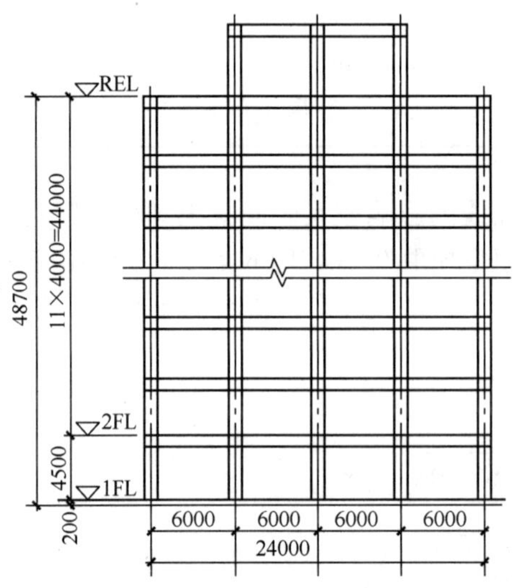

图6.4.2-2

当进行多遇地震下的抗震计算时，根据《高层民用建筑钢结构技术规程》，该办公楼阻尼比宜采用下列何项数值？

(A) 0.035　　(B) 0.04　　(C) 0.045　　(D) 0.05

【答案】 (B)

【解答】《高层民用建筑钢结构技术规程》5.4.6-1条，高度不大于50m时可取0.04。

(4) 最小剪重比

《高钢规》直接引用《抗震》GB 50011的规定，考虑地震影响系数在长周期段下降较快，出于安全考虑，规定了各楼层水平地震影响系数最小值。

5.4.5 多遇地震水平地震作用计算时，结构各楼层对应于地震作用标准值的剪力应符合现行国家标准《建筑抗震设计规范》GB 50011 的有关规定。

《抗震》规定

5.2.5 抗震验算时，结构任一楼层的水平地震剪力应符合下式要求：

$$V_{EKi} > \lambda \sum_{j=i}^{n} G_j \quad (5.2.5)$$

式中：V_{EKi} ——第 i 层对应于水平地震作用标准值的楼层剪力；

λ ——剪力系数，不应小于表 5.2.5 规定的楼层最小地震剪力系数值，对竖向不规则结构的薄弱层，尚应乘以 1.15 的增大系数；

G_j ——第 j 层的重力荷载代表值。

表 5.2.5 楼层最小地震剪力系数值

类别	6 度	7 度	8 度	9 度
扭转效应明显或基本周期小于 3.5s 的结构	0.008	0.016（0.024）	0.032（0.048）	0.064
基本周期大于 5.0s 的结构	0.006	0.012（0.018）	0.024（0.036）	0.048

注：1 基本周期介于 3.5s 和 5s 之间的结构，按插入法取值；

2 括号内数值分别用于设计基本地震加速度为 0.15g 和 0.030g 的地区。

对于上述抗震规范的规定，《高钢规》5.4.5 条文说明给出解释

5.4.5 条文说明 对于竖向不规则结构的薄弱层的水平地震剪力，本规程第 3.3.3 条规定应乘以 1.15 的增大系数，该层剪力放大后，仍需要满足本条规定，即该层的地震剪力系数不应小于规定数值的 1.15 倍。

扭转效应明显的结构，是指楼层两端弹性水平位移（或层间位移）的最大值与其平均值的比值大于 1.2 倍的结构。

6.5 结构整体稳定

一、控制 P-Δ 效应

如图 6.5.1-1，结构在风荷载或地震作用下产生水平位移，重力 P-Δ 效应产生的附加弯矩和附加位移占比逐渐增大，造成构件实际承受的内力超过承载力，引起结构失稳倒塌。为了控制重力 P-Δ 效应不超过 20%，使结构的稳定有足够的安全储备，《高钢规》规定

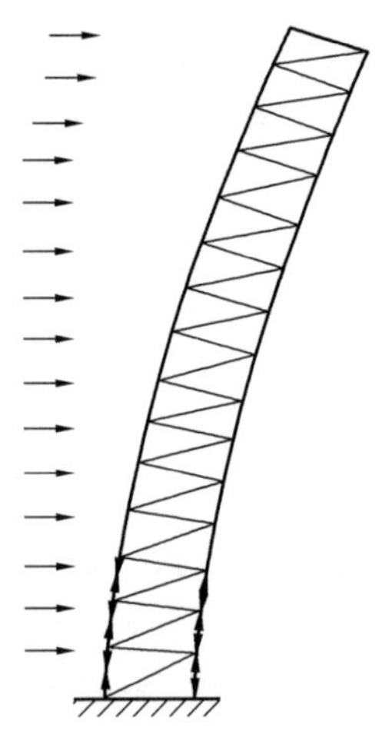

图 6.5.1-1 P-Δ效应示意图

6.1.7 高层民用建筑钢结构的整体稳定性应符合下列规定：

1 框架结构应满足下式要求：

$$D_i \geqslant 5\sum_{j=i}^{n} G_j/h_i \quad (i=1,2,\cdots,n) \tag{6.1.7-1}$$

2 框架-支撑结构、框架-延性墙板结构、筒体结构和巨型框架结构应满足下式要求：

$$EJ_{\mathrm{d}} \geqslant 0.7H^2\sum_{i=1}^{n} G_i \tag{6.1.7-2}$$

式中：D_i——第 i 楼层的抗侧刚度（kN/mm），可取该层剪力与层间位移的比值；

h_i——第 i 楼层层高（mm）；

G_i、G_j——分别为第 i、j 楼层重力荷载设计值（kN），取 1.2 倍的永久荷载标准值与 1.4 倍的楼面可变荷载标准值的组合值；

H——房屋高度（mm）；

EJ_{d}——结构一个主轴方向的弹性等效侧向刚度（kN·mm^2），可按倒三角形分布荷载作用下结构顶点位移相等的原则，将结构的侧向刚度折算为竖向悬臂受弯构件的等效侧向刚度。

二、计算规定

《高钢规》指出，在弹性分析和弹塑性分析时均应考虑重力二阶效应的影响。

6.2.2 高层民用建筑钢结构弹性分析时，应计入重力二阶效应的影响。

6.3.3 高层民用建筑钢结构弹塑性变形计算应符合下列规定：

5 应计入重力荷载二阶效应的影响。

7.3.2 框架柱的稳定计算应符合下列规定：

1 结构内力可采用一阶线弹性分析或二阶线弹性分析。当二阶效应系数大于0.1，宜采用二阶线弹性分析。二阶效应系数不应大于0.2。框架结构的二阶效应系数应按下式确定：

$$\theta_i = \frac{\sum N \cdot \Delta u}{\sum H \cdot h_i} \tag{7.3.2-1}$$

式中：$\sum N$——所考虑楼层以上所有竖向荷载之和（kN），按荷载设计值计算；

$\sum H$——所考虑楼层的总水平力（kN），按荷载的设计值计算；

Δu——所考虑楼层的层间位移（m）；

h_i——第 i 楼层的层高（m）。

7.3.2 条文说明

1 高层民用建筑钢结构，根据抗侧力构件在水平力作用下变形的性态，可分为剪切型（框架结构）、弯曲型（例如高跨比6以上的支撑架）和弯剪型；式（7.3.2-1）只适用于剪切型结构，弯剪型和弯曲型计算公式复杂，采用计算机分析更加方便。

《抗震》规定

8.2.3 钢结构在地震作用下的内力和变形分析，应符合下列规定：

1 钢结构应按本规范第3.6.3条规定计入重力二阶效应。进行二阶效应的弹性分析时，应按现行国家标准《钢标》GB 50017的有关规定，在每层柱顶附加假想水平力。

3.6.3 当结构在地震作用下的重力附加弯矩大于初始弯矩的10%时，应计入重力二阶效应的影响。

注：重力附加弯矩指任一楼层以上全部重力荷载与该楼层地震平均层间位移的乘积；初始弯矩指该楼层地震剪力与楼层层高的乘积。

3.6.3 条文说明　本条规定，框架结构和框架-抗震墙（支撑）结构在重力附加弯矩 M_a 与初始弯矩 M_0 之比符合下式条件下，应考虑几何非线性，即重力二阶效应的影响。

$$\theta_i = \frac{M_a}{M_0} = \frac{\sum G_i \cdot \Delta u_i}{V_i \cdot h_i} > 0.1 \tag{1}$$

式中：θ_i——稳定系数；

$\sum G_i$——i 层以上全部重力荷载计算值；

Δu_i——第 i 层楼层质心处的弹性或弹塑性层间位移；

V_i——第 i 层地震剪力计算值；

h_i——第 i 层层间高度。

6.6 承载力设计及效应组合

一、构件承载力设计

《高钢规》规定

3.6.1 高层民用建筑钢结构构件的承载力应按下列公式验算：

持久设计状况、短暂设计状况 $\gamma_0 S_d \leqslant R_d$ （3.6.1-1）

地震设计状况 $S_d \leqslant R_d / \gamma_{RE}$ （3.6.1-2）

式中：γ_0 ——结构重要性系数，对安全等级为一级的结构构件不应小于 1.1；对安全等级为二级的结构构件不应小于 1.0；

S_d ——作用组合的效应设计值；

R_d ——构件承载力设计值；

γ_{RE} ——构件承载力抗震调整系数。结构构件和连接强度计算时取 0.75；柱和支撑稳定计算时取 0.8；当仅计算竖向地震作用时取 1.0。

二、效应组合

《高钢规》规定

6.4.1 持久设计状况和短暂设计状况下，当荷载与荷载效应按线性关系考虑时，荷载基本组合的效应设计值应按下式确定：

$$S_d = \gamma_G S_{Gk} + \gamma_L \psi_Q \gamma_Q S_{Qk} + \psi_w \gamma_w S_{wk} \tag{6.4.1}$$

式中：S_d ——荷载组合的效应设计值；

γ_G、γ_Q、γ_w ——分别为永久荷载、楼面活荷载、风荷载的分项系数；

γ_L ——考虑结构设计使用年限的荷载调整系数，设计使用年限为 50 年时取 1.0，设计使用年限为 100 时取 1.1；

S_{Gk}、S_{Qk}、S_{wk} ——分别为永久荷载、楼面活荷载、风荷载效应标准值；

ψ_Q、ψ_w ——分别为楼面活荷载组合值系数和风荷载组合值系数，当永久荷载效应起控制作用时应分别取 0.7 和 0.0；当可变荷载效应起控制作用时应分别取 1.0 和 0.6 或 0.7 和 1.0；对书库、档案库、储藏室、通风机房和电梯机房，楼面活荷载组合值系数取 0.7 的场合应取 0.9。

6.4.2 持久设计状况和短暂设计状况下，荷载基本组合的分项系数按下列规定采用：

1 永久荷载的分项系数 γ_G：当其效应对结构承载力不利时，对由可变荷载效应控制的组合应取 1.2，对由永久荷载效应控制的组合应取 1.35；当其效应对结构承载力有利时，应取 1.0。

2 楼面活荷载的分项系数 γ_Q：一般情况下应取 1.4。

3 风荷载的分项系数 γ_w 应取 1.4。

6.4.3 地震设计状况下，当作用与作用效应按线性关系考虑时，荷载和地震作用基本组合的效应设计值，应按下式确定：

$$S_d = \gamma_G S_{GE} + \gamma_{Eh} S_{Ehk} + \gamma_{Ev} S_{Evk} + \psi_w \gamma_w S_{wk} \tag{6.4.3}$$

式中：S_d ——荷载和地震作用基本组合的效应设计值；

S_{GE} ——重力荷载代表值的效应；

S_{Ehk}——水平地震作用标准值的效应，尚应乘以相应的增大系数、调整系数；

S_{Evk}——竖向地震作用标准值的效应，尚应乘以相应的增大系数、调整系数；

γ_G、γ_{Eh}、γ_{Ev}、γ_w——分别为上述各相应荷载或作用的分项系数；

ψ_w——风荷载的组合值系数，应取0.2。

6.4.4 地震设计状况下，荷载和地震作用基本组合的分项系数应按表6.4.4采用。当重力荷载效应对结构的承载力有利时，表6.4.4中的γ_G不应大于1.0。

表6.4.4 地震设计状况时荷载和地震作用基本组合的分项系数

参与组合的荷载和作用	γ_G	γ_{Eh}	γ_{Ev}	γ_w	说明
重力荷载及水平地震作用	1.2	1.3	—	—	抗震设计的高层民用建筑均应考虑
重力荷载及竖向地震作用	1.2	—	1.3	—	9度抗震设计时考虑；水平长悬臂和大跨度结构7度（0.15g）、8度、9度抗震设计时考虑
重力荷载、水平地震作用及竖向地震作用	1.2	1.3	0.5	—	9度抗震设计时考虑；水平长悬臂和大跨度结构7度（0.15g）、8度、9度抗震设计时考虑
重力荷载、水平地震作用及风荷载	1.2	1.3	—	1.4	60m以上高层民用建筑考虑
重力荷载、水平地震作用、竖向地震作用及风荷载	1.2	1.3	0.5	1.4	60m以上高层民用建筑，9度抗震设计时考虑；水平长悬臂结构和大跨度结构7度（0.15g）、8度、9度抗震设计时考虑
	1.2	0.5	1.3	1.4	水平长悬臂结构和大跨度结构7度（0.15g）、8度、9度抗震设计时考虑

6.4.6 罕遇地震作用下高层民用建筑钢结构弹塑性变形计算时，可不计入风荷载的效应。

6.7 框 架 结 构

一、抗震性能

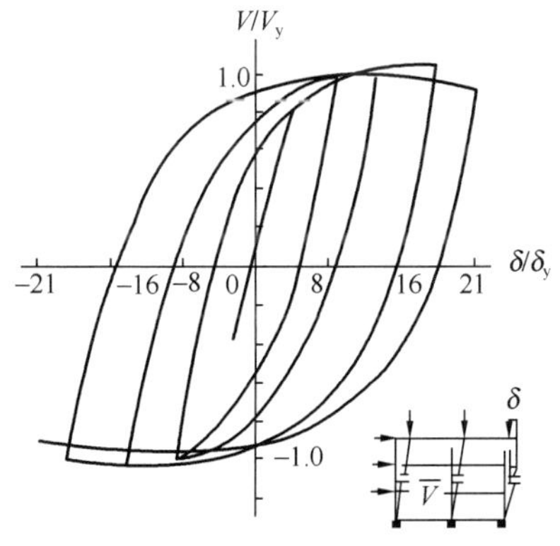

图6.7.1-1 钢框架滞回曲线

纯框架的侧向变形分为剪切型（多层）和弯剪型（高层），抗侧能力主要取决于框架梁、柱的抗弯能力。结构的抗震性能取决于屈服机制和节点域、梁、柱的耗能和延性。图6.7.1-1，钢框架的滞回曲线饱满，有较好的耗能能力，但抗侧刚度小，一般适用于20层以下的房屋。

二、节点域

1. 多遇地震验算

如图6.7.2-1，抗震设计时，应在梁的上、下翼缘处设置加劲肋。节点域既不能太薄，也不能太厚，小震时节点域不能太薄，太薄钢框架的水平位移过大（图6.7.2-2）。《高钢规》和《抗震》对于小震时节点域的承载力计算做出规定：

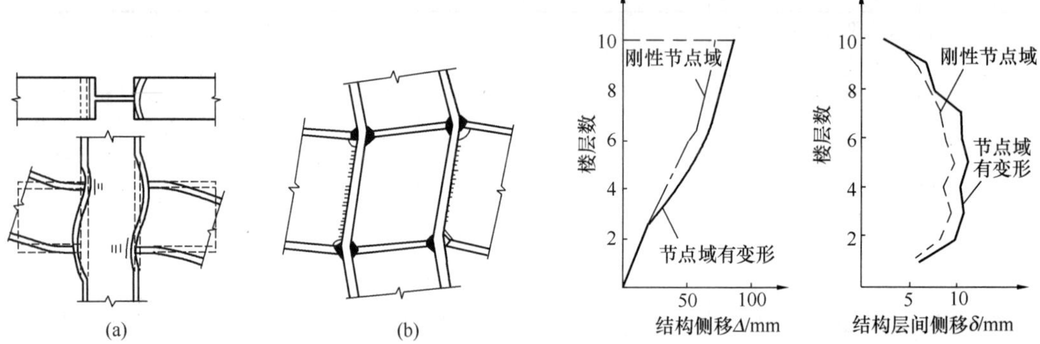

图6.7.2-1 节点域变形　　图6.7.2-2 考虑节点域变形的结构位移曲线

《高钢规》

7.3.5 节点域的抗剪承载力应满足下式要求：

$$(M_{b1}+M_{b2})/V_p \leqslant (4/3)f_v \tag{7.3.5}$$

式中：M_{b1}、M_{b2}——分别为节点域左、右梁端作用的弯矩设计值（kN·m）；

V_p——节点域的有效体积，可安本规程第7.3.6条的规定计算；

f_v——钢材抗剪强度设计值（N/mm^2），抗震设计时应按本规程第3.6.1条的规定除以γ_{RE}。

7.3.6 节点域的有效体积可按下列公式确定：

工字形截面柱（绕强轴）　$V_p = h_{b1}h_{c1}t_p$　(7.3.6-1)

工字形截面柱（绕弱轴）　$V_p = 2h_{b1}bt_f$　(7.3.6-2)

箱形截面柱　$V_p = (16/9)h_{b1}h_{c1}t_p$　(7.3.6-3)

圆管截面柱　$V_p = (\pi/2)h_{b1}h_{c1}t_p$　(7.3.6-4)

式中：h_{b1}——梁翼缘中心间的距离（mm）；

h_{c1}——工字形截面柱翼缘中心间的距离、箱形截面壁板中心间的距离和圆管截面柱管壁中线的直径（mm）；

t_p——柱腹板和节点域补强板厚度之和，或局部加厚的节点域厚度（mm），箱形柱为一块腹板的厚度（mm），圆管柱为壁厚（mm）；

t_f——柱的翼缘厚度（mm）；

b——柱的翼缘宽度（mm）。

7.3.5 条文说明 柱与梁连接的节点域，应按本条规定验算其抗剪承载力。

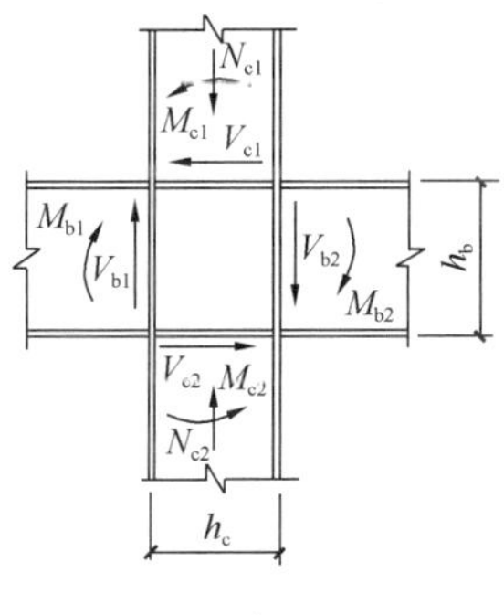

图 1

节点域在周边弯矩和剪力作用下，其剪应力为：

$$\tau = \frac{M_{b1} + M_{b2}}{h_{b1} h_{c1} t_p} - \frac{V_{c1} + V_{c2}}{2h_{c1} t_p} \tag{7}$$

式中 V_{c1} 和 V_{c2} 分别为上下柱传来的剪力，节点域高度和宽度 h_{c1} 和 h_{c2} 分别取梁翼缘中心间距离。

在工程设计中为了简化计算通常略去式中第二项，计算表明，这样使所得剪应力偏高 20%～30%，所以将式（7.3.5）右侧抗剪强度设计值提高三分之一来替代。

7.3.6 条有效体积计算中各参数见图 6.7.2-3 示意

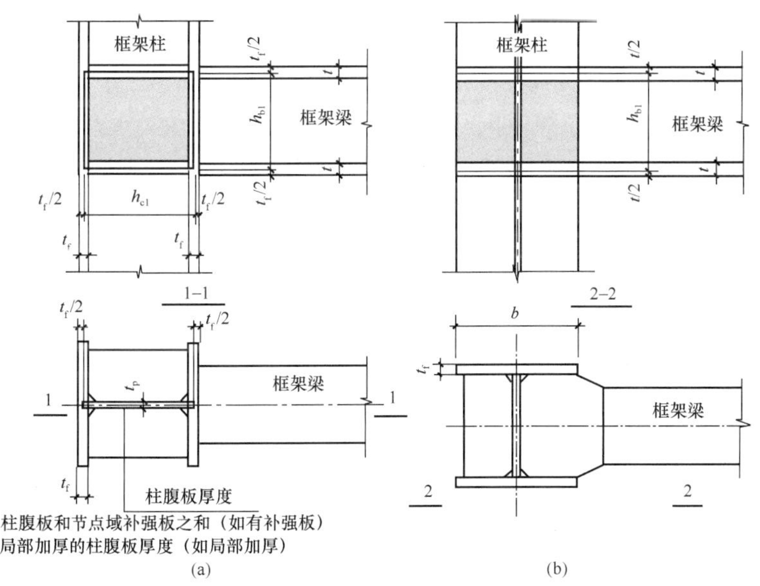

图 6.7.2-3 7.3.6 条参数示意（一）

(a) 工字形截面柱（绕强轴）；(b) 工字形截面柱（绕弱轴）；

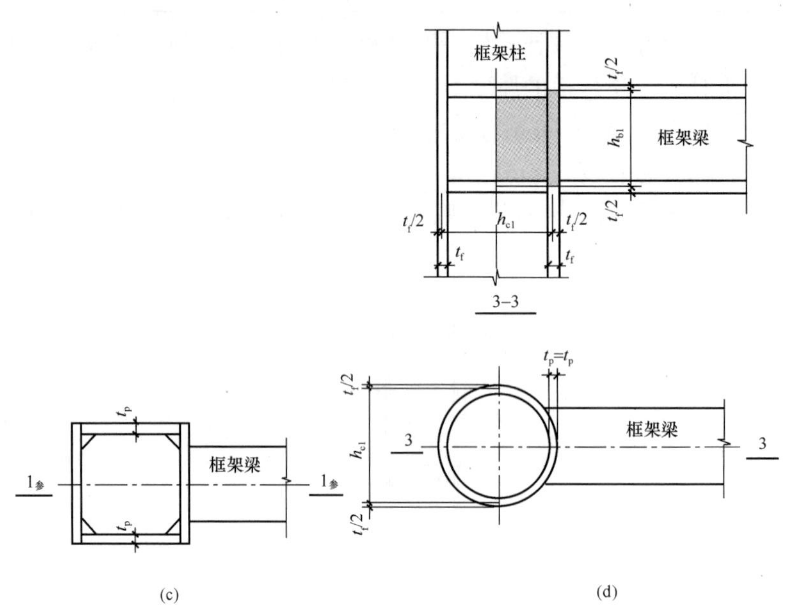

图 6.7.2-3　7.3.6 条参数示意（二）

（c）箱形柱；（d）圆柱

《抗震》规定

8.2.5　钢框架节点处的抗震承载力验算，应符合下列规定：

3　工字形截面柱和箱形截面柱的节点域按下列公式验算：

$$(M_{b1}+M_{b2})/V_p \leqslant (4/3)f_v/\gamma_{RE} \tag{8.2.5-8}$$

式中：M_{b1}、M_{b2}——分别为节点域两侧梁的弯矩设计值；

f_v——钢材的抗剪强度设计值；

γ_{RE}——节点域承载力抗震调整系数，取 0.75；

V_p——节点域的体积；

工字形截面　$$V_p = h_{b1}h_{c1}t_w \tag{8.2.5-4}$$

箱形截面柱　$$V_p = 1.8h_{b1}h_{c1}t_w \tag{8.2.5-5}$$

圆管截面柱　$$V_p = (\pi/2)h_{b1}h_{c1}t_w \tag{8.2.5-6}$$

h_{b1}、h_{c1}——分别为梁翼缘厚度中点间的距离和柱翼缘（或钢管直径线上管壁）厚度中点间的距离；

t_w——柱在节点域的腹板厚度。

2. 罕遇地震验算

大震时节点域不能太厚，太厚了不能进入屈服状态吸收地震能量（图 6.7.2-4）。试验表明，节点域的抗剪屈服强度因边缘构件的存在有较大提高（图 6.7.2-5），而节点域左右梁端的抗弯屈服强度不可能提高。根据日本的研究，为了使节点域能够屈服耗能，将节点域的屈服承载力设计为框架梁屈服承载力的 0.7～1.0 倍是合适的。

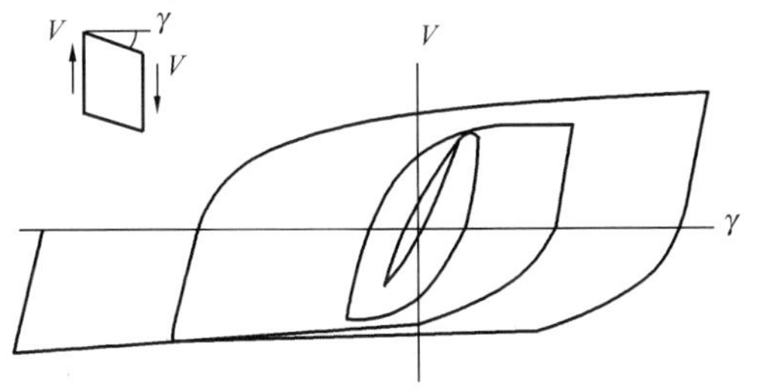

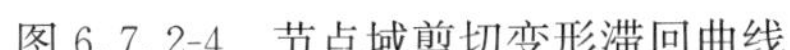
图 6.7.2-4　节点域剪切变形滞回曲线

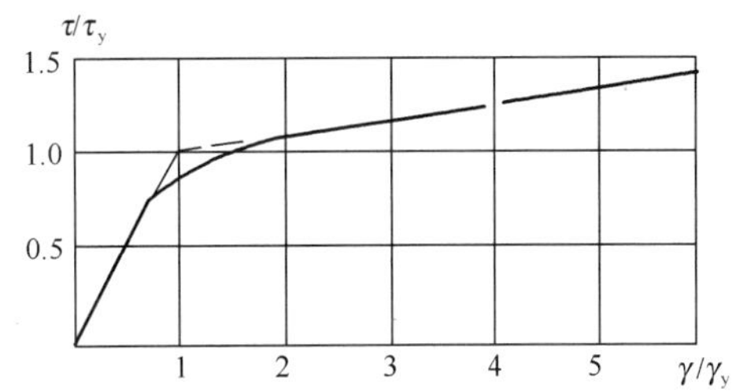

图 6.7.2-5　节点域剪应力-剪应变曲线

《高钢规》规定

7.3.8　抗震设计时节点域的屈服承载力应满足下式要求，当不满足时应进行补强或局部改用较厚柱腹板。

$$\psi(M_{pb1}+M_{pb2})/V_p \leqslant (4/3)/f_{yv} \tag{7.3.8}$$

式中：　ψ——折减系数，三、四级时取 0.75，一、二级时取 0.85；

M_{pb1}、M_{pb2}——分别为节点域两侧梁段截面的全塑性受弯承载力（N·mm）；

f_{yv}——钢材的屈服抗剪强度，取钢材屈服强度的 0.58 倍。

《抗震》规定

8.2.5　钢框架节点处的抗震承载力验算，应符合下列规定：

2　节点域的屈服承载力应符合下列要求：

$$\psi(M_{pb1}+M_{pb2})/V_p \leqslant (4/3)f_{yv} \tag{8.2.5-3}$$

式中：M_{pb1}、M_{pb2}——分别为节点域两侧梁的全塑性受弯承载力；

f_{yv}——钢材的屈服抗剪强度，取钢材屈服强度的 0.58 倍；

ψ——折减系数；三、四级时取 0.75，一、二级时取 0.85。

【例 6.7.2-1】节点域屈服承载力验算

某 9 层钢结构办公楼建筑，房屋高度 H＝34.9m，8 度设防，布置如图 6.7.2-6 和图 6.7.2-7所示，所有连接均为刚接。强支撑框架，各层均满足刚性平面假定。框架梁柱采用 Q345。框架梁采用焊接截面，跨度 10m 的框架梁截面为 H700×200×12×22，其他框架梁截面为 H500×200×12×16，柱采用焊接箱形截面 B500×22。梁柱截面特性见表6.7.2-1。

表 6.7.2-1

截面	面积 A（mm^2）	惯性矩 I_x（mm^4）	回转半径 i_x（mm）	弹性截面模量 W_x（mm^3）	塑性截面模量 W_{pn}（mm^3）
H500×200×12×16	12016	4.77×10^8	199	1.91×10^6	2.21×10^6
H700×200×12×22	16672	1.29×10^9	279	3.70×10^6	4.27×10^6
B500×22	42064	1.61×10^9	195	6.42×10^6	

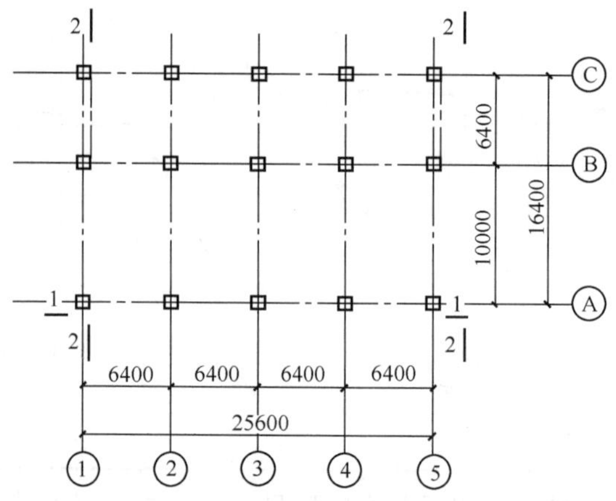

图 6.7.2-6　框架柱及柱间支撑布置平面图

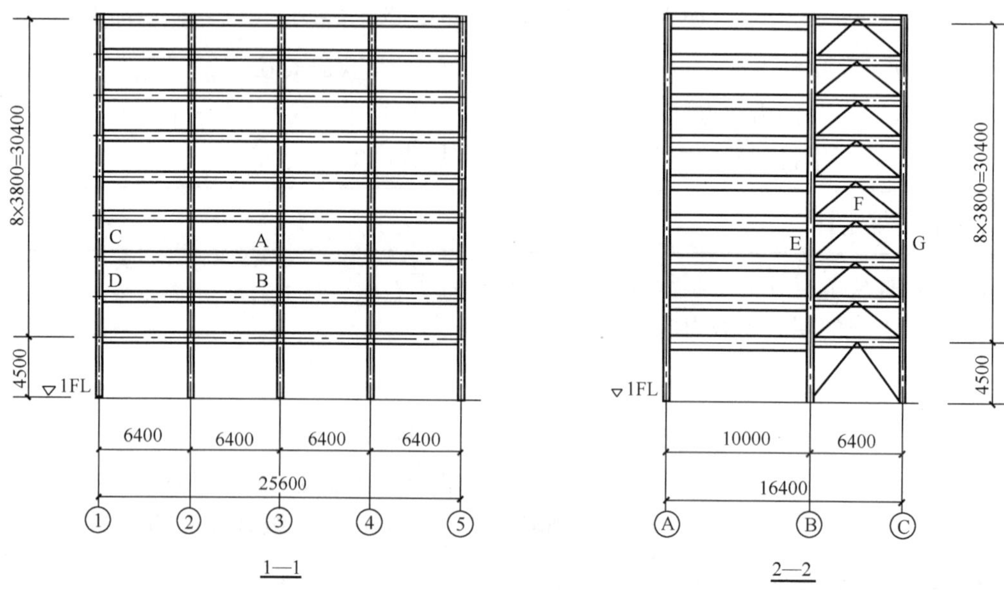

图 6.7.2-7　剖面图

假定，地震作用下图中 1-1 的 B 处框架梁 H500×200×12×16 弯矩设计值最大值为 $M_{x,左}=M_{x,右}=163.9\text{kN}\cdot\text{m}$，试问，当按公式 $\psi(M_{pb1}+M_{pb2})/V_p\leqslant\frac{4}{3}f_{yv}$ 验算梁柱节点域屈服承载力时，剪应力 $\psi(M_{pb1}+M_{pb2})/V_p$ 计算值（N/mm²），与下列何项数值最为接近？

(A) 36　　(B) 80　　(C) 100　　(D) 165

【答案】(C)

【解答】根据《抗震》表 8.1.3，抗震等级为三级，$\psi=0.6$

$$M_{pb1}=M_{pb1}=2.21\times10^6\times345=7.62\times10^8\text{N}\cdot\text{mm}$$

根据《抗震》式 (8.2.5-5)

$$V_p=1.8h_{b1}h_{c1}t_w=1.8\times(500-16)\times(500-22)\times22=9161539.2\text{mm}^3$$

根据《建筑抗震设计规范》式（8.2.5-3）

$$\tau=\frac{\psi(M_{\mathrm{pb1}}+M_{\mathrm{pb2}})}{V_{\mathrm{p}}}=\frac{0.6\times7.62\times10^{8}\times2}{9161539.2}=99.8\ \mathrm{N/mm^{2}}$$

3. 稳定性

为了使节点域保持稳定的受力状态，节点域的尺寸应满足规范规定。

《高钢规》规定

7.3.7 柱与梁连接处，在梁上下翼缘对应位置应设置柱的水平加劲肋或隔板。加劲肋（隔板）与柱翼缘所包围的节点域的稳定性，应满足下式要求：

$$t_{\mathrm{p}}\geqslant(h_{0\mathrm{b}}+h_{0\mathrm{c}})/90 \tag{7.3.7}$$

式中：t_{p}——柱节点域的腹板厚度（mm），箱形柱时为一块腹板的厚度（mm）；

$h_{0\mathrm{b}}$、$h_{0\mathrm{c}}$——分别为梁腹板、柱腹板的高度（mm）。

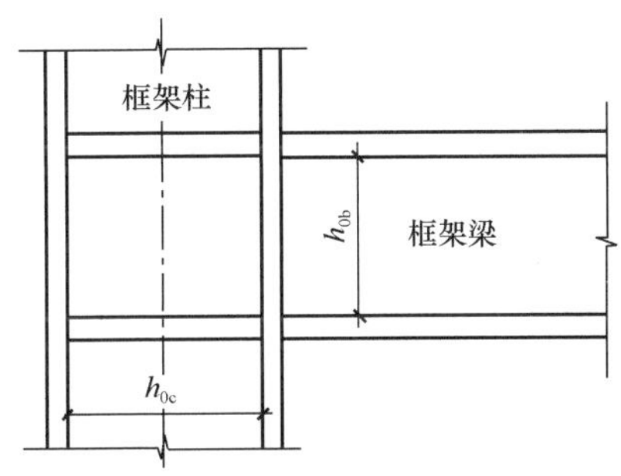

图 6.7.2-8　7.3.7 条参数示意

《抗震》规定

8.2.5 钢框架节点处的抗震承载力验算，应符合下列规定：

3 工字形截面柱和箱形截面柱的节点域应按下列公式验算：

$$t_{\mathrm{w}}\geqslant(h_{\mathrm{b1}}+h_{\mathrm{c1}})/90 \tag{8.2.5-7}$$

式中：h_{b1}、h_{c1}——分别为梁翼缘厚度中点间的距离和柱翼缘（或钢管直径线上管壁）厚度中点间的距离；

t_{w}——柱在节点域的腹板厚度。

注意两本规范的 $h_{0\mathrm{b}}$、$h_{0\mathrm{c}}$ 和 h_{b1}、h_{c1} 的取值不同。

【例 6.7.2-2】 腹板厚度

一座建于地震区的钢结构建筑，其工字形截面梁与工字形截面柱为刚性节点连接，梁翼缘厚度中点间的距离 $h_{\mathrm{b1}}=2700\mathrm{mm}$，柱翼缘厚度中点间的距离 $h_{\mathrm{c1}}=450\mathrm{mm}$。试问，对节点域仅按稳定性的要求计算时，在节点域柱腹板的最小计算厚度 t_{w} 与下列何项数值最为接近？

注：按《抗震》作答。

（A）35mm　　（B）25mm　　（C）15mm　　（D）12mm

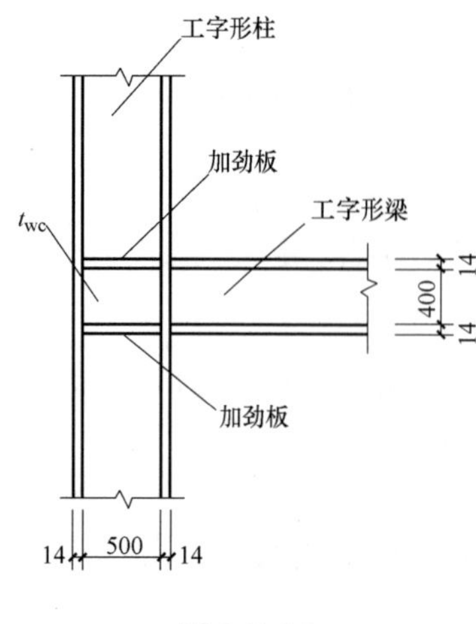

图 6.7.2-9

【答案】（A）

【解答】 根据《建筑抗震设计规范》8.2.5-3 条，工字形截面柱和箱形截面柱的节点域应按下列公式验算：

$$t_w \geqslant (h_{c1}+h_{b1})/90=\frac{2700+450}{90}=35\text{mm}$$

【例 6.7.2-3】 腹板厚度

假定钢框架抗震等级一级，钢材采用 Q345，$f_y=345\text{N/mm}^2$，某梁柱节点构造如图 6.7.2-9 所示。试问，柱在节点域满足规程要求的腹板最小厚度 t_p（mm），与下列何项数值最为接近？

注：按《高层民用建筑钢结构技术规程》作答。

【答案】（C）

【解答】（1）根据《高层民用建筑钢结构技术规程》7.4.1 条，$\frac{b}{t_p}\leqslant 43\sqrt{235/f_y}$

$$\frac{500}{t_p}\leqslant 43\sqrt{235/345}\quad t_p\geqslant 14.1\text{mm}。$$

（2）根据《高层民用建筑钢结构技术规程》7.3.7 条

$$t_p\geqslant\frac{h_{0b}+h_{0c}}{90}=\frac{500+400}{90}=10\text{mm}$$

取 $t_p=15\text{mm}$。

三、强柱弱梁

在侧向荷载作用下，图 6.7.3-1（a）、（b）的框架柱端出现塑性铰，形成楼层屈服机制，不利于消耗地震能量。图 6.7.3-1（c），塑性铰首先出现在梁的端部，形成总体屈服机制，这些塑性铰有很好的转动能力，产生较大的塑性变形，可消耗更多的地震能量。为实现“强柱弱梁”的概念设计，《高钢规》规定

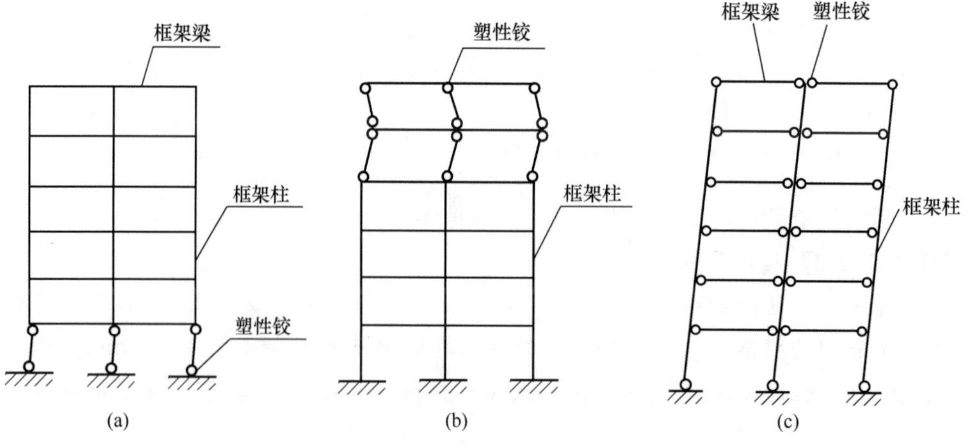

图 6.7.3-1　屈服机制示意图

（a）弱柱框架（b）弱柱框架（c）强柱框架

7.3.3 钢框架柱的抗震承载力验算，应符合下列规定：

1 除下列情况之一外，节点左右梁端和上下柱端的全塑性承载力应满足式（7.3.3-1）、式（7.3.3-2）的要求：

1） 柱所在楼层的受剪承载力比相邻上一层的受剪承载力高出25%；

2） 轴压比不超过0.4；

3） 柱轴力符合 $N_2 \leqslant \varphi A_c f$ 时（N_2为2倍地震作用下的组合轴力设计值）；

4） 与支撑斜杆相连的节点。

2 等截面梁与柱连接时：

$$\sum W_{pc}(f_{yc} - N/A_c) \geqslant \sum(\eta f_{yb} W_{pb}) \quad (7.3.3\text{-}1)$$

式中：W_{pc}、W_{pb}——分别为计算平面内交汇于节点的柱和梁的塑性截面模量（mm^3）；

f_{yc}、f_{yb}——分别为柱和梁钢材的屈服强度（N/mm^2）；

N——按设计地震作用组合得出的柱轴力设计值（N）；

A_c——框架柱的截面面积（mm^2）；

η——强柱系数，一级取1.15，二级取1.10，三级取1.05，四级取1.0。

当满足7.3.3-1的四项条件之一时，“强柱弱梁”的概念设计已能保证，不需再进行验算。当不满足时需按7.3.3-2的要求验算，使柱的受弯承载力大于梁的受弯承载力。

四、强连接弱构件

为保证结构在地震作用下的完整，要求结构所有节点的极限承载力大于构件在相应节点处的屈服承载力，使节点不先于构件破坏，构件能够充分发挥作用。

为实现上述设计目标，需进行两阶段设计。小震时，构件按内力组合设计值选择截面；大震时，取连接构件的全塑性承载力而不是内力组合设计值进行计算，满足连接的极限承载力大于构件的全塑性承载力，保证构件产生充分的塑性变形时节点不致破坏。图6.7.4-1，梁柱连接有足够的承载力（M_u），使塑性铰（M_p、L_p、h_p）能够充分地发展。

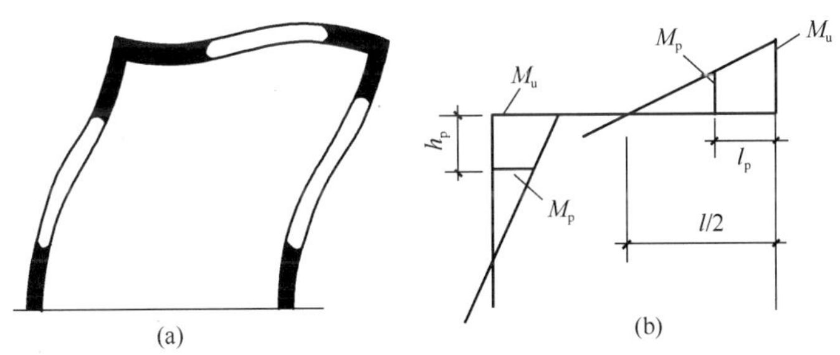

图6.7.4-1 框架节点的塑性区段和全塑性弯矩

图6.7.4-2为焊接与螺栓连接的滞回曲线，试验表明连接应考虑应变硬化系数和超强系数：①应变硬化系数—在材料的拉伸压缩实验中，材料经过屈服阶段之后，又增强了抵

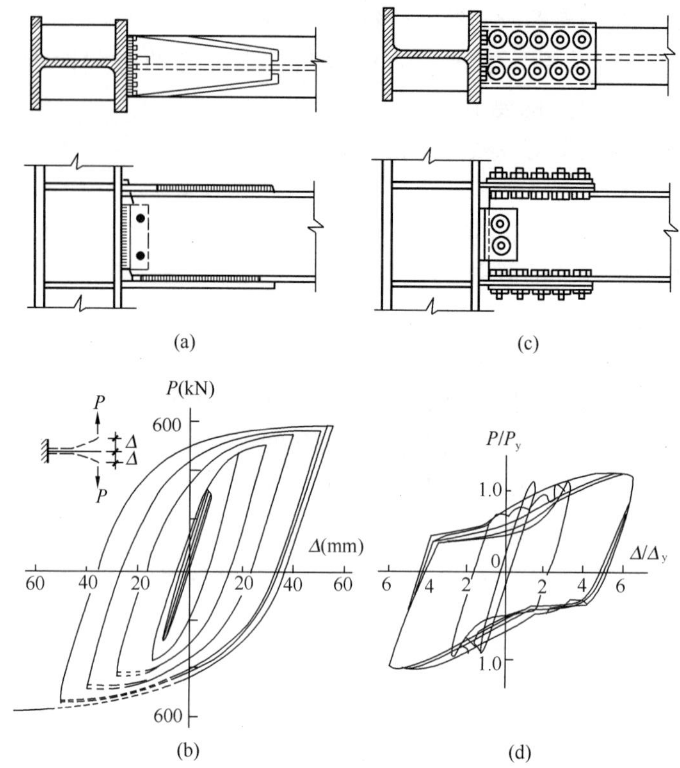

图 6.7.4-2 焊接与螺栓连接的滞回性能

抗变形的能力；②超强系数—钢材的实际屈服强度可能高于规定值。《高钢规》表 8.1.3 和《抗震》表 8.2.8 的连接系数包含了这两个系数。图 6.7.4-2（d），曲线在零点附近有捏拢现象，说明螺栓处有滑移，影响耗能能力。

《高钢规》规定

8.1.1 高层民用建筑钢结构的连接，非抗震设计的结构应按现行国家标准《钢结构设计规范》GB 50011 的有关规定执行。抗震设计时，构件按多遇地震作用下内力组合设计值选择截面；连接设计应符合构造措施要求，按弹塑性设计，连接的极限承载力应大于构件的全塑性承载力。

8.1.6 高层民用建筑钢结构承重构件的螺栓连接，应采用高强度螺栓摩擦型连接。考虑罕遇地震时连接滑移，螺栓杆与孔壁接触，极限承载力按承压型连接计算。

8.2.1 梁与柱的刚性连接应按下列公式验算：

$$M_u^j \geqslant \alpha M_p \tag{8.2.1-1}$$

$$V_u^j \geqslant \alpha(\Sigma M_p/l_n) + V_{Gb} \tag{8.2.1-2}$$

式中：M_u^j ——梁与柱连接的极限受弯承载力（kN・m）；

M_p ——梁的全塑性受弯承载力（kN・m）（加强型连接按未扩大的原截面计算），考虑轴力影响时按规程第 8.1.5 条的 M_{pc} 计算；

ΣM_p ——梁两端截面的塑性受弯承载力之和（kN·m）；

V_u^j ——梁与柱连接的极限受剪承载力（kN）；

V_{Gb} ——梁在重力荷载代表值（9 度尚应包括竖向地震作用标准值）作用下，按简支梁分析的梁端截面剪力设计值（kN）；

l_n ——梁的净跨（m）；

α ——连接系数，按本规程表 8.1.3 的规定采用。

8.1.3 钢框架抗侧力结构构件的连接系数 α 应按表 8.1.3 的规定采用。

钢构件连接的连接系数 α **表 8.1.3**

母材牌号	梁柱连接		支撑连接、构件拼接		柱　　脚	
	母材破坏	高强螺栓破坏	母材或连接板破坏	高强螺栓破坏		
Q235	1.40	1.45	1.25	1.30	埋入式	1.2（1.0）
Q345	1.35	1.40	1.20	1.25	外包式	1.2（1.0）
Q345GJ	1.25	1.30	1.10	1.15	外露式	1.0

注：1　屈服强度高于 Q345 的钢材，按 Q345 的规定采用；

2　屈服强度高于 Q345GJ 的 GJ 钢材，按 Q345GJ 的规定采用；

3　括号内的数字用于箱形柱和圆管柱；

4　外露式柱脚是指刚接柱脚，只适用于房屋高度 50m 以下。

8.1.3 条文说明　连接系数随钢种的提高而递减，也随钢材的强度等级递增而递减，是以钢材超强系数统计数据为依据的，而应变硬化系数各国普遍采用 1.1。梁柱连接的塑性要求最高，连接系数也最高，而支撑连接和构件拼接的塑性变形相对较小，故连接系数可取较低值。高强螺栓连接受滑移的影响，且螺栓的强屈比低于相应母材的强屈比，影响了承载力。

8.1.5 构件拼接和柱脚计算时，构件的受弯承载力应考虑轴力的影响。构件的全塑性受弯承载力 M_p 应按下列规定以 M_{pc} 代替：

1 对 H 形截面和箱形截面构件应符合下列规定：

1） H 形截面（绕强轴）和箱形截面

当 $N/N_y \leqslant 0.13$ 时　$M_{pc} = M_p$ （8.1.5-1）

当 $N/N_y > 0.13$ 时　$M_{pc} = 1.15(1 - N/N_y)M_p$ （8.1.5-2）

2） H 形截面（绕弱轴）

当 $N/N_y \leqslant A_w/A$ 时　$M_{pc} = M_p$ （8.1.5-3）

当 $N/N_y > A_w/A$ 时　$M_{pc} = \left\{1 - \left(\frac{N - A_w f_y}{N_y - A_w f_y}\right)^2\right\}M_p$ （8.1.5-4）

2 圆形空心截面的 M_{pc} 可按下列公式计算：

当 $N/N_y \leqslant 0.2$ 时　$M_{pc} = M_p$ （8.1.5-5）

当 $N/N_y > 0.2$ 时　$M_{pc} = 1.25(1 - N/N_y)M_p$ （8.1.5-6）

式中：N ——构件轴力设计值（N）；

N_y ——构件的轴向屈服承载力（N）；

A——H形截面或箱形截面构件的截面面积（mm^2）；
A_w——构件腹板面积（mm^2）；
f_y——构件腹板钢材的屈服强度（N/mm^2）。

《抗震》也有类似规定

8.2.8 条文说明 构件的连接，需符合强连接弱构件的原则。

1 需要对连接做二阶段设计。第一阶段，要求按构件承载力而不是设计内力进行连接计算，是考虑设计内力较小时将导致连接件型号和数量偏少，或焊缝的有效截面尺寸偏小，给第二阶段连接（极限承载力）设计带来困难。另外，高强螺栓滑移对钢结构连接的弹性设计是不允许的。

8.2.8 钢结构抗侧力构件的连接计算，应符合下列要求：

1 钢结构抗侧力构件连接的承载力设计值，不应小于相连构件的承载力设计值；高强度螺栓连接不得滑移。

2 钢结构抗侧力构件连接的极限承载力应大于相连构件的屈服承载力。

3 梁与柱刚性连接的极限承载力，应按下列公式验算：

$$M_u^j \geqslant \eta_j M_p \tag{8.2.8-1}$$

$$V_u^j \geqslant 1.2(\Sigma M_p/l_n)+V_{Gb} \tag{8.2.8-2}$$

4 支撑与框架连接和梁、柱、支撑的拼接极限承载力，应按下列公式验算：

梁的拼接 $$M_{ub,sp}^j \geqslant \eta_j M_p \tag{8.2.8-3}$$

式中：M_p——分别为梁的塑性受弯承载力和考虑轴力影响时柱的塑性受弯承载力；
V_{Gb}——梁在重力荷载代表值（9度时高层建筑尚应包括竖向地震作用标准值）作用下，按简支梁分析的梁端截面剪力设计值；
l_n——梁的净跨；
$M_{ub,sp}^j$——梁拼接的极限受弯承载力；
η_j——连接系数，可按表8.2.8采用。

钢结构抗震设计的连接系数 **表8.2.8**

母材牌号	梁柱连接		支撑连接、构件拼接		柱脚	
	焊接	螺栓连接	焊接	螺栓连接		
Q235	1.40	1.45	1.25	1.30	埋入式	1.2
Q345	1.30	1.35	1.20	1.25	外包式	1.2
Q345GJ	1.25	1.30	1.15	1.20	外露式	1.1

注：1 屈服强度高于Q345的钢材，按Q345的规定采用；
2 屈服强度高于Q345GJ的GJ钢材，按Q345GJ的规定采用；
3 翼缘焊接腹板栓接时，连接系数分别按表中连接形式取用。

【例 6.7.4-1】 连接比较

题干【例 6.7.2-1】，假定结构采用满足强柱弱梁要求，钢材 Q345，比较如图 6.7.4-3 所示的栓焊连接。试问，下列说法何项正确。

提示：按《抗震》作答。

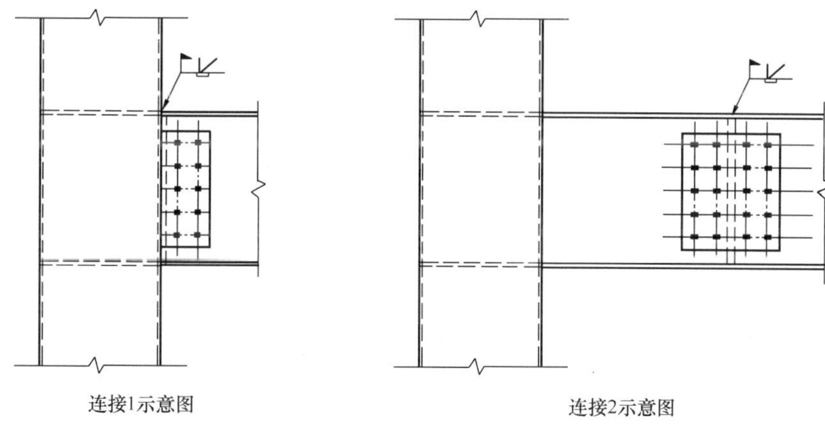

图 6.7.4-3

(A) 满足规范最低设计要求时，连接 1 比连接 2 极限承载力要求高

(B) 满足规范最低设计要求时，连接 1 比连接 2 极限承载力要求低

(C) 满足规范最低设计要求时，连接 1 与连接 2 极限承载力要求相同

(D) 梁柱连接按内力计算，与承载力无关

【答案】(A)

【解答】《高钢规》8.1.3 条文说明，梁柱连接的塑性要求最高，连接系数也最高，而支撑连接和构件拼接的塑性变形相对较小，故连接系数可取低值。

(1) 连接 1 为梁柱连接，连接 2 为梁的拼接。

(2) 连接 1 梁柱连接，《抗震》式 (8.2.8-1、2)，查表 8.2.8 梁柱焊接的连接系数 $\eta_j=1.30$。

(3) 连接 2 梁的拼接，查表 8.2.8 构件拼接的焊接连接系数 $\eta_j=1.20$。

(4) 比较可知，连接 1 比连接 2 极限承载力要求高，(A) 正确。

五、钢框架的抗震构造措施

1. 框架柱的长细比

框架柱的长细比关系到结构的整体稳定。钢结构高度增加后轴力加大，因此，《高层民用建筑钢结构技术规程》中对框架柱长细比的规定比《抗震》严格。

《高钢规》规定

> **7.3.9** 框架柱的长细比，一级不应大于 $60\sqrt{235/f_y}$，二级不应大于 $70\sqrt{235/f_y}$，三级不应大于 $80\sqrt{235/f_y}$，四级及非抗震设计不应大于 $100\sqrt{235/f_y}$。

《抗震》规定

8.3.1 框架柱的长细比，一级不应大于 $60\sqrt{235/f_y}$，二级不应大于 $80\sqrt{235/f_y}$，三级不应大于 $100\sqrt{235/f_y}$，四级及非抗震设计不应大于 $120\sqrt{235/f_y}$。

【例 6.7.5-1】 长细比

某钢框架结构，箱形方柱截面如图 6.7.5-1 所示，7 度设防，抗震等级一级，回转半径 $i_x=i_y=155$mm，钢材采用 Q345（$f=300\text{N/mm}^2$，$f_y=325\text{N/mm}^2$）。试问，满足规程要求的最大层高 h（mm），应最接近下列何项数值？

提示：①按《高钢规》作答。

②柱子的计算长度取层高 h。

(A) 7600　　(B) 7800　　(C) 7900　　(D) 9200

【答案】(C)

【解答】 根据《高层民用建筑钢结构技术规程》7.3.9 条

$$\frac{h}{i}\leqslant 60\times\sqrt{\frac{235}{f_y}}=60\times\sqrt{\frac{235}{325}}=51.02$$

$$h\leqslant 51.02\times 155=7908.1\text{mm}$$

2. 框架梁、柱的板件宽厚比

图 6.7.5-2，依据强柱弱梁的设计原则，梁端成为主要的耗能构件，形成塑性铰后要求有较大的转动能力，板件宽厚比随截面塑性变形发展程度的不同有不同要求，限制最严格。钢框架柱仅在后期出现少量塑性，不需要很高的转动能力，板件宽厚比相对于梁有所放松。

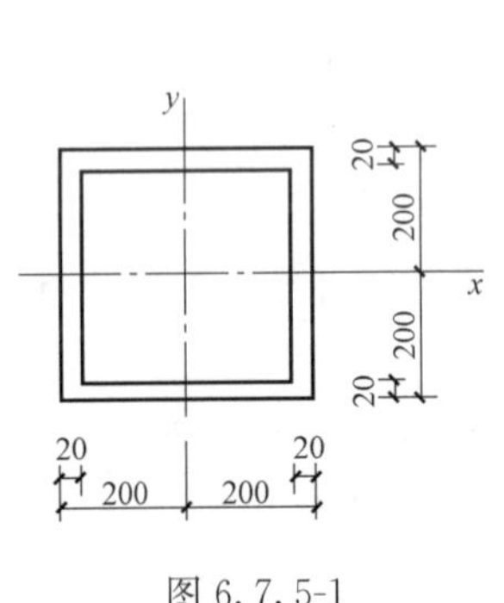

图 6.7.5-1

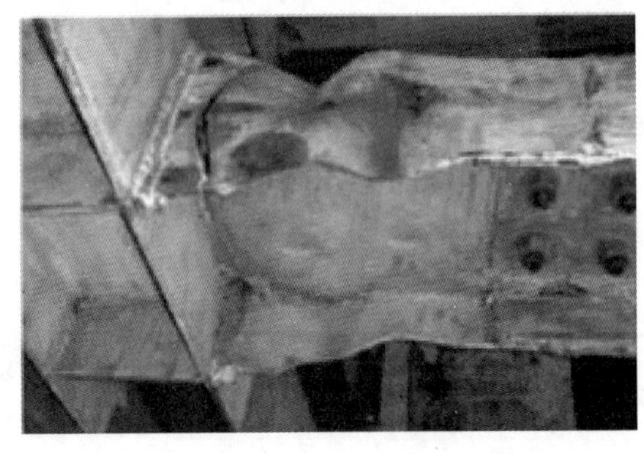
图 6.7.5-2　梁端塑性铰

《高钢规》规定

7.4.1 钢框架梁、柱板件宽厚比限值，应符合表 7.4.1 的规定。

钢框架梁、柱板件宽厚比限值　　表 7.4.1

板件名称		抗震等级				非抗震设计
		一级	二级	三级	四级	
柱	工字形截面翼缘外伸部分	10	11	12	13	13
	工字形截面腹板	43	45	48	52	52

续表

板件名称		抗震等级				非抗震设计
		一级	二级	三级	四级	
柱	箱形截面壁板	33	36	38	40	40
	冷成型方管壁板	32	35	37	40	40
	圆管（径厚比）	50	55	60	70	70
梁	工字形截面和箱形截面翼缘外伸部分	9	9	10	11	11
	箱形截面翼缘在两腹板之间部分	30	30	32	36	36
	工字形截面和箱形截面腹板	72-120ρ	72-100ρ	80-110ρ	85-120ρ	85-120ρ

注：1 $\rho=N/(A_f)$ 为梁轴压比；

2 表列数值适用于Q235钢，采用其他牌号乘以 $\sqrt{235/f_y}$，圆管应乘以 $235/f_y$；

3 冷成型方管适用于Q235GJ或Q345GJ钢；

4 工字形梁和箱形梁的腹板宽厚比，对一、二、三、四级分别不宜大于60、65、70、75。

7.4.2 非抗侧力构件的板件宽厚比应按现行国家标准《钢标》GB 50017的有关规定执行。

3. 梁与柱连接

梁与柱的连接有梁贯通型和柱贯通型。图6.7.5-3为梁贯通型，地震作用下梁贯通型产生贯通裂缝危害较大，不宜采用；图6.7.5-4为柱贯通型，梁与柱现场焊接时，梁下翼缘的垫板和柱翼缘之间的缝隙形成人工缝，地震作用下裂缝从人工缝处开始发展并一直伸入柱翼缘。为防止人工缝的危害，规范要求在人工缝下再补焊一条角焊缝。

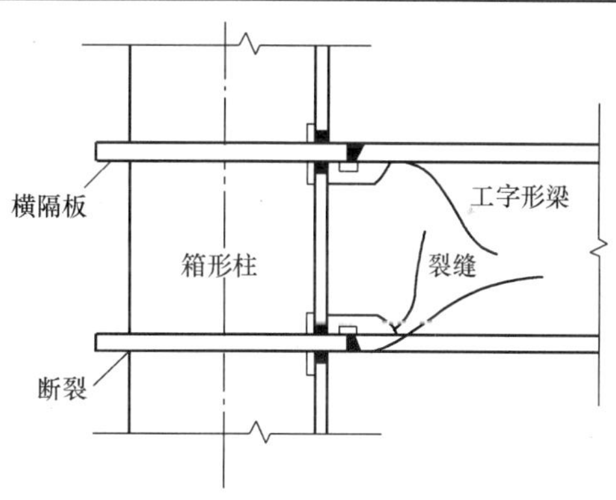

图6.7.5-3 梁贯通型

《高钢规》规定

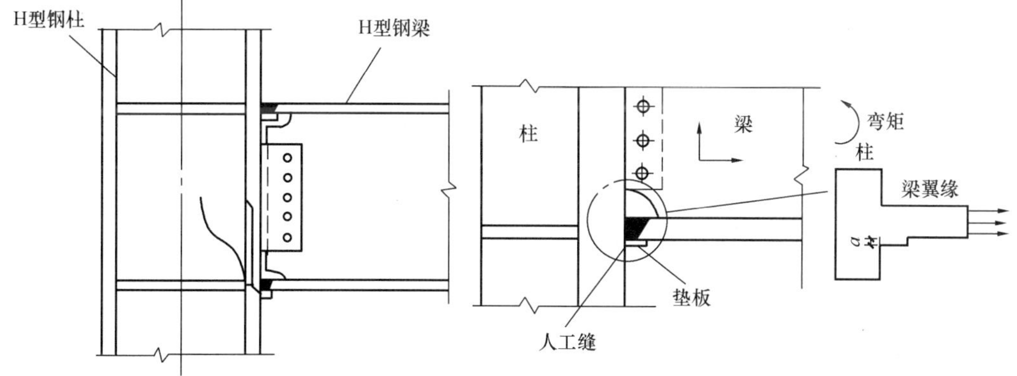

图6.7.5-4 柱贯通型和人工缝

8.3.1 框架梁与柱的连接宜采用柱贯通型。在相互垂直的两个方向都与梁刚性连接时，宜采用箱形柱。

8.3.3 当梁与柱在现场焊接时，梁与柱连接的过焊孔，可采用常规型（图 8.3.3-1）和改进型（图 8.3.3-2）两种形式。

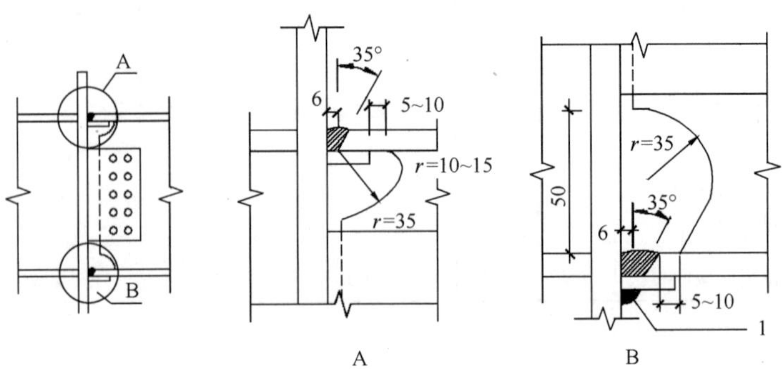

图 8.3.3-1 常规型过焊孔

1—h_w≈5 长度等于翼缘总宽度

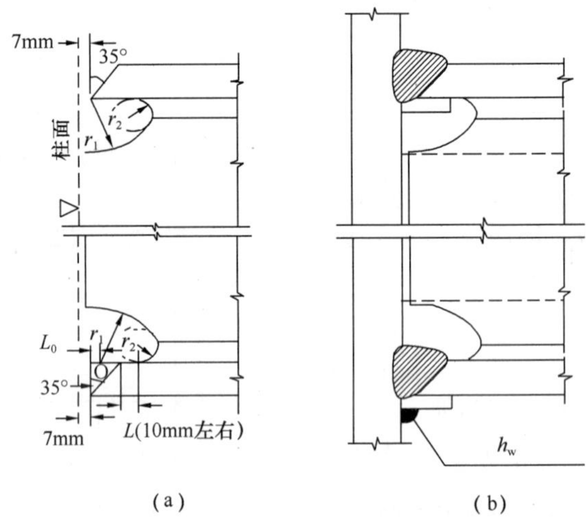

图 8.3.3-2 改进型过焊孔

(a) 坡口和焊接孔加工；(b) 全焊透焊缝

r_1=35mm 左右；r_2=10mm 以上；

O 点位置：t_f<22mm：L_0（mm）=0

t_f≥22mm：L_0（mm）=0.75t_f−15，t_f 为下翼缘板厚

h_w≈5 长度等于翼缘总宽度

《抗震》规定

8.3.4 梁与柱的连接构造应符合下列要求：

1 梁与柱的连接宜采用柱贯通型。

2 柱在两个相互垂直的方向都与梁刚接时宜采用箱形截面，并在梁翼缘连接处设置隔板。

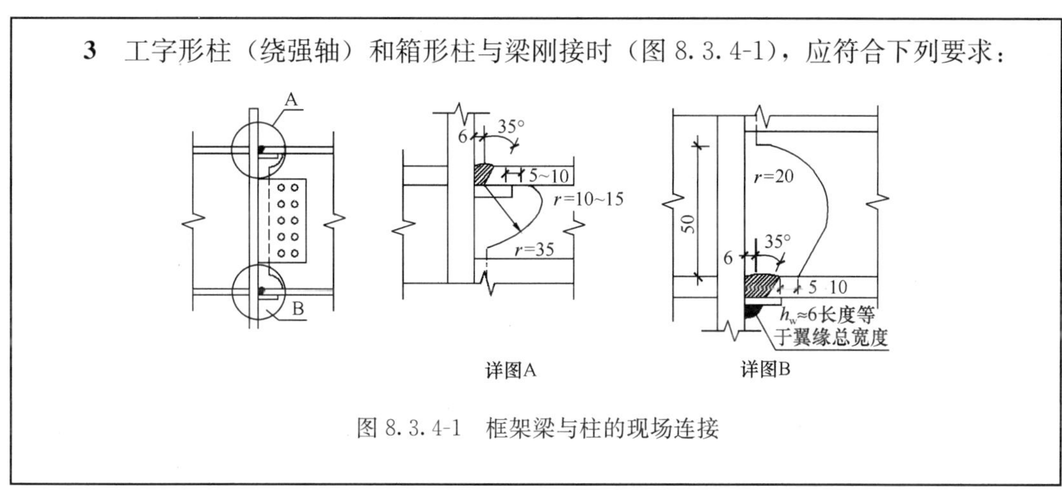
3 工字形柱（绕强轴）和箱形柱与梁刚接时（图 8.3.4-1），应符合下列要求：

图 8.3.4-1　框架梁与柱的现场连接

6.8　框架-中心支撑

一、抗震性能

框架结构抗侧能力主要由柱和梁的抗弯刚度提供，对于 30 层以上的房屋不够经济。此时可采用双重抗侧力体系，在框架中增设支撑或剪力墙或核心筒等抗侧力构件，由抗侧力构件抵抗水平荷载。图 6.8.1-1，为了提高钢框架的抗侧刚度，在框架中设置中心支撑。中心支撑增加了结构抗侧刚度，地震作用下支撑首先进入屈服，保证或延缓了框架结构的破坏，使结构具有多道抗震防线，但后期中心支撑受压失稳，影响耗能能力，图 6.8.1-2 中心支撑滞回曲线不够饱满。

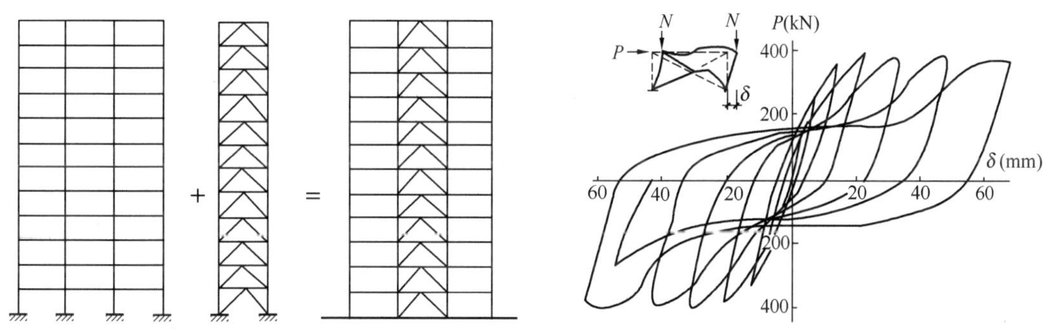

图 6.8.1-1　框架-中心支撑　　　图 6.8.1-2　中心支撑滞回曲线

二、结构布置

图 6.8.2-1，为使结构的受力和层间刚度变化均匀，支撑基本采用竖向连续布置的方法。建筑底部的楼层刚度较大，顶层不受层间刚度比规定的限制。

《高钢规》规定

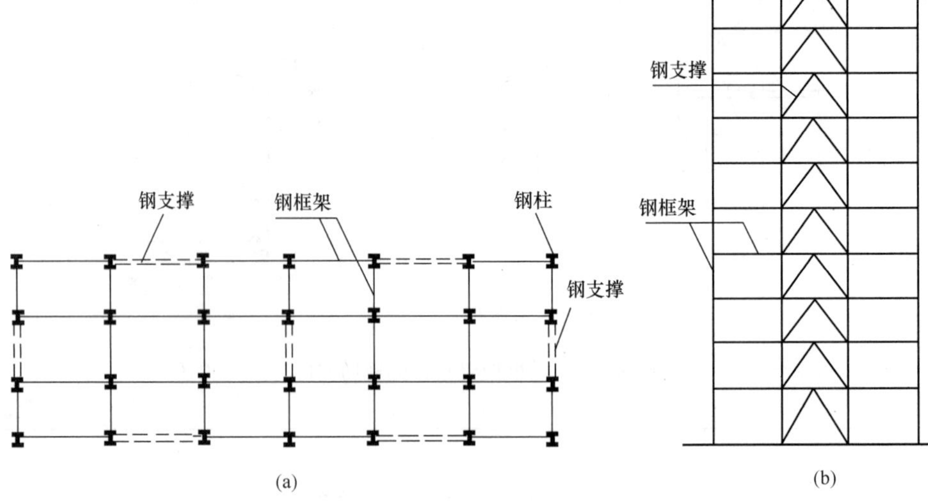

图 6.8.2-1　框架-支撑体系
（a）结构平面；（b）结构剖面

3.3.6　抗震设计的框架-支撑、框架-延性墙板结构中，支撑、延性墙板宜沿建筑高度竖向连续布置，并应延伸至计算嵌固端。除底部楼层和伸臂桁架所在楼层外，支撑的形式和布置沿建筑竖向宜一致。

中心支撑还应遵守规范规定的布置原则，以保证稳定的受力性能。

《高钢规》规定

7.5.1　高层民用建筑钢结构的中心支撑宜采用：十字交叉斜杆(图 7.5.1-1a)，单斜杆(图 7.5.1-1b)，人字形斜杆(图 7.5.1-1c)或 V 形斜杆体系。中心支撑斜杆的轴线应交汇于框架梁柱的轴线上。抗震设计的结构不得采用 K 形斜杆体系(图 7.5.1-1d)。当采用只能受拉的单斜杆体系时，应同时设不同倾斜方向的两组单斜杆(图 7.5.1-2)，且每层不同方向单斜杆的截面面积在水平方向的投影面积之差不得大于 10%。

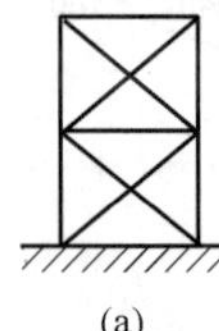
(a)

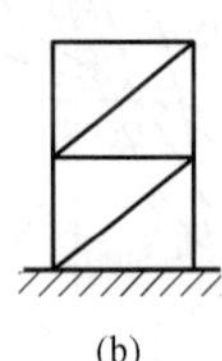
(b)

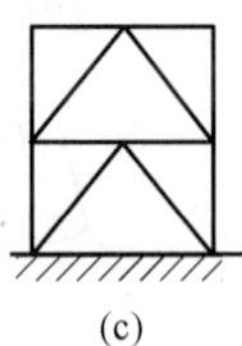
(c)

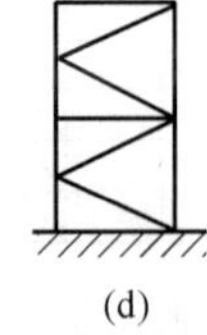
(d)

图 7.5.1-1　中心支撑类型
（a）十字交叉斜杆；（b）单斜杆；（c）人字形斜杆；（d）K 形斜杆

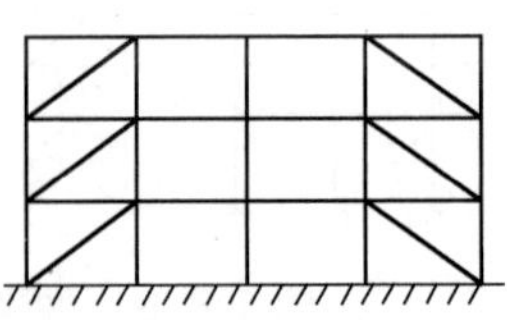

图 7.5.1-2　单斜杆支撑

7.5.1　条文说明　本条是高层民用建筑钢结构中的中心支撑布置的原则规定。

K 形支撑体系在地震作用下，可能因受压斜杆屈曲或受拉斜杆屈服，引起较大的侧向变形，使柱发生屈曲甚至倒塌，故不应在抗震结构中采用。

8.7.1 中心支撑与框架连接和支撑拼接的设计承载力应符合下列规定：

2 中心支撑的重心线应通过梁与柱轴线的交点，当受条件限制有不大于支撑杆件宽度的偏心时，节点设计应计入偏心造成的附加弯矩的影响。

《抗震》规定

8.1.6 采用框架-支撑结构的钢结构房屋应符合下列规定：

1 支承框架在两个方向的布置均宜基本对称，支撑框架之间楼盖的长宽比不宜大于3。

3 中心支撑框架宜采用交叉支撑，也可采用人字支撑或单斜杆支撑，不宜采用K形支撑；支撑的轴线宜交汇于梁柱构件轴线的交点，偏离交点时的偏心距不应超过支撑杆件宽度，并应计入由此产生的附加弯矩。当中心支撑采用只能受拉的单斜杆体系时，应同时设置不同倾斜方向的两组斜杆，且每组中不同方向单斜杆的截面面积在水平方向的投影面积之差不应大于10%。

8.2.3 钢结构在地震作用下的内力和变形分析，应符合下列规定：

4 中心支撑框架的斜杆轴线偏离梁柱轴线交点不超过支撑杆件的宽度时，仍可按中心支撑框架分析，但应计入由此产生的附加弯矩。

【例 6.8.2-1】 中心支撑形式

在地震区的框架-中心支撑结构的多层钢结构房屋，中心支撑的形式下列何项不宜选用？

(A) 交叉支撑　　(B) 人字支撑　　(C) 单斜杆支撑　　(D) K形支撑

【答案】(D)

【解答】 根据《抗震》8.1.6-3条，中心支撑框架宜采用交叉支撑，也可采用人字支撑或单斜杆支撑，不宜采用K形支撑。

三、内力调整

水平荷载作用下，中心支撑框架产生弯曲变形，底部层间位移小，框架发生剪切变

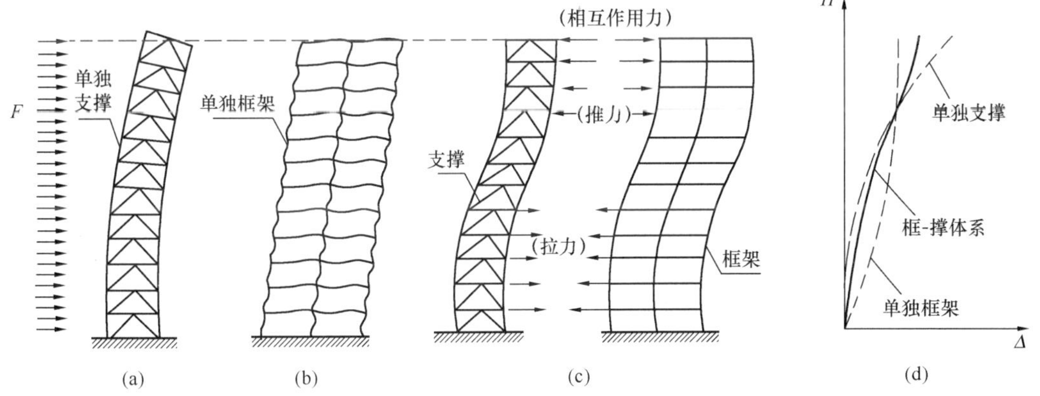

图 6.8.3-1　框架-中心支撑的受力和变形特点

(a) 单独支撑侧向变形；(b) 单独框架侧向变形；(c) 框架-中心支撑的相互作用；(d) 侧移曲线

形，底部层间位移大，两者变形协调后呈现反 S 形（图 6.8.3-1d)。框架部分作为双重抗侧力体系的第二道防线，弹性分析时分担的地震剪力小，强烈地震时中心支撑进入塑性，内力重分配使框架部分分担的地震剪力增大。因此，框架部分按弹性分析计算得到的地震剪力应增大。

为了实现多道设防的概念设计，充分发挥支撑的作用，规范给出框架部分内力调整的方法。

《高钢规》规定

6.2 弹性分析

6.2.6 钢框架-支撑结构、钢框架-延性墙板结构的框架部分按刚度分配计算得到的地震剪力应乘以调整系数，达到不小于结构总地震剪力的 25%和框架部分计算最大剪力 1.8 倍二者的较小值。

6.2.6 条文说明 依据多道防线的概念设计，钢框架-支撑结构、钢框架-延性墙板结构体系中，支撑框架、带延性墙板的框架是第一道防线，在强烈地震中支撑和延性墙板先屈服，内力重分布使框架部分承担的地震剪力增大，二者之和大于弹性计算的总剪力。如果调整的结果框架部分承担的地震剪力不适当增大，则不是“双重抗侧力体系”，而是按刚度分配的结构体系。按美国 IBC 规范的要求，框架部分的剪力调整不小于结构总地震剪力的 25%则可以认为是双重抗侧力体系了。

《抗震》也有类似规定，并规定在一定条件下，框架结构的抗震构造措施的抗震等级可进行调整。

8.2.3 钢结构在地震作用下的内力和变形分析，应符合下列规定：

3 钢框架-支撑结构的斜杆可按端部铰接杆计算；其框架部分按刚度分配计算得到的地震剪力应乘以调整系数，达到不小于结构底部总剪力的 25%和框架部分计算最大层剪力 1.8 倍二者的较小值。

8.3.8 条文说明 本条规定了钢结构内力和变形分析的一些原则要求。

3 本款修订依据多道设防线的概念设计，框架-支撑体系中，支撑框架是第一道防线，在强烈地震中支撑先屈服，内力重分布使框架部分承担的地震剪力必须增大，二者之和应大于弹性计算的总剪力；如果调整的结果框架部分承担的地震剪力不适当增大，则不是“双重体系”而是按刚度分配的结构体系。

8.4.3 框架-中心支撑结构的框架部分，当房屋高度不高于 100m 且框架部分按计算分配的地震剪力不大于结构底部总地震剪力的 25%时，一、二、三级的抗震构造措施可按框架结构降低一级的相应要求采用。其他抗震构造措施，应符合本规范第 8.3 节对框架结构抗震构造措施的规定。

四、中心支撑设计

1. 受压承载力

如图 6.8.4-1 所示，在罕遇地震作用下，支撑斜杆受到反复拉压作用，左震时一杆受拉屈服，另一杆受压屈曲；右震时受压杆件受拉，但不能完全被拉直。如图 6.8.4-2 所

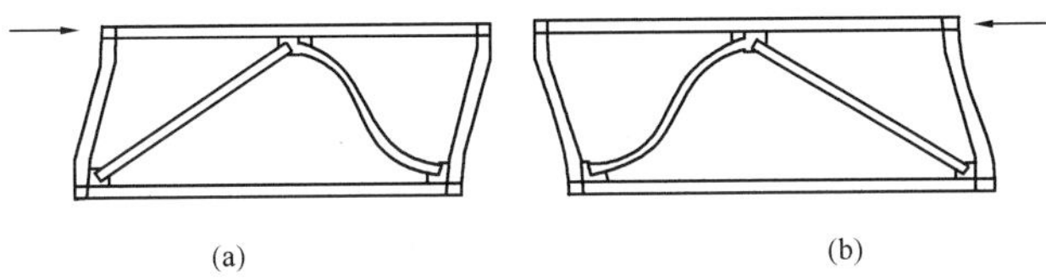

图 6.8.4-1　地震作用时中心支撑的变形示意
（a）左震；（b）右震

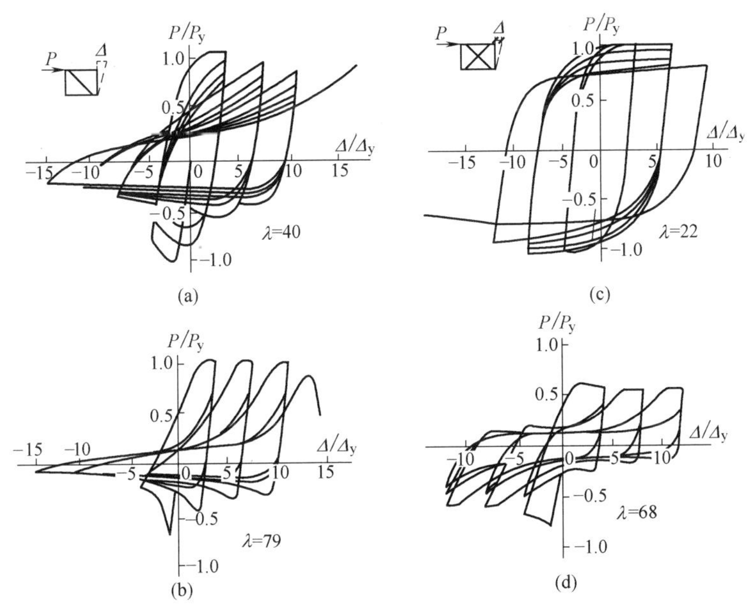

图 6.8.4-2　支撑斜杆的滞回曲线
（a）、（b）单斜杆支撑；（c）、（d）交叉支撑

示，①受压杆件首次屈服后，第二次的屈服荷载明显下降，但降幅收敛；②长细比大降幅大，长细比小降幅小。规范中支撑斜杆的承载力公式考虑了这种现象，计算时以多遇地震作用为准。

《高钢规》规定

7.5.5　在多遇地震效应组合作用下，支撑斜杆的受压承载力应满足下式要求：

$$N/(\varphi A_{br}) \leqslant \psi f/\gamma_{RE} \quad (7.5.5\text{-}1)$$

$$\psi = 1/(1+0.35\lambda_n) \quad (7.5.5\text{-}2)$$

$$\lambda_n = (\lambda/\pi)\sqrt{f_y/E} \quad (7.5.5\text{-}3)$$

式中：N——支撑斜杆的轴压力设计值（N）；

A_{br}——支撑斜杆的毛截面面积（mm^2）；

φ——按支撑长细比确定的轴心受压构件稳定系数，按现行国家标准《钢标》GB 50017 确定；

ψ——受循环荷载时的强度降低系数；

λ、λ_n	——支撑斜杆的长细比和正则化长细比；
E	——支撑杆件钢材的弹性模量（N/mm^2）；
f、f_y	——支撑斜杆钢材的抗压强度设计值（N/mm^2）和屈服强度（N/mm^2）；
γ_{RE}	——中心支撑屈曲稳定承载力抗震调整系数，按本规程第3.6.1条采用。

【例6.8.4-1】中心支撑承载力

某钢结构布置如图6.8.4-3所示，框架梁、柱采用Q345，次梁、中心支撑、加劲板采用Q235。中心支撑为轧制H型钢H250×250×9×14，几何长度5000mm，考虑地震作用时支撑斜杆的受压承载力限值（kN）与下列何项数值最为接近？

截　　面	A(mm²)	i_x(mm)	i_y(mm)
H250×250×9×14	91.43×10^2	108.1	63.2

提示：① 按《高钢规》作答；

② f_y=235N/mm²，E=2.06×105N/mm²，假定支撑的计算长度系数为1.0。

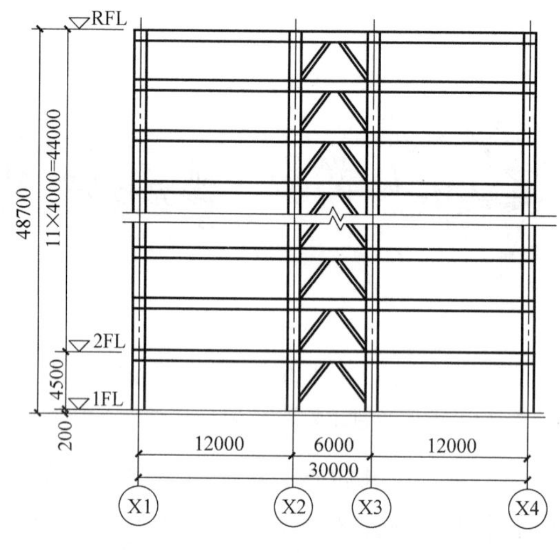

图6.8.4-3

(A) 1100　　(B) 1450　　(C) 1650　　(D) 1800

【答案】(A)

【解答】

(1) 支撑长细比$\lambda_y=\dfrac{5000}{63.2}=79$。

查《钢结构设计标准》表7.2.1-1，$b/h=250/250=1>0.8$，对y轴支撑斜杆截面为b^*类。对Q235钢取C类。

查《钢结构设计标准》附表D.0.3，$\varphi_y=0.584$。

(2) 根据《高层民用建筑钢结构技术规程》7.5.5

$$\lambda_n=\left(\frac{\lambda}{\pi}\right)\sqrt{\frac{f_y}{E}}=\frac{79}{3.14}\sqrt{\frac{235}{2.06\times10^5}}=0.85$$

$$\psi=\frac{1}{1+0.35\lambda_n}=\frac{1}{1+0.35\times0.85}=0.77$$

$$\frac{N}{\varphi A_{br}}\leqslant\frac{\psi f}{\gamma_{RE}}$$

(3)《高层民用建筑钢结构技术规程》3.6.1，支撑稳定时取 $\gamma_{RE}=0.8$。

$$N\leqslant\frac{\psi f(\varphi A_{br})}{\gamma_{RE}}=\frac{0.77\times215\times0.584\times9143\times10^{-3}}{0.8}=1105\text{kN}$$

2. 考虑失稳的设计

如图 6.8.4-4（a）所示，罕遇地震作用下人字形和 V 形支撑承受拉、压交替荷载，受压杆支撑发生整体失稳（图中虚线），承载力降低到稳定临界力的 30%左右，受拉杆支撑仍能保持屈服承载力，此时两支撑在横梁交点处产生不平衡的竖向分力和水平分力。图 6.8.4-4（b)所示，竖向不平衡力计算公式：

$$\Delta N=N_l\cos\alpha-0.3N_a\cos\beta$$

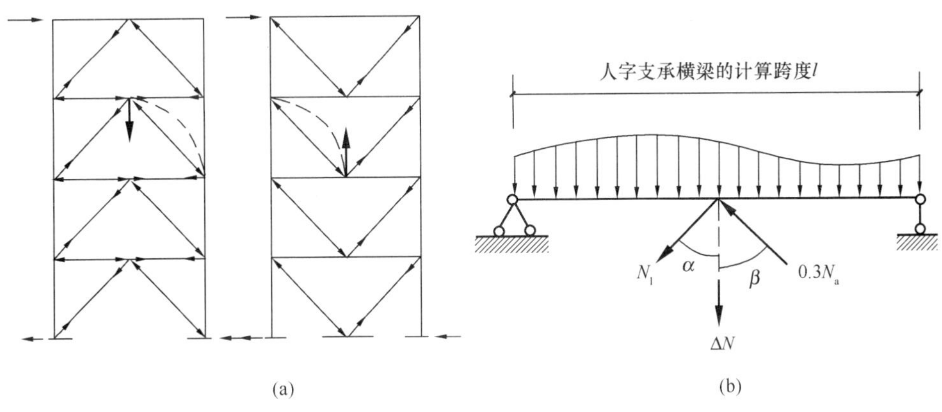

图 6.8.4-4　中心支撑内力分析

（a）支撑内力示意图；（b）竖向不平衡力

人字形支撑向下不平衡分力（图中向下箭头）可能引起楼板下陷，V 字形支撑向上不平衡分力（图中向上箭头）可能引起楼板向上隆起，横梁两端可能出现塑性铰。横梁按压弯构件设计时梁截面过大。为了避免这种现象，规范建议采用跨层 X 形支撑或者增设拉链柱。

《高钢规》规定

7.5.6　人字形和 V 形支撑框架应符合下列规定：

1　与支撑相交的横梁，在柱间应保持连续。

2　在确定支撑跨的横梁截面时，不应考虑支撑在跨中的支撑作用。横梁除应承受大小等于重力荷载代表值的竖向荷载外，尚应承受跨中节点处两根支撑斜杆分别受拉屈服、受压屈曲所引起的不平衡竖向分力和水平分力的作用。在该不平衡力中，支撑的受压屈曲承载力和受拉屈服承载力应分别按 $0.3\varphi Af_y$ 及 Af_y 计算。为了减少竖向不平衡力引起的梁截面过大，可采用跨层 X 形支撑[图 7.5.6(a)]或采用拉链柱[图 7.5.6(b)]

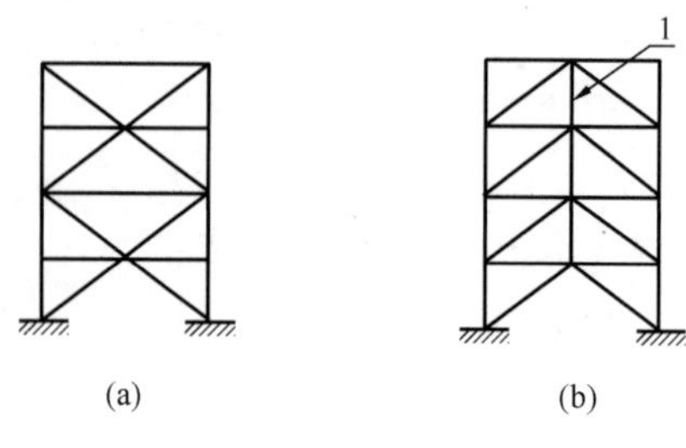

图7.5.6 人字支撑的加强

（a）跨层X形支撑；（b）拉链柱

1—拉链柱

7.5.6 条文说明 顶层和出屋面房间的梁可不执行此条。

《抗震》规定

8.2.6 中心支撑框架构件抗震承载力验算，应符合下列规定：

2 人字支撑和V形支撑的框架梁在支撑连接处应保持连续，并按不计入支撑支点作用的梁验算重力荷载和支撑屈曲时不平衡力作用下的承载力；不平衡力应按受拉支撑的最小屈服承载力和受压支撑最大屈曲承载力的0.3倍计算。必要时，人字支撑和V形支撑可沿竖向交替设置或采用拉链柱。

注：顶层和出屋面房间的梁可不执行本款。

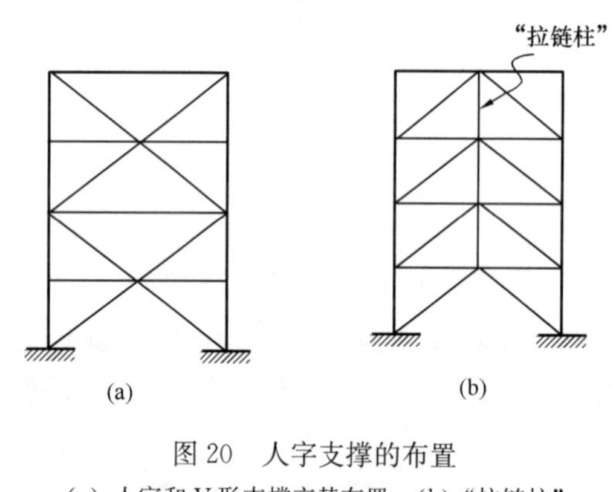

图20 人字支撑的布置

（a）人字和V形支撑交替布置；（b）"拉链柱"

8.2.6 条文说明

2 当人字支撑的腹杆在大震受压屈曲后，其承载力将下降，导致横梁在支撑处出现向下的不平衡集中力，可能引起横梁破坏和楼板下陷，并在横梁两端出现塑性铰；此不平衡集中力取受拉支撑的竖向分量减去受压支撑屈曲压力竖向分量的30%。V形支撑情况类似，仅当斜杆失稳时楼板不是下陷而是向上隆起，不平衡力与前种情况相反。

【例6.8.4-2】中心支撑失稳概念

某高层钢结构办公楼，抗震设计烈度为8度，采用框架-中心支撑结构，如图6.8.4-5所示。失稳时与人字形支撑连接的框架梁AB，关于其在C点处不平衡力的计算，下列说法何项正确？

（A）按受拉支撑的最大屈服承载力和受压支撑最大屈曲承载力计算

（B）按受拉支撑的最小屈服承载力和受压支撑最大屈曲承载力计算

（C）按受拉支撑的最大屈服承载力和受压支撑最大屈曲承载力的0.3倍计算

（D）按受拉支撑的最小屈服承载力和受压支撑最大屈曲承载力的0.3倍计算

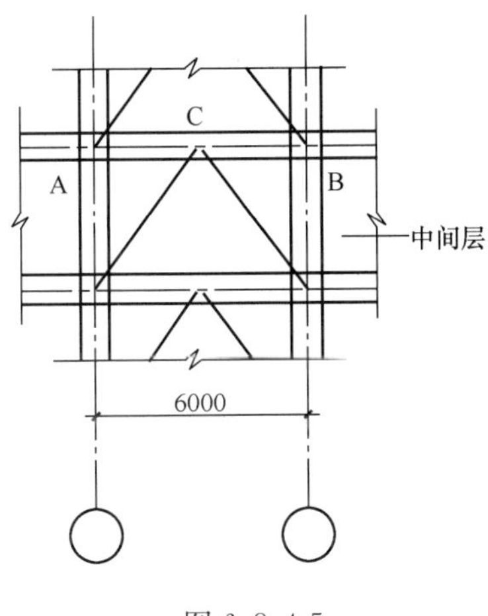

图 6.8.4-5

【答案】(D)

根据《高钢规》7.5.6-2 或《抗震》8.2.6-2 规定，选（D)。

3. 强连接弱构件

中心支撑与框架连接和支撑拼接的设计承载力也应符合强连接、弱构件的设计原则。

《高钢规》规定

8.7.1 中心支撑与框架连接和支撑拼接的设计承载力应符合下列规定：

1 抗震设计时，支撑在框架连接处和拼接处的受拉承载力应满足下式要求：

$$N_{ubr}^{j} \geqslant \alpha A_{br} f_y \tag{8.7.1}$$

式中：N_{ubr}^{j} ——支撑连接的极限受拉承载力（N）；

α ——连接系数，按本规程表 8.1.3 的规定采用；

A_{br} ——支撑斜杆的截面面积（mm^2）；

f_y ——支撑斜杆钢材的屈服强度（N/mm^2）。

7.5.8 一、二、三级抗震等级的钢结构，可采用带有耗能装置的中心支撑体系。支撑斜杆的承载力应为耗能装置滑动或屈服时承载力的 1.5 倍。

《抗震》规定

8.2.8 钢结构抗侧力构件的连接计算，应符合下列要求：

4 支撑与框架连接和梁、柱、支撑的拼接极限承载力，应按下列公式计算：

支撑连接和拼接 $N_{ubr}^{j} \geqslant \eta_j A_{br} f_y$ (8.2.8-3)

式中：N_{ubr}^{j} ——支撑连接和拼接的极限受压（拉）承载力；

η_j ——连接系数，可按表 8.2.8 采；

A_{br} ——支撑杆件的截面面积。

五、钢框架-中心支撑的抗震构造措施

图 6.8.5-1，在罕遇地震作用下，支撑斜杆进入屈曲状态，首先发生受压整体失稳（图（a）），而后发生局部失稳（图（b）），最后断裂，这种破坏称为低周疲劳破坏。

(a)

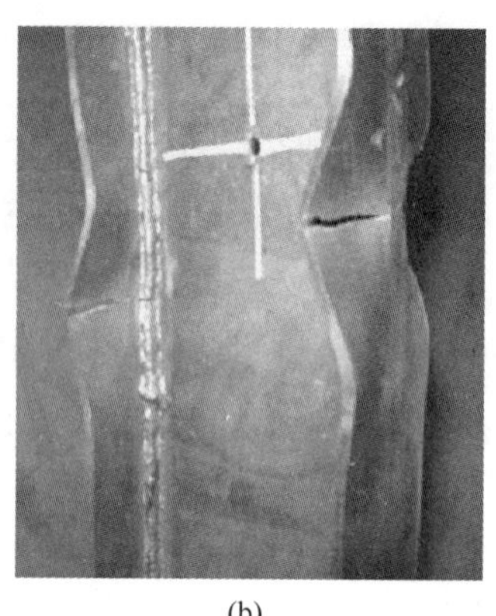

(b)

图 6.8.5-1 低周疲劳试验

（a）支撑斜杆整体失稳；（b）局部发生断裂

研究表明，支撑杆件的低周疲劳寿命与杆件长细比、板件宽厚比两个因素有关。杆件长细比越大低周疲劳性能越好，即正相关；板件宽厚比越小低周疲劳性能越好，即负相关。中心支撑杆件是主要的耗能构件，为了保证其耗能能力，防止其断裂，应放松对按压杆设计的支撑杆件长细比的控制。同时，为使支撑杆件有稳定的耗能能力，防止发生局部屈曲，板件宽厚比取值比塑性设计更小。

1. 中心支撑的长细比及细部构造

《高钢规》规定

7.5.2 中心支撑斜杆的长细比，按压杆设计时，不应大于 $120\sqrt{235/f_y}$，一、二、三级中心支撑斜杆不得采用拉杆设计，非抗震设计和四级采用拉杆设计时，其长细比不应大于 180。

8.7.2 当支撑翼缘朝向框架平面外，且采用支托式连接时（图 8.7.2a、b），且平面外计算长度可取轴线长度的 0.7 倍；当支撑腹板位于框架平面内时（图 8.7.2c、d），其平面外计算长度可取轴线长度的 0.9 倍。

7.5.7 当中心支撑构件为填板连接的组合截面时，填板的间距应均匀，每一构件中填板数不得少于 2 块。且应符合下列规定：

1 当支撑屈曲后在填板的连接处产生剪力时，两填板之间单肢杆件的长细比不应大于组合支撑杆件控制长细比的 0.4 倍。填板连接处的总受剪承载力设计值至少应等于单肢杆件的受拉承载力设计值。

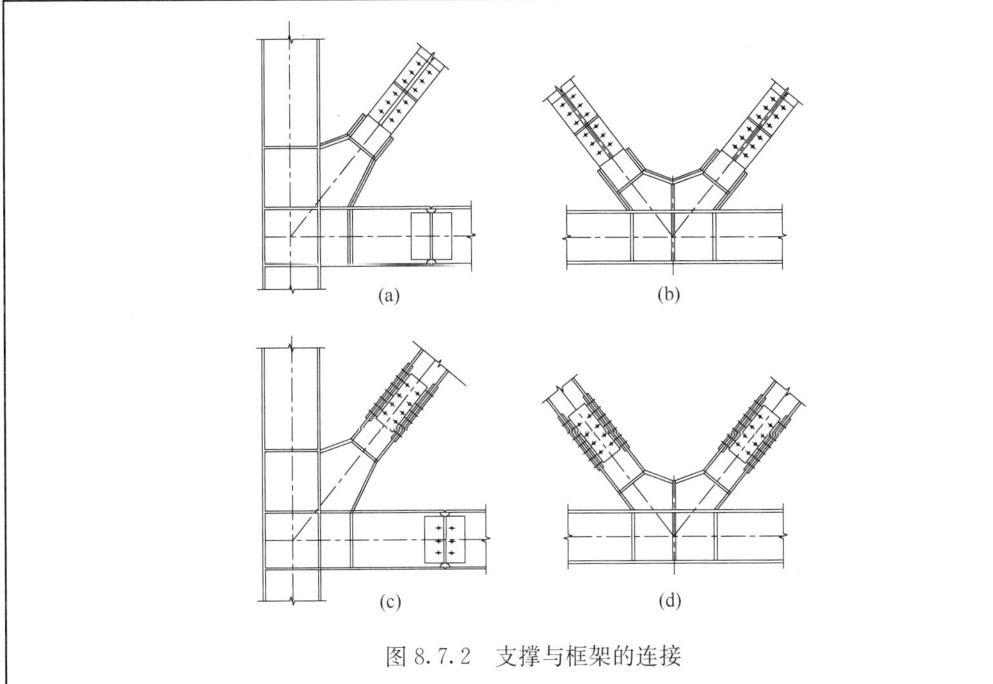

图 8.7.2　支撑与框架的连接

2　当支撑屈曲后不在填板连接处产生剪力时，两填板之间单肢杆件的长细比不应大于组合支撑杆件控制长细比的 0.75 倍。

填板数量按照《钢标》设计且不少于 2 块，单肢杆件长细比计算时 i 的取值为：如图 6.8.5-2a、c 所示，双角钢 T 形连接和双槽钢时，取单肢截面与填板平行的形心轴的回

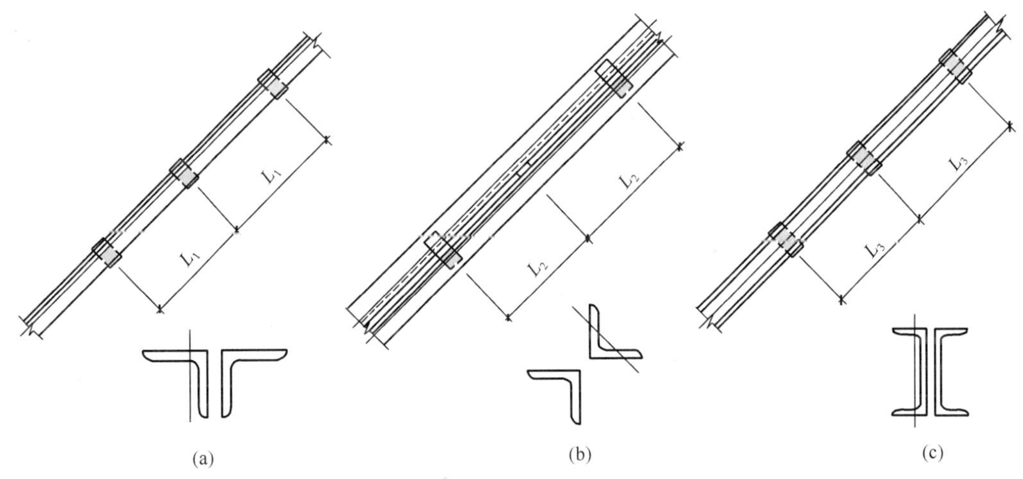

图 6.8.5-2　填板布置示意

(a) 双角钢 T 形连接：填板间单肢杆件长细比 $\lambda = L_1/i_1$；

(b) 双角钢十字形连接：填板间单肢杆件长细比 $\lambda = L_2/i_2$；

(c) 双槽钢：填板间单肢杆件长细比：$\lambda = L_3/i_3$

转半径；双角钢十字形连接时，取单肢角钢截面的最小回转半径。7.5.7条规定可总结为表6.8.5-1。

填板间单肢杆件长细比要求　　表6.8.5-1

弯曲方向	是否产生剪力	填板间单肢杆件长细比要求
绕实轴弯曲	支撑屈曲后填板处不产生剪力	$\lambda \leqslant 0.75 \cdot \lambda_{max组合}$
绕虚轴弯曲	支撑屈曲后填板处产生剪力	$\lambda \leqslant 0.4 \cdot \lambda_{max组合}$

2. 中心支撑的板件宽厚比

《高钢规》规定

7.5.3 中心支撑斜杆的板件宽厚比，不应大于表7.5.3规定的限值。

钢结构中心支撑板件宽厚比限值　　表7.5.3

板件名称	一级	二级	三级	四级、非抗震设计
翼缘外伸部分	8	9	10	13
工字形截面腹板	25	26	27	33
箱形截面壁板	18	20	25	30
圆管外径与壁厚之比	38	40	40	42

注：表中数值适用于Q235钢，采用其他牌号钢材应乘以 $\sqrt{235/f_y}$，圆管应乘以 $235/f_y$。

【例6.8.5-1】 中心支撑板件宽厚比

某高层钢结构，抗震等级一级，结构的中心支撑斜杆钢材采用Q345（$f_y=325\text{N/mm}^2$），构件断面如图6.8.5-3所示。验算并指出满足腹板宽厚比要求的腹板厚度 t（mm），应与下列何项数值最为接近？

提示：按《高钢规》作答。

(A) 26　　(B) 28

(C) 30　　(D) 32

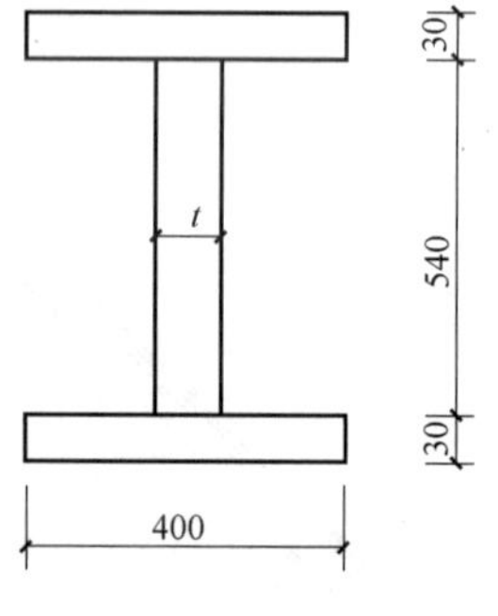

图6.8.5-3

【答案】(A)

【解答】 根据《高钢规》7.5.3

$$\frac{h_{0c}}{t} \leqslant 25\sqrt{\frac{235}{f_y}} = 25\sqrt{\frac{235}{325}} = 21.3，t \geqslant \frac{540}{21.3} = 25.4\text{mm}。$$

3. 中心支撑与框架连接

图6.8.5-4，当支撑与框架采用节点板连接时，支撑端部至节点板嵌固点在支撑杆件方向的距离，不应小于2倍的节点板厚度。试验表明，这个距离使节点板在强震时屈曲，减少了支撑连接的破坏。

《高钢规》规定

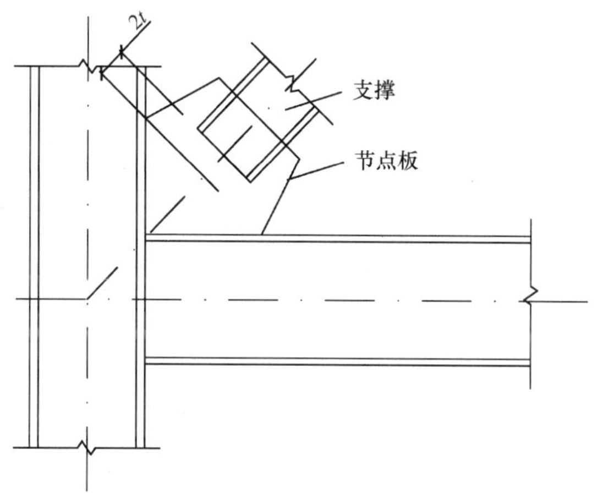

图 6.8.5-4 中心支撑端部节点板构造

8.7.3 中心支撑与梁柱连接处的构造应符合下列规定：

3 当支撑杆件为填板连接的组合截面时，可采用节点板进行连接（图 8.7.3）。为保证支撑两端的节点板不发生出平面失稳，在支撑端部与节点板约束点连线之间应留有 2 倍节点板厚的间隙。节点板约束点连线应与支撑杆轴线垂直，以免支撑受扭。

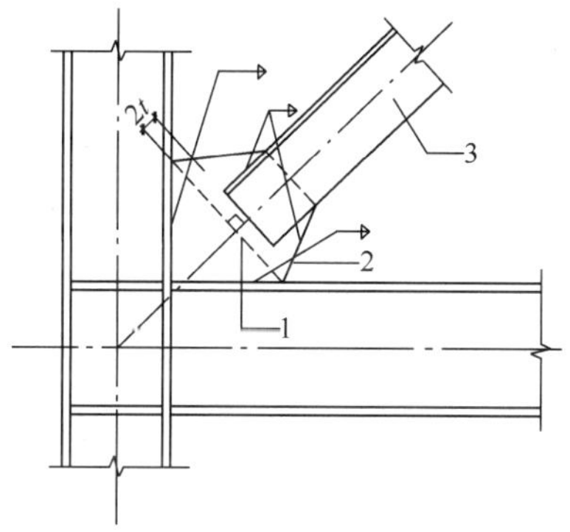

图 8.7.3 组合支撑杆件端部与单壁节点板的连接

1—假设约束；2—单壁节点板；3—组合支撑杆；

t—节点板的厚度

6.9 框架-偏心支撑

一、抗震性能

图 6.9.1-1（a），偏心支撑是指支撑斜杆和梁轴线不交汇于一点，而是两支撑偏离一

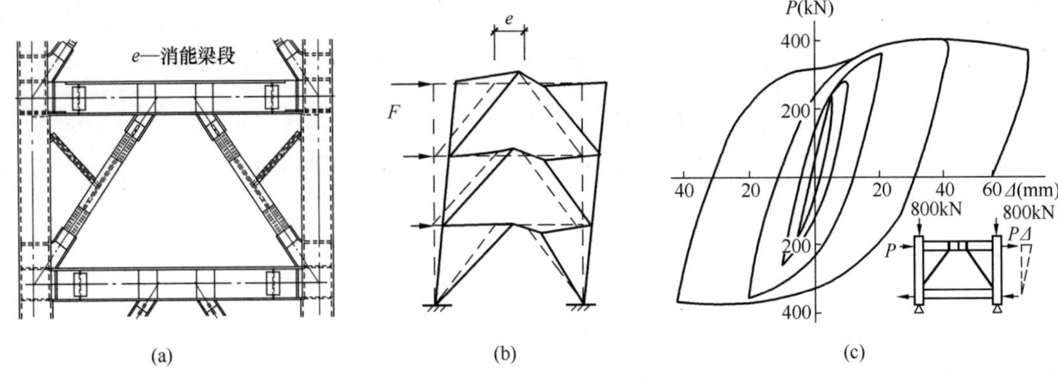

图 6.9.1-1　偏心支撑受力示意和耗能曲线

（a）偏心支撑；（b）变形图；（c）耗能滞回曲线

段距离，这段距离称为“消能梁段”。图 6.9.1-1（b），地震作用下消能梁段进入塑性状态消耗地震能量，支撑斜杆保持弹性。图 6.9.1-1（c），偏心支撑前期刚度大，接近中心支撑，后期滞回曲线饱满，接近纯框架，是一种抗震性能非常好的结构形式。

二、结构布置

图 6.9.2-1，偏心支撑框架的消能梁段是结构的“保险丝”，大震时消能梁段屈服耗能，支撑保持弹性。因此，每根支撑至少一端与消能梁段连接。

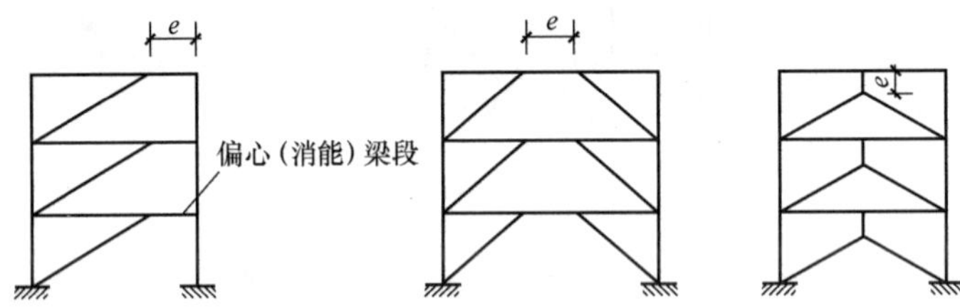

图 6.9.2-1　偏心支撑框架类型

《高钢规》规定

7.6.1　偏心支撑框架中的支撑斜杆，应至少有一端与梁连接，并在支撑与梁交点和柱之间或支撑同一跨内另一支撑与梁交点之间形成消能梁段（图 7.6.1）。超过 50m 的钢结构采用偏心支撑框架时，顶层可采用中心支撑。

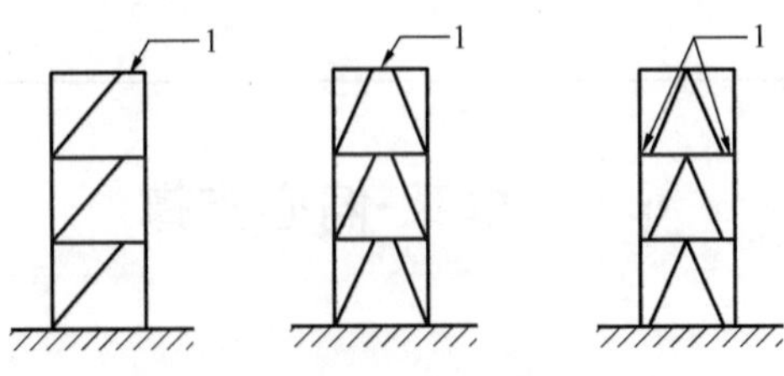

图 7.6.1　偏心支撑框架立面图

1—消能梁段

《抗震》规定

8.1.6 采用框架-支撑结构的钢结构房屋应符合下列规定：

1 支撑框架在两个方向的布置均宜基本对称，支撑框架之间楼盖的长宽比不宜大于 3。

4 偏心支撑框架的每根支撑应至少有一端与框架梁连接，并在支撑与梁交点和柱之间或同一跨内另一支撑与梁交点之间形成消能梁段。

8.1.6 条文说明 常用的偏心支撑形式如图 19 所示。

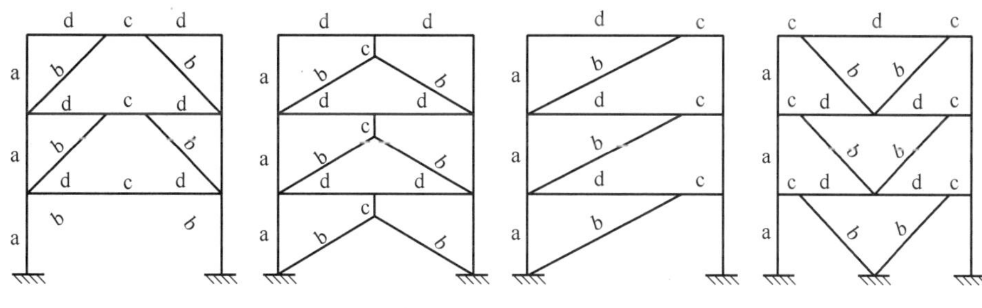

图 19 偏心支撑示意图

a—柱；b—支撑；c—消能梁段；d—其他梁段

三、内力调整

如图 6.9.3-1 所示，框架-偏心支撑与框架-中心支撑类似，也属于双重抗侧力体系，偏心支撑是第一道防线，框架是第二道防线，大震时偏心支撑进入塑性产生内力重分配，框架部分承担的剪力增加，因此需对框架部分进行内力调整。

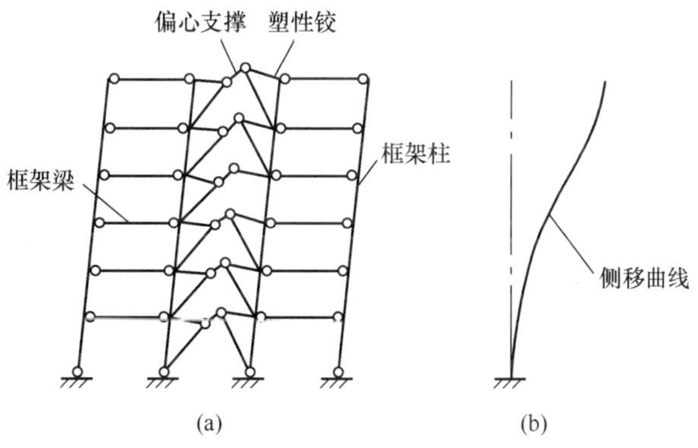

图 6.9.3-1 框架-偏心支撑变形图

(a) 屈服机制；(b) 侧翼曲线

《高钢规》规定

6.2 弹性分析

6.2.6 钢框架-支撑结构、钢框架-延性墙板结构的框架部分按刚度分配计算得到的地震剪力应乘以调整系数，达到不小于结构总地震剪力的25%和框架部分计算最大剪力1.8倍二者的较小值。

《抗震》规定在一定条件下，框架结构的抗震构造措施的抗震等级可进行调整。

8.2.3 钢结构在地震作用下的内力和变形分析，应符合下列规定：

3 钢框架-支撑结构的斜杆可按端部铰接杆计算；其框架部分按刚度分配计算得到的地震剪力应乘以调整系数，达到不小于结构底部总剪力的25%和框架部分计算最大层剪力1.8倍二者的较小值。

8.5.7 框架-偏心支撑结构的框架部分，当房屋高度不高于100m且框架部分按计算分配的地震作用不大于结构底部总地震剪力的25%时，一、二、三级的抗震构造措施可按框架结构降低一级的相应要求采用。其他抗震造构措施，应符合本规范第8.3节对框架结构抗震构造措施的规定。

图6.9.3-2，偏心支撑框架作为一个受力单元，地震作用下仅消能梁段屈服耗能，非消能梁段、支撑斜杆和柱（非底层）保持弹性。为达到这一目的，同一受力单元内消能梁段达到受剪承载力时，非消能梁段、支撑斜杆和柱的内力设计值应增大，即调整非消能梁段、支撑斜杆和柱的内力；消能梁段内力不调整则相对变弱，成为"保险丝"。但当水平位移足够大时，作为固定端的底层柱脚有可能屈服［图6.9.3-1（a）］。

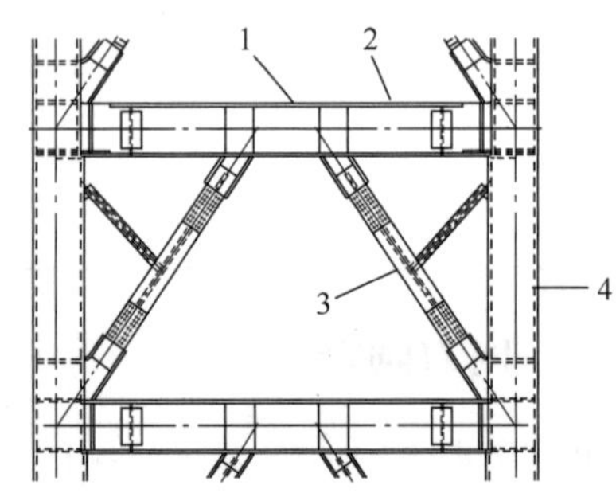

图6.9.3-2 偏心支撑框架
1—消能梁段；2—非消能梁段；3—支撑斜杆；4—框架柱

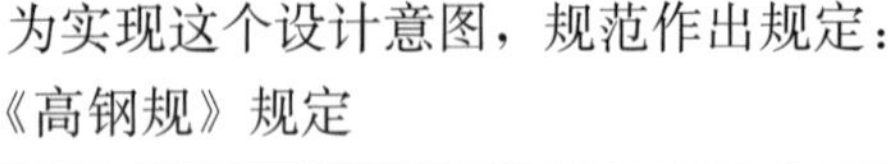
为实现这个设计意图，规范作出规定：

《高钢规》规定

7.6.5 有地震作用组合时，偏心支撑框架中除消能梁段外的构件内力设计值应按下列规定调整：

1 支撑的轴力设计值

$$N_{\mathrm{br}} = \eta_{\mathrm{br}} \frac{V_l}{V} N_{\mathrm{br,com}} \tag{7.6.5-1}$$

2 位于消能梁段同一跨的框架梁的弯矩设计值

$$M_{\mathrm{b}} = \eta_{\mathrm{b}} \frac{V_l}{V} M_{\mathrm{b,com}} \tag{7.6.5-2}$$

3 柱的弯矩、轴力设计值

$$M_{\mathrm{c}} = \eta_{\mathrm{c}} \frac{V_l}{V} M_{\mathrm{c,com}} \tag{7.6.5-3}$$

$$N_{\mathrm{c}} = \eta_{\mathrm{c}} \frac{V_l}{V} N_{\mathrm{c,com}} \tag{7.6.5-4}$$

式中：N_{br}——支撑的轴力设计值（kN）；
M_b——位于消能梁段同一跨的框架梁的弯矩设计值（kN·m）；
M_c、N_c——分别为柱的弯矩（kN·m）、轴力设计值（kN）；
V_l——消能梁段不计入轴力影响的受剪承载力（kN），取式（7.6.3-1）中的较大值；
V——消能梁段的剪力设计值（kN）；
$N_{br,com}$——对应于消能梁段剪力设计值V的支撑组合的轴力计算值（kN）；
$M_{b,com}$——对应于消能梁段剪力设计值V的位于消能梁段同一跨框架梁组合的弯矩计算值（kN·m）；
$M_{c,com}$、$N_{c,com}$——分别为对应于消能梁段剪力设计值V的柱组合的弯矩计算值（kN·m）、轴力计算值（kN）；
η_{br}——偏心支撑框架支撑内力设计值增大系数，其值在一级时不应小于1.4，二级时不应小于1.3，三级时不应小于1.2，四级时不应小于1.0；
η_b、η_c——分别为位于消能梁段同一跨的框架梁的弯矩设计值增大系数和柱的内力设计值增大系数，其值在一级时不应小于1.3，二、三、四级时不应小于1.2。

7.6.3 消能梁段的受剪承载力可按下列公式计算：

1 $N \leqslant 0.15Af$ 时

$$\left.\begin{aligned}&V_l = 0.58A_w f_y \text{ 或 } V_l = 2M_{lp}/a\text{，取较小值}\\&A_w = (h-2t_f)t_w\\&M_{lp} = fW_{np}\end{aligned}\right\}\qquad(7.6.3\text{-}1)$$

式中：V_l——消能梁段不计入轴力影响的受剪承载力（N）；
M_{lp}——消能梁段的全塑性受弯承载力（N·mm）；
a、h、t_w、t_f——分别为消能梁段的净长（mm）、截面高度（mm）、腹板厚度和翼缘厚度（mm）；
A_w——消能梁段腹板截面面积（mm^2）；
A——消能梁段的截面面积（mm^2）；
W_{np}——消能梁段对其截面水平轴的塑性净截面模量（mm^3）；
f、f_y——分别为消能梁段钢材的抗压强度设计值和屈服强度值（N/mm^2）。

《抗震》规定

8.2.3 钢结构在地震作用下的内力和变形分析，应符合下列规定：

5 偏心支撑框架中，与消能梁段相连构件的内力设计值，应按下列要求调整：

1） 支撑斜杆的轴力设计值，应取与支撑斜杆相连的消能梁段达到受剪承载力时支撑斜杆轴力与增大系数的乘积；其增大系数，一级不应小于1.4，二级不应小于1.3，三级不应小于1.2；

2）位于消能梁段同一跨的框架梁内力设计值，应取消能梁段达到受剪承载力时框架梁内力与增大系数的乘积；其增大系数，一级不应小于1.3，二级不应小于1.2，三级不应小于1.1；

3）框架柱的内力设计值，应取消能梁段达到受剪承载力时柱内力与增大系数的乘积；其增大系数，一级不应小于1.3，二级不应小于1.2，三级不应小于1.1。

【例6.9.3-1】支撑轴力调整

某26层钢结构办公楼，8度设防，房屋高度80m，采用钢框架-支撑系统，第12层支撑系统的形状如图6.9.3-3所示。支撑斜杆采用H型钢，其调整前的轴力设计值N_1＝2000kN。与支撑斜杆相连的消能梁段断面为H600×300×12×20，梁段的受剪承载力V_1＝1105kN，剪力设计值V＝860kN，轴力设计值$N<0.15Af$。

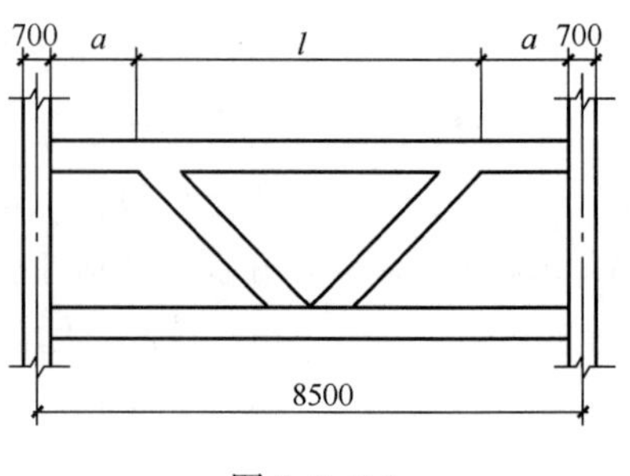

图6.9.3-3

试问，消能梁段达到受剪承载力时，支承斜杆的轴力设计值应采用下列何值？

提示：①按《高钢规》作答；

②各H型钢均满足承载力及其他方面构造要求。

(A) 2000　　(B) 2600　　(C) 3000　　(D) 3400

【答案】(D)

【解答】

(1) 根据《抗震》表8.1.3，8度，80m，抗震等级二级。

(2) 根据《高钢规》7.6.5，$\eta_{br}=1.3$

$$N_{br}=\eta_{br}\frac{V_1}{V}N_{br,com}=1.3\times\frac{1105}{860}\times2000=3340.7\text{kN}$$

四、偏心支撑框架设计

1. 消能梁段的受力特点

图6.9.4-1、6.9.4-2中2、3点之间的距离为消能梁段，由内力图可知消能梁段承受

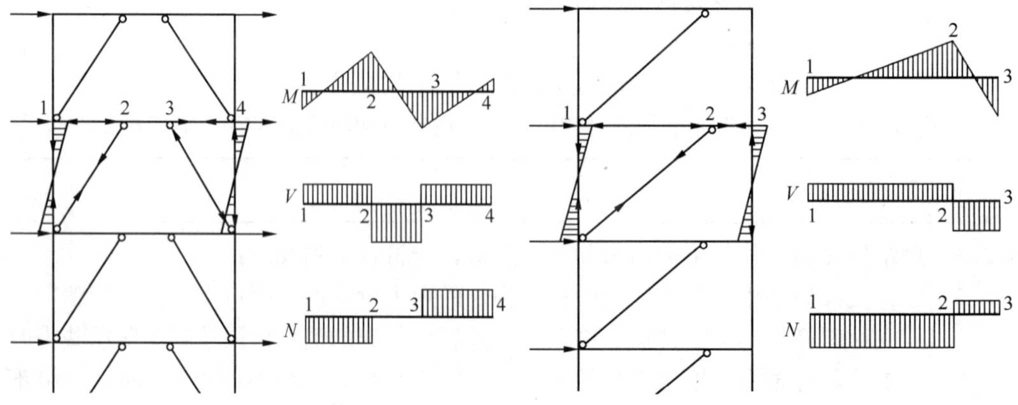

图6.9.4-1　门式偏心支撑框架内力　　图6.9.4-2　单斜杆式偏心支撑框架内力

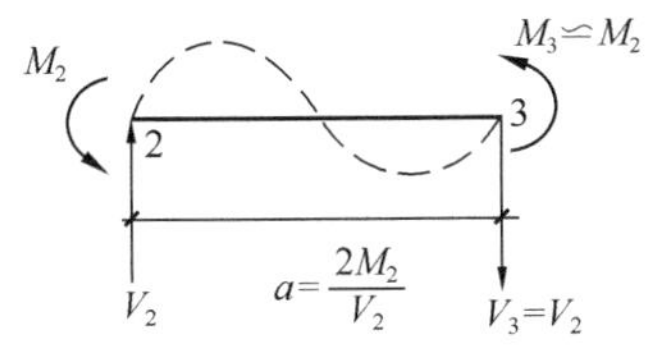

图 6.9.4-3 内力分析

弯矩、剪力、和轴力，它有如下受力特点：

（1）消能梁段在跨中存在反弯点，变形呈 S 形，可近似认为两端弯矩相等进行分析（图 6.9.4-3）；

（2）支撑斜杆的水平分力成为消能梁段的轴向力，较大的轴力降低消能梁段的受剪承载力，并影响其耗能性能；

（3）图 6.9.4-3，消能梁段净长 a 表示梁端弯矩与剪力的比值，当梁段较短时产生剪切屈服；当梁段较长时产生弯曲屈服；

（4）试验表明，剪切屈服型耗能梁段的耗能能力优于弯曲屈服型。

2. 消能梁段的承载力

由消能梁段的受力特点可知，梁段较短时发生剪切屈服，梁段较长时发生弯曲屈服，因此需验算消能梁段的受剪承载力和受弯承载力。

（1）受剪承载力

轴力对消能梁段的受剪承载力有一定影响，因此消能梁段的受剪承载力要分轴力较小和轴力较大两种情况。当轴力小于 $0.15Af$ 时忽略轴力影响，消能梁段的受剪承载力取腹板屈服时的剪力和消能梁段两端形成塑性铰时的剪力两者较小值。当轴力设计值大于 $0.15Af$ 时则降低梁的受剪承载力，保证消能梁段具有稳定的滞回性能。

《高钢规》规定

7.6.2 消能梁段的受剪承载力应符合下列公式的规定：

1 $N \leqslant 0.15Af$ 时

$$V \leqslant \phi V_l \tag{7.6.2-1}$$

2 $N > 0.15Af$ 时

$$V \leqslant \phi V_{lc} \tag{7.6.2-2}$$

式中：N——消能梁段的轴力设计值（N）；

V——消能梁段的剪力设计值（N）；

ϕ——系数，可取 0.9；

V_l、V_{lc}——分别为消能梁段不计入轴力影响和计入轴力影响的受剪承载力（N），可按本规程第 7.6.3 条的规定计算；有地震作用组合时，应按本规程第 3.6.1 条的规定除以 γ_{RE}。

7.6.3 消能梁段的受剪承载力可按下列公式计算：

1 $N \leqslant 0.15Af$ 时

$$\left.\begin{aligned} &V_l = 0.58A_w f_y \text{ 或 } V_l = 2M_{lp}/a\text{，取较小值} \\ &A_w = (h-2t_f)t_w \\ &M_{lp} = fW_{np} \end{aligned}\right\} \tag{7.6.3-1}$$

2 $N > 0.15Af$ 时

$$V_{lc} = 0.58A_w f_y \sqrt{1-[N/(fA)]^2} \tag{7.6.3-2}$$

或

$$V_{lc} = 2.4M_{lp}[1-N/(fA)]/a\text{，取较小值} \tag{7.6.3-3}$$

式中：V_l——消能梁段不计入轴力影响的受剪承载力（N）；
V_{lc}——消能梁段计入轴力影响的受剪承载力（N）；
M_{lp}——消能梁段的全塑性受弯承载力（N·mm）；
a、h、t_w、t_f——分别为消能梁段的净长（mm）、截面高度（mm）、腹板厚度和翼缘厚度（mm）；
A_w——消能梁段腹板截面面积（mm^2）；
A——消能梁段的截面面积（mm^2）；
W_{np}——消能梁段对其截面水平轴的塑性净截面模量（mm^3）；
f、f_y——分别为消能梁段钢材的抗压强度设计值和屈服强度值（N/mm^2）。

（2）受弯承载力

当轴力小于 $0.15Af$ 时按材料力学公式计算受弯承载力，当轴力大于 $0.15Af$ 时剪力由腹板承担，轴力和弯矩由翼缘承担。

《高钢规》规定

7.6.4 消能梁段的受弯承载力应符合下列公式的规定：

1 $N \leqslant 0.15Af$ 时

$$\frac{M}{W}+\frac{N}{A} \leqslant f \tag{7.6.4-1}$$

2 $N > 0.15Af$ 时

$$\left(\frac{M}{h}+\frac{N}{2}\right)\frac{1}{b_f t_f} \leqslant f \tag{7.6.4-2}$$

式中：M——消能梁段的弯矩设计值（N·mm）；
N——消能梁段的轴力设计值（N）；
W——消能梁段的截面模量（mm^3）；
A——消能梁段的截面面积（mm^2）；
h、b_f、t_f——分别为消能梁段的截面高度（mm）、翼缘宽度（mm）和翼缘厚度（mm）；
f——消能梁段钢材的抗压强度设计值（N/mm^2），有地震作用组合时，应按本规程第3.6.1的规定除以 γ_{RE}。

3. 消能梁段的净长

由受力分析可知，消能梁段较短时为剪切屈服型，较长时为弯曲屈服型。由规范公式可知，当轴力小于 $0.15Af$ 时消能梁段的全塑性受弯承载力为 $M_{lp}=fW_p$，腹板屈服时受剪承载力为 $V_l=0.58A_w f_{ay}$。根据图6.9.4-3列平衡方程得到 $a=2M_2/V_2$，假设消能梁段的两端受弯和腹板受剪同时屈服，即两种屈服类型同时发生，则净长 a 为：

$$a=\frac{2M_2}{V_2}=\frac{2M_{lp}}{V_l}$$

此时净长 a 为界限净长，当消能梁段小于界限净长时为剪切屈服型，大于界限净长为弯曲屈服型。

JGJ 99—88 版《高钢规》6.5.4 条文说明指出，剪切屈服型（图 6.9.4-4（a））耗能梁段对偏心支撑框架抵抗大震特别有利，其耗能能力和滞回性能优于弯曲屈服型（图 6.9.4-4（b））。JGJ 99—2015 版《高钢规》8.8.3 条文说明指出，当考虑轴力影响时，还需减少消能梁段的长度，以保证消能梁段具有良好的滞回性能。

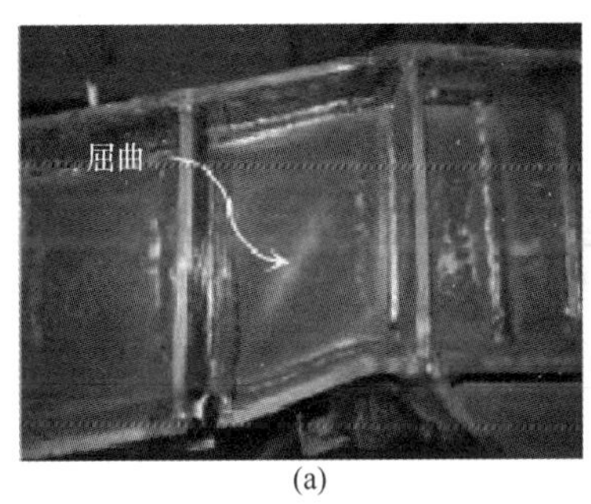

(a)

(b)

图 6.9.4-4　消能梁段的屈服类型

（a）剪切屈服型；（b）弯曲屈服型

《高钢规》规定

8.8.3　消能梁段的净长应符合下列规定：

1　当 $N \leqslant 0.16Af$ 时，其净长不宜大于 $1.6M_{lp}/V_l$。

2　当 $N > 0.16Af$ 时：

1） $\rho(A_w/A) < 0.3$ 时

$$a \leqslant 1.6M_{lp}/V_l \tag{8.8.3-1}$$

2） $\rho(A_w/A) \geqslant 0.3$ 时

$$a \leqslant [1.15 - 0.5\rho(A_w/A)]1.6M_{lp}/V_l \tag{8.8.3-2}$$

$$\rho = N/V \tag{8.8.3-3}$$

式中：a ——消能梁段净长（mm）；

ρ ——消能梁段轴力设计值与剪力设计值之比值。

《抗震》规定

8.5.3　消能梁段的构造应符合下列要求：

1　当 $N > 0.16Af$ 时，消能梁段的长度应符合下列规定：

当 $\rho(A_w/A) < 0.3$ 时

$$a < 1.6M_{lp}/V_l \tag{8.5.3-1}$$

当 $\rho(A_w/A) \geqslant 0.3$ 时

$$a \leqslant [1.15 - 0.5\rho(A_w/A)]1.6M_{lp}/V_l \tag{8.5.3-2}$$

$$\rho = N/V \tag{8.5.3-3}$$

式中：a ——消能梁段的长度；

ρ ——消能梁段轴向力设计值与剪力设计值之比。

与柱相连的消能梁段不应设计成弯曲屈服型。试验发现弯曲屈服型梁段的翼缘在靠近柱的位置出现裂缝，梁段与柱连接处有很大的应力集中，受力性能差。而剪切屈服型梁段在腹板形成拉力场，消能梁段仍能保持强度和刚度。因此《抗震》规定

> **8.5.4** 消能梁段与柱的连接应符合下列要求：
> **1** 消能梁段与柱连接时，其长度不得大于 $1.6M_{lp}/V_l$，且应满足相关标准的规定。

【例题 6.9.4-1】消能梁段净长

某 26 层钢结构办公楼，采用钢框架-支撑系统，如图 6.9.4-5 所示。Ⓐ轴第 6 层偏心支撑框架，局部如图 6.9.4-5（b）所示。箱形柱断面 700×700×40，轴线中分。等截面框架梁断面 H600×300×12×32。为把偏心支撑中的消能梁段 a 设计成剪切屈服型，试问，偏心支撑的 l 梁段长度最小值，与下列何项数值最为接近？

提示：① 按《高钢规》作答；

② 为简化计算，梁腹板和翼缘的 $f=295\text{N/mm}^2$，$f_y=325\text{N/mm}^2$；

③ 假设消能梁段受剪承载力不计入轴力影响，剪切屈服型：$\frac{2M_{lp}}{a}>0.58A_wf_y$，$a\leqslant\frac{1.6M_{lp}}{V_l}$。

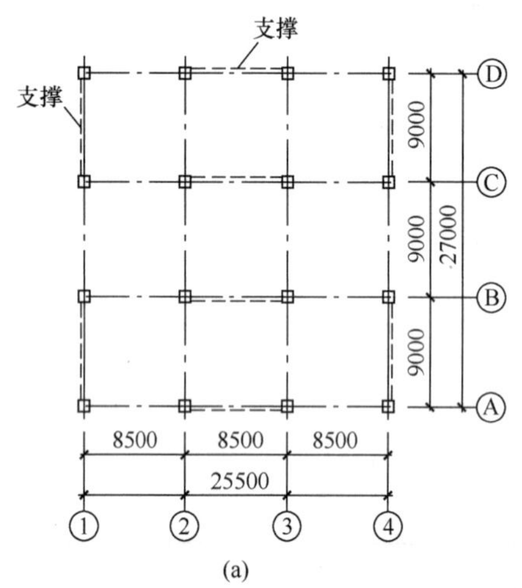

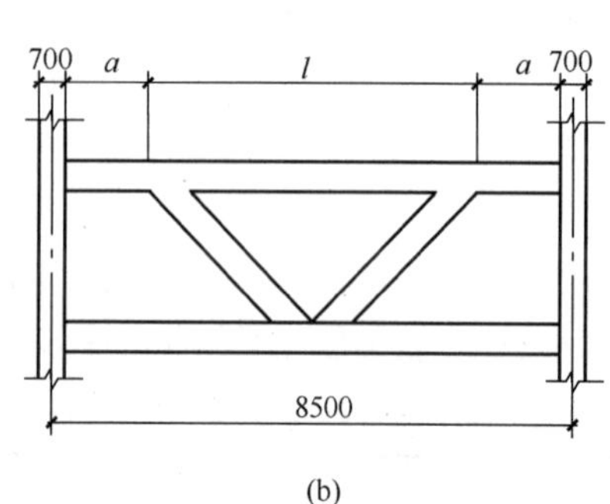

图 6.9.4-5
（a）平面图；（b）偏心支撑

（A）2.90m　　（B）3.70m　　（C）4.40m　　（D）5.40m

【答案】（A）

【解答】

（1）根据《高钢规》式（7.6.3-1）

$$h_0=600-2\times32=536\text{mm}$$

$$V_l=0.58f_yh_0t_w=0.58\times325\times536\times12=1212\text{kN}$$

（2）全截面屈曲计算塑性抵抗矩（塑性截面模量），如图 6.9.4-6 所示。

$$W_{np}=2\times[300\times32\times(268+32/2)+268\times12\times(268/2)]=6314688\ \text{mm}^3$$

（3）根据《高钢规》式(7.6.3-1)

$$M_{lp}=fW_{np}=295\times 6314688=1862.8\text{kN}\cdot\text{m}$$

（4）消能梁段净长

$$a\leqslant\frac{1.6M_{lp}}{V_l}=\frac{1.6\times 1862.8}{1212}=2.46\text{m}。$$

（5）偏心支撑中的 l 梁段长度的最小值

$$l=8.5-0.7-2\times 2.46=2.88\text{m}$$

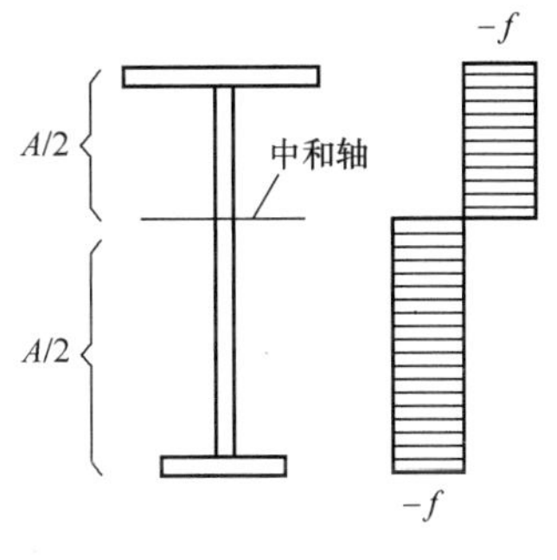

图 6.9.4-6

4. 偏心支撑、非消能梁段、柱的承载力

地震作用下消能梁段屈服耗能，偏心支撑、非消能梁段、柱保持弹性，因此支撑按弹性压杆设计，梁柱按《钢标》验算，有地震组合时考虑承载力抗震调整系数。

《高钢规》规定

7.6.6 偏心支撑斜杆的轴向承载力应符合下式要求：

$$\frac{N_{br}}{\varphi A_{br}}\leqslant f \tag{7.6.6}$$

式中：N_{br}——支撑的轴力设计值（N）；

A_{br}——支撑截面面积（mm^2）；

φ——由支撑长细比确定的轴心受压构件稳定系数；

f——钢材的抗拉、抗压强度设计值（N/mm^2），有地震作用组合时，应按本规程第 3.6.1 条的规定除以 γ_{RE}。

7.6.7 偏心支撑框架梁和柱的承载力，应按现行国家标准《钢标》GB 50017 的规定进行验算；有地震作用组合时，钢材强度设计值应按本规程 3.6.1 条的规定除以 γ_{RE}。

5. 强连接弱构件

偏心支撑与消能梁段的连接也应符合强连接、弱构件的设计原则。

《高钢规》规定

8.8.7 支撑与消能梁段的连接应符合下列规定：

2 抗震设计时，支撑与消能梁段连接的承载力不得小于支撑的承载力，当支撑端有弯矩时，支撑与梁连接的承载力应按抗压弯设计。

五、钢框架-偏心支撑的抗震构造措施

1. 消能梁段构造

图 6.9.5-1，消能梁段是主要的耗能构件，为保证梁段具有良好的延性和耗能能力，规范对其钢材的强度和板件宽厚作出规定。

《高钢规》规定

图 6.9.5-1　消能梁段屈服

4.1.7　偏心支撑框架中的消能梁段所用钢材的屈服强度不应大于 $345N/mm^2$，屈强比不应大于 0.8；且屈服强度波动范围不应大于 $100N/mm^2$。

8.8.1　消能梁段及与消能梁段同一跨内的非消能梁段，其板件的宽厚比不应大于表 8.8.1 规定的限值。

偏心支撑框架梁板件宽厚比限值　　**表 8.8.1**

板件名称		宽厚比限值
翼缘外伸部分		8
腹板	当 $N/(Af) \leqslant 0.14$ 时	$90[1-1.65N/(Af)]$
	当 $N/(Af) > 0.14$ 时	$33[2.3-N/(Af)]$

注：表列数值适用于 Q235 钢，当材料为其他钢号时应乘以 $\sqrt{235/f_y}$，$N/(Af)$ 为梁轴压比。

2. 消能梁段的加劲肋

为使消能梁段作为耗能构件，在地震作用下应保证有良好的耗能性能，因此需配置加劲肋加强对腹板的约束。

《高钢规》规定

8.8.5　消能梁段的腹板应按下列规定设置加劲肋（图 8.8.5）

1　消能梁段与支撑连接处，应在其腹板两侧设置加劲肋，加劲肋的高度应为梁腹板高度，一侧的加劲肋高度不应小于 $(b_f/2-t_w)$，厚度不应小于 $0.75t_w$ 和 10mm 的较大值。

2　当 $a \leqslant 1.6M_{lp}/V_l$ 时，中间加劲肋间距不应大于 $(30t_w-h/5)$；

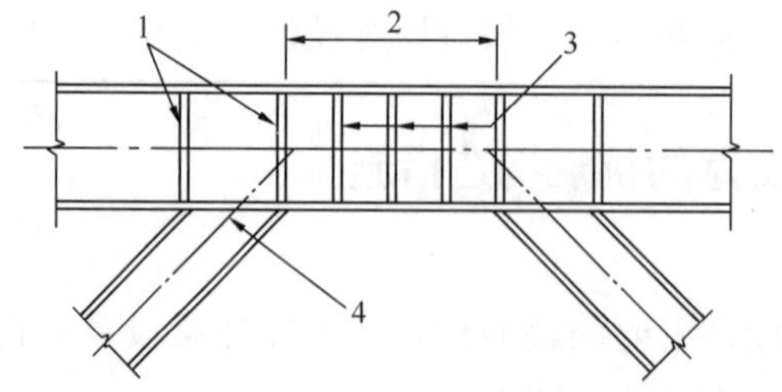

图 8.8.5　消能梁段的腹板加劲肋设置

1—双面全高设加劲肋；2—消能梁段上、下翼缘均设侧向支撑；3—腹板高大于 640mm 时设双面中间加劲肋；4—支撑中心线与消能梁段中心线交于消能梁段内

3. 支撑与消能梁段的连接

偏心支撑斜杆与梁轴线的交点在消能梁段内时，将产生消能梁段端部弯矩反向的附加弯矩，减少消能梁段和支撑斜杆的弯矩，对抗震有利；当交点在消能梁段外时，将增大支撑和消能梁段的弯矩，对抗震不利。因此，构造上要求交点不得在消能梁段外，如图 6.9.5-2 所示。

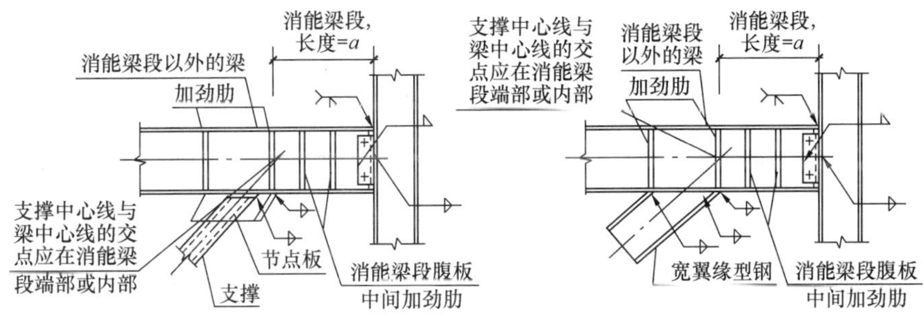

图 6.9.5-2　偏心支撑构造

《高钢规》规定

8.8.7　支撑与消能梁段的连接应符合下列规定：

1　支撑轴线与梁轴线的交点，不得在消能梁段外。

4. 侧向隅撑

图 6.9.5-3，为承受平面外扭转作用，消能梁段两端设置翼缘的侧向隅撑。

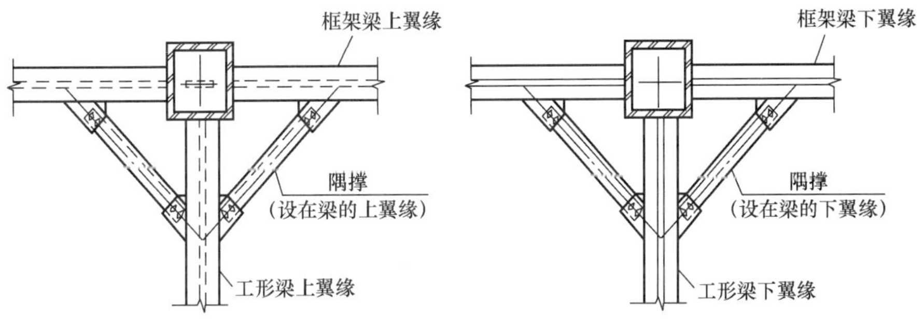

图 6.9.5-3　上、下翼缘的侧向支撑布置

《高钢规》规定

8.8.8　消能梁段与支撑连接处，其上、下翼缘应设置侧向支撑，支撑的轴力设计值不应小于消能梁段翼缘轴向极限承载力的 6%，即 $0.06f_yb_ft_f$。f_y 为消能梁段钢材的屈服强度，b_f、t_f 分别为消能梁段翼缘的宽度和厚度。

与消能梁段处于同一跨内的框架梁，同样承受轴力和弯矩，为保证其稳定，也需设置翼缘的侧向隅撑。

8.8.9　与消能梁段同一跨框架梁的稳定不满足要求时，梁的上、下翼缘应设置侧向支撑，支撑的轴力设计值不应小于梁翼缘轴向承载力设计值的2%，即$0.02fb_ft_f$。f为框架梁钢材的抗拉强度设计值，b_f、t_f 分别为框架梁翼缘的宽度和厚度。

5. 不贴焊补强板、不开洞

《高钢规》规定

8.8.4 条文说明　由于腹板上贴焊的补强板不能进入弹塑性变形，因此不能采用补强板，腹板上开洞也会影响其弹塑性变形能力。

8.8.4 消能梁段的腹板不得贴焊补强板，也不得开洞。

6. 偏心支撑构造

偏心支撑是非耗能构件，在地震中保持弹性，支撑杆件的长细比和板件宽厚比按弹性状态的要求限制。

《高钢规》规定

8.8.2 偏心支撑框架的支撑杆件的长细比不应大于 $120\sqrt{235/f_y}$，支撑杆件的板件宽厚比不应大于现行国家标准《钢标》GB 50017 规定的轴心受压构件在弹性设计时的宽厚比限值。

6.10 伸臂桁架和腰桁架

一、结构分析

如图 6.10.1-1（a）所示，房屋很高时采用框架-支撑组成筒中筒或框架-核心筒结构，如果房屋中央竖井的平面尺寸较小，且与外围柱之间的跨度较大，导致竖向支撑与外柱之间的钢梁抗弯刚度较弱。此时，支撑系统与外柱不能形成一个整体抵抗水平荷载，结构的抗侧刚度主要由支撑系统提供。支撑系统的整体变形是弯曲变形，与支撑的高宽比成反比，即支撑系统越细长抗侧刚度越低，结构很难满足设计要求。

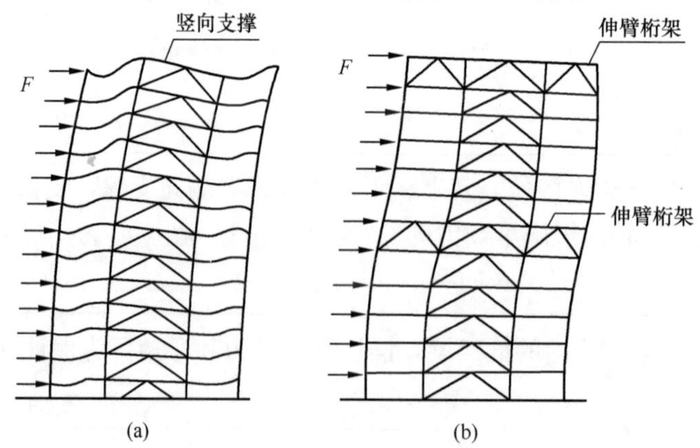

图 6.10.1-1　结构对比

（a）无伸臂桁架；（b）有伸臂桁架

（1）伸臂桁架

如图 6.10.1-1（b）所示，为了提高结构刚度，可在结构的顶部和中部若干层加设伸臂桁架，使外围柱与支撑系统形成整体抵抗水平荷载，外柱承受倾覆弯矩引起的拉、压力，由刚度小的抗弯构件转变为刚度大的拉压构件，相当于增加了结构的宽度、减小了竖向支撑的高宽比。图 6.10.1-2 所示，顶层设置伸臂桁架后，外柱承受拉、压力，与支撑系统一起抵抗倾覆弯矩。伸臂桁架楼层产生的反向弯矩 M_1 及 M_2 将抵消一部分水平荷载的倾覆力矩（图 6.10.1-3），并减小结构水平位移（图 6.10.1-4）。

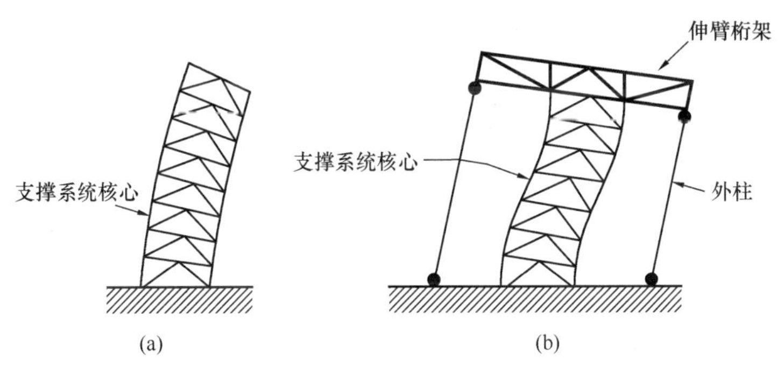

图 6.10.1-2　伸臂桁架结构受力分析

（a）无伸臂桁架；（b）有伸臂桁架

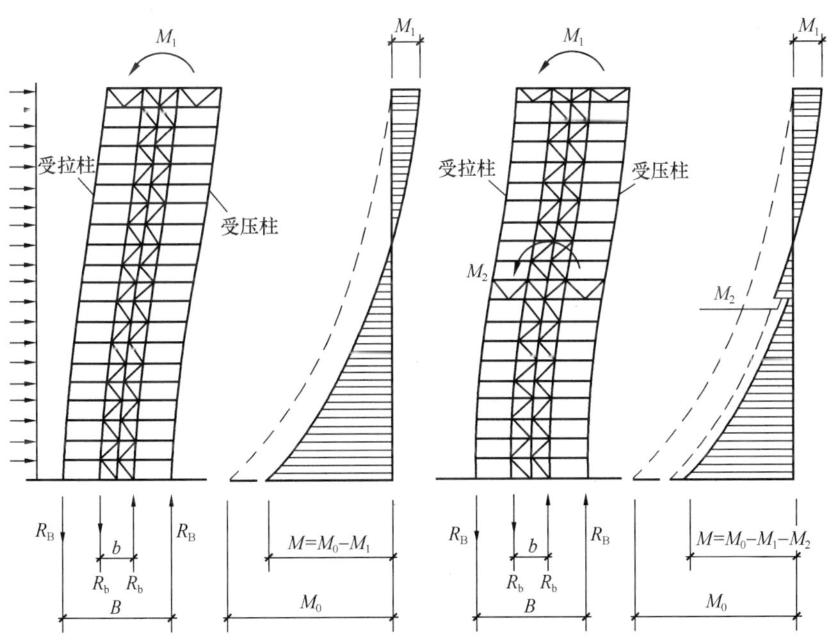

图 6.10.1-3　伸臂桁架产生反向弯矩

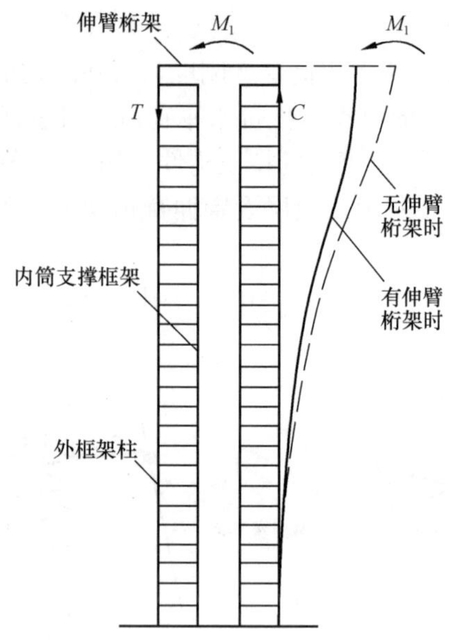

图 6.10.1-4　水平位移曲线对比

（2）腰桁架及帽桁架

与伸臂桁架相连的外框柱可产生反向弯矩（图 6.10.1-5 中 1-1 截面），未与伸臂桁架相连的框架柱（图 6.10.1-5 中 2-2 截面），由于柱之间梁的抗弯刚度弱，不能参与整体工作。如图 6.10.1-6 所示，当用腰桁架连接这部分柱后，这部分柱也能参与整体抗弯工作，增强了伸臂桁架的作用（图 6.10.1-7），设置在顶部的腰桁架称为帽桁架。

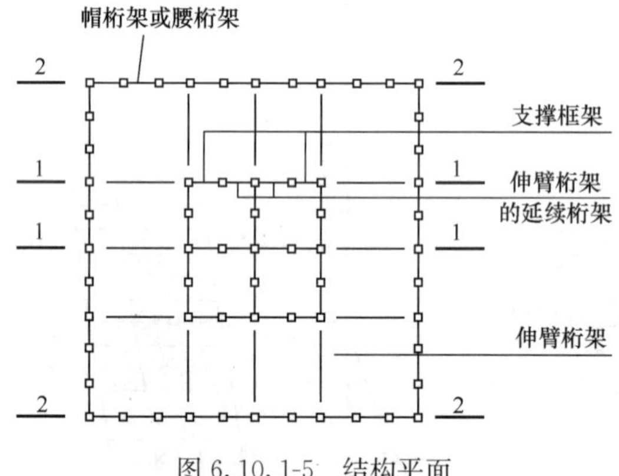

图 6.10.1-5　结构平面

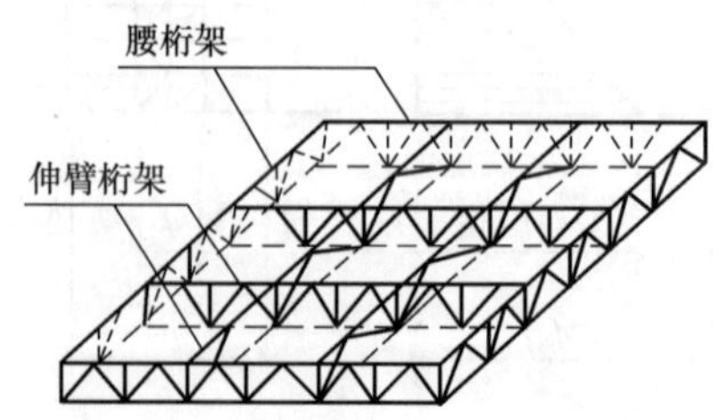

图 6.10.1-6　腰桁架和伸臂桁架布置

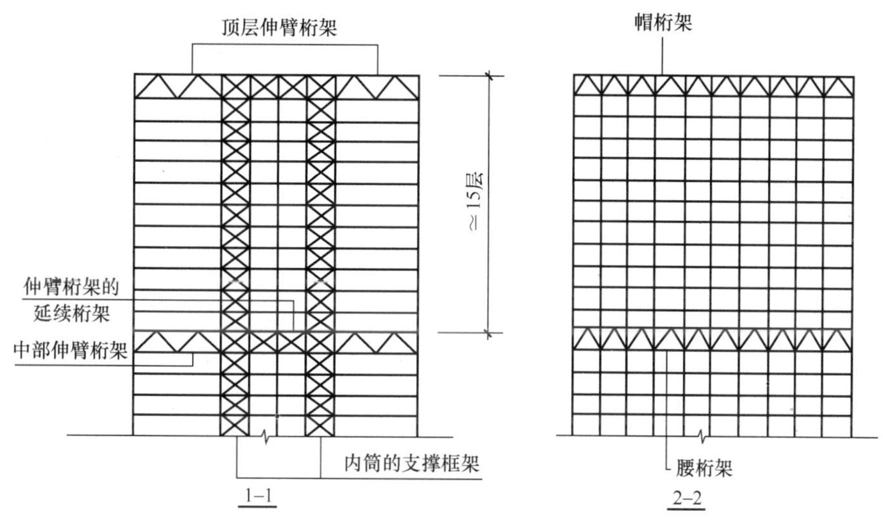

图 6.10.1-7 结构剖面

二、结构布置

如图 6.10.2-1 所示，设置伸臂桁架及腰桁架或帽桁架的楼层称为水平加强层，水平加强层可提高结构刚度。水平加强层的位置宜结合工程实际条件，如设备层、避难层布置，并应采用计算模型进行对比优化。

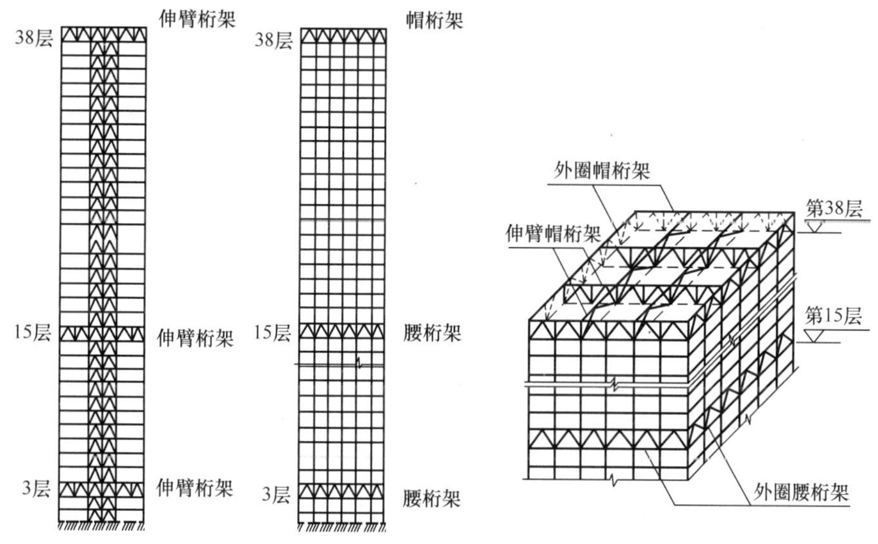

图 6.10.2-1 伸臂桁架和腰桁架布置

《高钢规》规定

> **7.7.1** 伸臂桁架及腰桁架的布置应符合下列规定：
>
> **1** 在需要提高结构整体侧向刚度时，在框架-支撑组成的筒中筒结构或框架-核心筒结构的适当楼层（加强层）可设置伸臂桁架，必要时可同时在外框柱之间设置腰桁架。伸臂桁架设置在外框架柱与核心构架或核心筒之间，宜在全楼层对称布置。

7.7.2 伸臂桁架及腰桁架的设计应符合下列规定：

1 伸臂桁架、腰桁架宜采用钢桁架。伸臂桁架应与核心构架柱或核心筒转角部或T形墙相交部位连接。

3 伸臂桁架与核心构架或核心筒之间的连接采用刚接，且宜将其贯穿核心筒或核心构架，与另一边的伸臂桁架相连，锚入核心筒剪力墙或核心构架中的桁架弦杆、腹杆的截面面积不小于外部伸臂桁架相应截面面积的1/2。腰桁架与外框柱之间应采用刚性连接。

如图6.10.2-2所示，加强层造成层间位移突变，竖向刚度不均匀，使加强层的相邻层形成薄弱层，设计中应控制加强层刚度，并提高加强层及其上下层的抗震构造措施。且9度设防时不宜使用伸臂桁架和腰桁架。

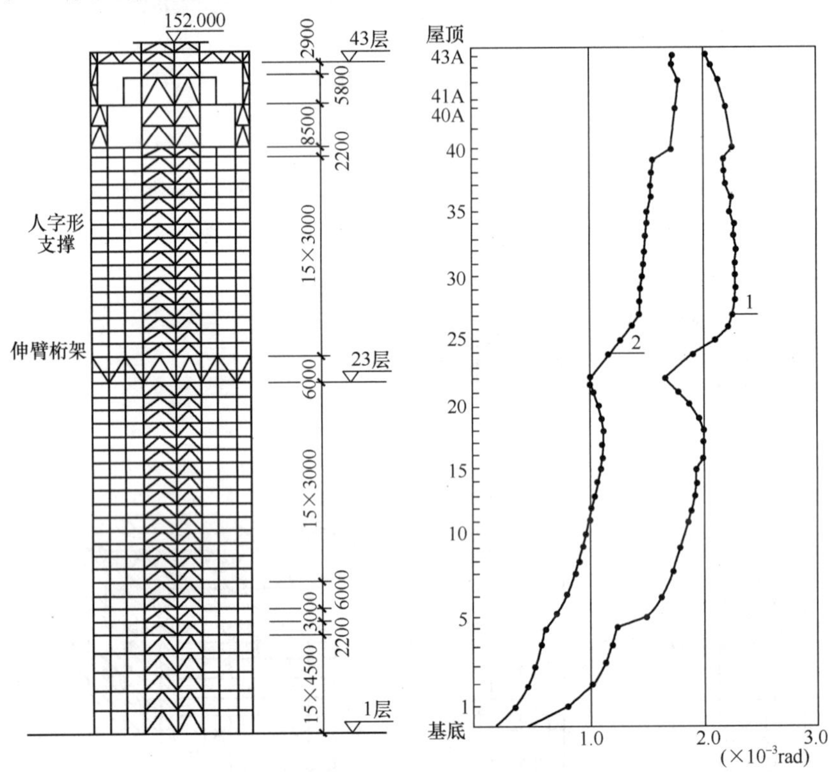

图6.10.2-2　层间位移

1—风荷载作用下层间位移；2—地震作用下层间位移

7.7.1 伸臂桁架及腰桁架的布置应符合下列规定：

2 抗震设计结构中设置加强层时，宜采用延性较好、刚度及数量适宜的伸臂桁架及（或）腰桁架，避免加强层范围产生过大的层刚度突变。

4 9度地震设防时不宜使用伸臂桁架及腰桁架。

7.7.1 条文说明　由于伸臂桁架形成的加强层造成结构竖向刚度不均匀，使墙、柱形成薄弱层，因此对于抗震设计的结构为提高侧向刚度，优先采用其他措施，尽可能不设置或少设置伸臂桁架。

抗震设计中设置加强层时，需控制每道伸臂桁架刚度不宜过大，需要时可设多道加强层。

三、内力调整

如图 6.10.3-1 所示，当伸臂桁架或腰桁架兼作转换层构件时，应考虑地震倾覆力矩对传力不连续桁架的增大效应，为避免转换构件在大震时失效，应加大竖向构件传递到转换构件的小震内力。

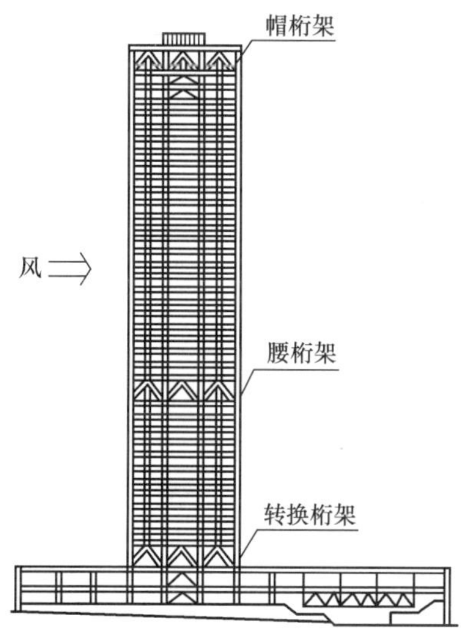

图 6.10.3-1　工程实例

7.7.2　伸臂桁架及腰桁架的设计应符合下列规定：

5　当伸臂桁架或腰桁架兼作转换层构件时，应按本规程第 7.1.6 条规定调整内力并验算其竖向变形及承载能力；对抗震设计的结构尚应按性能目标要求采取措施提高其抗震安全性。

7.1.6　当在多遇地震组合下进行构件承载力计算时，托柱梁地震作用产生的内力应乘以增大系数，增大系数不得小于 1.5。

6.11　节 点 设 计

一、概要

如图 6.11.1-1 所示，节点设计主要是梁与柱的连接、柱与柱的拼接、梁与梁的拼接、次梁与主梁的连接、支撑与框架的连接、柱脚的连接。

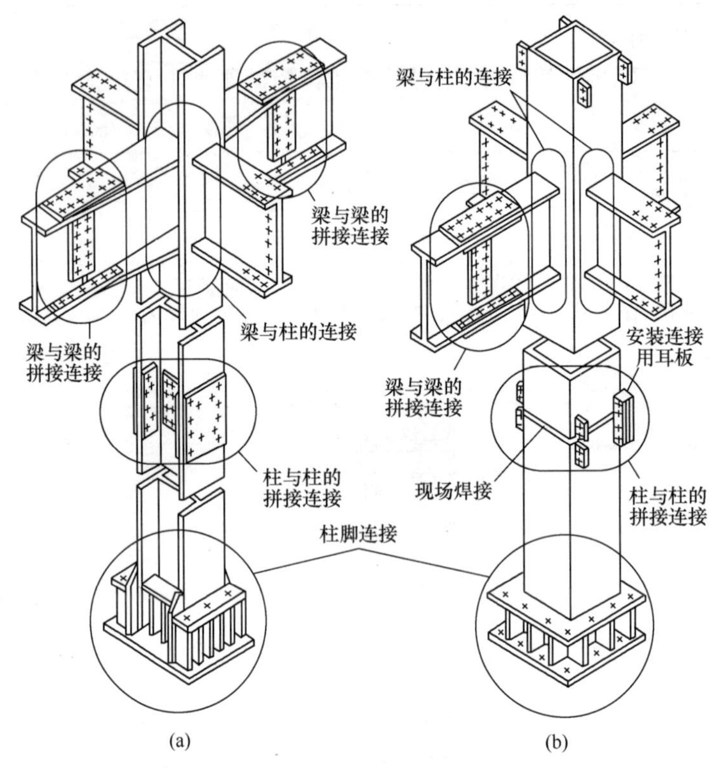

图 6.11.1-1　高层钢结构连接节点

(a) 梁柱均为H形或工字形截面；(b) 梁为H形或工字形截面，柱为箱形截面

二、梁与柱连接

图 6.11.2-1，对于常用的工字形、H形和箱形截面的梁和柱的节点和拼接，一般采用如下形式：

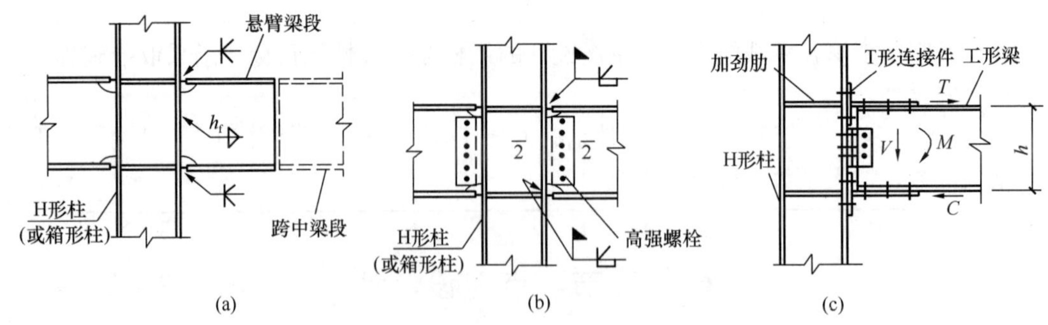

图 6.11.2-1　节点连接方式

(a) 全焊连接；(b) 栓焊混合连接；(c) 全栓连接

(1) 全焊连接——通常翼缘坡口采用全熔透焊缝、腹板采用角焊缝

优点：传力充分，不会滑移，可为结构提供足够的延性。缺点：焊接部分有一定的残余应力。

（2）栓焊混合连接——翼缘坡口采用全熔透焊缝、腹板采用高强度螺栓连接

优点：操作方便，先用螺栓安装定位，再翼缘施焊，此类连接的滞回曲线与全焊接连接接近。缺点：翼缘焊缝降低螺栓预拉力10%左右，因此，腹板处的高强螺栓预拉力要留有富余量。

（3）全栓连接——翼缘和腹板全部采用高强螺栓连接

优点：施工便捷，全部高强度螺栓连接，符合工业化生产模式。缺点：结构尺寸较大，钢板用量稍多，费用较高。强震时接头可能滑移。

如图6.11.2-2所示，梁与柱的连接可分为柱贯通型和隔板贯通式连接两种类型，一般情况下，框架的梁柱节点宜采用柱贯通型；对于冷成型箱形柱应采用隔板贯通式连接，此时为避免焊接产生层状撕裂（图6.11.2-3），采用抗层状撕裂的钢材（Z向钢材）。

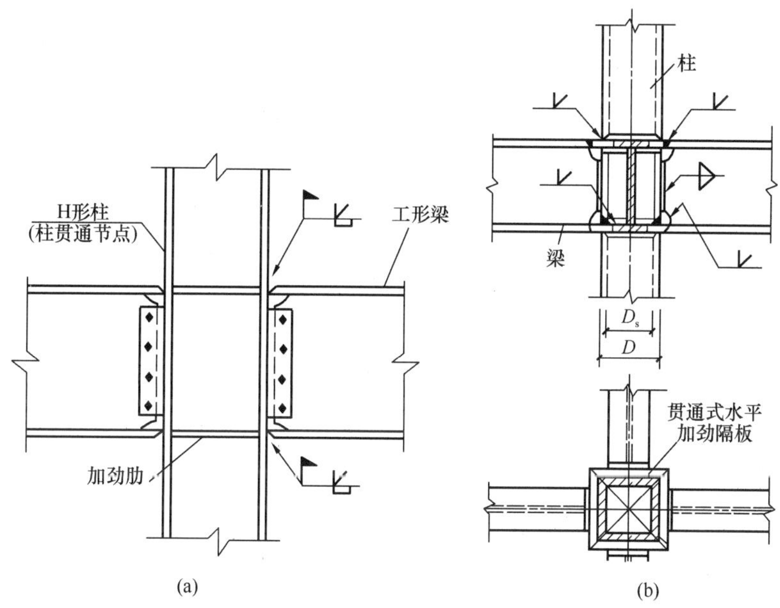

图6.11.2-2 梁柱节点类型

（a）柱贯通型；（b）隔板贯通式连接

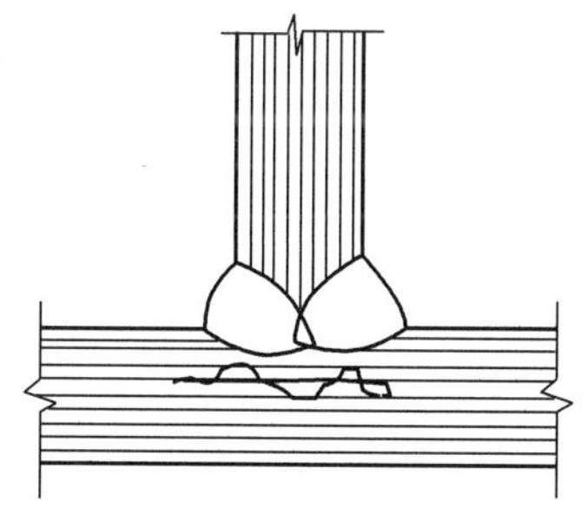

图6.11.2-3 典型层状撕裂

（1）构造要求

《高钢规》规定

8.1.2 钢框架侧抗力构件的梁与柱连接应符合下列规定：

1 梁与 H 形柱（绕强轴）刚性连接以及梁与箱形柱或圆管柱刚性连接时，弯矩由梁翼缘和腹板受弯区的连接承受，剪力由腹板受剪区的连接承受。

2 梁与柱的连接宜采用翼缘焊接和腹板高强度螺栓连接的形式，也可采用全焊接连接。一、二级时梁与柱宜采用加强型连接或骨式连接。

8.1.4 梁与柱刚性连接时，梁翼缘与柱的连接应采用一级全熔透焊缝，其他全熔透焊缝为二级。非熔透的角焊缝和部分熔透的对接与角接组合焊缝的外观质量标准应为二级。现场一级焊缝宜采用气体保护焊。

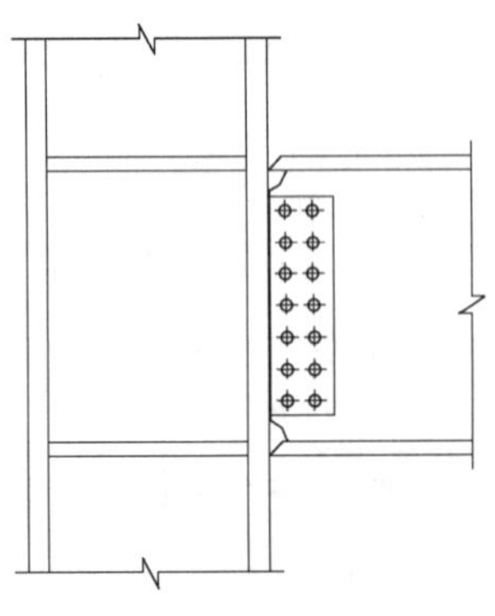

图 8.2.5-1 柱连接板与梁腹板的螺栓连接

8.2.5 梁腹板与 H 形柱（绕强轴）、箱形柱或圆管柱的连接，应符合下列规定：

1 连接板应采用与梁腹板相同强度等级的钢材制作，其厚度应比梁腹板大 2mm。连接板与柱的焊接，应采用双面角焊缝，在强震区焊缝端部应围焊，对焊缝的厚度要求与梁腹板与柱的焊缝要求相同。

8.3.1 框架梁与柱的连接宜采用柱贯通型。在互相垂直的两个方向都与梁刚性连接时，宜采用箱形柱。箱形柱壁板厚度小于 16mm 时，不宜采用电渣焊焊接隔板。

8.3.2 冷成型箱形柱应在梁对应位置设置隔板，并应采用隔板贯通式连接。柱段与隔板的连接应采用全熔透对接焊缝（图 8.3.2）。隔板宜采用 Z 向钢制作。其外伸部分长度 e 宜为 25～30mm，以便将相邻焊缝热影响区隔开。

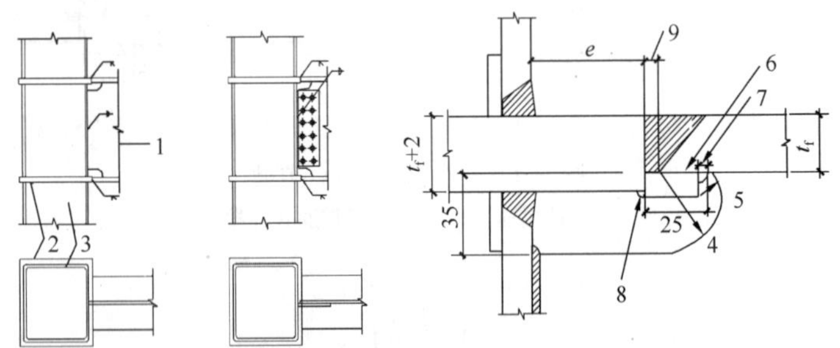

图 8.3.2 框架梁与冷成型箱形柱隔板的连接

1—H 形钢梁；2—横隔板；3—箱形柱；4—大圆弧半径≈35mm；5—小圆弧半径≈10mm；6—衬板厚度 8mm 以上；7—圆弧端点至衬板边缘 5mm；8—隔板外侧衬板边缘采用连续焊缝；9—焊根宽度 7mm，坡口角度 35°

8.3.5 梁与 H 形柱（绕弱轴）刚性连接时，加劲肋应伸至柱翼缘以外 75mm，并以变宽度形式伸至梁翼缘，与后者用全熔透对接焊缝连接。加劲肋应两面设置（无梁外侧加劲肋厚度不应小于梁翼缘厚度之半)。翼缘加劲肋应大于梁翼缘厚度,以协调翼缘的允许偏差。梁腹板与柱连接板用高强度螺栓连接。

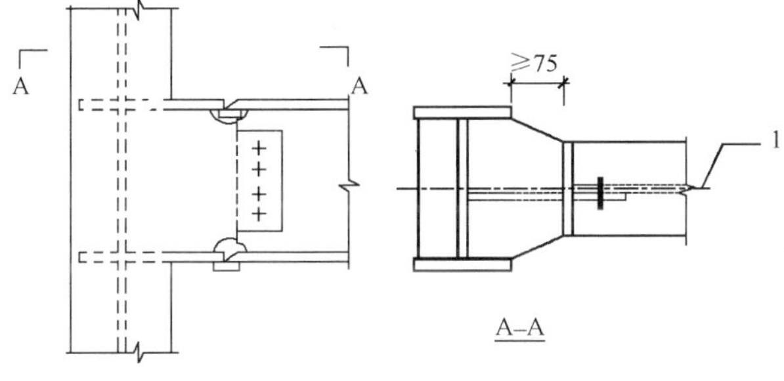

图 8.3.5 梁与 II 形柱弱轴刚性连接

1—梁柱轴线

如图 6.11.2-4 所示,1994 年美国的北岭地震和 1995 年日本的阪神地震在梁柱连接的焊缝处出现裂缝,并延伸至节点区或梁腹板内,原因在于焊缝处的垫板和柱翼缘之间留有缝隙,形成人工缝(图 6.11.2-5),人工缝在地震作用下成为裂缝开展的源头,因此在人工缝下面应补焊一条焊缝。同时,也对过焊孔给出规定,避开焊接的热影响区域。

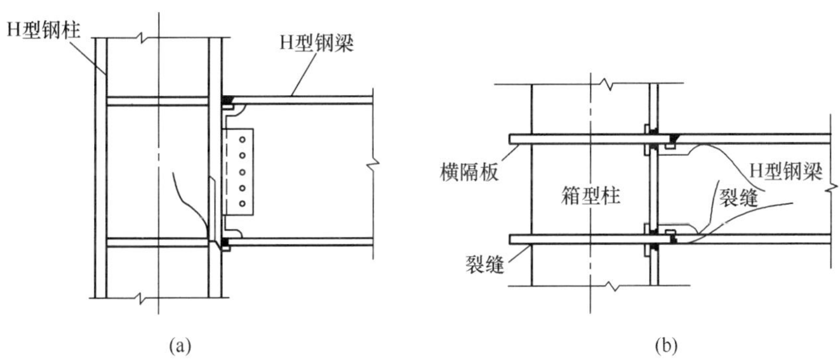

图 6.11.2-4 典型震害

(a)北岭地震;(b)阪神地震

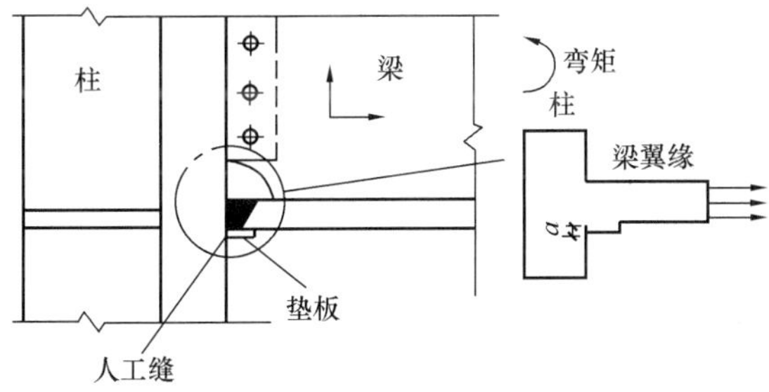

图 6.11.2-5 人工缝

《高钢规》规定

8.3.3 当梁与柱在现场焊接时，梁与柱连接的过焊孔，可采用常规型（图8.3.3-1）和改进型（图8.3.3-2）两种形式。采用改进型时，梁翼缘与柱的连接焊缝应采用气体保护焊。

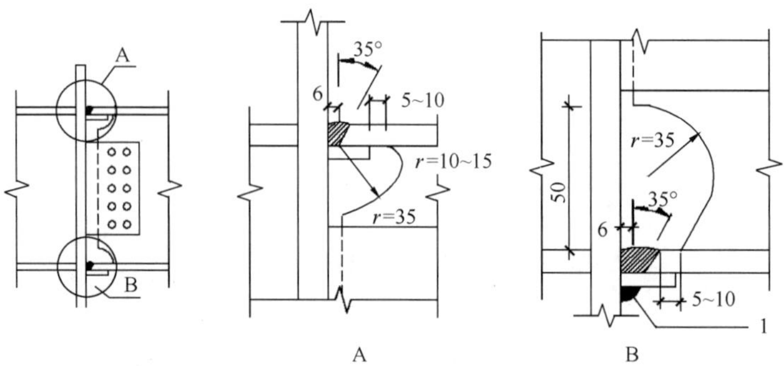

图8.3.3-1 常规型过焊孔

1—h_w≈5 长度等于翼缘总宽度

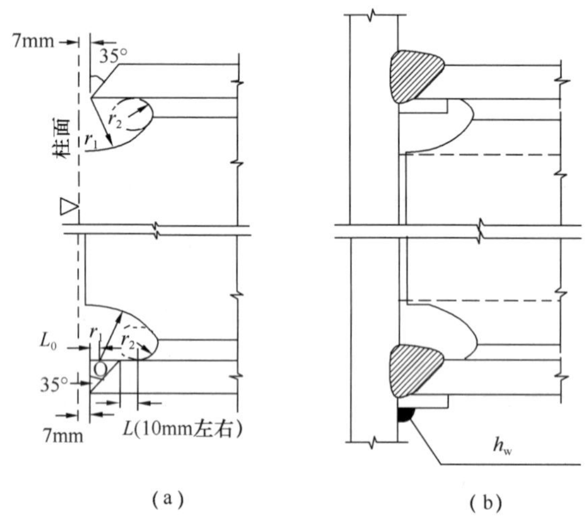

图8.3.3-2 改进型过焊孔

r_1 =35mm 左右；r_2 =10mm 以上；

O点位置：t_f <22mm：L_0（mm）=0

t_f ≥22mm：L_0（mm）=0.75 t_f −15，t_f 为下翼缘板厚

h_w ≈5 长度等于翼缘总宽度

梁翼缘与柱翼缘间应采用全熔透坡口焊缝，抗震等级一、二级时，应检验焊缝的V形切口冲击韧性，其夏比冲击韧性在−20℃时不低于27J。

梁腹板（连接板）与柱的连接焊缝，当板厚小于16mm时可采用双面角焊缝，焊缝的有效截面高度应符合受力要求，且不得小于5mm。当腹板厚度等于或大于16mm时应采用K形坡口焊缝。设防烈度7度（0.15g）及以上时，梁腹板与柱的连接焊缝应采用围焊，围焊在竖向部分的长度l应大于400mm且连续施焊（图8.3.3-3）。

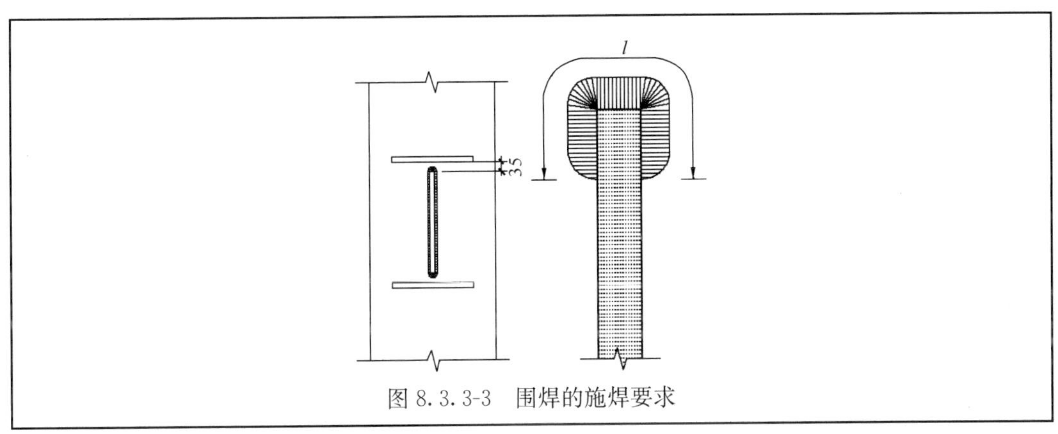

图 8.3.3-3　围焊的施焊要求

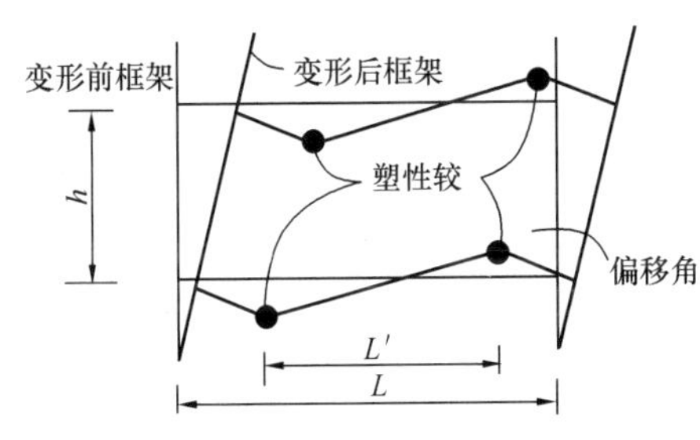

图 6.11.2-6　塑性铰从柱边外移

由于焊缝可能导致裂缝，裂缝影响塑性铰的转动能力，为了保障塑性铰的能力，可使塑性铰出现的位置远离连接焊缝处，达到图 6.11.2-6 所示目的。

为达到图 6.11.2-6 的效果，可采用加强型连接节点或削弱型连接节点，图 6.11.2-7 为四种加强型连接节点，基本思想如图 6.11.2-8，根据地震作用弯矩梯度对梁端截面进行加强，使加强区域抵抗弯矩大于地震弯矩，塑性铰发生在 M/M_u 最大截面处，因此加强段端部会形成塑性铰，远离梁柱连接截面。

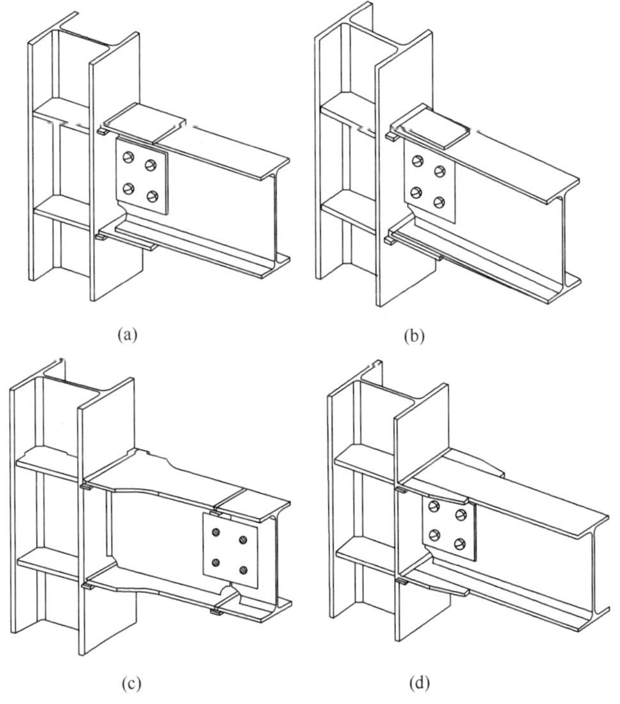

图 6.11.2-7　加强型节点

（a）翼缘过渡板加强型；（b）盖板加强型；（c）直接扩翼型；（d）侧板加强型

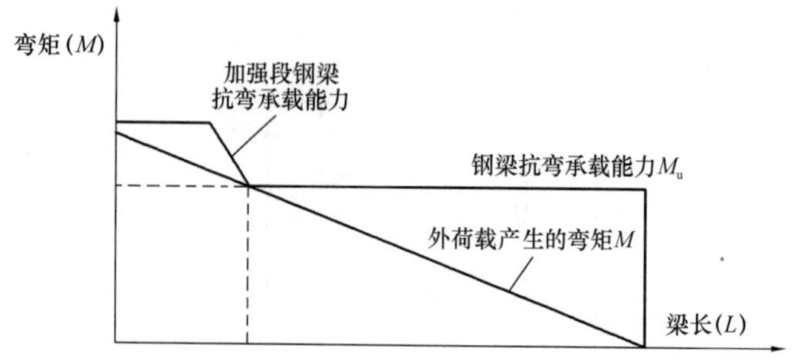

图 6.11.2-8　加强型节点原理

图 6.11.2-9 为削弱型节点，削弱型节点的设计思想如图 6.11.2-10 所示，根据地震弯矩的分布规律，对梁的某一区域进行削弱，使削弱后的弯矩等于地震弯矩，M/M_u 最大，这个区域就形成塑性铰。

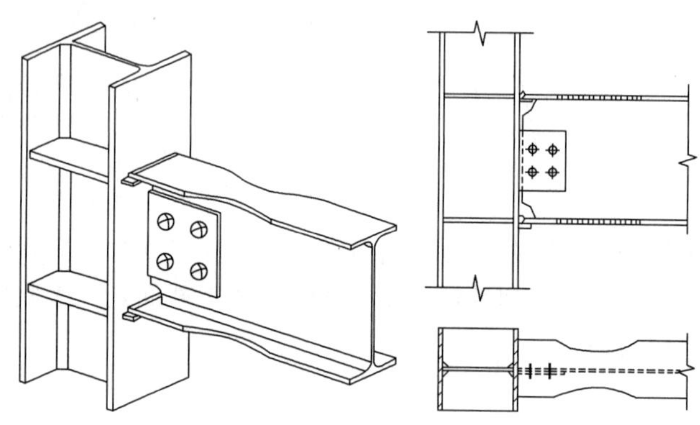

图 6.11.2-9　梁翼缘削弱型

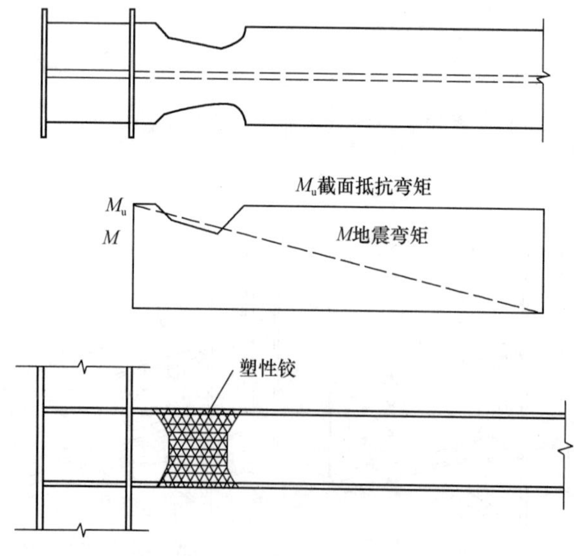

图 6.11.2-10　削弱型节点原理

《高钢规》规定

8.3.4 梁与柱的加强型连接或骨式连接包括下列形式，有依据时也可采用其他形式。

1 梁翼缘扩翼式连接（图 8.3.4-1），图中尺寸应按下列公式确定：

$$l_a = (0.50 \sim 0.75)b_f \tag{8.3.4-1}$$

$$l_b = (0.30 \sim 0.45)h_b \tag{8.3.4-2}$$

$$b_{wf} = (0.15 \sim 0.25)b_f \tag{8.3.4-3}$$

$$R = \frac{l_b^2 + b_{wf}^2}{2b_{wf}} \tag{8.3.4-4}$$

式中：h_b——梁的高度（mm）；

b_f——梁翼缘的宽度（mm）；

R——梁翼缘扩翼半径（mm）。

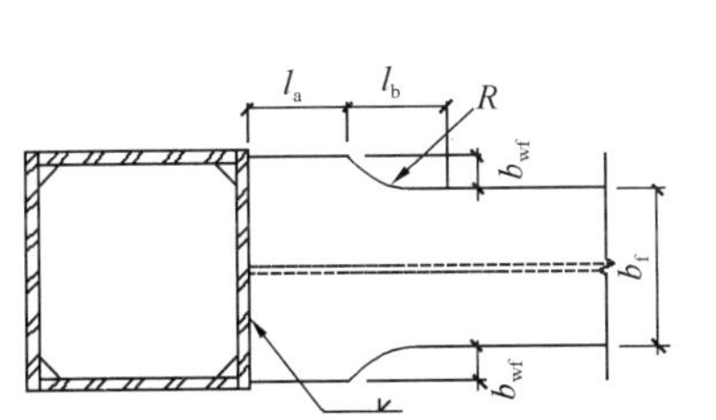

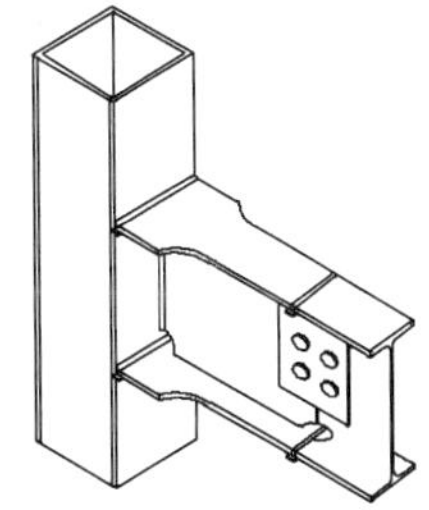

图 8.3.4-1　梁翼缘扩翼式连接

2 梁翼缘局部加宽式连接（图 8.3.4-2），图中尺寸应按下列公式确定：

$$l_a = (0.50 \sim 0.75)h_b \tag{8.3.4-5}$$

$$b_s = (1/4 \sim 1/3)b_f \tag{8.3.4-6}$$

$$b'_s = 2t_f + 6 \tag{8.3.4-7}$$

$$t_s - t_f \tag{8.3.4-8}$$

式中：t_f——梁翼缘厚度（mm）；

t_s——局部加宽板厚度（mm）。

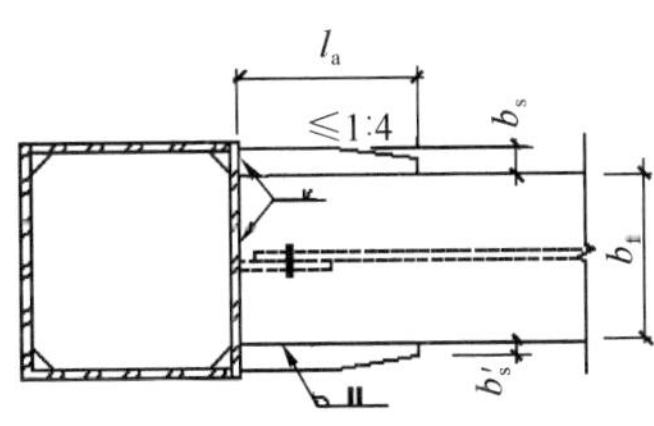

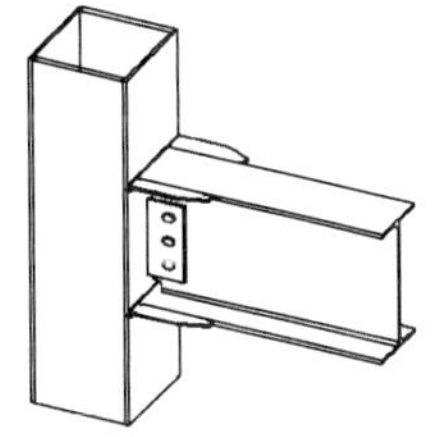

图 8.3.4-2　梁翼缘局部加宽式连接

3 梁翼缘盖板式连接（图 8.3.4-3）：

$$L_{cp} = (0.50 \sim 0.75)h_b \tag{8.3.4-9}$$

$$b_{cp1} = b_f - 3t_{cp} \tag{8.3.4-10}$$

$$b_{cp2} = b_f + 3t_{cp} \tag{8.3.4-11}$$

$$t_{cp} \geqslant t_f \tag{8.3.4-12}$$

式中：t_{cp} ——楔形盖板厚度（mm）。

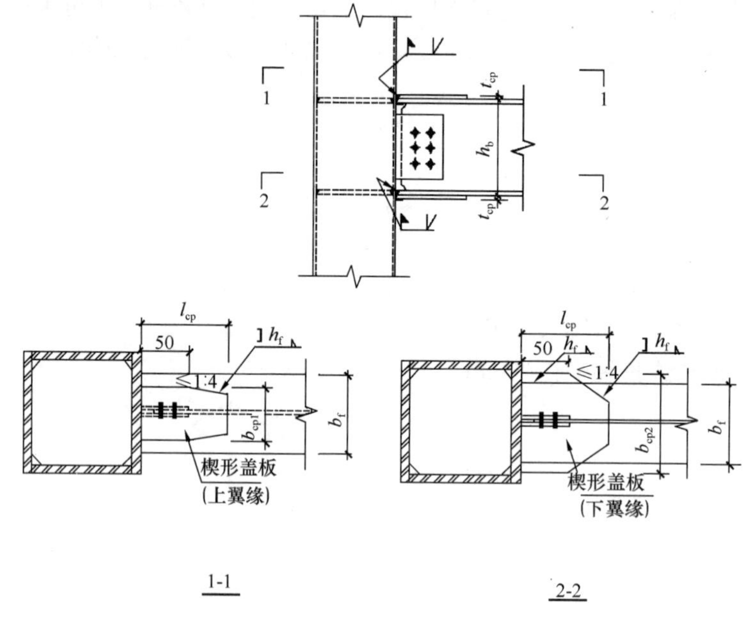

图 8.3.4-3　梁翼缘盖板式连接

4　梁翼缘板式连接（图 8.3.4-4），图中尺寸应按下列公式确定：

$$l_{tp} = (0.5 \sim 0.8)h_b \tag{8.3.4-13}$$

$$b_{tp} = b_f + 4t_f \tag{8.3.4-14}$$

$$t_{tp} = (1.2 \sim 1.4)t_f \tag{8.3.4-15}$$

式中：t_{tp} ——梁翼缘板厚度（mm）。

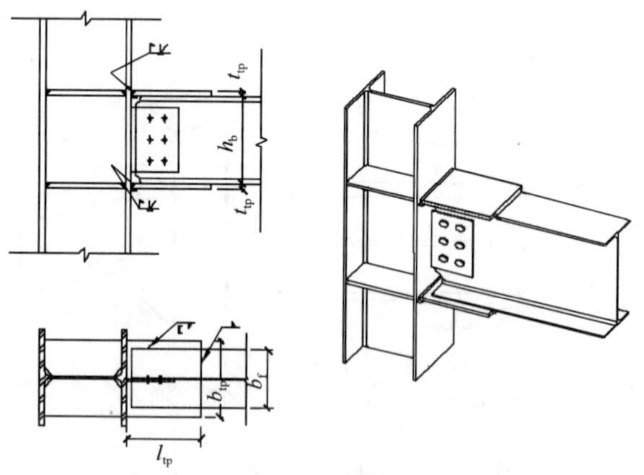

图 8.3.4-4　梁翼缘板式连接

5　梁骨式连接（图 8.3.4-5），切割面应采用铣刀加工。图中尺寸应按下列公式确定：

$$a = (0.5 \sim 0.75)b_f \tag{8.3.4-16}$$

$$b = (0.65 \sim 0.85)h_b \tag{8.3.4-17}$$

$$c = 0.25b_b \tag{8.3.4-18}$$

$$R = (4c^2 + b^2)/8c \tag{8.3.4-19}$$

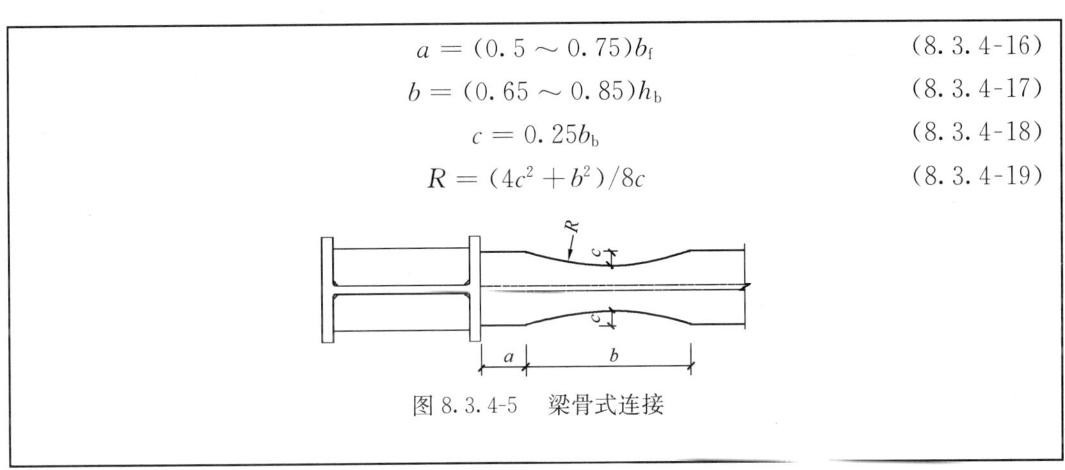

图 8.3.4-5　梁骨式连接

为保证梁柱节点处梁端塑性铰的转动耗能能力，防止其翼缘受压至平面外失稳，还应增设隅撑。《高钢规》规定

8.5.5　抗震设计时，框架梁受压翼缘根据需要设置侧向支撑（图 8.5.5），在出现塑性铰的截面上、下翼缘均应设置侧向支承。当梁上翼缘与楼板有可靠连接时，固端梁下翼缘在梁端 0.15 倍梁跨附近均宜设置隅撑（图 8.5.5a）；梁端采用加强型连接或骨式连接时，应在塑性区外设置竖向加劲肋，隅撑与偏置 45°的竖向加劲肋在梁下翼缘附近相连（图 8.5.5b），该竖向加劲肋不应与翼缘焊接。梁端下翼缘宽度局部加大，对梁下翼缘侧向约束较大时，视情况也可不设隅撑。相邻两支承点间的构件长细比，应符合现行国家标准《钢标》GB 50017 对塑性设计的有关规定。

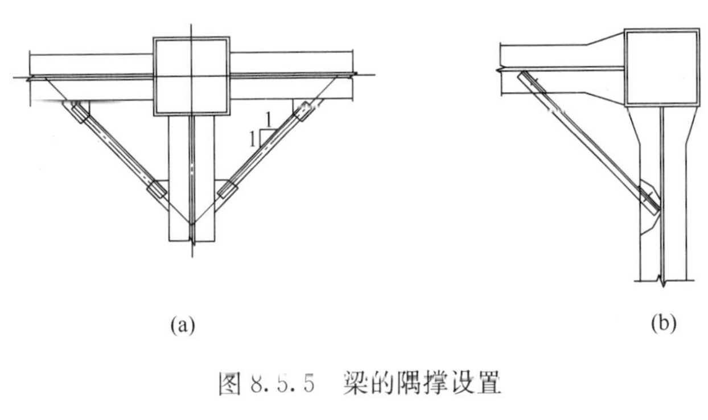

图 8.5.5　梁的隅撑设置

8.5.5 条隅撑设置的细部构造见图 6.11.2-11。由于梁隅撑给设计和施工带来不便，可采用替代措施。如 8.5.5 条中指出下翼缘局部加大，形成足够的侧向约束。《钢标》也有可供参考的设计方法。此外，现浇混凝土楼板也可认为能够阻止梁受压翼缘侧移，可认为“可靠连接”；预制混凝土楼板，通过钢梁上的抗剪或预制板上的预埋件与钢梁连接，且数量足够，可认为“可靠连接”；压型钢板组合楼板有足够连接件和钢梁连接，可认为“可靠连接”。

（2）计算方法

《高钢规》规定

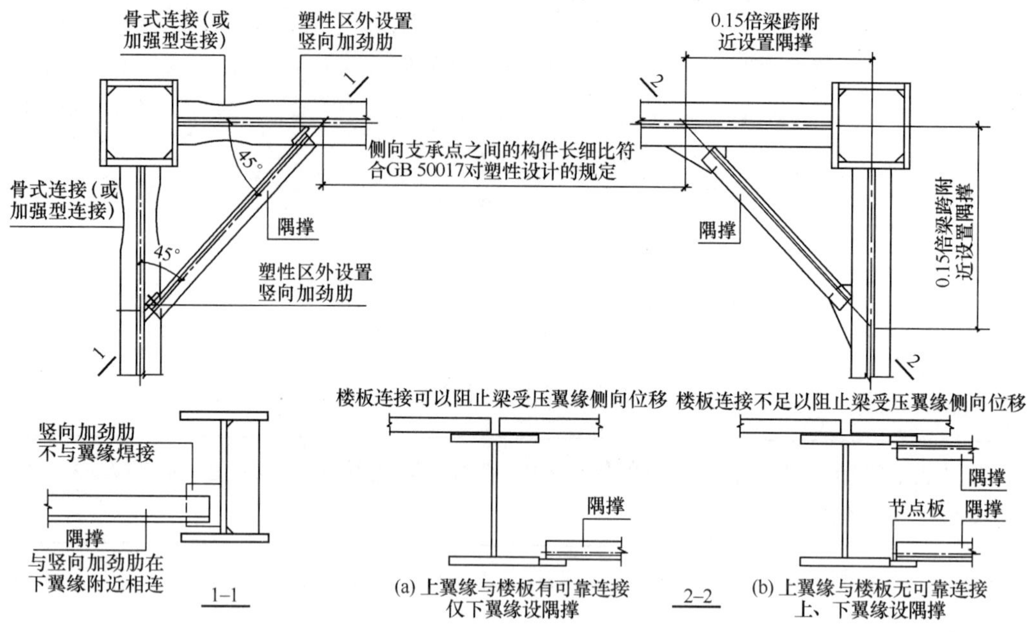

图 6.11.2-11　8.5.5 条示意

8.1.1　高层民用建筑钢结构的连接，非抗震设计的结构应按现行国家标准《钢标》GB 50017 的有关规定执行。抗震设计时，构件按多遇地震作用下内力组合设计值选择截面；连接设计应符合构造要求，按弹塑性设计，连接的极限承载力应大于构件的全塑性承载力。

8.2.2　梁与柱的连接的受弯承载力应按下列公式计算：

$$M_j = W_e^j \cdot f \tag{8.2.2-1}$$

梁与 H 形柱（绕强轴）连接时

$$W_e^j = 2I_e/h_b \tag{8.2.2-2}$$

式中：M_j ——梁与柱连接的受弯承载力（N·mm）；

I_e ——扣除过焊孔的梁端有效截面惯性矩（mm^4）；当梁腹板用高强度螺栓连接时，为扣除螺栓孔和梁翼缘与连接板之间间隙后的截面惯性矩；

h_b ——为梁截面的高度（mm）。

8.2.1　梁与柱的刚性连接应按下列公式验算：

$$M_u^j \geqslant \alpha M_p \tag{8.2.1-1}$$

$$V_u^j \geqslant \alpha(\Sigma M_p/l_n) + V_{Gb} \tag{8.2.1-2}$$

式中：M_u^j ——梁与柱连接的极限受弯承载力（kN·m）；

M_p ——梁的全塑性受弯承载力（kN·m）（加强型连接按未扩大的原截面计算），考虑轴力影响时按本规程第 8.1.5 条的 M_{pc} 计算；

ΣM_p ——梁两端截面的塑性受弯承载力之和（kN·m）；

V_{Gb}——梁在重力荷载代表值（9 度尚应包括竖向地震作用标准值）作用下，按简支梁分析的梁端截面剪力设计值（kN）；

l_n——梁的净跨（m）；

α——连接系数，按本规程表 8.1.3 的规定采用。

8.1.5 构件拼接和柱脚计算时，构件的受弯承载力应考虑轴力的影响。构件的全塑性受弯承载力 M_p 应按下列规定以 M_{pc} 代替：

1 对 H 形截面和箱形截面构件应符合下列规定：

1） H 形截面（绕强轴）和箱形截面

当 $N/N_y \leqslant 0.13$ 时 $$M_{pc} = M_p \tag{8.1.5-1}$$

当 $N/N_y > 0.13$ 时 $$M_{pc} = 1.15(1 - N/N_y)M_p \tag{8.1.5-2}$$

2） H 形截面（绕弱轴）

当 $N/N_y \leqslant A_w/A$ 时 $$M_{pc} = M_p \tag{8.1.5-3}$$

当 $N/N_y > A_w/A$ 时 $$M_{pc} = \left\{1 - \left(\frac{N - A_w f_y}{N_y - A_w f_y}\right)^2\right\}M_p \tag{8.1.5-4}$$

式中：N——构件轴力设计值（N）；

N_y——构件的轴向屈服承载力（N）；

A——H 形截面或箱形截面构件的截面面积（mm^2）；

A_w——构件腹板截面面积（mm^2）；

f_y——构件腹板钢材的屈服强度（N/mm^2）。

8.2.4 抗震设计时，梁与柱连接的极限受弯承载力应按下列规定计算（图 8.2.4）：

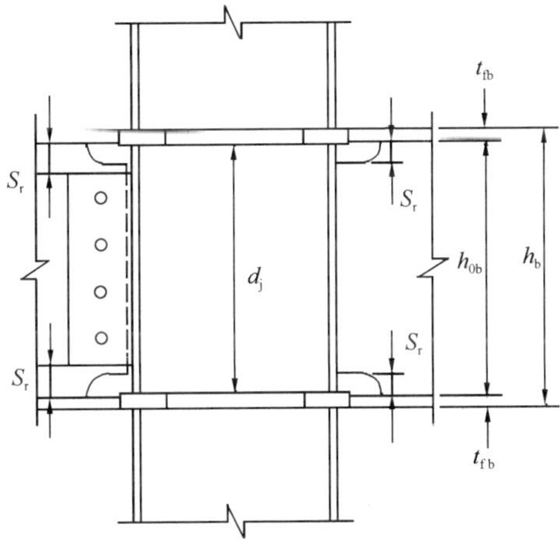

图 8.2.4 梁柱连接

1 梁端连接的极限受弯承载力

$$M_u^j = M_{uf}^j + M_{uw}^j \tag{8.2.4-1}$$

2 梁翼缘连接的极限受弯承载力

$$M_{uf}^j = A_f(h_b - t_{fb})f_{ub} \tag{8.2.4-2}$$

3　梁腹板连接的极限受弯承载力

$$M_{uw}^{j} = m \cdot W_{wpe} \cdot f_{yw} \tag{8.2.4-3}$$

$$W_{wpe} = \frac{1}{4}(h_b - 2t_{fb} - 2S_r)^2 t_{wb} \tag{8.2.4-4}$$

4　梁腹板连接的受弯承载力系数 m 应按下列公式计算：

H 形柱（绕强轴）　$m = 1$　(8.2.4-5)

式中：W_{wpe}——梁腹板有效截面的塑性截面模量（mm^2）；

f_{yw}——梁腹板钢材的屈服强度（N/mm^2）；

h_b——分别为梁截面和梁腹板的高度（mm）；

S_r——梁腹板过焊孔高度，高强螺栓连接时为剪力板与梁翼缘间间隙的距离（mm）；

f_{yw}——分别为梁翼缘和梁腹板钢材的屈服强度（N/mm^2）；

t_{fb}、t_{wb}——分别为梁翼缘和梁腹板的厚度（mm）；

f_{ub}——为梁翼缘钢材抗拉强度最小值（N/mm^2）。

8.3.9　梁与柱铰接时（图 8.3.9），与梁腹板相连的高强度螺栓，除应承受梁端剪力外，尚应承受偏心弯矩的作用，偏心弯矩 M 应按下式计算。当采用现浇钢筋混凝土楼板将主梁和次梁连成整体时，可不计算偏心弯矩的影响。

$$M = V \cdot e \tag{8.3.9}$$

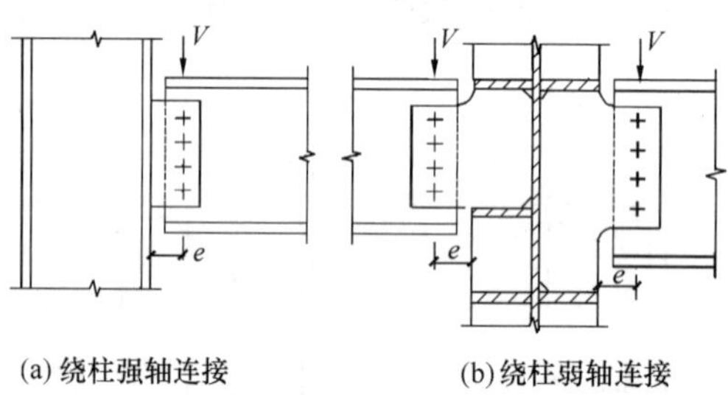

图 8.3.9　梁与柱的铰接

【例 6.11.2-1】 腹板角焊缝连接

作用在 H 形截面梁与 H 形截面柱连接节点如图 6.11.2-12 所示，H 形截面梁采用 HN500×200×10×16，H 形截面柱采用 HM390×300×10×16，梁、柱及其连接均采用 Q235 钢，梁与柱的连接形式为，梁翼缘采用全熔透坡口焊，腹板采用双面角焊缝。试问，抗震设计时梁柱连接的受弯承载力是否符合《高钢规》的要求。

【解答】（1）根据《高钢规》表 4.2.1，钢材强度为 Q235 钢厚度小于 16mm 时，抗拉强度 $f_u = 370\ N/mm^2$，屈服强度 $f_y = 235\ N/mm^2$。

（2）《高钢规》表 4.2.4，焊缝强度为 Q235 钢厚度小于 16mm 时，抗拉强度 $f_u = 370N/mm^2$。

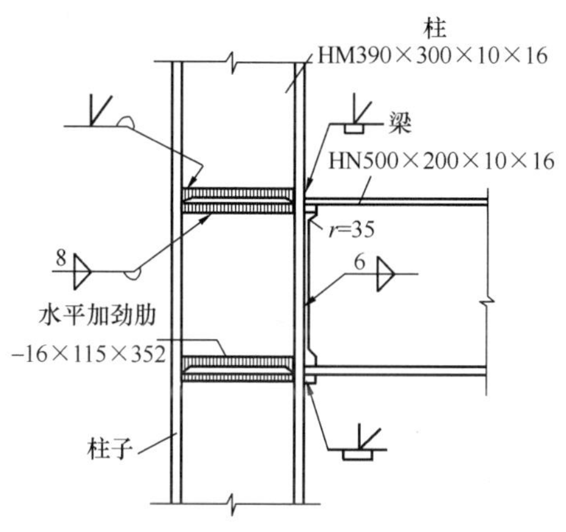

图 6.11.2-12　梁与柱刚性连接示意

4.2.4 条文说明，当抗震设计需进行焊接连接极限承载力验算时，其对接焊缝极限强度可按表中 f_u 取值，角焊缝可按 $0.58f_u$ 取值。

(3)《高钢规》8.2.1 条：$M_u^j \geqslant \alpha M_p$

梁的全塑性受弯承载力 M_p 按翼缘和腹板分别计算

$$M_p = \left[200\times16\times(500-16) + \frac{1}{4}\times10\times(500-2\times16)^2\right]\times235 = 492.6\text{kN}\cdot\text{m}$$

查表 8.1.3，Q235 钢母材破坏 $\alpha=1.4$，$\alpha M_p = 1.4\times492.6 = 689.64\text{kN}\cdot\text{m}$

(4) 翼缘全熔透对接焊缝和腹板双面角焊缝的极限受弯承载力 M_u^j

$$M_u^j = 200\times16\times370\times(500-16) + 2\times\frac{1}{4}\times0.7\times6 \times(500-2\times16-2\times35)^2\times0.58\times370 = 644.43\text{kN}\cdot\text{m}$$

(5)《高钢规》8.2.1 条

$M_u^j = 644.43\text{kN}\cdot\text{m} < \alpha M_p = 689.64\text{kN}\cdot\text{m}$，不符合要求。

三、柱与柱连接

钢结构在制作和安装过程中，由于运输条件限制、柱截面变化，需要将柱和柱拼接。柱的接头处内力有轴心压力、弯矩、剪力。为保障连接的安全，《高钢规》规定

8.4.1　柱与柱的连接应符合下列规定：

1　钢框架宜采用 H 形柱、箱形柱或圆管柱，钢骨混凝土柱中钢骨宜采用 H 形或十字形。

2　框架柱的拼接处至梁面的距离应为 1.2～1.3m 或柱净高的一半，取二者的较小值。抗震设计时，框架柱的拼接应采用坡口全熔透焊缝。非抗震设计时，柱拼接也可采用部分熔透焊缝。

3　采用部分熔透焊缝进行柱拼接时，应进行承载力验算。当内力较小时，设计弯矩不得小于柱全塑性弯矩的一半。

8.4.2　箱形柱宜为焊接柱，其角部的组装焊缝一般应采用 V 形坡口部分熔透焊缝。当箱形柱壁板的 Z 向性能有保证，通过工艺试验确认不会引起层状撕裂时，可采用单边 V 形坡口焊缝。

箱形柱含有组装焊缝一侧与框架梁连接后，其抗震性能低于未设焊缝一侧，应将不含组装焊缝的一侧置于主要受力方向。

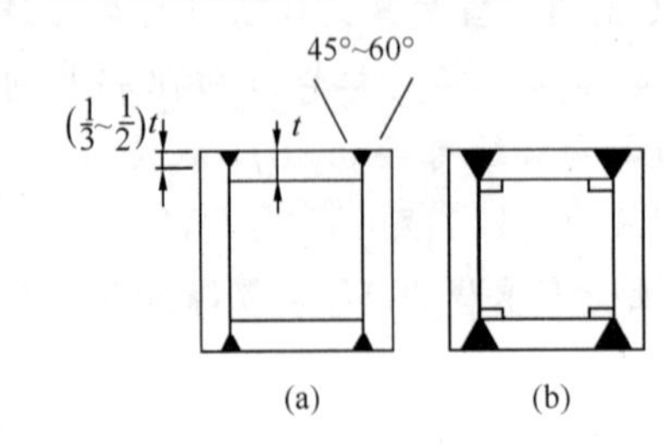

图 8.4.2-1 箱形组合柱的角部组装焊缝

组装焊缝厚度不应小于板厚的 1/3，且不应小于 16mm，抗震设计时不应小于板厚的 1/2（图 8.4.2-1a）。当梁与柱刚性连接时，在框架梁翼缘的上、下 500mm 范围内，应采用熔透焊缝；柱宽度大于 600mm 时，应在框架梁翼缘的上、下 600mm 范围内采用全熔透焊缝（图 8.4.2-1b）。

对于箱形柱角部的部分熔透焊缝和全熔透焊缝，可参见图 6.11.3-1 所示。当罕遇地震作用时柱端部一定范围内可能进入塑性，此范围应采用全熔透焊缝，如图 6.11.3-2 所示，根据框架柱的高度，框架梁翼缘上、下一定范围内采用全熔透焊缝。

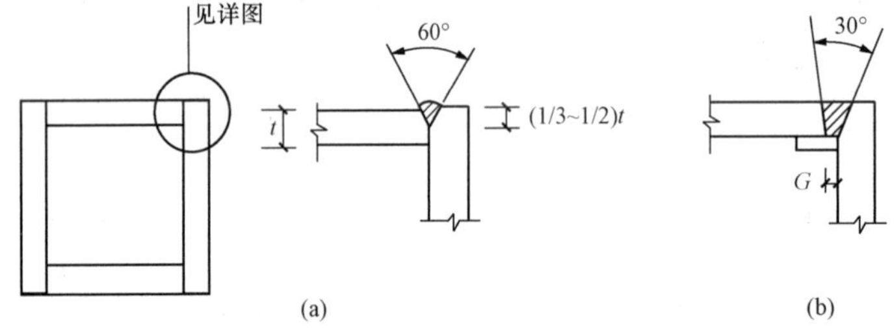

图 6.11.3-1 箱形柱角部组装焊缝

（a）部分熔透焊缝；（b）全熔透焊缝

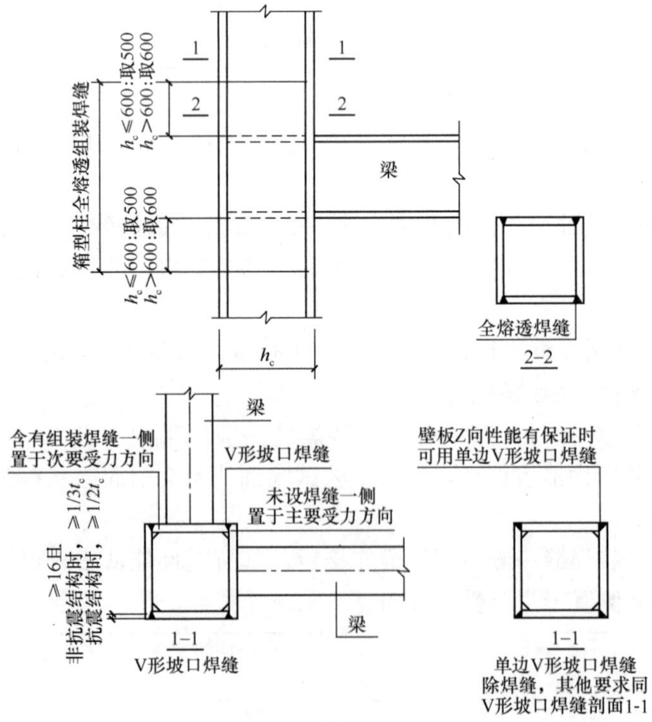

图 6.11.3-2 全熔透焊缝范围

8.4.3 在柱的工地接头处应设置安装耳板，耳板厚度应根据阵风和其他施工荷载确定，并不得小于10mm。耳板宜仅设于柱的一个方向的两侧。

图6.11.3-3，为了保证施工时柱的抗弯能力及校正上下翼缘的位置，钢柱的工地接头应预先设置安装耳板。耳板宜设置于柱的一个主轴方向的翼缘两侧，对于大截面箱形柱，也可在两个垂直方向设置耳板。

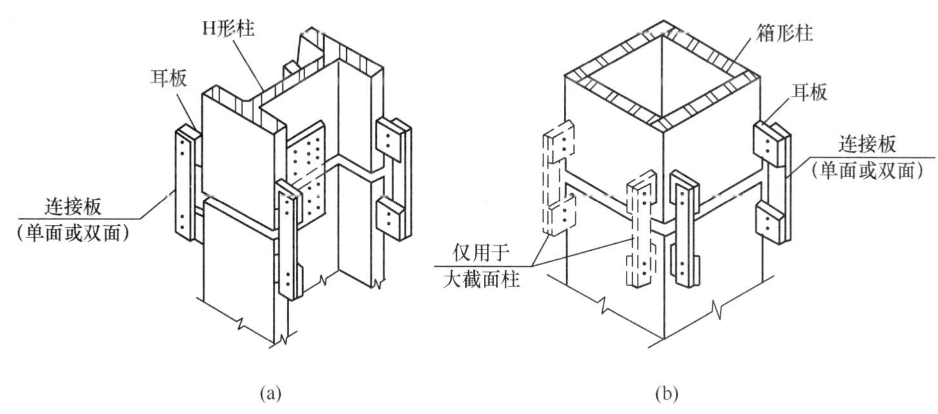

图6.11.3-3 钢柱工地接头设置安装耳板

8.4.5 H形柱在工地的接头，弯矩应由翼缘和腹板承受，剪力应由腹板承受，轴力应由翼缘和腹板分担。翼缘接头宜采用坡口全熔透焊缝，腹板可采用高强度螺栓连接。当采用全焊接接头时，上柱翼缘应开V形坡口，腹板应开K形坡口。

8.4.5 条文说明 当按内力设计柱的拼接时，可按本条规定设计。但在抗震设计的结构中，应按本规程第8.4.1条的规定，柱的拼接采用坡口全熔透焊缝和柱身等强，不必做相应计算。

H形柱的栓焊连接和全焊连接见示意图6.11.3-4。

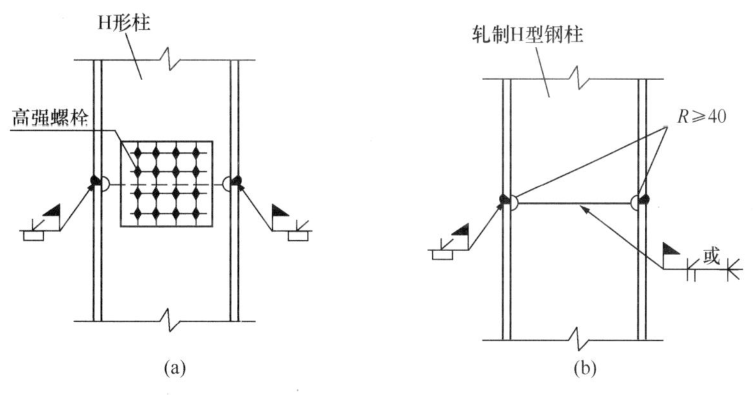

图6.11.3-4 H形柱的拼接

(a) 栓焊连接；(b) 焊接

8.4.4 非抗震设计的高层民用建筑钢结构，当柱的弯矩较小且不产生拉力时，可通过上下柱接触面直接传递25%的压力和25%的弯矩，此时柱的上下端应磨平顶紧，并应与轴线垂直。坡口焊缝的有效深度t_e不宜小于板厚的1/2（图8.4.4）。

8.4.6 箱形柱的工地接头应全部采用焊接（图8.4.6）。非抗震设计时，可按本规程第8.4.4条的规定执行。

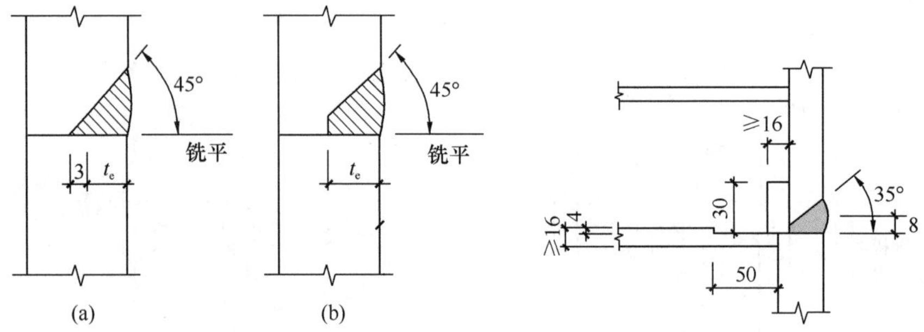

图8.4.4 柱接头的部分熔透焊缝　　图8.4.6 箱形柱的工地焊接

下节箱形柱的上端应设置隔板，并应与柱口齐平，厚度不宜小于16mm。其边缘应与柱口截面一起刨平。在上节箱形柱安装单元的下部附近，尚应设置上柱隔板，其厚度不宜小于10mm。柱在工地接头的上下侧各100mm范围内，截面组装焊缝应采用坡口全熔透焊缝。

可将8.4.3和8.4.6条总结为图6.11.3-5。

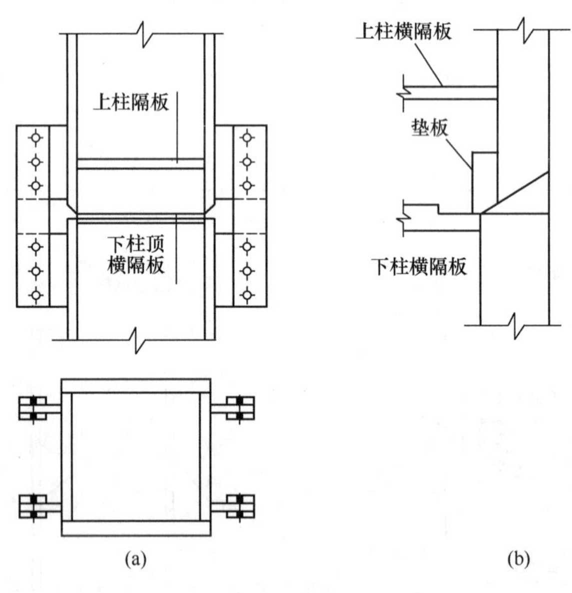

图6.11.3-5 箱形柱的拼接

8.4.7 当需要改变柱截面面积时，柱截面高度宜保持不变而改变翼缘厚度。当需要改变柱截面高度时，对边柱宜采用图8.4.7a的做法，对中柱宜采用图8.4.7b的做法，变截面的上下端均应设置隔板。当变截面段位于梁柱接头时，可采用图 8.4.7c 的做法，变截面两端距梁翼缘不宜小于 150mm。

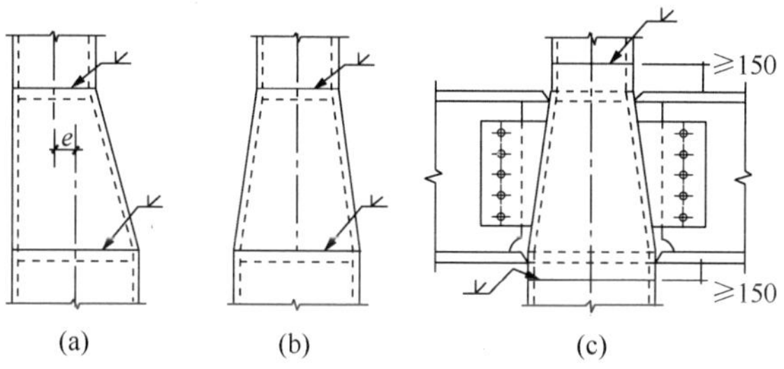

图 8.4.7 柱的变截面连接

8.4.8 十字形柱与箱形柱相连处，在两种截面的过渡段中，十字形柱的腹板应伸入箱形柱内，其伸入长度不应小于钢柱截面高度加 200mm（图 8.4.8）。与上部钢结构相连的钢骨混凝土柱，沿其全高应设栓钉，栓钉间距和列距在过渡段内宜采用 150mm，最大不得超过 200mm；在过渡段外不应大于300mm。

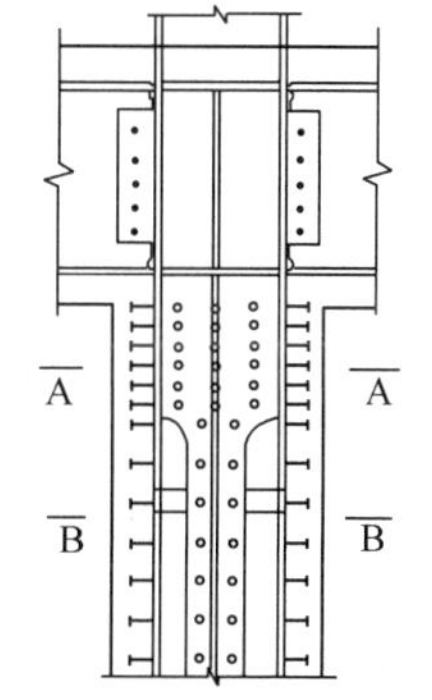

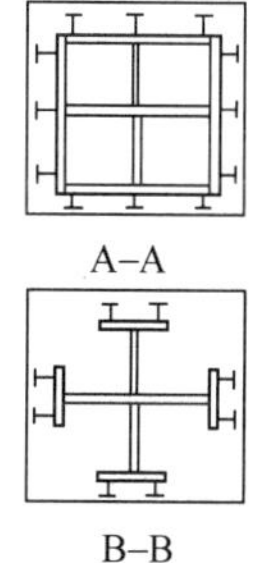

图 8.4.8 十字形柱与箱形柱的连接

四、梁与梁连接

1. 主梁和主梁的拼接

（1）构造要求

主梁的拼接接头应设置在框架节点塑性区外、内力较小位置，考虑施工安装方便可设在梁端 1.0～1.6m 处。主梁工地拼接的形式主要有：

1）翼缘为全熔透焊接，腹板用高强度螺栓连接［图 6.11.4-1（a）］；

2）翼缘和腹板都用高强度螺栓连接［图 6.11.4-1（b）］；

3）翼缘和腹板均为全熔透焊接［图 6.11.4-1（c）］。

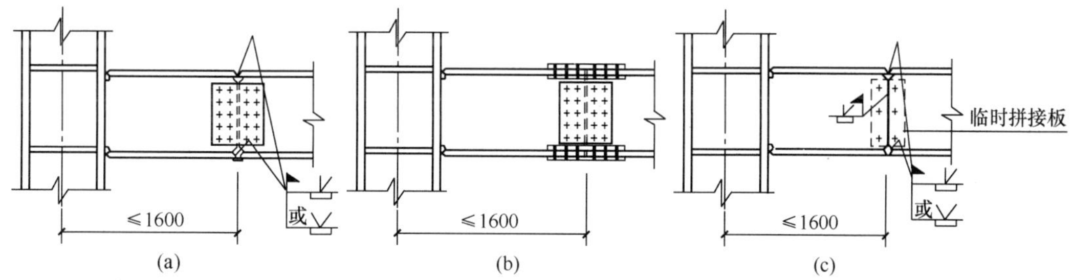

图 6.11.4-1 主梁的拼接形式

（a）栓焊；（b）全栓；（c）全焊

上述拼接的适用范围，《高钢规》规定：

8.5.1 梁的拼接应符合下列规定：

1 翼缘采用全熔透对接焊缝，腹板用高强度螺栓摩擦型连接；

2 翼缘和腹板均采用高强度螺栓摩擦型连接；

3 三、四级和非抗震设计时可采用全截面焊接；

4 抗震设计时，应先做螺栓连接的抗滑移承载力计算，然后再进行极限承载力计算；非抗震设计时，可只做抗滑移承载力计算。

（2）计算方法

8.5.2 梁拼接的受弯、受剪承载力应符合下列规定：

1 梁拼接的受弯、受剪极限承载力应满足下列公式要求：

$$M_{ub,sp}^{j} \geqslant \alpha M_{p} \tag{8.5.2-1}$$

$$V_{ub,sp}^{j} \geqslant \alpha(2M_{p}/l_{n}) + V_{Gb} \tag{8.5.2-2}$$

2 框架梁的拼接，当全截面采用高强度螺栓连接时，其在弹性设计时计算截面的翼缘和腹板弯矩宜满足下列公式要求：

$$M = M_{f} + M_{w} \geqslant M_{j} \tag{8.5.2-3}$$

$$M_{f} \geqslant (1 - \psi \cdot I_{w}/I_{0})M_{j} \tag{8.5.2-4}$$

$$M_{w} \geqslant (\psi \cdot I_{w}/I_{0})M_{j} \tag{8.5.2-5}$$

式中：$M_{ub,sp}^{j}$——梁拼接的极限受弯承载力（kN·m）；

$V_{ub,sp}^{j}$——梁拼接的极限受剪承载力（kN）；

M_{f}、M_{w}——分别为拼接处梁翼缘和梁腹板的弯矩设计值（kN·m）；

M_{j}——拼接处梁的弯矩设计值原则上应等于$W_{b}f_{y}$，当拼接处弯矩较小时，不应小于$0.5W_{b}f_{y}$，W_{b}为梁的截面塑性模量，f_{y}为梁钢材的屈服强度（MPa）；

I_{w}——梁腹板的截面惯性矩（m^4）；

I_{0}——梁的截面惯性矩（m^4）；

ψ——弯矩传递系数，取0.4；

α——连接系数，按本规程表8.1.3的规定采用。

8.5.3 抗震设计时，梁的拼接应按本规程第8.1.5条的要求考虑轴力的影响；非抗震设计时，梁的拼接可按内力设计，腹板连接应按全部剪力和部分弯矩计算，翼缘连接应按所分配的弯矩计算。

2. 次梁和主梁的连接

如图6.11.4-2所示，次梁与主梁的连接通常设计为简支铰接。次梁通过竖向加劲板和高强度螺栓与主梁连接［图6.11.4-2（a）、（b）］，当次梁内力和截面较小时，可直接与主梁腹板连接［图6.11.4-2（c）］。

如图6.11.4-3所示，当次梁跨数较多、跨度较长、荷载较大时，为减小次梁跨中挠度、节约钢材，可采用次梁与主梁刚接的形式。

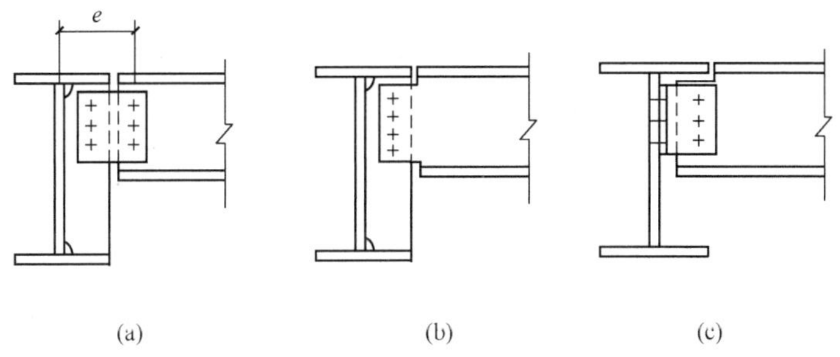

图 6.11.4-2　次梁与主梁的螺栓简支连接

(a) 次梁通过拼接板和加劲肋连接主梁；(b) 次梁腹板与主梁加劲肋连接；

(c) 次梁通过角钢直接连接主梁

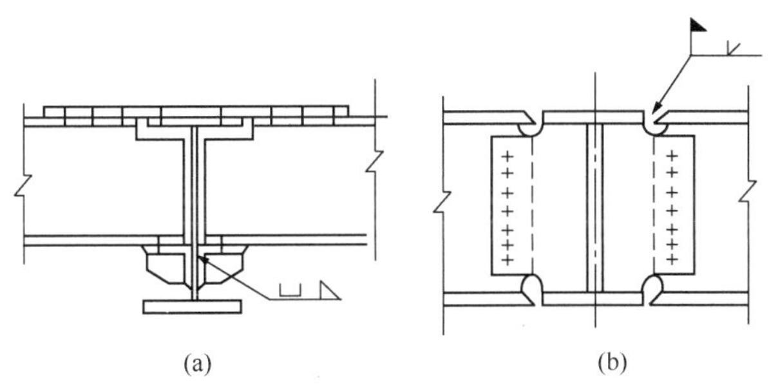

图 6.11.4-3　次梁与主梁刚性连接

8.5.4　次梁与主梁的连接宜采用简支连接，必要时也可采用刚性连接（图 8.5.4）。

8.5.4　条文说明　次梁与主梁的连接，一般为次梁简支于主梁，次梁腹板通过高强度螺栓与主梁连接。次梁与主梁的刚性连接用于梁的跨度较大，要求减小梁的挠度时。图 8.5.4 为次梁与主梁刚性连接的构造举例。

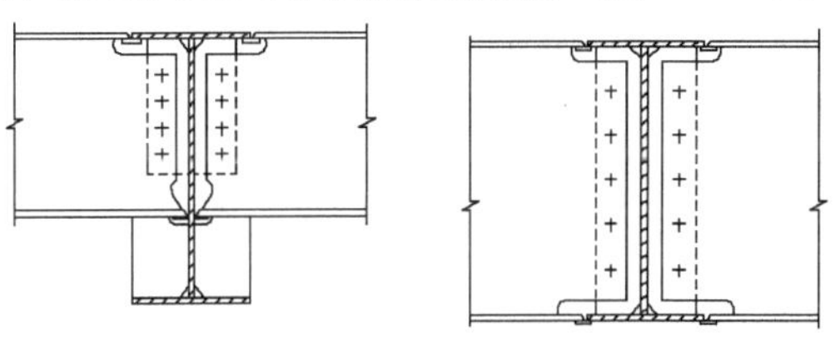

图 8.5.4　梁与梁的刚性连接

五. 钢柱脚

8.6.1　钢柱柱脚包括外露式柱脚、外包式柱脚和埋入式柱脚三类（图 8.6.1-1）。抗震设计时，宜优先采用埋入式；外包式柱脚可在有地下室的高层民用建筑中采用。各类柱脚均应进行受压、受弯、受剪承载力计算，其轴力、弯矩、剪力的设计值取钢柱底部的相应设计值。各类柱脚构造应分别符合下列规定：

4　钢柱脚的底板均应布置锚栓按抗弯连接设计（图 8.6.1-3），锚栓埋入长度不应小于其直径的 25 倍，锚栓底部应设锚板或弯钩，锚板厚度宜大于 1.3 倍锚栓直径。应保证锚栓四周及底部的混凝土有足够厚度，避免基础冲切破坏；锚栓应按混凝土基础要求设置保护层。

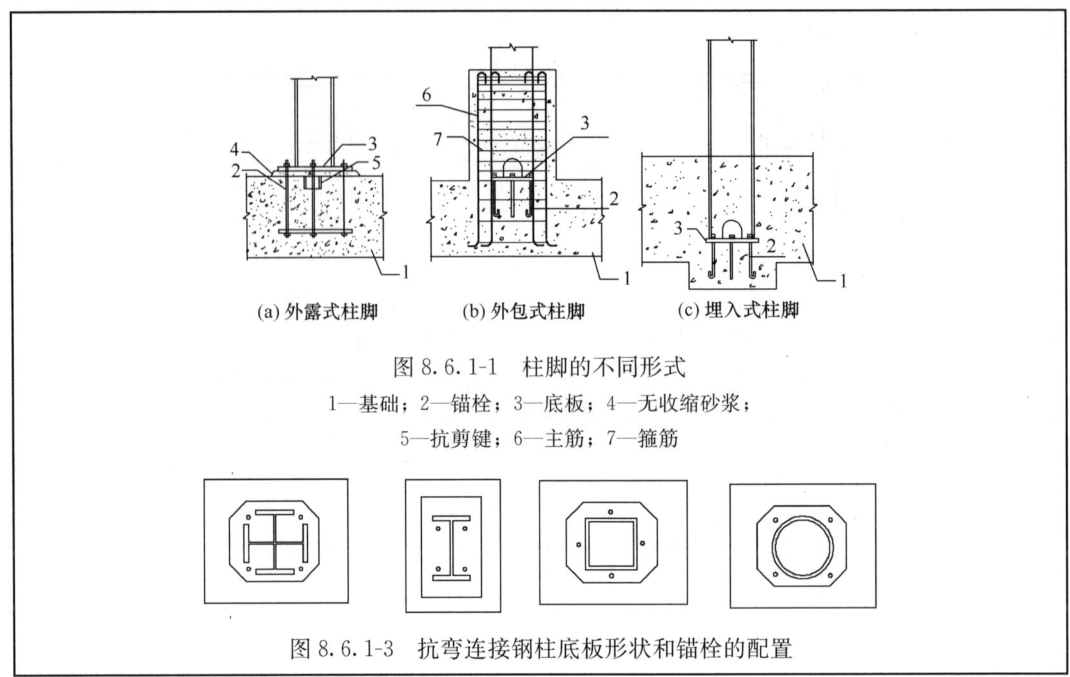

图 8.6.1-1　柱脚的不同形式

1—基础；2—锚栓；3—底板；4—无收缩砂浆；

5—抗剪键；6—主筋；7—箍筋

图 8.6.1-3　抗弯连接钢柱底板形状和锚栓的配置

1. 外露式刚接柱脚

（1）构造要求

外露式刚接柱脚中的轴力、剪力和弯矩通过柱脚底板和锚栓传递给基础，在钢柱下端形成塑性铰之前，不允许底板和锚栓发生屈曲或屈服，也不允许基础混凝土被压坏。外露式钢柱脚的刚性难以保证，必须设置加劲肋或锚栓支承托座，如图 6.11.5-1 所示。细部构造如图 6.11.5-2 所示。

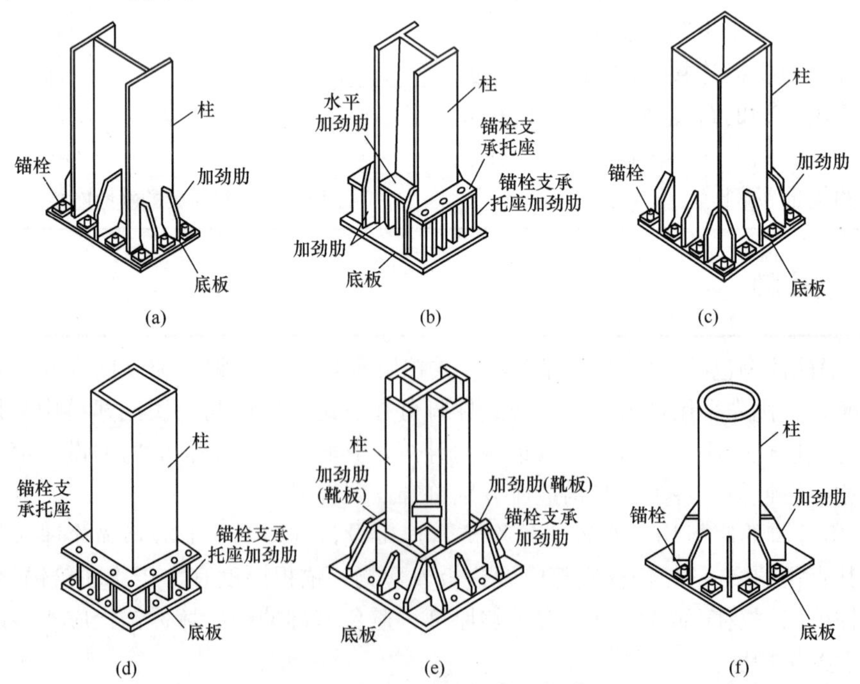

图 6.11.5-1　外露式刚性柱脚的加劲肋和锚栓支承托座

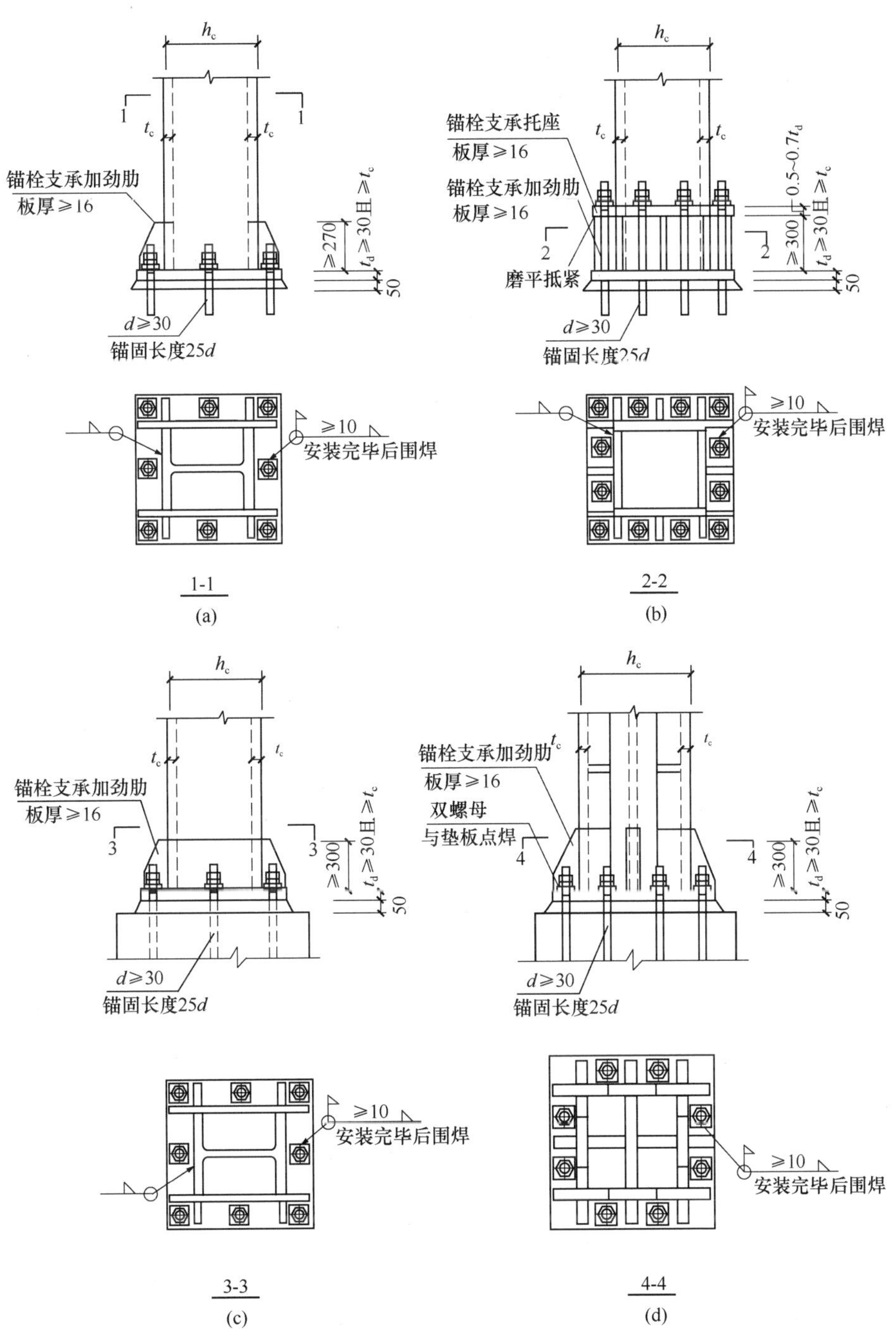

图 6.11.5-2 外露式钢柱脚细部示意

8.6.1 **1** 钢柱外露式柱脚应通过底板锚栓固定于混凝土基础上（图 8.6.1-1a），

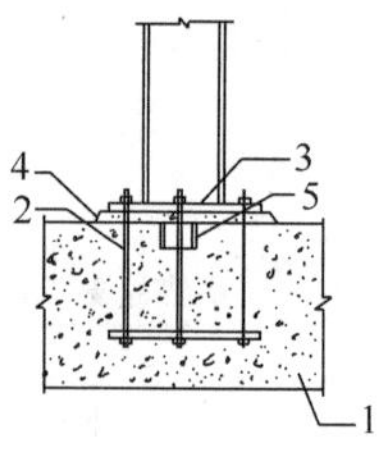

(a)外露式柱脚

图 8.6.1-1 柱脚的不同形式

1—基础；2—锚栓；3—底板；4—无收缩砂浆；5—抗剪键

（2）计算方法

8.6.2 外露式柱脚的设计应符合下列规定：

1 钢柱轴力由底板直接传至混凝土基础，按现行国家标准《混凝土结构设计规范》GB 50010 验算柱脚底板下混凝土的局部承压，承压面积为底板面积。

2 在轴力和弯矩作用下计算所需锚栓面积，应按下式验算：

$$M \leqslant M_1 \quad (8.6.2\text{-}1)$$

式中：M ——柱脚弯矩设计值（kN·m）；

M_1 ——在轴力与弯矩作用下按钢筋混凝土压弯构件截面设计方法计算的柱脚受弯承载力（kN·m）。设计截面为底板面积，由受拉边的锚栓单独承受拉力，混凝土基础单独承受压力，受压边的锚栓不参加工作，锚栓和混凝土的强度均取设计值。

3 抗震设计时，在柱与柱脚连接处，柱可能出现塑性铰的柱脚极限受弯承载力应大于钢柱的全塑性抗弯承载力，应按下式验算：

$$M_u \geqslant M_{pc} \quad (8.6.2\text{-}2)$$

式中：M_{pc} ——考虑轴力时柱的全塑性受弯承载力（kN·m），按本规程第 8.1.5 条的规定计算；

M_u ——考虑轴力时柱脚的极限受弯承载力（kN·m），按本条第 2 款中计算 M_1 的方法计算，但锚栓和混凝土的强度均取标准值。

4 钢柱底部的剪力可由底板与混凝土之间的摩擦力传递，摩擦系数取 0.4；当剪力大于底板的摩擦力时，应设置抗剪键，有抗剪键承受全部剪力；也可由锚栓抵抗全部剪力，此时底板上的锚栓孔直径不应大于锚栓直径加 5mm，且锚栓垫片下应设置盖板，盖板与柱底板焊接，并计算焊缝的抗剪强度。当锚栓同时受拉、受剪时，单根锚栓的承载力应按下式计算：

$$\left(\frac{N_t}{N_t^a}\right)^2 + \left(\frac{V_v}{V_v^a}\right)^2 \leqslant 1 \quad (8.6.2\text{-}3)$$

式中：N_t——单根锚栓承受的拉力设计值（N）；

V_v——单根锚栓承受的剪力设计值（N）；

N_t^a——单根锚栓的受拉承载力（N），取 $N_t^a = A_e f_t^a$；

V_v^a——单根锚栓的受剪承载力（N），$V_v^a = A_e f_v^a$；

A_e——单根锚栓截面面积（mm^2）；

f_t^a——锚栓钢材的抗拉强度设计值（N/mm^2）；

f_v^a——锚栓钢材的抗剪强度设计值（N/mm^2）。

2. 外包式柱脚

（1）构造要求

见图 6.11.5-3，对比 1998 版《高钢规》和 2015 版《高钢规》的构造可知，1998 版《高钢规》：

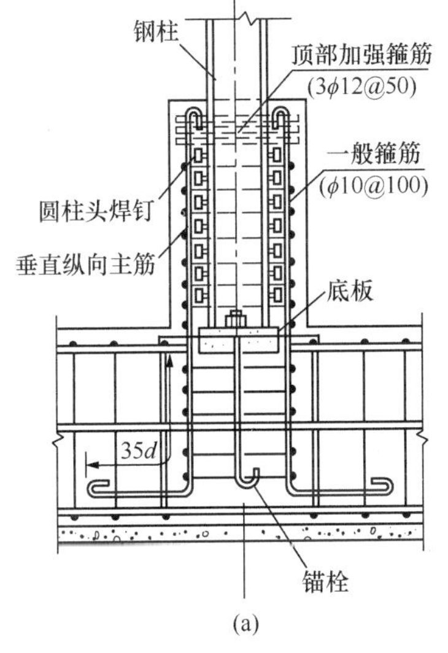

(a)

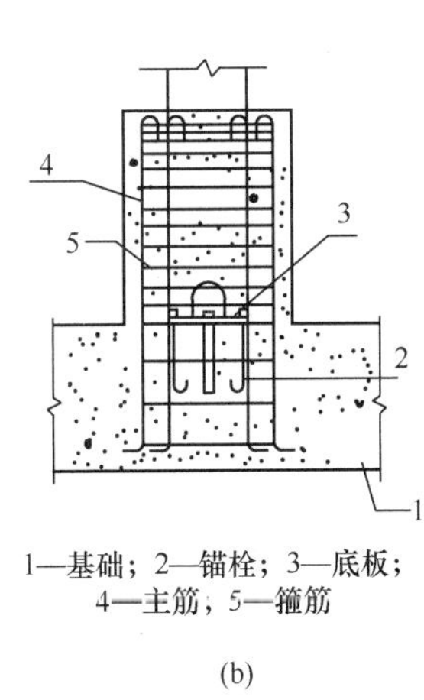

(b)

图 6.11.5-3 外包式柱脚对比

（a）1998 版《高钢规》8.6.6 条；（b）2015 版《高钢规》8.6.1 条图 8.6.1-1b

1）钢柱弯矩通过翼缘栓钉传给混凝土，再传至外包柱纵向钢筋，栓钉是重要的传力部件；

2）钢柱弯矩全部由钢筋混凝土承受，钢柱底部一般为铰接，不传递弯矩，锚栓仅为定位用。

2015 版《高钢规》：

1）钢柱弯矩不通过栓钉传递，而是直接由外包层中的受拉纵筋和受压混凝土承受，栓钉增加柱脚整体性。

2）钢柱弯矩由外包层混凝土和钢柱脚共同承担，因此柱脚锚栓由计算确定。

8.6.1　2　钢柱外包式柱脚由钢柱脚和外包混凝土组成，位于混凝土基础顶面以上（图 8.6.1-1b），钢柱脚与基础的连接应采用抗弯连接。外包混凝土的高度不应小于钢柱截面高度的2.5倍，且从柱脚底板到外包层顶部箍筋的距离与外包混凝土宽度之比不应小于1.0。外包层内纵向受力钢筋在基础内的锚固长度（l_a，l_{aE}）应根据现行国家标准《混凝土结构设计规范》GB 50010的有关规定确定，且四角主筋的上、下都应加弯钩，弯钩投影长度不应小于$15d$；外包层中应配置箍筋，箍筋的直径、间距和配箍率应符合现行国家标准《混凝土结构设计规范》GB50010中钢筋混凝土柱的要求；外包层顶部箍筋应加密且不应少于3道，其间距不应大于50mm。外包部分的钢柱翼缘表面宜设置栓钉。

（2）计算方法

8.6.3 外包式柱脚的设计应符合下列规定：

1 柱脚轴向压力由钢柱底板直接传给基础，按现行国家标准《混凝土结构设计规范》GB 50010验算柱脚底板下混凝土的局部承压，承压面积为底板面积。

2 弯矩和剪力由外包层混凝土和钢柱脚共同承担，按外包层的有效面积计算（图8.6.3-1）。柱脚的受弯承载力应按下式验算：

$$M \leqslant 0.9A_s f h_0 + M_1 \tag{8.6.3-1}$$

式中：M——柱脚的弯矩设计值（N·mm）；

A_s——外包层混凝土中受拉侧的钢筋截面面积（mm²）；

f——受拉钢筋抗拉强度设计值（N/mm²）；

h_0——受拉钢筋合力点至混凝土受压区边缘的距离（mm）；

M_1——钢柱脚的受弯承载力（N·mm），按本规程第8.6.2条外露式钢柱脚M_1的计算方法计算。

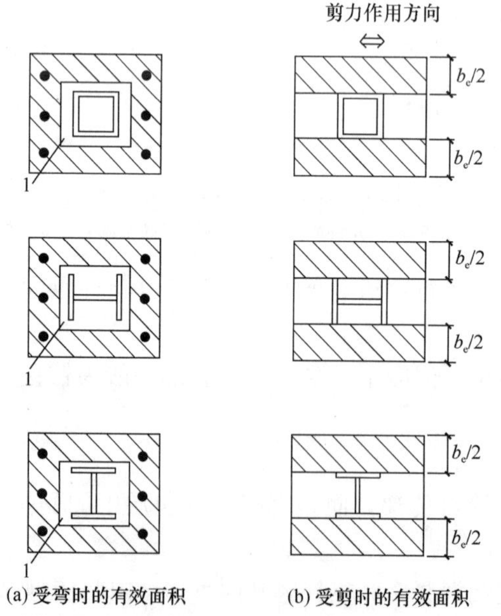

(a) 受弯时的有效面积　　(b) 受剪时的有效面积

图8.6.3-1　斜线部分为外包式钢筋混凝土的有效面积

1—底板

3 抗震设计时，在外包混凝土顶部箍筋处，柱可能出现塑性铰的柱脚极限弯矩承载力应大于钢柱的全塑性受弯承载力（图 8.6.3-2）。柱脚的极限受弯承载力应按下列公式验算：

$$M_u \geqslant \alpha M_{pc} \quad (8.6.3\text{-}2)$$

$$M_u = \min\{M_{u1}, M_{u2}\} \quad (8.6.3\text{-}3)$$

$$M_{u1} = M_{pc}/(1 - l_r/l) \quad (8.6.3\text{-}4)$$

$$M_{u2} = 0.9A_s f_{yk} h_0 + M_{u3} \quad (8.6.3\text{-}5)$$

式中：M_u——柱脚连接的极限受弯承载力（N·mm）；

M_{pc}——考虑轴力时，钢柱截面的全塑性受弯承载力（N·mm），按本规程第 8.1.5 条的规定计算；

M_{u1}——考虑轴力影响，外包混凝土顶部箍筋处钢柱弯矩达到全塑性受弯承载力 M_{pc} 时，按比例放大的外包混凝土底部弯矩（N·mm）；

l——钢柱底板到柱反弯点的距离（mm），可取柱脚所在层层高的 2/3；

l_r——外包混凝土顶部箍筋到柱底板的距离（mm）；

M_{u2}——外包钢筋混凝土的抗弯承载力（N·mm）与 M_{u3} 之和；

M_{u3}——钢柱脚的极限受弯承载力（N·mm），按本规程第 8.6.2 条外露式钢柱脚 M_u 的计算方法计算；

α——连接系数，按本规程表 8.1.3 的规定采用；

f_{yk}——钢筋的抗拉强度最小值（N/mm²）。

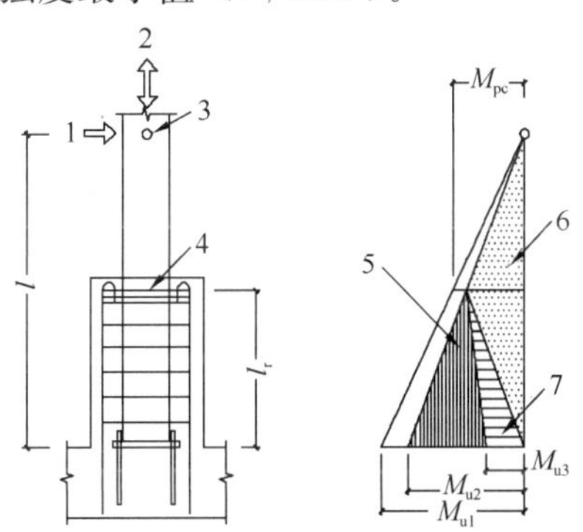

图 8.6.3-2 极限受弯承载力时外包式柱脚的受力状态

1—剪力；2—轴力；3—柱的反弯点；4—最上部箍筋；
5—外包钢筋混凝土的弯矩；6—钢柱的弯矩；
7—作为外露式柱脚的弯矩

4 外包层混凝土截面的受剪承载力应满足下式要求：

$$V \leqslant b_e h_0 (0.7 f_t + 0.5 f_{yv} \rho_{sh}) \quad (8.6.3\text{-}6)$$

抗震设计时尚应满足下列公式要求：

$$V_u \geqslant M_u / l_r \quad (8.6.3\text{-}7)$$

$$V_u = b_e h_0 (0.7 f_{tk} + 0.5 f_{yvk} \rho_{sh}) + M_{u3}/l_r \quad (8.6.3\text{-}8)$$

式中：V——柱底截面的剪力设计值（N）；

V_u——外包式柱脚的极限受剪承载力（N）；

b_e——外包层混凝土的截面有效宽度（mm）（图 8.6.3-1b）；

f_{tk}——混凝土轴心抗拉强度标准值（N/mm²）；

f_t——混凝土轴心抗拉强度设计值（N/mm²）；

f_{yv}——箍筋的抗拉强度设计值（N/mm²）；

f_{yvk}——箍筋的抗拉强度标准值（N/mm²）；

ρ_{sh}——水平箍筋的配筋率；$\rho_{sh}=A_{sh}/b_e s$，当$\rho_{sh}>1.2\%$时，取1.2%；A_{sh}为配置在同一截面内的截面面积（mm²）；s为箍筋的间距（mm）。

3. 埋入式柱脚

（1）构造要求

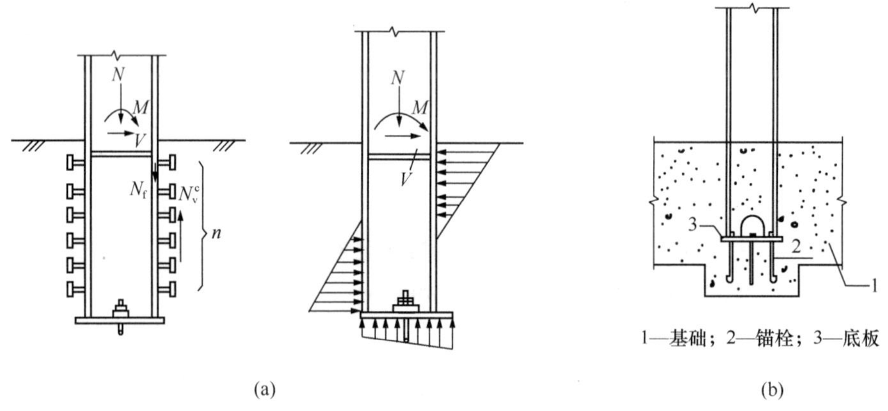

图 6.11.5-4　埋入式柱脚对比

（a）1998 版《高钢规》8.6.3 条；（b）2015 版《高钢规》8.6.1 条图 8.6.1-1c

对比图 6.11.5-4a、b，两本规范对抗剪栓钉和锚栓的规定存在区别，1998 版《高钢规》：

1）8.6.2 条，埋入式柱脚在钢柱的埋入部分应设置栓钉，栓钉的数量和布置可按外包式柱脚的有关规定确定；

2）8.6.3 条文说明，埋入式柱脚力的传递主要通过混凝土对钢柱翼缘的承压所产生的抵抗矩承受的，栓钉传力机制在这种柱脚中作用不明显，但为了保证柱脚的整体性，仍应设置栓钉；

3）锚栓起定位作用。

2015 版《高钢规》8.6.4 条文说明指出，当边（角）柱混凝土保护层厚度较小时，可能出现冲切破坏，可用下列方法之一补强：

1）设置栓钉

根据过去的研究，栓钉对于传递弯矩没有什么支配作用，但对抗拉，由于栓钉受剪，能传递内力。

2）锚栓

因柱子的弯矩和剪力是靠混凝土的承压力传递的，当埋深较深时，在锚栓中几乎不引起内力，但柱受拉时，锚栓对传递内力起支配作用。在埋深较浅的柱脚中，加大埋深，提高底板和锚栓的刚度，可对锚栓传力起积极作用，已得到试验确认。

8.6.1 3 钢柱埋入式柱脚是将柱脚埋入混凝土基础内（图 8.6.1-1c），H 形截面柱的埋置深度不应小于柱截面边长的 2.5 倍，圆管柱的埋置深度不应小于柱外径的 3 倍；钢柱底板应设置锚栓与下部混凝土连接。钢柱埋入部分的侧边混凝土保护层厚度要求（图 8.6.1-2a）：C_1不得小于钢柱受弯方向截面高度的一半，且不小于 250mm，C_2不得小于钢柱受弯方向截面高度的 2/3，且不小于 400mm。

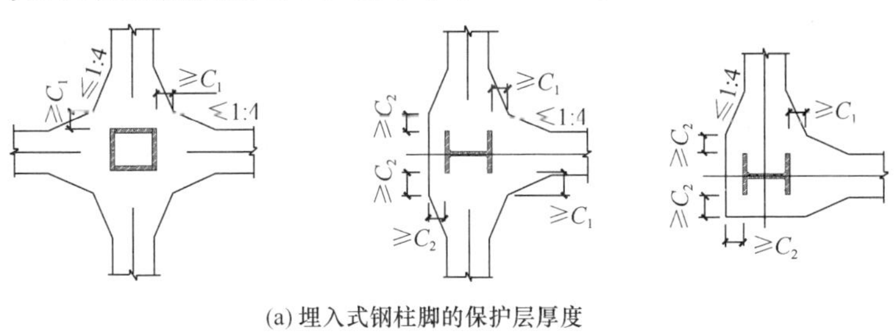

(a) 埋入式钢柱脚的保护层厚度

图 8.6.1-2 埋入式柱脚的其他构造要求

对比图 6.11.5-5a、b，2015 版《高钢规》对边柱和角柱规定，在埋入部分的顶部和底部应增设 U 形钢筋，防止弯矩作用下混凝土向外崩落。

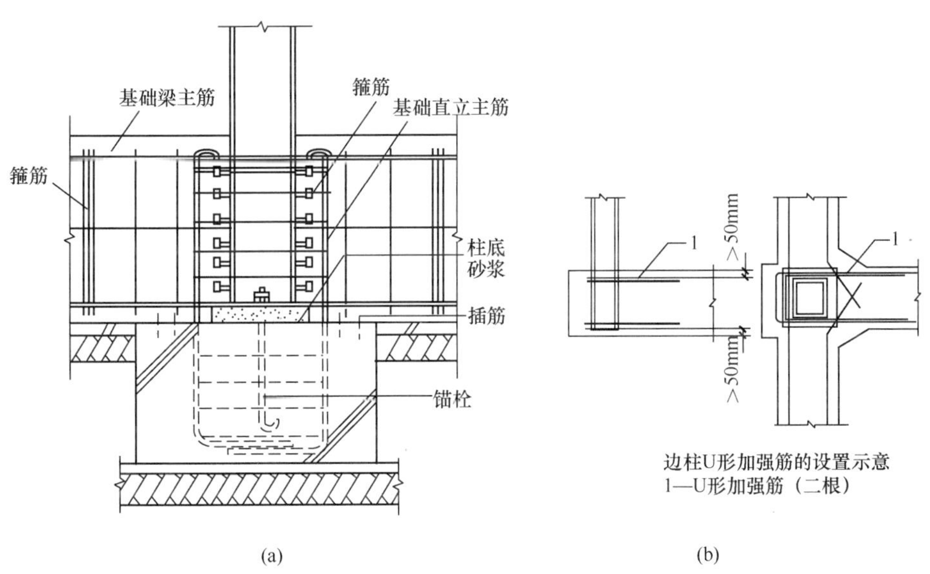

(a)

(b)

图 6.11.5-5 埋入式柱脚其他构造对比

(a) 1998 版《高钢规》；(b) 2015 版《高钢规》图 8.6.1-2b

8.6.1 3 钢柱埋入部分的四角应设置竖向钢筋，四周应配置箍筋，箍筋直径不应小于 10mm，其间距不大于 250mm；在边柱和角柱柱脚中，埋入部分的顶部和底部尚应设置U形钢筋（图8.6.1-2b），U形钢筋的开口应向内；U形钢筋的锚固长度应从钢柱内侧算起，锚固长度（l_a，l_{aE}）应根据现行国家标准《混凝土结构设计规范》GB 50010的有关规定确定。埋入部分的柱表面宜设置栓钉。

在混凝土基础顶部，钢柱应设置水平加劲肋。当箱形柱壁板宽厚比大于30时，应在埋入部分的顶部设置隔板；也可在箱形柱的埋入部分填充混凝土，当混凝土填充至基础顶部以上1倍箱形截面高度时，埋入部分的顶部可不设置隔板。

5 埋入式柱脚不宜采用冷成型箱形柱。

8.6.1 条文说明　据日本的研究，埋入式柱脚管壁局部变形引起的应力集中，使角部应力最大，而冷成型钢管柱角部因冷加工使钢材变脆。

（2）计算方法

8.6.4 埋入式柱脚的设计应符合下列规定：

1 柱脚轴向压力由柱脚底板直接传给基础，应按现行国家标准《混凝土结构设计规范》GB 50010验算柱脚底板下混凝土的局部承压，承压面积为底板面积。

2 抗震设计时，在基础顶面处可能出现塑性铰的柱脚应按埋入部分钢柱侧向应力分布（图8.6.4-1）验算在轴力和弯矩作用下基础混凝土的侧向抗弯极限承载力。埋入式柱脚的极限受弯承载力不应小于钢柱全塑性抗弯承载力；与极限受弯承载力对应的剪力不应大于钢柱的全塑性抗剪承载力，应按下列公式验算：

$$M_u \geqslant \alpha M_{pc} \quad (8.6.4\text{-}1)$$

$$V_u = M_u / l \leqslant 0.58 h_w t_w f_y \quad (8.6.4\text{-}2)$$

$$M_u = f_{ck} b_c l \{\sqrt{(2l + h_B)^2 + h_B^2} - (2l + h_B)\} \quad (8.6.4\text{-}3)$$

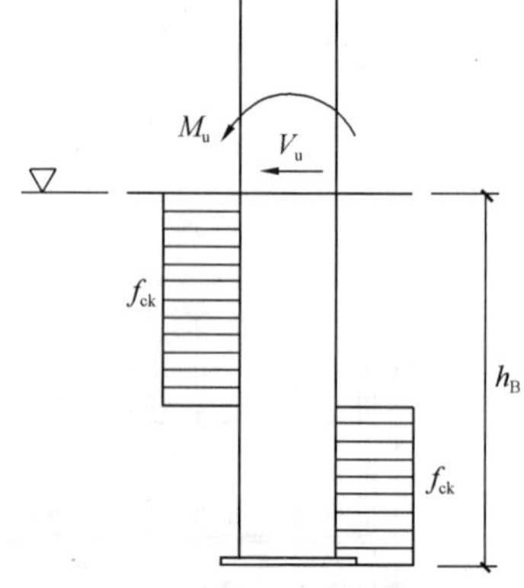

图8.6.4-1　埋入式柱脚混凝土的侧向应力分布

式中：M_u——柱脚埋入部分承受的极限受弯承载力（N·mm）；

M_{pc}——考虑轴力影响时钢柱截面的全塑性受弯承载力（N·mm），按本规程8.1.5条的规定计算；

l——基础顶面到钢柱反弯点的距离（mm），可取柱脚所在层层高的2/3；

b_c——与弯矩作用方向垂直的柱身宽度，对H形截面柱应取等效宽度（mm）；

h_B——钢柱脚埋置深度（mm）；

f_{ck}——基础混凝土抗压强度标准值（N/mm²）；

α——连接系数，按本规程表8.1.3的规定采用。

3 采用箱形柱和圆管柱时埋入式柱脚的构造应符合下列规定：

1） 截面宽厚比或径厚比较大的箱形柱和圆管柱，其埋入部分应采取措施防止在混凝土侧压力下被压坏。常用方法是填充混凝土［图8.6.4-2（b）］；或在基础顶面附近设置内隔板或外隔板［图8.6.4-2（c）、（d）］。

2）隔板的厚度应按计算确定，外隔板的外伸长度不应小于柱边长（或管径）的1/10。对于有抗拔要求的埋入式柱脚，可在埋入部分设置栓钉［图 8.6.4-2（a）］。

4 抗震设计时，在基础顶面处钢柱可能出现塑性铰的边（角）柱的柱脚埋入混凝土基础部分的上、下部位均需布置 U 形钢筋加强，可按下列公式验算 U 形钢筋数量：

1）当柱脚受到由内向外作用的剪力时［图 8.6.4-3（a）］：

2）当柱脚受到由外向内作用的剪力时［图 8.6.4-3（b）］：

$$M_u \leqslant f_{ck} b_c l \left\{ \frac{T_y}{f_{ck} b_c} - l - h_B + \sqrt{(l+h_B)^2 - \frac{2T_y(l+a)}{f_{ck} b_c}} \right\} \qquad (8.6.4\text{-}4)$$

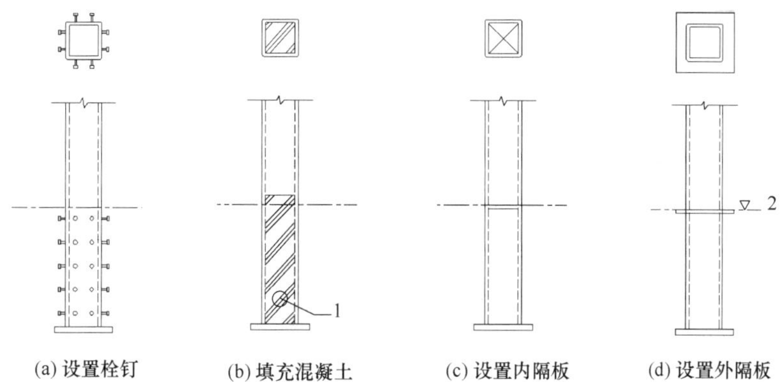

图 8.6.4-2 埋入式柱脚的抗压和抗拔构造

1—灌注孔；2—基础顶面

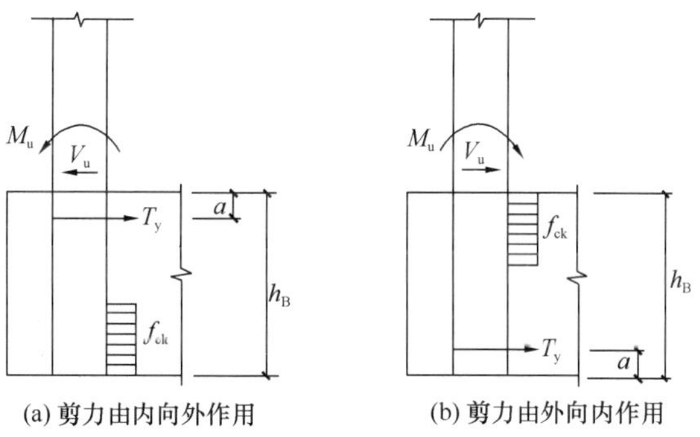

图 8.6.4-3 埋入式钢柱脚 U 形加强筋计算简图

式中：M_u ——柱脚埋入部分由 U 形加强筋提供的侧向极限受弯承载力（N·mm），可取 M_{pc}；

T_y ——U 形加强筋的受拉承载力（N/mm²），$T_y = A_t f_{yk}$，A_t 为 U 形加强筋的截面面积（mm²）之和，f_{yk} 为 U 形加强筋的强度标准值（N/mm²）；

f_{ck} ——基础混凝土的受压强度标准值（N/mm²）；

a——U 形加强筋合力点到基础上表面或到柱底板下表面的距离（mm）（图 8.6.4-3）；

l——基础顶面到钢柱反弯点的高度（mm），可取柱脚所在层层高的 2/3；

h_B——钢柱脚埋置深度（mm）；

b_c——与弯矩作用方向垂直的柱身尺寸（mm）。

第7章　砌体结构与木结构

7.1　房屋的静力计算

一、三种静力计算方案

《砌体结构设计规范》GB 5003—2011（以下简称《砌体》规定

4.2.1　房屋的静力计算，根据房屋的空间工作性能分为刚性方案、刚弹性方案和弹性方案。设计时，可按表4.2.1确定静力计算方案。

表4.2.1　房屋的静力计算方案

	屋盖或楼盖类别	刚性方案	刚弹性方案	弹性方案
1	整体式、装配整体和装配式无檩体系钢筋混凝土屋盖或钢筋混凝土楼盖	$s<32$	$32\leqslant s\leqslant 72$	$s>72$
2	装配式有檩体系钢筋混凝土屋盖、轻钢屋盖和有密铺望板的木屋盖或木楼盖	$s<20$	$20\leqslant s\leqslant 48$	$s>48$
3	瓦材屋面的木屋盖和轻钢屋盖	$s<16$	$16\leqslant s\leqslant 36$	$s>36$

注：1. 表中 s 为房屋横墙间距，其长度单位为“m”。

2. 当屋盖、楼盖类别不同或横墙间距不同时，可按本规范第4.2.7条的规定确定房屋的静力计算方案。

3. 对无山墙或伸缩缝处无横墙的房屋，应按弹性方案考虑。

因为横墙是房屋空间工作的稳定结构，在其自身平面内必须具有一定的水平刚度，因而作为刚性方案、刚弹性方案房屋的横墙，应符合《砌体》下列要求

4.2.2　刚性和刚弹性方案房屋的横墙，应符合下列规定：

1　横墙中开有洞口时，洞口的水平截面面积不应超过横墙截面面积的50%；

2　横墙的厚度不宜小于180mm；

3　单层房屋的横墙长度不宜小于其高度，多层房屋的横墙长度不宜小于 $H/2$（H 为横墙总高度）。

注：1. 当横墙不能同时符合上述要求时，应对横墙的刚度进行验算。如其最大水平位移值 $u_{\max}\leqslant\frac{H}{4000}$ 时，仍可视作刚性或刚弹性方案房屋的横墙；

2. 凡符合注1刚度要求的一段横墙或其他结构构件（如框架等），也可视作刚性或刚弹性方案房屋的横墙。

1. 单层刚性方案房屋承重纵墙的内力计算

《砌体》规定

> **4.2.5** 刚性方案房屋的静力计算，应按下列规定进行：
>
> **1** 单层房屋：在荷载作用下，墙、柱可视为上端不动铰支承于屋盖，下端嵌固于基础的竖向构件。

即图7.1.1-1（a）所示的方案。

2. 单层弹性方案房屋承重纵墙的内力计算

《砌体》规定

> **4.2.3** 弹性方案房屋的静力计算，可按屋架或大梁与墙（柱）为铰接的、不考虑空间工作的平面排架或框架计算。

即图7.1.1-1（b）所示的方案。

3. 单层刚弹性方案房屋承重纵墙的内力计算

即图7.1.1-1（c）所示的方案。

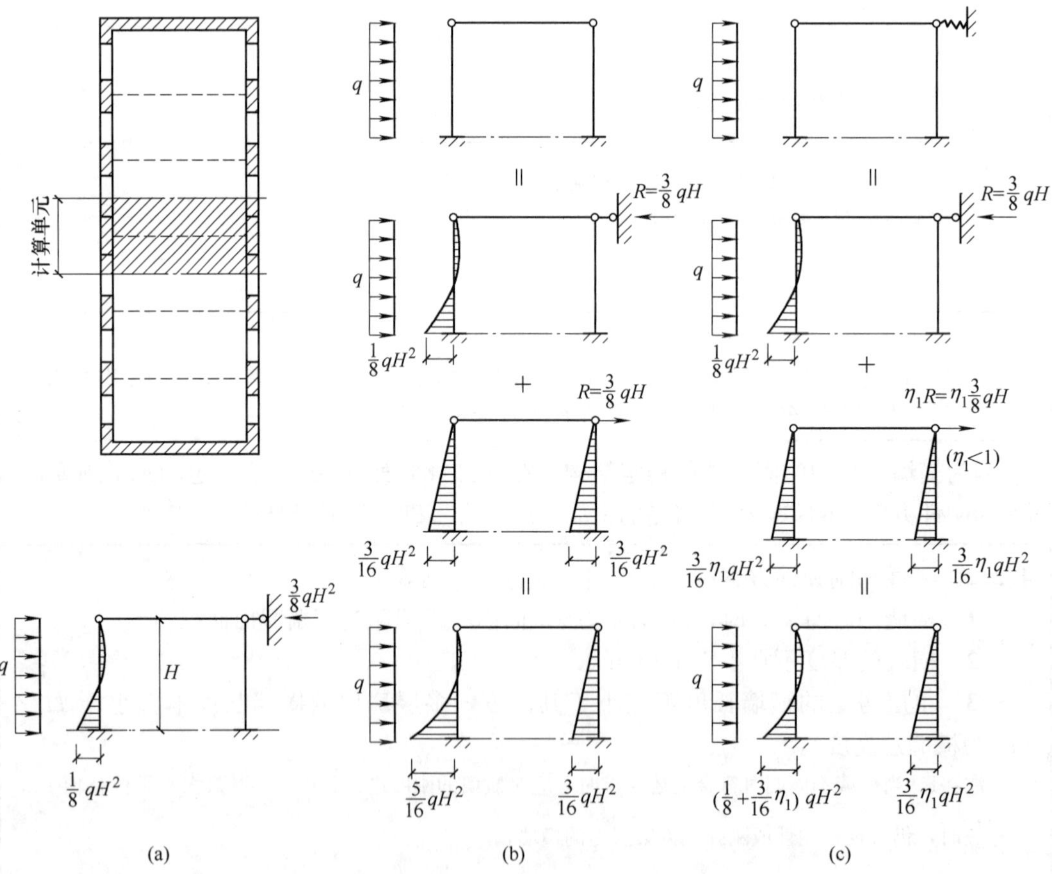

图7.1.1-1　三种静力计算方案内力分析

（a）刚性方案；（b）弹性方案；（c）刚弹性方案

《砌体》规定

4.2.4 刚弹性方案房屋的静力计算，可按屋架、大梁与墙(柱)铰接并考虑空间工作的平面排架或框架计算。房屋各层的空间性能影响系数，可按表 4.2.4 采用，其计算方法应按本规范附录 C 的规定采用。

表 4.2.4 房屋各层的空间性能影响系数 η_i （单位：m）

屋盖或楼盖类别	横墙间距 s														
	16	20	24	28	32	36	40	44	48	52	56	60	64	68	72
1	—	—	—	—	0.33	0.39	0.45	0.50	0.55	0.60	0.64	0.68	0.71	0.74	0.77
2	—	0.35	0.45	0.54	0.61	0.68	0.73	0.78	0.82	—	—	—	—	—	—
3	0.37	0.49	0.60	0.68	0.75	0.81	—	—	—	—	—	—	—	—	—

注：i 取 1～n，n 为房屋的层数。

附录 C 刚弹性方案房屋的静力计算方法

C.0.1 水平荷载（风荷载）作用下，刚弹性方案房屋墙、柱内力分析可按以下方法计算，并将两步结果叠加，得出最后内力：

1 在平面计算简图中，各层横梁与柱连接处加水平铰支杆，计算其在水平荷载（风荷载）作用下无侧移时的内力与各支杆反力 R_i（图 C.0.1a）。

2 考虑房屋的空间作用，将各支杆反力 R_i 乘以由表 4.2.4 查得的相应空间性能影响系统 η_i，并反向施加于节点上，计算其内力（图 C.0.1b）。

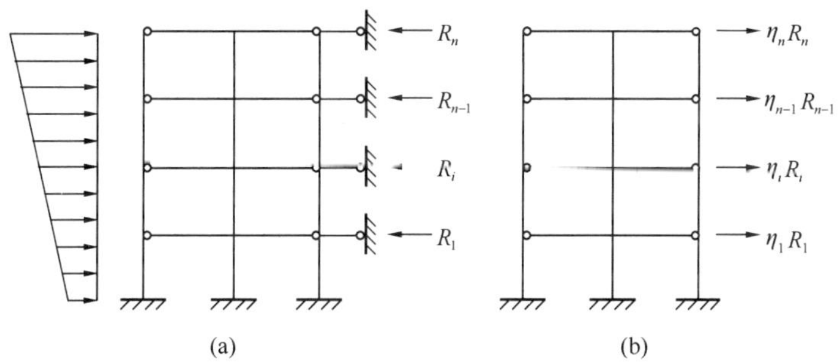

图 C.0.1 刚弹性方案房屋的静力计算简图

二、多层砌体结构房屋的计算

1. 刚性方案多层房屋的静力计算

《砌体》规定

4.2.5 刚性方案房屋的静力计算，应按下列规定进行：

2 多层房屋：在竖向荷载作用下，墙、柱在每层高度范围内，可近似地视作两端铰支的竖向构件；

3 对本层的竖向荷载，应考虑对墙、柱的实际偏心影响，梁端支承压力 N_l 到墙内边的距离，应取梁端有效支承长度 a_0 的0.4倍（图4.2.5）。由上面楼层传来的荷载 N_u，可视作作用于上一楼层的墙、柱的截面重心处。

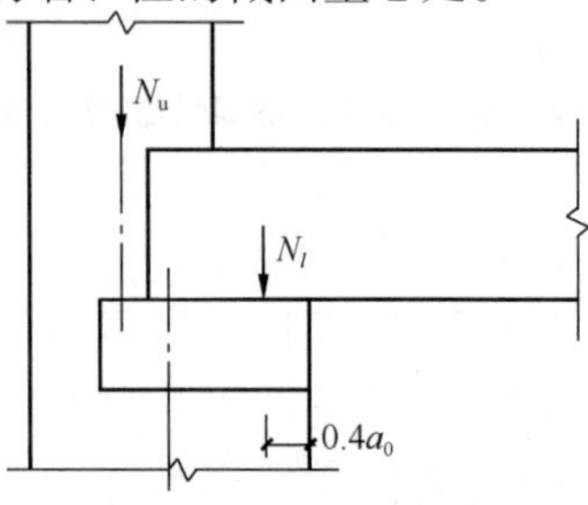

图4.2.5 梁端支承压力位置

注：当板支撑于墙上时，板端支承压力 N_l 到墙内边的距离可取板的实际支承长度 a_0 的0.4倍。

【例7.1.2-1】梁端支承压力的位置

图7.1.2-1，已知梁高 $h_c=500$mm，跨度 $L=4$m，梁支座长度为240mm，墙厚 $h=240$mm，砌体抗压强度设计值 $f=1.58$MPa。试问，e 值最接近于下列何项？

提示：梁端有效支承长度按《砌体》5.2.4条式（5.2.4-5）计算。

（A）$e=61$mm （B）$e=120$mm

（C）$e=49$mm （D）$e=178$mm

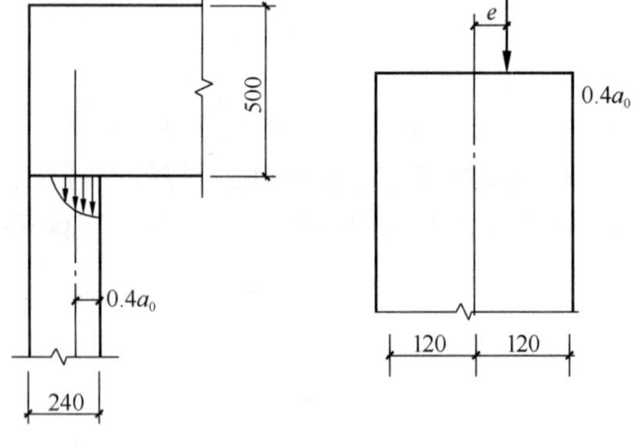

图7.1.2-1

【答案】（C）

【解答】根据《砌体》5.2.4条：

$$a_0=10\sqrt{\frac{h_c}{f}}=10\sqrt{\frac{500}{1.58}}=177.9\text{mm}$$

根据《砌体》4.2.5条：

$$e=\frac{h}{2}-0.4a_0=\frac{240}{2}-0.4\times177.9=49\text{mm}$$

【例7.1.2-2】梁端支承压力形成的弯矩

某单跨三层工业建筑的房屋平面如图7.1.2-2所示，按刚性方案计算。各层墙体的计算高度均为3.6m；梁采用C25级混凝土，截面（$b\times h_b$）为240mm×800mm；梁端支承长度250mm，梁下刚性垫块尺寸为370mm×370mm×180mm。墙厚均为240mm，采用MU10烧结普通砖、M7.5水泥砂浆砌筑。各楼层均布永久荷载、活荷载的标准值依次均为：$g_k=3.85\text{kN/m}^2$，$q_k=4.45\text{kN/m}^2$；梁自重标准值为4.2kN/m。施工质量控制等级B级，结构重要性系数1.0，活荷载组合值系数 $\psi_c=0.7$。

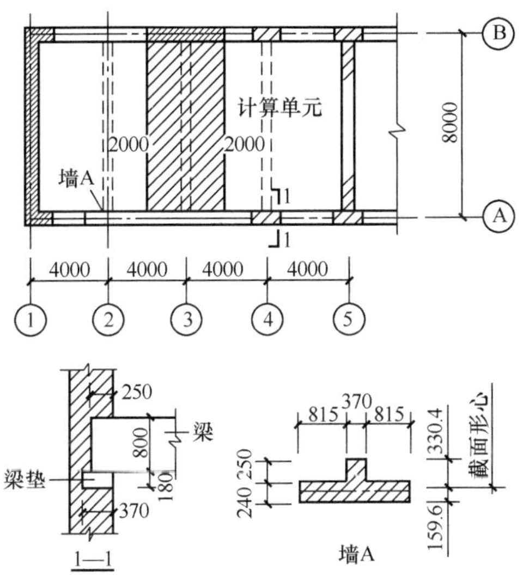

图 7.1.2-2

假定顶层梁端有效以承长度 $a_0=150$mm，试问，顶层梁端支承压力对墙形心线的计算弯矩 M 设计值（kN·m）与下列何项数值最为接近？

(A) 29.9　　(B) 40.8　　(C) 50.5　　(D) 58.8

【答案】(C)

【解答】根据《砌体》4.2.5 条，刚性方案的多层砌体房屋，梁端支承压力到墙边距离为梁端有效支承长度的 0.4 倍，所以梁端支承压力对壁柱截面形心的距离为

$$e=\frac{h}{2}-0.4a_0=330.4-0.4\times150=270.4\text{mm}$$

其中梁的有效支承长度 $a_0=150$mm 小于实际支承长度 250mm，取 a_0-150mm。

根据《砌体》4.1.5 条，应取式（4.1.5-1）与式（4.1.5-2）中最大值，注意到 $q_k=4.45\text{kN/m}^2>4\text{kN/m}^2$，式中活荷载系数改为 1.3。

按《砌体》式（4.1.5-1）取半跨 4m 为计算单元。

$$N_{l1}=1.2S_G+1.3S_Q=1.2\times(3.85\times4\times4+4.2\times4)+1.3\times4.45\times4\times4=186.64\text{kN}$$

$$N_{l2}=1.35S_G+1.3\psi S_Q=1.35\times(3.85\times4\times4+4.2\times4)+1.3\times0.7\times4.45\times4\times4$$
$$=170.63\text{kN}$$

$$M=N_{l1}e=186.64\times0.2704=50.47\text{kN}\cdot\text{m}$$

2. 梁端的约束弯矩

当楼面梁支承于墙上时，梁端上下的墙体对梁端转动有一定的约束弯矩。当梁的跨度较小时，约束弯矩可以忽略；但当梁的跨度较大时，约束弯矩不可忽略，约束弯矩将在梁端上下墙体内产生弯矩，使墙体偏心距增大。

图 7.1.2-3 表示梁端约束弯矩示意图。

《砌体》规定

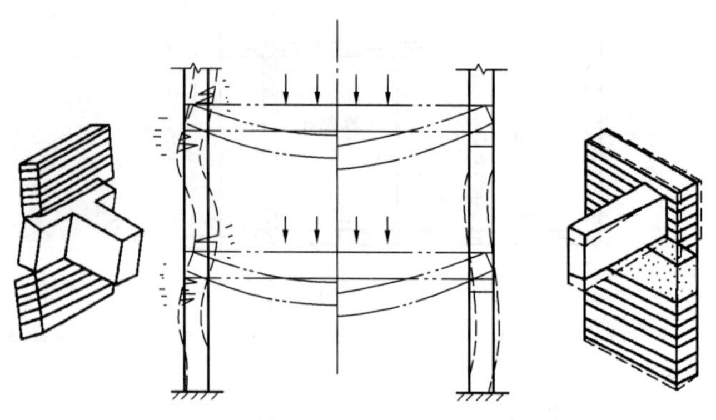

图 7.1.2-3　梁端约束弯矩示意图

4.2.5　刚性方案房屋的静力计算，应按下列规定进行：

4　对于梁跨度大于 9m 的墙承重的多层房屋，按上述方法计算时，应考虑梁端约束弯矩的影响。可按梁两端固结计算梁端弯矩，再将其乘以修正系数 γ 后，按墙体线性刚度分到上层墙底部和下层墙顶部，修正系数 γ 可按下式计算：

$$\gamma=0.2\sqrt{\frac{a}{h}} \qquad 4.2.5$$

式中　a——梁端实际支承长度；

h——支承墙体的墙厚，当上下墙厚不同时取下部墙厚，当有壁柱时取 h_T。

【例 7.1.2-3】 12m 梁的梁端弯矩

条件：某刚性方案多层砌体房屋，纵墙承重，外墙厚 490mm，进深梁跨度 12m，截面尺寸 $b\times h=300\text{mm}\times1000\text{mm}$。梁端支承长度 370mm，梁上均布荷载设计值（包括自重）38.7kN/m，上、下二层墙高和墙厚相同。已知砌体抗压强度设计值为 1.3MPa，梁端有效支承长度 $a_0=277\text{mm}$。

求：下层墙上端弯矩。

【解答】 因为进深梁跨度 12m，大于 9m，应考虑梁端约束的影响。

根据《砌体》4.2.5 条在计算梁端弯矩时按两端固结的计算简图计算

$$M=\frac{1}{12}ql^2=\frac{1}{12}\times38.7\times12^2=464.4\text{kN}\cdot\text{m}$$

修正系数　$$\gamma=0.2\sqrt{\frac{a}{h}}=0.2\sqrt{\frac{370}{490}}=0.174$$

梁端弯矩　$$M_A=\gamma M=0.174\times464.4=80.8\text{kN}\cdot\text{m}$$

上下墙高墙厚均相同，所以

下层墙上端弯矩　$$M_下=\frac{1}{2}M_A=\frac{1}{2}\times80.8=40.40\text{kN}\cdot\text{m}$$

如按简支梁计算，根据《砌体》4.2.5 条第 3 款：

梁端压力　$$N_l=\frac{1}{2}ql=\frac{1}{2}\times38.7\times12=232.2\text{kN}$$

$$e=\frac{h}{2}-0.4a_0=\frac{490}{2}-0.4\times277=134.2\text{mm}$$

$$M=N_{l}e=232.2\times0.1342=31.16\text{kN}\cdot\text{m}<40.40\text{kN}\cdot\text{m}$$

所以按梁端有约束计算更为不利。

3. 水平风荷载作用下的内力分析

（1）计算简图

《砌体》规定

> **4.2.5** 刚性方案房屋的静力计算，应按下列规定进行：
> **2** 多层房屋：在水平荷载作用下，墙、柱可视作竖向连续梁；

（2）可不考虑风荷载影响的条件

根据设计经验，在一定条件下，风荷载在墙截面中引起的弯矩较小，对截面承载力没有显著影响，所以风荷载引起的弯矩可以忽略不计。

《砌体》规定

> **4.2.6** 刚性方案多层房屋的外墙，计算风荷载时应符合下列要求：
> **2** 当外墙符合下列要求时，静力计算可不考虑风荷载的影响；
> **1**）洞口水平截面面积不超过全截面面积的 2/3；
> **2**）层高和总高不超过表 4.2.6 的规定；
> **3**）屋面自重不小于 0.8kN/m^2。

表 4.2.6 外墙不考虑风荷载影响时的最大高度

基本风压值/(kN/m^2)	层高/m	总高/m
0.4	4.0	28
0.5	4.0	24
0.6	4.0	18
0.7	3.5	18

注：对于多层混凝土砌块房屋，当然墙厚度不小于 190mm、层高不大于 2.8m、总高不大于 19.6m、基本风压不大于 0.7kN/m^2 时，可不考虑风荷载的影响。

【例 7.1.2-4】

多层砌体刚性方案房屋，在水平风荷载作用下对纵墙进行内力分析时，下列哪一种论述不可能出现?

（A）可按竖向连续梁分析内力

（B）纵墙上、下端的弯矩可按两端固定梁计算

（C）满足规范的规定，则可不进行风力计算

（D）在一般刚性方案房屋中，必须考虑横墙内由风荷载引起的弯曲应力以及在纵墙内产生的附加压力

【答案】（D）

【解答】根据《砌体》第 4.2.5 条“刚性方案、多层房屋在水平荷载使用下，墙、柱可视作竖向连续梁”，所以（A）正确。

根据《砌体》式（4.2.6），风荷载引起弯矩 $M=\frac{WH^2}{12}$，该式就是结构力学中两端固结的计算公式，所以（B）正确。

根据《砌体》第4.2.6条，“刚性方案多层房屋的外墙符合要求时，静力计算可不考虑风荷载的影响”，因此（C）正确，（D）不正确。

（3）风荷载作用下的内力计算

《砌体》规定

> **4.2.6** 刚性方案多层的外墙，计算风荷载时应符合下列要求：
>
> **1** 风荷载引起的弯矩，可按下式计算：
>
> $$M=\frac{wH_i^2}{12} \tag{4.2.6}$$
>
> 式中 w——沿楼层高均布风荷载设计值（kN/m）；
>
> H_i——层高（m）。

【例7.1.2-5】 风荷载作用下的内力计算

某砌体结构的多层房屋，刚性方案，如图7.1.2-4所示。试问，外墙在二层顶处由风荷载引起的负弯矩标准值（kN·m），应与下列何项数值最为接近？

提示：按每米墙宽计算。

（A）0.3　　（B）0.4

（C）0.5　　（D）0.6

【答案】（B）

【解答】

（1）根据《砌体》4.2.5条，对刚性方案房屋的静力计算，水平荷载作用下，墙、柱可作竖向连续梁。取单位宽竖向墙带为计算单元。

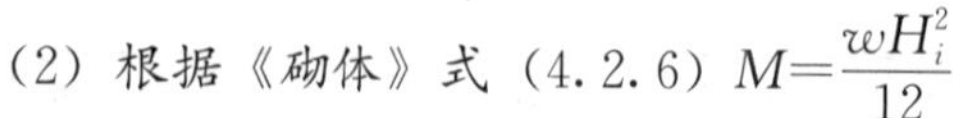

（2）根据《砌体》式（4.2.6）$M=\frac{wH_i^2}{12}$

得

$$M=\frac{0.5\times(6.3-3.3)^2}{12}=0.38\text{kN}\cdot\text{m}$$

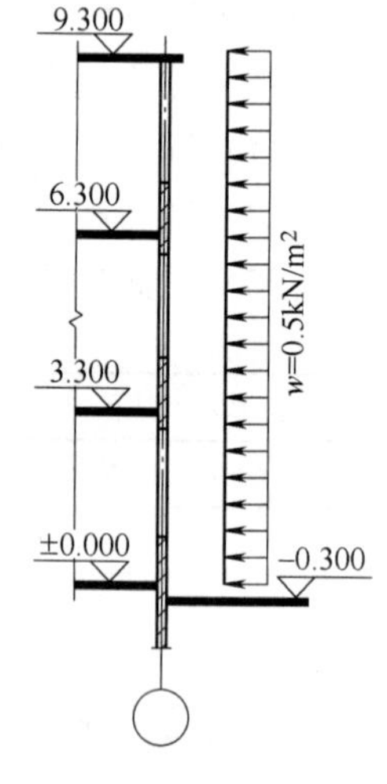

图7.1.2-4

7.2 高厚比验算

一、墙、柱的高厚比验算

高厚比β系指墙、柱某一方向的计算高度H_0与相应方向边长h的比值$\beta=H_0/h$。验算高厚比的目的是防止施工过程和使用阶段中的墙、柱出现过大的挠曲，轴线偏差和丧失稳定。墙、柱的高厚比过大，虽然强度计算满足要求，但可能在施工砌筑阶段因过度的偏差倾斜鼓肚等现象以及施工和使用过程中出现的偶然撞击、振动等因素造成丧失稳定。同时还考虑到使用阶段在荷载作用下墙柱应具有的刚度，不应发生影响正常使用的过大变形。也可以认为它是保证墙柱正常使用极限状态的构造规定。在砌体结构构件设计计算中需要在验算构件承载力以前预先加以考虑，并在很大程度上根据高厚比的验算确定墙厚和柱的截面尺寸。

墙、柱高厚比验算是要使所设计墙、柱的高厚比 β 值小于或等于允许高厚比 $[\beta]$ 值。

1. 高厚比的计算

（1）构件高度 H

《砌体》规定

> **5.1.3** 构件高度 H，应按下列规定采用：
>
> **1** 在房屋底层，为楼板顶面到构件下端支点的距离。下端支点的位置，可取在基础顶面。当埋置较深且有刚性地坪时，可取室外地面下 500mm 处；
>
> **2** 在房屋其他层，为楼板或其他水平支点间的距离；
>
> **3** 对于无壁柱的山墙，可取层高加山墙尖高度的 1/2；对于带壁柱的山墙可取壁柱处的山墙高度。

【例 7.2.1-1】 单层房屋纵墙砖柱的高度

某单跨无吊车仓库，如图 7.2.1-1 所示，承重砖柱截面尺寸为 490mm×620mm，采用 MU10 普通黏土砖、M5 混合砂浆砌筑，施工质量控制等级为 B 级。刚性地坪。

计算受压砖柱的计算高度 H_0 时，所用的砖柱（构件）高度 H（m），应与下列何项数值最为接近？

（A）5.0　（B）5.3　（C）5.8　（D）6.0

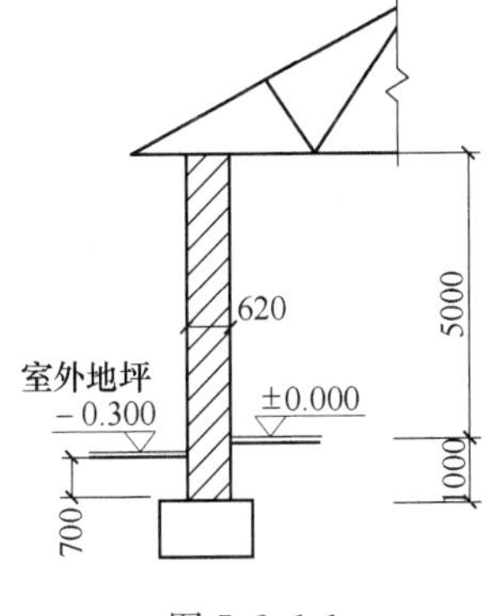

图 7.2.1-1

【答案】（C）

【解答】 根据《砌体》5.1.3 条，"下端支点的位置，当埋置较深且有刚性地坪时，可取室外地面下 500mm 处"，$H=5+0.3+0.5=5.8$m。（C）正确。

（2）受压构件的计算高度 H_0

《砌体》规定

5.1.3 受压构件的计算高度 H_0，应根据房屋类别和构件支承条件等按表 5.1.3 采用。

表 5.1.3 受压构件的计算高度 H_0

房屋类别			柱		带壁柱墙或周边拉接的墙		
			排架方向	垂直排架方向	$s>2H$	$2H\geqslant s>H$	$s\leqslant H$
无吊车的单层和多层房屋	单跨	弹性方案	$1.5H$	$1.0H$	$1.5H$		
		刚弹性方案	$1.2H$	$1.0H$	$1.2H$		
	多跨	弹性方案	$1.25H$	$1.0H$	$1.25H$		
		刚弹性方案	$1.10H$	$1.0H$	$1.1H$		
	刚性方案		$1.0H$	$1.0H$	$1.0H$	$0.4s+0.2H$	$0.6s$

3. 独立砖柱，当无柱间支撑时，柱在垂直排架方向的 H_0 应按表中数值乘以 1.25 后采用。
4. s 为房屋横墙间距。

【例 7.2.1-2】 单层房屋排架柱的计算高度（弹性方案）

条件：四面开敞的15m单跨简易仓库，如图7.2.1-2所示，属弹性方案，无柱间支撑。

要求：排架柱计算高度。

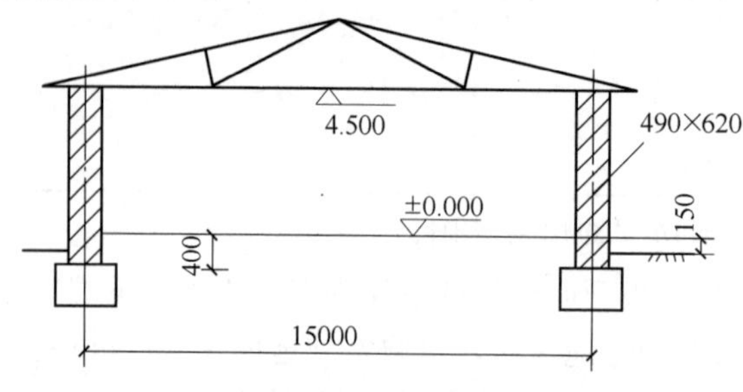

图 7.2.1-2

【解答】

（1）根据《砌体》5.1.3条第1款，$H=4.5+0.4=4.9\text{m}$。

（2）根据《砌体》表5.1.3：

弹性方案，单跨单层无吊车排架方向：$H_0=1.5H=1.5\times4.9=7.35\text{m}$

垂直排架方向（无柱间支撑）表5.1.3注3：

$$H_0=1.25\times1.0H=1.25\times4.9=6.125\text{m}$$

【例 7.2.1-3】 单层房屋排架柱的计算高度（刚弹性方案）

条件：同上例，但仓库两端有山墙，计算方案属刚弹性方案。

要求：排架柱计算高度。

【解答】

（1）根据《砌体》5.1.3条，$H=4.5+0.4=4.9\text{m}$。

（2）根据《砌体》表5.1.3：

刚弹性方案，单跨单层无吊车排架方向：$H_0=1.2H=1.2\times4.9=5.88\text{m}$

垂直排架方向（无柱间支撑）表5.1.3注3：

$$H_0=1.25\times1.0H=1.25\times4.9=6.125\text{m}。$$

（3）高厚比

《砌体》规定

> **2.1.25** 砌体墙、柱高厚比 ratio of height to sectional thickness of wall or column
>
> 砌体墙、柱的计算高度与规定厚度的比值。规定厚度对墙取墙厚，对柱取对应的边长，对带壁柱墙取截面的折算厚度。

【例 7.2.1-4】 单层房屋外纵墙砖柱的高厚比

某单层、单跨、无吊车车间，采用MU10砖、M5混合砂浆砌筑的独立不粉刷砖柱，承重柱截面尺寸为490mm×620mm，柱间不设支撑，该车间的空间工作性能为弹性方案。试指出如图7.2.1-3所示的砖柱，高厚比验算时排架方向和垂直排架方向的高厚比β_1和β_2，应为下列何项数值？

（A）$\beta_1=15.73$，$\beta_2=19.89$

（B）$\beta_1=15.73$，$\beta_2=16.58$

(C) $\beta_1=13.11$，$\beta_2=16.58$

(D) $\beta_1=13.11$，$\beta_2=19.89$

【答案】(B)

【解答】

(1) 根据《砌体》5.1.3 条，$H=6.0+0.5=6.5\text{m}$。

(2) 单层单跨，弹性方案，排架方向根据，《砌体》表 5.1.3：

$$H_0=1.5H=1.5\times6.5=9.75\text{m}$$

$$\beta_1=\frac{H_0}{h}=\frac{9.75}{0.62}=15.73。$$

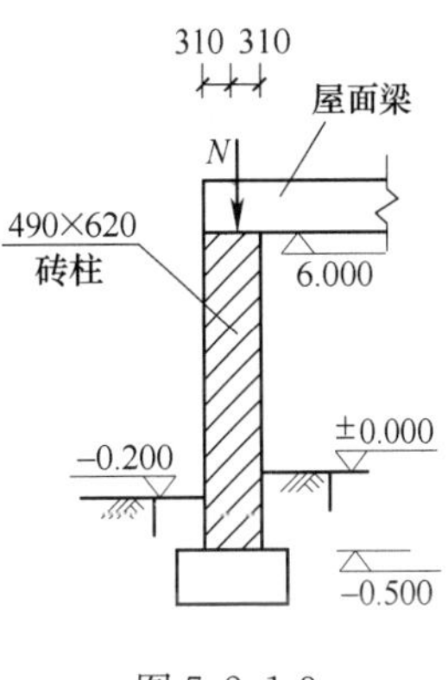

图 7.2.1-3

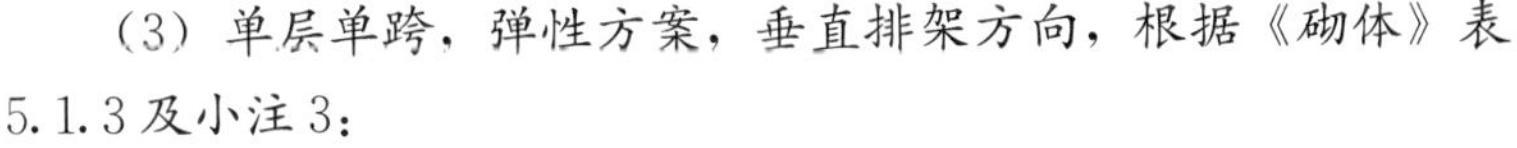

(3) 单层单跨，弹性方案，垂直排架方向，根据《砌体》表 5.1.3 及小注 3：

$$H_0=1.0H=1.0\times1.25H=1.25\times6.5\text{m}=8.125\text{m}$$

$$\beta_2=\frac{H_0}{h}=\frac{8.125}{0.49}=16.58，$$

故 (B) 正确。

【例 7.2.1-5】、【例 7.2.1-6】

某无吊车单跨单层砌体仓库的无壁柱山墙，如图 7.2.1-4 所示，横墙承重，房屋山墙两侧均有外纵墙。墙厚为 370mm，山墙基础顶面距室外地面 300mm。

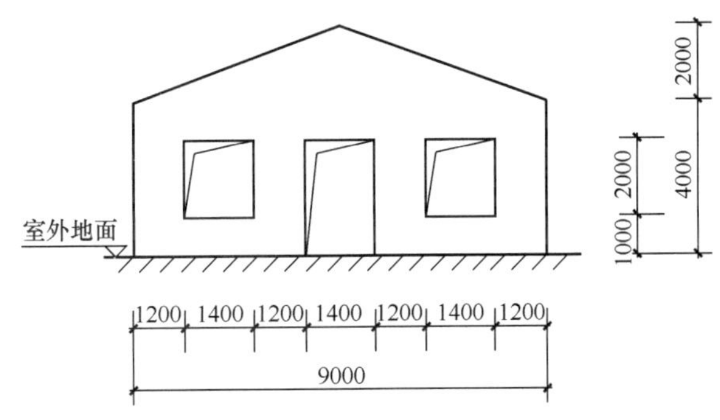

图 7.2.1-4

【例 7.2.1-5】单层房屋山墙的高厚比（刚弹性方案）

假定，山墙的静力计算方案为刚弹性方案。试问，高厚比验算时，山墙的高厚比 β 与下列何项数值最为接近？

(A) 14　　(B) 17　　(C) 19　　(D) 21

【答案】(B)

【解答】

根据《砌体》5.1.3 条规定，无壁柱山墙的高度取层高加山墙尖高度的 1/2。

$$H=4.0+2.0/2+0.3=5.3\text{m}，$$

已知为刚弹性方案，根据《砌体》表 5.1.3，山墙的计算高度为山墙高度的 1.2 倍。

$$H_0=1.2H=6.36\text{m}$$

根据《砌体》6.1.1条，式（6.1.1）

$$\beta=\frac{H_0}{h}=\frac{6.36}{0.37}=17.2。$$

【例7.2.1-6】单层房屋山墙的高厚比（刚性方案）

假定，山墙的静力计算方案为刚性方案，山墙的横墙间距$s=9\text{m}$。试问，山墙的高厚比验算时，山墙的高厚比β与下列何项数值最为接近？

（A）10　　（B）13　　（C）16　　（D）19

【答案】（B）

【解答】

根据《砌体》5.1.3条规定，无壁柱山墙的高度取层高加山墙尖高度的1/2。

$$H=4.0+2.0/2+0.3=5.3\text{m}。$$

已知为刚性方案，根据《砌体》表5.1.3，

$$2H=10.6\text{m}>s=9\text{m}>H=5.3\text{m}$$

$$H_0=0.4s+0.2H=3.6+1.06=4.66\text{m}$$

根据《砌体》6.1.1条，式（6.1.1）

$$\beta=\frac{H_0}{h}=\frac{4.66}{0.37}=12.6。$$

【例7.2.1-7】多层房屋底层外纵墙的高厚比

某四层砌体结构房屋，平面尺寸如图7.2.1-5所示，采用预制钢筋混凝土楼盖。外墙厚度370mm，承重内墙厚度240mm，底层墙高为3.8m（墙底算至基础顶面），承重墙采用M5砂浆。试问，底层三开间处外纵墙高厚比验算时的高厚比β，与下列何项数值最为接近？

（A）10　　（B）12　　（C）16　　（D）24

【答案】（A）

【解答】

（1）根据《砌体》4.2.1条表4.2.1，预制钢筋混凝土楼盖，楼盖类别为1类，$s=3.6\times3=10.8\text{m}<32\text{m}$，属刚性方案。

（2）根据《砌体》5.1.3条：

$$H=3.8\text{m},s=10.8\text{m}>2H=2\times3.8\text{m}=7.6\text{m},H_0=1.0H=3.8\text{m}$$

（3）根据《砌体》6.1.1条

$$\beta=\frac{H_0}{h}=\frac{3.8}{0.37}=10.27,\text{(A)正确}。$$

2. 允许高厚的确定

（1）墙、柱的允许高厚比$[\beta]$

《砌体》规定

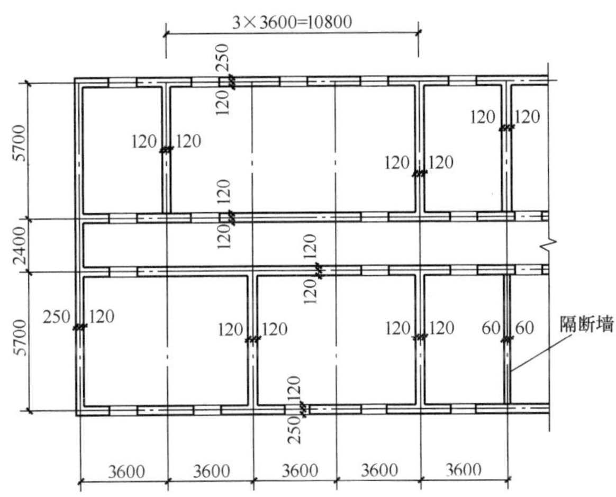

图 7.2.1-5

[β]——墙、柱的允许高厚比，应按表 6.1.1 采用。

表 6.1.1　墙、柱的允许高厚比 [β] 值

砌体类型	砂浆强度等级	墙	柱
无筋砌体	M2.5 M5.0 或 Mb5.0、Ms5.0 ≥M7.5 或 Mb7.5、Ms7.5	22 24 26	15 16 17

注：1. 毛石墙、柱的允许高厚比应按表中数值降低 20%；
3. 验算施工阶段砂浆尚未硬化的新砌体构件高厚比时，允许高厚比对墙取 14，对柱取 11。

【例 7.2.1-8】砂浆未硬化时的允许高厚比

某三层办公楼的一层平面，如图 7.2.1-6 所示，采用钢筋混凝土空心板楼盖。纵、横承重墙厚均为 240mm，砌筑用混合砂浆，强度等级为 M5，底层墙高为 4.6m（墙底算至基础顶面）；隔断墙厚为 120mm，M2.5 混合砂浆砌筑，墙高 3.6m。窗洞尺寸为 1800mm×900mm。内墙门洞尺寸为 1500mm×2100mm。

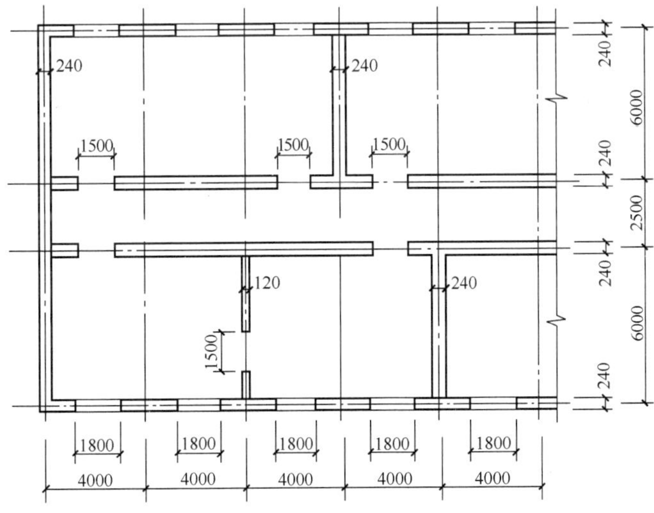

图 7.2.1-6

该楼正在施工且砂浆尚未硬化，试确定一楼外纵墙的 $\mu_1\mu_2$ $[\beta]$ 值最接近于下列何项数值？

(A) 16　　(B) 15.74　　(C) 14　　(D) 13.12

【答案】(C)

【解答】

(1) 根据《砌体》表 6.1.1 注 3，$[\beta]=14$。

(2) 根据《砌体》6.1.1 条，外纵墙为承重墙，$\mu_1=1.0$。

(3) 根据《砌体》6.1.4 条第 2 款，底层外纵墙高 4.6mm，窗洞高 900mm，$\frac{900}{4600}=0.196<\frac{1}{5}$，因此 $\mu_2=1.0$。

(4) $\mu_1\mu_2$ $[\beta]=1.0\times1.0\times14=14$，(C) 正确。

(2) 有门窗洞口墙允许高厚比的修正

《砌体》规定

> **6.1.4** 对有门窗洞口的墙，允许高厚比修正系数应符合下列要求：
>
> **1** 允许高厚比修正系数，应按下式计算：
>
> $$\mu_2=1-0.4\frac{b_s}{s} \tag{6.1.4}$$
>
> 式中 b_s——在宽度 s 范围内的门窗洞口总宽度；
>
> s——相邻横墙或壁柱之间的距离。
>
> **2** 当按公式 (6.1.4) 计算的 μ_2 的值小于 0.7 时，μ_2 取 0.7；当洞口高度等于或小于墙高的 1/5 时，μ_2 取 1.0。
>
> **3** 当洞口高度大于或等于墙高的 4/5 时，可按独立墙段验算高厚比。

图 7.2.1-7 列出了 s 与 b_s 取法的示意图。

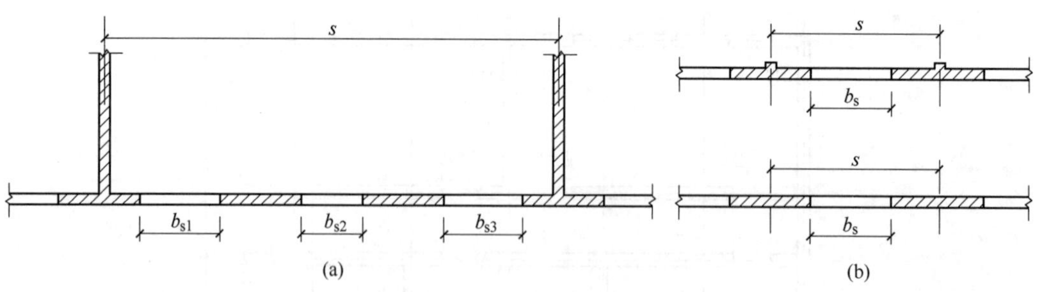

图 7.2.1-7　s 与 b_s 取法

【例 7.2.1-9】有洞墙的高厚比验算

条件：图 7.2.1-8 为某刚性方案房屋的底层局部承重横墙、墙体厚 240mm，采用 MU10 黏土砖、M5 混合砂浆。左图的横墙有门洞 900mm×2100mm，右图有窗洞 900mm×500mm。

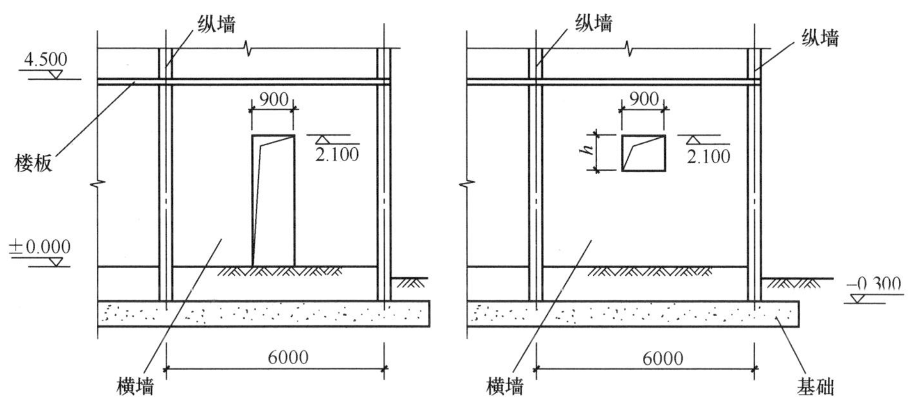

图 7.2.1-8

要求：验算高厚比。

【解答】：

（1）纵墙间距 $s=6\text{m}$，横墙高 $H=4.5+0.3=4.8\text{m}$

查《砌体》表 5.1.3，根据 $2H=9.6\text{m}>s=6\text{m}>H=4.8\text{m}$，得计算高度

$$H_0=0.4s+0.2H=0.4\times6+0.2\times4.8=3.36\text{m}。$$

（2）由砂浆 M5，查《砌体》表 6.1.1，得 $[\beta]=24$。

（3）因横墙承重，故 $\mu_1=1.0$。

（4）图 7.2.1-8 左图门洞高与墙高之比 $=\dfrac{2.1}{4.8}=0.4375\begin{matrix}\geq0.2\\<0.8\end{matrix}$，根据《砌体》6.1.4 条的规定，应用《砌体》式(6.1.4)求 μ_2。

$$\mu_2=1-0.4\frac{b_s}{s}=1-0.4\frac{0.9}{6.0}=0.94>0.7$$

应用《砌体》式(6.1.1)

$$\beta=\frac{H_0}{h}=\frac{3.36}{0.24}=14<\mu_1\mu_2[\beta]=1.0\times0.94\times24=22.56,$$

满足要求。

（5）图 7.2.1-8 右图窗洞高与墙高之比 $=\dfrac{0.5}{4.8}=0.104<0.2$，根据《砌体》6.1.4 条的规定，$\mu_2=1.0$。

应用《砌体》式(6.1.1)。

$$\beta=\frac{H_0}{h}=\frac{3.36}{0.24}=14<\mu_1\mu_2[\beta]=1.0\times1.0\times24=24,$$

满足要求。

3. 高厚比验算

《砌体》规定

> **6.1.1** 墙、柱的高厚比应按下式验算：
>
> $$\beta=\frac{H_0}{h}\leqslant\mu_1\mu_2[\beta] \tag{6.1.1}$$

式中 H_0——墙、柱的计算高度；

h——墙厚或矩形柱与 H_0 相对应的边长；

μ_1——自承重墙允许高厚比的修正系数；

μ_2——有门窗洞口墙允许高厚比的修正系数；

$[\beta]$——墙、柱的允许高厚比，应按表 6.1.1 采用。

注：1. 墙、柱的计算高度应按本规范第 5.1.3 条采用；

2. 当与墙连接的相邻两墙间的距离 $s \leqslant \mu_1\mu_2[\beta]h$ 时，墙的高度可不受本条限制。

【例 7.2.1-10】 多层房屋底层纵墙的高厚比验算

某多层办公楼，其局部平面见图 7.2.1-9。采用装配式钢筋混凝土空心板楼（屋）盖，刚性方案，结构重要性系数 1.0。纵、横墙厚均为 240mm，层高均为 3.6m，梁高均为 600mm；墙体用 MU10 烧结普通砖、M7.5 混合砂浆砌筑。基础埋置较深，首层设刚性地坪，室内外高差 300mm。

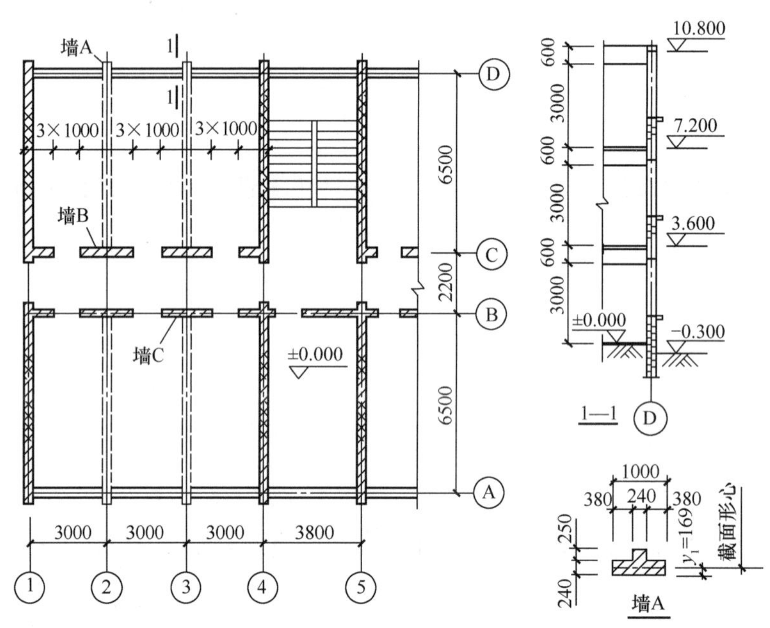

图 7.2.1-9

若Ⓒ轴线一层内墙门洞宽 1000mm，门洞高 2100mm。试问，墙 B 高厚比验算式中的左右端项 $\left(\frac{H_0}{h} \leqslant \mu_1\mu_2[\beta]\right)$ 与下列何组数值最为接近？

(A) 16.25<20.83　(B) 15.00<22.54　(C) 18.33<20.83　(D) 18.33<22.54

【答案】(D)

【解答】

(1) 根据《砌体》5.1.3 条第 1 款“刚性地面且埋置较深”，知

$$H_0=3.6+0.3+0.5=4.4\text{m}。$$

（2）按《砌体》表 5.1.3，刚性方案，$s=3\times3\text{m}=9\text{m}>2H=8.8\text{m}$，$H_0=1.0H=4.4\text{m}$。

（3）根据《砌体》6.1.1 条，该墙段的高厚比 $\beta=\frac{H_0}{h}=\frac{4.4}{0.24}=18.33$。

（4）该墙为承重墙，$\mu_1=1.0$。

（5）门洞高 2100 $\begin{cases}>\frac{1}{5}\times4400\text{mm}\\<\frac{4}{5}\times4400\text{mm}\end{cases}$，符合《砌体》6.1.4 条对门洞的高度要求，$\mu_2=1-0.4\frac{b_s}{s}-1-0.4\frac{3\times1\text{m}}{3\times3\text{m}}=0.867$。

（6）根据《砌体》6.1.1 条和表 6.1.1，M7.5 砂浆，$[\beta]=26$。

$\mu_1\mu_2[\beta]=1.0\times0.867\times26=22.54$，（D）正确。

二、自承重墙的高厚比验算

1. 自承重墙的计算高度

《砌体》规定

5.1.3 受压构件的计算高度 H_0，应根据房屋类别和构件支承条件等按表 5.1.3 采用。

表 5.1.3 受压构件的计算高度 H_0

房屋类别		带壁柱墙或周边拉接的墙		
		$s>2H$	$2H\geqslant s>H$	$s\leqslant H$
多层房屋	刚性方案	$1.0H$	$0.4s+0.2H$	$0.6s$

2. 对于上端为自由端的构件，$H_0=2H$。

4. s 为房屋横墙间距。

5. 自承重墙的计算高度应根据周边支承或拉接条件确定。

2. 自承重墙的允许高厚比

《砌体》规定

6.1.3 厚度不大于 240mm 的自承重墙，允许高厚比修正系数 μ_1，应按下列规定采用：

1 墙厚为 240mm 时，μ_1 取 1.2；墙厚为 90mm 时，μ_1 取 1.5；当墙厚小于 240mm 且大于 90mm 时，μ_1 按插入法取值。

2 上端为自由端墙的允许高厚比，除按上述规定提高外，尚可提高 30%。

3 对厚度小于 90mm 的墙，当双面采用不低于 M10 的水泥砂浆抹面，包括抹面层的墙厚不小于 90mm 时，可按墙厚等于 90mm 验算高厚比。

3. 隔断墙

【例 7.2.2-1】两端有拉结的隔断墙

某四层砌体结构房屋，平面尺寸：如图 7.2.2-1 所示，采用预制钢筋混凝土楼盖。外墙厚度 370mm，承重内墙厚度 240mm，隔断墙厚度 120mm，底层墙高为 3.8m（墙底算至基础顶面），隔断墙高 2.9m，承重墙采用 M5 混合砂浆，隔断墙采用 M2.5 水泥砂浆砌筑。

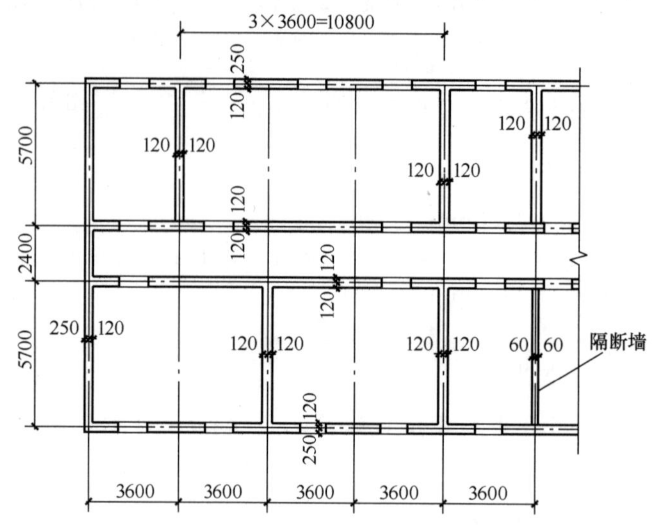

图 7.2.2-1

试问，底层隔断墙的高厚比和修正后的允许高厚比，分别与下列何项数值最为接近？

提示：隔断墙两侧按有拉接情况考虑，顶端按不动铰考虑。

(A) 24；22　　(B) 24；32　　(C) 28；26　　(D) 28；32

【答案】(B)

【解答】

(1) 求隔断墙的高厚比

1) 根据《砌体》表 4.2.1，预制钢筋混凝土楼盖，楼盖类别 1 类，$s=5.7\text{m}<32\text{m}$，属刚性方案；

2) 根据《砌体》表 5.1.3，刚性方案：

隔断墙 $H=2.9\text{m}$，$2H=2.9\times2=5.8\text{m}>s=5.7\text{m}>H=2.9\text{m}$；

$H_0=0.4s+0.2H=0.4\times5.7+0.2\times2.9=2.86\text{m}$。

3) 根据《砌体》6.1.1 条，$h=0.12\text{m}$，$\beta=\dfrac{H_0}{h}=\dfrac{2.86}{0.12}=23.8$。

(2) 求隔断墙的允许高厚比

1) 根据《砌体》表 6.1.1，M2.5 水泥砂浆，$[\beta]=22$；

2) 根据《砌体》6.1.3 条 1 款：

隔断墙为自承重墙，$h=120\text{mm}$，$\mu_1=1.2+\dfrac{(1.5-1.2)}{(240-90)}\times(240-120)=1.44$；

3) 隔断墙无洞口，$\mu_2=1.0$；

4) 根据《砌体》6.1.1 条，$\mu_1\mu_2[\beta]=1.44\times1.0\times22=31.68$。

【例 7.2.2-2】两端无拉结的隔断墙

某三层办公楼的一层平面如图 7.2.2-2 所示，采用钢筋混凝土空心板楼盖。纵、横承重墙厚均为240mm，砌筑用混合砂浆，强度等级为M5，底层墙高为4.6m（墙底算至基础顶面)；隔断墙厚为120mm，M2.5混合砂浆砌筑，墙高3.6m。窗洞尺寸为1800mm×900mm。内墙门洞尺寸为1500mm×2100mm。

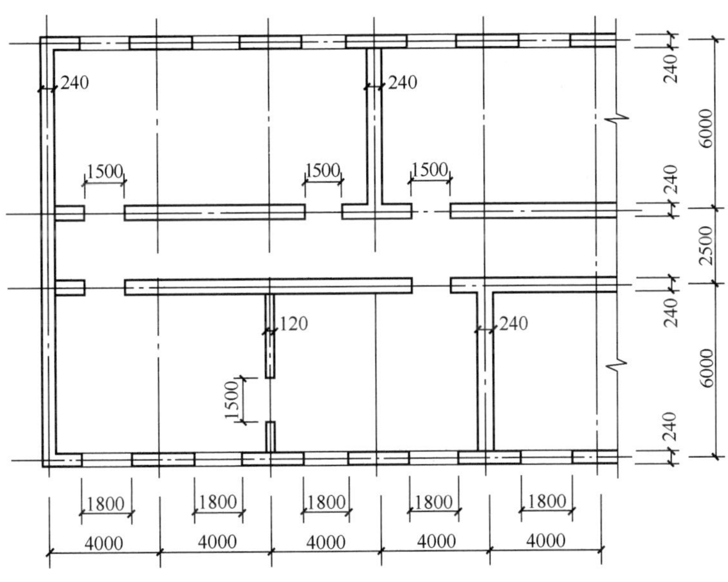

图7.2.2-2

试问，底层隔断墙的高厚比和修正后的允许高厚比，分别与下列何项数值最为接近？

提示：隔断墙两侧按未拉接情况考虑，顶端按不动铰考虑。

(A) 30，29　　(B) 28.28

(C) 30.30　　(D) 29.29

【答案】(A)

【解答】

(1) 求隔断墙的高厚比

1) 墙高 $H=3.6$m，因隔墙左右两端未拉接，故隔墙的计算高度 $H_0=H=3.6$m。

2) 根据《砌体》6.1.1条，$h=0.12$m，$\beta=\frac{H_0}{h}=\frac{3.6}{0.12}=30.0$。

(2) 求隔断墙的允许高厚比

1) 根据《砌体》6.1.3条，隔断墙为自承重墙

$$\mu_1=1.2+\frac{1.5-1.2}{240-90}(240-120)=1.44,$$

2) 根据《砌体》6.1.4条，

洞高与墙高之比 $=\frac{2.1}{3.6}=0.58>0.2$，

<0.8，

$\mu_2=1-0.4\frac{b_s}{s}=1-0.4\frac{1.5}{6}=0.9$。

3) 查《砌体结构设计规范》表6.1.1，$[\beta]=22$，

$\mu_1\mu_2[\beta]=1.44\times0.9\times22=28.51$。

4. 上端为自由端墙

【例 7.2.2-3】上端自由墙体的允许高度

某工程正在砌筑外纵墙，高度 9.5m，墙厚 240m，横墙间距 7.2m。试问，在尚未安装屋面时，该墙体允许的自由高度应为下列何项数值?

(A) 3.5m　　(B) 3.2m

(C) 2.8m　　(D) 2.6m

【答案】(D)

【解答】

(1) 根据《砌体》表 6.1.1 注 3，$[\beta]=14$。

(2) 根据《砌体》6.1.3 条，自承重墙 $\mu_1=1.2$。

(3) 根据《砌体》6.1.3 条，应乘以系数 1.3。

(4) 根据《砌体》5.1.3 条，$H_0=2H$。

(5) 根据《砌体》6.1.1 条：

$\beta=\frac{H_0}{h}\leqslant\mu_1\mu_2[\beta]$，即 $\frac{2H}{h}=\frac{2H}{0.24}=1.2\times1.3\times[\beta]$，解得 $H=2.62$m。(D) 正确。

三、带壁柱墙的高厚比验算

1. 带壁柱墙的计算截面翼缘宽度

《砌体》规定

> **4.2.8** 带壁柱墙的计算截面翼缘宽度 b_f，可按下列规定采用：
>
> **1** 多层房屋，当有门窗洞口时，可取窗间墙宽度；当无门窗洞口时，每侧翼墙宽度可取壁柱高度（层高）的 1/3，但不应大于相邻壁柱间的距离；
>
> **2** 单层房屋，可取壁柱宽加 2/3 墙高，但不应大于窗间墙宽度和相邻壁柱间的距离；
>
> **3** 计算带壁柱墙的条形基础时，可取相邻壁柱间的距离。

图 7.2.3-1 列出翼缘宽度取值的示意图。

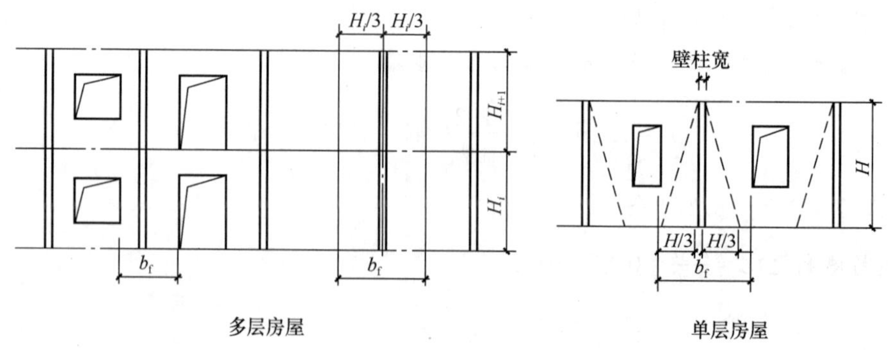

图 7.2.3-1　翼缘宽度取值的示意图

【例 7.2.3-1】单层房屋带壁柱纵墙的计算截面翼缘宽度

某单层单跨砖砌体厂房，局部如图 7.2.3-2 所示，其带壁柱墙的计算截面翼缘宽度 b_f 应按下列何项数值取用？

（A）6000mm　（B）4200mm

（C）3770mm　（D）3370mm

【答案】（C）

【解答】

（1）根据《砌体》4.2.8 条，$b_f=370+\frac{2}{3}(4500+600)=3770\text{mm}$。

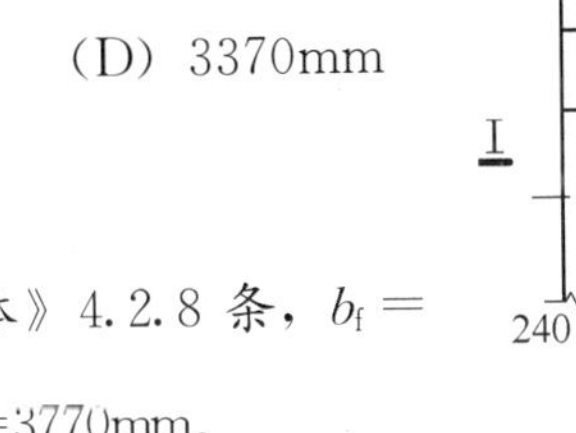
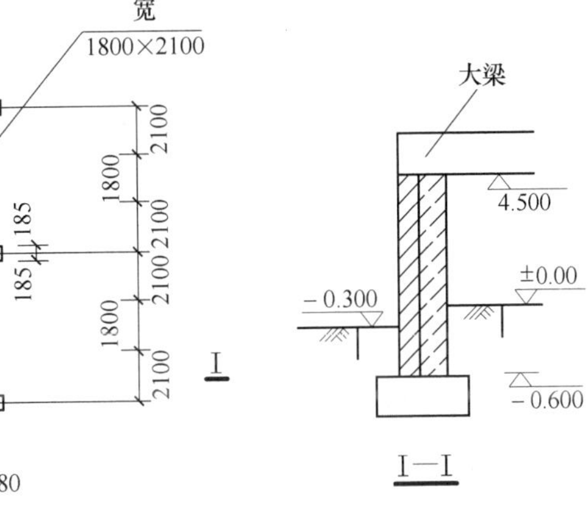

图 7.2.3-2

（2）窗间墙宽度：4200mm。

（3）相邻壁柱间宽度：6000－370＝5630mm。

（4）取 b_f＝3770mm，（C）正确。

2. 带壁柱墙的高厚比

（1）构件高度 H

《砌体结构设计规范》规定

> **5.1.3** 构件高度 H，应按下列规定采用：
>
> **3** 对于带壁柱的山墙可取壁柱处的山墙高度。

（2）计算高度 H_0

《砌体结构设计规范》规定

> **5.1.3** 受压构件的计算高度 H_0，应根据房屋类别和构件支承条件等按表 5.1.3 采用。

表 5.1.3 受压构件的计算高度 H_0

房屋类别			带壁柱墙或周边拉接的墙		
			$s>2H$	$2H\geqslant s>H$	$s\leqslant H$
无吊车的单层和多层房屋	单跨	弹性方案	$1.5H$		
		刚弹性方案	$1.2H$		
	多跨	弹性方案	$1.25H$		
		刚弹性方案	$1.1H$		
	刚性方案		$1.0H$	$0.4s+0.2H$	$0.6s$

（3）高厚比

《砌体结构设计规范》规定

> **2.1.25** 砌体墙、柱高厚比 ratio of height to sectional thickness of wall or column
>
> 砌体墙、柱的计算高度与规定厚度的比值。规定厚度对墙取墙厚，对柱取对应的边长，对带壁柱墙取截面的折算厚度。

（4）折算厚度 h_T

《砌体结构设计规范》规定

> **5.1.2**
> h_T——T形截面的折算厚度，可近似按3.5i计算，i为截面回转半径。

【例 7.2.3-2】 单层房屋带壁柱纵墙的高厚比。

某单层单跨无吊车房屋窗间墙，截面尺寸如图7.2.3-3所示；采用MU15蒸压粉煤灰砖M5混合砂浆砌筑，施工质量控制等级为B级；计算高度为6m。图中 x 轴通过窗间墙体的截面中心，$y_1=179$mm。

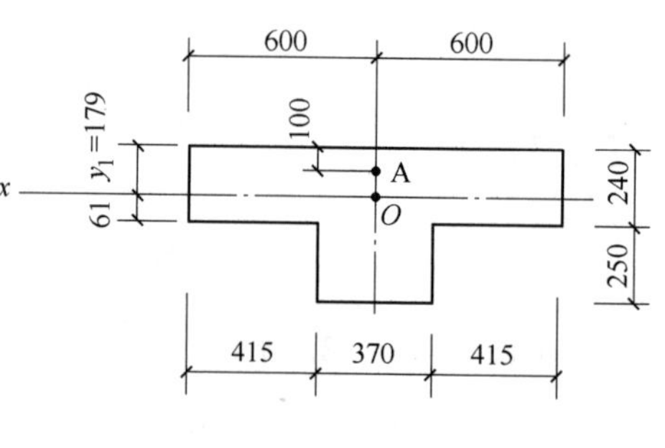

图7.2.3-3

试问，该带壁柱墙的高厚比，与下列何项数值最为接近？

（A）11.8　　（B）12.7　　（C）13.6　　（D）14.5

【答案】（C）

【解答】

（1）根据《砌体》5.1.2条，T形截面的折算厚度 h_T

$$I=\Sigma\frac{1}{3}by_1^3=\frac{1}{3}\times1200\times179^3+\frac{1}{3}\times(1200-370)\times61^3+\frac{1}{3}\times370\times(61+250)^3$$

$$=6066828833\text{mm}^4$$

$$A=1200\times240+250\times370=380500\text{mm}^2$$

$$i=\sqrt{\frac{I}{A}}=\sqrt{\frac{6066828833}{380500}}=126.27\text{mm}$$

$$h_T=3.5i=3.5\times126.27=441.95\text{mm}。$$

（2）根据《砌体》6.1.1条和6.1.2条：

$$\beta=\frac{H_0}{h_T}=\frac{6000}{441.95}=13.576，故（C）正确。$$

3. 圈梁可视为带壁柱墙不动铰支点的条件

《砌体》规定

> **6.1.2** 带壁柱墙和带构造柱墙的高厚比验算，应按下列规定进行：
> **3** 设有钢筋混凝土圈梁的带壁柱墙或带构造柱墙，当 $b/s\geqslant1/30$ 时，圈梁可视作壁柱间墙或构造柱间墙的不动铰支点（b 为圈梁宽度）。当不满足上述条件且不允许增加圈梁宽度时，可按墙体平面外等刚度原则增加圈梁高度，此时，圈梁仍可视为壁柱间墙或构造柱间墙的不动铰支点。

图7.2.3-4列出了带壁柱墙中圈梁设置的示意图。

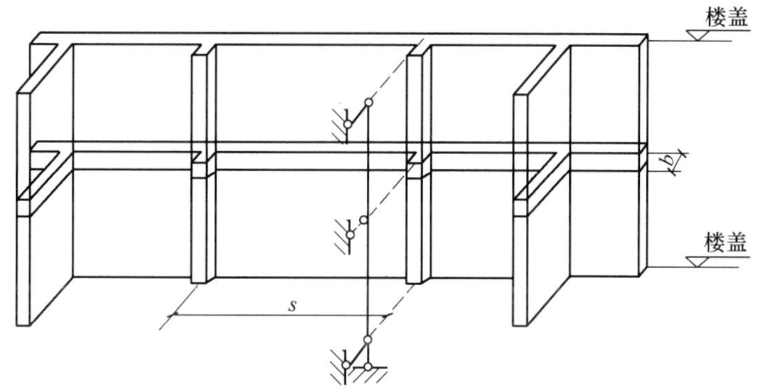

图 7.2.3-4 带壁柱墙中圈梁设置的示意图

【例 7.2.3-3】 可视为带壁柱墙不动铰支点的圈梁

某建筑局部外墙如图 7.2.3-5 所示，在验算壁柱间墙的高厚比时，圈梁的断面（宽×高＝$b\times h$，单位：mm）取下列何组数值时，方可视作壁柱间墙的不动铰支点而且较为经济？

（A）$b\times h=190\times120$　　（B）$b\times h=190\times150$

（C）$b\times h=190\times200$　　（D）$b\times h=190\times250$

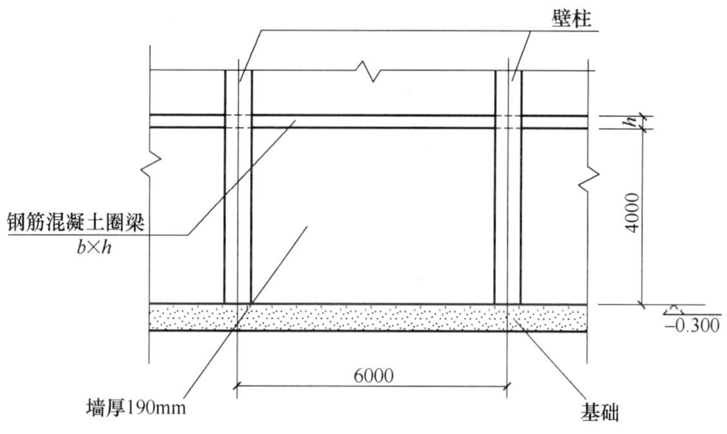

图 7.2.3-5

【答案】（B）

【解答】

（1）根据《砌体》6.1.2 条 3 款，$b/s=1/30$ 时，圈梁可作为不动铰支点。

$b=\frac{1}{30}\times s=\frac{1}{30}\times6000=200\text{mm}>$砌块墙厚 190mm，所以无法满足圈梁宽度至少需 200mm 的要求。

（2）根据《砌体》6.1.2 条第 3 款“可按墙体平面外等刚度原则增加圈梁高度”，平面外等刚度即将原圈梁的高度 h 看成宽度 b，原宽度 b 看成高度 h。

（3）根据《砌体》7.1.5 条“圈梁高度不应小于 120mm”的构造要求，按平面外等刚度原则即两者惯性矩相等。

$\frac{120\times200^3}{12}=\frac{h\times190^3}{12}$，$h=120\times\frac{200^3}{190^3}=140\text{mm}$，因此选（B）较为经济。

4. 带壁柱墙和壁柱间墙的高厚比验算

对于带壁柱墙体高厚比的验算应包括两部分内容：

（1）横墙之间整片墙的高厚比验算。

（2）壁柱间墙的高厚比验算。

《砌体》规定

> **6.1.2** 带壁柱墙的高厚比验算，应按下列规定进行：
>
> **1** 按式（6.1.1）验算带壁柱墙的高厚比，此时式中 h 应改用带壁柱墙截面的折算厚率 h_T，在确定截面回转半径时，墙截面的翼缘宽度，可按本规范第 4.2.8 条的规定采用；当确定带壁柱墙的计算高度 H_0 时，s 应取与之相交相邻墙之间的距离。
>
> **3** 按式（6.1.1）验算壁柱间墙的高厚比时，s 应取相邻壁柱间的距离。

图 7.2.3-6 列出了 s 与 s_w 取法的示意图。

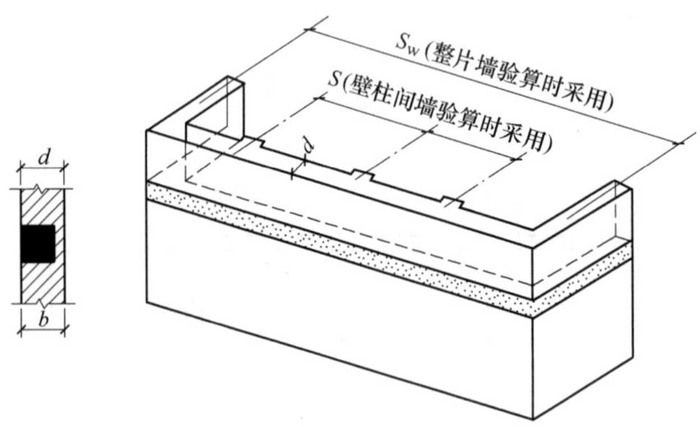

图 7.2.3-6　带壁柱墙高厚比验算

【例 7.2.3-4】、【例 7.2.3-5】 带壁柱山墙的高厚比验算

某单层单跨无吊车仓库山墙，如图 7.2.3-7 所示，屋面为装配式有檩体系钢筋混凝土结构，墙体采用 MU15 烧结普通砖，M7.5 混合砂浆砌筑，砌体施工质量控制等级为 B 级。外墙 T 形的特征值见表 7.2.3-1。

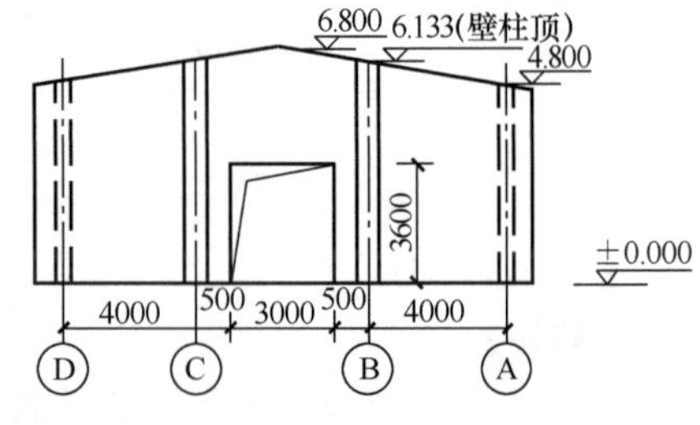

图 7.2.3-7

表 7.2.3-1

B 240 380 370	B/mm	h_T/mm
	2500	507
	2800	493
	4000	449

【例 7.2.3-4】

对于山墙壁柱高厚比的验算$\left(\beta=\dfrac{H_0}{h_T}\leqslant\mu_1\mu_2[\beta]\right)$，下列何组数据正确？

(A) $\beta=\dfrac{H_0}{h_T}=11.9\leqslant\mu_1\mu_2[\beta]=20.4$　　(B) $\beta=\dfrac{H_0}{h_T}=12.8\leqslant\mu_1\mu_2[\beta]=20.4$

(C) $\beta=\dfrac{H_0}{h_T}=11.9\leqslant\mu_1\mu_2[\beta]=23.4$　　(D) $\beta=\dfrac{H_0}{h_T}=12.8\leqslant\mu_1\mu_2[\beta]=23.4$

【答案】(C)

【解答】

(1) 根据《砌体》表 4.2.1，装配式有檩体系钢筋混凝土屋盖，类别为 2 类，$s=12\text{m}<20\text{m}$，属刚性方案。

(2) 根据《砌体》5.1.3 条，有壁柱山墙，高度可取壁柱处高度，$H=6.133\text{m}$。

(3) 根据《砌体》表 5.1.3：

$$2H=2\times6.133>s=12\text{m}>H=6.133\text{m}$$

$$H_0=0.4s+0.2H=0.4\times12+0.2\times6.133=6.027\text{m}。$$

(4) 根据《砌体》4.2.8-2 条，$b_f=370+\dfrac{2}{3}\times6133=4459\text{mm}$，但不能大于窗间墙或相邻壁柱之间的距离。

ⒶⒷ轴相邻壁间净距离：$4000-120-\dfrac{370}{2}=3695\text{mm}$

$$b_f=370+\frac{1}{2}\times3695+\left(500-\frac{370}{2}\right)=2532.5\text{mm}>\frac{4000}{2}+500=2500\text{mm}$$

所以选用表 6.2.3-1 中 $B=2500$ 中的 h_T 计算高厚比。

(5) 根据《砌体》6.1.1 条，$\beta=\dfrac{H_0}{h_T}=\dfrac{6027}{507}=11.9$。

(6) 根据《砌体》6.1.1 条、6.1.4 条：

山墙承重：$\mu_1=1.0$

开有门洞：$\mu_2=1-0.4\dfrac{b_s}{s}=1-0.4\dfrac{3}{4\times3}=0.9$

M7.5 混合砂浆：$[\beta]=26$，$\mu_1\mu_2[\beta]=1.0\times0.9\times26=23.4$，(C) 正确。

【例 7.2.3-5】

对于ⒶⒷ轴之间山墙的高厚比验算$\left(\beta=\dfrac{H_0}{h}\leqslant\mu_1\mu_2[\beta]\right)$，下列何组数值正确？

(A) $\beta=\dfrac{H_0}{h}=16.7<\mu_1\mu_2[\beta]=24$　　(B) $\beta=\dfrac{H_0}{h}=16.7<\mu_1\mu_2[\beta]=26$

(C) $\beta=\dfrac{H_0}{h}=10<\mu_1\mu_2[\beta]=24$　　(D) $\beta=\dfrac{H_0}{h}=10<\mu_1\mu_2[\beta]=26$

【答案】(D)

【解答】

(1) 壁柱间墙高度 H 取ⒶⒷ轴之间的平均值，$H=\dfrac{4.8+6.133}{2}=5.467\text{m}$。

（2）根据《砌体》6.1.2条，$s=4\text{m}<H=5.467\text{m}$，为刚性方案。

（3）根据《砌体》表5.1.3，$H_0=0.6s=0.6\times4=2.4\text{m}$。

（4）根据《砌体》6.1.1条表6.1.1：

$$\beta=\frac{H_0}{h}=\frac{2.4}{0.24}=10<\mu_1\mu_2[\beta]=1.0\times1.0\times26$$，（D）正确。

四、配筋砌体的高厚比验算

1. 网状配筋柱的允许高厚比

《砌体》规定

> **8.1.1** 网状配筋砖砌体受压构件，应符合下列规定：
>
> **1** 构件的高厚比 $\beta>16$ 时，不宜采用网状配筋砖砌体构件。

2. 带面层组合砌体的高厚比验算

《砌体》表6.1.1规定

> 注2. 带有混凝土或砂浆面层的组合砌体构件的允许高厚比，可按表中数值提高20%，但不得大于28。

带面层组合砌体的允许高厚比 [β]

砂浆强度等级	墙	柱
M2.5	26.4	18
M5.0	28	19.2
≥7.5	28	20.4

【例7.2.4-1】

条件：某单层、两跨、等高无吊车砖柱厂房、静力计算方案为弹性方案，如图7.2.4-1所示，在Ⓑ轴柱子采用组合砖砌体。MU15砖、M7.5砂浆砌筑，柱间设支撑。地面有刚性地坪，基础埋置较深。

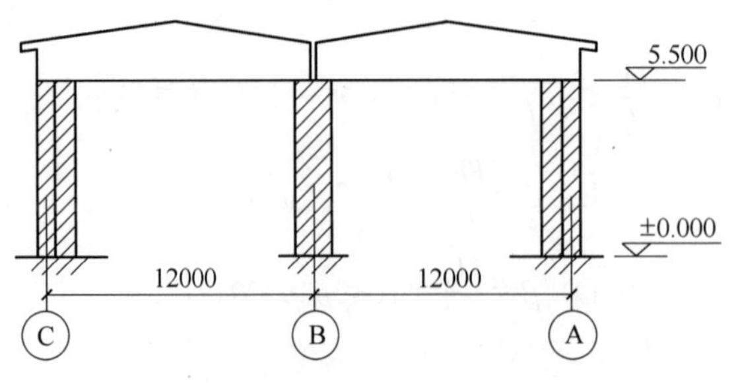

图7.2.4-1

要求：验算排架平面内该柱的高厚比

【解答】

（1）根据《砌体》5.1.3 条 1 款，$H=5.5+0.5=6\text{m}$。

（2）根据《砌体》表 5.1.3，无吊车的单层房屋、单跨、弹性方案，排架方向：

$$H_0=1.25H=1.25\times6=7.5\text{m}。$$

（3）根据《砌体》6.1.1 条，$\beta=\dfrac{H_0}{h}=\dfrac{7.5}{0.62}=12.1$。

（4）根据《砌体》表 6.1.1 和注 2：

$$[\beta]=1.2[\beta]=1.2\times17=20.4$$

$\beta=12.1<\mu_1\mu_2[\beta]=1.0\times1.0\times20.4=20.4$，满足要求。

3. 带构造柱墙的高厚比验算

对于带构造柱墙体高厚比的验算应包括两部分内容：

① 横墙之间整片带构造柱墙的高厚比验算。

② 构造柱间墙的高厚比验算。

《砌体》规定

> **6.1.2** 带构造柱墙的高厚比验算，应按下列规定进行：
>
> **2** 当构造柱截面宽度不小于墙厚时，可按式（6.1.1）验算带构造柱墙的高厚比，此时式中 h 取墙厚；当确定带构造柱墙的计算高度 H_0 时，s 应取相邻横墙间的距离；墙的允许高厚比［β］可乘以修正系数 μ_c，μ_c 可按下式计算：
>
> $$\mu_c=1+\gamma\frac{b_c}{l} \tag{6.1.2}$$
>
> 式中 γ——系数。对细料石砌体，$\gamma=0$；对混凝土砌块、混凝土多孔砖、粗料石、毛料石及毛石砌体，$\gamma=1.0$；其他砌体，$\gamma=1.5$；
>
> b_c——构造柱沿墙长方向的宽度；
>
> l——构造柱的间距。
>
> 当 $b_c/l>0.25$ 时取 $b_c/l=0.25$，当 $b_c/l<0.05$ 时取 $b_c/l=0$。
>
> 注：考虑构造柱有利作用的高厚比验算不适用于施工阶段。
>
> **3** 按式（6.1.1）验算构造柱间墙的高厚比时，s 应取相邻构造柱间的距离。

【例 7.2.4-2】 设构造柱多层房屋的高厚比验算

某多层砖砌体房屋，底层结构平面布置如图 7.2.4-2 所示，室内外高差 0.5m，室外地面距基础顶 0.7m。楼、屋面板采用现浇钢筋混凝土板，砌体施工质量控制等级为 B 级。

假定，底层层高为 3.0m，④～⑤轴之间内纵墙如图 7.2.4-3 所示。内纵墙厚 240mm，轴线均居墙中。门洞口为 1000mm×2400mm（宽×高）。砌体砂浆强度等级 M10，构造柱截面均为 240mm×240mm，混凝土强度等级为 C25，构造措施满足规范要求。

试问，其高厚比验算 $\dfrac{H_0}{h}<\mu_1\mu_2[\beta]$ 与下列何项选择最为接近？

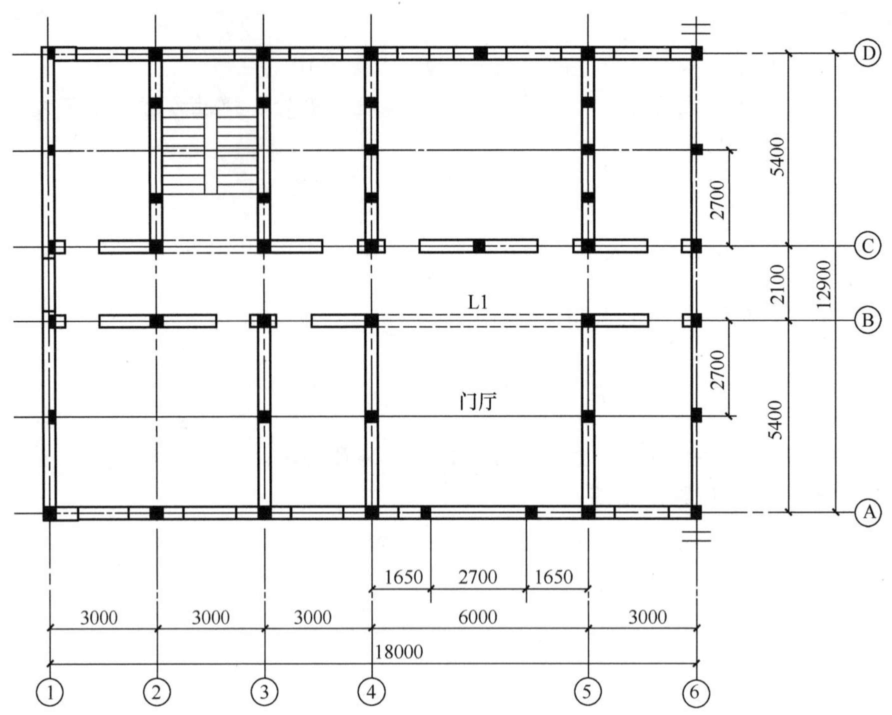

图 7.2.4-2

(A) 13.50<22.53

(B) 13.50<25.24

(C) 13.75<22.53

(D) 13.75<25.24

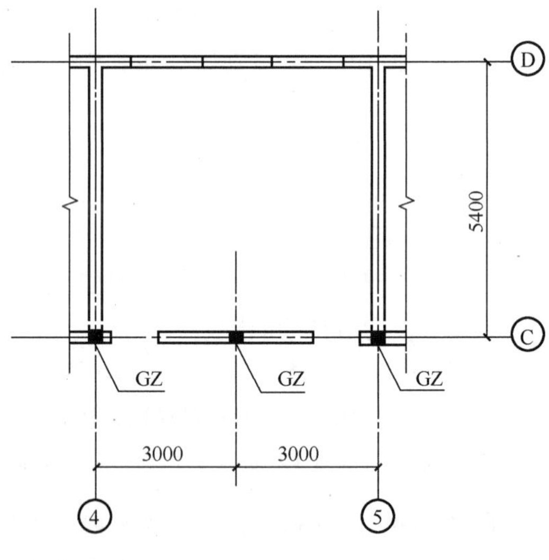

图 7.2.4-3

【答案】(B)

【解答】

(1) 根据《砌体》5.1.3 条，构件高度 $H=3.0+0.5+0.7=4.2\text{m}$。

(2) 根据《砌体》表 4.2.1，横墙间距 $s=6.0\text{m}<32\text{m}$，房屋的静力计算方案为刚性方案。

(3) 根据《砌体》表 5.1.3，横墙间距 $s=6.0\text{m}>H$ 且 $<2H=8.4\text{m}$，构件计算高度

$$H_0=0.4s+0.2H=0.4\times6.0+0.2\times4.2$$
$$=3.24\text{m}。$$

(4) 根据《砌体》式 (6.1.1)，构件的高厚比 $\beta=\frac{H_0}{h}=\frac{3.24}{0.24}=13.50$。

(5) 考虑洞口大小对允许高厚比的修正，根据《砌体》式 (6.1.2)

$$\mu_2=1-0.4\frac{b_s}{s}=1-0.4\times\frac{2\times1}{6}=0.867。$$

(6) 考虑构造柱设置对允许高厚比的修正，$b_c/l=240/3000=0.08<0.25$
>0.05

根据《砌体》式 (6.1.4)

$$\mu_c=1+\gamma\frac{b_c}{l}=1+1.5\times\frac{240}{3000}=1.12。$$

(7) 根据《砌体》6.1.1 条，

$$\mu_c\mu_2[\beta]=1.12\times0.867\times26=25.24。$$

(8) 高厚比验算式$\frac{H_0}{h}<\mu_1\mu_2[\beta]$ 的具体数据为 13.50<25.24。

7.3 无 筋 砌 体

一、受压构件

1. 砌体的抗压强度设计值

《砌体》规定

3.2.1 龄期为 28d 的以毛截面计算的砌体抗压强度设计值，当施工质量控制等级为 B 级时，应根据块体和砂浆的强度等级分别按下列规定采用：

1 烧结普通砖、烧结多孔砖砌体的抗压强度设计值，应按表 3.2.1-1 采用。

2 混凝土普通砖和混凝土多孔砖砌体的抗压强度设计值，应按表 3.2.1-2 采用。

3 蒸压灰砂普通砖和蒸压粉煤灰普通砖砌体的抗压强度设计值，应按表 3.2.1-3 采用。

表 3.2.1-1 烧结普通砖和烧结多孔砖砌体的抗压强度设计值 (MPa)

砖强度等级	砂浆强度等级					砂浆强度
	M15	M10	M7.5	M5	M2.5	0
MU30	3.94	3.27	2.93	2.59	2.26	1.15
MU25	3.60	2.98	2.68	2.37	2.06	1.05
MU20	3.22	2.67	2.39	2.12	1.84	0.94
MU15	2.79	2.31	2.07	1.83	1.60	0.82
MU10	—	1.89	1.69	1.50	1.30	0.67

注：当烧结多孔砖的孔洞率大于 30%时，表中数值应乘以 0.9。

表 3.2.1-2 混凝土普通砖和混凝土多孔砖砌体的抗压强度设计值 (MPa)

砖强度等级	砂浆强度等级					砂浆强度
	Mb20	Mb15	Mb10	Mb7.5	Mb5	0
MU30	4.61	3.94	3.27	2.93	2.59	1.15
MU25	4.21	3.60	2.98	2.68	2.37	1.05
MU20	3.77	3.22	2.67	2.39	2.12	0.94
MU15	—	2.79	2.31	2.07	1.83	0.82

表 3.2.1-3 蒸压灰砂普通砖和蒸压粉煤灰普通砖砌体的抗压强度设计值（MPa）

砖强度等级	砂浆强度等级				砂浆强度
	M15	M10	M7.5	M5	0
MU25	3.60	2.98	2.68	2.37	1.05
MU20	3.22	2.67	2.39	2.12	0.94
MU15	2.79	2.31	2.07	1.83	0.82

注：当采用专用砂浆砌筑时，其抗压强度设计值按表中数值采用。

【例 7.3.1-1】砖砌体的抗压强度设计值

某砖砌体柱，截面尺寸：490mm×620mm（$b\times h$），砖柱计算高度 H_0=4.8m，采用 MU10 级烧结多孔砖（孔洞率为 33%），M7.5 级水泥砂浆砌筑，砌体施工质量控制等级为 B 级。

试问，此砖柱抗压强度设计值（N/mm²），与下列何项数值最为接近？

（A）1.69　　（B）1.52　　（C）1.37　　（D）1.23

【答案】（B）

【解答】

（1）根据《砌体》3.2.1 条表 3.2.1-1，MU10 烧结多孔砖、M7.5 水泥砂浆，f=1.69N/mm²。

（2）根据《砌体》3.2.1 条表 3.2.1-1 注，多孔砖孔洞率 33%>30%，γ_1=0.9，$f=\gamma_1\times f=0.9\times1.69=1.51\text{N/mm}^2$。

（3）根据《砌体》3.2.3 条，M7.5>M5，γ_a=1.0。

$$f=\gamma_a\times\gamma_1\times f=1.0\times0.9\times1.69=1.51\text{N/mm}^2。$$

2. 施工质量控制等级

砌体施工质量控制等级是根据施工现场的质量管理，砂浆和混凝土的强度，砌筑工人技术等级的综合水平而划分的。《砌体结构工程施工质量验收规范》GB 50203—2011 作出了规定。

3.0.15 砌体施工质量控制等级分为三级，并应按表 3.0.15 划分。

表 3.0.15 施工质量控制等级

项　目	施工质量控制等级		
	A	B	C
现场质量管理	监督检查制度健全，并严格执行；施工方有在岗专业技术管理人员，人员齐全，并持证上岗	监督检查制度基本健全，并能执行；施工方有在岗专业技术管理人员，人员齐全，并持证上岗	有监督检查制度；施工方有在岗专业技术管理人员
砂浆、混凝土强度	试块按规定制作，强度满足验收规定，离散性小	试块按规定制作，强度满足验收规定，离散性小	试块按规定制作，强度满足验收规定，离散性大
砂浆拌和	机械拌和，配合比计量控制严格	机械拌和，配合比计量控制一般	机械或人工拌和，配合比计量控制较差
砌筑工人	中级工以上，其中，高级工不少于 30%	高、中级工不少于 70%	初级工以上

注：1. 砂浆、混凝土强度离散性大小根据强度标准差确定；
2. 配筋砌体不得为 C 级施工。

《砌体》4.1.5 条的“条文说明”：

> 长期以来，我国设计规范的安全度未和施工技术、施工管理水平等挂钩，而实际上它们对结构的安全度影响很大。因此为保证规范规定的安全度，有必要考虑这种影响。首先在《砌体工程施工及验收规范》GB 50203—1998 中规定了砌体施工质量控制等级。它根据施工现场的质保体系、砂浆和混凝土的强度、砌筑工人技术等级方面的综合水平划为 A、B、C 三个等级。本规范引入了施工质量控制等级的概念，考虑到一些具体情况，砌体规范只规定了 B 级和 C 级施工质量控制等级。当采用 C 级时，砌体强度设计值应乘以第 3.2.3 条的 γ_a，γ_a=0.89；当采用 A 级施工质量控制等级时，可将表中砌体强度设计值提高 5%。

现将 4.1.5 条“条文说明”的核心内容归纳于表 7.3.1-1。

表 7.3.1-1

施工质量控制等级	强度调整系统 γ_a
A 级	1.05
B 级	1.00
C 级	0.89

【例 7.3.1-2】

试指出下列关于砌体强度指标取值的不同主张中，其中何项错误？

(A) 施工质量控制等级为 B 级时，可直接取用规范中规定的各种强度指标

(B) 施工质量控制等级为 A 级时，需将规范中规定的强度指标乘以调整系数 1.1

(C) 砌体结构的材料性能分项系数，当施工质量控制等级为 C 级时，取为 1.6

(D) 当施工质量控制等级为 A 级时，砌体结构强度可提高 5%

(E) 施工质量控制等级为 C 级时，需将规范中规定的强度指标乘以调整系数 0.89

【答案】(B)、(C)

【解答】

根据《砌体》3.2.1 条，(A) 正确。

根据《砌体》4.1.5 条条文说明“当采用 C 级时，砌体强度设计值应乘以第 3.2.3 条的 γ_a，γ_a=0.89；当采用 A 级施工质量控制等级时，可将表中砌体强度设计值提高 5%”。因此 (B)、(C) 不正确，(D)、(E) 正确。

3. 砌体强度调整系数 γ_a

《砌体》规定

> **3.2.3** 下列情况的各类砌体，其砌体强度设计值应乘以调整系数 γ_a：
>
> **1** 对无筋砌体构件，其截面面积小于 0.3m^2 时，γ_a 为其截面面积加 0.7；构件截面面积以“m^2”计；
>
> **2** 当砌体用强度等级小于 M5.0 的水泥砂浆砌筑时，对第 3.2.1 条各表中的数值，γ_a 为 0.9；
>
> **3** 当验算施工中房屋的构件时，γ_a 为 1.1。

【例 7.3.1-3】 抗压强度设计值的调整

某单层两跨无吊车厂房，其剖面如图 7.3.1-1 所示，屋盖为装配式无檩体系钢筋混凝土结构。中柱截面尺寸为 370mm×490mm，柱高 H=4.70m，柱采用 MU15 烧结普通砖、M10 混合砂浆砌筑，砌体施工质量控制等级为 C 级。

试问，修正后的砌体抗压强度设计值，与下列何项数值最为接近?

(A) 2.0　　(B) 1.8

(C) 1.6　　(D) 1.4

图 7.3.1-1

【答案】(B)

【解答】

(1) 根据《砌体》表 3.2.1-1，MU15 烧结普通砖、M10 混合砂浆，f=2.31MPa。

(2) 根据《砌体》3.2.3 条第 1 款:

$$A=0.37\times0.49\text{m}^2=0.1813\text{m}^2<0.3\text{m}^2,\ \gamma_a=(0.7+0.1813)=0.8813。$$

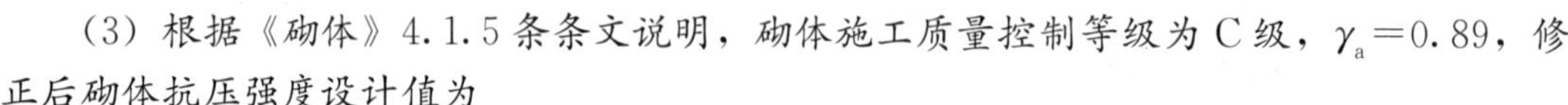

(3) 根据《砌体》4.1.5 条条文说明，砌体施工质量控制等级为 C 级，γ_a=0.89，修正后砌体抗压强度设计值为

$$f=2.31\times0.8813\times0.89\text{MPa}=1.81\text{MPa}。$$

4. 施工阶段的砌体强度

《砌体》规定

3.2.4 施工阶段砂浆尚未硬化的新砌体的强度和稳定性，可按砂浆强度为零进行验算。

【例 7.3.1-4】 施工阶段砖柱的砌体抗压强度设计值

条件：一承受轴心压力的砖柱，截面尺寸为 370mm×490mm，采用烧结普通砖 MU10，施工阶段，砂浆尚未硬化，施工质量控制等级为 B 级。

要求：施工阶段砖柱的砌体抗压强度设计值

【解答】

(1) 施工阶段，砂浆尚未硬化，根据《砌体》3.2.4 条取砂浆强度为 0。

(2) $A=0.37\times0.49=0.181\text{m}^2<0.3\text{m}^2$，根据《砌体》3.2.3 条第 2 款得调整系数 $\gamma_a=0.7+A=0.7+0.181=0.881$。

(3) 查《砌体》3.2.3 条第 3 款，当验算施工中房屋的构件时，γ_a 为 1.1。

(4) 查《砌体》表 3.2.1-1，f=0.67MPa。

(5) 采用的砌体抗压强度设计值 $\gamma_a f=1.1\times0.881\times0.67=0.65\text{MPa}$。

5. 不同材料的高厚比修正系数 γ_β

《砌体》规定

5.1.2 确定影响系数 φ 时，构件高厚比 β 应按下列公式计算：

对矩形截面

$$\beta=\gamma_\beta\frac{H_0}{h}\tag{5.1.2-1}$$

对 T 形截面 $$\beta=\gamma_\beta \frac{H_0}{h_T} \tag{5.1.2-2}$$

式中 γ_β——不同材料砌体构件的高厚比修正系数，按表 5.1.2 采用；

H_0——受压构件的计算高度，按本规范表 5.1.3 确定；

h——矩形截面轴向力偏心方向的边长，当轴心受压时为截面较小边长；

h_T——T 形截面的折算厚度，可近似按 3.5i 计算，i 为截面回转半径。

表 5.1.2 高厚比修正系数 γ_β

砌体材料类别	γ_β
烧结普通砖、烧结多孔砖	1.0
混凝土普通砖、混凝土多孔砖、混凝土及轻集料混凝土砌块	1.1
蒸压灰砂普通砖、蒸压粉煤灰普通砖、细料石	1.2
粗料石、毛石	1.5

注：对灌孔混凝土砌块砌体，γ_β 取 1.0。

【例 7.3.1-5】 蒸压粉煤灰砖砌体的高厚比

某无吊车单跨单层砌体房屋的无壁柱山墙，采用 MU15 蒸压粉煤灰砖、M5 混合砂浆砌筑，如图 7.3.1-2 所示，房屋山墙两侧均有外纵墙。墙厚为 370mm，山墙基础顶面距室外地面 300mm。

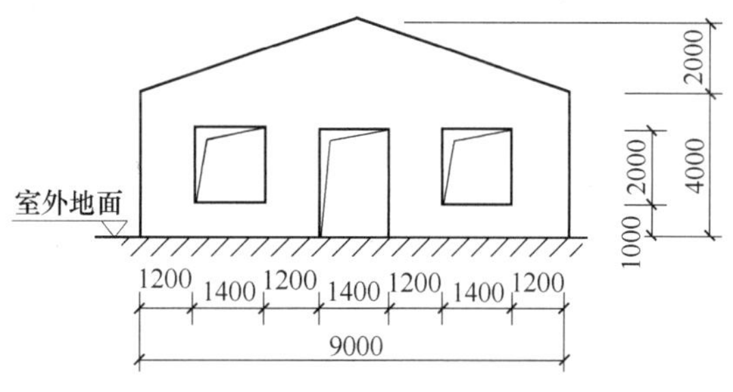

图 7.3.1-2

若房屋的静力计算方案为刚弹性方案，试问，计算受压构件承载力影响系数 φ 时，山墙的高厚比 β，应与下列何项数值最为接近？

(A) 18　　(B) 16　　(C) 14　　(D) 21

【答案】(D)

【解答】

(1) 根据《砌体》5.1.3 条 3 款，无壁柱山墙取层高加山墙尖高度一半，$H=(4.0+2.0/2+0.3)\text{m}=5.3\text{m}$。

(2) 根据《砌体》表 5.1.3，刚弹性方案，无吊车单跨单层，按周边拉结的墙 $H_0=1.2H=1.2\times5.3=6.36\text{m}$。

(3) 根据《砌体》表 5.1.2，蒸压粉煤灰砖 $\gamma_\beta=1.2$。

(4) 根据《砌体》第 5.1.2 条，$\beta=\gamma_\beta\dfrac{H_0}{h}=1.2\dfrac{6.36}{0.37}=20.6$。

6. 影响系数 φ

附录 D 影响系数 φ 和 φ_n

D.0.1 无筋砌体矩形截面单向偏心受压构件（图 D.0.1）承载力的影响系数 φ，可按表D.0.1-1～D.0.1-3采用或按下列公式计算，计算T形截面受压构件的φ时，应以

折算厚度 h_T 代替公式（D. 0. 1-2）中的 h。$h_T=3.5i$，i 为T形截面的回转半径。

当 $\beta\leqslant3$ 时：

$$\varphi=\frac{1}{1+12\left(\frac{e}{h}\right)^2} \tag{D. 0. 1-1}$$

当 $\beta>3$ 时：

$$\varphi=\frac{1}{1+12\left[\frac{e}{h}+\sqrt{\frac{1}{12}\left(\frac{1}{\varphi_0}-1\right)}\right]^2} \tag{D. 0. 1-2}$$

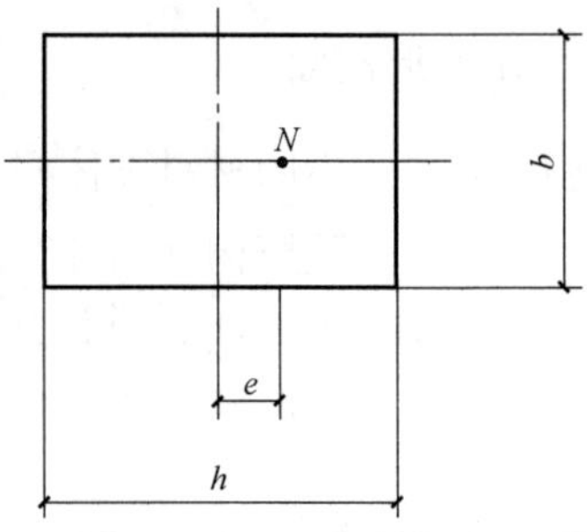

图 D. 0. 1　单向偏心受压

$$\varphi_0=\frac{1}{1+\alpha\beta^2} \tag{D. 0. 1-3}$$

式中　e——轴向力的偏心距；

h——矩形截面的轴向力偏心方向的边长；

φ_0——轴心受压构件的稳定系数；

α——与砂浆强度等级有关的系数，当砂浆强度等级大于或等于M5时，α 等于0.0015；当砂浆强度等级等于M2.5时，α 等于0.002；当砂浆强度等级 f_2 等于0时，α 等于0.009；

β——构件的高厚比。

表 D. 0. 1-1　影响系数 φ（砂浆强度等级≥M5）

β	$\frac{e}{h}$ 或 $\frac{e}{h_T}$						
	0	0.025	0.05	0.075	0.1	0.125	0.15
≤3	1	0.99	0.97	0.94	0.89	0.84	0.79
4	0.98	0.95	0.90	0.85	0.80	0.74	0.69
6	0.95	0.91	0.86	0.81	0.75	0.69	0.64
8	0.91	0.86	0.81	0.76	0.70	0.64	0.59
10	0.87	0.82	0.76	0.71	0.65	0.60	0.55
12	0.82	0.77	0.71	0.66	0.60	0.55	0.51
14	0.77	0.72	0.66	0.61	0.56	0.51	0.47
16	0.72	0.67	0.61	0.56	0.52	0.47	0.44
18	0.67	0.62	0.57	0.52	0.48	0.44	0.40
20	0.62	0.57	0.53	0.48	0.44	0.40	0.37

【例 7.3.1-6】 轴压柱的影响系数

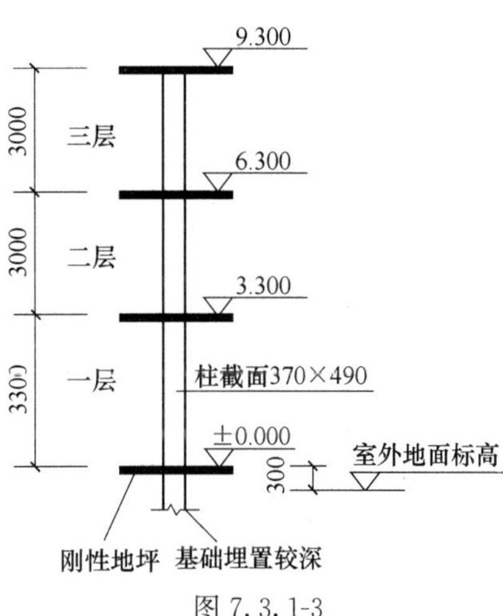

图 7.3.1-3

某三层无吊车砌体厂房，现浇钢筋混凝土楼（屋）盖，刚性方案；砌体采用 MU15 蒸压灰砂砖、M7.5 水泥砂浆砌筑；施工质量控制等级为 B 级，安全等级二级；各层砖柱截面尺寸均为 370mm×490mm；基础埋置较深且底层地面设置刚性地坪，房屋局部剖面示意如图 7.3.1-3 所示，

当计算底层砖柱的轴心受压承载力时，试问，其 φ 值应与下列何项数值最为接近？

(A) 0.92　　(B) 0.88

(C) 0.78　　(D) 0.68

【答案】(C)

【解答】

(1) 根据《砌体》5.1.3 条，埋置较深且有刚性地坪，取室外地坪下 500mm：

$$H=3300+300+500=4100\text{mm}。$$

(2) 根据《砌体》表 5.1.3，刚性方案，多层房屋：

$$H_0=1.0H=4100\text{mm}。$$

(3) 根据《砌体》5.1.2 条和表 5.1.2：蒸压灰砂砖，$\gamma_\beta=1.2$，取 $h=370\text{mm}$。

$$\beta=\gamma_\beta\frac{H_0}{h}=1.2\times\frac{4100}{370}=13.3。$$

(4) 根据《砌体》附录 D 表 D.0.1-1，轴心受压，$\frac{e}{h}=0$，$\beta=13.3$，得 $\varphi=0.78$。

【例 7.3.1-7】 偏压柱的影响系数

某单层无吊车砌体厂房，刚性方案，$s>2H$；墙体采用 MU15 蒸压灰砂砖、M5 混合砂浆砌筑。山墙（无壁柱），如图 7.3.1-4 所示，墙厚 240mm，其基础顶面距室外地面 500mm；屋顶轴向力 N 的偏心矩 $e=12\text{mm}$。当计算山墙的受压承载力时，试问，高厚比 β 和轴向力的偏心矩 e 对受压构件承载力的影响系数 φ，应与下列何项数值最为接近？

(A) 0.45　　(B) 0.48

(C) 0.51　　(D) 0.54

【答案】(B)

【解答】

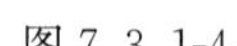
图 7.3.1-4

(1) 根据《砌体》5.1.3 条和表 5.1.3，无壁柱山墙取层高加山墙尖一半，$H=\left(3+\frac{2}{2}+0.5\right)=4.5\text{m}$，刚性方案，单跨无吊车。

$$2H=4.5\times2\geqslant s=9\text{m}>H$$

则有，$H_0=0.4s+0.2H=0.4\times9+0.2\times4.5=4.5\text{m}$。

（2）根据《砌体结构设计规范》5.1.2条和表5.1.2，蒸压灰砂砖 $\gamma_\beta=1.2$

$$\beta=\gamma_\beta\frac{H_0}{h}=1.2\frac{4.5}{0.24}=22.5。$$

（3）根据《砌体》附录D附表D.0.1-1，$\beta=22.5$，$\frac{e}{h}=\frac{12}{240}=0.05$，得 $\varphi=0.48$。

【例7.3.1-8】 隔断墙的影响系数

某多层刚性方案砖砌体教学楼，平面如图7.3.1-5所示，三层需在⑤轴梁上设隔断墙，采用不灌孔的混凝土砌块，墙体厚度190mm，隔断墙两侧有拉接，顶端为不动铰，隔断墙高度3.0m。试问，三层该隔断墙承载力影响系数 φ 与下列何项数值最为接近？

（A）0.725　　（B）0.685　　（C）0.635　　（D）0.585

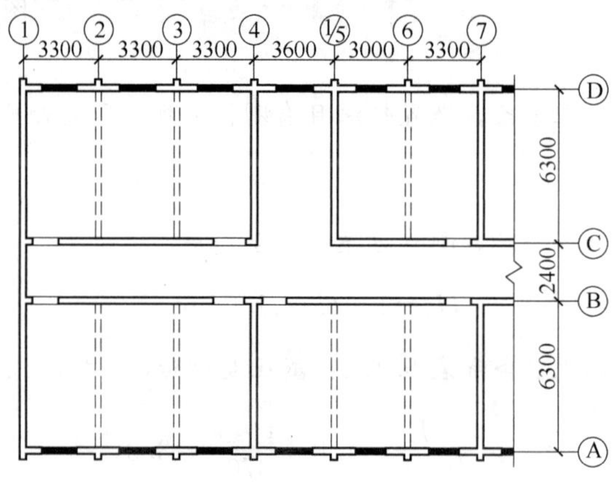

图7.3.1-5

【答案】（B）

【解答】

（1）根据《砌体》5.1.3条和表5.1.3，$H=3\text{m}$

$s=6.3\text{m}>2H=2\times3=6\text{m}$，刚性方案，$H_0=1.0H=3\text{m}$。

（2）根据《砌体》5.1.2条和表5.1.2，不灌孔砌块，$\gamma_\beta=1.1$，$h=190\text{mm}$

$\beta=\gamma_\beta\frac{H_0}{h}=1.1\times\frac{3000}{190}=17.4$，隔断墙不承重，$e=0$。

（3）根据《砌体》附录D附表D.0.1-1隔断墙不承重，$e=0$，$\beta=17.4$

$$\varphi=0.67+\frac{0.72-0.67}{18-16}\times(18-17.4)=0.685。$$

7. 偏心距的控制

《砌体》规定

> **5.1.5** 按内力设计值计算的轴向力的偏心距 e 不应超过 $0.6y$。y 为截面重心到轴向力所在偏心方向截面边缘的距离。

y 的取值，见图7.3.1-6所示。

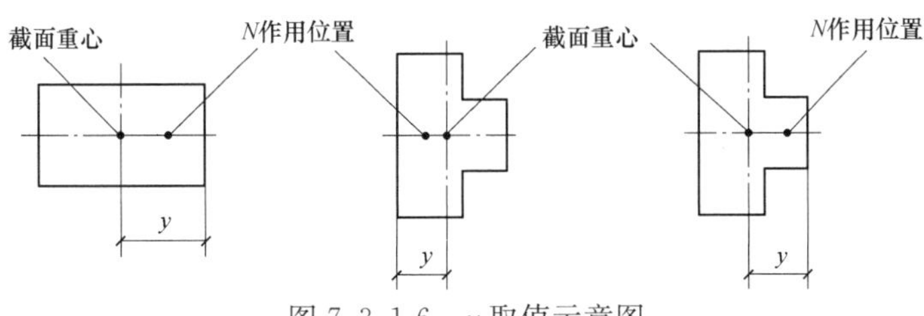

图 7.3.1-6 y 取值示意图

【例 7.3.1-9】 偏心距的控制

某带壁柱砖墙，采用砖 MU10、混合砂浆 M5 砌筑。柱的计算高度为 3.6m。截面尺寸如图 7.3.1-7 所示，砌体施工质量控制等级为 B 级。

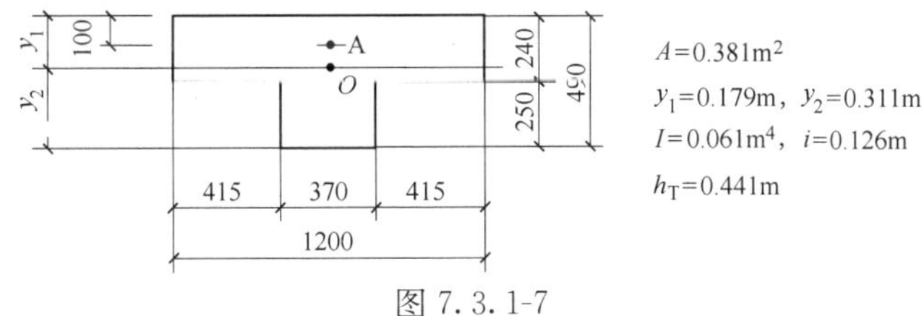

图 7.3.1-7

轴向力作用于 A 点时的受压墙体的承载力，最接近于下列何项数值？

(A) 281.24kN　(B) 304.4kN　(C) 239.05kN　(D) 210.93kN

【答案】(B)

【解答】

(1) 偏心距：$e=y_1-100=179-100=79\text{mm}$，$e/y_1=79/179=0.44<0.6$，符合《砌体结构设计规范》5.1.5 条的要求。

(2) 根据《砌体》5.1.2 条

$$\beta=\gamma_B\frac{H_0}{h}=1.0\times\frac{3.6}{0.441}=8.16$$

(3) 根据《砌体》表 D.0.1-1，$\dfrac{e}{h_T}=\dfrac{79}{441}=0.179$，$\beta=8.16$，得 $\varphi=0.532$。

(4) 根据《砌体》5.1.1 条：

$$\varphi fA=0.532\times1.5\times0.381\times1000^2=304.4\text{kN}。$$

8. 受压承载力

《砌体》规定

5.1.1 受压构件的承载力，应符合下式的要求：

$$N\leqslant\varphi fA \tag{5.1.1}$$

式中 N——轴向力设计值；

φ——高厚比 β 和轴向力的偏心距 e 对受压构件承载力的影响系数；

f——砌体的抗压强度设计值；

A——截面面积。

注：1. 对矩形截面构件，当轴向力偏心方向的截面边长大于另一方向的边长时，除按偏心受压计算外，还应对较小边长方向，按轴心受压进行验算；

2. 受压构件承载力的影响系数 φ，可按本规范附录 D 的规定采用；

3. 对带壁柱墙，当考虑翼缘宽度时，可按本规范第 4.2.8 条采用。

【例 7.3.1-10】轴心受压构件承载力计算

某砖砌体柱，截面尺寸：490mm×620mm（$b \times h$），砖柱计算高度 $H_0=4.8$m，采用 MU10 级普通烧结砖、M5 级水泥砂浆砌筑，其抗压强度设计值为 1.5N/mm²。砌体施工质量控制等级为 B 级。

试问，该砖柱轴心受压承载力设计值（kN），与下列何项数值最为接近？

（A）430　　（B）390　　（C）350　　（D）310

【答案】（B）

【解答】

（1）确定构件高厚比 β，根据《砌体》5.1.2 条，矩形截面取截面较小边长，则

$\beta=\gamma_\beta \dfrac{H_0}{h}=1\times\dfrac{4800}{490}=9.8$；

（2）确定轴心受压构件的稳定系数，根据《砌体》附录 D.0.1 条，M5 砂浆，$\alpha=0.0015$，则

$\varphi_0=\dfrac{1}{1+\alpha\beta^2}=\dfrac{1}{1+0.0015\times9.8^2}=0.87$；

（3）确定轴心受压承载力，根据《砌体》5.1.1 条，

$N=\phi fA=0.87\times1.5\times490\times620=396.5$kN，正确答案为（B）。

【例 7.3.1-11】偏心受压构件承载力计算

某四层教学楼局部平面如图 7.3.1-8 所示，各层层高均为 3.6m。楼、屋盖均为现浇钢筋混凝土板，静力计算方案为刚性方案。墙体采用 MU10 级烧结普通砖，M10 级水泥砂浆砌筑。纵横墙厚度均为 240mm，砌体施工质量控制等级为 B 级。第二层窗间墙 A 的轴向力偏心距 $e=24$mm。$\beta=15$，修正后的墙体抗压强度设计值 $f=1.68$N/mm²。

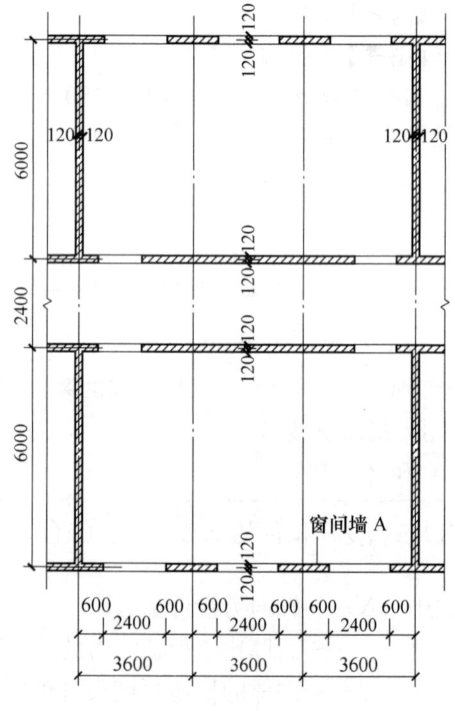

图 7.3.1-8

试问，第二层窗间墙 A 的受压承载力设计值（kN）与下列何项数值最为接近？

提示：按单向偏心受压构件计算。

（A）430　　（B）290

（C）260　　（D）210

【答案】（C）

【解答】

（1）采用《砌体》表 D.0.1，查出 φ。

根据题意，$\beta=15$，$\dfrac{e}{h}=\dfrac{24}{240}=0.1$，砂浆强度等级 M10 级，查表 D.0.1-1，插值法计算出 φ

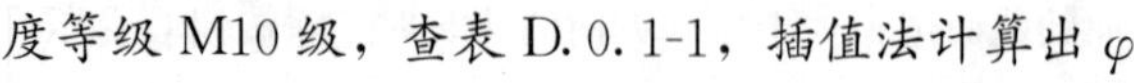

$$\varphi=\frac{0.56+0.52}{2}=0.54。$$

（2）采用《砌体》式（D.0.1-2）计算出 φ。

根据题意，$\beta=15$

根据《砌体》D.0.1条，砂浆强度等级M10级 $\alpha=0.0015$，

根据《砌体》式（D.0.1-3）：

$$\varphi_0=\frac{1}{1+\alpha\beta^2}=\frac{1}{1+0.0015\times15^2}=0.748,$$

根据《砌体》式（D.0.1-2）：

$$\varphi=\frac{1}{1+12\left[\frac{e}{h}+\sqrt{\frac{1}{12}\left(\frac{1}{\varphi_0}-1\right)}\right]^2}=\frac{1}{1+12\times\left[\frac{24}{240}+\sqrt{\frac{1}{12}\times\left(\frac{1}{0.748}-1\right)}\right]^2}=0.54。$$

（3）根据《砌体》式（5.1.1），

$$\varphi fA=0.54\times1.68\times240\times1200=261\text{kN}。$$

【例 7.3.1-12】带壁柱墙的受压承载力计算

某单层单跨无吊车房屋窗间墙，截面尺寸如图 7.3.1-9所示，采用MU15蒸压粉煤灰砖、M5混合砂浆砌筑，施工质量控制等级为B级，计算高度为6m。墙上支承有跨度8.0m的屋面梁。图中 x 轴通过窗间墙体的截面中心，$y_1=179$mm，截面惯性矩 $I_x=0.0061\text{m}^4$，$A=0.381\text{m}^2$。墙体折算厚度 $h_T=0.514$m，试问，当轴向力作用在该墙截面A点时，墙体的承载力设计值（kN）与下列何项数值最为接近？

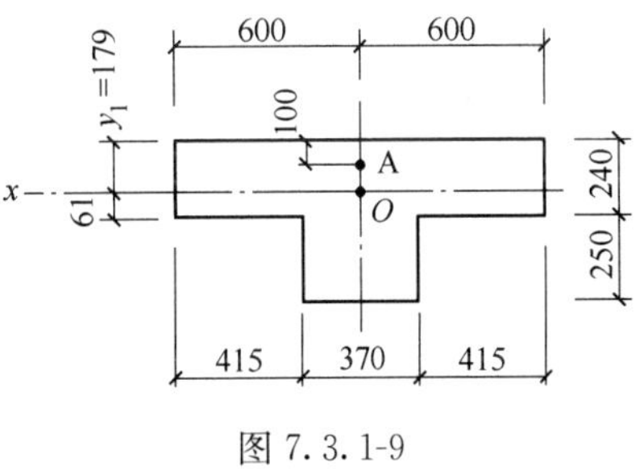

图 7.3.1-9

（A）200　　（B）240

（C）291　　（D）323

【答案】（D）

【解答】

（1）根据《砌体》表3.2.1-3，MU15蒸压砖M5砂浆，$f=1.83$MPa。

（2）根据《砌体》3.2.3条，$A=0.38\text{m}^2>0.3\text{m}^2$，$\gamma_a=1.0$。

（3）根据《砌体》5.1.5条：

$e=y_1-0.1=0.179-0.1=0.079\text{m}=79\text{mm}<0.6y_1=0.6\times179=107.4\text{mm}$。

（4）根据《砌体》5.1.2条和表5.1.2，蒸压砖 $\gamma_\beta=1.2$，

$$\beta=\gamma_\beta\frac{H_0}{h}=1.2\frac{6}{0.514}=14。$$

（5）根据《砌体》附录D、附表D.0.1-1：$\frac{e}{h}=\frac{79}{514}=0.154$，$\beta=14$，

$$\varphi=0.47-\frac{(0.47-0.43)}{(0.175-0.15)}(0.154-0.15)=0.4636。$$

（6）根据《砌体》5.1.1条：

$$\varphi fA=0.4636\times1.0\times1.83\times0.381\times1000^2\text{N}=323.2\text{kN}。$$

二、局部受压构件

图 7.3.2-1，砖砌体有两类不同的局部受压情况：

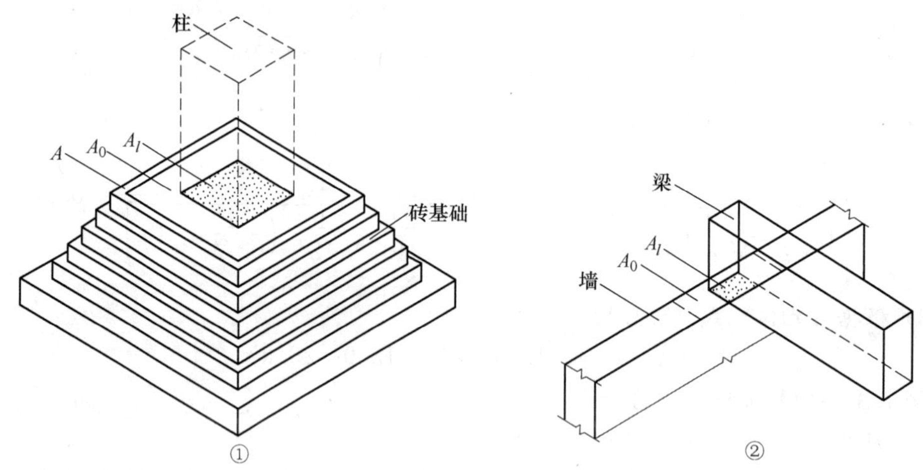

图 7.3.2-1　砖砌体局部受压情况
① 均匀局部受压；② 非均匀局部受压

① 均匀局部受压；

② 非均匀局部受压。

1. 砌体局部抗压强度提高系数

砌体局部抗压强度提高系数 γ 为砌体局部抗压强度与砌体抗压强度的比值。砌体的抗压强度为 f，则砌体的局部抗压强度为 γf。

《砌体》规定

5.2.2　砌体局部抗压强度提高系数 γ，应符合下列规定：

1　γ 可按下式计算：

$$\gamma=1+0.35\sqrt{\frac{A_0}{A_l}-1} \tag{5.2.2}$$

式中　A_0——影响砌体局部抗压强度的计算面积。

2　计算所得 γ 值，尚应符合下列规定：

1）在图 5.2.2a 的情况下，$\gamma \leqslant 2.5$；

2）在图 5.2.2b 的情况下，$\gamma \leqslant 2.0$；

3）在图 5.2.2c 的情况下，$\gamma \leqslant 1.5$；

4）在图 5.2.2d 的情况下，$\gamma \leqslant 1.25$；

5）对多孔砖砌体孔洞难以灌实时，应按 $\gamma=1.0$ 取用；当设置混凝土垫块时，按垫块下的砌体局部受压计算。

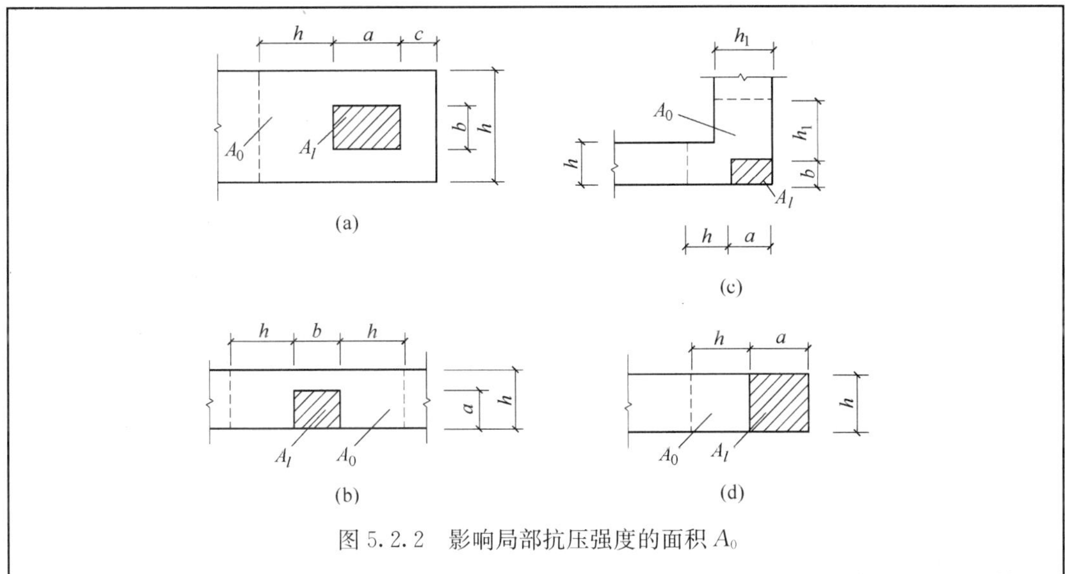

图 5.2.2　影响局部抗压强度的面积 A_0

《砌体》式（5.2.2）有着明确的物理意义，等号右边第一项是局部受压面积范围内砌体在一般受压状态下的抗压强度，第二项为砌体由于局部受压而提高的抗压强度系数，反映了周边未直接受压砌体对局部受压砌体的侧向压力作用及力的扩散作用的影响，具体反映在影响砌体局部抗压强度的计算面积 A_0 上。

当 A_0/A_l 过大时，砌体会发生突然的劈裂破坏。为了防止劈裂破坏和局部受压验算的安全，《砌体》对局部抗压强度提高系数 γ 值的上限作出了规定

5.2.3　影响砌体局部抗压强度的计算面积，可按下列规定采用：

1　在图 5.2.2a 的情况下，$A_0=(a+c+h)h$；

2　在图 5.2.2b 的情况下，$A_0=(b+2h)h$；

3　在图 5.2.2c 的情况下，$A_0=(a+h)h+(b+h_1-h)h_1$；

4　在图 5.2.2d 的情况下，$A_0=(a+h)h$；

式中　a、b——矩形局部受压面积 A_l 的边长；

h、h_1——墙厚或柱的较小边长，墙厚；

c——矩形局部受压面积的外边缘至构件边缘的较小距离，当大于 h 时，应取为 h。

2. 局部均匀压力时的承载力计算

《砌体》规定

5.2.1　砌体截面中受局部均匀压力时的承载力，应满足下式的要求：

$$N_l \leqslant \gamma f A_l \tag{5.2.1}$$

式中　N_l——局部受压面积上的轴向力设计值；

γ——砌体局部抗压强度提高系数；

f——砌体的抗压强度设计值，局部受压面积小于 0.3m²，可不考虑强度调整

系数 γ_a 的影响；

A_l——局部受压面积。

【例 7.3.2-1】 四边受约束的局部承压

一截面 $b\times h=370\text{mm}\times370\text{mm}$ 的砖柱，其基础平面如图 7.3.2-2 所示，柱底反力设计值 $N=170\text{kN}$。基础采用 MU30 毛石和水泥砂浆砌筑，施工质量控制等级为 B 级。试问，为砌筑该基础所采用的砂浆最低强度等级，应与下列何项数值最为接近？

提示：不考虑强度调整系数 γ_a 的影响。

(A) M0　　(B) M2.5

(C) M5　　(D) M7.5

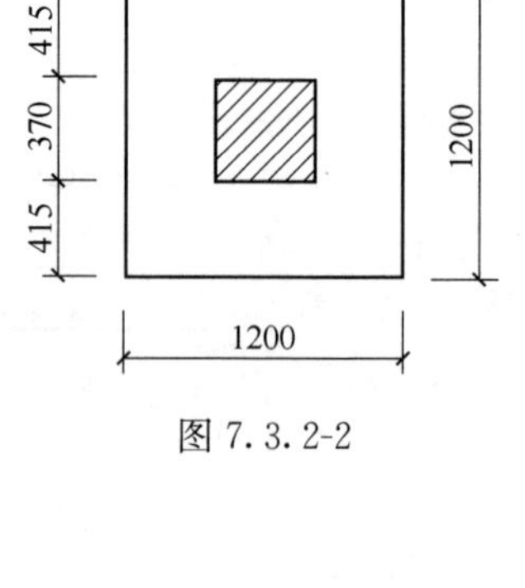

图 7.3.2-2

【答案】(C)

【解答】

(1) 根据《砌体》5.2.3 条：

$$A_0=(a+c+h)h=(370+415+415)\times1200=1440000\text{mm}^2$$

$$A_l=370\times370\text{mm}^2。$$

(2) 根据《砌体》5.2.2 条：

$$\gamma=1+0.35\sqrt{\frac{A_0}{A_l}-1}=1+0.35\sqrt{\frac{1440000}{370\times370}-1}=2.08<2.5。$$

(3) 根据《砌体》5.2.1 条，局部受压承载力 $N_l\leqslant\gamma fA_l$，所以

$$f\geqslant\frac{N_l}{\gamma A_l}=\frac{170\times10^3}{2.08\times370\times370}=0.597\text{N/mm}^2。$$

(4) 根据《砌体》表 3.2.1-7，砂浆最低强度等级为 M5。

毛石强度为 MU30 时：$f=0.61\text{N/m}^2>0.597\text{N/m}^2$。

【例 7.3.2-2】 三边受约束的局部承压

如图 7.3.2-3 所示的砖砌体局部受压平面，其局部抗压强度提高系数 γ，应取以下何项数值？

(A) 2.15　　(B) 2.28

(C) 2.00　　(D) 2.50

图 7.3.2-3

【答案】(C)

【解答】

(1) 根据《砌体》5.2.3 条；

$$A_0=(b+2h)h=(200+2\times490)\times490=57820\text{mm}^2$$

$$A_l=200\times200=40000\text{mm}^2。$$

(2) 根据《砌体》5.2.2 条：

$$\gamma=1+0.35\sqrt{\frac{A_0}{A_l}-1}=1+0.35\sqrt{\frac{578200}{40000}-1}=2.08>2.0，取 \gamma=2.0。$$

【例 7.3.2-3】 一边受约束的局部承压

有一截面尺寸为 240mm×240mm 的钢筋混凝土小柱支承在厚为 240mm 的砖墙上。如图 7.3.2-4 所示。墙体采用 MU10 砖、M2.5 混合砂浆砌筑，试问，柱下端支承处墙体局部受压承载力与下列何项数值最为接近？施工质量控制等级 B 级。

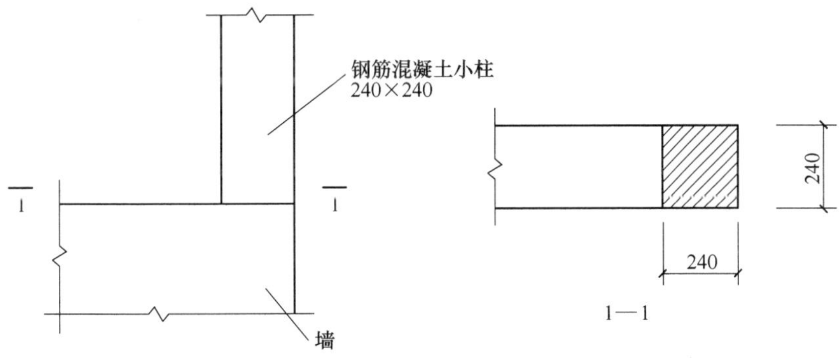

图 7.3.2-4

(A) 93.6kN　　(B) 107.31kN

(C) 119.23kN　　(D) 85.68kN

【答案】(A)

【解答】

(1) 根据《砌体》表 3.2.1-1，MU10 普通砖 M2.5 混合砂浆 $f=1.30$MPa。

(2) 根据《砌体》5.2.3 条：

$$A_l=240\times240=57600\text{mm}^2$$

$$A_0=(b+h)h=(240+240)\times240=115200\text{mm}^2。$$

(3) 根据《砌体》5.2.2 条：

$$\gamma=1+0.35\sqrt{\frac{A_0}{A_l}-1}=1+0.35\sqrt{\frac{115200}{57600}-1}=1.35>1.25，取 \gamma=1.25。$$

(4) 根据《砌体》5.2.1 条：

$$\gamma f A_l=1.25\times1.30\times240\times240\text{N}=93.6\text{kN}。$$

3. 梁端支承处砌体的局部受压承载力计算

梁端支承处砌体的局部受压要注意二点。

① 墙梁、过梁的梁端支承处的压力分布是均匀的，而简支梁的梁端支承处的压力分布是不均匀的，图 7.3.2-5 和图 7.3.2-6 表明这两种情况。

② 梁端上部砌体的荷载向下传递时，有时由于梁端顶部的“卸荷拱”作用而使荷载分流而不经过梁端，图 7.3.2-7 表明了这种情况。

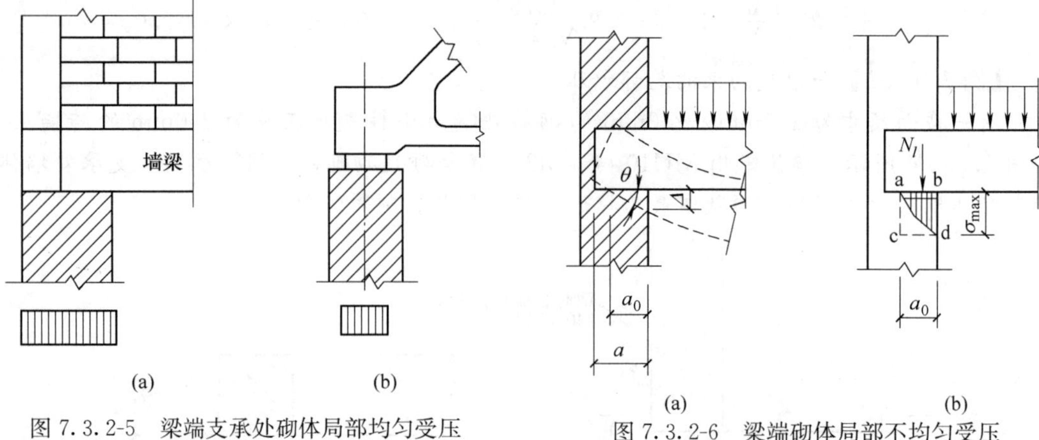

图 7.3.2-5 梁端支承处砌体局部均匀受压

图 7.3.2-6 梁端砌体局部不均匀受压
(a) 变形；(b) 应力

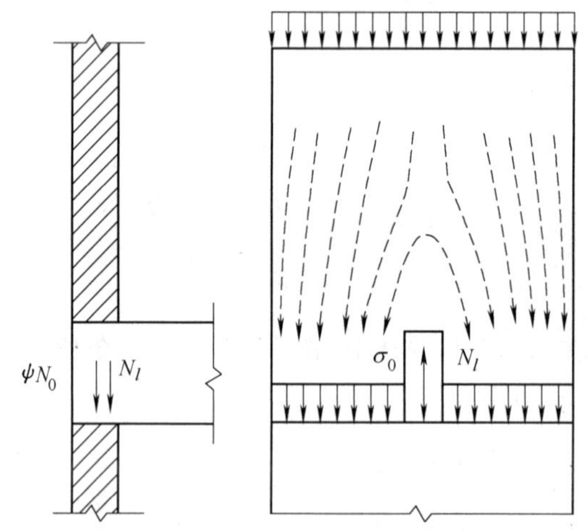

图 7.3.2-7 梁端上部砌体的内拱作用

《砌体》规定

5.2.4 梁端支承处砌体的局部受压承载力，应按下列公式计算：

$$\psi N_0 + N_l \leqslant \eta \gamma f A_l \tag{5.2.4-1}$$

$$\psi = 1.5 - 0.5\frac{A_0}{A_l} \tag{5.2.4-2}$$

$$N_0 = \sigma_0 A_l \tag{5.2.4-3}$$

$$A_l = a_0 b \tag{5.2.4-4}$$

$$a_0 = 10\sqrt{\frac{h_c}{f}} \tag{5.2.4-5}$$

式中 ψ——上部荷载的折减系数，当 A_0/A_l 大于或等于 3 时，应取 ψ 等于 0；
N_0——局部受压面积内上部轴向力设计值（N）；
N_l——梁端支承压力设计值（N）；
σ_0——上部平均压应力设计值（N/mm^2）；
η——梁端底面压应力图形的完整系数，应取 0.7，对于过梁和墙梁应取 1.0；
a_0——梁端有效支承长度（mm）；当 a_0 大于 a 时，应取 a_0 等于 a，a 为梁端实际支承长度（mm）；
b——梁的截面宽度（mm）；
h_c——梁的截面高度（mm）；
f——砌体的抗压强度设计值（MPa）。

【例 7.3.2-4】 梁端的局部压力

某钢筋混凝土梁截面尺寸为 200mm × 500mm，如图 7.3.2-8所示，梁端支承压力设计值 N_l＝60kN，局部受压面积内上部轴向力设计值 N_0＝160kN。墙的截面尺寸为 1200mm×240mm（梁端位于墙长中部），采用 MU10 烧结普通砖，M7.5 混合砂浆砌筑。砌体施工质量控制等级 B 级。

假定 A_0/A_l＝2.5，则梁端支承处砌体的局部压力（ψN_0＋N_l）（kN）与下列何项数值最为接近？

（A）200　　（B）175

（C）100　　（D）50

图 7.3.2-8

【答案】（C）

【解答】

（1）根据《砌体》式（5.2.4-2）：

$$A_0/A_l=2.5<3,\psi=1.5-0.5\frac{A_0}{A_l}=1.5-0.5\times2.5=0.25。$$

（2）根据《砌体》5.2.4 条式（5.2.4-1）：

梁端支承处砌体的局部压力，$\psi N_0+N_l=0.25\times160+60=100$kN。

【例 7.3.2-5】 梁端的局部受压承载力力

某三层砌体房屋外纵墙的窗间墙，墙截面尺寸为 1200mm×240mm，如图 7.3.2-9 所示，采用 MU10 级烧结普通砖、M2.5 级混合砂浆砌筑（砌体抗压强度设计值 f＝1.30N/mm²）；砌体施工质量控制等级为 B 级。支承在墙上的钢筋混凝土梁截面尺寸为 $b\times h_c$＝250mm×600mm。

当梁下不设置梁垫时，如图 7.3.2-10a 所示。试问，梁端支承处砌体的局部受压承载力（kN），与下列何项数值最为接近？

（A）65　　（B）75　　（C）85　　（D）105

【答案】（B）

【解答】（1）f＝1.3MPa，根据《砌体》3.2.3 条，$A=0.24\times1.2=0.288m^2$

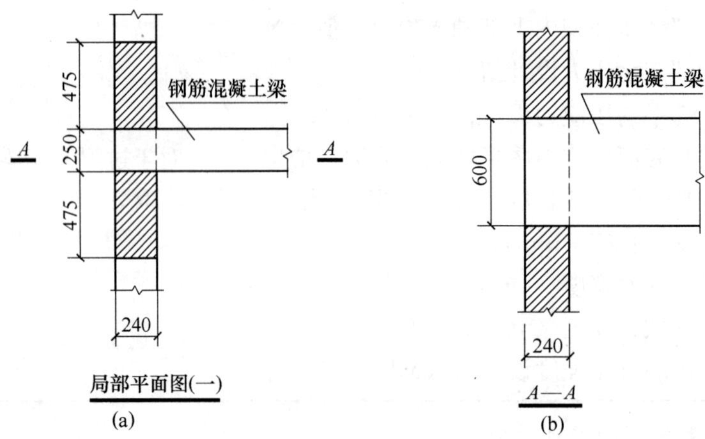

图 7.3.2-9

$<0.3\text{m}^2$，

$$f=\gamma_a\times1.3=(0.7+0.288)\times1.3=1.28\text{MPa}。$$

（2）根据《砌体》式（5.2.4-5），$h_c=600\text{mm}$，

$$a_0=10\sqrt{\frac{h_0}{f}}=10\sqrt{\frac{600}{1.28}}=216.1\text{mm}<a=240\text{mm}。$$

（3）根据《砌体》式（5.2.4-4）：

$$A_l=a_0b=216.1\times250=54034\text{mm}^2。$$

（4）根据《砌体》5.2.3 条：

$$A_0=(b+2h)h=(250+2\times240)\times240=175200\text{mm}^2。$$

（5）根据《砌体》5.2.2 条：

$$\gamma=1+0.35\sqrt{\frac{A_0}{A_l}-1}=1+0.35\sqrt{\frac{175200}{54034}-1}=1.524<2.0。$$

（6）根据《砌体》5.2.4 条，$\eta=0.7$

$$\eta\gamma fA_l=0.7\times1.524\times1.28\times54034\text{N}=73.8\text{kN}。$$

4. 梁端有垫块的砌体局部受压承载力计算

梁端垫块有预制和现浇两种，如图 7.3.2-10 所示。

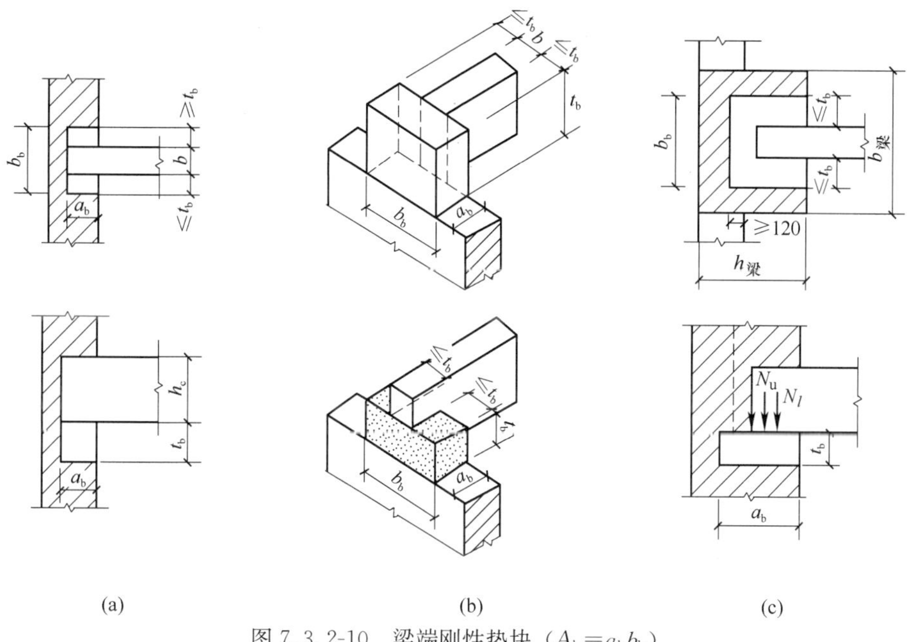

图 7.3.2-10　梁端刚性垫块（$A_b=a_b b_b$）

（a）预制垫块；（b）现浇垫块；（c）壁柱上的垫块

《砌体》规定

5.2.5　在梁端设有刚性垫块时的砌体局部受压，应符合下列规定：

1　刚性垫块下的砌体局部受压承载力，应按下列公式计算：

$$N_0+N_l\leqslant\varphi\gamma_1 fA_b \quad (5.2.5\text{-}1)$$

$$N_0=\sigma_0 A_b \quad (5.2.5\text{-}2)$$

$$A_b=a_b b_b \quad (5.2.5\text{-}3)$$

式中　N_0——垫块面积 A_b 内上部轴向力设计值（N）；

φ——垫块上 N_0 与 N_l 合力的影响系数，应取 β 小于或等于 3，按第 5.1.1 条规定取值；

γ_1——垫块外砌体面积的有利影响系数，γ_1 应为 0.8γ，但不小于 1.0。γ 为砌体局部抗压强度提高系数，按式（5.2.2）以 A_b 代替 A_l 计算得出；

A_b——垫块面积（mm^2）；

a_b——垫块伸入墙内的长度（mm）；

b_b——垫块的宽度（mm）。

2　刚性垫块的构造，应符合下列规定：

1）刚性垫块的高度不应小于 180mm，自梁边算起的垫块挑出长度不应大于垫块高度 t_b；

2）在带壁柱墙的壁柱内设刚性垫块时（图 5.2.5），其计算面积应取壁柱范围内的面积，而不应计算翼缘部分，同时壁柱上垫块伸入翼缘内的长度不应小于 120mm；

3）当现浇垫块与梁端整体浇筑时，垫块可在梁高范围内设置。

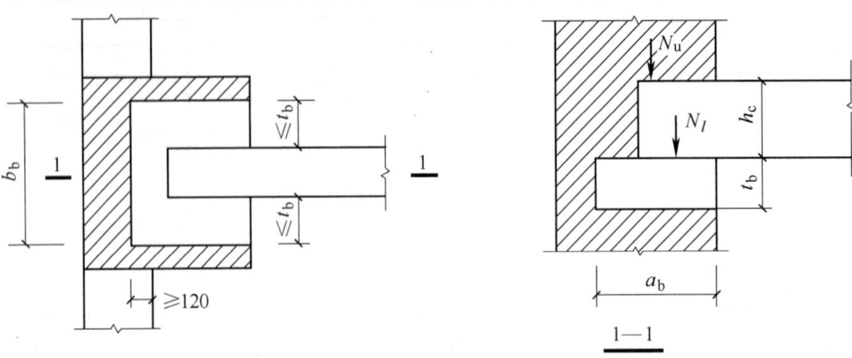

图 5.2.5　壁柱上设有垫块时梁端局部受压

3　梁端设有刚性垫块时，垫块上 N_l 作用点的位置可取梁端有效支承长度 a_0 的0.4倍。a_0 应按下式确定：

$$a_0=\delta_1\sqrt{\frac{h_c}{f}} \tag{5.2.5-4}$$

式中　δ_1——刚性垫块的影响系数，可按表 5.2.5 采用。

表 5.2.5　系数 δ_1 值表

σ_0/f	0	0.2	0.4	0.6	0.8
δ_1	5.4	5.7	6.0	6.9	7.8

注：表中其间的数值可采用插入法求得。

【例 7.3.2-6】现浇梁垫的局部受压承载力

某窗间墙截面尺寸为 1200mm×370mm，如图 7.3.2-11 所示，采用 MU10 砖，M2.5 的混合砂浆砌筑。已知大梁截面尺寸 $b\times h=200\text{mm}\times550\text{mm}$，跨度 5.0m，支承长度 $a=240\text{mm}$，梁端荷载设计值产生的支承压力 $N_l=50\text{kN}$，梁底墙体截面处的上部设计荷载为 $N_0=240\text{kN}$。砌体施工质量控制等级为 B 级。

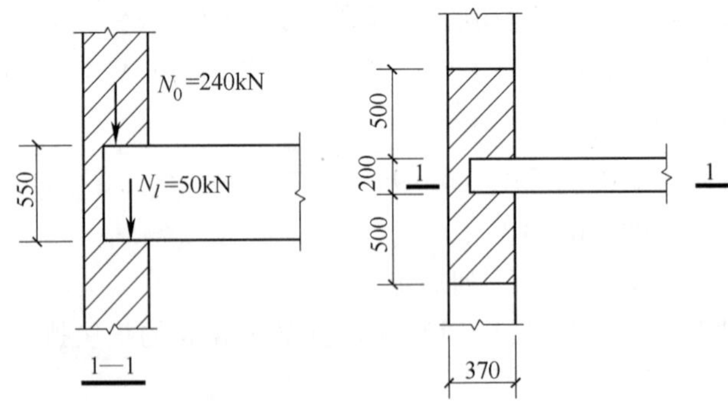

图 7.3.2-11

在梁端设置与梁端现浇成整体的垫块，其尺寸为 $a_b=240\text{mm}$，$b_b=620\text{mm}$，$t_b=300\text{mm}$。已知 $a_0=81.13\text{mm}$。试问，垫块下砌体的局部受压承载力与下列何项数值相近？

(A) 83.58kN　　(B) 96.16kN　　(C) 119.39kN　　(D) 186.77kN

【答案】(D)

【解答】

(1) 根据《砌体》5.2.3条：

$A_0=(b+2h)h$，$b+2h=620+2\times370=1360\text{mm}>$窗间墙1200mm，只能取1200mm。

$$A_0=1200\times370=444000\text{mm}^2$$

垫块面积 $A_b=240\times620=148800\text{mm}^2$。

(2) 根据《砌体》5.2.2条：

$$\gamma=1+0.35\sqrt{\frac{A_0}{A_b}-1}=1+0.35\sqrt{\frac{444000}{148800}-1}=1.49<2。$$

根据《砌体》5.2.5条，$\gamma_1=0.8\gamma=0.8\times1.49=1.192$。

(3) 上部轴向力设计值在窗间墙的平均压应力为

$$\sigma_0=\frac{N_0}{A_0}=\frac{240\times10^3}{370\times1200}=0.54\text{MPa}。$$

(4) 根据《砌体》4.2.5条，梁端对垫块形心偏心距为

$$e_l=\frac{a_b}{2}-0.4a_0=\frac{240}{2}-0.4\times81.13=87.55\text{mm}。$$

垫块上面由平均压应力产生的集中力

$$N_0=\sigma_0A_b=0.54\times240\times620\text{N}=80.35\text{kN}。$$

垫块上面全部压力的合力对垫块的偏心距为

$$e=\frac{N_le_l}{N_0+N_l}=\frac{50\times87.55}{80.35+50}=33.58\text{mm}。$$

(5) 根据《砌体》附录D：

$$\frac{e}{h}=\frac{33.58}{240}=0.14，\beta\leqslant3，\varphi=0.81。$$

(6) 根据《砌体》3.2.1条MU10砖，M2.5混合砂浆，$f=1.3\text{N/mm}^2$。

(7) 根据《砌体》5.1.1条：

$$\varphi\gamma_1fA_l=0.81\times1.192\times1.3\times148800\text{N}=186.77\text{kN}>50\text{kN}。$$

【例7.3.2-7】～【例7.3.2-11】预制梁垫的局部受压承载力

某带壁柱墙，其截面尺寸如图7.3.2-12所示，采用MU10烧结多孔砖、M10水泥砂浆砌筑，砌体施工质量控制等级为B级。有一钢筋混凝土梁，截面尺寸 $b\times h=250\text{mm}\times600\text{mm}$，支承在该壁柱上，梁下刚性垫块尺寸为490mm×370mm×180mm，梁端支承压力设计值为 N_l，由上层墙体传来的荷载轴向力设计值为 N_u。静力计算方案为刚性方案。(多孔砖的孔洞率30%)。

【例7.3.2-7】求 σ_0

假定 $N_u=190\text{kN}$，试问，上部荷载在垫块标高水平截面处的平均压应力设计值 σ_0

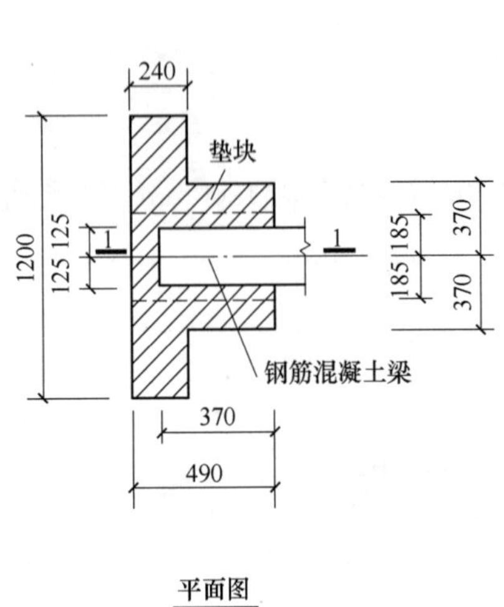

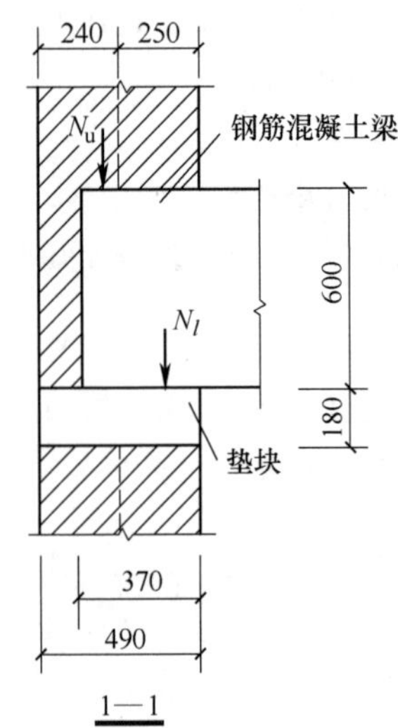

图 7.3.2-12

(MPa)，应与下列何项数值最为接近？

(A) 0.40　　(B) 0.45　　(C) 0.48　　(D) 0.52

【答案】(A)

【解答】带壁柱墙截面面积

$$A=490\times740+(1200-740)\times240=473000\text{mm}^2$$

根据《砌体》5.2.5 条，σ_0 为上部荷载平均压应力设计值

$$\sigma_0=N_u/A=190000/4730000=0.40\text{MPa}。$$

【例 7.3.2-8】求 a_0

如果上部荷载产生的平均压应力设计值 $\sigma_0=0.567$MPa。试问，梁端有效支承长度 a_0(mm)，应与下列何项数值最为接近？

(A) 180　　(B) 104　　(C) 70　　(D) 40

【答案】(B)

【解答】

(1) 根据《砌体》表 3.2.1-1：

MU10 烧结多孔砖、M10 水泥砂浆，砌体的抗压强度设计值 $f=1.89$MPa。

(2) 根据《砌体》5.2.1 条，局压计算时不考虑强度调整系数 γ_a 的影响，同时根据《砌体》3.2.3 条，水泥砂浆 M10>M5，$\gamma_a=1$。

(3) 根据《砌体》表 5.2.5：

$$\frac{\sigma_0}{f}=\frac{0.567}{1.89}=0.30\qquad \delta_1=\frac{5.7+6}{2}=5.85。$$

(4) 根据《砌体》式 (5.2.5-4)：

$$a_0=\delta_1\sqrt{\frac{h_c}{f}}=5.85\sqrt{\frac{600}{1.89}}=5.85\times17.817=104.2\text{mm}<370\text{mm}。$$

【例 7.3.2-9】求 φ

如果上部平均压应力设计值 $\sigma_0=1.10\text{MPa}$，梁端有效支承长度 $a_0=120\text{mm}$，梁端支承压力设计值为 $N_l=200\text{kN}$。试问，垫块上 N_0 及 N_l 合力的影响系数 φ 与下列何项数值最为接近？

(A) 0.8　　(B) 0.7　　(C) 0.6　　(D) 0.5

【答案】(B)

【解答】

(1) 根据《砌体》5.2.5 条，梁端支承压力 N_l 到壁柱内边即垫块边的距离为

$$0.4a_0=0.4\times120=48\text{mm}。$$

(2) 根据《砌体》式 (5.2.5-2)：

$$N_0=\sigma_0A_\text{b}=1.10\times490\times370\text{N}=199.43\text{kN}$$

N_0 与 N_l 合力的偏心距

$$e=\frac{N_le_l}{N_l+N_0}=200\times\left(\frac{490}{2}-48\right)\Big/(200+199.43)=98.6\text{mm}。$$

(3) 根据《砌体》附表 D.0.1-1，$\beta\leqslant3.0$，$e/h=98.6/490=0.201$，$\varphi=0.68$。

【例 7.3.2-10】求 γ_1

试问，垫块外砌体面积的有利影响系数 γ_1，应与下列何项数值最为接近？(孔洞灌实)

(A) 1.1　　(B) 1.2　　(C) 1.3　　(D) 1.4

【答案】(A)

【解答】

(1) 根据《砌体》5.2.5 条第 2 款，计算 A_0 时，只取壁柱范围内面积，不考虑翼缘，所以

$$A_0=490\times740\text{mm}^2=362600\text{mm}^2$$

$$A_l=A_\text{b}=490\times370\text{mm}^2=181300\text{mm}^2。$$

(2) 根据《砌体》5.2.5 条：

$$\gamma=1+0.35\sqrt{\frac{A_0}{A_l}-1}=1+0.35\sqrt{\frac{362600}{181300}-1}=1.35<1.50。$$

(3) 根据《砌体》5.2.5 条：

$$\gamma_1=0.8\gamma=0.8\times1.35=1.08>1.0。$$

【例 7.3.2-11】求局部受压承载力

如果垫块上 N_0 及 N_l 合力的偏心距 $e=110\text{mm}$，砌体局部抗压强度提高系数 $\gamma=1.5$。试问，刚性垫块下砌体的局部受压承载力 $\varphi\gamma_1fA_\text{b}$ (kN)，应与下列何项数值最为接近？

(A) 255　　(B) 300　　(C) 500　　(D) 230

【答案】(A)

【解答】

(1) 根据《砌体》附录 D 附表 D.0.1-1，$\beta \leqslant 3.0$，$\frac{e}{h}=\frac{110}{490}=0.225$，$\varphi=0.62$。

(2) 根据《砌体》5.2.5 条，$\gamma_1=0.8\gamma=0.8\times1.5=1.2>1.0$。

(3) 根据《砌体》表 3.2.1-1，MU10 烧结多孔砖，M10 水泥砂浆，$f=1.89\text{MPa}$。

(4) 根据《砌体》3.2.3 条：

水泥砂浆 M10>M5，$\gamma_a=1.0$，$f=1.89\times1.0=1.89\text{MPa}$。

(5) 根据《砌体》5.2.5 条：

$$A_b=490\times370\text{mm}^2=181300\text{mm}^2$$

$$\varphi\gamma_1 fA_b=0.62\times1.2\times1.89\times181.3\times10^3=254937\text{N}=255\text{kN}。$$

5. 垫梁下砌体的局部受压承载力计算

当梁支承在长度大于 πh_0 的圈梁时，可利用与梁同时现浇的钢筋混凝土圈梁作为垫梁，垫梁可将梁端传来的压力分散到较大范围的砌体墙上。在分析垫梁下砌体的局部受压时，由于设置于墙上的垫梁是柔性的，在楼（屋）面梁支反力的作用下，可将垫梁视为承受集中荷载的弹性地基梁，而砌体墙为支承弹性地基梁的弹性地基。为了能用弹性理论，故将钢筋混凝土垫梁折算成砌体，垫梁的折算高度 h_0 如图 7.3.2-13 所示。

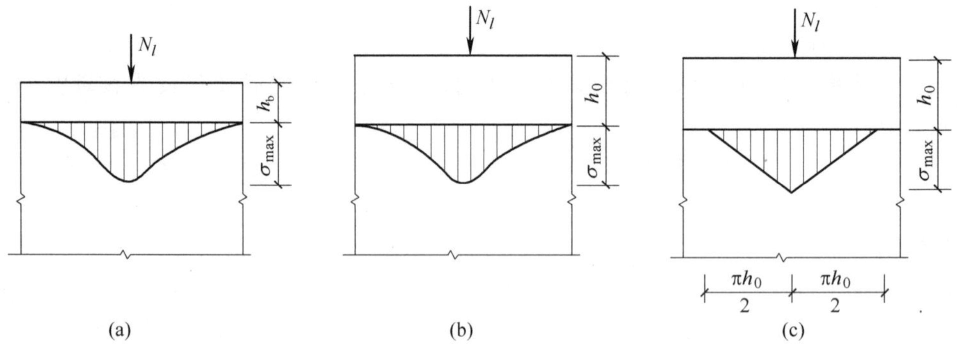

图 7.3.2-13　垫梁受力示意图

如图 7.3.2-14 所示，垫梁受有集中局部荷载 N_l 和上部墙体传来的均布荷载，将垫梁中间 $\pi h_0/2$ 部分的上端墙体传来的均匀荷载集中起来和集中局部荷载 N_l 共同作用在垫梁上。

作用在垫梁上的局部荷载可分为沿垫梁宽度（砌体墙厚）均匀分布和不均匀分布两种情况，前者如等跨连续梁中支座下的砌体局部受压；后者如单跨简支梁或连续梁端支座下砌体的局部受压。

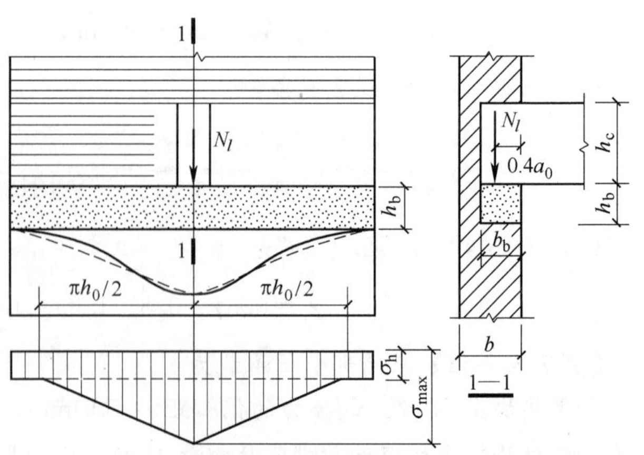

图 7.3.2-14　垫梁局部受压时竖向压应力分布

《砌体》规定

5.2.6 梁下设有长度大于 πh_0 的垫梁时，垫梁上梁端有效支承长度 a_0 可按式(5.2.5-4)计算。垫梁下的砌体局部受压承载力，应按下列公式计算：

$$N_0+N_l\leqslant 2.4\delta_2 f b_b h_0 \quad (5.2.6\text{-}1)$$

$$N_0=\pi b_b h_0 \sigma_0/2 \quad (5.2.6\text{-}2)$$

$$h_0=2\sqrt[3]{\frac{E_c I_c}{Eh}} \quad (5.2.6\text{-}3)$$

式中 N_0——垫梁上部轴向力设计值（N）；

b_b——垫梁在墙厚方向的宽度（mm）；

δ_2——垫梁底面压应力分布系数，当荷载沿墙厚方向均匀分布时可取 1.0，不均匀分布时可取 0.8；

h_0——垫梁折算高度（mm）；

E_c、I_c——垫梁的混凝土弹性模量和截面惯性矩；

E——砌体的弹性模量；

h——墙厚（mm）。

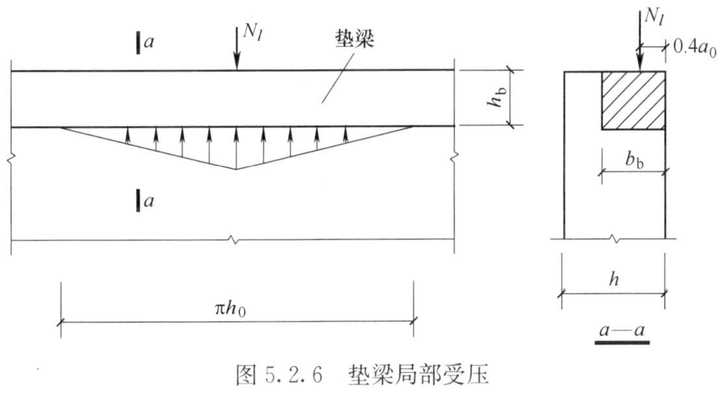

图 5.2.6 垫梁局部受压

【例 7.3.2-12】～【例 7.3.2-14】 垫梁下砌体的局部受压承载力计算

一钢筋混凝土简支梁，截面尺寸为 200mm×500mm，跨度 6m，支承在 240mm 厚的窗间墙上，如图 7.3.2-15 所示。墙长 1500mm，采用 MU15 蒸压粉煤灰砖、M5 混合砂浆砌筑，砌体施工质量控制等级为 B 级。在梁下、窗间墙墙顶部位，设置宽 240mm、高 180mm、长 1500mm 的垫梁（实际上是钢筋混凝土圈梁的一段），其混凝土的强度等级为 C20。梁端的支承压力设计值 $N_l=100$kN，上层传来的轴向压力设计值为 300kN。

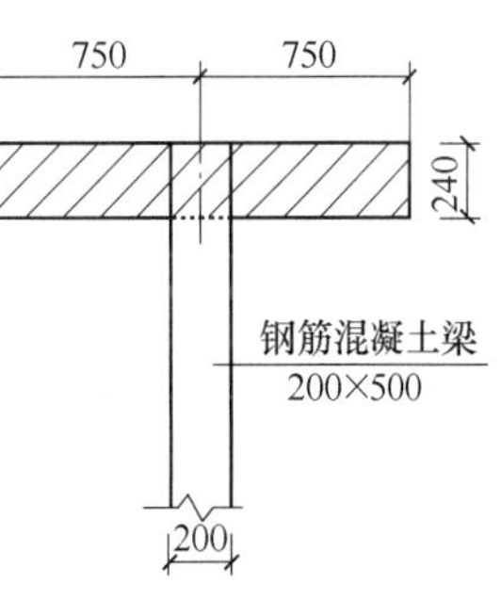

图 7.3.2-15

【例 7.3.2-12】 垫梁的折算高度

试问，垫梁的折算高度 h_0（mm），与下列何项数值最为接近？

(A) 210　(B) 270　(C) 370　(D) 400

【答案】(C)

【解答】

(1) 根据《砌体》表 3.2.1-3，MU15 蒸压粉煤灰砖、M5 砂浆，$f=1.83\text{MPa}$。

(2) 根据《砌体》表 3.2.5-1：

砌体弹性模量 $E=1060f=1060\times1.83=1940\text{MPa}$。

垫梁惯性矩 $I_c=\dfrac{240\times180^3}{12}=1.1664\times10^8\text{mm}^4$。

(3) 根据《混规》表 4.1.5，C20 混凝土，圈梁混凝土 $E_c=2.55\times10^4\text{MPa}$，$h=240\text{mm}$。

(4) 根据《砌体》5.2.6 条：

$$h_0=2\sqrt[3]{\frac{E_cI_c}{Eh}}=2\times\sqrt[3]{\frac{2.55\times10^4\times1.1664\times10^8}{1940\times240}}=371.1\text{mm}。$$

【例 7.3.2-13】垫梁下砌体局部受压的压力值

假定垫梁的折算高度 $h_0=360\text{mm}$。试问，作用于垫梁下砌体局部受压的压力设计值 N_0+N_l (kN)，与下列何项数值最为接近？

(A) 110　　(B) 180　　(C) 210　　(D) 240

【答案】(C)

【解答】

(1) 根据《砌体》5.2.6 条：

$$\pi h_0=3.14\times360=1130\text{mm}<1500\text{mm}。$$

已知上部传来的轴向压力设计值 $N=300\text{kN}$，窗间墙截面面积为 240mm×1500mm，则上部平均压应力设计值 $\sigma_0=\dfrac{300\times10^3}{240\times1500}=0.833\text{N/mm}^2$。

(2) 根据《砌体》5.2.6 条，垫梁上部轴向力设计值

$$N_0=\frac{\pi b_bh_0\sigma_0}{2}=\frac{3.14\times360\times240\times0.833}{2}=112955\approx113\text{kN}$$

$$N_0+N_l=113+100=213\text{kN}。$$

【例 7.3.2-14】垫梁下砌体的局部受压承载力

假设垫梁的折算高度 $h_0=360\text{mm}$，荷载沿墙厚方向不均匀分布。试问，垫梁下砌体最大局部受压承载力设计值 (kN)，与下列何项数值最为接近？

(A) 200　　(B) 250　　(C) 305　　(D) 350

【答案】(C)

【解答】根据《砌体》5.2.6 条，荷载沿墙厚方向不均匀分布 $\delta_2=0.8$

$$2.4\delta_2fb_bh_0=2.4\times0.8\times1.83\times240\times360=303575\text{N}\approx303.6\text{kN}。$$

三、受弯、轴拉与受剪构件

1. 砌体的强度设计值

《砌体》规定

3.2.2 龄期为28d的以毛截面计算的各类砌体的轴心抗拉强度设计值、弯曲抗拉强度设计值和抗剪强度设计值，应符合下列规定：

1 当施工质量控制等级为B级时，强度设计值应按表3.2.2采用：

表3.2.2 沿砌体灰缝截面破坏时砌体的轴心抗拉强度设计值弯曲抗拉强度设计值和抗剪强度设计值（单位：MPa）

强度类别	破坏特征及砌体种类		砂浆强度等级			
			≥M10	M7.5	M5	M2.5
轴心抗拉	沿齿缝	烧结普通砖、烧结多孔砖	0.19	0.16	0.13	0.09
		混凝土普通砖、混凝土多孔砖	0.19	0.16	0.13	—
		蒸压灰砂普通砖、蒸压粉煤灰普通砖	0.12	0.10	0.08	—
		混凝土和轻集料混凝土砌块	0.09	0.08	0.07	—
		毛石	—	0.07	0.06	0.04
弯曲抗拉	沿齿缝	烧结普通砖、烧结多孔砖	0.33	0.29	0.23	0.17
		混凝土普通砖、混凝土多孔砖	0.33	0.29	0.23	—
		蒸压灰砂普通砖、蒸压粉煤灰普通砖	0.24	0.20	0.16	—
		混凝土和轻集料混凝土砌块	0.11	0.09	0.08	—
		毛石	—	0.11	0.09	0.07
	沿通缝	烧结普通砖、烧结多孔砖	0.17	0.14	0.11	0.08
		混凝土普通砖、混凝土多孔砖	0.17	0.14	0.11	—
		蒸压灰砂普通砖、蒸压粉煤灰普通砖	0.12	0.10	0.08	—
		混凝土和轻集料混凝土砌块	0.08	0.06	0.05	—

续表

强度类别	破坏特征及砌体种类	砂浆强度等级			
		≥M10	M7.5	M5	M2.5
抗剪	烧结普通砖、烧结多孔砖	0.17	0.14	0.11	0.08
	混凝土普通砖、混凝土多孔砖	0.17	0.14	0.11	—
	蒸压灰砂普通砖、蒸压粉煤灰普通砖	0.12	0.10	0.08	—
	混凝土和轻集料混凝土砌块	0.09	0.08	0.06	—
	毛石	—	0.19	0.16	0.11

注：1. 对于用形状规则的块体砌筑的砌体，当搭接长度与块体高度的比值小于1时，其轴心抗拉强度设计值 f_t 和弯曲抗拉强度设计值 f_{tm} 应按表中数值乘以搭接长度与块体高度比值后采用；

2. 表中数值是依据普通砂浆砌筑的砌体确定，采用经研究性试验且通过技术鉴定的专用砂浆砌筑的蒸压灰砂普通砖、蒸压粉煤灰普通砖砌体，其抗剪强度设计值按相应普通砂浆强度等级砌筑的烧结普通砖砌体采用；

3. 对混凝土普通砖、混凝土多孔砖、混凝土和轻集料混凝土砌块砌体，表中的砂浆强度等级分别为：≥Mb10、Mb7.5及Mb5。

3.2.3 下列情况的各类砌体，其砌体强度设计值应乘以调整系数 γ_a：

1 对无筋砌体构件，其截面面积小于 $0.3m^2$ 时，γ_a 为其截面面积加0.7；构件截面面积以"m^2"计；

2 当砌体用强度等级小于M5.0的水泥砂浆砌筑时，对第3.2.2条表3.2.2中数值，γ_a 为0.8；

3 当验算施工中房屋的构件时，γ_a 为1.1。

2. 轴心受拉构件

《砌体》规定

5.3.1 轴心受拉构件的承载力，应满足下式的要求：

$$N_t \leqslant f_t A \tag{5.3.1}$$

式中 N_t——轴心拉力设计值；

f_t——砌体的轴心抗拉强度设计值，应按表3.2.2采用。

【例7.3.3-1】 轴心受拉构件

采用MU10黏土实心砖、M7.5水泥砂浆砌筑的圆形水池，砌体施工质量控制等级B级，池壁内环向拉力为73kN/m，并判定下列何项池壁厚度既安全又经济？

(A) 240mm (B) 370mm (C) 490mm (D) 620mm

【答案】(C)

【解答】

(1) 根据《砌体》表3.2.2，M7.5砂浆，f_t=0.16MPa。

(2) 根据《砌体》3.2.2条，水泥砂浆M7.5>M5，γ_a=1.0。

(3) 根据《砌体》5.3.1条，取1m长计算。

$$A=\frac{N_t}{f_t}=\frac{73000}{1.0\times0.16}=456\text{mm}，h=490\text{mm}。$$

3. 受弯构件

《砌体》规定

5.4.1 受弯构件的承载力，应满足下式的要求：

$$M \leqslant f_{tm} W \tag{5.4.1}$$

式中 M——弯矩设计值；

f_{tm}——砌体弯曲抗拉强度设计值，应按表 3.2.2 采用；

W——截面抵抗矩。

5.4.2 受弯构件的受剪承载力，应按下列公式计算：

$$V \leqslant f_v bz \tag{5.4.2-1}$$

$$z = I/S \tag{5.4.2-2}$$

式中 V——剪力设计值；

f_v——砌体的抗剪强度设计值，应按表 3.2.2 采用；

b——截面宽度；

z——内力臂，当截面为矩形时取 z 等于 $2h/3$（h 为截面高度）；

I——截面惯性矩；

S——截面面积矩。

【例 7.3.3-2】、【例 7.3.3-3】 受弯构件

一片高 1000mm、宽 6000mm、厚 370mm 的墙体，安全等级为二级，设计使用年限 50 年，如图 7.3.3-1 所示。采用烧结普通砖和 M5.0 级水泥砂浆砌筑。墙面一侧承受水平荷载标准值：$g_k = 2.0\text{kN/m}^2$（静荷载）、$q_k = 1.0\text{kN/m}^2$（活荷载），墙体嵌固在底板顶面处，不考虑墙体自重产生的轴力影响。砌体施工质量控制等级为 B 级。

370
6000
1000

图 7.3.3-1

【例 7.3.3-2】 受弯构件的内力

试问，该墙的墙底截面的弯矩设计值及剪力设计值（kN·m；kN）与下列何项数值最为接近？

提示：取 1m 长墙体计算。

(A) 1.9；1.9 (B) 1.9；3.8 (C) 3.8；1.9； (D) 3.8；3.8

【答案】(B)

【解答】

(1) 根据《砌体》4.1.5 条，对安全等级为二级或使用年限为 50 年的结构构件，结构重要性系数 $\gamma_0 = 1.0$。

(2) 根据《砌体》4.1.5 条，设计使用寿命为 50 年，考虑结构设计使用年限的荷载调整系数 $\gamma_L = 1.0$。

(3) 根据《砌体》4.1.5 条，应按式（4.1.5-1）和式（4.1.5-2）中最不利的组合计算承载力。

(4) 按式（4.1.5-1）计算：

$$S=\gamma_0(1.2S_{Gk}+1.4\gamma_L S_{q/k}+\gamma_L\sum_{i=2}^{n}\gamma_{Qi}\psi_{ci}S_{Qik})$$

$$q_1=1.0(1.2\times2+1.4\times1.0\times1)=3.8\text{kN/m}。$$

（5）按式（4.1.5-2）计算：

$$S=\gamma_0(1.35S_{Gk}+1.4\gamma_L\sum_{i=2}^{n}\psi_{ci}S_{Qik})$$

$$q_2=1.0\times(1.35\times2+1.4\times1.0\times0.7\times1)=3.68\text{kN/m}。$$

（6）取 q_1=3.8kN/m 计算弯矩和剪力设计值（取1m宽计算）：

$$M=\frac{qh^2}{2}=\frac{3.8\times1^2}{2}=1.9\text{kN/m},V=qh=3.8\times1=3.8\text{kN}。$$

【例 7.3.3-3】 受弯构件的承载力

试问，墙底嵌固截面破坏时的受弯及受剪承载力设计值（kN·m；kN）与下列何项数值最为接近？

提示：取1m长墙体计算。

（A）2.5；27.5　　（B）2.3；22　　（C）2.0；33　　（D）2.0；22

【答案】（A）

【解答】

（1）根据《砌体》表 3.2.2 普通烧结砖，M5 水泥砂浆，f_{tm} = 0.11MPa，f_v =0.11MPa。

（2）根据《砌体》3.2.3 条，M5 的水泥砂浆，γ_a=1.0，取1m长墙计算。

（3）根据《砌体》5.4.1 条：

$$W=\frac{bh^2}{6}=\frac{1000\times370^2}{6}=22817\times10^3\text{mm}^3$$

$$M=f_{tm}W=1.0\times0.11\times22817\times1000=2509833\text{N/m}=2.51\text{kN/m}。$$

（4）根据《砌体》5.4.2 条：

$$z=\frac{2}{3}h=\frac{2}{3}\times370=246.7\text{mm}$$

$$V=f_v bz=1.0\times0.11\times1000\times246.7=27137\text{N}=27.1\text{kN}。$$

4. 受剪构件

《砌体》规定

5.5.1 沿通缝或沿阶梯形截面破坏时受剪构件的承载力，应按下列公式计算：

$$V\leqslant(f_v+\alpha\mu\sigma_0)A \quad (5.5.1\text{-}1)$$

当 γ_G=1.2 时，

$$\mu=0.26-0.082\frac{\sigma_0}{f} \quad (5.5.1\text{-}2)$$

当 γ_G=1.35 时，

$$\mu=0.23-0.065\frac{\sigma_0}{f} \quad (5.5.1\text{-}3)$$

式中 V——剪力设计值；

A——水平截面面积；

f_v——砌体抗剪强度设计值，对灌孔的混凝土砌块砌体取 f_{vg}；

α——修正系数，当 γ_G=1.2 时，砖（含多孔砖）砌体取 0.06；当 γ_g=1.35 时，砖（含多孔砖）砌体取 0.64；

> μ——剪压复合受力影响系数；
> f——砌体的抗压强度设计值；
> σ_0——永久荷载设计值产生的水平截面平均压应力，其值不应大于 0.8f。

【例 7.3.3-4】 受剪构件

一砖拱端部窗间墙宽度 600mm，墙厚 240mm，采用 MU10 级烧结普通砖和 M7.5 级水泥砂浆砌筑，砌体施工质量控制等级为 B 级，如图 7.3.3-2 所示。作用在拱支座端部 A—A 截面的为永久荷载设计值产生的轴向力 $N_u=40\text{kN}$。试问，该端部截面水平受剪承载力与下列何项数值最为接近？

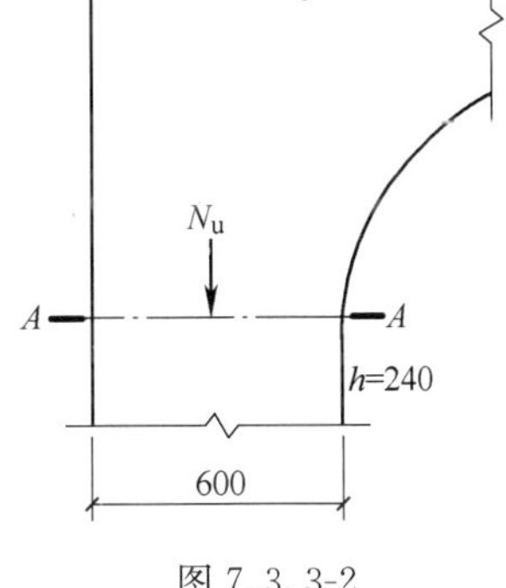

图 7.3.3-2

(A) 23　(B) 22　(C) 21　(D) 19

【答案】(A)

【解答】

(1) 根据《砌体》表 3.2.1-1 和表 3.2.2，MU10 的普通烧结砖，M7.5 水泥砂浆，$f=1.69\text{MPa}$，$f_v=0.14\text{MPa}$。

(2) 根据《砌体》3.2.3 条，$A=0.6\times0.24=0.144\text{m}^2<0.3\text{m}^2$

$\gamma_{a1}=(0.144+0.7)=0.8444$，M7.5 水泥砂浆>M5　$\gamma_{a2}=1.0$。

$f=0.844\times1.0\times1.69=1.426\text{MPa}$　$f_v=0.844\times1.0\times0.14=0.188\text{MPa}$。

(3) 永久荷载设计值产生的水平截面平均压应力为

$$\sigma_0=\frac{N_u}{A}=\frac{40\times10^3}{0.144\times1000^2}=0.278\text{MPa}。$$

(4) 根据《砌体》5.5.1 条：

$$\sigma_0/f=0.278/1.426=0.195<0.8,$$

因为 σ_0 为永久荷载设计值 40kN 计算而来，故取 $\gamma_G=1.35$。
即用《砌体》式 (5.5.1-3) 计算剪压复合受力影响系数 μ。

$$\mu=0.23-0.065\frac{\sigma_0}{f}=0.23-0.065\times0.195=0.217,\alpha=0.64$$

$$V=(f_v+\alpha\mu\sigma_0)A=(0.118+0.64\times0.217\times0.278)\times600\times240\text{N}=22.56\text{kN}。$$

7.4　配筋砖砌体构件

《砌体》指出

> **2.1.2**　配筋砌体结构　reinforced masonry structure
>
> 由配置钢筋的砌体作为建筑物主要受力构件的结构。是网状配筋砌体柱、水平配筋砌体墙、砖砌体和钢筋混凝土面层或钢筋砂浆面层组合砌体柱（墙）、砖砌体和钢筋混凝土构造柱组合墙和配筋砌块砌体剪力墙结构的统称。

本节主要讨论下列三种结构构件：

（1）网状配筋砖砌体柱；

（2）砖砌体和钢筋混凝土面层或钢筋砂浆面层组合砌体柱；

（3）钢筋混凝土构造柱组合墙。

一、网状配筋砖砌体构件

《砌体》8.1.2 条图 8.1.2 给出了网状配筋砖砌体构件的示意图，式（8.1.2-3）给出了网状配筋砖砌体构件“体积配筋率”的计算公式

8.1.2 网状配筋砖砌体（图 8.1.2）受压构件，

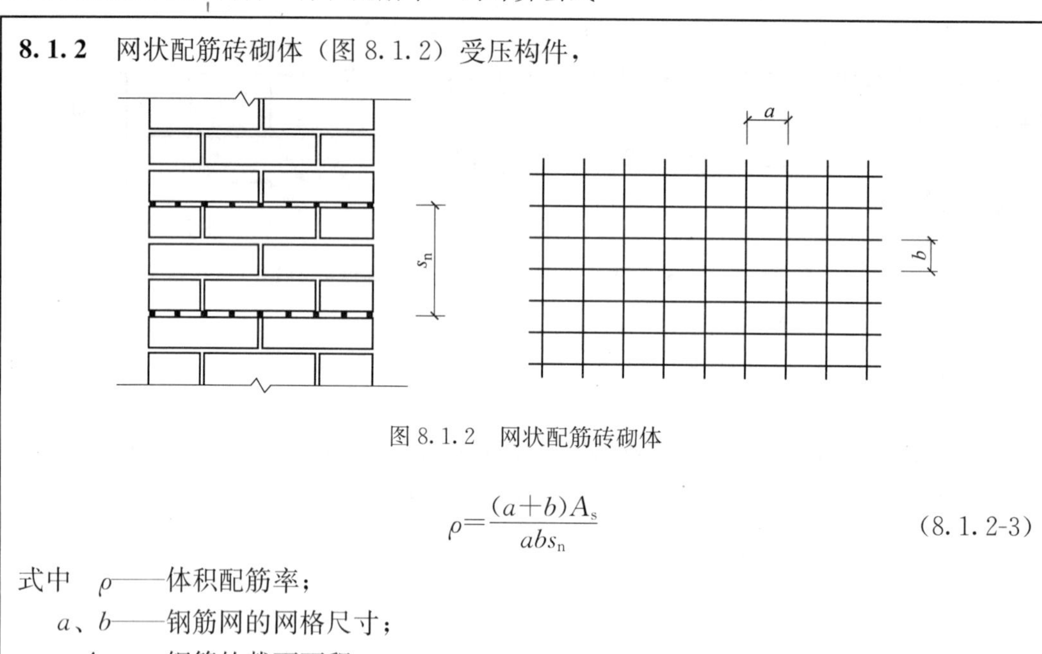

图 8.1.2 网状配筋砖砌体

$$\rho=\frac{(a+b)A_s}{abs_n} \qquad (8.1.2\text{-}3)$$

式中 ρ——体积配筋率；

a、b——钢筋网的网格尺寸；

A_s——钢筋的截面面积；

s_n——钢筋网的竖向间距。

1. 网状配筋砖砌体构件的适用范围

《砌体》规定

8.1.1 网状配筋砖砌体受压构件，应符合下列规定：

1 偏心距超过截面核心范围（对于矩形截面即 $e/h>0.17$），或构件的高厚比 $\beta>16$ 时，不宜采用网状配筋砖砌体构件；

2 对矩形截面构件，当轴向力偏心方向的截面边长大于另一方向的边长时，除按偏心受压计算外，还应对较小边长方向按轴心受压进行验算；

3 当网状配筋砖砌体构件下端与无筋砌体交接时，尚应验算交接处无筋砌体的局部受压承载力。

2. 网状配筋砖砌体构件的构造

《砌体》规定

8.1.3 网状配筋砖砌体构件的构造应符合下列规定：

1 网状配筋砖砖体中的体积配筋率，不应小于 0.1%，并不应大于 1%；

2 采用钢筋网时，钢筋的直径宜采用 3～4mm；

3 钢筋网中钢筋的间距，不应大于 120mm，并不应小于 30mm；

4 钢筋网的间距，不应大于五皮砖，并不应大于 400mm；

5 网状配筋砖砌体所用的砂浆强度等级不应低于 M7.5；钢筋网应设置在砌体的水平灰缝中，灰缝厚度应保证钢筋上下至少各有 2mm 厚的砂浆层。

【例 7.4.1-1】

四面开敞的 15m 单跨煤棚，如图 7.4.1-1 所示，设柱间支撑。承重砖柱截面尺寸为 490mm×490mm，采用 M10 普通黏土砖、M7.5 水泥砂浆砌筑。

当柱底轴心受压 N=360kN（设计值）时，砖柱需采用网状钢筋。试确定下列何项符合规范关于网状配筋的构造要求？

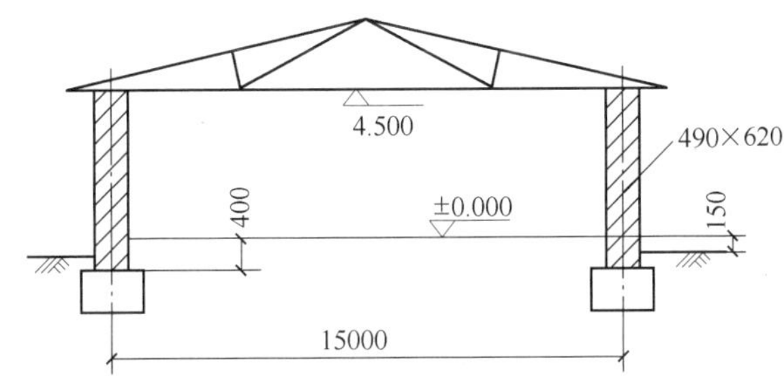

图 7.4.1-1

(A) s_n=130mm，ϕ6@40　　(B) s_n=325mm，ϕ4@60

(C) s_n=260mm，ϕ3@60　　(D) s_n=325mm，ϕ4@80

【答案】(B)

【解答】

根据《砌体》8.1.2 条、8.1.3 条：

(1) $\rho=\dfrac{(a+b)\ A_s}{abs_n}=\dfrac{(40+40)\times 28.3}{40\times 40\times 130}=1.1\%>1\%$ 不符合要求，(A) 不正确。

(2) $\rho=\dfrac{(60+60)\times 12.56}{60\times 60\times 325}=0.129\%\begin{matrix}>0.1\%\\<1\%\end{matrix}$ 符合要求，而且钢筋网的钢筋直径、钢筋间距，钢筋网的竖向间距均符合 8.1.3 条的要求，(B) 正确。

(3) $\rho=\dfrac{(60+60)\times 7.065}{60\times 60\times 260}=0.09\%<0.1\%$ 不符合要求，(C) 不正确。

(4) $\rho=\dfrac{(80+80)\times 12.56}{(80\times 80)\ \times 325}=0.097\%<0.1\%$ 不符合要求，(D) 不正确。

3. 网状配筋砖砌体的抗压强度设计值

《砌体》规定

8.1.2 网状配筋砖砌体受压构件的承载力，应按下列公式计算：

$$N \leqslant \varphi_n f_n A \tag{8.1.2-1}$$

$$f_n = f + 2\left(1 - \frac{2e}{y}\right)\rho f_y \tag{8.1.2-2}$$

式中 N——轴向力设计值；

φ_n——高厚比和配筋率以及轴向力的偏心距对网状配筋砖砌体受压构件承载力的影响系数，可按附录D.0.2的规定采用；

f_n——网状配筋砖砌体的抗压强度设计值：

A——截面面积；

e——轴向力的偏心距；

y——自截面重心至轴向力所在偏心方向截面边缘的距离；

ρ——体积配筋率；

f_y——钢筋的抗拉强度设计值，当 f_y 大于320MPa时，仍采用320MPa。

【例7.4.1-2】

某网状钢筋砖柱轴心受压构件，截面尺寸为490mm×490mm，构件计算高度 H_0=4900mm。采用MU10级烧结普通砖、M7.5级水泥砂浆砌筑，砌体施工质量控制等级为B级。钢筋网采用直径为4mm的HRB400级钢筋，其抗拉强度设计值 f_y=360MPa，A_a=12.6mm^2；钢筋网竖向间距 s_n=240mm，水平间距为@60×60。

试问，该配筋砖柱的轴心受压抗压强度设计值 f_n（MPa），应与下列何项数值最为接近？

(A) 2.64　　(B) 2.81　　(C) 3.03　　(D) 3.20

【答案】(B)

【解答】

(1) 高厚比 $\beta = H_0/h = 4900/490 = 10 < 16$，轴心受压构件 $e=0$，偏心距相对值 $e/h = 0 < 0.17$，满足《砌体》8.1.1条规定的网状配筋砖砌体适用范围。

(2) 网状配筋的体积配筋率

$$\rho = \frac{(a+b)A_s}{abs_n} = \frac{(60+60)\times 12.6}{60\times 60\times 240} = 0.175\% \begin{matrix} >0.1\% \\ <1\% \end{matrix}$$

符合《砌体》8.1.3条规定的网状配筋砖砌体构造要求。

(3) 根据《砌体》表3.2.1-1，MU10，普通砖M7.5水泥砂浆，f=1.69MPa。

(4) 根据《砌体》3.2.3条，水泥砂浆为MU7.5>M5，γ_{a1}=1.0。

(5) 根据《砌体》3.2.3条，A=0.49×0.49=0.24m^2>0.2m^2，γ_{a2}=1.0。

(6) 根据《砌体》8.1.2条，f_y=360MPa>320MPa，取 f_y=320MPa。

(7) 根据《砌体》8.1.2条，式(8.1.2-1)

$$f_n = f + 2\left(1 - \frac{2e}{y}\right)\rho f_y = 1.69 + 2\times(1-0)\times 0.175\% \times 320 = 2.81\text{MPa}$$

(B) 正确。

4. 网状配筋砖砌体受压构件的影响系数

《砌体》规定

D.0.2 网状配筋砖砌体矩形截面单向偏心受压构件承载力的影响系数 φ_n，可按表 D.0.2 采用或按下列公式计算：

$$\varphi_n=\frac{1}{1+12\left[\frac{e}{h}+\sqrt{\frac{1}{12}\left(\frac{1}{\varphi_{0n}}-1\right)}\right]^2} \quad (D.0.2\text{-}1)$$

$$\varphi_{0n}=\frac{1}{1+(0.0015+0.45\rho)\beta^2} \quad (D.0.2\text{-}2)$$

式中 φ_{0n}——网状配筋砖砌体受压构件的稳定系数；

ρ——配筋率（体积比）。

表 D.0.2 影响系数 φ_n

ρ (%)	β \ e/h	0	0.05	0.10	0.15	0.17
0.1	4	0.97	0.89	0.78	0.67	0.63
	6	0.93	0.84	0.73	0.62	0.58
	8	0.89	0.78	0.67	0.57	0.53
	10	0.84	0.72	0.62	0.52	0.48
	12	0.78	0.67	0.56	0.48	0.44
	14	0.72	0.61	0.52	0.44	0.41
	16	0.67	0.56	0.47	0.40	0.37
0.3	4	0.96	0.87	0.76	0.65	0.61
	6	0.91	0.80	0.69	0.59	0.55
	8	0.84	0.74	0.62	0.53	0.49
	10	0.78	0.67	0.56	0.47	0.44
	12	0.71	0.60	0.51	0.43	0.40
	14	0.64	0.54	0.46	0.38	0.36
	16	0.58	0.49	0.41	0.35	0.32
0.5	4	0.94	0.85	0.74	0.63	0.59
	6	0.88	0.77	0.66	0.56	0.52
	8	0.81	0.69	0.59	0.50	0.46
	10	0.73	0.62	0.52	0.44	0.41
	12	0.65	0.55	0.46	0.39	0.36
	14	0.58	0.49	0.41	0.35	0.32
	16	0.51	0.43	0.36	0.31	0.29

【例 7.4.1-3】

某四层教学楼局部平面如图 7.4.1-2 所示。各层层高均为 3.6m。楼、屋盖均为现浇钢筋混凝土板，静力计算方案为刚性方案。墙体为网状配筋砖砌体，采用 MU10 级烧结普通砖，M10 级水泥砂浆砌筑，钢筋网采用乙级冷拔低碳钢丝 ϕ4 焊接而成（$f_y=320\text{N/mm}^2$），方格钢筋网间距为 40mm，网的竖向间距 130mm。纵横墙厚度均为 240mm，砌体施工质量控制等级为 B 级。

试问，第二层窗间墙 A 的网状配筋砖砌体受压构件的稳定系数 ϕ_{0n} 与下列何项数值最为接近？

(A) 0.45　　(B) 0.55　　(C) 0.65　　(D) 0.75

【答案】(B)

【解答】

根据《砌体》8.1.2条，按照附录D.0.2的规定计算，

(1) 体积配筋百分率

$$\rho=\frac{(a+b)A_s}{abs_n}=\frac{(40+40)\times 12.56}{40\times 40\times 130}=0.483\%$$

(2) 静力计算方案为刚性方案，根据《砌体》5.1.3条表5.1.3，

横墙间距

$s=10800\text{mm}>2H=2\times 3600=7200\text{mm}$

则墙体的计算高度

$H_0=1.0H=3600\text{mm}$。

(3) 根据《砌体》式(5.1.2-1)，

$$\beta=\frac{H_0}{h}=\frac{3600}{240}=15。$$

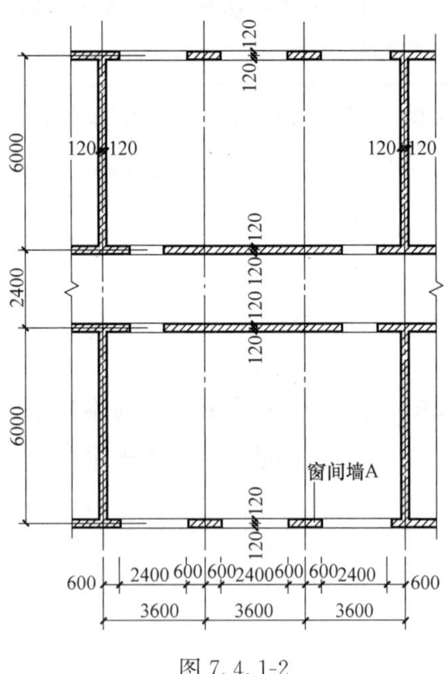

图7.4.1-2

(4) 根据《砌体》附录D.0.2式(D.0.2-2)，

$$\varphi_{0n}=\frac{1}{1+(0.0015+0.45\rho)\beta^2}=\frac{1}{1+(0.0015+0.45\times 0.483\%)\times 15^2}=0.547$$

5. 网状配筋砖砌体的受压承载力

《砌体》规定

8.1.2 网状配筋砖砌体(图8.1.2)受压构件的承载力，应按下列公式计算：

$$N\leqslant\varphi_n f_n A \tag{8.1.2-1}$$

式中 N——轴向力设计值；

φ_n——高厚比和配筋率以及轴向力的偏心距对网状配筋砖砌体受压构件承载力的影响系数，可按附录D.0.2的规定采用；

f_n——网状配筋砖砌体的抗压强度设计值；

A——截面面积。

【例7.4.1-4】

某网状配筋砖砌体受压构件如图7.4.1-3所示，截面尺寸为370mm×800mm。采用MU10烧结普通砖、M7.5水泥砂浆砌筑，砌体施工质量控制等级B级。轴向力的偏心距$e=0.1h$(h为墙厚)，构件高厚比<16。钢筋网竖向间距$s_n=325\text{mm}$，钢筋网采用直径为4mm的HRB400级钢筋($f_y=360\text{MPa}$)，水平间距为@60×60。试问，该配筋砖砌体构件的受压承载力(kN)，应与下列何项数值最为接近?

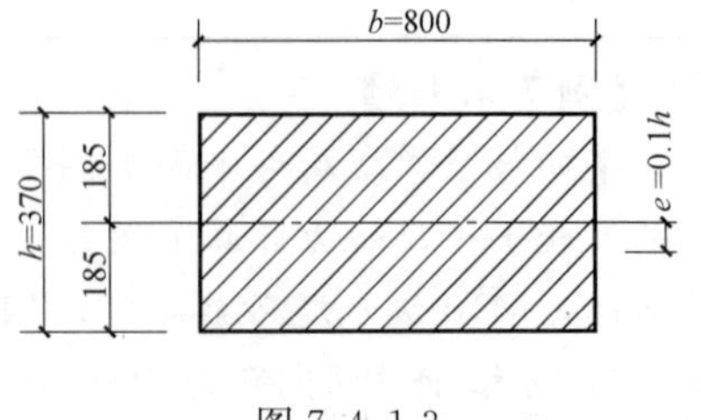

图7.4.1-3

(A) $600\varphi_n$　　(B) $650\varphi_n$　　(C) $700\varphi_n$　　(D) $750\varphi_n$

【答案】（B）

【解答】

（1）高厚比 $\beta<16$，偏心距相对值 $e/h=0.1<0.17$，满足《砌体》8.1.1 条的规定的网状配筋砖砌体适用范围。

（2）根据《砌体》8.1.2 条：

$$\rho=\frac{(a+b)A_s}{a\times b\times s_n}=\frac{(60+60)\times 12.57}{60\times 60\times 325}=0.129\%\begin{matrix}>0.1\%\\<1.0\%\end{matrix}$$

符合《砌体》8.1.3 条规定的网状配筋砖砌体构造要求。

（3）根据《砌体》表 3.2.1 和 3.2.3 条：MU10 烧结普通砖，M7.5 水泥砂浆，$f=1.69\text{MPa}$；M7.5>M5，$\gamma_{a1}=1.0$；$A=0.37\times 0.8=0.296\text{m}^2>0.2\text{m}^2$，$\gamma_{a2}=1.0$。

（4）$f_v=360\text{MPa}>320\text{MPa}$，取 $f_v=320\text{MPa}$。

（5）根据《砌体》式（8.1.2-2）：

$$f_n=f+2\left(1-\frac{2e}{y}\right)\rho f_y=1.69+2\times\left(1-\frac{2\times 0.1h}{0.5h}\right)\times 0.129\%\times 320=2.185\text{MPa}。$$

（6）根据《砌体》8.1.2 条：

$$\varphi_n f_n A=2.185\times 370\times 800\varphi_n=646760\varphi_n(\text{N})=646.8\varphi_n(\text{kN})$$

所以，（B）正确。

二、砖砌体和钢筋混凝土面层或钢筋砂浆面层的组合砌体构件

1. 需采用组合砖砌体构件的偏心距

《砌体》规定

8.2.1 当轴向力的偏心距超过本规范第 5.1.5 条规定的限值时，宜采用砖砌体和钢筋混凝土面层或钢筋砂浆面层组成的组合砖砌体构件（图 8.2.1）。

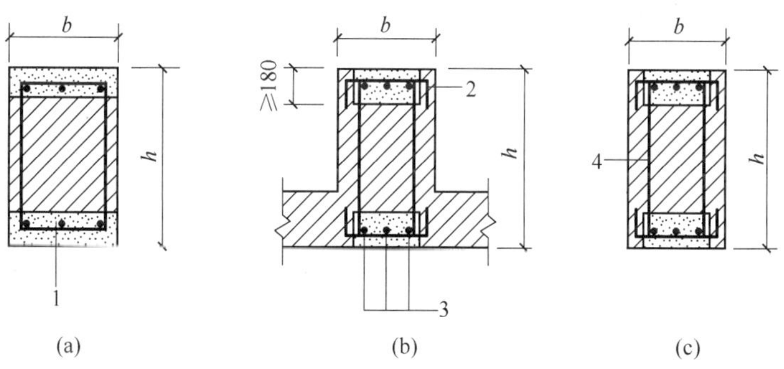

图 8.2.1 组合砖砌体构件截面

1—混凝土或砂浆；2—拉结钢筋；3—纵向钢筋；4—箍筋

8.2.2 对于砖墙与组合砌体一同砌筑的 T 形截面构件（图 8.2.1b），其承载力和高厚比可按矩形截面组合砌体构件计算（图 8.2.1c）。

5.1.5 按内力设计值计算的轴向力的偏心距 e 不应超过 $0.6y$。y 为截面重心到轴向力所在偏心方向截面边缘的距离。

2. 构造

《砌体》规定

8.2.6 组合砖砌体构件的构造应符合下列规定：

1 面层混凝土强度等级宜采用C20。面层水泥砂浆强度等级不宜低于M10。砌筑砂浆的强度等级不宜低于M7.5；

2 砂浆面层的厚度，可采用30～45mm。当面层厚度大于45mm时，其面层宜采用混凝土；

3 竖向受力钢筋宜采用HPB300级钢筋，对于混凝土面层，亦可采用HRB335级钢筋。受压钢筋一侧的配筋率，对砂浆面层，不宜小于0.1%，对混凝土面层，不宜小于0.2%。受拉钢筋的配筋率，不应小于0.1%。竖向受力钢筋的直径，不应小于8mm，钢筋的净间距，不应小于30mm；

4 箍筋的直径，不宜小于4mm及0.2倍的受压钢筋直径，并不宜大于6mm。箍筋的间距，不应大于20倍受压钢筋的直径及500mm，并不应小于120mm；

5 当组合砖砌体构件一侧的竖向受力钢筋多于4根时，应设置附加箍筋或拉结钢筋；

6 对于截面长短边相差较大构件如墙体等，应采用穿通墙体的拉结钢筋作为箍筋，同时设水平分布钢筋。水平分布钢筋的竖向间距及拉结钢筋的水平间距不应大于500mm（图8.2.6）；

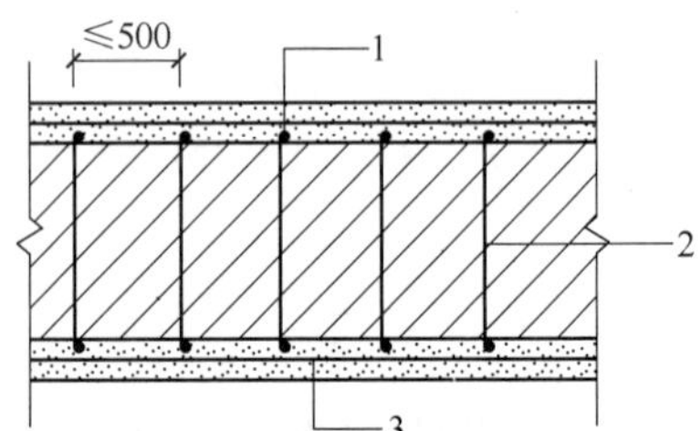

图8.2.6 混凝土或砂浆面层组合墙

1—竖向受力钢筋；2—拉结钢筋；3—水平分布钢筋

7 组合砖砌体构件的顶部和底部，以及牛腿部位，必须设钢筋混凝土垫块。竖向受力钢筋伸入垫块的长度，必须满足锚固要求。

3. 轴心受压构件

（1）组合砖砌体构件的稳定系数

《砌体》规定

表8.2.3 组合砖砌体构件的稳定系数 φ_{com}

高厚比 β	配筋率 ρ(%) 0	0.2	0.4	0.6	0.8	≥1.0
8	0.91	0.93	0.95	0.97	0.99	1.00
10	0.87	0.90	0.92	0.94	0.96	0.98
12	0.82	0.85	0.88	0.91	0.93	0.95
14	0.77	0.80	0.83	0.86	0.89	0.92
16	0.72	0.75	0.78	0.81	0.84	0.87
18	0.67	0.70	0.73	0.76	0.79	0.81
20	0.62	0.65	0.68	0.71	0.73	0.75
22	0.58	0.61	0.64	0.66	0.68	0.70
24	0.54	0.57	0.59	0.61	0.63	0.65
26	0.50	0.52	0.54	0.56	0.58	0.60
28	0.46	0.48	0.50	0.52	0.54	0.56

注：组合砖砌体构件截面的配筋率 $\rho=A'_s/bh$。

【例 7.4.2-1】

某单层两跨等高无吊车砖柱厂房，如图 7.4.2-1 所示，砖柱采用 MU15 烧结多孔砖（孔洞率小于 30%）、M10 混合砂浆砌筑，砌体施工质量控制等级为 B 级；屋盖为装配式无檩体系钢筋混凝土结构；柱间无支撑。刚弹性方案。

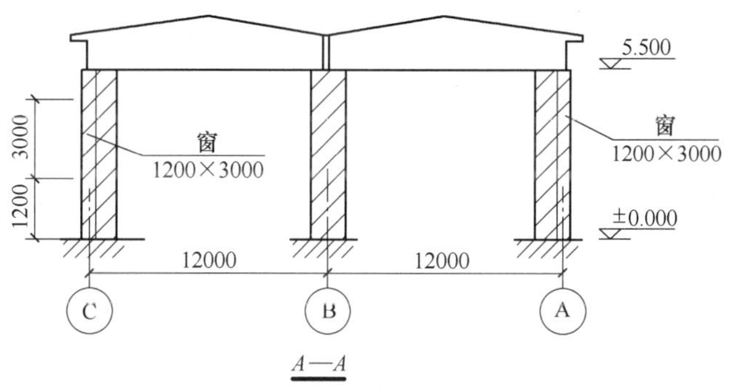

图 7.4.2-1

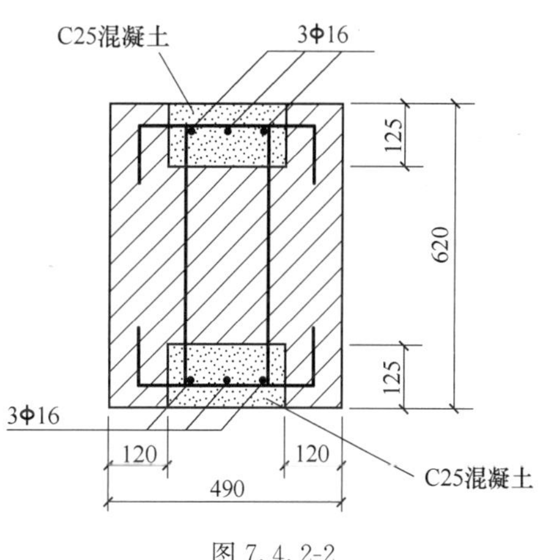

图 7.4.2-2

假定在Ⓑ轴设柱间支撑，柱子采用组合砖砌体，轴向受压如图 7.4.2-2 所示，试问，该组合砖砌体构件的稳定系数与下列何项数值最为接近？

(A) 0.967　　(B) 0.896

(C) 0.865　　(D) 0.821

【答案】(B)

【解答】

(1) 根据《砌体》表 5.1.3，单层两跨无吊车，刚弹性方案，柱间有支撑：排架方向，$H_0=1.1H=1.1\times5.5=6.05\text{m}$；垂直排架方向，$H_0=1.0H=5.5\text{m}$。

(2) 根据《砌体》5.1.2 条：

排架方向：$\beta=\dfrac{H_0}{h}=\dfrac{6.05}{0.62}=9.76$

垂直排架方向：$\beta=\dfrac{5.5}{0.49}=11.22$，取垂直排架方向计算 φ_{com}。

(3) 根据《砌体》表 8.2.3：$\rho=\dfrac{3\times201.1\times2}{620\times490}=0.4\%>0.1\%$，符合 8.2.6-3 要求。

垂直排架方向：$\varphi_{com}=0.92-\dfrac{0.92-0.88}{(12-10)}\times(11.22-10)=0.8956$，(B) 正确。

(2) 组合砖砌体轴心受压构件的承载力

《砌体》规定

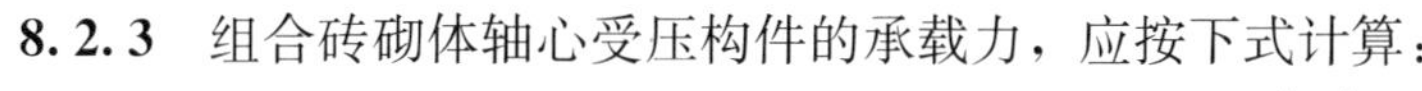

8.2.3 组合砖砌体轴心受压构件的承载力，应按下式计算：

$$N\leqslant\varphi_{com}(fA+f_cA_c+\eta_s f'_yA'_s) \tag{8.2.3}$$

式中 φ_{com}——组合砖砌体构件的稳定系数，可按表8.2.3采用； A——砖砌体的截面面积； f_c——混凝土或面层水泥砂浆的轴心抗压强度设计值，砂浆的轴心抗压强度设计值可取为同强度等级混凝土的轴心抗压强度设计值的70%，当砂浆为M15时，取5.0MPa；当砂浆为M10时，取3.4MPa；当砂浆强度为7.5时，取2.5MPa； A_c——混凝土或砂浆面层的截面面积； η_s——受压钢筋的强度系数，当为混凝土面层时，可取1.0；当为砂浆面层时可取0.9； f'_y——钢筋的抗压强度设计值； A'_s——受压钢筋的截面面积。

【例7.4.2-2】

某单层两跨等高无吊车砖柱厂房，如图7.4.2-3所示，砖柱采用MU15烧结多孔砖（孔洞率大于30%）、M10混合砂浆砌筑，砌体施工质量控制等级为B级；屋盖为装配式无檩体系钢筋混凝土结构；柱间无支撑。

假定已知φ_{com}，试问，该组合砖柱轴心受压承载力（kN）与下列何项数值最为接近？

(A) $1571\varphi_{com}$　　(B) $1446.6\varphi_{com}$

(C) $1415.9\varphi_{com}$　　(D) $1498.6\varphi_{com}$

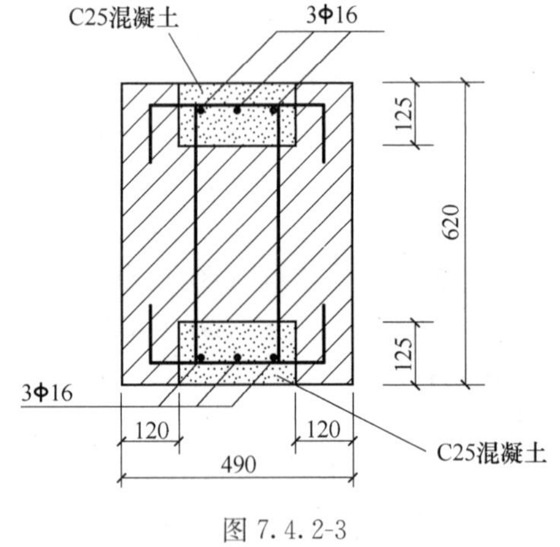

图7.4.2-3

【答案】(A)

【解答】

(1) 根据《砌体》表3.2.1-1，MU15烧结多孔砖，M10混合砂浆，$f=2.31$MPa，孔洞率大于30%，根据表注f应乘以0.9。

(2) 根据《砌体》3.2.3条：

$$A=0.49\times0.62-0.25\times0.125\times2=0.2413\text{m}^2>0.2\text{m}^2,\gamma_a=1.0。$$

(3) 根据《混规》表4.1.4-1及表4.2.3-1，C25混凝土，$f_c=11.9$MPa，HPB300钢筋，$f_y=270$MPa。

(4) 根据《砌体》8.2.3条，混凝土面层，$\eta_s=1.0$。

$$N=\varphi_{com}(fA+f_cA_c+\eta_sf'_yA'_s)$$
$$=0.9\times[2.31\times(490\times620-250\times125\times2)+11.9\times250\times125\times2+1.0\times270\times6\times201.1]$$
$$=1571195\varphi_{com}\text{N}=1571\varphi_{com}(\text{kN})$$

所以，(A)正确。

【例7.4.2-3】

截面尺寸为370mm×490mm的组合砖柱，柱的计算高度$H_0=5.9$m，承受轴向压力

设计值 $N=700\text{kN}$，采用 MU10 级烧结普通砖和 M10 级水泥砂浆砌筑，C20 混凝土面层如图 7.4.2-4 所示，竖筋采用 HPB300 级，8 Φ 14，箍筋采用 HPB300 级，Φ 8@200。试问，该组合砖柱的轴心受压承载力设计值（kN），与下列何项数值最为接近？

（A）1210　　（B）1190

（C）1090　　（D）990

【答案】（C）

【解答】

图 7.4.2-4

（1）根据《砌体》3.2.3 条及表 3.2.1-1，$f'=1.89\text{N/mm}^2$，根据《砌体》3.2.3 条 2 款，$A=250\times370=92500\text{mm}^2=0.0925\text{m}^2<0.2\text{m}^2$，$\gamma_{a1}=0.8+A=0.8925$，$f=\gamma_a f'=0.8925\times1.89=1.69\text{MPa}$。

（2）根据《砌体》5.1.2 条式（5.1.2-1）

$$\beta=\frac{H_0}{h}=\frac{5.9}{0.37}=16.0。$$

（3）根据《砌体》表 8.2.3，

$$\rho=\frac{2A_s'}{bh}=\frac{2\times615}{370\times490}=0.68\%$$

$$\varphi_{com}=0.81+\frac{0.84-0.81}{0.8-0.6}\times(0.68-0.6)=0.822。$$

（4）根据《砌体》式（8.2.3）：

$$\eta_s=1.0, f_c=9.6\text{N/mm}^2, f_y'=270\text{N/mm}^2$$

$$\begin{aligned}N&=\varphi_{com}(fA+f_cA_c+\eta_s f_y'A_s')\\&=0.822(1.69\times92500+9.6\times2\times120\times370+1.0\times270\times2\times615)\\&=1101.9\text{kN}。\end{aligned}$$

4. 偏心受压构件

（1）初始偏心距和附加偏心距

《砌体》规定

8.2.4

e——轴向力的初始偏心距，按荷载设计值计算，当 e 小于 $0.05h$ 时，应取 e 等于 $0.05h$；

e_a——组合砖砌体构件在轴向力作用下的附加偏心距；

$$e_a=\frac{\beta^2h}{2200}(1-0.022\beta) \tag{8.2.4-6}$$

【例 7.4.2-4】

一组合砖柱，轴向力偏心方向的截面高度 $h=620\text{mm}$，承受轴向力设计值 872kN，弯矩设计值25.8kN·m。试问，该组合砖柱轴向力的初始偏心距e（mm），与下列何项数值最为接近?

（A）25.5　　（B）29.6　　（C）31.0　　（D）34.6

【答案】（C）

【解答】根据《砌体》8.2.4条：

$e=M/N=(25.8/872)\text{m}=0.0296\text{m}=29.6\text{mm}$；$0.05h=0.05\times620=31\text{mm}$

$e=29.6\text{mm}<0.05h=31\text{mm}$，取$e=0.05h=31\text{mm}$，（C）正确。

（2）组合砖砌体钢筋的应力和界限相对压区高度

《砌体》规定

> **8.2.5** 组合砖砌体钢筋A_s的应力σ_s（单位为MPa，正值为拉应力，负值为压应力）应按下列规定计算：
>
> **1** 当为小偏心受压，即$\xi>\xi_b$时，
>
> $$\sigma_s=650-800\xi \tag{8.2.5-1}$$
>
> **2** 当为大偏心受压，即$\xi\leqslant\xi_b$时，
>
> $$\sigma_s=f_y \tag{8.2.5-2}$$
>
> $$\xi=x/h_0 \tag{8.2.5-3}$$
>
> 式中 σ_s——钢筋的应力，当$\sigma_s>f_y$时，取$\sigma_s=f_y$；
>
> 当$\sigma_s<f'_y$时，取$\sigma_s=f'_y$；
>
> ξ——组合砖砌体构件截面的相对受压区高度；
>
> f_y——钢筋的抗拉强度设计值。
>
> **3** 组合砖砌体构件受压区相对高度的界限值ξ_b，对于HRB400级钢筋，应取0.36；对于HRB335级钢筋，应取0.44；对于HPB300级钢筋，应取0.47。

（3）偏心受压承载力

《砌体》规定

> **8.2.4** 组合砖砌体偏心受压构件的承载力，应按下列公式计算：
>
> $$N\leqslant fA'+f_cA'_c+\eta_sf'_yA'_s-\sigma_sA_s \tag{8.2.4-1}$$
>
> 或
>
> $$Ne_N\leqslant fS_s+f_cS_{c,s}+\eta_sf'_yA'_s(h_0-a'_s) \tag{8.2.4-2}$$
>
> 此时受压区的高度x可按下列公式确定：
>
> $$fS_N+f_cS_{c,N}+\eta_sf'_yA'_se'_N-\sigma_sA_se_N=0 \tag{8.2.4-3}$$
>
> $$e_N=e+e_a+(h/2-a_s) \tag{8.2.4-4}$$
>
> $$e'_N=e+e_a-(h/2-a'_s) \tag{8.2.4-5}$$

式中 A'——砖砌体受压部分的面积；

A'_c——混凝土或砂浆面层受压部分的面积；

σ_s——钢筋 A_s 的应力；

A_s——距轴向力 N 较远侧钢筋的截面面积；

S_s——砖砌体受压部分的面积对钢筋 A_s 重心的面积矩；

$S_{c,s}$——混凝土或砂浆面层受压部分的面积对钢筋 A_s 重心的面积矩；

S_N——砖砌体受压部分的面积对轴向力 N 作用点的面积矩；

$S_{c,N}$——混凝土或砂浆面层受压部分的面积对轴向力 N 作用点的面积矩；

e_N、e'_N——钢筋 A_s 和 A'_s 重心至轴向力 N 作用点的距离（图 8.2.4）；

h_0——组合砖砌体构件截面的有效高度，取 $h_0=h-a_s$；

a_s、a'_s——钢筋 A_s 和 A'_s 重心至截面较近边的距离。

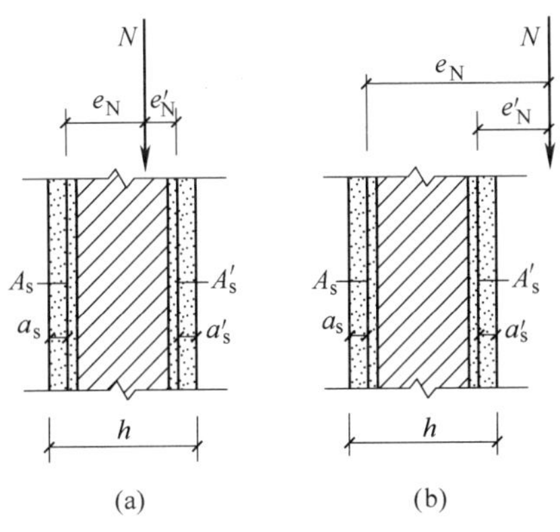

图 8.2.4 组合砖砌体偏心受压构件

（a）小偏心受压；（b）大偏心受压

【例 7.4.2-5】

一单层单跨有吊车厂房，变截面砖柱采用 MU10 级烧结普通砖、M10 级混合砂浆砌筑，砌体施工质量控制等级为 B 级。假定，变截面柱采用砖砌体与钢筋混凝土面层的组合砌体，其下段截面如图 7.4.2-5 所示，混凝土采用 C20（$f_c=9.6\text{N/mm}^2$），纵向受力钢筋采用 HRB335，对称配筋，单侧配筋面积为 763mm^2。

试问，其偏心受压承载力设计值（kN）与下列何项数值最为接近？

提示：①不考虑砌体强度调整系数 γ_a 的影响；

②受压区高度 $x=315\text{mm}$。

（A）530　　（B）580

（C）750　　（D）850

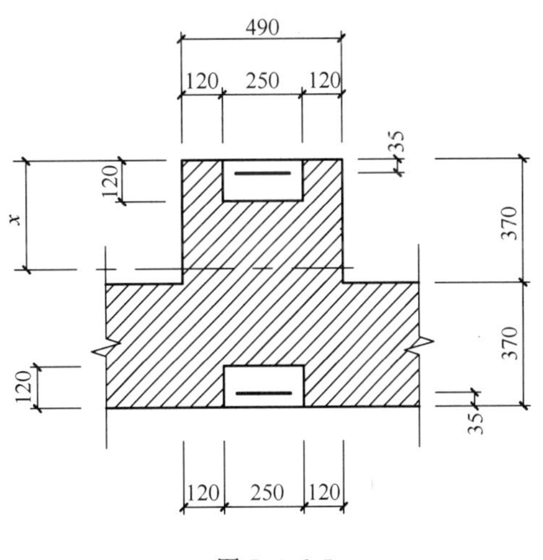

图 7.4.2-5

【答案】（A）

【解答】 根据《砌体》第8.2.2条，按矩形截面计算：

根据《砌体》第8.2.5条，相对受压区高度 $\xi=\dfrac{x}{h_0}=\dfrac{315}{740-35}=0.447>\xi_b=0.44$ 为小偏心受压，则

$$\sigma_s=650-800\xi=650-800\times0.447=292.4\text{MPa}<f_y=300\text{MPa},$$

根据《砌体》第8.2.4条，受压承载力 $N=fA'+f_cA_c'+\eta_sf_y'A_s'-\sigma_sA_s$

其中：$A'=490\times315-250\times120=124350\text{mm}^2$，$A_c'=250\times120=3000\text{mm}^2$，$\eta_s=1.0$，

根据《砌体》表3.2.1-1，$f=1.89\text{MPa}$，

则 $N=1.89\times124350+9.6\times30000+1.0\times300\times763-292.4\times763=528.82\text{kN}$，

故选（A）。

三、砖砌体和钢筋混凝土构造柱组合墙

砖墙与钢筋混凝土构造柱组合砖墙是指：在砖墙中间隔一定距离设置钢筋混凝土构造柱，并在各层楼盖处设置钢筋混凝土圈梁，由砖墙与钢筋混凝土构造柱和圈梁组成的整体构件。

1. 轴心受压承载力

《砌体》规定

8.2.7 砖砌体和钢筋混凝土构造柱组合墙（图8.2.7）的轴心受压承载力，应按下列公式计算：

$$N\leqslant\varphi_{com}[fA+\eta(f_cA_c+f_y'A_s')] \tag{8.2.7-1}$$

$$\eta=\left[\frac{1}{\dfrac{l}{b_c}-3}\right]^{\frac{1}{4}} \tag{8.2.7-2}$$

式中 φ_{com}——组合砖墙的稳定系数，可按表8.2.3采用；

η——强度系数，当 l/b_c 小于4时，取 l/b_c 等于4；

l——沿墙长方向构造柱的间距；

b_c——沿墙长方向构造柱的宽度；

A——扣除孔洞和构造柱的砖砌体截面面积；

A_c——构造柱的截面面积。

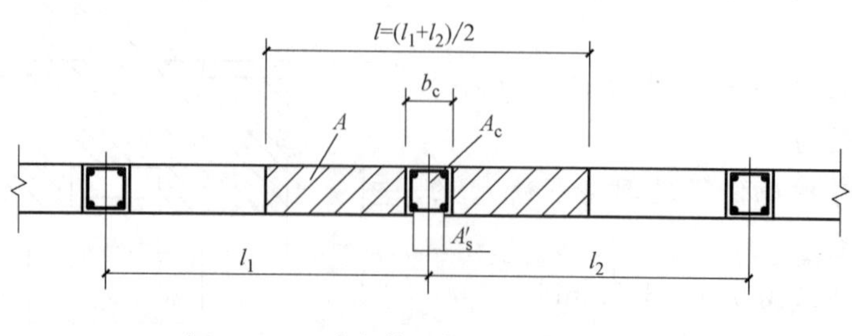

图8.2.7 砖砌体和构造柱组合墙截面

【例 7.4.3-1】

某多层砌体房屋局部承重横墙，采用 MU10 烧结普通砖、M7.5 混合砂浆砌筑，防潮层以下采用 M10 水泥砂浆砌筑，砌体施工质量控制等级为 B 级。

假定某段横墙增设构造柱 GZ（240mm×240mm），其局部平面如图 7.4.3-1 所示，GZ 采用 C25 混凝土，竖向受力钢筋为 4Φ14，箍筋为 Φ6@100。已知组合砖墙的稳定系数 $\varphi_{com}=0.804$。试问，砖砌体和钢筋混凝土构造柱组成的组合砖墙的轴心受压承载力，与下列何项数值最为接近？（提示：取 1 个计算单元求承载力）

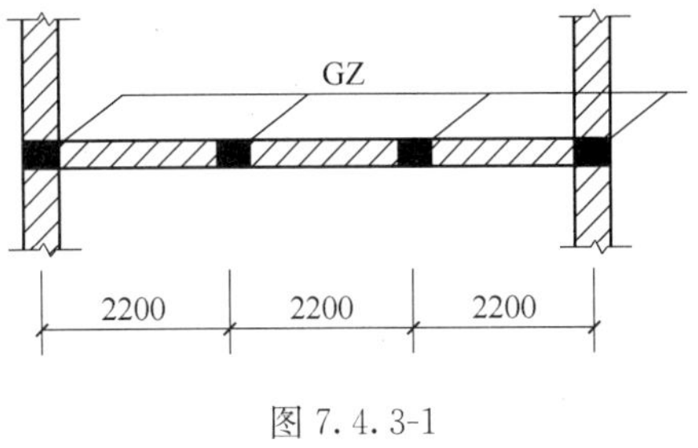

图 7.4.3-1

(A) 1150kN (B) 1075kN (C) 950kN (D) 914kN

【答案】(B)

【解答】

(1) 根据《混规》表 3.2.1-1，MU10 烧结普通砖，M7.5 混合砂浆，$f=1.69$MPa。

(2) 根据《混规》表 4.1.4-1，C25 混凝土，$f_c=11.9$MPa。

(3) 根据《混规》表 4.2.3-1，HPB300 钢筋，$f_y'=270$MPa，4ϕ14，$A_s=615\text{mm}^2$。

(4) 根据《砌体》8.2.7 条，取三个构造柱之间一段墙体计算，按图 7.3.2 计算长度 $l=2200$mm。

$$l/b_c=\frac{2200}{240}=9.2>4,$$

$$\eta=\left[\frac{1}{\frac{l}{b_c}-3}\right]^{1/4}=\left[\frac{1}{\frac{2200}{240}-3}\right]^{1/4}=0.6346$$

$$\begin{aligned}N&=\varphi_{com}[fA+\eta(f_cA_c+f_y'A_s')]\\&=0.804\times[1.69\times240\times(2200-240)+0.6346(11.9\times240\times240+270\times615)]\\&=1073606\text{N}\approx1073.61\text{kN}。\end{aligned}$$

所以，(B) 正确。

2. 平面外的偏心受压承载力

《砌体》指出

> **8.2.8** 砖砌体和钢筋混凝土构造柱组合墙，平面外的偏心受压承载力，可按下列规定计算：
>
> **1** 构件的弯矩或偏心距可按本规范第 4.2.5 条规定的方法确定；
>
> **2** 可按本规范第 8.2.4 条和 8.2.5 条的规定确定构造柱纵向钢筋，但截面宽度应改为构造柱间距 l；大偏心受压时，可不计受压区构造柱混凝土和钢筋的作用，构造柱的计算配筋不应小于第 8.2.9 条规定的要求。

【例 7.4.3-2】

某砖砌体和钢筋混凝土构造柱组合墙，如图 7.4.3-2 所示，结构安全等级二级，构造柱截面均为 240mm×240mm，混凝土采用 C20（$f_c=9.6$MPa），砌体采用 MU10 烧结多孔砖和M7.5混合砂浆砌筑，构造措施满足规范要求，砌体施工质量控制等级为B级，承载力验算时不考虑墙体自重。

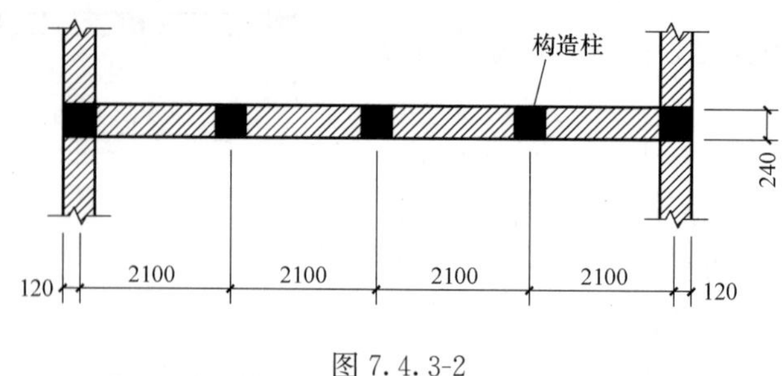

图7.4.3-2

假定，组合墙中部构造柱顶作用一偏心荷载，其轴向压力设计值$N=672\text{kN}$，在墙体平面外方向的砌体截面受压区高度$x=120\text{mm}$。构造柱纵向受力钢筋为HPB300级，采用对称配筋，$a_s=a_s'=35\text{mm}$。试问，该构造柱计算所需总配筋值（mm^2）与下列何项数值最为接近?

提示：计算截面宽度取构造柱的间距。

(A) 310　　(B) 440　　(C) 610　　(D) 800

【答案】(B)

【解答】

(1) 根据《砌体》3.2.1条表3.2.1-1，MU10烧结多孔砖和M7.5混合砂浆砌筑，$f=1.69\text{N/mm}^2$

根据《混规》C20，$f_c=9.6\text{N/mm}^2$，HPB300级，$f_y=270\text{N/mm}^2$。

(2) 根据《砌体》8.2.5条3款的规定，组合砖砌体钢筋的界限相对压区高度$\xi_b=0.47$，

$h_0=h-a_s=240-35=205\text{mm}$

$\xi=\dfrac{x}{h_0}=\dfrac{120}{205}=0.585>\xi_b=0.47$，为小偏心受压。

(3) 根据《砌体》8.2.5条1款式(8.2.5-1)，小偏心受压组合砖砌体钢筋的应力

$$\sigma_s=650-800\xi=650-800\times0.585=182\text{N/mm}^2。$$

(4) 根据《砌体》8.2.3条，受压钢筋的强度系数$\eta_s=1.0$。

(5) 砖砌体受压部分面积$A'=(2100-240)\times120=223.2\times10^3\text{mm}^2$

混凝土受压部分面积$A_c'=240\times120=28.8\times10^3\text{mm}^2$。

(6) 根据《砌体》8.2.4条式(8.2.4-1)，

$$N\leqslant fA'+f_cA_c'+\eta_s f_y'A_s'-\sigma_sA_s$$

$$672\times10^3=1.69\times223.2\times10^3+9.6\times28.8\times10^3+1.0\times270\times A_s'-182A_s$$

$$672\times10^3=377208+276480+88A_s$$

$$A_s=A_s'=208\text{mm}^2。\sum A_s=208\times2=416\text{mm}^2$$

(7) 根据《砌体》8.2.9条，中柱的竖向受力钢筋不宜少于4ϕ12，$A_s=A_s'=226\text{mm}^2$。$\sum A_s=226\times2=452\text{mm}^2$

答案（B）

3. 组合墙的材料和构造

8.2.9 组合砖墙的材料和构造应符合下列规定：

1 砂浆的强度等级不应低于 M5，构造柱的混凝土强度等级不宜低于 C20；

2 构造柱的截面尺寸不宜小于 240mm×240mm，其厚度不应小于墙厚，边柱、角柱的截面宽度宜适当加大。柱内竖向受力钢筋，对于中柱，钢筋数量不宜小于 4 根、直径不宜小于 12mm；对于边柱、角柱，钢筋数量，不宜少于 4 根、直径不宜小于 14mm。构造柱的竖向受力钢筋的直径也不宜大于 16mm。其箍筋，一般部位宜采用直径 6mm、间距 200mm，楼层上下 500mm 范围内宜采用直径 6mm、间距 100mm。构造柱的竖向受力钢筋应在基础梁和楼层圈梁中锚固，并应符合受拉钢筋的锚固要求；

3 组合砖墙砌体结构房屋，应在纵横墙交接处、墙端部和较大洞口的洞边设置构造柱，其间距不宜大于 4m。各层洞口宜设置在相应位置，并宜上下对齐；

4 组合砖墙砌体结构房屋应在基础顶面、有组合墙的楼层处设置现浇钢筋混凝土圈梁。圈梁的截面高度不宜小于 240m；纵向钢筋数量不宜少于 4 根、直径不宜小于 12mm，纵向钢筋应伸入构造柱内，并应符合受拉钢筋的锚固要求；圈梁的箍筋直径宜采用 6mm、间距 200mm；

5 砖砌体与构造柱的连接处应砌成马牙槎，并应沿墙高每隔 500mm 设 2 根直径 6mm 的拉结钢筋，且每边伸入墙内不宜小于 600mm；

6 构造柱可不单独设置基础，但应伸入室外地坪下 500mm，或与埋深小于 500mm 的基础梁相连；

7 组合砖墙的施工顺序应为先砌墙后浇筑混凝土构造柱。

【例 7.4.3-3】 构造柱设置

某四层砌体结构房屋顶层局部平面布置图如图 7.4.3-3 所示，墙体采用 MU10 级烧结多孔砖、M5 级混合砂浆砌筑。墙厚 240mm。砌体施工质量控制等级 B 级。①轴墙体设

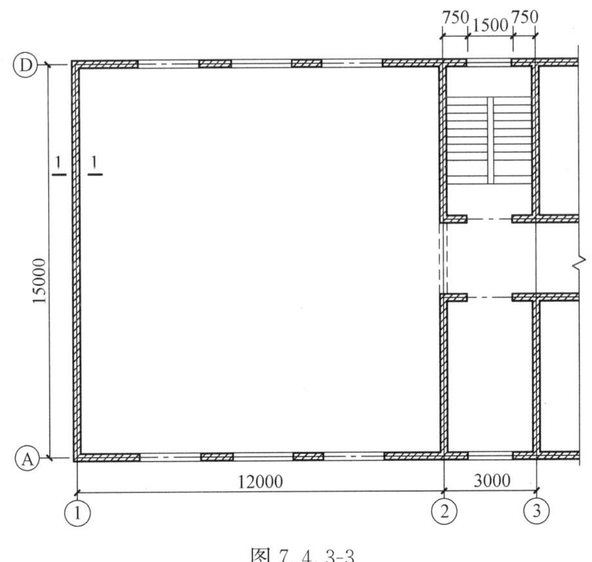

图 7.4.3-3

计为砖砌体和钢筋混凝土构造柱组成的组合墙。

试问，①轴墙体内最少应设置的构造柱数量（根），与下列何项数值最为接近？

提示：按《砌体》作答。

（A）2　　（B）3　　（C）5　　（D）7

【答案】（C）

【解答】根据《砌体》8.2.9条3款，砖砌体和钢筋混凝土构造柱组成的组合墙，应在纵横墙交接处、墙端部设置构造柱，其间距不宜大于4m。①轴墙长15m，端部设置2根构造柱，中间至少设置3根构造柱，总的构造柱数量至少为5根，才能满足《砌体》8.2.9条3款的构造要求。

7.5　砌块砌体构件和配筋砌块砌体构件

一、砌块砌体构件

1. 砌块砌体的抗压强度

《砌体》规定

3.2.1　龄期为28d的以毛截面计算的砌体抗压强度设计值，当施工质量控制等级为B级时，应根据块体和砂浆的强度等级分别按下列规定采用：

4　单排孔混凝土砌块和轻集料混凝土砌块对孔砌筑砌体的抗压强度设计值，应按表3.2.1-4采用。

5　单排孔混凝土砌块对孔砌筑时，灌孔砌体的抗压强度设计值 f_g，应按下列方法确定：

表3.2.1-4　单排孔混凝土砌块和轻集料混凝土砌块对孔砌筑砌体的抗压强度设计值（MPa）

砌块强度等级	砂浆强度等级					砂浆强度
	Mb20	Mb15	Mb10	Mb7.5	Mb5	0
MU20	6.30	5.68	4.95	4.44	3.94	2.33
MU15	—	4.61	4.02	3.61	3.20	1.89
MU10	—	—	2.79	2.50	2.22	1.31
MU7.5	—	—	—	1.93	1.71	1.01
MU5	—	—	—	—	1.19	0.70

注：1. 对独立柱或厚度为双排组砌的砌块砌体，应按表中数值乘以0.7。

2. 对T形截面墙体、柱，应按表中数值乘以0.85。

1）混凝土砌块砌体的灌孔混凝土强度等级不应低于Cb20，且不应低于1.5倍的块体强度等级。灌孔混凝土强度指标取同强度等级的混凝土强度指标。

2）灌孔混凝土砌块砌体的抗压强度设计值 f_g，应按下列公式计算：

$$f_g = f + 0.6\alpha f_c \quad (3.2.1\text{-}1)$$

$$\alpha = \delta\rho \quad (3.2.1\text{-}2)$$

式中 f_g——灌孔混凝土砌块砌体的抗压强度设计值，该值不应大于未灌孔砌体抗压强度设计值的 2 倍；

f——未灌孔混凝土砌块砌体的抗压强度设计值，应按表 3.2.1-4 采用；

f_c——灌孔混凝土的轴心抗压强度设计值；

α——混凝土砌块砌体中灌孔混凝土面积与砌体毛面积的比值；

δ——混凝土砌体的孔洞率；

ρ——混凝土砌块砌体的灌孔率，系截面灌孔混凝土面积与截面孔洞面积的比值，灌孔率应根据受力或施工条件确定，且不应小于 33%。

6 双排孔或多排孔轻集料混凝土砌块砌体的抗压强度设计值，应按表 3.2.1-5 采用。

表 3.2.1-5 双排孔或多排孔轻集料混凝土砌块砌体的抗压强度设计值（MPa）

砌块强度等级	砂浆强度等级			砂浆强度
	Mb10	Mb7.5	Mb5	0
MU10	3.08	2.76	2.45	1.44
MU7.5	—	2.13	1.88	1.12
MU5	—	—	1.31	0.78
MU3.5	—	—	0.95	0.56

注：1. 表中的砌块为火山渣、浮石和陶粒轻集料混凝土砌块。
2. 对厚度方向为双排组砌的轻集料混凝土砌块砌体的抗压强度设计值，应按表中数值乘以 0.8。

【例 7.5.1-1】 砌块砌体独立柱的抗压强度

某无吊车单层单跨库房，如图 7.5.1-1 所示，柱截面尺寸为 400mm×600mm，采用 MU10 级单排孔混凝土小型空心砌块、Mb7.5 级混合砂浆对孔砌筑，砌块的孔洞率为 40%，采用 Cb20 灌孔混凝土灌孔，灌孔率为 100%；砌体施工质量控制等级为 B 级。

试问，柱砌体的抗压强度设计值 f_g（MPa），应与下列何项数值最为接近？

（A）3.30　（B）3.50　（C）4.20　（D）4.70

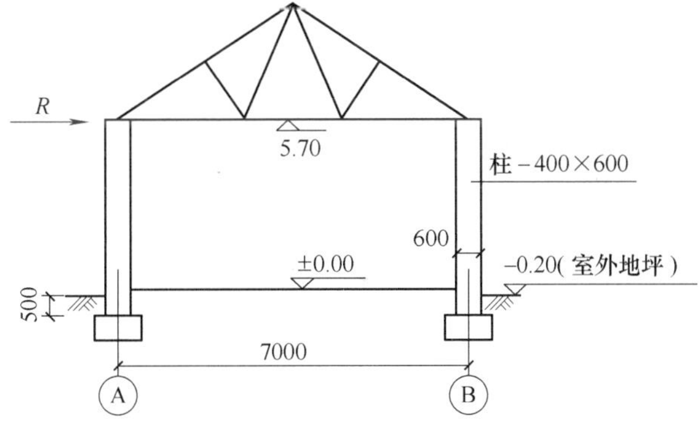

图 7.5.1-1

【答案】(B)

【解答】

(1) 根据《砌体》表 3.2.1-4，MU10 单排空心砌块，Mb7.5 混合砂浆，$f=2.5\text{MPa}$。

(2) 根据《砌体》表 3.2.1-4 注 1，独立柱，未灌孔砌体抗压强度

$$f=0.7\times2.5=1.75\text{MPa}。$$

(3) 根据《砌体》3.2.3 条，柱的截面面积 $A=0.4\times0.6=0.24\text{m}^2<0.3\text{m}^2$，本来应该考虑强度调整系数 γ_a，由于独立柱已考虑了表 3.2.1-4 中注 1 的调整系数 0.7，这系数亦是考虑小截面，所以不必重复考虑 γ_a。

(4) 根据《砌体》式 (3.2.1-2)：

$$\alpha=\delta\rho=0.4\times100\%=0.4。$$

(5) 根据《砌体》式 (3.2.1-1)：

$$f_g=f+0.6\alpha f_c=1.75+0.6\times0.4\times9.6=4.05>2f=2\times1.75=3.5$$

取 $f_g=3.5\text{MPa}$。

【例 7.5.1-2】、【例 7.5.1-3】 砌块砌体墙的抗压强度

某六层横墙承重住宅，底层内墙采用 190mm 厚单排孔混凝土小型空心砌块对孔砌筑，砌块强度等级为 MU15，水泥砂浆强度等级为 Mb7.5，砌体施工质量控制等级为 B 级。底层墙体剖面如图 7.5.1-2 所示，轴向力偏心距 $e=0$；静力计算方案为刚性方案。

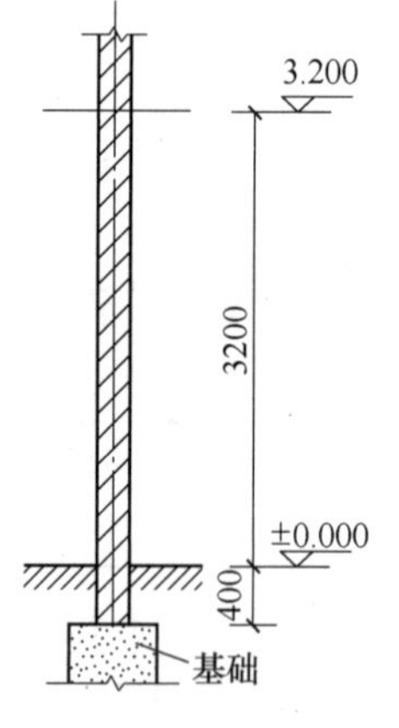

图 7.5.1-2

【例 7.5.1-2】 $f_g<2f$

假定底层墙体采用灌孔砌筑，砌块的孔洞率为 45%，砌块砌体的灌孔率为 80%，灌孔混凝土的强度等级为 Cb20。试问，该墙体的抗压强度设计值 f_g (MPa)，应与下列何项数值最为接近？

(A) 4.30　　(B) 4.60　　(C) 4.80　　(D) 5.70

【答案】(D)

【解答】

(1) 根据《砌体》表 3.2.1-4，MU15 砌块，Mb7.5 水泥砂浆，$f=3.61\text{MPa}$。

(2) 根据《砌体》3.2.3 条，水泥砂浆 Mb7.5>M5，$\gamma_a=1.0$。

(3) 根据《砌体》表 4.1.4-1，Cb20 混凝土 $f_c=9.6\text{MPa}$。

(4) 根据《砌体》式 (3.2.1-1)，孔洞率 45%，灌孔率 80%。

$$f_g=f+0.6\alpha f_c=1.0\times3.61+0.6\times45\%\times80\%\times9.6=5.68\text{MPa}<2f=7.22\text{MPa}。$$

【例 7.5.1-3】 $f_g\geqslant2f$

如果底层墙体采用灌孔砌筑，砌块砌体中灌孔混凝土面积和砌体毛截面面积的比值为 40%，灌孔混凝土的强度等级为 Cb40。试问，该墙体的抗压强度设计值 f_g (MPa)，应与下列何项数值最为接近？

(A) 7.20　　(B) 6.00　　(C) 5.50　　(D) 4.50

【答案】(A)

【解答】

(1) 根据《混规》，Cb40 混凝土，$f_c=19.1\text{MPa}$。

(2) 根据《砌体》式(3.2.1-1)，$\alpha=40\%$。

$f_g=f+0.6\alpha f_c=3.61+0.6\times40\%\times19.1=8.19\text{MPa}>2f=2\times3.61=7.22\text{MPa}$

取 $f_g=7.22\text{MPa}$，所以，应选(A)。

2. 受压构件

(1) γ_β 的选择

不灌孔砌块砌体的 γ_β 值和灌孔砌块砌体的 γ_β 值是不同的。

《砌体》规定

> **5.1.2** 确定影响系数 φ 时，构件高厚比 β 应按下列公式计算：
>
> 对矩形截面 $$\beta=\gamma_\beta\frac{H_0}{h} \quad (5.1.2\text{-}1)$$
>
> 对T形截面 $$\beta=\gamma_\beta\frac{H_0}{h_T} \quad (5.1.2\text{-}2)$$
>
> 式中 γ_β——不同材料砌体构件的高厚比修正系数，按表5.1.2采用；
>
> **表 5.1.2 高厚比修正系数 γ_β**
>
> | 砌体材料类别 | γ_β |
> |---|---|
> | 混凝土普通砖、混凝土多孔砖、混凝土及轻集料混凝土砌块 | 1.1 |
>
> 注：对灌孔混凝土砌块砌体，γ_β 取1.0。

(2) 不灌孔砌块砌体的受压构件($\gamma_\beta=1.1$)

【例 7.5.1-4】不灌孔砌块砌体墙的影响系数

某多层刚性方案砖砌体教学楼，其局部平面如图 7.5.1-3 所示，墙体厚度均为 240mm，轴线均居墙中。墙体采用 MU15 蒸压粉煤灰砖、M10 混合砂浆砌筑，底层、二层层高均为 3.6m 楼、屋面板采用现浇钢筋混凝土板。砌体施工质量控制等级为 B 级。

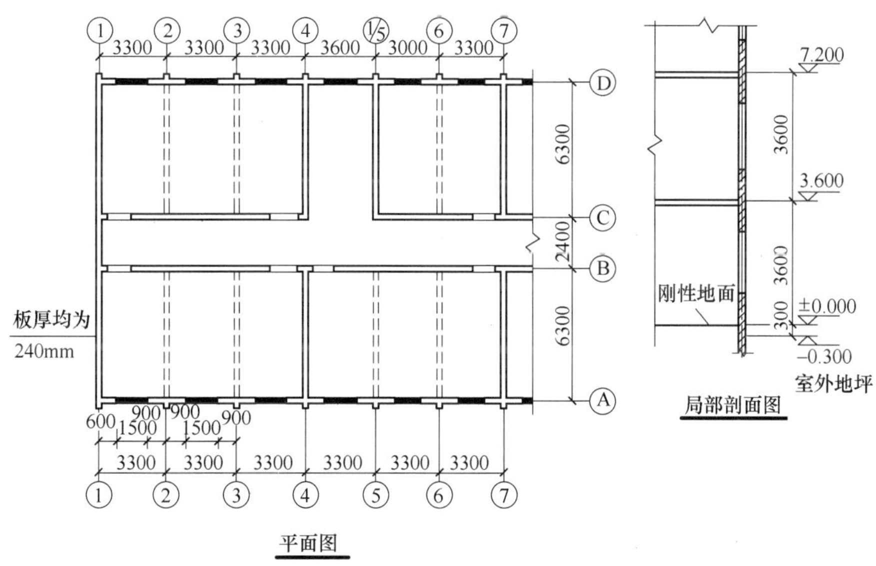

图 7.5.1-3

假定，三层需在⑤轴梁上设隔断墙，采用不灌孔的混凝土砌块，墙体厚度190mm。试问三层该隔断墙承载力影响系数 φ 与下列何项数值最为接近？

提示：隔断墙按两侧有拉接、顶端为不动铰考虑，隔断墙计算高度按 $H_0=3.0$m 考虑。

(A) 0.725　　(B) 0.685　　(C) 0.635　　(D) 0.585

【答案】(B)

【解答】

(1) 根据《砌体》表5.1.2，未灌孔混凝土砌块 $\gamma_\beta=1.1$。

(2) 根据《砌体》5.1.2条，隔断墙 $H_0=3.0$m

$$\beta=\gamma_\beta\frac{H_0}{h}=1.1\times\frac{3.0}{0.19}=17.4。$$

(3) 根据《砌体》附录D、附表D.0.1-1，$e/h=0$，$\beta=17.4$，查得：

$$\varphi=0.67+\frac{0.72-0.67}{18-16}\times(18-17.4)=0.685。$$

【例7.5.1-5】不灌孔砌块砌体墙的受压承载力

某三层教学楼局部平、剖面如图7.5.1-4所示，各层平面布置相同。各层层高均为3.60m；楼、屋盖均为现浇钢筋混凝土板，房屋的静力计算方案为刚性方案。纵横墙厚度均为190mm，采用MU10级单排孔混凝土砌块、Mb7.5级混合砂浆砌筑，砌体施工质量控制等级为B级。

假定二层带壁柱墙A的截面折算厚度 $h_T=495$mm，截面面积为 $4.0\times10^5\text{mm}^2$，对孔砌筑。当按轴心受压构件计算时。试问，二层带壁柱墙A的最大承载力设计值(kN)，与下列何项数值最为接近？

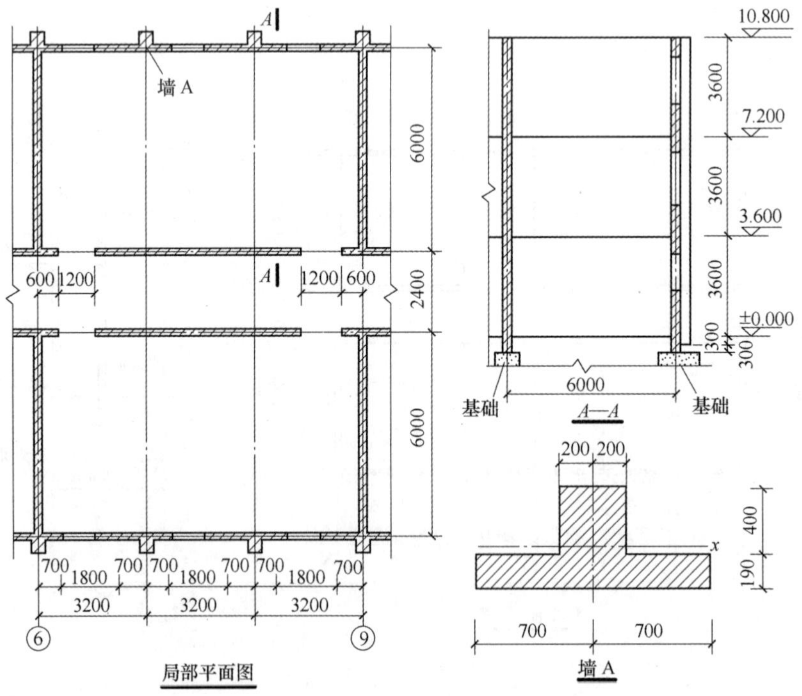

图7.5.1-4

(A) 920　　(B) 900　　(C) 790　　(D) 770

【答案】(D)

【解答】

(1) 根据《砌体》表 3.2.1-4，MU10 砌块，Mb7.5 混合砂浆，f=2.50MPa。

(2) 根据《砌体》表 3.2.1-4 注 2，T 形截面，强度值乘 0.85 的系数。

$$f=0.85\times2.50=2.125\text{MPa。}$$

(3) 根据《砌体》5.1.3 条，横墙间距

$$s=3.2\times3=9.6\text{m}>2H=3.6\text{m}\times2=7.2\text{m。}$$

(4) 根据《砌体》表 5.1.3，刚性方案，$H_0=1.0H=3.6$m。

(5) 根据《砌体》5.1.2 条和表 5.1.2，未灌孔混凝土砌块 $\gamma_\beta=1.1$。

$$\beta=\gamma_\beta\frac{H_0}{h_\text{T}}=1.1\times\frac{3600}{495}=8\text{。}$$

(6) 根据《砌体》附录 D、附表 D.0.1-1，轴心受压 $e=0$，$e/h=0$

$$\beta=8\text{，查得 }\varphi=0.91\text{。}$$

(7) 根据《砌体》5.1.1 条：

$$\varphi fA=0.91\times2.125\times4\times10^5=773500\text{N}\approx773.5\text{kN。}$$

(3) 灌孔砌块砌体的受压构件（$\gamma_\beta=1.0$）

【例 7.5.1-6】灌孔砌块砌体柱的受压承载力

某单层房屋，剖面如图 7.5.1-5 所示，跨度 9m，假定独立柱由单排孔 MU20 混凝土小型空心砌块（390mm×190mm×190mm）和 Mb10 混合砂浆砌筑而成，截面尺寸 $b\times h$=600mm×800mm。假设房屋为弹性方案，砌块空心率 $\delta=0.3$，对孔砌筑，采用 C25 细石混凝土灌实，柱高 H=5.33m，柱底在该方向设计荷载作用下的偏心距 e=220mm；试计算偏心受压柱的承载力，并指出与下列何项数值最为接近？

(A) 960kN　　(B) 596kN　　(C) 619kN　　(D) 576kN

【答案】(A)

【解答】

(1) 根据《砌体》表 3.2.1-4 和注 1，MU20，Mb10，f=4.95MPa，独立柱乘以 0.7。

(2) 根据《砌体》3.2.3 条，A=0.6×0.8=0.48m^2>0.3m^2，$\gamma_a=1.0$。

(3) 根据《混规》表 4.1.4-1，C25 细石混凝土，$f_c=11.9$MPa。

(4) 根据《砌体》3.2.1 条式(3.2.1-1)，孔洞率 30%，灌孔率为 100%，

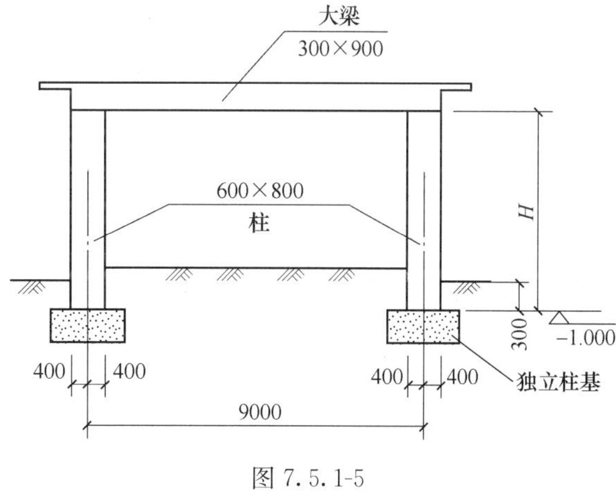

图 7.5.1-5

$$f_g=f+0.6\alpha f_c=0.7\times4.95+0.6\times0.3\times1\times11.9$$
$$=5.6\text{MPa}<2f=2\times4.95\times0.7=6.93\text{MPa。}$$

（5）根据《砌体》5. 1. 2 条、5. 1. 3 条，弹性方案，单跨单层无吊车，排架方向 $H_0=1.5H=1.5\times5.33=7.995\text{m}$，砌块孔用混凝土灌实，$\gamma_\beta=1.0$。

$$\beta=\gamma_\beta\frac{H_0}{h}=1.0\times\frac{7.995}{0.8}=9.99。$$

（6）根据《砌体》5. 1. 5 条：

$$e=220\text{mm}<0.6\times\frac{800}{2}=240\text{mm}。$$

（7）根据《砌体》附录 D，$e=220\text{mm}$、$h=800\text{mm}$、$\beta=9.99$。

$$\varphi_0=\frac{1}{1+\alpha\beta^2}=\frac{1}{H0.0015\times9.99^2}=0.87$$

$$\varphi=\frac{1}{1+12\left[e/h+\sqrt{\frac{1}{12}\left(\frac{1}{\varphi_0}-1\right)}\right]^2}=\frac{1}{1+12\left[220/800+\sqrt{\frac{1}{12}\left(\frac{1}{0.87}-1\right)}\right]^2}=0.357。$$

（8）根据《砌体》5. 1. 1 条：

$$\varphi fA=0.357\times5.6\times600\times800\text{N}=960.8\text{kN}。$$

3. 局部受压构件

《砌体》规定

6. 2. 13 混凝土砌块墙体的下列部位，如未设圈梁或混凝土垫块，应采用不低于 Cb20 的混凝土将孔洞灌实：

1 搁栅、檩条和钢筋混凝土楼板的支承面下，高度不应小于 200mm 的砌体；

2 屋架、梁等构件的支承面下，长度不应小于 600mm，高度不应小于 600mm 的砌体；

3 挑梁，支承面下，距墙中心线每边不应小于 300mm，高度不应小于 600mm 的砌体。

5. 2. 2 砌体局部抗压强度提高系数 γ，应符合下列规定：

1 γ 可按下式计算：

$$\gamma=1+0.35\sqrt{\frac{A_0}{A_l}-1} \tag{5.2.2}$$

式中 A_0——影响砌体局部抗压强度的计算面积。

2 计算所得 γ 值。尚应符合下列规定：

1）在图 5. 2. 2a 的情况下，$\gamma\leqslant2.5$；

2）在图 5. 2. 2b 的情况下，$\gamma\leqslant2.0$；

3）在图 5. 2. 2c 的情况下，$\gamma\leqslant1.5$；

4）在图 5. 2. 2d 的情况下，$\gamma\leqslant1.25$；

5）按本规范第 6. 2. 13 条的要求灌孔的混凝土砌块砌体，在 1）、2）款的情况下，尚应符合 $\gamma\leqslant1.5$。未灌孔混凝土砌块砌体，$\gamma\leqslant1.0$。

【例 7.5.1-7】 砌块砌体的局部受压（$\gamma \leqslant 1.5$）

某单层、单跨、无吊车厂房，如图 7.5.1-6 所示，墙体为清水墙，采用 390mm×190mm×190mm 的 MU15 单排孔混凝土小型空心砌块（容重为 $16kN/m^3$）、Mb5 混合砂浆对孔砌筑，不在孔内填混凝土。施工质量控制等级为 B 级。

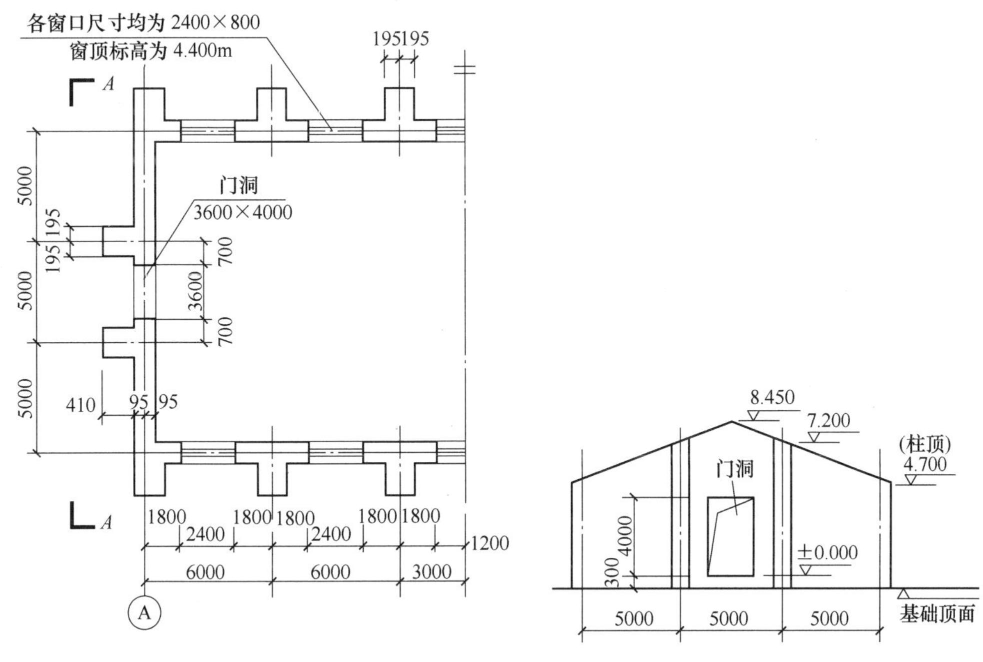

图 7.5.1-6

Ⓐ轴线山墙门洞处，过梁断面尺寸为 $b\times h_c=190mm\times 380mm$，两端伸入墙内 380mm。梁底处一皮砌块的孔内用混凝土灌实。当用公式 $\varphi N_0+N_l\leqslant \eta\gamma fA_l$ 验算局部受压承载力时，其右端项与下列何项数值相近？

（A）68.42kN　　（B）122.74kN　　（C）100.57kN　　（D）252.68kN

【答案】（B）

【解答】

（1）根据《砌体》表 3.2.1-4 及注 2，MU15、Mb5，T 形截面 $f=3.20MPa\times 0.85=2.72MPa$。

（2）根据《砌体》7.2.3 条第 3 款：

$$a_0=h=190mm$$

$$A_l=a_0b=190\times 190mm=36100mm^2。$$

（3）根据《砌体》5.2.2 条和 5.2.3 条：

$$A_0=(a+h)h=(390+190)\times 190=110200mm^2$$

$$\gamma=1+0.35\sqrt{\frac{A_0}{A_l}-1}=1+0.35\sqrt{\frac{110200}{36100}-1}=1.50>1.25。$$

（4）根据《砌体》5.2.4 条，$\gamma=1.25$；因为过梁 $\eta=1.0$，故：

$$\eta\gamma fA_l=1.0\times 1.25\times 2.72\times 36100=122740N=122.74kN。$$

4. 受剪构件

砌块砌体的抗剪强度

《砌体》规定

> **3.2.2** 龄期为28d的以毛截面计算的各类砌体的轴心抗拉强度设计值、弯曲抗拉强度设计值和抗剪强度设计值，应符合下列规定：
>
> **1** 当施工质量控制等级为B级时，强度设计值应按表3.2.2采用。
>
> **表3.2.2 抗剪强度设计值**（MPa）
>
> | 强度类别 | 破坏特征及砌体种类 | 砂浆强度等级 | | | |
> |---|---|---|---|---|---|
> | | | ≥M10 | M7.5 | M5 | M2.5 |
> | 抗剪 | 混凝土和轻集料混凝土砌块 | 0.09 | 0.08 | 0.06 | — |
>
> 注3. 对混凝土和轻集料混凝土砌块砌体，表中的砂浆强度等级分别为：Mb10、Mb7.5及Mb5。
>
> **2** 单排孔混凝土砌块对孔砌筑时，灌孔砌体的抗剪强度设计值 f_{vg}，应按下式计算：
>
> $$f_{vg}=0.2f_g^{0.55} \tag{3.2.2}$$
>
> 式中 f_g——灌孔砌体的抗压强度设计值（MPa）。

【例7.5.1-8】 砌块砌体墙体的抗剪强度（f_{vg}）

某六层横墙承重住宅，底层内墙采用190mm厚单排孔混凝土小型空心砌块对孔砌筑，砌块强度等级为MU15，水泥砂浆强度等级为Mb7.5，砌体施工质量控制等级为B级。底层墙体剖面如图7.5.1-7所示，假定底层墙体采用灌孔砌筑，砌块的孔洞率为45%，砌块砌体的灌孔率为80%，灌孔混凝土的强度等级为Cb20。试问，该墙体的抗剪强度设计值 f_{vg}（MPa），应与下列何项数值最为接近？

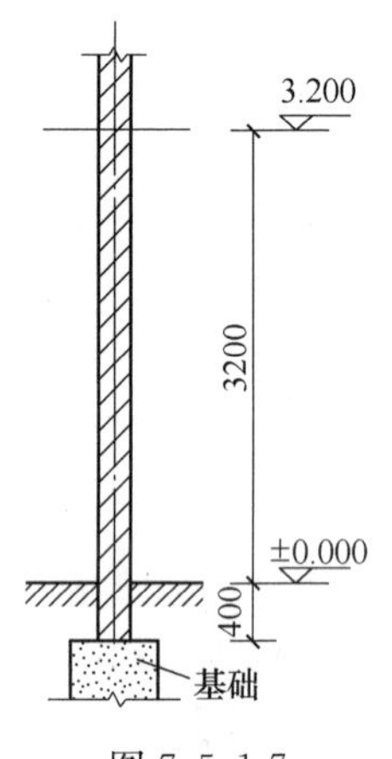

图7.5.1-7

（A）0.08　　（B）0.50　　（C）0.86　　（D）2.24

【答案】（B）

【解答】

（1）根据《砌体》表3.2.1-4，MU15砌块，Mb7.5水泥砂浆，$f=3.61$MPa。

（2）根据《砌体》3.2.3条，水泥砂浆Mb7.5>M5，$\gamma_a=1.0$。

（3）根据《混规》表4.1.4-1，Cb20混凝土，$f_c=9.6$MPa。

（4）根据《砌体》式（3.2.1-1）：

孔洞率45%，灌孔率80%，$f_c=9.6$MPa。

$$\begin{aligned} f_g &= f+0.6\alpha f_c=f+0.6\times\delta\times\rho\times f_c \\ &=1.0\times3.61+0.6\times45\%\times80\%\times9.6=5.68\text{MPa}<2f \\ &=2\times3.61=7.22\text{MPa}。\end{aligned}$$

（5）根据《砌体》式（3.2.2）：

$$f_{vg}=0.2f_g^{0.55}=0.2\times5.68^{0.55}=0.52\text{MPa}。$$

二、配筋混凝土砌块砌体构件

配筋混凝土砌块砌体构件是在普通混凝土小型空心砌块砌体灌孔，芯柱和水平灰缝中

配置一定数量的钢筋而形成的砌体构件。《砌体》规定

9.1.2 配筋砌块砌体剪力墙，宜采用全部灌芯砌体。

配筋混凝土砌块砌体的承载力

（1）轴心受压承载力计算

《砌体》规定

9.2.2 轴心受压配筋砌块砌体构件，当配有箍筋或水平分布钢筋时，其正截面受压承载力应按下列公式计算：

$$N \leqslant \varphi_{0g}(f_g A + 0.8 f'_y A'_s) \tag{9.2.2-1}$$

$$\varphi_{0g} = \frac{1}{1+0.001\beta^2} \tag{9.2.2-2}$$

式中 N——轴向力设计值；

f_g——灌孔砌体的抗压强度设计值，应按第 3.2.1 条采用；

f'_y——钢筋的抗压强度设计值；

A——构件的截面面积；

A'_s——全部竖向钢筋的截面面积；

φ_{0g}——轴心受压构件的稳定系数；

β——构件的高厚比。

注：1. 无箍筋或水平分布钢筋时，仍应按式（9.2.2）计算，但应取 $f'_y A'_s=0$；

2. 配筋砌块砌体构件的计算高度 H_0 可取层高。

9.4.13 配筋砌块砌体柱（图 9.4.13）除应符合本规范第 9.4.6 条的要求外，尚应符合下列规定：

1 柱截面边长不宜小于 400mm，柱高度与截面短边之比不宜大于 30；

2 柱的竖向受力钢筋的直径不宜小于 12mm，数量不应少于 4 根，全部竖向受力钢筋的配筋率不宜小于 0.2%。

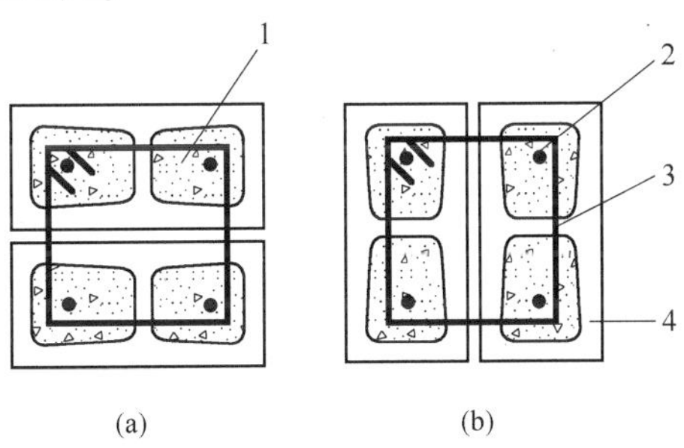

图 9.4.13 配筋砌块砌体柱截面示意

（a）下皮；（b）上皮

1—灌孔混凝土；2—钢筋；3—箍筋；4—砌块

【例 7.5.2-1】 配筋砌体柱的受压承载力

某无吊车单层单跨基层跨度为 7m，无柱间支撑，房屋的静力计算方案为弹性方案，

其中间榀排架立面如图 7.5.2-1 所示，为配筋砌块砌体，采用 HPB300 级钢筋，柱截面尺寸为 400mm×600mm，如图 7.5.2-2 所示，采用 MU10 级单排孔混凝土小型空心砌块、Mb7.5 级混合砂浆对孔砌筑，砌块的孔洞率为 40%，采用 Cb20 灌孔混凝土灌孔，灌孔率为 100%；砌体施工质量控制等级为 B 级。假定柱计算高度 $H_0=6.4\text{m}$，砌体的抗压强度设计值 $f_g=4.0\text{MPa}$。试问，该柱截面的轴心受压承载力设计值（kN），与下列何项数值最为接近？

(A) 690　　(B) 790　　(C) 920　　(D) 1000

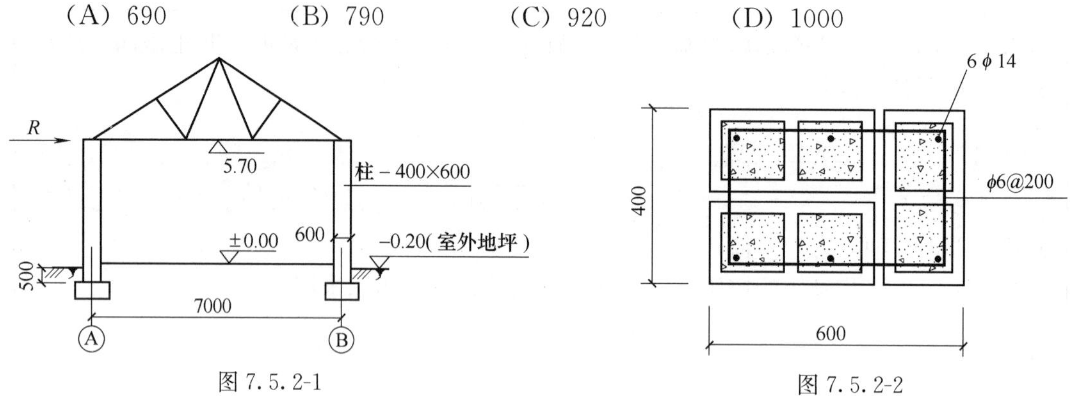

图 7.5.2-1　　图 7.5.2-2

【答案】(C)

【解答】

(1) 根据《砌体》5.1.1 条，应对柱截面较小边长方向，按轴心受压进行计算。

(2) 根据《砌体》式 (5.1.2-1)，灌孔砌块，$\gamma_\beta=1.0$。

$$\beta=\gamma_\beta\frac{H_0}{h}=1.0\times\frac{6.4}{0.4}=16$$

(3) 根据《砌体》3.2.3 条：

$$A=400\times600=240000\text{mm}^2=0.24\text{m}^2>0.2\text{m}^2,\gamma_a=1.0。$$

(4) 根据《砌体》式 (9.2.2-2)，轴心受压构件的稳定系数

$$\varphi_{0g}=\frac{1}{1+0.001\beta^2}=\frac{1}{1+0.001\times16^2}=0.796。$$

(5) 根据《砌体》式 (9.2.2-1)，受压承载力 $N=\varphi_{0g}(f_gA+0.8f'_yA'_s)$

$$N=0.796\times(4\times240000+0.8\times270\times6\times153.94)\text{N}=923.17\text{kN}。$$

【例 7.5.2-2】 配筋砌体剪力墙的受压承载力

某多层配筋砌块剪力墙房屋，总高度 26m，其中某剪力墙长度 5.1m，墙体厚度为 190mm，如图 7.5.2-3 所示，墙体采用单排孔混凝土空心砌块对孔砌筑，砌体施工质量控制等级为 B 级。

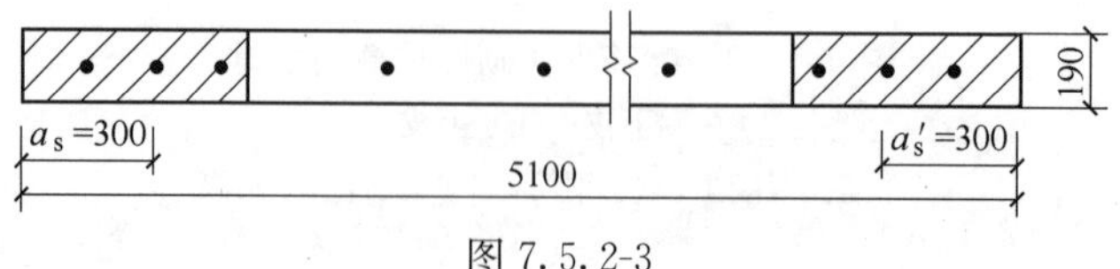

图 7.5.2-3

假设灌孔砌体的抗压强度设计值 $f_g=5.0\text{MPa}$，全部竖向钢筋的截面面积为 2412mm^2，钢筋抗压强度设计值为 360MPa，墙体内设有水平分布钢筋，墙体计算高度

$H_0=3600$mm。试问，墙体轴心受压承载力设计值（kN），与下列何项数值最为接近？

（A）2550　　（B）3060　　（C）3570　　（D）4080

【答案】（D）

【解答】

（1）根据《砌体》5.1.2 条，灌孔砌块，$\gamma_\beta=1.0$。

$$\beta=\gamma_\beta\frac{H_0}{h}=1.0\times\frac{3600}{190}=18.95。$$

（2）根据《砌体》式（9.2.2-2）：

$$\varphi_{0g}=\frac{1}{1+0.001\beta^2}=\frac{1}{1+0.001\times18.95^2}=0.736。$$

（3）根据《砌体》式（9.2.2-1）：

$N\leqslant\varphi_{0g}$（$f_gA+0.8f_y'A_s'$）$=0.736\times(5\times190\times5100+0.8\times360\times2412)$

$=4077187\text{N}=4077\text{kN}$。

（2）受剪承载力计算

《砌体》规定

9.3.1 偏心受压和偏心受拉配筋砌块砌体剪力墙，其斜截面受剪承载力应根据下列情况进行计算：

1 剪力墙的截面，应满足下列要求：

$$V\leqslant0.25f_gbh_0 \tag{9.3.1-1}$$

式中 V——剪力墙的剪力设计值；

b——剪力墙截面宽度或 T 形、倒 L 形截面腹板宽度；

h_0——剪力墙截面的有效高度。

2 剪力墙在偏心受压时的斜截面受剪承载力，应按下列公式计算：

$$V\leqslant\frac{1}{\lambda-0.5}\left(0.6f_{vg}bh_0+0.12N\frac{A_w}{A}\right)+0.9f_{yh}\frac{A_{sh}}{s}h_0 \tag{9.3.1-2}$$

$$\lambda=M/Vh_0 \tag{9.3.1-3}$$

式中 f_{vg}——灌孔砌体的抗剪强度设计值，应按第 3.2.2 条的规定采用；

M、N、V——计算截面的弯矩、轴向力和剪力设计值，当 N 大于 $0.25f_gbh$ 时取 $N=0.25f_gbh$；

A——剪力墙的截面面积，其中翼缘的有效面积，可按表 9.2.5 的规定确定；

A_w——T 形或倒 L 形截面腹板的截面面积，对矩形截面取 A_w 等于 A；

λ——计算截面的剪跨比，当 λ 小于 1.5 时取 1.5，当 λ 大于或等于 2.2 时取 2.2；

h_0——剪力墙截面的有效高度；

A_{sh}——配置在同一截面内的水平分布钢筋或网片的全部截面面积；

s——水平分布钢筋的竖向间距；

f_{yh}——水平钢筋的抗拉强度设计值。

> 3 剪力墙在偏心受拉时的斜截面受剪承载力应按下列公式计算：
> $$V\leqslant\frac{1}{\lambda-0.5}\left(0.6f_{vg}bh_0-0.22N\frac{A_w}{A}\right)+0.9f_{yh}\frac{A_{sh}}{s}h_0 \qquad (9.3.1\text{-}4)$$

【例 7.5.2-3】 剪力墙墙肢的斜截面承载力

一多层房屋配筋砌块砌体墙，平面如图 7.5.2-4 所示，结构安全等级二级，砌体采用 MU10 级单排孔混凝土小型空心砌块，Mb7.5 级砂浆对孔砌筑，砌块的孔洞率为 40%，采用 C_b20（$f_t=1.1$MPa）混凝土灌孔，为全灌孔砌体，内有插筋共 5ϕ12（$f_y=$ 270MPa），砌体的抗压强度设计值 $f_g=4.8$MPa，其所在层高为 3.0m 砌体沿高度方向每隔 600mm 设 2ϕ10 水平钢筋（$f_y=270$MPa）。墙片截面内力：弯矩设计值$M=560$kN·m、轴压力设计值 $N=770$kN、剪力设计值 $V=150$kN。墙体构造措施满足规范要求，砌体施工质量控制等级为 B 级。承载力验算时不考虑墙体自重。

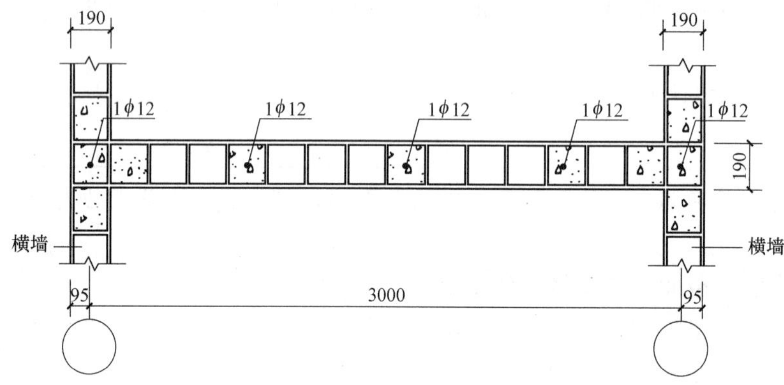

图 7.5.2-4

试问，该墙体的斜截面受剪承载力最大值（kN）与下列何项数值最为接近？

提示：①不考虑墙翼缘的共同工作；

②墙截面有效高度 $h_0=3100$mm。

(A) 150　　(B) 250　　(C) 450　　(D) 710

【答案】(C)

【解答】

(1) 根据《砌体》式（9.3.1-1）：

$$0.25f_gbh_0=0.25\times4.8\times190\times3100=707\text{kN}>V=150\text{kN}$$

墙肢截面尺寸符合要求。

(2) 根据《砌体》式（9.3.1-3）：

剪跨比 $\lambda=\frac{M}{Vh_0}=\frac{560}{150\times3.1}=1.2<1.5$，取 $\lambda=1.5$。

(3) 根据《砌体》式（3.2.2）

$$f_{vg}=0.2f_g^{0.55}=0.2\times4.8^{0.55}=0.47。$$

(4) 根据《砌体》9.3.1 条

$$0.25f_gbh=0.25\times4.8\times190\times3190=727\text{kN}<N=770\text{kN},取 N=727\text{kN}。$$

(5) 根据《砌体》式 (9.3.1-2)：

$$V=\frac{1}{\lambda-0.5}\left(0.6f_{vg}bh_0+0.12N\frac{A_w}{A}\right)+0.9f_{yh}\frac{A_{sh}}{s}h_0$$

$$V=\frac{1}{1.5-0.5}(0.6\times0.47\times190\times3100+0.12\times727\times10^3\times1.0)+0.9\times270\times\frac{157}{600}\times3100$$

$=450.5\text{kN}$。

7.6 过梁、墙梁和挑梁

一、过梁

1. 过梁的应用范围

《砌体》规定了过梁的应用范围

> **7.2.1** 对有较大振动荷载或可能产生不均匀沉降的房屋，应采用混凝土过梁。当过梁的跨度不大于 1.5m 时，可采用钢筋砖过梁；不大于 1.2m 时，可采用砖砌平拱过梁。

2. 过梁上的荷载

《砌体》规定

> **7.2.2** 过梁的荷载，应按下列规定采用：
>
> **1** 对砖和砌块砌体，当梁、板下的墙体高度 h_w 小于过梁的净距 l_n 时，过梁应计入梁、板传来的荷载，否则可不考虑梁、板荷载。
>
> **2** 对砖砌体，当过梁上的墙体高度 h_w 小于 $l_n/3$ 时，墙体荷载应按墙体的均布自重采用，否则应按高度为 $l_n/3$ 墙体的均布自重来采用。
>
> **3** 对砌块砌体，当过梁上的墙体高度 h_w 小于 $l_n/2$ 时，墙体荷载应按墙体的均布自重采用，否则应按高度为 $l_n/2$ 墙体的均布自重采用。

【例 7.6.1-1】～【例 7.6.1-3】

某墙体钢筋砖过梁净跨 $l_n=1.50\text{m}$，墙厚为 240mm，采用 MU10 烧结多孔砖、M7.5 水泥砂浆砌筑；过梁底面配筋采用 3 根直径为 8mm 的 HPB300 钢筋，$a_s=20\text{mm}$，如图 7.6.1-1 所示，多孔砖砌体自重 18kN/m^3，砌体施工质量控制等级为 B 级。安全等级二级，设计使用年限 50 年。在距窗口顶面 800mm 处作用有楼板传来的均布恒荷载标准值 $g_k=7.0\text{kN/m}$，均布活荷载标准值 $q_k=6.0\text{kN/m}$，活荷载组合值系数为 0.7。

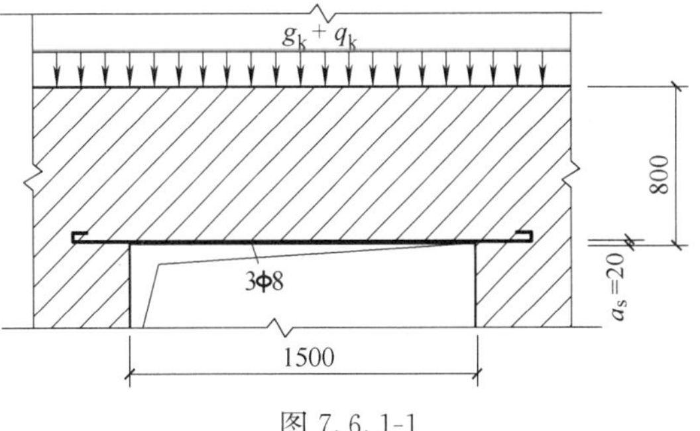

图 7.6.1-1

【例 7.6.1-1】

假定荷载效应基本组合由可变荷载效应控制，试问，过梁承受的均布荷载设计值

(kN/m)，应与下列何项数值最为接近？

(A) 11　　(B) 14　　(C) 17　　(D) 19

【答案】(D)

【解答】

(1) 根据《砌体》4.1.5条，可变荷载控制

$$S=\gamma_0\left(1.2S_{\mathrm{Gk}}+1.4\gamma_{\mathrm{L}}S_{\mathrm{Q1k}}+\gamma_{\mathrm{L}}\sum_{i=2}^{n}\gamma_{\mathrm{Q}i}\psi_{\mathrm{c}i}S_{\mathrm{Q}i\mathrm{k}}\right)$$

安全等级为二级或设计使用年限为50年的结构构件，结构重要性系数$\gamma_0=1.0$；设计使用年限为50年，考虑结构设计使用年限的荷载调整系数$\gamma_{\mathrm{L}}=1.0$。

(2) 根据《砌体》7.2.2条，$h_{\mathrm{w}}=800\mathrm{mm}<l_{\mathrm{n}}=1500\mathrm{mm}$，应计入板传荷载

$$h_{\mathrm{w}}=800>\frac{l_{\mathrm{n}}}{3}=500\mathrm{mm}$$

墙体自重应按$l_{\mathrm{n}}/3$的均布采用，$g_{\mathrm{k1}}=\dfrac{1.5}{3}\times0.24\times18=2.16\mathrm{kN/m}$。

(3) 过梁承受的均布荷载设计值为

$q=\gamma_0[1.2\times(g_{\mathrm{k1}}+g_{\mathrm{k2}})+1.4\times\gamma_{\mathrm{L}}\times q_{\mathrm{k}}]=1.0\times[1.2\times(7+2.16)+1.4\times1.0\times6]$
$=19.4\mathrm{kN}$。

【例7.6.1-2】

试问，该过梁的受弯承载力设计值(kN/m)，与下列何项数值最为接近？

(A) 27　　(B) 21　　(C) 18　　(D) 15

【答案】(A)

【解答】

(1) 根据《砌体》7.2.3条第2款，当考虑板传来荷载时h为板下的高度，800mm。

$$a_{\mathrm{s}}=20\mathrm{mm},h_0=800-20=780\mathrm{mm}。$$

(2) 根据《混规》表4.2.3-1，HPB300钢筋，$f_{\mathrm{y}}=270\mathrm{MPa}$。

(3) 根据《砌体》式(7.2.3)：

$$M=0.85h_0f_{\mathrm{y}}A_{\mathrm{s}}$$

取$3\phi8$，$A_{\mathrm{s}}=151\mathrm{mm}^2$，$M=0.85\times780\times270\times151\mathrm{N\cdot m}=27\mathrm{kN\cdot m}$。

【例7.6.1-3】

试问，该过梁的受剪承载力设计值(kN)，与下列何项数值最为接近？

(A) 10　　(B) 14　　(C) 18　　(D) 21

【答案】(C)

【解答】

(1) 根据《砌体》7.2.3条，受剪承载力可按本规范5.4.2条中计算，即：$V\leqslant f_{\mathrm{v}}bz$。

(2) 根据《砌体》表3.2.2和3.2.3条，MU10多孔砖，M7.5水泥砂浆，$f_{\mathrm{v}}=0.14\mathrm{MPa}$。

(3) 根据《砌体》3.2.3条，M7.5>M5，$\gamma_{\mathrm{a}}=1.0$。

(4) 过梁的受剪承载力设计值为

$z=\dfrac{2}{3}h=\dfrac{2}{3}\times800$，$b=240$代入可得：$V=0.14\times240\times\dfrac{2}{3}\times800\mathrm{N}=17.9\mathrm{kN}$。

3. 过梁计算

（1）砖砌平拱过梁

《砌体》规定

> **7.2.3** 过梁的计算，宜符合下列规定：
>
> **1** 砖砌平拱受弯和受剪承载力，可按 5.4.1 条和 5.4.2 条计算。
>
> **7.2.4** 砖砌过梁的构造，应符合下列规定：
>
> **1** 砖砌过梁截面计算高度内的砂浆不宜低于 M5（Mb5、Ms5）。
>
> **2** 砖砌平拱用竖砖砌筑部分的高度不应小于 240mm。

【例 7.6.1-4】

已知砖砌平拱过梁的构造高度为 240mm，过梁底面以上的墙体高度为 500mm，并在其上作用有均布荷载，墙厚 240mm，过梁净跨 $l_n=1.2$m，采用 MU7.5 砖 M5 混合砂浆砌筑，试问，该过梁能承受的均布荷载设计值与下列何项数值相近？

（A）6.400kN/m （B）3.200kN/m （C）9.300kN/m （D）12.8kN/m

【答案】（D）

【解答】

（1）根据《砌体》表 3.2.2，M5 混合砂浆 $f_{tm}=0.23$MPa，$f_v=0.11$MPa。

（2）根据《砌体》7.2.2 条，$h_w=500\text{mm}<l_n=1200\text{mm}$，应当考虑题中所选的均布荷载。

（3）根据《砌体》7.2.3 条中的 h 的取值，“当考虑板传荷载时取板下实际高度”，即 $h=500$mm。

（4）根据《砌体》7.2.3 条，砖砌平拱受弯受剪承载力可按 5.4.1 条和 5.4.2 条计算。

1）按受弯承载力计算。根据《砌体》5.4.1 条，$M=f_{tm}W$。

$$M=\frac{ql_n^2}{8}，W=\frac{bh^2}{6}，代入可得\ q=f_{tm}\times\frac{bh^2}{6}\times\frac{8}{l^2}$$

式中，$b=240$mm，$h=500$mm，$l=1200$mm，$f_{tm}=0.23$MPa，

故
$$q=\frac{0.23\times240\times500^2\times8}{6\times1200^2}=12.7\text{kN/m}。$$

2）按受剪承载力计算。根据《砌体》5.4.2 条，$V=f_vbz$。

$$z=\frac{2}{3}h，V=\frac{ql_n}{2}代入可得\frac{ql_n}{2}=f_vb\,\frac{2}{3}h，q=\frac{f_vb\times2\times h\times2}{3\times l_n}$$

$f_v=0.11$MPa，$b=240$mm，$h=500$mm，$l_n=1200$mm。

故
$$q=\frac{0.11\times240\times2\times500\times2}{3\times1200}=14.7\text{kN/m}。$$

3）取 $q=12.7$kN/m。

（2）钢筋砖过梁

《砌体》规定

7.2.3 过梁的计算，宜符合下列规定：

钢筋砖过梁的受弯承载力可按式（7.2.3）计算，受剪承载力可按本规范第5.4.2条计算：

$$M \leqslant 0.85h_0 f_y A_s \qquad (7.2.3)$$

式中 M——按简支梁计算的跨中弯矩设计值；

h_0——过梁截面的有效高度，$h_0=h-a_s$；

a_s——受拉钢筋重心至截面下边缘的距离；

h——过梁的截面计算高度，取过梁底面以上的墙体高度，但不大于 $l_n/3$；当考虑梁、板传来的荷载时，则按梁、板下的高度采用；

f_y——钢筋的抗拉强度设计值。

A_s——受拉钢筋的截面面积。

7.2.4 砖砌过梁的构造，应符合下列规定：

3 钢筋砖过梁底面砂浆层处的钢筋，其直径不应小于5mm，间距不宜大于120m，钢筋伸入支座砌体内的长度不宜小于240mm，砂浆层的厚度不宜小于30mm。

【例7.6.1-5】、【例7.6.1-6】

某住宅楼的钢筋砖过梁净跨 $l_n=1.5$m，墙厚为240mm，立面见图7.6.1-2采用MU10烧结多孔砖、M10混合砂浆砌筑。过梁底面配筋采用3根直径为8mm的HPB300钢筋，锚入支座内的长度为250mm。多孔砖砌体自重18kN/m³。砌体施工质量控制等级为B级。在离窗口上皮800mm高度处作用有楼板传来的均布恒荷载标准值 $g_k=10$kN/m，均布活荷载标准值 $q_k=5$kN/m。安全等级为二级，设计使用年限50年。

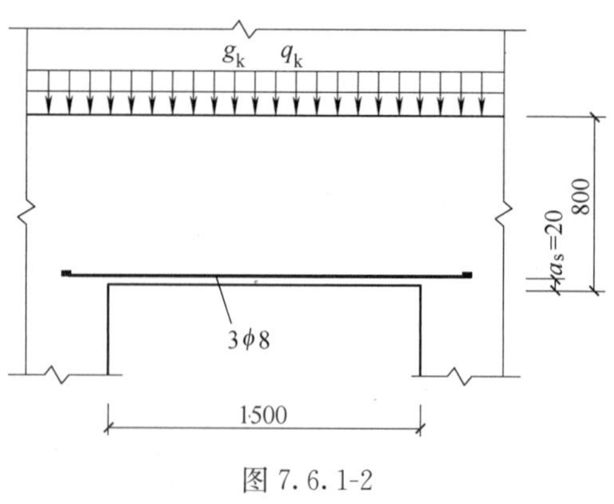

图7.6.1-2

【例7.6.1-5】

试问过梁的受弯承载力设计值（kN·m），与下列何项数值最为接近？

（A）27　　（B）21　　（C）17　　（D）13

【答案】（A）

【解答】

（1）根据《砌体》7.2.2条 800mm<l_0=1500mm，应计入板传荷载

（2）根据《砌体》7.2.3条，因计入板传荷载，过梁的截面计算高度为实际高度，h=800mm，a_s=20mm，$h_0=h-a_s$=800−20=780mm。

（3）根据《混规》表4.2.3-1，HPB300钢，f_y=270MPa，A_s=3×50.25=150.72mm²。

（4）根据《砌体》式（7.2.3）：

$$M=0.85h_0 f_y A_s=0.85\times780\times270\times150.72$$

$$=26.98\text{kN}\cdot\text{m}。$$

【例 7.6.1-6】

试问，过梁的受剪承载力设计值（kN），与下列何项数值最为接近？

提示：砌体强度设计值调整系数 $\gamma_a=1.0$。

(A) 12　　(B) 15　　(C) 22　　(D) 25

【答案】(C)

【解答】

(1) 根据《砌体》表 3.2.2，多孔砖 M10 砂浆，$f_v=0.17$MPa。

(2) 根据《砌体》7.2.3 条，受剪承载力可按第 5.4.2 条式（5.4.2-1）计算：

$$V=f_v bz=f_v b\cdot\frac{2}{3}h=\frac{0.17\times240\times2\times800}{3}\text{N}=21.76\text{kN}。$$

(3) 钢筋混凝土过梁

《砌体》规定

> **7.2.3** 过梁的计算，宜符合下列规定：
>
> **3** 混凝土过梁的承载力，应按混凝土受弯构件计算。验算过梁下砌体局部受压承载力时，可不考虑上层荷载的影响；梁端底面压应力图形完整系数可取 1.0，梁端有效支承长度可取实际支承长度，但不应大于墙厚。
>
> **7.2.3**（条文说明） 砌有一定高度墙体的钢筋混凝土过梁按受弯构件计算严格说是不合理的。试验表明过梁也是偏拉构件。过梁与墙梁并无明确分界定义，主要差别在于过梁会支承于平行的墙体上，且支承长度较长；一般跨度较小，承受的梁板荷载较小。当过梁跨度较大或承受较大梁板荷载时，应按墙梁设计。

【例 7.6.1-7】、【例 7.6.1-8】

砖砌体房屋，局部如图 7.6.1-3 所示，墙厚 240mm，采用 MU10 砖、M2.5 混合砂浆砌筑，钢筋混凝土过梁截面尺寸为 240mm×250mm。

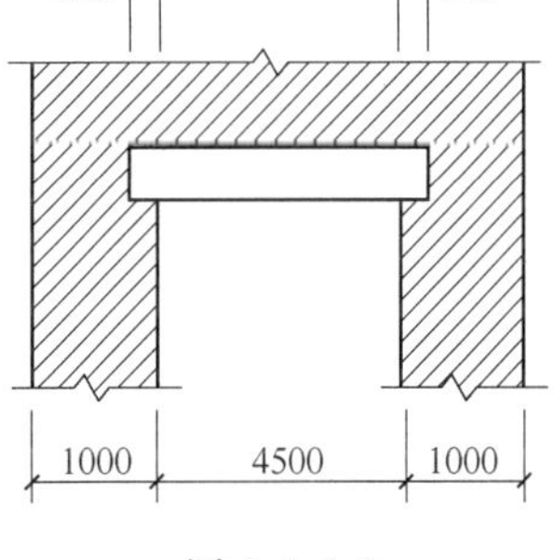

图 7.6.1-3

【例 7.6.1-7】

试指出梁端有效支承长度应为下列何项数值？

(A) $a_0=240$mm　　(B) $a_0=225$mm

(C) $a_0=251$mm　　(D) $a_0=180$mm

【答案】(A)

【解答】根据《砌体》7.2.3 条第 3 款，"梁端有效支承长度可取实际支承长度，但不应大于墙厚"，(A) 正确。

【例 7.6.1-8】

试问容许的梁端局部受压最大承载力设计值 N_l，应为下列何项数值？

(A) $N_l=93$kN　　(B) $N_l=86$kN

(C) $N_l=90$kN　　(D) $N_l=81$kN

【答案】(A)

【解答】

(1) 根据《砌体》表 3.2.1-1，MU10 砖、M2.5 混合砂浆砌筑 $f=1.30$MPa。

(2) 根据《砌体》7.2.3条，“验算过梁下砌体局部受压承载力时，梁端底面压应力图形完整系数可取1.0，梁端有效支承长度可取实际支承长度，但不应大于墙厚”。$\eta=1.0$，$a_0=240\text{mm}$。

(3) 根据《砌体》5.2.3条、5.2.4条：

$A_0=(a+h)\ h=(240+240)\times240\text{mm}^2$，$A_l=a_0b=240\text{mm}\times240\text{mm}$

$\gamma=1+0.35\sqrt{\dfrac{A_0}{A_l}-1}=1+0.35\sqrt{2-1}=1.35>1.25$，取$\gamma=1.25$。

(4) 根据《砌体》5.2.4条：

$$N_l=\eta\gamma fA_l=1.0\times1.25\times1.3\times240\times240=93.6\text{kN}。$$

二、墙梁

1. 墙梁的受力性能

作用在墙梁上的荷载是通过墙体内拱作用传递到两边支座，托梁与墙体形成带拉杆拱的受力机构。无洞口、居中洞和偏开洞简支墙梁的受力机构如图7.6.2-1所示。

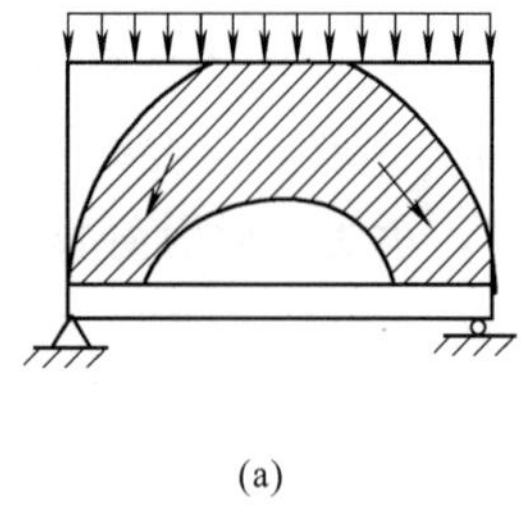
(a)

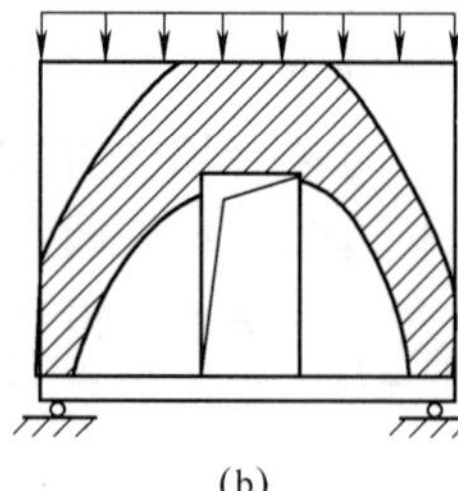
(b)

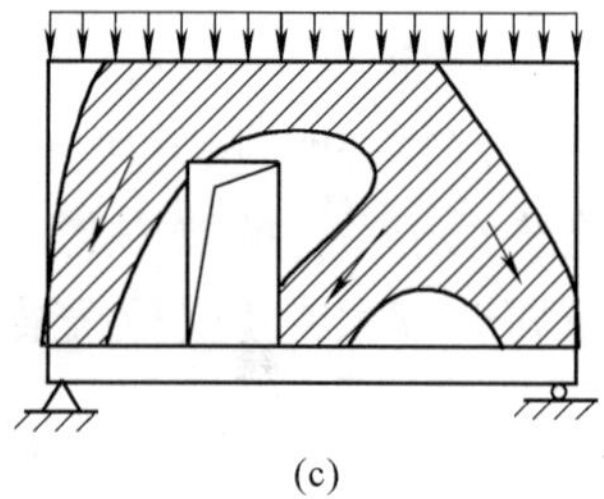
(c)

图7.6.2-1　简支墙梁受力机制

(a) 无洞简支墙梁；(b) 居中洞简支墙梁；(c) 偏开洞简支墙梁

(1) 无洞口简支墙梁

1) 内力分布

墙梁在竖向均布荷载作用下的受力机构为一拉杆拱（图7.6.2-1a）墙体的内拱作用与托梁的刚度有关。当托梁的刚度较大时，墙体的内拱作用减小，墙梁上的竖向应力σ_y呈较均匀分布。当托梁的刚度不大时，墙体的内拱作用增大，墙梁上的荷载沿主压应力轨迹线逐渐向支座传递，越靠近托梁，水平截面上的竖向应力σ_y由均匀分布变成向两端集中的非均匀分布，托梁承受的弯矩将减小。按墙梁竖向截面内水平应力σ_x的分布，墙梁上部墙体大部分受压，托梁的全部或大部分截面受拉，托梁跨中截面内的水平应力σ_x呈梯形分布。与此同时，在托梁与墙体的交界面上，剪应力τ变化较大，且在支座处形成明显的应力集中现象（图7.6.2-2）。

2) 受力特点

墙梁的受力特点

无洞口墙梁的顶部荷载由墙体的内拱作用和托架的拉杆作用共同承受，墙体以受压为主，托梁则处于小偏心受拉状态（图7.6.2-3）。

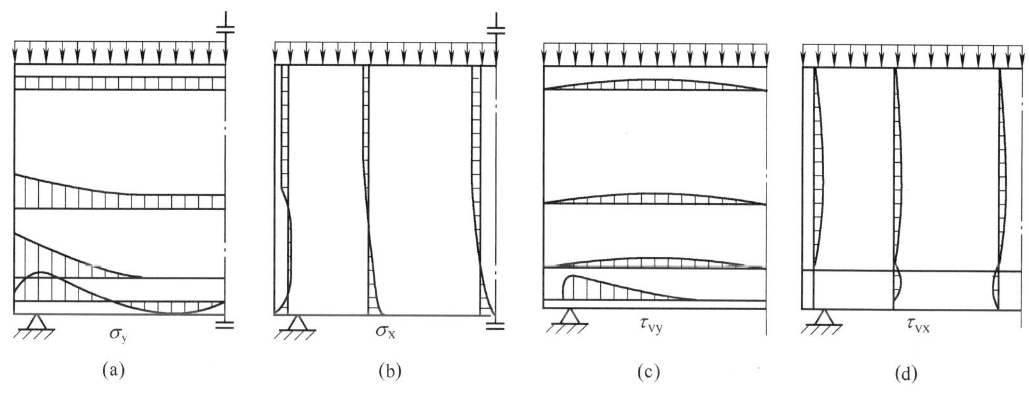

图 7.6.2-2　简支墙梁在弹性阶段的应力分布

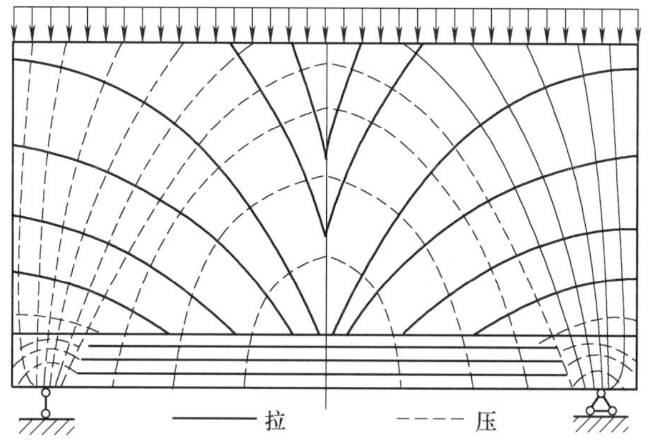

图 7.6.2-3　无洞口简支墙梁主应力迹线

（2）有洞口简支墙梁

对于有洞口墙，洞口位置对墙梁的应力分布和破坏形态影响较大。

1）居中洞墙梁

洞口居中布置的墙梁，当洞口宽度不大于 $l/3$（l 为墙梁跨度）、高度不过高时，由于洞口处于低应力区，并不影响墙梁的受力拱作用（图 7.6.2-4c），因此其受力性能和破坏形态与无洞口墙梁相似。

2）偏开洞墙梁

① 梁的受力特点。当洞口靠近支座时，成为偏开洞墙梁，墙梁形成大拱套小拱的组合拱受力体系（图 7.6.2-4f）此时托梁既作为大拱的拉杆又作为小拱的弹性支座而承受较大的弯矩。由于洞口对墙体刚度和整体性的削弱，有洞口墙梁的变形较无洞口墙梁大。

② 墙梁的内力分布（图 7.6.2-4d、e）为偏开洞简支墙梁的应力分布和主应力迹线图，可以看出，在跨中垂直截面，水平应力 σ_x 的分布与无洞口墙梁相似；但在洞口内侧的垂直截面上，σ_x 分布图被洞口分割成两部分，在洞口上部过梁受拉，顶部墙体受压；在洞口下部，托梁上部受压，下部受拉，托梁处于大偏心受拉状态。竖向应力 σ_y，在未开洞的墙体一侧托梁与墙梁交界面上，分布与无洞口墙梁相似；在开洞口一侧，支座上方和洞口内侧，作用着比较集中的竖向压应力；在洞口外侧，作用着竖向拉应力。在洞口上边

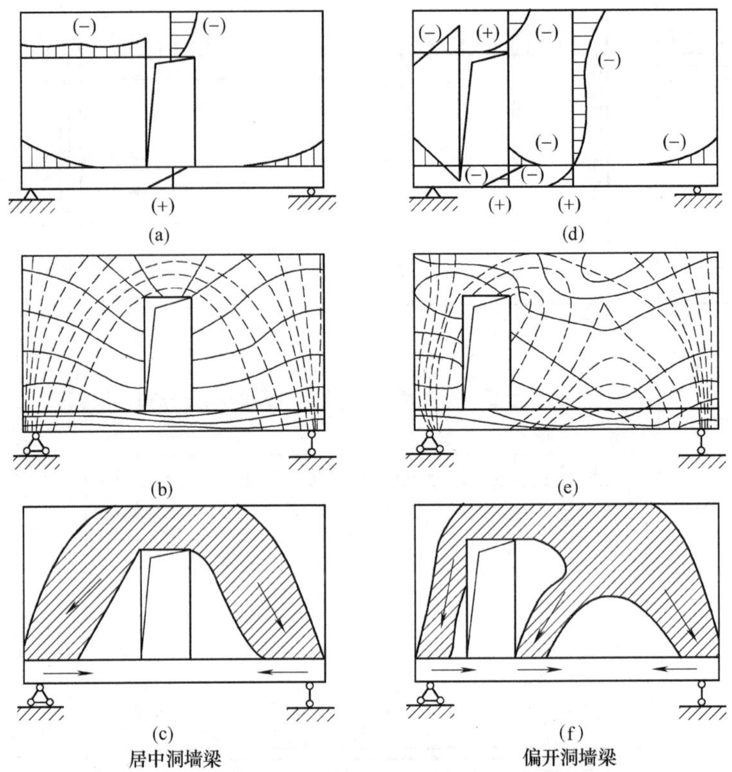

图 7.6.2-4　有洞口简支墙梁的应力分布和主应力迹线

缘外侧墙体的水平截面上，竖向应力 σ_y 近似呈三角形分布，外侧受拉，内侧受压，压应力较集中。托梁与墙体交界面上剪应力 τ_{xy} 分布图形也因洞口存在发生较大变化，在洞口内侧，有明显的剪应力集中。

2. 墙梁设计的一般规定

《砌体》规定

7.3.1 承重与自承重简支墙梁，连续墙梁和框支墙梁的设计，应符合本节规定。

7.3.2 采用烧结普通砖砌体、混凝土普通砖砌体、混凝土多孔砖砌体和混凝土砌块砌体的墙梁设计应符合下列规定：

1 墙梁设计应符合表 7.3.2 的规定。

表 7.3.2　墙梁的一般规定

墙梁类别	墙体总高度（m）	跨度（m）	墙体高跨比 h_w/l_{0i}	托梁高跨比 h_b/l_{0i}	洞宽比 b_h/l_{0i}	洞高 h_h
承重墙梁	≤18	≤9	≥0.4	≥1/10	≤0.3	$\leqslant 5h_w/6$ 且 $h_w-h_h\geqslant 0.4$m
自承重墙梁	≤18	≤12	≥1/3	≥1/15	≤0.8	—

注：墙体总高度指托梁顶面到檐口的高度，带阁楼的坡屋面应算到山尖墙 1/2 高度处。

2 墙梁计算高度范围内每跨允许设置一个洞口，洞口高度，对窗洞取洞顶至托梁顶面距离。对自承重墙梁，洞口至边支座中心的距离不应小于 $0.1l_{0i}$，门窗洞上口至墙顶的距离不应小于 0.5m。

3 洞口边缘至支座中心的距离，距边支座不应小于墙梁计算跨度的 0.15 倍，距中支座不应小于墙梁计算跨度的 0.07 倍。托梁支座处上部墙体设置混凝土构造柱且构造柱边缘至洞口边缘的距离不小于 240mm 时，洞口边至支座中心距离的限值可不受本规定限制。

4 托梁高跨比，对无洞口墙梁不宜大于 1/7，对靠近支座有洞口的墙梁不宜大于 1/6。配筋砌块砌体墙梁的托梁高跨比可适当放宽，但不宜小于 1/14；当墙梁结构中的墙体均为配筋砌块砌体时，墙体总高度可不受本规定限制。

7.3.3 墙梁的计算简图，应按图 7.3.3 采用，各计算参数应符合下列规定：

1 墙梁计算跨度，对简支墙梁和连续墙梁取净跨的 1.1 倍或支座中心线距离的较小值；框支墙梁支座中心线距离，取框架柱轴线间的距离。

2 墙体计算高度，取托梁顶面上一层墙体（包括顶梁）高度，当 h_w 大于 l_0 时，取 h_w 等于 l_0（对连续墙梁和多跨框支墙梁，l_0 取各跨的平均值）。

3 墙梁跨中截面计算高度，取 $H_0=h_w+0.5h_b$。

4 翼墙计算宽度，取窗间墙宽度或横墙间跨的 2/3，且每边不大于 3.5 倍的墙体厚度和墙梁计算跨度的 1/6。

5 框架柱计算高度，取 $H_c=H_{cn}+0.5h_b$；H_{cn} 为框架柱的净高，取基础顶面至托梁底面的距离。

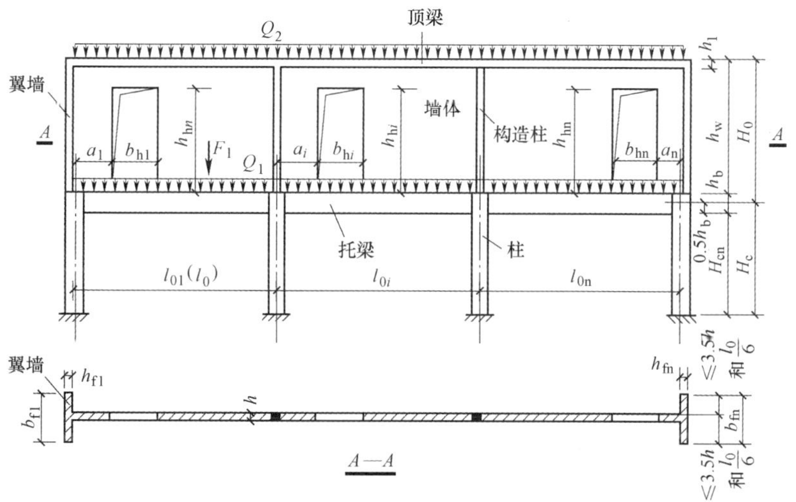

图 7.3.3 墙梁计算简图

l_0（l_{0i}）—墙梁计算跨度；h_w—墙体计算高度；h—墙体厚度；H_0—墙梁跨中截面计算高度；b_{fl}—翼墙计算宽度

H_c—框架柱计算高度；b_{hi}—洞口宽度；h_{hi}—洞口高度；a_i—洞口边缘至支座中心的距离

Q_1、F_1—承重墙梁的托梁顶面的荷载设计值；Q_2—承重墙梁的墙梁顶面的荷载设计值

【例 7.6.2-1】 图 7.6.2-5 中所示的承重墙梁，根据各部位尺寸不同，分为三根，详见表 7.6.2-1 托梁混凝土强度等级为 C30，纵向受力钢筋采用 HRB400 级钢，砖强度等级为 MU10，水泥砂浆强度等级采用 M10，荷载设计值 $Q_1=23.8\text{kN/m}$，$Q_2=116\text{kN/m}$。

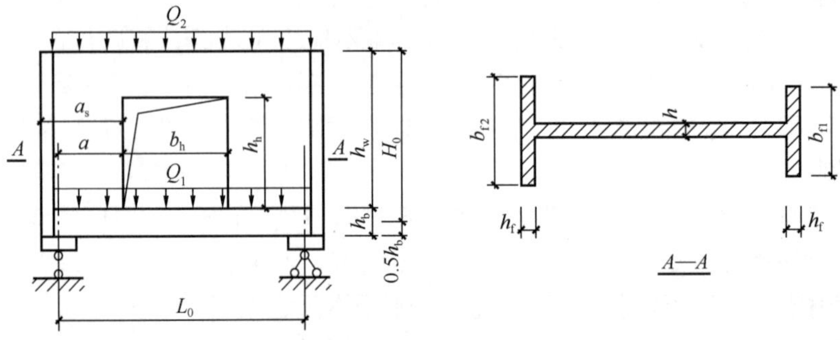

图 7.6.2-5

表 7.6.2-1

墙编号 \ 各部尺寸/m	L_0	H_0	h_b	h_w	h	h_f	b_{f1}	b_{f2}	a	a_s	b_h	h_h
Ⅰ	6.05	3.1	0.50	2.85	0.24	0.24	1.5	1.65	0	0	0	0
Ⅱ	6.05	3.225	0.75	2.85	0.24	0.24	1.5	1.65	1.275	1.5	1.8	2
Ⅲ	7.2	3.25	0.8	2.85	0.24	0.24	1.5	1.6	0	0	0	0

根据总题题意及表 7.6.2-1 的条件，在编号Ⅰ、Ⅱ、Ⅲ的三根墙梁中，确定哪根墙梁可按《砌体》规定进行相关的计算？

注：表 7.6.2-1 中未列出数据，如 L、H 等，均满足《砌体》要求，不需验算。

（A）Ⅱ　　（B）Ⅰ　　（C）Ⅲ　　（D）三根墙梁均不符合条件

【答案】（A）

【解答】

（1）计算墙体高跨比 h_w/l_0

$2.85/6.05=0.47>0.4$，第Ⅰ、Ⅱ号墙梁符合《砌体》表 7.3.2 的要求。

$2.85/7.2=0.396<0.4$，第Ⅲ号墙梁不符合规定。

（2）计算托梁高跨比 h_b/l_0

$0.5/6.05=0.08<\dfrac{1}{10}$，$0.75/6.05=0.12>\dfrac{1}{10}$，第Ⅰ号墙梁不符合《砌体》表 7.3.2 的要求。

（3）验算第Ⅲ号墙梁的洞宽比 b_h/l_0

$b_h/l_0=1.8/6.05=0.297<0.3$，符合《砌体》表 7.3.2 的要求。

（4）验算门洞高 h_h

$h_h=2\text{m}<\dfrac{5}{6}h_w=\dfrac{5}{6}\times2.85=2.375\text{mm}$，$h_w-h_b=2.85-2=0.85\text{m}>0.4\text{m}$

符合《砌体》表 7.3.2 的要求。

（5）验算门洞到支座的距离

距离左支座为 1.275mm，距离右支座为 6.05－1.275－1.8＝2.975mm

根据《砌体》7.3.2 条 3 款：

$$0.15l_0=0.15\times6.05=0.91\text{m}\begin{matrix}<1.275\text{m}\\<2.975\text{m}\end{matrix}，符合规定。$$

所以墙梁Ⅱ可以按《砌体》的规定进行相关的计算。

3. 墙梁的计算荷载

《砌体》规定

> **7.3.4** 墙梁的计算荷载，应按下列规定采用：
>
> **1** 使用阶段墙梁上的荷载，应按下列规定采用：
>
> (1) 承重墙梁的托梁顶面的荷载设计值，取托梁自重及本层楼盖的恒荷载和活荷载；
>
> (2) 承重墙梁的墙梁顶面的荷载设计值，取托梁以上各层墙体自重，以及墙梁顶面以上各层楼（屋）盖的恒荷载和活荷载；集中荷载可沿作用的跨度近似化为均布荷载；
>
> (3) 自承重墙梁的墙梁顶面的荷载设计值，取托梁自重及托梁以上墙体自重。
>
> **2** 施工阶段托梁上的荷载，应按下列规定采用：
>
> (1) 托梁自重及本层楼盖的恒荷载；
>
> (2) 本层楼盖的施工荷载；
>
> (3) 墙体自重，可取高度为 $l_{0\max}/3$ 的墙体自重，开洞时尚应按洞顶以下实际分布的墙体自重复核；$l_{0\max}$ 为各计算跨度的最大值。
>
> 本条条文说明：
>
> 本条不再考虑上部楼面荷载的折减，仅在墙体受剪和局压计算中考虑翼墙的有利作用，以提高墙梁的可靠度，并简化计算。

【例 7.6.2-2】、【例 7.6.2-3】

某四层简支承重墙梁，安全等级二级，设计使用年限 50 年，如图 7.6.2-6 所示，托梁截面尺寸 $b\times h_b=$ 300mm×600mm，伸进墙内各 300mm，托梁自重标准值 $g=5.0$kN/m；墙体为烧结普通砖，厚度 240mm，墙体及抹灰自重标准值 4.5kN/m²；作用于每层墙顶的为由楼板传来的均布恒荷载标准值 $g_k=15.0$kN/m 和均布活荷载标准值 $q_L=8.0$kN/m，各层均相同。

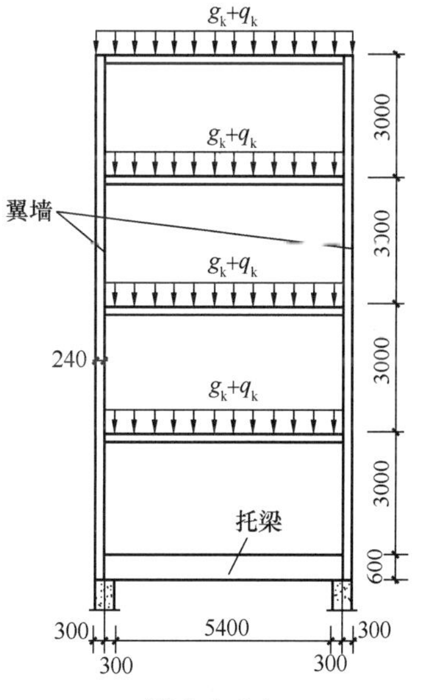

图 7.6.2-6

【例 7.6.2-2】

若荷载效应的基本组合由永久荷载效应控制，活荷载的组合值系数 $\psi_c=0.7$。试问，使用阶段托梁顶面的荷载设计值 Q_1（kN/m），与下列何项数值最为接近？

(A) 6.75　　(B) 28.83

(C) 47.06　　(D) 52.94

【答案】(A)

【解答】

(1) 根据《砌体》7.3.4条第1款第1条，托梁顶面的荷载设计值Q_1，取托梁自重及本层楼盖的恒荷载和活荷载。本层楼盖无恒荷载和活荷载，只有托梁自重为50kN/m，所以永久荷载起控制作用。

(2) 根据《砌体》式(4.1.5-1)：

$$S = \gamma_0(1.35S_{Gk} + 1.4\gamma_L \sum_{i=1}^{n} \psi_{ci} S_{Qik})$$

安全等级二级，$\gamma_0 = 1.0$；设计使用年限50年，$\gamma_L = 1.0$。

$$Q_1 = 1.0 \times (1.35 \times 5.0) = 6.75\text{kN/m}$$

【例 7.6.2-3】

若荷载效应的基本组合由永久荷载效应控制，活荷载的组合值系数$\psi_c = 0.7$，试问，使用阶段墙梁顶面的荷载设计值Q_2(kN/m)，与下列何项数值最为接近？

(A) 160　　(B) 185　　(C) 200　　(D) 220

【答案】(B)

【解答】根据《砌体》7.3.4条第2款“承重墙梁的墙梁顶面的荷载设计值，取托梁以上各层墙体自重，以及墙梁顶面以上各层楼(屋)盖的恒荷载和活荷载。”

(1) 托梁以上各层墙体自重 $4.5 \times 3 \times 4 = 54\text{kN/m}$。

(2) 墙梁顶面以上各层楼(屋盖)的恒荷载与活荷载

恒荷载　15kN/m×4=60kN/m

活荷载　8kN/m×4=32kN/m

(3) 根据《砌体》式(4.1.5-2)：

$$S = \gamma_0(1.35S_{Gk} + 1.4\gamma_L \sum_{i=1}^{n} \psi_{ci} S_{Qik})$$

安全等级二级，$\gamma_0 = 1.0$；设计使用年限50年，$\gamma_L = 1.0$。

$$Q_2 = 1.0 \times [1.35 \times (54 + 60) + 1.4 \times 1.0 \times 0.7 \times 32] = 185.26\text{kN}$$

4. 墙梁的承载力计算

《砌体》规定

> **7.3.5** 墙梁应分别进行托梁使用阶段正截面承载力和斜截面受剪承载力计算、墙体受剪承载力和托梁支座上部砌体局部受压承载力计算，以及施工阶段托梁承载力验算。自承重墙梁可不验算墙体受剪承载力和砌体局部受压承载力。

(1) 托梁的正截面承载力计算

《砌体》规定

> **7.3.6** 墙梁的托梁正截面承载力，应按下列规定计算：
>
> **1** 托梁跨中截面应按混凝土偏心受拉构件计算，第i跨跨中最大弯矩设计值M_{bi}及轴心拉力设计值N_{bti}可按下列公式计算：
>
> $$M_{bi} = M_{1i} + \alpha_M M_{2i} \tag{7.3.6-1}$$
>
> $$N_{bti} = \eta_N \frac{M_{2i}}{H_0} \tag{7.3.6-2}$$

（1）当为简支墙梁时：

$$\alpha_{M}=\psi_{M}\left(1.7\frac{h_{b}}{l_{0}}-0.03\right) \tag{7.3.6-3}$$

$$\psi_{M}=4.5-10\frac{a_{i}}{l_{0}} \tag{7.3.6-4}$$

$$\eta_{N}=0.44+2.1\frac{h_{w}}{l_{0}} \tag{7.3.6-5}$$

式中：M_{1i}——荷载设计值 Q_1、F_1 作用下的简支梁跨中弯矩或按连续梁、框架分析的托梁第 i 跨跨中最大弯矩；

M_{2i}——荷载设计值 Q_2 作用下的简支梁跨中弯矩或按连续梁、框架分析的托梁第 i 跨跨中最大弯矩；

α_M——考虑墙梁组合作用的托梁跨中截面弯矩系数，可按式（7.3.6-3）计算，但对自承重简支墙梁应乘以折减系数 0.8；当式（7.3.6-3）中的 $h_b/l_0>1/6$ 时，取 $h_b/l_0=1/6$；当式（7.3.6-3）中的 $h_b/l_{0i}>1/7$ 时，取 $h_b/l_{0i}=1/7$；当 $\alpha_M>1.0$ 时，取 $\alpha_M=1.0$；

η_N——考虑墙梁组合作用的托梁跨中截面轴力系数，可按式（7.3.6-5）计算，但对自承重简支墙梁应乘以折减系数 0.8；当 $h_w/l_{0i}>1$ 时，取 $h_w/l_{0i}=1$；

ψ_M——洞口对托梁跨中截面弯矩的影响系数，对无洞口墙梁取 1.0，对有洞口墙梁可按式（7.3.6-4）计算；

a_i——洞口边缘至墙梁最近支座中心的距离，当 $a_i>0.35l_{0i}$ 时，取 $a_i=0.35l_{0i}$。

【例 7.6.2-4】、【例 7.6.2-5】

图 7.6.2-7 中所示的承重墙梁，见表 7.6.2-2 托梁混凝土强度等级为 C30，纵向受力钢筋采用 HRB400 级钢，砖强度等级为 MU10，水泥砂浆强度等级采用 M10，荷载设计值 $Q_1=23.8$kN/m，$Q_2=116$kN/m。

表 7.6.2-2

部位	l_0	H_0	h_b	h_w	α
(m)	6.05	3.225	0.8	2.85	1.275

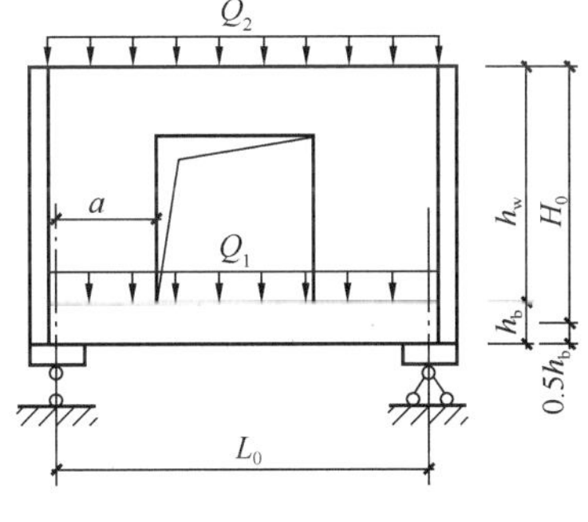

图 7.6.2-7

【例 7.6.2-4】

假定墙梁的 $M_1=150$kN/m，$M_2=500$kN/m，试确定墙梁的托梁跨中截面弯矩 M_b 值，并指出与下列何项数值最接近？

（A）378kN/m　（B）224.5kN/m　（C）335.5kN/m　（D）338.5kN/m

【答案】（A）

【解答】根据《砌体》7.3.6 条计算。

（1）计算洞口对托梁跨中截面弯矩的影响系数 ψ_M

$$\psi_M=4.5-10\frac{a}{l_0}=4.5-10\frac{1.275}{6.05}=2.39$$

（2）计算墙梁组合作用的托梁跨中截面弯矩系数 α_M

$$\frac{h_b}{l_0}=\frac{0.8}{6.05}=0.13<\frac{1}{6}=0.166$$

$$\alpha_M=\psi_M\left(1.7\frac{h_b}{l_0}-0.03\right)=2.39\times（1.7\times0.13-0.03）=0.456$$

（3）计算托梁跨中最大弯矩设计值 M_b

$$M_b=M_1+\alpha_M M_2=150+0.456\times500=378\text{kN}$$

【例 7.6.2-5】

试确定墙梁的托梁轴心拉力最接近下列何项数值？

（A）220.29kN　　（B）235.17kN　　（C）45.2kN　　（D）154.2kN

【答案】（B）

【解答】根据《砌体》7.3.6 条计算。

（1）计算荷载设计值 Q_2。作用下的跨中弯矩设计值 M_2

$$M_2=\frac{1}{8}Q_2l_0^2=\frac{1}{8}\times116\times6.05^2=530.74\text{kN/m}$$

（2）计算墙梁组合作用的托梁跨中截面轴力系数 η_N

$$\eta_N=0.44+2.1\frac{h_w}{l_0}=0.44+2.1\frac{2.85}{6.05}=1.43$$

（3）计算跨中轴心拉力设计值 N_{bt}

$$N_{bt}=\eta_N\frac{M_2}{H_0}=1.43\times\frac{530.74}{3.225}=235.2\text{kN}$$

（2）托梁的斜截面承载力计算

《砌体》规定

7.3.8 墙梁的托梁斜截面受剪承载力应按混凝土受弯构件计算，第 j 支座边缘截面的剪力设计值 V_{bj} 可按下式计算：

$$V_{bj}=V_{1j}+\beta_v V_{2j} \tag{7.3.8}$$

式中：V_{1j} ——荷载设计值 Q_1、F_1 作用下按简支梁、连续梁或框架分析的托梁第 j 支座边缘截面剪力设计值；

V_{2j} ——荷载设计值 Q_2 作用下按简支梁、连续梁或框架分析的托梁第 j 支座边缘截面剪力设计值；

β_v ——考虑墙梁组合作用的托梁剪力系数，无洞口墙梁边支座截面取 0.6，中间支座截面取 0.7；有洞口墙梁边支座截面取 0.7，中间支座截面取 0.8；对自承重墙梁，无洞口时取 0.45，有洞口时取 0.5。

【例 7.6.2-6】

已知某自承重简支墙梁，如图 7.6.2-8 所示，柱距 6m，墙体高度 15m，墙厚 370m，

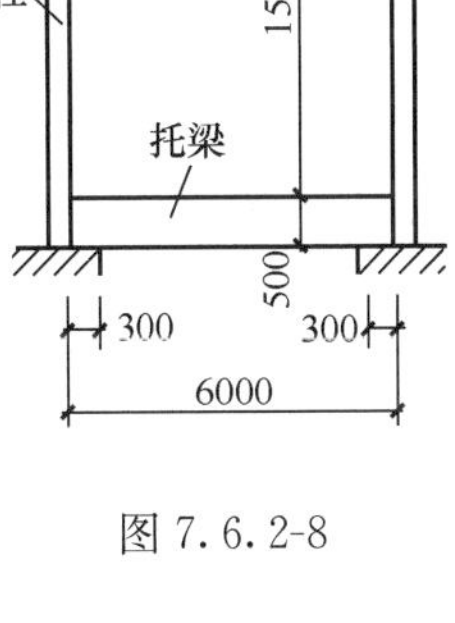

图 7.6.2-8

墙体及抹灰自重设计值为 $10.5\mathrm{kN/m^2}$；墙下设钢筋混凝土托梁，托梁自重设计值为 6.2kN/m，托梁长 6m，两端各伸入支座宽 0.3m，纵向钢筋采用 HRB400 级，箍筋 HPB300 级。施工质量控制等级为 B 级，结构重要性系数 1.0。

假定取计算跨度 $l_0=6\mathrm{m}$。试问，使用阶段托梁梁端剪力设计值（kN），与下列何项数值最为接近？

（A）240　（B）230　（C）220　（D）210

【答案】（C）

【解答】

（1）求墙梁顶面的荷载设计值 Q_2。根据《砌体》7.3.4 条第 1 款第 3 项和图 7.3.3。

使用阶段自承重墙梁的墙梁顶面的荷载设计值 Q_2 为托梁自重和托梁以上墙体自重；没有 Q_1，所以 $Q_1=0$。托梁自重的设计值为 6.2kN/m。

托梁以上墙体自重设计值为 $10.5\mathrm{kN/m^2}\times15\mathrm{m}=157.5\mathrm{kN/m}$

$$Q_2=6.2+157.5=163.7\mathrm{kN/m}$$

（2）求托梁和墙体自重在梁端产生的剪力 V_2

$$V_2=\frac{ql_0}{2}=\frac{163.7}{2}\times6=491.1\mathrm{kN}$$

（3）求墙梁支座边缘截面的剪力设计值 V_{bi}

根据《砌体》7.3.8 条，自承重墙梁无洞口 $\beta_v=0.45$。

$$V_{bj}=V_{ij}+\beta_v V_{2j}=0+0.45\times491.1=221\mathrm{kN}$$

（3）墙体的承载力计算

① 墙体受剪承载力

《砌体》规定

7.3.9 墙梁的墙体受剪承载力，应按式（7.3.9）验算，当墙梁支座处墙体中设置上、下贯通的落地混凝土构造柱，且其截面不小于 240mm×240mm 时，可不验算墙梁的墙体受剪承载力。

$$V_2\leqslant\xi_1\xi_2\left(0.2+\frac{h_b}{l_{0i}}+\frac{h_t}{l_{0i}}\right)fhh_w \tag{7.3.9}$$

式中：V_2——在荷载设计值 Q_2 作用下墙梁支座边缘截面剪力的最大值；

ξ_1——翼墙影响系数，对单层墙梁取 1.0，对多层墙梁，当 $b_f/h=3$ 时取 1.3，当 $b_f/h=7$ 时取 1.5，当 $3<b_f/h<7$ 时，按线性插入取值；

ξ_2——洞口影响系数，无洞口墙梁取 1.0，多层有洞口墙梁取 0.9，单层有洞口墙梁取 0.6；

h_t——墙梁顶面圈梁截面高度。

② 墙体局部受压承载力

《砌体》规定

7.3.10 托梁支座上部砌体局部受压承载力，应按式（7.3.10-1）验算，当墙梁的墙体中设置上、下贯通的落地混凝土构造柱，且其截面不小于240mm×240mm时，或当b_f/h大于等于5时，可不验算托梁支座上部砌体局部受压承载力。

$$Q_2 \leqslant \zeta f h \tag{7.3.10-1}$$

$$\zeta = 0.25 + 0.08\frac{b_f}{h} \tag{7.3.10-2}$$

式中：ζ——局压系数。

【例7.6.2-7】、【例7.6.2-8】

图7.6.2-9中所示的承重墙梁，各部尺寸详见表7.6.2-3各尺寸均满足《砌体》要求。托梁混凝土强度等级为C30，纵向受力钢筋采用HRB400级钢，砖强度等级为MU10，水泥砂浆强度等级采用M5，荷载设计值Q_1=23.8kN/m，Q_2=116kN/m。

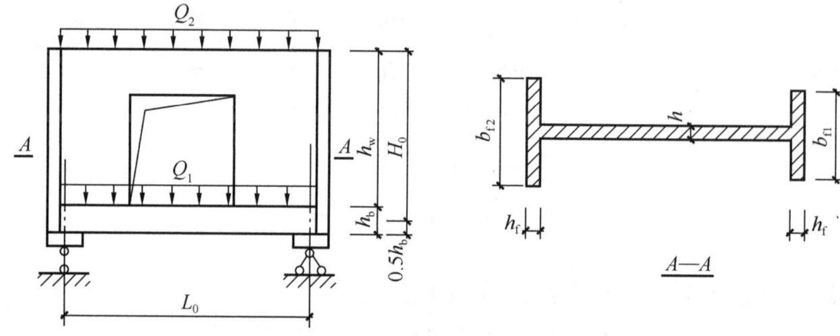

图7.6.2-9

表7.6.2-3

各部	L_0	H_0	h_b	h_w	h	h_f	h_{f1}	b_{f2}
尺寸/m	6.05	3.225	0.75	2.85	0.24	0.24	1.5	1.65

【例7.6.2-7】

试问，该墙体斜截面受剪承载力V_{max}（kN）与下列何项数值最为接近？

（A）179.5　（B）200　（C）500　（D）520

【答案】（B）

【解答】

根据《砌体》表3.2.1和表3.2.3，（MU10、M5），f=1.5MPa，γ_a=1.0。

根据《砌体》7.3.9条，单层墙梁ξ_1=1.0，ξ_2=0.6墙梁顶部无圈梁h_t=0。

$$V_{max} = \xi_1\xi_2\left(0.2+\frac{h_b}{l_0}+\frac{h_t}{l_0}\right)fhh_w$$

$$=1.0\times0.6\times\left(0.2+\frac{0.75}{6.05}+\frac{0}{6.05}\right)\times1.5\times240\times2850\text{N} = 199.4\text{kN}$$

【例7.6.2-8】

试确定墙梁的托梁支座上部砌体局部受压承载力，最接近下列何项数值？

（A）241.7kN/m　（B）284.4kN/m

(C) 249.8kN/m　　　　　　　　(D) 可不必验算

【答案】(D)

【解答】

(1) 根据《砌体》表 3.2.1-1 和第 3.2.3 条，$f=1.50\text{MPa}$，$\gamma_a=1.0$。

(2) 根据《砌体》7.3.10 条：

$$Q_2 \leqslant \zeta f t, \zeta = 0.25 + 0.8\frac{h_f}{h}$$

为偏于安全取 $b_{f1}=1.5\text{m}$ 计算，$\frac{b_{f1}}{h}=\frac{1.5}{0.24}=6.25>5$，按《砌体结构设计规范》7.3.10 条当 b_f/h 大于或等于 5 时可不验算托梁支座上部砌体局部受压承载力。

二、挑梁

1. 挑梁的受力性能

砌体结构中的悬挑构件有两种情况：

第一种情况是墙体平面内的悬挑构件，如支撑、阳台板、檐口板、外伸走廊板的挑梁；

第二种情况是墙体平面外的悬挑构件，如雨篷等；

第一种悬挑构件的特点是挑梁埋入墙内的长度较大，梁相对于砌体的刚度较小时，梁发生明显的挠曲变形，将这种挑梁称为弹性挑梁。

第二种悬挑构件的特点是挑梁埋入墙内的长度较小，梁相对于砌体的刚度较大时，挠曲变形很小，主要发生刚体转动，将这种挑梁称为刚性挑梁。

(1) 弹性挑梁的受力性能

埋置于墙体中的挑梁，是与砌体共同工作的。从应力状态来看它属于钢筋混凝土梁与墙体组合的平面应力问题，因而，不能简单地作为一般的一端固定梁设计。

试验和理论研究均表明，在墙上均布荷载 p 和挑梁端部集中力 F 的作用下，挑梁结构经历了弹性、带裂缝工作和破坏等三个受力阶段（图 7.6.3-1）。

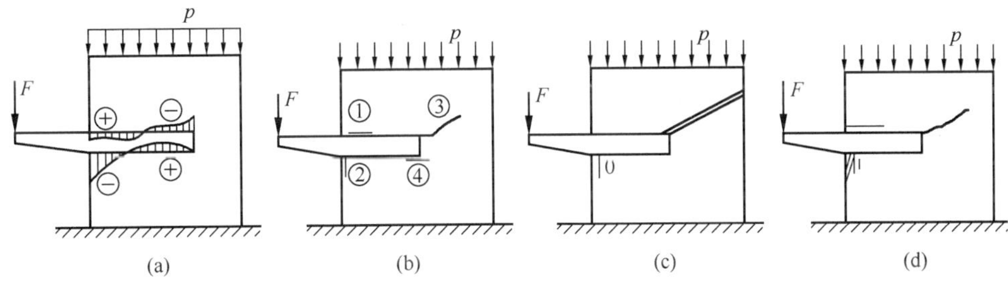

图 7.6.3-1　挑梁的三个受力阶段和破坏

(a) 弹性阶段；(b) 带裂缝工作阶段；(c) 倾覆破坏；(d) 局压破坏

挑梁的破坏可能有如下三种形态：

① 挑梁的倾覆破坏（图 7.6.3-1c）。荷载作用下挑梁的倾覆力矩大于抗倾覆力矩，挑梁尾端处墙体斜裂缝不断开展，导致挑梁绕倾覆点 D 发生倾覆破坏。

② 挑梁下砌体局部受压破坏（图 7.6.3-1d）。挑梁下靠近墙边的小部分砌体由于压应

力过大而发生局部受压破坏。

③ 挑梁的弯曲破坏或剪切破坏。由于挑梁正截面受弯或斜截面受剪承载力不足而引起。

（2）刚性挑梁的受力性能

刚性挑梁埋入砌体的长度较短（一般为墙厚），在外荷载作用下，埋入墙内的梁挠曲变形很小，可忽略不计。在外荷载作用下，挑梁绕着砌体内某点发生刚体转动，梁下外侧部分砌体产生压应变，内侧部分砌体产生拉应力，随着荷载的增大，中和轴逐渐向外侧移动。当砌体受拉边灰缝拉应力超过界面水平灰缝的弯曲抗拉强度时，出现水平裂缝（图 7.6.3-2）。荷载继续增大，裂缝向墙外侧延伸，挑梁及其上部墙体继续转动，直至发生倾覆破坏。

根据挑梁在墙体内的受力情况，可分成两类（图 7.6.3-3）

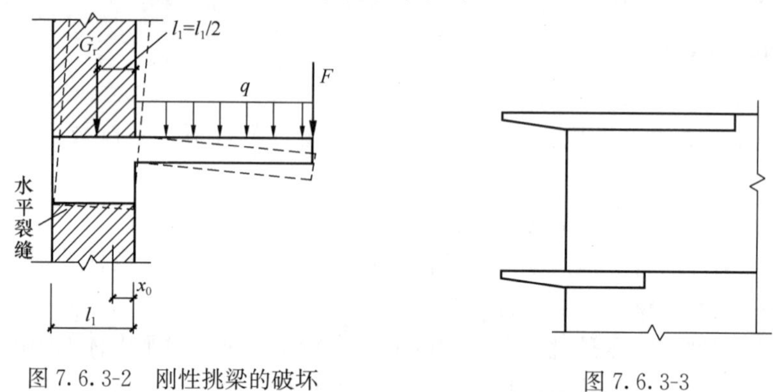

图 7.6.3-2　刚性挑梁的破坏　　　图 7.6.3-3

第一类是梁的一部分埋入墙体内而另一端外挑的悬臂构件。

第二类是梁的一部分浮置在墙体顶上而另一端外挑的悬臂构件。

这两类挑梁的受力情况是不相同的，相应《砌体》有不同的规定。

《砌体》主要讨论埋入砌体墙内的挑梁，挑梁上无砌体的仅有一条构造规定，如下所述。故浮置在墙上的悬挑构件不能直接套用挑梁埋入砌体的计算公式。

7.4.6　挑梁设计除应符合现行国家标准《混凝土结构设计规范》GB 50010 的有关规定外，尚应满足下列要求：

2　挑梁埋入砌体长度 l_1 与挑出长度 l 之比宜大于 1.2；当挑梁上无砌体时，l_1 与 l 之比宜大于 2。

2. 砌体墙中钢筋混凝土挑梁的抗倾覆计算

《砌体》规定

7.4.1　砌体墙中混凝土挑梁的抗倾覆，应按下列公式进行验算：

$$M_{ov} \leqslant M_r \tag{7.4.1}$$

式中：M_{ov}——挑梁的荷载设计值对计算倾覆点产生的倾覆力矩；

M_r——挑梁的抗倾覆力矩设计值。

7.4.2　挑梁计算倾覆点至墙外边缘的距离可按下列规定采用：

1 当 l_1 不小于 2.2 h_b 时（l_1 为挑梁埋入砌体墙中的长度，h_b 为挑梁的截面高度），梁计算倾覆点到墙外边缘的距离可按式（7.4.2-1）计算，且其结果不应大于 0.13 l_1。

$$x_0 = 0.3h_b \tag{7.4.2-1}$$

式中：x_0 ——计算倾覆点至墙外边缘的距离（mm）；

2 当 l_1 小于 2.2 h_b 时，梁计算倾覆点到墙外边缘的距离可按下式计算：

$$x_0 = 0.13l_1 \tag{7.4.2-2}$$

3 当挑梁下有混凝土构造柱或垫梁时，计算倾覆点到墙外边缘的距离可取 0.5 x_0。

4.1.6 当砌体结构作为一个刚体，需验算整体稳定性时，应按下列公式中最不利组合进行验算：

$$\gamma_0 \left(1.2S_{G2k} + 1.4\gamma_L S_{Q1k} + \gamma_L \sum_{i=2}^{n} S_{Qik}\right) \leqslant 0.8S_{G1k} \tag{4.1.6-1}$$

$$\gamma_0 \left(1.35S_{G2k} + 1.4\gamma_L \sum_{i=2}^{n} \psi_{ci} S_{Qik}\right) \leqslant 0.8S_{G1k} \tag{4.1.6-2}$$

式中：S_{G1k}——起有利作用的永久荷载标准值的效应；

S_{G2k}——起不利作用的永久荷载标准值的效应。

7.4.3 挑梁的抗倾覆力矩设计值，可按下式计算：

$$M_r = 0.8G_r(l_2 - x_0) \tag{7.4.3}$$

式中：G_r ——挑梁的抗倾覆荷载，为挑梁尾端上部 45°扩展角的阴影范围（其水平长度为 l_3 ）内本层的砌体与楼面恒荷载标准值之和（图 7.4.3）；当上部楼层无挑梁时，抗倾覆荷载中可计及上部楼层的楼面永久荷载；

l_2 —— G_r 作用点至墙外边缘的距离。

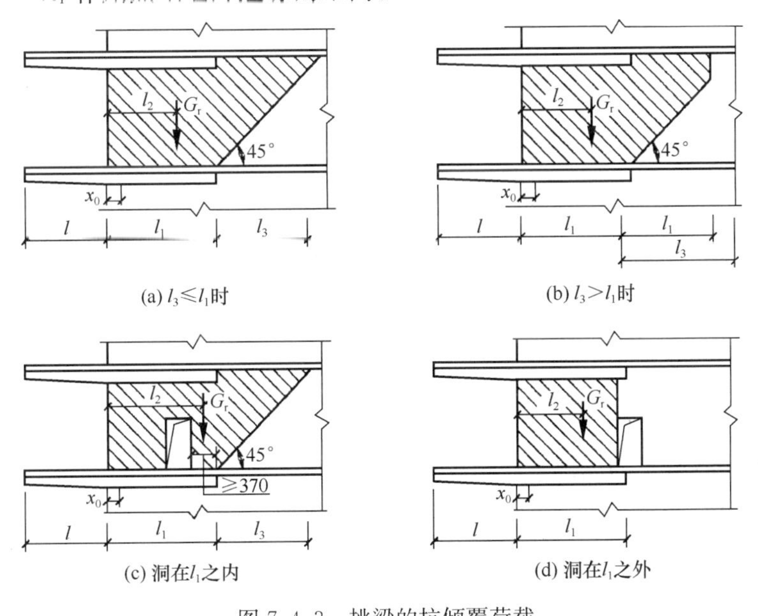

图 7.4.3 挑梁的抗倾覆荷载

【例 7.6.3-1】

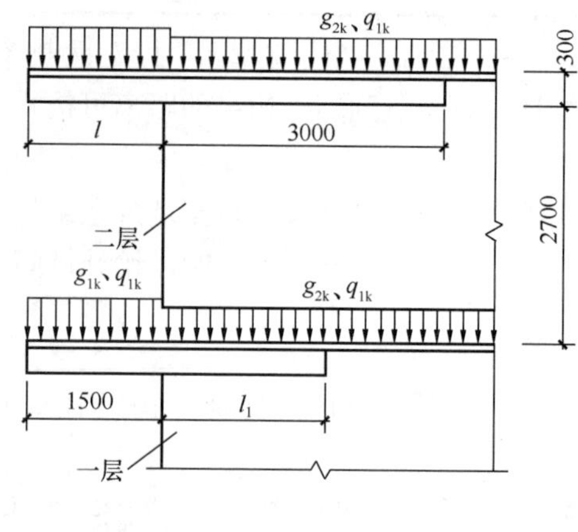

图 7.6.3-4

某二层砌体结构中钢筋混凝土挑梁，埋置于丁字形截面的墙体中，如图 7.6.3-4 所示，墙厚均为 240mm，挑梁断面（$b \times h_b$）为 240mm×300mm，梁下无钢筋混凝土构造柱。楼板传给挑梁的永久荷载 g、活荷载 q 的标准值分别为：$g_{1k}=15.5\text{kN/m}$，$q_{1k}=5\text{kN/m}$，$g_{2k}=10\text{kN/m}$，挑梁自重标准值为 1.35kN/m。活荷载组合值系数 $\psi_c=0.7$。安全等级二级，设计使用年限 50 年。

当 $l_1=1600\text{mm}$ 时，一层挑梁根部的最大倾覆力矩（kN·m）与下列何项数值最为接近？

(A) 28.0　　(B) 32.0　　(C) 35.0　　(D) 40.0

【答案】(C)

【解答】

(1) 计算挑梁的倾覆点到墙外边缘的距离 x_0

根据《砌体》7.4.2 条：

$$l_1 = 1600\text{mm} > 2.2h_b = 2.2 \times 300 = 660\text{mm}$$

$$x_0 = 0.3h_b = 0.3 \times 300 = 90\text{mm} < 0.13l_1 = 0.13 \times 1600 = 208\text{mm}$$

(2) 求作用在挑梁上的均布荷载设计值 q

根据《砌体》4.1.5 条应按最不利组合计算，安全等级二级，$\gamma_0=1.0$；设计使用年限 50 年，$\gamma_L=1.0$。

1) $q_1=\gamma_0\left(1.2S_{G1k}+1.4\gamma_L S_{Q1k}+\gamma_L \sum_{i=2}^{n} S_{Qik}\right)$

$$q_1=1.0\times[1.2\times(15.5+1.35)+1.4\times1.0\times5]=27.22\text{kN/m}$$

2) $q_2=\gamma_0\left(1.35S_{G1k}+1.4\gamma_L \sum_{i=2}^{n} \psi_{ci}S_{Qik}\right)$

$$q_2=1.0\times[1.35\times(15.5+1.35)+14\times1.0\times0.7\times5]=27.65\text{kN/m}$$

3) 取 $q_2=27.65\text{kN/m}$ 计算倾覆力矩。

(3) 计算挑梁的倾覆力矩设计值

因为倾覆点位于墙内 90mm 处，所以挑出长度为 1500+90=1590mm。

$$M_{0v}=\frac{q_2 l^2}{2}=\frac{1}{2}\times27.65\times1.59^2=34.95\text{kN/m}$$

3. 砌体墙中挑梁下的局部受压承载力计算

《砌体》规定

7.4.4 挑梁下砌体的局部受压承载力，可按下式验算（图 7.4.4）：

$$N_l \leqslant \eta\gamma f A_l \tag{7.4.4}$$

式中：N_l——挑梁下的支承压力，可取 $N_l = 2R$，R 为挑梁的倾覆荷载设计值；

η——梁端底面压应力图形的完整系数，可取 0.7；

γ——砌体局部抗压强度提高系数，对图 7.4.4a 可取 1.25；对图 7.4.4b 可取 1.5；

A_l——挑梁下砌体局部受压面积，可取 $A_l = 1.2bh_b$，b 为挑梁的截面宽度，h_b 为挑梁的截面高度。

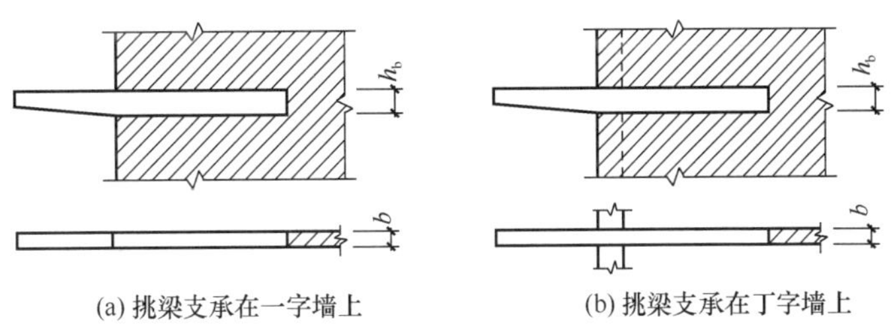

图 7.4.4　挑梁下砌体局部受压

【例 7.6.3-2】

某钢筋混凝土挑梁设置于 T 形截面的砌体墙中，尺寸如图 7.6.3-5 所示，墙内无构造柱。挑梁根部截面尺寸 $b \times h_b = 240\text{mm} \times 400\text{mm}$，采用 C25 混凝土。挑梁上、下墙厚均为 240mm，采用 MU10 级烧结普通砖，M7.5 级混合砂浆砌筑。楼板传给挑梁的荷载标准值：挑梁端集中恒荷载为 $F_k = 10.0\text{kN}$，均布恒荷载 $g_{1k} = g_{2k} = 10.0\text{kN/m}$，均布活荷载 $q_{1k} = 9.0\text{kN/m}$，挑梁墙内部分自重为 2.4kN/m，挑出部分自重简化为 1.8kN/m。施工质量控制等级为 B 级，结构安全等级为二级。砖墙容重 $\gamma_{砖} = 20\text{kN/m}^3$，永久荷载的分项系数取 $\gamma_G = 1.2$，活荷载的分项系数取 $\gamma_Q = 1.4$，荷载效应最不利组合由活荷载控制。

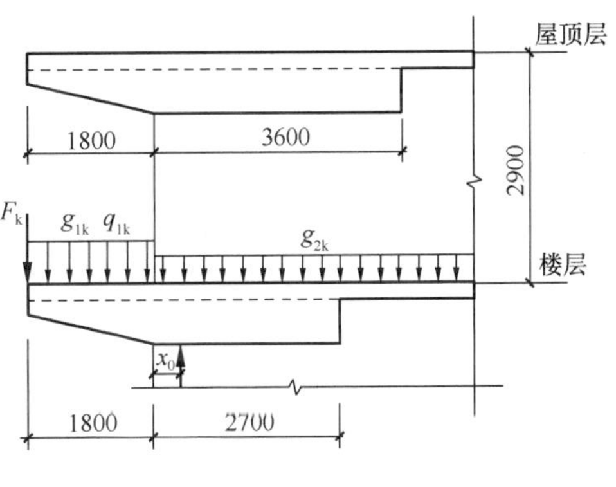

图 7.6.3-5

楼层挑梁下砌体的局部受压承载力验算时，试问，公式 N_l（kN）$\leqslant \eta\gamma f A_l$（kN）的左右端项，与下列何项数值最为接近？

提示：砌体的抗压强度设计值不考虑强度调整系数 γ_a 的影响。

(A) 120＜200　　(B) 100＜200　　(C) 120＜170　　(D) 100＜170

【答案】(A)

根据《砌体》7.4.4 条

(1) 计算倾覆荷载设计值 R

挑梁的挑出长度 $l = 1800\text{mm}$，

荷载效应最不利组合由活荷载控制，

$$R = 1.2 \times 10 + 1.2 \times (10 + 1.8) \times 1.8 + 1.4 \times 9 \times 1.8 = 60.17\text{kN}$$

(2) 计算挑梁下的支承压力

$$N_l = 2R = 2 \times 60.17 = 120.34\text{kN},$$

(3) 计算挑梁下砌体的局部受压面积

$$A_l = 1.2bh_b = 1.2 \times 240 \times 400 = 115200\text{mm}^2$$

(4) 计算挑梁下砌体的局部受压承载力

根据《砌体》3.2.1 条 $f=1.69\text{N/mm}^2$

根据《砌体》7.4.4 条

梁端底部压应力图形完整系数 $\eta=0.7$,

砌体局部抗压强度提高系数 $\gamma=1.5$,

根据《砌体》式(7.4.4)计算

$$\eta\gamma f A_l = 0.7 \times 1.5 \times 1.69 \times 115200 = 204.4\text{kN}$$

(5) 局部承压承载力验算

$$120.34\text{kN} < 204.4\text{kN}$$

4. 雨篷的抗倾覆验算

《砌体》规定

7.4.7 雨篷等悬挑构件可按第 7.4.1 条~7.4.3 条进行抗倾覆验算，其抗倾覆荷载 G_r 可按图 7.4.7 采用，G_r 距墙外边缘的距离为墙厚的 1/2，l_3 为门窗洞口净跨的 1/2。

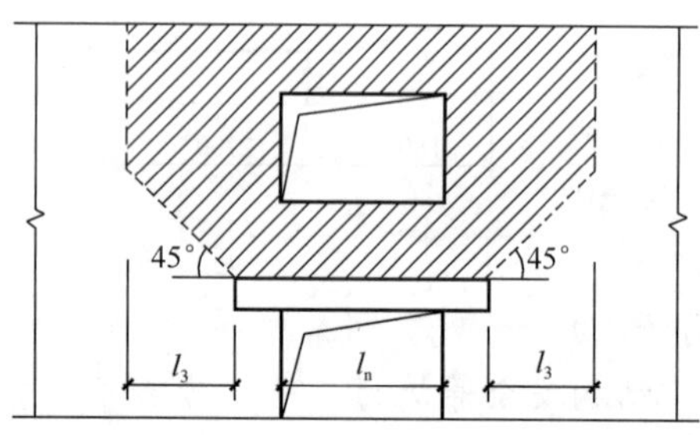

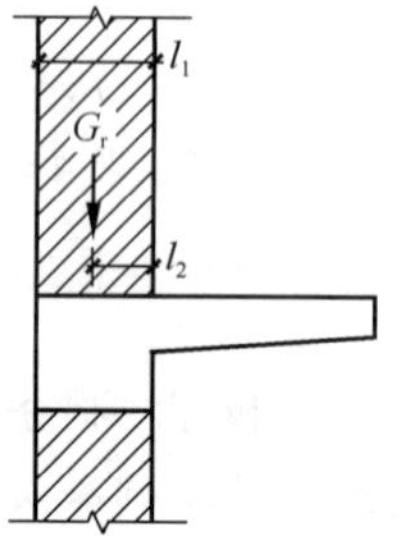

图 7.4.7 雨篷的抗倾覆荷载

G_r —抗倾覆荷载；l_1 —墙厚；l_2 — G_r 距墙外边缘的距离

【例 7.6.3-3】、【例 7.6.3-4】

不上人雨篷如图 7.6.3-6 所示，雨篷板挑出长度 $l=1.0\text{m}$，雨篷梁截面尺寸为 240mm×240mm，房屋层高为 3.6m。墙体采用 MU7.5 砖和 M2.5 混合砂浆砌筑，墙厚 240mm，双面抹灰，墙体自重（标准值）为 5.32kN/m^2。施工检修荷载 F，需根据《荷载规范》按对结构最不利值取用。按可变荷载效应组合计算，安全等级二级，设计使用年限 50 年。

【例 7.6.3-3】

假定，$l_n=2100\text{mm}$，雨篷板恒荷载标准值为 6.59kN，试判定该雨篷倾覆力矩与下列

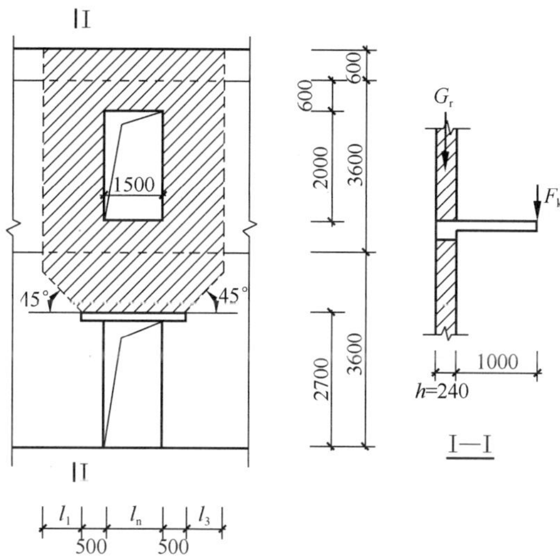

图 7.6.3-6

何项数值最为接近?

(A) 5.63kN/m (B) 7.08kN/m (C) 4.59kN/m (D) 5.4kN/m

【答案】(B)

【解答】雨篷宽度为 2.1+0.5+0.5=3.1m

(1) 施工检修荷载取值。根据《荷载规范》5.5.1 条注 3 取两个集中荷载(每个 1.0kN),$F_k=2$kN。

(2) 计算雨篷倾覆点 x_0。根据《砌体》7.4.2 条:

$$l_1=240\text{mm}<2.2h_b=2.2\times240=528\text{mm}$$

$$x_0=0.13l_1=0.13\times240=0.0312\text{mm}$$

(3) 按可变荷载效应组合计算雨篷的倾覆力矩设计值。根据《砌体》4.1.5 条,按可变荷载起控制作用计算倾覆力矩所用公式为

$$S=\gamma_0(1.2S_{G2k}+1.4\gamma_L S_{Q1k}+\gamma_L\sum_{i=2}^{n}S_{Qik})$$

安全等级二级,$\gamma_0=1.0$;设计使用年限 50 年,$\gamma_L=1.0$。

$$M_{0v}=1.0\times(1.2\times6.59)\times\frac{(1.0312)^2}{2}+1.0\times(1.4\times1.0\times2)\times1.0312=7.09\text{kN}\cdot\text{m}$$

【例 7.6.3-4】

假定 $l_n=1500$mm,雨篷梁恒荷载标准值为 3.6kN,试判定该雨篷抗倾覆力矩与下列何项数值最为接近?($l_3=0.75$m)。

(A) 9.775kN/m (B) 6.71kN/m (C) 8.324kN/m (D) 7.32kN/m

【答案】(B)

【解答】根据《砌体》7.4.3 条:

$$l_2-x_0=\frac{0.24}{2}-0.0312=0.0888\text{m}$$

墙体自重:

$$G_r=5.32\times[(0.9+3.6+0.6)\times(1.5+2\times0.5\times2\times0.75)-0.75\times0.75-2\times1.5]$$
$$=89.5755\text{kN}$$

$$M_r = 0.8G_r(l_2 - x_0) = 0.8 \times (89.5755 \times 0.0888 + 3.6 \times 0.0888) = 6.62\text{kN} \cdot \text{m}$$

7.7 多层砖砌体房屋抗震

砖砌体材料具有脆性性质，其抗剪、抗拉和抗弯的强度均较低。因此，砌体结构房屋的抗震能力差，震害也较易发生。砌体房屋的抗震是比较复杂的问题。它是由多种不同性质的材料和构件组合成不同形式的建筑物，所以它的抗震设计是综合性、整体性的。但如果经过合理的抗震设计，加强抗震措施，保证施工质量，砌体结构房屋还是有相当的抗震能力。故一般房屋还是常采用砌体结构，但对特别重要的房屋不建议采用，为此《砌体结构设计规范》规定

10.1.1 甲类设防建筑不宜采用砌体结构。

多层砌体房屋在地震作用下发生破坏的根本原因是地震作用在结构中产生的效应（内力、应力）超过了结构材料的抗力或强度。从这一点出发，我们可将多层砌体房屋发生震害的原因分为三大类：

（1）房屋建筑布置、结构布置不合理造成局部地震作用效应过大，如房屋平立面布置突变造成结构刚度突变，使地震作用异常增大；结构布置不对称引起扭转振动，使房屋两端墙片所受地震作用增大等。

（2）房屋构件（墙片、楼盖、屋盖）间的连接强度不足使各构件间的连接遭到破坏，各构件不能形成一个整体而共同工作，当地震作用产生的变形较大时，相互间连接遭到破坏的各构件丧失稳定，发生局部倒塌。

（3）砌体墙片抗震强度不足，当墙片所受的地震作用大于墙片的抗震强度时，墙片将会开裂，甚至局部倒塌。

砌体房屋的抗震设计可分成三个主要部分：

（1）建筑布置与结构选型——概念设计

包括合理的建筑和结构布置，房屋总高度、总层数的限制等，主要目的是使房屋在地震作用下各构件能均匀受力，不产生过大的内力或应力。

（2）抗震构造措施——构造设计

主要包括加强房屋整体性和构件间连接强度的措施，如构造柱、圈梁、拉结钢筋的布置，对墙体间咬砌及楼板搁置长度的要求等。

（3）抗震强度验算——计算设计

包括墙片地震作用及抗震强度的计算，确保房屋墙片在地震作用下不发生破坏。

一、多层砖砌体房屋的抗震概念设计

《抗震》非常强调贯彻抗震概念设计的思想。许多规定来自于震害经验的总结，并吸取了试验研究的成果。抗震概念设计除了总体布置、结构选型等方面的要求外，还包括一系列限制条件。对只进行第一阶段设计的多层砌体房屋结构来说，它是防止其在罕遇地震下倒塌的重要设计环节。

1. 结构选型和布置

多层砌体房屋的结构选型和布置首先要执行《抗震》第3章第4节“建筑体型及其构件布置的规则性”的规定，要求做到下述两点：

（1）建筑形状力求简单、规则。

（2）建筑平立面的刚度和质量分布力求对称均匀。

除此之外，还得遵守《抗震》7.1.7条有关“多层砌体房屋的建筑布置和结构体系”的规定，这些规定均来自于多层砌体房屋震害经验的总结。

《抗震》7.1.7、7.1.6条规定全文如下

7.1.7 多层砌体房屋的建筑布置和结构体系，应符合下列要求：

1 应优先采用横墙承重或纵横墙共同承重的结构体系。不应采用砌体墙和混凝土墙混合承重的结构体系。

2 纵横向砌体抗震墙的布置应符合下列要求：

1） 宜均匀对称，沿平面内宜对齐，沿竖向应上下连续；且纵向墙体的数量不宜相差过大。

2） 平面轮廓凹凸尺寸，不应超过典型尺寸的50%；当超过典型尺寸的25%时，房屋转角处应采取加强措施。

3） 楼板局部大洞口的尺寸不宜超过楼板宽度的30%，且不应在墙体两侧同时开洞。

4） 房屋错层的楼板高差超过500mm时，应按两层计算；错层部位的墙体应采取加强措施。

5） 同一轴线上的窗间墙宽度宜均匀；在满足本规范第7.1.6条要求的前提下，墙面洞口的立面面积，6、7度时不宜大于墙面总面积的55%，8、9度时不宜大于50%；

6） 在房屋宽度方向的中部应设置内纵墙，其累计长度不宜小于房屋总长度的60%（高宽比不大于4的墙段不计入）

3 房屋有下列情况之一时宜设置防震缝，缝两侧均应设置墙体，缝宽应根据烈度和房屋高度确定，可采用70～100mm：

1） 房屋里面高差在6m以上。

2） 房屋有错层，且楼板高差大于层高的1/4。

3） 各部分结构刚度、质量截然不同。

4 楼梯间不宜设置在房屋的尽端或转角处。

5 不应在房屋转角处设置转角窗。

6 横墙较少、宽度较大的房屋，宜采用现浇钢筋混凝土楼、屋盖。

7.1.6 多层砌体房屋中砌体墙段的局部尺寸限值，宜符合表7.1.6的要求：

表7.1.6 房屋的局部尺寸限值（m）

部　　位	6度	7度	8度	9度
承重窗间墙最小宽度	1.0	1.0	1.2	1.5
承重外墙尽端至门窗洞边的最小距离	1.0	1.0	1.2	1.5

续表

部　　位	6度	7度	8度	9度
非承重外墙尽端至门窗洞边的最小距离	1.0	1.0	1.0	1.0
内墙阳角至门窗洞边的最小距离	1.0	1.0	1.5	2.0
无锚固女儿墙（非出入口）的最大高度	0.5	0.5	0.5	0.0

注：1　局部尺寸不足时，应采取局部加强措施弥补，且最小宽度不宜小于1/4层高和表列数据的80%；
　　2　出入口处的女儿墙应有锚固。

2. 控制房屋的尺寸

（1）多层房屋的总高度和层数

《抗震》规定

7.1.2　多层房屋的层数和高度应符合下列要求：

1　一般情况下，房屋的层数和总高度不应超过表7.1.2的规定。

表7.1.2　房屋的层数和总高度限值（m）

房屋类别		最小抗震墙厚度/mm	烈度和设计基本地震加速度											
			6		7				8				9	
			0.05g		0.10g		0.15g		0.20g		0.30g		0.40g	
			高度	层数	高度	层数	高度	层数	高度	层数	高度	层数	高度	层数
多层砌体房屋	普通砖	240	21	7	21	7	21	7	18	6	15	5	12	4
	多孔砖	240	21	7	21	7	18	6	18	6	15	5	9	3
	多孔砖	190	21	7	18	6	15	5	15	5	12	4	—	—

注：2. 室内外高差大于0.6m时，房屋总高度应允许比表中的数据适当增加，但增加量应少于1.0m。
　　3. 乙类的多层砌体房屋仍按本地区设防烈度查表，其层数应减少一层且总高度应降低3m；不应采用底部框架-抗震墙砌体房屋。

《砌体》亦有同一内容的规定

10.1.2　本章适用的多层砌体结构房屋的总层数和总高度，应符合下列规定：

1　房屋的层数和总高度不应超过表10.1.2的规定：

表10.1.2　多层砌体房屋的层数和总高度限值（m）

房屋类别		最小墙厚度/mm	烈度和设计基本地震加速度											
			6		7				8				9	
			0.05g		0.10g		0.15g		0.20g		0.30g		0.40g	
			高度	层数	高度	层数	高度	层数	高度	层数	高度	层数	高度	层数
多层砌体房屋	普通砖	240	21	7	21	7	21	7	18	6	15	5	12	4
	多孔砖	240	21	7	21	7	18	6	18	6	15	5	9	3
	多孔砖	190	21	7	18	6	15	5	15	5	12	4	—	—

《砌体》表 10.1.2 注 3 讲述了同一内容。

【例 7.7.1-1】 多层房屋的总高度和层数

在 8 度（0.2g）地震区修建 6 层，总高度 18m 的砌体房屋，可采用以下哪类砌体？

Ⅰ. 普通砖砌体，最小墙厚 240mm

Ⅱ. 多孔砖砌体，最小墙厚 240mm

Ⅲ. 小砌块砌体，最小墙厚 190mm

Ⅳ. 配筋砌块砌体，最小墙厚 190mm

(A) Ⅰ、Ⅱ　　(B) Ⅰ、Ⅳ

(C) Ⅰ、Ⅲ、Ⅳ　　(D) Ⅰ、Ⅱ、Ⅲ、Ⅳ

【答案】(D)

【解答】

(1) 根据《抗震》7.1.2 条表 7.1.2 的规定，“普通砖，厚度 240mm，8 度(0.2g)——高度 18m，层数 6 层。(Ⅰ)可以。”

(2) 根据《抗震》7.1.2 条表 7.1.2 的规定，“多孔砖，厚度 240mm，8 度(0.2g)——高度 18m，层数 6 层。(Ⅱ)可以。”

(3) 根据《抗震》7.1.2 条表 7.1.2 的规定，“小砌块，厚度 190mm，8 度(0.2g)——高度 18m，层数 6 层。(Ⅲ)可以。”

(4) 根据《抗震》附录 F.1.1 条规定，配筋砌体可以在 8 度区建筑 30m 高的房屋。(Ⅳ)可以。

(2) 房屋总高度的取值

对于房屋的总高度取值，《抗震》表 7.1.2 注规定

> 注：1　房屋的总高度指室外地面到主要屋面板板顶或檐口的高度，半地下室从地下室室内地面算起，全地下室和嵌固条件好的半地下室应允许从室外地面算起；对带阁楼的坡屋面应算到山尖墙的 1/2 高度处。

《砌体》10.1.2 条的“条文说明”指出

> 坡屋面阁楼层一般仍需计入房屋总高度和层数；坡屋面下的阁楼层，当其实际有效使用面积或重力荷载代表值小于顶层 30％时，可不计入房屋总高度和层数，但按局部突出计算地震作用效应。对不带阁楼的坡屋面，当坡屋面坡度大于 45°时，房屋总高度宜算到山尖墙的 1/2 高度处。
>
> 嵌固条件好的半地下室应同时满足下列条件，此时房屋的总高度应允许从室外地面算起，其顶板可视为上部多层砌体结构的嵌固端：
>
> **1)** 半地下室顶板和外挡土墙采用现浇钢筋混凝土；
>
> **2)** 当半地下室开有窗洞处并设置窗井，内横墙延伸至窗井外挡土墙并与其相交；
>
> **3)** 上部外墙均与半地下室墙体对齐，与上部墙体不对齐的半地下室内纵、横墙总量分别不大于 30％。
>
> **4)** 半地下室室内地面至室外地面的高度应大于地下室净高的二分之一，地下室周边回填土压实系数不小于 0.93。

（3）横墙较少和很少房屋的调整

对于横墙较少的房屋，由于每一片横墙所承担的地震作用比横墙较多的要大，故对其高度的限制要严格一些。对于横墙很少的房屋，限制更严格。

① 横墙较少和很少房屋的定义

《抗震》7.1.2条规定

> 注：横墙较少是指同一楼层内开间大于4.2m的房间占该层总面积的40%以上；其中，开间不大于4.2m的房间占该层总面积不到20%且开间大于4.8m的房间占该层总面积50%以上的为横墙很少。

《砌体》10.1.2条规定

> 注：横墙较少是指同一楼层内开间大于4.2m的房间占该层总面积的40%以上；其中，开间不大于4.2m的房间占该层总面积不到20%且开间大于4.8m的房间占该层总面积的50%以上者为横墙很少。

② 横墙较少和很少房屋的调整值

《抗震》7.1.2条规定

> **7.1.2** 多层房屋的层数和高度应符合下列要求：
>
> **2** 横墙较少的多层砌体房屋，总高度应比表7.1.2的规定降低3m，层数相应减少一层；各层横墙很少的多层砌体房屋，还应再减少一层。

《砌体》10.1.2条规定

> **2** 各层横墙较少的多层砌体房屋，总高度应比表10.1.2中的规定降低3m，层数相应减少一层；各层横墙很少的多层砌体房屋，还应再减少一层。

【例7.7.1-2】横墙较少的n和H

7度（0.1g）设防区，横墙较少的多层黏土砖房屋的最大总高度和最大层数分别为（　）。

（A）21m，6层　　　　（B）18m，7层

（C）18m，6层　　　　（D）21m，7层

【答案】（C）

【解答】根据《抗震》7.1.2条表7.1.2，多层黏土砖砌体房屋的总高度和层数在7度（0.1g）设防时不应超过21m和7层。

根据《抗震》7.1.2条第2款“对于横墙较少的房屋总高度应比表7.1.2的规定低3m，层数应相应减少一层”。

所以为18m，6层。（C）正确。

③ 调整结果汇总

现将丙类普通砖多层砌体房屋在“横墙不少、横墙较少、横墙很少”三种情况下的层数和总高度限值列于表7.7.1-1。

现将乙类普通砖多层砌体房屋在“横墙不少、横墙较少、横墙很少”三种情况下的层数和总高度限值列于表7.7.1-2。

丙类普通砖多层砌体房屋的层数和总高度限值 **表 7.7.1-1**

丙类	烈度和设计基本地震加速度											
	6		7				8				9	
	0.05g		0.10g		0.15g		0.20g		0.30g		0.40g	
	高度	层数	高度	层数	高度	层数	高度	层数	高度	层数	高度	层数
横墙不少	21	7	21	7	21	7	18	6	15	5	12	4
横墙较少	18	6	18	6	18	6	15	5	12	4	9	3
横墙很少		5		5		5		4		3		2

乙类普通砖多层砌体房屋的层数和总高度限值 **表 7.7.1-2**

乙类	烈度和设计基本地震加速度											
	6		7				8				9	
	0.05g		0.10g		0.15g		0.20g		0.30g		0.40g	
	高度	层数	高度	层数	高度	层数	高度	层数	高度	层数	高度	层数
横墙不少	18	6	18	6	18	6	15	5	12	4	9	3
横墙较少	15	5	15	5	15	5	12	4	9	3	6	2
横墙很少		4		4		4		3		2		1

【例 7.7.1-3】 横墙很少的 n 和 H

一多层砖砌体中学教学楼，其平面如图 7.7.1-1 所示，抗震设防烈度为 8 度（0.2g），外墙厚 370mm，内墙厚 240mm，墙均居轴线中。底层层高 3.4m，各层墙上下对齐，室内外高差 300mm，基础墙置较深且有刚性地坪。墙体采用 MU10 烧结多孔砖、M10 混合砂浆砌筑；楼、屋面板采用现浇钢筋混凝土板。砌体施工质量控制等级为 B 级。试问，其结构层数 n 及总高度 H 的限值，下列何项选择符合规范规定？

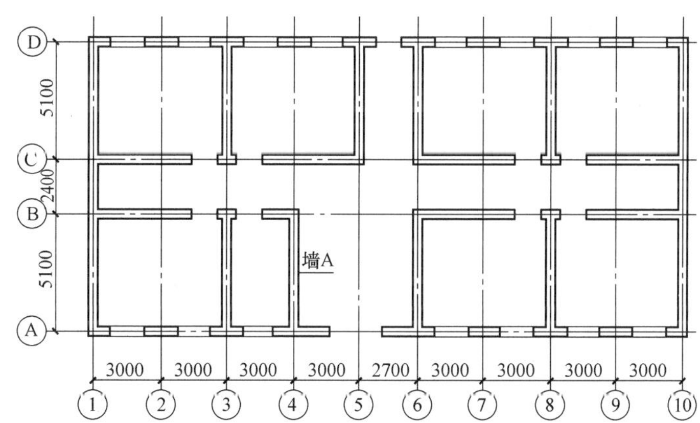

图 7.7.1-1

（A）$n=6$，$H=18$m　　（B）$n=5$，$H=15$m

（C）$n=4$，$H=12$m　　（D）$n=3$，$H=9$m

【答案】（D）

【解答】

（1）根据《分类标准》6.0.8 条，教学楼的抗震设防类别为乙类。

（2）根据《抗震》7.1.2 条，8 度设防（0.2g）的多孔砖房屋屋数为$n=6$ 层，总高度限值为 $H=18$m。

（3）根据《抗震》表 7.1.2 注 3，乙类房屋的层数应减少一层且总高度降低 3m。n=6～1=5 层，H=18－3=15m。

（4）根据《抗震》7.1.2 条第 2 款：

同一楼层开间大于 4.2m 的且又大于 4.8m 的房间占该层总面积的比例为

$$\frac{(5.1\times6\times7)+5.7\times5.1}{(5.1\times2+2.4)\times(3\times8+2.7)}=72.3\%>50\%;$$

同一楼层开间不大于 4.2m 的房间占该层的总面积的比例为

$$\frac{5.1\times3+5.1\times2.7}{(5.1\times2+2.4)(3\times8+2.7)}=8.6\%<20\%。$$

开间大于 4.8m 房间的面积为 72.3%，大于该楼层总面积的 50%，开间不大于 4.2m 的房间面积不到总面积的 20%，故本工程为横墙很少的房屋，横墙较少的层数和限高为 n=5－1=4 层，H=15－3=12m，横墙很少房屋的层数应比表 7.1.2 的规定横墙较少的规定再减少一层 n=4－1=3 层，总高度也相应有所降低因此建议降低 3mH=12－3=9m。

（4）采用蒸压灰砂砖的调整

《抗震》规定

> **7.1.2**
>
> **4** 采用蒸压灰砂砖和蒸压粉煤灰砖的砌体的房屋，当砌体的抗剪强度仅达到普通黏土砖砌体的 70%时，房屋的层数应比普通砖房减少一层，总高度应减少 3m；当砌体的抗剪强度达到普通黏土砖砌体的取值时，房屋层数和总高度的要求同普通砖房屋。

【例 7.7.1-4】 采用蒸压灰砂砖的 n 和 H

某多层砖砌体房屋，底层结构平面布置如图 7.7.1-2 所示，外墙厚 370mm，内墙厚 240mm，轴线均居墙中。窗洞口均为 1500mm×1500mm（宽×高），门洞口除注明外均为

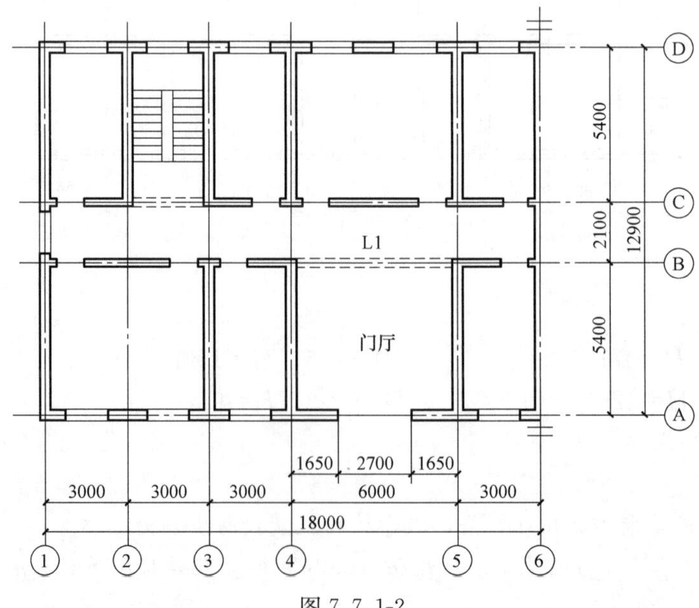

图 7.7.1-2

1000mm×2400mm（宽×高）。室内外高差0.5m，室外地面距基础顶0.7m。楼、屋面板采用现浇钢筋混凝土板，砌体施工质量控制等级为B级。

假定，本工程建筑抗震类别为乙类，抗震设防烈度为7度，设计基本地震加速度值为0.10g。墙体采用MU15级蒸压灰砂砖、M10级混合砂浆砌筑，砌体抗剪强度设计值为$f_v=0.12\text{MPa}$。各层墙上下连续且洞口对齐。试问，房屋的层数n及总高度H的限值与下列何项选择最为接近？

(A) $n=7$，$H=21\text{m}$　　(B) $n=6$，$H=18\text{m}$

(C) $n=5$，$H=15\text{m}$　　(D) $n=4$，$H=12\text{m}$

【答案】(D)

【解答】1. 根据《抗震》表7.1.2，7度设防的普通砖房屋层数为7层，总高度限值为21m。

本题建筑抗震类别为乙类房屋，根据《抗震》7.1.2条表7.1.2注3，房屋总层数应减少一层且总高度降低3m。

2. 横墙较少计算：开间大于4.2m同时开间又大于4.8m的房间面积$(3\times6\times5.4)/(18\times12.9)=41.86\%\begin{matrix}>40\%\\<50\%\end{matrix}$；开间不大于4.2m的房间面积仍为41.86%>20%。根据《抗震》7.1.2条2款注，本题为横墙较少的房屋，而不是横墙很少的房屋。根据《抗震》7.1.2条2款，房屋的层数应比表7.1.2的规定减少一层且高度降低3m。

3. 墙体采用MU15级蒸压灰砂砖、M10级混合砂浆砌筑，砌体抗剪强度设计值为$f_v=0.12\text{MPa}$。

根据《砌体》表3.2.2.MU15普通黏土砖、M10级砂浆，砌体抗剪强度设计值为$f_v=0.17\text{MPa}$。

$0.12/0.17=70\%$。

根据《抗震》7.1.2条4款，蒸压灰砂砖砌体房屋，当砌体的抗剪强度仅为普通黏土砖砌体的70%时，房屋的层数n比表7.1.2的规定减少一层且高度降低3m。

4. 共减少三层、降低9m，$n=7$层-3层$=4$层，

$$H=21\text{m}-9\text{m}=12\text{m}。$$

(5) 房屋的层高

《抗震》规定

> **7.1.3** 多层砌体承重房屋的层高，不应超过3.6m。
>
> 注：当使用功能确有需要时，采用约束砌体等加强措施的普通砖房屋，层高不应超过3.9m。

《砌体》规定

> **10.1.4** 砌体结构房屋的层高，应符合下列规定：
>
> **1** 多层砌体结构房屋的层高，应符合下列规定：
>
> **1)** 多层砌体结构房屋层高，不应超过3.6m；
>
> 注：当使用功能确有需要时，采用约束砌体等加强措施的普通砖房屋，层高不应超过3.9m。

【例7.7.1-5】

在地震区采用普通砖、多孔砖和小砌块非配筋砌体承重的多层房屋，其层高不应超过

以下哪个数值？

(A) 3.3m (B) 3.6m (C) 3.9m (D) 4.2m

【答案】(B)

【解答】根据《抗震》7.1.3条。普通砖、多孔砖和小砌块砌体承重房屋的层高，不应超过3.6m；底部框架-抗震墙房屋的底部层高，不应超过4.5m。采用约束砌体房屋的层高不应超过3.9m。(B) 正确。

3. 限制房屋的高宽比

房屋总高度与总宽度的比值简称为房屋高宽比。对多层砌体房屋高宽比值的限制，目的在于保证房屋的整体稳定性，不致发生整体弯曲破坏。

《抗震》规定

7.1.4 多层砌体房屋总高度与总宽度的最大比值，宜符合表7.1.4的要求。

表7.1.4 房屋最大高宽比

烈度	6	7	8	9
最大高宽比	2.5	2.5	2.0	1.5

注：1. 单面走廊房屋的总宽度不包括走廊宽度。

2. 建筑平面接近正方形时，其高宽比宜适当减小。

【例7.7.1-6】房屋的高宽比

某教学楼采用190mm厚混凝土小型空心砌块砌筑，剖面如图7.7.1-3所示，室内外高差为0.3m，抗震设防烈度为7度（0.15g）。试问，下列何组数值能满足抗震规范要求？

(A) 总层数五层，每层层高 h=2.9m，l=10.0m

(B) 总层数四层，每层层高 h=3.6m，l=8m

(C) 总层数四层，每层层高 h=3.3m，l=7.5m

(D) 总层数四层，每层层高 h=3.7m，l=10m

【答案】(A)

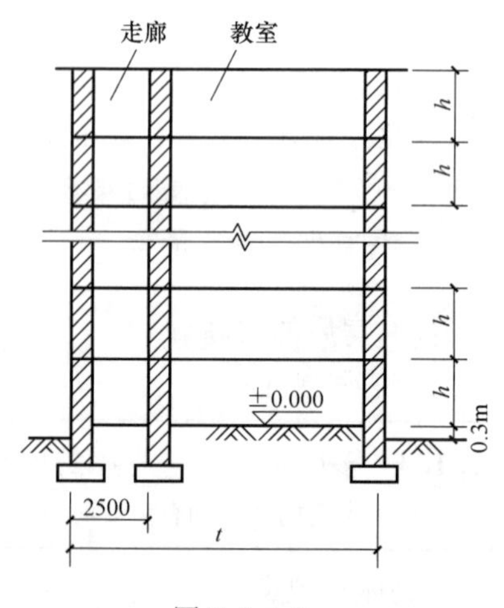

图7.7.1-3

【解答】根据《分类标准》6.0.8条，教学用房为重点设防类（乙类）。根据3.0.3条重点设防类应高于本地区抗震设防烈度一度的要求，加强其抗震措施，所以由7度提高到8度根据《抗震》表7.1.2乙类仍按7度查表，7度（0.15g），砌块砌体房屋的总层数不能超过6层，总高度限值为18m，表7.1.4，8度高宽比为2.0，按《抗震》表7.1.2注3，乙类多层砌体房屋层数应降低一层为5层，总度高减少3m为15m，用高宽比的限值为2.0计算，总宽度不能超过$\frac{15}{2.0}+2.5=10.0$m。

(A) 总高度：$5\times2.9+0.3=14.8\text{m}<15\text{m}$，满足要求

总宽度：$\frac{14.8}{2.0}+2.5=9.9\text{m}<l=10\text{m}$，满足要求

(B) 总高度：$4\times3.6+0.3=14.7\text{m}<15\text{m}$，满足要求

总宽度：$\frac{14.7}{2.0}+2.5=9.85\text{m}>l=8\text{m}$，不满足要求

(C) 总高度：$4\times3.3+0.3=13.5\text{m}<15\text{m}$，满足要求

总宽度：$\frac{13.5}{2.0}+2.5=9.25\text{m}>l=7.5\text{m}$，不满足要求

(D) 总高度：$4\times3.7+0.3=15.1\text{m}>15\text{m}$，不满足要求

总宽度：$\frac{15.1}{2.0}+2.5=10.05\text{m}>l=10\text{m}$，不满足要求

只有（A）两项都满足要求，所以选（A）。

4. 抗震墙间距的最大限值

《抗震》规定

7.1.5 房屋抗震横墙的间距，不应超过表7.1.5的要求：

表7.1.5 房屋抗震横墙的间距（m）

房屋类别		烈度 6	烈度 7	烈度 8	烈度 9
多层砌体房屋	现浇或装配整体式钢筋混凝土楼、屋盖	15	15	11	7
	装配式钢筋混凝土楼、屋盖	11	11	9	4
	木屋盖	9	9	4	—
底部框架-抗震墙砌体房屋	上部各层	同多层砌体房屋			—
	底层或底部两层	18	15	11	—

注：1. 多层砌体房屋的顶层，除木屋盖外的最大横墙间距应允许适当放宽，但应采取相应加强措施。

2. 多孔砖抗震横墙厚度为190mm时，最大横墙间距应比表中数值减少3m。

《抗震》的“条文说明”指出

7.1.5 多层砌体房屋的横向地震力主要由横墙承担，地震中横墙间距大小对房屋倒塌影响很大，不仅横墙需具有足够的承载力，而且楼盖须具有传递地震力给横墙的水平刚度，本条规定是为了满足楼盖对传递水平地震力所需的刚度要求。

二、多层砖砌体房屋的抗震构造设计

1. 改善结构和构件的变形能力和耗能能力

改善多层砌体房屋结构变形能力和耗能能力的主要措施有：设置钢筋混凝土构造柱（芯柱）、现浇圈梁和采用配筋砌体。

（1）钢筋混凝土构造柱的设置和构造

1）构造柱的作用

《抗震》7.3.1条的“条文说明”指出

根据历次大地震的经验和大量试验研究，得到了比较一致的结论，即：①构造柱能够提高砌体的受剪承载力10%～30%左右，提高幅度与墙体高宽比、竖向压力和开洞情况有关；②构造柱主要是对砌体起约束作用，使之有较高的变形能力；③构造柱应当设置在震害较重、连接构造比较薄弱和易于应力集中的部位。

【例 7.7.2-1】

关于在多层砌体房屋中构造柱的作用，下述何项见解是错误的？

（A）有助于防止房屋在罕遇大地震中发生突然倒塌

（B）在地震中对墙体初裂抗剪能力有明显提高

（C）可以消耗地震能量

（D）按规范规定设置的构造柱，能使墙体的抗剪强度提高15%左右

【答案】（B）

【解答】

（1）根据《抗震》7.3.1条、7.3.2条条文说明中有以下提法或文字，构造柱的应用使“砌体的受剪承载力提高10%～30%左右”；“对墙体起约束作用，使之有较高的变形能力”和“抗倒塌能力”，所以（A）、（C）、（D）正确。

（2）“但抗剪能力提高是有限的，对墙体初裂荷载有提高但没有明显提高”。（B）不正确。

为了保证上述作用的实现、要求构造柱和墙体成为一个整体，因它必须是先砌墙体后浇筑构造柱混凝土。

《抗震》规定

3.9.6 钢筋混凝土构造柱，其施工应先砌墙后浇构造柱。

《砌体》规定

8.2.9 组合砖墙的材料和构造应符合下列规定： **7** 组合砖墙的施工顺序应为先砌墙后浇混凝土构造柱。

【例 7.7.2-2】

有一设置钢筋混凝土构造柱的多层砖房，试问，下列关于该房屋墙体施工顺序的几种主张，其中哪一种最能保证墙体的整体性？

（A）砌砖墙、绑扎构造柱钢筋、支模板，再浇筑混凝土构造柱

（B）绑扎构造柱钢筋、支模板、浇筑混凝土构造柱，再砌砖墙

（C）绑扎构造柱钢筋、砌砖墙、支模板，再浇筑混凝土构造柱

（D）砌砖墙、支模板、绑扎构造柱钢筋，再浇筑混凝土构造柱

【答案】（C）

【解答】根据《抗震》3.9.6条“施工应先砌墙后浇构造柱”，（C）既符合规范又符合施工顺序。其他阐述或不符合规范或不符合施工顺序。

2）构造柱的设置部位

构造柱的设置部位主要出于两方面的考虑：

首先，构造柱对砖墙所起的约束作用显著提高了墙体的抗震能力及整体结构的抗震性能；是一项有效的防倒塌抗震措施，故应设置在震害较重、连接构造比较薄弱、受力复杂和易于发生应力集中的部位。

其次，由于构造柱截面小，配筋少，自身稳定性差，在其约束墙体的同时，墙体也为构造柱提供支承，因而构造柱应设置在能够充分发挥构造柱与砖墙共同作用的部位，如内外墙、纵横墙交接处。

① 一般情况

《抗震》规定

7.3.1 各类多层砖砌体房屋，应按下列要求设置现浇钢筋混凝土构造柱（以下简称构造柱）：

1 构造柱设置部位，一般情况下应符合表 7.3.1 的要求。

表 7.3.1 多层砖砌体房屋构造柱设置要求

<table>
<tr><th colspan="4">房屋层数</th><th colspan="2" rowspan="2">设置部位</th></tr>
<tr><th>6 度</th><th>7 度</th><th>8 度</th><th>9 度</th></tr>
<tr><td>四、五</td><td>三、四</td><td>二、三</td><td></td><td rowspan="3">楼、电梯间四角，楼梯斜梯段上下端对应的墙体处；
外墙四角和对应转角；
错层部位横墙与外纵墙交接处；
大房间内外墙交接处；
较大洞口两侧</td><td>隔 12m 或单元横墙与外纵墙交接处；
楼梯间对应的另一侧内横墙与外纵墙交接处</td></tr>
<tr><td>六</td><td>五</td><td>四</td><td>二</td><td>隔开间横墙（轴线）与外墙交接处；
山墙与内纵墙交接处</td></tr>
<tr><td>七</td><td>≥六</td><td>≥五</td><td>≥三</td><td>内墙（轴线）与外墙交接处；
内墙的局部较小墙垛处；
内纵墙与横墙（轴线）交接处</td></tr>
</table>

注：较大洞口，内墙指不小于 2.1m 的洞口；外墙在内外墙交接处已设置构造柱时应允许适当放宽，但洞侧墙体应加强。

《砌体》规定

10.2.4 各类砖砌体房屋的现浇钢筋混凝土构造柱（以下简称构造柱），其设置应符合现行国家标准《建筑抗震设计规范》GB 50011 的有关规定，并应符合下列规定：

1 构造柱设置部位应符合表 10.2.4 的规定；

表 10.2.4 砖砌体房屋构造柱设置要求

<table>
<tr><th colspan="4">房屋层数</th><th colspan="2" rowspan="2">设置部位</th></tr>
<tr><th>6 度</th><th>7 度</th><th>8 度</th><th>9 度</th></tr>
<tr><td>≤五</td><td>≤四</td><td>≤三</td><td></td><td rowspan="3">楼、电梯间四角，楼梯斜梯段上下端对应的墙体处；
外墙四角和对应转角；
错层部位横墙与外纵墙交接处；
大房间内外墙交接处；
较大洞口两侧</td><td>隔 12m 或单元横墙与外纵墙交接处；
楼梯间对应的另一侧内横墙与外纵墙交接处</td></tr>
<tr><td>六</td><td>五</td><td>四</td><td>二</td><td>隔开间横墙（轴线）与外墙交接处；
山墙与内纵墙交接处</td></tr>
<tr><td>七</td><td>六、七</td><td>五、六</td><td>三、四</td><td>内墙（轴线）与外墙交接处；
内墙的局部较小墙垛处；
内纵墙与横墙（轴线）交接处</td></tr>
</table>

注：1. 较大洞口，内墙指不小于 2.1m 的洞口；外墙在内外墙交接处已设置构造柱时允许适当放宽，但洞侧墙体应加强；

2. 当按本条第 2～5 款规定确定的层数超出表 10.2.4 范围，构造柱设置要求不应低于表中相应烈度的最高要求且宜适当提高。

由《抗震》表7.3.1可见：构造柱的设置部位体现了房屋层数、用途、结构部位、设防烈度和承担地震作用大小的差异。

构造柱的设置部位由两部分组成。

a）各种层数和烈度均设置的部位

"均设置的部位"包含五个部位，它们是：

* 楼、电梯间四角，楼梯斜梯段上下端对应的墙体处；
* 外墙四角和对应转角；
* 错层部位横墙与外纵墙交接处；
* 大房间内外墙交接处；
* 较大洞口两侧。

图7.7.2-1为非矩形平面房屋的构造柱按上述"均设置的部位"的要求所布置的方案举例。

图7.7.2-1a表示了"楼梯间四角，楼梯斜梯段上下端对应的墙体处"和"外墙四角和对应角"的构造柱布置。

图7.7.2-1b还表示了"大房间内外墙交接处"的构造柱布置。

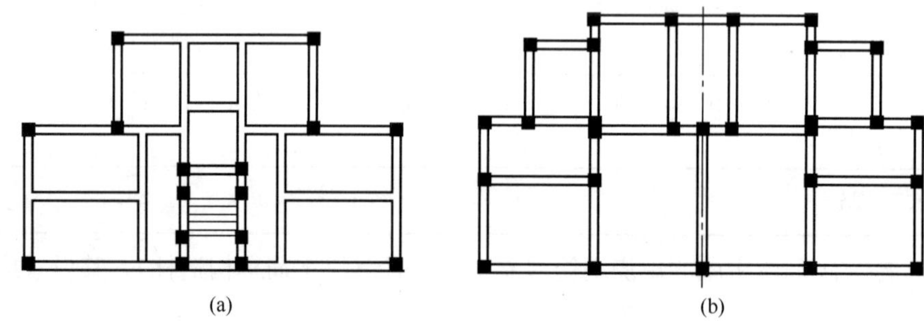

图7.7.2-1 非矩形平面房屋的构造柱布置方案示意图

【例7.7.2-3】

下列关于构造柱设置的叙述中不正确的是何项？

（A）楼梯间四角宜设构造柱

（B）外墙四角宜设构造柱

（C）错层部位横墙与外纵墙交接处不一定要设置构造柱

（D）大房间内外墙交接处应设构造柱

【答案】（C）

【解答】

（1）根据《抗震》7.3.1条、表7.3.1"楼梯间四角""外墙四角""大房间内外墙交接处"，（A）、（B）、（D）正确。

（2）根据《抗震》7.3.1条表7.3.1在构造柱的设置部位有错层部位横墙与外纵墙交接处，（C）不正确。

【例7.7.2-4】楼梯间的构造柱设置

某七层砌体结构房屋，抗震设防烈度7度，设计基本地震加速度值为0.15g。各层计算高度均为3.0m，内外墙厚度均为240mm，轴线居中。采用现浇钢筋混凝土楼、屋盖，平面布置如图7.7.2-2所示，各内纵墙上门洞均为1000mm×2100mm（宽×高），外墙上窗洞均为 1800mm×1500mm（宽×高）。

试问，Ⓒ～Ⓓ轴线间③、④轴线两片墙体中，符合《抗震》规定的构造柱数量，应为下列何项数值？

(A) 2　　(B) 4

(C) 6　　(D) 8

【答案】(D)

【解答】根据《抗震》7.3.1 条和表 7.3.1，需要在楼梯间四角及楼梯段上下端对应的墙体处设置构造柱，数量为 4+4=8。

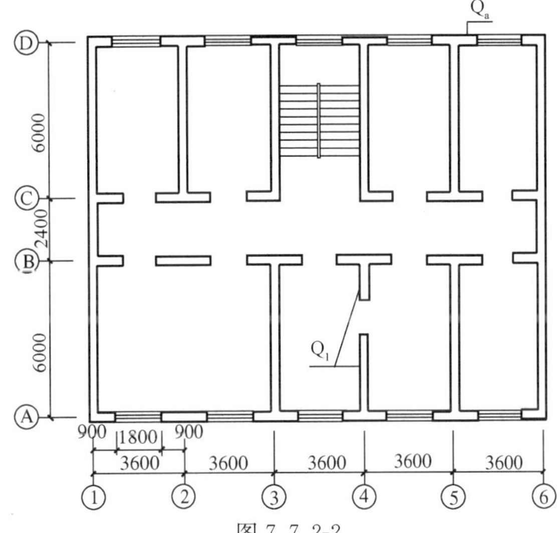

图 7.7.2-2

b) 不同层数和烈度有不同要求的设置部位

《抗震》表 7.3.1 中将“不同层数和烈度有不同要求的设置部位”的内容分成三个层次。

第一或基本层次为“四角设置”，具体讲指在“均设置的部位”基础上再增设两项：

* 隔 12m 或单元横墙与外纵墙交接处；

* 楼梯间对应的另一侧内横墙与外纵墙交接处。

图 7.7.2-3a 为一矩形平面房屋按第一层次布置的构造柱。

第二层次为“隔开间（轴线）设置”，指的是在第一层次基础上再增设两项：

* 隔开间横墙（轴线）与外墙交接处；

* 山墙与内纵墙交接处。布置时要综合考虑楼梯间、房屋尽端开间和大房间的要求。并尽量使构造柱布置在受力较大的位置。

图 7.7.2-3b 为一矩形平面房屋按第二层次布置的构造柱。

第三层次为“每开间（轴线）设置”，指在第一、二层次基础上再增设三项：

* 内墙（轴线）与外墙交接处；

* 内墙的局部较小墙垛处；

* 内纵墙与横墙（轴线）交接处。

图 7.7.2-3c 为一矩形平面房屋按第三层次布置的构造柱。

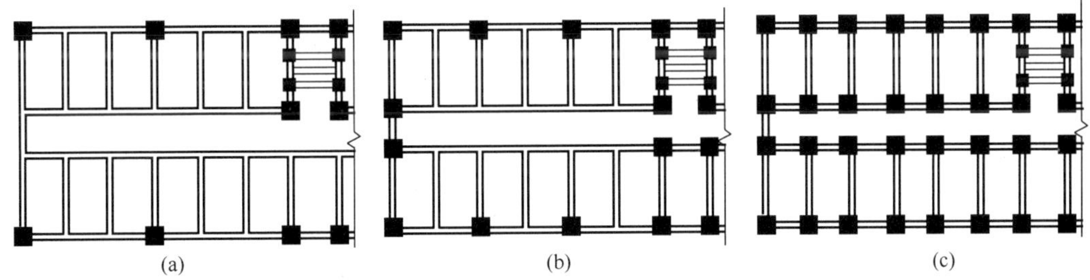

图 7.7.2-3　矩形平面房屋构造柱布置的示意图

【例 7.7.2-5】

对于抗震 7 度设防，7 层高砖房构造柱的设置，下列叙述（　　）是正确的。

Ⅰ. 外墙四角、大房间内外墙交接处　　Ⅱ. 楼电梯间四角

Ⅲ. 内墙与外墙交接处　　Ⅳ. 较大洞口两侧

(A) Ⅰ、Ⅱ　　(B) Ⅰ、Ⅱ、Ⅲ

(C) Ⅰ、Ⅱ、Ⅲ、Ⅳ　　(D) Ⅱ、Ⅲ、Ⅳ

【答案】(C)

【解答】根据《抗震》7.3.1 条表 7.3.1，7 度设防时，7 层高砖房构造柱设置要求是：外墙四角（Ⅰ），楼电梯间的四角（Ⅱ），大房间内外墙交接处（Ⅰ），较大洞口两侧（Ⅳ），内墙与外墙交接处（Ⅲ），所以（C）正确。

【例 7.7.2-6】、【例 7.7.2-7】构造柱布置

某多层砖房，每层层高均为 2.9m，采用现浇钢筋混凝土楼、屋盖、纵、横墙共同承重，门洞宽度均为 900mm，抗震设防烈度为 8 度，平面布置如图 7.7.2-4 所示。

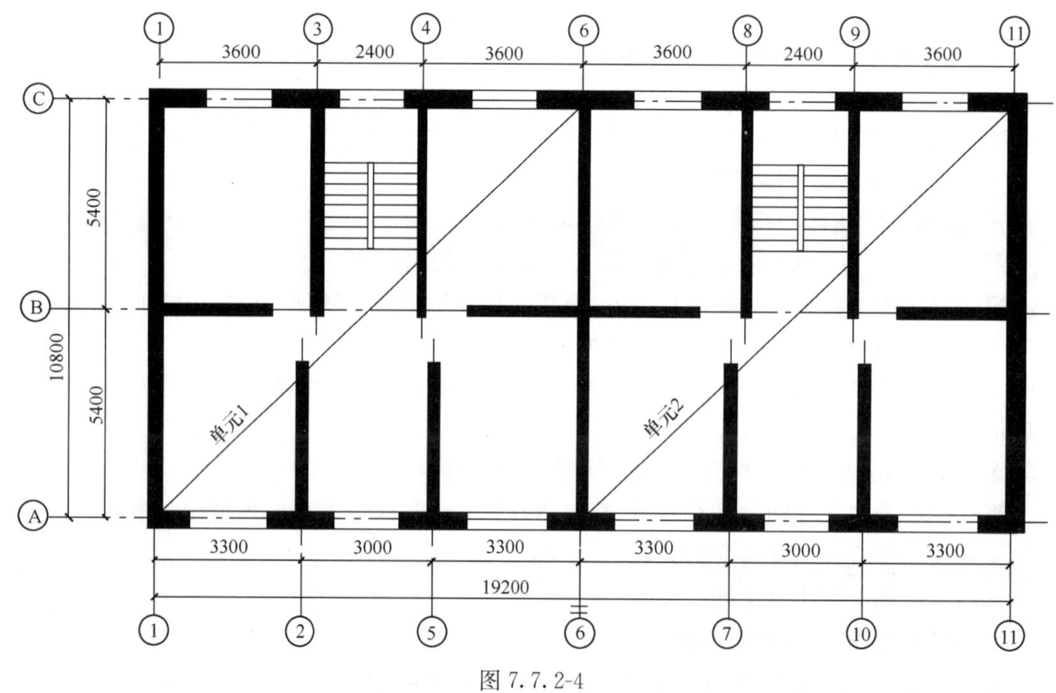

图 7.7.2-4

【例 7.7.2-6】8 度 3 层的构造柱布置

当房屋总层数为三层时，符合《抗震》要求的构造柱数量的最小值，与下列何项数值最为接近？

(A) 26　　(B) 14　　(C) 12　　(D) 8

【答案】(A)

【解答】根据《抗震》7.3.1 条规定，8 度 3 层时，楼梯四角（8 个）、楼梯斜梯段上下端对应处（8 个）、房屋四角（4 个）、单元横墙与外纵墙交接处（2 个），楼梯间对应的另一侧内横墙与外纵墙交接处均应设置构造柱（4 个），故构造柱总数为 8+8+4+2+4=26 个，见图 7.7.2-5。

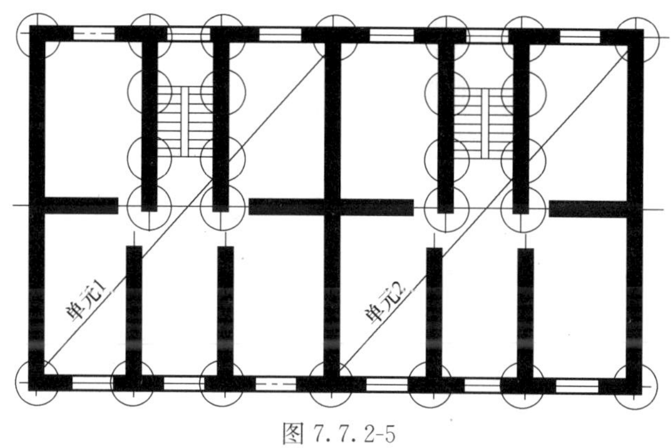

图 7.7.2-5

【例 7.7.2-7】 8 度 6 层构造柱布置

当房屋总层数为六层时，满足《抗震》要求的构造柱数量的最小值，与下列何项数值最为接近？

(A) 18　　(B) 21　　(C) 25　　(D) 29

【答案】 (D)

【解答】 根据《抗震》7.3.1 条、7.3.2 条规定，8 度 6 层时，房屋高度 $H=6\times2.9\text{m}=17.4\text{m}$，属于房屋高度接近表 7.1.2 限值的情况，按 7.3.2 条 5 款的规定，横墙内的构造柱间距不宜大于层高的二倍 $2\times2.9\text{m}=5.8\text{m}$。除按上题①设置构造柱外，内纵墙（轴线）与外墙交接处（2 个）、内纵墙与横墙交接处（1 个）应设构造柱，故构造柱总数为 $26+2+1=29$ 个，见图 7.7.2-6。

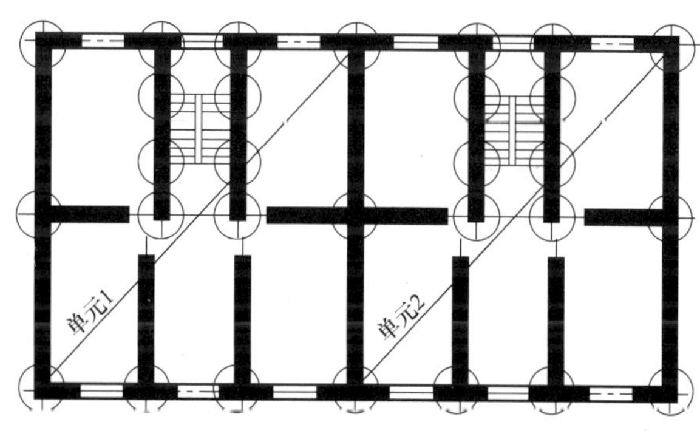

图 7.7.2-6

② 其他情况

a）外廊式和单面走廊式的多层房屋

《抗震》规定

7.3.1 各类多层砖砌体房屋，应按下列要求设置现浇钢筋混凝土构造柱（以下简称构造柱）：

2 外廊式和单面走廊式的多层房屋，应根据房屋增加一层的层数，按表 7.3.1 的要求设置构造柱，且单面走廊两侧的纵墙均应按外墙处理。

《砌体》10.2.4条亦有同样规定

2 外廊式和单面走廊式的房屋，应根据房屋增加一层的层数，按表10.2.4的要求设置构造柱，且单面走廊两侧的纵墙均应按外墙处理；

图7.7.2-7和图7.7.2-8列出了这两种情况的构造柱布置方案示意图。

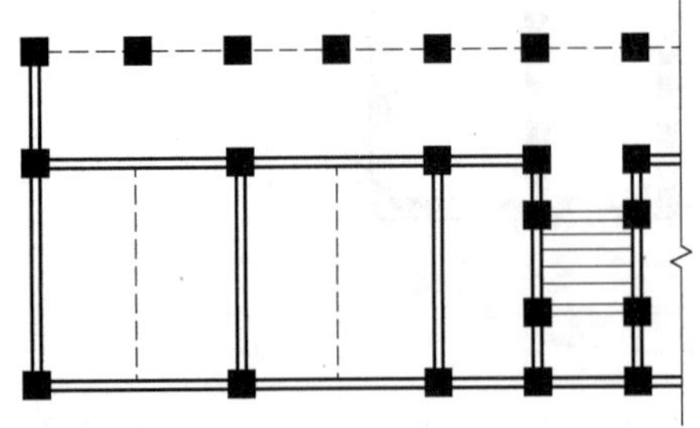

图7.7.2-7 外廊式房屋构造柱布置方案

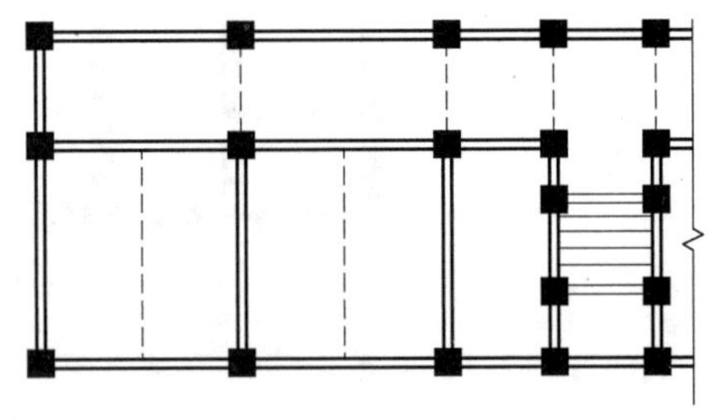

图7.7.2-8 封闭式单面走廊房屋构造柱布置方案

b）横墙较少的房屋

《抗震》

3 横墙较少的房屋，应根据房屋增加一层的层数，按表7.3.1的要求设置构造柱。当横墙较少的房屋为外廊式或单面走廊式时，应按本条2款要求设置构造柱；但6度不超过四层、7度不超过三层和8度不超过二层时，应按增加二层的层数对待。

《砌体》

3 横墙较少的房屋，应根据房屋增加一层的层数，按表10.2.4的要求设置构造柱。当横墙较少的房屋为外廊式或单面走廊式时，应按本条2款要求设置构造柱；但6度不超过四层、7度不超过三层和8度不超过二层时应按增加二层的层数对待；

c）横墙很少的房屋

《抗震》

4 各层横墙很少的房屋，应按增加二层的层数设置构造柱。

《砌体》

4 各层横墙很少的房屋，应按增加二层的层数设置构造柱；

d）采用蒸压灰砂砖和蒸压粉煤灰砖的砌体房屋

《抗震》

5 采用蒸压灰砂砖和蒸压粉煤灰砖的砌体房屋，当砌体的抗剪强度仅达到普通黏土砖砌体的70%时，应根据增加一层的层数按本条1～4款要求设置构造柱；但6度不超过四层、7度不超过三层和8度不超过二层时，应按增加二层的层数对待。

《砌体》

> **5** 采用蒸压灰砂普通砖和蒸压粉煤灰普通砖的砌体房屋，当砌体的抗剪强度仅达到普通黏土砖砌体的 70%时（普通砂浆砌筑），应根据增加一层的层数按本条 1～4 款要求设置构造柱；但 6 度不超过四层、7 度不超过三层和 8 度不超过二层时应按增加二层的层数对待；

e）有错层的多层房屋

《砌体》

> **6** 有错层的多层房屋，在错层部位应设置墙，其与其他墙交接处应设置构造柱；在错层部位的错层楼板位置应设置现浇钢筋混凝土圈梁；当房屋层数不低于四层时，底部 1/4 楼层处错层部位墙中部的构造柱间距不宜大于 2m。

3）构造柱的构造

① 构造柱的截面和配筋

《抗震》的规定

> **7.3.2** 多层砖砌体房屋的构造柱应符合下列构造要求：
>
> **1** 构造柱最小截面可采用 180mm × 240mm（墙厚 190mm 时为 180mm × 190mm），纵向钢筋宜采用 4ϕ12，箍筋间距不宜大于 250mm，且在柱上下端应适当加密；6 度、7 度时超过六层，8 度时超过五层和 9 度时，构造柱纵向钢筋宜采用 4ϕ14，箍筋间距不应大于 200mm；房屋四角的构造柱应适当加大截面及配筋。

《砌体》10.2.5 条亦有同样规定

> **10.2.5** 多层砖砌体房屋的构造柱应符合下列构造规定：
>
> **1** 构造柱的最小截面可为 180mm × 240mm（墙厚 190mm 时为 180mm × 190mm）；构造柱纵向钢筋宜采用 4ϕ12，箍筋直径可采用 6mm，间距不宜大于 250mm，且在柱上、下端适当加密；当 6、7 度超过六层、8 度超过五层和 9 度时，构造柱纵向钢筋宜采用 4ϕ14，箍筋间距不应大于 200mm；房屋四角的构造柱应适当加大截面及配筋。

【例 7.7.2-8】 构造柱的截面和配筋

某多层砖房，每层层高均为 2.9m，采用现浇钢筋混凝土楼、屋盖、纵、横墙共同承重，门洞宽度均为 900mm，抗震设防烈度为 8 度，平面布置如图 7.7.2-9 所示。

当房屋总层数为六层时，满足《抗震》要求的构造柱最小截面面积及最少配筋，在仅限于表 7.7.2-1 的四种构造柱中，应选取何项？

房屋总层数为六层时构造柱截面面积及配筋　　表 7.7.2-1

构造柱编号	GZ1	GZ2	GZ3	GZ4
截面 $b \times h$/mm²	240×240	240×240	240×180	240×150
纵向钢筋根数、直径	4ϕ16	4ϕ14	4ϕ12	4ϕ10
箍筋直径、间距	ϕ6@150	ϕ6@200	ϕ6@250	ϕ6@300

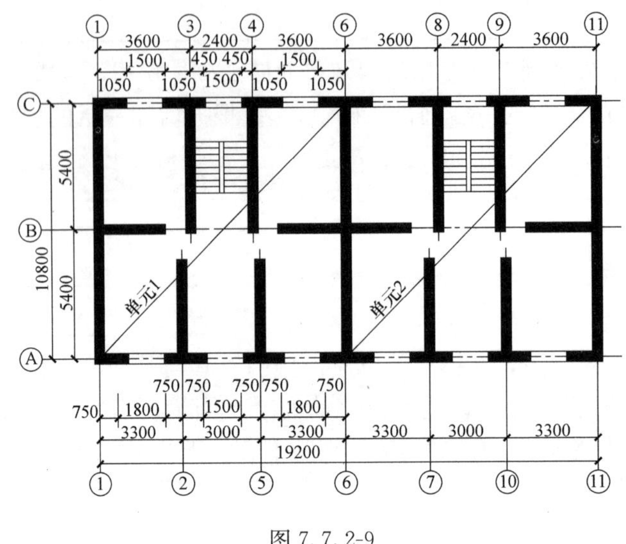

图 7.7.2-9

(A) GZ1 (B) GZ2 (C) GZ3 (D) GZ4

【答案】(B)

【解答】

(1) 根据《抗震》7.3.2 条 1 款规定，构造柱截面尺寸不少于 240mm×180mm，GZ1、GZ2、GZ3 均符合要求，GZ4 不符合要求。

(2) 根据《抗震》7.3.2 条 1 款规定“8 度时房屋层数超过五层，纵向钢筋宜采用 4ϕ14”，GZ1、GZ2 符合要求，GZ3 不符合要求。

(3) 根据《抗震》表 7.3.14，箍筋最小直径 ϕ6 间距不应大于 200mm，GZ1 符合要求，GZ2 符合要求，但从最少配筋角度，选 (B) 更符合要求。

② 构造柱与墙连接

《抗震》的规定

> **7.3.2** 多层砖砌体房屋的构造柱应符合下列构造要求：
>
> **2** 构造柱与墙连接处应砌成马牙槎，沿墙高每隔 500mm 设 2ϕ6 水平钢筋和 ϕ4 分布短筋平面内点焊组成的拉结网片或 ϕ4 点焊钢筋网片，每边伸入墙不宜小于 1m。6 度、7 度时底部 1/3 楼层，8 度时底部 1/2 楼层，9 度时全部楼层，上述拉结钢筋网片应沿墙体水平通长设置。

《砌体》亦有同样的规定

> **10.2.5** 多层砖砌体房屋的构造柱应符合下列构造规定：
>
> **2** 构造柱与墙连接处应砌成马牙槎，沿墙高每隔 500mm 设 2ϕ6 水平钢筋和 ϕ4 分布短筋平面内点焊组成的拉结网片或 ϕ4 点焊钢筋网片，每边伸入墙内不宜小于 1m。6、7 度时，底部 1/3 楼层，8 度时底部 1/2 楼层，9 度时全部楼层，上述拉结钢筋网片应沿墙体水平通长设置。

③ 构造柱与圈梁的连接

《抗震》规定

> **7.3.2** 多层砖砌体房屋的构造柱应符合下列构造要求：
>
> **3** 构造柱与圈梁连接处，构造柱的纵筋应在圈梁纵筋内侧穿过，保证构造柱纵筋上下贯通。

《砌体》10.2.5 条亦有同样规定

> **10.2.5** 多层砖砌体房屋的构造柱应符合下列构造规定：
>
> **3** 构造柱与圈梁连接处，构造柱的纵筋应在圈梁纵筋内侧穿过，保证构造柱纵筋上下贯通。

④ 构造柱与基础的连接

《抗震》的规定

> **7.3.2** 多层砖砌体房屋的构造柱应符合下列构造要求：
>
> 构造柱可不单独设置基础，但应伸入室外地面下 500mm，或与埋深小于 500mm 的基础圈梁相连。

《砌体》亦有同样规定

> **10.2.5** 多层砖砌体房屋的构造柱应符合下列构造规定：
>
> **4** 构造柱可不单独设置基础，但应伸入室外地面下 500mm，或与埋深小于 500mm 的基础圈梁相连。

（2）现浇钢筋混凝土圈梁的设置和构造

在改善房屋结构抗震性能方面，圈梁有以下主要作用。

加强了纵横墙体的连接，增强房屋的整体性。由于圈梁的约束，能充分发挥各片墙体的平面内抗剪强度。

形成楼盖的边缘构件后，提高了楼盖的水平刚度，预制楼板之间不致发生错动位移。地震作用是依靠楼盖的刚度传递到各墙体上去的，所以圈梁能使局部地震作用比较均匀地传递给较多墙体分担，且能减轻大房间纵、横墙平面外破坏的危险性。

减轻地震时地基沉陷对房屋的影响。各层圈梁，特别是屋盖处和基础处的圈梁，对提高房屋的竖向刚度和适应地基不均匀沉降的能力有显著作用，并可以减轻地震时因地表裂隙使房屋开裂分离的震害。

① 圈梁的设置

《抗震》规定

> **7.3.3** 多层砖砌体房屋的现浇钢筋混凝土圈梁设置应符合下列要求：
>
> **1** 装配式钢筋混凝土楼、屋盖或木屋盖的砖房，应按表 7.3.3 的要求设置圈梁；纵墙承重时，抗震横墙上的圈梁间距应比表内要求适当加密。

表 7.3.3　多层砖砌体房屋现浇钢筋混凝土圈梁设置要求

墙类	烈度		
	6、7	8	9
外墙和内纵墙	屋盖处及每层楼盖处	屋盖处及每层楼盖处	屋盖处及每层楼盖处
内横墙	同上： 屋盖处间距不应大于4.5m； 楼盖处间距不应大于7.2m； 构造柱对应部位	同上： 各层所有横墙，且间距不应大于4.5m； 构造柱对应部位	同上： 各层所有横墙

2　现浇或装配整体式钢筋混凝土楼、屋盖与墙体有可靠连接的房屋，应允许不另设圈梁，但楼板沿抗震墙体周边均应加强配筋并应与相应的构造柱钢筋可靠连接。

② 圈梁的构造

《抗震》规定

7.3.4　多层砖砌体房屋现浇混凝土圈梁的构造应符合下列要求：

3　圈梁的截面高度不应小于120mm，圈梁配筋应符合表7.3.4的要求。

表 7.3.4　多层砖砌体房屋圈梁配筋要求

配筋	烈度		
	6、7	8	9
最小纵筋	4ϕ10	4ϕ12	4ϕ14
箍筋最大间距/mm	250	200	150

《抗震》规定

7.3.14　丙类的多层砖砌体房屋，当横墙较少且总高度和层数接近或达到本规范表7.1.2规定限值时，应采取下列加强措施：

4　所有纵横墙均应在楼、屋盖标高处设置加强的现浇钢筋混凝土圈梁：圈梁的截面高度不宜小于150mm，上下纵筋各不应少于3ϕ10，箍筋不小于ϕ6，间距不大于300mm。

《砌体》规定

8.2.9　组合砖墙的材料和构造应符合下列规定：

4　组合砖墙砌体结构房屋应在有组合墙的楼层处设置现浇钢筋混凝土圈梁。圈梁的截面高度不宜小于240mm；纵向钢筋数量不宜少于4根、直径不宜小于12mm，纵向钢筋应伸入构造柱内，并应符合受拉钢筋的锚固要求；圈梁的箍筋直径宜采用6mm、间距200mm。

【例 7.7.2-9】

多层砌体结构房屋应按规定设置现浇钢筋混凝土圈梁，在下列论述中何项是不正确的？

（A）多层普通砖、多孔砖房屋，圈梁的截面高度不应小于 120mm，抗震设防烈度为 8 度时纵筋不应少于 4ϕ12

（B）七层的蒸压粉煤灰砖、蒸压灰砂砖房屋，当抗震设防烈度为 7 度时，房屋地基为软弱黏性土、基础圈梁的截面高度不应小于 180mm，纵筋不应少于 4ϕ12

（C）抗震设防烈度为 7 度、总高度 21m、横墙较少的七层普通砖砌住宅楼，圈梁的截面高度不宜小于 150mm，上下纵筋各不应少于 3ϕ10

（D）组合砖墙砌体结构房屋，圈梁的截面高度不宜小于 180mm，纵向钢筋不宜小于 4ϕ12

【答案】（D）

【解答】

（1）根据《砌体》7.1.5 条及《建筑抗震设计规范》第 7.3.4 条和表 7.3.4，圈梁截面高度不应小于 120mm，8 度时最小配筋 4ϕ12。（A）正确。

（2）根据《抗震》7.3.4 条，增设的基础圈梁，截面高度不应小于 180mm，纵筋不应少于 4ϕ12。（B）正确。

（3）根据《抗震》7.3.14 条，房屋的总高度为 21m，达到限值高度，并且又横墙较少，本条文第 4 款规定“所有纵横墙均应在楼、屋盖标高处设置加强的现浇钢筋混凝土圈梁，圈梁截面高度不宜小于 150mm，上下纵筋各不应少于 3ϕ10”。（C）正确。

（4）根据《砌体》8.2.9 条第 4 款，“有组合墙的楼层处设置现浇钢筋混凝土圈梁，圈梁截面不宜小于 240mm，纵筋数量不宜少于 4 根，直径不宜小于 12mm”。（D）不正确。

③ 基础圈梁

《抗震》规定

> **7.3.4** 多层砖砌体房屋现浇混凝土圈梁的构造应符合下列要求：
>
> 按本规范第 3.3.4 条第 3 款要求增设的基础圈梁，截面高度不应小于 180mm，配筋不应少于 4ϕ12。
>
> **3.3.4** 地基和基础设计应符合下列要求：
>
> **3** 地基为软弱黏性土、液化土、新近填土或严重不均匀土时，应根据地震时地基不均匀沉降和其他不利影响，采取相应的措施。

《砌体》规定

> **8.2.9** 组合砖墙的材料和构造应符合下列规定：
>
> **4** 组合砖墙砌体结构房屋应在基础顶面处设置现浇钢筋混凝土圈梁。圈梁的截面高度不宜小于 240mm；纵向钢筋数量不宜少于 4 根、直径不宜小于 12mm，纵向钢筋应伸入构造柱内，并应符合受拉钢筋的锚固要求；圈梁的箍筋直径宜采用 6mm、间距 200mm。

（3）约束砖墙的构造

砖墙在构造柱和圈梁的包围后能有很好的延性，但应满足一定的构造条件，构造柱和圈梁才能发挥一定的约束作用，为此《砌体》有专门规定

10.2.6 约束普通砖墙的构造，应符合下列规定：

1 墙段两端设有符合现行国家标准《建筑抗震设计规范》GB 50011 要求的构造柱，且墙肢两端及中部构造柱的间距不大于层高或 3.0m，较大洞口两侧应设置构造柱；构造柱最小截面尺寸不宜小于 240mm×240mm（墙厚 190mm 时为 240mm×190mm），边柱和角柱的截面宜适当加大；构造柱的纵筋和箍筋设置宜符合表 10.2.6 的要求。

2 墙体在楼、屋盖标高处均设置满足现行国家标准《建筑抗震设计规范》GB 50011 要求的圈梁，上部各楼层处圈梁截面高度不宜小于 150mm；圈梁纵向钢筋应采用强度等级不低于 HRB335 的钢筋，6、7 度时不小于 4ϕ10；8 度时不小于 4ϕ12；9 度时不小于 4ϕ14；箍筋不小于 ϕ6。

表 10.2.6 构造柱的纵筋和箍筋设置要求

<table>
<tr><th rowspan="2">位置</th><th colspan="3">纵向钢筋</th><th colspan="3">箍筋</th></tr>
<tr><th>最大配筋率(%)</th><th>最小配筋率(%)</th><th>最小直径/mm</th><th>加密区范围/mm</th><th>加密区间距/mm</th><th>最小直径/mm</th></tr>
<tr><td>角柱</td><td rowspan="2">1.8</td><td rowspan="2">0.8</td><td>14</td><td>全高</td><td rowspan="3">100</td><td rowspan="3">6</td></tr>
<tr><td>边柱</td><td>14</td><td>上端 700</td></tr>
<tr><td>中柱</td><td>1.4</td><td>0.6</td><td>12</td><td>下端 500</td></tr>
</table>

2. 加强结构整体性的措施

砌体房屋结构抗震性能差的重要原因之一是房屋的整体性差。除了采取设置构造柱、圈梁等重要措施以外，还要加强墙体与墙体、墙体与其他构件以及各种构件之间的连接处理。这些连接处理是针对房屋在地震震害中暴露出来的薄弱环节和缺陷，从不同的角度给予补强，通过采用这些抗震构造措施以求在总体上提高结构的抗震能力。

（1）加强墙体间的拉结

《抗震》的规定

7.3.7 6 度、7 度时，长度大于 7.2m 的大房间，以及 8 度、9 度时外墙转角及内外墙交接处，应沿墙高每隔 500mm 配置 2ϕ6 的通长钢筋和 ϕ4 分布短筋平面内点焊组成的拉结网片或 ϕ4 点焊网片。

（2）加强楼屋盖与墙体的拉结

《抗震》规定

7.3.5 多层砖砌体房屋的楼、屋盖应符合下列要求：

1 现浇钢筋混凝土楼板或屋面板伸进纵、横墙内的长度，均不应小于 120mm。

2 装配式钢筋混凝土楼板或屋面板，当圈梁未设在板的同一标高时，板端伸进外墙的长度不应小于 120mm，伸进内墙的长度不应小于 100mm 或采用硬架支模连接，在梁上不应小于 80mm 或采用硬架支模连接。

3 当板的跨度大于 4.8m 并与外墙平行时，靠外墙的预制板侧边应与墙或圈梁拉结。

4 房屋端部大房间的楼盖，6 度时房屋的屋盖和 7～9 度时房屋的楼、屋盖，当圈梁设在板底时，钢筋混凝土预制板应相互拉结，并应与梁、墙或圈梁拉结。

《砌体》规定

> **10.2.7** 房屋的楼、屋盖与承重墙构件的连接，应符合下列规定：
>
> **1** 钢筋混凝土预制楼板在梁、承重墙上必须具有足够的搁置长度。当圈梁未设在板的同一标高时，板端的搁置长度，在外墙上不应小于 120mm，在内墙上，不应小于 100mm，在梁上不应小于 80mm，当采用硬架支模连接时，搁置长度允许不满足上述要求。
>
> **2** 当圈梁设在板的同一标高时，钢筋混凝土预制楼板端头应伸出钢筋，与墙体的圈梁相连接。当圈梁设在板底时，房屋端部大房间的楼盖，6 度时房屋的屋盖和 7～9 度时房屋的楼、屋盖，钢筋混凝土预制板应相互拉结，并应与梁、墙或圈梁拉结。
>
> **3** 当板的跨度大于 4.8m 并与外墙平行时，靠外墙的预制板侧边应与墙或圈梁拉结。
>
> **5** 装配整体式钢筋混凝土楼、屋盖，应在预制板叠合层上双向配置通长的水平钢筋，预制板应与后浇的叠合层有可靠的连接。现浇板和现浇叠合层应跨越承重内墙或梁、伸入外墙内长度应不小于 120mm 和 1/2 墙厚。

（3）提高楼梯间的抗震性能

《抗震》规定

> **7.3.8** 楼梯间尚应符合下列要求：
>
> **1** 顶层楼梯间墙体应沿墙高每隔 500mm 设 2ϕ6 通长钢筋和分布短钢筋平面内点焊组成的拉结网片或 ϕ4 点焊网片；7～9 度时其他各层楼梯间墙体应在休息平台或楼层半高处设置 60mm 厚、纵向钢筋不应少于 2ϕ10 的钢筋混凝土带或配筋砖带，配筋砖带不少于 3 皮，每皮的配筋不少于 2ϕ6，砂浆强度等级不应低于 M7.5 且不低于同层墙体的砂浆强度等级。
>
> **2** 楼梯间及门厅内墙阳角处的大梁支承长度不应小于 500mm，并应与圈梁连接。
>
> **3** 装配式楼梯段应与平台板的梁可靠连接，8 度、9 度时不应采用装配式楼梯段；不应采用墙中悬挑式踏式或踏步竖肋插入墙体的楼梯，不应采用无筋砖砌栏板。
>
> **4** 突出屋顶的楼、电梯间，构造柱应伸到顶部，并与顶部圈梁连接，所有墙体应沿墙高每隔 500mm 设 2ϕ6 通长钢筋和 ϕ4 分布短筋平面内点焊组成的拉结网片或 ϕ4 点焊网片。

【例 7.7.2-10】 突出屋面楼梯间的构造柱数量

某四层砌体结构房屋顶层局部平面布置图如图 7.7.2-10 所示，墙体采用 MU10 级烧结多孔砖、M5 级混合砂浆砌筑。墙厚 240mm。砌体施工质量控制等级 B 级；抗震设防烈度 7 度，设计基本地震加速度 0.1g。

试问，突出屋面的楼梯间最少应设置的构造柱数量（根），与下列何项数值最为接近？

（A）2　　（B）4

（C）6　　（D）8

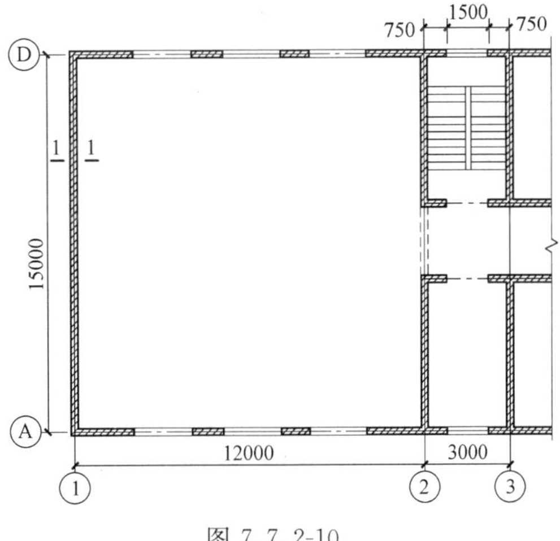

图 7.7.2-10

【答案】(D)

【解答】

根据《抗震》表7.3.1，楼梯间四角，楼梯段上下端对应的墙体处，应设置构造柱，共8根。根据《抗震》7.3.8条4款，突出屋面的楼梯间，构造柱应伸到顶部。所以，突出屋面的楼梯间也应设置8根构造柱。

【例7.7.2-11】阳角处梁的支承长度

某多层砖砌体房屋，底层结构平面布置如图7.7.2-11所示，外墙厚370mm，内墙厚240mm，本工程建筑抗震类别为丙类。抗震设防烈度为7度，设计基本地震加速度值为0.15g。

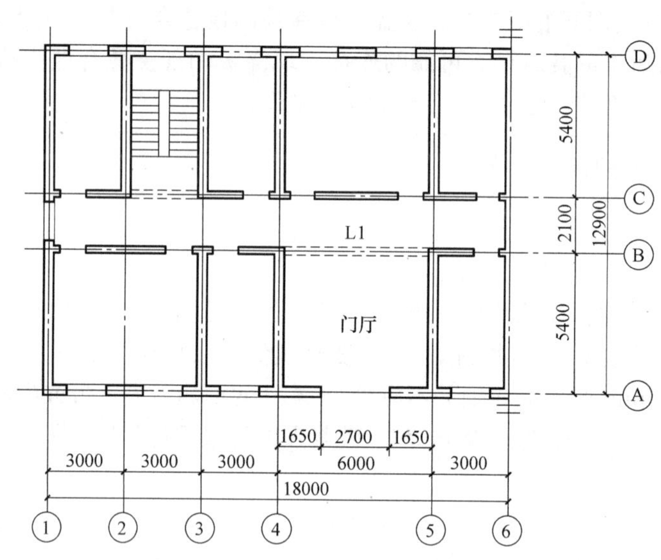

图7.7.2-11

试问，L1梁在端部砌体墙上的支承长度(mm)与下列何项数值最为接近?

(A) 120　(B) 240　(C) 360　(D) 500

【答案】(D)

【解答】

根据《建筑抗震设计规范》7.3.8条2款“楼梯间及门厅内阳角处的大梁支承长度不应小于500mm，并应与圈梁连接”，(D)为正确答案。

(4) 横墙较少砌体房屋的加强措施

《抗震》的规定

7.3.14 丙类的多层砖砌体房屋，当横墙较少且总高度和层数接近或达到本规范表7.1.2规定限值时，应采取下列加强措施：

1 房屋的最大开间尺寸不宜大于6.6m。

2 同一结构单元内横墙错位数量不宜超过横墙总数的1/3，且连续错位不宜多于两道；错位的墙体交接处均应增设构造柱，且楼、屋面板应采用现浇钢筋混凝土板。

3 横墙和内纵墙上洞口的宽度不宜大于 1.5m；外纵墙上洞口的宽度不宜大于 2.1m 或开间尺寸的一半；且内外墙上洞口位置不应影响内外纵墙与横墙的整体连接。

4 所有纵横墙均应在楼、屋盖标高处设置加强的现浇钢筋混凝土圈梁；圈梁的截面高度不宜小于 150mm，上下纵筋各不应少于 $3\phi10$，箍筋不小于 $\phi6$，间距不大于 300mm。

5 所有纵横墙交接处及横墙的中部，均应增设满足下列要求的构造柱：在纵、横墙内的柱距不宜大于 3.0m，最小截面尺寸不宜小于 240mm×240m（墙厚 190mm 时为 240mm×190mm），配筋宜符合表 7.3.14 的要求。

表 7.3.14 增设构造柱的纵筋和箍筋设置要求

<table>
<tr><th rowspan="2">位置</th><th colspan="3">纵向钢筋</th><th colspan="3">箍筋</th></tr>
<tr><th>最大配筋率(%)</th><th>最小配筋率(%)</th><th>最小直径/mm</th><th>加密区范围/mm</th><th>加密区间距/mm</th><th>最小直径/mm</th></tr>
<tr><td>角柱</td><td rowspan="2">1.8</td><td rowspan="2">0.8</td><td>14</td><td>全高</td><td rowspan="3">100</td><td rowspan="3">6</td></tr>
<tr><td>边柱</td><td>14</td><td>上端 700</td></tr>
<tr><td>中柱</td><td>1.4</td><td>0.6</td><td>12</td><td>下端 500</td></tr>
</table>

6 同一结构单元的楼、屋面板应设置在同一标高处。

7 房屋底层和顶层的窗台标高处，宜设置沿纵横墙通长的水平现浇钢筋混凝土带；其截面高度不小于 60mm，宽度不小于墙厚，纵向钢筋不少于 $2\phi10$，横向分布筋的直径不小于 $\phi6$ 且其间距不大于 200mm。

【例 7.7.2-12】

横墙较少的多层普通砖住宅楼，欲要使其达到一般多层普通砖住宅楼相同的高度和层数，采取下列哪一项措施是不恰当的？

（A）底层和顶层的窗台标高处，设置沿纵横墙通长的水平现浇钢筋混凝土带

（B）房屋的最大开间尺寸不大于 6.6m

（C）有错位横墙时，楼、屋面采用装配整体式或现浇混凝土板

（D）在楼、屋盖标高处，沿所有纵横墙设置加强的现浇钢筋混凝土圈梁

【答案】（C）

【解答】

（1）根据《抗震》7.3.14 条第 7 款，"房屋底层和顶层的窗台标高处，宜设置沿纵横墙通长的水平现浇钢筋混凝土带"。（A）正确。

（2）根据《抗震》7.3.14 条第 1 款，"房屋的最大开间尺寸不宜大于 6.6m"。（B）正确。

（3）根据《抗震》7.3.14 条第 2 款，"同一结构单元内横墙错位数量不宜超过横墙总数的 1/3，且连续错位不宜多于两道；错位的墙体交接处均应增设构造柱，且楼、屋面板应采用现浇钢筋混凝土板"。（C）不正确。

（4）根据《抗震》7.3.14 条第 4 款，"所有纵横墙均应在楼屋盖标高处设置加强的现

浇钢筋混凝土圈梁”。(D) 正确。

【例 7.7.2-13】 横墙较少房屋的构造面

某多层砖砌体房屋，底层结构平面布置见图 7.7.2-12，外墙厚 370mm，内墙厚 240mm，轴线均居墙中。窗洞口均为 1500mm×1500mm（宽×高），门洞口除注明外均为 1000mm×2400mm（宽×高），室内外高差 0.5m，室外地面距基础顶 0.7m。楼、屋面板采用现浇钢筋混凝土板，砌体施工质量控制等级为 B 级。

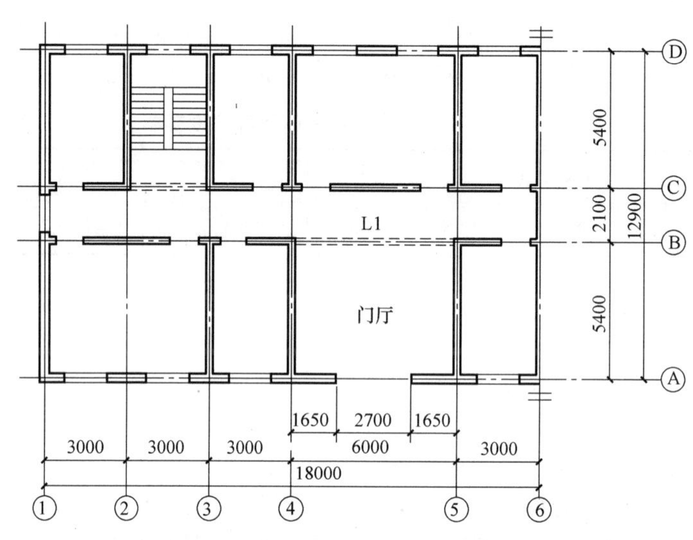

图 7.7.2-12

假定，本工程建筑抗震类别为丙类。抗震设防烈度为 7 度，设计基本地震加速度值为 0.15g。墙体采用 MU15 级烧结多孔砖。M10 级混合砂浆砌筑。各层墙上下连续且洞口对齐。除首层层高为 3.0m 外。其余五层层高均为 2.9m。试问，满足《抗震》GB 50011—2010 抗震构造措施要求的构造柱最少设置数量（根）与下列何项数值最为接近？

(A) 52　　(B) 54　　(C) 60　　(D) 76

【答案】 (D)

【解答】

(1) 本题建筑抗震类别为丙类，抗震设防烈度为 7 度 0.15g。根据《抗震》表 7.1.2，墙厚 240mm 多孔砖房屋允许的总层数为 6 层、总高度为 18m。本题房屋为 1+5=6 层、总高为 3.0+5×2.9=17.5m，房屋总高度和层数达到或接近《抗震》表 7.1.2 规定的限值。

(2) $\dfrac{3\times6\times5.4}{18\times12.9}=41.86\%>40\%$，$<50\%$，属于横墙较少的多层砌体房屋。

(3) 根据《抗震》7.3.14 条 5 款，对横墙较少房屋，当其层数及总高度达到限值时，加强措施之一是所有纵横墙中部均应设置构造柱，且间距不宜大于 3.0m。

(4) 根据《抗震》7.3.1 条构造柱设置部位要求一般规定和所有纵横墙中部均设置间距不大于 3.0m 构造柱，具体位置如图 7.7.2-13 所示，构造柱的设置数量为：所有纵横墙交接处 (18×2+4=40)+所有横墙的中部 (7×2+2=16)+在纵横墙内的柱距不宜大于 3m（4×2=8）+楼梯斜梯段上下端对应的墙体和较大洞口两侧（4×2+2×2=12）=76 个。故选（D）。

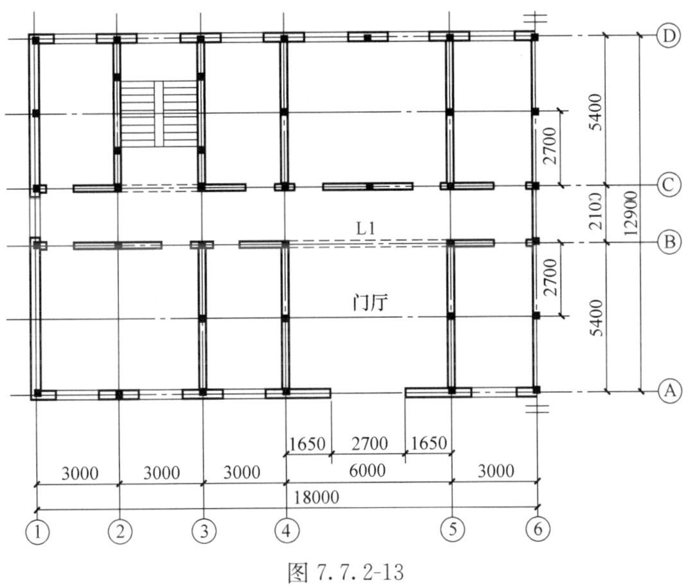

图 7.7.2-13

三、多层砌体房屋的抗震计算设计

1. 砌体结构的水平地震作用计算

（1）计算方法的确定

《抗震》规定与“条文说明”的解说

7.2.1 多层砌体房屋的抗震计算，可采用底部剪力法，并应按本节规定调整地震作用效应。

7.2.1（条文说明）砌体房屋层数不多，刚度沿高度分布一般比较均匀，并以剪切变形为主，因此可采用底部剪力方法计算。

（2）底部剪力法

《抗震》规定

5.2.1 采用底部剪力法时，各楼层可仅取一个自由度，结构的水平地震作用标准值，应按下列公式确定

$$F_{\mathrm{Ek}}=\alpha_1 G_{\mathrm{eq}} \tag{5.2.1-1}$$

$$F_i=\frac{G_i H_i}{\sum_{j=1}^{n} G_j H_j} F_{\mathrm{Ek}}(1-\delta_{\mathrm{n}})(i=1,2,\cdots n) \tag{5.2.1-2}$$

$$\Delta F_{\mathrm{n}}=\delta_{\mathrm{n}} F_{\mathrm{Ek}} \tag{5.2.1-3}$$

α_1——相应于结构基本自振周期的水平地震影响系数值，多层砌体房屋、底部框架砌体房屋，宜取水平地震影响系数最大值；

δ_{n}——顶部附加地震作用系数，多层钢筋混凝土和钢结构房屋可按表 5.2.1 采用，其他房屋可采用 0.0；

【例 7.7.3-1】～【例 7.7.3-3】底部剪力法求水平地震作用

某七层砌体结构房屋，抗震设防烈度 7 度，设计基本地震加速度值为 0.15g。各层计算高度均为 3.0m，内外墙厚度均为 240mm，轴线居中。采用现浇钢筋混凝土楼、屋盖，平面布置如图 7.7.3-1a 所示。采用底部剪力法对结构进行水平地震作用计算时，结构水平地震作用计算简图如图 7.7.3-1b 所示。

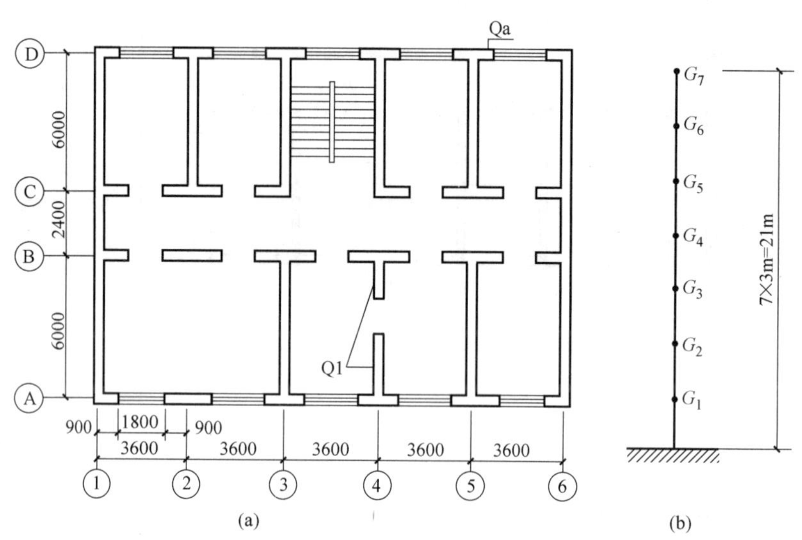

图 7.7.3-1

(a) 平面布置；(b) 结构水平地震作用计算简图

【例 7.7.3-1】求 G_i

已求得各种荷载（标准值）：屋面板自重总重（含保温防水层）为 1300kN，屋面活荷载总重 130kN，屋面雪荷载总重 100kN；每层墙体总重 1900kN，女儿墙总重 400kN。采用底部剪力法对结构进行水平地震作用计算时，试问，其中质点 C_7（kN），应与下列何项数值最为接近？

(A) 2300　　(B) 2700　　(C) 2765　　(D) 3650

【答案】(B)

【解答】根据《抗震》5.1.3 条规定，屋面活荷载不计，雪荷载的组合值系数 0.5，墙体取上、下层一半和女儿墙，屋面板自重：

$$G_7 = 1300 + 0.5 \times 1900 + 0.5 \times 100 + 400 = 2700\text{kN}。$$

【例 7.7.3-2】求 F_{Ek}

假设重力荷载代表值 $G_1 = G_2 = G_3 = G_4 = G_5 = G_6 = 4000\text{kN}$、$G_7 = 3000\text{kN}$，当采用底部剪力法对结构进行水平地震作用计算时，试问，总水平地震作用标准值 F_{Ek}（kN），应与下列何项数值最为接近？

(A) 1850　　(B) 2150　　(C) 2750　　(D) 3250

【答案】(C)

【解答】

(1) 根据《抗震》5.2.1 条：

$G=\sum G_i=4000\times6+3000=27000\text{kN}$，结构等效总重力荷载 G_{eq}，多质点取 0.85G。

$G_{eq}=0.85G=0.85\times27000=22950\text{kN}$，多层砌体房屋，水平地震影响系数取最大值。

(2) 根据《抗震》5.1.4 条，7 度（0.15g）设防，多遇地震。

取 $$\alpha_1=\alpha_{max}=0.12$$

故 $$F_{Ek}=\alpha_1 G_{eq}=0.12\times22950=2754\text{kN}。$$

【例 7.7.3-3】 求 V_i

采用底部剪力法对结构进行水平地震作用计算时，假设重力荷载代表值 $G_1=G_2=G_3=G_4=G_5=G_6=4000\text{kN}$、$G_7=3000\text{kN}$。若总水平地震作用标准值为 F_{Ek}，试问，第二层的水平地震剪力设计值 V_2（kN），应与下列何项数值最为接近?

(A) $0.96F_{Ek}$　　(B) $1.15F_{Ek}$　　(C) $1.25F_{Ek}$　　(D) $1.30F_{Ek}$

【答案】(C)

【解答】

(1) 根据《抗震》5.2.1 条式（5.2.1-2），水平地震作用标准值为

$$F_i=\frac{G_iH_i}{\sum\limits_{j=1}^{n}G_iH_j}F_{Ek}(1-\delta_n)\quad 多层砌体结构\ \delta_n=0.0$$

$$\sum_{1}^{7}G_iH_i=4000\times3+4000\times6+4000\times9+4000\times12+4000\times15+4000\times18+3000\times21$$
$$=315000\text{kN}\cdot\text{m}$$

二层的水平地震作用标准值

$$F_2=\frac{G_2H_2}{\sum G_iH_i}F_{Ek}=\frac{4000\times6}{315000}=0.0762F_{Ek}$$

$$F_3=\frac{G_3H_3}{\sum G_iH_i}F_{Ek}=\frac{4000\times9}{315000}=0.1143F_{Ek}$$

$$F_4=\frac{4000\times12}{315000}F_{Ek}=0.1524F_{Ek}$$

$$F_5=\frac{4000\times15}{315000}F_{Ek}=0.19F_{Ek}$$

$$F_6=\frac{4000\times18}{315000}F_{Ek}=0.2286F_{Ek}$$

$$F_6=\frac{3000\times21}{315000}F_{Ek}=0.2F_{Ek}$$

$$V_2=\sum F_i=(0.0762+0.1173+0.1524+0.19+0.2286+0.2)F_{Ek}=0.9615F_{Ek}。$$

(2) 根据《抗震》5.4.1 条：

$$V_2=\gamma_{Eh}V_2=1.3\times0.9615F_{Ek}=1.249F_{Ek}。$$

2. 墙体抗侧移刚度

利用底部剪力法计算得到水平地震作用后，即可用一般结构力学方法得到各楼层地震剪力 V_i，楼层地震剪力是作用于房屋某一整个楼层上的地震剪力，而抗震分析的目的是验算各墙肢的抗震承载力，所以还应进一步把楼层地震剪力分配到各片墙的各墙肢上去。所谓墙肢是指开设有门、窗洞口的一片纵墙或横墙中的窗间墙或门间墙。无洞墙片也可视为一墙肢。也可把它们都称为墙体。房屋中，凡平行于地震作用方向的墙体，无论是墙片

或墙肢，均能承担该地震方向上的地震作用。所以进行横向抗震计算时，楼层剪力全部由横墙承担；进行纵向抗震计算时，楼层剪力全部由纵墙承担。由于垂直于地震作用方向的墙体的水平刚度很小，因而其抗震作用忽略不计。另外，纵横墙连接处的整体性难以保证，且此处常有应力集中现象，受力复杂，所以一般也不考虑纵横墙的共同作用。这一原则要求建筑结构布置应尽量规则、对称，质量和刚度分布比较均匀，即可不考虑平动，扭转耦联效应。

设第 i 层有 s 道墙片，则它们所承受的剪力之和等于楼层剪力

$$V_i = \sum_{j=1}^{s} V_{ij} \tag{7.7.3-1}$$

地震剪力在楼层上的传递，主要是依靠楼盖的水平刚度来实现。对于不同的楼盖类型，楼层剪力分配的计算方法有所不同。各墙片之间的剪力分配显然又与各墙片的抗侧移刚度有关。因此，在讨论楼层剪力的分配以前，首先要确定各个墙肢和各墙片、墙段的抗侧移刚度。

无洞墙段的层间侧向刚度是指欲使该墙段顶端产生单位位移时需在墙肢顶部施加的水平力 K（单位 kN/m），它与墙体的侧移柔度成倒数关系。墙体端部在单位水平力作用下所产生的侧移 δ（单位：m/kN）则称为墙体的侧移柔度。在结构力学中，一个构件在单位水平力作用下的侧移，除了包括构件自身的弯曲变形（δ_b）、剪切变形（δ_s）以外，还有构件底部的转动。在多层砌体房屋的抗震分析中，一般假定各层楼盖仅发生平动而无转动。于是

$$K = \frac{1}{\delta_b + \delta_s} \tag{7.7.3-2}$$

确定层间抗侧移刚度时，可认为各层墙体或墙肢均为下端固定、上端嵌固的构件（图 7.7.3-2）。

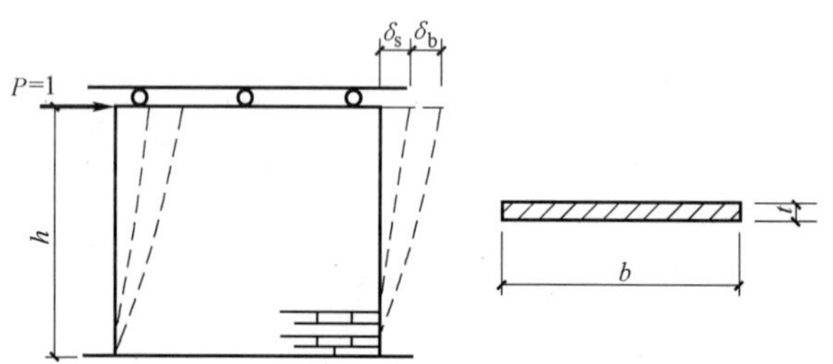

图 7.7.3-2　墙肢的侧移柔度

墙肢在单位水平力作用下的弯曲变形和剪切变形分别为

$$\delta_b = \frac{h^3}{12EI} \tag{7.7.3-3}$$

$$\delta_s = \frac{\tau}{G}h = \frac{\xi}{AG}h \tag{7.7.3-4}$$

式中　h——墙肢（或无洞墙片）的高度；

A——墙肢（或无洞墙片）的水平截面积，$A = bt$；

b、t——墙肢（或无洞墙片）的宽度和厚度；

I——墙肢（或无洞墙片）的水平惯性矩，$I = tb^3/12$；

ξ——因剪应变分布不均匀引起的对变形的影响系数，简称剪应变不均匀系数，对于矩形截面，取 $\xi=1.2$；

E——砖砌体受压时的弹性模量；

G——砖砌体的剪切模量，一般取 $G=0.4E$。

那么，墙肢的侧移柔度，即单位水平力作用下的总变形为

$$\delta=\delta_b+\delta_s=\frac{h^3}{12EI}+\frac{\xi h}{AG} \quad (7.7.3\text{-}5)$$

（1）墙段的层间等效侧向刚度

不同高宽比墙肢中，剪切变形与弯曲变形的数量关系是不同的，规范采用简化的方法给出划分界限，称为等效剪切刚度。

《抗震》规定

> **7.2.3** 进行地震剪力分配和截面验算时，砌体墙段的层间等效侧向刚度应按下列原则确定：
>
> **1** 刚度的计算应计及高宽比的影响。高宽比小于 1 时，可只计算剪切变形；高宽比不大于 4 且不小于 1 时，应同时计算弯曲和剪切变形；高宽比大于 4 时，等效侧向刚度可取 0.0。
>
> 注：墙段的高宽比指层高与墙长之比，对门窗洞边的小墙段指洞净高与洞侧墙宽之比。

当墙肢高宽比 $h/b<1$ 时，弯曲变形在总变形中所占比例较小（10%以下）；仅需考虑剪切变形其等效剪切刚度为

$$K=\frac{GA}{\xi h}=\frac{Etb}{3h} \quad (7.7.3\text{-}6)$$

当墙肢高宽比 $h/b>4$ 的墙肢或砖柱，剪切变形在总变形中所占比例很小；可不计其等效剪切刚度，即不分配地震作用。

当墙肢高宽比 $1\leqslant h/b\leqslant 4$ 时，剪切变形和弯曲变形在总变形中均占有相当大的比例。应同时考虑剪切变形和弯曲变形，其等效剪切刚度为

$$K=\frac{1}{\dfrac{h^3}{12EI}+\dfrac{\xi h}{AG}}=\frac{Et}{\left(\dfrac{h}{b}\right)^3+\dfrac{3h}{b}} \quad (7.7.3\text{-}7)$$

【例 7.7.3-4】 无洞口墙段的层间等效侧向刚度

条件：有一无洞墙体，宽 3m、高 3m、厚 0.37m。

要求：确定该墙体的抗侧移刚度 K。

【解答】 该墙的高 $h=3\text{m}$，宽 $b=3\text{m}$。

（1）根据《抗震》7.2.3 条第 1 款的规定，$\dfrac{h}{b}=\dfrac{3}{3}=1$，应同时计算弯曲和剪切变形。

（2）根据本书式（7.7.3-5），对于矩形截面：$\xi=1.2$，$G=0.4E$，代入式（7.7.3-5）可得

$$\delta=\frac{h^3}{12EI}+\frac{3h}{EA}=\frac{3^3}{12E\dfrac{0.37\times3^3}{12}}+\frac{3\times3}{E\times0.37\times3}$$

$$=\frac{2.703}{E}+\frac{8.108}{E}=\frac{10.81}{E}$$

墙体的侧移刚度 $K=\frac{1}{\delta}=\frac{E}{10.81}=0.0925E$。

（2）小开口墙段的层间等效侧向刚度

《抗震》7.2.3条对开洞率＜30%的小开口墙段抗侧移刚度的计算给出了一个简化的方法。即先按无洞墙体计算其抗侧移刚度，然后采用“墙段洞口影响系数”进行修正

7.2.3 进行地震剪力分配和截面验算时，砌体墙段的层间等效侧向刚度应按下列原则确定：

2 墙段宜按门窗洞口划分；对设置构造柱的小开口墙段按毛墙面计算的刚度，可根据开洞率乘以表7.2.3的墙段洞口影响系数：

表7.2.3 墙段洞口影响系数

开洞率	0.10	0.20	0.30
影响系数	0.98	0.94	0.88

注：1. 开洞率为洞口水平截面积与墙段水平毛截面积之比，相邻洞口之间净宽小于500mm的墙段视为洞口。

2. 洞口中线偏离墙段中线大于墙段长度的1/4，表中影响系数值折减0.9；门洞的洞顶高度大于层高80%时，表中数据不适用；窗洞高度大于50%层高时，按门洞对待。

7.2.3 （条文说明）本次修订明确，该表仅适用于带构造柱的小开口墙段。当本层门窗过梁及以上墙体的合计高度小于层高的20%时，洞口两侧应分为不同的墙段。

【例7.7.3-5】墙段洞口影响系数

某多层砌体结构第二层外墙局部墙段立面，如图7.7.3-3所示，当进行地震剪力分配时，试问，计算该砌体墙段层间等效侧向刚度所采用的洞口影响系数，应为下列何项数值？（墙段两端设有构造柱）

（A）0.88　　（B）0.89　　（C）0.90　　（D）0.91

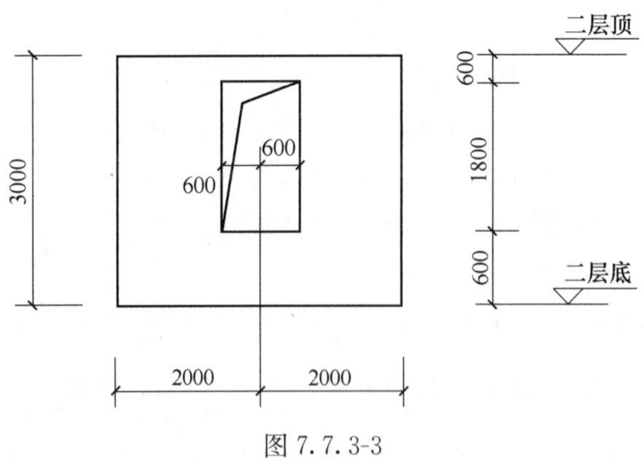

图7.7.3-3

【答案】（A）

【解答】

（1）根据《抗震》7.2.3条表7.2.3注2：

窗洞高＝1.8＞3.0/2＝1.5m，窗洞按门洞计算。2400/3000＝80％符合 7.2.3 条注 2 要求

（2）根据《抗震》7.2.3 条表 7.2.3：开洞率 $\rho=\frac{1200}{4000}=0.3$ 为小开口。

（3）根据《抗震》7.2.3 条表 7.2.3 注 2，洞口居中不考虑偏洞影响系数。

（4）查《抗震》表 7.2.3，洞口影响系数＝0.88。

【例 7.7.3-6】小开口墙的层间等效侧向刚度

砌体结构房屋，二层某外墙立面如图7.7.3-4所示，墙内构造柱的设置符合《建筑抗震设计规范》GB 50011—2010 要求，墙厚 370mm，窗洞宽 1.0m，高 1.5m，窗台高于楼面 0.9m，砌体的弹性模量为 E（MPa）。试问，该外墙层间等效侧向刚度（N/mm），应与下列何项数值最为接近？

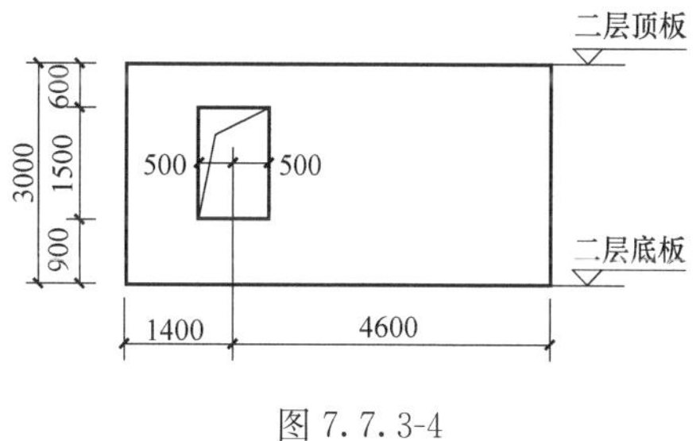

图 7.7.3-4

提示：墙体剪应变分布不均匀影响系数 $\xi=1.2$。

（A）210E　　（B）285E　　（C）345E　　（D）395E

【答案】（A）

（1）计算开洞率

根据《抗震》7.2.3 条，洞高 1.5m＝$H/2$，可按窗洞考虑；

开洞率是洞门水平截面面积与墙段水平毛截面面积之比。

洞口水平截面积 $A_h=1\times0.37=0.37\text{m}^2$，水平墙毛面积 $A=6\times0.37=2.22\text{m}^2$，

开洞率 $\rho=\frac{A_h}{A}=\frac{0.37}{2.22}=0.167$，为小开口墙段。

（2）墙段洞口影响系数

根据开洞率，查《抗震》表 7.2.3 得到墙段洞口影响系数 $=0.98-\frac{(0.98-0.94)}{(0.2-0.1)}\times(0.167-0.1)=0.953$。

（3）洞口影响系数的修正

洞口中心线偏离墙段中线的距离为 1.60m，大于墙段长度 6.0m 的 1/4－1.5m，根据《抗震》表 7.2.3 注 2，影响系数要乘折减系数 0.9。0.9×0.953＝0.858。

（4）外墙层间等效侧向刚度

层高与墙长之比 $h/L=3/6=0.5<1$，只考虑剪切变形影响的墙肢侧向刚度乘以洞口影响系数

$$K=\frac{0.858GA_{im}}{\xi H}=\frac{0.858\times0.4EA_{im}}{\xi H}=\frac{0.858\times0.4\times370\times6000E}{1.2\times3000}=212E\text{N/mm}。$$

（3）大开口墙的层间等效侧向刚度

对有大洞口的墙片（包括靠边开有洞口的），一般将墙片划分为各个墙肢后分别计算，然后再求出墙片刚度之和，即为有洞口墙片的抗侧移刚度。

① 当只有窗洞且各洞口标高相同时（如图 7.7.3-5），墙片的侧移柔度由 1、2、3 三

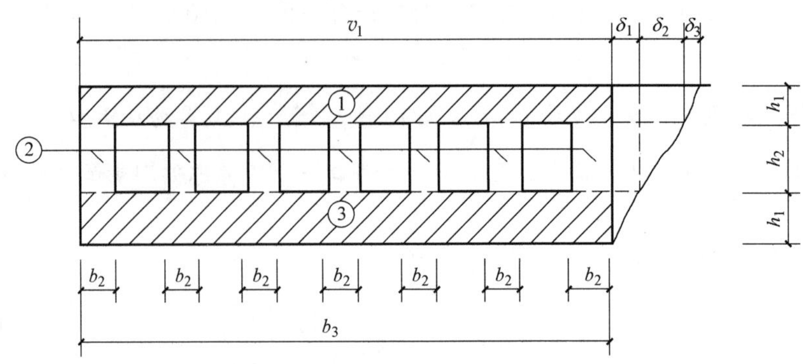

图 7.7.3-5　开有窗洞时的墙肢划分

类墙肢的侧移刚度组成，即 $\delta=\delta_1+\delta_2+\delta_3$。所以此洞口墙片的抗侧移刚度为

$$K=\frac{1}{\delta_1+\delta_2+\delta_3}=\frac{1}{\frac{1}{K_1}+\frac{1}{K_2}+\frac{1}{K_3}} \tag{7.7.3-8}$$

② 当有门窗洞口且门窗顶、窗台标高相同时（如图 7.7.3-6 所示）

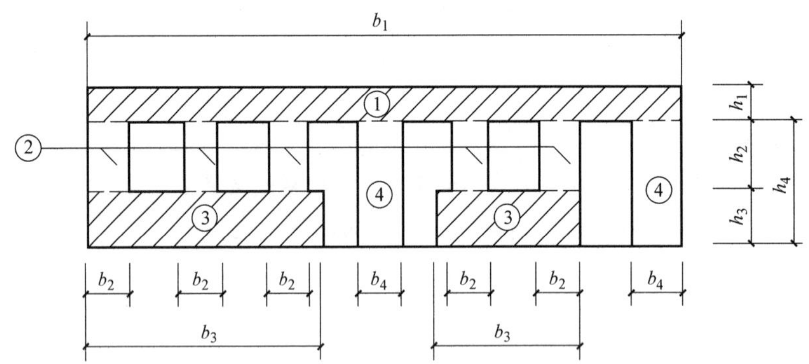

图 7.7.3-6　有门窗洞口时的墙肢划分

计算时应先分别考虑墙肢 2 和 3 的侧移柔度 δ_2，δ_3 相应的抗侧移刚度为$\Sigma\frac{1}{\delta_2+\delta_3}$；墙肢 4 的侧移柔度为 δ_4，相应的抗侧移刚度分别为 $1/\delta_4$；再考虑墙肢 1 的侧移柔度为 δ_1，相应的抗侧移刚度为 $1/\delta_1$。根据抗侧移刚度为侧移柔度倒数的关系，可得图 7.7.3-6 所示大洞口墙片的抗侧移刚度为

$$K=\frac{1}{\frac{1}{K_1}+\frac{1}{K_4+\left[\frac{1}{\frac{1}{K_2}+\frac{1}{K_3}}\right]}} \tag{7.7.3-9}$$

式中，K_1、K_2、K_3、K_4 分别为墙肢 1、2、3、4 的抗侧移刚度。

由于墙体开洞千变万化，不可能统一成一个计算墙体抗侧移刚度的公式。上述计算的规律可以归纳为：

a）同一水平上“刚度叠加”，即墙段总刚度等于该墙段内各墙肢抗侧移刚度之和。

b）同一竖面上“柔度叠加”，即某点的柔度等于其下各墙段柔度之和。

另外，若有洞口的墙片较长（例如较长纵墙），计算抗侧移刚度时可以略去窗顶部墙肢（例如上述墙肢①）的作用。即不考虑 K_1 项或 δ_1 项，由此引起的纵向层间剪力的分配误差在±5%左右。

【例 7.7.3-7】 大开口墙的层间等效侧向刚度

二层某外墙立面如图 7.7.3-7 所示，墙厚 240mm，窗洞宽 1.0m，高 1.5m，窗台高于楼面 0.9m，砌体的弹性模量为 E（MPa）。试问，该外墙层间等效侧向刚度（N/mm），应与下列何项数值最为接近？（墙段有构造柱）

提示：①墙体剪应变分布不均匀影响系数 $\xi=1.2$；②取 $G=0.4E$。

（A）345E　　（B）285E　　（C）235E　　（D）170E

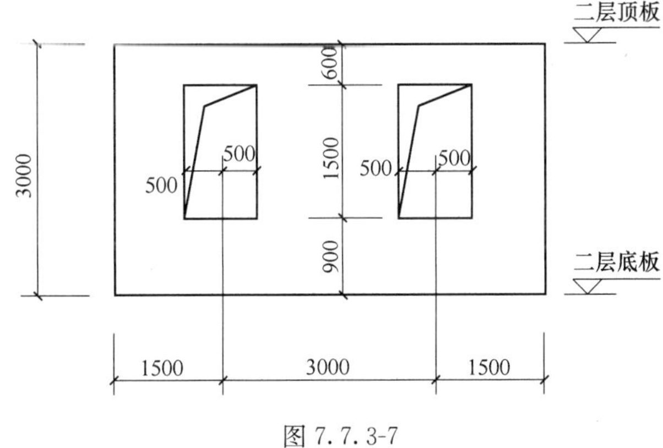

图 7.7.3-7

【答案】（D）

【解答】

（1）根据《抗震》7.2.3 条注 2，窗洞高 1.5m=层高/2=3/2=1.5m，可按窗口对待。

（2）根据《抗震》7.2.3 条表 7.2.3，开洞率 $\rho=\frac{2\text{m}}{6\text{m}}=0.33$，超过表 7.2.3 范围，因此不能按小开口墙段计算。

（3）计算墙体的侧向刚度。根据图 7.7.3-7 将该墙分为 $h_1=600\text{mm}$，$h_2=1500\text{mm}$，$h_3=900\text{mm}$ 三个墙段分别进行计算。

1）第一墙段 $h_1=600\text{mm}$ 的侧向刚度。高宽比 $h/b=600/6000=0.1<1$，所以可只考虑剪切变形

$$K_1=\frac{AG}{\xi h}=\frac{bt\times 0.4E}{1.2h}=\frac{Ebt}{3h}=\frac{370\times 6000E}{3\times 600}=1233.3E。$$

2）第二墙段 $h_2=1500\text{mm}$ 的侧向刚度。此墙段为窗间墙，根据截面尺寸可分为左中右三段，左段与右段相等，左段高宽比 $h/b=\frac{1500}{1000}=1.5\begin{matrix}<1\\<4\end{matrix}$，应考虑弯曲与剪切变形。

$$K_{左}=K_{右}=\frac{1}{\delta}=\frac{1}{\delta_{弯}+\delta_{剪}}=\frac{1}{\frac{h^3}{12EI}+\frac{\xi h}{AG}}$$

$$=\frac{1}{\frac{1500^3}{12E\times 370\times 1000^3/12}+\frac{1.2\times 1500}{0.4E\times 370\times 1000}}=46.98E。$$

中间墙段高宽比 $h/b=\frac{1500}{2000}=0.75<1$，只考虑剪切变形：

$$K_{中}=\frac{AG}{\xi h}=\frac{bt\times0.4E}{1.2h}=\frac{Ebt}{3h}=\frac{370\times2000E}{3\times1500}=164.4E。$$

$$K_2=(2\times46.98+164.4)E=258.4E。$$

3）第三墙段 $h_3=900\text{mm}$ 的侧向刚度

高宽比 $h/b=900/6000=0.15<1$，只考虑剪切变形

$$K_3=\frac{AG}{\xi h}=\frac{Ebt}{3h}=\frac{370\times3000}{3\times900}E=822E。$$

（4）该外墙层间等效侧向刚度为

$$K=\frac{1}{\frac{1}{K_1}+\frac{1}{K_2}+\frac{1}{K_3}}=\frac{1}{\frac{1}{1233.3E}+\frac{1}{258.4E}+\frac{1}{822E}}=169.6E。$$

3. 楼层水平地震剪力的分配

水平地震作用通过楼（屋）盖传递、分配给楼层中各墙体，并在各墙体中产生剪力。某一楼层中各墙体剪力的合力就是该楼层的楼层地震剪力，各墙体剪力的大小，也就是楼层地震剪力在该楼层各墙体间的分配，主要取决于楼（屋）盖的水平刚度及各墙体的侧移刚度。

楼层地震剪力分配时，先分配到同一楼层且与其方向平行的各道墙上去（第一次分配），对设有门窗洞口的每道墙，再把其上的地震剪力分配到同一道墙上的每一墙段上去（第二次分配）。这样，每一道墙或每一墙段的地震剪力已知后，才可能按砌体结构的方法对其进行抗震承载力验算。

（1）横向楼层地震剪力的分配（第一次地震剪力的分配）

《抗震》规定

5.2.6 结构的楼层水平地震剪力，应按下列原则分配：

1 现浇和装配整体式混凝土楼、屋盖等刚性楼、屋盖建筑，宜按抗侧力构件等效刚度的比例分配。

2 木楼盖、木屋盖等柔性楼、屋盖建筑，宜按抗侧力构件从属面积上重力荷载代表值的比例分配。

3 普通的预制装配式混凝土楼、屋盖等半刚性楼、屋盖的建筑，可取上述两种分配结果的平均值。

4 计入空间作用、楼盖变形、墙体弹塑性变形和扭转的影响时，可按本规范各有关规定对上述分配结果作适当调整。

1）刚性楼盖房屋。刚性楼盖是指现浇钢筋混凝土楼盖及装配整体式钢筋混凝土楼盖。当横墙间距符合《抗震》表7.1.5的规定时，则受横向水平地震作用时，刚性楼盖在其水平面内变形很小，故可将刚性楼盖视作在其平面内为绝对刚性的连续梁，而横墙为其弹性支座（图7.7.3-8）当结构布置和荷载分布都对称时，房屋的刚度中心与质量中心重合，而不发生扭转，楼盖发生整体相对平移运动，各横墙将发生相等的层间位移，此时刚性连续梁各支座的反力即为各抗震横墙所承受的地震剪力，它与支座的弹性刚度成正比，即各

道横墙所承受的地震剪力是按各墙的侧移刚度比例进行分配的。

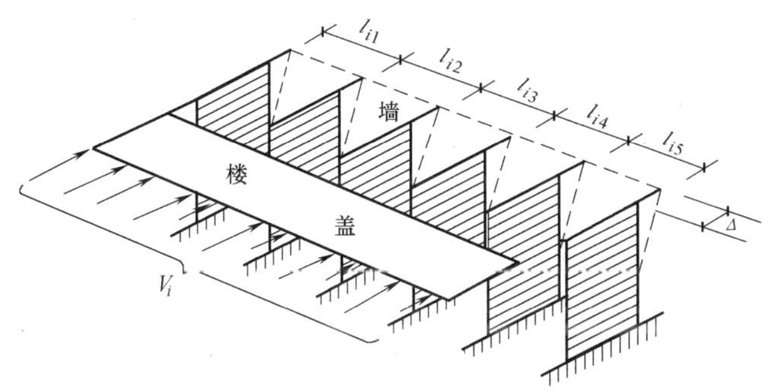

图 7.7.3-8　刚性楼盖的计算简图

若已知第 i 层横向墙体的层间等效刚度之和为 K_i，则在第 i 层层间地震剪力 V_i 作用下产生的层间位移 u 可按下式计算：

$$u=\frac{V_i}{K_i}=\frac{V_i}{\sum_{k=1}^{n}K_{ik}}$$

第 i 层第 m 片横墙所分配的水平地震剪力 V_{m} 按式（7.7.3-10）计算：

$$V_{i\mathrm{m}}=K_{i\mathrm{m}}u=K_{i\mathrm{m}}\frac{V_i}{\sum_{k=1}^{n}K_{ik}}=\frac{K_{i\mathrm{m}}}{\sum_{k=1}^{n}K_{ik}}V_i \tag{7.7.3-10}$$

式中　$K_{i\mathrm{m}}$、K_{ik}——第 i 层第 m、第 k 片墙体的层间等效侧移刚度；

V_i——房屋第 i 层的横向水平地震力。

对于无门窗洞的砖横墙，同一层中各片墙的侧移刚度与层间侧移刚度的比，在满足：① 无错层（同一层中各墙高度相同）；②砖和砂浆强度等级相同（砌体的剪切模量相同）；③各片墙的高宽比属于同一范围的情况下，其刚度比可以简化。由于大部分墙体的高宽比小于 1，其弯曲变形小。对于这样的多层砌体房屋，在计算各道横墙的侧移刚度时，一般可只考虑剪切变形的影响，故 $K_{i\mathrm{m}}=\frac{A_{i\mathrm{m}}G_{i\mathrm{m}}}{\xi h_{i\mathrm{m}}}$。

式中　$G_{i\mathrm{m}}$——第 i 层第 m 道墙砌体的剪切模量；

$A_{i\mathrm{m}}$——第 i 层第 m 道墙的净横截面面积；

$h_{i\mathrm{m}}$——第 i 层第 m 道墙的高度。

若各墙的高度 $h_{i\mathrm{m}}$ 相同，材料相同，则 $G_{i\mathrm{m}}$ 相同，经化简后得

$$V_{i\mathrm{m}}=\frac{A_{i\mathrm{m}}}{\sum_{m=1}^{i}A_{i\mathrm{m}}}V_i=\frac{A_{i\mathrm{m}}}{A_i}V_i \tag{7.7.3-11}$$

式中　A_i——第 i 层各抗震横墙的净截面面积之和，即 $A_i=\sum_{m=1}^{s}A_{i\mathrm{m}}$。

上式表明，对刚性楼盖，当各道横墙高度、材料相同时，其楼层水平地震剪力可按各道横墙的横截面面积比例进行分配。

【例 7.7.3-8】 刚性楼盖的水平地震剪力的分配（横墙无洞）

一多层砖砌体办公楼，其底层平面如图 7.7.3-9 所示，外墙厚 370mm，内墙厚 240mm，墙均居轴线中。底层层高 3.4m，室内外高差 300mm，基础埋置较深且有刚性地坪。墙体采用 MU10 烧结多孔砖、M10 混合砂砂浆砌筑；楼、屋面板采用现浇钢筋混凝土板，砌体施工质量控制等级为 B 级。

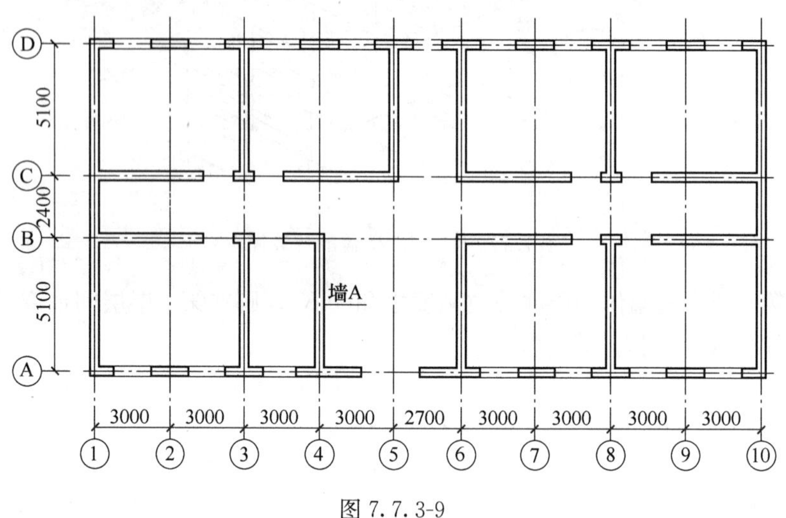

图 7.7.3-9

假定底层横向水平地震剪力设计值 V=3300kN，试问，由墙 A 承担的水平地震剪力设计值（kN），应与下列何项数值最为接近？

（A）190　　（B）210　　（C）230　　（D）260

【答案】（B）

【解答】

（1）根据《抗震》7.2.3 条，横墙的高宽比小于 1，只计算剪切变形，因为层高相同，同层中砖和砂浆强度等级相同，则抗侧力构件等效侧向刚度的比例可简化成按墙体的截面面积比例。

墙 A 的截面面积 $A_4=0.24\times\left(5.1+\dfrac{0.37}{2}+\dfrac{0.24}{2}\right)=1.2972\text{m}^2$

横墙总截面面积

$$\Sigma A=1.2972\times8+2\times0.37\times(5.1\times2+2.4+0.37)=19.9754\text{m}^2。$$

（2）根据《抗震》5.2.6 条，刚性楼盖，按抗侧力构件等效侧向刚度的比例分配水平地震剪力。

$$V_i=\frac{A_i}{\Sigma A_i}V$$

$$V_\text{A}=\frac{A_4}{\Sigma A}V=\frac{1.2972}{19.9754}\times3300=214.3\text{kN}。$$

【例 7.7.3-9】 刚性楼盖的水平地震剪力的分配（横墙有洞）

其多层砌体结构房屋，各层层高均为 3.6m，内外墙厚度均为 240mm，轴线居中。室内外高差 0.3m，基础埋置较深且有刚性地坪。采用现浇钢筋混凝土楼、屋盖，平面布置图和 A 轴剖面见图 7.7.3-10 所示。各内墙上门洞均为 1000mm×2600mm（宽×高），外墙上窗洞均为 1800mm×1800mm（宽×高）。

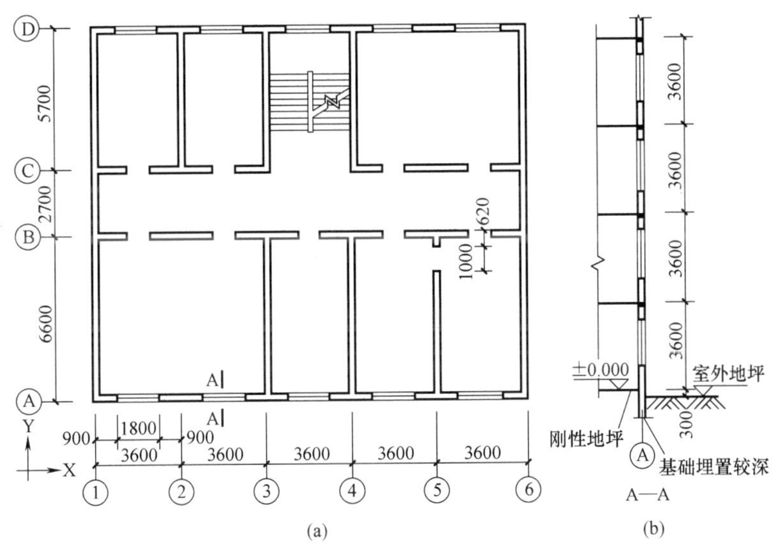

图 7.7.3-10

（a）平面布置图；（b）局部剖面示意图

假定，该房屋第二层横向（Y 向）的水平地震剪力标准值 $V_{2k}=2000\text{kN}$。试问，第二层⑤轴墙体所承担的地震剪力标准值 V_k（kN），应与下列何项数值最为接近？

（A）110　　（B）130　　（C）160　　（D）180

【答案】（C）

【解答】

按《抗震》7.2.3 条 1 款的规定计算。

⑤ 轴线横墙开洞情况见图 7.7.3-11。

门洞北侧墙体墙段 B：

$\dfrac{h_1}{b}=\dfrac{2.6}{0.62}=4.19>4$，根据《抗震》7.2.3 条，该段墙体等效侧向刚度可取 0。

墙段 A

$\dfrac{a}{b}=\dfrac{3.6}{5.22}=0.69<1.0$，可只计算剪切变形，其等效剪切刚度 $K=\dfrac{EA}{3h}$。

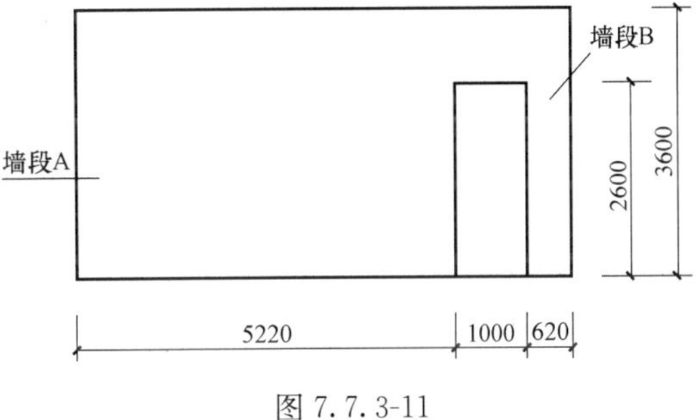

图 7.7.3-11

因其他各轴线横墙长度均大于层高 h，即 h/b 均小于<1.0，故均需只计算剪切变形。根据等效剪切刚度计算公式，$K=\dfrac{EA}{3h}$。

公式中砌体弹性模量 E、层高 h 及墙体厚度均相同，故各段墙体等效侧向刚度与墙体的长度成正比。

根据《建筑抗震设计规范》5.2.6 条 1 款的规定，⑤轴墙体地震力分配系数：

$$u=\frac{K_5}{\Sigma K_i}=\frac{A_5}{\Sigma A_i}=\frac{5220}{15240\times2+5940\times3+6840\times2+5220}=0.078。$$

⑤ 轴墙段分配的地震剪力标准值：$V_k=0.078\times2000=156kN$。

2）柔性楼盖房屋。对于木楼盖等柔性楼盖房屋，由于楼盖的整体性差，水平刚度小，故受横向水平地震作用时，楼盖除平移外，尚产生弯曲变形，在各支承处（即各横墙处），楼盖变形不相同，变形曲线也不连续，因此可视楼盖为一多跨简支梁，分段铰接于各片横墙上（图 7.7.3-12），各片横墙独立地变形。各片横墙所承担的地震作用为该墙两侧横道（墙）之间各一半面积楼（屋）盖上的重力荷载代表值所产生的地震作用。所以，各片横墙所承担的地震剪力即可按各墙所承担的上述重力荷载代表值的比例进行分配，即

$$V_{ij}=\frac{G_{ij}}{G_i}V_i \tag{7.7.3-12}$$

式中 G_{ij}——第 i 层楼盖上第 j 道墙与左右两侧相邻横墙之间各一半楼盖面积（从属面积）上承担的重力荷载之和；

G_i——第 i 层楼盖上所承担的总重力荷载。

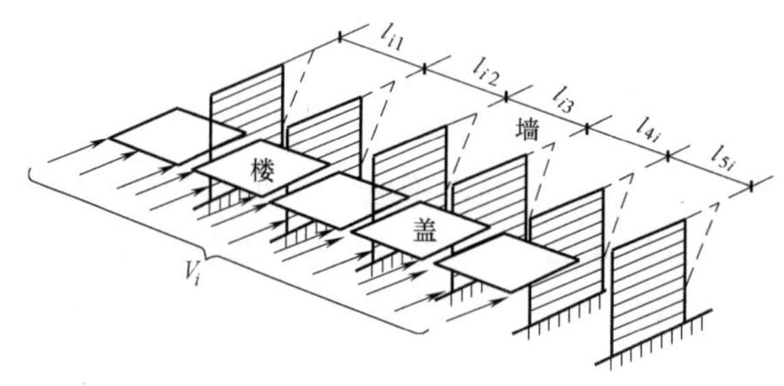

图 7.7.3-12　柔性楼盖计算简图

当楼层上重力荷载均匀分布时，上述计算可进一步简化为按各墙从属面积的比例进行分配，即

$$V_{ij}=\frac{A_{ij}^f}{A_i^f}V_i \tag{7.7.3-13}$$

式中 A_{ij}^f——第 i 层楼盖上第 j 道墙体的从属面积；

A_i^f——第 i 层楼盖总面积。

应该注意，从属面积是指墙体负担地震作用的面积，是依水平地震作用来划分的荷载面积，且横向水平地震作用全都由横墙承担。不要把从属面积与墙体承担竖向静力荷载的负荷面积混淆，二者面积不完全相等，后者取决于结构布置及传力途径。对于不同平面布置中的横墙，其地震作用从属面积的取法可以参考图 7.7.3-13 中斜线所表示的面积。

图 7.7.3-14 表示有楼梯间的从属面积取法，在楼梯位置，楼板上有一水平洞口，但由于楼梯是有质量的，应该把楼梯的质量折算成楼板处的质量，所以该水平洞口亦要考虑在从属面积内。

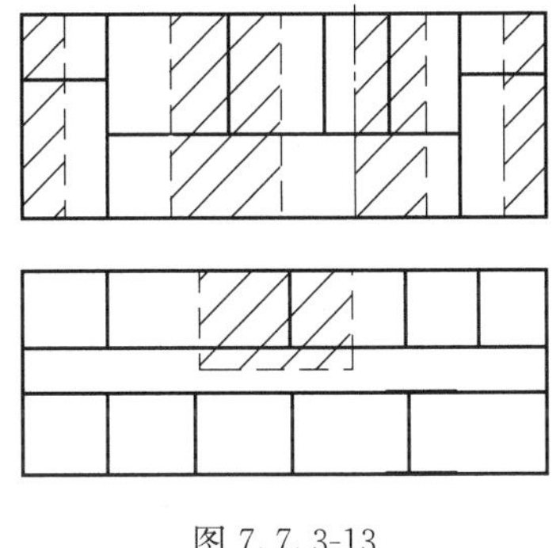
图 7.7.3-13

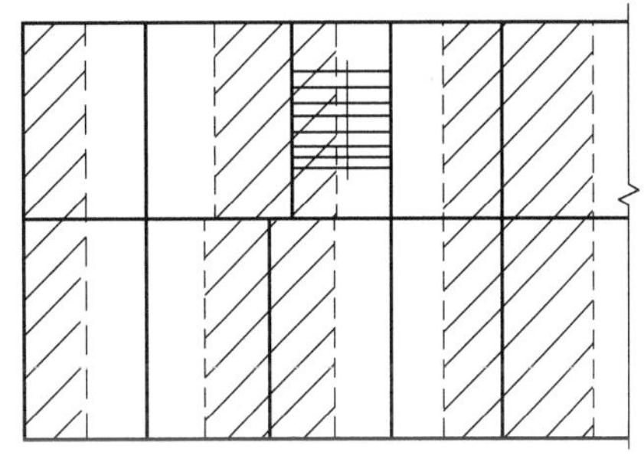
图 7.7.3-14

【例 7.7.3-10】柔性楼盖房屋的从属面积计算

抗震设防的某砌体结构，内墙厚度 240mm，轴线居中，外墙厚度 370mm。采用现浇钢筋混凝土楼、屋盖，局部平面布置，如图 7.7.3-15 所示。

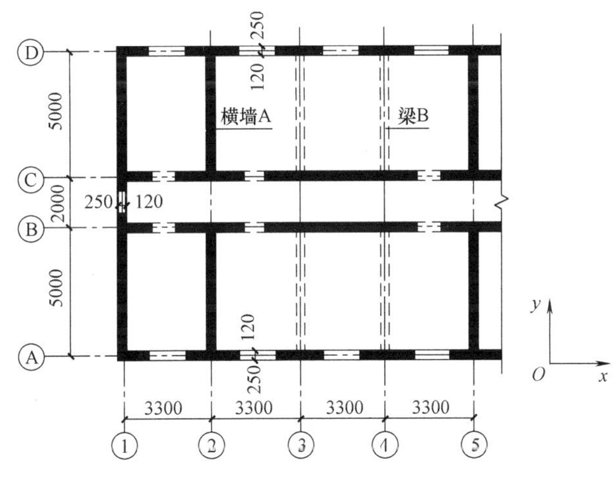

图 7.7.3-15

在 y 向地震作用下，计算墙 A 的重力荷载代表值时，其每层楼面的从属面积（m^2）与下列何值最为接近？

（A）41.3　　（B）20.6　　（C）16.5　　（D）11.1

【答案】（A）

【解答】在 y 向地震作用下，由横墙承担该方向的地震力，所以一道横墙的从属面积应该是该横墙与下一道横墙之间各一半的全部荷载面积，所以为长度 $1.65+3.3+1.65=6.6$m，宽度方向 $1+5+0.25=6.25$m 围成的矩形面积，见图 7.7.3-16。

$$A=6.6\times6.25=41.25\text{m}^2$$

3）中等刚度楼盖房屋。采用预制板的装配式钢筋混凝土楼盖属于中等刚度楼盖，其水平刚度介于刚性楼盖和柔性楼盖之间，要精确计算是比较烦锁的。由于目前尚缺乏研究的可靠依据，对这种楼（屋）盖房屋中抗震横墙所承担的楼层地震剪力的计算，多采用简化的近似方法，《抗震》建议取刚性楼盖和柔性楼盖分配结果的平均值：

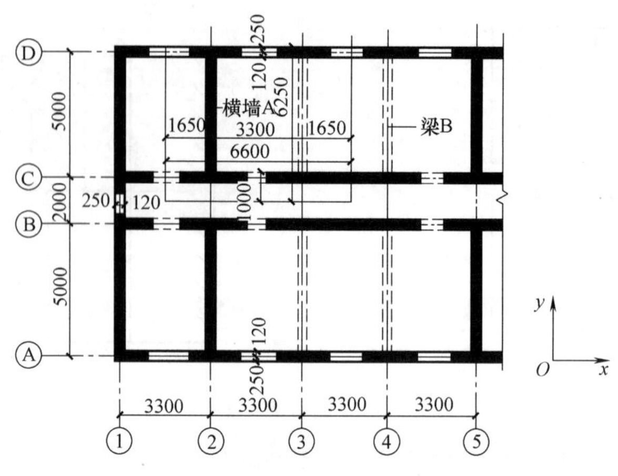

图 7.7.3-16

$$V_{im}=\frac{1}{2}\left(\frac{K_{im}}{K_i}+\frac{G_{im}}{G_i}\right)V_i \tag{7.7.3-14}$$

对于一般房屋，当同层墙高 h_i 相同，所用材料相同，忽略墙体弯曲变形的影响，且楼（屋）盖上重力荷载代表值均匀分布时，V_i 也可用下式进行分配。

$$V_{im}=\frac{1}{2}\left(\frac{A_{im}}{A_i}+\frac{F_{im}}{F_i}\right)V_i \tag{7.7.3-15}$$

同一幢建筑物，各层采用不同类型楼（屋）盖时，则应按不同楼（屋）盖类型分别进行楼层地震剪力的分配计算。

【例 7.7.3-11】 中等刚性楼盖的水平地震剪力分配

条件：图 7.7.3-17 所示为多层砖房的底层平面图，中间开间为楼梯间，墙厚 370mm，采用普通预制板的装配式钢筋混凝土楼板，底层层高 3m，该楼层承担横向作用的水平地震作用标准值 $F_k=780\text{kN}$。

求：楼梯间旁横墙承担的水平地震作用。

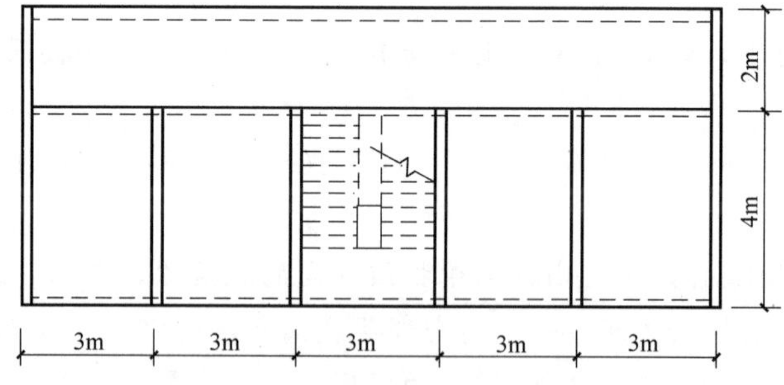

图 7.7.3-17

【解答】 因墙体的高宽比<1.0，只考虑剪切变形，同时各道横墙的层高、砖、砂浆强度均相等，墙体的等效刚度可简化为按各横墙的截面面积与总横墙截面面积的比例来分配。

（1）计算楼梯间的横墙面积与总横墙面积的比值

$$\frac{A}{\Sigma A}=\frac{0.37\times 4}{0.37\times(2\times 2+6\times 4)}=0.143。$$

（2）计算楼梯间的从属面积与总从属面积的比值

$$\frac{F}{\Sigma F}=\frac{3\times6}{3\times5\times6}=0.2。$$

（3）计算楼梯间的横墙承担的水平地震作用

《抗震》5.2.6条第3款，对装配式钢筋混凝土楼盖的建筑，应取按墙体的等效刚度和从属面积两种分配结果的平均值来分配水平地震剪力。

$$V_i=V\left(\frac{0.143+0.2}{2}\right)=0.172V=0.172\times780=134\text{kN}。$$

（2）第二次地震剪力的分配

求得某一道墙的地震剪力后，对于开设门窗洞口的墙片，尚需把地震剪力再分配给该墙片上门窗洞口之间和墙端的墙段，以便验算各墙段的抗震承载力。

由于圈梁及楼盖的约束作用，一般可认为同一道墙中的各墙段具有相同的侧移，因而各墙段所承担的地震剪力可按各墙段的侧移刚度比例进行分配，即

$$V_{imr}=\frac{K_{imr}}{\sum_{r=1}^{s}K_{imr}}V_{im} \tag{7.7.3-16}$$

式中 V_{imr}——第 i 层第 m 道墙第 r 墙段分配的地震剪力；

V_{im}——第 i 层第 m 道墙分配的地震剪力；

K_{imr}——第 i 层第 m 道墙第 r 墙段的侧移刚度，根据墙段的高度比 h/b 按相应公式计算；

s——第 i 层第 m 道墙上的墙段总数。

若各墙段的高宽比 h/b 均小于1，且各墙段高度及材料均相同，则计算各墙段的侧移刚度时仅考虑剪切变形的影响，且各墙段的地震剪力分配可按各墙段的横截面面积比例进行。即对于第 r 墙段，其分配的地震剪力为

$$V_{imr}=\frac{A_{imr}}{A_{im}}V_{im} \tag{7.7.3-17}$$

式中 A_{imr}——第 i 层第 m 道墙第 r 墙段的横截面面积；

A_{im}——第 i 层第 m 道墙的净横截面面积。

在计算墙段高度比 h/b 时，墙段高度 h 的取法为：窗间墙取窗洞高；门间墙取门洞高；门窗之间的墙取窗洞高；尽端墙取紧靠尽端的门洞或窗洞高（图7.7.3-18）

【例7.7.3-12】各墙段间地震剪力的分配（第二次分配）

条件：图7.7.13-19所示的墙体，墙厚370mm，顶端作用一水平集中力 $P=100$kN。

求：确定墙段a、b、c分别承担的水平力。

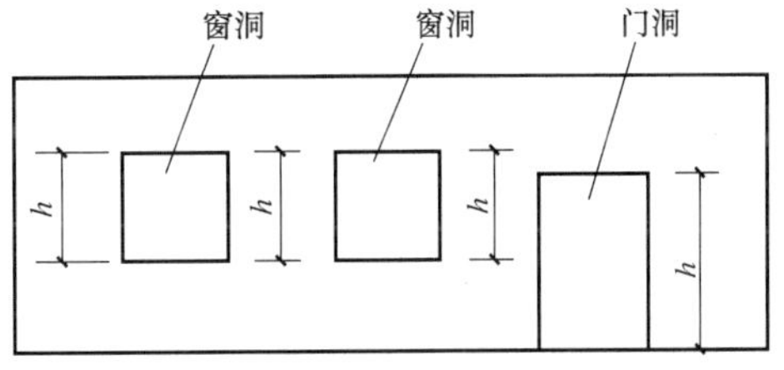

图7.7.3-18 墙段高度 h 的取法

【解答】根据《抗震》7.2.3条，“进行地震剪力分配时”，砌体墙段的层间等效侧向刚度应按下列原则确定：高度比小于1时，可只计算剪切变形；高度比不大于4且不小于1时，应同时计算弯曲和剪切变形；高宽比大于4时，等效侧向刚度可取0.0。

(1) 墙段a的等效侧向刚度

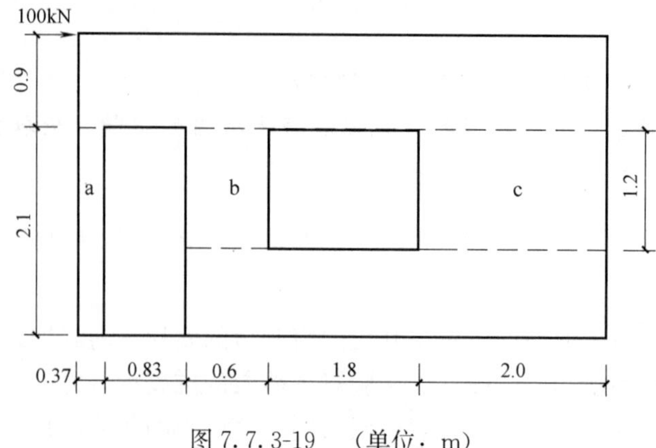

图 7.7.3-19 (单位：m)

墙段a的高宽比$\frac{2.1}{0.37}=5.68>4$，等效侧向刚度为0.00，不考虑。

(2) 墙段b的等效侧向刚度

墙段b的高宽比$\frac{1.2}{0.6}=2\ \begin{matrix}>1\\<4\end{matrix}$，考虑弯曲和剪切变形。

$$\delta_b=\frac{h^3}{12EI}+\frac{3h}{EA}=\frac{1.2^3}{E\times12\times\frac{0.37\times0.6^3}{12}}+\frac{3\times1.2}{E\times0.37\times0.6}=\frac{37.84}{E}$$

$$K_b=\frac{E}{37.84}=0.026E。$$

(3) 墙段c的等效侧向刚度

墙段c的高度比$\frac{1.2}{2.0}=0.6<1$，只考虑剪切变形。

$$\delta_c=\frac{3h}{EA}=\frac{3\times1.2}{E\times0.37\times2.0}=\frac{4.86}{E}$$

$$K_c=\frac{E}{4.86}=0.206E。$$

(4) 本道横墙的各墙段承担的水平地震作用

由于有圈梁，构造柱及楼盖的约束，在同一道横墙上的各墙段具有相同的位移，因而各墙段所承担的地震剪力可按各个墙段的侧移刚度比例分配。

墙段a分配到的水平力 $V_a=0$；

墙段b分配到的水平力 $V_b=100\times\frac{0.026E}{0.026E+0.206E}=11.2\text{kN}$；

墙段c分配到的水平力 $V_c=100\times\frac{0.206E}{0.026E+0.206E}=88.8\text{kN}$。

4. 墙体的抗震承载力

(1) 应进行截面抗震验算的范围

《砌体》规定

> **10.1.7** 结构抗震设计时，地震作用应按现行国家标准《建筑抗震设计规范》GB 50011 的规定计算。结构的截面抗震验算，应符合下列规定：
>
> **1** 抗震设防烈度为 6 度时，规则的砌体结构房屋构件，应允许不进行抗震验算，但应有符合现行国家标准《建筑抗震设计规范》GB 50011 和本章规定的抗震措施。
>
> **2** 抗震设防烈度为 7 度和 7 度以上的建筑结构，应进行多遇地震作用下的截面抗震验算。6 度时，下列多层砌体结构房屋的构件，应进行多遇地震作用下的截面抗震验算。
>
> **1）**平面不规则的建筑；
>
> **2）**总层数超过三层的底部框架-抗震墙砌体房屋；
>
> **3）**外廊式和单面走廊式底部框架-抗震墙砌体房屋；
>
> **4）**托梁等转换构件。

（2）确定验算部位

《抗震》规定

> **7.2.2** 对砌体房屋，可只选从属面积较大或竖向应力较小的墙段进行截面抗震承载力验算。

《抗震》7.2.2 条条文说明

> **7.2.2** 根据一般的设计经验，抗震验算时，只需对纵、横向的不利墙段进行截面验算，不利墙段为：①承担地震作用较大的；②竖向压应力较小的；③局部截面较小的墙段。

【例 7.7.3-13】

对砌体房屋进行截面抗震承载力验算时，就如何确定不利墙段的下述不同回答中，其中何项组合的内容是全部正确的？

Ⅰ. 选择竖向应力较大的墙段　　Ⅱ. 选择竖向应力较小的墙段

Ⅲ. 选择从属面积较大的墙段　　Ⅳ. 选择从属面积较小的墙段

（A）Ⅰ＋Ⅲ　（B）Ⅰ＋Ⅳ　（C）Ⅱ＋Ⅲ　（D）Ⅱ＋Ⅳ

【答案】（C）

【解答】根据《抗震》7.2.2 条，“可只选从属面积较大或竖向应力较小的墙段进行截面抗震承载力验算”，所以（Ⅱ）、（Ⅲ）正确，故选（C）。

（3）承载力抗震调整系数

《抗震》规定

> **5.4.2** 结构构件的截面抗震验算，应采用下列设计表达式：
>
> $$S \leqslant R/\gamma_{RE} \quad (5.4.2)$$
>
> 式中　γ_{RE}——承载力抗震调整系数，除另有规定外，应按表 5.4.2 采用；
>
> R——结构构件承载力设计值。

表 5.4.2　承载力抗震调整系数

材料	结构构件	受力状态	γ_{RE}
砌体	两端均有构造柱、芯柱的抗震墙	受剪	0.9
	其他抗震墙	受剪	1.0

7.2.7 普通砖、多孔砖墙体的截面抗震受剪承载力，应按下列规定验算：

1 一般情况下，应按下式验算：

$$V \leqslant f_{vE} A / \gamma_{RE} \tag{7.2.7-1}$$

式中 γ_{RE}——承载力抗震调整系数，承重墙按本规范表5.4.2采用，自承重墙按0.75采用。

《砌体》规定

10.1.5 考虑地震作用组合的砌体结构构件，其截面承载力应除以承载力抗震调整系数 γ_{RE}，承载力抗震调整系数应按表10.1.5采用。当仅计算竖向地震作用时，各类结构构件承载力抗震调整系数均采用1.0

表10.1.5 承载力抗震调整系数

结构构件类别	受力状态	γ_{RE}
两端均设有构造柱、芯柱的砌体抗震墙	受剪	0.9
组合砖墙	偏压、大偏拉和受剪	0.9
配筋砌块砌体抗震墙	偏压、大偏拉和受剪	0.85
自承重墙	受剪	1.0
其他砌体	受剪和受压	1.0

应该注意的是有关自承重墙的承载力抗震调整系数，《抗震》7.2.7条件规定和《砌体》表10.1.5的规定是不一致的。所以答题时应根据考题所规定采用的《规范》选用相应的数值。

【例7.7.3-14】 对不同墙体进行抗震承载力受剪验算时，需采用不同的承载力抗震调整系数。试问，下列哪一种墙体承载力抗震调整系数 γ_{RE} 不符合规范要求？

提示：按《砌体》作答。

(A) 无筋砖砌体剪力墙，$\gamma_{RE}=1.0$

(B) 水平配筋砖砌体剪力墙，$\gamma_{RE}=0.85$

(C) 两端均设构造柱的砌体剪力墙 $\gamma_{RE}=0.9$

(D) 自承重墙 $\gamma_{RE}=1.0$

【答案】(B)

【解答】根据《砌体》10.1.5条表10.1.5：

(A) 正确；(B) 错误，水平配筋砖砌体剪力墙在表10.1.5中属其他砌体，γ_{RE} 应为1.0；(C) 正确；(D) 正确。

(4) 砌体抗震抗剪强度

《抗震》规定

7.2.6 各类砌体沿阶梯形截面破坏的抗震抗剪强度设计值，应按下式确定：

$$f_{vE} = \zeta_N f_v \tag{7.2.6}$$

式中 f_{vE}——砌体沿阶梯形截面破坏的抗震抗剪强度设计值；

f_v——非抗震设计的砌体抗剪强度设计值；

ζ_N——砌体抗震抗剪强度的正应力影响系数，应按表 7.2.6 采用。

表 7.2.6 砌体强度的正应力影响系数

砌体类别	σ_0/f_v							
	0.0	1.0	3.0	5.0	7.0	10.0	12.0	≥16.0
普通砖、多孔砖	0.80	0.99	1.25	1.47	1.65	1.90	2.05	—

注：σ_0 为对应于重力荷载代表值的砌体截面平均压应力。

《砌体》规定

10.2.1 普通砖、多孔砖砌体沿阶梯形截面破坏的抗震抗剪强度设计值，应按下式确定：

$$f_{vE}=\zeta_N f_v \tag{10.2.1}$$

式中 f_{vE}——砌体沿阶梯形截面破坏的抗震抗剪强度设计值；

f_v——非抗震设计的砌体抗剪强度设计值；

ζ_N——砌体抗震抗剪强度的正应力影响系数，应按表 10.2.1 采用。

表 10.2.1 砌体强度的正应力影响系数

砌体类别	σ_0/f_v						
	0.0	1.0	3.0	5.0	7.0	10.0	12.0
普通砖、多孔砖	0.80	0.99	1.25	1.47	1.65	1.90	2.05

注：σ_0 为对应于重力荷载代表值的砌体截面平均压应力。

【例 7.7.3-15】 砌体抗震抗剪强度

某抗震设防数度为 7 度的多层砌体结构住宅，其底层某道承重墙的尺寸和构造柱布置如图 7.7.3-20 所示墙体是用 MU10 烧结普通砖、M7.5 混合砂浆砌筑。构造柱 GZ 截面尺寸为 240mm×240mm；采用 C20 混凝土，砌体施工质量控制等级为 B 级。在该墙墙顶作用的竖向恒荷载标准值为 200kN/m、活荷载标准值为 70kN/m。

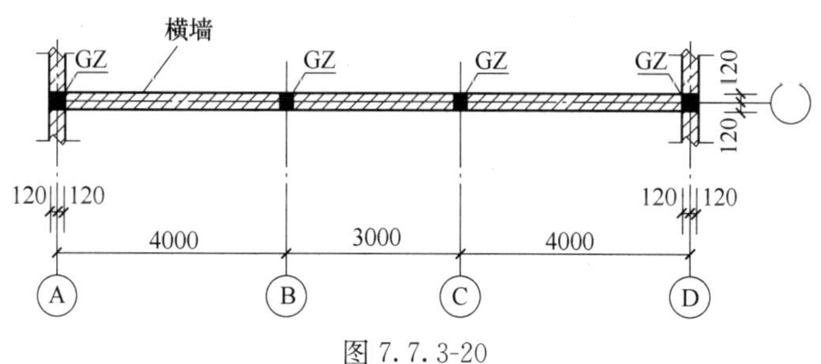

图 7.7.3-20

提示：① 按《抗震》

② 计算中不另考虑本层墙体自重。

该墙体沿阶梯形截面破坏的抗震抗剪强度设计值 f_{vE}（MPa），与下列何项数值最为接近？

（A）0.12　　（B）0.16　　（C）0.20　　（D）0.23

【答案】（D）

【解答】

（1）根据《砌体》3.2.2条，普通砖M7.5的混合砂浆，砌体抗剪强度设计值为 $f_v=0.14\text{MPa}$。

（2）根据《抗震》5.1.3条，住宅的可变荷载组合值系数为0.5，取1m长度计算，$G=200\text{kN}+0.5\times70\text{kN}$。

（3）根据《抗震》7.2.6条，$f_{vE}=\zeta_N f_v$

重力荷载代表值在半层高处产生的墙体截面平均压应力 σ_0：

$$\sigma_0=\frac{200000+0.5\times70000}{240\times1000}=0.979\text{MPa}。$$

（4）根据《抗震》表7.2.6，$\frac{\sigma_0}{f_v}=\frac{0.979}{0.14}=7$，砌体抗震抗剪强度的正应力影响系数 $\zeta_N=1.65$。

$$f_{vE}=\zeta_N f_v=1.65\times0.14=0.231\text{MPa}。$$

（5）无筋砖墙截面抗震受剪承载力

《抗震》规定

> **7.2.7** 普通砖、多孔砖墙体的截面抗震受剪承载力，应按下列规定验算：
>
> **1** 一般情况下，应按下式验算：
>
> $$V\leqslant f_{vE}A/\gamma_{RE} \quad (7.2.7\text{-}1)$$
>
> 式中 V——墙体剪力设计值；
>
> f_{vE}——砖砌体沿阶梯形截面破坏的抗震抗剪强度设计值；
>
> A——墙体横截面面积，多孔砖取毛截面面积；
>
> γ_{RE}——承载力抗震调整系数，承重墙按本规范表5.4.2采用，自承重墙按0.75采用。

《砌体》规定

> **10.2.2** 普通砖、多孔砖墙体的截面抗震受剪承载力，应按下列规定验算：
>
> **1** 一般情况下，应按下式验算：
>
> $$V\leqslant f_{vE}A/\gamma_{RE} \quad (10.2.2\text{-}1)$$
>
> 式中 V——考虑地震作用组合的墙体剪力设计值；
>
> f_{vE}——砖砌体沿阶梯形截面破坏的抗震抗剪强度设计值；
>
> A——墙体横截面面积；
>
> γ_{RE}——承载力抗震调整系数，应按表10.1.5采用。

【例7.7.3-16】无筋砖墙截面抗震受剪承载力验算

7度抗震设防区，有幢六层砖混结构住宅，其平面布置如图7.7.3-21所示，各横墙上门洞（宽×高）均为900mm×2100mm。内、外墙厚均为240mm，各轴线均与墙中心线重合墙体系用MU10黏土砖、M5混合砂浆砌筑，假定四层楼板分配给②轴横墙的地震剪力标准值 $V_{42}=82.1\text{kN}$，②轴四层层高半高处砌体截面平均压应力 $\sigma_0=0.36\text{MPa}$，墙的两端无构造柱。试问，截面抗震承载力验算式（$V\leqslant f_{vE}A/\gamma_{RE}$）的左右端项数值与下列何项数值最为接近？

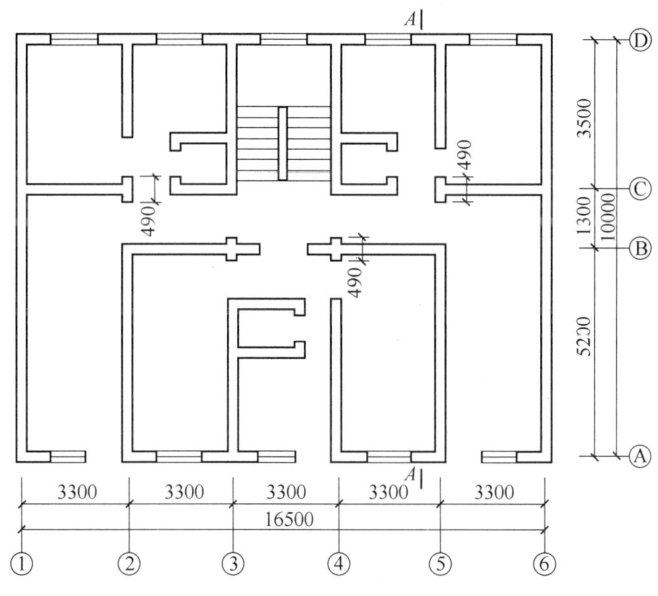

图 7.7.3-21

（A）106.7kN<286kN　　（B）82.1kN<293.1kN

（C）106.7kN<325.7kN　　（D）114.94kN<325.7kN

【答案】（A）

【解答】

（1）根据《抗震》表 5.4.1，水平地震力设计值为

$$V-1.3V_{标}-1.3\times 82.1=106.73\text{kN}。$$

（2）根据《砌体》表 3.2.2，M5 混合砂浆，$f_v=0.11\text{MPa}$。

（3）根据《抗震》7.2.6 条和表 7.2.6：

$$\frac{\sigma_0}{f_v}=\frac{0.36}{0.11}=3.27,\zeta_N=1.25+\frac{(1.47-1.25)}{(5.0-3.0)}\times(3.27-3)=1.28$$

$$f_{vE}=\zeta_N f_v=1.28\times 0.11=0.141\text{MPa}$$

$$A-(10240-2\times 900)\times 240-2025600\text{mm}^2。$$

（4）查《砌体》表 10.1.5，两端无构造柱，$\gamma_{RE}=1.0$。

（5）根据《抗震》7.2.7 条：

$$V=106.73\text{kN}\leqslant f_{vE}A/\gamma_{RE}=0.141\times 2025600/1.0=285.6\text{kN}。$$

（6）水平配筋砖墙面抗震受剪承载力

《抗震》规定

> **7.2.7** 普通砖、多孔砖墙体的截面抗震受剪承载力，应按下列规定验算：
>
> **2** 采用水平配筋的墙体，应按下式验算：
>
> $$V\leqslant\frac{1}{\gamma_{RE}}(f_{vE}A+\zeta_s f_{yh}A_{sh})\qquad(7.2.7\text{-}2)$$

式中 f_{yh}——水平钢筋抗拉强度设计值；

A_{sh}——层间墙体竖向截面的总水平钢筋面积，其配筋率应不小于0.07%且不大于0.17%；

ζ_s——钢筋参与工作系数，可按表7.2.7采用。

表7.2.7 钢筋参与工作系数

墙体高宽比	0.4	0.6	0.8	1.0	1.2
ζ_s	0.10	0.12	0.14	0.15	0.12

《砌体》规定

10.2.2 普通砖、多孔砖墙体的截面抗震受剪承载力，应按下列规定验算：

2 采用水平配筋的墙体，应按下式验算：

$$V \leqslant \frac{1}{\gamma_{RE}}(f_{vE}A + \zeta_s f_{yh} A_{sh}) \tag{10.2.2-2}$$

式中 ζ_s——钢筋参与工作系数，可按表10.2.2采用；

f_{yh}——墙体水平纵向钢筋的抗拉强度设计值；

A_{sh}——层间墙体竖向截面的总水平纵向钢筋面积，其配筋率应不小于0.07%且不大于0.17%。

表10.2.2 钢筋参与工作系数（ζ_s）

墙体高宽比	0.4	0.6	0.8	1.0	1.2
ζ_s	0.10	0.12	0.14	0.15	0.12

【例7.7.3-17】 水平配筋砖墙截面抗震受剪承载力

一多层砖砌体办公楼，其底层平面如图7.7.3-22所示，外墙厚370mm，内墙厚240mm，墙均居轴线中。底层层高3.4m，室内外高差300mm，基础埋置较深且有刚性地坪。墙体采用MU10烧结多孔砖、M10混合砂浆砌筑；楼、屋面板采用现浇钢筋混凝土

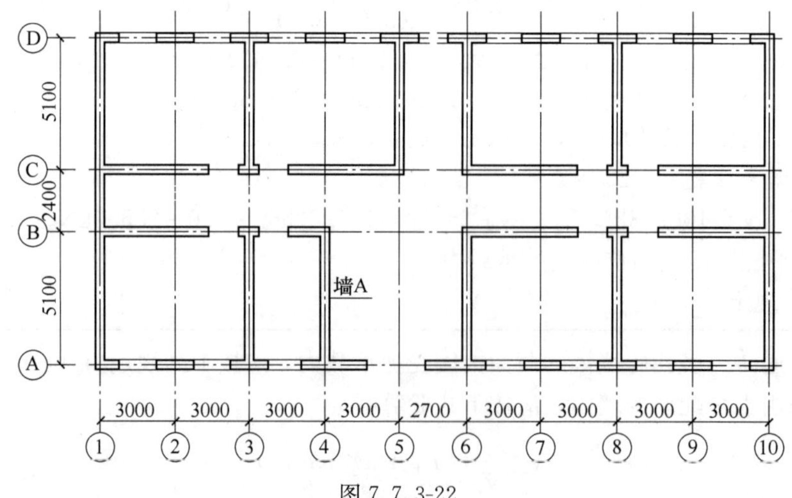

图7.7.3-22

板。砌体施工质量控制等级为B级。

假定墙A在重力荷载代表值作用下的截面平均压应力 $\sigma_0=0.51\text{MPa}$，墙体灰缝内水平配筋总面积 $A_s=1008\text{mm}^2$（$f_y=270\text{MPa}$）。试问，墙A的截面抗震承载力最大值（kN）与下列何项数值最为接近?

提示：承载力抗震调整系数 $\gamma_{RE}=1.0$。

(A) 280　　(B) 290　　(C) 310　　(D) 340

【答案】(C)

【解答】

(1) 根据《砌体》表3.2.2，烧结多孔砖、M10混合砂浆，$f_v=0.17\text{MPa}$。

(2) 根据《砌体》10.2.1条，$\dfrac{\sigma_0}{f_v}=\dfrac{0.51}{0.17}=3$，则 $\zeta_N=1.25$，

$$f_{vE}=\zeta_N f_v=1.25\times0.17\text{MPa}=0.2125\text{MPa}。$$

(3) 根据《砌体》5.1.3条，基础埋置较深且有刚性地坪。取室外地坪下500mm。

$$H=3.4+0.5+0.3=4.2\text{m}$$

墙A的高宽比 $=4.2/(5.1+0.12+0.185)=0.777$。

(4) 根据《砌体》10.2.2条，$V\leqslant\dfrac{1}{\gamma_{RE}}(f_{vE}A+\zeta_s f_{yh}A_{sh})$，$\gamma_{RE}=1.0$，

$$\zeta_s=0.12+\frac{0.14-0.12}{0.8-0.6}\times(0.777-0.6)=0.1377。$$

墙A的截面面积 $A=240\times(5100+185+120)=129.72\times10^4\text{mm}^2$。

配筋率 $\rho=\dfrac{1008}{240\times4200}=0.1\%\begin{matrix}>0.07\%\\<0.17\%\end{matrix}$

$$V=0.2125\times1297200\text{N}+0.1377\times270\times1008\text{N}=313.13\text{kN}。$$

(7) 砌体和钢筋混凝土构造柱组合墙的截面抗震受剪承载力

《抗震》规定

> **7.2.7** 普通砖、多孔砖墙体的截面抗震受剪承载力，应按下列规定验算：
>
> **3** 当按式(7.2.7-1)、式(7.2.7-2)验算不满足要求时，可计入基本均匀设置于墙段中部、截面不小于240mm×240mm（墙厚190mm时为240mm×190mm）且间距不大于4m的构造柱对受剪承载力的提高作用，按下列简化方法验算：
>
> $$V\leqslant\frac{1}{\gamma_{RE}}[\eta_c f_{vE}(A-A_c)+\zeta_c f_t A_c+0.08f_{yc}A_{sc}+\zeta_s f_{yh}A_{sh}] \tag{7.2.7-3}$$
>
> 式中 A_c——中部构造柱的横截面总面积（对横墙和内纵墙，$A_c>0.15A$ 时，取 $0.15A$；对外纵墙，$A_c>0.25A$ 时，取 $0.25A$）；
>
> f_t——中部构造柱的混凝土轴心抗拉强度设计值；

A_{sc}——中部构造柱的纵向钢筋截面总面积（配筋率不小于 0.6%，大于 1.4%时取 1.4%）；

f_{yh}、f_{yc}——墙体水平钢筋、构造柱钢筋抗拉强度设计值；

ζ_c——中部构造柱参与工作系数；居中设一根时取 0.5，多于一根时取 0.4；

η_c——墙体约束修正系数：一般情况取 1.0，构造柱间距不大于 3.0m 时取 1.1；

A_{sh}——层间墙体竖向截面的总水平钢筋面积，无水平钢筋时取 0.0。

《砌体》规定

10.2.2 普通砖、多孔砖墙体的截面抗震受剪承载力，应按下列公式验算：

3 墙段中部基本均匀的设置构造柱，且构造柱的截面不小于 240mm×240mm（当墙厚 190mm 时，亦可采用 240mm×190mm），构造柱间距不大于 4m 时，可计入墙段中部构造柱对墙体受剪承载力的提高作用，并按下式进行验算：

$$V \leqslant \frac{1}{\gamma_{RE}}[\eta_c f_{vE}(A-A_c)+\zeta_c f_t A_c+0.08 f_{yc} A_{sc}+\zeta_s f_{yh} A_{sh}] \quad (10.2.2\text{-}3)$$

式中 A_c——中部构造柱的横截面总面积（对横墙和内纵墙，$A_c>0.15A$ 时，取 $0.15A$；对外纵墙，$A_c>0.25A$ 时，取 $0.25A$）；

f_t——中部构造柱的混凝土轴心抗拉强度设计值；

A_{sc}——中部构造柱的纵向钢筋截面总面积（配筋率不应小于 0.6%，大于 1.4%时取 1.4%）；

f_{yh}、f_{yc}——墙体水平钢筋、构造柱纵向钢筋的抗拉强度设计值；

ζ_c——中部构造柱参与工作系数；居中设一根时取 0.5，多于一根时取 0.4；

η_c——墙体约束修正系数；一般情况取 1.0，构造柱间距不大于 3.0m 时取 1.1；

A_{sh}——层间墙体竖向截面的总水平纵向钢筋面积，其配筋率不应小于 0.07%且不大于 0.17%，水平纵向钢筋配筋率小于 0.07%时取 0。

10.2.2 条文说明：砌体结构体系按照构件配筋率大小分为无筋砌体结构体系和配筋砌体结构体系。无筋砌体结构体系中，因为构造原因，有的墙片四周设置了钢筋混凝土约束构件。对于普通砖、多孔砖砌体构件；当构造柱间距大于 3.0m 时，只考虑周边约束构件对无筋墙体的变形性能提高作用，不考虑其对强度的提高。

当在墙段中部基本均匀设置截面不小于 240mm×240mm（墙厚 190mm 时为 240mm×190mm）且间距不大于 4m 的构造柱时，可考虑构造柱对墙体受剪承载力的提高作用。墙段中部均匀设置构造柱时本条所采用的公式，考虑了砌体受混凝土柱的约束、作用于墙体上的垂直压应力、构造柱混凝土和纵向钢筋参与受力等影响因素，较为全面，公式形式合理，概念清楚。

【例 7.7.3-18】、【例 7.7.3-19】 砖和构造柱组合墙的截面抗震受剪承载力某多层砌体结构承重墙段，采用 MU10 烧结普通砖、M7.5 砂浆砌筑，如图 7.7.3-23 所示，两端均设构造柱，墙厚 240mm，长度 4000mm。

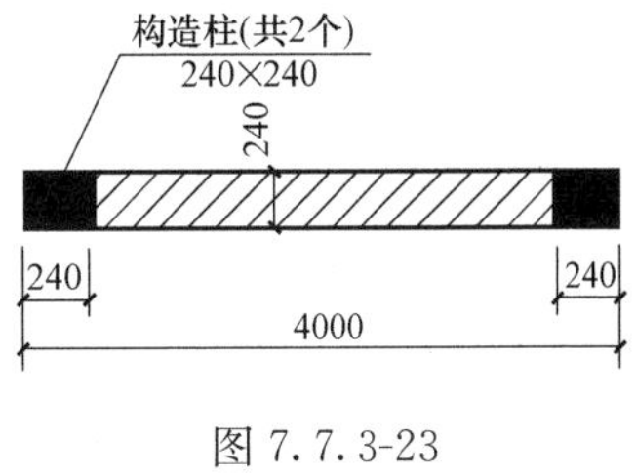

图 7.7.3-23

【例 7.7.3-18】仅两端有构造柱

当砌体抗剪强度设计值 $f_v=0.14$MPa 时，假定对应于重力荷载代表值的砌体截面平均压应力 $\sigma_0=0.3$MPa。试问，该墙段截面抗震受剪承载力（kN），应与下列何项数值最为接近？

（A）150　　（B）160　　（C）170　　（D）180

【答案】（C）

【解答】

（1）根据《砌体》10.2.1 条：

$$\frac{\sigma_0}{f_v}=\frac{0.3}{0.14}=2.14,\zeta_N=0.99+\frac{1.25-0.99}{3.0-1.0}\times(2.14-1)=1.138$$

$$f_{vE}=\zeta_N f_v=1.138\times0.14=0.159\text{MPa。}$$

（2）根据《砌体》表 10.1.5 两端有构造柱的砌体抗震墙：

$$\gamma_{RE}=0.9,A=240\times4000=960000\text{mm}^2\text{。}$$

（3）根据《砌体》10.2.2 条式（10.2.2-1）：

$$\frac{f_{vE}A}{\gamma_{RE}}=\frac{0.159\times960000}{0.9}=169941\text{N}=169.9\text{kN。}$$

【例 7.7.3-19】中部有一根构造柱

在墙段正中部位增设一构造柱，如图 7.7.3-24 所示，构造柱混凝土强度等级为 C20，每根构造柱均配 4ϕ14 纵向钢筋（$A_s=615\text{mm}^2$）。试问，该墙段的最大截面受剪承载力设计值（kN），应与下列何项数值最为接近？

提示：$f_t=1.1\text{N/mm}^2$，$f_y=270\text{N/mm}^2$，$\gamma_{RE}=0.9$，取 $f_{vE}=0.2\text{N/mm}^2$ 进行计算。

（A）315　　（B）285

（C）270　　（D）240

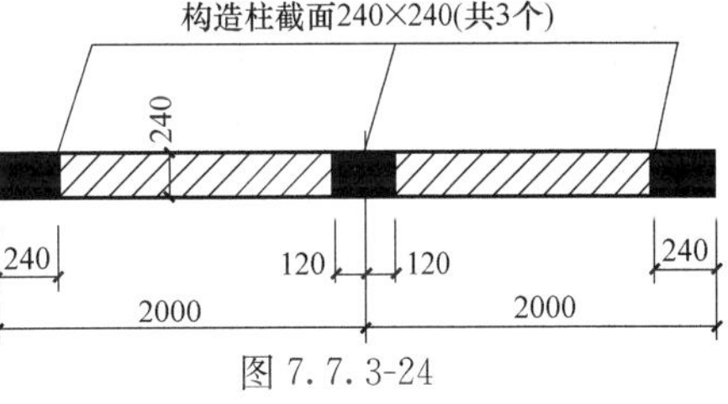

图 7.7.3-24

【答案】（C）

【解答】根据《砌体》式（10.2.2-3）：

（1）砖墙面积：$A=240\times4000=960000\text{mm}^2$；

（2）构造柱面积：$A_c=240\times240=57600\text{mm}^2$；

（3）构造柱面积与砖墙面积比值：$A_c/A=57600/960000=0.06<0.15$；

（4）构造柱参与工作系数，居中有一根构造柱 $\zeta_c=0.5$；

（5）构造柱配筋率验算

$$\frac{615}{57600}=1.06\%\begin{matrix}>0.6\%\\<1.4\%\end{matrix},\text{取 }A_{sc}=615\text{mm}^2\text{；}$$

（6）墙体约束修正系数。构造柱间距 2m<3m，取 $\eta_c=1.1$；

（7）墙体受剪承载力设计值

$$\frac{1}{\gamma_{RE}}[\eta_c f_{vE}(A-A_c)+\zeta_c f_t A_c+0.08f_y A_{sc}]$$

$$=\frac{1}{0.9}\times[1.1\times0.2\times(960000-57600)+0.5\times1.1\times57600+0.08\times270\times615]$$

$=270547\text{N}\approx270.5\text{kN}$。

【例 7.7.3-20】 中部有二根构造柱

某抗震设防烈度为 7 度的多层砌体结构住宅，其底层某道承重墙的尺寸和构造柱布置，如图 7.7.3-25 所示，墙体采用 MU15 烧结普通砖、M10 混合砂浆砌筑。构造柱 GZ 截面为 240mm×240mm；GZ 采用 C20 混凝土，纵向钢筋为 4 根 HRB335 级钢筋，箍筋采用 HPB300 级Φ 6@200。砌体施工质量控制等级为 B 级。在该墙墙顶作用的竖向恒荷载标准值为 200kN/m、活荷载标准值为 50kN/m。

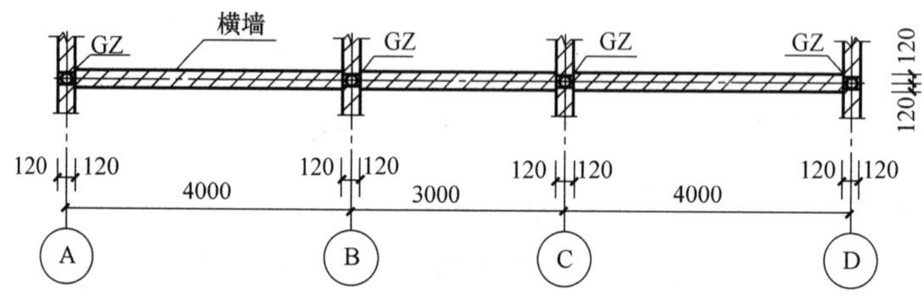

图 7.7.3-25

假定墙体横截面面积 $A=2.6976\text{m}^2$；中部构造柱的横截面面积 $A_c=0.1152\text{m}^2$，中部构造的钢筋截面面积 $A_{sc}=904\text{mm}^2$，$f_t=1.1\text{MPa}$（C20 混凝土），$f_y=300\text{MPa}$（HRB335 级钢筋），$f_{vE}=0.3\text{MPa}$。试问，当考虑构造柱的提高作用后，该墙体截面受剪承载力（kN），应与下列何项数值最为接近？

（A）980　　（B）940　　（C）900　　（D）840

【答案】（B）

【解答】 根据《砌体》10.2.2 条第 3 款；

（1）确定构造柱面积取值

$$\frac{A_c}{A}=\frac{0.1152}{2.6976}=0.043<0.15，取 A_c=0.1152\text{m}^2。$$

（2）验算构造柱配筋率

$$\rho=\frac{A_{sc}}{A_c}=\frac{904}{0.1152\times1000^2}=0.785\%\begin{matrix}>0.6\%\\<1.4\%\end{matrix}，取 A_{sc}=904\text{mm}^2。$$

（3）构造柱参与工作系数和墙体约束修正系数：中间有构造柱两根，$\zeta_c=0.4$；构造柱间距为 4m>3m，$\eta_c=1.0$。

（4）承载力抗震调整系数，根据《砌体》表 10.1.5，两端有构造柱，$\gamma_{RE}=0.9$。

（5）墙体受剪承能力设计值。根据《砌体》式（10.2.2-3），墙体无水平纵向钢筋 $A_{sh}=0$，

$$V=\frac{1}{\gamma_{RE}}[\eta_c f_{vE}(A-A_c)+\zeta_c f_t A_c+0.08f_y A_{sc}+\zeta_s f_{yh}A_{sh}]$$

$$=\frac{1}{0.9}[1.0\times0.3\times(2.6976\times1000^2-0.1152\times1000^2)+0.4\times 1.1\times0.1152\times1000^2+0.08\times300\times904]$$

$$=941227N\approx941.2kN。$$

7.8 砌块砌体构件和配筋砌块砌体构件抗震设计

一、砌块砌体构件抗震设计

1. 房屋总高度和总层数

砌块砌体房屋总高度和总层数的限值见《砌体结构设计规范》10.1.2 条和《抗震》7.1.2 条，在 7 度（0.15g）和 9 度时小型砌块砌体房屋的总层数限值比砖房降低了一层，这样总体上的控制是比较客观的。

《抗震》规定

7.1.2 多层房屋的层数和高度应符合下列要求：

1 一般情况下，房屋的层数和总高度不应超过表 7.1.2 的规定。

表 7.1.2 房屋的层数和总高度限值（m）

房屋类别		最小抗震墙厚度/mm	烈度和设计基本地震加速度											
			6		7				8				9	
			0.05g		0.10g		0.15g		0.20g		0.30g		0.40g	
			高度	层数	高度	层数	高度	层数	高度	层数	高度	层数	高度	层数
多层砌体房屋	普通砖	240	21	7	21	7	21	7	18	6	15	5	12	4
	小砌块	190	21	7	21	7	18	6	18	6	15	5	9	3

《砌体》规定

10.1.2 本章适用的多层砌体结构房屋的层数和总高度，应符合下列规定：

1 房屋的层数和总高度不应超过表 10.1.2 的规定。

表 10.1.2 多层砌体房屋的层数和总高度限值（m）

房屋类别		最小墙厚度/mm	烈度和设计基本地震加速度											
			6		7				8				9	
			0.05g		0.10g		0.15g		0.20g		0.30g		0.40g	
			高度	层数	高度	层数	高度	层数	高度	层数	高度	层数	高度	层数
多层砌体房屋	普通砖	240	21	7	21	7	21	7	18	6	15	5	12	4
	混凝土砌块	190	21	7	21	7	18	6	18	6	15	5	9	3

2. 钢筋混凝土芯柱

芯柱是在混凝土砌块砌体房屋的纵横墙交接处的砌块孔洞中插入竖向钢筋并填实混凝土后形成的钢筋混凝土柱。

（1）芯柱设置的孔数的布置

《抗震》规定

7.4.1 多层小砌块房屋应按表7.4.1的要求设置钢筋混凝土芯柱。对外廊式和单面走廊式的多层房屋、横墙较少的房屋、各层横墙很少的房屋，尚应分别按本规范第7.3.1条第2、3、4款关于增加层数的对应要求，按表7.4.1的要求设置芯柱。

表7.4.1 多层小砌块房屋芯柱设置要求

<table>
<tr><th colspan="4">房屋层数</th><th rowspan="2">设置部位</th><th rowspan="2">设置数量</th></tr>
<tr><th>6度</th><th>7度</th><th>8度</th><th>9度</th></tr>
<tr><td>四、五</td><td>三、四</td><td>二、三</td><td></td><td>外墙转角，楼、电梯间四角，楼梯斜梯段上下端对应的墙体处；
大房间内外墙交接处；
错层部位横墙与外纵墙交接处；
隔12m或单元横墙与外纵墙交接处</td><td rowspan="2">外墙转角，灌实3个孔；
内外墙交接处，灌实4个孔；
楼梯斜段上下端对应的墙体处，灌实2个孔</td></tr>
<tr><td>六</td><td>五</td><td>四</td><td></td><td>同上；
隔开间横墙（轴线）与外纵墙交接处</td></tr>
<tr><td>七</td><td>六</td><td>五</td><td>二</td><td>同上；
各内墙（轴线）与外纵墙交接处；
内纵墙与横墙（轴线）交接处和洞口两侧</td><td>外墙转角，灌实5个孔；
内外墙交接处；灌实4个孔；
内墙交接处，灌实4～5个孔；
洞口两侧各灌实1个孔</td></tr>
<tr><td></td><td>七</td><td>≤六</td><td>≤三</td><td>同上；
横墙内芯柱间距不大于2m</td><td>外墙转角，灌实7个孔
内外墙交接处，灌实5个孔；
内墙交接处，灌实4～5个孔；
洞口两侧各灌实1个孔</td></tr>
<tr><td colspan="6">注：外墙转角、内外墙交接处、楼电梯间四角等部位，应允许采用钢筋混凝土构造柱替代部分芯柱。</td></tr>
</table>

《砌体》规定

10.3.4 混凝土砌块房屋应按表10.3.4的要求设置钢筋混凝土芯柱。对外廊式和单面走廊式的房屋、横墙较少的房屋、各层横墙很少的房屋，尚应分别按本规范第10.2.4条第2、3、4款关于增加层数的对应要求，按表10.3.4的要求设置芯柱。

表10.3.4 混凝土砌块房屋芯柱设置要求

<table>
<tr><th colspan="4">房屋层数</th><th rowspan="2">设置部位</th><th rowspan="2">设置数量</th></tr>
<tr><th>6度</th><th>7度</th><th>8度</th><th>9度</th></tr>
<tr><td>≤五</td><td>≤四</td><td>≤三</td><td></td><td>外墙四角和对应转角；
楼、电梯间四角；楼梯斜梯段上下端对应的墙体处；
大房间内外墙交接处；
错层部位横墙与外纵墙交接处；
隔12m或单元横墙与外纵墙交接处</td><td rowspan="2">外墙转角，灌实3个孔；
内外墙交接处，灌实4个孔；
楼梯斜段上下端对应的墙体处，灌实2个孔</td></tr>
<tr><td>六</td><td>五</td><td>四</td><td>一</td><td>同上
隔开间横墙（轴线）与外纵墙交接处</td></tr>
</table>

续表

房屋层数				设置部位	设置数量
6度	7度	8度	9度		
七	六	五	二	同上； 各内墙(轴线)与外纵墙交接处 内纵墙与横墙(轴线)交接处和洞口两侧	外墙转角，灌实5个孔； 内外墙交接处，灌实4个孔； 内墙交接处，灌实4～5个孔； 洞口两侧各灌实1个孔
	七	六	三	同上； 横墙内芯柱间距不宜大于2m	外墙转角，灌实7个孔； 内外墙交接处，灌实5个孔； 内墙交接处，灌实4～5个孔； 洞口两侧各灌实1个孔

注：1. 外墙转角、内外墙交接处、楼电梯间四角等部位，应允许采用钢筋混凝土构造柱替代部分芯柱。
2. 当按10.2.4条第2～4款规定确定的层数超出表10.3.4范围，芯柱设置要求不应低于表中相应烈度的最高要求且宜适当提高。

（2）钢筋混凝土芯柱的构造

《抗震》规定

7.4.2 多层小砌块房屋的芯柱，应符合下列构造要求：

1 小砌块房屋芯柱截面不宜小于120mm×120mm。

2 芯柱混凝土强度等级，不应低于Cb20。

3 芯柱的竖向插筋应贯通墙身且与圈梁连接；插筋不应小于1ϕ12，6、7度时超过五层、8度时超过四层和9度时，插筋不应小于1ϕ14。

4 芯柱应伸入室外地面下500mm或与埋深小于500mm的基础圈梁相连。

3. 墙体抗震抗剪承载力验算

与砖墙体一样，验算砌块砌体纵、横墙截面时，只选择从属面积较大且竖向压应力较小的墙段进行。主要是复核墙体的水平受剪承载力。

（1）砌体的抗剪强度

《抗震》规定

7.2.6 各类砌体沿阶梯形截面破坏的抗震抗剪强度设计值，应按下式确定：

$$f_{vE}=\zeta_N f_v \quad (7.2.6)$$

式中 f_{vE}——砌体沿阶梯形截面破坏的抗震抗剪强度设计值；

f_v——非抗震设计的砌体抗剪强度设计值；

ζ_N——砌体抗震抗剪强度的正应力影响系数，应按表7.2.6采用。

表7.2.6 砌体强度的正应力影响系数

砌体类别	σ_0/f_v							
	0.0	1.0	3.0	5.0	7.0	10.0	12.0	≥16.0
小砌块	—	1.23	1.69	2.15	2.57	3.02	3.32	3.92

注：σ_0为对应于重力荷载代表值的砌体截面平均压应力。

《砌体》规定

10.3.1 混凝土砌块砌体沿阶梯形截面破坏的抗震抗剪强度设计值，应按下式计算：

$$f_{vE}=\zeta_N f_v \tag{10.3.1}$$

式中 f_{vE}——砌体沿阶梯形截面破坏的抗震抗剪强度设计值；

f_v——非抗震设计的砌体抗剪强度设计值；

ζ_N——砌块砌体抗震抗剪强度的正应力影响系数，应按表 10.3.1 采用。

表 10.3.1 砌块砌体抗震抗剪强度的正应力影响系数

砌体类别	σ_0/f_v						
	1.0	3.0	5.0	7.0	10.2	12.0	≥16.0
混凝土砌块	1.23	1.69	2.15	2.57	3.02	3.32	3.92

注：σ_0 为对应于重力荷载代表值的砌体截面平均压应力。

（2）砌块墙体的受剪承载力

《抗震》规定

7.2.8 小砌块墙体的截面抗震受剪承载力，应按下式验算：

$$V\leqslant\frac{1}{\gamma_{RE}}[f_{vE}A+(0.3f_tA_c+0.05f_yA_s)\zeta_c] \tag{7.2.8}$$

式中 f_t——芯柱混凝土轴心抗拉强度设计值；

A_c——芯柱截面总面积；

A_s——芯柱钢筋截面总面积；

f_y——芯柱钢筋抗拉强度设计值；

ζ_c——芯柱参与工作系数，可按表 7.2.8 采用。

注：当同时设置芯柱和构造柱时，构造柱截面可作为芯柱截面，构造柱钢筋可作为芯柱钢筋。

表 7.2.8 芯柱参与工作系数

灌孔率 ρ	$\rho<0.15$	$0.15\leqslant\rho<0.25$	$0.25\leqslant\rho<0.5$	$\rho\geqslant0.5$
ζ_c	0	1.0	1.10	1.15

注：填孔率指芯柱根数（含构造柱和填实孔洞数量）与孔洞总数之比。

《砌体》规定

10.3.2 设置构造柱和芯柱的混凝土砌块墙体的截面抗震受剪承载力，可按下式验算：

$$V\leqslant\frac{1}{\gamma_{RE}}[f_{vE}A+(0.3f_{t1}A_{c1}+0.3f_{t2}A_{c2}+0.05f_{y1}A_{s1}+0.05f_{y2}A_{s2})\zeta_c] \tag{10.3.2}$$

式中 f_{t1}——芯柱混凝土轴心抗拉强度设计值；

f_{t2}——构造柱混凝土轴心抗拉强度设计值；

A_{c1}——墙中部芯柱截面总面积；

A_{c2}——墙中部构造柱截面总面积；

A_{s1}——芯柱钢筋截面总面积；

A_{s2}——构造柱钢筋截面总面积；

f_{y1}——芯柱钢筋抗拉强度设计值；

f_{y2}——构造柱钢筋抗拉强度设计值；

ζ_c——芯柱和构造柱参与工作系数，可按表 10.3.2 采用。

表 10.3.2 芯柱和构造柱参与工作系数

灌孔率 ρ	$\rho<0.15$	$0.15\leqslant\rho<0.25$	$0.25\leqslant\rho<0.5$	$\rho\geqslant0.5$
ζ_c	0	1.0	1.10	1.15

注：灌孔率指芯柱根数（含构造柱和填实孔洞数量）与孔洞总数之比。

【例 7.8.1-1】 截面抗震受剪承载力

一多层房屋配筋砌块砌体墙，平面如图 7.8.1 1 所法，结构安全等级二级，砌体采用 MU10 级单排孔混凝土小型空心砌块，Mb7.5 级砂浆对孔砌筑，砌块的孔洞率为 40%，采用 Cb20（$f_t=1.1$MPa）混凝土灌孔，灌孔率为 43.75%，内有插筋共 5ϕ12（$f_y=270$MPa），构造措施满足规范要求，砌体施工质量控制等级为 B 级，承载力验算时不考虑墙体自重。小砌块墙在重力荷载代表值作用下的截面平均压应力 $\sigma_0=2.0$MPa，砌体的抗剪强度设计值 $f_v=0.40$MPa。

提示：①芯柱截面总面积 $A_c=100800\text{mm}^2$。

②按《抗震》GB 50011—2012 作答

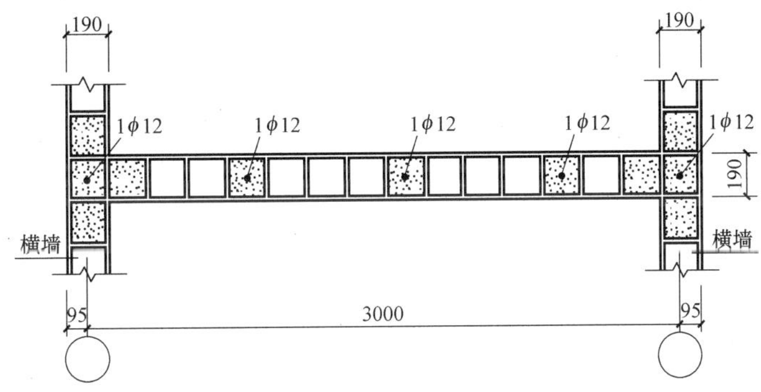

图 7.8.1-1

试问，该墙体的截面抗震受剪承载力（kN）与下列何项数值最为接近？

(A) 470 (B) 530 (C) 590 (D) 630

【答案】(D)

【解答】

(1) 基本数据：

$A=3190\times190=606100\text{mm}^2$，$A_c=100800\text{mm}^2$，5$\phi$12，$A_s=565\text{mm}^2$，

$f_y=270$MPa，$f_t=1.1$MPa。

(2) 根据《抗震》表 5.4.2，$\gamma_{RE}=0.9$，

(3) $\dfrac{\sigma_0}{f_{vg}}=\dfrac{2}{0.4}=5$，查《抗震》表 7.2.6，$\zeta_N=2.15$。

(4) 根据《抗震》式 (7.2.6) $f_{vE}=\zeta_N f_{vg}=2.15\times0.4=0.86$MPa。

（5）灌孔率 $\rho=7/16=0.44$，查《抗震》表 7.2.8，$\zeta_c=1.1$。

（6）根据《抗震》式（7.2.8）

$$V\leqslant\frac{1}{\gamma_{RE}}[f_{vE}A+(0.3f_tA_c+0.05f_yA_s)\zeta_c]$$

$$=\frac{1}{0.9}[0.86\times606100+(0.3\times1.1\times100800+0.05\times270\times565)\times1.1]$$

$$=629\text{kN}。$$

二、配筋砌块砌体剪力墙抗震设计

配筋砌块砌体构件是指用混凝土小型空心砌块砌筑的墙体和柱，在砌块的孔洞内配置一定数量的竖向钢筋，在灰缝或砌块的凹槽内配置一定数量的箍筋或水平钢筋，并在芯柱的孔洞中和带凹槽的砌块的水平钢筋处灌注混凝土，形成配筋砌块砌体构件。

1. 配筋砌块砌体剪力墙

《抗震》规定

F.3.2 配筋混凝土小型空心砌块抗震墙房屋的抗震墙，应全部用灌孔混凝土灌实。

《抗震》的条文说明指出

F.3.2 配筋小砌块砌体剪力墙是一个整体，必须全部灌孔。在配筋小砌体砌体剪力墙结构的房屋中，允许有部分墙体不灌孔，但不灌孔的墙体只能按填充墙对待。

配筋砌块砌体剪力墙的组成形式决定了钢筋的布置特点，竖向钢筋只能均匀地设置在砌块的芯孔中。水平箍筋只能设置在墙片的水平灰缝中。配筋砌块砌体剪力墙结构在灌孔前砌块的收缩已基本完成，不需要像混凝土剪力墙那样配置大量的构造钢筋抵抗混凝土的收缩，因此其分布钢筋最小配筋率比混凝土剪力墙小得多。

试验表明，配筋砌块剪力墙具有良好的变形能力，其延性性能和变形能力要比钢筋混凝土剪力墙更好些，这主要基于这种砌块的构成方式：砂浆、墙体、钢筋、混凝土组成的墙体具有众多的缝隙，特别是竖向灰缝，比混凝土墙体可吸收更多的变形能，或具有开设竖向细缝延性剪力墙的性质。另外，砌块砌体的弹性模量要比混凝土低得多，且其横向的弹性模量比竖向还要低，这对增加耗能能力也是有利的。

《抗震》的条文说明指出

F.1.1 配筋混凝土小砌块抗震墙的最小分布钢筋仅为混凝土抗震墙的一半，但承载力明显高于普通砌体，而竖向和水平灰缝使其具有较大的耗能能力，结构的设计计算方法与钢筋混凝土抗震墙结构基本相似。

2. 抗震措施

（1）房屋的高度适用范围

《抗震》规定

F.1.1 本附录适用的配筋混凝土小型空心砌块抗震墙房屋的最大高度应符合表F.1.1-1的规定。

表F.1.1-1 配筋混凝土小型空心砌块抗震墙房屋适用的最大高度（m）

最小墙厚/mm	6度	7度		8度		9度
	0.05g	0.10g	0.15g	0.20g	0.30g	0.40g
190	60	55	45	40	30	24

注：1. 房屋高度超过表内高度时，应进行专门研究和论证，采取有效地加强措施。
2. 某层或几层开间大于6.0m以上的房间建筑面积占相应层建筑面积40%以上时，表中数据相应减少6m。
3. 房屋高度指室外地面到主要屋面板板顶的高度（不包括局部突出屋顶部分）。

《砌体》规定

10.1.3 本章适用的配筋砌块砌体抗震墙结构房屋最大高度应符合表10.1.3的规定。

表10.1.3 配筋砌块砌体抗震墙房屋适用的最大高度（m）

结构类型最小墙厚/mm		设防烈度和设计基本地震加速度					
		6度	7度		8度		9度
		0.05g	0.10g	0.15g	0.20g	0.30g	0.40g
配筋砌块砌体抗震墙	190mm	60	55	45	40	30	24

注：1. 房屋高度指室外地面到主要屋面板板顶的高度（不包括局部突出屋顶部分）。
2. 某层或几层开间大于6.0m以上的房间建筑面积占相应层建筑面积40%以上时，表中数据相应减少6m。

（2）底部加强部位

《抗震》规定

F.1.4 注：底部加强部位指不小于房屋高度的1/6且不小于底部二层的高度范围，房屋总高度小于21m时取一层。

《砌体》规定

10.5.9 抗震墙底部加强区的高度不小于房屋高度的1/6，且不小于房屋底部两层的高度。

（3）抗震等级

《抗震》规定

F.1.2 配筋混凝土小型空心砌块抗震墙房屋应根据抗震设防类别、烈度和房屋高度采用不同的抗震等级，并应符合相应的计算和构造措施要求。丙类建筑的抗震等级宜按表F.1.2确定。

表F.1.2 配筋混凝土小型空心砌块抗震墙房屋的抗震等级

烈度	6度		7度		8度		9度
高度/m	≤24	>24	≤24	>24	≤24	>24	≤24
抗震等级	四	三	三	二	二	一	一

注：接近或等于高度分界时，可结合房屋不规则程度及场地、地基条件确定抗震等级。

《砌体》规定

10.1.6 配筋砌块砌体抗震墙结构房屋抗震设计时，结构抗震等级应根据设防烈度和房屋高度按表10.1.6采用。

表10.1.6 配筋砌块砌体抗震墙结构房屋的抗震等级

结构类型		设防烈度						
		6		7		8		9
配筋砌块砌体抗震墙	高度/m	≤24	>24	≤24	>24	≤24	>24	≤24
	抗震墙	四	三	三	二	二	一	一

注：1. 对于四级抗震等级，除本章有规定外，均按非抗震设计采用。
2. 接近或等于高度分界时，可结合房屋不规则程度及场地、地基条件确定抗震等级。

3. 抗震构造措施

（1）轴压比

《抗震》规定

F.3.4 配筋混凝土小型空心砌块抗震墙在重力荷载代表值作用下的轴压比，应符合下列要求：

1 一般墙体的底部加强部位，一级（9度）不宜大于0.4，一级（8度）不宜大于0.5，二、三级不宜大于0.6；一般部位，均不宜大于0.6。

2 短肢墙体全高范围，一级不宜大于0.50，二、三级不宜大于0.60；对于无翼缘的一字形短肢墙，其轴压比限值应相应降低0.1。

3 各向墙肢截面均为$3b<h<5b$的独立小墙肢，一级不宜大于0.4，二、三级不宜大于0.5；对于无翼缘的一字形独立小墙肢，其轴压比限值应相应降低0.1。

《砌体》规定

10.5.12 配筋砌块砌体抗震墙在重力荷载代表值作用下的轴压比，应符合下列规定：

1 一般墙体的底部加强部位，一级（9度）不宜大于0.4，一级（8度）不宜大于0.5，二、三级不宜大于0.6，一般部位，均不宜大于0.6；

2 短肢墙体全高范围，一级不宜大于0.50，二、三级不宜大于0.60；对于无翼缘的一字形短肢墙，其轴压比限值应相应降低0.1；

3 各向墙肢截面均为3～5倍墙厚的独立小墙肢，一级不宜大于0.4，二、三级不宜大于0.5；对于无翼缘的一字形独立小墙肢，其轴压比限值应相应降低0.1。

（2）边缘构件

《抗震》对边缘构件的纵向钢筋和约束箍筋的构造要求有规定

F.3.5 配筋混凝土小型空心砌块抗震墙墙肢端部应设置边缘构件；底部加强部位的轴压比，一级大于0.2和二级大于0.3时，应设置约束边缘构件。构造边缘构件的配筋范围：无翼墙端部为3孔配筋；“L”形转角节点为3孔配筋；“T”形转角节点为4孔配筋；边缘构件范围内应设置水平箍筋，最小配筋应符合表F.3.5的要求。约束边缘构件的范围应沿受力方向比构造边缘构件增加1孔，水平箍筋应相应加强，也可采用混凝土边框柱加强。

表F.3.5 抗震墙边缘构件的配筋要求

抗震等级	每孔竖向钢筋最小配筋量		水平箍筋最小直径	水平箍筋最大间距/mm
	底部加强区部位	一般部位		
一级	1ϕ20	1ϕ18	ϕ8	200
二级	1ϕ18	1ϕ16	ϕ6	200
三级	1ϕ16	1ϕ14	ϕ6	200
四级	1ϕ14	1ϕ12	ϕ6	200

注：1. 边缘构件水平箍筋宜采用搭接点焊网片形式。
2. 一、二、三级时，边缘构件箍筋应采用不低于HRB335级的热轧钢筋。
3. 一级轴压比大于0.2和二级轴压比大于0.3时，底部加强部位水平箍筋的最小直径不应小于8mm。

《砌体》规定

10.5.10 配筋砌块砌体抗震墙除应符合本规范第9.4.11的规定外，应在底部加强部位和轴压比大于0.4的其他部位的墙肢设置边缘构件。边缘构件的配筋范围：无翼墙端部为3孔配筋；"L"形转角节点为3孔配筋；"T"形转角节点为4孔配筋；边缘构件范围内应设置水平箍筋；配筋砌块砌体抗震墙边缘构件的配筋应符合表10.5.10的要求。

表10.5.10 配筋砌块砌体抗震墙边缘构件的配筋要求

抗震等级	每孔竖向钢筋最小配筋量		水平箍筋最小直径	水平箍筋最大间距/mm
	底部加强区部位	一般部位		
一级	1ϕ20(4ϕ16)	1ϕ18(4ϕ16)	ϕ8	200
二级	1ϕ18(4ϕ16)	1ϕ16(4ϕ14)	ϕ6	200
三级	1ϕ16(4ϕ12)	1ϕ14(4ϕ12)	ϕ6	200
四级	1ϕ14(4ϕ12)	1ϕ12(4ϕ12)	ϕ6	200

注：1. 边缘构件水平箍筋宜采用横筋为双筋的搭接点焊网片形式。
2. 当抗震等级为二、三级时，边缘构件箍筋应采用HRB400级或RRB400级钢筋。
3. 表中括号中数字为边缘构件采用混凝土边框柱时的配筋。

(3) 墙体内钢筋的构造布置

1) 分布钢筋的最低构造要求

配筋混凝土砌块砌体构件的钢筋是设在砌块的竖向孔洞及水平孔洞或砌体的水平灰缝内，因而钢筋的规格、数量、形式（或形状）、配置位置、配置方式（包括上述边缘构件的设置），以及钢筋的锚固与搭接等与钢筋混凝土构件有显著不同，它受到一定的限制，这正是配筋混凝土砌块砌体自身特点所决定的。《抗震》F.3.3条"规定了配筋小砌块砌体抗震墙中配筋的最低构造要求"。

《抗震》对横向分布钢筋布置的规定

F. 3. 7 配筋混凝土小型空心砌块抗震墙的横向分布钢筋，沿墙长应连续设置。

F. 3. 3 配筋混凝土小型空心砌块抗震墙的横向分布钢筋应符合表 F. 3. 3-1 的要求；横向分布钢筋宜双排布置，双排分布钢筋之间拉结筋的间距不应大于 400mm，直径不应小于 6mm。

表 F. 3. 3-1 配筋混凝土小型空心砌块抗震墙横向分布钢筋构造要求

抗震等级	最大间距/mm	最小直径/mm
一级	400	$\phi 8$
二级	600	$\phi 8$
三级	600	$\phi 8$
四级	600	$\phi 6$

《抗震》对竖向分布钢筋布置的规定

F. 3. 3 配筋混凝土小型空心砌块抗震墙的竖向分布钢筋应符合表 F. 3. 3-2 的要求；竖向分布钢筋宜采用单排布置，直径不应大于 25mm。

表 F. 3. 3-2 配筋混凝土小型空心砌块抗震墙竖向分布钢筋构造要求

抗震等级	最大间距/mm	最小直径/mm
一级	400	$\phi 12$
二级	600	$\phi 12$
三级	600	$\phi 12$
四级	600	$\phi 12$

2）分布钢筋的最小配筋率

配筋砌块剪力墙最小配筋率的确定要综合考虑下列因素：

① 控制收缩变形产生裂缝的要求。混凝土剪力墙的最小配筋率主要用于控制混凝土的收缩变形引起的裂缝，配筋砌块砌体剪力墙结构在灌孔前砌块的收缩已基本完成，不需要像混凝土剪力墙那样配置大量的构造钢筋抵抗混凝土的收缩，因此其分布钢筋的最小配筋率比混凝土小得多。

② 抗震延性要求。配置水平横向钢筋的砌块墙体，当配筋率为 0.03%～0.17%，砌块墙体的极限承载力较无筋砌块墙体提高 5%～25%，极限变形能力为无筋砌块墙体的 2～3 倍，而且水平和垂直钢筋的相互作用又增加了砌块砌体的约束变形能力。砌块墙体试验表明，抗震延性要求的最小配筋率几乎和控制收缩的含钢率相同。

③ 配筋砌块剪力墙的组成形式造成施工时浇筑空间过小、容易导致混凝土浇筑不密实，故而不宜像混凝土剪力墙那样多配钢筋，否则会影响砌体的质量。

综合上列情况，确定的最小含筋率见《抗震》规定

F.3.3 配筋混凝土小型空心砌块抗震墙的竖向和横向分布钢筋应符合表 F.3.3-1 和表 F.3.3-2的要求。

表 F.3.3-1 配筋混凝土小型空心砌块抗震墙横向分布钢筋构造要求

抗震等级	最小配筋率(%)	
	一般部位	加强部位
一级	0.13	0.15
二级	0.13	0.13
三级	0.11	0.13
四级	0.10	0.10

表 F.3.3-2 配筋混凝土小型空心砌块抗震墙竖向分布钢筋构造要求

抗震等级	最小配筋率(%)	
	一般部位	加强部位
一级	0.15	0.15
二级	0.13	0.13
三级	0.11	0.13
四级	0.10	0.10

《砌体》的规定是相同的

10.5.9 配筋砌块砌体抗震墙的水平和竖向分布钢筋应符合下列规定，抗震墙底部加强区的高度不小于房屋高度的 1/6，且不小于房屋底部两层的高度。

1. 抗震墙水平分布钢筋的配筋构造应符合表 10.5.9-1 的规定：

表 10.5.9-1 抗震墙水平分布钢筋的配筋构造

抗震等级	最小配筋率(%)		最大间距/mm	最小直径/mm
	一般部位	加强部位		
一级	0.13	0.15	400	ϕ8
二级	0.13	0.13	600	ϕ8
三级	0.11	0.13	600	ϕ8
四级	0.10	0.10	600	ϕ6

注：1. 水平分布钢筋宜双排布置，在顶层和底部加强部位，最大间距不应大于 400mm。
2. 双排水平分布钢筋应设不小于 ϕ6 拉结筋，水平间距不应大于 400mm。

2. 抗震墙竖向分布钢筋的配筋构造应符合表 10.5.9-2 的规定。

表 10.5.9-2 抗震墙竖向分布钢筋的配筋构造

抗震等级	最小配筋率(%)		最大间距/mm	最小直径/mm
	一般部位	加强部位		
一级	0.15	0.15	400	ϕ12
二级	0.13	0.13	600	ϕ12
三级	0.11	0.13	600	ϕ12
四级	0.10	0.10	600	ϕ12

注：竖向分布钢筋宜采用单排布置，直径不应大于 25mm，9 度时配筋率不应小于 0.2%。在顶层和底部加强部位，最大间距应适当减小。

4. 配筋小砌块砌体抗震墙房屋的抗震计算

（1）地震作用计算

配筋混凝土小型空心砌块抗震墙房屋主要用于高层和小高层的住宅房屋中。较高层房屋的动力反应中除了第一振型对房屋有主要影响之外，其余高振型的影响往往不能忽略，在有些情况下甚至会起决定作用，因此在计算中应考虑前几阶振型的影响。另外，配筋混凝土小型空心砌块抗震墙在水平荷载作用下主要是弯曲变形，采用基底剪力法进行计算可能会带来较大的误差。因此，通常采用振型分解法和有限元分析方法来进行配筋混凝土小型空心砌块抗震墙房屋的内力计算。

（2）抗震验算范围

《抗震》对配筋混凝土小型空心砌块抗震墙房屋的最大高度、最大高宽比、抗震横墙最大间距作了相应的规定，这主要是根据试验研究的结果，对房屋震害的认识经验所确定的基本要求，它反映了比较经济、合理的结构方案。因此，规范允许对于抗震设防烈度为 6 度的配筋混凝土小型空心砌块抗震墙房屋在满足有关规定及其他结构布置要求时，可以不做抗震验算。

《抗震》规定

F. 2. 1 配筋混凝土小型空心砌块抗震墙房屋抗震计算时，应按本节规定调整地震作用效应；6 度时可不进行截面抗震验算，但应按本附录的有关要求采取抗震构造措施

《砌体》规定

10. 1. 7 结构抗震设计时，地震作用应按现行国家标准《建筑抗震设计规范》GB 50011 的规定计算。结构的截面抗震验算，应符合下列规定： **1** 抗震设防烈度为 6 度时，规则的砌体结构房屋构件，应允许不进行抗震验算，但应有符合现行国家标准《建筑抗震设计规范》GB 50011 和本章规定的抗震措施。

（3）楼层内最大的弹性层间位移角

《抗震》规定

F. 2. 1 配筋混凝土小砌块抗震墙房屋应进行多遇地震作用下的抗震变形验算，其楼层内最大的弹性层间位移角，底层不宜超过 1/1200，其他楼层不宜超过 1/800。

《砌体》规定

10. 1. 8 配筋砌块砌体抗震墙结构应进行多遇地震作用下的抗震变形验算，其楼层内最大的层间弹性位移角不宜超过 1/1000。

灌孔砌体的强度和弹性模量要低于相对应的混凝土，其变形比普通钢筋混凝土抗震墙大。配筋小砌块砌体抗震墙结构在多遇地震作用下的弹性层间位移角限值为 1/800；底层承受的剪力最大且主要是剪切变形，其弹性层间位移角限值要求相对较高，取 1/1200。

【例 7. 8. 2-1】 *层间弹性位移角*

在多遇地震作用下，配筋砌块砌体剪力墙结构的楼层内最大层间弹性位移角限值，应为下列何项数值？

提示：按《砌体》作答。

(A) 1/800　(B) 1/900　(C) 1/1000　(D) 1/1100

【答案】(C)

【解答】根据《砌体》10.1.8条，多遇地震作用下，楼层内最大的层间弹性位移角不宜超过1/1000，(C) 正确。

(4) 抗震墙墙肢的抗震抗剪承载力验算

配筋混凝土小型空心砌块抗震墙房屋的基本受力构件是配筋混凝土砌块墙片，根据房屋的内力分析可以知道，在包括水平地震作用及房屋的重力荷载、可变荷载等所有的荷载作用下，房屋的墙片主要承受弯矩、剪力和轴向力的共同作用。特别是在地震荷载作用下，墙片的抗剪性能是整个房屋建筑抗震性能的关键。

① 剪力设计值的调整

《抗震》规定

> **F.2.2** 配筋混凝土小砌块抗震墙承载力计算时，底部加强部位截面的组合剪力设计值应按下列规定调整；
>
> $$V=\eta_{vw}V_W \tag{F.2.2}$$
>
> 式中 V——抗震墙底部加强部位截面组合的剪力设计值；
>
> V_w——抗震墙底部加强部位截面组合的剪力计算值；
>
> η_{vw}——剪力增大系数，一级取1.6，二级取1.4，三级取1.2，四级取1.0。

《砌体》规定

> **10.5.2** 配筋砌块砌体抗震墙承载力计算时，底部加强部位的截面组合剪力设计值 V_w，应按下列规定调整：
>
> **1** 当抗震等级为一级时，$V_w=1.6V$　(10.5.2-1)
>
> **2** 当抗震等级为二级时，$V_w=1.4V$　(10.5.2-2)
>
> **3** 当抗震等级为三级时，$V_w=1.2V$　(10.5.2-3)
>
> **4** 当抗震等级为四级时，$V_w=1.0V$　(10.5.2-4)
>
> 式中 V——考虑地震作用组合的抗震墙计算截面的剪力设计值。

【例7.8.2-2】剪力设计值的调整

某多层配筋砌块剪力墙房屋，总高度26m，抗震设防烈度为8度，设计基本地震加速度值为0.20g。其中某剪力墙长度5.1m，墙体厚度为190mm，如图7.8.2-1所示，考虑地震作用组合的墙体计算截面的弯矩设计值 M=500kN·m，轴力设计值 N=1300kN，剪力设计值 V=180kN。墙体采用单排孔混凝土空心砌块对孔砌筑，砌体施工质量控制等级为B级。

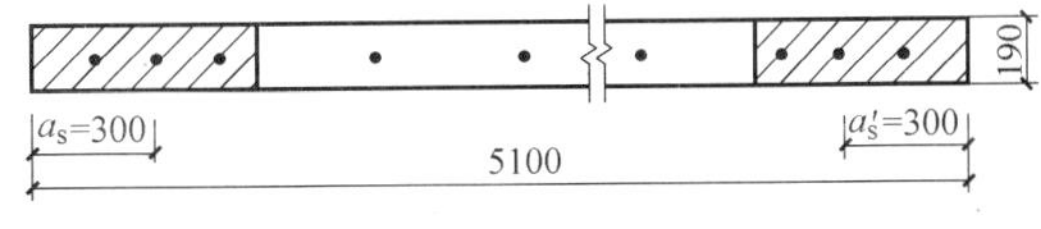

图7.8.2-1

剪力墙底部加强部位的截面组合剪力设计值 V_w (kN)，与下列何项数值最为接近？

(A) 288　　(B) 252　　(C) 216　　(D) 180

【答案】(A)

【解答】

(1) 根据《砌体》表10.1.6，抗震设防烈度为8度地震区、配筋砌块砌体剪力墙房屋高度26m大于24m，抗震等级为一级。

(2) 根据《砌体》第10.5.2条，抗震等级为一级，

$V_w=1.6V=1.6\times180=288\text{kN}$，(A) 正确。

② 配筋小砌块砌体抗震墙的截面抗剪能力限制条件

《抗震》规定

> **F.2.3** 配筋混凝土小型空心砌块抗震墙截面组合的剪力设计值，应符合下列要求：
>
> 剪跨比大于2
>
> $$V\leqslant\frac{1}{\gamma_{RE}}(0.2f_g hb) \tag{F.2.3-1}$$
>
> 剪跨比不大于2
>
> $$V\leqslant\frac{1}{\gamma_{RE}}(0.15f_g hb) \tag{F.2.3-2}$$
>
> 式中 f_g——灌孔小砌块砌体抗压强度设计值；
>
> b——抗震墙截面宽度；
>
> h——抗震墙截面高度；
>
> γ_{RE}——承载力抗震调整系数，取0.85。
>
> 注：剪跨比按本规范式(6.2.9-3)计算。

《砌体》规定

> **10.5.3** 配筋砌块砌体抗震墙的截面，应符合下列规定：
>
> **1** 当剪跨比大于2时：
>
> $$V_w\leqslant\frac{1}{\gamma_{RE}}0.2f_g hb_0 \tag{10.5.3-1}$$
>
> **2** 当剪跨比小于或等于2时：
>
> $$V_w\leqslant\frac{1}{\gamma_{RE}}0.15f_g hb_0 \tag{10.5.3-2}$$

【例7.8.2-3】 截面抗剪能力限值

某配筋砌块砌体剪力墙房屋，房屋高度22m，抗震设防烈度为8度。首层剪力墙截面尺寸，如图7.8.2-2所示，墙体高度3900mm，为单排孔混凝土砌块对孔砌筑，采用MU20级砌块、Mb15级水泥砂浆、Cb30级灌孔混凝土（$f_c=14.3\text{N/mm}^2$），配筋采用HRB335级钢筋，砌体施工质量控制等级为B级。

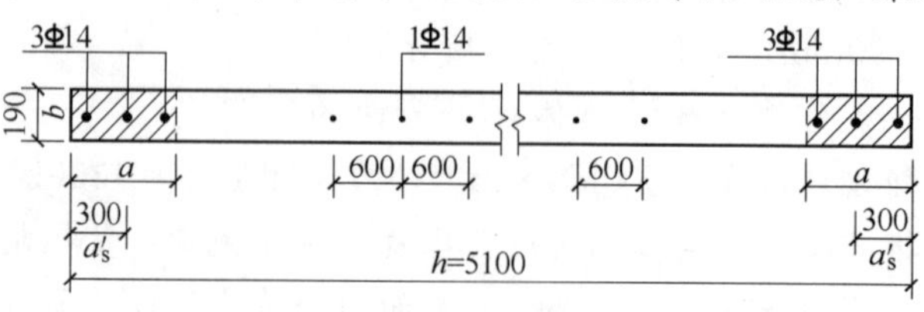

图7.8.2-2

假定，此段砌体剪力墙计算截

面的弯矩设计值 M=1050kN·m，剪力设计值 V=210kN。试问，当进行砌体剪力墙截面尺寸校核时，其截面剪力最大设计值（kN），与下列何项数值最为接近？

提示：假定，灌孔砌体的抗压强度设计值 $f_g=7.5\text{N/mm}^2$，按《砌体》作答。

(A) 1710　　(B) 1450　　(C) 1200　　(D) 1090

【答案】(C)

【解答】

(1) 根据《砌体》式（10.5.4-2）：

$$h_0=h-a_s=5100-300=4800\text{mm}$$

$$\lambda=\frac{M}{Vh_0}=\frac{1050\times10^6}{210\times10^3\times4800}=1.04<2。$$

(2) 根据《砌体》10.5.3 条，$V\leqslant\frac{1}{\gamma_{RE}}(0.15f_gbh_0)$

根据《砌体》10.1.5 条，$\gamma_{RE}=0.85$

$$\frac{1}{\gamma_{RE}}(0.15f_gbh_0)=\frac{1}{0.85}(0.15\times7.5\times190\times4800)=1207\text{kN}>210\text{kN}$$

截面尺寸符合要求。

(5) 配筋小砌块砌体抗震墙截面受剪承载力

配筋小砌块砌体抗震墙截面受剪承载力由砌体、竖向筋和水平分布筋三者共同承担，为了保证配筋混凝土小型空心砌块抗震墙具有良好的受力性能和延性，特别是在墙体开裂以后仍具有一定的承载能力，而规定了水平分布钢筋所承担的剪力不应小于截面组合的剪力设计值的一半，实际上是根据剪力设计值的大小，规定了水平分布钢筋的最小配筋率。

《抗震》规定

F.2.4 偏心受压配筋混凝土小型空心砌块抗震墙截面受剪承载力，应按下列公式验算：

$$V\leqslant\frac{1}{\gamma_{RE}}\left[\frac{1}{\lambda-0.5}(0.48f_{gv}bh_0+0.1N)+0.72f_{yh}\frac{A_{sh}}{s}h_0\right] \tag{F.2.4-1}$$

$$0.5V\leqslant\frac{1}{\gamma_{RE}}\left(0.72f_{yh}\frac{A_{sh}}{s}h_0\right) \tag{F.2.4-2}$$

式中 N——抗震墙组合的轴向压力设计值；当 $N>0.2f_gbh$，取 $N=0.2f_gbh$；

λ——计算截面处的剪跨比，取 $\lambda=M/Vh_0$；小于 1.5 时取 1.5，大于 2.2 时取 2.2；

f_{gv}——灌孔小砌块砌体抗剪强度设计值：$f_{gv}=0.2f_g^{0.55}$；

A_{sh}——同一截面的水平钢筋截面面积；

s——水平分布筋间距；

f_{yh}——水平分布筋抗拉强度设计值；

h_0——抗震墙截面有效高度。

F.2.5 在多遇地震作用组合下，配筋混凝土小型空心砌块抗震墙的墙肢不应出现小偏心受拉。大偏心受拉配筋混凝土小型空心砌块抗震墙，其斜截面受剪承载力应按下式计算：

$$V \leqslant \frac{1}{\gamma_{RE}}\left[\frac{1}{\lambda-0.5}(0.48 f_{gv} b h_0-0.17 N)+0.72 f_{yh} \frac{A_{sh}}{s} h_0\right] \quad (F.2.5\text{-}1)$$

$$0.5 V \leqslant \frac{1}{\gamma_{RE}}\left(0.72 f_{yh} \frac{A_{sh}}{s} h_0\right) \quad (F.2.5.2)$$

当 $0.48 f_{gv} b h_0-0.17 N \leqslant 0$ 时，取 $0.48 f_{gv} b h_0-0.17 N=0$。

式中 N——抗震墙组合的轴向拉力设计值。

《砌体》规定

10.5.4 偏心受压配筋砌块砌体抗震墙的斜截面受剪承载力，应按下列公式计算：

$$V_w \leqslant \frac{1}{\gamma_{RE}}\left[\frac{1}{\lambda-0.5}\left(0.48 f_{vg} b h_0+0.10 N \frac{A_w}{A}\right)+0.72 f_{yh} \frac{A_{sh}}{s} h_0\right] \quad (10.5.4\text{-}1)$$

$$\lambda=\frac{M}{V h_0} \quad (10.5.4\text{-}2)$$

式中 f_{vg}——灌孔砌块砌体的抗剪强度设计值，按本规范第 3.2.2 条的规定采用；

M——考虑地震作用组合的抗震墙计算截面的弯矩设计值；

N——考虑地震作用组合的抗震墙计算截面的轴向力设计值，当 $N>0.2 f_g b h$ 时，取 $N=0.2 f_g b h$；

A——抗震墙的截面面积，其中翼缘的有效面积，可按第 9.2.5 条的规定计算；

A_w——T 形或 I 字形截面抗震墙腹板的截面面积，对于矩形截面取 $A_w=A$；

λ——计算截面的剪跨比，当 $\lambda \leqslant 1.5$ 时，取 $\lambda=1.5$；当 $\lambda \geqslant 1.2$ 时，取 $\lambda=1.2$；

A_{sh}——配置在同一截面内的水平分布钢筋的全部截面面积；

f_{yh}——水平钢筋的抗拉强度设计值；

f_g——灌孔砌体的抗压强度设计值；

s——水平分布钢筋的竖向间距；

γ_{RE}——承载力抗震调整系数。

10.5.5 偏心受拉配筋砌块砌体抗震墙，其斜截面受剪承载力，应按下列公式计算：

$$V_w \leqslant \frac{1}{\gamma_{RE}}\left[\frac{1}{\lambda-0.5}\left(0.48 f_{vg} b h_0-0.17 N \frac{A_w}{A}\right)+0.72 f_{yh} \frac{A_{sh}}{s} h_0\right] \quad (10.5.5)$$

注：当 $0.48 f_{vg} b h_0-0.17 N \frac{A_w}{A}<0$ 时，取 $0.48 f_{vg} b h_0-0.17 N \frac{A_w}{A}=0$。

和《高规》7.2.11 条规定的钢筋混凝土剪力墙斜截面受剪承载力进行对比，偏心受压抗震墙斜截面受剪承载力对比结果列于表 7.8.2-1（大）偏心受拉抗震墙斜截面受剪承载力对比结果列于表 7.8.2-2。

二者的计算公式是有差别的。配筋混凝土小型空心砌块抗震墙为使水平分布钢筋不致过小，要求水平分布筋应承担一半以上的水平剪力，故采用双控的方法，用两个公式来确定水平分布钢筋的数量。钢筋混凝土剪力墙则没有这种要求。

表 7.8.2-1

烈度	偏心受压抗震墙斜截面受剪承载力
配筋砌块抗震墙	$V_w \leqslant \frac{1}{\gamma_{RE}}\left[\frac{1}{\lambda-0.5}(0.48f_{gv}bh_0+0.1N)+0.72f_{yh}\frac{A_{sh}}{s}h_0\right]$ $0.5V \leqslant \frac{1}{\gamma_{RE}}\left(0.72f_{yh}\frac{A_{sh}}{s}h_0\right)$
钢筋混凝土剪力墙	$V_w \leqslant \frac{1}{\gamma_{RE}}\left[\frac{1}{\lambda-0.5}\left(0.4f_tb_wh_{w0}+0.1N\frac{A_w}{A}\right)+0.8f_{yh}\frac{A_{sh}}{s}h_{w0}\right]$

表 7.8.2-2

烈度	（大）偏心受拉抗震墙斜截面受剪承载力
配筋砌块抗震墙	$V \leqslant \frac{1}{\gamma_{RE}}\left[\frac{1}{\lambda-0.5}(0.48f_{gv}bh_0-0.72N)+0.72f_{yh}\frac{A_{sh}}{s}h_0\right]$ $0.5V \leqslant \frac{1}{\gamma_{RE}}\left(0.72f_{yh}\frac{A_{sh}}{s}h_0\right)$
钢筋混凝土剪力墙	$V \leqslant \frac{1}{\gamma_{RE}}\left[\frac{1}{\lambda-0.5}\left(0.4f_tb_wh_{w0}-0.1N\frac{A_w}{A}\right)+0.8f_{yh}\frac{A_{sh}}{s}h_{w0}\right]$

二者的计算公式是有差别的。配筋混凝土小型空心砌块抗震墙的墙肢不应出现小偏心受拉，故仅给出了大偏心受拉抗震墙斜截面受剪承载力的计算公式，而钢筋混凝土剪力墙不论大、小偏心受拉均能承担剪力。

【例 7.8.2-4】 剪力墙的抗剪承载力

已知，某配筋砌块砌体剪力墙房屋，采用厚度为 190mm 砌块、墙体长度为 5100mm，矩形截面两端有暗柱 190mm×600mm（图 7.8.2-3），单排孔混凝土砌块对孔砌筑，砌体的施工质量控制等级为 B 级，采用 MU15 砌块，Mb10 混合砂浆，Cb20 灌孔混凝土，($f_c=9.6$MPa)，钢筋采用 HRB335 级，假设灌孔砌体的抗压强度设计值 $f_g=5.0$MPa，偏心受压，砌体剪力墙计算截面弯矩设计值 $M=500$kN·m，剪力设计值 $V=180$kN，轴力设计值 $N=1300$kN，不考虑水平钢筋作用。试问，考虑地震作用组合的剪力墙抗剪承载力设计值 (kN)，与下列何项数值最为接近？

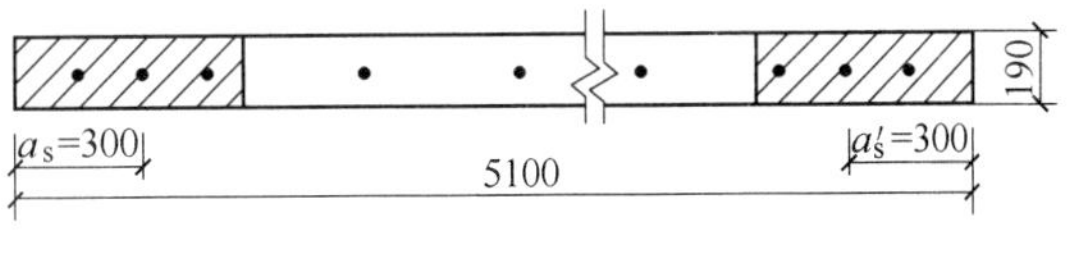

图 7.8.2-3

(A) 310　　(B) 360　　(C) 400　　(D) 450

【答案】 (B)

【解答】

(1) 根据《砌体》表 10.1.5，$\gamma_{RE}=0.85$。

(2) 根据《砌体》10.5.3 条：

$$\frac{1}{\gamma_{RE}}\times 0.15f_gbh_0=\frac{1}{0.85}\times 0.15\times 5\times 190\times 4800=805\text{kN}>180\text{kN}$$

截面尺寸符合要求。

(3) 根据《砌体》10.5.4 条：

$$h_0=5100-300=4800\text{mm}$$

$$\lambda=\frac{M}{Vh_0}=\frac{500\times 10^6}{180\times 10^3\times 4800}=0.579\begin{matrix}<1.5\\<2\end{matrix}\ \text{取}\ \lambda=1.5$$

$$f_{vg}=0.2f_g^{0.55}=0.2\times5^{0.55}=0.485\text{MPa}$$

$$0.2f_gbh=0.2\times5\times190\times5100=969000\text{N}=969\text{kN}<1300\text{kN}$$

取 $N=969\text{kN}$

$$\frac{1}{\gamma_{RE}}\left[\frac{1}{\lambda-0.5}\left(0.48f_{vg}bh_0+0.1N\frac{A_w}{A}\right)\right]$$

$$=\frac{1}{0.85}\left[\frac{1}{1.5-0.5}(0.48\times0.485\times190\times4800+0.1\times969000)\right]$$

$$=363780\text{N}=363.8\text{kN}$$

故（B）正确。

【例 7.8.2-5】剪力墙的水平分布钢筋

抗震等级为二级的配筋砌块砌体剪力墙房屋，首层某矩形截面剪力墙墙体厚度为190mm 墙体长度为 5100mm，剪力墙截面的有效高度 $h_0=4800\text{mm}$，为单排孔混凝土砌块对孔砌筑；砌体施工质量控制等级为 B 级。若此段砌体剪力墙计算截面的剪力设计值 $V=210\text{kN}$，轴力设计值 $N=1250\text{kN}$，弯矩设计值 $M=1050\text{kN}\cdot\text{m}$，灌孔砌体的抗压强度设计值 $f_g=7.5\text{N/mm}^2$。试问，底部加强部位剪力墙的水平分布钢筋配置，下列哪种说法合理？

提示：按《砌体》GB 50003—2011 作答。

（A）按计算配筋

（B）按构造，最小配筋率取 0.10%。

（C）按构造，最小配筋率取 0.11%。

（D）按构造，最小配筋率取 0.13%。

【答案】（D）

【解答】

（1）根据《砌体》表 10.1.5，$\gamma_{RE}=0.85$。

（2）根据《砌体》10.5.3 条：

$$\frac{1}{\gamma_{RE}}\times0.15f_gbh_0=\frac{1}{0.85}\times0.15\times7.5\times190\times4800=1207\text{kN}>210\text{kN}$$

截面尺寸满足要求。

（3）根据《砌体》式 3.2.2，$f_{vg}=0.2f_g^{0.55}=0.2\times7.5^{0.55}=0.6058\text{MPa}$。

（4）根据《砌体》10.5.4 条，假定先不考虑设置水平钢筋

$0.2f_gbh=0.2\times7.5\times190\times5100=1453.5\text{kN}>N=1250\text{kN}$，取 $N=1250\text{kN}$。

$$\lambda=\frac{M}{Vh_0}=\frac{1050}{210\times4.8}=1.04\begin{matrix}<1.5\\<2\end{matrix}\text{，取}\lambda=1.5$$

$$V_w=\frac{1}{\gamma_{RE}}\left[\frac{1}{\lambda-0.5}\left(0.48f_{vg}bh_0+0.1N\frac{A_w}{A}\right)\right]$$

$$=\frac{1}{0.85}\left[\frac{1}{1.5-0.5}(0.48\times0.6058\times190\times4800+0.1\times1250000)\right]$$

$$=459.1\text{kN}>1.4V=1.4\times210=294\text{kN}$$

所以可不配置水平钢筋，只需按构造要求配筋。

（5）根据《砌体》表 10.5.9-1，加强部位，抗震等级为二级，水平钢筋最小配筋率为 0.13%，所以（D）正确。

7.9　底部框架抗震墙砌体房屋

底层框架-抗震墙砌体房屋是指底层为钢筋混凝土全框架加抗震墙，二层和二层以上为砌体的多层房屋。简称为底层框架砌体房屋。主要用于底层需要大空间、而上方各层允许布置较多纵、横墙的房屋。

底层框架-抗震墙砌体房屋是由两种不同材料建造的混合承重房屋，两种材料抗震性能不同，底部框架-抗震墙结构为刚柔性结构，主要依靠框架来承受竖向重力荷载，钢筋混凝土墙或砌体墙来承受水平地震力。上部砌体结构是刚性结构，依靠砌体（脆性材料）来进行抗剪。上部结构的地震水平力，要通过过渡层底板传递给下部的抗震墙，完成上下层剪力的重新分配，协调两种材料的侧向变形，因此要求过渡层底板具有足够的水平刚度和平面内抗弯强度。不会因其平面内弯曲变形过大，使框架产生无法承受的柱顶位移，而导致框架结构失效。

震害表明，底层框架-抗震墙砌体房屋的抗震性能较差。在高烈度区，其抗震性能甚至低于同高度的多层砖房。由于房屋的刚度在底层和二层之间发生突变，在底层产生变形集中，震害多发生于底层，表现出“上轻下重”的震害特点。

《抗震》7.2.4 条条文说明指出

7.2.4　底部框架-抗震墙砌体房屋是我国现阶段经济条件下特有的一种结构。强烈地震的震害表明，这类房屋设计不合理时，其底部可能发生变形集中，出现较大的侧移而破坏，甚至坍塌。

故底部框架-抗震墙砌体房屋的应用范围是有控制的。

《抗震》规定

7.1.2　多层房屋的层数和高度应符合下列要求：

3　底部框架-抗震墙砌体房屋，不允许用于乙类建筑和 8 度（0.3g）的丙类建筑。

一、一般规定

1. 房屋的层数和总高度

《抗震》规定

7.1.2　多层房屋的层数和高度应符合下列要求：

1　一般情况下，房屋的层数和总高度不应超过表 7.1.2 的规定。

表 7.1.2　房屋的层数和总高度限值（m）

房屋类别		最小抗震墙厚度/mm	烈度和设计基本地震加速度											
			6		7				8				9	
			0.05g		0.10g		0.15g		0.20g		0.30g		0.40g	
			高度	层数	高度	层数	高度	层数	高度	层数	高度	层数	高度	层数
底部框架-抗震墙砌体房屋	普通砖 多孔砖	240	22	7	22	7	19	6	16	5	—	—	—	—

续表

房屋类别		最小抗震墙厚度/mm	烈度和设计基本地震加速度											
			6		7				8				9	
			0.05g		0.10g		0.15g		0.20g		0.30g		0.40g	
			高度	层数	高度	层数	高度	层数	高度	层数	高度	层数	高度	层数
底部框架-抗震墙砌体房屋	多孔砖	190	22	7	19	6	16	5	13	4	—	—	—	—
	小砌砖	190	22	7	22	7	19	6	16	5	—	—	—	—

3. 乙类的多层砌体房屋仍按本地区设防烈度查表，其层数应减少一层且总高度应降低3m；不应采用底部框架-抗震墙砌体房屋。

3 表7.1.2中底部框架-抗震墙砌体房屋的最小砌体墙厚系指上部砌体房屋部分。

《砌体》规定

10.1.2 本章适用的多层砌体结构房屋的总层数和总高度，应符合下列规定：

1 房屋的层数和总高度不应超过表10.1.2的规定。

表 10.1.2

房屋类别		最小墙厚度/mm	烈度和设计基本地震加速度											
			6		7				8				9	
			0.05g		0.10g		0.15g		0.20g		0.30g		0.40g	
			高度	层数	高度	层数	高度	层数	高度	层数	高度	层数	高度	层数
底部框架-抗震墙砌体房屋	普通砖 多孔砖	240	22	7	22	7	19	6	16	5	—	—	—	—
	多孔砖	190	22	7	19	6	16	5	13	4	—	—	—	—
	混凝土砌砖	190	22	7	22	7	19	6	16	5	—	—	—	—

3. 乙类的多层砌体房屋仍按本地区设防烈度查表，其层数应减少一层且总高度应降低3m；不应采用底部框架-抗震墙砌体房屋。

【例 7.9.1-1】 房屋的层数和总高度

某建设小区建筑一幢底层框架砖房普通住宅，材料为烧结普通砖，建筑平面布置如图7.9.1-1所示该房屋抗震设防烈度为7度（0.15g），建筑场地类别为Ⅲ类。

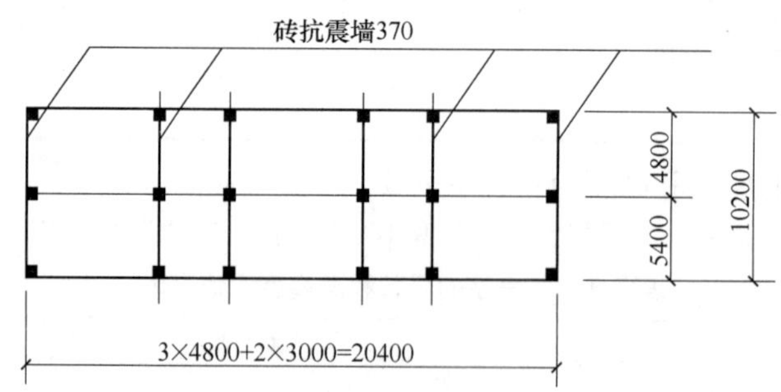

图 7.9.1-1

试确定本工程房屋最大的总高度和层数，以下何种正确？

(A) 24m（8层）　　(B) 21m（7层）

(C) 19m（6层）　　(D) 16m（5层）

【答案】(C)

【解答】根据《抗震》7.1.2 条或《砌体》10.1.2 条，7 度区（0.15g），用普通砖的底部框架-抗震墙砌体房屋的高度为 19m，层数为 6 层，所以（C）正确。

2. 抗震横墙的最大间距限值

《抗震》规定

7.1.5 房屋抗震横墙的间距，不应超过表 7.1.5 的要求：

表 7.1.5 房屋抗震横墙的间距 （单位：m）

房屋类别		烈度 6	7	8	9
多层砌体房屋	现浇或装配整体式钢筋混凝土楼、屋盖	15	15	11	7
底部框架-抗震墙砌体房屋	上部各层	同多层砌体房屋			—
	底层	18	15	11	—

3. 底层的层高

《抗震》规定

7.1.3 底部框架-抗震墙砌体房屋的底部，层高不应超过 4.5m；当底层采用约束砌体抗震墙时，底层的层高不应超过 4.2m

《砌体》规定

10.1.4 砌体结构房屋的层高，应符合下列规定：

1 多层砌体结构房屋的层高，应符合下列规定：

2）底部框架-抗震墙砌体房屋的底部，层高不应超过 4.5m；当底层采用约束砌体抗震墙时，底层的层高不应超过 4.2m

【例 7.9.1-2】

抗震设防烈度为 6 度区，多层砖砌体房屋与底层框架-抗震墙砌体房屋，抗震墙厚度均为 240mm，下列哪一项说法是正确的？

（A）房屋的底层层高限值要求，两者是相同的

（B）底层房屋抗震横墙的最大间距要求，两者是相同的

（C）除底层外，其他层房屋抗震横墙最大间距要求，两者是相同的

（D）房屋总高度和层数要求，两者是相同的

【答案】(C)

【解答】

（1）根据《砌体》10.1.4 条，多层砌体结构房屋的层高不应超过 3.6m，底部框架-抗震墙砌体房屋的底部，层高不应超过 4.5m，所以（A）不正确。

（2）根据《抗震》7.1.5 条，以设防烈度 6 度为例，多层砌体结构的房屋，根据楼盖形式的不同，横墙的间距可以为 15m、11m、9m，而底部框架-抗震墙砌体房屋的底部，

不管什么楼盖，横墙间距只能为18m，所以（B）不正确。

（3）根据《抗震》7.1.5条、表7.1.5，底部框架-抗震墙砌体房屋，除底层外，“上部各层的抗震横墙间距同多层砌体房屋”，所以（C）正确。

（4）根据《砌体》10.1.2条，以6度区为例，砌体均为普通砖，多层砌体房屋高度21m，层数7层，底部框架-抗震墙砌体房屋高度为22m，层数为7层，所以（D）不正确。

4. 弹塑性层间位移

《抗震》5.5.5条给出了底层框架-抗震墙砌体房屋的弹塑性层间位移角限值

5.5.5 结构薄弱层（部位）弹塑性层间位移应符合下式要求：

$$\Delta\mu_{p}\leqslant[\theta_{p}]h \tag{5.5.5}$$

式中 $[\theta_{p}]$——弹塑性层间位移角限值，可按表5.5.5采用；

h——薄弱层楼层高度。

表5.5.5 弹塑性层间位移角限值

结构类型	$[\theta_{p}]$
底部框架砌体房屋中的框架-抗震墙	1/100

5. 抗震等级

《抗震》规定

7.1.9 底部框架-抗震墙砌体房屋的钢筋混凝土结构部分，底部混凝土框架的抗震等级，6、7、8度应分别按三、二、一级采用，混凝土墙体的抗震等级，6、7、8度应分别按三、三、二级采用。

《砌体》规定

10.1.9 底部框架-抗震墙砌体房屋的钢筋混凝土结构部分，除应符合本章规定外，尚应符合现行国家标准《建筑抗震设计规范》GB 50011—2010第6章的有关要求；此时，底部钢筋混凝土框架的抗震等级，6、7、8度时应分别按三、二、一级采用；底部钢筋混凝土抗震墙和配筋砌块砌体抗震墙的抗震等级，6、7、8度时应分别按三、三、二级采用。

6. 刚度比

（1）侧向刚度比的控制值

根据结构沿高度方向刚度不均匀的弹性地震反应分析结果，结合宏观震害经验，《抗震》规定，二层与底层的层间抗侧移刚度比限值要求为

7.1.8 底部框架-抗震墙砌体房屋的结构布置，应符合下列要求：

3 底层框架-抗震墙砌体房屋的纵横两个方向，第二层计入构造柱影响的侧向刚度与底层侧向刚度的比值，6、7度时不应大于2.5，8度时不应大于2.0，且均不应小于1.0。

（2）侧向刚度比的计算

在纵横两个方向，第二层与底层侧向刚度之比 r_k 值可按下列公式计算

$$r_k=\frac{K_2}{K_1}=\frac{\sum K_{mw2}}{\sum K_{cf}+\sum K_{cw}+\sum K_{mw}} \tag{7.9.1-1}$$

式中　K_2、K_1——房屋的二层和底层纵向或横向的层间侧移刚度；

K_{mw2}——二层的一片纵向或横向承重砌体墙的层间侧移刚度；

K_{cf}——底层一榀钢筋混凝土框架的屋间侧移刚度；

K_{cw}——底层一片钢筋混凝土抗震墙的层间侧移刚度；

K_{mw}——底层一片嵌砌于框架的砌体抗震墙的层间侧移刚度。

r_k 值不应过大，以免底层因刚度过小产生过度的集中变形而严重破坏；r_k 值也不应过小，以免薄弱层转移至二层。

二、抗震计算

1. 地震作用效应计算、调整

《抗震》规定

> **7.2.1**　底部框架-抗震墙砌体房屋的抗震计算，可采用底部剪力法，并应按本节规定调整地震作用效应。
>
> **7.2.4**　底部框架-抗震墙砌体房屋的地震作用效应，应按下列规定调整：
>
> **1**　对底层框架-抗震墙砌体房屋，底层的纵向和横向地震剪力设计值均应乘以增大系数；其值应允许在 1.2～1.5 范围内选用，第二层与底层侧向刚度比大者应取大值。

《抗震》条文说明指出

> **7.2.4**　条文说明
>
> 通常，增大系数可依据刚度比用线性插值法近似确定。

调整后的底层水平地震剪力设计值 V_{1a} 为

$$V_{1a}=\gamma_{Eh}\eta V_1 \tag{7.9.2-1}$$

式中，水平地震作用分项系数 $\gamma_{Eh}=1.3$。

【例 7.9.2-1】

砌体房屋抗震计算时，在下列几种情况中，哪一项的说法是不正确的?

（A）底部框架-抗震墙砌体房屋的抗震计算。可采用底部剪力法，其底层的纵向和横向地震剪力设计值均应乘以增大系数

（B）底层框架-抗震墙房屋，考虑高阶振型的影响，其顶部附加水平地震作用系数 $\delta_n=0.2$

【答案】（B）

【解答】

（1）根据《抗震》7.2.1 条，“底部框架-抗震墙砌体房屋的抗震计算可采用底部剪力

法，并应按本节规定调整地震作用效应”；7.2.4条1款，“底层的纵向和横向地震剪力设计值均应乘以增大系数；其值应允许在1.2～1.5范围内选用，第二层与底层侧向刚度比大者应取大值”。(A) 正确。

(2) 根据《抗震》5.2.1条，“顶部附加地震作用系数 δ_n，多层钢筋混凝土和钢结构房屋可按表5.2.1采用，其他房屋可采用0.0”，(B) 中 $\delta_n=0.2$。所以 (B) 不正确。

2. 地震剪力的分配

底层框架-抗震墙结构中是将抗震墙作为第一道防线，框架作为抗震的第二道防线。

(1) 抗震墙承担的地震剪力

《抗震》规定

> **7.2.4** 底部框架-抗震墙砌体房屋的地震作用效应，应按下列规定调整：
>
> **3** 底层的纵向和横向地震剪力设计值应全部由该方向的抗震墙承担，并按各墙体的侧向刚度比例分配。

所以一片混凝土抗震墙承担的地震剪力为

$$V_{mw}=\frac{K_{cw}}{\sum K_{cw}+\sum K_{mw}}V_{1a} \tag{7.9.2-2}$$

式中 V_{mw}——一片混凝土抗震墙承担的地震剪力；

K_{cw}、K_{mw}——混凝土和砌体抗震墙的侧移刚度。

【例 7.9.2-2】～【例 7.9.2-3】 地震剪力的分配

某抗震设防烈度为7度的底层框架-抗震墙多层砌体房屋的底层框架柱KZ、钢筋混凝土抗震墙（横向GQ-1、纵向GQ-2）、砖抗震墙ZQ的布置，如图7.9.2-1所示。各框架柱KZ的横向刚度均为 $K_{KZ}=5.0\times10^4$kN/m；横向钢筋混凝土抗震墙GQ-1（包括端柱）的侧向刚度为 $K_{GQ}=280\times10^4$kN/m；砖抗震墙ZQ（不包括端柱）的侧向刚度为 $K_{ZQ}=40.0\times10^4$kN/m。地震剪力增大系数 $\eta=1.35$。

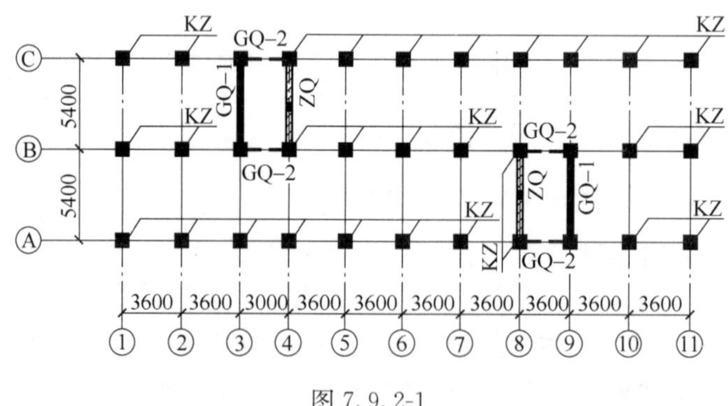

图7.9.2-1

【例 7.9.2-2】 底部钢筋混凝土抗震墙承担的地震剪力

假设作用于底层顶标高处的横向地震剪力标准值 $V_k=2000$kN。试问，作用于每道横向钢筋混凝土抗震墙GQ-1上的地震剪力设计值(kN)，应与下列何项数值最为接近？

(A) 1540　　(B) 1450　　(C) 1000　　(D) 850

【答案】(A)

【解答】

（1）根据《抗震》5.4.1 条，$\gamma_{Eh}=1.3$。

（2）根据《抗震》7.2.4 条第 1 款，$\eta=1.35$。

作用于底层顶标高处的地震剪力设计值 V

$$V=\gamma_{Eh}\times\eta\times V_k=1.3\times1.35\times2000\text{kN}=3510\text{kN}。$$

（3）根据《抗震》第 7.2.4 条第 3 款，底层横向地震剪力设计值应全部由该方向的抗震墙承担，并按各抗震墙侧向刚度比例分配，所以

$$V_{GQ\text{-}1}=\frac{K_{GQ}}{\Sigma K_{GQ}+\Sigma K_{ZQ}}V=\frac{280\times10^4}{2\times280\times10^4+2\times40\times10^4}\times3510=1535.6\text{kN}。$$

（2）底部框架承担的地震剪力

《抗震》规定

> **7.2.5** 底部框架-抗震墙砌体房屋中，底部框架的地震作用效应宜采用下列方法确定：
>
> **1** 底部框架柱的地震剪力宜按下列规定调整：
>
> **1）** 框架柱承担的地震剪力设计值，可按各抗侧力构件有效侧向刚度比例分配确定；有效侧向刚度的取值，框架不折减；混凝土墙可乘以折减系数 0.30；约束普通砖砌体抗震墙可乘以折减系数 0.20。
>
> **3）** 当抗震墙之间楼盖长宽比大于 2.5 时，框架柱各轴线承担的地震剪刀尚应计入楼盖平面内变形的影响。

一榀框架承担的地震剪力设计值可按下式计算：

$$V_{1j}=\frac{K_f}{\Sigma K_f+0.3\Sigma K_{cw}+0.2\Sigma K_{mw}}V_{1a} \tag{7.9.2-3}$$

式中 V_{1j}——第 j 榀框架承担的地震剪力；

K_f——第 j 榀框架的弹性侧移刚度；

ΣK_{cw}——底层混凝土墙的弹性侧移刚度的总和；

ΣK_{mw}——底层砌体抗震墙弹性侧移刚度的总和；

V_{1a}——乘以增大系数后底层的层间地震剪力。

【例 7.9.2-3】 底部框架承担的地震剪力

假设作用于底层顶标高处的横向地震剪力设计值 $V=5000\text{kN}$。试问，作用于每个框架柱 KZ 上的地震剪力设计值（kN），应与下列何项数值最为接近？

（A）50　　（B）60　　（C）66　　（D）76

【答案】（D）

【解答】 根据《抗震》7.2.5 条，底层框架柱承担的地震剪力设计值，可按各抗侧力构件有效侧向刚度比例分配确定，其中框架柱刚度不折减，混凝土抗震墙刚度折减 0.3，砖抗震墙折减 0.2，则每个框架柱分担的地震剪力设计值 V_{kz}：

$$V_{kz}=\frac{K_{Kz}}{\Sigma K_{kz}+0.3\Sigma K_{GQ}+0.2\Sigma K_{ZQ}}V$$

$$=\frac{5\times10^4}{29\times5\times10^4+0.3\times2\times280\times10^4+0.2\times2\times40\times10^4}\times5000=75.98\text{kN}。$$

【例 7.9.2-4】

某建设小区建造一幢底层框架砖房建筑。平面布置如图 7.9.2-2 所示，该房屋抗震设防烈度为 7 度。建筑场地类别为Ⅲ类。试回答该工程在设计中遇到的下列问题。

下列关于本工程对底层构件作用的认识以及抗震计算中的观点，何项是不正确的？

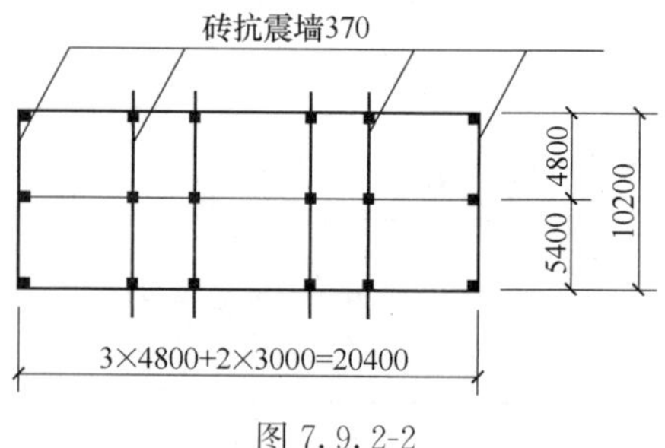

图 7.9.2-2

(A) 底层纵、横向地震剪力设计值，应全都由该方向的抗震墙承担

(B) 各抗震墙所承担的地震剪力，应按其侧移刚度比例分配确定

(C) 框架柱不再分配地震剪力设计值，其纵向配筋按构造配置，配筋率不小于 0.9%

(D) 对于底层的纵、横向地震剪力设计值，均应乘以增大系数

【答案】(C)

【解答】

(1) 根据《抗震》7.2.4 条第 3 款，“底层的纵向和横向地震剪力设计值应全部由该方向的抗震墙承担，并按各墙体的侧向刚度比例分配”，所以 (A)、(B) 正确。

(2) 根据《抗震》7.2.5 条第 1 款 1 条，“框架柱承担的地震剪力设计值，可按各抗侧力构件有效侧向刚度比例分配确定”，构造柱的配筋率，根据 7.5.6 条“当钢筋的强度标准值低于 400MPa 时，中柱在 6、7 度时不应小于 0.9%，8 度时不应小于 1.1%”，(C) 不正确。

(3) 根据《抗震》7.2.4 条第 1 款，“底层的纵向和横向地震剪力设计值均应乘以增大系数”，(D) 正确。

3. 地震倾覆力矩产生的内力

(1) 整个房屋的总地震倾覆力矩

整个房屋的总地震倾覆力矩可按下述方法计算。即将房屋上部视为刚体，水平地震作用于上部使底层顶部（图 7.9.2-3）承受的地震倾覆力矩 M_1 为

$$M_1=1.3\sum_{i=2}^{n}F_i(H_i-H_1) \quad (7.9.2\text{-}4)$$

式中 M_1——整个房屋底层的地震倾覆力矩；

F_i——i质点的水平地震作用标准值；

H_i——i质点的计算高度。

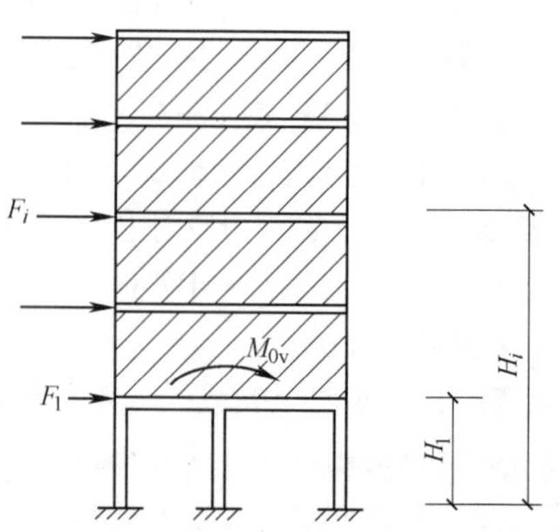

图 7.9.2-3 上部楼层地震剪力引起的倾覆力矩 M

(2) 倾覆力矩的分配

底部各轴线的框架或抗震墙所分担的地震倾覆力矩应该按框架或抗震墙的转动刚度比例分配，由于计算比较复杂。为简化计算《抗震》规定，底部

各轴线承受的地震倾覆力矩，可按底部抗震墙和框架的侧向刚度的比例分配。具体的规定是

> **7.2.5** 底部框架-抗震墙砌体房屋中，底部框架的地震作用效应宜采用下列方法确定：
>
> **1** 底部框架柱的地震剪力和轴向力，宜按下列规定调整：
>
> **2）** 框架柱底部各轴线承受的地震倾覆力矩，可近似按底部抗震墙和框架的有效侧向刚度的比例分配确定。

采用近似方法后分配地震倾覆力矩给抗震墙和框架柱的具体计算公式是：

一榀框架柱承担的倾覆力矩为

$$M_{\mathrm{f}}=\frac{K_{\mathrm{f}}}{\sum K_{\mathrm{f}}+\sum 0.3K_{\mathrm{cw}}+\sum 0.2K_{\mathrm{mw}}}M_{1} \tag{7.9.2-5}$$

一片抗震墙承担的倾覆力矩为

$$M_{\mathrm{cw}}=\frac{0.3K_{\mathrm{cw}}}{\sum K_{\mathrm{f}}+\sum 0.3K_{\mathrm{cw}}+\sum 0.2K_{\mathrm{mw}}}M_{1} \tag{7.9.2-6}$$

$$M_{\mathrm{mw}}=\frac{0.2K_{\mathrm{mw}}}{\sum K_{\mathrm{f}}+\sum 0.3K_{\mathrm{cw}}+\sum 0.2K_{\mathrm{mw}}}M_{1} \tag{7.9.2-7}$$

【例 7.9.2-5】 倾覆力矩的分配和附加轴力的计算

某底层框架-抗震墙砖砌体房屋，底层结构平面布置如图 7.9.2-4 所示，柱高度 $H=4.2\mathrm{m}$。框架柱截面尺寸均为 500mm×500mm，各框架柱的横向侧移刚度 $K_{\mathrm{c}}=2.5\times10^{4}\mathrm{kN/m}$，各横向钢筋混凝土抗震墙的侧移刚度 $K_{\mathrm{Q}}=330\times10^{4}\mathrm{kN/m}$（包括端柱）。

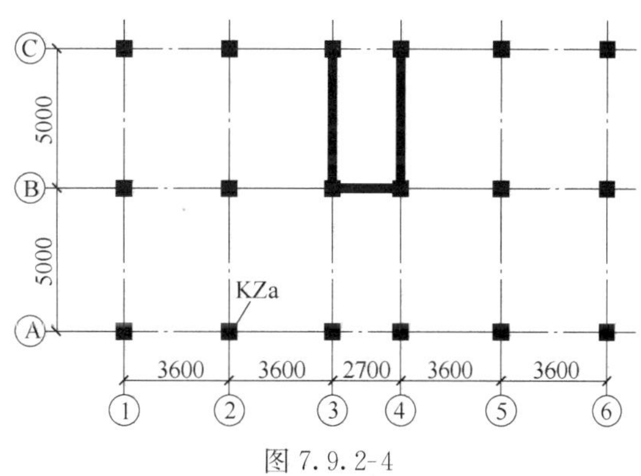

图 7.9.2-4

若底层顶的横向地震倾覆力矩标准值 $M=10000\mathrm{kN\cdot m}$，试问，由横向地震倾覆力矩引起的框架柱 KZa 附加轴力标准值（kN），应与下列何项数值最为接近？

(A) 10　　(B) 20　　(C) 30　　(D) 40

【答案】(C)

【解答】

(1) 根据《抗震》7.2.5 条第 1 款 2 项，“底部各轴线承受的地震倾覆力矩，可近似按底部抗震墙和框架的有效刚度比例分配”，所以每榀框架的倾覆力矩为（每榀框架 3 根框架柱）

$$M_{\mathrm{c}}=\frac{\sum K_{\mathrm{c}}}{\sum K_{\mathrm{c}}+0.3\sum K_{\mathrm{Q}}}M=\frac{3\times2.5\times10^{4}}{14\times2.5\times10^{4}+0.3\times2\times330\times10^{4}}\times10000\mathrm{kN/m}$$

$$=321.88\mathrm{kN/m}。$$

(2) 由于轴线居中，框架柱横向间距均为 5.0m，柱子截面相等，根据本书式(7.9.2-9)：

$$N=\frac{M_c X_i}{\Sigma X_i^2}=\frac{321.88\times 5}{5^2+5^2}=32.2\text{kN}。$$

(3) 地震倾覆力矩引起的底部框架柱附加轴力

《抗震》规定

> **7.2.5** 底部框架-抗震墙砌体房屋中，底部框架的地震作用效应宜采用下列方法确定：
>
> **1** 底部框架柱的地震剪力和轴向力，宜按下列规定调整：
>
> **2）** 框架柱的轴力应计入地震倾覆力矩引起的附加轴力，上部砖房可视为刚体；
>
> **3）** 当抗震墙之间楼盖长宽比大于 2.5 时，框架柱各轴线承担的轴向力，尚应计入楼盖平面内变形的影响。

地震倾覆力矩引起的框架柱附加轴力，可假定墙梁刚度为无限大，由框架在倾覆力矩作用下的变形协调条件和静力平衡条件求出，也可采用下列公式计算（图 7.9.2-5）

$$N_{fi}=\pm\frac{M_f A_i X_i}{\Sigma A_i X_i^2} \qquad (7.9.2\text{-}8)$$

若柱为等截面柱，则有

$$N_{fi}=\pm\frac{M_i X_i}{\Sigma X_i^2} \qquad (7.9.2\text{-}9)$$

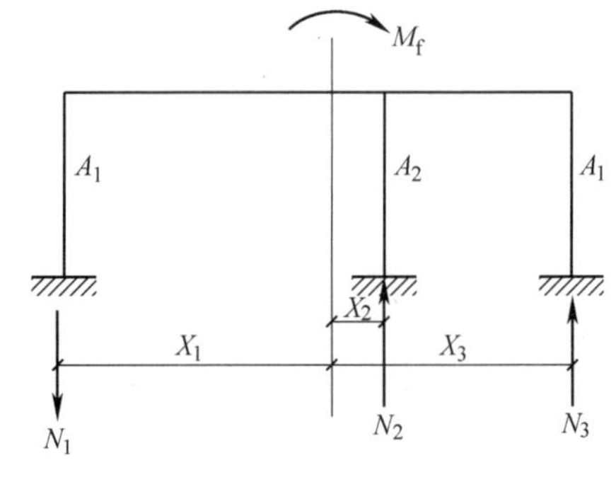

图 7.9.2-5 框架柱附加轴力计算简图

式中 N_{fi}——由倾覆力矩 M_f 产生的框架柱附加轴力；

X_i——第 i 根框架柱轴线到框架形心的水平距离；

A_i——第 i 根框架柱的截面面积。

【例 7.9.2-6】 附加轴力的计算

某榀底层框架如图 7.9.2-6 所示试求本工程在风荷载产生的倾覆力矩作用下框架柱中的轴向力。假定：在弯矩作用下框架横梁为不变形刚体；框架各柱的截面和混凝土强度等级相同。

试指出，在下列的计算结果中何项错误？

(A) $y=5.0$m　　(B) $N_1=129.8$kN

(C) $N_2=8.541$kN　　(D) $N_3=124.5$kN

【答案】 (C)

【解答】

(1) 求 N_1、N_2、N_3 的框架形心位置，以 N_3 为不动点，三根框架柱截面相同，即 $A_1=A_2=A_3=A$ 则

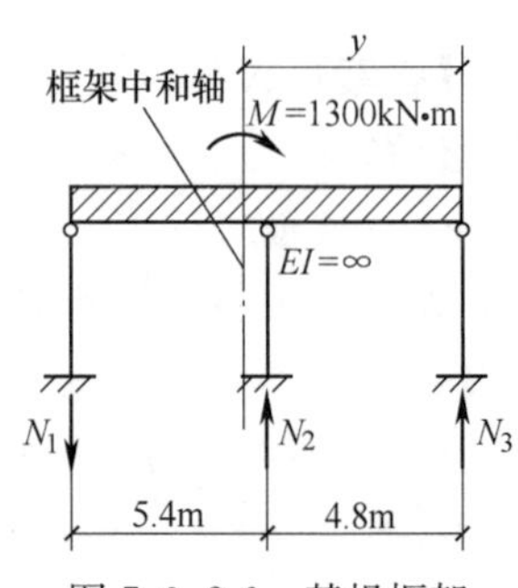

图 7.9.2-6 某榀框架

$$y=\frac{A_1\times(5.4+4.8)+A_2\times 4.8}{3(A_1+A_2+A_3)}=\frac{A\times(5.4+4.8)+A\times 4.8}{3A}=5\text{m}。$$

（2）求各框架柱的附加轴力

$N_i=\frac{MX_i}{\sum X_i^2}$，$x_i$ 为各框架柱轴线到框架形心的水平距离

$$N_1=\frac{1300\times(5.4+4.8-5)}{5.2^2+5^2+0.2^2}=129.8\text{kN}$$

$$N_2=\frac{1300\times(5-4.8)}{5.2^2+5^2+0.2^2}=5.0\text{kN}$$

$$N_3=\frac{1300\times 5}{5.2^2+5^2+0.2^2}=124.8\text{kN}。$$

4. 截面内力的调整

（1）框架柱

① 框架柱的截面内力调整

柱端弯矩的调整见《抗震》规定

7.5.6 底部框架-抗震墙砌体房屋的框架柱应符合下列要求：

5 柱的最上端和最下端组合的弯矩设计值应乘以增大系数，一、二、三级的增大系数应分别按 1.5、1.25 和 1.15 采用。

《砌体》规定

10.4.3 底部框架-抗震墙砌体房屋中，底部框架、托梁和抗震墙组合的内力设计值尚应按下列要求进行调整：

1 柱的最上端和最下端组合的弯矩设计值应乘以增大系数，一、二、三级的增大系数应分别按 1.5、1.25 和 1.15 采用。

② 抗震墙引起底层框架柱的附加内力

《抗震》规定

7.2.9 底层框架-抗震墙砌体房屋中嵌砌于框架之间的普通砖或小砌块的砌体墙，当符合本规范第 7.5.4 条、第 7.5.5 条的构造要求时，其抗震验算应符合下列规定：

1 底层框架柱的轴向力和剪力，应计入砖墙或小砌块墙引起的附加轴向力和附加剪力，其值可按下列公式确定：

$$N_f=V_w H_f/l \quad (7.2.9\text{-}1)$$

$$V_f=V_w \quad (7.2.9\text{-}2)$$

式中 V_w——墙体承担的剪力设计值，柱两侧有墙时可取二者的较大值；

N_f——框架柱的附加轴压力设计值；

V_f——框架柱的附加剪力设计值；

H_f、l——框架的层高和跨度。

《砌体》规定

> **10.4.4** 底层框架-抗震墙砌体房屋中嵌砌于框架之间的砌体抗震墙，应符合本规范第10.4.8条的构造要求，其抗震验算应符合下列规定：
>
> **1** 底部框架柱的轴向力和剪力，应计入砌体墙引起的附加轴向力和附加剪力，其值可按下列公式确定：
>
> $$N_f = V_w H_f / l \tag{10.4.4-1}$$
>
> $$V_f = V_w \tag{10.4.4-2}$$
>
> 式中 N_f——框架柱的附加轴压力设计值；
>
> V_w——墙体承担的剪力设计值，柱两侧有墙时可取二者的较大值；
>
> H_f、l——框架的层高和跨度；
>
> V_f——框架柱的附加剪力设计值。

【例 7.9.2-7】抗震墙引起底层框架柱的附加内力

某底层框架-抗震墙房屋，普通砖抗震墙嵌砌于框架之间，如图 7.9.2-7 所示。其抗震构造符合规范要求；由于墙上孔洞的影响，两段墙体承担的地震剪力设计值分别为 $V_1=120\text{kN}$，$V_2=160\text{kN}$。试问，框架柱 2 的附加轴压力设计值(kN)，应与下列何项数值最为接近?

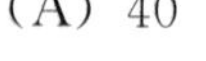

(A) 40　　(B) 75

(C) 120　　(D) 185

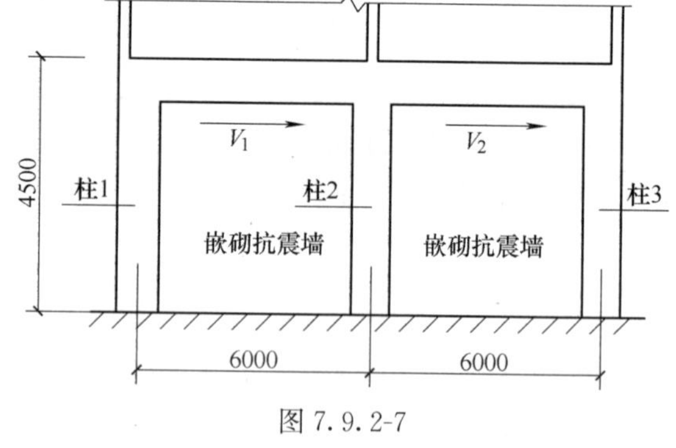

图 7.9.2-7

【答案】(C)

【解答】根据《砌体》10.4.4 条，柱两侧有墙，V 取二者中的较大值，对于中柱 2，取 $V_w=160\text{kN}$。

$$N_f=\frac{V_w H_f}{l}=\frac{160\times 4.5}{6}\text{kN}=120\text{kN}$$

(2) 抗震墙

① 墙肢不应受拉

《砌体》规定

> **10.4.3** 底部框架-抗震墙砌体房屋中，底部框架、托梁和抗震墙组合的内力设计值尚应按下列要求进行调整：
>
> **3** 抗震墙墙肢不应出现小偏心受拉。

② 嵌砌于框架之间剪力墙及两端框架柱的抗剪验算

《抗震》规定

7.2.9 底层框架-抗震墙砌体房屋中嵌砌于框架之间的普通砖或小砌块的砌体墙，当符合本规范第 7.5.4 条、第 7.5.5 条的构造要求时，其抗震验算应符合下列规定：

2 嵌砌于框架之间的普通砖墙或小砌块墙及两端框架柱，其抗震受剪承载力应按下式验算：

$$V \leqslant \frac{1}{\gamma_{\mathrm{REc}}} \Sigma(M_{\mathrm{yc}}^{\mathrm{u}} + M_{\mathrm{yc}}^{l}) / H_0 + \frac{1}{\gamma_{\mathrm{REw}}} \Sigma f_{\mathrm{vE}} A_{\mathrm{w0}} \tag{7.2.9-3}$$

式中：V——嵌砌普通砖墙或小砌块墙及两端框架柱剪力设计值；

A_{w0}——砖墙或小砌块墙水平截面的计算面积，无洞口时取实际截面的 1.25 倍，有洞口时取截面净面积，但不计入宽度小于洞口高度 1/4 的墙肢截面面积；

$M_{\mathrm{yc}}^{\mathrm{u}}$、$M_{\mathrm{yc}}^{l}$——底层框架柱上下端的正截面受弯承载力设计值，可按现行国家标准《混凝土结构设计规范》GB 50010 非抗震设计的有关公式取等号计算；

H_0——底层框架柱的计算高度，两侧均有砌体墙时取柱净高的 2/3，其余情况取柱净高；

γ_{REc}——底层框架柱承载力抗震调整系数，可采用 0.8；

γ_{REw}——嵌砌普通砖墙或小砌块墙承载力抗震调整系数，可采用 0.9。

《砌体》规定

10.4.4 底层框架-抗震墙砌体房屋中嵌砌于框架之间的砌体抗震墙，应符合本规范第 10.4.8 条的构造要求，其抗震验算应符合下列规定：

2 嵌砌于框架之间的砌体抗震墙及两端框架柱，其抗震受剪承载力应按下式验算：

$$V \leqslant \frac{1}{\gamma_{\mathrm{REc}}} \Sigma(M_{\mathrm{yc}}^{\mathrm{u}} + M_{\mathrm{yc}}^{l}) / H_0 + \frac{1}{\gamma_{\mathrm{REw}}} \Sigma f_{\mathrm{vE}} A_{\mathrm{w0}} \tag{10.4.4-3}$$

式中 V——嵌砌砌体墙及两端框架柱剪力设计值；

γ_{REc}——底层框架柱承载力抗震调整系数，可采用 0.8；

$M_{\mathrm{yc}}^{\mathrm{u}}$、$M_{\mathrm{yc}}^{l}$——底层框架柱上下端的正截面受弯承载力设计值，可按现行国家标准《混凝土结构设计规范》GB 50010 非抗震设计的有关公式取等号计算；

H_0——底层框架柱的计算高度，两侧均有砌体墙时取柱净高的 2/3，其余情况取柱净高；

γ_{REw}——嵌砌砌体抗震墙承载力抗震调整系数，可采用 0.9；

A_{w0}——砌体墙水平截面的计算面积，无洞口时取实际截面的 1.25 倍，有洞口时取截面净面积，但不计入宽度小于洞口高度 1/4 的墙肢截面面积。

【例 7.9.2-8】某底层框架-抗震墙房屋，总层数四层。建筑抗震设防类别为丙类。砌体施工质量控制等级为 B 级。其中一榀框架立面如图 7.9.2-8 所示，托墙梁截面尺寸为 300mm×600mm，框架柱截面尺寸均为 500mm×500mm，柱、墙均居轴线中。抗震设防烈度为7度，抗震墙采用嵌砌于框架之间的配筋小砌块砌体墙，墙厚190mm。抗震构造措施满足规范要求。框架柱上下端正截面受弯承载力设计值均为165kN·m，砌体沿阶梯形截面破坏的抗震抗剪强度设计值 f_{vE}=0.52MPa。

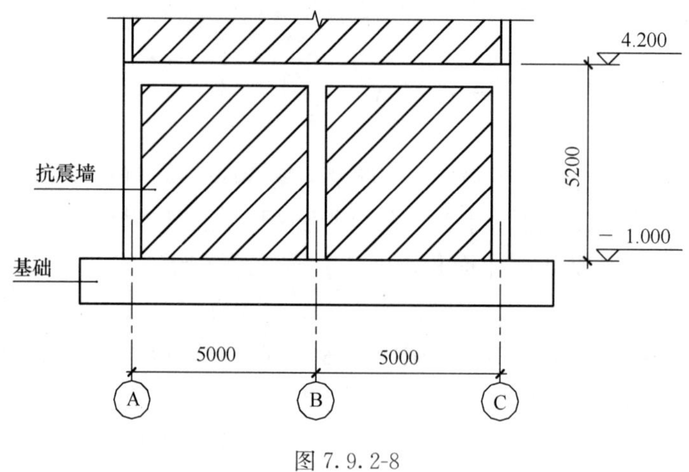

图7.9.2-8

试问，其抗震受剪承载力设计值 V（kN）与下列何项数值最为接近？

(A) 1220　　(B) 1250　　(C) 1550　　(D) 1640

【答案】(C)

【解答】根据《抗震》7.2.9条，由砖抗震墙和两端框架柱组成的组合截面的抗震受剪承载力由框架柱的抗剪承载力和砖抗震墙的抗剪承载力两部分组成，设计值按式(7.2.9-3)计算。

$$\frac{1}{\gamma_{REc}}\Sigma(M_{yc}^{u}+M_{yc}^{l})/H_0+\frac{1}{\gamma_{REw}}\Sigma f_{vE}A_{w0}$$

式中：γ_{REc}——底层框架柱承载力抗震调整系数，为0.8；

γ_{REw}——砖抗震墙承载力抗震调整系数，为0.9；

M_{yc}^{u}、M_{yc}^{l}——框架柱上下端的正截面受弯承载力设计值；

A_{w0}——砖抗震墙水平截面计算面积，无洞口时取实际面积的1.25倍；

$$A_{w0}=0.19\times(10-0.5\times2)\times1.25=2.1375\text{m}^2$$

H_0——底层框架柱的净高。

框架中柱，两侧有砌体墙，计算底层框架柱计算高度时 H_0 取框架柱净高的2/3。

$$H_0=(5.2-0.6)\times\frac{2}{3}=3.07\text{m}$$

两根框架边柱，一侧有砌体墙，计算底层框架柱计算高度时 H_0 取框架柱净高

$$H_0=5.2-0.6=4.6\text{m}。$$

所以，

$$V=\frac{1}{\gamma_{\mathrm{REc}}}\Sigma(M_{\mathrm{yc}}^{\mathrm{u}}+M_{\mathrm{yc}}^{l})/H_0+\frac{1}{\gamma_{\mathrm{REw}}}\Sigma f_{\mathrm{vE}}A_{\mathrm{w0}}$$

$$=\frac{1}{0.8}\times(2\times165/3.07+4\times165/4.6)+\frac{1}{0.9}\times0.52\times2.1375\times10^3$$

$$=1548.71\mathrm{kN}。$$

（3）托墙梁

《砌体》规定

10.4.3 底部框架-抗震墙砌体房屋中，底部框架、托梁和抗震墙组合的内力设计值尚应按下列要求进行调整：

2 底部框架梁或托梁尚应按现行国家标准《建筑抗震设计规范》GB 50011—2010 第 6 章的相关规定进行内力调整。

10.4.5 由重力荷载代表值产生的框支墙梁托梁内力应按本规范第 7.3 节的有关规定计算。重力荷载代表值应按现行国家标准《建筑抗震设计规范》GB 50011 的有关规定计算。但托梁弯矩系数 α_{M}、剪力系数 β_{V} 应予增大；当抗震等级为一级时，增大系数取为 1.15；当为二级时，取为 1.10；当为三级时，取为 1.05；当为四级时，取为 1.0。

《抗震》规定

7.2.5 底部框架-抗震墙砌体房屋中，底部框架的地震作用效应宜采用下列方法确定：

2 底部框架-抗震墙砌体房屋的钢筋混凝土托墙梁计算地震组合内力时，应采用合适的计算简图。若考虑上部墙体与托墙梁的组合作用，应计入地震时墙体开裂对组合作用的不利影响，可调整有关的弯矩系数、轴力系数等计算参数。

7.2.5 （条文说明）

3 该类房屋底部托墙梁在抗震设计中的组合弯矩计算方法：

考虑到大震时墙体严重开裂，托墙梁与非抗震的墙梁受力状态有所差异，当按静力的方法考虑两端框架柱落地的托梁与上部墙体组合作用时，若计算系数不变会导致不安全，应调整计算参数。作为简化计算，偏于安全，在托墙梁上部各层墙体不开洞和跨中 1/3 范围内开一个洞口的情况，也可采用折减荷载的方法：托墙梁弯矩计算时，由重力荷载代表值产生的弯矩，四层以下全部计入组合，四层以上可有所折减，取不小于四层的数值计入组合；对托墙梁剪力计算时，由重力荷载产生的剪力不折减。

7.10 木 结 构

一、材料和设计指标

1. 材料

（1）材质等级

《木结构设计标准》GB 50005—2017（以下简称《木结构》）规定

3.1.1 承重结构用材可采用原木、方木、板材、规格材、层板胶合木、结构复合木材和木基结构板。

2.1.2 原木 伐倒的树干经打枝和造材加工而成的木段。

2.1.4 方木 直角锯切且宽厚比小于 3 的锯材。又称方材。

方木原木承重结构按材质分为三级，依据《木结构》附录 A 进行目测分级，原木采用现场目测分级，方木采用现场或工厂目测分级。

3.1.3 方木原木结构的构件设计时，应根据构件的主要用途选用相应的材质等级。当采用目测分级木材时，不应低于表 3.1.3-1 的要求；当采用工厂加工的方木用于梁柱构件时，不应低于表 3.1.3-2 的要求。

方木原木构件的材质等级要求 **表 3.1.3-1**

项次	主要用途	最低材质等级
1	受拉或受弯构件	$Ⅰ_a$
2	受弯或压弯构件	$Ⅱ_a$
3	受压构件及次要受弯构件	$Ⅲ_a$

工厂加工方木构件的材质等级要求 **表 3.1.3-2**

项次	主要用途	最低材质等级
1	用于梁	$Ⅲ_e$
2	用于柱	$Ⅲ_f$

附录 A 承重结构木材材质标准

现场目测分级原木材质标准 **表 A.1.2**

项次	缺陷名称		材质等级		
			$Ⅰ_a$	$Ⅱ_a$	$Ⅲ_a$
1	腐朽		不允许	不允许	不允许
2	木节	在构件任一面任何 150mm 长度上沿周长所有木节尺寸的总和，不应大于所测部位原木周长的	1/4	1/3	不限
		每个木节的最大尺寸，不应大于所测部位原木周长的	1/10 在连接部位为 1/12	1/6	1/6

续表

项次	缺陷名称	材质等级		
		$Ⅰ_a$	$Ⅱ_a$	$Ⅲ_a$
3	扭纹 小头1m材长上倾斜高度不应大于	80mm	120mm	150mm
4	髓心	应避开受剪面	不限	不限
5	虫蛀	允许有表面虫沟，不应有虫眼		

【例 7.10.1-1】

关于木结构的以下论述，哪一种是不正确的？

Ⅰ.Ⅱ.Ⅳ删；

Ⅱ.现场目测分级加工时，方木原木受拉或拉弯构件最低应选用$Ⅰ_a$级材质的木材

【解答】根据《木结构》3.1.3条表3.1.3-1、表A.1.1、表A.1.2，Ⅱ正确。

【例 7.10.1-2】

关于木结构，下列哪一种说法是不正确的？

(A).(C).(D)删；

(B)普通木结构受弯或压弯构件.当采用原木时，对髓心不做限制指标。

【解答】《木结构》3.1.3条表3.1.3-1，"受弯或压弯的木结构构件材质等级为$Ⅱ_a$"；在《木结构》附录A表A.1.2，$Ⅱ_a$级对髓心不限。

(B)正确。

(2)含水率

《木结构》规定

3.1.13 现场制作的方木或原木构件的木材含水率不应大丁25%。

3.1.12 制作构件时，木材含水率应符合下列规定：

1 板材、规格材和工厂加工的方木不应大于19%。

2 方木、原木受拉构件的连接板不应大于18%。

3 作为连接件，不应大于15%。

4 胶合木层板和正交胶合木层板应为8%～15%，且同一构件各层木板间的含水率差别不应大于5%。

5 井干式木结构构件采用原木制作时不应大于25%；采用方木制作时不应大于20%；采用胶合原木木材制作时不应大于18%。

【7.10.1-3】

关于木结构，下列哪一种说法是不正确的？

(A)现场制作的原木、方木构件，木材的含水率不应大于25%

(B).(C).(D)删；

【解答】根据《木结构》3.1.13条，"现场制作的方木或原木构件的木材含水率不应大于25%"，(A)正确。

2. 材料的强度设计值和调整系数

（1）树种的强度等级

木材的强度等级与树种有关，选定树种就确定了强度等级。《木结构》规定

4.3.1 方木、原木、普通层板胶合木和胶合原木等木材的设计指标应按下列规定确定：

1 木材的强度等级应根据选用的树种按表 4.3.1-1 和表 4.3.1-2 的规定采用；

针叶树种木材适用的强度等级 **表 4.3.1-1**

强度等级	组别	适用树种
TC17	A	柏木　长叶松　湿地松　粗皮落叶松
	B	东北落叶松　欧洲赤松　欧洲落叶松
TC15	A	铁杉　油杉　太平洋海岸黄柏　花旗松-落叶松　西部铁杉　南方松
	B	鱼鳞云杉　西南云杉　南亚松
TC13	A	油松　西伯利亚落叶松　云南松　马尾松　扭叶松　北美落叶松　海岸松　日本扁柏　日本落叶松
	B	红皮云杉　丽江云杉　樟子松　红松　西加云杉　欧洲云杉　北美山地云杉　北美短叶松
TC11	A	西北云杉　西伯利亚云杉　西黄松　云杉—松—冷杉　铁—冷杉　加拿大铁杉　杉木
	B	冷杉　速生杉木　速生马尾松　新西兰辐射松　日本柳杉

阔叶树种木材适用的强度等级 **表 4.3.1-2**

强度等级	适　用　树　种
TB20	青冈　椆木　甘巴豆　冰片香　重黄娑罗双　重坡垒　龙脑香　绿心樟　紫心木　孪叶苏木　双龙瓣豆
TB17	栎木　腺瘤豆　筒状非洲楝　蟹木楝　深红默罗藤黄木
TB15	锥锥栗　桦木　黄娑罗双　异翅香　水曲柳　红尼克樟
TB13	深红娑罗双　浅红娑罗双　白娑罗双　海棠木
TB11	大叶椴　心形椴

（2）木材的设计指标

《木结构》规定

4.3.1 方木、原木、普通层板胶合木和胶合原木等木材的设计指标应按下列规定确定：

2 木材的强度设计值及弹性模量应按表 4.3.1-3 的规定采用。

方木、原木等木材的强度设计值和弹性模量（N/mm^2） **表 4.3.1-3**

强度等级	组别	抗弯 f_m	顺纹抗压及承压 f_c	顺纹抗拉 f_t	顺纹抗剪 f_v	横纹承压 $f_{c,90}$			弹性模量 E
						全表面	局部表面和齿面	拉力螺栓垫板下	
TC17	A	17	16	10	1.7	2.3	3.5	4.6	10000
	B		15	9.5	1.6				

续表

强度等级	组别	抗弯 f_m	顺纹抗压及承压 f_c	顺纹抗拉 f_t	顺纹抗剪 f_v	横纹承压 $f_{c,90}$			弹性模量 E
						全表面	局部表面和齿面	拉力螺栓垫板下	
TC15	A	15	13	9.0	1.6	2.1	3.1	4.2	10000
	B		12	9.0	1.5				
TC13	A	13	12	8.5	1.5	1.9	2.9	3.8	10000
	B		10	8.0	1.4				9000
TC11	A	11	10	7.5	1.4	1.8	2.7	3.6	9000
	B		10	7.0	1.2				
TB20	—	20	18	12	2.8	4.2	6.3	8.4	12000
TB17	—	17	16	11	2.4	3.8	5.7	7.6	11000
TB15	—	15	14	10	2.0	3.1	4.7	6.2	10000
TB13	—	13	12	9.0	1.4	2.4	3.6	4.8	8000
TB11	—	11	10	8.0	1.3	2.1	3.2	4.1	7000

注：计算木构件端部的拉力螺栓垫板时，木材横纹承压强度设计值应按“局部表面和齿面”一栏的数值采用。

4.3.3 木材斜纹承压的强度设计值，可按下列公式确定：

当 $\alpha < 10°$ 时

$$f_{c\alpha} = 10° \tag{4.3.3-1}$$

当 $10° < \alpha < 90°$

$$f_{c\alpha} - \left[\frac{f_c}{1+\left(\frac{f_c}{f_{c,90}}-1\right)\frac{\alpha-10°}{80°}\sin\alpha}\right] \tag{4.3.3-2}$$

式中：$f_{c\alpha}$——木材斜纹承压的强度设计值（N/mm²）；

α——作用力方向与木纹方向的夹角（°）；

f_c——木材的顺纹抗压强度设计值（N/mm²）；

$f_{c,90}$——木材的横纹承压强度设计值（N/mm²）。

【例 7.10.1-4】 现将常用木材的顺纹抗拉强度设计值 f_t、顺纹抗压强度设计值 f_c、顺纹抗剪强度设计值 f_v 和抗弯强度设计值 f_m 按其值高低顺序排列如下，试指出哪项正确？

(A) $f_m > f_t > f_c > f_v$　　(B) $f_m > f_c > f_t > f_v$

(C) $f_c > f_m > f_v > f_t$　　(D) $f_t > f_m > f_c > f_v$

【答案】 (B)

【解答】 根据《木结构》表 4.3.1-3，以 TC17A 为例，f_m=17MPa，f_c=16MPa，f_t=10MPa，f_c=1.7MPa，(B) 正确。

【例 7.10.1-5】

关于木结构，下列哪一种说法是不正确的？

(A)．(B)．(D) 删；

(C) 木材顺纹抗压强度最高，斜纹承压强度最低，横纹承压强度介于两者之间

【解答】 由《木结构》表4.3.1-3和4.3.3条可知，斜纹承压 $f_{c\alpha}$ 按公式（4.3.3-2）计算，由公式可知 $f_{c\alpha}$ 是一个比 f_c 小，比 $f_{c,90}$ 大的数值。所以，木材的顺纹抗压强度最高，横纹抗压的强度最低，斜纹承压强度介于两者之间，(C) 不正确。

(3) 设计指标的调整

《木结构》规定

4.3.2 对于下列情况，本标准表4.3.1-3中的设计指标，尚应按下列规定进行调整：

1 当采用原木，验算部位未经切削时，其顺纹抗压、抗弯强度设计值和弹性模量可提高15%；

2 当构件矩形截面的短边尺寸不小于150mm时，其强度设计值可提高10%；

3 当采用含水率大于25%的湿材时，各种木材的横纹承压强度设计值和弹性模量以及落叶松木材的抗弯强度设计值宜降低10%。

4.3.9 进行承重结构用材的强度设计值和弹性模量调整应符合下列规定：

1 在不同的使用条件下，强度设计值和弹性模量应乘以表4.3.9-1规定的调整系数。

不同使用条件下木材强度设计值和弹性模量的调整系数　　表4.3.9-1

使用条件	调整系数	
	强度设计值	弹性模量
露天环境	0.9	0.85
长期生产性高温环境，木材表面温度40℃～50℃	0.8	0.8
按恒荷载验算时	0.8	0.8
用于木构筑物时	0.9	1.0
施工和维修时的短暂情况	1.2	1.0

注：1　当仅有恒荷载或恒荷载产生的内力超过全部荷载产生的内力的80%时，应单独以恒荷载进行验算；
　　2　当若干条件同时出现时，表列各系数应连乘。

2 对于不同的设计使用年限，强度设计值和弹性模量应乘以表4.3.9-2规定的调整系数。

不同设计使用年限时木材强度设计值和弹性模量的调整系数　　表4.3.9-2

设计使用年限	调整系数	
	强度设计值	弹性模量
5年	1.10	1.10
25年	1.05	1.05
50年	1.00	1.00
100年及以上	0.90	0.90

【例7.10.1-6】 设计指标的调整

某轴心受压木柱采用云南松原木制成，未经切削，柱长4.0m，两端铰接，在露天环

境下使用，使用年限 25 年。在确定设计指标时，该柱轴心抗压强度设计值取下列何项数值?

(A) 12　　(B) 12.42　　(C) 13.04　　(D) 13.8

【答案】(C)

【解答】(1) 根据《木结构》表 4.3.1-1 和表 4.3.1-3，云南松为 TC13-A 组，顺纹抗压强度设计值 $f_c=12\text{MPa}$。

(2) 4.3.2 1 条，未经切削，提高 15%。

(3) 表 4.3.9-1，露天环境，调整系数 0.9。

(4) 表 4.3.9-2，设计使用年限 25 年，调整系数 1.05。

(5) $f_c=12\times1.15\times0.9\times1.05=13.04$ MPa，选 (C)

二、构件

1. 设计原则

《木结构》规定

4.1.7 对于承载能力极限状态，结构构件应按荷载效应的基本组合，采用下列极限状态设计表达式：

$$\gamma_0 S_d \leqslant R_d \tag{4.1.7}$$

式中：γ_0——结构重要性系数，应按现行国家标准《建筑结构可靠度设计统一标准》GB 50068 的相关规定选用；

S_d——承载能力极限状态下作用组合的效应设计值，应按现行国家标准《建筑结构荷载规范》GB 50009 进行计算；

R_d——结构或结构构件的抗力设计值。

4.1.9 对正常使用极限状态，结构构件应按荷载效应的标准组合，采用下列极限状态设计表达式：

$$S_d \leqslant C \tag{4.1.9}$$

式中：S_d——正常使用极限状态下作用组合的效应设计值；

C——设计对变形、裂缝等规定的相应限值。

《建筑结构可靠性设计统一标准》规定

8.2.8 结构重要性系数 γ_0，不应小于表 8.2.8 的规定。

结构重要性系数 γ_0　　**表 8.2.8**

结构重要性系数	对持久设计状况和短暂设计状况			对偶然设计状况和地震设计状况
	安全等级			
	一级	二级	三级	
γ_0	1.1	1.0	0.9	1.0

《木结构》规定

4.1.3 木结构设计使用年限应符合表 4.1.13 的规定。

设计使用年限 **表 4.1.3**

类别	设计使用年限	示例
1	5 年	临时性建筑结构
2	25 年	易于替换的结构构件
3	50 年	普通房屋和构筑物
4	100 年及以上	标志性建筑和特别重要的建筑结构

4.1.4 根据建筑结构破坏后果的严重程度，建筑结构划分为三个安全等级。设计时应根据具体情况，按表 4.1.4 规定选用相应的安全等级。

建筑结构安全等级 **表 4.1.4**

安全等级	破坏后果	建筑物类型
一级	很严重	重要的建筑物
二级	严重	一般的建筑物
三级	不严重	次要的建筑物

注：对有特殊要求的建筑物、文物建筑和优秀历史建筑，其安全等级可根据具体情况另行确定。

2. 轴心受拉构件

《木结构》规定

5.1.1 轴心受拉构件的承载能力应按下式验算：

$$\frac{N}{A_n} \leqslant f_t \tag{5.1.1}$$

式中：f_t ——构件材料的顺纹抗拉强度设计值（N/mm^2）；

N ——轴心受拉构件拉力设计值（N）；

A_n ——受拉构件的净截面面积（mm^2），计算 A_n 时应扣除分布在 150mm 长度上的缺孔投影面积。

【例 7.10.2-1】 轴心受拉承载力

室内一红松（TC13B）桁架轴心受拉下弦杆，截面尺寸为 $b \times h = 100\text{mm} \times 200\text{mm}$。弦杆上有 5 个直径 14mm 圆孔，圆孔分布如图 7.10.2-1 所示。安全等级二级，设计使用年限 50 年。试问，弦杆轴心受拉承载力（kN）与下列何项数值最为接近？

(A) 115　　(B) 125　　(C) 160　　(D) 175

【答案】(A)

【解答】(1) 根据《木结构》表 4.3.1-3，TC13B 顺纹抗拉强度设计值 $f_t = 8.0$MPa。

(2) 室内环境，50 年设计使用年限，不考虑调整系数。

(3) 5.1.1 条，A_n 为净截面面积，应扣除 150mm 长度上的缺孔投影面积

$$A_n = 100 \times (200 - 4 \times 14) = 14400\text{mm}^2$$

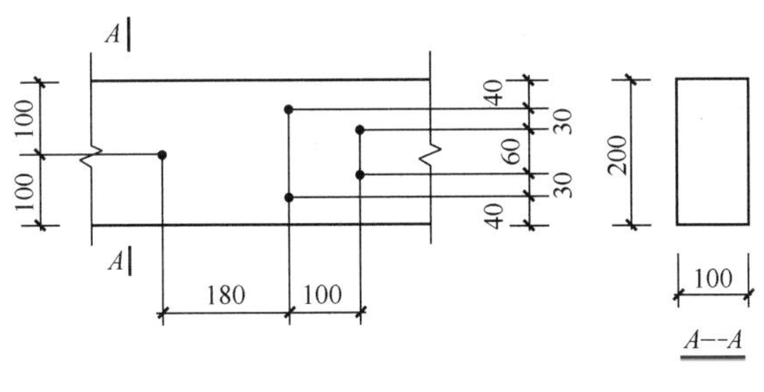

图 7.10.2-1

$$N = f_t A_n = 8 \times 14400 = 115200\text{N} = 115.2\text{kN}$$

【例 7.10.2-2】 轴心受拉承载力

采用红松（TC13B）制作的木桁架中某轴心受拉构件，其截面尺寸为 180mm×180mm（方木），桁架处于室内正常环境，安全等级二级，使用年限 25 年。受拉构件由恒荷载产生的内力约占全部荷载所产生内力的 85%。构件中部有两个沿构件长度方向排列的直径 d=20mm 的螺栓孔，螺栓孔间距 200mm。试问，轴心受拉构件所能承受的最大拉力设计值（kN）与下列何项数值最为接近？

(A) 184　　(B) 202　　(C) 213　　(D) 266

【答案】(C)

【解答】(1) 根据《木结构》4.3.1-3，TC13B 顺纹抗拉强度设计值 $f_t = 8.0\text{MPa}$。

(2) 4.3.2-2 条，截面尺寸 1800mm>150mm，强度设计值可提高 10%，$f_t = 1.1 \times 8 = 8.8\text{MPa}$。

(3) 表 4.3.9-1 注 1，恒载产生内力占全部荷载所产生内力的 85%，大于 80%。调整系数取 0.8，$f_t = 0.8 \times 8.8 = 7.04\text{MPa}$。

(4) 表 4.3.9-2，设计使用年限 25 年，调整系数 1.05，$f_t = 1.05 \times 7.04 = 7.392\text{MPa}$。

(5) 5.1.1 条，A_n 净面积应扣除 150mm 长度上的缺孔投影面积，螺栓间距 200mm>150mm，仅考虑一个孔的截面面积。

$$N = f_t A_n = 7.392 \times 180 \times (180 - 20 \times 1) = 212.9\text{kN}$$

【例 7.10.2-3】 轴心受拉杆件的截面尺寸

一下撑式木屋架，形状及尺寸如图 7.10.2-2 所示，两端铰支于下部结构。杆件 D1 采用截面为正方形的方木，其空间稳定措施满足规范要求。由檩条（与屋架上弦锚固）传至屋架的节点荷载 P=16.7kN（设计值）。要求屋架露天环境下设计使用年限 5 年，选用西北云杉 TC11A 制作。

试问，当按强度验算时，其设计最小截面尺寸（mm×mm）与下列何项数值最为接近？

提示：强度验算时不考虑构件自重

(A) 80×80　　(B) 85×85　　(C) 90×90　　(D) 95×95

【答案】(C)

【解答】(1) 根据《木结构》表 4.3.1-3，TC11A 顺纹抗拉强度设计值 f_t=7.5MPa。

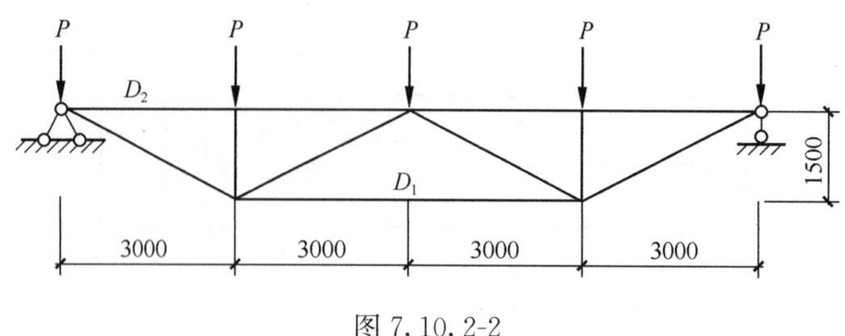

图 7.10.2-2

(2) 表 4.3.9-1，露天环境下调整系数取 0.9。

(3) 表 4.3.9-3，设计使用年限 5 年，调整系数取 1.10。

(4) 经调整后顺纹抗拉强度设计值 $f_t = 0.9 \times 1.10 \times 7.5 = 7.425\text{MPa}$。

(5) 截面法求 D1 杆拉力：$6 \cdot P + 3 \cdot P + 1.5 \cdot N = 1.5 \cdot 2.5P$，$N = 6 \times 16.7/1.5 = 66.8\text{kN}$

(6) 根据《建筑结构可靠度设计统一标准》7.0.3 条，设计使用年限 5 年，$\gamma_0 = 0.9$。

(7) 根据《木结构》式 (5.1.1)

$$A_n \geqslant \gamma_0 \frac{N}{f_t} = 0.9 \times \frac{66800}{7.425} = 8096.97\text{mm}^2$$

最小截面取 90mm×90mm。

3. 轴心受压构件

(1) 压杆强度验算

《木结构》规定

> **5.1.2** 轴心受压构件的承载能力，应按下列规定进行验算：
>
> **1** 按强度验算时，应按下式验算：
>
> $$\frac{N}{A_n} \leqslant f_c \tag{5.1.2}$$
>
> 式中：f_c ——构件材料的顺纹抗压强度设计值（N/mm^2）；
>
> N ——轴心受压构件压力设计值（N）；
>
> A_n ——受压构件的净截面面积（mm^2）。

【例 7.10.2-4】 强度验算的受压承载力

一粗皮落叶松（TC17A）制作的轴心受压杆件，截面 $b \times h = 100\text{mm} \times 100\text{mm}$，$i = 28.87\text{mm}$，计算长度 3000mm，杆件中部有一个 30mm×100mm 矩形通孔，如图 7.10.2-3 所示。该受压杆件处于露天环境，安全等级三级，设计使用年限 25 年。

当按强度验算时，杆件的承载力设计值（kN）与下列何项最为接近？

(A) 95　　(B) 105　　(C) 115　　(D) 125

【答案】 (B)

【解答】 (1) 根据《木结构》表 4.3.1-3，TC17A 顺纹抗压强度设计值 $f_c = 16\text{N/mm}^2$。

(2) 表 4.3.9-1，露天环境调整系数 0.9；表 4.3.9-2，设计使用年限 25 年调整系数1.05。

（3）顺纹抗压强度设计值 $f_c = 0.9 \times 1.05 \times 16 = 15.12\text{MPa}$ 。

（4）5.1.2条，腹杆净面积 $A_n = 100 \times (100-30) = 7000\text{mm}^2$ 。

$$N = f_c A_n = 15.12 \times 7000 = 105.84\text{kN}$$

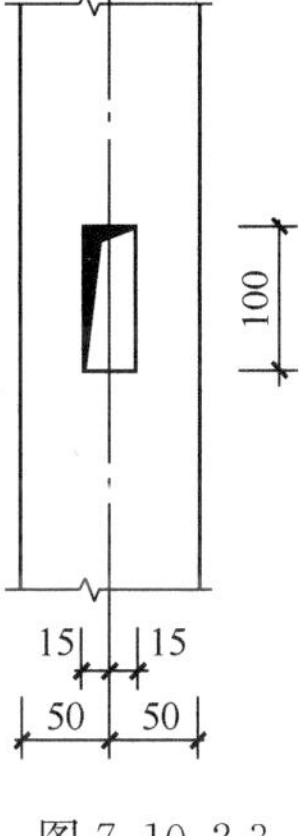

图7.10.2-3

【例7.10.2-5】强度验算的截面面积

某芬克式屋架，几何尺寸及构件编号如图7.10.2-4所示，屋架处于正常环境，设计使用年限25年，安全等级二级，选用西北云杉制作，若该屋架为原木屋架，杆件 D_1 未经切削，轴心压力设计值 N=120kN，其中恒荷载产生的压力占60%。试问，当按强度验算时，其设计最小截面直径（mm）应与下列何项数值最为接近？

（A）90　　（B）100

（C）120　　（D）130

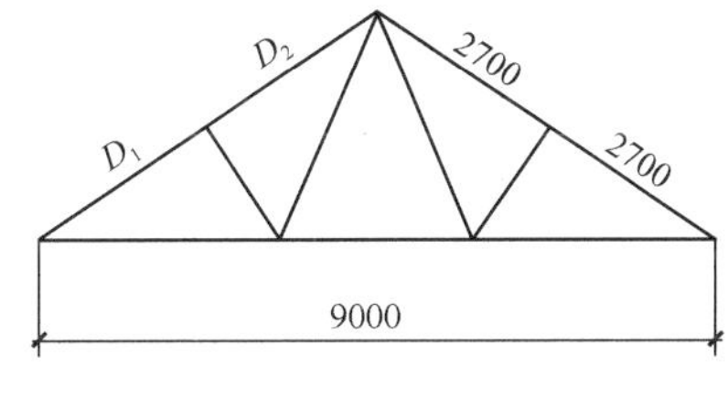

图7.10.2-4

【答案】（C）

【解答】（1）根据《木结构》表4.3.1-1，西北云杉强度等级为TC11A。

（2）表4.3.1-3，TC11A顺纹抗压强度设计值 $f_c = 10\text{MPa}$ 。

（3）表4.3.9-1注1，恒载产生压力60%<80%，不考虑按恒载单独验算及调整系数。

（4）表3.3.9-2，设计使用年限25年，调整系数1.05。

（5）4.3.2条，原木未经切削，强度提高15%。

（6）经调整后的顺纹抗压强度设计值

$$f_c = 1.05 \times 1.15 \times 10 = 12.075\text{MPa}$$

（7）根据《建筑结构可靠度设计统一标准》7.0.3-2条，安全等级二级 $\gamma_0 = 1.0$ 。

（8）公式（5.1.2-1）

$$A_n \geqslant \frac{\gamma_0 N}{f_c} = \frac{1.0 \times 120000}{12.075} = 9937.89\ \text{mm}^2$$

$$\frac{\pi}{4}d^2 = A_n,\ d = \sqrt{\frac{A_n \times 4}{\pi}} = \sqrt{\frac{9937.89 \times 4}{3.14}} = 112.49\ \text{mm}^2\text{，选（C）。}$$

（2）构件的长细比

《木结构》规定

5.1.4

$$\lambda = \frac{l_0}{i} \tag{5.1.4-2}$$

式中：λ——受压构件长细比；

i——构件截面的回转半径（mm）；

l_0——受压构件的计算长度（mm），应按本标准第5.1.5条的规定确定。

5.1.5 受压构件的计算长度应按下式确定：

$$l_0 = k_l l \tag{5.1.5}$$

式中：l_0——计算长度；

l——构件实际长度；

k_l——长度计算系数，应按表5.1.5的规定取值。

长度计算系数 k_l 的取值 **表5.1.5**

失稳模式	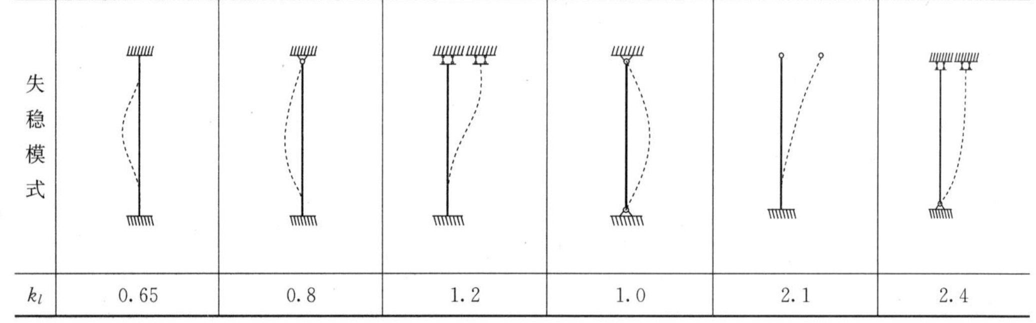					
k_l	0.65	0.8	1.2	1.0	2.1	2.4

对常用截面的回转半径计算公式是：

矩形截面：

$$i_x = \sqrt{\frac{bh^3/12}{bh}} = 0.289h,\ i_y = \sqrt{\frac{hb^3/12}{bh}} = 0.289b$$

圆形截面：

$$i_x = i_y = \sqrt{\frac{\pi d^4/64}{\pi d^2/4}} = 0.25d$$

《木结构》规定

4.3.17 受压构件的长细比限值应按表4.3.17的规定采用。

受压构件长细比限值 **表4.3.17**

项次	构件类别	长细比限值［λ］
1	结构的主要构件，包括桁架的弦杆、支座处的竖杆或斜杆，以及承重柱等	≤120
2	一般构件	≤150
3	支撑	≤200

注：构件的长细比 λ 应按 $\lambda = l_0/i$ 计算，其中，l_0 为受压构件的计算长度（mm）；i 为构件截面的回转半径（mm）。

【例 7.10.2-6】

设计木桁架时，下述论述中何项是不正确的？

(A)．(B)．(C) 略；

(D) 桁架受压弦杆的长细比限值为 150

【解答】根据《木结构》表 4.3.17，结构的主要构件（包括桁架的弦杆）。受压构件长细比限值 [λ] =120，(D) 不正确。

【例 7.10.2-7】长细比

某木柱截面尺寸为 150mm×150mm，杆件中部有对称削弱，柱及其计算简图如图 7.10.2-5 所示。试问，其长细比 λ 应与下列何项数值最为接近？

(A) 100　　(B) 90

(C) 80　　(D) 70

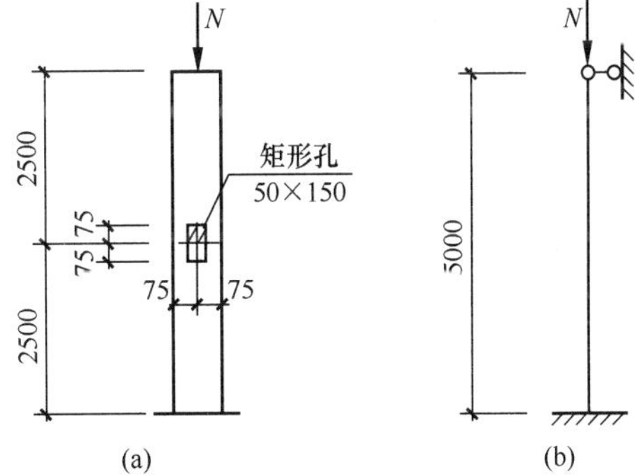

图 7.10.2-5

(a) 柱各部位尺寸；(b) 计算简图

【答案】(B)

【解答】(1) 根据《木结构》表 5.1.5，一端铰接一端固定取 0.8，$l_0 = 0.8 \times 5000 = 4000$mm。

(2) 矩形截面回转半径：$i = 0.289h = 0.289 \times 150 = 43.35$mm

(3) 5.1.4 条式 (5.1.4-2)，$\lambda = \dfrac{l_0}{i} = \dfrac{4000}{43.35} = 92.27$

【例 7.10.2-8】由长细比确定截面尺寸

一撑木屋架，形状及尺寸如图 7.10.2-6 所示，两端铰支于下部结构。杆件 D2 采用截面为正方形的方木，其空间稳定措施满足规范要求。

试问，满足长细比要求的最小截面边长 (mm) 与下列何项数值最为接近？

(A) 60　　(B) 70　　(C) 90　　(D) 100

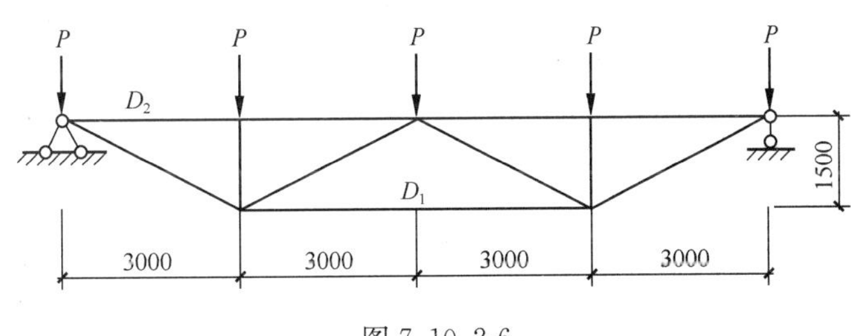

图 7.10.2-6

【答案】(C)

【解答】(1) D2 杆为轴心受压杆件，根据《木结构》表 4.3.17 项次 1，受压杆件长细比限值 [λ] =120。

(2) 5.1.5 条，计算长细比 $l_0 = 3$m。

(3) 允许回转半径 $i_x = \dfrac{3000}{[\lambda]} = \dfrac{3000}{120} = 25$

(4) D2 是正方形截面，设截面边长为 a，$i_x = 0.289a = 25$，得 $a = 86.5$mm，选 (C)。

（3）稳定验算

① 原木构件的验算位置

《木结构》规定

> **4.3.18** 标注原木直径时，应以小头为准。原木构件沿其长度的直径变化率，可按每米 9mm 或当地经验数值采用。验算挠度和稳定时，可取构件的中央截面；验算抗弯强度时，可取弯矩最大处截面。

【例 7.10.2-9】 关于木结构的说法，哪一种不正确？

（A）、（B）（C）略；

（D）标准原木直径时，应以小头为准，验算原木构件挠度和稳定时，可取中央截面

【答案】（D）

【解答】 根据《木结构》4.3.18 条，原木直径以小头为准，验算挠度和稳定时取构件中央截面。

【例 7.10.2-10】 下列关于木结构设计的论述，何项不正确？

（A）、（C）略；

（B）对于原木结构，验算抗弯强度时，可取最大弯矩处截面。

（D）对于原木结构，验算挠度和稳定时，可取构件的中央截面。

【答案】（B）、（D）

【解答】 根据《木结构》4.3.18 条，验算挠度和稳定时，可取构件的中央截面；验算抗弯强度时，可取弯矩最大处截面。

【例 7.10.2-11】 原木构件验算位置的净截面面积

由 TC13B 红松原木制作的轴心受压柱，两端铰接，柱高、计算长度均为 2.6m，柱 1.3m 高度有一 $d=22$mm 的螺栓孔，原木标注直径 $D=120$mm。

当计算柱的轴心受压承载力时，受压构件的净截面面积 A_n（mm^2），与下列何项数值最为接近？

（A）11300　　（B）13600　　（C）10700　　（D）16100

【答案】（C）

【解答】（1）根据《木结构》4.3.18 条，标注原木直径时应以小头为准，变化率每米 9mm。

$$d_{中} = 120 + \frac{2600}{2} \times \frac{9}{1000} = 131.7\text{mm}$$

（2）构件中央有螺栓孔，应扣除。

$$A_n = \frac{\pi d_{中}^2}{4} - d_{孔} \cdot d_{中} = \frac{3.14 \times 131.7^2}{4} - 22 \times 131.7 = 10725\text{mm}^2，选（C）$$

② 稳定系数

考虑到“原 2003 版规范”轴心受压构件稳定系数 φ 计算公式的不足，新版标准引入参数 E_k/f_{ck} 计算 φ，对于原木和方木，此参数取 330 和 300。《木结构》规定

5.1.4 轴心受压构件稳定系数 φ 的取值应按下列公式确定：

$$\lambda_c = c_c\sqrt{\frac{\beta E_k}{f_{ck}}} \tag{5.1.4-1}$$

$$\lambda = \frac{l_0}{i} \tag{5.1.4-2}$$

当 $\lambda > \lambda_c$ 时

$$\varphi = \frac{a_c \pi^2 \beta E_k}{\lambda^2 f_{ck}} \tag{5.1.4-3}$$

当 $\lambda \leqslant \lambda_c$ 时

$$\varphi = \frac{1}{1 + \dfrac{\lambda^2 f_{ck}}{b_c \pi^2 \beta E_k}} \tag{5.1.4-4}$$

式中：λ——受压构件长细比；

i——构件截面的回转半径（mm）；

l_0——受压构件的计算长度（mm），按本标准第 5.1.5 条的规定确定；

E_k——构件材料的弹性模量标准值（N/mm^2）；

a_c、b_c、c_c——材料相关系数，应按表 5.1.4 的规定取值；

β——材料剪切变形相关系数，应按表 5.1.4 的规定取值。

相关系数的取值　　表 5.1.4

构件材料		a_c	b_c	c_c	β	E_k/f_{ck}
方木原木	TC15、TC17、TB20	0.92	1.96	4.13	1.00	330
	TC11、TC13、TB11 TB13、TB15、TB17	0.95	1.43	5.28		300
规格材、进口方木和进口结构材		0.88	2.44	3.68	1.03	按本标准附录 E 的规定采用
胶合木		0.91	3.69	3.45	1.05	

【例 7.10.2-12】稳定系数

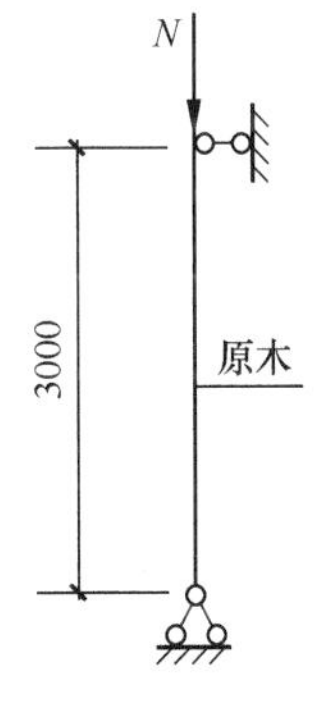

图 7.10.2-7

某原木柱选用东北落叶松，原木标注直径 d=120mm，木柱沿其长度的直径变化率为每米 9mm，计算简图见图 7.10.2-7。试问，柱轴心受压的稳定系数 φ 与下列何项数值最为接近？

(A) 0.50　　(B) 0.45

(C) 0.37　　(D) 0.30

【答案】(C)

【解答】(1) 根据《木结构》4.3.18 条，标注原木直径时，应以小头为准。验算稳定时，取构件的中央截面。

$$d_{中} = 120 + \frac{3000}{2} \times \frac{9}{1000} = 133.5\text{mm}$$

圆形截面：$i = 0.25d_{中} = 0.25 \times 133.5 = 33.375\text{mm}$

(2) 5.1.5 条，两端铰接构件计算长度 $l_0 = 1.0l = 3000\text{mm}$，$\lambda = 3000/33.375 = 89.89$

(3) 东北落叶松 TC17B，查表 5.1.4

$$a_c = 0.92,\ b_c = 1.96,\ c_c = 4.13,\ \beta = 1.00,\ E_k/f_{ck} = 330$$

（4）5.1.4 条式（5.1.4-1）

$$\lambda_c = c_c\sqrt{\frac{\beta E_k}{f_{ck}}} = 4.13\sqrt{1.00 \times 330} = 75.03 < \lambda = 89.89$$

式（5.1.4-3）

$$\varphi = \frac{a_c \pi^2 \beta E_k}{\lambda^2 f_{ck}} = \frac{0.92 \times 3.14^2 \times 1.00 \times 330}{89.89^2} = 0.37$$

【例 7.10.2-13】 稳定系数（有螺栓孔）

由 TC13B 红松原木制作的轴心受压柱，两端铰接，柱高、计算长度均为 2.6m，柱 1.3m 高度处有一个 d=22mm 的螺栓孔，原木标注直径 D=120mm。

当按稳定验算时，柱轴心受压的稳定系数 φ 与下列何项数值最为接近？

（A）0.44　　（B）0.40　　（C）0.36　　（D）0.32

【答案】（B）

【解答】（1）根据《木结构》5.1.3-5 条，验算稳定时，螺栓孔不作为缺口考虑。

（2）4.3.18 条，验算稳定时构件取中央截面，标注原木直径时，以小头为准，直径变化率按每米 9mm 采用。

$$d_{中} = 120 + \frac{2600}{2} \times \frac{9}{1000} = 131.7\text{mm}$$

圆形截面：$i = 0.25 d_{中} = 0.25 \times 131.7 = 32.925\text{mm}$

（3）5.1.5 条及式（5.1.4-2）

$$\lambda = \frac{l_0}{i} = \frac{2600}{32.925} = 78.967$$

（4）TC13B 红松原木，查表 5.1.4

$$a_c = 0.95,\ b_c = 1.43,\ c_c = 5.28,\ \beta = 1.00,\ E_k/f_{ck} = 300$$

（5）5.1.4 条式（5.1.4-1）

$$\lambda_c = c_c\sqrt{\frac{\beta E_k}{f_{ck}}} = 5.28\sqrt{1.00 \times 300} = 91.45 > \lambda = 78.967$$

式（5.1.4-4）

$$\varphi = \frac{1}{1 + \frac{\lambda^2 f_{ck}}{b_c \pi^2 \beta E_k}} = \frac{1}{1 + \frac{78.967^2}{1.43 \times 3.14^2 \times 1.00 \times 300}} = 0.404$$

③ 稳定验算的受压承载力

《木结构》规定

5.1.2 轴心受压构件的承载能力应按下列规定进行验算：

2 按稳定验算时，应按下式验算：

$$\frac{N}{\varphi A_0} \leqslant f_c \qquad (5.1.2\text{-}2)$$

式中：f_c——构件材料的顺纹抗压强度设计值（N/mm^2）；

N——轴心受压构件压力设计值（N）；

A_0——受压构件截面的计算面积（mm^2），应按本标准第5.1.3条的规定确定；

φ——轴心受压构件稳定系数，应按本标准第5.1.4条的规定确定。

5.1.3 按稳定验算时受压构件截面的计算面积，应按下列规定采用：

1 无缺口时，取 $A_0 = A$，A 为受压构件的全截面面积；

2 缺口不在边缘时（图5.1.3a），取 $A_0 = 0.9A$；

3 缺口在边缘且对称时（图5.1.3b），取 $A_0 = A_n$；

4 缺口在边缘但不对称时（图5.1.3c），取 $A_0 = A_n$，且应按偏心受压构件计算；

5 验算稳定时，螺栓孔可不作为缺口考虑；

6 对于原木应取平均直径计算面积。

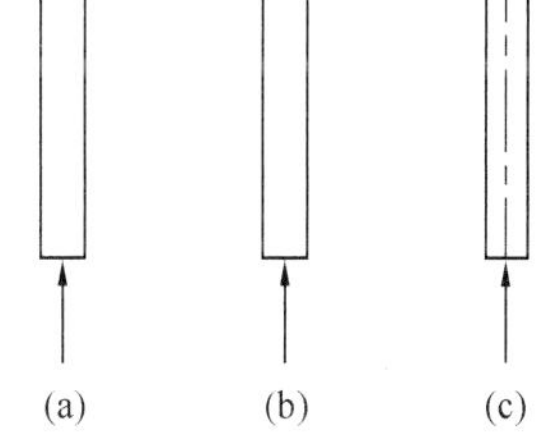

图5.1.3　受压构件缺口

【例7.10.2-14】稳定验算的受压承载力（方木）

一粗皮落叶松（TC17A）制作的轴心受压杆件，截面 $b \times h = 100mm \times 100mm$，$i = 28.87mm$，其计算长度为3000mm，杆件中部有一个30mm×100mm矩形通孔，如图7.10.2-8所示。该受压杆件处于露天环境，安全等级三级，设计使用年限25年。经各项调整后木材的顺纹抗压强度设计值 $f_c = 15.12MPa$。

当稳定验算时，该杆件的承载力设计值（kN）与下列何项最为接近？

（A）38　　　（B）42　　　（C）50　　　（D）74

【答案】（A）

【解答】（1）根据《木结构》5.1.3-2条，缺口不在边缘，计算面积 $A_0 = 0.9A$。

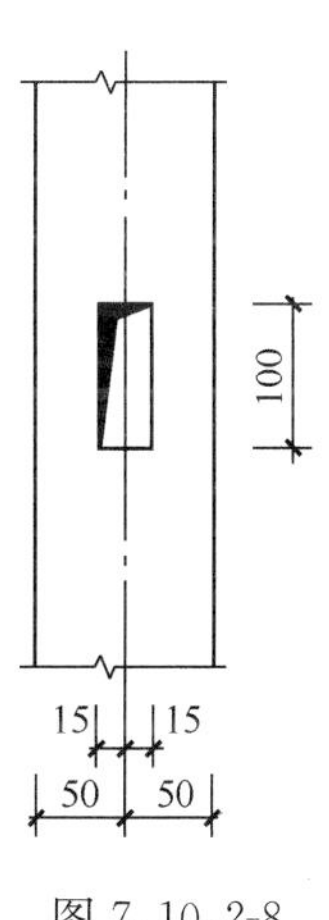

图7.10.2-8

（2）式（5.1.4-2）

$$\lambda = \frac{l_0}{i} = \frac{3000}{28.87} = 103.91$$

（3）粗皮落叶松TC17A，查表5.1.4

$a_c = 0.92$，$b_c = 1.96$，$c_c = 4.13$，$\beta = 1.00$，$E_k / f_{ck} = 330$

（4）5.1.4条式（5.1.4-1）

$$\lambda_c = c_c \sqrt{\frac{\beta E_k}{f_{ck}}} = 4.13\sqrt{1.00 \times 330} = 75.03 < \lambda = 103.91$$

式（5.1.4-3）

$$\varphi = \frac{a_c \pi^2 \beta E_k}{\lambda^2 f_{ck}} = \frac{0.92 \times 3.14^2 \times 1.00 \times 330}{103.91^2} = 0.277$$

（5）式（5.1.2-2）

$$\varphi A_0 f_c = 0.277 \times 9000 \times 15.12 = 37.69kN$$

【例 7.10.2-15】 稳定验算的受压承载力（原木）

某轴心受压的木柱采用油松原木经切削制成，柱长4.0m，两端铰接，在露天环境下，设计使用年限25年。柱中央部位直径 d_1=210mm，有一螺栓孔穿过截面中间，孔径 d_2=24mm。试问按稳定验算时，木柱能承受的轴向力设计值 N（kN），与下列何项数值最为接近？

提示：结构重要性系数取 $\gamma_0 = 1.0$。

(A) 140　　(B) 165　　(C) 168　　(D) 190

【答案】 (B)

【解答】 (1) 根据《木结构》表4.3.1-1，油松强度等级为TC13A。

(2) 表4.3.1-3，TC13A顺纹抗压强度设计值 f_c=12MPa。

(3) 表4.3.9，露天环境调整系数0.9。

(4) 表4.3.9-2，设计使用年限25年，调整系数1.05。

(5) 4.3.2-1条，经切削，顺纹抗压设计强度不提高。

(6) 调整后的顺纹抗压强度设计值：$f_c = 12 \times 0.9 \times 1.05 = 11.34$MPa

(7) 根据4.3.18及5.1.3-6条，取中央截面计算稳定。

(8) 5.1.3-5条，螺栓孔可不作为缺口考虑。

$$A_0 = A = \frac{\pi d^2}{4} = \frac{3.14 \times 210^2}{4} = 34636 \text{ mm}^2, i = 0.25d = 0.25 \times 210 = 52.5\text{mm}$$

(9) 5.1.5条及式(5.1.4-2)

$$l_0 = 1.0l = 4000\text{mm}, \lambda = l_0/i = 4000/52.5 = 76.19$$

(10) 油松原木TC13A，查表5.1.4

$$a_c = 0.95, b_c = 1.43, c_c = 5.28, \beta = 1.00, E_k/f_{ck} = 300$$

(11) 5.1.4条式(5.1.4-1)

$$\lambda_c = c_c\sqrt{\frac{\beta E_k}{f_{ck}}} = 5.28\sqrt{1.00 \times 300} = 91.45 > \lambda = 76.19$$

式(5.1.4-4)

$$\varphi = \frac{1}{1 + \frac{\lambda^2 f_{ck}}{b_c \pi^2 \beta E_k}} = \frac{1}{1 + \frac{76.19^2}{1.43 \times 3.14^2 \times 1.00 \times 300}} = 0.422$$

(12) 式(5.1.2-2)

$$\frac{\gamma_0 N}{\varphi A_0} \leqslant f_c, N \leqslant \varphi A_0 f_c/\gamma_0 = 0.422 \times 34636 \times 11.34/1.0 = 165.4\text{kN}，选\text{(B)}$$

4. 受弯构件

(1) 受弯承载能力

《木结构》规定

> **5.2.1** 受弯构件的受弯承载能力应按下列规定进行验算：
>
> **1** 按强度验算时，应按下式验算：
>
> $$\frac{M}{W_n} \leqslant f_m \qquad (5.2.1\text{-}1)$$

式中：f_m——构件材料的抗弯强度设计值（N/mm^2）； M——受弯构件弯矩设计值（N·mm）； W_n——受弯构件的净截面抵抗矩（mm^3）。

【例 7.10.2-16】 受弯承载力

东北落叶松（TC17B）简支檩条，截面 $b \times h = 150mm \times 300mm$（沿全长无切口），支座间的距离为 6m，作用在檩条顶面上的均布线荷载设计值 9kN/m。该檩条的安全等级为三级，设计使用年限 25 年，承载力计算时不计檩条自重。

试问，檩条的受弯承载力 M（kN·m）为下列何项？

(A) 38.25　　(B) 40.16　　(C) 44.18　　(D) 48.08

【答案】（C）

【解答】（1）根据《木结构》表 4.3.1-3，抗弯强度设计值 $f_m = 17MPa$。

（2）4.3.2-2 条，短边尺寸不小于 150mm，可以提高 10%。

（3）表 4.3.9-2，设计使用年限 25 年，强度调整系数 1.05。

（4）调整后抗弯强度设计值 $f_m = 17 \times 1.10 \times 1.05 = 19.635MPa$

（5）取跨中弯矩最大处验算截面强度，式（5.2.1-1）

$$W_n = \frac{bh^2}{6} = \frac{150 \times 300^2}{6} = 2250000\ mm^3\ ,\ f_m = 19.635MPa$$

$$M = f_m W_n = 19.635 \times 2250000 = 44.18kN \cdot m$$

【例 7.10.2-17】 抗弯承载力

东北落叶松（TC17B）原木檩条（未经切削），标注直径 162mm，计算简图如图 7.10.2-9 所示，该檩条处于正常使用条件，安全等级二级，设计使用年限 50 年。若不考虑檩条自重，按强度计算檩条达到最大抗弯承载力时的均布荷载 q（kN/m）为下列何项？

(A) 6.5　　(B) 6.0　　(C) 5.5　　(D) 5.0

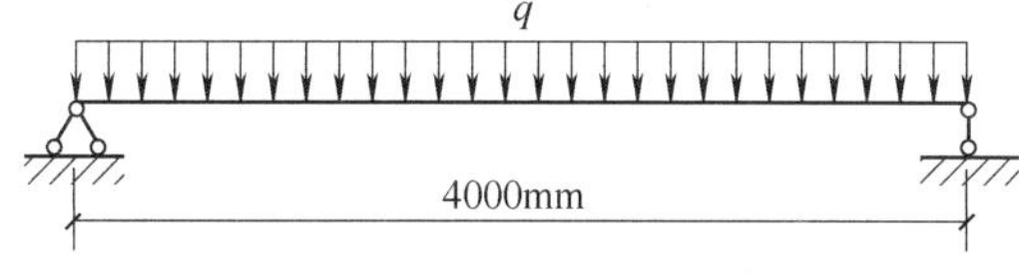

图 7.10.2-9

【答案】（C）

【解答】（1）《木结构》表 4.3.1-3，抗弯强度设计值 $f_m = 17MPa$。

（2）4.3.2-1，原木未经切削，抗弯强度设计值可提高 15%。

调整后的强度：$f_m = 17 \times 1.15 = 19.55MPa$

（3）4.3.18 条，原木验算抗弯强度时，可取弯矩最大处截面。简支梁跨中弯矩最大，跨中处按每米 9mm 变化率计算直径。

$$d_{中} = 162 + \left(\frac{4000}{2} \times \frac{9}{1000}\right) = 180mm$$

（4）式（5.2.1-1）

$$f_m=19.55, W_n=\frac{\pi d_{中}^3}{32}=\frac{3.14\times180^3}{32}=572265\text{mm}$$

$$M=\frac{ql^2}{8}=\frac{q\cdot4000^2}{8}=2000000q$$

代入 $\frac{M}{W_n}\leqslant f_m$

$$2000000q=19.55\times572265\ , q=5.6\text{N/mm}=5.6\text{kN/m}$$

《木结构》规定

> **5.2.1** 受弯构件的受弯承载力应按下列规定进行验算：
>
> **2** 按稳定验算时，应按下列验算：
>
> $$\frac{M}{\varphi_l W_n}\leqslant f_m \tag{5.2.1-2}$$
>
> 式中：f_m ——构件材料的抗弯强度设计值（N/mm^2）；
>
> M ——受弯构件弯矩设计值（N·mm）；
>
> W_n ——受弯构件的净截面抵抗矩（mm^3）；
>
> φ_l ——受弯构件的侧向稳定系数，应按本标准第5.2.2条和第5.2.3条确定。
>
> **5.2.3** 当受弯构件的两个支座处设有防止其侧向位移和侧倾的侧向支承，并且截面的最大高度对其截面宽度之比以及侧向支承满足下列规定时，侧向稳定系数 φ_l 应取为1：
>
> **1** $h/b\leqslant4$ 时，中间未设侧向支承；
>
> **2** $4<h/b\leqslant5$ 时，在受弯构件长度上有类似檩条等构件作为侧向支承；
>
> **3** $5<h/b\leqslant6.5$ 时，受压边缘直接固定在密铺板上或直接固定在间距不大于610mm的搁栅上；
>
> **4** $6.5<h/b\leqslant7.5$ 时，受压边缘直接固定在密铺板上或直接固定在间距不大于610mm的搁栅上，并且受弯构件之间安装有横隔板，其间隔不超过受弯构件截面高度的8倍；
>
> **5** $7.5<h/b\leqslant9$ 时，受弯构件的上下边缘在长度方向上均有限制侧向位移的连续构件。

【例 7.10.2-18】 原木侧向稳定验算

一原木（未经切削），标注直径 $d=110\text{mm}$，选用西北云杉TC11A制作，正常环境下设计使用年限50年。计算简图如图7.10.2-10所示。假定，上下支座节点设有防止其侧向位移和侧倾的侧向支承。试问，当 $N=0$、$q=1.2\text{kN/m}$（设计值）时，其侧向稳定验算 $\frac{M}{\varphi_l W}\leqslant f_m$ 式，与下列何项选择最为接近？

提示：①不考虑构件自重；

②小数点后四舍五入取两位。

(A) 7.30<11.00　(B) 8.30<11.00　(C) 7.30<12.65　(D) 10.33<12.65

【答案】(C)

【解答】(1) 根据《木结构》4.1.7条及《建筑结构可靠度设计统一标准》7.0.3条，$\gamma_0=1.0$。

（2）根据《木结构》4.3.18条，验算稳定时，可取构件的中央截面。

$$d=110+1.5\times 9=123.5\text{mm}$$

（3）表4.3.1-3，TC11A的抗弯强度 $f_m=11\text{N/mm}^2$。

（4）4.3.2-1，原木未经切削，抗弯强度设计值可提高15%，$f_m=11\times 1.15=12.65\text{N/mm}^2$。

（5）验算稳定

最大弯矩：$M=\dfrac{1}{8}ql^2=0.125\times 1.2\times 3^2=1.35\text{kN}\cdot\text{m}$

圆形截面抵抗矩：$W=\dfrac{1}{32}\pi d^3=\dfrac{1}{32}\times\pi\times 123.5^3=184833.44\text{ mm}^3$

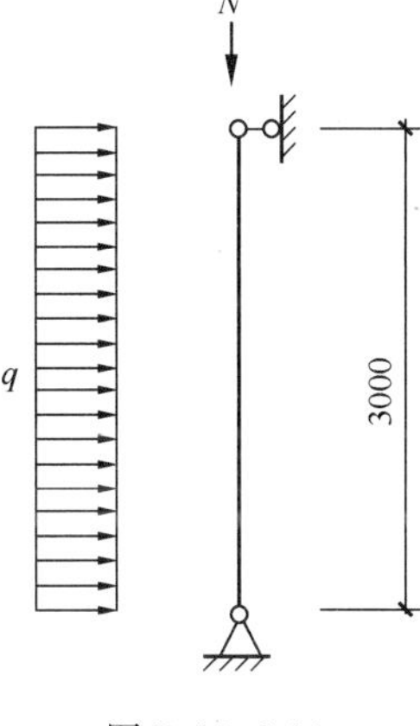

图7.10.2-10

根据5.2.1-2、5.2.3条，$\varphi_l=1.0$

$$\frac{M}{\varphi_l W}=\frac{1.35\times 10^6}{184833.44}=7.30\text{N/mm}^2<12.65\text{N/mm}^2$$，选（C）。

（2）受剪承载能力

《木结构》规定

> **5.2.4** 受弯构件的受剪承载能力应按下式验算：
>
> $$\frac{VS}{Ib}\leqslant f_v \qquad (5.2.4)$$
>
> 式中：f_v——构件材料的顺纹抗剪强度设计值（N/mm^2）；
> V——受弯构件剪力设计值（N），应符合本标准第5.2.5条规定；
> I——构件的全截面惯性矩（mm^4）；
> b——构件的截面宽度（mm）；
> S——剪切面以上的截面面积对中性轴的面积矩（mm^3）。

【例7.10.2-19】受剪承载力（方木）

东北落叶松（TC17B）简支檩条，截面 $b\times h=150\text{mm}\times 300\text{mm}$（沿全长无切口），支座间的距离为6m，作用在檩条顶面上的均布线荷载设计值9kN/m。檩条的安全等级三级，设计使用年限25年。承载力验算时不计檩条自重。

试问，檩条的受剪承载力 V（kN）为下列何项？

（A）48.00　　（B）50.40　　（C）52.90　　（D）55.44

【答案】（D）

【解答】（1）根据《木结构》表4.3.1-3，TC17B顺纹抗剪强度设计值 $f_v=1.6\text{MPa}$。

（2）4.3.2-2条，矩形截面短边尺寸不小于150mm时，其强度设计值可提高10%。

（3）表4.3.9-2，设计使用年限25年，强度调整系数1.05。

（4）经调整后的顺纹抗剪强度：$f_v=1.6\times 1.1\times 1.05=1.848\text{MPa}$

（5）构件受剪承载力按式（5.2.4）计算

$$\frac{VS}{Ib}\leqslant f_v$$

式中各参数：$I=\dfrac{bh^3}{12}$，$S=b\cdot\dfrac{h}{2}\cdot\dfrac{h}{4}=\dfrac{bh^2}{8}$，$f_v=1.848\text{MPa}$

$$V=\frac{f_v\cdot Vb}{S}=f_v\cdot\frac{bh^3}{12}\cdot b\cdot\frac{8}{bh^2}=f_v\cdot\frac{2bh}{3}=\frac{1.848\times2\times150\times300}{3}=55.44\text{kN}$$

【例 7.10.2-20】受剪承载力（原木）

未经切削的欧洲赤松（TC17B）原木简支檩条，标注直径 120mm，支座间的距离 6m。檩条的安全等级二级，设计使用年限 50 年，面积矩 $S=0.212\pi d^3/8$，问檩条的抗剪承载力 V（kN）为下列何项？

（A）27　　（B）20　　（C）18　　（D）14

【答案】（D）

【解答】（1）《木结构》表 4.3.1-3，TC13B 顺纹抗剪强度 $f_v=1.6\text{MPa}$。

（2）4.3.2-1 条，未经切削的原木可提高顺纹抗压、抗弯强度设计值。顺纹抗剪强度设计值不提高。

（3）表 4.3.9-2，设计使用年限 50 年，调整系数 1.0。

（4）简支檩条剪力最大处在两端，标注直径为小头，也在端部，因此验算端部抗剪承载力。

（5）式（5.2.4）

$$\frac{VS}{Ib}\leqslant f_v$$

式中各参数：$I=\dfrac{\pi d^4}{64}$，$d=120\text{mm}$，$S=0.212\pi d^3/8$，$b=d$，$f_v=1.6\text{MPa}$

$$V=\frac{f_v\cdot Vb}{S}=1.6\times\frac{\pi d^4\cdot d\cdot8}{64\times0.212\pi d^3}=\frac{1.6\times\pi\times120^4\times120\times8}{64\times0.212\times\pi\times120^3}=13.59\text{kN}$$

（3）挠度

《木结构》规定

5.2.9 受弯构件的挠度应按下式验算：

$$w\leqslant[w] \tag{5.2.9}$$

式中：$[w]$——受弯构件的挠度限值（mm），应按本标准表 4.3.15 的规定采用；

w——构件按荷载效应的标准组合计算的挠度（mm）。

4.3.15 受弯构件的挠度限值应按表 4.3.15 的规定采用。

受弯构件挠度限值　　**表 4.3.15**

项次	构件类别		挠度限值 $[w]$
1	檩条	$l\leqslant3.3\text{m}$	$l/200$
		$l>3.3\text{m}$	$l/250$
2	椽条		$l/150$
3	吊顶中的受弯构件		$l/250$
4	楼盖梁和搁栅		$l/250$

续表

<table>
<tr><th>项次</th><th colspan="3">构件类别</th><th>挠度限值[w]</th></tr>
<tr><td rowspan="2">5</td><td rowspan="2">墙骨柱</td><td colspan="2">墙面为刚性贴面</td><td>$l/360$</td></tr>
<tr><td colspan="2">墙面为柔性贴面</td><td>$l/250$</td></tr>
<tr><td rowspan="3">6</td><td rowspan="3">屋盖大梁</td><td colspan="2">工业建筑</td><td>$l/120$</td></tr>
<tr><td rowspan="2">民用建筑</td><td>无粉刷吊顶</td><td>$l/180$</td></tr>
<tr><td>有粉刷吊顶</td><td>$l/240$</td></tr>
</table>

注：表中 l 为受弯构件的计算跨度。

【例 7.10.2-21】 挠度

东北落叶松（TC17B）原木檩条（未经切削），标注直径 162mm，计算简图如图 7.10.2-11 所示，檩条处于正常使用条件，安全等级二级，设计使用年限 50 年。不考虑檩条自重，檩条达到允许挠度限值时的均布荷载 q（kN/m）与下列何项数值最为接近？

（A）2.9　　（B）2.6　　（C）2.0　　（D）1.6

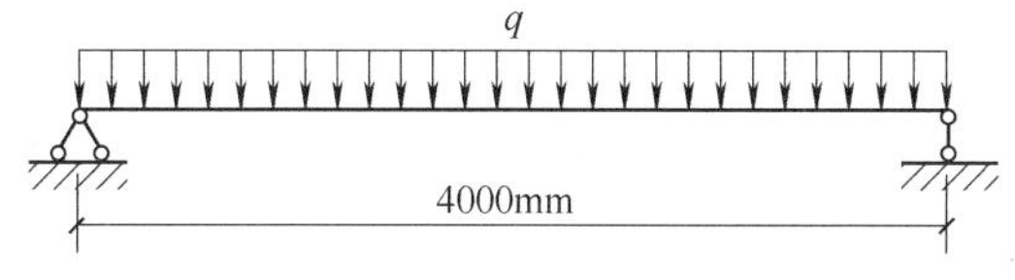

图 7.10.2-11

【答案】（A）

【解答】（1）《木结构》表 4.3.15 项次 1，檩条计算跨度 4m>3.3m，限值 $l/250$。

$$[w]=\frac{l}{250}=\frac{4000}{250}=16\text{mm}$$

（2）表 4.3.1-3，TC17B 弹性模量 E=10000MPa。

（3）4.3.2-1 条，未经切削原木，弹性模量可提高 15%。$E=10000\times1.15=11500$MPa。

（4）4.3.18 条，原木直径以小头为准，沿长度的直径变化率取每米 9mm，验算挠度时可取构件中央截面。

$$d_{中}=162+\frac{4000}{2}\times\frac{9}{1000}=180\text{mm}$$

（5）由材料力学挠度计算公式可知：

$$w=\frac{5q_{\mathrm{k}}l^4}{384EI}$$

式中参数：$l=4000$mm，$E=11500$MPa，$I=\frac{\pi d_{中}^4}{64}$，$d_{中}=180$mm，代入上式

$$q_{\mathrm{k}}=\frac{w\cdot384EI}{5l^4}=\frac{16\times384\times11500\times3.14\times180^4}{5\times4000^4\times64}=2.84\text{kN/m}$$

5. 压弯构件

《木结构》规定

5.3.2 压弯构件及偏心受压构件的承载能力应按下列规定进行验算：

1 按强度验算时，应按下式验算：

$$\frac{N}{A_n f_c}+\frac{M_0+Ne_0}{W_n f_m}\leqslant 1 \tag{5.3.2-1}$$

2 按稳定验算时，应按下式验算：

$$\frac{N}{\varphi\varphi_m A_0}\leqslant f_c \tag{5.3.2-2}$$

$$\varphi_m=(1-k)^2(1-k_0) \tag{5.3.2-3}$$

$$k=\frac{Ne_0+M_0}{Wf_m\left(1+\sqrt{\frac{N}{Af_c}}\right)} \tag{5.3.2-4}$$

$$k_0=\frac{Ne_0}{Wf_m\left(1+\sqrt{\frac{N}{Af_c}}\right)} \tag{5.3.2-5}$$

式中：φ——轴心受压构件的稳定系数；

A_0——计算面积，按本标准第5.1.3条确定；

φ_m——考虑轴向力和初始弯矩共同作用的折减系数；

N——轴向压力设计值（N）；

M_0——横向荷载作用下跨中最大初始弯矩设计值（N·mm）；

e_0——构件轴向压力的初始偏心距（mm），当不能确定时，可按0.05倍构件截面高度采用；

f_c、f_m——考虑调整系数后的构件材料和顺纹抗压强度设计值、抗弯强度设计值（N/mm^2）；

W——构件全截面抵抗矩（mm^3）。

【例7.10.2-22】 折减系数

一芬克式木屋架处于正常使用环境，设计使用年限25年，构件选用西北云杉TC11A制作。某上弦杆采用断面尺寸为120mm×160mm（宽×高）的方木，此弦杆跨中承受的最大初始弯矩设计值M_0=3.1kN·m，轴向压力设计值N=100kN，构件的初始偏心距e_0=0，已知恒载产生的内力不超过全部荷载所产生内力的80%。试问，按稳定验算时，考虑轴向力与初始弯矩共同作用的折减系数φ_m值，应与下列何项数值最为接近？

(A) 0.46　　(B) 0.48　　(C) 0.52　　(D) 0.54

【答案】(B)

【解答】(1)《木结构》表4.3.1-3，TC11A顺纹抗压强度设计值f_c=10MPa，抗弯强度设计值f_m=11N/mm^2。

(2)《木结构》表4.3.9-2，设计使用年限25年，调整系数1.05。

$$f_c=1.05\times10=1.05\text{N/mm}^2,\quad f_m=1.05\times11=11.55\text{N/mm}^2$$

(3) 确定式(5.3.2-3)中参数并求φ_m

计算面积$A_0=A=120\times160=19200\text{mm}^2$

截面抵抗矩 $W=\frac{1}{6}bh^2=\frac{1}{6}\times 120\times 160=512000\ \text{mm}^3$

$$e_0=0\ ,\ k_0=0$$

$$k=\frac{Ne_0+M_0}{Wf_{\text{m}}\left(1+\sqrt{\frac{N}{Af_{\text{c}}}}\right)}=\frac{3.1\times 10^6}{512000\times 11.55\times\left(1+\sqrt{\frac{100000}{19200\times 10.5}}\right)}=0.308$$

$$\varphi_{\text{m}}=(1-k)^2(1-k_0)=(1-0.308)^2=0.48$$

【例 7.10.2-23】 压弯构件的稳定承载力验算

某房屋跨度 12m，采用 12m 有吊顶的三角形豪式木屋架，屋架间距 3m，屋面为黏土平瓦，保温材料为锯末，铺设在吊顶上。采用红松，顺纹抗压强度设计值 $f_{\text{c}}=10\text{N/mm}^2$，抗弯强度设计值 $f_{\text{m}}=13\text{N/mm}^2$；钢材 HPB300，屋架简图及几何尺寸如图 7.10.2-12 所示。

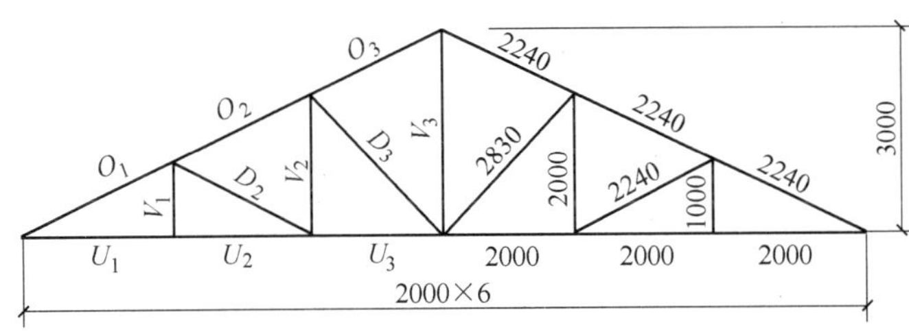

图 7.10.2-12

假定屋架上弦杆件截面 $b\times h=150\text{mm}\times 160\text{mm}$。根据已知荷载求得上弦 O_1 杆的节间弯矩设计值 $M=2.29\text{kN}\cdot\text{m}$，$O_1$ 杆的轴心力设计值 $N=87.84\text{kN}$，轴向力的初始偏心距 $e_0=0$，轴心受压构件稳定系数 $\varphi=0.642$。为了与 D_2 杆连接，在 O_1 与 D_2 杆交点处上弦下皮削去 30mm，当按压弯构件稳定验算公式进行弯矩作用平面内的计算时，试判定公式左右端的数值与下列何项最为接近？

(A) $7.96\text{N/mm}^2<10\text{N/mm}^2$　　(B) $8.262\text{N/mm}^2<10\text{N/mm}^2$

(C) $9.8\text{N/mm}^2<10\ \text{N/mm}^2$　　(D) $10.15\text{N/mm}^2>10\text{N/mm}^2$

【答案】 (B)

【解答】 (1)《木结构》式 (5.3.2-5)，$e_0=0$，$k_0=0$

(2) 式 (5.3.2-4) 参数

$$W=\frac{1}{6}bh^2=\frac{1}{6}\times 150\times 160^2=640000\ \text{mm}^3$$

$$A_0=A=150\times 160=24000\ \text{mm}^2$$

杆件 O1 在节点处削去 30mm，截面短边尺寸小于 150mm，强度不提高。

(3) 参数代入式 (5.3.2-4)、(5.3.2-3)、(5.3.2-2)

$$k=\frac{Ne_0+M_0}{Wf_{\text{m}}\left(1+\sqrt{\frac{N}{Af_{\text{c}}}}\right)}=\frac{2.29\times 10^6}{640000\times 13\times\left(1+\sqrt{\frac{87.84\times 10^3}{24000\times 10}}\right)}=0.171$$

$$\varphi_{\text{m}}=(1-k)^2(1-k_0)=(1-0.171)^2=0.687$$

$$\frac{N}{\varphi\varphi_{\text{m}}A_0}=\frac{87.84\times 10^3}{0.642\times 0.687\times 24000}=8.3\text{N/mm}^2<10\text{N/mm}^2$$

三、防火

《木结构》规定

10.1.1 木结构建筑的防火设计和防火构造除应符合本章的规定外，尚应符合现行国家标准《建筑设计防火规范》GB 50016 的有关规定。

（1）构件的燃烧性能和耐火极限

《木结构》规定

10.1.8 木结构建筑构件的燃烧性能和耐火极限不应低于表 10.1.8 的规定。常用木构件的燃烧性能和耐火极限可按本标准附录 R 的规定确定。

木结构建筑中构件的燃烧性能和耐火极限　　表 10.1.8

构件名称	燃烧性能和耐火极限（h）
防火墙	不燃性 3.00
电梯井墙体	不燃性 1.00
承重墙、住宅建筑单元之间的墙和分户墙、楼梯间的墙	难燃性 1.00
非承重外墙、疏散走道两侧的隔墙	难燃性 0.75
房间隔墙	难燃性 0.50
承重柱	可燃性 1.00
梁	可燃性 1.00
楼板	难燃性 0.75
屋顶承重构件	可燃性 0.50
疏散楼梯	难燃性 0.50
吊顶	难燃性 0.15

注：1　除现行国家标准《建筑设计防火规范》GB 50016 另有规定外，当同一座木结构建筑存在不同高度的屋顶时，较低部分的屋顶承重构件和屋面不应采用可燃性构件；当较低部分的屋顶承重构件采用难燃性构件时，其耐火极限不应小于 0.75h；

2　轻型木结构建筑的屋顶，除防水层、保温层和屋面板外，其他部分均应视为屋顶承重构件，且不应采用可燃性构件，耐火极限不应低于 0.50h；

3　当建筑的层数不超过 2 层、防火墙间的建筑面积不小于 600m^2，且防火墙间的建筑长度不小于 60m 时，建筑构件的燃烧性能和耐火极限应按现行国家标注《建筑设计防火规范》GB 50016 中有关四级耐火等级建筑的要求确定。

10.1.9 木结构采用的建筑材料，其燃烧性能的技术指标应符合现行国家标准《建筑材料及制品燃烧性能分级》GB 8624 的规定。

【例 7.10.3-1】 关于木结构的防火，下列观点何项正确？

Ⅰ、Ⅱ、Ⅲ略

Ⅳ 当梁采用可燃性构件时，其耐火极限为 1.00h。

【解答】 根据《木结构》表 10.1.8，梁的燃烧性能和耐火极限最低要求是，可燃性 1.00h，Ⅳ正确。

【例 7.10.3-2】 以下木结构防火要求的观点，何项正确？

Ⅰ、Ⅲ、Ⅳ略

Ⅱ 不同高度组成的木结构建筑，较低部分的屋顶承重构件必须是难燃材料且耐火极限不能低于 0.5 小时。

【解答】 根据《木结构》表 10.1.8 注 1，"当较低部分的屋顶承重构件采用难燃性构件时，其耐火极限不应小于 0.75h"，Ⅱ错误。

（2）建筑的层数、长度和面积

《建筑设计防火规范》GB 50016—2014 规定

2.1.12 防火墙

防止火灾蔓延至相邻建筑或相邻水平防火分区且耐火极限不低于 3.00h 的不燃性墙体。

11.0.3 民用建筑可采用木结构建筑或木结构组合建筑，其允许层数和允许建筑高度应符合 11.0.3-1 的规定，木结构建筑中防火墙间的允许建筑长度和每层最大允许建筑面积应符合表 11.0.3-2 的规定。

木结构建筑或木结构组合建筑的允许层数和允许建筑高度　　表 11.0.3-1

木结构建筑的形式	普通木结构建筑	轻型木结构建筑	胶合木结构建筑		木结构组合建筑
允许层数（层）	2	3	1	3	7
允许建筑高度（m）	10	10	不限	15	24

木结构建筑中防火墙间的允许建筑长度和每层最大允许建筑面积　　表 11.0.3-2

层数（层）	防火墙间的允许建筑长度（m）	防火墙间的每层最大允许建筑面积（m^2）
1	100	1800
2	80	900
3	60	600

注：1 当设置自动喷水灭火系统时，防火墙间的允许建筑长度和每层最大允许建筑面积可按本表规定增加 1.0 倍。

【例 7.10.3-3】 下列关于木结构设计的论述，何项不妥？

（A）因防火要求，轻型木结构建筑不应超过五层

（B）、（C）、（D）略

【解答】 根据《建筑设计防火规范》表 11.0.3-1，轻型木结构建筑不应超过 3 层，（A）不正确。

【例 7.10.3-4】 关于木结构的防火，下列何项正确？

Ⅳ. 因防火要求，普通木结构房屋不能超过三层

Ⅰ、Ⅱ、Ⅲ略

【解答】 根据《建筑设计防火规范》表 11.0.3-1，普通木结构建筑不应超过 2 层，（Ⅳ）不正确。

【例 7.10.3-5】以下关于木结构防火要求的观点，何项正确？

Ⅰ、Ⅱ、Ⅲ略

Ⅳ. 未安装自动喷水灭火系统的两层木结构建筑，每层最大允许建筑面积不应超过 900m^2

Ⅴ. 三层木结构建筑防火墙间的最大允许建筑长度可达 80m

【解答】(1) 根据《建筑设计防火规范》表 11.0.3-2 及注 1，(Ⅳ) 正确。

(2) 表 11.0.3-2，(Ⅴ) 不正确。

(3) 防火间距

《建筑设计防火规范》规定

5.1.2 民用建筑的耐火等级可分为一、二、三、四级。

10.0.10 民用木结构建筑之间及其与其他民用建筑的防火间距不应小于表 10.0.10 的规定。

民用木结构建筑之间及其与其他民用建筑的防火间距（m） 表 10.0.10

建筑耐火等级或类别	一、二级	三级	木结构建筑	四级
木结构建筑	8	9	10	11

注：1 两座木结构建筑之间或木结构建筑与其他民用建筑之间，外墙均无任何门、窗、洞口时，防火间距可为 4m；外墙上的门、窗、洞口不正对且开口面积之和不大于外墙面积的 10%时，防火间距可按表的规定减少 25%。

2 当相邻建筑外墙有一面为防火墙，或建筑物之间设置防火墙且墙体截断不燃性屋面或高出难燃性、可燃性屋面不低于 0.5m 时，防火间距不限。

【例 7.10.3-6】

以下关于木结构要求的观点，何项正确？

Ⅰ. 木结构建筑之间的防火间距不应小于 10m

Ⅱ、Ⅲ、Ⅳ略

【解答】根据《建筑设计防火规范》表 10.0.10，木结构建筑之间的防火间距不应小于 10m，(Ⅰ) 正确。

【例 7.10.3-7】关于木结构的防火，如下理解何项正确？

Ⅰ. 两座木结构之间，建筑的防火间距与外墙门窗洞口的开洞率有关

Ⅱ、Ⅲ、Ⅳ略

【解答】根据《建筑设计防火规范》表 10.0.10 注 1，开洞率不大于 10%时防火间距可减少，(Ⅰ) 正确。

(4) 材料的燃烧性能

《木结构》规定

10.2.3 当管道穿越木墙体时，应采用防火封堵材料对接触面和缝隙进行密实封堵；当管道穿越楼盖或屋盖时，应采用不燃性材料对接触面和缝隙进行密实封堵。

10.2.4 木结构建筑中的各个构件或空间内需填充吸声、隔热、保温材料时，其材料的燃烧性能不应低于 B_1 级。

【例 7.10.3-8】以下关于木结构防火要求的观点，何项正确？

Ⅰ、Ⅱ、Ⅳ略

Ⅲ. 木结构需做保温时，采用的保温材料燃烧性能不应低于 B_1 级。

【解答】根据《木结构》10.2.4 条，（Ⅲ）正确。

【例 7.10.3-9】关于木结构的防火，如下理解何项正确？

Ⅰ、Ⅲ、Ⅳ略

Ⅱ. 由于木结构的可燃性，故对建筑物内填充材料的可燃性可不做要求。

【解答】根据《木结构》10.2.4 条，（Ⅱ）不正确。

第 8 章　地基与基础

8.1　基 本 要 求

一、设计要求

1. 地基基础设计等级

《建筑地基基础设计规范》GB 50007—2011（以下简称《地基》）规定

3.0.1　地基基础设计应根据地基复杂程度、建筑物规模和功能特征以及由于地基问题可造成建筑物破坏或影响正常使用的程度分为三个设计等级，设计时应根据具体情况，按表 3.0.1 选用。

地基基础设计等级　　**表 3.0.1**

设计等级	建筑和地基类型
甲级	重要的工业与民用建筑物 30 层以上的高层建筑 体型复杂，层数相差超过 10 层的高低层连成一体建筑物 大面积的多层地下建筑物（如地下车库、商场、运动场等） 对地基变形有特殊要求的建筑物 复杂地质条件下的坡上建筑物（包括高边坡） 对原有工程影响较大的新建建筑物 场地和地基条件复杂的一般建筑物 位于复杂地质条件及软土地区的二层及二层以上地下室的基坑工程 开挖深度大于 15m 的基坑工程 周边环境条件复杂、环境保护要求高的基坑工程
乙级	除甲级、丙级以外的工业与民用建筑物 除甲级、丙级以外的基坑工程
丙级	场地和地基条件简单、荷载分布均匀的七层及七层以下民用建筑及一般工业建筑，次要的轻型建筑物。 非软土地区且场地地质条件简单、基坑周边环境条件简单、环境保护条件要求不高且开挖深度小于 5.0m 的基坑工程

2. 设计内容

地基设计包括三部分内容，即地基承载力计算、变形验算和稳定性验算。

地基承载力计算是每项工程都必须进行的基本设计内容。

变形验算是在有需要的情况下才进行。

稳定性验算并不要求所有的工程都进行。只有两种情况才需要验算建筑物的稳定性：一种是经常受水平荷载的高层建筑和挡土墙结构；另一种是建造在斜坡上或边坡附近的建筑物和构筑物。另外，基坑工程也应进行稳定性验算。

《地基》第 3.0.2 条规定了需要进行计算的范围

3.0.2 根据建筑物地基基础设计等级及长期荷载作用下地基变形对上部结构的影响程度，地基基础设计符合下列规定：

1 所有建筑物的地基计算均应满足承载力计算的有关规定；

2 设计等级为甲级、乙级的建筑物，均应按地基变形设计；

3 设计等级为丙级的建筑物有下列情况之一时应作变形验算：

1） 地基承载力特征值小于 130kPa，且体型复杂的建筑；

2） 在基础上及其附近有地面堆载或相邻基础荷载差异较大，可能引起地基产生过大的不均匀沉时；

3） 软弱地基上的建筑物存在偏心荷载时；

4） 相邻建筑距离近，可能发生倾斜时；

5） 地基内有厚度较大或厚薄不均的填土，其自重固结末完成时。

4 对经常受水平荷载作用的高层建筑、高耸结构和挡土墙等，以及建造在斜坡上或边坡附近的建筑物和构筑物，尚应验算其稳定性；

5 基坑工程应进行稳定性验算；

6 建筑地下室或地下构筑物存在上浮问题时，尚应进行抗浮验算。

3. 不作变形验算的范围

《地基》规定

3.0.3 表 3.0.3 所列范围内设计等级为丙级的建筑物可不作变形验算。

可不作地基变形验算的设计等级为丙级的建筑物范围　　表 3.0.3

地基主要受力层情况	地基承载力特征值 f_{ak}(kPa)			$80 \leq f_{ak} < 100$	$100 \leq f_{ak} < 130$	$130 \leq f_{ak} < 160$	$160 \leq f_{ak} < 200$	$200 \leq f_{ak} < 300$
	各土层坡度(%)			≤5	≤10	≤10	≤10	≤10
建筑类型	砌体承重结构、框架结构（层数）			≤5	≤5	≤6	≤6	≤7
	单层排架结构（6m柱距）	单跨	吊车额定起重量(t)	10～15	15～20	20～30	30～50	50～100
			厂房跨度(m)	≤18	≤24	≤30	≤30	≤30
		多跨	吊车额定起重量(t)	5～10	10～15	15～20	20～30	30～75
			厂房跨度(m)	≤18	≤24	≤30	≤30	≤30
	烟囱		高度(m)	≤40	≤50	≤75		≤100
	水塔		高度(m)	≤20	≤30	≤30		≤30
			容积(m^3)	50～100	100～200	200～300	300～500	500～1000

注：1. 地基主要受力层系指条形基础底面下深度为 $3b$（b 为基础底面宽度），独立基础下为 $1.5b$，且厚度均不小于 5m 的范围（二层以下一般的民用建筑除外）。
2. 地基主要受力层中如有承载力特征值小于 130kPa 的土层，表中砌体承重结构的设计，应符合本规范第 7 章的有关要求。
3. 表中砌体承重结构和框架结构均指民用建筑，对于工业建筑可按厂房高度、荷载情况折合成与其相当的民用建筑层数；
4. 表中吊车额定起重量、烟囱高度和水塔容积的数值系指最大值。

【例 8.1.1-1】

试问，下面列出的基础底面下地基主要受力层的深度（不包括二层以下一般的民用建筑），其中何项是正确的？

（A）相当于 5m 至 8m 范围内

（B）相当于 3 倍基础底面宽度

（C）相当于 1.5 倍基础底面宽度

（D）条形基础为 3 倍基础底面宽度，独立基础为 1.5 倍基础底面宽度，且厚度均不小于 5m 的范围

【答案】（D）

【解答】 由《地基》表 3.0.3 注 1 可知，地基主要受力层系指条形基础底面下深度为 $3b$（b 为基础底面宽度），独立基础下为 $1.5b$，且厚度均不小于 5m 的范围（二层以下一般的民用建筑除外）。故（D）正确。

【例 8.1.1-2】

某多层工业砌体房屋，采用墙下钢筋混凝土条形基础，其埋置深度为 1.2m，宽度为 1.5m。场地土层分布如图 8.1.1-1 所示。地下水位标高为−1.2m。

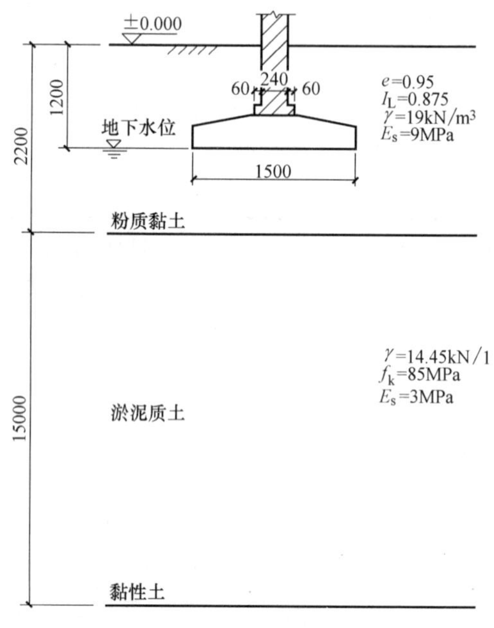

图 8.1.1-1

根据《地基》规定，试判定下列该条形基础的地基主要受力层厚度范围，并指出其中何项是正确的？

（A）基础底面以下 4.5m

（B）基础底面以下 5.0m

（C）相当于地基沉降计算深度

（D）自基础底面至软弱下卧层（淤泥质土层）顶面的距离

【答案】（B）

【解答】 由《地基》表 3.0.3 注 1 可知，地基主要受力层系指条形基础底面下深度为 $3b$（b 为基础底面宽度），独立基础下为 $1.5b$，且厚度均不小于 5m 的范围（二层以下一般的民用建筑除外）。

$3b=3\times1.5\text{m}=4.5\text{m}<5\text{m}$　取 5m，故（B）正确。

二、作用与作用的组合

荷载是上部结构对基础的一种力学作用，是上部结构设计与地基基础设计之间的数值联系。地基基础设计的荷载是上部结构设计的结果，地基基础设计的荷载必须和上部结构设计的荷载组合与取值一致。但由于地基基础设计与上部结构设计在概念与设计方法上都有差异，在设计原则上也不统一，造成了地基基础设计荷载规定中的某些方面与上部结构设计中的习惯并不完全一致。为了进行地基基础设计，在荷载计算时，必须进行三种（标准组合、基本组合和

准永久组合）荷载传递的计算。荷载传递计算的结果分别适用于不同的计算项目。

1. 作用效应与抗力限值

《地基》规定

3.0.5 地基基础设计时，所采用的作用效应与相应的抗力限值应符合下列规定：

1 按地基承载力确定基础底面积及埋深或按单桩承载力确定桩数时，传至基础或承台底面上的作用效应应按正常使用极限状态下作用的标准组合；相应的抗力应采用地基承载力特征值或单桩承载力特征值；

2 计算地基变形时，传至基础底面上的作用效应应按正常使用极限状态下作用的准永组合，不应计入风荷载和地震作用；相应的限值应为地基变形允许值；

3 计算挡土墙、地基或滑坡稳定以及基础抗浮稳定时，作用效应应按承载能力极限状态下作用的基本组合，但其分项系数均为1.0；

4 在确定基础或桩基承台高度、支挡结构截面、计算基础或支挡结构内力、确定配筋和验算材料强度时，上部结构传来的作用效应和相应的基底反力、挡土墙土压力以及滑坡推力，应按承载能力极限状态下作用的基本组合，采用相应的分项系数；当需要验算基础裂缝宽度时，应按正常使用极限状态下作用的标准组合；

5 基础设计安全等级、结构设计使用年限、结构重要性系数应按有关规范的规定采用，但结构重要性系数 γ_0 不应小于1.0。

2. 作用组合的效应设计值

《地基》规定

3.0.6 地基基础设计时，作用组合的效应设计值应符合下列规定：

1 正常使用极限状态下，标准组合的效应设计值 S_k 应按下式确定：

$$S_k = S_{Gk} + S_{Q1k} + \psi_{c2} S_{Q2k} + \cdots\cdots + \psi_{cn} S_{Qnk} \tag{3.0.6-1}$$

式中：S_{Gk}——永久作用标准值 G_k 的效应；

S_{Qik}——第 i 个可变作用标准值 Q_{ik} 的效应；

ψ_{ci}——第 i 个可变作用 Q_i 的组合值系数，按现行国家标准《建筑结构荷载规范》GB 50009 的规定取值。

2 准永久组合的效应设计值 S_k 应按下式确定：

$$S_k = S_{Gk} + \psi_{q1} S_{Q1k} + \psi_{q2} S_{Q2k} + \cdots\cdots + \psi_{qn} S_{Qnk} \tag{3.0.6-2}$$

式中：ψ_{qi}——第 i 个可变作用的准永久值系数，按现行国家标准《建筑结构荷载规范》GB 50009 的规定取值。

3 承载能力极限状态下，由可变作用控制的基本组合的效应设计值 S_d，应按下式确定：

$$S_d = \gamma_G S_{Gk} + \gamma_{Q1} S_{Q1k} + \gamma_{Q2} \psi_{q2} S_{Q2k} + \cdots\cdots + \gamma_{Qn} \psi_{cn} S_{Qnk} \tag{3.0.6-3}$$

式中：γ_G——永久作用的分项系数，按现行国家标准《建筑结构荷载规范》GB 50009 的规定取值；

γ_{Qi}——第 i 个可变作用的分项系数，按现行国家标准《建筑结构荷载规范》GB 50009 的规定取值。

4　对由永久作用控制的基本组合，也可采用简化规则，基本组合的效应设计值 S_d 可按下式确定：

$$S_d = 1.35S_k \quad (3.0.6\text{-}4)$$

式中：S_k——标准组合的作用效应设计值。

3.0.7　地基基础的设计使用年限不应小于建筑结构的设计使用年限。

【例 8.1.2-1】

在进行建筑地基基础设计时，关于所采用的荷载效应最不利组合与相应的抗力限值的下述内容，其中何项是不正确的？

（A）按地基承载力确定基础底面积时，传至基础的荷载效应应按正常使用极限状态下荷载效应的标准组合；相应的抗力采用地基承载力特征值

（B）计算地基变形时，传至基础底面上的荷载效应按正常使用极限状态下荷载效应的标准组合；相应的限值应为相关规范规定的地基变形允许值

（C）计算挡土墙压力、斜坡稳定时，荷载效应按承载能力极限状态下荷载效应的基本组合，但其分项系数均为1.0

（D）计算基础内力、确定其配筋和验算材料强度时，上部结构传来的荷载效应组合及相应的基底反力，应按承载力极限状态下荷载效应的基本组合，采用相应的分项系数

【答案】（B）

【解答】

（1）根据《地基》3.0.5条1款，可知（A）正确。

（2）根据《地基》3.0.5条2款，计算地基变形时，应采用正常使用极限状态下荷载效应的准永久组合，所以（B）错误。

（3）根据《地基》3.0.5条3款，可知（C）正确。

（4）根据《地基》3.0.5条4款，可知（D）正确。

【例 8.1.2-2】

按照《地基》规定，在基础设计时按地基承载力确定基底面积及埋深时。传至基础上的荷载效应组合和相应的抗力应符合下列何项论述的要求？

（A）正常使用极限状态下荷载效应的基本组合．地基承载力标准值

（B）正常使用极限状态下荷载效应的标准组合，地基承载力特征值

（C）正常使用极限状态下荷载效应的准永久组合，地基承载力标准值

（D）承载能力极限状态下荷载效应的基本组合，地基承载力特征值

【答案】（B）

【解答】根据《地基》3.0.5条1款，按地基承载力确定基底面积及埋深时，传至基础上的作用效应按正常使用极限状态下的标准组合，相应的抗力采用地基承载力特征值。（B）正确。

8.2 地基土的分类

《地基》规定

4.1.1 作为建筑地基的岩土，可分为岩石、碎石土、砂土、粉土、黏性土和人工填土。

一、砂土和碎石土的分类

1. 砂土和碎石土的物理状态指标——密实度

砂土和碎石土最主要的物理状态指标是密实度。密实度是指单位体积中固体颗粒的含量。根据土颗粒含量的多少，天然状态下的砂、碎石等处于从紧密到松散的不同物理状态。天然状态下砂土和碎石土的密实度与其工程性质有密切关系。当为松散状态时，其压缩性和透水性较高，强度较低。当为密实状态时，其压缩性较小，强度较高，为良好的天然地基。所以判定天然条件砂土和碎石土的密实状态就很重要。

确定砂土和碎石土密实度的方法有多种，工程中以孔隙比 e、相对密实度 D_r、标准贯入锤击数 N 为标准来划分砂土的密实度。

（1）以孔隙比 e 为标准。

土的孔隙比为土中孔隙体积与固体颗粒体积的比值，即

$$e=\frac{\text{孔隙体积}}{\text{固体颗粒体积}}$$

孔隙比 e 可以作为砂土密实度的划分标准。孔隙比愈小，表示土越密实；孔隙比越大，土越疏松。具体划分标准见表 8.2.1-1。

砂土的密实度 **表 8.2.1-1**

密实度 / 土的名称	密 实	中 密	稍 密	松 散
砾砂、粗砂、中砂	$e<0.60$	$0.60\leqslant e\leqslant0.75$	$0.75<e\leqslant0.85$	$e>0.85$
细砂、粉砂	$e<0.70$	$0.70\leqslant e\leqslant0.85$	$0.85<e\leqslant0.95$	$e>0.95$

用孔隙比 e 来判断砂土的密实度是最简便的方法。但它没有考虑土的粒径级配的影响。同样密实度的砂土在粒径均匀时孔隙比较大，而粒径级配良好时孔隙比较小。

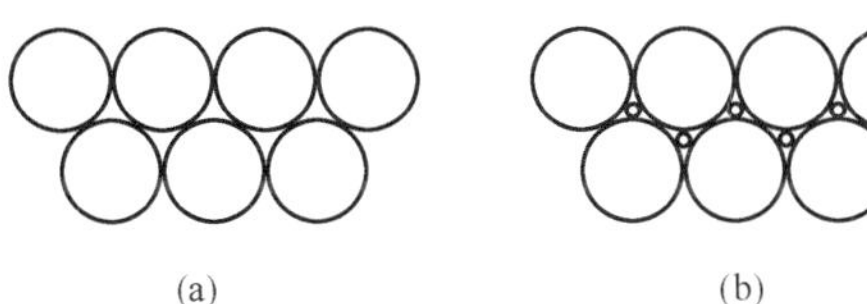

图 8.2.1-1 颗粒级配对砂土密实度的影响

为说明这个问题，取两种不同级配的砂土进行分析。如图 8.2.1-1 所示，把砂土颗粒视为理想的圆球。图 8.2.1-1 的左侧图为均匀级配的砂最紧密的排列，图 8.2.1-1 的右侧图同样是理想的圆球状砂，但其中除大的圆球外，还有小的圆球可以充填于孔隙中，就是说两种级配不同的砂若都具有相同的孔隙比，由于级配不同，后者比前者密实；反之，相

同密实状态下，级配良好的砂，其孔隙比较小。

（2）用相对密实度 D_r 为标准。

相对密实度 D_r 是用天然孔隙比 e 与同一种砂土的最疏松状态孔隙比 e_{max} 和最密实状态孔隙比 e_{min} 进行对比，根据 e 靠近 e_{max} 或靠近 e_{min}，来判断它的密实度。相对密实度 D_r 下式计算：

$$D=\frac{e_{max}-e}{e_{max}-e_{min}}$$

当 $D_r=0$ 时，$e=e_{max}$，表示土处于最疏松状态；当 $D_r=1$ 时，$e=e_{min}$，表示土处于最密实状态。根据相对密实度 D_r 值可将砂土的密实状态划分为

密实　　$1\geqslant D_r>0.67$

中密　　$0.67\geqslant D_r>0.33$

松散　　$0.33\geqslant D_r>0$

相对密实度从理论上讲是一种完善的密实度指标，但由于测量 e_{max} 和 e_{min} 时的操作误差太大，位于水下的砂土亦很难量测它的天然空隙比，故实际应用相当困难。因此天然砂土的密实度一般通过现场原位试验测定。

（3）用标准贯入锤击数 N 为标准。

标准贯入试验是用规定的锤质量（63.5kg）和落距（76cm）把标准贯入器（带有刃口的对开管，外径 50mm，内径 35mm）打入土中，记录贯入一定深度（30cm）所需的锤击数 N 的原位测试方法。根据所测得的锤击数 N，将砂土分为松散、稍密、中密及密实四种密实度，

对于平均粒径不大于 50mm 且最大粒径不大于 100mm 的碎石土，可采用重型圆锥动力触探来测定其密实度。重型圆锥动力触探的探头为圆锥头，锥角 60°，锥底直径 7.4cm，用质量 63.5kg 的落锥以 76cm 的落距把探头打入碎石土中，记录探头贯入碎石土 10cm 的锤击数 $N_{63.5}$。根据测得的锤击数 $N_{63.5}$，将碎石土划分为松散、稍密、中密和密实四种密实度

土的重度 γ 为单位体积土的重量，天然状态下土的重度变化范围较大，约在 16～22kN/m³ 之间。$\gamma>20\text{kN/m}^3$ 的土一般是比较密实的；而当 $\gamma<18\text{kN/m}^3$ 时，则多是较松软的。土的干重度 γ_d 为单位体积土中固体颗粒部分的重量，干重度反映了土颗粒排列的密实程度，工程上常用来作为填方工程中控制土体压实质量的检查标准。γ_d 越大，土体越密实，工程质量越好。

2. 砂土的分类

《地基》规定

4.1.7 砂土为粒径大于 2mm 的颗粒含量不超过全重 50%、粒径大于 0.075mm 的颗粒超过全重 50%的土。砂土可按表 4.1.7 分为砾砂、粗砂、中砂、细砂和粉砂。

砂土的分类　　**表 4.1.7**

土的名称	粒组含量	土的名称	粒组含量
砾砂	粒径大于 2mm 的颗粒含量占全重 25%～50%	细砂	粒径大于 0.075mm 的颗粒含量超过全重 85%
粗砂	粒径大于 0.5mm 的颗粒含量超过全重 50%	粉砂	粒径大于 0.075mm 的颗粒含量超过全重 50%
中砂	粒径大于 0.25mm 的颗粒含量超过全重 50%		

注：分类时应根据粒组含量栏从上到下以最先符合者确定。

4.1.8 砂土的密实度，可按表4.1.8分为松散、稍密、中密、密实。

砂土的密实度 表4.1.8

标准贯入试验锤击数 N	密实度	标准贯入试验锤击数 N	密实度
$N \leqslant 10$	松散	$15 < N \leqslant 30$	中密
$10 < N \leqslant 15$	稍密	$N > 30$	密实

注：当用静力触探探头阻力判定砂土的密实度时，可根据当地经验确定。

【例8.2.1-1】

某建筑地基土样颗分结果见下表，土名正确的是下列何项？

表8.2.1-2

>2mm	2~0.5mm	0.5~0.25	0.25~0.075	<0.075
15.8%	33.2%	19.5%	21.3%	10.2%

(A) 细砂　　(B) 中砂　　(C) 粗砂　　(D) 砂砾

【答案】(B)

【解答】根据《地基》4.1.7条的规定和表4.1.7粒径大于0.25mm的颗粒含量超过全重的50%为中砂。19.5%+33.2%+15.8%=68.5%>50%，并最先符合(B)正确

3. 碎石土的分类

《地基》规定

4.1.5 碎石土为粒径大于2mm的颗粒含量超过全重50%的土。碎石土可按表4.1.5分为漂石、块石、卵石、碎石、圆砾和角砾。

4.1.6 碎石土的密实度，可按表4.1.6分为松散、稍密、中密、密实。

碎石土的密实度 表4.1.6

重型圆锥动力触探锤击数 $N_{63.5}$	密实度
$N_{63.5} \leqslant 5$	松散
$5 < N_{63.5} \leqslant 10$	稍密
$10 < N_{63.5} \leqslant 20$	中密
$N_{63.5} > 20$	密实

注：1. 本表适用于平均粒径小于或等于50mm且最大粒径不超过100mm的卵石、碎石、圆砾、角砾；对于平均粒径大于50mm或最大粒径大于100mm的碎石土，可按本规范附录B鉴别其密实度；
2. 表内 $N_{63.5}$ 为经综合修正后的平均值。

二、黏性土的分类

1. 黏性土的物理状态指标——塑性指数 I_P 和液性指数 I_L

反映黏性土的物理状态指标是稠度。所谓稠度，是指黏性土在某一含水率时的稀稠程度或软硬程度，用坚硬、可塑和流动等状态来描述。稠度还反映了黏性土的颗粒在不同含水量时土粒间的连接强度，稠度不同，土的强度及变形特性也不同。所以，稠度也可以指土对外力引起变形或破坏的抵抗能力。黏性土处在某种稠度时所呈现出的状态，称为稠度状态。

(1) 界限含水量

黏性土的物理状态是随含水率的变化而变化的。黏性土的土粒很细，所含黏土矿物成分较多，故水对其性质影响较大，土粒表面与水相互作用的能力较强，土粒间存在黏聚力。

黏性土随着含水量的变化，可具有不同的状态，如图 8.2.2-1 所示。

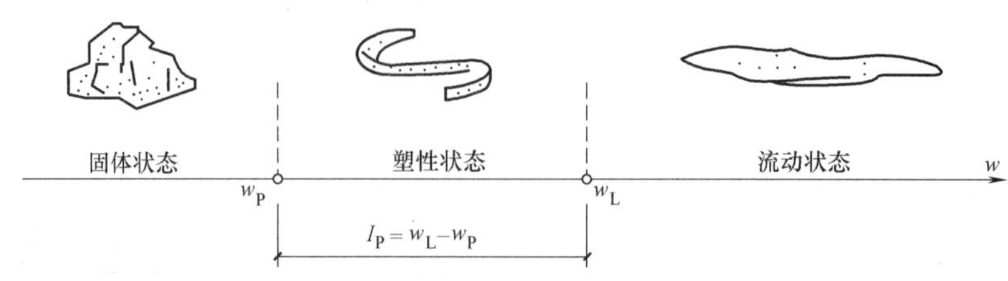

图 8.2.2-1　黏性土状态与含水量关系

当含水量较大时，土粒间距较远、中间为自由水隔开时，土粒与水混合成泥浆状态，这时土就处于流塑状态。

随着水分蒸发，其体积随之缩小。当含水量减少到一定程度时，泥浆变稠，逐渐变成可搓捏的塑性状态（土膏）。黏性土在某含水率范围内土粒在外力作用下相互滑动而不产生颗粒间联系的破坏，这时，可用外力塑成任何形状而不发生裂纹，并当外力移去后仍能保持既得的形状，土的这种性能称为可塑性。

若水分再蒸发，含水量继续减小，其体积仍在缩小，土就会由可塑状态转变为不可塑的半固态状态。

水分继续蒸发，直到体积不再减小而质量减少的固体状态。土中含水率较低，强度较大。

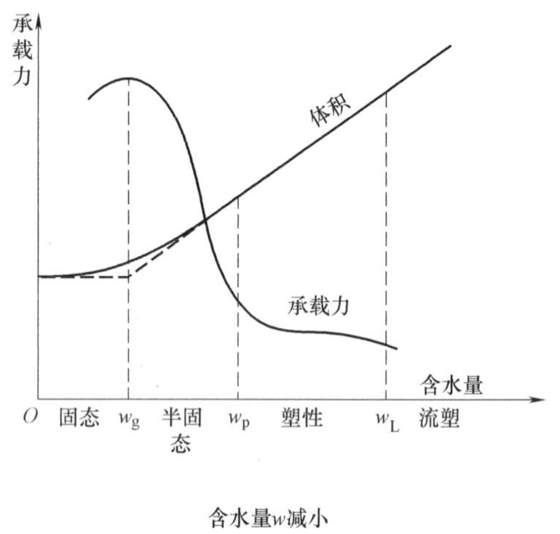

图 8.2.2-2　黏性土承载力与含水量关系示意图

黏性土所处的状态不同，其承载力也不同。如图 8.2.2-2 所示，随着含水量减小，土体的承载力呈增大趋势。

我们把黏性土从一种状态过渡到另一种状态之间的分界含水量（如图 8.2.2-3）成为界限含水量。它对黏性土的分类和工程性质的评价有重要意义。

图 8.2.2-3　黏性土的物理状态与界限含水率关系

1）液限 w_L（%）。黏性土由可塑状态转到流动状态的界限含水量称为液限 w_L。液限是黏性土在极小扰力作用下将发生流动时的最小含水量。

2）塑限 w_p（%）。黏性土由半固态转到可塑状态的界限含水量称为塑限 w_p。塑限是产生塑性变形的最小含水量。

（2）塑性指数 I_p

细粒土的液限与塑限的差值定义为塑性指数 I_p，常用百分数的绝对值表示（不带%），其表达式为：

$$I_p = w_L - w_p$$

塑性指数反映细粒土体处于可塑状态下，含水率变化的最大区间。液限与塑限之差越大，说明土体处于可塑状态的含水量变化范围越大。

塑性指数的大小与土中结合水的含水量有直接关系。土中含的结合水愈多，土与水之间的作用越强烈。一种土的 I_p 越大，表明该土所能吸附的弱结合水多，即该土黏粒含量高或矿物成分吸水能力强。从土的颗粒讲，土粒越细、黏粒含量越高，其比表面积越大，则结合水越多，塑性指数也越大。如图8.2.2-4所示，黏粒含量越大，塑性指数越高，近似成直线关系。

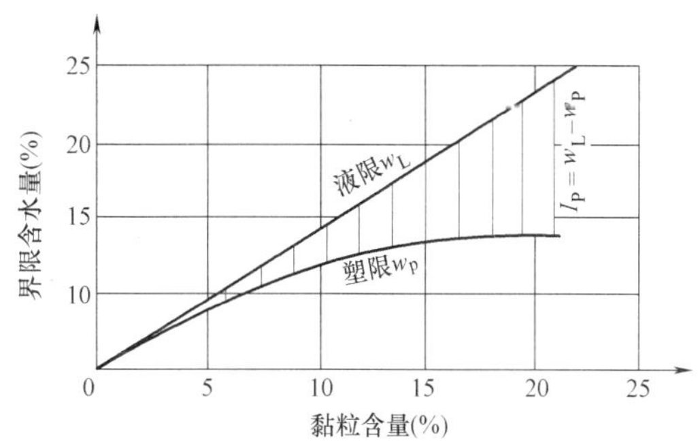

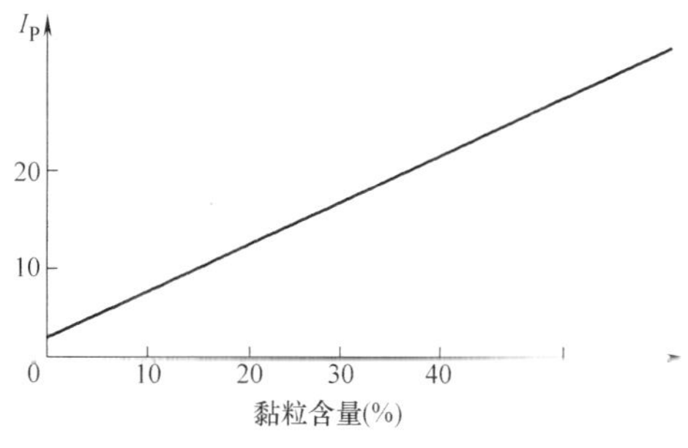

图8.2.2-4　塑性指数与土中黏粒含量之间的关系

（3）液性指数 I_L

土的含水率在一定程度上可以说明土的软硬程度。对同一种黏性土来说，含水率越大，土体越软。但是，对两种不同的黏性土来说，即使含水率相同，若它们的塑性指数各不相同，那么这两种土所处的状态就可能不同。例如两土样的含水率均为32%，对液限为30%的土样是处于流动状态，而对于液限为35%的土样来说则是处于可塑状态。因此，只知道土的天然含水率还不能说明土所处的稀稠程度，还必须把天然含水率 w 与这种土的塑限 w_p 和液限 w_L 进行比较，才能判定天然土的稀稠程度，进而说明土是硬的还是软的。工程中，用液性指数 I_L 作为判定土的软硬程度的指标。

液性指数表达式为：黏性土的天然含水率与塑限的差值和液限与塑限的差值之比：

$$I_L = \frac{w - w_p}{w_L - w_p}$$

式中　w——天然含水量。

也可用下式表示：

$$I_L = \frac{w - w_p}{I_p}$$

液性指数是判别黏性土软硬程度（即稀稠程度）的指标。是将土的天然含水率 w 与

液限 w_L 及塑限 w_p 相比较，以表明 w 是靠近液限 w_L 还是靠近塑限 w_p，从而反映土的软硬不同。当天然含水量 w 小于塑限 w_p 时，液性指数 I_L 小于 0，土体处于固体或半固体状态；当 w 大于液限 w_L 时，液性指数 $I_L>1$，天然土体处于流动状态；当 w 在塑限 w_p 与液限 w_L 之间时，液性指数 I_L 在 0～1 之间，天然土体处于可塑状态。因此，可以利用液性指数 I_L 表示黏性土所处的天然状态。液性指数 I_L 值越大，土体越软；液性指数 I_L 值越小，土体越坚硬。

由式可知：

$I_L\leqslant0$ 时，即 $w<w_p$，土是坚硬的；

$0\leqslant I_L\leqslant1.0$ 时，即 $w_p\leqslant w\leqslant w_L$，土是可塑的；

$I_L>1.0$ 时，即 $w>w_L$，土是流动的。

2. 用塑性指数 I_p 对黏性土进行分类

塑性指数是一个能反映黏性土性质的综合性指数，工程上普遍采用塑性指数对黏性土进行分类和评价，用塑性指数 I_p 作为区分黏土与粉土的标准。

《地基》规定

4.1.9 黏性土为塑性指数 I_p 大于 10 的土，可按表 4.1.9 分为黏土、粉质黏土。

黏性土的分类 **表 4.1.9**

塑性指数 I_p	土的名称
$I_p>17$	黏土
$10<I_p\leqslant17$	粉质黏土

注：塑性指数由相应于 76g 圆锥体沉入土样中深度为 10mm 时测定的液限计算而得。

4.1.11 粉土为介于砂土与黏性土之间，塑性指数 $I_p\leqslant10$ 且粒径大于 0.075mm 的颗粒含量不超过全重 50%的土。

【例 8.2.2-1】

某新建房屋采用框架结构，根据地勘资料，其基底自然土层的有关物理指标为：含水量 $w=22\%$，液限 $w_L=30\%$，塑限 $w_p=17\%$。

试问：该基底自然土层土的分类应为下列何项所示？

(A) 粉土　　(B) 粉砂　　(C) 黏土　　(D) 粉质黏土

【答案】(D)

【解答】塑性指数为区分黏土和粉土的标准，所求土的塑性指数为 $I_p=w_L-w_p=30\%-17\%=13\%$，常用百分数的绝对值表示（不带%），即 $I_p=13$。根据《地基》4.1.9 条的规定，当 $10<I_p<17$ 时，为粉质黏土，故 (D) 正确。

3. 用液性指数 I_L 划分黏性土的软硬状态

《地基》规定，黏性土根据其液性指数 I_L，可划分为 5 种软硬状态

4.1.10 黏性土的状态，可按表 4.1.10 分为坚硬、硬塑、可塑、软塑、流塑。

黏性土的状态 **表 4.1.10**

液性指数 I_L	状态	液性指数 I_L	状态
$I_L\leqslant0$	坚硬	$0.75<I_L\leqslant1$	软塑
$0<I_L\leqslant0.25$	硬塑	$I_L>1$	流塑
$0.25<I_L\leqslant0.75$	可塑		

注：当用静力触探探头阻力判定黏性土的状态时，可根据当地经验确定。

【例 8.2.2-2】

当勘察报告中对某层土提供的塑性指数平均值为 18.9，液性指数平均值为 0.47 时，作为地基土分类，该层土应定名为下列何种？

(A) 硬塑状黏土　　(B) 松散状粉土

(C) 可塑状黏土　　(D) 软塑状粉质黏土

【答案】(C)

【解答】根据《地基》4.1.9 条的规定，当塑性指数 $I_p>17$ 时，土的类别为黏土。

根据《地基》4.1.10 条的规定，当液性指数 $0.25<I_L\leqslant 0.75$ 时，土的状态为可塑。

故 (C) 可塑状黏土，为正确答案。

三、粉土

《地基》规定

> **4.1.11** 粉土为介于砂土与黏性土之间，塑性指数 I_p 小于或等于 10 且粒径大于 0.075mm 的颗粒含量不超过全重 50%的土。

【例 8.2.3-1】

按《地基》，砂土（粉砂）和粉土的分类界限是下列何项？

(A) 粒径大于 0.075mm 的颗粒质量超过总质量 50%的为粉砂，不足 50%且塑性指数 $I_p\leqslant 10$ 的为粉土

(B) 粒径大于 0.075mm 的颗粒质量超过总质量 50%的为粉砂，不足 50%且塑性指数 $I_p>3$ 的为粉土

(C) 粒径大于 0.1mm 的颗粒质量超过总质量 75%的为粉砂，不足 75%且塑性指数 $I_p>3$ 的为粉土

(D) 粒径大于 0.1mm 的颗粒质量超过总质量 75%的为粉砂，不足 75%且塑性指数 $I_p>7$ 的为粉土

【答案】(A)

【解答】根据《地基》4.1.11 条的规定，(A) 正确。

四、淤泥

《地基》规定

> **4.1.12** 淤泥为在静水或缓慢的流水环境中沉积，并经生物化学作用形成，其天然含水量大于液限、天然孔隙比大于或等于 1.5 的黏性土。当天然含水量大于液限而天然孔隙比小于 1.5 但大于或等于 1.0 的黏性土或粉土为淤泥质土。含有大量未分解的腐殖质，有机质含量大于 60%的土为泥炭，有机质含量大于或等于 10%且小于或等于 60%的土为泥炭质土。

【例 8.2.4-1】

某地基土层粒径小于 0.05mm 的颗粒含量为 50%，含水量 $w=39\%$，液限 $w_L=28.9\%$，塑限 $w_p=18.9\%$。天然孔隙比 $e=1.05$。

试问，该地基土层采用下列何项名称最为合适？

(A) 粉砂　　(B) 粉土

(C) 淤泥质粉土　　(D) 淤泥质粉质黏土

【答案】(C)

【解答】根据《地基》第 4.1.11 条

$I_p = w_L - w_p = 28.9\% - 18.9\% = 10\%$，粒径小于 0.05mm 的颗粒含量为 50%，介于砂土和黏性土之间应当为粉土。

根据《地基》第 4.1.12 条

$1.0 \leqslant e = 1.05 < 1.5$，$w = 39.0\% > w = 28.9\%$，应当为淤泥质土；故 (C) 正确。

五、膨胀土

《地基》规定

> **4.1.15** 膨胀土为土中黏粒成分主要由亲水性矿物组成，同时具有显著的吸水膨胀和失水收缩性，其自由膨胀率大于或等于 40%的黏性土。

8.3 土中应力计算

土中的应力按产生的原因可分为自重应力和附加应力两种。

自重应力是由土的自重作用而产生的应力。它始终存在于土中而与其上有无建筑物无关，自重应力随深度增加而增大。

附加应力是土在建筑物荷载作用下产生的应力。它通过土粒之间的接触点传递到地基深处，它的数值随着深度的增加而逐渐减小。

一、自重应力

由于土的自重产生的应力，称为自重应力。均质土中的自重应力可按下式求得：

$$\sigma_{cz} = \gamma z \tag{8.3.1-1}$$

式中 σ_{cz}——地面下 z 深度处的垂直向自重应力 (kPa)；

γ——土的天然重度 (kN/m^3)；

z——由地面至计算点的高度 (m)。

当地基由成层土组成（图 8.3.1-1），任意层 i 的厚度为 h_i，重度为 γ_i 时，则在为 z 处的自重应力 σ_{cz} 如下式所示：

$$\sigma_{cz} = \gamma_1 h_1 + \gamma_2 h_2 + \gamma_3 h_3 + \cdots\cdots + \gamma_n h_n = \sum_{i=1}^{n} \gamma_i h_i \tag{8.3.1-2}$$

【例 8.3.1-1】

某柱下独立基础底面尺寸为 4.8m×2.4m，埋深 1.5m，如图 8.3.1-2 所示。土层分布自地表起依次为：黏土，厚度 2.5m；粉质黏土，厚度 2m；黏土，厚度 4.5m。地下水位在地表下 1.5m 处。

试问，在基底中心点下 7.5m 处土的竖向自重应力 (kPa)，与下列何项数值最为

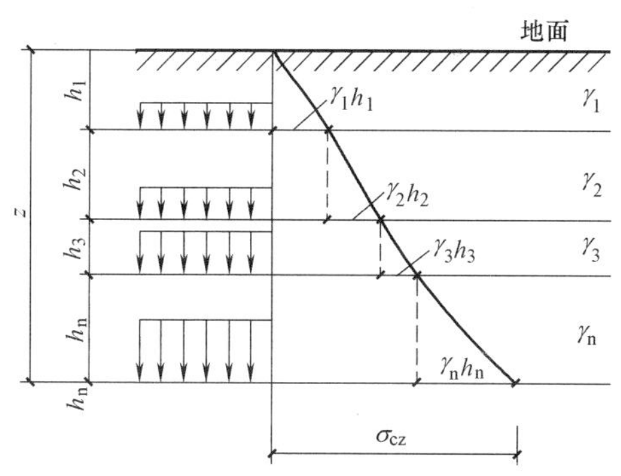

图 8.3.1-1　成层土的自重应力图

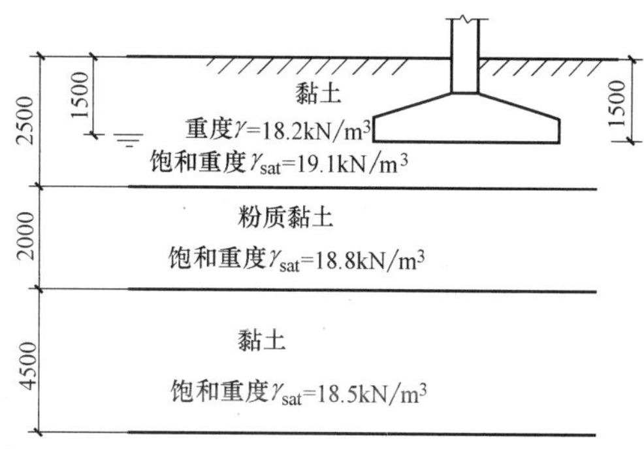

图 8.3.1-2

接近？

(A) 167.3　　(B) 139.5　　(C) 92.3　　(D) 79.5

【答案】(C)

【解答】作题提示：在自重应力计算时，自重应力从地面处算起，遇到地下水时取浮重度。

竖向自重应力计算如下：

$\sigma_{cr}=18.2\times1.5+(19.1-10)\times1+(18.8-10)\times2+(18.5-10)\times4.5=92.3\text{kPa}$

故 (C) 正确。

二、基底压力

基底压力是指上部结构荷载和基础自重通过基础传递，在基础底面处施加于地基上的单位面积压力。反向施加于基础底面上的压力称为基底反力。基底压力除用于计算地基中的附加应力外，也是基础结构的主要外荷载。接触压力的分布形式是很复杂的。为了简化计算，假定接触压力按直线分布。

《地基》规定

5.2.2　基础底面的压力，可按下列公式确定：

1　当轴心荷载作用时

$$p_k=\frac{F_k+G_k}{A} \tag{5.2.2-1}$$

式中　F_k——相应于作用的标准组合时，上部结构传至基础顶面的竖向力值 (kN)；

G_k——基础自重和基础上的土重 (kN)；

A——基础底面面积 (m^2)。

2　当偏心荷载作用时

$$p_{kmax}=\frac{F_k+G_k}{A}+\frac{M_k}{W} \tag{5.2.2-2}$$

$$p_{kmin}=\frac{F_k+G_k}{A}-\frac{M_k}{W} \tag{5.2.2-3}$$

式中 M_k——相应于作用的标准组合时，作用于基础底面的力矩值（kN·m）；

W——基础底面的抵抗矩（m^3）；

p_{kmin}——相应于作用的标准组合时，基础底面边缘的最小压力值（kPa）。

3 当基础底面形状为矩形且偏心距 $e>b/6$ 时（图 5.2.2），p_{kmax}应按下式计算：

$$p_{kmax}=\frac{2(F_k+G_k)}{3la} \quad (5.2.2\text{-}4)$$

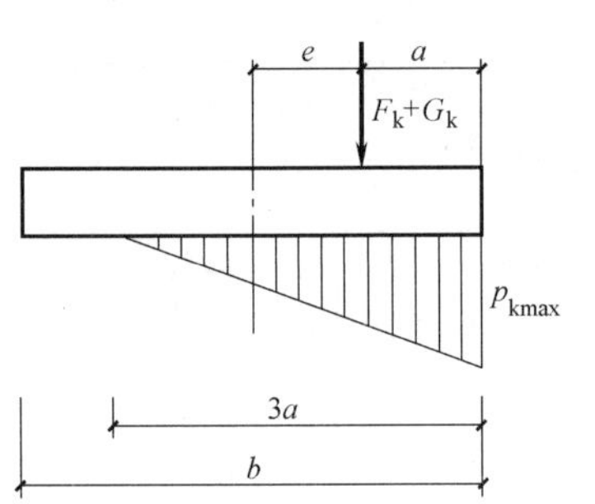

图 5.2.2 偏心荷载（$e>b/6$）下基底压力计算示意

b—力矩作用方向基础底面边长

式中 l——垂直于力矩作用方向的基础底面边长（m）；

a——合力作用点至基础底面最大压力边缘的距离（m）。

【例 8.3.2-1】

某多层住宅墙下条形基础，其埋置深度为 1000mm，宽度为 1500mm。地基各土层的有关物理特性指标及地下水位等，均如图 8.3.2-1 所示。

上部砖墙传至地梁顶面的永久荷载标准值为 115.2kN/m，可变荷载标准值为 31.56kN/m，基础自重和基础上的土重的平均重度为 20kN/m^3。试指出基础底面的压力值 p_k 最接近下列何项数值？

（A）128.56kPa （B）124.56kPa

（C）117.84kPa （D）97.87kPa

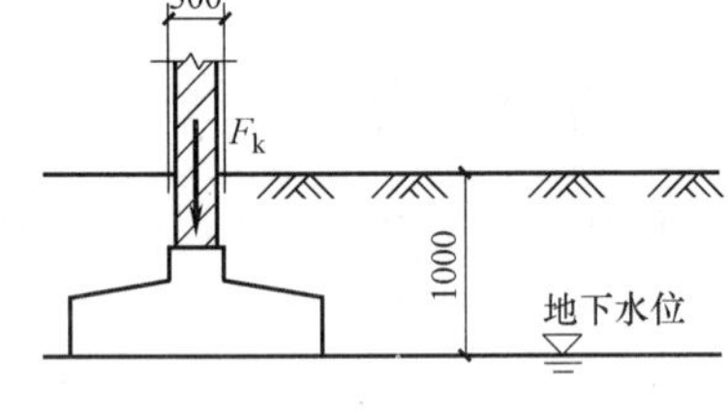

图 8.3.2-1

【答案】（C）

【解答】

取用荷载的标准值计算；条形基础取单位长度计算。

上部荷载标准值为 $F_k=115.2+31.56=146.76$kN/m

基础自重和基础上的土重为 $G_k=20\times1.5\times1=30$kN/m

根据《地基》5.2.2 条的规定计算，有

$$p_k=\frac{F_k+G_k}{A}=\frac{146.76+30}{1.5\times1}=117.84\text{kPa}$$

故（C）正确。

【例 8.3.2-2】

如图 8.3.2-2 所示柱基础底面尺寸为 $b\times l=1.8\text{m}\times1.2\text{m}$，作用在基础底面的偏心荷载 $F_k+G=300$kN，偏心距 $e=0.2$m，基础底面应力分布最接近下列哪个选项？

【答案】（A）

【解答】 偏心距 $e=0.2<1.8/6=0.3$。

根据《地基》5.2.2 条的规定，基础底面边缘的最大和最小压力值为

$$p_{max}=\frac{F_k+G_k}{A}\left[1+\frac{6e}{b}\right]=\frac{300}{1.8\times1.2}\left[1+\frac{6\times0.2}{1.8}\right]=231.5\text{kPa}$$

$$p_{min}=\frac{F_k+G_k}{A}\left[1-\frac{6e}{b}\right]=\frac{300}{1.8\times1.2}\left[1-\frac{6\times0.2}{1.8}\right]=46.3\text{kPa}$$

故（A）正确。

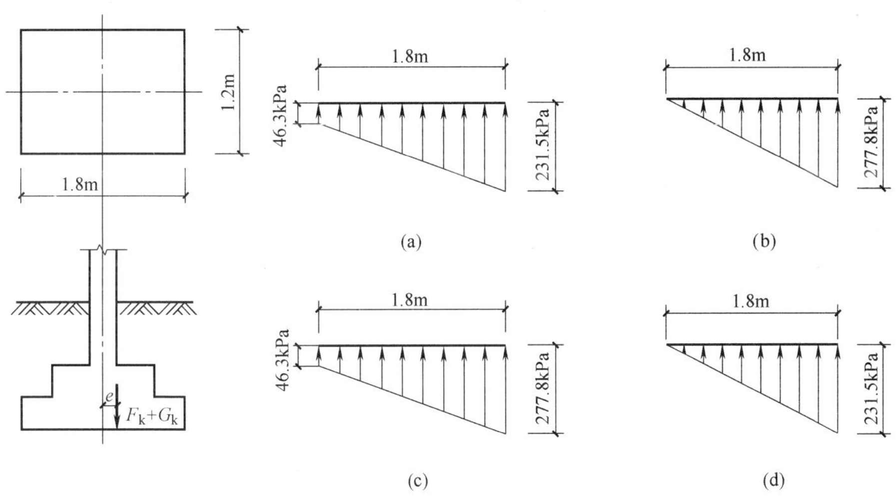

图 8.3.2-2 基础底面应力分布图

三、附加应力

1. 基底附加压力 P_0

由于建筑物等的荷载作用在土中产生的附加于原有应力之上的应力，称附加应力。即附加应力是由于外荷载（建筑荷载）的作用，在土中任意点产生的应力增量。

基底附加压力 P_0 是作用在基础底面处由于建筑物修造后压力的改变量，是引起地基变形、基础沉降的主要因素。

凡由建筑物荷载产生的附加应力，其分布规律与自重应力不同。因为基础的面积是有限的，基础荷载是局部荷载，应力通过荷载下土粒的逐个传递传至深层，在此同时发生应力扩散，随着深度的增加，荷载分布到更大的面积上去，使单位面积上的应力越来越小。所以附加应力值是随深度增加而逐渐减小的。

当基础无埋深时，接触压力就等于基底处的附加应力；

当基础埋于地面下 d 深度时，附加应力要小于接触压力，因为 d 深度处土层本来就承受自重应力 $p_c=\gamma d$。所以，应从接触压力中减去土原先承受的压力，所余部分才是由于修建建筑物新增加到土层上的附加压力。因此，在有埋深的情况下，基底处的附加应力为

$$p_0=p-p_c=p-\gamma d \tag{8.3.3-1}$$

式中 p_0——基底处的附加应力（kPa）；

p——基底处的接触压力（kPa）；

p_c——基底处的自重应力（kPa）；

γ——土重度（kN/m^3）；

d——基础埋深（m）。

【例 8.3.3-1】

某柱下独立基础地面尺寸为 4.8m×2.4m，埋深 1.5m，如图 8.3.3-1 所示。

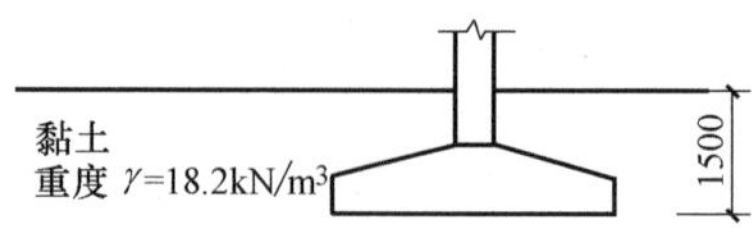

图 8.3.3-1

当荷载效应标准组合时，柱作用于基础顶面的轴心荷载为 1800kN，试问，基底的附加压力（kPa），与下列何项数值最为接近？

(A) 186.3　　(B) 183.6

(C) 159.0　　(D) 156.3

【答案】(C)

【解答】基底附加应力等于基底压力减去基础底面以上土的自重应力。

根据《地基》5.2.2 条，基础底面接触压力为

$$p_k = \frac{F_k + G_k}{A}$$

$$= \frac{1800 + 2.4 \times 4.8 \times 1.5 \times 20}{2.4 \times 4.8}$$

$$= 186.3\text{kPa}$$

基底以上土的自重应力为 $p_c = 18.2 \times 1.5 = 27.3\text{kPa}$

所以，基底附加压力为 $p_0 = p_k - p_c = 186.3 - 18.2 \times 1.5 = 159\text{kPa}$

故（C）正确。

2. 土中的附加应力

土中附加应力是由建筑物荷载在地基内引起的应力，通过土粒之间的传递，向水平与深度方向扩散，并逐渐减小如图 8.3.3-2 所示假设将构成地基土的土粒看作是无数个直径相同的小圆柱，当沿垂直纸面方面作用一个线荷载$F=1$，左图表示各深度处水平面上各点垂直应力大小，右图为集中力下各深度处的垂直应力大小。我们从该图可以形象地看到土中附加应力分布的特点。

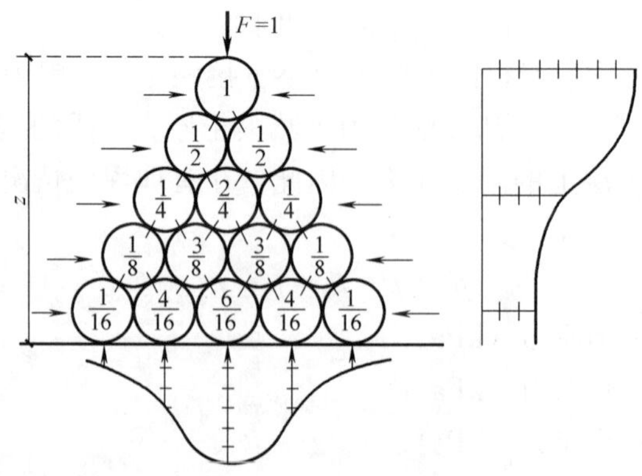

图 8.3.3-2　地基中附加应力扩散示意图

(1) 在地面下同一深度的水平面上各点的附加应力不等，沿力的作用线上的附加应力最大，向两边逐渐减小。

(2) 距地面越深，附加应力分布范围越大，在同一铅直线上的附加应力不同，距地面越深，其值越小。

可见，地基中附加应力离荷载作用点越远，其值越小。我们称这种现象为附加应力的扩散作用。

土中附加应力的计算方法有两种：一种是弹性理论方法；另一种是应力扩散角方法。

四、用角点法计算土中的附加应力

现简述一种中心受压矩形基础作用下的“角点法”于下。

利用角点应力表达式，可以求算平面上任意点 M（可以在矩形面积之外）下任意深度处的竖向应力，这种方法称为角点法。《地基》附录 K 就是采用这种方法。

角点法求任意点应力的做法，是通过点 M 做一些辅助线，使 M 成为几个矩形的公共角点，M 点以下 z 深度的应力 σ_z 就等于这几个矩形在该深度引起的应力之总和。根据 M 点位置不同，可分下列几种情况：

(1) M 点在矩形均布荷载面以内时（图 8.3.4-1a）

$$\sigma_{z(M)}=(\alpha_{Ⅰ}+\alpha_{Ⅱ}+\alpha_{Ⅲ}+\alpha_{Ⅳ})p$$

式中 p——基础底面的平均附加压力（kPa）；

$\alpha_{Ⅰ}$、$\alpha_{Ⅱ}$、$\alpha_{Ⅲ}$、$\alpha_{Ⅳ}$——小矩形Ⅰ、Ⅱ、Ⅲ、Ⅳ的角点附加应力系数，分别根据$\dfrac{l_i}{b_i}$、$\dfrac{z}{b_i}$（l_i、b_i—每个小矩形的长边和矩边）查《地基》附录 K 表 K.0.1-1。

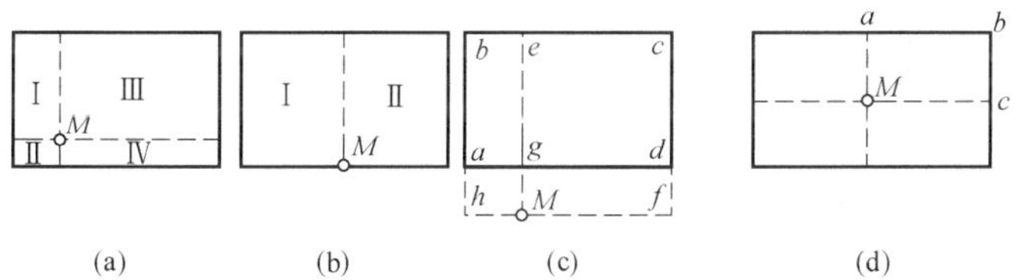

图 8.3.4-1 按角点法确定地基应力

对图 8.3.4-1b 的情况有

$$\sigma_{z(M)}=(\alpha_{Ⅰ}+\alpha_{Ⅱ})p$$

(2) M 点在矩形均布荷载面以外时（图 8.3.4-1c）

$$\sigma_{z(M)}=[\alpha_{Mb}+\alpha_{Mc}-\alpha_{Ma}-\alpha_{(Md)}]p$$

式中 $\alpha_{(\ )}$——表示矩形 $Mhbe$、$Mecf$、$Mhag$、$Mgdf$ 的角点附加应力系数，查表 K.0.1-1 可得。

(3) M 点在矩形均布荷载面的中点时，这时只需将荷载面划成四等分（图 8.3.4-1d），M 点下的 σ_z 值只是小矩形 $Mabc$ 的 4 倍而已。

《地基》规定

附录K　附加应力系数α、平均附加应力系数$\bar{\alpha}$

K.0.1　矩形面积上均布荷载作用下角点的附加应力系数α（表K.0.1-1）、平均附加应力系数$\bar{\alpha}$（表K.0.1-2）。

矩形面积上均布荷载作用下角点附加应力系数α　　　**表K.0.1-1**

z/b	l/b											
	1.0	1.2	1.4	1.6	1.8	2.0	3.0	4.0	5.0	6.0	10.0	条形
0.0	0.250	0.250	0.250	0.250	0.250	0.250	0.250	0.250	0.250	0.250	0.250	0.250
0.2	0.249	0.249	0.249	0.249	0.249	0.249	0.249	0.249	0.249	0.249	0.249	0.249
0.4	0.240	0.242	0.243	0.243	0.244	0.244	0.244	0.244	0.244	0.244	0.244	0.244
0.6	0.223	0.228	0.230	0.232	0.232	0.233	0.234	0.234	0.234	0.234	0.234	0.234
0.8	0.200	0.207	0.212	0.215	0.216	0.218	0.220	0.220	0.220	0.220	0.220	0.220
1.0	0.175	0.185	0.191	0.195	0.198	0.200	0.203	0.204	0.204	0.204	0.205	0.205
1.2	0.152	0.163	0.171	0.176	0.179	0.182	0.187	0.188	0.189	0.189	0.189	0.189
1.4	0.131	0.142	0.151	0.157	0.161	0.164	0.171	0.173	0.174	0.174	0.174	0.174
1.6	0.112	0.124	0.133	0.140	0.145	0.148	0.157	0.159	0.160	0.160	0.160	0.160
1.8	0.097	0.108	0.117	0.124	0.129	0.133	0.143	0.146	0.147	0.148	0.148	0.148
2.0	0.084	0.095	0.103	0.110	0.116	0.120	0.131	0.135	0.136	0.137	0.137	0.137
2.2	0.073	-.083	0.092	0.098	0.104	0.108	0.121	0.125	0.126	0.127	0.128	0.128
2.4	0.064	0.073	0.081	0.088	0.093	0.098	0.111	0.116	0.118	0.118	0.119	0.119
2.6	0.057	0.065	0.072	0.079	0.084	0.089	0.102	0.107	0.110	0.111	0.112	0.112
2.8	0.050	0.058	0.065	0.071	0.076	0.080	0.094	0.100	0.102	0.104	0.105	0.105
3.0	0.045	0.052	0.058	0.064	0.069	0.073	0.087	0.093	0.096	0.097	0.099	0.099

注：l—基础长度（m）；b—基础宽度（m）；z—计算点离基础底面垂直距离（m）。

【例8.3.4-1】

某柱下独立基础地面尺寸4.8m×2.4m，埋深1.5m，如图8.3.4-2所示。附加应力系数α如表8.3.4-1所示土层分布自地表起依次为：黏土，厚度2.5m；粉质黏土，厚度2m；黏土，厚度4.5m。地下水位在地表下1.5m处。基础及基底以上填土的加权平均重度为20kN/m³。

表8.3.4-1

z/b	l/b		
	1.0	2.0	4.0
1.0	0.175	0.200	0.204
2.0	0.084	0.124	0.135
3.0	0.045	0.073	0.093
7.0	0.009	0.018	0.031

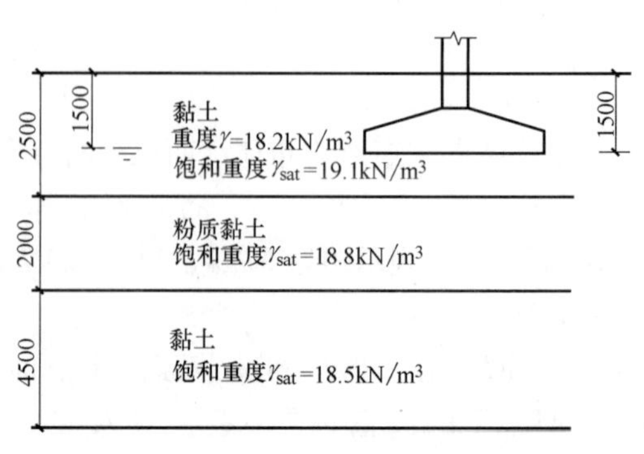

图8.3.4-2

假定矩形面积上均布荷载作用下角点的附加应力系数见表 8.3.4-1。

试问，当基底的附加压力为 202.7kPa 时，在基底中心点下 7.5m 处土的附加应力（kPa），与下列何项数值最为接近？

（A）37.46　　（B）22.9　　（C）10.9　　（D）5.45

【答案】（B）

【解答】过基础中心点划分为面积相等的四个小矩形，每个小矩形的短边为 $b=1.2\text{m}$，长边为 $l=2.4\text{m}$，计算点在基底中心点下的深度为 $z=7.5\text{m}$。

查询附加应力系数时，用到的比值如下

$$l/b=2.0, z/b=7.5/1.2=6.25$$

查询表 8.3.4-1，并线性插值，得一个小矩形的附加应力系数为

$$a_z=0.073-\frac{0.073-0.018}{7-3}\times(6.25-3)=0.0283$$

在基底中心点下 7.5m 处土的附加应力为

$$\sigma_z=4\alpha p_0=4\times0.0283\times202.7=22.9\text{kPa}$$

故（B）正确。

【例 8.3.4-2】

某办公楼基础尺寸 42 m×30 m，采用箱基础，基础埋深在室外地面以下 8m，基底平均压力 425 kN/m^2，场区土层的重度为 20kN/m^3，地下水水位埋深在室外地面以下 5.0m，地下水的重度为 10 kN/m^3，计算得出的基础底面中心点以下深度 18m 处的附加应力与土的有效自重应力的比值最接近何项数值？

（A）0.55　　（B）0.60　　（C）0.65　　（D）0.70

【答案】（C）

【解答】

（1）计算土的自重应力

基础底面处自重应力：$p_{c1}=\sum\gamma_i h_i=5\times20+3\times10=130$（kPa）

计算点处自重应力：$P_{c2}=\sum\gamma_i h=5\times20+3\times10+18\times10=310$（kPa）

（2）计算基础底面附加应力：

将基础均匀划分成四块

$$p_0=p_k-p_{c1}=295(\text{kPa})$$

$$z/b=18/(30/2)=1.2$$

$$l/b=(42/2)/(30/2)=1.4$$

根据《地基》表 K.0.1-1

$$a=0.171$$

计算点处的附加应力 $P_z=4aP_0=4\times0.171\times295=201.8$（kPa）

$$P_z/P_{c2}=201.8/310=0.65$$

五、用应力扩散角法计算土中的附加应力

由于软弱下卧层与持力层土的物理力学性质有很大差别，不能直接应用本节前一段所

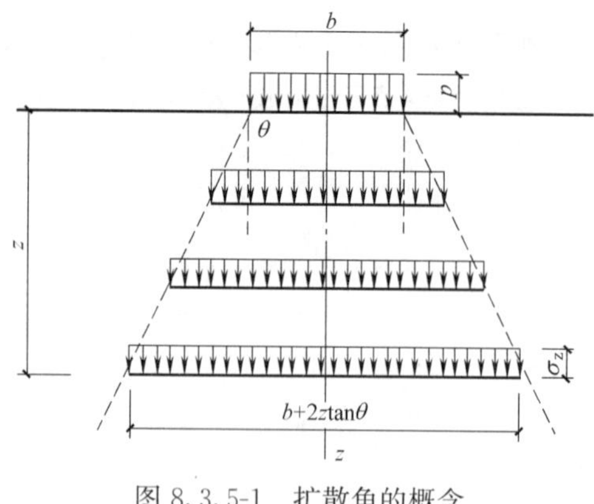

图 8.3.5-1 扩散角的概念

述的理论，因而使计算十分复杂。为了简化计算，《地基》提出了应力扩散角概念，表面荷载通过土体按某一角度 θ 向深部扩散，在距地表越深的平面上，应力分布范围越大。假定随着深度 z 的增加，荷载 p_z 在按规律 $z\tan\theta$ 扩大的水平面面积上均匀分布，则 θ 就称为应力扩散角（图 8.3.5-1），用压力角扩散法求条形基础和矩形基础中附加竖应力 p_z 的具体计算方法见《地基》5.2.7 条。

《地基》规定

5.2.7 当地基受力层范围内有软弱下卧层时，应符合下列规定：

1 应按下式验算软弱下卧层的地基承载力：

$$p_z + p_{cz} \leqslant f_{az} \tag{5.2.7-1}$$

式中 p_z——相应于作用的标准组合时，软弱下卧层顶面处的附加压力值（kPa）；

p_{cz}——软弱下卧层顶面处的自重压力值（kPa）；

f_{az}——软弱下卧层顶面处经深度修正后的地基承载力特征值（kPa）。

2 对条形基础和矩形基础，式（5.2.7-1）中的 p_z 值可按下列公式简化计算：

条形基础

$$p_z = \frac{b(p_k - p_c)}{b + 2z\tan\theta} \tag{5.2.7-2}$$

矩形基础

$$p_z = \frac{lb(p_k - p_c)}{(b + 2z\tan\theta)(l + 2z\tan\theta)} \tag{5.2.7-3}$$

式中 b——矩形基础或条形基础底边的宽度（m）；

l——矩形基础底边的长度（m）；

p_c——基础底面处土的自重压力值（kPa）；

z——基础底面至软弱下卧层顶面的距离（m）；

θ——地基压力扩散线与垂直线的夹角（°），可按表 5.2.7 采用。

地基压力扩散角 θ **表 5.2.7**

E_{s1}/E_{s2}	z/b	
	0.25	0.50
3	6°	23°
5	10°	25°
10	20°	30°

注：1. E_{s1} 为上层土压缩模量；E_{s2} 为下层土压缩模量。

2. $z/b<0.25$ 时取 $\theta=0°$，必要时，宜由试验确定；$z/b>0.50$ 时 θ 值不变。

3. z/b 在 0.25 与 0.50 之间可插值使用。

【例 8.3.5-1】

如图 8.3.5-2 所示，条形基础宽度 2.0m，埋深 2.5m，基底总压力 200kPa，按照现行《地基》，基底下淤泥质黏土层顶面的附加应力值最接近下列哪个选项的数值？

(A) 89kPa　　(B) 108kPa

(C) 81kPa　　(D) 200kPa

【答案】(A)

【解答】根据《地基》5.2.7条的规定，有

$$E_{s1}/E_{s2}=\frac{12}{4}=3.0, z/b=2/2=1.0$$

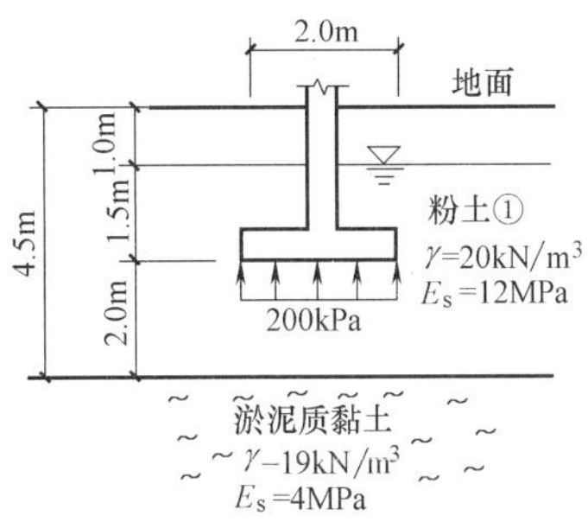

图 8.3.5-2

由以上两个比值，查《地基》表5.2.7得 $\theta=23°$

根据《地基》式(5.2.7-3)，软弱下卧层顶面处的附加应力为

$$p_0=\frac{b(p_k-p_c)}{b+2z\tan\theta}=\frac{2\times[200-(1\times20+1.5\times10)]}{2+2\times2\tan23°}=89.2\text{kPa}$$

【例 8.3.5-2】

某厂房柱基础如图8.3.5-3所示，$b\times l=2\text{m}\times3\text{m}$，受力层范围内有淤泥质土层③，该层修正后的地基承载力特征值为135 kPa，荷载效应标准组合时基底平均压力 $p_k=202\text{kPa}$，则淤泥质土层顶面处自重应力与附加压力的和为下列何项数值？

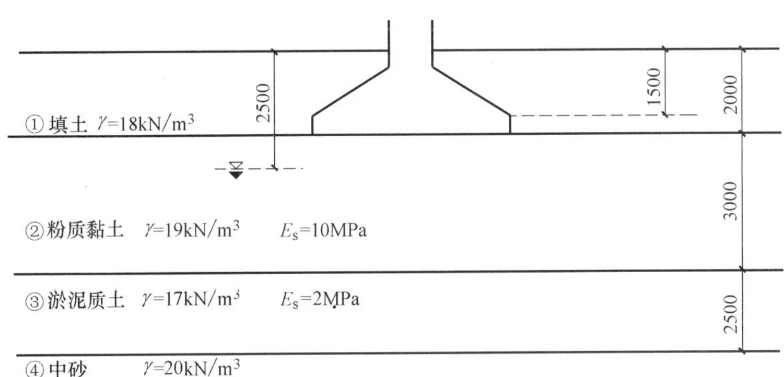

图 8.3.5-3

(A) $p_{cz}+p_z=99\text{kPa}$　　(B) $p_{cz}+p_z=103\text{kPa}$

(C) $p_{cz}+p_z-108\text{kPa}$　　(D) $p_{cz}+p_z=113\text{kPa}$

【答案】(B)

【解答】根据《地基》第5.2.7条。

(1) 基础底面处土的自重压力值

$$p_t=\gamma_1h_1=18\times2=36(\text{kPa})$$

(2) 淤泥质土层顶面处自重应力

$$p=\sum\gamma_ih_i=18\times2+19\times0.5+(19-10)\times2.5=68(\text{kPa})$$

(3) 地基压力扩散线与垂线间夹角

$$E_{s1}/E_{s2}=10/2=5$$

$$z/b=3/2=1.5>0.5$$

θ 取 25°

（4）软弱下卧层顶面处的附加压为值

$$p_z=\frac{lb(p_k-p_c)}{(b+2z\tan\sigma)(l+2z\tan\sigma)}=\frac{3\times2\times(202-36)}{(2+2\times3\times\tan25°)\times(3+2\times3\times\tan25°)}=35.5(\text{kPa})$$

（5）淤泥质土层顶面处附加应力与自重应力的和为

$p_z+p=35.5+68=103.5$（kPa），选（B）

8.4 地基承载力

一、地基承载力特征值

1. 按变形控制设计的总原则

《地基》1.0.1 条的“条文说明”指出

> **1.0.1** 根据地基工作状态，地基设计时应当考虑：
>
> **1** 在长期荷载作用下，地基变形不致造成承重结构的损坏；
>
> **2** 在最不利荷载作用下，地基不出现失稳现象；
>
> **3** 具有足够的耐久性能。
>
> 因此，地基基础设计应注意区分上述三种功能要求。在满足第一功能要求时，地基承载力的选取以不使地基中出现长期塑性变形为原则，同时还要考虑在此条件下各类建筑可能出现的变形特征及变形量。由于地基土的变形具有长期的时间效应，与钢、混凝土、砖石等材料相比，它属于大变形材料。从已有的大量地基事故分析，绝大多数事故皆由地基变形过大或不均匀造成。故在规范中明确规定了按变形设计的原则、方法；

《地基》2.1.3 条的“条文说明”指出

> **2.1.3** 由于土为大变形材料，当荷载增加时，随着地基变形的相应增长，地基承载力也在逐渐加大，很难界定出一个真正的“极限值”；另一方面，建筑物的使用有一个功能要求，常常是地基承载力还有潜力可挖，而变形已达到或超过按正常使用的限值。因此，地基设计是采用正常使用极限状态这一原则，所选定的地基承载力是在地基土的压力变形曲线线性变形段内相应于不超过比例界限点的地基压力值，即允许承载力。
>
> 本次修订采用“特征值”一词，用以表示正常使用极限状态计算时采用的地基承载力和单桩承载力的设计使用值，其含义即为在发挥正常使用功能时所允许采用的抗力设计值，以避免过去一律提“标准值”时所带来的混淆。

《地基》根据地基承载力计算是采用正常使用极限状态这一原则，对地基承载力计算时所采用的地基承载力特征值和荷载效应组合作了明确规定。

（1）地基承载力特征值的规定

2.1.3 地基承载力特征值 characteristic value of subsoil bearing capacity

由载荷试验测定的地基土压力变形曲线线性变形段内规定的变形所对应的压力值，其最大值为比例界限值。

（2）荷载效应组合的规定

3.0.5 地基基础设计时，所采用的作用效应与相应的抗力限值应符合下列规定：

1 按地基承载力确定基础底面积及埋深或按单桩承载力确定桩数时，传至基础或承台底面上的作用效应应按正常使用极限状态下作用的标准组合；相应的抗力应采用地基承载力特征值或单桩承载力特征值；

3.0.6 地基基础设计时，作用组合的效应设计值应符合下列规定：

1 正常使用极限状态下，标准组合的效应设计值 S_c 应按下式确定：

$$S_k = S_{Gk} + S_{Q1k} + \psi_{c2} S_{Q2k} + \cdots + \psi_{cn} S_{Qnk} \tag{3.0.6-1}$$

式中 S_{Gk}——永久作用标准值 G_k 的效应；

S_{Qik}——第 i 个可变作用标准值 Q_{ik} 的效应；

ψ_{ci}——第 i 个可变作用 Q_i 的组合值系数，按现行国家标准《建筑结构荷载规范》GB 50009 的规定取值。

【例 8.4.1-1】

上部结构荷载传至基础顶面的平均压力见下表，基础和台阶上土的自重压力为 60kPa，按《地基》确定基础尺寸时，荷载应取下列何项数值？

承载力极限状态	正常使用极限状态	
基本组合	标准组合	准永久组合
200kPa	180kPa	160kPa

（A）260kPa （B）240kPa （C）200kPa （D）180kPa

【答案】（B）

【解答】根据《地基》3.0.5 条 1 款，确定基础尺寸应用正常使用极限状态标准组合 180kPa 和基础与土的自重 60kPa 之和为 240kPa。

2. 地基承载力特征值的确定

《地基》指出地基承载力特征值应该综合确定

5.2.3 地基承载力特征值可由载荷试验或其他原位测试、公式计算，并结合工程实践经验等方法综合确定。

【例 8.4.1-2】

下列确定地基承载力特征值的方法中，何种方法不适用于黏性土地基？

（A）现场载荷试验 （B）室内试验 （C）标准贯入试验 （D）野外鉴别

【答案】（D）

【解答】根据《地基》附录B可知，野外鉴别是用来判定碎石土的密实程度，不能用来确定黏性土地基承载力标准值，故（D）不正确。

根据《地基》5.2.3条可知，载荷试验和原位测试都可以确定地基承载力特征值，其中原位测试包括载荷试验、静力触探试验、圆锥动力触探试验、标准贯入试验、十字板剪切测试等，由此可见（A）、（B）、（C）正确。

二、根据载荷试验法确定地基承载力特征值

《地基》规定

4.2.3 载荷试验应采用浅层平板载荷试验或深层平板载荷试验。浅层平板载荷试验适用于浅层地基，深层平板载荷试验适用于深层地基。两种载荷试验的试验要求应分别符合本规范附录C、D的规定。

1. 浅层平板载荷试验

《地基》规定

附录C　浅层平板载荷试验要点

C.0.1 地基土浅层平板载荷试验可适用于确定浅部地基土层的承压板下应力主要影响范围内的承载力和变形参数，承压板面积不应小于0.25m^2，对于软土不应小于0.5m^2。

C.0.2 试验基坑宽度不应小于承压板宽度或直径的三倍。应保持试验土层的原状结构和天然湿度。宜在拟试压表面用粗砂或中砂层找平，其厚度不应超过20mm。

C.0.3 加荷分级不应少于8级。最大加载量不应小于设计要求的两倍。

C.0.4 每级加载后，按间隔10min、10min、10min、15min、15min，以后为每隔半小时测读一次沉降量，当在连续两小时内，每小时的沉降量小于0.1mm时，则认为已趋稳定，可加下一级荷载。

C.0.5 当出现下列情况之一时，即可终止加载：

1 承压板周围的土明显地侧向挤出；

2 沉降s急骤增大，荷载-沉降（p-s）曲线出现陡降段；

3 在某一级荷载下，24小时内沉降速率不能达到稳定标准；

4 沉降量与承压板宽度或直径之比大于或等于0.06。

C.0.6 当满足第C.0.5条前三款的情况之一时，其对应的前一级荷载为极限荷载。

C.0.7 承载力特征值的确定应符合下列规定：

1 当p-s曲线上有比例界限时，取该比例界限所对应的荷载值；

2 当极限荷载小于对应比例界限的荷载值的2倍时，取极限荷载值的一半；

3 当不能按上述二款要求确定时，当压板面积为0.25m^2～0.50m^2，可取$s/b=0.01-0.015$所对应的荷载，但其值不应大于最大加载量的一半。

C.0.8 同一土层参加统计的试验点不应少于三点，各试验实测值的极差不得超过其平均值的30%，取此平均值作为该土层的地基承载力特征值（f_{ak}）

2. 深层平板载荷试验

《地基》规定

附录D　深层平板载荷试验要点

D.0.1　深层平板载荷试验适用于确定深部地基土层及大直径桩桩端土层在承压板下应力主要影响范围内的承载力和变形参数。

D.0.2　深层平板载荷试验的承压板采用直径为0.8m的刚性板，紧靠承压板周围外侧的土层高度应不少于80cm。

D.0.3　加荷等级可按预估极限承载力的1/10～1/15分级施加。

D.0.4　每级加荷后，每一个小时内按间隔10min、10min、10min、15min、15min，以后为每隔半小时测读一次沉降。当在连续两小时内，每小时的沉降量小于0.1mm时，则认为已趋稳定，可加下一级荷载。

D.0.5　当出现下列情况之一时，可终止加载：

1　沉降 s 急剧增大，荷载—沉降（p-s）曲线上有可判定极限承载力的陡降段，且沉降量超过 $0.04d$（d 为承压板直径）；

2　在某级荷载下，24h内沉降速率不能达到稳定；

3　本级沉降量大于前一级沉降量的5倍；

4　当持力层土层坚硬，沉降量很小时，最大加载量不小于设计要求的2倍；

D.0.6　承载力特征值的确定应符合下列规定：

1　当 p-s 曲线上有比例界限时，取该比例界限所对应的荷载值；

2　满足终止加载条件前三款的条件之一时，其对应的前一级荷载定为极限荷载，当该值小于对应比例界限的荷载值的2倍时，取极限荷载值的一半；

3　不能按上述二款要求确定时，可取 $s/d=0.01-0.015$ 所对应的荷载值，但其值不应大于最大加载量的一半。

D.0.7　同一土层参加统计的试验点不应少于三点，当试验实测值的极差不超过平均值的30%时，取此平均值作为该土层的地基承载力特征值（f_{ak}）。

3. 静载荷试验的 p-s 曲线

图8.4.2-1是将《地基》C.0.6条和D.0.6条的规定形象地表示出来。

图8.4.2-1a所示的 p-s 曲线有比较明显的起始直线段和极限值，即呈急进破坏的“陡降型”，通常出现于密实砂土、硬塑黏土等低压缩性土中。考虑到低压缩性土的承载力特征值一般由强度安全控制，故《地基》规定取图中的比例界限荷载，作为承载力特征值。此时，地基的沉降量很小，为一般建筑物所允许，强度安全储备也绰绰有余。因为从比例极限发展到破坏有很长的过程。但是对于少数呈“脆性”破坏的土，比例极限与极限荷载很接近，取极

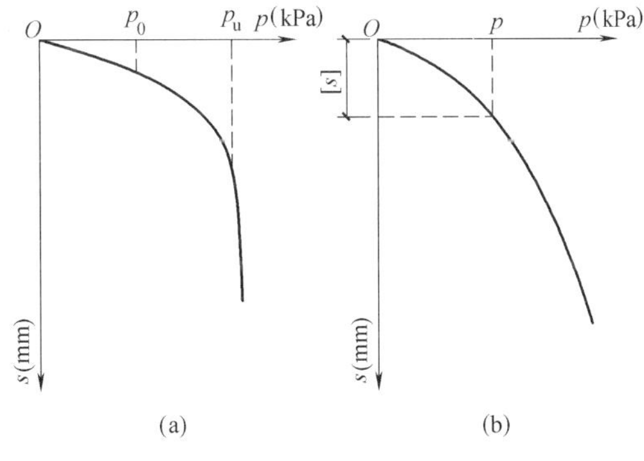

图8.4.2-1　按静载荷试验 p-s 曲线确定地基承载力

（a）有明显的比例界限值；（b）比例界限值不明确

限荷载的一半作为承载力特征值。

对于有一定强度的中、高压缩性土、如松砂、填土、可塑黏土等，p-s 曲线无明显转折点，但曲线的斜率随荷载的增加而逐渐增大，最后稳定在某个最大值，即呈渐进破坏的“缓变形”，如图 8.4.2-1b 所示，中、高压缩性土的基本承载力，往往受允许沉降量控制，故应当从沉降的观点来考虑。但是沉降量与基础（或载荷板）底面尺寸、形状有关，而试验采用的荷载板通常总是小于实际基础的底面尺寸。为此，不能直接以基础的允许沉降值在 p-s 曲线上定出承载力特征值。由变形计算原理得知，如果载荷板和基础下的压力相同，且地基土是均匀的，则它们的沉降值 s 与各自宽度 b 的比值（s/b）大致相等。规范总结了许多实测资料，当压板面积为 0.25～0.50m^2 时，规定取 s/b=0.01～0.015 的经验值作为黏性土确定基本承载力的依据，即以 p-s 曲线上荷载板的沉降量等于 0.01～0.015b（b 为载荷板的宽度）时的压力 p 作为承载力特征值，见图 8.4.2-1b。

【例 8.4.2-1】

在较软的黏性土中进行平板载荷实验，承压板为正方形，面积 0.45m^2，各级荷载及相应的累积沉降如下表所示。

p(kPa)	54	81	108	135
S(mm)	2.15	5.05	8.95	13.90
p(kPa)	162	189	216	243
S(mm)	21.50	30.55	40.35	48.50

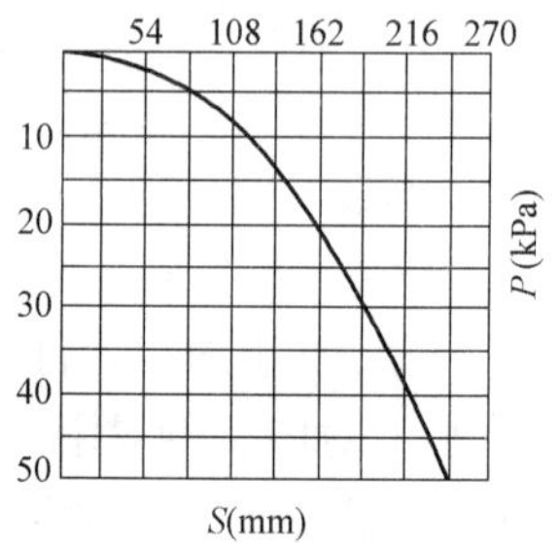

图 8.4.2-2

根据 P-S 曲线（如图 8.4.2-2）按《地基》承载力基本值最接近下列何项数值？

(A) 81kPa　　(B) 110kPa

(C) 150kPa　　(D) 216kPa

【答案】(B)

【解答】

根据《地基》附录 C 的规定，当压板面积为 0.25～0.5m^2，可取 S/b=0.01－0.015 所对应的荷载值

$$b=\sqrt{A}=\sqrt{450000}=670.8\text{mm}$$

$$S=(0.01-0.015)b=(0.01-0.015)\times 670.8=(6.7-10)\text{mm}$$

当 S=10mm 时的 p 值由内插确定

$$P_0=108+\frac{(135-108)}{(13.9-8.95)}(10-8.95)=113.72<\frac{243}{2}=121.5$$

P_0=113.7kPa　　（也可以从曲线图查得 S=10mm 时，$P_0\approx$110kPa）

【例 8.4.2-2】

某场地三个平板载荷试验，试验数据见下表。按《地基》确定的该土层的地基承载力特征值接近下列何项数值？

试验点号	1	2	3
比例界限对应的荷载值(kPa)	160	165	173
极限荷载值(kPa)	300	340	330

(A) 170kPa　(B) 165kPa　(C) 160kPa　(D) 150kPa

【答案】(C)

【解答】(1) 单个试验点承载力特征值的确定:

根据《地基》附录C的C.0.7条2款

① 1号点:$\frac{300}{2}=150<160$,取 $f_{ak1}=150kPa$

② 2号点:$\frac{340}{2}=170>165$,取 $f_{ak2}=165kPa$。

③ 3号点 $\frac{330}{2}=165<173$,取 $f_{ak3}=165kPa$。

(2) 承载力特征值的平均值 f_{akm}:

根据《地基》附录C的C.0.8条

$$f_{akm}=\frac{1}{n}\sum f_{aki}=\frac{1}{3}(150+165+165)=160kPa$$

(3) 确定承载力特征值 f_{ak} 为:

$$f_{akmax}-f_{akmin}=165-150=15kPa<0.3f_{akm}=0.3\times160=48kPa$$

取 $f_{ak}=f_{akm}=160kPa$

三、地基承载力特征值的修正

《地基》规定

5.2.4 当基础宽度大于3m或埋置深度大于0.5m时,从载荷试验或其他原位测试、经验值等方法确定的地基承载力特征值,尚应按下式修正:

$$f_a=f_{ak}+\eta_b\gamma(b-3)+\eta_d\gamma_m(d-0.5) \tag{5.2.4}$$

式中 f_a——修正后的地基承载力特征值(kPa);

f_{ak}——地基承载力特征值(kPa),按本规范第5.2.3条的原则确定;

η_b、η_d——基础宽度和埋置深度的地基承载力修正系数,按基底下土的类别查表5.2.4取值;

γ——基础底面以下土的重度(kN/m^3),地下水位以下取浮重度;

b——基础底面宽度(m),当基础底面宽度小于3m时按3m取值,大于6m时按6m取值;

γ_m——基础底面以上土的加权平均重度(kN/m^3),位于地下水位以下的土层取有效重度;

d——基础埋置深度(m),宜自室外地面标高算起。在填方整平地区,可自填土地 面标高算起,但填土在上部结构施工后完成时,应从天然地面标高算起。对于地下室,当采用箱形基础或筏基时,基础埋置深度自室外地面标高算起;当采用独立基础或条形基础时,应从室内地面标高算起。

承载力修正系数 表 5.2.4

土的类别		η_b	η_d
淤泥和淤泥质土		0	1.0
人工填土 e 或 I_L 大于等于 0.85 的黏性土		0	1.0
红黏土	含水比 $\alpha_w>0.8$	0	1.2
	含水比 $\alpha_w\leqslant0.8$	0.15	1.4
大面积压实填土	压实系数大于 0.95、黏粒含量 $\rho_c\geqslant10\%$的粉土	0	1.5
	最大干密度大于 2100kg/m^3 的级配砂石	0	2.0
粉土	黏粒含量 $\rho_c\geqslant10\%$的粉土	0.3	1.5
	黏粒含量 $\rho_c<10\%$的粉土	0.5	2.0
e 及 I_L 均小于 0.85 的黏性土		0.3	1.6
粉砂、细砂(不包括很湿与饱和时的稍密状态)		2.0	3.0
中砂、粗砂、砾砂和碎石土		3.0	4.4

注：1. 强风化和全风化的岩石，可参照所风化成的相应土类取值，其他状态下的岩石不修正。
2. 地基承载力特征值按本规范附录D深层平板载荷试验确定时 η_d 取 0。
3. 含水比是指土的天然含水量与液限的比值。
4. 大面积压实填土是指填土范围大于两倍基础宽度的填土。

1. 持力层的地基承载力特征值修正

【例 8.4.3-1】

某厂房采用柱下独立基础，基础尺寸 4m×6m，基础埋深为 2.0m. 地下水位埋深 1.0m，持力层为粉质浅层黏土，天然孔隙比为 0.8，液性指数为 0.75，天然重度为 18kN/m^3，在该土层上进行三个浅层的平板静载荷试验，实测承载力特征值分别为 130kPa 110kPa 和 135kPa，按《地基》作深宽修正后的地基承载力特征值最接近下列何项数值？

(A) 110kPa (B) 125kPa (C) 140kPa (D) 160kPa

【答案】(D)

【解答】根据《地基》附录C第 C.0.8 条地基承载力特征值 f_{ak}

$$f_{akm}=\frac{1}{3}(f_{a1}+f_{a2}+f_{a3})=\frac{1}{3}\times(130+110+135)=125\text{kPa}$$

$$f_{a3}-f_{a2}=135-110=25\text{kPa}<125\times0.3=37.5\text{kPa}$$

取 $f_{ak}=125\text{kPa}$

根据 5.2.4 条对地基承载力特征值进行深宽修正 $f_a=f_{ak}+\eta_b\gamma(b-3)+\eta_d\gamma_m(d-0.5)$

$$e=0.8,\ I_L=0.75,\ \eta_b=0.3,\ \eta_d=1.6。\gamma_m=\frac{18\times1+8\times1}{2}=13\text{kN/m}^2$$

$$f_a=125+0.3\times8\times(4-3)+1.6\times13\times(2-0.5)=158.6\text{kPa}$$

(D) 正确。

【例 8.4.3-2】

某高层住宅的地下室，采用筏板基础，筏板尺寸为 12m×50m；地基土层分布如图 8.4.3-1 所示。

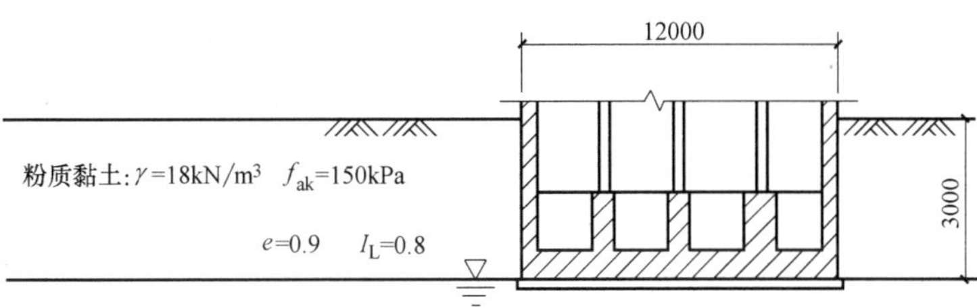

图 8.4.3-1

试问：基础底面处土的修正后的天然地基承载力特征值（kPa），与下列何项数值最为接近？

(A) 538　　(B) 448　　(C) 340　　(D) 250

【答案】(A)

【解答】地下室采用筏板基础时，埋置深度从室外地面标高算起。

基底下土为砾砂，查《地基》表 5.2.4，可得承载力修正系数为

$$\eta_b = 3.0, \eta_d = 4.4$$

根据《地基》式（5.2.4），得：

$$\begin{aligned} f_a &= f_{ak} + \eta_b \gamma (b-3) + \eta_d \gamma_m (d-0.5) \\ &= 250 + 3 \times (20-10) \times (6-3) + 4.4 \times 18 \times (3-0.5) \\ &= 250 + 90 + 198 \\ &= 538\text{kPa} \end{aligned}$$

故（A）正确。

【例 8.4.3-3】

某新建房屋为四层砌体结构，设一层地下室，采用墙下条形基础。设计室外地面绝对标高与场地自然地面绝对标高相同，均为 8.000m，基础 B 的宽度 b 为 2.4m。基础剖面及地质情况如图 8.4.3-2 所示。

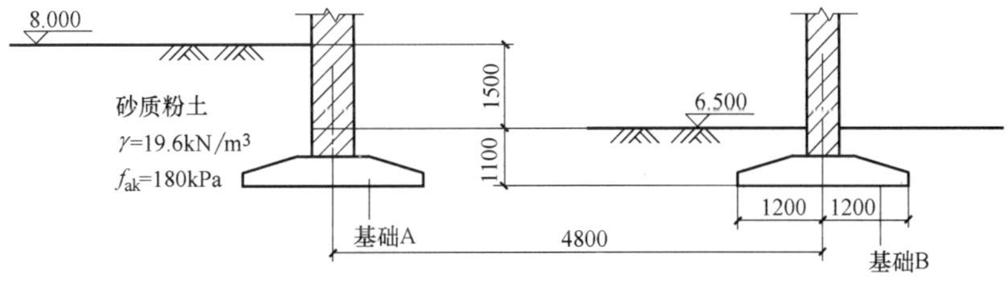

图 8.4.3-2

已知砂质粉土的黏粒含量为 6%。试问，基础 B 基底土体经修正后的承载力特征值（kPa），与下列何项数值最为接近？

(A) 180　　(B) 200　　(C) 220　　(D) 260

【答案】(B)

【解答】基础的埋置深度的选用，地下室采用条形基础，基础埋置深度从室内地面标

高算起。

由粉土的黏粒含量为6%，根据《地基》表5.2.4，地基承载力修正系数为 $\eta_b=0.5$，$\eta_d=2.0$。

因 $b=2.4\text{m}<3\text{m}$，无需进行宽度修正。基础埋置深度 $d=1.1\text{m}$，根据《地基》式(5.2.4)，得

$f_a=f_{aK}+\eta_b\gamma(b-3)+\eta_d\gamma_m(d-0.5)=180+2.0\times19.6\times(1.1-0.5)=203.5\text{kPa}$

故（B）正确。

【例 8.4.3-4】

某多层框架结构带一层地下室，采用柱下矩形钢筋混凝土独立基础，基础底面平面尺寸3.3m×3.3m，基础底绝对标高60.00m，天然地面绝对标高63.000m，设计室外地面绝对标高65.000m，地下水位绝对标高60.00m，回填土在上部结构施工后完成，室内地面绝对标高61.000m，基础及其上土的加权平均重度为20kN/m³，地基土层分布及相关参数如图8.4.3-3所示。

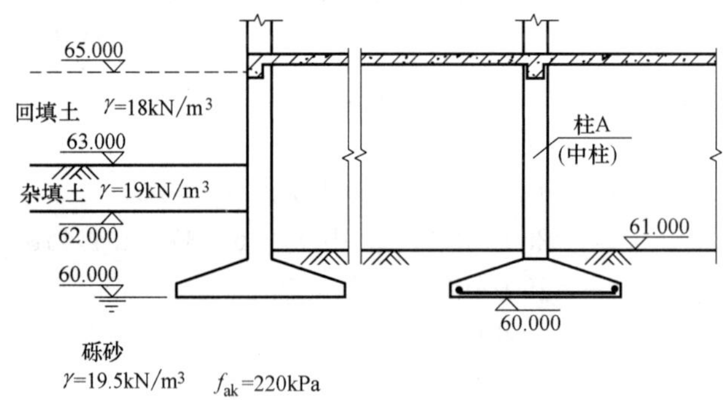

图 8.4.3-3

试问，柱A基础底面修正后的地基承载力特征值 f_a (kPa)，与下列何项数值最为接近？

(A) 270　(B) 350　(C) 440　(D) 600

【答案】(A)

【解答】

基础的埋置深度的选用，地下室采用独立基础，基础埋置深度从室内地面标高算起。

已知柱A基础宽3.3m，埋深1m，则基础宽度和深度都需要进行修正。因基底持力层为砾砂，查《地基》表5.2.4，可得基础宽度和埋深的地基承载力修正系数为 $\eta_b=3.0$，$\eta_d=4.4$，$\gamma_m=19.5\text{kN/m}^3$，

根据《地基》式(5.2.4)，得：

$$
\begin{aligned}
f_a&=f_{ak}+\eta_b\gamma(b-3)+\eta_d\gamma_m(d-0.5)\\
&=220+3.0\times(19.5-10)\times(3.3-3)+4.4\times19.5\times(1-0.5)\\
&=220+8.55+42.9=271.0\ (\text{kPa})
\end{aligned}
$$

故（A）正确。

【例 8.4.3-5】

筏板基础宽10m，埋置深度5m，地基下为厚层粉土层，地下水位在地面下20m处，

在基底标高上用深层平板载荷试验得到的地基承载力特征值 f_{ak} 为 200kPa，地基土的重度为 19kN/m^3。查表可得地基承载力修正系数 $\eta_b=0.3$。$\eta_d=1.5$，筏板基础基底均布压力为下列何项数值时刚好满足地基承载力的设计要求。

(A) 345kPa　　(B) 284kPa　　(C) 217kPa　　(D) 167kPa

【答案】(C)

【解答】根据《地基》第 5.2.4 条。

f_{ak} 为深层载荷试验测得的值，因此不需进行深度修正，只进行宽度修正；

$$f_a=f_{ak}+\eta_b\gamma(b-3)=200+0.3\times19\times(6-3)=217.1(\text{kPa})$$

筏板基础底面压力为 217.1kPa 时，满足承载力的要求。

答案为（C）。

2. 主裙楼一体结构的地基承载力特征值修正

《地基》"条文说明"指出

> **5.2.4**
>
> 目前建筑工程大量存在着主裙楼一体的结构，对于主体结构地基承载力的深度修正，宜将基础底面以上范围内的荷载，按基础两侧的超载考虑，当超载宽度大于基础宽度两倍时，可将超载折算成土层厚度作为基础埋深，基础两侧超载不等时，取小值。

【例 8.4.3-6】

某高层住宅楼与裙楼的地下结构相互连接，均采用筏板基础，基底埋深为室外地面下 10.0m。主楼住宅楼基底平均压力 $p_{k1}=260$kPa，裙楼基底平均压力 $p_{k2}=90$kPa，土的重度为 18kN/m^3，地下水位埋深 8.0m，住宅楼与裙楼长度方向均为 50m，其余指标如图 8.4.3-4 所示。

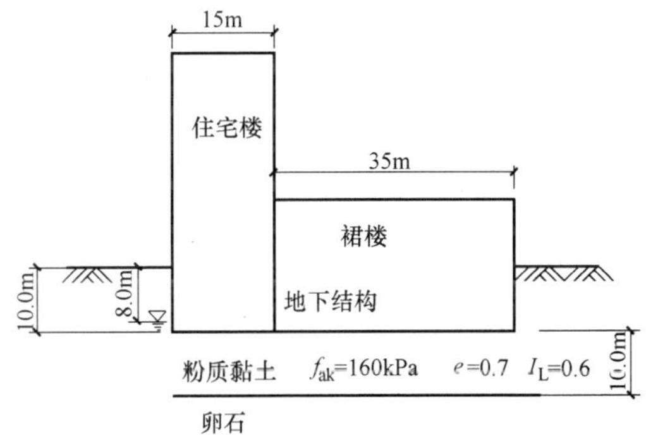

图 8.4.3-4

试计算修正后住宅楼地基承载力特征值最接近下列哪个选项？

(A) 299kPa　　(B) 307kPa　　(C) 319kPa　　(D) 410kPa

【答案】(A)

【解答】

本题考点是：主裙楼一体的结构，考虑裙楼荷载对主楼的影响，计算经深度与宽度修正后主楼的地基承载力特征值。

基础埋深内，土的平均重度 $\gamma_m=\dfrac{18\times8+(18-10)\times2}{10}=16\text{kN/m}^3$

主楼住宅楼宽 15m，裙楼宽 35m>2×15m

故基础埋深需计算超载折算为土层的厚度，所用的土的重度与其他地面土的重度取值相同，

即 $\gamma_m=16\text{kN/m}^3$，则裙楼折算成土层厚度 $d_i=90/16=5.63\text{m}$

住宅楼另一侧土的埋深为 10m，取二者小值，计算埋置深度 $d=5.63\text{m}$。

基础宽度 $b=15\text{m}>6\text{m}$，取 $b=6\text{m}$。

基底持力层为粉质黏土，$e=0.7$、$I_L=0.6$，基础宽度和埋深的地基承载力修正系数查规范表 5.2.4 得：

$$\eta_b=0.3,\ \eta_d=1.6$$

将参数代入公式（5.2.4）：

$$f_a=160+0.3\times(18-10)\times(6-3)+1.6\times16\times(5,63-0.5)=298.53\text{kPa}$$

3. 软弱下卧层层的地基承载力特征值修正

【例 8.4.3-7】

某多层工业砌体房屋，采用墙下钢筋混凝土条形基础，其埋置深为 1.2m，宽度 1.5m。场地土层分布如图 8.4.3-5 所示。地下水位标高为−1.2m。

试确定淤泥质土层顶面处经深度修正后的地基承载力设计值。与下列何项数值最为接近？

(A) 101.83kPa　　(B) 109.57kPa

(C) 112.02kPa　　(D) 120.53kPa

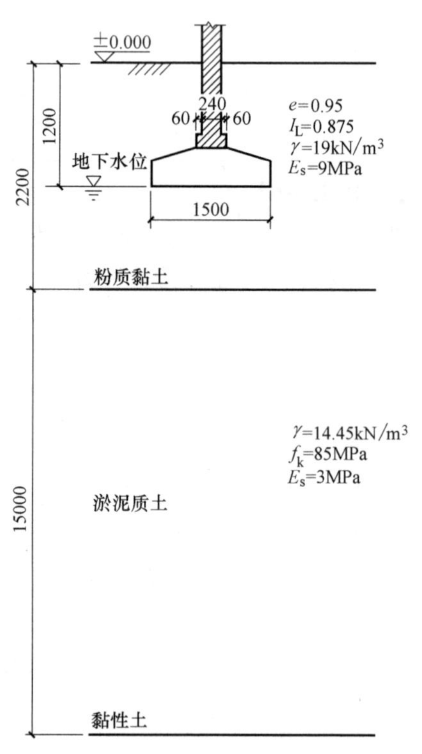

图 8.4.3-5

【答案】(B)

【解答】

对于淤泥质土，查《地基》表 5.2.4，地基承载力修正系数为 $\eta_b=0$，$\eta_d=1.0$

软弱下卧层顶面以上土的平均重度为

$$\gamma_m=\frac{19\times1.2+(19-10)\times1}{2.2}=14.45\text{kN/m}^3$$

根据《地基》式（5.2.4），得

$f_a=f_{ak}+\eta_d\gamma_m(d-0.5)=85+1\times14.45\times(2.2-0.5)=109.57\text{kPa}$

故（B）正确。

【例 8.4.3-8】

某高层住宅，采用筏板基础，筏板尺寸为 12m×50m；其地基基础设计等级为乙级。基础底面处相应于荷载效应标准组合时的平均压应力为 325kPa，地基土层分布如图

8.4.3-6 所示。

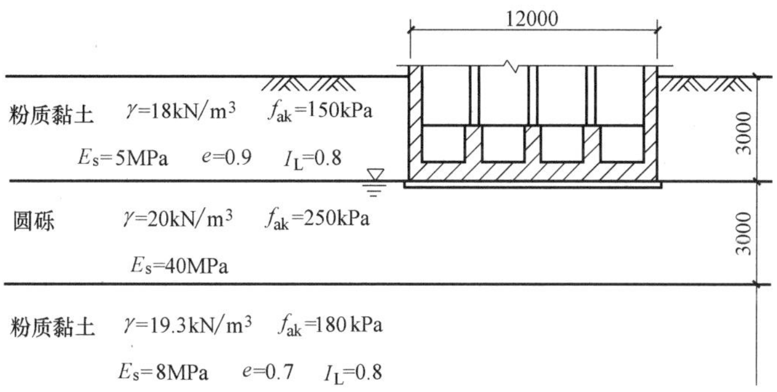

图 8.4.3-6

试问：软弱下卧层土在其顶面处修正后的天然地基承载力特征值（kPa），与下列何项数值最为接近？

(A) 190　　(B) 200　　(C) 230　　(D) 305

【答案】(D)

【解答】软弱下卧层土在其顶面以上土的加权平均重度为

$$\gamma_m=\frac{18\times3+(20-10)\times3}{6}=14\text{kN/m}^3$$

对于软弱下卧层处的粉质黏土，$e=0.7$，$I_L=0.8$，均小于 0.85，查《地基》表 5.2.4，地基承载力修正系数为可 $\eta_b=0.3$，$\eta_d=1.6$。5.2.7 条仅深度修正

基础宽度大于 6m，取 6m。根据《地基》式（5.2.4），得

$$f_a-f_{ak}+\eta_b\gamma(b-3)+\eta_d\gamma_m(d-0.5)$$
$$=180+1.6\times14\times(6-0.5)$$
$$=180+123.2=303.2\text{kPa}$$　故（D）正确。

四、根据土的抗剪强度指标确定地基承载力特征值

《地基》规定

5.2.5 当偏心距 e 小于或等于 0.033 倍基础底面宽度时，根据土的抗剪强度指标确定地基 承载力特征值可按下式计算，并应满足变形要求：

$$f_a=M_b\gamma b+M_d\gamma_m d+M_c c_k \tag{5.2.5}$$

式中　f_a——由土的抗剪强度指标确定的地基承载力特征值（kPa）；

M_b、M_d、M_c——承载力系数，按表 5.2.5 确定；

b——基础底面宽度（m），大于 6m 时按 6m 取值，对于砂土小于 3m 时按 3m 取值；

c_k——基底下一倍短边宽度的深度范围内土的黏聚力标准值（kPa）。

承载力系数 M_b、M_d、M_c 表 5.2.5

土的内摩擦角标准值 φ_k(°)	M_b	M_d	M_c	土的内摩擦角标准值 φ_k(°)	M_b	M_d	M_c
0	0	1.00	3.14	22	0.61	3.44	6.04
2	0.03	1.12	3.32	24	0.80	3.87	6.45
4	0.06	1.25	3.51	26	1.10	4.37	6.90
6	0.10	1.39	3.71	28	1.40	4.93	7.40
8	0.14	1.55	3.93	30	1.90	5.59	7.95
10	0.18	1.73	4.17	32	2.60	6.35	8.55
12	0.23	1.94	4.42	34	3.40	7.21	9.22
14	0.29	2.17	4.69	36	4.20	8.25	9.97
16	0.36	2.43	5.00	38	5.00	9.44	10.80
18	0.43	2.72	5.31	40	5.80	10.84	11.73
20	0.51	3.06	5.66				

注：φ_k—基底下一倍短边宽度的深度范围内土的内摩擦角标准值（°）。

【例 8.4.4-1】

某条形基础宽 2.5m，埋深 2.0m，土层分布 0～1.5m 为填土，$\gamma=17\text{kN/m}^3$；1.5～7.5m 为细砂，$\gamma=19\text{kN/m}^3$，$c_k=0$，$\varphi_k=30°$。地下水位地面下 1.0m，试计算地基承载力特征值。

【解答】 地基土的内摩擦角标准值 $\varphi_k=30°$，查《地基》表 5.2.5，承载力系数为

$$M_b=1.9,\ M_d=5.59,\ M_c=7.95$$

根据《地基》式（5.2.5），得

$$\gamma_m=\frac{1.0\times17+0.5\times7+0.5\times9}{2}=12.5\text{kN/m}^3$$

根据《地基》条形基础处于砂土中、小于 3m 处取 3m，

$$f_a=M_b\gamma_b b+M_d\gamma_m d+M_c C_k$$
$$=1.9\times9\times3.0+5.59\times12.5\times2.0+7.95\times0=191.05\text{kPa}$$

【例 8.4.4-2】

已知某基础宽度 $b=2.50\text{m}$，埋置深度 $d=1.50\text{m}$，基础底面处偏心距 $e=0.08\text{m}$。基础持力层为黏土，其重度 $\gamma=18.5\text{kN/m}^3$，基础底面以上土的加权平均重度 $\gamma_m=17.6\text{kN/m}^3$。黏土的内摩擦角标准值 $\varphi_k=22°$，基础底面以下一倍基宽深度内土的黏聚力标准值 $c_k=20\text{kN/m}^2$；地下水位在地面以下 1.50m 处。当根据土的抗剪强度指标确定该地基承载力特征值 f_a 时，试指出 f_a 应为下列何项数值？

(A) 224.58kN/m²　　(B) 236.96kN/m²

(C) 239.56kN/m²　　(D) 252.21kN/m²

【答案】(A)

【解答】

(1) 确定承载力系数

基础持力层黏土的内摩擦角标准值 $\varphi_k=22°$，查《地基》表 5.2.5，承载力系数为 $M_b=0.61$，$M_d=3.44$，$M_c=6.04$。

(2) 偏心距的判断

e=0.08<0.033b=0.0825，满足公式的适用条件。

(3) 确定地基承载力特征值

根据《地基》式（5.2.5），得

$f_a = M_b\gamma b + M_d\gamma_m d + M_c C_k$

$= 0.61\times(18.5-10)\times 2.5 + 3.44\times 17.6\times 1.5 + 6.04\times 20 = 224.58\text{kPa}$

故（A）正确。

【例 8.4.4-3】

某框架结构，1层地下室，室外与地下室室内地面高程分别为16.2m和14.0m（图8.4.4-1）。拟采用柱下方形基础，基础宽度2.5m，基础埋深在室外地面以下3.0m。室外地面以下厚1.2m人工填土，$\gamma=17\text{kN/m}^3$；填土以下为厚7.5m的第四纪粉土，黏聚力$c_k=18\text{kPa}$，内摩擦角$\varphi_k=24°$，土重度$\gamma=19\text{kN/m}^3$。场区未见地下水。根据土的抗剪强度指标确定的地基承载力特征值最接近下列哪个选项的数值？

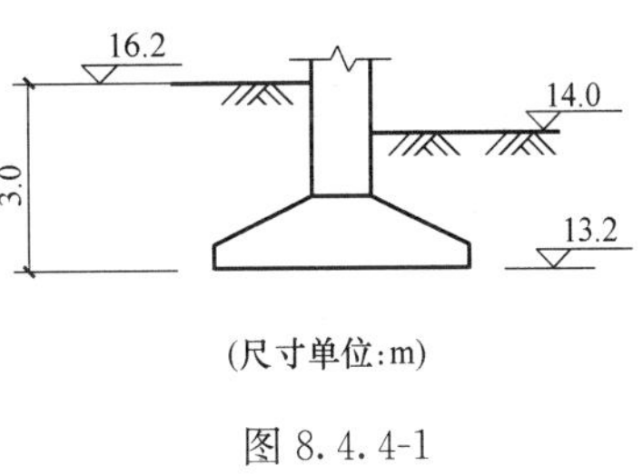

(尺寸单位:m)

图8.4.4-1

(A) 170kPa　　(B) 190kPa　　(C) 210kPa　　(D) 230kPa

【答案】(C)

【解答】基础持力层粉土的内摩擦角标准值$\varphi_k=24°$，

查《地基》表5.2.5，承载力系数为

$M_b=0.8$，$M_d=3.87$，$M_c=6.45$。

基础底面以上土的平均重度为

$$\gamma_m = \frac{0.8\times 19}{0.8} = 19\text{kN/m}^3$$

基础埋置深度从室内地面算起为0.8m，根据《地基》式（5.2.5）得

$f_a = M_b\gamma b + M_d\gamma_m d + M_c c_k = 0.8\times 19\times 2.5 + 3.87\times 19\times 0.8 + 6.45\times 18 = 212.9\text{kPa}$

五、岩石地基承载力

《地基》规定

> **5.2.6** 对于完整、较完整、较破碎的岩石地基承载力特征值可按本规范附录H岩石地基载荷试验方法确定；对破碎、极破碎的岩石地基承载力特征值，可根据平板载荷试验确定。对完整、较完整和较破碎的岩石地基承载力特征值，也可根据室内饱和单轴抗压强度按下式进行计算：
>
> $$f_a = \psi_r f_{rk} \qquad (5.2.6)$$
>
> 式中　f_a——岩石地基承载力特征值（kPa）；
>
> 　　　f_{rk}——岩石饱和单轴抗压强度标准值（kPa），可按本规范附录J确定；

ψ_r——折减系数。根据岩体完整程度以及结构面的间距、宽度、产状和组合，由地方经验确定。无经验时，对完整岩体可取 0.5；对较完整岩体可取 0.2～0.5；对较破碎岩体可取 0.1～0.2。

注：1. 上述折减系数值未考虑施工因素及建筑物使用后风化作用的继续。

2. 对于黏土质岩，在确保施工工期及使用期不致遭水浸泡时，也可采用天然湿度的试样，不进行饱和处理。

【例 8.4.5-1】

某多层框架结构，采用桩基础，土层条件如图 8.4.5-1 所示。

假定采用嵌岩灌注桩基础，桩底无沉渣，桩端下无软弱夹层、断裂带和洞穴，岩石饱和单轴抗压强度标准值为 5MPa，岩体坚硬、完整。

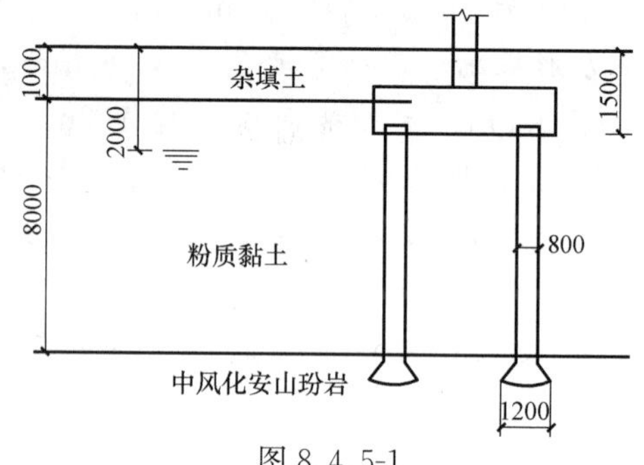

图 8.4.5-1

试问，桩端岩石承载力特征值（kPa）最接近于下列何项数值？

(A) 6000　　(B) 5000

(C) 4000　　(D) 2500

提示：① 在基岩埋深不太大的情况下，常将大直径灌注桩穿过全部覆盖层嵌入基岩，即为嵌岩灌注桩。

② 此题只计算桩端阻力。

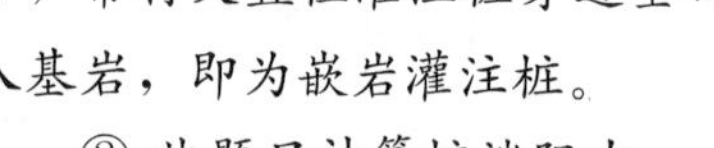

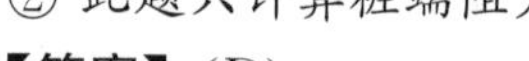

【答案】(D)

【解答】根据《地基》5.2.6 条的规定，对完整岩体，折减系数取 $\psi_r=0.5$

根据《地基》式 (5.2.6)，有

$$f_a=\psi_r\times f_{rk}=0.5\times5000=2500\text{kPa}$$

故 (D) 正确。

六、地基承载力计算

1. 基础底面的承载力计算

《地基》规定

5.2.1 基础底面的压力，应符合下列规定：

1 当轴心荷载作用时

$$p_k\leqslant f_a \tag{5.2.1-1}$$

式中 p_k——相应于作用的标准组合时，基础底面处的平均压力值（kPa）；

f_a——修正后的地基承载力特征值（kPa）。

2 当偏心荷载作用时，除符合式（5.2.1-1）要求外，尚应符合下式规定：

$$p_{max} \leqslant 1.2 f_a \qquad (5.2.1\text{-}2)$$

式中 p_{max}——相应于作用的标准组合时，基础底面边缘的最大压力值（kPa）。

【例 8.4.6-1】

某多层砖混结构，条形基础埋深 1.5m，基础预面竖向荷载标准值 $F_k=214$kN/m，基础底面处土的承载力特征值 $f_a=170$kPa。基础自重和基础上的土重加权平均重度为 $\gamma_G=20$kN/m^3。则该基础的计算宽度最接近下列何项数值？

（A）1.15m （B）1.38m （C）1.53m （D）1.70m

【答案】（C）

【解答】根据《地基》式（5.2.1-1）：

$$p_k \leqslant f_a$$

和《地基》式（5.2.2-1）：

$$p_k=\frac{F_k+G_k}{A}$$

两个公式合并，变形之后有

$$b=\frac{F_k}{f_a-\gamma_G d}=\frac{214}{170-20\times1.5}=1.53\text{m}$$

故（C）正确。

【例 8.4.6-2】

条形基础宽度为 3.6m，基础自重和基础上的土重为 $G_k=100$kN/m，上部结构传至基础顶面的竖向力标准值 $F_k=200$kN/m。F_k+G_k合力的偏心距为 0.4m，修正后的地基承载力特征值至少要达到下列哪个选项的数值时才能满足承载力验算要求？

（A）68kPa （B）83kPa （C）116kPa （D）139kPa

【答案】（C）

【解答】根据《地基》5.2.1 条，地基承载力应满足下式要求，即

$$p_k \leqslant f_a \text{和} p_{kmax} \leqslant 1.2 f_a$$

根据《地基》式（5.2.2-1），基底平均压力为

$$p_k=\frac{F_k+G_k}{b}=\frac{200+100}{3.6}=83.3\text{kPa}$$

根据《地基》式（5.2.2-2），基底最大压力为

$$p_{kmax}=\frac{F_k+G_k}{b}\left(1+\frac{6e}{b}\right)=83.3\times\left(1+\frac{6\times0.4}{3.6}\right)=138.8\text{kPa}$$

由 $p_k \leqslant f_a$ 得修正后的地基承载力特征值 $f_{a1} \geqslant p_k=83.3$kPa

由 $p_{kmax} \leqslant 1.2 f_a$得，地基承载力特征值 $f_{a2} \geqslant 115.7$kPa，两者取大值。

【例 8.4.6-3】

条形基础宽度为 3.6m，合力偏心距为 0.8m。基础自重和基础上的土重为 100kN/m 相应于荷载效应标准组合时上部结构传至基础顶面的竖向力值为 260kN/m，修正后的地基承载力特征值至少要达到下列何项数值时，才能满足承载力验算要求。

（A）120kPa （B）200kPa （C）240kPa （D）288kPa

【答案】（B）

【解答】

根据《地基》式（5.2.2-1），基底压力

$$p_k=\frac{F_k+G_k}{A}=\frac{260+100}{3.6\times1}=100\text{kPa}$$

因为 $e=0.8\text{m}>b/6=3.6/6=0.6\text{m}$

根据《地基》5.2.2条3款

$$p_{kmax}=\frac{2(F_k+G_k)}{3aL}=\frac{2\times(260+100)}{3\times(1.8-0.8)\times1}=240\text{kPa}$$

①$f_a\geqslant p_k=100\text{kPa}$ ②$1.2f_a\geqslant p_{kmax}=240\text{kPa}$ $f_a\geqslant200\text{kPa}$

两者取大值，选（B）。

【例8.4.6-4】

条形基础宽度3m，基础埋深2.0m，基础底面作用有偏心荷载，偏心距0.6m。已知深宽修正后的地基承载力特征值为200kPa，作用至基础底面的最大允许总竖向压力最接近下列哪个选项？

（A）200kN/m （B）270kN/m （C）324kN/m （D）600kN/m

【答案】（C）

【解答】基础单位长度土的重力为

$$G_k=3\times2\times20=120\text{kN/m}$$

（1）按偏心荷载作用下 $p_{kmax}\leqslant1.2f_a$ 验算：

根据《地基》5.2.2条的规定，偏心距的判断

$$e=0.6\text{m}>b/6=3/6=0.5\text{m}$$

根据《地基》式（5.2.2-4）和式（5.2.1-2），有

$$p_{kmax}=\frac{2(F_k+G_k)}{3la}$$

$$p_{max}\leqslant1.2f_a=1.2\times200=240\text{kPa}$$

将以上两式合并，有

$$\frac{2(F_k+G_k)}{3la}=240\quad\frac{2(F_k+120)}{3\times1\times(1.5-0.6)}=240\quad F_k=204\text{kN/m}$$

所以作用至基础顶的竖向力为204kN/m，作用至基础底的竖向力为 $F_k+G_k=(240\times2.7)/2=324\text{kN/m}$。（按三角形面积计算）或 $F_k+G_k=204+120=324\text{kN/m}$

（2）按 $p_k\leqslant f_a$ 验算

$$(F_k+G_k)/A<f_a$$

$$N/(3\times1)\leqslant200,\ N\leqslant600\text{kN},\ \text{取}\ N=324\text{kN/m}。$$

答案为（C）。

【例8.4.6-5】

作用于高层建筑基础底面的总的竖向力 $F_k+G_k=120\text{MN}$，基础底面积为30m×10m，荷载重心与基础底面形心在短边方向的偏心距为1.0m，修正后的地基承载力特征值 f_a 至少应不小于下列哪个选项数值才能满足地基承载力验算的要求？

（A）250kPa （B）350kPa （C）460kPa （D）540kPa

【答案】（D）

【解答】

根据《地基》第 5.2.2 条

$$p_k=\frac{F_k+G_k}{A}=\frac{120\times10^3}{30\times10}=400\text{kPa}$$

$e=1.0$，$b/6=10/6=1.67$　则 $e<b/6$

$$p_{kmax}=p_k+\frac{M}{W}=400+\frac{120\times10^3\times1}{\frac{30\times10^2}{6}}=640\text{kPa}$$

由 $p_k\leqslant f_a$ 得：$f_a\geqslant400\text{kPa}$

由 $p_{kmax}\leqslant1.2f_a$ 得：$f_a\geqslant p_{kmax}/1.2=640/1.2=533.3\text{kPa}$　答案（D）正确。

【例 8.4.6-6】

条形基础宽度为 3.0m，由上部结构传至基础底面的最大边缘压力为 80kPa，最小边缘压力为 0。基础埋置深度 2.0m，基础及台阶上土自重的平均重度为 20kN/m^3 则下列论述中何项是错的？

（A）计算基础结构内力时，基础底面压力的分布符合小偏心（$e\leqslant b/6$）的规定

（B）按地基承载力验算基础底面尺寸时，基础底面压力分布的偏心已经超过了现行《地基》中根据土的抗剪强度指标确定地基承载力特征值的规定

（C）作用于基础底面上的合力为 240kN/m

（D）考虑偏心荷载时，地基承载力特征值应不小于 120kPa 才能满足设计要求

【答案】（D）

【解答】

（1）求基底压力的偏心距

根据《地基》计算。

$$G_k=b\cdot l\cdot d\gamma_m=3\times1\times2\times20=120(\text{kN/m})(l\text{ 取单位长度1m})$$

$p_{kmax}=80+G_k/3=80+120/3=120\ (\text{kPa})$　　$p_{kmin}=0+G_k/3=0+120/3=40\ (\text{kPa})$

$$F_k=1/2\times(80+0)\times3=120\ (\text{kN/m})$$

$$F_k+G_k=120+120=240\ (\text{kN/m})$$

因为上部结构的荷载 F_k 产生的基底边缘应力为 80kPa 和 0kPa 的三角形分布，所以 F_k 的作用点在 2/3 边长处，即 3m 的 2/3 处为 2m。基础及台阶上土自重的平均重度产生的荷载作用在基础中心，即 $b/2=1.5\text{m}$ 求两个荷载的合力距基础边缘的距离为：

$$X=(F_k\times2\text{m}+G_k\times1.5\text{m})/(F_k+G_k)=(120\times2+120\times1.5)/240=1.75\text{m}$$

$$e=X-b/2=1.75-3/2=0.25\text{m}$$

满足 $e\leqslant b/6=0.5$　（A）正确

（2）确定地基承载力特征值

$e=0.25\text{m}\geqslant0.033b=0.099\ (\text{m})$ 已不满足《地基》5.2.5 条的规定。不能用土的抗剪强度指标确定地基承载力特征值。所以（B）正确。

（3）求基础底面上的合力

$G_k=120\ (\text{kN/m})$，$F_k=120\ (\text{kN/m})$，$F_k+G_k=120+120=240\ (\text{kN/m})$

（C）正确

(4) 根据基底压力，确定地基承载力特征值

根据《地基》5.2.1条

轴心受压时

$$p_k = 1/2\times(p_{kmax}+p_{kmin}) = 1/2\times(120+40) = 80(\text{kPa}) \leqslant f_a = 80\text{kPa}$$

偏心受压时

$p_{kmax} \leqslant 1.2f_a$　$f_a \geqslant p_{kmax}/1.2 = 120/1.2 = 100$（kPa）两者取大值，$f_a = 100$kPa，即考虑偏心荷载时，地基承载力特征值不小于100kPa就能满足设计要求。因此（D）错误。

【例8.4.6-7】

某多层建筑，设计拟选用条形基础，天然地基，基础宽度2.0m，地层参数见下表，地下水位埋深10m，原设计基础埋深2m时，恰好满足承载力要求。因设计变更，上部结构荷载将增加50kN/m，保持基础宽度不变，根据《地基》，估算变更后满足承载力要求的基础埋深最接近下列哪个选项？

层号	层底埋深(m)	天然重度(kN/m³)	土的类别
①	2.0	18	填土
②	10.0	18	粉土(黏粒含量为8%)

(A) 2.3m　　(B) 2.5m　　(C) 2.7m　　(D) 3.4m

【答案】 D

【解答】

基础埋深增加后与原基础处于同一土层中，故采用同一承载力修正系数。

根据《地基》表5.2.4，黏粒含量8%（<10%）的粉土，承载力修正系数为：

$$\eta_b = 0.5 \qquad \eta_d = 2.0$$

基础宽度不变$b=2$m，基础由埋深2m增加埋深为d，其地基承载力特征值分别为

(1) 埋深2m时修正后的地基承载力特征值：

$$b \leqslant 2\text{m}，取 b=3\text{m}$$

$f_{a1} = f_{ak} + \eta_b\gamma(b-3) + \eta_d\gamma_m(d-5)$

$= f_{ak} + 0.5\times20\times(3-3) + 2.0\times18\times(2.0-0.5) = f_{ak}+54$

(2) 埋深d时修正后的地基承载力特征值：

$b \leqslant 2$m，取$b=3$m

$f_{a2} = f_{ak} + \eta_b\gamma(b-3) + \eta_d\gamma_m(d-0.5)$

$= f_{ak} + 0.5\times20\times(3-3) + 2.0\times18\times(d-0.5) = f_{ak}+36(d-0.5)$

(3) 基础宽度不变$b=2$m，埋深由2m增加到d；埋深增加时，基础及其上土的自重也相应增加。

基础及其上土自重的增量为$\Delta G_k = 20\times b(d-2) = 20\times2(d-2) = 40d-80$

上部荷载增加50kN/m时基底的压力增量为$50+\Delta G$，

则：$b(f_{a2}-f_{a1}) = 50+\Delta G$；

代入上式得：$2\times[f_{ak}+36(d-0.5)-(f_{ak}+54)] = 50+(40d-80)$

求解得：$d=3.56$m，选项为（D）。

2. 软弱下卧层的承载力验算

《地基》规定

> **5.2.7** 当地基受力层范围内有软弱下卧层时，应符合下列规定：
>
> **1** 应按下式验算软弱下卧层的地基承载力：
>
> $$p_z + p_{cz} \leqslant f_{az} \qquad (5.2.7\text{-}1)$$
>
> 式中：p_z——相应于作用的标准组合时，软弱下卧层顶面处的附加压力值（kPa）；
>
> p_{cz}——软弱下卧层顶面处土的自重压力值（kPa）；
>
> f_{az}——软弱下卧层顶面处经深度修正后的地基承载力特征值（kPa）。

【例 8.4.6-8】

钢筋混凝土墙下条形基础，基础剖面及土层分布如图 8.4.6-1 所示。上部结构荷载在每延米长度基础底面处相应于正常使用极限状态下荷载效应的标准组合的平均压力值为 250kN，土和基础的加权平均重度为 20kN/m³，地基压力扩散角取 $\theta=12°$。

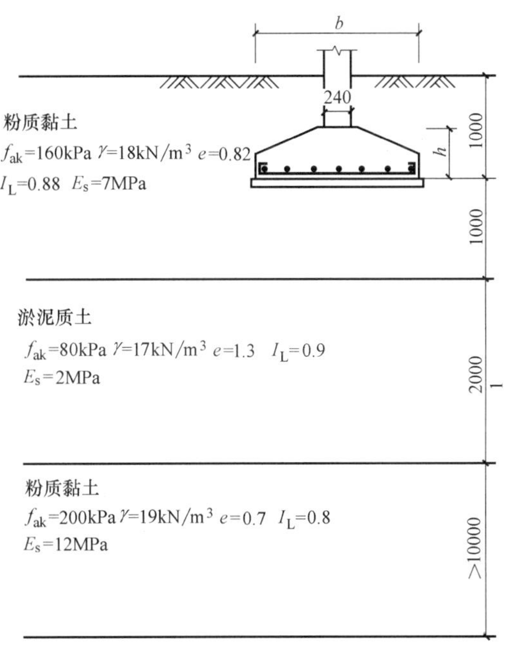

图 8.4.6-1

试问，按地基承载力确定的条形基础宽度 b（mm），最小不应小于下列何项数值？

（A）1800　　（B）2500　　（C）3200　　（D）3800

【答案】（C）

【解答】 确定基础宽度时，需满足两方面要求，满足基底持力层承载力要求和满足软弱下卧层承载力要求。

（1）满足基底持力层承载力要求，

由地基持力层的液性指数 $I_L=0.88>0.85$，查《地基》表 5.2.4，地基承载力修正系

数为 $\eta_b=0$，$\eta_d=1$。

由于 $\eta_b=0$，无须考虑地基宽度。根据《地基》式（5.2.5），

$$f_{az}=f_{ak}+\eta_b\gamma(b-3)+\eta_d\gamma_m(d-0.5)=160+1\times18\times(1-0.5)\text{kPa}=169\text{kPa}$$

根据《地基》式（5.2.1-1）和式（5.2.2-1）规定有

$$b\geqslant\frac{F_k}{f_a-\gamma_G d}=\frac{250}{169-20\times1.0}=1.68\text{m}$$

（2）由于存在软弱下卧层，需满足软弱下卧层承载力要求。

对下卧层淤泥质土，查《地基》表5.2.4，地基承载力修正系数为

$$\eta_b=0，\eta_d=1$$

根据《地基》式（5.2.4），进行深度修正，得 $f_{az}=80+1\times18\times(2-0.5)\text{kPa}=107\text{kPa}$

根据《地基》5.2.7条，软弱下卧层顶面处土的自重压力值为 $p_{cz}=18\times2=36\text{kPa}$

条形基础取1m长计算，则基底压力为 $p_k=250/b+20\times1$

基底自重应力为 $p_c=18\times1=18\text{kPa}$

综合《地基》式（5.2.7-1）和式（5.2.7-2），

即 $p_z+p_{cz}\leqslant f_{az}$ 和 $p_z=\dfrac{b(p_k-p_c)}{b+2z\tan\theta}$ 可得 $\dfrac{b(p_k-p_c)}{b+2z\tan\theta}\leqslant f_{az}-p_{cz}$

已知地基压力扩散角代入为 $\theta=12°$，代入上式得

$$\frac{b\left(\dfrac{250}{b}+20-18\right)}{b+2\times1\times\tan 12}\leqslant107-36$$

解得 $b\geqslant3.18\text{m}$

故（C）正确。

【例8.4.6-9】

某老建筑物采用条形基础，宽度2.0m，埋深2.5m，拟增层改造，探明基底以下2.0m深处下卧淤泥质粉土，$f_{ak}=90\text{kPa}$，$E_s=3\text{MPa}$，如图8.4.6-2所示，已知上层土的重度为18kN/m³，基础及其上土的平均重度为20kN/m³，地基承载力特征值 $f_{ak}=160\text{kPa}$，无地下水，试问基础顶面所允许的最大竖向力 F_k 与下列哪个选项最接近？

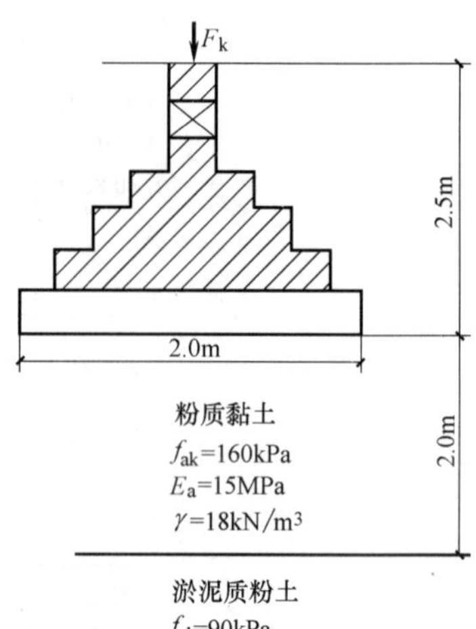

图8.4.6-2

（A）180kN/m　（B）300kN/m　（C）320kN/m　（D）340kN/m

【答案】（B）

【解答】

（1）根据《地基》第5.2.4条、第5.2.7条。

上层土承载力验算：

$$\begin{aligned}f_{a上}&=f_{ak上}+\eta_b\gamma(b-3)+\eta_d\gamma_m(d-0.5)\\&=160+0+1.6\times18\times(2.5-0.5)\\&=217.6\ (\text{kPa})\end{aligned}$$

（2）无偏心荷载所以 p_k 应满足：

$$p_k=\frac{F_k+G_k}{A}\leqslant f_{a上}$$

$$F_k\leqslant f_{a上}A-G_k=217.6\times2\times1-2.5\times2\times1\times20=335.2(\text{kN})$$

（3）下层土的承载力验算：

$$f_{az}=f_{ak}+\eta_d\gamma_m(z-0.5)=90+1.0\times18\times(4.5-0.5)=162(\text{kPa})$$

$E_{s1}/E_{s2}=15/3=5$，$z/b=2/2=1>0.5$，取 $\theta=25°$

$$p_z+p_{cz}\leqslant f_{az}$$

$$\frac{b(p_k-p_c)}{b+2z\tan\theta}+\gamma_m(d+Z)\leqslant f_{az}$$

$$\frac{2(p_k-2.5\times18)}{2+2\times2\tan25°}+18\times(2.5+2)\leqslant162\text{kPa}$$

得出：$p_k\leqslant201.54\text{kPa}$，即 $(F_k+G_k)/A\leqslant201.54\text{kPa}$

$$\frac{F_k+2\times2.5\times1\times20}{2\times1}\leqslant201.54$$

$$F_k\leqslant303.08\text{kPa}$$

答案（B）正确。

【例 8.4.6-10】

某条形础的原设计基础宽度为 2m，图 8.4.6-3 上部结构传至基础顶面的竖向力 F_k 为 320kN/m。后发现在持力层以下有厚度 2m 的淤泥质土层，地下水水位埋深在室外地面以下 2m，淤泥质土层顶面处的地基压力扩散角为 23°，基础结构及其上土的平均重度按 20 kN/m³ 计算，根据软弱下卧层验算结果重新调整后的基础宽度最接近下列何项数值才能满足要求？

（注：基础结构及土的重度都按 19kN/m³ 考虑。）

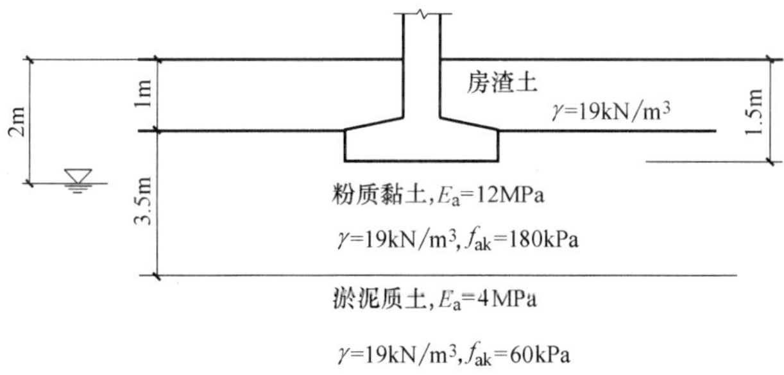

图 8.4.6-3

（A）2.0m　　（B）2.5m　　（C）3.5m　　（D）4.0m

【答案】（C）

【解答】

根据《地基》第 5.2.4 条

$$p_{cz}=2\times19+2.5\times9=60.5\text{kPa}$$

$$f_{az}=f_{ak}+\eta_d\gamma_m(d-0.5)=60+1.0\times\frac{(2\times19+2.5\times9)}{4.5}\times(4.5-0.5)$$

$$=60+53.8=113.8\text{kPa}$$

根据《地基》第5.2.7条

已知压力扩散角23°，按原设计基础宽度2m验算下卧层为

$$p_z+p_{cz}=\frac{2\times(320/2+1.5\times19-1.5\times19)}{2+2\times3\tan 23^\circ}+60.5$$

$=70.38+60.5=130.88\text{kPa}>f_{az}=113.8\text{kPa}$，说明原基础 $b=2\text{m}$ 不能满足要求

$$p_z=f_{az}-p_{cz}=113.8-60.5=\frac{b\times(320/b+1.5\times19-1.5\times19)}{b+2\times3\times\tan 23^\circ}=53.3\text{kPa}$$

$b=3.46\text{m}$

8.5 地基变形计算

一、土的压缩与变形的控制

1. 土的压缩性

地基承受荷载后，土粒相互挤紧，因而引起地基土的压缩变形，这种性质叫作土的压缩。

地基内由增加应力引起的应力-应变随时间变化的全过程（包括最终变形）叫作地基固结。

土的压缩变形主要有两个特点：

① 土的压缩主要是由于土颗粒之间产生相对移动而靠拢，使土中孔隙体积减小，孔隙中的水或气体在外力作用下会沿着土中孔隙排出，从而引起土体积减小而发生压缩。

② 由于孔隙水排出而引起的压缩对于饱和黏性土来说是需要时间的，土随时间增长的压缩过程称为土的固结。

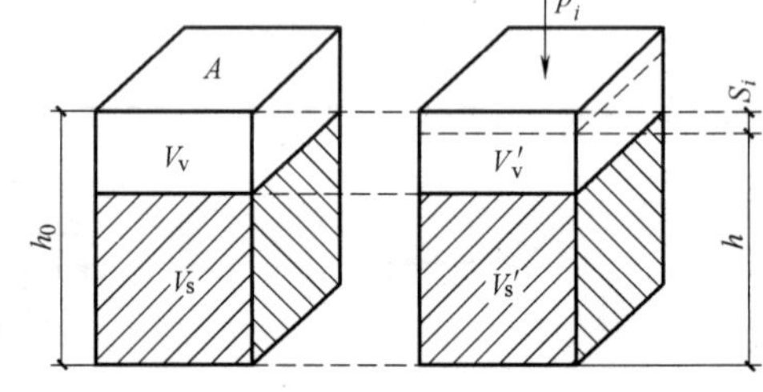

图8.5.1-1

（1）压缩曲线

室内侧限压缩试验（亦称固结试验）是研究土的压缩性最基本的方法。侧限压缩试验的特点表示在图8.5.1-1中，即土样高度的应变等于其体积应变。

《地基》对室内侧限压缩试验的方法、加压范围和成果表示有明确规定。

> **4.2.5** 土的压缩性指标可采用原状土室内压缩试验、原位浅层或深层平板载荷试验、旁压试验确定，并应符合下列规定：
>
> **1** 当采用室内压缩试验确定压缩模量时，试验所施加的最大压力应超过土自重压力与预计的附加压力之和，试验成果用 e-p 曲线表示；

把各级压力与其相应的稳定孔隙比之间的关系曲线，叫作压缩曲线，或简称 e-p 曲线（图 8.5.1-2）。该曲线具有如下特点：非线性、弹塑性、只有体缩，没有体胀、曲线陡缓代表压缩性大小，反映了土的压缩特性。不同的土，压缩曲线的形状不同，曲线陡者，表示压力变化时孔隙比变化大，即土的压缩性大；反之，压缩性小。因此，可用土的压缩曲线的斜率来衡量土的压缩性。

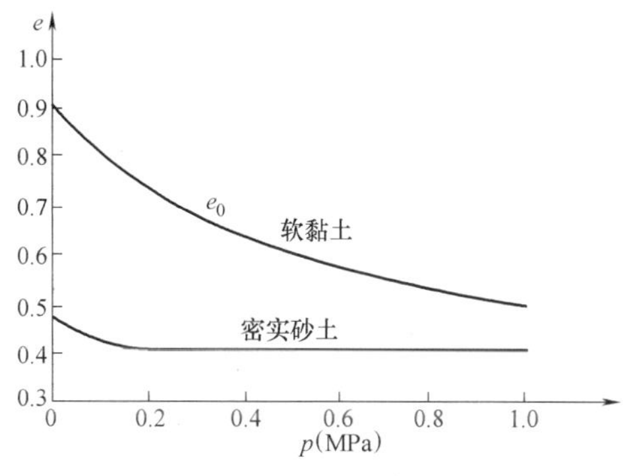

图 8.5.1-2　e-p 曲线

（2）压缩系数 α

如图 8.5.1-3 所示的 e-p 曲线，设压力由 p_1增至 p_2，相应的孔隙比由 e_1减小到 e_2，土的压缩性可用这一段压力范围的割线的斜率 α 来表示，a 称为压缩系数（$\mathrm{MPa^{-1}}$）。

$$a=\frac{e_1-e_2}{p_2-p_1}\ (\mathrm{MPa^{-1}})$$

式中　p_1，p_2——固结压力；

e_1，e_2——相应于 p_1、p_2时的孔隙比。

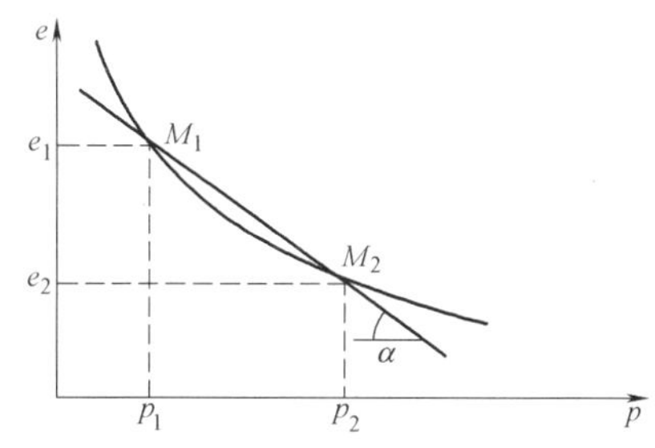

图 8.5.1-3　e-p 曲线

土的压缩系数并不是常数，而是随压力 p_1、p_2 的大小改变而变化，压缩系数越小，土的压缩性就越小。

为了便于比较，一般采用压力间隔 $p_1=100\mathrm{kPa}$ 至 $p_2=200\mathrm{kPa}$ 时对应的压缩系数 $\alpha_{1\text{-}2}$来评价土的压缩性。《地基》4.2.5 条规定了具体的评价标准。

《地基》规定

> **4.2.6**　地基土的压缩性可按 p_1 为 100kPa，p_2 为 200kPa 时相对应的压缩系数值 $a_{1\text{-}2}$ 划分为低、中、高压缩性，并符合以下规定：
>
> **1**　当 $a_{1\text{-}2}<0.1\mathrm{MPa^{-1}}$时，为低压缩性土；
>
> **2**　当 $0.1\mathrm{MPa^{-1}}\leqslant a_{1\text{-}2}<0.5\mathrm{MPa^{-1}}$时，为中压缩性土；
>
> **3**　当 $a_{1\text{-}2}\geqslant 0.5\mathrm{MPa^{-1}}$时，为高压缩性土。

【例 8.5.1-1】

某房屋场地土持力层为黏性土，其压缩系数 $a_{1\text{-}2}=0.56\mathrm{MPa^{-1}}$，该土层应属下列何类土？

(A)非压缩性　　(B)低压缩性　　(C)中压缩性　　(D)高压缩性

【答案】(D)

【解答】根据《地基》4.2.6 条的规定，利用压缩系数来判断土的压缩性为

$a_{1\text{-}2}=0.56\mathrm{MPa^{-1}}>0.5\mathrm{MPa^{-1}}$ 为高压缩性土。

故(D)正确。

【例 8.5.1-2】

对某土层取出的标准土样进行压缩-固结试验后,得到的试验成果见表 8.5.1-1。

表 8.5.1-1

压力 p/kPa	0	50	100	200	400	600
孔隙比 e	1.343	1.228	1.151	1.049	0.927	0.855

试问,该土层的压缩性应为下列何项所示?

(A)高压缩性　　(B)中压缩性　　(C)低压缩性　　(D)无法判断

【答案】(A)

【解答】根据土的压缩系数 $a_{1\text{-}2}$ 定义,指的是当压力分别为 100kPa 和 200kPa 时,对应的孔隙比之差与压力差的比值,计算如下

$$a_{1\text{-}2}=\frac{1.151-1.049}{200-100}\times10^{3}=1.02\text{MPa}^{-1}$$

根据《地基》4.2.6 条的规定

$a_{1\text{-}2}=1.02\text{MPa}^{-1}>0.5\text{MPa}^{-1}$ 为高压缩性大。

故(A)正确。

(3)压缩模量 E_s

在完全侧限条件下,土的竖向应力变化量 Δp 与其相应的竖向应变变化量 $\Delta\varepsilon$ 的比,称为土的压缩模量,用 E_s 表示,即

$$E_a=\frac{\Delta p}{\Delta\varepsilon}$$

压缩模量 E_s 也是土的压缩性指标,它与压缩系数成反比关系。压缩模量 E_s 越大,压缩性系数 α 越小,并说明土的压缩性越低,在外荷载作用下发生的变形就越小。

土的压缩模量 E_s 和压缩系数 α 的相互关系,《地基》5.3.5 条的"条文说明"有讲述

> **1** 压缩模量的取值,考虑到地基变形的非线性性质,一律采用固定压力段下的 E_s 值必然会引起沉降计算的误差,因此采用实际压力下的 E_s 值,即
>
> $$E_s=\frac{1+e_0}{\alpha}$$
>
> 式中:e_0——土自重压力下的孔隙比;
>
> α——从土自重压力至土的自重压力与附加压力之和压力段的压缩系数。

【例 8.5.1-3】

已知按 p_1 为 100kPa,p_2 为 200kPa 时相对应的压缩模量为 4MPa。相应于 p_1 压力下的孔隙比 $e_1=1.02$。试问,对该地基土的压缩性判断,下列何项最为合适?

(A)低压缩性土　　(B)中压缩性土

(C)高压缩性土　　(D)条件不足,不能判断

【解答】(C)

【解答】根据《地基》第 5.3.5 条条文说明，

$$a_{1\text{-}2}=\frac{1+e_1}{E_{s1\text{-}2}}=\frac{1+1.02}{4}=0.505\text{MPa}^{-1}>0.5\text{MPa}^{-1}$$

根据《地基》第 4.2.6 条，为高压缩性土。

【例 8.5.1-4】

基础底面下土的压缩模量 E_a（单层土时）和$\overline{E_a}$（多层土时）分别有如下几种算法：

（Ⅰ）$E_a=\dfrac{1+e_0}{a}$ （Ⅱ）$E_a=\dfrac{1+e_1}{a_{1\text{-}2}}$

（Ⅲ）$\overline{E_a}=\dfrac{\sum h_i}{\sum\dfrac{h_i}{E_{si}}}$ （Ⅳ）$\overline{E_a}=\dfrac{\sum A_i}{\sum\dfrac{A_i}{E_{si}}}$

式中 e_0——土的天然孔隙比；

e_1——土的压力为 100kPa 下的孔隙比；

a——土的从土自重压力至土自重加附加压力段的压缩系数；

$a_{1\text{-}2}$——土的压力为 100～200kPa 固定压力段下的压缩系数；

h_i——第 i 层土的厚度；

E_{si}——第 i 层土的压缩模量；

A_i——第 i 层土附加应力系数沿土层厚度的积分值。

试问，根据《地基》计算地基变形时，应采用下列 E_a 和$\overline{E_a}$的何项组合？

（A）Ⅰ、Ⅲ （B）Ⅰ、Ⅳ （C）Ⅱ、Ⅲ （D）Ⅱ、Ⅳ

【答案】（B）

【解答】沉降量计算，是地基土在附加应力作用下，产生的竖向变形量。所以在沉降量公式的推导过程中，使用的压缩模量为 $E_a=\dfrac{1+e_0}{a}$；同时 5.3.5 条文说明考虑到基础变形的非线性性质一律采用固定压力段下的 E_a 值必然会引起沉降计算的误差，因此采用实际压力下的 E_a 即 $E_a=\dfrac{1+e_0}{a_1}$，沉降量计算与 $\alpha_{1\text{-}2}$没有关系，故Ⅰ正确。

根据《地基》式（5.3.6），有

$$\overline{E_a}=\frac{\sum A_i}{\sum\dfrac{A_i}{E_{si}}}$$

可知多层土的当量压缩模量为公式Ⅳ。

故（B）正确。

2. 建筑物的地基变形允许值

《地基》规定

2.1.7 地基变形允许值 allowable subsoil deformation

为保证建筑物正常使用而确定的变形控制值。

5.3.1 建筑物的地基变形计算值，不应大于地基变形允许值。

（1）地基变形特征值

《地基》规定

> **5.3.3** 在计算地基变形时，应符合下列规定：
>
> **1** 由于建筑地基不均匀、荷载差异很大、体型复杂等因素引起的地基变形，对于砌体承重结构应由局部倾斜值控制；对于框架结构和单层排架结构应由相邻柱基的沉降差控制；对于多层或高层建筑和高耸结构应由倾斜值控制；必要时尚应控制平均沉降量。
>
> **2** 在必要情况下，需要分别预估建筑物在施工期间和使用期间的地基变形值，以便预留建筑物有关部分之间的净空，选择连接方法和施工顺序。

【例 8.5.1-5】

多层和高层建筑地基变形的控制条件，以下何项为正确？

（A）局部倾斜　　（B）相邻柱基的沉降差

（C）沉降量　　（D）倾斜值

【答案】（D）

【解答】根据《地基》5.5.3 条 1 款的规定，由于建筑地基不均匀、荷载差异很大、体型复杂等因素引起的地基变形，对于多层或高层建筑和高耸结构应由倾斜值控制；必要时尚应控制平均沉降量。

故（D）正确。

《地基》的“条文说明”指出

> **5.3.3** 一般多层建筑物在施工期间完成的沉降量，对于碎石或砂土可认为其最终沉降量已完成80％以上，对于其他低压缩性土可认为已完成最终沉降量的50％～80％，对于中压缩性土可认为已完成20％～50％，对于高压缩性土可认为已完成5％～20％。

【例 8.5.1-6】

一般建筑物，当地基主要受力层范围内土层的压缩系数 $a_{1\text{-}2} \geqslant 0.5\text{MPa}^{-1}$ 时，在施工期间完成最终沉降量的百分数可认为是下列何项数值？

（A）5％～20％　　（B）20％～50％

（C）50％～80％　　（D）已基本完成

【答案】（A）

【解答】根据《地基》4.2.6 条，压缩系数大于 0.5 为高压缩性土，5.3.3 条的条文说明，（A）正确。

（2）地基变形允许值

《地基》规定

> **5.3.4** 建筑物的地基变形允许值应按表 5.3.4 规定采用。对表中未包括的建筑物，其地基变形允许值应根据上部结构对地基变形的适应能力和使用上的要求确定。

<table>
<caption>建筑物的地基变形允许值 表 5.3.4</caption>
<tr><th colspan="2" rowspan="2">变形特征</th><th colspan="2">地基土类别</th></tr>
<tr><th>中、低压缩性土</th><th>高压缩性土</th></tr>
<tr><td colspan="2">砌体承重结构基础的局部倾斜</td><td>0.002</td><td>0.003</td></tr>
<tr><td rowspan="3">工业与民用建筑
相邻柱基的沉降差</td><td>框架结构</td><td>0.002l</td><td>0.003l</td></tr>
<tr><td>砌体墙填充的边排柱</td><td>0.0007l</td><td>0.001l</td></tr>
<tr><td>当基础不均匀沉降时
不产生附加应力的结构</td><td>0.005l</td><td>0.005l</td></tr>
<tr><td colspan="2">单层排架结构(柱距为 6m)柱基的沉降量(mm)</td><td>(120)</td><td>200</td></tr>
<tr><td rowspan="2">桥式吊车轨面的倾斜
(按不调整轨道考虑)</td><td>纵向</td><td colspan="2">0.004</td></tr>
<tr><td>横向</td><td colspan="2">0.003</td></tr>
<tr><td rowspan="4">多层和高层建筑的整体倾斜</td><td>$H_g \leqslant 24$</td><td colspan="2">0.004</td></tr>
<tr><td>$24 < H_g \leqslant 60$</td><td colspan="2">0.003</td></tr>
<tr><td>$60 < H_g \leqslant 100$</td><td colspan="2">0.0025</td></tr>
<tr><td>$H_g > 100$</td><td colspan="2">0.002</td></tr>
<tr><td colspan="2">体型简单的高层建筑基础的平均沉降量(mm)</td><td colspan="2">200</td></tr>
<tr><td rowspan="6">高耸结构基础的倾斜</td><td>$H_g \leqslant 20$</td><td colspan="2">0.008</td></tr>
<tr><td>$20 < H_g \leqslant 50$</td><td colspan="2">0.006</td></tr>
<tr><td>$50 < H_g \leqslant 100$</td><td colspan="2">0.005</td></tr>
<tr><td>$100 < H_g \leqslant 150$</td><td colspan="2">0.004</td></tr>
<tr><td>$150 < H_g \leqslant 200$</td><td colspan="2">0.003</td></tr>
<tr><td>$200 < H_g \leqslant 250$</td><td colspan="2">0.002</td></tr>
<tr><td rowspan="3">高耸结构基础的沉降量(mm)</td><td>$H_g \leqslant 100$</td><td colspan="2">400</td></tr>
<tr><td>$100 < H_g \leqslant 200$</td><td colspan="2">300</td></tr>
<tr><td>$200 < H_g \leqslant 250$</td><td colspan="2">200</td></tr>
</table>

注：1. 本表数值为建筑物地基实际最终变形允许值；
2. 有括号者仅适用于中压缩性土；
3. l 为相邻柱基的中心距离（mm）；H_g 为自室外地面起算的建筑物高度（m）；
4. 倾斜指基础倾斜方向两端点的沉降差与其距离的比值；
5. 局部倾斜指砌体承重结构沿纵向 6～10m 内基础两点的沉降差与其距离的比值。

【例 8.5.1-7】

对 5 层的异形柱框架结构位于高压缩性地基土的住宅，下列何项的地基变形允许值为《地基》规定的变形限制指标？

(A) 沉降量 200mm　　(B) 沉降差 $0.003L$（L 为相邻柱基中心距）

(C) 倾斜 0.003　　(D) 整体倾斜 0.003

【答案】(B)

【解答】根据《地基》5.3.4 条表 5.3.4，(B) 正确。

【例 8.5.1-8】

高压缩性土地基上，某厂房框架结构横断面的各柱沉量见表 8.5.1-2，根据《地基》正确的说法是下列何项？

表 8.5.1-2

测点位置	A 轴边柱	B 轴中柱	C 轴中柱	D 轴边柱
沉降量(mm)	80	150	120	100
柱跨距(m)	A—B 跨 9	B—C 跨 12	C—D 跨 9	

(A) 3 跨都不满足规范要求　　(B) 3 跨都满足规范要求

(C) A—B 跨满足规范要求　　(D) C—D、B—C 跨满足规范要求

【答案】(D)

【解答】根据《地基》5.3.4 条表 5.3.4，框架结构的变形用相邻柱基的沉降差$=\Delta s/$柱距控制。

表 8.5.1-3

	A—B	B—C	C—D
Δs	70mm	30mm	20mm
柱距	9m	12m	9m
沉降差	0.0078	0.0025	0.002
允许变形值	0.003	0.003	0.003

【例 8.5.1-9】

某混凝土剪力墙结构的高层住宅，采用筏板基础，如图 8.5.1-4 所示。假定该高层住宅的结构体型简单，高度为 67.5m，试问，按《地基》的规定，该建筑的变形允许值，应为下列何项数值？

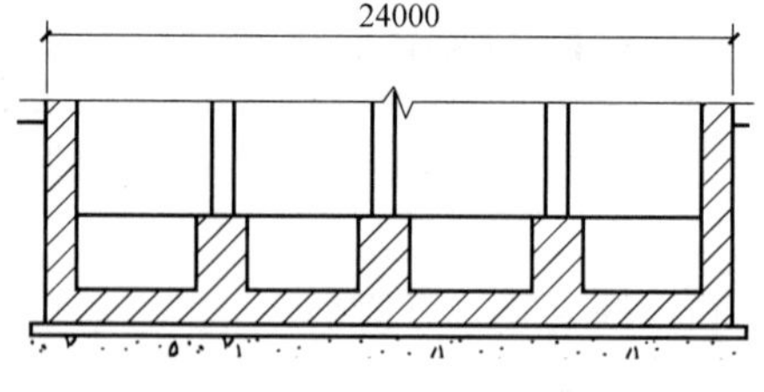

图 8.5.1-4

(A) 平均沉降：200mm；整体倾斜：0.0025

(B) 平均沉降：200mm；整体倾斜：0.003

(C) 平均沉降：135mm；整体倾斜：0.0025

(D) 平均沉降：135mm；整体倾斜：0.003

【答案】(A)

【解答】根据《地基》表 5.3.4，该住宅的高度满足 $60 \leqslant H_g \leqslant 100$，查得整体倾斜允许值为 0.0025，平均沉降允许值为 200mm。

故 (A) 正确。

【例 8.5.1-10】

某直径 20m 钢筋混凝土圆形筒仓，沉降观测结果显示，直径方向两端的沉降量分别为 40mm、90mm，问在该直径方向上筒仓的整体倾斜最接近下列哪个选项？

(A) 2‰　　(B) 2.5‰　　(C) 4.5‰　　(D) 5‰

【答案】(B)

【解答】根据《地基》5.3.4 条表 5.3.4 $(90-40)/20000=0.0025$

3. 地基变形计算所用的荷载效应

《地基》规定

> **3.0.5** 地基基础设计时，所采用的作用效应与相应的抗力限值应符合下列规定：
>
> **2** 计算地基变形时，传至基础底面上的作用效应应按正常使用极限状态下作用的准永久组合，不应计入风荷载和地震作用；相应的限值应为地基变形允许值；
>
> **3.0.6** 地基基础设计时，作用组合的效应设计值应符合下列规定：
>
> **2** 准永久组合的效应设计值 S_k 应按下式确定：
>
> $$S_k=S_{Gk}+\psi_{q1}S_{Q1k}+\psi_{q2}S_{Q2k}+\cdots\cdots+\psi_{qn}S_{Qnk} \quad (3.0.6\text{-}2)$$
>
> 式中 ψ_{qi}——第 i 个可变作用的准永久值系数，按现行国家标准《建筑结构荷载规范》GB 50009 的规定取值。

【例 8.5.1-11】

某柱下独立矩形基础，基础尺寸、埋深及地基条件如图 8.5.1-5 所示。基础和基础以上土的加权平均重度为 $20kN/m^3$。

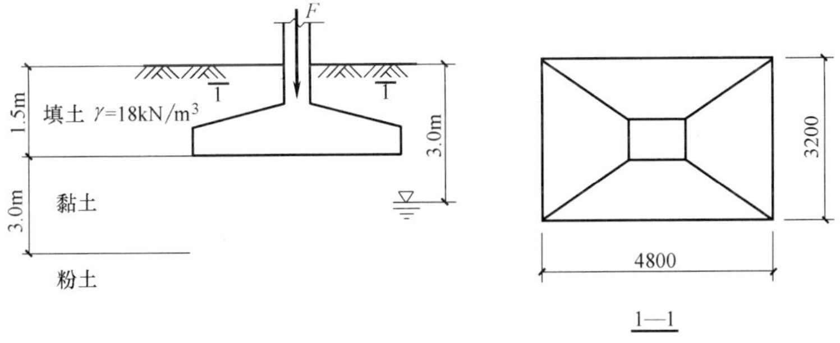

图 8.5.1-5

已知荷载效应准永久组合时传至基础顶面的竖向力 F 为 1800kN。试问，计算沉降时取用的基底附加压力 p_0（kPa），与下列何项数值最为接近？

(A) 90 (B) 117 (C) 120 (D) 147

【答案】(C)

【解答】作题提示：计算沉降时取用的基底附加压力为荷载效应准永久组合时的基底压力减去基底以上土的自重应力，即 $p_0=p-\gamma d$。

根据《地基》5.3.5 条的规定，p_0 为相应于作用的准永久组合时基础底面处的附加压力，计算如下

$$p_0=\frac{1800+4.8\times3.2\times1.5\times20}{4.8\times3.2}-18\times1.5=120\text{kPa}$$

故 (C) 正确。

二、变形计算

1. 大面积堆载时土层的压缩变形

(1) 可压缩土层为一层时的沉降计算

如图 8.5.2-1 所示覆盖面很大的单一压缩土层，荷载的分布面积亦很大。设在压力 Δp 作用下高度为 H 的土层在受压过程中不能侧向变形，根据受压前土粒体积和土层横截面积均不改变的条件，可得单一土层单向压缩变形的计算公式

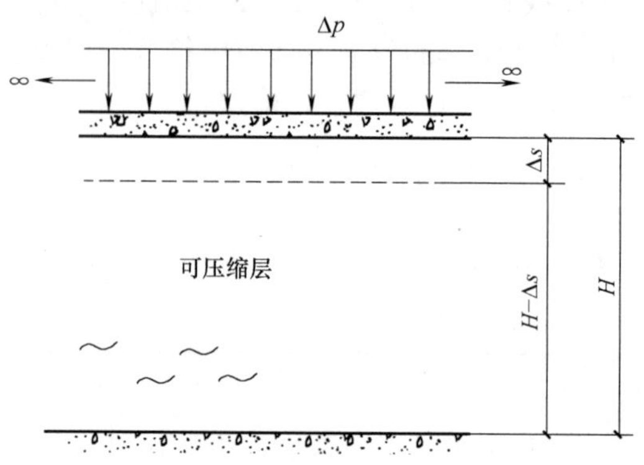

图 8.5.2-1

$$\Delta s=\frac{e_1-e_2}{1+e_1}H \tag{8.5.2-1}$$

上式即为侧限条件下计算土的压缩量的基本公式，根据上段“土层的压缩性”所述压缩系数、压缩模量和孔隙比之间的关系式，还可导出如下公式。

由压缩系数公式 $\alpha=\frac{e_1-e_2}{p_2-p_1}=\frac{e_1-e_2}{\Delta p}$，导出 $e_1-e_2=\alpha\cdot\Delta p$，由此得出

$$\Delta s=\frac{\alpha\cdot\Delta p}{1+e_1}H \tag{8.5.2-2}$$

由压缩模量公式 $E_s=\frac{1+e_0}{\alpha}$ 代入上式，导出用应力面积计算土的压缩变形量公式

$$\Delta s=\frac{\Delta p}{E_s}H \tag{8.5.2-3}$$

(2) 可压缩土层为多层时的沉降计算

图 8.5.2-2 表示覆盖面很大的多层压缩土层示意图，图中仅列出第 i 层土层的层厚 h_i 和压缩模量 E_{si}。

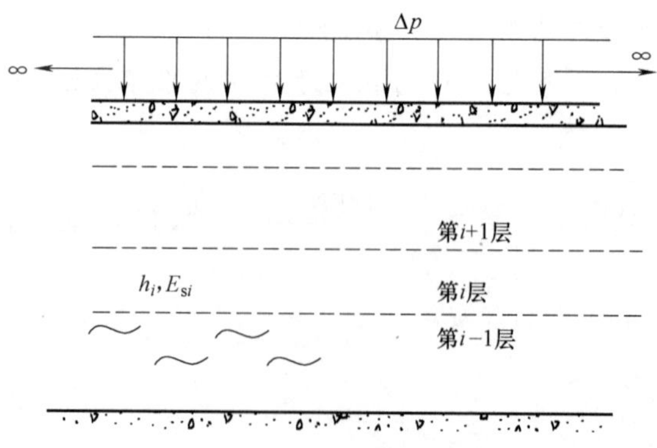

图 8.5.2-2　多层压缩土层示意图

多层土中每一土层的变形量 Δs_i 计算和单一土层的压缩变形计算方法相同。可按式（1）、式（2）或式（3）计算。此处列出的式（4）即是式（3）的变形，一般称为“应力面积法”。

$$\Delta s_i = \frac{\Delta p}{E_{si}} h_i \tag{8.5.2-4}$$

多层土的总沉降量 s 可取各层土沉降量 Δs_i 之和，其表达式为：

$$s = \Delta s_1 + \Delta s_2 + \cdots + \Delta s_n, s = \sum_{i=1}^{n} \Delta s_i$$

$$s = \sum_{i=1}^{n} \frac{\Delta p}{E_{si}} h_i \tag{8.5.2-5}$$

【例 8.5.2-1】

某正常固结的饱和黏性土层，厚度 4m，饱和重度为 20kN/m^3，黏土的压缩试验结果见表 8.5.2-1。采用的该黏性土层上直接大面积堆载的方式对该层土进行处理，经堆载处理后土层的厚度为 3.9m，估算的堆载量最接近下列哪个数值？

表 8.5.2-1

p(kPa)	0	20	40	60	80	100	120	140
e	0.900	0.865	0.840	0.825	0.810	0.800	0.794	0.783

（A）60kPa　　（B）80kPa　　（C）100kPa　　（D）120kPa

【答案】（B）

【解答】

（1）确定黏土层中点处堆载前的荷载值和孔隙比 e_1

黏土层层顶自重：$q_1 = 0\text{kPa}$

黏土层层底自重：$q_2 = 4 \times 20 = 80\text{kPa}$

黏土层平均自重：$\bar{q} = \frac{q_1 + q_2}{2} = \frac{0+80}{2} = 40\text{kPa}$

查表得：$e_1 = 0.84$

（2）确定黏土层中点处堆载后的孔隙比 e_2

给定土层压缩量为 4.0−3.9=0.1m，根据式（1）计算压缩后的孔隙比

$$s = \frac{e_1 - e_2}{1 + e_1} h \qquad 0.1 = \frac{0.84 - e_2}{1 + 0.84} \times 4.0 \qquad \text{则 } e_2 = 0.794$$

（3）确定黏土层中点处堆载后的荷载值

根据 e_2 查表得黏土层平均总荷载：$p = 120\text{kPa}$

（4）确定堆载值

堆载量平均总荷载减去平均自重：$\bar{\sigma} = p - \bar{q} = 120 - 40 = 80\text{kPa}$

【例 8.5.2-2】

大面积料场场区地层分布及参数如图 8.5.2-3 所示。②层黏土的压缩试验结果见表

8.5.2-2，地表堆载120kPa，则在此荷载作用下，黏土层的压缩量与下列哪个数值最接近？

表 8.5.2-2

p(kPa)	0	20	40	60	80	100	120	140	160	180
e	0.900	0.865	0.840	0.825	0.810	0.800	0.791	0.783	0.776	0.771

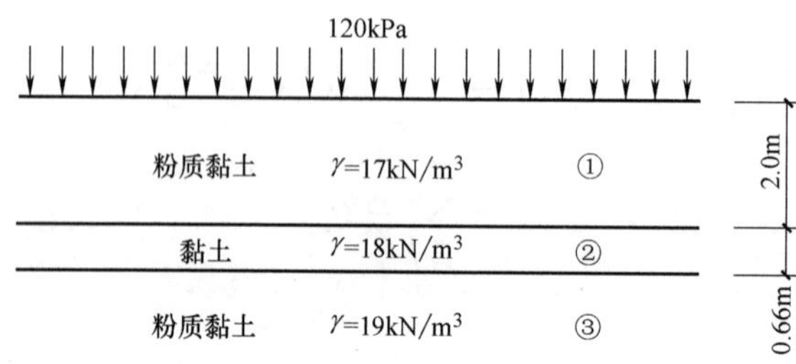

图 8.5.2-3

(A) 46mm　　(B) 35mm　　(C) 28mm　　(D) 23mm

【答案】(D)

【解答】

(1) 确定黏土层中点处堆载前后的荷载值和孔隙比

黏土层层顶自重：$q_1=2.0\times17=34\text{kPa}$

黏土层层底自重：$q_2=34+0.66\times18=45.88\text{kPa}$

黏土层平均自重：$\dfrac{q_1+q_2}{2}=\dfrac{34+45.88}{2}=39.94\text{kPa}$

查表得：$e_1=0.840$

黏土层平均总荷载：$\bar{\sigma}+\bar{q}=120+39.94=159.94\text{kPa}$

查表得：$e_2=0.776$

(2) 确定黏土层的压缩系数、压缩模量

压缩系数，$\alpha=\dfrac{e_1-e_2}{p_2-p_1}=\dfrac{0.840-0.776}{159.94-39.94}=0.533\text{MPa}^{-1}$

压缩模量，$E_s=\dfrac{1+e_0}{\alpha}=\dfrac{1+0.840}{0.533}=3.452\text{MPa}$

(3) 确定黏土层的压缩量

① 采用参数“孔隙比”、按式(1)进行计算

$$s=\frac{e_1-e_2}{1+e_1}h=\frac{0.840-0.776}{1+0.840}\times0.66=0.023\text{m}=23\text{mm}$$

② 采用参数“压缩系数”、按式(2)进行计算

$$s=\frac{\alpha\cdot\Delta p}{1+e_1}h=\frac{0.533\times120}{1+0.84}\times0.66=23\text{mm}$$

③ 采用参数“压缩模量”、按式(3)进行计算

$$s=\frac{\Delta p\cdot H}{E_s}=\frac{120.0\times 0.66}{3.452}=23\text{mm}$$

选择答案（D）。

【例 8.5.2-3】

某场地地势较低，自然地面绝对标高为 3.000m，需大面积填土 2m。地基土层剖面如图 8.5.2-4 所示，地下水位在自然地面下 2m，填土的重度为 18kN/m³，填土区域的平面尺寸远远大于地基压缩层厚度。

假定，不进行地基处理，不考虑填土本身的压缩量，地基变形计算深度取至中风化砂岩顶面。

试问，由大面积填土引起的场地中心区域最终沉降量 s（mm）与下列何项数值最为接近？

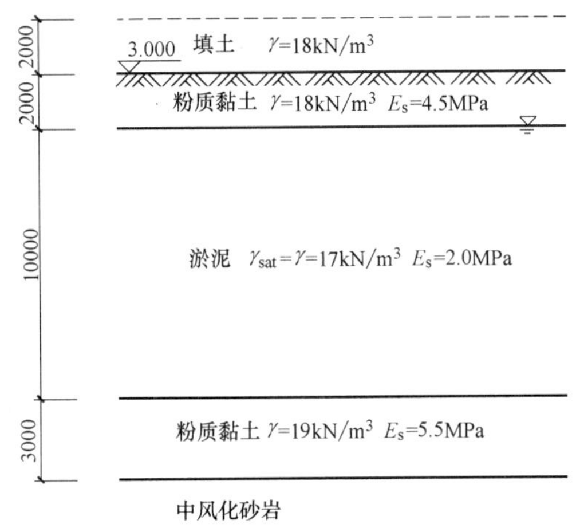

图 8.5.2-4

（A）150　　（B）220　　（C）260　　（D）350

【答案】（B）

【解答】

作用于场地表面的附加应力取填土底部的自重应力，$p_0=18\times 2=36\text{kPa}$。

填土区域的平面尺寸远远大于地基压缩层厚度、土层内的附加应力视为矩形分布 $\Delta p_i=36\text{kPa}$，条件汇总见表 8.5.2-3。

表 8.5.2-3

i		h_i	E_s	
1	粉质黏土	2m	4.5MPa	36kPa
2	淤泥	10m	2.0MPa	36kPa
3	粉质黏土	3m	5.5MPa	36kPa

按式（3）进行计算，每层土层的沉降量 $\Delta s_i=\frac{\Delta p}{E_{si}}h_i$

求得三层土的总沉降量：$s=\Delta s_1+\Delta s_2+\Delta s_3$

$$s=\frac{36}{4.5}\times2+\frac{36}{2}\times10+\frac{36}{5.5}\times3=215.6\text{mm}$$

选（B）。

2. 一层土层的变形计算

（1）用“应力面积法”计算土层的压缩变形

① 应力面积法的概念

图 8.5.2-5 还是上面图 8.5.2-1 所列出覆盖面很大的单一压缩土层，图上增添了该土层内附加应力的分布情况，Δp 为附加在压缩土层中的压应力、因地面上均布的荷载分布面积很大，故整个土层中的附加应力是不变的：计算该土层压缩量的计算公式（3）中的分子项 $\Delta p\cdot H$ 为压缩土层中的附加应力面积，用“应力面积 A”表示，即 $A=\Delta p\cdot H$。此时，压缩土层变形量的计算公式（3）能采用下列表达式：

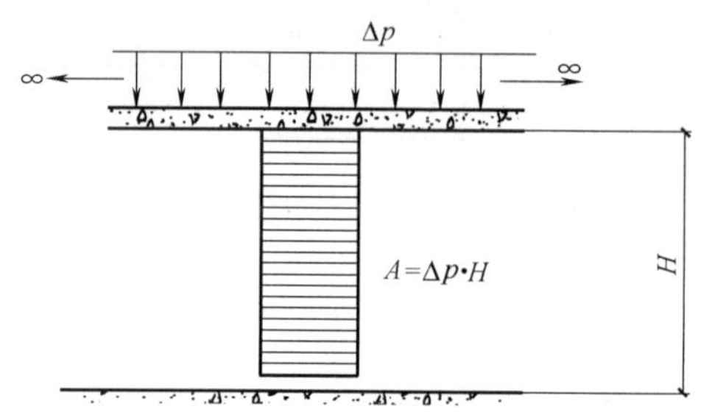

图 8.5.2-5

$$\Delta s=\frac{\Delta p\cdot H}{E_s}=\frac{A}{E_s} \tag{8.5.2-6}$$

式（6）表明土层的变形量 Δs 能通过该土层中的附加应力面积 A 被土的压缩模量 E_s 相除得到，故称“应力面积法”。

②“应力面积法”的应用

“应力面积法”不仅适用于矩形图形的应力面积，亦能用于非矩形形状的应力面积。

“应力面积法”不仅适用单一压缩土层，亦能用于计算多层压缩土层中的某一层压缩变形量。

现通过几个算例来讲述“应力面积法”的应用。

【例 8.5.2-4】

均匀土层上有一直径为 10m 的油罐，其基底平均附加压力为 100kPa，已知油罐中心轴线上在油罐基础底面中心以下 10m 处的附加应力系数 $\alpha=0.28$，在这 10m 范围内土层的变形模量 $E_s=4.0$MPa，假设附加应力为线性分布（图 8.5.2-6）。试问在这范围内土层的变形量有多少？

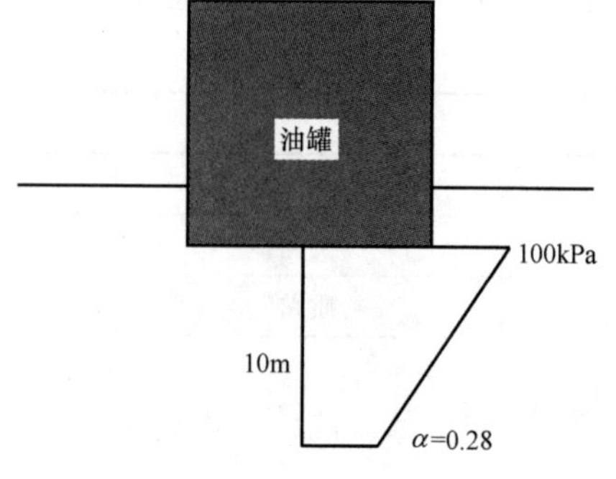

图 8.5.2-6

【解答】

基底平均附加压力为 $p_0=100$kPa

基础底面以下的附加应力为 $p_{z=10}=\alpha p_0=0.28\times100=28\text{kPa}$

应力面积 $A=\frac{100+28}{2}\times10=640\text{kN/m}$

在这范围内土层的变形量 $s=\frac{A}{E_s}=\frac{640}{4}=160\text{mm}$

【例 8.5.2-5】

在条形基础持力层以下有厚度为 2m 的正常固结黏土层（图 8.5.2-7），已知该黏土层中部的自重应力为 50kPa，附加应力为 100kPa，在此下卧层中取土做固结试验的数据见表 8.5.2-4，该黏土层的附加应力作用下的压缩变形量接近于下列何项数值？

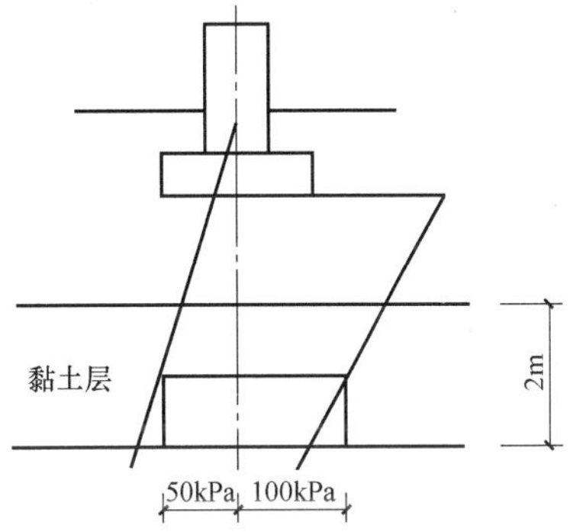

图 8.5.2-7

表 8.5.2-4

p(kPa)	0	50	100	200	300
e	1.04	1.00	0.97	0.93	0.90

（A）35mm　　（B）40mm

（C）45mm　　（D）50mm

【答案】（D）

【解答】

（1）确定计算参数

在土的自重压力 $p_1=50\text{kPa}$ 作用下，孔隙比 $e_1=1.00$；

在自重压力加附加应力 $p_2=50+100=150\text{kPa}$ 作用下，孔隙比 $e_2=0.95$；

压缩系数，$\alpha=\frac{e_1-e_2}{p_2-p_1}=\frac{1.00-0.95}{150-50}=0.50\text{MPa}^{-1}$

压缩模量，$E_s=\frac{1+e_0}{\alpha}=\frac{1+1.00}{0.50}=4\text{MPa}$

（2）按“应力面积法”的公式计算

黏土层厚度 $H=2\text{m}$，附加应力 $\Delta p=100\text{kPa}$，压缩模量 $E_s=4\text{MPa}$

$$\Delta s=\frac{\Delta p\cdot H}{E_s}=\frac{100\times2}{4}=50\text{mm}$$

（3）按最基本参数‘孔隙比’的计算公式确定

$$s=\frac{e_1-e_2}{1+e_1}h=\frac{1.00-0.95}{1+1.00}\times2000=50(\text{mm})$$

（4）二个公式计算的结果吻合。

（2）用平均附加应力系数 $\bar{\alpha}$ 求应力面积

① 基底可压缩土层为一层时的附加应力面积 A

如图 8.5.2-8 所示地基是均匀的单一土层，地基土的压缩模量 E_s 不变，从基底至土层底度 z 范围内的附加应力分布图，其应力面积 A

$$A=\int_0^z \sigma_z \mathrm{d}z$$

式中　A——深度 z 范围内的附加应力面积。

因为 $\sigma_s=\alpha_z p_0$，α_z 为基底下任意深度 z 处的附加应力系数。因此，附加应力面积 A 为

$$A=\int_0^z \sigma_z \mathrm{d}z=p_0\int_0^z \alpha_z \mathrm{d}z$$

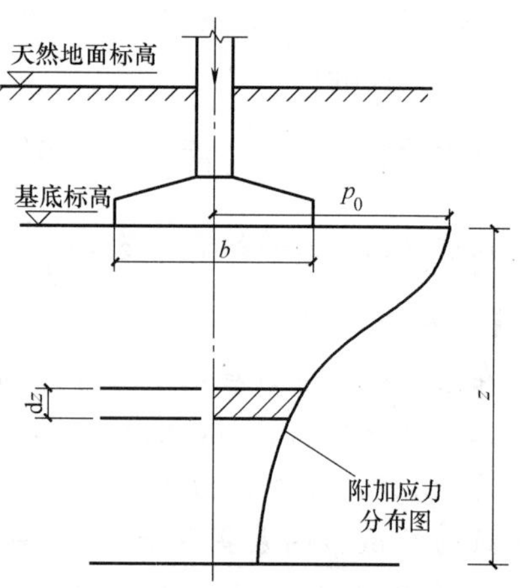

图 8.5.2-8　附加应力分布图

② 多层土层时第 i 层土层的附加应力面积 A

由于附加应力系数 α 只能用于确定接触基底土层的附加应力面积，不能用于确定基底下多层土层内第 i 层土层的附加应力面积，为此引入平均附加应力系数 $\bar{\alpha}$ 的概念。

如图 8.5.2-9 所示，根据附加应力系数 α 绘出了基础底面下深度为 z 的土层内的附加应力 σ_z 分布图，其应力面积为 $A=\int_0^z \sigma_z \mathrm{d}z$。在图中又绘有一深度为 z 的矩形面积 $A=\bar{\alpha}_z p_0 \cdot z$，这二个图形的面积是相等的。即从右列二式相等 $\bar{\alpha}_z p_0 \cdot z=\int_0^z \sigma_z \mathrm{d}z$，导出 $\bar{\alpha}_z=\dfrac{\int_0^z \sigma_z \mathrm{d}z}{p_0 \cdot z}$，$\bar{\alpha}$ 称平均附加应力系数。《地基》表 K.0.1-2 给出了平均附加应力系数 $\bar{\alpha}$ 的计算用表。

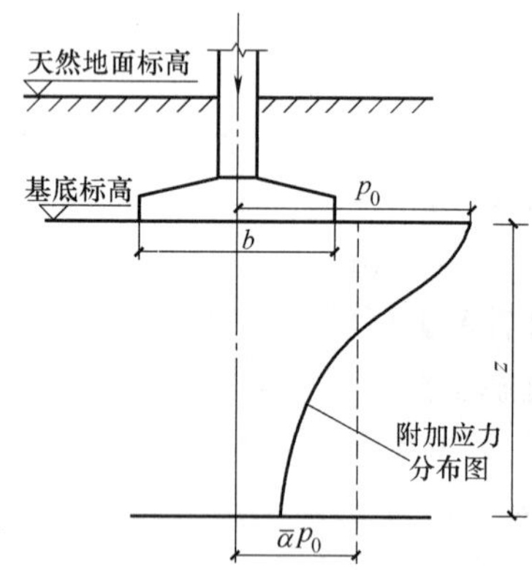

图 8.5.2-9　平均附加应力 $\bar{\alpha}_z p_0$

矩形面积上均布荷载作用下角点的平均附加应力系数 $\bar{\alpha}$　　表 K.0.1-2

z/b \ l/b	1.0	1.2	1.4	1.6	1.8	2.0	2.4	2.8	3.2	3.6	4.0	5.0	10.0
0.0	0.2500	0.2500	0.2500	0.2500	0.2500	0.2500	0.2500	0.2500	0.2500	0.2500	0.2500	0.2500	0.2500
0.2	0.2496	0.2497	0.2497	0.2498	0.2498	0.2498	0.2498	0.2498	0.2498	0.2498	0.2498	0.2498	0.2498
0.4	0.2474	0.2479	0.2481	0.2483	0.2483	0.2484	0.2485	0.2485	0.2485	0.2485	0.2485	0.2485	0.2485
0.6	0.2423	0.2437	0.2444	0.2448	0.2451	0.2452	0.2454	0.2455	0.2455	0.2455	0.2455	0.2455	0.2456
0.8	0.2346	0.2372	0.2387	0.2395	0.2400	0.2403	0.2407	0.2408	0.2409	0.2409	0.2410	0.2410	0.2410

续表

z/b \ l/b	1.0	1.2	1.4	1.6	1.8	2.0	2.4	2.8	3.2	3.6	4.0	5.0	10.0
1.0	0.2252	0.2291	0.2313	0.2326	0.2335	0.2340	0.2346	0.2349	0.2351	0.2352	0.2352	0.2353	0.2353
1.2	0.2149	0.2199	0.2299	0.2248	0.2260	0.2268	0.2278	0.2282	0.2285	0.2286	0.2287	0.2288	0.2289
1.4	0.2043	0.2102	0.2140	0.2164	0.2180	0.2191	0.2204	0.2211	0.2215	0.2217	0.2218	0.2220	0.2221
1.6	0.1939	0.2006	0.2049	0.2079	0.2099	0.2113	0.2130	0.2138	0.2143	0.2146	0.2148	0.2150	0.2152
1.8	0.1840	0.1912	0.1960	0.1994	0.2018	0.2034	0.2055	0.2066	0.2073	0.2077	0.2079	0.2082	0.2084
2.0	0.1746	0.1822	0.1875	0.1912	0.1938	0.1958	0.1982	0.1996	0.2004	0.2009	0.2012	0.2015	0.2018

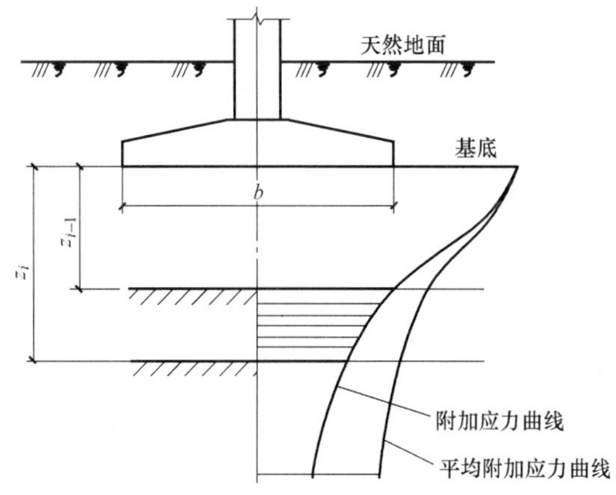

图 8.5.2-10 平均附加应力

图 8.5.2-10 列出基础中心轴线上在底面以下的附加应力曲线和平均附加应力曲线的分布图，应用表 K.0.1-2 查平均附加应力系数 $\bar{\alpha}$ 的方法和应用表 K.0.1-1 查附加应力系数 α 的方法一样，查得平均附加应力系数 $\bar{\alpha}$，即能应用式（7）求出从基底到深度 z 范围内的应力面积 A。

$$A=\bar{\alpha}_z p_0 \cdot z \tag{8.5.2-7}$$

多层上层时第 i 层上层的附加应力面积 A 能用上式确定，具体操作如图 8.5.2 11 所示。

图 8.5.2-11 表示出多层土中第 i 层的应力面积 A(5643)。A(5643)$=A$(1243)$-A$(1256)。此处，A（1243）为基底到第 i 层土底面范围内的应力面积，A（1265）为基底到第 $i-1$ 层土底面范围内的应力面积。

应力面积 $A_i=\bar{\alpha}_i p_0 \cdot z_i-\bar{\alpha}_{i-1} p_0 \cdot z_{i-1}=p_0(\bar{\alpha}_i \cdot z_i-\bar{\alpha}_{i-1} \cdot z_{i-1})$

$$A_i=p_0(z_i\bar{\alpha}_i-z_{i-1}\bar{\alpha}_{i-1}) \tag{8.5.2-8}$$

式中 p_0——基底附加压力（kPa）；

E_{si}——基础底面下第 i 土层的压缩模量（MPa）；

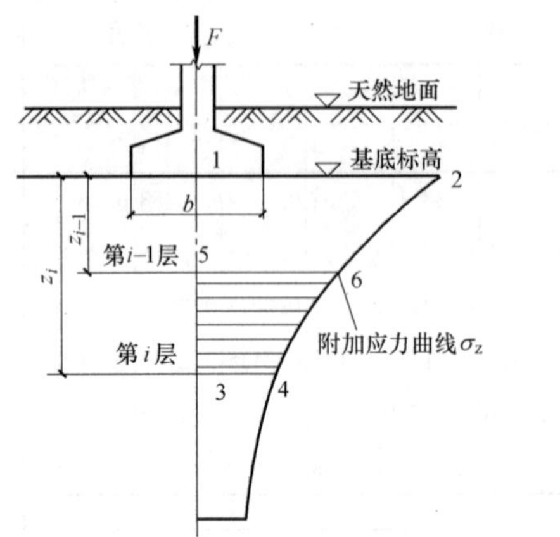

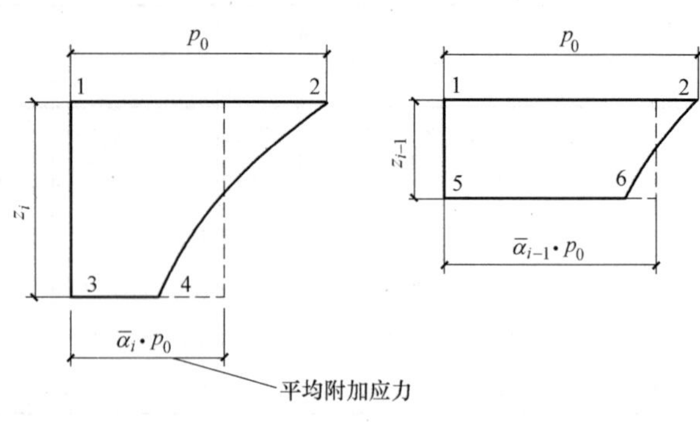

图 8.5.2-11

z_i，z_{i-1}——基础底面至第 i 层土、第 $i-1$ 层土底面的距离（m）。

$\bar{\alpha}_i$、$\bar{\alpha}_{i-1}$——平均竖向附加应力系数，矩形面积上均布荷载作用时角点下平均竖向附加应力系数$\bar{\alpha}$值。

（3）土层压缩变形量的计算公式

第 i 层土层的应力面积

$$A_i = p_0 (z_i \bar{\alpha}_i - z_{i-1} \bar{\alpha}_{i-1})$$

第 i 层土层的压缩变形量

$$s_i = \frac{A_i}{E_{si}} = \frac{p_0}{E_{si}} (z_i \bar{\alpha}_i - z_{i-1} \bar{\alpha}_{i-1})$$

【例 8.5.2-6】

某住宅楼采用长宽 40m×40m 的筏形基础，埋深 10m，基础底面平均总压力 300kPa，室外地面以下土层重 γ 为 20kN/m³，地下水位在室外地面以下 4m，表 8.5.2-5 数据计算基底下深度 7～8m 土层的变形值 $\Delta s'_{7\text{-}8}$接近于下列何项数值？

表 8.5.2-5

第 i 土层	基底至第 i 土层底面距离 z_i	E_{a1}
1	4.0m	20MPa
2	8.0m	16MPa

（A）7.00mm　　（B）8.00mm　　（C）9.00mm　　（D）10.0mm

【答案】（D）

【解答】根据《地基》第 5.3.5 条计算如下：

将筏基从中心分成相等的四块矩形，每块的矩形尺寸为 $l=b=20$m

$p_0 = 300 - (4\times20 + 6\times10) = 160(\text{kPa})$

$$\frac{l}{b} = 1.0, \frac{z_{i-1}}{b} = \frac{7}{20} = 0.35 \qquad \bar{\alpha}_{i-1} = 0.2480\times4$$

$$\frac{z_i}{b}=\frac{8}{20}=0.4 \qquad \overline{a_t}=0.2474\times 4$$

$$\Delta s_{7-8}=\frac{p_0}{E_{ai}}(z_i\overline{a}_i-z_{i-1}\overline{a}_{i-1})=\frac{160}{16\times 10^3}\times(8\times 0.2474\times 4-7\times 0.248\times 4)$$

$$=0.009728(\mathrm{m})=9.728(\mathrm{mm})$$

3. 地基变形计算深度范围内的总变形

（1）地基变形计算深度

① 基本公式——应变比法

《地基》规定

5.3.7 地基变形计算深度 z_n（图 5.3.5），应符合式（5.3.7）的规定。当计算深度下部仍有较软土层时，应继续计算。

$$\Delta s'_n \leqslant 0.025\sum_{i=1}^{n}\Delta s'_i \tag{5.3.7}$$

式中 $\Delta s'_i$——在计算深度范围内，第 i 层土的计算变形值（mm）；

$\Delta s'_n$——在由计算深度向上取厚度为 Δz 的土层计算变形值（mm），Δz 见图 5.3.5 并按表 5.3.7 确定。

Δz 的取值 **表 5.3.7**

b(m)	≤2	2<b≤4	4<b≤8	b>8
Δz(m)	0.3	0.6	0.8	1.0

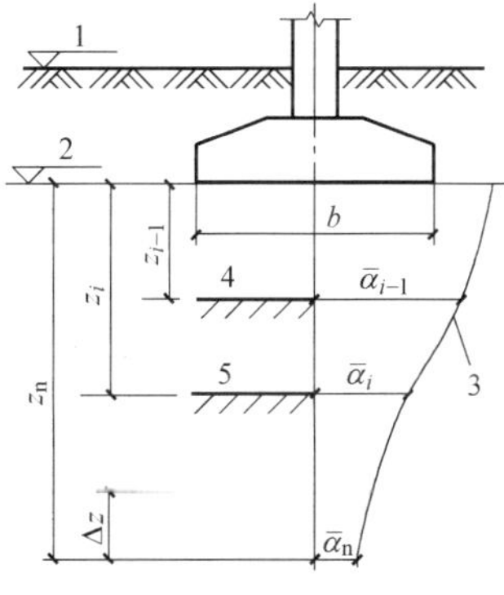

图 5.3.5 基础沉降计算的分层示意

1—天然地面标高；2—基底标高；3—平均附加应力系数$\bar{\alpha}$曲线；4—$i-1$ 层；5—i 层

【例 8.5.2-7】

《地基》中确定的基沉降计算深度 z_n 的最全面的方法，以下何项为正确？

（A）取仅与基础宽度有关的宽度比法

（B）考虑基础宽度影响，取由计算深度向上厚度为 Δz 土层的沉降值小于总沉降值一定比例的应变比法

(C) 取附加应力为自重应力 10%或 20%的应力比法

(D) 取简化的与基础形状有关的经验公式

【答案】(B)

【解答】根据《地基》5.3.7 条和条文说明，应力比法没有考虑土层的构造和性质，过于强调荷载对压缩深度的影响，而对基础大小这一更为重要的因素重视不足。故 (C) 不正确。

根据《地基》5.3.7 条文说明，采用应变比法，并进行修正，取得了较为满意的结果。故选 (B)。

宽度比法，重视了基础大小，而对其他因素考虑不足，故 (A) 不正确。

简化经验公式也是不全面的方法，故 (D) 不正确。

② 地基沉降计算深度的简化公式

《地基》规定

5.3.8 当无相邻荷载影响，基础宽度在 1～30m 范围内时，基础中点的地基变形计算深度也可按简化公式 (5.3.8) 进行计算。在计算深度范围内存在基岩时，z_n 可取至基岩表面；当存在较厚的坚硬黏性土层，其孔隙比小于 0.5、压缩模量大于 50MPa，或存在较厚的密实砂卵石层，其压缩模量大于 80MPa 时，z_n 可取至该层土表面。

$$z_n = b(2.5 - 0.4\ln b) \tag{5.3.8}$$

式中 b——基础宽度 (m)。

【例 8.5.2-8】

某建筑物的独立基础，其基础底面尺寸为 3m×5m。基底以下 12m 以内无基岩并无相邻荷载影响。试通过近似计算确定基础中点的地基沉降计算深度与下列何项数值相近?

(A) 6.18m (B) 7.50m (C) 8.42m (D) 9.28m

【答案】(A)

【解答】

根据《地基》式 (5.3.8)，有

$$z_n = b(2.5 - 0.4\ln b) = 3 \times (2.5 - 0.4 \times \ln 3) = 6.18\text{m}$$

因基底以下 12m 以内无基岩并无相邻荷载影响，故计算深度取 6.18m。

故 (A) 正确。

③ 沉降计算的土层划分

在《地基》5.3.5 条图 5.3.5“基础沉降计算的分层示意”中展示出“以天然土层面分层、对同一土层采用单一的侧限条件的压缩指标”。

(2) 用“分层总和法”计算总的压缩变形

在地基沉降计算深度 z_n 范围内共有 n 层土层，求出每一土层的压缩变形量 Δs_i、其总和$\sum \Delta s_i$即为地基沉降计算深度 z_n 范围内的总变形量 s'。

$$s' = \sum_{i=1}^{n} \Delta s'_i = \sum_{i=1}^{n} \frac{p_0}{E_{si}} (z_i \bar{\alpha}_i - z_{i-1} \bar{\alpha}_{i-1})$$

式中 n——沉降计算深度范围划分的土层数。

【例 8.5.2-9】

某建筑物采用独立基础，基础平面尺寸为 4m×6m，基础埋深 d=1.5m，拟建场地地下水位距地表 1.0m，作用基础底面处的有效附加压力（准永久组合的标准值）p_0=80kPa，地基土层分布及主要物理力学指标如表 8.5.2-6 所示。

表 8.5.2-6

层序	土名	层底深度(m)	含水量	天然重度（kN/m³）	孔隙比 e	液性指数 I_L	压缩模量 E_s（MPa）
①	填土	1.00		18.00			
②	粉质黏土	3.50	30.5%	18.7	0.82	0.70	7.5
③	淤泥质黏土	7.90	48.0%	17.0	1.38	1.20	2.4
④	黏土	15.00	22.5%	19.7	0.68	0.35	0.9

提示：①第 4 层黏土作为不压缩层考虑；②不考虑沉降计算经验系数，ψ_s=1.0

计算独立基础最终沉降量 s（mm），其数值最接近下列何项？

(A) 58　　(B) 84　　(C) 110　　(D) 118

【答案】(B)

【解答】根据《地基》5.3.5 条，将基础均分成四块，每块的 l=3m，b=2m 计算结果用下表 8.5.2-7 所示，

表 8.5.2-7

层号	z_i	z_i/b	l/b	$\bar{\alpha}_1$	$4(z_i\bar{\alpha}-z_{i-1}\bar{\alpha}_{n-1})$	E_s
	0	0				
①	2.0	1.0	1.5	0.2320	1.8560	7500
②	6.4	3.2	1.5	0.1474	1.9174	2400

$$s=1.0\times\left(\frac{80}{7500}\times1.8560+\frac{80}{2400}\times1.9174\right)=0.0837(\text{m})$$

采用分层总和法求出的总沉降量和实际工程的沉降量存在着差距，现通过一个算例来讨论。

【例 8.5.2-10】

某高层建筑筏板基础，平面尺寸 20m×40m，埋深 8m，基底压力的准永久组合值为 607kPa，地面以下 25m 范围内为山前冲洪积粉土、粉质黏土，平均重度 19kN/m³，其下为密实卵石，基底下 20m 深度内的压缩模量当量值为 18MPa。实测筏板基础中心点最终沉降量为 80mm，问由该工程实测资料推出的沉降经验系数最接近下列哪个选项？

(A) 0.15　　(B) 0.20　　(C) 0.66　　(D) 0.80

【答案】(B)

【解答】

根据《地基》5.3.5条

（1）计算理论沉降量

基底附加压力：$p_0=607-19\times8=455$kPa；

基底下20m深度内的压缩模量当量值 $\bar{E}_s=18$MPa

计算土层厚度：$z=20$m

平均附加应力系数采用角点法计算。将荷载分为相等的四块，荷载块的长、宽分别为：$l=20$m、$b=10$m 由 $\frac{l}{b}=\frac{20}{10}=2$，$\frac{z}{b}=\frac{20}{10}=2$，查表K.0.1-2，角点平均附加应力系数 $\bar{\alpha}=0.1958$

中心点的沉降是角点的4倍，则该荷载中心点的计算沉降为：

$$s=4\times\frac{p_0}{\bar{E}_s}\bar{\alpha}z=4\times\frac{455}{18}\times0.1958\times20=396\text{mm}$$

（2）计算实测沉降与计算沉降的比值

实测沉降为80mm，则由该工程实测资料推出的计算实测沉降与计算沉降的比值为，即：

$$\psi_s=\frac{80}{396}=0.20$$

为了减少理论计算值的误差，故要乘一个沉降计算经验系数。此沉降计算经验系数为计算实测沉降与计算沉降比值的统计结果。

4. 地基最终变形量

（1）压缩模量及其当量值

① 压缩模量的取值

《地基》5.3.5条的“条文说明”指出：

> **1** 压缩模量的取值，考虑到地基变形的非线性性质，一律采用固定压力段下的 E_s 值必然会引起沉降计算的误差，因此采用实际压力下的 E_s 值，即
>
> $$E_s=\frac{1+e_0}{\alpha}$$
>
> 式中 e_0——土自重压力下的孔隙比；
>
> α——从土自重压力至土的自重压力与附加压力之和压力段的压缩系数。

【例8.5.2-11】

如图8.5.2-12所示，某直径为10.0m的油罐基底附加压力为100kPa，油罐轴线上罐底面以下10m处附加压力系数 $\alpha=0.285$，由观测得到油罐中心的底板沉降为200mm，深度10m处的深层沉降为40mn，则10m范围内土层的平均反算压缩模量最接近于下列何项数值？

（A）2MPa　　（B）3MPa

（C）4MPa　　（D）5MPa

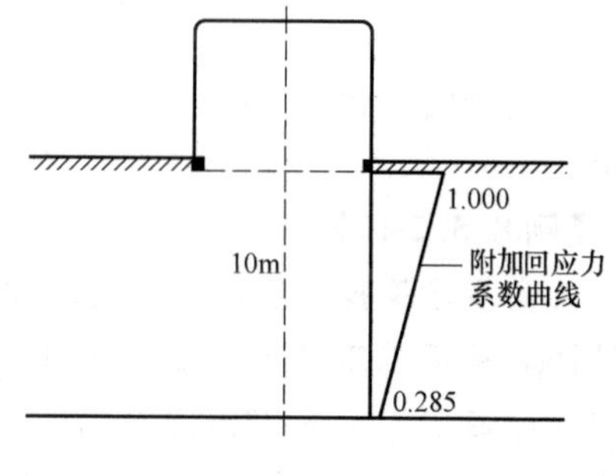

图8.5.2-12

【答案】（C）

【解答】按土力学及规范相关内容及题意计算如下，平均附加应力 $\bar{p}$ 为

$$\bar{p}=\frac{1}{2}(p+p_{底})=\frac{1}{2}\times(100\times1.000+100\times0.285)=64.25\text{ (kPa)}$$

土层自身沉降量 s 为 160mm

由 $s=\frac{\bar{p}}{E_s}h$ 可导出 $E_s=\frac{\bar{p}}{s}h=\frac{64.25}{160}\times10\times10^3=4015\text{ (kPa)}$

② 压缩模量当量值

《地基》5.3.5 条的"条文说明"指出

> **2** 地基压缩层范围内压缩模量 E_s 的加权平均值
>
> 提出按分层变形进行 E_s 的加权平均方法
>
> 设：$$\frac{\sum A_i}{E_s}=\frac{A_1}{E_{s1}}+\frac{A_2}{E_{s2}}+\frac{A_3}{E_{s3}}+\cdots\cdots=\frac{\sum A_i}{E_{si}}$$
>
> 则：$$\bar{E}_s=\frac{\sum A_i}{\sum\frac{A_i}{E_{si}}}$$
>
> 式中：$\bar{E}_s$——压缩层内加权平均的 E_s 值（MPa）；
>
> E_{si}——压缩层内第 i 层土的 E_s 值（MPa）；
>
> A_i——压缩层内第 i 层土的附加应力面积（m^2）。
>
> 显然，应用上式进行计算能够充分体现各分层土的 E_s 值在整个沉降计算中的作用，使在沉降计算中 E_s 完全等效于分层的 E_s。

【例 8.5.2-12】

某建筑筏形基础（图 8.5.2-13），宽度 15m，埋深 10m，基底压力 400kPa，地基土层性质见表 8.5.2-8，按《地基》的规定，该建筑地基的压缩模量当量值最接近下列何项数值？

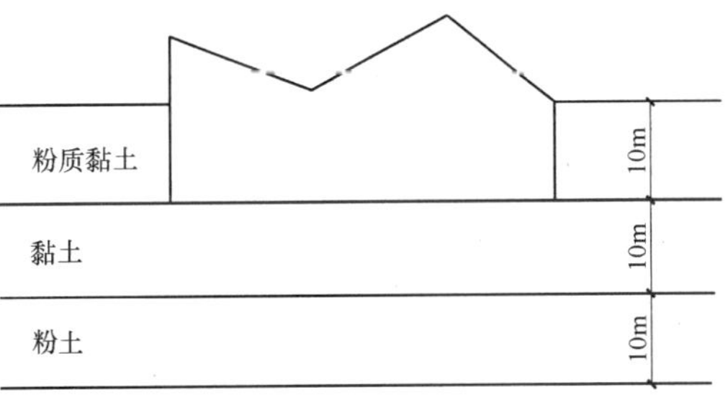

图 8.5.2-13

表 8.5.2-8

序号	岩土名称	层底埋深(m)	压缩模量(MPa)	基底至该层底的平均附加应力系数$\bar{\alpha}$(基础中心点)
1	粉质黏土	10	12.0	—
2	粉土	20	15.0	0.8974
3	粉土	30	20.0	0.7281
4	基岩	—	—	—

(A) 15MPa　(B) 16.6MPa　(C) 17.5MPa　(D) 20MPa

【答案】(B)

【解答】根据《地基》的第5.3.5条、5.3.6条。

$$A_1=z_1\overline{a_1}-z_0\overline{a_0}=10\times0.8974-0=8.974$$

$$A_2=z_2\overline{a_2}-z_1\overline{a_1}=20\times0.7281-10\times0.8974=5.588$$

$$\overline{E_s}=\frac{\Sigma A_i}{\Sigma\frac{A_i}{E_{si}}}=\frac{8.974+5.588}{\frac{8.974}{15}+\frac{5.588}{20}}=16.59(\text{MPa})$$

(2) 沉降计算的修正

《地基》5.3.5条规定了沉降计算经验系数

ψ_s——沉降计算经验系数，根据地区沉降观测资料及经验确定，无地区经验时可根据变形计算深度范围内压缩模量的当量值($\overline{E}_s$)、基底附加压力按表5.3.5取值；

沉降计算经验系数 ψ_s　**表5.3.5**

$\overline{E}_s$(MPa) / 基底附加压力	2.5	4.0	7.0	15.0	20.0
$p_0\geqslant f_{ak}$	1.4	1.3	1.0	0.4	0.2
$p_0\leqslant0.75f_{ak}$	1.1	1.0	0.7	0.4	0.2

【例8.5.2-13】

按照《地基》，确定沉降计算经验系数时，下列何项内容是必要和充分的依据。

(A) 基底总压力、计算深度范围内地基土压缩模量的平均值以及地基承载力特征值

(B) 基底附加压力、计算深度范围内地基土压缩模量的当量值以及地基承载力特征值

(C) 基底附加压力、计算深度范围内地基土压缩模量的平均值以及地基承载力特征值

(D) 基底附加压力、计算深度范围内地基土压缩模量的当量值

【答案】(B)

【解答】根据《地基》表5.3.5中有基底附加压力 p_0，计算深度范围内地基土压缩模量的当量值 $\overline{E}_s$和地基承载力特征值 f_{ak}，所以(B)正确。

【例8.5.2-14】

某柱下独立矩形基础，基础尺寸、埋深及地基条件如图8.5.2-14所示。基础和基础以上土的加权平均重度为20kN/m^3。

假定基底附加压力 p_0 为110kPa，黏土层地基承载力特征值 f_{ak}为180kPa，计算深度范围内压缩模量的当量值$\overline{E}_s$ 为3.36MPa。试问，沉降计算经验系数 ψ_s与下列何项数值最为接近?

(A) 1.04　(B) 1.14　(C) 1.24　(D) 1.34

【答案】(A)

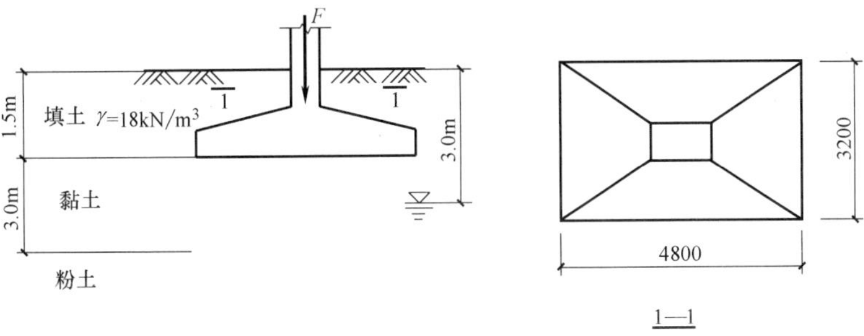

图 8.5.2-14

【解答】 由 $p_0=110\text{kPa}\leqslant 0.75f_{ak}=0.75\times180=135\text{kPa}$，且 $\overline{E}_s=3.36\text{MPa}$，查《地基》表 5.3.5，线性插值，得沉降计算经验系数为

$$\psi_s=1.0+\frac{(4-3.36)\times(1.1-1.0)}{4-2.5}=1.04$$

故（A）正确。

（3）地基最终变形量的计算公式

《地基》的规定

> **5.3.5** 计算地基变形时，地基内的应力分布，可采用各向同性均质线性变形体理论。其最终变形量可按下式进行计算：
>
> $$s=\psi_s s'=\psi_s\sum_{i=1}^{n}\frac{p_0}{E_{si}}(z_i\,\overline{\alpha}_i-z_{i-1}\,\overline{\alpha}_{i-1}) \qquad (5.3.5)$$
>
> 式中 s——地基最终变形量（mm）；
>
> s'——按分层总和法计算出的地基变形量（mm）；
>
> ψ_s——沉降计算经验系数，根据地区沉降观测资料及经验确定，无地区经验时可根据变形计算深度范围内压缩模量的当量值（$\overline{E}_s$）、基底附加压力按表 5.3.5 取值；
>
> n——地基变形计算深度范围内所划分的土层数（图 5.3.5）；
>
> p_0——相应于作用的准永久组合时基础底面处的附加压力（kPa）；
>
> E_{si}——基础底面下第 i 层土的压缩模量（MPa），应取土的自重压力至土的自重压力与附加压力之和的压力段计算；
>
> z_i、z_{i-1}——基础底面至第 i 层土、第 $i-1$ 层底面的距离（m）；
>
> $\overline{\alpha}_i$、$\overline{\alpha}_{i-1}$——基础底面计算点至第 i 层土、第 $i-1$ 层土底面范围内平均附加应力系数，可按本规范附录 K 采用。

【例 8.5.2-15】

建筑物基础底面积为 4m×8m，荷载效应准永久组合时上部结构及基础以上土的自重传下来的基础底面处竖向力 $F=1920\text{kN}$，基础埋深 $d=1.0\text{m}$。土层天然重度 $\gamma=18\text{kN/m}^3$，地下水位埋深为1.0m，基础底面以下平均附加压力系数如表8.5.2-9所示，沉降计算经验系数ψ_s=1.1，按《地基》计算，最终沉降最接近下列何项数值？

表8.5.2-9

z_t/m	l/b	z_i/b	$\bar{\alpha}_i$	$\bar{\alpha}_i=4\bar{\alpha}_i$	$z\bar{\alpha}_i$	E_s(MPa)	$z_i\bar{\alpha}_i-z_{i-1}\bar{\alpha}_{i-1}$
0	2	0	0.25	1	0		
2	2	1	0.234	0.9360	1.872	10.2	1.872
6	2	3	0.1619	0.6476	3.886	3.4	2.014

(A) 3.0cm　(B) 3.6cm　(C) 4.2cm　(D) 4.8cm

【答案】(B)

【解答】根据《地基》5.3.5条

(1) 计算基底附加压力p_0

基础底面实际压力 $p_k=\frac{F}{A}=\frac{1920}{4\times8}=60$ (kPa)

基础底面处自重压力 $p_c=\gamma h=18\times1=18\text{kPa}$

基础底面处附加压力 $p_0=p_k-p_c=60-18=42$ (kPa)

(2) 按分层总和法计算地基变形量

$$s'=\sum\frac{p_0}{E_{si}}(z_i\overline{a_i}-z_{i-1}\overline{a_{i-1}})=\frac{42}{10.2}\times1.872+\frac{42}{3.4}\times2.014=32.6(\text{mm})$$

(3) 计算最终沉降量

$s=\psi_s s'=1.1\times32.6=35.8$ (mm)

≈3.6 (cm)

【例8.5.2-16】

矩形基础的底面尺寸为2m×2m，基底附加压力p_0=185kPa，基础埋深2.0m，地质资料如图8.5.2-15所示，地基承载力特征值f_{ak}=185kPa。

按照《地基》，地基变形计算深度z_n=4.5m内地基最终变形量最接近下列何项数值？（注：通过查表得到有关数据如表8.5.2-10）

(A) 110mm　(B) 104mm

(C) 85mm　(D) 94mm

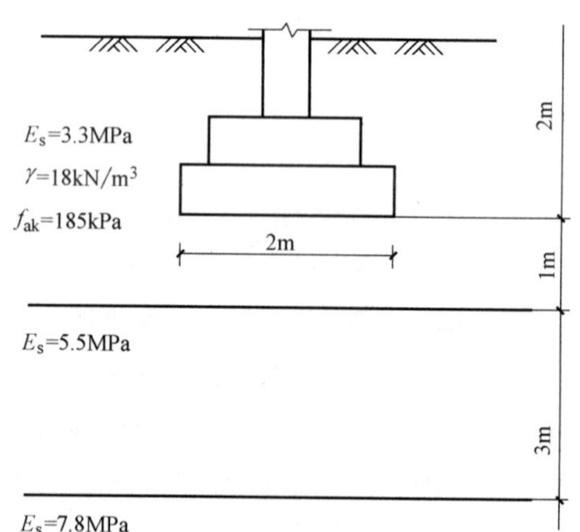

图8.5.2-15

表8.5.2-10

z(m)	$\bar{\alpha}_i z_i-\bar{\alpha}_{i-1}z_{i-1}$	E_s(kPa)	$\Delta's$(mm)	$s'=\sum\Delta's$(mm)
0	0			
1	0.225	3300	50.5	50.5
4	0.219	5500	29.5	80.0
4.5	0.015	7800	1.4	81.4

【答案】(B)

【解答】按照《地基》5.3.6条和表5.3.5

$$\overline{E_s}=\frac{\sum A_i}{\frac{\sum A_i}{\sum E_{si}}}=\frac{0.225+0.219+0.015}{\frac{0.225}{3300}+\frac{0.219}{5500}+\frac{0.015}{7800}}=4175.6(\text{kPa})$$

$$p_0=f_{sk}=185, E_s\approx 4.18$$

$$\frac{4.18-4}{7-4}=\frac{\psi_s-1.3}{1.0-1.3}$$

解得 $\psi_s=1.282$

$$s=\psi_s s'=1.282\times 81.4=104.35(\text{mm})$$

三、实际工程中的地基沉降

1. 相邻荷载引起的地基变形

《地基》规定

> **5.3.9** 当存在相邻荷载时，应计算相邻荷载引起的地基变形，其值可按应力叠加原理，采用角点法计算。

【例8.5.3-1】

如图8.5.3-1所示甲、乙二相邻基础，其埋深和基底平面尺寸均相同，埋深 $d=1.0\text{m}$，底面尺寸均为2m×4m。地基土为黏土，压缩模量 $E_s=3.2\text{MPa}$。作用的准永久组合下基础底面处的附加压力分别为 $p_{0甲}=120\text{kPa}$，$p_{0乙}=60\text{kPa}$，沉降计算经验系数取 $\psi_s=1.0$，根据《地基》计算，甲基础荷载引起的乙基础中点的附加沉降量最接近下列何值?

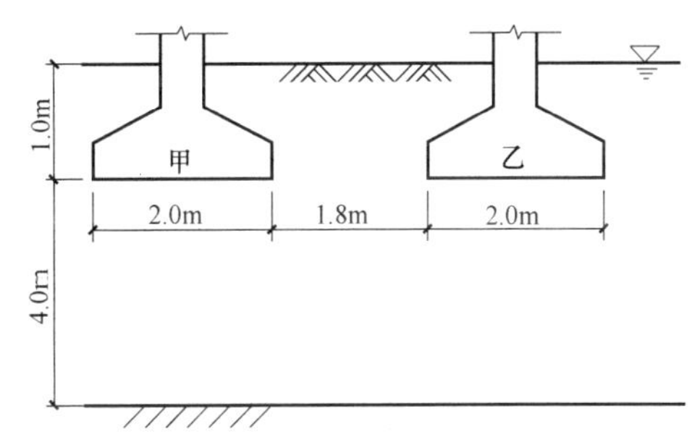

图8.5.3-1 基岩（不可压缩层）

(A) 1.6mm (B) 3.2mm

(C) 4.8mm (D) 40.8mm

【答案】(B)

【解答】

作用的准永久组合下基础甲产生的基础底面处附加压力：$p_{0甲}=120\text{kPa}$；

压缩模量：基底下4m深度内的压缩模量 $E_s=3.2\text{MPa}$，以下为不可压缩层

计算土层厚度：$z=4\text{m}$

平均附加应力系数采用角点法计算。如图8.5.3-2所示将荷载分为相等的两块2.0m×2.0m，每个荷载块又由两个矩形荷载块相减得到，即由4.8m×2.0m减去2.8m×2.0m得出2.0m×2.0m荷载作用，平均附加应力系数查表K.0.1-2得到。

基底处“0”点，$z=0$，$z\cdot\bar{\alpha}_0=0\times0.25=0$

黏土层底面处“1”点：

4.8×2.0 矩形荷载：$\frac{z}{b}=\frac{4}{2}=2.0$ 及 $\frac{l}{b}=\frac{4.8}{2}=2.4$ 时，$\bar{\alpha}_{11}=0.1982$；

2.8×2.0 矩形荷载：$\frac{z}{b}=\frac{4}{2}=2.0$ 及 $\frac{l}{b}=\frac{2.8}{2}=1.4$ 时，$\bar{\alpha}_{11}=0.1875$；

计算基础甲的附加应力在 0 点产生的平均附加应力系数：

$$\bar{\alpha}_1=(0.1982-0.1875)\times2=0.02214$$

图 8.5.3-2

地基附加沉降量计算：

$$\Delta s=\psi_s\cdot\sum\frac{\Delta p_0}{E_{si}}(z_i\bar{\alpha}_i-z_{i-1}\bar{\alpha}_{i-1})=1.0\times\left[\frac{120}{3.2\times10^3}\times(4.0\times0.0214-0.0)\right]$$

$$=0.0032\text{m}=3.2\text{mm}$$

【例 8.5.3-2】

相邻两座 A、B 楼，由于建 B 楼使 A 楼产生附加沉降如图 8.5.3-3，A 楼的附加沉降量接近于下列何项数值？

(A) 0.9cm　　(B) 1.2cm　　(C) 2.4cm　　(D) 3.2mm

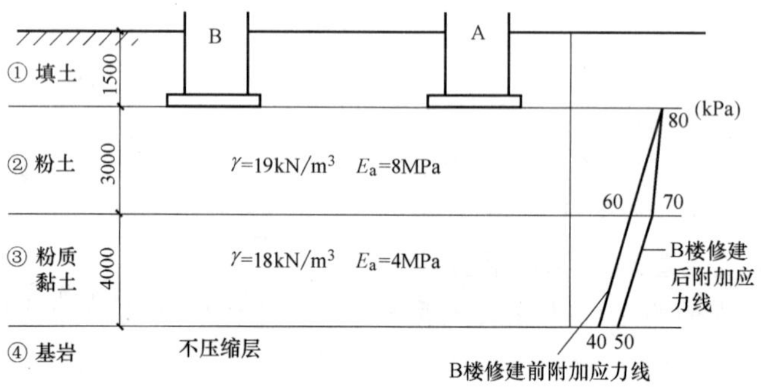

图 8.5.3-3

【答案】 (B)

【解答】 附加沉降量 s 可按下式计算

$$s=s_1+s_2=\frac{\Delta p_1}{E_{s1}}h_1+\frac{\Delta p_2}{E_{s2}}h_2$$

$$=\frac{(70-60)/2}{8\times10^3}\times3000+\frac{[(70-60)+(50-40)]/2}{4\times10^3}\times4000=11.875\text{mm}=1.19\text{cm}$$

【例 8.5.3-3】

既有基础平面尺寸 4m×4m，埋深 2m，底面压力 150kPa，如图 8.5.3-4 所示，新建基础紧贴既有基础修建，基础平面尺寸 4m×2m，埋深 2m，按准永久组合的底面压力 100kPa。已知基础下地基土为均质粉土，重度 $\gamma=20\text{kN/m}^3$，压缩模量 $E_s=10\text{MPa}$，层底埋深 8m，下卧基岩。问新建基础的荷载引起的既有基础中心点的沉降量最接近系列哪个选项？($\psi_s=1$)

(A) 1.8mm (B) 3.0mm (C) 3.3mm (D) 4.5mm

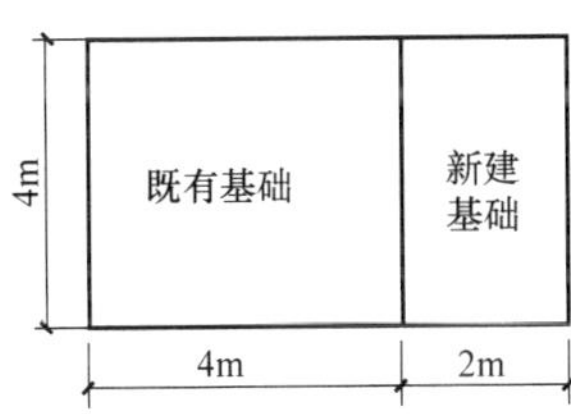

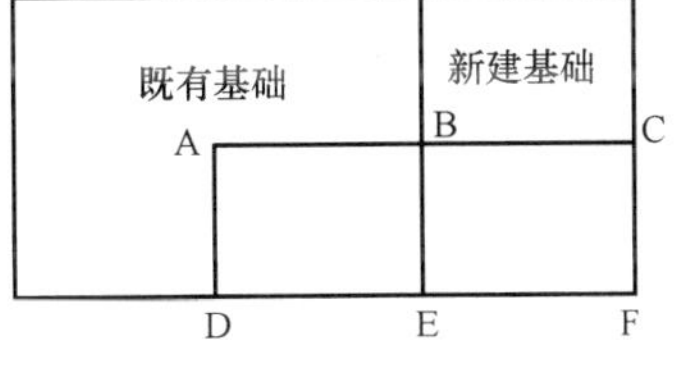

图 8.5.3-4 基础平面图

【答案】(A)

【解答】 对基础底面的划分如图 8.5.3-4，既有基础的中点，即 ABED 图形的角点 A 的平均附加应力系数为

$l/b=1.0$，$z/2=6/2=3.0$，平均附加应力系数 $\bar{\alpha}_A=0.1369$

ACFD 图形的角点 A 的平均附加应力系数为

$l/b=2.0$，$z/2=6/2=3.0$，平均附加应力系数 $\bar{\alpha}_B=0.1619$

BCFE 图形对 A 点的平均附加应力系数为

$\bar{\alpha}_1=\bar{\alpha}_B-\bar{\alpha}_A=0.1619-0.1369=0.025$

由于新建建筑物的基底底面是 BCFE 图形的 2 倍，故最终沉降量为

$$s=2s_1=2\times\psi_0 s'=2\times\psi_s\sum_{i=1}^{n}\frac{p_0}{E_{si}}(z_i\bar{\alpha}_i-z_{i-1}\bar{\alpha}_{i-1})$$

$$=2\times\psi_s\frac{p_0}{E_{s1}}(z_1\bar{\alpha}_1-0)$$

$$=2\times1.0\times\frac{100-2\times20}{10}\times6\times0.025=1.8\text{mm}$$

2. 地基土的回弹变形量

《地基》规定

> **5.3.10** 当建筑物地下室基础埋置较深时，地基土的回弹变形量可按下式进行计算：
>
> $$s_c=\psi_c\sum_{i=1}^{n}\frac{p_c}{E_{ci}}(z_i\bar{\alpha}_i-z_{i-1}\bar{\alpha}_{i-1}) \quad (5.3.10)$$
>
> 式中：s_c——地基的回弹变形量（mm）；
>
> ψ_c——回弹量计算的经验系数，无地区经验时可取 1.0；
>
> p_c——基坑底面以上土的自重压力（kPa），地下水位以下应扣除浮力；
>
> E_{ci}——土的回弹模量（kPa），按现行国家标准《土工试验方法标准》GB/T 50123 中土的固结试验回弹曲线的不同应力段计算。

【例 8.5.3-4】

建筑物埋深10m，按准永久组合的基底附加应力为300kPa，基底以下压缩层范围内各土层的压缩模置、回弹模量及建筑物中心点附加应力系数α分布见图8.5.3-5，地面以下所有土的重度均为20kN/m^3，无地下水，沉降修正系数为$\psi_s=0.8$，回弹沉降修正系数$\psi_c=1.0$，回弹变形的计算深度为11m，该建筑物中心点的总沉降量最接近于哪个选项的数值？

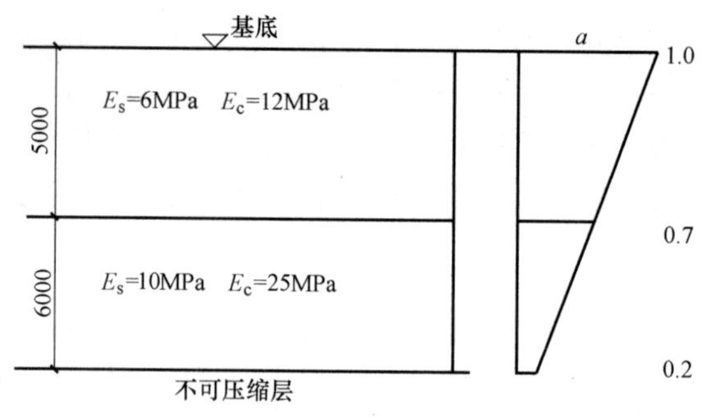

图 8.5.3-5

(A) 142mm (B) 161mm (C) 327mm (D) 373mm

【答案】(C)

【解答】(1) 压缩量S为：

$$\sigma_1=300\times(1+0.7)/2\sigma_2=300\times(0.7+0.2)/2$$

$$s_1=\psi_s\left(\frac{\sigma_1}{E_{s1}}h_1+\frac{\sigma_2}{E_{s2}}h_2\right)$$

$$=0.8\times300\times\left[\frac{(1+0.7)/2}{6}\times5+\frac{(0.7+0.2)/2}{10}\times6\right]=234.8(\text{mm})$$

(2) 回弹量s_c为：

$$p_c=20\text{kN/m}^3\times10\text{m}=200\text{kPa}$$

$$s_c=\psi_c\left(\frac{\sigma_1}{E_{s1}}h_1+\frac{\sigma_2}{E_{s2}}h_2\right)$$

$$=1.0\left[\frac{200\times(1+0.7)}{12\times2}\times5+\frac{200\times(0.7+0.2)}{25\times2}\times6\right]=92.43(\text{mm})$$

沉降量为：$s=s_1+s_c=234.8+92.4=327.2\text{mm}$

3. 大面积地面荷载作用地基附加沉降量计算

《地基》规定

7.5.5 对于在使用过程中允许调整吊车轨道的单层钢筋混凝土工业厂房和露天车间的天然地基设计，除应遵守本规范第5章的有关规定外，尚应符合下式要求：

$$s'_g\leqslant[s'_g] \tag{7.5.5}$$

式中 s'_g——由地面荷载引起柱基内侧边缘中点的地基附加沉降量计算值，可按本规范附录N计算；

$[s'_g]$——由地面荷载引起柱基内侧边缘中点的地基附加沉降量允许值，可按表 7.5.5 采用。

地基附加沉降量允许值 $[s'_g]$ (mm)　　表 7.5.5

b \ a	6	10	20	30	40	50	60	70
1	40	45	50	55	55			
2	45	50	55	60	60			
3	50	55	60	65	70	75		
4	55	60	65	70	75	80	85	90
5	65	70	75	80	85	90	95	100

注：表中 a 为地面荷载的纵向长度（m）；b 为车间跨度方向基础底面边长（m）。

附录 N　大面积地面荷载作用下地基附加沉降量计算

N.0.1　由地面荷载引起柱基内侧边缘中点的地基附加沉降计算值可按分层总和法计算，其计算深度按本规范公式（5.3.7）确定。

N.0.2　参与计算的地面荷载包括地面堆载和基础完工后的新填土，地面荷载应按均布荷载考虑，其计算范围：横向取 5 倍基础宽度，纵向为实际堆载长度。其作用面在基底平面处。

N.0.3　当荷载范围横向宽度超过 5 倍基础宽度时，按 5 倍基础宽度计算。小于 5 倍基础宽度或荷载不均匀时，应换算成宽度为 5 倍基础宽度的等效均布地面荷载计算。

N.0.4　换算时，将柱基两侧地面荷载按每段为 0.5 倍基础宽度分成 10 个区段（图 N.0.4），然后按式（N.0.4）计算等效均布地面荷载。当等效均布地面荷载为正值时，说明柱基将发生内倾；为负值时，将发生外倾。

$$q_{eq}=0.8\left[\sum_{i=0}^{10}\beta_i q_i-\sum_{i=0}^{10}\beta_i p_i\right] \tag{N.0.4}$$

式中　q_{eq}——等效均布地面荷载（kPa）；

β_i——第 i 区段的地面荷载换算系数，按表 N.0.4 查取；

q_i——柱内侧第 i 区段内的平均地面荷载（kPa）；

p_i——柱外侧第 i 区段内的平均地面荷载（kPa）。

地面荷载换算系数 β_i　　表 N.0.4

区段	0	1	2	3	4	5	6	7	8	9	10
$\frac{a}{5b}\geqslant 1$	0.30	0.29	0.22	0.15	0.10	0.08	0.06	0.04	0.03	0.02	0.01
$\frac{a}{5b}<1$	0.52	0.40	0.30	0.13	0.08	0.05	0.02	0.01	0.01	—	—

注：a、b 见本规范表 7.5.5。

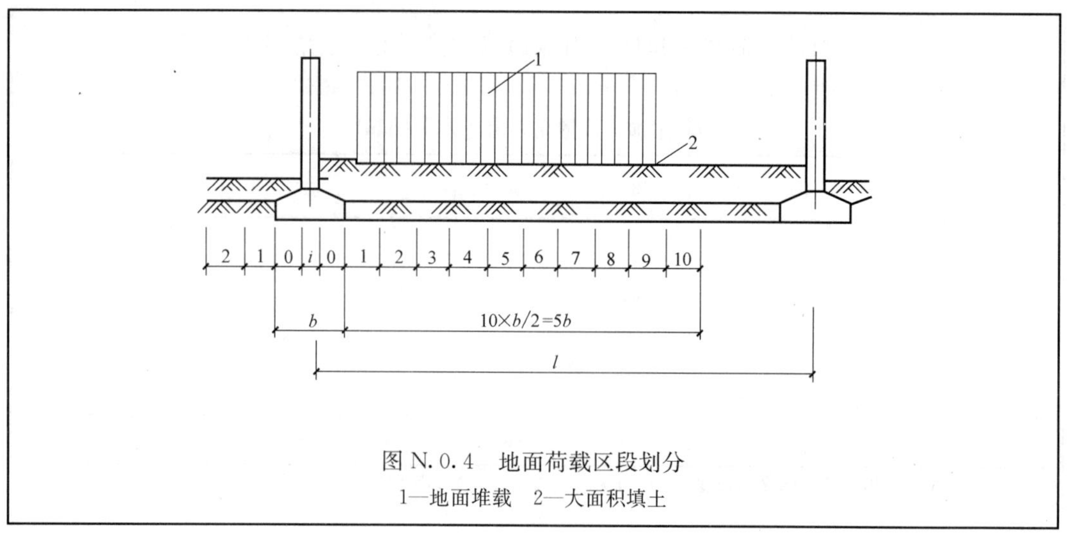

图 N.0.4　地面荷载区段划分

1—地面堆载　2—大面积填土

【例 8.5.3-5】

某单层单跨工业厂房建于正常固结的黏性土地基上，跨度 27m，长度 84m，采用柱下钢筋混凝土独立基础。厂房基础完工后，室内外均进行填土；厂房投入使用后，室内地面局部范围有大面积堆载，堆载宽度 6.8m，堆载的纵向长度 40m。具体的厂房基础及地基情况、地面荷载大小等如图 8.5.3-6 所示。

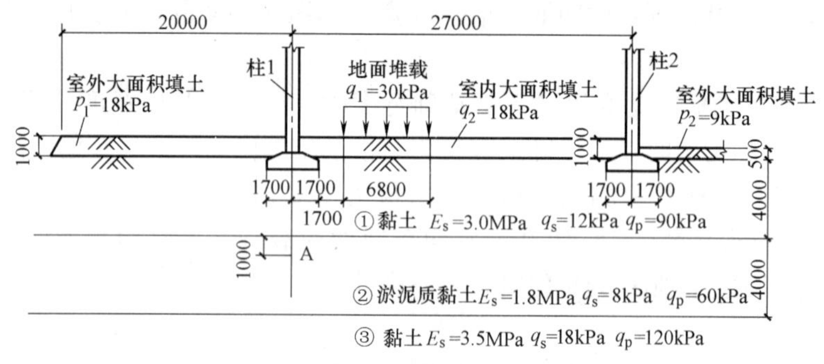

图 8.5.3-6

地面堆载 q_1 为 30kPa；室内外填土重度 $\gamma=18\text{kN/m}^3$。试问，为计算大面积地面荷载对柱 1 的基础产生的附加沉降量，所采用的等效均布地面荷载 q_{eq}（kPa），最接近于下列何项数值？

提示：注意对称荷载，可减少计算量。

(A) 13　　(B) 16　　(C) 21　　(D) 30

【答案】(A)

【解答】根据《地基》附录 N 的规定，应按$\dfrac{a}{5b}=\dfrac{40}{5\times3.4}>1$ 对 β_i 取值。对于柱 1，室内、室外填土对称，可以抵消，所以只需考虑堆载的影响。按照 0.5 倍基础宽度 $0.5\times b=0.5\times3.4=1.7$m 分区段后，堆载位于 2～5 段。($\dfrac{6.8\text{m}}{1.7\text{m}}=4$ 段，其中 1 段在此工程中没

有堆载)，地面荷载换算系数 β_i 列于表 8.5.3-1。

表 8.5.3-1

区段	2	3	4	5
$\frac{a}{5b}\geqslant 1$	0.22	0.15	0.10	0.08

等效均布地面荷载为

$$q_{eq}=0.8\left[\sum_{i=0}^{10}\beta_i q_i-\sum_{i=0}^{10}\beta_i p_i\right]$$
$$=0.8\times(0.22\times30+0.15\times30+0.10\times30+0.08\times30)$$
$$=13.2\text{kPa}$$

故（A）正确。

【例 8.5.3-6】

条件同上题。若在使用过程中允许调整该厂房的吊车轨道，试问，由地面荷载引起柱 1 基础内侧边缘中点的地基附加沉降允许值 s'_g(mm)，最接近于下列何项数值?

提示：注意对称荷载，可减少计算量。

（A）40　　（B）58　　（C）72　　（D）85

【答案】(C)

【解答】根据《地基》表 7.5.5，已知 $a=40$m，$b=3.4$m，则地基附加沉降量允许值为

$$[s'_g]=70+\frac{(75-70)}{4-3}(3.4-3)=72\text{mm}$$

故（C）正确。

4. 刚性下卧层的地基变形

《地基》规定

5.3.8 当无相邻荷载影响，基础宽度在 1～30m 范围内时，基础中点的地基变形计算深度也可按简化公式（5.3.8）进行计算，在计算深度范围内存在基岩时，z_n 可取至基岩表面；当存在较厚的坚硬黏性土层，其孔隙比小于 0.5、压缩模量大于 50MPa，或存在较厚的密实砂卵石层，其压缩模量大于 80MPa 时，z_n 可取至该层土表面。此时，地基土附加压力分布应考虑相对硬层存在的影响，按本规范公式（6.2.2）计算地基最终变形量。

6.2.2 当地基中下卧基岩面为单向倾斜、岩面坡度大于 10%、基底下的土层厚度大于 1.5m 时，应按下列规定进行设计：

1 当结构类型和地质条件符合表 6.2.2-1 的要求时，可不作地基变形验算。

下卧基岩表面允许坡度值　　表 6.2.2-1

地基土承载力特征值 f_{ak}(kPa)	四层及四层以下的砌体承重结构，三层及三层以下的框架结构	具有 150kN 和 150kN 以下吊车的一般单层排架结构	
		带墙的边柱和山墙	无墙的中柱
≥150	≤15%	≤15%	≤30%
≥200	≤25%	≤30%	≤50%
≥300	≤40%	≤50%	≤70%

2　不满足上述条件时，应考虑刚性下卧层的影响，按下式计算地基的变形：

$$s_{gz}=\beta_{gz}s_z \tag{6.2.2}$$

式中　s_{gz}——具刚性下卧层时，地基土的变形计算值（mm）；

β_{gz}——刚性下卧层对上覆土层的变形增大系数，按表 6.2.2-2 采用；

s_z——变形计算深度相当于实际土层厚度按本规范第 5.3.5 条计算确定的地基最终变形计算值（mm）。

具有刚性下卧层时地基变形增大系数 β_{gz}　　　　**表 6.2.2-2**

h/b	0.5	1.0	1.5	2.0	2.5
β_{gz}	1.26	1.17	1.12	1.09	1.00

注：h—基底下的土层厚度；b—基础底面宽度。

3　在岩土界面上存在软弱层（如泥化带）时，应验算地基的整体稳定性。

4　当土岩组合地基位于山间坡地、山麓洼地或冲沟地带，存在局部软弱土层时，应验算软弱下卧层的强度及不均匀变形。

【例 8.5.3-7】

某多层砌体结构建筑采用墙下条形基础，荷载效应基本组合由永久荷载控制，基础埋深 1.5m，地下水位在地面以下 2m。其基础剖面及地质条件如图 8.5.3-7 所示，基础的混凝土强度等级 C20（$f_t=1.1\text{N/mm}^2$），基础及其以上土体的加权平均重度为 20kN/m^2。

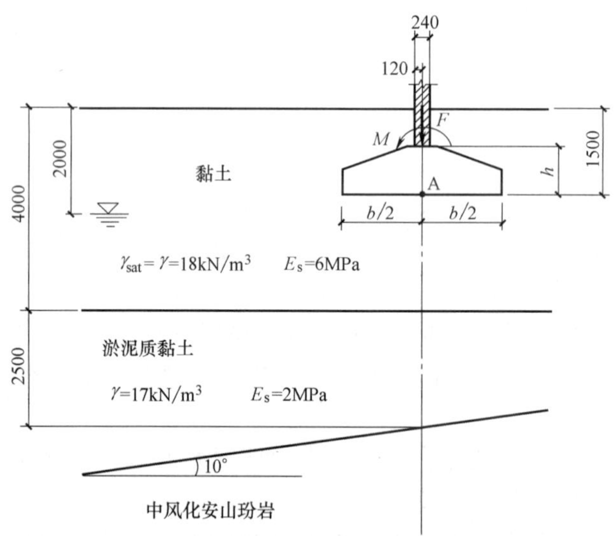

图 8.5.3-7

假定，黏土层的地基承载力特征值 $f_{ak}=140\text{kPa}$，基础宽度为 2.5m，对应于荷载效应准永久组合时，基础底面的附加压力为 100kPa。采用分层总和法计算基础底面中点 A 的沉降量，总土层数按两层考虑，分别为基底以下的黏土层及其下的淤泥质土层，层厚均为 2.5m；A 点至黏土层底部范围内的平均附加应力系数为 0.8，至淤泥质黏土层底部范围内的平均附加应力系数为 0.6，基岩以上变形计算深度范围内土层的压缩模量当量值为 3.5MPa。

试问，基础中点 A 的最终沉降量（mm）最接近于下列何项数值？

提示：地基变形计算深度可取至基岩表面。

(A) 75　　(B) 86　　(C) 94　　(D) 105

【答案】(C)

【解答】根据《地基》5.3.5 条、6.2.2 条

由于 $p_0=100\text{kPa}<0.75f_{ak}=0.75\times140=105\text{kPa}$

查《地基》表 5.3.5 并插值得沉降计算经验系数

$$\psi_s=1.0+\frac{0.5\times(1.1-1.0)}{1.5}=1.033$$

根据《地基》式（5.3.5），

$$s=1.033\times\left[\frac{100}{6}\times2.5\times0.8+\frac{100}{2}\times(5\times0.6-2.5\times0.8)\right]=86.1\text{mm}$$

由于下部基岩的坡度 $\tan10^\circ=17.6\%>10\%$，且基底下的土层厚度 $h=5\text{m}>1.5\text{m}$，需要考虑刚性下卧层的放大效应。

由于地基承载力特征值不满足《地基》第 6.2.2 条第 1 款规定，根据《地基》第 6.2.2 条第 2 款及式（6.2.2），$\frac{h}{b}=\frac{5}{2.5}=2$，查表 6.2.2-2 得 $\beta_{gz}=1.09$

$$s=1.09\times86.1=93.8\text{mm}$$

5. 降水引起的沉降

【例 8.5.3-8】

甲建筑已沉降稳定，其东侧新建乙建筑，开挖基坑时采取降水措施，使甲建筑物东侧潜水地下水位由−5.0m 下降至−10.0m。基底以下地层参数及地下水位见图 8.5.3-8，估算甲建筑物东侧由降水引起的沉降量接近于下列何值？

(A) 38mm　　(B) 41mm

(C) 63mm　　(D) 76mm

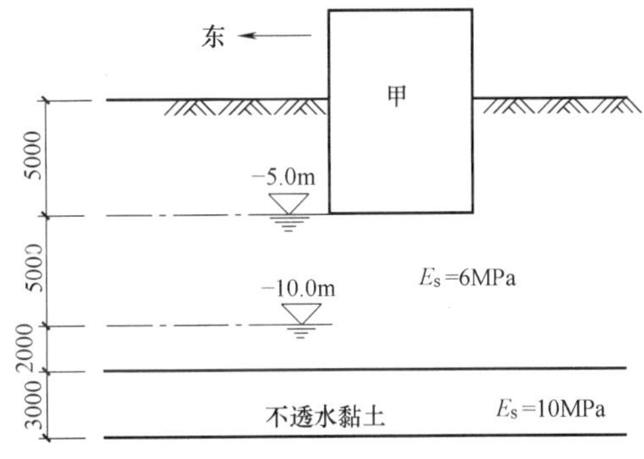

图 8.5.3-8　地层参数与地下水

【答案】(A)

【解答】

$$s=\left(\frac{50/2}{6}\times5+\frac{50}{6}\times2\right)=37.5\text{mm}$$

【分析】

本题考点是：计算由降水引起的沉降量。

地下水位的降低，使地基土的自重应力增加，这部分增加的自重应力带来地层的压缩变形。地面下 12m 以下为不透水黏土，该层上部地层中地下水位的变化，并不能使该地层中的有效应力增加，因此，地下水位下降引起的变形仅发生在−5.0m 至−12.0m 范围内。

有效应力的增加见图 8.5.3-9，原先有地下水时土的重度要减去水，现在水降了，减去的水重成为要考虑为新加的应力−5.0m 至−10.0m 范围内是三角形，由 0 增加到

50kPa（水压 10kN×5m=50kPa），−10.0m 至−12.0m为矩形，有效应力为 50kPa。变形计算公式为：

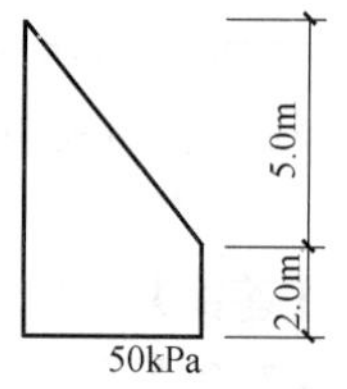

图 8.5.3-9 有效应力的变化

$$s=\frac{p}{E}\Delta H$$

−5.0m 至−10.0m 范围内平均有效应力为 50kPa/2=25kPa，厚度 ΔH 为 5.0m，−10.0m 至−12.0m 范围内平均有效应力为 50kPa，厚度 ΔH 为 2.0m，压缩模量均为 6MPa，则总的变形为：$s=\Sigma\left(\frac{p}{E}\Delta H\right)=\left(\frac{50/2}{6}\times5+\frac{50}{6}\times2\right)=37.5\text{mm}$

【例 8.5.3-9】

存在大面积地面沉降的某市，其地层资料如图 8.5.3-10 所示，其地下水位下降平均速率为 1m/年，现地下水位在地面下 5m 处，主要地层结构及参数见表 8.5.3-2。

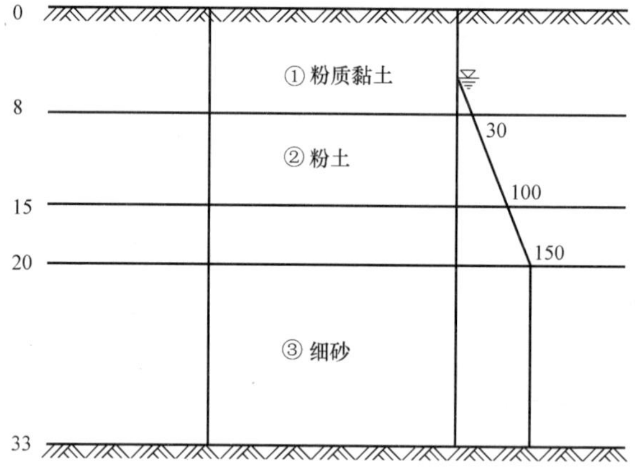

图 8.5.3-10

表 8.5.3-2

层号	地层名称	层厚 h(m)	层底埋深	压缩模量 E_a(MPa)
1	粉质黏土	8	8	5.2
2	粉土	7	15	6.7
3	细砂	18	33	12
4	不透水岩石			

用分层总和法计算得今后 15 年内地面总沉降量接近下列何项数值？

(A) 613mm　　(B) 469mm　　(C) 320mm　　(D) 291mm

【答案】(D)

【解答】

$$s_1=\frac{\Delta p_1}{E_{s1}}h_1=\frac{(0+30)/2}{5.2\times10^3}\times(8-5)\times10^3=8.65(\text{mm})$$

$$s_2=\frac{\Delta p_2}{E_{s2}}h_2=\frac{(100+30)/2}{6.7\times10^3}\times7\times10^3=67.91(\text{mm})$$

$$s_3=\frac{\Delta p_3}{E_{s3}}h_3=\frac{(150+100)/2}{12\times10^3}\times(20-15)\times10^3=52.08(\text{mm})$$

$$s_4=\frac{\Delta p_4}{E_{s4}}h_4=\frac{150}{12\times10^3}\times(18-5)\times10^3=162.5(\text{mm})$$

$$s=s_1+s_2+s_3+s_4=8.65+67.91+52.08+162.5=291.14(\text{mm})$$

8.6 土压力与重力式挡墙

一、土压力

1. 三种土压力

作用在挡土墙上的侧向土推力称为土侧压力，简称土压力。土压力是由墙后填土与填土表面上的荷载引起的。根据挡土墙受力后的位移情况，土压力可分为以下三类：

（1）主动土压力

挡土墙在墙后土压力作用下向前移动或转动，土体随着下滑，当达到一定位移时，墙后土体达极限平衡状态，此时作用在墙背上的土压力就称为主动土压力（图 8.6.1-1a）。

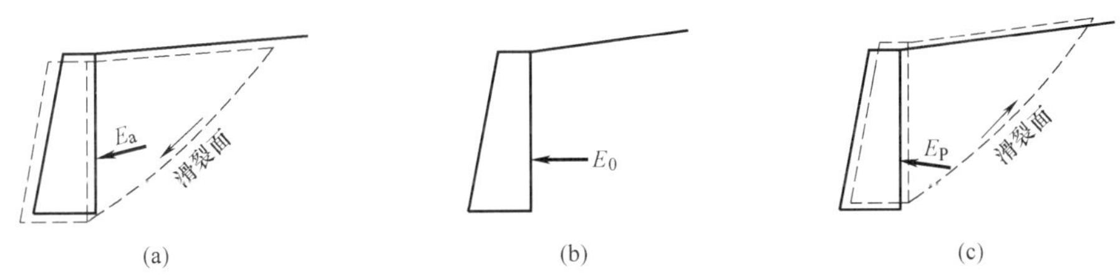

图 8.6.1-1　三种土压力

(a) 主动土压力；(b) 静止土压力；(c) 被动土压力

（2）静止土压力

挡土墙的刚度很大，在土压力作用下不产生移动或转动，墙后土体处于静止状态，此时作用在墙背上的土压力称为静止土压力（图 8.6.1-1b）。例如地上室外墙受到的土压力即是。

（3）被动土压力

挡土墙在外力作用下向后移动或转动，挤压填土，使土体向后位移，当挡土墙向后达到一定位移时，墙后土体达极限平衡状态，此时作用在墙背上的土压力称为被动土压力（图 8.6.1-1c）。

上述三种土压力，在相同条件下，主动土压最小，被动土压力最大，静止土压力介于两者之间。主动土压力 E_a、被动土压力 E_p、静止土压力 E_0 三者之间的关系有：$E_p>E_0>E_a$（图 8.6.1-2）。

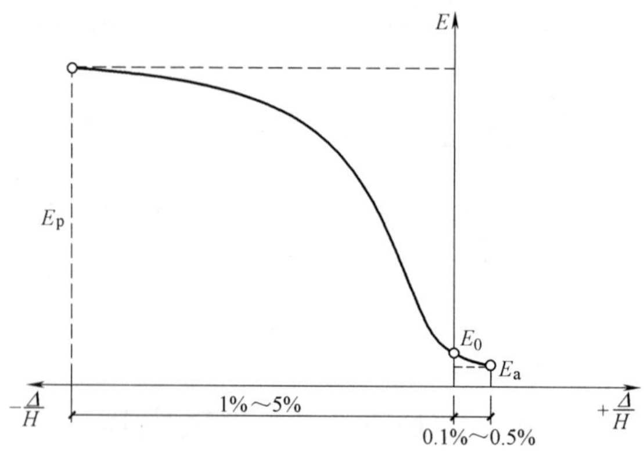

图 8.6.1-2　土压力与位移的关系

【例 8.6.1-1】

某重力式挡土墙高 H=5m，墙背垂直光滑，墙后填土为无黏性土，填土面水平，填土性质指标如图 8.6.1-3 所示。

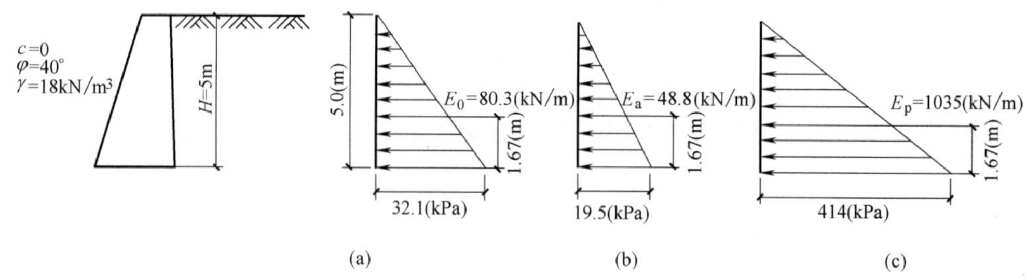

图 8.6.1-3
(a) 静止土压力；(b) 主动土压力；(c) 被动土压力

试分别求出作用于墙上的静止、主动及被动土压力的大小及分布。

提示：1. 静止土压力系数 $k_0=1-\sin\varphi$

2. 主动土压力系数 $k_a=\tan^2\left(45°-\frac{\varphi}{2}\right)$

3. 被动土压力系数 $k_p=\tan^2\left(45°+\frac{\varphi}{2}\right)$

【解答】(1) 计算土压力系数

静止土压力系数：$k_0=1-\sin\varphi=1-\sin40°=0.357$

主动土压力系数：$k_a=\tan^2\left(45°-\frac{\varphi}{2}\right)=\tan^2(45°-20°)=0.217$

被动土压力系数：$k_p=\tan^2\left(45°+\frac{\varphi}{2}\right)=\tan^2(45°+20°)=4.6$

(2) 计算墙底处土压力强度 p

静止土压力 $p_0=k_0\gamma H=18\times5\times0.357=32.13\text{kPa}$

主动土压力 $p_a = \gamma H k_a = 18 \times 5 \times 0.217 = 19.53\text{kPa}$

被动土压力 $p_p = \gamma H k_p = 18 \times 5 \times 4.6 = 414\text{kPa}$

（3）计算单位墙长度上的总土压力 E

静止土压力：$E_0 = \frac{1}{2}\gamma H^2 k_0 = \frac{1}{2} \times 18 \times 5^2 \times 0.357 = 80.33\text{kN/m}$

主动土压力：$E_a = \frac{1}{2}\gamma H^2 k_a = \frac{1}{2} \times 18 \times 5^2 \times 0.217 = 48.8\text{kN/m}$

被动土压力：$E_p = \frac{1}{2}\gamma H^2 k_p = \frac{1}{2} \times 18 \times 5^2 \times 4.6 = 1035\text{kN/m}$

三者比较可以看出 $E_a < E_0 < E_p$。

（4）土压力强度分布见图 8.6.1-3，总土压力作用点均在距离底 $H/3 = 5/3 = 1.71$ m 处。

2. 静止土压力

（1）侧压力强度

静止土压力是挡土墙不发生任何方向的位移或转动时作用在墙背上的土压力。

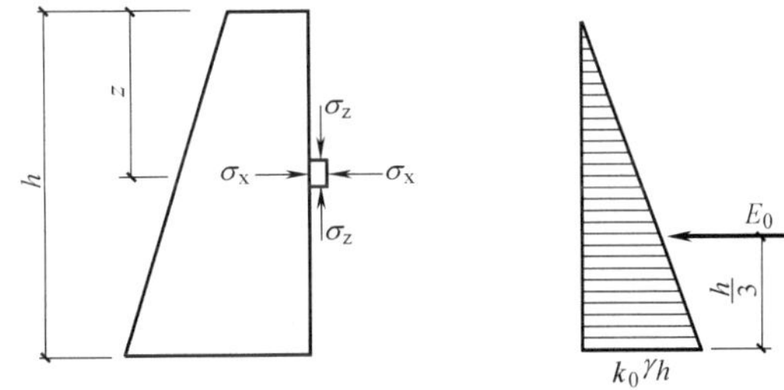

图 8.6.1-4　静止土压力的分布

静止土压力犹如半空间弹性变形体在土的自重作用下无侧向变形时的水平侧压力，因此可视为天然土层自重应力的水平分量如图 8.6.1-4 所示，在墙后填土体中任意深度 z 处取一微小单元体，作用于单元体水平面上的应力为 γz，则该点的静止土压应力即侧压应力为

$$p_0 = k_0 \gamma z \tag{8.6.1-1}$$

式中　k_0——土的侧压力系数，即静止土压力系数；

γ——墙后填土重度（kN/m^3）；

z——计算点在填土面下的深度。

（2）静止土压力

由公式可知，静止土压力沿墙高为三角形分布，如图 8.6.1-4 所示取单位墙长计算，则作用在墙上的静止土压力为

$$E_0 = k_0 \gamma h^2 / 2 \tag{8.6.1-2}$$

式中　E_0——单位墙长的静止土压力（kN/m）；

h——挡土墙高度（m）。

（3）静止土压力的作用点

静止土压力的作用点在距墙底 $h/3$ 处，即三角形的形心处。

（4）静止土压力系数 k_0

静止土压力系数，与土的性质、密实程度有关；k_0 可近似按下式计算：

$$k_0 = 1 - \sin\varphi' \tag{8.6.1-3}$$

式中　φ'——土的有效内摩擦角（°）。

k_0 也可按经验值确定：砂土 k_0 为 0.34～0.45，黏性土 k_0 为 0.5～0.7。

对静止土压力的计算《公路桥涵设计通用规范》作了明确规定

4.2.3 土的重力及土侧压力可按下列规定计算：

1 静土压力的标准值可按下列公式计算：

$$e_j = \xi\gamma h$$

$$\xi = 1 - \sin\varphi \quad (4.2.3\text{-}2)$$

$$E_j = \frac{1}{2}\xi\gamma H^2 \quad (4.2.3\text{-}3)$$

式中 e_j——任一高度 h 处的静土压力强度（kN/m^2）；

ξ——压实土的静土压力系数；

γ——土的重力密度（kN/m^3）；

φ——土的内摩擦角（°）；

h——填土顶面至任一点的高度（m）；

H——填土顶面至基底高度（m）；

E_j——高度 H 范围内单位宽度的静土压力标准值（kN/m）。

在计算倾覆和滑动稳定时，墩、台、挡土墙前侧地面以下不受冲刷部分土的侧压力可按静土压力计算。

【例 8.6.1-2】

某砌体结构，设一层地下室，采用墙下条形基础。基础剖面情况如图 8.6.1-5 所示。

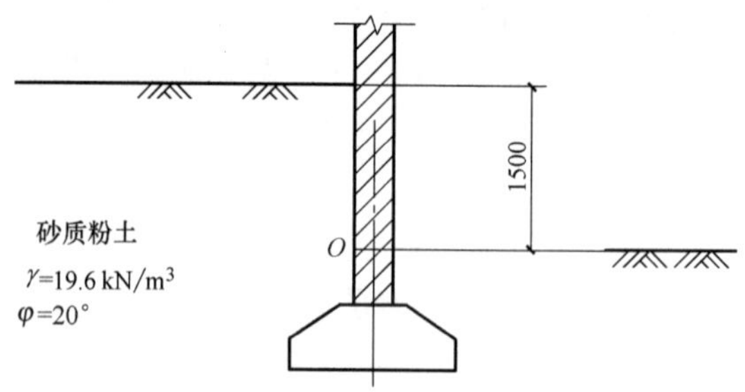

图 8.6.1-5 基础 A

不考虑地面超载的作用。试问，设计基础 A 顶部的挡土墙时，O 点处土压力强度（kN/m^2）与下列何项数值最为接近？

提示：1. 使用时对地下室外墙水平位移有严格限制。

2. 主动土压力系数 $k_a = \tan^2\left(45° - \frac{\varphi}{2}\right)$

3. 被动土压力系数 $k_p = \tan^2\left(45° + \frac{\varphi}{2}\right)$

4. 静止土压力系数 $k_0 = 1 - \sin\varphi$

(A) 15 (B) 20 (C) 30 (D) 60

【答案】(B)

【解答】

根据《地基》9.3.2 条，应采用静止土压力计算。

静止土压力系数为 $k_0=1-\sin\varphi=1-\sin20°=0.658$

图中 O 点处深度为 1.5m，则土压力强度为

$$E_j=19.6\times1.5\times0.658=19.3\text{kN/m}^2$$

故（B）正确。

3. 重力式挡土墙土压力

《地基》规定

6.7.3 重力式挡土墙土压力计算应符合下列规定：

1 对土质边坡，边坡主动土压力应按式（6.7.3-1）进行计算。当填土为无黏性土时，主动土压力系数可按库伦土压力理论确定。当支挡结构满足朗肯条件时，主动土压力系数可按朗肯土压力理论确定。黏性土或粉土的主动土压力也可采用楔体试算法图解求得。

$$E_a=\frac{1}{2}\psi_a\gamma h^2k_a \tag{6.7.3-1}$$

式中 E_a——主动土压力（kN）；

ψ_a——主动土压力增大系数，挡土墙高度小于 5m 时宜取 1.0，高度 5～8m 时宜取 1.1，高度大于 8m 时宜取 1.2；

γ——填土的重度（kN/m³）；

h——挡土结构的高度（m）；

k_a——主动土压力系数，按本规范附录 L 确定。

朗肯土压力理论是土压力的经典理论之一，朗肯土压力理论认为：当墙后填土达到极限平衡状态时，与墙体接触的所有土单元体都达到极限平衡状态。根据土单元体处于极限平衡状态的极限平衡条件来建立土压力的计算公式。

朗肯土压力理论的前提条件是：

（1）挡土墙是无限均质土体的一部分；

（2）墙背垂直光滑；

（3）墙后填土面是水平的。

墙背竖直光滑即竖直面内无摩擦力，即无剪力应力，根据剪应力互等定理，水平面上剪应力也为零。这样墙后土单元体在水平面和竖直面上的正应力都为主应力。

由土的强度理论可知，当土体中某点处于极限平衡状态时，大主压力 σ_1 和小主应力 σ_3 之间应满足下列关系式，

黏性土：

$$\sigma_1=\sigma_3\tan^2\left(45°+\frac{\varphi}{2}\right)+2c\tan\left(45°+\frac{\varphi}{2}\right) \tag{8.6.1-4}$$

$$\sigma_3=\sigma_1\tan^2\left(45°-\frac{\varphi}{2}\right)-2c\tan\left(45°-\frac{\varphi}{2}\right) \tag{8.6.1-5}$$

无黏性土：

$$\sigma_1=\sigma_3\tan^2\left(45°+\frac{\varphi}{2}\right) \tag{8.6.1-6}$$

$$\sigma_3=\sigma_1\tan^2\left(45°-\frac{\varphi}{2}\right) \tag{8.6.1-7}$$

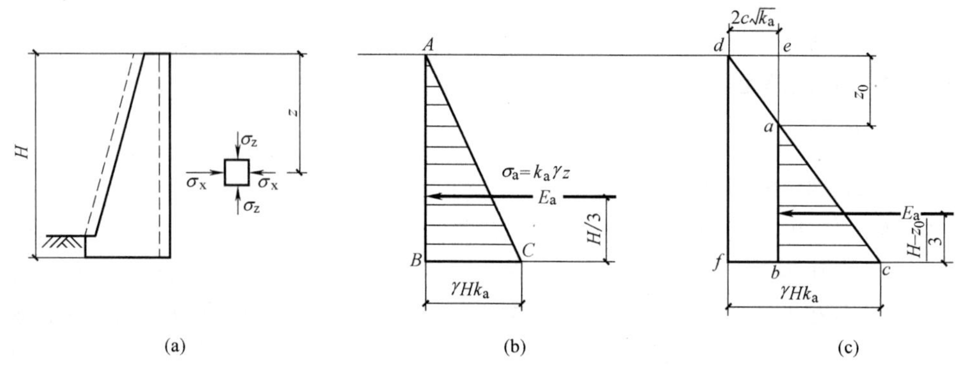

图 8.6.1-6　朗肯主动土压力分布

（a）主动土压力的计算；（b）无黏性土压力的计算；（c）黏性土压力的分布

当挡土墙背离填土时（图 8.6.1-6a），墙后填土任一深度 z 处的竖向应力 $\sigma_z=\gamma z$ 为大应力 σ_1，且数值不变，水平向应力 $\sigma_x=\sigma_a$ 为小主应力 σ_3，也就是主动土压力强度，由式（8.6.4）～式（8.6.7）得

黏性土：$\sigma_a=\sigma_z\tan^2(45°-\varphi/2)-2c\tan(45°-\varphi/2)$

或
$$\sigma_a=\sigma_z k_a-2c\sqrt{k_a} \tag{8.6.1-8}$$

无黏性土：
$$\sigma_a=\sigma_z\tan^2(45°-\varphi/2)$$

或
$$\sigma_a=\sigma_z k_a \tag{8.6.1-9}$$

式中　σ_a——主动土压力强度（kPa）；

k_a——主动土压力系数，其值为 $k_a=\tan^2(45°-\varphi/2)$；

c——填土的黏聚力（kPa）；

φ——填土的内摩擦角（°）。

式（8.6.1-9）表明，无黏性土的主动土压力强度与 z 正比，沿墙高的土压力呈三角形分布，如图 8.6.1-6b 所示，如取单位墙长，则主动土压力为

$$E_a=\frac{1}{2}\gamma H^2 k_a \tag{8.6.1-10}$$

E_a 的作用点通过三角形的形心，距离底 $H/3$ 处。

由式（8.6.1-8）可知，黏性土的主动土压力强度包括两部分：一部分是由土的自重引起的侧压力；另一部分是由黏聚力 c 引起的负侧压力，这两部分土压力叠加的结果如图 8.6.1-6c 所示，其中 ade 部分为负侧压力，对墙背是拉力，实际上墙与土之间不能承受拉力，在计算土压力时，这部分应略去不计，因此，黏性土的土压力分布实际上仅是 abc 部分。

a 点离填土表面的深度 z_0 称为临界深度，在填土表面无荷载的条件下，可令式（8.6.1-8）为零以确定其值，即 $\sigma_a=\sigma_z k_a-2c\sqrt{k_a}=0$，则有：

$$z_0=\frac{2c}{\gamma\sqrt{k_a}} \tag{8.6.1-11}$$

若取单位墙长计算，则主动土压力为

$$E_a=\frac{1}{2}(H-z_0)(\gamma Hk_a-2c\sqrt{k_a}) \tag{8.6.1-12}$$

将 z_0 代入上式，得

$$E_a=\frac{1}{2}\gamma H^2k_a-2cH\sqrt{k_a}+\frac{2c^2}{\gamma} \tag{8.6.1-13}$$

主动土压力 E_a 通过三角形分布图 abc 的形心，即作用在离墙面（$H-z_0$）/3 处。

【例 8.6.1-3】

某挡土墙高 4.5m，墙背垂直光滑。墙后填土面水平且与墙齐高，地面活荷载为零。填土内摩擦角 $\varphi=30°$，黏聚力 $c=0$，填土重度标准值 $\gamma=16\text{kN/m}^3$，则作用于挡土墙的主动土压力标准值最接近下列何项数值?

（A）324kN/m　（B）54kN/m　（C）108kN/m　（D）486kN/m

【答案】（B）

【解答】根据《地基》6.7.3 条，当墙背竖直光滑且填土面水平时，可以应用朗肯土压力理论计算，主动土压力系数为

$$k_a=\tan^2\left(45°-\frac{30°}{2}\right)=0.333$$

因挡土墙高度小于 5m，故取 $\psi_a=1.0$，根据《地基》式（6.7.3-1)，得

$$E_a=\psi_a\frac{1}{2}\gamma h^2k_a=1.0\times0.5\times16\times4.5^2\times0.333=53.95\text{kN/m}$$

故（B）正确。

4. 常见情况下的土压力计算

（1）挡土墙后填土表面有均布荷载情况

如图 8.6.1-7 所示，当墙后填土表面有连续均匀的荷载 q 作用时，用朗肯土压力理论计算较为简便。首先，将均布荷载 q 按下式换算成等量的填上高度（称 h 为换算高度）即：

$$h=q/\gamma$$

然后，就把原高为 H 的挡土墙假想成高为（$H+h$）的墙，如图 8.6.1-7 虚线所示。

若墙后填土为无黏性土，则根据基本公式，可得墙顶 A 处主动土压力为

$$p_{a(A)}=\gamma hk_a=qk_a$$

墙底 B 处主动土压力为：

$$p_{a(B)}=\gamma(H+h)k_a=\gamma Hk_a+qk_a$$

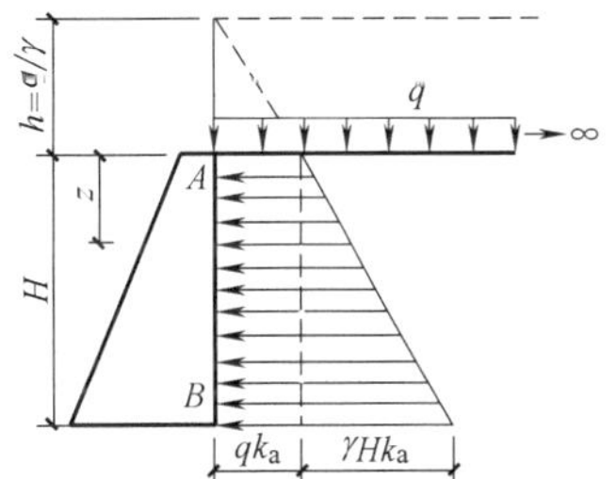

图 8.6.1-7　无黏性土表面有超荷载时的主动土压力计算

因此，作用在挡土墙上的主动土压力为梯形分布，其中由连续均布荷载 q 引起的主动土压力沿墙高为均匀分布，由土重引起的主动土压力为三角形分布，如图 8.6.1-7 所示。作用于墙背上的总主动土压力则为梯形图的面积，即

$$E_a=\frac{1}{2}\gamma H^2k_a+qhk_a$$

其合力作用点位于梯形面积的形心处。

若墙后填土为黏性土时，由于土黏聚力引起的土压力为负值，而由均布荷载及土重所

引起的土压力为正值，因此，在计算时，应有三种情况。

第一种情况是：当 $qk_a > 2c\sqrt{k_a}$，即由超荷载所引起的土压力大于黏聚力所引起的土压力。对于这样的情况，墙背上的土压力经抵消后呈梯形分布，如图 8.6.1-8a 所示。

第二种情况是：当 $qk_a < 2c\sqrt{k_a}$，即由超载引起的主动土压力小于由黏聚力引起的土压力。此时，墙背上的土压力经抵消后仍然出现负值，如图 8.6.1-8b 所示。

第三种情况是：当 $qk_a = 2c\sqrt{k_a}$，即由超荷载引起的土压力等于由黏聚力引起的土压力。此时，墙背上的土压力经抵消后呈三角形分布，如图 8.6.1-8c 所示。

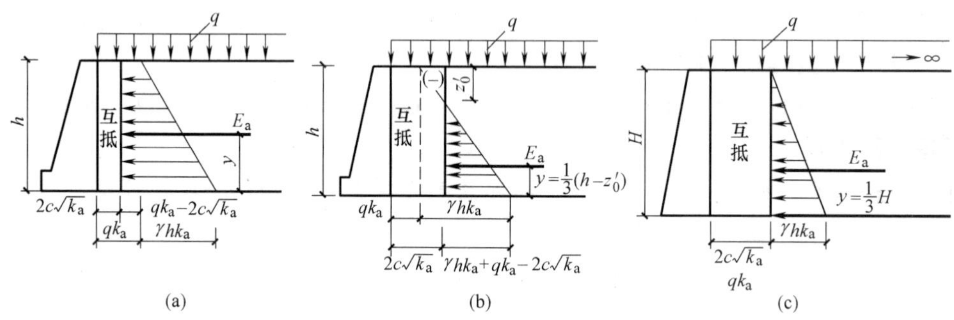

图 8.6.1-8　黏性土表面有超载时的主动土压力计算

【例 8.6.1-4】

有一毛石混凝土重力式挡土墙，如图 8.6.1-9 所示，墙高为 5.5m。墙后填土表面水平并与墙齐高。已知主动土压力系数 $k_a = 0.2$，挡土墙埋置深度为 0.5m。

假定填土表面有连续均布荷载 $q = 20\text{kPa}$ 作用。试问，由均布荷载作用产生的主动土压力 E_{eq} 最接近于下列何项数值？

(A) $E_{aq} = 24.2\text{kN/m}$

(B) $E_{aq} = 39.6\text{kN/m}$

(C) $E_{aq} = 79.2\text{kN/m}$

(D) $E_{aq} = 120.0\text{kN/m}$

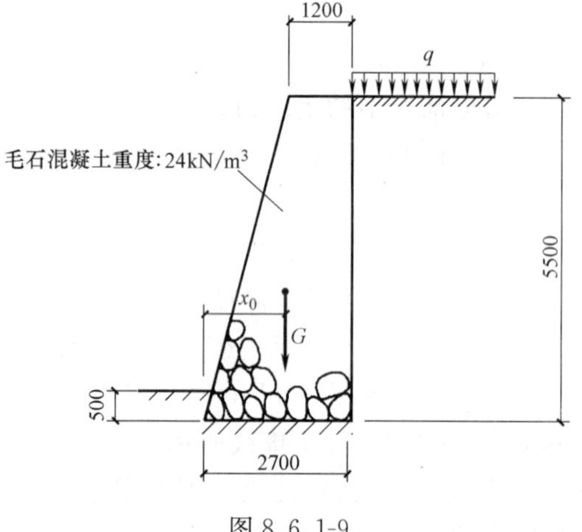

图 8.6.1-9

【答案】(A)

【解答】

根据《地基》6.7.3 条，考虑主动土压力增大系数 ψ_a，当墙高为 5.5m 时，取 $\psi_a = 1.1$。则主动土压力为

$$E_{aq} = \psi_a qhk_a = 1.1 \times 20 \times 5.5 \times 0.2 = 24.2\text{kN/m}$$

故 (A) 正确。

(2) 分层填土的土压力计算

根据当地土料实际情况，有时要在墙后用几种不同性质的土料回填。由于各层土的重度 γ 及抗剪强度指标 φ 和 c 都不同，所以土压力分布图形不再成直线变化，而可能由几段不同坡度的直线或不连续的直线组成土压力图形，如图 8.6.1-10 所示，现以无黏性土为

例，说明其计算方法。

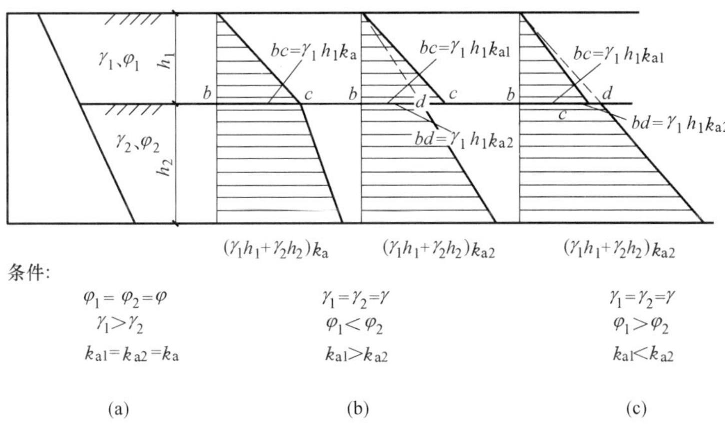

图 8.6.1-10　分层填土的土压力计算

① 当上下层土的 φ 值相同而 γ 值不同时，从公式 $p_a=\gamma z k_a$ 可以看出，土的重度 γ 在深度 h_1 处的数值有突变。φ 值相同则 k_a 不变，只是 γ 越大，土压力三角形的斜边坡度越平缓，如图 8.6.1-10a 所示。

② 当上下层土的 γ 值相同而 φ 值不同时，在两层土的分界处虽然土重产生的垂直压力 γh 是连续函数，但因 φ 值突变，在土层分层面处用上层土指标算得的 $\gamma h_1 k_{a1}$ 不等于用下层土指标算得的 $\gamma h_1 k_{a2}$，这样在同一深度 h_1 处出现两个 p_a 值。如图 8.6.1-10b 和 c 中的 bc 和 bd 线段所示，土压力图形是不连续的。φ 值越小，k_a 越大，则 p_a 值越大。

若填土黏性土，则计算原理完全相同，只要利用公式 $p_a=\gamma z k_a-2c\sqrt{k_a}$，分别将上下两层的土压力分布图形绘出，即可求得墙背上的总主动土压力。

【例 8.6.1-5】

如图 8.6.1-11 所示挡土墙，墙高 $H=6\text{m}$。墙后砂土厚度 $h=1.6\text{m}$，已知砂土的重度为 17.5kN/m^3，内摩擦角为 30°，黏聚力为零。墙后黏性土的重度为 18.5kN/m^3，内摩擦角为 18°，黏聚力为 10kPa。按朗肯主动土压力理论，试问作用于每延米墙背的主动土压力 E_a 是接近下列哪个选项的数值？

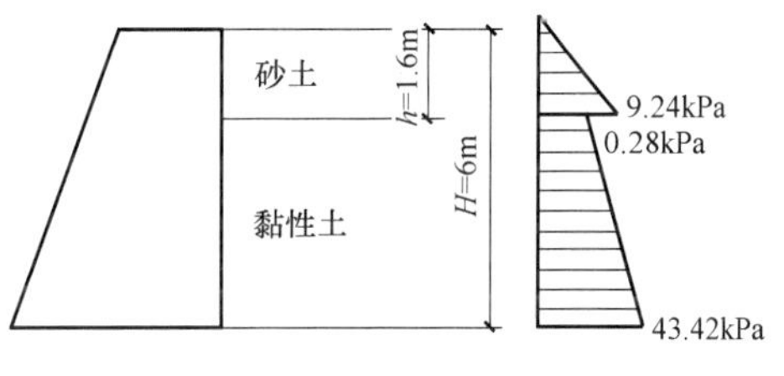

图 8.6.1-11

提示：不考虑主动土压力增大系数 ψ_a。

(A) 82kN　(B) 92kN　(C) 102kN　(D) 112kN

【答案】(C)

【解答】按朗肯主动土压力理论，主动土压力系数为

砂土　$k_{a1}=\tan^2(45°-\varphi/2)=\tan^2\left(45°-\dfrac{30°}{2}\right)=0.33$

黏性土　$k_{a2}=\tan^2\left(45°-\dfrac{18°}{2}\right)=0.53$

各点的主动土压力强度为

砂土顶　$e=\gamma z k_a=0$

砂土底　$e=17.5\times1.6\times0.33=9.24\text{kPa}$

黏性土顶　$e=17.5\times1.6\times0.53-2\times10\times\sqrt{0.53}=0.28\text{kPa}$

黏性土底　$e=(17.5\times1.6+18.5\times4.4)\times0.53-2\times10\times\sqrt{0.53}=43.42\text{kPa}$

主动土压力为

$$E_a=\frac{1}{2}\times9.24\times1.6+\frac{1}{2}\times(0.28+43.42)\times4.4=103.5\text{kPa}$$

(3) 填土层内有地下水时土压力计算

填土中存在地下水时，给土压力带来如下三方面的影响：

① 地下水位以下的填土重度应采用浮重度。

② 地下水位以下填土的抗剪强度将有不同程度的改变。

③ 地下水对挡土墙产生静水压力。

工程上一般忽略水对无黏性土抗剪强度的影响，但黏性土受水淹没时其凝聚力和内摩擦角均会明显减小，这将使主动土压力增大。一般工程上可考虑采取加强排水的方法以避免水的不利影响；而重要工程需考虑降低抗剪强度指标 φ 值和 c 值。对于（1）和（3）两项，则必须计算，但在实际工程中计算墙体上的侧压力时，考虑到土质条件的影响，可分别采用“水土分算”或“水土合算”的计算方法。所谓“水土分算”法是将土压力和水压力分别计算后再叠加的方法，这种方法比较适合渗透性大的砂土层情况；“水土合算”法在计算土压力则将地下水位以下的土体重度取为饱和重度，水压力不再单独计算叠加，这种方法比较适合渗透性小的黏性土层情况。

A. 水土分算法

水土分算法采用有效重度 γ' 计算土压力强度 p_a，按静压力计算水压力强度 p_w，然后两者叠加为总的侧压力 p，如图 8.6.1-12 所示。

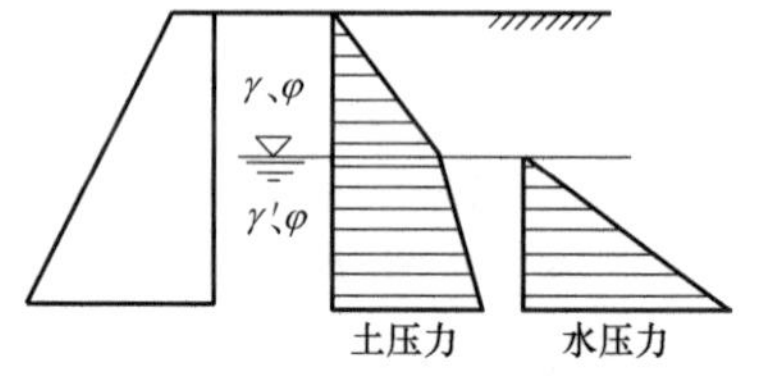

图 8.6.1-12　有地下水时的主动土压力计算

黏性土

$$p=\gamma' h k_a'-2c\sqrt{k_a'}+\gamma_w h_w$$

砂性土

$$p=\gamma h k_a'+\gamma_w h_w$$

式中　γ'——土的有效重度；

k_a'——按有效应力强度指标计算的主动土压力系数 $k_a'=\tan^2\left(45°-\frac{\varphi'}{2}\right)$；

c——有效黏聚力（kPa）；

φ'——有效内摩擦角；

γ_w——水的重度（kN/m^3）；

h_w——以墙底起算的地下水位高度（m）。

在实际使用时，上述公式中的有效强度指标 c'、φ' 常用总应力强度指标 c、φ 代替。

B. 水土合算法

对地下水位下的黏性土，也有用土的饱和重度 γ_{sat} 计算总的水土压力 p，即

$$p=\gamma_{sat} H k_a-2c\sqrt{k_a}$$

式中　γ_{sat}——土的饱和重度，地下水位下可近似采用天然重度。

其他符号意义同前。

【例 8.6.1-6】

图 8.6.1-13 所示，挡墙墙背直立、光滑，填土表面水平。填土为中砂，重度 $\gamma=18kN/m^3$，饱和重度 $\gamma_{sat}=20kN/m^3$，内摩擦角 $\varphi=32°$。地下水位距离墙顶 3m。作用在墙上的总的水土压力（主动）接近下列哪个选项？（不考虑主动土压力增大系数）

（A）180kN/m　　（B）230kN/m

（C）270kN/m　　（D）310kN/m

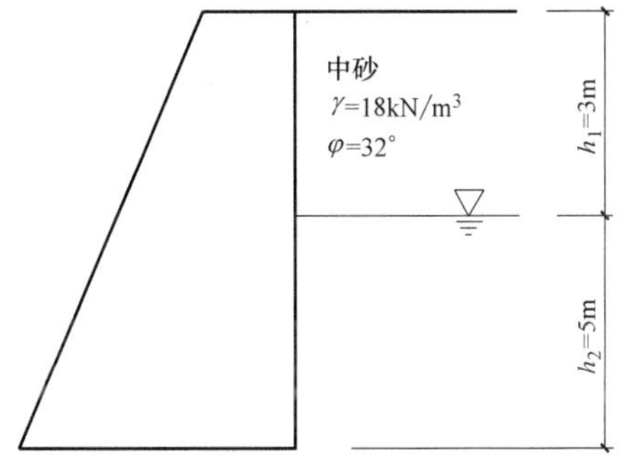

图 8.6.1-13

【答案】（C）

【解答】

图 8.6.1-14 所示，解题的关键是要考虑水位上下土体的重度不同，重点在于水下部分的水土要分算，水下部分的水压力包括两部分：

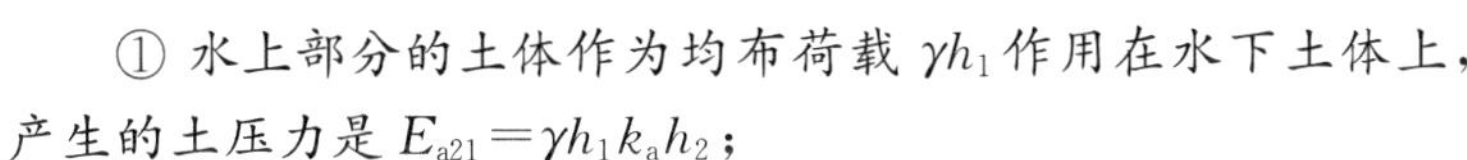

① 水上部分的土体作为均布荷载 γh_1 作用在水下土体上，产生的土压力是 $E_{a21}=\gamma h_1 k_a h_2$；

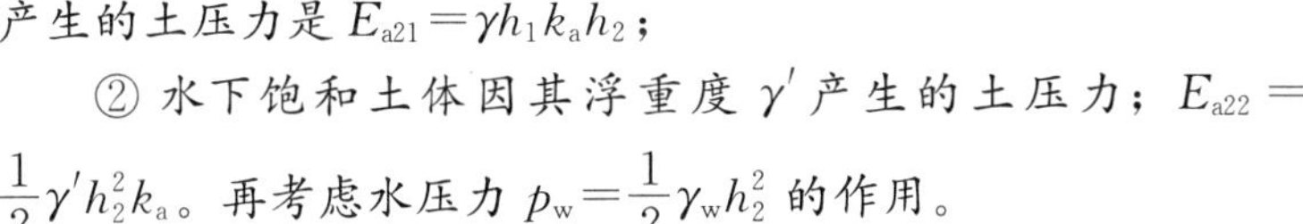

② 水下饱和土体因其浮重度 γ' 产生的土压力：$E_{a22}=\frac{1}{2}\gamma' h_2^2 k_a$。再考虑水压力 $p_w=\frac{1}{2}\gamma_w h_2^2$ 的作用。

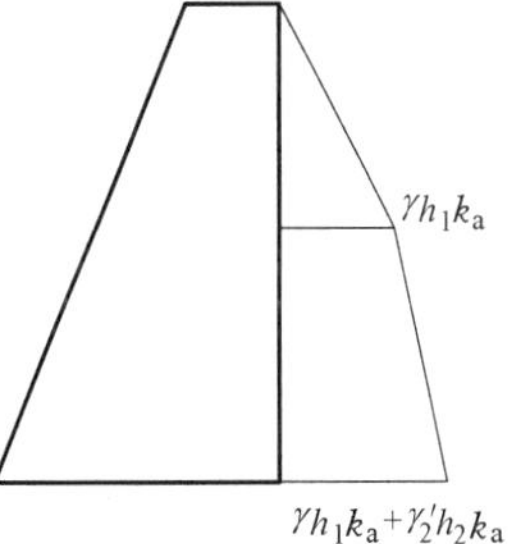

图 8.6.1-14

主动土压力系数 $k_a=\tan^2\left(45°-\frac{\varphi}{2}\right)=\tan^2\left(45°-\frac{32°}{2}\right)=0.31$

水上部分的土压力：$E_{a1}=\frac{1}{2}\gamma h_1^2 k_a=\frac{1}{2}\times 18\times 3^2\times 0.31=25.11kN/m$

水下部分土的浮重度 $\gamma'=\gamma_{sat}-\gamma_w=20-10=10kN/m^3$

水下部分的土压力：

$$E_{a2}=\frac{1}{2}(\gamma h_1 k_a+\gamma h_1 k_a+\gamma' h_2 k_a)h_2=\left(\gamma h_1+\frac{\gamma' h_2}{2}\right)k_a h_2$$

$$=\left(18\times 3+\frac{10\times 5}{2}\right)\times 0.31\times 5=122.45kN/m$$

总主动土压力为 $25.11+122.45=147.56kN/m$

水压力 $p_w=\frac{1}{2}\gamma_w h_2^2=\frac{1}{2}\times 10\times 5^2=125kN/m$

则总的水土压力为 $147.56+125=272.56kN/m$

（4）有限填土挡土墙土压力

《地基》规定

6.7.3　重力式挡土墙土压力计算应符合下列规定：

2　当支挡结构后缘有较陡峻的稳定岩石坡面，岩坡的坡角 $\theta>(45°+\varphi/2)$ 时，应按有限范围填土计算土压力，取岩石坡面为破裂面。根据稳定岩石坡面与填土间的摩擦角按下式计算主动土压力系数：

$$k_a=\frac{\sin(\alpha+\theta)\sin(\alpha+\beta)\sin(\theta-\delta_r)}{\sin^2\alpha\sin(\theta-\beta)\sin(\alpha-\delta+\theta-\delta_r)} \tag{6.7.3-2}$$

式中 θ——稳定岩石坡面倾角（°）；

δ_r——稳定岩石坡面与填土间的摩擦角（°），根据试验确定；当无试验资料时，可取 $\delta_r=0.33\varphi_k$，φ_k 为填土的内摩擦角标准值（°）。

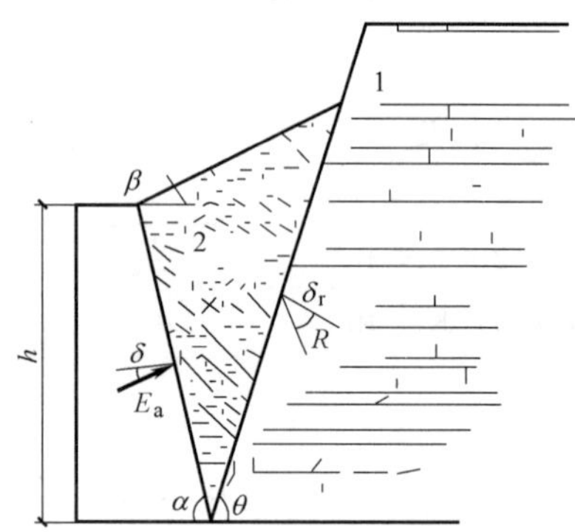

图 6.7.3 有限填土挡土墙土压力计算示意

1—岩石边坡 2—填土

【例 8.6.1-7】

某混凝土挡土墙墙高 5.2m，墙背倾角 $\alpha=60°$，挡土墙基础持力层为中风化较硬岩。挡土墙剖面如图 8.6.1-15 所示，其后有较陡峻的稳定岩体，岩坡的坡角 $\theta=75°$，填土对挡土墙墙背的摩擦角 $\delta=10°$。

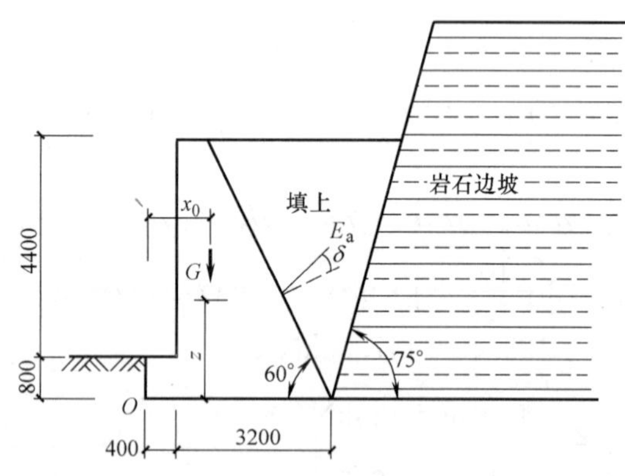

图 8.6.1-15

提示：不考虑挡土墙前缘土体作用，按《地基》作答。

假定，挡土墙后填土的重度 $\gamma=19\text{kN/m}^3$，内摩擦角标准值 $\varphi=30°$，内聚力标准值 $c=0\text{kPa}$。填土与岩坡坡面间的摩擦角 $\delta_r=10°$。试问，当主动土压力增大系数 ψ_c 取 1.1 时，作用于挡土墙上的主动土压力合力 E_a（kN/m）与下列何项数值最为接近？

(A) 200　　(B) 215　　(C) 240　　(D) 260

【答案】(C)

【解答】作题提示：$\left(45^\circ+\frac{\varphi}{2}\right)$为滑动面与水平面的夹角，当其小于岩石的坡角，说明滑动面切入了岩石，这是不可能发生的情况，所以取岩石坡面为破裂面。

根据《地基》6.7.3条第2款的规定，岩坡的坡角为

$\theta=75^\circ>\left(45^\circ+\frac{\varphi}{2}\right)=60^\circ$，应按有限范围填土计算土压力。

按照《地基》式(6.7.3-2)计算土压力系数为

$$k_a=\frac{\sin(\alpha+\theta)\sin(\alpha+\beta)\sin(\theta-\delta_\tau)}{\sin^2\alpha\sin(\theta-\beta)\sin(\alpha-\delta+\theta-\delta_\tau)}$$

$$=\frac{\sin(60^\circ+75^\circ)\sin(60^\circ+0^\circ)\sin(75^\circ-10^\circ)}{\sin^2 60^\circ\sin(75^\circ-0^\circ)\sin(60^\circ-10^\circ+75^\circ-10^\circ)}$$

$$=0.845$$

因挡土墙高为5.2m，故$\psi_a=1.1$，挡土墙上的主动土压力合力为

$$E_a=\psi_a\frac{1}{2}\gamma h^2 k_a=1.1\times\frac{1}{2}\times19\times5.2^2\times0.845=238.77\text{kN/m}$$

故(C)正确。

二、挡土墙

挡土墙的计算通常包括下列内容：稳定性验算（包括抗倾覆稳定性验算和抗滑移稳定性验算）；地基承载力验算；墙身强度验算。

作用在挡土墙上的力主要有墙身自重、土压力和基底反力（图8.6.2-1）。如果挡墙后填土中有地下水且排水不良时，还应考虑静水压力；如墙后有堆载或建筑物，则需考虑由超载引起的附加压力，在地震区还要考虑地震的影响。

挡土墙的稳定性破坏通常有两种形式：一种是在土压力作用下绕墙趾O点外倾（图8.6.2-2a），对此应进行倾覆稳定性验算；另一种是在土压力作用下沿基底滑移（图8.6.2-2b）。对此应进行滑动稳定性验算。

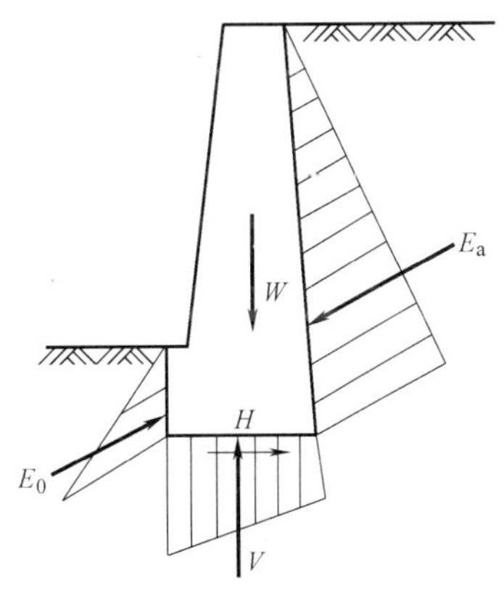

图8.6.2-1

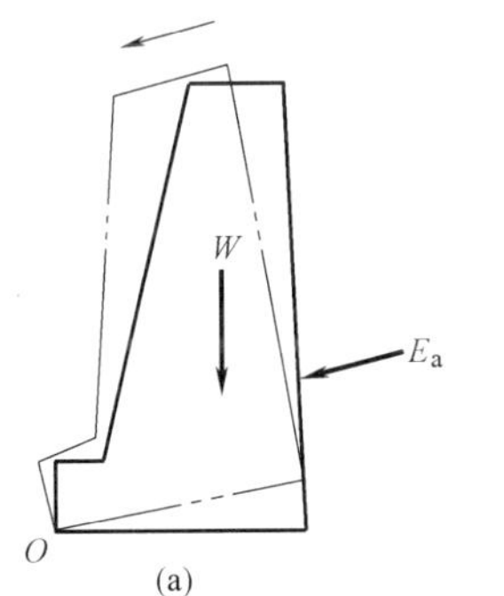

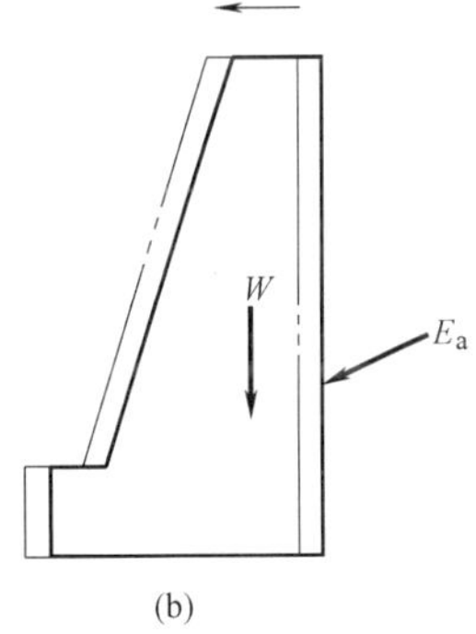

图8.6.2-2 挡土墙的倾覆和滑移
(a) 倾覆；(b) 滑移

1. 重力式挡土墙的构造

《地基》规定

6.7.4 重力式挡土墙的构造应符合下列规定： **1** 重力式挡土墙适用于高度小于8m、地层稳定、开挖土石方时不会危及相邻建筑物的地段。 **2** 重力式挡土墙可在基底设置逆坡。对于土质地基，基底逆坡坡度不宜大于1∶10；对于岩石地基，基底逆坡坡度不宜大于1∶5。 **3** 毛石挡土墙的墙顶宽度不宜小于400mm，混凝土挡土墙的墙顶宽度不宜小于200mm。 **4** 重力式挡墙的基础埋置深度，应根据地基承载力、水流冲刷、岩石裂隙发育及风化程度等因素进行确定。在特强冻涨、强冻涨地区应考虑冻涨的影响。在土质地基中，基础埋置深度不宜小于0.5m；在软质岩地基中，基础埋置深度不宜小于0.3m。 **5** 重力式挡土墙应每间隔10～20m设置一道伸缩缝。当地基有变化时宜加设沉降缝。在挡土结构的拐角处，应采取加强的构造措施。

2. 挡土墙计算所用的荷载效应

《地基》规定

3.0.5 地基基础设计时，所采用的作用效应与相应的抗力限值应符合下列规定：

3 计算挡土墙、地基或滑坡稳定以及基础抗浮稳定时，作用效应应按承载能力极限状态下作用的基本组合，但其分项系数均为1.0；

3.0.6 地基基础设计时，作用组合的效应设计值应符合下列规定：

3 承载能力极限状态下，由可变作用控制的基本组合的效应设计值 S_d，应按下式确定：

$$S_d = \gamma_G S_{Gk} + \gamma_{Q1} S_{Q1k} + \gamma_{Q2} \psi_{c2} S_{Q2k} + \cdots\cdots + \gamma_{Qn} \psi_{cn} S_{Qnk} \quad (3.0.6\text{-}3)$$

式中 γ_G——永久作用的分项系数，按现行国家标准《建筑结构荷载规范》GB 50009的规定取值；

γ_{Qi}——第 i 个可变作用的分项系数，按现行国家标准《建筑结构荷载规范》GB 50009的规定取值。

3. 抗滑移稳定性

《地基》规定

6.7.5 挡土墙的稳定性验算应符合下列规定：

1 抗滑移稳定性应按下列公式进行验算（图6.7.5-1）：

$$\frac{(G_n + E_{an})\mu}{E_{at} - G_t} \geqslant 1.3 \quad (6.7.5\text{-}1)$$

$$G_n = G\cos\alpha_0 \quad (6.7.5\text{-}2)$$

$$G_t = G\sin\alpha_0 \quad (6.7.5\text{-}3)$$

$$E_{at} = E_a\sin(\alpha - \alpha_0 - \delta) \quad (6.7.5\text{-}4)$$

$$E_{an} = E_a\cos(\alpha - \alpha_0 - \delta) \quad (6.7.5\text{-}5)$$

式中 G——挡土墙每延米自重（kN）；

α_0——挡土墙基底的倾角（°）；

α——挡土墙墙背的倾角（°）；

δ——土对挡土墙墙背的摩擦角（°），可按表6.7.5-1选用；

μ——土对挡土墙基底的摩擦系数，由试验确定，也可按表6.7.5-2选用。

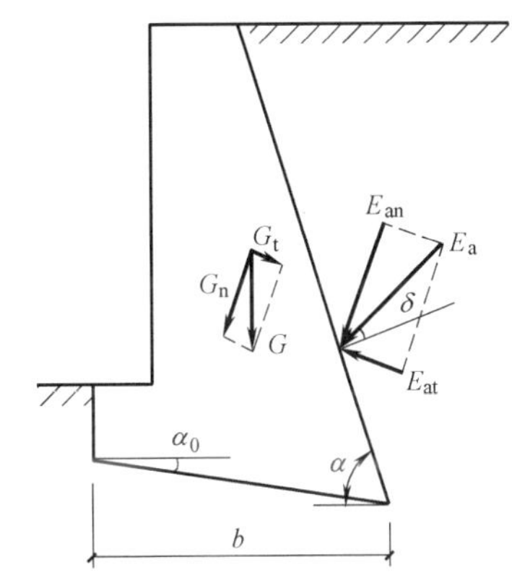

图6.7.5-1 挡土墙抗滑稳定验算示意

土对挡土墙墙背的摩擦角 δ **表6.7.5-1**

挡土墙情况	摩擦角 δ	挡土墙情况	摩擦角 δ
墙背平滑、排水不良	$(0\sim0.33)\varphi_k$	墙背很粗糙、排水良好	$(0.50\sim0.67)\varphi_k$
墙背粗糙、排水良好	$(0.33\sim0.50)\varphi_k$	墙背与填土间不可能滑动	$(0.67\sim1.00)\varphi_k$

注：φ_k 为墙背填土的内摩擦角。

土对挡土墙基底的摩擦系数 μ **表6.7.5-2**

土的类别		摩擦系数 μ	土的类别	摩擦系数 μ
黏性土	可塑	0.25～0.30	中砂、粗砂、砾砂	0.40～0.50
	硬塑	0.30～0.35	碎石土	0.40～0.60
	坚硬	0.35～0.45	软质岩	0.40～0.60
粉土		0.30～0.40	表面粗糙的硬质岩	0.65～0.75

注：1. 对易风化的软质岩和塑性指数 I_P 大于22的黏性土，基底摩擦系数应通过试验确定。

2. 对碎石土，可根据其密实程度、填充物状况、风化程度等确定。

【例8.6.2-1】

某土坡高差5.2m，采用浆砌块石重力式挡土墙支挡如图8.6.2-3所示。墙底水平，墙背竖直光滑；墙后填土采用粉砂，土对挡土墙墙背的摩擦角 $\delta=0$；不考虑地面超载的作用。

作用在挡土墙上的主动土压力每延米合力为100kN，挡土墙的重度 $\gamma=24\text{kN/m}^3$，不考虑墙前被动土压力的作用。土对挡土墙基底的摩擦系数 $\mu=0.42$。当不考虑墙前被动土压力的作用时，试问，挡土墙的抗滑移安全度（抵抗滑移与滑移作用的比值），最接近于下列何项数值？

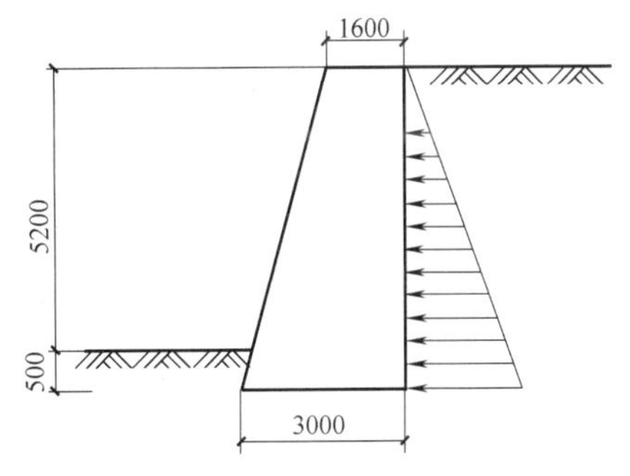

图8.6.2-3

(A) 1.67　　(B) 1.32　　(C) 1.24　　(D) 117

【答案】(B)

【解答】 作题提示：滑移安全度是抗滑移力的比值，所以需要分别求出重力和土压力的两个方向的分力，即垂直于基底与平行基底的分力，然后代入规范公式进行计算。

根据《地基》6.7.5条的规定，由挡土墙基底的倾角 $\alpha_0=0°$，挡土墙墙背的倾角 $\alpha=90°$，则挡土墙重力的分力为

$$G_n=G, G_t=0$$

土对挡土墙墙背的摩擦角 $\delta=0$，则墙后土压力的分力为

$$E_{an}=0, E_{at}=E_a=100\text{kN/m}$$

根据《地基》式（6.7.5-1），则抗滑移安全度为

$$\frac{(G_n+E_{an})\mu}{E_{at}-G_t}=\frac{\frac{1}{2}\times(1.6+3)\times5.7\times24\times0.42}{100}=\frac{132.15}{100}=1.32$$

故（B）正确。

4. 抗倾覆稳定性

《地基》规定

6.7.5 挡土墙的稳定性验算应符合下列规定：

2 抗倾覆稳定性应按下列公式进行验算（图6.7.5-2）：

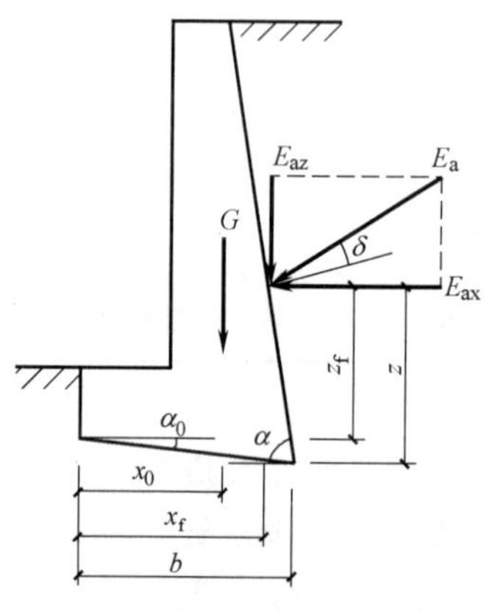

图6.7.5-2 挡土墙抗倾覆稳定验算示意

$$\frac{Gx_0+E_{az}x_f}{E_{ax}z_f}\geqslant1.6 \qquad (6.7.5\text{-}6)$$

$$E_{ax}=E_a\sin(\alpha-\delta) \qquad (6.7.5\text{-}7)$$

$$E_{az}=E_a\cos(\alpha-\delta) \tag{6.7.5-8}$$

$$x_f=b-z\cot\alpha \tag{6.7.5-9}$$

$$z_f=z-b\tan\alpha_0 \tag{6.7.5-10}$$

式中　z——土压力作用点至墙踵的高度（m）；

x_0——挡土墙重心至墙趾的水平距离（m）；

b——基底的水平投影宽度（m）。

3　整体滑动稳定性可采用圆弧滑动面法进行验算。

4　地面承载力计算，除应符合本规范第5.2节的规定外，基底合力的偏心距不应大于0.25倍基础的宽度。当基底下有软弱下卧层时，尚应进行软弱下卧层的承载力验算。

【例 8.6.2-2】

某建筑浆砌石挡土墙重度 22kN/m^3，墙高6m，底宽2.5m，顶宽1m，如图8.6.2-4所示墙后填料重度 19kN/m^3，黏聚力20kPa，内摩擦角15°，忽略墙背与填土的摩阻力和主动土压力增大系数，地表均布荷载25kPa。问该挡土墙的抗倾覆稳定安全系数最近接近下列哪个选项？

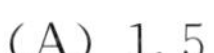

(A) 1.5　　(B) 1.8

(C) 2.0　　(D) 2.2

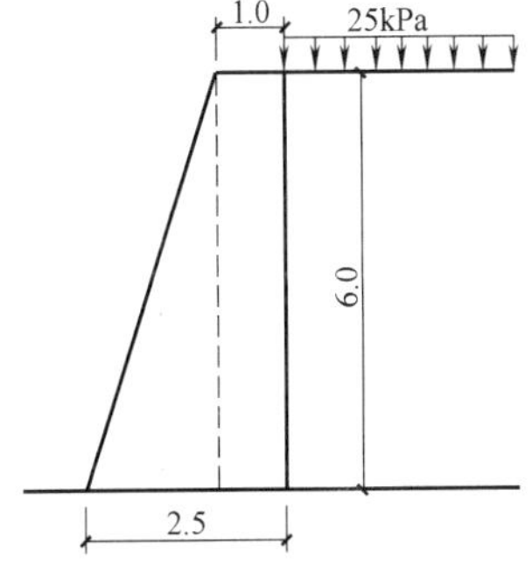

图 8.6.2-4

【答案】(C)

【解答】

(1) 求主动土压力系数：$k_a=\tan^2\left(45°-\dfrac{\varphi}{2}\right)=\tan^2\left(45°-\dfrac{15°}{2}\right)=0.59$

(2) 求黏性土临界深度：$z_0=\dfrac{2c}{\gamma\sqrt{k_a}}-\dfrac{q}{\gamma}-\dfrac{2\times20}{19\times\sqrt{0.59}}\quad\dfrac{25}{19}=1.42\text{m}$ 说明离墙顶1.42m以上为负值没有土压力

(3) 求挡土墙底的土压力强度：$e_a=(\gamma h+q)k_a-2c\sqrt{k_a}=(19\times6+25)\times0.59-2\times20\times\sqrt{0.59}=82.01-30.72=51.29\text{kPa}$

(4) 求主动土压力：$E_a=\dfrac{1}{2}e_a(h-z_0)=\dfrac{1}{2}\times51.29\times(6-1.42)=117\text{kPa}$

(5) 求作用点距墙底高度：$z=\dfrac{h-z_0}{3}=\dfrac{6-1.42}{3}=1.53\text{m}$

(6) 验算抗倾覆稳定性：$K=\dfrac{0.5\times1.5\times6\times22\times1+6\times1\times22\times(1.5+0.5)}{117\times1.53}=\dfrac{363}{179.01}=2.03$

5. 地基承载力计算

《地基》规定

6.7.5　挡土墙的稳定性验算应符合下列规定：

4　地基承载力计算，除应符合本规范第5.2节的规定外，基底合力的偏心距不应大于0.25倍基础的宽度。当基底下有软弱下卧层时，尚应进行软弱下卧层的承载力验算。

【例 8.6.2-3】

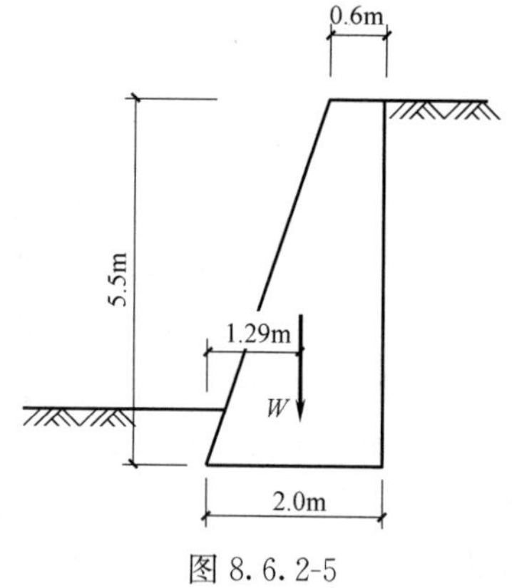

图 8.6.2-5

如图 8.6.2-5 所示，某重力式挡土墙墙高 5.5m，墙体单位长度自重 W＝164.5kN/m，作用点距墙前趾 x＝1.29m，底宽 2.0m，墙背垂直光滑，墙后填土表面水平，填土重度为 18kN/m^3，黏聚力 c＝0kPa，内摩擦角 φ＝35°，设墙基为条形基础，不计墙前埋深段的被动抗力和主动土压力增大系数墙底面最大压力最接近下列何项数值？

（A）82.25MPa　　（B）165MPa

（C）235MPa　　（D）350MPa

【答案】（C）

【解答】

（1）计算偏心距

根据《地基》第 6.7.5 条 4 款。

墙后水平压力为

$$k_s = \tan^2\left(45° - \frac{35°}{2}\right) = 0.271$$

$$E_s = \frac{1}{2}\gamma h^2 \tan^2\left(45° - \frac{\varphi}{2}\right) = 0.5 \times 18 \times 5.5 \times 5.5 \times 0.271 = 73.78(\text{kN/m})$$

水平土压力作用点距离墙底的距离为 $h_s = \frac{1}{3}h = \frac{1}{3} \times 5.5 = 1.833$（m）

墙底反力作用点距离墙趾的水平距离为 $x_1 = \frac{1.29 \times 164.5 - 73.78 \times 1.833}{164.5} = 0.466$（m）

偏心距 $e = 2.0/2 - 0.466 = 0.534$（m）$> b/6 = 0.33$m，

$\geqslant b/4 = 0.5$m 基本满足 6.7.5 条 4 款要求

属于大偏心

（2）计算基底压力

根据《地基》第 5.2.2 条 3 款（取单位长度 L＝1m）

$$p_{kmax} = \frac{2 \times 164.5}{3x_i} = 235(\text{kPa})$$

三、地基稳定验算

1. 地基稳定性

可能发生地基稳定性破坏的情况：

（1）承受很大的水平力或倾覆力矩的建（构）筑物，如受风力或地震力作用的高层建筑或高耸构筑物；承受拉力的高压线塔架基础及锚拉基础等；承受水压力或土压力的挡土墙、水坝、堤坝和桥台等。

（2）位于斜坡顶上的建（构）筑物，由于在荷载作用和环境因素的影响下，造成部分或整体边坡失稳。

(3) 地基中存在软弱土（或夹）层；土层下面有倾斜的岩层面；隐伏的破碎或断裂带；地下水渗流的影响等。

地基失稳的形式有两种：一种是沿基底产生表层滑动（图 8.6.3-1a）；另一种是地基深层整体滑动失稳破坏（图 8.6.3-1b）。

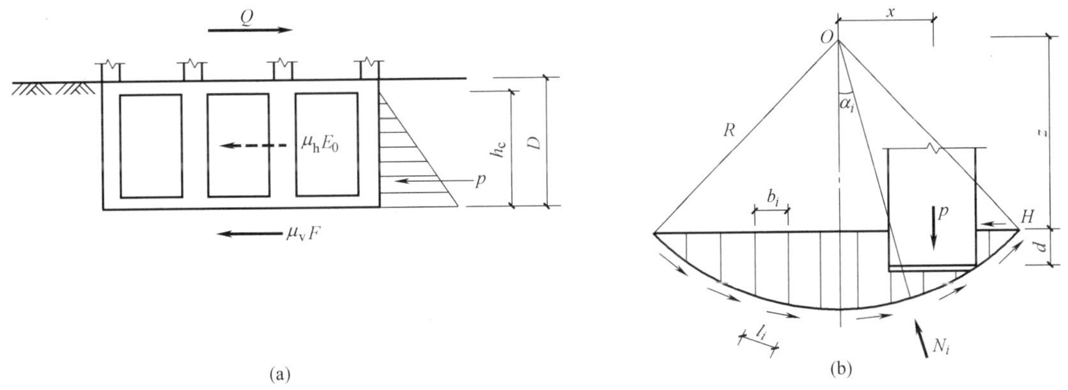

图 8.6.3-1　地基失稳的形式

表层滑动稳定安全系数 K_s 用基础底面与土之间的摩阻力的合力、基础侧面与土之间的摩阻力的合力及作用于基础的被动土压力之和与作用于基底的水平力的合力之比来表示（图 8.6.3-1a），即

地基深层整体滑动稳定问题可用圆弧滑动法进行验算。计算方法见《地基》5.4 的规定

5.4.1 地基稳定性可采用圆弧滑动面法进行验算。最危险的滑动面上诸力对滑动中心所产生的抗滑力矩与滑动力矩应符合下式要求：

$$M_R/M_S \geqslant 1.2 \tag{5.4.1}$$

式中 M_S——滑动力矩（kN・m）；

M_R——抗滑力矩（kN・m）。

【例 8.6.3-1】

如图 8.6.3-2 所示某饱和软黏土边坡已出现明显变形迹象（可以认为在 $\varphi_u=0$ 的整体圆弧法计算中，其稳定系数 $K_1=1.0$）。假定有关参数如下：下滑部分 W_1 的截面面积为 30.2m²，力臂 $d_1=3.2$m，滑体平衡重度为 17kN/m³。为确保边坡安全，在坡脚进行了反压，反压体 W_3 的截面面积为 9.0m²，力臂 $d_3=3.0$m，重度为 20kN/m³。在其他参数都不变的情况下，反压后边坡的稳定系数 K_2 最接近于下列哪一个选项？

（A）1.15　　（B）1.26　　（C）1.33　　（D）1.59

【答案】（C）

【解答】不反压时滑坡稳定系数 $K_1=1.0$

反压后增加的稳定系数为

$$\frac{W_3 d_3}{W_1 d_1}=\frac{9\times20\times3}{30.2\times17\times3.2}=\frac{540}{1642.9}=0.33$$

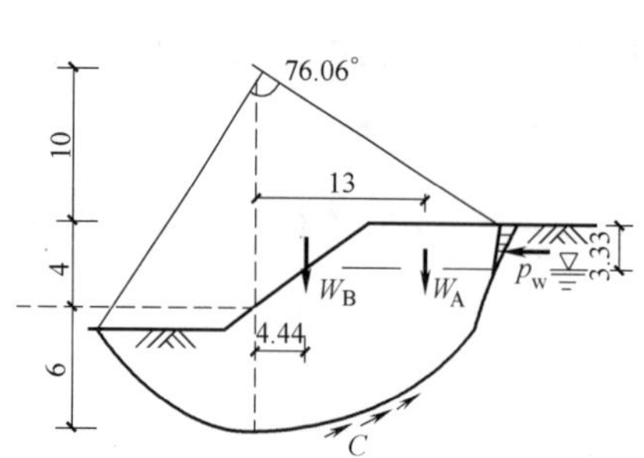

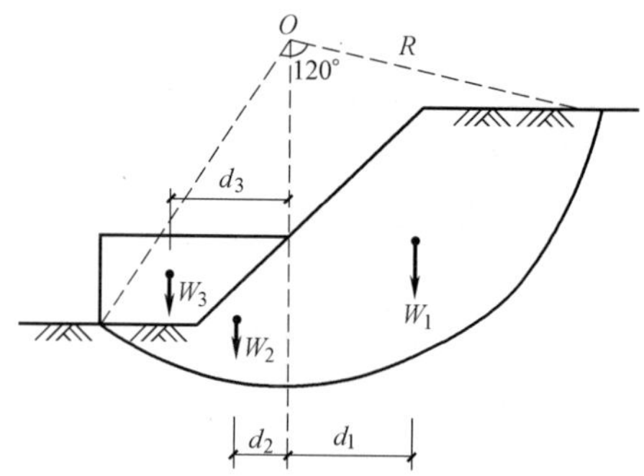

图 8.6.3-2

反压后稳定系数 K_2

$$K_2 = K_1 + 0.33 = 1.0 + 0.33 = 1.33$$

2. 坡顶到基底的最小距离

《地基》规定

5.4.2 位于稳定土坡坡顶上的建筑，应符合下列规定：

1 对于条形基础或矩形基础，当垂直于坡顶边缘线的基础底面边长小于或等于 3m 时，其基础底面外边缘线至坡顶的水平距离（图 5.4.2）应符合下式要求，且不得小于 2.5m；

条形基础

$$a \geqslant 3.5b - \frac{d}{\tan\beta} \quad (5.4.2\text{-}1)$$

矩形基础

$$a \geqslant 2.5b - \frac{d}{\tan\beta} \quad (5.4.2\text{-}2)$$

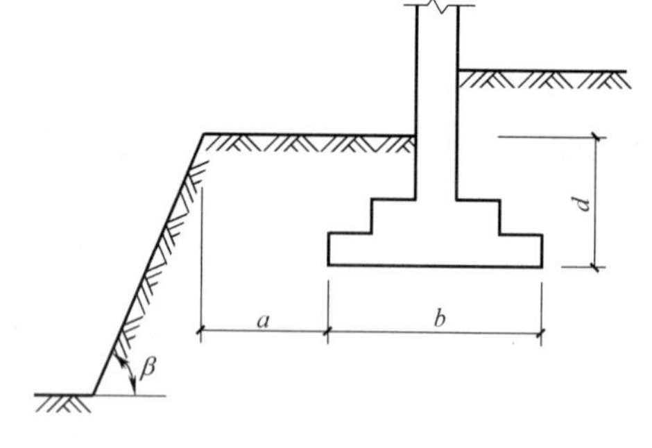

图 5.4.2 基础底面外边缘线至坡顶的水平距离示意

式中 a——基础底面处边缘线至坡顶的水平距离（m）；

b——垂直于坡顶边缘线的基础底面边长（m）；

d——基础埋置深度（m）；

β——边坡坡角（°）。

2 当基础底面外边缘线至坡顶的水平距离不满足式（5.4.2-1）、式（5.4.2-2）的要求时，可根据基底平均压力按式（5.4.1）确定基础距坡顶边缘的距离和基础埋深。

3 当边坡坡角大于 45°、坡高大于 8m 时，尚应按式（5.4.1）验算坡体稳定性。

【例 8.6.3-2】

位于土坡坡顶的钢筋混凝土矩形基础，如图 8.6.3-3 所示。试问，该基础底面外边缘线至稳定土坡坡顶的水平距离 a（m），应不小于下列何项数值？

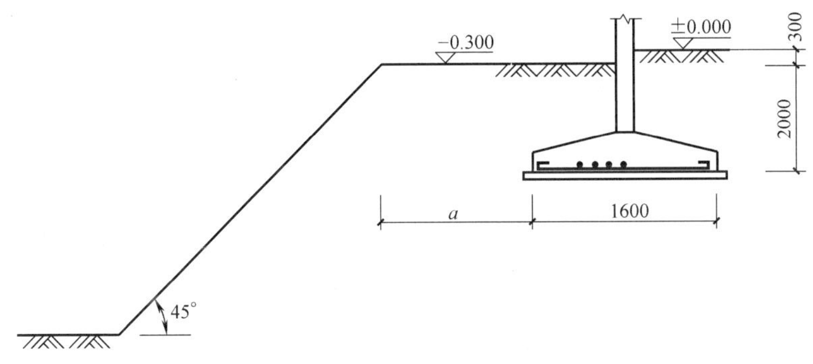

图 8.6.3-3

(A) 2.0　　(B) 2.5　　(C) 3.0　　(D) 3.6

【答案】 (B)

【解答】 根据《地基》5.4.2 条，对于矩形基础应满足式 (5.4.2-2)，则有

$$a \geqslant 2.5b - \frac{d}{\tan\beta} = 2.5 \times 1.6 - \frac{2}{\tan 45^\circ} = 2.0\text{m}$$

且 a 不小于 2.5m，故取 $a=2.5$m。

故 (B) 正确。

四、抗浮稳定性

水的浮力为作用于建筑物基础底面由下向上的水压力，等于建筑物排开体积的水重。地表水或地下水通过土体孔隙的自由水沟通并传递压力。水是否能渗入基础底面是产生浮力的前提条件，此外浮力还与地基土的透水性、地基与基础的接触状态和水压大小（地下水位高低）以及漫水时间等因素有关。

浮力对处于地下水中结构的受力和工作性能有明显影响。例如当贮液池底面位于地下水位以下时，如果贮液池中没有液体，浮力可能会使整个贮液池的底板或局部上移，以致底板开裂，因此对这类结构应进行整体抗浮和局部抗浮验算。

对于存在静水压力的透水性土，如砂类土、碎石类土、黏性砂土等，因其孔隙存在自由水，均应计算水浮力。对于桥梁墩台，由于水浮力对墩台的稳定性不利，故在验算墩台稳定时，应采用设计水位计算。当验算地基应力及基底偏心时，仅按低水位计算浮力，或不计浮力，这样考虑是安全合理的。

基础嵌入不透水性地基时，如黏土地基，可不计算水的浮力。完整页岩（包括节理发育的岩石）上的基础，当基础与基底岩石之间灌注混凝土且接触良好时，水浮力可以不计。但遇到破碎的或裂缝严重的岩石，则应计算水浮力。作用在桩基承台底面的水浮力，应按全部底面积计算，但桩嵌入岩层并灌注混凝土者，在计算承台底面浮力时，应扣除桩的截面面积。管桩亦不计水的浮力。

《地基》规定

> **5.4.3** 建筑物基础存在浮力作用时应进行抗浮稳定性验算，并应符合下列规定：
>
> **1** 对于简单的浮力作用情况，基础抗浮稳定性应符合下式要求：
>
> $$\frac{G_k}{N_{w,k}} \geqslant K_w \qquad (5.4.3)$$
>
> 式中 G_k——建筑物自重及压重之和（kN）；
>
> $N_{w,k}$——浮力作用值（kN）；
>
> K_w——抗浮稳定安全系数，一般情况下可取1.05。
>
> **2** 抗浮稳定性不满足设计要求时，可采用增加压重或设置抗浮构件等措施。在整体满足抗浮稳定性要求而局部不满足时，也可采用增加结构刚度的措施。

【例 8.6.4-1】

如图8.6.4-1所示，箱涵的外部尺寸为宽6m，高8m，四周壁厚均为0.4m，顶面距原地面1.0m，抗浮设计地下水位埋深1.0m，混凝土重度25kN/m³，地基土及填土的重度均为18kN/m³。若要满足抗浮安全系数1.05的要求时，地面以上覆土的最小厚度应接近于下列哪个选项？

(A) 1.2m　　(B) 1.4m

(C) 1.6m　　(D) 1.8m

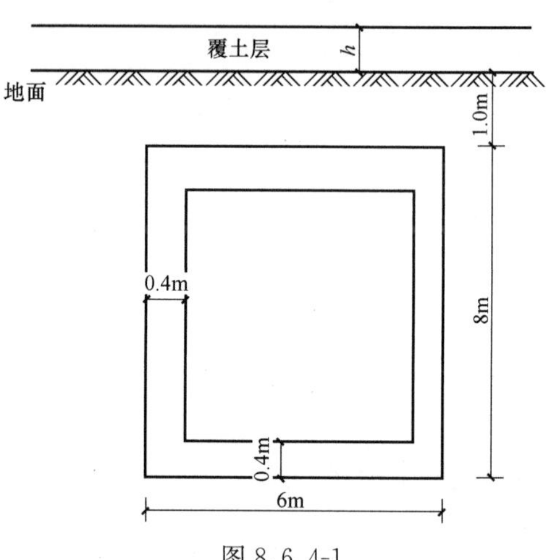

图 8.6.4-1

【答案】(A)

【解答】

1. 计算自重和压重 G

取单位长度箱涵进行验算

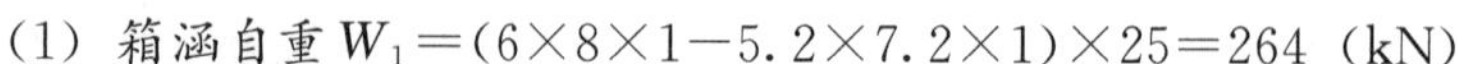

(1) 箱涵自重 $W_1=(6\times8\times1-5.2\times7.2\times1)\times25=264$ (kN)

(2) 箱涵以上天然土层土重 $W_2=6\times1\times1\times18=108$ (kN)

(3) 覆盖土土层土重 $W_3=6\times1\times h\times18$

2. 计算浮力

$$F=6\times8\times1\times10=480(\text{kN})$$

3. 计算覆盖土层厚度 h

根据《地基》第5.4.3条。

$$\frac{G_k}{N_{w.k}}=\frac{W_1+W_2+W_3}{F}=1.05 \qquad \frac{264+108+18\times6h}{480}=1.05$$

得 $h=1.22$m

8.7 浅基础设计

一、基础埋置深度

1. 基础埋置深度应考虑的因素

基础埋置深度是指基础底面距地面的距离。在满足地基稳定和变形的条件下，基础应尽量浅埋。确定基础埋深时应考虑《建筑地基基础设计规范》5.1 节所规定的各种因素，但对某一单项工程来说，往往只是其中一两个因素起决定作用。

《地基》规定

5.1.1 基础的埋置深度，应按下列条件确定：

1 建筑物的用途，有无地下室、设备基础和地下设施，基础的形式和构造；

2 作用在地基上的荷载大小和性质；

3 工程地质和水文地质条件；

4 相邻建筑物的基础埋深；

5 地基土冻胀和融陷的影响。

【例 8.7.1-1】

条件：确定建筑物基础埋置深度时拟考虑下列一些因素：

（Ⅰ）工程地质条件；（Ⅱ）地基冻融条件；（Ⅲ）水文地质条件；（Ⅳ）建筑物使用功能；（Ⅴ）建筑物的长度；（Ⅵ）场地环境条件；（Ⅶ）建筑物的高度。

要求：下列哪一组合包括了所有应考虑的因素？

(A) Ⅰ，Ⅲ，Ⅶ　　(B) Ⅰ，Ⅱ，Ⅲ，Ⅳ

(C) Ⅰ，Ⅱ，Ⅲ，Ⅳ，Ⅵ，Ⅶ　　(D) Ⅰ，Ⅱ，Ⅲ，Ⅳ，Ⅴ

【答案】(C) 表 8.7.1-1 包括了所有应考虑的因素。

表 8.7.1-1

考虑的因素	《地规》5.1.1 条所规定的基础埋置深度条件
(Ⅰ)工程地质条件	3　工程地质条件
(Ⅱ)地基冻融条件	5　地基土冻胀和融陷的影响
(Ⅲ)水文地质条件	3　水文地质条件
(Ⅳ)建筑物使用功能	1　建筑物的用途，有无地下室、设备基础和地下设施，基础的形式和构造
(Ⅴ)建筑物的长度	
(Ⅵ)场地环境条件	4　相邻建筑物的基础埋深
(Ⅶ)建筑物的高度	2　作用在地基上的荷载大小和性质

《地基》规定

5.1.2 在满足地基稳定和变形要求的前提下，当上层地基的承载力大于下层土时，宜利用上层土作待力层。除岩石地基外，基础埋深不宜小于 0.5m。

5.1.4 在抗震设防区，除岩石地基外，天然地基上的箱形和筏形基础其埋置深度不宜小于建筑物高度的 1/15；桩箱或桩筏基础的埋置深度（不计桩长）不宜小于建筑物高度的 1/18。

【例 8.7.1-2】

按《高规》的有关规定，高层建筑采用天然地基时基础埋深不小于建筑高度的比例，以下何项为正确？

(A) 1/10　　(B) 1/12　　(C) 1/15　　(D) 1/18

【答案】(C)

【解答】根据《高规》12.1.8条，天然地基，可取房屋高度的1/15。(C) 确定。

【例 8.7.1-3】

在抗震设防区，天然地基上建造高度为60m的18层高层建筑，基础为箱形基础，按《地基》，设计基础埋深不宜小于下列何项数值?

(A) 3m　　(B) 4m　　(C) 5m　　(D) 6m

【答案】(B)

【解答】根据《地基》5.1.4条，箱形基础埋深不宜小于高度的1/15，60×1/15=4m。

《地基》规定

5.1.3　高层建筑基础的埋置深度应满足地基承载力、变形和稳定性要求。位于岩石地基上的高层建筑，其基础埋深应满足抗滑稳定性要求。

2. 设计冻深

《地基》规定

2.1.6　标准冻结深度　standard frost penetration

在地面平坦、裸露、城市之外的空旷场地中不少于10年的实测最大冻结深度的平均值。

5.1.7　季节性冻土地基的场地冻结深度应按下式进行计算：

$$z_d = z_0 \psi_{zs} \psi_{zw} \psi_{ze} \tag{5.1.7}$$

式中　z_d——场地冻结深度（m），当有实则资料时按 $z_d = h' - \Delta z$ 计算；

h'——最大冻深出现时场地最大冻土层厚度（m）；

Δz——最大冻深出现时场地地表冻胀量（m）；

z_0——标准冻结深度（m）；当无实测资料时，按本规范附录F采用；

ψ_{zs}——土的类别对冻结深度的影响系数，按表5.1.7-1采用；

ψ_{zw}——土的冻胀性对冻结深度的影响系数，按表5.1.7-2采用；

ψ_{ze}——环境对冻结深度的影响系数，按表5.1.7-3采用。

土的类别对冻结深度的影响系数　　**表 5.1.7-1**

土的类别	影响系数 ψ_{zs}	土的类别	影响系数 ψ_{zs}
黏性土	1.00	中、粗、砾砂	1.30
细砂、粉砂、粉土	1.20	大块碎石土	1.40

土的冻胀性对冻结深度的影响系数　　**表 5.1.7-2**

冻胀性	不冻胀	弱冻胀	冻胀	强冻胀	特强冻胀
影响系数 ψ_{zw}	1.00	0.95	0.90	0.85	0.80

环境对冻结深度的影响系数　　　　表 5.1.7-3

周围环境	村、镇、旷野	城市近郊	城市市区
影响系数 ψ_{ze}	1.00	0.95	0.90

注：环境影响系数一项，当城市市区人口为 20 万～50 万时，按城市近郊取值；当城市市区人口大于 50 万小于或等于 100 万时，只计入市区影响；当城市市区人口超过 100 万时，除计入市区影响外，尚应考虑 5km 以内的郊区近郊影响系数。

5.1.8 季节性冻土地区基础埋置深度宜大于场地冻结深度。对于深厚季节冻土地区，当建筑基础底面土层为不冻胀、弱冻胀、冻胀土时，基础埋置深度可以小于场地冻结深度，基础底面下允许冻土层最大厚度应根据当地经验确定。没有地区经验时可按本规范附录 G 查取。此时，基础最小埋置深度 d_{min} 可按下式计算：

$$d_{min}=z_d-h_{max} \tag{5.1.8}$$

式中　h_{max}——基础底面下允许冻土层最大厚度（m）。

5.1.9 地基土的冻胀类别分为不冻胀、弱冻胀、冻胀、强冻胀和特强冻胀，可按本规范附录 G 查取。

G.0.1 地基土的冻胀性分类，可按表 G.0.1 分为不冻胀、弱冻胀、冻胀、强冻胀和特强冻胀。

地基土的冻胀性分类　　　　表 G.0.1

土的名称	冻前天然含水量 w(%)	冻结期间地下水位距冻结面的最小距离 h_w/m	平均冻胀率 η(%)	冻胀等级	冻胀类别
碎(卵)石，砾、粗、中砂(粒径小于 0.075mm 颗粒含量大于 15%)，细砂(粒径小于 0.075mm 颗粒含量大于 10%)	$w\leqslant 12$	>1.0	$\eta\leqslant 1$	Ⅰ	不冻胀
		≤1.0	$1<\eta\leqslant 3.5$	Ⅱ	弱胀冻
	$12<w\leqslant 18$	>1.0			
		≤1.0	$3.5<\eta\leqslant 6$	Ⅲ	胀冻
	$w>18$	>0.5			
		≤0.5	$6<\eta\leqslant 12$	Ⅳ	强胀冻

G.0.2 建筑基础底面下允许冻土层最大厚度 h_{max}（m），可按表 G.0.2 查取。

建筑基础底面下允许冻土层最大厚度 h_{max}（m）　　　　表 G.0.2

冻胀性 \ 基础形式 \ 采暖情况 \ 基底平均压力(kPa)			110	130	150	170	190	210
弱冻胀土	方形基础	采暖	0.90	0.95	1.00	1.10	1.15	1.20
		不采暖	0.70	0.80	0.95	1.00	1.05	1.10
	条形基础	采暖	>2.50	>2.50	>2.50	>2.50	>2.50	>2.50
		不采暖	2.20	2.50	>2.50	>2.50	>2.50	>2.50
冻胀土	方形基础	采暖	0.65	0.70	0.75	0.80	0.85	—
		不采暖	0.55	0.60	0.65	0.70	0.75	—
	条形基础	采暖	1.55	1.80	2.00	2.20	2.50	—
		不采暖	1.15	1.35	1.55	1.75	1.95	—

【例 8.7.1-4】

地处北方的某城市，市区人口 30 万，集中供暖。现拟建设一栋三层框架结构建筑，地基土层属季节性冻胀的粉土，标准冻深 2.4m，采有柱下方形独立基础，基础底面边长 b=2.7m，荷载效应标准组合时，永久荷载产生的基础底面平均压力为 144.5kPa。试问，当基础底面以下容许存在一定厚度的冻土层且不考虑切向冻胀力的影响时，根据地基冻胀性要求的基础最小埋深（m）与下列何项数值最为接近？

（A）2.40　　（B）1.80　　（C）1.60　　（D）1.40

【答案】（B）

【解答】 根据《地基》5.1.7 条，要求设计冻深为：$z_d = z_0\psi_{zs}\psi_{zw}\psi_{ze}$

查《地基》表 5.1.7-1、表 5.1.7-2、表 5.1.7-3 得：$\psi_{zs}=1.2$，$\psi_{zw}=0.90$，$\psi_{ze}=0.95$。

已知 $z_0=2.4$，故 $z_d=2.4624$m。

根据《地基》5.1.8 条，要求最小埋深为：$d_{min}=z_d-h_{max}$

根据《地基》附录表 G.0.2 的注 4，采用基底平均压力为 0.9×144.5=130kPa

查《地基》附录表 G.0.2，得 $h_{max}=0.70$m

故 $d_{min}=2.4624-0.70=1.7624$m

注意：当城市市区人口为 20 万～50 万时，环境影响系数 ψ_{ze} 一项按城市近郊取值。

二、基础设计所采用的荷载效应

1. 荷效效应的基本组合

基础设计所采用的荷载效应在《地基》有明确的规定

3.0.5 地基基础设计时，所采用的作用效应与相应的抗力限值应符合下列规定：

4 在确定基础或桩基承台高度、支挡结构截面、计算基础或支挡结构内力、确定配筋和验算材料强度时，上部结构传来的作用效应和相应的基底反力、挡土墙土压力以及滑坡推力，应按承载能力极限状态下作用的基本组合，采用相应的分项系数；

3.0.6 地基基础设计时，作用组合的效应设计值应符合下列规定：

3 承载能力极限状态下，由可变作用控制的基本组合的效应设计值 S_d，应按下式确定：

$$S_d=\gamma_G S_{Gk}+\gamma_{Q1}S_{Q1k}+\gamma_{Q2}\psi_{c2}S_{Q2k}+\cdots\cdots+\gamma_{Qn}\psi_{cn}S_{Qnk} \tag{3.0.6-3}$$

式中 γ_G——永久作用的分项系数，按现行国家标准《建筑结构荷载规范》GB 50009 的规定取值；

γ_{Qi}——第 i 个可变作用的分项系数，按现行国家标准《建筑结构荷载规范》GB 50009 的规定取值。

$$S_d=1.35S_k \tag{3.0.6-4}$$

式中 S_k——标准组合的作用效应设计值。

2. 地基净反力

基底反力 p 为作用于基底上的总竖向荷载（包括墙或柱传下的荷载及基础自重）除以基底面积。仅由基顶面标高以上部分传下的荷载所产生的地基反力为地基净反力，并以 p_j 表示。在进行基础的结构设计中，常需用到净反力，因为基础自重及其周围土重所形成的基底反力恰好与其自重相抵消，对基础本身不产生内力。

【例 8.7.2-1】

对于埋深 2m 的独立基础，关于建筑地基净反力下列哪个选项是正确的?

(A) 地基净反力是指基底附加压力扣除基础自重及其上土重后的剩余净基底压力

(B) 地基净反力常用于基础采用载荷基本组合下的承载能力极限状态计算

(C) 地基净反力在数值上常大于基底附加压力

(D) 地基净反力等于基底反力系数乘以基础沉降

【答案】(B)

【解答】

(1) 基底附加压力是指基础底面的压力（由基础顶面的荷载和基础和土自重两部分组成）减去土的自重压力，所以基底附加压力再减去土的自重就不正确。因为地基净反力是只有基础顶面的荷载产生的地基反力。(A) 不正确。

(2) 因为基础自重及其周围土重所形成的基底反力恰好与其自重相抵消，进行基础的结构设计中，常需用到净反力。(B) 正确

(3) 地基净反力在数值上常小于基底附加压力，附加压力中有基础自重，而地基净反力不包括基础自重 (C) 不正确。

(4) 基础沉降是由附加压力产生的，不是净反力产生的。(D) 不正确。

三、无筋扩展基础

《地基》规定

2.1.12 无筋扩展基础 non-reinforced spread foundation

由砖、毛石、混凝土或毛石混凝土、灰土和三合土等材料组成的，且不需配置钢筋的墙下条形基础或柱下独立基础。

《地基》规定

8.1.1 无筋扩展基础（图 8.1.1）高度应满足下式的要求：

$$H_0 \geqslant \frac{b-b_0}{2\tan\alpha} \tag{8.1.1}$$

式中 b——基础底面宽度（m）；

b_0——基础顶面的墙体宽度或柱脚宽度（m）；

H_0——基础高度（m）；

$\tan\alpha$——基础台阶宽高比 $b_2 : H_0$，其允许值可按表 8.1.1 选用；

b_2——基础台阶宽度（m）。

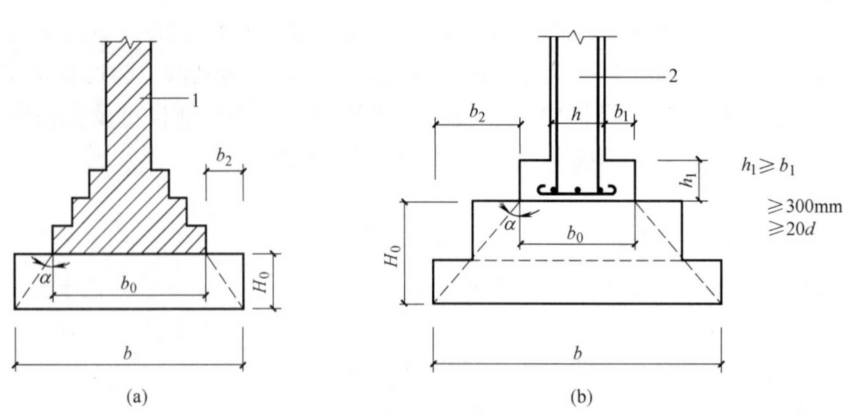

图 8.1.1　无筋扩展基础构造示意
d—柱中纵向钢筋直径
1—承重墙　2—钢筋混凝土柱

无筋扩展基础台阶宽度比的允许值　　**表 8.1.1**

基础材料	质量要求	台阶宽高比的允许值		
		$p_k \leqslant 100$	$100 < p_k \leqslant 200$	$200 < p_k \leqslant 300$
混凝土基础	C15 混凝土	1∶1.00	1∶1.00	1∶1.25
毛石混凝土基础	C15 混凝土	1∶1.00	1∶1.25	1∶50
砖基础	砖不低于 MU10、砂浆不低于 M5	1∶1.50	1∶1.50	1∶1.50
毛石基础	砂浆不低于 M5	1∶1.25	1∶1.50	—
灰土基础	体积比为 3∶7 或 2∶8 的灰土，其最小干密度 粉土 1550kg/m^3 粉质黏土 1500kg/m^3 黏土 1450kg/m^3	1∶1.25	1∶1.50	—
三合土基础	体积比 1∶2∶4～1∶3∶6(石灰∶砂∶骨料)，每层约虚铺 220mm，夯至 150mm	1∶1.50	1∶2.00	—

注：1. p_k 为作用的标准组合时基础底面处的平均压力值（kPa）。
2. 阶梯形毛石基础的每阶伸出宽度，不宜大于 200mm。
3. 当基础由不同材料叠合组成时，应对接触部分作抗压验算。
4. 混凝土基础单侧扩展范围内基础底面处的平均压力值超过 300kPa 时，尚应进行抗剪验算；对基底反力集中于立柱附近的岩石地基，应进行局部受压承载力验算。

【例 8.7.3-1】

某宿舍楼采用墙下 C15 混凝土条形基础，基础顶面墙体宽度 0.38m，基底平均压力为 250kPa，基础底面宽为 1.5m，试计算基础最小高度。

【解答】根据《地基》表 8.1.1，混凝土基础，$200\text{kPa} < p_k \leqslant 300\text{kPa}$ 时，混凝土基础台阶的宽度比为 $\tan\alpha = 1:1.25$

根据《地基》式（8.1.1），有

$$H_0 \geqslant \frac{b-b_0}{2\tan\alpha}=\frac{1.5-0.38}{2\times 1/1.25}=0.7\text{m}$$

【例 8.7.3-2】

柱下素混凝土方形基础顶面的竖向力 F 为 570kN，基础宽度取为 2.0m，柱脚宽度为 0.40m。室内地面以下 6m 深度内为均质粉土层 $\gamma=\gamma_m=20\text{kN/m}^3$，$f_{ak}=150\text{kPa}$，黏粒含量 $\rho_c=7\%$。根据以上条件和《地基》，柱基础埋深应不小于下列何项数值？

（注：基础与基础上土的平均重度 γ 取为 20kN/m^3）

(A) 0.50m　　(B) 0.70m　　(C) 0.80m　　(D) 1.00m

【答案】(C)

【解答】根据《地基》8.1.1 条

(1) 按考虑刚性基础的扩展角计算埋深：

假定 $P_k \leqslant 200\text{kPa}$，$\tan a=1:1$

$$H_0 \leqslant \frac{b-b_0}{2\tan a}=\frac{2-0.4}{2\times(1/1)}=0.8\text{m}$$

$$P_k=\frac{F+G}{A}=\frac{570+2\times 2\times 0.8\times 20}{2\times 2}=158.5\text{kPa}<200\text{kPa},\text{成立}$$

(2) 按考虑承载力的要求计算埋深

根据《地基》5.2.4 条，表 5.2.4 粉土，黏粒含量 $\rho_c=7\%$

查 $\eta_b=0.5$　　$\eta_d=2.0$

$$P_k=\frac{F+G}{A}=\frac{570+d\times 2\times 2\times 20}{2\times 2}=142.5+20d$$

$$f_a=f_{ak}+\eta_b\gamma(b-3)+\eta_d\gamma_m(d-0.5)=150+0+2\times 20\times(d-0.5)=130+40d$$

$$P_k=f_a$$

$$20d+142.5=130+40d$$

$$d=0.625\text{m}$$

两者取大值，取 0.8m

《地基》8.1.1“条文说明”指出

> 当基础单侧扩展范围内基础底面处的平均压力值超过 300kPa 时，应按下式验算墙（柱）边缘或变阶处的受剪承载力：
>
> $$V_s \leqslant 0.366 f_t A$$
>
> 式中　V_s——相应于作用的基本组合时的地基土平均净反力产生的沿墙（柱）边缘或变阶处的剪力设计值（kN）；
>
> 　　　A——沿墙（柱）边缘或变阶处基础的垂直截面面积（m^2）。

【例 8.7.3-3】

某砌体结构建筑采用等厚度的 C20（$f_t=1.1\text{N/mm}^2$）素混凝土条形基础，底层墙体剖面情况如图 8.7.3-1 所示。荷载效应标准组合时，作用于素混凝土扩展基础顶面处的轴

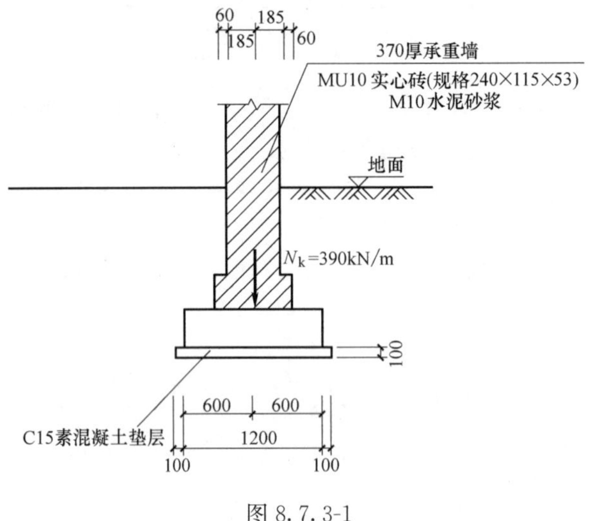

图 8.7.3-1

心竖向力 $N_k=390kN/m$，由永久荷载起控制作用。

试问，满足抗剪要求所需基础最小高度（mm）与下列何项数值最为接近？

(A) 300　　(B) 400　　(C) 500　　(D) 600

【答案】(B)

【解答】基底净反力为：$p_n=\dfrac{390}{1.2}=325kN/m^2$

根据《地基》表 8.1.1 注 4，基础需进行抗剪验算。

抗剪危险截面应墙边缘处截面，且

$$V=\gamma_G p_n(1.2-0.49)/2=1.35\times325\times0.355=155.76kN/m$$

抗剪要求：$V_s\leqslant0.366f_tA$

C20 混凝土，$f_t=1.1N/mm^2$，取单位 1m 宽度进行计算，有

$$0.366\times1.1h\geqslant155.76\qquad h\geqslant386.9mm$$

四、扩展基础

《地基》规定

> **2.1.11**　扩展基础　spread foundation
>
> 为扩散上部结构传来的荷载，使作用在基底的压应力满足地基承载力的设计要求，且基础内部的应力满足材料强度的设计要求，通过向侧边扩展一定底面积的基础。

1. 扩展基础的构造

《地基》规定

> **8.2.1**　扩展基础的构造，应符合下列规定：
>
> **1**　锥形基础的边缘高度不宜小于 200mm，且两个方向的坡度不宜大于 1∶3；阶梯形基础的每阶高度，宜为 300～500mm。
>
> **2**　垫层的厚度不宜小于 70mm，垫层混凝土强度等级不宜低于 C10。

3 扩展基础受力钢筋最小配筋率不应小于 0.15%，底板受力钢筋的最小直径不应小于 10mm，间距不应大于 200mm，也不应小于 100mm。墙下钢筋混凝土条形基础纵向分布钢筋的直径不应小于 8mm；间距不应大于 300mm；每延米分布钢筋的面积不应小于受力钢筋面积的 15%。当有垫层时钢筋保护层的厚度不应小于 40mm；无垫层时不应小于 70mm。

4 混凝土强度等级不应低于 C20。

5 当柱下钢筋混凝土独立基础的边长和墙下钢筋混凝土条形基础的宽度大于或等于 2.5m 时，底板受力钢筋的长度可取边长或宽度的 0.9 倍，并宜交错布置（图 8.2.1-1）。

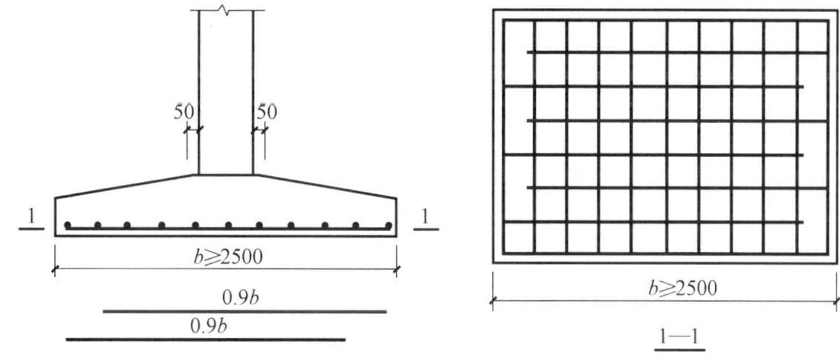

图 8.2.1-1 柱下独立基础底板受力钢筋布置

6 钢筋混凝土条形基础底板在 T 形及十字形交接处，底板横向受力钢筋仅沿一个主要受力方向通长布置，另一方向的横向受力钢筋可布置到主要受力方向底板宽度 1/4 处（图 8.2.1-2）。在拐角处底板横向受力钢筋应沿两个方向布置（图 8.2.1-2）。

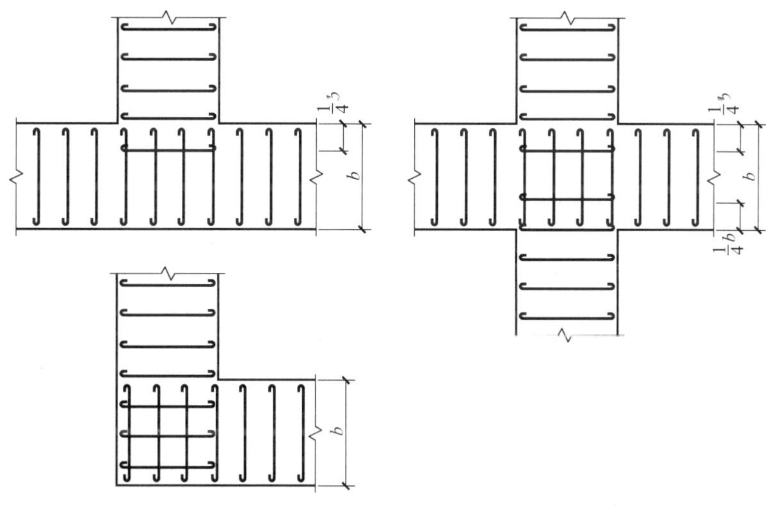

图 8.2.1-2 墙下条形基础纵横交叉处底板受力钢筋布置

2. 斜截面承载力计算

斜截面承载力计算有二类：

① 空间的斜截面承载力——受冲切承载力；

② 平面的斜截面承载力——受剪承载力。

《地基》“条文说明”指出

> **8.2.8、8.2.9**
>
> 为保证柱下独立基础双向受力状态，基础底面两个方向的边长一般都保持在相同或相近的范围内，试验结果和大量工程实践表明，当冲切破坏锥体落在基础底面以内时，此类基础的截面高度由受冲切承载力控制。本规范编制时所作的计算分析和比较也表明，符合本规范要求的双向受力独立基础，其剪切所需的截面有效面积一般都能满足要求，无需进行受剪承载力验算。

图 8.7.4-1 所示的柱下独立基础，其底面两个方向的边长相同，发生冲切破坏时，冲切破坏锥体落在基础底面以内。

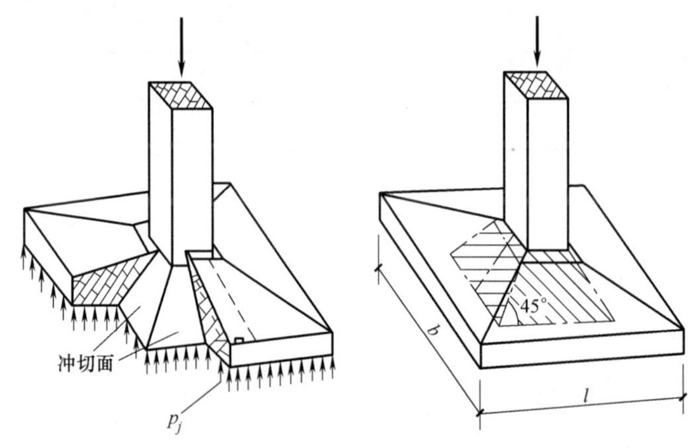

图 8.7.4-1　柱下独立基础的冲切破坏

《地基》“条文说明”指出

> **8.2.8、8.2.9**
>
> 考虑到实际工作中柱下独立基础底面两个方向的边长比值有可能大于 2，此时基础的受力状态接近于单向受力，柱与基础交接处不存在受冲切的问题，仅需对基础进行斜截面受剪承载力验算。因此，本次规范修订时，补充了基础底面短边尺寸小于柱宽加两倍基础有效高度时，验算柱与基础交接处基础受剪承载力的条款。验算截面取柱边缘，当受剪验算截面为阶梯形及锥形时，可将其截面折算成矩形，折算截面的宽度及截面有效高度，可按照本规范附录 U 确定。

图 8.7.4-2 所示的柱下独立基础底面短边尺寸小于柱宽加两倍基础有效高度，可以看

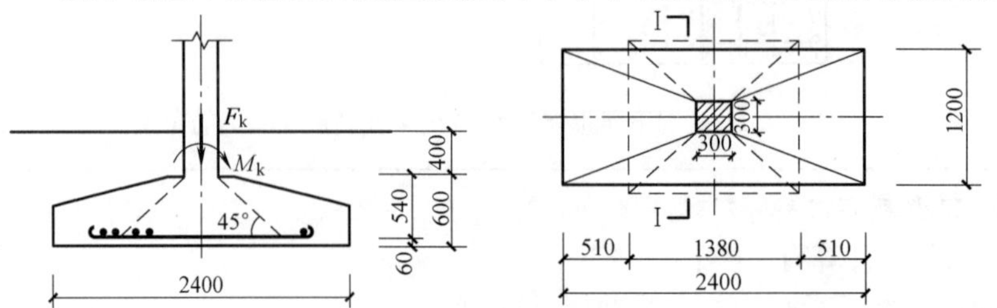

图 8.7.4-2　柱下独立基础的剪切破坏

出此时基础的受力状态接近于单向受力，柱与基础交接处不存在受冲切的问题，仅需对基础进行斜截面受剪承载力验算。

《地基》规定

8.2.7 扩展基础的计算符合下列规定：

1 对柱下独立基础，当冲切破坏锥体落在基础底面以内时，应验算柱与基础交接处以及基础变阶处的受冲切承载力；

2 对基础底面短边尺寸小于或等于柱宽加两倍基础有效高度的柱下独立基础，以及墙下条形基础，应验算柱（墙）与基础交接处的基础受剪切承载力；

（1）受冲切承载力

《地基》规定

8.2.8 柱下独立基础的受冲切承载力应按下列公式验算：

$$F_l \leqslant 0.7\beta_{hp} f_t a_m h_0 \tag{8.2.8-1}$$

$$a_m = (a_t + a_b)/2 \tag{8.2.8-2}$$

$$F_l = p_j A_l \tag{8.2.8-3}$$

式中 β_{hp}——受冲切承载力截面高度影响系数，当 h 不大于 800mm 时，β_{hp} 取 1.0；当 h 大于或等于 2000mm 时，β_{hp} 取 0.9，其间按线性内插法取用；

f_t——混凝土轴心抗拉强度设计值（kPa）；

h_0——基础冲切破坏锥体的有效高度（m）；

a_m——冲切破坏锥体最不利一侧计算长度（m）；

a_t——冲切破坏锥体最不利一侧斜截面的上边长（m），当计算柱与基础交接处的受冲切承载力时，取柱宽；当计算基础变阶处的受冲切承载力时，取上阶宽；

a_b——冲切破坏锥体最不利一侧斜截面在基础底面积范围内的下边长（m），当冲切破坏锥体的底面落在基础底面以内（图 8.2.8a、b），计算柱与基础交接处的受冲切承载力时，取柱宽加两倍基础有效高度；当计算基础变阶处的受冲切承载力时，取上阶宽加两倍该处的基础有效高度；

p_j——扣除基础自重及其上土重后相应于作用的基本组合时的地基土单位面积净反力（kPa），对偏心受压基础可取基础边缘处最大地基土单位面积净反力；

A_l——冲切验算时取用的部分基底面积（m^2）（图 8.2.8a、b 中的阴影面积 $ABCDEF$）；

F_l——相应于作用的基本组合时作用在 A_l 上的地基土净反力设计值（kN）。

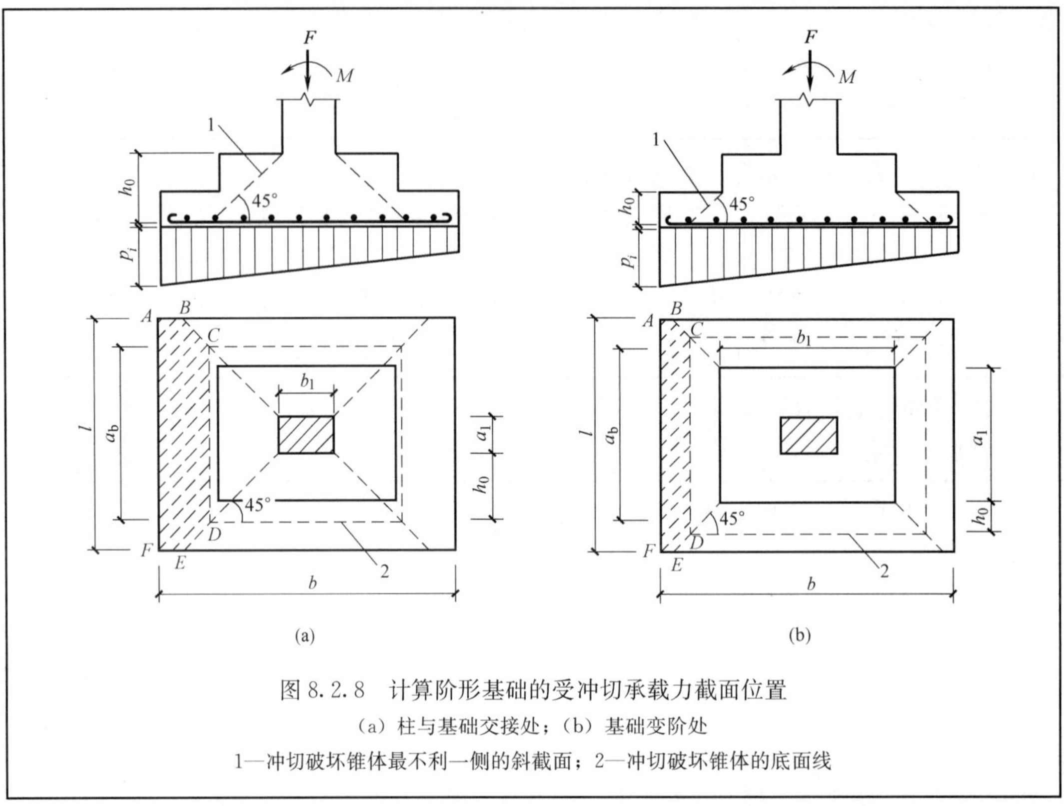

图 8.2.8　计算阶形基础的受冲切承载力截面位置

(a) 柱与基础交接处；(b) 基础变阶处

1—冲切破坏锥体最不利一侧的斜截面；2—冲切破坏锥体的底面线

【例 8.7.4-1】 如图 8.7.4-3 所示（图中单位为 mm），某建筑采用柱下独立方形基础，拟采用 C20 钢筋混凝土材料，基础分二阶，底面尺寸 2.4m×2.4m，柱截面尺寸为 0.4m×0.4m。基础顶面基本组合作用竖向力 700kN，力矩 87.5kN·m，问柱边的冲切力最接近下列哪个选项？

(A) 95kN　　(B) 110kN

(C) 140kN　　(D) 160kN

【答案】(C)

【解答】

1. 计算偏心距 $e=M/F=87.5/700=0.125\text{m}<2.4/6=0.4\text{m}$，属小偏心。

2. 计算基底最大净反力 $p_{\text{jmax}}=\dfrac{F}{b^2}\left(1+\dfrac{6e}{b}\right)=700/2.4^2\times(1+6\times0.125/2.4)=159.5\text{kPa}$

3. 基础有效高度 $h_0=0.55\text{m}$，阴影宽度 $=2.4/2-0.4/2-0.55=0.45\text{m}$

4. 冲切力 $=p_{\text{jmax}}\times A_l=159.5\times\dfrac{1}{2}\times0.45\times(2.4+2.4-2\times0.45)=139.96\text{kN}$

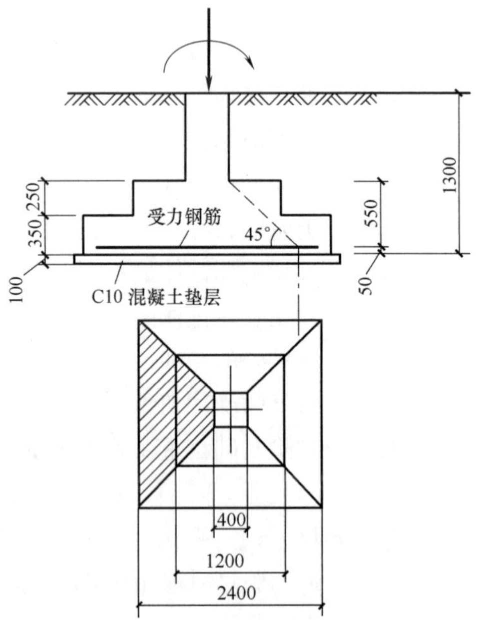

图 8.7.4-3　独立方形基础图

【例 8.7.4-2】

某多层框架结构厂房柱下矩形独立基础，柱截面为 1.2m×1.2m，基础宽度为 3.6m。基础平面、剖面如图 8.7.4-4 所示。

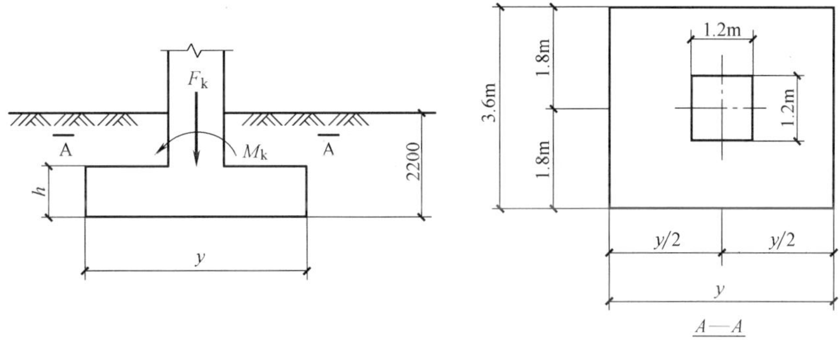

图 8.7.4-4

假定基础混凝土强度等级为 C25（f_t＝1.27N/mm²），基础底面边长 y 为 4600mm，基础高度 h 为 800mm（有垫层，有效高度 h_0 为 750mm）。试问，柱与基础交接处最不利一侧的受冲切承载力设计值（kN），与下列何项数值最为接近？

（A）1300　（B）1500　（C）1700　（D）1900

【答案】（A）

【解答】根据《地基》8.2.8 条的规定，当基础高度 $h \leqslant 800$mm 时，受冲切承载力截面高度影响系数为 $\beta_{hp}=1$

根据《地基》式（8.2.8-2），冲切破坏锥体最不利一侧计算长度为

$$a_m=\frac{a_t+a_b}{2}=\frac{1200+1200+2\times750}{2}=1950\text{mm}$$

根据《地基》式（8.2.8-1），受冲切承载力设计值为

$$F_l \leqslant 0.7\beta_{hp}f_t a_m h_0=0.7\times1\times1.27\times1950\times750/1000=1300.2\text{kN}$$

故（A）正确。

（2）受剪承载力

《地基》规定

8.2.9 当基础底面短边尺寸小于或等于柱宽加两倍基础有效高度时，应按下列公式验算柱与基础交接处截面受剪承载力：

$$V_s \leqslant 0.7\beta_{hs}f_t A_0 \quad (8.2.9\text{-}1)$$

$$\beta_{hs}=(800/h_0)^{1/4} \quad (8.2.9\text{-}2)$$

式中 V_s——相应于作用的基本组合时，柱与基础交接处的剪力设计值（kN），图 8.2.9 中的阴影面积乘以基底平均净反力；

β_{hs}——受剪切承载力截面高度影响系数，当 $h_0<800$mm 时，取 $h_0=800$mm；当 $h_0>2000$mm 时，取 $h_0=2000$mm；

A_0——验算截面处基础的有效截面面积（m²）。当验算截面为阶形或锥形时，可将其截面折算成矩形截面，截面的折算宽度和截面的有效高度按本规范附录 U 计算。

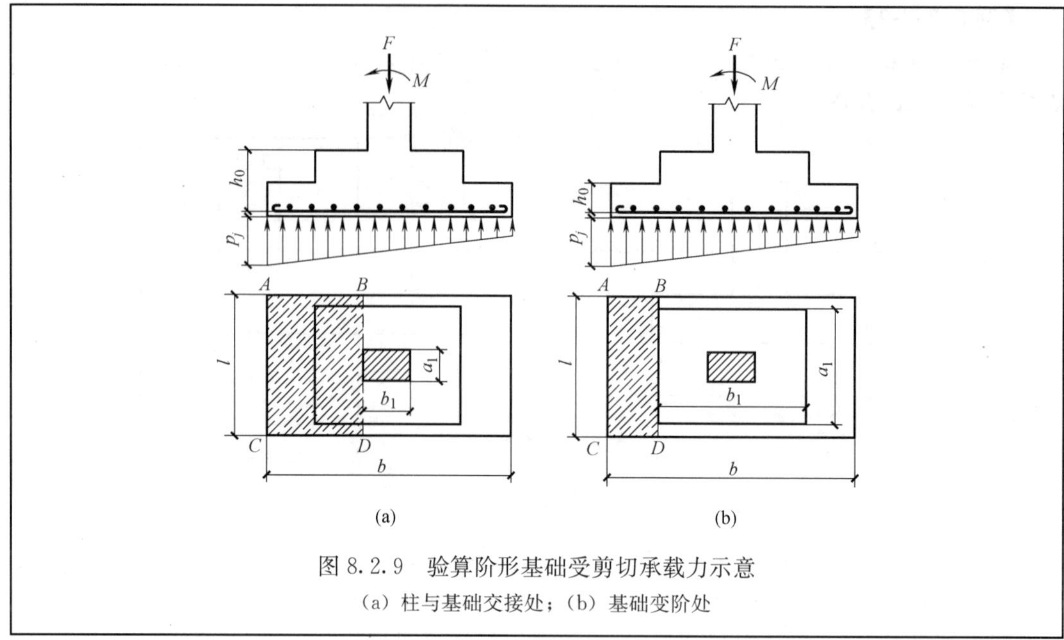

图 8.2.9　验算阶形基础受剪切承载力示意
(a) 柱与基础交接处；(b) 基础变阶处

《地基》"条文说明"指出

> 本条文中所说的"短边尺寸"是指垂直于力矩作用方向的基础底边尺寸。

【例 8.7.4-3】

已知柱下独立基础底面尺寸 2.0m×3.5m，相应于作用效应标准组合时传至基础顶面±0.00 处的竖向力和力矩为 F_k＝800kN，M_k＝50kN·m，基础高度 1.0m，埋深 1.5m，如图 8.7.4-5 所示。根据《地基》方法验算柱与基础交接处的截面受剪承载力时，其剪力设计值最接近以下何值？

(A) 200kN　　(B) 350kN

(C) 480kN　　(D) 510kN

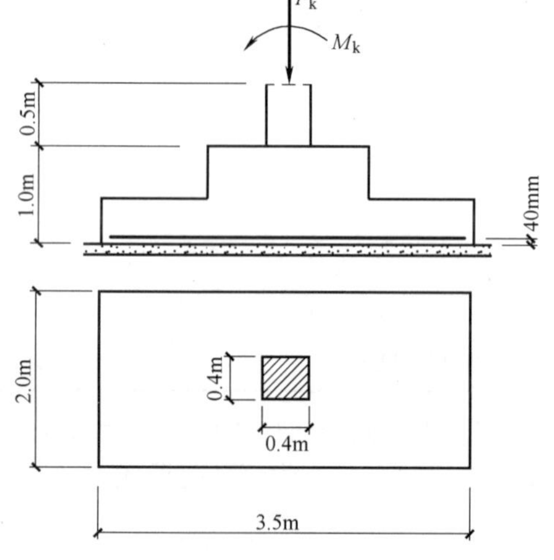

图 8.7.4-5

【答案】(D)

【解答】

根据《地基》第 8.2.9 条求解：

(1) 剪力计算对应的地基净反力计算面积

$$A_l=\left(\frac{b}{2}-\frac{b_1}{2}\right)l=\left(\frac{3.5}{2}-\frac{0.4}{2}\right)\times 2.0=3.1\text{m}^2$$

(2) 基底平均净反力计算

$$e=\frac{N_k}{F_k}=\frac{50}{800}=0.0625\text{m}<b/6=3.5/6=0.58\text{m}$$

根据《地基》式 (5.2.2-2，3)

$$p_{\min}^{\max}=\frac{F_k+G_k}{A}\pm\frac{M_K}{W}=\frac{800}{3.5\times2}\pm\frac{50}{\frac{2\times3.5^2}{6}}=\frac{126.53}{102.05}\text{kPa}$$

（3）剪力设计值计算

通过内插求得柱边与基础交接处地基的净反力为

$$102.05+\frac{126.53-102.05}{3.5}\times(1.75+0.2)=115.68$$

$$V_s=p_j\cdot A_l=1.35\times\left(\frac{126.53+115.68}{2}\right)\times3.1=506.84$$

3. 受弯承载力计算

《地基》规定

> **8.2.7** 扩展基础的计算应符合下列规定：
>
> **3** 基础底板的配筋，应按抗弯计算确定；

（1）底板弯矩

《地基》规定

> **8.2.11** 在轴心荷载或单向偏心荷载作用下，当台阶的宽高比小于或等于2.5且偏心距小于或等于1/6基础宽度时，柱下矩形独立基础任意截面的底板弯矩可按下列简化方法进行计算（图8.2.11）：
>
> $$M_{\mathrm{I}}=\frac{1}{12}a_1^2\left[(2l+a')\left(p_{\max}+p-\frac{2G}{A}\right)+(p_{\max}-p)l\right] \quad (8.2.11\text{-}1)$$
>
> $$M_{\mathrm{II}}=\frac{1}{48}(l-a')^2(2b+b')\left(p_{\max}+p_{\min}-\frac{2G}{A}\right) \quad (8.2.11\text{-}2)$$
>
> 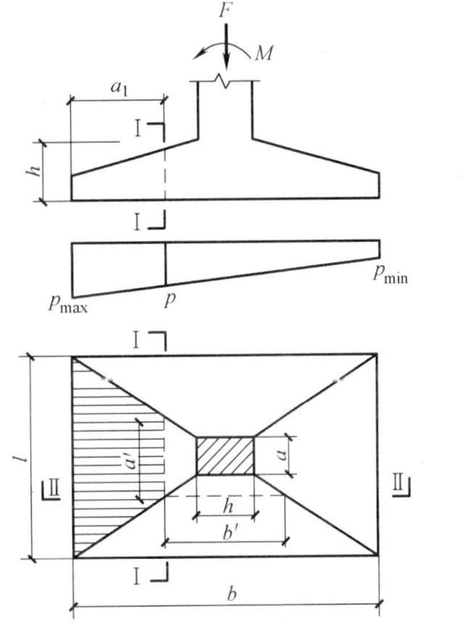
>
> 图8.2.11　矩形基础底板的计算示意
>
> 式中　M_{I}、M_{II}——相应于作用的基本组合时，任意截面Ⅰ—Ⅰ、Ⅱ—Ⅱ处的弯矩设计值（kN·m）；
>
> a_1——任意截面Ⅰ—Ⅰ至基底边缘最大反力处的距离（m）；
>
> l、b——基础底面的边长（m）；
>
> $p_{\max}$、$p_{\min}$——相应于作用的基本组合时的基础底面边缘最大和最小地基反力设计值（kPa）；
>
> p——相应于作用的基本组合时在任意截面Ⅰ—Ⅰ处基础底面地基反力设计值（kPa）；
>
> G——考虑作用分项系数的基础自重及其上的土自重（kN）；当组合值由永久作用控制时，作用分项系数可取1.35。

《地基》“条文说明”指出

> **8.2.11** 本条中的公式（8.2.11-1）和式（8.2.11-2）是以基础台阶宽高比小于或等于2.5，以及基础底面与地基土之间不出现零应力区（$e\leqslant b/6$）为条件推导出来的弯矩简化计算公式，适用于除岩石以外的地基。其中，基础台阶宽高比小于或等于2.5是基于试验结果，旨在保证基底反力呈直线分布。

根据以基础基底反力呈直线分布，以及基础底面与地基土之间不出现零应力区（$e\leqslant b/6$）为条件推导出来的基础基底弯矩计算简图如规范图8.2.11所示。在地基净反力作用下，基础底板将沿柱的周边向上弯曲，故两个方向均需要配筋。实践证明，当发生弯曲破坏时，裂缝将沿柱角至基础角将底板分成四块梯形板。因此，基础底板可视为四块固定在柱边的梯形悬臂板。配筋计算时，沿基础长宽方向的弯矩等于梯形面积上地基净反力对计算截面产生的弯矩，计算截面一般取在柱边和变阶处（图8.7.4-6）。

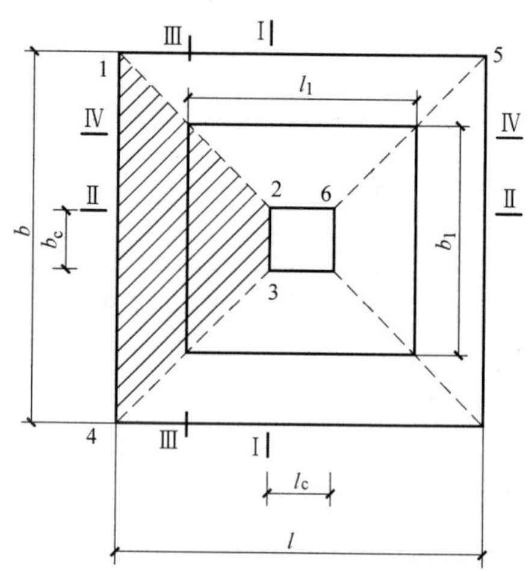

图8.7.4-6　轴心荷载作用下矩形基础底板计算示意图

【例8.7.4-4】

如图8.7.4-7所示，某建筑采用柱下独立方形基础，基础底面尺寸为2.4m×2.4，柱截面尺寸为0.4m×0.4m。基础顶面中心处基本组合作用的柱轴向力为$F=700$kN，力矩$M=0$，根据《地基》，试问基础的柱边截面处的弯矩设计值最接近下列何项数值?

提示：假设基础台阶宽高比小于等于2.5，且偏心距小于1/6基础宽度。

(A) 105kN·m　　(B) 145kN·m　　(C) 185kN·m　　(D) 225kN·m

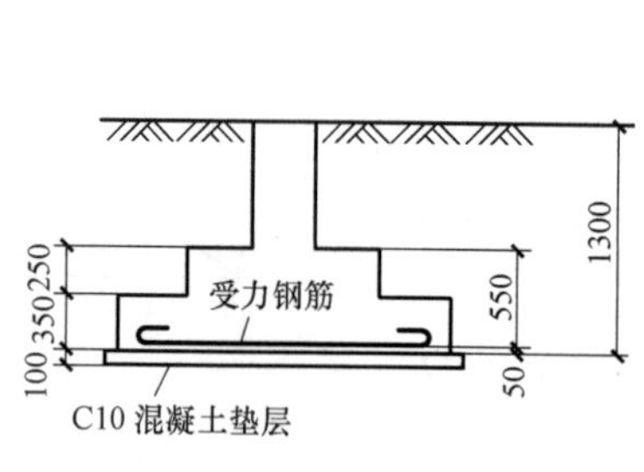

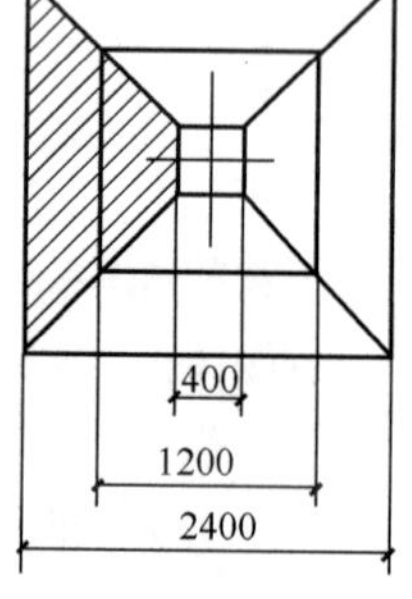

图8.7.4-7

【答案】(A)

【解答】所求截面处的地基反力设计值为

$$p_{\max}=p=\frac{F+G}{A}=\frac{700+1.2\times20\times2.4\times2.4\times1.35}{2.4^2}=153.9\text{kPa}$$

由题意可知

$$a_1=\frac{2.4-0.4}{2}=1.0\text{m},\ l=2.4\text{m},\ a'=0.4\text{m}$$

根据《地基》式（8.2.11-1），基础柱边截面Ⅰ—Ⅰ的弯矩设计值为

$$M_1=\frac{1}{12}a_1^2[(2l+a')(p_{max}+p-2G/A)+(p_{max}-p)l]$$
$$=\frac{1}{12}\times1.0^2\times[(2\times2.4+0.4)\times(153.9+153.9-2\times1.2\times1.35\times20)+0]$$
$$=105.3\text{kN}\cdot\text{m}$$

【例 8.7.4-5】

有一扩展基础，其平面、高度及埋深尺寸如图 8.7.4-8 所示。基础混凝土强度等级采用 C20。柱截面尺寸为 300mm×300mm。在偏心荷载作用下，相应于荷载效应标准组合时，假定基础底面边缘的最大压力值为 $p_{kmax}=180\text{kN/m}^2$，其最小压力值为 $p_{kmin}=90\text{kN/m}^2$，基础自重和基础上的土重加权平均重度为 $\gamma_0=20\text{kN/m}^3$。当基本组合值由永久荷载控制时，在基础Ⅰ—Ⅰ截面处的弯矩设计值 M_{I} (kN·m)，与下列何项数值最为接近？

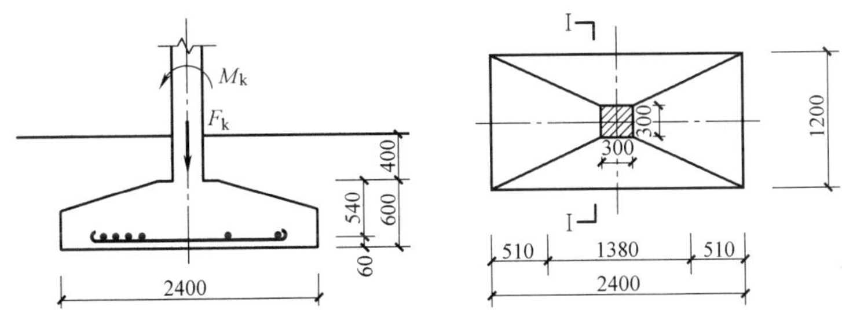

图 8.7.4-8

(A) 25.56　　(B) 65.32　　(C) 88.88　　(D) 99.84

【答案】(D)

【解答】根据《地基》8.2.11 条的规定，矩形基础台阶宽高比为 $\frac{2400-300}{2\times600}=1.75<2.5$，由最大与最小地基反力标准值均大于零可知基底反力呈梯形分布，则有偏心距小于 1/6 基础宽度。

由题意可知：$a_1=1.05\text{m}$，$l=1.2\text{m}$，$a'=0.3\text{m}$。

$$p_{max}=180\times1.35=243\text{kPa},p_{min}=90\times1.35=121.5\text{kPa}$$
$$G=(2.4\times1.2\times1.0\times20)\times1.35=77.76\text{kN}$$
$$A=2.4\times1.2=2.88\text{m}^2$$

所求截面处的地基反力设计值为

$$p=\left[90+\frac{(180-90)}{2.4}\times1.35\right]\times1.35=189.8\text{kPa}$$

根据《地基》式 (8.2.11-1)，基础柱边截面Ⅰ—Ⅰ的弯矩设计值为

$$M_{\text{I}}=\frac{1}{12}a_1^2\left[(2l+a')\left(p_{max}+p-\frac{2G}{A}\right)+(p_{max}-p)l\right]$$
$$=\frac{1.05^2}{12}\left[(2\times1.2+0.3)\times\left(243+189.8-\frac{2\times77.76}{2.88}\right)+(243-189.8)\times1.2\right]$$
$$=99.84\text{kN}\cdot\text{m}$$

故 (D) 正确。

(2) 底板配筋

《地基》规定

> **8.2.12** 基础底板配筋除满足计算和最小配筋率要求外，尚应符合本规范第8.2.1条第3款的构造要求。计算最小配筋率时，对阶形或锥形基础截面，可将其截面折算成矩形截面，截面的折算宽度和截面的有效宽度，按附录U计算。基础底板钢筋可按式（8.2.12）计算。
>
> $$A_s=\frac{M}{0.9f_yh_0} \tag{8.2.12}$$

【例8.7.4-6】 基础底板配筋（中心受压）

条件：有一矩形基础尺寸3.0m×4.0m，如图8.7.4-9所示，受基本组合的竖向力$F=1600$kN，矩形截面柱尺寸1.0m×0.5m。采用HPB300级钢筋$f_y=270\text{N/mm}^2$。

要求：底板配筋。

图8.7.4-9

【解答】 台阶的宽高比为：1.5/1=1.5<2.5；因为$M=0$，所以$e=0$，故能应用《地基》8.2.11条的规定进行弯矩设计值计算。

$$G=1.35\times20\times4\times3\times2=648\text{kN}$$

$$p=p_{\min}=p_{\max}=\frac{1600}{3\times4}+1.35\times20\times2=187.3\text{kPa}$$

应用《地基》式（8.2.11-1）

$$\begin{aligned}M_1&=\frac{1}{12}a_1^2\left[(2l+a')\left(p_{\max}+p-\frac{2G}{A}\right)+(p_{\max}-p)l\right]\\&=\frac{1}{12}\times1.5^2\left[(2\times3+0.5)\times\left(187.3+187.3-\frac{2\times648}{3\times4}\right)+(187.3-187.3)\times3\right]\\&=324.9\text{kN}\cdot\text{m}\end{aligned}$$

$$\begin{aligned}A_s&=\frac{M}{0.9f_yh_0}=\frac{324.9}{0.9\times270\times10^3\times0.95}=0.0014\text{m}^2\\&=1400\text{mm}^2\end{aligned}$$

根据《地基》8.2.1条1款，基础配筋率不应小于0.15%，因此纵向受力钢筋构造配筋的面积为

$$A_{s,\min}=3000\times1000\times\frac{0.15}{100}=4500\text{mm}^2>1400\text{mm}^2$$

取$A_s=4500\text{mm}^2$

【例8.7.4-7】 基础底板配筋（偏心受压）

条件：某正方形基础尺寸3.0m×3.0m，如图8.7.4-10所示，受基本组合的竖向力$F=1400$kN，弯矩$M=120$kN·m，正方形截面柱尺寸0.5m×0.5m。采用HPB300级钢筋要求：底板配筋。

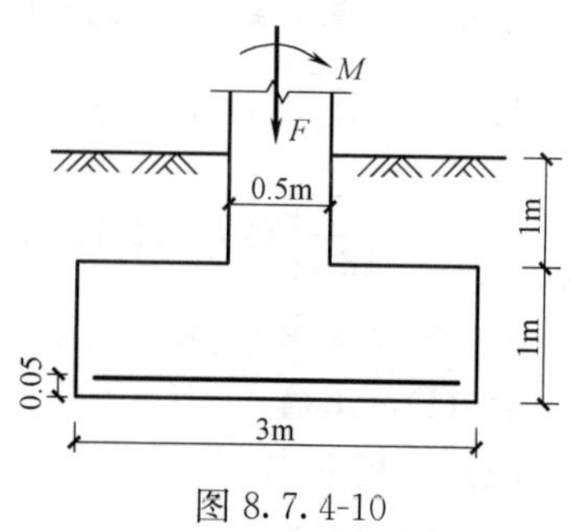

图8.7.4-10

【解答】 作用在基底形心垂直力

$$N=F+G=1400+1.35\times20\times3\times3\times2=1886\text{kN},$$

$$M=120\text{kN}\cdot\text{m}$$

$$e_j=\frac{M}{F}=\frac{120}{1400}=0.086\text{m}<\frac{3}{6}=0.5\text{m}\quad e_0=\frac{M}{N}=\frac{120}{1886}=0.064$$

因台阶的宽高比$\frac{3-0.5}{2}\Big/1=1.25<2.5$，偏心距$e_j<\frac{b}{6}$，故能应用《地基》8.2.11条的规定进行弯矩设计值计算。

$$p_{\min}^{\max}=\frac{F+G}{A}\pm\frac{M}{W}=\frac{N}{A}\left(1\pm\frac{6e_0}{l}\right)=\frac{1886}{9}\left(1\pm\frac{6\times0.064}{3}\right)=\frac{236.4}{182.7}\text{kPa}$$

$$p=182.7+\frac{236.4-182.7}{3}\times1.75=214\text{kPa}$$

应用《地基》式（8.2.11-1）：

$$M_1=\frac{1}{12}a_1^2\left[(2l+a')\left(p_{\max}+p-\frac{2G}{A}\right)+(p_{\max}-p)l\right]$$

$$=\frac{1}{12}\times\left(\frac{3-0.5}{2}\right)^2\left[(2\times3+0.5)\left(236.4+214-\frac{2\times1.35\times20\times3\times3\times2}{3\times3}\right)+(236.4-214)\times3\right]$$

$$=296.22\text{kN}\cdot\text{m}$$

$$A_s=\frac{M}{0.9f_yh_0}=\frac{296.22\times10^6}{0.9\times270\times950}=1283\text{mm}^2$$

根据《地基》8.2.1条1款，基础配筋率不应小于0.15%，因此纵向受力钢筋构造配筋的面积为

$$A_{s,\min}=3000\times1000\times\frac{0.15}{100}=4500\text{mm}^2>1283\text{mm}^2\ \text{取}\ A_s=4500\text{mm}^2$$

（3）短向钢筋布置

《地基》规定

8.2.13 当柱下独立柱基底面长短边之比ω在大于或等于2、小于或等于3的范围时，基础底板短向钢筋应按下述方法布置：将短向全部钢筋面积乘以λ后求得的钢筋，均匀分布在与柱中心线重合的宽度等于基础短边的中间带宽范围内（图8.2.13），其余的短向钢筋则均匀分布在中间带宽的两侧。长向配筋应均匀分布在基础全宽范围内。λ按下式计算：

$$\lambda=1-\frac{\omega}{6}\qquad(8.2.13)$$

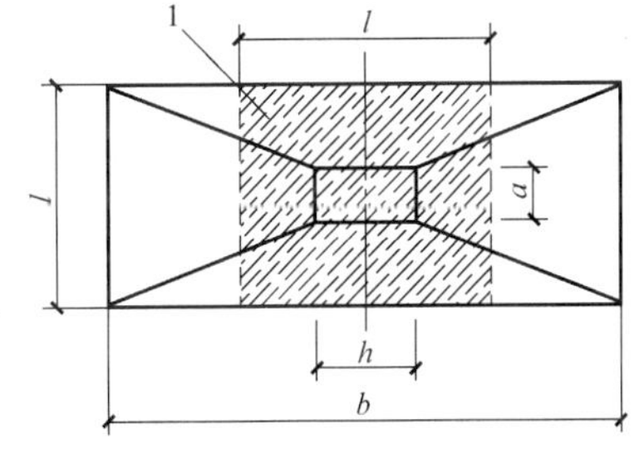

图8.2.13 基础底板短向钢筋布置示意

1—λ倍短向全部钢筋面积均匀配置在阴影范围内

4. 墙下条形基础

（1）受剪承载力计算

《地基》规定

8.2.10 墙下条形基础底板应按本规范公式（8.2.9-1）验算墙与基础底板交接处截面受剪承载力，其中A_0为验算截面处基础底板的单位长度垂直截面有效面积，V_s为墙与基础交接处由基底平均净反力产生的单位长度剪力设计值。

【例 8.7.4-8】～【例 8.7.4-9】

某多层砌体结构建筑采用墙下条形基础，荷载效应基本组合由永久荷载控制，基础埋深 1.5m。其基础剖面如图 8.7.4-11 所示，基础的混凝土强度等级 C20（f_t＝1.1N/mm^2），基础及其以上土体的加权平均重度为 20kN/m^3。

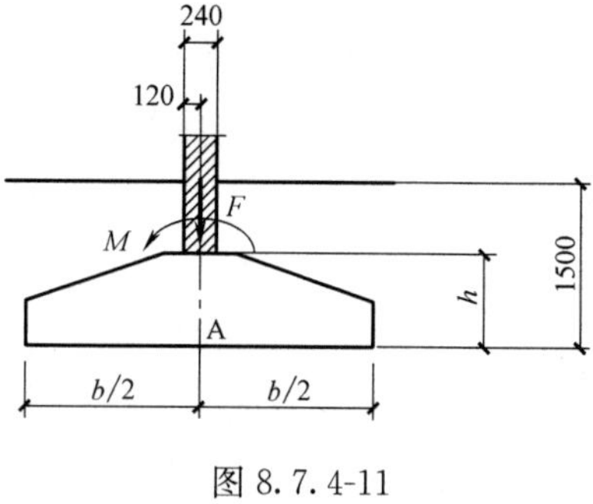

图 8.7.4-11

【例 8.7.4-8】

假定，荷载效应标准组合时，上部结构传至基础顶面的竖向力 F＝260kN/m，力矩 M＝10kN·m/m，基础底面宽度 b＝1.8m，墙厚 240mm。试问，验算墙边缘截面处基础的受剪承载力时，单位长度剪力设计值（kN）取下列何项数值最为合理？

（A）85　　（B）115

（C）165　　（D）185

【答案】（C）

【解答】 作用于基础底部的竖向力 $F=260+1.8\times1\times1.5\times20=314\text{kN}$

$e_j=\dfrac{10}{260}=0.039<b/6=\dfrac{1.8}{6}=0.3$ 不会出现零应力区　$e=\dfrac{M}{F}=\dfrac{10}{314}=0.03<\dfrac{1.8}{6}=0.3$

根据《地基》式（5.2.2-2）及式（5.2.2-3），得最大、最小净反力：

$$p_{\text{kmax}}=\frac{260}{1.8}+\frac{10}{\frac{1}{6}\times1.8^2}=162.9\text{kPa}$$

$$p_{\text{kmin}}=\frac{260}{1.8}-\frac{10}{\frac{1}{6}\times1.8^2}=125.9\text{kPa}$$

通过插值求得墙与基础交接处的地基净反力$=125.9+\dfrac{37\times1020}{1800}=146.9\text{kPa}$

墙与基础交接处由基底平均净反力产生的剪力设计值

$$=1.35\times\frac{162.9+146.9}{2}\times0.78=163.1\text{kN}$$

【例 8.7.4-9】

假定，基础高度 h＝650mm（h_0＝600mm）。试问，墙边缘截面处基础的受剪承载力（kN/m）最接近于下列何项数值？

（A）100　　（B）220　　（C）350　　（D）460

【答案】（D）

【解答】 根据《地基》第 8.2.10 条，墙边缘截面处基础的受剪承载力

$=0.7\beta_{hs}f_1A_0=0.7\times1.0\times1.1\times1000\times600/1000=462\text{kN}$

（2）受弯承载力计算

《地基》规定

8.2.14 墙下条形基础（图 8.2.14）的受弯计算和配筋应符合下列规定：

1 任意截面每延米宽度的弯矩，可按下式进行计算。

$$M_{\rm I}=\frac{1}{6}a_1^2\left(2p_{\rm max}+p-\frac{3G}{A}\right)\quad(8.2.14)$$

2 其最大弯矩截面的位置，应符合下列规定：

1） 当墙体材料为混凝土时，取 $a_1=b_1$；

2） 如为砖墙且放脚不大于 1/4 砖长时，取 $a_1=b_1+1/4$ 砖长。

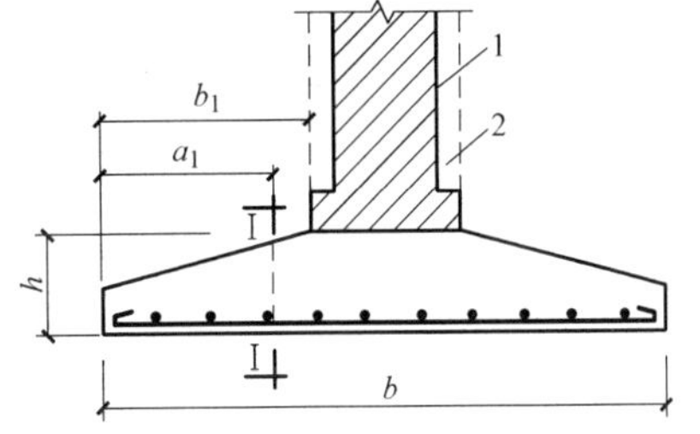

图 8.2.14 墙下条形基础的计算示意

1—砖墙；2—混凝土墙

3 墙下条形基础底板每延米宽度的配筋除满足计算和最小配筋率要求外，尚应符合本规范第 8.2.1 条第 3 款的构造要求。

【例 8.7.4-10】

某砌体房屋，采用墙下钢筋混凝土条形基础，其埋置深度为 1.2m，宽度为 1.6m。如图 8.7.4-12 所示。

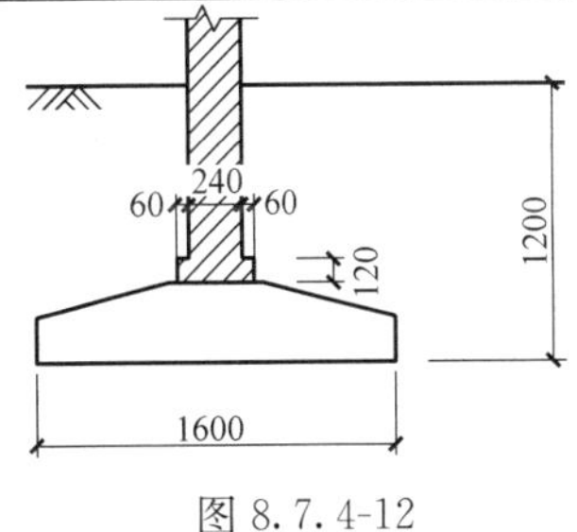

图 8.7.4-12

假定，在荷载效应基本组合下，基础顶面处承受的竖向力设计值 $F=160\text{kN/m}$，基础及其以上土的加权平均重度为 20kN/m^3。试问，每延米基础的最大弯矩设计值 M（kN·m/m）最接近下列何项数值？

（A）14 （B）19 （C）23 （D）28

【答案】（C）

【解答】 取基础底面长度 $l=1$m 进行计算，根据《地基》第 8.2.14 条第 3 款，

$$a_1=\frac{1.6-0.24}{2}=0.68\text{m}$$

基础底面的净反力为：$p_j=\dfrac{160}{1.6}=100\text{kN/m}^2$

轴心受压 $p_{\rm max}=p=p_j+\dfrac{G}{A}$，$p_j=p-\dfrac{G}{A}$，$M_{\rm I}=\dfrac{1}{6}a_1^2\left(2p_{\rm max}+p-\dfrac{3G}{A}\right)=\dfrac{1}{2}a_1^2p_j$

$$M_{\rm max}=\frac{1}{2}\times100\times0.68^2=23.1\text{kN}\cdot\text{m}$$

1 对墙下条形基础，其最大弯矩的截面位置，对砖墙且放脚为 1/4 砖墙时，应取至砖墙放脚部分以上部位的墙边，即距条形基础边缘的距离为按《地基》第 8.2.14 条图 8.2.14 所示的 $a_1=b_1+1/4$ 砖长。

2 在荷载效应基本组合下，计算条形基础的弯矩设计值时，应采用基底的净反力，采用单位长度进行计算。

五、高层建筑筏形基础

《地基》规定

8.4.1 筏形基础分为梁板式和平板式两种类型，其选型应根据地基土质、上部结构体系、柱距、荷载大小、使用要求以及施工条件等因素确定。

1. 基础平面尺寸要求

《地基》“条文说明”指出

8.4.2 对单幢建筑物，在均匀地基的条件下，基础底面的压力和基础的整体倾斜主要取决于作用的准永久组合下产生的偏心距大小。

高层建筑由于楼身质心高，荷载重，当筏形基础开始产生倾斜后，建筑物总重对基础底面形心将产生新的倾覆力矩增量，而倾覆力矩的增量又产生新的倾斜增量，倾斜可能随时间而增长，直至地基变形稳定为止。因此，为避免基础产生倾斜，应尽量使结构竖向荷载合力作用点与基础平面形心重合，当偏心难以避免时，则应规定竖向合力偏心距的限值。

《地基》规定

8.4.2 筏形基础的平面尺寸，应根据工程地质条件、上部结构的布置、地下结构底层平面以及荷载分布等因素按本规范第5章有关规定确定。对单幢建筑物，在地基土比较均匀的条件下，基底平面形心宜与结构竖向永久荷载重心重合。当不能重合时，在作用的准永久组合下，偏心距 e 宜符合下式规定：

$$e \leqslant 0.1W/A \tag{8.4.2}$$

式中 W——与偏心距方向一致的基础底面边缘抵抗矩（m^3）；

A——基础底面积（m^2）。

【例 8.7.5-1】

已知建筑物基础的宽度 10m，作用于基底的轴心荷载 200MN，为满足偏心距 $e \leqslant 0.1W/A$ 的条件，作用于基底的力矩最大值不能超过下列何项数值？

（注：W 为基础底面的抵抗矩，A 为基础底面面积）

（A）34MN・m （B）38MN・m （C）42MN・m （D）46MN・m

【答案】（A）

【解答】

根据《地基》8.4.2条

$$e \leqslant \frac{0.1W}{A} = \frac{0.1lb^2/6}{lb} = \frac{0.1b}{6} = \frac{0.1 \times 10}{6} = 0.167\text{（m）}$$

$$M = 200 \times 0.167 = 33.3\text{（MN/m）}$$

【例 8.7.5-2】

某高层建筑矩形筏基，平面尺寸 15m×24m，地基土比较均匀。按照《地基》，在作用的准永久组合下，结构竖向荷载重心在短边方向的偏心距不宜大于下列哪个选项？

（A）0.25mm （B）0.4m （C）0.5m （D）2.5m

【答案】（A）

【解答】根据《地基》8.4.2条

$$e \leqslant 0.1W/A$$

$$W=\frac{bl^2}{6}=\frac{24\times15^2}{6}=4\times15^2$$

$$A=24\times15$$

$$e=0.1W/A=0.1\times4\times15^2/24\times15=0.25\text{（m）}$$

【例 8.7.5-3】图 8.7.5-1 为某综合楼的箱形基础受力简图，列出了顶板的荷载大小和位置，以及地下室自重的大小和位置。

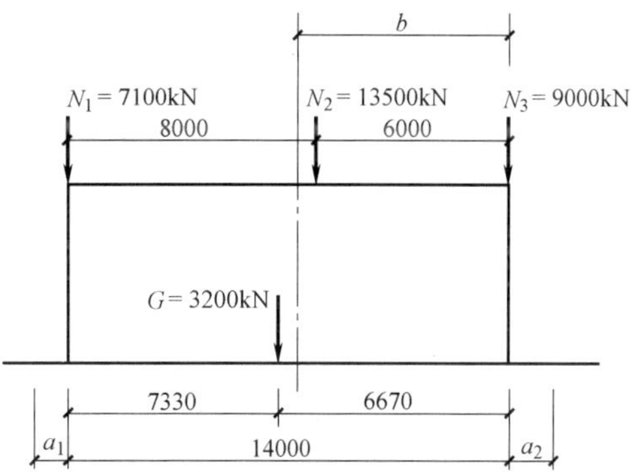

图 8.7.5-1

本题长轴方向的荷载重心与基础形心重合，故只截取一个柱距，计算横向偏心距。

当 $a_1=0$ 时，试指出以下数值中，a_2 为何值时满足上式要求的最小值。

（A）$a_2=0$　　（B）$a_2=0.735\text{m}$

（C）$a_2=2.531\text{m}$　　（D）$a_2=1.19\text{m}$

【答案】（D）

【解答】取地下室总宽为 h，长度方向为单位长度，则

$$A=1\times h=h$$

$$\overline{W}=\frac{1h^2}{6}=\frac{1}{6}h^2$$

根据《地基》式（8.4.2），要求偏心距

$$e\leqslant0.1\frac{\overline{W}}{A}=0.1\frac{\frac{1}{6}h^2}{h}=0.0167h$$

上部结构和地下室荷载的合力

$$R=\sum N_i+G=7100+13500+9000+3200=32800\text{kN}$$

合力 R 到左边 N_1 作用点的距离为 x

$$Rx=32800x=13500\times8000+9000\times14000+3200\times7330$$

得　$x=7849\text{mm}$

基底宽 $h=a_1+14000\text{mm}+a_2$，因 $a_1=0$，故

$$h=14000\text{mm}+a_2$$

因合力的位置可以在形心的左侧、亦可能在右侧，如图 8.7.5-2 所示。故分两种情况讨论。

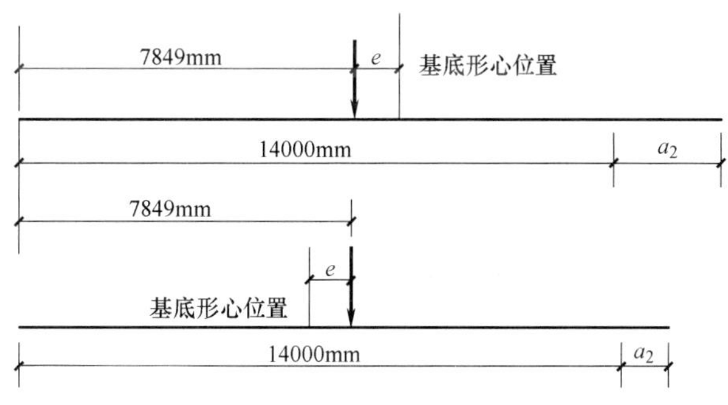

图 8.7.5-2

第一种情况，合力在形心左侧，则

$$\frac{h}{2}=7849+e=7849+0.0167h$$

$$h=16240\text{mm}$$

$$a_2=h-14000=16240-14000=2240\text{mm}$$

第二种情况，合力在形心右侧，则

$$\frac{h}{2}=7849-e=7849-0.0167h$$

$$h=15190\text{mm}$$

$$a_2=h-14000=15190-14000=1190\text{mm}$$

当 a_2 在 1.19～2.24m 范围内，可以满足 $e\leqslant 0.1\overline{W}/A$ 的规定。

当（D）正确。

2. 平板式筏基

（1）筏板的受冲切承载力计算

1）柱下筏板的受冲切承载力计算

见本书第三章第四节

2）筒下筏板的受冲切承载力计算

见本书第三章第四节

（2）筏板的受剪承载力计算

见本书第三章第四节

3. 梁板式筏基底板

（1）筏基底板的受弯承载力计算

《地基》规定

8.4.11 梁板式筏基底板应计算正截面受弯承载力

【例 8.7.5-4】

某 17 层建筑的梁板式筏形基础，如图 8.7.5-3 所示。

假定筏板厚度为 880mm，采用 HRB335 级钢筋（$f_y=300\text{N/mm}^2$）；已计算出每米宽区格板的长跨支座及跨中的弯矩设计值，均为 $M=280\text{kN}\cdot\text{m}$，$a_s=50\text{mm}$。试问，筏板在长跨方向的底部配筋，采用下列何项才最为合理？

（A）12@200 通长筋＋12@200 支座短筋

（B）12@100 通长筋

（C）12@200 通长筋＋14@200 支座短筋

（D）14@100 通长筋

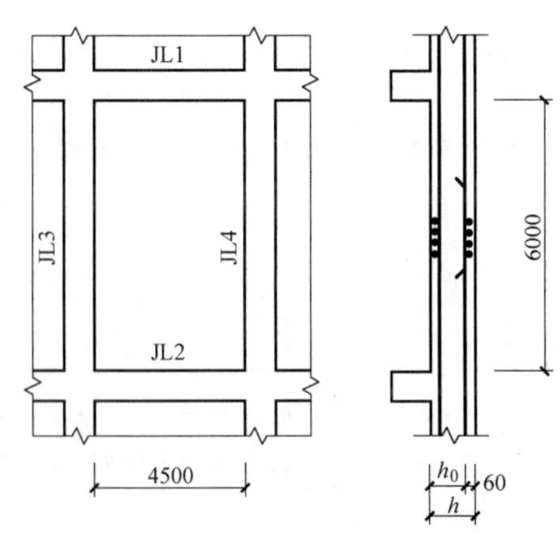

图 8.7.5-3

【答案】（D）

【解答】根据《地基》式（8.4.12），有

$$A_s=\frac{M}{0.9h_0f_y}=\frac{280000000}{0.9\times830\times300}=1249\text{mm}^2$$

根据《地基》8.4.15 条，筏板底板上下贯通钢筋的配筋率不应小于 0.15%，即

$$880\times1100\times0.15\%=1320\text{mm}^2$$

每米板宽通长筋配Φ 14@100，通长筋的总面积 $A_s=1539\text{mm}^2$，满足要求。

故（D）正确。

（2）梁板式筏基底板的受冲切承载力计算，见本书第三章第四节。

（3）双向板底板受冲切所需厚度，见本书第三章第四节。

（4）筏板的受剪切承载力计算，见本书第三章第四节。

六、岩石锚杆基础

《地基》规定

8.6.1 岩石锚杆基础适用于直接建在基岩上的柱基，以及承受拉力或水平力较大的建筑物基础。锚杆基础应与基岩连成整体，并应符合下列要求：

1 锚杆孔直径，宜取锚杆筋体直径的 3 倍，但不应小于一倍锚杆筋体直径加 50mm。锚杆基础的构造要求，可按图 8.6.1 采用。

2 锚杆筋体插入上部结构的长度，应符合钢筋的锚固长度要求。

3 锚杆筋体宜采用热轧带肋钢筋，水泥砂浆强度不宜低于 30MPa，细石混凝土强度不宜低于 C30。灌浆前，应将锚杆孔清理干净。

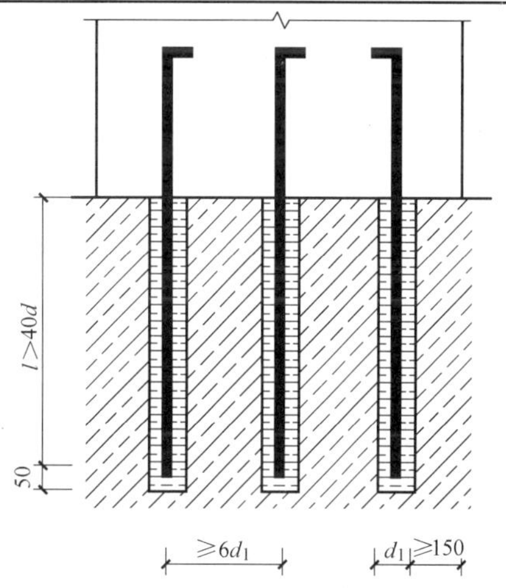

图 8.6.1 锚杆基础

d_1—锚杆直径 l—锚杆的有效锚固长度

d—锚杆筋体直径

8.6.2 锚杆基础中单根锚杆所承受的拔力，应按下列公式验算：

$$N_{ti}=\frac{F_k+G_k}{n}-\frac{M_{xk}y_i}{\sum y_i^2}-\frac{M_{yk}x_i}{\sum x_i^2} \tag{8.6.2-1}$$

$$N_{tmax}\leqslant R_t$$

式中 F_k——相应于作用的标准组合时，作用在基础顶面上的竖向力（kN）；

G_k——基础自重及其上的土自重（kN）；

M_{xk}、M_{yk}——按作用的标准组合计算作用在基础底面形心的力矩值（kN·m）；

x_i、y_i——第 i 根锚杆至基础底面形心的 y、x 轴线的距离（m）；

N_{ti}——相应于作用的标准组合时，第 i 根锚杆所承受的拔力值（kN）；

R_t——单根锚杆抗拔承载力特征值（kN）。

8.6.3 对设计等级为甲级的建筑物，单根锚杆抗拔承载力特征值 R_t 应通过现场试验确定；对于其他建筑物应符合下列规定：

$$R_t\leqslant0.8\pi d_1 lf \tag{8.6.3}$$

6.8.6 岩石锚杆锚固段的抗拔承载力，应按照本规范附录 M 的试验方法经现场原位试验确定。对于永久性锚杆的初步设计或对于临时性锚杆的施工阶段设计，可按下式计算：

$$R_t = \xi f u_r h_r \tag{6.8.6}$$

式中 R_t——锚杆抗拔承载力特征值（kN）；

ξ——经验系数，对于永久性锚杆取 0.8，对于临时性锚杆取 1.0；

f——砂浆与岩石间的粘结强度特征值（kPa），由试验确定，当缺乏试验资料时，可按表 6.8.6 取用；

u_r——锚杆的周长（m）；

h_r——锚杆锚固段嵌入岩层中的长度（m），当长度超过 13 倍锚杆直径时，按 13 倍直径计算。

砂浆与岩石间的粘结结度特征值（MPa）　　表 6.8.6

岩石坚硬程度	软　岩	较　软　岩	硬　质　岩
粘结强度	<0.2	0.2～0.4	0.4～0.6

注：水泥砂浆强度为 30MPa 或细石混凝土强度等级为 C30。

【例 8.7.6-1】

有一构筑物建于砂质泥岩上，采用锚杆基础。锚杆孔直径 30mm，孔深 950mm；锚杆采用Ⅱ级热轧带肋钢筋，其直径为 22mm，以水泥砂浆 M30 灌孔。试指出下列何项中的单根锚杆的抗拔力是正确的。

（A）R_1＝20.4kN　（B）R_1＝64.1kN　（C）R_1＝101.7kN　（D）R_1＝117.8kN

【答案】（A）

【解答】根据《地基》附录 A.0.1，砂泥质岩属于较软岩

根据《地基》表 6.8.6 的规定，粘结强度取 0.3。

根据《地基》式（8.6.3），单根锚杆的抗拔承载力为

$$R_1 \leqslant 0.8\pi d_1 l f = 0.8\times\pi\times30\times(950-50)\times0.3 = 20.35\text{kN}$$

故（A）正确。

【例 8.7.6-2】～【例 8.7.6-4】

某单层地下车库建于岩石地基上，采用岩石锚杆基础。柱网尺寸 8.4m×8.4m，中间柱截面尺寸 600mm×600mm，地下水位位于自然地面以下 1m。图 8.7.6-1 为中间柱的基础示意图。

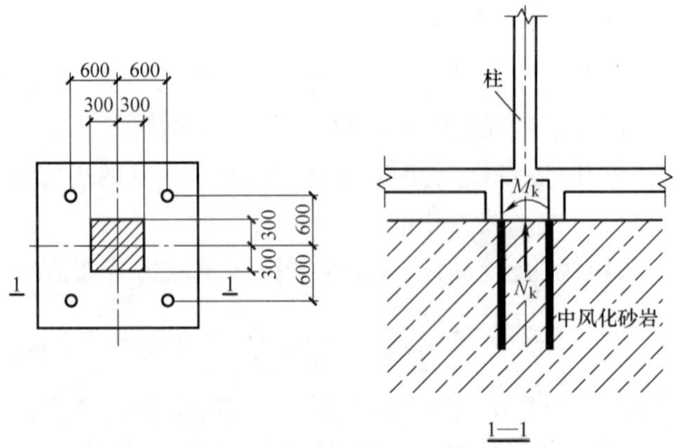

图 8.7.6-1

【例 8.7.6-2】

相应于荷载效应标准组合时，作用在中间柱承台底面的竖向力总和为−500kN（方向向上，已综合考虑地下水浮力、基础自重及上部结构传至柱基的轴力）；作用在基础底面形心的力矩值M_{xk}及M_{yk}均为100kN·m。试问，荷载效应标准组合下，单根锚杆承受的最大拔力值N_{tmax}（kN）最接近于下列何项数值？

(A) 125　　(B) 167　　(C) 208　　(D) 270

【答案】(C)

【解答】根据《地基》式（8.6.2-1)，最大拔力值为

$$N_{ti}=\frac{F_k+G_k}{n}-\frac{M_{xk}\cdot\gamma_i}{\sum y_i^2}-\frac{M_{yk}\cdot x_i}{\sum x_i^2}=\frac{-500}{4}-\frac{100\times0.6}{4\times0.6^2}-\frac{100\times0.6}{4\times0.6^6}=-208.4\text{kN}$$

式中x、y为锚杆到基础形心的y、x轴线的距离。

故（C）正确。

【例 8.7.6-3】

若荷载效应标准组合下，单根锚杆承担的最大拔力值N_{tmax}为170kN，锚杆孔直径150mm，锚杆采用HRB335钢筋，直径32mm，锚杆孔灌浆采用M30水泥砂浆，砂浆与岩石间的粘结强度特征值为0.42MPa，试问，锚杆有效锚固长度l（m)，应取下列何项数值？

(A) 1.0　　(B) 1.1　　(C) 1.2　　(D) 1.3

【答案】(D)

【解答】根据《地基》式（8.6.3)，即$R_t\leqslant0.8\pi d_1lf$，变形可得

$$l\geqslant\frac{R_t}{0.8\pi d_1f}=\frac{170}{0.8\times3.14\times0.15\times0.42\times10^3}=1.07\text{m}$$

根据《地基》6.8.5条1款的规定，要求锚杆的锚固长度$l\geqslant40d=40\times32=1280$mm，$l$取1.3m。

故（D）正确。

【例 8.7.6-4】

现场进行了6根锚杆抗拔试验，得到的锚杆抗拔极限承载力分别为420kN，530kN，480kN，479kN，588kN，503kN。试问，单根锚杆抗拔承载力特征值R_t（kN)，最接近于下列何项数值？

(A) 250　(B) 420　(C) 500　(D) 宜增加试验量且综合各方面因素后再确定

【答案】(D)

【解答】根据《地基》附录M.0.6条的规定，锚杆极限承载力平均值为

$$\frac{420+530+480+479+588+503}{6}=500\text{kN}$$

极差为（588−420)kN=168kN>500kN×30%=150kN，故应增大实验量，综合分析后再确定。

故（D）正确。

8.8 桩 基 础

一、基本设计规定

1. 建筑桩基设计等级

《建筑桩基技术规范》JGJ 94—2008（以下简称《桩基》）规定

3.1.2 根据建筑规模、功能特征、对差异变形的适应性、场地地基和建筑物体形的复杂性以及由于桩基问题可能造成建筑破坏或影响正常使用的程度，应将桩基设计分为表3.1.2所列的三个设计等级。桩基设计时，应根据表3.1.2确定设计等级。

建筑桩基设计等级 **表3.1.2**

设计等级	建筑类型
甲级	(1)重要的建筑； (2)30层以上或高度超过100m的高层建筑； (3)体型复杂且层数相差超过10层的高低层(含纯地下室)连体建筑； (4)20层以上框架-核心筒结构及其他对差异沉降有特殊要求的建筑； (5)场地和地基条件复杂的7层以上的一般建筑及坡地、岸边建筑； (6)对相邻既有工程影响较大的建筑
乙级	除甲级、丙级以外的建筑
丙级	场地和地基条件简单、荷载分布均匀的7层及7层以下的一般建筑

2. 作用效应组合与相应的抗力

《桩基》规定

3.1.7 桩基设计时，所采用的作用效应组合与相应的抗力应符合下列规定：

1 确定桩数和布桩时，应采用传至承台底面的荷载效应标准组合；相应的抗力应采用基桩或复合基桩承载力特征值。

2 计算荷载作用下的桩基沉降和水平位移时，应采用荷载效应准永久组合。

3 验算坡地、岸边建筑桩基的整体稳定性时，应采用荷载效应标准组合。

4 在计算桩基结构承载力、确定尺寸和配筋时，应采用传至承台顶面的荷载效应基本组合。当进行承台和桩身裂缝控制验算时，应分别采用荷载效应标准组合和荷载效应准永久组合。

5 桩基结构安全等级、结构设计使用年限和结构重要性系数 γ_0 应按现行有关建筑结构规范的规定采用，除临时性建筑外，重要性系数 γ_0 应不小于1.0。

3. 桩顶作用效应的计算

桩顶作用效应是上部结构荷载传递给每根桩的荷载。上部结构的荷载通过承台传给桩。桩基中各桩所受力的大小，视作用在承台上荷载的大小及桩的布置情况而定。设计时，必须弄清楚上部结构的荷载如何分配到每根桩上。

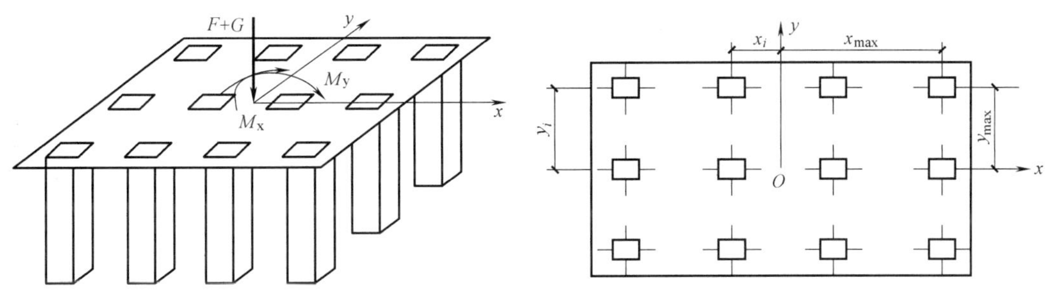

图 8.8.1-1

对于一般建筑物和受水平力较小的高层建筑，当桩基中桩径相同时，通常可假定：①承台是刚性的；②各桩刚度相同；③x、y 是桩基平面的惯性主轴（图 8.8.1-1）。以均质杆件受压或压弯联合作用的平截面变形假定为前提。以材料力学的轴心受压和双向偏心受压的截面应力计算公式为基础。演变成确定每根桩的桩顶荷载效应的计算公式，此即《桩基》5.1.1 条中所规定的计算公式

5.1.1 对于一般建筑物和受水平力（包括力矩与水平剪力）较小的高层建筑群桩基础，应按下列公式计算柱、墙、核心筒群桩中基桩或复合基桩的桩顶作用效应：

1 竖向力

轴心竖向力作用下

$$N_k=\frac{F_k+G_k}{n} \tag{5.1.1-1}$$

偏心竖向力作用下

$$N_{ik}=\frac{F_k+G_k}{n}\pm\frac{M_{xk}y_i}{\sum y_j^2}\pm\frac{M_{yk}x_i}{\sum x_j^2} \tag{5.1.1-2}$$

2 水平力

$$H_{ik}=\frac{H_k}{n} \tag{5.1.1-3}$$

式中 F_k——荷载效应标准组合下，作用于承台顶面的竖向力；

G_k——桩基承台和承台上土自重标准值，对稳定的地下水位以下部分应扣除水的浮力；

N_k——荷载效应标准组合轴心竖向力作用下，基桩或复合基桩的平均竖向力；

N_{ik}——荷载效应标准组合偏心竖向力作用下，第 i 基桩或复合基桩的竖向力；

M_{xk}、M_{yk}——荷载效应标准组合下，作用于承台底面，绕通过桩群形心的 x、y 主轴的力矩；

x_i、x_j、y_i、y_j——第 i、j 基桩或复合基桩至 y、x 轴的距离；

H_k——荷载效应标准组合下，作用于桩基承台底面的水平力；

H_{ik}——荷载效应标准组合下，作用于第 i 基桩或复合基桩的水平力；

n——桩基中的桩数。

【例 8.8.1-1】

某柱下桩基础采用两根泥浆护壁钻孔灌注桩，桩身设计直径 d=800mm，桩位布置及承台平面尺寸、承台埋深、承台高度等均如图 8.8.1-2 所示。柱截面尺寸 600mm×600mm。作用于承台顶面的外力为 F_k=4500kN，M_k=1400kN·m，H_k=600kN。承台及其上土的加权平均重度为 20kN/m³。

图 8.8.1-2

试问，相应于荷载效应标准组合偏心竖向力作用下的最大单桩竖向力 Q_{kmax}(kN)，与下列何项数值最为接近?

(A) 3074.43　　(B) 3190.00

(C) 3253.60　　(D) 3297.76

【答案】(A)

【解答】 桩顶面竖向力的合力标准值为

$$F_k+G_k=4500+(20\times4.6\times1.6\times1.6)$$
$$=4500+235.52=4735.52\text{kN}$$

作用于桩顶面的弯矩标准值为

$$\sum M_k=1400+600\times1.2=2120\text{kN}\cdot\text{m}$$

根据《桩基》式 (5.1.1-2)，最大单桩竖向力为

$$Q_{kmax}=\frac{F_k+G_k}{n}+\frac{M_{yk}x_i}{\sum x_i^2}=\frac{4735.52}{2}+\frac{2120}{2\times1.5}=3074.43\text{kN}$$

故 (A) 正确。

【例 8.8.1-2】

有一等边三桩承台基础，采用沉管灌注桩，桩径为 426mm。有关桩的布置、承台尺寸等如图 8.8.1-3 所示。钢筋混凝土柱传至承台顶面处的标准组合值为：竖向力 F_k=

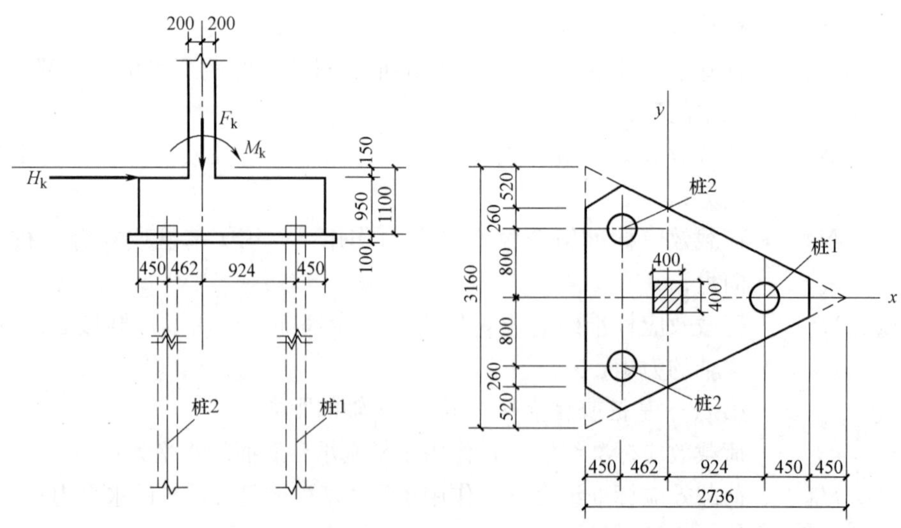

图 8.8.1-3

1400kN，力矩 $M_k=160kN \cdot m$，水平力 $H_k=45kN$；承台自重及承台上土的自重标准值 $G_k=87.34kN$。

试问，桩 1 的桩顶竖向力 Q_k（kN）最接近于下列何项数值？

(A) 590　　(B) 610　　(C) 620　　(D) 640

【答案】(D)

【解答】作用于桩顶面的弯矩标准值为

$$M_k=160+(49\times0.95)=202.75kN \cdot m$$

根据图中尺寸，基桩至轴线的距离为 $x_1=0.924m$，$x_2=0.426m$。

根据《桩基》式（5.1.1-2)，桩 1 的桩顶竖向力为

$$Q_k=\frac{F_k+G_k}{n}+\frac{M_{yk}x_i}{\sum x_i^2}=\frac{1400+87.34}{3}+\frac{202.75\times0.924}{0.924^2+0.462^2\times2}=642.03kN$$

故（D）正确。

4. 桩基的竖向承载力验算

《桩基》规定

5.2.1 桩基竖向承载力计算应符合下列要求：

1 荷载效应标准组合：

轴心竖向力作用下

$$N_k\leqslant R \tag{5.2.1-1}$$

偏心竖向力作用下，除满足上式外，尚应满足下式的要求：

$$N_{kmax}\leqslant 1.2R \tag{5.2.1-2}$$

2 地震作用效应和荷载效应标准组合：

轴心竖向力作用下

$$N_{Ek}\leqslant 1.25R \tag{5.2.1-3}$$

偏心竖向力作用下，除满足上式外，尚应满足下式的要求：

$$N_{Ekmax}\leqslant 1.5R \tag{5.2.1-4}$$

式中 N_k——荷载效应标准组合轴心竖向力作用下，基桩或复合基桩的平均竖向力；

N_{kmax}——荷载效应标准组合偏心竖向力作用下，桩顶最大竖向力；

N_{Ek}——地震作用效应和荷载效应标准组合下，基桩或复合基桩的平均竖向力；

N_{Ekmax}——地震作用效应和荷载效应标准组合下，基桩或复合基桩的最大竖向力；

R——基桩或复合基桩竖向承载力特征值。

【例 8.8.1-3】

某框架结构柱基础，由上部结构传至该柱基的荷载标准值为：$F=7600kN$，$M_x=M_y=800kN \cdot m$。柱基础独立承台下采用 400mm×400mm 钢筋混凝土预制桩，桩的平面布置及承台尺寸如图 8.8.1-4 所示。承台底面埋深 3.0m，柱截面尺寸为 700mm×700mm，居承台中心位置。承台采用 C40 混凝土，混凝土保护层厚度取 50mm。承台及承台以上土的加权平均重度为 $20kN/m^3$。

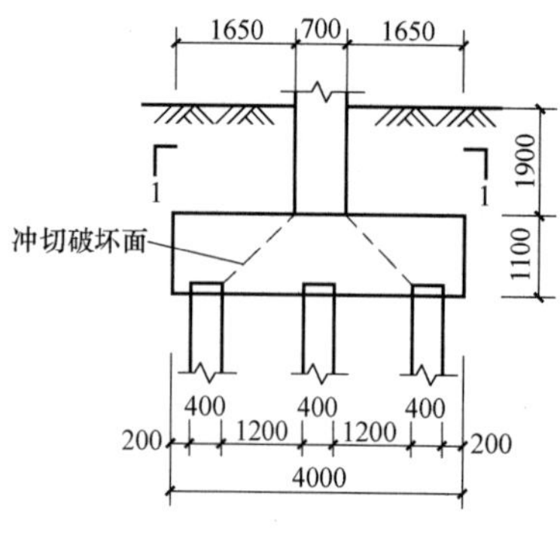

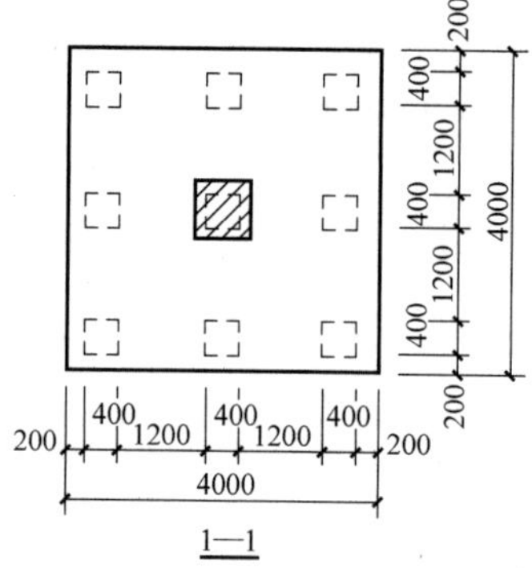

图 8.8.1-4

试问，满足承载力要求的单桩承载力特征值 R_a（kN），最小不应小于下列何项数值？

(A) 740　　(B) 800　　(C) 860　　(D) 955

【答案】(D)

【解答】根据《桩基》式（5.1.1-1），各桩桩顶竖向力为

$$N_k=\frac{F_k+G_k}{n}=\frac{7600+4\times4\times3\times20}{9}=951\text{kN}$$

根据《桩基》式（5.1.1-2），最大桩顶竖向力为

$$N_{kmax}=\frac{F_k+G_k}{n}+\frac{M_{xk}y_i}{\Sigma y_i^2}+\frac{M_{yk}x_i}{\Sigma x_i^2}=951+\frac{800\times1.6}{6\times1.6^2}+\frac{800\times1.6}{6\times1.6^2}=1117.7\text{kN}$$

又根据《桩基》5.2.1条的规定，单桩承载力特征值 R_a 需同时满足以下两式

$$R_a\geqslant N_k=951\text{kN}$$

$$R_a\geqslant\frac{N_{kmax}}{1.2}=\frac{1117.7}{1.2}=931\text{kN}$$

取较大值，即 $R_a=951$kN，故（D）正确。

5. 桩的布置

《桩基》规定

3.3.3 基桩的布置应符合下列条件：

1 基桩的最小中心距应符合表 3.3.3 的规定；当施工中采取减小挤土效应的可靠措施时，可根据当地经验适当减小。

基桩的最小中心距　　表 3.3.3

土类与成桩工艺		排数不少于3排且桩数不少于9根的摩擦型桩桩基	其他情况
非挤土灌注桩		3.0d	3.0d
部分挤土桩	非饱和土、饱和非黏性土	3.5d	3.0d
	饱和黏性土	4.0d	3.5d
挤土桩	非饱和土、饱和非黏性土	4.0d	3.5d
	饱和黏性土	4.5d	4.0d

续表

土类与成桩工艺		排数不少于3排且桩数不少于9根的摩擦型桩桩基	其他情况
钻、挖孔扩底桩		$2D$或$D+2.0$m（当$D>2$m）	$1.5D$或$D+1.5$m（当$D>2$m）
沉管夯扩、钻孔挤扩桩	非饱和土、饱和非黏性土	$2.2D$且$4.0d$	$2.0D$且$3.5d$
	饱和黏性土	$2.5D$且$4.5d$	$2.2D$且$4.0d$

注：1. d——圆桩设计直径或方桩设计边长，D——扩大端设计直径。
2. 当纵横向桩距不相等时，其最小中心距应满足"其他情况"一栏的规定。
3. 当为端承桩时，非挤土灌注桩的"其他情况"一栏可减小至$2.5d$。

2 排列基桩时，宜使桩群承载力合力点与竖向永久荷载合力作用点重合，并使基桩受水平力和力矩较大方向有较大抗弯截面模量。

3 对于桩箱基础、剪力墙结构桩筏（含平板和梁板式承台）基础，宜将桩布置于墙下。

4 对于框架-核心筒结构桩筏基础应按荷载分布考虑相互影响，将桩相对集中布置于核心筒和柱下；外围框架柱宜采用复合桩基，有合适桩端持力层时，桩长宜减小。

5 应选择较硬土层作为桩端持力层。桩端全断面进入持力层的深度，对于黏性土、粉土不宜小于$2d$，砂土不宜小于$1.5d$，碎石类土不宜小于$1d$。当存在软弱下卧层时，桩端以下硬持力层厚度不宜小于$3d$。

6 对于嵌岩桩，嵌岩深度应综合荷载、上覆土层、基岩、桩径、桩长诸因素确定；对于嵌入倾斜的完整和较完整岩的全断面深度不宜小于$0.4d$且不小于0.5m，倾斜度大于30%的中风化岩，宜根据倾斜度及岩石完整性适当加大嵌岩深度；对于嵌入平整、完整的坚硬岩和较硬岩的深度不宜小于$0.2d$，且不应小于0.2m。

二、单桩竖向极限承载力

《桩基》指出

2.1.6 单桩竖向极限承载力

单桩在竖向荷载作用下到达破坏状态前或出现不适于继续承载的变形时所对应的最大荷载，它取决于土对桩的支承阻力和桩身承载力。

1. 由桩身材料强度确定的单桩竖向承载力

（1）按轴心受压桩计算

《桩基》规定

5.8.2 钢筋混凝土轴心受压桩正截面受压承载力应符合下列规定：

1 当桩顶以下$5d$范围的桩身螺旋式箍筋间距不大于100mm，且符合本规范第4.1.1条规定时：

$$N \leqslant \psi_c f_c A_{ps} + 0.9 f_y' A_s' \tag{5.8.2-1}$$

2 当桩身配筋不符合上述1款规定时：

$$N \leqslant \psi_c f_c A_{ps} \tag{5.8.2-2}$$

式中　N——荷载效应基本组合下的桩顶轴向压力设计值；

ψ_c——基桩成桩工艺系数，按本规范第5.8.3条规定取值；

f_c——混凝土轴心抗压强度设计值；

f'_y——纵向主筋抗压强度设计值；

A'_s——纵向主筋截面面积。

5.8.3　基桩成桩工艺系数 ψ_c 应按下列规定取值：

1　混凝土预制桩、预应力混凝土空心桩：$\psi_c=0.85$；

2　干作业非挤土灌注桩：$\psi_c=0.90$；

3　泥浆护壁和套管护壁非挤土灌注桩、部分挤土灌注桩、挤土灌注桩：$\psi_c=0.7\sim0.8$；

4　软土地区挤土灌注桩：$\psi_c=0.6$。

【例8.8.2-1】

某民用建筑物地基基础设计等级为乙级，其柱下桩基础采用两根泥浆护壁钻孔灌注桩，桩身设计直径 $d=800\text{mm}$。其他条件如图8.8.2-1所示。

当该桩采用混凝土强度等级为C20且工作条件系数取0.6时，试问，桩身承载力（kN）与下列何项数值最为接近？

(A) 5026.56　(B) 4071.51

(C) 3317.53　(D) 3015.94

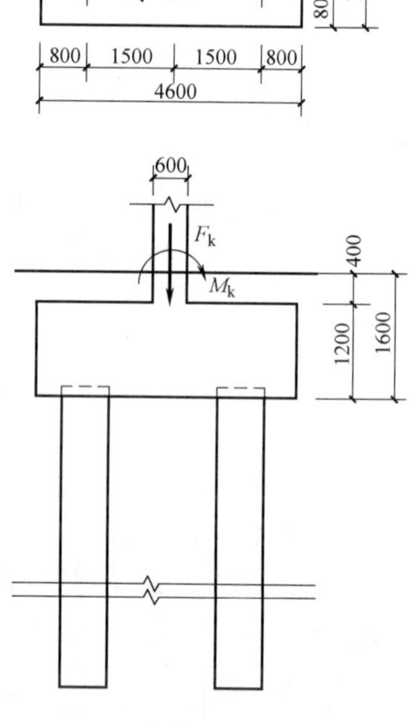

图8.8.2-1

【答案】(D)

【解答】根据题意，基桩成桩工艺系数取0.6。

根据《桩基》式（5.8.2-2），桩身承载力为

$$A_p f_c \psi_c=\frac{\pi\times800^2}{4}\times9.6\times0.6=2893.8\text{kN}$$

故（D）正确。

【例8.8.2-2】

某桩基工程采用泥浆护壁非挤土灌注桩（图8.8.2-2），桩径 d 为600mm，桩身配筋符合《桩基》第4.1.1条灌注桩配筋的有关要求。

已知，桩身混凝土强度等级为C30（$f_c=14.3\text{N/mm}^2$），桩纵向钢筋采用HRB335级钢（$f'_y=300\text{N/mm}^2$），基桩成桩工艺系数 $\psi_c=0.7$。试问，在荷载效应基本组合下，轴心受压灌注桩的正截面受压承载力设计值（kN）与下列何项数值最为接近？

(A) 2500　(B) 2800　(C) 3400　(D) 3800

【答案】(D)

【解答】已知基桩成桩工艺系数 $\psi_c=0.7$。

根据《桩基》5.8.2条的规定，桩身配筋及螺旋箍的间距符合第1款的要求，可按《桩基》式（5.8.2-1）计算受压承载力设计值，则有

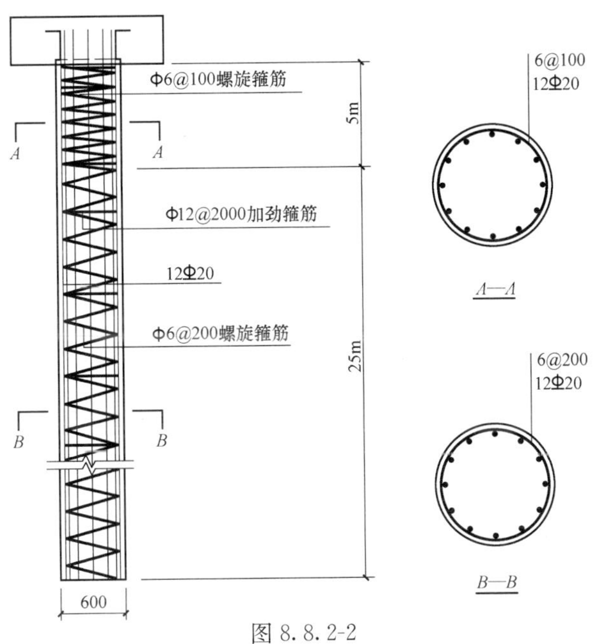

图 8.8.2-2

$$N \leqslant \psi_c f_c A_{ps} + 0.9 f_y' A_s' = 0.7 \times 14.3 \times 3.14 \times \frac{600^2}{4} \times 10^{-3} + 0.9 \times 300 \times 12 \times 3.14 \times \frac{20^2}{4} \times 10^{-3}$$

$$= 3846\text{kN}$$

故（D）正确。

（2）压屈失稳影响的考虑

《桩基》规定

5.8.4 计算轴心受压混凝土正截面受压承载力时，一般取稳定系数 $\varphi=1.0$。对于高承台基桩、桩身穿越可液化土或不排水抗剪强度小于 10kPa（地基承载力特征值小于 25kPa）的软弱土层的基桩，应考虑压屈影响，可按本规范式（5.8.2-1）、式（5.8.2-2）计算所得桩身正截面受压承载力乘以 φ 折减。其稳定系数 φ 可根据桩身压屈计算长度 l_c 和桩的设计直径 d（或矩形桩短边尺寸 b）确定。桩身压屈计算长度可根据桩顶的约束情况、桩身露出地面的自由长度 l_0、桩的入土长度 h、桩侧和桩底的土质条件按表 5.8.4-1 确定。桩的稳定系数 φ 可按表 5.8.4-2 确定。

桩身压屈计算长度 l_c **表 5.8.4-1**

桩顶铰接			
桩底支于非岩石土中		桩底嵌于岩石内	
$h<\frac{4.0}{\alpha}$	$h\geqslant\frac{4.0}{\alpha}$	$h<\frac{4.0}{\alpha}$	$h\geqslant\frac{4.0}{\alpha}$
l_0 h		l_0 h	
$l_c=1.0\times(l_0+h)$	$l_c=0.7\left(l_0+\frac{4.0}{\alpha}\right)$	$l_c=0.7\times(l_0+h)$	$l_c=0.7\left(l_0+\frac{4.0}{\alpha}\right)$

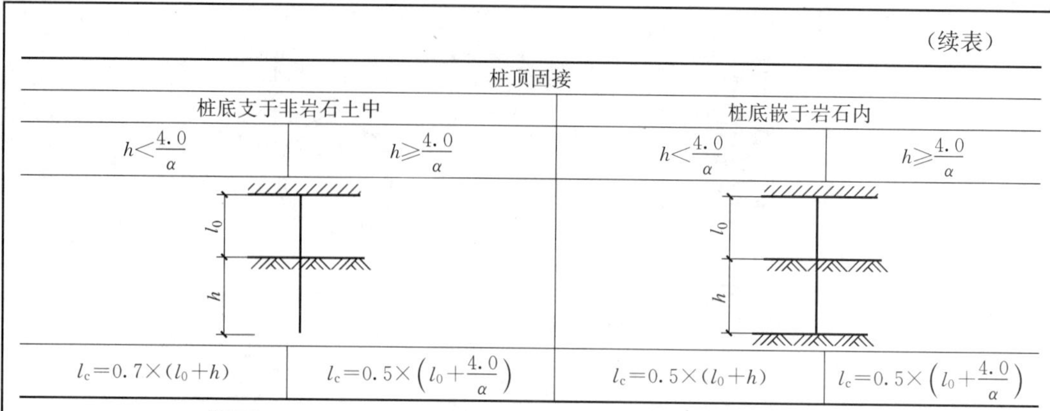

（续表）

桩顶固接			
桩底支于非岩石土中		桩底嵌于岩石内	
$h<\frac{4.0}{\alpha}$	$h\geqslant\frac{4.0}{\alpha}$	$h<\frac{4.0}{\alpha}$	$h\geqslant\frac{4.0}{\alpha}$
$l_c=0.7\times(l_0+h)$	$l_c=0.5\times\left(l_0+\frac{4.0}{\alpha}\right)$	$l_c=0.5\times(l_0+h)$	$l_c=0.5\times\left(l_0+\frac{4.0}{\alpha}\right)$

注：1. 表中 $\alpha=\sqrt[5]{\frac{mb_0}{EI}}$。

2. l_0 为高承台基桩露出地面的长度，对于低承台桩基，$l_0=0$。

3. h 为桩的入土长度，当桩侧有厚度为 d_l 的液化土层时，桩露出地面长度 l_0 和桩的入土长度 h 分别调整为 $l_0'=l_0+(1-\psi_l)d_l$，$h'=h-(1-\psi_l)d_l$，ψ_l 按表 5.3.12 取值。

4. 当存在 $f_{ak}<25\text{kPa}$ 的软弱土时，按液化土处理。

桩身稳定系数 φ **表 5.8.4-2**

l_c/d	≤7	8.5	10.5	12	14	15.5	17	19	21	22.5	24
l_c/b	≤8	10	12	14	16	18	20	22	24	26	28
φ	1.00	0.98	0.95	0.92	0.87	0.81	0.75	0.70	0.65	0.60	0.56
l_c/d	26	28	29.5	31	33	34.5	36.5	38	40	41.5	43
l_c/b	30	32	34	36	38	40	42	44	46	48	50
φ	0.52	0.48	0.44	0.40	0.36	0.32	0.29	0.26	0.23	0.21	0.19

注：b 为矩形桩短边尺寸，d 为桩直径。

【例 8.8.2-3】

某桥梁桩基，如图 8.8.2-3 所示，桩顶嵌固于承台，承台底离地面 10 m，桩径 $d=1\text{m}$，桩长 $L=50\text{m}$。桩的水平变形系数 $a=0.25\text{m}^{-1}$。按照《桩基》计算该桩基的压屈稳定系数最接近于下列何项数值？

(A) 0.95　　(B) 0.90

(C) 0.85　　(D) 0.80

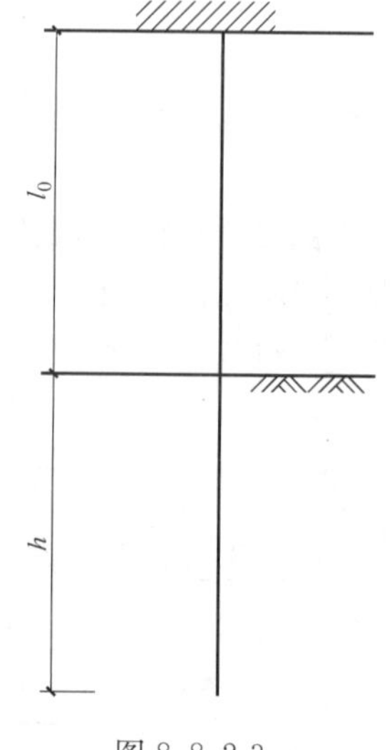

图 8.8.2-3

【答案】(B)

【解答】根据《桩基》5.8.4 条

(1) 计算桩的入土长度 h

$$l_0=10\text{m},h=L-l_0=50-10=40(\text{m})$$

(2) 计算桩的压屈计算长度 L_c

$$h=40\geqslant\frac{4}{0.25}=16$$

桩顶固接，桩底支于非岩石土中，查规范表 5.8.4-1 有

$$l_c=0.5\times\left(l_0+\frac{4.0}{a}\right)=0.5\times\left(10+\frac{4.0}{0.25}\right)=13$$

$$l_c/d=13/1=13$$

查表 5.8.4-2

$$\varphi=\frac{1}{2}(0.92+0.87)=0.895\approx0.90$$

【例 8.8.2-4】

某灌注桩直径 800mm，桩身露出地面的长度为 10m，桩入土长度 20m，桩端嵌入较完整的坚硬岩石，桩的水平变形系数 α 为 0.520（1/m），桩顶铰接，桩顶以下 6m 的范围内箍筋间距为 200mm，该桩轴心受压，桩顶轴向压力设计值为 6800kN，成桩工艺系数 ψ_c 取 0.8，按《桩基》，试问，桩身混凝土轴心受压强度设计值应不小于下列何项数值?

(A) 15MPa　　(B) 17MPa　　(C) 19MPa　　(D) 21MPa

【答案】(D)

【解答】根据《桩基》5.8.4 条的规定，此为高承台基桩，应考虑压屈影响，计算其稳定系数。

桩底嵌于岩石之中，桩顶铰接，$\alpha=0.520\text{m}^{-1}$。

$h=20\text{m}>4/0.520=7.69$，查表 5.8.4-1 故 $l_c=0.7\times(10+4/0.520)=12.38\text{m}$

$l_c/d=12.38/0.8=15.5$，查表 5.8.4-2 得，$\varphi=0.81$

根据《桩基》式（5.8.2-2），桩身混凝土轴心抗压强度设计值为

$$f_c\geqslant\frac{N}{\varphi A_p\psi_c}$$

即 $f_c\geqslant6800/(0.81\times0.8\times\pi\times0.4^2)=20.9\times10^3\text{kPa}=20.9\text{MPa}$

(3) 按偏心受压桩计算

《桩基》规定

> **5.8.5** 计算偏心受压混凝土桩正截面受压承载力时，可不考虑偏心距的增大影响，但对于高承台基桩、桩身穿越可液化土或不排水抗剪强度小于 10kPa（地基承载力特征值小于 25kPa）的软弱土层的基桩，应考虑桩身在弯矩作用平面内的挠曲对轴向力偏心距的影响，应将轴向力对截面重心的初始偏心距 e_i 乘以偏心距增大系数 η，偏心距增大系数 η 的具体计算方法可按现行国家标准《混凝土结构设计规范》GB 50010 执行。

(4) 桩的配筋构造

《桩基》规定

> **4.1.1** 灌注桩应按下列规定配筋：
>
> **1** 配筋率：当桩身直径为 300～2000mm 时，正截面配筋率可取 0.65%～0.2%（小直径桩取高值）；对受荷载特别大的桩、抗拔桩和嵌岩端承桩应根据计算确定配筋率，并不应小于上述规定值。
>
> **2** 配筋长度：
>
> **1)** 端承型桩和位于坡地、岸边的基桩应沿桩身等截面或变截面通长配筋；
>
> **2)** 摩擦型灌注桩配筋长度不应小于 2/3 桩长；当受水平荷载时，配筋长度尚不宜小于 $4.0/\alpha$（α 为桩的水平变形系数）；
>
> **3)** 对于受地震作用的基桩，桩身配筋长度应穿过可液化土层和软弱土层，进入稳定土层的深度不应小于本规范第 3.4.6 条的规定；

4）受负摩阻力的桩、因先成桩后开挖基坑而随地基土回弹的桩，其配筋长度应穿过软弱土层并进入稳定土层，进入的深度不应小于（2～3)d；

5）抗拔桩及因地震作用、冻胀或膨胀力作用而受拔力的桩，应等截面或变截面通长配筋。

3 对于受水平荷载的桩，主筋不应小于8ϕ12；对于抗压桩和抗拔桩，主筋不应少于6ϕ10；纵向主筋应沿桩身周边均匀布置，其净距不应小于60mm。

4 箍筋应采用螺旋式，直径不应小于6mm，间距宜为200～300mm；受水平荷载较大的桩基、承受水平地震作用的桩基以及考虑主筋作用计算桩身受压承载力时，桩顶以下5d范围内的箍筋应加密，间距不应小于100mm；当桩身位于液化土层范围内时箍筋应加密；当考虑箍筋受力作用时，箍筋配置应符合现行国家标准《混凝土结构设计规范》GB 50010的有关规定；当钢筋笼长度超过4m时，应每隔2m设一道直径不小于12mm的焊接加劲箍筋。

2. 由土对桩的支承阻力确定的单桩的竖向承载力

（1）单桩的竖向极限承载力的标准值和特征值

1）从Q-s曲线确定单桩竖向极限承载力

《地基》附录Q对落实“单桩在竖向荷载作用下到达破坏状态前或出现不适于继续承载的变形时所对应的最大荷载”作了明确的规定。

Q.0.1 单桩竖向静载荷试验的加载方式，应按慢速维持荷载法。

Q.0.4 开始试验的时间：预制桩在砂土中入土7d后；黏性土不得少于15d；对于饱和软黏土不得少于25d。灌注桩应在桩身混凝土达到设计强度后，才能进行。

Q.0.5 加荷分级不应小于8级，每级加载量宜为预估极限荷载的1/8～1/10。

Q.0.7 在每级荷载作用下，桩的沉降量连续两次在每小时内小于0.1mm时可视为稳定。

Q.0.8 符合下列条件之一时可终止加载：

1 当荷载-沉降（Q-s）曲线上有可判定极限承载力的陡降段，且桩顶总沉降量超过40mm；

2 $\frac{\Delta s_{n+1}}{\Delta s_n}\geqslant 2$，且经24小时尚未达到稳定；

3 25m以上的非嵌岩桩，Q-s曲线呈缓变形时，桩顶总沉降量大于60～80mm；

4 在特殊条件下，可根据具体要求加载至桩顶总沉降量大于100mm。

注：1 Δs_n——第n级荷载的沉降增量；Δs_{n+1}——第$n+1$级荷载的没降增量；

2 桩底支承在坚硬岩（土）层上，桩的沉降量很小时，最大加载量不应小于设计荷载的两倍。

Q.0.10 单桩竖向极限承载力应按下列方法确定：

1 作荷载-沉降（Q-s）曲线和其他辅助分析所需的曲线。

2 当陡降段明显时，取相应于陡降段起点的荷载值。

3 当出现本附录Q.0.8第二款的情况，取前一级荷载值。

4 Q-s曲线呈缓变形时，取桩顶总沉降量s＝40mm所对应的荷载值，当桩长大于40m时，宜考虑桩身的弹性压缩。

5 按上述方法判断有困难时，可结合其他辅助分析方法综合判定。对桩基沉降有特殊要求者，应根据具体情况选取。

6 参考统计的试桩，当满足其极差不超过平均值的30%时，可取其平均值为单桩竖向极限承载力。极差超过平均值的30%时，宜增加试桩数量并分析极差过大的原因，结合工程具体情况确定极限承载力。

注：对桩数为3根及3根以下的柱下桩台，取最小值。

7 将单桩竖向极限承载力除以安全系数2，为单桩竖向承载力特征值 R_a。

现用三种荷载-沉降（Q-s）曲线图（图8.8.2-4）来说明上述三种取值方法的具体应用。

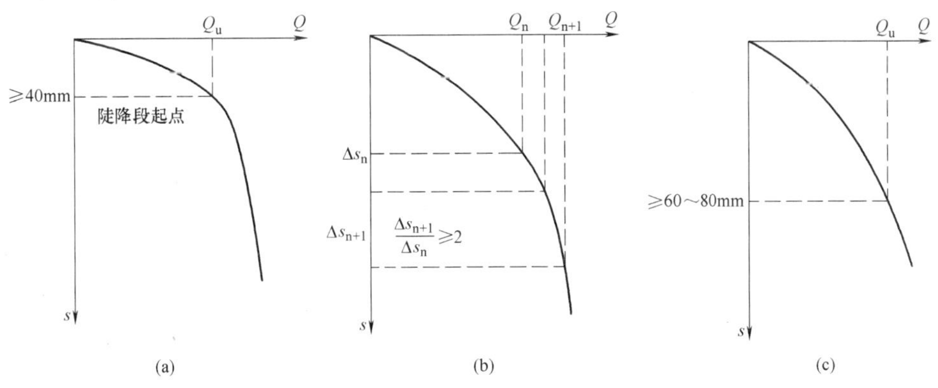

图8.8.2-4 三种荷载-沉降（Q-s）曲线图的三种取值方法

（a）明显转折点法；（b）沉降荷载增量比法；（c）按沉降量取值法

① 明显转折点法（图8.8.2-4a）

荷载-沉降（Q-s）曲线上有可判定极限承载力的陡降段，且桩顶总沉降量超过40mm，可终止加载。

取相应于陡降段起点的荷载值作为竖向极限承载力。

② 沉降荷载增量比法（图8.8.2-4b）

当沉降荷载增量比 $\frac{\Delta s_{n+1}}{\Delta s}\geqslant 2$，且经24h尚未达到稳定时，可终止加载。

取前一级荷载值作为竖向极限承载力。此处，Δ_s 为第 n 级荷载的沉降增量，Δs_{n+1} 为第 $n+1$ 级荷载的沉降增量。

③ 按沉降量取值法（图8.8.2-4c）

25m以上的非嵌岩桩，曲线为缓变形时，桩顶总沉降量不小于60～80mm，可终止加载。

取桩顶总沉降量 $s=40$mm 所对应的荷载值作为竖向极限承载力，当桩长大于40m时，应考虑桩身的弹性压缩。

2）单桩竖向极限承载力标准值

《桩基》指出

5.3.1 设计采用的单桩竖向极限承载力标准值应符合下列规定：

1 设计等级为甲级的建筑桩基，应通过单桩静载试验确定；

2 设计等级为乙级的建筑桩基，当地质条件简单时，可参照地质条件相同的试桩资料，结合静力触探等原位测试和经验参数综合确定；其余均应通过单桩静载试验确定；

> **3** 设计等级为丙级的建筑桩基，可根据原位测试和经验参数确定。

3）单桩竖向承载力特征值

《桩基》指出

> **2.1.9** 单桩竖向承载力特征值
>
> 单桩竖向极限承载力标准值除以安全系数后的承载力值。
>
> **5.2.2** 单桩竖向承载力特征值 R_a 应按下式确定：
>
> $$R_a=\frac{1}{K}Q_{uk} \tag{5.2.2}$$
>
> 式中 Q_{uk}——单桩竖向极限承载力标准值；
>
> K——安全系数，取 $K=2$。
>
> **Q.0.10** 单桩竖向极限承载力应按下列方法确定：
>
> **7** 将单桩竖向极限承载力除以安全系数 2，为单桩竖向承载力特征值 R_a。

4）算例

① 取最小值为极限承载力的算例

【例 8.8.2-5】

某多层地下建筑采用泥浆护壁成孔的钻孔灌注桩基础，柱下设三桩等边承台，如图 8.8.2-5

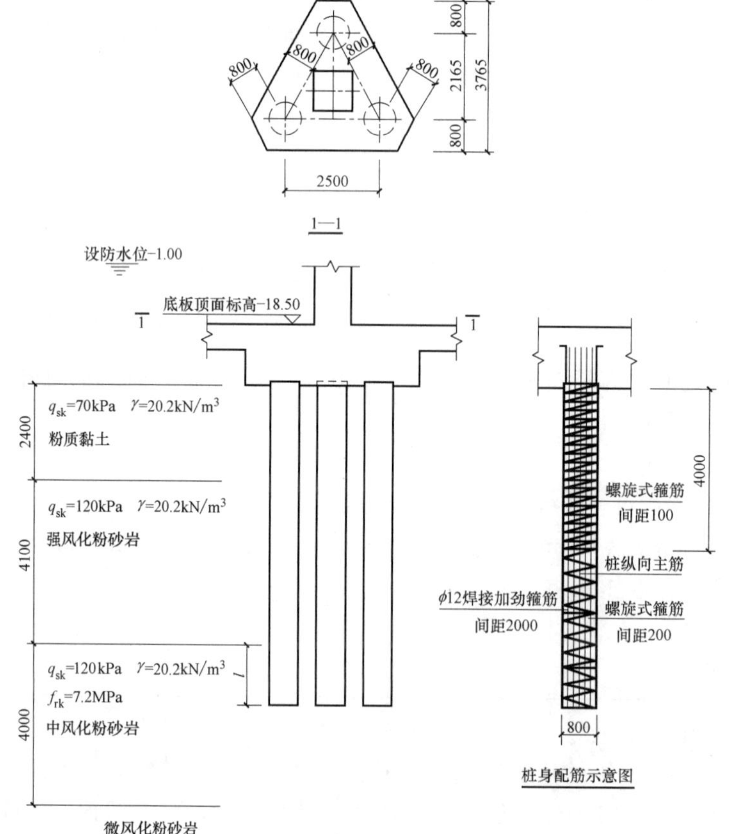

图 8.8.2-5

所示。

在该工程的试桩中，由单桩竖向静载试验得到3根试验桩竖向极限承载力分别为7680kN、8540kN、8950kN。根据《地基》的规定，试问，工程设计中所采用的桩竖向承载力特征值 R_a（kN），与下列何项数值最为接近？

（A）3800　　（B）4000　　（C）4200　　（D）4400

【答案】（A）

【解答】 根据《地基》附录Q.0.10条6款，对桩数三根或三根以下的柱下桩台，取最小值7680kN。

根据《地基》附录Q.0.11条，单桩竖向承载力特征值为

$$R_a = 7680/2 = 3840\text{kN}$$

故（A）正确。

② 取平均值为极限承载力的算例

【例8.8.2-6】

有一矩形4桩承台基础，采用沉管灌注桩，桩径为452mm，有效桩长18.50m，有关地基各土层分布情况、桩端阻力特征值 q_{pk}、桩侧阻力特征值 q_{sia} 及桩的布置、承台尺寸等，均示于图8.8.2-6中。

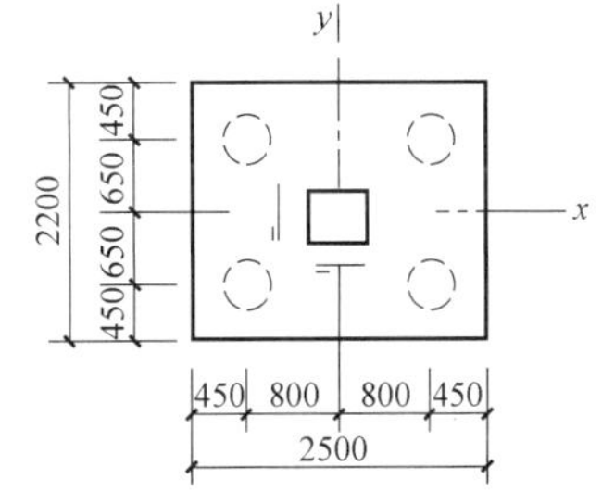

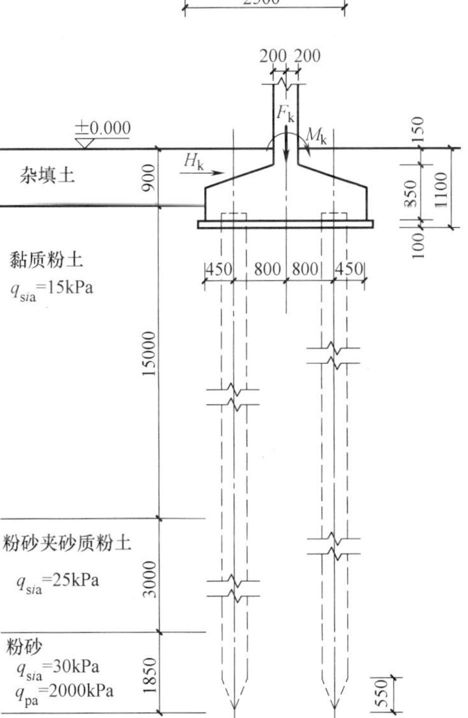

图8.8.2-6

经三根试桩的单桩竖向静荷载试验，得到极限承载力值分别为1540kN、1610kN和1780kN。试问，应采用的单桩竖向承载力特征值 R_a（kN），最接近于下列何项数值？

（A）821　　（B）725

（C）1450　　（D）1643

【答案】（A）

【解答】 根据《地基》附录Q.0.10条6款的规定，参加统计的桩的平均值为

$$\frac{1540+1610+1780}{3} = 1643\text{kN}$$

其极差为（1780－1540）＝240，$\frac{240}{1643} = 14.6\% < 30\%$，不超过平均值的30%，可采用平均值。

根据《地基》附录Q.0.11条，单桩竖向承载力特征值为

$$R_a = \frac{1643}{2} = 821.5\text{kN}$$

故（A）正确。

【例8.8.2-7】

某建筑工程基础采用灌注桩，桩径 ϕ600mm，桩长25m，低应变检测结果表明这6根

基桩均为Ⅰ类桩。对 6 根基桩进行单桩竖向抗压静载试验的成果见表 8.8.2-1，该工程的单桩竖向抗压承载力特征值最接近下列哪一选项？

表 8.8.2-1

试桩编号	1 号	2 号	3 号	4 号	5 号	6 号
Q_u(kN)	2880	2580	2940	3060	3530	3360

(A) 1290kN　(B) 1480kN　(C) 1530kN　(D) 1680kN

【答案】 B

【解答】

(1) 对全部 6 根进行统计：

$$Q_u\text{ 平均值}=\frac{2880+2580+2940+3060+3530+3360}{6}=3058.3\text{kN}$$

$$Q_u\text{ 极差}=3530-2580=950\text{kN}$$

$\dfrac{Q_u\text{ 极差}}{Q_u\text{ 平均值}}=\dfrac{950}{3058.3}=0.31$，不符合规范要求

(2) 删除最大值 3530kN 后重新统计：

$$Q_u\text{ 平均值}=\frac{2880+2580+2940+3060+3360}{5}=2964\text{kN}$$

$$Q_u\text{ 极差}=3360-2580=780\text{kN}$$

$\dfrac{Q_u\text{ 极差}}{Q_u\text{ 平均值}}=\dfrac{780}{2964}=0.26$，符合规范要求

(3) 求单桩竖向抗压承载力特征值 R_a：

$$R_a=\frac{Q_u}{2}=\frac{2964}{2}=1482\text{kN}$$

(2) 原位测试法

1) 按单桥探头静力触探资料确定

《桩基》规定

2.1.7 极限侧阻力 ultimate shaft resistance

相应于桩顶作用极限荷载时，桩身侧表面所发生的岩土阻力。

2.1.8 极限端阻力 ultimate tip resistance

相应于桩顶作用极限荷载时，桩端所发生的岩土阻力。

5.3.3 当根据单桥探头静力触探资料确定混凝土预制桩单桩竖向极限承载力标准值时，如无当地经验，可按下式计算：

$$Q_{uk}=Q_{sk}+Q_{pk}=u\sum q_{sik}l_i+\alpha p_{sk}A_p \tag{5.3.3-1}$$

当 $p_{sk1}\leqslant p_{sk2}$ 时

$$p_{sk}=\frac{1}{2}(p_{sk1}+\beta\cdot p_{sk2}) \tag{5.3.3-2}$$

当 $p_{sk1}>p_{sk2}$ 时

$$p_{sk}=p_{sk2} \tag{5.3.3-3}$$

式中 Q_{sk}、Q_{pk}——分别为总极限侧阻力标准值和总极限端阻力标准值；

u——桩身周长；

q_{sik}——用静力触探比贯入阻力值估算的桩周第 i 层土的极限侧阻力；

l_i——桩周第 i 层土的厚度；

α——桩端阻力修正系数，可按表 5.3.3-1 取值；

p_{sk}——桩端附近的静力触探比贯入阻力标准（平均值）；

A_p——桩端面积；

p_{sk1}——桩端全截面以上 8 倍桩径范围内的比贯入阻力平均值；

p_{sk2}——桩端全截面以下 4 倍桩径范围内的比贯入阻力平均值，如桩端持力层为密实的砂土层，其比贯入阻力平均值超过 20MPa 时，则需乘以表 5.3.3-2 中系数 C 予以折减后，再计算 p_{sk}；

β——折减系数，按表 5.3.3-3 选用。

桩端阻力修正系数 α 值 **表 5.3.3-1**

桩长(m)	$l<15$	$15\leqslant l\leqslant 30$	$30<l\leqslant 60$
α	0.75	0.75～0.90	0.90

注：桩长 15m≤l≤30m，α 值按 l 值直线内插；l 为桩长（不包括桩尖高度）。

系数 C **表 5.3.3-2**

p_{sk}(MPa)	20～30	35	>40
系数 C	5/6	2/3	1/2

折减系数 β **表 5.3.3-3**

p_{sk2}/p_{sk1}	≤5	7.5	12.5	≥15
β	1	5/6	2/3	1/2

注：表 5.3.3-2、表 5.3.3-3 可内插取值。

系数 η_s 值 **表 5.3.3-4**

p_{sk}/p_{sk}	≤5	7.5	≥10
η_s	1.00	0.50	0.33

【例 8.8.2-8】

某混凝土预制桩，桩径 d＝0.5mm，桩长 18mm，地基土性与单桥静力触探资料如图 8.8.2-7 所示，按《桩基》计算，单桩竖向极限承载力标准值最接近下列哪一个选项？（桩端阻力修正系数 α 取为 0.8）

(A) 900kN (B) 1020kN

(C) 1920kN (D) 2230kN

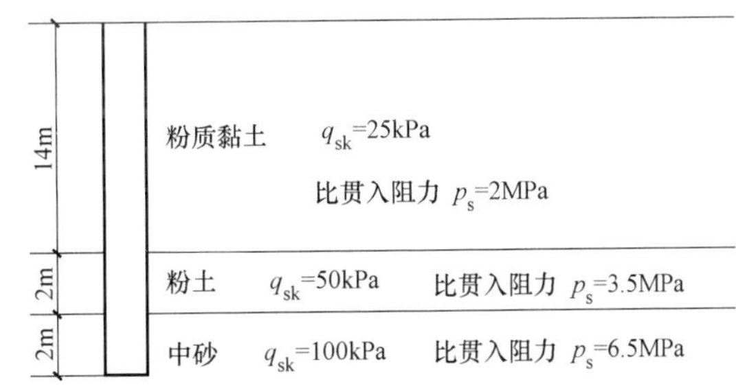

图 8.8.2-7 地基土层示意图

【答案】（C）

【解答】

该题考查内容为根据单桥静力触探原位测试资料计算单桩承载力。根据《桩基》第5.3.3条，计算如下：

（1）$p_{sk1}=\dfrac{3.5+6.5}{2}=5\text{MPa}$，桩端以上8倍直径$=0.5\times8=4\text{m}$，$p_{sk2}=6.5\text{MPa}$（桩端以下4倍直径$=0.5\times4=2\text{m}$）

$p_{sk1}<p_{sk2}$，$p_{sk}=\dfrac{1}{2}(p_{sk1}+\beta\cdot p_{sk2})$

$\dfrac{p_{sk2}}{p_{sk1}}=\dfrac{6.5}{5}=1.3<5$，查表5.3.3-3，$\beta=1$

$$p_{sk}=\frac{1}{2}\times(5+6.5)=5.75\text{MPa}=5750\text{kPa}$$

（2）$Q_{uk}=Q_{sk}+Q_{pk}=u\sum q_{sik}l_i+\alpha p_{sk}A_p$

$=3.14\times0.5\times(14\times25+2\times50+2\times100)+0.8\times5750\times0.25\times3.14\times0.5^2$

$=1020.5+902.8=1923.3\text{kN}$

2）按双桥探头静力触探资料确定

《桩基》规定

5.3.4 当根据双桥探头静力触探资料确定混凝土预制桩单桩竖向极限承载力标准值时，对于黏性土、粉土和砂土，如无当地经验时可按下式计算：

$$Q_{uk}=Q_{sk}+Q_{pk}=u\sum l_i\cdot\beta_i\cdot f_{si}+\alpha\cdot q_c\cdot A_p \tag{5.3.4}$$

式中 f_{si}——第i层土的探头平均侧阻力（kPa）；

q_c——桩端平面上、下探头阻力，取桩端平面以上$4d$（d为桩的直径或边长）范围内按土层厚度的探头阻力加权平均值（kPa），然后再和桩端平面以下$1d$范围内的探头阻力进行平均；

α——桩端阻力修正系数，对于黏性土、粉土取2/3，饱和砂土取1/2；

β_i——第i层土桩侧阻力综合修正系数，黏性土、粉土：$\beta_i=10.04(f_{si})^{-0.55}$；砂土：$\beta_i=5.05(f_{si})^{-0.45}$。

【例8.8.2-9】

某工程双桥静探资料见表8.8.2-2，拟采用③层粉砂做持力层，采用混凝土方桩，桩断面尺寸为400mm×400mm，桩长$l=13\text{m}$，承台埋深为2.0m，桩端进入粉砂层2.0m，按《桩基》计算单桩竖向极限承载标准值最接近下列何项数值？

表8.8.2-2

层序	土名	层底深度	探头平均侧阻力 f_s(kPa)	探头阻力 q_c(kPa)	柱侧阻力综合修正系数β_i
1	填土	1.5			
2	淤泥质黏土	13	12	600	2.56
3	饱和粉砂	20	110	12000	0.61

(A) 1220kN (B) 1580kN (C) 1715kN (D) 1900kN

【答案】(C)

【解答】根据《桩基》5.3.4条计算如下

$4d=4\times0.4=1.6(m)1d=0.4m$,桩端入砂层2m,饱和砂土,取 $a=1/2$,所以

$$q_c=12000(kPa)$$

$$Q_k=u\sum l_i\beta_i f_{ni}+aq_cA_p$$

$$=0.4\times4\times(11\times2.56\times12+2\times0.61\times110)+\frac{1}{2}\times12000\times0.4^2$$

$$=1715.392\ (kN)$$

(3)经验参数法

1)预制桩、挖孔桩

《桩基》规定

> **5.3.5** 当根据土的物理指标与承载力参数之间的经验关系确定单桩竖向极限承载力标准值,宜按下式估算:
>
> $$Q_{uk}=Q_{sk}+Q_{pk}=u\sum q_{sik}l_i+q_{pk}A_p \tag{5.3.5}$$
>
> 式中 q_{sik}——桩侧第 i 层土的极限侧阻力标准值,如无当地经验时,可按表5.3.5-1取值;
>
> q_{pk}——极限端阻力标准值,如无当地经验时,可按表5.3.5-2取值。
>
> Q_{sk}、Q_{pk}——总极限侧阻力标准值、极限端阻力标准值(kN);
>
> u、A_p——桩的横断面周长(m)和桩端面积(m^2);
>
> l_i——桩周各层土的厚度(m)。

【例 8.8.2-10】

某建筑物的地基基础设计为乙级,采用柱下桩基,工程桩采用泥浆护壁钻孔灌注桩,桩径 d 为650mm。承台及方柱的尺寸、桩的布置以及各土层的地质情况如图8.8.2-8所示。

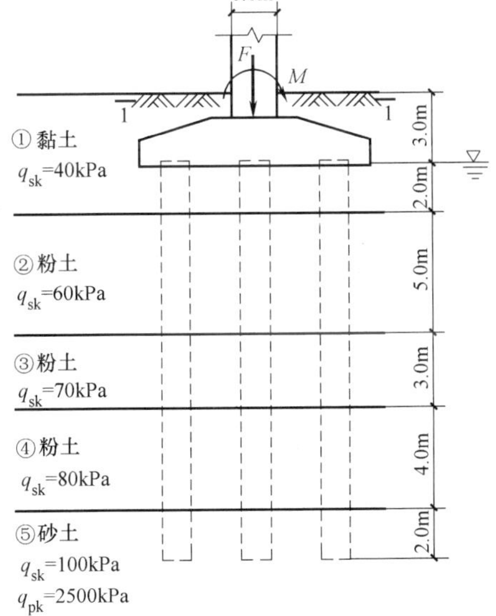

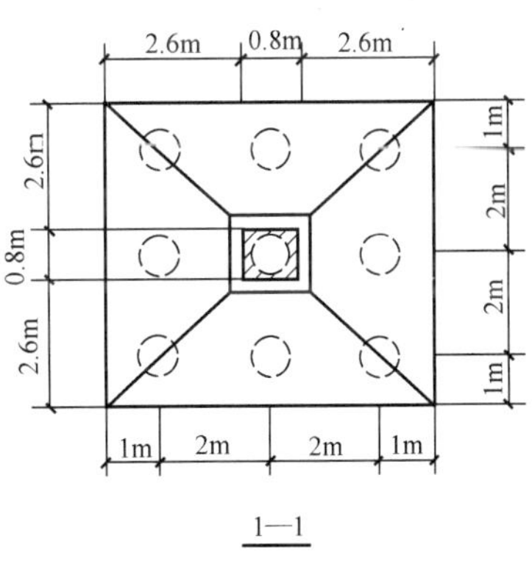

图 8.8.2-8

试问，根据土的物理指标与承载力参数之间的经验关系确定的单桩竖向承载力特征值 R_a（kN），与下列何项数值最为接近？

(A) 1090　　(B) 1550　　(C) 2180　　(D) 3090

【答案】(B)

【解答】根据《桩基》5.3.5条的规定，有

$Q_{uk}=Q_{ak}+Q_{pk}=u\sum q_{sik}l_i+q_{pk}A_p$

$=[3.14\times0.65\times(40\times2+60\times5+70\times3+80\times4+100\times2)+3.14\times0.65^2/4\times2500]$

$=3096kN$

根据《桩基》5.2.2条，单桩竖向承载力特征值为

$$R_a=\frac{Q_{uk}}{2}=3096/2=1548kN$$

由此求得的单桩竖向承载力特征值为1548kN，最接近于1550kN。

故(B)正确。

2) 大直径桩

《桩基》规范

5.3.6 根据土的物理指标与承载力参数之间的经验关系，确定大直径桩单桩极限承载力标准值时，可按下式计算：

$$Q_{uk}=Q_{sk}+Q_{pk}=u\sum\psi_{si}q_{sik}l_i+\psi_p q_{pk}A_p \tag{5.3.6}$$

式中 q_{sik}——桩侧第 i 层土极限侧阻力标准值，如无当地经验值时，可按本规范表5.3.5-1取值；对于扩底桩斜面及变截面以上 $2d$ 长度范围不计侧阻力；

q_{pk}——桩径为800mm的极限端阻力标准值，对于干作业挖孔（清底干净）可采用深层载荷板试验确定；当不能进行深层载荷板试验时，可按表5.3.6-1取值；

ψ_{si}、ψ_p——大直径桩侧阻力、端阻力尺寸效应系数，按表5.3.6-2取值；

u——桩身周长，当人工挖孔桩桩周护壁为振捣密实的混凝土时，桩身周长可按护壁外直径计算。

大直径灌注桩侧阻力尺寸效应系数 ψ_{si}、端阻力尺寸效应系数 ψ_p　表5.3.6-2

土类型	黏性土、粉土	砂土、碎石类土
ψ_{si}	$(0.8/d)^{1/5}$	$(0.8/d)^{1/3}$
ψ_p	$(0.8/D)^{1/4}$	$(0.8/D)^{1/3}$

注：当为等直径桩时，表中 $D=d$。

【例8.8.2-11】

某桩基础采用泥浆护壁水下钻孔扩底灌注桩，桩身设计直径为0.8m，桩端扩底直径为1.4m，桩端入土深度为21m。桩承台埋置深度为2m。桩基剖面及工程地质条件如图8.8.2-9所示。要求按《桩基》进行设计计算。

该桩的单桩竖向极限承载力标准值 Q_{uk} 最接近于下列何项数值？

(A) $Q_{uk}=3671kN$　　(B) $Q_{uk}=3090kN$

(C) $Q_{uk}=3240kN$　　(D) $Q_{uk}=3180kN$

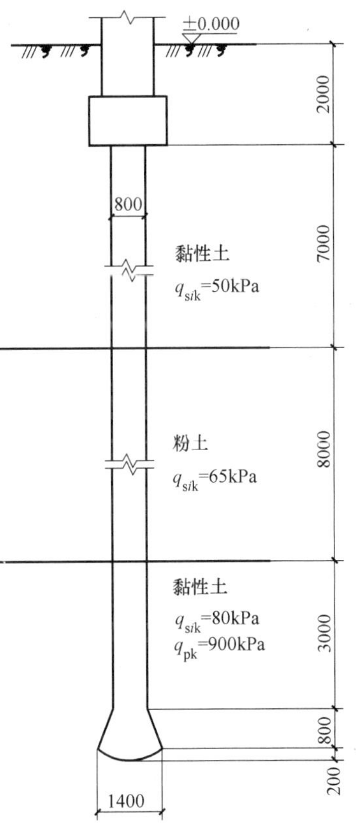

图 8.8.2-9

【答案】(A)

【解答】根据《桩基》表 5.3.6-2 的规定，大直径灌注桩侧阻力和端阻力尺寸效应系数为

$$\psi_{si}=\left(\frac{0.8}{0.8}\right)^{1/5}=1,\psi_p=\left(\frac{0.8}{1.4}\right)^{1/4}=0.869$$

根据《桩基》式（5.3.6），单桩竖向极限承载力标准值为

$$Q_{uk}=u\sum\psi_{si}q_{sik}l_i+\psi_p q_{pk}A_p$$

$$=0.8\pi\times[1\times50\times7+1\times65\times8+1\times80\times(3-2\times0.8)]+0.869\times900\times\frac{\pi\times1.4^2}{4}$$

$$=2468.04+1203.33$$

$$=3671.37kN$$

故（A）正确。

【例 8.8.2-12】

某工程桩基的单桩极限承载力标准值要求达到 $Q_{uk}=30000kN$，桩直径 $d=1.4m$，桩的总极限侧阻力经尺寸效应修正后为 $Q_{sk}=12000kN$，桩端持力层为密实砂土，极限端阻力 $q_{pk}=3000kPa$。拟采用扩底，由于扩底导致总极限侧阻力损失 $\Delta Q_{sk}=2000kN$。为了要达到设计要求的单桩极限承载力，其扩底直径应接近于下列何项数值？

[注：端阻力尺寸效应系数 $\varphi_p=\left(\frac{0.8}{D}\right)^{\frac{1}{3}}$]

(A) 10m　　(B) 3.5m　　(C) 3.8m　　(D) 4.0m

【答案】(C)

【解答】根据《桩基》5.3.6 条计算如下

1. 计算扩底后实际要求的桩端的极限阻力 Q_{pk}

$$Q_{pk}=Q_{uk}-(Q_{sk}-\Delta Q_{sk})=30000-(12000-2000)=20000(kN)$$

2. 计算扩底桩的直径

设扩底直径为 D，则有

$$Q_{pk}=\varphi_p q_{pk}A_p$$

$$20000=\left(\frac{0.8}{D}\right)^{\frac{1}{3}}\times3000\times\frac{3.14D^2}{4}$$

$$D=3.774m$$

3) 钢管桩

钢管桩要考虑“土塞效应”。

《桩基》规定

2.1.14 土塞效应 plugging effect

敞口空心桩沉桩过程中土体涌入管内形成的土塞，对桩端阻力的发挥程度的影响效应。

5.3.7 当根据土的物理指标与承载力参数之间的经验关系确定钢管桩单桩竖向极限承载力标准值时，可按下列公式计算：

$$Q_{uk}=Q_{sk}+Q_{pk}=u\sum q_{sik}l_i+\lambda_p q_{pk}A_p \quad (5.3.7\text{-}1)$$

当 $h_b/d<5$ 时， $\lambda_p=0.16h_b/d$ （5.3.7-2）

当 $h_b/d\geqslant5$ 时， $\lambda_p=0.8$ （5.3.7-3）

式中 q_{sik}、q_{pk}——分别按本规范表 5.3.5-1、表 5.3.5-2 取与混凝土预制桩相同值；

λ_p——桩端土塞效应系数，对于闭口钢管桩 $\lambda_p=1$，对于敞口钢管桩按式（5.3.7-2）、式（5.3.7-3）取值；

h_b——桩端进入持力层深度；

d——钢管桩外径

对于带隔板的半敞口钢管桩，应以等效直径 d_e 代替 d 确定 λ_p；$d_e=d/\sqrt{n}$；其中 n 为桩端隔板分割数（见图 5.3.7）。

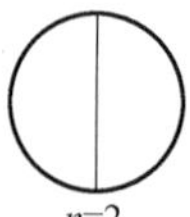

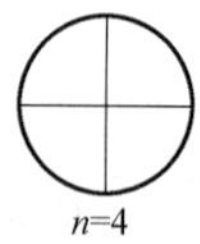

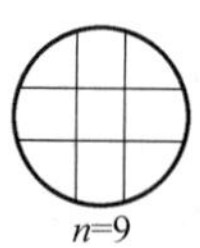

图 5.3.7 隔板分割数

【例 8.8.2-13】

条件：某工程中采用直径为 700mm 的钢管柱，壁厚 10mm，桩端带隔板开口桩，$n=2$，桩长 26.5m，承台埋深 1.5m。土层分布情况：0～3m 填土，桩侧极限侧阻力标准值 $q_{sk}=25$kPa；3.0～8.5m 黏土层，$q_{sk}=50$kPa；8.5～25.0m 粉土层，$q_{sk}=65$kPa；25.0～30.0m 中砂，$q_{sk}=75$kPa；$q_{ak}=7000$kPa。

要求：竖向极限承载力

【解答】 根据《桩基》5.3.7 条，开口钢管桩的单桩极限承载力可由下式计算：

$$Q_{uk}=Q_{sk}+Q_{pk}=u\sum q_{sik}l_i+\lambda_p q_{pk}A_p$$

对于带隔板开口桩，取等效桩径 d_e 代替 d 确定桩端土塞效应系数 λ_p，但桩身周长和桩端投影面积仍然按钢管桩外直径 d 计算。$h_b=26.5+1.5\text{m}-25\text{m}=3\text{m}$

带隔板的钢管桩等效直径 $d_e=d/\sqrt{n}=0.7/\sqrt{2}=0.495\text{m}<0.7\text{m}$，取 $h_b/d_e=3.0/0.495=6.061>5$，根据《桩基》式（5.3.7-3），$\lambda_p=0.8$。

将已知数据代入上式得

$$\begin{aligned}Q_u&=[\pi\times0.7\times(1.5\times25+5.5\times50+16.5\times65+3\times75)+0.8\times7000\times\pi\times0.7^2/4]\text{kN}\\&=(3540.6+2155.1)\text{kN}=5695.7\text{kN}\end{aligned}$$

【例 8.8.2-14】

某钢管桩外径为 0.9m，壁厚为 20mm，桩端进入密实持力层 2.5m，问桩端为十字形隔板比桩端开口的桩端极限承载力提高多少？

【解答】(1) 桩端为十字形隔板

十字形隔板，则可知 $n=4$

$$d_e=d/\sqrt{n}=0.9\sqrt{4}=0.45$$

$$h_b/d_e=2.5/0.45=5.56>5$$

$$\lambda_p=0.8$$

$$Q_{pk1}=\lambda_p q_{pk} A_p=0.8 q_{pk} A_p$$

(2) 桩端开口

$$h_b/d=2.5/0.9=2.78<5$$

$$\lambda_p=0.16 h_b/d=0.16\times 2.5/0.9=0.44$$

$$Q_{pk2}=0.44 q_{pk} A_p$$

(3) 两者比较

$$\frac{Q_{pk1}}{Q_{pk2}}=\frac{0.8 q_{pk} A_p}{0.44 q_{pk} A_p}=1.82$$

带十字隔板比开口桩极限端阻力提高 182%。

4) 混凝土空心桩

《桩基》规定

5.3.8 当根据土的物理指标与承载力参数之间的经验关系确定敞口预应力混凝土空心桩单桩竖向极限承载力标准值时，可按下列公式计算：

$$Q_{uk}=Q_{sk}+Q_{pk}=u\sum q_{sik} l_i+q_{pk}(A_j+\lambda_p A_{p1}) \quad (5.3.8\text{-}1)$$

当 $h_b/d_1<5$ 时，$$\lambda_p=0.16 h_b/d \quad (5.3.8\text{-}2)$$

当 $h_b/d_1\geqslant 5$ 时，$$\lambda_p=0.8 \quad (5.3.8\text{-}3)$$

式中 q_{sik}、q_{pk}——分别按本规范表 5.2.5-1、表 5.3.5-2 取与混凝土预制桩相同值；

A_j——空心桩桩端净面积。

管桩：$A_j=\frac{\pi}{4}(d^2-d_1^2)$

空心方桩：$A_j=b^2-\frac{\pi}{4}d_1^2$

A_{p1}——空心桩敞口面积：$A_{p1}=\frac{\pi}{4}d_1^2$；

λ_p——桩端土塞效应系数；

d、b——空心桩外径、边长；

d_1——空心桩内径。

【例 8.8.2-15】

某建筑物地基基础设计等级为乙级，其柱下桩基采用预应力高强度混凝土管桩(PHC 桩)，桩外径 400mm，壁厚 95mm，桩尖为敞口形式。有关地基各土层分布情况、地下水位、极限端阻力标准值 q_{pk}、极限侧阻力标准值 q_{sk} 及桩的布置、柱及承台尺寸等，如图 8.8.2-10 所示。

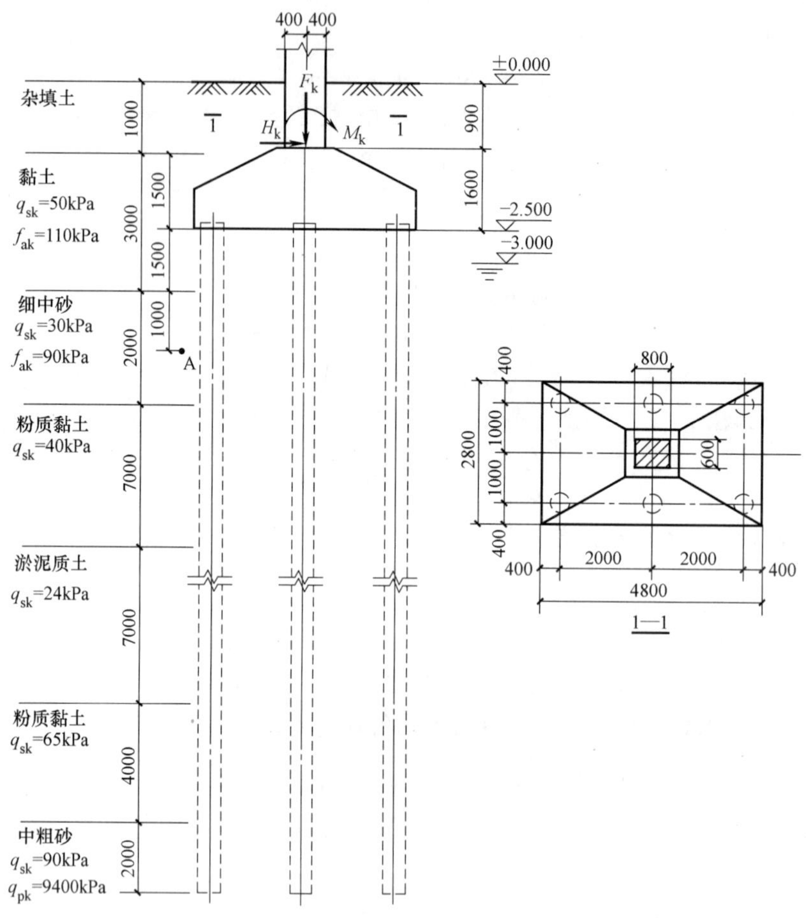

图 8.8.2-10

当不考虑地震作用时，根据土的物理指标与桩承载力参数之间的经验关系，试问，按《桩基》计算的单桩竖向承载力特征值 R_a (kN)，与下列何项数值最为接近？

(A) 1200　　(B) 1235　　(C) 2400　　(D) 2470

【答案】(A)

【解答】根据《桩基》5.3.8 条的规定，空心桩内径为

$$d_1=0.4-2\times0.095=0.21\text{m}$$

桩端进入持力层深度与桩径的比值为

$$\frac{h_b}{d_1}=\frac{2000}{210}=9.5\geqslant5 \quad 则有\ \lambda_p=0.8$$

空心桩桩端净面积为

$$A_j=\frac{3.14}{4}(0.4^2-0.21^2)=0.091\text{m}^2$$

空心桩敞口面积为

$$A_{p1}=\frac{3.14}{4}\times0.21^2=0.035m^2$$

根据《桩基》式（5.3.8-1），有

$Q_{uk}=u\sum q_{sik}l_i+q_{pk}(A_j+\lambda_p A_{p1})$

$=3.14\times0.4\times(50\times1.5+30\times2+40\times7+24\times7+65\times4+90\times2)+9400\times(0.091+0.8\times0.035)$

$=1.256\times1023+9400\times0.119=1285+1119=2404kN$

根据《桩基》5.2.2条，有

$$R_a=\frac{Q_{uk}}{2}=\frac{2404}{2}=1202kN$$

故（A）正确。

5）嵌岩桩

① 持力层的选择

《地基》规定

8.5.6　6　嵌岩灌注桩桩端以下3倍桩径且不小于5m范围内应无软弱夹层、断裂破碎带和洞穴分布，且在桩底应力扩散范围内应无岩体临空面。当桩端无沉渣时，桩端岩石承载力特征值应根据岩石饱和单轴抗压强度标准值按本规范第5.2.6条确定，或按本规范附录H用岩石地基载荷试验确定。

10.2.13　人工挖孔桩终孔时，应进行桩端持力层检验。单柱单桩的大直径嵌岩桩，应视岩性检验孔底下3倍桩身直径或5m深度范围内有无土洞、溶洞、破碎带或软弱夹层等不良地质条件。

② 承载力计算

《桩基》规定

5.3.9　桩端置于完整、较完整基岩的嵌岩桩单桩竖向极限承载力，由桩间土总极限侧阻力和嵌岩段总极限阻力组成。当根据岩石单轴抗压强度确定单桩竖向极限承载力标准值时，可按下列公式计算：

$$Q_{uk}=Q_{sk}+Q_{rk} \tag{5.3.9-1}$$

$$Q_{sk}=u\sum q_{sik}l_i \tag{5.3.9-2}$$

$$Q_{rk}=\zeta_r f_{rk}A_p \tag{5.3.9-3}$$

式中　Q_{sk}、Q_{rk}——分别为土的总极限侧阻力标准值、嵌岩段总极限阻力标准值；

q_{sik}——桩周第i层土的极限侧阻力，无当地经验时，可根据成桩工艺按本规范表5.3.5-1取值；

f_{rk}——岩石饱和单轴抗压强度标准值，黏土岩取天然湿度单轴抗压强度标准值；

ζ_r——桩嵌岩段侧阻和端阻综合系数，与嵌岩深径比 h_r/d、岩石软硬程度和成桩工艺有关，可按表 5.3.9 采用；表中数值适用于泥浆护壁成桩，对于干作业成柱（清底干净）和泥浆护壁成桩后注浆，ζ_r 应取表列数值的 1.2 倍。

桩嵌岩段侧阻和端阻综合系数 ζ_r **表 5.3.9**

嵌岩深径比 h_r/d	0	0.50	1.0	2.0	3.0	4.0	5.0	6.0	7.0	8.0
极软岩、软岩	0.60	0.80	0.95	1.18	1.35	1.48	1.57	1.63	1.66	1.70
较硬岩、坚硬岩	0.45	0.65	0.81	1.00	1.04	—	—	—	—	—

注：1. 极软岩、软岩指 $f_{rk}\leqslant 15$MPa，较硬岩、坚硬岩指 $f_{rk}>30$MPa，介于二者之间可内插取值。
2. h_r 为桩身嵌岩深度，当岩面倾斜时，以坡下方嵌岩深度为准；当 h_r/d 为非表列值时，h_r/d 可内插取值。

【例 8.8.2-16】

某框架结构办公楼，采用泥浆护壁钻孔灌注桩两桩承台独立基础。钻孔灌注桩直径 800mm。基础剖面及土层条件如图 8.8.2-11 所示。

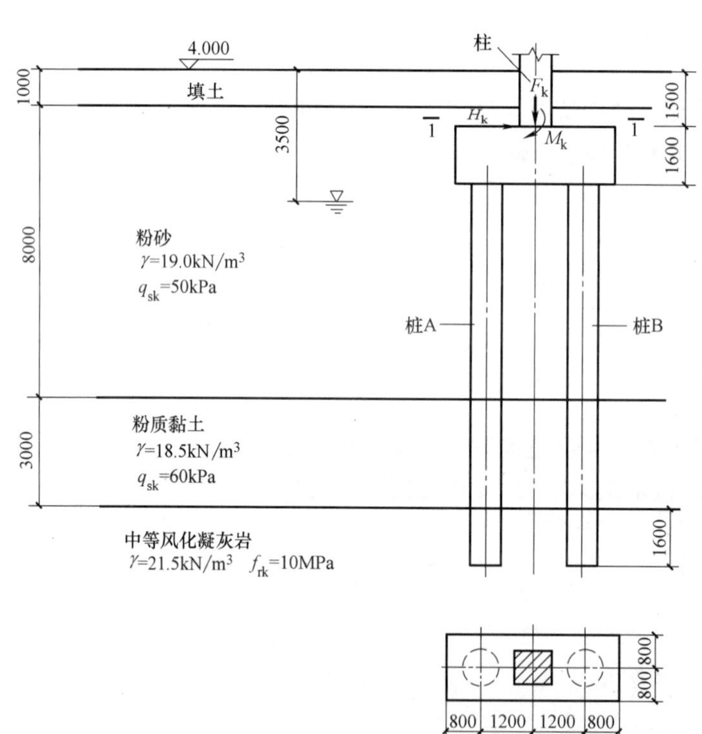

图 8.8.2-11

试问，钻孔灌注桩单桩承载力特征值 R_a（kN）与下列何项数值最为接近？

(A) 3000 (B) 3500 (C) 6000 (D) 7000

【答案】(B)

【解答】根据《桩基》表 5.3.9 注 1 的规定，中等风化凝灰岩 $f_{rk}=10MPa<15MPa$ 属极软岩、软岩类。

嵌岩深径比为 $\frac{h_r}{d}=\frac{1.6}{0.8}=2$，查《桩基》表 5.3.9，得 $\zeta_r=1.18$

根据《桩基》式（5.3.9-2），土的总极限侧阻力标准值为

$$Q_{sk}=\pi\times0.8\times(50\times5.9+60\times3)=1193.2kN$$

根据《桩基》式（5.3.9-3），嵌岩段总极限阻力标准值为

$$Q_{rk}=\zeta_r f_{rk}A_p=1.18\times10000\times(3.14\times0.64/4)=5928.3kN$$

根据《桩基》式（5.3.9-1），单桩竖向极限承载力为

$$Q_{uk}=Q_s+Q_{rk}=1193.2+5928.3=7121.5kN$$

根据《桩基》5.2.2 条，单桩承载力特征值为

$$R_a=\frac{7121.5}{2}=3560kN$$

故（B）正确。

6）后注浆灌注桩

《桩基》指出

2.1.15 灌注桩后注浆 post grouting for cast-in-situ pile

灌注桩成桩后一定时间，通过预设于桩身内的注浆导管及与之相连的桩端、桩侧注浆阀注入水泥浆，使桩端、桩侧土体（包括沉渣和泥皮）得到加固，从而提高单桩承载力，减小沉降。

《桩基》规定

5.3.10 后注浆灌注桩的单桩极限承载力，应通过静载试验确定。在符合本规范第 6、7 节后注浆技术实施规定的条件下，其后注浆单桩极限承载力标准值可按下式估算：

$$Q_{uk}=Q_{sk}+Q_{gsk}+Q_{gpk}$$

$$=u\sum q_{sjk}l_j+u\sum\beta_{si}q_{sik}l_{gi}+\beta_p q_{pk}A_p \quad (5.3.10)$$

式中 Q_{sk}——后注浆非竖向增强段的总极限侧阻力标准值；

Q_{gsk}——后注浆竖向增强段的总极限侧阻力标准值；

Q_{gpk}——后注浆总极限端阻力标准值；

u——桩身周长；

l_j——后注浆非竖向增强段第 j 层土厚度；

l_{gi}——后注浆竖向增强段内第 i 层土厚度：对于泥浆护壁成孔灌注桩，当为单一桩端后注浆时，竖向增强段为桩端以上 12m；当为桩端、桩侧复式注浆时，竖向增强段为桩端以上 12m 及各桩侧注浆断面以上 12m，重叠部分应扣除；对于干作业灌注桩，竖向增强段为桩端以上、桩侧注浆断面上下各 6m；

q_{sik}、q_{sjk}、q_{pk}——后注浆竖向增强段第 i 土层初始极限侧阻力标准值、非竖向增强段第 j 土层初始极限侧阻力标准值、初始极限端阻力标准值，根据本规范第 5.3.5 条确定；

β_{si}、β_p——后注浆侧阻力、端阻力增强系数，无当地经验时，可按表 5.3.10 取值。对于桩径大于 800mm 的桩，应按本规范表 5.3.6-2 进行侧阻和端阻尺寸效应修正。

后注浆侧阻力增强系数 β_{si}，端阻力增强系数 β_p **表 5.3.10**

土层名称	淤泥 淤泥质土	黏性土 粉土	粉砂 细砂	中砂	粗砂 砾砂	砾石 卵石	全风化岩 强风化岩
β_{si}	1.2～1.3	1.4～1.8	1.6～2.0	1.7～2.1	2.0～2.5	2.4～3.0	1.4～1.8
β_p	—	2.2～2.5	2.4～2.8	2.6～3.0	3.0～3.5	3.2～4.0	2.0～2.4

注：干作业钻、挖孔桩，β_p 按表列值乘以小于 1.0 的折减系数。当桩端持力层为黏性土或粉土时，折减系数取 0.6；为砂土或碎石土时，取 0.8。

5.3.11 后注浆钢导管注浆后可等效替代纵向主筋。

【例 8.8.2-17】

某建筑物设计使用年限为 50 年，地基基础设计等级为乙级，柱下桩基础采用九根泥浆护壁钻孔灌注桩，桩直径 d=600mm，为提高桩的承载力及减少沉降，灌注桩采用桩端后注浆工艺，且施工满足《桩基》的相关规定。框架柱截面尺寸为1100mm×1100mm，承台及其以上土的加权平均重度 γ_0=20kN/m^3。承台平面尺寸、桩位布置、地基土层分布及岩土参数等如图 8.8.2-12 所示。桩基的环境类别为二 a，建筑所在地对桩基混凝土耐久性无可靠工程经验。

假定，第②层粉质黏土及第③层黏土的后注浆侧阻力增强系数 β_s=1.4，第④层细砂的后注浆侧阻力增强系数 β_s=1.6，第④层细砂的后注浆端阻力增强系数 β_p=2.4。试问，在进行初步设计时，根据土的物理指标与承载力参数间的经验公式，单桩的承载力特征值 R_a（kN）与下列何项数值最为接近？

(A) 1200　　(B) 1400　　(C) 1600　　(D) 3000

【答案】(C)

【解答】根据《桩基》5.3.10 条，桩端后注浆增强段长度取 12m，

$$Q_{uk}=u\sum q_{sjk}l_j+u\sum\beta_{si}q_{sik}l_{gi}+\beta_p q_{pk}A_p$$

$$=3.14\times0.6\times50\times12+3.14\times0.6\times(1.4\times36\times11+1.6\times60\times1)+2.4\times1200\times3.14\times0.3^2$$

$$=1130+1225+814=3169\text{kN}$$

$$R_a=\frac{Q_{uk}}{2}=\frac{3169}{2}=1585\text{kN}\quad 故应选(C)$$

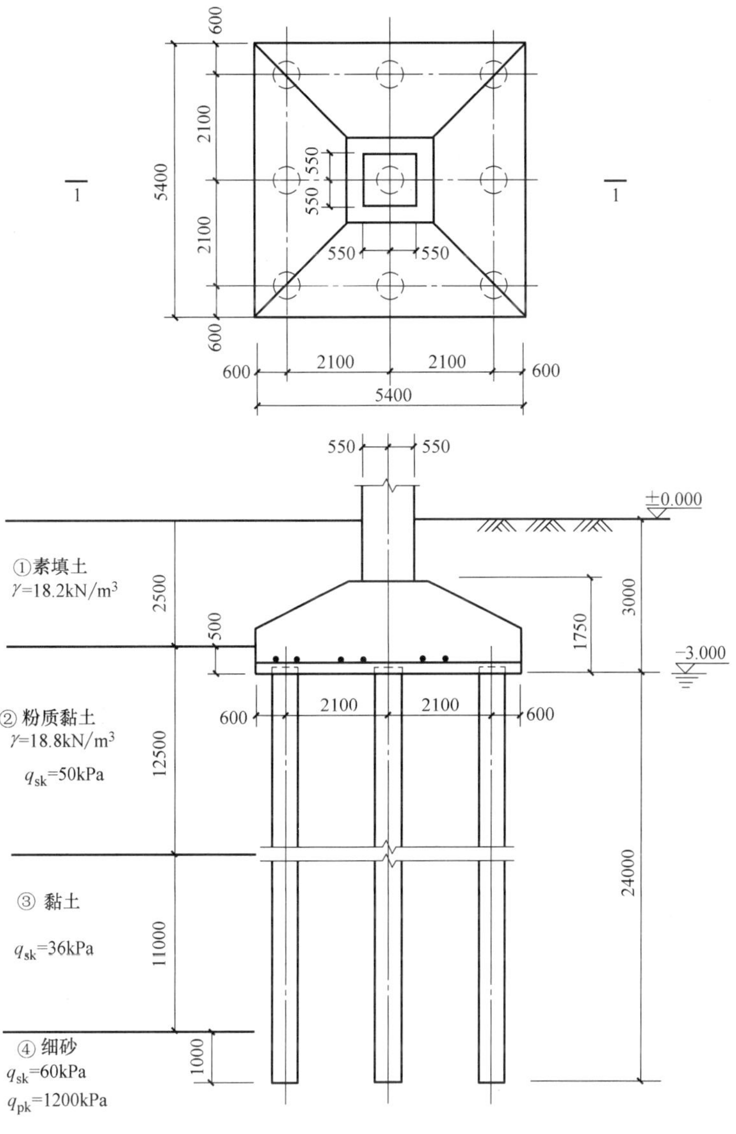

图 8.8.2-12

三、特殊条件下的桩基计算

1. 复合基桩的承载力

考虑由单桩和桩间土共同承载的桩基础称复合桩基，《桩基》对“复合桩基”和“复合基桩”有明确定义

2.1.2 复合桩基 composite pile foundation

由基桩和承台下地基土共同承担荷载的桩基础。

2.1.4 复合基桩 composite foundation pile

单桩及其对应面积的承台下地基土组成的复合承载基桩。

在竖向荷载下，复合基桩通过“承台效应系数”来考虑承台底地基土的承载力

> **2.1.11** 承台效应系数 pile cap effect coefficient
> 竖向荷载下，承台底地基土承载力的发挥率。

基桩的竖向承载力特征值用 R 表示，承台底地基土的承载力能否发挥是有条件的。故分为不能考虑承台底土承载力发挥和能考虑承台底土承载力发挥两种情况。

（1）不考虑承台效应

当不考虑承台效应时，基桩竖向承载力特征值 R 等于单桩的竖向承载力特征值 R_a，即上部结构荷载全部由桩承担，承台土不承担任何荷载。对于不考虑承台效应的条件，《桩基》5.2.3 条有规定

> **5.2.3** 对于端承型桩基、桩数少于 4 根的摩擦型柱下独立桩基，或由于地层土性、使用条件等因素不宜考虑承台效应时，基桩竖向承载力特征值应取单桩竖向承载力特征值。

对于以上规定理解如下：

①“端承型桩基”，这里的端承型桩基主要指桩基沉降很小，造成承台底土的承载力发挥低，在计算中可给予忽略。

②“桩数少于 4 根的摩擦型柱下独立桩基”，主要是承台的面积小，考虑承台效应对提高基桩的承载力影响有限，可忽略。

③“或由于地层土性、使用条件等因素”，地层土性、使用条件等因素可能造成承台和承台底土的脱离，承台底土不能发挥作用，因此，不能考虑承台效应。《桩基》5.2.5 条亦有相应规定

> 当承台底为可液化土、湿陷性土、高灵敏度软土、欠固结土、新填土时，沉桩引起超孔隙水压力和土体隆起时，不考虑承台效应，取 $\eta_c=0$。

（2）承台效应

① 考虑承台效应的条件

考虑承台效应的基本条件是确保在上部荷载作用下，承台底土能永久地发挥承载力，因此考虑承台效应的前提必须是摩擦型桩基，且必须有一定的沉降。《桩基》5.2.4 条规定以下 4 种情况可在计算基桩承载力时考虑承台效应

> **5.2.4** 对于符合下列条件之一的摩擦型桩基，宜考虑承台效应确定其复合基桩的竖向承载力特征值：
> 1. 上部结构整体刚度较好、体型简单的建（构）筑物；
> 2. 对差异沉降适应性较强的排架结构和柔性构筑物；
> 3. 按变刚度调平原则设计的桩基刚度相对弱化区；
> 4. 软土地基的减沉复合疏桩基础。

② 复合基桩承载力计算

复合桩基的承载力特征值，就是将基桩所对应的承台净面积地基承载力特征值乘以承

台效应系数，加到单桩承载力特征值上。

考虑承台效应的复合基桩竖向承载力特征值可按《桩基》5.2.5条确定

5.2.5 考虑承台效应的复合基桩竖向承载力特征值可按下列公式确定：

不考虑地震作用时

$$R=R_a+\eta_c f_{ak}A_c \quad (5.2.5\text{-}1)$$

考虑地震作用时

$$R=R_a+\frac{\zeta_a}{1.25}\eta_c f_{ak}A_c \quad (5.2.5\text{-}2)$$

$$A_c=(A-nA_{ps})/n \quad (5.2.5\text{-}3)$$

式中 η_c——承台效应系数，可按表5.2.5取值；

f_{ak}——承台下1/2承台宽度且不超过5m深度范围内各层土的地基承载力特征值按厚度加数的平均值；

A_c——计算基桩所对应的承台底净面积；

A_{ps}——桩身截面面积；

A——承台计算域面积。对于柱下独立桩基，A为承台总面积；对于桩筏基础，A为柱、墙筏板的1/2跨距和悬臂边2.5倍筏板厚度所围成的面积；桩集中布置于单片墙下的桩筏基础，取墙两边各1/2跨距围成的面积，按条形承台计算η_c；

ζ_a——地基抗震承载力调整系数，应按现行国家标准《建筑抗震设计规范》GB 50011采用。

承台效应系数 η_c **表5.2.5**

B_c/l \ s_a/d	3	4	5	6	>6
≤0.4	0.06～0.08	0.14～0.17	0.22～0.26	0.32～0.38	0.50～0.80
0.4～0.8	0.08～0.10	0.17～0.20	0.26～0.30	0.38～0.44	
>0.8	0.10～0.12	0.20～0.22	0.30～0.34	0.44～0.50	
单排桩条形承台	0.15～0.18	0.25～0.30	0.38～0.45	0.50～0.60	

注：1. 表中s_a/d为桩中心距与桩径之比；B_c/l为承台宽度与桩长之比。当计算基桩为非正方形排列时，$s_s=\sqrt{A/n}$，A为承台计算域面积，n为总桩数。

2. 对于桩布置于墙下的箱、筏承台，η_c可按单排桩条形承台聚值。

3. 对于单排桩条形承台，当承台宽度小于$1.5d$时，η_c按非条形承台取值。

4. 对于采用后注浆罐注桩的承台，η_c宜取低值。

5. 对于饱和黏性土中的挤土桩基、软土地基上的桩基承台，η_c宜取低值的0.8倍。

承台效应计算的关键是承台效应系数的取值，η_c和s_a/d、B_c/l关系如下：

① η_c随s_a/d的增大而增大，即桩间距越大，桩间土承载力发挥值越高；

② η_c随B_c/l的增大而增大，即桩越短，桩的刚度越低，承台土承担的荷载越大。

对于《桩基》表5.2.5注释中的4条，即采用后注浆灌注桩的承台，η_c取低值的规定，主要是由于采用后注浆后，桩基沉降减小，承台底土承载力发挥值低。

【例 8.8.3-1】

某建筑物地基基础设计等级为乙级，其柱下桩基采用预应力高强度混凝土管柱（PHC 桩），桩外径 400mm，壁厚 95mm，如图 8.8.3-1 所示。

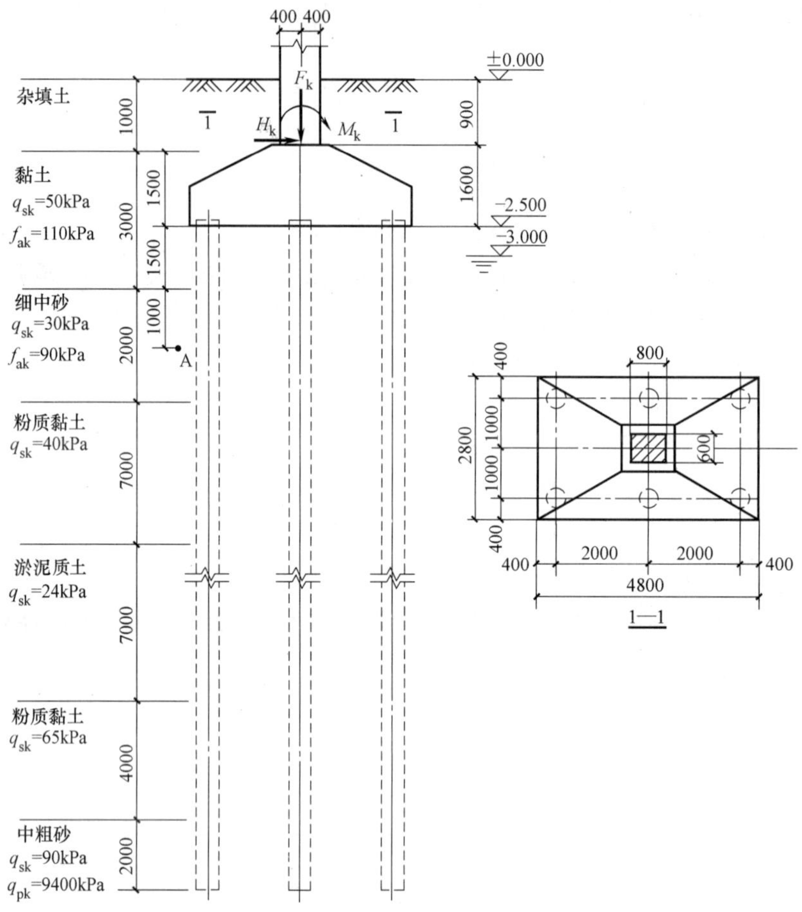

图 8.8.3-1

经单桩竖向静荷载试验，得到三根试桩的单桩竖向极限承载力分别为 2390kN、2230kN 与 2520kN。假设已求得承台效应系数 η_c 为 0.18，试问，不考虑地震作用时，考虑承台效应的复合基桩的单桩竖向承载力特征值 R（kN），最接近于下列何项数值？

提示：单桩竖向承载力特征值 R_a 按《地基》确定。

（A）1190　　（B）1230　　（C）2380　　（D）2420

【答案】（B）

【解答】 根据《地基》附录 Q.0.10 条 6 款的规定，参加统计的桩的平均值为

$$Q_u=\frac{2390+2230+2520}{3}=2380\text{kN}，且极差小于平均值的30\%。$$

根据《地基》附录

Q.0.11 条，单桩竖向承载力特征值为

$$R_a = \frac{2380}{2} = 1190\text{kN}$$

根据《桩基》式（5.2.5-3），计算基桩所对应的承台底净面积为

$$A_c = \frac{A - nA_{ps}}{n} = \frac{2.8 \times 4.8 - 6 \times 3.14 \times 0.2^2}{6} = 2.8 \times 0.8 - 0.126 = 2.11\text{m}^2$$

根据《桩基》式（5.2.5-1），不考虑地震作用时复合基桩承载力特征值为

$$R = R_a + \eta_c f_{ak} A_c = 1190 + 0.18 \times 110 \times 2.11 = 1232\text{kN}$$

故（B）正确。

2. 软弱下卧层验算

《桩基》指出

5.4.1 对于桩距不超过 $6d$ 的群桩基础，桩端持力层下存在承载力低于桩端持力层承载力 1/3 的软弱下卧层时，可按下列公式验算软弱下卧层的承载力（见图 5.4.1）：

$$\sigma_z + \gamma_m z \leqslant f_{az} \tag{5.4.1-1}$$

$$\sigma_z = \frac{(F_k + G_k) - 3/2(A_0 + B_0) \cdot \sum q_{sik} l_i}{(A_0 + 2t \cdot \tan\theta)(B_0 + 2t \cdot \tan\theta)} \tag{5.4.1-2}$$

式中 σ_z——作用于软弱下卧层顶面的附加应力；

γ_m——软弱层顶面以上各土层重度（地下水位以下取浮重度）按厚度加权平均值；

t——硬持力层厚度；

f_{az}——软弱下卧层经深度 z 修正的地基承载力特征值；

A_0、B_0——桩群外缘矩形底面的长、短边边长；

q_{sik}——桩周第 i 层土的极限侧阻力标准值，无当地经验时，可根据成桩工艺按本规范表 5.3.5-1 取值；

θ——桩端硬持力层压力扩散角，按表 5.4.1 取值。

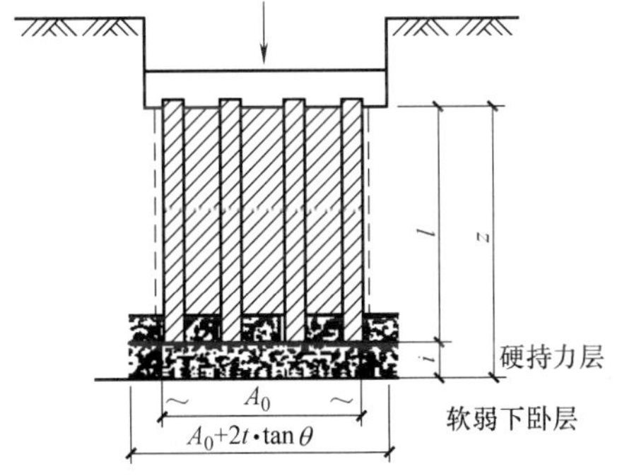

图 5.4.1 软弱下卧层承载力验算

桩端硬持力层压力扩散角 θ　　表 5.4.1

E_{s1}/E_{s2}	$t=0.25B_0$	$t\geqslant 0.50B_0$
1	4°	12°
3	6°	23°
5	10°	25°
10	20°	30°

注：1. E_{s1}、E_{s2} 为硬持力层、软弱下卧层的压缩模量。
2. 当 $t<0.25B_0$ 时，取 $\theta=0°$，必要时，宜通过试验确定；当 $0.25B_0<l<0.50B_0$ 时，可内插取值。

① 验算范围。只有当实际工程持力层和下卧软弱土层强度相差过大时才有必要验算。故规定在桩端平面以下受力层范围存在低于持力层承载力 1/3 的软弱下卧层。

② 考虑到在软弱下卧层进入临界状态前基桩侧阻平均值已接近于极限。故传递至桩

端平面的荷载，要扣除实体基础外表面总极限侧阻力的 3/4。

③ 考虑桩端荷载扩散。持力层刚度愈大扩散角越大。

④ 因为下卧层受压区应力分布并非均匀，呈内大外小，软弱下卧层承载力只进行深度修正，不应作宽度修正；考虑到承台底面以上土已挖除且可能和土体脱空，因此修正深度从承台底部计算至软弱土层顶面。软弱下卧层，多为软弱黏性土，故深度修正系数取 1.0。

【例 8.8.3-2】

某构筑物柱下桩基础采用 16 根钢筋混凝土预制桩，桩径 $d=0.5$m，桩长 20m，承台埋深 5m，其平面布置、剖面、地层如图 8.8.3-2 所示。荷载效应标准组合下，作用于承台顶面的竖向荷载 $F_k=27000$kN，承台及其上土重 $G_k=1000$kN，桩端以上各土层的 $q_{sik}=60$kPa，软弱层顶面以上土的平均重度 $\gamma_m=18$kN/m^3，按《桩基》验算，软弱下卧层承载力特征值至少应接近下列何值才能满足要求？（取 $\eta_d=1.0$，$\theta=15°$）

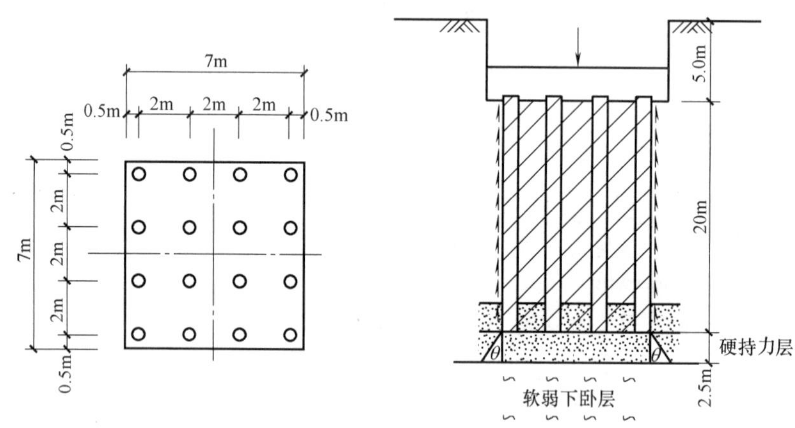

图 8.8.3-2　桩基本的平面与剖面图

（A）66kPa　　（B）84kPa　　（C）175kPa　　（D）204kPa

【答案】（B）

【解答】

（1）$\sigma_z+\gamma_m z<f_{az}$，$\sigma_z=\dfrac{(F_k+G_k)-3/2\ (A_0+B_0)\cdot\sum q_{sik}l_i}{(A_0+2t\cdot\tan\theta)\ (B_0+2t\cdot\tan\theta)}$

（2）$(A_0+B_0)q_{sik}l_i=(6.5+6.5)\times60\times20=15600\text{kN}$

$$(A_0+2t\tan\theta)(B_0+2t\tan\theta)=(6.5+2\times2.5\times\tan15°)\times(6.5+2\times2.5\times\tan15°)$$

$$=61.46\text{m}^2$$

（3）$\sigma_z=\dfrac{28000-1.5\times15600}{61.46}=\dfrac{4600}{61.46}=74.85\text{kPa}$

（4）$f_{az}=f_{ak}+\eta_d\gamma_m(22.5-0.5)\geqslant\sigma_z+\gamma_m22.5$

$$f_{ak}=\sigma_z+\gamma_m\times0.5=74.85+18\times0.5=83.85\text{kPa}$$

3. 负摩阻力计算

图 8.8.3-3 列出一幢住宅楼建于有新填土的斜坡上，其特点是桩侧有较厚新填土，这些土层在自重下沉降，且变形量大于相应深度处桩的下沉量。这和前面讨论的情况是不同的。前面讨论的情况是桩在桩顶荷载作用下沉降、桩相对周围土体产生向下的位移。本节即讨论这种土层沉降快于桩体沉降的受力特点。

（1）正摩擦力与负摩擦力概念

在桩顶荷载作用下，桩侧土相对于桩产生向上的位移，因而土对桩侧产生向上的摩擦力构成了桩承载力的一部分，称之为正摩阻力（图 8.8.3-4a）。但有时会发生相反的情况，即桩周围的土体由于某原因发生下沉，且变形量大于相应深度处桩的下沉量，即桩侧土相对于桩产生向下的位移，土体对桩产生向下的摩擦力，这种摩擦力称为负摩阻力（图 8.8.3-4b）。

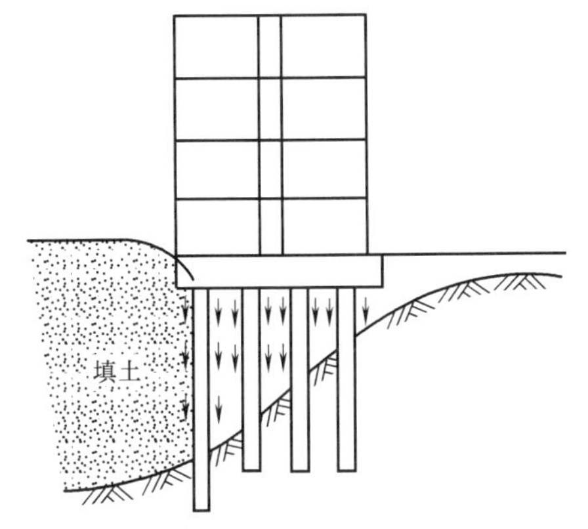

图 8.8.3-3　建于有新填土的斜坡上的住宅楼

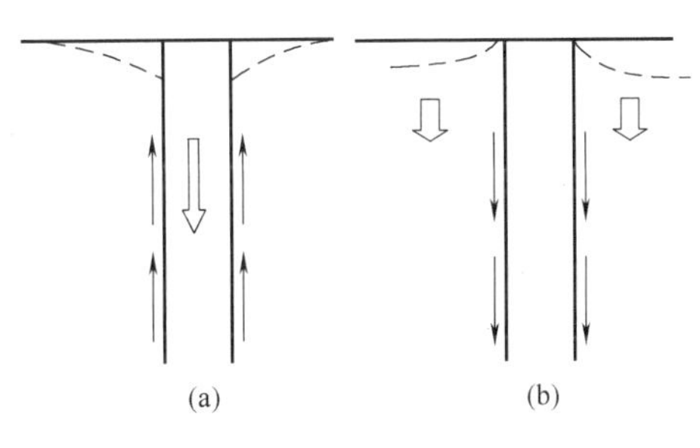

图 8.8.3-4　桩侧摩阻力示意图
（a）正摩擦；（b）负摩擦

《桩基》指出

2.1.12　负摩阻力　negative skin friction，negative shaft resistance

桩周土由于自重固结、湿陷、地面荷载作用等原因而产生大于基桩的沉降所引起的对桩表面的向下摩阻力。

图 8.8.3-5a 是桩侧有大面积地面堆载使桩侧土层压缩；图 8.5.3-5b 是大范围地下水位下降，使土中有效应力增加，导致桩侧土层沉降。这两种情况的特点均是桩周围的土体变形量大于相应深度处桩的下沉量，即桩侧土相对于桩产生向下的位移，土体对桩产生向下的摩擦力。

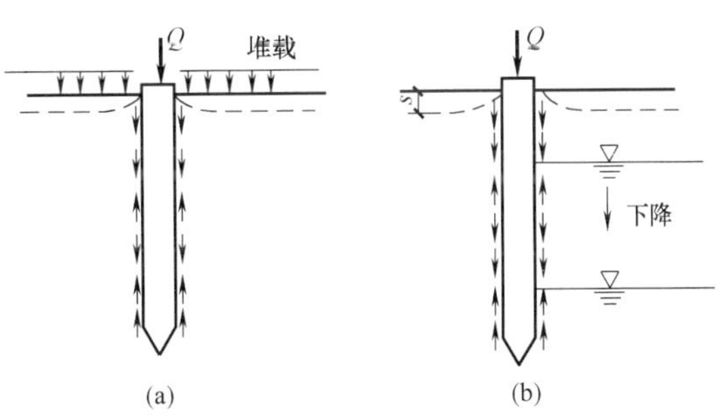

图 8.8.3-5　两种产生负摩阻力的原因

在桩侧引起负摩阻力的条件是，桩周围的土体下沉量必须大于桩的沉降量，否则可不考虑负摩阻力的问题。《桩基》据此做出如下规定。

> **5.4.2** 符合下列条件之一的桩基，当桩周土层产生的沉降超过基桩的沉降时，在计算基桩承载力时应计入桩侧负摩阻力：
>
> **1** 桩穿越较厚松散填土、自重湿陷性黄土、欠固结土、液化土层进入相对较硬土层时；
>
> **2** 桩周存在软弱土层，邻近桩侧地面承受局部较大的长期荷载，或地面大面积堆载（包括填土）时；
>
> **3** 由于降低地下水位，使桩周土有效应力增大，并产生显著压缩沉降时。

（2）中性点深度

桩身负摩阻力并不一定发生于整个软弱压缩土层中，而是在桩周土相对于桩产生下沉的范围内。在地面发生沉降的地基中，长桩的上部为负摩擦力而下部往往仍为正摩擦力。

桩身上部负摩擦力的分布范围可根据桩与周围土的相对位移情况确定。假设图8.8.3-6b中的ab线代表桩周土层的下沉量随深度的分布线，s_e为地面下沉量，cd线代替桩身各截面的位移曲线，该线上所代表的桩身任一截面位移量是由该截面以下桩自身的材料压缩变形s_s与桩尖处的下沉量s_p之和。可以看出，在图中ab线与cd线的交点o处，桩与周围土体之间没有相对位移，作用在桩上的摩擦力为零，因而称o点为中性点。在中性点截面，桩身的轴力N最大（图8.8.3-6d）；在中性点以上，土的下沉量大于桩的沉降量，所以是负摩擦区；在中性点以下，土的下沉量小于桩的沉降量，因而是正摩擦区。作用于桩侧的摩阻力分布如图8.8.3-6c所示。中性点的位置取决于桩—土间的相对位移：当桩侧土压缩变形大，桩地下土层坚硬，桩下沉量小，中性点位置下移；反之，中性点位置上移。显然，桩尖沉降s_p越小，l_n越大；当$s_p=0$时，则$l_n=l$，所以对于支承在岩层上的端承桩，负摩擦力可分布于全桩身。中性点位置还与时间因素、环境因素、地质条件等有关，精确计算有困难，《桩基》给出的中性点深度与桩长比值，可供设计时参考执行。

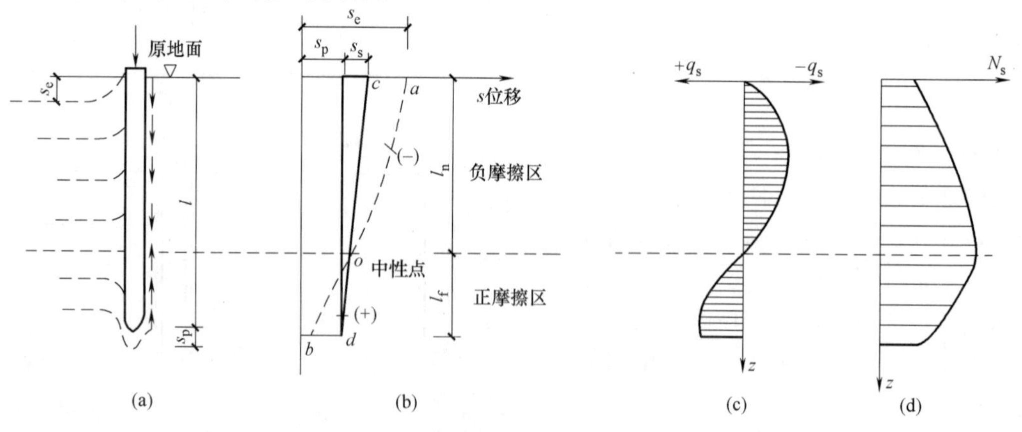

图8.8.3-6 负摩擦力的分布与中性点

（a）正负摩擦力分布 （b）中性点位置的确定 （c）桩侧摩阻力分布 （d）桩身轴向力分布

5.4.4 桩侧负摩阻力及其引起的下拉荷载，当无实测资料时可按下列规定计算：

3 中性点深度 l_n 应按桩周土层沉降与桩沉降相等的条件计算确定，也可参照表 5.4.4-2 确定。

中性点深度 l_n 表 5.4.4-2

持力层性质	黏性土、粉土	中密以上砂	砾石、卵石	基岩
中性点深度比 l_n/l_0	0.5～0.6	0.7～0.8	0.9	1.0

注：1. l_n、l_0——自桩顶算起的中性点深度和桩周软弱土层下限深度。
2. 桩穿过自重湿陷性黄土层时，l_n 可按表列值增大 10%（持力层为基岩除外）。
3. 当桩周土层固结与桩基固结沉降同时完成时，取 $l_n=0$。
4. 当桩周土层计算沉降量小于 20mm 时，l_n 应按表列值乘以 0.4～0.8 折减。

需要说明的是，上述中性点的位置 l_n 是指桩及周围土层均沉降稳定时的位置，事实上，由于土层的固结是随时间而发展的，所以中性点位置也是随时间发生变化的。

（3）桩侧负摩擦力计算

桩侧负摩擦力的大小与桩侧土的有效应力有关，《桩基》规定用“有效应力法”计算单桩负摩擦力标准直 q_n，其计算公式为

$$q_n=k_0\tan\varphi'\sigma'$$

$$q_n=\zeta_n\sigma'$$

式中 k_0——土的侧压力系数；

φ'——土的有效内摩擦角（°）；

σ'——桩周土中的竖向有效应力（kPa）；

ζ_n——桩周土负摩擦力系数，$\zeta_n=k_0\tan\varphi'$。ζ_n 与土的类别和状态有关。

上述公式即是的《桩基》5.4.4 条的规定

5.4.4 桩侧负摩阻力及其引起的下拉荷载，当无实测资料时可按下列规定计算：

1 中性点以上单桩桩周第 i 层土负摩阻力标准值，可按下列公式计算：

$$q_{si}^{n}=\xi_{ni}\sigma_i' \tag{5.4.4-1}$$

式中 q_{si}^{n}——第 i 层土桩侧负摩阻力标准值；当按式（5.4.4-1）计算值大于正摩阻力标准值时，取正摩阻力标准值进行设计；

ξ_{ni}——桩周第 i 层土负摩阻力系数，可按表 5.4.4 1 取值；

σ'_i——桩周第 i 层土平均竖向有效应力；

负摩阻力系数 ξ_n 表 5.4.4-1

土类	ζ_n
饱和软地	0.15～0.25
黏性土、粉土	0.25～0.40
砂土	0.35～0.50
自重湿陷性黄土	0.20～0.35

注：1. 在同一类土中，对于挤土桩，取表中较大值，对于非剂土桩，取表中较小值。
2. 填土按其组成取表中同类土的较大值

有关桩周土中的竖向有效应力 σ' 的计算方法，《桩基》5.4.4 条亦有规定

> 当填土、自重湿陷性黄土湿陷、欠固结土层产生固结和地下水降低时：$\sigma_i'=\sigma_{\gamma i}'$
>
> 当地面分布大面积荷载时：$\sigma_i'=p+\sigma_{\gamma i}'$
>
> $$\sigma_{\gamma i}'=\sum_{e=1}^{i-1}\gamma_e\Delta z_e+\frac{1}{2}\gamma_i\Delta z_i \qquad (5.4.4\text{-}2)$$
>
> $\sigma_{\gamma i}'$——由土自重引起的桩周第 i 层土平均竖向有效应力；桩群外围桩自地面算起，桩群内部桩自承台底算起；
>
> γ_i、γ_e——第 i 计算土层和其上第 e 土层的重度，地下水位以下取浮重度；
>
> Δz_i、Δz_e——第 i 层土、第 e 层土的厚度；
>
> p——地面均布荷载。

（4）下拉荷载

《桩基》指出

> **2.1.13** 下拉荷载 downdrag
>
> 作用于单桩中性点以上的负摩阻力之和。

对于单桩基础，桩侧负摩阻力的总和即为下拉荷载。

对于桩距较小的群桩，其基桩的负摩阻力因群桩效应而降低。这是由于桩侧负摩阻力是由桩侧土体沉降而引起，若群桩中各桩表面单位面积所分担的土体量小于单桩的负摩阻力极限值，将导致基桩负摩阻力降低，即显示群桩效应。计算群桩中基桩的下拉荷载时，应乘以群桩效应系数 $\eta_n<1$。

《桩基》5.4.4 条规定

> **2** 考虑群桩效应的基桩下拉荷载可按下式计算：
>
> $$Q_g^n=\eta_n\cdot u\sum_{i=1}^{n}q_{si}^n l_i \qquad (5.4.4\text{-}3)$$
>
> $$\eta_n=s_{ax}\cdot s_{ay}\bigg/\left[\pi d\left(\frac{q_s^n}{\gamma_m}+\frac{d}{4}\right)\right] \qquad (5.4.4\text{-}4)$$
>
> 式中 n——中性点以上土层数；
>
> l_i——中性点以上第 i 土层的厚度；
>
> η_n——负摩阻力群桩效应系数；
>
> s_{ax}、s_{ay}——纵、横向桩的中心距；
>
> q_s^n——中性点以上桩周土层厚度加权平均负摩阻力标准值。
>
> γ_m——中性点以上桩周土层厚度加权平均重度（地下水位以下取浮重度）。
>
> 对于单桩基础或按式（5.4.4-4）计算的群桩效应系数 $\eta_n>1$ 时，取 $\eta_n=1$。

【例 8.8.3-3】

某端承桩单桩基础如图 8.8.3-7 所示，桩身直径 d=600mm，桩端嵌入基岩，桩顶以下 10m 为欠固结的淤泥质土，该土有效重度为 8.0kN/m³，桩侧土的抗压极限侧阻力标准值为 20kPa，负摩阻力系数 ξ_n 为 0.25，按《桩基》计算，桩侧负摩阻力引起的下拉荷载最接近于下列哪一选项？

(A) 150kN (B) 190kN

(C) 250kN (D) 300kN

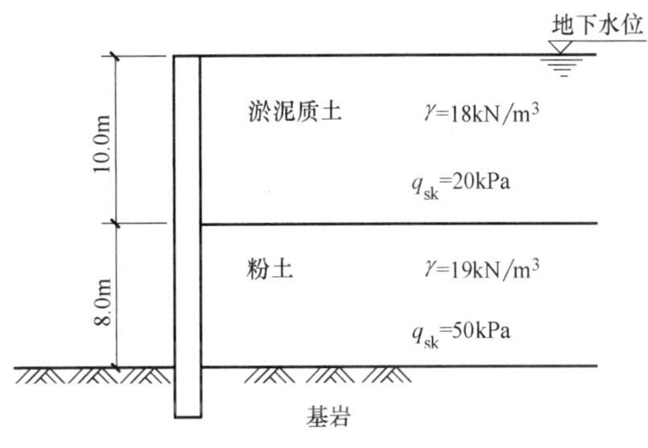

图 8.8.3-7 地层示意图

【答案】(B)

【解答】

(1) 中性点的确定：

根据《桩基》5.4.4 条桩端嵌入基岩和桩周软弱土层下限深度 l_0=10m，查表 5.4.2-2，桩端嵌入基岩，$l_n/l_0=1$，$l_n=l_0=10$m

(2) 计算欠固结的淤泥质土层的平均竖向有效应力

由于只有一层淤泥质土，按式（5.4.4-2）

$$\sigma'_{\gamma 1}=\frac{0+\gamma' h}{2}=\frac{0+8.0\times 10}{2}=40.0\text{kPa}$$

(3) 计算桩侧负摩阻力标准值

按式（5.4.4-1），再乘以该土层负摩阻力系数

$$q_{s1}^{n}=\xi_{n1}\sigma'_1=\xi_{n1}\sigma'_{\gamma 1}=0.25\times 40=10.0\text{kPa}<20\text{kPa} \quad 取\ q_{s1}^{n}=10.0\text{kPa}$$

(4) 计算下拉荷载

按式（5.4.4-3），此处 $\eta_n=1$

$$Q_g^n=uq_{s1}^n l_1=3.14\times 0.6\times 10\times 10=188.4\text{kN}$$

【例 8.8.3-4】

某正方形承台下布置端承型灌注桩 9 根，桩身直径为 700mm，纵、横桩间距均为 2.5m，地下水位埋深为 0m，桩端持力层为卵石，桩周土 0～5m 为均匀的新填土，以下为正常固结土层，假定填土重度为 8.5kN/m³，桩侧极限负摩阻力标准值为 30kPa，按《桩基》考虑群桩效应时，计算基桩下拉荷载最接近下列哪个选项？

(A) 180kN (B) 230kN (C) 280kN (D) 330kN

【答案】B

【解答】

(1) 桩周土 0～5m 为均匀的新填土，该新填土层在固结沉降时，会对桩产生负摩阻力。已知桩侧极限负摩阻力 q_s^n=30kPa。

(2) 确定中性点深度 l_n，桩周软弱土层下限深度 l_0=5m。

查表 5.4.4-2，桩端持力层为卵石，$\frac{l_n}{l_0}=0.9$，$l_n=0.9\times 5=4.5$m

(3) 计算负摩阻力群桩效应系数 η_n

桩的纵、横向中心距 $s_{ax}=s_{ay}=2.5m$，桩径 $d=0.7m$，

中性点以上桩周土平均重度 $\gamma_m=8.5kN/m^3$，根据式 (5.4.4-4)

$$\eta_n=\frac{s_{sx}\cdot s_{ay}}{\left[\pi d\left(\frac{q_s^n}{\gamma_m}+\frac{d}{4}\right)\right]}=\frac{2.5\times2.5}{\left[3.14\times0.7\times\left(\frac{30}{8.5}+\frac{0.7}{4}\right)\right]}=\frac{6.25}{3.14\times0.7\times3.7}=0.768$$

(4) 计算考虑群桩效应的基桩下拉荷载

中性点以上的土层数 $n=1$，中性点以上的土层厚度 $l_i=4.5m$

根据式 (5.4.4-3)

$$Q_g^n=\eta_n\cdot u\sum_{i=1}^{n}q_{si}^n l_i=0.768\times3.14\times0.7\times30\times4.5=227.9kN$$

【例 8.8.3-5】

某一柱一桩（二级桩基、摩擦型桩）为钻孔灌注桩，桩径 $d=850mm$，桩长 $l=22m$，如图 8.8.3-8 所示，由于大面积堆载引起负摩阻力，按《桩基》计算得下拉荷载标准值最接近下列何项数值？（已知中性点为 $l_n/l_0=0.8$，淤泥质土负摩阻力系数 $\xi_n=0.2$，负摩阻力群桩效应系数 $\eta_n=1.0$）。

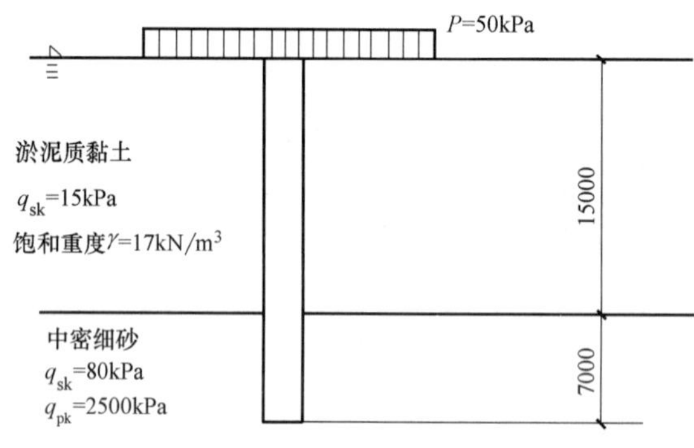

图 8.8.3-8

(A) $Q_g^n=400kN$　(B) $Q_g^n=480kN$　(C) $Q_g^n=580kN$　(D) $Q_g^n=680kN$

【答案】(B)

【解答】

(1) 计算中性点深度 l_n

根据《桩基》5.4.4 条。黏性土中大直径桩侧阻修正系数取 1，中性点深度 l_n 为

$$\frac{l_n}{l_0}=0.8, l_n=0.8l_0=0.8\times15=12.0(m)$$

(2) 计算平均竖向有效应力 σ_i'

根据《桩基》5.4.4 条 1 款

$$\sigma_i'=p+\sigma_{ri}'=p+\frac{1}{2}\gamma_i\Delta z_i=50+\frac{1}{2}\times(17-10)\times12=92(kPa)$$

(3) 计算单位负摩阻力标准值 q_{si}^n

根据《桩基》5.4.4 条 1 款

$$q_{si}^{n}=\xi_{n}\sigma_{i}'=0.2\times92=18.4(\text{kPa})$$

$$q_{si}^{n}=18.4>q_{ak}=15 \quad 取\ q_{si}^{n}=15\text{kPa}$$

(4) 计算下拉荷载标准值 Q_{g}^{n}

根据《桩基》5.4.4 条 2 款

$Q_{g}^{n}=\eta_{n}u\sum q_{si}^{n}l_{i}=1\times3.14\times0.85\times15\times12=480.42$ (kN)

(B) 正确。

【例 8.8.3-6】

已知钢筋混凝土预制方桩边长为 300m，桩长为 22m，桩顶入土深度为 2m，桩端入土深度为 24m，桩端为中密粉砂，场地地层条件参见表 8.8.3-1，不考虑群桩效应，负摩阻力群桩效应系数 $\eta_{n}=1$。

场地地层条件及主要土层物理力学指标 **表 8.8.3-1**

层序	土层名称	层底深度(m)	厚度(m)	天然重度	桩极限侧阻力标准值
				γ(kN/m³)	q_{sik}(kPa)
①	填土	1.20	1.20	18	
②	粉质黏土	2.00	0.80	18.0	
③	淤泥质黏土	12.00	10.00	17.0	28
④	黏土	22.70	10.70	18.0	55

提示：中性点深度比 l_{n}/l_{0}：黏性土为 0.5、中密砂土为 0.7。

负摩阻力系数 ξ_{n}：饱和软土为 0.2。黏性土与填土为 0.28、砂土为 0.4。

当地下水由 0.5m 下降至 5m，计算桩基础基桩由于负摩阻力引起的下拉荷载

其值最接近下列何项数值?

(A) 3.0×10^{2}kN (B) 4.0×10^{2}kN (C) 5.0×10^{2}kN (D) 6.0×10^{2}kN

【答案】(B)

【解答】按《桩基》5.4.2 条 3 款，由地质条件可知，第③、④层土将产生固结沉降而引起桩侧摩阻力。

(1) 确定中性点深度

桩长范围内压缩层厚度 $L_{0}=20.7$m，桩端为中密粉砂，按《桩基》表 5.4.4-2 得 $L_{n}=0.7L_{0}=0.7\times20.7=14.5$m

(2) 计算单桩负摩阻力标准值

按《桩基》式 (5.4.4-1)：

$$q_{si}^{n}=\zeta_{ni}\sigma_{i}'$$

式中 ζ_{ni}——桩周第 i 层土负摩阻力系数；

σ_{i}'——桩周第 i 层土平均竖向有效应力。

深度 1～5m：

$$q_{s1}^{n}=0.28\times(2\times18+3\times17/2)=17.22\text{kPa}$$

深度 5～12m：

$$q_{s2}^{n}=0.2\times(2\times18+3\times17+7\times7/2)=22.3\text{kPa}<28\text{kPa}$$

深度 12～16.5m：

$$q_{s3}^{n}=0.2\times(2\times18+3\times17+7\times7+4.5\times8/2)=30.8\text{kPa}<55\text{kPa}$$

（3）计算基桩的下拉荷载

按《桩基》式（5.4.4-1）

$$Q_{g}^{n}=\eta_{u}\mu\sum q_{si}^{n}L_{i}$$

式中 η_{n}——负摩阻力群桩效应系数，单桩基础 $\eta_{n}=1$；

n——中性点以上土层数；

L_{i}——中性点以上第 i 土层的厚度。

$$Q_{g}^{n}=1\times1.2\times(17.22\times3+22.3\times7+30.8\times4.5)=415.6\text{kN}$$

（5）考虑负摩阻力时桩基承载力验算

《桩基》规定

5.4.3 桩周土沉降可能引起桩侧负摩阻力时，应根据工程具体情况考虑负摩阻力对桩基承载力和沉降的影响；当缺乏可参照的工程经验时，可按下列规定验算。

1 对于摩擦型基桩可取桩身计算中性点以上侧阻力为零，并可按下式验算基桩承载力：

$$N_{k}\leqslant R_{a} \quad (5.4.3\text{-}1)$$

2 对于端承型基桩除应满足上式要求外，尚应考虑负摩阻力引起基桩的下拉荷载 Q_{g}^{n}，并可按下式验算基桩承载力：

$$N_{k}+Q_{g}^{n}\leqslant R_{a} \quad (5.4.3\text{-}2)$$

3 当土层不均匀或建筑物对不均匀沉降较敏感时，尚应将负摩阻力引起的下拉荷载计入附加荷载验算桩基沉降。

注：本条中基桩的竖向承载力特征值 R_{a} 只计中性点以下部分侧阻值及端阻值。

【例 8.8.3-7】

某一柱一桩（端承灌注桩）基础，桩径 1.0m，桩长 20m，承受轴向竖向荷载标准值 $N_{k}=5000\text{kN}$，永久荷载控制，地表大面积堆载，$p=60\text{kPa}$，桩周土层分布如图 8.8.3-9 所示。根据《桩基》桩身混凝土强度等级选用下列哪一数值最经济合理（不考虑地震作用，灌注桩施工工艺系数 $\psi_{c}=0.7$，负摩阻力系数 $\zeta_{n}=0.20$）？

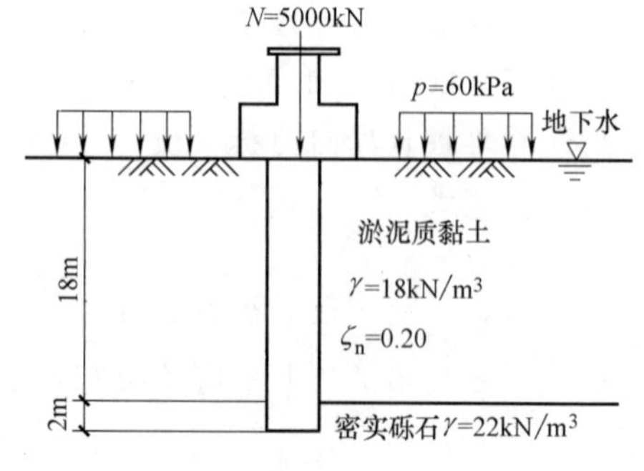

图 8.8.3-9

混凝土强度等级	C20	C25	C30	C35
轴心抗压强度设计值 f_c/(N/mm²)	9.6	11.9	14.3	16.7

(A) C20　　(B) C25

(C) C30　　(D) C35

【答案】(D)

【解答】根据《桩基》表 5.4.4-2，持力层为密实砾石时，$l_n/l_0=0.9$，则中性点深度为 $l_n=18\times0.9=16.2\text{m}$。

根据《桩基》式（5.4.4-2)，土自重引起的平均竖向应力为

$$\sigma'_{ri}=\sum_{e=1}^{i-1}\gamma_e\Delta z_e+\frac{1}{2}\gamma_i\Delta z_i$$

$$=\frac{1}{2}\times(18-10)\times16.2=64.8\text{kPa}$$

则有 $\sigma'_i=p+\sigma'_{ri}=60+64.8=124.8\text{kPa}$

根据《桩基》式（5.4.4-1)，负摩阻力标准值为

$$q_{si}^n=\zeta_n\sigma'_i=0.2\times124.8=24.96\text{kPa}$$

根据《桩基》式（5.4.4-3)，下拉荷载为

$$Q_g^n=\eta_n\cdot u\sum_{i=1}^{n}q_{si}^n l_i=1.0\times\pi\times1.0\times24.93\times16.2=1270.3\text{ kN}$$

混凝土的强度等级为

$$N=N_k+Q_g^n=5000+1270.3=6270.3\text{kN}$$

$$1.35\cdot N\leqslant\psi_c f_c A_{ps}$$

$$1.35\times6270.3\leqslant0.7\times f_c\times\pi\times1.0^2/4$$

解上式可得　$f_c=\dfrac{8464.9}{0.550}=15391\text{kPa}=15.4\text{MPa}$

4. 抗拔桩基承载力验算

(1) 抗拔破坏的类型

在上拔荷载作用下，抗拔桩的破坏模式主要包括两大类：

① 桩身材料强度不足，出现混凝土或钢筋被拉断破坏。

② 桩体从土中拔出的破坏又有两类，《桩基》对此有规定：

> **5.4.5**　桩基的抗拔承载力破坏可能呈单桩拔出或群桩整体拔出，即呈非整体破坏或整体破坏模式，对两种破坏的承载力均应进行验算。

(2) 基桩的抗拔承载力验算

《桩基》规定

> **5.4.5**　承受拔力的桩基，应按下列公式同时验算群桩基础呈整体破坏和呈非整体破坏时基桩的抗拔承载力：
>
> $$N_k\leqslant T_{gk}/2+G_{gp}\qquad(5.4.5\text{-}1)$$
>
> $$N_k\leqslant T_{uk}/2+G_p\qquad(5.4.5\text{-}2)$$

式中　N_k——按荷载效应标准组合计算的基桩拔力；
T_{gk}——群桩呈整体破坏时基桩的抗拔极限承载力标准值，可按本规范第 5.4.6 条确定；
T_{uk}——群桩呈非整体破坏时基桩的抗拔极限承载力标准值，可按本规范第 5.4.6 条确定；
G_{gp}——群桩基础所包围体积的桩土总自重除以总桩数，地下水位以下取浮重度；
G_p——基桩自重，地下水位以下取浮重度，对于扩底桩应按本规范表 5.4.6-1 确定桩、土柱体周体，计算桩、土自重。

（3）基桩的抗拔承载力标准值

① 抗拔系数

《桩基》“条文说明”5.4.6 条 2 款 1 项指出：单桩抗拔承载力计算是以抗拔桩试验资料为基础，采用抗压极限承载力计算模式乘以抗拔系数 λ（抗拔极限承载力/抗压极限承载力）的经验性公式。

$$单桩抗拔承载力=抗拔系数\times抗压极限承载力$$

$$T_k=\lambda\times q_s ul$$

抗拔系数 λ 见《桩基》5.4.6 条表 5.4.6-2。

抗拔系数 λ　　表 5.4.6-2

土　类	λ　值
砂土	0.50～0.70
黏性土、粉土	0.70～0.80

注：桩长 l 与桩径 d 之比小于 20 时，λ 取小值

② 群桩呈非整体破坏时基桩的抗拔极限承载力标准值

《桩基》5.4.6 条 2 款 1 项规定

1）群桩呈非整体破坏时，基桩的抗拔极限承载力标准值可按下式计算：

$$T_{uk}=\sum \lambda_i q_{sik} u_i l_i \qquad (5.4.6\text{-}1)$$

式中　T_{uk}——基桩抗拔极限承载力标准值；
u_i——桩身周长，对于等直径桩取 $u=\pi d$；对于扩底桩按表 5.4.6-1 取值；
q_{sik}——桩侧表面第 i 层土的抗压极限侧阻力标准值，可按本规范表 5.3.5-1 取值；
λ_i——抗拔系数，可按表 5.4.6-2 取值。

③ 群桩呈整体破坏时基桩的抗拔极限承载力标准值

《桩基》5.4.6 条 2 款 1 项规定：

2）群桩呈整体破坏时，基桩的抗拔极限承载力标准值可按下式计算：

$$T_{gk}=\frac{1}{n}u_l\sum\lambda_i q_{sik}l_i \quad (5.4.6\text{-}2)$$

式中　u_l——桩群外围周长。

【例 8.8.3-8】

某抗拔基桩桩顶拔力为 800kN，地基土为单一的黏土，桩侧土的抗压极限侧阻力标准值为 50kPa，抗拔系数λ取为 0.8，桩身直径为 0.5m，桩顶位于地下水位以下，桩身混凝土重度为 $25kN/m^3$，按《桩基》计算，群桩基础呈非整体破坏情况下，基桩桩长至少不小于下列哪一个选项？

（A）15m　　（B）18m　　（C）21m　　（D）24m

【答案】（D）

【解答】

该题考查内容为桩基抗浮承载力计算，计算抗拔侧阻力时，应注意乘以抗拔系数λ，桩身混凝土自重计算时应扣除水浮力，同时应注意题中给定的群桩基础呈非整体破坏的条件，根据《桩基》第 5.4.5 条，做如下计算：

（1）$G_p=\frac{(\gamma-\gamma_w)l\pi d^2}{4}=\frac{15l\times3.14\times0.5^2}{4}=2.94l$

（2）$T_{uk}=\sum\lambda_i q_{sik}u_i l_i=0.8\times50\times3.14\times0.5l=62.8l$

（3）$N_k\leqslant T_{uk}/2+G_p$，$800\leqslant62.8l/2+2.94l$，$800\leqslant34.34l$，$l\geqslant23.3m$

【例 8.8.3-9】

某地下车库作用有 141MN 的浮力，基础上部结构和土重为 108MN，拟设置直径 600mm，长 10m 的抗浮桩，桩身重度为 $25kN/m^3$，水重度为 $10kN/m^3$，基础底面以下 10m 内为粉质黏土，其桩侧极限摩阻力为 36kPa，车库结构侧面与土的摩擦力忽略不计，据《桩基》，按群桩呈非整体破坏估算，需要设置抗拔桩的数量应大于下列何项数值？

（A）83 根　　（B）89 根　　（C）108 根　　（D）118 根

【答案】（D）

【解答】根据《桩基》第 5.4.5 条、第 5.4.6 条。

（1）计算基础的总浮力 $N_{k总}$：

$$N_{k总}=141-108=33(MN)=33000(kN)$$

（2）计算群桩呈非整体破坏时基桩的抗拔极限承载力标准值 T_{uk}：

根据《桩基》第 5.4.6 条表 5.4.6-2 和式（5.4.6-1）

$\frac{l}{d}=\frac{10}{0.6}=16.7<20$，取黏性土小值λ=0.7，则

$T_{uk}=\sum\lambda_i Q_{sik}u_i L_i=0.7\times36\times3.14\times0.6\times10=474.77$（kN）

（3）计算桩身自重 G_p：

$$G_p=V'_{\rho桩}=\frac{3.14\times0.6^2}{4}\times10\times(25-10)=42.39(kN)$$

（4）计算桩数 n：根据《桩基》第 5.4.5 条

$$N_k \leqslant \frac{1}{2} n T_{uk} + n G_p \qquad n = \frac{N_k}{\frac{1}{2} T_{uk} + G_p} = \frac{33000}{\frac{1}{2} \times 474.77 + 42.39} = 118$$

答案为（D）。

（4）桩身材料强度确定单桩抗拔承载力

承受上拔荷载的桩体必须满足材料强度要求。对钢筋混凝土桩，应按受拉构件配筋，《桩基》规定

> **5.8.7** 钢筋混凝土轴心抗拔桩的正截面受拉承载力应符合下式规定：
>
> $$N \leqslant f_y A_s + f_{py} A_{py} \tag{5.8.7}$$
>
> 式中 N——荷载效应基本组合下桩顶轴向拉力设计值；
>
> f_y、f_{py}——普通钢筋、预应力钢筋的抗拉强度设计值；
>
> A_s、A_{py}——普通钢筋、预应力钢筋的截面面积。

对于特殊环境（如侵蚀性地下水或海水）中的混凝土桩及长期承受上拔力的桩，尚应验算抗裂安全度，验算方法见《桩基》5.8.8条。

【例8.8.3-10】

某地下箱形构筑物，基础长50m，宽40m，顶面高程−3m，底面高程为−11m，构筑物自重（含上覆土重）总计1.2×10^5kN，其下设置100根ϕ600抗浮灌注桩，桩轴向配筋抗拉强度设计值为300N/mm²，抗浮设防水位为−2m，假定不考虑构筑物与土的侧摩阻力，按《桩基》计算，桩顶截面配筋率至少量下列哪一个选项？（分项系数取1.35，不考虑裂缝验算，抗浮稳定安全系数取1.0）

（A）0.40%　　（B）0.50%　　（C）0.65%　　（D）0.96%

【答案】 C

【解答】

（1）根据题中条件计算构筑物在抗浮设防水位情况情况下所受浮力：

$$浮力 = 50\times40\times(11-3)\times10 = 1.6\times10^5\text{kN}$$

（2）计算构筑物在荷载效应基本组合下基桩所受轴向拉力设计值：

$$N = \frac{1.35(浮力-自重)}{n} = \frac{1.35\times(1.6\times10^5 - 1.2\times10^5)}{100} = 540\text{kN}$$

（3）由桩身正截面受拉承载力计算所需配筋的筋截面面积：$N \leqslant f_y A_s$，$540\times10^3 \leqslant 300\times A_s$，$A_s \geqslant 1800\text{mm}^2$

（4）计算配筋率：$\rho_g = \dfrac{1800}{3.14\times300^2} = 0.00637 = 0.637\%$

5. 桩基水平承载力计算

（1）水平荷载下桩的工作性状

在水平荷载作用下，桩产生变形并挤压桩周土，促使桩周土发生相应的变形而产生水平抗力。水平荷载较小时，桩周土的变形是弹性压缩变形，水平抗力主要由靠近地面的表层土提供；随着水平荷载的增大，桩的变形加大，表层土逐渐产生塑性屈服，从而使水平

荷载将向更深的土层传递；当桩周土失去稳定时，或桩体发生破坏（低配筋率的灌注桩常是桩身首先出现裂缝，然后断裂破坏）时，或水平变形增大到桩顶水平位移所不能允许的程度（抗弯性能好的混凝土预制桩和钢桩，桩身虽未断裂但桩周土如已明显开裂和隆起，桩的水平位移一般已超限）时，水平荷载也就达到了桩的水平极限承载能力。由此可见，水平荷载下桩的工作性状取决于桩-土之间的相互作用。即在水平荷载的作用下，桩身产生水平位移或挠曲，并与桩侧土协调变形。桩身对桩侧土产生侧向压应力，同时桩侧土反作用于桩身，产生侧向土抗力。桩土共同作用，互相影响。

桩的水平承载力是桩在与桩轴线垂直方向受力时的承载力。桩在水平力作用下仍然是从保证桩身材料和地基的稳定性与强度，以及桩顶位移满足使用要求，即应满足如下三个要求：

① 桩周土不丧失稳定；

② 桩身不发生断裂破坏；

③ 建筑物不因桩顶水平位移过大而影响其正常使用。

桩在水平荷载作用下的工作性状有下列两种情况：

第一种情况——刚性桩：

当桩径较大，入土深度较小或周围土层较松软，即桩的刚度远大于土层刚度时，由于桩的相对刚度较大，受水平荷载作用时桩身挠曲变形不明显且桩的下段得不到充分的嵌制，如同刚体一样围绕桩轴基一点转动如 8.8.3-10a 所示。如果不断增大水平荷载，则可能由于桩侧土强度不够而失稳，使桩丧失承载能力或破坏。因此，刚性桩的水平承载力可能由桩侧土的强度及稳定性决定。

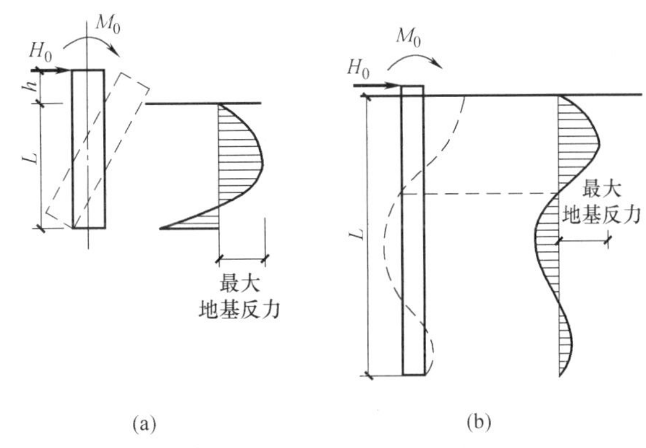

图 8.8.3-10　桩在水平力作用下变形示意图

（a）刚性桩　（b）弹性桩

第二种情况——弹性桩：

当桩径较小，入土深度较大或周围土层较坚实，即桩的相对刚度较小时，由于桩侧土有足够大的抗力，桩身发生挠曲变形，其侧向位移随着入土深度增大而逐渐减小，以致达到一定深度后，几乎不受荷载影响。形成一端嵌固的地基梁，桩的变形呈 8.8.3-10b 所示的波状曲线。如果不断增大水平荷载，可使桩身在弯矩较大处发生断裂或使桩发生过大的侧向位移，超过了桩或结构物的容许变形值。因此，弹性桩的水平承载力将由桩身材料的抗弯强度或侧向变形条件决定。

弹性桩还可细分成半刚性桩（中长桩）和柔性桩（长桩）。一般半刚性桩的桩身位移曲线只出现一个位移零点，柔性桩则出现两个以上位移零点和弯矩零点。

影响单桩水平承载力的因素则包括桩周的土质条件、桩的入土深度、桩的截面刚度、桩的材料强度、桩顶的嵌固条件和群桩中各个桩的相互影响以及建筑物的性质等因素。土质愈好，土的抗力越大，桩的水平承载力也就越高。抗弯性能差的桩，如配筋率低的灌注桩，往往因桩身断裂而破坏；而抗弯性能好的如钢筋混凝土桩和钢柱等桩体，承载力往往受周围土体的性质所控制。当桩顶有刚性承台约束时，桩顶不能转动，只能平移，在同样的水平荷载下，它使承台的水平位移减小，而使桩顶的弯矩加大。而在群桩中，水平荷载使各桩发生水平位移，前排桩的位移所留下的空隙使后排桩的抗力减少；当桩数较多且桩距较小时，这种影响尤为显著。图 8.8.3-11 列出了桩顶自由和桩顶嵌固时，刚性桩、半刚性桩和柔性桩变形与破坏的示意图。

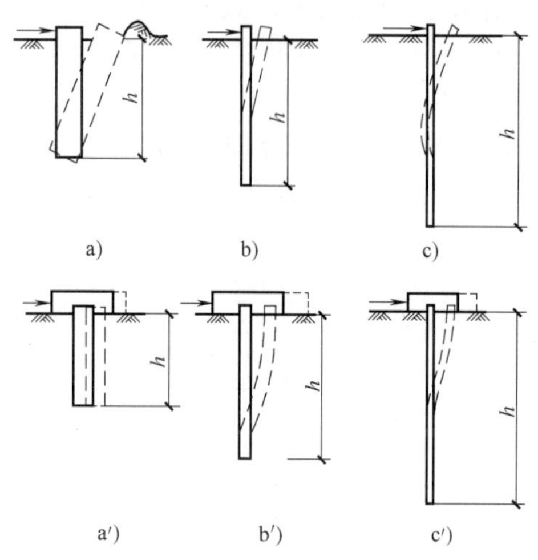

图 8.8.3-11　水平荷载作用下桩的破坏性状

a)、a′）刚性桩；b)、b′）半刚性桩；c) c′）柔性桩；

a)、b)、c）桩顶自由；a′)、b′)、c′）桩顶嵌固

图 8.8.3-12　H-u 关系曲线

（2）单桩在水平荷载作用下的受力过程（图 8.8.3-12）

综合试验研究结果，单桩在水平荷载下的受力过程可以简要归纳为以下几点：

① 桩在一定水平荷载范围内（$0<H<H_{cr}$），经受任一级水平荷载反复作用时，桩身变位逐渐趋于某一稳定值；而且卸荷后，变形大部分可以恢复，说明这时桩、土处于弹性状态。

② 临界荷载 H_{cr}是一个标志点，当水平力 $H>H_{cr}$后，在相同的增量荷载作用下，桩的位移增量比前一级明显增大；而且在同一级荷载下，桩的位移随着加、卸荷循环次数的增加而增大；不过在水平力小于极限水平荷载 H_u 范围内，每次循环引起的位移增量仍呈现减小趋势，使得位移包络线呈现微向上弯曲的形状。

③ H_u 是一个突变点，当 $H>H_u$ 时，桩的位移速率突然增大（连续加荷时），或同一级荷载的每一次循环都使位移增量加大（循环加荷时）。位移曲线的曲率突然增大（连续加荷时）或位移的包络线变成向下弯曲的形状（循环加荷时）：同时桩周土出现裂缝，明显破坏。

④ 水平荷载试验的 H-u 关系曲线形状类似于竖向荷载试验的 Q-s 曲线，被特征点 H_{cr}和 H_u 划分为三段：直线变形阶段、弹塑性变形阶段和破坏阶段：处于直线变形阶段，桩的工作状态是安全的。也只有在小变形条件下，土体的抗力才能有效发挥出来。

⑤ 在水平荷载作用下，桩与土的变形主要发生在上部。土中应力区和塑性区的主要范围也在上部浅土层，一般在地面下 5～10m 深度以内。因此，桩周土对桩的水平工作性状影响最大的是地表土和浅层土。

（3）桩基水平承载力验算

桩基的水平承载力验算应执行《地基》8.5.5 条的规定

8.5.5 单桩承载力计算应符合下列规定：

3 水平荷载作用下：

$$H_{ik} \leqslant R_{Ha} \quad (8.5.5\text{-}3)$$

式中 R_{Ha}——单桩水平承载力特征值（kN）。

作用于桩顶的水平力应执行《地基》8.5.4 条的规定

8.5.4 群桩中单桩桩顶竖向力应按下列公式进行计算：

3 水平力作用下：

$$H_{ik} = \frac{H_k}{n} \quad (8.5.4\text{-}3)$$

式中 H_k——相应于作用的标准组合时，作用于承台底面的水平力（kN）；

H_{ik}——相应于作用的标准组合时，作用于任一单桩的水平力（kN）。

单桩的水平承载力特征值的计算应执行《桩基》5.7.2 条的规定：

5.7.2 单桩的水平承载力特征值的确定应符合下列规定：

1 对于受水平荷载较大的设计等级为甲级、乙级的建筑桩基，单桩水平承载力特征值应通过单桩水平静载试验确定，试验方法可按现行行业标准《建筑基桩检测技术规范》JGJ 106 执行。

2 对于钢筋混凝土预制桩、钢柱、桩身配筋率不小于 0.65%的灌注桩，可根据静载试验结果取地面处水平位移为 10mm（对于水平位移敏感的建筑物取水平位移 6mm）所对应的荷载的 75%为单桩水平承载力特征值。

3 对于桩身配筋率小于 0.65%的灌注桩，可取单桩水平静载试验的临界荷载的 75%为单桩水平承载力特征值。

7 验算永久荷载控制的桩基的水平承载力时，应将上述 2～5 款方法确定的单桩水平承载力特征值乘以调整系数 0.80；验算地震作用桩基的水平承载力时，应将按上述 2～5 款方法确定的单桩水平承载力特征值乘以调整系数 1.25。

【例 8.8.3-11】

某桩基工程采用泥浆护壁非挤土灌注桩，桩径 d 为 600mm，桩长 l=30m，灌注桩配筋、地基土层分布及相关参数情况如图 8.8.3-13 所示。第③层粉砂层为不液化土层，桩身配筋符合《桩基》4.1.1 条灌注桩配筋的有关要求。

已知，建筑物对水平位移不敏感。假定，进行单桩水平静载试验时，桩顶水平位移 6mm 时所对应的荷载为 75kN，桩顶水平位移 10mm 时所对应的荷载为 120kN。试问，验算永久荷载控制的桩基水平荷载时，单桩水平承载力特征值（kN）与下列何项数值最为接近？

(A) 60　　(B) 70　　(C) 80　　(D) 90

【答案】(B)

【解答】桩身配筋率 $\rho_s = \dfrac{12 \times 314}{3.14 \times 300^2} \times 100\% = 1.33\% > 0.65\%$

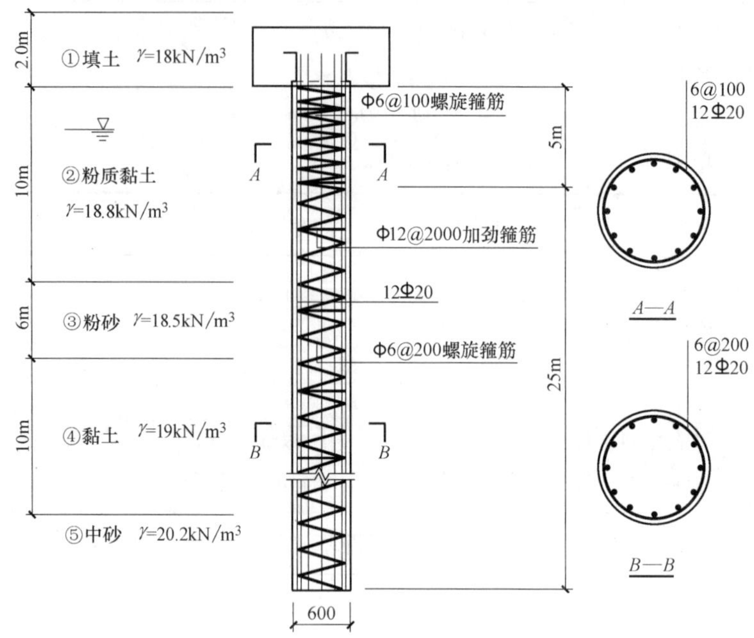

图 8.8.3-13

根据《桩基》5.7.2条2款，单桩水平承载力特征值，桩顶水平位移10mm时所对应的荷载的75%。又根据规范5.7.2条7款，得

$$R_{ha}=0.8\times0.75\times120=72\text{kN}$$

故（B）正确。

（4）单桩水平承载力特征值估算

① 桩的水平承载力由桩身强度控制

桩身配筋率小于0.65%的灌注桩可按《桩基》5.7.2条式（5.7.2-1）估算单桩水平承载力特征值。

《桩基》规定

> **4** 当缺少单桩水平静载试验资料时，可按下列公式估算桩身配筋率小于0.65%的灌注桩的单桩水平承载力特征值：
>
> $$R_{ha}=\frac{0.75\alpha\gamma_m f_t W_0}{\nu_M}(1.25+22\rho_g)\left(1\pm\frac{\zeta_N N}{\gamma_m f_t A_n}\right) \quad (5.7.2\text{-}1)$$
>
> 式中 α——桩的水平变形系数，按本规范第5.7.5条确定；
>
> R_{ha}——单桩水平承载力特征值，±号根据桩顶竖向力性质确定，压力取“+”，拉力取“－”；
>
> γ_m——桩截面模量塑性系数，圆形截面$\gamma_m=2$，矩形截面$\gamma_m=1.75$；
>
> f_t——桩身混凝土抗拉强度设计值；
>
> W_0——桩身换算截面受拉边缘的截面模量，圆形截面为：

$$W_0=\frac{\pi d}{32}[d^2+2(\alpha_E-1)\rho_g d_0^2]$$

方形截面为：$W_0=\frac{b}{6}[b^2+2(\alpha_E-1)\rho_g b_0^2]$；其中 d 为桩直径，d_0 为扣除保护层厚度的桩直径；b 为方形截面边长，b_0 为扣除保护层厚度的桩截面宽度；α_E 为钢筋弹性模量与混凝土弹性模量的比值；

ν_M——桩身最大弯矩系数，按表 5.7.2 取值，当单桩基础和单排桩基纵向轴线与水平力方向相垂直时，按桩顶铰接考虑；

ρ_g——桩身配筋率；

A_n——桩身换算截面积，圆形截面为：$A_n=\frac{\pi d^2}{4}[1+(\alpha_E-1)\rho_g]$；方形截面为：$A_n=b^2[1+(\alpha_E-1)\rho_g]$

ζ_N——桩顶竖向力影响系数，竖向压力取 0.5；竖向拉力取 1.0；

N——桩顶的竖向力（kN）。

桩顶（身）最大弯矩系数 ν_M 和桩顶水平位移系数 ν_x　　表 5.7.2

桩顶约束情况	桩的换算埋深(αh)	ν_M	ν_x
铰接、自由	4.0	0.768	2.441
	3.5	0.750	2.502
	3.0	0.703	2.727
	2.8	0.675	2.905
	2.6	0.639	3.163
	2.4	0.601	3.526
固接	4.0	0.926	0.940
	3.5	0.934	0.970
	3.0	0.967	1.028
	2.8	0.990	1.055
	2.6	1.018	1.079
	2.4	1.045	1.095

注：1. 铰接（自由）的 ν_M 系桩身的最大弯矩系数，固接的 υ_M 系桩顶的最大弯矩系数；

2. 当 $\alpha h>4$ 时取 $\alpha h=4.0$。

【例 8.8.3-12】

某受压灌注桩桩径为 1.2m，桩端入土深度 20m，桩身配筋率 0.6%，桩顶铰接，桩顶竖向压力标准值 $N_k=5000$kN，桩的水平变形系数 $\alpha=0.301\text{m}^{-1}$，桩身换算截面积 $A_g=1.2\text{m}^2$，换算截面受拉边缘的截面模量 $W_0=0.2\text{m}^3$，桩身混凝土抗拉强度设计值 $f_t=1.5\text{N/mm}^2$，按《桩基》计算单桩水平承载力特征值，其值接近下列何项数值？

(A) 413kN　　(B) 600kN　　(C) 650kN　　(D) 700kN

【答案】(A)

【解答】根据《桩基》5.7.2 条 4 款计算如下：

对于圆形截面，取桩截面模量塑性系数 $\gamma_m=2$，桩的换算埋深 $\alpha h=0.301\times20=6.02>4.0$ 查《桩基》表 5.7.2，得桩身最大弯矩系数 $\nu_M=0.762$。

根据《桩基》式（5.7.2-1）得单桩水平承载力特征值为

$$R_{ha}=0.75\frac{\alpha\gamma_m f_t W_0}{\nu_m}(1.25+22\rho_g)\left(1+\frac{\zeta_N N}{\gamma_m f_t A_n}\right)$$
$$=0.75\times\frac{0.301\times2\times1.5\times10^3\times0.2}{0.768}$$
$$\times(1.25+22\times0.006)\times\left(1+\frac{0.5\times5000}{2\times1.5\times10^3\times1.2}\right)\text{kN}=413.0\text{kN}$$

② 当桩的水平承载力由桩顶水平位移控制

钢桩、预制桩、桩身配筋率大于 0.65%的灌注桩单桩水平承载力特征值由水平位移控制，按《桩基》5.7.2 条式（5.7.2-2）估算

6 当桩的水平承载力由水平位移控制，且缺少单桩水平静载试验资料时，可按下式估算预制桩、钢桩、桩身配筋率不小于 0.65%的灌注桩单桩水平承载力特征值：

$$R_{ha}=0.75\frac{\alpha^3 EI}{\nu_x}\chi_{0a} \tag{5.7.2-2}$$

式中 EI——桩身抗弯刚度，对于钢筋混凝土桩，$EI=0.85E_c I_0$；其中 E_c 为混凝土弹性模量，I_0 为桩身换算截面惯性矩：圆形截面为 $I_0=W_0 d_0/2$；矩形截面为 $I_0=W_0 b_0/2$；

χ_{0a}——桩顶允许水平位移；

ν_x——桩顶水平位移系数，按表 5.7.2 取值，取值方法同 ν_M。

桩顶（身）最大弯矩系数 ν_M 和桩顶水平位移系数 ν_x　　表 5.7.2

桩顶约束情况	桩的换算埋深（αh）	ν_M	ν_x
铰接、自由	4.0	0.768	2.441
	3.5	0.750	2.502
	3.0	0.703	2.727
	2.8	0.675	2.905
	2.6	0.639	3.163
	2.4	0.601	3.526
固接	4.0	0.926	0.940
	3.5	0.934	0.970
	3.0	0.967	1.028
	2.8	0.990	1.055
	2.6	1.018	1.079
	2.4	1.045	1.095

注：1. 铰接（自由）的 ν_M 系桩身的最大弯矩系数，固接的 ν_M 系桩顶的最大弯矩系数；

2. 当 $\alpha h>4$ 时取 $\alpha h=4.0$。

【例 8.8.3-13】

某承受水平力的灌注桩，直径为 800mm，保护层厚度为 50mm，配筋率为 0.65%，

桩长30m，桩的水平变形系数为0.360（1/m），桩身抗弯刚度为6.75×10^{11}kN·mm²，桩顶固接且容许水平位移为4mm，按《桩基》估算，由水平位移控制的单桩水平承载力特征值接近的选项是哪一个？

(A) 50kN　(B) 100kN　(C) 150kN　(D) 200kN

【答案】(B)

【解答】

(1) 本桩的配筋率不小于0.65%、可按《桩基》式(5.7.2-2)计算单桩水平承载力。

(2) 已知水平变形系数$\alpha=0.36\text{m}^{-1}$，$\alpha h=0.360\times30=10.8\text{m}>4$取$\alpha h=4.0$；

查规范表5.7.2，桩顶固接，桩顶水平位移系数$\nu_x=0.940$；

(3) 已知桩顶允许水平位移为0.004m，$EI=6.75\times10^5\text{kN}\cdot\text{m}^2$

根据规范式(5.7.2-2)单桩水平承载力特征值计算公式有：

$$R_{ha}=0.75\frac{\alpha^3EI}{\nu_x}\chi_{0a}=0.75\times\frac{0.36^3\times6.75\times10^5}{0.94}\times0.004=100.5\text{kN}$$

(5) 群桩基础的水平承载力

《桩基》规定

> **5.7.3** 群桩基础（不含水平力垂直于单排桩基纵向轴线和力矩较大的情况）的基桩水平承载力特征值应考虑由承台、桩群、土相互作用产生的群桩效应，可按下列公式确定：
>
> $$R_h=\eta_hR_{ha} \tag{5.7.3-1}$$

群桩基础的群桩效应综合系数η_h，一般由桩的相互影响效应系数η_i、桩顶约束效应系数η_r、承台侧向土水平抗力效应系数η_l和承台底摩阻效应系数η_b几部分组成。群桩效应综合系数η_h的具体组成公式见《桩基》5.7.3条的规定

> 考虑地震作用且$s_a/d\leqslant6$时：
>
> $$\eta_h=\eta_i\eta_r+\eta_l \tag{5.7.3-2}$$
>
> 其他情况：
>
> $$\eta_h=\eta_i\eta_r+\eta_l+\eta_b \tag{5.7.3-6}$$

① 桩的相互影响效应系数η_i

群桩基础各桩之间的相互影响，导致地基土水平抗力系数降低，各桩荷载分配不均匀。桩距越小，桩数越多，相互影响也就越大。沿荷载方向的影响远大于垂直荷载方向。根据大量的水平载荷试验结果的统计，得到桩的相互影响效应系数

> $$\eta_i=\frac{\left(\frac{s_a}{d}\right)^{0.015n_2+0.45}}{0.15n_1+0.10n_2+1.9} \tag{5.7.3-3}$$
>
> s_a/d——沿水平荷载方向的距径比；
>
> n_1，n_2——分别为沿水平荷载方向与垂直水平荷载方向每排桩中的桩数；

② 桩顶约束效应系数η_r

由于桩顶嵌入承台内的长度较短，承台混凝土为二次浇筑，在较小的水平荷载作用

下，桩顶周边混凝土出现塑变，形成传递剪力和部分弯矩的非完全嵌固状态。这种连接既能减少桩顶位移（相对于桩顶自由情况），又能够降低桩顶约束弯矩（相对于完全嵌固情况）。因此，建筑桩基桩顶与承台连接的实际工作状态介于刚接与铰接之间。

为确定桩顶有限约束效应对群桩水平承载力的影响，以独立自由单桩与桩顶刚接状态的桩顶位移比、最大弯矩比为基准进行比较，得到桩顶的约束效应系数 η_r

η_r——桩顶约束效应系数（桩顶嵌入承台长度 50～100mm 时），按表 5.7.3-1 取值；

桩顶约束效应系数 η_r　　表 5.7.3-1

换算深度 αh	2.4	2.6	2.8	3.0	3.5	≥4.0
位移控制	2.58	2.34	2.20	2.13	2.07	2.05
强度控制	1.44	1.57	1.71	1.82	2.00	2.07

注：$\alpha=\sqrt[5]{\frac{mb_0}{EI}}$，$h$ 为桩的入土长度。

③ 承台侧向土水平抗力效应系数 η_l

桩基受到水平力位移时，承台侧面将受到弹性抗力。由于承台的刚度相对较大，产生的位移较小，不足以产生被动土压力，因此承台侧向抗力采用线弹性地基反力系数法计算。

当以位移控制时，承台侧抗效应系数 η_l 按式（5.7.3-4）计算；

当以桩身强度控制时，承台侧抗效应系数 η_l 按式（5.7.3-5）计算

η_l——承台侧向土水平抗力效应系数（承台外围回填土为松散状态时取 $\eta_l=0$）；

$$\eta_l=\frac{m\chi_{0a}B'_c h_c^2}{2n_1 n_2 R_{ha}} \tag{5.7.3-4}$$

$$\chi_{0a}=\frac{R_{ha}\upsilon_x}{\alpha^3 EI} \tag{5.7.3-5}$$

$$B'_c=B_c+1 \tag{5.7.3-8}$$

χ_{0a}——桩顶（承台）的水平位移允许值，当以位移控制时，可取 $\chi_{0a}=10$mm（对水平位移敏感的结构物取 $\chi_{0a}=6$mm）；当以桩身强度控制（低配筋率灌注桩）时，可近似按本规范式（5.7.3-5）确定；

B'_c——承台受侧向土抗力一边的计算宽度（m）；

B_c——承台宽度（m）；

h_c——承台高度（m）；

④ 承台底摩阻效应系数 η_b

承台底摩阻效应系数 η_b 按下式计算

η_b——承台底摩阻效应系数；

$$\eta_b=\frac{\mu P_c}{n_1 n_2 R_{ha}} \tag{5.7.3-7}$$

$$P_c = \eta_c f_{ak}(A - nA_{ps}) \tag{5.7.3-9}$$

μ——承台底与地基土间的摩擦系数，可按表 5.7.3-2 取值；

P_c——承台底地基土分担的竖向总荷载标准值；

η_c——按本规范第 5.2.5 条确定；

A——承台总面积；

A_{ps}——桩身截面面积。

承台底与地基土间的摩擦系数 μ　　　　表 5.7.3-2

土的类别		摩擦系数 μ
黏性土	可塑	0.25～0.30
	硬塑	0.30～0.35
	坚硬	0.35～0.45
粉土	密实、中密(稍湿)	0.30～0.40
中砂、粗砂、砾砂		0.40～0.50
碎石土		0.40～0.60
软岩、软质岩		0.40～0.60
表面粗糙的较硬岩、坚硬岩		0.65～0.75

当承台底面以下存在可液化土、湿陷性黄土、高灵敏度软土、欠固结土、新填土，或可能出现震陷、降水、沉桩过程中产生高孔隙水压力和土体隆起时，可不考虑承台效应，取 $\eta_c = 0$。

【例 8.8.3-14】

某钻孔灌注桩群桩基础，桩径为 0.8m，单桩水平承载力特征值为 $R_{ha}=100$kN（位移控制），沿水平荷载方向布桩排数 $n_1=3$，垂直水平荷载方向每排桩数 $n_2=4$，距径比 $s_a/d=4$，承台位于松散填土中，埋深 0.5m，桩的换算深度 $\alpha h=3.0$m，考虑地震作用，按《桩基》计算群桩中复合基桩水平承载力特征值最接近下列哪个选项？

(A) 134kN　　(B) 154kN　　(C) 157kN　　(D) 177kN

【答案】(C)

【解答】

(1) 群桩基础的基桩水平承载力特征值应考虑由承台、桩群、土相互作用产生的群桩效应，可按《桩基》5.7.3 条式（5.7.3-1）计算，即 $R_h = \eta_h R_{ha}$

(2) 考虑地震作用，且 $s_a/d = 4 < 6$，根据式（5.7.3-2）取 $\eta_h = \eta_i \eta_r + \eta_l$

(3) 求桩的相互影响效应系数，根据式（5.7.3-3）

$$\eta_i = \frac{(s_a/d)^{0.015n_2+0.45}}{0.15n_1+0.10n_2+1.9} = \frac{4^{0.015\times4+0.45}}{0.15\times3+0.10\times4+1.9} = \frac{2.028}{2.75} = 0.737$$

(4) 求桩顶约束效应系数

因为 $\alpha h=3.0\text{m}$，位移控制查表 5.7.3-1 得 $\eta_r=2.13$

（5）求承台侧向土水平抗力效应系数

承台位于松散填土中，所以 $\eta_l=0$，

（6）求群桩效应综合系数，根据式（5.7.3-2）

$$\eta_h=0.737\times2.13+0=1.57$$

（7）求群桩基础的基桩水平承载力特征值，根据式（5.7.3-1）

$$R_h=\eta_h R_{ha}=1.57\times100=157\text{kN}$$

【例 8.8.3-15】

如图 8.8.3-14 所示桩基，桩侧土水平抗力系数的比例系数 $m=20\text{MN/m}^4$，承台侧面土水平抗力系数的比例系数 $m=10\text{MN/m}^4$，承台底与地基土间的摩擦系数 $\mu=0.3$，建筑桩基重要性系数 $\gamma_0=1$，承台底地基土分担竖向荷载 $P_c=1364\text{kN}$，单桩 $\alpha h>4.0$，其水平承载力设计值 $R_h=150\text{kN}$，承台容许水平位移 $\chi_0=6\text{mm}$，按《桩基》规范计算复合基桩水平承载力设计值，其结果最接近于下列何项数值？

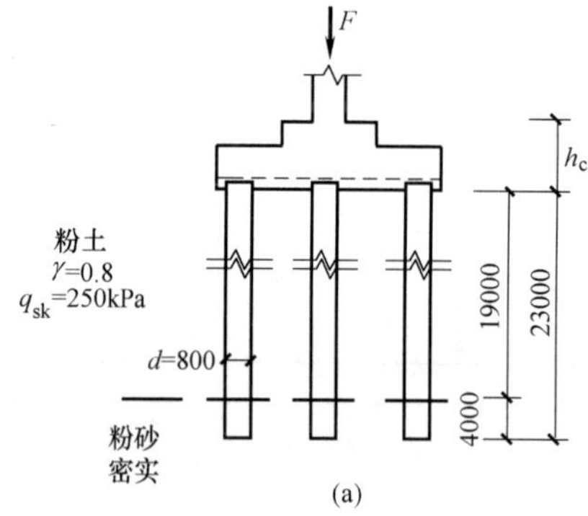

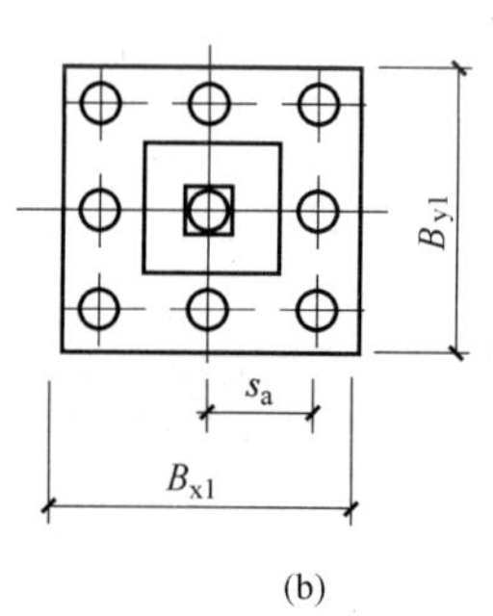

图 8.8.3-14

图中尺寸：

$B_{x1}=B_{y1}=6.4\text{m}$，$h_c=1.65\text{m}$，$s_a=3d$，其余尺寸单位为 mm。

（A）$3.8\times10^2\text{kN}$　（B）$3.1\times10^2\text{kN}$　（C）$2.0\times10^2\text{kN}$　（D）$4.5\times10^2\text{kN}$

【答案】（B）

【解答】根据《桩基》5.7.3 条

（1）计算桩的相互影响效应系数 η_i 式（5.7.3-3）

$$\eta_i=\frac{\left(\frac{s_a}{d}\right)^{0.015n_2+0.45}}{0.15n_1+0.10n_2+1.9}=\frac{3^{0.015\times3+0.45}}{0.15\times3+0.10\times3+1.9}=0.65$$

（2）计算桩顶约束效应系数 η_r 查表 5.7.3-1

$\alpha h>4.0$，位移控制，$\eta_r=2.05$

（3）计算承台侧向土水平抗力效应系数 η_l 式（5.7.3-4）

设保护层厚度为 50mm

$$\eta_l=\frac{m\chi_0 B_c' h_c^2}{2n_1 n_2 R_{ha}}=\frac{10\times10^3\times0.006\times(6.4+1)\times1.65^2}{2\times3\times3\times150}=0.4477$$

（4）计算承台底摩阻效应系数 η_b 式（5.7.3-7）

$$\eta_b=\frac{\mu P_c}{n_2 n_1 R_h}=\frac{0.3\times1364}{3\times3\times150}=0.303$$

（5）计算群桩效应综合系数 η_h

$$\eta_h=\eta_1\eta_r+\eta_l+\eta_b=0.65\times2.05+0.4477+0.303=2.0832$$

（6）计算群桩基础的水平承载力特征值 R_h

$$R_h=\eta_h R_h=2.0832\times150=312.48(\text{kN})$$

答案（B）正确。

《桩基》规定

5.7.5 桩的水平变形系数和地基土水平抗力系数的比例系数 m 可按下列规定确定：

1 桩的水平变形系数（1/m）

$$\alpha=\sqrt[5]{\frac{mb_0}{EI}} \tag{5.7.5}$$

式中 m——桩侧土水平抗力系数的比例系数；

b_0——桩身的计算宽度（m）；

圆形桩：当直径 $d\leqslant1\text{m}$ 时，$b_0=0.9（1.5d+0.5）$；

当直径 $d>1\text{m}$ 时，$b_0=0.9（d+1）$；

方形桩：当边宽 $b\leqslant1\text{m}$ 时，$b_0=1.5b+0.5$；

当边宽 $b>1\text{m}$ 时，$b_0=b+1$

EI——桩身抗弯刚度，按本规范第 5.7.2 条的规定计算。

2 地基土水平抗力系数的比例系数 m 宜通过单桩水平静载试验确定，当无静载试验资料时，可按表 5.7.5 取值。

【例 8.8.3-16】

条件：某桩基工程采用直径为 2.0m 的灌注桩，桩身高配筋率为 0.68%，桩长 25m，桩顶铰接，桩顶允许水平位移 0.005m，桩侧土水平抗力系数的比例系数 $m=25\text{MN/m}^4$，已知桩身 $EI=2.149\times10^7\text{kN}\cdot\text{m}^2$

要求：求单桩水平承载力。

【解答】根据《桩基》5.7.5 条

$$b_0=0.9(d+1)=0.9\times(2+1)=2.7\text{m}$$

$$\alpha=\sqrt[5]{\frac{mb_0}{EI}}=\sqrt[5]{\frac{25\times10^3\times2.7}{2.149\times10^7}}=0.3158$$

根据《桩基》5.7.2 条 $\alpha h=0.3158\times25=7.9>4.0$

查《桩基》表 5.7.2 得 $\nu_x=2.441$

根据《桩基》式（5.7.2-2）得单桩水平承载力特征值为

$$R_h=0.75\frac{\alpha^3 EI}{U_x}\chi_{0a}=0.75\frac{0.3158^3\times2.149\times10^7}{2.441}\times0.005=1039.8\text{kN}$$

【例 8.8.3-17】

某灌注桩基础，桩入土深度为 20m，桩径为 1.0m，配筋率 $\rho=0.68\%$，桩顶铰接，地基土水平抗力系数比例系数 $m=20\text{MN/m}^4$，抗弯刚度 $EI=5\times10^6\text{kN}\cdot\text{m}^2$，问基桩水平承载力特征值 $R_{ha}=1000\text{kN}$ 时的桩在顶面处的水平位移为多少？

【解答】根据《桩基》5.7.2 条 6 款的规定，配筋率 $\rho>0.65\%$，按下式计算水平位移

$$R_{ha}=0.75\times\frac{\alpha^3 EI}{\nu_x}\chi_{0a}$$

上式变形，可得桩顶允许水平位移为

$$\chi_{0a}=\frac{R_{ha}\nu_x}{0.75\times\alpha^3 EI}=\frac{1000\times2.441}{0.75\times0.373^3\times5\times10^6}=12.5\text{mm}$$

根据规范 5.7.5 条

$$b_0=0.9(1.5d+0.5)=0.9\times(1.5\times1.0+0.5)=1.8\text{m}$$

$$\alpha=\sqrt[5]{\frac{mb_0}{EI}}=\sqrt[5]{\frac{20\times10^3\times1.8}{5\times10^6}}=\sqrt[5]{0.0072}=0.373$$

查规范表 5.7.2　　$\alpha h=0.373\times20=7.46>4$，$\nu_x=2.441$

6. 桩基沉降计算

（1）桩基应验算沉降的范围

《桩基》规定

3.1.4　下列建筑桩基应进行沉降计算：

1　设计等级为甲级的非嵌岩桩和非深厚坚硬持力层的建筑桩基；

2　设计等级为乙级的体型复杂、荷载分布显著不均匀或桩端平面以下存在软弱土层的建筑桩基；

3　软土地基多层建筑减沉复合疏桩基础。

（2）等效作用分层总和法

群桩的沉降实质上是桩-土-承台共同作用的问题。目前的作法是以某种假定将问题加以简化。基本思路是借鉴浅基础沉降计算的方法，将桩群连同桩间土与承台一起作为一个实体深基础，不考虑桩基础侧面的应力扩散作用，将承台底面的长与宽看作实体深基础的长和宽，即将桩承台投影面积作为等效作用面积。等效作用面位于桩端平面，作用在桩端平面的等效作用附加压力近似取承台底的平均附加压力。等效作用面以下的应力分布采用各向同性均质直线变形体理论计算，然后按矩形浅基础的沉降计算方法计算实体基础沉降。即以分层总和法计算桩基沉降量。再用经验系数对计算结果进行修正。

《桩基》规定

5.5.6　对于桩中心距不大于 6 倍桩径的桩基，其最终沉降量计算可采用等效作用分层总和法。等效作用面位于桩端平面，等效作用面积为桩承台投影面积，等效作用附加压力近似取承台底平均附加压力。等效作用面以下的应力分布采用各向同性均质直线变形体理论。计算模式如图 5.5.6 所示，

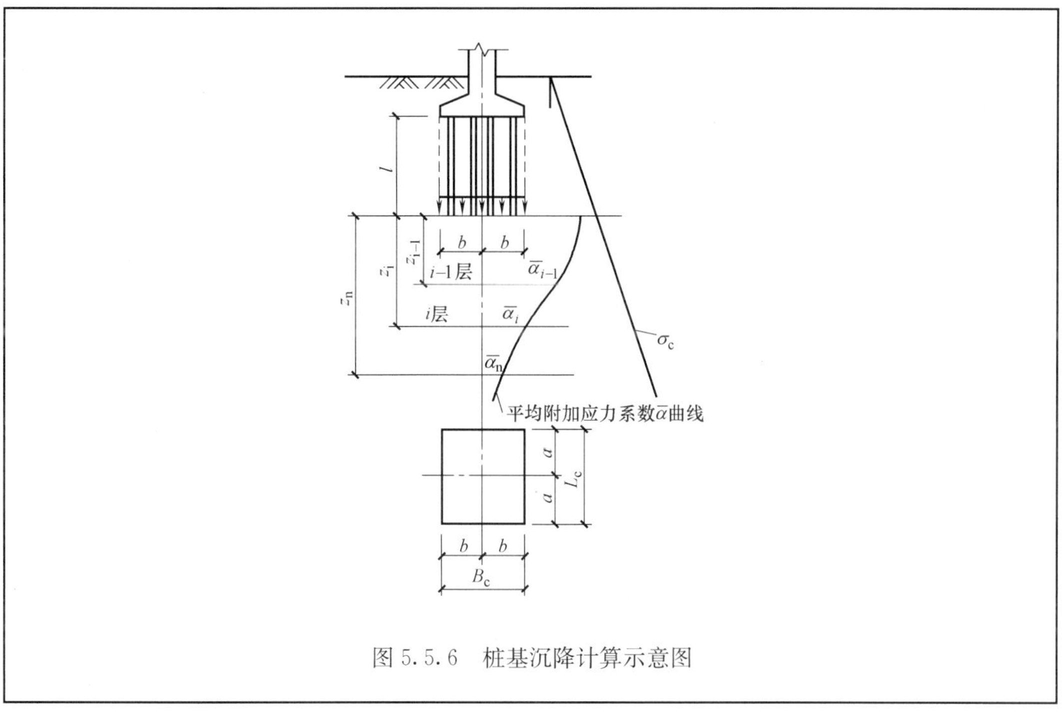

图 5.5.6　桩基沉降计算示意图

① 矩形桩基中点沉降计算的简化公式

《桩基》规定

5.5.7　计算矩形桩基中点沉降时，桩基沉降量可按下式简化计算：

$$s = \psi \cdot \psi_e \cdot s' = 4 \cdot \psi \cdot \psi_e \cdot p_0 \sum_{i=1}^{n} \frac{z_i \bar{\alpha}_i - z_{i-1} \bar{\alpha}_{i-1}}{E_{si}} \tag{5.5.7}$$

式中　p_0——在荷载效应准永久组合下承台底的平均附加压力；

$\bar{\alpha}_i$、$\bar{\alpha}_{i-1}$——平均附加应力系数，根据矩形长宽比 a/b 及深宽比 $\frac{z_i}{b} = \frac{2z_i}{B_c}$，$\frac{z_{i-1}}{b} = \frac{2z_{i-1}}{B_c}$，可按本规范附录 D 选用。

s——桩基最终沉降量（mm）；

s'——采用布辛奈斯克（Boussinesq）解，按实体深基础分层总和法计算出的桩基沉降量（mm）；

ψ——桩基沉降计算经验系数，当无当地可靠经验时可按本规范第 5.5.11 条确定；

ψ_e——桩基等效沉降系数，可按本规范第 5.5.9 条确定；

n——桩基沉降计算深度范围内所划分的土层数；

E_{si}——等效作用面以下第 i 层土的压缩模量（MPa），采用地基土在自重压力至自重压力加附加压力作用时的压缩模量；

$\bar{\alpha}_i$、$\bar{\alpha}_{i-1}$——平均附加应力系数，根据矩形长宽比 a/b 及深宽比 $\frac{z_i}{b}=\frac{2z_i}{B_c}$，$\frac{z_{i-1}}{b}=\frac{2z_{i-1}}{B_c}$，可按本规范附录D选用。

② 桩基沉降计算深度

《桩基》规定

5.5.8 桩基沉降计算深度 z_0 应按应力比法确定，即计算深度处的附加应力 σ_z 与土的自重应力 σ_c 应符合下列公式要求：

$$\sigma_z \leqslant 0.2\sigma_c \tag{5.5.8-1}$$

$$\sigma_z = \sum_{j=1}^{m} \alpha_j p_{0j} \tag{5.5.8-2}$$

式中 α_j——附加应力系数，可根据角点法划分的矩形长宽比及深度比按本规范附录D选用。

③ 桩基等效沉降系数

《桩基》规定

2.1.16 桩基等效沉降系数 equivalent settlement coefficient for calculating settlement of pile foundations

弹性半无限体中群桩基础按 Mindlin（明德林）解计算沉降量 w_M 与按等代墩基 Boussinesq（布辛奈斯克）解计算沉降量 w_B 之比，用以反映 Mindlin 解应力分布对计算沉降的影响。

5.5.9 桩基等效沉降系数 ψ_e 可按下列公式简化计算：

$$\psi_e = C_0 + \frac{n_b - 1}{C_1(n_b - 1) + C_2} \tag{5.5.9-1}$$

$$n_b = \sqrt{n \cdot B_c / L_c} \tag{5.5.9-2}$$

式中 n_b——矩形布桩时的短边布桩数，当布桩不规则时可按式（5.5.9-2）近似计算，$n_b>1$；$n_b=1$ 时可按本规范式（5.5.14）计算；

C_0、C_1、C_2——根据群桩距径比 s_a/d、长径比 l/d 及基础长宽比 L_c/B_c，按本规范附录E确定；

L_c、B_c、n——矩形承台的长、宽及总桩数。

④ 桩基沉降计算经验系数

《桩基》规定

5.5.11 当无当地可靠经验时，桩基沉降计算经验系数 ψ 可按表5.5.11选用。

桩基沉降计算经验系数 ψ **表 5.5.11**

$\overline{E}_s$/(MPa)	≤10	15	20	35	≥50
ψ	1.2	0.9	0.65	0.50	0.40

注：1. $\overline{E}_s$ 为沉降计算深度范围内压缩模量的当量值，可按下式计算：$\overline{E}_s=\sum A_i/\sum\frac{A_i}{E_{si}}$，式中 A_i 为第 i 层土附加压力系数沿土层厚度的积分值，可近似按分块面积计算。

2. ψ 可根据 $\overline{E}_s$ 内插取值。

【例 8.8.3-18】～【例 8.8.3-21】

某建筑采用的满堂布桩的钢筋混凝土桩筏形基础，地基的土层分布如图 8.8.3-15 所示；桩为摩擦桩，桩距为 $4d$（d 为桩的直径）。筏板底面处相应于荷载效应准永久组合时的附加压力平均压力值为 700kPa；不计相邻荷载的影响。筏板基础宽度 B＝28.8m，长度 A＝61.2m；群桩外缘尺寸的宽度 b_0＝28m，长度 a_0＝60.4m。钢筋混凝土桩有效长度取 36m，即假定桩端计算平面在筏板底面向下 36m 处。

图 8.8.3-15

【例 8.8.3-18】

假定桩端持力层土层厚度 h_1＝40m，试问，计算桩基础中点的地基变形时，其地基变形计算深度（m），应与下列何项数值最为接近？

(A) 33 (B) 37

(C) 40 (D) 44

【答案】(B)

【解答】根据《桩基》5.5.8 条的规定，桩基沉降计算深度按应力比法确定。

先假设取桩基沉降计算深度为 40m。

按角点法，基础底面划分为四个相等的矩形，14.4m×30.6m，矩形的长宽比和深宽比为

$$\frac{a}{b}=\frac{30.6}{14.4}=2.125$$

$$\frac{z}{b}=\frac{40}{14.4}=2.78$$

查《桩基》附录 D 表 D.0.1-1，得附加应力系数为 α＝0.081，则附加应力为

$$\sigma_z=\sum_{i=1}^{m}\alpha_j p_{0j}=4\times0.081\times700=226.8\text{kPa}$$

根据《桩基》式（5.5.8-1），有

$$\frac{\sigma_z}{\sigma_c}=\frac{226.8}{18\times36.8+19\times40}=\frac{226.8}{1422.4}=0.16\leqslant0.2$$

满足要求。

同理，假设取桩基沉降计算深度为37m时，得到

$$\frac{\sigma_z}{\sigma_c}=\frac{254.8}{18\times36.8+19\times37}=0.186\leqslant0.2$$

满足要求。

同理，再假设取桩基沉降计算深度为33m时，得到

$$\frac{\sigma_z}{\sigma_c}=\frac{291.2}{18\times36.8+19\times33}=0.266\geqslant0.2$$

不满足要求。

取计算深度为37m，故（B）正确。

【例 8.8.3-19】

土层条件同上题。当采用等效作用分层总和法计算桩基最终沉降量时，试问，等效作用面积（m^2），应与下列何项数值最为接近?

(A) 1588　(B) 1762　(C) 1975　(D) 2350

【答案】(B)

【解答】根据《桩基》5.5.6条的规定，桩基沉降按等效分层总和法进行计算，等效作用面积为桩承台投影面积，则有

$$A=28.8\times61.2=1762.56\text{m}^2$$

故（B）正确。

【例 8.8.3-20】

土层条件同上题。筏板厚800mm。筏板、桩、土的混合重度（或称平均重度）可近似取20kN/m³。试问，采用等效分层总和法计算桩基最终沉降时，桩底平面处对应于荷载效应准永久组合时的等效作用附加压力（kPa），应与下列何项数值最接近?

(A) 460　(B) 520　(C) 570　(D) 700

【答案】(D)

【解答】根据《桩基》5.5.6条的规定，桩基沉降按等效分层总和法进行计算，等效作用附加压力近似取承台底平均附加压力。所以取筏板底面处相应于荷载效应准永久组合时的平均压力值700kPa。因为700kPa为上部荷载产生的不包括基础的应属于附加压力

故（D）正确。

【例 8.8.3-21】

假如桩径为400mm，桩数为680根；桩端持力层土层厚度h_1=35m，在桩底平面内，对应于荷载效应准永久组合时的附加压力为700kPa；且在计算变形量时，取桩基沉降计算经验系数ψ=0.3。又已知，矩形面积土层上均布荷载作用下角点的平均附加应力系数，依次分别为：在持力层顶面处，$\bar{\alpha}_0$=0.25；在持力层底面处，$\bar{\alpha}_1$=0.237。试问，在通过桩筏基础平面中心点竖线上，该持力层土层的最终变形量（mm），应与下列何项数值最为接近?

(A) 87　(B) 14　(C) 137　(D) 184

【答案】(A)

【解答】根据《桩基》5.5.9条的规定，基础长宽比为

$$\frac{L_c}{B_c}=\frac{61.2}{28.8}=2.125$$

群桩距径比为$\frac{s_a}{d}=\frac{4d}{d}=4$

桩的长径比$\frac{l}{d}=\frac{36}{0.4}=90$

查《桩基》附录E表E.0.1-3得$C_0=0.053$，$C_1=1.96$，$C_2=12.30$

根据《桩基》式（5.5.9-2），矩形布桩时的短边布桩数为

$$n_b=\sqrt{n\cdot B_c/L_c}=\sqrt{680\times28.8/61.2}=18$$

根据《桩基》式（5.5.9-1），桩基等效沉降系数为

$$\psi_e=C_0+\frac{n_b-1}{C_1(n_b-1)+C_2}=0.053+\frac{18-1}{1.96\times(18-1)+12.30}=0.425$$

根据《桩基》式（5.5.7），该持力层土层的中心点最终变形量为

$$s=\psi\psi_e s'=4\psi\psi_e\sum_{i=1}^{n}\frac{p_0}{E_{si}}(z_i\bar{\alpha}_i-z_{i-1}\bar{\alpha}_{i-1})=4\psi\psi_e\frac{p_0}{E_{s1}}(z_1\bar{\alpha}_1-z_0\bar{\alpha}_0)$$

$$=4\times0.425\times0.3\times\frac{700}{34}\times(35\times0.237-0\times0.25)$$

$$=87.1\text{mm}$$

故（A）正确。

【例8.8.3-22】

某构筑物基础采用16根直径0.5m、桩长15m预应力管桩（图8.8.3-16），作用于承台顶的荷载效应准永久组合$F=3360$kN。假设黏土、粉砂的重度均为19kN/m^3，试估算桩基础中心处的沉降（$\psi=1.0$，$\psi_c=0.321$）。

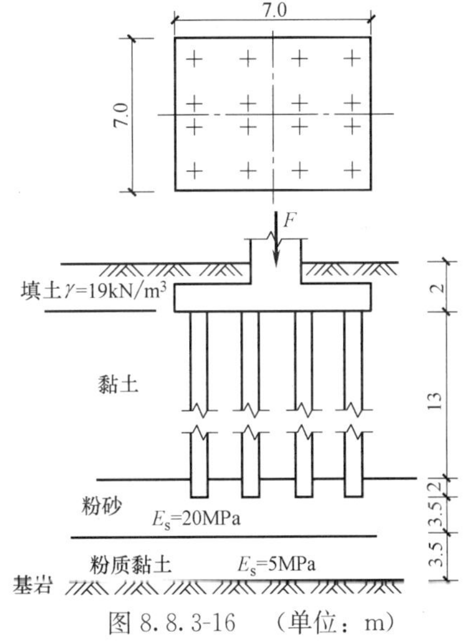

图8.8.3-16 （单位：m）

【解答】根据《桩基》5.5.6条的规定，桩基沉降按等效分层总和法进行计算，等效作用附加压力近似取承台底平均附加压力。则有

$$p=\frac{F+G}{A}=\frac{3360+7\times7\times2\times20}{7\times7}=108.6\text{kPa}$$

$$p_0=p-\gamma h=108.6-19\times2=70.6\text{kPa}$$

根据《桩基》5.5.8条的规定，桩基沉降计算深度按应力比法确定。

先假设取桩基沉降计算深度为3.5m，按角点法，基础底面划分为四个相等的矩形，3.5m×3.5m，矩形的长宽比和深宽比为

$$\frac{a}{b}=1;\frac{z}{b}=1$$

查《桩基》附录D表D.0.1-1，得附加应力系数为$\alpha=0.175$，则附加应力为

$$\sigma_z=\sum_{j=1}^{m}\alpha_j p_{0j}=4\times0.175\times70.6=49.42\text{kPa}$$

根据《桩基》式（5.5.8-1），有

$$\frac{\sigma_z}{\sigma_c}=\frac{49.42}{19\times20.5}=0.13\leqslant0.2$$

满足要求。

故取桩基沉降计算深度为3.5m，桩基础的沉降计算见下表：

z/m	l/b	z/b	$\bar{\alpha}_i$	$z\bar{\alpha}_i$	$z_i\bar{\alpha}_i-z_{i-1}\bar{\alpha}_{i-1}$	E_s(MPa)	s'_i(mm)	$\sum s'_i$(mm)
0	1.0	0	4×0.25=1.0	0				
3.5	1.0	1.0	4×0.2252=0.9	3.15	3.15	20	11.12	11.12

根据《桩基》式（5.5.7），桩基础中心处的沉降量为

$$\begin{aligned}s&=\psi\psi_e s'=\psi\psi_e\sum_{i=1}^{n}\frac{p_0}{E_{si}}(z_i\bar{\alpha}_i-z_{i-1}\bar{\alpha}_{i-1})\\&=1.0\times0.321\times11.12\\&=3.57\text{mm}\end{aligned}$$

7. 减沉复合疏桩基础

（1）减沉复合疏桩基础的设计原则

《桩基》规定

2.1.5 减沉复合疏桩基础 composite foundation with settlement-reducing piles

软土地基天然地基承载力基本满足要求的情况下，为减小沉降采用疏布摩擦型桩的复合桩基。

3.1.9 软土地基上的多层建筑物，当天然地基承载力基本满足要求时，可采用减沉复合疏桩基础。

《桩基》的“条文说明”指出

3.1.9 软土地区多层建筑，若采用天然地基，其承载力许多情况下满足要求，但最大沉降往往超过20cm，差异变形超过允许值，引发墙体开裂者多见。采用以减小沉降为目标的疏布小截面预制桩复合桩基，简称为减沉复合疏桩基础。

对于减沉复合疏桩基础应用中要注意把握三个关键技术，

一是桩端持力层不应是坚硬岩层、密实砂、卵石层，以确保基桩受荷能产生刺入变形，承台底基土能有效分担份额很大的荷载；

二是桩距应在5～6d以上，使桩间土受桩牵连变形较小，确保桩间土较充分发挥承载作用；

三是由于基桩数量少而疏，成桩质量可靠性应严加控制。

5.6.1 软土地基减沉复合疏桩基础的设计应遵循两个原则，

一是桩和桩间土在受荷变形过程中始终确保两者共同分担荷载，因此单桩承载力宜控制在较小范围，桩的横截面尺寸一般宜选择ϕ200～ϕ400（或200mm×200mm～300mm×300mm），桩应穿越上部软土层，桩端支承于相对较硬土层；

二是桩距 $s_a>(5\sim6)d$，以确保桩间土的荷载分担比足够大。

减沉复合疏桩基础承台形式可采用两种，

一种是筏式承台，多用于承载力小于荷载要求和建筑物对差异沉降控制较严或带有地下室的情况；

另一种是条形承台，但承台面积系数（承台与首层面积相比）较大，多用于无地下室的多层住宅。

桩数除满足承载力要求外，尚应经沉降计算最终确定。

（2）减沉复合疏桩基础的承载力

《桩基》规定

5.6.1 当软土地基上多层建筑，地基承载力基本满足要求（以底层平面面积计算）时，可设置穿过软土层进入相对较好土层的疏布摩擦型桩，由桩和桩间土共同分担荷载。该种减沉复合疏桩基础，可按下列公式确定承台面积和桩数：

$$A_c=\xi\frac{F_k+G_k}{f_{ak}} \quad (5.6.1\text{-}1)$$

$$n\geqslant\frac{F_k+G_k-\eta_c f_{ak}A_c}{R_a}$$

式中 A_c——桩基承台总净面积；

f_{ak}——承台底地基承载力特征值；

ξ——承台面积控制系数，$\xi\geqslant0.60$；

n——基桩数；

η_c——桩基承台效应系数，可按本规范表 5.2.5 取值。

【例 8.8.3-23】

某减沉复合疏桩基础，荷载效应标准组合下，作用于承台顶面的竖向力为 1200kN，承台及其上土的自重标准值为 400kN，承台底地基承载力特征值为 80kPa，承台面积控制系数为 0.60，承台下均匀布置 3 根摩擦型桩，基桩承台效应系数为 0.40，按《桩基》计算，单桩竖向承载力特征值最接近下列哪一个选项？

（A）350kN （B）375kN （C）390kN （D）405kN

【答案】（D）

【解答】

根据《桩基》第 5.6.1 条式（5.6.1-1）求基桩承台总净面积 A_c：

$$A_c=\frac{\xi(F_k+G_k)}{f_{ak}}=\frac{0.60\times(1200+400)}{80}=12\text{m}^2$$

根据式（5.6.1-2）求单桩竖向承载力特征值 R_a：

$$R_a\geqslant\frac{(F_k+G_k-\eta_c f_{ak}A_c)}{n}$$

$$R_a\geqslant\frac{(1200+400-0.4\times80\times12)}{3}$$

$$R_a\geqslant405.3\text{kN}$$

（3）减沉复合疏桩基础的沉降计算

《桩基》规定

5.6.2 减沉复合疏桩基础中点沉降可按下列公式计算：

$$s=\psi(s_s+s_{sp}) \tag{5.6.2-1}$$

$$s_s=4p_0\sum_{i=1}^{m}\frac{z_i\overline{\alpha}_i-z_{(i-1)}\overline{\alpha}_{(i-1)}}{E_{si}} \tag{5.6.2-2}$$

$$s_{sp}=280\frac{\overline{q}_{su}}{\overline{E}_s}\cdot\frac{d}{(s_a/d)^2} \tag{5.6.2-3}$$

$$p_0=\eta_p\frac{F-nR_a}{A_c} \tag{5.6.2-4}$$

式中 s——桩基中心点沉降量；

s_s——由承台底地基土附加压力作用下产生的中点沉降（见图5.6.2）；

s_{sp}——由桩土相互作用产生的沉降；

p_0——按荷载效应准永久值组合计算的假想天然地基平均附加压力（kPa）；

E_{si}——承台底以下第 i 层土的压缩模量，应取自重压力至自重压力与附加压力段的模量值；

m——地基沉降计算深度范围的土层数；沉降计算深度按 $\sigma_z=0.1\sigma_c$ 确定，σ_z 可按本规范第5.5.8条确定；

$\overline{q}_{su}$、$\overline{E}_s$——桩身范围内按厚度加权的平均桩侧极限摩阻力、平均压缩模量；

d——桩身直径，当为方形桩时，$d=1.27b$（b 为方形桩截面边长）；

s_a/d——等效距径比，可按本规范第5.5.10条执行；

z_i、z_{i-1}——承台底至第 i 层、第 $i-1$ 层土底面的距离；

$\overline{\alpha}_i$、$\overline{\alpha}_{i-1}$——承台底至第 i 层、第 $i-1$ 层土层底范围内的角点平均附加应力系数；根据承台等效面积的计算分块矩形长宽比 a/b 及深宽比 $z_i/b=2z_i/B_c$，由本规范附录D确定；其中承台等效宽度 $B_c=B\sqrt{A_c}/L$；B、L 为建筑物基础外缘平面的宽度和长度；

F——荷载效应准永久值组合下，作用于承台底的总附加荷载（kN）；

η_p——基桩刺入变形影响系数；按桩端持力层土质确定，砂土为1.0，粉土为1.15，黏性土为1.30。

ψ——沉降计算经验系数，无当地经验时，可取1.0。

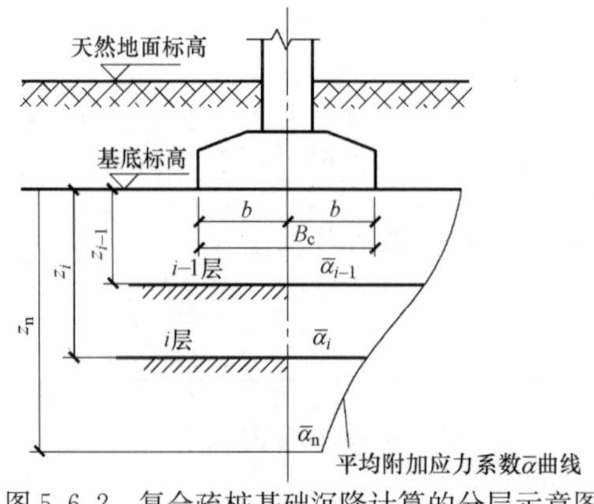

图5.6.2 复合疏桩基础沉降计算的分层示意图

《桩基》的“条文说明”指出

> **5.6.2** 本条说明减沉复合疏桩基础的沉降计算。
>
> 对于复合疏桩基础而言，与常规桩基相比其沉降性状有两个特点。
>
> 一是桩的沉降发生塑性刺入的可能性大，在受荷变形过程中桩、土分担荷载比随土体固结而使其在一定范围变动，随固结变形逐渐完成而趋于稳定。
>
> 二是桩间土体的压缩固结受承台压力作用为主，受桩、土相互作用影响居次。由于承台底面桩、土的沉降是相等的，桩基的沉降既可通过计算桩的沉降，也可通过计算桩间土沉降实现。桩的沉降包含桩端平面以下土的压缩和塑性刺入（忽略桩的弹性压缩），同时应考虑承台土反力对桩沉降的影响。桩间土的沉降包含承台底土的压缩和桩对土的影响。

【例 8.8.3-24】

某软土地基上多层建筑，采用减沉复合疏桩基础，筏板平面尺寸为 35m×10m，承台底设置钢筋混凝土预制方桩共计 102 根，桩截面尺寸为 200mm×200mm，间距 2m，桩长 15m，正三角形布置，地层分布及土层参数如图 8.8.3-17 所示。试问按《桩基》计算的基础中心点由桩土相互作用产生的沉降 s_{sp}，其值与下列哪一个选项接近？

(A) 6.4mm　(B) 8.4mm

(C) 11.9mm　(D) 15.8mm

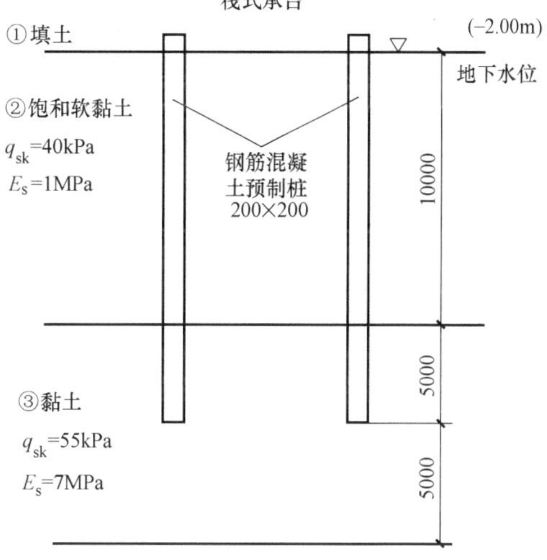

图 8.8.3-17

【答案】(D)

【解答】

(1) 计算桩身直径

根据《桩基》第 5.6.2 条。为求桩土相互作用产生的沉降，要把方桩等效为圆桩。

$$d=1.27\times0.2=0.254(\mathrm{m})$$

(2) 计算等效距径比

根据《桩基》第 5.5.10 条

$$s_a/d=0.886\sqrt{A}/(\sqrt{n}\cdot b)=0.886\times\sqrt{35\times10}/(\sqrt{102}\times0.2)=8.206$$

(3) 计算桩身范围内厚度的加权平均桩侧极限摩阻力和平均压缩模量

根据《桩基》第 5.6.2 条

$$\bar{q}_{su}=(40\times10+55\times5)/(10+5)=675/15=45(\mathrm{kPa})$$

$$\bar{E}_s=(1\times10+7\times5)/15=3(\mathrm{MPa})$$

(4) 计算桩土相互作用的沉降

根据《桩基》第5.6.2条

$$s_{sp}=280\frac{\bar{q}_{su}}{E_s}\cdot\frac{d}{(s_a/d)^2}=280\times\frac{45}{3}\times\frac{0.254}{8.206^2}=15.84(mm)$$

(D) 正确。

四、承台计算

1. 多桩矩形承台

(1) 受弯计算

《桩基》规定

5.9.1 桩基承台应进行正截面受弯承载力计算。承台弯矩可按本规范第5.9.2～5.9.5条的规定计算，受弯承载力和配筋可按现行国家标准《混凝土结构设计规范》GB 50010的规定进行。

5.9.2 柱下独立桩基承台的正截面弯矩设计值可按下列规定计算：

1 两桩条形承台和多桩矩形承台弯矩计算截面取在柱边和承台变阶处（见图5.9.2a），可按下列公式计算：

$$M_x=\sum N_i y_i \tag{5.9.2-1}$$

$$M_y=\sum N_i x_i \tag{5.9.2-2}$$

式中 M_x、M_y——绕X轴和绕Y轴方向计算截面处的弯矩设计值；

x_i、y_i——垂直Y轴和X轴方向自桩轴线到相应计算截面的距离；

N_i——不计承台及其上土重，在荷载效应基本组合下的第i基桩或复合基桩竖向反力设计值。

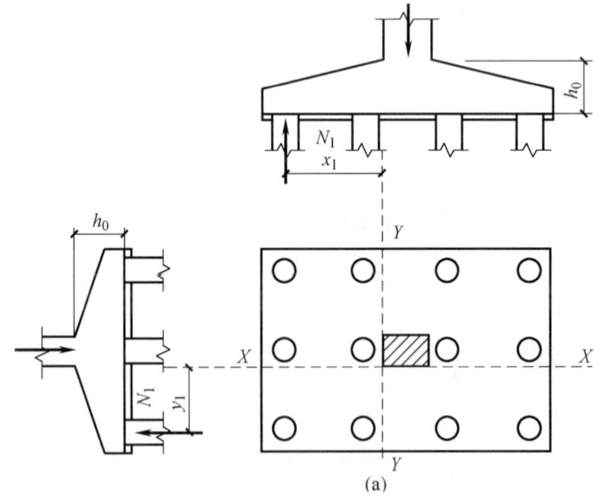

图5.9.2 承台弯矩计算示意

(a) 矩形多桩承台

4.2.3 承台的钢筋配置应符合下列规定：

1 柱下独立桩基承台的最小配筋率不应小于0.15%。

2 承台底面钢筋的混凝土保护层厚度，当有混凝土垫层时，不应小于50mm，无垫层时不应小于70mm；此外尚不应小于桩头嵌入承台内的长度。

【例 8.8.4-1】

桩基承台如图 8.8.4-1 所示（尺寸 mm 计），已知柱轴力 F=12000kN，力矩 M=1500kN·m，水平力 H=600kN（F、M 和 H 均对应荷载效应基本组合），承台及其上填土的平均重度为 20kN/m³。试按《桩基》计算图示虚线截面处的弯矩设计值最接近下列哪一组数值？

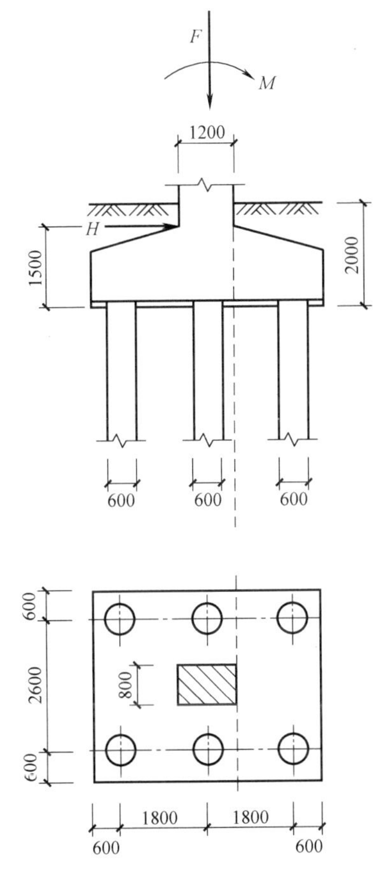

图 8.8.4-1

(A) 4800kN·m　　(B) 5300kN·m　　(C) 5600kN·m　　(D) 5900kN·m

【答案】(C)

【解答】作用于右桩的竖向力最大，根据《桩基》式（5.1.1-2），扣除承台和其上土重，右桩顶面的竖向力设计值为

$$N_{右}=\frac{F}{n}+\frac{M_y x_i}{\sum x_j^2}=\frac{12000}{6}+\frac{(1500+600\times1.5)\times1.8}{4\times1.8^2}$$
$$=2333\text{kN}$$

根据《桩基》式（5.9.2-2），承台的最大弯矩设计值为

$$M_y=\sum N_i x_i=2\times2333\times(1.8-0.6)=5599\text{kN}\cdot\text{m}$$

（2）冲切计算

《桩基》规定

5.9.6 桩基承台厚度应满足柱（墙）对承台的冲切和基桩对承台的冲切承载力要求。

① 柱对承台的冲切

《桩基》规定

5.9.7 轴心竖向力作用下桩基承台受柱（墙）的冲切，可按下列规定计算：

1 冲切破坏锥体应采用自柱（墙）边或承台变阶处至相应桩顶边缘连线所构成的锥体，锥体斜面与承台底面之夹角不应小于 45°（见图 5.9.7）。

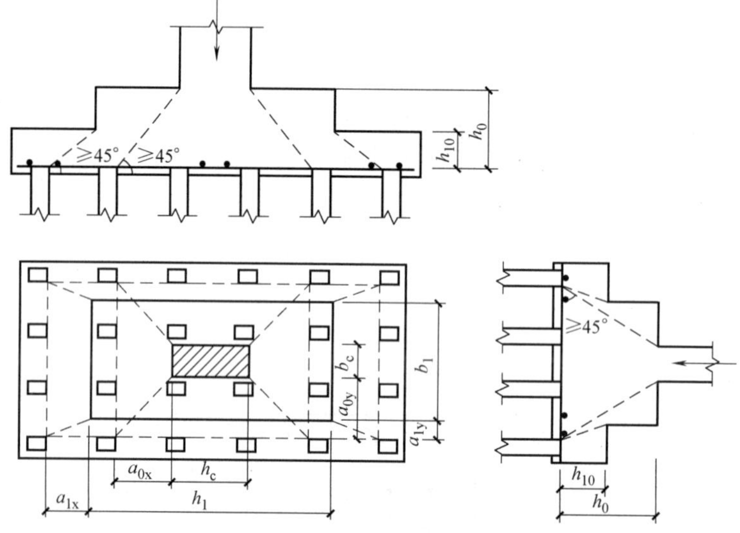

图 5.9.7 柱对承台的冲切计算示意

2 受柱（墙）冲切承载力可按下列公式计算：

$$F_l\leqslant\beta_{hp}\beta_0 u_m f_t h_0 \tag{5.9.7-1}$$

$$F_l=F-\sum Q_i \tag{5.9.7-2}$$

$$\beta_0=\frac{0.84}{\lambda+0.2} \tag{5.9.7-3}$$

式中 F_l——不计承台及其上土重，在荷载效应基本组合下作用于冲切破坏锥体上的冲切力设计值；

f_t——承台混凝土抗拉强度设计值；

β_{hp}——承台受冲切承载力截面高度影响系数，当 $h\leqslant800$mm 时，β_{hp}取 1.0，$h\geqslant2000$mm 时，β_{hp}取 0.9，其间按线性内插法取值；

u_m——承台冲切破坏锥体一半有效高度处的周长；

h_0——承台冲切破坏锥体的有效高度；

β_0——柱（墙）冲切系数；

λ——冲跨比，$\lambda=a_0/h_0$，a_0 为柱（墙）边或承台变阶处至桩边水平距离；当 $\lambda<0.25$ 时，取 $\lambda=0.25$；当 $\lambda>1.0$ 时，取 $\lambda-1.0$；

F——不计承台及其上土重，在荷载效应基本组合作用下柱（墙）底的竖向荷载设计值；

$\sum Q_i$——不计承台及其上土重，在荷载效应基本组合下冲切破示锥体内各基桩或复合基桩的反力设计值之和。

3 对于柱下矩形独立承台受柱冲切的承载力可按下列公式计算（图 5.9.7）：

$$F_l\leqslant2[\beta_{0x}(b_c+a_{0y})+\beta_{0y}(h_c+a_{0x})]\beta_{hp}f_th_0 \tag{5.9.7-4}$$

式中 β_{0x}、β_{0y}——由式（5.9.7-3）求得，$\lambda_{0x}=a_{0x}/h_0$，$\lambda_{0y}=a_{0y}/h_0$；λ_{0x}、λ_{0y}均应满足 0.25～1.0 的要求；

h_c、b_c——x、y 方向的柱截面的边长；

a_{0x}、a_{0y}——x、y 方向柱边至最近桩边的水平距离。

4 对于柱下矩形独立阶形承台受上阶冲切的承载力可按下列公式计算（图 5.9.7）：

$$F_l\leqslant2[\beta_{1x}(b_1+a_{1y})+\beta_{1y}(h_1+a_{1x})]\beta_{hp}f_th_{10} \tag{5.9.7-5}$$

式中 β_{1x}、β_{1y}——由式（5.9.7-3）求得，$\lambda_{1x}=a_{1x}/h_{10}$，$\lambda_{1y}=a_{1y}/h_{10}$；$\lambda_{1x}$、$\lambda_{1y}$均应满足 0.25～1.0 的要求；

h_1b_1——x、y 方向承台上阶的边长；

a_{1x}、a_{1y}——x、y 方向承台上阶边至最近桩边的水平距离。

对于圆柱及圆柱，计算时应将其截面换算成方柱及方桩，即取换算柱截面边长 $b_c=0.8d_c$（d_c 为圆柱直径），换算桩截面边长 $b_p=0.8d$（d 为圆桩直径）。

对于柱下两桩承台，宜按深受弯构件（$l_0/h<5.0$，$l_0=1.51l_n$，l_n 为两桩净距）计算受弯、受剪承载力，不需要进行受冲切承载力计算。

【例 8.8.4-2】～【例 8.8.4-4】

某框架结构柱基础，由上部结构传至该柱基的荷载标准值为：$F=7600$kN，$M_x=M_y=800$kN·m。柱基础独立承台下采用 400mm×400mm 钢筋混凝土预制桩，桩的平面布置及承台尺寸如图 8.8.4-2 所示。承台底面埋深 3.0m，柱截面尺寸为 700mm×700mm，居承台中心位置。承台采用 C40 混凝土，混凝土保护层厚度取 50mm。承台及承台以上土的加权平均重度为 20kN/m^3。

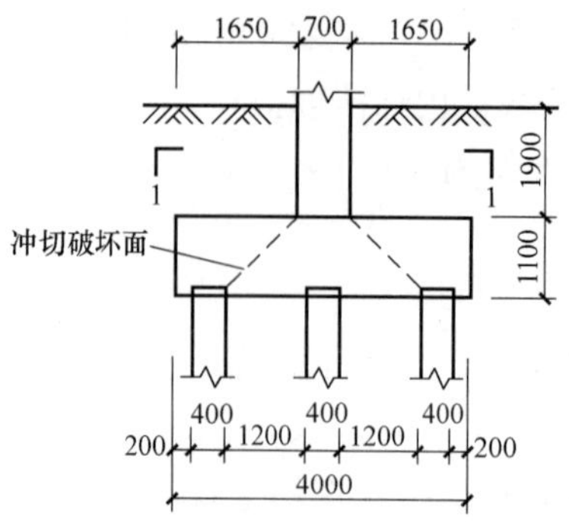

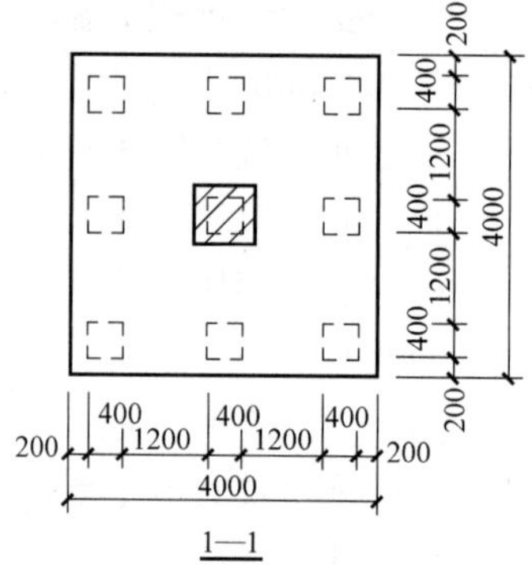

图 8.8.4-2

【例 8.8.4-2】

假定相应于荷载效应基本组合由永久荷载控制，试问，柱对承台的冲切力设计值 F_l（kN），与下列何项数值最为接近？

(A) 5870　　(B) 6720　　(C) 7920　　(D) 9120

【答案】(D)

【解答】根据《桩基》5.9.7 条的规定，柱对承台的冲切力设计值为

$$F_l=1.35S_k=1.35\times(F-\sum N_i)=1.35\times\left(7600-\frac{7600}{9}\right)=1.35\times 8\times\frac{7600}{9}=9120\text{kN}$$

故 (D) 正确。

【例 8.8.4-3】

试问，验算柱对承台的冲切时，承台的抗冲切承载力设计值（kN），与下列何项数值最为接近？

(A) 2150　　(B) 4290　　(C) 8220　　(D) 8580

【答案】(D)

【解答】承台的有效高度为 $h_0=(1100-50)\text{mm}=1050\text{mm}$

根据《桩基》5.9.7 条的规定，承台受冲切承载力截面高度影响系数为

$$\beta_{hp}=1.0-0.1\times\frac{1100-800}{2000-800}=0.975$$

x、y 方向柱边至最近桩边的水平距离为

$$a_{0x}=a_{0y}=(1400-350)\text{mm}=1050\text{mm},f_t=1.71\text{N/mm}^2,$$

承台冲跨比和柱冲切系数为

$$\lambda_{0x}=\frac{a_{0x}}{h_0}=\lambda_{0y}=\frac{a_{0y}}{h_0}=1,\beta_{0x}=\beta_{0y}=\frac{0.84}{\lambda_{0x}+0.2}=\frac{0.84}{1.2}=0.7$$

根据《桩基》式（5.9.7-4），承台抵抗柱冲切的承载力设计值为

$$2[\beta_{0x}(b_c+a_{0y})+\beta_{0y}(h_c+a_{0x})]\beta_{hp}f_th_0$$
$$=2\times2\times0.7\times(700+1050)\times0.975\times1.71\times1050=8578\text{kN}$$

故 (D) 正确。

② 桩对承台的冲切

《桩基》规定

5.9.8 对位于柱（墙）冲切破坏锥体以外的基桩，可按下列规定计算承台受基桩冲切的承载力：

1 四桩以上（含四桩）承台受角桩冲切的承载力可按下列公式计算（见图5.9.8-1）：

$$N_l \leqslant [\beta_{1x}(c_2 + a_{1y}/2) + \beta_{1y}(c_1 + a_{1x}/2)]\beta_{hp} f_t h_0 \tag{5.9.8-1}$$

$$\beta_{1x} = \frac{0.56}{\lambda_{1x} + 0.2} \tag{5.9.8-2}$$

$$\beta_{1y} = \frac{0.56}{\lambda_{1y} + 0.2} \tag{5.9.8-3}$$

式中 N_l——不计承台及其上土重，在荷载效应基本组合作用下角桩（含复合基桩）反力设计值；

β_{1x}、β_{1y}——角桩冲切系数；

a_{1x}、a_{1y}——从承台底角桩顶内边缘引45°冲切线与承台顶面相交点至角桩内边缘的水平距离；当柱（墙）边或承台变阶处位于该45°线以内时，则取由柱（墙）边或承台变阶处与桩内边缘边线为冲切锥体的锥线（图5.9.8-1）；

h_0——承台外边缘的有效高度；

λ_{1x}、λ_{1y}——角桩冲跨比，$\lambda_{1x}=a_{1x}/h_0$，$\lambda_{1y}=a_{1y}/h_0$，其值均应满足0.25～1.0的要求。

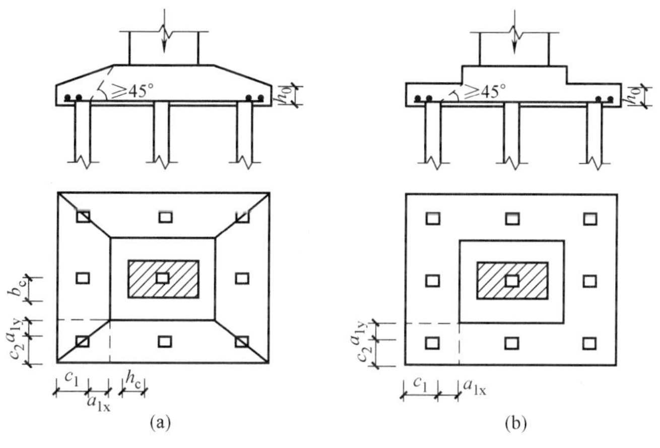

图5.9.8-1 四桩以上（含四桩）承台角桩冲切计算示意

(a) 锥形承台；(b) 阶形承台

【例8.8.4-4】

验算角桩对承台的冲切时，试问，承台的抗冲切承载力设计值（kN），与下列何项数值最为接近？

(A) 880　　(B) 920　　(C) 1760　　(D) 1840

【答案】(D)

【解答】根据《桩基》5.9.8条的规定，从承台底角桩内边缘引45°冲切线与承台顶面相交点至角桩内边缘的水平距离（即承台的有效高度）为

$$a_{1x}=a_{1y}=1050\text{mm}$$

由《桩基》图 5.9.8-1 和本题图 8.8.4-2，可知 $c_1=c_2=600\text{mm}$

角桩冲跨比为 $\lambda_{0x}=\dfrac{a_{1x}}{h_0}=\lambda_{0y}=\dfrac{a_{1y}}{h_0}=1$

角桩冲切系数为 $\beta_{1x}=\beta_{1y}=\dfrac{0.56}{\lambda+0.2}=\dfrac{0.56}{1.2}=0.467$

根据《桩基》式（5.9.8-1），承台的抗角桩冲切承载力设计值为

$$\left[\beta_{1x}\left(c_2+\frac{a_{1y}}{2}\right)+\beta_{1y}\left(c_1+\frac{a_{1x}}{2}\right)\right]\beta_{hp}f_t h_0$$

$$=2\times0.467\times(600+1050/2)\times0.975\times1.71\times1050=1840\text{kN}$$

故（D）正确。

（3）受剪计算

《桩基》规定

5.9.9 柱（墙）下桩基承台，应分别对柱（墙）边、变阶处和桩边连线形成的贯通承台的斜截面的受剪承载力进行验算。当承台悬挑边有多排基桩形成多个斜截面时，应对每个斜截面的受剪承载力进行验算。

5.9.10 柱下独立桩基承台斜截面受剪承载力应按下列规定计算：

1 承台斜截面受剪承载力可按下列公式计算（见图 5.9.10-1）

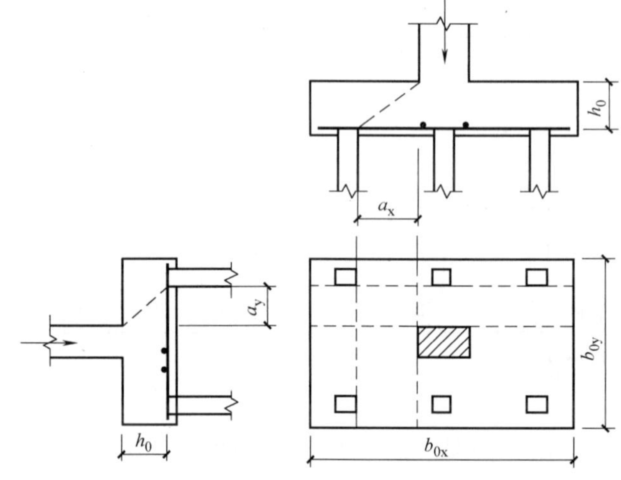

图 5.9.10-1 承台斜截面受剪计算示意

$$V\leqslant\beta_{hs}\alpha f_t b_0 h_0 \tag{5.9.10-1}$$

$$\alpha=\frac{1.75}{\lambda+1} \tag{5.9.10-2}$$

$$\beta_{hs}=\left(\frac{800}{h_0}\right)^{1/4} \tag{5.9.10-3}$$

式中 V——不计承台及其上土自重，在荷载效应基本组合下，斜截面的最大剪力设计值；

f_t——混凝土轴心抗拉强度设计值；

b_0——承台计算截面处的计算宽度；

h_0——承台计算截面处的有效高度；

α——承台剪切系数；按式（5.9.10-2）确定；

λ——计算截面的剪跨比，$\lambda_x = a_x / h_0$，$\lambda_y = a_y / h_0$，此处，a_x，a_y 为柱边（墙边）或承台变阶处至 y、x 方向计算一排桩的桩边的水平距离，当 $\lambda < 0.25$ 时，取 $\lambda = 0.25$；当 $\lambda > 3$ 时，取 $\lambda = 3$；

β_{hs}——受剪切承载力截面高度影响系数；当 $h_0 < 800$mm 时，取 $h_0 = 800$mm；当 $h_0 > 2000$mm 时，取 $h_0 = 2000$mm；其间按线性内插法取值。

① 阶梯形承台的受剪计算

《桩基》5.9.10 条规定

2 对于阶梯形承台应分别在变阶处（A_1—A_1，B_1—B_1）及柱边处（A_2—A_2，B_2—B_2）进行斜截面受剪承载力计算（图 5.9.10-2）。

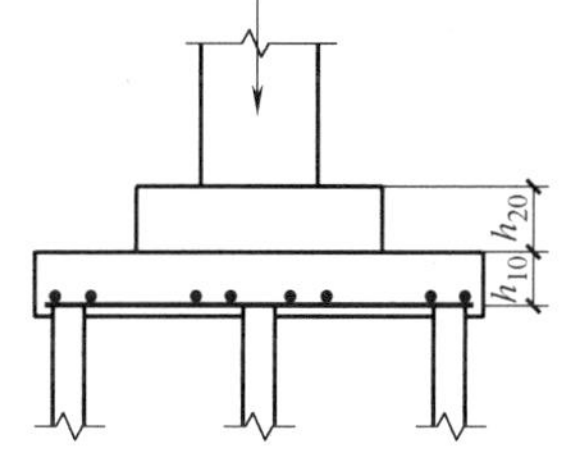

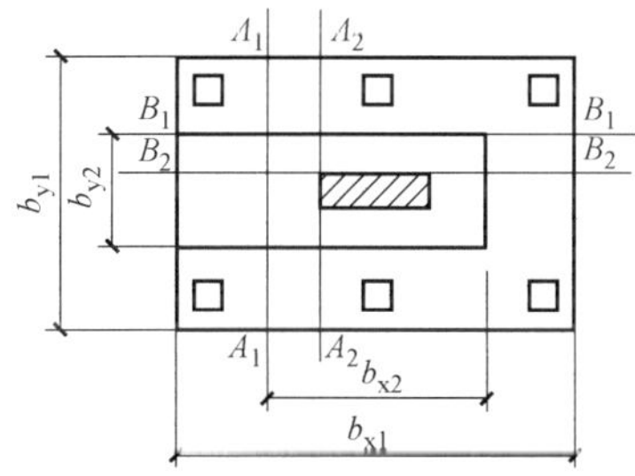

图 5.9.10-2 阶梯形承台斜截面受剪计算示意

计算变阶处截面（A_1—A_1，B_1—B_1）的斜截面受剪承载力时，其截面有效高度均为 h_{10}，截面计算宽度分别为 b_{y1} 和 b_{x1}。

计算柱边截面（A_2—A_2，B_2—B_2）的斜截面受剪承载力时，其截面有效高度均为 $h_{10} + h_{20}$，截面计算宽度分别为：

对 A_2—A_2
$$b_{y0} = \frac{b_{y1} \cdot h_{10} + b_{y2} \cdot h_{20}}{h_{10} + h_{20}} \tag{5.9.10-4}$$

对 B_2—B_2
$$b_{x0} = \frac{b_{x1} \cdot h_{10} + b_{x2} \cdot h_{20}}{h_{10} + h_{20}} \tag{5.9.10-5}$$

【例 8.8.4-5】

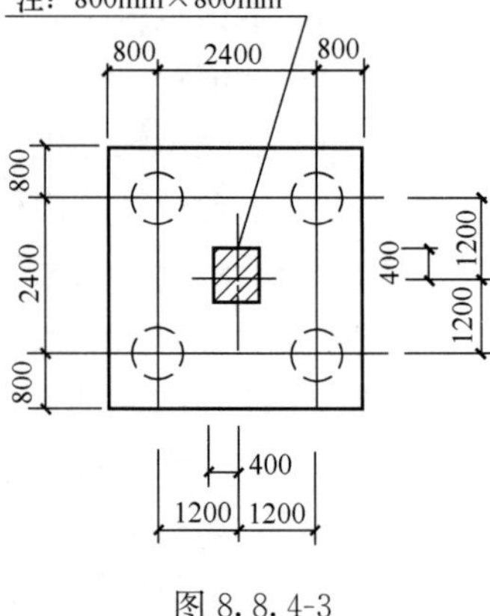

图 8.8.4-3

如图 8.8.4-3 所示，承台高 1.2m，混凝土强度等级 C35，桩径 d=400mm。试问非抗震设计时，承台受剪承载力设计值（kN）与下列何项数值最为接近？

提示：(1) 承台有效高度 h_0=1.1m；(2) 按《桩基》JGJ 94—2008 作答。

(A) 6400 (B) 7000

(C) 7800 (D) 8400

【解答】(1) 根据《桩基》5.9.10 第 1 款：

$$\beta_{hs}=\left(\frac{800}{1100}\right)^{\frac{1}{4}}=0.923$$

$$a_x=0.8-\frac{0.8d}{2}=0.48\text{m}，\lambda_x=\frac{0.48}{1.1}=0.436，\alpha=\frac{1.75}{1+0.436}=1.219$$

(2) 抗剪承载力

$\beta_{hs}\alpha f_t bh_0=0.923\times1.219\times1.57\times4000\times1100/1000=7772.4\text{kN}$，选 (C)

② 锥形承台的受剪计算

《桩基》规定

3 对于锥形承台应对变阶处及柱边处（A—A 及 B—B）两个截面进行受剪承载力计算（见图 5.9.10-3），截面有效高度均为 h_0，截面的计算宽度分别为：

对 A—A
$$b_{y0}=\left[1-0.5\frac{h_{20}}{h_0}\left(1-\frac{b_{y2}}{b_{y1}}\right)\right]b_{y1} \tag{5.9.10-6}$$

对 B—B
$$b_{x0}=\left[1-0.5\frac{h_{20}}{h_0}\left(1-\frac{b_{x2}}{b_{x1}}\right)\right]b_{x1} \tag{5.9.10-7}$$

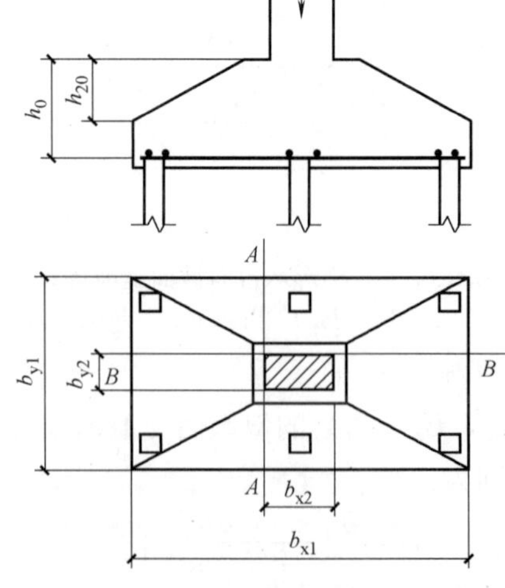

图 5.9.10-3 锥形承台斜截面受剪计算示意

【例 8.8.4-6】

某中柱采用如图 8.8.4-4 所示的四桩承台基础，已知桩身直径为 400mm，单桩竖向抗压承载力特征值 $R_a=700\text{kN}$，承台混凝土强度等级 C30（$f_t=1.43\text{N/mm}^2$），桩中心距 $s=2400\text{mm}$。考虑右向地震作用，相应于荷载效应标准组合时，作用于承台底面标高处的竖向力 $F_{Ek}=3341\text{kN}$，弯矩 $M_{Ek}=920\text{kN}\cdot\text{m}$，水平力 $V_{Ek}=320\text{kN}$，承台有效高度 $h_0=730\text{mm}$，承台及其上土重可忽略不计。

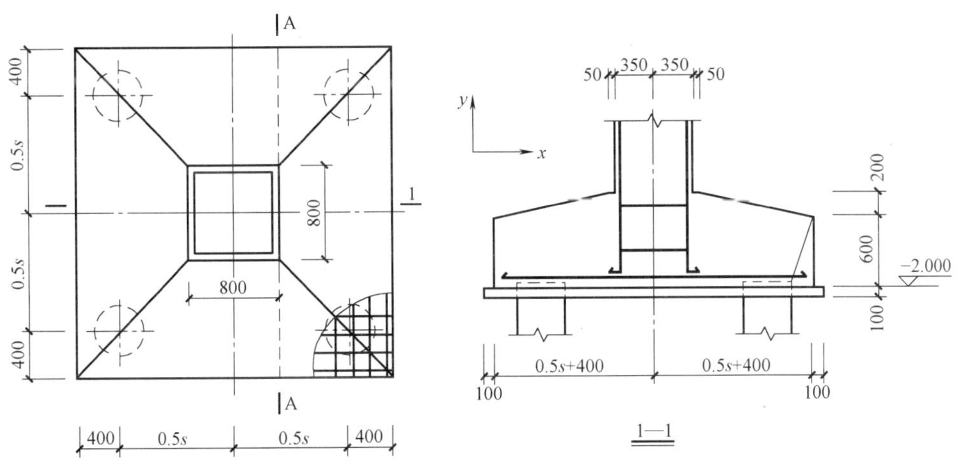

图 8.8.4-4

试问，地震作用效应组合时，承台 A—A 剖面处的抗剪承载力设计值（kN）与下列何项数值最为接近？

（A）3500　　（B）3100　　（C）2800　　（D）2400

【答案】（B）

【解答】根据《桩基》5.9.10，对锥形承台，有效高度 $h_0=730\text{mm}$，有效宽度为

$$b_{y0}=\left[1-0.5\frac{h_{20}}{h_0}\left(1-\frac{b_{y2}}{b_{y1}}\right)\right]b_{y1}=\left[1-0.5\times\frac{200}{730}\left(1-\frac{800}{3200}\right)\right]\times 3200=2871.2\text{mm}$$

$$\lambda_x=\frac{a_x}{h_0}=\frac{1200-350-200\times 0.8}{730}=0.945$$

（注：上式中 0.8 为圆柱截面换算为方桩截面的换算系数）

$$\alpha=\frac{1.75}{\lambda_x+1}=\frac{1.75}{0.945+1}=0.9$$

C30 混凝土，$f_t=1.43\text{N/mm}^2$，$\beta_{hs}=\left(\frac{800}{h_0}\right)^{1/4}=1.0$（当 $h_0<800\text{mm}$ 时，取 $h_0=800\text{mm}$）

根据《抗震》表 5.4.2，进行抗震验算时，抗剪承载力调整系数 $\gamma_{RE}=0.85$

$$[V]=\frac{\beta_{hs}\alpha f_t b_{y0} h_0}{\gamma_{RE}}=\frac{1.0\times 0.9\times 1.43\times 2871.2\times 730}{0.85}=3173.6\text{kN}$$

2. 三桩三角形承台

（1）受弯计算

① 等边三角形承台的受弯计算

《桩基》5.9.2 条讲述受弯计算内容

5.9.2 柱下独立桩基承台的正截面弯矩设计值可按下列规定计算：

2 三桩承台的正截面弯矩值应符合下列要求：

1） 等边三桩承台（图 5.9.2b）

$$M=\frac{N_{\max}}{3}\left(s_a-\frac{\sqrt{3}}{4}c\right) \tag{5.9.2-3}$$

式中 M——通过承台形心至各边边缘正交截面范围内板带的弯矩设计值；

$N_{\max}$——不计承台及其上土重，在荷载效应基本组合下三桩中最大基桩或复合基桩竖向反力设计值；

s_a——桩中心距；

c——方柱边长，圆柱时 $c=0.8d$（d 为圆柱直径）。

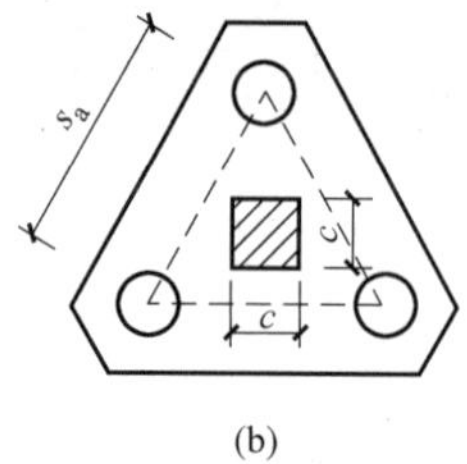

(b)

图 5.9.2 承台变矩计算示意
（b）等边三桩承台

【例 8.8.4-7】

某柱下桩基采用等边三角形承台，如图 8.8.4-5 所示，承台等厚，三向均匀，上部荷载效应基本组合下，作用于基桩顶面的轴心竖向力为 2100kN，按《桩基》计算，该承台正截面最大弯矩接近下列何项数值？

（A）531kN·m （B）670kN·m

（C）743kN·m （D）814kN·m

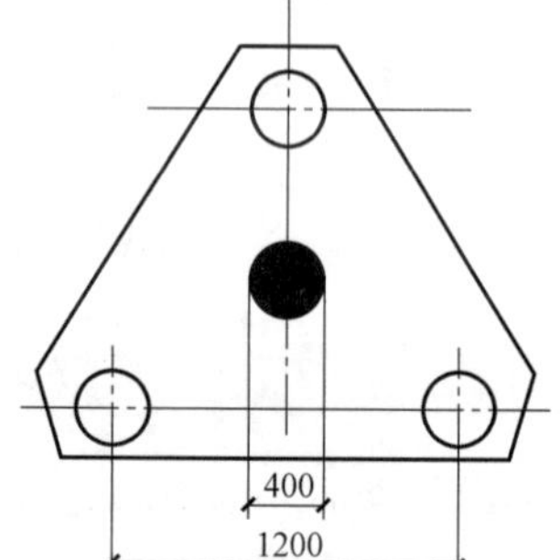

图 8.8.4-5

【答案】（C）

【解答】 根据《桩基》第 5.9.2 条。

（1）计算将圆柱折算成方柱截面边长 c：

$c=0.8d=0.8\times0.4=0.32$（m）

（2）计算等边三桩承台正截面弯矩 M：

$$M=\frac{N_{\max}}{3}\left(s_a-\frac{\sqrt{3}}{4}c\right)=\frac{2100}{3}\times\left(1.2-\frac{\sqrt{3}}{4}\times0.32\right)=743(\text{kN}\cdot\text{m})$$

答案为（C）。

② 等腰三角形承台的受弯计算

《桩基》规定

5.9.2 柱下独立桩基承台的正截面弯矩设计值可按下列规定计算：

2 三桩承台的正截面弯矩值应符合下列要求：

2）等腰三桩承台（图 5.9.2）

$$M_1=\frac{N_{\max}}{3}\left(s_a-\frac{0.75}{\sqrt{4-\alpha^2}}c_1\right) \tag{5.9.2-4}$$

$$M_2=\frac{N_{\max}}{3}\left(\alpha s_a-\frac{0.75}{\sqrt{4-\alpha^2}}c_2\right) \tag{5.9.2-5}$$

式中 M_1、M_2——通过承台形心至两腰边缘和底边边缘正交截面范围内板带的弯矩设计值；

s_a——长向桩中心距；

α——短向桩中心距与长向桩中心距之比，当 α 小于 0.5 时，应按变截面的二桩承台设计；

c_1、c_2——垂直于、平行于承台底边的柱截面边长。

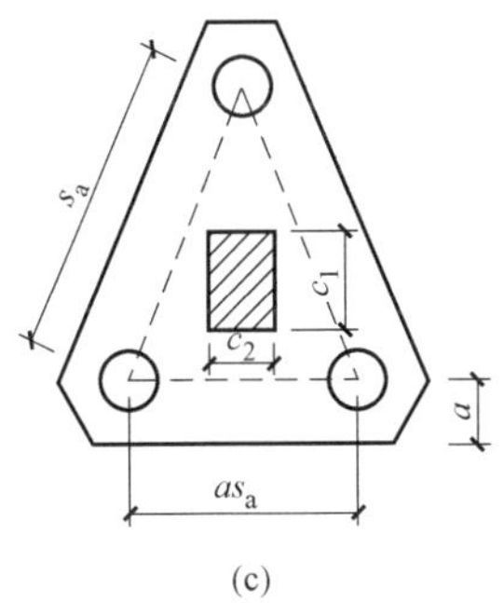

(c)

图 5.9.2 承台弯矩计算示意

（c）等腰三桩承台

【例 8.8.4-8】

某桩基承台如图 8.8.4-6 所示，采用打入式钢筋混凝土预制方桩，桩截面边长为 400mm。承台高度为 1100mm，承台的有效高度 h_0=1050mm，混凝土强度等级为 C35（f_t=1.57N/mm²），柱截面尺寸为 600mm×600mm。在荷载效应基本组合下，不计承台及其上土重，A 桩和 C 桩承担的竖向反力设计值为 1100kN，D 桩承担的竖向反力设计值为 900kN。

试问，通过承台形心至两腰边缘正交截面范围内板带的弯矩设计值 M（kN·m），与下列何项数值最为接近？

(A) 780　　(B) 880

(C) 920　　(D) 940

【答案】(B)

【解答】作题提示：所求弯矩设计值的位置是通过承台形心至两腰边缘正交截面范围内，也就是说，该最大弯矩所在截面与等腰承台的底边平行。

根据《桩基》5.9.2 条，扣除承台和其上土重后，相应于荷载效应基本组合时的最大

单桩竖向力设计值为 $N_{max}=1100\text{kN}$

长向桩中心距为

$$s_a=\sqrt{1000^2+2432^2}=2629.6\text{mm}$$

短向桩中心距与长向桩中心距之比为

$$a=\frac{2000}{2629.6}=0.761$$

根据《桩基》式（5.9.2-4），承台形心至两腰边缘正交截面范围内板带的弯矩设计值为

$$M_1=\frac{N_{max}}{3}\left(s_a-\frac{0.75}{\sqrt{4-a^2}}c_1\right)$$

$$=\frac{1100}{3}\times\left(2629.6-\frac{0.75}{\sqrt{4-0.761^2}}\times600\right)$$

$$=874976\text{N}\cdot\text{m}\approx875\text{kN}\cdot\text{m}$$

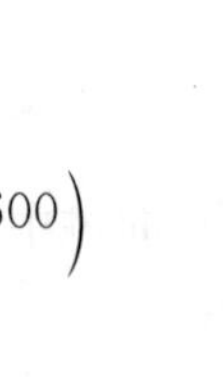

图 8.8.4-6

故（B）正确。

（2）角桩冲切

《桩基》规定

2 对于三桩三角形承台可按下列公式计算受角桩冲切的承载力（图 5.9.8-2）：

底部角桩：

$$N_l\leqslant\beta_{11}(2c_1+a_{11})\beta_{hp}\tan\frac{\theta_1}{2}f_t h_0 \tag{5.9.8-4}$$

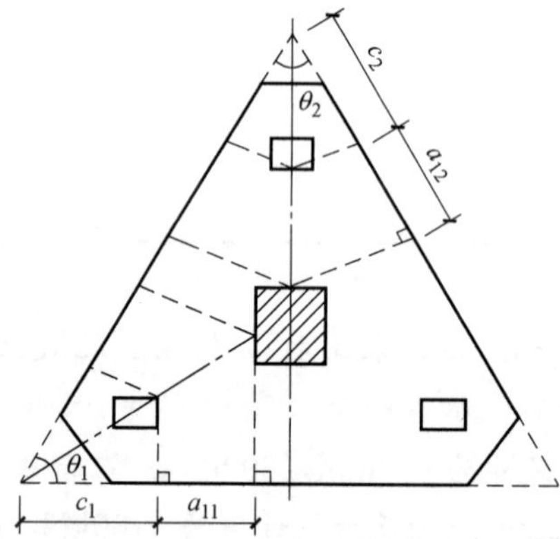

图 5.9.8-2 三桩三角形承台角桩冲切计算示意

$$\beta_{11}=\frac{0.56}{\lambda_{11}+0.2} \tag{5.9.8-5}$$

顶部角桩：

$$N_l\leqslant\beta_{12}(2c_2+a_{12})\beta_{hp}\tan\frac{\theta_2}{2}f_t h_0 \tag{5.9.8-6}$$

$$\beta_{12}=\frac{0.56}{\lambda_{12}+0.2} \tag{5.9.8-7}$$

式中	λ_{11}、λ_{12}——角桩冲跨比，$\lambda_{11}=a_{11}/h_0$，$\lambda_{12}=a_{12}/h_0$，其值均应满足 0.25～1.0 的要求； a_{11}、a_{12}——从承台底角桩顶内边缘引 45°冲切线与承台顶面相交点至角桩内边缘的水平距离；当柱（墙）边或承台变阶处位于 45°线以内时，则取由柱（墙）边或承台变阶处与桩内边缘边线为冲切锥体的锥线。

【例 8.8.4-9】

有一等边三桩承台基础，采用沉管灌注桩，桩径为 426mm，有效桩长为 24m。有关桩的布置、承台尺寸等如图 8.8.4-7 所示。

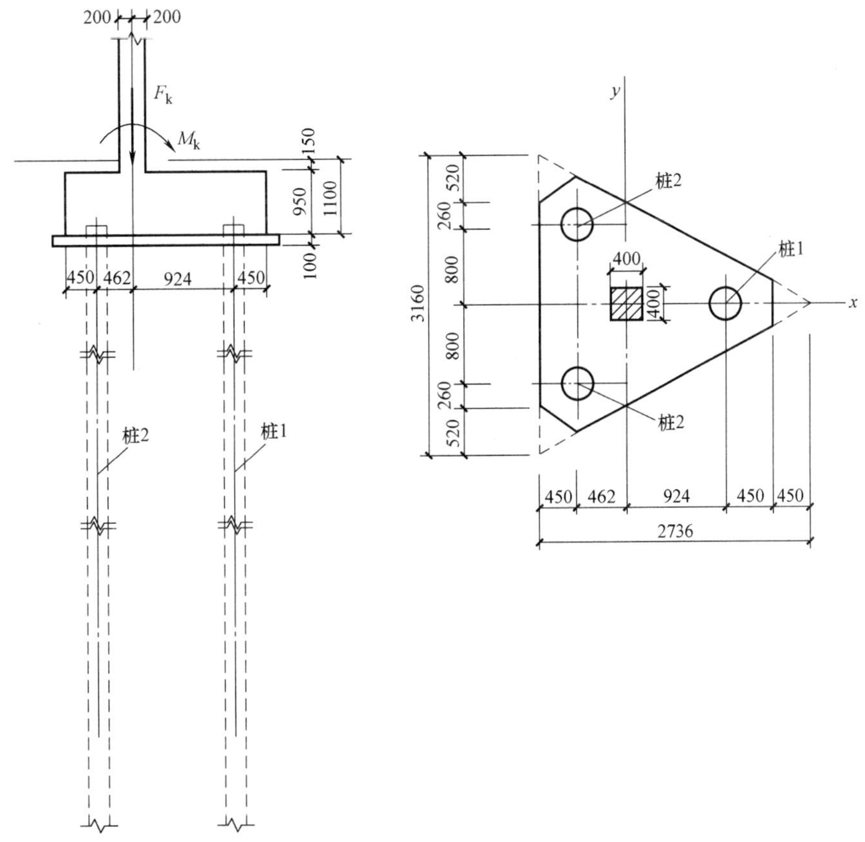

图 8.8.4-7

已知 $c_2=939$mm，$a_{12}=467$mm，$h_0=890$mm，角桩冲跨比 $\lambda_{12}=a_{12}/h_0=0.525$；承台采用混凝土强度等级 C25。试问，承台受桩 1 冲切的承载力（kN），最接近于下列何项数值？

(A) 740　　(B) 810　　(C) 850　　(D) 1166

【答案】(D)

【解答】根据《桩基》5.9.8 条 2 款的规定，截面高度影响系数为 $\beta_{hp}=0.9875$

已知角桩冲跨比为 $\lambda_{12}=\frac{a_{12}}{h_0}=\frac{467}{890}=0.525$

角桩冲切系数为 $\beta_{12}=\frac{0.56}{\lambda_{12}+0.2}=\frac{0.56}{0.525+0.2}=0.772$

根据《桩基》式（5.9.8-6），承台受角桩冲切的承载力为

$$\begin{aligned}\beta_{12}(2c_2+a_{12})\tan\frac{\theta}{2}\beta_{hp}f_t h_0 &=0.772(2\times939+467)\tan\frac{60^\circ}{2}\times0.9875\times1.27\times890\\&=0.772\times2345\times0.577\times0.9875\times1.27\times890\\&=1166\text{kN}\end{aligned}$$

故（D）正确。

8.9 地　基　处　理

一、压实地基

《地基处理》指出

2.1.9　压实地基 　利用平碾、振动碾、冲击碾或其他碾压设备将填土分层密实处理的地基。

1. 压实地基的适用范围

《地基处理》规定

6.1.1　压实地基适用于处理大面积填土地基。

2. 压实填土的填料

《地基处理》规定

6.2.2　压实填土地基的设计应符合下列规定： 　**1**　压实填土的填料可选用粉质黏土、灰土、粉煤灰、级配良好的砂土或碎石土，以及质地坚硬、性能稳定、无腐蚀性和无放射性危害的工业废料等，并应满足下列要求： 　　**1**）以碎石土作填料时，其最大粒径不宜大于100mm； 　　**2**）以粉质黏土、粉土作填料时，其含水量宜为最优含水量，可采用击实试验确定； 　　**3**）不得使用淤泥、耕土、冻土、膨胀土以及有机质含量大于5%的土料； 　　**4**）采用振动压实法时，宜降低地下水位到振实面下600mm。

3. 压实填土的质量以压实系数 λ_c 控制

压实填土的密实程度可用压实系数 λ_c 来衡量，压实系数为土的控制干密度 ρ_d 与最大干密度 ρ_{dmax} 的比值，即 $\lambda_c=\frac{\rho_d}{\rho_{dmax}}$。

《地基处理》规定

表 4.2.4

注：1 压实系数 λ_c 为土的控制干密度 ρ_d 与最大干密度 ρ_{dmax} 的比值；

压实填土自身的变形与其厚度、干密度等因素有关。在干密度相同的情况下，厚度小的压实填土，其变形小；反之，其变形大。

这里所提到的“土的干密度”是指“土的单位体积内的颗粒质量”，用符号 ρ_d（t/m^3）表示，其表达式为 $\rho_d=\frac{m_s}{V}$。土的干密度愈大，表示土愈密实。在填土夯实时，常以土的干密度来控制土的夯实标准。如果已知土的密度 ρ 和含水量 W，就可以按下式算出土的干密度，即

$$\rho_d=\frac{\rho}{1+W}。$$

采用黏性土和黏粒含量 $\rho_c\geqslant10\%$ 的粉土作填料时，填料的含水量至关重要。实践证明，对含水量很高的黏性土进行夯实或碾压时容易压成“橡皮土”，会出现软弹现象，此时土的密实度是不会增加的。对很干的土进行夯实或碾压时，土颗粒之间的阻力大，显然也不能把土充分夯实。只有在适当的含水量范围内，才能使土的压实效果最好。在一定的压实功能条件下，使土最容易压实，并能达到最大密实度的含水量，称为最优含水量（或最佳含水量），用符号 W_{op} 来表示，此时对应的干密度为最大干密度，用符号 ρ_{dmax} 来表示。

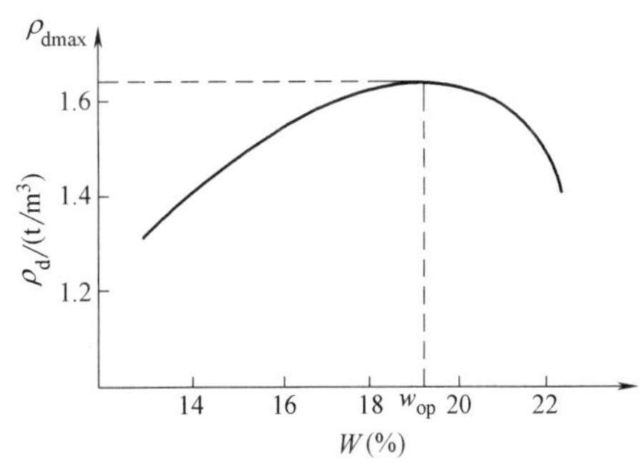

图 8.9.1-1　干密度与含水量的关系曲线

土的最优含水量和最大干密度可用室内击实试验测得。根据试验结果绘出击实曲线，即 W-ρ_d 关系曲线（图 8.9.1-1）。分析击实曲线可知，当含水量较低时，干密度 ρ_d 随着含水量 W 的增加而增高，这表明击实效果在逐步提高；当含水量超过某一限值 W_{op} 后，干密度 ρ_d 则随着含水量 W 的增加而降低，这表明击实效果在逐步下降。在击实曲线上出现一个干密度 ρ_d 峰值，即最大干密度 ρ_{dmax}。相应于这个峰值的含水量就是最优含水量 W_{op}。具有最优含水量的土，其挤实效果最好。

为了控制压实填土地基质量，压实填土的密实度和含水量应符合《地基》6.2.2 条的规定。

《地基处理》规定

6.2.2　压实填土地基的设计应符合下列规定：

5　压实填土的最大干密度和最优含水量，宜采用击实试验确定，当无试验资料时，最大干密度可按下式计算：

$$\rho_{dmax}=\eta\frac{\rho_w d_s}{1+0.01w_{op}d_s} \tag{6.2.2}$$

式中 ρ_{dmax}——分层压实填土的最大干密度（t/m³）；

η——经验系数，粉质黏土取0.96，粉土取0.97；

ρ_w——水的密度（t/m³）；

d_s——土粒相对密度（比重）（t/m³）；

w_{op}——填料的最优含水量（%）。

当填料为碎石或卵石时，其最大干密度可取2.1～2.12t/m³。

【例8.9.1-1】

某框架结构建筑物，地基持力层为厚度较大的素填土（主要成分为粉土），其承载力特征值 $f_{ak}=120$kPa，不满足设计要求，拟采用分层压实方法进行地基处理。已测得素填土的最优含水量为19%，土粒相对密度为2.69。

试问，估算的压实素填土的最大干密度（t/m³），应与下列何项数值最为接近？

(A) 1.5　　(B) 1.6　　(C) 1.7　　(D) 1.8

【答案】(C)

【解答】

根据《地基处理》式（6.2.2），粉土 $\eta=0.97$，则

$$\rho_{dmax}=\eta\frac{\rho_w d_s}{1+0.01w_{op}d_s}=0.97\times\frac{1\times2.69}{1+0.01\times19\times2.69}\text{t/m}^3=1.727\text{t/m}^3$$

《地基处理》规定

6.2.2 压实填土地基的设计应符合下列规定：

4 压实填土的质量以压实系数 λ_c 控制，并应根据结构类型和压实填土所在部位按表6.2.2-2的要求确定。

压实填土的质量控制　　表6.2.2-2

结构类型	填土部位	压实系数 λ_c	控制含水量(%)
砌体承重结构和框架结构	在地基主要受力层范围以内	≥0.97	$W_{op}\pm2$
	在地基主要受力层范围以下	≥0.95	
排架结构	在地基主要受力层范围以内	≥0.96	
	在地基主要受力层范围以下	≥0.94	

注：地坪垫层以下及基础底面标高以上的压实填土，压实系数不应小于0.94。

【例8.9.1-2】 某新建房屋采用框架结构，由于承载力不足，拟对该地基土采用分层压实方法进行地基处理。假定由击实试验确定的压实填土的最大干密度 $\rho_{dmax}=1.7$t/m³。

试问，根据《地基处理》的规定，在地基主要受力层范围内，压实填土的控制干密度 ρ_d（t/m³），其最小值不应小于下列何项数值？

(A) 1.70　　(B) 1.65　　(C) 1.60　　(D) 1.55

【答案】(B)

【解答】

根据《地基处理》表6.2.2-2，得压实系数 $\lambda_c=0.97$.

$$P_d=\lambda_c\times\rho_{dmax}=0.97\times1.7=1.65t/m^3$$

采用压实系数λ_c控制压实填土地基质量，不仅《地基》有规定，《地基》和《桩基》均有规定、现分述于下。

《地基处理》规定

4.2.4 垫层的压实标准可按表4.2.4选用。

各种垫层的压实标准 **表4.2.4**

施工方法	换填材料类别	压实系数λ_c
碾压振密或夯实	碎石、卵石	≥0.97
	砂夹石(其中碎石、卵石占全重的30%~50%)	
	土夹石(其中碎石、卵石占全重的30%~50%)	
	中砂、粗砂、砾砂、角砾、圆砾、石屑	
	粉质黏土	≥0.97
	灰土	≥0.95
	粉煤灰	≥0.95

注：1. 压实系数λ_c为土的控制干密度ρ_d与最大干密度ρ_{dmax}的比值；土的最大干密度宜采用击实试验确定；碎石或卵石的最大干密度可取2.1~2.12t/m^3；

2. 表中压实系数λ_c系使用轻型击实试验测定土的最大干密度ρ_{dmax}时给出的压实控制标准，采用重型击实试验时，对粉质黏土、灰土、粉煤灰及其他材料压实标准应为压实系数λ_c≥0.94。

【例8.9.1-3】 某地基土层：表层为黏土层，厚1m，其下为较厚的淤泥质黏土，用换填砂垫层法处理地基，采用中粗砂做垫层材料，砂垫层厚2m，最大干密度ρ_{dmax}=1.60t/m^3。分层压实的每层控制干密度（t/m^3）不应小于下列何项数值？

(A) 1.50　　(B) 1.55　　(C) 1.58　　(D) 1.60

【答案】(B)

【解答】

根据《地基处理》表4.2.4，垫层的压实标准：λ_c≥0.97。

施工控制干密度：$\rho_d=\lambda_c\cdot\rho_{dmax}=0.97\times1.60=1.55t/m^3$

《地基处理》规定

4.2.7 承台和地下室外墙与基坑侧壁间隙应灌注素混凝土或搅拌流动性水泥土，或采用灰土、级配砂石、压实性较好的素土分层夯实，其压实系数不宜小于0.94。

二、换填垫层

《地基处理》指出

2.1.4 换填垫层

挖除基础底面下一定范围内的软弱土层或不均匀土层，回填其他性能稳定、无侵蚀性、强度较高的材料，并夯压密实形成的垫层。

1. 适用范围

《地基处理》规定

> **4.1.1** 换填垫层适用于浅层软弱土层或不均匀土层的地基处理。

2. 垫层厚度

《地基处理》"条文说明"指出

> **4.2.2** 合理确定垫层厚度是垫层设计的主要内容。通常根据土层的情况确定需要换填的深度，对于浅层软土厚度不大的工程，应置换掉全部软弱土。对需换填的软弱土层，首先应根据垫层的承载力确定基础的宽度和基底压力，再根据垫层下卧层的承载力，设置垫层的厚度，经本规范式（4.2.2-1）复核，最后确定垫层厚度。

《地基处理》规定

> **4.1.4** 换填垫层的厚度应根据置换软弱土的深度以及下卧土层的承载力确定，厚度宜为 0.5～3.0m。

《地基处理》"条文说明"指出

> **4.1.4** 换填法的处理深度通常控制在 3m 以内较为经济合理。

3. 承载力

《地基处理》"条文说明"指出

> **4.2.2** 垫层设计应满足建筑地基的承载力和变形要求。首先垫层能换除基础下直接承受建筑荷载的软弱土层，代之以能满足承载力要求的垫层；其次荷载通过垫层的应力扩散，使下卧层顶面受到的压力满足小于或等于下卧层承载能力的条件。

（1）垫层的承载力

《地基处理》规定

> **4.2.5** 换填垫层的承载力宜通过现场静载荷试验确定。

《地基处理》"条文说明"指出

> **4.2.5** 对于按现行国家标准《建筑地基基础设计规范》GB 50007 设计等级为丙级的建筑物及一般的小型、轻型或对沉降要求不高的工程，在无试验资料或经验时，当施工达到本规范要求的压实标准后，初步设计时可以参考表 6 所列的承载力特征值取用。

垫层的承载力 **表 6**

换填材料	承载力特征值 f_{ak}(kPa)
碎石、卵石	200～300
砂夹石(其中碎石、卵石占全重的 30%～50%)	200～250
土夹石(其中碎石、卵石占全重的 30%～50%)	150～200
中砂、粗砂、砾砂、圆砾、角砾	150～200

续表

换 填 材 料	承载力特征值 f_{ak}(kPa)
粉质黏土	130～180
石屑	120～150
灰土	200～250
粉煤灰	120～150
矿渣	200～300

注：压实系数小的垫层，承载力特征值取低值，反之取高值；原状矿渣垫层取低值，分级矿渣或混合矿渣垫层取高值。

垫层处承载力修正系数采用《地基处理》规定

3.0.4 经处理后的地基，当按地基承载力确定基础底面积及埋深而需要对本规范确定的地基承载力特征值进行修正时，应符合下列规定：

2 基础宽度的地基承载力修正系数应取零，基础埋深的地基承载力修正系数应取 1.0。

（2）下卧土层的承载力

《地基处理》规定

4.2.2 垫层厚度的确定应符合下列规定：

1 应根据需置换软弱土（层）的深度或下卧土层的承载力确定，并应符合下式要求：

$$p_z + p_{cz} \leqslant f_{az} \tag{4.2.2-1}$$

式中：p_z——相应于作用的标准组合时，垫层底面处的附加压力值（kPa）；

p_{cz}——垫层底面处土的自重压力值（kPa）；

f_{az}——垫层底面处经深度修正后的地基承载力特征值（kPa）。

2 垫层底面处的附加压力值 p_z 可分别按式（4.2.2-2）和式（4.2.2-3）计算：

1）条形基础

$$p_z = \frac{b(p_k - p_c)}{b + 2z\tan\theta} \tag{4.2.2-2}$$

2）矩形基础

$$p_z = \frac{bl(p_k - p_c)}{(b + 2z\tan\theta)(l + 2z\tan\theta)} \tag{4.2.2-3}$$

式中：b——矩形基础或条形基础底面的宽度（m）；

l——矩形基础底面的长度（m）；

p_k——相应于作用的标准组合时，基础底面处的平均压力值（kPa）；

p_c——基础底面处土的自重压力值（kPa）；

z——基础底面下垫层的厚度（m）；

θ——垫层（材料）的压力扩散角（°），宜通过试验确定。无试验资料时，可按表 4.2.2 采用。

土和砂石材料压力扩散角 θ (°) **表 4.2.2**

换填材料 / z/b	中砂、粗砂、砾砂、圆砾角砾、石屑、卵石、碎石、矿渣	粉质黏土、粉煤灰	灰土
0.25	20	6	28
≥0.50	30	23	

注：1. 当 $z/b<0.25$ 时，除灰土取 $\theta=28°$ 外，其他材料均取 $\theta=0°$，必要时宜由试验确定；
2. 当 $0.25<z/b<0.5$ 时，θ 值可以内插。

垫层底面处下卧土层的承载力修正系数采用《地基》的规定

承载力修正系数 **表 5.2.4**

土的类别	η_b	η_d
淤泥和淤泥质土	0	1.0

【例 8.9.2-1】 钢筋混凝土条形基础如图 8.9.2-1 所示，埋深 $d=1.5\text{m}$，基础宽度 $b=1.2\text{m}$，传至基础底面的竖向荷载 $F_k+G_k=180\text{kN/m}$（荷载效应标准组合），土层分布如下图所示，用砂夹石将地基中泥土全部换填，按《地基处理》验算下卧层承载力属于下述何项选项的情况？（垫层材料重度 $r=19\text{kN/m}^3$）。

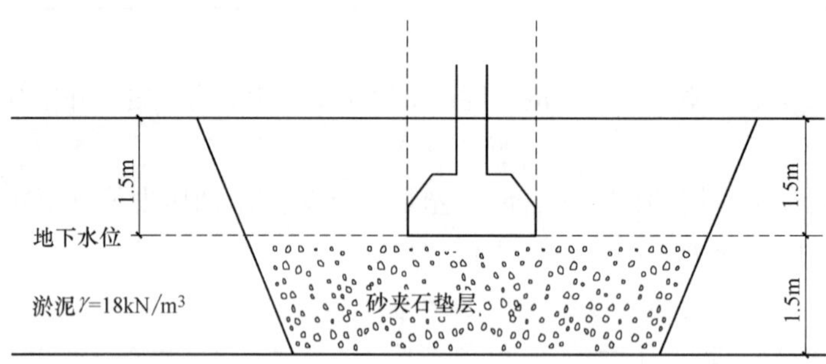

图 8.9.2-1

(A) $p_z+p_{cz}<f_{az}$　　(B) $p_z+p_{cz}>f_{az}$

(C) $p_z+p_{cz}=f_{az}$　　(D) $p_k+p_{cz}<f_{az}$

【答案】(A)

【解答】根据《地基处理》第 4.2.1 条，第 4.2.2 条计算。

(1) 求土的自重压力 p_{cz}，和附加压力 p_z

$$p_{cz}=\sum\gamma_i h_i=18\times1.5+8\times1.5=39(\text{kPa})$$

$$p_k=\frac{F_K+G_K}{b}=\frac{180}{1.2}=150(\text{kPa})$$

$$p_c=\sum\gamma_i h_i=18\times1.5=27(\text{kPa})$$

$$z/b=1.5/1.2=1.25>0.5, \text{取 } \theta=30°$$

$$p_z'=\frac{b(p_k-p_c)}{b+2z\tan\theta}=\frac{1.2\times(150-27)}{1.2+2\times1.5\times\tan30°}=50.3(\text{kPa})$$

由于砂石垫层重度引起的附加应力 p_z''

$$p_z''=(r_i'-r_i)h_i=[(19-10)-(18-10)]\times1.5=1.5(\text{kPa})$$

$$p_z = p_z' + p_z'' = 50.3 + 1.5 = 51.8(\text{kPa})$$

(2) 求垫层处的地基承载力特征值 f_{az}

$$f_{ak} = f_{ak} + \eta_d \gamma_m (d - 0.5)$$

$$= 80 + 1 \times \frac{18 \times 1.5 + 8 \times 1.5}{1.5 + 1.5} \times (3 - 0.5) = 112.5(\text{kPa})$$

(3) 验算下卧层承载力

$$p_z + p_{cz} = 51.8 + 39 = 90.8(\text{kPa}) < f_{ak} = 112.5(\text{kPa})$$

三、复合地基的一般规定

1. 什么是"复合地基"

《地基处理》指出

2.1.2 复合地基

部分土体被增强或被置换，形成由地基土和竖向增强体共同承担荷载的人工地基。

复合地基是指部分土体被增强或被置换，形成由两种刚度不同的材料组成、共同分担上部荷载并协调变形的人工地基。增强或置换是指在天然地基中设置一群由碎石、砂砾等散体材料或水泥土等有粘结强度材料组成的桩体，桩体和桩间土构成了复合地基的加固区，即复合土层。《地基处理》对下述七种复合地基作出了规定

条	名　　称	内　　容
2.1.11	砂石桩复合地基	将碎石、砂或砂石混合料挤压入已成的孔中，形成密实砂石竖向增强体的复合地基
2.1.12	水泥粉煤灰碎石桩复合地基	由水泥、粉煤灰、碎石等混合料加水拌合在土中灌注形成竖向增强体的复合地基
2.1.13	夯实水泥土桩复合地基	将水泥和土按设计比例拌合均匀，在孔内分层夯实形成竖向增强体的复合地基
2.1.14	水泥土搅拌桩复合地基	以水泥作为固化剂的主要材料，通过深层搅拌机械，将固化剂和地基土强制搅拌形成竖向增强体的复合地基
2.1.15	旋喷桩复合地基	通过钻杆的旋转、提升，高压水泥浆由水平方向的喷嘴喷出，形成喷射流，以此切割土体并与土拌合形成水泥土竖向增强体的复合地基
2.1.16	灰土桩复合地基	用灰土填入孔内分层夯实形成竖向增强体的复合地基
2.1.17	柱锤冲扩桩复合地基	用柱锤冲击方法成孔并分层夯扩填料形成竖向增强体的复合地基

桩体复合地基荷载传递路线如图 8.9.3-1 所示。上部结构通过基础将一部分荷载直接

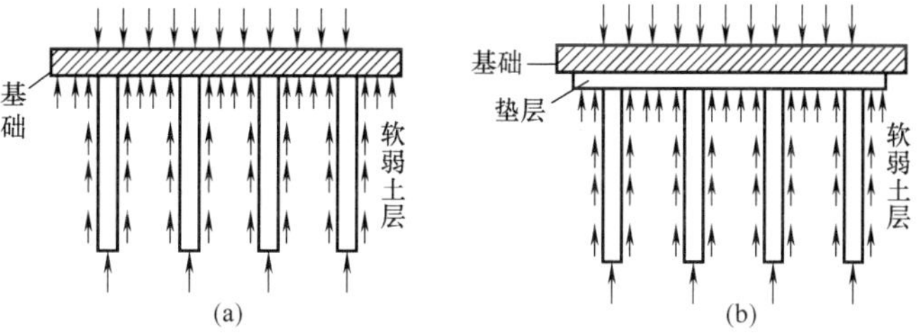

图 8.9.3-1　桩体复合地基荷载传递路线示意图

(a) 无垫层复合地基；(b) 有垫层复合地基

传递给地基土体，另一部分通过桩体传递给地基土体，桩和桩间土共同承担荷载。

图 8.9.3-2 为浅基础、桩基础和复合地基的荷载传递路线示意图。在图 8.9.3-2（a）所示的浅基础中，上部结构荷载通过基础底板直接传递给底板下的地基土体，若经过地基处理形成均质地基，其荷载传递也如此。图 8.9.3-2（b）表示是桩基础。上部结构荷载通过基础底板传递给桩体，再通过桩侧摩阻力和桩端端承力传递给地基土体，上部结构荷载全部由桩承当。图 8.9.3-2（c）表示复合基础。其荷载传递路径为：上部结构通过基础底板和褥垫层把一部分荷载直接传递给基础底板下的地基土体，同时也通过基础底板和褥垫层把另外一部分荷载直接传递给桩体。荷载传递路线的不同是上述三种地基基础形式的基本特征。

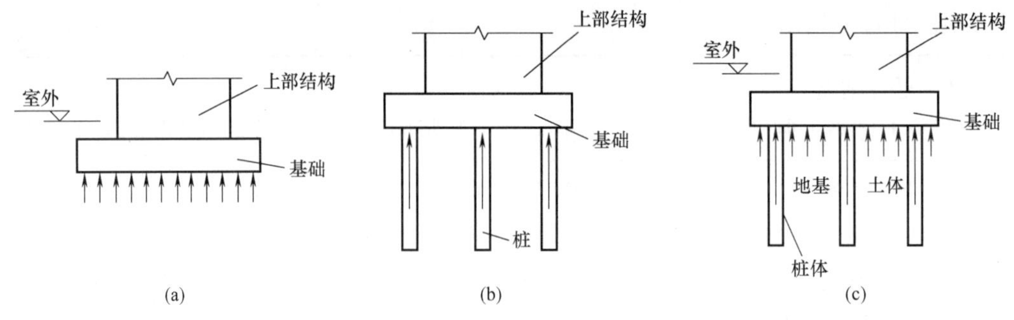

图 8.9.3-2　复合地基与桩基础及浅基础的区别

（a）浅基础；（b）桩基础；（c）复合基础

复合地基与天然地基同属于地基范畴，但复合地基中的桩体存在，使其区别于天然的均质地基；而桩体与桩间土共同承担荷载的特性，又使其不同于桩基础。故桩体复合地基具有两个基本特点：①加固区是由桩间土和桩体两部分组成，是非均质的和各向异性的；②在荷载作用下，桩间土和桩体共同承担荷载的作用。第一个特征使复合地基区别于均质地基，第二个特征使复合地基区别于桩基础。从某种意义上讲，复合地基介于均质地基和桩基之间。形成复合地基的条件是桩间土与桩体在荷载作用下，通过两者变形协调共同分担荷载。

复合地基与桩基都是采用以桩的形式处理地基，故两者有其相似之处，但复合地基属于地基范畴，而桩基属于基础范畴，所以两者又有本质区别。复合地基中桩体与基础往往不是直接相连的，它们之间通过垫层（碎石或砂石垫层）来过渡；而桩基中桩体与承台直接相连，两者形成一个整体。因此，它们的受力特性也存在着明显差异。如图 8.9.3-3 所示，即复合地基的主要受力层在加固体内，而桩基的主要受力层是在桩端以下一定范围内。

因复合地基与天然地基同属于地基范畴，所以复合地基的承载力特征值和天然地基一样需进行深度和宽度的修正。桩基属于基础范畴，其承载力是不需进行深度和宽度的修正，这和复合地基是不同的。

2. 复合地基的类型

《地基处理》“条文说明”指出

7.1.5　对不同的增强体大致可分为两种：散体材料桩复合地基和有粘结强度增强体复合地基。

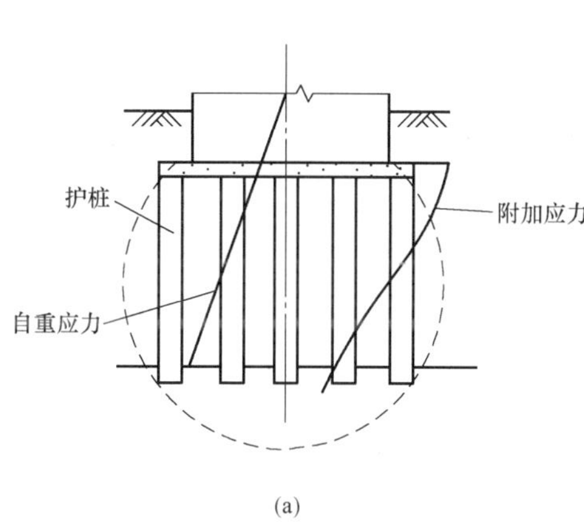

(a)

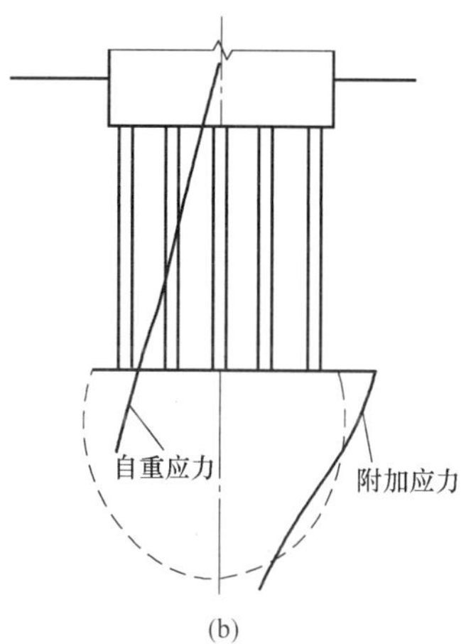

(b)

图 8.9.3-3 复合地基与桩基的受力特性对比

(a) 复合地基；(b) 桩基

散体材料桩如碎石桩、砂桩等，桩身材料是散体、只有依靠周围土体的围箍作用才能形成桩体，桩体材料本身不能形成桩体。桩体强度虽比桩间土高，但高得有限。桩间土受到桩体的挤压、承载能力得到提高，故亦能承受相当比例的荷载。

散体材料桩还包括灰土挤密桩和土挤密桩复合地基、柱锤冲扩桩复合地基这类柔性桩，这类桩的桩体强度和刚度均低于水泥土类桩体，故桩间土还要承担部分荷载。

有粘结强度桩如水泥土类桩。水泥土类桩的材料强度高于桩间土很多，桩体承担绝大部分基础荷载，桩间土只能承担少部分荷载。它的受力性能已接近钢桩或钢筋混凝土桩（刚性桩），故称为“半刚性桩”。

有粘结强度桩中水泥掺入量的大小将直接影响桩体的强度。当掺入量较小时，桩体的特性类似柔性桩，而当掺入量较大时，又类似于刚性桩，为此，它具有双重特性。半刚性桩受力情况介于散体桩与刚性桩之间，土与桩共同分担基础荷载。

区分散体材料桩复合地基、有粘结强度桩复合地基主要是要了解桩的工作机理和地基的破坏状态以便选择合理的计算方法。表 8.9.3-1 列出了复合地基的类型

复合地基的类型 **表 8.9.3-1**

类　型	名　称	桩体材料
散体材料桩复合地基	振冲碎石桩、沉管砂石桩复合地基	振冲桩桩体材料可采用含泥量不大于5%的碎石、卵石、矿渣或其他性能稳定的硬质材料，不宜使用风化易碎的石料。 沉管桩桩体材料可用含泥量不大于5%的碎石、卵石、角砾、圆砾、砾砂、粗砂、中砂或石屑等硬质材料
	柱锤冲扩桩复合地基	采用碎砖三合土、级配砂石、矿渣、灰土、水泥混合土等，当采用碎砖三合土时，其体积比可采用生石灰∶碎砖∶黏性土为1∶2∶4
	灰土挤密桩和土挤密桩复合地基	桩孔内的灰土填料，其消石灰与土的体积配合比，宜为2∶8或3∶7。土料宜选用粉质黏土，土料中的有机质含量不应超过5%，且不得含有冻土，渣土垃圾粒径不应超过15mm

续表

类　型	名　称	桩体材料
有粘结强度增强体复合地基	夯实水泥土桩复合地基	桩孔内的填料，应根据工程要求进行配比试验，水泥与土的体积配合比宜为1∶5～1∶8
	水泥土搅拌桩复合地基	利用水泥等材料作为固化剂通过特制的搅拌机械，就地将软土和固化剂(浆液或粉体)强制搅拌，使软土硬结成水泥土固结体
	旋喷桩复合地基	用钻机把带有喷嘴的注浆管钻入土层，以高压力把浆液喷射出来，使土颗粒与浆液搅拌混合，凝结成固结体
	水泥粉煤灰碎石桩复合地基	由水泥、粉煤灰、碎石、石屑或砂加水拌和形成的高粘结强度桩

各类复合地基有其各自的适用范围，表8.9.3-2列出了《地基处理》中相关的规定。

复合地基的适用范围　　表8.9.3-2

类型	条	名　称	适用范围
散体材料桩复合地基	7.2.1-1	振冲碎石桩、沉管砂石桩复合地基	适用于挤密处理松散砂土、粉土、粉质黏土、素填土、杂填土等地基，以及用于处理可液化地基。饱和黏土地基，如对变形控制不严格，可采用砂石桩置换处理
	7.8.1	柱锤冲扩桩复合地基	适用于处理地下水位以上的杂填土、粉土、黏性土、素填土和黄土等地基；对地下水位以下饱和土层处理，应通过现场试验确定其适用性
	7.5.1-1	灰土挤密桩、土挤密桩复合地基	适用于处理地下水位以上的粉土、黏性土、素填土、杂填土和湿陷性黄土等地基，可处理地基的厚度宜为3m～15m
有粘结强度增强体复合地基	7.6.1-1	夯实水泥土桩复合地基	适用于处理地下水位以上的粉土、黏性土、素填土和杂填土等地基，处理地基的深度不宜大于15m
	7.3.1-1	水泥土搅拌桩复合地基	适用于处理正常固结的淤泥、淤泥质土、素填土、黏性土(软塑、可塑)、粉土(稍密、中密)、粉细砂(松散、中密)、中粗砂(松散、稍密)、饱和黄土等土层
	7.4.1-1	旋喷桩复合地基	适用于处理淤泥、淤泥质土、黏性土(流塑、软塑和可塑)、粉土、砂土、黄土、素填土和碎石土等地基
	7.7.1	水泥粉煤灰碎石桩复合地基	适用于处理黏性土、粉土、砂土和自重固结已完成的素填土地基

3. 应力分布及其变形特征

复合地基的类型很多、桩体和桩间土的刚度比的变化幅度很大，所以复合地基中的应力分布及其变形特征的真实情况是很复杂的。现通过有限元的分析结果来定性地了解一些简单概念。

图8.9.3-4表示三种复合地基中土内的竖向应力分布情况。

图8.9.3-4（a）的碎石桩、其桩体刚度小，基础底面处的桩土应力比不大，土的主要受力区仍在基础底面处，与天然地基相近。

图8.9.3-4（c）的CFG桩、其桩体刚度大，基础底面处的桩土应力比也大，因此直到桩底处的桩土应力比仍很大，土的主要受力区在桩尖以下。

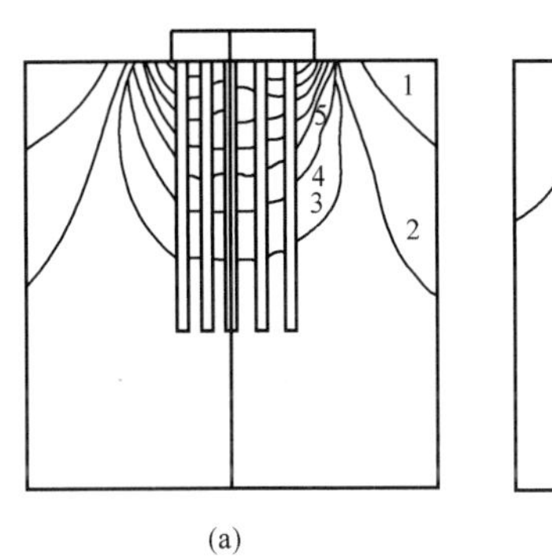

(a)

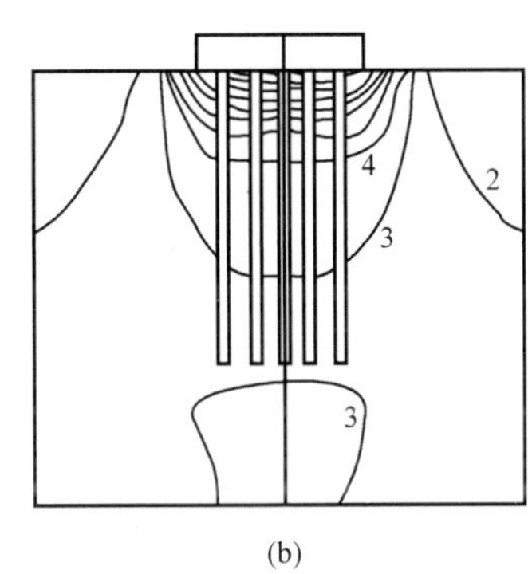

(b)

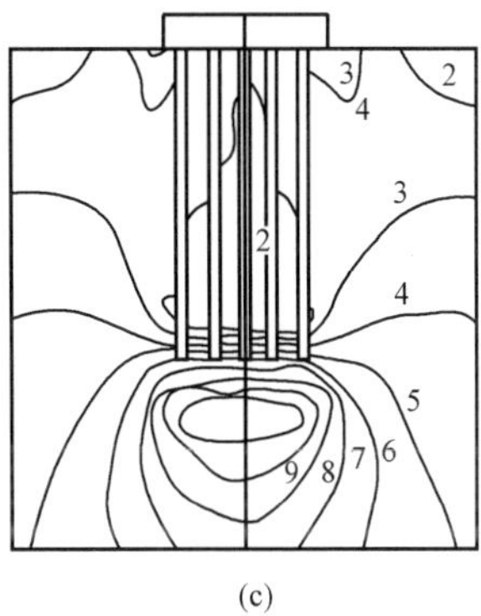

(c)

图 8.9.3-4　复合地基的垂直应力等值线分布图（置换率 m=0.116）

注：图中 1，2，…9 为等值线，表示 0.1，0.2，…0.9 倍最大桩间土应力。

（a）碎石桩；（b）石灰桩；（c）CFG 桩

图 8.9.3-4（b）的石灰桩、其桩身刚度介于图 8.9.3-4（a）、图 8.9.3-4（c）之间的情况。其应力分布也介于二者之间

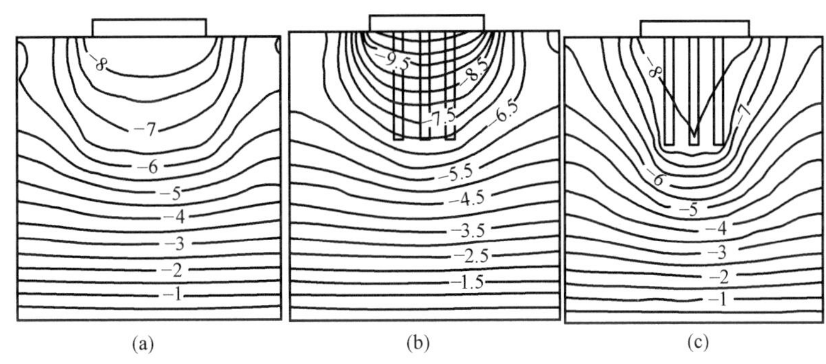

(a)　(b)　(c)

图 8.9.3-5　三种复合地基的竖向位移变形场

（a）双层地基；（b）搅拌桩；（c）CFG 桩

图 8.9.3-5 表示三种复合地基中土内的竖向位移变形场。从图可以看出、在荷载作用下土内的沉降主要由桩身范围内的压缩变形和下卧层变形两部分组成。

图 8.9.3-5（c）的 CFG 桩、因桩体的刚度和强度很大，在竖向荷载作用下，桩体本身的压缩变形很小，浅层变形只占很小的一部分，而大部分是由桩端的压缩变形产生。

图 8.9.3-5（b）的搅拌桩、由于搅拌桩桩体刚度和强度较小，因而在瞬时荷载作用下，基础底面下将产生较大变形，该变形主要是由桩身压缩产生，桩端的压缩变形不突出。

图 8.9.3-5（a）的双层地基，其变形场呈“锅底形”的变形特征。

4. 破坏模式

复合地基破坏形式一般分为三种情况，第一种是桩间土首先破坏；第二种是桩体首先破坏；第三种是桩间土与桩体同时破坏，常见的为第二种情况。

复合地基破坏模式有四种形式：刺入破坏、鼓胀破坏、整体剪切破坏和滑动剪切破坏，图 8.9.3-6 表示了四种复合地基破坏模式的示意图。

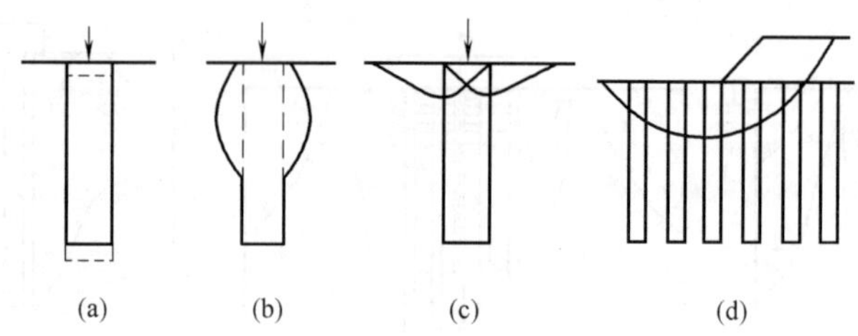

图 8.9.3-6　复合地基破坏模式

（a）刺入破坏；（b）鼓胀破坏；（c）整体剪切破坏；（d）滑动剪切破坏

（a）刺入破坏模式

桩体刚度较大，土体弱而发生刺入破坏，从而引起桩间土破坏。刚性桩复合地基易发生这类破坏。

（b）鼓胀破坏模式

桩间土不能提供大的围压，桩体产生鼓胀破坏，从而地基全面破坏；散体材料桩易发生这类破坏，柔性桩复合地基也可能产生这类破坏。

（c）整体剪切破坏模式

在塑性区滑动面上桩体和土体均发生剪切破坏，散体材料桩易产生这类破坏，柔性桩也可能发生此类破坏。

（d）滑动破坏模式

复合地基沿某一滑动面产生滑动破坏，滑动面上桩体和土体均剪切破坏，各类复合地基都可能发生这类形式的破坏。

影响复合地基破坏模式的主要因素有：

① 不同的桩型，有不同的破坏模式；

② 同一桩型，当桩身强度不同时也会有不同的破坏模式，如水泥土搅拌桩；

③ 同一桩型，当土层条件不同时，也会有不同的破坏模式。当浅层存在非常软的黏土时，碎石桩可能在浅层发生剪切或鼓胀破坏，如图 8.9.3-7（a）所示；当较深层存在有局部非常软的黏土时，碎石桩可能在较深层发生局部鼓胀，如图 8.9.3-7（b）所示；对较深层存在有较厚非常软的黏土情况，碎石桩可能在较深层发生鼓胀破坏，而其上的碎石桩可能发生刺入破坏，如图 8.9.3-7（c）所示。

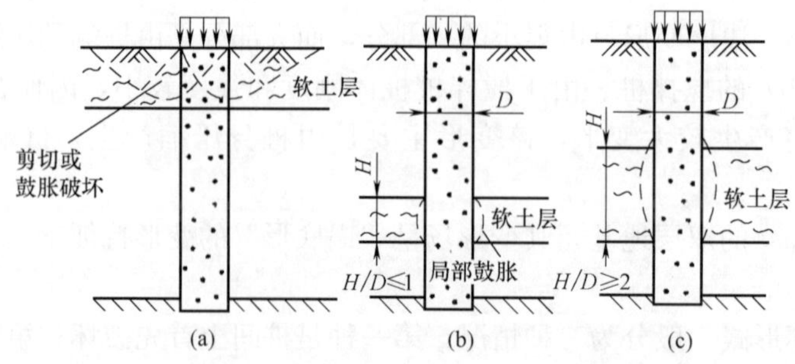

图 8.9.3-7　非均质黏性土中碎石桩破坏机理

（a）剪切或鼓胀破坏；（b）局部鼓胀；（c）鼓胀和刺入破坏

5. 工作机理

（1）桩体的作用

在复合地基中，桩体对提高地基承载力和减小变形起着非常重要的作用。不论何种复合地基，都具备以下一种或多种作用效应：

1）垫层效应

桩体和周围土构成的复合土层可看作为一“垫层”，其强度和模量等力学指标比原天然土层都有较大提高。桩体范围的复合土层与下卧土层类似于双层地基，基础底面的附加压力通过复合土层的扩散作用，使下卧层中的附加应力减小。各类桩体复合地基都有“垫层”效应，尤其是散体材料增强体，其材料的应力应变性质与地基土相近，地基中荷载的传递与天然地基类似，这类增强体的面积置换率较高，复合土层的工作性状更明显表现出“垫层”性质。

2）桩体效应

复合地基中桩体的刚度比周围土体大，在刚性基础下，为了保持变形协调，将在桩体上产生应力集中现象，使桩体承担比例较大的荷载，并通过桩体将荷载传至较深的土层。随着桩体刚度的增加，其承担的荷载占总荷载的百分比也随之增加，传递荷载的深度也增加，桩体的这一性质表现出桩体效应，桩间土上的荷载相应减小，使得复合地基的承载力较原天然地基有较大的提高，地基变形有较大幅度的减小。复合地基中桩体都具有桩体效应，桩体刚度越大，桩体效应越明显。

3）对桩间土的挤密或扰动效应

根据地基土的性质，某些桩体在施工过程中对桩间土体会产生挤密或扰动作用，使土体发生强度的提高或降低。粉煤灰桩体由于粉煤灰的吸水膨胀，对周围土体也产生一定的挤密作用。

4）排水效应

某些桩体，如碎石桩具有良好的透水性，在荷载作用下地基土产生的超静孔隙水压力会通过这些桩体很快消散，地基土逐渐固结，强度随之提高，这样有利于提高复合地基的承载力、抗滑稳定性和减轻砂土的液化程度。

5）加筋效应

在复合地基的整体稳定分析中，桩体具有加筋作用，可使复合地基的抗剪强度比天然地基有较大的提高。

在实际工程中所遇到的地基土的类型和桩体的类型是各种各样的，充分了解地基土的性质和复合地基中桩体的作用效应，有助于认识复合地基承载和变形性状，更好地根据地基土的性质，合理选用桩体和施工工艺。

（2）褥垫层的作用

褥垫层是复合地基的重要组成部分，当桩体为有粘结强度材料时，决定着是否能形成复合地基。水泥粉煤灰碎石桩复合地基是一种桩体刚度偏大的复合地基，图 8.9.3-8 表示 CFG 桩复合地基桩土共同作用示意图。从图可知设置“褥垫层”是决定能否形成复合地基的重要因素，故《地基处理》7.7.2 条的‘条文说明’对水泥粉煤灰碎石桩复合地基中“褥垫层”的作用有十分具体的说明。

《地基处理》‘条文说明’指出

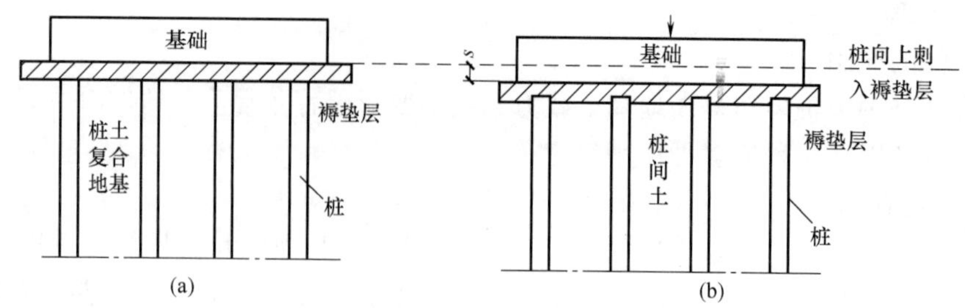

图 8.9.3-8 CFG 桩复合地基桩土共同作用示意图

(a) 复合地基受力前；(b) 复合地基受力后

> **7.7.2 4** 褥垫层
>
> 桩顶和基础之间应设置褥垫层，褥垫层在复合地基中具有如下的作用：
>
> **1)** 保证桩、土共同承担荷载，它是水泥粉煤灰碎石桩形成复合地基的重要条件。
>
> **2)** 通过改变褥垫厚度，调整桩垂直荷载的分担，通常褥垫越薄桩承担的荷载占总荷载的百分比越高。
>
> **3)** 减少基础底面的应力集中。
>
> **4)** 调整桩、土水平荷载的分担，褥垫层越厚，土分担的水平荷载占总荷载的百分比越大，桩分担的水平荷载占总荷载的百分比越小。对抗震设防区，不宜采用厚度过薄的褥垫层设计。
>
> **5)** 褥垫层的设置，可使桩间土承载力充分发挥，作用在桩间土表面的荷载在桩侧的土单元体产生竖向和水平向附加应力，水平向附加应力作用在桩表面具有增大侧阻的作用，在桩端产生的竖向附加应力对提高单桩承载力是有益的。

《地基处理》对每种复合地基“褥垫层”的构造做法均给出了明确的规定，表 8.9.3-3 列出了这些规定。

“褥垫层”的构造做法 **表 8.9.3-3**

类 型	名 称	《地基处理》规定
散体材料桩复合地基	振冲碎石桩、沉管砂石桩复合地基	7.2.2-7 桩顶和基础之间宜铺设厚度为 300～500mm 的垫层，垫层材料宜用中砂、粗砂、级配砂石和碎石等，最大粒径不宜大于 30mm，其夯填度（夯实后的厚度与虚铺厚度的比值）不应大于 0.9
	柱锤冲扩桩复合地基	7.8.4-5 桩顶部应铺设 200～300mm 厚砂石垫层，垫层的夯填度不应大于 0.9；对湿陷性黄土，垫层材料应采用灰土
	灰土挤密桩和土挤密桩复合地基	7.5.2-8 桩顶标高以上应设置 300～600mm 厚的褥垫层。垫层材料可根据工程要求采用 2∶8 或 3∶7 灰土、水泥土等。其压实系数均不应低于 0.95
有粘结强度增强体复合地基	夯实水泥土桩复合地基	7.6.2-6 桩顶标高以上应设置厚度为 100～300mm 的褥垫层；垫层材料可采用粗砂、中砂或碎石等，垫层材料最大粒径不宜大于 20mm；褥垫层的夯填度不应大于 0.9

续表

类　型	名　称	《地基处理》规定
有粘结强度增强体复合地基	水泥土搅拌桩复合地基	7.3.1-6 水泥土搅拌桩复合地基宜在基础和桩之间设置褥垫层，厚度可取 200～300mm。褥垫层材料可选用中砂、粗砂、级配砂石等，最大粒径不宜大于 20mm。褥垫层的夯填度不应大于 0.9
	旋喷桩复合地基	7.4.6 旋喷桩复合地基宜在基础和桩顶之间设置褥垫层。褥垫层厚度宜为 150～300mm，褥垫层材料可选用中砂、粗砂和级配砂石等，褥垫层最大粒径不宜大于 20mm。褥垫层的夯填度不应大于 0.9
	水泥粉煤灰碎石桩复合地基	7.7.2-4 桩顶和基础之间应设置褥垫层，褥垫层厚度宜为桩径的 40%～60%。褥垫材料宜采用中砂、粗砂、级配砂石和碎石等，最大粒径不宜大于 30mm

【例 8.9.3-1】

下列关于 CFG 桩复合地基中褥垫层作用的说法，何项是不正确的？

（A）保证桩、土共同承担荷载，褥垫层是形成 CFG 桩复合地基的重要条件

（B）通过改变褥垫层厚度，调整桩垂直荷载的分担，通常褥垫层越薄，桩承担的荷载占总荷载的百分比越高

（C）减少基础底面的应力集中

（D）调整桩、土水平荷载的分担，通常褥垫层越薄，土分担水平荷载占总荷载的百分比越高

【答案】（D）

【解答】根据《地基处理》7.7.2 条的条文说明，（A）、（B）、（C）正确；（D）错误。通过改变褥垫层厚度调整桩、土水平荷载的分担，通常褥垫层越厚，土分担水平荷载占总荷载的百分比越高。

6. 桩体与桩间土共同工作的条件

保证桩体与桩间土能够共同承担上部结构荷载是有条件的，在荷载作用下，桩体和桩间土共同承担上部结构传递来的荷载是复合地基的本质。然而如何设置桩体以保证桩体与桩间土能够共同承担上部结构荷载，这也是在地基中设置桩体能否形成复合地基的条件。在荷载作用下，桩体与桩间土通过变形协调共同承担荷载作用是形成复合地基的基本条件。

图 8.9.3-9 的复合地基、桩体的上端顶着刚度很大的基础底板，桩体的下端支承在不可压缩的下卧土层上。图中的 E_p 为桩体模量，E_{s1} 为桩间土模量，$E_p > E_{s1}$。在承台荷载作用下，开始桩体和桩间土中竖向应力的大小大致上按两者的模量比分配，但是随着土体产生蠕变，土中应力不断减小，而桩体中应力逐渐增大，荷载向桩体转移。若 $E_p \gg E_{s1}$，桩间土承担的荷载比例极小，特别是若遇地下水位下降等因素，桩间土进一步压缩，桩间土可能不再承担荷载。这样桩体与桩间土体难以形成复合地基共同承担上部荷载。

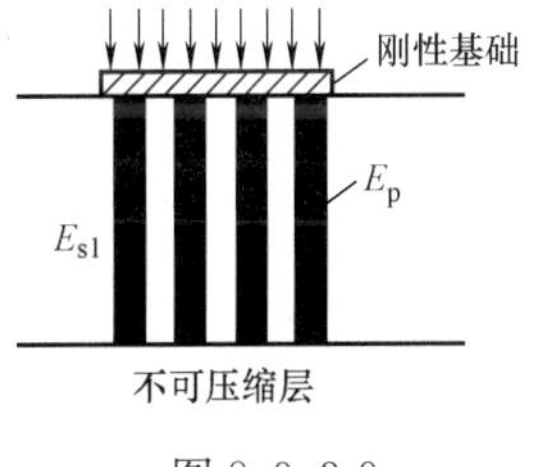

图 8.9.3-9

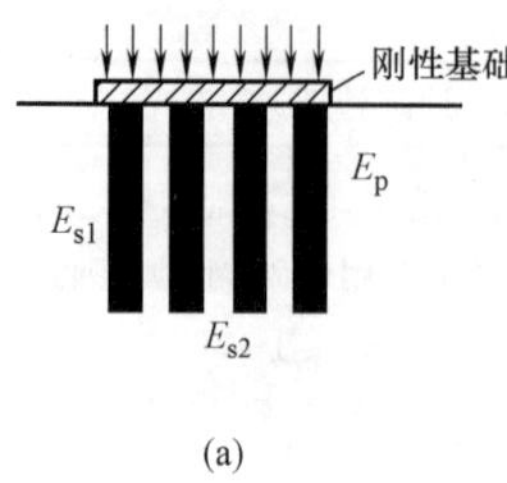

(a)

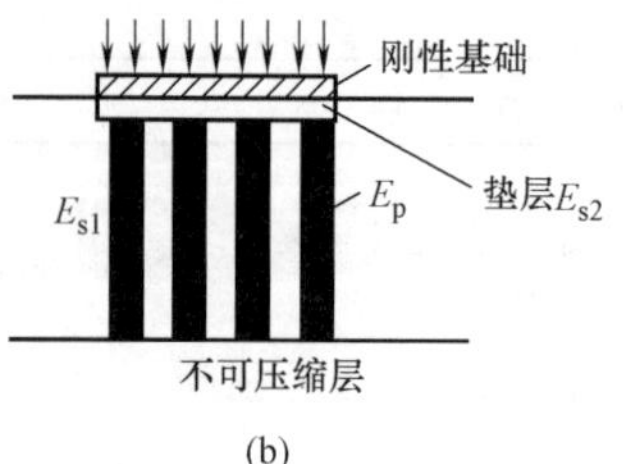

(b)

图 8.9.3-10

图 8.9.3-10 复合地基的特点是 $E_p>E_{s1}$，$E_p>E_{s2}$，其中 E_p 为桩体模量，E_{s1} 为桩间土模量，E_{s2} 为加固区下卧层土体模量或加固区垫层模量。

图 8.9.3-10（a）中桩体的上端为刚度很大的基础底面，是不可压缩的，桩体的下端压在下卧层的土体上、下卧层土体的模量为 E_{s2} 是可压缩的、桩体能刺入下卧层内。

图 8.9.3-10（b）中桩体的下端为不可压缩的下卧层土体，桩体的上端有一垫层，垫层的模量为 E_{s2} 是可压缩的、桩体能刺入垫层内。

在图 8.9.3-10（a）和（b）中，在承台传递的荷载作用下，桩体和桩间土的变形是可以协调的、能达到桩体和桩间土共同承担荷载作用，形成复合地基。

对于散体材料桩体，在荷载作用下桩体产生侧向鼓胀变形，这种桩体的侧向鼓胀变形使得地基在压缩过程中桩体和桩间土之间的变形协调，可保证桩体和桩间土共同承担荷载形成复合地基。

当桩体为有粘结强度材料时，特别是对刚度较大的桩体，保证桩体与桩间土共同承担荷载的最好条件是图 8.9.3-11 所示的情况，即刚度较大的桩体能向上刺入褥垫层，向下刺入下卧土层。

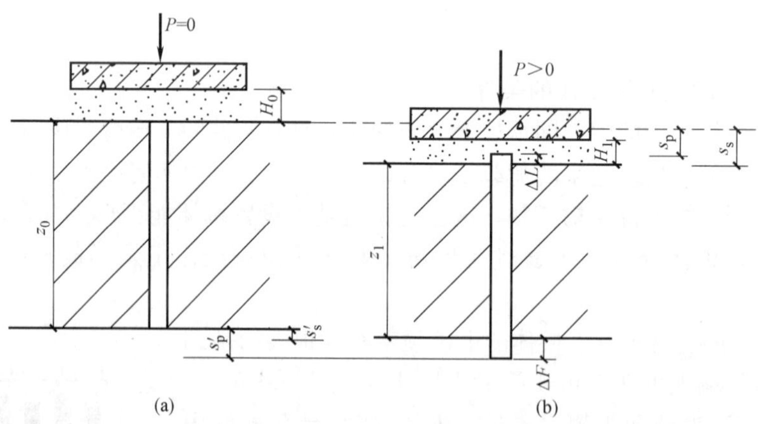

图 8.9.3-11　桩土相对变形示意图

在荷载作用下，若下卧层的土体是可压缩的，能保证桩体和桩间土的沉降量相等，这时二者能共同承担荷载，形成复合地基。或在基础下设置垫层，虽然桩体和桩间土的沉降量不等但通过垫层的协调，使得二者共同承担荷载，同样可形成复合地基，此时，桩和桩间土的变形协调是通过上部的垫层、桩端部土体以及各自的压缩量来协调分担荷载的。

如果桩和桩间土初期能够共同承担荷载，但由于设置或环境等原因，随着土体的变形，土中应力不断减小而桩体应力不断增大，荷载向桩体转移，导致桩间土的进一步压缩使得桩间土几乎不分担荷载，则无法形成复合地基。在这种情况下以复合地基进行设计是不安全的，高估了桩间土的承载能力，降低了复合地基的安全度。

采用散体材料桩在各种情况下均可形成复合地基。采用粘结材料，特别是采用半刚性桩形成的复合地基需要重视复合地基的形成条件。

地基中设置强度和刚度较高的桩体时，复合地基是由桩体、桩间土和铺设在顶部的褥垫层构成的。由桩体与桩间土和褥垫层共同承受上部结构荷载。

7. 两种设计思路

（1）散体材料增强体复合地基的设计思路

散体材料增强体复合地基包含下列三种复合地基。

振冲碎石桩、沉管砂石桩复合地基

柱锤冲扩桩复合地基

灰土挤密桩和土挤密桩复合地基

这三种复合地基的桩体虽各不相同，但在计算方法和构造做法上有很多相近之处，从表 8.9.3-4 所列出“承载力计算公式”和“地基处理范围”这二项就能了解到这点。

图 8.9.3-12、图 8.9.3-13 将表 8.9.3-4 中所列出的“地基处理范围”用示意图表示出来。

散体材料增强体复合地基的承载力计算公式和地基处理范围　　表 8.9.3-4

名　　称	承载力计算公式	地基处理范围
振冲碎石桩、沉管砂石桩复合地基	$f_{spk}=[1+m(n-1)]f_{sk}$	宜在基础外缘扩大（1～3）排桩
柱锤冲扩桩复合地基	$f_{spk}=[1+m(n-1)]f_{sk}$	在基础外缘应扩大（1～3）排桩，且不应小于基底下处理土层厚度的 1/2
灰土挤密桩和土挤密桩复合地基	$f_{spk}=[1+m(n-1)]f_{sk}$	超出建筑物外墙基础底面外缘的宽度，每边不宜小于处理土层厚度的 1/2，且不应小于 2m

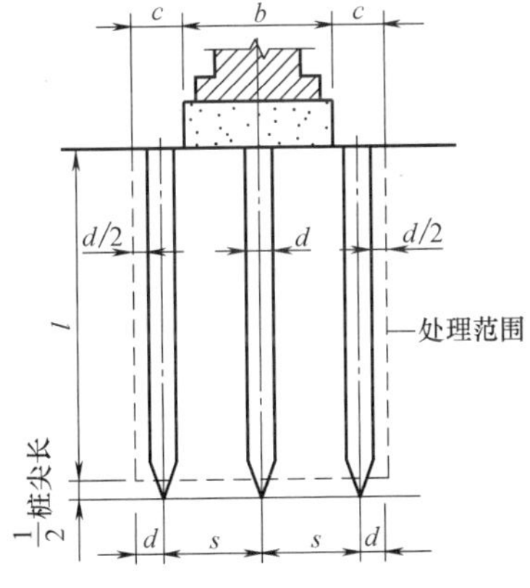

图 8.9.3-12　地基处理范围示意图（竖向剖面图）

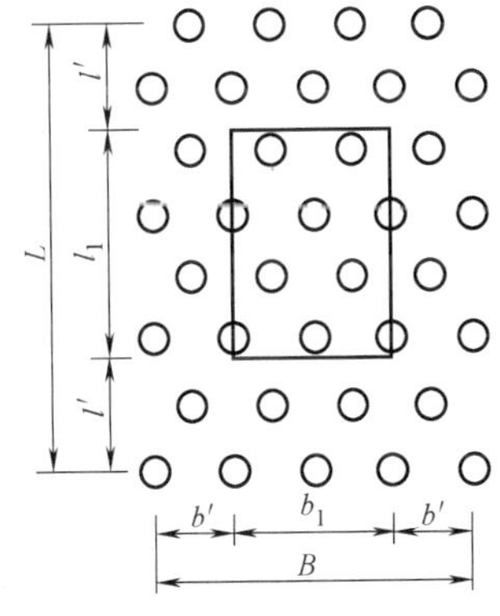

图 8.9.3-13　地基处理范围示意图（平面图）

(2) 有粘结强度增强体复合地基的设计思路

有粘结强度增强体复合地基包含下列四种复合地基。

夯实水泥土桩复合地基

水泥土搅拌桩复合地基

旋喷桩复合地基

水泥粉煤灰碎石桩复合地基

这四类复合地基的桩体虽各不相同，但在计算方法和构造做法上有很多相近之处，从表 8.9.3-5 所列出“承载力计算公式”和“地基处理范围”这二项就能了解到这点。

有粘结强度增强体复合地基的承载力计算公式和地基处理范围　　表 8.9.3-5

名　称	承载力计算公式	地基处理范围
夯实水泥土桩复合地基	$f_{spk}=\lambda m\frac{R_a}{A_p}+\beta(1-m)f_{sk}$	一般情况可仅在基础内布桩
水泥土搅拌桩复合地基	$f_{spk}=\lambda m\frac{R_a}{A_p}+\beta(1-m)f_{sk}$	独立基础下的桩数不宜少于 4 根
旋喷桩复合地基	$f_{spk}=\lambda m\frac{R_a}{A_p}+\beta(1-m)f_{sk}$	独立基础下的桩数不应少于 4 根
水泥粉煤灰碎石桩复合地基	$f_{spk}=\lambda m\frac{R_a}{A_p}+\beta(1-m)f_{sk}$	可只在基础范围内布桩

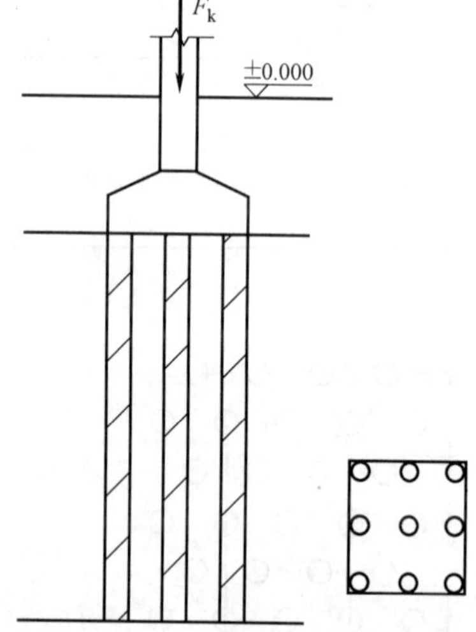

图 8.9.3-14　地基处理范围示意图

图 8.9.3-14 将表 8.9.3-5 中所列出的“地基处理范围”用示意图表示出来。

《地基处理》对这二种设计思路均作了详细的规定。

四、散体材料增强体复合地基的承载力计算

1. 复合地基承载力计算的有关设计参数

(1) 面积置换率 m

在图 8.9.4-1 所示的复合地基中，取一根桩及其所影响的桩间土所组成的单元体作为研究对象。桩体的横截面积 A_p 与该桩体所承担的复合地基面积 A 之比称为复合地基面积置换率 m。复合地基的面积置换率 m 可按下式计算：

$$m=\frac{A_p}{A} \tag{8.9.4-1}$$

式中　A_p——一根桩体的横截面面积；

A——一根桩体的加固面积。

习惯上把桩的影响面积化为与桩同轴的等效影响圆，其直径为 d_e，那么面积置换率也可表示为：

$$m=\frac{d^2}{d_e^2} \tag{8.9.4-2}$$

式中　d_e——一根桩分担的处理地基面积的等效圆直径。

桩体在平面上的布置形式常用的有三种，即等边三角形布置、正方形布置和矩形布置。三种布置形式，如图8.9.4-2所示。

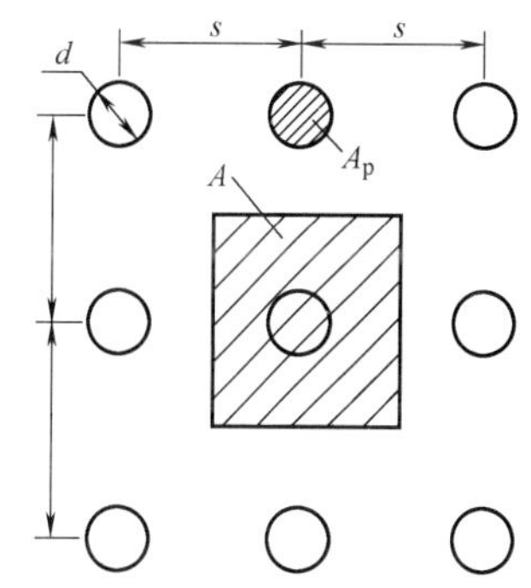

图 8.9.4-1　桩体正方形布置

若桩体为圆柱形，直径为 d，一根桩分担的处理地基面积的等效圆直径为 d_e，则对等边三角形布置、正方形布置和矩形布置的情形，复合地基面积置换率分别为

等边三角形布置

$$d_e=1.05s \qquad m=\frac{d^2}{d_e^2}=\frac{\pi d^2}{2\sqrt{3}s^2} \tag{8.9.4-3}$$

正方形布置

$$d_e=1.13s \qquad m=\frac{d^2}{d_e^2}=\frac{\pi d^2}{4s^2} \tag{8.9.4-4}$$

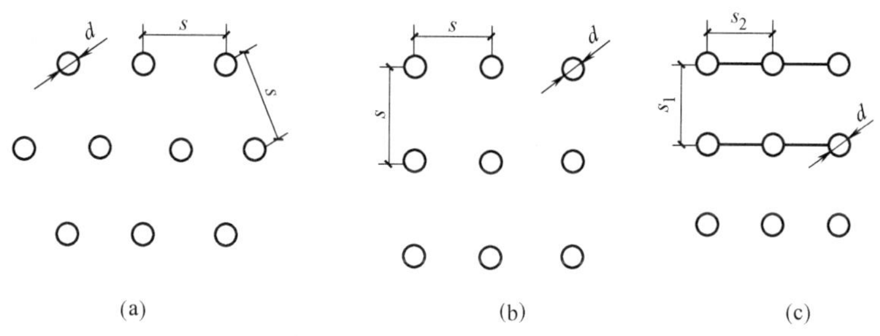

图 8.9.4-2　桩体平面布置形式

(a) 等边三角形布置；(b) 正方形布置；(c) 矩形布置

矩形布置

$$d_e=1.13\sqrt{s_1 s_2} \qquad m=\frac{d^2}{d_e^2}=\frac{\pi d^2}{4s_1 s_2} \tag{8.9.4-5}$$

式中：s——等边三角形布桩和正方形布桩时的桩间距；

s_1、s_2——矩形布桩时的行间距和列间距。

面积置换率 m 是一个重要的计算参数，面积置换率反映了加固形成的桩体在平面上占总被加固区域的比例。复合地基的设计，一般是通过对复合地基承载力的计算，先求出面积置换率 m，再确定桩体的直径和间距。对散体桩、低粘接强度桩复合地基还要根据按密实加固的要求确定桩体的直径和间距。

对面积置换率《地基处理》给出的规定如下

> **7.1.5**
>
> m——面积置换率，$m=d^2/d_e^2$；d 为桩身平均直径（m），d_e 为一根桩分担的处理地基面积的等效圆直径（m）；等边三角形布桩 $d_e=1.05s$，正方形布桩 $d_e=1.13s$，矩形布桩，s、s_1、s_2 分别为桩间距、纵向桩间距和横向桩间距。

【例 8.9.4-1】 用砂石桩处理黏性土地基，桩径 0.55m，等边三角形布置，桩土面积置换率 $m=0.20$，最合适的砂石桩间距 s（m）与下列何项数值最为接近？

(A) 2.20　　(B) 1.76　　(C) 1.65　　(D) 1.15

【答案】 (D)

【解答】

根据《地基处理》7.1.5 条第 1 款的规定：

$$m=d^2/d_e^2$$

$$m=\frac{A_p}{A_e}$$

$$A_e=\frac{A_p}{m}=\frac{\pi d^2/4}{m}=\frac{\pi\times0.55^2/4}{0.20}=1.18791\text{m}^2$$

对于黏性土地基，等边三角形布置时 $s=1.05\sqrt{A_e}$

$$s=1.05\sqrt{A_g}=1.05\sqrt{1.18791}=1.144\text{m}$$

(2) 桩土应力比 n

复合地基中用桩土应力比 n 或荷载分担比 N 来定性的反映复合地基的工作状况。

桩土受力如图 8.9.4-3 所示，在荷载作用下，假设桩顶应力为 σ_p，桩间土表面应力为 σ_s，则桩土应力比 n 为

$$n=\sigma_p/\sigma_s \tag{8.9.4-6}$$

桩体承担的荷载 P_p 与桩间土承担的荷载 P_s 之比称为桩土荷载分担比，用 N 表示。

$$N=\frac{P_p}{P_s} \tag{8.9.4-7}$$

桩土荷载分担比和桩土应力比之间可通过式（8.9.4-8）换算：

$$N=\frac{mn}{1-m} \tag{8.9.4-8}$$

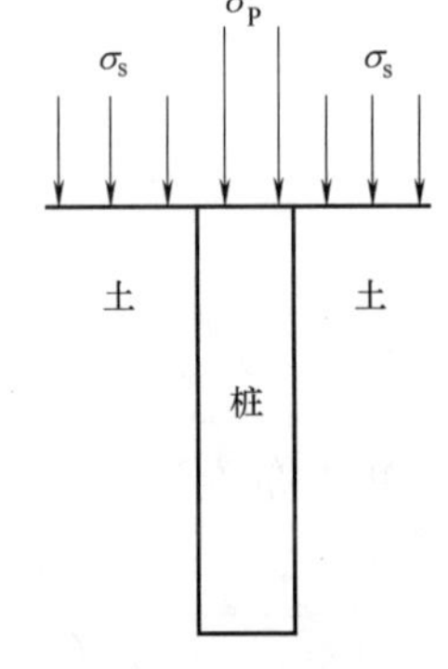

图 8.9.4-3　桩土受力示意图

因基础是刚性的，在轴心荷载下基础底面处的桩体与桩间土的沉降将是相同的，但由于桩体的刚性较大，因此荷载将向桩体集中，基础底面处桩顶应力 σ_p 将大于基础底面处桩间土表面应力 σ_s。实际工程中，即便是单一桩型的复合地基，由于桩体在基础下的部位不同或桩距不同，桩土应力比 n 也不同，将基础下桩体的平均桩顶应力与桩间土平均应力之比定义为平均桩土应力比。基础下的平均桩土应力比是反映桩土荷载分担的一个参数，当其他参数相同时，桩土应力比越大，桩体承担的荷载占总荷载的百分比越大。此外，桩土应力比对某些桩型（例如碎石

桩）是复合地基的设计参数。一般情况下，桩土应力比与桩体材料、桩长、面积置换率有关。其他条件相同时，桩体材料刚度越大，桩土应力比就越大；桩越长，桩土应力比就越大；面积置换率越小，桩土应力比就越大。

对散体桩（振冲桩、砂石桩）复合地基、浅基础直接安放在复合地基上，可以通过改变面积置换率来调整应力比。

对半刚性桩（CFG 桩）复合地基，桩体与浅基础之间通过褥垫层过渡，独立桩体顶部与基础不连接，褥垫层可调节桩土应力比。

桩土应力比 n 是复合地基的一个重要的设计参数，关系到复合地基承载力和变形的计算。《地基》7.1.5 条的‘条文说明’对桩土应力比 n 的取值是有交代的。

7.1.5

对散体材料桩复合地基计算时桩土应力比 n 应按试验取值或按地区经验取值。但应指出，由于地基土的固结条件不同，在长期荷载作用下的桩土应力比与试验条件时的结果有一定差异，设计时应充分考虑。处理后的桩间土承载力特征值与原土强度、类型、施工工艺密切相关，对于可挤密的松散砂土、粉土，处理后的桩间土承载力会比原土承载力有一定幅度的提高；而对于黏性土特别是饱和黏性土，施工后有一定时间的休止恢复期，过后桩间土承载力特征值可达到原土承载力；对于高灵敏性的土，由于休止期较长，设计时桩间土承载力特征值宜采用小于原土承载力特征值的设计参数。

2. 算例

【例 8.9.4-2】

某工程柱基的基底压力 $P=120\text{kPa}$，地基土为淤泥质黏土，天然地基承载力特征值 $f_{ak}=75\text{kPa}$，用振冲桩处理后形成复合地基，按等边三角形布桩，碎石桩桩径 $d=0.8\text{m}$，桩距 $s=1.5\text{m}$，天然地基承载力特征值与桩体承载力特征值之比为 1∶4，则振冲碎石桩复合地基承载力特征值最接近下列何项数值？

（A）125kPa　（B）129kPa　（C）133kPa　（D）137kPa

【答案】（C）

【解答】根据《地基处理》第 7.1.5 条计算．

$$d_e=1.05s=1.05\times1.5=1.575(\text{m})$$

$$m=d^2/d_e{}^2=0.8^2/1.575^2=0.258$$

$$f_{apk}=[1+m(n-1)]f_{ak}=[1+0.258\times(4-1)]\times75=133.1(\text{kPa})$$

【例 8.9.4-3】

天然地基 $f_{ak}=100\text{kPa}$，采用振冲挤密碎石桩复合地基，桩长 $l=10\text{m}$，桩径 $d=1.2\text{m}$，按正方形布桩，桩间距 $s=1.8\text{m}$，单桩承载力特征值 $f_{pk}=450\text{kPa}$，桩设置后，桩间土承载力提高 20%，则复合地基承载力特征值为下列何项数值？

（A）248kPa　（B）235kPa　（C）222kPa　（D）209kPa

【答案】（B）

【解答】根据《地基处理》第 7.1.5 条。

等效圆直径：$d_e=1.13s=1.13\times1.8=2.034$（m）

置换率：$m=d^2/d_e^2=(1.2\times1.2)/(2.304\times2.304)=0.35$

复合地基承载力特征值 f_{spk}：

$$f_{spk}=[1+m(n-1)]f_{sk}=\left[1+0.35\left(\frac{450}{100\times1.2}-1\right)\right]\times100\times1.2$$
$$=[1+0.35(3.75-1)]\times120=235.5\text{kPa}$$

【例 8.9.4-4】

某场地用振冲法复合地基加固，填料为砂土，桩径 0.8m，正方形布桩，桩距 2.0m，现场平板载荷试验测定复合地基承载力特征值为 200kPa，桩间土承载力特征值为 150kPa，试问，估算的桩土应力比与下列何项数值最为接近？

（A）2.67　　（B）3.08　　（C）3.30　　（D）3.67

【答案】（D）

【解答】根据《地基处理》7.1.5 条的规定：

$$桩土面积置换率\ m=\frac{d^2}{d_e^2}=\frac{0.8^2}{(1.13\times2)^2}=0.125$$

$$f_{spk}=[1+m(n-1)]f_{sk}，200=[1+0.125(n-1)]\times150$$

$$n-1=\frac{200-150}{0.125\times150}=2.67，n=3.67$$

【例 8.9.4-5】

某建筑场地为黏性土场地，采用砂石桩法进行处理，等边三角形布桩，桩径为 0.8m，桩土应力比为 3，天然土层承载力为 100kPa，处理后复合地基承载力为 180kPa，最合适的砂桩间距 s（m）与下列何项数值最为接近？

（A）1.1　　（B）1.2　　（C）1.3　　（D）1.4

【答案】（B）

【解答】根据《地基处理》7.1.5 条的规定：

（1）置换率 m。

$$f_{spk}=[1+m(n-1)]f_{sk}，m=\frac{\frac{f_{spk}}{f_{sk}}-1}{n-1}=\frac{\frac{180}{100}-1}{3-1}=0.4$$

（2）一根砂石桩承担的处理面积等效圆直径 d_e。

$$d_e^2=\frac{d^2}{m}=\frac{0.8^2}{0.4}=1.6，d_e=1.26(\text{m})$$

（3）桩间距（正三角形布桩）。

$$s=\frac{d_e}{1.05}=\frac{1.26}{1.05}=1.2\ (\text{m})$$

【例 8.9.4-6】

某工程要求地基加固后承载力特征值达到 155kPa，初步设计采用振冲碎石粧复合地基加固，桩径取 d=0.6m，桩长取 l=10m，正方形布桩，桩中心距为 1.5m，经试验得桩体承载力特征值 f_{pk}=450kPa 复合地基承载力特征值为 140kPa，未达到设计要求，在桩径，桩长和布桩形式不变的情况下，桩中心距最大数值为下列何项时才能达到设计要求？

（A）$s=1.30\text{m}$　　（B）$s=1.35\text{m}$　　（C）$s=1.40\text{m}$　　（D）$s=1.45\text{m}$

【答案】（A）

【解答】根据《地基处理》第 7.1.5 条：

$$d_e=1.13s=1.13\times1.5=1.695$$

$$m_i=d^2/d_e'^2=0.6^2/1.695^2=0.1253$$

$$f_{spk}=[1+m(n-1)]f_{sk},\quad 140=[1+0.1253(450/f_{sk}-1)]\times f_{sk},\quad f_{sk}=95.59(\text{kPa})$$

$$m_i=\frac{f_{spk}-f_{sk}}{f_{pk}-f_{sk}}=\frac{155-95.59}{450-95.59}=0.1676,\quad d_e=\frac{d}{\sqrt{m}}=\frac{0.6}{\sqrt{0.1676}}=1.466(\text{m})$$

$$s=\frac{1}{1.13}d_e=0.885\times1.466=1.30(\text{m})$$

五、有粘结强度增强体复合地基承载力计算

1.《地基处理》的规定

（1）估算公式

《地基处理》规定

> **7.1.5** 复合地基承载力特征值应通过复合地基静载荷试验或采用增强体静载荷试验结果和其周边土的承载力特征值结合经验确定，初步设计时，可按下列公式估算：
>
> **2** 对有粘结强度增强体复合地基应按下式计算：
>
> $$f_{spk}=\lambda m\frac{R_a}{A_p}+\beta(1-m)f_{sk}\qquad(7.1.5\text{-}2)$$
>
> 式中：λ——单桩承载力发挥系数，可按地区经验取值；
>
> R_a——单桩竖向承载力特征值（kN）；
>
> A_p——桩的截面积（m^2）；
>
> β——桩间土承载力发挥系数，可按地区经验取值。

（2）复合地基承载力的修正

《地基处理》规定

> **3.0.4** 经处理后的地基，当按地基承载力确定基础底面积及埋深而需要对本规范确定的地基承载力特征值进行修正时，应符合下列规定：
>
> **2** 基础宽度的地基承载力修正系数应取零，基础埋深的地基承载力修正系数应取 1.0。

（3）土的抗力所提供的单桩竖向承载力

《地基处理》7.1.5 条规定

> **7.1.5 3** 增强体单桩竖向承载力特征值可按下式估算：
>
> $$R_a = u_p \sum_{i=1}^{n} q_{si} l_{pi} + \alpha_p q_p A_p \qquad (7.1.5\text{-}3)$$
>
> 式中：u_p——桩的周长（m）；
>
> q_{si}——桩周第 i 层土的侧阻力特征值（kPa），可按地区经验确定；
>
> l_{pi}——桩长范围内第 i 层土的厚度（m）；
>
> α_p——桩端阻力发挥系数，应按地区经验确定；
>
> q_p——桩端阻力特征值（kPa），可按地区经验确定；对于水泥搅拌桩、旋喷桩应取未经修正的桩端地基土承载力特征值。

（4）桩身强度所提供的单桩竖向承载力

《地基处理》7.1.6 条规定

> **7.1.6** 有粘结强度复合地基增强体桩身强度应满足式（7.1.6-1）的要求。当复合地基承载力进行基础埋深的深度修正时，增强体桩身强度应满足式（7.1.6-2）的要求。
>
> $$f_{cu} \geqslant 4\frac{\lambda R_a}{A_p} \qquad (7.1.6\text{-}1)$$
>
> $$f_{cu} \geqslant 4\frac{\lambda R_a}{A_p}\left[1+\frac{\gamma_m(d-0.5)}{f_{spa}}\right] \qquad (7.1.6\text{-}2)$$
>
> 式中：f_{cu}——桩体试块（边长 150mm 立方体）标准养护 28d 的立方体抗压强度平均值（kPa），对水泥土搅拌桩应符合本规范第 7.3.3 条的规定；
>
> γ_m——基础底面以上土的加权平均重度（kN/m^3），地下水位以下取有效重度；
>
> d——基础埋置深度（m）；
>
> f_{spa}——深度修正后的复合地基承载力特征值（kPa）。

2. 算例

【例 8.9.5-1】

某场地地层如图 8.9.5-1 所示。拟采用水泥搅拌桩进行加固。已知基础埋深为 2.0m，搅拌桩桩径 600mm，桩长 14.0m，桩身强度 $f_{cu}=1.0$MPa，单桩承载力发挥系数 $\lambda=1.0$。桩身强度折减系数取 $\eta=0.25$，桩间土承载力发挥系数 $\beta=0.6$，桩端阻力发挥系数 $\alpha_p=0.4$。搅拌桩中心距为 1.0m，等边三角形布置。试问，搅拌桩复合地基承载力特征值（kPa）取下列哪个选项的数值合适？

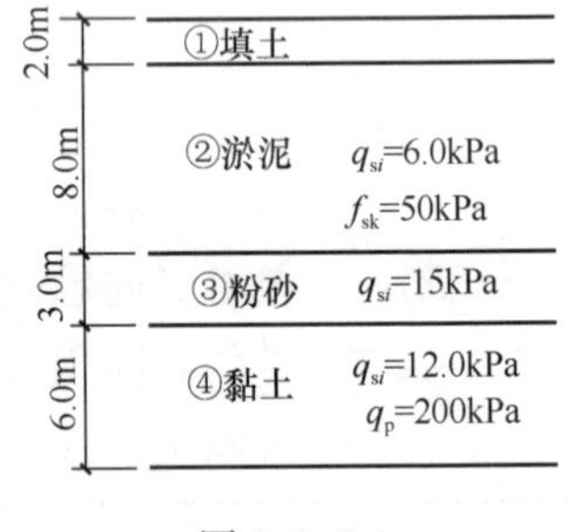

图 8.9.5-1

(A) 80　　(B) 90　　(C) 100　　(D) 110

【答案】(C)

【解答】$m=d^2/d_e^2=\frac{0.6^2}{(1.05\times1.0)^2}=0.327$

$$A_p=\frac{\pi d^2}{4}=\frac{\pi 0.6^2}{4}=0.2826\ (m^2)$$

（1）土对桩支承力 R_a。

根据《地基处理》7.1.5 条式（7.1.5-3）：

$$R_a = u_P \sum_{i=1}^{n} q_{si} l_{pi} + \alpha_p q_p A_p$$
$$= \pi \times 0.6 \times (8 \times 6 + 3 \times 15 + 3 \times 12) + 0.4 \times 200 \times 0.2826$$
$$= 265.6 (kN)$$

（2）桩体承载力 R_a。

根据《地基处理》7.3.3 条：

$$R_a = \eta f_{cu} A_p = 0.25 \times 1.0 \times 10^3 \times 0.2826 = 70.65 (kN)$$

（3）取 $R_a = 70.65$kN。

（4）搅拌桩复合地基承载力特征值。

根据《地基处理》7.1.5 条式（7.1.5-2）：

$$f_{spk} = \lambda m \frac{R_a}{A_p} + \beta (1-m) f_{sk}$$
$$= 1.0 \times 0.327 \times 70.65 / 0.2826 + 0.6 \times (1 - 0.327) \times 50$$
$$= 101.9 (kPa)$$

故选（C）。

【例 8.9.5-2】

某独立基础底面尺寸为 2.0m×4.0m，埋深 2.0m，相应荷载效应标准组合时，基础底面处平均压力 $p_k = 150$kPa；软土地基承载力特征值 $f_{ak} = 70$kPa，天然重度 $\gamma = 18.0$kN/m^3，地下水位埋深 1.0m；采用水泥土搅拌桩处理，桩径 500mm，桩长 10.0m；桩间土承载力发挥系数 $\beta = 0.5$，单桩承载力发挥系数 $\lambda = 1.0$。经试桩，单桩承载力特征值 $R_a = 110$kN。则基础下布桩数量为多少根?

（A）6　　（B）8　　（C）10　　（D）12

【答案】（B）

【解答】

（1）根据《地基处理》式（7.1.5-2）：

$$f_{spk} = \lambda m \frac{R_a}{A_p} + \beta (1-m) f_{sk} = 1.0 \times m \times 110 / 0.196 + 0.5 \times (1-m) \times 70 = 526.2m + 35 (kPa)$$

其中：$A_p = 0.25 \times 0.25 \times \pi = 0.196$（m^2）

（2）经深度修正后，复合地基承载力特征值

$f_a = f_{spk} + \eta_d \cdot \gamma_m \cdot (d - 0.5) = 526.2m + 35 + 1.0 \times 13 \times (2 - 0.5) = 526.2m + 54.5$

其中 $\eta_d = 1.0$，$\gamma_m = (1.00 \times 18 + 1.00 \times 8) / 2.0 = 13.0$（kN/m^3）

（3）$p_k \leqslant f_a$，即 $150 \leqslant 526.2m + 54.5$，得 $m \geqslant 0.18$

水泥土搅拌桩可只在基础内布桩，$m = n \times A_p / A$，$n = m \times A / A_p = 0.18 \times 2 \times 4 / 0.196 = 7.35$（根），取 $n = 8$ 根。

故选（B）。

【例 8.9.5-3】

某场地地基为淤泥质粉质黏土，天然地基承载力特征值为 60kPa。拟采用湿法水泥土搅拌桩复合地基加固，桩长 15.0m，桩径 600mm，桩周侧阻力 $q_{si} = 10$kPa，端阻 $q_p =$

40kPa，桩身强度折减系数 η 取 0.25，桩端天然地基土的端阻力发挥系数 α_p 取 0.4，水泥加固土试块 90d 龄期立方体抗压强度平均值为 $f_{cu}=1.8\text{MPa}$，桩间土承载力发挥系数 β 取 0.6。单桩承载力发挥系数 λ 取 1.0。试问要使复合地基承载力特征值达到 160kPa，用等边三角形布桩时，计算桩间距最接近下列哪项选项的数值?

(A) 0.5m (B) 0.8m (C) 1.0m (D) 1.5m

【答案】(C)

【解答】

根据《地基处理》第 7.1.5 条 3 款和第 7.3.3 条

(1) 桩的截面积

$$A_p=\frac{3.14\times0.6^2}{4}=0.2826\text{m}^2$$

(2) 确定单桩竖向承载力

桩身强度确定单桩竖向承载力

$$R_a=\eta f_{cu}A_p=0.25\times1.8\times10^3\times0.2826=127.2\text{kN}$$

桩周土和桩端土抗力确定单桩竖向承载力

$$R_a=u_p\sum q_{si}l_i+a_pq_pA_p=3.14\times0.6\times10\times15+0.4\times40\times0.2826=287.1\text{kN}$$

取二者小值为单桩竖向承载力 $R_a=127.2\text{kN}$

(3) 置换率

$$m=\frac{f_{spk}-\beta f_{sk}}{\lambda\dfrac{R_a}{A_p}-\beta f_{sk}}=\frac{160-0.6\times60}{1.0\dfrac{127.2}{0.2826}-0.6\times60}=0.299=30\%$$

(4) 桩间距

$$s=\frac{0.6}{1.05\times\sqrt{0.3}}=1.04\text{m}$$

【例 8.9.5-4】

某软土场地，淤泥质土承载力特征值 $f_a=75\text{kPa}$；初步设计采用水泥土搅拌桩复合地基加固，等边三角形布桩，桩间距 1.20m，桩径 500mm，桩长 10.0m，桩间土承载力发挥系数 $\beta=0.6$，单桩承载力发挥系数 $\lambda=1.0$，设计要求加固后复合地基承载力特征值达到 160kPa；经载荷试验，复合地基承载力特征值 $f_{spk}=145\text{kPa}$，若其他设计条件不变，调整桩基距，下列哪个选项是满足设计要求的最适宜桩距?

(A) 0.90m (B) 1.00mm (C) 1.10m (D) 1.20m

【答案】(C)

【解答】计算分成两步，第一步根据复合地基载荷试验结果求搅拌桩单桩承载力；第二步，按题干要求，假定搅拌桩单桩承载力不变，复合地基承载力要达到 160kPa，按复合地基承载力公式求解的置换率，再求得新的桩间距。

(1) $d_{e1}=1.05\times s_1=1.05\times1.20=1.26$ (m)，$m_1=(d/d_{e1})^2=(0.5/1.26)^2=0.1575$。

根据《地基处理》式 (7.1.5-2)：

$$f_{spk}=\lambda m\frac{R_a}{A_p}+\beta(1-m)f_{sk}$$

$$145 = 1.0 \times 0.1575 \times R_a/(0.25 \times 0.25 \times \pi) + 0.6 \times (1 - 0.1575) \times 75$$

$$R_a = 133.7(\text{kPa})$$

（2）$f_{spk} = \lambda m \dfrac{R_a}{A_p} + \beta(1-m)f_{sk}$。

$$160 = 1.0 \times m_2 \times 133.7/(0.25 \times 0.25 \times \pi) + 0.6 \times (1 - m_2) \times 75,$$

$$m_2 = 0.181$$

$$d_{e2} = \sqrt{\left(\frac{0.5 \times 0.5}{0.181}\right)} - 1.175\ (\text{m})$$

$$s_2 = d_{e2}/1.05 = 1.175/1.05 = 1.12\ (\text{m})$$

故选（C）。

【例 8.9.5-5】

基础埋深 5m，基础底面积 30m×35m，F＝280000kN，M＝20000kN·m，采用 CFG 桩复合地基，桩径 0.4m，桩长 21m，桩间距 s＝1.8m，正方形布桩，经试验得单桩竖向极限承载力为 1424kN。单桩承载力发挥系数 λ＝1.0，桩间土承载力发挥系数 β＝0.8，其他参数在图 8.9.5-2 中均已标出。

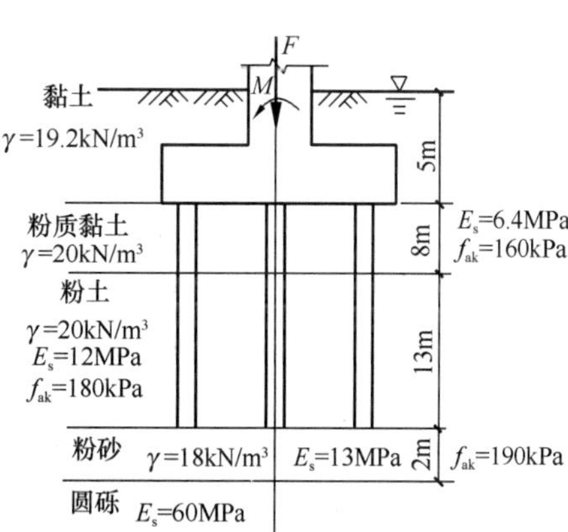

图 8.9.5-2

试估算复合地基承载力，其验算式左右两端与下列何项接近？

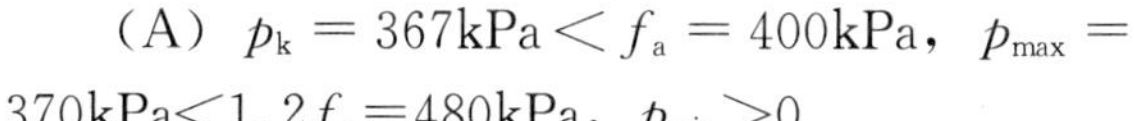

（A）$p_k = 367\text{kPa} < f_a = 400\text{kPa}$，$p_{max} = 370\text{kPa} < 1.2f_a = 480\text{kPa}$，$p_{min} > 0$

（B）$p_k = 367\text{kPa} < f_a = 400\text{kPa}$，$p_{max} = 370\text{kPa} < 1.2f_a = 480\text{kPa}$，$p_{min} < 0$

（C）$p_k = 317\text{kPa} < f_a = 383\text{kPa}$，$p_{max} = 320\text{kPa} < 1.2f_a = 460\text{kPa}$，$p_{min} > 0$

（D）$p_k = 367\text{kPa} < f_a = 438\text{kPa}$，$p_{max} = 370\text{kPa} < 1.2f_a = 526\text{kPa}$，$p_{min} > 0$

【答案】（C）

【解答】根据《地基处理》C.0.11 条的规定：

（1）计算单桩承载力特征值。

单桩承载力特征值 R_a＝1424/2＝712（kN）

（2）估算复合地基承载力。

根据《地基处理》7.1.5 条：

计算置换率：正方形布桩 $m = d^2/d_e^2 = 0.4^2/(1.13 \times 1.8)^2 = 0.0387$

复合地基承载力特征值：

$$f_{spk} = \lambda m \frac{R_a}{A_p} + \beta(1-m)f_{sk}$$

$$= 1.0 \times 0.0387 \times \frac{712}{0.1256} + 0.8 \times (1 - 0.0387) \times 160 = 342(\text{kPa})$$

根据《地基处理》3.0.4 条：

经深度修正后复合地基承载力特征值为：

$$f_a = f_{spk} + \eta_d \gamma_m (d - 0.5) = 342 + 1.0 \times 9.2 \times (5 - 0.5) = 383(\text{kPa})$$

(3) 验算基底压力

根据《地基处理》5.2.2条：

$$p_{k}=\frac{F+G}{A}=\frac{280000+30\times35\times5\times10}{30\times35}=317(kPa)<f_{a}=383(kPa)$$

$$p_{max}=\frac{F+G}{A}+\frac{M}{W}=317+\frac{20000\times6}{30\times35^{2}}=320(kPa)<1.2f_{a}=460(kPa)$$

$$p_{min}=\frac{F+G}{A}-\frac{W}{M}=317-\frac{20000\times6}{30\times35^{2}}=314(kPa)>0$$

复合地基承载力满足要求。故选(C)。

六、复合地基的变形计算

《地基处理》规定

> **3.0.5** 处理后的地基应满足建筑物地基承载力、变形和稳定性要求，地基处理的设计尚应符合下列规定：
>
> **2** 按地基变形设计或应作变形验算且需进行地基处理的建筑物或构筑物，应对处理后的地基进行变形验算；

根据上述规定复合地基尚应进行变形验算，复合地基有两大类型七种做法，但它们的计算方法是统一的。表 8.9.6-1 列出相关的规范规定。

复合地基变形计算的规范规定 **表 8.9.6-1**

类　型	名　称	《地基处理》规定
散体材料桩复合地基	振冲碎石桩、沉管砂石桩复合地基	7.2.2　振冲碎石桩、沉管砂石桩复合地基设计应符合下列规定： 9. 复合地基变形计算应符合本规范第 7.1.7 条和第 7.1.8 条的规定
	柱锤冲扩桩复合地基	7.8.4 柱锤冲扩桩复合地基设计应符合下列规定： 8. 处理后地基变形计算应符合本规范第 7.1.7 条和第 7.1.8 条的规定
	灰土挤密桩和土挤密桩复合地基	7.5.1 灰土挤密桩、土挤密桩复合地基处理应符合下列规定： 10. 复合地基的变形计算应符合本规范第 7.1.7 条和第 7.1.8 条的规定
有粘结强度增强体复合地基	夯实水泥土桩复合地基	7.6.2 夯实水泥土桩复合地基设计应符合下列规定： 8. 复合地基的变形计算应符合本规范第 7.1.7 条和第 7.1.8 条的有关规定
	水泥土搅拌桩复合地基	7.3.3 水泥土搅拌桩复合地基设计应符合下列规定： 7. 复合地基的变形计算应符合本规范第 7.1.7 条和第 7.1.8 条的规定
	旋喷桩复合地基	7.4.4 旋喷桩复合地基的地基变形计算应符合本规范第 7.1.7 条和第 7.1.8 条的规定
	水泥粉煤灰碎石桩复合地基	7.7.2 水泥粉煤灰碎石桩复合地基设计应符合下列规定： 7. 处理后的地基变形计算应符合本规范第 7.1.7 条和第 7.1.8 条的规定

1. 复合地基最终变形量的计算公式

《地基处理》规定

> **7.1.7** 复合地基变形计算应符合现行国家标准《建筑地基基础设计规范》GB 50007 的有关规定。

根据上述规定复合地基的变形计算应和天然地基的变形计算是相同，但这二种地基终究还有一些差异，尚需进行一些调整、现讨论如下。

图 8.9.6-1 表示复合地基中土的竖向位移变形场。从图可以看出、在竖向荷载作用下土的沉降主要由桩身范围内的压缩变形和下卧层变形两部分组成。根据此情况一般在计算复合地基的沉降时，把复合地基沉降量分为两部分，如图 8.9.6-2 所示。图中 $z=l$ 为复合地基加固区厚度，z_n 为荷载作用下地基压缩层厚度。复合地基加固区的压缩量记为 s_1，地基压缩层厚度内加固区下卧层厚度为（z_n-1），其压缩量记为 s_2。

在竖向荷载作用下复合地基的总沉降量 s 可表示为两部分之和，即

$$s=s_1+s_2 \tag{8.9.6-1}$$

若复合地基设置有褥垫层，通常认为褥垫层压缩量很小，可以忽略不计。

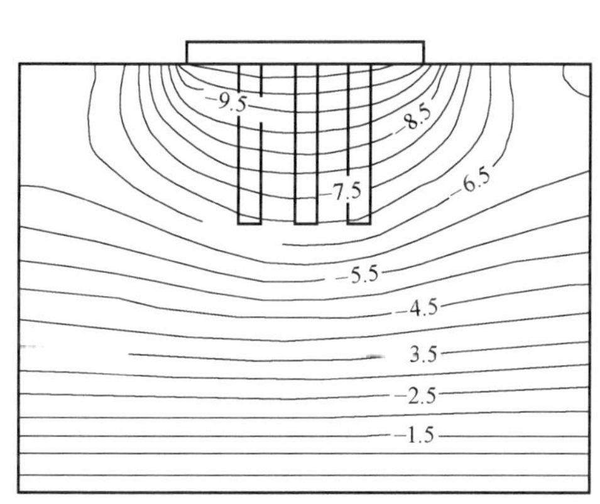

图 8.9.6-1 复合地基的竖向位移变形场

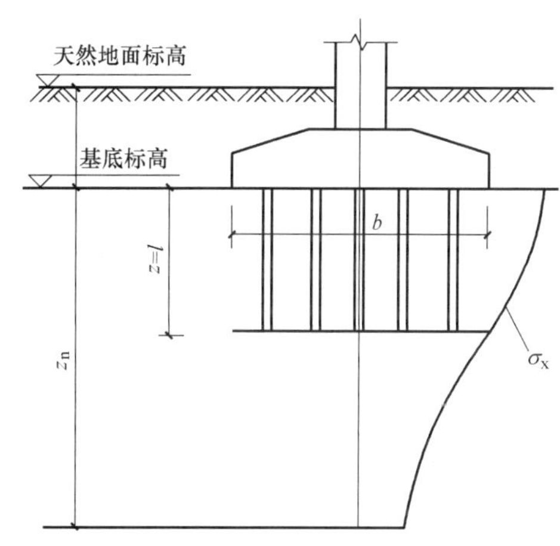

图 8.9.6-2 复合地基沉降量计算示意图

根据《地基》第 5.2.5 条的规定、考虑复合地基沉降量分为两部分的特点可得复合地基最终变形量的计算公式。加固区与下卧层土体内的应力分布均采用各向同性均质的直线变形体理论，复合地基最终变形量可按下式计算：

$$s=\psi_s s'=\psi_s\left[\sum_{i=1}^{n_1}\frac{p_0}{\zeta E_{si}}(z_i\bar{a}_i-z_{i-1}\bar{a}_{i-1})+\sum_{i=n_1+1}^{n_2}\frac{p_0}{E_{si}}(z_i\bar{a}_i-z_{i-1}\bar{a}_{i-1})\right] \tag{8.9.6-2}$$

式中，s——按《地基处理》计算地基最终沉降量（mm）；

s'——分层总和法计算地基最终沉降量（mm）；

n_1——加固区范围土层分层数；

n_2——沉降计算深度范围内土层总的分层数；

p_0——对应于荷载标准值时的基础底面处的附加压力（kPa）；

E_{si}——基础底面下的第 i 层土的压缩模量（kPa）；

z_i，z_{i-1}——基础底面至第 i 层土、第 $i-1$ 层土底面的距离（m）；

$\bar{\alpha}_i$，$\bar{\alpha}_{i-1}$——基础底面计算点至第 i 层土、第 $i-1$ 层土底面范围内平均附加应力系数；

ζ——加固区土的模量提高系数；

ψ_s——沉降计算经验系数。

2. 四项计算规定

（1）复合地基沉降计算的分层

《地基处理》规定

7.1.7 复合土层的分层与天然地基相同。

图 8.9.6-3 给出了复合地基沉降计算的分层示意图。

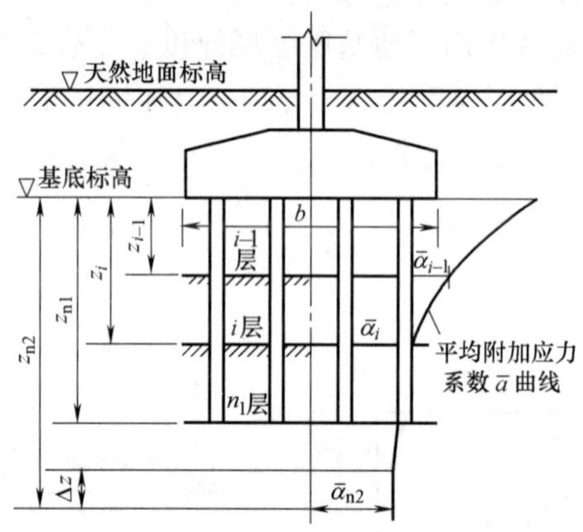

图 8.9.6-3 复合地基沉降计算分层示意图

（2）复合土层的压缩模量

《地基处理》规定

7.1.7 各复合土层的压缩模量等于该层天然地基压缩模量的 ζ 倍，ζ 值可按下式确定：

$$\zeta=\frac{f_{spk}}{f_{ak}} \tag{7.1.7}$$

式中：f_{ak}——基础底面下天然地基承载力特征值（kPa）。

图 8.9.6-4 给出了各复合土层压缩模量示意图。

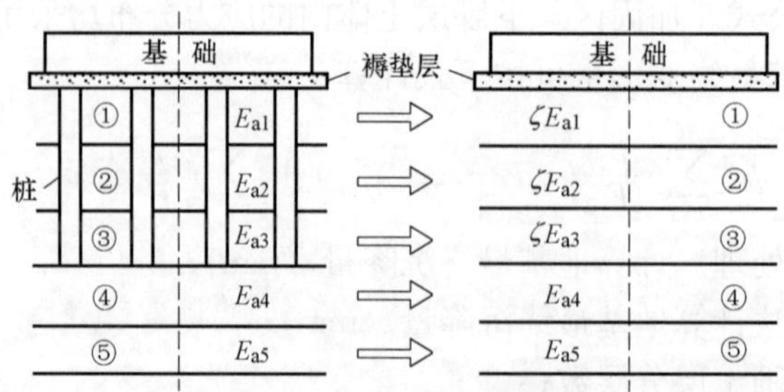

图 8.9.6-4 各复合土层压缩模量示意图

（3）复合地基的沉降计算经验系数

《地基处理》规定：

> **7.1.8** 复合地基的沉降计算经验系数也可根据地区沉降观测资料统计值确定，无经验取值时，可采用表7.1.8的数值。
>
> **沉降计算经验系数 ψ_s** **表7.1.8**
>
> | $\overline{E}_s$(MPa) | 4.0 | 7.0 | 15.0 | 20.0 | 35.0 |
> |---|---|---|---|---|---|
> | ψ_s | 1.0 | 0.7 | 0.4 | 0.25 | 0.2 |
>
> 注：$\overline{E}_s$ 为变形计算深度范围内压缩模量的当量值，应按下式计算
>
> $$\overline{E}_s=\frac{\sum_{i=1}^{n}A_i+\sum_{j=1}^{n}A_j}{\sum_{i=1}^{n}\frac{A_i}{E_{spi}}+\sum_{j=1}^{n}\frac{A_j}{E_{sj}}} \tag{7.1.8}$$
>
> 式中：A_i——加固土层第 i 层土附加应力系数沿土层厚度的积分值；
>
> A_j——加固土层下第 j 层土附加应力系数沿土层厚度的积分值。

（4）地基变形计算深度

《地基处理》规定

> **7.1.7** 地基变形计算深度应大于复合土层的深度。

《地基处理》“条文说明”指出

> **7.7.2 7 3**）复合地基变形计算过程中，在复合土层范围内，压缩模量很高时，满足下式要求后：
>
> $$\Delta s'_n\leqslant 0.025\sum_{i=1}^{n}\Delta s'_i \tag{15}$$
>
> 若计算到此为止，桩端以下土层的变形量没有考虑，因此，计算深度必须大于复合土层厚度，才能满足现行国家标准《建筑地基设计规范》GB 50007的有关规定。

复合地基变形计算过程中，在复合土层范围内，压缩模量很高时，可能计算所得的沉降量已能满足要求，若计算到此为止，就漏掉了桩端以下土层的变形量，因此，地基变形计算深度必须大于复合土层的厚度，即使满足式（15）要求；如确定的计算深度下部仍有较软土层时，应继续计算。

【例8.9.6-1】基础中心点的最终沉降量

条件：某高层建筑物，基础为筏形基础，基底尺寸为28m×33.6m，基础埋深为7m，作用于基底的附加压力 $p_0=300$kPa，地基处理采用CFG桩复合地基，桩径0.4m，桩长21m。工程地质土层分布见图8.9.6-5所示，复合地基承载力特征值

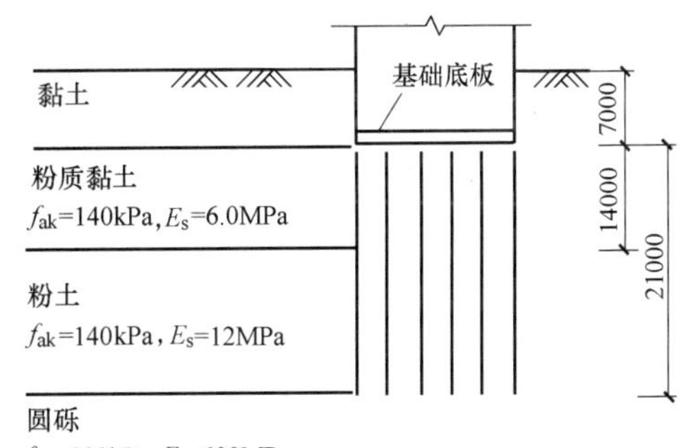

图8.9.6-5

为 336kPa。

要求：基础中心点的最终沉降量 S（mm）

【解答】

（1）根据《地基》5.3.8 条、《地基处理》7.7.2 条的规定

$$z_n = b(2.5 - 0.4\ln b) = 28 \times (2.5 - 0.4\ln 28) = 32.68\text{m}$$

（2）查《地基处理》表 5.3.6，$b = 28\text{m} > 8\text{m}$，取 $\Delta z = 1.0\text{m}$

将基底划为 4 个小矩形，$l = 33.0/2 = 16.8\text{m}$，$b = 28/2 = 14\text{m}$，$l/b = 16.8/14 = 1.2$

根据《地基处理》7.1.7 条规定，取 $f_{sk} = 140\text{kPa}$

$$\zeta = f_{spk}/f_{sk} = 336/140 = 2.4$$

故各复合土层的压缩模量分别为：$E_{s1} = 6.0 \times 2.4 = 14.4\text{MPa}$，$E_{s2} = 12 \times 2.4 = 28.8\text{MPa}$ 列表计算沉降量，见表 8.9.6-2。

沉降量计算表 **表 8.9.6-2**

z_i (m)	l/b	z/b	$\overline{\alpha}_i$	$z_i\overline{\alpha}_i$ (mm)	$z_i\overline{\alpha}_i - z_{i-1}\overline{\alpha}_{i-1}$ (mm)	ζE_{si} (kPα)	$\Delta s_i' = \frac{4p_0}{\zeta E_{si}}(z_i\overline{\alpha}_i - z_{i-1}\overline{\alpha}_{i-1})$ (mm)	$s' = \sum \Delta s_i'$ (mm)
0	1.2	0	0.2500	0	0	—		
14	1.2	1.0	0.2291	3207.4	3207.4	14400	267.28	267.28
21	1.2	1.5	0.2054	4313.4	1106.0	28800	46.08	313.36
27	1.2	1.93	0.1854	5004.45	691.05	60000	13.82	327.19
28	1.2	2.0	0.1822	5101.6	97.15	60000	1.943	329.12

复核沉降计算深度，$\Delta z = 1.0\text{m}$

$$\Delta s_n' = 1.943\text{mm} < 0.025\sum \Delta s_i' = 0.025 \times 329.12 = 8.23\text{mm}，满足$$

确定 ψ_s，根据《地基处理》7.1.8 条规定：

$$\overline{E}_s = \frac{5101.6}{\frac{3207.4}{14.4} + \frac{1106}{28.8} + \frac{691.5}{60} + \frac{97.15}{60}} = 18.6\text{kPa}$$

查《地基处理》表 7.1.8：

$$\psi_s = 0.4 - \frac{18.6 - 15}{20 - 15} \cdot (0.4 - 0.25) = 0.292$$

$$s = \psi_s s' = 0.292 \times 329.12 = 96.1\text{mm}$$

【例 8.9.6-2】～【例 8.9.6-3】

某高层住宅，采用筏板基础，地基基础设计等级为乙级。基础底面处由静荷载产生的平均附加压力为 380kPa，由活荷载产生的平均压力为 65kPa；活荷载准永久值系数为 $\psi_q = 0.4$。地基土层分布如图 8.9.6-6 所示。地基处理采用水泥粉煤灰碎石桩（CFG 桩），桩径 400mm，在基底平面（24m×28.8m）范围内呈等边三角形满堂均匀布置，桩距 1.7m，详见图 8.9.6-7。

【例 8.9.6-2】

假定现场测得粉质黏土层复合地基承载力特征值为 500kPa，试问，在进行地基变形计算时，粉质黏土层复合地基土层的压缩模量 E_s（MPa），应取下列何项数值？

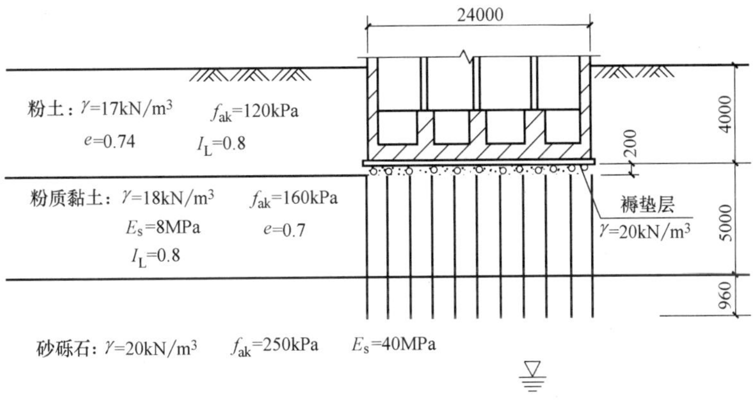

图 8.9.6-6

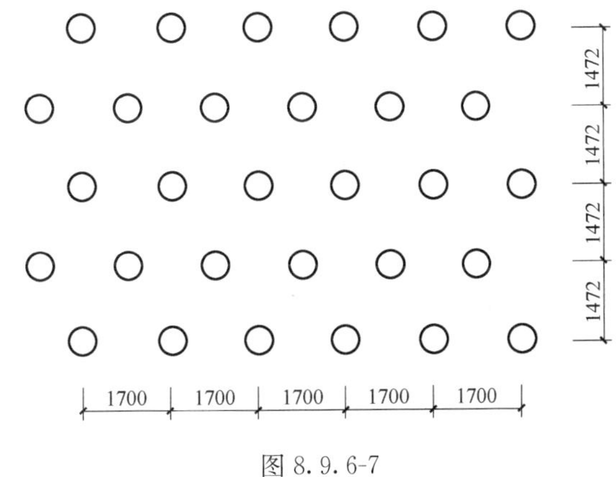

图 8.9.6-7

(A) 25　　(B) 40　　(C) 16　　(D) 8

【答案】(A)

【解答】

根据《地基处理》7.1.7 条，

$$\zeta=\frac{f_{spk}}{f_{sk}}=\frac{500}{160}=3.125 \quad E_s=3.125\times8=25\text{MPa}$$

【例 8.9.6-3】

假定：粉质黏土层复合地基 $E_{s1}=25$MPa，砂砾石层复合地基 $E_{s2}=125$MPa，$\bar{\alpha}_2=0.2462$，沉降计算经验系数 $\psi_s=0.2$，试问，在筏板基础平面中心点处，复合地基土层的变形计算值 (mm)，与下列何项数值最为接近？提示：①矩形面积上均布荷载作用下角点的平均附加应力系数$\bar{\alpha}$表 8.9.6-3。

表 8.9.6-3

z/b \ l/b	1	1.2	1.4	1.6
0.2	0.2496	0.2497	0.2497	0.2498
0.4	0.2474	0.2479	0.2481	0.2483
0.6	0.2423	0.2437	0.2444	0.2448

② 计算复合地基变形时，可近似的忽略混凝土垫层、褥垫层的变形和重量。

(A) 4.01　　(B) 4.05　　(C) 16.05　　(D) 16.18

【答案】(C)

【解答】

根据《地基》5.3.5 条及式（5.3.5），将筏板分成四块矩形，用角点法进行计算。

$l_1=14.4\text{m}$，$b_1=12\text{m}$，$\frac{l_1}{b_1}=1.2$，$z_1=4.8\text{m}$，$z_2=5.76\text{m}$，$\frac{z_1}{b_1}=0.4$，$\frac{z_2}{b_1}=0.48$

$p_0=(380+65\times0.4)\text{kPa}=406\text{kPa}$

$$s=4\psi_s s'=4\psi_s p_0\left[\frac{1}{E_{s1}}(z_1\bar{\alpha}_1-z_0\bar{\alpha}_0)+\frac{1}{E_{s2}}(z_2\bar{\alpha}_2-z_1\bar{\alpha}_1)\right]$$
$$=4\times0.2\times406\times[4.8\times0.2479/25+(5.76\times0.2462-4.8\times0.2479)/125]\text{mm}$$
$$=324.8\times(0.04760+0.001826)\text{mm}=324.8\times0.048426\text{mm}=16.05\text{mm}$$

8.10　场地、液化土和地基基础的抗震验算

一、场地

《抗震》规定

> **2.1.8**　场地
>
> 工程群体所在地，具有相似的反应谱特征。其范围相当于厂区、居民小区和自然村或不小于 1.0km² 的平面面积。

1. 场地的选择

《抗震》规定

> **4.1.1**　选择建筑场地时，应按表 4.1.1 划分对建筑抗震有利、一般、不利和危险的地段。

有利、一般、不利和危险地段的划分　　表 4.1.1

地段类别	地质、地形、地貌
有利地段	稳定基岩，坚硬土，开阔、平坦、密实、均匀的中硬土等
一般地段	不属于有利、不利和危险的地段
不利地段	软弱土，液化土，条状突出的山嘴，高耸孤立的山丘，陡坡，陡坎，河岸和边坡的边缘，平面分布上成因、岩性、状态明显不均匀的土层(含故河道、疏松的断层破碎带、暗埋的塘浜沟谷和半填半挖地基)，高含水量的可塑黄土，地表存在结构性裂缝等
危险地段	地震时可能发生滑坡、崩塌、地陷、地裂、泥石流等及发震断裂带上可能发生地表位错的部位

《抗震》规定

> **3.3.1**　选择建筑场地时，应根据工程需要和地震活动情况、工程地质和地震地质的有关资料，对抗震有利、一般、不利和危险地段做出综合评价。对不利地段，应提出避开要求；当无法避开时应采取有效的措施。对危险地段，严禁建造甲、乙类的建筑，不应建筑丙类的建筑。

《抗震》规定

> **3.3.4** 地基和基础设计应符合下列要求：
>
> **1** 同一结构单元的基础不宜设置在性质截然不同的地基上。
>
> **2** 同一结构单元不宜部分采用天然地基部分采用桩基；当采用不同基础类型或基础埋深显著不同时，应根据地震时两部分地基基础的沉降差异，在基础、上部结构的相关部位采取相应措施。
>
> **3** 地基为软弱黏性土、液化土、新近填土或严重不均匀土时，应根据地震时地基不均匀沉降和其他不利影响，采取相应的措施。

2. 场地的类别

《抗震》规定

> **4.1.2** 建筑场地的类别划分，应以土层等效剪切波速和场地覆盖层厚度为准。

（1）场地覆盖层厚度

《抗震》规定

> **4.1.4** 建筑场地覆盖层厚度的确定，应符合下列要求：
>
> **1** 一般情况下，应按地面至剪切波速大于500m/s且其下部各层岩土的剪切波速均不小于500m/s的土层顶面的距离确定。
>
> **2** 当地面5m以下存在剪切波速大于其上部各土层剪切波速2.5倍的土层，且该层及其下部各层岩土的剪切波速均不小于400m/s时，可按地面至该土层顶面的距离确定。
>
> **3** 剪切波速大于500m/s的孤石、透镜体，应视同周围土层。
>
> **4** 土层中的火山岩硬夹层，应视为刚体，其厚度应从覆盖土层中扣除。

【例8.10.1-1】 某建筑场地的土层分布及各土层的剪切波速如图8.10.1-1所示，土层等效剪切波速为240m/s，

土层	剪切波速	厚度
①杂填土	v_{a1}=180m/s	2m
②砂质粉土	v_{a2}=300m/s	10m
③淤泥质黏土	v_{a3}=100m/s	27m
④粉质黏土	v_{a4}=300m/s	5m
⑤火山岩硬夹层	v_{a5}=450m/s	2m
⑥粉质黏土	v_{a6}=350m/s	5m
⑦基岩	v_{a7}>500m/s	

图8.10.1-1

试问：该建筑场地的覆盖层厚度（m）应为下列何项所示？

（A）51　　（B）49　　（C）20　　（D）46

【答案】（B）

【解答】根据图示及《抗震》4.1.4条4款，覆盖层厚度=51−2=49m

（2）土层的剪切波速

《抗震》规定

> **4.1.5** 土层的等效剪切波速，应按下列公式计算：
>
> $$v_{se}=d_0/t \tag{4.1.5-1}$$
>
> $$t=\sum_{i=1}^{n}(d_i/v_{si}) \tag{4.1.5-2}$$
>
> 式中 v_{se}——土层等效剪切波速（m/s）；
>
> d_0——计算深度（m），取覆盖层厚度和20m两者的较小值；
>
> t——剪切波在地面至计算深度之间的传播时间；
>
> d_i——计算深度范围内第i土层的厚度（m）；
>
> v_{si}——计算深度范围内第i土层的剪切波速（m/s）；
>
> n——计算深度范围内土层的分层数。

【例8.10.1-2】

在抗震设防区内，某建筑工程场地的地基土层分布及其剪切波速v_s如图8.10.1-2所示。

①黏性填土　6m　v_s=130m/s

②淤泥　2m　v_s=90m/s

③黏土　14m　v_s=195m/s

④岩石　v_s=850m/s

图8.10.1-2

试问，该建筑场地的土层等效剪切波速v_{se}（m/s）应为下列何项？

（A）161　　（B）155

（C）120　　（D）146

【答案】（B）

【解答】

根据《抗震》4.1.4条，场地覆盖层厚度为：6+2+14=22m>20m，

根据《抗震》4.1.5条，取d_0=20m

根据《抗震》4.1.5条，

$$t=\sum_{i=1}^{n}(d_i/v_{si})=6/130+2/90+12/195=0.13\text{s}$$

$$v_{se}=\frac{d_0}{t}=\frac{20}{0.13}=153.8\text{m/s}$$

（3）场地类别的划分

《抗震》规定

4.1.6 建筑的场地类别，应根据土层等效剪切波速和场地覆盖层厚度按表4.1.6划分为四类，其中Ⅰ类分为I_0、I_1两个亚类。当有可靠的剪切波速和覆盖层厚度且其值处于表4.1.6所列场地类别的分界线附近时，应允许按插值方法确定地震作用计算所用的特征周期。

各类建筑场地的覆盖层厚度（m）　　表4.1.6

岩石的剪切波速或土的等效剪切波速(m/s)	场地类别				
	I_0	I_1	Ⅱ	Ⅲ	Ⅳ
$v_s>800$	0				
$800\geqslant v_s>500$		0			
$500\geqslant v_{se}>250$		<5	≥5		
$250\geqslant v_{se}>150$		<3	3～50	>50	
$v_{se}\leqslant150$		<3	3～15	15～80	>80

注：表中v_s系岩石的剪切波速。

【例8.10.1-3】

某工程抗震设防裂度为7度，对工程场地曾进行土层剪切波速测量，测量成果如表8.10.1-1所示。

表8.10.1-1

层序	岩土名称	层厚(m)	底层深度(m)	土(岩)层平均剪切波速v_{si}(m/s)
1	杂填土	1.20	1.20	116
2	淤泥质黏土	10.50	11.70	135
3	黏土	14.30	26.00	158
4	粉质黏土	3.90	29.90	189
5	粉质黏土混碎石	2.70	32.60	250
6	全风化流纹质凝灰岩	14.60	47.20	365
7	强风化流纹质凝灰岩	4.20	51.40	454
8	中风化流纹质凝灰岩	揭露厚度11.30	62.70	550

试问，该场地应判别为下列何项场地，才是正确的？

(A) Ⅰ类场地　　(B) Ⅱ类场地　　(C) Ⅲ类场地　　(D) Ⅳ类场地

【答案】(C)

【解答】根据《抗震》第4.1.5条及第4.1.6条，土层等效剪切波速为

$$v_{se}=\frac{d_0}{\sum\limits_{i=1}^{n}\left(\frac{d_i}{v_{si}}\right)}=\frac{20}{\frac{1.20}{116}+\frac{10.50}{135}+\frac{8.30}{158}}\text{m/s}=\frac{20}{0.0103+0.0778+0.0525}\text{m/s}=\frac{20}{0.1406\text{m/s}}$$

$$=142.25\text{m/s}<150\text{m/s}$$

由于覆盖层厚度取表8.10.1-1的51.40m处，大于15m，小于80m故判别为Ⅲ类场地。

【例 8.10.1-4】 如下图 8.10.1-3 所示为某工程场地剪切波速测试结果，据此计算确定场地土层的等效剪切波速和场地的类别，何项的组合是合理的？

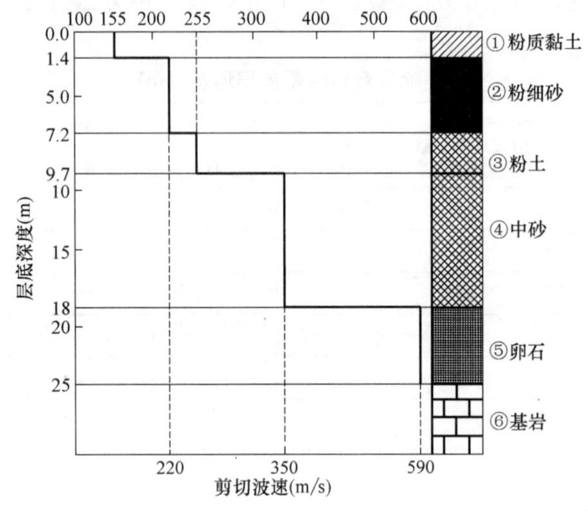

图 8.10.1-3

(A) 173m/s；Ⅱ类　　(B) 261m/s；Ⅱ类

(C) 193m/s；Ⅲ类　　(D) 290m/s；Ⅳ类

【答案】(B)

【解答】根据《抗震》第 4.1.4 条～第 4.1.6 条。

(1) 因为⑤层卵石的剪切波速 600m/s>500m/s，且以下为基岩，所以覆盖层厚度取到卵石为 18m。

(2) 等效剪切波速 v_{se}：

$$t=\Sigma\left(\frac{d_i}{v_{se}}\right)=\frac{1.4}{155}+\frac{5.8}{220}+\frac{2.5}{255}+\frac{8.3}{350}=0.0689\text{s}$$

$$v_{se}=\frac{18}{0.0689}=261.2(\text{m/s})$$

(3) 场地类别为Ⅱ类。

(4) 根据岩土名称和性状划分土的类型

《抗震》规定

3 对丁类建筑及丙类建筑中层数不超过 10 层、高度不超过 24m 的多层建筑，当无实测剪切波速时，可根据岩土名称和性状，按表 4.1.3 划分土的类型，再利用当地经验在表 4.1.3 的剪切波速范围内估算各土层的剪切波速。

土的类型划分和剪切波速范围　　**表 4.1.3**

土的类型	岩土名称和性状	土层剪切波速范围(m/s)
岩石	坚硬、较硬且完整的岩石	$v_s>800$
坚硬土或软质岩石	破碎和较破碎的岩石或软和较软的岩石，密实的碎石土	$800\geq v_s>500$

续表

土的类型	岩土名称和性状	土层剪切波速范围(m/s)
中硬土	中密、稍密的碎石土，密实、中密的砾、粗、中砂，$f_{ak}>150$ 的黏性土和粉土，坚硬黄土	$500\geqslant v_s>250$
中软土	稍密的砾、粗、中砂，除松散外的细、粉砂，$f_{ak}\leqslant150$ 的黏性土和粉土，$f_{ak}>130$ 的填土，可塑性黄土	$250\geqslant v_s>150$
软弱土	淤泥和淤泥质土，松散的砂，新近沉积的黏性土和粉土，$f_{ak}\leqslant130$ 的填土，流塑性黄土	$v_s\leqslant150$

注：f_{ak}为由载荷试验等方法得到的地基承载力特征值（kPa）；v_s 为岩土剪切波速。

【例 8.10.1-5】

某建筑场地土层分布如下表 8.10.1-2 所示，拟建 8 层建筑，高 25m。根据《抗震》，该建筑抗震设防类别为丙类。现无实测剪切波速，该场地的类别划分可根据经验按何项考虑?

表 8.10.1-2

层序	岩土名称和性状	层厚(m)	层底深度(m)
1	填土，$f_{ak}=150$kPa	5	5
2	粉质黏土，$f_{ak}=200$kPa	10	15
3	稍密粉细砂	10	25
4	稍密-中密的粗中砂	15	40
5	中密圆砾卵石	20	60
6	坚硬基岩	—	—

(A) Ⅱ类　　(B) Ⅲ类　　(C) Ⅳ类　　(D) 无法确定

【答案】(B)

【解答】

① 根据《抗震》4.1.3 条

根据岩土名称及性状，深度 60m 以内不可能有剪切波速大于 500m/s 的岩土层，故覆盖层厚度应取 60m。

在计算深度 20m 范围内的土层应属于中软土，等效剪切波速介于 140～250m/s 之间。

② 根据《抗震》4.1.6 条

覆盖层厚度 60m。等效剪切波速介于 140～250m/s 之间。场地类别可划分为Ⅲ类。

3. 发震断裂的最小避让距离

《抗震》规定

4.1.7 场地内存在发震断裂时，应对断裂的工程影响进行评价，并应符合下列要求：

1 对符合下列规定之一的情况，可忽略发震断裂错动对地面建筑的影响：

1）抗震设防烈度小于 8 度；

2）非全新世活动断裂；

3）抗震设防烈度为 8 度和 9 度时，隐伏断裂的土层覆盖厚度分别大于 60m 和 90m。

2 对不符合本条 1 款规定的情况，应避开主断裂带。其避让距离不宜小于表 4.1.7 对发震断裂最小避让距离的规定。在避让距离的范围内确有需要建造分散的、低于三层的丙、丁类建筑时，应按提高一度采取抗震措施，并提高基础和上部结构的整体性，且不得跨越断层线。

发震断裂的最小避让距离（m） **表 4.1.7**

裂度	建筑抗震设防类别			
	甲	乙	丙	丁
8	专门研究	200	100	—
9	专门研究	400	200	—

4. 局部突出地形对地震动参数的放大作用

《抗震》规定

4.1.8 当需要在条状突出的山嘴、高耸孤立的山丘、非岩石和强风化岩石的陡坡、河岸和边坡边缘等不利地段建造丙类及丙类以上建筑时，除保证其在地震作用下的稳定性外，尚应估计不利地段对设计地震动参数可能产生的放大作用，其水平地震影响系数最大值应乘以增大系数。其值应根据不利地段的具体情况确定，在 1.1～1.6 范围内采用。

4.1.8（条文说明） 本条考虑局部突出地形对地震动参数的放大作用，主要依据宏观震害调查的结果和对不同地形条件和岩土构成的形体所进行的二维地震反应分析结果。所谓局部突出地形主要是指山包、山梁和悬崖、陡坎等，情况比较复杂，对各种可能出现的情况的地震动参数的放大作用都作出具体的规定是很困难的。从宏观震害经验和地震反应分析结果所反映的总趋势，大致可以归纳为以下几点：①高突地形距离基准面的高度愈大，高处的反应愈强烈；②离陡坎和边坡顶部边缘的距离愈大，反应相对减小；③从岩土构成方面看，在同样地形条件下，土质结构的反应比岩质结构大；④高突地形顶面愈开阔，远离边缘的中心部位的反应是明显减小的；⑤边坡愈陡，其顶部的放大效应相应加大。

基于以上变化趋势，以突出地形的高差 H，坡降角度的正切 H/L 以及场址距突出地形边缘的相对距离 L_1/H 为参数，归纳出各种地形的地震力放大作用如下：

$$\lambda=1+\xi\alpha \tag{2}$$

式中 λ ——局部突出地形顶部的地震影响系数的放大系数；

α ——局部突出地形地震动参数的增大幅度，按表 2 采用；

ξ ——附加调整系数，与建筑场地离突出台地边缘的距离 L_1 与相对高差 H 的比值有关。

当 $L_1/H<2.5$ 时，ξ 可取为 1.0；

当 $2.5 \leqslant L_1/H < 5$ 时，ξ 可取为 0.6；

当 $L_1/H \geqslant 5$ 时，ξ 可取为 0.3。

L、L_1 均应按距离场地的最近点考虑。

局部突出地形对地震影响系数的增大幅度　　表 2

突出地形的高度 H(m)	非岩质地层	$H<5$	$5 \leqslant H < 15$	$15 \leqslant H < 25$	$H \geqslant 25$
	岩质地层	$H<20$	$20 \leqslant H < 40$	$40 \leqslant H < 60$	$H \geqslant 60$
局部突出台地边缘的侧向平均坡降(H/L)	$H/L<0.3$	0	0.1	0.2	0.3
	$0.3 \leqslant H/L < 0.6$	0.1	0.2	0.3	0.4
	$0.6 \leqslant H/L < 1.0$	0.2	0.3	0.4	0.5
	$H/L \geqslant 1.0$	0.3	0.4	0.5	0.6

条文中规定的最大增大幅度 0.6 是根据分析结果和综合判断给出的。本条的规定对各种地形，包括山包、山梁、悬崖、陡坡都可以应用。

【例 8.10.1-6】 某临近岩质边坡的建筑场地，所处地区抗震设防烈度为 8 度，设计基本地震加速度为 0.30g，设计地震分组为第一组。岩石剪切波速及有关尺寸如图 8.10.1-4 所示。建筑采用框架结构，抗震设防分类属丙类建筑，结构自振周期 $T=0.40$s，阻尼比 $\zeta=0.05$。按《抗震》进行多遇地震作用下的截面抗震验算时，相应于结构自振周期的水平地震影响系数值最接近下列哪项？

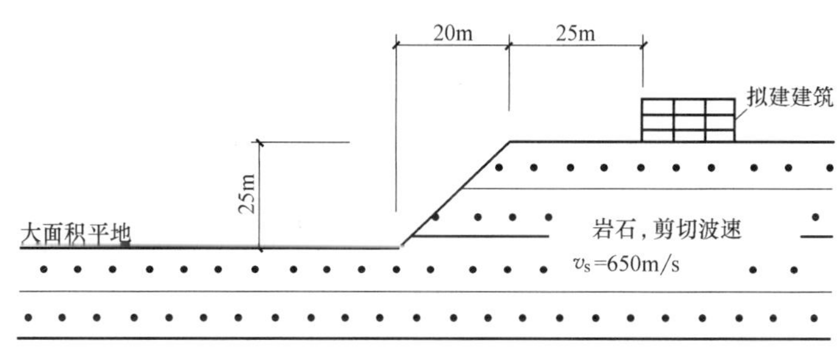

图 8.10.1-4

(A) 0.13　　(B) 0.16　　(C) 0.18　　(D) 0.22

【答案】 (D)

【解答】

(1) 确定水平地震影响系数最大值的增大系数

根据《抗震》4.1.8 条，应考虑抗震不利地段对设计地震动参数的放大作用。

根据《抗震》4.1.8 条的条文说明，地震影响系数最大值增大系数的计算公式为：

$$\lambda = 1 + \xi\alpha$$

边坡角度的正切 $\frac{H}{L} = \frac{25}{20} = 1.25 \geqslant 1$，$H=25$m，岩质地层根据《抗震》4.1.8 条条文说明表 2，有 $\alpha=0.4$。

场址距突出地形边缘的相对距离 $\frac{L_1}{H} = \frac{25}{25} = 1 < 2.5$，根据《抗震》4.1.8 条的条文说明，得到 $\xi=1.0$。

地震影响系数最大值的增大系数 $\lambda=1+\xi\alpha=1+1.0\times0.4=1.4$

(2) 计算水平地震影响系数

场地岩石剪切波速 650m/s，覆盖层厚度为 0，根据《抗震》表 4.1.6，场地类别 I_1 类。

设计地震分组第一组，根据《抗震》表 5.1.4-2，特征周期 $T_g=0.25s$。

抗震设防烈度 8 度，设计基本地震加速度 0.30g，根据《抗震》表 5.1.4-1，水平地震影响系数最大值 $\alpha_{max}=0.24$。

结构自振周期 $T=0.40s$，位于区间 $T_g<T<5T_g$，因此有：

$$\alpha=\lambda\left(\frac{T_g}{T}\right)^{\gamma}\eta_2\alpha_{max}=1.4\times\left(\frac{0.25}{0.4}\right)^{0.9}\times1.0\times0.24=0.22$$

二、天然地基和基础

1. 可不进行地基基础抗震验算的范围

《抗震》规定

4.2.1 下列建筑可不进行天然地基及基础的抗震承载力验算：

1 本规范规定可不进行上部结构抗震验算的建筑。

2 地基主要受力层范围内不存在软弱黏性土层的下列建筑：

1) 一般的单层厂房和单层空旷房屋；

2) 砌体房屋；

3) 不超过 8 层且高度在 24m 以下的一般民用框架和框架-抗震墙房屋；

4) 基础荷载与 3) 项相当的多层框架厂房和多层混凝土抗震墙房屋。

注：软弱黏性土层指 7 度、8 度和 9 度时，地基承载力特征值分别小于 80kPa、100kPa 和 120kPa 的土层。

2. 地基土抗震承载力

《抗震》规定

4.2.2 天然地基基础抗震验算时，应采用地震作用效应标准组合，且地基抗震承载力应取地基承载力特征值乘以地基抗震承载力调整系数计算。

4.2.3 地基抗震承载力应按下式计算：

$$f_{aE}=\zeta_a f_a \tag{4.2.3}$$

式中 f_{aE}——调整后的地基抗震承载力；

ζ_a——地基抗震承载力调整系数，应按表 4.2.3 采用；

f_a——深宽修正后的地基承载力特征值，应按现行国家标准《建筑地基基础设计规范》GB 50007 采用。

地基抗震承载力调整系数 **表 4.2.3**

岩土名称和性状	ζ_a
岩石，密实的碎石土，密实的砾、粗、中砂，$f_{ak}\geqslant300$kPa 的黏性土和粉土	1.5
中密、稍密的碎石土，中密和稍密的砾、粗、中砂，密实和中密的细、粉砂，150kPa$\leqslant f_{ak}<$300kPa 的黏性土和粉土，坚硬黄土	1.3

续表

岩土名称和性状	ζ_a
稍密的细、粉砂，100kPa≤f_{ak}<150kPa 的黏性土和粉土，可塑黄土	1.1
淤泥，淤泥质土，松散的沙，杂填土，新近堆积黄土及流塑黄土	1.0

【例 8.10.2-1】

7 度区某框架结构、设一层地下室，基础埋深 −2.0m，地质情况见图 8.10.2-1，地下水位 −0.5m。根据土的抗剪强度指标确定的②层粉砂层地基抗震承载力特征值（kPa）与下列何项数值最为接近？

（A）90　　（B）100

（C）120　　（D）130

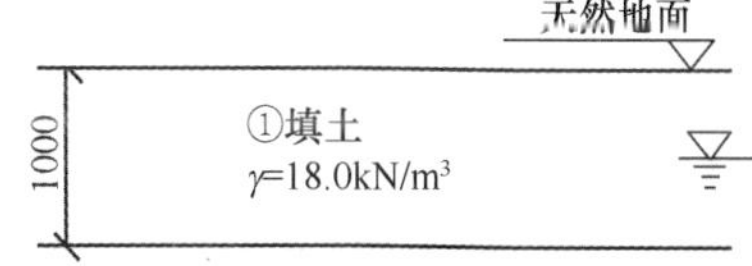

②粉砂，稍密
$\gamma=18.5\text{kN/m}^3$
$E_s=5.0\text{MPa}$
$c_k=0$　$\varphi_k=20°$

图 8.10.2-1

【答案】（B）

【解答】根据《地基》第 5.2.5 条，$M_b=0.51$，$M_d=3.06$

$$f_a=M_b\gamma b+M_d\gamma_m d=0.51\times8.5\times6+3.06\times\frac{(18\times0.5+8\times0.5+8.5\times1)}{2}\times2=91.8\text{kPa}$$

《抗震》4.2.3 条及表 4.2.3，$\xi_a=1.1$

$f_{aE}=\xi_a f_a=1.1\times91.8=101\text{kPa}$　故选（B）。

3. 地基承载力验算

《抗震》规定

> **4.2.4** 验算天然地基地震作用下的竖向承载力时，按地震用效应标准组合的基础底面平均压力和边缘最大压力应符合下列各式要求：
>
> $$p\leqslant f_{aE} \tag{4.2.4-1}$$
>
> $$p_{max}\leqslant1.2f_{aE} \tag{4.2.4-2}$$
>
> 式中　p——地震作用效应标准组合的基础底面平均压力；
>
> p_{max}——地震作用效应标准组合的基础边缘的最大压力。

【例 8.10.2-2】

某建筑物按地震作用效应标准组合的基础底边边缘最大压力 $p_{max}=380\text{kPa}$，地基土为中密状态的中砂，则该建筑物基础深宽修正后的地基承载力特征值 f_a 至少为何项数值，才能满足验算天然地基地震作用下的竖向承载力要求？

（A）200kPa　　（B）245kPa　　（C）290kPa　　（D）325kPa

【答案】（B）

【解答】

（1）根据《抗震》第 4.2.4 条

$$p_{k\,max}\leqslant1.2f_{aE}$$

$$f_{aE}\geqslant p_{k\,max}/1.2=380/1.2=316.7(\text{kPa})$$

（2）根据《抗震》第 4.2.3 条

$$f_{aE}=\zeta_a f_a$$

$$f_a=f_{aE}/\zeta_a=316.7/1.3=243.6(\text{kPa})$$

《抗震》4.2.4 条规定

高宽比大于 4 的高层建筑，在地震作用下基础底面不宜出现脱离区（零应力区）；其他建筑，基础底面与地基土之间脱离区（零应力区）面积不应超过基础底面面积的 15%。

【例 8.10.2-3】

某 8 层建筑物高 25m，筏板基础宽 12m，长 50m。地基土为中密细砂层。已知按地震作用效应标准组合传至基础底面的总竖向力（包括基础自重和基础上的土重）为 100MN。基底零压力区达到规范规定的最大限度时，该地基土经深宽修正后的地基土承载力特征值 f_a 至少不能小于下列哪个选项的数值，才能满足《抗震》关于天然地基基础抗震验算的要求？

（A）128kPa　　（B）167kPa　　（C）251kPa　　（D）392kPa

【答案】（C）

【解答】

按《抗震》表 4.2.3，地基土为中密细砂层，地基抗震承载力调整系数取 $\zeta_a=1.3$

（1）按基底平均压力的验算需要反求地基承载力特征值

基础底面平均压力 $p=100000/(12\times50)=167\text{kPa}$

按《抗震》公式（4.2.4-1），$p=167\leqslant f_{aE}=\zeta_a\times f_a$

$$f_a=167/1.3=128\text{kPa}$$

（2）按基础边缘最大压力的验算需要反求地基承载力特征值

建筑物高宽比 25/12=2.1<4，基础底面与地基土之间脱离区（零应力区）取 15%，根据基底反力为直线分布的三角形，计算基础边缘最大压力，得

$$p_{max}=2\times100000/[(1-0.15)\times12\times50]=392\text{kPa}$$

按《抗震》公式（4.2.4-2），$p_{max}=392\leqslant1.2f_{aE}=1.2\times1.3f_a$

$$f_a\geqslant392/(1.2\times1.3)=251\text{kPa}$$

（1）、（2）两种情况取其大者，$f_a\geqslant251\text{kPa}$，答案选（C）。

三、液化土

1. 地基土的液化现象

处于地下水位以下的饱和砂土和粉土在地震时容易发生液化现象。地震引起的强烈地面运动使得饱和砂土或粉土颗粒间发生相对位移，土颗粒结构趋于密实（图 8.10.3-1a）。如果土体本身渗透系数较小，当颗粒结构压密时，短时间内孔隙水排泄不出而受到挤压，孔隙水压力将急剧增加。在地震作用的短暂时间内，这种急剧上升的孔隙水压力来不及消散，使原先由土颗粒通过其接触点传递的压力（亦称有效压力）减小，当有效压力完全消失时，砂土颗粒局部或全部处于悬浮状态（图 8.10.3-1b）。此时，土体抗剪强度等于零，形成有如“液体”的现象，即称为“液化”。

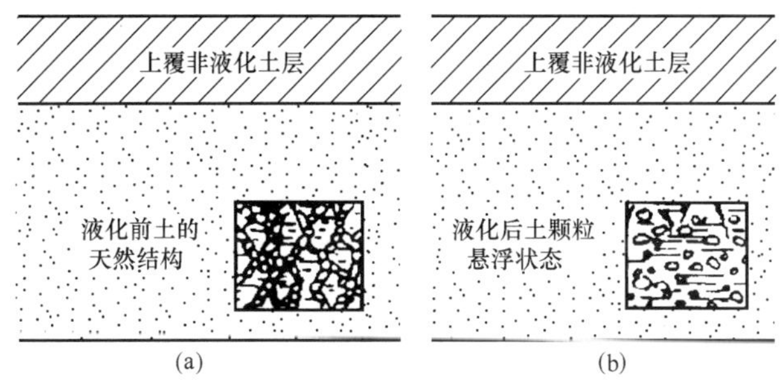

图 8.10.3-1　土的液化示意图

液化时因下部土层的水头压力比上部高，所以水向上涌，把土粒带到地面上来，即产生冒水喷砂现象。随着水和土粒不断涌出，孔隙水压力降低至一定程度时，只冒水而不喷土粒。当孔隙水压力进一步消散，冒水终将停止，土的液化过程结束。当砂土和粉土液化时，其强度将完全丧失从而导致地基失效。

为了减少地基液化的危害，《抗震》4.3.2 条的"条文说明"提出了应采取的对策

> **4.3.2**　本条是有关液化判别和处理的强制性条文。
>
> 本条较全面地规定了减少地基液化危害的对策：首先，液化判别的范围为，除 6 度设防外存在饱和砂土和饱和粉土的土层；其次，一旦属于液化土，应确定地基的液化等级；最后，根据液化等级和建筑抗震设防分类，选择合适的处理措施，包括地基处理和对上部结构采取加强整体性的相应措施等。

《抗震》4.3.2 条的具体内容如下

> **4.3.2**　地面下存在饱和砂土和饱和粉土时，除 6 度外，应进行液化判别；存在液化土层的地基，应根据建筑的抗震设防类别、地基的液化等级，结合具体情况采取相应的措施。
>
> 注：本条饱和土液化判别要求不含黄土、粉质黏土。

2. 地基土的液化判别

《抗震》4.3.1 条规定 6 度区的一般建筑可不进行液化判别。

> **4.3.1**　饱和砂土和饱和粉土（不含黄土）的液化判断和地基处理，6 度时，一般情况下可不进行判别和处理，但对液化沉陷敏感的乙类建筑可按 7 度的要求进行判别和处理；7～9 度时，乙类建筑可按本地区抗震设防烈度的要求进行判别和处理。

对其他情况均应考虑液化判别问题。

土层的液化判别是非常复杂的，《抗震》给出了一个二阶段判别的方法，即初步判别和标准贯入试验判别。

（1）初步判别

《抗震》给出的初步判别方法

4.3.3 饱和的砂土或粉土（不含黄土），当符合下列条件之一时，可初步判别为不液化或可不考虑液化影响：

1 地质年代为第四纪晚更新世（Q_3）及其以前时，7度、8度时可判为不液化。

2 粉土的黏粒（粒径小于0.005mm的颗粒）含量百分率，7度、8度和9度分别不小于10、13和16时，可判为不液化土。

注：用于液化判别的黏粒含量系采用六偏磷酸钠作分散剂测定，采用其他方法时应按有关规定换算。

3 浅埋天然地基的建筑，当上覆非液化土层厚度和地下水位深度符合下列条件之一时，可不考虑液化影响：

$$d_u > d_0 + d_b - 2 \quad (4.3.3\text{-}1)$$

$$d_w > d_0 + d_b - 3 \quad (4.3.3\text{-}2)$$

$$d_u + d_w > 1.5d_0 + 2d_b - 4.5 \quad (4.3.3\text{-}3)$$

式中 d_w——地下水位深度（m），宜按设计基准期内年平均最高水位采用，也可按近期内年最高水位采用；

d_u——上覆盖非液化土层厚度（m），计算时宜将淤泥和淤泥质土层扣除；

d_b——基础埋置深度（m），不超过2m时应采用2m；

d_0——液化土特征深度（m），可按表4.3.3采用。

液化土特征深度（m） **表4.3.3**

饱和土类别	7度	8度	9度
粉土	6	7	8
砂土	7	8	9

注：当区域的地下水位处于变动状态时，应按不利的情况考虑。

【例8.10.3-1】

某建筑场地位于地震烈度7度区的冲洪积平原，假设基础埋深为2m，设计基准期内年平均地下水位埋深2m，地表以下由4层土层构成（见表8.10.3-1），问按照《抗震》进行液化初判，下列哪个选项是正确的？

土层特征 **表8.10.3-1**

土层编号	土名	层厚（m）	性质简述
①	粉土	5	Q_4，黏粒含量8%
②	粉细砂	10	Q_3
③	粉土	15	黏粒含量9%
④	粉土	50	黏粒含量6%

（A）①层粉土不液化　　（B）②层粉细砂可能液化

（C）③层粉土不液化　　（D）④层粉土可能液化

【答案】（C）

【解答】

（1）根据《抗震》4.3.3条1款，Q_3及其以前的土层，7、8度时；不液化。①层地

质年代为 Q_4，可能液化。(A) 错误。

(2) 根据《抗震》4.3.3条1款，Q_3 及其以前的土层，7、8度时；不液化②层土层为 Q_3，不会液化。(B) 错误。

(3) ③层土的黏粒含量 9%<10%，根据《抗震》4.3.3条2款，有可能液化。用4.3.3条3款，进一步判断。

(4) 进一步判别③层粉土

① 用上覆非液化土层厚度

由表4.3.3查得7度区，粉土的液化土特征深度 $d_0=6\text{m}$，$d_u=10+2=12\text{m}$，假定基础埋深 $d_b=2\text{m}$

$d_u=12\text{m}>d_0+d_b-2=6+2-2=6\text{m}$，可不考虑液化

② 用地下水深度

$d_w=2\text{m}<d_0+d_b-3=6+2-3=5\text{m}$，要考虑液化

③ 用上覆非液化土层厚度和地下水深度综合判断

$d_u+d_w=12+2=14\text{m}>1.5d_0+2d_b-4.5=1.5\times6+2\times2-4.5=9+4-4.5=8.5\text{m}$，可不考虑液化

根据《抗震》4.3.3条，上述条件只要满足一条，就可判为不液化。(C) 正确。

(5) ④层土的上覆非液化土层厚度 $d_u=2+10+15=27\text{m}$，其余条件同上，所以不可能液化。(D)错误。

【例 8.10.3-2】某建筑场地位于8度抗震设防区，场地土层分布及土性如图8.10.3-2所示，其中粉土的黏粒含量百分率为14，拟建建筑基础埋深为1.5m，已知地表以下30m土层地质年代为第四纪全新世。试问，当地下水位在地表下5m时。按《抗震》的规定，下述观点何项正确?

(A) 粉土层不液化，砂土层可不考虑液化影响

(B) 粉土层液化，砂土层可不考虑液化影响

(C) 粉土层不液化，砂土层需进一步判别液化影响

(D) 粉土层、砂土层均需进一步判别液化影响

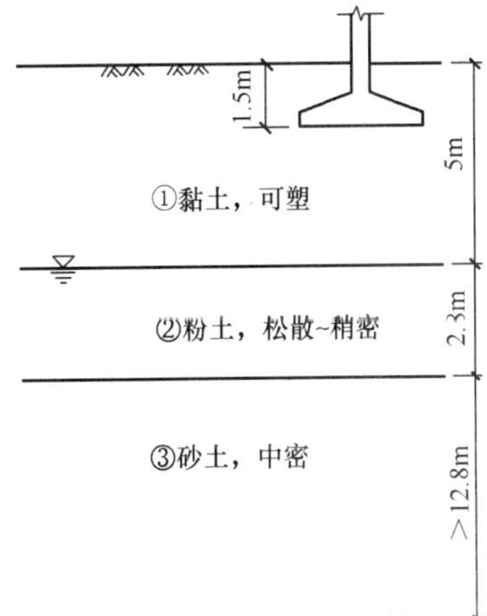

图 8.10.3-2

【答案】(A)

【解答】

(1) 根据《抗震》第4.3.3条第2款，粉土的黏粒含量百分率 ρ_c 在8度时不小于13可判为不液化土，本题 $\rho_c=14>13$，故粉土层不液化。

(2) 基础埋置深度 $d_b=1.5\text{m}<2\text{m}$ 取2m，地下水深度 $d_w=5\text{m}$，

查《抗震》表4.3.3，液化土特征深度 $d_0=8$，

上覆非液化土层厚度 $d_u=5+2.8=7.8\text{m}$。

根据《抗震》式(4.3.3-1)，用上覆非液化土层厚度判断

$d_u=7.8\text{m}<d_0+d_b-2=8+2-2=8\text{m}$，要考虑液化；

根据《抗震》式(4.3.3-2)，用地下水深度判断

$d_w=5\text{m}<d_0+d_b-3=8+2-3=7\text{m}$，要考虑液化；

根据《抗震》式（4.3.3-3），用上覆非液化土层厚度和地下水深度综合判断

$d_u+d_w=7.8+5=12.8m>1.5d_0+2d_b-4.5=1.5\times8+2\times2-4.5=12+4-4.5=11.5m$，可不考虑。

上述条件只要满足一条，就可判为不液化。故砂土层可不考虑液化影响。

（2）标准贯入试验判别

《抗震》给出的进一步判别方法

4.3.4 当饱和砂土、粉土的初步判别认为需进一步进行液化类别时，应采用标准贯入试验判别法判别地面下20m范围内土的液化；但对本规范第4.2.1条规定可不进行天然地基及基础的抗震承载力验算的各类建筑，可只判别地面下15m范围内土的液化。当饱和土标准贯入锤击数（未经杆长修正）小于或等于液化判别标准贯入锤击数临界值时，应判为液化土。当有成熟经验时，尚可采用其他判别方法。

在地面下20m深度范围内，液化判别标准贯入锤击数临界值可按下式计算：

$$N_{cr}=N_0\beta\left[\ln(0.6d_s+1.5)-0.1d_w\right]\sqrt{3/\rho_c} \quad (4.3.4)$$

式中 N_{cr}——液化判别标准贯入锤击数临界值；

N_0——液化判别标准贯入锤击数基准值，可按表4.3.4采用；

d_s——饱和土标准贯入点深度（m）；

d_w——地下水位（m）；

ρ_c——黏粒含量百分率，当小于3或为砂土时，应采用3；

β——调整系数，设计地震第一组取0.80，第二组取0.95，第三组取1.05。

液化判别标准贯入锤击数基准值 N_0 **表4.3.4**

设计基本地震加速度 g	0.10	0.15	0.20	0.30	0.40
液化判别标准贯入锤击数基准值	7	10	12	16	19

采用标准贯入试验的判别公式为：

$$N_{63.5}<N_{cr}$$

由此式可见，当标贯值（锤击数）越大，说明土的密实程度越高，土层就越不容易液化；标准贯入试验结论的实质是对土的密实程度作出评价，由此间接地评判土层液化的可能性。

从《抗震》式（4.3.4）可以看出，当地下水位深度越浅、黏粒含量百分率越小、地震烈度越高，地震加速度越大，地震作用持续时间越长，土层越容易液化，则标准贯入锤击数临界值就越大。反之，当标准贯入锤击数临界值越大，就越容易被判别为液化土层。

【例8.10.3-3】

某工程的抗震设防烈度7度，设计基本地震加速度值0.10g，设计地震分组第一组。土层条件见图8.10.3-3。

试问，地表下5.5m深处液化判别标准贯入锤击数临界值N_{cr}接近何项？

(A) 5　　(B) 7　　(C) 10　　(D) 14

【答案】(B)

【解答】液化判别标准贯入锤击数临界值的大小取决于场地基本地震加速度、地震分组、砂土本身性质、地下水位、所处深度等因素，根据《抗震》4.3.4条确定。

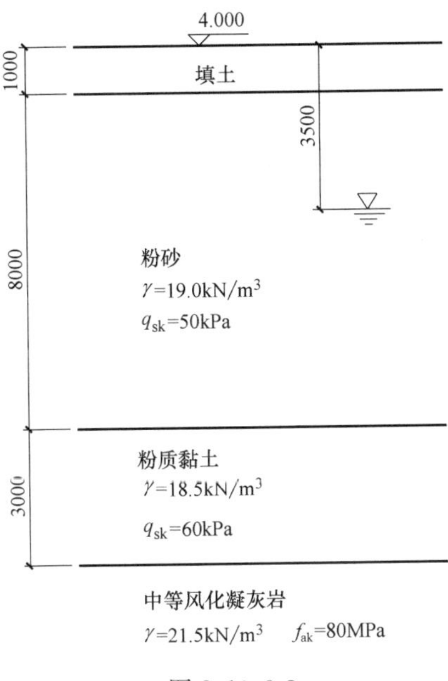

图 8.10.3-3

(1) 地表下 5.5m 对应的土层为粉砂，根据《抗震》式（4.3.4）关于砂土黏粒含量百分率的说明 $\rho_c=3$。

(2) 根据设计基本地震加速度为 0.1g，查《抗震》表 4.3.4 得液化判别标准贯入锤击数基准值 $N_0=7$。地震分组为第一组时，调整系数β为 0.8。

(3) $d_s=5.5$，$d_w=3.5$

(4) $N_{cr}=N_0\cdot\beta[\ln(0.6d_s+1.5)-0.1d_w]\sqrt{3/\rho_c}$

$$N_{cr}=7\times0.8[\ln(0.6\times5.5+1.5)-0.1\times3.5]=6.8\quad 取7$$

【例 8.10.3-4】

某场地抗震设防烈度 8 度，设计地震分组为第一组，基本地震加速度 0.2g，地下水位深度 $d_w=4.0$m，土层名称、深度、黏粒含量及标准贯入锤击数如下表。按《抗震》采用标准贯入试验法进行液化判别。则下表 8.10.3-2 中这四个标准贯入点中有几个点可判别为液化土。

表 8.10.3-2

土层名称	深度(m)	标准贯入试验				黏粒含量 ρ_c
		编号	深度 d_s(m)	实测值	校正值	
③ 粉土	6.0～10.0	3－1	7.0	5	4.5	12%
		3－2	9.0	8	6.6	10%
④ 粉砂	10.0～15.0	4－1	11.0	11	8.8	8%
		4－2	13.0	20	15.4	5%

(A) 4 个　　(B) 3 个　　(C) 2 个　　(D) 1 个

【答案】(B)

【解答】根据《抗震》第 4.3.4 条计算如下。

各测试点临界标准贯入击数 N_{cr} 值

$$N_{cr}=N_0\beta[\ln(0.6d_s+1.5)-0.1d_w]\sqrt{3/\rho_c}$$

查表 4.3.4　$g=0.2$　$N_0=12$　设计地震分组为第一组，$\beta=0.8$

7.0m 处 $N_{cr}=12\times0.8\times[\ln(0.6\times7+1.5)-0.1\times4]\sqrt{3/12}=6.43>$ 实测值5

9.0m 处 $N_{cr}=12\times0.8\times[\ln(0.6\times9+1.5)-0.1\times4]\sqrt{3/10}=8.05>$ 实测值8

11m 处 $N_{cr}=12\times0.8\times[\ln(0.6\times11+1.5)-0.1\times4]\sqrt{3/3}=16.24>$ 实测值11

13m 处 $N_{cr}=12\times0.8\times[\ln(0.6\times13+1.5)-0.1\times4]\sqrt{3/3}=17.57<$ 实测值20

比较实测击数与临界击数可知，7.0m，9m，11.0m 处液化。

答案　(B) 正确

3. 液化指数与液化等级

采用标准贯入试验，得到的是地表以下土层中若干个高程处的标准贯入值（锤击数），可相应判别该点附近土层的液化可能性，是对地基液化的定性判别，还不能对液化程度及液化危害作定量评价。但建筑场地一般是由多层土组成，其中一些土层被判别为液化，而另一些土层被判别为不液化，这是常常遇见的情况；即使多层土均被判别为液化，由于液化程度不同，对结构造成的破坏程度也存在很大差异。亦应进一步做液化危害性分析，对液化的严重程度作出评价。所以，需要有一个可判定土的液化可能性和危害程度的定量指标。《抗震》给出了定量指标

4.3.5　对存在液化砂土层、粉土层的地基，应探明各液化土层的深度和厚度，按下式计算每个钻孔的液化指数，并按表 4.3.5 综合划分地基的液化等级：

$$I_{lE}=\sum_{i=1}^{n}\left[1-\frac{N_i}{N_{cri}}\right]d_iW_i \tag{4.3.5}$$

式中　I_{lE}——液化指数；

n——在判别深度范围内每一个钻孔标准贯入试验点的总数；

N_i、N_{cri}——为 i 点标准贯入锤击数的实测值和临界值，当实测值大于临界值时应取临界值；当只需要判别 15m 范围以内的液体时，15m 以下的实测值可按临界值采用；

d_i——i 点所代表的土层厚度（m），可采用与该标准贯入试验点相邻的上、下两标准贯入试验点深度差的一半，但上界不高于地下水位深度，下界不深于液化深度；

W_i——i 土层单位土层厚度的层位影响权函数值（单位为 m^{-1}）。当该层中点深度不大于 5m 时应采用 10，等于 20m 时应采用零值，5～20m 时应按线性内插法取值。

液化等级与液化指数的对应关系　　**表 4.3.5**

液化等级	轻微	中等	严重
液化指数 I_{lE}	$0<I_{lE}\leqslant6$	$6<I_{lE}\leqslant18$	$I_{lE}>18$

震害调查表明，液化的危害主要在于因土层液化和喷冒现象而引起建筑物的不均匀沉

降。在同一地震强度下，可液化土层的厚度越大，埋深越浅，土的密实度越小，实测标准贯入锤击数比液化临界锤击数小得越多，地下水位越高，则液化所造成的沉降量越大，因而对建筑物的危害程度也越大。土层的沉降量与土的密实度有关，而标准贯入锤击数可反映土的密实度，如标准贯入锤击数值越小，其沉降量也越大。为此，引入液化强度比 $F_{IE}=N/N_{cr}$，式中，N 和 N_{cr} 分别为实测标准贯入锤击数和液化判别标准贯入锤击数临界值。液化强度比 F_{IE} 越小，说明实测标准贯入锤击数相对于标准贯入锤击数临界值越小。对于同一标高的土层，当液化强度比 F_{IE} 越小，则 $1-F_{IE}$ 的值越大，说明单位厚度液化土所产生的液化沉降量的值就越大。若将（$1-F_{IE}$）的值沿土层深度积分，并在积分过程中引入反映层位影响的权函数，其结果能反映整个可液化土层的危害性。如把积分式改为多项式求和的公式，则得《抗震》中用于衡量液化场地危害程度的液化指数 I_{IE} 的计算式：

$$I_{IE}=\sum_{i=1}^{n}(1-F_{IEi})d_iW_i=\sum_{i=1}^{n}\left(1-\frac{N_i}{N_{cri}}\right)d_iW_i$$

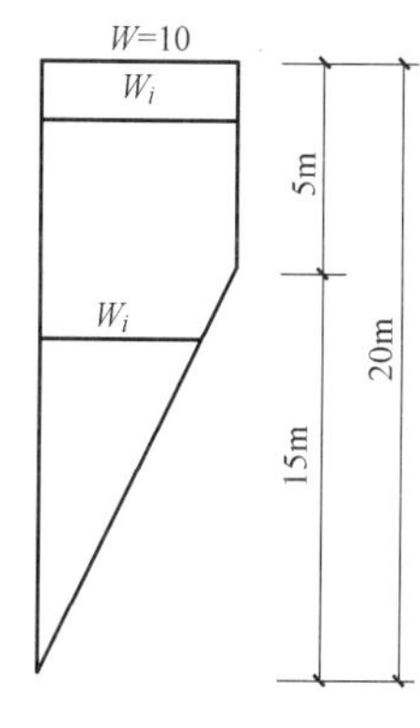

图 8.10.3-4 权函数图形

式中 W_i——i 土层单位土层厚度的层位影响权函数值（单位为 m^{-1}）。当该层中点深度不大于 5m 时应采用 10，等于 20m 时应采用零值，5～20m 时应按线性内插法取值（如图 8.10.3-4）。

计算对比表明，液化指数 I_{IE} 与液化危害程度之间存在着明显的对应关系。液化指数的大小，从定量上反映了土层液化的可能性大小和液化危害的轻重程度。一般地，液化指数越大，场地的喷水冒砂情况和建筑物的液化震害就越严重，因此可以根据液化指数 I_{IE} 的大小来区分地基的液化危害程度，即地基的液化等级，其分级结果和相应震害情况见《抗震》表 4.3.5。该表中将液化等级分为轻微、中等和严重三种情况。

当液化等级为轻微时，地面一般无喷水冒砂现象，仅在洼地、河边有零星的喷水冒砂点。场地上的建筑物一般没有明显的沉降或不均匀沉降，液化危害很小。

当液化等级为中等时，液化危害增大，喷水冒砂频频出现，常常导致建筑物产生明显的不均匀沉降或裂缝，尤其是那些直接用液化土做地基持力层的建筑和农村简易房屋，受到的影响普遍较重。

当液化等级为严重时，液化危害普遍较重，场地喷水冒砂严重，涌砂量大，地面变形明显，覆盖面广，建筑物的不均匀沉降很大，有的建筑物还会产生倾倒。

【例 8.10.3-5】

某建筑场地设计基本地震加速度 0.30g，设计地震分组为第二组，基础埋深小于 2m。某钻孔揭示地层结构如题图 8.10.3-5 所示；勘察期间地下水位埋深 5.5m，近期内年最高水位埋深 4.0m；在地面下 3.0m 和 5.0m 处实测标准贯入试验锤击数均为 3 击，经初步判别认为需对细砂土进一步进行液化判别。若标准贯入锤击数不随土的含土率变化而变化，试按《抗震》计算该钻孔的液化指数最接近下列哪项数值（只需判别 15m 深度范围以内的液化)？

（A）3.9　（B）8.2　（C）16.4　（D）31.5

【答案】(C)

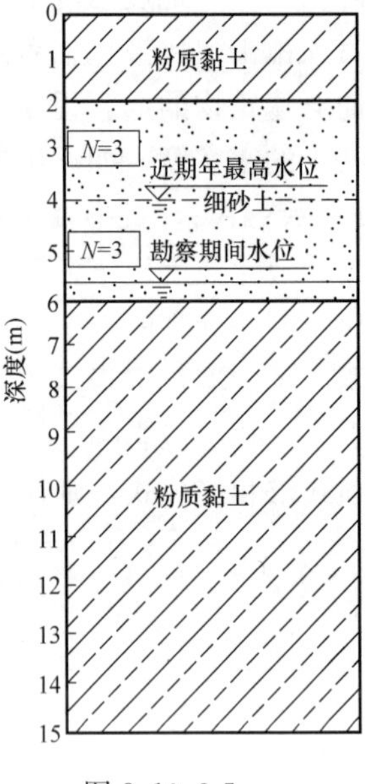

图 8.10.3-5

【解答】

(1) 确定液化土层深度范围

地下水位应取近期年最高水位 $d_w=4m$，液化土层范围为4.0～6.0m。

(2) 计算标准贯入锤击数临界值

按照《抗震》第 4.3.4 条取值，确定液化判别标准贯入锤击数基准值 $N_0=16$；调整系数 $\beta=0.95$。

5.0m 处标贯点的锤击数临界值为：

$$N_{cri}=N_0\beta[\ln(0.6d_s+1.5)-0.1d_w]\sqrt{\frac{3}{\rho_c}}$$

$$=16\times0.95\times[\ln(0.6\times5+1.5)-0.1\times4]\times\sqrt{\frac{3}{3}}=16.8\text{击}$$

(3) 计算液化指数

5.0m 处（$d_s=5$）的标贯恰好代表液化土层范围，土层厚度 $d_1=2m$，且处于该层中点，对应层位影响权函数值 $W_1=10m^{-1}$。液化指数为：

$$I_{lE}=\sum_{i=1}^{1}\left[1-\frac{N_i}{N_{cri}}\right]d_iW_i=\left(1-\frac{3}{16.8}\right)\times2\times10=16.4$$

【例 8.10.3-6】

某场地设计基本地震加速度为 0.15g，设计地震分组为第一组，地下水位深度 2.0m，地层分布和标准贯入点深度及锤击数见表 8.10.3-3。按照《建筑抗震设计规范》进行液化判别得出的液化指数和液化等级最接近下列哪个选项？

表 8.10.3-3

土层序号		土层名称	层底深度(m)	标贯深度 d_s(m)	标贯击数 N_i
①		填土	2.0		
②	②-1	粉土(黏粒含量为 6%)	8.0	4.0	5
	②-2			6.0	6
③	③-1	粉细砂	15.0	9.0	12
	③-2			12.0	18
④		中粗砂	20.0	16.0	24
⑤		卵石			

(A) 12.0、中等　(B) 15.0、中等　(C) 16.5、中等　(D) 20.0、严重

【答案】(C)

【解答】

根据《桩基》第 4.3 节进行计算。先对标贯点进行逐点液化判别，然后对液化点按照规范第 4.3.5 条进行液化指数计算。

(1) 先逐点判别，计算相应的标贯击数临界值 N_{cri}。

设计基本地震加速度为 0.15g，根据表 3.4.3，确定标贯击数基准值 $N_0=10$；设计地震分组为第一组，根据第 4.3.4 条，确定 $\beta=0.8$；地下水位埋深 $d_w=2.0m$，依据规范公式（4.3.4）计算各点标贯击数临界值 N_{cri}，计算结果见表 8.10.3-4。

表 8.10.3-4

土层序号		土层名称	层底深度(m)	标贯深度 d_s(m)	标贯击数 N_i	标贯击数临界值 N_{cri}
①		填土	2.0			
②	②-1	粉土(黏粒含量为6%)	8.0	4.0	5	6.57
	②-2			6.0	6	8.09
③	③-1	粉细砂	15.0	9.0	12	13.85
	③-2			12.0	18	15.71
④		中粗砂	20.0	16.0	24	17.66
⑤		卵石	—	—	—	

注：标贯击数临界值计算公式为：$N_{cr}=N_0\beta[\ln(0.6d_s+1.5)-0.1d_w]\sqrt{3/\rho_c}$。

(2) 进行液化判别，只有3个点，即②-1，②-2，③-1判为可液化土$\left(\dfrac{N_i}{N_{cri}}<1\right)$。

(3) 计算 d_i 及权函数 w_i。

4m 处

$$d_i=3\text{m},\ W_i=10$$

6m 处　该层土的中点深度 6.5m

$$d_i=3\text{m},W_i=10-\frac{10}{20-5}(6.5-5)=9.0$$

9m 处　该层土的中点深度 9.25m

$$d_i=2.5\text{m},W_i=10-\frac{10}{20-5}(9.25-5)=7.17$$

(4) 计算液化指数，根据规范公式 (4.3.5)

$$I_{lE}=\left(1-\frac{5}{6.57}\right)\times30+\left(1-\frac{6}{8.09}\right)\times3\times9.0+\left(1-\frac{12}{13.85}\right)\times2.5\times7.17=16.54$$

(5) 按照规范表 4.3.5 判定液化等级，为中等

4. 地基抗液化措施

(1) 液化等级和对建筑物的危害程度

《抗震》“条文说明”指出

4.3.5

2　液化等级的名称为轻微、中等、严重三级；各级的液化指数、地面喷水冒砂情况以及对建筑危害程度的描述见表4。

液化等级和对建筑物的相应危害程度　　**表 4**

液化等级	液化指数(20m)	地面喷水冒砂情况	对建筑的危害情况
轻微	<6	地面无喷水冒砂，或仅在洼地、河边有零星的喷水冒砂点	危害性小，一般不至引起明显的震害
中等	6～18	喷水冒砂可能性大，从轻微到严重均有，多数属中等	危害性较大，可造成不均匀沉陷和开裂，有时不均匀沉陷可能达到200mm
严重	>18	一般喷水冒砂都很严重，地面变形很明显	危害性大，不均匀沉陷可能大于200mm，高重心结构可能产生不容许的倾斜

（2）6 度区的一般建筑可不考虑地基抗液化措施

《抗震》规定

4.3.1 饱和砂土和饱和粉土（不含黄土）的液化判断和地基处理，6 度时，一般情况下可不进行判别和处理，但对液化沉陷敏感的乙类建筑可按 7 度的要求进行判别和处理；7～9 度时，乙类建筑可按本地区抗震设防烈度的要求进行判别和处理。

（3）地基抗液化措施选择原则

《抗震》4.3.6 条列出选择地基抗液化措施的原则

4.3.6 当液化砂土层、粉土层较平坦且均匀时，宜按表 4.3.6 选用地基抗液化措施；尚可计入上部结构重力荷载对液化危害的影响，根据液化震陷量的估计适当调整抗液化措施。

不宜将未经处理的液化土层作为天然地基持力层。

抗液化措施 **表 4.3.6**

建筑抗震	地基的液化等级		
设防类别	轻 微	中 等	严 重
乙类	部分消除液化沉陷，或对基础和上部结构处理	全部消除液化沉陷，或部分消除液化沉陷且对基础上部结构处理	全都消除液化沉陷
丙类	基础和上部结构处理，亦可不采取措施	基础和上部结构处理，或更高要求的措施	全部消除液化沉陷，或部分消除液化沉陷且对基础和上部结构进行处理
丁类	可不采取措施	可不采取措施	基础和上部结构处理，或其他经济的措施

注：甲类建筑的地基坑液化措施应进行专门研究，但不宜低于乙类的相应要求。

（4）消除地基液化沉陷的措施

① 全部消除地基液化沉陷的措施

全部消除地基液化沉陷的措施，一般包括采用桩基、深基础或深层加固、挖除全部液化土层等。具体的做法和要求见《抗震》4.3.7 条

4.3.7 全部消除地基液化沉陷的措施，应符合下列要求：

1 采用桩基时，桩端伸入液化深度以下稳定土层中的长度（不包括桩尖部分），应按计算确定，且对碎石土，砾、粗、中砂，坚硬黏性土和密实粉土尚不应小于 0.8m，对其他非岩石土尚不宜小于 1.5m。

2 采用深基础时，基础底面应埋入液化深度以下的稳定土层中，其深度不应小于 0.5m。

3 采用加密法（如振冲、振动加密、挤密碎石桩、强夯等）加固时，应处理至液化深度下界；振冲或挤密碎石桩加固后，桩间土的标准贯入锤击数不宜小于本规范第 4.3.4 条规定的液化判别标准贯入锤击数临界值。

4 用非液化土替换全部液化土层，或增加上覆非液化土层的厚度。

5 采用加密法或换土法处理时，在基础边缘以外的处理宽度，应超过基础底面下处理深度的 1/2 且不小于基础宽度的 1/5。

② 部分消除地基液化沉陷的措施

《抗震》规定

4.3.8 部分消除地基液化沉陷的措施，应符合下列要求：

1 处理深度应使处理后的地基液化指数减少，其值不宜大于 5；大面积筏基、箱基的中心区域，处理后的液化指数可比上述规定降低 1；对独立基础和条形基础，尚不应小于基础底面下液化土特征深度和基础宽度的较大值。

注：中心区域指位于基础外边界以内沿长宽方向距外边界大于相应方向 1/4 长度的区域。

2 采用振冲或挤密碎石桩加固后，桩间土的标准贯入锤击数不宜小于按本规范第 4.3.4 条规定的液化判别标准贯入锤击数临界值。

3 基础边缘以外的处理宽度，应符合本规范第 4.3.7 条 5 款的要求。

4 采取减小液化震陷的其他方法，如增厚上覆非液化土层的厚度和改善周边的排水条件等。

③ 减轻液化影响的处理措施

《抗震》规定

4.3.9 减轻液化影响的基础和上部结构处理，可综合采用下列各项措施：

1 选择合适的基础埋置深度。

2 调整基础底面积，减少基础偏心。

3 加强基础的整体性和刚度，如采用箱基、筏基或钢筋混凝土交叉条形基础，加设基础圈梁等。

4 减轻荷载，增强上部结构的整体刚度和均匀对称性，合理设置沉降缝，避免采用对不均匀沉降敏感的结构形式等。

5 管道穿过建筑处应预留足够尺寸或采用柔性接头等。

5. 震陷性软土的判别

对软土、在高烈度区，其震陷是造成震害的重要原因，一旦判别为震陷性软土、应采取桩基、地基处理等技术措施。

《抗震》规定

4.3.11 地基中软弱黏性土层的震陷判别，可采用下列方法。饱和粉质黏土震陷的危害性和抗震陷措施应根据沉降和横向变形大小等因素综合研究确定，8 度（0.30g）和 9 度时，当塑性指数小于 15 且符合下式规定的饱和粉质黏土可判为震陷性软土。

$$W_s \geqslant 0.9W_L \tag{4.3.11-1}$$

$$I_L \geqslant 0.75 \tag{4.3.11-2}$$

式中：W_s——天然含水量；
W_L——液限含水量，采用液、塑限联合测定法测定；
I_L——液性指数。

【例 8.10.3-7】图 8.10.3-6 为某工程的地层剖面图，地下水位以下的各层土处于饱和状态，图中给出了①、③层粉质黏土的液限 W_L、塑限 W_p 及含水量 W_s。

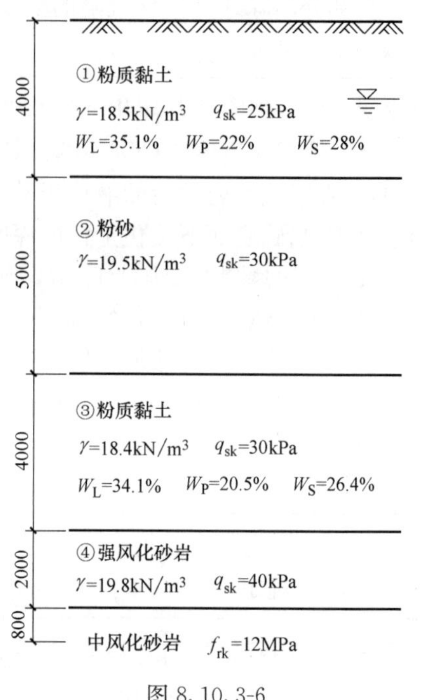

图 8.10.3-6

试问，下列关于各地基土层的描述中，何项是正确的？

(A) ①层粉质黏土可判别为震陷性软土

(B) ②层粉质黏土可判别为震陷性软土

(C) ①层粉质黏土可判别为震陷性软土，③层粉质黏土可判别为不是震陷性软土。

(D) 两层粉质黏土都不是震陷性软土。

【答案】(D)

【解答】

(1) 判别塑性指数

根据《抗震》4.3.11 条

①层土　$I_P = W_L - W_p = 35.1\% - 22\% = 13.1\% < 15\%$

③层土　$I_P = W_L - W_p = 34.1\% - 20.5\% = 13.6\% < 15\%$

(2) 判别天然含水率

根据《抗震》第 4.3.11 条，对①层土，$W_s = 28\% < 0.9W_L = 0.9 \times 35.1\% = 31.6\%$

对③层土，$W_S = 26.4\% < 0.9W_L = 0.9 \times 34.1\% = 30.7\%$

二者均不满足震陷性软土的判别条件，

(3) 判别液性指数

$$对①层土\ I_L = \frac{W - W_P}{W_L - W_P} = \frac{6}{13.1} = 0.46 < 0.75$$

$$对③层土\ I_L = \frac{5.9}{13.6} = 0.43 < 0.75$$

两者均不满足《抗震》式（4.3.11-2）的要求。

四、桩基

1. 可不进行桩基抗震承载力验算的范围

《抗震》规定

4.4.1 承受竖向荷载为主的低承台桩基，当地面下无液化土层，且桩承台周围无淤泥、淤泥质土和地基承载力特征值不大于 100kPa 的填土时，下列建筑可不进行桩基抗震承载力验算： **1** 6度～8度时的下列建筑： **1）** 一般的单层厂房和单层空旷房屋； **2）** 不超过8层且高度在24m以下的一般民用框架房屋和框架-抗震墙房屋； **3）** 基础荷载与2）项相当的多层框架厂房和多层混凝土抗震房屋。 **2** 本规范第4.2.1条之1款规定的建筑及砌体房屋。

2. 非液化土中低承台桩基的抗震验算

《抗震》规定

4.4.2 非液化土中低承台桩基的抗震验算，应符合下列规定： **1** 单桩的竖向和水平向抗震承载力特征值，可均比非抗震设计时提高25%。

【例 8.10.4-1】

假定某建筑物位于非液化土场地，桩基的单桩竖向承载力特征值为 3500kN，当桩基需要进行抗震验算时，在偏心竖向力作用下，按《抗震》规定提高后的单桩竖向承载力特征值（kN），应与下列何项数值最为接近？

(A) 3850　　(B) 4200　　(C) 4375　　(D) 5250

【答案】(D)

【解答】根据《抗震》第4.4.2条1款规定

抗震设计时单桩竖向承载力特征值，可比非抗震设计时提高25%

又按《地基》第8.5.5条，桩基在偏心竖向力作用下，单桩竖向承载力特征值可提高1.2倍。因此，经提高后的单桩竖向承载力特征值为

$$3500\times1.25\times1.2\text{kN}=5250\text{kN}$$

【例 8.10.4-2】确定单桩竖向抗震承载力（一）

条件：某预制方桩，桩截面积为 350mm×350mm，桩长 16.5m，桩顶离地面－1.5m，桩承台底面离地面－2.0m，桩顶 0.5m 嵌入桩承台，地下水位于地表下－3.0m，8度地震区。土层分布从上向下为：

0～－5m 为黏土，$q_{sia}=30$kPa；

－5～－15m 为粉土，$q_{sia}=20$kPa，黏粒含量 2.5%；

－15～－30m 为密砂，$q_{sia}=50$kPa，$q_{pa}=3500$kPa。

要求：地表下－10.0m 处实际标准贯入锤击数为12击，临界标准贯入锤击数10击时，求单桩竖向抗震承载力特征值 R_{aE}。

【解答】根据《抗震》第4.4.3条第2款的规定。

地表下－10.0m 处实际标准贯入锤击数为12击，临界标准贯入锤击数10击时，该场地为非液化土层。根据《桩基》5.3.5条，单桩竖向承载力特征值为

$$R_a=[4\times0.35\times(3\times30+10\times20+3\times50)+0.35^2\times3500]\text{kN}$$

$$=[1.4\times(90+200+150)+428.75]\text{kN}=1044.75\text{kN}$$

根据《抗震》第4.4.2条，非液化土中低承台桩基的抗震验算时，桩的竖向抗震承载力特征值，比非抗震设计时提高25%。单桩竖向抗震承载力特征值为

$$1.25\times1044.75\text{kN}=1306\text{kN}$$

3. 存在液化土层的低承台桩基抗震验算

采用桩基是消除和减轻地基液化危害的有效措施之一，然而，液化地层中的桩基承载力的计算与非液化地层有很大的不同，需要考虑地层液化后对桩支承作用减小的因素。液化地基上桩基的验算，一般应分两种工况进行。也就是要分析桩基在地震期间和地震之后两种情况下的工作状态。

(1) 主震期间

在地震期间，桩基不但要承受原有的竖向荷载，而且还要承受地震作用产生的新增荷载。然而土层的液化又使得承载力大大降低，故对液化土的桩周摩阻力及桩水平抗力进行折减。《抗震》所规定在主震期间液化土层中低承台桩基的具体计算是：

① 考虑地震荷载下地基承载力的提高，先将静力荷载下的单桩竖向承载力提高25%。

② 地震时液化土层的桩周摩阻力乘以表4.4.3中的折减系数，由桩承担上部建筑传来的竖向荷载和全部地震力，来验算桩基的竖向承载力和桩身的强度。

《抗震》规定

4.4.3 存在液化土层的低承台桩基抗震验算，应符合下列规定：

2 在桩承台底面上、下分别有厚度不小于1.5m、1.0m的非液化土层或非软弱土层时，可按下列两种情况进行桩的抗震验算，并按不利情况设计：

1) 桩承受全部地震作用，桩承载力按本规范第4.4.2条取用，液化土的桩周摩阻力及桩水平抗力均应乘以表4.4.3的折减系数。

土层液化影响折减系数 **表4.4.3**

实际标贯锤击数/临界标贯锤击数	深度 d_s(m)	折减系数
≤0.6	$d_s\leqslant10$	0
	$10<d_s\leqslant20$	1/3
<0.6～0.8	$d_s\leqslant10$	1/3
	$10<d_s\leqslant20$	2/3
<0.8～1.0	$d_s\leqslant10$	2/3
	$10<d_s\leqslant20$	1

【例8.10.4-3】 确定单桩竖向抗震承载力（二）

条件：同【例8.10.4-2】。

要求：地表下−10.0m处实际标准贯入锤击数为7击，临界标准贯入锤击数10击时，按桩承受全部地震作用，求单桩竖向抗震承载力特征值 R_{aE}（kN）。

【解答】 根据《抗震》第4.4.3条第2款规定。

地表下−10.0m处实际标准贯入锤击数为7击，临界标准贯入锤击数10击时，该场地为液化土层。桩承台底面上、下分别有厚度不小于1.5m、1.0m的非液化土层或非软弱土层。

桩承受全部地震作用，液化土的桩周摩阻力应乘以《抗震》表 4.4.3 的折减系数 ψ，实际标准贯入锤击数/临界标准贯入锤击数 $\lambda_N=7/10=0.7$。

$d_s=10$m 折减系数 $\psi=1/3$；

单桩竖向极限承载力特征值为

$$R_a=[4\times0.35\times(3\times30+1/3\times10\times20+3\times50)+0.35^2\times3500]\text{kN}$$
$$=[1.4\times(90+66.67+150)+428.75]\text{kN}=858.1\text{kN}$$

桩的竖向抗震承载力特征值，可比非抗震设计时提高 25%

$$R_{aE}=1.25\times858.1\text{kN}=1073\text{kN}$$

【例 8.10.4-4】

某柱下桩基，有关地基各土层分布情况、地下水位等，如图 8.10.4-1 所示。该工程建筑抗震设防烈度为 7 度，设计地震分组为第一组，设计基本地震加速度值为 0.15g。图中砂层土初步判别认为需进一步进行液化判别，土层厚度中心 A 点的标准贯入锤击数实测值 N 为 6。

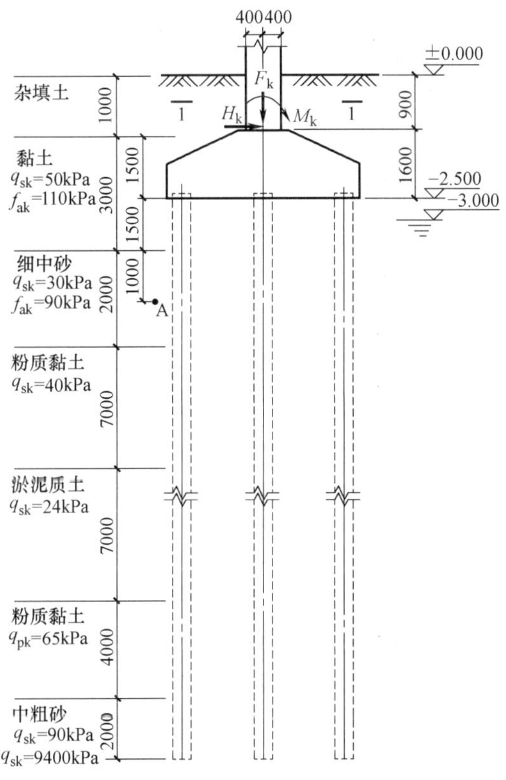

图 8.10.4-1

试问，当考虑地震作用，按《桩基》计算桩的竖向承载力特征值时，图中砂层土的液化影响折减系数 ψ_1 应取下列何项数值？

(A) 0　　(B) 1/3　　(C) 2/3　　(D) 1.0

【答案】(B)

【解答】根据《抗震》4.3.4 条：0.15g $N_0=10$，地震分组为第一组 $\beta=0.8$　$d_s=5$m　$d_w=3$m　砂土 $\rho_c=3$

$N_{cr}=N_0\beta[\ln(0.6d_s+1.5)-0.1d_w]\sqrt{3/\rho_c}=10\times0.8[\ln(0.6\times5+1.5)-0.1\times3]\sqrt{3/3}=9.63$ 根据《桩基》5.3.12 条：

$$\lambda_N=\frac{6}{9.63}=0.623 \qquad 0.5<\lambda_N\leqslant0.8 \qquad 所以：\psi_L=1/3$$

（2）余震期间

在主震后的一段时间内，土层液化使得对桩基摩擦力大大减少甚至丧失殆尽。此时，桩基验算应将液化土层的摩擦力和水平抗力均按零考虑。此段时间内还有可能发生余震，为使设计偏于安全，应考虑部分地震作用。因此，《抗震》规定：地震后地震作用按地震影响系数最大值 α_{max} 的 10%取用，再加上静力荷载进行计算。桩基可考虑将静力荷载下的单桩竖向承载力提高 25%，但应扣除液化层的全部摩阻力及桩台下 2m 深度内非液化土的桩侧摩阻力。

《抗震》规定

> **4.4.3** 存在液化土层的低承台桩基抗震验算，应符合下列规定：
>
> **2** 当桩承台底面上、下分别有厚度不小于 1.5m、1.0m 的非液化土层或非软弱土层时，可按下列两种情况进行桩的抗震验算，并按不利情况设计：
>
> **2**）地震作用按水平地震影响系数最大值的 10%采用，桩承载力仍按本规范第 4.4.2 条 1 款取用，但应扣除液化土层的全部摩阻力及桩承台下 2m 深度范围内非液化土的桩周摩阻力。

【例 8.10.4-5】确定单桩竖向抗震承载力（三）

条件：同【例 8.10.4-2】

要求：地表下−10.0m 处实际标准贯入锤击数为 7 击，地震作用按水平地震影响系数最大值的 10%采用，临界标准贯入锤击数为 10 击时，单桩竖向抗震承载力特征值 R_{aE}。

【解答】根据《抗震》第 4.4.3 条第 2 款的规定：

地震作用按水平地震影响系数最大值的 10%采用，桩的竖向抗震承载力特征值比非抗震设计时提高 25%，但应扣除液化土层的全部摩阻力及桩承台下 2m 深度范围内非液化土的桩周摩阻力。

单桩竖向承载力特征值为

$$R_a=[4\times0.35\times(2\times0+1\times30+10\times0+3\times50)+0.35^2\times3500]\text{kN}$$
$$=[1.4\times(30+150)+428.75]\text{kN}=680.75\text{kN}$$
$$R_{aE}=1.25\times680.75\text{kN}=851\text{kN}$$

4. 打桩对土的加密作用及桩身对液化土变形限制的影响

《抗震》规定

> **4.4.3** 存在液化土层的低承台桩基抗震验算，应符合下列规定：
>
> **3** 打入式预制桩及其他挤土桩，当平均桩距为 2.5～4 倍桩径且桩数不少于 5×5 时，可计入打桩对土的加密作用及桩身对液化土变形限制的有利影响。当打桩后桩间土的标准贯入锤击数值达到不液化的要求时，单桩承载力可不折减，但对桩尖持力层作强度校核时，桩群外侧的应力扩散角应取为零。打桩后桩间土的标准贯入锤击数宜由试验确定，也可按下式计算：

$$N_1 = N_p + 100\rho(1 - e^{-0.3N_p}) \quad (4.4.3)$$

式中：N_1——打桩后的标准贯入锤击数；

ρ——打入式预制桩的面积置换率；

N_p——打桩前的标准贯入锤击数。

【例 8.10.4-6】

在存在液化土层的地基中的低承台群桩基础，若打桩前该液化土层的标准贯入锤击数为 10 击，打入式预制桩的面积置换率为 3.3%，按《抗震》计算，打桩后桩间土的标准贯入试验锤击数最接近下列哪个选项？

（A）10 击　（B）18 击　（C）13 击　（D）30 击

【答案】（C）

【解答】根据《抗震》中（4.4.3）的公式可得：

$$\begin{aligned} N_t &= N_p + 100\rho(1 - e^{-0.3N_p}) \\ &= 10 + 100 \times 0.033 \times (1 - e^{-0.3\times 10}) \\ &= 10 + 100 \times 0.033 \times (1 - 0.05) \\ &= 13.14(\text{击}) \end{aligned}$$

答案（C）

【例 8.10.4-7】

某建筑场地抗震设防烈度为 7 度，地基设计基本地震加速度为 $0.15g$，设计地震分组为第二组，地下水位埋深 2.0m，未打桩前的液化判别等级如下表 8.10.4-1 所示，采用打入式混凝土预制桩，桩截面为 400mm×400mm，桩长 $l=15\text{m}$，桩间距 $s=1.6\text{m}$，桩数 20×20 根，置换率 $\rho=0.063$，打桩后液化指数由原来的 12.9 降为下列何项数值？

（A）2.7　（B）4.5　（C）6.8　（D）8.0

【答案】（A）

【解答】

（1）计算打桩后桩间土的标准贯入锤数 N_I。

表 8.10.4-1

地质年代	土层名称	层底深度(m)	标准贯入试验深度(m)	实测击数	临界击数	计算厚度(m)	权函数	液化指数
新近	填土	1						
Q_1	黏土	3.5						
	粉砂	8.5	4	5	11	1.0	10	5.45
			5	9	12	1.0	10	2.5
			6	14	13	1.0	9.3	
			7	6	14	1.0	8.7	4.95
Q_2	粉质黏土	20	8	16	15	1.0	8.0	

根据《抗震》第 4.4.3 条。

$$N_I = N_p + 100\rho(1 - e^{-0.3N_p})$$

深度 4m 处：

$$N_{\mathrm{I}}=5+100\times0.063\times(1-2.718^{-0.3\times5})=9.89<11$$

深度 5m 处：

$$N_{\mathrm{I}}=9+100\times0.063\times(1-2.718^{-0.3\times9})=14.88>12$$

深度 7.0m 处：

$$N_{\mathrm{I}}=6+100\times0.063\times(1-2.718^{-0.3\times6})=11.26<14$$

(2) 计算液化指数

打桩后 5m 处实际系数大于临界系数，液化点还有 4.0m 和 7.0m 两个，

根据《抗震》第 4.3.5 条，

4m 处 $d_i=1\mathrm{m}\quad W_i=10$

7m 处 $d_i=1\mathrm{m}\quad W_i=10-\frac{10}{20-5}(7-5)=8.7$

$$I_{\mathrm{LE}}=\sum_{i=1}^{n}\left[1-\frac{N_i}{N_{\mathrm{cr}i}}\right]d_iW_i=\left(1-\frac{9.89}{11}\right)\times1\times10+\left(1-\frac{11.26}{14}\right)\times1\times8.7=2.71$$

第9章 桥 梁 结 构

9.1 设 计 要 求

一、《公路桥涵设计通用规范》“总则”的三项重要规定

1. 设计基准期

《公路桥涵设计通用规范》JTG D60—2015（以下简称《桥通》）对“设计基准期”的内涵有规定

> **2.1.1** 设计基准期
> 为确定可变作用等的取值而选用的时间参数

设计基准期的具体控制时间《桥通》有规定

> **1.0.3** 公路桥涵结构的设计基准期为100年。

不同的设计基准期的效果现从荷载和材料的设计值取值来讨论。

表9.1.1-1列出不同重现期的风压值，重现期为100年的风压比50年的风压高1.1倍左右，故桥梁结构设计所用的风压比房屋结构设计要高。

各地的基本风压 **表9.1.1-1**

城市名	风压(kN/m^2)		
	R=10	R=50	R=100
北京市	0.30	0.45	0.50
天津市	0.30	0.50	0.60
上海市	0.40	0.55	0.60
重庆市	0.25	0.40	0.45

表9.1.1-2列出混凝土抗压强度设计值的比较，桥涵结构的混凝土抗压强度设计值比房屋结构的混凝土抗压强度设计值要低。

混凝土抗压强度设计值（MPa）的比较 **表9.1.1-2**

强度等级	C15	C20	C25	C30	C35	C40	C45	C50	C55	C60	065	C70	C75	C80
桥涵结构	6.9	9.2	11.5	13.8	16.1	18.4	20.5	22.4	24.4	26.5	28.5	30.5	32.4	34.6
房屋结构	7.2	9.6	11.9	14.3	16.7	19.1	21.1	23.1	25.3	27.5	29.7	31.8	33.8	35.9

【例9.1.1-1】

试问，在下列关于公路桥涵的设计基准期的几种主张中，其中何项正确?

(A) 100 年　　(B) 80 年　　(C) 50 年　　(D) 25 年

【答案】(A)

根据《桥通》第 1.0.3 条，公路桥涵的设计基准期为 100 年。选 (A)。

2. 桥梁涵洞分类

《桥通》规定

1.0.5 特大、大、中、小桥及涵洞按单孔跨径或多孔跨径总长分类规定见表 1.0.5。

桥梁涵洞分类　　**表 1.0.5**

桥涵分类	多孔跨径总长 L(m)	单孔跨径 L_K(m)
特大桥	$L>1000$	$L_K>150$
大桥	$100\leqslant L\leqslant 1000$	$40\leqslant L_K\leqslant 150$
中桥	$30<L<100$	$20\leqslant L_K<40$
小桥	$8\leqslant L\leqslant 30$	$5\leqslant L_K<20$
涵洞		$L_K<5$

注：1. 单孔跨径系指标准跨径；

2. 梁式桥、板式桥的多孔跨径总长为多孔标准跨径的总长；拱式桥为两岸桥台内起拱线间的距离；其他形式桥梁为桥面系行车道长度；

3. 管涵及箱涵不论管径或跨径大小、孔数多少，均称为涵洞；

4. 标准跨径：梁式桥、板式桥以两桥墩中线之间桥中心线长度或桥墩中线与桥台台背前缘线之间桥中心线长度为准；拱式桥和涵洞以净跨径为准。

【例 9.1.1-2】

某公路高架桥，主桥为三跨变截面连续钢-混凝土组合梁，跨径布置为 55m＋80m＋55m，两端引桥各为 5 孔 40m 的预应力混凝土 T 形梁。高架桥总长 590m。试问，其工程规模应属于下列何项所示？试说明理由。

(A) 小桥　　(B) 中桥　　(C) 大桥　　(D) 特大桥

【答案】(C)

根据《桥通》1.0.5 条规定："桥梁总长度等于或大于 100m，但等于或小于 1000m；或单跨跨径等于或大于 40m，但小于或等于 150m 者，均为大桥"。因该桥总长度为 590m，大于 100m，但小于 1000m；单跨最大跨径为 80m，大于 40m，但小于 150m。所以应视为大桥，选 (C)。

3. 设计安全等级

《桥通》对"公路桥涵结构的设计安全等级"作出具体的规定

公路桥涵结构设计安全等级　　**表 4.1.5-1**

设计安全等级	破坏后果	适用对象
一级	很严重	(1) 各等级公路上的特大桥、大桥、中桥； (2) 高速公路、一级公路、二级公路、国防公路及城市附近交通繁忙公路上的小桥
二级	严重	(1) 三、四级公路上的小桥； (2) 高速公路、一级公路、二级公路、国防公路及城市附近交通繁忙公路上的涵洞
三级	不严重	三、四级公路上的涵洞

注：本表所列特大、大、中桥等系按本规范表 1.0.5 中的单孔跨径确定，对多跨不等跨桥梁，以其中最大跨径为准。

4.1.5 条文说明

公路桥涵进行持久状况和短暂状况承载能力极限状态设计时，根据结构破坏可能产生的后果的严重程度划分为三个设计安全等级，并用结构重要性系数来体现不同情况的桥涵的可靠度差异。表 4.1.5-1 列出了不同安全等级对应的桥涵类型。设计工程师也可根据桥涵的具体情况，与业主商定，但不能低于表 4.1.5-1 所列等级。

需要补充说明，在《桥通》中“公路等级”分为五个等级、即高速公路、一级公路、二级公路、三级公路和四级公路。

【例 9.1.1-3】

某跨越一条 650m 宽河面的高速公路桥梁，设计方案中其主跨为 145m 的系杆拱桥，边跨为 30m 的简支梁桥。试问，该桥梁结构的设计安全等级，应如下列何项所示?

(A) 一级　　(B) 二级　　(C) 三级　　(D) 由业主确定

【答案】(A)

【解答】(1) 根据《桥通》1.0.5 条，单孔跨径 $40 \leqslant L_K \leqslant 150$ 属大桥

(2) 根据《桥通》表 4.1.5-1，大桥的设计安全等级为一级。

选 (A)。

二、桥梁的总体布置

1. 桥梁全长

《桥通》中对“桥梁全长”的定义有规定

3.3.5 桥梁全长应按下列规定计算：

1 有桥台的桥梁为两岸桥台侧墙或八字墙尾端间的距离。

2 无桥台的桥梁为桥面系长度。

【例 9.1.2-1】

某公路桥梁主桥为三跨变截面预应力混凝土连续箱梁结构，跨径布置为 85m+120m+85m；两引桥各为 3 孔，各孔均采用 50m 预应力混凝土 T 形梁；桥台为埋置式肋板结构，耳墙长度 3500mm，前墙厚度 400mm；两端伸缩缝宽度均为 160mm。试问，该桥的全长 (m)，应与下列何项数值最为接近?

(A) 590.16　　(B) 597.96

(C) 590.96　　(D) 590.00

【答案】(B)

【解答】根据《桥通》3.3.5 条规定：“有桥台的桥梁全长为两岸桥台侧墙端点间的距离。”

该桥全长 $L=2(3\times50+85+120/2+0.16/2+0.40+3.5)\text{m}=597.96\text{m}$，选 (B)。

【例 9.1.2-2】

某公路高架桥，主桥为三跨变截面连续钢-混凝土组合箱梁桥，跨径布置为 45m+

60m+45m，两端引桥各为5孔40m的预应力混凝土T形梁；桥台为U形结构，前墙厚度为0.90m，侧墙长3.0m；两端伸缩缝宽度均为160mm。试问，该桥全长（m），与下列何项数值最为接近?

(A) 548 (B) 550 (C) 552 (D) 558

【答案】(D)

【解答】根据《桥通》3.3.5条规定："有桥台的桥梁全长为两岸桥台侧墙端点间的距离。"

该桥全长$L=45+60+45+2\times5\times40+(0.16/2+0.9+3)\times2=557.96$m，选（D)。

【例9.1.2-3】

一级公路上的一座桥梁，由主桥和引桥组成。其结构：主桥为三跨（70m+100m+70m）变截面预应力混凝土连续箱梁；两引桥各为5孔40m预应力混凝土小箱梁；桥台为埋置式肋板结构，耳墙长度为3500mm，背墙厚度400mm；主桥与引桥和两端的伸缩缝均为160mm。桥梁行车道净宽15m，全宽17.5m。试问，该桥的全长计算值（m）与下列何项数值最为接近?

(A) 640.00 (B) 640.16 (C) 640.96 (D) 647.96

【答案】(D)

【解答】根据《桥通》3.3.5条规定："有桥台的桥梁全长为两岸桥台侧墙端点间的距离"。

该桥全长$\sum L=2(5\times40+70+100/2+0.16/2+0.4+3.5)=647.96$m，选（D)。

2. 桥梁的平面布置

桥梁设计首先要确定桥位。

大、中桥的桥位选择，原则上应从路线的总方向、路线网综合考虑。从整个路线或路线网的观点来看，应力求避免或减少车辆绕道以节省运营时间和运输成本。就桥梁本身的经济性和稳定性来看，应尽量选择在河道顺直、水流稳定、河面较窄、地质良好、冲刷较少的河段上，以降低造价和养护费用，并防止因冲刷过大而发生桥梁倒塌的危险。此外，一般应尽量避免桥梁与河流斜交，也应避免在河汊、沙洲、古河道、急弯、汇合口、港口作业区等地段修建桥梁，以免增加桥梁建设费用和降低使用功能。

对于小桥涵的桥位应服从路线走向，当遇到不利地形、地质和水文条件时，应采取适当工程措施，可设计成斜桥和弯桥，不应改变线路。对于大、中桥一般选择2～3个桥位，进行各个方面的比较，然后选择最合理的桥位。

《桥通》规定

3.1.1 公路桥涵应根据公路功能和技术等级，考虑因地制宜、就地取材、便于施工和养护等因素进行总体设计、在设计使用年限内应满足规定的正常交通荷载通行的需要。

3.1.2 公路桥涵线形设计应符合下列规定：

1 中小桥涵线形设计应符合路线设计的总体要求。

2 特大桥、大桥线形设计应综合考虑路线总体走向、桥区地质、地形、安全通行、通航、已有建筑设施、环境敏感区等因素。

3.2.1 桥梁应根据公路功能、等级、通行能力及抗洪防灾要求，结合水文、地质、通航、环境等条件进行综合设计，并应符合下列规定： 　　**1** 特大、大桥桥位应选择河道顺直稳定、河床地质良好、河槽能通过大部分设计流量的河段。桥位应避开断层、岩溶、滑坡、泥石流等不良地质河段，不宜选择在河汊、沙洲、古河道、急弯、汇合口、港口作业区及易形成流水、流木阻塞的河段。 　　**2** 高速公路、一级公路上的桥梁宜设计为上、下行分离的独立桥梁。

【9.1.2-4】

某高速公路一座特大桥要跨越一条天然河道。试问，下列可供选择的桥位方案中，何项方案最为经济合理？

(A) 河道宽而浅，但有两个河汊

(B) 河道正处于急湾上

(C) 河道窄而深，且两岸岩石露头较多

(D) 河流一侧有泥石流汇入

【答案】(C)

【解答】根据《桥通》3.2.1 条规定："特大、大桥桥位应选择河道顺直稳定、河床地质良好、河槽能通过大部分设计流量的河段。桥位应避开断层、岩溶、滑坡、泥石流等不良地质河段，……"。

因为河道顺直稳定段，桥位较为稳定，桥长较短，调治构造物少，工程较省；急弯处，洪水容易冲刷河岸，桥头不稳，防护和调治工程量大，养护维修费用高；侧向有泥石流汇入的河段地形复杂，水流紊乱，甚至桥孔易被堵塞，对桥梁安全不利。相对来说(C) 方案较为有利，所以推荐它。

3. 桥梁纵断面设计

桥梁纵断面设计包括确定桥梁总跨径、桥梁分孔、桥面标高、桥下净空、桥上和桥头引道的纵坡布置以及基础的埋置深度等。要求根据道路功能、等级、通行能力及抗洪防灾要求，结合水文、地质、通航、环境等条件进行综合设计。

《桥通》规定

3.1.2 公路桥涵线形设计应符合下列规定： 　　**3** 特大、大桥宜采用较高的平曲线指标，纵断面不宜设计成平坡或凹曲线。

(1) 桥梁总跨径的确定

桥梁总跨径一般根据水文计算来确定。其基本原则是：应使桥梁在整个使用年限内，保证设计洪水能顺利宣泄；河流中可能出现的流冰和船只、排筏等能顺利通过；避免因过分压缩河床引起河道和河岸的不利变迁；避免因桥前壅水而淹没农田、房屋、村镇和其他公共设施等。对于桥梁结构本身来说，不能因总跨径缩短而引起的河床过度冲刷对浅埋基础带来不利的影响。

《桥通》表 3.2.9 规定了公路桥梁的设计洪水频率。洪水频率是表示河流某一洪水发生可能性或出现频率的程度，它以分数来表示，其倒数为重现期，叫几年一遇。设计洪水频率是作为桥梁设计依据的洪水频率，根据桥梁所在公路的等级不同而不同。总跨径可参照设计洪水频率来确定。

《桥通》规定

3.2.9 公路桥涵的设计洪水频率应符合表3.2.9的规定。

桥涵设计洪水频率 **表3.2.9**

公路等级	设计洪水频率				
	特大桥	大桥	中桥	小桥	涵洞及小型排水构造物
高速公路	1/300	1/100	1/100	1/100	1/100
一级公路	1/300	1/100	1/100	1/100	1/100
二级公路	1/100	1/100	1/100	1/50	1/50
三级公路	1/100	1/50	1/50	1/25	1/25
四级公路	1/100	1/50	1/50	1/25	不作规定

由于桥墩、桥台和台前锥形护坡以及桥头路堤的建造，使得桥下过水断面减少，水的流速加大，会引起河床冲刷。所以确定的桥梁总跨径必须保证桥下有足够的泄洪面积，使河床不产生较大的冲刷。桥梁总跨径增大了，造价就高了，流速小了，可能造成河床淤积。因此，桥梁总跨径不能单一地由桥涵水文的计算结果确定，需要根据具体情况分别对待。例如，图9.1.2-1列出埋置式桥台和U形桥台对桥梁跨长的变化和河流水流压缩程度影响的对比。采用埋置式桥台时泄洪面积足够、但桥梁总跨径增大。采用U形桥台时桥梁总跨径减小了、但桥下过水断面减少、造成桥前壅水。

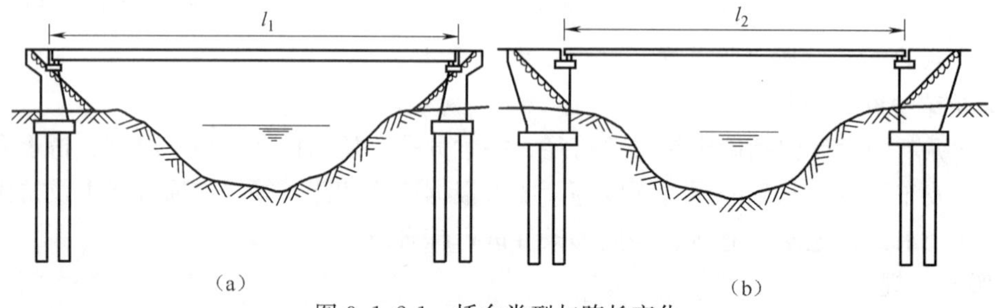

图9.1.2-1 桥台类型与跨长变化

(a) 采用埋置式桥台；(b) 采用U形桥台

【例9.1.2-5】

某桥为一座位于高速公路上的特大桥梁，跨越国内内河四级通航河道。试问，该桥的设计洪水频率，采用下列何项数值最为适宜?

(A) 1/300 (B) 1/100 (C) 1/50 (D) 1/25

【答案】(A)

【解答】根据《桥通》表3.2.9“桥涵设计洪水频率”的规定，查得：高速公路上的特大桥，其设计洪水频率为1/300。选(A)。

(2) 桥梁的分孔

对于一座较长的桥梁，应当分成几孔，各孔跨径应当多大，这不仅影响到使用效果、

施工难易等，而且在很大程度上关系到桥梁的总造价。《桥通》3.3.1 条～3.3.4 条对孔径的设计作了规定

> **3.3.1** 桥涵孔径的设计必须保证设计洪水以内的各级洪水及流冰、泥石流、漂流物等安全通过，并应考虑壅水、冲刷对上下游的影响，确保桥涵附近路堤的稳定。
>
> 桥涵孔径的设计应考虑桥位上下游已建或拟建桥涵和水工建筑物的状况及其对河床演变的影响。
>
> 桥涵孔径设计尚应注意河床地形，不宜过分压缩河道、改变水流的天然状态。
>
> **3.3.2** 小桥、涵洞的孔径，应根据设计洪水流量、河床地质、河床和锥坡加固形式等条件确定，并应符合下列规定：
>
> **1** 当缺少水文资料时，可根据现场调查的多年洪水痕迹、泛滥范围和既有桥涵验算小桥、涵洞的孔径。
>
> **2** 当小桥、涵洞的上游条件许可积水时，依暴雨径流计算的流量可考虑减少，但减少的流量大于总流量的 1/4。
>
> **3.3.3** 特大、大、中桥的孔径布置应按设计洪水流量和桥位河段的特性进行设计计算，并对孔径大小、结构形式、墩台基础埋置深度、桥头引道及调治构造物的布置等进行综合比较。
>
> **3.3.4** 计算桥下冲刷时，应考虑桥孔压缩后设计洪水过水断面所产生的桥下一般冲刷、墩台阻水引起的局部冲刷、河床自然演变冲刷以及调治构造物和桥位其他冲刷因素的影响。

此外还需要考虑下列主要因素：

① 满足通航要求

首先应把较大跨径的通航孔布置在稳定的主河槽位置，对于变迁性河流，还需多设几个通航孔。

② 避开复杂的地质和地形区段

在水深流急的河槽段或者河中存在局部不良地质段（如岩石破碎带、断层、溶洞等），可通过适当加大跨径，使桥基位置尽量避开这些地带。对于跨越深谷的桥梁，可采用特大跨径的单孔跨越，以减少中间的高桥墩。

③ 结构受力合理

对于连续梁和连续刚构的桥梁，务使各桥孔的跨径具有合宜的比例，达到边跨与中跨跨中的最大弯矩内力接近相等；对于多孔的悬臂梁桥，最好布置为奇数跨，并保持结构对称。

④ 经济和工期上的比较

除了主通航孔外，其余副孔，一般说来，跨径不宜太大，但究竟选用多大的跨径需要结合当地的施工能力，水下基础工程施工的复杂性，从经济上和工期上进行权衡后确定。

⑤ 美观的要求

位于城市的桥梁，应从与城区周围环境相协调的角度进行合理的布孔。

总之，大、中桥梁的分孔是一个相当复杂的问题，必须根据使用任务、桥位所处的地

形和环境、河床地质、水文等具体情况，进行技术经济分析比较，选出比较完美的设计方案。

(3) 桥下净空

对于跨河桥梁，桥下净空应保证桥下排洪和通航的需要；对于跨线桥，则应确保桥下安全行车。因此，必须根据设计洪水位、桥下通航（或通车）净空等需要，结合桥型、跨径等因素一起考虑，以确定合理的桥下净空。

图 9.1.2-2 列出和讨论桥下净空有关的水位和标高的具体位置。

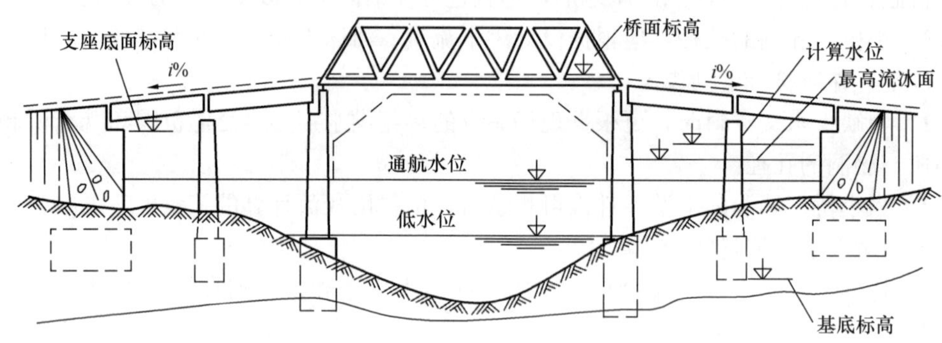

图 9.1.2-2 有关水位和标高的具体位置

① 流水净空要求

《桥通》3.4.3 条对如何确定桥下流水净空作了规定

3.4.3 桥下净空应根据计算水位（设计水位计入壅水、浪高等）或最高流冰水位加安全高度确定，并应符合下列规定：

1 当河流有形成流冰阻塞的危险或有漂浮物通过时，应按实际调查的数据，在计算水位的基础上，结合当地具体情况酌留一定富余量，作为确定桥下净空的依据。对于有淤积的河流，桥下净空应适当增加。

2 通航或流放木筏的河流，桥下净空应符合通航标准或流放木筏的要求。有国防要求和其他特殊要求（如石油钻探船只）的航道，其通航标准应与有关部门具体研究确定。

为了保证桥下流水净空，对于梁式桥，梁底一般应高出设计洪水位（包括壅水和浪高）不小于 50cm，高出最高流冰水位 75cm；支座底面应高出设计洪水位不小于 25cm，高出最高流冰水位不小于 50cm，如图 9.1.2-3 所示。但如果支座部分有围护隔水者可以不受该限制。

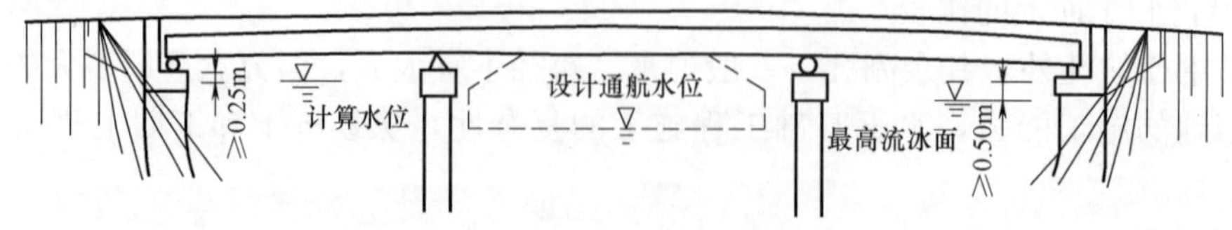

图 9.1.2-3 梁式桥纵断面规划图

对于无铰拱桥，拱脚允许被设计洪水位淹没，但淹没深度一般不超过拱圈矢高 f_0 的

2/3，如图 9.1.2-4 所示。并且在任何情况下，拱顶底面应高出设计洪水位 1.0m，亦即 $\Delta f_0 \geqslant 1.0$m。拱脚的起拱线应高出最高流冰水位不小于 0.25m。

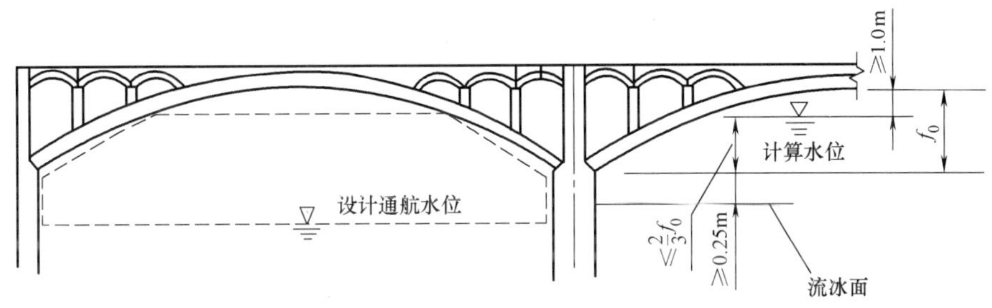

图 9.1.2-4　拱桥桥下净空图

上述内容即为《桥通》3.4.3 条的规定

4　无铰拱的拱脚允许被设计洪水淹没，但不宜超过拱圈高度的 2/3，且拱顶底面至计算水位的净高不得小于 1.0m。

5　在不通航和无流筏的水库区域内，梁底面或拱顶底面离开水面的高度不应小于计算浪高的 0.75 倍加上 0.25m。

《桥通》中还规定：在不通航或无流放水筏河流以及通航河流的不通航桥孔内，桥下净空不应小于表 3.4.3 中的规定

3　在不通航或无流放木筏河流上及通航河流的不通航桥孔内，桥下净空不应小于表 3.4.3 的规定。

非通航河流桥下最小净空　　　　**表 3.4.3**

桥梁的部位		高出计算水位(m)	高出最高流冰面(m)
梁底	洪水期无大漂流物	0.50	0.75
	洪水期有大漂流物	1.50	—
	有泥石流	1.00	—
支承垫石顶面		0.25	0.50
拱脚		0.25	0.25

② 通航净空要求

为了保证桥下安全通航，通航孔桥跨结构下缘的标高应高出自设计通航水位算起的净空高度。《桥通》规定了设计时应采用的标准

3.2.5　通航海轮桥梁的桥孔布置及净高应满足《通航海轮桥梁通航标准》(JTJ 311) 的规定。通航内河桥梁的桥孔布置及净高应满足《内河通航标准》(GB 50139) 的规定，并应充分考虑河床演变和不同通航水位航迹线的变化。

③ 跨线桥桥下净空要求

在设计跨线路（铁道或公路）的立体交叉时，桥跨结构底缘的标高应高出规定的车辆净空高度。《桥通》3.4.5条中做出规定

> **3.4.5** 立体交叉跨线桥桥下净空应符合下列规定：
>
> **1** 公路与公路立体交叉的跨线桥桥下净空及布孔除应符合本规范第3.4.1条桥涵净空的规定外，还应满足桥下公路的视距和前方信息识别的要求，其结构形式应与周围环境相协调。
>
> **2** 铁路从公路上跨越通过时，其跨线桥桥下净空及布孔除应符合本规范第3.4.1条桥涵净空的规定外，还应满足桥下公路的视距和前方信息识别的要求。
>
> **3** 农村道路与公路立体交叉的跨线桥桥下净空为：
>
> **1**）当农村道路从公路上面跨越时，跨线桥桥下净空应符合本规范第3.4.1条建筑限界的规定；
>
> **2**）当农村道路从公路下面穿过时，其净空可根据当地通行的车辆和交叉情况而定，人行通道的净高应大于或等于2.2m，净宽应大于或等于4.0m；
>
> **3**）畜力车及拖拉机通道的净高应大于或等于2.7m，净宽应大于或等于4.0m；
>
> **4**）农用汽车通道的净高应大于或等于3.2m，并根据交通量和通行农业机械的类型选用净宽，但应大于或等于4.0m；
>
> **5**）汽车通道的净高应大于或等于3.5m；净宽应大于或等于6.0m。

综上所述，全桥位于河中各跨的桥道高程均应首先满足流水净空的要求；对于通航或桥下通车的桥孔还应满足通航净空或建筑净空限界的要求；另外，还应考虑桥的两端能够与公路或城市道路顺利衔接等。因此，全桥各跨的桥道高程是不相同的，必须综合考虑和规划。

【例9.1.2-6】

某高速公路上的一座跨越非通航河道的桥梁，洪水期有大漂浮物通过。该桥的计算水位为2.5m（大沽高程），支座高度为0.20m。试问，该桥的梁底最小高程（m），应为下列何项数值？

(A) 3.4　　(B) 4.0　　(C) 3.2　　(D) 3.0

【答案】(B)

【解答】(1) 根据《桥通》3.4.3条规定，桥下净空＝计算水位＋安全高度。

(2) 据《桥通》表3.4.3规定，当洪水期有大漂流物时，梁底应高出计算水位1.5m。

(3) 非通航河流桥下最小净空2.5＋1.5＝4.0m，选(B)。

(4) 桥上纵断面线形

为了满足通航或泄洪要求，大、中桥梁的桥面高度一般比两岸的接线道路或者城市道路的路面高出较多。因此，在这两者之间需用加设具有一定坡度的构筑物加以连接，以完成这个过渡，这就是所谓的桥头引道。

桥面标高确定后，就可根据两端桥头的地形和线路要求来设计桥梁的纵断面线形。小桥通常做成平坡桥。大、中桥梁为了利于桥面排水和降低引道路堤高度，往往设置从中间向两端倾斜的双向纵坡。《桥通》规定

3.5.1 桥梁纵坡设计应符合下列规定：

1 桥上纵坡不宜大于4%，桥头引道纵坡不宜大于5%；桥头两端引道的线形应与桥梁的线形相匹配。

2 位于城镇混合交通繁忙处的桥梁，桥上纵坡及桥头引道纵坡均不得大于3%。

3 对易结冰、积雪的桥梁，桥上纵坡不宜大于3%。

4. 桥梁横断面设计

桥梁横断面设计包括：确定桥面的宽度（行车道宽和人行道宽），桥跨结构的横截面布置（除车道和人行道外的栏杆布置、横向坡度）。

图9.1.2-5所示为对于相同桥面净宽的上承式桥和下承式桥的横截面布置。对于下承式桥梁还应考虑承重结构所占的桥面宽度、防撞栏杆的布置以及桥面净空应符合公路建筑界限的规定。显然，由于结构布置上的需要，下承式桥承重结构的宽度 B 要比上承式桥的大，而其建筑高度 h 却比上承式桥的小。

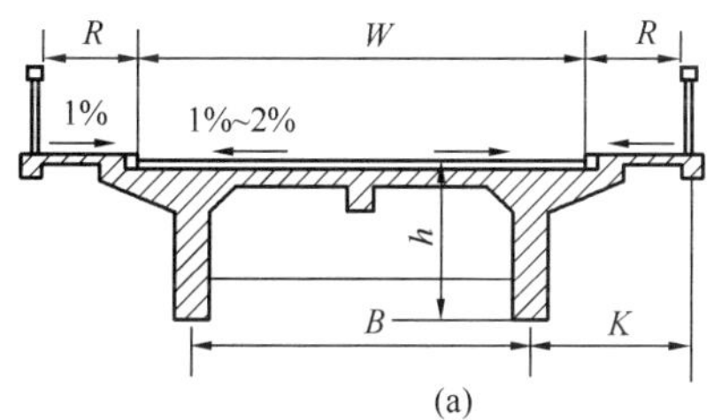

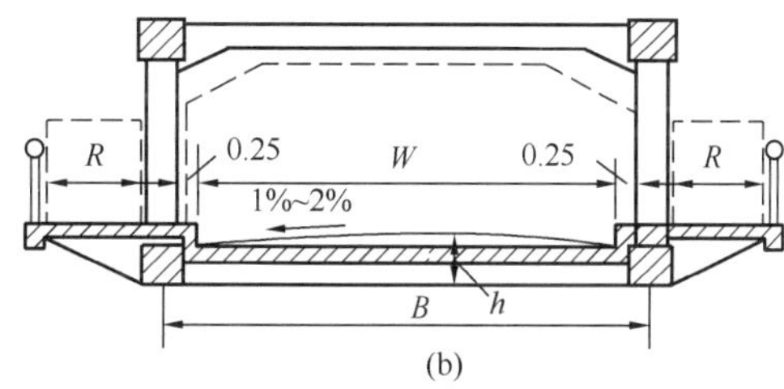

图9.1.2-5 横截面布置

（a）上承式桥；（b）下承式桥

桥面宽度决定于行车和行人的交通需要。行车道宽度主要取决于车道数和每个车道的宽度。公路车道宽度与设计速度有关。

当桥涵设计车道数确定后，可从《桥通》表4.3.1-4查得所需桥面宽度的数值 W（m）

桥涵设计车道数 **表4.3.1-4**

桥面宽度 W(m)		桥涵设计车道数
车辆单向行驶时	车辆双向行驶时	
$W<7.0$		1
$7.0\leqslant W<10.5$	$6.0\leqslant W<14.0$	2
$10.5\leqslant W<14.0$		3
$14.0\leqslant W<17.5$	$14.0\leqslant W<21.0$	4
$17.5\leqslant W<21.0$		5
$21.0\leqslant W<24.5$	$21.0\leqslant W<28.0$	6
$24.5\leqslant W<28.0$		7
$28.0\leqslant W<31.5$	$28.0\leqslant W<35.0$	8

三、桥梁细部构造及附属设施

1. 桥面铺装

桥面铺装是车轮直接作用的部分，又称行车道铺装或桥面保护层。

桥面铺装有如下作用：防止车轮或履带直接磨耗行车道板，保护主梁免受雨水侵蚀，分散车辆轮重的集中荷载。

桥面铺装形式多样，可采用沥青混凝土、水泥混凝土。

《城市桥梁设计规范》CJJ 11—2011（以下简称《城市桥梁》）规定

9.1.1 桥面铺装的结构形式宜与所衔接的道路路面相协调，可采用沥青混凝土或水泥混凝土材料。

9.1.2 桥面铺装层材料、构造与厚度应符合下列规定：

1 当为快速路、主干路桥梁和次干路上的特大桥、大桥时，桥面铺装宜采用沥青混凝土材料，铺装层厚度不宜小于 80mm，粒料宜与桥头引道上的沥青面层一致。水泥混凝土整平层强度等级不应低于 C30，厚度宜为 70～100mm，并应配有钢筋网或焊接钢筋网。

当为次干路、支路时，桥梁沥青混凝土铺装层和水泥混凝土整平层的厚度均不宜小于 60mm。

2 水泥混凝土铺装层的面层厚度不应小于 80mm，混凝土强度等级不应低于 C40，铺装层内应配有钢筋网或焊接钢筋网，钢筋直径不应小于 10mm，间距不宜大于 100mm，必要时可采用纤维混凝土。

2. 桥面防水、排水

《城市桥梁》规定

9.2.1 桥面铺装应设置防水层。

沥青混凝土铺装底面在水泥混凝土整平层之上应设置柔性防水卷材或涂料，防水材料应具有耐热、冷柔、防渗、耐腐、粘结、抗碾压等性能。材料性能技术要求和设计应符合国家现行相关标准的规定。

水泥混凝土铺装可采用刚性防水材料，或底层采用不影响水泥混凝土铺装受力性能的防水涂料等。

9.2.3 桥面排水设施的设置应符合下列规定：

1 桥面排水设施应适应桥梁结构的变形，细部构造布置应保证桥梁结构的任何部分不受排水设施及泄漏水流的侵蚀；

2 应在行车道较低处设排水口，并可通过排水管将桥面水泄入地面排水系统中；

3 排水管道应采用坚固的、抗腐蚀性能良好的材料制成，管道直径不宜小于 150mm；

4 排水管道的间距可根据桥梁汇水面积和桥面纵坡大小确定：

当纵坡大于 2%时，桥面设置排水管的截面积不宜小于 $60mm^2/m^2$；

当纵坡小于1%时，桥面设置排水管的截面积不宜小于$100mm^2/m^2$

南方潮湿地区和西北干燥地区可根据暴雨强度适当调整；

5 当中桥、小桥的桥面设有不小于3%纵坡时，桥上可不设排水口，但应在桥头引道上两侧设置雨水口。

【例 9.1.3-1】

某城市一座主干路上的跨河桥，为五孔单跨各为25m的预应力混凝土小箱梁（先简支后连续）结构，全长125.8m，横向由24m宽的行车道和两侧各为3.0m的人行道组成，全宽30.5m，桥面单向纵坡1%，横坡：行车道1.5%，人行道1.0%。

试问，该桥每孔桥面要设置泄水管时，下列泄水管截面积F（mm^2）和个数（n）哪项数值较为合理？

提示：每个泄水管的内径采用150mm。

(A) $F=75000$；$n=4.0$　　(B) $F=45000$；$n=2.0$

(C) $F=18750$；$n=1.0$　　(D) $F=0$；$n=0$

【答案】（A）

【解答】根据《城市桥梁》9.2.3条4款规定，"排水管道的间距可根据桥梁汇水面积和桥面纵坡大小确定：当纵坡小于1%时，桥面设置排水管的截面积不宜小于$100mm^2/m^2$"；本题的桥面单向纵坡1%，

泄水管截面积$F=25m\times30.5m\times100mm^2/m^2=76250mm^2$

一个泄水管的截面积$A=3.14\times150^2/4=17662.5mm^2$

泄水管个数$n=F/A=76250/17662.5=4.3\approx4.0$

选（A）。

3. 桥面伸缩装置

在温度变化的影响下，桥梁将沿纵桥向产生膨胀或收缩的变形；车辆荷载也将引起梁端的转动和沿纵桥向位移。为了使这些变形不被约束，必须在相邻两跨的梁端之间、梁端与桥台之间、挂梁两端、桥梁的铰接处等位置预留必要的间隙。这就是"伸缩缝"。为了使车辆能平稳通过伸缩缝，同时使伸缩缝能保持正常的适应变形的能力，就需要在桥面伸缩缝处设置一定的"装置"，这种装置就称为桥面"伸缩装置"。但惯称的"伸缩缝"可泛指"缝"，也可指"装置"。

桥梁伸缩装置如图9.1.3-1所示，是有定型生产的各类成品供选用。

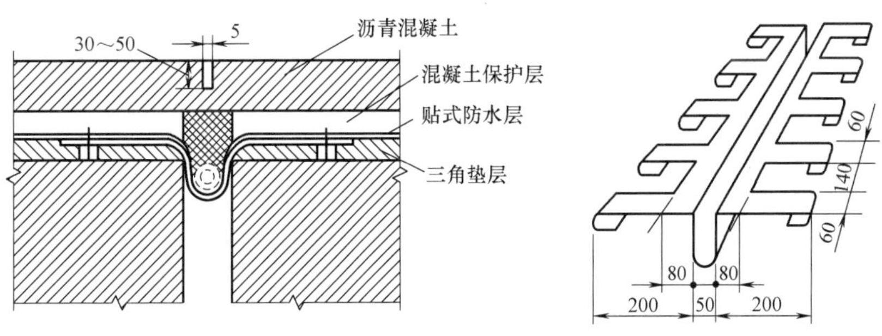

图9.1.3-1 桥梁伸缩装置（尺寸单位：mm）

《城市桥梁》规定

9.3.1 桥面伸缩装置，应满足梁端自由伸缩、转角变形及使车辆平稳通过的要求。伸缩装置应根据桥梁长度、结构形式采用经久耐用、防渗、防滑等性能良好，且易于清洁、检修、更换的材料和构造形式。材料及其成品的技术要求应符合国家现行相关标准的规定。

在多跨简支梁间，可采用连续桥面。连续桥面的长度不宜大于100m，连续桥面的构造应完善、牢固和耐用。

9.3.2 对变形量较大的桥面伸缩缝，宜采用梳板式或模数式伸缩装置。伸缩装置应与梁端牢固锚固。

城市快速路、主干路桥梁不得采用浅埋的伸缩装置。

4. 桥梁支座

《城市桥梁》规定

9.4.1 桥梁支座可按其跨径、结构形式、反力值、支承处的位移及转角变形值选取不同的支座。

桥梁可选用板式橡胶支座或四氟滑板橡胶支座、盆式橡胶支座和球形钢支座。不宜采用带球冠的板式橡胶支座或坡形板式橡胶支座。

9.4.3 主梁应在墩、台部位处设置横向限位构造。

《公路钢筋混凝土及预应力混凝土桥涵设计规范》JTG 3362—2018（以下简称《公路混凝土》）规定

8.8 桥梁伸缩装置

8.8.1 桥梁伸缩装置应符合下列要求：

1 伸缩装置的材料及其成品的技术要求应符合《公路桥梁伸缩装置通用技术条件》(JT/T 327—2016) 的有关规定。

2 采用定型生产的各类伸缩装置时，可根据桥梁所在地区的气温条件和施工季节. 选择伸缩装置的安装温度，按本规范第8.8.2条规定计算桥梁接缝处梁体的伸长量和缩短量（接缝的闭口量和开口量），据此选用伸缩装置的类型和型号。

伸缩装置的具体规定和计算见9.7.3节。

《公路混凝土》规定

8.7.1 桥梁支座应符合下列要求：

1 支座应具有将上部结构承受的结构自重、汽车荷载等竖向作用有效传递到下部结构的能力。

2 支座类型及规格应根据上下部结构形式、支座反力及水平力设计值、支座处位移量确定。

支座具体规定和计算见9.6.1节。

9.2 作用和作用效应组合

一、公路桥梁的作用（荷载）

桥梁结构根据其使用功能的不同，除承受结构本身自重和各种附加重力以外，主要承受桥上各种交通荷载，例如汽车荷载、非机动车荷载和人群荷载。而且，桥梁结构处在自然环境之中，还要经受气候、水文等各种复杂因素（外力）的影响。

《桥通》中将作用于桥梁结构的荷载和引起结构外加变形或约束变形的原因统称为作用。作用是施加在结构上的一组集中力或分布力，或引起结构外加变形或约束变形的原因，前者称直接作用，亦称荷载。后者称间接作用。

作用于桥梁结构的作用可分为四类：永久作用、可变作用、偶然作用和地震作用。《桥通》4.1.1 条对公路桥涵设计时应该采用的作用做了规定

4.1.1 公路桥涵设计采用的作用分为永久作用、可变作用、偶然作用和地震作用四类，规定于表 4.1.1。

作用分类　　表 4.1.1

序号	分　　类	名　　称
1	永久作用	结构重力(包括结构附加重力)
2		预加力
3		土的重力
4		土侧压力
5		混凝土收缩、徐变作用
6		水浮力
7		基础变位作用
8	可变作用	汽车荷载
9		汽车冲击力
10		汽车离心力
11		汽车引起的土侧压力
12		汽车制动力
13		人群荷载
14		疲劳荷载
15		风荷载
16		流水压力
17		冰压力
18		波浪力
19		温度(均匀温度和梯度温度)作用
20		支座摩阻力
21	偶然作用	船舶的撞击作用
22		漂流物的撞击作用
23		汽车撞击作用
24	地震作用	地震作用

【例 9.2.1-1】

公路桥涵设计时将作用于桥梁结构的荷载分类、以下何项正确?

(A) 恒载、活载(汽车荷载、人群荷载)以及其他附加荷载;

(B) 永久荷载、基本可变荷载、偶然荷载;

(C) 永久作用、可变作用、偶然作用、地震作用;

(D) 恒载、活载、温度力、地震力、船撞力、风力。

【答案】(C)

根据《桥通》4.1.1条规定:"公路桥涵设计采用的作用分为永久作用、可变作用、偶然作用和地震作用四类",选(C)。

1. 永久作用

永久作用亦称恒载,它是在设计使用期内,其作用位置和大小、方向不随时间变化,或其变化与平均值相比可忽略不计的作用。永久作用主要包括结构物自重、桥面铺装及附属设备的重量、长期作用于结构上的人工预加力、混凝土收缩和徐变的影响力以及基础变位的影响力。

(1) 结构重力。永久作用中结构重力可直接按结构的体积乘以材料的重力密度计算,《桥通》4.2.1条规定了常用材料的重力密度。对最常用的钢筋混凝土材料、当按体积计算的含筋量小于2%时,采用25kN/m³;等于或大于2%时,可采用26kN/m³。

4.2.1 结构重力包括结构自重及桥面铺装、附属设备等附加重力。结构重力标准值可按表4.2.1所列常用材料的重度根据式(4.2.1)计算。

$$G_k = \gamma V \tag{4.2.1}$$

式中:G_k——结构重力标准值(kN);

γ——材料的重度(kN/m³);

V——体积(m³)。

常用材料的重力密度 **表 4.2.1**

材料种类	重力密度(kN/m³)	材料种类	重力密度(kN/m³)
钢、铸钢	78.5	浆砌片石	23.0
铸铁	72.5	干砌块石或片石	21.0
锌	70.5	沥青混凝土	23.0~24.0
铅	114.0	沥青碎石	22.0
黄铜	81.1	碎(砾)石	21.0
青铜	87.4	填土	17.0~18.0
钢筋混凝土或预应力混凝土	25.0~26.0	填石	19.0~20.0
混凝土或片石混凝土	24.0	石灰三合土、石灰土	17.5
浆砌块石或料石	24.0~25.0		

(2) 预加力。对于预应力混凝土桥梁结构,预加应力在结构正常使用极限状态设计时,应作为永久作用计算其效应。《桥通》规定

> **4.2.2** 预加力计算应满足下列要求：
>
> **1** 在结构进行正常使用极限状态设计和使用阶段构件应力计算时，预加力应作为永久作用计算其主效应和次效应，并计入相应阶段的预应力损失，但不计由于预加力偏心距增大引起的附加效应。
>
> **2** 在结构进行承载能力极限状态设计时，预加力不应作为作用，应将预应力钢筋作为结构抗力的一部分。但在连续梁等超静定结构中，应考虑预加力引起的次效应。

(3) 混凝土的收缩、徐变影响力在外部超静定的混凝土结构及复合梁桥等结构中是必然产生的，而且是长期作用的，应作为永久作用考虑。混凝土收缩的原因，主要是水泥浆的凝缩和因环境干燥所产生的干缩。混凝土收缩会使受约束的构件产生应力，而这种应力的长期存在又因混凝土徐变的影响减小了收缩应力。徐变是混凝土在持续恒定应力作用下应变不断变化的一种现象。《桥通》规定

> **4.2.4** 混凝土收缩及徐变作用可按下述规定取用：
>
> **1** 外部超静定的混凝土结构、钢和混凝土的组合结构等应考虑混凝土收缩及徐变的作用。
>
> **2** 混凝土的收缩应变终极值可按现行《公路钢筋混凝土及预应力混凝土桥涵设计规范》JTG D62 的规定计算。
>
> **3** 混凝土徐变的计算，可假定徐变与混凝土应力呈线性关系。
>
> **4** 计算混凝土圬工拱圈的收缩作用效应时，如考虑徐变影响，作用效应可乘以折减系数 0.45。

(4) 基础变位的影响力

> **4.2.6** 超静定结构当考虑由于地基压密等引起的长期变形影响时，应根据最终位移量计算构件的效应。

2. 可变作用

可变作用为在设计使用期内，其作用位置和大小、方向随时间变化，且其变化与平均值相比不可忽略的荷载。按其对桥梁结构的影响程度可分为两类。

第一类，车荷载、人群荷载及其影响力；

第二类，自然和人为行为产生的各种变化力。

(1) 汽车荷载

汽车有不同的型号和载重等级，而且车辆的轮轴数量、各部尺寸也不相同。因此，只按某一具体车型及其荷载来设计桥梁是不合理的，必须拟定一个既能概括目前国内车辆状况，又能适当地照顾将来发展的全国统一车辆荷载标准，作为设计公路桥梁的依据。对于桥梁设计，载重标准的确定是关系到贯彻适用、经济、安全原则的一个重要问题。

① 汽车荷载的等级

《桥通》中规定的汽车荷载是一种便于在设计中应用的简明统一的标准荷载，它有别于实际通行的汽车荷载，是在对我国现有车型、行车规律等实地观测和调查的

基础上。通过对实际车辆的轮轴数目、前后轴间距、轴重力等情况的分析、综合和概括，根据汽车工业的发展和国防建设的需要而制定的桥涵或其他受车辆影响的构造物所用的荷载标准，把大量、经常出现的汽车荷载排列成车队形式，作为设计荷载。

《桥通》把汽车荷载分为两个等级

4.3.1

1 汽车荷载分为公路-Ⅰ级和公路-Ⅱ级两个等级。

公路-Ⅰ级荷载是密集运行状态（两辆相随汽车的时间间隔在 3s 以下），公路-Ⅱ级荷载是一般运行状态（两辆相随汽车的时间间隔在 3s 及以上）。《桥通》把各级公路应该采用的汽车荷载等级做了具体的规定

4.3.1 公路桥涵设计时，汽车荷载的计算图式、荷载等级及其标准值、加载方法和纵横向折减等应符合下列规定：

3 各级公路桥涵设计的汽车荷载等级应符合表 4.3.1-1 的规定。

各级公路桥涵的汽车荷载等级　　表 4.3.1-1

公路等级	高速公路	一级公路	二级公路	三级公路	四级公路
汽车荷载等级	公路-Ⅰ级	公路-Ⅰ级	公路-Ⅰ级	公路-Ⅱ级	公路-Ⅱ级

1）二级公路为集散公路且交通量小、重型车辆少时，其桥涵的设计可采用公路-Ⅱ级汽车荷载。

2）对交通组成中重载交通比重较大的公路桥涵，宜采用与该公路交通组成相适应的汽车荷载模式进行结构的整体和局部验算。

②汽车荷载的计算图式及标准值

《桥通》把汽车荷载分为两个计算图式

4.3.1

2 汽车荷载由车道荷载和车辆荷载组成。桥梁结构的整体计算采用车道荷载；桥梁结构的局部加载、涵洞、桥台和挡土墙土压力等的计算采用车辆荷载。车辆荷载与车道荷载的作用不得叠加。

车道荷载：表示由具有规定的距离的若干辆汽车组成的车队行驶在桥梁时，该桥梁承担的荷载，用于桥梁的整体设计。桥梁主梁的计算应采用车道荷载。

车辆荷载：表示一辆“汽车-超 20 级”的加重车各轴作用在桥上的荷载，用于需要进行局部加载计算的场合。桥梁的横隔梁、行车道板的计算应采用车辆荷载。

③ 车道荷载

车道荷载是个虚拟荷载，它的标准值 q_k 和 P_k 是根据对汽车车队（车重和车间距）的测定和效应分析得到的。测定时考虑了车流密度、车型、车重、汽车自然堵塞等情况。

4.3.1

4 车道荷载的计算图示如图 4.3.1-1 所示。

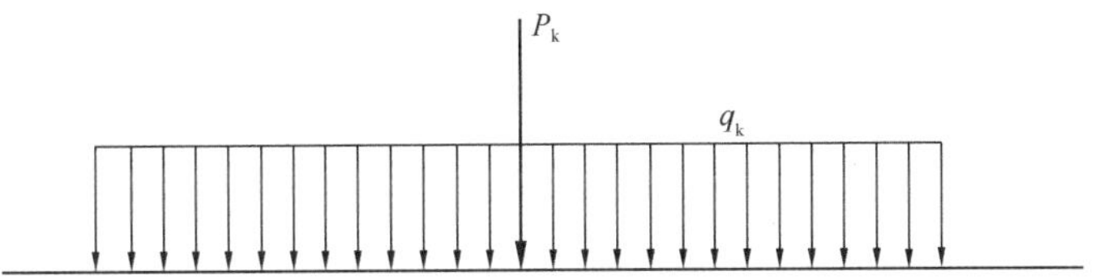

图 4.3.1-1 车道荷载

1）公路-Ⅰ级车道荷载的均布荷载标准值为 q_k=10.5kN/m；集中荷载标准值 P_k取值见表 4.3.1-2。计算剪力效应时，上述集中荷载标准值应乘以系数 1.2。

集中载 P_k 取值 **表 4.3.1-2**

计算跨径 L_0（m）	$L_0 \leqslant 5$	$5 < L_0 < 50$	$L_0 \geqslant 50$
P_k（kN）	270	2（L_0+130）	360

注：计算跨径 L_0，设支座的为相邻两支座中心间的水平距离；不设支座的为上、下部结构相交面中心间的水平距离。

2）公路-Ⅱ级车道荷载的均布荷载标准值 q_k 和集中荷载标准值 P_k 按公路-Ⅰ级车道荷载的 0.75 倍采用。

3）车道荷载的均布荷载标准值应满布于使结构产生最不利效应的同号影响线上；集中荷载标准值只作用于相应影响线中一个影响线峰值处。

对集中荷载标准值 P_k乘 1.2 系数的问题，2004 版《桥通》编制说明中有专门解释

4.3.1

当计算剪力效应时，集中荷载标准值 P_k 应在原规定值的基础上提高 1.2 倍。其主要用于验算下部结构或上部结构腹板。

【例 9.2.1-2】、【例 9.2.1-3】

某公路桥梁由多跨简支梁组成，其总体布置如图 9.2.1-1 所示。每孔跨径 25m，计算跨径 24m，桥梁总宽 10.5m，行车道宽度 8.0m，两侧各设 1m 宽人行步道。双向行驶两列汽车，计算荷载：公路-Ⅰ级。

【例 9.2.1-2】假定冲击系数 μ=0.2，试问，该桥主梁跨中截面在公路-Ⅰ级汽车车道荷载作用下的弯矩标准值 M_{Qk}（kN·m），应与下列何项数值最为接近？

(A) 5500　　(B) 2750　　(C) 6250　　(D) 4580

【答案】C

依据《桥通》4.3.1 条，公路-Ⅰ级车道荷载的均布荷载标准值q_k=10.5kN/m，集中荷载 P_k=2×（24+130）=308kN

考虑到只有一根梁，故内力计算时应乘以车道数 2。于是，主梁跨中截面在公路-Ⅰ级车道荷载下的弯矩标准值为：

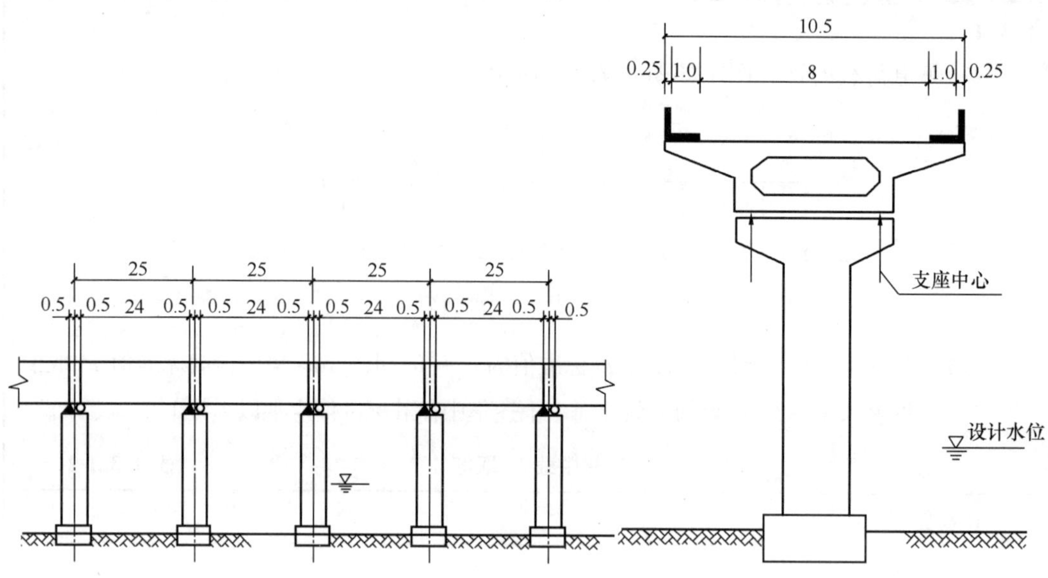

图 9.2.1-1

$$
\begin{aligned}
M_{Qk} &= 2\times(q_k l_0^2/8+P_k l_0/4)(1+\mu)\\
&=2\times1.2\times(10.5\times24^2/8+308\times24/4)\\
&=6249.6\text{kN}\cdot\text{m}
\end{aligned}
$$

【例 9.2.1-3】 假定冲击系数 $\mu=0.2$，试问，该桥主梁支点截面在公路-Ⅰ级汽车车道荷载作用下的剪力标准值 V_{Qk}（kN），应与下列何项数值最为接近？

提示： 加载长度近似值取 24m 计算。

(A) 1190　　(B) 1040　　(C) 900　　(D) 450

【答案】 (A)

依据《桥通》4.3.1 条，计算剪力 P_k 应乘以 1.2。于是，主梁支点截面在公路-Ⅰ级汽车车道荷载作用下的剪力标准值为：

$$
\begin{aligned}
V_{Qk} &= 2\times(q_k l_0/2+1.2\times P_k)(1+\mu)\\
&=2\times1.2\times(10.5\times24/2)+1.2\times308)\\
&=1189.44\text{kN}
\end{aligned}
$$

④ 车辆荷载

车辆荷载是一种单车的计算图式，所采用的车辆是总重力为 550kN 的重车。车辆布置中各轴的排列间距和重力的大小，不得改动。

> **4.3.1**
>
> **5** 车辆荷载的立面、平面尺寸如图 4.3.1-2 所示，主要技术指标规定见表4.3.1-3。公路-Ⅰ级和公路-Ⅱ级汽车荷载采用相同的车辆荷载标准值。

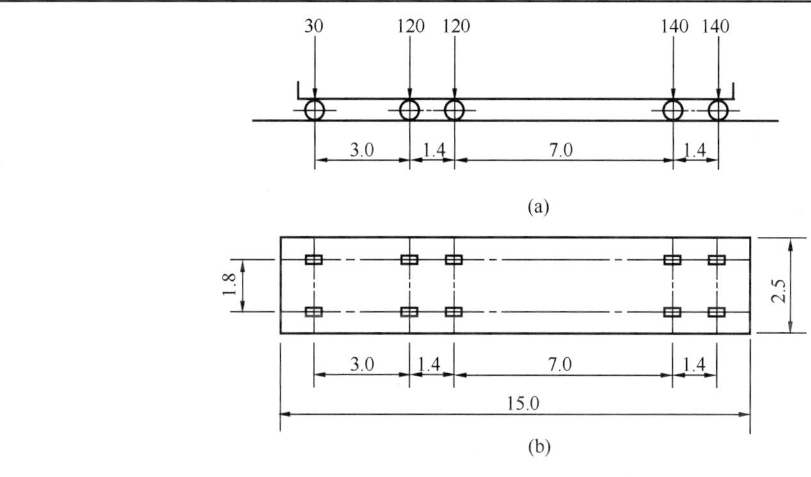

图 4.3.1-2 车辆荷载的立面、平面尺寸（图中尺寸单位为 m，荷载单位为 kN）
（a）立面布置；（b）平面尺寸

车辆荷载的主要技术指标 **表 4.3.1-3**

项目	单位	技术指标	项目	单位	技术指标
车辆重力标准值	kN	550	轮距	m	1.8
前轴重力标准值	kN	30	前轮着地宽度及长度	m	0.3×0.2
中轴重力标准值	kN	2×120	中、后轮着地宽度及长度	m	0.6×0.2
后轴重力标准值	kN	2×140	车辆外形尺寸（长×宽）	m	15×2.5
轴距	m	3+1.4+7+1.4			

【例 9.2.1-4】

公路桥涵设计时，采用的汽车荷载由车道荷载和车辆荷载组成，分别用于计算不同的桥梁构件。现需进行以下几种桥梁构件计算：①主梁整体计算；②主梁桥面板计算；③涵洞计算；④桥台计算。试判定这四种构件计算应采用下列何项汽车荷载模式，才符合《桥通》的要求？

（A）①、③采用车道荷载，②、④采用车辆荷载

（B）①、②采用车道荷载，③、④采用车辆荷载

（C）①采用车道荷载，②、③、④采用车辆荷载

（D）①、②、③、④均采用车道荷载

【答案】（C）

根据《桥通》4.3.1 条 2 款，“桥梁结构的整体计算采用车道荷载；桥梁结构的局部加载、涵洞、桥台和挡土墙土压力等的计算采用车辆荷载”，选（C）。

⑤ 汽车荷载的横向布置

桥梁设计时，为取得主梁的最大受力，汽车荷载在桥面上需要偏心加载。汽车车队在桥上的纵、横位置均应按最不利情况布置，以使桥梁产生计算部位的最大内力，其横向布置应满足《桥通》图 4.3.1-3 的要求，并按最不利荷载布置求出汽车荷载横向分布系数。本章第四节将详细讨论汽车荷载横向分布系数的确定和应用。

4.3.1

6 车道荷载横向分布系数应按设计车道数如图 4.3.1-3 布置车辆荷载进行计算。

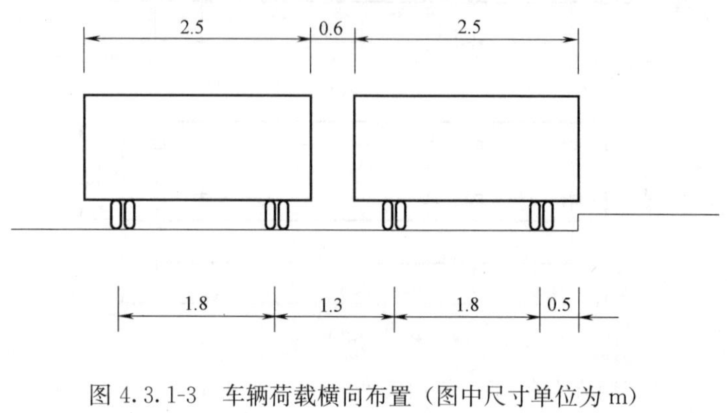

图 4.3.1-3 车辆荷载横向布置（图中尺寸单位为 m）

【例 9.2.1-5】

按《桥通》的规定，在各级汽车荷载横向布置时，边轮中心距桥梁缘石的间距与下列何项数值最为接近?

（A）0.30m （B）0.50m （C）0.60m （D）0.75m

【答案】（B）

根据《桥通》4.3.1 条图 4.3.1-3 的规定：边轮中心距桥梁缘石的间距为 0.50m，选（B）。

【例 9.2.1-6】

按《桥通》的规定，在各级汽车荷载横向布置为两辆车的情况下，汽车之间两轮最小间距与下列何项数值最为接近?

（A）0.5m （B）0.6m （C）1.0m （D）1.3m

【答案】（D）

根据《桥通》4.3.1 条图 4.3.1-3 的规定：汽车之间两轮最小间距为 1.3m，选（D）。

⑥ 横桥向设计车道布置及多车道横向布载系数

《桥通》表 4.3.1-3 列出了桥面宽度与设计车道数的关系，这是以《公路工程技术标准》规定的一个行车道宽度为 3.50～3.75m 建立的。多车道横向布载的含义是，在桥梁多车道上行驶的汽车荷载使桥梁某一截面产生最大效应时，其同时处于最不利位置可能性的大小。显然，这种可能性随车道数的增加而减小。而桥梁设计时各个车道上的汽车荷载都是按最不利位置布置的，因此，计算结果应根据上述可能性的大小进行折减。

4.3.1

7 桥涵设计车道数应符合表 4.3.1-4 的规定。横桥向布置多车道汽车荷载时，应考虑汽车荷载的折减；布置一条车道汽车荷载时，应考虑汽车荷载的提高。横向车道布载系数应符合表 4.3.1-5 的规定。多车道布载的荷载效应不得小于两条车道布载的荷载效应。

桥涵设计车道数　　表 4.3.1-4

桥面宽度 W(m)		桥涵设计车道数
车辆单向行驶时	车辆双向行驶时	
$W<7.0$		1
$7.0\leqslant W<10.5$	$6.0\leqslant W<14.0$	2
$10.5\leqslant W<14.0$		3
$14.0\leqslant W<17.5$	$14.0\leqslant W<21.0$	4
$17.5\leqslant W<21.0$		5
$21.0\leqslant W<24.5$	$21.0\leqslant W<28.0$	6
$24.5\leqslant W<28.0$		7
$28.0\leqslant W<31.5$	$28.0\leqslant W<35.0$	8

横向车道布载系数　　表 4.3.1-5

横向布载车道数(条)	1	2	3	4	5	6	7	8
横向车道布载系数	1.20	1.00	0.78	0.67	0.60	0.55	0.52	0.50

【例 9.2.1-7】

某一级公路设计行车速度 $V=100$km/h，双向六车道，汽车荷载采用公路-Ⅰ级。其公路上有一座计算跨径为 40m 的预应力混凝土箱形简支梁桥，采用上、下双幅分离式横断面行驶。横断面布置如图 9.2.1-2 所示。试问，该桥在计算汽车设计车道荷载时，其设计车道数应按下列何项取用？

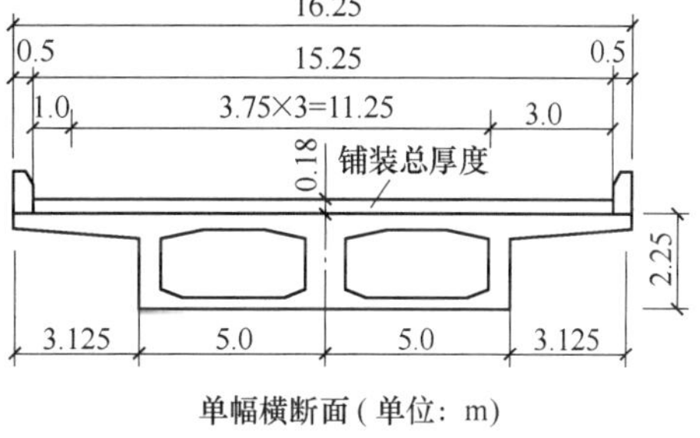

单幅横断面（单位：m）

图 9.2.1-2

(A) 二车道　　(B) 三车道

(C) 四车道　　(D) 五车道

【答案】(C)

【解答】根据《桥通》4.3.1 条表 4.3.1-4，按车辆单向行驶查表，从图知桥面宽度 $W=15.25$m，在 $14.0\leqslant W<17.5$m 的范围内，故设计车道数应为 4，选 (C)。

【例 9.2.1-8】

一级公路上的一座桥梁，桥梁行车道净宽 15m，全宽 17.5m。设计汽车荷载（作用）公路-Ⅰ级。试问，该桥按汽车荷载（作用）计算效应时，其横向布载系数与下列何项数值最为接近？

(A) 0.60　　(B) 0.67　　(C) 0.78　　(D) 1.00

【答案】(B)

【解答】根据《桥通》表 4.3.1-4 知，净宽 15m 的行车道各适合于单、双向 4 车道。

根据《桥通》表 4.3.1-5（横向布载系数）知，4 车道的横向折减系数取 0.67，故该桥的车道布载系数应取 0.67。

⑦ 汽车荷载纵向折减系数

《桥通》规定的汽车荷载标准值是在特定的条件下确定的，例如，采用了自然堵塞时的车间间距；汽车荷载本身的重力，也采用了路上运煤车或其他重车居多的调查资料。但是，在实际桥梁上通行的车辆不一定都能达到上述条件，特别是大跨径的桥梁。所以《桥通》采用纵向折减的方法，对特大跨径桥梁的计算效应进行折减。

4.3.1

8 大跨径桥梁上的汽车荷载应考虑纵向折减。当桥梁计算跨径大于 150m 时，应按表 4.3.1-6 规定的纵向折减系数进行折减。当为多跨连续结构时，整个结构应按最大的计算跨径考虑汽车荷载效应的纵向折减。

纵向折减系数 **表 4.3.1-6**

计算跨径 L_0(m)	纵向折减系数	计算跨径 L_0(m)	纵向折减系数
$150<L_0<400$	0.97	$800\leqslant L_0<1000$	0.94
$400\leqslant L_0<600$	0.96	$L_0\geqslant 1000$	0.93
$600\leqslant L_0<800$	0.95	—	—

（2）人群荷载

《桥通》规定

4.3.6 人群荷载标准值应按下列规定采用：

1 人群荷载标准值应根据表 4.3.6 采用，对跨径不等的连续结构，以最大计算跨径为准。

人群荷载标准值 **表 4.3.6**

计算跨径 L_0（m）	$L_0\leqslant 50$	$50<L_0\leqslant 150$	$L_0\geqslant 150$
人群荷载（kN/m^2）	3.0	$3.25-0.005L_0$	2.5

1）非机动车、行人密集的公路桥梁，人群荷载标准值取上述标准值的 1.15 倍。

2）专用人行桥梁，人群荷载标准值为 $3.5kN/m^2$。

2 人群荷载在横向应布置在人行道的净宽度内，在纵向施加于使结构产生最不利荷载效应的区段内。

3 人行道板（局部构件）可以一块板为单元，按标准值 $4.0kN/m^2$ 的均布荷载计算。

4 计算人行道栏杆时，作用在栏杆立柱顶上的水平推力标准值取 0.75kN/m；作用在栏杆扶手上的竖向力标准值取 1.0kN/m。

本条规定的人群荷载标准值是根据城市桥梁行人高峰期的调查分析结果确定的，其数值为 $3.0kN/m^2$。考虑跨径的大小不同，人群荷载所占总荷载的比例大小是不同的，为确保大量跨径较小的简支梁的安全，规定计算跨径 $L_k\leqslant 50$m 时，人群荷载标准值均采用

3.0kN/m^2；计算跨径 $L_k \geqslant 150$m 时，按 0.85 折减，采用 2.5kN/m^2。

公路桥梁上一般行人较少，将城市桥梁的调查分析结果用于公路桥梁设计，应该是偏于安全的。

对城镇郊区行人密集的桥梁，其人群荷载标准值在调查统计的基础上再提高 15%。

(3) 汽车荷载的影响力

汽车荷载的影响力包括汽车荷载的冲击力、汽车制动力、支座摩阻力、离心力。

① 汽车荷载的冲击力

汽车过桥时，由于桥面的不平整、车轮不圆以及发动机抖动等原因，当车辆在桥上高速行驶时，会引起汽车车体和桥梁结构的振动，当车辆的振动频率与桥梁结构的自振频率一致时，即形成共振，其振幅（即挠度）比一般的振动大许多。这种振动产生的动力效应称为冲击作用。

《桥通》近似地用冲击系数 μ 来考虑这种动力效应。汽车的冲击系数是汽车过桥时对桥梁结构产生的竖向动力效应的增大系数。以一定速度通过桥梁的汽车荷载（动荷载）对桥梁结构所产生的内力要比同样大小的静荷载大。这种内力的增大部分称为冲击力。通常可引入一个荷载增大系数，即考虑冲击影响的增大系数（$1+\mu$）来计及荷载的冲击力。

冲击系数随桥梁结构的材料、体系、结构类型、跨长的不同而异，其值大小是根据在现成桥梁上所作的振动试验结果整理出来的。因此，在设计中可按不同结构种类选用不同的冲击系数。

钢桥、钢筋混凝土及预应力混凝土桥的上部结构，支座，钢筋混凝土桩柱式墩台，相对地说自重不大，冲击效果比较显著，应计汽车冲击力；重力式墩台，因自重大、整体性好，不计汽车冲击力；拱桥、涵洞顶上填料厚度大于等于 50cm，结构物的填料能起到缓冲和扩散荷载的作用，冲击能量可被吸收，亦不计冲击力。

4.3.2 汽车荷载冲击力应按下列规定计算：

1 钢桥、钢筋混凝土及预应力混凝土桥、圬工拱桥等上部构造和钢支座、板式橡胶支座、盆式橡胶支座及钢筋混凝土柱式墩台，应计算汽车的冲击作用。

2 填料厚度（包括路面厚度）等于或大于 0.5m 的拱桥、涵洞以及重力或墩台不计冲击力。

3 支座的冲击力，按相应的桥梁取用。

4 汽车荷载的冲击力标准值为汽车荷载标准值乘以冲击系数 μ。

5 冲击系数 μ 可按下式计算：

当 $f<1.5$Hz 时，$\mu=0.05$

当 $1.5\text{Hz}\leqslant f\leqslant 14\text{Hz}$ 时，$\mu=0.1767\ln f-0.0157$　　(4.3.2)

当 $f>14$Hz 时，$\mu=0.45$

式中　f——结构基频（Hz）。

6 汽车荷载的局部加载及在 T 梁、箱梁悬臂板上的冲击系数采用 0.3。

桥梁结构的基频反映了结构的尺寸、类型、建筑材料等动力特性内容，它直接反映了冲击系数与桥梁结构之间的关系。不管桥梁的建筑材料、结构类型是否有差别，也不管结构尺寸与跨径是否有差别，只要桥梁结构的基频相同，在同样条件的汽车荷载下，就能得到基本相同的冲击系数。

对于简支梁桥的自振频率（基频），《桥通》的编制说明中指出可采用下列公式估算

$$f_1=\frac{\pi}{2l^2}\sqrt{\frac{EI_c}{m_c}} \tag{4-3}$$

$$m_c=G/g \tag{4-4}$$

式中 l——结构的计算跨径（m）；

E——结构材料的弹性模量（N/m^2）；

I_c——结构跨中截面的截面惯性矩（m^4）；

m_c——结构跨中处的单位长度质量（kg/m），当换算为重力计算时，其单位应为（Ns^2/m^2）；

G——结构跨中处延米结构重力（N/m）；

g——重力加速度，$g=9.81m/s^2$。

【例 9.2.1-9】

某二级干线公路上一座标准跨径为 30m 的单跨简支梁桥，上部结构由 5 根各长 29.94m、高 2.0m 的预制预应力混凝土 T 形梁组成，桥梁主梁结构自振频率（基频）$f=$ 4.5Hz。试问，该桥汽车作用的冲击系数 μ 与下列何项数值（Hz）最为接近？

(A) 0.05 (B) 0.25 (C) 0.30 (D) 0.45

【答案】(B)

【解答】根据《桥通》4.3.2 条 5 款，当 $1.5Hz\leqslant f\leqslant 14Hz$ 时，冲击系数 $\mu=0.1767\ln f-0.0157$。已知 $f=4.5Hz$，所以

$\mu=0.1767\ln4.5-0.0157=0.1767\times1.504-0.0157=0.2658-0.0157=0.25$，选 (B)。

【例 9.2.1-10】

某公路桥梁，由多跨简支梁组成，采用预应力混凝土箱梁，该桥箱梁混凝土强度等级采用 C40，弹性模量 $E_c=3.25\times10^4MPa$，箱梁跨中横截面面积 $A=5.3m^2$，惯性矩 $I_c=1.5m^4$，试判定公路-Ⅰ级汽车车道荷载的冲击系数 μ 与下列何项数值最为接近？

提示：重力加速度 $g=10m/s^2$，桥梁的计算跨径 24m。

(A) 0.08 (B) 0.18 (C) 0.28 (D) 0.38

【答案】(C)

【解答】(1) 根据《桥通》4.3.2 条，条文说明式 (4-3)、(4-4) 计算结构基频 f (Hz)：

$$f_1=\frac{\pi}{2l^2}\sqrt{\frac{EI_c}{m_c}}$$

$$m_c=G/g$$

(2) 已知：$A=5.3m^2$，$g=10m/s^2$，代入式 (4-4) 得

$$m_c=G/g=25kN/m^3\times5.3m^2/10m/s^2=13250Ns^2/m^2$$

(3) 已知：$E=3.25\times10^{20}\mathrm{N/m^2}$，$l=24\mathrm{m}$，$I_c=1.5\mathrm{m}^4$，代入式（4-3）得

$$f_1=\frac{\pi}{2\times24^2}\times\sqrt{\frac{3.25\times10^{10}\times1.5}{13250}}=\frac{\pi}{1152}\times1918.136=5.231/\mathrm{s}$$

(4) 根据《桥通》4.3.2 条式（4.3.2），当 $1.5\mathrm{Hz}\leqslant f\leqslant14\mathrm{Hz}$ 时，$\mu=0.1767\ln f-0.0157$。

$$\mu=0.1767\ln5.231-0.0157=0.1767\times1.6546-0.0157$$

$$=0.29237-0.0157=0.2767\approx0.277。$$

$$=0.28，选(C)。$$

② 汽车制动力

汽车制动力是汽车刹车时为克服其惯性运动而在车轮和路面接触面之间产生的水平滑动摩擦力，其值为摩擦因数乘以车辆的总重力。制动力是汽车对路面的一种作用力，其方向与汽车前进方向相同。影响制动力大小的因素很多，如路面的粗糙状况、轮胎纹路及充气压力大小、制动装置灵敏性、行车速度等。

汽车制动时，车辆与路面间的摩擦系数可达 0.5 以上，但是制动常常只限于车队的一部分车辆，所以制动力不等于摩擦系数乘以桥上全部车道荷载。

《桥通》规定汽车荷载制动力可按下列规定计算和分配

4.3.5 汽车荷载制动力应按下列规定计算和分配：

1 汽车荷载制动力按同向行驶的汽车荷载（不计冲击力）计算，并应按表 4.3.1-6 的规定，以使桥梁墩台产生最不利纵向力的加载长度进行纵向折减。

1) 一个设计车道上由汽车荷载产生的制动力标准值按本规范 4.3.1 条规定的车道荷载标准值在加载长度上计算的总重力的 10%计算，但公路—Ⅰ汽车荷载的制动力标准值不得小于 165kN，公路—Ⅱ级汽车荷载的制动力标准值不得小于 90kN；

2) 同向行驶双车道的汽车荷载制动力标准值应为一个设计车道制动力标准值的 2 倍；同向行驶三车道应为一 个设计车道的 2.34 倍；同向行驶四车道应为一个设计车道的 2.68 倍。

2 制动力的着力点在桥面以上 1.2m 处，计算墩台时，可移至支座铰中心或支座底座面上。计算刚构桥、拱桥时，制动力的着力点可移至桥面上，但不应计因此而产生的竖向力和力矩。

3 设有板式橡胶支座的简支梁、连续桥面简支梁或连续梁排架式柔性墩台，应根据支座与墩台的抗推刚度的刚度集成情况分配和传递制动力。设有板式橡胶支座的简支梁刚性墩台，应按单跨两端的板式橡胶支座的抗推刚度分配制动力。

4 设有固定支座、活动支座（滚动或摆动支座、聚四氟乙烯板支座）的刚性墩台传递的制动力，按表 4.3.5 的规定采用。每个活动支座传递的制动力，其值不应大于其摩阻力，当大于摩阻力时，按摩阻力计算。

刚性墩台各种支座传递的制动力　　**表 4.3.5**

桥梁墩台及支座类型		应计的制动力	符号说明
简支梁桥台	固定支座 聚四氟乙烯板支座 滚动(或摆动)支座	T_1 $0.30T_1$ $0.25T_1$	T_1——加载长度为计算跨径时的制动力； T_2——加载长度为相邻两跨计算跨径之和时的制动力； T_3——加载长度为一联长度的制动力
简支梁桥墩	两个固定支座 一个固定支座，一个活动支座 两个聚四氟乙烯板支座 两个滚动(或摆动)支座	T_2 注 $0.30T_2$ $0.25T_2$	
连续梁桥墩	固定支座 聚四氟乙烯板支座 滚动(或摆动)支座	T_3 $0.30T_3$ $0.25T_3$	

注：固定支座按 T_4 计算，活动支座按 $0.30T_5$（聚四氟乙烯板支座）计算或 $0.25T_5$（滚动或摆动支座）计算，T_4 和 T_5 分别为与固定支座或活动支座相应的单跨跨径的制动力，桥墩承受的制动力为上述固定支座与活动支座传递的制动力之和。

【例 9.2.1-11】

某立交桥上的一座匝道桥为单跨简支梁桥，跨径 30m，桥面净宽 8.0m，为同向行驶的两车道，承受公路-Ⅰ级荷载；采用氯丁橡胶板式支座。试问，该桥每个桥台承受的制动力标准值（kN），与下列何项数值最为接近？

提示：① 车道荷载的均布荷载标准值为 $q_k=10.5\text{kN/m}$，集中荷载标准值为 $P_k=280\text{kN}$。

② 假定两桥台平均承担制动力。

(A) 30　　(B) 60　　(C) 46　　(D) 165

【答案】(D)

【解答】(1) 计算制动力时车道荷载加载长度取主梁全长 $L=30\text{m}$。

(2) 根据《桥通》4.3.5 条 1 款，按同向二车道计算制动力。

(3) 根据《桥通》4.3.5 条 1 款，公路-Ⅰ级单车道制动力≥165kN。

(4) 根据《桥通》4.3.5 条 1 款计算单车道制动力

$$T_1=(10.5\times30+280)\times10\%\text{kN}=59.5\text{kN}$$

(5) 根据《桥通》4.3.5 条 1 款，二车道制动力为单车道制动力的 2 倍。$T=2\times T_1=2\times59.5=119\text{ kN}<2\times165=330\text{kN}$。

所以总制动力 $T=330\text{kN}$。

(6) 动力由两个桥台平均承担。即 $T'=T/2=330/2\text{kN}\approx165\text{kN}$，选 (D)。

【例 9.2.1-12】

某公路桥梁为一座单跨简支梁桥，跨径 40m，桥面净宽 24m，双向六车道。试问，该桥每个桥台承受的制动力标准值（kN），与下列何项数值最为接近？

提示：设计荷载为公路-I级，其车道荷载的均布荷载标准值为 $q_k=10.5\text{kN/m}$，集中力 $P_k=340\text{kN}$，制动力由两个桥台平均承担。

(A) 37　　(B) 74　　(C) 87　　(D) 195

【答案】(D)

【解答】(1) 计算制动力时车道荷载加载长度取主梁全长 $L=40\text{m}$。

(2) 根据《桥通》4.3.5条1款，双向六车道计算制动力时按同向三车道考虑。

(3) 根据《桥通》4.3.5条1款，公路-I级单车道制动力≥165kN。

(4) 根据《桥通》4.3.5条1款计算单车道制动力。

$$T_1=(10.5\times40+340)\times10\%\text{kN}=76.0\text{kN}$$

(5) 根据《桥通》4.3.5条1款，三车道制动力为单车道制动力的2.34倍。$T=2.34\times T_1=2.34\times76=177.84\ \text{kN}<165\text{kN}\times2.34=386.1\text{kN}$。

所以总制动力 $T=386.1\text{kN}$。

(6) 制动力由两个桥台平均承担。即 $T'=T/2=386.1/2\text{kN}\approx193\text{kN}$，选(D)。

【例9.2.1-13】

某城市附近交通繁忙的公路桥梁，其中一联为五孔连续梁桥，其总体布置如图9.2.1-3所示。每孔跨径40m，桥梁总宽10.5m，行车道宽度为8.0m，双向行驶二列汽车；两侧各1m宽人行步道。上部结构采用预应力混凝土箱梁，桥墩上设立二个支座，支座的横桥向中心距为4.5m。桥墩支承在岩基上，由混凝土独柱墩身和带悬臂的盖梁组成。计算荷载：公路-Ⅰ级。若该桥四个中墩高均为10m，且各中墩均采用形状、尺寸相同的普通盆式橡胶固定支座，两个边墩采用盆式橡胶滑动支座，当中墩为柔性墩，且不计边墩支座承受的制动力时，试判定其中1号墩所承受的制动力标准值（kN）与下列何项数值最为接近？

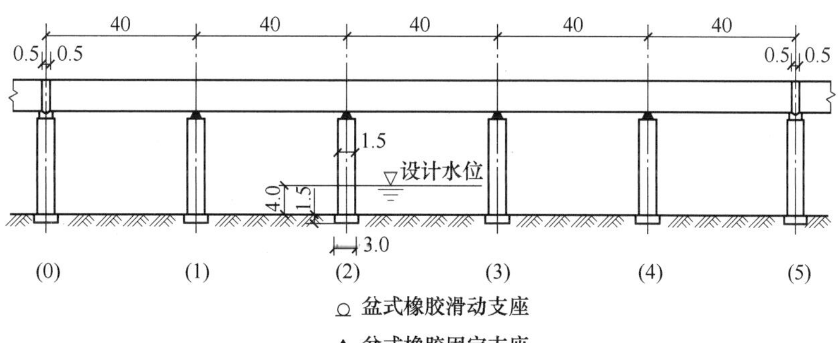

图9.2.1-3

(A) 60　　(B) 240　　(C) 165　　(D) 480

【答案】(A)

【解答】(1) 根据《桥通》4.3.1条计算车道荷载（公路-1级），

均布荷载：$q_k=10.5\text{kN/m}$，

集中荷载：$P_k=2(L_0+130)=2(40+130)=340$kN。

(2) 对于五孔连续梁，计算制动力时车道荷载加载长度取主梁全长 $L=5\times 40\text{m}=200\text{m}$。

(3) 根据《桥通》4.3.5 条 1 款，双向二车道计算制动力时按单向一车道考虑。

(4) 根据《桥通》4.3.5 条 1 款，公路-Ⅰ级单车道制动力≥165kN。

(5) 根据《桥通》4.3.5 条 1 款计算总制动力

$$T=(10.5\times 200+340)\times 10\%\text{kN}=244\text{kN}>165\text{kN}$$

所以总制动力 $T=244$kN。

(6) 根据《桥通》4.3.5 条 3 款，本桥应根据支座与墩台的抗推集成刚度情况分配制动力。已知各中墩截面及高度均相同，采用的支座也完全相同，所以各中墩的抗推集成刚度完全相同，在不计两个边墩活动支座承受制动力情况下，四个中墩各自承受总制动力的四分之一。即 $T_1=T/4=244/4\text{kN}\approx 61\text{kN}$，选（A）。

③ 支座摩阻力

上部结构因温度变化引起的伸长或缩短以及受其他纵向力（制动力）的作用，活动支座将产生一个方向相反的力，即支座摩阻力。摩阻力的大小取决于上部构造自重的大小、支座类型以及材料等。

4.3.13 支座摩阻力标准值可按下式计算：

$$F=\mu W \quad (4.3.13)$$

式中：W——作用于活动支座上由上部结构重力产生的效应；

μ——支座的摩擦系数，宜采用实测数据，无实测数据时可按表 4.3.13 取用。

支座摩擦系数 **表 4.3.13**

支座种类		支座摩擦系数 μ
滚动支座或摆动支座		0.05
板式橡胶支座	支座与混凝土面接触	0.30
	支座与钢板接触	0.20
	聚四氟乙烯与不锈钢板接触	0.06（加 5201 硅脂润滑后；温度低于－25℃时为 0.078）
		0.12（不加 5201 硅脂润滑时；温度低于－25℃时为 0.156）

活动支座承受的纵向力，不容许超过支座与混凝土或其他结构材料之间的摩阻力。该纵向力一般为制动力和温度、收缩作用。

④ 汽车荷载离心力

桥梁离心力是一种伴随着车辆在弯道行驶时所产生的惯性力，它以水平力的形式作用于桥梁结构，是弯桥横向受力与抗扭设计计算所考虑的主要因素。

4.3.3 汽车荷载离心力可按下列规定计算：

1 曲线桥应计算汽车荷载引起的离心力。汽车荷载离心力标准值为按本规范第 4.3.1 条规定的车辆荷载（不计冲击力）标准值乘以离心力系数 C 计算。离心力系数按下式计算：

$$C=\frac{v^2}{127R} \tag{4.3.3}$$

式中：v——设计速度（km/h），应按桥梁所在路线设计速度采用；

R——曲线半径（m）。

2 计算多车道桥梁的汽车荷载离心力时，车辆荷载标准值应乘以表 4.3.1-5 规定的横向车道布载系数。

3 离心力着力点在桥面以上 1.2m 处；为计算简便也可移至桥面上，不计由此引起的作用效应。

⑤ 车辆荷载引起的侧向土压力

《桥通》规定

4.3.4 汽车荷载引起的土压力采用车辆荷载加载，并可按下列规定计算：

1 汽车荷载在桥台或挡土墙后填土的破坏棱体上引起的土侧压力，可按下式换算成等代均布土层厚度 h（m）计算：

$$h=\frac{\Sigma G}{Bl_0\gamma} \tag{4.3.4-1}$$

式中 γ——土的重度（kN/m^3）；

ΣG——布置在 $B\times l_0$ 面积内的车轮的总重力（kN）；

l_0——桥台或挡土墙后填土的破坏棱体长度（m）；

B——桥台横向全宽或挡土墙的计算长度（m）。

挡土墙的计算长度 B（m）可按下列公式计算，但不应超过挡土墙分段长度：

$$B=13+H\tan30^\circ \tag{4.3.4-2}$$

式中 H——挡土墙高度（m），对墙顶以上有填土的挡土墙，为 2 倍墙顶填土厚度加墙高。

当挡土墙分段长度小于 13m 时，B 取分段长度，并应在该长度内按不利情况布置轮重。

【例 9.2.1-14】

某二级公路上的一座单跨 30m 的跨线桥梁，上部结构：横向五片各 30m 的预应力混凝土 T 型梁，桥面宽度与路基宽度都为 12m。可通过双向两列车，设计荷载为公路-Ⅰ级；桥台为等厚度的 U 型结构，桥台台身计算高度 4.0m。假定，计算该桥台台背土压力时，汽车在台背土体破坏棱体上的作用可近似用换算等代均布土层厚度计算。试问，其换算土层厚度（m）与下列何项数值最为接近？

提示：台背竖直、路基水平、土壤内摩擦角 30°，假定土体破坏棱体的上口长度 l_0 为 2.31m，土的重力密度 γ 为 18kN/m^3。

(A) 0.8　(B) 1.1　(C) 1.3　(D) 1.8

【答案】(B)

【解答】(1) 桥面宽度与路基宽度都为 12m，故桥台横向全宽 $B=12$m。

(2) 桥台后填土的破坏棱体长度 $l_0=2.31$m。

(3) 土的重力密度γ为$18kN/m^3$。

(4) 求布置在$B\times l_0$面积内的车轮的总重力$\sum G$，桥面宽度12m，双向行驶，查《桥通》表4.3.1-3，设计车道数$n=2$，土体破坏棱体的上口长度l_0为2.31m，将相距1.4m的二根后轴放在此长度范围内总重力最大。

查《桥通》表4.3.1-2，车辆荷载的后轴重力为140kN面积$B\times l_0=12m\times2.31m$的车轮的总重力$\sum G=2\times2\times140=560kN$。

(5) 根据《桥通》式（4.3.4-1）得换算土层厚度

$$h=\frac{\sum G}{Bl_0\gamma}=\frac{560}{12\times2.31\times18}=1.12(m)。$$

⑥ 车辆荷载引起的竖向土压力

《桥通》规定

> **4.3.4** 汽车荷载引起的土压力采用车辆荷载加载，并可按下列规定计算：
>
> **2** 计算涵洞顶上车辆荷载引起的竖向土压力时，车轮按其着地面积的边缘向下作30°角分布。当几个车轮的压力扩散线相重叠时，扩散面积以最外边的扩散线为准。

【例9.2.1-15】

某二级公路，设计车速60km/h. 双向两车道，全宽（B）为8.5m，汽车荷载等级为公路-Ⅱ级。其下一座现浇普通钢筋混凝土简支实体盖板涵洞，涵洞长度与公路宽度相同，如图9.2.1-4所示涵洞顶部填土厚度（含路面结构厚）2.6m，若盖板计算跨径$l=3.0m$。

试问，汽车荷载在该盖板跨中截面每延米产生的活载弯矩标准值（kN·m）与下列何项数值最为接近？

提示：两车道车轮横桥向扩散宽度取为8.5m。

(A) 16　　(B) 21

(C) 25　　(D) 27

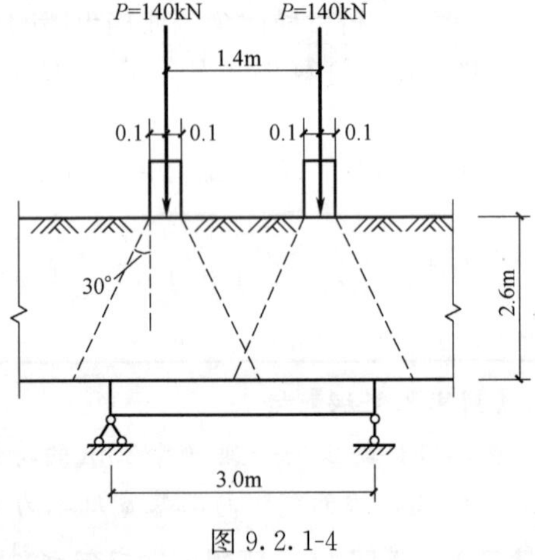

图9.2.1-4

【答案】(A)

【解答】根据《桥通》4.3.1条，“涵洞计算应采用车辆荷载”，且“公路-Ⅱ级与公路-Ⅰ级汽车荷载的车辆荷载标准值相同”，其主要技术指标及立面、平面尺寸分别见表3.1-2及图4.3.1-2，车轮纵桥向着地长度为0.2m，横桥向着地宽度0.6m，车辆作用于洞顶路面上的两个后轴各重140kN，轴距1.4m，轮距1.8m，如图9.2.1-3所示。

根据《桥通》4.3.4条2款，“计算涵洞顶上车辆荷载引起的竖向土压力时，车轮按其着地面积的边缘向下作30°分布，当几个车轮的压力扩散线相重叠时，扩散面积以最外边的扩散线为准”。

(1) 纵桥向单轴扩散长度$a_1=2.6\tan30°\times2+0.2=1.5\times2+0.2=3.2m>1.4m$，两轴压力扩散线重叠，所以应取两轴压力扩散长度，$a_1=3.2+1.4=4.6m$。

(2) 双车道车辆，两后轴重引起的压力

$$q_{活}=\frac{2\times2\times140}{4.6\times8.5}=14.32\text{kN/m}^2。$$

（3）双车道车辆，两后轴重在盖板跨中截面每延米产生的活载弯矩标准值为

$$M_{活}=\frac{1}{8}ql^2\times1.0=\frac{1}{8}\times14.32\times3^2\times1.0=16.11\text{kN}\approx16\text{kN}\cdot\text{m}。$$

⑦ 汽车离心力

《桥通》规定

> **4.3.3** 汽车荷载离心力可按下列规定计算：
>
> **1** 曲线桥应计算汽车荷载引起的离心力。汽车荷载离心力标准值为按规范第4.3.1条规定的车辆荷载（不计冲击力）标准值乘以离心力系数 C 计算。离心力系数按下式计算：
>
> $$C=\frac{v^2}{127R} \tag{4.3.3}$$
>
> 式中：v——设计速度（km/h），应按桥梁所在路线设计速度采用；
>
> R——曲线半径（m）。
>
> **2** 计算多车道桥梁的汽车荷载离心力时，车辆荷载标准值应乘以表4.3.1-5规定的横向车道布载系数。
>
> **3** 离心力着力点在桥面以上1.2m处；为计算简便也可移至桥面上，不计由此引起的作用效应。

【例 9.2.1-16】

某公路立交桥中的一单车道匝道弯桥，设计行车速度为40km/h，平曲线半径为65m。为计算桥梁下部结构和桥梁总体稳定，需要计算汽车荷载引起的离心力。假定，匝道桥车辆荷载标准值550kN，汽车荷载冲击系数0.15。试问，匝道桥的汽车荷载离心力标准值（kN），与下列何项数值接近？

（A）108 （B）118 （C）128 （D）148

【答案】（C）

【解答】根据《桥通》4.3.3-1条，汽车荷载离心力标准值为车辆荷载标准值乘以离心力系数 C：

$$C=\frac{V^2}{127R}$$

（1）车辆荷载采用标准值（不计冲击力）

（2）车辆荷载标准值应乘以表4.3.1-5规定的横向车道布载系数。表4.3.1-5，单车道布载系数1.2。

（3）代入参数求离心力

离心力系数：$C=\dfrac{V^2}{127R}=\dfrac{40^2}{127\times65}=0.194$

汽车离心力标准值：1.2×550×0.194=128kN

3. 偶然作用

（1）地震作用

地震力主要是指地震时强烈的地面运动引起的结构惯性力，它是随机变化的动力荷载，其值的大小决定于地震强烈程度和结构的动力特性（频率与阻尼等）以及结构或杆件的质量。地震作用分竖直方向与水平方向，地震的水平运动是导致结构破坏的主要因素，结构抗震验算时，一般主要考虑水平地震作用。因此，在工程设计中，凡计算作用在结构上的地震力都是指水平地震力（简称地震力）

> **4.5.1** 公路桥梁地震作用应符合现行《公路工程抗震规范》JTG B02 和《公路桥梁抗震设计细则》JTG/T B02—01 的规定。

（2）撞击作用

> **4.4.3** 桥梁结构必要时可考虑汽车的撞击作用。汽车撞击力设计值在车辆行驶方向取 1000kN，在车辆行驶垂直方向取 500kN，两个方向的撞击力不同时考虑，撞击力作用于行车道以上 1.2m 处，直接分布于撞击涉及的构件上。
>
> 对于设有防撞设施的结构构件，可视防撞设施的防撞能力，对汽车撞击力设计值予以折减，但折减后的汽车撞击力设计值不应低于上述规定值的 1/6。
>
> **4.4.4** 公路桥梁护栏应按现行《公路交通安全设施设计规范》JTG D81 的有关规定执行。

二、城市桥梁的作用（荷载）

《城市桥梁》中对城市桥梁设计荷载作了详细的规定。城市桥梁的作用（荷载）与公路桥梁作用（荷载）为什么有不同之处，《城市桥梁》10.0.2 条的“条文说明”有说明

> **10.0.2** 《公路桥涵设计通用规范》中车辆荷载的标准值，车辆总重 550kN，轴重分别为 30kN、120kN、120kN、140kN、140kN。……根据北京、天津、上海等城市相关部门提供的资料表明，尚有一定数量总重超过 550kN、轴重超过 140kN 的重型车辆频繁行驶在城区道路上。鉴此本规范规定城市-A 级、城市-B 级的车道荷载的计算图式、标准值与现行公路荷载标准中公路-Ⅰ级、公路-Ⅱ级的车道荷载计算图式、标准值相同。而城市-A 级的车辆荷载则采用原《城市桥梁设计荷载标准》CJJ 77—98 中的城市-A 级车辆荷载，城市-B 级的车辆荷载采用公路荷载标准中的车辆荷载。

《城市桥梁》10.0.1 条规定

> **10.0.1** 桥梁设计采用的作用应按永久作用、可变作用、偶然作用分类。除可变作用中的设计汽车荷载与人群荷载外，作用与作用效应组合均应按现行行业标准《公路桥涵设计通用规范》JTG D60 的有关规定执行。

本节介绍《城市桥梁》的可变荷载，即汽车荷载和人群荷载。

1. 汽车荷载

《城市桥梁》10.0.2 条 1 款规定：“汽车荷载应分为城-A 级和城-B 级两个等级”。前者对应于快速路及主干路，后者对应于次干路及支路。

《城市桥梁》10.0.2 条 2 款规定：“汽车荷载应由车道荷载和车辆荷载组成。车道荷载应由均布荷载和集中荷载组成。桥梁结构的整体计算应采用车道荷载，桥梁结构的局部加

载、桥台和挡土墙压力等的计算应采用车辆荷载。车道荷载与车辆荷载的作用不得叠加”。

桥梁的横隔梁、行车道板、桥台或挡土墙后土压力的计算应采用车辆荷载。桥梁的主梁、主拱和主桁架等的计算应采用车道荷载。

当进行桥梁结构计算时不得将车辆荷载和车道荷载的作用叠加。

（1）车辆荷载

① 城-A 级标准载重汽车

城-A 级标准载重汽车采用五轴式货车加载，总重 700kN，前后轴距为 18.0m，行车限界横向宽度为 3.0m，《城市桥梁》10.0.2 条 4 款 1）项讲述了城-A 级车辆荷载的立面、平面布置及标准值。

10.0.2　4

1）城-A 级车辆荷载的立面、平面、横桥向布置（图 10.0.2-2）及标准值应符合表 10.0.2 的规定：

车轴编号	1	2	3	4	5
轴重(kN)	60	140	140	200	160
轮重(kN)	30	70	70	100	80
总重(kN)	700				

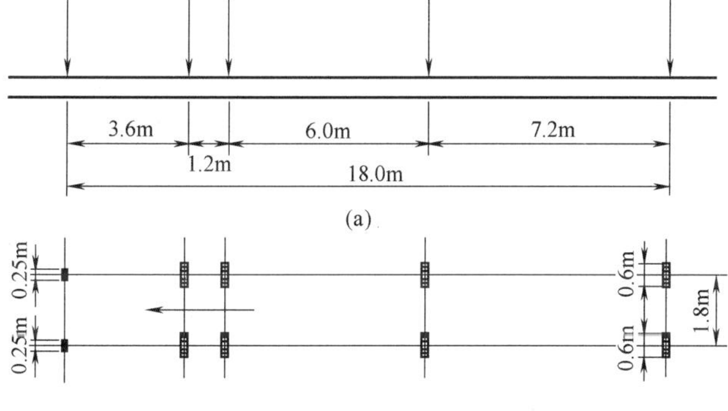

(a)

(b)

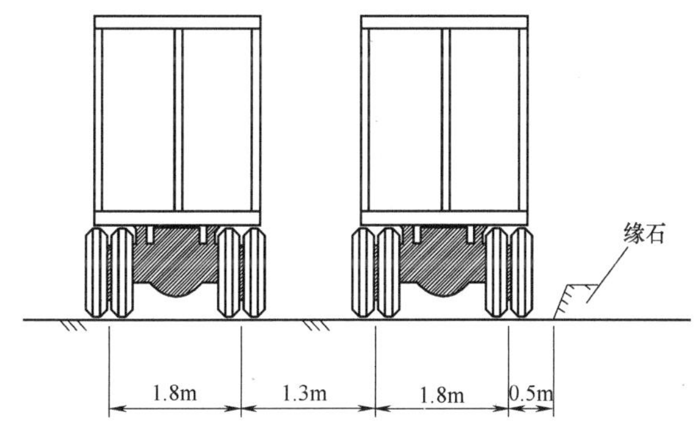

(c)

图 10.0.2　城-A 级车辆荷载立面、平面、横桥向布置

（a）立面布置；（b）平面布置；（c）横桥向布置

城-A级车辆荷载　　表10.0.2

车轴编号	单位	1	2	3	4	5
轴重	kN	60	140	140	200	160
轮重	kN	30	70	70	100	80
纵向轴距	m	3.6	1.2	6	7.2	
每组车轮的横向中距	m	1.8	1.8	1.8	1.8	1.8
车轮着地的宽度×长度	m	0.25×0.25	0.6×0.25	0.6×0.25	0.6×0.25	0.6×0.25

② 城-B级标准载重汽车

城-B级标准载重汽车采用五轴式货车加载，总重550 kN，前后轴距为12.8 m，车轮的横向中距1.8 m，《城市桥梁》10.0.2条4款2）项讲述了城-B级车辆荷载的立面、平面布置及标准值。

10.0.2　4

2） 城-B级车辆荷载的立面、平面布置及标准值应采用现行行业标准《公路桥涵设计通用规范》JTG D60车辆荷载的规定值。

《桥通》4.3.1条讲述了城-B级车辆荷载立面、平面、横桥向布置和主要技术指标。

（2）车道荷载

车道荷载应按均布荷载加一个集中荷载计算。均布荷载和集中荷载的确定应符合《城市桥梁》10.0.2条3款规定

10.0.2

3　车道荷载的计算（图10.0.2-1）应符合下列规定：

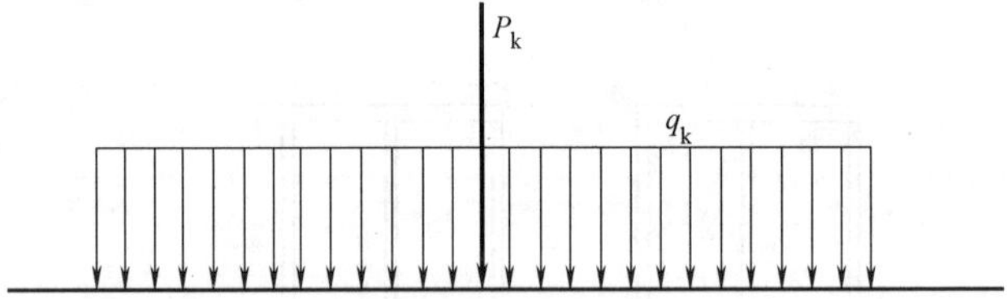

图10.0.2-1　车道荷载

1） 城-A级车道荷载的均布荷载标准值（q_k）应为10.5kN/m。集中荷载标准值（P_k）的选取：当桥梁计算跨径小于或等于5m时，P_k=180kN；当桥梁计算跨径等于或大于50m时，P_k=360kN；当桥梁计算跨径在5～50m之间时。P_k值应采用直线内插求得。

当计算剪力效应时，集中荷载标准值（P_k）应乘以1.2的系数。

2） 城-B级车道荷载的均布荷载标准值（q_k）和集中荷载标准值（P_k）应按城-A级车道荷载的75%采用；

3）车道荷载的均布荷载标准值应满布于使结构产生最不利效应的同号影响线上；集中荷载标准值应只作用于相应影响线中一个最大影响线峰值处。

上述内容表明《城市桥梁》规定城市-A 级、城市-B 级的车道荷载的计算图式、标准值与《桥通》中公路-Ⅰ级、公路-Ⅱ级的车道荷载计算图式、标准值相同。《城市桥梁》10.0.2 条 5 款还规定

10.0.2

5 车道荷载横向分布系数、多车道的横向折减系数、大跨径桥梁的纵向折减系数、汽车荷载的冲击力、离心力、制动力及车辆荷载在桥台或挡土墙后填土的破坏棱体上引起的土侧压力等均应按现行行业标准《公路桥涵设计通用规范》JTG D60 的规定计算。

（3）汽车荷载等级的选用

《城市桥梁》规定

10.0.3 应根据道路的功能、等级和发展要求等具体情况选用设计汽车荷载。桥梁的设计汽车荷载应根据表 10.0.3 选用，并应符合下列规定：

桥梁设计汽车荷载等级 **表 10.0.3**

城市道路等级	快速路	主干路	次干路	支路
设计汽车荷载等级	城-A 级或城-B 级	城-A 级	城-A 级或城-B 级	城-B 级

1 快速路、次干路上如重型车辆行驶频繁时，设计汽车荷载应选用城-A 级汽车荷载；

2 小城市中的支路上如重型车辆较少时，设计汽车荷载采用城-B 级车道荷载的效应乘以 0.8 的折减系数，车辆荷载的效应乘以 0.7 的折减系数；

3 小型车专用道路，设计汽车荷载可采用城-B 级车道荷载的效应乘以 0.6 的折减系数，车辆荷载的效应乘以 0.5 的折减系数。

2. 人群荷载

《城市桥梁》对人群荷载的规定

10.0.5 桥梁人行道的设计人群荷载应符合下列规定：

1 人行道板的人群荷载按 5kPa 或 1.5kN 的竖向集中力作用在一块构件上，分别计算，取其不利者。

2 梁、桁架、拱及其他大跨结构的人群荷载（W）可采用下列公式计算，且 W 值在任何情况下不得小于 2.4kPa：

当加载长度 $L<20$m 时：

$$W=4.5\times\frac{20-w_p}{20} \quad (10.0.5\text{-}1)$$

当加载长度 $L\geqslant20$m 时。

$$W=\left(1.5-2\times\frac{L-20}{80}\right)\left(\frac{20-w_p}{20}\right) \quad (10.0.5\text{-}2)$$

式中 W——单位面积的人群荷载，(kPa)；

L——加载长度，(m)；

w_p——单边人行道宽度，(m)；在专用非机动车桥上为 1/2 桥宽，大于 4m 时仍按 4m 计。

10.0.7 作用在桥上人行道栏杆扶手上竖向荷载应为 1.2kN/m；水平向外荷载应为 2.5kN/m。两者应分别计算。

三、作用效应组合

1. 作用的代表值

作用具有变异性，但在结构设计时，不可能直接引用作用随机变量或随机过程的各类统计参数通过复杂的计算进行设计，作用代表值就是为结构设计而给定的量值。设计的要求不同，采用的作用代表值也可不同，这样可以更确切、更合理地反映作用对结构在不同设计要求下的特点。作用的代表值一般可分为标准值、频遇值和准永久值。作用的标准值是作用的基本代表值，频遇值和准永久值一般可以在标准值的基础上计入不同的系数后得到。

《桥通》规定

4.1.2 公路桥涵设计时，对不同的作用应按下列规定采用不同的代表值：

1 永久作用的代表值为其标准值。永久作用标准值可根据统计、计算，并结合工程经验综合分析确定。

2 可变作用的代表值包括标准值、组合值、频遇值和准永久值。组合值、频遇值和准永久值可通过可变作用的标准值分别乘以组合值系数 ψ_c、频遇值系数 ψ_f 和准永久值系数 ψ_q 来确定。

3 偶然作用取其设计值作为代表值，可根据历史记载、现场观测和试验，并结合工程经验综合分析确定，也可根据有关标准的专门规定确定。

4 地震作用的代表值为其标准值，地震作用标准值应根据现行《公路工程抗震规范》JTG B02 的规定确定。

2. 作用的设计值

对“作用的设计值”《桥通》规定

4.1.3 作用的设计值应为作用的标准值或组合值乘以相应的作用分项系数。

《桥通》对“作用分项系数”作了规定

γ_{Gi}——第 i 个永久作用的分项系数，应按表 4.1.5-2 的规定采用；

永久作用的分项系数 **表 4.1.5-2**

序号	作用类别	永久作用分项系数	
		对结构的承载能力不利时	对结构的承载能力有利时
1	混凝土和圬工结构重力(包括结构附加重力)	1.2	1.0
	钢结构重力(包括结构附加重力)	1.1 或 1.2	

续表

序号	作用类别		永久作用分项系数	
			对结构的承载能力不利时	对结构的承载能力有利时
2	预加力		1.2	1.0
3	土的重力		1.2	1.0
4	混凝土的收缩及徐变作用		1.0	1.0
5	土侧压力		1.4	1.0
6	水的浮力		1.0	1.0
7	基础变位作用	混凝土和圬工结构	0.5	0.5
		钢结构	1.0	1.0

注：本表序号 1 中，当钢桥采用钢桥面板时，永久作用分项系数取 1.1；当采用混凝土桥面板时，取 1.2。

γ_{Q1}——汽车荷载（含汽车冲击力、离心力）的分项系数。

采用车道荷载计算时取 $\gamma_{Q1}=1.4$，

采用车辆荷载计算时其分项系数取 $\gamma_{Q1}=1.8$。

计算人行道板和人行道栏杆的局部荷载，其分项系数也取 $\gamma_{Q1}=1.4$

γ_{Qi}——在作用组合中除汽车荷载（含汽车冲击力、离心力），风荷载外的其他第 j 个可变作用的分项系数，取 $\gamma_{Qj}=1.4$，但风荷载的分项系数取 $\gamma_{Qj}=1.1$；

3. 二种作用效应组合

结构通常要同时承受多种荷载的作用。而各种荷载并非同时作用于桥梁上，因此在进行结构设计时，无论是承载能力极限状态还是正常使用极限状态，均必须考虑可能同时出现的多种作用的效应组合，求其总的作用效应。应当根据作用的重要性和同时作用的可能性进行适当组合，以确定安全合理的作用效应的组合值。

作用组合的总原则是：凡存在的永久作用任一项，均应参加组合；凡可能出现的汽车荷载项，除个别情况外均应参加组合；纵向力与横向力不同时组合；对汽车荷载以外的其他可变作用是否参加组合，应根据同时作用的可能性来确定，《桥通》对这些问题均有规定。

（1）作用效应组合要考虑的范围

《桥通》首先指出了作用效应组合要考虑的范围，其具体组合的内容，尚需由设计者根据实际情况确定。对于一部分不能同时组合的作用，《桥通》以表的形式列出。制动力与支座摩阻力不同时组合，这是考虑到活动支座的最大摩阻力，当上部构造恒载一定、支座摩阻系数一定时是一个定值。任何纵向力，不能大于支座摩阻力，因此，制动力与支座摩阻力不同时存在。流水压力不与汽车制动力、冰压力同时组合，这是考虑同时出现的可能性极小，或冰压力远大于水压力，且实测中也难以分开。

4.1.4 公路桥涵结构设计应考虑结构上同时出现的作用、按承载能力极限状态、正常使用极限状态进行作用组合，均应按下列原则取其最不利组合效应进行设计：

1　只有在结构上可能同时出现的作用才能进行组合。当结构或结构构件需做不同受力方向的验算时，则应以不同方向的最不利的作用组合效应进行计算。

2　当可变作用的出现对结构或结构构件产生有利影响时，该作用不应参与组合。实际不可能同时出现的作用或同时参与组合概率很小的作用，按表 4.1.4 规定不考虑其参与组合。

可变作用不同时组合表　　**表 4.1.4**

作用名称	不与该作用同时参与组合的作用
汽车制动力	流水压力、冰压力、波浪力、支座摩阻力
流水压力	汽车制动力、冰压力、波浪力
波浪力	汽车制动力，流水压力、冰压力
冰压力	汽车制动力、流水压力、波浪力
支座摩阻力	汽车制动力

【例 9.2.3-1】

某公路跨河桥，在设计钢筋混凝土柱式桥墩中永久作用需与以下可变作用进行组合：①汽车荷载，②汽车冲击力，③汽车制动力，④温度作用，⑤支座摩阻力，⑥流水压力，⑦冰压力。试判定，下列四种组合中其中何项组合符合《公路桥涵设计通用规范》的要求？

(A) ①+②+③+④+⑤+⑥+⑦+永久作用

(B) ①+②+③+④+⑤+⑥+永久作用

(C) ①+②+③+④+⑤+永久作用

(D) ①+②+③+④+永久作用

【答案】(D)

【解答】根据《桥通》表 4.1.4 规定：流水压力、冰压力、支座摩阻力不能与汽车制动力同时参与组合，选 (D)。

(2) 承载能力极限状态设计时的作用效应组合

① 三种作用效应组合

公路桥涵结构的承载能力极限状态设计，按照可能出现的作用，将其分为三种作用效应组合，即基本组合、偶然组合和地震组合。

4.1.5　公路桥涵结构按承载能力极限状态设计时，对持久设计状况和短暂设计状况应采用作用的基本组合，对偶然设计状况应采用作用的偶然组合，对地震设计状况应采用作用的地震组合，并应符合下列规定：

② 基本组合

作用效应的基本组合是指永久作用设计值效应与可变作用设计值效应的组合。这种组合用于结构的常规设计。是所有的公路桥涵结构都应该考虑的。《桥通》4.1.5 条作了

规定

4.1.5

1 基本组合。永久作用设计值与可变作用设计值相组合。

1） 作用基本组合的效应设计值可按下式计算：

$$S_{ud} = \gamma_0 S(\sum_{i=1}^{m} \gamma_{Gi} G_{ik}, \gamma_{L1} \gamma_{Q1} Q_{1k}, \psi_c \sum_{j=2}^{n} \gamma_{Lj} \gamma_{Qj} Q_{jk}) \quad (4.1.5\text{-}1)$$

或

$$S_{ud} = \gamma_0 S(\sum_{i=1}^{n} G_{id}, Q_{1d}, \sum_{j=2}^{n} Q_{jd}) \quad (4.1.5\text{-}2)$$

式中 S_{ud}——承载能力极限状态下作用基本组合的效应设计值；

S——作用组合的效应函数；

γ_0——结构重要性系数；

γ_{Gi}——第 i 个永久作用的分项系数；

G_{ik}、G_{id}——第 i 个永久作用效应的标准值和设计值；

γ_{Q1}——汽车荷载（含汽车冲击力、离心力）的分项系数；

Q_{1k}、Q_{1d}——汽车荷载效应（含汽车冲击力、离心力）的标准值和设计值；

γ_{Qj}——在作用组合中除汽车荷载（含汽车冲击力、离心力），风荷载外的其他第 j 个可变作用的分项系数；

Q_{jk}、Q_{jd}——在作用组合中除汽车荷载（含汽车冲击力、离心力）外的其他第 j 个可变作用的标准值和设计值；

ψ_c——在作用组合中除汽车荷载（含汽车冲击力、离心力）外的其他可变作用的组合系数；

$\psi_c Q_{jk}$——在作用组合中除汽车荷载（含汽车冲击力、离心力）外的第 j 个可变作用的组合值；

γ_{Lj}——第 j 个可变作用的结构设计使用年限荷载调整系数。

1）基本组合的两种表达式形式

基本组合的两种表达式即是《桥通》式（4.1.5-1）和式（4.1.5-2）。

《桥通》式（4.1.5-1）的基本参数采用标准值，再乘以分项系数；

《桥通》式（4.1.5-2）则以标准值乘以分项系数后的设计值来表达基本设计参数。

两个表达式本质是相同的，分别出现在各类材料的设计规范中。

2）线性关系的表达式

4.1.5

2） 当作用与作用效应可按线性关系考虑时，作用基本组合的效应设计值 S_{ud} 可通过作用效应代数相加计算。

$$S_{ud}=\gamma_0\left(\sum_{i=1}^{m}\gamma_{G_i}G_{ik}+\gamma_{Q1}\gamma_{L1}Q_{1k}+\psi_c\sum_{j=2}^{n}\gamma_{Lj}\gamma_{Qj}Q_{jk}\right)$$

$$S_{ud}=\gamma_0\left(\sum_{i=1}^{m}G_{id}+Q_{1d}+\sum_{j=2}^{n}Q_{jd}\right)$$

③ 结构重要性系数 γ_0

不同的结构类型有不同的设计安全等级、即有其不同的目标可靠指标，在计算上是以表达式中的结构重要性系数来体现的。《桥通》4.1.5 条对“结构重要性系数”作了规定

> γ_0——结构重要性系数，按表 4.1.5-1 规定的结构设计安全等级采用，按持久状况和短暂状况承载能力极限状态设计时，公路桥涵结构设计安全等级应对应于设计安全等级一级、二级和三级分别取 1.1、1.0、0.9；

现将不同的结构类型所对应的设计安全等级和结构重要性系数列于表 9.2.3-1。

设计安全等级及结构重要性系数　　表 9.2.3-1

设计安全等级	结构重要性系数 γ_0
一级	1.1
二级	1.0
三级	0.9

④ 可变作用效应的组合系数 ψ_c

《桥通》4.1.5 条对可变作用效应的组合系数作了规定

> ψ_c——在作用组合中除汽车荷载（含汽车冲击力、离心力）外的其他可变作用的组合系数，取 ψ=0.75；

⑤ 可变作用的结构设计使用年限荷载调整系数 γ_{Lj}

《桥通》1.0.4 条对“结构设计使用年限”作了规定

> **1.0.4**　公路桥涵主体结构和可更换部件的设计使用年限不应低于表 1.0.4 的规定。
>
> **桥梁设计使用年限（年）　　表 1.0.4**

公路等级	主体结构			可更换部件	
	特大桥 大桥	中桥	小桥 涵洞	斜拉索 吊索 系杆等	栏杆 伸缩装置 支座等
高速公路 一级公路	100	100	50	20	15
二级公路 三级公路	100	50	30		
四级公路	100	50	30		

《城市桥梁》亦讲述了桥梁结构的设计使用年限。

3.0.9 桥梁结构的设计使用年限应按表3.0.9的规定采用。

桥梁结构的设计使用年限 **表3.0.9**

类　别	设计使用年限（年）	类　别
1	30	小桥
2	50	中桥、重要小桥
3	100	特大桥、大桥、重要中桥

注：对有特殊要求结构的设计使用年限，可在上述规定基础上经技术经济论证后予以调整。

《桥通》4.1.5条对"结构设计使用年限荷载调整系数"作了规定

γ_{Lj}——第j个可变作用的结构设计使用年限荷载调整系数。公路桥涵结构的设计使用年限按现行《公路工程技术标准》(JTG B01)取值时，可变作用的设计使用年限荷载调整系数取$\gamma_{Lj}=1.0$；否则，γ_{Lj}取值应按专题研究确定

【例9.2.3-2】作用效应的基本组合（弯矩）

条件：已知某跨径为17.5m的单孔钢筋混凝土简支梁桥，其跨中截面的弯矩标准值如下：

永久作用：191.9kN·m，汽车荷载：77.6kN·m，人群荷载：1.1kN·m。

要求：进行内力组合。

【解答】

(1) 结构重要性系数γ_0

根据《桥通》第1.0.5条的规定，本桥在桥涵分类中属小桥。

根据《桥通》表4.1.5-1的规定，本桥的安全等级为二级。

根据《桥通》第4.1.5条的规定，本桥的结构重要性系数$\gamma_0=1.0$。

(2) 永久作用效应的分项系数γ_G

根据《桥通》第4.1.5条表4.1.5-2的规定，本桥的永久作用效应的分项系数$\gamma_G=1.2$。

(3) 汽车荷载效就应的分项系数γ_{G1}

根据《桥通》第4.1.5条的规定，本桥的车道荷载效应的分项系数$\gamma_{Q1}=1.4$。

(4) 人群荷载效应的分项系数γ_{Q2}

根据《桥通》第4.1.5条的规定，本桥的人群荷载效应的分项系数$\gamma_{Q2}=1.4$。

(5) 人群荷载效应的组合系数ψ_c

根据《桥通》第4.1.5条的规定，本桥的人群荷载效应的组合系数$\psi_c=0.75$。

(6) 结构设计使用年限荷载调整系数γ_c

根据《桥通》第4.1.5条的规定，本桥可变作用的结构设计使用年限荷载调整系数$\gamma_L=1.0$。

(7) 基本组合$\gamma_0 S_{ud}$

根据《桥通》第4.1.5条式(4.1.5-1)

$$S_{ud}=\gamma_0(\sum_{i=1}^{m}\gamma_{Gi}S_{Gik}+\gamma_{L1}\gamma_{Q1}S_{Q1k}+\psi_c\sum_{i=2}^{m}\gamma_{Lj}\gamma_{Qj}S_{Qjk})$$

$$M=1.0\times(1.2\times191.9+1.0\times1.4\times77.6+0.75\times1.0\times1.4\times1.1)$$
$$=1.0\times340=340\text{kN}\cdot\text{m}。$$

【例 9.2.3-3】

二级公路上的一座永久性桥梁，结构安全等级为一级。设计汽车荷载为公路-Ⅰ级，人群荷载为 3.5kN/m²，由计算知，其中一片内主梁跨中截面的弯矩标准值为：总自重弯矩 2700kN·m，汽车作用弯矩 1670kN·m，人群作用弯矩 140kN·m。

试问，该片梁的作用效应基本组合的弯矩设计值（kN·m）与下列何项数值最为接近？

（A）4500　　（B）5800　　（C）5700　　（D）6300

【答案】（D）

《桥通》第 4.1.5 条第 1 款规定：

$$\gamma_0 S_{ud}=\gamma_0(\sum_{i=1}^{m}\gamma_{Gi}S_{Gik}+\gamma_{Q1}S_{Q1k}+\psi_c\sum_{i=2}^{m}\gamma_{Qj}S_{Qjk})$$

γ_0——结构重要性系数，一级结构采用 1.1；

γ_{Gi}——第 i 个永久作用效应的分项系数，采用 1.2；

γ_{Q1}——汽车作用效应的分项系数，采用 1.4；

γ_{Qj}——人群作用效应的分项系数，采用 1.4；

ψ_c——除汽车荷载效应外的其他可变作用效应的组合系数，人群取 0.75；

S_{Gik}——第 i 个永久作用效应的标准值；

S_{Q1k}——汽车荷载效应的标准值；

S_{Qjk}——人群作用效应的标准值。

$$M_{ud}=1.1\times(1.2\times2700+1.4\times1670+0.75\times1.4\times140)=6298\approx6300\text{kN}\cdot\text{m}$$

【例 9.2.3-4】 24m 简支梁桥，桥主梁支点截面由全部恒载产生的剪力标准值 $V_{Gk}=2000\text{kN}$，汽车车道荷载产生的剪力标准值 $V_{Qik}=800\text{kN}$（已含冲击系数 $\mu=0.2$），步道人群产生的剪力标准值 $V_{Qik}=150\text{kN}$。

试问，在持久状况下按承载力极限状态计算，该桥主梁支点截面基本组合的剪力设计值 V_{ud}（kN），应与下列何项数值最为接近？

（A）3730　　（B）3690　　（C）4060　　（D）3920

【答案】（C）

依据《桥通》4.1.5 条以及 1.0.5 条，24m 跨径桥梁属于中桥，安全等级属于一级，$\gamma_0=1.1$。

$$V_{ud}=\gamma_0(\sum_{i=1}^{m}\gamma_{Gi}V_{Gik}+\gamma_{Q1}\gamma_{L1}V_{Q1k}+\psi_c\sum_{j=2}^{n}\gamma_{Lj}\gamma_{Qj}V_{Qjk})$$
$$=1.1\times(1.2\times2000+1.4\times800+0.75\times1.4\times150)$$
$$=4045.3\text{kN}$$

【例 9.2.3-5】

某三级公路小桥，为等高度预应力混凝土箱形梁结构。该梁某截面的自重剪力标准值

为 V_g，汽车引起的剪力标准值为 V_k。试问，对该桥进行承载能力极限状态计算时，其作用效应的基本组合式应为下列何项所示？

(A) $V_{设}=1.1(1.2V_g+1.4V_k)$　　(B) $V_{设}=1.0(1.2V_g+1.4V_k)$

(C) $V_{设}=0.9(1.2V_g+1.4V_k)$　　(D) $V_{设}=1.0(V_g+V_k)$

【答案】 (B)

【解答】(1) 根据《桥通》表 4.1.5-1，三级公路上的小桥的设计安全等级为二级。

(2) 根据《桥通》4.1.5 条，设计安全等级二级的结构重要性系数。$\gamma_0=1.0$。

(3) 根据《桥通》4.1.5 条 1 款，承载能力极限状态下，荷载效应（剪力）组合设计值应为式 (4.1.5-1)

$V_{设}=1.0(1.2V_g+1.4V_k)$，选 (B)。

【例 9.2.3-6】 某二级公路立交桥上的一座直线匝道桥，为钢筋混凝土连续箱梁结构（单箱单室）净宽 6.0m，全宽 7.0m。其中一联为三孔，每孔跨径 25m，梁高 1.3m，中墩处为单支点，边墩为双支点抗扭支座。中墩支点采用 550mm×1200mm 的氯丁橡胶支座。设计荷载为公路-Ⅰ级，结构安全等级一级。

假定，上述匝道桥的边支点采用双支座（抗扭支座），梁的重力密度为 158kN/m，汽车居中行驶，其冲击系数按 0.15 计。若双支座平均承担反力，试问，在重力和车道荷载作用时，每个支座的组合力值 R_A (kN) 与下列何项数值最为接近？

提示：反力影响线的面积：第一孔 $w_1=+0.433L$；第二孔 $w_2=-0.05L$；第三孔 $w_3=+0.017L$。

(A) 1147　　(B) 1334

(C) 1366　　(D) 1498

【答案】(D)

【解答】

(1) 重力的反力（梁的重力密度 158kN/m）

$$R_G=q(w_1-w_2+w_3)=158\times(0.433-0.05+0.017)\times25=1580\text{kN}$$

(2) 公路-Ⅰ级车道荷载 q_k 的反力

$$R_{Q_1}=q_k(w_1+w_3)=10.5\times(0.433+0.017)\times25=118\text{kN}$$

(3) 公路-Ⅰ级车道荷载 P_k 的反力

$$R_{Q_2}=P_k\times1.0=2\times(25+130)\times1.0=310\text{kN}$$ (P 对比例题 9.2.1-3)

(4) 计入冲击力

$$(118+310)\times(1+0.15)=492.2\text{kN}$$

(5) 查《桥通》表 4.3.1-4，净宽 6m，设计车道数为 1 个车道。查表 4.3.1-5，横向车道布载系数 1.2。

$$1.2\times492.2=590.6\text{kN}$$

(6) 反力设计值

$$R_d=1.1\times(1.2\times1580+1.4\times590.6)=2995.2\text{kN}$$

每个支座的组合力 R_A：2995.2/2=1497.6 kN

(3) 正常使用极限状态设计时的作用效应组合

① 汽车荷载不计冲击系数

《公路混凝土》规定

6.1.1 公路桥涵的持久状况设计应按正常使用极限状态的要求，采用作用频遇组合、作用准永久组合，或作用频遇组合并考虑作用长期效应的影响，对构件的抗裂、裂缝宽度和挠度进行验算，并使各项计算值不超过本规范规定的各相应限值。在上述各种组合中，汽车荷载不计冲击作用。

【例 9.2.3-7】

对某桥预应力混凝土主梁进行持久状况下正常使用极限状态验算时，需分别进行下列验算：①抗裂验算，②裂缝宽度验算，③挠度验算。试问，在这三种验算中，下列关于汽车荷载冲击力是否需要计入验算的不同选择，其中何项是全部正确的？

提示：只需定性地判断。

(A) ①计入、②不计入、③不计入　　(B) ①不计入、②不计入、③不计入

(C) ①不计入、②计入、③计入　　(D) ①不计人、②不计人、③计入

【答案】(B)

【解答】根据《公路混凝土》6.1.1 条，验算抗裂、裂缝宽度和挠度时，各种组合不计汽车冲击作用。

② 两种效应的组合

在公路桥梁结构中，对于需要进行正常使用极限状态设计的结构，需考虑可变作用的频遇组合或准永久组合，其可变作用代表值采用频遇值和准永久值，《桥通》规定

4.1.6 公路桥涵结构按正常使用极限状态设计时，应根据不同的设计要求，采用作用的频遇组合或准永久组合，并应符合下列规定：

1 频遇组合：永久作用标准值与汽车荷载频遇值、其他可变作用准永久值相组合。

1）作用频遇组合的效应设计值可按下式计算：

$$S_{fd}=S\left(\sum_{i=1}^{m}G_{ik},\psi_{f1}Q_{1k},\ \sum_{j=2}^{n}\psi_{qj}Q_{jk}\right) \tag{4.1.6-1}$$

式中：S_{fd}——作用频遇组合的效应设计值；

ψ_{f1}——汽车荷载（不计汽车冲击力）频遇值系数，取 0.7。

2）当作用与作用效应可按线性关系考虑时，作用频遇组合的效应设计值 S_{fd} 可通过作用效应代数相加计算。

2 准永久组合：永久作用标准值与可变作用准永久值相组合。

1）作用准永久组合的效应设计值可按下式计算：

$$S_{qd}=S\left(\sum_{i=1}^{m}G_{ik},\ \sum_{j=1}^{n}\psi_{qj}Q_{jk}\right) \tag{4.1.6-2}$$

式中：S_{qd}——作用准永久组合的效应设计值；

ψ_{qj}——汽车荷载（不计汽车冲击力）准永久值系数，取 0.4。

2）当作用与作用效应可按线性关系考虑时，作用准永久组合的效应设计值 S_{qd} 可通过作用效应代数相加计算。

4.1.5 ψ_{qj}——人群荷载 $\psi_q=0.4$，风荷载 $\psi_q=0.75$，温度梯度作用 $\psi_q=0.8$，其他作用 $\psi_q=1.0$；

【例 9.2.3-8】 跨中截面频遇组合设计值 M_{fd}、准永久组合设计值 M_{qd}。

条件：Ⅱ级公路，标准跨径 20m 的简支桥梁，跨中截面的弯矩标准值：

永久作用 $G_{1k}=200$kN，

汽车荷载（含汽车冲击力）$Q_{1k}=100$kN，冲击系数 $\mu=0.20$。

人群荷载 $Q_{2k}=2.0$kN·m。

要求：频遇组合设计值 M_{fd}、准永久组合设计值 M_{qd}。

【解答】

根据《桥通》4.1.6、4.1.5 条：

汽车荷载（不计汽车冲击力）频遇值系数 $\psi_{f1}=0.7$，

汽车荷载（不计汽车冲击力）准永久值系数 $\psi_{q1}=0.4$。

(1) 频遇组合设计值 M_{fd}

根据《桥通》式（4.1.6-1）

$$S_{fd}=\sum_{i=1}^{m}G_{ik}+\psi_{f1}Q_{1k}+\sum_{j=2}^{n}\psi_{qj}Q_{jk}$$

$$M_{fd}=200+0.7\times\frac{100}{1+0.20}+0.4\times2.0=259.13\text{kN}\cdot\text{m}。$$

(2) 准永久组合设计值 M_{qd}

根据《桥通》式（4.1.6-2）

$$S_{qd}=\sum_{i=1}^{m}G_{ik}+\sum_{j=1}^{n}\psi_{qj}\cdot Q_{jk}$$

$$M_{qd}=200+0.4\times\frac{100}{1+0.20}+0.4\times2.0=234.13\text{kN}\cdot\text{m}。$$

【例 9.2.3-9】 支座截面频遇组合剪力设计值 V_{fd}、准永久组合剪力设计值 V_{qd}。

条件：某Ⅱ级公路，多跨简支梁桥，标准跨径 20m，支座剪力标准值：

永久作用 $V_{Gk}=200$kN，

汽车荷载作用 $V_{Q1k}=100$kN（含冲击系数 $\mu=0.20$），

人群荷载作用 $V_{Q2k}=20$kN。

要求：支座截面频遇组合设计值 V_{fd}、准永久组合设计值 V_{qd}。

【解答】

根据《桥通》4.1.6、4.1.5 条：

汽车荷载（不计汽车冲击力）频遇值系数 $\psi_{f1}=0.7$，

汽车荷载（不计汽车冲击力）准永久值系数 $\psi_{q1}=0.4$。

(1) 频遇组合剪力设计值 V_{fd}

根据《桥通》式（4.1.6-1）

$$S_{fd}=\sum_{i=1}^{m}G_{ik}+\psi_{f1}Q_{1k}+\sum_{j=2}^{n}\psi_{qj}Q_{jk}$$

$$V_{fd}=200+0.7\times\frac{100}{1+0.20}+0.4\times20=266.33\text{kN。}$$

(2) 准永久组合剪力设计值 V_{qd}

根据《桥通》式 (4.1.6-2)

$$S_{qd}=\sum_{i=1}^{m}G_{ik}+\sum_{j=1}^{n}\psi_{qj}\cdot Q_{jk}$$

$$V_{qd}=200+0.4\times\frac{100}{1+0.20}+0.4\times20=241.33\text{kN。}$$

【9.2.3-10】某城市附近交通繁忙的公路桥梁，上部结构采用预应力混凝土箱梁，假定在该桥主梁某一跨中最大弯矩截面，由全部恒载产生的弯矩标准值 $M_{Gik}=43000\text{kN}\cdot\text{m}$，汽车荷载产生的弯矩标准值 $M_{Q1k}=14700\text{kN}\cdot\text{m}$（已计入冲击系数 $\mu=0.2$），人群荷载产生的弯矩标准值 $M_{Qjk}=1300\text{kN}\cdot\text{m}$，当对该主梁按全预应力混凝土构件设计时，试问，按正常使用极限状态设计进行主梁正截面抗裂验算时，所采用的弯矩组合设计值（kN·m）（不计预加力作用），应与下列何项数值最为接近?

(A) 59000　　(B) 52095　　(C) 54600　　(D) 56500

【答案】(B)

(1) 根据《公路混凝土》6.1.1条和6.3.1条，正截面抗裂应对正截面混凝土的拉应力进行验算，对全预应力混凝土构件采用作用频遇组合。

(2) 根据《桥通》4.1.6条1款，正常使用极限状态下，频遇组合设计值应为式 (4.1.6-1)

$$S_{fd}=\sum_{i=1}^{m}G_{ik}+\psi_{f1}Q_{1k}+\sum_{j=2}^{n}\psi_{qj}Q_{jk}\text{。}$$

(3) 根据《桥通》4.1.6条，得汽车荷载频遇值系数，$\psi_{1汽}=0.7$，且不计汽车冲击力，人群荷载的准永久值系数 $\psi_{q2}=0.4$。

(4) 正截面抗裂验算时所采用的弯矩组合设计值

$M=43000+0.7\times(14700/1.2)+0.4\times1300=43000+8575+520=52095$ (kN·m)，选 (B)。

(4) 偶然组合

《桥通》规定

> **2** 偶然组合：永久作用标准值与可变作用某种代表值、一种偶然作用设计值相组合；与偶然作用同时出现的可变作用，可根据观测资料和工程经验取用频遇值或准永久值。
>
> **1)** 作用偶然组合的效应设计值可按下式计算：
>
> $$S_{ad}=S\left(\sum_{i=1}^{m}G_{ik},A_d,(\psi_{f1}\text{ 或 }\psi_{q1})Q_{1k},\sum_{j=2}^{n}\psi_{qj}Q_{jk}\right)\qquad(4.1.5\text{-}3)$$

式中：S_{ad}——承载能力极限状态下作用偶然组合的效应设计值；

A_d——偶然作用的设计值；

ψ_{f1}——汽车荷载（含汽车冲击力、离心力）的频遇值系数，取 $\psi_{f1}=0.7$；当某个可变作用在组合中其效应值超过汽车荷载效应时，则该作用取代汽车荷载，人群荷载 $\psi_f=1.0$，风荷载 $\psi_f=0.75$，温度梯度作用 $\psi_f=0.8$，其他作用 $\psi_f=1.0$；

$\psi_{f1}Q_{1k}$——汽车荷载的频遇值；

ψ_{q1}、ψ_{qj}——第 1 个和第 j 个可变作用的准永久值系数，汽车荷载（含汽车冲击力、离心力）$\psi_q=0.4$，风荷载 $\psi_q=0.4$，风荷载 $\psi_q=0.75$，温度梯度作用 $\psi_q=0.8$，其他作用 $\psi_q=1.0$；

2）当作用与作用效应可按线性关系考虑时，作用偶然组合的效应设计值 S_{ad} 可通过作用效应代数相加计算。

【例 9.2.3-11】某高速公路上一座预应力混凝土连续箱梁桥，跨径组合为 35＋45＋35m。混凝土强度等级为 C50，桥体临近城镇居住区，需增设声屏障，如图 9.2.3-1 所示。不计挡板尺寸，主梁悬臂跨径为 1880mm，悬臂根部厚度 350mm。

已知各作用在主梁悬臂梁根部的每延米弯矩作用标准值：

悬臂板自重、铺设、声屏障和护栏引起的弯矩作用标准值为 45kN·m；

按百年一遇基本风压计算的声屏障风载荷引起的弯矩作用标准值为 30kN·m；

汽车车辆荷载（含冲击力）引起的弯矩标准值为 32kN·m；

考虑汽车撞击力下的主梁悬臂根部抗弯承载能力设计时，假定，已知汽车撞击力引起的每延米弯矩作用标准值为 126kN·m，并采用与偶然作用同时出现的可变作用的频遇值时，试问，主梁悬臂根部每延米弯矩承载能力极限状态偶然组合的效应设计值与下列何项最为接近（kN·m）？

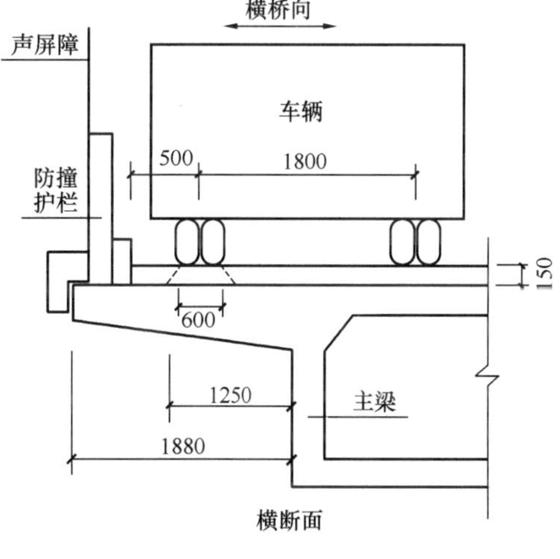

图 9.2.3-1

(A) 194　　(B) 206　　(C) 216　　(D) 227

【答案】(C)

【解答】

(1)《桥通》式（4.1.5-3），弯矩承载能力极限状态偶然组合的效应设计值

$$S_{sd}=S\left(\sum_{i=1}^{m}G_{ik},A_d,(\psi_{f1}\text{ 或 }\psi_{q1})Q_{1k},\sum_{j=2}^{n}\psi_{qj}Q_{jk}\right)$$

(2) 确定可变作用的频遇值和准永久值系数

汽车荷载：$\psi_{f1}=0.7$，$\psi_q=0.4$

风荷载：$\psi_f=0.75$，$\psi_q=0.75$.

(3) 偶然组合的效应设计值

① 汽车荷载作为第一可变荷载

$$M_1=\Sigma G_k+A_d+\psi_{f1}Q_{1k}+\Sigma\psi_{qi}Q_{ik}=45+126+0.7\times32+0.75\times30=215.9\text{kN}\cdot\text{m}$$

② 风荷载作为第一可变荷载

$$M_2=\Sigma G_k+A_d+\psi_{f1}Q_{1k}+\Sigma\psi_{qi}Q_{ik}=45+126+0.75\times30+0.4\times32=206.3\text{kN}\cdot\text{m}$$

取215.9kN·m作为偶然组合的效应设计值，选(C)。

9.3 桥 梁 抗 震

一、桥梁震害

桥梁结构如果缺乏合理的抗震设计，在地震时将产生严重的损坏。事实表明，国内外由于地震造成的桥梁结构破坏的数量，远远多于因风灾、船撞等其他原因而导致的破坏。

梁桥受到地震力作用时，将受到不同程度的破坏，从目前所调查到的所有梁桥的倒塌和严重破坏几乎都出现在顺桥方向，而在横桥方向一般只出现中等程度的破坏。实践证明，在地震区的桥梁，结构对称、刚度均匀均有利于抗震，不等跨桥墩容易发生震害。

大量震害分析表明，引起桥梁震害的原因主要有四个：(1) 发生的地震强度超出抗震设防标准；(2) 地震引起地基失效或地基变形；(3) 桥梁结构设计、施工不合理；(4) 桥梁结构本身抗震能力不足。由于这些因素的作用，桥梁将受到不同程度的破坏。

从结构抗震设计的角度出发，可以将桥梁震害归为两大类，即地基失效引起的破坏和结构强烈振动引起的破坏。

桥梁震害的内因可基本归纳为结构设计和构造两方面，根据桥梁地震灾害的灾后调查，桥梁结构的震害主要反映在结构的各个部位，并可以按照结构从上到下分成上部结构震害、支座震害、下部结构震害和桥梁基础震害。这里将桥梁各部位的震害情况简要叙述如下：

1. 上部结构的震害

上部结构本身遭受震害而被毁坏的情况比较少见，往往是由于桥梁结构其他部位的破坏而导致梁体的破损，例如相邻梁体互相碰撞而导致梁体端部及附近桥面结构破损等。当梁体的震害位移过大而超出墩台等的支撑面时，就会发生严重的整跨落梁。

(1) 自身震害

这种由于自身受到震动而遭受的破坏很少出现，一般在钢结构的局部受到屈曲而破坏。

(2) 移位震害

在破坏性地震中极为常见，一般出现在设置伸缩缝的地方，表现为桥梁上部结构的纵向移位、横向移位以及扭转移位；如果移位量较大超出支承面，还会发生更为严重的落梁震害，若撞击桥墩将给下部结构带来很严重的破坏。

（3）碰撞震害

当相邻结构的间距过小时，一旦发生地震，便可能导致产生很大的撞击力，使结构受到破坏，包括相邻跨上部结构的碰撞、上部结构与桥台的碰撞和相邻桥梁间的碰撞等。

2. 支座的震害

桥梁支座历来被认为是桥梁结构体系中抗震性能比较薄弱的一个环节，在历次破坏性地震中，支座的震害现象都较普遍。

支座的破坏形式主要表现为：支座移位、锚固螺栓拔出、剪断、活动支座脱落、支座本身构造上的破坏。

（1）活动支座的破坏。活动支座是梁桥抗震中一个最薄弱的环节，因为它本身是一个机动结构，在地震力作用下将产生较大幅度的水平相对位移。在地震烈度大于7度时，摆动支座、滚动支座普遍出现失稳、倾倒和脱落。

（2）固定支座的破坏。固定支座在地震时出现两种情况的破坏，一种是顺桥向的纯剪切破坏，另一种是横桥向的弯扭破坏。

（3）胸墙和梁端的破坏。当固定支座被剪断后，梁将撞击胸墙，对于高度较大的胸墙，当梁端的撞击力作用在胸墙较高部位，胸墙出现弯剪破坏；当撞击力作用在胸墙较低部位，胸墙出现剪切破坏。

由于支座的严重损坏还可能导致支承联结部件失效。实践证明，一旦桥梁支承联结部件失效，其结构便会丧失整体性，上部结构与下部结构有可能脱离，导致梁体坠毁。而支承联结部件失效一般始于支座的破坏，一般表现在连接固定支座的部件或支座本身由于强度不足而引起的破坏和活动支座位移能力不足或其位移超出允许范围而导致的破坏。一旦支座破坏后，上下部结构之间将产生较大的相对位移，若墩台顶的支承面过窄，便会出现落梁的现象，而落梁所产生的巨大冲击力可能会导致下部结构的严重破坏，因此其后果是相当严重的。

3. 桥梁下部结构的震害

桥梁下部结构由于受到较大的水平地震力，瞬时反复的震动对相对薄弱的截面易产生破坏，而下部结构承受着上部结构的荷载，因此它的严重破坏将很可能导致桥梁的整体破坏，也是桥梁在震后不易修复的主要原因。

（1）墩柱的破坏

桥梁结构中大多采用钢筋混凝土墩柱，墩柱的破坏主要是设计时墩柱延性不足、抗剪强度不够或构造上存在缺陷等因素所导致的。

在地震力作用下，墩身顺桥向由于抗弯应力不足出现裂缝和折断。对等截面钻孔灌注桩，将在地面以下1～3倍桩径范围内破坏。这是因为在刚性地基上，地面下的墩身为弹性固结，其弯矩最大位置在地面以下1～3倍桩径范围。在冬季有结冰的情况下，墩身将在地面处折断。对变截面的钻孔灌注桩，破坏发生在截面突变处。

墩柱弯曲破坏：这种破坏在破坏性地震中是非常常见的震害形式，弯曲破坏是延性的，有较明显的征兆，多表现为开裂、混凝土剥落压溃、钢筋裸露和弯曲等，并产生很大的塑性变形，主要是约束箍筋配置不足、纵向钢筋的搭接或焊接不牢等引起的墩柱的延性能力不足；多出现在高柔的桥墩。

墩柱剪切破坏：墩柱的剪切破坏在历次大地震中都不少，剪切破坏是脆性的，无明显征兆，往往会造成墩柱及上部结构的倒塌，震害较为严重，多出现在粗短的桥墩。

墩柱的承台破坏：这种震害虽然很少见，但一旦出现，则可能导致墩梁倒塌的严重后果；

（2）框架墩的震害

框架墩在震害中出现的破坏形式主要有盖梁的破坏、墩柱的破坏及节点的破坏。

盖梁的破坏形式主要有因剪切强度不够引起的剪切破坏、盖梁负弯矩钢筋过早切断引起的弯曲破坏、盖梁钢筋的锚固长度不足引起的破坏；盖梁与柱顶连接处也是受震的薄弱环节。

墩柱的破坏形式与其他墩柱类似，对混凝土桥墩，断裂往往出现在工作缝处。

节点的破坏主要是剪切破坏。

（3）桥台的震害

桥台的震害在历次地震中也是较为常见的，主要表现在由于地表以下土层中砂土液化、地基下沉、岸坡滑移或开裂使地基丧失承载力而引起桥台的滑移，台身与上部结构发生碰撞破坏，桥台开裂，以及桥台的向后倾斜等，严重的会导致桥台垮塌。

4. 桥梁基础震害

基础的震害是相当严重的，大量震害资料表明：地基失效（如土体滑移和砂土液化）是桥梁基础产生震害的主要原因。扩大基础的震害一般由地基失效引起。桩基础的震害，除了地基失效这一主要原因外，还有上部结构传下来的惯性力所引起的桩基剪切、弯曲破坏，更有桩基设计不当所引起的震害。

对于在软土地基中的桩基础由于桩基自身强度不足、桩顶与承台联结构造措施不足或桩基深入稳定土层深度不够等易导致基础的破坏，这种破坏具有隐蔽性，一般不易发现和修复。

5. 横桥向的震害

梁桥横桥向的破坏远比顺桥向较轻，横桥向一般只出现支座横移、梁墩相对横移、墩身弯曲和扭转裂缝、边梁倾覆失稳等震害，很少出现上部结构整孔横向落梁和墩身横桥向折断等危险震害。

6. 桥梁结构抗震体系

根据地震震害总结出桥梁结构的抗震体系有三类，见图 9.3.1-1 和表 9.3.1-1。

桥梁抗震体系 **表 9.3.1-1**

抗震类型	抗震设计体系	主要特征
Ⅰ	弹性上部结构和延性下部结构	在墩柱、桥台中产生塑性铰
Ⅱ	弹性上部结构和弹性下部结构	在上下部结构之间使用隔震和耗能装置
Ⅲ	延性上部结构和弹性下部结构	允许桥面发生相对于下部结构的位移

《城市桥梁抗震设计规范》CJJ 166—2011（以下简称《城市桥梁抗震》）第 3.4.2 条（条文说明）指出

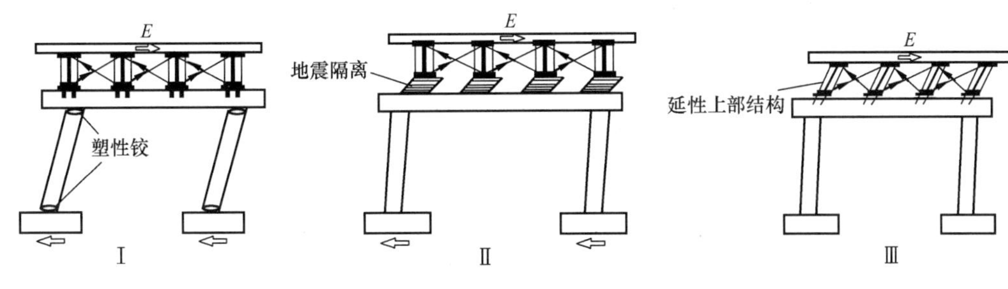

图 9.3.1-1 桥梁抗震体系

3 种类型桥梁结构抗震体系，类型Ⅰ、类型Ⅱ和类型Ⅲ。

类型Ⅰ结构抗震体系实际上就是延性抗震设计，地震下利用桥梁墩柱发生塑性变形，延长结构周期，耗散地震能量。

类型Ⅱ结构抗震体系实际上就是减隔震设计，地震作用下，桥梁上、下部连接构件（支座、耗能装置）发生塑性变形，延长结构周期、耗散地震能量，从而减小结构地震反应。

类型Ⅲ主要是针对钢桥结构。

二、桥梁抗震设计方法

1. 地震振动

地震是由地球内部构造运动引发的一种自然现象。地震振动的大小一般可以用烈度来描述。

烈度是用来表示地震对地表及其建筑物的影响程度，它不仅与地震释放的能量、震源深度、距震中的距离有关，而且与地震波传播中的工程地质条件和建筑物的特性等因素有关。《城市桥梁抗震》表 1.0.3 规定了地震基本烈度和地震动峰值加速度的对应关系

1.0.3 桥址处地震基本烈度数值可由现行《中国地震动参数区划图》查取地震动峰值加速度，按表 1.0.3 确定。

地震基本烈度和地震动峰值加速度的对应关系　　表 1.0.3

地震基本烈度	6 度	7 度	8 度	9 度
地震动峰值加速度	0.05g	0.10(0.15)g	0.20(0.30)g	0.40g

注：g 为重力加速度。

2. 抗震设防标准

若要求桥梁在遭受强烈地震后完整无损，势必会大大增加桥梁建筑造价，甚至在技术上也有很大困难。考虑到破坏性地震不会经常发生，桥梁抗震的目标就是减轻桥梁工程的地震破坏，保障人民生命财产安全，减少经济损失。为此，桥梁在抗震设防时需在经济和安全之间进行合理平衡，即使震前设防的经济投入不超过我国当前经济能力，震中桥梁破坏程度限制在人们可以承受的范围内，这就是桥梁抗震设防的合理安全度原则。

（1）桥梁抗震设防基本要求

震害资料表明，在一般情况下，桥梁能够抵御地震动峰值加速度系数为0.10g或0.10g以下地震产生的地震力。经受过地震动峰值加速度系数为0.10g的地震的桥梁，其中大多数基本完好或仅有轻微损坏。

《城市桥梁抗震》指出

> **3.1.3** 地震基本烈度为6度及以上地区的城市桥梁，必须进行抗震设计。
>
> **1.0.2** 本规范适用于地震基本烈度6、7、8和9度地区的城市梁式桥和跨度不超过150m的拱桥。
>
> 斜拉桥、悬索桥和大跨度拱桥可按本规范给出的抗震设计原则进行设计

（2）城市桥梁的抗震设防分类

城市桥梁的抗震目标《城市桥梁抗震》作出了规定，首先明确了城市桥梁抗震设防分类。《城市桥梁抗震》3.1.1条的“条文说明”指出

> **3.1.1** 本规范从我国目前的具体情况出发，考虑到城市桥梁的重要性和在抗震救灾中的作用，本着确保重点和节约投资的原则，将不同桥梁给予不同的抗震安全度。具体来讲，将城市桥梁分为甲、乙、丙和丁四个抗震设防类别，其中甲类桥梁定义为悬索桥、斜拉桥和大跨度拱桥（跨度大于150m的拱桥定义为大跨度拱桥），这些桥梁承担交通量大，投资很大，而且在政治、经济上具有非常重要的地位；乙类桥梁为交通网络上枢纽位置的桥梁、快速路上的城市桥梁；丙类为城市主干路，轨道交通桥梁；丁类为除甲、乙、丙三类桥梁以外的其他桥梁。

《城市桥梁抗震》3.1.1条规定

> **3.1.1** 城市桥梁应根据结构形式、在城市交通网络中位置的重要性以及承担的交通量，按表3.1.1分为甲、乙、丙和丁四类。

城市桥梁抗震设防分类　　表3.1.1

桥梁抗震设防分类	桥梁类型
甲	悬索桥、斜拉桥以及大跨度拱桥
乙	除甲类桥梁以外的交通网络中枢纽位置的桥梁和城市快速路上的桥梁
丙	城市主干路和轨道交通桥梁
丁	除甲、乙和丙三类桥梁以外的其他桥梁

（3）在E1和E2作用下，各类桥梁的设防标准

1）两水平设防、两阶段设计

《城市桥梁抗震》提出了采用两水平设防、两阶段设计的原则。

第一阶段的抗震设计，采用弹性抗震设计；

第一阶段抗震设计采用“E1地震作用”，《城市桥梁抗震》2.1.4条规定

> **2.1.4** E1 地震作用
>
> 工程场地重现期较短的地震作用，对应于第一级设防水准。

通过第一阶段的抗震设计，即对应 E1 地震作用抗震设计，可达到“基本无损伤，结构在弹性范围工作，正常的交通在地震后立刻得以恢复”的抗震设防水平。

第二阶段的抗震设计采用延性抗震设计方法，并引入能力保护设计原则。

第二阶段抗震设计采用“E2 地震作用”，《城市桥梁抗震》2.1.5 条规定

> **2.1.5** E2 地震作用
>
> 工程场地重现期较长的地震作用，对应于第二级设防水准。

通过第二阶段的抗震设计，即对应 E2 地震作用的抗震设计，来保证结构具有足够的延性能力，通过验算，确保结构的延性能力大于延性需求。通过引入能力保护设计原则，确保塑性铰只在选定的位置出现，并且不出现剪切破坏等破坏模式。通过抗震构造措施设计，确保结构具有足够的位移能力。

2）设防目标

对各类城市桥梁的抗震设防水准《城市桥梁抗震》3.1.2 条的“条文说明”作了介绍

> **3.1.2** 表 3.1.2 给出了各类设防桥梁在 E1 地震和 E2 地震作用下的设防目标。要求各类桥梁在 E1 地震作用下，基本无损伤，结构在弹性范围工作，正常的交通在地震后立刻得以恢复。
>
> 在 E2 地震作用下，甲类桥梁可发生混凝土裂缝开裂过大，截面部分钢筋进入屈服等轻微损坏，地震后不需修复或经简单修复可继续使用；乙类桥梁可发生混凝土保护层脱落、结构发生弹塑性变形等可修复破坏，地震后数天内可恢复部分交通（可能发生车道减少或小规模的紧急交通管制），永久性修复后可恢复正常运营功能。

《城市桥梁抗震》3.1.2 条规定

> **3.1.2** 本规范采用两级抗震设防，在 E1 和 E2 地震作用下，各类城市桥梁抗震设防标准应符合表 3.1.2 的规定。

城市桥梁抗震设防标准　　表 3.1.2

桥梁抗震设防分类	E1 地震作用		E2 地震作用	
	震后使用要求	损伤状态	震后使用要求	损伤状态
甲	立即使用	结构总体反应在弹性范围，基本无损伤	不需修复或经简单修复可继续使用	可发生局部轻微损伤
乙	立即使用	结构总体反应在弹性范围，基本无损伤	经抢修可恢复使用，永久性修复后恢复正常运营功能	有限损伤
丙	立即使用	结构总体反应在弹性范围，基本无损伤	经临时加固，可供紧急救援车辆使用	不产生严重的结构损伤
丁	立即使用	结构总体反应在弹性范围，基本无损伤		不致倒塌

现将表 9.3.2-1 中的‘损伤状态’和‘震后使用要求’综合起来用‘设防要求’表示，分成“不坏”、“可修”和“不倒”三类。

表 9.3.2-1

损伤状态	震后使用要求	设防要求
结构总体反应在弹性范围，基本无损伤	立即使用	不坏
可发生局部轻微损伤	不需修复或 经简单修复可继续使用	可修 （轻微损伤）
有限损伤	经抢修可恢复合用， 永久性修复后恢复正常运营功能	可修 （有限损伤）
不产生严重的结构损伤	经临时加固，可供紧急救援车辆使用	可修 （较重损伤）
不致倒塌		不倒

3）地震作用

《城市桥梁抗震》规定

3.2.1 甲类桥梁所在地区遭受的 E1 和 E2 地震影响，应按地震安全性评价确定，相应的 E1 和 E2 地震重现期分别为 475 年和 2500 年。其他各类桥梁所在地区遭受的 E1 和 E2 地震影响，应根据现行《中国地震动参数区划图》的地震动峰值加速度、地震动反应谱特征周期以及本规范第 3.2.2 条规定的 E1 和 E2 地震调整系数来表征。

3.2.1、3.2.2（条文说明）

甲类桥梁设防的 E1 和 E2 地震影响，相应的地震重现期分别为 475 年和 2500 年；

乙、丙和丁类桥梁的 E1 地震作用是在现行国家标准《建筑抗震设计规范》GB 50011—2001 中的多遇地震（重现期 63 年）的基础上，考虑表 1 中的重要性系数得到的；

E1 地震考虑的重要系数　　表 3.2.1

乙类	丙类	丁类
1.7	1.3	1.0

根据《城市桥梁抗震》3.2.1 条规定，各类桥梁的 E1 和 E2 地震作用可用小震，中震和大震来表述：如表 9.3.2-2 所述。

表 9.3.2-2

抗震设防分类	E1 地震作用	E2 地震作用
甲类	中震（475 年）	大震（2500 年）
乙类	小震×1.7（63 年）	大震（2000～2450 年）
丙类	小震×1.3（63 年）	大震（2000～2450 年）
丁类	小震×1.0（63 年）	大震（2000～2450 年）

4）在 E1 和 E2 地震作用下，各类桥梁抗震设防标准见表 9.3.2-3。

表 9.3.2-3

桥梁抗震设防分类	第一级设防水准		第二级设防水准	
	E1 地震作用	抗震设防标准	E2 地震作用	抗震设防标准
甲类	中震	不坏	大震	可修（轻微损伤）
乙类	1.7×小震	不坏	大震	可修（有限损伤）
丙类	1.3×小震	不坏	大震	可修（较重损伤）
丁类	小震	不坏	大震	不倒（严重损伤）

3. 抗震设计方法分类

《城市桥梁抗震》3.3.2 条提出了三类“抗震设计方法”的规定

3.3.1 甲类桥梁的抗震设计可参考本规范第 10 章给出的抗震设计原则进行设计。

3.3.2 乙、丙和丁类桥梁的抗震设计方法根据桥梁场地地震基本烈度和桥梁结构抗震设防分类，分为：A、B 和 C 三类，并应符合下列规定：

1 A 类：应进行 E1 和 E2 地震作用下的抗震分析和抗震验算，并应满足本章 3.4 节桥梁抗震体系以及相关构造和抗震措施的要求；

2 B 类：应进行 E1 地震作用下的抗震分析和抗震验算，并应满足相关构造和抗震措施的要求；

3 C 类：应满足相关构造和抗震措施的要求，不需进行抗震分析和抗震验算。

现将上述规定用表 9.3.2-4 表述。

表 9.3.2-4

E1 地震作用	E2 地震作用	桥梁抗震体系	相关构造和抗震措施
A 类	A 类	A 类	A 类
B 类			B 类
			C 类

《城市桥梁抗震》3.3.3 条提出了选用“抗震设计方法”的规定

3.3.3 乙、丙和丁类桥梁的抗震设计方法应按表 3.3.3 选用。

桥梁抗震设计方法选用 **表 3.3.3**

抗震设防分类 / 地震基本烈度	乙	丙	丁
6 度	B	C	C
7 度、8 度和 9 度地区	A	A	B

《城市桥梁抗震》的“条文说明”还做了补充说明

3.3.1～3.3.3

对于位于6度地区的普通桥梁，只需满足相关构造和抗震措施要求，不需进行抗震分析，本规范称此类桥梁抗震设计方法为C类；

对于位于6度地区的乙类桥梁，7度、8度和9度地区的丁类桥梁，本规范仅要求进行E1地震作用下的抗震计算，并满足相关构造要求，这类抗震设计方法为B类；

对于7度及7度以上的乙和丙类桥梁，本规范要求进行E1地震和E2地震的抗震分析和验算，并满足结构抗震体系以及相关构造和抗震措施要求，此类抗震设计方法为A类。

现将上述规定用表9.3.2-5表述。

表9.3.2-5

	6度地区	7、8、9度地区
A类	要求进行E1地震和E2地震的抗震分析和验算，并满足结构抗震体系以及相关构造和抗震措施要求	应进行E1和E2地震作用下的抗震分析和抗震验算，并应满足相关构造和抗震措施的要求
B类	仅要求进行E1地震作用下的抗震计算并应满足相关构造和抗震措施的要求	应进行E1地震作用下的抗震分析和抗震验算，并应满足相关构造和抗震措施的要求
C类	不需进行抗震分析，只需满足相关构造和抗震措施要求	不需进行抗震分析和抗震验算，应满足相关构造和抗震措施的要求

现用表9.3.2-6表述。

表9.3.2-6

抗震设计方法	6度地区	7、8、9度地区
A类	两水平设防、两阶段设计	两水平设防、两阶段设计
B类	一水平设防、一阶段设计	一水平设防、一阶段设计
C类	构造设计	构造设计

【例9.3.2-1】

某城市快速路上的一座立交匝道桥，其中一段为四孔各30m的简支梁桥，单向双车道，桥梁总宽9.0m，其中行车道净宽度为8.0m。上部结构采用预应力混凝土箱梁（桥面连续），桥墩由扩大基础上的钢筋混凝土圆柱墩身及带悬臂的盖梁组成。设计荷载：城-A级。该桥桥址处地震动峰值加速度为0.15g（相当抗震设防烈度为7度）。试问，该桥应选用下列何类抗震设计方法？

(A) A类　　(B) B类　　(C) C类　　(D) D类

【答案】(A)

根据《公路桥梁抗震设计细则》JTG/T B02—01—2008（以下简称《细则》）表3.1.1，城市快速路上桥梁的“桥梁抗震设防分类”为乙类。

根据《细则》表3.3.3，抗震设防分类为乙类，抗震设防烈度为7度的桥梁，抗震设计方法为A类。

4. 桥梁结构抗震体系

分析桥梁震害教训，可以得到有关桥梁抗震设计的启示，桥梁结构的抗震体系是承载能力极限状态要求的根本保证，《城市桥梁抗震》3.4.1条的“条文说明”指出了这点

> **3.4.1** 本条是在吸取历次地震震害教训基础上，为提高桥梁结构抗震性能，防止地震作用下桥梁结构整体倒塌破坏，切断震区交通生命线而规定的。

《城市桥梁抗震》3.4.1条的规定为

> **3.4.1** 桥梁结构抗震体系应符合下列规定：
>
> **1** 有可靠和稳定传递地震作用到地基的途径；
>
> **2** 有效的位移约束，能可靠地控制结构地震位移，避免发生落梁破坏；
>
> **3** 有明确、可靠、合理的地震能量耗散部位；
>
> **4** 应避免因部分结构构件的破坏而导致整个结构丧失抗震能力或对重力荷载的承载能力。

（1）抗震设计方法A类应满足桥梁抗震体系的要求

《城市桥梁抗震》指出

> **3.3.2** 乙、丙和丁类桥梁的抗震设计方法根据桥梁场地地震基本烈度和桥梁结构抗震设防分类，分为：A、B和C三类，并应符合下列规定：
>
> A类：应进行E1和E2地震作用下的抗震分析和抗震验算，并应满足本章3.4节桥梁抗震体系以及相关构造和抗震措施的要求。

（2）两种类型的抗震体系

《城市桥梁抗震》指出

> **3.4.2** 对采用A类抗震设计方法的桥梁，可采用的抗震体系有以下两种类型：
>
> **1** 类型Ⅰ：地震作用下，桥梁的塑性变形、耗能部位位于桥墩，其中连续梁、简支梁单柱墩和双柱墩的耗能部位如图3.4.2所示。
>
> 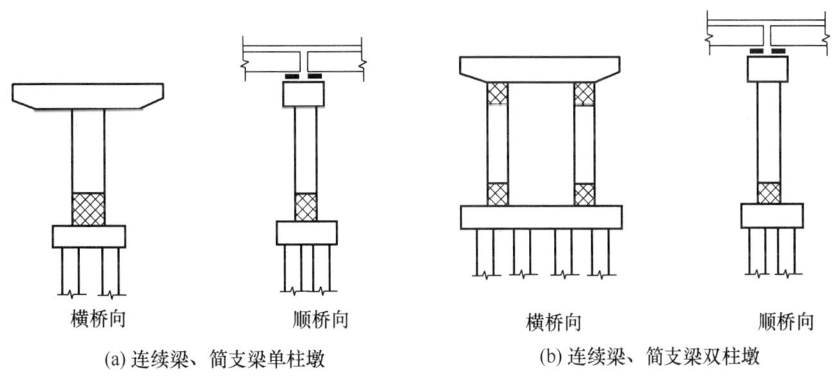
>
>
> (a) 连续梁、简支梁单柱墩　(b) 连续梁、简支梁双柱墩
>
> **2** 类型Ⅱ：地震作用下，桥梁的耗能部位位于桥梁上、上部连接构件（支座、耗能装置）。

抗震类型Ⅰ：地震作用下，桥梁的弹塑性变形、耗能部位位于桥墩：上部结构、上下部结构连接构件（支座），以及桥梁基础，不受损伤，在弹性范围。

抗震类型Ⅱ：地震作用下，桥梁的耗能部位位于桥梁上、下部连接构件（支座、耗能装置）；上部结构、桥墩和基础不受损伤、在弹性范围。

5. 相关构造和抗震措施

构造措施的重要性《城市桥梁抗震》的“条文说明”有分析

11.1.1～11.1.3 由于工程场地可能遭受地震的不确定性，以及人们对桥梁结构地震破坏机理的认识尚不完备，因此桥梁抗震实际上还不能完全依靠定量的计算方法。实际上，历次大地震的震害表明，一些从震害经验中总结出来或经过基本力学概念启示得到的一些构造措施被证明可以有效地减轻桥梁的震害。如主梁与主梁或主梁与墩之间适当的连接措施可以防止落梁，但这些构造措施不应影响桥梁的正常使用功能，不应妨碍减隔震、耗能装置发挥作用。

（1）烈度的调整

《城市桥梁抗震》3.1.4 条的“条文说明”指出采用抗震构造措施时，烈度要进行调整

3.1.4 抗震构造措施是在总结国内外桥梁震害经验的基础上提出来的设计原则，历次大地震的震害表明，抗震构造措施可以起到有效减轻震害的作用，而其所耗费的工程代价往往较低。因此，本规范对抗震构造措施提出了更高和更细致的要求。

烈度调整的幅度见《城市桥梁抗震》3.1.4 条规定

3.1.4 各类城市桥梁的抗震措施，应符合下列要求：

1 甲类桥梁抗震措施，当地震基本烈度为 6～8 度时，应符合本地区地震基本烈度提高一度的要求；当为 9 度时，应符合比 9 度更高的要求。

2 乙类和丙类桥梁抗震措施，一般情况下，当地震基本烈度为 6～8 度时，应符合本地区地震基本烈度提高一度的要求；当为 9 度时，应符合比 9 度更高的要求。

3 丁类桥梁抗震措施均应符合本地区地震基本烈度的要求。

【例 9.3.2-2】

某城市主干路的一座单跨 30m 的梁桥，可通行双向两列车，其抗震基本烈度为 7 度，地震动峰值加速度为 0.15g，

试问，该桥的抗震措施等级应采用下列何项数值？

(A) 6 度　　(B) 7 度　　(C) 8 度　　(D) 9 度

【答案】(C)

【解答】根据《城市桥梁抗震》表 3.1.1，城市主干路上桥梁的“桥梁抗震设防分类”为丙类。

根据《城市桥梁抗震》3.1.4 条，抗震设防分类为丙类，抗震设防烈度为 7 度的桥

梁，应符合本地区地震基本烈度提高一度的要求，抗震措施应符合8度的要求。

（2）墩柱结构构造

1）墩柱塑性铰区域内加密箍筋的配置

《城市桥梁抗震》8.1.1条的规定和“条文说明”

8.1.1 对地震基本烈度7度及以上地区，墩柱塑性铰区域内加密箍筋的配置，应符合下列要求：

1 加密区的长度不应小于墩柱弯曲方向截面边长或墩柱上弯矩超过最大弯矩80%的范围；当墩柱的高度与弯曲方向截面边长之比小于2.5时，墩柱加密区的长度应取墩柱全高；

2 加密箍筋的最大间距不应大于10cm或$6d_w$或$b/4$（d_w为纵筋的直径，b为墩柱弯曲方向的截面边长）；

3 箍筋的直径不应小于10mm；

4 螺旋式箍筋的接头必须采用对接焊，矩形箍筋应有135°弯钩，并应伸入核心混凝土之内$6d_w$以上。

8.1.1 横向钢筋在桥墩柱中的功能主要有以下三个方面：

（1）用于约束塑性铰区域内混凝土，提高混凝土的抗压强度和延性；

（2）提供抗剪能力；

（3）防止纵向钢筋压屈。

在处理横向钢筋的细部构造时需特别注意。由于表层混凝土保护层不受横向钢筋约束，在地震作用下会剥落，这层混凝土不能为横向钢筋提供锚固。因此，所有箍筋都应采用等强度焊接来闭合，或者在端部弯过纵向钢筋到混凝土核心内，角度至少为135°。

【例9.3.2-3】

某城市快速路上的一座立交匝道桥，该桥的中墩为单柱T形墩，墩柱为圆形截面，其直径为1.8m，墩顶设有支座，墩柱高度H=14m，位于7度地震区。试问，在进行抗震构造设计时，该墩柱塑性铰区域内箍筋加密区的最小长度（m）与下列何项数值最为接近？

（A）1.80　　（B）2.35　　（C）2.50　　（D）2.80

【答案】（D）

【解答】根据《城市桥梁抗震》8.1.1条，“对地震基本烈度7度及以上地区，加密区的长度不应小于墩柱弯曲方向截面边长或墩柱上弯矩超过最大弯矩80%的范围；当墩柱的高度与弯曲方向截面边长之比小于2.5，墩柱加密区的长度应取墩柱全高”。

本题地震基本烈度7度，墩柱的高度与弯曲方向截面边长之比14/1.8>2.5。

加密区的长度不应小于墩柱弯曲方向截面边长（1.8m），或墩柱上弯矩超过最大弯矩80%的范围（0.2×14=2.8m），应取2.8m。

2）墩柱塑性铰区域内加密箍筋的最小体积配箍率ρ_{smin}

《城市桥梁抗震》8.1.2条规定

8.1.2 对地震基本烈度7度、8度地区，圆形、矩形墩柱塑性铰区域内加密箍筋的最小体积配箍率ρ_{smin}，应按式（8.1.2-1）和式（8.1.2-2）计算。对地震基本烈度9度及以上地区，圆形、矩形墩柱塑性铰区域内加密箍筋的最小体积配箍率ρ_{smin}应比地震基本烈度7度、8度地区适当增加，以提高其延性能力。

1 圆形截面：

$$\rho_{smin}=[0.14\eta_k+5.84(\eta_k-0.1)(\rho_t-0.01)+0.028]\frac{f_{ck}}{f_{hk}}\geqslant 0.004 \tag{8.1.2-1}$$

2 矩形截面：

$$\rho_{smin}=[0.1\eta_k+4.17(\eta_k-0.1)(\rho_t-0.01)+0.02]\frac{f_{ck}}{f_{hk}}\geqslant 0.004 \tag{8.1.2-2}$$

式中：η_k——轴压比，指结构的最不利组合轴向压力与柱的全截面面积和混凝土轴心抗压强度设计值乘积之比值；

ρ_t——纵向配筋率；

f_{hk}——箍筋抗拉强度标准值（MPa）；

f_{ck}——混凝土抗压强度标准值（MPa）。

【例9.3.2-4】

试问，对于抗震设防烈度7度、8度地区，圆形、矩形墩柱塑性铰区域内加密箍筋的最小体积含箍率ρ_{smin}应大于为下列何值？

(A) 0.003　　(B) 0.002　　(C) 0.004　　(D) 0.005

【答案】(C)

【解答】根据《城市桥梁抗震》第8.1.2条

圆形、矩形墩柱潜在塑性铰区域内加密箍筋的最小体积含箍率ρ_{smin}应大于0.004。故答案（C）正确。

3）加密区以外区域的箍筋配置

《城市桥梁抗震》8.1.3条规定

8.1.3 墩柱塑性铰加密区以外区域的箍筋量应逐渐减少，但箍筋的体积配箍率不应少于塑性铰区域体积配箍率的50%。

4）墩柱的纵向钢筋配置

《城市桥梁抗震》8.1.4条的规定和"条文说明"

8.1.4 墩柱的纵向钢筋宜对称配置，纵向钢筋的面积不宜小于$0.006A_g$，且不应超过$0.04A_g$（A_g为墩柱截面全面积）。

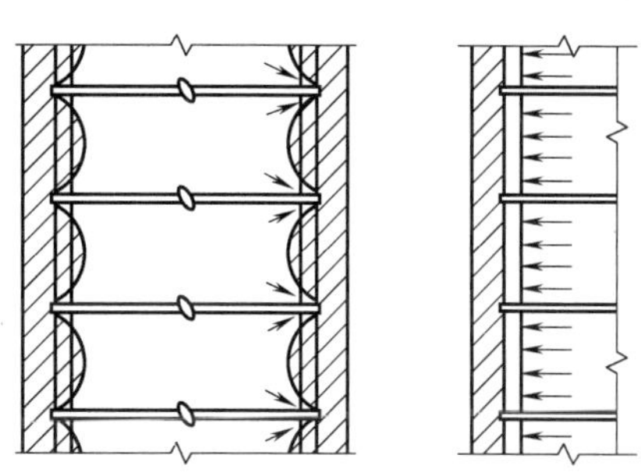

图 12　柱中横向和纵向钢筋的约束作用

8.1.4　试验研究表明：沿截面布置若干适当分布的纵筋，纵筋和箍筋形成一整体骨架（如图 12），当混凝土纵向受压、横向膨胀时，纵向钢筋也会受到混凝土的压力，这时箍筋给予纵向钢筋约束作用。因此，为了确保对核心混凝土的约束作用，墩柱的纵向配筋宜对称配筋。

纵向钢筋对约束混凝土墩柱的延性有较大影响，因此，延性墩柱中纵向钢筋含量不应太低。如果纵向钢筋含量低，即使箍筋含量较低，墩柱也会表现出良好的延性能力，但此时结构在地震作用下对延性的需求也会很大，因此，这种情况对结构抗震也是不利的。但纵向钢筋的含量太高不利于施工。另外，纵向钢筋含量过高还会影响墩柱的延性，所以纵向钢筋的含量应有一个上限。这里根据我国桥梁结构的具体情况，建议墩柱纵向钢筋的配筋率范围 0.006～0.004。

【例 9.3.2-5】

在进行桥梁墩柱抗震设计时，墩柱截面面积 A_h 内配置的纵向钢筋最小面积不宜小于下列何值？

(A) $45f_{td}/f_{ad}$　　(B) $0.002A_h$　　(C) $0.04A_h$　　(D) $0.006A_h$

提示：f_{td}为混凝土抗拉强度设计值，f_{sd}为钢筋抗拉强度设计值

【答案】(D)

【解答】根据《城市桥梁抗震》第 8.1.4 条"墩柱的纵向钢筋宜对称配置，纵向钢筋的面积不宜小于 $0.006A_h$，且不应超过 $0.04A_h$（A_h 为墩柱截面全面积）"。故答案（D）正确。

(3) 防落梁的措施

落梁是梁桥的主要震害，不仅会造成交通中断，而且在短期内难以修复。随着梁的下落，打断墩身，往往一孔落梁会波及数孔落梁，甚至使全桥倒塌。

落梁的原因：

① 桥台在地震时一方面受到上部结构的撞击力，另一方面又受到台背填土的主动土压力，如果台身强度不够，则桥台将在主动土压力作用下弯曲折断，引起落梁；

② 墩身在地震力作用下，由于墩身强度不够而折断，引起落梁；

③ 梁墩相对位移过大，引起落梁。

桥梁的震害是多方面的，其中损害最严重、修复最困难的是梁体坠落。

上部结构本身很少直接被震坏。其结构的异常位移与坠落主要是由于墩台的位移、变形和倒塌所引起，但也有地震时下部结构完整，而地震的惯性力导致上部结构过大位移而

坠落。因此，上部结构的抗震措施主要在于防止梁体坠落。防止落梁的措施桥梁墩台顶部沿梁轴方向的梁端尺寸有一定要求不能太短。《城市桥梁抗震》规定

11.1.1 应采用有效的防落梁措施。

11.2 6 度 区

11.2.1 简支梁梁端至墩、台帽或盖梁边缘应有一定的距离（图 11.2.1）。其最小值 a（cm）按下式计算：

$$a \geqslant 40 + 0.5L \tag{11.2.1}$$

式中：L——梁的计算跨径（m）。

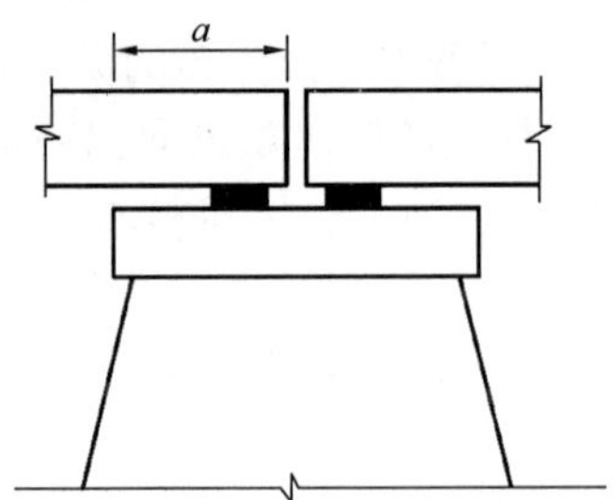

图 11.2.1 梁端至墩、台帽或盖梁边缘的最小距离 a

11.3.1 7 度区的抗震措施，除应符合 6 度区的规定外，尚应符合本节的规定。

11.3.2 简支梁梁端至墩、台帽或盖梁边缘应有一定的距离，其最小值 a（cm）按下式计算：

$$a \geqslant 70 + 0.5L \tag{11.3.2}$$

11.4.1 8 度区的抗震措施，除应符合 7 度区的规定外，尚应符合本节的规定。

11.5.1 9 度区的抗震措施，除应符合 8 度区的规定外，尚应符合本节的规定。

【例 9.3.2-6】

对于建在 7 度地震区的桥面不连续的简支梁（板）桥和吊梁，其抗震构造措施，以下何项正确？

（A）不需要采取任何措施；

（B）应采取防止纵向落梁的措施；

（C）应采取防止横向落梁的措施；

（D）应采取防止纵、横向落梁的措施。

【答案】（B）

【解答】根据《城市桥梁抗震》11.3.2 条规定：“简支梁梁端至墩、台帽或盖梁边缘应有一定的距离”，选（B）。

【例 9.3.2-7】

某处于基本烈度为 7 度地区的城市桥梁，为多跨简支梁，抗震措施中简支梁梁端至墩、台帽或盖梁边缘应有一定的距离，其最小值 a（cm），以下何项为正确？

（A）$a \geqslant 50 + L$（梁计算跨径按 m 单位取值）（cm）；

(B) $a \geqslant 70+0.5L$（梁计算跨径按 m 单位取值）(cm)；

(C) $a \geqslant 75+L$（梁计算跨径按 m 单位取值）(cm)；

(D) 没有限值要求。

【答案】(B)

【解答】根据《城市桥梁抗震》11.3.2 条和式（11.3.2）的规定：$a \geqslant 70+0.5L$，选（B）。

【例 9.3.2-8】

某城市丙类桥梁，位于 6 度地震区，为 5 孔 16m 简支预应力混凝土空心板梁结构，全宽 19m，桥梁计算跨径 15.5m；中墩为两跨双悬臂钢筋混凝土矩形盖梁，三根 $\phi 1.1$m 的圆柱；伸缩缝宽度均为 80mm；每片板梁两端各置两块氯丁橡胶板式支座，支座平面尺寸为 200mm（顺桥向）×250mm（横桥向），支点中心距墩中心的距离为 250mm（含伸缩缝宽度）。试问，根据现行桥规的构造要求，该桥中墩盖梁的最小设计宽度（mm）与下列何项数值最为接近？

(A) 1640　　(B) 1390　　(C) 1000　　(D) 1200

【答案】(A)

【解答】《城市桥梁抗震》3.1.4 条规定丙类桥梁地震烈度要提高一度，取 7 度。11.3.2 条规定简支梁梁端至盖梁边缘的最小值 a（单位 cm）应满足下式要求。

$a \geqslant 70+0.5L$（L 为梁的计算跨径，以 m 计）

盖梁宽度 $B_a = 2a + b_0$（伸缩缝宽度）$=[2\times(70+0.5\times15.5)+8]\times10=1635\approx1640$mm

取 $B=1640$mm，选（A）。

9.4 车道板

一、整体式梁桥的车道板——周边支承板

1. 板的荷载有效分布宽度

(1) 车轮荷载在板上的分布

作用在桥面上的车轮压力，通过桥面铺装层扩散分布在钢筋混凝土板面上，车轮与桥面的接触面实际上接近于椭圆，荷载要通过铺装层扩散分布，可见车轮压力在桥面板上的实际分布形状是很复杂的。

通常近似地把车轮与桥面的接触面看成是 $a_2 \times b_2$ 的矩形面积，此处 a_2 是车轮垂直于板跨径方向的着地长度，b_2 为车轮平行于板跨径方向着地的宽度，如图 9.4.1-1 所示。a_2 和 b_2 值可从《桥通》表 4.3.1-2 中查得。荷载在铺装层内的扩散程度，对于混凝土或沥青面层可偏安全地假定呈 45°角扩散。

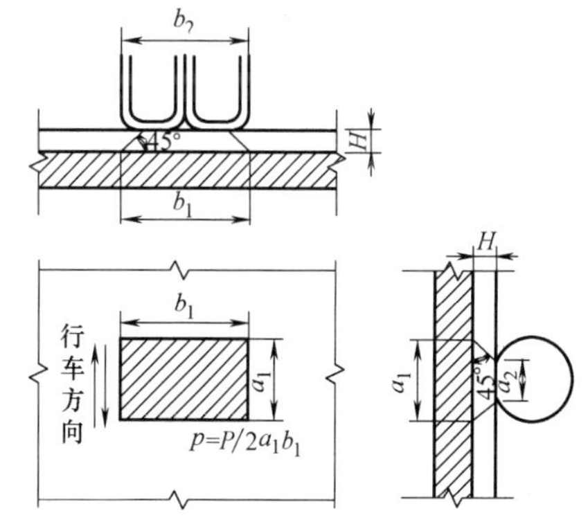

图 9.4.1-1　车辆荷载在板面上的分布

因此，作用于钢筋混凝土承重板上荷载分布

的矩形压力面的宽度为：

$$\left.\begin{aligned}&\text{垂直于板跨径方向 } a_1=a_2+2H\\&\text{平行于板跨径方向 } b_1=b_2+2H\end{aligned}\right\}\tag{9.4.1-1}$$

式中　H——铺装层的厚度。

（2）板的有效工作宽度

桥面板在局部分布荷载的作用下，不仅直接承压部分（承压面 $a_1\times b_1$）的板带参与工作，而且与其相邻的部分板带也分担一部分荷载。因此，在桥面板荷载的计算中，需确定板的有效工作宽度（也称荷载有效分布宽度）。

《公路混凝土》对板的荷载有效分布宽度规定如下

4.2.3 计算整体单向板时，通过车轮传递到板上的荷载分布宽度应按下列规定计算：

1 平行于板的跨径方向的荷载分布宽度

$$b=b_1+2h\tag{4.2.3-1}$$

2 垂直于板的跨径方向的荷载分布宽度

1）单个车轮在板的跨径中部时

$$a=(a_1+2h)+\frac{l}{3}\geqslant\frac{2}{3}l\tag{4.2.3-2}$$

2）多个相同车轮在板的跨径中部时，当各单个车轮按公式（4.2.3-2）计算的荷载分布宽度的重叠时

$$a=(a_1+2h)+d+\frac{l}{3}\geqslant\frac{2}{3}l+d\tag{4.2.3-3}$$

3）车轮在板支承处时

$$a=(a_1+2h)+t\tag{4.2.3-4}$$

4）车轮在板的支承附近，距支点的距离为 x 时

$$a=(a_1+2h)+t+2t\tag{4.2.3-5}$$

但不在于车轮在板的跨径中部的分布宽度；

5）按本条算得的所有分布宽度，均不得大于板的全宽度；

6）彼此不相连的预制板，车轮在板内分布宽度不得大于预制板宽度。

式中　l——板的计算跨径；

h——铺装层厚度；

t——板的厚度；

d——多个车轮时外轮之间的中距；

a_1、b_1——垂直于板跨和平行于板跨方向的车轮着地尺寸。

现将上述荷载分布宽度表示于图 9.4.1-2。

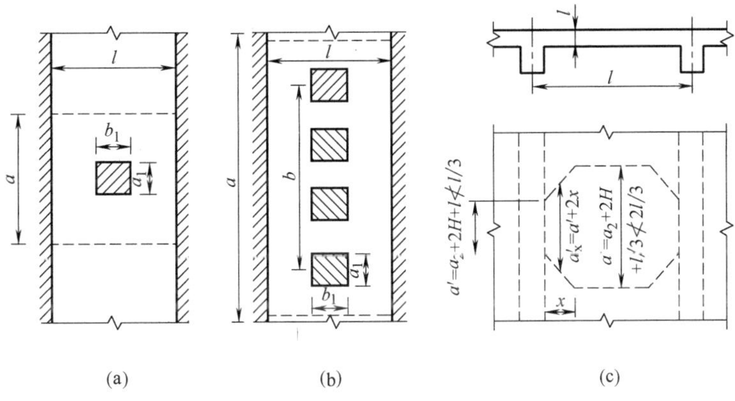

图 9.4.1-2　板的荷载有效分布宽度

(a) 单个车轮在板的跨径中部；(b) 多个相同车轮在板的跨径中部；

(c) 车轮在板的支承处

【例 9.4.1-1】

某预应力混凝土箱梁如图 9.4.1-3 所示。桥梁总宽 10.5m，行车道宽度为 8.0m，双向行驶二列汽车；两侧各 1m 宽人行步道。箱形主梁顶板的跨径 L=500cm，桥面铺装厚度 h=15cm，且车辆荷载的后轴车轮作用于该桥箱形主梁顶板的跨径中部时，试判定垂直于顶板跨径方向的车轮荷载分布宽度（cm）应与下列何项数值最为接近？

(A) 217　　(B) 333

(C) 357　　(D) 473

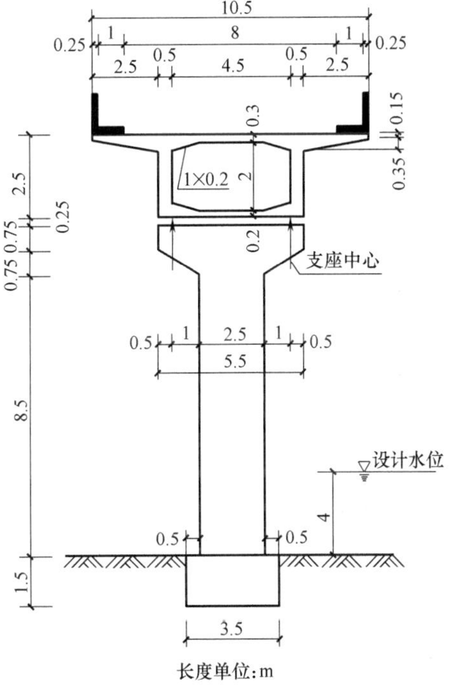

图 9.4.1-3

【答案】(D)

【解答】

(1) 根据《桥通》4.3.1 条表 4.3.1-3，a_1=20cm，

(2) 根据《公路混凝土》4.2.3 条 2 款式 (4.2.3-2)

单个车轮在板的跨径中部时

$$a=(a_1+2h)+\frac{l}{3}\geqslant\frac{2}{3}l$$

已知 h=15cm，l=500cm，代入上式，得

$$a=(20+2\times15)+500/3=50+167=217(\text{cm})\leqslant2\times500/3=333(\text{cm})。$$

(3) 根据《桥通》4.3.1 条图 4.3.1-2，车辆两后轴间距 d=140cm。可知两后轴车轮在板跨中的荷载分布宽度重叠；

(4) 根据《公路混凝土》4.2.3 条 2 款式 (4.2.3-3)

车轮在板跨中的荷载分布宽度重叠时

$a=(a_1+2h)+d+\frac{l}{3}\geqslant\frac{2}{3}l+d$

$a=(20+2\times15)+140+500/3=50+140+167=357\ (\text{cm})\leqslant2\times500/3+140=473\ (\text{cm})$

(5) 取 $a=473\text{cm}$，选 (D)。

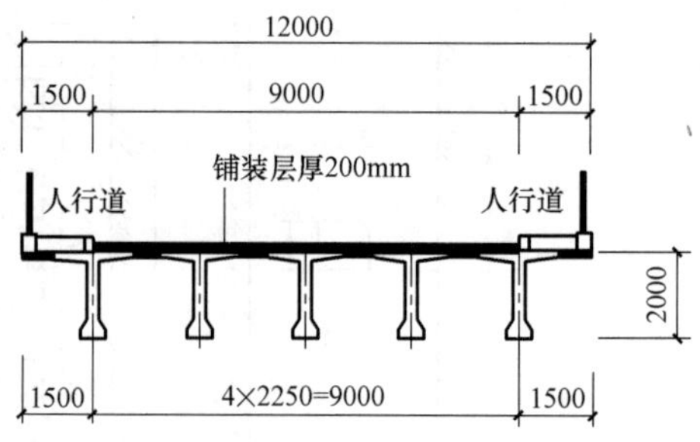

图 9.4.1-4

【例 9.4.1-2】

某单跨简支梁桥如图 9.4.1-4 所示。桥面宽度为 12m，其横向布置为：1.5m（人行道)+9m（车行道)+1.5m（人行道)。桥梁上部结构由 5 根各长 29.94m、高 2.0m 的预制预应力混凝土 T 形梁组成，梁与梁间用现浇混凝土连接；桥梁主梁间车行道板计算跨径取为 2250mm，桥面铺装层厚度为 200mm，车辆的后轴车轮作用于车行道板跨中部位。试问，垂直于板跨方向的车轮作用分布宽度(mm）与下列何项数值最为接近?

(A) 1350　　(B) 1500　　(C) 2750　　(D) 2900

【答案】(D)

【解答】(1) 根据《桥通》图 4.3.1-3，车轮横向距离为 1.8m 且与相邻车的横向轮距为 1.3m。桥梁主梁间车行道板计算跨径为 2250mm，主梁车行道板在车辆作用于板跨中部位时，横向轮距均大于 2250/2，故横桥向只能布置一个车轮。

(2) 根据《桥通》4.3.1 条表 4.3.1-3，$a_1=20\text{cm}$。

(3) 根据《公路混凝土》4.2.3 条 2 款式 (4.2.3-2)

单个车轮在板的跨径中部时

$$a=(a_1+2h)+\frac{l}{3}\geqslant\frac{2}{3}l$$

已知桥面铺装厚度 $h=200\text{mm}$，板计算跨径 $l=2250\text{mm}$，代入上式，得

$a=(200+2\times200)+2250/3=600+750=1350(\text{mm})\leqslant21/3=2\times2250/3=1500(\text{mm})$。

(4) 根据《桥通》图 4.3.1-2，车辆两后轴间距 $d=1400\text{mm}$，可知两后轴车轮在板跨中部位的荷载分布宽度重叠。

(5) 根据《公路混凝土》4.2.3 条 2 款式 (4.2.3-3)

车轮在板跨中的荷载分布宽度重叠时

$$a=(a_1+2h)+d+\frac{l}{3}\geqslant\frac{2}{3}l+d$$

$$a=(200+2\times200)+1400+2250/3=600+1400+750$$
$$=2750(\text{m})<2\times2250/3+1400=2900(\text{mm})。$$

(6) 取两后轴重叠后的分布宽度 $a=2900\text{mm}$，选 (D)。

2. 周边支承板的内力计算

《公路混凝土》规定

4.1.1 四边支撑的板，当长边长度与短边长度之比等于或大于 2 时，可按短边计算跨径的单向板计算；若该比值小于 2 时，则应按双向板计算。

单向板仅在短跨方向布置受力钢筋，而长跨方向仅需按构造配置分布钢筋，实际工程中的周边支承板大多为单向板。

车道板通常由弯矩控制设计。设计时，习惯以每米宽板条来进行计算，借助板的有效工作宽度，就不难得到作用在每米宽板条上的荷载和其引起的弯矩。从构造上看，整体式梁桥的行车道板与主梁是整体连接在一起的，因此当板上有荷载作用时会使主梁也发生相应的变形，而这种变形又影响到板的内力。如果主梁的抗扭刚度极大，板的受力接近于固端梁［图 9.4.1-5(a)］，反之如果主梁抗扭刚度极小，板在梁肋支承处的受力接近自由转动的铰支座［图 9.4.1-5(c)］，故整体式梁桥的行车道板的受力就如多跨连续梁体系。实际上板和主梁的支承条件，既不是固端，也不是铰支，是弹性固结的，如图 9.4.1-5(b) 所示。

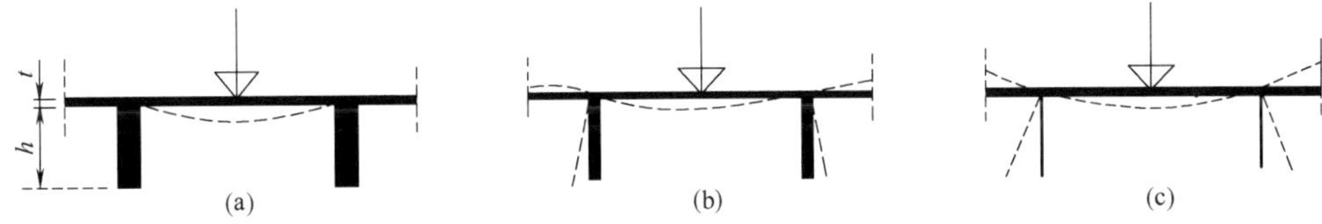

图 9.4.1-5 主梁扭转对行车道板受力的影响

鉴于行车道板的受力情况比较复杂，影响的因素比较多，因此要精确计算板的内力是有一定困难的。通常采用简便的近似方法进行计算。对于弯矩先算出一个跨度相同的简支板的跨中弯矩 M_0，然后再根据实验及理论分析的数据加以修正。弯矩修正系数可视板厚 c 与梁肋高度 h 的比值来选用。

对计算中所用的计算跨径和弯矩修正系数《公路混凝土》有明确规定

4.2.2 简支板的计算跨径应为两支撑中心之间的距离。与梁肋整体连接的板，计算弯矩时其计算跨径可取为两肋间的净距加板厚，但不大于两肋中心之间的距离。此时，弯矩可按以下简化方法计算：

1 支点弯矩

$$M=-0.7M_0 \tag{4.2.2-1}$$

2 跨中弯矩

1）板厚与梁肋高度比等于或大于 1/4 时

$$M=+0.7M_0 \tag{4.2.2-2}$$

2）板厚与梁肋高度比小于 1/4 时

$$M=+0.5M_0 \tag{4.2.2-3}$$

式中 M_0——与计算跨径相同的简支板跨中弯矩。

与梁肋整体连接的板，其计算剪力时的计算跨径可取两肋间净跨，剪力按该计算径的简支板计算。

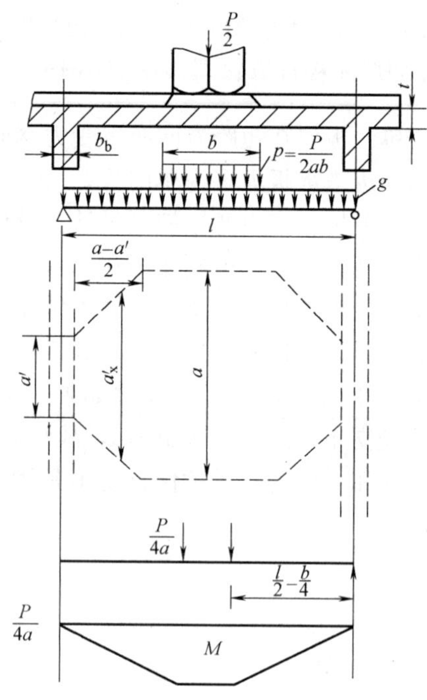

图 9.4.1-6　单向板内力计算图式

简支板的跨中弯矩 M_0 由两部分组成。

$$M_0 = M_{0g} + M_{0p}$$

M_{0g}为每米板宽的跨中恒载弯矩，可由下式计算：

$$M_{0g} = \frac{1}{8}gl^2 \qquad (9.4.1\text{-}2)$$

此处 g 为 1m 宽板条每延米的恒载重量。

M_{0p}为 1m 宽简支板条的跨中活载弯矩（图 9.4.1-6），为了找到最大的跨中活载弯矩，首先要确定活荷载的布置，对汽车荷载受板跨的大小的限制，多数情况下（即 $l<1.8$m 时）只有一个车轮能安排在板跨内，所以该荷载总是被安排在跨中，如图 9.4.1-6 所示。如认为轮压为一个集中力，则跨中弯矩为 $M=\frac{P}{4a}\cdot\frac{l}{2}$，当考虑冲击力的影响后 $M=(1+\mu)\ \frac{Pl}{8a}$。由于轮压 $P/2$ 认为是均匀分布在 b 的范围，所以计算弯矩时，要考虑这种影响。

$$M_{0p} = (1+\mu)\cdot\frac{P}{4a}\left(\frac{l}{2}-\frac{b}{4}\right) = (1+\mu)\cdot\frac{P}{8a}\left(1-\frac{b}{2}\right) \qquad (9.4.1\text{-}3)$$

式中　P——轴重，对于汽车荷载应取用加重车后轴的轴重计算；

a——板的有效工作宽度；

l——板的计算跨径；

$(1+\mu)$——考虑冲击影响的增大系数。根据《桥通》4.3.2 条第 6 款的规定取 1.3。

如果板的跨径较大，可能还有第二个车轮进入跨径内时，可将荷载布置得使跨中弯矩为最大。

【例 9.4.1-3】一个前轴车轮作用下桥面板的内力计算

条件：(1) 桥主梁跨径为 19.5m，桥墩中心距为 20m，横隔梁间距 4.85m，桥宽为 5×1.6+2×0.75=9.5m，主梁为 6 片。铺装层由沥青面层（0.03m）和混凝土垫层（0.09m）组成。板厚 120mm，主梁宽 180mm，高 1300mm。

(2) 桥面荷载。公路-Ⅰ级。

要求：确定板内的弯矩。

【答案】(1) 板类型判别

行车道板平面尺寸：顺桥向 L_0=4850mm，横桥向 L_h=1600mm，见图 9.4.1-7。

$$\frac{L_a}{L_b} = \frac{4850}{1600} = 3.03 > 2$$

根据《公路混凝土》4.2.1 条的规定行车道板为单向板，可取单位宽度来设计。

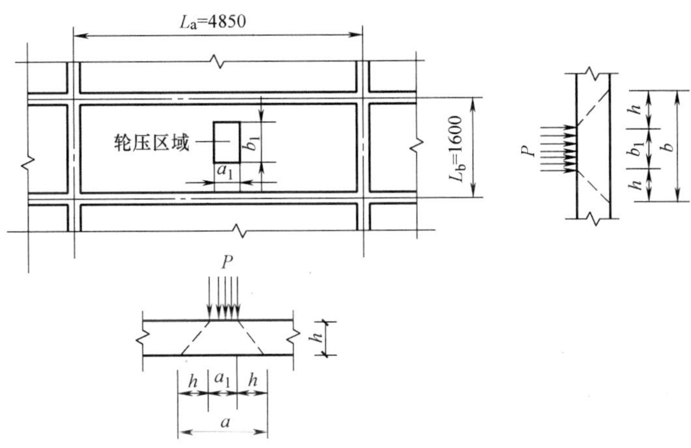

图 9.4.1-7

(2) 计算跨度根据《公路混凝土》4.2.2 条规定

计算弯矩时 $l=L_0+t=(1600-180+120)=1540\text{mm}$，此处 $t=120\text{mm}$ 为板厚，$b_b=180\text{mm}$ 为梁肋宽，梁肋高 $h_b=1300\text{mm}$

剪力计算时 $l=L_0=1600-180=1420\text{mm}$。

(3) 每延米板上恒载 g

沥青混凝土面层 $g_1=0.03\times1.0\times23=0.69\text{kN/m}$

混凝土垫层　　$g_2=0.09\times1.0\times24=2.16\text{kN/m}$

混凝土桥面板　$g_3=0.12\times1.0\times25=3.0\text{kN/m}$

$$g=\sum g_i=5.85\text{kN/m}。$$

(4) 简支条件下每米宽度上恒载产生的板的内力

$$M_{0g}=\frac{1}{8}gl^2=\frac{1}{8}\times5.85\times1.54^2=1.73\text{kN}\cdot\text{m}。$$

(5) 轮压区域尺寸，根据《桥通》表 4.3.1-2 的规定汽车前轮的着地长度 a_1 为 0.20m，宽度 b_1 为 0.30m，前轴上的压力为 30kN，

此时桥面板上的轮压区域为：

$$a=a_1+2h=0.2+2\times0.12=0.44\text{m}$$

$$b=b_1+2h=0.3+2\times0.12=0.54\text{m}$$

此处 h 为铺装层，由沥青面层和混凝土垫层组成

$$h=0.03+0.09=0.12\text{m}。$$

(6) 桥面板荷载有效分布宽度 a（图 9.4.1-8）

① 车轮在板跨中部时，应用《公路混凝土》式（4.2.3-2）

$$a=a_1+2h+\frac{l}{3}=0.44+\frac{1.54}{3}$$

$=0.953\text{m}<\frac{2l}{3}=1.027\text{m}$，应取 1.027m。

② 车轮在板跨边端时，应用《公路混凝土》式(4.2.3-4)

$$a'=a_1+2h+t=0.44+0.12=0.56\text{m}$$

因车辆轮距为 1.8m，而桥主梁间距为 1.6m，因此每一跨板内仅只作用有一个车轮，故板内的车轮荷载为$\frac{P}{2}$。

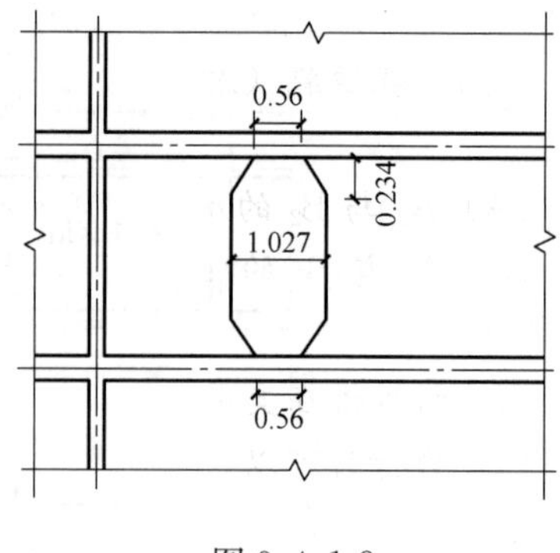

图 9.4.1-8

(7) 车辆荷载在桥面板中产生的内力

根据《桥通》4.3.2 条第 6 款汽车荷载的局部加载的冲击系数采用 0.3。所以车轮考虑冲击影响的增大系数 $1+\mu=1.3$。

$$M_{0p}=(1+\mu)\frac{P}{8a}\left(l-\frac{b}{2}\right)=1.3\times\frac{30}{8\times1.027}\left(1.54-\frac{0.54}{2}\right)=6.03\text{kN}\cdot\text{m}。$$

(8) 最终内力

由于$\frac{t}{h_b}=\frac{0.12}{1.3}=0.0923<\frac{1}{4}$，故主梁抗扭能力较大。

由《公路混凝土》4.1.2 条得

桥面板跨中弯矩　$M_{中}=0.5M_0$

桥面板支座弯矩　$M_{支}=-0.7M_0$

由《桥通》4.1.5 条得永久作用效应的分项系数为 1.2，车辆荷载效应的分项系数为 1.8，

$$M_{中}=0.5(1.2\times1.73+1.8\times6.03)=6.465\text{kN}\cdot\text{m}$$

$$M_{支}=-0.7(1.2\times1.73+1.8\times6.03)=-9.051\text{kN}\cdot\text{m}。$$

3. 斜板桥

《公路混凝土》规定

> **4.2.4** 当支承轴线的垂直线与桥纵轴线的夹角即斜交角不大于 15°时，整体式斜板桥的斜交板可按正交板计算；当 $l/b\leqslant1.3$ 时，其计算跨径取两支承轴线间的垂直距离；当 $l/b>1.3$ 时，其计算跨径取斜跨径长度。以上 l 为斜跨径，b 为垂直于桥纵轴线的板宽。
>
> 装配式铰接斜板桥的预制板块，可按宽为两板边间的垂直距离、计算跨径为斜跨径的正交板计算。
>
> **4.2.4** 条文说明　表 4-2 注：斜跨指顺桥轴线的跨径，正跨指墩（台）间垂直距离。

【例 9.4.1-4】某公路桥梁由整体式钢筋混凝土板梁组成，计算跨径为 12.0m，斜交角 30°，总宽度为 9.0m，梁高 0.7m。在支承处每端各设三个支座。其中一端用活动橡胶支座（A_1、A_2、A_3）；另一端用固定橡胶支座（B_1、B_2、B_3）。其平面布置如图 9.4.1-9

所示。

试问，在恒载（无布荷载）条件下各支座垂直反力大小的正确判断，应为下列和项所述？

(A) A_2 与 B_2 的反力最大　　(B) A_2 与 B_2 的反力最小

(C) A_1 与 B_3 的反力最大　　(D) A_3 与 B_1 的反力最大

【答案】(D)

由于斜板桥在支承边斜交角度的影响，荷载有向支承边的最短距离传递分配的趋势，斜板的受力行为可以用 Z 字形连续梁来比拟，见图 9.4.1-10。

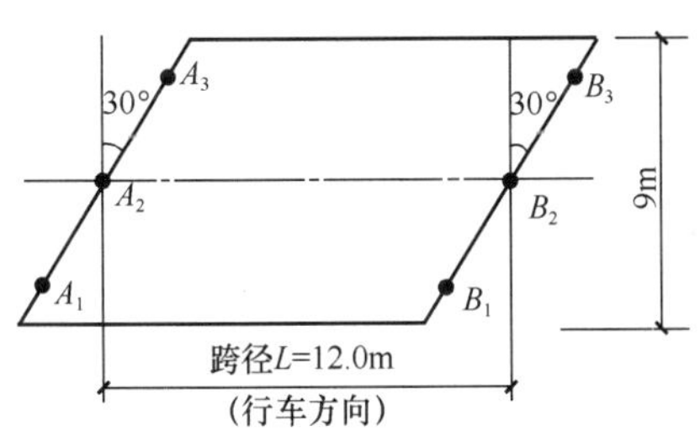

图 9.4.1-9

图 9.4.1-10　斜板桥受力比拟

其钝角位置的支座反力相当于连续梁的中支点，锐角位置的支座反力相当于连续梁的边支点，支承边上的反力很不均匀，钝角角隅处的反力可能比正板大数倍，而锐角处的反力却有所减小，甚至出现负反力。因此（D）正确。

二、装配式梁桥的车道板——悬臂板、铰接悬臂板

1. 悬臂板的荷载有效分布宽度

《公路混凝土》规定

4.2.5　当 $l_c \leqslant 2.5$m 时，悬臂板垂直于其跨径方向的车轮荷载分布宽度可按下列规定计算：

$$a = (a_1 + 2h) + 2l_c \qquad (4.2.5)$$

式中：a ——垂直于悬臂板跨径方向的车轮荷载分布宽度；

a_1 ——垂直于悬臂板跨径方向的车轮着地尺寸；

l_c ——平行于悬臂板跨径方向的车轮着地尺寸的外缘，通过铺装层 45°分布线的外边线至腹板外边缘的距离（图 4.2.5）；

h ——铺装层厚度。

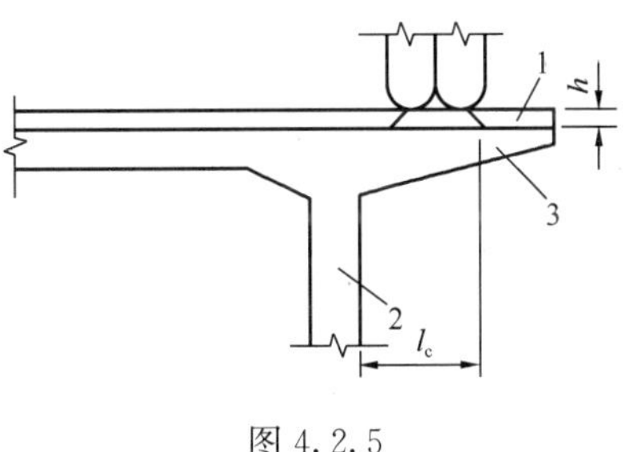

图 4.2.5

1—桥面铺装；2—腹板；3—悬臂板

对于分布荷载靠近板边的最不利情况，l_c 就等于悬臂板的跨径 l_0，于是：

$$a=a_1+2h+2l_0$$

当几个靠近的车轮的作用分布宽度发生重叠时，见图 9.4.2-1（b），悬臂板的有效工作宽度为：

$$a=a_1+2h+d+2l_0 \tag{9.4.2-1}$$

式中 l_0——车轮荷载压力面外侧边缘至悬臂根部的距离；

d——发生重叠的前后轮中心间的距离。

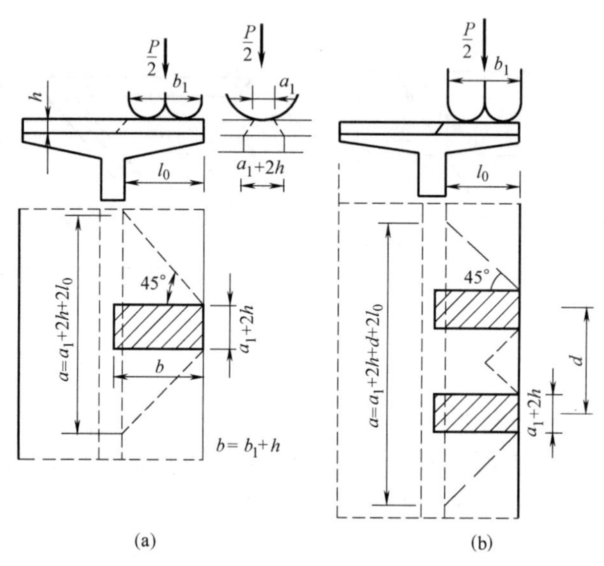

图 9.4.2-1 悬臂板的有效工作宽度

【例 9.4.2-1】

某城市快速路上的一座立交匝道桥，其中一段为四孔各 30m 的简支梁桥，其总体布置如图 9.4.2-2 所示。单向双车道，桥梁总宽 9.0m，其中行车道净宽度为 8.0m。上部结构采用预应力混凝土箱梁（桥面连续），桥墩由扩大基础上的钢筋混凝土圆柱墩身及带悬臂的盖梁组成。设计荷载：城-A 级。

试问，当城-A 级车辆荷载的最重轴（4 号轴）作用在该桥箱梁悬壁板上时，其垂直于悬臂板跨径方向的车轮荷载分布宽度（m）与下列何项数值最为接近？

（A）0.55　　（B）3.45　　（C）4.65　　（D）4.80

【答案】（B）

【解答】 车轮横桥向布置见图 9.4.2-3 由于悬臂长度为 2.0m 小于 2.5m，根据《公路混凝土》第 4.2.5 条，垂直于悬臂板跨径方向的车轮荷载分布宽度，可按式（4.2.5）计算，即$a=(a_1+2h)+2l_c$

其中桥面铺装厚度 $h=0.15$m

由《城市桥梁》第 10.0.2 条及表 10.0.2 知，车辆 4 号轴的车轮的横桥面着地宽度（b_1）为 0.6m，纵桥向着地长度（a_1）为 0.25m

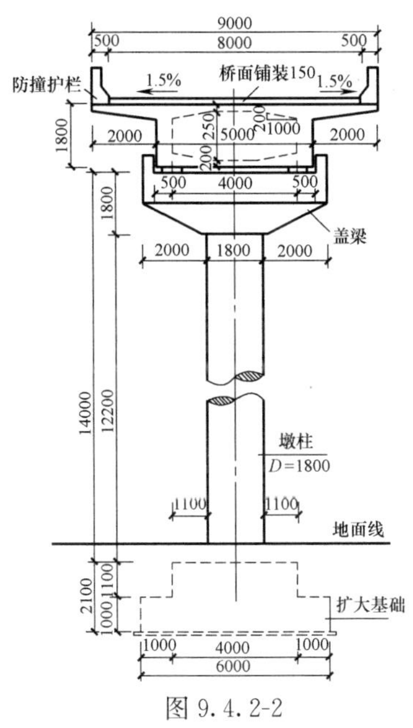

图 9.4.2-2

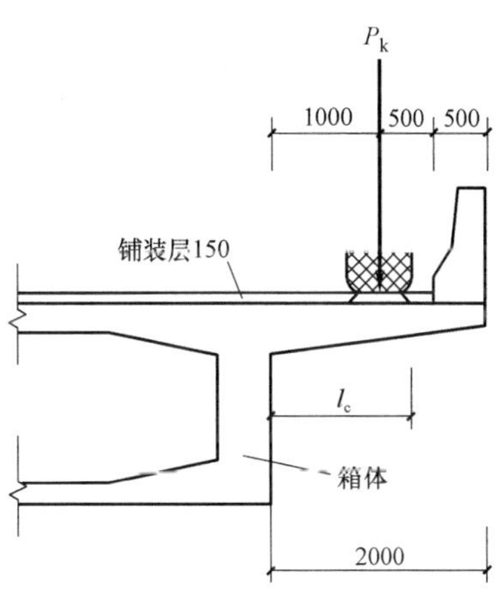

图 9.4.2-3

所以相应轴横桥向的 $l_c=1+\frac{0.6}{2}+0.15=1.45\text{m}$

对于车辆 4 号轴

纵桥向荷载分布宽度 $a=(0.25+2\times0.15)+2\times1.45=0.55+2.9=3.45\text{m}<6.0\text{m}$ 或 7.2m，不计算叠，选（B）。

【例 9.4.2-2】

某高速公路上一座预应力混凝土连续箱梁桥，跨径组合为 35+45+35m。混凝土强度等级为 C50，桥体临近城镇居住区，需增设声屏障，如图 9.4.2-4 所示。不计挡板尺寸，主梁悬臂跨径为 1880mm，悬臂根部厚度 350mm。

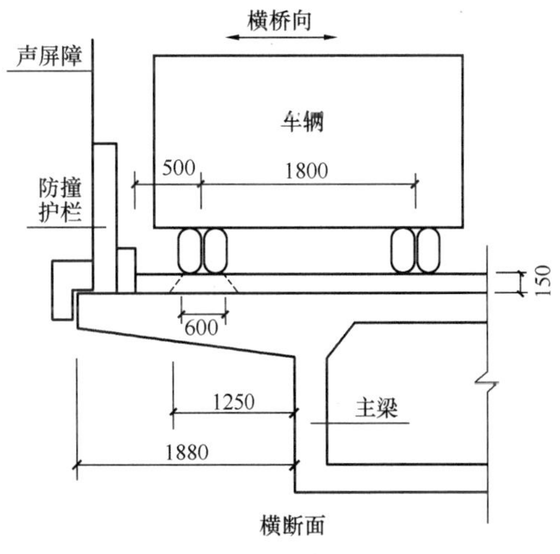

图 9.4.2-4

主梁悬臂梁板上，横桥向车辆荷载后轴（重轴）的车轮按规范布置，每组轮着地宽度 600mm，长度（纵向）为 200mm，假设桥面铺装层厚度 150mm，平行于悬臂板跨径方向（横桥向）的车轮着地尺寸的外缘，通过铺装层 45°分布线的外边线至主梁腹板外边缘的距离 $l_c=1250\text{mm}$，试问，垂直于悬臂板跨径的车轮荷载分布宽度（m）为多少？

(A) 3.0　　(B) 3.1　　(C) 3.3　　D、4.4

【答案】(D)

【解答】

(1)《公路混凝土》4.2.5 条

$$a=(a_1+2h)+2L_c=(200+2\times150)+2\times1250=3000\text{mm}>1400\text{mm}$$

车轮的荷载分布宽度重叠。

(2)《公路混凝土》4.2.3 条

$$a=(a_1+2h)+d+2L_c=(200+2\times150)+1400+2\times1250=4400\text{mm}$$

2. 悬臂板的内力

对于悬臂板在计算根部最大弯矩时，应将车轮荷载靠板的边缘布置，此时 $b=b_1+h$，如图 9.4.2-5 所示。则恒载和活载弯矩值可由一般公式求得：

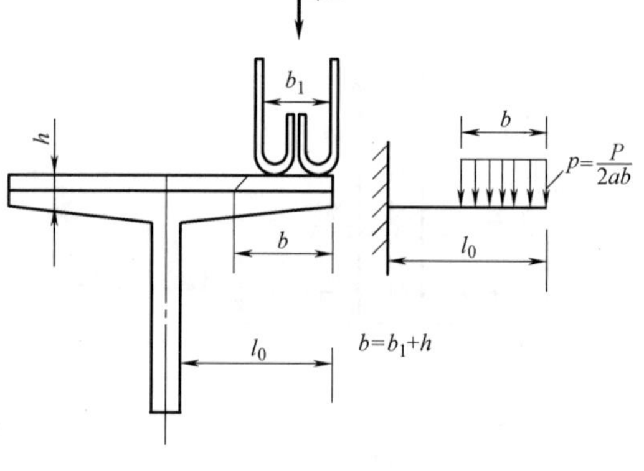

图 9.4.2-5

悬臂板根部每米宽板条的活载弯矩：

当 $b\geqslant l_0$ 时

$$M_{Ap}=-(1+\mu)\cdot\frac{1}{2}pl_0^2=-(1+\mu)\cdot\frac{P}{4ab}\cdot l_0^2 \quad (9.4.2\text{-}2)$$

当 $b<l_0$ 时

$$M_{Ap}=-(1+\mu)\cdot pb\left(l_0-\frac{b}{2}\right)=-(1+\mu)\frac{P}{2a}\left(l_0-\frac{b}{2}\right) \quad (9.4.2\text{-}3)$$

式中 $p=\dfrac{P}{2ab}$——作用在每米宽板条上的每延米荷载强度。

l_0——悬臂板的长度。

根据《桥通》4.3.2 条 6 款的规定，取 $1+\mu=1.3$。

悬臂板根部每米宽板条的恒载弯矩：

$$M_{Ag}=-\frac{1}{2}gl_0^2 \quad (9.4.2\text{-}4)$$

同理，最后可得一米宽板条的最大弯矩为：

$$M_A=M_{Ap}+M_{Ag}$$

【例 9.4.2-3】 悬臂板的内力计算

条件：某梁桥横桥向两侧为悬臂结构，如图 9.4.2-6 所示，汽车荷载为公路Ⅰ级。结构重要性系数 $\gamma_1=1.0$，桥面铺装层厚度 0.07m。

要求：汽车荷载在悬臂板根部产生的弯矩标准值、剪力标准值。

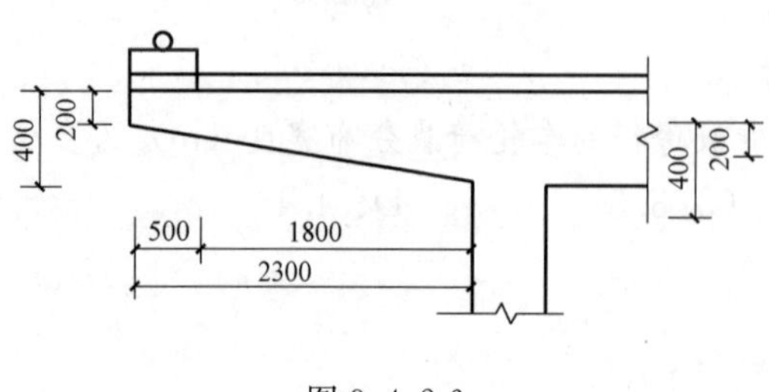

图 9.4.2-6

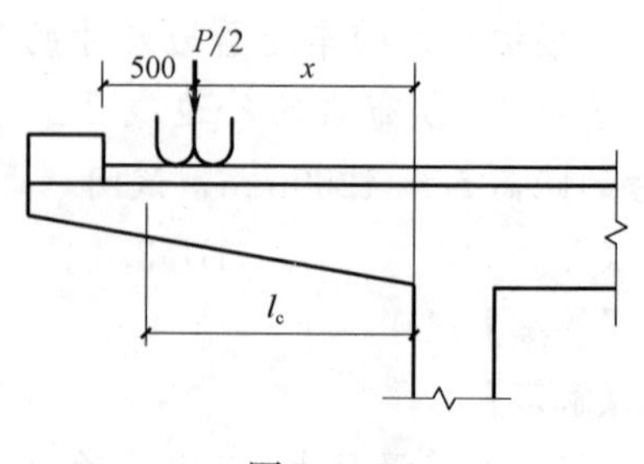

图 9.4.2-7

【答案】（1）汽车荷载在悬臂板上作用的有效工作宽度

根据《通用规范》4.3.1 条中图 4.3.1-3 知，车轮轮压 $P/2$ 到护栏边缘的最小距离为 0.5m，如图 9.4.2-7 所示。

确定 c 值：后车轮轮压 $P/2$ 距悬臂板根部的距离为 x：$x=1800-500=1300\text{mm}$

查《通用规范》表 4.3.1-3 知，后轮的着地长度 $a_1=0.2\text{m}$，着地宽度 $b_1=0.6\text{m}$。

$$a=a_1+2h=0.2+2\times0.07=0.34\text{m}$$

$$b=b_1+2h=0.6+2\times0.07=0.74\text{m}$$

$$l_c=\frac{b}{2}+x=\frac{0.74}{2}+1.3=1.67\text{m}$$

由《公路混凝土》式（4.2.5）

一个后车轮的分布宽度，

$$a=a_1+2h+2l_c=0.34+2\times1.67=3.68\text{m}>d=1.4\text{m}$$

故车轮分布宽度有重叠。

两个后车轮的有效工作宽度为：

$$a=a_1+2h+d+2l_c=0.34+1.4+2\times1.67=5.08\text{m}。$$

（2）汽车荷载在悬壁板根部产生的弯矩标准值、剪力标准值

车轮荷载集度，取两个车轮计算，按单位宽度：$p=\frac{2\times P/2}{ab}\times1=\frac{140}{5.08\times0.74}\times1$

查《桥通》4.3.2 条 6 款，冲击系数 $\mu=0.3$。$1+\mu=1+0.3=1.3$。

$$M_{\text{Ap}}=(1+\mu)\cdot pb\cdot x=-1.3\times\frac{140}{5.08\times0.74}\times1\times0.74\times1.3=-46.57\text{kN}\cdot\text{m}$$

$$V_{\text{Ap}}=(1+\mu)\cdot pb=1.3\times\frac{140}{5.08\times0.74}\times1\times0.74=35.83\text{kN}。$$

3. 铰接悬臂板的内力

T 形梁翼缘板作为行车道板往往用铰接的方式连接，最大弯矩在悬臂根部。

根据计算分析可知，计算活载弯矩 M_{Ap}时，最不利的荷载位置是把车轮荷载对中布置在铰接处，此时铰内的剪力为零，两相邻悬臂板各承受半个车轮荷载，即 $P/4$，如图 9.4.2-8 所示。因此 1m 宽悬臂板在根部的活载弯矩为：

$$M_{\text{Ap}}=-(1+\mu)\frac{P}{4a}\left(l_0-\frac{b_1}{4}\right)\quad(9.4.2\text{-}5)$$

图 9.4.2-8　铰接悬臂板的计算图示

1m 板宽的恒载弯矩为：

$$M_{\text{Ag}}=-\frac{1}{2}gl_0^2\qquad(9.4.2\text{-}6)$$

式中　l_0——铰接双悬臂板的净跨径。

最后，悬臂根部 1m 板宽的最大弯矩为：

$$M_{\text{A}}=M_{\text{Ap}}+M_{\text{Ag}}\qquad(9.4.2\text{-}7)$$

悬臂根部的剪力可以偏安全地按一般悬臂板的图式来计算，这里从略。

【例 9.4.2-4】

如图 9.4.2-9 所示。公路桥中预制装配式 T 形梁翼板（车行道）构成铰接悬臂板，其

主梁中距 1850mm，梁腹板宽 180mm。车行道板尺寸：板端厚 100mm，板加腋处厚 200mm，车行道板容重 $25kN/m^3$。板顶面层设两层：上层为沥青混凝土厚 80mm，容重 $23kN/m^3$，下层为混凝土面层厚 70mm，容重 $24kN/m^3$。试确定铰接悬臂板加腋处的每米板宽恒载弯矩（kN·m）与下列何项数值最为接近？

(A) －0.634　　(B) －2.534　(C) －2.861　　(D) －11.728

【答案】(B)

【解答】(1) 每延米板上的恒载 g：

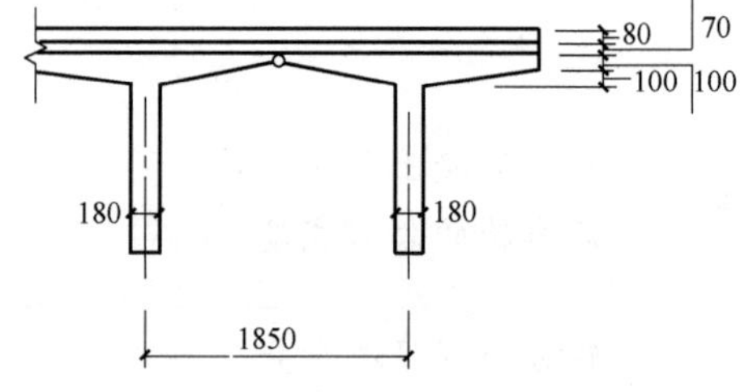

图 9.4.2-9

沥青混凝土面层 g_1：

$23\times1.0\times0.08=1.84kN/m$

混凝土垫层 g_2：

$24\times1.0\times0.07=1.68kN/m$

T 梁翼板自重 g_3：

$25\times1.0\times(0.10+0.20)/2=3.75kN/m$

合计：$g=\sum g_i=7.27kN/m$

(2) 铰接双悬臂板的净跨径 $l_0=(1850-180)/2=835mm$

(3) 每米宽板条的恒载内力

弯矩　$M_{Ag}=-\frac{1}{2}gl_0^2$

$=-7.27\times0.835^2/2=2.534kN\cdot m$，选 (B)。

【例 9.4.2-5】一个前轴车轮作用下铰接悬壁板的内力计算

条件：图 9.4.2-10 所示 T 梁翼板所构成铰接悬壁板。荷载为公路-Ⅱ级。桥面铺装为 2cm 的沥青混凝土面层（容重为 $21kN/m^3$）和平均 9cm 厚 C25 混凝土垫层（容重为 $23kN/m^3$）。T 梁翼板的容重为 $25kN/m^3$。

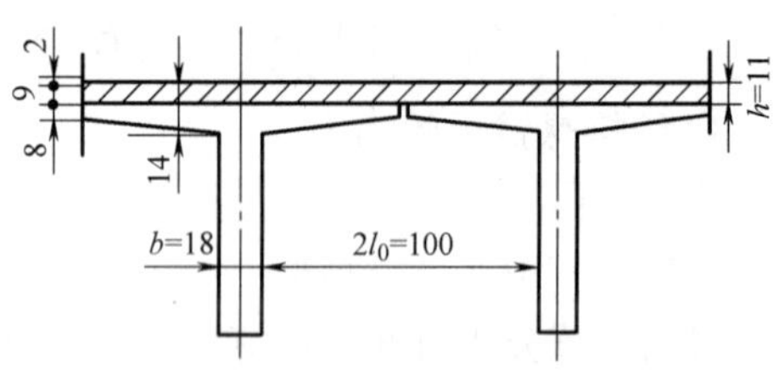

图 9.4.2-10　铰接悬壁行车道板（尺寸：cm）

要求：计算在一个前轴车轮作用下的内力。

【解答】(1) 恒载及其内力（以纵向一米宽的板条进行计算）

① 每延米板上的恒载 g：

沥青混凝土面层 g_1：$0.02\times1.0\times21=0.42kN/m$

C25 混凝土垫层 g_2：$0.09\times1.0\times23=2.07kN/m$

T 梁翼板自重 g_3：$\frac{0.08+0.14}{2}\times1.0\times25=2.75kN/m$

合计：$g=\sum g_i=5.24kN/m$

② 每米宽板条的恒载内力

弯矩　$M_{Ag}=-\frac{1}{2}gl_0^2=-\frac{1}{2}\times5.24\times0.50^2$

$=-0.655kN\cdot m$

(2) 汽车荷载产生的内力

将前轮作用于铰缝轴线上（图 9.4.2-11），前轴作用力为 $P=30kN$，轮压分布宽度如

图 9.4.2-12 所示。由于汽车前轮的着地长度为 $a_1=0.20$m，宽度为 $b_1=0.30$m（由《桥通》4.3.1 条表 4.3.1-3 查得），则得

$$a_2=a_1+2h=0.20+2\times0.11=0.42\text{m}$$
$$b_2=b_1+2h=0.30+2\times0.11=0.52\text{m}$$

荷载对于悬壁根部的有效分布宽度：

$$a=a_1+2h+2l_0=0.42+2\times0.50=1.42\text{m}$$

考虑冲击影响的增大系数 $1+\mu=1.3$

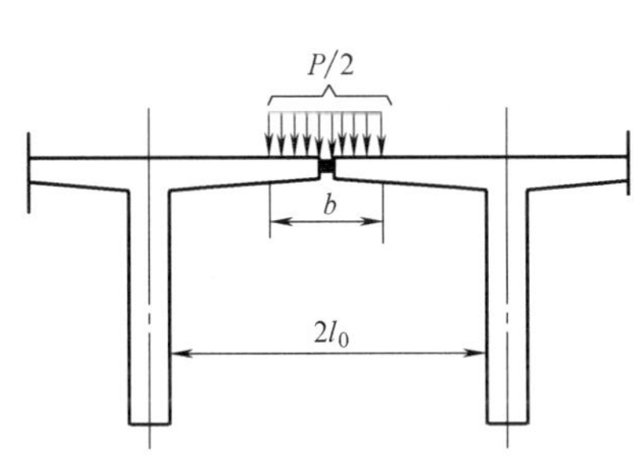

图 9.4.2-11 按悬臂板计算的图式

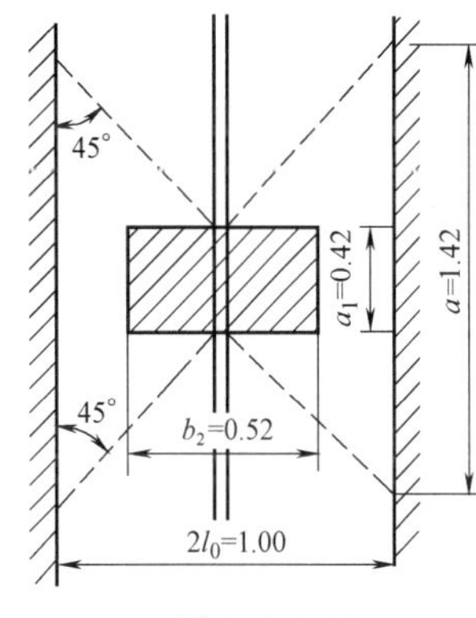

图 9.4.2-12

作用于每米宽板条上的弯矩为：

$$M_{\text{Ap}}=-(1+\mu)\frac{P}{4a}\left(l_0-\frac{b_2}{4}\right)=-1.3\times\frac{30}{4\times1.42}\left(0.5-\frac{0.52}{4}\right)$$
$$=-2.54\text{kN}\cdot\text{m}$$

(3) 内力组合

根据《桥通》4.1.5 条的规定乘以相应荷载规定的荷载分项系数后计算内力。当按承载能力极限状态设计时，对于恒载与活载产生同号内力的情况，其计算内力为：

$$M_{\text{A}}=1.2M_{\text{Ag}}+1.8M_{\text{Ap}}=1.2\times(-0.655)+1.8\times(-2.54)=-5.358\text{kN}\cdot\text{m}。$$

9.5 梁　　桥

一、影响线与荷载横向分布系数

1. 影响线的应用

《桥通》第 4.3.1 条第 4 款第 3 项规定

> 车道荷载的均布荷载标准值应满布于使结构产生最不利效应的同号影响线上；集中荷载标准值只作用于相应影响线中一个最大影响线峰值处。

【例 9.5.1-1】 一级公路上的一座桥梁如图 9.5.1-1 所示，为三跨（70m＋100m＋70m）变截面预应力混凝土连续箱梁；该桥用车道荷载求边跨（L_1）跨中正弯矩最大值时，车道荷载顺桥向布置时，下列哪种布置符合规范规定？

提示：三跨连续梁的边跨（L_1）跨中影响线如下：

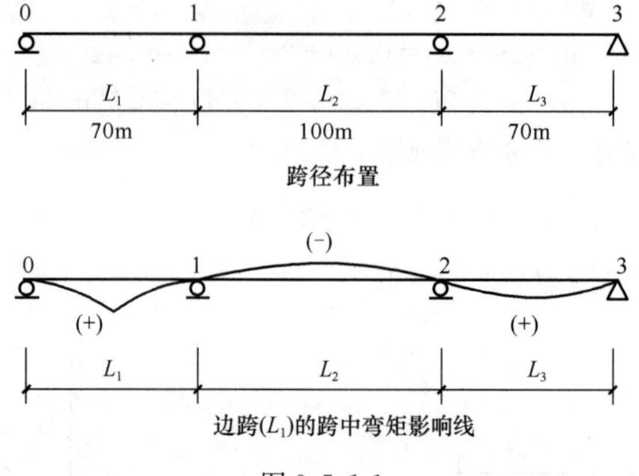

图 9.5.1-1

（A）三跨都布置均布荷载和集中荷载

（B）只在两边跨（L_1 和 L_3）内布置均布荷载，并只在 L_1 跨最大影响线坐标值处布置集中荷载

（C）只在中间跨（L_2）布置均布荷载和集中荷载

（D）三跨都布置均布荷载

【答案】（B）

【解答】根据《桥通》4.3.1 条 4 款 3 项规定，（A）、（C）、（D）三种荷载布置都不会使边跨（L_1）的跨中产生最大正弯矩，只有（B）种布置才能使要求截面的弯矩产生最不利效应，而且C种布置甚至使边跨相应截面产生负弯矩。所以说，该题正确答案应该是（B）。

【例 9.5.1-2】某二级公路立交桥上的一座直线匝道桥，为钢筋混凝土连续箱梁结构（单箱单室），其中一联为三孔，每孔跨径 $L=25\text{m}$，中墩处为单支点，边墩为双支点抗扭支座。设计荷载为公路-Ⅰ级，结构安全等级一级。梁的重力密度为 158kN/m，汽车居中行驶，其冲击系数按 1.15 计。

上述匝道桥的边支点采用双支座（抗扭支座），双支座平均承担反力。

试问，在重力和车道荷载作用时，每个支座的组合力值 R_A（kN）与下列何项数值最为接近？

提示：反力影响线的面积：第一孔 $W_1=+0.433L$；第二孔 $W_2=-0.05L$；第三孔 $W_3=+0.017L$。

（A）1147　　（B）1334　　（C）1366　　（D）1378

【答案】（D）

【解答】跨径 $L=25\text{m}$，重力荷载 $q=158\text{kN/m}$，公路-Ⅰ级，均布荷载 $q_k=10.5\text{kN/m}$，集中荷载 $P_k=260\text{kN}$

重力反力：$R_q=q(W_1-W_2+W_3)=158\times(0.433-0.05+0.017)L=158\times0.40\times25=1580\text{kN}$

公路-Ⅰ级

均布荷载反力：$R_{01}=q_k(W_1+W_3)=10.5\times(0.433+0.017)\times25=10.5\times0.45\times25=118\text{kN}$

集中荷载反力：$R_{02}=P_k\times1.0=260\times1=260\text{kN}$

边支点承担反力标准值 $R_Q=1.15\ (118+260)\ =1.15\times378=435\text{kN}$

则反力设计值 $R_d=1.1\times\ (1.2\times1580+1.4\times435)\ =2756\text{kN}$

每个支座的平均反力组合值 $R_A=2756/2=1378\text{kN}$，所以 R_A 与（D）情况最为接近。

2. 横向分布系数

作用在桥梁上的荷载包括恒载与活载。

为了对主梁截面进行设计及验算，必须求出恒载与活载（计入冲击力）在主梁中所产生的内力。由于恒载沿桥横向一般总是对称分布的，因此对于恒载内力可近似地把空间结构简化成平面问题来计算。但在计算活载内力时有所不同，须注意以下特点。

在公路桥梁中，桥的横向设有多车道，可以同时行驶几行并列的汽车。汽车活载在桥的横向移动，使多根主梁中的各根主梁承受到不同的活载，这就存在着主梁荷载横向分配的问题。因此，对公路桥进行主梁内力计算时，不仅要考虑到竖向活载沿桥跨方向的最不利位置，而且还应考虑到活载沿桥横向的最不利位置。

为了说明这个问题，现举一个简单的例子。

图 9.5.1-2 表示一座简单的桥梁，其计算跨径为 5m，有两片钢筋混凝土矩形截面的主梁。主梁间距为 2m。主梁上铺有两端伸臂的预制桥面板，桥面两侧栏杆的净距为 3.00m。现有 100kN 重的汽车（图 9.5.1-3）通过。汽车前轴重力为 30kN，后轴重力为 70kN。

现在我们求①号主梁的最大跨中弯矩 $M_{0.5l}$ 和支点剪力 V_0。

（1）求最大距中弯矩 $\max M_{0.5l}$（图 9.5.1-4）

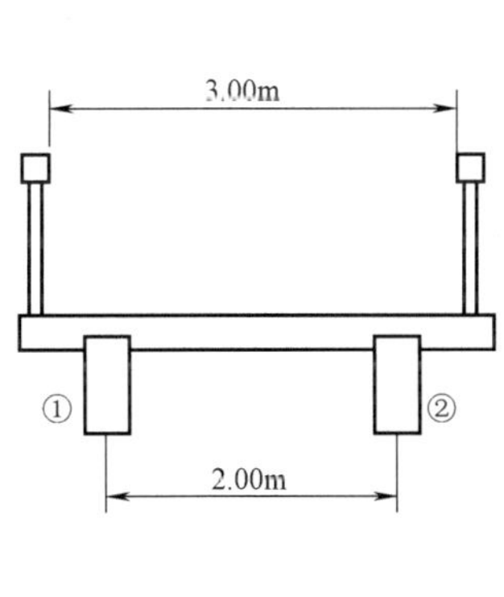

图 9.5.1-2

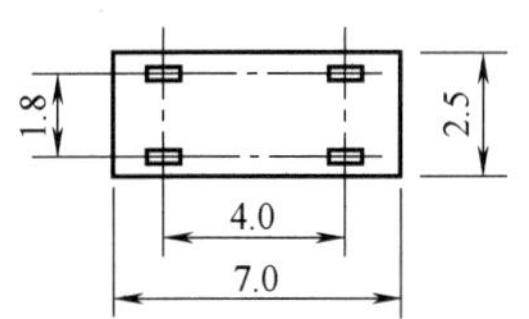

图 9.5.1-3　汽车的平面尺寸(单位：m)

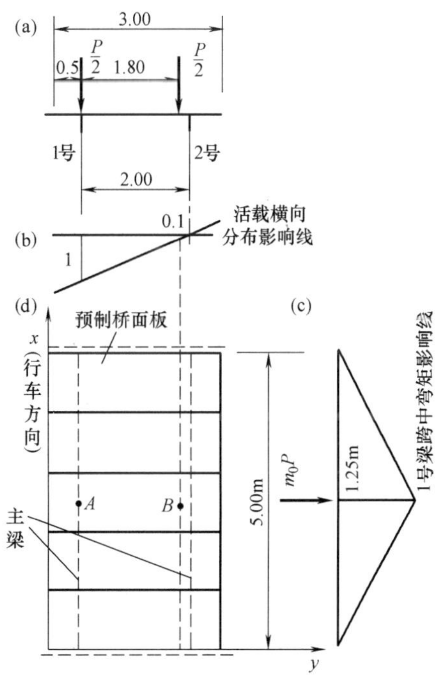

图 9.5.1-4

为了使①号主梁受力最大势必将一个车轮的轮压直接落在①号主梁上，另一个落在两片主梁中间，离①号主梁 1.80m（小于 2.00）[图 9.5.1-4（a）]。如轮轴重为 P，则每个轮的压力为$\frac{P}{2}$。既然预制桥面板简支于主梁上，那么，①号主梁对桥面荷载反力影响线很容易绘出［图 9.5.1-4（b）]。左轮压下的影响线坐标为 $\eta_1=1$，右轮压下为 $\eta_2=0.1$，则①号主梁所分配到的轮压为

$$(\eta_1+\eta_2)\frac{P}{2}=(1+0.1)\frac{P}{2}=0.55P=m\cdot P$$

由此可见，车辆过桥时，两片主梁所分配到的荷载是不相同的。如车辆偏左，则①号主梁最大受载为 $0.55P$；反之，则②号主梁最大受载亦为 $0.55P$。

这里所用的影响线称荷载横向分布影响线，是单位荷载沿横向作用在不同位置时，对某梁所分配到的荷载比值变化曲线。给出了该梁在同一纵向坐标上所分配到的不同荷载作用力，这样就可对单根主梁，利用结构力学方法（影响线）来求解主梁截面内力了。这就是利用荷载横向分布来计算公路桥主梁内力的基本概念。

按荷载横向分布影响线进行最不利加载，就可以求得车辆作用在桥上时，某主梁可能分得的最大荷载 P_i。这种在桥的横向布置荷载，并确定某片主梁最大受载的方法，称为荷载的横向布置。当荷载的横向布置确定后，即能用荷载横向分布影响线求出该梁被分配到的荷载值 P_i。将分配到的荷载值 P_i 除以车辆的轴重，称为荷载横向分布系数。这是一个表征荷载分布程度的系数，表示某根主梁所承担的最大荷载是桥上作用车辆荷载各个轴重的倍数，用符号 m 表示，通常 $m<1$。显然，桥梁结构一定，轮重在桥上的位置确定。则每根主梁的横向分布系数也是一个定值。而各根主梁的 m 值是不一样的。

对于①号梁在汽车荷载作用下计算出来的系数 $m=\frac{1}{2}\Sigma\eta$，称该片主梁的汽车荷载横向分布系数。无论荷载在纵向怎样布置，则①号主梁将受到的最大荷载为车轴作用在桥上荷载的 $m=0.55$ 倍。

荷载的纵向布置是要使主梁跨中产生最大的弯矩。先做出主梁跨中弯矩影响线［图 9.5.1-4（c）]，最重的轮轴布置在跨中弯矩影响线最大坐标值上（即跨中），另一个轮轴已落在上梁跨径范围以外。这样①号主梁跨中最大弯矩（考虑冲击影响的增大系数 $1+\mu$）为

$$\max M_{0.5l}=(1+\mu)\cdot m\cdot P\cdot 1.25=1.3\times0.55\times70\times1.25=62.6\text{kN}\cdot\text{m}$$

式中　$P=70$kN（汽车后轴重），假定冲击系数 $\mu=0.3$，$(1+\mu)=1.3$，1.25 为主梁跨中弯矩影响线最大坐标值 η。

从图 9.5.1-4（d）可以看出，当汽车后轮落在桥面上 A、B 两点时，①号主梁的跨中弯矩为最大。A、B 两点是通过汽车横向和纵向“最不利位置”的布置后得到的。

（2）求最大的支点反力 V_0

为了使①号主梁支点反力最大，同样要将车辆尽可能靠近①号主梁。荷载的横向布置、荷载横向分布影响线以及荷载横向分布系数 m，同前面所讲的完全一样。所不同的是车轮的纵向布置。由①号主梁支点反力影响线可知，后轮应布置在支点上，而前轮布置在桥跨间［反力影响线坐标值为 0.2，见图 9.5.1-5(c)]。因此，①号主梁支点最大剪力为

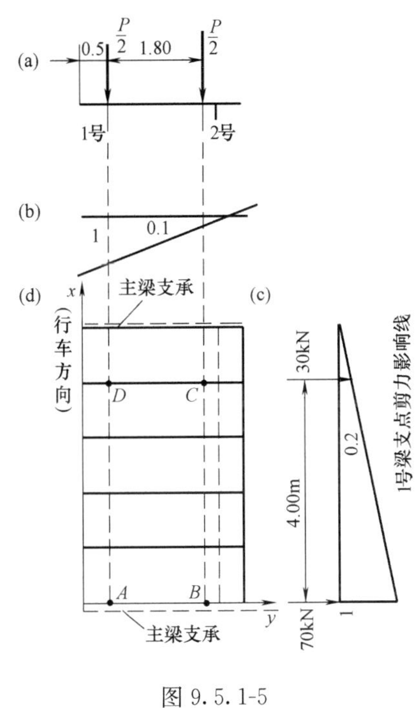

图 9.5.1-5

$$\max V_0=(1+\mu)\cdot m(70\times1+30\times0.2)$$
$$=1.3\times0.55\times76=54.3\text{kN}$$

从图 9.5.1-5(d) 可以看出，当汽车后轮落在桥面上 A、B 两点，前轮落在 C、D 两点时，①号主梁支点的剪力为最大。A、B、C、D 四点也是通过车辆横向和纵向"最不利位置"的布置后得来的。

公路桥一般都是多片主梁，各片主梁之间又通过横梁、桥面板连接成一个整体。这是一个空间结构，当荷载作用在某一点时，整个结构同时受力。究竟每片主梁受多大的荷载，这些荷载又是怎样分布的，这是一个相当复杂的力学问题，较为正确的计算相当繁琐。为了叙述简单起见，首先分析一下在中间主梁的跨中作用有一个集中力 P 时，桥梁横向刚度对主梁荷载分配的影响。图 9.5.1-6 绘出了不同横向刚度时的主梁变位情况。

图 9.5.1-6(a) 所示为由五根主梁组成的横向无任何联系的结构。在集中力 P 作用下，只有中间一根主梁受力，其余主梁均不受任何影响。也就是说，中间梁的横向分布系数 $m=1$，其他梁的横向分布系数 $m=0$。显然，这是一种很不经济又不合理而整体性又极差的结构。

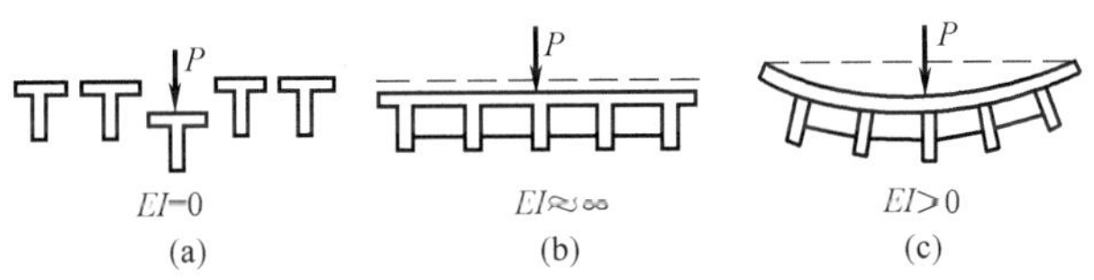

图 9.5.1-6　不同横向刚度时的主梁变位

图 9.5.1-6(b) 则表示为另一种极端的情况：主梁的横向联系为绝对刚性，即横向抗弯刚度为无穷大。在同样的集中力 P 作用下，五根主梁只发生相同的竖向线位移，而无横向的挠曲变形，每根主梁均承受$\frac{P}{5}$的力，所以各梁的横向分布系数$m=0.2$。

对钢筋混凝土桥而言，实际的横向构造刚度既非为零，也非无穷大，而是介于这两者之间。

二、主梁的内力计算

1. 恒载内力计算

钢筋混凝土桥梁的恒载，往往占全部设计荷载很大的比重，梁的跨径越大，恒载所占的比重也越大。

在确定计算恒载时，为了简化起见，习惯上往往将沿桥跨分点作用的横隔梁重量、沿桥横向不等厚分布的铺装层重量以及作用于两侧的人行道和栏杆等重量均匀地分摊给各主梁承受。因此，对于等截面梁桥的主梁，其计算恒载是简单的均布荷载。为了更精确起见，也可根据施工安装的情况，将人行道、栏杆、灯柱和管道等重量像活载计算那样，按荷载横向分布的规律进行分配。

对于组合式梁桥，应按实际施工组合的情况，分阶段计算其恒载内力。例如，先按预制主梁、现浇桥面板的重量计算仅由预制主梁承受的第一阶段恒载内力，再按桥面铺装、人行道、栏杆等重量计算由梁面板和预制主梁结合而成的组合梁所承受的第二阶段恒载内力。

【例 9.5.2-1】、【例 9.5.2-2】

某公路钢筋混凝土简支梁桥，其计算跨径 $L=14.5\text{m}$，主梁由多片 T 形梁组成，其中单片主梁断面尺寸如图 9.5.2-1 所示。

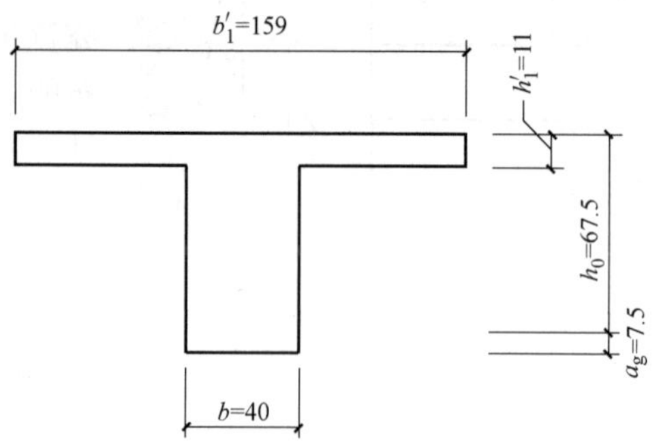

图 9.5.2-1（单位：cm）

【例 9.5.2-1】

当主梁恒载 $q=22.5\text{kN/m}$ 时，主梁跨中恒载弯矩与下列何项数值最为接近？

(A) 40.781kN·m

(B) 591.328kN·m

(C) 1182.656kN·m

(D) 2365.313kN·m

【答案】(B)

$$M=\frac{qL^2}{8}=\frac{22.5\times14.5^2}{8}=591.328\text{kN}\cdot\text{m},\text{选(B)。}$$

【例 9.5.2-2】

当主梁恒载 $q=22.5\text{kN/m}$ 时，其主梁支点恒载剪力值与下列何项数值最为接近？

(A) 40.781kN　(B) 81.563kN　(C) 163.125kN　(D) 2365.313kN

【答案】(C)

$$V=\frac{qL}{2}=\frac{22.5\times14.5}{2}=163.125\text{kN},\text{选(C)。}$$

2. 活载内力计算

主梁中活载内力主要是指由汽车荷载、人群荷载产生的内力。汽车荷载采用车道荷载，它是由均布荷载和一个集中荷载组成。人群荷载按均布荷载考虑。

主梁活载内力计算分为两步：第一步求主梁的最不利荷载横向分布系数；第二步应用主梁内力影响线：将荷载乘以横向分布系数后，在纵向的内力影响线上按最不利位置加载，求得主梁最大活载内力。第一步已在前面讨论过，第二步即在本段讨论。

截面活载内力计算的一般公式可表述如下：

(1) 截面的内力（弯矩）计算的基本公式

$$S=(1+\mu)\cdot\xi\cdot m_i\cdot S_k$$

式中　S——所求截面的内力（弯矩）；

S_k——所求截面的内力标准值；

μ——冲击系数；

ξ——多车道折减系数；

m_i——沿桥跨纵向与荷载位置对应的横向分布系数。

（2）截面的内力标准值

当作用集中力时，$S_k = \sum P_k \cdot y_i$

当作用均布力时，$S_k = q_k \cdot \Omega$

式中 P_k——集中荷载标准值；

q_k——均布荷载标准值；

y_i——沿桥跨纵向与荷载位置对应的内力影响线竖标值；

Ω——截面内力影响线的面积。

（3）截面的内力（弯矩）的一般公式

当作用集中力时 $S = (1+\mu) \cdot \xi \cdot m_i \cdot \sum P_k \cdot y_i$

当作用均布力时 $S = (1+\mu) \cdot \xi \cdot m_i \cdot q_k \cdot \Omega$

① 对于车道荷载：$S = (1+\mu) \cdot \xi \cdot m_{cq} \cdot (q_k \cdot \Omega + P_k \cdot y_p)$ （9.5.2-1）

式中 S——汽车荷载作用下的截面内力（弯矩或剪力）；

$(1+\mu)$——考虑冲击影响的增大系数；

m_{cq}——简支梁跨中位置汽车荷载的横向分布系数；

q_k——车道荷载的均布荷载标准值；

Ω——影响线的面积；

P_k——车道荷载的集中荷载标准值；

y_p——对应于车道集中荷载的影响线最大竖标值。

② 对于人群荷载：

$$S_r = m_{cr} \cdot p_{or} \cdot \Omega \quad (9.5.2\text{-}2)$$

式中 S_r——人群荷载作用下的截面内力（弯矩或剪力）；

p_{or}——人群荷载标准值；

m_{cr}——简支梁跨中位置人群荷载的横向分布系数；

当计算简支梁各截面的最大弯矩时，可近似取用不变的跨中横向分布系数 m_c 计算，如图 9.5.2-2(b) 所示。

简支梁跨中截面的弯矩影响线见图 9.5.2-3，对于任意截面 C 处弯矩影响线的顶点坐标

$$y = mn/l$$

式中 l——计算跨径；

m、n——截面 C 距简支梁左、右两支点之距离。

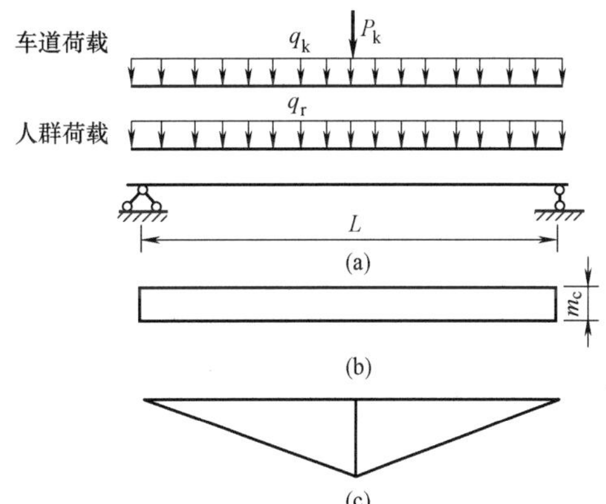

图 9.5.2-2 跨中弯矩的计算简图

（a）车道荷载和人群荷载；

（b）沿梁跨的横向分布系数；

（c）跨中变矩影响线；

跨中截面弯矩影响线的顶点坐标

$$y_k=\frac{mn}{l}=\frac{\frac{l}{2}\times\frac{l}{2}}{l}=\frac{l}{4}$$

则跨中截面弯矩影响线的面积

$$\Omega_M=\frac{1}{2}\cdot y_k\cdot l=\frac{1}{2}\cdot\frac{\frac{l}{2}\times\frac{l}{2}}{l}\cdot l=\frac{l^2}{8}$$

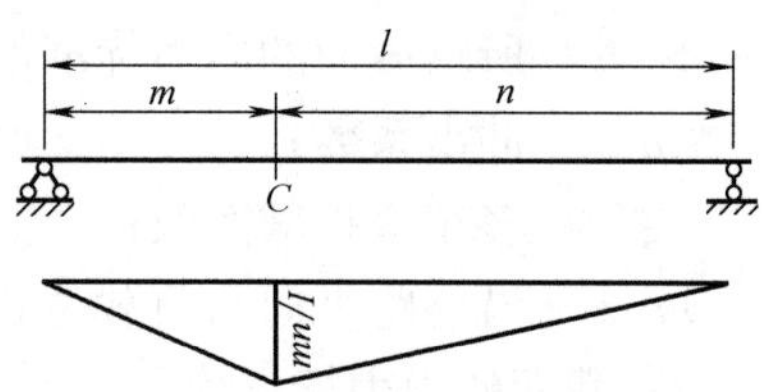

图 9.5.2-3 简支梁跨中截面的弯矩影响线

【例 9.5.2-3】

某后张预应力混凝土梁桥，2 车道其计算跨径L=24.2m，主梁系由多片马蹄 T 形截面梁组成。已求得单片主梁跨中弯矩汽车荷载横向分布系数为 0.64。汽车荷载冲击系数为 0.128。试问，汽车荷载引起的主梁跨中计算弯矩（kN·m）与下列何项数值最为接近？

（A）1375.29　　（B）1465.9　　（C）1902　　（D）2423.95

【答案】（C）

（1）根据《桥通》4.3.1 条 4 款，计算跨径 24.2m 的车道荷载，均布荷载：q_k=10.5kN/m

集中荷载：$P_k=2\times(L_o+130)=2\times(24.2+130)$
$=308.4$

（2）影响线

跨中弯矩影响线的最大纵标

$$y_k=\frac{l}{4}=\frac{24.2}{4}=6.05$$

跨中弯矩影响线的面积

$$\Omega_M=\frac{l^2}{8}=\frac{24.2^2}{8}=73.205\text{m}$$

（3）跨中汽车荷载引起的弯矩值

$$\begin{aligned}M_q&=(1+\mu)\xi m_{cq}(P_k y_k+q_k\Omega)\\&=(1+0.128)\times1\times0.64\times(308.4\times6.05+10.5\times73.205)\\&=1.128\times1\times0.64\times2634.5=1902\text{kN}\cdot\text{m}，选（C）\end{aligned}$$

【例 9.5.2-4】

某三级公路钢筋混凝土简支梁桥，其计算跨径L=14.5m，两车道设计荷载为公路-Ⅰ级。主梁由多片 T 形梁组成，其中单片主梁断面尺寸如图 9.5.2-4 所示。

经计算单片主梁跨中弯矩汽车荷载横向分布系数为 0.412，当汽车荷载冲击系数假定为 0.125 时，其主梁跨中汽车荷载引起的弯矩值与下列何项数值最为接近？

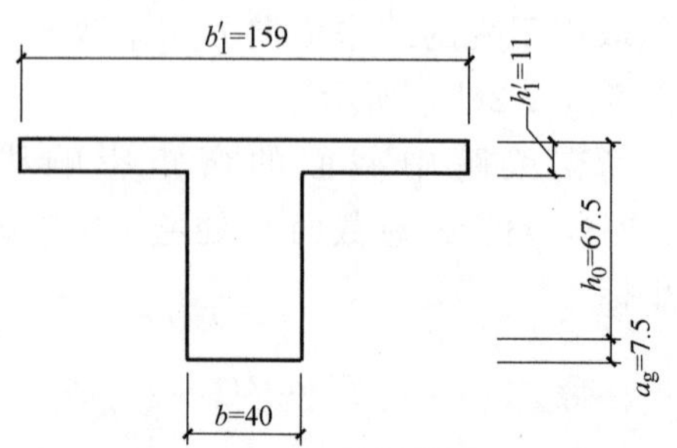

图 9.5.2 4（尺寸单位：cm）

(A) 364kN·m　　　　(B) 390.019kN·m

(C) 613.5kN·m　　　　(D) 993.921kN·m

【答案】(C)

(1) 根据《桥通》4.3.1 条 4 款，计算跨径 14.5m 的公路-Ⅰ级车道荷载，均布荷载：$q_k=10.5\text{kN/m}$

集中荷载：

$$P_k=2\times(L_o+130)=2\times(14.5+130)=289$$

(2) 影响线

跨中弯矩影响线的最大纵标

$$y_k=\frac{l}{4}=\frac{14.5}{4}=3.625$$

跨中弯矩影响线的面积

$$\Omega_M=\frac{l^2}{8}=\frac{14.5^2}{8}=26.28\text{m}$$

(3) 跨中汽车荷载引起的弯矩值

$$\begin{aligned}M_q&=(1+\mu)\xi m_{cq}(P_k y_k+q_k\Omega)\\&=(1+0.125)\times1\times0.412\times(289\times3.625+10.5\times26.28)\\&=1.125\times1\times0.412\times1323.6=613.5\text{kN}\cdot\text{m}\end{aligned}$$，选(C)。

【例 9.5.2-5】活载作用下主梁的内力计算(计算跨径 19.50m)

条件：如图 9.5.2-5 所示五梁式钢筋混凝土简支梁桥。

桥梁宽：净 9+2×1.0m，设计荷载公路-Ⅱ级，人群荷载 3.0kN/m^2，计算跨径 19.5m，冲击系数 $\mu=0.191$，①号梁荷载横向分布系数汇总于下表：

①号梁的荷载横向分布系数 m_c

车道荷载 m_{cq}	人群 m_{cr}
0.611	0.599

图 9.5.2-5　桥梁横断面和纵断面图(单位：cm)

要求：计算①号梁的跨中弯矩

【答案】

(1) 冲击系数　$\mu=0.191$，　$1+\mu=1.191$

(2) 车道荷载的标准值确定

桥面净宽 $W=9$m，当车辆双向行驶时，如果 $7.0\leqslant W\leqslant14.0$，横向布置车队数为 2 列车队，不考虑折减系数，$\xi=1$。根据《桥通》4.3.1 条，$L_0=19.5$m。

> 公路-Ⅰ级车道荷载的集中荷载标准值，当桥梁的计算跨径小于或等于 5m 时，车道荷载的集中荷载标准值 $P_k=180$kN；当桥梁的计算跨径等于或大于 50m 时，$P_k=360$kN，本例计算跨径 1～19.5m，经内插

$$P_k = 2 \times (19.5 + 130) = 299\text{kN}$$

公路-Ⅰ级车道荷载的均布荷载标准值　　$q_k = 10.5\text{kN/m}$

公路-Ⅱ级车道荷载为公路-Ⅰ级车道荷载的 0.75 倍，则

集中荷载标准值　　$P_k = 299 \times 0.75 = 224.3\text{kN}$

均布荷载标准值　　$q_k = 10.5 \times 0.75 = 7.875\text{kN/m}$。

（3）跨中弯矩

跨中弯矩影响线的最大纵标 $y_k = \frac{1}{4} = \frac{19.5}{4} = 4.875\text{m}$

跨中弯矩影响线的面积 $\Omega_M = \frac{l^2}{8} = \frac{19.5^2}{8} = 47.531\text{m}^2$

① 车道荷载

$$\begin{aligned} M_q &= (1+\mu)\xi m_{cq}(P_k y_k + q_k \Omega) \\ &= 1.191 \times 1 \times 0.611 \times (224.3 \times 4.875 + 7.875 \times 47.531) \\ &= 1068.10\text{kN} \cdot \text{m} \end{aligned}$$

② 人群荷载，人群荷载的集度 $q_r = 3.0 \times 1.0 = 3.0\text{kN/m}$

$$M_r = m_{cr} q_1 \Omega = 0.599 \times 3.0 \times 47.531 = 85.41\text{kN} \cdot \text{m}$$

三、箱形截面梁

箱形梁的抗扭性能远远高于工形梁，当箱形梁的桥面上作用偏心荷载时，整体箱形梁的受力可以分为两种情况进行分析：对称荷载作用下的平面弯曲问题和偏转作用下的扭转问题，对于平面弯曲问题，采用一般的材料力学公式就可以计算出横截面上的弯曲正应力和弯曲剪应力；对于扭转问题，计算内容较多，计算也较复杂。采用普通钢筋混凝土和预应力钢筋混凝土箱形截面的抗扭刚度很大，由扭转引起的应力一般比平面弯曲引起的应力小得多。从简化计算的目的出发，可以采用先按纯弯构件计算出箱形截面梁的内力，在此基础上再考虑扭转的影响，即在纯弯内力上乘一个增大系数——扭转影响对箱形梁内力的不均匀系数 k，这是一种偏保守的简化计算方法。

箱形梁（按全截面计算）其内力计算的一般公式为

$$S = (1+\mu) \cdot \xi \cdot K \cdot (q_k \cdot \Omega + P_k \cdot y_p) \tag{9.5.3-1}$$

式中　S——汽车荷载作用下的截面内力（弯矩或剪力）；

$1+\mu$——考虑冲击影响的增大系数；

ξ——汽车荷载横向折减系数；

K——扭转影响对箱形梁内力的不均匀系数（活载内力增大系数）；

q_k——车道荷载的均布荷载标准值；

Ω——弯矩或剪力影响线的面积；

P_k——车道荷载的集中荷载标准值；

y_p——对应于车道集中荷载的影响线最大竖标值。

【例 9.5.3-1】

某一级公路设计行车速度 $V = 100\text{km/h}$，双向六车道，汽车荷载采用公路-Ⅰ级。其公路上

有一座计算跨径为40m的预应力混凝土箱形简支梁桥，采用上、下双幅分离式横断面行驶。横断面布置如图9.5.3-1所示。计算该箱形梁桥汽车车道荷载时，应按横桥向偏载考虑。假定车道荷载冲击系数μ=0.215，车道横向折减系数为0.67，扭转影响对箱形梁内力的不均匀系数K=1.2，试问，该箱形梁桥跨中断面，由汽车车道荷载产生的弯矩作用标准值（kN·m），应与下列何项数值最为接近？

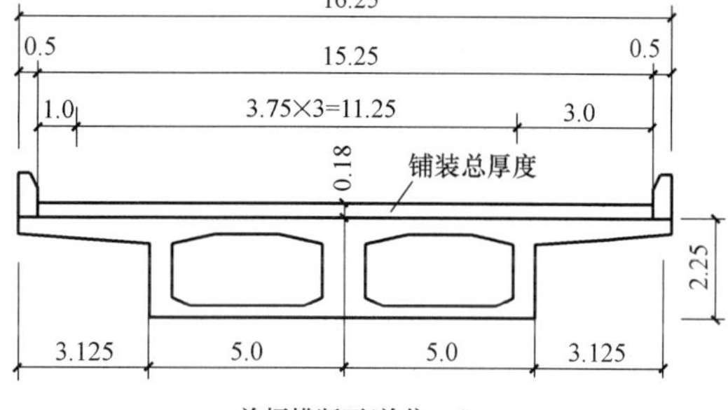

图9.5.3-1

（A）21000　（B）21500

（C）22000　（D）22500

【答案】（B）

【解答】（1）根据《桥通》4.3.1条4款，计算跨径l=40m的公路-Ⅰ级车道荷载，均布荷载：q_k=10.5kN/m。

集中荷载：$P_k=2\times(L_0+130)=2\times(40+130)=340$。

（2）根据《桥通》表4.3.1-4，采用4车道，$n=4$；

（3）根据《桥通》表4.3.1-5，横向折减系数ξ=0.67；

（4）跨中弯矩影响线竖标最大值为$y=\dfrac{l}{4}=\dfrac{40}{4}=10$m，影响线面积为$\omega=40\times10/2=200\text{m}^2$；

（5）冲击力增大系数$1+\mu$=1.215；

（6）扭转影响对箱形梁内力的不均匀系数K=1.2；

（7）汽车荷载引起的跨中弯矩标准值为

$$
\begin{aligned}
M_k &= K(1+\mu)\cdot\xi\cdot n\cdot(q_k\omega+P_k\cdot y)\\
&=1.2\times(1+0.215)\times0.67\times4\times(10.5\times200+340\times10)\\
&=21490\text{kN}\cdot\text{m}。
\end{aligned}
$$

选（B）。

【例9.5.3-2】、【例9.5.3-3】

设计安全等级为二级的某公路桥梁，由多跨简支梁组成，其总体布置如图9.5.3-2所示。每孔跨径25m，计算跨径为24m，桥梁总宽10.5m，行车道宽度为8.0m，两侧各设1m宽人行步道，双向行驶二列汽车。每孔上部结构采用预应力混凝土箱梁，桥墩上设立四个支座，支座的横桥向中心距为4.5m。桥墩支承在基岩上，由混凝土独柱墩身和带悬臂的盖梁组成。计算荷载：公路-Ⅰ级。

提示：本桥箱梁的抗扭刚度较好，故略去扭转对箱形梁内力不均匀的影响。

【例9.5.3-2】

假定冲击系数μ=0.2，试问，该桥主梁跨中截面在公路-Ⅰ级汽车车道荷载作用下的弯矩标准值M_{Q1k}（kN·m），应与下列何项数值最为接近？

（A）6250　（B）2750　（C）2300　（D）4580

【答案】（A）

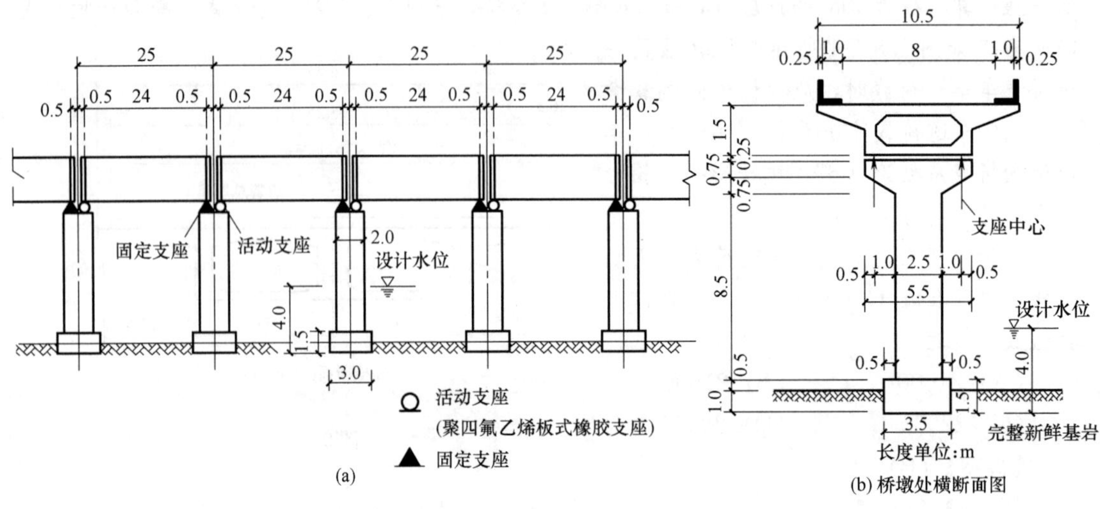

图 9.5.3-2

【解答】（1）根据《桥通》4.3.1 条表 4.3.1-4，8.0m 行车道宽度按双车道计算，$n=2$；

（2）根据《桥通》4.3.1 条 4 款，计算跨径 24m 的公路-Ⅰ级车道荷载，均布荷载：$q_k=10.5\text{kN/m}$

集中荷载：$P_k=2\times(L_o+130)=2\times(24+130)=308\text{kN}$；

（3）冲击系数 $\mu=0.2$，冲击力增大系数 $1+\mu=1.2$；

（4）车道荷载下的弯矩标准值为：

$$M_{Q1k}=\left(\frac{1}{8}\times10.5\times24^2+\frac{1}{4}\times308\times24\right)(1+0.20)\times2$$

$$=(756+1848)\times1.2\times2=2604\times1.2\times2=2750\times2=6249.6(\text{kN}\cdot\text{m})。$$

选（A）。

【例 9.5.3-3】

假定冲击系数 $\mu=0.2$，试问，该桥主梁支点截面在公路-Ⅰ级汽车车道荷载作用下的剪力标准值 V_{Q1k}（kN），应与下列何项数值最为接近？

提示：按加载长度近似取 24m 计算。

（A）525　　（B）1190　　（C）900　　（D）450

【答案】（B）

【解答】根据《桥通》4.3.1 条表 4.3.1-4，8.0m 行车道宽度按双车道计算，$n=2$；

（1）根据《桥通》4.3.1 条 4 款，计算跨径 24m 的公路-Ⅰ级车道荷载，均布荷载：$q_k=10.5\text{kN/m}$；

集中荷载：$P_k=308\text{kN}$；

（2）冲击系数 $\mu=0.2$，冲击力增大系数 $1+\mu=1.2$；

（3）根据《桥通》4.3.1 条 4 款，计算剪力效应时车道荷载的集中荷载取 $1.2P_k$；

（4）车道荷载下的剪力标准值

$$V_{Q1k}=\left(\frac{1}{2}\times10.5\times24+1.2\times308\right)(1+0.20)\times2\text{kN}$$

$=(126+369.6)\times1.2\times2\text{kN}=495.6\times1.2\times2\text{kN}=594.7\times2\text{kN}=1189.4\text{kN}$。

选（B）。

四、连续梁中间支座的负弯矩

《公路混凝土》规定

4.2.4 计算连续梁中间支承处的负弯矩时，可考虑支座宽度对弯矩折减的影响；折减后的弯矩按下列公式计算（图 4.2.4）；但折减后的弯矩不得小于未经折减的弯矩的 0.9 倍。

$$M_e=M-M' \tag{4.2.4-1}$$

$$M'=\frac{1}{8}qa^2 \tag{4.2.4-2}$$

式中 M_e——折减后的支点负弯矩；

M——按理论公式或方法计算的支点负弯矩；

M'——折减弯矩；

q——梁的支点反力 R 在支座两侧向上按 45°分布于梁截面重心轴 G-G 的荷载强度，$q=R/a$；

a——梁支点反力在支座两侧向上按 45°扩散交于重心轴 G-G 的长度（圆形支座可换算为边长等于 0.8 倍直径的方形支座）。

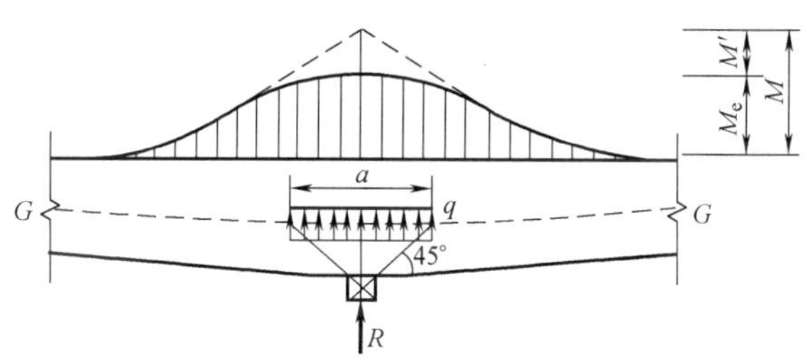

图 4.2.4 中间支承处折减弯矩计算图

【例 9.5.4-1】

某二级公路立交桥上的一座直线匝道桥，为钢筋混凝土连续箱梁结构，其中一联为三孔，每孔跨径各 25m，梁高 1.3m，中墩处为单支点，中墩支点采用 550mm×1200mm 的氯丁橡胶支座，设计荷载为公路-Ⅰ级。该桥中墩支点处的理论负弯矩为 15000kN·m 中墩支点总反力为 6600kN，试问，考虑折减因素后的中墩支点的有效负弯矩（kN·m），取下列何项数值较为合理？

提示：梁支座反力在支座两侧向上按 45°扩散交于梁重心轴的长度 a 为 1.85m

(A) 13474　　(B) 13500　　(C) 14595　　(D) 15000

【答案】(B)

【解答】(1) 分布的荷载强度 q

扩散长度 $a=1.85\text{m}$，支点总反力 $R=6600\text{kN}$

$$q=\frac{R}{a}=\frac{6600}{1.85}=3567.5\text{kN/m}$$

（2）根据《公路混凝土》式（6.2.4-2）折减弯矩 M'

$$M'=\frac{1}{8}qa^2=\frac{1}{8}\times3567.5\times1.85^2=1526.2\text{kN}\cdot\text{m}$$

（3）根据《公路混凝土》式（6.2.4-1）折减后的支座负弯矩 M_e

$$M_e=M-M'=15000-1526.2=13473.7\text{kN}\cdot\text{m}$$

（4）$0.9M=0.9\times15000=13500\text{kN}\cdot\text{m}>13474\text{kN}\cdot\text{m}$，取 $M_e=13500\text{kN}\cdot\text{m}$。

五、天桥

《城市人行天桥与人行地道技术规范》CJJ 69—1995（以下简称《人行天桥》）规定

> **2.2.2** 天桥每端梯道的净宽之和应大于桥面净宽 1.2 倍以上。且梯道最小净宽为 1.8m。

【例 9.5.5-1】 一过街人行天桥（图 9.5.5-1），其两端的两侧（即四隅）、顺人行道方向各修建一条梯道。天桥净宽 5.0m、全宽 5.6m。若各侧的梯道净宽都设计为同宽，梯道最小净宽 b（m）应为何项数值？

（A）5.0m　　（B）1.8m　　（C）2.5m　　（D）3.0m

【答案】（D）

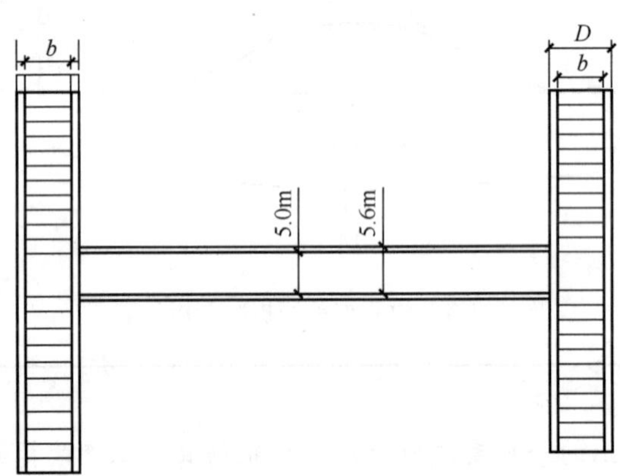

图 9.5.5-1

根据《人行天桥》2.2.2 条

$2b>5.0\times1.2\text{m}=6.0\text{m}$，则 $b=3.0\text{m}$，$3.0\text{m}>1.8\text{m}$，梯道最小净宽 $b=3\text{m}$

梯道最小净宽应为（D），即 3.0m。

《人行天桥》规定

> **2.2.1.2** 天桥桥面净宽不宜小于 3m，地道通道净宽不宜小于 3.75m。
>
> **2.2.2** 天桥与地道每端梯道和坡道的净宽之和应大于桥面（地道）的净宽 1.2 倍以上。梯（坡）道的最小净宽为 1.8m。

2.2.3 考虑兼顾自行车推车通过时，一条推车带宽按1m计，天桥或地道净宽按自行车流量计算增加通道净宽，梯（坡）道的最小净宽为2m。
2.2.4 考虑推自行车的梯道，应采用梯道带坡道的布置方式，一条坡道宽度不宜小于0.4m，坡道位置视方便推车流向设置。

【例9.5.5-2】

在设计某座城市过街人行天桥时，在天桥两端按需求每端分别设置1：2.5人行梯道和1：4考虑自行车推行坡道的人行梯道，全桥共设两个1：2.5人行梯道和2个1：4人行梯道。其中自行车推行方式采用梯道两侧布置推行坡道。假定，人行梯道的净宽度均为1.8m，一条自行车推行坡的宽度为0.4m，在不考虑设计年限内高峰小时人流量及通行能力计算时，试问，天桥主桥桥面最大净宽设计值更接近下列何值（m）?

(A) 3.0　　(B) 3.7　　(C) 4.3　　(D) 4.7

【答案】(B)

【解答】

(1) 天桥每端梯道的宽度

①带推车坡道的人行梯道宽度

《人行天桥》2.2.3条，“考虑兼顾自行车推车通过时，每条推车带宽按1m计”。且已知一条自行车推行坡的宽度为0.4m。

推行坡道布置在人行梯道两侧，一条自行车推行坡道＋推车带的宽度：0.4＋1＝1.4m

梯道净宽：2×1.4＝2.8m＞2m

②不带推车坡道的人行梯道宽度

已知人行梯道的净宽均为1.8m。

每端梯道净宽之和：2.8＋1.8－4.6m

(2) 天桥主桥桥面净宽

2.2.2条，天桥每端梯道净宽之和应大于桥面净宽的1.2倍。

2.2.1.2条，天桥桥面净宽不宜小于3m。

假设桥面净宽为B

$1.2B \leqslant b, B \leqslant b/1.2 \leqslant (2.8+1.8)/1.2 \leqslant 3.8$m，且≥3m，选（B)。

《人行天桥》规定

2.5.4条：为避免共振，减少行人不安全感，人行天桥上部结构竖向自振频率不应小于3Hz。

【例9.5.5-3】某人行天桥，根据《人行天桥》，对人行天桥上部结构竖向自振频率(Hz）严格控制。试问，这个控制值的最小值应为下列何项数值?

(A) 2.0　　(B) 2.5　　(C) 3.0　　(D) 3.5

【答案】(C)

根据《人行天桥》2.5.4条：“为避免共振，减少行人不安全感，人行天桥上部结构竖向自振频率不应小于3Hz”。

应选用（C）即3.0Hz。

9.6 支座与墩台

一、梁式桥的支座

1. 支座的作用、类型和布置

（1）支座的作用以及对支座的要求

按照梁式桥受力的要求，钢筋混凝土和预应力混凝土梁式桥在桥跨结构和墩台之间均须设置支座，其主要作用是：①将上部结构的支承反力（包括永久作用和可变作用引起的竖向力和水平力）传递到桥梁墩台；②保证结构在可变作用、温度变化、混凝土收缩和徐变等因素作用下能自由变形，以使上、下部结构的实际受力情况符合结构的静力图式（图9.6.1-1）。

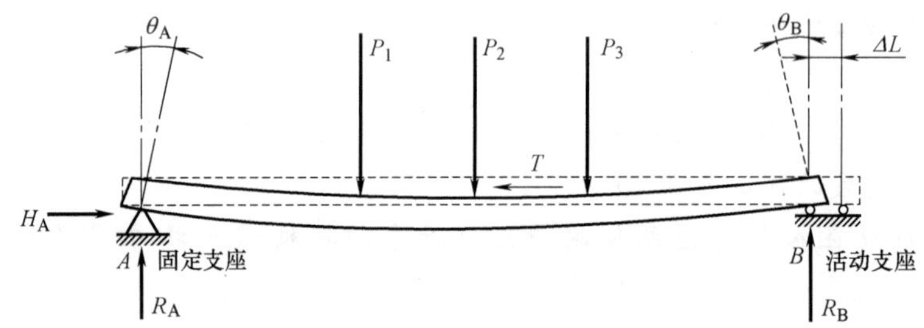

图9.6.1-1　简支梁的静力图式

桥梁支座按其容许变位方式分为固定支座与活动支座，活动支座又分为单向活动支座与多向活动支座（图9.6.1-2、图9.6.1-3）。

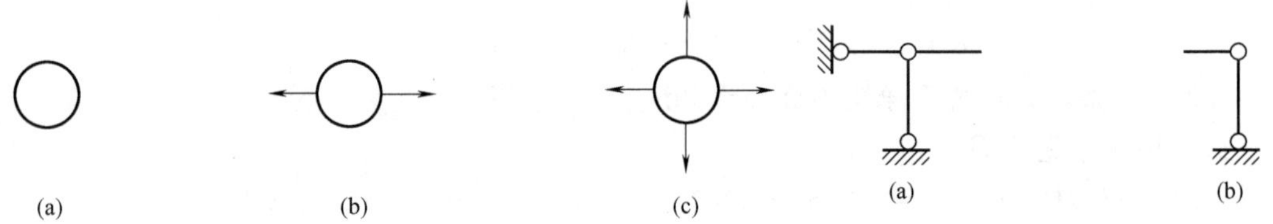

图9.6.1-2　支座平面图示

（a）固定支座；（b）单向活动支座；（c）多向活动支座

图9.6.1-3　支座立面图示

（a）固定支座；（b）活动支座

（2）支座的类型

支座按其容许变形的可能性分类：

① 固定支座。传递竖向力，允许上部结构在支座处能自由转动，但不能水平移动，即除竖向约束外，顺桥向、横桥向均有水平约束。

② 单向活动支座。传递竖向力，允许上部结构在支座处能自由转动和一个方向水平移动，即除竖向约束外顺桥向（或横向）有一水平约束。

③ 多向活动支座。与单向活动支座的区别是顺桥向、横桥向均可水平移动，即只有

竖向有约束。

(3) 支座的布置

桥梁支座的布置方式，主要根据桥梁的结构形式及桥梁的宽度确定。

简支梁桥的理论上一端设固定支座，另一端设活动支座。固定支座的布置，应根据以下原则确定：

① 对桥跨结构而言，最好使得梁的下缘在制动力的作用下受压，例如固定支座在行车方向的前方。

② 对桥墩而言，最好让制动力的方向指向桥墩中心，使墩顶圬工在制动力作用下受压而不受拉。

③ 对桥台而言，最好让制动力的方向指向堤岸，使墩台顶部圬工受压，并能平衡一部分台后土压力。

公路T形梁桥由于桥面较宽，支座活动方向不仅要考虑纵向活动的可能，还要考虑支座横向移动的可能，简支梁支座布置如图9.6.1-4所示（图中箭头所指表示支座活动方向，无箭头者表示不能活动）。即在固定墩上设置一个固定支座，相邻的支座设置为横向可动、纵向固定的单向活动支座，而在活动墩上设置一个纵向活动支座（与固定支座相对应），其余均设置多向活动支座。

对于连续梁桥及桥面连续的简支梁桥（图9.6.1-5），一般在每一联设置一个固定支座，并宜将固定支座设置在靠近温度中心，以使全梁的纵向变形分散在梁的两端，其余墩（台）上均设置活动支座。在设置固定支座的桥墩（台）上，一般采用一个固定支座，其余为横桥向的单向活动支座；在设置活动支座的所有桥墩（台）上，一般沿设置固定支座的一侧，均布置顺桥向的单向活动支座，其余均为双向活动支座。

对于多跨连续体系梁桥，设置固定支座和活动支座的个数应综合温度及地震影响共同考虑。若固定支座设置得较少，则温度引起的上、下部结构次内力就相应较小，但是地震引起的水平惯性力及车辆制动力就只能由设置固定支座的个别墩柱承担，可能造成该墩受力过大，反之亦然。

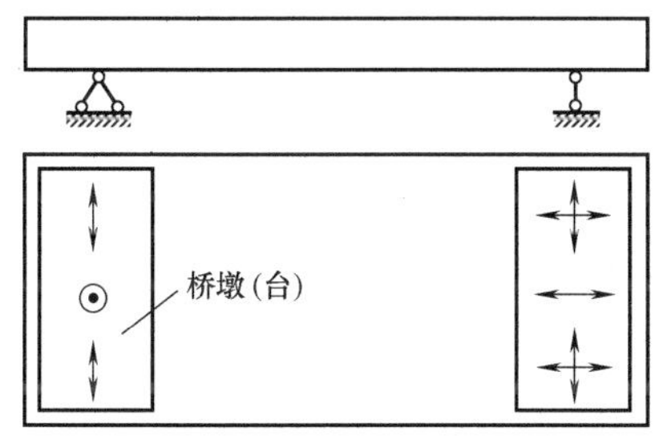

图9.6.1-4 简支梁支座布置

图9.6.1-5 连续梁支座布置

双向活动支座

顺桥向的活动支座

横桥向的活动支座

固定支座

【例9.6.1-1】

如图9.6.1-6所示某座跨径为80m+120m+80m、桥宽17m的预应力混凝土连续梁桥，采用刚性墩台，梁下设置支座；地震动峰值加速为 0.10g（地震设计烈度为 7°）。试判断下列哪个选项图中布置的平面约束条件是正确的？

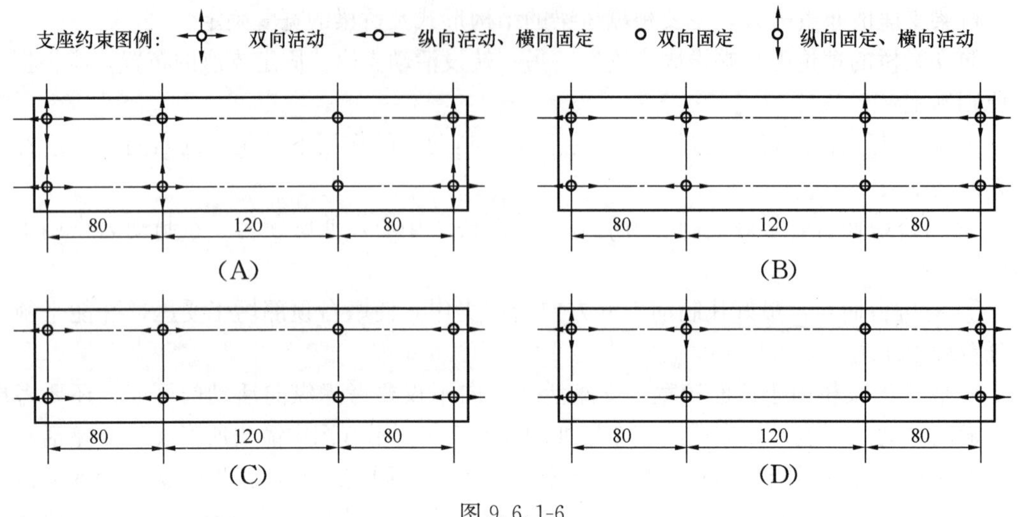

图 9.6.1-6

【答案】(B)

【解答】刚性墩台上，连续梁的支座设置，顺桥向各墩台中只能在一个桥墩上的二个支座受纵向约束；横桥向每个墩台二个支座中只能有一个受约束。否则，梁体不能适应顺桥向和横桥向温度变化而变化，容易引起梁体开裂；另外，如横桥向缺少约束，在地震时也有发生较大位移或造成落梁的可能。

2. 支座受力与变位分析

在进行桥梁支座的设计时，首先必须求得每个支座上所承受的竖向力和水平力以及需适应的位移和转角。然后，根据它们来选定支座的各部尺寸并进行强度、稳定等各项验算。

（1）受力分析

作用于支座上的竖向力有结构自重的反力、活载的支点反力及其影响力。在计算活载的支点反力时，要按照最不利位置加载，并计入冲击效应。当支座可能会出现上拔力（负反力）时，应分别计算支座的最大竖向力和最大上拔力。例如，当连续梁边跨较小而中跨较大时，或桥跨结构承受较大的横向风力时，支座锚栓会受到负反力作用。

作用于支座上的水平力包括纵向水平力和横向水平力。正交直线桥梁的支座，一般仅需计算纵向水平力。对斜桥和弯桥，还需要计算离心力或风力所产生的横向水平力。

支座上的纵向水平力，包括由汽车荷载的制动力、风力、支座摩阻力或温度变化、支座变形所引起的水平力以及其他原因如桥梁纵坡产生的水平力。汽车的制动力应按照《桥通》的要求确定，制动力在各支座上的分配亦应按规范计算。

位于地震区的桥梁支座的设计计算，应根据设计的地震烈度，按公路抗震设计《规范》的规定进行。

（2）变位分析

支座的水平位移包括纵向位移和横向位移。支座纵向位移有温度伸缩位移、混凝土收缩徐变变位、活载作用下梁体下翼缘伸长、下部结构的位移等；支座横向位移有温度、混凝土收缩徐变变位、下部结构横向位移、斜桥和弯桥荷载引起的横向变位等。

支座沿纵向的转角有结构自重和活载产生的梁端转角、混凝土收缩徐变产生的梁端转角、因下部结构变位产生的梁端转角等。

把以上各项支座反力和变位的计算结果组合，就可为支座的设计提供计算数据。

3. 板式橡胶支座

板式橡胶支座由多层橡胶片与薄钢板镶嵌、粘合、压制而成，如图 9.6.1-7 所示，板式橡胶支座的承载能力可达 10000kN，容许压应力一般为 10MPa 左右。适用于标准跨径在 50m 以内的简支板（梁）桥。

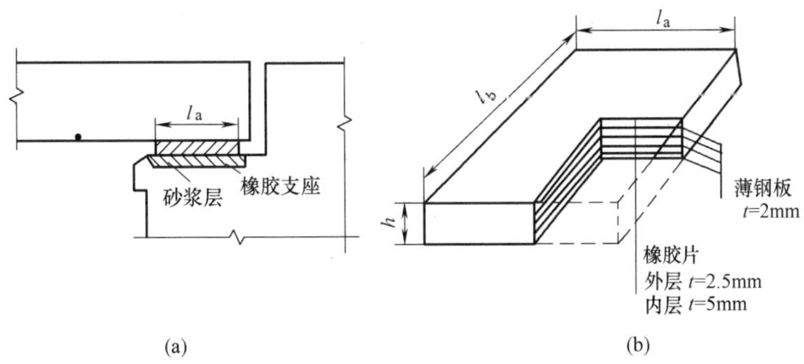

图 9.6.1-7　板式橡胶支座

（1）板式橡胶支座的活动机理

板式橡胶支座的活动机理是：利用橡胶的不均匀弹性压缩变形来实现转角变位 θ，依靠橡胶的剪切变形来实现水平位移 Δ，如图 9.6.1-8 所示。因此板式橡胶支座一般无固定支座与活动支座之分，所有的水平力、纵向位移由各支座分担；必要时可采用高度不同的橡胶板来调节各支座传递的水平力及其位移。

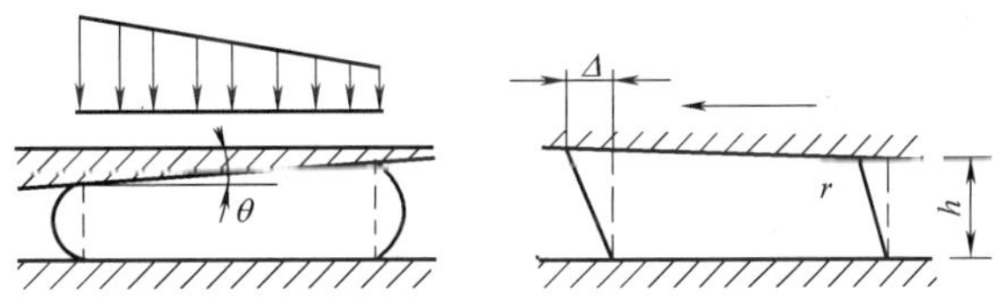

图 9.6.1-8　板式橡胶支座的活动机理

（2）板式橡胶支座的设计验算内容

支座是工厂制造的定型产品，支座设计的主要内容是根据结构反力和变位的大小进行支座选型，然后进行必要的验算，确认其承载能力和变形能力能否满足功能要求并有适当的安全储备。

支座的设计计算内容主要包括：确定支座平面尺寸、确定支座厚度、验算支座受压偏转、验算支座的抗滑性能等四个方面的内容。

① 确定支座的平面尺寸 l_a（顺桥向）×l_b（横桥向）

《公路混凝土》规定

8.7.3　板式橡胶支座的选择应符合下列规定：

1　有效承压面积应符合下列规定：

$$A_e \geqslant \frac{R_{ck}}{\sigma_c} \tag{8.7.3-1}$$

式中 A_e ——支座有效承压面积（承压加劲钢板面积）；

R_{ck} ——支座反力设计值，汽车荷载应计入冲击系数；

σ_c ——使用阶段支座平均应力限值，按现行《公路桥梁板式橡胶支座》(JT/T 4) 取用。

【例 9.6.1-2】

某二级干线公路上一座标准跨径为 30m 的单跨简支梁桥，桥梁上部结构由 5 根各长 29.94m、高 2.0m 的预制预应力混凝土 T 形梁组成，如图 9.6.1-9 所示。T 形梁下采用矩形板式氯丁橡胶支座，支座内承压加劲钢板的侧向保护层每侧各为 5mm；主梁底宽度为 500mm。若主梁最大支座反力为 950kN（已计入冲击系数）。试问，该主梁的橡胶支座平面尺寸［长（横桥向）×宽（纵桥向），单位为 mm］选用下列何项数值较为合理？

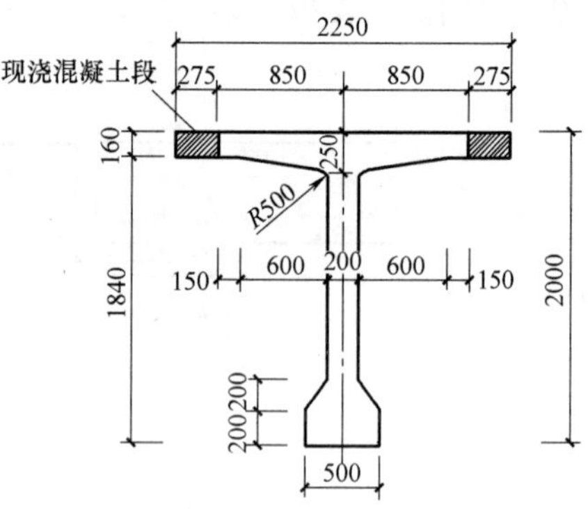

图 9.6.1-9（尺寸单位：mm）

提示：①假定橡胶支座形状系数符合规范；②$\sigma_c = 10\text{MPa}$。

(A) 450×200　　(B) 400×250

(C) 450×250　　(D) 310×310

【答案】(C)

【解答】(1)《公路混凝土》8.7.3-4 条，“加劲钢板与支座边缘的最小距离不应小于 5mm”，题目条件为 5mm，计算 A_e 时边长应减 10mm。

(2) 根据《公路混凝土》8.7.3 条 1 款，板式橡胶支座有效承压面积

$$A_e = \frac{R_{ck}}{\sigma_c}$$

(3) 此处，支座压力标准值（含汽车冲击系数）$R_{ck} = 950\text{kN}$；

(4) 验算支座承压应力

(A) $\sigma_c = (950\times10^3)/(450-10)(200-10) = 11.36\text{MPa} > 10.0\text{MPa}$，不符合规定。

(B) $\sigma_c = (950\times10^3)/(400-10)(250-10) = 10.15\text{MPa} > 10.0\text{MPa}$，不符合规定。

(C) $\sigma_c = (950\times10^3)/(450-10)(250-10) = 9.0\text{MPa} < 10.0\text{MPa}$，符合规定。

(D) $\sigma_c = (950\times10^3)/(310-10)(310-10) = 10.56\text{MPa} > 10.0\text{MPa}$，不符合规定。

(5) 根据支座承压应力要小于等于 10MPa 的规定，选 (C)。

【例 9.6.1-3】

某公路桥梁，由多跨简支梁桥组成，如图 9.6.1-10 所示。桥梁总宽 10m。每孔上部结构采用预应力混凝土箱梁，桥墩上设立四个支座，支座的横桥向中心距为 4.0m。桥墩支承在岩基上。假定上述桥梁每个支座在恒载和活载作用下，最大垂直反力为 2000kN。当选用板式橡胶支座的板厚为 42mm、顺桥向的尺寸规定为 400mm 时，试问，按《公路

混凝土》3.5.6 条来计算的板式橡胶支座的平面尺寸（mm×mm），应与下列何项数值最为接近？

提示：假定允许平均压应力 $[\sigma]=10\text{MPa}$，支座形状系数 $s>8$。

(A) 400×450　　(B) 400×500

(C) 400×550　　(D) 400×600

【答案】(B)

【解答】根据《公路混凝土》8.7.3 条 1 款，板式橡胶支座有效承压面积

$$A_e=\frac{R_{ck}}{\sigma_c}$$

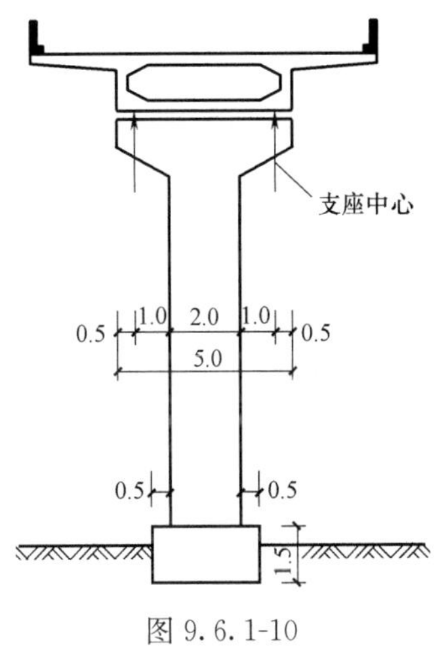

图 9.6.1-10

此处，支座压力标准值（含汽车冲击系数）$R_{ck}=2000\text{kN}$；板式橡胶支座 $[\sigma]=10\text{MPa}$，

而得

$$A=\frac{2000\text{kN}}{10}=\frac{2000\times10^3}{10}=2\times10^5\text{mm}^2$$

平面尺寸 $a\times b=400\times b=2\times10^5\text{mm}^2$，横桥向 $b=2\times10^5/400\text{mm}=500\text{mm}$，选 (B)。

② 确定支座的厚度

根据板式橡胶支座的变位机理，梁端的水平位移全部由橡胶片的剪切变形来实现，见图 9.6.1-11。那么，支座的厚度就取决于梁端所需要的纵向最大水平位移 Δ。显然，橡胶片的总厚度 $t_e=\Sigma t$ 与水平位移 Δ 之间应满足如下关系：

$$\tan\alpha=\frac{\Delta}{\Sigma t}\leqslant[\tan\alpha]$$

图 9.6.1-11　支座厚度的计算图式

式中　$t_e=\Sigma t$——橡胶片的总厚度；

$[\tan\alpha]$——橡胶片的容许剪切角正切值，对于硬度为 55°～60°的氯丁橡胶，《规范》规定，当不计汽车制动力作用时采用 0.5，计及汽车制动力时可采用 0.7。

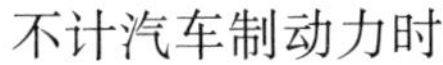

不计汽车制动力时　　$\Sigma t\geqslant2\Delta_D$

计入汽车制动力时　　$\Sigma t\geqslant1.43(\Delta_D+\Delta_p)$

式中　Δ_D——由上部结构温度变化、桥面纵坡等因素引起的支座顶面相对于底面的水平位移；

Δ_p——由制动力引起的支座顶面相对于底面的水平位移。

据此，《公路混凝土》中将上式改写为

不计汽车制动力时　　$t_e\geqslant2\Delta_l$，此时 $\Delta_l=\Delta_D$

计入汽车制动力时　　$t_e\geqslant1.43\Delta_l$，此时 $\Delta_l=\Delta_D+\Delta_p$

橡胶片的总厚度过大，则不能保证支座的工作稳定，因此《公路混凝土》规定 $t_e \leqslant 0.2l_a$。

橡胶片的总厚度 t_e 确定后，加上加劲钢板的总厚度，就是支座的总厚度 h

8.7.3 板式橡胶支座的选择应符合下列规定：

2 橡胶层总厚度应符合下列规定：

1） 从满足剪切变形考虑，应符合下列条件：

不计制动力时

$$t_e \geqslant 2\Delta_l \tag{8.7.3-2}$$

计入制动力时

$$t_e \geqslant 1.43\Delta_l \tag{8.7.3-3}$$

当板式橡胶支座在横桥向平行于墩台帽或盖梁顶横坡设置时，支座橡胶层总厚度应符合下列条件：

不计制动力时

$$t_e \geqslant 2\sqrt{\Delta_l^2 + \Delta_t^2} \tag{8.7.3-4}$$

计入制动力时

$$t_e \geqslant 1.43\sqrt{\Delta_l^2 + \Delta_t^2} \tag{8.7.3-5}$$

式中 t_e——支座橡胶层总厚度；

Δ_l——由上部结构温度变化、混凝土收缩和徐变等作用标准值引起的支座剪切变形和纵向力标准值（计入制动力标准值）产生的支座剪切变形，以及支座直接设置于不大于1%纵坡的梁底面下、在支座顶面由支座反力设计值顺纵坡方向分力产生的剪切变形之和；

Δ_t——支座在横桥向平行于不大于2%的墩台帽或盖梁顶横坡上设置，由支座反力设计值平行于横坡方向分力产生的剪切变形。

2） 从保证受压稳定考虑，应符合下列条件：

矩形支座

$$\frac{l_a}{10} \leqslant t_e \leqslant \frac{l_a}{5} \tag{8.7.3-6}$$

圆形支座

$$\frac{d}{10} \leqslant t_e \leqslant \frac{d}{5} \tag{8.7.3-7}$$

式中 l_a——矩形支座短边尺寸；

d——圆形支座直径。

【例 9.6.1-4】

水平放置的普通板式橡胶支座，支座平面尺寸（长×宽）为 350mm×300mm。在桥台处由温度下降、混凝土收缩和徐变引起的梁长缩短量 Δ_l=26mm。当不计制动力时，橡胶层总厚度 t_e（mm）不能小于下列何项？

(A) 29　　(B) 45　　(C) 53　　(D) 61

【答案】(C)

【解答】 根据《公路混凝土》第 8.7.3 条第 2 款，水平放置的板式橡胶支座，橡胶层总厚度应符合下列规定：

1. 不计制动时 $t_e \geqslant 2\Delta_l$

2. 矩形支座 $\frac{l_a}{10} \leqslant t_e \leqslant \frac{l_a}{5}$

上两式中，Δ_l 为支座由上部结构温度力、混凝土收缩和徐变引起的剪切变形，已知 $\Delta_l = 26\text{mm}$；

l_a 为矩形支座短边尺寸（亦即支座纵桥向尺寸），已知 $l_a = 300\text{mm}$。

题目四个选项中

$t_{eA} = 29 \leqslant \frac{l_a}{10}\left(\frac{300}{10} = 30\right)$ 不符合规定；

$t_{eB} = 45 \leqslant 2\Delta_l$（$2 \times 26 = 52$） 不符合规定；

$t_{eD} = 61 > \frac{l_a}{5}\left(\frac{300}{5} = 60\right)$ 也不符合规定；

因 $30 < t_{eC}$（53）< 60，即 $\frac{l_a}{10} < t_{eC} < \frac{l_a}{5}$

又 $t_{eC} = 53 > 2\Delta_l = 52$，符合规定。

所以正确答案为（C）。

③ 验算支座随梁偏转时不能发生脱空和局部承压现象

主梁受荷后发生挠曲变形时，梁端将引起转角 θ，如图 9.6.1-12 所示。此时支座伴随出现线性的压缩变形，梁端一侧的压缩变形量为 δ_1，梁体一侧的为 δ_2。梁端发生转动后，如果转角过大，则可能导致支座的局部与梁底脱空，形成支座局部承压；验算支座的受压偏转，就是要保证支座不与梁底脱空。为了确保支座偏转时橡胶与梁底不发生脱空而出现局部承压的现象，则必须满足的条件是：支座外侧（最小）的竖向压缩变形 $\delta_1 \geqslant 0$。

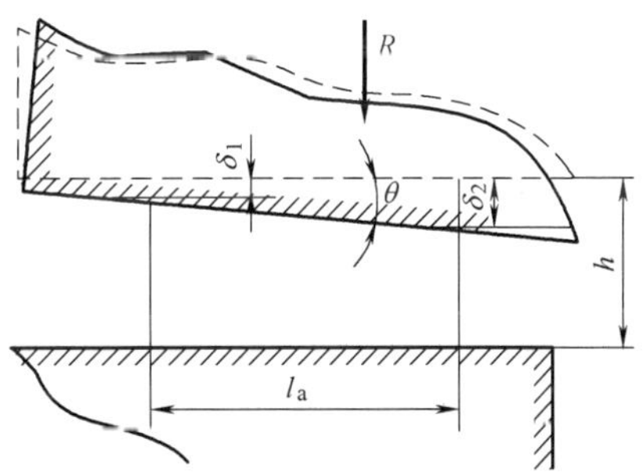

图 9.6.1-12 支座偏转图式

根据 $\delta_1 \geqslant 0$ 的条件，可以推导出《公路混凝土》8.4.2 条第 3 款的相关控制公式。规范用支座竖向平均压缩变形 $\delta_{c,m}$ 和支座顶面倾角 θ 来表达，因 $\delta_{c,m} = (\delta_1 + \delta_2)/2$ 和 $\theta = (\delta_2 - \delta_1)/l_a$，反映了对 δ_1 的控制要求。同时，规范规定 $\delta_{c,m} \leqslant 0.07 t_e$。如果计算结构不能满足要求，则必须重新确定支座的平面尺寸。

8.7.3 板式橡胶支座的选择应符合下列规定：

3 板式橡胶支座竖向平均压缩变形应符合下列规定：

$$\delta_{c,m}=\frac{R_{ck}t_e}{A_eE_e}+\frac{R_{ck}t_e}{A_eE_b} \tag{8.7.3-8}$$

$$\theta\frac{l_a}{2}\leqslant\delta_{c,m}\leqslant 0.07t_e \tag{8.7.3-9}$$

式中 $\delta_{c,m}$——支座竖向平均压缩变形；

E_e——支座抗压弹性模量，按现行《公路桥梁板式橡胶支座》（JT/T 4）取用；

E_b——橡胶弹性体体积模量，按现行《公路桥梁板式橡胶支座》（JT/T 4）取用；

l_a——矩形支座短边尺寸或圆形支座直径；

θ——由上部结构挠曲在支座顶面引起的倾角，以及支座直接设置于不大于1%纵坡的梁底面下，在支座顶面引起的纵坡坡度（rad）。

【例 9.6.1-5】

某梁梁底设一个板式橡胶支座，有效承压面积 $A_e=0.3036\text{m}^2$，橡胶层总厚度 $t_e=0.089\text{m}$，抗压弹性模量 $E_e=677.4\text{MPa}$，橡胶弹性体体积模量 $E_b=2000\text{MPa}$，支座与梁墩相接的支座顶、底面水平，在常温下运营，由结构自重与汽车荷载标准值（已计入冲击系数）引起的支座反力为 2500kN，上部结构梁沿纵向梁端转角为 0.003rad，试问，验证支座竖向平均压缩变形时，符合下列哪种情况？

(A) 支座会脱空、不致影响稳定　　(B) 支座会脱空、影响稳定

(C) 支座不会脱空、不致影响稳定　　(D) 支座不会脱空、影响稳定

【答案】(C)

【解答】

(1)《公路混凝土》8.7.3-3，式（8.7.3-8）

$$\delta_{c,m}=\frac{R_{ck}t_e}{A_eE_e}+\frac{R_{ck}t_e}{A_eE_b}=\frac{2500\times 0.089}{0.3036\times 677.4}+\frac{2500\times 0.089}{0.3036\times 2000}=1.45\text{mm}$$

(2) 8.7.3 条文说明公式（8.7.3-9）

① 当 $\delta_{c,m}\geqslant\theta\frac{l_a}{2}$，不致脱空

$\theta\cdot\frac{l_a}{2}=0.003\times 0.45/2=0.000675\text{m}=0.675\text{mm}<\delta_{c,m}=1.45\text{mm}$，不致脱空。

②当 $\delta_{c,m}\leqslant 0.07t_e$，不致影响支座稳定

$0.07t_e=0.07\times 0.089=0.00623\text{m}=6.23\text{mm}>\delta_{c,m}=1.45\text{mm}$，不致影响支座稳定。

④ 验算支座的抗滑稳定性

为了保证梁底或墩台顶面与支座之间不产生相对活动，则必须保证支座与梁底（或墩台顶）之间的摩擦力不小于支座受到的相应水平力。《公路混凝土》8.7.4 条规定就是为了满足这项要求而制定的。摩擦系数 μ 可采用下述数值：橡胶支座与混凝土表面的摩阻系数采用 0.3；与钢板的摩阻系数采用 0.2。

8.7.4 板式橡胶支座抗滑移稳定应符合下列规定：

不计汽车制动力时

$$\mu R_{\mathrm{Gk}} \geqslant 1.4 G_{\mathrm{e}} A_{\mathrm{g}} \frac{\Delta_{l}}{t_{\mathrm{e}}} \tag{8.7.4-1}$$

计入汽车制动力时

$$\mu R_{\mathrm{ck}} \geqslant 1.4 G_{\mathrm{e}} A_{\mathrm{g}} \frac{\Delta_{l}}{t_{\mathrm{e}}} + F_{\mathrm{bk}} \tag{8.7.4-2}$$

式中 R_{Gk}——由结构自重引起的支座反力；

R_{ck}——由结构自重标准值和 0.5 倍汽车荷载标准值（计入冲击系数）引起的支座反力；

μ 支座与接触面的摩擦系数，按现行《公路桥梁板式橡胶支座》（JT/T 4）取用；

G_{e}——支座剪变模量，按现行《公路桥梁板式橡胶支座》（JT/T 4）取用；

Δ_{l}——见本规范第 8.7.3 条，但不包括汽车制动引起的剪切变形；

F_{bk}——由汽车荷载引起的制动力标准值；

A_{g}——支座平面毛面积。

【例 9.6.1-6】

钢筋混凝土五片式 T 形梁桥如图 9.6.1-13 所示。梁的两端采用等厚度的橡胶支座。一个支座的压力标准值 354.12kN，其中结构自重引起的支座反力标准值 162.7kN，公路-Ⅱ级车道荷载（计入冲击系数）引起的支座反力标准值 183.95kN，人群荷载引起的支座反力标准值 7.47kN。主梁的温度变化引起一个支座变形 0.354cm，一个支座承受的汽车制动力标准值 9kN。

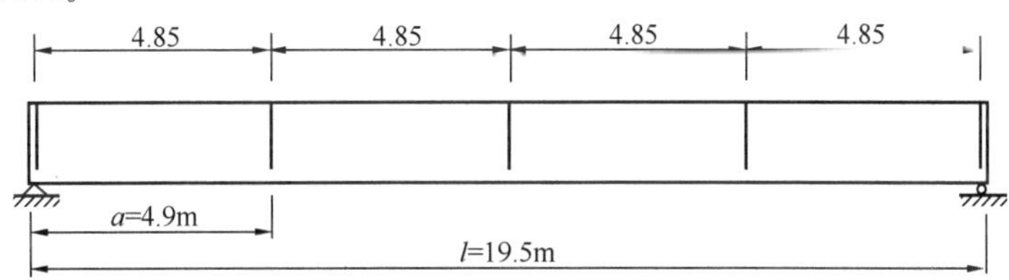

图 9.6.1-13

支座尺寸 18×20(cm×cm)，橡胶层厚度 $t_{\mathrm{e}}=2.0\mathrm{cm}$，剪切模量 $G_{\mathrm{e}}=1000\mathrm{kPa}$，摩擦系数 $\mu=0.3$，验算支座抗滑移稳定。

(A) 不计汽车制动力时满足抗滑移要求，计入汽车制动力时不满足抗滑移要求

(B) 不计汽车制动力时不满足抗滑移要求，计入汽车制动力时满足抗滑移要求

(C) 不计汽车制动力时不满足抗滑移要求，计入汽车制动力时不满足抗滑移要求

(D) 不计汽车制动力时满足抗滑移要求，计入汽车制动力时满足抗滑移要求

【答案】(D)

【解答】

(1) 根据 8.7.4 条式（8.7.4-1），不计汽车制动力时 $\mu R_{\mathrm{Gk}} \geqslant 1.4 G_{\mathrm{e}} A_{\mathrm{g}} \frac{\Delta_{l}}{t_{\mathrm{e}}}$

$$R_{Gk}=162.7\text{kN}\ ,\ A_g=0.18\times0.20=0.036\text{m}^2$$

$$\mu R_{Gk}=0.3\times162.7=48.81\text{kN}>1.4G_eA_g\frac{\Delta_l}{t_e}=1.4\times1000\times0.036\times\frac{0.354}{2.0}=$$

8.921kN，满足

（2）式（8.7.4-2）计入汽车制动力时 $\mu R_{ck}\geqslant1.4G_eA_g\dfrac{\Delta_l}{t_e}+F_{bk}$

$$R_{ck}=162.7+0.5\times183.95=254.675\text{kN},\ F_{bk}=9\text{kN}$$

$$\mu R_{ck}=0.3\times254.675=76.403\text{kN}>1.4G_eA_g\frac{\Delta_l}{t_e}+F_{bk}=8.921+9=17.921\text{kN}，满足$$

二、桥梁墩台

桥梁墩（台）主要由墩（台）帽、墩（台）身和基础三部分组成（图 9.6.2-1）。

桥梁墩、台的主要作用是承受上部结构传来的荷载，并通过基础又将此荷载及本身自重传递到地基上。桥墩一般系指多跨桥梁的中间支承结构物，它除承受上部结构的荷重外，还要承受流水压力，水面以上的风力以及可能出现的冰荷载、船只、排筏或漂浮物的撞击力。桥台除了是支承桥跨结构的结构外，又是衔接两岸接线路堤的构筑物；既要能挡土护岸，又要能承受台背填土及填土上车辆荷载所产生的附加侧压力。因此，桥梁墩台不仅本身应具有足够的强度、刚度和稳定性，而且对地基的承载能力、沉降量，地基与基础之间的摩阻力等也都提出一定的要求，以避免在这些荷载作用下有过大的水平位移，转动或沉降发生。

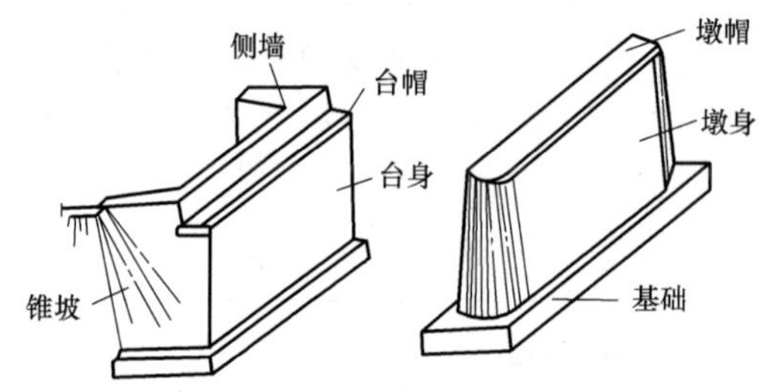

图 9.6.2-1 梁桥重力式墩台

1. 实体重力式桥墩

实体桥墩其桥墩为实体结构，它是中小桥跨适宜的结构形式，这类桥墩依靠自身重量以及上部传递的荷载来平衡影响桥梁的各种作用（图 9.6.2-2）。

墩帽是桥墩顶端的传力部分，通过支座、墩帽承托着上部结构、并将相邻两孔桥上的恒载和活载传到墩身上（图 9.6.2-3）。

（1）顺桥向墩帽最小宽度 b。

① 双排支座，如图 9.6.2-4 所示。

$$b\geqslant f+\frac{a}{2}+\frac{a'}{2}+2c_1+2c_2 \qquad (9.6.2\text{-}1)$$

$$f=e_0+e_1+e_1'\geqslant\frac{a}{2}+\frac{a'}{2} \qquad (9.6.2\text{-}2)$$

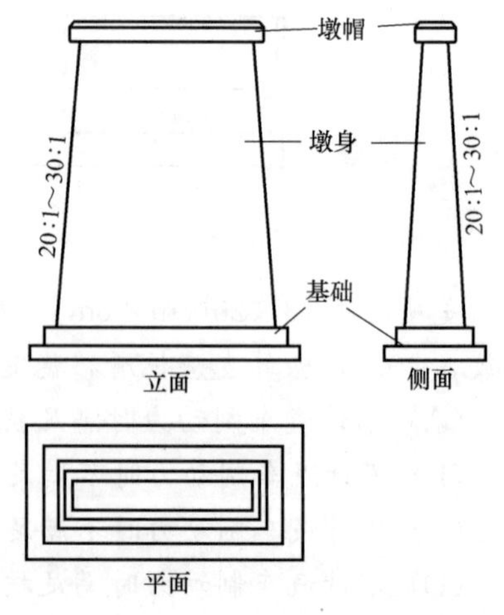

图 9.6.2-2 实体重力式桥墩

式中：f——相邻两跨支座间的中心距；

e_0——伸缩缝宽，中小桥为 2～5cm；

e_1、e_1'——桥跨梁端过支座中心的长度；

a、a'——桥跨结构支座垫板的纵桥向宽度；

c_1——纵桥向支座垫板至墩身边缘的最小距离；

c_2——檐口宽度，5～10cm。

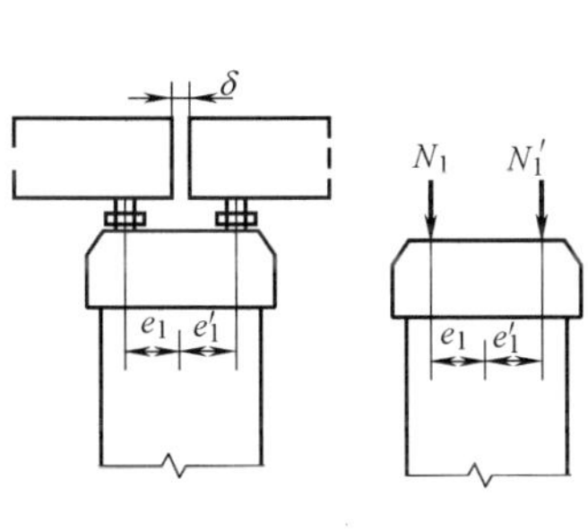

图 9.6.2-3　桥墩顶部的支承力

图 9.6.2-4　墩帽顺桥身尺寸

② 单排支座，如图 9.6.2-5 所示。墩上仅有一排支座时（如，连续梁桥）。b 可由下式计算：

$$b=a+2c_1+2c_2 \tag{9.6.2-3}$$

③ 不等高梁双排支座。如图 9.6.2-6 所示。b 按以下两式计算取大者：

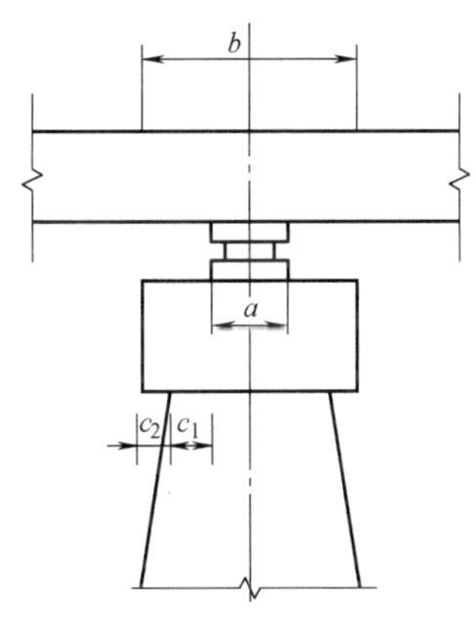

图 9.6.2-5　单排支座墩帽尺寸

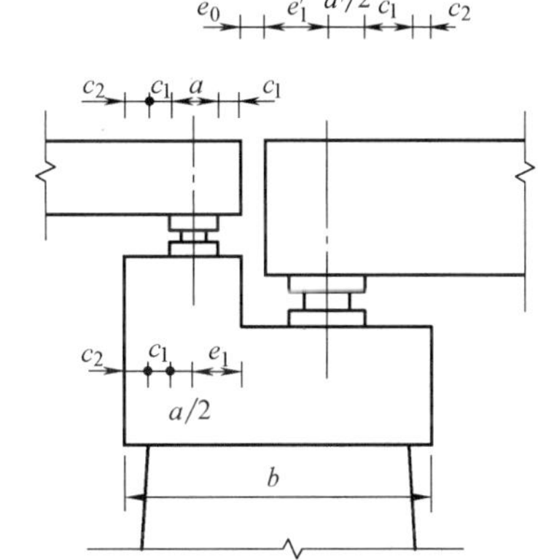

图 9.6.2-6　不等高梁桥墩帽尺寸

$$b=\left(c_2+c_1+\frac{a}{2}+e_1\right)+e_0+\left(e_1'+\frac{a'}{2}+c_1+c_2\right) \tag{9.6.2-4}$$

$$b=(a+2c_1+c_2)+e_0+\left(e_1'+\frac{a'}{2}+c_1+c_2\right) \tag{9.6.2-5}$$

（2）横桥向墩帽最小宽度 B。

平面形状为矩形的墩帽。对于多片主梁，如图 9.6.2-7 所示：

$$B=B_1+a_1+2c_1+2c_2 \tag{9.6.2-6}$$

式中：B_1——桥跨结构两外侧主梁中心距；

a_1——支座底板横向宽度。

对于箱形梁，如图 9.6.2-8 所示，B 的计算公式同式（9.6.2-6），但式中 B_1 为边支座中心距。

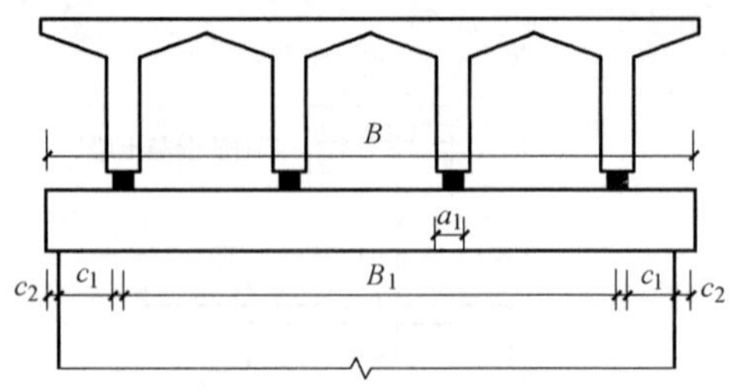

图 9.6.2-7　多片主梁墩帽横桥向尺寸

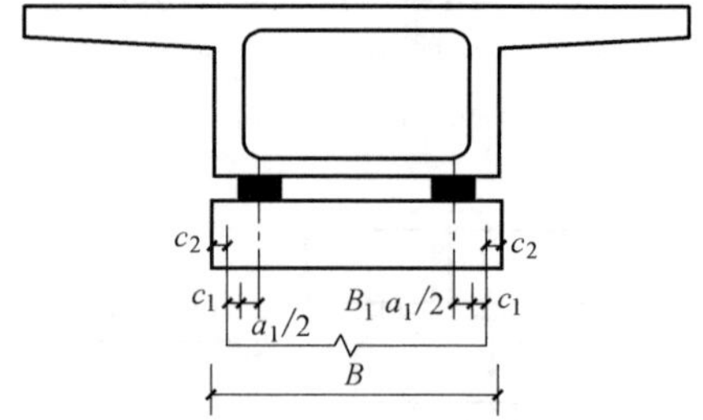

图 9.6.2-8　箱形梁墩帽横桥向尺寸

【例 9.6.2-1】

某公路桥采用多跨简支预应力混凝土空心板梁，跨径 16m，中墩为混凝土实体墩，顺桥向支座边缘至墩身边缘的最小距离为 0.15m，墩帽出檐宽度为 50mm，支座中心至梁端的距离为 230mm。支座采用氯丁橡胶矩形板式支座，其平面尺寸为 180mm（顺桥向）×300mm（横桥向）。伸缩缝宽度为 80mm。不考虑地震影响，试问，中墩墩顶最小宽度（mm），应与下列何项数值最为接近？

（A）800　（B）1200　（C）1400　（D）1300

【答案】（B）

【解答】 中墩墩顶的最小宽度：

$B=2(80/2+230+180/2+150+50)\text{mm}=1120\text{mm}$、取 $B=1200\text{mm}$，选（B）。

【例 9.6.2-2】

某桥总宽度 20m，桥墩两侧承受不等跨径的结构，如图 9.6.2-9 所示，一侧为 16m 跨预应力混凝土空心板，最大恒载作用下设计总支座反力为 3000kN，支座中心至墩中心距离为 270mm；另一侧为 20m 跨预应力混凝土小箱梁，最大恒载设计总支座反力为 3400kN，支座中心至墩中心距离为 340mm。墩身为双柱式结构，盖梁顶宽 1700mm。基础为双排钻孔灌注桩。为了使墩身和桩基在恒载作用下的受力尽量均匀，拟采取支座调偏措施。试问，两跨的最合理调偏法，应为下列何项所示？

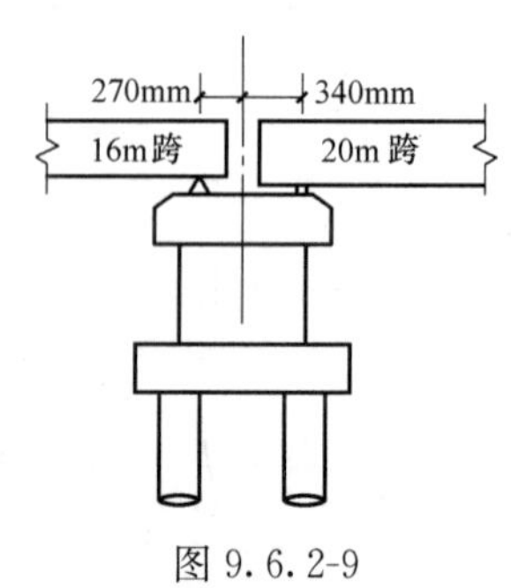

图 9.6.2-9

提示：其他作用于中墩的外力略去不计。

（A）16m 跨向跨径方向调偏 110mm　（B）16m 跨向跨径方向调偏 150mm

（C）20m 跨向墩中心调偏 100mm　（D）20m 跨向墩中心调偏 50mm

【答案】（A）

【解答】（1）大跨不能向梁端调偏，因为此处无构造空间，支座中心至梁端必须要保持 340mm。（C）、（D）不能考虑。

（2）两跨作用在中墩上的恒载设计支点反力对墩中心线取矩，得

$$x=3400\times0.340/3000\text{m}=0.385\text{m}\approx0.38\text{m}$$

$$x_0=(38-27)\times10\text{mm}=110\text{mm}，选（A）。$$

2. 桩柱式轻型墩台

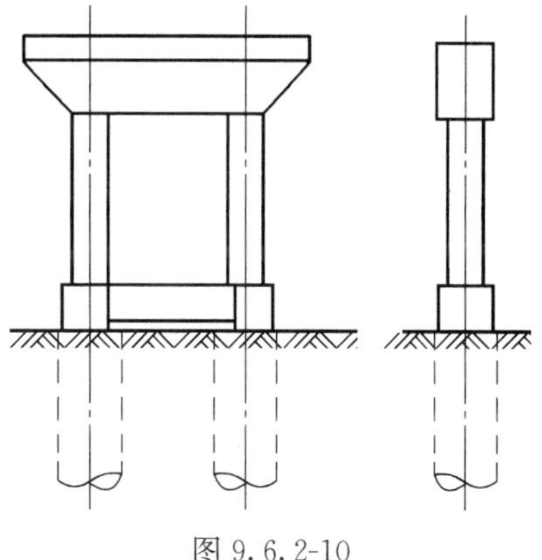
图 9.6.2-10

桩柱式桥墩，由两根或多根分离的柱、盖梁、横系梁组成，如图 9.6.2-10 所示。多用于跨径 8、12m、跨径不大的梁桥。

盖梁的平面尺寸、支座垫石布置等方面的要求与桥墩帽相同，但作为承重构件，它的分跨、截面、配筋均应由结构计算确定。盖梁高度一般为盖梁宽度的 0.8～1.2 倍。柱的布置，宜使恒载作用下，盖梁在柱顶内外两侧的弯矩接近相等。

墩柱，可与单根基桩直接相接，呈桩柱式墩。当桥梁跨径较大、桥墩较高时，墩柱也可放在基础承台上，或放在桩基承台上，成为各种形状的柱式墩台。桩柱式墩，在地面（冲刷线）以上的高度 H 大于 7m 时，应该设横系梁，以增强墩身的侧向刚度。

【例 9.6.2-3】

某桥位于 6 度地震区，为丙类桥梁。结构为多跨 16m 简支预应力混凝土空心板梁，中墩盖梁为单跨双悬臂矩形结构，支座采用氯丁橡胶板式支座，伸缩缝宽度为 80mm。试问，该桥中墩盖梁的最小宽度（mm），与下列何项数值最为接近？

提示：取梁的计算跨径为 15.5m。

(A) 1650　　(B) 1580　　(C) 1100　　(D) 1000

【答案】(A)

【解答】根据《城市桥梁抗震》3.1.4 条丙类桥梁抗震措施的地震基本烈度应提高一度取 7 度。根据 11.3.2 条规定：简支梁梁端至墩、台帽或盖梁边缘应有一定的距离 a(cm)$\geqslant 70+0.5L$，式中 L 为梁的计算跨径（m）。盖梁的最小宽度，

$$B=2(70+0.5\times15.5+8/2)\times10\text{mm}=1635\text{mm}\approx1650\text{mm}，选(A)。$$

3. 桥台

梁式桥桥台主要由台帽、台身和基础三部分组成。如图 9.6.2-11 所示。其功能除了具有与梁式桥桥墩相同的功能以外，它又是衔接两岸接线路堤的构筑物，既要能挡土护岸，又要能承受台背填土以及填土上车辆荷载所产生的附加侧压力。

梁桥台帽的构造和尺寸要求与相应的桥墩墩帽有许多共同之处，不同的是台帽顶面只设单排支座，在另一侧则要砌筑挡住路堤填土的背墙（图 9.6.2-12）。背墙一般做成垂直

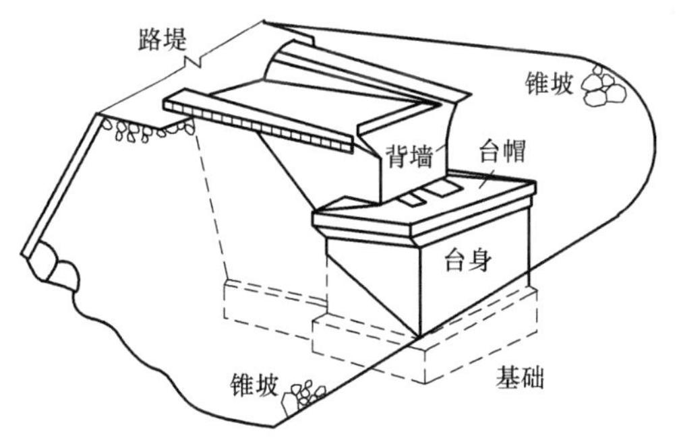

图 9.6.2-11　梁式桥桥台

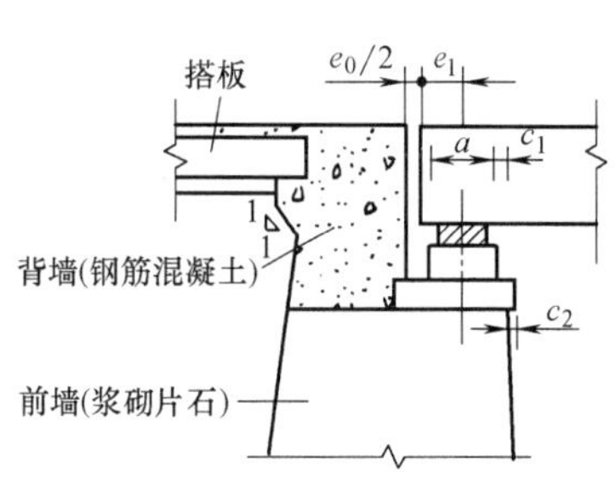

图 9.6.2-12

的，并与两侧侧墙连接。如果台身放坡时，则在靠路堤一侧的坡度与台身一致。

在台帽放置支座部分的构造尺寸、钢筋配置及混凝土强度可按相应的墩帽构造进行设计。如图 9.6.2-12 所示，顺桥向支座部分宽度为

$$b=\frac{a}{2}+e_1+\frac{e_0}{2}+c_1+c_2$$

【例 9.6.2-4】

某丁类桥梁标准跨径为 30m 的单跨简支梁桥，如图 9.6.2-13 所示。上部结构由 5 根各长 29.94m、高 2.0m 的预制预应力混凝土 T 形梁组成，桥梁位于 7 度地震区（地震动加速度峰值为 0.15g），其边墩盖梁上雉墙厚度为 400mm，预制主梁端与雉墙前缘之间缝隙为 60mm，若取主梁计算跨径为 29m，采用 400mm×300mm 的矩形板式氯丁橡胶支座。试问，该盖梁的最小宽度（mm）与下列何项数值最为接近？

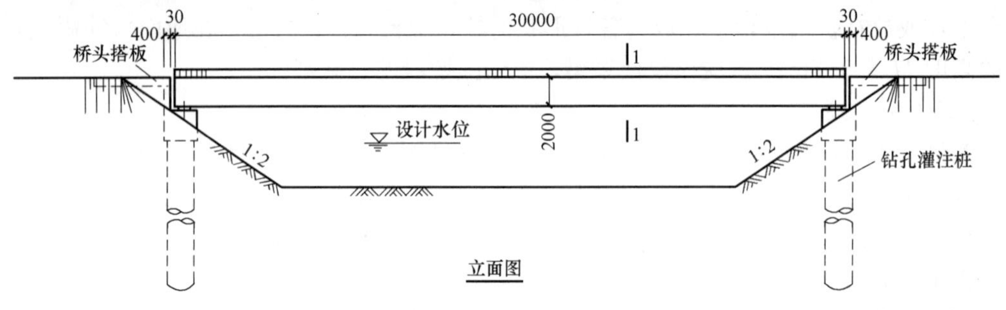

图 9.6.2-13

（A）1000　　（B）1250　　（C）1350　　（D）1700

【答案】（C）

【解答】（1）根据《城市桥梁抗震》11.3.2 条的规定：抗震设防烈度 7 度区域的简支梁端至墩、台帽或盖梁边缘最小距离 $a\geqslant(70+0.5L)$cm，其中 L 为梁的计算跨径（m）。

$$a\geqslant(70+0.5\times29)\times10=(70+14.5)\times10=845\text{mm}$$

（2）边墩盖梁最小宽度应为 $B=400+60+845=1305$mm，取 $B=1350$mm，选（C）。

耳墙与路堤衔接的构造做法《桥通》有专门规定

> **3.4.4**　桥台侧墙后端和悬臂梁桥的悬臂端深入桥头锥坡顶点以内的长度，均不应小于 0.75m（按路基和锥坡沉实后计）。

【例 9.6.2-5】

某桥主梁高度 170cm，桥面铺装层共厚 20cm，支座高度（含垫石）15cm，采用埋置式肋板桥台，台背墙厚 40cm，台前锥坡坡度 1：1.5，布置如图 9.6.2-14；锥坡坡面不能超过台帽与背墙的交点。试问，后背耳墙长度 l（cm），与下列何项数值最为接近？

（A）350　（B）260　（C）230　（D）200

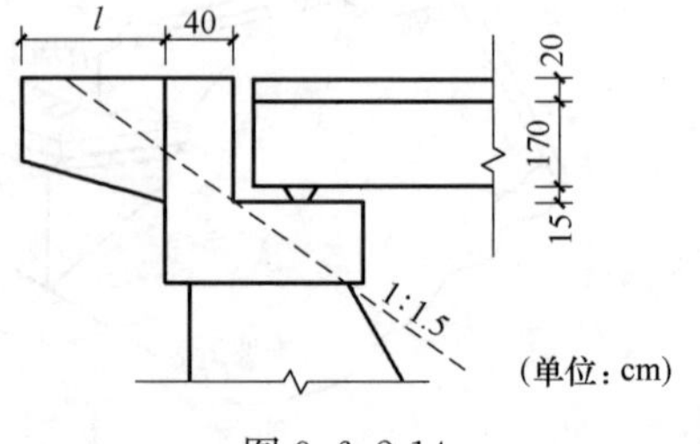

图 9.6.2-14

【答案】（A）

【解答】根据《桥通》3.5.4 条规定：耳墙端部

深入锥坡顶点内的长度不应小于 75cm。$l=[(20+170+15)\times1.5-40+75]\text{cm}=342.5\text{cm}$，选（A）。

9.7 温 度 影 响

一、温度作用的基本概念

温度作用指由温度变化引起的结构变形和次内力，它的大小根据具体约束情况、材料、施工条件等因素计算确定。温度作用包括均匀温度和梯度温度两种影响。

（1）均匀温度为常年气温变化，这种温变导致桥梁纵向长度的变化，当这种变化受到约束时会产生温度次内力。计算结构的均匀温度效应自结构物合拢时的温度算起，考虑最高和最低有效温度的作用效应。

《桥通》规定

4.3.12 计算温度作用时的材料线膨胀系数及作用标准值可按下列规定取用：

2 计算桥梁结构因均匀温度作用引起的外加变形或约束变形时，应从受到约束时的结构温度开始，考虑最高和最低有效温度的作用效应。当缺乏实际调查资料时，公路混凝土结构和钢结构的最高和最低有效温度标准值可按表 4.3.12-2 取用。

表 4.3.12-2 公路桥梁结构的有效温度标准值（℃）

气候分区	钢桥面板钢桥		混凝土桥面板钢桥		混凝土、石桥	
	最高	最低	最高	最低	最高	最低
严寒地区	46	−43	39	−32	34	−23
寒冷地区	46	−21	39	−15	34	−10
温热地区	46	−9(−3)	39	−6(−1)	34	−3(0)

注：1. 全国气候分区见附录 A。
2. 表中括弧内数值适用于昆明、南宁、广州、福州地区。

【例 9.7.1-1】

某桥处于气温区域寒冷地区，当地历年最高日平均温度 34℃，历年最低日平均温度 −10℃，历年最高温度 46℃，历年最低温度 −21℃。该桥为正在建设的 3m×50m，墩梁固结的刚构式公路钢桥，施工中采用中跨跨中嵌补段完成全桥合拢。假定，该桥预计合拢温度在 15℃～20℃之间。试问，计算结构均匀温度作用效应时，温度升高和温度降低数值与下列何项更接近？

（A）14，25　　（B）19，30　　（C）31，41　　（D）26，36

【答案】（C）

【解答】

① 确定受到约束时的结构温度

《桥通》4.3.12 条，“计算结构因均匀温度作用引起的外加变形或约束变形时，应从受到约束时的结构温度开始，考虑最高和最低有效温度的作用效应”。

题中预计合拢温度在 15℃～20℃作为开始点的温度，即为温度作用计算的起点。

② 确定结构最高和最低温度

《桥通》4.3.12 条条文说明，“钢结构可取当地历年最高温度或历年最低温度”。题中历年最高温度 46℃，历年最低温度−21℃。

③ 温度升高和温度降低数值

温度升高：46−15=31℃，温度降低：−21−20=−41℃。选（C）。

（2）梯度温度主要因日照升温或降温、寒流，它使结构沿高度方向形成非线性的温度变化，产生正温差或反温差，导致构件截面产生自应力，当这种变化受到约束时同样会引起次内力。相关规定见《桥通》4.3.12 条 3 款。

《桥通》规定

4.3.12 计算温度作用时的材料线膨胀系数及作用标准值可按下列规定取用：

3 计算桥梁结构由于竖向温度梯度引起的效应时，可采用图 4.3.12 所示的竖向温度梯度曲线，其桥面板表面的最高温度 T_1 规定见表 4.3.12-3。

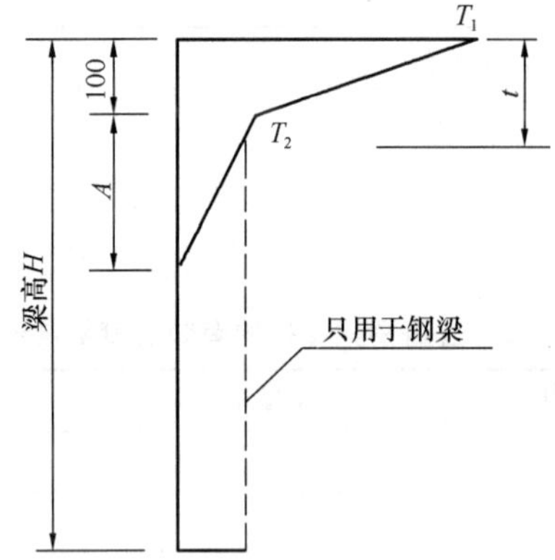

图 4.3.12 竖向梯度温度（尺寸单位：mm）

A—混凝土结构当梁高 H 小于 400mm 时，$A=H-100$（mm）；梁高 H 大于或等于 400mm 时，$A=300$mm；带混凝土桥面板的钢结构 $A=300$mm；t—混凝土桥面板的厚度（mm）

混凝土上部结构和带混凝土桥面板的钢结构的竖向日照反温差乘以−0.5。

4 对无悬臂的宽幅箱梁，宜考虑横向温度梯度引起的效应。

5 计算圬工拱桥考虑徐变影响引起的温差作用效应时，计算的温差效应应乘以折减系数 0.7。

6 采用沥青混凝土铺装的混凝土桥面板桥梁必要时应考虑施工阶段沥青摊铺引起的温度影响。

表 4.3.12-3 竖向日照正温差计算的温度基数

结构类型	T_1（℃）	T_2（℃）
水泥混凝土铺装	25	6.7
50mm 沥青混凝土铺装层	20	6.7
100mm 沥青混凝土铺装层	14	5.5

二、温度应力和变形的计算

温度变化对结构内力和变形的影响，应根据不同的结构形式分别加以考虑。

对于静定结构，由于温度变化引起的材料膨胀和收缩变形是自由的，即结构能够自由地产生符合其约束条件的位移，故在结构上不引起内力。

对超静定结构，由于存在多余约束，温度变化时杆件变形受到约束，从而在结构中产生内力（此内力的大小与温差幅度和结构刚度均有关系）。

以下给出一些常用构件的温度应力计算方法。

（1）两端嵌固于支座的约束梁，如图 9.7.2-1（a）所示，承受均匀温差 T，若求此梁的温度应力，可先将其一端解除约束，成为一根悬臂梁，如图 9.7.2-1（b）所示。

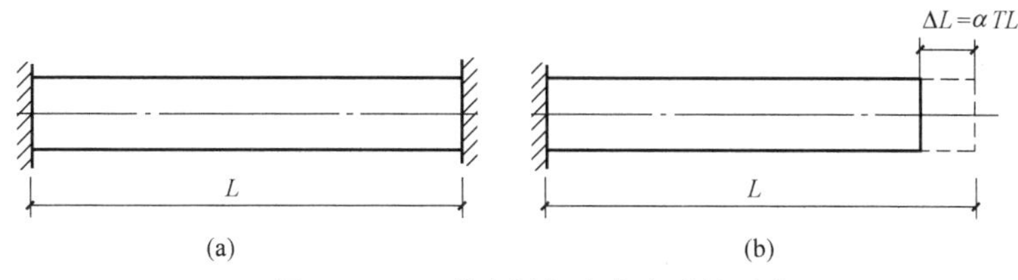

图 9.7.2-1　约束梁与自由变形梁示意

悬臂梁在温差 T 的作用下产生的自由伸长 ΔL 及相对变形 ε 可由下式求得

$$\Delta L=\alpha TL \quad (9.7.2\text{-}1)$$

$$\varepsilon=\Delta L/L=\alpha T \quad (9.7.2\text{-}2)$$

式中的 L 为梁的跨度。

如果悬臂梁右端受到嵌固不能自由伸长，梁内便产生约束力，约束力 P 的大小等于将自由变形梁压回原位所施加的力（拉力为正，压力为负），即

$$P=-EA\Delta L/L \quad (9.7.2\text{-}3)$$

$$\sigma=-P/A=-EA\alpha TL/LA=-\alpha TE \quad (9.7.2\text{-}4)$$

式中　E——材料的弹性模量；

A——材料的截面面积；

σ——杆件的约束应力。

由式（9.7.2-4）可知，杆件约束应力只与温差、线膨胀系数和弹性模量有关，其数值等于温差引起的应变与弹性模量的乘积。

《桥通》线膨胀系数等物理参数的取值作出了规定

4.3.12　计算温度作用时的材料线膨胀系数及作用标准值可按下列规定取用：

1　桥梁结构当要考虑温度作用时，应根据当地具体情况、结构物使用的材料和施工条件等因素计算由温度作用引起的结构效应。各种结构的线膨胀系数规定见表 4.3.12-1。

结构种类	线膨胀系数(以摄氏度计)
钢结构	0.000012
混凝土和钢筋混凝土及预应力混凝土结构	0.000010
混凝土预制块砌体	0.000009
石砌体	0.000008

线膨胀系数 表 4.3.12-1

《桥通》对温差的取值规定见 9.7.1 节。

(2) 排架横梁受到均匀温差 T 的作用，横梁伸长为 $\Delta L=\alpha TL$，此即柱顶产生的水平位移，如图 9.7.2-2 所示。

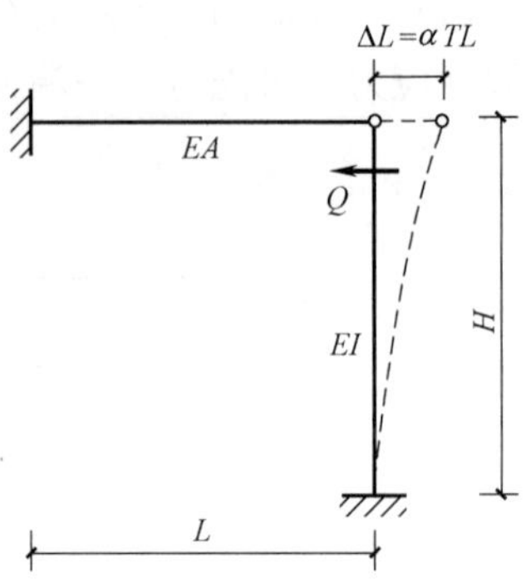

图 9.7.2-2 排架横梁受到均匀温差 T 的作用

若用 K 表示柱的抗侧刚度（柱顶产生单位位移时所施加的力），由结构力学知识可知

$$K=3EI/H^3 \qquad (9.7.2\text{-}5)$$

柱顶受到的水平剪力为

$$V=\Delta LK=3\alpha TLEI/H^3 \qquad (9.7.2\text{-}6)$$

式中 I——柱截面惯性矩；

H——柱高。

由式（9.7.2-6）可知，温度变化在柱中引起的约束内力与结构长度成正比，当结构物很长时，必然在结构中产生较大的温度应力。为了减小温度应力，需缩短结构物的长度，这就是过长的结构每隔一定距离必须设置伸缩缝的原因。

(3) 纵向排架结构柱嵌固于地面，如图 9.7.2-3 所示。

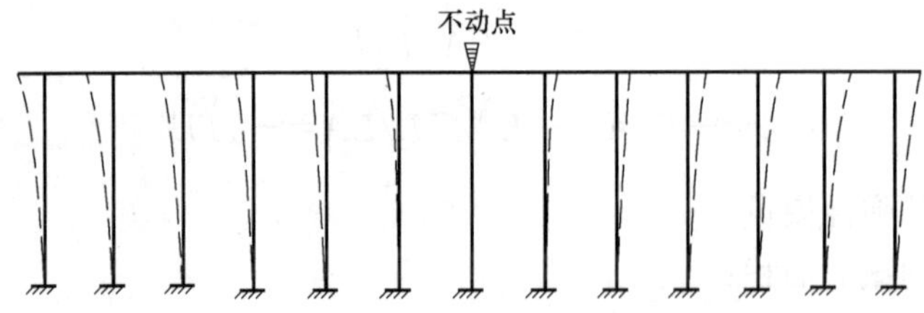

图 9.7.2-3 纵向排架温度变形分析

排架横梁受到均匀温度差作用向两边伸长或缩短，中间有一变形不动点，变形不动点位于各柱抗侧刚度分布的中点，可由柱总抗侧刚度乘以不动点到左端第 1 根柱的距离等于各柱抗侧刚度乘以该柱到左端第 1 根柱的距离之和的条件得到（此规律也可用于计算桥梁结构中温度应力引起的桥墩变形）。变形不动点两侧横梁伸缩变形将在柱和横梁内引起应力。对于等跨布置的情况，偏移零点位置可表示为

$$x_0=\sum_0^n iK_iL/\sum_0^n K_i \qquad (9.7.2\text{-}7)$$

式中　x_0——偏移零点至最左端柱的距离（对桥梁为偏移零点至此联柔性墩左端的距离）；

i——柱（柔性墩）的序号；

L——柱距（桥梁跨径）。

由于结构的对称性，只需对不动点一侧进行内力分析，如图 9.7.2-4 所示，若忽略横梁弹性变形，不动点右侧第 i 根柱的柱顶位移 $\Delta L_i = \alpha T L_i$，第 i 根柱的抗侧刚度 $K_i = 3E_iI_i/H^3$，则第 i 根柱受到的柱顶剪力为

$$V_i = \Delta L_i K_i = \alpha T L_i \frac{3E_iI_i}{H^3} \quad (9.7.2\text{-}8)$$

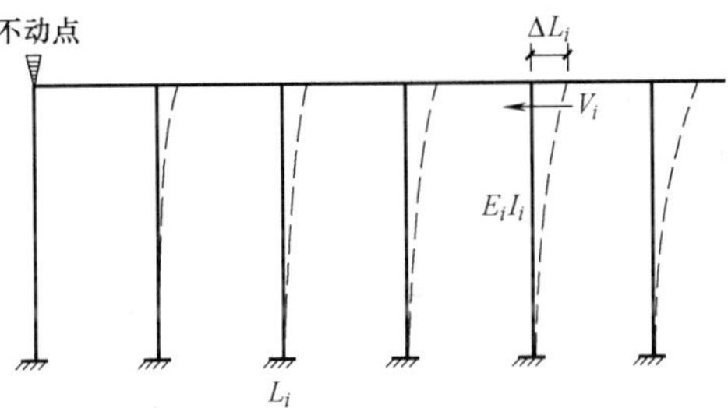

图 9.7.2-4　排架结构温度应力计算简图

式中　L_i——第 i 根柱到不动点的距离。

【例 9.7.2-1】 某五孔连续梁桥如图 9.7.2-5 所示。每孔跨径 40m。该桥中墩为柔性墩，四个桥墩高度均为 10m，且各中墩均采用形状、尺寸相同的盆式橡胶固定支座，两个边墩采用形状、尺寸相同的盆式橡胶滑动支座。

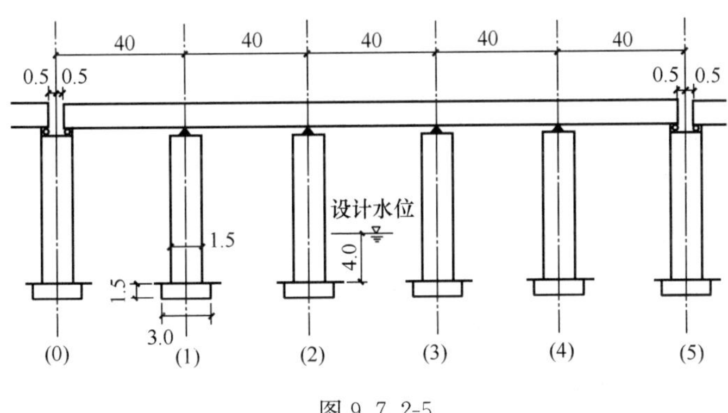

图 9.7.2-5

该桥在四季均匀温度变化升温 +20℃ 的条件下（忽略上部结构垂直力影响），当墩柱采用 C30 混凝土时，其 $E_c = 3.0 \times 10^4$ MPa，混凝土线膨胀系数 $\alpha = 1 \times 10^{-5}$，试问，2 号墩所承受的水平温度力标准值（kN），与下列何项数值最为接近？

提示：不考虑墩柱抗弯刚度折减。

(A) 25　　(B) 250　　(C) 500　　(D) 750

【答案】(B)

(1) 2 号墩的抗侧移刚度为

$$k_2 = \frac{3EI}{l^3} = \frac{3 \times 3.0 \times 10^{10} \times 2.5 \times 1.5^3/12}{10^3} = 6.328 \times 10^4 \text{kN/m}$$

(2) 各个墩尺寸相同，各梁跨度相同，结构对称，因此由温度变化引起结构位移的偏移零点位置为距 2 号墩以右 20m 处位置，则 2 号墩顶产生偏移为

$$\Delta_{t2} = \alpha t x_2 = 1 \times 10^{-5} \times 20 \times 20 \times 10^3 = 4\text{mm}$$

从而 2 号墩所承受的水平温度力标准值为

$$H_{t2}=k_2\Delta_{t2}=6.328\times10^4\times4\times10^{-3}=253\text{kN}$$

故选择（B）。

【例 9.7.2-2】 计算温度力

条件：如图 9.7.2-6 所示为五跨的简支梁桥，跨长 $L=20\text{m}$，采用钢筋混凝土双圆柱式墩（$D=1.0\text{m}$），混凝土强度等级为 C30，其弹性模量 $E=3\times10^7\text{kN/m}^2$，线膨胀系数 $\alpha=1\times10^{-5}$，采用嵌固于岩石内的扩大基础（可视为固定端）。若环境温度降低 25℃，

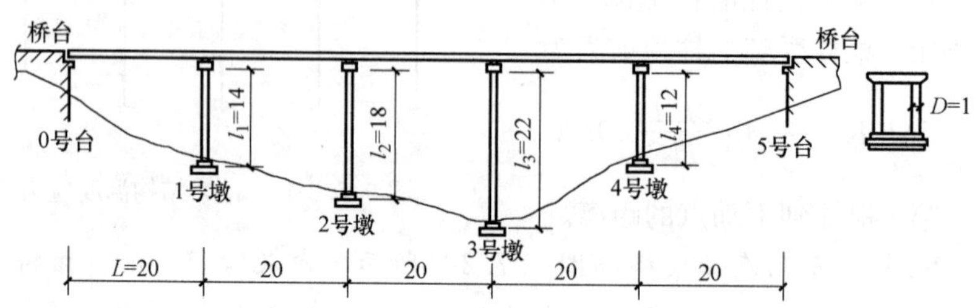

图 9.7.2-6　五跨简支梁桥布置图（尺寸单位：m）

要求：计算 3 号墩承受的水平温度力标准值。

【答案】

（1）计算各桥墩的抗侧刚度

各桥墩的顺桥向惯性矩相同，为：$I=2\times\pi D^4/64=2\times3.14\times1^4/64=0.098\text{m}^4$

各桥墩的抗侧刚度可由公式 $K_i=3E_iI/l_i^3$ 计算，对 1 号墩有

$$K_1=3EI/l_1^3=3\times3\times10^7\times0.098/14^3=3214\text{kN/m}$$

同理可得，$K_2=1512\text{kN/m}$，$K_3=828\text{kN/m}$，$K_4=5104\text{kN/m}$。

（2）计算由温度变化引起结构位移的偏移零点位置

如图 9.7.2-7 所示，以 0-0 线为原点，令 0-0 线距离 0 号桥台支座中心的距离为 x_0，由式（9.6.3-7）可知

$$x_0=(K_1+2K_2+3K_3+4K_4+5K_5)L/(K_1+K_2+K_3+K_4+K_5)$$
$$=29138\times20/10658=54.68\text{m}。$$

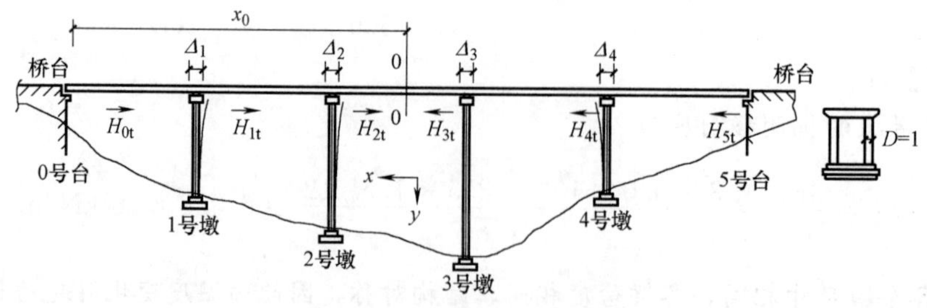

图 9.7.2-7　温度作用计算简图

（3）3 号墩顶点的位移

3 号墩顶点距温度偏移零点的距离：$x_3=54.68-3\times20=-5.32\text{m}$

由式（9.7.2-1）可得 3 号墩顶点的位移值为：$\Delta_{3t}=\alpha\Delta tx_3=1\times10^{-5}\times(-25)\times(-5.32)=1.33\times10^{-3}$m（指向左岸）。

（4）3 号墩承受的水平温度力标准值

$$F_{3t}=K_3\Delta_{3t}=828\times1.33\times10^{-3}=1.10\text{kN}\text{（指向左岸）。}$$

【例 9.7.2-3】~【例 9.7.2-8】

某座公路桥梁，由多跨 $l=20$m 的单跨梁组成，桥宽 12m。下部结构采用柔性墩，桥墩支承于基岩上。桥梁的总体布置计算图式如图 9.7.2-8 所示。实心体钢筋混凝土桥墩；混凝土标号为 C30；截面尺寸为：顺桥向 0.6m，横桥向 4m；各桥墩的计算高度按 0 号、1 号、2 号、3 号、4 号、5 号墩依次为 10m、10m、6m、6m、8m、8m。各单跨梁除 0 号墩及 5 号墩上分别设置滑动支座外，其他桥墩上分别设置固定支座（五跨一联）。

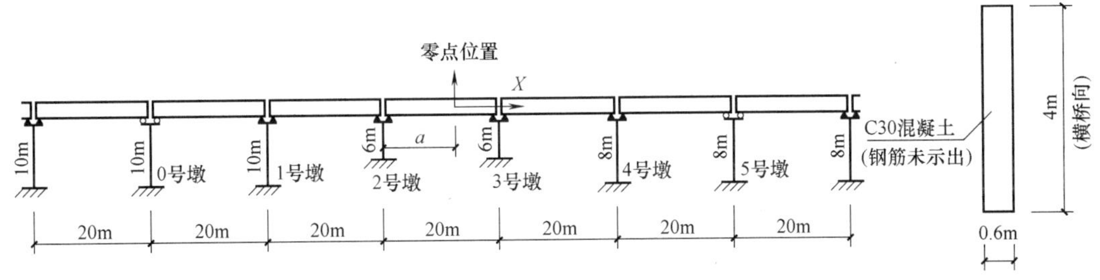

图 9.7.2-8

【例 9.7.2-3】

该柔性墩台结构在各墩顶水平位移相同的条件下，计算在各墩顶需要施加的水平力 T_i 的相对比值，即忽略上部结构垂直力的影响，求 1 号墩、2 号墩、3 号墩、4 号墩顶需要施加的水平力比值（$T_1:T_2:T_3:T_4$），并判定该比值与下列何组数据最为接近？

（A）1∶4.63∶4.63∶1.953　　（B）1∶1.67∶1.67∶1.25

（C）1∶2.78∶2.78∶1.56　　（D）1∶7.716∶7.716∶2.4414

【答案】（A）

【解答】根据柔性墩的结构体系特点，由各墩的 EI 值相同和墩顶水平位移相同的条件，利用公式 $\delta_i=P_ih_i^3/3E_iI_i$ 可以求得五跨一联的柔性墩结构体系关系式如下：

$$\begin{aligned}T_1:T_2:T_3:T_4&=1/h_1^3:1/h_2^3:1/h_3^3:1/h_4^3\\&=1/10^3:1/6^3:1/6^3:1/8^3\\&=1\times10^{-3}:4.63\times10^{-3}:4.63\times10^{-3}:1.953\times10^{-3}\\&=1:4.63:4.63:1.953\end{aligned}$$

选（A）。

【例 9.7.2-4】

当该结构在均匀温度变化时（忽略上部结构垂直力的影响），其梁体的无水平位移点，即梁体中无水平位移的“温度零点位置”离 2 号墩的距离 a 与以下何项数值最为接近？

（A）12.341m　　（B）20m　　（C）10m　　（D）11.342m

【答案】(A)

【解答】查规范得 $E=3.0\times10^4\text{N/mm}^2$，$I=\dfrac{bh^3}{12}=72\times10^9\text{mm}^4$

1 号墩的刚度 $k_1=\dfrac{3EI}{l^3}=0.648\times10^4\text{N/mm}$

2 号、3 号墩的刚度 $k_2=k_3=3.0\times10^4\text{N/mm}$

4 号墩的刚度 $k_4=1.266\times10^4\text{N/mm}$

取 0 号墩至偏移值为零点的距离为 x_0，$x_0=\dfrac{\sum_1^4 ik_i}{\sum_1^4 k_i}l$

$$\sum_1^4 ik_i=(1\times0.648+2\times3.000+3\times3.000+4\times1.266)\times10^4$$

$$=20.711\times10^4\text{N/mm}$$

$$\sum_1^4 k_i=(0.648+3.000+3.000+1.266)\times10^4=7.914\times10^4\text{N/mm}$$

$$x_0=\frac{20.711\times10^4}{7.914\times10^4}\times2\times10^4=5.234\times10^4\text{mm}=52.34\text{m}$$

离 2 号墩的距离 $a=52.34-40=12.34\text{m}$

选（A）。

【例 9.7.2-5】

若将每个桥墩的高度均调整为 10m 等高，其他条件不变，则该结构在四季均匀温度变化升温为+20℃的条件下，0 号墩墩顶处梁的水平位移值及位移方向，与以下何项数值最为接近？假定混凝土线性膨胀系数为 1×10^{-5}，并忽略因桥墩弯曲产生的阻力及上部结构垂直力的影响。

(A) −0.010m　(B) −0.0104682m　(C) 0.004m　(D) −0.0120m

【答案】(A)

【解答】由于修改设计后的桥梁结构布置为对称结构，故“温度零点”即梁体中无水平位移点，必定在桥路中心或对称点上，即 $a=10\text{m}$。

$\delta_0=-(a+2L)\times\alpha\times\Delta t=-(10+2\times20)\times10^{-5}\times20=-1000\times10^{-5}=-0.010\text{m}$

选（A）。

【例 9.7.2-6】

若将每个桥墩的高度均调整为 8m（等高），则该结构在四季均匀温度变化升温为+20℃的条件下（忽略上部结构垂直力影响），4 号墩承受的水平力值，与以下何项数值最为接近？

(A) 64.55kN　(B) 59.51kN　(C) 43.03kN　(D) 75.94kN

【答案】(D)

【解答】(1) 温度零点位置

由于修改设计后的桥梁结构布置为对称结构，故“温度零点”即梁体中无水平位移点，必定在桥跨中心或对称点上，即 $a=10$m。

(2) 4 号墩墩顶处梁的水平位移值及位移方向

$$\delta_4=(a+L)\times\alpha\times\Delta t=(10+20)\times10^{-5}\times20=600\times10^{-5}=0.006\text{m}$$

(3) 4 号墩的刚度 k_4

$$E=3.0\times10^4\text{N/mm}^2,\ I=\frac{bh^3}{12}=72\times10^9\text{mm}^4$$

$$4\text{ 号墩的刚度 } k_4=\frac{3EI}{l^3}=1.266\times10^4\text{N/mm}$$

(4) 4 号墩承受的水平力值 $T_4=\delta_4\cdot k_4=0.006\times1.266\times10^4=75.96$kN

选 (D)。

【例 9.7.2-7】

在该柔性墩台桥梁结构中，由汽车荷载产生的水平制动力为 200kN，并假定作用在该五跨一连的 0 号～5 号墩间的梁上。2 号桥墩所承受的水平制动力值（假定作用在墩顶），与以下何项数值最为接近？

(A) 75.82kN　　(B) 50kN　　(C) 200kN　　(D) 100kN

【答案】(A)

【解答】在汽车水平制动力作用下，由于柔性墩台结构体系的构造特点，1～4 号墩顶的水平位移值应相同，各墩水平制动力应按各墩的水平抗推刚度来分配。

运用 $\delta_{T1}=\delta_{T2}=\delta_{T3}=\delta_{T4}$，$\delta_i=T_i\cdot h_i^3/3E_iI_i$ 公式即可求得水平制动力作用在各墩顶的力值与方向。

各墩 E_i、I_i 相同，可得分配系数

$$\mu=\frac{\dfrac{3E_iI_i}{h_i^3}}{\Sigma\dfrac{3E_iI_i}{h_i^3}}=\frac{\dfrac{1}{h_i^3}}{\Sigma\dfrac{1}{h_i^3}}=\frac{1/h_i^3}{1/10^3+1/6^3+1/6^3+1/8^3}=\frac{1/h_i^3}{12.2124\times10^{-3}}$$

$$\mu_1=0.08187,\ \mu_2=0.3791,\ \mu_3=0.3791,\ \mu_4=0.1599$$

$$\Sigma\mu=0.08187+0.3791+0.3791+0.1599\approx1.0$$

$$T_i=\Sigma T\times\mu_i$$

故所求的 2 号墩承受的水平制动力：

$$T_2=200\times0.3791=75.85\text{kN}$$

选 (A)。

【例 9.7.2-8】

在上述桥梁的总体布置及计算图式条件下，假定由上部单跨梁结构和桥面系统自重引起的各跨的总垂直反力均为 3600kN，支座摩阻系数 $\mu=0.03$，当温度均匀变化为 20℃时，5 号墩顶由温度均匀变化产生的水平推力值，与以下何项数值最为接近？

(A) 0　　(B) 108kN　　(C) 216kN　　(D) 54kN

【答案】 (A)

【解答】已知上部结构各跨相同，所以恒载垂直反力相同，支座摩阻系数亦相同，5

号墩上设置的二组支座均为滑动支座。在温度均匀变化的条件下，根据两滑动支座的摩阻力方向相反，水平力叠加后为零，即可求得该墩产生的水平力值。

$$T_5=(3600/2)\times0.03-(3600/2)\times0.03=0$$

选（A）。

（4）支座与桥墩联合的集成刚度 k_{zi}

实际工程中在桥墩上还有支座，上述的计算中忽略了支座的影响、故是一种简化。采用支座与桥墩的集成刚度来计算则更精确。

① 桥墩抗推刚度 $k_{墩i}$ 的计算

抗推刚度是指使墩顶产生单位水平位移所需施加的水平反力。

$$k_{墩i}=\frac{1}{\delta_i}$$

当墩柱下端固定在基础或承台顶面时：

$$\delta_i=\frac{l_i^3}{3EI}$$

式中 δ_i——单位水平力作用在第 i 个柔性墩顶产生的水平位移（m/kN）；

l_i——第 i 墩柱下端固接处到墩顶的高度（m）；

I——墩身横截面对形心轴的惯性矩（m^4）。

桥墩抗推刚度 $k_{墩i}=3EI/l_i^3$

② 橡胶支座抗推刚度 $k_支$ 的计算

图 9.7.2-9 列出板式橡胶支座的剪切变形的示意图，图中列出剪应力 τ 剪和切角 γ。

由材料力学知，剪应力 r 与剪切角 γ 具有如下的关系，

$$\tau=G\gamma$$

式中 G——橡胶材料的剪切模量，按《规范》为 1.0MPa

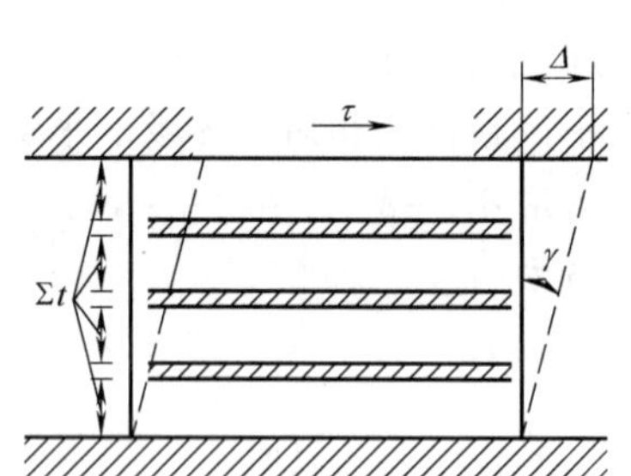

图 9.7.2-9 板式橡胶支座的剪切变形

将上式两边各乘以$\Sigma t\cdot\Sigma A_支$，得

$$\Sigma t\cdot\Sigma A_支\cdot\tau=G\gamma\cdot\Sigma t\cdot\Sigma A_支$$

此处，Σt——橡胶片的总厚度；

$\Sigma A_支$——支座承压面积的总和；

从图 9.7.2-9 可以得到下列关系

$$\Sigma A_支\cdot\tau=H$$

$$\Sigma t\cdot\gamma=\Sigma t\cdot\tan\gamma=\Delta$$

此处，H、Δ——分别为水平力和相应剪切位移，代入上式得

$$\Sigma t\cdot H=G\Delta\Sigma A$$

经过整理简化后，则得支座的抗推刚度 $k_支$ 为：

$$k_支=\frac{H}{\Delta}=\frac{G\Sigma A_支}{\Sigma t} \tag{9.7.2-9}$$

③ 墩顶与支座的集成刚度，设墩上有两排支座，两排支座的刚度并联后，与墩顶刚度串联，串联后的刚度即为支座与桥墩联合的集成刚度

$$k_{zi}=\frac{1}{\delta_{zi}}=\frac{1}{\delta_{墩i}+\delta_{支i}}=\frac{1}{\dfrac{1}{k_{墩i}}+\dfrac{1}{k_{支i}}} \tag{9.7.2-10}$$

【例 9.7.2-9】 各墩的集成抗推刚度

条件：图 9.7.2-10 所示为五跨的简支梁桥，跨长 $L=20$m，桥宽 9m，钢筋混凝土双圆柱式墩（$D=1.0$m），混凝土强度等级为 C30，扩大基础奠基地基岩上。桥面做成简支连续，每座桥墩顶面均布置两排共 21 个直径 $d=20$cm 的普通板式橡胶支座，而 0 号和 5 号桥台各设置 12 个，橡胶支座的$\sum t=4$cm，$G=1.1$MPa，全桥总体布置见图。

要求：计算各墩的组合抗推刚度 k_{zi}。

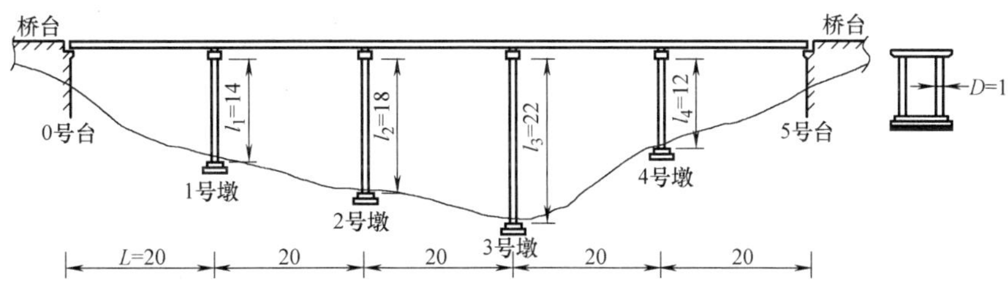

图 9.7.2-10（单位：m）

【解答】（1）计算桥墩抗推刚度 $k_{墩i}$。

C30 混凝土的弹性模量为：$E=3\times10^4\text{MPa}=3\times10^7\text{kN/m}^2$

桥墩顺桥向的抗弯惯性矩为：$I=2\times\frac{\pi D^4}{64}=2\times\frac{\pi\times1}{64}=\frac{\pi}{32}\text{m}^4$

各墩的抗推刚度 $k_{墩i}$ 为：

$$k_{墩1}=\frac{3EI}{l_1^3}=\frac{3\times3\times10^7\times\dfrac{\pi}{32}}{14^3}=3220\text{kN/m}$$

同理得：

$$k_{墩2}=1515\text{kN/m}$$
$$k_{墩3}=829.8\text{kN/m}$$
$$k_{墩1}=5113.3\text{kN/m}。$$

（2）板式橡胶支座的抗推刚度 $k_{支}$ 由式（8.7.2-1）得

$$k_{支}=\frac{G\cdot\sum A_{支}}{\sum t}=\frac{1100\times24\times\pi\times0.2^2/4}{0.04}=20734.5\text{kN/m}。$$

（3）各墩的组合抗推刚度 k_{z1}

按式（9.7.2-2）可得

$$k_{z1}=\frac{1}{\dfrac{1}{3220}+\dfrac{1}{20734.5}}=2787.16\text{kN/m}$$

同理得：

$$k_{z2}=1411.84\text{kN/m};\ k_{z3}=797.87\text{kN/m};\ k_{z4}=4101.77\text{kN/m}$$

$$k_{z0}=k_{z5}=\frac{k_{支}}{2}=\frac{20734.5}{2}=10367.25\text{kN/m}$$

$$\sum k_{z1}=29833.14\text{N/m}。$$

【例 9.7.2-10】

某城市快速路上的一座立交匝道桥，其中一段为四孔各 30m 的简支梁桥，其总体布置如图 9.7.2-11 所示。单向双车道，桥梁总宽 9.0m，其中行车道净宽度为 8.0m。上部结构采用预应力混凝土箱梁（桥面连续），桥墩由扩大基础上的钢筋混凝土圆柱墩身及带悬臂的盖梁组成。梁体混凝土线膨胀系数取 $\alpha=0.00001$。设计荷载：城-A 级。

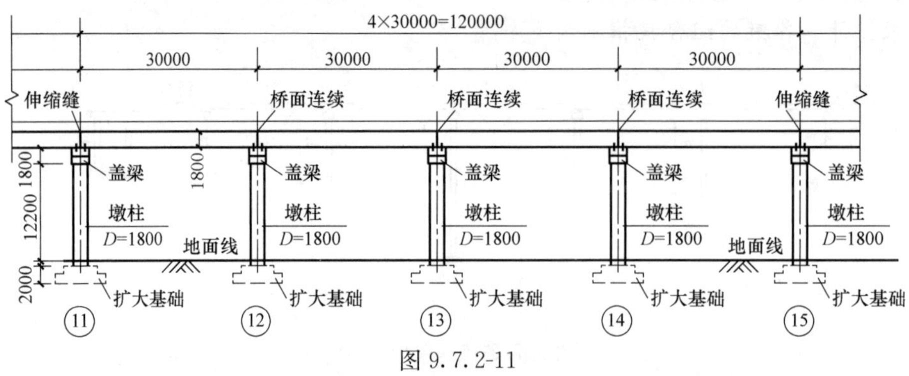

图 9.7.2-11

该桥为四跨（4×30m）预应力混凝土简支箱梁桥，若三个中墩高度相同，且每个墩顶盖梁处设置的普通板式橡胶支座尺寸均为（长×宽×高）600mm×500mm×90mm。假定，该桥四季温度均匀变化，升温时为+25℃，墩柱抗推刚度 $K_{柱}=20000\text{kN/m}$，一个支座抗推刚度 $K_{支}=4500\text{kN/m}$。试问，在升温状态下⑫中墩所承受的水平力标准值（kN）与下列何项数值最为接近？

提示：中墩上设 4 个支座。

(A) 70　　(B) 135　　(C) 150　　(D) 285

【答案】(A)

【解答】(1) 由于各中墩截面及高度完全相同，支座尺寸也完全相同，本段桥纵桥向为对称结构，故温度位移零点必在四跨总长的中心点处，则⑫墩顶距温度位移零点距离 $L=30\text{m}$。

(2) 升温引起的⑫墩顶处水平位移 $\delta_1=L\cdot\alpha\Delta t=30\times10^{-5}\times25=0.0075\text{m}$。

(3) 墩柱的抗推集成刚度：$\frac{1}{K_{墩}}=\frac{1}{4\times K_{支}}+\frac{1}{K_{柱}}$

则
$$K_{墩}=\frac{4K_{支}\cdot K_{柱}}{4K_{支}+K_{柱}}=\frac{4\times4500\times20000}{4\times4500+20000}=9474\text{kN/m}。$$

(4) ⑫墩所承受的水平力：

$$P_1=\delta_1\times K_{墩}=0.0075\times9474=71.05\text{kN}\approx70\text{kN}$$

所以正确答案为（A）。

三、桥面伸缩装置

桥梁在气温变化时，桥面有膨胀或收缩的纵向变形，车辆荷载也将引起梁端的转动和纵向位移。为使车辆平稳通过桥面并满足桥面变形，需要在桥面伸缩缝处设置一定的伸缩装置。这种装置称为桥面伸缩缝装置。

《公路混凝土》对桥面伸缩装置作出了规定

8.8.1 桥梁伸缩装置应符合下列要求：

1 伸缩装置的材料及其成品的技术要求应符合《公路桥梁伸缩装置通用技术条件》(JT/T 327—2016) 的有关规定。

2 采用定型生产的各类伸缩装置时，可根据桥梁所在地区的气温条件和施工季节，选择伸缩装置的安装温度，按本规范第 8.8.2 条规定计算桥梁接缝处梁体的伸长量和缩短量（接缝的闭口量和开口量），据此选用伸缩装置的类型和型号。

自行设计伸缩装置时，对于承受汽车荷载的钢构件，应考虑冲击作用及重复作用引起的疲劳影响。

3 根据伸缩装置的安装宽度，绘制桥梁接缝处的结构图，标明安装伸缩装置所必需的槽口尺寸（深度及上、下口宽度）、伸缩装置连接所需的预埋件及其位置。同时，图纸上应标明下列内容：

1) 槽口内填筑的材料种类及其强度等级；

2) 安装伸缩装置的温度范围，在该范围内安装伸缩装置，可保证在安装后伸缩装置工作正常；

3) 伸缩装置的类型和型号，该装置的最大及最小工作宽度（B_{max}及 B_{min}）；

4) 伸缩装置的安装宽度或出厂宽度（板式伸缩装置为压缩后的宽度，可由工厂临时固定出厂）；

5) 伸缩装置施工时应注意事项。

伸缩装置安装以后的伸缩量，可考虑如下四项因素进行计算：

①温度变化、②混凝土收缩、③混凝土徐变、④制动力引起的板式橡胶支座剪切变形。

1. 由温度变化引起的导致的伸缩缝开口量 Δl_t^- 或闭口量 Δl_t^+

《公路混凝土》规定

8.8.2 伸缩装置安装以后的伸缩量，可考虑下列因素进行计算：

1 由温度变化引起的伸缩量，按下列公式计算：

温度上升引起的梁体伸长量 Δl_t^+

$$\Delta l_t^+ = \alpha_c l (T_{max} - T_{set,l}) \tag{8.8.2-1}$$

温度下降引起的梁体缩短量 Δl_t^-

$$\Delta l_t^- = \alpha_c l (T_{set,u} - T_{min}) \tag{8.8.2-2}$$

式中　T_{max}、T_{min}——当地最高、最低有效气温值，按《公路桥涵设计通用规范》(JTG D60—2015）取用；

$T_{set,u}$、$T_{set,l}$——预设的安装温度范围的上限值和下限值；

l——计算一个伸缩装置伸缩量所采用的梁体长度，视桥梁长度分段及支座布置情况而定；

α_c——梁体混凝土材料线膨胀系数，采用 $\alpha_c=0.00001$。

当地最高、最低有效气温值 T_{max}、T_{min} 见《桥通》表 4.3.12-2

公路桥梁结构的有效温度标准值（℃）　　　　**表 4.3.12-2**

气温分区	钢桥面板钢桥		混凝土桥面板钢桥		混凝土、石桥	
	最高	最低	最高	最低	最高	最低
严寒地区	46	−43	39	−32	34	−23
寒冷地区	46	−21	39	−15	34	−10
温热地区	46	−9(−3)	39	−6(−1)	34	−3(0)

注：(1）全国气温分区见附录 B。
(2）表中括弧内数值适用于昆明、南宁、广州、福州地区。

2. 由混凝土收缩引起的梁体缩短量 Δl_s

混凝土在空气中结硬时，其体积会缩小，这种现象称为混凝土的收缩。混凝土产生的收缩主要是由水泥凝胶体在结硬过程中的凝缩和混凝土内自由水分蒸发的干缩双重因素造成的。影响混凝土收缩的主要因素有混凝土的组成和配合比，构件的养护条件，使用环境的温度与湿度，构件的体表比等因素。

《公路混凝土》规定

8.8.2　伸缩装置安装以后的伸缩量，可考虑下列因素进行计算：

2　由混凝土收缩引起的梁体缩短量 Δl_s^-，按下列公式计算：

$$\Delta l_s^- = \varepsilon_{cs}(t_u, t_0) l \tag{8.8.2-3}$$

式中　$\varepsilon_{cs}(t_u, t_0)$——伸缩装置安装完成时梁体混凝土龄期 t_0 至收缩终了时混凝土龄期 t_u 之间的混凝土收缩应变，可按本规范附录 C 计算。

3. 由混凝土徐变引起的梁体缩短量 Δl_c^-

混凝土在长期外力作用下产生的随时间而增长的变形称为徐变。通常认为产生徐变的原因，在加载应力不大时，主要由混凝土内未结晶的水泥凝胶体应力重分布造成；在加载应力较大时，主要是混凝土内部微裂缝发展所致。

《公路混凝土》规定

8.8.2　伸缩装置安装以后的伸缩量，可考虑下列因素进行计算：

3　由混凝土徐变引起的梁体缩短量 Δl_c^- 按下列公式计算：

$$\Delta l_c^- = \frac{\sigma_{pc}}{E_c}\phi(t_u, t_0) l \qquad (8.8.2\text{-}4)$$

式中 σ_{pc}——由预应力（扣除相应阶段预应力损失）引起的截面重心处的法向压应力，当计算的梁为简支梁时，可取跨中截面与1/4跨径截面的平均值；当梁体为连续梁或连续刚构时，可取若干有代表性截面的平均值；

E_c——梁体混凝土弹性模量，按本规范表3.1.5采用；

$\phi(t_u, t_0)$——伸缩装置安装完成时梁体混凝土龄期 t_0 至徐变终了时混凝土龄期 t_u 之间的混凝土徐变系数，可按本规范附录C计算。

伸缩装置安装完成时梁体混凝土龄期 t_0 至收缩终了时混凝土龄期 t_u 之间的混凝土徐变系数 ϕ（t_u，t_0）亦称“混凝土徐变系数终极值”，根据下列三个参数确定：

① 加载龄期。

② 桥梁所处环境的年平均相对湿度RH（%）。

③ 理论厚度 h（mm），$h=2A/u$，A 为构件截面面积，u 为构件与大气接触的周边长度。

ϕ（t_u，t_0）根据三个参数查《公路混凝土》C.2.3条文说明表C-2确定。

C.2.3 条文说明 按照本条规定，得到混凝土的徐变系数终极值如表C-2。

表C-2 混凝土徐变系数终极值 ϕ（t_u，t_0）

加载龄期（d）	40%≤RH<70%				70%≤RH<99%			
	理论厚度 h（mm）				理论厚度 h（mm）			
	100	200	300	≥600	100	200	300	≥600
3	3.78	3.36	3.14	2.79	2.73	2.52	2.39	2.20
7	3.23	2.88	2.68	2.39	2.32	2.15	2.05	1.88
14	2.83	2.51	2.35	2.09	2.04	1.89	1.79	1.65
28	2.48	2.20	2.06	1.83	1.79	1.65	1.58	1.44
60	2.14	1.91	1.78	1.58	1.55	1.43	1.36	1.25
90	1.99	1.76	1.65	1.46	1.44	1.32	1.26	1.15

注：1. 本表适用于由一般的硅酸盐类水泥或快硬水泥配制而成的混凝土。
2. 本表适用于季节性变化的平均温度−20～40℃。
3. 表中数值系按强度等级C40计算得到，对C50及以上混凝土，表列数值应乘以 $\sqrt{\frac{32.4}{f_{ck}}}$，式中 f_{ck} 为混凝土轴心抗压强度标准值（MPa）。
4. 计算时，表中年平均相对湿度40%≤RH<70%，取RH=55%；70≤RH<90%，取RH=80%。
5. 表中理论厚度 $h=2A/u$，A 为构件截面面积，u 为构件与大气接触的周边长度。当构件为变截面时，A 和 u 均可取平均值。
6. 表中数值按10年的延续期计算。
7. 构件的实际传力锚固龄期、加载龄期或理论厚度为表列数值中间值时，徐变系数终极值可按直线内插法取值。

4. 由制动力引起的板式橡胶支座剪切变形而导致的伸缩缝开口量 Δl_b^- 或闭口量 Δl_b^+，

《公路混凝土》规定

> **8.8.2** 伸缩装置安装以后的伸缩量，可考虑下列因素进行计算：
>
> **4** 由制动力引起的板式橡胶支座剪切变形而导致的伸缩缝开口量 Δl_b^- 或闭口量 Δl_b^+，其值可按 Δl_b^- 或 $\Delta l_b^+ = F_k l_e / G_e A_g$ 计算，其中 F_k 为分配给支座的汽车制动力标准值，t_e 为支座橡胶层总厚度，G_e 为支座橡胶剪变模量（按本规范第 8.7.4 条采用），A_g 为支座平面毛面积。
>
> **8.7.4** G_e——支座剪变模量，按现行《公路桥梁板式橡胶支座》（JT/T 4）取用；

5. 应设置的伸缩量之和

《公路混凝土》规定

> **8.8.2** 伸缩装置安装以后的伸缩量，可考虑下列因素进行计算：
>
> **5** 按照梁体的伸缩量选用伸缩装置的型号
>
> **1**）伸缩装置在安装后的闭口量 C^+
>
> $$C^+ = \beta(\Delta l_t^+ + \Delta l_b^+) \tag{8.8.2-5}$$
>
> **2**）伸缩装置在安装后的开口量 C^-
>
> $$C^- = \beta(\Delta l_l^- + \Delta l_s^- + \Delta l_c^- + \Delta l_b^-) \tag{8.8.2-6}$$
>
> **3**）伸缩装置的伸缩量 C 应满足：
>
> $$C \geqslant C^+ + C^- \tag{8.8.2-7}$$
>
> 式中 β——伸缩装置伸缩量增大系数，可取 β=1.2～1.4。
>
> 注：1. 对影响伸缩装置伸缩量的其他因素，如地震作用、风荷载、梁的挠度等，应视具体情况予以考虑。
>
> 2. 当施工安装温度在设计规定的安装温度范围以外时，伸缩装置应另行计算。
>
> **8.8.3** 伸缩装置的安装宽度（或出厂宽度），可按本规范第 8.8.2 条计算得到的开口量 C^- 和闭口量 C^+ 进行计算，其值可在 $[B_{min} + (C - C^-)]$ 与 $(B_{min} + C^+)$ 两者中或两者之间取用，其中 C 为选用的伸缩装置的伸缩量，B_{min} 为选用的伸缩装置的最小工作宽度。

【例 9.7.3-1】

一座钢筋混凝土连续梁桥，每条伸缩缝伸缩量对徐变、收缩变形的影响，应按以下何项所述考虑?

(A) 不必考虑　　(B) 只考虑徐变影响

(C) 只考虑收缩影响　　(D) 考虑徐变与收缩影响

【答案】(D)

【解答】根据《公路混凝土》8.8.2 条，选 (D)。

【例 9.7.3-2】

一座满堂支架上浇筑的预应力混凝土连续箱形梁桥，跨径布置 60m＋80m＋60m，在两端各设置伸缩缝 A 和 B，采用 C40 硅酸盐水泥混凝土，总体布置如图 9.7.3-1 所示。假定桥梁所在地区的季节性变化平均气温在−20℃至40℃之间，环境年平均相对湿度RH=55%，结构理论厚度$h \geqslant 600$mm，混凝土弹性模量$E_c = 3.25 \times 10^4$MPa，混凝土线膨胀系数1.0×10^{-5}，预应力引起的箱梁截面重心处的法向压应力σ_{pc}=8MPa，箱梁混凝土加载时的龄期60d，求混凝土徐变引起伸缩缝A处的伸缩量（mm）与下列何项数值最为接近？

(A) −55　　(B) −31　　(C) −39　　(D) +24

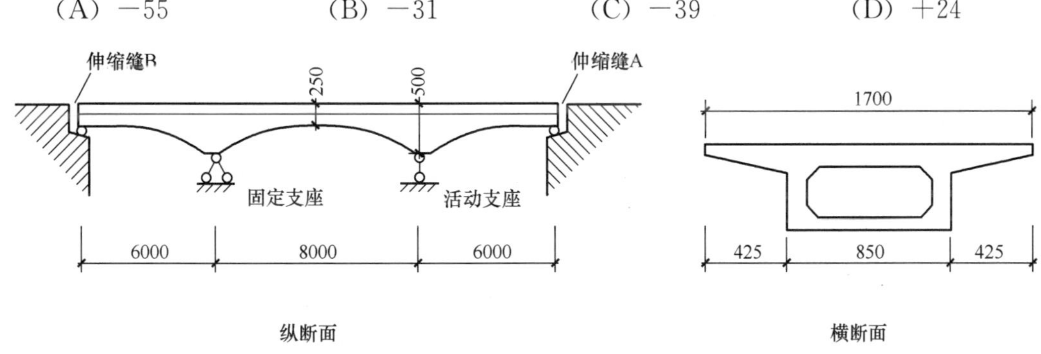

图 9.7.3-1　桥梁布置图（单位：cm）

【答案】(A)

【解答】（1）根据《公路混凝土》8.8.2-3条，徐变引起的梁体缩短量Δl_c^-按式(8.8.2-4)计算：

$$\Delta l_c^- = \frac{\sigma_{pc}}{E_c}\phi(t_u, t_0)l$$

（2）根据附录C计算徐变终了时梁体的混凝土徐变系数$\phi(t_u, t_0)$。

（3）附录C.2.3条文说明表C-2，混凝土徐变系数终极值$\phi(t_u, t_0) = 1.58$。

（4）已知：σ_{pc}=8MPa，$E_c = 3.25 \times 10^4$MPa，l=80+60=140m代入式(8.8.2-4)

$$\Delta l_c^- = \frac{\sigma_{pc}}{E_c}\phi(t_u, t_0)l = \frac{-8}{3.25 \times 10^4} \times 1.58 \times 140 \times 10^3$$

$$= -0.2462 \times 10^{-3} \times 1.58 \times 140 \times 10^3 = -54.46\text{mm}$$，选(A)。

【例 9.7.3-3】

上题中，当不计活载、活载离心力、制动力、温度梯度、梁体转角、风荷载及墩台不均匀沉降等因素时，并假定由均匀温度变化、混凝土收缩、混凝土徐变引起的梁体在伸缩缝A处的伸缩量分别为+50mm与−130mm。综合考虑各种因素其伸缩量的增大系数β取1.3。试问，该伸缩缝A应设置的伸缩量之和（mm），应为下列何项数值？

(A) 240　　(B) 120　　(C) 80　　(D) 160

【答案】(A)

【解答】（1）根据《公路混凝土》8.8.2条，式(8.8.2-5)

伸缩装置在安装后的闭口量C^+

$$C^+ = \beta(\Delta l_t^+ + \Delta l_b^+) = 1.3 \times 50 = 65\text{mm}$$

（2）根据《公路混凝土》8.8.2条，式(8.8.2-6)

伸缩装置在安装后的开口量 C^-

$$C^-=\beta(\Delta l_t^-+\Delta l_s^-+\Delta l_c^-+\Delta l_b^-)=1.3\times130=169\text{mm}$$

(3) 据《公路混凝土》8.8.2条，式 (8.8.2-7)

应设置的伸缩量之和为 $C=C^++C^-=65+169=234\text{mm}$，故选A。

【例9.7.3-4】

某公路上一座预应力混凝土连续箱形梁桥，采用满堂支架现浇工艺，总体布置如图9.7.3-2所示，跨径布置为70m+100m+70m，在连续梁两端各设置伸缩装置一道（A和B）。梁体混凝土强度等级为C50（硅酸盐水泥）。假定，桥址处年平均相对湿度RH为75%，结构理论厚度 $h=600\text{mm}$，混凝土弹性模量 $E_c=3.45\times10^4\text{MPa}$，混凝土轴心抗压强度标准值 $f_{ck}=32.4\text{MPa}$，混凝土线膨胀系数为 1.0×10^{-5}，预应力引起的箱梁截面重心处的法向平均压应力 $\sigma_{pc}=9\text{MPa}$，箱梁混凝土的平均加载龄期为60d。

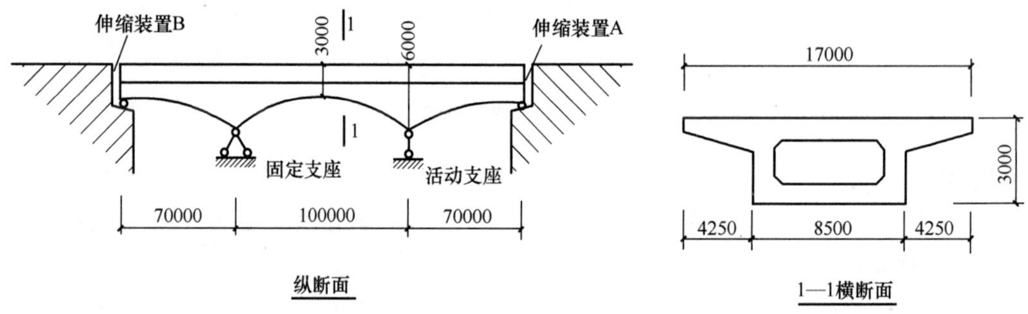

图9.7.3-2 桥梁布置图

试问，由混凝土徐变引起伸缩装置A处引起的梁体缩短值（mm），与下列何值最为接近？

提示：徐变系数按《公路混凝土》附录C计算。

(A) 25　　(B) 35　　(C) 40　　(D) 56

【答案】(D)

根据《公路混凝土》8.8.2条，3款，式（8.8.2-4），由混凝土徐变引起的梁体伸缩量，

$$\Delta l_c^-=\frac{\sigma_{pc}}{E_c}\phi(t_u,t_0)l$$

查《公路混凝土》附录C.2.3条文说明，当相对湿度75%，加载龄期60d，结构理论厚度≥600mm时，$\phi=1.25$，$E_c=3.45\times10^4\text{MPa}$，$L=(100\text{m}+70\text{m})\times10^3=170\text{m}\times10^3\text{mm}$，$f_{ck}=32.4\text{MPa}$

所以

$$\Delta l_c^-=\frac{\sigma_{pc}}{E_c}\phi(t_u,t_0)l=\frac{9}{3.45\times10^4}\times1.25\sqrt{\frac{32.4}{32.4}}\times170\times10^3$$
$$=0.2609\times10^{-3}\times1.25\times1.0\times170\times10^3=55.44\text{mm}\approx56\text{mm}。$$

9.8 桥梁混凝土结构

一、桥梁钢筋混凝土结构

1. T形截面梁的翼缘"有效宽度"

图9.8.1-1所示为一根T形截面梁受弯时翼缘板内的应力分布情况，此时翼缘板内的压应力沿宽度 a 的分布是不均匀的，梁肋处翼缘板内的压应力最大，而向梁两侧其翼缘板内的压应力逐渐减小。这种现象称为"应力扩散"。通常对T形截面梁的翼缘板引入"有效宽度"的概念。

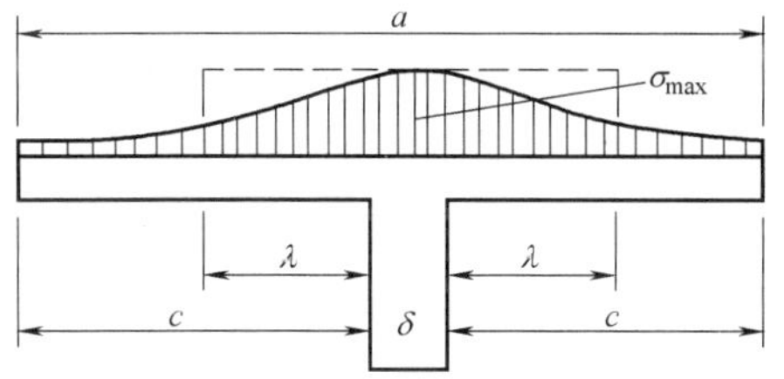

图9.8.1-1 T形截面梁的压应力分布

《公路混凝土》给出了"有效宽度"的具体计算公式

4.3.3 T形截面梁的翼缘有效宽度 b_f'，应按下列规定采用：

1 内梁的翼缘有效宽度取下列三者中的最小值：

1） 对于简支梁，取计算跨径的1/3。对于连续梁，各中间跨正弯矩区段，取该计算跨径的0.2倍；边跨正弯矩区段，取该跨计算跨径的0.27倍；各中间支点负弯矩区段，取该支点相邻两计算跨径之和的0.07倍。

2） 相邻两梁的平均间距。

3） $(b+2b_h+12h_f')$，此处，b 为梁腹板宽度，b_h 为承托长度，h_f'为受压区翼缘悬出板的厚度。当 $h_h/b_h<1/3$ 时，上式 b_h 应以 $3h_h$ 代替，此处 h_h 为承托根部厚度。

2 外梁翼缘的有效宽度取相邻内梁翼缘有效宽度的一半，加上腹板宽度的1/2，再加上外侧悬臂板平均厚度的6倍或外侧悬臂板实际宽度两者中的较小者。

【例9.8.1-1】

某二级干线公路上一座标准跨径为30m的单跨简支梁桥，桥梁上部结构由5根各长29.94m、高2.0m的预制预应力混凝土T形梁组成，梁与梁间用现浇混凝土连接，如图9.8.1-2所示。假定，桥主梁计算跨径以29m计。试问，该桥中间T形主梁在弯矩作用下的受压翼缘有效宽度（mm）与下列何值最为接近？

（A）9670　　（B）2250　　（C）2625　　（D）3320

【答案】（B）

【解答】（1）根据《公路混凝土》4.3.3条1款，T形截面内主梁的翼缘有效宽度取下列三者中的最小值：

① 对简支梁，取计算跨径的1/3，$b_f=29000/3\text{mm}=9666.6\text{mm}$；

② 相邻两梁的平均间距，$b_f=2250\text{mm}$；

③ $(b+2b_h+12h_f')$，此处：$b=200\text{mm}$ 为T形梁腹板宽度，$b_h=600\text{mm}$ 为承托结构长度，h_f'为受压区翼缘悬臂板的厚度，$h_f'=160\text{mm}$。

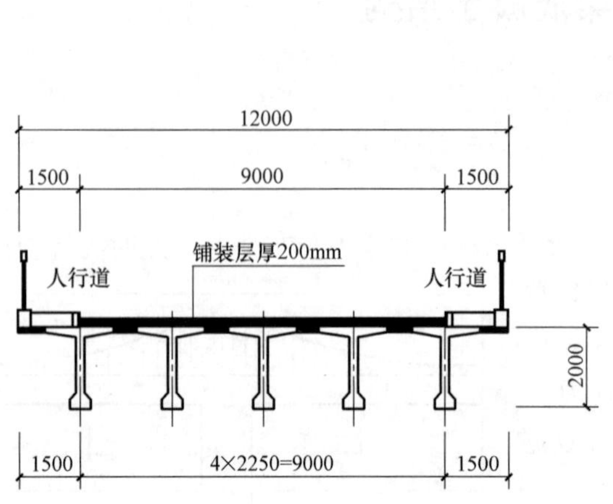

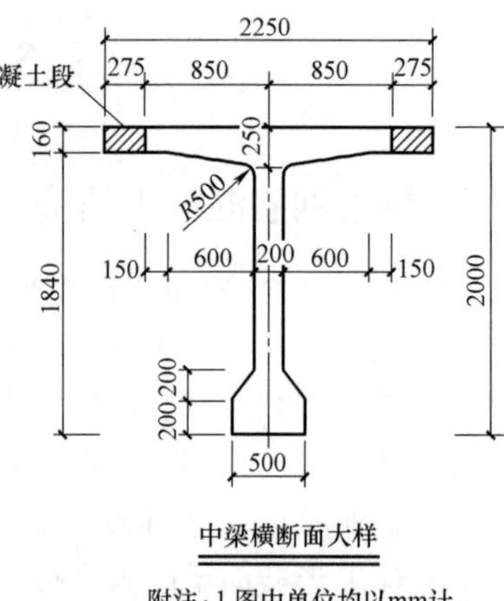

图 9.8.1-2

（2）根据《公路混凝土》4.3.3 条 1 款 3 项的规定：

当承托跟部厚度 h_h 和承托长度 b_h 之比 $\frac{h_h}{b_h}<\frac{1}{3}$ 时，承托长度 b_h 应以 $3h_h$ 代替。

此处：$h_h=250-160=90\text{mm}$，$b_h=600$，$h_h/b_h=90/600=0.3<1/3$。

承托跟部厚度 $h_h=250-160=90\text{mm}$，$b_h=3h_h=3\times90=270\text{mm}$。

受压翼缘有效宽度

$$b_f=200+2\times270+12\times160=200+540+1920=2660\text{mm}。$$

（3）翼缘有效宽度应为 2250mm，选（B）。

2. T 形截面梁的正截面承载力计算

《公路混凝土》规定

5.2.3 仅采用纵向体内钢筋的翼缘位于受压区的 T 形或 I 形截面受弯构件，其正截面抗弯承载力应按下列规定计算：

1 当符合下列条件时：

$$f_{sd}A_s+f_{pd}A_p\leqslant f_{cd}b'_fh'_f+f'_{sd}A'_s+(f'_{pd}+\sigma'_{p0})A'_p \quad (5.2.3\text{-}1)$$

应以宽度为 b'_f 的矩形截面［图 5.2.3a)］，按本规范第 5.2.2 条的相关公式计算。

2 当不符合式（5.2.3-1）的条件时，应按下式规定计算［图 5.2.3b)］：

$$\gamma_0M_d\leqslant f_{cd}\left[bx\left(h_0-\frac{x}{2}\right)+(b'_f-b)h'_f\left(h_0-\frac{h'_f}{2}\right)\right]$$

$$+f'_{sd}A'_s(h_0-a'_s)+(f'_{pd}-\sigma'_{p0})A'_p(h_0-a'_p) \quad (5.2.3\text{-}2)$$

受压区高度 x 应按下列公式计算，并应符合式（5.2.2-3）及式（5.2.2-4）或式（5.2.2-5）要求。

$$f_{sd}A_s + f_{pd}A_p = f_{cd}[bx + (b'_f - b)h'_f] + f'_{sd}A'_s + (f'_{pd} - \sigma'_{p0})A'_p \quad (5.2.3\text{-}3)$$

式中 h'_f——T 形或 I 形截面受压区翼缘厚度；

b'_f——T 形或 I 形截面受压区翼缘有效宽度，按本规范第 4.3.3 条的规定采用。

仅采用纵向体内钢筋的箱形截面受弯构件的正截面抗弯承载力可参照本条计算。

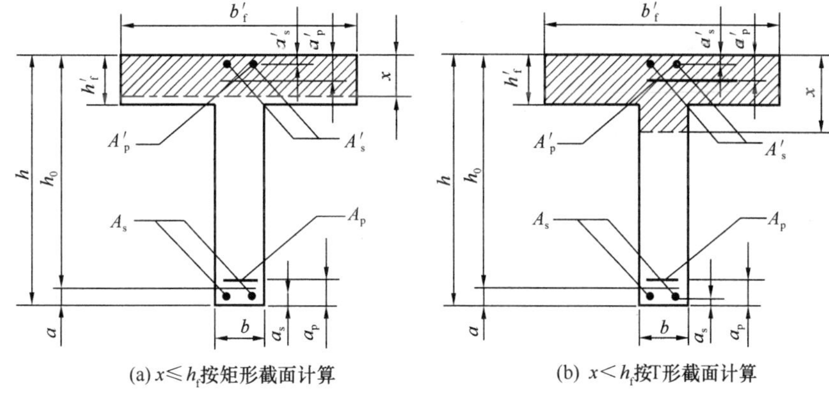

图 5.2.3 T 形截面受弯构件正截面承载力计算（截面内力作用方向与图 5.2.2 相同）

【例 9.8.1-2】

某三级公路钢筋混凝土简支梁桥，其计算跨径 $L=14.5$m，主梁由多片 T 形梁组成，其中单片主梁断面尺寸如图 9.8.1-3 所示，$h_0=67.5$cm。采用混凝土 C40，$f_{cd}=13.8$MPa，主筋为 HPB400 级钢筋，$f_{sd}=330$MPa。假定不计受压钢筋面积，并假定计算跨中弯矩 $M_{恒}=631.40$kN·m，$M_{活}=289.30$kN·m。

试确定按承载能力极限状态计算出的跨中截面钢筋面积与下列何项数值最为接近？

(A) 71.88cm² (B) 64.62cm²

(C) 53.23cm² (D) 49.47cm²

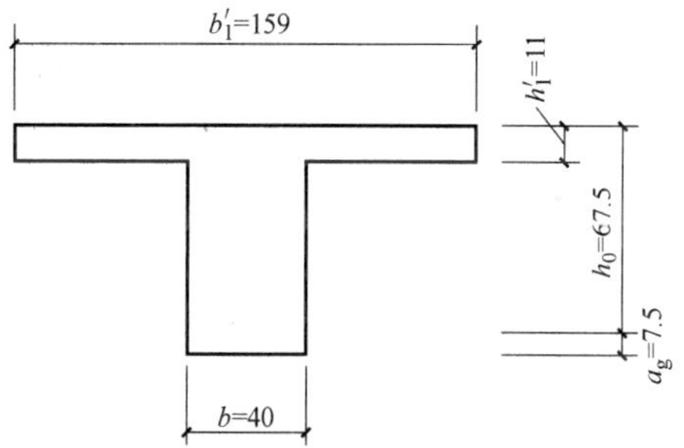

图 9.8.1-3 主梁断面尺寸（单位 cm）

【答案】(D)

【解答】(1) 根据《桥通》表 1.0.5，15m 简支梁桥属小桥。

(2) 根据《桥通》表 4.1.5-1，小桥的安全等级为二级。

(3) 根据《桥通》4.1.5 条，设计安全等级二级的结构重要性系数 $\gamma_0=1.0$。

(4) 确定荷载效应组合

根据《桥通》4.1.5 条，承载能力极限状态下的荷载效应组合为：

$$M_d = \gamma_G M_{恒} + \gamma_Q M_{活} = 1.2M_{恒} + 1.4M_{活}$$
$$= 1.2 \times 631.4 + 1.4 \times 289.30 = 1162.7\text{kN} \cdot \text{m}$$

式中 永久作用效应分项系数 $\gamma_G=1.2$；

汽车荷载效应分项系数 $\gamma_Q=1.4$。

（5）确定翼缘板计算宽度 b'_f，

根据《公路混凝土》4.3.3 条

① 简支梁计算跨径的 $L/3$ 为：14500/3=4834mm；

② 主梁中心距为 1590mm；

③ $b+12h'_f=400+12\times110=1720$mm。

所以，取翼缘板的计算宽度 $b'_f=1590$mm。

（6）判断 T 形截面类型

已知：$f_{cd}=13.8$MPa，$f_{td}=1.39$MPa，$f_{sd}=330$MPa，$h_0=675$mm，先判断截面类型，当 $x=h'_f$时，截面所能承受的弯矩设计值为：

$$\frac{1}{\gamma_0}f_{cd}b'_fh'_f\left(h_0-\frac{h'_f}{2}\right)$$

$$=13.8\times1590\times110\times(675-110/2)/0.9=1662.7\times10^6\text{N}\cdot\text{mm}$$

$$=1662.7\text{kN}\cdot\text{m}>M_d=1162.7\text{kN}\cdot\text{m}$$

因中性轴在翼缘内，属于第Ⅰ类 T 形梁，应按 $b\times h=1590\text{mm}\times750\text{mm}$ 的矩形截面进行计算。

（7）计算混凝土受压区高度 x

根据《公路混凝土》5.2.2 条

$$x=h_0-\sqrt{h_0^2-\frac{2\gamma_0M_d}{f_{cd}b}}$$

将 $M_d=1162.7\text{kN}\cdot\text{m}$，$h_0=675$mm，$b=1590$mm，$f_{cd}=13.8$MPa 代入上式

$$x=675-\sqrt{675^2-\frac{2\times0.9\times1162.7\times10^6}{13.8\times1590}}=74.8\text{mm}$$

$x=74.8\text{mm}<h'_f=110$mm。

（8）求所需受拉钢筋截面面积为：

根据《公路混凝土》5.2.2 条，

$$A_s=\frac{f_{cd}b'_fx}{f_{sd}}=\frac{13.8\times1590\times74.8}{330}=4973.5\text{mm}^2$$

选 8⌀28（外径 30.5mm），提供的钢筋截面面积 $A_s=4926\text{mm}^2$。

（9）验算最小配筋率

根据《公路混凝土》5.2.12 条，

$f_{td}=1.39$MPa，$f_{sd}=330$MPa

$$\rho_{min}=45\frac{f_{td}}{f_{sd}}\%=45\times\frac{1.39}{330}\%=0.19\%<0.2\%\text{，取 }\rho_{min}=0.2\%$$

$$\rho=\frac{A_s}{bh_0}=\frac{4926}{400\times675}=1.82\%>0.2\%\text{。}$$

（10）确定跨中截面钢筋面积 $A_s=4974\text{mm}^2=49.74\text{cm}^2$，选（D）。

3. 梁的斜截面承载力计算

《公路混凝土》规定

5.2.11 矩形、T形和I形截面的受弯构件，其抗剪截面应符合下列要求：

$$\gamma_0 V_d \leqslant 0.51\times 10^{-3}\sqrt{f_{cu,k}}bh_0 (kN) \quad (5.2.11)$$

式中 V_d——验算截面处由作用（或荷载）产生的剪力组合设计值（kN）；

b——相应于剪力组合设计值处的矩形截面宽度（mm）或T形和I形截面腹板宽度（mm）；

h_0——相应于剪力组合设计值处的截面有效高度，即自纵向受拉钢筋合力点至受压边缘的距离（mm）。

对变高度（承托）连续梁，除验算近边支点梁段的截面尺寸外，尚应验算截面急剧变化处的截面尺寸。

5.2.12 矩形、T形和I形截面的受弯构件，当符合下列条件时

$$\gamma_0 V_d \leqslant 0.50\times 10^{-3}\alpha_2 f_{td}bh_0 (kN) \quad (5.2.12)$$

可不进行斜截面抗剪承载力的验算，仅需按本规范第9.3.12条构造要求配置箍筋。

式中 f_{td}——混凝土抗拉强度设计值，按本规范表3.1.4的规定采用。

对于不配置箍筋的板式受弯构件，式（5.2.12）右边计算值可乘以提高系数1.25。

注：V_d、b、h_0的单位及意义见本规范第5.2.11条。

【例9.8.1-3】

某二级公路上30m的预应力混凝土T型梁，抗剪验算截面取距支点$h/2$（900mm）处，且已知该截面的最大剪力r_0v_0为940kN，腹板宽度540mm，梁的有效高度为1360mm，混凝土强度等级C40的抗拉强度设计值f_{td}为1.65MPa。试问，该截面需要进行下列何项工作?

提示：预应力提高系数设计值为α_2取1.25。

(A) 要验算斜截面的抗剪承载力，且应加宽腹板尺寸

(B) 不需要验算斜截面抗剪承载力

(C) 不需要验算斜截面抗剪承载力，但要加宽腹板尺寸

(D) 需要验算斜截面抗剪承载力，但不要加宽腹板尺寸

【答案】(D)

《公桥混规》5.2.11条和5.2.12条分别规定：T形截面的受弯构件，其抗剪的上限值按$r_0v_d \leqslant 0.51\times 10^{-3}\sqrt{f_{cu,k}}bu_0$（kN），若抗剪上限值关系成立，可不增加腹板尺寸；其抗剪的下限值按$r_0v_d \leqslant 0.50\times 10^{-3}\alpha_2 f_{td}bu_0$（kN），当抗剪下限值关系不成立时，则需要进行斜截面抗剪承载力验算。

由题意条件则

$$r_0v_d = 940kN < 0.51\times 10^{-3}\sqrt{40}\times 540\times 1360 = 2369kN$$

$$r_0v_d = 940kN > 0.5\times 10^{-3}\times 1.25\times 1.65\times 540\times 1360 = 757kN$$

该截面不需要加宽腹板尺寸，但需要验算斜截面抗剪承载力。即(D)情况最合理。

【例9.8.1-4】

某一级公路上，有一座计算跨径为20m的预应力混凝土简支梁桥，混凝土强度等级

为C40。该简支梁由T形梁组成，主梁梁高1.25m，梁距为2.25m，横梁间距为5.0m；主梁截面有效高度h_0=1.15m。按持久状况承载能力极限状态计算时，某根内梁支点截面剪力设计值为800kN。如该主梁支承点截面处满足抗剪截面的要求，试问，腹板的最小宽度（mm），应与下列何项数值最为接近？

(A) 200　　(B) 220　　(C) 240　　(D) 260

【答案】(C)

【解答】(1) 根据《桥通》表1.0.5，20m简支梁桥属小桥。

(2) 根据《桥通》表4.1.5-1，一级公路的小桥为重要小桥，设计安全等级为一级。

(3) 根据《桥通》4.1.5条，设计安全等级一级的结构重要性系数γ_0=1.1。

(4) 根据《公路混凝土》5.2.11条，式(5.2.11)

$$\gamma_0 \cdot V_d \leqslant 0.51 \times 10^{-3} \sqrt{f_{cu,k}} \cdot bh_0$$

得

$$b \geqslant \frac{\gamma_0 \times V_d}{0.051 \times 10^{-3} \times \sqrt{f_{cu,k}} \times h_0}。$$

(5) 取V_d=800kN，$f_{cu,k}$=40MPa，h_0=1150mm，代入上式得

$$b \geqslant \frac{1.1 \times 800}{0.51 \times 10^{-3} \sqrt{40} \times 1150} \text{mm} = 237.3\text{mm}$$

取b=240mm，选(C)。

【例9.8.1-5】

某二级公路上的一座单跨30m的跨线桥梁，可通过双向两列车，该桥主梁的计算跨径为29.4m，冲击系数的μ=0.25。试问，该桥主梁支点截面在城—A级汽车荷载作用下的剪力标准值（kN）与下列何项数值最为接近？

提示：不考虑活载横向不均匀因素。

(A) 620　　(B) 990　　(C) 1090　　(D) 1220

【答案】(D)

根据《城市桥梁》第10.0.2条，主梁截面剪力效应应采用车道荷载，并计及汽车的冲击作用，μ=0.25。

均布荷载：q_k=10.5kN/m，满布梁全跨。

集中荷载：$P_k = 180 + \frac{29.4-5}{50-5} \times (360-180) = 278\text{kN}$，布置于支点截面。

集中荷载的剪力增大系数为1.2。

$$V = \left[\left(\frac{1}{2} \times 10.5 \times 29.7 \times \frac{29.7}{29.4} + 1.2 \times 278\right) \times (1+0.25)\right] \times 2$$

$$= (157.52 + 333.6) \times 1.25 \times 2 = 613.9 \times 2 = 1227.8 \approx 1220\text{kN}。$$

4. 拱圈纵向稳定计算长度

《公路混凝土》规定

4.4.7条　无铰拱拱圈纵向稳定计算长度应按0.36L_a计算。

【例 9.8.1-6】

某公路上的一座跨河桥，其结构为钢筋混凝土上承式无铰拱桥，计算跨径为 100m。假定，拱轴线长度 L_a 为 115m，忽略截面变化。试问，当验算该桥的主拱圈纵向稳定时，相应的计算长度（m）与下列何值最为接近？

（A）36 （B）42 （C）100 （D）115

【答案】（B）

根据《公路混凝土》4.4.7 条，“无铰拱拱圈纵向稳定计算长度应按 $0.36L_a$ 计算”。

即 $0.36L_a = 0.36 \times 115 - 41.4$m，取 42m。

5. 吊环

《公路混凝土》规定

> **9.8.2** 预制构件的吊环应采用 HPB300 钢筋制作，严禁使用冷加工钢筋。每个吊环按两肢截面计算，在构件自重标准值作用下，吊环的拉应力不应大于 65MPa。当一个构件设有 4 个吊环时，设计时仅考虑 3 个吊环同时发挥作用。吊环埋入混凝土的深度不应小于 35 倍吊环直径，端部应做成 180°弯钩，且应与构件内钢筋焊接或绑扎。吊环内直径不应小于 3 倍钢筋直径，且不应小于 60mm。
>
> **7.2.2** 当进行构件运输和安装计算时，构件自重应乘以动力系数。动力系数应按《公路桥涵设计通用规范》（JTG D60—2015）的规定采用。

《桥通》规定

> **4.1.10** 构件在吊装、运输时，构件重力应乘以动力系数 1.2（对结构不利时）或 0.85（对结构有利时），并可视构件具体情况作适当增减。

【例 9.8.1-7】

某一级公路上一座预应力混凝土桥梁中的一片预制空心板梁，预制板长 15.94m，宽 1.06m，厚 0.70m，其中两个通长的空心孔的直径各为 0.36m，设置 4 个吊环，每端各 2 个，吊环各距板端 0.37m。

试问，该板梁吊环的设计吊力（kN）与下列何项数值最为接近？

提示：板梁动力系数采用 1.2，自重为 13.5kN/m。

（A）65 （B）72 （C）86 （D）103

【答案】（C）

【解答】（1）根据《公路混凝土》9.8.2 条，采用三个吊环。

（2）设计吊力为 $1.2 \times 15.94 \times 13.5/3 = 86$kN，选（C）。

二、预应力混凝土结构

《公路混凝土》将“预应力混凝土结构”分成三类

> **6.1.2** 预应力混凝土构件可根据桥梁使用和所处环境的要求，进行下列构件设计：
>
> **1** 全预应力混凝土构件。此类构件在作用频遇组合下控制的正截面的受拉边缘不允许出现拉应力。

> 2　部分预应力混凝土构件。此类构件在作用频遇组合下控制的正截面受拉边缘可出现拉应力：当拉应力不超过规定限值时，为A类预应力混凝土构件；当拉应力超过规定限值时，为B类预应力混凝土构件。
>
> 跨径大于100m桥梁的主要受力构件，不宜进行部分预应力混凝土设计。

本节仅讲述“全预应力混凝土构件”，而且主要讨论“后张法预应混凝土结构”。

1. 有效预应力

在预应力混凝土构件内，施加于构件的预应力一般通过张拉预应力钢筋来获得，预应力钢筋中的初始张拉应力，称为张拉控制应力。因预应力筋中的预拉应力在张拉施工和使用过程中会逐渐减少，从而使混凝土中的预压应力也相应减少。预应力筋中这种应力减少的现象称为预应力损失。因此，钢筋中的预应力是指扣除相应阶段的应力损失后，钢筋中存余的有效预应力 σ_p，即

$$\sigma_p=\sigma_{con}-\sigma_l$$

式中　σ_{con}——张拉控制应力；

σ_l——预应力损失。

(1) 钢筋的张拉控制应力 σ_{con}

张拉控制应力 σ_{con} 是指张拉钢筋进行锚固前，张拉千斤顶所指示的总拉力除以预应力钢筋截面面积所得的钢筋应力值。

《公路混凝土》规定

> **6.1.4**　预应力混凝土构件中预应力钢筋的张拉控制应力值 σ_{con} 应符合下列规定：
>
> **1**　预应力钢丝、钢绞线的张拉控制应力值
>
> 体内预应力　$\sigma_{con}\leqslant 0.75f_{pk}$　(6.1.4-1)
>
> 体外预应力　$\sigma_{con}\leqslant 0.70f_{pk}$　(6.1.4-2)
>
> **2**　预应力螺纹钢筋的张拉控制应力值
>
> $\sigma_{con}\leqslant 0.85f_{pk}$　(6.1.4-3)
>
> 式中　f_{pk}——预应力钢筋抗拉强度标准值，按表3.2.2-2的固定采用。
>
> 当对构件进行超张拉或计入锚圈口摩擦损失时，预应力钢筋最大控制应力值（千斤顶油泵上显示的值）可增加 $0.05f_{pk}$。

【例9.8.2-1】

某桥的上部结构为多跨16m后张预制预应力混凝土空心板梁，单板宽度1030mm，板厚900mm。每块板采用15根 ϕ^S15.20mm的高强度低松弛钢绞线；钢绞线的公称截面积为140mm²，抗拉强度标准值（f_{pk}）为1860MPa，控制应力采用 $0.73f_{pk}$。试问，每块板的总张拉力（kN），应与下列何项数值最为接近？

(A) 2851　　(B) 3125　　(C) 3906　　(D) 2930

【答案】(A)

【解答】(1) 取 $\sigma_{com}=0.73f_{pk}$，符合《公路混凝土》6.1.4条式(6.1.4-1) $\sigma_{com}\leqslant 0.75f_{pk}$ 的规定。

（2）张拉控制应力 $\sigma_{com}=0.73f_{pk}=0.73\times1860=1357.8$MPa。

（3）单根预应力束的最大张拉力 $\sigma_{com}\cdot A_p=1357.8\times140=190092\text{N}\approx190.1$kN。

（4）每块板的总张拉力 $N_p=15\times\sigma_{com}\cdot A_p=15\times190.1=2851.4\approx2851.4$kN。

（5）答案为 2851kN，选（A）。

【例 9.8.2-2】

某桥结构为预制后张预应力混凝土箱型梁，跨径 30m；单梁宽 3.0m，采用 ϕ^S15.20mm 高强度低松弛钢绞线，其抗拉强度标准值（f_{pk}）为 1860MPa，公称截面积为 140mm^2，每根预应力束由 9 股 ϕ^S15.20mm 钢绞线组成。锚具为夹片式群锚。张拉控制应力采用 $0.75f_{pk}$。试问，单根预应力束的最大张拉力（kN），与下列何项数值最为接近？

（A）1875　　（B）1758　　（C）1810　　（D）1846

【答案】（B）

【解答】（1）取 $\sigma_{com}=0.75f_{pk}$，符合《公路混凝土》6.1.4 条式（6.1.4-1）$\sigma_{com}\leqslant0.75f_{pk}$的规定。

（2）张拉控制应力 $\sigma_{com}=0.75f_{pk}=0.75\times1860=1395$MPa。

（3）单根预应力束的最大张拉力 $N_p=\sigma_{com}\cdot A_p=1395\times140\times9=1757700\text{N}\approx1758$kN。

（4）答案为 1758kN，选（B）。

（2）钢筋预应力损失 σ_l

《公路混凝土》规定

> **6.2.1** 在正常使用极限状态计算中，预应力混凝土构件应考虑由下列因素引起的预应力损失：
>
> 预应力钢筋与管道壁之间的摩擦　σ_{l1}
>
> 锚具变形、钢筋回缩和接缝压缩　σ_{l2}
>
> 预应力钢筋与台座之间的温差　σ_{l3}
>
> 混凝土的弹性压缩　σ_{l4}
>
> 预应力钢筋的应力松弛　σ_{l5}
>
> 混凝土的收缩和徐变　σ_{l6}
>
> 此外，尚应考虑预应力钢筋与锚圈口之间的摩擦、台座的弹性变形等因素引起的其他预应力损失。预应力损失值宜根据实测数据确定；当无可靠实测数据时，可按本节的规定计算。

1）预应力钢筋与管道间摩擦引起的应力损失 σ_{l1}，是后张法构件才有的损失。张拉时，预应力钢筋将沿管道壁滑移而产生摩擦力，使钢筋的应力在张拉端高，张拉端至跨中方向由于摩擦影响使钢筋应力逐渐减小。在任意两个截面间，钢筋的应力差即为此两截面间由摩擦引起的应力损失。

《公路混凝土》规定

> **6.2.2** 预应力钢筋与管道壁之间摩擦引起的预应力损失，可按式（6.2.2）计算：
>
> $$\sigma_{l1}=\sigma_{con}\left[1-e^{-(\mu\theta+kx)}\right] \tag{6.2.2}$$

式中 σ_{con}——预应力钢筋锚下的张拉控制应力值；

μ——预应力钢筋与管道壁的摩擦系数，按表6.2.2采用；

θ——从张拉端至计算截面曲线管道部分切线的夹角之和（rad）；

k——管道每米局部偏差对摩擦的影响系数，按表6.2.2采用；

x——从张拉端至计算截面的管道长度，可近似地取该段管道在构件纵轴上的投影长度（m）。

系数 k 和 μ **表6.2.2**

预应力钢筋类型	管道种类	k	μ	
			钢绞线、钢丝束	预应力螺纹钢筋
体内预应力钢筋	预埋金属波纹管	0.0015	0.20～0.25	0.50
	预埋塑料波纹管	0.0015	0.15～0.20	—
	预埋铁皮管	0.0030	0.35	0.40
	预埋钢管	0.0010	0.25	—
	抽芯成型	0.0015	0.55	0.60

2）锚具变形，钢筋回缩和接缝压缩引起的应力损失 σ_{l2}。指预应力钢筋张拉到控制应力后，在锚固时使锚具受到巨大压力而产生变形，锚具下垫板缝隙被压紧，钢丝产生回缩，以及锚固后，拼装构件的接缝将继续被压紧，这些变形导致的应力损失即为 σ_{l2}。

《公路混凝土》规定：

6.2.3 锚具变形、钢筋回缩和接缝压缩引起的预应力损失，可按下列规定计算：

1 预应力直线钢筋

$$\sigma_{l2}=\frac{\sum \Delta l}{l}E_{\mathrm{p}} \tag{6.2.3}$$

式中 Δl——张拉端锚具变形、钢筋回缩和接缝压缩值，按表6.2.3采用；

l——张拉端至锚固端之间的距离。

锚具变形、钢筋回缩和接缝压缩值 **表6.2.3**

锚具、接缝类型		Δl（mm）	锚具、接缝类型	Δl（mm）
钢丝束的钢制锥形锚具		6	镦头锚具	1
夹片式锚具	有顶压时	4	每块后加垫板的缝隙	2
	无顶压时	6	水泥砂浆接缝	1
带螺帽锚具的螺帽缝隙		1～3	环氧树脂砂浆接缝	1

注：带螺帽锚具采用一次张拉锚固时，Δl 宜取2～3mm，采用二次张拉锚固时，Δl 可取1mm。

3）钢筋与台座间的温差引起的应力损失 σ_{l3}。先张法构件混凝土如采用加温养护，在混凝土尚未硬结时，钢筋因温度升高而在混凝土中自由变形使钢筋应力减小。当停止加热养护时，钢筋与混凝土粘结在一起，此时钢筋在混凝土硬化前因升温所降低的应力不可恢复，就是应力损失 σ_{l3}。

《公路混凝土》规定

6.2.4 预应力钢筋与台座之间温度差引起的预应力损失 σ_{l3}（MPa）可按式（6.2.4）计算：

$$\sigma_{l3} = 2(t_2 - t_1) \tag{6.2.4}$$

式中 t_1——混凝土加热养护时，受拉钢筋的最高温度（℃）；

t_2——张拉钢筋时，制造场地的温度（℃）。

注：为减少温差引起的预应力损失，可采用分阶段的养护措施。

4）混凝土弹性压缩引起的应力损失 σ_{l4}。预应力混凝土构件受到预压应力时，混凝土产生压缩变形，锚固于构件上的预应力钢筋也产生同样的变形，即引起应力损失 σ_{l4}。

《公路混凝土》规定

6.2.5 混凝土弹性压缩引起的预应力损失可按下列规定计算：

1 后张法预应力混凝土构件，当采用分批张拉时，完成张拉的预应力钢筋由后批张拉的预应力钢筋所产生的混凝土弹性压缩引起的预应力损失，可按式（6.2.5-1）计算：

$$\sigma_{l4} = \alpha_{EP} \sum \Delta\sigma_{pc} \tag{6.2.5-1}$$

式中 $\Delta\sigma_{pc}$——计算截面完成张拉的预应力钢筋重心处，由后批张拉预应力钢筋产生的混凝土法向应力；

α_{EP}——预应力钢筋弹性模量与混凝土弹性模量的比值。

2 先张法预应力混凝土构件，放松钢筋时由混凝土弹性压缩引起的预应力损失，可按式（6.2.5-2）计算：

$$\sigma_{l4} = \alpha_{EP}\sigma_{pc} \tag{6.2.5-2}$$

式中 σ_{l4}——在计算截面钢筋重心处，由全部钢筋预加力产生的混凝土法向应力。

注：后张法预应力混凝土构件，由混凝土弹性压缩引起的预应力损失的简化计算方法列于本规范附录H。

5）钢筋松弛引起的应力损失 σ_{l5}。钢筋受到一定张拉应力后，长度保持不变时应力会随时间的延长而降低。降低的多少与持续的时间有关，这种应力损失就是 σ_{l5}。

《公路混凝土》规定

6.2.6 预应力钢筋松弛引起的预应力损失，可按下列规定计算：

1 预应力钢丝、钢绞线

$$\sigma_{l5} = \psi \cdot \zeta\left(0.52\frac{\sigma_{pe}}{f_{pk}} - 0.26\right)\sigma_{pe} \tag{6.2.6-1}$$

式中 ψ——张拉系数，一次张拉时，$\psi=1.0$；超张拉时，$\psi=0.9$；

ζ——钢筋松弛系数，Ⅰ级松弛（普通松弛），$\zeta=1.0$；Ⅱ级松弛（低松弛），$\zeta=0.3$；

σ_{pe}——传力锚固时的预应力钢筋应力，对后张法构件，$\sigma_{pe} = \sigma_{con} - \sigma_{l1} - \sigma_{l2} - \sigma_{l4}$。

2 预应力螺纹钢筋

一次张拉

$$\sigma_{l5} = 0.05\sigma_{con} \tag{6.2.6-2}$$

超张拉

$$\sigma_{l5} = 0.035\sigma_{con} \tag{6.2.6-3}$$

注：1. 当取超张拉的应力松弛损失值时，张拉程序应符合我国有关规范要求。

2. 预应力钢丝、钢绞线当需分阶段计算应力松弛损失时，可按本规范附录C取用。

6）混凝土收缩和徐变引起的应力损失 σ_{l5}。收缩和徐变是混凝土的固有特性，混凝土的收缩和徐变使构件缩短，预应力筋也随之缩短，造成预应力损失。因混凝土的收缩和徐变变形性能相似，故将两者引起的应力损失综合考虑为 σ_{l6}，具体计算见《公路混凝土》6.2.7条。

（3）钢筋的有效预应力计算

预应力钢筋的有效预应力 σ_{pe}，是锚下控制应力 σ_{con} 扣除相应阶段的应力损失。而上述各项预应力损失并不是同时发生的，它与张拉方式和工作阶段有关。为此，须将预应力损失按受力阶段进行组合，才可算出不同受力阶段的有效预应力。

对先张法及后张法构件，分别按预加应力和使用阶段进行预应力损失值的组合，组合情况见《公路混凝土》表6.2.8

6.2.8 预应力混凝土构件各阶段的预应力损失值可按表6.2.8的规定进行组合。

各阶段预应力损失值的组合 **表6.2.8**

预应力损失值的组合	先张法构件	后张法体内预应力混凝土构件
传力锚固时的损失（第一批）$\sigma_{l\text{I}}$	$\sigma_{l2}+\sigma_{l3}+\sigma_{l4}+0.5\sigma_{l5}$	$\sigma_{l1}+\sigma_{l2}+\sigma_{l3}$
传力锚固后的损失（第二批）$\sigma_{l\text{II}}$	$0.5\sigma_{l5}+\sigma_{l6}$	$\sigma_{l5}+\sigma_{l6}$

【例9.8.2-3】

预应力损失为：

σ_{l1}——预应力钢筋与管道壁之间的摩擦；

σ_{l2}——锚具变形、钢筋回缩和拼装构件的接缝压缩；

σ_{l3}——混凝土加热养护时，预应力钢筋与台座之间的温度差；

σ_{l4}——混凝土弹性压缩；

σ_{l5}——预应力钢筋的应力松弛；

σ_{l6}——混凝土的收缩徐变。

对于桥梁后张法构件，应为后张法应计算的预应力损失值以下何项正确？

（A）σ_{l1}、σ_{l2}、σ_{l3}、σ_{l4}、σ_{l5}、σ_{l6}

（B）σ_{l1}、σ_{l2}、σ_{l4}、σ_{l5}、σ_{l6}

（C）σ_{l3}、σ_{l4}、σ_{l5}、σ_{l6}

（D）σ_{l2}、σ_{l3}、σ_{l5}、σ_{l6}

【答案】（B）

【解答】(1) 根据《公路混凝土》6.2.2 条规定。预应力钢筋与管道间摩擦引起的应力损失 σ_{l1} 是后张法构件才有的损失。

(2) 根据《公路混凝土》6.2.3 条、6.2.5 条、6.2.6 条、6.2.7 条规定。应力损失 σ_{l2}、σ_{l4}、σ_{l5}、σ_{l6} 是后张法构件有的损失。

(3) 后张法构件的损失有 σ_{l1}、σ_{l2}、σ_{l4}、σ_{l5}、σ_{l6}，选 (B)。

【例 9.8.2-4】

某后张预应力混凝土梁桥，其计算跨径 $L=24.2\text{m}$，主梁系由多片马蹄 T 形截面梁组成。采用高强度低松弛钢绞线. 抗拉强度标准值 (f_{pk}) 为 1860MPa。经计算主梁跨中截面预应力钢绞线截面面积 $A_p=32.43\text{cm}^2$，锚下最大控制应力采用 $0.73f_{pk}$，又由计算知预应力钢筋损失总值 $\Sigma\sigma_l=298\text{MPa}$，试估算永存预加力 (kN) 与下列何项数值最为接近?

(A) 35575.71　　(B) 5064.00　　(C) 4523.99　　(D) 3557.57

【答案】(D)

【解答】 (1) 取 $\sigma_{con}=0.73f_{pk}$，符合《公路混凝土》6.1.4 条式 (6.1.4-1) $\sigma_{con}\leqslant 0.75f_{pk}$ 的规定。

(2) 张拉控制应力 $\sigma_{con}=0.73f_{pk}=0.73\times1860=1358\text{MPa}$。

(3) 永存预加应力 $\sigma_p=\sigma_{con}-\sigma_l=1358-298=1060\text{MPa}$。

(4) 永存预加力 $N_p=\sigma_p\cdot A_p=1060\times3243=3437580\text{N}\approx3438\text{kN}$

答案为 3438kN，选 (D)。

【例 9.8.2-5】

某预应力混凝土弯箱梁的中腹板内一根钢束的布置如图 9.2.1-1 所示，A 点至 B 点，

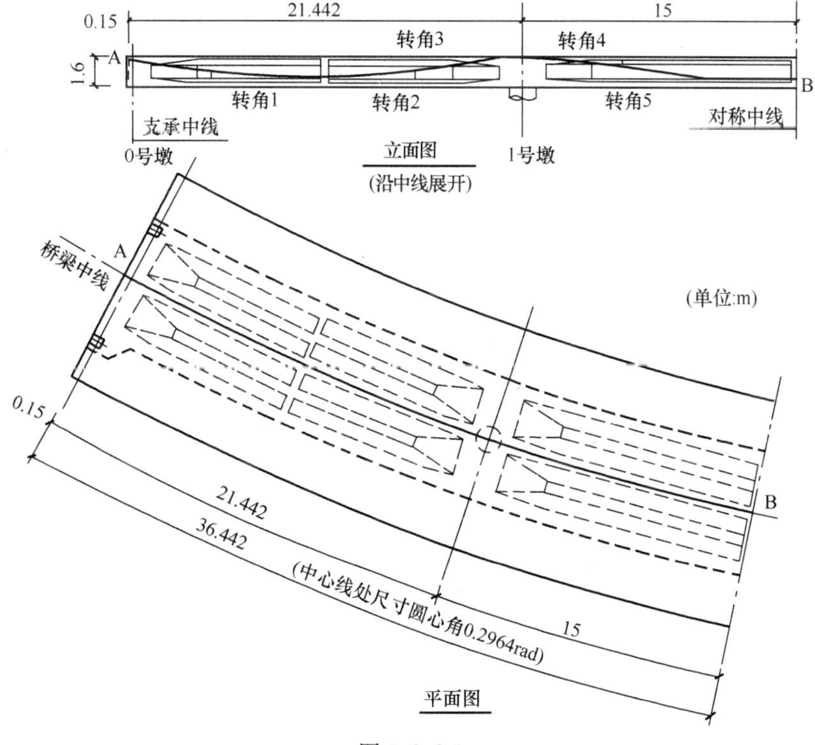

图 9.8.2-1

A为张拉端，B为连续梁跨中截面，预应力孔道为预埋塑料波纹管，管道每米局部偏差对摩擦的影响系数 $k=0.0015$，预应力钢绞线与管道壁的摩擦系数 $\mu=0.17$，张拉控制应力 1302MPa。

立面图中由A至B点预应力钢束在梁内可分为五段曲线，各曲线的竖弯转角共5处，转角1为0.0873rad，转角2～5均为0.2094rad。平面图中A、B点所夹圆心角为0.2964rad，钢束长按36.442m计，假设立面图中五段曲线各自对应平面图中A、B所夹圆心角的1/5。

试问，计算截面B处的后张预应力束与管道壁之间摩擦引起的预应力损失值(MPa)，与下列何项数值最为接近？

(A) 190　　(B) 220　　(C) 260　　(D) 300

【答案】(C)

【解答】

(1) 根据《公路混凝土》公式 (6.2.2) 求解摩擦损失：

$$\sigma_{l1}=\sigma_{con}\left[1-e^{-(\mu\theta+kx)}\right]$$

式中：θ——从张拉端至计算截面曲线管道部分切线的夹角之和 (rad)

(2) 6.2.2条文说明，在公式 (6.2.2) 中，可分段后叠加的广义空间曲线，夹角之和 θ 可按下列近似公式计算：

广义空间曲线　　$\theta=\Sigma\sqrt{\Delta\alpha_v^2+\Delta\alpha_h^2}$

式中　$\Delta\alpha_v$、$\Delta\alpha_h$——广义空间曲线预应力钢筋在竖直方向、水平方向投影所形成分段曲线的弯转角增量。

(3) 第一段曲线：$\theta_1=\sqrt{0.0873^2+(0.2964/5)^2}=0.1055$

第二至第五段曲线：$\theta_{2-5}=\sqrt{0.2094^2+(0.2964/5)^2}=0.2176$

夹角之和：$\theta=\Sigma\theta_i=0.9759$

(4) 其他参数：$\mu=0.17$，$k=0.0015$，$x=36.442$，$\sigma_{con}=1302$，代入公式 (6.2.2) 得：

$$\sigma_{l1}=1302\times\left[1-e^{-(0.17\times0.9759+0.0015\times36.442)}\right]=257.7\text{MPa}$$

2. 应力计算

(1) 两类应力计算

① 短暂状况构件的应力计算

短暂状况设计时应计算在制造、运输及安装施工阶段，由预加力（扣除相应的预应力损失）、构件自重引起的截面应力，并不得超过规范规定的限制。

实际工程和实验研究都证明，如果预压区外边缘压应力过大，可能在预压区内产生沿钢筋方向的纵向裂缝，或使受压区混凝土进入非线性徐变阶段，因此必须控制外边缘混凝土的压应力。

工程要求全预应力构件预拉区（指施加预应力时形成的截面拉应力区）在施工阶段不允许出现拉应力，即使对部分预应力混凝土结构，预拉区的拉应力也不允许过大，因此要控制预拉区外边缘混凝土的拉应力。

《公路混凝土》规定

> **7.2.1** 桥梁构件按短暂状况设计时，应计算其在制作、运输及安装等施工阶段，由自重、施工荷载等引起的正截面和斜截面的应力，并不应超过本节规定的限值。施工荷载除有特别规定外均采用标准值，当有组合时不考虑荷载组合系数。
>
> 当用吊机（车）行驶于桥梁进行安装时，应对已安装就位的构件进行验算，吊机（车）应乘以 1.15 的荷载系数，但当由吊机（车）产生的效应设计值小于按持久状况承载能力极限状态计算的荷载效应组合设计值时，则可不必验算。
>
> **7.2.2** 当进行构件运输和安装计算时，构件自重应乘以动力系数。动力系数应按《公路桥涵设计通用规范》（JTG D60—2015）的规定采用。

《桥通》规定

> **4.1.10** 构件在吊装、运输时，构件重力应乘以动力系数 1.2（对结构不利时）或 0.85（对结构有利时），并可视构件具体情况作适当增减。

② 持久状况预应力混凝土构件应力计算

桥梁在使用阶段经常承受的主要活荷载是车辆荷载，车辆荷载是反复移动的、具有冲击作用。应控制混凝土和钢筋的工作应力，避免工作应力过大。为此《公路混凝土》规定应对构件的应力进行验算，作为对承载能力极限状态的补充。

> **7.1.1** 预应力混凝土受弯构件在进行持久状况设计时，应计算其使用阶段正截面混凝土的法向压应力、受拉区钢筋的拉应力和斜截面混凝土的主压应力，并不得超过本节规定的限值。计算时作用取其标准值，汽车荷载应考虑冲击系数。

要注意的是：计算时荷载取其标准值，不计分项系数和组合系数，车辆荷载应考虑冲击系数。

（2）截面应力的计算

由于预应力混凝土构件在各受力阶段截面不允许开裂，构件材料基本上是处于弹性工作阶段。因此，各阶段的应力计算中仍可应用材料力学公式进行，故也可将应力计算统称为弹性阶段的应力计算。

《公路混凝土》规定

> **6.1.5** 计算预应力混凝土构件的弹性阶段应力时，构件截面性质可按下列规定采用：
>
> **1** 先张法构件，采用换算截面。
>
> **2** 后张法构件，当计算由作用和体外预应力引起的应力时，体内预应力管道压浆前采用净截面，体内预应力钢筋与混凝土黏结后采用换算截面；当计算由体内预应力引起的应力时，除指明者外采用净截面。
>
> **3** 截面性质对计算应力或控制条件影响不大时，也可采用毛截面。
>
> **6.1.6** 由预加力产生的混凝土法向应力及相应阶段预应力钢筋的应力，应按下列公式计算：

1 先张法预应力混凝土构件

由预加力产生的混凝土法向压应力 σ_{pc} 和拉应力 σ_{pt}：

$$\begin{matrix}\sigma_{pc}\\\sigma_{pt}\end{matrix}=\frac{N_{p0}}{A_0}\pm\frac{N_{p0}e_{p0}}{I_0}y_0 \tag{6.1.6-1}$$

2 后张法体内预应力混凝土构件

由预加力产生的混凝土法向压应力 σ_{pc} 和拉应力 σ_{pt}：

$$\begin{matrix}\sigma_{pc}\\\sigma_{pt}\end{matrix}=\frac{N_p}{A_n}\pm\frac{N_p e_{pn}}{I_n}y_n\pm\frac{M_{p2}}{I_n}y_n \tag{6.1.6-2}$$

式中 A_n——净截面面积，即为扣除管道等削弱部分后的混凝土全部截面面积与纵向普通钢筋截面面积换算成混凝土的截面面积之和；对由不同混凝土强度等级组成的截面，应按混凝土弹性模量比值换算成同一混凝土强度等级的截面面积；

A_0——换算截面面积，包括净截面面积 A_n 合同全部纵向体内预应力钢筋截面面积换算成混凝土的截面面积；

N_{p0}、N_p——先张法构件、后张法构件的体内预应力钢筋和普通钢筋的合力，按式（6.1.7）、式（6.1.7-3）计算；

I_0、I_n——换算截面惯性矩、净截面惯性矩；

e_{p0}、e_{pn}——换算截面重心、净截面重心至体内预应力钢筋和普通钢筋合力点的距离，按式（6.1.7-2）、式（6.1.7-4）计算；

y_0、y_n——换算截面重心、净截面重心至计算纤维处的距离；

M_{p2}——由预加力 N_p 在预应力混凝土连续梁等超静定结构中产生的次弯矩。

注：1. 在式（6.1.6-1）、式（6.1.6-4）、式（6.1.6-7）中，右边第二项、第三项与第一项的应力方向相同时取正好，相反时取负号，正号为压，负号为拉。

【例 9.8.2-6】

某公路桥梁，采用后张法预应力混凝土箱梁，主梁跨中截面面积 $A=5.3\text{m}^2$，惯性矩 $I=1.5\text{m}^4$，截面重心至下缘距离 $y=1.15\text{m}$。计算荷载：公路-I级，人群荷载 3.0kN/m^2；假定该桥主梁跨中截面由全部恒载产生的弯矩标准值 $M_{Gik}=11000\text{kN}\cdot\text{m}$，汽车车道荷载产生的弯矩标准值 $M_{Qik}=5000\text{kN}\cdot\text{m}$（已计入冲击系数 $\mu=0.2$），人群荷载产生的弯矩标准值 $M_{Qik}=500\text{kN}\cdot\text{m}$；永久有效预加力荷载产生的轴力标准值 $N_p=15000\text{kN}$，主梁净截面重心至预应力钢筋合力点的距离 $e_{pn}=1.0\text{m}$（截面重心以下）。试问，按持久状况计算该桥主梁跨中截面在使用阶段的正截面混凝土下缘的法向应力（MPa），应与下列何项数值最为接近？

(A) 12.6　　(B) 14.3　　(C) 27　　(D) 1.7

【答案】(D)

【解答】(1) 根据《公路混凝土》7.1.1 条，计算时作用取其标准值，汽车荷载应考虑冲击系数。

(2) 根据《公路混凝土》7.1.3 条，由式（7.1.3-1）计算作用（或荷载）标准值产生的混凝土法向压应力 σ_{kc} 和拉应力 σ_{kt}。

$$\sigma_{kc}=-\left(\frac{M_k}{I}y\right)=\frac{-(11000+5000+500)}{1.5}\times1.15\text{kN/m}^2$$
$$=-12650\text{kN/m}^2\text{（拉应力）。}$$

（3）根据《公路混凝土》6.1.6条，由式（6.1.6-4）计算由预加力产生的混凝土法向压应力 σ_{pc} 和拉应力 σ_{pt}。

$$\sigma_{pc}=\frac{N_p}{A_n}\pm\frac{N_pe_{pn}}{I_n}y=\left(\frac{15000}{5.3}+\frac{15000\times1.0}{1.5}\times1.15\right)\text{kN/m}^2$$
$$=(2830+11500)\text{kN/m}^2=14330\text{kN/m}^2\text{（压应力）}$$

主梁跨中截面下缘混凝土应力 $\sigma=\sigma_{pc}-\sigma_{kt}$

$\sigma=(14330-12650)\text{kN/m}^2=1680\text{kN/m}^2=1.68\text{MPa}$。

$\sigma=1.68\approx1.7\text{MPa}$，选（D）。

（3）应力控制

① 按短暂状况计算时的应力控制值

对预拉区不允许出现裂缝的构件或预压时全截面受压的构件，在预加力、自重及施工荷载（必要时应考虑动力系数）作用下，其截面边缘的混凝土法向应力应符合下列规定

7.2.8 预应力混凝土受弯构件，在预应力和构件自重等施工荷载作用下截面边缘混凝土的法向应力应符合下列规定：

1 压应力

$$\sigma_{cc}^{t}\leqslant0.70f'_{ck} \tag{7.2.8}$$

2 拉应力

1） 当 $\sigma_{ct}^{t}\leqslant0.70f'_{tk}$ 时，配置于预拉区纵向钢筋的配筋率不小于0.2%；

2） 当 $\sigma_{ct}^{t}=1.15f'_{tk}$ 时，配置于预拉区纵向钢筋的配筋率不小于0.4%；

3） 当 $0.70f'_{tk}<\sigma_{ct}^{t}<1.15f'_{tk}$ 时，配置于预拉区纵向钢筋的配筋率按以上两者直线内插取用；

4） 拉应力 σ_{ct}^{t} 不应超过 $1.15f'_{tk}$。

上述配筋率为 $\frac{A'_s+A'_p}{A}$，先张法构件计入 A'_p，后张法构件不计入 A'_p。A'_p 为预拉区预应力钢筋截面面积；A'_s 为预拉区普通钢筋截面面积；A 为构件毛截面面积。

式中 σ_{cc}^{t}、σ_{ct}^{t}——按短暂状况计算时截面预压区、预拉区边缘混凝土的压应力、拉应力；

f'_{ck}、f'_{tk}——与制作、运输、安装各施工阶段混凝土立方体抗压强度 f'_{cu} 相应的轴心抗压强度、轴心抗拉强度标准值，可按表3.1.3直线插入取用。

配置于预拉区的纵向钢筋宜采用带肋钢筋，其直径不宜大于14mm，沿预拉区的外边缘均匀布置。

② 持久状况预应力混凝土构件的应力控制值

对全预应力混凝土构件，在使用阶段的作用标准值组合下，受压区外边缘混凝土的最

大压应力及预应力钢筋的拉应力应符合下列规定

7.1.5 使用阶段预应力混凝土受弯构件正截面混凝土的压应力和预应力钢筋的拉应力，应符合下列规定：

1 受压区混凝土的最大压应力

未开裂构件 $$\sigma_{kc}+\sigma_{pt}\leqslant 0.50f_{ck} \tag{7.1.5-1}$$

2 受拉区预应力钢筋的最大拉应力

1） 体内预应力钢绞线、钢丝

未开裂构件 $$\sigma_{pe}+\sigma_{p}\leqslant 0.65f_{pk} \tag{7.1.5-2}$$

3） 预应力螺纹钢筋

未开裂构件 $$\sigma_{pe}+\sigma_{p}\leqslant 0.75f_{pk} \tag{7.1.5-3}$$

式中 σ_{pe}——全预应力混凝土和A类预应力混凝土受弯构件，受拉区预应力钢筋扣除全部预应力损失后的有效预应力；

σ_{pt}——由预加力产生的混凝土法向拉应力，先张法构件按式（6.1.6-1）计算，后张法构件按式（6.1.6-4）计算。

注：预应力混凝土受弯构件受拉区的普通钢筋，可不必验算。

为提高斜截面的安全性，对斜截面抗剪承载力的进行补充计算，补充计算需考虑混凝土的主压应力和主拉应力：

（1）规定预应力混凝土受弯构件斜截面主压应力的计算及限值，防止构件腹板在预加应力和使用阶段下被压坏，过高的主压应力会导致斜截面抗裂能力降低。

（2）计算弹性阶段构件腹部的主拉应力，按规定设置箍筋并计算箍筋数量，补充计算得到的箍筋用量与斜截面抗剪承载力计算的箍筋用量两者取大值。

7.1.6 预应力混凝土受弯构件由作用标准值和预加力产生的混凝土主压应力 σ_{cp} 和主拉应力 σ_{tp} 应按本规范第6.3.3条公式计算，但式（6.3.3-2）、式（6.3.3-5）中的 M_s 和 V_s 应分别以 M_k、V_k 替代。此处，M_k 和 V_k 为按作用标准值进行组合计算的弯矩值和剪力值。

混凝土的主压应力应符合式（7.1.6-1）的规定：

$$\sigma_{cp}\leqslant 0.6f_{ck} \tag{7.1.6-1}$$

根据计算所得的混凝土主拉应力，按下列规定设置箍筋：

在 $\sigma_{tp}\leqslant 0.5f_{tk}$ 区段，箍筋可仅按构造要求设置；

在 $\sigma_{tp}>0.5f_{tk}$ 区段，箍筋的间距 s_v 可按式（7.1.6-2）计算：

$$s_v=\frac{f_{sk}A_{sv}}{\sigma_{tp}b} \tag{7.1.6-2}$$

式中 f_{sk}——箍筋的抗拉强度标准值；

A_{sv}——同一截面内箍筋的总截面面积；

b——矩形截面宽度、T形或I形截面的腹板宽度。

按本条计算的箍筋用量少于按斜截面抗剪承载力计算的箍筋用量时，箍筋采用后者。

【例 9.8.2-7】

某预应力混凝土梁，混凝土强度等级 C50，梁腹板宽度 0.5m，在支承区域按持久状况进行设计时，由作用标准值和预应力产生的主拉应力为 1.5MPa（受拉为正），不考虑斜截面抗剪承载力计算，假定箍筋的抗拉强度标准值按 180MPa 计，试问，下列各箍筋配置方案哪个更为合理？

(A) 4 肢Φ 12 间距 100mm　　(B) 4 肢Φ 14 间距 150mm

(C) 2 肢Φ 16 间距 100mm　　(D) 6 肢Φ 14 间距 150mm

【答案】(A)

【解答】(1) 根据《公路混凝土》式（7.1.6）判断适用条件

C50 混凝土 $f_{tk}=2.65\text{MPa}$，$\sigma_{tp}=1.5\text{MPa}>0.5f_{tk}=0.5\times2.65=1.325\text{MPa}$

(2) 按式（7.1.6-2）计算

$$s_v=\frac{f_{sk}A_{sv}}{\sigma_{tp}b},\ A_{sv}=s_v\sigma_{tp}b/f_{sk}$$

题目已知 $b=500\text{mm}$，$f_{sk}=180\text{MPa}$，$\sigma_{tp}=1.5\text{MPa}$

假设 $s=100\text{mm}$，$A_{sv}=100\times1.5\times500/180=417\text{mm}^2$

假设 $s=150\text{mm}$，$A_{sv}=150\times1.5\times500/180=625\text{mm}^2$

(3) 根据 3.2.1 条文说明表 3-2

(A) 4 肢Φ 12 间距 100mm，$A_{sv}=452.4\text{mm}^2>417\text{mm}^2$，符合。

(B) 4 肢Φ 14 间距 150mm，$A_{sv}=615.6\text{mm}^2>625\text{mm}^2$，不符合。

(C) 2 肢Φ 16 间距 100mm，$A_{sv}=402.2\text{mm}^2<417\text{mm}^2$，不符合。

(D) 6 肢Φ 14 间距 150mm，$A_{sv}=923.4\text{mm}^2>625\text{mm}^2$，符合。

对比（A）和（D），（D）箍筋肢数多不合理，应选（A）。

3. 抗裂验算

抗裂验算的目的是通过控制截面的拉应力，使全预应力混凝土构件不出现裂缝。全预应力混凝土构件的正截面抗裂验算是选取若干控制截面（例如，简支梁的跨中截面，连续梁的跨中和支点截面等），计算在作用频遇组合作用下截面边缘混凝土的法向拉应力，并要求其满足《公路混凝土》规定的限制条件，实现控制截面受拉边缘不出现拉应力的要求。

6.3.1 预应力混凝土受弯构件应按下列规定进行正截面抗裂验算：

1 正截面混凝土拉应力应符合下列要求：

1） 全预应力混凝土构件

预制构件

$$\sigma_{st}-0.85\sigma_{pc}\leqslant0 \tag{6.3.1-1}$$

分段浇筑或砂浆接缝的纵向分块构件

$$\sigma_{st}-0.80\sigma_{pc}\leqslant0 \tag{6.3.1-2}$$

式中 σ_{st}——在作用频遇组合下构件抗裂验算截面边缘混凝土的法向拉应力，按式（6.3.2-1）计算；

σ_{pc}——扣除全部预应力损失后的预加力在构件抗裂验算边缘产生的混凝土预压力，按本规范第6.1.6条规定计算。

全预应力混凝土构件在作用频遇组合作用下，全截面参加工作，构件处于弹性工作阶段。截面应力可按材料力学公式计算。《公路混凝土》6.3.2条就是根据材料力学的公式规定了构件抗裂验算边缘混凝土的法向拉应力计算方法。

6.3.2 在受弯构件的抗裂验算截面边缘，混凝土的法向拉应力按下列公式计算：

$$\sigma_{st}=\frac{M_s}{W_0} \tag{6.3.2-1}$$

$$\sigma_{lt}=\frac{M_l}{W_0} \tag{6.3.2-2}$$

式中 M_s——按作用频遇组合计算的弯矩值；

M_l——结构自重和直接施加于结构上的汽车荷载、人群荷载、风荷载按作用准永久组合计算的弯矩值。

注：后张法构件在计算预施加应力阶段由构件自重产生的拉应力时，式（6.3.2-1）、式（6.3.2-2）中的 W_0 可改用 W_n，W_n 为构件净截面抗裂验算边缘的弹性抵抗矩。

【例 9.8.2-8】

某一级公路上有一座计算跨径为40m的预应力混凝土箱形简支梁桥。混凝土强度等级为C50。横断面布置如图9.8.2-2所示。

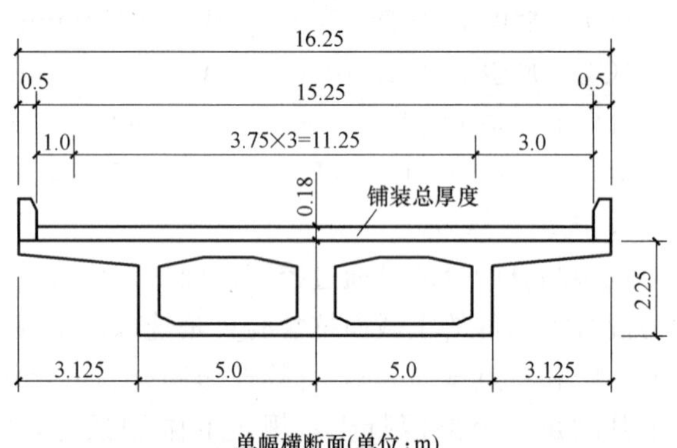

图 9.8.2-2 箱形简支梁桥

计算该后张法预应力混凝土简支箱形梁桥的跨中断面时，所采用的有关数值为：$A_0=9.6\text{m}^2$，$h=2.25\text{m}$，$I_0=7.75\text{m}^4$；中性轴至上翼缘边缘距离为 $y'=0.95\text{m}$，至下翼缘边缘距离为 $y=1.3\text{m}$；混凝土强度等级为C50，$E_c=3.45\times10^4\text{MPa}$；预应力钢束合力点距下边缘距离为 $a=0.3\text{m}$。假定，在正常使用极限状态短期效应组合作用下，跨中断面弯矩永久作用标准值与可变作用频遇值的组合设计值 $S_{sd}=85000\text{kN}\cdot\text{m}$，试问，该箱形梁桥按全预应力混凝土构件设计时，跨中断面所需的永久有效最小预应力值 N_p（kN），应与下列何项数值最为接近？

（A）61000　　（B）61500　　（C）61700　　（D）62000

【答案】（C）

【解答】（1）根据《公路混凝土》6.1.6条，计算由预应力引起的跨中断面下翼缘边缘的压应力 σ_{pc} 为

$$\sigma_{pc}=\frac{N_p}{A_0}+\frac{N_p\cdot e}{I_0}\times y=N_p\left(\frac{1}{A_0}+\frac{e\cdot y}{I_0}\right)$$

此处：中性轴至下翼缘边缘距离为 $y=1.3\text{m}$

预应力钢束合力点距下边缘距离为 $a=0.3\text{m}$

中性轴至预应力钢束合力点距离 $e=y-a=1.3-0.3=1.0\text{m}$。

（2）根据《公路混凝土》6.3.2 条，计算由外荷载 $S_{sd}=85000\text{kN}\cdot\text{m}$ 引起的跨中断面下翼缘边缘的拉应力 σ_{st}，

$$\sigma_{st}=\frac{S_{sd}}{W_0}=\frac{S_{sd}\cdot y}{I_0}=\frac{85000\times1.3}{7.75}=14258.06\text{kN/m}^2$$

此处：中性轴至下翼缘边缘距离为 $y=1.3\text{m}$

截面惯性矩 $I_0=7.75\text{m}^4$。

（3）根据《公路混凝土》式（6.3.1）$\sigma_{st}-0.85\sigma_{pc}=0$，推导得公式

$$\sigma_{st}-0.85N_p\left(\frac{1}{A_0}+\frac{e\cdot y}{I_0}\right)=0。$$

（4）将 $A_0=9.6\text{m}^2$，$I_0=7.75\text{m}^4$，$e=1.0\text{m}$，$y=1.3\text{m}$ 代入上式

$$14258-0.85\times N_p\left(\frac{1}{9.6}+\frac{1.0\times1.3}{7.75}\right)=0$$

解得 $N_p=61693\text{kN}$，选（C）。

4. 挠度验算

（1）挠度

一座桥梁如果发生过大的变形，首先会给人一种不安全的感观，它不但会导致行车困难，而且容易使桥面铺装层和结构的辅助设备招致损坏，严重者甚至危及桥梁的安全。因此，必须计算梁的变形（通常竖向挠度），以确保结构具有足够的刚度。

《公路混凝土》规定

6.5.1 预应力混凝土受弯构件，在正常使用极限状态下的挠度，可根据给定的构件刚度用结构力学的方法计算。

6.5.2 受弯构件的刚度可按下式计算：

2 预应力混凝土构件

1） 全预应力混凝土构件

$$B_0=0.95E_cI_c \tag{6.5.2-3}$$

6.5.3 受弯构件在使用阶段的挠度应考虑荷载长期效应的影响，即按荷载短期效应组合和本规范第 6.5.2 条规定的刚度计算的挠度值，乘以挠度长期增长系数 η_θ。挠度长期增长系数可按下列规定取用：

1 当采用 C40 以下混凝土时，$\eta_\theta=1.60$；

2 当采用 C40～C80 混凝土时，$\eta_0=1.45\sim1.35$，中间强度等级可按直线内插入取用。

钢筋混凝土和预应力混凝土受弯构件按上述计算的长期挠度值，由汽车荷载（不计冲击力）和人群荷载频遇组合在梁式桥主梁产生的最大挠度不应超过计算跨度的 1/600；在梁式桥主梁悬臂端产生的最大挠度不应超过悬臂长度的 1/300。

【例 9.8.2-9】

按全预应力混凝土构件设计的简支梁桥，变形验算时，在活载作用下截面的几何特性应为以下何项所示？（E_C 为混凝土弹性模量，I_{cr} 为开裂截面换算惯性矩，I_0 为构件换算截

面惯性矩）

(A) $E_c \cdot I_0$　(B) $E_c \cdot I_{cr}$　(C) $0.95E_c \cdot I_0$　(D) $0.95E_c \cdot I_{cr}$

【答案】（C）

【解答】 根据《公路混凝土》6.5.2条，式（6.5.2-3）全预应力混凝土受弯构件的刚度 $B_0=0.95E_c \cdot I_0$，选（C）。

（2）预拱度

桥梁挠度产生的原因有恒载挠度和活载挠度。恒载（包括长期预应力、混凝土徐变和收缩作用）是恒久存在的，其产生挠度与持续时间相关。恒载挠度可以通过施工时预设的反向挠度（又称预拱度）来加以抵消，因此桥梁预拱度通常取等于全部恒载和一半静活载所产生的竖向挠度值，使竣工后的桥梁达到理想的线形。这意味着在常遇荷载情况下桥梁基本上接近直线状态。

活载挠度虽然是临时出现的，但是随着活载的移动，挠度大小逐渐变化，在最不利的荷载位置下，挠度达到最大值，一旦活载驶离桥梁，挠度就消失。因此，在桥梁设计中需要验算活载挠度来体现结构的刚度特性。

《公路混凝土》规定

6.5.4 预应力混凝土受弯构件由预加力引起的反拱值，可用结构力学方法按刚度 E_cI_0 进行计算，并乘以长期增长系数。计算使用阶段预加力反拱值时，预应力钢筋的预加力应扣除全部预应力损失，长期增长系数取用2.0。

6.5.5 受弯构件的预拱度可按下列规定设置：

2 预应力混凝土受弯构件

1) 当预加应力产生的长期反拱值大于按荷载频遇组合计算的长期挠度时，可不设预拱度；

2) 当预加应力的长期反拱值小于按荷载频遇组合计算的长期挠度时应设预拱度，其值应按该项荷载的挠度值与预加应力长期反拱值之差采用。

对自重相对于活载较小的预应力混凝土受弯构件，应考虑预加应力反拱值过大可能造成的不利影响，必要时采取反预拱或设计和施工上的其他措施，避免桥面隆起直至开裂破坏。

【例 9.8.2-10】

某一级公路上有一座计算跨径为40m的预应力混凝土箱形简支梁桥。混凝土强度等级为C50。横断面布置如图9.8.2-3所示。该箱形梁桥，按正常使用极限状态，由荷载短期效应组合设计值产生的跨中断面向下的弹性挠度值为72mm。由永久有效预应力产生的向上弹性反向挠度值为60mm。试问，该桥梁跨中断面向上设置的预挠度（mm），应与下列何项数值最为接近？

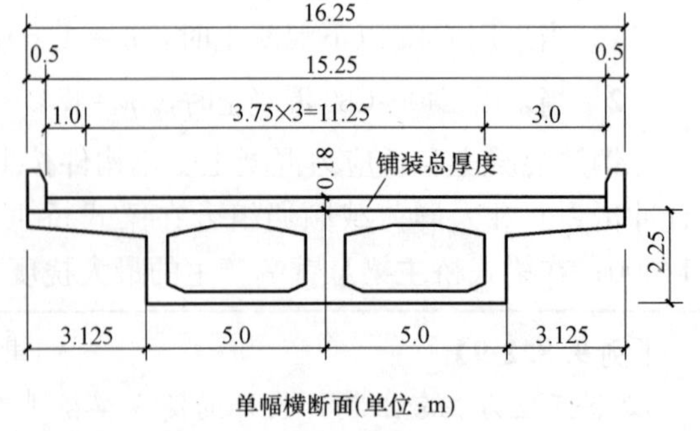

图 9.8.2-3

(A) 向上30　(B) 向上20

（C）向上10　　（D）向上0

【答案】（D）

【解答】（1）根据《公路混凝土》6.5.3条，受弯构件应考虑荷载长期效应，挠度长期增长系数采用内插取得

$$\eta_\theta=1.35+(1.45-1.35)\times\frac{80-50}{80-40}=1.35+0.10\times\frac{30}{80-40}=1.35+0.075=1.425。$$

（2）根据《公路混凝土》6.5.3条，跨中长期向下挠度 $\delta_{荷}=72\times1.425\text{mm}=102.6\text{mm}$。

（3）根据《公路混凝土》6.5.4条，考虑长期增长系数2.0预应力长期向上挠度 $\delta_{预}=60\times2.0\text{mm}=120\text{mm}$。

（4）根据《公路混凝土》6.5.5条，$\delta_{预}>\delta_{荷}$，可不设置向上预挠度，选（D）。

5. 钢筋数量估算

在不同的设计状况（例如：预加应力阶段，使用阶段）下预应力混凝土梁的设计，应满足规范规定的各种控制条件要求，例如对承载力、抗裂、裂缝宽度、变形及应力等控制要求。一般情况下以抗裂及裂缝宽度限制控制设计。在截面尺寸已定的情况下，结构的抗裂主要与预加力的大小有关。而构件的极限承载能力则与预应力钢筋和普通钢筋的总量有关。因此，预应力混凝土梁钢筋数量估算的一般方法是，首先根据结构的使用性能要求（即正常使用极限状态正截面抗裂）确定预应力钢筋的数量，然后再由构件的承载能力极限状态要求，确定普通钢筋的数量。换句话说，预应力混凝土梁钢筋数量估算的基本原则是按结构抗裂要求确定预应力钢筋数量，极限承载力的不足部分由普通钢筋来补充。

（1）按抗裂要求估算预应力钢筋数量

为估算预应力钢筋数量，首先应按正截面抗裂要求，确定永存预加力 N_p。

通过对控制截面边缘混凝土法向应力的控制，使其符合下列要求：

全预应力混凝土构件，在作用频遇组合下，控制截面边缘混凝土的法向拉应力 σ_{st} 应不大于永存预加力产生的预压应力 σ_{pc} 值的85%（或80%）。

在初步设计时，σ_{st} 和 σ_{pc} 可按下列近似公式计算：

$$\sigma_{st}=\frac{M_s}{W}$$

$$\sigma_{pc}=\frac{N_p}{A}+\frac{N_p e_p}{W}$$

式中　M_s——荷载频遇组合下控制截面的弯矩；

N_p——预应力钢筋永存预加力的合力；

A、W——构件截面面积和对截面受拉边缘的弹性抵抗矩，在设计时均可采用混凝土毛截面计算；

e_p——预应力钢筋重心对混凝土截面重心轴的偏心距。

若将 σ_{st} 和 σ_{pc} 的计算表达式代入上述控制条件，即可求得满足正截面抗裂要求所需的永存预加力。对全预应力混凝土构件：

$$N_p \geqslant \frac{\frac{M_s}{W}}{0.85\left(\frac{1}{A}+\frac{e_p}{W}\right)}$$

求得永存预加力 N_p 后，所需预应力钢筋截面面积按下式计算

$$A_p = \frac{N_p}{\sigma_{con} - \Sigma\sigma_l}$$

式中 σ_{con}——预应力钢筋的张拉控制应力；

$\Sigma\sigma_l$——预应力损失总值，估算时对先张法构件可取 20%～30%的张拉控制应力；对后张法构件可取 25%～35%的张拉控制压力，采用低松弛钢筋时取低值。

求得预应力钢筋截面面积后，应结合锚具选型和构造要求，选择预应力钢筋束的数量及组成，布置预应力钢筋束并计算其合力作用点至截面边缘的距离。

在预应力钢筋数量已经确定的情况下，普通钢筋数量可由正截面承载能力极限状态要求条件确定。布置在受拉区的普通钢筋一般选用 HRB335、HRB400 带肋钢筋，通常布置在预应力钢筋的外侧。

【例 9.8.2-11】

某预应力混凝土箱梁，跨中截面最大正弯矩标准值 $M_{恒}=43000\text{kN}\cdot\text{m}$，$M_{活}=16000\text{kN}\cdot\text{m}$；截面积 $A=6.50\text{m}^2$，惯性矩 $I=5.50\text{m}^4$，中性轴至上缘距离 $y_{上}=1.0\text{m}$，中性轴至下缘距离 $y_{下}=1.50\text{m}$。预应力筋偏心距 $e_y=1.30\text{m}$，且已知预应力钢筋扣除全部损失后有效预应力为 $\sigma_{pe}=0.5f_{pk}$，$f_{pk}=1860\text{MPa}$。按持久状况正常使用极限状态设计时，在主梁下缘混凝土应力为零的条件下，试估算该截面预应力钢筋面积（cm^2）与下列何项数值最为接近？

（A）295　　（B）3400　　（C）340　　（D）2950

【答案】（C）

【解答】（1）根据《公路混凝土》7.1.3 条，由式（7.1.3-1）计算作用（或荷载）标准值产生的混凝土法向压应力 σ_{kc} 和拉应力 σ_{kt}

$$\sigma_{kc}=\frac{(M_{恒}+M_{活})\cdot\gamma_{下}}{I}。$$

（2）根据《公路混凝土》6.1.5 条，由式（6.1.5-4）计算由预加力产生的混凝土法向压应力 σ_{pc} 和拉应力 σ_{pt}

$$\sigma_{pc}=\frac{N_y}{A}+\frac{N_y\cdot e_y\cdot y_{下}}{I}。$$

（3）按正常使用极限状态，主梁跨中截面下缘混凝土应力 $\sigma=\sigma_{pc}-\sigma_{kt}=0$

$$\sigma=\frac{N_y}{A}+\frac{N_y\cdot e_y\cdot y_{下}}{I}-\frac{(M_{恒}+M_{活})\cdot y_{下}}{I}=0。$$

（4）已知截面特性 $A=6.50\text{m}^2$，$I=5.50\text{m}^4$，$y_{上}=1.0\text{m}$，$y_{下}=1.50\text{m}$，$e_y=1.30\text{m}$，代入上式得

$$\frac{N_y}{6.5}+\frac{1.3N_y\times1.5}{5.5}=\frac{(43000+16000)\times1.5}{5.5}$$

所以，$0.50839N_y=16091$，$N_y=31651\text{kN}$。

（5）$N_y=\sigma_{pe}\cdot A_y$，

所以，$A_y=31651\text{kN}/(0.5\times1860\text{MPa})=340\text{cm}^2$，选（C）。

（2）按强度要求估算预应力钢筋数量

以最简单的单筋矩形截面为例，如图 9.8.2-4 所示，设 b、h、材料强度等级为已知，暂不考虑受压区预应力钢筋和普通钢筋的影响，$A_s=A'_s=A'_p=0$。

采用正截面承载能力计算公式的简单形式，则

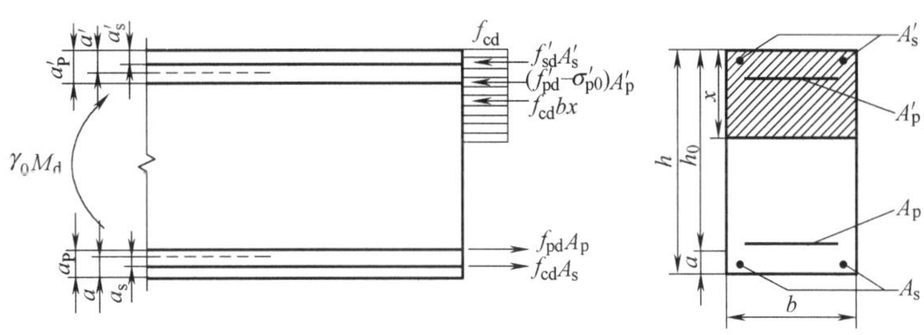

图 9.8.2-4　矩形截面预应力混凝土受弯构件正截面强度计算

$$f_{pd}A_p=f_{cd}bx$$

$$\gamma_0M_d=f_{cd}bx\left(h_0-\frac{x}{2}\right)$$

两式联立求解，可以得到预应力钢筋面积 A_p 计算公式为：

$$A_p=\frac{f_{cd}bh_0}{f_{pd}}\left(1-\sqrt{1-\frac{2\gamma_0M_d}{f_{cd}bh_0^2}}\right)$$

上两式中　f_{cd}——混凝土抗压强度设计值；

f_{pd}——预应力钢筋抗拉强度设计值。

对带“马蹄”的 T 形截面梁及工字形梁，其预应力钢筋 A_p 数量，可按下列经验公式估算：

$$A_p=\frac{\gamma_0M_d}{\alpha f_{pd}h}$$

式中　α——工程经验系数，一般可采用 $\alpha=0.75\sim0.77$；

h——构件混凝土截面高度。

用选定的单根预应力钢筋束的面积 A_{pl} 除 A_p 可得所需要的预应力筋束数为 $n=A_p/A_{pl}$。

【例 9.8.2-12】

某后张预应力混凝土梁桥，其计算跨径 $L=24.2\text{m}$，主梁系由多片马蹄 T 形截面梁组成。主梁梁高 $h=1.4\text{m}$、采用混凝土 C45、$f_{cd}=20.5\text{MPa}$。主筋为钢绞线标、$f_{pd}=1260\text{MPa}$。跨中弯矩 $M_{活}=1455.22\text{kN}\cdot\text{m}$，$M_{恒}=2215.43\text{kN}\cdot\text{mm}$，试按承载能力极限状态估算所需钢绞线面积。并指出与下列何项数值最为接近？

提示：用经验公式进行计算，$A_p=\dfrac{\gamma_0M_d}{\alpha hf_{sd}}$，取 $\alpha=0.75$。

（A）39.04cm^2　　（B）59.36cm^2　　（C）60.96cm^2　　（D）58.7cm^2

【答案】（A）

【解答】（1）根据《桥通》表1.0.5，24.2m梁桥属中桥。

（2）根据《桥通》表4.1.5-1，中桥的安全等级为一级。

（3）根据《桥通》4.1.5条，设计安全等级一级的结构重要性系数$\gamma_0=1.1$。

（4）根据《桥通》4.1.5条，承载能力极限状态下的荷载效应组合为：

$$M_d=\gamma_G M_{恒}+\gamma_Q M_{活}=1.2M_{恒}+1.4M_{活}$$
$$=1.2\times2215.43+1.4\times1455.22=4695.8\text{kN}\cdot\text{m}$$

式中　永久作用效应分项系数$\gamma_G=1.2$；

汽车荷载效应分项系数$\gamma_Q=1.4$。

（5）根据经验公式计算的钢筋面积，结构重要性系数$\gamma_0=1.0$。

$$A_p=\frac{\gamma_0 M_d}{\alpha h f_{sd}}=\frac{1.1\times4695.8\times10^6}{0.75\times1400\times1260}=3904.29\text{mm}^2=39.04\text{cm}^2$$，选（A）。